曾繁仁文集

第 一 卷

生态美学导论

曾繁仁　著

中国社会科学出版社

图书在版编目(CIP)数据

曾繁仁文集：1—5卷/曾繁仁著.—北京：中国社会科学出版社，2021.1
(马克思主义文艺理论与评论建设工程名家学术文丛)
ISBN 978 - 7 - 5203 - 7652 - 5

Ⅰ.①曾…　Ⅱ.①曾…　Ⅲ.①美学—文集　Ⅳ.①B83 - 53

中国版本图书馆 CIP 数据核字(2020)第 257099 号

出 版 人	赵剑英	
责任编辑	张　潜	
责任校对	刘　洋	
责任印制	王　超	

出　　版	中国社会科学出版社	
社　　址	北京鼓楼西大街甲 158 号	
邮　　编	100720	
网　　址	http://www.csspw.cn	
发 行 部	010 - 84083685	
门 市 部	010 - 84029450	
经　　销	新华书店及其他书店	

印刷装订	北京君升印刷有限公司
版　　次	2021 年 1 月第 1 版
印　　次	2021 年 1 月第 1 次印刷

开　　本	710 × 1000　1/16
印　　张	127.25
字　　数	1942 千字
定　　价	798.00 元(全五卷)

　　曾繁仁，著名美学家，山东大学终身教授，在西方美学、文艺美学、生态美学、审美教育方面卓有建树。现任教育部人文社会科学重点研究基地山东大学文艺美学研究中心名誉主任，国家重点学科山东大学文艺学学科学术带头人，教育部社会科学委员会委员、文学语言新闻艺术学部召集人之一。

序

承蒙中国社会科学院大学各位领导的鼓励与支持，我的五本专著得以在"马克思主义文艺理论与评论建设工程名家学术文丛"中出版。

2019 年是改革开放第 41 年，我的学术生涯也始于 41 年前的 1978 年党的十一届三中全会，始于党的"解放思想，实事求是"思想路线的指引。正是由于改革开放，我国的文艺理论与美学才有了生机勃勃的发展局面。我的研究工作随着改革开放 41 年来的时代脚步一同前进。改革开放伊始，我国打开国门，走上了中西对话交流、建设发展我国人文社会科学之路。正是在这样的形势下，我开始了自己的"西方美学"的教学与科研历程。在此过程中，我力图以马克思主义为指导，以建设发展中国学术为目标，解读西方美学，从古典到现代，历经 40 年。这就是收录到本文集的《西方美学论纲》与《西方美学范畴研究》。前者偏重西方古代，后者偏重西方现代。其理论指向都是力图在马克思主义指导下对西方美学进行批判地继承。随着改革开放的深入，人的教育逐步提上日程，美育成为十分紧迫的时代课题。从20 世纪 80 年代起，我即开始努力从事美育研究。1985 年出版了《美育十讲》，又于 2012 年出版了《美育十五讲》，力图以马克思主义历史唯物主义"人的教育"理论为指导，以中国现实为依托，全面阐释美育理论与实践。2001 年以降，我国社会逐步进入对于现代性进行反思与超越的"后现代"，生态哲学与生态美学成为十分紧迫的时代课题。我先后于 2003 年与 2009 年出版《生态存在论美学论稿》，2010 年出版了《生态美学导论》，坚持以中国立场与中国现实为出发点，吸收西方欧陆现象学生态美学与英美环境美学资源，努力建设具有中国特色的生态美学理论形态。

本文集的五本论著基本反映了本人 40 多年来教学与科研的基本状况。首先要感谢这个伟大的时代，给社会科学工作者提出一系列重大课题，并提供了越来越好的工作环境。同时，要感谢学术界的各位同行，一路走来给了我前所未有的关爱、支持与帮助。当然，也要感谢我所供职的山东大学文艺美学研究中心，给我提供了教学科研的广阔前提与条件。我的助手与同事，也给我诸多有力的帮助。我的学生们伴我一路前行，并参与了诸多工作。中国社会科学出版社在短短的时间内将本文集编辑出版，付出了艰辛的劳动。借本文集出版之机，对以上各位表示衷心的感谢。

需要说明的是，本人只是改革开放以来涌现的万千研究者之普通一员，由于水平之限，疏漏错误在所难免。本文集的出版也再次提供了向学术界各位同仁请教的机会。

曾繁仁

写于 2019 年 12 月 27 日

目　　录

第一编　生态美学的产生

第四编　生态美学的中国资源

目　录

生态美学对当代美学学科的
新突破（初版序）

　　曾有学者询问我们：生态美学到底在哪些方面有新的突破？我们的回答是，生态美学的产生，不仅是一种时代与现实的需要，而且还是当代美学学科全方位的突破，具有崭新的革命意义。大体说来，我们将这种突破概括为六个方面。

　　首先是美学的哲学基础的突破，是由传统认识论过渡到唯物实践存在论，由人类中心主义过渡到生态整体主义。众所周知，人与自然的关系是最基本的哲学关系。长期以来，由于历史的原因，我国美学界对这个基本的哲学问题的看法一直处于前马克思主义哲学阶段，也就是传统认识论阶段。我国实践美学的倡导者极力主张"美学科学的哲学基本问题是认识论问题"，认为美是"人的本质对象化的结果"[①]。其实，马克思早在 1844 年至 1845 年间就已经突破了这种传统认识论与人类中心主义，强调从人的感性的实践的角度去理解事物，并从"内在尺度"与"种的尺度"相统一的角度阐释美的规律。事实证明，马克思主义唯物实践观不仅超越了传统认识论，而且包含并超越了现代存在论，从"处在于一定条件下进行的现实的、可以通过经验观察到的发展过程中人"[②] 的"实践世界"的角度来理解人的本质属性，是一种崭新的唯物实践存在论。这种人在"实践世界"中的活动与主客体的二元对立是两种完全不同的人生在世模式，从而体现

---

　　① 李泽厚：《美学论集》，上海文艺出版社 1980 年版，第 2、25 页。
　　② 《马克思恩格斯选集》第 1 卷，人民出版社 1972 年版，第 31 页。

出两种不同的人与自然的关系。后者是人与自然的对立，前者则是人的"有生命的个人存在"与自然界须臾难离的关系。只有在这样的关系中，人、自然与审美才得以统一。马克思的唯物实践观，及其所包含的存在论哲学的内涵，是当代生态美学的哲学基础，是其迥异于传统实践美学的简单认识论与人类中心主义之处。

第二，在美学研究对象上的重要突破。由于长期以来受黑格尔"美学是艺术哲学"观点的影响，我国美学界都把艺术视为美学研究的唯一对象或者至少是最为重要的研究对象，因而对自然审美采取了忽视的态度。实践美学的倡导者认为，"美学基本上应该包括研究客观现实的美、人类的审美感和艺术美的一般规律。其中，艺术更应该是研究的主要对象和目的，因为人类主要是通过艺术来反映和把握美而使之服务于改造世界的伟大事业的"①。但是其实，人与自然的审美关系是最基本也是最原初的审美关系，其重要性绝不在艺术审美之下。特别是在当代环境污染日益严重的情况下，人类对于徜徉在纯净的大自然母亲的怀抱中的向往更成为一种审美的理想。早在1966年，美国理论家赫伯恩就发表著名的《当代美学及自然美的遗忘》，有力地抨击了当时美学界广泛存在的对于自然审美的严重忽视，从而催生了后来发展壮大的当代西方环境美学。生态美学在美学的对象问题上的重要突破，就是对于这种由人类中心主义所导致的艺术中心主义的突破，明确强调生态美学是一种包含着生态维度的美学，不仅包含着自然审美，而且也包含着在自然维度之上的艺术与生活审美。

第三，在自然审美上的突破。传统美学总是从人类中心主义的视角来看待自然审美的，以"人化的自然"来概括自然审美。这是很早就使美学界感到困惑的问题。原因有二：一是有没有实体性的自然美？二是自然美的本质是否就是"自然的人化"②？针对这些理论困惑，生态美学认为，所谓"审美"是人与对象的一种关系，它是一种活动或过程，根本不存在任何一种实体性的"自然美"；其次，生态

---

① 李泽厚：《美学论集》，上海文艺出版社1980年版，第1页。
② 同上书，第174页。

美学认为，自然审美是自然对象的审美属性与人的审美能力交互作用的结果，两者缺一不可，绝对不是什么单纯的"自然的人化"。

第四，审美属性的重要突破。受康德静观美学的影响，传统美学认为，审美的基本特征，在于它是一种超功利、无利害的静观。实践美学的提出者认为，"审美就是这种超生物的需要和享受"，真善美的统一"表现为主体心理的自由感受（视、听觉与想象）是审美"①。我们可以很清楚地看到，这基本上是接受了康德关于审美属性的静观理论以及"审美的感官"是视听等观点。生态美学不反对艺术审美中具有静观的特点，但是却强调自然审美中眼耳鼻舌身的全部感官的介入。当代西方环境美学就此提出了著名的"参与美学"观念。

第五，美学范式的突破。传统美学的范式偏重于形式美的优美、对称、和谐与比例等，生态美学是一种当代人生美学、存在论美学，它的美学范式已经突破了传统美学的形式的优美与和谐，而进入到人的诗意的栖居与美好生存的层面。它以审美的生存、诗意的栖居、四方游戏、家园意识、场所意识、参与美学、生态崇高、生态批评、生态诗学、绿色阅读、环境想象与生态美育等为自己的特有的美学范畴。

第六，中国传统美学地位的突破。受欧洲中心主义的影响，西方在传统上对于包括中国在内的东方美学与艺术一向是持轻视态度的。黑格尔与鲍桑葵都曾发表过类似的言论。例如，鲍桑葵就认为，中国和日本等东方艺术与美学的"审美意识还没有达到上升为思辨理论的地步"②。这显然是完全以西方现代工具主义的美学理论来评价中国古代的非工具、非思辨的美学理论。伴随着生态美学的产生，中国古代美学中大量的、极有价值的生态审美智慧得到重新认识和高度评价，从而为建设当代生态美学提供了前所未有的智慧资源。而且，有充分的事实证明，西方当代生态美学与环境美学以及生态文学的发展都在很大程度上受到了中国古代的生态智慧的启发。例如，儒家的"天人

---

① 李泽厚：《批判哲学的批判》，人民出版社1979年版，第413、415页。
② ［英］鲍桑葵：《美学史》，张今译，商务印书馆1985年版，"前言"第2页。

合一"思想，《周易》有关"生生之谓易""元亨利贞"与"坤厚载物"等论述，道家的"道法自然""万物齐一"等观点，佛家的"众生平等"观念，等等。这些观念和观点，体现了中国文化传统在人与自然关系问题上的哲学、审美智慧，可以成为我们通过中西对话、会通来建设当代生态美学的思想资源与智慧启迪。例如，"天人合一"理念与生态存在论审美观的会通，"中和之美"与"诗意地栖居"的会通，"域中有四大，人为其一"说与"四方游戏"说的会通，怀乡之诗、"安吉之象"与"家园意识"的会通，择地而居与"场所意识"的会通，比兴、比德、造化、气韵等古代诗学智慧与生态诗学之会通等。当代生态美学发展的历史重任，是建设融通中国古代生态审美智慧、资源与话语的，并符合中国国情的，具有中国气派与中国风格的生态美学体系。

生态美学是一种正在建设中的新兴学科，还有许多不成熟之处，需要通过批评、讨论和研究进一步深化。生态美学的出现，虽然在美学学科发展上正在或力求实现一系列突破，但是这不并意味着我们对于既往美学研究的探索和成就不再保持敬意。学术的发展都是关乎历史与时代的，今天的评价并不意味着否定其历史上的重要价值，以及曾经给予我们的滋养。

导　言

生态美学的研究意义、
研究现状与研究方法

　　从 20 世纪 90 年代至今，生态美学成为我国美学领域一种富有生命力的新的理论形态与学术生长点，越来越引起学术界的普遍关注与重视。事实证明，生态美学是我国新时期美学研究的重要收获之一。需要特别说明的是，本书所讲的生态美学，包括新时期出现的生态美学、环境美学、生态文艺学与生态批评等，尽管名目各异，但是总体上都是一种包含着生态维度的美学与文艺学研究，相互之间是互补与共存的，它们共同构成了我国新时期美学与文艺学领域的生态审美研究的靓丽风景。

第一节　生态美学的研究意义

一　现实的需要

　　1894 年，恩格斯在致符·博尔吉乌斯的信中指出："社会一旦有技术上的需要，则这种需要就会比十所大学更能把科学推向前进。"[①]这说明，社会发展的现实需要是科学进步的最根本动力。自 20 世纪 60 年代至今，现代工业革命中的负面因素——唯科技主义与"人类中心主义"——所造成的自然环境与生态的污染破坏愈加严重，已经直接威胁到数亿人民的生存与安危。

----

① 《马克思恩格斯选集》第 4 卷，人民出版社 1972 年版，第 505 页。

新时期以来，中国经过 40 多年的改革开放与经济发展，取得了西方用近 200 年才获得的发展成果，但是单一的经济发展模式也使我国付出了沉重的环境与资源代价——西方近 200 多年间经济发展所导致的环境问题在中国几十年中集中涌现出来了。问题的严重性已经达到了触目惊心的程度。在这种情况下，生态与环境问题逐渐引起了国家领导层与学术界的高度重视。在继 20 世纪 90 年代提出"可持续发展"方针之后，我国又在近年提出了"环境友好型社会建设"与"生态文明建设"的发展目标，成为新时期具有中国特色的马克思主义创新理论与和谐社会建设的重要内容。在这种形势下，以"生态文明建设"理论为指导的包括生态美学在内的各种生态理论必然成为与社会发展相适应的社会主义先进文化建设的有机组成部分，成为"环境友好型社会建设"与"生态文明建设"的有力工具与重要手段。

二 学科建设的需要

在我国，美学学科因其所特有的人文精神，一直都得到学术界与广大人民群众特别是青年一代的广泛关注。近百年来，我国涌现出了一大批具有独特风采的著名美学家，如王国维、蔡元培、朱光潜、宗白华、蔡仪、蒋孔阳、李泽厚等，他们富有生命力的丰硕成果直到今天还在不断滋养着一代代学人。但是随着时代发展所发生的巨大变化，已有的理论形态的某些局限性也越来越明晰地呈现出来。即使是具有深厚理论积累的"实践论"美学，也随之暴露出了明显的理论弊端。具体表现在：其哲学基础在一定程度上局限于机械的认识论，只简单以认识论为指导，较多地关注审美的认识功能，而相对忽视了美学所应深刻地揭示的人之生存与价值的意义功能；就美学理论本身而言，"实践论"美学过分地强调审美是一种"对象的人化"，而忽视对象，特别是自然本身的价值，容易走向"人类中心主义"；在自然美的问题上，受黑格尔轻视自然美的观念与马克斯·韦伯的"祛魅"论等的影响，"实践论"美学在一定程度上无视自然自身所特有的价值以及自然在审美中的独特地位；在思维方式上，"实践论"美学总体上没有完全摆脱启蒙主义以来主客、身心二分思维模式的影响与束缚；在研究对象上，由于长期受黑格尔思想的浸染，"实践论"美学一直将美学等同于艺术哲学，自然之美在很大程度上被排除在美学之外。这些倾向，同当前自然审美愈来愈受重视的现实很不相称。

总之，"实践论"美学总体上是一种以"人化"为核心概念，忽视"生态维度"，并且存在着"人类中心主义"倾向的美学形态。在当前的形势下，应该说它在一定程度上已落后于时代的发展。对这种美学形态的改造与超越，已经成为历史的必然。生态美学的提出就是对"实践论"美学的一种改造与超越，是美学学科自身发展的时代需要。

三　全球化语境下弘扬中国传统文化的需要

当前，世界经济正面临着全球化的新趋势。在实际生活中，交通的便捷、网络通讯的发展也大大拉近了国与国、民族与民族以及人与人之间的距离。正是在这种新形势下，民族文化的自身发展成为一个国家能否以其特有的面貌自立于世界民族之林的独特标志。中华文明有着5000多年悠久的发展历程，在历史的长河中光辉灿烂，彪炳于世，独具风采。这成为中华民族的象征与骄傲。包含着丰富深刻的生态审美智慧的生态文化观念和传统，是中华文化中独具特色的宝贵财富与重要遗产。儒家的"天人合一""民胞物与"，道家的"道法自然""万物齐一"，佛学的"万物一体""众生平等"等思想，都是极为珍贵的古典形态的生态智慧，并且对当代西方哲学、深层生态学等的兴起产生了重要启示作用。因此，当代包括生态美学在内的各种中国形态的生态理论的建设与发展，都将有利于中国传统文化的弘扬和中华民族伟大精神的传播，也将为21世纪中华民族的伟大复兴做出应有的贡献。

第二节　中国当代生态美学的发展历程

我国当代生态美学的发展，总体上大致可以分为以下三个阶段。

一　萌芽期（1987—2000 年）

在我国学术界，第一次与生态美学相关的理论阐述，是对于"文艺生态学"的介绍。1987 年，百花文艺出版社出版的鲍昌主编的《文学艺术新术语词典》，从文艺学和生态观结合的角度对"文艺生态学"进行了界定。其后蔡燊安在《江西社会科学》1988 年第 2 期发表《美学的发展生态考察》，余谋昌在《哲学动态》1989 年第 9 期发表《生态伦理与美学》，开始联系生态学、生态伦理学来探讨美学问题。1991 年，台湾学者杨英风在《建筑学报》第 1 期发表《从中国生态美学瞻望中国建筑的未来》，这可能是"生态美学"一词在中国学界的最早出现。1992 年，由之在《国外社会科学》第 11—12 期发表了他所翻译的俄国学者 Н. Б. 曼科夫斯卡娅撰写的《国外生态美学》（译自俄罗斯《哲学科学》第 2 期）一文。该文较为全面介绍和评述了欧美正在兴起的生态美学（实际上是环境美学）以及瑟帕玛与卡尔松等人的研究成果，认为国外生态美学"已远远超出了就艺术中的自然问题进行传统研究的范围"，"生态美学从概念上说已经建立起来了"[①]。当然，也指出了生态美学发展中的一些问题。

1994 年，李欣复教授在《南京社会科学》第 12 期发表《论生态美学》，可以说是我国第一篇具有一定理论深度的生态美学学术论文。文章论述了生态美学的产生背景、基本原则及发展前景，指出生态美学"是伴随着生态危机所激发起的全球环保和绿色运动而发展起来的一门新兴学科。它以研究地球生态环境美为主要任务与对象，是环境美学的核心组成部分，其构成内容包括自然生态、社会物质生产生态和精神文化生产生态三大层次系统"，并指出生态美学所必须树立的"生态平衡是最高价值的美""自然万物的和谐协调发展"与"建设新的生态文明事业"三大美学观念，以及"道法自然""返璞归真"与"适度节制"三大原则方法。在论述生态美学的前途时，该文指

---

① ［俄］Н. Б. 曼科夫斯卡娅：《国外生态美学》，由之译，《国外社会科学》1992 年第 11—12 期。

出，"作为一门年轻的新兴学科，生态美学在知识理论内容构成上有自己独特的系统与标准及原则，尽管它目前尚未定型成熟，但其蕴含的科学性、先进性决定了它具有强大的生命力和发展前途，我们应该为它的诞生和建设欢呼，并贡献绵薄之力"①。这篇文章在 20 世纪 90 年代初期就大量引用传统生态智慧论述生态美学问题，其价值与地位非常重要。上述文章的发表，标志着我国生态美学的萌芽。

1999 年 10 月，海南省作协召开了"'生态与文学'国际学术研讨会"。这是我国召开的第一次有关生态文学方面的国际学术会议，反映了我国学术界对文学的生态问题的高度关注。1999 年，鲁枢元教授创办《精神生态通讯》杂志。该刊一直延续至今，成为我国生态文学研究的特有阵地，其重要贡献有目共睹。

二　发展期（2000—2007 年）

这一时期，生态美学以及与之关系密切的生态文艺学、环境美学等研究呈现出不断发展的良好态势。2000 年 12 月，陕西人民教育出版社出版了徐恒醇的《生态美学》、鲁枢元的《生态文艺学》。同年，人民文学出版社出版了曾永成的《文艺的绿色之思——文艺生态学引论》。2001 年 1 月，在武汉召开了"21 世纪生态与文艺学"学术研讨会。随后，"全球化与生态批评专题研讨会"在北京召开。同年 11 月，中华美学学会青年美学会与陕西师范大学文学院在西安合作召开了"首届全国生态美学研讨会"。此后，又在贵州、南宁、武汉分别召开了多届生态美学研究会。2002 年 6 月，苏州大学文学院发起召开了"中国首届生态文艺学学科建设研讨会"。同年 12 月，江汉大学与武汉大学联合举办了"全国文化生态变迁与文学艺术发展研讨会"。2002 年 6 月，张皓出版了《中国文艺生态思想研究》，系统阐释了中国古代儒、道、佛、禅的生态审美智慧。同年 11 月，袁鼎生等出版《生态审美学》一书，全面论述了"生态审美场""生态美""生态审美效应"与"生态美育"等一系列有关生态审美的问题。2002 年 6

---

① 李欣复：《论生态美学》，《南京社会科学》1994 年第 12 期。

月，曾繁仁在《陕西师范大学学报》第 3 期发表《生态美学：后现代语境下崭新的生态存在论美学观》一文，提出生态美学是后现代语境下对现代化工业革命进行反思与超越的产物，其基本理论内涵是生态存在论的美学观。该文被同年《新华文摘》大部分转载。2003 年 8 月，北京大学出版社出版了王诺的《欧美生态文学》。该书是作者在美国哈佛大学访学期间及之后的研究成果。同年 10 月，吉林人民出版社出版了曾繁仁的《生态存在论美学论稿》。该书分"生态美学论"与"当代存在论美学论"两编，收录了作者自 2001 年以来有关当代存在论美学与生态存在论美学的 14 篇论文。2004 年 5 月，"美与当代生活方式"国际学术研讨会在武汉大学召开。2005 年 11 月，北京大学出版社出版了彭锋的《完美的自然——当代环境美学的哲学基础》。同年 3 月，章海荣的《生态伦理与生态美学》由复旦大学出版社出版。该书将当代生态伦理学与生态美学结合，在强烈的社会现实语境中审视生态美学的建设及其意义。2005 年 8 月，山东大学文艺美学研究中心主办的"当代生态文明视野中的美学与文学"国际学术研讨会在青岛召开，参会的海内外学者有 170 余人。会议围绕"生态观、人文观与审美观"的关系，就"中国当代生态文学与生态美学研究态势""西方生态批评与环境美学""中国生态智慧与生态文化"以及"生态伦理与生态美学"等重要问题展开了比较深入和开放式的研讨与对话。会议论文集《人与自然：当代生态文明环境中的美学与文学》2006 年由河南人民出版社出版。2006 年 3 月，湖南科学技术出版社开始出版由美国著名环境美学家阿诺德·伯林特与武汉大学陈望衡教授联合主编的《环境美学》译丛，先后出版了阿诺德·伯林特的《环境美学》与约·瑟帕玛的《环境之美》等环境美学专著中文译本。同年 6 月，中国社会科学院哲学研究所滕守尧教授主编的《美学·设计·艺术教育》丛书由四川人民出版社出版，加拿大学者艾伦·卡尔松的《环境美学》被列入其中。从此，国际上 3 位著名的当代环境美学家的主要著作陆续被译介到国内。2006 年 7 月，中国社会科学出版社在《中国社会科学博士论文文库》中出版了四川大学胡志红的博士论文《西方生态批评研究》一书。该书在生态中心主义的立场下，从思想基础、理论建构、文学研究、跨文化研究、比较文学视野等不同角度对西方生态批评进行了较为深入的阐发，具有独特的立场与较高的学术价值。2006年7月，鲁枢元教授的《生态批评的空间》由华东师范大学出版社出版。该书从生态时代、精神生态、生态视野等视角，阐发了作者对生态文学与生态批评的一系列新见解。2007年4月，中国社会科学院哲学研究所刘悦笛等翻译出版了阿诺德·伯林特教授主编的《环境与艺术：环境美学的多维视角》一书。该书收集了当代国际上12位颇具影响的美学家们有关环境美学的最新成果，内容丰富新颖，颇具理论价值。2007年7月，武汉大学出版社出版了陈望衡教授的《环境美学》一书，这是中国学者的第一部以环境美学为名的论著。2007年12月，商务印书馆出版了曾繁仁近十年来的美学文集《转型期的中国美学——曾繁仁美学文集》。该书第三编"生态美学论——由人类中心到生态整体"，共收录了有关生态美学的17篇文章。中华美学学会会长汝信教授在该书的"序"中指出："因此，我以为生态美学的提出是我国学术界的首创，正好弥补了生态研究的一个空白，无论是在理论上或是在实践上都是具有现实意义的。"[1] 2007年11月15日，中华美学学会副会长、北京大学哲学系叶朗教授在《光明日报》的《建设中华民族共有精神家园——中华传统文化当代意义三人谈》专栏中发表题为《中国传统文化中的生态意识》的演讲，指出："和这种生态哲学和生态伦理学的意识相关联，中国传统文化中也有一种生态美学的意识。"

三 新的建设时期

2007年10月，时任国家主席胡锦涛与我国最高决策层在社会主义物质文明、精神文明与政治文明之后，明确提出建设"生态文明"的重要论断，并将其作为建设社会主义和谐社会的重要目标，同时对"生态文明"的内涵进行了深入的阐释。"生态文明"这一建设目标

---

① 曾繁仁：《转型期的中国美学——曾繁仁美学文集》，商务印书馆2007年版，"序"第3页。

的提出，对于我国包括生态美学在内的生态理论建设具有极为重要的意义，标志着我国包括生态美学在内的生态理论研究由边缘进入主流，开始了新的建设时期。

所谓"新的建设"，包括反思总结与建设两个方面。从反思总结来说，我们要回顾和总结从1987年以来生态美学与生态文艺学所走过的20年曲折的道路。首先是翻译、介绍与梳理了中外有关生态美学与生态文学的成果与资料。从国外来说，当代重要的生态美学与环境美学理论家的成果几乎都作了翻译与介绍；从我国自身来说，主要是深入发掘梳理了中国古代儒道佛各家的生态审美智慧，对古代、现代与当代某些文学作品中所包含的生态审美智慧与资源也作了初步研究；其次，召开了10次左右有关生态美学、生态文艺学与生态文学学术研讨会，出版了10余部有关生态美学与生态文学的论著，提出了一系列重要的学术观点，理论研究在逐步地走向深入；再次，从生态美学与生态文学的影响来说，由不被理解到逐步得到适当认可。从国家社科基金项目来看，已有5位中青年学者的有关生态文学与生态批评的项目获得批准立项。以生态文学、生态批评与生态美学为题目的硕博学位论文，也有近20篇；最后，从队伍建设来说，目前从事生态美学、生态文艺学与生态文学的学者队伍不断扩大。2005年8月，在青岛召开的有关生态美学的国际学术研讨会，是我国一次大规模的生态美学与生态文学学术研讨会。

第三节 代表性论著

（一）《生态美学》（徐恒醇著，陕西人民教育出版社2000年版）

该书是我国第一部比较完备的、自成体系的生态美学论著，是徐恒醇研究员于20世纪80年代与90年代两次访学德国期间，受德国优良的生态环境与《生态心理学》一书的启发，并经长期酝酿而完成的一本论著。该书的贡献很多。第一，明确提出了对工业文明进行反思与超越的"生态文明时代的到来"的观点。作者指出："一种新的生态文明的曙光已经呈现，这便是人与自然和谐共生的生态文明时代。"① 第二，提出建立生态美学的两个理论前提：一个是生态世界观，一个是中国古代的生命意识。关于生态世界观，作者认为，它与机械世界观相对立，包含有机整体、有序整体与自然进化等三大思想原则。② 关于生命意识，作者指出："生态美学对人类生态系统的考察，是以人的生命存在为前提的，以各种生命系统的相互关联和运动为出发点。因此，人的生命观成为这一考察的理论基点。"③ 第三，提出了十分重要的有关"生态美"的核心范畴。作者指出："所谓生态美，并非自然美，因为自然美只是自然界自身具有的审美价值，而生态美却是人与自然生态关系和谐的产物，它是以人的生态过程和生态系统作为审美观照的对象。生态美首先体现了主体的参与性和主体与自然环境的依存关系，是由人与自然的生命关联而引发的一种生命的共感与欢歌。它是人与大自然的生命和弦，而并非自然的独奏曲。"④ 在这里，作者强调生态美学以人的生态系统作为审美对象，以参与性及依存性为特点，以人与自然的生命共感与和弦为表征。这些都说明，"生态美"就是一种人的审美的生存之美。第四，进一步阐释了生态美的意义，认为生态美学可以推动现代美学理论的变革，有利于确立健康的生存价值观，有利于克服技术的生态异化，有利于变革不合理的生产与生活方式，等等。⑤ 第五，以"生态美"的理论对人的生活环境、城市景观与生活方式等方面提出了具有实践价值的建设与发展意见。

二　《生态文艺学》（鲁枢元著，陕西人民教育出版社 2000 年版）

鲁枢元教授的这部著作是我国第一部"生态文艺学"专著。该书作者以他所擅长且特有的散文式笔法写就，具有理论著作一向少有的

---

① 徐恒醇：《生态美学》，陕西人民教育出版社 2000 年版，第 7 页。
② 同上书，第 44 页。
③ 同上书，第 14 页。
④ 同上书，第 119 页。
⑤ 同上书，第 150 页。

可读性，当然也在所难免造成了某些理论观点的含蓄性。该书共计14章，分上下两卷。上卷有总论性质，下卷则有理论的应用性质。其主要观点如下：其一，提出了"探讨文学艺术与整个地球生态系统的关系，进而运用现代生态学的观点来审视文学艺术"①的"生态文艺学"主旨。其二，论述了生态文学所赖以产生的"生态文明"新时代。作者认为，"即将来临的时代是一个人类生态学的时代"②，并将其表述为"'后现代'是生态学时代"③，并从审美的角度提出走向审美的生态学时代的观点。其三，对生态文艺学的研究对象与内容做了一个简要的概括："一门完整的生态文艺学，应当面对人类全部的文学艺术活动，并对其作出解释。而作为人类重要精神活动之一的文学艺术活动，必然全部和人类的生存状况有着密切的联系，优秀的文学艺术作品更是如此，因而都应当归入生态文艺学的视野加以考察研究。"④其四，提出了地球是整个生态系统自身调节的生命体，是包含一系列有机联系的生命圈。另外，还着重论述了自然的部分复魅、女性自然与艺术的天然同一性、怀乡是对栖息地的眷恋以及生态诗学等一系列重要命题。其五，提出了著名的生态学三分法：自然生态学、社会生态学与精神生态学。⑤其六，提出艺术家作为自然有机体在自然、家族、社会、文艺土壤中生长的问题。⑥其七，提出生态文艺学批评的内涵：大自然是一个有机的整体；人类对于维护自然在整体上的完善、完美担当着更多的责任；人类目前面临即将到来的生态灾难是人类自己造成的；生态危机的解救要求人类从根本上调整自己的价值观与生活方式；人类精神与自然精神的协调一致是生态的和审美的；诗与艺术是扎根于自然土壤之内、开花于精神天空的植物；真正的艺术精神等于生态精神；生态文艺批评把艺术哲学当作乌托邦的精

---

① 鲁枢元：《生态文艺学》，陕西人民教育出版社2000年版，第2页。
② 同上书，第24页。
③ 同上书，第169页。
④ 同上书，第28页。
⑤ 同上书，第132页。
⑥ 同上书，第203页。

灵；生态文艺批评是一种更看重文艺内涵的文艺批评；生态文艺批评不排斥包括形式批评在内的其他批评类型，其基本原则是"多元共存"。其八，关于自然美的新理解：自然美不是"人化的自然"，它既是自然生成的、客观存在的，同时又是人类审美机制中固有的，而有时候又是被个人的意识、经验、心境所强化的，"人与自然是共处一个'有机团体'之中的"①。

三　《环境美学》（陈望衡著，武汉大学出版社 2007 年版）

陈望衡教授的《环境美学》是我国第一部"环境美学"专著，总结概括了国内外的有关研究成果，提出了自己的看法，具有较强的概括性与完备性，是我国新时期生态美学研究的重要成果。其主要观点可概括如下：其一，作者在概括环境美学的基本内容时，提出了"景观"的概念，认为：如果说艺术美的本体是意境，那么环境美学的本体就是景观。它们是美的一般本体的具体表现形态。景观的生成是主体与客体两个方面的作用。自然、农村、城市是环境美学研究的三大领域，生态性与人文性、自然性与人工性的矛盾与统一是环境美学研究的基本问题。环境是我们的家，所以，环境美最根本的性质是家园感。在环境美学的视域内，"宜居"进而"乐居"是环境美学的首要功能，而"乐游"只能是它的第二功能。环境的功能当然不只是"居"与"游"，环境作为人的生存之本、生命之源，关涉人的一切生活领域，人类改造环境的任何事业都包含有美学的成分，将环境变成景观也就是按照美的规律创造世界。在我们居住环境的建设中，园林的概念具有重要的美学价值，建设园林式的城市和农村是我们居住的最高境界。应该说，作者的这一概括是比较全面的。其二，关于环境美学与传统美学的区别。作者指出，"美学研究的重心从艺术转移到自然，其哲学基础由传统人文主义和科学主义扩展到人文主义、科学主义和生态主义；美学正在走向日常生活并应用于实践。不难预见，环境美学将为美学研究注入新鲜血液，也势必为人类的实践指出

---

① 鲁枢元：《生态文艺学》，陕西人民教育出版社 2000 年版，第 90 页。

一条通往人与环境和谐美的道路：'环境美学的出现，是对传统美学研究领域的一种扩展，意味着一种新的以环境为中心的美学理论的诞生'"①。其三，关于什么是环境，作者指出："环境只能是人化的自然。从存在论意义来看，人与环境是同时存在的，没有适宜于人生存的环境，人不能存在；而没有人存在的环境，也就不能称之为环境。"② 其四，关于环境与艺术的关系。作者不完全同意西方环境美学家将两者严格加以区别的观点，而认为应是两者的结合，指出："环境美学的任务不在于区别艺术与环境，而恰恰在于将艺术与环境结合起来，走环境艺术化或艺术环境化的道路。"③ 其五，作者认为，"家园感是环境美学的基础"，"它侧重的是感性的维度，包括感性观赏和情性的融合"④。其六，关于环境美学的视界。作者认为，将自然、农村、城市"这三种环境类型间的相互关系进行阐述，将是我们获得研究环境美学的一个全新的视界"⑤。其七，关于环境美学与生态美学的关系。作者认为，"这两种美学都研究环境，但是，它们是不一样的，生态的问题不只是出现在环境之中，生态学作为一种维度，一种理论体系，或者说一种观察世界的视角，它与美学的结合，的确开辟了美学的新局面，但它不能归属于环境美学……这两种美学都有存在的价值，它们相互配合，共同推动美学的发展"⑥。其八，关于环境美学的哲学基调。作者从生态的、文化的、伦理的与哲学的 4 个层面加以阐释。其九，环境美的本体是"景观"。所谓"景观"，作者认为主要由两个方面的因素构成：一个是"景"，指客观存在的各种可以感知的物质因素；二是"观"，指审美主体感受风景时的种种主观心理因素。这些心理因素与作为对象的种种物质因素相互认同，从而使本为物质性的景物成为主观心理与客观影响相统一的景观。环境之美在景

　① 　陈望衡：《环境美学》，武汉大学出版社 2007 年版，第 10 页。
　② 　同上书，第 17 页。
　③ 　同上书，第 22 页。
　④ 　同上书，第 24—25 页。
　⑤ 　同上书，第 26 页。
　⑥ 　同上书，第 44—45 页。

观，景观是环境美的存在方式，也是环境美的本体。① 其十，关于环境美的欣赏。作者认为，对环境美的欣赏是多角度感知的综合，同时也是一种整体化的欣赏，不仅五官都要参与，而且还包含某种功利的价值判断。其十一，作者有力地批评了"自然全美论"，认为这是一种主客二分的、反人本主义的观点。作者认为，自然美"归根结底是人的活动使自然之美展现出来，但人类并不是将所有的自然都归结为审美对象，并不是所有的自然都可以被化为审美对象的，作为审美对象的自然，必须是肯定人的生存、生活、人的情感的那部分自然"②。其十二，提出"自然至美说"，认为自然是人类生命之源、美的规律之源、审美创造之源，"自然至美说"必然带来美学哲学基础、研究重点和理论形态的重大变化。其十三，作者还探讨了农业环境美、园林美与城市环境美等问题，这是将环境美学应用于实践的重要尝试。

四　《欧美生态文学》（王诺著，北京大学出版社 2003 年版）

该书是我国第一部研究欧美生态文学的学术专著，并对有关生态文学的基本问题阐述了自己的看法。作者认为："生态文学是以生态整体主义为思想基础、以生态系统整体利益为最高价值的考察和表现自然与人之关系和探寻生态危机之社会根源的文学。生态责任、文明批判、生态理想和生态预警是其突出特点。"③ 该书明晰勾勒了1974年以来欧美生态文学的基本发展历程。第一章主要论述作为生态文学思想基础的欧美生态哲学与生态伦理学的发展概况。从上古一直到20世纪，如施韦泽的"敬畏生命论"、利奥波德的"生态整体观"、威斯特灵的"生态人文主义"、辛格的动物解放主义、生态社会主义的"生态正义论"等，评述了西方近代以来几乎所有重要的生态思想；第二章论述了生态文学的发展，主要研究了欧洲各个时期生态文学的

---

① 陈望衡：《环境美学》，武汉大学出版社 2007 年版，第 136 页。
② 同上书，第 222 页。
③ 王诺：《欧美生态文学》，北京大学出版社 2003 年版，第 11 页。

发展及其代表性作家作品；第三章则深入分析了欧美生态文学的思想内涵，包括"征服、统治自然批判""工业与科技批判""生态整体观""重返与自然的和谐"，等等。该书是我国学者对欧美生态文学进行研究的重要成果。

五　《完美的自然——当代环境美学的哲学基础》（彭锋著，北京大学出版社 2005 年版）

该书是一位具有哲学背景的学者从哲学本体论的角度对自然美问题的反思，并从一种崭新的角度论述了"自然全美"问题。首先，作者从哲学本体论的角度提出当代生态理论家有关"自然全美"论述的理论缺陷，认为这个缺陷会出现一种生态科学的联系性与审美的孤立性、独特性的矛盾，从而提出："我们有了一种完全不同于环境科学家和生态学家的理解自然美的方式，我姑且称之为美学方式。按照这种美学方式，自然物之所以是美的，因为自然物完全是与自身同一的存在，它们是不可重复、不可比较，不服从任何依据既有概念的理解。这种美学方式与生态学家的普遍联系方式刚好相反，因此可以被适当的称之为完全孤立方式。"[①] 其次，作者质疑了"生态美学"这一说法，认为"如果说生态科学用普遍联系的观点能够较好地解释自然物的价值的话，它并不容易解释自然物的美。正是在这种意义上，我们可以很恰当地说有一种新的生态伦理学，但很难说有一种新的生态美学"[②]。作者对从哲学本体论的角度反思自然的基本观点作了自我陈述，"审美经验是人生在世的本然经验，审美对象是事物的本然样态，审美中的人与对象的关系是一种前真实的（per-real）肉身关系"，"审美就处于这种解构和建构的张力之中"[③]。关于"自然全美"，作者指出，"自然物之所以是全美的，并不是因为所有自然物都

---

① 彭锋：《完美的自然——当代环境美学的哲学基础》，北京大学出版社 2005 年版，"前言"第 4 页。

② 同上书，"前言"第 2 页。

③ 同上书，"前言"第 3 页。

符合同一种形式美，而是因为所有自然物都是同样的不一样的美。就自然物是完全与自身同一的角度来说，它们的美是不可比较、不可分级、完全平等的"①，并举了庄子、禅宗与儒家的有关思想以及康德、阿多诺与杜夫海纳的有关理论加以论证。作者的论述是独特的，但是也存在着一些矛盾。

六　《文艺的绿色之思——文艺生态学引论》（曾永成著，人民文学出版社 2000 年版）

该书是我国第一本自觉地以马克思主义的生态观为指导与主线展开论述的文艺生态学论著。诚如作者所说，"文艺的绿色之思，理应从马克思主义的生态观念中吸取智慧，为自己寻求最坚实也最有生命力的理论基础"。作者将马克思主义，特别是马克思在《1844 年经济学—哲学手稿》中的生态观概括为人本生态观、实践唯物主义人学及生命观、美学的生态学化、文艺思想中的生态思维等，然后从文艺审美活动的生态本性、文艺生态思维的观念、文艺审美活动的生态功能、文艺活动与生态问题，以及社会主义市场经济与文艺生态等层面进行论述。作者立足于将生态学作为一种新的思维和方法来研究文艺问题，"把本来诞生于自然科学中的'生态'观念引入文艺研究"，认为长期以来人们对马克思有关人的本质的流行阐释中，"常常把社会性孤立起来，把人只看作社会的人，轻视自然对人的实践的基础性制约作用"，又提出文艺的意识形态性质"是以这个生命生态为基础并在其中实现的"② 等。在对马克思主义文艺思想的阐释中强化了生态的维度，并力图使之渗透于文艺审美活动的各个方面，这是该书的贡献所在。但是因成书较早，该书对国内外最新生态理论与生态批评、环境美学资源吸取不够。

---

① 彭锋：《完美的自然——当代环境美学的哲学基础》，北京大学出版社 2005 年版，第 3 页。

② 曾永成：《文艺的绿色之思——文艺生态学引论》，人民文学出版社 2000 年版，"前言"第 1、8 页。

第四节　今后生态美学的建设与发展

（一）对历史的认真回顾与总结

总结近 20 年来生态美学的发展历程，可以看到，其中尽管取得了很大成绩，但是也存在着许多问题。从理论水平来看，无论从广度与深度，目前都还处于起步阶段。无论是对国外有关生态美学资源的把握，还是国内的生态美学研究都存在着相当的差距。迄今为止，尚没有出现具有较深透阐释力的理论论著。尤其是对中国传统文化中丰富的生态审美智慧的发掘、整理、研究，无论是广度还是深度都非常不够。因此，在国际生态美学与环境美学、生态文学的学术探讨中，中国学界还没有发出引人注目的独特声音。

一种理论形态是否具有生命力，不应只看其名目与提法是否新颖别致，更重要的是看其成果的理论水平。生态美学要真正站得住，关键在于拿出高水平的有理论阐释力的成果。国内研究在这方面的欠缺还表现在，到目前为止，我国生态美学的研究与实践结合得还远远不够。当前，国内学者应该紧密联系国情实际，拓展加深多少代人梦寐以求的中华民族伟大复兴事业，进而探讨在生态美学建设中有机地注入中国元素与中国资源。当然，一种理论形态的成立主要在于其特有的理论范畴的确立。生态美学的生命力就应表现在，它应建立与传统美学、艺术美学不同的范畴体系。学界虽然对此进行了很多比较有成效的探索，但是至今尚未取得既具有理论阐释性又具有广泛认同感的成果；从学者队伍来看，尽管近 20 年，特别是近 5 年来，研究队伍不断扩大，但是专门从事生态美学研究的学者数量还有待进一步扩充；从对外交流的情况看，21 世纪以来，有关生态美学方面的国际交流对话有了很大进展，不仅召开了 2—3 次国际学术研讨会，且有专人到国外进行这一方面的访学与研究。但是总的来说，交流的深度和广度还远远不够。

生态美学、生态文艺学与生态文学在目前国内学术界仍然遭到很多质疑。这些疑虑的存在恰恰说明，这方面的研究工作还有相当差距，有待于进一步深入。好在现在有了良好的国际氛围，更有国家意识参与下的"生态文明建设"和"环境友好性社会建设目标"的重大政策，在这种有利的形势下，学者要努力向更加深入、更加全面、更加中国化的方向前进。

二　力争有新的突破

在总结过去成果的基础上，争取有新的突破，主要从以下三个方面着手：第一，在前段研究基础上进一步综合。主要从当代生态美学产生的经济社会文化哲学与文学背景、我国学者所必须坚持的马克思主义理论的指导、生态美学建设所凭借的东西方资源、生态美学基本范畴以及生态美学中西方文艺作品的解读等方面对现有的中西方研究成果进行尽量的综合、深化；第二，力图建立生态美学特有的审美范畴，最主要的是建立基本的生态存在论审美观，以此证明生态存在论审美观与传统美学的区别及其独立存在的必要性；第三，努力将中西方有关生态审美智慧交流对话，从而进行生态美学范畴建设的再思考。例如，中国古代"生生之谓易"的生态审美智慧与生态存在论审美观的结合，生态美学的特有对象与中国古代"天地有大美而不言"的结合，生态现象学研究与中国古代"心斋""坐忘"的结合，生态审美本性论与中国古代生命哲学美学的结合，"天人合一"与"四方游戏"的结合，中国古代的"宜居"之说与"诗意地栖居"的结合，中国古代的"归乡主题"与"家园意识""场所意识"的结合，"气韵"说、"境界"说与"参与美学"的结合，"比兴"之说与生态想象的结合，等等。通过以上努力，力图建立比较新颖的，又具有中国特色的生态美学理论体系。

第五节　生态美学的研究方法

（一）坚持马克思主义历史唯物主义生态观的指导

马克思主义理论为我们正确认识自然社会与人的精神生活提供了科学的理论指导与最重要的立场、观点与方法。因此，我们在当今生态美学的研究中也必须自觉地坚持马克思主义的理论指导。首先是坚持马克思主义历史唯物主义的理论指导，从社会存在决定社会意识以及经济基础与上层建筑关系等重要的理论视角来认识、探讨当今生态问题的最根本的经济与社会动因，探讨生态问题的出现、解决与一定社会制度的必然联系。由此，进一步明确生态审美观确立的经济社会根基。同时，认真学习马克思主义有关人与自然关系的一系列重要论述，以之为生态审美观建设的重要理论指导。马克思与恩格斯所生活的19世纪中期尽管处于人类工业革命的最兴盛期，人类中心主义占据着压倒一切的绝对优势，但是马克思与恩格斯的科学世界观决定了他们必然以其深邃的唯物辩证思维来观察人与自然的关系，批判资本主义制度与资产阶级无限制地掠夺自然，从而导致人与自然"异化"的行为。这种唯物辩证的自然观成为我们今天研究生态美学观的重要理论指导与思想资源。

二　坚持当代生态整体论、生态存在论的生态哲学观

生态美学最重要的特点在于，它是一种包含着生态维度并坚持以当代生态哲学为指导的崭新的美学观。"当代生态哲学"的内容非常复杂，包含"人类中心主义"与"生态中心主义"两种不同的生态哲学派别。"人类中心主义"生态观坚持人对自然的绝对控制，只是在此前提下主张对人类中心意识有所限制；"生态中心主义"生态观则坚持万物的绝对价值、自然与人的绝对平等，其结果必然导致与现代社会发展的对立。而我们所坚持的"生态整体论"，是更加全面、更具包容性的生态哲学，旨在强调人与自然的共生、人类相对价值与自然相对价值的统一。这样的生态哲学，实际上就是一种"生态存在论"哲学。只有在这样的生态哲学观的指导下，生态美学建设才能走上科学的发展轨道。

三　坚持"后现代"的反思与超越的方法

生态美学是一种"后现代"语境下产生的新的美学观念。所谓"后现代"语境，就是说生态美学是"后工业文明"即"生态文明"

时代的产物。因此，在生态美学的研究中应坚持"后现代"理论所具有的对现代性进行反思与超越的基本品格。从现在看来，所谓"后现代"有"解构"与"建构"两种倾向，其基本品格是对"现代性"的反思与超越，但是"解构"的"后现代"更侧重于批判与打碎，而"建构"的"后现代"则更侧重于扬弃与建设。生态美学就是一种以扬弃与建设为其基本品格的美学形态。

第一编
生态美学的产生

第一章

生态美学产生的经济社会背景

本章关于生态美学产生的经济社会必然性的论述，意在探讨人类文明形态是否要实现一种新的过渡，是否要由工业文明过渡到生态文明的问题。为此，我们首先介绍两部影响深远的著作——《寂静的春天》和《增长的极限》，进而探究一下"祛魅"和"复魅"的问题，最后具体地提出生态文明时代的到来，根据我国当代的生态状况揭示生态文明建设的紧迫性。

第一节　人类已经走在交叉路口上
——由工业文明过渡到生态文明的觉醒

（一）莱切尔·卡逊与《寂静的春天》

莱切尔·卡逊（Rachel Carson，1907—1964），美国当代著名的海洋生物学家，著有《在海风下》《环绕着我们的海洋》《海洋边缘》等。其最著名、最具代表性的著作，当属1962年出版的《寂静的春天》。该书已经成为当代生态理论中的"里程碑式的经典之作"，也是生态文学批评的经典之作。此书的写作经历多年，在写作过程中，卡逊经受了两次巨大的灾难：一是母亲的去世。卡逊终身未婚，与母亲相依为命，母亲的去世对她是一个沉重的打击；二是卡逊本人罹患癌症。在《寂静的春天》出版两年以后——即1964年，她就去世了。这本书不仅体现了卡逊所具有的文学家的激情和思想家的深邃，而且还体现了她科学家的严谨和实证的精神。她在经过长时间调查研究，艰苦地收集大量证据后，在书中以犀利的笔触猛烈地抨击杀虫剂、农药对地球和大气的破坏，矛头直接指向DDT农药的生产。《寂静的春天》的出版严重触犯了农药生产资本家以及与之相关的科学家集团的利益，因此招致激烈批评、围攻乃至人身攻击。《纽约时报》在谈及这个情况时用了一个生动同时又颇具倾向性的标题——《寂静的春天变成了喧闹的夏天》。卡逊顽强地顶住了压力，使这本书得以顺利出版发行，最终成为当时美国和全世界最畅销的图书之一。正是由于这本书的出版，美国颁布了一部关于环境保护的法律。《寂静的春天》的出版，真正成为生态问题的一个转折点。她"以明确的、富有诗意的却又浅显易懂的文字具体论述了杀虫剂如何破坏美国的空气、土地和水资源，以及滥用杀虫剂的损害远远大于它带来的好处"，"她以自己的笔触唤起民众对生态问题的高度注意"，许多美国人把莱切尔·卡逊看作一个英勇无畏的英雄。①

二 一个寓言的启示——人类自己危害自己

莱切尔·卡逊在《寂静的春天》的第一章虚构了美国中部的一个城镇所受农药破坏的状况。美国农业现代化的初期，化肥、农药等现代农业科技得到广泛使用，给生态环境带来巨大的压力。卡逊虚构的这个城镇从繁花似锦、百鸟齐鸣到一片死寂，原因就是DDT等杀虫剂的过度使用，既破坏了农田、土壤，也危害了昆虫、鸟类，实际上是人们自己损害了自己。这个城镇是美国20世纪60年代无以数计城镇状况的一个缩影，是工业文明导致人类自己危害自己的一个极为形象的寓言。人类不仅破坏了自然，而且危害了人类自身，使"每三个家庭中有两人要遭受恶性病的打击"②。

---

① 李培超：《伦理拓展主义的颠覆：西方环境伦理思潮研究》，湖南师范大学出版社2004年版，第115页。

② ［美］莱切尔·卡逊：《寂静的春天》，吕瑞兰、李长生译，吉林人民出版社1997年版，第192页。

三　对工业统治时代不惜代价追求利润的无情谴责

马克思在《资本论》中讲到，资本的本性在于对资本无限增殖的追求。卡逊在《寂静的春天》中根据自己的调研对这一结论做了生动的阐释。在书中，卡逊揭露造成寂静的春天的原因是现代农药，特别是 DDT 农药的大量使用，而这一现象背后根本原因则是资本主义工业追求利润的最大化。她说："现在又是一个工业统治的时代，在工业中，不惜代价去赚钱的权利难得受到谴责。"① 她将这种情况进一步追溯到工业革命以来资本主义对金钱的追逐——也就是马克思所讲的资本追逐增殖的本性，并将这一问题提到了公共健康的高度。她说："化学药物的生产起始于工业革命时代，现在已进入一个生产高潮，随之而来的是一个严重的公共健康问题将出现。"②

四　对大自然平衡规律的揭示

莱切尔·卡逊作为一名海洋生物学家，在书中熟练地应用了生物学的基本理论，特别是大自然平衡的理论，并且着重倡导"生物环链"的思想。英国著名历史学家汤因比（Arnold Joseph Toynbee）也曾倡导生物环链理论，他说，人类对自然环境的破坏是犯了"弑母"之罪。卡逊则说，"现今一些地方，无视大自然的平衡成了一种流行的做法"，而大自然的平衡"是一个将各种生命联系起来的复杂、精密、高度统一的系统，再也不能对它漠然不顾了，它所面临的现状好像一个正坐在悬崖边沿而又盲目蔑视重力定律的人一样危险。自然平衡并不是一种静止固定的状态；它是一种活动的、永远变化的、不断调整的状态。人也是这个平衡中的一部分。有时这一平衡对人有利。有时它会变得对人不利。当这一平衡受人本身的活动影响过于频繁时，它就会对人不利"③。卡逊还对生物环链进行了论述，"这个环链

---

① ［美］莱切尔·卡逊：《寂静的春天》，吕瑞兰、李长生译，吉林人民出版社1997年版，第11页。

② 同上书，第162页。

③ 同上书，第215页。

从浮游生物的像尘土一样微小的绿色细胞开始，通过很小的水蚤进入噬食浮游生物的鱼体，而鱼又被其他的鱼、鸟、貂、浣熊所吃掉，这是一个从生命到生命的无穷的物质循环过程"①。在当代生态思想中，环链理论是非常重要的。地球上所有的物体和生物包括人在内都是这个生物环链中的一环，都享有在环链中应该享有的权利，也要承担环链赋予它的某种意识到的或没有意识到的责任——那就是维护生态环链的稳定和平衡。现在有一种说法，认为生物环链破坏以后还可以再恢复。其实，生物环链被破坏以后是不可恢复与还原的。一种生态环境被破坏又重新得到治理后，存在于其中的生态环链其实已被改变，不再是未被破坏时的那个生态环链了。原始森林被砍伐后，生态环链被破坏，再种上树后造就的是另一种新的环链，原有的环链不可恢复；黄河的水被污染后，我们加以治理，其中的生态环链已被改变，治理后的黄河变成了另外一条黄河。事实证明，生态状况都是一次性的、不可重复的。所以，我们要爱护并努力维护生物环链的平衡。

五 对"控制自然"这一妄自尊大的"想象"的批判

"控制自然"的说法是非常司空见惯的，我国20世纪曾流行一时的"战天斗地""人有多大胆，地有多大产"等，都出自对"控制自然"的强烈自信，但是这种自信其实是一种无知，是妄自尊大的想象。人类其实不可能完全控制自然，更应该尊重自然、顺应自然。马克思从不讲控制自然，而是讲"按照美的规律建造"。"美的规律"包括两个方面：一个是物种的内在需要，一个是人的内在需要。满足人的需要，也要尊重物种的需要，这是提倡尊重自然而不是控制自然。卡逊在谈到人对自然的控制时说："'控制自然'这个词是一个妄自尊大的想象产物，是当生物学和哲学还出于低级幼稚阶段的产物，当时人们设想中的'控制自然'就是要大自然为人们的方便有利而存在。应用昆虫学上的这些概念和做法在很大程度上应归咎于科学

---

① ［美］莱切尔·卡逊：《寂静的春天》，吕瑞兰、李长生译，吉林人民出版社1997年版，第39页。

上的蒙昧。这样一门如此原始的科学却已经被用最现代化、最可怕的化学武器武装起来；这些武器在被用来对付昆虫之余，已经转过来威胁到我们整个的大地了，这真是我们的巨大不幸。"① 用 DDT 农药来控制所谓害虫的蔓延导致了"寂静的春天"，这是人类在自食其果。与此相似，我国也曾有过"除四害"的运动，麻雀被认为是"四害"之一，人们用投药、网捕等各种方式消灭麻雀。这种做法同样也是非常幼稚的，是对自然平衡和生态环链的破坏。

六　对人类处于交叉路口的警示

在《寂静的春天》中，莱切尔·卡逊指出了生态环境问题的严重性并对人类发出了严厉的警示。她说："现在，我们站在两条道路的交叉口上。这两条道路完全不一样。……我们长期以来一直行驶的这条道路使人们容易错认为是一条舒适的、平坦的超级公路，我们能在上面高速前进。实际上，在这条路的终点却有灾难等待着。这条路的另一个叉路——一条'很少有人走过的'叉路——为我们提供了最后唯一的机会让我们保住我们的地球。"② 她所说的"一直行驶的路"，实际上是指污染生态环境的人类自己危害自己的道路，而另一条人类很少走的"叉路"则是保持人与自然的协调、和谐、统一之路。

第二节　《增长的极限》
——人类应该选择另一种发展模式

（一）对人类发展模式的思考——贝切伊与罗马俱乐部

罗马俱乐部是一个国际性的、非政府性的、非意识形态的、不为任何国家或政党利益服务的、跨文化的国际学术研究的民间团体。该俱乐部拥有一批世界著名的物理学家、生物学家、数学家、经济学

---

① ［美］莱切尔·卡逊：《寂静的春天》，吕瑞兰、李长生译，吉林人民出版社 1997 年版，第 263 页。

② 同上书，第 244 页。

家、社会学家、未来学家、哲学家等。它的创始人是意大利的奥雷利奥·贝切伊（Aurelio Peccei，1908—1984）。贝切伊出生于意大利都灵一个进步的文化人家庭，是一名经济学博士、意大利著名的工业家、社会活动家和全球问题学者。他曾就职于菲亚特汽车公司，第二次世界大战期间投身于"反法西斯"左翼运动，成为意大利抵抗运动的一员。1944 年曾被捕入狱近一年，战后继续就职于菲亚特汽车公司，曾在中国常驻 8 年。1957 年后，他在意大利财界、政界和工业界人士的支持下，成立了一个以他为总经理的、不以盈利为目的的国际工程和经济顾问公司，后发展成为欧洲最大的、最有活力的经济顾问公司。在事业如日中天的时候，贝切伊功成身退，把目光集中于人类困境问题，希望找到一种方法改变人类走向灾难的进程。1968 年 4 月，在他的倡议下，意大利、瑞士、日本、联邦德国、英国等 10 个国家的 30 多位专家，其中包括科学家、教育家、经济学家和企业家等在意大利的林赛科学院开会，讨论当前和未来的困境，这是首次讨论人类困境问题的国际性会议。罗马俱乐部就是在这个会议的基础上诞生的。目前，罗马俱乐部有来自 40 个国家的近 100 名代表，他们就当前社会的人口、资源、粮食、能源、环境等全球问题进行了跨学科的、开拓性的研究，写出了一系列综合性的研究报告，如《深渊在前》《增长的极限》《人类处在转折点上》《走向未来的道路图》《关于财富和福利的对话》等。

《增长的极限》就是由罗马俱乐部委托美国麻省理工学院 4 位年轻科学家所写的有关人类社会经济发展的一个科学报告。这本书于 1972 年问世。也正是在这一年，联合国《人类环境宣言》获得通过，标志着人类踏入了生态文明时代，生态问题成为全球问题。《增长的极限》以科学雄辩的数据与推理论述了增长的极限问题，第一次向人类展示了在一个有限的地球上无限制的增长所带来的严重后果，震惊了全球。1992 年该书出版了修订版，2004 年又出版了第 3 版。第 3 版以 30 年来新增加的数据再次就增长问题向人类敲响了警钟。正如作者所说，这本书并不是一本单纯就人类未来进行预测的书，而是从各种已知数据和假定的情况出发对各种场景和结果进行模拟的书，是一部供人类选择正确道路的书，也是一部警世之书。作者一再说，"人类已经超出了地球承载能力的极限"，但是"人类有足够的时间，甚至是在全球范围内，进行反思，做出选择并采取进行矫正"①。这本书对人类的意义非同寻常，但是在开始时却受到了很多抵制，因为它要限制发展，提倡一种"够了就行"的生活模式，这在某些热衷于发展与过度消费的人看来则是难以忍受的。

二　人类历史上发展模式的三大变革

《增长的极限》提出了人类历史发展模式的三大变革。首先是有关经济社会发展模式的变革。作者指出："人类历史已经见证了多个结构变革。农业和工业革命是其中最深刻的例子。"② 这两次变革都是由"短缺"和"匮乏"引起的，是迫不得已的。农业革命是人类对野生物种匮乏的成功应对。③ 由于人口的增长，狩猎经济中野兽的减少已经不能满足人们的需要，所以人类定居下来，选择种植和农业经济。我国内蒙古自治区有些牧区已不能再采用原始的放牧式生产模式，而是发展为"圈养"式畜牧模式。笔者曾到内蒙古大草原去过，"风吹草低见牛羊"的景象已经很难见到，草长得很矮，虽然当地人说那种草很有营养，但是毕竟反映了土地肥力的不足以及原始牧业迫于人口和需求增长的压力而不得不向农业转型的趋势。

随着历史的发展，"更多的人口产生了新的短缺，特别是土地和能源。于是，另一场革命成为必然"④。这场革命就是工业革命。这时，"机器，而不是土地，成为生产的核心手段。公路、铁路、工厂、烟囱在地平线上冒了出来，城市也在不断膨胀。这种变化也是一种混杂的快乐"⑤。这就说明，由于人口的急剧增长，传统农业已经养不活

---

① ［美］德内拉·梅多斯等：《增长的极限》，李涛、王智勇译，机械工业出版社 2013 年版，"前言"。

② 同上书，第 223 页。

③ 同上书，第 248 页。

④ 同上书，第 249 页。

⑤ 同上。

这些人口，从而形成新的短缺，这就是工业革命发生的重要原因。但是"工业革命的成功，同此前的群猎和农业革命的成功一样，最终也给自身带来了短缺"①，这种短缺包含"源"和"汇"两个方面。"源"即资源，"汇"指的是地球对污染的承受力。这样就导致一场新的"可持续性发展"的革命。《增长的极限》一书指出："像其他伟大革命一样，即将到来的可持续性革命也将改变地球的面貌，改变人类个性、制度和文化的基础。像此前的革命一样，它将需要几个世纪的时间才能全部展开——尽管今天它已经开始了。"② 即将到来的"可持续性"发展的革命也就是生态革命，它有以下特点：

1. 这是一场在消费社会中使人们保持物质生活"适度"消费的革命。

2. 这是一场以"可持续、有效率、充裕、平等、美好和共有是全社会最高的价值观"革命。

3. 这是一场遵循如下原则的革命。

（1）经济是一个手段而不是一个结果，是为环境福利服务的而不是相反。

（2）建立有效率的、可再生的能源系统。

（3）建立有效率的、闭合循环的物质系统。也就是建立可将废物回收利用或加以无害化处理的物质系统。我国从 2008 年 6 月份逐步开始禁止不可降解的塑料袋的生产和使用，就是个非常好的政策措施。

（4）技术设计把污染排放与废弃物减小到最低程度，并且全社会约定不生产技术和自然界无法处理的污染排放和废弃物。在发达国家，垃圾分类非常严格，不同颜色的塑料袋装不同的垃圾，分有机物与无机物、可降解与不可降解等种类，混在一起的垃圾要被退回。

（5）保持生态系统的多样性。古语云，"和实生物，同则不继"

---

① ［美］德内拉·梅多斯等：《增长的极限》，李涛、王智勇译，机械工业出版社 2013 年版，第 250 页。

② 同上。

（《国语·郑语》）。地球上的任何物种都是生态环链中的一员，哪怕在人类看来是极其微不足道的，都有其生存的权利，都在生物环链中发挥着自己的特有作用。

（6）活着的原因和想让自己生活的条件更好的原因不再涉及物质的积累享受。[1] 当然，我们要保证必需的物质满足。我们要建设"小康"社会，但是不能无止境地追求物质的享受和占有。

三　关于"源""汇""生态足迹""指数型增长"与"过冲"等几个关键词

《增长的极限》为了阐明发展与资源、环境的关系，创造了一些特有的词汇，这些词汇反映了作者的基本思想，成为全书的关键词。

"源"，即维持人类生存发展的资源。可分为两种：可再生资源与不可再生资源。可再生资源包括土壤、水、森林、鱼等；不可再生资源包括矿物燃料、高等级矿藏、地下水等。对于"源"，《增长的极限》提出了两个原则：

1. 对于可再生资源，要求可持续的使用率不能高于它的再生率。例如，鱼的捕捞量不能高于剩余鱼群数量的增长率。

2. 对于不可再生资源，要求可持续的利用率不能高于用于代替它们的可再生资源的可持续的利用率。例如，对石油的利用率不能高于代替石油的风、电、光电等新的资源的生产率，否则当石油耗尽时，用来代替它的资源将无法满足需求。

"汇"，即大自然吸收、净化人类污染物的能力。对于"汇"也有一条可持续性发展原则——"可持续的排放率不能高于污染的被循环利用、吸收以及在汇中无害分解的速率。"[2]

以上三条原则，被经济学家赫尔曼·戴利（Herman Daly）称为"物质和能源吞吐能力的可持续极限的三个简单规则"[3]。

---

[1]　［美］德内拉·梅多斯等：《增长的极限》，李涛、王智勇译，机械工业出版社2013年版，第254页。

[2]　同上书，第52页。

[3]　同上书，第50页。

"生态足迹"为《增长的极限》第 3 版借用的 20 世纪 90 年代之后生态哲学发展的一个新的概念，成为该书重要的关键词。所谓"生态足迹"（ecological footprint）表示"这个星球上的人类需求和地球能提供的容量之间的关系"①，具体指"为国际社会提供资源（粮食、饲料、树木、鱼类和城市用地）和吸收排放物（二氧化碳）所需要的土地面积"②。中国 960 万平方公里的土地上生存着 13 亿人口，加拿大 1000 多万平方公里的土地只有不到 4000 万人口。相比之下，我们的生态足迹小得多。以前我们的教科书常讲中国"地大物博"，从生态足迹的理论看，我国的环境资源压力其实是非常大的，我们地也不大，物也不博。马西斯·瓦科纳格尔（Mathis Wackenagel）运用生态足迹理论进行了预测：在 20 世纪 80 年代（1980 年）人类需求与地球的承载能力大体两项持平；而到了 1999 年则人类需求已经超过地球承载能力 20%。世界自然基金会也在一份报告中指出，全球的平均生态足迹为每人 2.2 公顷，大大超过了地球所能提供的 1.8 公顷。自 20 世纪 60 年代以来，中国的平均生态足迹需求增加了一倍，现在的需求是这个国家可持续供应数量的两倍多。③ 可见问题的严重性。

　　"指数型增长"，指人口、资本和经济增长的一种方式，"也就是翻倍、翻倍、再翻倍的过程，是非常令人吃惊的，它能如此之快地产生如此巨大的数字"④。也就是说，一个数量以其已有的一个比例增加时，它就呈指数型增长。例如，将 100 美元存入银行，按照 7% 的利息，第 1 年增长到 107 元，第 2 年增长数为 107 元的 7% 即 7.49 元，到第 10 年就能增长到 196.72 元，几乎翻了一番。如将 100 美元放到罐子中，每年投入 7 元，10 年之后为 149 元，这种增长是线性增长。到了第 50 年末，银行账户中的钱将比罐子中的多 6.5 倍，几乎多出

　　① ［美］德内拉·梅多斯等：《增长的极限》，李涛、王智勇译，机械工业出版社 2013 年版，第 3 页。
　　② 同上书，"前言"。
　　③ 转引自《参考消息》2008 年 6 月 11 日。
　　④ ［美］德内拉·梅多斯等：《增长的极限》，李涛、王智勇译，机械工业出版社 2013 年版，第 19 页。

2500 美元。据《增长的极限》的作者测算，在过去的半个世纪里，欠发达地区城市的人口增长呈指数型增长，19 年间人口翻了一番；而工业化地区的人口呈线性增长，较为平缓。对于人口的指数型增长，有一个现实的问题摆在我们面前，即在一定的生态足迹下，人的需求和土地的比例有没有增长的限度，而这个限度又在哪里呢？

"过冲"（Overshoot），本义为过度、过头、超过、超载、越界。《增长的极限》说："过冲，意思是走过头了，意外而不是有意得超出了界限。"[①] 1992 年，来自 70 多个国家的 1600 多名科学家，其中包括 102 位诺贝尔奖获得者，签署了《世界科学家对人类的警告》：人类和自然世界处于"过冲"之中。人类活动对环境和重要资源带来严重并且经常是不可修复的破坏，如果不加以阻止，我们目前的许多行为会对我们所期望的人类社会、地球和动物王国带来严重威胁，并将改变人类生活的世界，以致无法按照我们所知道的方式延续生命。如果要避免我们目前进程所带来的冲突，就迫切需要一些根本性的改变。

四　世界面临一个选择

《增长的极限》并不试图预测世界的未来，而是以科学的态度和方法提供各种模型供人类选择，它说"世界面临的不是一个命中注定的未来，而是一个选择"[②]。该书提供了 3 个供人类选择的模型。

1. 世界没有极限，可以无限制地增长。这一模式的结果是榨干地球，导致崩溃。

2. 极限是真实存在的，并且正在逼近，但是人类不可能做到适度，只能任其发展，其结果也只能导致崩溃。

3. 极限是真实存在的，人类如果不浪费的话，还有足够的能源、物资、环境张力和美德来有计划地降低人类的生态足迹，可持续地演进到一个对绝大多数人来说都更加美好的世界。

---

① 〔美〕德内拉·梅多斯等：《增长的极限》，李涛、王智勇译，机械工业出版社 2013 年版，第 2 页。
② 同上书，第 262 页。

《增长的极限》的作者告诉我们：对于第3模型，"从我们已经看到的证据来看，从世界数据到计算机模型，都表明它是可信的，是可以达到的"[①]。这就是《增长的极限》一书的最后结论。

第三节　人与自然的崭新关系
——从"祛魅"到部分"复魅"

（一）关于世界的"祛魅"和部分"复魅"

所谓"魅"，即精怪、鬼魅、妖狐等，带有浓厚的迷信色彩。在古代农业社会，科技不发达，人们对自然现象不了解，认为很多神秘现象都有神灵鬼怪凭附，因此有"魅"的观念。过去，在我国农村有些地方，人们认为蛇、狐等动物往往极具神圣色彩，是禁止捕杀的，否则就会带来灾难。工业社会时代，科技发展，人们认识自然的能力大大增强，自然开始褪掉其神秘色彩。启蒙主义时代，培根（Francis Bacon）提出"知识就是力量"之说，认为有了知识就能改变一切。这是人类尊崇知识和自我的豪迈宣言。笛卡尔（Rene Descartes）提出"我思故我在"，认为理性高于一切，拥有理性的主体高于一切。他们把以实验科学为代表的科学力量估计得过高，认为科技力量无所不能，于是提出了"自然的祛魅"（Disenchantment of the World）。据考证，最早提出"世界的祛魅"的，是德国著名社会学家马克斯·韦伯（Max Weber）。其实，"祛魅"在启蒙主义时期就已经开始了，康德（Immanrel Kant）的名言"人为自然立法"，就明确表明了这一立场。韦伯在发表于1904—1905年的《新教伦理与资本主义精神》介绍基督教新派别之一"加尔文宗"时提出了这一说法，他说："宗教发展中的这种伟大的历史过程——把魔力（magic）从世界中排除出去，在这里达到了它的逻辑结局。"[②]　"把魔力从世界中排除出去（the

---

① ［美］德内拉·梅多斯等：《增长的极限》，李涛、王智勇译，机械工业出版社2013年版，第263页。

② ［德］马克斯·韦伯：《新教伦理与资本主义精神》，于晓、陈维纲译，上海三联书店1987年版，第79页。

elimination of the World）"，又译为"世界魔力的丧失"，韦伯将其具体解释为"即拒绝将圣餐中的魔法作为通往拯救的道路"①。"圣餐中的魔法"，是指耶稣在最后的晚餐中将象征着自己的血和肉的酒和面包分给门徒，这样他们就能在自己殉道以后得到拯救。拒绝这种宗教说教，也是一种"祛魅"。英译者将其解释为"这一过程对韦伯来说是更为广泛的理性化过程中的一个极为重要的方面，在这里他总结了他的历史哲学"②。也就是说，"祛魅"是韦伯理性化进程的重要方面，不仅局限于宗教。

美国当代哲学家大卫·雷·格里芬（D. R. Griffin）在《和平与后现代范式》一文中直接批判了韦伯有关"世界的祛魅"的观点，提倡部分地"复魅"。他说："马克斯·韦伯曾经指出，这种'世界的祛魅'是现时代的一个主要特征。自然被看作是僵死的东西，它是由无生气的物体构成的，没有有生命的神性在它里面。这种'自然的死亡'导致各种各样的灾难性的后果。"③ 与"祛魅"相反，他提出世界的返魅，他说："这就要求实现'世界的返魅'（the reenchantment of the World），后现代范式有助于这一理想的实现。"④ 他将"世界的返魅"作为后现代范式的一种理论成果。"世界的返魅"到底意味着什么呢？是否重新回到农业社会的"万物有灵"呢？当然不是。我们将其理解为部分的恢复自然的神奇性、神圣性和潜在的审美性。

二　自然是神奇的、神圣的、值得敬畏的

这是一个存在着激烈争论的问题。前一段时间，国内学界有人在人与自然的关系上提出"敬畏自然"，结果遭到一些著名科学家、人文学者的坚决反对，认为这是将人与自然的关系颠倒了，只有人才是

---

① ［德］马克斯·韦伯：《新教伦理与资本主义精神》，于晓、陈维纲译，上海三联书店1987年版，第185页注（19）。

② 同上书，第185—186页注（19）。

③ ［美］大卫·雷·格里芬编：《后现代精神》，王成兵译，中央编译出版社1998年版，第218页。

④ 同上书，第222页。

伟大的、值得敬畏的。笔者认为，应该保持对自然的适度敬畏。因为直到现在为止，自然对于我们人类仍然具有某种神秘性与神奇性，而且这种现象将会永远继续下去。

恩格斯在《自然辩证法》中讲到宇宙生成时连续用了两个"不知道"。他说，"有一点是肯定的：曾经有一个时期，我们的宇宙岛的物质把如此大量的运动——究竟是何种运动，我们到现在还不知道——转化成了热，以致从中可能产生了至少包括 2000 万颗星的诸太阳系……"；又说，"关于我们的太阳系的将来的遗骸是否总是重新变为新的太阳系的原料，我们和赛奇神父一样，一无所知"[①]。实际上，宇宙到底是如何生成的，现在我们也不完全知道。目前有关宇宙生成的"星云说""粒子说""大爆炸说"等，都还只是假说。在谈到人类对自然的支配时，恩格斯又讲了一段非常著名的话："我们不要过分陶醉于我们人类对自然界的胜利；对于每一次这样的胜利，自然界都对我们进行报复。"[②]

自然科学的发展也对自然的"祛魅"提出于挑战。首先被推翻的是以牛顿（Isaac Newton）的自然力学为代表的科学决定论，最具代表性的是法国科学家拉普拉斯（Pierre Simon Laplace）在其《概率的哲学导论》中的断言："如果一个出类拔萃的智者了解宇宙中所有的作用力，了解所有物体的位置，那么通过'简单的计算'未来和过去都将展现在他的眼前。"但是这样一种理论被现代自然科学所推翻。首先是热力学。热力学指出装在密闭容器里的一升气体，含有百亿个原子，你不可能知道每个原子的位置，只能通过概率论和统计学对其状态进行平均描述。德国物理学家海森堡（Werner Heisenberg）的不确定性原理也指出，我们不能确切地同时知道一个粒子在哪里和它的运动速度是多少。再就是美国气象学家爱德华·洛伦茨（Edward Norton Lorentz）于 1961 年提出了"混沌"学说，认为很简单的系统会出

---

① ［德］恩格斯：《自然辩证法》，《马克思恩格斯文集》第 9 卷，人民出版社 2009 年版，第 424 页。

② 同上书，第 559—560 页。

现不可预测的、非常复杂的运动和后果，即著名的"蝴蝶效应"——亚马逊河流域的一只蝴蝶扇动翅膀就有可能掀起密西西比河流域的一场风暴。"混沌"学说同时也指出人们不可能知道太阳系星球 100 万年后会在什么地方。

至于自然的神圣性，应该也是不言而喻的。首先，自然是人类的母亲，人类来自自然，最后回归自然。同时，自然也是人类的家园，人类依靠自然提供的阳光、空气、水和食物而生存，一刻也离不开自然。人类是伟大的，但是人类在自然面前又是渺小的，对自然保持适度的敬畏是完全应该的。

第四节　我们已处于后工业文明时代
——生态文明时代

（一）建设性的后现代与生态整体主义

"后现代"是 20 世纪 60 年代以后提出的一个概念或范式，20 世纪 80 年代以来开始盛行，至今仍有很大影响。"后现代"的内涵极为丰富复杂，但是大体而言，包括"解构性"的后现代和"建构性"的后现代。解构性的后现代的主要代表人物是法国人德里达（Jacques Derrida），尽管他自己并不承认这一点。其理论以解构与破坏为其重点，但是也并不完全否定一切，只是在此前提下保留某些"擦痕"。与解构性的后现代相对的则是建构性的后现代，又称建设性的后现代，以美国学者大卫·雷·格里芬为代表。建设性的后现代是对现代性的一种反思和超越，其中就包含对现代性中人与自然对立观念的反思，并由对人类掠夺控制自然的反思而走向生态整体主义。正如格里芬所说，"后现代观就产生了这样一种精神，它把对人的福祉的特别关注与对生态的考虑融为一体"[1]。又说，"后现代思想是彻底的生态主义的，它为生态学运动所倡导的持久的见识提供了哲学和意识形态

---

① ［美］大卫·雷·格里芬编：《后现代精神》，王成兵译，中央编译出版社 1998 年版，第 23 页。

方面的根据"①。这种哲学与意识形态的依据，就是对人与自然二元对立的反对和对有机整体哲学的倡导。由此可见，建设性的后现代必然包含着对生态文明的倡导。

二　"人类纪"与生态文明时代的到来

首先是"人类纪"的来临，人类活动对环境的影响空前加剧。从地质学的角度说，地球的演变是历史性的，地质学家用侏罗纪、白垩纪等概念加以表述。许多科学家认为，当前地球已经进入新的"人类纪"历史时期。据《中国环境报》2004 年 8 月 31 日报道：

> 先前人们一直认为我们生活的这个地质时期应称为"全新世"，这个地质时期是约 1 万年前最近一个冰川期结束后来临的。然而，越来越多的科学家们已开始逐渐接受这样一套理论：地球已经进入它的另一个发展时期——"人类纪"，在这一时期人类对环境的影响并不亚于大自然本身。
>
> 在目前进行的斯德哥尔摩"欧洲科学"国际科学论坛上，诺贝尔奖得主鲍尔·克鲁岑（Paul Grutzen）指出，人类正在快速地改变着所居住星球的物理、化学和生物特征，他们最为显著的"成就"就是导致气候变化。
>
> 同时，地壳与生物圈研究国际计划领导人威尔·史蒂芬认为，"人类纪"与人类社会发展初期平静的环境有着巨大的区别——未来我们面临的将是巨大的环境动荡。
>
> 通过计算机"地球系统"模拟实验，科学家们向人类揭示了保护我们的星球免受灾难性变动的重要意义。根据计算机模拟实验，随着全球变暖的趋势进一步加剧，亚马逊森林将消失，同时撒哈拉将变得更湿润和苍翠，而这一变化将加剧亚马逊的灾难。也就是说，在可以预见的未来，亚马逊和撒哈拉可能会出现角色互换。

---

① ［美］大卫·雷·格里芬编：《后现代精神》，王成兵译，中央编译出版社 1998 年版，第 227 页。

另外，科学家们还严密关注着北大西洋环流、南极西部的冰川、亚洲季风等因地球环境变化而可能给人们带来的恶果。来自丹麦的海洋学研究教授凯瑟琳·理查德森指出，海洋中目前所含的碳酸气要比空气中的高出50%。海洋酸化也将导致海洋植物和动物群系的匮乏乃至灭绝，这也会加速全球变暖态势。

"人类纪"的到来意味着：人类要反思与改变自己的行为方式，否则将走向毁灭。同时，20世纪60年代以后，人类开始进入后工业时代。对这个时代的概括，有信息时代、知识经济时代等，最近也有人将其概括为生态文明时代。《光明日报》2004年4月30日发表《论生态文明》一文，指出："目前，人类文明正处于从工业文明向生态文明过渡的阶段。"又说："生态文明是人类文明发展的一个新阶段，即工业革命之后的人类文明形态。"1972年，联合国《人类环境宣言》的颁布已经标志着人类进入生态文明时代，我国最近也在建设物质文明、精神文明与政治文明三个文明之外提出了"生态文明"的建设。实际上，我国目前提出的科学发展观、和谐社会目标、"以人为本"的理念、经济的可持续发展、"建设环境友好型社会"等原则，在某种意义上也是一种对工业文明的反思与超越，标志着新的生态文明时代的确立。

三 走向生态现代化

当代生态理论的发展经历了三个阶段：

第一阶段，20世纪60—70年代，即环境问题的突发和人类开始警醒的阶段。以《寂静的春天》《增长的极限》等著作的出版为标志，提出问题，进行反思。但也出现了矫枉过正的"反现代化、反工业化、反生产力、反科技"的错误思潮，甚至有人提出倒退到中世纪。这不仅是错误的，而且也是不现实和行不通的。有些人夸大其辞地说，我们现在生活的美好程度不见得比英国中世纪的农民好。这是严重脱离现实生活的呓语。其实，我国大部分农村的生活一直是非常艰苦的，直到近年来才有所改善，更不要说回到生产力极为低下的中世纪了。因此，在生态环境问题上还是应该保持清醒冷静的头脑。

第二阶段，20世纪80年代之后，提出发展和环境同步、经济增长与环境压力反比的思路，这就是德国学者胡伯（Huber）提出的"生态现代化"的理论。所谓生态现代化，指现代化与自然环境的一种互利耦合，是全世界现代化的生态转型。欧美等发达国家已大体做到了这一点，基本实现了经济增长速度超过了环境压力的增长。

第三阶段，以中国为代表的发展中国家走向生态现代化之路。我们在经济高速增长中，在实现现代化的过程中，同时也要走生态现代化之路。也就是说，在"工业、农业、国防、科技"四个现代化之外，再加一个"生态现代化"，即五个现代化。计划到2050年左右基本实现这一目标，使我国经济发展与环境退化完全脱钩，人居环境完全达到主要发达国家水平。

生态现代化的保证是先进的生态文化的建设。文化是先导、支撑和保证，生态现代化需要先进生态文化的先导、支撑和保证。《增长的极限》告诉我们，"世界面临的不是一个命中注定的未来，而是一个选择"①。选择就是一种态度，一种价值观，一种文化，要倡导一种"以审美的态度对待自然""够了就行"的文化态度，代替"与自然为敌""越多越好"的错误态度。因此，我们的当务之急不仅在调整发展模式，而且还要建设生态文化，包括生态哲学、生态伦理学、生态经济学、生态社会学、生态美学。生态文化就是一种符合社会发展方向的先进文化，发展生态文化是我们的责任之所在。

第五节　生态文明建设对中国的现实紧迫性

（一）中国作为资源环境紧缺型国家面临越来越大的环境和资源压力

过去我们一直讲中国"地大物博"，其实中国发展的环境资源压

---

① ［美］德内拉·梅多斯等：《增长的极限》，李涛、王智勇译，机械工业出版社2013年版，第262页。

力空前巨大，已经成为实现现代化的"瓶颈"。中国 13 亿人口，占世界人口的 1/5，森林覆盖率只有 20%，达不到世界人均的水平；全国人均淡水量是世界人均的 1/4，北方只有 1/18，山东是 1/10；我们荒漠化的土地相当于 14 个广东省，而且还在呈现不断扩大的趋势。我国的生态足迹有限。中国的基本矛盾，根据有些权威政治家的概括，除人民日益增长的物质文化需要同生产力落后之间的矛盾之外，还有人民日益增长的物质文化需求同环境、生态和资源之间的矛盾。

二　最近以来，我国环境问题越来越严重，直接威胁到现代化建设的成败和人民的生存状态

近 30 年来，我国实行了规模宏大的现代化事业，国家繁荣，人民富裕，取得了巨大进步。但同时也付出了巨大的环境代价，环境问题愈加严重。2007 年 12 月 21 日《光明日报》报道：据权威部门统计，我国每年因环境污染造成的经济占据 GDP 的比例十分惊人。有权威人士更加深刻地指出，发达资本主义国家几百年中出现的环境问题在我国 20 年中一下子发生了，事故频发，问题严重。由于发展模式的影响，我国还不适当地接受了发达国家的环境污染转移，在一定程度上更加重了环境问题的严重性。据《纽约时报》报导，我国邯郸钢铁厂从 20 世纪 90 年代后期开始，引进了德国鲁尔的二手炼铁炼钢设备，促使钢铁产量突飞猛进，现在中国的钢铁产量已经超过德国、日本和美国的钢铁产量总和。然而，伴随着这些设备的转移，环境污染也被转移。鲁尔本是高污染区，早上穿上的白衬衫到晚上就变成了灰色的。现在德国鲁尔本人换来了碧水蓝天，与之相反，我国的邯郸却出现了严重的环境污染问题。生活在邯郸市西边的居民一直生活在尘烟弥漫、含有致癌物质的毒气中。[①] 山东中部的某个村庄是所谓的"癌症村"，食道癌发病率极高，原因就是村子紧邻的大汶河被附近城市的工矿企业所污染。现在青壮年和孩子们都被转移出了村子，只有老年人留在那里无助地等待命运的裁决。目前，类似的这种"癌症

---

① 转引自《世界工厂也是世界烟囱》，《参考消息》2007 年 12 月 22 日。

村"在中国还有一些。这种情况说明，严重的环境问题不仅直接威胁到了我国现代化的成败，而且也直接威胁到了我国人民的生命健康。

三　资源、环境问题直接与中华民族伟大复兴的目标、与我国"以人为本"的发展方针相矛盾

近年来，我国经济取得长足发展，但是也付出了巨大的环境代价。实践证明，"先污染后治理"的道路是行不通的，因为这必将付出更为巨大的代价——不仅要付出经济的代价，还要付出人民的身体健康、美好生存乃至生命的代价。这是与我国科学发展观中"以人为本"的方针相背离的。联合国规定，环境权也是一种人权，每个人都有权在美好的环境中有尊严地生活。试想一下，若没有了干净的饮用水，大家都去疯抢少量的矿泉水，为一桶水而四处奔波时，人还会活得有尊严吗？当我们被"非典"病毒封闭在楼上，只能在窗口通过吊篮获取一点生活用品时，人活得还有尊严吗？在这种情况下，我们还能对自然采取那种高傲的、征服者的姿态，还能不适度地敬畏自然吗？！

第二章

生态美学产生的哲学与文化背景

第一章论述了生态美学产生的社会经济背景，即人类社会从 20 世纪中期开始逐步地由工业文明向生态文明的转型。本章将论述生态美学产生的哲学与文化背景，也就是从 20 世纪中期开始，随着生态文明时代的到来，在文化、哲学思想领域中逐步产生的由人类中心主义到生态整体、由传统认识论到现代存在论的转型。即使在对西方思想文化影响深重的基督教领域，也发生了生态转向，并由此发展出生态神学。

第一节　由人类中心主义到生态整体的转型

（一）作为一种历史形态的人类中心主义及其终结

在当代生态理论的研究中，一个十分敏感的问题就是有关"人类中心主义"的问题。因为，当代包括生态美学在内的生态理论对"人类中心主义"的扬弃，常常遇到论辩者的如下诘难：在生态理论中如果不以人为中心，那么要以什么为中心呢？难道当代生态理论竟与"以人为本"观念相悖吗？要回答这些问题，就必须将作为理论形态的"人类中心主义"研究清楚。

任何理论范畴都是在一定的历史条件下生成和发展的，社会历史条件的变化必然促使生长于其上的理论范畴发生相应的变化。"人类中心主义"是在历史中形成的，是一种历史的理论形态。众所周知，自然与人的关系是自有人类以来就有的最基本的理论观念，其中包含着人与自然孰重孰轻的各种理论观点。但迄今为止，在人们的观念中，占压倒优势的理论形态，却是18世纪工业革命中产生的"人类中心主义"观念。因为，工业革命之前，在人类漫长的历史长河中，生产力水平极为低下，人在与自然的关系中，是处于劣势的。因此，对自然迷信、崇拜的蒙昧观念占据了压倒的优势。工业革命之后，科技突飞猛进，生产力迅猛发展，经济发展逐步地由农业时代、工业时代、电子时代发展到当今的信息时代，人类控制自然的力量也迅速地增长。在这种情况下，产生了以唯科技主义、唯理主义为其代表的"人类中心主义"的理论观念。如果从具体的时间来算，可以1769年瓦特发明蒸汽机为起点，直到20世纪60年代，一共200多年的时间。这段时间，出现了一股强劲的理性主义思潮以及与之相伴的"人类中心主义"思潮。其代表人物，如英国著名哲学家弗兰西斯·培根（Francis Bacoon，1561—1626）。培根作为现代实验科学的始祖，对科学的力量极力推崇，提出"知识就是力量"（Knowledge itself is power)① 的说法。他认为，科学可以破除迷信，可以影响道德，当然也可以认识自然、改造自然、统治自然。还有法国哲学家勒内·笛卡尔（Rene Descartes，1596—1650），他同样是科学与理性的推崇者。在《方法论》一书中，笛卡尔认为，凭借实践哲学就可以"使自己成为自然的主人和占有者"。笛卡尔提出了极为著名的"我思故我在"之说，作为其形而上学的第一命题。"我思"即为一个对一切都持怀疑态度并思考着的主体，进一步彰显了人的理性的决定性作用。笛卡尔甚至说，动物是无感觉、无理性的机器。另外一位启蒙思想家，德国古典哲学的开山者伊曼纽尔·康德（Immanuel Kant，1724—1804），则在其著名的《纯粹理性批判》中提出了"知性为自然立法"的著名主张，重申了理性能力、人类高于自然的见解。

　　这些"人类中心主义"的理论观念在当时无疑起到了极大的历史

---

① 在外国文学界和外国哲学界，现在一般认可的出处是培根用拉丁文写的《宗教沉思录》，又译为《沉思录》。在那本书里，培根的拉丁文原文是"namet ipsa scientia potestases"，英译文是"Knowledge itself is power"。见周东林《培根名言"知识就是力量"三解》，《复旦学报》（社会科学版）2007年第5期。

作用。它们不仅作为一种弘扬科技力量的观点极大地推动了当时科学技术的发展，而且由于其蕴涵着的科学精神而成为启蒙运动的精神武器，极大地开启了民智。在政治上，由于理性与专制的对立，因此也起到了反封建、推进资产阶级民主化的重要作用。但是任何的社会形态和理论形态都具有历史性，当其一旦完成了历史使命，将自己的能量释放罄尽时，就会走到自己的反面，并由此走向终结。资本主义现代化及其与之相伴的"人类中心主义"观念也是如此。

从 19 世纪后期开始，特别是 20 世纪前期，由于资本不可遏止的扩张性，不仅极大地侵犯了广大工人阶级的利益，而且极大地侵害了自然，造成了严重的环境污染与局部的生态灾难。美国的匹兹堡、德国的鲁尔、日本的东京都曾是生态环境的重污染区。诚如美国生态女性主义哲学家卡洛琳·麦茜特（Carolyn Merchant）于 1990 年在《自然之死》一书的《前言》中所说，"今天，一个超出了 70 年代环境危机的全球性的生态危机，威胁着整个星球的健康。臭氧的消耗，二氧化碳的增多、氯氟烃的排放和酸雨，扰乱了地球母亲的呼吸，阻塞了她的毛孔和肺。大气化学家詹姆斯·拉夫洛克将这位母亲命名为'盖娅'。有毒的废弃物、杀虫剂和除草剂，渗透到地下水、沼泽地、港湾和海洋里，污染着盖娅的循环系统。伐木者修剪盖娅的头发，于是热带雨林和北部古老的原始森林以惊人的速度在消失，植物和动物的物种每天都在灭绝。人类与地球之间迫切需要一种新的伙伴关系。"[①] 麦茜特在这里以十分形象并饱含深情的笔触向我们描写了人类在"人类中心主义"观念指导下所进行的"工业化"对地球、自然与生命所带来的极为严重的灾难！这种"工业化"的步伐已经到了不得不被扼制的时候了，而与之相伴的"人类中心主义"观念也到了不得不改变的时候了。

法国哲学家福柯（Michel Foucault，1926—1984）于 1966 年在《词与物——人文科学考古学》一书中宣告了以工具理性为主导的

---

① ［美］卡洛琳·麦茜特：《自然之死——妇女、生态和科学革命》，吴国盛等译，吉林人民出版社 1999 年版，"前言"第 1 页。

"人类中心主义"哲学时代的结束，并宣告人类将迎来一个新的哲学时代。福柯指出，"在我们今天，并且尼采仍然从远处表明了转折点，已被断言的，并不是上帝的不在场或死亡，而是人的终结"①。这里所谓"人的终结"，就是"人类中心主义"的终结。他进一步阐述说："我们易于认为：自从人发现自己并不处于创造的中心，并不处于空间的中间，甚至也许并非生命的顶端和最后阶段以来，人已从自身之中解放出来了；当然，人不再是世界王国的主人，人不再在存在的中心处进行统治。"② 另一位法国哲学家雅克·德里达（Jacques Derrida，1930—2004）在《书写与差异》一书中运用结构主义方法最后得出了一个"去中心"的"解构"的结论。他在文中揭示了一个中心既可在结构之内又可在结构之外因而并不存在的悖论，并由此得出结论，说："这样一来，人们无疑就得开始去思考下述问题：即中心并不存在，中心也不能以在场者的形式被思考，中心并无自然的场所，中心并非一个固定的地点而是一种功能、一种非场所，而且在这个非场所中符号替换无止境地相互游戏着。"③ 在德里达看来，当代社会是一个多元共生的时代，人与万物应当走向平等共生，任何"中心"都不应该在。"人类中心主义"观念在他的"解构"的哲学范式中自然而然地走向瓦解。

"人类中心主义"的终结具有十分伟大的意义，标志着一个时代的结束。正如著名的"绿色和平哲学"所宣称的那样，"人类也并非这一星球的中心。生态学告诉我们，整个地球也是我们人体的一部分，我们必需像尊重自己一样，加以尊重"④。这个"绿色和平哲学"还将"人类中心主义"的瓦解说成是一场"哥白尼式的革命"，足见其意义的重大。

---

① ［法］米歇尔·福柯：《词与物——人文科学考古学》，莫伟民译，上海三联书店2001年版，第503页。

② 同上书，第454页。

③ ［法］雅克·德里达：《书写与差异》，张宁译，生活·读书·新知三联书店2001年版，第505页。

④ 转引自冯沪祥《人、自然与文化：中西环保哲学比较研究》，人民文学出版社1996年版，第532页。

"人类中心主义"的终结，是指它作为一种在人类历史上占据统治地位的哲学思潮的终结。这并不意味着它在历史上不曾起过积极的作用，或者意味着这种理论观念一无可取之处。历史已经证明，人类中心主义、主体性以及资本主义工业化都曾在人类历史上起到过重大作用。可以说，人类理性的张扬、科技的进步、工业化的发展，改变了人类文明的形态、生活方式与生存方式，极大地推动了历史的进步。马克思在其著名的《共产党宣言》中也对资产阶级及其工业化给予了充分的肯定。他说："资产阶级在它的不到一百年的阶级统治中所创造的生产力，比过去一切世代创造的全部生产力还要多，还要大。自然力的征服，机器的采用，化学在工业和农业中的应用，轮船的行驶，铁路的通行，电报的使用，整个整个大陆的开垦，河川的通航，仿佛用法术从地下呼唤出来的大量人口，——过去哪一个世纪能料想到有这样的生产力潜伏在社会劳动里呢？"[①] 在这里，马克思对资本主义工业化以及科技力量给予了充分的肯定。但这同样也并不能说明资本主义制度以及与之有关的资本主义工业化、"人类中心主义"观念具有永久有效性。马克思在《共产党宣言》中得出的历史发展趋势是：资本主义的灭亡是不可避免的。同样，与资本主义工业化相伴的"人类中心主义"理论的终结也是不可避免的。当然，在当前，尽管"人类中心主义"观念作为一种占压倒优势的理论观念正在趋于瓦解，但其中所包含的科学精神、人文精神仍然被继承下来，在新的形势与新的理论观念中将继续加以发扬。

二　西方现代生态理论及其论争

1. 西方现代生态理论

第一，进化论。达尔文提出了"进化论"，他以大量的科学事实论证了人是由动物进化而来，也就是由灵长类动物进化而来，体质与这些动物非常相似。甚至人的精神能力也没有给达尔文留下多少深刻的、与众不同的印象。他在1859年出版的《物种的起源》一书宣布

---

① 《马克思恩格斯选集》第 1 卷，人民出版社 1972 年版，第 256 页。

了这一观点。他还说，"高傲自大的人类以为，他自己是一件伟大的作品，值得上帝给予关照。我相信，把人视为从动物进化而来的存在物，这是更为谦虚和真实的"①。

第二，敬畏生命。德国当代环境理论家阿尔伯特·施韦泽（Albert Schweitzer，1875—1965。又译史怀泽）提出，他是生物中心论伦理学的创始人，1915 年提出了"敬畏生命"的伦理观。"敬畏"一词，表示的是在面对一种巨大而神秘的力量时所产生的敬畏或谦卑意识。但施韦泽明确指出，"敬畏生命"绝不只是敬畏人的生命。他曾说过，"到目前为止的所有伦理学的最大缺陷，就是它们相信，它们只须处理人与人之间的关系"。在他看来，"一个人，只有当他把植物和动物的生命看得与人的生命同样神圣的时候，他才是有道德的"②。

第三，生物环链。1927 年查尔斯·爱顿（C. Elton）首创"食物链"一词，揭示了生物对营养物的依赖性，从而构成了相互依存的生物环链。这种环链的依赖性首先开始于对太阳的依赖，进而通过植物传递给草食动物，然后传递给肉食动物，最后再到人。爱顿使用了金字塔这一比喻：拥有最短食物链的最简单的有机体数量最为庞大，作为金字塔结构的基础，也最为重要。消除食物金字塔顶层的存在物——例如，鹰或人——那么，生态系统一般不会被打乱。但是，去掉了食物金字塔的基层（如植物或土壤菌），那么食物金字塔就要崩溃。完全可以想象，离开了大地、空气和水，寄生其上的非人之生命将荡然无存，人类也将随之消亡。我们可以完全想象一个没有人类的世界，但我们无法想象一个只有人类而没有其他生命的世界；同理，我们也无法想象一个只有生命存在而没有生命支持系统的世界。下一级存在是上一级存在的支持系统，人类处在金字塔塔顶的特殊位置，恰恰说明了人类的脆弱。

第四，大地伦理学。当代生态伦理学的先驱奥尔多·利奥波德

---

① 转引自［美］R. F. 纳什《大自然的权利：环境伦理学史》，杨通进译，青岛出版社 1999 年版，第 50 页。

② 同上书，第 73 页。

（Aldleopold，1887—1948）在其著作《沙乡年鉴》（*Sand County Alma-nac*）中提出。《沙乡年鉴》被誉为"现代环境主义运动的一本新圣经"。利奥波德吸取了生态科学的成果，相信"大地有机体的复杂性"是"20世纪杰出的科学发现"。他认为，那种把物种区分为好物种和坏物种的观念，是人类中心主义和功利主义偏见的产物。他曾受俄国思想家彼特·奥斯宾斯基的影响，主张大自然中没有任何事物是僵死的或机械的，生命与感觉存在于所有事物之中，整体主义的基本信念是整体大于部分之和。利奥波德相信，任何一个不可分割的存在，都是一个有生命的存在物；地球是有生命的，是拥有某种类型、某种程度的生命的有机体。有此信念，便可将人与地球之间的关系理解为伦理关系。他坚持认为，"地球——它的土壤、高山、河流、森林、气候、植物以及动物——的不可分割性"就是她应受到尊重的充足理由。生物共同体的完整、稳定和美丽，被大地伦理学视为最高的善。人类不是存在于共同体之外或之上，而只是共同体中的一员。他曾经这样表述："……土地伦理是要把人类在共同体中以征服者的面目出现的角色，变成这个共同体中的平等的一员和公民。它暗含着对每个成员的尊敬，也包括对这个共同体本身的尊敬。"① 他主张"像山一样思考"，即客观地、以整体主义方式思考，而不是只从人的立场思考。他还提出了大地伦理的价值标准："当一个事物有助于保护生物共同体的和谐、稳定和美丽的时候，它就是正确的，当它走向反面时，就是错误的。"②

第五，动物解放运动。澳大利亚哲学家和行动主义者彼得·辛格（Petre Singer，1946—   ）于1973年提出。他在《动物的解放》一文中认为，既然人与动物在生理和智商上是同质的，对快乐和痛苦的价值判断能力与感觉能力都是持平的，那么，尊重动物的"生存权利"，"保护它们的自由"，"禁止折磨它们"，主张种际平等，反对一切

---

① ［美］奥尔多·利奥波德：《沙乡年鉴》，侯文蕙译，吉林人民出版社1997年版，第194页。

② 同上书，第213页。

"物种歧视主义",就理应成为人类与动物"交往"的方法论准则。同样,以人与动物智商同质而等价的价值论为根据,通过把人的天赋权利无条件地赋予动物,在任何情况下动物都不应该被杀死。英国著名小说家托马斯·哈代甚至主张应该将《圣经》中的"金规则"——"你愿意别人怎么样待你,你也要怎么待别人"运用到其他物种、特别是动物身上。著名生态伦理学家雷根指出:"动物不能表达它们的要求,它们不能组织起来、不能抗议、不能游行、不能施加政治压力,它们也不能提高我们的良知水平——所有这些事实都不能削弱我们捍卫它们的利益的责任意识,相反,它们的孤弱无助使我们的责任更大。"①"动物解放运动"的参与者是一群激进的生态实践主义者,他们力主非暴力甚或是使用暴力抵制生态破坏运动。

第六,深层生态学。1973年,挪威哲学家阿伦·奈斯(Arne Naess)在《探索》杂志上发表《浅层的与深层的、长远的生态学运动:一个概要》一文,提出"深层生态学"的概念。"深层生态学"是针对"浅层生态学"而言的。"浅层生态学"指局限于生态、生物领域中的生态学,是1866年德国生物学家海克尔提出的,主要探讨生物群落之间的关系。奈斯则在此基础上提出了深层生态学,认为浅层生态学是"人类中心主义"的,只关心人类的利益,而深层生态学是非人类中心主义和整体主义的,关心的是整个自然界的利益;浅层生态学专注于环境退化的征候,如污染、资源耗竭等,深层生态学要追问环境危机的根源,包括社会的、文化的和人性的,等等。在实践上,浅层生态学主张改良现有的价值观念和社会制度,深层生态学则主张重建人类文明的秩序,使之成为自然整体中的一个有机部分。"深层生态学"的核心概念是"自我实现",而其中的"自我",据他所说,"这是一种建立在内容更为广泛的大写'自我'(Self)与狭义的本我主义的自我相区别的基础上的,在某些东方的'自我'(atman)传统中已经认识到了。这种'大我'包含了地球上的连同它们个体自身的所有生命形式。若用五个词来表达这一最高准则,我将用

---

① 转引自王诺《欧美生态文学》,北京大学出版社2011年版,第110页。

'最大化的（长远的、普遍的）自我实现'！另一种更通俗的表述就是'活着，让他人也活着'（Live and Let Live）（指地球上的所有生命形式和自然过程）。如果因担心不可避免的误解不得不放弃这一术语，我会用术语'普遍的共生'来替代"①。也就是说，这个"自我"是扩大了的地球上所有生命形式的自我，也就是生态整体。这即是深层生态学追求的目标之一——人与地球上所有生命形式都能得到实现的目标。

　　第七，荒野哲学。当代生态伦理学家霍尔姆斯·罗尔斯顿（Holmes Rolston）提出。他是美国科罗拉多大学教授，国际环境伦理学会与该会会刊《环境伦理学》的创始人。1995 年，他在代表作《哲学走向荒野》一书中提出了关于哲学中的"荒野转向"（Wild Turning Philosophy）的概念。从 20 世纪 60 年代开始，环境危机加剧，"荒野"的价值与意义被提到重要议事日程上来。"荒野"在罗尔斯顿的著作中是作为生态系统的自然的代名词，指原生态的环境，包括原生的自然、原野等，即"荒野"不是被人类实践所中介过的自然，而是"受人类干扰最小或未经开发的地域和生态系统"②。哲学走向荒野，表达的是"哲学界转向对人类与地球生态系统的严肃反思"，此一转向比任何一次哲学上的转变都更出乎人们的意料。在罗尔斯顿看来，荒野具有自组织性，具有和人一样客观的内在价值，并且把自然的自我创造看成是自然物具有内在价值的发生源。他明确指出："自然系统的创造性是价值之母；大自然的所有创造物，就它们是自然创造性的实现而言，都是有价值的。……凡存在自发创造的地方，都存在着价值。"③ 他还运用自然的自组织理论，把作为价值主体的人看成是自然自我进化、自我组织而成的动物。"大自然不仅创造出了各种各样的价值，而且创造出了具有评价能力的人。自然是朝着产生价值的方向进化的；并不是我们赋予自然以价值，而是自然把价值馈

　　① 转引自雷毅《深层生态思想研究》，清华大学出版社 2001 年版，第 47—48 页

　　② 雷毅：《深层生态学思想研究》，清华大学出版社 2001 年版，第 107 页。

　　③ ［美］霍尔姆斯·罗尔斯顿：《环境伦理学：大自然的价值以及人对大自然的义务》，杨通进译，中国社会科学出版社 2000 年版，第 269—270、271 页。

·51·

赠给我们。"① 荒野的自组织性说明："作为生态系统的自然并非不好的意义上的'荒野'，也不是'堕落'的，更不是没有价值的。相反，她是一个呈现着美丽、完整与稳定的生命共同体。"②

2. 西方现代生态理论领域的论争

目前，西方生态理论领域面临着极为尖锐激烈的论争，论争的双方坚持着生态中心主义与人类中心主义等截然不同的文化哲学立场。主要集中在以下三个问题。

第一，生态价值问题。生态价值是当代生态哲学与生态伦理学的重要概念之一，主要讨论自然物有没有像人一样的"内在价值"。自然物具有工具性的外在价值，这是没有歧义的。但是否具有"善恶""好坏"这样的内在价值，却一直争论不休。一般认为，自然物没有主体性，没有自觉的目的性，因而没有善恶、好坏的内在价值。但是当代生态理论家，特别是生态中心理论家认为，自然不仅具有在生态系统中的不可缺少性，而且具有内在的合理性，因而它们具有内在价值。这是一个尖锐复杂而又颇具争议的问题。那么，接下来的问题是，"谁是自然万物内在价值的价值主体，谁又是价值的承担者"，以及人与自然之间究竟是否存在着伦理关系，或者自然能否成为伦理主体？

不论是人类中心主义还是生态中心主义，他们都首先承认自然对人的价值，认为自然对人具有实践、审美、认知等价值属性，肯定人类作为价值主体的地位。但是人类中心主义不涉及自然的"内在价值"，否认自然的"固有价值"。也就是说，自然只是人类改造的对象。而生态中心主义则认为，自然有其"内在价值"，人类应当尊重自然。但是自然是无意识的，不可能作为自身价值的承担者，也就是说，它不是价值主体。这个主体只能由人来承担，这样就不免又回到了人类中心主义的立场上来。由是，"生态价值论"与"生态中心主

①　［美］霍尔姆斯·罗尔斯顿：《环境伦理学：大自然的价值以及人对大自然的义务》，杨通进译，中国社会科学出版社 2000 年版，第 516 页。

②　［美］霍尔姆斯·罗尔斯顿Ⅲ：《哲学走向荒野》，刘耳等译，吉林人民出版社 2000 年版，第 10 页。

义"基本理论的合法性也就出现了问题。

"价值与无价值的分离永远是一场试验或考验，也是一场意见或情感的斗争，在斗争中使用的是信仰或传统的力量。"① 事实上，自然内在价值的有无，人类无从判别，人类所能判别的自然价值只能是人与自然关系中体现的人类所认识的自然对人的价值。但是，自然的"内在价值"存在与否，对于人的世界观的转变，对人与自然关系上的看法、行为有着指导意义。有学者提出："在现实生活中，我们可以把人类中心主义视为一种具有普遍性的社会伦理标准，要求所有的人都予以遵守，而把动物解放/权利论、生物平等主义和生态整体主义理解为具有终极关怀色彩的个人道德理想，鼓励人们积极地加以追求。"② 这种观点，将"生态中心主义"作为一种道德理想自有其价值，但将"人类中心主义"仍然作为所有人类必须遵循的准则却是不可取的。很明显，人类中心主义与生态中心主义的争论自然有其重要意义，但两者的极端性也都十分明显。我们的立场是，人与自然共生共存，走向生态整体论。

第二，生态权利问题。"权利"是人类特有的概念。西方近代以来强调"天赋人权"，但自然物有无权利，能否接受人们的道德关怀呢？

一种观点从仁慈的胸怀出发，关注自然物的权利，即其生存状况，仁慈主义运动促成了第一批动物保护法的出现。1822 年，英国议会通过了"禁止虐待家畜法案（马丁法案）"，这是动物保护运动史上的一座里程碑。第二种是以神经感觉、痛苦的感觉作为标准，把权利扩大到动物。辛格认为，一切物种均应平等，应把人类平等所依据的伦理原则推广应用到动物身上。他还指出，感知能力（即感受痛苦或经验快意之能力）是关怀动物利益的唯一可靠界限。但动物权利论只关心动物个体的福祉，否定植物、生态系统拥有生存

---

① ［英］萨缪尔·亚历山大：《艺术、价值与自然》，韩东晖等译，华夏出版社 2000 年版，第 68 页。

② 杨通进：《环境伦理学的基本理念》，《道德与文明》2000 年第 1 期。

权利，是其重大缺陷。第三种观点是天赋人权的逐步延伸，从犹太人、黑人、妇女、白痴延伸到动物，再到无机物。第四种观点是从无机物成为人与动物栖息地的角度来论述权利，包括对人类有害的细菌。

从人类中心主义"天赋人权"到生物中心、生态中心论的发展轨迹来看，当代西方生态伦理学认为，必须把权利主体的范围从所有存在物扩展至整个生态系统，把人与自然的关系视为一种由伦理原则来调节和制约的关系，认为自然拥有权利。我们主张，对于自然是否拥有权利、能否成为权利主体的问题还是应该从生态存在论与生态整体论的角度来思考。

第三，生态平等问题。自然物与人、自然物之间能否享有平等的权利？当代生态哲学家是主张绝对平等的，也就是说人与万物绝对平等，人不能触动万物。但如此一来，在一些理论家看来，这就在实际上否定了人的吃穿住行的生存权利，意味着人类无法生存发展。例如，美国前副总统阿尔·戈尔在《濒临失衡的地球》中说："有个名叫'深层生态主义者'的团体现在名声日隆。它用一种灾病来比喻人与自然关系。按照这一说法，人类的作用有如病原体，是一种使地球出疹发烧的细菌，威胁着地球基本的生命机能。……他们犯了一个相反的错误，即几乎完全从物质意义上来定义人与地球的关系——仿佛我们只是些人形皮囊，命里注定要干本能的坏事，不具有智慧或自由意志来理解和改变自己的生存方式。"[1] 在这里，戈尔表现出些许误解和偏见。生态中心主义的"绝对平等论"的确会导致戈尔所说的情况，但"生态整体主义"却不会导致这种情况的发生。首先，生态整体主义之生态平等观恰恰不是从物质的意义上来定义人与地球的关系，而是超越了当前的物质利益，从人类与地球持续美好发展的高度着眼来界定两者的关系。更为重要的是，生态整体主义之生态平等观是对人类中心主义的扬弃，而绝不是什么反人类。因为包括生态美学在内的当代许多生态理论所力主的"生态平等"，不是人与万物的绝

---

[1]　转引自雷毅《深层生态学思想研究》，清华大学出版社 2001 年版，第 136—137 页。

对平等，而是人与万物的相对平等。如果是绝对平等，那当然会限制人类的生存发展，从而走上反人类的道路，而相对平等即为"生物环链之中的平等"，人类将会同宇宙万物一样享有自己在生物环链之中应有的生存发展的权利，只是不应破坏生物环链所应有的平衡。正如阿伦·奈斯所说，生态整体主义之生态平等则是"原则上的生物圈平等主义"，德韦尔和塞欣斯主张"生物圈中的所有事物都拥有的生存和繁荣的平等权利"①。

当代，尽管人类中心主义与生态中心主义的论争非常尖锐，但历史发展的趋势却是走向两者的综合——走向生态整体观。这种生态整体观首先蕴含在一些持生态中心主义观念的理论家的理论体系之中。例如，大家非常熟悉的奥尔多·利奥波德就在其著名的生态哲学论著《沙乡年鉴》中提出"生态共同体"的重要观念。他认为，整个生态系统就是一个"生物金字塔"或"土地金字塔"，是一个不同部分之间协作和竞争的"共同体"，组成部分包括"土壤、水、植物和动物，或者把他们概括起来：土地"。他说："土地伦理是要把人类在共同体中以征服者的面目出现的角色，变成这个共同体中的平等的一员和公民。它暗含着对每个成员的尊重，也包括对这个共同体本身的尊重。"② 他的"生态共同体"的思想就是建立在"生物环链"基础之上的。莱切尔·卡逊在《寂静的春天》中具体论述了这个生物环链。她说："这个环链从浮游生物的像尘土一样微小的绿色细胞开始，通过很小的水蚤进入噬食浮游生物的鱼体，而鱼又被其它的鱼、鸟、貂、浣熊所吃掉，这是一个从生命到生命的无穷的物质循环过程。"③ 正是因为有生物环链，所以才有生态共同体的存在。而且只有通过生物环链，自然才能保持平衡。所以，当代生态理论家大卫·雷·格里芬指出，人类"必须轻轻地走过这个世界、仅仅使用我们必须使用的

---

① 转引自雷毅《深层生态学思想研究》，清华大学出版社 2001 年版，第 51、50 页。

② ［美］奥尔多·利奥波德：《沙乡年鉴》，侯文蕙译，吉林人民出版社 1997 年版，第 193、194 页。

③ ［美］莱切尔·卡逊：《寂静的春天》，吕瑞兰、李长生译，科学出版社 1979 年版，第 48 页。

东西、为我们的邻居和后代保持生态的平衡"①。从这种"生物环链"之中的相对"生态平等"出发，"生态整体"原则主张"普遍共生"与"仁爱"的原则，主张人类与自然休戚与共，人类应"以己度物"，将自然视作自己的兄弟与同胞，两者构成一种"间性"关系。这种生态世界观不仅不是反人类的，反而是以人的更加美好的"生存"为其出发点的，实际上是一种更加宽泛的人道主义——普适性的仁爱精神。因此，这种"生态整体主义"原则中有关生物环链中"相对平等"的观点是有其理论与实践的合理性的。

由此可见，有机统一、生态整体、生物环链、大我、共生已经成为现代生态理论的重要关键词，是其理论发展的重要趋势。走向生态中心与人类中心的统一，走向生态整体，是现代生态理论的历史轨迹和发展前景。

这种生态理论走向"生态整体"的发展趋势还表现在，近年来西方与整个国际范围内逐渐兴起的生态人文主义。本来早在 20 世纪 70 年代，美国拉特格斯大学生物学教授戴维·埃伦菲尔德就曾认为，环境问题的根源可归结为"人道主义的僭妄"②。他认为，传统的人道主义是人类中心主义，只关注人的利益，而不关注与人的利益密切相关的自然的利益。旧人文主义随着"人类中心主义"走向瓦解而必然地随之解体，而呼唤一种新的人文主义的产生。

众所周知，启蒙主义以来，通常的人文主义是"人类中心主义"的。在此前提下，人与自然生态处于宿命的对立状态，不可能将生态观、人文观与审美观三者统一起来。而新的建立在人的生态审美本性基础之上的生态人文主义则能够将以上三者加以统一。诚如美国明尼苏达大学生态学家、进化与行为教授菲利普·雷加尔（Philip Regal）所说："如果说关于人类状况的知识是人文主义要义的话，那么，理解人类所存在的更大的系统对于人文主义者来说就是非常重要的。……

---

① ［美］大卫·雷·格里芬：《后现代精神》，王成兵译，中央编译出版社 1998 年版，第 227 页。

② 参见［美］R. F. 纳什《大自然的权利：环境伦理学史》，杨通进译，青岛出版社 1999 年版，第 63 页。

'生态人文主义'隐含着对于个体之间、个体与社会机构之间以及个体与非人类环境之间关联模式的洞察。"这是雷加尔在美国 2002 年出版的《生态人文主义论集》中所写的话。

所谓"生态人文主义"，实际上是对人类中心主义与生态中心主义的一种综合与调和，是人文主义在当代的新发展与新延伸。众所周知，当代，在生态危机日益严重的情况下，出现了激进的生态主义者对于自然绝对价值的过分强调，并与传统的人类中心主义展开激烈的争论。在这种情况下，"生态人文主义"则能克服这两种理论倾向的偏颇，并将两者加以统一。"生态人文主义"得以成立的根据就是人的生态审美本性。这也就是我们在上文所说的，人天生具有一种对自然生态亲和热爱，并由此获得美好生存的愿望。这种"生态人文主义"正是新的生态审美观建设的哲学与理论依据。它实际上是生态文明时代的一种新的人文精神，是一种包含了"生态维度"的更彻底、更全面、更具有时代精神的新的人文主义精神，也可将其称为生态人文主义精神。

在此前提下，新的生态审美观包括这样两个层面的内涵。从文化方面来说，主要是人的相对价值与自然的相对价值的统一。这也是我们通过"生态人文主义"对绝对生态主义与人类中心主义的一种调和。因为，绝对的生态主义主张自然生态的绝对价值，必然导致对于人的需求与价值的彻底否定，从而走向对于人的否定。这是一条走不通的路。而"人类中心主义"则将人的需求与价值加以无限制的扩大，从而造成对于自然生态的严重破坏。历史已经证明，这必将危害到人类自身的利益，也是一条走不通的道路。正确的道路只有一条，那就是在生态人文主义的原则下承认双方价值的相对性并将其加以统一。这才是一条"共生"的可行之路。在这种"共生"原则指导下，在社会发展上贯彻社会经济发展与环境保护"双赢"的方针，走建设环境友好型社会之路。而在代际关系上，要贯彻代际平等原则，兼顾当代与后代利益，真正做到可持续发展。

第二节　海德格尔存在论哲学的提出
——由传统认识论到当代存在论的转型

　　1831 年，黑格尔逝世，标志着西方古典哲学的终结。传统的以主客二分为特点的认识论哲学也逐步走向终结，并最终被当代存在论所代替。马丁·海德格尔（Martin Heidegger，1889—1976）是当代德国著名哲学家，也是当代存在论哲学的创立者。他的《存在与时间》的出版，标志着当代存在论哲学的逐步成熟并开始取代传统认识论。海德格尔的哲学思想大体以 1936 年为界，分前后两期。前期由于强调此在的优先地位，在某种程度上被学界认为有人类中心主义的倾向，后期则真正地走向生态人文主义。海德格尔的存在论哲学在西方生态理论中具有重要的地位。因为只有在存在论哲学的理论基础之上，人与自然、人文观与生态观才能得到真正的统一。所以，当代西方生态理论家常常将海德格尔称作生态理论的重要先驱与形而上的生态理论家。迈克尔·齐默尔曼（M. Zimmerman）认为，人们之所以把海德格尔看成是深层生态学的先驱，是因为海德格尔提出了一种更高的"人道主义"。这种更高的人道主义超出了与统治自然相联系的人类中心主义和二元论的人道主义，使人类真正的"居住"成为可能，这种真正的居住是与让事物作为事物所是的事物而紧密相连的。①

　　海德格尔存在论哲学的提出对生态美学的启发和贡献主要表现在如下四个方面。

一　理论基础：生存论存在论

　　1. 人在世界之中：人与自然和谐共在的理论基础

　　海德格尔关于此在与存在关系的探讨，显示了人与自然和谐共生、共在的生态整体观，为克服"人类中心主义"奠定了哲学基础，

---

　　①　参见雷毅《深层生态学思想研究》，清华大学出版社 2001 年版，第 69 页。

为美学的存在论转向提供了理论依据。

海德格尔提出了"此在与世界"存在论的在世模式，用以取代"主体与客体"的传统认识论在世模式，从而为人与自然的统一奠定了哲学基础。这是由传统认识论到当代存在论的过渡，标志着人与自然和谐共生理论基础的建立。

众所周知，认识论是一种人与世界"主客二分"的在世关系。在这种在世关系中，人与自然从根本上来说是对立的，不可能达到统一协调。而当代存在论哲学则是一种"此在与世界"的在世关系，在世作为此在生存的基本结构是此在的先验规定，它所表示的此在与世界的关系不是空间的关系，而是比空间关系更为原始的此在与世界浑然一体的关系。只有这种在世关系才提供了人与自然统一协调的可能与前提。他说："主体和客体同此在和世界不是一而二二而一的。"① 这种"此在与世界"的"在世"关系之所以能够提供人与自然统一的前提，就是因为"此在"即人的此时此刻与周围事物构成的关系性的生存状态，此在就在这种关系性的状态中生存与展开。这里只有"关系"与因缘，而没有"分裂"与"对立"。诚如海德格尔所说，"此在"存在的"实际性这个概念本身就含有这样的意思：某个'在世界之内的'存在者在世界之中，或说这个存在者在世；就是说：它能够领会到自己在它的'天命'中已经同那些在它自己的世界之内向它照面的存在者的存在缚在一起了"② 他又进一步将这种"此在"在世之中与同它照面并"缚在一起"的存在者解释为是一种"上手的东西"。人们在生活中面对无数的东西，但只有真正使用并关注的东西才是"上手的东西"，其他则为"在手的东西"，亦即此物尽管在手边但没有使用与关注，因而没有与其建立真正的关系。他将这种"上手的东西"说成是一种"因缘"。他说："上手的东西的存在性质就是因缘。因缘中包含着：一事因其本性而缘某事了结。"③ 这就是

① ［德］马丁·海德格尔：《存在与时间》（修订译本），陈嘉映、王庆节合译，生活·读书·新知三联书店 2006 年版，第 70 页。

② 同上书，第 65—66 页。

③ 同上书，第 98 页。

说，人与自然在人的实际生存中结缘，自然是人的实际生存的不可或缺的组成部分，自然包含在"此在"之中，而不是在"此在"之外。这就是当代存在论提出的人与自然两者统一协调的哲学根据，标志着由"主客二分"到"此在与世界"以及由认识论到当代存在论的过渡。正如当代生态批评家哈罗德·弗洛姆所说："因此，必须在根本上将'环境问题'视为一种关于当代人类自我定义的核心的哲学与本体论问题，而不是有些人眼中的一种围绕在人类生活周围的细微末节的问题。"①

2. 诗意地栖居：生态美学的审美理想

人与自然的共生、共在的和谐关系，是生态美学构建的理论出发点。海德格尔称之为"诗意地栖居"。"诗意地栖居"这一著名的当代存在论美学命题，标志着当代存在论美学特有的时代性和理论深刻性。海德格尔于 1943 年为纪念诗人荷尔德林逝世 100 周年写了《追忆》一文，对荷尔德林的诗歌进行了"追忆"，借用荷氏的一句诗"充满劳绩，然而人诗意地，栖居在这片大地上"，对之阐释道："一切劳作和活动，建造和照料，都是'文化'。而文化始终只是并且永远就是一种栖居的结果。这种栖居就是诗意的。"② 实际上，"诗意地栖居"是海德格尔存在论哲学美学的必然内涵。他在论述自己的"此在与世界"之在世结构时就论述了"此在在世界之中"的内涵，包含着居住与栖居之意。他说："'在之中'不意味着现成的东西在空间上'一个在一个之中'；就源始的意义而论，'之中'也根本不意味着上述方式的空间关系。'之中'（in）源自 innan-，居住，habitare，逗留。'an（于）'意味着：我已住下，我熟悉、我习惯、我照料；……我们把这种含义上的'在之中'所属的存在者标识为我自己向来所是的那个存在者。而'bin'（我是）这个词又同'bei'（缘

---

① ［美］哈罗德·弗洛姆：《从超验到退化：一幅路线图》，载《生态批评读本》，美国佐治亚大学出版社 1996 年版，第 38 页。

② ［德］马丁·海德格尔：《荷尔德林诗的阐释》，孙周兴译，商务印书馆 2014 年版，第 105 页。

乎）联在一起，于是'我是'或'我在'复又等于说：我居住于世界，我把世界作为如此这般熟悉之所而依寓之、逗留之。"① 由此可见，所谓"此在在世界之中"就是人居住、依寓、逗留，也就是"栖居"于世界之中。

"栖居"有"持留""逗留"之意，同时，还有"满足""被带向和平""在和平中持留""自由"的词源根基，可以引申出"防止损害和危险""保护"的含义。"栖居，即被带向和平，意味着：始终处于自由（das Frye）之中，这种自由把一切都保护在其本质之中。栖居的基本特征就是这样一种保护。"② 可以看出，海德格尔对"栖居"的理解是从"在之中"的生存论建构开始的，在"逗留""依寓"的基础上，把"栖居"的本质引向自由、保护，从此在的生存建构（即人的本质）引向"使某物自由""保留某物的本质"的存在论之思，从中可以明显地窥探出海德格尔运思的轨迹。人的栖居是一种保护，"在拯救大地、接受天空、期待诸神和护送终有一死者的过程中，栖居发生为对四重整体的四重保护。保护意味着：守护四重整体的本质"③。此在在生存建构中依世界而居，在成为真正的人、归本（归于人的本质）的同时，此在有守护、照料的责任，这责任就在此在存在的本质之中，或者说就是人的生存。这的确是海德格尔思想中最为卓绝的洞见。因为守护世界，亦即守护此在之生存自身，"只有当我们从自身而来亲身保持那个守持我们的东西时，使我们守持在本质中的东西才能守持我们"④。所以，海德格尔能够也必然会得出"人是存在的看护者"的结论，而这一切，在此在的生存论分析中已有迹象，有待思虑的端倪已经显露出来。这正是当代生态美学观的重要旨归。

---

① ［德］马丁·海德格尔：《存在与时间》（修订译本），陈嘉映、王庆节合译，生活·读书·新知三联书店 2006 年版，第 63—64 页。
② ［德］马丁·海德格尔：《演讲与论文集》，孙周兴译，生活·读书·新知三联书店 2005 年版，第 156 页。
③ 同上书，第 159 页。
④ 同上书，第 136 页。

3. "天地人神四方游戏说": 审美化生存的必由之路

"天地人神四方游戏说",是海德格尔提出的重要的生态美学观范畴,是作为"此在"之存在在"天地人神四方世界结构"中得以展开并获得审美化生存的必由之路。

"天地人神四方游戏说"是海德格尔在慕尼黑库维利斯首府剧院举办的荷尔德林协会演讲报告中提出的。他说,"天、地、神、人之纯一性的居有着的映射游戏,我们称之为世界(Welt)。世界通过世界化而成其为本质"①。他在名为《物》的演讲中,以一个普通的陶壶为例说明"四方游戏说"。他认为,陶壶的本质不是表现在铸造时使用的陶土,而是表现在壶之虚空及其虚空给出和容纳的赠品之中。此一容纳即是聚集,它表现了物在存在关系中自行前来:"在赠品之水中有泉。在泉中有岩石,在岩石中有大地的浑然蛰伏。这大地又承受着天空的雨露。在泉水中,天空与大地联姻。在酒中也有这种联姻。酒由葡萄的果实酿成。果实由大地的滋养与天地的阳光所玉成。"又说:"在倾注之赠品中,同时逗留着大地与天空、诸神与终有一死者。这四方(Vier)是共属一体的,本就是统一的。它们先于一切在场者而出现,已经被卷入一个惟一的四重整体(Geviert)中了。"② 于是,壶和人与神结缘,呈现出作为存在者之存在的丰富的存在特性。如此我们才能理解海德格尔的话:"壶之为器皿,并不是因为被置造出来了;相反,壶必须被置造出来,是因为它是这种器皿。"③ 壶中倾注的赠品泉水或酒,包含的四重整体内容与此在之展开密切相关,是"此在"在世界之中的生存状态,是人与自然的如婚礼一般的"亲密性"关系,作为与真理同在的美就在这种"亲密性"关系中得以自行置入,走向人的审美化存在。

对于人、世界与物的关系,海德格尔说,"惟有作为终有一死者的人,才在栖居之际通达作为世界的世界。惟从世界中结合自身者,

---

① [德]马丁·海德格尔:《演讲与论文集》,孙周兴译,生活·读书·新知三联书店 2005 年版,第 188 页。

② 同上书,第 180、180—181 页。

③ 同上书,第 175 页。

终成一物"①。因此，"大地之为大地"，与"世界之为世界""人之为人"一样，都可以看作是此在的生存论建构——也只有在此在的生存论存在论上才可以彻底摆脱表象化带来的厄运。在这个意义上，我们才可以理解海德格尔所说的（人作为终有一死者）"在栖居中让大地成为大地"的意义。当人返乡归本、真正栖居之际，大地的拯救、天空的接受、诸神的期待和终有一死者的护送，这一四重整体的本质才可以得到保护。或者用海德格尔的话说，就是"在拯救大地、接受天空、期待诸神和护送终有一死者的过程中，栖居发生为对四重整体的四重保护"②。

"于是就有四种声音在鸣响：天空、大地、人、神。在这四种声音中，命运把整个无限的关系聚集起来。但是，四方中的任何一方都不是片面地自为地持立和运行的。在这个意义上，就没有任何一方是有限的。若没有其他三方，任何一方都不存在。它们无限地相互保持，成为它们之所是，根据无限的关系而成为这个整体本身。"③ 这就说明，当代美学的发展仅仅突破主客二分的思维模式、由认识论进入存在论还是远远不够的，还必须进一步突破"人类中心主义"的哲学观，进入到"生态整体主义"的哲学高度。

二　方法论根据：现象学

海德格尔的当代存在论首先对传统认识论哲学进行了深入的批判。他认为，传统认识论最主要的弊病是遵循"主客二分"的思维模式，将存在与存在者分裂开来，从而导致对事物真理的"遮蔽"。他具体分析了笛卡尔"我思故我在"的传统理性主义认识论的命题，认为"笛卡尔发现了'cogito, ergo sum'（'我思故我在'），就认为已为哲学找到了一个可靠的新基地。但他在这个'基本的'的开端处没

---

① ［德］马丁·海德格尔：《演讲与论文集》，孙周兴译，生活·读书·新知三联书店2005年版，第191—192页。

② 同上书，第156页。

③ ［德］马丁·海德格尔：《荷尔德林诗的阐释》，孙周兴译，商务印书馆2014年版，第206—207页。

有规定清楚的正是这个思执的存在方式，说的更准确些，就是'我在'的存在的意义"①。又说，"笛卡尔把作为 res cogitans（思执）的 ego cogito（我思）同 res corporea（肉身或物质实体）加以区别。这种区别后来在存在论上就规定了'自然与精神'的区别"②。也就是说，他认为，笛卡尔作为传统的理性主义认识论理论家最大的失误在于将"我思"与"我在"相隔离，最终必然导致存在与存在者以及自然与精神的分裂。与之相反，海德格尔认为，存在者只是具体的事物，而存在则是事物在阐释中逐步由遮蔽到澄明的过程，两者不能硬性地加以割裂。这种存在者与存在的存在论差异，只有通达现象学的方法才有可能得以穿越。

现象学于20世纪初出现在德国，由胡塞尔（Edmund Husserl，1859—1938）创立。胡塞尔的《逻辑研究》代表着当代现象学的出现。它最重要的贡献是揭示出了一种新的哲学思考方法的可能，或一个看待哲学问题的更原初的视野。通过将一切实体（客体对象与主体观念）加以"悬搁"的途径回到认识活动最原初的"意向性"，使现象在意向过程中显现其本质，从而达到"本质直观"。这就是"现象学的还原"。在这个过程中，主观的意向性具有巨大的构成作用，因此"构成的主观性"成为胡塞尔现象学的首要主题。胡塞尔在著名的《笛卡尔的沉思》中提出重要的"主体间性"观念，也就是在意向活动中"自我"与自我构造的现象都是同格的，因而，意向性中的一切关系都成为"主体间"的关系。

海德格尔深化和改造了胡塞尔的意向构成结构中的"边缘域"，使之获得了存在论的含义，成为存在论现象学。他将胡塞尔先验主体构造的意识现象代之以存在并使现象学成为对于存在意义的追寻。事实本身并非是将事物从其与人、与世界的关联中抽取出来，而毋宁说是返回到其所源发从出的境域中去，以便将其从人与世界原初关联着

———————

① ［德］马丁·海德格尔：《存在与时间》（修订译本），陈嘉映、王庆节合译，生活·读书·新知三联书店2006年版，第28页。

② 同上书，第105页。

的视域中呈现其存在的意蕴。这样，所谓"面向事实本身"就成为"回到存在"，而其悬搁的则是存在者。正是这久已被人遗忘了的、无人问津的"存在"才是现象学作为专题收入其中的东西。"就课题而论，现象学是存在者的存在的科学，即存在论。"① "无论什么东西成为存在论的课题，现象学总是通达这种东西的方式，总是通过展示来规定这种东西的方式。存在论只有作为现象学才是可能的。"② 这样，"存在论与现象学不是两门不同的哲学学科"，"这两个名称从对象与处理方式两个方面描述哲学本身"③。也就是说，在海德格尔看来，存在问题的研究要求以现象学为手段，而现象学原则自身又要求以存在问题为本源和旨归，二者共生共荣，共同构成哲学本身。这样，在以现象学方法论为根据的参照下，"回到人的存在"就是回到人的原初、回到美学的真正起点。

三 思想资源：关于技术的沉思

在技术时代语境下，现代技术既是思的障碍，注定是要被思所克服和扬弃的，又是哲学转向的明证和最终可能性。人们对技术的反思，其实是人类当下生存困境在思想上的显现，因而是不可回避的。海德格尔对技术的沉思，不是反对技术，而是试图洞悉技术的本质。

1. 始源技术：作为存在之揭蔽方式之一

在希腊人眼里，技术不仅仅是手段，而是让事物就其自身而自然涌现的显现方式。在这种显现或揭蔽中，人、自然、世界的整体性关联仍在。它把存在揭示为"在场"。但这个"在场"是时机化涌现的在场，绝非是永恒持存的在场。"技术是存在论意义上的现象，从本质上比作为主体的人更有缘构性，也因此更有力、更深刻地参与塑成

---

① ［德］马丁·海德格尔：《存在与时间》（修订译本），陈嘉映、王庆节合译，生活·读书·新知三联书店 2006 年版，第 44 页。
② 同上书，第 42 页。
③ 同上书，第 45 页。

人的历史缘在境域。"①

2. 现代技术的本质：集置（Ge-stell）

海德格尔的生态存在论审美观包含着极为丰富的内涵。他首先无情地批判了西方现代由技术的"促逼"所形成的人类中心主义，指出："这片大地上的人类受到了现代技术之本质连同这种技术本身的无条件的统治地位的促逼，去把世界整体当作一个单调的、由一个终极的世界方式来保障的、因而可计算的贮存物（Bestand）来加以订造。向着这样一种订造的促逼把一切都指定入一种独一无二的拉扯之中。这种拉扯的谋制（Machenschaft）把那种无限关系的构造夷为平地。那四种'命运的声音'的交响不再鸣响。"② 所谓现代技术的"促逼"，就是人类滥用技术，无限制地掠夺和破坏自然所形成的"支配性暴力"，即强大的压迫。其结果是把人与自然之间和谐的"无限关系的构造夷为平地"，而"天地神人四方游戏"的"那四种'命运的声音'的交响不再鸣响"，这就必然导致人类试图对宇宙空间加以"订造"的"人类中心主义"。海氏指出："欧洲的技术—工业的统治区域已经覆盖整个地球。而地球又已然作为行星而被带入星际的宇宙空间之中，这个宇宙空间被订造为人类有规划的行动空间。诗歌的大地和天空已经消失了。谁人胆敢说何去何从呢？大地和天空、人和神的无限关系似乎被摧毁了。"③

现代技术集置遭遇的尽是人的碎片和符号，一切实存物都被抽象为一种可计算的市场价格。人成为世界主体，世界沦为对象化的客体。无止境的开发不仅使自然得不到应有的庇护，人本身也失去了保护，在现代技术按部就班的运转中随时被替代。生态美学致力于改善人与自然之间不断恶化的紧张关系，必须要对现代技术进行彻底的反思。反思的目的不在于反科学、反技术，而在于深入其根源处洞察技术的本质和奥秘，以便为超越、克服现代技术提供某种可能。海德格

---

① 张祥龙：《海德格尔传》，商务印书馆2007年版，第283页。

② ［德］马丁·海德格尔：《荷尔德林诗的阐释》，孙周兴译，商务印书馆2014年版，第217—218页。

③ 同上书，第215页。

尔关于技术的沉思，无疑是生态美学最重要的思想资源之一。

四　时间的视域

1. 时间的引入，是海德格尔最重要的理论贡献，具有划时代的意义。

2. 在后期存在之思中，海德格尔之所以把语言、诗和艺术的揭蔽与技术揭蔽对立起来，就是因为在语言、诗和艺术所带来的切近中包含着原初的本源时间；而本真的诗、艺术之所以重要，即是在其揭蔽中保藏了存在涌现的机缘、天命及原初经验。

3. 形而上学遗忘和掩盖了本源时间，技术成了现成化的技术。这并非意味着它没有自己的时间观，而是说形而上学以遗忘存在涌现之时机（本源时间）为前提，或从存在之本源时间中抽离出来，执守于无机缘的现在当下。因为对存在的遗忘和对本源时间境域的抽离，现代技术不能回到存在涌现的时机（境域）之中，反而借助这种遗忘与脱离，把存在者当成存在本身，执著于无时机的现成化，掩盖了人与自然时机性的关联，在对存在者的把捉（研究、挖掘）中不断耗尽存在者的本质。

4. 返回境域性、时机化的本源时间，是生态美学在研究与构建中取得突破的最重要的路向之一。

生态美学提出的现实基础，是现代技术对生态肆无忌惮的破坏所引起的全球性的生态危机这一现状。它提出的理论前提是传统形而上学对存在的遗忘而导致的认识论对存在论的僭夺。生态美学的提出就是要反思现代技术条件下人与自然关系的恶化及其根源，扭转认识论框架下美、审美的传统观念，构建人与自然之间和谐的、审美的生态关系。

遗忘或者说僭夺本源时间，而沉浸到庸常时间（物理时间）的现在序列之中，把一切（事、物）都看成是平板的和现成的状态，是传统形而上学和现代技术的一个非常重要的特征。因此，对它们的反思也必须从它们所遗忘和掩盖的时间入手。这样，才能在根本上克服或扭转它们对美、审美问题所造成的缺陷与不足。

大量事实证明，海德格尔存在论哲学观的形成，特别是后期由人类中心主义彻底转变到生态整体与东方文化，与中国道家思想的影响密切相关。海德格尔从 20 世纪 30 年代起就已经能够比较熟练地运用老庄的道家思想。海德格尔关于"天地神人四方游戏"的生态思想，与《老子》第二十五章"故道大，天大，地大，王亦大。域中有四大，而王居其焉"一脉相承。他还用《老子》第二十八章的"知其白，守其黑"来阐释其"由遮蔽走向澄明"的思想，用《老子》第十一章"三十辐共一毂，当其无，有车之用"来说明其"存在者"与"存在"的区别。也就是说，他以车轮的辐条聚集于中空的车毂方能转动来比喻存在是不在场的因而才能有用。此外，海德格尔还用《老子》第一章的"道可道，非常道"来说明其"道说不同于说"；用庄子的"无用之大用"说明其"居住着"是不具功利性的；用庄子与惠子游于濠梁之上谈论"鱼之乐"的对话，来比喻站在通常的立场上无法理解水中自由游泳的鱼之乐，而只有从存在论的视角才能体味到这一点，以此说明存在论和认识论的区别，等等。他在《从一次关于语言的对话而来》一文中说道："运思经验是否能够获得语言的某个本质（ein Wesen），这个本质将保证欧洲—西方的道说（Sagen）与东亚的道说以某种方式进入对话之中？"在此对话中，形成了中西古今交流对话中"源出于惟一源泉的东西就在这种对话中歌唱"①。我国的哲学家也将海德格尔美学中的生态观念说成是"老子道论的异乡解释"②。

　　①　［德］马丁·海德格尔：《在通向语言的途中》，孙周兴译，商务印书馆 2004 年版，第 93 页。

　　②　参见王庆节《道之为物：海德格尔的"四方域"物论与老子的自然物论》，《中国学术》2003 年第 3 期。

第三章

生态美学产生的文学背景

生态美学的产生除了与现代经济社会、文化哲学有关系之外，还与生态文学的发展有着十分密切的关系。现代生态文学批评的兴起与发展，不仅对生态美学的产生起到了推动作用，而且还为生态美学的建设输送了丰富的理论资源与实践经验。文学是人类的一种特有的凭借语言的审美形态，生态理论向文学的延伸无疑极大地推动了生态美学的产生与发展。下面，我们着重梳理一下现代西方生态文学批评的产生、内涵与延伸。

第一节　现代生态批评产生的文学基础

整个西方文学以"人类中心主义"为主导思想，特别是18世纪启蒙主义以来，集中表现"人类中心主义"的人道主义原则逐渐成为西方文学的最基本原则。但是与此同时，18世纪以来的西方文学还存在着一股生态主义的支流。

西方19世纪上半叶的浪漫主义文学歌颂自然，赞美一种简朴、宁静的生活，表现了比较明显的生态倾向。英国浪漫主义诗人、湖畔派代表人物华兹华斯（William Wordsworth，1770—1850），隐居在英国中西部地区的自然山水之中，创作了大量的歌颂自然以及春天的诗歌。例如，他在诗中写道：

春天树林的律动，胜过
一切圣贤的教导，
它能指引你识别善恶，
点拨你做人之道。

自然挥洒出绝妙篇章；
理智却横加干扰，
它毁损万物的完美形象——
剖析无异于屠刀！

另一位湖畔派诗人柯勒律治（Coleridge，1772—1834）在其著名的长篇叙事诗《古舟子咏》中叙述了老水手杀死吉祥之鸟信天翁，受到自然的惩罚，航船遇难，同伴丧命殆尽，粮水尽无，痛苦不堪，在祈祷上帝，忏悔自责后才得救的故事。从此，这个老水手周游四方，以亲身经历告诫世人要尊重自然。这首诗被生态文学研究者 N. 罗伯茨和吉福特称为英语文学界"最伟大的生态寓言"①。

这里，我们要特别介绍两位美国的生态文学家及其有关生态的文学作品。可以说，他们的成果成为现代西方生态批评，特别是美国生态批评产生的直接源泉。

一　亨利·梭罗与《瓦尔登湖》

亨利·梭罗（Henry David Thoreau，1817—1868），美国著名的生态理论和生态文学的先驱。他的作品《瓦尔登湖》成为现代生态哲学、生态伦理学与生态文学的启示式的作品，梭罗也成为"浪漫主义时代最伟大的生态作家"。梭罗的经历十分简单，他就学于哈佛大学，毕业后在家乡的中学执教两年，此后又作过著名作家爱默生的门徒与助手。1845 年 3 月到 1847 年 5 月，他带着一把借来的斧头进入家乡

①　［美］帕特里克·墨菲主编：《文学与自然：国际思想资源》，美国菲兹罗依·迪尔本出版社 1998 年版，第 169 页。

的瓦尔登湖，通过最简单的劳动独立生活了26个月。在此期间，他思考人生，感悟自然，写出了不同凡响的交织着散文、哲理与科学观察的《瓦尔登湖》。该书1854年出版后，取得了巨大反响。1862年，梭罗因肺病辞世，终年44岁。

《瓦尔登湖》是一部不同凡响的奇书。19世纪中期，工业革命如火如荼地进行，人们都沉浸在物质的狂欢中，梭罗却独具慧眼，预见了工业革命所造成的破坏自然的灾难，洞察了人与自然的本真关系，倡导一种简洁原始的、以自然为友的生活。他以哲人独特的玄思、诗人的敏感、博爱的情怀、细腻的笔触体验自然、对话自然，留下了一系列千古名言，警示后代，造福人类。美国著名的生态批评家劳伦斯·布伊尔是研究梭罗的专家，写过多篇研究论著，多有创获。根据我们的阅读体会，梭罗在《瓦尔登湖》中给予我们的真理的启示可以概括为：人类要永远与自然友好为邻。

1. 倡导一种尊重自然、爱惜自然的简洁健康的生活方式

梭罗的时代还是美国资本主义工业化的高潮时期，人们对物欲有着不竭的渴望，追求金钱，向往城市，向往文明，成为一种时尚和趋势。梭罗毕业于名校哈佛大学，虽然有着追求物欲的条件，但他却恰恰相反——放弃了这一切，毅然手持一柄斧头，走进莽莽的瓦尔登湖区，伐木建屋，开荒种地，泛舟钓鱼。他说："我工作的地点是一个怡悦的山侧，满山松树，穿过松林我望见了湖水，还望见林中一块小小空地，小松树和山核桃树丛生着。"① 他之所以这样做，是出于对当时物欲横流的生活的一种反抗，从而选择了一种原始简洁、爱惜自然、健康的生活方式。他说："虽然生活在外表的文明中，我们若能过一过原始性的、新开辟的垦区生活还是有益处的。"② 梭罗认为，在物欲膨胀、金钱拜物潮流之中的人类"生病"了，他试图通过这种原始的本真的生活来疗救人类，"如果我们要真的用印第安式的、植物的、磁力的或自然的方式来恢复人类，首先让我们简单而安宁，如同

_____

① ［美］亨利·戴维·梭罗：《瓦尔登湖》，徐迟译，上海译文出版社2004年版，第36页。
② 同上书，第10页。

大自然一样，逐去我们眉头上垂挂的乌云，在我们的精髓中注入一点儿小小的生命。"① 他的简单的生活究竟是什么样的生活呢？那就是仅凭一把刀、一柄斧子、一把铲子、一辆手推车和辛劳的双手，每年只需工作六个星期，就足够支付一切生活的开销，其余的大部分时间全都用来读书和体验自然。梭罗认为："大部分的奢侈品，大部分的所谓生活的舒适，非但没有必要，而且对人类进步大有妨碍。所以关于奢侈与舒适，最明智的人生活得甚至比穷人更加简单和朴素。"② 而且，非常可贵的是，在那样一个以金钱为生活目标的社会中，梭罗放弃了任何私有财产。他热爱美丽的田园风光，但却不把购买来的田园作为自己的私有财产。他说："执迷于一座田园，和关在县政府的监狱中，简直没有分别。"③ 这样的思想境界在当时可谓是超凡脱俗。

2. 以自然为邻，以自然为友，体验自然，对话自然

梭罗在《瓦尔登湖》的主要篇章中细腻描写了瓦尔登湖湖畔风光，他在木屋中生活，与大自然为邻，与大自然对话，直接体验来自大自然的种种深邃的感悟，诉说他对大自然的热爱，与自然为邻、为友的情怀。他在书中写了他的各种邻居，他在回应古代圣哲的话时说："寒舍却并不如此，因为我发现我自己突然跟鸟雀做起邻居来了。"④ 他还写了其他的邻居，鼹鼠、草木、麋鹿和熊等。当然，在他看来，瓦尔登湖才是他最重要的邻居。他生活在瓦尔登湖畔，生于斯，长于斯，对瓦尔登湖充满了深情。他说："8 月里，在轻柔的斜风细雨暂停的时候，这小小的湖做我的邻居，最为珍贵。"⑤ 他以饱蘸情感的笔触对瓦尔登湖做了深情的描绘，"就是在那时候，它已经又涨，又落，纯清了它的水，还染上了现在它所有的色泽，还专有了这一片天空，成了世界上唯一的一个瓦尔登湖，它是天上露珠的蒸馏器。谁知道，在多少篇再没人记得的民族诗篇中，这个湖曾被誉为喀

① ［美］亨利·戴维·梭罗：《瓦尔登湖》，徐迟译，上海译文出版社 2004 年版，第 72 页。
② 同上书，第 12 页。
③ 同上书，第 78 页。
④ 同上书，第 80 页。
⑤ 同上书，第 81 页。

斯泰里亚之泉？在黄金时代里，有多少山林水泽的精灵曾在这里居住？这是在康科德的冠冕上的第一滴水明珠"①，"它是大地的眼睛；望着它的人可以测出他自己的天性的深浅"②。他以大自然为母亲，接受大自然无私的馈赠，始终怀着一颗感谢大自然的心。"到秋天里就挂起了大大的漂亮的野樱桃，一球球地垂下，像朝四面射去的光芒。它们并不好吃，但为了感谢大自然的缘故，我尝了尝它们。"③ 梭罗正是怀着这样一颗感恩的心、友善的心、平等的心来真正地体验自然、对话自然的，他在静静的黄昏和夜晚，侧耳倾听大自然的各种声音，并将这些声音看作美妙无比，人间未有的"天籁"。他以细腻的听觉和情感分辨各种声音，享受这美妙无比的音乐。在描写夜莺的啼叫时，他说："有时，我听到四五只，在林中的不同地点唱起来，音调的先后偶然地相差一小节，它们跟我实在靠近，我还听得到每个音后面的咂舌之声，时常还听到一种独特的嗡嗡的声音，像一只苍蝇投入了蜘蛛网，只是那声音较响。"④ 他甚至能够分辨出夜莺鸣叫的含义："呕—呵——呵——呵——呵——我 要 从 没——没——没——生——嗯！湖的这一边，一只夜鹰这样叹息，在焦灼的失望中盘旋着，最后停落在另一棵灰黑色的橡树上。"⑤ 梭罗已经成为能辨鸟语的自然之友了，"我突然感觉到能跟大自然做伴是如此甜蜜如此受惠"⑥。

　　总之，梭罗完全将自己融入了自然，将自己作为自然的一部分。他说："我在大自然里以奇异的自由姿态来去，成了她自己的一部分。"正因为如此，他从大自然中领悟到一种甜蜜温暖与健康向上的情感，"只要生活在大自然之间而还有五官的话，便不可能有很阴郁的忧虑。对于健全而无邪的耳朵，暴风雨还真是伊奥勒斯的音乐呢？"⑦

---

① ［美］亨利·戴维·梭罗：《瓦尔登湖》，徐迟译，上海译文出版社2004年版，第169页。
② 同上书，第174页。
③ 同上书，第106页。
④ 同上书，第116页。
⑤ 同上书，第116—117页。
⑥ 同上书，第123页。
⑦ 同上书，第122、124页。

3. 对与自然以及与人为敌的过度工业化和"人类中心主义"的批判

19世纪中期，美国经过了残酷的资本原始积累，工业有了蓬勃的发展，但梭罗以其敏锐的眼光看到了工业化背后人与自然为敌、疯狂掠夺自然的行径。他说，"生活现在是太放荡了"，而且"无论在农业、商业、文学或艺术中，奢侈生活产生的果实都是奢侈的"。这种放荡奢侈生活的重要表现就是与自然为敌，对于自然疯狂掠夺，滥伐树木，破坏大地，同时也是对人的血淋淋的剥削。他以横贯美国东西的大铁路为例，认为这实际上是以无数劳工的鲜血和生命所换得的交通便捷。他说："你难道没有想过，铁路底下躺着的枕木是什么？每一根都是一个人，爱尔兰人，或北方佬。铁轨就铺在他们身上，他们身上又铺起了黄沙，而列车平滑地驰过他们。"① 他本人就看透了资产阶级代表少数富人压迫剥削多数人的事实，所以他有意采取不合作主义，拒交人头税。他在文中写道："我拒绝赋税给国家，甚至不承认这个国家的权力，这个国家在议会门口把男人、女人和孩子当牛马一样买卖。"② 当然，梭罗由于过分地站在生态主义的立场，所以对作为历史发展趋势的现代化有许多不理解之处，这应该是他的片面性和局限所在。他说："人们认为国家必须有商业，必须把冰块出口，还要用电报来说话，还要一小时奔驰30英里，毫不怀疑它们有没有用处。"③ 但梭罗作为生态理论和生态文学的先驱，他对自然的亲和态度，他极力主张的"简单、简单、简单啊"④ 的生活方式，他的一系列讴歌大自然的警语，都永远地成为我们宝贵的精神遗产，对处在人与自然极度对立的当今无疑是极具启示意义的。

4. 借鉴中国古代儒家"仁爱"思想，阐发了人类与自然友好为邻的观点

梭罗借鉴东方古代智慧，特别是中国古代儒家的"仁爱"思想来

---

① ［美］亨利·戴维·梭罗：《瓦尔登湖》，徐迟译，上海译文出版社2004年版，第87页。
② 同上书，第161页。
③ 同上书，第87页。
④ 同上书，第86页。

阐发他的人类应与自然为邻的观点。在其《瓦尔登湖》的《春天》篇章中，他运用孟子的"性善论"来阐释大自然之美是自然本性之美，而善待自然则是人之善良本性，并引用了《孟子·告子上》篇下面一段话，来阐释自然之美以及人之善待自然都由其善良之本性所决定的思想。"牛山之木尝美矣，以其效于大国也。斧斤伐之可以为美乎？是其日夜之所息，雨露之所润，非无萌蘖之生焉。牛羊之从而牧之，是以若彼之濯濯也。人见其濯濯也，以为未尝有材焉，此岂山之性也哉。""虽存乎人者，岂仁义之心哉。其所以放其良心者，亦犹斧斤之于木也。旦旦而伐之，可为美乎？其日夜之所息，平旦之气，其好恶与人相近也者几希？则其旦昼之所为，有梏亡之矣。梏之反复，则有夜气不足以存，夜气不足以存，则其违禽兽不远矣。人见其禽兽也，而以为未尝有才焉，是岂人之情也哉。"为此，梭罗还着意写了一首诗来阐发孟子的思想：

> 高山上还没有松树被砍伐下来，
> 水波可以流向一个异国的世界，
> 人类除了自己的海岸不知有其他。
> …………
> 春光永不消逝，徐风温馨吹拂，
> 抚育那不须播种自然生长的花朵。

这是一个人类世纪初创之时，春风荡漾，微风徐吹，自然的花朵自由开放，人与自然和谐相处，友好为邻的时代，也是梭罗的理想时代，是他心中的"乌托邦"。

他还借鉴孔子的"仁爱"思想阐释了人与自然以及人与人之间和谐相处的理想。他引用《论语·颜渊》篇所载的孔子对季康子所说的话，"子为政，焉用杀？子欲善而民善矣。君子之德风，小人之德草，草上之风必偃"。以此来说明，一种简单的与自然社会为邻、为友的生活应该是来源于出自仁善心的仁政，这正与蒲柏所译的古希腊《荷马史诗》中的诗句相应：

世人不会战争，
在所需只是山毛榉的碗碟时。

梭罗的人类与自然为邻的思想，是当代生态存在论美学思想的重要来源。梭罗的人类与自然友好为邻的思想，是在倡导一种全新的生活与生存方式，这种生活和生存的方式与工业化时代人的生活与生存方式是不一样的。工业化时代，人类过的是一种主体与客体二分对立的生活与生存方式，而梭罗所倡导的则是人与自然为友的此在与世界紧密相连的生活与生存方式。前一种是认识论的生活与生存方式，而后一种则是存在论的生活与生存方式。前一种方式必然导致人与自然的对立，从而使人的生存状态逐步恶化，而后一种方式则是在人与自然的友好相处中逐步获得的美好生存。这种"此在与世界紧密相联"的生存方式，就是海德格尔所说的"在世界之中存在"。这种"在之中"不是指空间意义上的一个在另一个之中，而是指"我居住于世界，我把世界作为如此这般熟悉之所而依寓之、逗留之"①。这就说明，人与自然不是一种对象性的关系，而是一种依寓性的关系，人与自然是一个整体，须臾不可分开。人正是在这种依寓性关系中得以生存，并逐步展开自己的本真性，走向诗意栖居的。这就是一种生态存在论的审美的生存。梭罗无疑是提倡这种生态审美的生存方式与美学观念的先驱。

二　利奥波德与《沙乡年鉴》

奥尔多·利奥波德（Aldo Leopold，1887—1948），美国现代生态理论与生态文学的奠基人。利奥波德写了著名的《沙乡年鉴》，提出了"像山那样思考""生态共同体"与"大地伦理"等名言。利奥波德于 1887 年 11 月出生于美国衣阿华州伯灵顿市，在著名的耶鲁大学

---

① ［德］马丁·海德格尔：《存在与时间》（修订译本），陈嘉映、王庆节合译，生活·读书·新知三联书店 2006 年版，第 64 页。

获得林业专业硕士学位。此后，曾担任过美国林业部林业实验室副主任，后又到威斯康星大学担任野生动物管理教授，直至去世。他热爱自然，研究自然，感悟自然。1935 年，利奥波德在威斯康星河畔购买了一个废弃的农场，在以后的十几年中，他与妻子及几个孩子利用周末和假期生活在这个农场极其破旧的木屋中，从事务农、观察和实验。他将自己的工作与体悟书写下来，即是著名的《沙乡年鉴》。1948 年 4 月，利奥波德在组织和指挥人们扑灭一场火灾的过程中突发心脏病死亡，终年 61 岁。1949 年，《沙乡年鉴》由牛津大学出版社出版，成为现代生态理论与生态文学的重要经典。

1. 由资源保护主义者向生态整体论者的转变。利奥波德作为国家政府林业部门的官员，与政府的资源保护主义立场相一致。但这里所谓的资源保护，仍然是从人类中心主义立场出发的，甚至是从人类暂时、狭隘的利益出发来看待自然、对待自然资源，将其进行"有用"与"无用"的区分的。这就违背了任何自然都有其存在合理性的"生态规律"，其结果必然造成生态的不平衡，乃至生态系统破坏的严重后果。例如，为了吃鹿肉就大量地猎杀食鹿的狼，结果造成鹿的大量繁殖，最后鹿也难以存活。再如，以人类的"休闲"为目的，对"自然"与"荒野"加以保护，仍然是坚持自然与人二分对立的立场，结果也必然造成"自然"与"荒野"的破坏。利奥波德指出："休闲正在成为一个正在寻觅的，却从未有所发现的自我毁灭的过程，这是机械化社会的一个巨大挫败。"① 他还一针见血地揭穿了包括休闲在内的所谓"生态保护主义者"的真面目，说他们其实都是"狩猎者"，只不过希望"靠法律、拨款、地区规划、各个部门的组织，或者其他欲望形式的某种魔力，来使这些东西原地不动"②。利奥波德从生态科学家和生态哲学家的高度，指出一种植物种系就是一本"历史书"。因为，这种植物经历了漫长的历史，甚至比人类的出现还长，

---

① ［美］奥尔多·利奥波德：《沙乡年鉴》，侯文蕙译，吉林人民出版社 1997 年版，第 156 页。

② 同上书，第 157 页。

不仅见证了地球与人类的历史，而且自己也在种系共生与竞争中发生变异。一个种系动物与植物被破坏，等于将这部内容丰富的历史书焚烧殆尽。但现代的工业化与追求物欲的人们却不管这些，为了自己的所谓"进步"而不惜毁掉一个个动植物种系，撕毁一本本宝贵的历史书。利奥波德愤怒地说："机械化了的人们，对植物区系是不以为然的，他们为他们的进步清除了——不论愿意或不愿意——他们必须在其上度过一生的地上景观而自豪着。"①

　　2. 生态"共同体"的"土地伦理"。在生态理论上，利奥波德既批判"人类中心主义"，也不赞同"生态中心主义"，提出了著名生态"共同体"的"土地伦理"思想。他说："只有当人们在一个土壤、水、植物和动物都同为一员的共同体中，承担起一个公民角色的时候，保护主义才会成为可能；在这个共同体中，每个成员都相互依赖，每个成员都有资格占据阳光下的一个位置。"② 这实际上是当代伦理学的一个新延伸。因为传统的伦理学只涉及人与人的关系，以后又延伸到人与社会的关系，现在则延伸到了人与土地（自然）的关系。利奥波德指出："土地伦理只是扩大了这个共同体的界限，它包括土壤、水、植物和动物，或者把它们概括起来：土地。"③ 利奥波德并没有否定人类对土地（自然）利用的权利，但强调必须从"共同体"即"整体"的独特视角考虑土地（自然）的存在。他说："一种土地伦理当然并不能阻止对这些'资源'的宰割、管理和利用，但它却宣布了它们要继续存在下去的权利，以及至少是在某些方面，它们要继续存在于一种自然状态中的权利。"④ 特别可贵的是，利奥波德还提出了"土地健康"的重要概念。这是将活的生命内涵赋予了土地（自然），恰如现在我们所说的"健康黄河""健康长江"。利奥波德认为："一种土地伦理反映着一种生态学意识的存在，而这一点反过来又反映了一种对土地健康负有个人责任的确认。"⑤ 值得重视的是，利

①　［美］奥尔多·利奥波德：《沙乡年鉴》，侯文蕙译，吉林人民出版社1997年版，第43页。
②　同上书，第216页。
③　同上书，第193页。
④　同上书，第194页。
⑤　同上书，第209页。

奥波德的"土地伦理"的"共同体"观念是建立在"生物环链"的"土地金字塔"的理论基础之上的。他说："有一种比较更真实的想象是在生态学上常常采用的：即生物区系金字塔。我将先来概述一下作为一种土地的象征的金字塔，然后再论述它在土地使用角度上的涵义。"① 这个金字塔告诉我们，植物从太阳吸收能量，植物的底层是土壤，昆虫在植物之上，马和啮齿动物在昆虫之上，其上又是食肉动物，人处在塔尖。每个下层的层次为上层提供食物，但越是上面的层次，其食物链就越短，因而就越脆弱。这个金字塔构成了循环作用的共同体，大地、土壤、植物是金字塔的塔基，能量产生与提供的基础。从这样的角度，人类难道能够离开大地吗？难道能不考虑大地的存在吗？这是一个科学的判断，又是一个人性的判断，是一个关系到人类长久美好生存的判断。

3. "荒野"的独特价值问题。利奥波德在批判"人类中心主义"和"环境保护主义"时，把"荒野"的价值问题提了出来。他说，"因而，他个人看不到的荒野对他是没有价值的；因而普遍地认为，一个未曾使用过的偏僻地区对社会是无用的。对那些缺乏想象力的人来说，地图上的空白部分是无用的废物。而对另一些人来说，则是最有价值的部分。"② 他在该书设《荒野》专章，详细地论述了荒野的休闲价值、科学价值和保护野生动物的价值，为后来罗尔斯顿的《哲学走向荒野》一书打下了理论基础。

4. 提出从生态整体角度出发的独特思维方式——"像山那样思考"。实践证明，生态问题和环境污染的出现，主要是一个文化态度问题，即究竟是应该从"人类中心主义"出发，还是应该从"生态整体主义"出发的文化态度问题。利奥波德就此提出了"像山那样思考"的独特生态整体的思维方式，他在《沙乡年鉴》中设有《像山那样思考》专章。利奥波德是在批判"狼越少鹿就越多"的错误观

---

① ［美］奥尔多·利奥波德：《沙乡年鉴》，侯文蕙译，吉林人民出版社1997年版，第203页。

② 同上书，第166页。

点时提出这一论断的，他说，在看到那只被猎手射杀而垂死的"老狼"的眼睛时，他深深感到"无论是狼，或是山，都不会同意这种观点"①。因为"狼越少鹿就越多"这一观点违背了生态整体的规律，必然导致生态的破坏和环境退化。为此，利奥波德警告人类："他不知道像山那样来思考。正因为如此，我们才有了尘暴，河水把未来冲刷到大海去。"②利奥波德的"像山那样思考"，还主张人类应该以平等的姿态与自然对话，去体验自然。他在描写自己在沙乡的体验时，曾具体写到了一个 4 月的夜间倾听沼泽中动物们聚会的过程。这里有猫头鹰的叫声，有沙锥鸟扇动翅膀的声音，有美洲半蹼鹬的咯咯声，有刺耳的雁叫声，最后是大雁的谈话声。他觉得，自己如果真的是自然的一部分，可能会听到更多的声音和内容，"于是，再一次地，我真希望自己是一只麝鼠"③。《沙乡年鉴》中关于荨苈对一点点温暖需求的体会，对两只丘鹤"空中舞蹈"的欣赏，将沙乡各种动植物视为"租佃者"的比喻，对各种植物"生日"的关注，都说明利奥波德早就以平等的态度对待自然万物，与它们"共生"了。

第二节　文学生态批评的产生与发展的历程

学界一般将 1962 年莱切尔·卡逊《寂静的春天》的出版作为西方现代文学生态批评的发轫。但生态文学批评的真正起始应该是 1974 年美国生态学家与比较文学学者约瑟夫·密克《生存喜剧：文学生态学研究》的出版，以及"人类是地球上唯一的文学生物"这一主要观点的提出。文学的"生态批评"，是由美国生态批评家威廉·鲁克尔特提出的。他 1978 年在《衣阿华州评论》（冬季号）上发表了题为《文学与生态学：一项生态批评的实验》的论文，首次提出"生态批评"的术语，并将其命名为一种具有生态意识的文学活动；1985

① ［美］奥尔多·利奥波德：《沙乡年鉴》，侯文蕙译，吉林人民出版社 1997 年版，第123 页。

② 同上书，第 123—124 页。

③ 同上书，第 21—22 页。

年，弗雷德里克·瓦格编撰出版了包括 19 位学者有关"环境文学"讲课内容的《讲授环境文学材料、方法与文献资料》，开创了生态批评领域合作研究的先河；1989 年，《美国自然文学通讯》创立，其内容包括与自然及环境有关的论文与书评；1990 年，美国内华达大学设立第一个"文学与环境研究"学术岗位；1991 年，在美国"现代语言学会"（MLA）上，生态批评家哈罗德·弗洛姆组织了名为《生态批评：文学研究的绿色化》的专题讨论会，使美国生态批评第一次在专业学术会议上得到广泛关注；1992 年，在"美国文学学会"上，生态批评家格林·洛夫主持了名为《美国自然文学：新语境，新方法》的专题讨论。同年，成立了"文学与环境研究学会"（ASLE），斯考特·斯洛维克担任首任主席。该学会的成立，是生态批评被确立为一种新的文学研究流派的标志；1993 年，帕特里克·默菲创建名为《文学与环境跨学科研究》的杂志；1995 年，"文学与环境研究学会"在美国召开首次会议，哈佛大学劳伦斯·布伊尔出版了专著《环境想象：梭罗、自然书写与美国文化的构成》；1996 年，切瑞尔·格洛菲尔蒂与哈罗德·弗洛姆共同主编生态批评论文集《生态批评读本》；1998 年，美国第一部生态批评论文集《生态环境：生态批评和文学》出版；1999 年，《新文学史》夏季号出版生态批评专号；2000 年 6 月，爱尔兰科克大学举办国际性的生态批评大会。同年 10 月，台湾淡江大学组织"生态话语"的国际会议；2001 年，大卫·麦泽尔编撰出版《早期生态批评的一个世纪》；2002 年，美国弗吉尼亚大学出版《生态批评探索丛书》。同年 3 月，ASLE 在美国召开"生态批评的新发展"研讨会；2003 年，"文学与环境研究学会"在美国波士顿召开第五次学术会议，主题为"生态文学如何促进环境保护运动"。①

　　以上是生态批评发展的简单历程。现在的问题是，为什么生态批评作为一种文学的理论形态直到 1978 年才真正出现，而且直到今天

_____

①　［美］切瑞尔·格洛费尔蒂：《前言：环境危机时代的文学研究》，载《生态批评读本》，美国佐治亚大学出版社 1996 年版，第 17—18 页。

在理论上还不太成熟。对于这个问题，我们认为，首先是由于文学理论与文学批评领域中"人类中心主义"的力量太过强大，难以突破；再就是，文学的生态观本身比起生态哲学、生态伦理学具有更多的复杂性。因为，在生态观与人文观的关系之外，又涉及文学观与美学观的问题，使问题显得更加繁难复杂。因此，这方面至今成熟的理论体系仍未出现，甚至还存在将生态文学与文学中的现实主义及心理学中的感觉主义相混同的现象，这恰是生态文学批评理论不成熟的表现。无论如何，生态批评从 1978 年至今，已走过了 30 年曲折的历程，显现了旺盛的生命力，并在不断发展成熟中渐呈壮大之势，理论上也取得了许多成果。但仍然还有很多问题需要解决，目前尤其需要总结既有的研究成果并在此基础上开创未来。

第三节　生态批评的原则与主要特征

美国著名生态文学理论家施瓦布说，生态批评是一种文化批评。他的这种说法也对，也不对。生态批评的确是一种文化立场的重大转变，但这种转变同时又带来了美学原则的变更。将文学问题截然分为外部规律与内部规律，这种做法毕竟还是一种二分式思维，是不科学的。生态批评目前还在继续发展之中，对它的原则与主要特征，我们只能根据现在掌握的材料加以概括。我们在阐释生态美学的内涵时，曾经指出生态美学的基本原则与生态批评的原则从总体上是一致的。为了避免重复，有的内容如"场所"（place）意识等，要放到论述生态美学的内涵的部分加以论述。根据目前掌握的材料，生态批评的原则可以概括为如下六个方面。

一　生态批评是一种包含着生态维度的文学批评

在生态批评提出之初，有的理论家曾将其概括为生态学与文学的一种结合。当然，这里说的"生态学"应该是指"深层生态学"，即生态哲学。这种概括不能说没有道理，但略微简单了一些，而且存在着将作为自然科学的"生态学"硬性嫁接到人文学科之嫌。其实，说生态文学批评是生态哲学与文学的一种结合，是没有问题的。生态批评提出之初，学者们没有经验，不免有不尽全面的说法，这是可以理解的。"生态批评"概念的首次提出者鲁克尔特认为，"很显然，我感兴趣的并不只是把生态学概念转移到文学研究当中，而是尝试在一种生态构想背景中研究文学，所采用的方法不是对二者产生束缚，而且也不会只是引导一种建立在简单归纳与认识基础上的信仰改变……"①鲁克尔特强调"生态批评"是一种"信仰改变"，也就是批评原则的重大转变。当然，鲁克尔特也主张，生态批评不能仅仅局限于这种转变，还要付诸行动。此后，威廉·霍沃思对"生态批评家"下了这样一个定义：生态批评家即"'住所评价人'，是一位对某些作品的优劣进行评价的人，这些作品描绘的是文化对自然的影响；他想赞美自然，谴责自然的掠夺者，同时希望通过政治行动来扭转掠夺者造成的损害，因此，就是自然，是一种被爱德华·霍格立德称作'我们最宽广的家园'的地方，而 krtis 指有鉴赏力的公断人，他要维护住所的整洁有序，防止随处乱放的靴子或碗碟破坏其原有布置"②。劳伦斯·布伊尔指出："生态批评通常是在环境运动实践精神下开展的。换言之，生态批评家不仅把自己看作从事学术活动的人，他们深切关注当今的环境危机，很多人——尽管不是全部——还参与各种环境改良运动。他们还相信，人文学科，特别是文学与文化研究可以为理解和挽救环境危机作出贡献。"③总之，生态批评与过去所有批评形式最大的不同就在于：它包含着过去从未包括的"生态维度"。正如生态批评家哈罗德·弗洛姆所说。"必须从根本上将'环境问题'视为一种关于当代人类自我定义的核心的哲学与本体问题，而不

① ［美］威廉·鲁克尔特：《文学与生态学：一项生态批评的实验》，载《生态批评读本》，美国佐治亚大学出版社 1996 年版，第 115 页。

② ［美］威廉·霍沃思：《生态批评的一些原则》，载《生态批评读本》，美国佐治亚大学出版社 1996 年版，第 69 页。

③ ［美］劳伦斯·布伊尔：《为濒临危险的地球写作》，美国哈佛大学贝尔纳普出版社 2001 年版，第 1 页。

是像一些人所认为的那样，只是一种位于'重要的'人类生活周边的装饰。"①

　　由此可见，文学批评中生态维度的转变是一种"信仰转变"，是一个关系到哲学"本体论"的重要问题。此前人类文学史和文学理论史上盛行的各种文学批评模式，总体上应该说都是"人类中心主义"的。如，所谓社会的历史的批评，是以传统的"人道主义"为其价值取向的；美学批评，也是以传统的"理念论"与"模仿论"等以"主体论"为中心的美学观念为其标准的；新批评是一种"文本中心主义"，这种"文本"也是人类的语言与文本，缺少与非人类物种的对话，非人类物种从来都是缺位和失语的；精神分析批评尽管强调了非理性的"原欲"（libido），但最后还须经"升华"的途径进入到人的主宰范围；原型批评带有"人类学"的色彩，强调"集体无意识"，但仍然是一种对于人的意识发生的描述。即使是当代现象学与阐释学批评，也还是强调了"主体的构造功能"。总之，既往的文学批评形态都缺少"生态维度"，只有生态批评才第一次将"生态维度"纳入文学批评之中，并使之成为最根本的文化立场。这个文化立场，就是当代生态哲学的立场，或者说就是当代生态整体论的立场。正如利奥波德在《沙乡年鉴》中所说，"当一个事物有助于保护生物共同体的和谐、稳定和美丽的时候，它就是正确的，当它走向反面时，就是错误的"②。这是一个当代生态哲学与生态伦理学原则，也是一个当代生态批评的原则。

二　生态批评是当代文学工作者生态道德责任的体现

　　生态批评从其产生与实践来看，即是一种包含着当代文学工作者强烈的生态道德责任的文学批评形态。文学批评与生态道德责任的统一，无疑是它最重要的原则。从这个意义上说，生态批评与纯粹审美

---

　　①　［美］哈罗德·弗罗姆：《从超验到退化：一辐路线图》，载《生态批评读本》，美国佐治亚大学出版社1996年版，第38页。

　　②　［美］奥尔多·利奥波德：《沙乡年鉴》，侯文蕙译，吉林人民出版社1997年版，第213页。

主义的"为艺术而艺术""为形式而形式"的批评是界限分明的。众所周知，生态批评产生于环境污染十分严重、生态危机频发的 20 世纪 70 年代。很显然，它的出现是一批富有正义感，对人类有"终极关怀"的文学工作者"拯救地球""拯救人类"的生态道德责任的体现。正如生态批评的首倡者美国的威廉·鲁克尔特所说："现在的问题，正如大多数生物学家所赞同的那样，是要找到阻止人类群体破坏自然群体——与之相伴随的是人类社会——的方法。生态学家喜欢称其为自我毁灭性或自杀性动因，它内在于我们那对自然所持的普遍的、自相矛盾的态度。概念性问题与实践性问题旨在发现两个群体——人类群体与自然群体——能够在生态圈中共存、互助与繁荣的基础。"①很明显，生态批评的提出是为了阻止人类群体对自然群体的破坏最终走向自我毁灭的严重后果。另一位批评家（小）林恩·怀特回顾了14 世纪文艺复兴以来人类对自然环境强加影响的方式：用炸药炸取矿物，烧制木炭，造成土地侵蚀和森林减少；氢弹的威力足以毁灭地球上所有生物的基因；人口膨胀、城市无序发展、污水垃圾的增多，更给地球与人类自身带来空前的危害。总之，"没有哪种生物像人类这样将自身的栖息之地弄得如此糟糕"②。到底该如何解决呢？怀特回答说："我们应当如何应对？现在还没有人知晓。除非我们对根本问题加以思考。"③ 生态文学批评就是人类在对根本的问题加以思考之后的一种立足于改变人对自然的文化立场与态度的重要选择，是不同于以往的试图以文化影响自然环境、修复自然环境的崭新的途径。它的特殊责任与贡献，如格林·洛夫所说，"在于生态责任意识"④。

三　生态批评是一种对文学进行"价值重建"的绿色阅读

　　早在 19 世纪后期，尼采针对理性主义哲学文化思想的终结，曾

---

　　① ［美］威廉·鲁克尔特：《文学与生态学：一项生态批评的实验》，载《生态批评读本》，美国佐治亚大学出版社 1996 年版，第 107 页。

　　② ［美］林恩·怀特：《我们的生态危机的历史根源》，载《生态批评读本》，美国佐治亚大学出版社 1996 年版，第 5 页。

　　③ 同上。

　　④ 同上书，第 230 页。

在其著名的《悲剧的诞生》中提出了"价值重估"的惊世骇俗之言。而今，从 20 世纪后期开始，生态文学与生态批评的崛起实际上又面临着文学艺术领域的一场新的"价值重估"。这场"价值重估"，当然也是一种价值的重建，它是以"生态"或"绿色"为其特点的，所以，可以将其称作"绿色阅读"。布伊尔曾说："如果没有绿色思考和绿色阅读，我就无法讨论绿色文学。"① 格林·洛夫专门为生态批评的崛起写了一篇题为《重新评价自然》的文章，重新评价文学对自然的描写与表现，明确提出了"重新评价某些文学与批评文本"的问题。他说："我们本专业的同仁一定会把他们的注意力迅速转向这种文学：一种承认并生动地描绘人类与各种生命循环的统一性的文学。生态视角最终进入我们视野的时间不再遥远。正如当今我们在教学与理论中讨论种族与性别歧视问题，我们的批评与美学领域必定会重新评价某些文学与批评文本，这些文本只有一种弃绝地球的具有终极毁灭性的人类中心主义价值观，忽略了其他的价值观。"② 为此，他针对"美学西部文学协会"的未来作用讲了三点看法：西部文学将位居预料中的批评转向的前沿；重新评价自然将伴随着具有重要意义的文学类别的重新排序；西部文学并非自身生态视野中的唯一组成部分。在洛夫看来，要摒弃"人类中心主义"价值观，必须坚持生态整体的文化立场和"绿色阅读"的基本出发点。这样的"绿色阅读"必将重评经典、重评作家。当然，这样的重评与阅读并不意味着否定历史，而是对其当代价值给予新的阐发。例如，约瑟夫·密克在《喜剧的模式》一文中，从当代生态理论出发，对传统的悲喜剧理论进行了全新的阐释。在传统戏剧理论中，悲剧是一种对崇高精神、英雄人物的颂扬，而喜剧则侧重表现小人物。因此，悲剧高于喜剧。但密克从当代生态理论出发，却得出了喜剧高于悲剧的结论。他说："悲剧要求在二选一的选择中做出选择，而喜剧认为，这两种选择可能都是错误

---

① ［美］劳伦斯·布伊尔：《环境的想象：梭罗，自然与美国文化的形成》，美国哈佛大学贝尔纳普出版社 2001 年版，第 1 页。
② ［美］格林·洛夫：《重新评价自然：面向一种生态批评》，载《生态批评读本》，美国佐治亚大学出版社 1996 年版，第 235 页。

的，生存要依靠使有关各方面都存在的和解。"因此，"喜剧在本质上是生态的"①。再如，当我们面对着文艺复兴时期莎士比亚在文学史上放出独特光辉的著名悲剧时，我们说，如果对其进行"绿色阅读"，那么必将要有一个"价值的重估"。例如，著名的歌颂人文精神的《哈姆雷特》中的名句："人类是一件多么了不起的杰作！多么高贵的理性！多么伟大的力量！多么优美的仪表！多么文雅的举动！在行为上多么像一个天使！在智慧上多么像一个天神！宇宙的精华！万物的灵长！"很显然，这是对"人类中心主义"的颂歌。在人类肆意破坏自然、物欲急剧膨胀的今天，我们不能再继续肯定这种对人文主义的歌颂了，但我们也不能因此而否定它在当时的冲破中世纪宗教压迫、封建专制的解放人的精神的伟大作用。重评经典不等于否定经典。绿色阅读是一个以"共生""整体""生命"为旨归的阅读，是包容着各种阅读和批评模式的阅读。阿伦·奈斯在阐释自己的深层生态学时，曾说自己的生态哲学只是"生态智慧T"，还有生态智慧A、B、C……需要同仁们补充。当然，包容虽然不是扼杀，但是也并不舍弃"绿色的""生态的"价值立场。

四　生态批评倡导一种坚持生态立场的"环境想象"

文学是一种诉诸想象的艺术形式，通过想象创造形象是文学的任务与功能之所在。著名的美国生态批评家劳伦斯·布伊尔力倡一种"环境想象"的理论观念，构成了当代西方文学生态批评的重要理论原则之一。他的第一部生态批评专著就是《环境的想象：梭罗，自然文学与美国文化的形成》。对"环境想象"，布伊尔确立了4条"标志性要素"：（1）非人类环境的在场并非仅仅作为一种框定背景的手法；（2）人类利益并不被理解为唯一合法利益；（3）人类对环境负有的责任是文本伦理取向的组成部分；（4）自然并非一种恒定之物或假定事实。②

---

① ［美］约瑟夫·密克：《喜剧的模式》，载《生态批评读本》，美国佐治亚大学出版社1996年版，第164页。

② ［美］劳伦斯·布伊尔：《环境的想象：梭罗，自然与美国文化的形成》，美国哈佛大学贝尔纳普出版社2001年版，第7—8页。

根据这四条"标志性要素",布伊尔的环境想象有着明显的趋向"生态整体论"的价值取向。但是"环境想象"毕竟是一个中性的概念,它是包括"人类中心主义"与"生态中心主义"两种不同价值取向的"文学想象"。对于以"人类中心主义"为出发点的"环境想象",诗人雪莱的名言是"诗人是未经确认的世界立法者"。布伊尔认为,对"人类中心主义",有必要从环境的视角加以思考。对于"生态中心主义",布伊尔也没有完全认同,他以"深层生态学"为例,并借用生态批评家乔纳森·贝特的话将其看作是地球上可能不会完全实现的生态学之梦。他认为,对于生活在社会上的人们来说,优先考虑健康、安全与生活资料,这是可以理解的。由此可见,布伊尔所坚持的,还是折衷"人类中心主义"与"生态中心主义"的"生态人文主义",这是十分可贵的。他还谈到了"环境想象"的作用问题,认为它可以在这样几个方面促进读者与自然环境的关联性:促进读者与人类、非人类苦难与痛苦经验的关联;促使读者构想出各种不同的未来;促使他们从物欲中解放等。[①] 当然,布伊尔的"环境想象"理论,学界还存在着争议。因此,"环境"一词本就包含"人类中心主义"的意蕴,不同于"自然",所以"环境想象"有可能引导作家重蹈"人类中心主义"的覆辙。

五 生态批评的效应是通过"绿色阅读"使自然的"负熵"成为可能

生态文学批评的研究者与实践者由其面对地球与自然的特定对象决定,也由其力图解决"环境污染"的特定任务决定,又由其初期的试图将"文学与生态学相结合"的主旨决定,所以,在生态文学批评的理论建设与实践中,不免常常借用自然科学的概念,如"能量""生态圈""平衡"等,这可能就是当代生态文学批评的特点。生态文学批评的首次提出者鲁克尔特在论述生态批评的效应时运用了物理

---

① [美]劳伦斯·布伊尔:《为濒临危险的地球写作》,美国哈佛大学贝尔纳普出版社2001年版,第1页。

学的特有概念"熵",他说:"麦克哈格说,共生使负熵成为了可能。他认为,负熵是在生态圈中发挥作用的一种创造性原则与过程,生态圈使万物沿着进化的方向发展,而进化的方向就成为生态圈的所有生命的发展特性。"[①] 众所周知,在物理学中,"熵"是指物体内在结构的不稳定性,而"负熵"则指克服这种不稳定性而使之趋向稳定。鲁克尔特借用物理学的"能量"概念,认为文学的创作、教学、阅读、传播等等都是一种能量传输的过程。他说:"因此,所有生态诗学的中心意图肯定都是为了发现一种能量的转化过程的运行模式,这种能量转化过程发生在人们从储藏在诗歌中的创造性能量起步,通过阅读、教学与写作活动依次完成创造性能量转化的活动:能量从诗歌中释放出来,转化成意义,并且最终——在一种生态价值体系中——得到应用,即应用于麦克哈格所谓的'合适与适应'以及被他定义为'创造性适应'的'良性状态';他借这种'良性状态'的观念建议我们创造一种合适的环境。这种行动可能会使文化发生变革并促使我们结束对生态圈的破坏。"他将这个过程称之为"文学转化成净化——救赎生态圈的行动"。[②] 在这里,所谓"能量"只不过是一种比喻,归根结底,生态文学与生态批评所起的作用还是一种改变文化态度的作用。因为,当今的生态问题说到底还是一种生产方式与生活方式的选择问题,是一种文化态度与立场的问题。通过生态文学与生态批评,改变人的文化立场与文化态度,选择与自然共生的生产与生活方式,不仅是人类自我救赎之路,也是生态文学批评的作用所在。

六 生态诗学的建构

鲁克尔特在提出"生态批评"概念时,即提出了建构当代"生态诗学"的构想。他说:"我想尝试探索文学生态学(Ecology of Litera-

---

① [美]威廉·鲁克尔特:《文学与生态学:一项生态批评的实验》,载《生态批评读本》,美国佐治亚大学出版社 1996 年版,第 120 页。

② 同上书,第 120 页。

ture），或是尝试通过一种将生态学概念应用于文学的阅读、教学与写作方式，发展一种生态诗学（Ecological Poetics）。"① 鲁克尔特所说的"生态诗学"，就是生态文学理论或生态文艺学，是一种包含着生态维度的崭新的文学理论。根据我们所了解的当代生态批评的情况，这种"生态诗学"还处在创建的过程之中，其创建的途径可概括为建立新的诗学原则与利用改造原有诗学原则两种。例如，洛夫在《重新评价自然》一文中就明确认为，利奥波德在《沙乡年鉴》中提出的"土地伦理"就"可以充当全新田园观念的试金石"②。再就是对于原有诗学原则的利用和改造，在原有基础上使之进一步走向"绿色化"。生态文学批评界对前苏联理论家巴赫金诗学理论的利用改造，即是这方面的明证。众所周知，巴赫金的交往对话理论、时空理论、狂欢化理论，以及开放性、未完成性等范畴，都具有浓郁的生态内涵，西方当代生态文学家甚至称这一理论是基于"关系科学的生态学的文学形态"③。因此，西方当代一些生态批评家力图在当代语境下运用生态理论对巴赫金的诗学思想重新进行新的阐释，使之更加"绿色化"而成为新的生态诗学的宝贵资源。

第四节　生态女性主义与生态女性文学批评

当代生态理论是以多元、共生为其关键的，一切旨在消解一元和强势的女性主义、反种族主义都必然地包含其中。正是在当代生态理论蓬勃发展的热潮中，生态女性主义及其文学批评应运而生。

一　生态女性主义

女性主义是滥觞于欧陆19世纪80年代，以妇女解放为其旨归的

---

① ［美］威廉·鲁克尔特：《文学与生态学：一项生态批评的实验》，载《生态批评读本》，美国佐治亚大学出版社1996年版，第107页。

② ［美］格林·洛夫：《重新评价自然：面向一种生态批评》，载《生态批评读本》，美国佐治亚大学出版社1996年版，第234页。

③ ［美］迈克·麦克杜威尔：《通向生态批评的巴赫金之路》，载《生态批评读本》，美国佐治亚大学出版社1996年版，第372页。

文化思潮。它的第一次浪潮以 19 世纪后期到 20 世纪初期为其时段，以争取妇女的权利为其目标；第二次浪潮从 20 世纪 60 年代开始，以反对性别歧视为其核心；从 20 世纪 70 年代以后，增加了以与其他各种文化理论交流对话为特点的后结构主义女性理论、精神分析女性理论、后殖民女性理论以及生态女性主义等，成为"后现代"语境下的女性主义理论。1974 年，法国女性主义者奥波尼（Francoise d' Eaubonne）首次提出"生态女性主义"这一术语，目的是将女性运动与生态运动相结合，推动两者的深入发展。1980 年，美国加州大学伯克利分校环境哲学与环境伦理学教授卡洛林·麦茜特博士出版《自然之死——妇女、生态和科学革命》（以下简称为《自然之死》）一书，试图从妇女与生态的双重视角来评介科学革命，成为生态女性主义的重要著作之一。

1. 有机论与自然作为母亲

生态女性主义的基本内涵是反对"人类中心主义"与"男权中心主义"。男权中心主义与人类中心主义是紧密相连的，男权中心主义可以说是人类中心主义的派生物。它们的哲学基础都是以人与自然、主体与客体、身与心、感性与理性二分对立为其特点的机械论哲学，以及与之有关的僵化的思维方式。与之相反的生态整体论与生态女性主义，则以消解以上各种二分的有机论为其哲学基础。因此，有机论是生态女性主义的最基本的理论根基。麦茜特在《自然之死》中非常集中地论述了有机论哲学与自然生态的关系，包括人类早期朦胧的有机论所导致的人与自然的血肉相连，启蒙主义时期有机论的失落以及在当代的回归等等，其最基本的就是有机论所必然导致"自然作为人类母亲"的观点。

首先，麦茜特认为，人类早期为了生存，一直生活在与自然秩序的直接的有机关联中。人类来自自然，并与自然紧密相连，这是最基本的事实，因此，有机论是人与自然最本真的现实关系。麦茜特说，"从我们这个物种的朦胧起源时代开始，人类为了生存，就一直生活在与自然秩序的日常的、直接的有机关联中"①。麦茜特回顾了西方古代哲人对有机论的相关论述，柏拉图在《蒂迈欧篇》中赋予整个世界以生命，并将这个世界比作一个动物，认为神"构造了一个看得见的动物，它包罗了具有相似本性的所有其它动物"；亚里士多德以有机理论为基础强调自然的内在生长和发育的首要性，在《形而上学》中将自然定义为"自然物体运动的源泉，或者潜存于这些物体之中，或者在一个整体的实在之中"；普罗提诺的新柏拉图主义综合了基督教哲学与柏拉图主义，将女性灵魂划分成两个组成部分，其中较高级的部分由神的思想所形成，较低级的部分（自然）则产生现象世界。②

　　其次，自然作为女性与母亲。有机论所导致的必然结果是将自然比喻为女性与母亲，因为，有机论总是与自然所具有的诞育万物与哺育人类的特点相伴。正如麦茜特所说，"有机理论的核心是将自然，尤其是地球与一位养育众生的母亲相等同：她是一位仁慈、善良的女性，在一个设计好了的有序宇宙中提供人类所需的一切"③。麦茜特列举了文艺复兴时期一些文艺作品来加以说明，在英国文艺复兴时期乔叟等作家的笔下，自然是"母性供养者形象，是把预定秩序赋予世界的上帝的化身"；莎士比亚的悲剧《李尔王》中李尔王的女儿柯黛里亚"代表着乌托邦的自然，也代表着作为对立面的理想统一的自然"；文艺复兴时期的田园诗"代表着自然作为女性的另一类形象，即对过去时代母亲般仁慈怀抱的向往"；德国画家卢卡斯·克拉那赫的《春天女神》则有"代表着女性地球的女神躺在花床上，象征着和平的鸽子正在附近的涓涓溪流边吃食，小鹿在它远处的岸边饮水"。④麦茜特提到，大气化学家詹姆斯·拉夫洛克曾将地球比喻为"盖娅"，她说，人类对自然的污染扰乱了地球母亲盖娅的生

---

①　[美]卡洛琳·麦茜特：《自然之死——妇女、生态与科学革命》，吴国盛等译，吉林人民出版社1999年版，第1页。
②　同上书，第11—15页。
③　同上书，第2页。
④　同上书，第6—10页。

活，破坏了她的身体。①

　　"盖娅假说"是 1970 年由泽尔（Timothy Zell）首次提出的，大气化学家詹姆斯·拉夫洛克（James E. Lovelock）在 1972 年对其加以完善，并做了深入阐述。拉夫洛克将地球比喻为希腊神话中的大地女神"盖娅"，她不仅诞育了大地，以其乳汁哺育万物，因而是活的，有生命的。这是一种形象而崭新的生态观念，成为当代生态理论特别是生态女性主义的重要理论资源。后来，也有人将其称为"盖娅定则"。"盖娅定则"有力地说明了大地与自然的母性品格，特别是其内在的有机性与生命力。

　　最后，是呼唤一种新的有机生态世界观的产生，力图使盖娅得以治愈。麦茜特在《自然之死》中有力地批判了机械论世界观所造成的严重生态破坏与自然之死，同时，也预言一种新的有机论的生态世界观的即将产生。她认为，相对论、量子论、过程物理学、新热力学以及混沌理论等，都是对机械论的挑战与突破，并预示着一种新的有机世界观的产生。她说，"支配着西方文化过去 300 年的机械形象，看起来正在被某种新的东西所替代。有些人称这种转型为一个'新范式'；另一些人称它做'深生态学'；还有一些人召唤一个后现代的生态世界观"②。这个新的生态世界观是"一个非机械的科学和一个生态伦理学"，也是一种经受过新时代科技革命洗礼的有机世界观。这个新的有机世界观既保留了前现代时期有机世界观中人与自然血肉联系的价值内涵，同时又充实了现代科学技术内容，具有了前所未有的价值，起到了前所未有的作用。麦茜特认为，它"必定支持一个新的经济秩序，这个新秩序建基于可再生资源的回收、不可再生资源的保护以及可持续的生态系统的恢复之上，这个生态系统将满足基本的人类物理和精神需要。也许，盖娅将被治愈"③。

---

　　①　［美］卡洛琳·麦茜特：《自然之死——妇女、生态与科学革命》，吴国盛等译，吉林人民出版社 1999 年版，"前言"第 1 页。
　　②　同上书，"前言"第 3 页。
　　③　同上书，"前言"第 5 页。

2. 机械论与自然之死

17 世纪中期以降，有机论世界观逐步让位于机械论世界观，其所导致的直接后果就是"自然之死"与生态环境的严重破坏。这正是麦茜特《自然之死》着重论述之处。诚如她在书中所说："'科学革命'的新概念框架——机械主义——也一起引起了不同于有机论准则的新准则。"① 这种新的机械主义的秩序，以及与它相联系的权力和控制的价值，必将使自然走向死亡。

首先，她认为，在 16—17 世纪，一个以有生命的、女性的大地作为其中心的有机宇宙形象，让位于一个机械的世界观。② 众所周知，16—17 世纪，欧洲发生了波澜壮阔的科技革命与工业革命，而其重要标志就是传统的有机论世界观让位于机械论世界观。这是哲学与思想领域发生的巨大变革，其代表人物就是英国的培根、霍布斯与法国的笛卡尔等人。麦茜特在《自然之死》中详细地论述了他们的机械论哲学观念，她称培根是公认的现代研究所概念的首倡者、工业科学和皇家学会内在精神的哲学家，以及归纳方法的奠基人。③ 培根在当时的英国皇室具有重要地位，先后担任法律顾问、总检察官、枢密官、掌玺大臣、大法官与维鲁兰公爵等。他将科学方法与机械技术相结合，创造出一种"新工具"，也就是一种立足于主客二分的，以具体的科学实验为主的机械论方法。培根认为，自然处于自由、错误与束缚三种状态，其中第三种"束缚"的状态就是"被置于限制、制作和塑造中，被技艺和人手做成新东西，像人工制品所表现出的那样"④。在这里，自然成为被人限制、制作和塑造的完全被动之物。培根的机械论世界观集中地体现在他于 1624 年所写的乌托邦著作《新大西岛》之中。他在这个乌托邦社会中虚构了一个"本森岛"，一个"等级化的、家长制的，仿照现代早期父权制家庭的模式"建构的资本主义工

---

① ［美］卡洛琳·麦茜特：《自然之死——妇女、生态与科学革命》，吴国盛等译，吉林人民出版社 1999 年版，第 210 页。

② 同上书，"前言"第 3 页。

③ 同上书，第 181 页。

④ 同上书，第 188 页。

业社会。这个乌托邦社会的最高统治机构是叫做"所罗门宫"的科研机构，掌管所罗门宫的科学家成为统治者，推行一种"支持对自然的进攻态度，鼓吹'掌握'和'管理'大地"的培根式纲领"①。按照这个纲领，人类开始对自然进行大规模的改造和破坏。麦茜特指出："本世纪二三十年代后期技术统治主义运动中肇始的现代设计环境（planned environments）的思想，其起源还是在《新大西岛》中，在那里可以看到由人且为人而产生的完全人工的环境。这类环境一直不断地被机械主义的问题解决方式所产生，此种方式以基本不考虑人只是其中一部分的生态系统为特征。机械主义作为整体论思想的对立面忽视化工合成产品的环境后果，忽视人工环境对人的后果。"②麦茜特对这个"本森岛"模式进行了自己的分析，"培根机械主义的乌托邦完全与在 17 世纪发展起来的自然哲学相协调。机械主义把自然分成原子粒子，它就像本森岛的居民一样是被动的、惰性的。运动与变化由外部来推动：在自然中，最终的动因是上帝，17 世纪的神圣天父、钟表匠和工程师；在本森岛，它就是家长下的所罗门宫的科学机构"③。在法国，机械论哲学的推动者是著名哲学家笛卡尔，他提出著名的"我思故我在"，将理性与感性加以两分对立。在《谈谈方法》中，笛卡尔表示，自己要"掌握和拥有自然"。他在 1622 年的《论人》中把人体明确地描述为机器，在 1644 年的《哲学原理》中则把宇宙重构为一个机械的装置，"这个装置依靠把运动通过有效的因果过程连续地从一个部分传到另一个部分，使惰性粒子移位"④。另一位英国哲学家霍布斯将这种机械论哲学运用到社会领域，认为"政治实体由平等的原子式的存在所组成，它根据由共同的担忧而成的契约而统一到一起，并被来自上面的有力的君主所控制"⑤。总之，麦茜特在

<hr />

① ［美］卡洛琳·麦茜特：《自然之死——妇女、生态与科学革命》，吴国盛等译，吉林人民出版社 1999 年版，第 207 页。

② 同上书，第 205 页。

③ 同上书，第 204 页。

④ 同上书，第 224 页。

⑤ 同上书，第 229—230 页。

《自然之死》中为我们勾画了16、17世纪以来机械论哲学观的大体面貌及其内在的僵化与荒谬。

其次，麦茜特较为全面地论述了机械论哲学观所造成的全球化的生态危机及其对地球母亲健康的严重威胁。麦茜特在《自然之死》中提出了一个非常重要的历史主义观点，即一切观念都不是抽象的、先验的，而是在一定的历史中形成的，包括自然与妇女的概念。她说："自然的概念和妇女的概念都是历史和社会的建构。"① 这是非常重要而有价值的理论观点，说明一切的理论观念都是生存于一定的经济社会与政治的背景之上，只有从这样的角度才能正确理解这些观念的内涵。这体现了麦茜特的女性主义生态观的科学性，她正是从这样的视角来确立自己的生态观与女性观的。她认为，正是在资本主义市场经济和机械论哲学观的经济文化背景下，自然才沦为人类的奴隶并遭到蹂躏。因为市场经济打着进步的旗号，通过剥夺和改变自然，使更多的财富集中于商人、服装商、企业冒险家和自耕农场主手里，这扩大了社会上层与下层之间的鸿沟，最后导致严重的生态危机。她说："今天，一个超出了70年代环境危机的全球性的生态危机，威胁着整个星球的健康。臭氧的消耗、二氧化碳的增多、氯氟烃的排放和酸雨，扰乱了地球母亲的呼吸，阻塞了她的毛孔和肺。大气化学家詹姆斯·拉夫洛克将这位母亲命名为'盖娅'。有毒的废弃物、杀虫剂和除草剂，渗透到地下水、沼泽地、港湾、和海洋里，污染着盖娅的循环系统。伐木者修剪盖娅的头发，于是热带雨林和北部古老的原始森林以惊人的速度在消失，植物和动物的物种每天都在灭绝。人类与地球之间迫切需要一种新的伙伴关系。"② 她从多个层面揭示了人类蹂躏地球母亲的现实，在农业方面，"虽然农业改良原本有益于土地，但一旦纳入资本主义市场经济的逻辑运行之中，成为其积累和膨胀的加速器，久而久之，作为自然和人类资源基础的环境和村庄公社便成了

---

① ［美］卡洛琳·麦茜特：《自然之死——妇女、生态与科学革命》，吴国盛等译，吉林人民出版社1999年版，"前言"第3页。

② 同上书，"前言"第1页。

其牺牲品"①。此外，化肥和农药导致了难以想见的副作用，单一的耕作导致病虫害的肆虐，新处女地的不断开垦破坏了整个的生态平衡。就沼泽来说，"因为草场而被抽干，因为疾病而被诅咒，因为有野鸟而受剥削"，资本主义的价值观"已不可挽回地改变了英国的沼泽地"。"资本主义生产方式对森林的影响，远远超过了纯粹的人口压力所产生的影响。"②

此外，麦茜特还揭示了资本主义在压榨自然的同时也拼命地压榨妇女，并力主妇女应该驯服并老老实实地待在被驱使的位置上。机械论导致了人类中心主义，同时也导致了男权中心主义，资本主义在压榨自然的同时也压榨妇女。麦茜特指出："与难以驾驭的自然相联系的象征是妇女的阴暗面。虽然文艺复兴时期柏拉图式的情人体现真、善、美，贞女玛丽被崇拜为救世之母，但妇女也被看作更接近自然、在社会等级中从属于男人的阶级、有着强得多的性欲。……和混沌的荒蛮自然一样，妇女需要驯服以便使之呆在她们的位置上。"③当时的文艺作品与思想观念中，也充斥着将女性妖魔化的内容。当时的许多文艺作品将妇女描写成任性傲慢、殴打欺骗丈夫、酗酒淫荡之人。医生约翰·韦尔的《争论论题的历史》认为，女人心智和精神脆弱，很容易被负担她们头脑的黑胆汁恶化她们的理性。当时有人类学家认为，自然和妇女都处于比文化低的层次。苏格兰新教改革家约翰·诺克斯认为，既然肉体服从于精神，那么妇女的地位就在男人之下，自然规律决定男人应命令女人。有些医学专家甚至荒唐地认为，在生殖中女人只提供质料，而运动的本原则来自男性的精子，灵魂通过男性系统传递，等等。麦茜特在总结资本主义时代的以机械论为标志的"科学革命"所导致的妇女的被压迫时指出，"对妇女来说，'科学革命'的这一方面并没有带来人们以为会带来的精神启蒙、客观性，也

---

①　［美］卡洛琳·麦茜特：《自然之死——妇女、生态与科学革命》，吴国盛等译，吉林人民出版社1999年版，第60页。

②　同上书，第70页。

③　同上书，第146页。

没有从古代的假定中解放出来，倒是与之在传统上是一致的"①。

3. 生态社会建设的理想——自然权利与妇女权利的同时实现

麦茜特在《自然之死》中还明确提出了建设自然权利与妇女权利同时实现的生态理想社会的构想。她首先在很大程度上肯定了 17 世纪早期产生的两个生态乌托邦社会形态及其提供给我们的有关思想财富。这两个乌托邦就是历史上非常有名的康帕内拉的"太阳城"（Tommaso Campanella's City of the Sun，1602）和安德烈的"基督徒城"（Johann Valentin Andrea's Christianopoli's，1619）。他们都曾试图将这种乌托邦理想国付诸现实，康帕内拉曾组织过反对西班牙统治的起义，最后以失败告终。《太阳城》即他在狱中的作品。安德烈曾试图实施他的"基督徒城"计划，当然最后也失败了。这两个生态乌托邦理想及其实践为人类社会的建设与发展提供了十分重要的理论智慧与启示。麦茜特认为，这两个乌托邦都力倡有机论思想，"表达了一种公社共享的哲学，反映了工匠和穷人基于人与自然的原始和谐，要求更平等地分配财富的利益"②。也就是说，这两个乌托邦社会都继承原始的人与自然有机和谐的有机论思想，以之为社会建设的指导。这两个乌托邦的"建造者"是文艺复兴时期自然主义哲学的追随者，在他们的信仰中，上帝存在于万物之中，因此，任何物质都有生命。正是在这有机论的指导下，这两个乌托邦都坚持整体论，实际上也是有机论的具体表现。麦茜特在论述这种整体论时，指出"它成长于农民经验和村庄文化，以差异性层次为基础，却强调共同体的首位性、人民的集体意志和内部同意与自我管理的理想。这里，公共整体仍然大于和更重要于部分之和，但部分之间没有或几乎没有高低贵贱之分"③。这个与有机论紧密相关的整体论生态观后来发展为当代生态哲学与美学的最基本的理论支撑之一，具有极为重要的价值。正如麦茜特所说，"今天已认识到，自然界中生态系统生存的关键是系统各部

---

① ［美］卡洛琳·麦茜特：《自然之死——妇女、生态与科学革命》，吴国盛等译，吉林人民出版社 1999 年版，第 180 页。
② 同上书，第 89 页。
③ 同上书，第 85 页。

分的有机统一性和相互依存关系，以及维持生态多样性"①。这说明，生态的有机整体性是生态系统最重要的特性。再一个就是妇女的解放及其权利的实现。麦茜特认为，上述两个"乌托邦共同体是以男女之间、工匠与主人之间的更加平等为出发点的"②。"在基督徒城和太阳城里，妇女的解放程度高于现实中的 16 世纪社会。"③

麦茜特还介绍了当代其他生态理论家提出的生态乌托邦构想。在她看来，17 世纪早期出现的两个生态乌托邦仅仅代表了"社会革命的前工业形式"。也就是说，它们还是未经过工业革命的思想成果。在面对当代严重的生态危机时，一些生态理论家提出了自己的生态乌托邦。这种生态乌托邦体现了两个新特点：一个是试图将"是"与"应该"即道德与科学加以统一；另一个试图将继续享受现代科技与人同环境的和谐相处加以统一。麦茜特提到了卡锋巴赫的《生态乌托邦》，这个当代的生态乌托邦虚构了美国的北加州、俄勒冈和华盛顿于 1980 年脱离联邦政府后所构成的一个与世隔绝的乌托邦社会。在这个静止的生态乌托邦中，社会以自然生态哲学为基础与指导，妇女成为社会的领导与主要党派的领袖，废除了私有制，人们生活在小型的乡村共同体或微型城市里，现代生活与生态保护高度一致。麦茜特认为，这还只不过是"对当代社会的一种极端理想主义的愿望"④。

最后，麦茜特认为，面对愈来愈加严重的生态危机，唯有对主流价值观进行逆转，对经济优先观念进行革命，才有可能最后恢复健康，这意味着，"世界必须再次倒转"⑤。麦茜特指出，当代社会自然生态的污染已经到了非常严重的程度，特别是美国宾夕法尼亚哈里斯堡附近的三里岛核反应堆事件，更能证明由放射性废料、杀虫剂、塑料、光化学烟雾和碳氟化合物所导致的地球疾病将会导致"自然之

① ［美］卡洛琳·麦茜特：《自然之死——妇女、生态与科学革命》，吴国盛等译，吉林人民出版社 1999 年版，第 93 页。
② 同上书，第 89 页。
③ 同上书，第 101 页。
④ 同上书，第 109 页。
⑤ 同上书，第 327 页。

死"。问题的严重性还在于，机械论世界观已经占据压倒地位，在当代资本主义市场经济条件下，自然与妇女被压榨的情形根本无法改变。"由 17 世纪自然哲学家发展出来的机械自然观，基于可以追溯到柏拉图的西方数学传统，至今仍然在科学中占据支配地位。"① 麦茜特认为，"关于自然的机械论假定，迫使我们日益增长地走向人工环境，对人类生活的越来越多的方面施行机械控制，而且丢失了生命本身的质量"② 更为重要的是，现行的资本主义体系限制了自然与妇女的解放。麦茜特是历史主义者，力主一切观念都是历史与社会的建构。因此，她认识到，在资本主义的社会制度下自然与妇女的解放都是不现实的，自然保护和生态运动争取妇女权利和自由的结合已经走到了相反的方向，"既是对自然也是对妇女的压制"③。为此，她的这个"世界必须再次倒转"，不仅是指对主流价值观进行逆转，而且还要求"改革在消耗自然和劳动人民中创造利润的资本主义体系"，建立一种"适应性的新的社会模式"。④ 这就将社会革命的问题提到了生态运动与生态女权运动面前，具有相当的革命色彩。这正是麦茜特《自然之死》一书及其生态女性主义理论的特色所在。

二 生态女性主义文学批评

在生态女性主义之后，出现了生态女性主义文学批评。1996 年，美国生态批评家格洛特·费尔蒂在她主编的第一本《生态批评读本》的"导言"中概括了女性生态批评发展的三个阶段：第一阶段，发掘女性主义文学的主题与作品；第二阶段，追溯女性主义文学传统，发掘其内涵；第三阶段，考察包括经典文本在内的生态女性文学的内在结构。⑤

---

① ［美］卡洛琳·麦茜特：《自然之死——妇女、生态与科学革命》，吴国盛等译，吉林人民出版社 1999 年版，第 322 页。
② 同上书，第 323 页。
③ 同上书，第 326 页。
④ 同上书，第 327 页。
⑤ ［美］切瑞尔·格洛费尔蒂：《前言：环境危机时代的文学研究》，载《生态批评读本》，第 215 页。

当代生态女性文学批评内涵丰富。生态女性主义文学批评将生态女性主义的诸多观点，如上所说的对有机论与自然母亲的观点，以及对生态理想社会建设的倡导，对机械论与自然之死的批判等都运用于文学艺术的批评之中。同时，还涉及如下一些内容：第一，借鉴生态文学对"人类中心主义"的批判有力地批判了"男性中心主义"。恰如鲁克尔特在分析艾德里安·里奇的《潜人残骸》一文时所说，"男性对待和摧毁女性的方法与男性对待和摧毁自然的方法二者之间存在着明显的联系"[①]。第二，发掘文学作品与其他作品中有关大地母亲形象的丰富内容。例如，英国科学家拉夫洛克对大地母亲盖娅内蕴的发掘与阐释，发展出十分重要的生态定律——"盖娅定则"。第三，对妇女特有的生存场所的描写与阐释。例如，威廉·霍沃斯在《生态批评的一些原则》中说："今天，生态文学批评在女权主义批评家与性别批评家当中找到了最有力的支持者，因为他们关注位置观念（the idea of place），这种位置观念起到了界定社会地位的作用，具有特殊意义的一个观念是'一个女性的位置'（a woman's place），这个位置通常被描述成阁楼或储物间，在个体寻找到合适的环境之前，这个位置就是容纳并且扶养这些个体的地方。"[②] 第四，对女性文学与女性作家的重新评价。这一点具有价值重建的性质。在文学史上，女性文学与女性作家很容易被忽视与曲解，需要站到正确的女性立场上来给予重评。第五，鼓励广大女性积极参与生态女性文学创作，参与其他生态运动，使其真正成为保护女性权益、保护地球、保护孩子的主力。生态女性批评家们认为，由于女性与自然天然的接近性，所以，在一定意义上也可以说，她们具有关爱地球、关爱自然、关爱人类未来的天性。

---

① ［美］威廉·鲁克尔特：《文学与生态学：一项生态批评的实验》，载《生态批评读本》，第117页。

② ［美］威廉·霍沃斯：《生态批评的一些原则》，载《生态批评读本》，第82页。

第二编
生态美学的理论指导

第四章

马克思主义的生态理论

生态理论是 20 世纪 70 年代以来因资本主义极度膨胀而导致人与自然矛盾冲突激化形势下人类反思历史的成果。其实，这种反思在 19 世纪马克思与恩格斯的伟大理论那里就已初见端倪。作为当代人类精神的导师和伟大理论家，他们以极其深邃的洞察力和敏锐眼光对人与自然的生态审美关系做出了分析与预见。就我们目前的研究来看，这一分析和预见的深刻性和前瞻性是十分令人惊叹的，它是 21 世纪人们深入思考与探索生态审美问题的极其宝贵的理论指导与重要的思想资源。本章以马克思主义生态理论为中心，着重探讨马克思恩格斯的生态理论、中国当代社会主义创新理论中的有关生态文明的理论，和以戴维·佩珀为代表的当代西方马克思主义的生态观。

第一节　马克思、恩格斯唯物实践存在论的生态理论

众所周知，1831 年黑格尔逝世后，西方思想、文化、哲学领域出现了三个转型，即由认识论向存在论、由主客二分向主体间性、由"人类中心"向"生态整体"的转型。直到现在，关于这些转型的争论还在继续进行。马克思主义是人类社会发展史上最先进的世界观，它不仅反映了哲学—文化转型的发展趋势，而且也对其发挥了导向作用。

一　马克思恩格斯的共同课题——创立具有浓郁生态审美意识的唯物实践观

马克思恩格斯的共同课题，即创立具有浓郁生态审美意识的唯物实践观。这是唯物实践存在论的世界观、生态观的核心。在人与自然的关系上，这种具浓郁生态审美意识的实践观，既突破了主客二分的形而上学观点，又突破了"人类中心主义"的观点，其核心是力主人与自然的和谐平等、普遍共生。马克思恩格斯的生态观是一种具当代意义和价值的哲学观。马克思恩格斯所创立的实践观包含着浓郁的生态意识，完全可以成为我们今天建设当代生态观和生态审美观的理论指导和重要资源。

1. 马克思恩格斯在批判唯心主义和旧唯物主义的基础上，创立了以突破形而上学为特点的新的世界观。这种新的世界观就是我们所熟知的唯物主义实践观，它是一种不同于一切旧唯物主义的，以主观能动的实践为其特点的唯物主义世界观，即唯物实践的存在论世界观。马克思的《关于费尔巴哈的提纲》有一段著名的话："从前的一切唯物主义——包括费尔巴哈的唯物主义——主要缺点是：对事物、现实、感性，只是从客体的或者直观的形式去理解，而不是把它们当作人的感性活动，当作实践去理解，不是从主观方面去理解。"[1] 关于唯物主义实践观突破传统形而上学弊端的意义，马克思在《1844 年经济学—哲学手稿》中有着更为具体的阐释，这就是大家都熟悉的有关"彻底的自然主义和彻底的人道主义统一"的论述。马克思指出："我们在这里看到，彻底的自然主义或人道主义，既不同于唯心主义，也不同于唯物主义，同时又是把这二者结合的真理。我们同时也看到，只有自然主义能够理解世界历史的行动。"[2] 马克思这里所说的"自然主义"和"人道主义"，借用的是费尔巴哈的基本概念。费氏所说的"自然主义"和"人道主义"，都是建立在抽象的"人性"的

① 《马克思恩格斯选集》第 1 卷，人民出版社 1972 年版，第 16 页。
② 《马克思恩格斯全集》第 42 卷，人民出版社 1979 年版，第 167 页。

基础之上的，必然会导致人和自然的分裂，因而是不彻底的。马克思认为，彻底的"自然主义"和"人道主义"应该是人与自然在社会实践中的统一。这样，马克思就实现了两个重要突破：一是这个统一不是在抽象人性基础上的统一，而是在社会实践基础上的统一，而且这种统一只有在真正消灭阶级之后的共产主义社会才能得以实现。如此，才能将自然主义和人道主义真正加以结合。由此可见，马克思的唯物实践观中包含着"彻底的自然主义"这一极其重要的尊重自然和自然是人类社会发展因素的生态意识。这里要说明的是，"自然"概念虽借自费尔巴哈，但马克思所讲的"自然"与费氏所讲的"人所创造的自然"具有明显的差异。马克思所讲的"自然"是包含着生态意义的"自然"。我们认为，这种唯物实践世界观，同时也是一种唯物实践存在论的世界观。这是因为：首先，马克思的唯物实践观，是以个人的自由解放和美好生存为出发点的；其次，以整个无产阶级和人类的解放和美好生存为其理想和目标；最后，以社会实践为最重要的途径，包括社会革命（就是要推翻资本主义制度）和生产实践。只有这样，才能真正逐步克服人与自然的矛盾。人和自然的统一，也只有在马克思主义实践存在论与社会实践的基础上才能实现。当然，马克思的唯物实践存在论与西方存在主义的存在论是有着本质差别的。最核心的差别在于，第一，马克思强调社会实践；第二，强调社会革命，第三，不仅强调了个人的存在，而且也强调了社会大众的以及人民的存在。存在主义的一个基本命题是"存在先于本质"，这个"存在"是个人的存在。而马克思的唯物实践存在论不仅强调了个人，而且也强调了整个人类，特别是无产阶级和广大人民的自由解放和美好生存。这是马克思主义唯物实践存在论的最基本特点。

2. 马克思的唯物实践观不仅包含着明显的生态意识，而且也包含着明显的生态审美意识。这一点，我们可以从马克思对"美的规律"的著名论述中体会得到。马克思《1844 年经济学—哲学手稿》在论及人的生产与动物的生产的区别时，指出："动物只是按照它所属的那个种的尺度和需要来建造，而人却懂得按照任何一个种的尺度来进行生产，并且懂得怎样处处都把内在的尺度运用到对象上去；因此，人也按照美的规律来建造。"① 关于"种的尺度"和"内在的尺度"，学界的理解歧义颇多。有人认为，这两个尺度是一回事，都是指"人的尺度"。但这样，"美的规律"就完全是人类中心主义立场的产物，"按照美的规律来建造"即是按照人的尺度来建造社会，自然也完全是人化的自然。我认为，这是不符合马克思原意的。"种的尺度"是指物种的尺度，而"内在的尺度"则是指人的尺度。因此，"人也按照美的规律来建造"这个命题，就包含着明显而深刻的生态意识。也就是说，所谓"美的规律"即是自然的规律与人的规律的和谐统一。马克思这里所说的"尺度"（standards），其含义为"标准、规格、水平、规范、准则"，结合上下文理解，其中又包含"基本的需要"之意。所谓"任何一个种的尺度"，即广大的自然界包含着各种动植物的基本需要。"美的规律"要包含这些基本需要，不能使之"异化"，变成人的对立物。这已经包含有承认自然的价值之意。因为，承认自然事物的"基本需要"，就必然要承认其独立的价值，起码是相对独立的价值。所谓人的"内在的尺度"（inherent standard），按字面含义，即为"内在的、固有的、生来的标准和规格"，即是人所特有的超越了狭隘物种本能需要的一种有意识性、全面性和自由性的需要。但这种具有超越性的有意识的需要，应该在承认自然界基本需要的前提之下，也就是在自然主义与人道主义的结合、人与自然的和谐统一之下，"按照美的规律来建造"。

3. 马克思在《1844 年经济学—哲学手稿》中所说的"按照美的规律来建造"，是其所创立的崭新世界观——唯物实践观必不可少的重要内容，具有极其重要的理论价值与时代意义。马克思曾在《关于费尔巴哈的提纲》中说道："哲学家们只是用不同的方式解释世界，而问题在于改变世界。"② 这篇文章是马克思 1845 年春在布鲁塞尔写在笔记上的，当时并未准备发表，也没有在内容上展开。联系《1844 年经济学—哲学手稿》来理解，可以认为，马克思这里所说的"改变

① 《马克思恩格斯全集》第 42 卷，人民出版社 1979 年版，第 97 页。
② 《马克思恩格斯选集》第 1 卷，人民出版社 1972 年版，第 19 页。

世界"，应该包含着"按照美的规律来建造"的意思。因此，马克思这一段话更完整的表述应该是：哲学家们只是用不同的方式解释世界，而问题在于改变世界，即按照美的规律来建造世界。这样，唯物实践观就包含了浓郁的生态审美意识。

4. 马克思恩格斯关于生态观的其他相关论述。马克思在《1844年经济学—哲学手稿》中曾多次谈到人是自然的一部分，其中包含了人与自然平等的生态观念。他说："人靠自然界生活。"① 又说："人直接地是自然存在物。"② 恩格斯的《自然辩证法》也多次论述人与自然的关系，以雄辩的事实论述了劳动在从猿到人的转变过程中的巨大作用，揭示了人类起源于自然的真理。恩格斯还指出："我们所面对着的整个自然界形成一个体系，即各种物体相互联系的总体。"③ 这已经包含了生态学关于生态环链的思想，具有十分珍贵的价值。

二　马克思：异化的扬弃——人与自然和谐关系的重建

这实际上是对资本主义制度和资本主义工业化对自然破坏的批判。生态审美观的产生具有深厚的现实基础，主要针对资本主义制度盲目追求经济利益而对自然的滥伐与破坏所造成的人与自然的严重对立。马克思将这种"对立"现象归之为"异化"，并对其内涵与解决的途径进行了深刻的论述，给当代的生态审美观建设以深刻的启示。马克思说："异化劳动使人自己的身体，以及在他之外的自然界，他的精神本质，他的人的本质同人相异化。"④ 这里的"异化"，包含人的身体、自然界、精神本质和人的本质等，自然界是其重要方面之一。

首先，自然界作为生产产品的有机部分，在异化劳动中同劳动者处于异己的、对立的状态。马克思指出："劳动为富人生产了奇迹般的东西，但是为工人生产了赤贫。劳动创造了宫殿，但是给工人创造

---

① 《马克思恩格斯全集》第 42 卷，人民出版社 1979 年版，第 95 页。
② 同上书，第 167 页。
③ 《马克思恩格斯选集》第 3 卷，人民出版社 1972 年版，第 492 页。
④ 《马克思恩格斯全集》第 42 卷，人民出版社 1979 年版，第 97 页。

了贫民窟。劳动创造了美，但是使工人变成畸形。劳动用机器代替了手工劳动，但是使一部分工人回到野蛮的劳动，并使另一部分工人变成机器。劳动生产了智慧，但是给工人生产了愚钝和痴呆。"① 工人在改造自然的劳动中创造了财富和美，但这些却远离自己而去，自己过着一种贫穷、丑陋、非自然与非美的生活。

其次，社会劳动中自然与人的异化还表现在劳动过程中对自然的严重破坏与污染。本来，社会劳动应该是"按照美的规律来建造"的活动，是人与自然的和谐统一，但异化劳动却使自然受到污染和破坏。马克思在批判费尔巴哈的直观的唯物主义即所谓"同人类无关的外部世界"的观点时，谈到一切的自然都是"人化的自然"，但过度的"人化"却导致了污染，工业的盲目发展就使自然界受到污染，甚至连鱼都失去了其存在的本质——清洁的水。在一封信中，他指出："每当有了一项新的发明，每当工业前进一步，就有一块新的地盘从这个领域划出去……鱼的'本质'是它的'存在'，即水。河鱼的'本质'是河水。但是，一旦这条河归工业支配，一旦它被染料和其他废料污染，河里有轮船行驶，一旦河水被引入只要把水排出去就能使鱼失去生存环境的水渠，这条河的水就不再是鱼的'本质'了，它已经成为不适合鱼生存的环境。"② 这说明，现代工业的发展，使自然环境受到严重污染，被污染的河水不再成为鱼的存在的本质，反而成为其对立面了，当然也就同人处于异化的、对立的状态。鉴于上述异化劳动中劳动者被残酷剥夺、人与自然的空前对立、人的生存环境的日益恶化等状况，马克思明确地提出了扬弃异化、扬弃资本主义私有制、建设共产主义社会、重建人与自然和谐协调关系的美好理想。马克思在《1844年经济学—哲学手稿》中提出了"私有财产的扬弃"这一十分重要的思想。他说："私有财产的扬弃，是人的一切感觉和特性的彻底解放。"③ 他还说："共产主义是私有财产即人的自我异化

---

① 《马克思恩格斯全集》第42卷，人民出版社1979年版，第93页。
② 同上书，第369页。
③ 同上书，第124页。

的积极的扬弃，因而是通过人并且为了人而对人的本质的真正占有。"① 这是一个极为深刻的理论，是 100 多年前马克思对资本主义私有制所造成的自然与人以及人与人的异化现象及如何解决的深刻思考，具有极强的理论和现实意义。如果说，当代深层生态学是对生态问题进行哲学和价值学层面的"深层追问"的话，那么马克思在《1844 年经济学—哲学手稿》中已对人与自然的关系进行了社会学的深层沉思，并将其同社会政治制度紧密联系。

最后，马克思在《资本论》中深刻揭示了"资本"无限增殖扩张的本性和资本主义对人与自然同时残酷掠夺的本性。马克思在深刻地揭露"资本"的无限扩张的本性时指出："作为别人辛勤劳动的制造者，作为剩余劳动的榨取者和劳动力的剥削者，资本在精力、贪婪和效率方面，远远超过了以往一切以直接强制劳动为基础的生产制度。"② 而在论述资本主义制度下大工业和农业的关系时，他又尖锐地指出，资本主义生产"同时破坏了一切财富的源泉"③，即土地和工人。在这里，他深刻揭露了资本主义生产对工人与自然的双重破坏。

三　恩格斯：辩证唯物主义自然观的创立——人与自然统一的哲学维度

恩格斯所创立的辩证唯物主义自然观，包含着批判"人类中心主义"，批判唯心主义，强调人与自然的联系性，强调人的科技能力在自然面前的有限性等等思想。众所周知，恩格斯曾于 1873—1886 年研究过有关自然科学重要问题的大量文献，并大致完成了 10 篇相关论文，留下 170 多段札记和片段，这就是后来出版的《自然辩证法》，其中包含了深刻的马克思主义的自然观。

首先，恩格斯重点论述了人与自然的联系，强调人与自然的统一，批判"人类高于其他动物的唯心主义"的观点，而且对人的劳动

---

① 《马克思恩格斯全集》第 42 卷，人民出版社 1979 年版，第 120 页。
② ［德］马克思：《资本论》第 1 卷，人民出版社 1975 年版，第 344 页。
③ 同上书，第 553 页。

与科技能力的有限性与自然的不可过度侵犯性进行了深刻的论述。这些理论观点，对于当前批判"人类中心主义"传统观念具有极强的现实意义与理论价值。在谈到辩证法时，恩格斯明确界定说："阐明辩证法这门和形而上学相对立的、关于联系的科学的一般性质。"① 在谈到自然界时，恩格斯认为，整个自然界是"各种物体相互联系的总体"②，这个总体包括自然界所有存在的物种。恩格斯借助于细胞学说，从人类同动植物一样均由细胞构成、基本结构具有某种相同性上论证了人与自然的一致性，批判了人类高于动物的传统观点。他指出："可以非常肯定地说，人们在研究比较生理学的时候，对人类高于其他动物的唯心主义的矜夸是会极端轻视的。人们到处都会看到，人体的结构同其他哺乳动物完全一致，而在基本特征方面，这种一致性也在一切脊椎动物身上出现，甚至在昆虫、甲壳动物和蠕虫等等身上出现（比较模糊一些）。"③ 恩格斯把"人类高于其他动物"的观点看作"唯心主义矜夸"，并给予"极端轻视"，这已经是对"人类中心主义"的一种有力的批判。这种批判是从比较生理学的科学视角，立足于包括人类在内的一切生物均由细胞构成这一事实，因而在批判上是十分有力的。不仅如此，恩格斯还从人类由猿到人的进化历程进一步论证了人与自然的同源性。他说："这些猿类，大概首先由于它们的生活方式的影响，使手在攀援时从事和脚不同的活动，因而在平地上行走时就开始摆脱用手帮助的习惯，渐渐直立行走。这就完成了从猿转变到人的具有决定意义的一步。"④ 他还从儿童的行动同动物行动的相似性来论证人与自然的同源性，指出："在我们的那些由于和人类相处而有比较高度的发展的家畜中间，我们每天都可以观察到一些和小孩的行动具有同等程度的机灵的行动。……孩童的精神发展是我们的动物祖先、至少是比较近的动物祖先的智力发展的一个缩影，

---

① 《马克思恩格斯选集》第 3 卷，人民出版社 1972 年版，第 484 页。
② 同上书，第 492 页。
③ 《马克思恩格斯选集》第 4 卷，人民出版社 1972 年版，第 337—338 页。
④ 《马克思恩格斯选集》第 3 卷，人民出版社 1972 年版，第 508 页。

只是这个缩影更加简略一些罢了。"① 恩格斯由此出发，从哲学的高度阐述了人与动物之间的"亦此亦彼"性，从而批判了形而上学主义者将人与自然截然分离的"非此即彼"性。这种"亦此亦彼"性恰恰就是由于事物之间的"中间阶段"而加以融合和过渡的。由此可见，将人与自然对立的"人类中心主义"恰恰就是恩格斯所批判的违背辩证法而力主"非此即彼"的形而上学。但是，人类毕竟同动物之间有着质的区别，那就是动物只能被动地适应自然，而人却能够进行有目的的创造性的劳动。恩格斯指出："人类社会区别于猿群的特征又是什么呢？是劳动。"② 正因此，动物不可能在自然界打上它们意志的印记，只有人才能通过有目的的劳动改变自然界，使之"为自己的目的服务，来支配自然界"③。

其次，恩格斯批判了人类对自己改造环境能力形成的盲目自信，以及人类对环境破坏的日渐严重性。恩格斯指出："当一个资本家为着直接的利润去进行生产和交换时，他只能首先注意到最近的最直接的结果。……当西班牙的种植场主在古巴焚烧山坡上的森林，认为木灰作为能获得高额利润的咖啡树的肥料足够用一个世代时，他们怎么会关心到，以后热带的大雨会冲掉毫无掩护的沃土而只留下赤裸裸的岩石呢？"④ 这就将自然环境的破坏同资本主义制度下利润的追求紧密相联，不仅说明了环境的破坏同资本主义政治制度紧密相关，而且同人们盲目追求经济利益的生产生活方式与思维模式紧密相关。同时，环境的破坏也同科技的发展导致人们对自己的能力过分自信，从而肆行滥伐和掠夺自然的观念和行为有关。恩格斯描绘了在科学的进军下宗教逐渐缩小其地盘时，写道："在科学的猛攻之下，一个又一个部队放下了武器，一个又一个城堡投降了，直到最后，自然界无限的领域都被科学所征服，而且没有给造物主留下一点立足之地。"⑤ 科学与

---

① 《马克思恩格斯选集》第 3 卷，人民出版社 1972 年版，第 517 页。
② 同上书，第 513 页。
③ 同上书，第 517 页。
④ 同上书，第 520 页。
⑤ 同上书，第 529 页。

宗教对自然界领域的争夺后，最后科学踌躇满志地认为"自然界无限的领域"都被其所征服了。但是，恩格斯从人与自然普遍联系的哲学维度敏锐地看到，人类对自己凭借追求经济利益的目的和科技能力对自然的所谓征服是过分陶醉、过分乐观的。他说："但是我们不要过分陶醉于我们对自然界的胜利。对于每一次这样的胜利，自然界都报复了我们。每一次胜利，在第一步都确实取得了我们预期的结果，但是在第二步和第三步却有了完全不同的、出乎意料的影响，常常把第一个结果又取消了。"① 这是一段非常著名的经常被引用的话，说得非常深刻、精彩，它不仅指出了人类不应过分陶醉于自己的能力，而且强调人类征服自然的所谓胜利必将遭到报复并最终取消其成果，从而预见到人与自然关系的激化及生态危机的出现。

再次，恩格斯还由此出发对人类进行了必要的警示："我们必须时时记住：我们统治自然界，绝不像征服者统治异民族一样，决不象站在自然界以外的人一样，——相反地，我们连同我们的肉、血和头脑都是属于自然界，存在于自然界的。"② 这就是说，人类对自然的破坏最后等于破坏人类自己。恩格斯从辩证的唯物主义自然观的高度抨击了欧洲从古代以来并在基督教中得到发展的反自然的文化传统，进一步论述了人"自身和自然界的一致"的观点。他说："这种事情发生得愈多，人们愈会重新地不仅感觉到，而且也认识到自身和自然界的一致，而那种把精神和物质、人类和自然、灵魂和肉体对立起来的荒谬的、反自然的观点，也就愈不可能存在了，这种观点是从古典古代崩溃以后在欧洲发生并在基督教中得到最大发展的。"③ 这是一段极富哲学意味的科学的自然观，也是科学的生态观，即使放到今天，也极富启发意义。恩格斯在抨击人们过分迷信自己科技能力时，并没有完全否认科技的作用，他相信科学的发展会使人们正确理解自然规律，从而学会支配和克服由生产行为所引起的比较深远的自然影响。

---

① 《马克思恩格斯选集》第 3 卷，人民出版社 1972 年版，第 517 页。
② 同上书，第 518 页。
③ 同上。

恩格斯认为，解决人与自然根本对立的途径是通过社会主义革命建立"能够有计划地生产和分配的自觉的社会生产组织"①。人类盲目地追求经济利益，造成人与自然以及人与人之间关系的失衡，实际上是人的自由自觉本质的一种异化，是向动物的一种倒退，而只有这种"有计划地生产和分配的自觉的社会生产组织"才是人类从动物中的提升和人之本质的复归，才是一个新的社会主义历史时期的开始。今天，中国已经进入了这样的历史时期，具备了消除盲目追求经济利益的可能性条件，只要进一步完善"有计划地生产和分配的自觉的社会生产组织"，就一定能使人与自然、人与人的关系进一步和谐协调，从而实现人类审美的生存。

　　最后，是关于马克思恩格斯的生态观有没有时代和历史的局限性的问题。恩格斯曾经指出："我们只能在我们时代的条件下进行认识，而且这些条件达到什么程度，我们便认识到什么程度。"② 作为一个马克思主义历史主义者，恩格斯讲得非常深刻。由此，我们也可认识到马克思恩格斯生态审美观有不可避免的历史局限性。19 世纪中期，资本主义还处于历史发展的兴盛期，人与自然的矛盾还没有突出出来。到了 20 世纪中期以后，人与自然的矛盾才日渐突出，环境问题才变得十分尖锐，人类社会不仅出现了马克思恩格斯所揭示的经济危机，而且也出现了他们所未曾看到的生态危机。因此，马克思恩格斯对环境问题尖锐性的论述肯定还有所不够。他们尽管预见到了社会主义必然代替资本主义的历史趋势，但还没有预料到生态文明代替工业文明的趋势，对自然、生态的特有价值的充分认识也有待于进一步深化。比如，对空气和水，马克思认为，只有在被人类利用时才有使用价值，这种观念也有待深化。事实证明，空气和水等自然资源并不是取之不尽用之不竭的。而且，它们不仅有其独特价值，同时也是有其承载限度的。但是，马克思与恩格斯从社会经济根本动因的角度对于生态问题的论述，在当代仍然具有极为重要的价值，闪耀着不灭的光辉。

---

① 《马克思恩格斯选集》第 3 卷，人民出版社 1972 年版，第 458 页。

② 同上书，第 562 页。

第二节　中国当代社会主义创新理论中
有关生态文明的论述

2007 年 10 月，我国第一次在社会主义物质文明、精神文明与政治文明之后明确提出建设"生态文明"的重要举措，将其作为建设我国社会主义小康社会的新目标与新要求，并对"生态文明"的内涵进行了一系列深入的论述。这对我国当代包括生态美学与生态文学在内的生态理论的建设和发展无疑具有极为重要的意义，并为之开辟了广阔的发展空间。我们应该很好地学习、领会中国当代社会主义创新理论中有关"建设生态文明"论述的深刻理论内涵，并用以指导生态美学与生态文学建设。在这里，我们将之统称为具有中国特色的社会主义生态文明理论。

一　中国特色社会主义生态文明理论的提出及其丰富内涵

中国特色社会主义生态文明理论是对马克思主义生态理论的继承和发展，是当代中国特色马克思主义理论的重要组成部分，包含着极为丰富的内容。

第一，一个反思，即对传统发展模式的反思。它是在总结我国当代建设与发展的"困难和问题"背景中提出的，其重要问题之一就是"经济增长的资源环境代价过大"。正是在这种深刻反思的前提下，才出现了极为重要的理论认识与对传统模式的超越，这成为"建设生态文明"提出的现实背景与缘由。从这个意义上说，我国有关"建设生态文明"的理论也带有积极的建设性的"后现代"性质，是对资本主义工业化和我国既往工业化"先污染后治理"发展模式的反思与超越。

第二，两个立足点。当代中国特色社会主义生态文明理论认为，生态文明建设"关系人民群众根本利益和中华民族生存发展"。这就明确地提出了生态文明建设的两个立足点：人民群众的根本利益和中华民族的生存发展。也就是说，当代生态文明建设是以人民群众与民族的生存发展为其宗旨，以人民、民族与人类的福祉为其旨归，是科学发展观之中"以人为本"原则的体现，是社会主义人文主义精神的当代发展。

第三，三个关系。当代中国特色生态文明理论涉及到当代生态文明建设的三个极为重要的关系。一是生态文明与经济发展的关系。我国的现代化一方面将发展作为"执政兴国的第一要务"，同时又将"保护环境"作为经济发展的"基础"，明确提出要"又好又快发展"。这就使生态文明建设与现代化过程中的经济发展统一起来，使之成为社会主义现代化的有机组成部分。二是生态文明与科学技术的关系。我国社会主义现代化明确地将经济社会发展从依靠资源环境消耗转到依靠科技进步的轨道，指出生态文明建设必须很好地利用科技的手段，"开发和推广节约、替代、循环利用和治理污染的先进实用技术"。这就将生态文明建设与科技很好地统一起来。三是中国特色生态文明理论还涉及生态文明建设中中国与世界的关系，提出"加强应对气候变化能力建设，为保护全球气候作出新贡献"。这说明了当代生态环境问题的全球性性质，也表明了中国作为负责任的大国所应承担的国际生态责任。

第四，生态文明建设的三个重要措施。中国特色生态文明理论强调，生态文明建设要从法律政策、体制机制与工作责任制三个方面着手。在法律政策方面，由以前的行政处罚向通过税收渠道和科学论证的转变；在体制机制与工作责任制方面，要把环境保护与地方与干部工作业绩考核紧密结合。

第五，当代生态文明建设涉及五个重要转变。一是在经济层面的产业结构上，要"由主要依靠资源消耗向主要依靠科技进步、劳动者素质提高、管理创新转变"；二是在增长方式上，要由盲目追求经济效益向"可持续"与"又好又快"转变；三是在消费方式上，要由盲目追求物质需求、铺张浪费、互相攀比向节约、适度转变；四是在理论观念上，要使"生态文明观念在全社会牢固树立"。

这里的"生态文明观念"，应该包含当代生态哲学、生态伦理学、生态美学与生态文学等十分丰富的具有时代先进性与中国特色的当代生态文化形态；最后，在发展目标上，要使我国成为"生态环境良好的国家"。

二　"生态文明建设"理论提出的重大意义

我国的社会主义生态文明建设理论的提出，对于我国当代包括生态美学在内的生态理论建设意义重大。"生态文明建设"理论，为我国当代生态理论建设提供了坚实的现实依据。长期以来，我国的生态理论基本上处于边缘化状态。一方面由于生态理论自身在理论上的种种不完备，另一方面也由于理论界对当代社会和理论转型在认识上不统一，因而生态理论基本上处于被质疑的状态。当代社会主义生态文明理论的提出，将当代生态理论建设作为有中国特色社会主义理论的重要组成部分，符合我国社会主义先进文化的建设方向。这恰恰反映了我国当代社会由工业文明到生态文明转型以及理论上由"人类中心"到"人与环境友好转型"的必然趋势。在"生态文明"这个大题目下重新建立人与自然关系的一系列理论，包括经济观、发展观、消费观、政治观、哲学观、价值观、美学观与文学观等，而经济学中的"双赢"观念、哲学中的"共生"观念、伦理学中的"生态价值"观念、美学中的"诗意栖居"观念与文学中的"人与自然友好"观念等，成为有待于继续发展的社会与生态观念。当然，当前这种良好形势只是给我国生态理论的发展提供了一个良好的现实环境与前提，并不等于理论自身已经完备，还需要生态理论工作者加倍地努力，在这种空前的良好环境中更好地进行理论创新，发挥理论工作应有的积极作用，汇入到我国当代社会主义"生态文明建设"的洪流之中而作出自己应有的贡献。这里需要特别说明的是，我国社会主义生态文明理论的提出为创建具有中国特色的生态理论，包括生态美学理论指明了方向。那就是首先须从中国的国情出发，中国的生态理论建设必须紧密结合中国的经济社会与自然生态实际，不能照搬西方理论；同时，中国生态理论建设应更多地借鉴吸收中国传统文化中丰富的生态智慧，使之具有中国气派与中国风格。

第三节 当代西方马克思主义在生态理论建设中的基本贡献

当代西方马克思主义的生态理论继承了马克思主义经典作家的生态观念，与对资本主义必然导致生态危机的批判，对当今社会中人与自然关系的异化进行了反思与批判，倡导一种生态意识与生态文明，并在此基础上提出了生态社会主义等理论构想，对于分析和解决当今人类面临的生态问题具有重要的启示和借鉴意义。其理论的基本特点是力图运用唯物史观分析和探寻当代生态危机的根源及其解决途径，提出生态社会主义的政治理想。本章着重介绍英国学者戴维·佩珀等的生态社会主义理论。

一 当代生态社会主义产生的背景和性质

当代生态社会主义和生态马克思主义，是在 20 世纪中期以后生态危机日益严重的形势下，在各种生态理论蓬勃发展的情况下，一部分左翼知识分子继续以马克思主义为武器，对当代严重生态问题及对生态问题的论争来表明自己的态度，阐述自己的观点，提出解决问题的方案。从国际范围看，当前理论界面临的两大矛盾：一是马克思主义与资本主义的矛盾，即马克思主义理论与资本主义当代现实的矛盾，严重的环境污染与环境污染转移的矛盾，资本主义工业化理论、无限扩张膨胀的理论同马克思主义生态实践理论的矛盾；二是所谓"红绿之争"。"红"是指马克思主义，"绿"是指绿色理论，即生态中心主义，甚至包括"绿党"。在这种情况下，生态马克思主义和生态社会主义必然产生，以自己的看法参与到论战与问题的解决当中。西方当代生态社会主义的性质即属于当代西方马克思主义的总体思潮范围，持有激进的左翼立场。

二　当今生态社会主义是在生态危机日益严重的形势下，对各种试图曲解社会矛盾的观点给予有力的还击

在当代生态危机日益严重的形势下，有人别有用心地试图曲解社会矛盾，认为阶级矛盾已被环境问题和其他风险所代替，已不是社会的主要矛盾。当代生态社会主义对这种理论给予了批判，认为"尽管上述论点中包含着某些真理性的因素，但它们在总体上是立足于一个极端错误和夸大其词的立场上的"①。事实上，这些问题的出现证明了"社会主义和共产主义理论与实践变得比以往任何时候都更被需要"②，所以他们是坚持马克思主义基本立场的。

三　当代生态社会主义对马克思恩格斯生态观的充分肯定

在当前生态危机严重的形势下，有的理论家否定马克思恩格斯理论中包含着生态观，认为不存在马克思主义的生态学流派。当代生态社会主义对这种看法予以批判，认为"马克思主义思想确实以一种有意义的——尽管大都是含蓄的——方式包含了足够的生态学观点"③，"马克思和恩格斯是人类的、政治的和社会生态学的先驱"④。

四　对当前严重的生态危机努力进行马克思主义历史唯物主义的阐释

当代西方马克思主义者力图运用马克思主义的社会存在与社会意识、经济基础和上层建筑的历史唯物主义理论来阐释当代生态危机的原因和解决的途径。他们认为，"资本主义的生产方式蕴涵着人与自然和人们之间的'资本主义'关系——资本主义的生产关系，它与特定的政治、法律制度和特定的'社会意识形态'相一致"。"如果我们想改

---

① ［英］戴维·佩珀：《生态社会主义：从深生态学到社会正义》，刘颖译，山东大学出版社2005年版，"前言"第1页。
② 同上。
③ 同上书，第91页。
④ 同上书，第93页。

变社会以及社会——自然之间的关系，我们就必须寻求不仅在人们的思想中——他们的见解或哲学观即他们的'社会意识形态'，而且也在他们的物质与经济生活中的改变。"① 并且认为，"通过生产资料共同所有制实现的重新占有对我们与自然关系的集体控制，异化可以被克服"②。

五 坚持认为生态社会主义是"人类中心主义"的基本观点

戴维·佩珀在《生态社会主义：从深生态学到社会正义》的"前言"中指出："本书的目的，是概述一种生态社会主义的分析，它将提供在绿色议题上的一种激进的社会公正的和关爱环境的但从根本上说是人类中心主义的观点。"③ 他认为："绿色运动目前所需要的正是这种观点，而不是它现行的'生物中心主义'的和政治上散漫的方法，以便引起许多的被绿色运动疏远或对它漠不关心的人们的关注。而且，撇开实用主义的理由不谈，我认为，不允许我们对非人自然的关切代替或超过对人类的关切是重要的。一些绿色分子相信，我们应该基于自然的'内在价值'而不是它对（所有）人的价值去保护和尊重自然，无论这种价值是什么。我很难认同这一点。我认为，社会正义或它在全球范围内的日益缺乏是所有环境问题中最为紧迫的。地球高峰会议清楚地表明，实现更多的社会公正是与臭氧层耗尽、全球变暖以及其他全球难题做斗争的前提条件。"④ 他把社会公正放在首要地位，而否定自然的内在价值。佩珀认为，"生态社会主义是人类中心论的和人本主义的。它拒绝生物道德和自然神秘化以及这些可能产生的任何反人本主义，尽管它重视人类精神及其部分地由与自然其他方面的非物质相互作用满足的需要。但是，人类不是一种污染物质，也不'犯有'傲慢、贪婪、挑衅、过分竞争的罪行或其他暴行"⑤。

---

① ［英］戴维·佩珀：《生态社会主义：从深生态学到社会正义》，刘颖译，山东大学出版社2005年版，第101页。
② 同上书，第355页。
③ 同上书，"前言"第2页。
④ 同上书，第1页。
⑤ 同上书，第354页。

因此，佩珀生态社会主义理论的局限性是很明显的。首先是他的改良的立场。即试图通过改良的方式，通过工会和乌托邦社会主义，回归土地的运动来改变社会现有制度，同时来改变生态。其次便是对人类中心主义的保留。这相对马克思恩格斯生态观来说是一种退却。事实证明，与工业革命相伴的"人类中心主义"已经被实践证明是落后于时代的，应该被逐步到来的生态文明的"生态整体观"与"生态人文主义"所代替。中国特色的社会主义生态文明理论所倡导的"共生""双赢"与"环境友好型社会建设"的理论，就是继承马克思主义生态观，也吸收借鉴了西方马克思主义生态观的相关观点。当然，更是立足于中国当代社会主义伟大实践的既有经验。

　　安德·高兹（Andre Gorz）是法国当代重要的生态社会主义理论家，他在其人生的后期出版了一系列重要的生态社会主义论著，如《作为政治学的生态学》（1975）、《生态学与自由》（1977）、《经济理论批判》（1988）、《资本主义、社会主义和生态学》（1991）等。在这些论著中，高兹提出了一系列生态社会主义的观点：资本主义的利润动机必然破坏环境；资本主义的危机本质上是生态危机；保护生态环境的最佳选择是走社会主义道路等。他把对资本主义社会的批判与对生产力、科学技术无限扩张的批判紧紧联系在一起，从而避免了堕入"人类中心主义"陷阱。晚年，面对复杂多变的信息社会与消费社会，感到生态社会主义"乌托邦"理想难以实现，高兹于84岁高龄之时选择自杀。他留下的一系列生态社会主义论著成为人类真正走向生态文明的宝贵精神遗产。①

　　总之，西方生态社会主义理论对资本主义制度对人与自然双重掠夺的批判，它所坚持的人与自然和谐发展的文化立场，以及它所提出的通过社会主义制度解决生态危机的途径等，对于当代社会主义文明建设都是十分有价值的精神财富。

---

　　①　参见《社会科学报》2007年10月11日第7版。

第三编
生态美学的西方资源

第五章

生态美学的西方资源

第一节　西方 18 世纪以来的生态美学资源

西方尽管从 18 世纪以来就开启了启蒙主义的工业革命，产生了以人文主义为标志的"人类中心主义"，虽然其哲学思维模式主要是主客二分的，但其中也存在着一些有关自然与生态美学的思想与理论资源，值得我们借鉴。

一　意大利维柯的原始诗性思维思想

乔巴蒂斯达·维柯（Giambattista Vico，1668—1744），意大利法学家、史学家、语言学家和美学家，曾任那不勒斯大学修辞学教授与那不勒斯王国史官。他于 1752 年出版《新科学》一书，涉及诸多学科，其目标是建立一种包罗万象的社会科学，探讨人类社会历史文化的发展规律。此书涉及到原始诗性思维，与美学有密切关系，可以把它称作近代美学的先驱。难能可贵的是，维柯所提出的原始的诗性思维就是一种原始而自然的审美思维。因而，他也成为生态美学的直接先驱。根据《新科学》，原始的自然思维有如下特征。

1. 凭借人的身体感官进行想象的思维

人的身体本来就是一个感官的自然的实体，在维柯看来，人类原始思维的自然性首先表现在这种思维是凭借人的感官的一种思维。他说："这些原始人没有推理的能力，却浑身是强旺的感觉力和生动的想象力。这种玄学就是他们的诗，诗就是他们生而就有的一种功能

（因为他们生而就有这些感官和想象力）。"① 在维柯看来，原始人类不具备抽象思维的能力，灵与肉没有完全分离，主与客也没有分开，因此，他们的思维就是凭借自然形态的感官的一种想象力，是一种感官的、自然形态的思维。

2. 这是一种"万物有灵"的人与自然统一的思维

正因为原始人类所处的时代，人还没有抽象思维能力，科学知识的缺乏，因而必然尊奉"万物有灵论"，将任何神奇的事物都凭附到一个自然实体之上。例如，雷有雷神，雨有雨神，花有花神等，人对这些有灵性的事物只有敬畏、尊奉和对话。正如维柯所说，原始人类"按照自己的观念，使自己感到惊奇的事物各有一种实体存在，正像儿童们把无生命的东西拿在手里跟它们游戏交谈，仿佛它们就是些活人"②。这种万物有灵的"泛神论"倒是在一定程度上表现了一种"自然中心主义"的倾向。这正是原始蒙昧时代的特点。

3. 在原始诗性思维的隐喻、转喻与比喻中人与自然获得了平等游戏的地位

诗性思维的一个重要特点就是借助于各种自然现象来比喻某种现实事物。诚如维柯所说，原始思维中"值得注意的是在一切语种里大部分涉及无生命的事物的表达方式是用人体及其各部分以及用人的感官和情欲的隐喻来形成的。例如用'首'（头）来表达顶或开始，用'额'或'肩'来表达一座山的部位，针和土豆都可以有'眼'，杯或壶都可以有'嘴'，耙、锯或梳都可以有'齿'，任何空隙或洞都可叫做'口'，麦穗的'须'，鞋的'舌'，河的'咽喉'，地的'颈'，等等"③。原始思维中的隐喻，是用人的身体的某个部位来比喻自然事物。还有一种，就是以局部代替整体或以整体代替部分的"替换"或"转喻"。维柯举例说道，"例如丑恶的贫穷，凄惨的老年和苍白的死亡"④ 等。总之，无论是哪种比喻都是以人与自然为友，

---

① ［意］维柯：《新科学》，朱光潜译，人民文学出版社1986年版，第161—162页。
② 同上书，第162页。
③ 同上书，第180页。
④ 同上书，第181页。

人与自然处于平等的地位为出发点的。

总之，维柯的原始的诗性思维与后来利奥波德在《沙乡年鉴》之中所说的"像山那样思考"是一致的，对于我们建设生态美学的艺术思维模式有着重要的借鉴作用。

二　美国桑塔耶纳的自然主义美学思想

乔治·桑塔耶纳（George Samtayana，1863—1952），美国著名的哲学家、美学家、诗人和文学批评家，曾任哈佛大学教授，后去欧洲，在各国客居。他的美学思想主要见于他的第一本美学著作《美感》（1896）之中。他的自然主义美学思想中有关自然与生态的内涵，主要表现在这样几个方面。

1. 强调美感是对人的"自然功能"的满足

生态美学不仅将人视为理性的人，而且将人看作是与自然构成一个整体的活生生的有生命的人。正是在这个意义上，生态美学从来不否认人的自然特征。当然，也不过于夸大人的自然特征。在《美感》一书中，桑塔耶纳强调"美是一种价值"，而且，这种价值除了善的价值之外，还包含了对人的"自然功能"满足的价值。"美是一种最高的善，它满足一种自然功能，满足我们心灵的一些基本需要或能力。所以，美是一种内在的积极价值，是一种快感。"① 这种对自然功能满足的审美价值观应该说包含着某种生态美学的意味。

2. 强调人的一切生理机能都参与到审美当中

桑塔耶纳的《美感》强调，人的一切自然生理机能都参与审美，"都能对美感有贡献"②。这其实在一定程度上是对传统的视听感官参与审美的一种反驳，是后世伯林特"参与美学"的先声。但桑塔耶纳对人的性本能的作用强调得有些过度，这是欠妥之处。

---

① ［美］乔治·桑塔耶纳：《美感》，缪灵珠译，中国社会科学出版社1982年版，第30、34页。

② 同上书，第36页。

3. 力主审美的功利性，批判传统的审美"无利害"论，为生态美学中生态原则的建立开辟了先河

众所周知，生态美学不赞同以康德为代表的审美"无利害"论，力主审美包含生态的伦理原则和生命的价值内涵。桑塔耶纳明确反对审美"无利害"的传统观点，力主审美包含功利。他说，"审美快感的特征不是无利害的观念"①，又说，"把事物的审美功能和事物的实用的和道德的功能分离开来，在艺术史上是不可能的，在对艺术价值的合理判断中也是不可能的"②。桑塔耶纳所说的"事物的实用功能"就包含生态的生命的功能，这也是符合他的自然主义哲学美学原则的。

4. 提出"美是一个生命的和声"的重要美学思想，成为对生态的生命和谐进行审美的歌颂和阐释的先声

众所周知，生态美学是对作为整体的生态的生命和谐的歌颂和审美鉴赏。桑塔耶纳后期提出了一个新的关于美的陈述："美，是一个生命的和声，是被感觉到和消溶到一个永生的形式下的意象。"③ 在这里提出"美是一个生命的和声"的重要论断，实际上是阐述了人与自然生命的和弦、共振与和谐，这恰是一种生态审美的状态。

三 美国杜威的有关"活的生物"的生态审美思想

约翰·杜威（John Dewey，1859—1952），美国著名的哲学家、教育家和美学家，先后在密歇根大学、芝加哥大学与哥伦比亚大学任教，并与他的弟子们组成实用主义的重要派别—芝加哥学派，著述颇丰，在国际上具有广泛影响。他的主要美学论著为1934年出版的《艺术即经验》。这是一部非常特别的美学论著——在当时工业化高涨的年代里却包含了极为浓郁的生态审美意识。

1. 提出"自然是人类的母亲"的重要生态观

杜威指出："自然是人类的母亲，是人类的居住地，尽管有时它

---

① ［美］乔治·桑塔耶纳：《美感》，缪灵珠译，中国社会科学出版社1982年版，第25页。
② 转引自朱立元主编《现代西方美学史》，上海文艺出版社1993年版，第218页。
③ 同上书，第220—221页。

是继母，是一个并不善待自己的家。文明延续和文化持续——并且有时向前发展——的事实，证明人类的希望和目的在自然中找到了基础和支持。"①

2. 努力突破传统的物质与精神、人与自然的二元对立论

20世纪20年代初期，杜威在开展自己的学术活动时就立足于克服传统主客二分对立的努力了。他将自己的哲学论著命名为《哲学的改造》，即是其力图改变传统的二元对立思维，代之以有生命力的有机论世界观的表现。在《艺术即经验》中，他明确地将自己的美学思想定位于对传统主客二分思维模式的突破。他说："要完整地回答这个问题，就要写一部道德史，阐明导致蔑视身体，恐惧感官，将灵与肉对立起来的状况。"② 他接着又进一步分析道："所有心灵与身体，灵魂与物质，精神与肉体的对立，从根本上讲，都源于对生活会产生什么的恐惧。它们是收缩与退却的标志。"③

3. 以恢复人与动物的连续性为起点来构建自己的经验论美学。

杜威认为，"为了把握审美经验的源泉，有必要求助于处于人的水平之下的动物的生活"④。为此，他创造了一个"活的生物"的概念，作为对人的界定和他的整个经验论美学的出发点。正是通过这个"活的生物"与环境的关系，才形成了所谓的审美经验。杜威充分地认识到人与动物的一致性，也注意到人与动物的差异性。他在《哲学的改造》一书中指出，动物不保存过去的经验，而人能保存经验。这就说明，动物没有理性，而人是有理性的。

4. 审美的艺术经验是人作为"活的生物"与环境相互作用而产生的"一个完整的经验"

杜威对审美的经典概括是，作为"活的生物"的人在与周围环境的冲突与和谐中所形成的一个完满的经验。他说："与这些经验不同，我们在所经验到的物质走完其历程而达到完满时，就拥有了

①　[美]约翰·杜威：《艺术即经验》，高建平译，商务印书馆2010年版，第31—32页。
②　同上书，第22页。
③　同上书，第26页。
④　同上书，第21页。

一个经验。"① "一个生物既是最活跃，也是最镇静而注意力最集中之时，正是他最全面地与环境交往之时，这里感官材料与关系达到了最完全的融合。"②

5. 提出"我们住进了世界，而它成了我们的家园"的重要生态审美观点

杜威在阐释审美是"一个完满的经验"的内涵时，指出正是人在环境的冲突与融合中形成了一个完整的经验，从而使环境与人融为一体，成为人所居住的世界，这个世界从而也就成为人们审美生存的家园。他说："通过与世界交流中形成的习惯（habit），我们住进（inhabit），它成了一个家园，而家园又是我们每一个经验的一部分。"③

6. 艺术的审美经验的作用是使整个生命具有活力

杜威在概括审美经验与艺术的作用时，总结出艺术是使人拥有更强大、更充沛的生命力的结论。他说，艺术应该使整个生命更具有活力，"使他在其中通过欣赏而拥有他的生活"④。他进一步阐释道："艺术是人能够有意识地，从而在意义层面上，恢复作为活的生物的标志的感官、需要、冲动以及行动间联合的活的、具体的证明。"⑤ 这就又回到了审美从"活的生物"开始的出发点，审美与艺术的最终作用还是恢复人作为"活的生物"的生命活力。

四 车尔尼雪夫斯基的生活——自然美学思想

尼古拉·车尔尼雪夫斯基（1828—1889），俄国伟大的革命民主主义思想家、作家和批评家，著有长篇小说《怎么办？》《序幕》和众多美学论文。《艺术与现实的审美关系》出版于 1855 年，是车氏的学位论文。车尔尼雪夫斯基在该书中有力地批判了当时流行的黑格尔唯心主义美学思想，倡导一种"美是生活"的唯物主义美学观，主张

---

① ［美］约翰·杜威：《艺术即经验》，高建平译，商务印书馆 2010 年版，第 41 页。
② 同上书，第 119 页。
③ 同上书，第 120 页。
④ 同上书，第 30—31 页。
⑤ 同上书，第 29 页。

"美是应该如此的生活"以及"艺术是生活的教科书"的革命民主主义美学观点，具有进步的意义。今天重读车氏的这部重要美学论著，我们发现其"美是生活"的命题中蕴涵着极为丰富的生态与自然美学思想，值得今天在建设当代生态美学时予以借鉴。

1. 提出"美是生活，是健康地活着"这一素朴的生命论美学命题

车氏写作本书的主要目的，是批判以黑格尔为代表的唯心主义有关"美是理念的感性显现"的美学观念。由于当时俄罗斯检察机关的控制，车氏在文中不能直接使用黑格尔的言论，而只能使用在本质上与黑格尔的言论相一致的黑格尔的门徒费肖尔的言论。费肖尔关于美的界定是"美是在有限的显现形式中的观念；美是被视为观念之纯粹表现的个别的感性对象"①。车尔尼雪夫斯基指出，这种美学观点"太空泛"，也"太狭隘"，最重要的是缺乏任何理论所必需的"周延性"，它将生活与自然之美排除在美之外。车氏指出："在这里我以为需要指出一点：认为美就是观念与形象的统一这个定义，它所注意的不是活生生的自然美，而是美的艺术作品，在这个定义里，已经包含了通常视艺术美胜于活生生的现实中的美的那种美学倾向的萌芽或结果。"②他还在《艺术与现实的审美关系》一书的脚注中进一步指出，这种看法实际上只是注意了美的表现，而忽略了美的事物，"我是说那在本质上就是美的东西，而不是因为美丽地被表现在艺术中所以才美的东西；我是说美的事物和现象，而不是它们在艺术作品中的美的表现"③。这种批判应该是击中了黑格尔美学抹杀生活与自然之美的要害的。他在该书最后总结道："'美是一般观念在个别现象上的完全显现'这个美的定义经不起批评；它太广泛，规定了一切人类活动的形式的倾向。"④

---

① ［俄］车尔尼雪夫斯基：《艺术与现实的审美关系》，周扬译，人民文学出版社 1979 年版，第 3 页。

② 同上书，第 5 页。

③ 同上书，第 5 页注①。

④ 同上书，第 101 页。

那么，什么是美呢？车氏提出了自己的独具特色且包含着生活与生命之丰富等内涵的"美是生活"的重要命题。他说："所以，这样一个定义：'美是生活'。任何事物，凡是我们在那里面看得见依照我们的理解应当如此的生活，那就是美的；任何东西，凡是显示出生活或使我们想起生活的，那就是美的。"① 他进一步对"美是生活"这个定义给予了阐释："在普通人民看来，'美好的生活'、'应当如此的生活'就是吃得饱，住得好，睡眠充足；但是在农民，'生活'这个概念同时总是包括劳动的概念在内：生活而不劳动是不可能的，而且也是叫人烦闷的。辛勤劳动、却不致令人精疲力竭那样一种富足生活的结果，使青年农民或农家少女都有非常鲜嫩红润的面色——这照普通人民的理解，就是美的第一个条件。丰衣足食而又辛勤劳动，因此农家少女体格强壮，长得很结实，——这也是乡下美人的必要条件。'弱不禁风'的上流社会美人在乡下人看来是断然'不漂亮的'，甚至给他不愉快的印象，因为他一向认为'消瘦'不是疾病就是'苦命'的结果。"② 这段对于"美"的阐释包括着非常丰富的含义。首先，"美"是一种人的生命的充分保障，包括吃得饱、住得好与睡眠充足等；其次，"美"是一种因辛勤劳动而带来的身强力壮，精力充沛，面色红润的生命健康，而不是上流社会的"弱不禁风"与"消瘦"。总之，在车氏看来，"美"就是一种人在劳动中与自然生态处于和谐关系并充满活力的美好的健康的生命状态。他说："不错，健康在人的心目中永远不会失去它的价值，因为如果不健康，就是大富大贵，穷奢极侈，也生活得不好受，——所以红润的脸色和饱满的精神对于上流社会的人也仍旧是有魅力的；但是病态、柔弱、委顿、倦怠，在他们心目中也有美的价值，只要那是奢侈的无所事事的生活的结果。"③ 我们曾经批判这种人的生命之美的看法是一种庸俗的唯物主义。这种批判虽不是没有一点道理，但健康的充满活力的生命之美

---

① ［俄］车尔尼雪夫斯基：《艺术与现实的审美关系》，周扬译，人民文学出版社1979年版，第6页。

② 同上。

③ 同上书，第7页。

总的来说还是有其合理性的，是一种符合自然生态规律的美的重要形态。

2. 提出"生活美高于艺术美"的重要思想，批判了黑格尔的"艺术中心论"，维护自然审美的合法地位

黑格尔美学的重要内涵即是认为，美学就是"美的艺术的哲学"①，从而将自然美基本上排除在美学之外，并且由此决定了艺术之美高于生活自然之美的审美取向。黑格尔的上述观点是一种典型的"艺术中心论"的观念，是"人类中心主义"在美学与艺术学上的反映。因为，按照黑格尔的理解，人类是绝对理念的最完美体现者，那么由人类创造的艺术在美学中就拥有了至高无上的地位，自然便被边缘化到前美学阶段。我们认为，这种观点是不符合事实的，美学理应包括艺术、自然与生活的审美三个部分，而且自然在人类的包括艺术在内的精神生活中具有基础的地位。《艺术与现实的审美关系》一书的主旨就是试图颠覆这一占主导地位的传统理论。他说："这篇论文的实质，是在将现实和想象互相比较而为现实辩护，是在企图证明艺术作品决不能和活生生的现实相提并论。"② 他的结论是："自然和生活胜过艺术。"③ 他非常形象地将生活与自然比喻为没有戳记的金条，许多人因为它没有戳记而不肯要它；艺术作品则好像是钞票，很少内在价值，但结果大家反而宝贵它。他说："现实生活的美和伟大难得对我们显露真相，而不为人谈论的事是很少有人能够注意和珍视的。"④

为了论证生活、自然之美高于艺术之美，车尔尼雪夫斯基从八个方面驳斥了黑格尔派否定生活与自然之美的观点。其一，有人认为，"自然中的美是无意图的"，因此不能和艺术中的美一样好。车氏认为，人的力量远弱于自然的力量，他的作品比之自然的作品粗糙、拙

---

① ［德］黑格尔：《美学》第1卷，朱光潜译，商务印书馆1979年版，第3页。

② ［俄］车尔尼雪夫斯基：《艺术与现实的审美关系》，周扬译，人民文学出版社1979年版，第100页。

③ 同上书，第81页。

④ 同上书，第83页。

劣、呆笨得多。所以，"艺术作品的意图性这个优点还是敌不过而且远敌不过它制作上的缺陷"①。其二，有人认为，"自然中的美不是有意产生的，美在现实中就很少见到"。车氏认为，埋怨现实中美的稀少并不完全正确，现实中的美并不像德国美学家说的那么稀少，"美的和雄伟的风景非常之多，这种风景随处可见的地域并不少"②。其三，有人认为，"现实中美的事物之美瞬息即逝的"。车氏从美的时代性批驳这一观点，认为"每一代的美都是而且也应该是为那一代而存在：它毫不破坏和谐，毫不违反那一代的美的要求；当美与那一代一同消逝的时候，再下一代就将会有它自己的美、新的美，谁也不会有所抱怨的"③。其四，有人认为，"现实中的美是不经常的"。车氏认为，这个观点也是不能成立的。"美不经常，难道就妨碍了它之所以为美吗？难道因为一处风景的美在日落时会变得暗淡，这处风景在早晨就少美一些吗？"④ 其五，关于"现实中的美之所以美，只因为我们是从某一点来看它，从那一点来看它才显得美"，车氏认为，这也是站不住脚的，因为审美的角度是透视律的关系，对于生活与自然的审美需要透视律的角度，对于艺术的审美也同样需要透视律的角度；其六，关于"现实中的美不是和一群对象联结在一起，而是和某一个别对象联结在一起"，"因而损害了整体的美和统一性"。车氏认为，这实际上是对于一种完美的要求，其实在实际生活中并不存在这样的问题，人们只寻求好的而不是完美的。他说："假若有一处风景，只因为在它的某一处地方长了三丛灌木——假如是长了两丛或四丛就更好些，——难道会有人想说那处风景不美吗？"⑤ 其七，有人认为："现实事物不可能是美的，因为它是活的事物，在它身上体现着那带有一切粗糙和不美细节的生活的现实过程。"车氏认为，这种观点与

① ［俄］车尔尼雪夫斯基：《艺术与现实的审美关系》，周扬译，人民文学出版社 1979 年版，第 42 页。

② 同上书，第 43 页。

③ 同上书，第 45 页。

④ 同上书，第 46 页。

⑤ 同上书，第 48—49 页。

美不是事物本身而是与事物纯粹的形式有关，完全不能成立的，"比这更荒谬的唯心主义恐怕再也想象不出来了"①。其八，关于"个别的事物不可能是美的，原因就在于它不是绝对的，而美却是绝对的"，车氏认为，恰恰相反，个体性才是美的根本特征："从个体性是美的最根本的特征这个思想出发，自然而然就会得出这样的结论：'绝对的准则是在美的领域以外的'。"②

总之，车氏在这里有力地批判了黑格尔派在美学中排除自然审美的"艺术中心论"的观点，维护自然审美的合法地位。他在论证生活与自然的在美学中的合法地位时运用了一个大家熟知的比喻，那就是"茶素不是茶，酒精不是酒"③，用以说明所有的观念的东西永远不能代替生活与自然本身。他最后的结论是："自然美的确是美的，而且彻头彻尾都是美的。"④

3. 从自然与人的生命的关联阐述自然的审美价值

车氏对于自然的审美价值作了自己的阐释，他主要从自然与人的生命的关联来论述自然的审美价值。他说："任何东西，凡是显示出生活或使我们想起生活的，那就是美的。"⑤ 他这里所说的"生活"，当然是指人的生活，特别是健康而充满活力的生命力。对于动物的审美，他运用了"凡是显示出生活"的理论来加以论述，认为凡是显示出人的生命力的动物就是美的。他说："在人看来，动物界的美都表现着人类关于清新刚健的生活的概念。在哺乳动物身上——我们的眼睛几乎总是把它们的身体和人的外形相比的，——人觉得美的是圆圆的身段、丰满和壮健；动作的优雅显得美，因为只有'身体长得好看'的生物，也就是那能使我们想起长得好看的人而不是畸形的人的生物，它的动作才是优雅的。"⑥ 在这里，清新刚健、丰满壮健与动作

---

① ［俄］车尔尼雪夫斯基：《艺术与现实的审美关系》，周扬译，人民文学出版社 1979 年版，第 49 页。

② 同上书，第 52 页。

③ 同上书，第 72 页。

④ 同上书，第 35 页。

⑤ 同上书，第 6 页。

⑥ 同上书，第 9 页。

优雅，都是人的生命健康充满活力的表现。而对于植物，他则以使我们想起生活来加以论述。他说："对于植物，我们欢喜色彩的新鲜、茂盛和形状的多样，因为那显示着力量横溢的蓬勃的生命。"① 显然，植物的新鲜、茂盛与形状多样使我们想起了人的蓬勃的生命，所以它是美的。他说："自然界的美的事物，只有作为人的一种暗示才有美的意义。"②

这里要说明的是，车氏与黑格尔一样，都是根据自然与人的关联论述自然的审美价值的，但两者却有着根本的差异，车氏是从"美是生活"、生活即是健康地活着这样的美学观出发，从自然与人的生命力的关联来论述自然的审美价值的；黑格尔则是从自己的理念论美学出发，从自然与理念的关联来论述自然的审美价值的。黑格尔提出了"朦胧预感"这一著名的自然审美命题，指出"自然作为具体的概念和理念的感性表现时，就可以称为美的；这就是说，在观照符合概念的自然形象时，我们朦胧预感到上述那种感性与理性的符合，而在感性观察中，全体各部分的内在必然性和协调一致性也呈现于敏感"。"对自然美的观照就止于这种对概念的朦胧预感。"③ 这还是局限于自然与理念的关联，是一种歧视自然的理念论美学的翻版。

4. 批判康德"观念压倒形式"的"人类中心主义"的崇高观，提出"崇高就是自然事物本身崇高"，承认自然有其崇高价值

康德在《判断力批判》中论述了"崇高"的概念，他说："崇高不存在于自然的事物里，而只能在我们的观念里寻找。"④ 在这里，康德否定了自然界自身存在崇高的审美价值，而将崇高完全归结到人的观念，这显然是一种"人类中心主义"的观念。车氏在《艺术与现实的审美关系》中对康德的这种观点进行了比较深入的批判，着力维护自然自有的崇高的审美价值。他从多个侧面论述了崇高在于自然自

---

① ［俄］车尔尼雪夫斯基：《艺术与现实的审美关系》，周扬译，人民文学出版社1979年版，第9页。

② 同上书，第10页。

③ ［德］黑格尔：《美学》第1卷，朱光潜译，商务印书馆1979年版，第168页。

④ ［德］康德：《判断力批判》，宗白华译，商务印书馆1964年版，第89页。

身而不在人的观念的重要观点。他说，"一件事物较之与它相比的一切事物要巨大得多，那便是崇高"①。围绕这一观点，他首先直接批判了崇高不在自然本身而在观念的看法。他坚持唯物主义立场，认为"在观察一个崇高的对象时，各种思想会在我们的脑子里发生，加强我们所得到的印象；但这些思想发生与否都是偶然的事情，而那对象却不管怎样仍然是崇高的"②。在这里，他明确地将对象放到了思想之前，从而为"崇高"这一美学范畴奠定了唯物主义的基础。接着，他对由传统的崇高的观念性所导致的崇高的无限性进行了批判，认为崇高的东西常常不是无限的而是完全和无限的东西相反的。他举例说，高山是雄伟的但却是可以测量的，大海好像是无边的但却是有岸的。这实际上还是维护崇高不在观念而在自然自身的唯物主义的崇高观——只有理念的崇高感可以是无限的，事物自身的崇高只能是有限的。车尔尼雪夫斯基最终总结道，"因此，我们很难同意'崇高是观念压倒形式'或者'崇高的本质在于唤起无限的观念'"③。他在全书的结论部分写道，"一件东西，凡是比人拿来和它相比的任何东西都大得多，或者比任何现象都强有力得多，那在人看来就是崇高"④。

总之，车氏在《艺术与现实的审美关系》一书中对黑格尔派唯心主义与"艺术中心论"美学思想的批判，对美就是健康的充满活力的生活的论述，对生活与自然之美与艺术之美的强调，以及他对于崇高在于自然自身的论述，对于我们建设当代形态的生态美学都有着重要的价值。他促使我们进一步思考长期以来所信奉的"艺术高于生活"的命题其实是有着明显局限性的，它仍然是黑格尔唯心主义美学影响的结果，也必然导致对于自然生态之美的贬抑。当然，车氏在该书中对于费尔巴哈人本主义的吸收也是缺乏批判的，他在论述生活美学时所不自觉流露出的"用所有者的眼光看自然"的人类中心主义的观

---

① ［俄］车尔尼雪夫斯基：《艺术与现实的审美关系》，周扬译，人民文学出版社 1979 年版，第 3 页。
② 同上书，第 14 页。
③ 同上书，第 17 页。
④ 同上书，第 101 页。

点，也具有一定的历史局限性。

第二节　海德格尔的生态审美观

美国现代生态理论家很早就把海德格尔看作是现代"具有生态观的形而上学理论家"，也就是生态哲学家。这个判断是非常准确的。海德格尔是当代西方最重要的生态理论家与生态美学家，"天地神人四方游戏说"就是当代的生态审美观。海氏的思想从前期到后期有一个转变，他的哲学美学受到东方特别是中国古代"天人合一"等哲学观的影响。海德格尔的论著为当代西方生态哲学与生态美学提供了特别丰富的思想资源，值得我们很好的继承与发展。

一　在哲学观上，海氏凭借现象学方法构筑了一个"人在世界之中"的生态整体观点

本书前面数章对海德格尔的哲学观已经有所涉及，这里需明确指出的是，海德格尔凭借现象学方法实际上构筑了一个"人在世界之中"的生态整体观。大家都知道，海氏的哲学出发点是反对西方传统哲学二元对立的思维模式，反对科技主义的机械认识论，反对"人类中心主义"。他反对西方传统哲学中将存在者与存在分裂开来，只见存在者不见存在的旧的哲学观点。这种哲学观实际上就是主客二分的、由主体反映客体的"人类中心主义"的观点。他认为，"主客二分"是对人生在世模式的一种传统的、同时也是错误的表达，而他所确立的"人生在世"的生存模式，则是一种现代的生存论的在世模式，即"此在与世界"的在世模式。这种在世模式的表达就是"人在世界之中"，这是他在《存在与时间》中提出的。对于这个"在之中"，他运用现象学与生存论的方法进行了全新的阐释。在他看来，这个"在之中"不是传统的一个事物在另一个事物之中。例如，山东大学文艺美学研究中心在文史楼之中，文史楼在山东大学新校之中，山大新校在济南历城区之中等，可以这般无穷无尽地推演下去，因为这仍然是一种形而上学的认识论方法——人与环境是可以分离的，也

是可以对立的。如，即使是笔者马上离开文艺美学研究中心这个地方，这个周遭环境也不会受到任何影响。但在海德格尔看来，"在之中"是"我居住于世界，我把世界作为如此这般熟悉之所依寓之、逗留之"①。这里的"居住""依寓""逗留"，是指人与这个自然生态环境已经融为一体，不可须臾分离，如鱼之离不开水，人之离不开空气。用我们的理解，就是人与包含自然生态的环境构成了一个水乳交融的生态整体。这是一种具有哲学色彩的当代存在论的生态整体观。如果说，海氏在前期有关"世界与大地的争执"、真理得以敞开的论述中还残留着某些"人类中心主义"的痕迹的话，那么到了后期，大约以1936年为起点，一直到20世纪中期，则开始从东方智慧中汲取智慧启发，提出了著名的"天地神人四方游戏说"。我们可以在《物》与《语言》等论著中看到这种转变。关于《物》，我们在后面论述生态美学范畴时再讲。现在首先介绍一下写于1950年10月的《语言》。在这篇文章中，海氏对特拉克尔的诗《冬夜》作了阐释，并提出了著名的"四方游戏"说。

冬夜

雪花在窗外轻轻拂扬，
晚祷的钟声悠悠鸣响，
屋子已准备完好
餐桌上为众人摆下了盛筵。

只有少量漫游者，
从幽暗路径走向大门。
金光闪烁的恩惠之树
吹吸着大地中的寒露。

---

① ［德］马丁·海德格尔：《存在与时间》（修订译本），陈嘉映、王庆节合译，生活·读书·新知三联书店2006年版，第64页。

漫游者静静地跨进；

痛苦已把门槛化成石头。

在清澄光华的映照中

是桌上的面包和美酒。

海氏对这首诗分析道："落雪把人带入暮色苍茫的天空之下。晚祷钟声的鸣响把终有一死的人带到神面前。屋子和桌子把人与大地结合起来。这些被命名的物，也即被召唤的物，把天、地、人、神四方聚集于自身。这四方是一种原始统一的并存。物让四方之四重整体（das Geviert der Vier）栖留于自身。这种聚集着的让栖留（Verweilen-lassen）就是物之物化（das Dingen der Dinge）。我们把在物之物化中栖留的天、地、人、神的统一的四重整体称为世界。"① 海氏认为，《冬夜》这首诗中所有被命名的物体，都通过自己的物之物性的充分发挥而形成一个密不可分的整体，使天、地、神人构成四重整体的世界，使终有一死者得以依寓与栖居。雪花、晚祷、屋子、餐桌、盛筵、大门、寒露、恩惠的树、门槛、面包和酒，以及冬夜中的漫游者已经融化为一，构成整体，形成漫游者的一个独特的得以栖居的冬夜。情境独特，语言独特，非常宜人。雪花飘飘，晚钟声声，寒露闪烁。没有这特有的冬夜情境，语言就会消失，而漫游者也不可能成为活生生的"此在"。

二　在语言观上，以大地与语言关系的基本理论构筑了大地是人的生成的根基的重要观点

海氏的一个重要观点就是"语言是存在之家"②。也就是说，在他看来，人是在语言中才得以生成的，语言是"此在"，是人的最基本的存在方式。他为什么这样说呢？其中一个非常重要的原因就是，

---

① ［德］海德格尔：《在通向语言的途中》（修订译本），孙周兴译，商务印书馆2009年版，第13页。

② 同上书，第153页。

他认为，语言与自然生态密切相关。语言是自然生态，是大地对人的特有馈赠。俗话说，一方水土养一方人。其实，一方水土也孕育一方语言，而人恰恰就是在这特有的语言中繁衍生长的。在与一个日本人的对话中，当对方提到日语中的"语言"是用"言葉（Koto ba）"表示的时，海氏表示了浓厚的兴趣。他说，"来自 Koto 的花瓣。当这个词语开始道说之际，想象力要漫游而纵身于未曾经验的领域中"①。海氏之所以对此感兴趣，即是因为日语用了与大地以及自然生态密切相关的花瓣（葉）来形容语言，他认为，这样的想象力实在是太妙了，将会把人带向从未有过的经验领域，而正是这个领域揭示了语言与大地以及与自然生态的紧密关系。他说："方言的差异并不单单、而且并不首先在于语言器官的运动方式的不同。在方言中各个不同地说话的是地方，也就是大地。而口不光是在某个被表象为有机体的身体上的一个器官，倒是身体和口都归属于大地的涌动和生长——我们终有一死的人就成长于这大地的涌动和生长中，我们从大地那里获得了我们的根基和稳靠性。当然，如果我们失去了大地，我们也就失去了根基。"② 在海氏看来，语言是存在之家，语言又是大地的馈赠，所以大地将成为人的生成的最具稳靠性的根基。这种从语言与大地的关系出发，对于大地对人的基础性关系的论述可以说是别开生面的，也是非常深刻的，是海氏生态观的重要方面。

三　在审美观上，以"艺术是真理的自行置入"建立人与自然平等游戏的家园意识

在海氏的存在论哲学与美学中，真善美是存在的根基，具有内在的一致性，因此，在海德格尔看来，所谓美与艺术就是"真理的自行置入"。他在《艺术作品的本源》一文中说："艺术作品以自己的方式开启存在者之存在。在作品中发生着这种一种开启，也即解蔽

---

① ［德］海德格尔：《在通向语言的途中》（修订译本），孙周兴译，商务印书馆2009年版，第137页。
② 同上书，第198—199页。

（Entbtrgen），也就是存在者之真理。在艺术作品中，存在者之真理自行设置入作品中了。艺术就是真理自行设置入作品中。"① 这里的"置入"，不是放入，而是掩藏在事物深处的存在（真理）逐步地由遮蔽走向解蔽。当然，这种解蔽不同于技术世界凭借技术对自然万物的开掘与破坏。那种开发似乎也能达到解蔽与利用的目的，但是用海氏的话说，那是对自然万物的一种促逼，即破坏、压制；而审美与艺术的解蔽，则是一种自由解放，是一种保护、爱惜，是使自然万物回归大地。他说："作品回归之处，作品在这种自身回归中让其出现的东西，我们曾称之为大地。大地乃是涌现着一庇护着的东西。大地是无所促迫的无碍无累和不屈不挠的东西。立于大地之上并在大地之中，历史性的人类建立了他们在世界之中的栖居。"② 在这里，海氏阐述了所谓"置入"就是让万物回归大地，使之得到应有的庇护，并得到无碍无累的涌现，从而使人类建立自己在世界中的栖居。那么，真理如何才能做到自行置入与无碍无累的解蔽呢？在海氏的存在论中，有一个关键性因素，就是作为终有一死者的"此在"，即人，通过人的理解、阐释及其与自然为友的行动，保护自然，热爱万物，使万物之本性由遮蔽走向澄明之境。当然，人的这种阐释必须在"天地神人四方游戏"的世界之中，否则是不可能的。他说："我们把这四方的纯一性称为四重整体（das Gcuiert）。终有一死的人通过栖居而在四重整体中存在。但栖居的基本特征乃是保护，终有一死者把四重整体保护在其本质之中，由此而得以栖居。相应地，栖居着的保护也是四重的。终有一死者栖居着，因为他拯救大地——'拯救'一词在此取莱辛还识得的那种古老意义。拯救不仅是使某物摆脱危险；拯救的真正意思是把某物释放到它的本己的本质之中。拯救大地远非利用大地，甚或是耗尽大地。对大地的拯救并不是要控制大地，也不是征服大地——后者不过是无限制的掠夺的一个步骤而已。"③ 由此可见，"终

①　［德］马丁·海德格尔：《林中路》（修订本），孙周兴译，上海译文出版社 2008 年版，第 21 页。
②　同上书，第 28 页。
③　同上书，第 158 页。

有一死者"正是在这种"四方游戏"的世界中保护万物、拯救大地、回归大地的。用海氏引用荷尔德林的话来说，就是"返乡"——回到自己的物质的与精神的家园——这才是真正的审美状态。因此，从根本上说，海德格尔的美学观是一种远离故乡的游子的回乡之歌，是真正的生态审美观。

第三节　西方 20 世纪兴起的环境美学与生态美学

西方 20 世纪逐步兴起了环境美学这样一种新的美学形态。关于环境美学的兴起，加拿大著名美学家卡尔松与芬兰美学家瑟帕玛都对此有所论述。卡尔松在《自然与景观》一书中认为，环境美学起源于围绕自然美学的一场理论论争，主要是赫伯恩（Ronald W. Hepburn）发表于 1966 年的一篇题为《当代美学及对自然美的忽视》的文章。这篇文章主要就分析美学对自然美学的轻视予以抨击，并且指出对自然的审美鉴赏方法不同于艺术的鉴赏方法，这些方法应该切合自然的不确定性与多元性的特征，并且还应包括多元感觉经验以及对自然的不同理解。卡尔松认为，"他这篇论文为环境审美欣赏的新模式打下了基础：这个新模式就是，在着重自然环境的开放性与重要性这两者的基础上，认同自然的审美体验在情感与认知层面上含义都非常丰富，完全可与艺术相媲美"①。瑟帕玛也认为，西方环境美学起源于赫伯恩对当代美学只讨论艺术的非难，"但这种情况也有了转变，在（20 世纪）70 年代和 80 年代组织的美学会议——尤其是最近 1984 年在蒙特利尔的会议——中的一个主题就是环境美学"②。环境美学最主要的代表人物是加拿大的卡尔松、芬兰的瑟帕玛和美国的罗尔斯顿、阿诺德·伯林特。

---

① ［加］艾伦·卡尔松：《自然与景观》，陈李波译，湖南科学技术出版社 2006 年版，第 6 页。

② ［芬］约·瑟帕玛：《环境之美》，武小西、张宜译，湖南科学技术出版社 2006 年版，第 198 页。

一 加拿大环境美学家艾伦，卡尔松的环境美学

艾伦·卡尔松（Allen Carlson），加拿大阿尔伯特大学哲学系教授。他所写的《环境美学》一书于1998年出版，整部书的写作历时20多年，最早的篇章写于1976年，其他篇章写于20世纪80年代至90年代，并且大部分都曾发表过。卡尔松是当今国际上著名的环境美学理论家，瑟帕玛就曾在他门下学习过环境美学。从这个角度来说，卡尔松可以说是西方环境美学的奠基人之一。《环境美学——自然、艺术与建筑的鉴赏》一书共有一个引论两编14章。引论主要论述了美学与环境的关系，是对环境美学的界定、本质、取向与范围的论述。第一编主要讲自然的鉴赏，围绕对自然的审美鉴赏，从历史回顾、自然环境的形式特征、鉴赏与自然环境、自然的审美判断与客观性、自然与肯定美学、鉴赏艺术与鉴赏自然等方面展开。第二编为景观艺术与建筑，包括在自然与艺术之间、环境美学与审美教育的困境、环境艺术是否构成对环境的侵犯，以及园林、农业景观、建筑的鉴赏，景观与文学的关系等方面。此书涉及的内容较多，主要有这样几个方面。

第一个方面是关于环境美学的性质范围。卡尔松认为，环境美学的主题就是对原始环境与人造环境的审美鉴赏。环境美学的审美对象就是我们的环境。这个对象具有非常重要的特点，那就是"作为鉴赏者，我们沉浸在鉴赏对象之中。……我们不但身处我们鉴赏的对象之中，而且鉴赏对象也构成了我们鉴赏的处所。我们移动时总是在鉴赏对象中，因而改变了我们与它的关系，也改变了它本身"[①]。环境美学的范围，从荒野的诞生到乡村景观、郊区、城市景观、周边地带等更多场所。

第二个方面是环境美学的本体论问题。首先是自然对象的鉴赏模式。卡尔松探讨了对象模式、景观模式、自然环境模式、参与模式、

[①] ［加］艾伦·卡尔松：《环境美学——自然、艺术与建筑的鉴赏》，杨平译，四川人民出版社2006年版，第5页。

情感激发模式、神秘模式等。卡尔松以利奥波德的《沙乡年鉴》为范例，强调一种"将恰当的自然审美鉴赏与科学知识最紧密地联系在一起的模式：自然环境模式"①。他认为，这种模式有利于克服传统美学理论中的"人类中心主义"倾向。卡尔松认为，在自然环境的审美中，面临着形式与内容的矛盾。对自然的形式的鉴赏，就是传统的风景画式的审美鉴赏，这种鉴赏仍然是以人类为中心的。他说："自然环境不能根据形式美来鉴赏和评价，也就是说，诸形式特征的美；更确切地说，它必须根据其他的审美维度来鉴赏和评价——它的各种非形式的审美特征。"② 这个"其他的审美维度"，主要就是以人与自然和谐平等的生态审美的维度，这就是自然环境的鉴赏模式。他认为，这种模式强调两个明显的要点，那就是自然环境是一种环境，而且它是自然的。这当然是针对传统的以形式鉴赏为特点的景观模式。这种景观模式的对象不是环境而是自然环境的形式，而且它不是自然的而是经过鉴赏者选取加工的。在卡尔松看来，这种景观模式是一种主客二分的"人类中心主义"。他表示赞同斯巴叙特（Spqrshott）的观点，"这里我初步赞同斯巴叙特的一些评论。他认为在环境方面考虑某些事物主要依据'自我与环境'的关系而不是'主体与客体'或'观光者与景色'之间的关系来考虑它"③。这反映了卡尔松环境美学的思维模式已经在力图突破传统的主客二分的"人类中心主义"了。而在鉴赏什么和如何鉴赏上，他认为，正因为人与环境构成一个整体，而不是风景式的有选择的鉴赏，所以这种自然环境的鉴赏模式是从人的生存的角度来鉴赏所有的环境，并且是凭借所有的器官对作为人的生存环境的"气味、触觉、味道，甚至温暖和寒冷，大气压力和湿度"④ 来进行鉴赏，这就是后来被伯林特进一步加以发展的"参与美学"——对传统的以康德为代表的静观美学的突破。对此，他总结

---

　　① ［加］艾伦·卡尔松：《环境美学——自然、艺术与建筑的鉴赏》，杨平译，四川人民出版社 2006 年版，第 27—28 页。
　　② 同上书，第 64 页。
　　③ 同上书，第 16 页。
　　④ 同上书，第 76 页。

道："我们因而找到一种模式，开始回答在自然环境中鉴赏什么以及如何鉴赏的问题，这样做，似乎充分考虑到环境的本质。因此，不但对审美，而且对道德和生态而言，这也是重要的。"①

　　卡尔松在进一步比较了艺术的鉴赏与自然的鉴赏之后，认为真正意义的自然环境鉴赏与艺术的鉴赏是有明显差异的，鉴赏的对象与鉴赏的方式都是不同的。因此，艺术的范畴本身无法运用于自然，"简而言之，自然不适合艺术范畴"②。这就指出了自然环境鉴赏，也就是环境美学的相对独立性问题。许多艺术美学的理论范畴是不适合环境美学的，环境美学面临着范畴重构的重大课题。正是在这种思想指导下，卡尔松提出了"自然全美"的重要理论观点，成为《环境美学》一书的核心论点之一。他说："全部自然界是美的。按照这种观点，自然环境在不被人类所触及的范围之内具有重要的肯定美学特征：比如它是优美的、精巧的、紧凑的、统一的和整齐的，而不是丑陋的、粗鄙的、松散的、分裂的和凌乱的。简而言之，所有原始自然本质上在审美上是有价值的。自然界恰当的或正确的审美鉴赏基本上是肯定的，同时，否定的审美判断很少或没有位置。"③ 为此，他通过正反等多个方面进行了论证，特别是借助于当代生态科学与生态哲学进行了论证。最后，他说道："简而言之，这种异议表明既然在自然界中存在大量事物，我们不会觉得它们在审美上有价值，这种观点的任何辩护必定不正确。我同意在自然界中存在大量事物，对我们许多的人来说，它们看似在审美上没有价值。然而，因为这种辩护提供阐明这种事实如何与肯定美学观点一致，所以这种事实本身并不构成一种决定性的反对。首先，正如罗尔斯顿评论所暗示的，他评论道：'我们没有生活在伊甸园，然而那种趋势在那里存在'。"④ 也就是说，在卡尔松看来，"自然全美"不仅仅是一种"给定的"，非人造的，而且是一种整体的，理想的。在这里，卡尔松继承了达尔文的某些观点，同

---

　　① ［加］艾伦·卡尔松：《环境美学——自然、艺术与建筑的鉴赏》，杨平译，四川人民出版社 2005 年版，第 81 页。
　　② 同上书，第 92 页。
　　③ 同上书，第 109 页。
　　④ 同上书，第 150 页注①。

时又将其改造为环境美学的一个原则，那就是尊重原生态的自然，保护它的天然的审美价值而不要轻易改动它！

《环境美学》第二编主要阐释了介于天然与人造、自然与艺术之间的景观艺术与建筑艺术等的鉴赏。卡尔松首先讨论了环境艺术的评价问题，诸如用塑料造的绿树、毕加索用自行车部件构造的"牛头"、张伯伦用汽车部件构成的雕塑艺术等、还有杜尚的著名的叫做"泉"的小便器等应该如何评价？卡尔松从生态整体观出发，用生命价值这一重要的标准给予了回答。他说："我希望，这依靠于我们作为诸个体的一个共同体。譬如，对我，路边的小小的家庭农场可以表现毅力，而废弃汽车的车体却不能，一座城市的地平线可以表现眼界，而一处条形的矿山却不能。"① 这里的"共同体"，就是利奥波德所说的"生命共同体"，作为一种生态原则，它成为卡尔松环境美学中最重要的审美原则。由此，卡尔松肯定了艺术家索菲斯特丹有关环境艺术的观点："它不改变而只是一步步地展示自然的审美特征——直到自然的本身即艺术。"② 该书关于日本园林、农业景观、建筑艺术、文学中的环境描写等的讨论中，卡尔松都遵循着"生命共同体"这样一个最基本的生态审美原则。

二　约·瑟帕玛的环境美学思想

约·瑟帕玛（Yrjo Sepanma），芬兰约恩苏大学教授，曾任十三届国际美学学会主席，连续五届任国际环境美学学会主席，其主要著作《环境之美》于1986年完成，1993年出版，是较早的一部环境美学论著。他在该书篇首的"致谢"中说，他在1970年就开始了对环境美学的思考与研究，1982年在加拿大艾伯塔大学得到导师艾伦·卡尔松"平等的同行式的态度——讨论，质疑，阐述其他可能"③。芬

① ［加］艾伦·卡尔松：《环境美学——自然、艺术与建筑的鉴赏》，杨平译，四川人民出版社2005年版，第214—215页。
② 同上书，第285页。
③ ［芬］约·瑟帕玛：《环境之美》，武小西、张宜译，湖南科学技术出版社2006年版，"致谢"页。

兰美学会在 1975 年春季就组织了多学科的环境美学系列讲座，讲座的材料经过选择后于 1981 年结集出版。他对自己的《环境之美》作了一个简要的概括。他说："我这本书的目标是从分析哲学的基础出发对环境美学领域进行一个系统化的勾勒。"这个勾勒包括："第一个问题组是关于本体论的：作为一个审美对象，环境是什么样的"，"第二个问题组是关于元批评的：环境是如何被描述的？"最后讨论"环境美学的实践和它所能带来的好处"。① 很显然，瑟帕玛是在传统的分析美学的基础上来研究环境之美的。

　　全书的基本观点可以作如下概括：首先是他所谓"环境美学的本体论"，也就是"核心领域"。他说："环境美学的核心领域是关于审美对象的问题。"② 也就是说，环境如何成为审美对象的问题。瑟帕玛认为，"使环境成为审美对象通常基于受众的选择"③，也就是说，受众可以选择艺术也可以选择社会事物作为审美对象。只有选择了环境作为审美对象，环境美学才得以产生，人与环境之间的审美关系才得以建立。所以，受众是真正的艺术家。瑟帕玛指出，"那么谁是艺术家？是受众，人。人选择将某物看作是自然的艺术品，而不管它是如何生成的"④。很显然，瑟帕玛在这里所谓的"本体论"，仍然是"人类中心主义"的。因为最终，环境之美还是人创造的，是人的选择的结果，环境外在于人，人与环境没有构成整体。当然，他借助于隐喻，将环境之美作为"大自然的艺术品"，以大自然作为艺术家来代替这个缺席的创造者。⑤ 这个缺席的创造者带有几分神秘性，成为了神化的人。随后，瑟帕玛从 12 个方面论述了环境之美与艺术品的差异：艺术是人工的，环境是给定的；艺术是在习俗中诞生的，环境则没有；艺术是为审美而创作的，环境之美则是副产品；艺术是虚构

　　① ［芬］约·瑟帕玛：《环境之美》，武小西、张宜译，湖南科学技术出版社 2006 年版，《环境之美：环境美学的一个一般模型》页。
　　② 同上书，第 36 页。
　　③ 同上书，第 41 页。
　　④ 同上书，第 58 页。
　　⑤ 同上书，第 59 页。

的，环境是真实的；艺术品是省略性的，环境是它自身；艺术品是被界定的，环境是无限的；艺术品和它的作者有名字，环境则没有；艺术品是独特的，环境是重复的；艺术品有风格，环境没有；艺术品是感官的，环境是理论—感官的；艺术品是静态的，环境是动态的；观赏艺术品是有限定的，环境是自由的，① 等等。由此可见，瑟帕玛讲的环境美大多是指与艺术品相似的风景之美。

第二个主要观点是他的所谓"元批评"。从分析美学来说，与言说有关的批评是其主要部分，所以，瑟帕玛说："环境美学便是环境批评的哲学。"② 他将这种"元批评"分为描述、阐释与评价三项任务。瑟帕玛作为分析美学家，认为人与自然的关系就是一种元批评的关系，一种描述与阐释的关系。他说："只有当自然被观看和阐释时，它对于我们来说才是有意义的。"③ 而且，他断言："在感知和描述之外便不存在环境了——甚至'环境'这个术语都暗示了人类的观点：人类在中心，其他所有事物都围绕着他。"④ 很显然，在这里，他是"人类中心主义"的。他还罗列了环境评价的四个前提条件："评价者物质上不受制于自然需要"，"在理智上从一种神话——宗教的世界观转身一种科学的世界观"，拥有"自然和文化过程的知识"，具有"把对象正确归类的能力"。⑤ 这4个前提条件包含着明显的人类中心主义的倾向。但瑟帕玛的环境批评也不完全是"人类中心主义"的，而仍然包含着某种尊重自然、尊重生命的现代生态哲学与生态美学观点。他将自己的环境批评分为肯定美学与批评美学两类。所谓"肯定美学"，他认为，主要是评价未经人类改造的处于自然状态的任何事物。"任何处于自然状态中的事物都是美的，具有决定性的是选择一个合适的接受方式和标准的有效范围。"⑥ 显然，瑟帕玛受到了卡尔松

---

① ［芬］约·瑟帕玛：《环境之美》，武小西、张宜译，湖南科学技术出版社2006年版，第77—100页。
② 同上书，第110页。
③ 同上书，第136页。
④ 同上。
⑤ 同上书，第151页。
⑥ 同上书，第148页。

"自然全美"观的影响。但瑟帕玛的"自然全美"还是有其价值取向的，那就是因自然灾害而出现的自然自毁现象，如森林火灾、植物疾病、雪崩、火山爆发、飓风等。他认为，这些作为"一些例外的情况被视为丑陋的"，"但如果把它们置于一个更宽广的背景下，也可以'解救'它们：把它们看作过程中的一个阶段，其中发生高潮与低谷的戏剧性变化"。① 也就是说，从自然演变的一个过程来看，可以把这些现象看作是自然全美中的一个阶段或一次低谷，但这并不影响自然美的全景。另外一种则是"批评美学"，即为"评价人类活动的结果，甚至在必要时进行否定性评价"。在对这样经过人类改造过的环境的批评中，瑟帕玛认为是有着明显的价值取向的。他说："人类按照自己的目的来改造环境，所有价值领域都有这些目的。但行动有伦理学的限制：地球不只是人类使用也不只是人类的居住地，动物和植物甚至还有自然构造物也有它们的权利，这些权利不能受到损害。"② 在这里，瑟帕玛使用了一个伦理学的准则，就是动植物的权利不能受到损害的准则，这是现代生态伦理学的标准。在谈到审美价值与生命价值的关系时，瑟帕玛显然是更加重视生命价值的。当然，这里需要说明的是，他所说的审美价值还是西方传统的和谐比例对称的形式主义上的审美，而非深层的生命与生态主义上的审美。因此，他将这种审美的价值看作是浅层次的，而将生命价值看作是深层次的，前者不能危及到后者。他说："审美的目标不能伤害到生命价值，因此不计后果的审美体系被排除在外。"③ 又说，"在环境中，人不能从深层意义上甚至在审美上认可与破坏性力量相关的东西。任何事物——甚至奥斯维辛的尸体堆——都能作为一种构成和颜色从表层来考察，但这样做将是脱离由生命价值或意识形态给予的框架的畸形行为"④。同时，瑟氏还谈到了荒野的价值，他认为，西方与东方（中国和日本）

① ［芬］约·瑟帕玛：《环境之美》，武小西、张宜译，湖南科学技术出版社 2006 年版，第 149 页。

② 同上。

③ 同上书，第 161 页。

④ 同上。

不同，在历史传统上对荒野普遍是采取掩藏的态度的。这主要是从自然与人的生计关系考虑，"当人们摒弃了单一地对肥沃的土地和丰饶的绿地的赞美后，荒芜的自然以简约清晰为特征的美便引起了人们的注意"①。他还谈到了审美的生态原则问题，认为"在自然中，当一个自然周期的进程是连续的和自足的时候，这个系统是一个健康的系统。……在这个意义上自然的平衡是动态的，不是静态的，一个审美的原则在系统的经济性和各部分的和谐之中得到实现。在系统中，任何东西都是必要的，没有什么是多余的"②。在他看来，生态系统的连续性、自足性、动态性、平衡性、和谐性以及健康性都是审美的最重要的生态原则。很明显，瑟帕玛还是没有完全做到从生态的科学原则到生态的哲学原则，再到生态的审美原则的必要转换。他在总体上还是倾向于或者说局限于生态的科学原则，这与前面谈到的生命价值是一致的。

　　第三个主要观点是他的"应用环境美学"。瑟帕玛一方面强调了美学的理论品质与哲学品质，同时也提到了环境美学的应用问题。他的环境美学研究的一个重点，是"探讨由美学所产生的理论知识的传播方式和影响实践的方式"③，这主要涉及环境教育、人对环境的影响、展望的具体化等。包括生态美学在内的所有的生态理论不仅具有理论的品格，而且应具有实践的品格。对于生态美学来说，最重要的就是要将生态审美的原则推行到现实生活中去，使人们掌握这些原则，并以审美的态度去对待自然。瑟帕玛认为，环境教育是通过提供环境的知识、理想和目标，"为理解环境因此也为审美地理解环境创造一个基础"④。这里所谓"审美地理解环境"，就是指以审美的态度对待环境。关于人对环境的影响，瑟帕玛认为，包括环境的理想、立法、积极美学与消极美学等。所谓环境的理想，指人在改造环境的实践中所要遵循的"伦理的限制"与"对和谐、完整的要求"等；所

---

① ［芬］约·瑟帕玛：《环境之美》，武小西、张宜译，湖南科学技术出版社2006年版，第170页。
② 同上书，第180页。
③ 同上书，第192页。
④ 同上书，第193页。

谓立法，即环境的改造中"对整个变化也都必须从审美的角度考虑，通过立法来保证把这个方面考虑在内"；所谓积极美学，是试图对趣味与对象造成积极影响的美学，而消极美学就是一种力图消除内在矛盾的美学；所谓展望的具体化，是指伦理学与环境美学的关系。前者为后者设计了界线，但并没有决定界线之内的具体。这就为环境美学的实践拓展开辟了先河。

三　美国罗尔斯顿的环境美学思想

霍尔姆斯·罗尔斯顿Ⅲ（Holmes Rolston Ⅲ，1933— ），美国科罗拉多大学杰出哲学教授，国际著名的生态哲学与生态伦理学的开拓者与奠基者之一。他在1995年出版的《哲学走向荒野》中，提出著名的"哲学的荒野转向"命题。作为著名的生态哲学与环境哲学家，他的一系列著作中都涉及了生态美学与环境美学的一些基本问题。2002年，环境美学家阿诺德·伯林特主编的《环境与艺术：环境美学的多维视角》收录了罗尔斯顿所撰写的《从美到责任：自然美学和环境伦理学》一文。罗尔斯顿关于美学问题的哲学立场，前后是有变化的。在《哲学走向荒野》中他坚持的是"生态本体"的立场，但《从美到责任》一文则主要坚持了现象学的立场，强调了主体的构成功能。无论是他的荒野哲学观还是现象学的环境美学观，都是反对"人类中心主义"的产物，具有重要的价值。

1. 提出自然具有审美价值，荒野是人类之根的重要命题

罗尔斯顿在著名的《哲学走向荒野》一书中坚持了自然本体的哲学观，强调了自然的终极价值。他说："人类傲慢地认为'人是一切事物的尺度'，可这些自然事物是在人类之前就已存在了。这个可贵的世界，这个人类能够评价的世界，不是没有价值的；正相反，是它产生了价值——在我们所能够想象到的事物中，没有什么比它更接近终极存在。"① 他认为，自然在人类的评价之外存在自己的价值，这些

---

① ［美］霍尔姆斯·罗尔斯顿Ⅲ：《哲学走向荒野》，刘耳等译，吉林人民出版社2000年版，"代中文版序"第9页。

价值包括经济价值、生命支撑价值、消遣价值、科学价值、生命价值、多样性与统一性价值、稳定性与自发性价值、辩证的价值、宗教象征价值等，当然也包括自然所具有的审美价值。他说："《奥都邦》和《国家野生动物杂志》（*National Wildlife*）上刊登的照片都很好地呈示了自然的这种审美价值。"① 但他所说的审美价值，并不能从通常的实用价值与生命支撑价值的角度来理解。因为，实用价值是从自然所具有的对于人类的实用性来界定的，而生命支撑价值则是从自然支持人的生命的作用的角度来理解的。总之，前两个角度都是从人出发的，还是一种"人类中心主义"的立场。所以，罗尔斯顿明确提出，应该从以上两个角度之外去理解自然的审美价值。他说："要能感受到这种审美价值，很重要的一点是能够将它与实用价值及生命支撑价值区分开。只有认识到这一区别，我们才能把沙漠与极地冻土带也看作是有价值的。"②

那么，自然所具有的独立的审美价值应该如何理解呢？罗尔斯顿反对从人类需要出发的将自然看作人类资源的观点，因为这种"资源论"仍然是一种"人类中心主义"的立场，是一种传统的"人化自然"的观点。罗尔斯顿认为，"纯粹的荒野也可以是有价值的。荒野能改变我们，而不是我们去改变它"③。他由此提出了"荒野是人类之根"的重要的自然本体论观点。从人类生存的本原性出发，探索自然与荒野的价值，"荒野在历史上和现在都是我们的'根'之所在"④。又说，"在父母与神的面前，人们想到的是自己生命之源（source），而不是资源（resource），人们寻求的关系，是与超越自身的存在在一起，处于根的生命之流中的体验"⑤。"荒野是我们的第一份遗产，是我们伟大的祖先，它给我们提供了接触终极存在的体验，

① ［美］霍尔姆斯·罗尔斯顿Ⅲ：《哲学走向荒野》，刘耳等译，吉林人民出版社2000年版，第132—133页。
② 同上书，第133页。
③ 同上书，第204页。
④ 同上书，第210页。
⑤ 同上书，第207页。

而这种体验在城市中是无法获得的。"① 这就从终极和本体的意义上论述了自然的包括审美在内的各种价值。

在此后的《从美到责任：自然美学和环境伦理学》一文中，罗尔斯顿仍然在一些地方坚持了自己的"自然本体论"的立场，提出"美学正在走向荒野"的重要命题。他在阐释这一论点时说道，人们进入荒野并不是为了依靠它生活，而是为了获得一种特有的体验，使人从自身中解脱出来，重塑自身，因此具有了更为深刻的身份意识。这种体验使我们感到仿佛回到父母的怀抱，找到自己的生命之源，交织着敬畏、亲切、回家与愉悦等极为崇高的审美情感。他说："自然的美是一种愉快——仅仅是一种愉快——为了保护它而做出禁令似乎不那么紧急。但是这种心态会随着我们感觉到大地在我们的脚下，天空在我们的头上，我们在地球上的家里而改变。……这是生态的美学，并且生态是关键的关键，一种在家里的、在它自己的世界里的自我。我把自己所居住的那处风景定义为我的家。这种'兴趣'导致我关心它的完整、稳定和美丽。"② 在这里，罗尔斯顿深刻地阐释了所谓"生态的美学"是一种从人的生存的终极意义上的美学，是人类的生存和生命与自然紧密相连、须臾难离的意义上的美学。这应该是点到了生态美学的精髓之所在。

2. 提出自然的审美必须具有审美能力与审美特性两种品质

罗尔斯顿在论述自然的审美价值时所坚持的是"自然本体"的观点，但在论述具体的自然审美经验时则采取了阿诺德·伯林特的生态现象学的立场，力主自然审美的经验是凭借人的审美能力与对象的审美特性结合而成。当然，按照生态现象学的观点，在以上两者中，审美能力成为主要的因素——只有凭借主体的审美能力，对象的审美特性才能被开发出来，才能产生自然的审美经验。他说："有两种审美

---

① ［美］霍尔姆斯·罗尔斯顿Ⅲ：《哲学走向荒野》，刘耳等译，吉林人民出版社2000年版，第208页。

② ［美］霍尔姆斯·罗尔斯顿：《从美到责任：自然美学和环境伦理学》，载［美］阿诺德·伯林特主编《环境与艺术：环境美学的多维视角》，刘悦笛等译，重庆出版社2007年版，第167—168页。

品质：审美能力，仅仅存在于欣赏者的经验中；审美特性，它客观地存在于自然物体内。"① 只有在这两者遭遇之时，自然生态的审美经验才能够产生。罗尔斯顿以人们对于黑山羚跳跃的欣赏为例说明了自己的观点，"我们欣赏黑山羚跳跃——在他们的动作中存在着优雅。在我和它们的遭遇中生发出审美经验，但是驱动他们运动的肌肉力量是在体现动物身体中的客观获得的进化特征。我的审美能力追寻着它们的审美属性"②。当然，从生态现象学的角度来说，在这两者之中，主体的审美能力是主要的，它是一种主体的构成能力，凭借着这种能力，对象的审美特性才能得到开发和构成，并形成审美经验；如果没有人的审美能力的开发和构成，它就"只剩下可能性"。罗尔斯顿形象地将这种审美特性比喻为藏在冰箱中的蛋糕，在冰箱打开之前它仍然在黑暗之中，只有打开以后，人们才能品尝蛋糕的甜味，欣赏蛋糕的美丽。他将这种"打开"比喻为冰箱灯在开启时灯的闪亮，是人点亮了自然的美。他说："当我们点亮了自然中的美，如果我们以正确的方式去这样做，我们经常会看到有一些东西已经在那里了。"③

罗尔斯顿对审美能力的论述，摒弃了审美能力只是在无利害的静观中所需要的视听两种能力的传统观点，提出自然的审美是必须直接"进入"时所需要的眼耳鼻舌身全面的参与的观点。他说："森林是需要进入的，不是用来看的。一个人是否能够在停靠路边时体验森林或从电视上体验森林，是十分令人怀疑的。森林冲击着我们的各种感官：视觉、听觉、触觉，甚至是味觉。视觉经验是关键的，但是没有哪个森林离开了松树和野玫瑰的气味还能够被充分地体验。"④ 在这里，罗尔斯顿坚持了伯林特提出的"介入性美学"⑤，符合自然审美的直接性的特点。

---

① ［美］霍尔姆斯·罗尔斯顿：《从美到责任：自然美学和环境伦理学》，载［美］阿诺德·伯林特主编《环境与艺术：环境美学的多维视角》，刘悦笛等译，重庆出版社2007年版，第158页。

② 同上书，第159页。

③ 同上书，第157页。

④ 同上书，第166页。

⑤ 同上。

3. 认为美是一种责任，审美经验是环境伦理学的基本出发点之一

罗尔斯顿力主美学与环境伦理学的统一，提出美是一种责任的重要观点。他说，"如果拥有美，就拥有责任"①。这显然是将生态与环境的美学作为价值论美学来看待，而这也恰是生态与环境美学的重要特点。为此，罗尔斯顿再次摒弃了传统的无功利的静观美学。他认为，"对于环境伦理来说，审美经验是最基本的出发点之一"②。他赞同尤金·哈格洛夫（Eugene Hargrove）的观点，"自然保护的最终的历史基础是美学"③，并以美国历史上对于大峡谷与大铁顿保护为例来说明这种保护在很大程度上是出于对审美的需要。正是将审美价值作为环境伦理学的重要价值之一，所以，他提出在自然审美中实际上将"是"转向"应该"。④ 也就是说，自然的审美不仅是合规律的，而且是合目的的。但这种合规律与合目的的统一并不一定是自然审美的特点，艺术审美也可以具有这种特点。自然生态审美中的特殊的伦理学基础到底是什么呢？罗尔斯顿使用了著名生态伦理学家奥尔多·利奥波德著名的"土地伦理"："当一个事物有助于保护生物共同体的和谐、稳定和美丽的时候，它就是正确的，当它走向反面时，就是错误的。"⑤ 利奥波德以他的生态共同体土地伦理观将自然生态的审美价值与整个生物共同体的稳定与和谐相联系，正是在生态共同体这个意义上，自然生态审美的"是"与"应该"具有了一致性。罗尔斯顿认为，"利奥波德把'生态圈的美'和它其中的成员的持续存在'以一种生物权利的方式'联系起来。那确实把美和责任联系起来……"⑥

---

① ［美］霍尔姆斯·罗尔斯顿：《从美到责任：自然美学和环境伦理学》，载［美］阿诺德·伯林特主编《环境与艺术：环境美学的多维视角》，刘悦笛等译，重庆出版社 2007 年版，第 151 页。

② 同上。

③ 同上。

④ 同上书，第 152 页。

⑤ ［美］奥尔多·利奥波德：《沙乡年鉴》，侯文蕙译，吉林人民出版社 1997 年版，第 213 页。

⑥ ［美］霍尔姆斯·罗尔斯顿：《从美到责任：自然美学和环境伦理学》，载［美］阿诺德·伯林特主编《环境与艺术：环境美学的多维视角》，刘悦笛等译，重庆出版社 2007 年版，第 214 页。

与生态共同体的健康稳定相联系，就是自然生态的审美价值的特殊性所在。罗尔斯顿还有一个非常重要的观点就是：这种被扩展了的美学包含了责任，而所谓责任就是通常所说的欠别人的。具体说，就是人类"欠动的、欠植物的，欠物种的，欠生态系统的、山脉和河流的，欠地球的——这是一种适当的尊重"①。之所以说人类欠自然生态的，那就是因为人类作为地球上唯一具有理性的生物就应承当维护生态稳定的责任，而且在既往的时代人类破坏了自然生态，本身就欠了自然生态的账，需要偿还。生态审美所具有的生态伦理的价值因素被罗尔斯顿从多个侧面加以了更加充分的阐述。

四　美国美学家阿诺德·伯林特的环境美学

阿诺德·伯林特（Arnold Berleant），现象学美学家、环境美学家、美国长岛大学荣誉退休教授，曾任国际美学学会主席、国际应用美学咨询委员会主席、国际美学学会秘书长、美国美学学会秘书长等职。我国已翻译介绍了他于1992年所著的《环境美学》和2002年主编的《环境与艺术：环境美学的多维视角》，程相占教授在《学术月刊》2008年第3期翻译发表了他的《审美生态学与城市环境》一文。可以说，伯林特是一位为中国美学界所熟悉的著名美学家。伯林特的《环境美学》一书共十二章，包括环境美学的基本理论、环境批评与城市美学等实践领域。在基本理论方面，伯林特首先与传统的主客二分的"人类中心主义"将环境作为外在于人的客体的观点针锋相对，提出了自己的有关环境的概念。他说："环境就是人们生活着的自然过程，尽管人们的确靠自然生活。环境是被体验的自然，人们生活其间的环境。"② 我们要"时刻警惕它们滑向二元论和客体化的危险，

---

① ［美］霍尔姆斯·罗尔斯顿：《从美到责任：自然美学和环境伦理学》，载［美］阿诺德·伯林特主编《环境与艺术：环境美学的多维视角》，刘悦笛等译，重庆出版社2007年版，第168页。

② ［美］阿诺德·伯林特：《环境美学》，张敏、周雨译，湖南科学技术出版社2006年版，第11页。

比如将人类理解成被放置（placed in）在环境之中，而不是一直与其共生（continuous with）"①。为此，伯林特从生态整体观的角度提出一个非常重要的观点："自然之外并无一物。"② 这是他在批判"自然保护区"的设立而说的。所谓"自然保护区"，其设立是为人的所谓观赏和休闲服务的，仍然是将自然看作是外在于人的。伯林特指出："就这一点而言，自然保护区的设定完全没有必要，因为自然之外并无一物。这里指的自然已涵盖万事万物，它们隶属于同一个存在层次，沿袭同样的发展进程，遵循同样的科学规律，并能激发相似的惊叹抑或沮丧之情，而且最终都被人所接受。"③ 这里他受到斯宾诺莎关于人与自然统一观点的影响，进一步将环境美学与传统美学进行了区别。在范围上，传统美学仅限于自然美，而环境美学则必须打破自身防线而承认整个世界；在审美方式上，传统美学是一种静观美学，凭借视听等感官，而环境美学则是一种"结合美学"（aesthetics of engagement）。他认为，这才是此书需要重点解决的问题。④ 伯林特还将环境美学称作是一种"文化美学"（a cultural aesthetic）⑤。这就是说，他除了强调人对环境的审美感知之外，还强调环境美学的文化向度，强调了审美感知中所混合的记忆、信仰、社会关系等。但是，他认为，"关键问题是：如何保持理性知识对当下感受力的忠诚，而不去人为地编辑它们以适应传统的认识"⑥。伯林特站在现象学的立场，将环境美学称作是一种"描述美学"，它是一种"对环境和审美体验的理解，以及它们之间的一体性"⑦。在这里，所谓"环境"有两重意思，即原始的自然环境与被描述的环境。这种被描述的环境就是"一系列感官意识的混合、意蕴（包括意识到和潜意识的）、地理位置、

---

① ［美］阿诺德·伯林特：《环境美学》，张敏、周雨译，湖南科学技术出版社2006年版，第11页。

② 同上书，第9页。

③ 同上书，第9—10页。

④ 同上书，第12页。

⑤ 同上书，第21页。

⑥ 同上书，第23页。

⑦ 同上书，第29页。

身体在场、个人时间及持续运动"①。其实，这正如伯林特在另外的文章中所说的，对自然环境鉴赏式审美是主观的构成与对象的审美潜质的结合。

在《环境美学》的后面几章，伯林特还对"参与美学""家园意识""场所意识""环境现象学"，以及作为未来哲学核心的关于自然哲学，即生态哲学与美学都作了十分重要的论述，相关内容我们都将在论述生态美学的范畴的章节加以介绍；在环境美学的实践领域，伯林特提出了"城市美学"的问题。他说，"当我们致力于培植一种城市生态，以消除现代城市带给人的粗俗和单调感，这些模式会成为有益的指导，因而使城市发生转变，从人性不断地受威胁转变为人性可以持续获得并得到扩展的环境"②。他还提出了"城市设计是一种家园设计"的观点，主张建设"以人为本的城市"。伯林特提出了"太空社区"的设计问题。他指出，人类进入太空探索时代，一系列与地球重力有关的基质、层次、轻重、上下等概念都将发生变化，因而应以全新的观念进行太空社区设计。"研究太空社区的设计已经持续了几十年，但这类研究很少从美学角度进行探索。然而，我们不仅要思考在新的环境条件下人类生活如何进行，还要认识和指导这种生活所具有的不同性质的条件，这一点是很重要的。在未来的人类环境，尤其是在太空环境之中，其社区对艺术的本质和作用甚至包括审美都提出了质疑。"③ 这种论述应该说很具有前沿性。此外，伯林特还从环境美学的角度对博物馆展品的陈列提出看法，要求"用体验的美学取代目前物体的美学。这要求我们把博物馆当作一种环境。像其他环境一样，博物馆这种环境，只有当它作为人与环境相结合的场所发挥作用时，它才真正实现了自身。但博物馆是有特定目的的环境，这个目的就是促进审美的欣赏，促进审美参与的体验"④。这种将环境美学运用

①　[美] 阿诺德·伯林特：《环境美学》，张敏、周雨译，湖南科学技术出版社2006年版，第33页。

②　同上书，第56页。

③　同上书，第89页。

④　同上书，第106页。

于博物馆，有利于观者参与的见解，对我们来说也是颇富启发的。

伯林特与瑟帕玛一样，也是从现象学的角度来论述环境批评，将其概括为描述阐释与评价的过程，并对其作用进行了充分的肯定，认为环境批评能使环境的审美价值获得和其他环境价值同等的地位，有助于形成同艺术一样的对环境的审美欣赏，能促进设计水平的提高并人为地塑造环境等。① 该书最后一章《改造美国的景观》，实际上是伯林特试图将其环境美学理论应用于改造家园的设想与蓝图。他认为，"审美价值是理解环境和采取行动的一个必要的部分，并且审美价值必须被包含在任何环境改造的建议之中"②。环境美学的最终实践目的，就是"使我们在地球上的存在更人性化就是在所有的景观中弘扬家的价值"③。

从以上概述我们可以看到，西方 20 世纪 70 年代末期以来环境美学的发展的确为生态美学的建设提供了丰富的资源，无论是在生态理论的基础建设上，或是在生态美学特有范畴的梳理上，还是在生态批评的发展上，都为我们提供了丰富的思想资源。但是，在生态与环境、生态美学与环境美学、人类中心主义与生态整体观、传统美学与生态美学等关系方面，仍存在着诸多疑惑与混淆，需要我们进一步予以厘清。

西方环境美学从 20 世纪 70 年代兴起迄今已有近 40 年的时间，从以往的不被重视到今天被西方学术界承认，并把它看成是与艺术美学、日常生活美学相并立的当代三大美学维度之重要一维，这是一种历史的进步。但在一定程度上，我们认为，西方美学界的这一界定仍然是不彻底的。因为，环境美学的兴起实际上是美学领域的一场革命。其重要意义主要在于它是针对工业革命与启蒙运动以来"人类中心主义"以及与之相关的"艺术中心主义"的勃兴到独霸天下的一种有力地批判与反拨。众所周知，长期盛行的"艺术中心主义"以其

---

　　① ［美］阿诺德·伯林特：《环境美学》，张敏、周雨译，湖南科学技术出版社2006年版，第128页。
　　② 同上书，第161页。
　　③ 同上书，第170页。

"美学即艺术哲学"与"审美的主体性原则"将自然生态彻底地排除出美学学科之外。但这种理论随着"后工业生态文明时代"的到来，从1966年赫伯恩对"美学即艺术哲学"的命题发难，提出"自然美学"的重要命题，以及努力恢复自然生态在美学中的地位，从而导致了环境美学的兴起与兴盛，直到将利奥波德的"生态整体观"作为环境美学的重要原则，以及将生态现象学引进环境美学，"参与美学"的提出及其对康德"静观美学"的颠覆，这场发生在美学领域的革命实际上越走越远了。其实，环境美学的出现何止是美学之一维，实际上它确确实实地彻底颠覆了西方古典美学的所有重要美学范式。在这样的情况下，难道还能仅仅将其称作是美学学科三足鼎立之一翼吗？因此，当代西方环境美学目前仍然冷寂的境遇，实是并不正常的现象，应该引起我们的深切反思！这同时也说明传统的工具理性思维以及与之相关的学术体制是如何的顽强与保守！

与西方的环境美学相呼应，我国从20世纪90年代开始，特别是21世纪以来，生态美学得到了逐渐的勃兴，特别是在当前以"和谐社会""环境友好型社会"以及"生态文明"为社会建设目标的新形势下，我国生态美学的发展遇到了前所未有的极好机遇。在这种情况下，我们应该从西方环境美学的发展中汲取宝贵的资源和经验教训。首先是吸收其冲破传统"主体性美学"与"美学即艺术哲学"的理论扭曲美学真谛与独霸天下的不正常现象，学习其抗争精神与解构策略。同时，还要学习环境美学所提供给我们的丰富学术营养。例如，它们对于传统自然审美"如画风景论"的批判，对于"自然之外并无一物"的倡导，对生态现象学的熟练运用，以及对于"参与美学""景观美学"与环境美学实践的倡导，都值得我们很好地学习与借鉴。另外，西方环境美学的命运也给予我们以重大警示。迄今为止，西方仍然只将环境美学视作实践形态的"应用美学"的范围，而并不将其视作美学理论的本体。我们认为，不能仅仅将环境美学与生态美学称做是一种美学形态或新的分支学科，而应该将其看作是美学学科的新发展与新延伸，是一种相异于以往的当代形态的包含生态维度的新的美学理论。

需要进一步思考的是，西方 20 世纪环境美学虽然有其产生的历史必然性与存在的学术合理性，但因其毕竟是西方社会的产物，其产生的土壤是欧美等西方发达国家，所以，对于它的某些学术立场，我们不能完全接受。比如，作为哲学立场的"荒野哲学"，除了要从"本体论"的角度看待其肯定的价值之外，对于保护大量荒野的理念和行动，在我国却很难推行。因为，目前的多数西方发达国家，由于帝国主义全球侵略的历史，不仅拥有辽阔的国土，保存了丰饶的资源，而且也保留了大量的荒野。在这样的条件下，"荒野哲学"可以加以推行，人们也能欣赏完全原生态的美。但我国这样的经济生产开发很早，人口众多，而且经历过被侵略的历史，国土资源相对紧缺，生态足迹相对有限，人民物质生活发展需要仍然非常迫切，实际上很难保留和搁置大片荒野。再如西方的"生态中心主义"哲学立场，主张将人权延伸到大猩猩等动物，我们也只能是有限度地实行，秉持生态人文主义的立场，走人与自然双赢的道路。此外，西方环境美学坚持"自然全美"论，力求维持原始自然的原生态之美。对此，我们不仅在理论上难以苟同，在实践上也难以完全接受。我们的立场是"环境友好"、开发与保护共存。从理论资源来说，西方环境美学凭借的是有限的西方资源，并不时地借鉴东方资源。我国作为东方文明古国，"天人合一"是我们优良的文化传统。儒释道等传统文化中都蕴涵着丰富的生态审美智慧资源，是我们建设当代生态美学的重要理论支撑，并且随时等待着我们进行发掘整理与并进行当代转换。我们相信，在中西与古今对话交流的基础上，我国当代生态美学一定能得到更好地发展。

第四节　生态神学与对《圣经》的生态美学解读

基督教文化是西方非常重要的文化传统，对整个西方文明都有着非常深远的影响。正因为如此，我们在当代生态文化，特别是生态美学建设过程中也必须很好地借助西方基督教文化特别是其最重要经典《圣经》的资源。其中，主要包括对兴盛于西方的当代生态神学资源的借鉴及对《圣经》进行生态美学的解读。

一　当代"生态神学"的生态美学资源

1. 林恩·怀特以抵制传统基督教文化为开端的"生态神学"

美国历史学家林恩·怀特（Lynn White，1907—1987）于1967年发表著名的《生态危机的历史根源》一文，将现代生态危机的历史根源归结为基督教文化，掀起了一场有关基督教文化的尖锐辩论，由此开始了一场当代形态的宗教改革，并产生了"生态神学"这样一种新的神学理论形态，成为当代包括生态美学在内的各种生态理论发展的重要资源。

第一，林恩·怀特明确地将当代生态危机的根源归结为基督教文化。他在总结当代严重生态危机的历史根源时，对基督教文化进行了深入地批判，认为只有对旧有的基督教宗教信仰进行深刻反思，并找寻到一种新的宗教信仰才有可能摆脱生态危机。他说："如果我们不寻找一种新的宗教信仰或者对旧有的宗教信仰进行反思，即使有再多的科学与技术也不会使我们摆脱生态危机。"[①]

第二，怀特认为，基督教文化的最重要弊端是它表现为一种"人类中心主义"。他说："基督教——特别是西方形式的基督教——是迄今为止世界上最具人类中心主义特性的宗教。"[②] 其根本原因是基督教以一神教取代了古代的多神教与万物有灵论，并将神的形象赋予人，从而使人具有了统治自然的权利。他说："基督教与古代的多神教以及亚洲的宗教完全不同，基督教不仅建立了一种人与自然的二元论，而且坚持认为，人为了自身的目的对自然进行剥削是上帝的意志。"[③]

第三，怀特认为，基督教内的圣方济各会的宗教思想具有十分重要的生态平等内涵，指明了当代宗教改革的方向。圣方济各（Saint Francis of Assisi，1182—1226）为基督教圣方济各会及圣方济各女修

---

① ［美］林恩·怀特：《我们的生态危机的时代根源》，载《生态批评读本》，美国佐治亚大学出版社1996年版，第8页。
② 同上书，第6页。
③ 同上书，第9页。

会的创始人，他所规定的修士需恪守苦修、麻衣赤足、步行各地宣传清贫福音，力主上帝所创造的所有生物之间的民主，成为当代"生态神学"的先声。怀特对此给予了充分肯定："圣方济各试图解除人对自然万物的统治地位，重见过去一种属于上帝所创造的所有生物的民主"，因此，"圣方济各是一位能为生态学家提供帮助的圣人。"①

2. 莫尔特曼的"生态的创造论"

莫尔特曼（J. Moltmann，1926—　　），德国当代著名的新教神学家，于1981—1985年写作《创造中的上帝：生态的创造论》一书，提出了著名的"生态的创造论"，成为当代"生态神学"的重要代表，具有重要的价值与积极的意义。

第一，"生态的创造论"的提出是应对日益严重的生态危机与进行新的宗教改革的紧迫需要。毫无疑问，莫尔特曼的"生态的创造论"是力主一种在"上帝中心"、上帝创造万物前提下的人与万物的生态平等。这样一种理论是如何产生的呢？他明确指出，是为了应对日益严重的生态危机以及在当代进行新的宗教改革的需要。他在该书的"前言"中对当前人类面临的生态危机的情况进行了充分的论述："我们所说的环境危机，不仅仅是人类的自然环境中的危机。它不啻是人类自身的危机。它是这颗行星上生命的危机，这种危机如此广泛，如此不可逆转，因而把它叫做大浩劫也不过分。它不是暂时的危机。就我们所能做出的判断而言，它是为这个地球上的创造物进行的一场生死斗争的开端。"② 他在另一个地方说得更加彻底："这种危机是致命的，它不单单是人类的危机。很长时间以来，这既意味着其他生物的灭亡，也意味着自然环境的灭亡。如果不彻底改变我们人类社会的根本方向，如果不能成功地找到另外一种生活方式和另外一种对待其他生物及自然的方法，这种危机将会以全面的大灾难而告终。"③

---

① ［美］林恩·怀特：《我们的生态危机的时代根源》，载《生态批评读本》，美国佐治亚大学出版社1996年版，第10页。

② ［德］莫尔特曼：《创造中的上帝：生态的创造论》，隗仁莲等译，生活·读书·新知三联书店2002年版，"前言"第1页。

③ 同上书，第31页。

解决这一危机的重要途径之一，就是进行基督教的宗教改革。他认为，对这场大危机，传统的基督教文化难辞其咎。这是长期以来误解和滥用《圣经》中宗教信仰的结果，即将《圣经》中的"征服这地"看作是上帝对人类颁布的征服自然、统治世界的命令。他说："欧洲和美国西方教会的基督教所坚持的创造信仰，对今日世界危机不是毫无责任的。"① 为了使基督教创造信仰"不再是生态危机和自然破坏中的一个因素，而是促进我们所谋取的与自然和平共处的酵母"②，他试图对基督教神学进行"解释和重新阐述"："我的《创造中的上帝》一书，就是基督教神学为克服我们破坏性的现代生活体系而进行的必要的改革的第一步。"③

第二，提出包含"生态平等"的以上帝为中心的"生态的创造论"。该书的核心是"生态的创造论"思想。莫尔特曼在该书《中译本前言》写道："本书的目的是要揭示上帝在他所创造的万有中的真正临在，是要在创造的自然共同体中看到产生生命的圣灵。这种关于不是在彼岸，而是在万物之中的圣灵即'气'的观点，要求我们像史怀哲（Albert Schweitzer）所说的那样，把对任何生物的生命的尊重添加到对上帝的尊崇中，并且，反过来，尊崇上帝在万物中的临在。"④这短短的一句话基本上将他的"生态的创造论"的基本要素标示出来了。首先是"指示上帝在他所创造的万有中的临在"，这个所谓的"临在"就是上帝在万物中的"寄居性"。他说，"创造的内在秘密就是上帝的这种寄居性"⑤。这里包含着丰富的生态学内涵，从"创造""临在""寄居"的角度说，人与万物在上帝面前都是平等的，"寄居性"具有"生态学"的"家园意识"，万物成为上帝之家。他说："但在更深层意义上，它也同我在本书中使用的'家园'与故乡的象

---

① ［德］莫尔特曼：《创造中的上帝：生态的创造论》，隗仁莲等译，生活·读书·新知三联书店 2002 年版，第 32 页。
② 同上。
③ 同上书，"中译本前言"第 22 页。
④ 同上。
⑤ 同上书，"前言"第 3 页。

征意义有关。根据其希腊文的词源，'生态'一词指的是关于'房屋'的学说"，"创造的神圣秘密是舍金纳（Schechina）即上帝的寄居性；舍金纳的目的是使全部创造物成为上帝的家舍"①；另外一个非常重要的，是提出了"创造的自然共同体"这一极富生态意味的概念。莫尔特曼在论述"生态创造论的一些指导观念"时，明确提出其最基本的理论立足点是"共同体关系"。他说："我们同样也不再把他与他所创造的世界的关系看成是片面的统治关系。我们必须把这种关系理解为复杂的共同体关系——多层次、多侧面和多方位的关系。这是非等级制的、淡化中央集权的、联邦制神学背后的基本观念。"②这正是对传统机械论的主客对立思维方式的突破，是对交往性、有机性与整合性的生态论思维方式的选择与坚持。再就是倡导尊重生态学家史怀泽所提出的"敬畏生命"的观念。史怀泽的"敬畏生命"思想包含着"生命价值"与"生态平等"等一系列十分重要的生态观念，莫尔特曼将这些思想吸收到当代基督教神学之中，无疑是宗教改革的重要步伐，说明其"生态的创造论"在很大程度上是与当代先进的生态理论相联系与接轨的。

第三，论述了"人在上帝与自然中"的中介性的地位。

人类的地位问题是基督教文化的重要内容。依照《圣经》所说，上帝在安息之前的第七日，按照自己的形象造人，并让他们"管理万物""控制大地"，这样，在后来的基督教神学阐释学中就将人类凌驾于自然万物之上，可以随意地统治与掠夺自然万物，这即是"人类中心主义"的重要根源。莫尔特曼的"生态的创造论"对这种"人类中心主义"神学思想给予了扭转，给人类确定了一个介于上帝与自然万物之间的"双重角色"，"在基督教的创造教义中，人类就既不能消失在创造物共同体中，也不能同创造物共同体分离。人类同时是世界的形象又是神的形象。他们以这种双重角色等待着时间意义上的

---

① ［德］莫尔特曼：《创造中的上帝：生态的创造论》，隗仁莲等译，生活·读书·新知三联书店 2002 年版，"前言"第 2、3 页。
② 同上书，第 8 页。

创造物的安息。他们准备着创造物的盛宴"①。也就是说，人类在上帝面前代表创造物，而在创造物面前又代表上帝，是上帝与自然万物之间的"中介"。依据《圣经》所言，人类又承担着"管理"和"控制"自然万物的责任，莫尔特曼认为，这种"管理"和"控制"的责任只能从"中介"的特殊视角来理解，而不能看作是人类对自然的绝对统治。也就是说，只能从"代表上帝"的视角理解，"它意味着为上帝而进行的管理"②，而不是对地球的征服。他说："把自己当作世界的主人的民族、种族和国家，在这个过程中决不会成为上帝的形象，或他的代表，或'上帝在世界中的出现'。他们至多成为恐怖的怪物。人类只有作为神的形象才能施行具有神圣合法性的统治；在创世的情境中，这意味着：只有作为整个的人类，只有作为平等的人类，并且只有在人类的共同体之中……人类才能施行具有神圣合法性的统治。"③

莫尔特曼正是立足于这一"中介论"批判了启蒙主义以来流行于欧洲的"人类中心论"。他说："近代欧洲的人类学不加批判地把现代人类中心论的世界图景作为自己的前提。根据这种观念，人类是世界的中心，世界则是为了他的缘故和供他使用而被创造出来。现代科学已经结束了这种天真的态度。"④他还从创造论的角度提出，由于人类是最后被创造出来的，所以他要依赖于前此创造出来的自然万物，"离开了别的东西，他的存在是不可能的。所以，尽管别的东西为人类做准备，但他却依赖于它们"⑤。即使是从依赖自然万物的角度，人类也不可能成为"中心"。莫尔特曼还具体论述了人与自然环境的具体而真实的关系，这就是劳动与居住这两种关系。当然，首先是人与自然的劳动关系，"人们对自然进行加工，以便获得食物，从而建立

①　[德]莫尔特曼：《创造中的上帝：生态的创造论》，隗仁莲等译，生活·读书·新知三联书店2002年版，第259页。
②　同上书，第306页。
③　同上书，第306—307页。
④　同上书，第253页。
⑤　同上书，第256页。

自己的世界。从劳动的观点看，人类总是积极的行动者，而自然总是被动的"①。他认为，如果仅仅从劳动的角度，人类似乎是主人，是强者，而自然似乎是奴隶，是弱者，但他接着又说道："难道人类没有别的基本需要可以必然地决定他与自然的关系吗？这种需要是有的。到目前为止，这种需要在理论上被忽略了，而且，当大工业城市建立起来以后，这种需要就被置之脑后了——这不仅有害于人类，也有害于自然。这种关切就是居住的兴趣（das Interesse des Wohnens）。……居住的兴趣与劳动的兴趣不同。我们可以用'家'或者——用布洛赫的话来说——用'家园'的概念来概括居住的兴趣。'家园'的概念主要地不是乞灵于回归出身地——由'国家'、'母语'及童年的安全感组成——的梦想。只有在自由中才有家园，在奴役中没有家园。"② 在这里，莫尔特曼用"自由"给"家园"作了非常精辟的界定，这里包含了人与自然的平等自由的关系，也包括了人与人的平等自由关系，必须以自由平等的态度对待自然，我们人类才能在自由中获得"在家"的美好感受。但是，长期以来，人类不仅忽视了与自然之间的"居住"关系，而是更加缺乏对自然的自由平等态度，这就使得自然环境惨遭破坏以及人类落到无家可归的重要缘由。诚如莫氏所说："人类不仅有工作权利；他也有居住的权利。这两种兴趣应该得到平衡。这不仅在社会政治背景中是必须的，它也要求在人类与自然的关系上彻底转向。对待自然环境的生态论的态度必须克服片面的实用主义和功利主义方法。"③

　　第四，"安息日"是创造的真正标志。

　　莫尔特曼在其有关"生态创造论的一些指导观念"的论述中明确指出，"安息日是所有《圣经》的——犹太人和基督徒的——创造论的真正标志"④。首先要弄清楚基督教中有关安息日的内涵。莫尔特曼

---

　　① ［德］莫尔特曼：《创造中的上帝：生态的创造论》，隗仁莲等译，生活·读书·新知三联书店 2002 年版，第 66 页。

　　② 同上。

　　③ 同上书，第 67 页。

　　④ 同上书，第 13 页。

认为，长期以来人们十分重视上帝六日造物造人，而对第七日的安息日却不重视，这是不正确的。其实，在基督教教义中，安息日是十分重要的。莫氏说："给以色列人的安息日诫命（出20：8—11）是十诫中最长的，因此也被认为是最重要的。上帝圣化安息日，是因为那一天他停下创造而休息；因此他的子民也应该崇敬它。每一个人都应该崇敬它：父母和孩子、主人和奴仆、人类和动物、以色列人和外邦人。安息日是对每一个人的和平令。不可能以他人为代价去庆祝并享有安息日。只能与所有其他人一起来庆祝并享有这一节日。如果人类'管理'动物（创1：26），则这里，动物也应该享有安息日。后来，安息年也被扩展到地球，人类必须停止耕作一年（利25：11）。人们放下一切生产活动，意识到整个实在都是上帝的创造——上帝停止创造而休息，面对创造物而休息，在被造物之内休息——以此崇敬安息日。"① 由此可见，基督教中的安息日，不仅意味着第六日造物造人"创造活动"的完成，是一种庆祝，也是上帝对自己所造物后的一种祝福。同时，更为重要的，"安息日"是上帝与万物的一种休息，是一种人与人、人与自然的互不干扰、和平相处，因此包含着重要的生态意义。诚如莫氏所说："《圣经》的生态智慧集中体现在这种安息传统中。而且，从本质上来说，安息日连同其不干预自然的休闲的时刻，是《道德经》中'无为'智慧的回音。因为正是上帝的安息日，而不是人类，才是'创造的冠冕'，所以，我的创造论完全以安息日为旨归。其结果就是关于地球的安息日的教义，它包括人类文明同自然的融洽。"② 在该书的最后，莫氏将其"生态的创造论"的论述以对"安息日"的遵循作结，他说："在当今的生态危机中，基督教回忆创造的安息日是必要和适时的。"③ 而后，他又进一步希望将之付诸行动，提出"生态的休息日应该是没有环境污染的日子，这一天，我

---

① ［德］莫尔特曼：《创造中的上帝：生态的创造论》，隗仁莲等译，生活·读书·新知三联书店2002年版，第385—386页。

② 同上书，"中译本前言"第23页。

③ 同上书，第400页。

们把汽车留在家里，以便自然也能庆祝它的安息日"①。

通过上面的分析，我们非常清楚地看到莫尔特曼的"生态的创造论"即现代形态的生态神学，的确是很有价值的，表明了当代基督教文化的生态转型，必将成为当代生态文化建设的重要资源。但莫氏的"生态创造论"与所有的神学理论一样，都是以高高矗立于彼岸世界的"上帝"为其最高信仰与最重要核心的，包括当代生态危机的解决，也都寄希望于此。因此，我们对这种信仰的尊重难以消释其理论本身的虚无与缥渺。归根到底，包括生态危机在内的一切人类问题的解决还得依靠人类自己，依靠人类的文化以及与此相应的实际行动。而且，仔细推敲一下，莫氏"创造的生态论"中还包含着某些历史倒退的错误观念。他在比较工业社会与前工业社会时说了这样一段话："以前的文明绝不是'原始社会'，更不是'欠发达社会'。它们是极其复杂的均衡系统——人与自然之间关系的均衡，人与人之间关系的均衡以及人与'神'之间关系的均衡。只有现代文明，才第一次着眼于发展、扩张和征服。获得权力，扩大权力，保卫权力：它们连同'追求幸福'一道，或许可以被称作是现代文明中实际上占统治地位的价值观念。"②

历史证明，现代文明作为一种时代的进步已经成为历史的定论，它同一切文明形态一样都有其利与弊两个方面。我们不能因其造成环境污染的"弊"而否定其推动社会前进的"利"，更不能对"前现代"的低层次的"均衡"加以不恰当的推崇。历史已无法也不可能倒退，我们只能在现代文明的基础上并借助现代文明的力量而迈向新的"生态文明"。

二 从生态存在论的角度对《圣经》进行全新解读

神学存在论生态审美观以神学存在论为理论依据，从人与万物同

① ［德］莫尔特曼：《创造中的上帝：生态的创造论》，隗仁莲等译，生活·读书·新知三联书店 2002 年版，第 400 页。

② 同上书，第 38—39 页。

为上帝这一最高存在之存在者的独特视角出发，总结并阐释了《圣经》之"上帝中心"前提下人与万物的关系，开辟了基督教文化以神学存在论为基点，参与当代生态文明建设的广阔前景。下面我们主要从《圣经》出发，具体阐释神学存在论生态审美观的基本内涵。

1."因道同在"之超越美

"因道同在"是基督教神学存在论生态审美观之基点，包含着极为丰富的内容，其最基本的内容是主张上帝是最高的存在，是创造万有的主宰。《圣经·申命记》称上帝耶和华为"万神之神，万主之主"①。《圣经·诗篇》又称耶和华为"全地的至高者"②。《圣经·启示录》借24位长老之口说："我们的上帝，你是配得荣耀、尊贵、权柄的，因为你创造了万有，万有都是因著你的旨意而存在，而被造的。"③由此，基督教文化、特别是《圣经》的重要内容就是上帝创世。所谓"那看得见的就是从那看不见的造出来的"④。《圣经》的首篇《创世记》，记载了上帝六日创世的历程。第一日，上帝创造天地；第二日，上帝创造苍穹；第三日，上帝创造青草、菜蔬和树木；第四日上帝造了太阳、月亮和星星；第五日，上帝造了鱼、水中的生物、飞鸟、昆虫和野兽；第六日，上帝按照自己的形象造人；第七日为安息日。上帝是创造者，人与万物都是被造者。因此，从天地万物均为上帝所造的角度看，他们之间的关系应该是平等的。有学者强调了上帝规定人有管理万物的职能，人高于万物。的确，《圣经·创世记》记载了人对万物的管理。《圣经》记载上帝的话："我们要照着我们的形象，按着我们的样式造人；使他们管理海里的鱼、空中的鸟、地上的牲畜，以及全地，和地上所有爬行的生物。""看哪，我把全地上结种子的各种菜蔬，和一切果树上有种子的果子，都赐给你们作食物，至于地上的各种野兽，空中的各种飞鸟，及地上爬行的有生命的

---

①《圣经》（新译本），香港天道书楼1993年版，第232页。

② 同上书，第789页。

③ 同上书，第1969页。

④ 同上书，第1654页。

各种活物，我把一切青草菜蔬赐给它们作食物。"① 上述言论被许多理论家认为是基督教文化力主"人类中心"的主要依据。但若从同为被造者的角度来看，人类并没有构成万物的中心；上帝所赋予人类对于万物的管理职能，也并不一定意味着人类成为万物之主宰，也可以意味着人类要承担更多的照顾万物的责任。正如《圣经·希伯来书》所说，对于人类"我们还没有看见万物都服他"②。至于上帝把菜蔬、果子赐给人类作食物，同时也把青草和菜蔬赐给野兽、飞鸟和其他活物作食物，包括《圣经》中对于人类宰牲吃肉的允许，以及对安息日休息和安息年休耕的规定，都说明基督教文化在一定程度上对生物循环繁衍的生态规律的认识。由此说明，基督教文化中人与万物同样作为被造者的平等并不是绝对的平等，而是符合万物循环繁衍之规律的平等。而且，人与万物作为存在者，也都因上帝之道（存在）而在，亦即成为此时此地的具体的特有物。《圣经》以十分形象的比喻对此加以阐述，认为人与万物皆似一粒种子，上帝根据自己的意思给予其不同的群体，而不同的群体又都以其不同的荣光呈现出上帝之道。《圣经》写道："你们所种的，不是那将来要长成的形体，只不过是一粒种子，也许是麦子或别的种子。但上帝随着自己的意思给它一个形体，给每一样种子各有自己的形体，而且各种身体也都不一样，人有人的身体，兽有兽的身体，鸟有鸟的身体，鱼有鱼的身体。有天上的形体，也有地上的形体；天上形体的荣光是一样，地上形体的荣光又是一样。太阳有太阳的荣光，月亮有月亮的荣光；而且，每一颗星的荣光也都不同。"③ 在此基础上，《圣经》认为，人与万物作为呈现上帝之道的存在者也都同有其价值。《圣经·路加福音》有一句名言："五只麻雀，不是卖两个大钱吗？但在上帝面前，一只也不被忘记。"④ 因此，即便是不如人贵重的麻雀，作为体现上帝之道的存在者，也有其自有的价值，而不被忘记。

---

①　《圣经》（新译本），香港天道书楼 1993 年版，第 4—5 页。
②　同上书，第 1645 页。
③　同上书，第 1569 页。
④　同上书，第 1592 页。

综上所述，从人与万物作为存在者"因道同在"的角度，《圣经》的主张是：人与万物因道同造、因道同在、因道同有其价值。这种人与万物因道同在的哲思包含着一种超越之美。本来，存在论美学就力主一种超越之美。它是通过对物质实体与精神实体之"悬搁"，超越作为在场的存在者，呈现不在场之存在，到达真理敞开的澄明之境。而神学存在论美学又有其特点，面对灵与肉、神圣与世俗、此岸与彼岸等特有矛盾，通过灵超越肉、神圣超越世俗、彼岸超越此岸之过程，实现上帝之道对万有之超越，呈现上帝之道的美之灵光。《圣经·加拉太书》引用上帝的话说："我是说，你们应当顺着圣灵行事，这样就一定不会去满足肉体的私欲了。因为肉体的私欲和圣灵敌对，使你们不能做自己愿意做的。但你们若被圣灵引导，就不在律法之下了。"在这里，《圣经》强调了面对肉欲与圣灵的敌对，应在圣灵的引导下超越肉欲，才能遵循上帝的律法到达真理之境。《圣经》又以著名的"羊的门"作为耶稣带领众人超越物欲，走向生命之途、真理之境的形象比喻。《圣经·马太福音》引用耶稣的话说："我实实在在告诉你们，我就是羊的门。所有在我以先来的都是贼和强盗；羊却不听从他们。我就是门，如果有人藉着我进来，就必定得救，并且可以出，可以入，也可以找到草场。贼来了，不过是要偷窃、杀害、毁坏；我来了，是要使羊得生命，并且得的更丰盛。"[①] 在这里，盗贼代表着物欲，耶稣即是圣灵，进入羊的门即意味着圣灵对物欲的超越。《圣经》认为，只有通过这种超越，才能真正迈过黑暗进入真理的光明之美境。《圣经·约翰福音》中，耶稣对众人说："我是世界的光，跟从我的，必定不在黑暗里走，却要得着生命的光。"又说："你们若持守我的道，就真是我的门徒了；你们必定认识真理，真理必定使你们自由。"[②] 基督教神学存在论所主张的这种引向信仰之彼岸的超越之美，为后世美学超功利性的静观美学提供了宝贵的思想资源。同时，这种超越之美也为生态美学中对"自然之魅"的适度承认提供了思想

---

① 《圣经》（新译本），香港天道书楼1993年版，第1469页。
② 同上书，第1466页。

的营养。科学的发展的确使人类极大地认识了自然之奥秘，但自然之神秘性和审美中的彼岸色彩却是无可穷尽、不可或缺的因素。

2. "藉道救赎"之悲剧美

"救赎论"是基督教文化中最主要的内容和主题，也是神学存在论生态审美观最重要的内容，它构成了最富特色并震撼人心的悲壮的美学基调。它由原罪论、苦难论、救赎论与悲壮美四个相关的内容组成。上帝救赎是由人类犯罪受罚、陷入无法自拔的灾难而引起，因而，必然要首先论述原罪论。《圣经·创世记》第三章专门讲了人类始祖所犯原罪之事：人类始祖被蛇引诱，违主命偷食禁果，犯了原罪，并被逐出美丽富庶、无忧无虑的伊甸园。那么，人类所犯原罪之根源何在呢？基督教教义认为，主要在于人类本性之贪欲。《圣经》写道：当蛇引诱女人夏娃偷食禁果时，"女人见那树的果子好作食物，又悦人的眼目，而且讨人喜欢，能使人有智慧，就摘下果子来吃了；又给了和她在一起的丈夫，他也吃了"[1]。由此可见，夏娃之所以被诱惑而偷食禁果，还是为了满足自己的口腹、眼目与认知之私欲，正是这样的私欲导致人类犯了原罪。但是人类的私欲并没有因为被逐出伊甸园而有所改变，《圣经》认为，这种私欲乃是人类的本性，所以一再揭露。《圣经·创世记》第六章写道："耶和华可见人类在地上的罪恶很大，终日心里想念的尽都是邪恶的。于是，耶和华后悔造人在地上，心中忧伤。"[2]《圣经·创世纪》第九章写道："人从小时候开始心中所想的都是邪恶的。"[3] 由此可见，《圣经》认为，人的原罪是本源性的。而且，《圣经》认为，人类的后代在原罪的驱使下所做的坏事超过了他们的前人。《圣经·耶利米书》第十六章耶和华对先知耶利米评价以色列人之后代时说道："至于你们，你们所做的坏事比你们的列祖更厉害；你们个人都随从自己顽梗的恶心行事，不听从我。"[4] 基督教文化的这种强烈的自责性是其极为重要的特点。它总是

---

① 《圣经》（新译本），香港天道书楼1993年版，第6页。
② 同上书，第9页。
③ 同上书，第12页。
④ 同上书，第1052页。

将各种灾难之根源归咎于自己的原罪和过错。《圣经·诗篇》第二十五篇写道："耶和华啊！求你记念你的怜悯和慈爱，因为它们自古以来就存在。求你不要纪念我幼年的罪恶和过犯；耶和华啊！求你因你的恩惠，按着你的慈爱记念我。"又写道："耶和华啊！因你名的缘故，求你赦免我的罪孽，因为我的罪孽重大。"这样一种强烈的自责情绪同古希腊文化形成了鲜明对比。众所周知，古希腊文化是将一切灾难和悲剧根源都归结为客观之命运的，很少有基督教文化那种深深的自责之情。著名的悲剧《俄狄浦斯王》，就将主人公俄狄浦斯弑父娶母之罪孽归咎于客观的不可抗拒的命运。它们产生的效果也是截然不同的。命运之悲剧使人产生无奈的同情，但原罪之悲剧却能产生强烈的灵魂之震撼。因为，如果犯罪之根源在于每个人的心中都会有的原罪，这就使人不仅自责而且还会产生强烈的反省。当前，面对现代化、工业化过程中生态灾难的日益严重，某些人置若罔闻，甚至洋洋自得，很可能即是不能正确对待古希腊悲剧把一切灾难都归结为客观命运的观念的结果。而现代人们更需要重视基督教文化之原罪悲剧精神。当前，面对生态危机带给人类生存的一系列严重问题，我们对既往的观念和行为进行自责性的反省实在是太必要了。同原罪论紧密相连的是苦难论。由于基督教文化承认人的原罪，所以为了避免原罪，就出现了一个非常重要的人类与上帝之约，这就是著名的"十诫"，也是上帝给人类列的"十个不准"，借以遏制其原罪。但人类终因原罪深重而难以遵约，总是违诫。这就使人类不断受到惩罚而陷入苦难之中。因此，基督教文化之中的苦难，包括自然灾害一类的生态灾难，都是上帝为了惩罚人类而造成的，属于目的论范围的苦难。当然，上帝的这些惩罚都是因人类的违约而引起。《圣经·利未记》中记载上帝对于人类的警告："但如果你们不听从我，不遵行这一切的诫命；如果你们弃绝我的律例，你们的心厌弃我的典章，不遵行我的一切诫命，违背我的约。我就要这样待你们：我必命惊慌临到你们，痨病热病使你们眼目昏花，心灵憔悴；你们必徒然撒种，因为你们的仇敌必吃尽你们的出产……"① 正因为人类由于原罪的驱使一次次地违约，所以遭受了一次次上帝惩罚的灾难。首先是被赶出伊甸园，被罚"终生劳苦"。接着，又被特大的洪水淹没。《圣经》说，通过滔滔洪水，"耶和华把地上所有的生物，从人类到牲畜，爬行动物，以及空中的飞鸟都除灭了"②。同时，上帝还使人类面临其他灾难。"他使埃及水都变成血，使他们的鱼都死掉。在他们的地上，以及君主的内室，青蛙多多滋生。他一发命令，苍蝇就成群而来，并且虱子进入他们的四境。他给他们降下冰雹为雨，又在他们的地上降下火焰。他击打他们的葡萄树和无花果，毁坏他们境内的树木。他一发命令，蝗虫就来，蚱蜢也来，多得无法数算，吃尽了他们地上的一切植物，吃光了他们土地的一切出产……"③ 上帝还把可怕的旱灾和地震带给人类。旱灾的情形是"土地干裂，因为地上没有雨水，农夫失望，都蒙着自己的头"④。地震的情形是"大山在他面前震动，小山也都融化"⑤。《圣经》所列的这些苦难绝大多数都是一些自然灾害，而且大都是一些天灾。但今天的灾害，诸如核辐射、艾滋病、癌症、非典、禽流感等等却大多是人祸，是人对环境破坏的结果。这难道不更加令人惊心动魄吗?!《圣经》似乎有所预见一般，在《新约·提摩太后书》中专讲到末世的情况："你应当知道，末后的日子必有艰难的时期到来。那时，人会专爱自己、贪爱钱财、自夸、高傲、亵渎、背离父母、忘恩负义、不圣洁、没有亲爱良善、卖主卖友、容易冲动、傲慢自大、爱享乐过于爱上帝，有敬虔的形式却否定敬虔的能力……"上述所言自私贪欲、追求享受等，恰是现代社会滋生蔓延的人性之弊病，这样的弊病引起的惩罚应该更大。事实证明，当今人类生存状态美化和非美化之二律背反的严重事实不恰恰证明了这一点吗?

　　基督教文化把救赎放在一个十分突出的位置。所谓救赎，即上帝

---

① 《圣经》（新译本），香港天道书楼1993年版，第159页。
② 同上书，第11页。
③ 同上书，第76页。
④ 同上书，第1048页。
⑤ 同上书，第1284页。

和基督耶稣对人类苦难的拯救。基督教文化认为，这种救赎完全是由上帝和基督耶稣慈爱的本性决定的。《圣经》第三十篇和第三十一篇写道："耶和华，我的上帝啊！我曾向你呼求，你也医治了我。耶和华啊！你曾把我从阴间救上来，使我存活，不至于下坑。耶和华的圣民哪！你们要歌颂耶和华，赞美他的圣名。因为他的怒气只是短暂的，他的恩惠却是一生一世的；夜间虽然不断有哭泣，早晨却欢呼。"又说，"因为你是我的岩石，我的坚垒；为你名的缘故，求你带领我，引导我。求你救我脱离人为我暗设的罗网。因为你是我的避难所。我把我的灵魂交在你手里，耶和华，信实的上帝啊！你救赎了我"①。由此可见，《圣经》认为，上帝对人类的救赎，成为人类的避难所，完全是由于上帝永恒的恩惠、万世的圣名、信实的品格、慈爱的本性。基督教文化中上帝对于人类的救赎不同于一般的扶危济困之处在于，这种救赎是对人类前途命运的终极关怀，是在人类生死存亡的关键时刻伸出拯救人类的万能之手。按照《圣经》记载，在人类的初期，因罪恶而被洪水吞没之际，上帝命义人诺亚建造方舟，躲过了这万劫之难。其后，在人类又要面临大难之际，上帝又让独子耶稣基督降生接受痛苦的赎罪祭，并复活传福音以"把自己的子民从罪恶中拯救出来"②。并且，《圣经》还预言了在未来的世界末日，基督耶稣将重临大地拯救人类。基督教文化的救赎，不仅是对人类的救赎，而且也是对万物的救赎。因为，各种灾害既是人类的苦难，也是万物的苦难。所以，在拯救人类的同时也必须拯救万物。《圣经》记载，人类初期，大洪水到来，淹没了人类和万物，上帝命诺亚建造方舟，既拯救了人类也拯救了万物。《圣经》记载，上帝对诺亚说："我要和你立约。你可以进方舟；你和你的儿子、妻子和儿媳，都可以和你一同进方舟，所有的活物，你要把每样一对，就是一公一母，带进方舟，好和你一同保存生命。"③ 因此，在基督教文化和《圣经》之中，人与万物一样都是被上帝救赎的。正是从人与万物被上帝同救的角度，人与

---

① 《圣经》（新译本），香港天道书楼 1993 年版，第 716—717 页。
② 同上书，第 1388 页。
③ 同上书，第 10 页。

万物之间也具有某种平等性。而且，在基督教文化和《圣经》之中，上帝不仅救赎了人类和万物，并将其慈爱之情倾注于整个自然，有着浓浓的热爱自然与大地的情怀。前面已说到，《圣经》有安息日和安息年规定人与自然休养生息的戒律，而且上帝造人就是用地上的尘土造成人形。上帝还对人类说，"你既是尘土，就要回归尘土"[1]。更为重要的是，《圣经》提出了著名的"眷顾大地"的伦理思想，突出了大自然作为存在者之应有的价值。《圣经》诗篇第六十六篇写道："你眷顾大地，普降甘霖，使地甚肥沃；上帝的河满了水，好为人预备五谷；你就这样预备了大地。你灌溉地的犁沟，润平犁脊，又降雨露使地松软，并且赐福给地上所生长的。"[2] 也就是说，基督教文化的救赎论中包含上帝将大地、雨露、阳光、五谷等美好丰硕的大自然赐给人类，使人得以美好地生存。也由此说明，在基督教文化中人类的生存同自然万物须臾难离。

总之，基督教文化中的"藉道救赎"论是一种极具悲剧色彩的神学存在论生态审美观。它不仅以巨大的不可抗拒的灾难给人以惊惧威慑，而且以强烈的自谴给人的心灵以特有的震撼，并以对未来更大灾难的预言给人以深深的启示。《圣经》以生动形象、震撼人心的笔触为我们刻画了一幅幅灾难与救赎的画面，渗透着浓郁的悲剧色彩。从诺亚方舟颠簸于滔滔洪水，到耶稣基督被钉在十字架的苦难画面，乃至对未来世界 7 个惩罚的可怖描绘，都以其永恒的震惊的形象留在世人心中。这确是一种具有崇高性的悲剧美。正如康德所言，这是物质对象之巨大压倒了人的感性力量，最后借助于理性精神压倒感性之对象，唤起一种崇高之美。基督教文化借助耶稣基督之救赎这一强大的理性精神，战胜自然并获得精神之胜利，唤起一种崇高之美。一般的"生态美"主要表现人与自然和谐、美好的图景，或是以艺术的手段对破坏自然的恶行进行抨击，但是唯有基督教文化，以原罪—苦难—救赎的特有形式，以浓郁的悲剧色彩，表现"上帝中心"前提下人与

---

① 《圣经》（新译本），香港天道书楼 1993 年版，第 7 页。

② 同上书，第 752 页。

自然之关系，突出了在面对自然灾害时，人类应有更多自责并遵神意"眷顾大地"的核心主题，给我们以深深的启发。

3. "因信称义"之内在美

"因信称义"即是对人的信仰、对人的具有高度精神性的内在美的突现与强调，这是基督教文化与《圣经》十分重要的组成部分，是神学存在论生态审美观的十分重要的内容，也是到达神学存在论美之真理敞开的必由之途。"因信称义"是基督教文化不同于通常认识论之信仰决定论的神学理论。正如《圣经·加拉太书》所说，"既然知道人称义不是靠律法，而是因信仰耶稣基督，我们也就信了基督耶稣，使我们因信基督称义"[1]。所谓"称义"，即得到耶稣之道。《圣经》认为，它不是依靠通常的诉诸道德理性之律就可达到，而必须凭借对于基督耶稣的信仰，而信仰是一种属灵的内在精神之追求，必须舍弃各种外在的物质诱惑和内在的欲念，甚至包括财产乃至生命等。正如《圣经·加拉太书》所说："属基督耶稣的人，是已经把肉体和邪情私欲都钉在十字架上了，如果我们是靠圣灵活着，就应该顺着圣灵行事。我们不可贪图虚荣，彼此触怒，互相嫉妒。"[2] 而这种"义"所追求的是耶稣的"爱"，正如耶稣回答法利赛人所说："你要全心、全性、全意爱着你的上帝。这是最重要的第一条诫命。第二条也和它相似，就是要爱人如己。全部律法和先知书，都以这两条诫命作为根据。"[3] 做到以上诸条的人，就是"除去身体和心灵上的一切污秽，同耶稣合一"的"新造的人"[4]。而要做到这一点则要依靠基督教文化中特有的灵性的修养过程，包括洗礼、祷告、忏悔等等，最后方可实现上帝之道与人的合一，即"道成肉身"。正如《圣经·约翰福音》所记耶稣在为门徒所做的祷告中所说："我不但为他们求，也为那些因他们的话而信我的人求，使他们都合而为一，像是你在我里面，我在你里面一样；使他们也在我们里面，让世人相信你差了我

① 《圣经》（新译本），香港天道书楼1993年版，第1588页。
② 同上书，第1593页。
③ 同上书，第1368页。
④ 同上书，第1578页。

来。你赐给我的荣耀，我已经赐给了他们，使他们合而为一，像我们合而为一。"① 这里基督教文化的"因信称义"及与之相关的属灵的修养过程，实际上成为一种神学现象学的展示过程，也就是通过属灵因信称义、道成肉身的祈祷、忏悔的过程，将人们各种外在的物质和内在的欲念加以"悬搁"，进入一种内在的神性生活的审美的生存状态。诚如德国神学现象学家 M. 舍勒（Max Scheler）所说："这种想法似乎宏观地表现在下述学说之中：基督的拯救行动不仅赎去了亚当之罪，而且由此将人带离罪境，进入一种与上帝的关系，较之亚当与上帝的关系，这种关系更深、更神圣，尽管在信仰和追随基督之中的获救者不再有亚当那种极度的完美无瑕，并且总带有尚未理清的欲望（'肉体的欲望'）。沉沦与超升初境的循环交替一再微妙地显示在福音书中：在天堂，一个懊悔的罪人的喜悦甚于一千个义人的喜悦。"② 这种"因信称义"的神修，与中国古代道家思想中"堕肢体，黜聪明，离形去知，同与大通"（《庄子·大宗师》）的"坐忘"与"心斋"有许多相似之处。"心斋"与"坐忘"也是一种古代形态的现象学审美观。

4. "新天新地"之理想美

基督教文化与《圣经》从神学存在论出发，对生态审美观之理想美作了充分的论述。当然，伊甸园是天地神人合一的理想之美地，但人类因原罪被逐出了伊甸园，从而也就失去了这样一个美地。但基督教文化与《圣经》中的上帝还在为人类不断地创造新的美地。《圣经·申命记》写道，耶和华上帝快要将人类引进那有橄榄树、油和蜜、不缺乏食物之"美地"。《圣经·以赛亚书》具体地描写了上帝将要创造的新天新地将是一个人与万物、人与人、物与物协调相处的美好的物质家园与精神家园。"因为我的子民的日子像树木的日子，我的选民必充分享用他们亲手做工得来的。他们必不徒然劳碌，他们

---

① 《圣经》（新译本），香港天道书楼 1993 年版，第 1480 页。

② ［德］M. 舍勒：《爱的秩序》，林克译，刘小枫选编《舍勒选集》，上海三联书店 1999 年版，第 708 页。

生孩子不再受惊吓，因为他们都是蒙耶和华赐福的后裔，他们的子孙也跟他们一样。那时，他们还未吁求，我就应予，他们还在说话，我便垂听。豺狼必与羔羊一起吃东西，狮子要像牛一样吃草，蛇必以尘土为食物。在我圣山的各处，它们都必不作恶，也不害物；这是耶和华说的。"①《圣经·启示录》专门对理想的新天新地作了描绘："我又看见了一个新天新地，因为先前的天地都过去了，海也再没有了。我又看见圣城，新耶路撒冷，从天上由上帝那里降下来，预备好了，好像打扮整齐等候丈夫的新娘。"② 这个新天新地真是美妙非凡：城墙是用碧玉造的，城是用纯金造的，从上帝的宝座那里流出一道明亮如水晶的生命河，河的两边有生命树，结十二次果子……总之，这是一个天地人神和谐相处、美丽富庶的家园。这些叙述，表达了基督教文化和《圣经》神学存在论生态审美观的美学理想：天地神人统一协调、美好和谐的物质家园与精神家园。

综上所述，我们从"因道同在"之超越美、"藉道救赎"之悲剧美、"因信称义"之内在美、"新天新地"之理想美四个层面阐述了基督教神学存在论生态审美观之基本内涵，说明这是一种力主人与万物同样被造、同样存在、同样有价值、同样被救赎，并具有超越性、内在性、理想性与充满自我谴责之原罪感的特殊悲剧美，具有其特定的内涵和不可代替之价值。

---

① 《圣经》（新译本），香港天道书楼 1993 年版，第 1016 页。
② 同上书，第 1711 页。

第四编
生态美学的中国资源

第六章

儒家的生态审美智慧

中国古代智慧分儒释道三家，而以儒家为主流，其中又贯穿着儒释道各家的相互交融。儒释道各家思想，都包含着十分丰富的生态哲学智慧与生态审美智慧。冯友兰先生曾指出，"由于中国是大陆国家，中华民族只有以农业为生"，"在这样一种经济中，农业不仅在和平时期重要，在战争时期也一样重要"①。正因如此，在科技不发达的情况下，中国古代先民以农业为主，基本上是依赖自然环境与天时气象，自然生态就显得特别重要。所以，生态智慧与生态审美智慧在古代典籍中就变得特别丰富。就儒道两家而言，尽管见解有所差异，但却"都表达了农的渴望和灵感"②。本章概括介绍孔子与儒家重要代表人物《周易》的生态审美智慧。

第一节　孔子与儒家的古典生态智慧与生态审美智慧

孔子是中国最重要的思想家，也是儒家学派的开创者与代表人物，他的思想集中反映在《论语》中，《礼记》等儒家经典也有相关体现。本章以《论语》为主要依据，概括分析以孔子为代表的儒家学派的生态智慧与生态审美智慧。

---

① 冯友兰：《中国哲学简史》，涂又光译，北京大学出版社 1985 年版，第 21 页。
② 同上书，第 31 页。

一　"天人合一"的中国古代生态存在论智慧

以孔子为代表的儒家学说十分重要的思想就是"天人合一"。当然，"天人合一"可以说是儒道两家共有的思想，所谓"天人之际，合而为一"（《春秋繁露·深察名号》）①。在天人关系中，道家更注重于天，而儒家更注重于人。但是，儒道两家在天人关系中仍然都是以"天"为主。这里的"天"，有多重解释。到东汉董仲舒之后，更多倾向于"神道之天"，而在先秦时期，则更多是"自然之天"。所以，那时的"天人合一"已包含人与自然统一的思想。"天人合一"实际上是说人的一种在世关系，人与包括自然在内的世界的关系。这种关系不是对立的，而是交融的、相关的、一体的，这就是中国古代东方的存在论生态智慧。孔子《论语》中讲到了"礼之用，和为贵"（《论语·学而》），这里的"礼"不是指日常生活中的礼仪，而主要是祭祀之礼，是"大礼与天地同节"（《礼记·乐记》）之礼；这里的"和"，可以理解为"天人之和"，是一种对天人之和的诉求。孔子又讲到"中庸之为德也，其至矣乎"（《论语·雍也》），也就是将中庸看作是最高的道德。什么是中庸呢？即"过犹不及"（《论语·先进》），它主要并不是一般所理解的日常行事原则，而是最高的道德的境界。这种最高的道德，在当时，首先应该是对天所持守的道德。因此，"中庸"与"过犹不及"，就是《礼记》所说的"中和"、《周易》所说的"保合太和"。《礼记·中庸》的"中和"，即为对孔子"和为贵"与"中庸"的进一步阐发，是一种生态存在论的古代智慧。《礼记·中庸》篇指出："喜怒哀乐之未发，谓之中；发而皆中节，谓之和。中也者，天下之大本也；和也者，天下之达道也。致中和，天地位焉，万物育焉。"《中庸》将"致中和"提到"天下之大本"与"天下之达道"，从而使之达到"天地位""万物育"的高度。只有"致中和"，天地才能各在其位，即生态平衡，万物才得以繁衍

① （汉）董仲舒著，（清）苏舆义证，钟哲点校：《春秋繁露义证》，中华书局1992年版，第288页。

生长，实现一种人与万物和谐的、有利于人与万物生长生存的状态。这实际上是一种古代生态存在论的智慧。因此，"中和位育"被作为最能代表儒家思想的经典名言镌刻在孔庙的门楣之上。

二 敬畏自然与对自然之美的诉求

孔子不赞成盛行于当时的民间巫术，反对以这种迷信活动扰乱人们的生活，所谓"子不语怪、力、乱、神"（《论语·述而》）。但孔子对自然之天仍怀有敬畏之情，他曾说："君子有三畏：畏天命，畏大人，畏圣人之言"（《论语·季氏》），将"畏天命"放在了首位。他赞颂尧帝，认为尧之所以伟大，就是因为尧效法于天，"大哉尧之为君也！巍巍乎！唯天为大，唯尧则之"（《论语·泰伯》）。因此，孔子的"天"的内涵中除了自然之外，还有神秘的神性色彩。他在回答卫国大夫王孙贾有关如何祭祀的请教时，回答说："不然，获罪于天，无所祷也。"（《论语·八佾》）这种对天的敬畏与神秘之感，在那样一个科技落后的时代是十分自然的，其宿命论与神秘色彩亦是十分明显的，但其中主要还包含着对自然之天的适度敬畏。孔子在一定程度上将自然看作是一种不以人的意志为转移的客观存在，提出了人应该有一种对于这种客观的自然之美的向往与诉求。孔子在一次与弟子子贡有关教育的讨论中，曾经谈到自然的无言之教。"子曰：'予欲无言。'子贡曰：'子如不言，则小子何述焉？'子曰：'天何言哉？四时行焉，百物生焉，天何言哉？'"（《论语·阳货》）也就是说，大自然以其客观运行、繁盛万物，并以此教育人类，成为人类永恒的向往与期许。

三 "和而不同"的"共生"思想

孔子说："君子和而不同，小人同而不和。"（《论语·子路》）"和而不同"成为儒家学说中的重要思想。孔子将"和"与"同"相对，所谓"和"，即为不同事物之间的协调和谐，而"同"即事物的单一状态，是同类事物的重复。诚如《国语·郑语》所载的周太史史伯所说，"和实生物，同则不继"。这就揭示了一种古典的"共生"

思想：只有多种生物相杂，自然才能繁盛；相反，只有同一种生物则不能维持自然生态的繁盛。这是古代人在人类繁衍中所总结出的"同姓不蕃"的思想的体现，是生态规律的揭示。孔子是一个十分热爱生命和生活的思想家。有一次，子路向他请教"死"的问题，孔子回答说："未知生，焉知死。"（《论语·先进》）也就是说，孔子认为，与死紧密相关的生比死更为重要。孔子将这种"生"的思想用于孝道上，这就是著名的"三年之孝"的论述。宰我问孔子，为什么要为父母守孝三年，三年时间太长，一年就可以了。孔子对这个问题作了回答："子生三年，然后免于父母之怀。夫三年之丧，天下之通丧也。"（《论语·阳货》）父母养育一个生命，使之脱离怀抱，到其能行走进食，一般需要三年时间，这三年是一个人生命的初始期、关键期，也是父母最操劳、对孩子最加抚爱的时期。因此，一个人回报父母养育之恩至少要守孝三年。这正是对生命及生命承续的重视。

四　"不违农时"的古典生态智慧

孔子的时代，农业是国计民生的根本，因此，不违农时成为其时当政者与人民最看重的事情。所谓"不违农时"，就是按照四时节气之自然生态规律来安排农业生产。孔子在谈到治理一个国家时曾经提出"敬事而信，节用而爱人，使民以时"（《论语·学而》）三条原则，其中"使民以时"就是指要使老百姓不误农时，按照四时节气时令进行农业生产。这是一种古典的生态智慧，是十分重要的。《礼记·月令》十分详细地记载了春夏秋冬四季当政者与人民如何按照农时进行农业活动及相关活动的情形。以春季为例，《月令》认为，立春之月，"天气下降，地气上腾，天地和同，草木萌动"。在这种情况下，当政者应依照农时，带领人民进行适时的农业活动。首先是"迎春之礼"，所谓"立春之日，天子亲帅三公、九卿、诸侯、大夫，以迎春于东郊"；其次就是"开播之典"，所谓"乃择元辰，天子亲载耒耜，措之于参保介御之间，帅三公、九卿、诸侯、大夫躬耕帝籍。天子三推，三公五推，卿、诸侯九推"。再就是为了保证农业生产进行必要的生态保护，所谓"乃修祭典，命祀山林川泽，牺牲毋用牝。

禁止伐木。毋覆巢，毋杀孩虫、胎、夭、飞鸟、毋麛毋卵"（《礼记·月令》）等。当然，孔子也在《论语》中讲到了相应的"生态保护"思想，即十分著名的"钓而不纲，弋不射宿"（《论语·述而》）的观念，说明中国自古以来就有比较自觉的生态保护意识。

五　力主节俭素朴的符合生态规律的生活方式

上面说到，孔子在谈治国原则时，将"节用爱人"作为重要原则之一，这正是一种倡导符合生态规律的生活方式的表现。有一次，鲁国人林放向孔子请教"礼"的根本，孔子回答说："大哉问！礼，与其奢也，宁俭；丧，与其易也，宁戚。"（《论语·八佾》）也就是说，在孔子看来，"礼"的最根本之意是去奢求俭，追求和倡导一种节俭的生活方式。这在孔子所生活的时代是非常重要的。因为据稍后于孔子的墨子所说，当时战乱频发，统治阶级骄奢淫逸，而广大人民却不堪重负，流离失所，极端贫困。统治阶级骄奢淫逸的生活，一方面加剧了社会矛盾，另一方面则严重破坏了自然环境和生态平衡。因此，孔子的"节俭"，实际上就是一种符合生态规律的"够了就行"的生活方式。

六　"知者乐水，仁者乐山"的对自然万物的亲和之情

孔子有一句著名的话："知者乐水，仁者乐山。"（《论语·雍也》）这是一种对自然友好的比喻的诗性思维，用水来比喻知者的智慧，用山来比喻仁者的道德。水的流动性和溪流中流水奔腾流淌的欢快性，恰当地喻示了知者的巧于应对的机智和获得智慧的欢快；而山的沉静和永恒，则形象地说明了高尚道德者做人原则的坚定性及其与日月同辉的价值。这体现了孔子对自然万物的亲和之情，并运用"比兴"手法提倡一种亲和自然的审美观念。当然，孔子还有一句话："君子怀德，小人怀土；君子怀刑，小人怀惠。"（《论语·里仁》）这里的君子是指处于统治地位的人，而小人则指处于被统治地位的普通平民，与一般的好人、坏人的价值判断无关，不是通常所说的君子与小人。这里的意思是，处于统治地位的人追求礼仪的完备，道德的完

善，普通老百姓则追求安定的乡土生活；统治者追求法度治国，而普通老百姓则期望实行仁政而获得生活的改善。这里的"怀土"实际上是一种对普通老百姓的乡土之情的表达。因为当时的战争与劳役，使大批百姓流离失所，离乡背井。乡土之情正是生态观的内涵之一。

七　"仁者爱人"的东方古典生态人文主义

孔子思想的核心是仁学思想，孔子的论述都是围绕着"仁"来进行的。那么，什么是"仁"呢？孔子在回答学生樊迟请教什么是"仁"的问题时，指出："爱人。"这也就是流行于世的"仁者爱人"的思想。对于"仁者爱人"的内涵，孔子作了很多论述，其中有些论述是包含着古典生态人文主义的。也就是说，体现为一种包含生态观念的对人的关爱。其中一个重要的思想就是"修己以安人"。孔子在回答子路的问题——"怎样才能成为君子"时，说道："修己以安人。"又说："修己以安百姓。修己以安百姓，尧舜其犹病诸！"（《论语·宪问》）也就是说，"仁"的一个重要内容就是修养自我，以达到使百姓"安居乐业"。孔子认为，这一点，即使是古代圣君尧舜也还做得不够。这里的"安"有"安居"之意，也就是使百姓有自己安定的生存家园，这是中国古代生态与生存论哲学与美学的一个重要标志。对于"仁"，孔子又有"恕"的解释。"子贡问曰：'有一言而可以终身行之者乎？'子曰：'其恕乎！己所不欲，勿施于人。'"（《论语·卫灵公》）"己所不欲，勿施于人"，就是"由己推人"，在哲学的意义上也可以说将对象看作另一个主体，即"互为主体"。本书上文曾经讲到，《圣经》中也有类似的表述，被现代生态哲学家和生态伦理学家们运用于生态理论，以解释人与自然的关系，提倡人类由己推人，以平等的态度对待自然。如果将"己所不欲，勿施于人"的"人"的范围加以扩大，延伸到自然万物的话，那么，这就是人对自然万物的仁爱精神，是一种典型的古典生态人文主义。

八　孟子的"仁民爱物"与张载的"民胞物与"的古典生态观

孟子是战国中期儒学代表，他的主要理论观点是著名的"性善说"，主张人人皆有"不忍之心""恻隐之心"等，并主张推己及人的"推思"，所谓"老吾老，以及人之老；幼吾幼，以及人之幼"（《孟子·梁惠王上》），并由此推及自然万物。《孟子·梁惠王上》载，齐宣王在大堂上看见有人宰牛去"血祭"，齐宣王见牛因恐惧而呈现觳觫之状而不忍，决定以羊代之。孟子由此得出结论："君子之于禽兽也，见其生，不忍见其死；闻其声，不忍食其肉。是以君子远庖厨也。"这就是"不忍之心""恻隐之心"的一种推思，是"仁爱"的一种扩大。孟子进而提出了"仁民而爱物"的思想。《孟子·尽心上》指出："君子之于物也，爱之而弗仁；于民也，仁之而弗亲。亲亲而仁民，仁民而爱物。"尽管对物，与对民、对亲有所差别，孟子提出由"亲亲"到"仁民"到"爱物"，推己及人以致及物，体现了"爱有等差"的生态伦理关怀，是一种古典的生态人文主义。

北宋哲学家张载认为，人与万物同受天地之气而生，因而，人与天地万物可以气相感相通，"圣人尽性"，"其视天下，无一物非我"（《正蒙·大心》）。这是一种天人一体的观点。在此基础上，张载进一步提出"天地之塞，吾其体；天地之帅，吾其性。民吾同胞，物吾与也"（《正蒙·乾称》）。后世将其概括为"民胞物与"。这种思想，将普天下之人都看作自己的兄弟，将天地之的万物都看作自己的朋友。这一思想体现了儒家思想中"人与万物平等"思想，具有重要的生态哲学、生态美学意蕴。

第二节 《周易》的"生生之谓易"的生态审美智慧

《周易》是儒家的经典，也是中国古代哲学与美学的源头之一。《周易》尤其是《易传》包含着我国古代先民特有的以"生生之谓易"为内涵的生命哲学的诗性思维，代表了一种东方式的生态审美智慧，影响了整个中国古代的审美观念与艺术形态。

一 《周易》所包含的中国古代生态智慧

《周易》的核心内容是"生生之谓易"的生态智慧。《周易·系辞上》指出："生生之谓易，成象之谓乾，效法之谓坤。"《系辞下》也指出："天地之大德曰生。""生生"或"生"，是对万物生长、生命存在与人的生存的阐述。这是《周易》的核心内涵，也是中国古代哲学与美学的基本精神。蒙培元指出，"'生'的问题是中国哲学的核心问题，体现了中国哲学的根本精神。无论道家还是儒家，都没有例外。我们完全可以说，中国哲学就是'生'的哲学"。他认为，"'生'的哲学是生成论哲学而非西方式的本体论哲学"①。《周易》在很大程度上就是阐述中国古代的生存论和生命论的生态哲学和美学智慧。应该说，在中国古代哲学的谱系中，这种生存论和生命论哲思在很大程度上也就是一种美学的哲思。

1. "生生之谓易"之古代生态存在论哲思

《周易》所言"生生之谓易"，实际上是以最简洁的语言阐释中国古代生态存在论的一种哲思。这里，"生生"是指活的个体生命的生活与生存，而"易"是指发展变化，所谓"易者变也"。"生生之谓易"，即指活生生的个体生命的生长与生存发展之理。《周易·说卦传》指出，"昔者圣人之作《易》也，将以顺性命之理"，认为古人作《易》主要是用以阐释生命之创生与存在、发展的道理。《周易·系辞下》指出："天地氤氲，万物化醇；男女构精，万物化生。"这就说明，人与天地自然万物不是对立的，而是与天地自然万物一体的，人只有在天地自然万物之中才能繁衍诞育，生长生存。《周易·系辞下》云："是故易有太极，是生两仪。两仪生四象，四象生八卦。八卦定吉凶，吉凶生大业。"这里的所谓"太极"就是作为生命诞育之本源的"道"，而"两仪"即为"天地""阴阳"。正是在这种天地阴阳密不可分的交感施受之中，生命之产生、存在与化育才能成为可能。因此，《周易》乾卦《文言传》明确提倡"天人合一"，指出："夫大人者，与天地合其德，与日月合其明，与四时合其序，与鬼神合其吉凶，先天而天弗违，后天而奉天时。"在《周易》哲学系统中，"生生之谓易"与"天人合一"、"天人之际"、"致中和"、天地

---

① 蒙培元：《人与自然》，人民出版社2004年版，第4页。

人"三才说"等相互紧密联系，共同体现了中国古典形态的生态存在论的一种哲思，与西方古代以"理念论""模仿说"为代表的人与世界的主客二分的认识论哲学是不一样的。在这种生态存在论哲思中，人与自然相合并构成整体。蒙培元认为："客观地说，人是自然界的一部分；主观地说，自然界又是人的生命的组成部分。在一定层面上虽有内外、主客之分，但从整体上说，则是内外、主客合一的。"① 正是在这种人与自然构成整体的生态存在论哲思中，才产生了中国古代特有的以《周易》之"生生之谓易"为代表的生态审美智慧。

2. "乾坤""阴阳"与"太极"是万物生命之源的理论观念

在古代生态存在论哲思的基础上，《周易》才进一步阐述了万物生命之源的理论。所谓"周易"，顾名思义是周代对于"易"的秘密的揭示。《周易》阐述了是阴阳运行中乾阳之上升，成为万物生命之源。《周易》乾卦《象传》曰："大哉乾元！万物资始，乃统天"，将乾、阳看作是世界之"元"，万物的起始。对于与乾对应的"坤"，《周易》认为，它也是万物的根源。《周易》坤卦《象传》曰："至哉坤元！万物资生，乃顺承天。"坤所象征的地，是万物的"资生"之源。但是，万物与生命之产生的最后根源还是乾坤阴阳混沌的"太极"。这是包括中国在内的东方文化将万物之元归结为乾坤阴阳交感施受、混沌难分的"太极"，不同于西方将"物质"与"理念"作为万物之源。《周易》所说的生命，是包括地球上所有物体的"万物"。无论是有机物还是无机物，均由乾坤、阴阳与天地所生，都是有生命力的。这与西方现代生命论哲学将生命局限在有机物、植物、动物，特别是人类身上是有区别的。西方的这种生命论哲学与美学可以说有着明显的"人类中心主义"的色彩，而《周易》的生命论则更加具有生态的意义。当然，《周易》并没有忽视人的作用与地位，它在著名的"三才说"中将人放在"万物"之上的重要地位。人与天地乾坤须臾难离，在天地乾坤的交感施受中才得以诞育繁衍生存的。因此，《周易》包含有一种古典形态的人与自然万物共生共存的素朴的

①　蒙培元：《人与自然》，人民出版社 2004 年版，第 6 页。

生态人文精神。

3. 万物生命产生于乾坤、阴阳与天地之相交的理念

《周易》对万物与生命的产生过程进行了具体地描述，那是一幅天地、乾坤、阴阳的交感化生的图画。《周易》泰卦《象传》曰："天地交而万物通也。"也就是说，天地阴阳之气相交感，生成万物，所以叫"泰"。相反，"天地不交而万物不通"（《周易·否·象》），这就是"否"，是一种阻滞万物生长的卦象。《周易》咸卦《象传》进一步指出："柔上而刚下，二气感应以相与"，"天地感而万物生也"。咸卦卦象为艮上兑下，艮为刚为天，兑为柔为地，故柔上而刚下，地气上升而天气下降，刚柔、天地、阴阳相交而万物生。在这里，《周易》为我们展示了一幅古典的生态存在论的哲学图景。这里有天人相合的"泰"，也有天人不交的"否"。"泰""否"象征着人与天地万物的两种典型的生存状态。人是在"天人之际"，即天与人的紧密关系中得以生存的，天地之气相交、和谐的良好的生态环境会给人带来美好的生存，而天地不交的恶劣的生态环境会使人处于不好的生存状态。自然生态与人的生存息息相关。

4. 宇宙万物是一个有生命的环链的理论

《周易》构建了一个天人、乾坤、阴阳、刚柔、仁义循环往复的宇宙环链，这种环链是一种具有生命力的无尽的循环往复。《周易》乾卦"用九"爻辞："见群龙无首，吉。"乾卦卦象象征着自然界的有机联系，循环往复。乾卦六爻皆阳，象征着群龙飞舞盘旋，循环往复，不见其首。这才合于天之德（规律），合于自然界环环相连的情状和规律。而诞育万物的"太极"，实际上也是一幅阴阳、乾坤交互施受、环环相联的"太极"图式。所谓"易有太极，是生两仪，两仪生四象，四象生八卦"，八卦两两相叠，成六十四卦，阴阳相继，循环往复，从而构成一个天地人、宇宙万物发展演变的环链。这实际上在一定程度上描述了宇宙万物与人的生命的循环，是一种物质能量与事物运行规律交替变换的过程，是生命的特征之一。

5. "坤厚载物"之古代大地伦理学

《周易》对于坤卦所象征的大地伟大功德进行了热烈的颂扬，所

谓"坤厚载物""德合无疆"。《周易》坤卦的特征，体现了生养万物的高贵的母性品格。首先，大地是创生万物之本源，所谓"万物资生"；其次，大地安于"天"之辅位，具有恪尽妻道、臣道的高贵品德。《周易》坤卦《象传》称坤能"顺承天"，坤卦六三爻《象传》称："地道也，妻道也，臣道也，地道无成而代有终也"；再次，大地具有包容广大，广育万物的美德，又具有自敛含蓄的修养。坤卦《象传》称坤"含弘广大，品物咸亨"，坤卦《文言传》赞扬坤"至柔而动也刚"，"至静而德方"等；最后，大地具有无私奉献的高贵品格。坤卦《象传》称"地势坤，君子以厚德载物"，《周易·说卦传》称："坤也者，地也，万物皆致养也，故曰致役乎坤。"在人类文化的早期，能对大地的母性品格做出如此充分的描述与歌颂，这在世界上也是极为少有的——我们所熟知的西方著名的"盖娅定则"的提出已经是20世纪60年代的事情了。《周易》的这种"坤厚载物"的大地伦理观念，即便在现代的大地伦理学中也具有极高的理论价值，应该成为建设当代包括生态美学在内的生态理论的宝贵财富与资源。

二　《周易》的古代生态审美智慧

《周易》中的"生生之谓易"的古代生态智慧，具有丰富深刻的审美意蕴，生发并影响了中国古代的生态审美智慧。事实证明，《周易》的"生生之谓易"作为一种古代生态智慧本身就是一种"诗性思维"，包含着丰富的美学内涵。

1. 描述了艺术与审美作为中国古代先民的生存方式之一

《周易》是中国古代的一部卜筮之书，主要讲古人的占卜活动与观念。在原始的自然巫术与宗教氛围浓郁的时代，占卜是古人的一种精神生活和最基本的生存方式。而且，原始的占卜活动与巫术、礼仪、诗歌、乐舞等活动紧密地联系在一起，甚至具有一体性。由此，也可以说，占卜生活是与宗教、艺术、审美活动相伴而存在的。《周易·系辞上》以孔子的口吻指出："子曰：'圣人立象以尽意，设卦以尽情伪，系辞焉以尽言，变而通之以尽利，鼓之舞之以尽神'。"这里讲到的由立象设卦到鼓舞尽神的全部活动，意味深刻，对于我们理解古代的审美与艺术活动有着重要价值。所谓"鼓之舞之以尽神"，就是我国先民诗、舞、乐、巫、礼相结合的生存方式。甲骨文的"舞"字，是一个巫者手里拿着两根牛尾在翩翩起舞的形象，说明艺术与审美活动是古代先民的与生命存在紧密相连的生活方式。我国古代审美与艺术活动的一个重要特点即是与人的最基本的生存方式紧密相联，乐与礼紧相联系，密不可分，渗透于人生活的方方面面。人们不仅在乐中获得娱乐，所谓"乐者乐也"，同时也在礼乐活动中获得与天地的沟通及与生活社会的和谐。正如《礼记·乐记》中所说，"大乐与天地同和，大礼与天地同节"，"乐在宗庙之中，君臣上下同听之，则莫不和敬；在族长乡里之中，长幼同听之，则莫不和顺；在闺门之内，父子兄弟同听之，则莫不和亲"。艺术与审美活动渗透于生活的各个方面，这即是我国古代生态生活的生命审美活动的特点。

2. 提出了中国古典的"保合大和""阴柔之美"的基本美学观念

《周易》乾卦《象传》提出了"保合大和，乃利贞"的论断。"大和"，是中国古代最基本的哲学与美学形态，是一种乾坤、阴阳、仁义各得其位，而又和谐一体的"天人之和""致中和"的状态。诚如《礼记·中庸》所说，"喜怒哀乐之未发，谓之中；发而皆中节，谓之和。中也者，天下之大本也；和也者，天下之达道也。致中和，天地位焉，万物育焉"。这里的"中和"，是中国古代特有的美的形态，是以"天人之和"为核心的整体之美、生命之美、柔顺之美、阴柔之美。《周易》坤卦"六三爻"爻辞"含章可贞。或从王事，无成有终"，坤卦《文言传》指出："阴虽有美，'含'之以从王事，弗敢成也。地道也，妻道也，臣道也，地道而代有终也。"可见，阴柔之美是坤道之美、大地之美的典型体现。这是一种内含之美，是一种安于辅助之位的，以社会道德的传承为旨归的美。坤卦"六五爻"爻辞"黄裳元吉"，坤卦《文言传》解释道："君子黄中通理，正位居体，美在其中，而畅于四支，发于事业，美之至也。"坤卦"六五爻"居上卦之中位，是更具代表性的阴柔之美。《坤·文言》指出，"六五爻"辞说君子里面穿着黄色的裙子外加罩衫，这象征着君子身居于中正之位。"六五"以阴爻居阳位，是一种内蕴之美的体现。君子既身居中正之位，又含藏内敛着美德，因而可以将其美德发挥于治国平天下的事业之中，从而达到最高境界的美。坤卦之卦辞："坤，元亨，利牝马之贞。君子有攸往，先迷，后得主，利。西南得朋，东北丧朋，安吉贞。"这也是"黄中通里，正位居体"之美学意识的体现。"元亨""安吉贞"，说明阴阳乾坤各居其位，各尽其职。这样即使一度迷失道路，最后也会迷途知返，受到主人接待而大为有利；即使一时失去朋友。最后也会失而复得而平安吉祥。坤卦的"阴虽有美"，体现了《周易》所揭示的阴阳、乾坤"正位居体"，因而"天地交而万物通"，"天地变化，草木蕃"，促使人与万物之生命力蓬勃生长，这才是"美之至也"。这种观念，与《礼记·中庸》的"致中和，天地位焉，万物育焉"是完全一致的。这里的"正位居体"，就是阴阳乾坤各在其位，从而使万物生长繁育的"中和之美"，是天人协调之美，也是以大地的母性品格为其特征的阴柔之美、生命之美。

3. 体现了中国古代特有的"立象以尽意"的诗性思维

《周易》通过象、数、辞等多种方式来阐释易理。所谓"象"即"卦象"，是一种表现易理的图像，属于中国古代特有的"诗性思维"的范畴。《周易·系辞下》云："是故易者，象也。象者，像也。"易的根本就是卦象，而卦象也就是呈现出来的物之图像，借以寄寓易之义理。如观卦为坤下巽上，坤为地为顺，巽为风为入，表现为风在地上吹拂万物，在吹拂中遍观万物而使无一物可隐。其卦象为：两阳爻高高在上，被下面的四阴爻所仰视。《周易》的观卦就以这样的卦象来寄寓深邃敏锐观察的易理；再如震卦，是震上震下之重卦，有力地强调了震动的强烈。北宋程颐《伊川易传》说："震之为卦，一阳生于二阴之下，动而上者也，故为震。震，动也。……震有动而奋发震惊之意。"又说："其象则为雷，其义则为动。雷有震奋之象，动为惊惧之义。"[①]《周易》所有的卦象都是以天地之文喻人之文，也就是以自然之象喻人文之象，这与中国古代文艺创作中的"比兴"手法

---

① （宋）程颐：《周易程氏传》，王孝鱼点校，中华书局 2011 年版，第 292 页。

是相通的。所谓"比",按《说文解字》的解释,"比者,双人也,密也"①。这说明,我国古代的"比兴"手法,是以自然为友、具有生态友好内涵的。这种观念主要就来自于《周易》。《周易》比卦揭示了相比双方亲密无间的内涵。比卦《彖传》曰:"比,吉也。比,辅也",道出了"比"的亲密无间之意。比卦《象传》云:"地上有水,比。"比卦为坤下坎上,坤为地,坎为水,地得水而柔,水得土而流,地与水亲密无间,这就是"比"的内涵所在,与《诗经》中的"比兴"方法,均体现了人与物、物与物、人与人相亲和的生态审美关系。《周易》的"象"与"意"的关系,实际上也是一种以"象"(符号)暗喻着某种天地运转、生命变迁的之"意",与《尚书·尧典》之"诗言志"、刘勰《文心雕龙·神思》篇之"神用象通"等观念都是一脉相承的,暗喻了某种天人关系的生命之"意义"。这与西方共性与个性相统一的"艺术典型"说的内涵也是大为不同的。

4. 歌颂了"泰""大壮"等生命健康之美

《周易》所代表的中国古代以生命为基本内涵的生态审美观,还歌颂了生命健康之美。《周易》乾卦象征着"天行健",体现了"君子以自强不息"(《乾·象》)的审美追求,歌颂了一种富有生命力的健康的阳刚之美。泰卦对这种阳刚之美进行了更为深入的论述,泰卦卦辞说:"泰,小往大来,吉,亨",泰卦乾下坤上,乾阳由上而下降,坤阴自下而上行,阴阳之气相交通成合,使天地间万物畅达、顺遂、生命旺盛。泰卦《彖传》诠释道:"'泰,小往大来,吉,亨',则是天地交而万物通也,上下交而其志同也。内阳而外阴,内健而外顺,内君子而外小人。"天地之气相交而万物通达,上下之交相交而志趣一致。内阳外阴,内健外顺,健康的生命力洋溢,因而通达顺畅。大壮卦是对健康强健生命力的又一次歌颂。大壮《彖传》曰:"大壮,大者壮也。刚以动,故壮。大壮利贞,大者正也。正大,而天地之情可见矣。"大壮卦乾下震上,乾为刚,震为动,所以"刚以动",并且强盛。当然,《周易》在称颂阳刚之美的同时,也对"坤

---

① 许慎:《说文解字注》,上海古籍出版社1988年版,第386页。

厚载物"的"阴柔之美"予以高度褒扬，尤其突出了大地承载万物、孕育生命的美德。这说明《周易》提出了"阳刚"与"阴柔"两种美学形态，它们是人的生命之美的两种本体的形态。

5. 阐释了中国古代先民素朴的、对于美好生存与家园的期许与追求

《周易》六十四卦卦爻辞的内容，基本上涵盖了先民们最基本的生存生活的各个方面，包括作物生产、饮食起居、社会交往、婚姻家庭、进退得失、生存际遇以及悲欢离合等。概括来说，先民们在这些基本生存与生活中追求的是一种美好的生存与诗意地栖居，即乾卦卦辞的"元亨利贞"四德。乾卦《文言传》解释道："元者，善之长也；亨者，嘉之会也；利者，义之和也；贞者，事之干也。"在这里，善、嘉、和与干都是对于事情的成功与人的美好生存的表述，是一种人与自然社会和谐相处的生态审美状态的诉求。高亨的《周易大传今注》认为，"亨，美也"，"品物咸亨"即"万物得以皆美"。①《周易》以乾为万物之本源，象征着带给大地与人类之无限生命能量的"天"，能够使得"云行雨施，品物流行"。在风调雨顺的情况下，万物滋养，繁茂昌盛，人民吉祥安康。所以，乾卦《象传》说"乾道变化，各正性命，保合大和，乃利贞"。这也正是"正位居体"的结果，"保合大和"即是一种"中和之美"。《周易》对家庭生活的安定、和谐给予了充分的期许。可以说，《周易》是较早出现"家园"意识的中国古代典籍，从而使"家园"意识成为世界上最早的具有审美内涵的美学理念。西方直到 20 世纪才在存在论美学、环境美学中出现了这一概念。《周易》首先在坤卦卦辞中提出了"安吉贞"，认为人只有走在正道上，才能安全归家，万事顺利。整个坤卦讲的就是"元亨"，揭示了大地作为人类得以幸福的安居之所。《周易》家人卦更寄托了希望家长明于治家之道，而实现家庭和美的良好愿望，家人卦"九五爻"《象传》说："'王假有家'，交相爱也"。坤卦《文言传》表露了对于幸福安庆之家的期许，所谓"积善之家必有余庆，积

———————————
① 高亨：《周易大传今注》，齐鲁书社 1979 年版，第 53、77 页。

不善之家必有余殃"。复卦则将外出者的归家视为一件美好的事情，"六二爻"爻辞说"休复，吉"。这里的"复"本指阴阳之气的复位，即复归宇宙运动之正道。而包括归家在内的"复"，就是"休"，即美好的事情。家人卦"六二爻""休复，吉"，《象传》说："休复之吉，以下仁也。"这意味着，能够使许多外出服役之人得以归家，是处于上位的人行仁义的结果。因此，《周易》提出，即使在不利的形势下，处于上位的人如果按照天道行事，也可以做到"硕果不食，君子得舆"（《周易·剥·上九》），就是说硕大的果实不致脱落，君子能够得到应有的车舆。这就是剥卦《象传》所说的"上以厚下安宅"，即处于上位的人有仁厚之心才能使人民得以安居。这说明，"休复""安宅"等美好的生存，是我国先民们所追求的审美的生存目标。《周易》对于"休复之吉"的论述，是最早的有关生态美学的"家园意识"的表述，具有重要的理论价值。

《周易》的"元亨利贞"四德与"休复之吉"，是人对美好生存状况的审美经验。从当代生态美学对人的"诗意地栖居"的追求来看，这是一种真正的美感，是一种与生态以及生命密切相关的生态审美智慧。

三　《周易》的生态审美智慧对后世的影响

《周易》"生生之谓易"的古典生态审美智慧对我国后世有着深远而重要的影响，并在很大程度上决定了我国在审美与艺术上不同于西方的基本形态与面貌，使之呈现出一种人与自然友好、和谐的整体的具有蓬勃生命力的美。

首先，从直接影响来说，《文心雕龙》在很大程度上继承了《周易》的"生生之谓易"的生态审美智慧。先看其《原道》篇，作为全书的首篇，该篇所原之"道"包含了《周易》的基本思想。正如刘勰在《原道》中所说，"文之为德也大矣，与天地并生者何哉？夫玄黄色杂，方圆体分。日月叠璧，以垂丽天之象；山川焕绮，以铺理地之形。……心生而言立，言立而文明，自然之道也"。又说："人文之元，肇自太极。幽赞神明，《易》象惟先"，"《易》曰：'鼓天下之动者存乎辞'。辞之所以能鼓天者，乃道之文也"。可见，《文心雕龙》的"原道"应该包括《周易》所述的"自然之道"与"文之道"。宗白华先生在《中国美学史中重要问题的初步探索》一文中提到了《文心雕龙》所涉及的两个卦象。首先是《情采》篇里提到的贲卦。《情采》篇指出，"是以衣锦褧衣，恶文太章；贲象穷白，贵乎反本"。也就是说，刘勰认为，穿着绸缎衣服，外加细麻罩衫，就是为了避免显得过于华丽。贲卦上九爻爻辞"白贲"，反映的正是一种向素朴的无色之美的回归。宗先生认为"要自然、素朴的白贲的美才是最高的境界"[1]；其次是《征圣》篇中提出的"文章昭晰以效离"。刘勰认为，文章写得明丽晓畅，是取象于《周易》的离卦。离卦《象传》曰："离，丽也。日月丽乎天，百谷草木丽乎土，重明以丽乎正，乃化成天下。"因此，离为附丽之象，又有明丽、照亮之意。刘勰要求文章应该达到离卦的以上要求。宗先生由此引申，得出了附丽美丽、内外通透、对偶对称、通透如网四种美学内涵。[2] 此外，《文心雕龙·比兴》篇也明显受到《周易》的影响。《比兴》云："故比者，附也；兴者，起也"，"观夫兴之托喻，婉而成章，称名也小，取类也大"。这些论述，大多取自《周易》。《周易·象》曰："比，吉也；比辅也"，阐述了"比"的相辅相成、吉庆友好之意。《周易》之"象"与"意"之关系，其实主要运用的是"比兴"手法，如以天地象阴阳，以自然物象比喻人事关系等。再如，《周易·系辞下》论《周易》的审美特征，云："其称名也小，其取类也大。其旨远，其辞文，其言曲而中，其事肆而隐。"显然，《周易》的这种审美特征，主要来源于其"象"与"意"的比兴关系。《文心雕龙》的其他篇章和相关论述，处处都可以看到《周易》影响。可以说，《周易》的基本的哲学美学精神已经渗透于《文心雕龙》之中。作为我国第一部系统的文学理论与美学论著，《文心雕龙》对中国美学与文艺思想的影响之巨大，与《周易》美学影响有很大关系。

---

① 宗白华：《艺境》，北京大学出版社1987年版，第333页。
② 同上书，第334—335页。

其次，更为重要的是，《周易》"生生之谓易""中和之美"的生态美学智慧已经作为一种人的生存方式表现于中国人生活与思维的方方面面，深刻地决定了中国人的审美方式的特点，并渗透于整个中国美学与艺术的发展过程之中。特别是《周易》所揭示的"正位居体"的"中和之美"，对形成中国古代特有的不同于西方的美学与艺术面貌具有极大的作用。中国古代诗论的"比兴""意象""意境""文气"与"诗言志"的文学思想都深受《周易》的"生生之谓易""正位居体""中和之美"等美学思想的影响。例如，对于后世影响深远的著名的"意象论""意境论"与"神思论"等，明显受到《周易》的"立象以尽意"与"鼓之舞之以尽神"的"象思维"的深刻影响。《周易》的"象思维"启示我们，中国古代文艺中的"象"，不仅拘泥于"象"之本身，而且是以"物象"反映"天象"与"天道"，以"人文"反映"天地之文"，这就是中国古代诗学与美学中的"象外之象""言外之意"与"味外之旨"等的深刻意涵。

中国画论中"气韵生动"的艺术理念也具有了古代生态与生命论美学的理论印迹。绘画美学的"气韵"说，主张在具体的物象中渗透着"生"之理与"气"之韵，更是《周易》美学的典型体现。《诗经》中的"风、雅、颂"诗体与"赋、比、兴"诗法都留有《周易》美学的影子。至于中国美学与艺术中特有的与自然友好、整体协调、充满生命张力与意蕴等感性的特点，更是与《周易》中的"生生之谓易"与"中和之美"的古典生态审美智慧密切相关。中国古代艺术，特别是诗、画，又大多以自然、山水、树木为其描绘对象，并在这种描绘中渗透着某种神韵。这样的美学与艺术特点与西方古代静穆和谐、符合透视律的雕塑之美是大相迥异的。与西方的"和谐、比例与对称"以及各种认识论美学的古典美学观念不同，中国古代美学是一种在"天人之际"的哲学背景下的更为宏阔的由"天人之交"而形成的"中和之美"、大地之美与生命之美。甲骨文"美"字就像人首上加羽毛或羊首等饰物之形，古人以此为美。也就是说，古人之所谓的"美"来源于戴着羽毛欢庆歌舞或者戴着羊头以歌舞祭祀，均有祈求上天降福以得安康吉祥之意，与具体的和谐、比例与对称没有太多关系。

事实证明，我们有着极为丰富的以《周易》为代表的、以"生生之谓易""保合大和"为基本观念的中国古典形态的生态、生命的美学。这样的美学体系需要我们在前人的基础上很好地研究总结，以建设中国当代的美学并参与世界美学的对话。

第七章

道家的生态审美智慧

中国传统文化是儒释道三家既鼎足而立，又互融互补的文化。虽然儒家被历代封建统治者尊奉为正统，但佛道两家在中国传统文化中的巨大作用却也不容忽视。考察中国传统文化中蕴含的生态审美智慧，撇开佛道两家便根本无法对其进行全面而深刻地把握。研究道家和佛教的生态美学智慧，对于当前的环境保护与美学建设都具有十分重要的启示意义。

中国传统文化在儒道两家的互补中，儒家作为中国封建社会的主流文化显然是不争的事实，但以老庄为代表的道家文化也在当代社会中愈来愈显示出特有的价值与意义，从而引起了东西方学术界的广泛重视。老庄哲学—美学思想作为东方古典形态的，具有完备理论体系和深刻内涵的存在论哲学美学思想与人生智慧，业已成为人类思想宝库中一份极为重要的遗产与疗救当代社会与精神疾病的一剂良药。本章试从生态存在论审美观的角度来探索老子与庄子哲学—美学思想的深刻内涵。

第一节　"道法自然"的生态存在论

"道法自然"讲的是宇宙万物运行的基本规律、根源、趋势，但这里所谓的规律、根源、趋势，完全不同于古代西方讲的"理念论""模仿论"等以"主客二分"为其特点的认识论思维模式，也不同于毕达哥拉斯讲的"数"。"道法自然"揭示的是一个存在论的哲学和美学命题，而非主客二分的认识论的哲学美学命题。唯有从存在论哲学的角度，才能解决宇宙万物和人类的共生问题。可以说，这一命题又包含着深刻的生态智慧。因此，对"道法自然"不能够从认识论和知识论的角度去理解。

首先，"道法自然"中的"道法"是讲宇宙万物诞育的根源，这个"道"就是宇宙万物和人类最根本的存在。老子说："道可道，非常道"（《老子·第一章》）。这里把"可道"，即可以言说之道，与"常道"，即永久长存、不能言说之道加以区别。"可道"，就是可以言说之道，属于现象层面的在场"存在者"，而"常道"就是永久长存、不能言说之道，属于现象背后不在场的"存在"。道家的任务，就是通过现象探索现象背后的不在场的存在——"常道"。通过"可道"来把握"常道"，通过可以言说之道来把握"常道"，这完全是一个古典形态的"存在"问题。

不仅如此，老子和庄子还有意识地在各自的理论中将作为存在论的道家学说与作为知识体系的认识论划清了界限。他们把人的知识分为两种：一种是普通的知识，即所谓的"知"；还有一种是最高的知识，即所谓的"至知"。对于普通的"知"，道家基本上是持否定态度的，并不是否定这种知识的存在，而是否定它的价值。他们主张"绝圣弃知"（《老子·第十九章》）。对于"至知"，最高的知，他们则是肯定的。庄子讲"知天之所为，知人之所为者，至矣"（《庄子·在宥》）。也就是说，庄子认为，能够认识到自然与人类社会的运行规律就是一种最高的知识，是为"至知"。这种"至知"，只有"真人"借助于道才能获得。所谓"是知之能登假于道者也若此"（《庄子·大宗师》）。这说明，他们所讲的"道"与通常的"知"是有严格界限的。既然"道"有"可道"与"常道"的区分，那么，表现形态就有"言"和"意"的区别。"言"就是"可道"，"意"就是"常道"。言和意有别，既有在场与不在场之别，又有紧密联系，既由"言"而出"意"，又要"得意而忘言"。《庄子·外物》篇指出："筌者所以在鱼，得鱼而忘筌；蹄者所以在兔，得兔而忘蹄；言者所以在意，得意而忘言。"庄子以生动的比喻指出，打鱼的人目的在于打到鱼，一旦打到鱼，就要忘记打鱼的竹笼；猎兔的人目的在捕到兔，一旦捕到了兔，就要忘记捕兔的网；说话人的目的在于表达更深的意义，一旦表达了意义，就需忘记借以表达意义的语言。在这里，庄子借助于筌和鱼、蹄和兔比喻言和意的关系，实际上涉及语言和存在的关系问题。在他看来，语言作为声音的组合，是属于在场的、现象界的，但却试图表达不在场的现象背后的"道"（即"存在"）。这种表达，在庄子看来几乎是不可能的。他认为，作为宇宙万物诞育之根的"道"，实际上只能意会，不能言传。因此，老子说："大音希声，大象无形，道隐无名。"（《老子·第四十一章》）庄子则讲："天地有大美而不言，四时有明法而不议，万物有成理而不说。"（《庄子·知北游》）在老庄看来，大音、大象、大美是无法用声、形、言来传达的。因为它们根本不存在于认识论的层面，而是属于存在论的范畴，只能通过审美的想象、精神的自由来体悟。老庄的这一思想，为中国古代艺术美学中影响深远的"意象"与"意境"之说奠定了基础，"意象""意境"之说是建立在道家存在论哲学—美学基础之上的，是有其极为深刻含义的，同西方建立在认识论基础上的所谓共性与个性统一的"典型论"迥然不同。

　　"道法自然"之"自然"，即是与"人为"相对立的"自然而然"——无须外力，无形无言，恍惚无为。这乃是道的本性。《庄子·田子方》篇借老子之口指出："夫水之于汋也，无为而才自然矣。""自然"如流动的水一样，这个水遇到了障碍物，产生了水的波浪，这是无为而为，自然而然，水的涌出无需外力，自然而为，就是一种"无为"，也是一种"无欲"。老子说："故常无欲，以观其妙。"（《老子·第一章》）没有欲，没有外力，方能观察到道的妙处，观察到宇宙万物的真正情态。"观"是什么？就是审视。审视不是占有，也不是认知，而是一种体悟。"观"是体悟，这种体悟是需要保持距离的。"观其妙"，是指永葆自然无为的本性才能体悟到道的深远高妙。这里的"无欲"，已经是一种特有的既不占有也不是认知，既超然物外，又对其进行观察体味的审美态度。老子主张"无为而无不为"（《老子·第四十八章》），也就是说，只有无为才能做到无所不为。"无为"与"无不为"是相应的，只有无为才能达到无不为。相反，如果不能做到无为，就做不到无不为。老子进一步解释道："万物作而弗始，生而弗有，为而不恃，功成而弗居。夫唯弗居，是以不去。"（《老子·第二章》）如果从人与自然的关系来理解，那就是要求人类任凭自然万物自然兴起，不对其最初的生长进行改造，生化万物而不占有，帮助万物生长，有所作为，对万物的生长取得成功而不因此居为万物的中心。正因为不居为万物的中心，人类应有的发展和地位反而能得到保证。

老子还提出了一个重要的生态存在论的审美观念，那就是"不争"的观念。他说："不尚贤，使民不争。"（《老子·第二章》）这里所谓的"不尚贤"，是指不过分的推崇贤人、名人，从而使人民不争功名而返回到自然状态。老庄将"不尚贤"的思想扩大到人和自然的关系当中，所谓"水善利万物而不争"（《老子·第八章》）。老子认为，道同水一样滋润万物而不与万物相争。正因为遵循道之无为不与天下争，"故天下莫能与之争"（《老子·二十二章》）。

庄子进一步将老子的"无为"发展成"逍遥游"的思想。"逍遥游"，按其本义，即通过无拘无束的翱翔达到闲适放松的状态，对庄子来说，它特指一种精神的自由状态。庄子的"游"分为两种状态：一种是"有待之游"，一种是"无待之游"。所谓"有待之游"，即有所凭借之游。日常生活的"游"，都是有待之游。搏击万里的大鹏要凭借风，野马般的游气和飞扬的尘埃，其游也要有所凭借。只有"游心"即心之游，才是"无待"的，即无需凭借，从而达到自由的翱翔。他说："汝游心于淡，合气于漠，顺物自然而无容于私。"（《庄子·应帝王》）"游心"，就是使自己的精神处于淡然无为的状态，顺其自然，忘记自己的存在，也就是精神抛弃偏失之挂碍，走向自然无为。这是一种由遮蔽走向澄明的过程，也是一种真正的精神自由。这种精神自由，可以凭思想自由驰骋而体悟万物。《庄子·秋水》篇载庄子和惠子的一段对话："庄子与惠子游于濠梁之上。庄子曰：'鯈鱼出游从容，是鱼之乐也。'惠子曰：'子非鱼，安知鱼之乐？'庄子曰：'子非我，安知我不知鱼之乐？'惠子曰：'我非子，固不知子矣；子固非鱼也，子之不知鱼之乐，全矣。'"庄子对惠子讲，河里的鱼游得从容，它多快乐。惠子反问：你不是鱼，你怎么能知道鱼的快乐？庄子说：你不是我，你怎么知道我不能知道鱼的快乐呢？这意味着：惠子的那种认识论式的小聪明，是不可能知道鱼的快乐的。只有庄子的无待之游，才能体悟到鱼的快乐。因为鱼的快乐不是认识的，而是体悟的。只有思想的自由驰骋，逍遥无为，才能体悟到鱼的快乐，这即是"游心"。"游心"是对庄子"道法自然"中"无为"思想的进一步深化和发展，是由去蔽走向澄明的过程。

第二节　"道"为"天下母"的生态生成论

道家关于宇宙万物之生成的思想，集中在"道为天下母"的观念，这是宇宙万物生成的根源的理论。天下万物诞育于"道"，道家之"道"不是物质或精神的实体，不属于认识论范围，没有主体—客体之分。道属于存在论的范围，是宇宙万物生成乃至于"存在"的总根源，也是一种过程或人的生存方式。用西方"主客二分"的认识论思维模式，是无法理解老庄所论之"道"及其道家思想的。老庄明确认为，宇宙万物乃至于人类诞育生成的总根源是"道"。这就提出了一个人类与万物同源的思想，从而使老庄的哲学—美学思想成为"非人类中心主义"的。老子说："有物混成，先天地生。寂兮寥兮，独立不改，周行而不殆，可以为天下母。吾不知其名，字之曰道，强为之名曰大。大曰逝，逝曰远，远曰反。故道大，天大，地大，王亦大。域中有四大，而王居其一焉。人法地，地法天，天法道，道法自然。"(《老子·第二十五章》) 老子认为，"道"是不可分离的浑然整体，它寂寞独立地存在，从不改变，循环变化而不衰竭，是"万物之母"。庄子则进一步提出"道为万物之本根"的思想。他说："今彼神明至精，与彼百化。物已死生方圆，莫知其根也，扁然而万物自古以固成。六合为巨，未离其内；秋豪为小，待之成体。天下莫不沉浮，终身不故；阴阳四时运行，各得其序。惛然若亡而存，油然不形而神，万物畜而不知。此之谓本根，可以观于天矣。"(《庄子·知北游》）庄子所说的万物生长、天下沉浮、四时运行所凭借的"本根"，实际上就是"道"，是宇宙万物生长运行的根源。

那么，道是如何成为创生宇宙万物之"母"或"本根"的呢？也就是说，"道"是如何创生宇宙万物的呢？这就涉及一个中间环节，那就是"气"，也就是阴阳之气交感中和以化生万物。"道"是一团气，气分阴阳，阴阳二气交感施受以成万物。老子说："道生一，一生二，二生三，三生万物。万物负阴而抱阳，冲气以为和。"（《老子·充四十二章》）庄子对这种观点加以进一步的阐释，他借孔子之口指出："至阴肃肃，至阳赫赫。肃肃出乎天，赫赫发乎地。两者交通成和而物生焉，或为之纪而莫见其形。"（《庄子·田子方》）庄子认为，至阴之气寒肃，至阳之气燥热。寒肃之气与燥热之气交感融合，从而创生出天地万物。这就是不见其形的道的作用。这就说明，老庄均认为宇宙万物的诞育生成是阴阳之气的交感中和的结果。老子更具体地用人的生育比喻万物之诞育。老子说："谷神不死，是谓玄牝。玄牝之门，是谓天地根。绵绵若存，用之不勤。"（《老子·第六章》）老子认为，广阔而虚空的元神不会死去，因为这是微妙的母性。这微妙的母性之门，是诞育天地万物的本根。它绵绵不断似乎永存，其作用永远不尽。这就是中国古代道家的阴阳冲和之气化育万物的思想，是以存在论为根据的宇宙万物创生论。它完全不同于西方以认识论为基础的物质本体或精神本体以及基督教中的上帝造人造物论。这是一种"中和论"哲学—美学思想，是中国传统哲学与美学中带有根本性的理论观点，有着天人、阴阳交感融合，万物诞育生成等极为丰富的内涵，完全不同于西方发端于古希腊而完善于德国古典哲学的"和谐论"哲学—美学理论。"和谐论"完全以认识论为其根基，以主客体、感性理性二分对立为其思维模式，以外在的物质形式的比例、对称、黄金分割，乃至共性与个性之关系为其理论内涵。而中国古代的"中和论"则是阴阳的中和混成，万物的生成诞育，是一种宏观整体上的交融合成。也就是说，这是一种存在论的哲学思维模式，完全迥异于"和谐论"的认识论哲学思维模式。庄子在《应帝王》篇讲的一个故事，可以形象地说明将"主客二分"的思维模式运用到作为存在论的"中和论"思想中所造成的严重后果。他说："南海之帝为儵，北海之帝为忽，中央之帝为浑沌。儵与忽时相与遇于浑沌之地，浑沌待之甚善。儵与忽谋报浑沌之德，曰：'人皆有七窍，以视听食息。此独无有，尝试凿之。'日凿一窍，七日而浑沌死。""浑沌"象征着阴阳之气交融中和，成为宇宙万物生成之本原。它是自然而然，顺其自然的，是一种存在。但按照通常的知识，即认识论的观点，即儵和忽的观点，"人皆有七窍，以视听食息"，所以尝试凿之，结果日凿一窍，"七日而浑沌死"。这就说明，照通常的知识，用认识论的思维模式来规范作为存在论的"中和论"哲学—美学思想是行不通的，两者必然发生尖锐矛盾的。

老庄认为，"中和"之道作用非常大，不仅阴阳冲气以和可以诞育宇宙万物，而且"中和"之道还可以用以治国安邦。庄子借黄帝之口认为，阴阳协调的中和之"至乐"可以"调理四时，太和万物。四时迭起，万物循生。一盛一衰，文武伦经。一清一浊，阴阳调和，流光其声"（《庄子·天运》）。"中和"之道还可以养身。庄子借广成子之口说道："天地有官，阴阳有藏，慎守汝身，物将自壮。我守其一以处其和，故我修身千二百年矣，吾形未常衰。"（《庄子·在宥》）这种"守一处和修身"之道，就是中医养身理论的源头。

总之，老庄的"道为天下母"的思想，使人与自然万物在生成上有了共同的本源。这正是老庄十分重视的生态存在论审美观的内涵之一。

第三节　"万物齐一"论的生态平等论

"万物齐一"，即万物平等。也就是说，万物都是平等的，没有贵贱高下之分，不存在人类高于自然的问题。道家的这种思想，显然属于存在论，而非认识论。从认识论的角度来看，自然万物在客观上的确存在着长短优劣之别，不可能把它们加以同等对待；只有从存在论的角度，方可认为万物都具有"内在的价值"。因此，凡是存在的就是合理的，它们都有自己固有的地位与价值，都应该被同等看待。

老子有一段著名的话："故道大，天大，地大，人亦大。域中有四大，而王居其一焉。人法地，地法天，天法道，道法自然。"（《老子·第二十五章》）道与天地人是"域中"之"四大"，人居其一，这就确定了人与宇宙万物中平等的地位。老子说："天地不仁，以万物为刍狗。"（《老子·第五章》）老子遵循天道，反对春秋以来的仁义之学。他认为，天地按照天道运行，而不是按照仁学运行。天道是"道法自然""无为无欲"的，对万物没有偏私之爱，一视同仁地将万物看作"刍狗"。所谓"刍狗"，就是草做的狗，是一种很低贱的东西。这就说明，老子反对将人与万物分出贵贱，反对对人与万物有不平等的爱，而是主张将人与万物看作同样是平等的，没有高下伯仲之分。《庄子·齐物论》说："天地与我并生，而万物与我为一。"《庄子·秋水》有河伯与北海若的对话的寓言，阐述了物无贵贱，人与万物同一的道理。所谓"号物之数谓之万，人处一焉；人卒九州，谷食之所生，舟车之所通，人处一焉"。在茫茫宇宙之中，各类事物何止千万，而人只是其中之一；在九州之内，谷食所生，舟车所通之处，人也只是万分之一。庄子借河伯之口提问："若物之外，若物之内，恶至而倪贵贱？恶至而倪大小？"北海若回答说："以道观之，物无贵贱；以物观之，自贵而相贱；以俗观之，贵贱不在己。以差观之，因其所大而大之，则万物莫不大；因其所小而小之，则万物莫不小；知天地之为稊米也，知毫末之为丘山也，则差数睹矣。"（《庄子·秋水》）万物为什么没有贵贱？为什么没有大小？庄子认为，从道的存在论的角度看，物没有贵贱；从一己的角度看问题，只能是贵己而轻物；以世俗的道理看，贵贱不在己，是在外物；从数量比较的角度来看，万物的大小都是相对而言的，天地之大也可以被看作一粒小米，毫末虽小却又可将其看作大山。从不同的角度出发，就会有不同的贵贱观。在这里，庄子提出了观察问题的不同视角，提出"以道观之"的问题。"以道观之"的视角，是由"道"的"自然无为"的性质决定的。"道"的本性是自然而然，无欲无为，所以，从"道"的角度出发，事物本来就无所谓贵贱高下，人与自然万物也无所谓贵贱高下，更没有"中心"与"非中心"的区别。

庄子认为，道是无所不在的，体现于一切事物之中，这就提出了"万物齐一"的问题。《庄子·知北游》载庄子和东郭子的一段对话："东郭子问于庄子曰：'所谓道，恶乎在？'庄子曰：'无所不在。'东郭子曰：'期而后可。'庄子曰：'在蝼蚁。'曰：'何其下邪？'曰：'在稊稗。'曰：'何其愈下邪？'曰：'在瓦甓。'曰：'何其愈甚邪？'曰：'在屎溺。'东郭子不应。"这段话说明，通常被看成是极卑微下贱的蝼蚁、稊稗、瓦甓、屎溺之中也有道，说明万物是平等的。黑格尔的名言——"凡是存在的都是合理的"，从存在论的角度看确有一定的真理性。天地万物以多姿多彩的方式各自成为生态世界中不可缺少的一员，都具有其存在的价值。

庄子的"道无所不在"的观点非常重要，体现出一种古典形态的事物都具有内在价值的观念。《庄子·骈拇》曰："是故凫胫虽短，续之则忧；鹤胫虽长，断之则悲。"这里强调天地万物各有其自足的自然本性，改变万物的自然本性，即是对万物的损害。《庄子·德充符》描写了几个身体残疾的人，这些人尽管身体残废，但却具有崇高的德行。一个驼背人，其貌不扬，却因为德行崇高，所以男人都愿意做他的奴仆，女人都愿意做他的臣妾。庄子还提出了"无用之用"的问题，即是说一个事物虽没有通常所理解的价值，但因此反而能得保其天性，长期存在，因而"有用"。"无用之用"还意味着，某种事物、包括自然事物自身所秉有的不向外显示的内在价值，即所谓"德不形者"，德之"内保之而外不荡也"（《庄子·德充符》）。

《庄子·人间世》讲了一个寓言：

> 匠石之齐，至于曲辕，见栎社树。其大蔽数千牛，絜之百围，其高临山，十仞而后有枝，其可以为舟者旁十数。观者如市，匠伯不顾，遂行不辍。
>
> 弟子厌观之，走及匠石，曰："自吾执斧斤以随夫子，未尝见材如此其美也。先生不肯视，行不辍，何邪？"
>
> 曰："已矣，勿言之矣！散木也。以为舟则沉，以为棺椁则速腐，以为器则速毁，以为门户则液樠，以为柱则蠹。是不材之

木也，无所可用，故能若是之寿。"

匠石归，栎社见梦曰："女将恶乎比予哉？若将比予于文木邪？夫柤梨橘柚，果蓏之属，实熟则剥，剥则辱；大枝折，小枝泄。此以其能苦其生者也，故不终其天年而中道夭，自掊击于世俗者也。物莫不若是。且予求无所可用久矣，几死，乃今得之，为予大用。使予也而有用，且得有此大也邪？且也若与予也皆物也，奈何哉其相物也？而几死之散人，又恶知散木！"

栎社树树干周长百尺，像山一样高，树荫可以遮盖数千头牛，来观看的人像赶集一样多。但它的木质不能做舟船，不能做棺椁，不能做器物，不能做门窗，更不能做梁柱，所以，匠石认为它是不成材的、没有用处的"散木"。栎社树之神认为，匠石是用看待"文木"的看法看待自己。"文木"就是"柤梨橘柚，果蓏之属"，它们木材有用，果实可食，但是果实熟就被摘取，摘取时树木会被损害；树干、树枝成材就会被锯掉、砍伐。这些"文木"因为对人有用而使自己的生命、生存受到伤害，"此以其能苦其生"，所以不能完满、充分地穷尽自己的生命而常常中途就被伤害至死，所谓"不终其天年而中道夭"。它自己因为"无所可用"，所以能长得如此茂盛，"为予大用"。栎社树指出："物莫不若是。"人与树一样都是"物"，像匠石这样以"有用""无所可用"来"相物"，可以称为"几死之散人"。这个寓言提出了这样几个问题：第一，提出事物、特别是自然物"无所可用"之为"大用"的观点。所谓"无所可用"，是从世俗的功利和认知的角度来判断事物的价值，而"大用"则是从生态存在论的角度来判断事物的价值的。生态存在论认为，任何事物，特别是自然物均有其"内在价值"。这与老庄的道无所不在、遍及万物的观点是相互符合的。第二，提出了道家的生态存在论的"无为无不为"的哲学思想，即"无用无不用"。只有"无用"才能"无不用"，如果刻意追求有用，反而会无用。这就警示人类，如果过分追求"有用"的经济和功利目的，滥伐树木，滥用资源，污染环境，最后必然走到资源枯竭，环境恶化的"无所用"的境地。第三，提出了人与万物平等的问题。人类与自然万物都同样是物，在这一点上是平等的，因而不能以有用无用，用之多少的标准来要求他物，取舍他物。这实际上是"万物齐一"论的深化，也是对统治人类的"人类中心主义"的有力批判。《庄子·人间世》指出："人皆知有用之用，而莫知无用之用也。"这段话是有感而发的，在庄子所处的时代，无论是世俗的观念，还是影响极大的儒家学说，都是在"天命观"的前提下主张人在万物当中最为宝贵。老庄主张尊重自然，万物齐一。荀子批判庄子"庄子蔽于天而不知人"（《荀子·解蔽》），意味庄子只知道尊重自然，而不懂得人的道理。其实，从生态存在论观点看，这正是道家思想之可贵之所在。相对于道家来说，儒家更推崇人高于万物的价值，《荀子·王制》就通过将人与自然万物相对比，强调人"最为天下贵也"："水火有气而无生，草木有生而无知，禽兽有知而无义。人有气、有生、有知，亦且有义，故最为天下贵也"。《孝经》借孔子之口指出："天地之性，人为贵。"由此可见，老庄"万物齐一"论的观点在当时可谓难能可贵。

第四节　"天倪""天钧"说的生物环链思想

《庄子·寓言》云："万物皆种也，以不同形相禅。始卒相环，莫得其伦，是为天钧。天钧者，天倪也。"庄子认为，各种事物均有其种属，但以其不同的形状相互连接、转变。从始到终，互相紧扣好像环链，其间的变化条理是无法认知的。这是一种自然形成的循环变化的等同状态，也就是"天钧"。钧者，均也，意在说明万物都是均等的。在《齐物论》篇，庄子进一步从"万物齐一"的角度论述了"天倪"概念。"何谓和之以天倪？曰：是不是，然不然。是若果是也，则是之异乎不是也亦无辩。"庄子这里讲的"天倪"，意味着无论"是不是，然与不然"都是相同的，没有差别的。因此，庄子提倡，对"是"与"不是"、"然"与"不然"不要争辩，抛弃生死、是非等观念。因为一切事物都统一于"道"。从生态存在论审美观的视野理解，我们可以看到其所包含的深意：第一，明确提出了事物构成环链的思想。所谓万物"以不同形相禅，始卒若环"；第二，形成事物环链的重要原因，是事物之间具有联系性和统一性，即所谓"是不是，然不然"；第三，形成事物环链的根本原因，是它们都"寓诸无竟"，也就是都有着共同的生命本原——"道"；第四，这种"天倪"的思想也是对"万物齐一"论的一种补充，那就是万物所享受的平等都是在自己所处的环链位置上的平等，而不能超出这个位置，这才是"无为而为""自然而然"。由此可见，庄子"天倪"说在某种程度上包含了生态存在论中生物环链思想的基本观念，阐述了宇宙万物普遍共生、构成一体、须臾难分的普遍规律。

老庄的道家学说中还包含着人类应该尊重自然，按自然万物的本性行事，不要随便改变自然本性这样极为重要的生态观念。老子提出"辅万物之自然而不敢为"（《老子·第六十四章》）的思想，就是指尊重、辅佐万物的自然本性而不要随意改变。《庄子·至乐》篇有一则寓言：

> 昔者，海鸟止于鲁郊。鲁侯御而觞之于庙，奏《九韶》以为乐，具太牢以为膳。鸟乃眩视忧悲，不敢食一脔，不敢饮一杯，三日而死。此以己养养鸟也，非以鸟养养鸟也。夫以鸟养养鸟，宜栖之深林，游之坛陆，浮之江湖，食之鳅鲦，随行列而止，逶迤而处。

鲁侯"以己养养鸟"，用自己所享受的音乐、饮食来养鸟，致使海鸟"三日而死"。这实际以这个极端的典型的事例揭示人的一种错误的对待天地万物的态度——按照自己的意志规范、控制天地万物，将人的观念、欲望、方式强加于自然万物。庄子提倡"以鸟养养鸟"，即充分尊重"鸟"的自然本性，使其按自然本性在适宜的环境中生存。老子有一个重要的生态思想，这就是著名的"三宝"说。"我有三宝，持而保之：一曰慈，二曰俭，三曰不敢为天下先"（《老子·第六十四章》）。"慈"不是儒家的仁爱，而是道家"道法自然"的指示，包含无为、无欲、不侵犯自然的内涵；"俭"就是指性淡而不侈；

"不敢为天下先",就是不争。这"三宝"与道家的自然观有关。"慈"实为敬重自然、尊重自然的本意;"俭"是指不随便地掠取自然,过一种符合自然状态的生活;所谓"不敢为天下先",即万物都有各自的生存空间,不能搞人类中心主义,要对自然采取一种平等相处的态度。

第五节 "守中"与"心斋""坐忘"的古典生态现象学

老庄对于如何"体道",遵循"道法自然"的生态存在论审美观有着深刻的论述与探讨。总的来说,老庄认为,"道"不是依靠对知识的学习所能掌握的,而必须通过心灵的体悟、精神的修炼,从而达到一种摆脱物欲、超然物外的精神境界。这也恰是一种审美的境界与态度,从而使老庄的"道法自然"的生态存在论同审美相洽合,成为一种生态存在论审美观。

老子直接阐述了"道"之内涵,对"道"的掌握进行了必要的论述。老子说,"多言数穷,不如守中"(《老子·第五章》)。"守中"指的是一种精神的怡养和修炼,具有特殊的含义。对于老子提出来的"守中",庄子将其发展为"坐忘"与"心斋"。庄子在《大宗师》中假借孔子与颜回的对话提出并论述了"坐忘"之道:"仲尼蹴然曰:'何谓坐忘?'颜回曰:'堕肢体,黜聪明,离形去知,同于大通,此谓坐忘。'仲尼曰:'同则无好也,化则无常也。而果其贤乎!丘也请从而后也。'""坐忘"有三个要点:第一,"堕肢体",就是将自己生理的要求,一切外在的物欲统统抛弃;第二,"黜聪明",就是彻底抛弃自己精神上的一切负担,包括当时流行的儒家的仁义之说和其他各种学说知识,还有日常生活的知识;第三,"离形去知,同于大通",指只有在身体上和精神上丢掉这些负担,在超越了一切物欲和所谓知识之后,才能体悟到自然虚静之道,并与其相通。所谓"心斋",庄子在《人间世》假借孔子和颜回的对话:"回曰:'敢问心斋?'仲尼曰:'若一志!无听之以耳,而听之以心;无听之以心,而听之以气！听止于耳，心止于符。气也者，虚而待物者也。唯道集虚。虚者，心斋也。'"心斋"比"坐忘"更进了一步，讲述了一个人摒除杂念，养气悟道的修炼过程：第一步，"无听之以耳"，即摒弃感官对外物的感受；第二步，"无听之以心"，即摒弃理智对外物的认识；第三步，"若一志，气者也，虚而待物也"，也就是集中精神，凝聚虚静空明之气，去体悟天地万物的运行之道。显然，"心斋"是一种摆脱凭借感官的纯生理快感和理论的知识的过程，最后达到心之"无待"而做逍遥之游的审美境界。老庄的道家学说恰是通过这种"堕肢体，黜聪明，离形去知"的"坐忘"与"无听之以耳""无听之以心""虚而待物"的"心斋"，排除物欲的追求、纷争的世事及各种功利的知识，从而超越处于非美状态的存在者，直达到诞育宇宙万物之道，获得审美的存在。心之"无待"的逍遥游就是庄子所追求的审美的存在，所谓"坐忘""心斋"恰是一个由遮蔽走向解蔽，走向澄明之境的过程。庄子认为，只有至人、神人、真人、圣人等超凡脱俗之人才能达到离形去知、超然物外、通于道、达于德的"至乐"的审美境界。所谓"至人"，即是"天下奋棅而不与之偕，审乎无假而不与利迁。极物之真，能守其本，故外天地，遗万物，而神未尝有所困也。通乎道，合乎德，退仁义，宾礼乐，至人之心有所定矣"（《庄子·天道》）。庄子认为，所谓"至人"，是不与天下之人争权夺利，同流合污，他们处于无待的境界而不为利益所诱惑，穷极事物之真性，坚守其本原，所以能跳脱到具体的现象之外、抛弃万物的拖累，而精神不受困扰。与道相通，与德相合，告别仁义，摒弃礼乐，"至人"的心才能有所安定。

老子的"守中"，庄子的"坐忘"与"心斋"同当代现象学中所谓"本质还原"的方法是十分接近的。现象学中的本质还原，是将包括自己身体的日常事务、科学研究中的现实事物、宗教中的超验世界、甚至数学与逻辑的对象都一一放在括号之中悬搁起来，最后只剩下纯粹的自我意识之流，通过其显现与构造的过程去创造新的形象。这也恰是一个由认识论走向存在论，由存在者走向存在，由遮蔽走向澄明，由非美走向审美的过程。老庄的"坐忘"与"心斋"就是将现象界中的外物与知识加以"悬搁"，通过凝神守气而体悟宇宙万物之道的过程，最后达到"无待"之逍遥游的"至乐"之境。这正是一个超越存在者而走向审美的、诗意的存在过程，用通常认识论中可知与不可知的范畴是无法理解的。

第六节 "至德之世"的生态审美理想

老庄还对符合生态存在论要求的"至德之世"有所预言，寄托了他们的美好理想，给后世以深刻的启示。首先，他们论述了"道"和"世"的关系，也就是推行道家学说与社会发展的关系。他们总的观点是："道丧世亦丧，道兴世亦兴。"庄子说："由是观之，世丧道矣，道丧世矣，世与道交相丧也。道之人何由兴乎世，世亦何由兴乎道哉！道无以兴乎世，世无以兴乎道，虽圣人不在山林之中，其德隐矣。"（《庄子·缮性》）所谓"世丧"，即社会的衰败，既包括政治经济方面，也包括自然生态方面。因为在他们的宇宙观中，"天、地、人"都在"道"中。由此可见，生态问题归根结底是世界观问题，也就是庄子所说的"道之兴衰"问题。道兴则生态社会兴，人们可以按照"道法自然""清静无为"的观念建立一种"辅万物之自然而不敢为"的生活方式，从而建立人与自然普遍共生，中和协调，共同繁荣昌盛的生态和谐的社会。相反，道丧则生态社会丧。如果人们违背"道法自然"的观念，以"人类中心"为原则，攫取并滥伐自然，人与自然的协调关系必然会受到破坏，社会的衰败必然到来。鉴于战国时期的纷争动乱，老庄对这种"道丧则世丧"的情形也有所预见。

老子对当时社会的贫富悬殊、穷奢极侈、破坏生态的情形作了无情的揭露，他说："朝甚除，田甚芜，仓甚虚，服文采，带利剑，厌饮食，财货有余，是为盗夸。非盗也哉。"（《老子·五十三章》）当时的现实是，朝廷的宫室十分华美，田野却一片荒芜，仓库空虚，但达官贵人却穿着华美的服装，佩戴着锋利的宝剑，吃着精美的食品，钱财富足有余。老子认为，这就是一种强盗的行为，是对"道"的违背！老子从这些达官贵人"非道"的行为进一步地预见到生态和社会危机的到来，他说："其致之，天无以清将恐裂，地无以宁将恐废，神无以灵将恐歇，谷无以盈将恐竭，万物无以生将恐灭，侯王无以贵高将恐蹶。"（《老子·第三十九章》）在老子看来，只有得到"道"，天地社会才能安宁。如果天失去"道"，就无以清明并将崩裂；地失去"道"，就无以安宁并将荒废；作物失去"道"，就无以充盈并将亏竭；自然万物失去"道"，就无法生长并将灭亡；君王失去"道"，就无以正其朝纲并将垮掉。这应该是对"道"与"世"之关系的一种深刻认识，是对"非道"所造成的生态与社会危机的一种预见与描述。《庄子·胠箧》指出："上诚好知而无道，则天下大乱矣。何以知其然耶？夫弓弩毕弋机变之知多，则鸟乱于上矣；钩饵罔罟罾笱之知多，则鱼乱于水矣；削格罗落罝罘之知多，则兽乱于泽矣；知诈渐毒颉滑坚白解垢同异之变多，则俗惑于辩矣。"这应该是对当时社会现实的一种描述，也进一步阐述了"道与世"的关系，说明了不同的思想观念决定着不同的生活态度与方式，从而对社会造成不同的影响。《庄子·在宥》进一步描述了这种"天难"："乱天之经，逆物之情，玄天弗成；解兽之群，而鸟皆夜鸣。灾及草木，祸及止虫，治人之过也。"庄子在这里写的更多的是人与自然的关系，指出在错误的理论观念指导下必然有错误的行动，从而破坏人与自然的关系，造成"天难"这样的生态危机。不仅如此，庄子鉴于"非道"的情形十分严重，还预言了千年之后的生态危机与社会危机。《庄子·庚桑楚》借"偏得老聃之道"的庚桑子之口指出："吾语汝：大乱之本，必生于尧、舜之间，其末存乎千古之后。千世之后，其必有人与人相食者也。"千年之后人与人之相食，可以理解由于生态的破坏造成了严重的生态危机，资源枯竭，环境恶化，人类失去了最基本的生活条件。——人破坏了生态，使人失去生存条件，从而难以存活。

老庄还对按其"道法自然"所建立的生态社会提出了自己的社会理想。老子说："小国寡民，使有什伯之器而不用，使民重死而不远徙。虽有舟舆，无所乘之；虽有甲兵，无所陈之。使人夫结绳而用之。甘其食，美其服，安其居，乐其俗，邻国相望，鸡犬之声相闻，民至老死不相往来。"（《老子·第八十章》）老子这一段有关"小国寡民"的论述十分著名，许多人都耳熟能详，但是过去对其批判的较多，主要认为这是一种倒退的、小农经济的社会理想，是一种消极落后的乌托邦。如果局限于社会政治的、认识论的层面，这些批判都是没有错的，但从存在论的视角来看，这些观点还是有其重要理论价值的。

第一，这是对当时战国时期战争频繁、民不聊生、流离失所、动荡不安的黑暗现实的有力揭露和批判，是对当时人民处于非美的生存状态的有力控诉。

第二，追求一种节约、俭朴、安定、平衡、人同自然、社会和谐相处的生态型社会的理想。这一社会理想就其所包含的生态存在论的内涵来说还是有其积极意义的。在相当长的时期内，人们衡量一个社会是否进步，唯一所凭借的只是生产力的标准，似乎生产力前进了，社会就一定进步，而完全忽略了生态的标准。目前，国际上所通用的生活质量的评价体系，在一定程度上已经将生态标准包括了进去。老子从生态存在论的标准衡量当时的社会，认为当时的人们处于一种非美的生存状态。如果从这个角度评价老子的社会理想，那么就不能不承认其中包含着极有价值的成分。他主张回到尧舜之前的、结绳记事的原始社会，从历史的发展来看，这当然是不可能的，但毕竟寄托了老子力图建立一个符合其"道法自然"观念的生态社会的理想，这与孔子将其理想放在周代、西方人对古希腊盛世的历久不衰的追求没有什么不同。

庄子则在《马蹄》《胠箧》《缮性》《山木》等诸多篇章中寄托了"至德之世"和"建德之国"的社会理想。如《马蹄》篇中所讲的"至德之世"："夫至德之世，同与禽兽居，族与万物并，恶乎知君子小人哉！同乎无知，其德不离；同乎无欲，是为素朴，素朴而民性得矣。"他所理解的"至德之世"是人同鸟兽友好相居，人同自然万物同时并生，所以不需要分什么人与物、君子与小人，人与物、君子与小人都处于"无为无欲"的状态，都不离"道"与"德"这个根本，共同禀赋道之"无为无欲"、朴素无为的状态，而"民"之自然本性也因此得到保持和发展。庄子为我们所勾勒的"至德之世"中人与自然、人与人同秉的"无为无欲"之道而普遍共生、友好相处的美丽画面，实是一幅理想的生态社会蓝图。在《缮性》篇，庄子与老子一样，将他的"至德之世"放到了混茫之中的古代。他说："古之人，在混茫之中，与一世而得淡漠焉。当是时也，阴阳和静，鬼神不扰，四时得节，万物不伤，群生不夭。人虽有知，无所用之。此之为至一。当是时也，莫之为而常自然。"这就是庄子理想中古代的"至德之世"，同样反映了他对现实的批判，对于符合"道法自然"的"至一"的生态社会理想的追求，体现了人和万物和平共存的思想。

第八章

佛学的生态审美智慧

作为中国传统文化的有机组成部分，佛家无论是其基本教义，还是其宗教实践，都蕴涵了极其丰富的生态思想。本章概括论述佛教的生态审美智慧与禅宗的生态审美智慧，发掘其中的当代启示意义。

第一节　佛教的生态审美智慧

佛教的生态智慧的核心是众生平等，包含六个具体生态审美智慧的相关观点。

1. "佛性缘起"

"佛性缘起"论是佛教生态智慧的哲学基础。它是佛教有关宇宙、人生起源方面的基本观念，属于东方式的宇宙观、世界观，而迥异于西方现代"主客二分"与"人类中心主义"的宇宙观与世界观，其基本内涵是佛性为本、万物因缘际遇生成的哲学观。在世界本原问题上，佛教力主佛性为本。所谓"佛性"，就是指佛教所言的"佛心"、"清净心"与"真如"，是万物缘起之"源"。这种"佛性"既不是物质的实体，也不是精神的"实体"，而是一种"非无非有的寂灭之境"，即"知无我、无人、无寿命、自性空、无作者、无受者，即得空解脱门现在前"①。也就是说，佛性其实是一种"境界"与"过

①　（唐）实叉难陀译，林世田等点校：《华严经》第 2 卷，宗教文化出版社 2001 年版，第 650 页。

程"。这种"佛性本源论",超越了任何物质与精神的本体论,是一种既非物质又非精神、既非主体又非客体的"依正不二"。所谓"不二","指对一切现象应'无分别'或超越各种区别。《大乘义章》卷一:'言不二者,无异之谓也,即是经中一实义也。一实之理,妙寂理相,如如平等,亡于彼法,故云不二'"①。"佛性缘起"的"不二"之义,是与以自然生态为敌的"人类中心主义"根本不同的。所谓"缘起","大意是说宇宙一切都互为因果,无数因引出一果,一因引出无数果,相互包含,互不妨碍,彼此摄人,重重无尽"②。佛教著名的《缘起偈》:"诸法从缘起,如来说是因;彼法因缘尽,是大沙门说",也就是"一切即是一,一既是一切"之意。《华严宗》用"因陀罗网"说明"佛性缘起"中各种因缘关系的交相辉映。正如《华严经》所言,"次有香水海,名曰宫清净影,世界种名遍人因陀罗网"③。据描述,这个网是佛教天宫中的一张由无数宝石接成的,其中每一颗宝石都会映现其他的宝石,所有的宝石都是无限交错、重叠无尽的,以此比喻世界万物相互映衬,相互包含渗透。佛家认为,"佛性因缘"就是宇宙世界得以运转的根本原因。所谓"一切有为,有和合则转,无和合则不转。缘集则转,缘不集则不转"④,这种"佛性缘起论"在世界历史上有着重要影响。德国哲学家海德格尔在论述人与万物交融互渗的"世界"概念时运用了"因缘"的佛学内容,而美国生态伦理学家罗尔斯顿在阐述自己的大地伦理学时也借用了"因陀罗网"的观念。他认为,要发展大地伦理学,就必须懂得不同物种所组成的生态网络关系的整体性。这就告诉我们,"佛性缘起论"充分说明了人与自然万物难分难舍的因缘际遇关系。

---

① 《宗教辞典》,上海辞书出版社 1981 年版,第 128—129 页。
② 刘克苏:《中国佛教史话》,河北大学出版社 1999 年版,第 236 页。
③ (唐)实叉难陀译,林世田等点校:《华严经》第 1 卷,宗教文化出版社 2001 年版,第 170 页。
④ (唐)实叉难陀译,林世田等点校:《华严经》第 2 卷,宗教文化出版社 2001 年版,第 651 页。

2. "善恶业报"

"善恶业报"表明，佛教非常重要的人生观与伦理观，对于建设当代的生态文明具有重要价值。这是所有佛教宗派共同认可的一种理论观念，诚如冯友兰所说："虽说佛教有许多宗派，每个宗派都提出了某些不同的东西，可是所有的宗派一致同意，他们都相信'业'的学说。"① 所谓"业报"，即是"'业'与'报'的并称，意为业的报应或业的果报，用以说明人生与社会差别的佛教原理。谓有身、口、意三业的善恶，必将得到相应的报应"②。在这里，"业"是人的行为、动作，而"报"则是这种行为与动作所造成的结果。佛教力主"善有善报，恶有恶报"，而分别善恶的标准就是佛家所规定的若干戒律，主要为"五戒"，即"所谓不杀、不盗、不邪淫、不妄语、不饮酒"③。"不杀生"是"五戒"之首，说明善待自然生态在佛教伦理观中的重要地位。"五戒"是佛教划分善恶的标准。尊者为善，违者为恶；尊者可以得到超度，违者则要打入恶道。正如《华严经》所说，"一切众生入见稠林，住于邪道，于诸境界起邪分别，常行不善身语意业，妄作种种诸邪苦行，于非正觉生正觉想，于正觉所非正觉想，为恶知识之所摄受，以起恶见，将堕恶道"④。佛教力主生死轮回之说，有"三界"之说，即"欲界、色界与无色界"；还有"五道"轮回说，即指"地狱、饿鬼、畜生、人、天"。地狱、饿鬼与畜生为恶道，而人、天为善道。尊五戒行善者死后进入善道，而违背五戒者则被打入恶道。《华严经》指出："佛子，此菩萨摩诃萨又作是念：十不善业道，上者地狱因，中者畜生因，下者饿鬼因。于中杀生之罪，能令众生堕于地狱、畜生、饿鬼。"⑤ "杀生"将会被打入恶道，甚至永世不得超生，这成为佛教爱憎、赏罚分明的重要生态伦理观。

---

① 冯友兰：《中国哲学简史》，北京大学出版社1996年版，第208页。
② 《宗教辞典》，上海辞书出版社1981年版，第282页。
③ 同上书，第167页。
④ （唐）实叉难陀译，林世田等点校：《华严经》第3卷，宗教文化出版社2001年版，第1213页。
⑤ （唐）实叉难陀译，林世田等点校：《华严经》第2卷，宗教文化出版社2001年版，第620页。

3. "众生平等论"

这是佛教生态观与生态审美智慧的基本价值观，是佛教代表性的生态思想。所谓"众生平等"，首先是由佛教最基本的"佛性缘起"的哲学观所决定。由于佛家认为世界万物的根源都是作为"无相"的佛性，所以万物皆平等。《华严经》"十地品现前地六"专门阐述了菩萨经过修炼可进入第六前现地，在前现地观察"十平等法"。其内容是："所谓一切法无相故平等，无体故平等，无生故平等，无灭故平等，本来清净故平等，无戏论故平等，无取舍故平等，寂静故平等，如幻、如梦、如影、如响、如水中月、如镜中相、如焰、如化故平等，有无不二故平等。"① 这里所说的"无体""无生""无成""无取舍"等均是佛性"无相"的基本特征，说明万物都以佛性"无相"为本，因而是平等的。这就是佛教的"依正不二"的"中道观"所决定的万物在根本上的无差别论。同时，佛教又进一步认为，作为一切有情、有生命之物的众生也是平等的，这就是著名的"众生平等"观。这里的"众生平等"包含着极为丰富的内涵，首先是"众生都有佛性"，正如《大般涅槃经》所言，"一切众生悉有佛性"②；而且，一切众生都面临着"善恶轮回"——包括人类在内的所有有情之物都面对着"善有善报，恶有恶报"的天命，概莫能外。在这一点上，人与万物众生都是平等的。佛家的另一个重要思想是充分阐述了在菩萨的"普度众生"的大慈大悲情怀方面众生也是平等的，只要努力行善都有得到菩萨超度的机会。唯其如此，才使人们在悲苦的人生中看到希望之光，在可怕的灾难中看到光明的前途。佛教认为，大慈大悲，超度众生是佛性与佛法之首。《华严经》指出："此菩萨于念念中，常能具足十波罗蜜。何以故？念念皆以大悲为首，修行佛法向佛智故。"③ 这种大慈大悲普度众生的生态平等观，是佛教独具的非常

---

① （唐）实叉难陀译，林世田等点校：《华严经》第 2 卷，宗教文化出版社 2001 年版，第 648 页。

② 转引自刘克苏《中国佛教史话》，河北大学出版社 2010 年版，第 55 页。

③ （唐）实叉难陀译，林世田等点校：《华严经》第 2 卷，宗教文化出版社 2001 年版，第 657 页。

有价值的生态伦理观念，说明无论人类以前对于自然生态的态度如何，只要一心向善，改变观念，善待自然，就具立地成佛的可能。这对于鼓励人们改变态度，树立正确的生态观念，具有积极的意义。

4. "善根果报"

所谓"善根果报"是说，人只要行善积德，大地就会向你奉献无尽的宝藏，这是佛教特有的大地观。从人类善待大地必得善报来说也不是没有道理，因而有值得借鉴之处。《华严经》在"入法界品"中讲到，善财到了趣摩羯提国菩提内安住神所，百万地神同在其中。这一段阐述了佛家"善根果报"的大地观，告诉人们只要向善，大地就会给予人类以丰厚的回报。《华严经》告诉人们，大地"必当普为一切众生作所依处"①，也就是说，大地是众生赖以生活的"所依处"，是众生的生存家园。只要有情众生特别是人类行善积德、善待大地，大地定会善待众生。《华严经》还告诉人们，地神安住告诉善财童子："汝于此地曾种善根，我为汝现，汝欲见不？"善财表示愿意见到，于是，"时安住地神以足按地，百千亿阿僧祇宝藏自然涌出，告言：'善男子，今此宝藏随逐于汝，是汝往昔善根果报，是汝福力之所摄受，汝应随意自在受用。'"② 这就说明，在佛教的理论中，人类只要行善积德、特别是善待大地，大地就会同样地善待人类，为人类营造美好的家园。

5. "修行解脱"

佛教徒有一个修行的过程，通过这种修行借以超越物欲达到"心灵净化"，从而从对于自然的无休止的贪欲中解脱出来，真正做到以生态审美的态度对待自然。这有点像基督教的"礼拜"、伊斯兰教的"斋日"、道家的"心斋"、现象学的"悬搁"。佛教的修行通过戒、定、慧的过程，力求达到一种超脱凡尘物欲的境界。大乘教认为需要通过"十地"的修行过程，才能真正实现解脱。《华严经》中具体阐

---

① （唐）实叉难陀译，林世田等点校：《华严经》第 3 卷，宗教文化出版社 2001 年版，第 1208 页。
② 同上。

述了一个虔诚的修士善财童子在文殊菩萨指导下走过十品地刻苦修行的艰苦过程。一开始，文殊菩萨就要求善财童子"求善知识勿生疲懈，见善知识勿生餍足，于善知识所有教诲皆应随顺，于善知识善巧方便勿见过失"①。经过九地的刻苦修炼，终于到达最后的第十"法云地"，达到禅定的境界。金刚藏菩萨对此评价道："以如是无量智慧观察觉了已，善思惟修习，善满足白法，集无边助道法，增长大福德智慧，广行大悲，知世界差别，人众生界稠林，入如来所行处，随顺如来寂灭行，常观察如来力、无所畏、不共佛法，名为得一切种、一切智智受职位。"② 这是一种"集无边道法，增长大福德智慧，广行大悲，知世界差别"，并真正得佛学"三昧"的高度"觉悟"之境。只有处于这样的境界才能自行解脱、超越物欲，真正以审美的态度对待自然生态。

6. "西方净土"

"西方净土"观，是佛教的生态理想。净土又称清净国土、佛刹、佛土等，是佛的居所，也是大乘佛教追求的理想国，又称西方极乐世界，与世俗众生居住的"秽土"相对。净土是什么样的情况呢？佛教有一个描述：秩序井然，有着丰富甜美的水、树木鲜花繁茂、有着优美的音乐、丰富奇异的鸟类，还藏有增益身体健康的花雨，并有清新的空气、风等；且看《华严经》所讲西方净土"莲花藏世界"："此华藏庄严世界海大轮围山，住日珠王莲华之上。栴檀摩尼以为其身，威德宝王以为其峰，妙香摩尼而作其轮，焰藏金刚所共成立。一切香水流注其间。众宝为林，妙华开敷，香草布地，明珠间饰，种种香华，处处盈满，摩尼为网，周匝垂覆。"③ 这是多么清净美丽的世界啊！真的是没有任何污染的清洁之境，是令人类向往的地方。

---

① （唐）实叉难陀译，林世田等点校：《华严经》第 3 卷，宗教文化出版社 2001 年版，第 1100 页。

② （唐）实叉难陀译，林世田等点校：《华严经》第 2 卷，宗教文化出版社 2001 年版，第 687 页。

③ （唐）实叉难陀译，林世田等点校：《华严经》第 1 卷，宗教文化出版社 2001 年版，第 135 页。

第二节　禅宗的生态审美智慧

禅宗是唐代中期以后产生的，完全中国化的佛教宗派，吸收了中国传统文化中的儒道玄学的有关哲理，形成的具有中国特色的宗教文化。它以禅立宗，以自性关照为本，包含着丰富的生态智慧，具有鲜明的特点：

1. 人与自然和谐的境界

禅宗力主在自性关照或自我关照的禅定中达到一种融化物我、人与万物自然统一的境界。这种境界是一种人与自然的和谐统一。

《坛经》指出："此法门中，何名坐禅？此法门中，一切无碍。外于一切境界上念不起为坐，见本性不乱为禅。何名为禅定？外离相曰禅，内不乱曰定。"① 也就是说，所谓禅定，从外部说，即是摆脱一切物质和精神的形象相；从内部说，即为精神气息止定不乱，从而做到"一切无碍"。这是一种对人与自然、物质与精神对立的消解过程。日本禅学大师铃木大拙指出，境界之"境"源于梵文 Gacara，本指牛吃草或走动的场地。牛有吃草的场所，人有心灵活动的领域，这就是一种对"境"的领悟过程，也是人与自然和谐统一的过程。自然成为禅宗境界的体现，南宋宏智正觉禅师："来来去去山中人，识得青山便是身。青山是身身是我，更于何处著根尘？"② 在这里，人与自然是一体的，只有融入青山绿水之中，方能得道成佛。唐代以后，大量的山水诗、山水画等类型，都和禅宗的发展有很大的关系，表现了人与自然融合的审美境界，正是一种与禅定密切相关的古典生态审美智慧的体现。例如，王维的《袁安卧雪图》，将南国的芭蕉与北国的白雪放在一起，以喻佛家超凡脱俗的境界。

2. 在人与自然的融合中，对人的生命无限追求的无生之境

禅宗与传统佛学有一个区别，传统佛学不重视在世，在现世做勤

---

①　（唐）慧能著，郭朋校释：《坛经校释》，中华书局 1983 年版，第 37 页。

②　《宏智禅师广录》，《禅宗语录辑要》，上海古籍出版社 1992 年版，第 605—606 页。

苦修行，追求来世成佛；禅宗既重视来世，又重视现世，追求现实生活的安定平稳。什么是禅？禅宗认为，一切的行为都可以是禅。禅宗突出之处，是人对生命的重视。传统佛教是轻现世的，禅宗则是重生的。人的生命虽是有限的，但自然是无限的，在有限的生命与无限的自然融合中，追求一种生命的无限性。此即著名的"无生观"。《坛经》讲到：慧能法师向上座法海历诵先代五位祖师的《传衣付法颂》，五祖弘忍的法颂是："有情来下种，无情花即生，无情又无种，心地亦无生。"① 在弘忍看来，有情之人播下种子，只有依靠具有无限性的无情之地，花才能开放。因此，有情之人化入无情之土，人的生命才能做到无限、无生，有情和无限的结合才能做到无生。这在佛教中是一种难得的、对人的现世生命加以重视的理论。

3. 万物均有价值的心性论

禅宗是一种通过渐悟或者顿悟领会佛理的一种禅学理论。北宗行渐悟，南宗尚顿悟。心性论是其重要的理论观点，《坛经》强调"代相传法。法以心传心，当令自悟"②。禅宗法师在挑选接班人时，一般有两个途径：一是每个人写份偈语；二是口占偈语，体现智悟。这里，心就是性，性就是心。心是世界本体，性是世界本质，心与性是直接统一的，是一种人性化的佛性论。摩诃是大，即心量广大，佛心无限广大，它能包含天地山河、草木、善恶。在这种包含当中，一切万有、万物，在佛性面前都有它的价值，包括恶，无恶就不会有善。心性论，是有智性的领悟和包容，所以，"佛是自性作，莫向身求"。自性明，佛就是心性。佛就是众生，就是大地；智性悟，众生就是佛。《坛经》讲到，慧能法师来自广东少数民族，求见弘忍大师修道得法。弘忍大师言："汝是岭南人，又是獦獠，若为堪为佛？"慧能答曰："人即有南北，佛性即无南北，獦獠身与和尚不同，佛性有何差别？"③ 人分南方人北方人，但是佛性没有南方北方差别。在禅宗视野

---

① （唐）慧能著，郭朋校释：《坛经校释》，中华书局1983年版，第104页。
② 同上书，第19页。
③ 同上书，第8页。

中，人无南北、人种、人物之差别，在秉承佛性上，都是平等的。这必然导致一种佛教的生态平等观。

4. 悬隔物欲，善待自然的禅定之法

禅宗倡导一种善待自然的禅定之法，分渐修、顿修两种，但都取排除物欲和杂念的途径。所以，《坛经》中慧能法师的著名偈语即为："菩提本无树，明镜亦非台。本来无一物，何处惹尘埃。"悟到了这个偈语，就能见到自己本身的佛性；按照这个修行，就能抛却物欲。禅宗的彻悟，有很多途径和方法。如，禅定、公案、机锋、棒喝、呵佛骂祖、平常心等。禅者通过这些途径，瞬间突破色和空的界限。色就是万物，空就是佛；色即是空，空即是佛。打破色，才能进入空；打破了人与自然的界限，才能使万物一体。《坛经》记述了慧能法师棒喝神会法师的故事："大师起把，打神会三下，却问神会：'吾打汝，痛不痛？'神会答言：'亦痛亦不痛。'六祖言曰：'吾亦见亦不见。'神会又问大师：'何以亦见亦不见？'大师言：'吾亦见者，常见自过患，故云亦见。亦不见者，不见天、地、人过罪，所以亦见亦不见也。汝亦痛亦不痛如何？'神会答曰：'若不痛，即同无情木石；若痛，即同凡夫，即起于恨。'大师言：'神会向前，见不见是二边，痛不痛是生灭。汝自性且不见，敢来弄人？'"① 这说明，禅者在棒喝中消解了痛与不痛、见与不见、禅与凡夫的界限，达到人和自性的一体。

5. 净土在世的生态实践观

禅宗的净土观比较特殊。前面提到，佛教的净土观是一种理想，一种理想国。禅宗则主张净土即在世间，无须到西方世界苦求，即可以通过对现实世界的改造，实现净土的世界。这是另一种具现实性的生态实践观。

---

① （唐）慧能著，郭朋校释：《坛经校释》，中华书局1983年版，第90页。

第九章

中国传统绘画艺术中的生态审美智慧

中国作为文明古国，其文化、艺术与审美观念上一直以"究天人之际"为目标。其中不仅蕴涵着丰富的古典生态审美智慧，而且也发展出不同于西方美学与艺术的形态。这一点在中国传统绘画中有着明显的体现。

第一节　国画是中国特有的"自然生态艺术"

本来，艺术是相对于自然而言的，是一种明显区别于自然的文明形态。西方绘画发展并成熟于文艺复兴与启蒙时期，与工业革命紧密相关，从工具、颜料到著名的"镜子说"的创作原则都充分地说明了这一点。而国画由于产生发展并成熟于自然经济条件之下，所以是距离自然最近的一种艺术门类。

先从国画使用的工具来说，所谓"文房四宝"，即笔墨纸砚，都是自然的物品，不同于西画的人工制品的画笔与化学颜料。诚如当代著名国画家张大千所言："笔、墨、纸三种特殊材料，是构成中国画特殊风格的要素。这是为中国绘画所独有，和其他各国区别最大的特征。"[①] 笔是由羊、兔、狼等动物毛发制成的毛笔，墨由松烟、油烟制成，纸则是由植物纤维制作的宣纸，砚也是由自然的崖石或由泥土烧制而成，所用的颜料也是天然矿物质，或取自植物。从绘画种类来

---

① 陈滞冬编：《张大千谈艺录》，河南美术出版社1998年版，第95页。

讲，西画以人物画为主，而国画自魏晋后山水画就占据非常重要的位置，成为国画正宗。

再从艺术创作原则来说，国画力主一种"自然"的艺术原则。所谓"自然"，清人唐岱《绘事发微》言："以笔墨之自然合乎天地之自然，其画所以称独绝也。"在《绘事发微》的《自然》篇，唐岱具体论述道："自天地一阖一辟，而万物之成形成象，无不由气之摩荡，自然而成。画之作也亦然。古人之作画也，以笔之动而为阳，以墨之静而为阴。以笔取气为阳，以墨生彩为阴。体阴阳以用笔墨，故每一画成，大而丘壑位置，小而树石沙水，无一笔不精当，无一点不生动。"这里告诉我们，所谓"自然"，即为中国古代思想的天地万物由阴阳之气激荡交感而成的自然规律。诚如老子所言，"道生一，一生二，二生三，三生万物。万物负阴而抱阳，冲气以为和"（《老子·第四十二章》）。"自然"的艺术原则在国画中表现得十分明显，国画基本上依靠动与静、笔与墨、浓与淡、墨与彩以及画与白等对立双方交互统一而表现出艺术的力量。例如，宋代苏轼的《木石图》，就是极为简洁的枯树一株与顽石一块，画面是大量的空白，但却通过这种画与白、石与树以及笔与墨的自然形态的对比表现了文人的傲然挺立的精神气质。相反，西画则是一种诉诸于科学的画法。正如欧洲文艺复兴时期绘画大家达·芬奇所说，"绘画的确是一门科学，并且是自然的合法的女儿"，"美感完全建立在各部分之间神圣的比例关系上，各特征必须同时作用，才能产生使观者往往如醉如痴的和谐比例"[①]。达·芬奇的名作《最后的晚餐》就是这种和谐比例的典范：整幅画以镇静自若的耶稣为中心，分左右两列排列众使徒，透视集中，比例对称，表情各异，充分表现了文艺复兴时期一种特有的惩恶扬善、拯救民众的人文精神。

第二节　国画特有的"散点透视法"

"透视"即绘画的视角，反映着不同的艺术观念。西画基本上采

---

① 转引自李醒尘《西方美学教程》，北京大学出版社 1994 年版，第 137 页。

用"焦点透视法"，又称"远近法"。这是以画家的固定的视角为出发点，根据物体在视网膜上形成的远近大小、近实远虚的现象进行绘画的方法。这种"焦点透视法"，实际上是一种以科学的光学理论与几何学理论为指导的绘画创作方法，为达·芬奇所极力推崇。他在其著名的《绘画论》中指出："实习常常必须站在正确的理论上，而'远近法'是它的引路者，是入门的方法，就绘画来说，没有它，什么事也不能好好进行。"① 显然，这是一种科学主义的绘画理论与方法，当然自有其价值，并且也在长期的西画实践中取得了辉煌的成就。但这种方法只允许在画面上有一个视点中心，如果单从远虚近实、远小近大、阳显背蔽的光学与几何学原则来看，当然是没有问题的，但如果从自然万物平等的原则来看，其缺陷则是十分明显的。这种"焦点透视"的画法，对于那些被隐晦与遮蔽的物体来说是不公平的，它仍然是一种科学主义与人类中心主义的反映。正如沃尔夫冈·韦尔施所说，"全景的展示取决于观者的眼睛和立足点。人的标准处于整幅画面的中心。这样看来，透视绘画中的人类中心主义是根深蒂固的。一切都不是自然浮现，而是基于我们单方面的感知。画面的每一细节都与我们有关，由我们的视野和立足点决定。被画对象与我们对世界的凝视紧密相关"②。

国画所采取的"散点透视法"与西画的"焦点透视法"不同，它是一种"景随人迁，人随景移，步步可观"的绘画方法，画面上展现多个视角，使得远近之地、阳阴之面，甚至内外之物均有得到显现的机会。张大千曾言："中国画常常被不了解它的人批评，说国画没有透视。其实中国画何尝没有透视？我们国画的透视，是从四方上下各面看取的，现代抽象画的透视不过得其一斑。"又说："画树时若是以俯视的方法，只能看到树头，若是以仰视的方法，只能看到树的枝干。若用两个透视结合，既可看到树头，又可看到树干，给人看到的

---

① 转引自李浴《西方美术史纲》，辽宁美术出版社1980年版，第254页。

② ［德］沃尔夫冈·韦尔施：《如何超越人类中心主义?》，高建平、王柯平主编《美学与文化·东方与西方》，安徽教育出版社2006年版，第475页。

是一棵完整的大树，这有什么不好呢？"①

中国传统画论对"散点透视法"的表述之一，就是"三远"法。正如宋代著名画家郭熙在《林泉高致》中所言："山有三远：自山下而仰山巅，谓之高远；自山前而窥山后，谓之深远；自近山而望远山，谓之平远。高远之色清明，深远之色重晦，平远之色，有明有晦；高远之势突兀，深远之意重叠，平远之意冲融，而缥缥缈缈。其人物之在三远也，高远者明瞭，深远者细碎，平远者冲淡。明瞭者不短，细碎者不长，冲淡者不大。此三远也。"运用"三远"法作画，画面上出现了多个视角，远近、高低、阴阳、向背、里外等各个侧面均获得了展示的机会。这在很大程度上是与西画中的科学主义与人类中心主义相悖的，但也就增强了绘画艺术的表现力量。所以，就出现了人类绘画史上少有的表现描绘整个城市生活与整条河流的长卷。例如，宋代张择端的著名的《清明上河图》，纵 20.8 厘米，横 528.7 厘米，反映了清明时节宋代京城汴京汴河两岸的风光与生活场景，涉及风土人情、民间习俗、房屋桥梁、船运车马、肩担人挑以及行医算命、和尚道士、贩夫走卒、车夫轿夫、船工商人、男女老幼，三教九流，共计 550 多人，牲畜五六十匹，马车二十多辆，船只二十多艘，房屋三十多组。人物繁多，场面宏大。只有采取散点透视或移动透视的方法，才能艺术地反映如此宏阔的场景，所有汴河两岸的人物场景都在这种散点透视中获得了平等表现的权利。西画在这一方面的区别就非常明显。例如，荷兰著名画家霍贝玛的《乡间村道》就是非常典型的按照焦点透视法创作的作品，为我们展示了 17 世纪的荷兰乡村风光。该画按照近大远小、近实远虚的规律而成，画面的确具有了某种纵深感，但真正的荷兰乡村对于我们只是一个朦胧的影子。这也许就是科学主义与人类中心论在绘画中的表现，其局限导致了后来立体派对于这种焦点透视的突破。

① 陈滞冬编：《张大千谈艺录》，河南美术出版社 1998 年版，第 4、52 页。

第三节　国画"气韵生动"的美学原则的生态审美意蕴

中国古代哲学认为，"天地与我并生，而万物与我为一"（《庄子·齐物论》）。也就是说，在中国古人看来，自然万物与人一样都是有生命的，而且是一体的。在画家眼中，自然界的山山水水与人是有共同性的，他们在观察自然万物的四时变化时，总是将其与人加以比较的。如北宋郭熙《林泉高致》说："春山艳冶而如笑，夏山苍翠而如滴，秋山明净而如妆，冬山惨淡而如睡。"这里用人的笑、眼泪的滴、严肃的妆与安静的睡来形容山在四季中不同的形象神情，当然，画山之时要体现山在不同时空中各具神情的生命形态。

在这方面，中国古代画论提出了"气韵生动"的艺术要求。南齐谢赫的《古画品录》最早提出"画有六法"之说，云："画有六法。一曰气韵生动，二曰骨法用笔，三曰应物象形，四曰随类赋形，五曰经营位置，六曰传模移写。""气韵生动"被列为"六法"之首。谢赫所说的"六法"，最初主要是对人物画的要求，后来逐步成为整个中国画的基本要旨。北宋郭思的《图画见闻志·论气韵非师》认为："六法精论，万古不移。然而'骨法用笔'以下五法，可学而能，如其'气韵'，必在生知，固不可以巧密得，复不可以岁月到，默契神会，不知然而然也。"将"气韵生动"推到绘画艺术的最高境界。宗白华先生对"气韵生动"有一个非常重要的阐释："中国画的主题'气韵生动'，就是'生命的节奏'或'有节奏的生命'。"[1] 这就是说，"气韵生动"，实际上就是表现大自然的一种有灵性的生命力。因此，国画并不苛求艺术的形似，但却追求艺术的神似，艺术的神似即是要做到生命气韵。正如唐张彦远《历代名画记》所言："至于鬼神人物，有生动之可状，须神韵而后全。若气韵不周，空陈形似；笔力未遒，空善赋形，谓非妙也。""气韵生动"主要在"气韵"，诚如明

---

① 宗白华：《艺境》，北京大学出版社 1987 年版，第 118 页。

顾凝远所言，"六法中第一'气韵生动'，有气韵则有生动矣。气韵或在境中，亦或在境外，取之于四时寒暑晴雨晦明，非徒积墨也"。

作为"境中"的"气韵"，国画对自然万物的生命力的表现提出了诸多办法，郭熙《林泉高致》说："山以水为血脉，以草木为毛发，以烟云为神彩。故山得水而活，得草木而华，得烟云而秀媚；水以山为面，以亭榭为眉目，以渔钓为精神。故水得山而媚，得亭榭而明快，得渔钓而旷落。此山水之布置也。"当然，最重要的是要表现出大自然生命力的根本——"天地之真气也"，也就是要表现出自然万物的神韵。清唐岱《绘事发微》说："画山水贵乎气韵。气韵者，非云烟雾霭也，是天地间之真气。凡物无气不生，山气从石内发出。以晴明时望山，其苍茫润泽之气腾腾欲动，故画山水以气韵为先也。""真气"就是万物的神韵，需要画家对万物进行长期的观察体悟才能获得，同时也要不断地提升自己的精神境界才能体悟到。近人齐白石画虾，经过长期的观察体悟，以其"为万虫写照，为百鸟张神"的精神，画出了旷世杰作《虾图》——一个个活灵活现，充满生命力地跃然纸上。西方绘画，有静物写生画法。大家熟悉的后印象派画家塞尚的著名静物画《有瓷杯的静物》，画的是放在瓷杯中的水果。尽管作为后印象派画家，塞尚已经在这个静物写生中寄寓了自己较多的主观色彩，但这幅画仍表现为对"永恒形象和坚实结构的追求"。齐白石的《虾图》就有着不同的旨趣，追求着一种蓬勃的生命力量。

第四节　国画"外师造化，中得心源"的创作原则与"天人合一"思想

国画最基本的创作原则，是唐代画家张璪提出的"外师造化，中得心源"。这是非常重要的具有中国特色的艺术创作理论，与中国古代"天人合一"思想是完全一致的。"天人合一"之"天"，内容极为丰富，既包括自然万物，也指自然物象之形貌与神情。所谓"人"，包含人对外物的观察的心得与体悟，内在的精神气韵，等等，即所谓"心源"。"外师造化"与"中得心源"是统一的，而不是分开的两个

阶段。宋代罗大经《鹤林玉露》记述了李伯时画马与曾云巢画草虫的故事。李伯时为了画好马，"终日纵观御马，至不暇与客谈。积精储神，赏其神骏，久之则胸中有全马矣。信意落笔，自尔超妙"。所以，黄庭坚写诗称赞他："李侯画马亦画肉，下笔生马如破竹。"罗大经认为，黄庭坚的诗"'生'字下得最妙。胸有全马，故自笔端而生"。曾云巢工于画草虫也是如此。罗大经记述曾氏之自叙："某自少时，取草虫，笼而观之，穷昼夜不厌。又恐其神之不完也，复就草间观之，于是始得其天。方其落笔之际，不知我之为草虫耶？草虫之为我耶？此与造化生物之机缄，盖无以异。"曾云巢之画草虫，人与草虫已经化而为一，实际上是草虫之神韵与人之神韵已经化而为一。这也就是清人郑燮所说的，"眼中之竹""胸中之竹"与"手中之竹"的统一。经过这样的创作过程，创作的作品就是天人的统一，神似与形似的统一，渗透出一种少有的神韵。这样的艺术作品与西画中在"镜子说"的指导下创作的作品是风貌有异的。例如，著名的印象派大师莫奈的《日出印象》，尽管已经不同于传统的现实主义作品，但并没有离开具体的物象自身，而是在物象的色彩与光线上进行了创新。唐代画家王维曾作《袁安卧雪图》，在雪景中出现芭蕉，以芭蕉之空心映衬雪之白净，蕴涵着佛学色空的意韵。这幅画目前已经不存，但明代徐渭的《杂花图》，将牡丹、石榴、梧桐、菊花、南瓜、扁豆、葡萄、芭蕉、梅花、水仙和竹等各种花朵与植物一气呵成，达到"不求形似求生韵"的效果。

第五节　国画"可行可望可游可居"的艺术
目标的人与自然和谐的精神

国画没有仅仅将自然景观作为人们观赏的对象，而是进一步拉近人与自然的关系，将自然变成与人密切相关的可亲之物，甚至进一步使之进入人的生活世界。这就是著名的"可观、可居、可游"之说。宋代郭熙在《林泉高致》中说："世之笃论，谓山水有可行者，有可望者，有可游者，有可居者。画凡至此，皆人妙品。但可行可望，不如可居可游之为得。何者？观今山川，地占数百里，可游可居之处，十无三四。而必取可居可游之品，君子之所以渴慕林泉者，正谓此佳处故也。故画者，当以此意造，而鉴者又当以此意穷之。此之谓不失其本意。"郭熙讲得很清楚，创作的本意之一并不在单纯的艺术鉴赏，而且还在于创造一种与人的生活世界紧密相关的自然景观。这是一种中国式的山水花鸟画的观念，自然外物不是外在于人的，而是与人处于一种机缘性的关系之中，成为人的生活的组成部分。例如，宋代著名画家王希孟所作《千里江山图》，纵 51.3 厘米，横 1191.5 厘米，是一幅长卷，色以青绿为主调，画出了山清水秀的锦绣河山的壮丽景色。尽管画是自然山水，却是人的生活世界。画中错落着渔村山庄，点缀着道路小桥人家，间杂着疏离的林木，一副人间可观、可居、可游的气派，成为中国画的珍品。西画一般侧重表现自然景物本身的美丽生动，而对于人的关系则并不着意。例如，法国罗梭所作风景画《橡树》，虽出色地刻画了阳光下的草地与浓重的树影，但是却并没有刻意表现橡树与人的关系。

第六节　国画"意在笔先，寄兴于景"呈现人与自然的友好关系

唐代画家王维在《山水论》中指出，"凡画山水，意在笔先"，强调山水画创作中要处理好"意"与"笔"的关系。所谓"意"，为画家的"意兴"，而所谓"笔"则为"笔墨"。前者为情感意兴，后者为笔墨形象，两者在国画中是一种"兴寄"的关系。陈子昂的《与东方左史虬修竹篇序》提出了诗歌的"兴寄"之说，所谓"兴寄"，指一种"托物起兴"，"借物寓志"的艺术方法。中国山水画的兴起，与魏晋当时的政局纷乱有关。其时政局不稳，战争频发，文人处境艰难，于是寄情于山水之中，山水画得以勃兴。文人画家之画山水，主要不在描摹山水之形象，而是以之寄托情感意兴，情感意兴借助于笔墨形象表现出来，"意"与"笔"两者是一种借喻友好的关系。早在先秦时代，孔子就提出了"智者乐水，仁者乐山"的问题，

以山比喻仁者德行之厚重，以水比喻智者之智慧流动不居。自然与人在艺术中的友好相处，这其实是中国古代人以自然为友的良好传统。李白的诗"众鸟高飞尽，孤云独去闲。相看两不厌，唯有敬亭山"，写的就是诗人与敬亭山的互敬互爱，物我和谐之美好关系。这在山水花鸟画中表现得更加明显。清初著名画家石涛在《苦瓜和尚画语录》中指出，"古之人寄兴于笔墨，假道于山川。不化而应化，无为而有为，身不炫而名立"（《资任章》）。在石涛看来，画家通过绘画，寄兴于笔墨，借道于山水，这样能够以不"化"应万化，于"无为"中实现"有为"。事实上，他自己就较好地运用了绘画的"寄兴"作用。他是著名的黄山画派代表人物，长期生活在黄山，提出"以黄山为师""以黄山为友""得黄山之性"等思想。同时，通过自己对于黄山的描绘，通过飞舞的笔纵、淋漓的墨雨、气势磅礴的山势表达了自己作为明代遗老的家国之思，所谓"金枝玉叶老遗民，笔砚精良迥出尘"。我们可以通过他的代表作《泼墨山水卷》来看他的"寄兴"的特点。当然，还有大家都熟悉的国画中著名的梅松竹三友，古人以此比喻"君子"能经霜历雪的高洁节操。这当然是先秦以来"比德"之说在艺术上的体现。明代边景昭著名的《三友百禽图》，写隆冬季节，百鸟栖于松竹梅之间，或飞或鸣或息，呼应顾盼，各尽其态，表现了画家高洁耐寒的品德气节，用意不凡。张大千曾指出："中国画讲究寄托精神所在。譬如说中国历代画家爱画'梅兰竹菊'四君子，有人认为属于一种僵化的心态，其实不然，这就正是中国画的精神所在。画家如果画梅、菊赠人，一方面自比梅、菊之傲霜的风骨和孤标的气节，另一方面也是将对方拟于同等的境界。这是期许自己，也是敬重对方。中国画这种讲'寄托'的精神，实在是可贵的传统，也是有别于西画的最大特色。"[1]

　　总之，中国的传统绘画艺术中饱含着极为丰富的生态审美智慧，这对于发展当代美学有着很深的启发意义。当然，我们肯定中国传统绘画作为"自然生态艺术"的优长之处，并不意味着否定西方绘画的

---

　① 　陈滞冬编：《张大千谈艺录》，河南美术出版社1998年版，第3页。

优点。两者各有所长，完全可以在新时代起到互补的作用。1956 年，张大千在欧洲举办画展，曾经专门拜访过毕加索，两人互赠画作，相谈甚欢。毕氏对于包括中国画在内的东方艺术给予了高度评价，张大千事后感慨："深感艺术为人类共通语言，表现方式或殊，而求意境、功力、技巧则一。"①

_____

① 　陈滞冬编：《张大千谈艺录》，河南美术出版社 1998 年版，第 129 页。

第五编
生态美学的内涵

第十章

生态美学的内涵（上）：
生态存在论美学观

生态美学最基本的特征在于，它是一种包含着生态维度的美学观，并由此而区别于以"人类中心主义"为特征的美学形态。需要特别说明的是，这里的"生态维度"是与绝对"生态中心主义"有别的，是一种人与自然相融合的"生态整体"的新的生态人文主义，是一种生态存在论哲学与美学观。这种生态存在论美学观是生态美学最基本的范畴，它使生态美学既不同于传统的以"人类中心主义"为指导的美学观，也不同于以"生态中心主义"为旨归的达尔文式的美学观，另外，它与当代的环境美学既有联系，也有区别。

第一节　马克思实践存在论哲学的指导

生态存在论是当代生态理论家大卫·雷·格里芬在《后现代精神》中首先提出的。格里芬是美国克莱蒙特神学院和克莱蒙特研究生院宗教哲学教授、后现代世界中心首任主任、过程研究中心执行主任、当代著名宗教哲学家和生态理论家。他在《和平和后现代范式》一文中批判了现代范式研究中出现的消极后果，指出："现代范式对世界和平带来各种消极后果的第四个特征是它的非生态论的存在观。"① 这种生态论

---

① ［美］大卫·雷·格里芬编：《后现代精神》，王成兵译，中央编译出版社1998年版，第224页。

存在观，即是指生态存在论哲学。生态存在论哲学在西方的集中阐述者，是德国当代著名哲学家海德格尔。海德格尔生态存在论哲学观的提出，标志着西方当代哲学实现了由传统认识论到当代存在论，以及由"人类中心"到"生态整体"的转型。

现在我们需要进一步思考的是，在这种至关重要的当代哲学的转型中，马克思主义起到了什么作用。我们的回答是：马克思主义不仅集中反映了这种转型，而且代表了这种转型的正确前进方向。马克思主义实践存在论的提出及其发展，是这一转型的揭示。1845 年春，马克思在其著名的《关于费尔巴哈的提纲》中指出："从前的一切唯物主义——包括费尔巴哈的唯物主义——的主要缺点是：对事物、现实、感性，只是从客体的或者直观的形式去理解，而不是把它们当作人们的感性活动，当作实践去理解，不是从主观方面去理解。"① 马克思主义批判以费尔巴哈为代表的旧唯物主义只从被动的机械唯物论的认识论去理解事物，仅仅将其看作是一种与主体相对立的认识对象，而不是从人的主体活动的角度，将其看作是只有在人的感性的实践活动中，才能与人发生关系，才能成为被人所理解的对象。这种对事物由客体的直观的把握到主体的实践的把握的转变，就是由认识论到存在论的转变。在马克思主义哲学中，实践与存在是同格的。物质生产实践是人的存在的第一前提，是最基本的存在方式。马克思指出："通过实践创造对象世界，即改造无机界，证明了人是有意识的类存在物。"② 又说："我们首先是应当确定一切人类生存的第一个前提也就是一切历史的第一个前提，这个前提就是：人们为了能够'创造历史'，必须能够生活。但是为了生活，首先就需要衣、食、住以及其他东西。因此第一个历史活动就是生产满足这种需要的资料，即生产物质生活本身。"③ 正因此，我们认为，早在 19 世纪中期，马克思就站到了突破工业革命所导致的工具理性、主客二分思维模式的哲学革

---

① 《马克思恩格斯选集》第 1 卷，人民出版社 1972 年版，第 16 页。
② 《马克思恩格斯全集》第 42 卷，人民出版社 1979 年版，第 96 页。
③ 《马克思恩格斯选集》第 1 卷，人民出版社 1972 年版，第 32 页。

命的前沿，以其唯物实践存在论取代旧的机械认识论。其后，马克思与恩格斯以无产阶级与人类的解放以及人的自由发展的统一为基点，在哲学、政治经济学与科学社会主义三个维度进行拓展，构建了博大精深的唯物实践存在论体系。这一理论体系与西方当代存在论在超越传统认识论、主客二分思维模式上有共同性，但也有着极为重要的根本区别。

首先，在哲学基础上，马克思主义唯物实践存在论是唯物的，以物质生产实践为其前提，以"实践世界"为其基础；西方当代存在论是唯心的，是完全建立在主观的"意向性"基础之上的，是以较为抽象的所谓"生活世界"为其基础的。

其次，在内涵上，马克思主义的唯物实践存在论具有广阔深厚的现实社会基础，将每个人的自由全面发展与无产阶级与人类的解放相统一；西方当代存在论则主要立足于对以中产阶级知识分子为代表的个人的生存状态的关注，以相对脱离现实经济与社会的文化与心灵救赎为其途径，不免显得空乏而脱离实际。

再次，在基调上，马克思主义唯物实践存在论以人类的解放与共产主义理想的实现为其旨归，洋溢着富有朝气的、积极向上的基调；而当代西方存在论哲学则集中反映了中产阶级知识分子在资本主义激烈竞争中的一种"被抛""畏惧"的情绪，怀抱着"他人是地狱"的消极心态。

最后，在人与自然的关系上，马克思主义的唯物实践存在论不仅力倡"按照美的规律建造"，而且认为人与自然的协调、人道主义与自然主义的统一必须借助生产关系与社会制度的变革；而西方当代存在论则过分地寄希望于文化维度，难免会受到历史唯心主义的束缚。

需要特别说明的是，马克思主义的唯物实践存在论实际上就是马克思主义的人学理论。因为，当代存在论的重要理论内涵就是对人的生存状态的高度关怀，马克思主义实践存在论以对人在生产关系中的生存状态的关注为其特点，以人的解放与无产阶级及人类解放的统一为其目的。马克思主义唯物实践存在论包含着浓郁的生态内涵，不仅具有批判资本主义掠夺自然的革命精神，而且贯穿着人道主义与自然主义统一的美学精神。因此，马克思主义唯物实践存在论实际上是一种具有革命精神的生态人文主义，是包括生态美学在内的当代生态理论建设的重要指导原则。

第二节 生态存在论美学观的内涵

"生态论的存在观"，是当代生态审美观的最基本的哲学支撑与文化立场，由美国建设性后现代理论家大卫·雷·格里芬提出，他从批判的角度提出"生态论的存在观"这一极为重要的哲学理念。这一哲学理念是对以海德格尔为代表的当代存在论哲学观的继承与发展，包含着十分丰富的内涵，标志着当代哲学与美学由认识论到存在论、由人类中心到生态整体，以及由对于自然的完全"祛魅"到部分"返魅"的过渡。从认识论到存在论的过渡是海德格尔的首创，为人与自然的和谐协调提供了理论的根据。

众所周知，认识论是一种人与世界"主客二分"的在世关系。在这种在世关系中，人与自然从根本上来说是对立的，不可能达到统一协调。而当代存在论哲学则是一种"此在与世界"的在世关系，这种在世关系才提供了人与自然统一协调的可能与前提，正如海德格尔所说，这种"主体和客体同此在和世界不是一而二二而一的"①。这种"此在与世界"的"在世"关系之所以能够提供人与自然统一的前提，就是因为"此在"即人的此时此刻与周围事物构成的关系性的生存状态，此在就在这种关系性的状态中生存与展开。这里只有"关系"与"因缘"，而没有"分裂"与"对立"。"此在"存在的"实际性这个概念本身就含有这样的意思：某个'在世界之内的'存在者在世界之中，或说这个存在者在世；就是说：它能够领会到自己在它的'天命'中已经同那些在它自己的世界之内向它照面的存在者的存

---

① ［德］海德格尔：《存在与时间》（修订译本），陈嘉映、王庆节合译，生活·读书·新知三联书店 2006 年版，第 70 页。

在缚在一起了"①。海德格尔又进一步将这种"此在"在世之中与同它照面并"缚在一起"的存在者解释为是一种"上手的东西"，犹如人们在生活中面对无数的东西，但只有真正使用并关注的东西才是"上手的东西"，其他则为"在手的东西"，亦即此物尽管在手边但没有使用与关注，因而没有与其建立真正的关系，他将这种"上手的东西"说成是一种"因缘"，并说："上手的东西的存在性质就是因缘。因缘中包含着：一事因其本性而缘某事了结。"② 这就是说，人与自然在人的实际生存中结缘，自然是人的实际生存的不可或缺的组成部分，自然包含在"此在"之中，而不是在"此在"之外。这就是当代存在论提出的人与自然两者统一协调的哲学根据，标志着由"主客二分"到"此在与世界"，以及由认识论到当代存在论的过渡。正如当代生态批评家哈罗德·弗洛姆所说："因此，必须在根本上将'环境问题'视为一种关于当代人类自我定义的核心的哲学与本体论问题，而不是有些人眼中的一种围绕在人类生活周围的细微末节的问题。"③

　　"生态论的存在观"还包含着由人类中心主义到生态整体过渡的重要内容。"人类中心主义"是自工业革命以来成为哲学领域占据统治地位的思想观念。一时间，"人为自然立法""人是宇宙的中心""人是最高贵的"等思想成为压倒一切的理论观念，这是人对自然无限索取以及生态问题愈加严峻的重要原因之一。"生态论的存在观"是对这种"人类中心主义"的扬弃，同时也是对当代"生态整体观"的倡导。当代生态批评家威廉·鲁克尔特指出："在生态学中，人类的悲剧性缺陷是人类中心主义（与之相对的是生态中心主义）视野，以及人类要想征服、教化、驯服、破坏、利用自然万物的冲动。"他将人类的这种"冲动"称作"生态梦魇"。④ 冲破这种"人类中心主

---

　　① ［德］海德格尔：《存在与时间》（修订译本），陈嘉映、王庆节合译，生活·读书·新知三联书店 2006 年版，第 65—66 页。

　　② 同上书，第 98 页。

　　③ ［美］哈罗德·弗洛姆：《从超验到退化：一幅路线图》，《生态批评读本》，美国佐治亚大学出版社 1996 年版，第 38 页。

　　④ ［美］威廉·鲁克尔特：《文学与生态学：一项生态批评的实验》，《生态批评读本》，美国佐治亚大学出版社 1996 年版，第 113 页。

义"的"生态梦魇"而走向"生态整体观"的最有力的根据，就是"生态圈"思想的提出。这种思想告诉我们，地球上的物种构成一个完整系统，物种与物种之间，以及物种与大地、空气等都须臾难分，构成一种能量循环的平衡的有机整体，对这种整体的破坏就意味着危及到人类生存的生态危机的发生。从著名的莱切尔·卡逊到汤因比，再到巴里·康芒纳，都对这种"生态圈"思想进行了深刻的论述。康芒纳在《封闭的循环》一书中指出："任何希望在地球上生存的生物都必须适应这个生物圈，否则就得毁灭。环境危机就是一个标志：在生命和它的周围事物之间精心雕琢起来的完美的适应开始发生损伤了。由于一种生物和另一种生物之间的联系，以及所有生物和其周围事物之间的联系开始中断，因此维持着整体的相互之间的作用和影响也开始动摇了，而且，在某些地方已经停止了。"① 由此可知，一种生物与另一种生物之间的联系，以及所有生物和其周围事物之间的联系，就是生态整体性的基本内涵。这种生态整体的破坏就是生态危机形成的原因，必将危及人类的生存。

按照格里芬的理解，生态论的存在观还必然地包含着对自然的部分"返魅"。这反映了当代哲学与美学由自然的完全"祛魅"到对自然的部分"返魅"的过渡。所谓"魅"，乃是远古时期由于科技的不发达所形成的自然自身的神秘感以及人类对它的敬畏感与恐惧感。工业革命以来，科技的发展极大地增强了人类认识自然与改造自然的能力，于是人类以为对于自然可以无所不知。这就是马克斯·韦伯所提出的借助于工具理性的人类对自然的"祛魅"。这种"祛魅"，成为人类肆无忌惮地掠夺自然，从而造成严重生态危机的重要原因之一。诚如格里芬所说："'自然的祛魅'导致一种更加贪得无厌的人类的出现：在他们看来，生活的全部意义就是占有，因而他们越来越嗜求得到超过其需要的东西，并往往为此而诉诸武力。"他接着指出，"由于现代范式对当今世界的日益牢固的统治，世界被推上了一条自我毁

---

① ［美］巴里·康芒纳：《封闭的循环：自然、人和技术》，侯文蕙译，吉林人民出版社1997年版，第7页。

灭的道路，这种情况只有当我们发展出一种新的世界观和伦理学之后才有可能得到改变。而这就要求实现'世界的返魅'（the reenchantment of the world），后现代范式有助于这一理想的实现"①。当然，这种"世界的返魅"绝不是恢复到人类的蒙昧时期，也不是对工业革命的全盘否定，而是在工业革命取得巨大成绩之后的当代对于自然的部分"返魅"，亦即部分地恢复自然的神圣性、神秘性与潜在的审美性。只有在"生态论存在观"的上述理论基础之上才有可能建立起当代的人与自然以及人文主义与生态主义相统一的生态人文主义，并成为当代生态美学观的哲学基础与文化立场。正因此，我们将当代生态美学观称作当代生态存在论美学观。

　　上文提到，"生态存在论"的"此在与世界"的在世关系解决了生态性与人文性的统一性问题，但生态性与审美性又如何相统一呢？为什么说生态存在论哲学观同时也是一种美学观呢？在存在论哲学中，美的内涵与传统的认识论美学中作为"感性认识之完善"的美学内涵已有很大不同——它的美的内涵已经与真、存在没有根本的区别，而是紧密相连。所谓美，就是存在的敞开与真理的无蔽。海德格尔指出，"美是作为无蔽的真理的一种现身方式"。他进一步举例解释道："在神庙的矗立中发生着真理。这并不是说，在这里某种东西被正确地表现和描绘出来了，而是说，存在者整体被带入无蔽并保持于无蔽之中。"② 在这里，海氏所说的，是不同于通常的"比例、对称与和谐"的一种别样的"美"。这种美不是认识的美，不是对事物正确表现和描绘的美，而是一种"生态存在"之美，是真理的敞开，存在的显现。海氏以古希腊神殿为例，说明这种别具特点的"生态存在"之美。他说，这个神殿素朴地置身于巨岩满布的山岳之中，包含着神的形象，神殿无声地承受着席卷而来的风暴，岩石的光芒则是太阳的恩赐，神殿的坚固与泰然宁静则显示出海潮的凶猛，与神殿密不

---

　　① ［美］大卫·雷·格里芬：《和平与后现代范式》，《后现代精神》，王成兵译，中央编译出版社1998年版，第221、222页。
　　② ［德］马丁·海德格尔：《海德格尔选集》，孙周兴选编，上海三联书店1996年版，第276页。

可分的树木、草地、兀鹰、公牛、蛇和蟋蟀也显示出自然的本色，这就是"大地"，人赖以乐居之所，也是万物涌现返身隐匿之所，从而大地成为人与万物的"庇护者"。正是在"大地"之上，神殿嵌合包括人在内的一切，构成一个统一体，并由此演绎出一幕幕人类的活剧，从而真理敞开，存在显现。"诞生和死亡、灾祸和福祉、胜利和耻辱、忍耐和堕落——从人类存在那里获得了人类命运的形态。这些敞开的关联所作用的范围，正是这个历史性民族的世界。出自这个世界并在这个世界中，这个民族才回归到它自身，从而实现它的使命。"① 由此，神殿由其所屹立的大地所构成的天、地、人、万物与千年历史的独特的"世界"在其敞开中所显示的是希腊人千年的悲欢离合，整个民族起伏跌宕的历史及其不同寻常的命运。这就是一种真理显现、存在敞开之美，就是"生态存在"之美。但如果将神殿搬离其千年屹立的岩石，离开这长久呼吸与共的"世界"，被安放在博物馆和展览厅里，这种"生态存在"之美将不复存在。在此，生态性、人文性与审美性就在这种"此在与世界"的在世结构中得以统一。可见，"此在与世界"的在世结构成为生态存在论美学的关键与奥秘所在。

其实，马克思在著名的《1844 年经济学—哲学手稿》中所论述的"美的规律"，就是人与自然以及人文观、生态观与审美观的统一。因为，"美的规律"涉及了三个层面的内在统一的问题。首先是"内在的尺度"，主要讲的是人的需要，属于人文观的范围；其次是"物的尺度"，主要讲的是物种的需要，是生态观的范围。而两者的统一，则是"美的规律"，属于审美观的范围。这实际上是人文观、生态观与审美观的统一，包含着浓郁的生态美学意蕴。

第三节　中国古代的生态存在论审美智慧

生态美学所赖以建立的"生态论存在论"，与中国古代"天人合

---

① ［德］马丁·海德格尔：《海德格尔选集》，孙周兴选编，上海三联书店 1996 年版，第262 页。

一"的古典智慧具有某种契合性。中国古代的"天人合一"论内涵颇为复杂，我们在这里主要是指先秦典籍中有关"天人合一"的阐释。在中国古人看来，人与世界的关系总体上是一种人在"天人之际"的世界中获得吉庆安康的价值论关系，而不是一种认识和反映的认识论关系。"天人之际"是人的世界，"天人合一"是人的追求，吉庆安康是生活的目标。这就是《礼记·中庸》所言的"致中和"。所谓"致中和，天地位焉，万物育焉"。在这里，人与天、地、万物构成统一的整体，和谐协调，须臾难离，万物才能诞育繁茂，人也才能吉庆安康，美好生存。正是在这种"天人之际""天人之和"的在世关系中，才出现了中国古代"生生之谓易"的"顺天奉时"的古典生态审美智慧。诚如《周易·文言传》所言，"夫大人者，与天地合其德，与日月合其明，与四时合其序，与鬼神合其吉凶。先天而天弗违，后天而奉天时"。正是在这种"天人之际"与"天人之和"的在世关系中，才产生了《周易·易传》所言的由"保合大和""黄中通理，正位居体"所形成的"元亨利贞"的"四德"之美。《周易》在《坤文言》中指出："君子黄中通理，正位居体，美在其中，而畅于四支，发于事业，美之至也。"这里的关键是"正位居体"，即指阴阳乾坤各在其位，各尽其职，这样才能"天地交而万物通"，从而达到"美之至也"的境界。这种美的境界是什么呢？《周易》用不同于西方的"元亨利贞"之"四德"加以概括。所谓"元者，善之长也；亨者，嘉之会也；利者，义之和也；贞者，事之干也"（《周易·乾·文言》）。这里的善、嘉、和与干，都是对人的美好生存状态的描述，是一种古典形态的东方的生态存在之美。

第四节 生态存在论视野中的环境美学

研究生态美学，必然要涉及生态美学与环境美学的关系与区别问题。目前，从国际范围来看，引起普遍关注的主要不是生态美学，而是环境美学。我们为什么仍然坚持"生态美学"，而不将之称作"环境美学"呢？这是由"生态存在论审美观"这一生态美学的最基本范畴所决定。因为"生态存在论审美观"从"此在与世界"的在世的存在论视角来界定人与自然万物的关系，人与自然万物紧密相连构成整体，形成"世界"，人的存在正是在这种"世界"的关系中、在时间的长河中逐步展开，走向澄明之境的。

"环境美学"的"环境"，与生态美学的"生态"之内涵是不同的。据《环境学词典》，"environment，指围绕人群周围的空间及影响人类生产和生活的各种自然因素和社会因素的总和"①。当代环境美学家约·瑟帕玛认为："环境围绕我们（我们作为观察者位于它的中心），我们在其中用各种感官进行感知，在其中活动和存在。"② 由此可见，环境美学的"环境"是"围绕人群周围的空间"，人与处于环境之中，但与环境仍然是二分对立的。有的环境美学家将环境美学的"环境"看作是"人化的自然"，以此说明环境与人须臾难离的关系。这在一定程度上忽略了自然的自有价值，以及人与自然万物共同构成世界的事实，不自觉地表现出"人类中心主义"的倾向。美国当代著名的环境美学家阿诺德·伯林特多少看出了环境美学的"环境"内涵的"人类中心"倾向，并试图以新的解释予以补正。他问道："'某个'环境的称谓将环境客体化，它把环境变成一个我们可以思索、处理的对象，好像它独立于我们之外。我不禁要问：哪儿可以划出'一个'环境？哪里是外面？是我站立处的周围？我家窗外的世界？房间的墙壁？我家的衣服？呼吸的空气？还是吃的食物？"③ 他主张从"人类与环境是统一体"的角度来界定环境。应该说，伯林特有关"环境"的界定更接近于"生态"。从内容上来说，环境美学将园林、城市、农村、人居等作为自己的重要研究对象，虽然从某种意义上具有更大的可操作性，但是仍带有"人造景观"和"人类中心"的遗痕，而生态美学则是对传统的主客二分思维模式、人类中心主义与认

① 《环境学词典》，科学出版社 2003 年版。
② ［芬］约·瑟帕玛：《环境之美》，武小西、张宜译，湖南科学技术出版社 2006 年版，第 237 页。
③ ［美］阿诺德·伯林特：《环境美学》，张敏、周雨译，湖南科学技术出版社 2006 年版，第 6 页。

识论美学的更加彻底的突破，在哲学本体论由认识论到存在论的发展上也更为完全。当然，环境美学内部比较复杂，有未能完全摆脱"人类中心主义"的环境美学，也有力主"自然全美"的"生态中心主义"的环境美学，也有伯林特那样的走向"生态整体论"的环境美学家。伯林特的许多论述成为生态美学的重要资源，而所有的环境美学都将自然作为主要其审美对象，追求人的"乐居"与"宜居"。因此，环境美学在很大的程度上可以成为生态美学的同盟军。从广义上，我们的生态美学也应当将环境美学纳入其中。

第十一章

生态美学的内涵（中）：
生态美学的对象与方法

第一节　生态美学的研究对象
——生态系统的审美

　　传统美学将艺术作为研究对象，这当然主要是受到黑格尔的影响。黑格尔在其《美学》中将美学称作是"艺术哲学"，他的关于"美是理念的感性显现"的定义就是针对着艺术说的。黑格尔认为，自然，特别是大地与山河等无机界是不能有什么"理念"的，因而自然美是不完满的美。"有生命的自然事物之所以美，既不是为它本身，也不是由它本身为着要显现美而创造出来的。自然美只是为其他对象而美，这就是说，为我们，为审美的意识而美。"① 也就是说，黑格尔认为自然不存在独立的美，只有在它朦胧地暗示着某种人的意识时才会成为美。这一观点的影响一直持续到现在，在许多论著和教科书中，美学仍被称作"艺术哲学"。现在看来，这一观点显然是不全面的，甚至是不正确的。从美学学科建设的意义上说，生态美学就是对这种将美学局限于"艺术哲学"的片面倾向的一种纠正。

　　那么，我们是否可以说生态美学是以"自然"作为自己的研究对象呢？我们认为，这么说也不恰当。因为站在生态存在论审美观的立场之上，人与自然不是主客二分、相互对立的，而是与自然万物共同

---

　　① ［德］黑格尔：《美学》第 1 卷，朱光潜译，商务印书馆 1979 年版，第 160 页。

构成一个统一的整体、一个世界。自然也不具有实体性的属性，不存在一种独立于人的"自然美"。所谓美，都是存在于人与自然万物的统一整体中，存在于人类与自然共生的时间长河中，存在于存在与真理逐步显现与敞开的过程中。所以，不能简单地认为生态美学的研究对象就是"自然"，而应该将其看作是既包括自然万物，同时也包括人的整体的"生态系统"。

"德国的达尔文主义者恩斯特·海克尔（E. Haeckel）于 1866 年首创了'oecologie'一词。生态学（ecology）的现代拼写形式是在 19 世纪 90 年代随着欧洲的植物学家的第一批专业生态学文献的出版而出现的。那时，生态学指的是研究（任何一种）有机体彼此之间，以及与其整体环境之间是如何相互影响的学问。从一开始，生态学关注的即是共同体、生态系统和整体。"[1] 1973 年，挪威哲学家阿伦·奈斯（Arne Naess）将生态理论运用于人类社会与伦理的领域，提出"深生态学"。诚如奈斯所说："作为科学的生态学，并不考虑何种社会能最好地维持一个特定的生态系统，这是一类价值理论、政治、伦理问题。……但是从深层生态学的观点来看，我们对当今社会能否满足诸如爱、安全和接近自然的权利这样一些人类的基本需求提出疑问，在提出疑问的时候，我们也就对社会的基本职能提出了质疑。我们寻求一种在整体上对地球上一切生命都有益的社会、教育和宗教，因而我们也在进一步探索实现必要的转变我们必需做的工作。"[2] "生态"作为一种现象，从阿伦·奈斯开始由自然科学领域进入到社会与情感价值判断的社会领域，这就使生态哲学、生态伦理学与生态美学应运而生，而"生态"也在"整体性""系统性"等内涵之外又加上了"价值""平等""公正"与"美丑"等的内涵。生态美学的研究对象就是生态系统的美学内涵。这种美学内涵就是在"天地神人"四方游戏中，存在的显现，真理的敞开。

许多生态理论家都曾论证过生态系统这个极为重要的观念，而给

---

① ［美］R. F. 纳什：《大自然的权利》，杨通进译，青岛出版社 1999 年版，第 66—67 页。
② 转引自雷毅《深层生态学思想研究》，清华大学出版社 2001 年版，第 25 页。

我们更大启发的则是美国的利奥波德在《沙乡年鉴》中提出的著名的"土地伦理"，以及与之有关的"生态共同体"的观念。他从生命环链的角度认为，土壤—植物—动物—人构成了一个食物的金字塔与生命的系统。他说，"每一个接续的层次都以它下面的层次为食，而且这下面的一层还提供着其他用途；反之，每一层次又为比它高的一层提供着食物和其他用途。这样不断地向上地推进着，每一个接替的层次从数量上都在大大地减少着。……这个系统的金字塔形式反映了从最高层到最底部的数量上的增长"。他认为，"土地伦理是要把人类在共同体中以征服者的面目出现的角色，变成这个共同体中的平等的一员和公民。它暗含着对每个成员的尊敬，也包括对这个共同体本身的尊敬"。为此，他提出了著名的以这个生态系统或共同体为出发点的包含着生态伦理观的生态美学观："当一个事物有助于保护生物共同体的和谐、稳定和美丽的时候，它就是正确的，当它走向反面时，就是错误的。"①

一　生态系统的美包含着自然但不是"自然全美"，从而与"生态中心主义"划清了界限

　　生态系统的美与传统理性主义美学所研究的美的重要区别，在于它包含着自然的因素，承认自然所特具的审美价值。著名的生态伦理学家罗尔斯顿在其名著《哲学走向荒野》中明确地提出，自然具有审美价值。他说："每个赞美提顿山脉或是楼斗菜的人都会承认自然有价值，而《奥都邦》和《国家野生动物杂志》（*National Wildlife*）上刊登的照片都很好地呈示了自然的这种审美价值。"② 这就是说，在生态美学之中，自然的审美价值是不言自明的。但是，自然又不能独自成为审美对象，而是必须依靠着人的参与。生态审美是关系中的美，是生态系统中的美。生态美学凭借着生态系统的美这一特殊的审美对象，将自己与生态中心主义中的"自然全美"论划清了界限。众所周

---

　　① ［美］奥尔多·利奥波德：《沙乡年鉴》，侯文蕙译，吉林人民出版社1997年版，第194、204、213页。
　　② ［美］霍尔姆斯·罗尔斯顿Ⅲ：《哲学走向荒野》，刘耳等译，吉林人民出版社2000年版，第132—133页。

知，"生态中心主义"者提出以自然而且是全部自然作为美学的研究对象的观点，这是在当前环境美学家中十分流行的一种观点。环境美学的重要开启者赫伯恩（Ronald W. Hepburn）在他 1966 年发表的那篇具有开启性的论文《当代美学及对自然美的忽视》中，一方面抨击了分析美学对于自然审美的忽视，同时又提出了"自然美"（Nature Beauty）的概念。这说明，在他的心中，自然作为实体是可以成为单独的审美对象的。此外，他也在该文中还提出了主体的参与问题。但这种参与只是指不同于传统静观美学的人的感官全方位的参与，仍然没有摆脱主客二分的弊端。我们所主张的生态美学的研究对象——生态系统之美，是消解主客二分的，是不承认存在着独立的自然美的。当代西方环境美学的开创者之一——加拿大美学家艾伦·卡尔松提出了著名的"自然全美"论。他说："全部自然界是美的。按照这种观点，自然环境在不被人类所触及的范围之内具有重要的肯定美学特征：比如它是优美的，精巧的，紧凑的、统一的和整齐的，而不是丑陋的，粗鄙的，松散的，分裂的和凌乱的。简而言之，所有原始自然本质上在审美上是有价值的。自然界恰当的或正确的审美鉴赏基本上是肯定的，同时否定的审美判断很少或没有位置。"① 这就是以卡尔松为代表的当代环境美学的著名的"肯定美学"论。其理由如下：其一，独立的自然本来就是美的，而只有人类才是自然美的破坏者；其二，任何自然物都是有价值的，包括美学价值；其三，原始的自然，例如荒野，有着一种原始的整体美；其四，尽管并非所有的自然物都有美的价值，但从整体和联系角度来看，自然则是全美的。例如，焚烧过的森林再现了一个被删节的生态系统；其五，人们在对自然与艺术的审美中持有不同的态度，前者是肯定的，后者是批评的。总之，这是一种比较自觉的"生态中心主义"的立场。

　　我国当代的一位美学家则从另一个角度论述了"自然全美"问题，即从审美都具有独特性的角度对"自然全美"进行了论证。他

---

① 〔加〕艾伦·卡尔松：《环境美学——自然、艺术与建筑的鉴赏》，杨平译，四川人民出版社 2005 年版，第 109 页。

说："自然之所以是全美的，并不是因为自然万物都符合一种美的标准，而是因为自然万物是与众不同、千差万别的，每个自然物都是不可重复、不可替代的物本身，自然物在这种意义上是不可比较、不可分级的，它们在各自努力成为其自身的意义上是一致的，但它们的这种一致性刚好表现在它们的不一致上。"① "自然全美"论的来源，我们认为，应该追溯到著名生物学家达尔文于1859年出版的《物种起源》。他在《物种起源》第四章"自然选择：即最适者生存"有关"性选择"一节中写到了自然的本有之美的问题。他在描述雄性斑纹孔雀以其最好的姿态、艳丽的羽毛以及滑稽的表现来吸引雌孔雀时，写道："如果人类能在短时期内，依照他们的审美标准，使他们的矮鸡获得美丽和优雅的姿态，我实在没有充分的理由来怀疑雌鸟依照她们的审美标准，在成千上万的世代中，选择鸣声最好的或最美丽的雄鸟，由此而产生了显著的效果。"② 在我国，被认为与这种"自然全美"论最为接近的则是由老一辈著名美学家蔡仪提出的"典型即美"的理论。蔡仪在其《新美学》中论述"美的本质"时指出："我们认为美是客观的，不是主观的；美的事物之所以美，是在于这事物本身，不在于我们的意识作用。"又说："我们认为美的东西就是典型的东西，就是个别之中显现着一般的东西；美的事物就是事物的典型性，就是个别之中显现着种类的一般。"③

既然"自然全美"论来源自达尔文的《物种起源》，那么，我们据此就可预知到这种理论的利弊所在。所谓"利"，就是这种理论充分肯定了自然具有某种包括审美在内的价值属性，批判了自然审美完全是"人化自然"的观点。但这种"自然全美"论的弊端也是十分明显突出的，最主要的是它表现出了完全的"生态中心主义"的倾向，将自然的包括审美在内的价值绝对化，离开了自然与人紧密相连的"生态系统"来谈论"自然之美"，从而走上了将生态性与人文性

---

① 彭锋：《完美的自然：当代环境美学的哲学基础》，北京大学出版社2005年版，第196—197页。

② ［英］达尔文：《物种起源》，周建人等译，商务印书馆1995年版，第104页。

③ 蔡仪：《蔡仪文集》1，中国文联出版社2002年版，第235页。

相对立的错误轨道。

由于我们坚持"生态存在论"的哲学与美学立场，因此必然要从"此在与世界"的在世关系中来理解和阐释自然的审美价值。事实证明，美与真、善一样，不是一种实体，而是一种关系性的存在，是在"此在与世界"的在世结构中，在人与自然的"生态系统"中，存在得以展开、真理得以显现的过程。如果离开了人的参与，离开了"此在与世界"的在世结构，离开了人与自然紧密相连的"生态系统"，自然审美的价值属性将不复存在。即便是自然的独特性，也不会闪现出美的光芒。即便是康德，虽然承认美的形式的个别性，但却仍然将美的这种独特的个别性与其共通性相连，并且认为其美就是自然向人生成的一座桥梁，而最后导向了"美是道德的象征"。所以，"自然全美"论在康德美学中是没有位置的。

总之，美是在"此在与世界"的在世结构中，在人与自然万物紧密相连的"生态系统"中逐步生成与呈现的，不是"生态中心主义"的"自然全美"论所能阐释殆尽的。

二　生态系统的美包含着人的因素，但又不同于"移情"论、"人化的自然"论与"如画风景"论的美，从而将自己与"人类中心主义"划清了界限

生态美学的生态系统的美包含着人的因素，这是由生态美学所遵循的"生态现象学方法"所决定的。生态现象学特别强调审美过程中人的主体的构成作用，强调审美过程中"此在"的阐释性与能动性。诚如罗尔斯顿所说，"有两种审美品质：审美能力，仅仅存在于欣赏者的经验中；审美特性，它客观地存在于自然物体内"①，又说："当人类到来时就有了审美的火种，随着主体创造者的出现审美也随之产生了。"② 但生态系统的美又不同于过分强调人的作用，从而走到

---

① ［美］罗尔斯顿：《从美到责任：自然美学和环境伦理学》，［美］阿诺德·伯林特主编《环境与艺术：环境美学的多维视角》，刘悦笛等译，重庆出版社2007年版，第158页。
② 同上书，第156页。

"人类中心主义"的"移情"论、"人化的自然"论与"如画风景"论所理解的美。

"移情论"是德国美学家里普斯于19世纪末20世纪初提出来的。他从心理学的角度提出，所有的审美活动都是人将自己的情感与意志移置到对象之上的结果。他说，审美"都因为我们把亲身经历的东西，我们的力量感觉，我们的努力，起意志，主动或被动的感觉，移置到外在于我们的事物里去，移置到在这种事物身上发生的或和它一起发生的事件里去"①。康德在论述崇高时也运用了"移情"的看法，认为崇高是主体将自己的"崇高感""偷换"到对象之上的结果。事实证明，这种"移情说"完全否定了审美过程中自然自有的审美属性，是不符合事实的，是一种"人类中心主义"同时也是"唯心主义"的表现。

在20世纪60年代与80年代发生在我国美学大讨论中，"自然美"问题曾经成为讨论的热点之一。当时，李泽厚提出了一个非常著名的自然美即是"人化的自然"的观点。他说："自然对象只有成为'人化的自然'，只有在自然对象上'客观地揭开了人的本质的丰富性'的时候，它才成为美。"在讨论太阳的美时，他也认为，太阳的美不在其自然属性，而在其社会属性。他说："显然，太阳作为欢乐光明的美感对象，它正在于本身的这种客观社会性，它与人类生活的这种客观社会关系、客观社会作用、地位。正是这些才造成人们对太阳的强烈的美感喜爱。太阳的这种客观社会属性是构成它的美的主要条件，其发热发光的自然属性虽是必须的但还是次要条件。"② 在这里，李泽厚运用了马克思在其著名的《1844年经济学—哲学手稿》中的有关人的劳动是"人化的自然"的观点。但马克思明显地讲的是生产劳动，而不是审美。马克思在同一著作中有关审美的"物种的尺度"与"内在尺度"相结合的观点已经明确告诉我们，马克思认为审美不仅包含人的"内在尺度"而且还包含着自然的"物种的尺

---

① 马奇主编：《西方美学史资料选编》下卷，上海人民出版社1987年版，第841页。
② 李泽厚：《美学论集》，上海文艺出版社1980年版，第25、88页。

度"。马克思是反对"人类中心主义"的。"人的本质力量的对象化"不能真实地反映马克思对审美的看法，"人化自然"也不能真实地反映马克思对自然审美的看法。

20世纪60—70年代，在西方文化背景中，在西方现代环境美学产生过程中出现了一种阐释自然环境之美的"如画风景"论。所谓"如画风景"论，是以艺术的眼光来审视自然，将自然看作是一幅幅如画的风景。这就是卡尔松和瑟帕玛所说的环境美学的景观或风景模式。瑟帕玛指出："这里的出发点是风景画或摄影：我们看到的风景就像一幅画那样有边框。选择和框定造就了风景。"瑟帕玛指出，很多供人观赏的名胜风景都是以艺术的方式被管理的，包括游览路线、小径道路、休息场所、路标指示牌、导游手册、观光塔等都是事先安排妥帖的。瑟帕玛并不赞成这种"如画风景"的理论，以及与之有关的管理模式，认为其根本缺陷在于"自然不是被视为一个整体"。①在他看来，环境与艺术品之间有五大区别：艺术品是一件人工制品，而环境是给定的；艺术是在习俗的框架内被接受，而环境则不是；艺术品为审美愉悦而创作，环境的审美品质则是副产品；艺术品是虚构的，环境则是真实的；艺术品是省略的，环境则是它自身。因此，她对于"如画风景"论是不赞成的，因为"如画风景"论仍然没有摆脱传统的美学是艺术哲学这一传统理论的束缚，更是对自然的审美品质与传统给予了全面的否定，表现出明显的"人类中心主义"的倾向。我们当然也不赞成这种"如画风景"论，其原因主要是这种理论仍然是从"人类中心"的眼光来审视自然生态，并将其作为一幅幅呈现于人面前的风景画来加以欣赏，这其实是对生态美学的研究对象是"生态系统"的这一美学内涵的背离。

以上，通过将生态系统的美与"自然全美"论、"移情"论、"人化的自然"论以及"如画风景"论的美的比较，阐释了生态系统的审美既区别于传统的"人类中心主义"又区别于"生态中心主义"

---

① ［芬］约·瑟帕玛：《环境之美》，武小西、张宜译，湖南科学技术出版社2006年版，第61、62页。

的特殊内涵，从而彰显出生态美学研究对象的特殊意义与价值。由此可知，所谓生态系统的美既非纯自然的美，也非人的"移情"的美和"人化"的美，而是人与自然须臾难离的生态系统与生态整体的美。

第二节　生态美学的研究方法
——生态现象学

　　生态美学的基本范畴是生态存在论审美观，其所遵循的主要研究方法就是生态现象学方法。正如海德格尔所说，"存在论只有作为现象学才是可能的"①。生态现象学方法就是通过对物质和精神实体的"悬搁"，"走向事情本身"，对事物进行"本质的直观"。将现象学方法运用于生态哲学与生态美学领域即成为生态现象学，生态现象学的最早实践者就是海德格尔，他早在 1927 年就在著名的《存在与时间》一书中运用现象学的方法论证人的"此在与世界"的在世模式。但生态现象学的正式提出则是晚近的事情，2003 年 3 月，德国哲学家 U. 梅勒在乌尔兹堡举行的德国现象学年会上做了"生态现象学"的报告。他说："什么是生态现象学？生态现象学是这样一种尝试：它试图用现象学来丰富那迄今为止主要是用分析的方法而达致的生态哲学。"② 对于生态现象学的具体内涵，我们尝试做这样几点概括：

　　第一，摒弃工具理性的主客二分、人与自然对立的思维模式，将传统的人类中心主义观念与对自然过分掠夺的物欲加以"悬搁"。诚如梅勒所说："比起一种为人类的自我完善和世界完善的计划的自然基础负责的人类中心论来说，生态现象学更不让自己建立在将自然和精神二分的存在论的二元论基础之上。"③

　　第二，回到事情本身，首先是回到人的精神的自然基础，探寻人的精神与存在的自然本性。梅勒指出："对于生态现象学来说，问题

---

　　① ［德］马丁·海德格尔：《存在与时间》（修订译本），陈嘉映、王庆节合译，生活·读书·新知三联书店 2006 年版，第 42 页。
　　② ［德］U. 梅勒：《生态现象学》，柯小刚译，《世界哲学》2004 年第 4 期。
　　③ 同上。

的关键在于进一步规定这个精神的自然基础。"①

第三，扭转人与自然的纯粹工具的、计算性的处理方式，走向平等对话的主体间性的交往方式。梅勒指出，在生态现象学道路上，"人们试图回忆起和具体描述出另外一种对于自然的经验方式，以及尝试指出，对自然的纯粹工具—计算性的处理方式是对我们的经验可能性的一种扭曲，也是对我们的体验世界的一种贫化"②。

第四，生态现象学只有在适度承认自然的"内在价值"的前提下才是可能的。梅勒认为："只有当自然拥有一种不可穷竭其规定性的内在方面、一种谜一般的自我调节性的时候，只有当自然的他者性和陌生性拥有一种深不可测性的特征，那种对非人自然的尊重和敬畏的感情才会树立起来，自然也才可能出于它自身的缘故而成为我们关心照料的对象。"③

第五，对自然的内在价值的哲学承认必然导致对自然的祛魅与机械论世界观的批判与抛弃。梅勒指出："对自然的内在价值的承认首先是对那种通过现代自然科学和技术而发生的自然去魅（Entzaube-rung der Natur）的一种批评。"④

第六，生态现象学的提出与发展还可以导致将其与深层生态学的"生态自我"思想相联系。梅勒指出："属人的他者与非人的他者是我的较大的社会自我和生态自我。因此，我自己的自我实现紧密不可分地、相互依赖地与所有他者的自我实现联系在一起：'没有一个人得救，直到我们都得救。'"⑤

只有凭借这种"生态现象学"方法，我们才能超越物欲走向与自然万物平等对话、共生共存的审美境界。中国古代道家的"心斋""坐忘"，所谓"堕肢体，黜聪明，离形去知，同于大通"（《庄子·大宗师》），还有禅宗的"悬搁"物欲、善待自然的"禅定"方法，

---

①　［德］U. 梅勒：《生态现象学》，柯小刚译，《世界哲学》2004 年第 4 期。

②　同上。

③　同上。

④　同上。

⑤　同上。

如禅宗六祖惠能的偈语"菩提树本非树，明镜亦非台。本来无一物，何得惹尘埃"等，都可以说是一种古典形态的生态现象学，完全可以将其与当代生态学的建设结合在一起运用，使这种来自西方的理论方法更加本土化、民族化。

第十二章

生态美学的内涵（下）：
生态美学的基本范畴

第一节　生态审美本性论

生态美学成立的一个重要原因，在于它在很大程度上反映了人的生态审美本性。人对自然生态的亲和与审美是人的本性的重要表现，这正是生态美学的重要内涵。正如当代生态批评家哈罗德·弗洛姆所说，生态问题是一个关系"当代人类自我定义的核心和哲学与本体论问题"[1]。

一　马克思主义有关人的生态本性的论述

马克思主义经典作家曾讨论过人的生态审美性问题。马克思在著名的《1844年经济学—哲学手稿》中直接提出过"人直接是自然存在物"的观点，深刻阐释了在人的实践活动中自然的"人化"与人的"对象化"共存的事实。他说："说人是肉体的、有自然力的、有生命力的、现实的、感性的、对象性的存在物，这就等于说，人有现实的、感性的对象作为自己的本质即自己的生命表现的对象；或者说，人只有凭借现实的、感性的对象才能表现自己的生命。"[2] 他还在

---

① ［美］哈罗德·弗洛姆：《从超验到退化：一幅路线图》，载《生态批评读本》，美国佐治亚大学出版社1996年版，第38页。

② 《马克思恩格斯全集》第42卷，人民出版社1979年版，第168页。

《德意志意识形态》第一卷手稿中有力批判了费尔巴哈的历史唯心主义，批判了费氏刻意脱离人与自然的关系来谈论人之本质的做法，认为人是在与自然的关系中来展开自己的本质的，并形象地以鱼与水的关系来比喻人与自然的关系。他说："鱼的'本质'是它的'存在'，即水。河鱼的'本质'是河水。但是，一旦这条河归工业支配，一旦它被染料和其他废料污染，河里有轮船行驶，一旦河水被引入只要把水排出去就能使鱼失去生存环境的水渠，这条河的水就不再是鱼的'本质'了，它已经成为不适合鱼生存的环境。"[①] 马克思在这里恰当地以鱼与水的关系比喻了人与自然的关系，并由此阐释了人的本质：犹如鱼无法离开清洁的水一样，难道人能离开良好的自然生态环境吗？因而，人的本质是与良好的自然生态环境紧密相连的。恩格斯在著名的《自然辩证法》中特别地强调了人与自然的一致性。他说："人们愈会重新地不仅感觉到，而且也认识到自身和自然界的一致，而那种把精神和物质、人类和自然、灵魂和肉体对立起来的荒谬的、反自然的观点，也就愈不可能存在了。"[②] 上述材料表明，马克思主义经典理论家对人与自然生态的本源的亲和关系是早已充分意识到并加以论证的了。

二　人的生态本性的具体内涵

众所周知，把握人的本性是人类精神生活的永恒主题。古希腊德尔斐神庙的墙上就镌刻着"认识自我"的铭文。自古以来，在把握人的本性上有着两种截然不同的取向。一是目前在许多领域仍然盛行的认识论取向，它以认识、把握人的抽象本质为最高使命。在这种取向下，出现了人是理性的动物、人是感性的动物、人是政治的动物以及人的本质是人本主义之"爱"等说法。[③] 这些说法的片面性在于，对人的本性的把握完全脱离了现实生活实际，在现实生活世界中从来不

---

① 《马克思恩格斯全集》第 42 卷，人民出版社 1979 年版，第 369 页。
② 《马克思恩格斯选集》第 3 卷，人民出版社 1972 年版，第 518 页。
③ 如，柏拉图认为，人"分有"了理念；亚里士多德认为，"人是政治的动物"；英国经验派哲学把人的本质归结为"感性""感觉"；费尔巴哈认为，人的本质是人本主义的"爱"等。

存在具有上述抽象"本质"的人。恩斯特·卡西尔（Ernst Cassirer）试图从功能性的角度突破认识论的局限来思考人的本性，把人的本性归结为创造和使用符号的动物。他说："如果有什么关于人的本性或'本质'的定义的话，那么这种定义只能被理解为一种功能性的定义，而不能是一种实体性的定义。我们不能以任何构成人的形而上学本质的内在原则来给人下定义；我们也不能用可以靠经验的观察来确定的天生能力或本能来给人下定义。人的突出特征，人与众不同的标志，既不是他的形而上学本性也不是他的物理本性，而是人的劳作（work）。正是这种劳作，正是这种人类活动的体系，规定和划定了'人性'的圆周。语言、神话、宗教、艺术、科学、历史，都是这个圆的组成部分和各个扇面。"① 卡西尔从创造和使用符号的"功能性"角度界定人的本性，应该说是一种突破的尝试，但仍然没有从根本上突破本质主义的束缚。因为，所谓创造和使用符号的能力仍然是对人的本性的一种抽象描述。实际上，活生生的生命活动与创造和使用符号的抽象主体，仍然是不能完全画等号的。前者比后者要丰富、具体得多。

与认识论的本质主义取向相反，现代西方哲学家马丁·海德格尔（Martin Heidegger）提出一种"存在论与现象学"的方法。他说："存在论与现象学不是两门不同的哲学学科，并列于其他属于哲学的学科。"② 在某种程度上，这是对存在论现象学的发展。它突破了认识论主客二分的本质主义窠臼，采取将一切实体性内容"悬置"从而"回到事情本身"的方法，直接面对"存在"本身。在这样一种哲学观与世界观中，人所面对的就不是"感性""理性""政治""爱""符号"之类的实体，而是人的"存在"本身；不是社会与自然的对立，而是生命与自然的原初性融合。海德格尔对人的本性的认识与把握具有明显的现世性，也为当代生态存在论哲学与美学观提供了丰富

① ［德］恩斯特·卡西尔：《人论》，甘阳译，上海译文出版社 2004 年版，第 96—97 页。
② ［德］马丁·海德格尔：《存在与时间》（修订译本），陈嘉映、王庆节合译，生活·读书·新知三联书店 2006 年版，第 45 页。

的思想资源。海德格尔认为："此在的任何一种存在样式都是由此在在世这种基本建构一道规定了的。"① 德国哲学家沃尔夫冈·韦尔施也指出，"人类的定义恰恰是现世之人（与世界休戚相关之人），而非人类之人（以人类自身为中心之人）"②。所谓"现世性"，就是指所有的人都是现实生活之人，而不是抽象的存在物。这种现实生活之人一时一刻也不可能离开自然和生态环境，是自然和生态环境中的存在者。这种对人的本性的把握还具有某种整体性。也就是说，不存在感性与理性、社会与自然二分对立之人，所有的生命都只能生存在万物相互交融的生态系统中。正如罗尔斯顿所指出的："放在整个环境中来看，我们的人性并非在我们自身内部，而是在于我们与世界的对话中。我们的完整性是通过与作为我们的敌手兼伙伴的环境的互动而获得的，因而有赖于环境相应地也保有其完整性。"③ 这种对人性的把握还具有某种人文性。也就是说，真正的人性是充满着人文情怀的，而不应该是冷冰冰的工具理性，其深层存在的正是充满着人文情怀的当代生态理念。与理性生命理念不同，当代生态理念充满着有史以来最强烈的人文情怀。如1972年的世界第一次环境会议就提出："只有一个地球，人类要对地球这颗小小的行星表示关怀。"1991年，联合国环境规划署等国际机构在制定《保护地球——可持续生存战略》时指出："进行自然资源保护，将我们的行动限制在地球的承受能力之内，同时也要进行发展，以便使各地能享受到长期、健康和完美的生活。"

从生态存在论哲学观的独特视角，可以把当代人的生态本性概括为三方面。第一，人的生态本源性。人类来自于自然，自然是人类的生命之源，也是人类永享幸福生活最重要的保障之一。这一点非常重要。长期以来，人们在观念上更多强调的是人与自然的相异性，而忽视了它们之间的相同性。这就很容易造成两者在实践上的敌对与分

① ［德］马丁·海德格尔：《存在与时间》（修订译本），陈嘉映、王庆节合译，生活·读书·新知三联书店2006年版，第136页。

② ［德］沃尔夫冈·韦尔施：《如何超越人类中心主义》，《民族艺术研究》2004年第5期。

③ ［美］霍尔姆斯·罗尔斯顿Ⅲ：《哲学走向荒野》，刘耳等译，吉林人民出版社2000年版，第92—93页。

裂。正如恩格斯所说："特别从本世纪自然科学大踏步前进以来，我们就愈来愈能够认识到，因而也学会支配至少是我们最普通的生产行为所引起的比较远的自然影响。但是这种事情发生得愈多，人们愈会重新地不仅感觉到，而且也认识到自身和自然界的一致，而那种把精神和物质、人类和自然、灵魂和肉体对立起来的荒谬的、反自然的观点，也就愈不可能存在了。"①

第二，人的生态环链性。人的生态本性中包含的一个重要内容是，人是整个生态环链中不可缺少的一环。人人都具有生态环链性，个体一旦离开生态环链，就会失去他作为生命的基本条件，从而走向死亡。莱切尔·卡逊在《寂静的春天》中具体论述了作为生命基本条件的生态环链性。她说："这个环链从浮游生物的像尘土一样微小的绿色细胞开始，通过很小的水蚤进入噬食浮游生物的鱼体，而鱼又被其它的鱼、鸟、貂、浣熊所吃掉，这是一个从生命到生命的无穷的物质循环过程。"② 生态环链性是人的生态本性之基本内容，一方面，它反映了人与自然万物的共同性与密切关系。人与万物均为生物环链之一环，相对平等，他们须臾相连，一刻也不能分开；另一方面，它还包含着人与自然万物的相异性方面。因为人与自然万物又分别处于生态环链的不同环节，各有其不同的地位与功能。长期以来，人们完全从人与自然的相异性来界定人的本性，严重忽略了人与自然万物的共同性与密切关系，工业文明那种征服自然、掠夺自然的实践方式，正是以此为内在生产观念的。一旦意识到生物环链中人与自然的相同性，并根据它的基本原理来界定人的本性，人与自然的关系，不仅更加符合人的本性，也会使人类的思想与活动具有更高的科学性。

第三，人的生态自觉性。人类作为生态环链中唯一有理性的动物，他不能像动物那样只顾自己的生存，而对自然万物不管不问。人

---

① 《马克思恩格斯选集》第3卷，人民出版社1972年版，第518页。

② ［美］莱切尔·卡逊：《寂静的春天》，吕瑞兰、李长生译，吉林人民出版社1997年版，第39页。

类不仅要维护好自己的生存，而且更应该凭借自己的理性自觉维护生态环链的良好循环，维护其他生命的正常存在。只有这样，人类才能最终维护好自己的美好生存。罗尔斯顿认为，人类与非人类存在物的真正区别是，动物和植物只关心自己的生命、后代及其同类，而人类却能以更为宽广的胸襟维护所有生命和非人类存在物。他说，人类在生物系统中位于食物链和金字塔的顶端，"具有完美性"，但也正是因为这个原因，"他们展示这种完美性的一个途径"是"看护地球"。①从生态存在论出发做出的对人的本性的新阐释，对包括美学在内的当代人文学科必然会产生重要影响，也为这些学科调整内在观念与学科框架提供了新的哲学基础。

三　人的生态本性在人文领域的体现

1. 由人的平等扩张到人与自然的相对平等

"公正"与"平等"是人文主义精神的基本内涵，当代生态理论力主"生态平等"，将人文主义的"公正平等"原则扩展到自然领域。有的学者据此批评当代生态理论排除了人类吃喝穿用等基本的生存权利，因此具有明显的反人类色彩。这其实是一种误解。因为当代生态理论所说的"生态平等"并不是绝对平等，而是相对平等，也就是生物环链之中的平等。它的意思是说，包括人在内的生物环链之上的所有存在物，既享有在自己所处生物环链位置上的生存发展权利，同时也不应超越这样的权利。深层生态学的提出者阿伦·奈斯所说的"原则上生物圈的平等主义"，讲的即是这个意思。他说："对于生态工作者来说，生存与发展的平等权利是一种在直觉上明晰的价值公理。它所限制的是对人类自身生活质量有害的人类中心主义。人类的生活质量部分地依赖于从与其他生命形式密切合作中所获得的深层次愉悦和满足。那种忽视我们的依赖并建立主仆关系的企图促使人自身走向异化。"②

---

① 转引自余谋昌《生态伦理学》，首都师范大学出版社 1999 年版，第 53 页。
② 转引自雷毅《深层生态学思想研究》，清华大学出版社 2001 年版，第 51 页。

2. 由人的生存权扩大到环境权

人文主义的重要内容就是人的生存权，力主人生而具有生存发展之权利。这种生存权长期限于人的生活、工作与政治权利等方面，而当代生态理论却将这种生存权扩大到人的环境权，这恰是当代生态理论所具有的新人文精神内涵。美国于 1969 年颁布的《国家环境政策法》明确规定："每个人都应当享受健康的环境，同时每个人也有责任对维护和改善环境做出贡献。"1970 年，《东京宣言》明确提出："把每个人享有的健康和福利等不受侵害的环境权和当代人传给后代的遗产应是一种富有自然美的自然资源的权利，作为一种基本人权，在法律体系中确定下来。"1972 年，联合国《人类环境宣言》指出："人类有权在一种能够过尊严和福利的生活环境中，享有平等、自由和充足的生活条件的基本权利，并且负有保证和改善这一代和世世代代的环境的庄严责任。"1973 年在维也纳制定的《欧洲自然资源和人权草案》中，环境权作为一项新的人权得到了肯定。很明显，当代环境权包含享有美好环境和保护美好环境两方面的权利。前者为了当代和人类自身，而后者则是为了后代和其他生命与非生命物体，这两者全面地概括了人的环境权利。

3. 将人的价值扩大到自然的价值

价值从来都是表述对象与人的利益之间的关系，维护人的价值向来是人文主义必不可缺的重要内容。但长期以来，人们对于自然的价值却相当忽视，似乎河流、海洋、空气和水是天然存在的，本身不具有什么价值。当代生态理论突破了这一点，将人的价值扩大到自然领域，充分肯定了自然所具有的重大的不可代替的价值。1992 年，罗尔斯顿在中国社会科学院哲学研究所的演讲中将自然的价值概括了 13 种之多：支持生命的价值、经济价值、科学价值、娱乐价值、基因多样性价值、自然史和文化史价值、文化象征价值、性格培养价值、治疗价值、辩证的价值、自然界稳定和开放的价值、尊重生命的价值、科学和宗教的价值，等等。[1] 自然价值的确认，对于进一步维护人的

---

[1] 余谋昌：《生态伦理学》，首都师范大学出版社 1999 年版，第 66—68 页。

美好生存具有极为重要的意义，是人文精神的新拓展。

4. 将对于人类的关爱拓展到对其他物种的关爱

这是人的仁爱精神的延伸。人文主义具有强烈的关爱人类、特别是关爱弱者的仁爱精神与悲悯情怀，当代生态理论将这种仁爱精神和悲悯情怀扩大到其他物种，力主关爱其他物种，反对破坏自然和虐待动物的不人道行为。1992 年，联合国发布的《保护地球——可持续生存战略》提出有关环境道德的原则，其中包括"人类的发展不应该威胁自然的整体性和其他物种的生存，人们应该像样地对待所有生物，保护它们免受摧残，避免折磨和不必要的屠杀"。

5. 由对于人类的当下关怀扩大到对于人类前途命运的终极关怀

人文主义历来主张对人的前途命运的终极关怀，但却没有包含生态维度。当代生态理论将生态维度包含在终极关怀之中，使之具有了更为深刻丰富的内涵。特别是在当代生态文明视野中提出的"可持续发展"理论，即是从人类的长远利益出发的终极关怀理论。

总之，生态存在论哲学—美学和有关人的生态本性的理论突破了传统人类中心主义，但却不是对人类的反动，而恰是新时代对人类之生存发展更具深度和广度的一种关爱，是新时代包含着自然维度的新人文精神。

四　生态本性在审美领域的表现

从历史上看，中西方对人的生态审美本性也有着比较丰富深入的论述。特别在我国古代，先民们长期生活于农耕社会，繁衍栖息于广袤的黄土高原，因而人与自然的关系是我国先民遇到的最重要的关系，也由此形成了中国文化"究天人之际，通古今之变"的致思取向。正是在这样的文化背景下，诞育了中国古代的以反映人的生态、生命的审美本性为其主要内涵的美学思想。我国古代的《周易》即提供了这种"生生之谓易"的哲学与美学思想。所谓"生生之谓易，成象之谓乾，效法之谓坤，极数知来之谓占，通变之谓事，阴阳不测之谓神"（《周易·系辞上》），这意味着，易的根本之点就是"生生"，亦在"天人关系"宏阔背景下人与万物的生命与生存。《周易》

还进一步提出"天地之大德曰生，圣人之大宝曰位"（《周易·系辞下》），将生态、生存与生命视为天地给予人类的最高恩惠，珍视万物生命被视为人类最高的行为准则；认为万物与人类美好的生命状态就是"元亨利贞"等人与万物生命力蓬勃的生长与美好的生存状态。要达到这种境界，就要求天地、乾坤、阴阳都能符合生态规律的存在与运行。《周易》泰卦《象传》指出："天地交而万物通也，上下交而志同也。"泰卦乾上坤下，乾象天象阳，坤象地象阴，天地阴阳之气上下交通，促成天地之自然万物之生命生成与生命力之畅达。泰卦就是这种人与自然和谐关系的象征。与之相反的否卦，乾下坤上，天地阴阳之气不相交感，"天地不交而万物不通也，上下不交而天下无邦也"，只能导致自然与人类社会的灾难。

《周易》认为，符合生态规律的天地自然运行是一种"美"。《周易》坤卦六三爻辞"含章可贞，或从王事，无成有终"，六五爻辞"黄裳元吉"。"章""黄"都是"美"，所以，坤卦《文言传》说："阴虽有美，含之以从王事，弗敢成也。地道也，妻道也，臣道也。地道无成而代有终也"，又说："君子黄中通理，正位居体，美在其中，而畅于四支，发挥于事业，美之至也。"这是《周易·易传》提到"美"字的两处，但对《周易》之"美"的理解，有必要结合坤卦卦辞"坤，元亨，利牝马之贞。君子有攸往，先迷，后得主，利。西南得朋，东北丧朋。安吉贞"。综合这些论述，《周易》的"美"首先是指阴阳之结合，与"美"相关的"章""黄裳"出现在坤卦六三六五两爻爻辞，这两爻都是以阴爻居阳位，有阴阳结合之意。但《周易》之"美"之所指是含藏内敛的阴柔之美，所以，《易传》说"阴虽有美，含之""黄中通理"，指外柔内刚之美。其次，《周易》之"美"的重要义涵在于"正位居体"，即阴阳之气各居其应有之位，从而各安其位，各司其职，从而促进天地万物之产生与生命力的蓬勃发育。这是泰卦《象传》所说的"天地交而万物通也，上下交而其志同也。内阳而外阴，内健而外顺，内君子而外小人，君子道长，小人道消也"。坤卦所象征的是阴柔之美，所以，六三爻《象传》说"阴虽有美，含之以从王事，弗敢成也。地道也，妻道也，臣道也"。阴柔之美"正位居体","安贞",安于"地道""妻道""臣道"的辅助作用,与阳刚之气结合,使"天地变化,草木蕃"(《坤文言》),成而不居其功。这就是所谓"美在其中,而畅于四支,发挥于事业,美之至也"。

概括来说,《周易》之"美",是我国古代早期对于生态、生命的审美本性的表述,也是我国具有代表性的"中和美"。在这里,所谓"中和",就是天地、乾坤各在其位,"天地交而万物通",因而风调雨顺,万物繁茂,充满生命力。因为,只有天地阴阳正位,万物才能繁茂昌盛。由此可见,我国古代的中和之美从根本上说就是万物繁茂昌盛的生态与生命之美。这种生态的生命美学观一以贯之,影响深远。庄子提倡"养生",包含"保身""全身""养亲"与"尽年"的内容,也与生命的美学密切相关。曹丕论文,提倡"文气",所谓"文以气为主,气之清浊有体,不可力强而致。譬诸音乐,曲度虽均,节奏同检,至于引气不齐,巧拙有素,虽在父兄,不能以移子弟"(《典论·论文》)。这里的"气"即包含生命气韵之意,气之清浊强弱直接与音乐艺术的巧拙密切相关,是一种中国古代的生命美学理论。刘勰论文学与自然的关系,提出"物色"说,所谓"诗人感物,联类不穷。流连万象之际,沉吟视听之区:写气图貌,既随物以宛转;属采附声,亦与心而徘徊"(《文心雕龙·物色》),并以《诗经》中所用"妁妁""依依""杲杲""瀌瀌""嘈嘈"等生动形象的词汇说明艺术创作中诗人艺术创作感物联类、流连万象、写气图貌,赋予对象以生命力的情形。南齐谢赫在绘画上明确提出"气韵生动"之说,将万物之生命力的体现作为绘画成功的重要标准之一。唐朝的王昌龄在《诗格》中提出影响深远的"意境",所谓"搜求于象,心入于境,神会于物,因心而得",将艺术创作中通过情与象、意与境、神与物交融汇合而创作出充满生命力的艺术作品的情形表现无遗。当代美学家宗白华则在总结古代传统的基础上力倡"生命美学",认为"艺术本来就是人类……艺术家……精神生命底向外的发展,贯注到自然的物质中,使他精神化,理想化"。又说:"中国画所表现的境界特征,可以说是根基于中国民族的基本哲学,即《易经》的宇宙观;

阴阳二气化生万物，万物皆禀天地之气以生，一切物体可以说是一种
'气积'（庄子：天，积气也）。这生生不已的阴阳二气，织成一种有
节奏的生命。"① 由此可见，中国古代有相当悠久的生态、生命的美学
传统。

　　西方由其特定的自然历史文化背景决定了抽象的逻辑推理的发
达，因而，审美从一开始就被推向了与自然生态相对分离的纯理性思
考。于是，产生了美是理念、美是对称、美是感性认识的完善、美是
理念的感性显现、美是无目的的合目的形式等离开人的生态审美本性
的美学界说。但即使理性统治的限制下，西方思想也仍然有某些有关
审美的生命与生态特性的理论论述。1725 年，意大利美学家维柯在
其《新科学》一书探讨了作为其"新科学的万能钥匙"的原始形态
的"诗性思维"。在我们看来，这种"诗性思维"实质上是一种原始
形态的生态审美思维。维柯在阐释原始的"诗性的玄学"与"诗性
的思维"时，指出："这些原始人没有推理的能力，却浑身是强旺的
感觉力和生动的想象力。这种玄学就是他们的诗，诗就是他们生而就
有的一种功能（因为他们生而就有这种感官和想象力）。"② 在这里，
维柯特别地强调了"生而就有"的"强旺的感觉力和生动的想象力"
等生命本性的特质。1795 年，席勒曾在其著名的《美育书简》中将
审美看作人的本性，但因受理性主义立场的限制，他也没有从生态的
角度来论述审美。从 1936 年开始，海德格尔力图构筑自己的"天地
神人四方游戏"的生态审美观，将自然生态与人的关系看作是"此在
与世界"的机缘性关系，是"此在"在世的本真状态，其生命性表
现为"此在"即"人"在时间与空间中的存在，这是一种生态的、
生命的美学。

　　这里，我们要特别介绍两位在研究人的生态审美本性中做出卓越
贡献的西方理论家。一位是美国著名哲学家、教育家杜威，他在 1934
年出版的《艺术即经验》一书中提出，要克服当时普遍存在的主客、

---

　　① 宗白华：《艺境》，北京大学出版社 1987 年版，第 7、118 页。
　　② ［意］维柯：《新科学》，朱光潜译，人民文学出版社 1989 年版，第 181—182 页。

灵肉分离的倾向。他说，要回答"为什么将高等的、理想的经验之物与其基本的生命之根联结起来的企图常常被看成是背离它们的本性，否定它们的价值"这样的问题，他提出，为此"就要写一部道德史，阐明导致蔑视身体，恐惧感官，将灵与肉对立起来的状况"。杜威提出，审美主体是"活的生物"的崭新概念，而所谓审美即是人这个"活的生物"与他生活的世界相互作用所产生的"一个完满的经验"。他具体描述道："人在使用自然的材料和能量时，具有扩展他自己的生命的意图，他依照他自己的机体结构——脑、感觉器官，以及肌肉系统——而这么做。艺术是人类能够有意识地，从而在意义层面上，恢复作为活的生物的标志的感觉、需要、冲动以及行动间联合的活的、具体的证明。"他还特别强调了自然生态在审美中的本源性作用，指出："自然是人类的母亲，是人类的居住地，尽管有时它是继母，是一个并不善待自己的家。文明延续和文化持续——并且有时向前发展——的事实，证明人类的希望和目的在自然中找到了基础和支持。"①

另外一位是美国新实用主义美学家理查德·舒斯特曼。他在《实用主义美学》一书中提出"身体美学"的概念，这是一种新时代的感官与哲思相统一的生命美学形态。他说："身体美学可以先暂时定义为：对一个人的身体——作为感觉审美欣赏（aisthesis）及创造性的自我塑造场所——经验和作用的批判的、改善的研究。因此，它也致力于构成身体关怀或对身体的改善的知识、谈论、实践以及身体上的训练。"② 在这里，他没有用"bodyesthetics"，而是借用古希腊词汇用了"somaesthetics"，就包含了灵肉统一之意。那么，他提出身体美学的意图何在呢？他说，一是为了复兴鲍姆嘉通将美学当作既包含理论也包含实践练习的改善生命的认知学科的观念；二是终结鲍氏灾难性的带进美学中的对身体的否定；三是身体美学能够对许多至关重要

---

① ［美］约翰·杜威：《艺术即经验》，高建平译，商务印书馆 2010 年版，第 20、29、31—32 页。

② ［美］理查德·舒斯特曼：《实用主义美学——生活之美，艺术之思》，彭锋译，商务印书馆 2002 年版，第 354 页。

的哲学关怀作出重要贡献，从而使哲学恢复它最初作为一种生活艺术的角色。很明显，舒斯特曼的"身体美学"包含着生态的生命美学的内涵。

第二节　"诗意地栖居"

一　"诗意地栖居"的提出与内涵

"诗意地栖居"，是海德格尔在《追忆》一文中提出的，是海氏对于诗与诗人之本源的发问与回答。这是长期以来普遍存在的问题：人是谁以及人将自己安居于何处？艺术何为，诗人何为？——诗与诗人的真谛是使人诗意地栖居于这片大地之上，在神祇［存在］与民众［现实生活］之间，面对茫茫黑暗中迷失存在的民众，将存在的意义传达给民众，使神性的光辉照耀平静而贫弱的现实，从而营造一个美好的精神家园。这是海氏所提出的最重要的生态美学观之一，是其存在论美学的另一种更加诗性化的表述，具有极为重要的价值与意义。

长期以来，人们在审美中只讲愉悦、赏心悦目，最多讲到陶冶，但却极少有人从审美地生存、特别是"诗意地栖居"的角度来论述审美。"栖居"本身必然涉及人与自然的亲和友好关系，因而成为生态美学观的重要范畴。海氏在《追忆》一文中，先从引述荷尔德林的诗开始，"充满劳绩，然而人诗意地，栖居在这片大地上"，继而，海德格尔指出："一切劳作和活动，建造和照料，都是'文化'。而文化始终只是并且永远就是一种栖居的结果。这种栖居却是诗意的。"① 实际上，"诗意地栖居"是海氏存在论哲学美学的必然内涵。他在论述自己的"此在与世界"之在世结构时，就论述了"此在在世界之中"的内涵，划清了认识论的"在之中"与存在论的"在之中"的区别，认为存在论上的"在之中"即包含着居住与栖居之意。他说："'在之中'不意味着现成的东西在空间上'一个在一个之中'；就源始的

---

① ［德］马丁·海德格尔：《荷尔德林诗的阐释》，孙周兴译，商务印书馆2014年版，第105页。

意义而论，'之中'也根本不意味着上述方式的空间关系。'之中'[in]源自 innan-，居住，habitare，逗留。'an[于]'意味着：我已住下，我熟悉、我习惯、我照料；它有 colo 的如下含义：habito[我居住]和 diligo[我照料]。我们把这种含义上的'在之中'所属的存在者标识为我自己向来所是的那个存在者。而'bin'[我是]这个词又同'bei'[缘乎]联在一起，于是'我是'或'我在'复又等于说：我居住于世界，我把世界作为如此这般熟悉之所而依寓之、逗留之。"① 由此可见，所谓"此在在世界之中"，就是人居住、依寓、逗留，也就是"栖居"于世界之中。如何才能做到"诗意地栖居"呢？其中，非常重要的一点就是必须要爱护自然、拯救大地。海氏在《筑·居·思》一文中指出："终有一死者栖居着，因为他们拯救大地——拯救一词在此取莱辛还识得的古老意义。拯救不仅是使某物摆脱危险；拯救的真正意思是把某物释放到它的本己的本质中。拯救大地远非利用大地，甚或耗尽大地。对大地的拯救并不控制大地，并不征服大地——这还只是无限制的掠夺的一个步骤而已。"② "诗意地栖居"，即"拯救大地"，摆脱对于大地的征服与控制，使之回归其本己特性，从而使人类美好地生存在大地之上、世界之中。这恰是当代生态美学观的重要旨归。在这里需要特别说明的是，海氏的"诗意地栖居"在当时是有着明显所指的，那就是指向工业社会之中愈来愈加严重的工具理性控制下的人的"技术的栖居"。在海氏所生活的 20 世纪前期，资本主义已经进入帝国主义时期。由于工业资本家对于利润的极大追求，对于通过技术获取剩余价值的迷信，因而滥伐森林，破坏资源，侵略弱国成为整个时代的弊病。海氏深深地感受到这一点，将其称作是技术对于人类的"促逼"与"暴力"，是一种违背人性的"技术地栖居"。他试图通过审美之途将人类引向"诗意地栖居"，指出："欧洲的技术—工业的统治区域已经覆盖整个地球。而地球又已

① [德] 马丁·海德格尔：《存在与时间》（修订译本），陈嘉映、王庆节合译，生活·读书·新知三联书店 2006 年版，第 63—64 页。
② [德] 马丁·海德格尔：《海德格尔选集》，孙周兴选编，上海三联书店 1996 年版，第 1193 页。

然作为行星而被算入星际的宇宙空间之中，这个宇宙空间被打造为人类有规划的行动空间。诗歌的大地和天空已经消失了。谁人胆敢说何去何从呢？大地和天空、人和神的无限关系被摧毁了。"针对这种情况，海德格尔提问："这个问题可以这样来提：作为这一岬角和脑部，欧洲必然首先成为一个傍晚的疆土，而由这个傍晚而来，世界命运的另一个早晨准备着它的升起？"① 可见，他已经将"诗意地栖居"看作是世界命运的另一个早晨的升起。在那种黑暗沉沉的漫漫长夜中，这无疑带有乌托邦的性质。但无独有偶，差不多与海氏同时代的英国作家劳伦斯在其著名的小说《查泰莱夫人的情人》中，通过强烈的对比鞭挞了资本主义社会中极度污染的煤矿与工于算计的矿主，歌颂了生态繁茂的森林与追求自然生活的守林人，表达了追求人与自然协调的"诗意栖居"的愿望。

二　中国古代有关诗意栖居的审美智慧

"诗意地栖居"这一命题所蕴含的生态审美观念，与东方文化，特别是中国文化传统有着深刻的渊源关系。众所周知，西方古代美学是一种古典的"和谐论"美学，是基于事物的一种自身比例、对称的"和谐美"。其实，这种"和谐美"所强调的是物体静态的雕塑之美，也即"高贵的单纯，静默的伟大"。而东方，特别是中国古代则发展出一种不同于西方古代的"中和美"。这种"中和美"是一种人生的、伦理的、生命的美学，强调的是人生的吉祥与生命的安康，也即人的"诗意地栖居"。最早提出"中和美"的，是《尚书·尧典》："帝曰：夔，命汝典乐，教胄子。直而温，宽而栗，刚而无虐，简而无傲。诗言志，歌永言，声依永，律和声。八音克谐，无相夺伦，神人以和。"这段文字明确提出了诗、乐、舞等综合形态的艺术的"神人以和"的功能，以及通过乐教，培养人的"直而温，宽而栗，刚而无虐，简而无傲"之人格等观点，内含着"诗意栖居"的意蕴。此

① ［德］马丁·海德格尔：《荷尔德林诗的阐释》，孙周兴译，商务印书馆2014年版，第215、216页。

后,《礼记·乐记》则进一步阐明了以"中和"为核心的生存论之美学观,指出:"大乐与天地同和,大礼与天地同节。和,故百物不失。节,故祀天祭地。明则有礼乐,幽则有鬼神,如此,则四海之内,合敬同爱矣。"又云:"乐行而伦清,耳聪目明,血气和平,移风易俗,天下皆宁。"这些论述,概括地揭示了中国古代文化传统通过"礼乐教化"达到"天人合一""合敬同爱"的社会安宁、人生安康、生命健康的目的。其实,中国古代"中和美"的实质,是天人、阴阳、乾坤相谐相和,从而达到社会、人生与生命吉祥安康的目的。这是"中和美"对于人"诗意栖居"的期许,也与海氏生态存在论美学有关人在"四方游戏"世界中得以诗意栖居的内涵相契合。这些都将成为当代生态美学建设的重要资源。

第三节 四方游戏说

一 "四方游戏说"的提出

"天地神人四方游戏说"是海德格尔后期提出的极为重要的生态审美观念,是作为"此在"之存在在"天地神人四方世界结构"中得以展开并获得审美生存的必由之路。众所周知,海氏"四方游戏说"的提出是有一个过程的。早期海氏有关"此在"之展开是在"世界与大地的争执"之中实现的。在这里,世界具有敞开性,而大地具有封闭性,世界的显现先于大地的显现,海德格尔说:"世界是自行公开的敞开状态,即在一个历史性民族的命运中单朴而本质性的决断的宽阔道路的自行公开的敞开状态(Offenheit)。大地是那永远自行锁闭者和如此这般的庇护者的无所促迫的涌现。世界和大地本质上彼此有别,但却相依为命。"又说,"世界与大地的对立是一种争执(Srteit)"。① 从 1936 年开始,海氏由批判现代工具理性的泛滥所表现出的"人类中心主义"的弊端,逐步悟出人类与大地自然万物所应有

---

① [德]马丁·海德格尔:《林中路》(修订本),孙周兴译,上海译文出版社 2008 年版,第 30 页。

的关系，提出著名的"天地神人"四方游戏说。1938 年，他在《世界图像的时代》的演讲中，有力地批判了"人是万物的尺度"的命题，指出："人并非从某个孤立的自我性（Ichheit）出发来设立一切在其存在中的存在者都必须服从的尺度。"① 1950 年，海氏又在著名的演讲《物》中论述了"天地神人四方游戏说"，主要从现代化过程中工具理性的泛滥，对物之物性的遮蔽出发来阐释人与自然万物的关系。海德格尔认为，工具理性在哲学理论观点上是主客二分的，并完全将所有的物体看作外在的和对象性的，尤以康德将事物看成被动的"自在之物"为其代表，而在科学的实验中则同样完全将对象看作科学考察的对象。由此，物之物性被遮蔽了，人只看到一个个的存在者，而看不到物之存在。他以壶为例，认为壶的物性，不在制造壶之原料，也不在壶的具体的有用性，而在壶之赠品即倾注物中所包含的天地神人一体的存在真谛。他说："壶之壶性在倾注之赠品中成其本质"，"在赠品之水中有泉。在泉中有岩石，在岩石中有大地的浑然蛰伏。这大地又承受着天空的雨露。在泉水中，天空与大地联姻。在酒中也有这种联姻。酒由葡萄的果实酿成，果实由大地的滋养与天空的阳光所生成。在水之赠品中，在酒之赠品中，总是栖留着天空与大地。但是，倾注之赠品乃是壶之壶性。故在壶之本质中，总是栖留着天空与大地。"② 由此可见，海氏的"四方游戏说"是在对工具理性的过分泛滥与人类中心主义过分张扬的批判中提出的。

二 "四方游戏说"的美学内涵

"四方游戏说"是海氏提出的生态美学的重要命题，包含着极其丰富的内涵：

1. "四方游戏说"作为生态存在论美学的重要内容，构建了存在得以敞开，真理得以显现的"世界"结构。

在生态存在论美学中，美不是一种实体，而是一种关系；美也不

---

① ［德］马丁·海德格尔：《海德格尔选集》，孙周兴选编，上海三联书店 1996 年版，第915 页。

② 同上书，第 1172、1172—1173 页。

是静止的，而是一个过程，是由遮蔽到澄明的过程；美不是单一的元素，而是在天人关系的世界结构中逐步得以展开的。"四方游戏说"为美的展开、真理的显现构建了一个必要的前提，即"天地神人四重整体"统一协调的世界结构。诚如海氏所说："天、地、神、人之纯一性的居有着的映射游戏，我们称之为'世界'（Welt）。世界通过世界化而成其本质。这就是说：世界之世界化（das Welten von Welt）既不能通过某个它者来证明，也不能根据它者来论证。"① 这就是说，天地神人四方构成纯一性的游戏整体，并成为使"世界化成其本质"的"世界"。正是在这种不能运用传统逻辑学加以论证、用工具理性加以计算的人与自然万物交融的"世界"结构中，真理才得以显现，存在才得以敞开。"四方游戏"所建构的"世界"成为审美得以成立的前提。

2. "四方游戏说"扬弃了"世界与大地争执"说，使人与自然万物处于平等协调的崭新关系之中。

"四方游戏说"是对海氏前期"世界与大地争执"说的扬弃，并且进一步走向了人与自然万物的平等协调。1936 年以后，海氏逐步扬弃了早期的"世界与大地争执"的理论，提出"天地神人四方游戏说"。他说："大地和天空、诸神和终有一死者，这四方从自身而来统一起来，出于统一的四重整体的纯一性而共属一体。四方中的每一方都以它自己的方式映射着其余三方的现身本质。同时，每一方又都以它自己的方式映射自身，进入它在四方的纯一性之内的本己之中。这种映射（Spiegeln）不是对某个摹本的描写。映射在照亮四方中的每一方之际，居有它们本己的现成本质，而使之进入纯一的相互转让（Vereigmung）之中。以这种居有着—照亮着的方式映射之际，四方中的每一方都与其它各方相互游戏。这种居有着的映射把四方中的每一方都开放入它的本己之中，但又把这些自由的东西维系为它们的本质性的相互并存的纯一性。"② 这里包含着极为丰富的内容。首先，这

① ［德］马丁·海德格尔：《海德格尔选集》，孙周兴选编，上海三联书店 1996 年版，第 1180 页。

② 同上书，第 1179—1180 页。

是一种彻底打破了"人类中心主义"的、人与自然万物和谐相处的生态平等观。在海氏看来，人在天地神人"四方"中只是平等的一员，与其他三方一样承担着映射它者并映射自身的任务，并没有什么特殊性。而且四方统一构成"四重整体"，须臾难离。这应该是一种崭新的生态平等观；其次，"天地神人四方游戏"是对西方传统美学中"游戏说"的一种继承和发展。发端于西方启蒙主义与德国古典美学时期的"游戏说"，是以想象力、知性力、理性力与判断力的"自由协调"为其内涵的。海氏的"游戏说"继承了"游戏说"的"自由"内涵，成为"天地神人"的自由协调，甚至用犹如婚礼、恋人一般的亲密无间加以比喻，但却扬弃了传统"自由说"中绝对主体论的内涵，赋予了其崭新的人与自然万物自由平等的内涵；最后，进一步阐述了人在生态存在之美的敞开中所起到的积极的建构作用。海氏认为，一方面，人与自然万物是完全平等的，但另一方面，人又是在自然万物中唯一具有理性意识的，因而，人在存在之显现、真理之敞开与美之闪亮中具有特殊的建构作用。他说："物之为物何时以及如何到来？物之为物并非通过人的所作所为而到来。不过，若没有终有一死的人的留神关注，物之为物也不会到来。达到这种关注的第一步，乃是一个返回步伐，即从一味表象性的、亦即说明性的思想返回来，回到思念之思（dasandenkende Denken）。"① 在海氏看来，物之存在本性的展开虽然不是人的理论阐释与科学研究的结果，但却是人的"留神关注"，"回到思念之思"。这种"留神关注"，"回到思念之思"，就是人在真理敞开中的一个建构的作用，是现象学中的主体在"意向性"中的建构作用。而人与自然生态系统的审美关系，也只有在自然万物与人具有"因缘"关系，并成为"称手之物"时才能可能。那么，人为什么会有这种建构的能力和作用呢？这同人作为诸多存在者之中特有的"此在"有关。关于"此在"，海氏将其称作能使存在者的存在得以现身的"终有一死者"，他说："终有一死者（die Sterbli-

---

① ［德］马丁·海德格尔：《海德格尔选集》，孙周兴选编，上海三联书店1996年版，第1182页。

chen）乃是人类。人类之所以被叫做终有一死者，是因为他们能赴死。赴死（Sterben）意味着：有能力承担作为死亡的死亡。只有人赴死，动物只是消亡。……现在，我们把终有一死者称为终有一死者——并不是因为他们在尘世的生命会结束，而是因为他们有能力承担作为死亡的死亡。终有一死者是其所是，作为终有一死者而现身于存在之庇所中。终有一死者乃是与作为存在的存在的现身着的关系。"①

3. 海德格尔的后期转型及"四方游戏说"的形成对中国古代道家学说的借鉴

有大量事实可以证明，海氏的后期转型及其"四方游戏说"的提出，与中国古代道家学说对他的启迪有着十分密切的关系。海德格尔与道家的对话，成为"老子道论的异乡解释"，是由共同本源涌流出来的歌唱。众所周知，海德格尔早期思想曾经认为真理得以显现的世界结构是世界与大地的争执。这一学说虽然在突破主客二分思维模式方面有了重大进展，但仍然具有明显的人类中心主义倾向。20 世纪30 年代以后，海氏开始由人类中心主义转向生态整体主义，提出著名的"天地神人四方游戏说"。我们有充分的材料可以证明，海氏的生态转向是他与中国道家生态智慧对话的结果。从 20 世纪 30 年代起，海德格尔就能较熟练地运用老庄的思想。他曾经使用过两个有关老庄著作的德文译本，并曾在 1946 年与中国台湾学者萧师毅合作翻译《道德经》八章。这一时期，他较多地使用老庄的理论来论证自己的观点。他的"天地神人四方游戏"说，就与老子的"域中有四大而人为其一"说一脉相承；他还用老子的"知其白，守其黑"来阐释其"由遮蔽走向澄明"的思想；用老子"三十辐共一毂，当其无，有车之用"来说明"存在者"与"存在"的区别；用老子的"道可道，非常道"来说明其"道说不同与说"的观点；用庄子的"无用之大用"来说明"人居住着"是不具功利性的；用庄子与惠子在濠

① ［德］马丁·海德格尔：《海德格尔选集》，孙周兴选编，上海三联书店 1996 年版，第1179 页。

梁之上有关"鱼之乐"的对话来说明存在论与认识论的区别等。海德格尔思想的生态转向，道家学说对这一转向的启示，都充分证明我国古代生态审美智慧在当代仍然具有重要理论价值。

第四节　家园意识

在现代社会中，由于自然环境的破坏和由此而来精神焦虑的加剧，人们普遍产生了一种失去家园的茫然之感。当代生态审美观中，作为生态美学重要内涵的"家园意识"，即是在这种危机下提出的。"家园意识"不仅包含着人与自然生态的关系，而且涵蕴着更为深刻的、本真的人之诗意地栖居的存在真谛。

一　海德格尔存在论哲学—美学中的"家园意识"

海德格尔是最早提出哲学—美学中的"家园意识"的，在一定意义上，这种"家园意识"就是其存在论哲学的有机组成部分。1927年，海氏在《存在与时间》一书中讨论存在论哲学有关人之"此在与世界"的在世模式时，就论述了"此在在世界之中"的内涵，认为其中包含着"居住""逗留""依寓"即"家园"之意。他说："'在之中'不意味着现成的东西在空间上'一个在一个之中'；就源始的意义而论，'之中'也根本不意味着上述方式的空间关系。'之中'［in］源自 innan-，居住，habitare，逗留。'an［于］'意味着：我已住下，我熟悉、我习惯、我照料；它有 colo 的如下含义：habito［我居住］和 diligo［我照料］。我们把这种含义上的'在之中'所属的存在者标识为我自己向来所是的那个存在者。而'bin'［我是］这个词又同'bei'［缘乎］联在一起，于是'我是'或'我在'复又等于说：我居住于世界，我把世界作为如此这般熟悉之所而依寓之、逗留之。"① 由此可见，海氏的存在论哲学中"此在与世界"的在世

---

① ［德］马丁·海德格尔：《存在与时间》（修订译本），陈嘉映、王庆节合译，生活·读书·新知三联书店 2006 年版，第63—64 页。

关系，就包含着"人在家中"这一浓郁的"家园意识"，人与包括自然生态在内的世界万物是密不可分的交融为一体的。

但在工具理性主导的现代社会中，人与包括自然万物的世界——本真的"在家"关系被扭曲，人处于一种"畏"的茫然失其所在的"非在家"状态。海德格尔说："在畏中人觉得'茫然失其所在'。此在所缘而现身于畏的东西所特有的不确定性在这话里当下表达出来了：无与无何有之乡。但茫然骇异失其所在在这里同时是指不在家。"①　又说，"无家可归是在世的基本方式，虽然这种方式日常被掩蔽着"②，"此在在无家可归状态中源始地与它自己本身相并。无家可归状态把这一存在者带到它未经伪装的不之状态面前；而这种'不性'属于此在最本己能在的可能性"③。这就说明，"无家可归"不仅是现代社会中人的特有感受，而且作为"此在"的基本展开状态的"畏"还具有一种"本源"的性质，作为"畏"必有内容的"无家可归"与"茫然失其所在"也就同样具有了本源的性质，可以说是人之为人而与生俱来的。当然，在现代社会各种因素的统治与冲击之下，这种"无家可归"之感就会显得愈加强烈。由此，"家园意识"就必然成为当代生态存在论哲学——美学的重要内涵。

1943 年 6 月 6 日，海德格尔为纪念诗人荷尔德林逝世 100 周年所作的题为《返乡——致亲人》的演讲中明确提出了美学中的"家园意识"。该文是对荷尔德林《返乡》一诗的阐释，是一种思与诗的对话。他试图通过这种运思的对话进入"诗的历史惟一性"，从而探寻诗的美学内涵。《返乡》一诗，突出表现了"家园意识"的美学内涵。海德格尔指出："在这里，'家园'意指这样一个空间，它赋予人一个处所，人唯在其中才能有'在家'之感，因而才能在其命运的本己要素中存在。这一空间乃由完好无损的大地所赠予。大地为民众

---

①　［德］马丁·海德格尔：《存在与时间》（修订译本），陈嘉映、王庆节合译，生活·读书·新知三联书店 2006 年版，第 218 页。

②　同上书，第 318 页。

③　同上书，第 328 页。

设置了他们的历史空间。大地朗照着'家园'。如此这般朗照着的大地，乃是第一个'家园'天使。"① 海氏这里的"家园"，其实就是存在论的具有本源性的哲学与美学关系，是此在与世界、人与天的因缘性的呈现。在此"家园"中，真理得以显现，存在得以绽出。为此，他讲了两段非常有意思的话。一段是说："大地与光明，也即'家园天使'与'年岁天使'，这两者都被称为'守护神'，因为它们作为问候者使明朗者闪耀，而万物和人类的'本性'就完好地保存在明朗者之明澈中了。"② 这里的"大地""家园天使"，即为"世界"与"天"之家，而"光明"与"年岁天使"则为"人"与"此在"之意，共在这"此在与世界""天与人"的因缘与守护之中，作为"存在的明朗者"得以闪耀和明澈，这即是"家园意识"的内涵。另一段话为："诗人的天职是返乡，唯通过返乡，故乡才作为达乎本源的切近国度而得到准备。守护那达乎极乐的有所隐匿的切近之神秘，并且在守护之际把这个神秘展开出来，这乃是返乡的忧心。"③ 诗人审美追求的目标就是"返乡"，即切近"家园天使"。这种切近本源的"返乡"之路，就是作为"存在"的"神秘"的展开之路，通过守护与展开的历程实现由神秘到绽出、由遮蔽到澄明，这同时也是审美的"家园意识"得以呈现之途。

　　20 世纪中期以后，工业革命愈加深入，环境破坏日益严重，工具理性更增强了人的"茫然失去家园"之感。在这种情况下，如何对待日益勃兴的科技与不断增强的失去家园之感？海德格尔于 1955 年写了《泰然任之》一文作为回应。他首先描述了工具理性过度膨胀后所带给人们的巨大压力，在日渐强大的工具理性世界观的压力下，"自然变成唯一而又巨大的加油站，变成现代技术与工业的能源。这种人对于世界整体的原则上是技术的关系，首先产生于 17 世纪的欧洲，并且只在欧洲"，"隐藏在现代技术中的力量决定了人与存在者的关

---

　　① ［德］马丁·海德格尔：《荷尔德林诗的阐释》，孙周兴译，商务印书馆 2014 年版，第 15 页。

　　② 同上。

　　③ 同上书，第 31 页。

系。它统治了整个地球"。① 其具体表现是，"许多德国人失去了家乡，不得不离开他们的村庄和城市，他们是被逐出故土的人。其他无数的人们，他们的家乡得救了，他们还是移居他乡，加入大城市的洪流，不得不在工业区的荒郊上落户。他们与老家疏远了。而留在故乡的人呢？他们也无家，比那些被逐出家乡的还要严重几倍"②。现代技术挑动、骚扰并折腾着人，使人的生存根基受到致命的威胁，加倍地堕入"茫茫然无家可归"的深渊之中。那么，如何应对这种严重的情况呢？海氏提出的方法是"泰然任之"。他认为，对于科学技术盲目抵制是十分愚蠢的，而被其奴役更是可悲的。他说："但我们也能另有作为。我们可以利用技术对象，却在所有切合实际的利用的同时，保留自身独立于技术对象的位置，我们时刻可以摆脱它们！"③ 同时，他也认为应该坚持生态整体观，牢牢立足于大地之上。他借用约翰·彼德·海贝尔的话说是："我们是植物，不管我们愿意承认与否，必须连根从大地中成长起来，为的是能够在天穹中开花结果。"④ 在晚年（1966 年 9 月 23 日）与《明镜》专访记者的谈话中，海氏谈及人类在重重危机中的出路时，又一次讲到人类应该坚守自己的"家"，认为由此才能产生出伟大的足以扭转命运的东西。他说："按照我们人类经验和历史，一切本质的和伟大的东西都只有从人有个家并且在一个传统中生了根中产生出来。"⑤ 这就更进一步证明了"家园意识"在海德格尔的存在论哲学中的重要地位。

二　当代西方生态与环境理论中的"家园意识"

1972 年，为筹备联合国环境会议和《环境宣言》，由 58 个国家的 70 多名科学家和知识界知名人士组成了大型顾问委员会，负责向

---

① ［德］马丁·海德格尔：《海德格尔选集》，孙周兴选编，上海三联书店 1996 年版，第 1236 页。
② 同上书，第 1234—1235 页。
③ 同上书，第 1239 页。
④ 同上书，第 1241 页。
⑤ 同上书，第 1305 页。

大会提供详细的书面材料。同年，受斯德哥尔摩联合国第一次人类环境会议秘书长莫里斯·斯特朗的委托，经济学家芭芭拉·沃德与生物学家勒内·杜博斯合作撰写了《只有一个地球——对一个小小行星的关怀和维护》，其中明确地提出了"地球是人类唯一的家园"的重要观点。报告指出："我们已经进入了人类进化的全球性阶段，每个人显然有两个国家，一个是自己的祖国，另一个是地球这颗行星。"① 在全球化时代，每个人都有作为其文化根基的祖国家园，同时又有作为生存根基的地球家园。在该书的最后，作者更加明确地指出："在这个太空中，只有一个地球在独自养育着全部生命体系。地球的整个体系由一个巨大的能量来赋予活力。这种能量通过最精密的调节而供给了人类。尽管地球是不易控制的、捉摸不定的，也是难以预测的，但是它最大限度地滋养着、激发着和丰富着万物。这个地球难道不是我们人世间的宝贵家园吗？难道它不值得我们热爱吗？难道人类的全部才智、勇气和宽容不应当都倾注给它，来使它免于退化和破坏吗？我们难道不明白，只有这样，人类自身才能继续生存下去吗？"②

1978 年，美国学者威廉·鲁克尔特（William Rueckert）在《文学与生态学》一文中首次提出"生态批评"与"生态诗学"的概念，明确阐述了"生态圈"就是人类的家园的观点。他在列举人类给地球造成的严重环境污染问题时指出，"这些问题正在破坏我们的家园——生态圈"③。英国著名的历史学家阿诺德·汤因比于 1973 年在《人类与大地母亲》的第八十二章"抚今追昔，以史为鉴"的最后写道："人类将会杀害大地母亲，抑或将使她得到拯救？如果滥用日益增长的技术力量，人类将置大地母亲于死地；如果克服了那导致自我毁灭的放肆的贪欲，人类则能够使她重返青春，而人类的贪欲正在使伟大母亲的生命之果——包括人类在内的一切生命造物付出代价。何

① ［美］芭芭拉·沃德、勒内·杜博斯：《只有一个地球》，《国外公害丛书》编委会译校，吉林人民出版社 1997 年版，"前言"第 17 页。

② 同上书，第 260 页。

③ ［美］威廉·鲁克尔特：《文学与生态学：一项生态批评的实验》，载《生态批评读本》，美国佐治亚大学出版社 1996 年版，第 115 页。

去何从，这就是今天人类所面临的斯芬克斯之谜。"① 现在的生物圈是我们拥有的——或好像曾拥有的——唯一可以居住的空间。

　　进入 21 世纪以来，人类对自然生态环境问题愈来愈加重视。美国著名环境学家阿诺德·伯林特于 2002 年主编了《环境与艺术：环境美学的多维视角》一书，收录了当代多位重要环境理论家的相关论著。其中，霍尔姆斯·罗尔斯顿（Holmes Rolston Ⅲ）在《从美到责任：自然美学和环境伦理学》一文中明确从美学的角度论述了"家园意识"的问题。他说："当自然离我们更近并且必须在我们所居住的风景上被管理时，我们可能首先会说：自然的美是一种愉快——仅仅是一种愉快——为了保护它而做出禁令似乎不那么紧急。但是这种心态会随着我们感觉到大地在我们的脚下，天空在我们的头上，我们在地球上的家里而改变。无私并不是自我兴趣，但是那种自我没有被掩盖，而是自我被赋形和体现出来了。这是生态的美学，并且生态是关键的关键，一种在家里的、在它自己的世界里的自我。我把自己所居住的那处风景定义为我的家。这种'兴趣'导致我关心它的完整、稳定和美丽。"又说道："整个的地球，不只是沼泽地，是一种充满奇异之地，并且我们人类——我们现代人类比以前任何时候更加——把这种庄严放进危险中。没有人，在世界上有一席之地的人，能够在逻辑上或者心理上对它不感兴趣。"② 在这里，罗尔斯顿更加现代地从"地球是人类的家园"的角度出发，论述了生态美学中的"家园意识"。他认为，人类只有一个地球，地球是人类生存繁衍的家园，只有地球才使得人类具有"自我"。因而，保护自己的"家园"，使之具有"完整、稳定和美满"是人类生存的需要，这才是"生态的美学"。

三　西方与中国古代有关"家园意识"的文化资源

　　正是因为"家园意识"的本源性，所以它不仅具有极为重要的现

---

　　① ［英］阿诺德·汤因比：《人类与大地母亲》，徐波等译，上海人民出版社 2001 年版，第 529 页。
　　② ［美］阿诺德·伯林特主编：《环境与艺术：环境美学的多维视角》，刘悦笛译，重庆出版社 2007 年版，第 167、167—168 页。

代意义和价值，而且也成为人类文学艺术千古以来的"母题"。西方作为海洋国家，同时又作为资本主义发展较早的国家，文化与文学资源中更多地强调旅居与拓展，如《鲁宾逊漂流记》等；但"家园意识"作为人类对本真生存的诉求，在其早期也是常常作为文化与文学的"母题"与"原型"的。西方最早的史诗——《荷马史诗》《奥德修斯》就是写希腊英雄奥德修斯在特洛伊战争结束后，历经10年，克服巨人、仙女、风神、海怪、水妖等多种力量的阻挠，终于返回家乡的故事，隐喻地表现了人类即使历经千难万险也必须返回精神家园的文化"母题"。《圣经》中有关"伊甸园"的描述，则是古代希伯来文化对"家园意识"的另一种阐释。据《创世记》记载，上帝在东方的伊甸建了一个花园，园中有河流滋养着的肥沃的土地，有各种树木、花草和可供食用的果子，绮丽迷人，丰饶富足。上帝用尘土造出亚当，又抽其肋骨造了夏娃，将两人安置在伊甸园中。至此，人与神以及自然协调统一，人生活在美好无比的家园当中。但上帝警告亚当、夏娃，"园中各种树上的果子你可以随便吃，只有智慧树上的果子不可以吃，因为吃了必定死"。但是夏娃受到狡猾的蛇的诱惑，"见那棵树的果子好作食物，也悦人耳目，且是可喜爱的，能使人有智慧，就摘下果子来吃了；又给她丈夫，让丈夫也吃了"。神知道这一切后，就将亚当与夏娃逐出伊甸园，他们自此流浪天涯。而且，由于亚当、夏娃因贪欲而犯错，神就役使他们耕种土地，终身受苦。如果说，古希腊奥德修斯漫长的返乡是由于特洛伊战争这一神定的"命运之因"所造成的，那么，《圣经》中人被逐出伊甸园却是由贪欲造成的"原罪之因"。应该说，《圣经》的"原罪之因"对人类更有警示的作用。此后，在西方文学中，"伊甸园的失落与重建"成为一种具有永恒意义的主题之一。由此可以看出，"家园意识"在西方文学中具有何其重要的地位。

我国作为农业古国，历代文化与文学作品中都贯穿着强烈的"家园意识"，这为当代生态美学与生态文学之"家园意识"的建构提供了极为宝贵的资源。《诗经》记载了我国先民择地而居，选择有利于民族繁衍生息地的历史。例如，著名的《大雅·绵》第三章就记载了周人先祖古公亶父率民去豳，度漆沮、逾梁山而止于土地肥沃的周原之地的过程。所谓"周原膴膴，堇荼如饴。爰始爰谋，爰契我龟。曰'止'曰'时'，'筑室于兹'"。周原之地土地肥沃，在这块土地上就连长出的苦菜都甘甜如饴。经过了认真仔细地筹划、商量与占卜，表明这是一处可以宜居之地，即决定在此筑室安家。《卫风·河广》具体地描绘了客居在卫国的宋人面对河水所抒发的思乡之情。"谁谓河广？曾不容刀。谁谓宋远？曾不崇朝。"主人公踯躅河边，故国近在对岸，但却不能渡过河去，内心焦急，长期积压于胸的忧思如同排空而来的浪涌，诗句冲口而出。《小雅·采薇》中写游子归家的诗句："昔我往矣，杨柳依依，今我来思，雨雪霏霏"，早已成为传颂已久的名句。

《易经》是我国古代的重要典籍，它以天人关系为核心，阐释了中国古代"生生之谓易"的古典生存论生态智慧，包含着浓郁的蕴涵哲理性的"家园意识"。乾卦《象传》的"大哉乾元，万物资始，乃统天"，坤卦《象传》的"至哉坤元，万物资生，乃顺承天"，乾卦卦辞的"元亨利贞"四德，坤卦卦辞的"安贞吉"，这些论述，都揭示了天地自然生态为人类生存之本的"家园意识"。《周易》家人卦《象传》指出：只有家道正，推而行之以治天下，才可"天下定矣"，道出了治家有道与天下安定及家庭相融的和谐关系。《周易》旅卦艮下离上，艮为山为止，离为火为明。山止于下，以此说明羁旅之人应该安静以守，而又要向上附丽光明。离家旅行居于外，有诸多不便，因而卦辞曰"旅，小亨"。可见，"家园意识"在我国文化与文学中的重要位置。《周易》的复卦揭示了返本与回归之意，卦象为震下坤上，一阳生于五阴之下，象征着阳气由消逝到复归，有物极必反之意，不仅提示出事物循环转化的规律，而且揭示了人要回归家园的意识。复卦六二爻爻辞"休复，吉"，即以阳气之复归、行人之归家为吉祥之象。复卦的义理，实际上是中国传统哲学"易者变也"、物极必反、否极泰来等观念的高度概括，阐释了万事万物都必然回归其本根的规律。这是中国文化传统、文艺传统中"家园意识"的哲学根基。中国传统的"家园意识"不仅有浅层的"归家"之意，更有其深层的阴阳复位、回归本真的存在之意，具有深厚的哲学内涵。李白《静夜思》中"举头望明月，低头思故乡"，更早已成为游子与旅人思念故国乡土的传世名句——家园成为扣动每个人心扉的美学命题。

综合上述，"家园意识"在浅层次上有维护人类生存家园、保护环境之意。在当前环境污染不断加剧之时，"家园意识"之弘扬显得尤为迫切。据统计，在以"用过就扔"作为时尚的当前大众消费时代，全世界每年扔掉的瓶子、罐头盒、塑料纸箱、纸杯和塑料杯不下2万亿只，塑料袋更是不计其数，我们的家园日益成为"抛满垃圾的荒原"，人类的生存环境日益恶化。早在1975年，美国《幸福》杂志就曾刊登过菲律宾境内一处开发区的广告："为吸引像你们一样的公司，我们已经砍伐了山川，铲平了丛林，填平了沼泽，改造了江河，搬迁了乡镇，全都是为了你们和你们的商业在这里经营得可以容易一些。"这只不过是包括中国在内的所有发展中国家因开发而导致环境严重破坏的一个缩影。珍惜并保护我们已经变得十分恶化的生存家园，是当今人类的共同责任；而从深层次上看，"家园意识"更加意味着人的本真存在的回归与解放，即人要通过悬搁与超越之路，使心灵与精神回归到本真的存在与澄明之中。

第五节　场所意识

如果说"家园意识"是一种宏大的人之存在的本源性意识，那么，"场所意识"则与人具体的生存环境及其感受息息相关。

一　海德格尔关于"场所意识"的论述

"场所意识"仍然是海德格尔首次提出的。他说："我们把这个使用具各属其所的'何所往'称为场所（Gegend）"，又说："依场所确定上手东西的形形色色的位置，这就构成了周围性质，构成了周围世界切近照面的存在者环绕我们周围的情况"，"这种场所的先行揭示是由因缘整体性参与规定的，而上手事物之来照面就是向着这个因缘整体性开放出来"。① 在海氏看来，"场所"就是与人的生存密切相关的物品的位置与状况。这其实是一种"上手的东西"的"因缘整体性"。也就是说，在人的日常生活与劳作中，周围的物品与人发生某种因缘性关系，从而成为"上手的东西"；但"上手"还有一个"称手"与"不称手"，以及"好的因缘"与"不好的因缘"这样的问题。例如，人所生活的周围环境被污染，自然被破坏，各种有害气体与噪音对人所造成的侵害，这就是一种极其"不称手"的情形，这种环境物品也是与人"不好的因缘"关系，是一种不利于人生存的"场所"。在有关"场所意识"的论述中，海德格尔涉及了非常重要的"空间性"问题。因为，海氏在论述"场所意识"和"上到手头的东西"时，就是在对"空间性"的论述中展开的，其论述"场所意识"有关章节的标题就是"世内上到手头的东西的空间性"②。其实，海氏的所谓"空间"，就是"此在"在世之"世界"，也就是场所。诚如他本人所说："如果我们把设置空间领会为生存论环节，那么它就属于此在的在世。"③ 而他有关"空间性"的一切论述，都是以此在之在世——实际上也就是"场所"为起点的。他在论述场所中"上手的东西"时，用了一个"在近处"的表述，但"这个近不能由衡量距离来确定。这个近由寻视'有所计较的'操作与使用得到调节"④。也就是说，所谓"在近处"，并不是数字上的距离长短，而是生存论意义上的某物件是否与人发生因缘性的关系，因而总在人的"寻视"范围之内。由此，所谓"场所"也随之具有了"用具联络的位置整体性"的特性。⑤ 1969 年，海德格尔在其耄耋之年写有一篇速写式的谈艺文章——《艺术与空间》，进一步从生存论的角度阐释了自己的"空间观"，或者也可以说是阐释了自己的"场所意识"。由

①　［德］马丁·海德格尔：《存在与时间》（修订译本），陈嘉映、王庆节合译，生活·读书·新知三联书店 2006 年版，第 120、121 页。
②　同上书，第 119 页。
③　同上书，第 129 页。
④　同上书，第 119 页。
⑤　同上书，第 120 页。

于当时资本主义现代化已经发展深入，技术对"空间"或"场所"的压迫与破坏愈来愈加严重。对此，海氏在文中做了充分的揭露与批判，他说："空间——是眼下以日益增长的幅度愈来愈顽固地促逼现代人去获得其最终可支配性的那个空间吗？"[①] 技术对"空间"与"场所"的"促逼"与"支配"，导致现代人物质层面的污染与精神层面的挤压已经到了十分严重的地步。那么，理想的"空间化"或"场所意识"应该是什么呢？海氏在文中做了回答，那就是栖居的自由与真理的敞开——"空间化为人的安家和栖居带来自由（das Freie）和敞开（das Offene）之境"[②]。

二 阿诺德·伯林特有关"场所意识"的论述

阿诺德·伯林特是当代西方环境美学的主要代表，他从审美经验现象学的角度探索了环境美学问题，他的相关看法，在基本的理论方面与生态美学具有相当的一致性。他根据其环境美学论述"场所意识"问题，首先对"场所"进行了自己的阐释。他说："基本的事实是，场所是许多因素在动态过程中形成的产物：居民、充满意义的建筑物、感知的参与和共同的空间。……人与场所是相互渗透和连续的。"[③] "场所"，由人的感知与空间等多种因素构成，并具动态过程性。在论述"场所感"时，伯林特对"场所"进行了更加具体的界定："这是我们熟悉的地方，这是与我们自己有关的场所，这里的街道和建筑通过习惯性的联想统一起来，它们很容易被识别，能带给人愉悦的体验，人们对它的记忆中充满了情感。如果我们的邻近地区获得同一性并让我们感到具有个性的温馨，它就成为我们归属其中的场所，并让我们感到自在和惬意。"[④] 在这里，他在"场所"与人的关

---

① ［德］马丁·海德格尔：《海德格尔选集》，孙周兴选编，上海三联书店1996年版，第482页。

② 同上书，第484页。

③ ［美］阿诺德·伯林特：《环境美学》，张敏、周雨译，湖南科学技术出版社2006年版，第135页。

④ 同上书，第66页。

联性之中又特别强调了它的情感性，即这是一处使人感到自在和惬意的地方。正因为"场所"具有强烈的与人的关联性，所以，伯林特认为，"场所美学"是一种环境感性现象学，是一种具相互性环境体验的美学。他说："我们关注的并非是场所的心理学，而是一种场所的美学。在梅洛—庞蒂的经典著作《知觉现象学》中，他主张所有感官的联合合作，包括触觉，因为我们并非通过相互分离并且彼此不同的感觉系统进行感知。一种关于环境感知的现象学也就必须更具包含性，把感知的联觉作为基础，并且如梅洛—庞蒂所主张的，从身体开始。"① 由此，他进一步认为，"相互性是环境体验的一个不变的特征"②。伯林特批判了传统的无利害的静观美学的观念，提倡人的各种感官都参与的"参与美学"（Aesthetics of Engagement）。阿诺德·伯林特指出："比其他的情境更为强烈的是，通过身体与处所（body and place）的相互渗透，我们成为了环境的一部分，环境经验使用了整个人类感觉系统。因而，我们不仅仅是'看到'我们的活生生的世界，我们还步入其中，与之共同活动，对之产生反应。我们把握场所并不仅仅是通过色彩、质地和形状，而且还要通过呼吸，通过味道，通过我们的皮肤，通过我们的肌肉活动和骨骼位置，通过风声、水声和汽车声。环境的主要维度——空间、质量、体积和深度——并不是首先和眼睛遭遇，而是先同我们运动和行为的身体相遇。"③ 这是生态美学观的新的美学理念，与传统的审美凭借视觉与听觉等高级器官不同。伯林特认为，当代生态美学观的"场所意识"不仅仅是视觉与听觉意识，而且包括嗅觉、味觉、触觉与运动知觉的意识。他将人的感觉分为视觉、听觉等保持距离的感受器，与嗅觉、味觉、触觉与运动知觉等直接接触的感受器，这两类感受器都在审美中起作用。这不仅是新的发展，而且也符合当代生态美学的实际。从存在论美学的角度，自

① ［美］阿诺德·伯林特：《环境美学》，张敏、周雨译，湖南科学技术出版社 2006 年版，第 136 页。

② 同上书，第 139 页。

③ ［美］阿诺德·伯林特主编：《环境与艺术：环境美学的多维视角》，刘悦笛译，重庆出版社 2007 年版，第 10 页。

然环境对人的影响绝对不仅是视、听，而且还包含了嗅味、触觉与运动知觉。不仅噪音与有毒气体会对人造成伤害，而且沙尘暴与沙斯病毒更会侵害人的美好生存。当然，从另外的角度，从更高的精神的层面，城市化的急剧发展，高楼林立，生活节奏的加速，人与人的隔膜，人与自然的远离，居住的逼仄与模式化，人们其实都正在逐步失去自己的真正的美好的生活"场所"。这种生态美学的维度必将成为当代文化建设与城市建设的重要参照，这同时也是一种"以人为本"观念的彰显。

三　中国古代哲学的"场所意识"

中国古代哲学的"场所意识"可以从中国古代哲学中的"空间意识"来理解。从《周易》来看，中国古代哲学中的"空间意识"是三维的，即"天地人三才"之说。《周易·系辞下》说："《易》之为书也，广大悉备：有天道焉，有人道焉，有地道焉，兼三才而两之，故六。"《文言传》说："夫大人者，与天地合其德，与日月合其明，与四时合其序，与鬼神合其吉凶。"这些论述，都意在揭示人处于"天地"之中，与天地相和的意思。这就是乾卦《象传》的"保合太和，乃利贞"的思想。另外，中国古代哲学中的"空间意识"还是动态的，即所谓"天地交泰"。在中国古代哲学中，一个安定的，适合人生存的"场所"，是天人、阴阳、乾坤相和的产物，它是动态的，富有生命活力的。中国古代的"堪舆术"实际上是一种以"天地观"为基础的择居之术。尽管其中笼罩着浓厚的迷信色彩，但却在一定程度上包含着具有合理性的古代"择居观念"和"场所意识"。比如，在对阳宅的选择上，就有"住宅西南有水池，西北丘势更相宜。艮地有冈多富贵，子孙天赐著罗衣"①的说法。尽管所谓"富贵""天赐"等属于迷信的无稽之谈，但住宅座北朝南，后山前水，却是一种有利于人的健康的自然环境，值得倡导；又如清代光绪手抄珍本《阳宅撮要》所言："凡阳宅须地基方正，间架整齐，人眼好看方吉。如太高、

---

① 《阳宅十书》，《堪舆集成》2，顾颉主编，重庆出版社1994年版，第199页。

太阔、太卑小，或东扯西曳，东盈西缩，定损丁财。""星形端肃，气象豪雄，护沙整齐，俨然不可犯，贵宅也；墙垣周密，四壁光明，天井明洁，规矩翕聚，富贵宅也。"这里对所谓"贵宅"的表述尽管多有封建意识，但房舍的高大，明亮与洁净，建筑的坚固、结实与稳定，确是有利于人的栖身生存的。清代的《阳宅十书》也说："人之居处，宜以大地山河为主。其来脉气势最大。""阳宅来龙原无异，居处须用宽平势。明堂须当容万马，厅堂门庑先立位。东厢西塾及庖厨，庭院楼台园圃地，或从山居或平原，前后有水环抱贵。左右有路亦如然，但遇返跳必须忌"①等，特别强调了房舍所处的自然环境，认为"宜以大地山河为主"，并且"关系人祸福，最为切要"，并要求居处地势宽平，堂前开阔，从山而居，有水环抱，左右有路，交通便捷等。清代著名戏剧家李渔在其《闲情偶寄》中也用相当的篇幅讲到人居环境的问题，在《居室部·房舍第一》中说："人之不能无屋，犹体之不能无衣。衣贵夏凉冬燠，房舍亦然。"关于房舍的朝向问题，李渔提出"屋以面南为正向，然不可必得，则面北者宜虚其后，以受南薰；面东者虚右，面西者虚左，亦犹是也。如东西北皆无余地，则开窗借天以补之"。论及"途径"时，他说"径莫便于捷，而又莫妙于迂"；论及"出檐深浅"时，指出"居宅无论精粗，总以能避风雨为贵"；论及"墁地"时，指出"且土不覆砖，尝苦其湿，又易生尘。有用板作地者，又病其步履有声，喧而不寂。以三和土墁地，筑之极坚，使完好如石，最为丰俭得宜"②，等等，都具很强的可操作性，值得借鉴参考。

第六节　参与美学

这是生态美学观中非常重要的美学观点，我们在论述"场所意识"时已多有涉及。

① 《阳宅十书》，《堪舆集成》2，顾颉主编，重庆出版社1994年版，第191页。
② （清）李渔：《闲情偶寄》，杜书瀛评点，学苑出版社1998年版，第303、308—309、310、423、424页。

一 "参与美学"的价值与意义

"参与美学"（Aes the tics of Engagement）是由阿诺德·伯林特明确提出的，他说，"无利害的美学理论对建筑来说是不够的，需要一种我所谓的参与的美学"①；又说，"美学与环境必须得在一个崭新的、拓展的意义上被思考。在艺术与环境两者当中，作为积极的参与者，我们不再与之分离而是融入其中"②。"参与美学"的提出，突破了传统的、由康德所倡导的、被长期尊崇的"静观美学"，力求建立起一种完全不同的主体以及在其上所有感官积极参与的审美观念。这是美学学科上的突破与建构，具有重要的价值与意义。诚如伯林特所说，"如果把环境的审美体验作为标准，我们就会舍弃无利害的美学观而支持一种参与的美学模式"。"审美参与不仅照亮了建筑和环境，它也可以被用于其他的艺术形式并获得显著的后果，不管是传统的还是当代的。"③ 卡尔松进一步从美学学科的建设角度对"参与美学"的价值作了评价，他说："在将环境美学塑造成为一个学科的关键，便不仅仅只是关注于自然环境的审美欣赏，而更应关注我们周边整个世界的审美欣赏。"④ 上述论述，揭示了环境美学对于普适意义上的美学而言所具有的重要含义。这种普适意义，伯林特称之为"艺术研究途径的重建"⑤。

二 "参与美学"的内涵

什么是"参与美学"呢？首先，这是一种不同于传统的、无利害

---

① ［美］阿诺德·伯林特：《环境美学》，张敏、周雨译，湖南科学技术出版社 2006 年版，第 134 页。

② ［美］阿诺德·伯林特主编：《环境与艺术：环境美学的多维视角》，刘悦笛译，重庆出版社 2007 年版，第 9 页。

③ ［美］阿诺德·伯林特：《环境美学》，张敏、周雨译，湖南科学技术出版社 2006 年版，第 142 页。

④ ［加］艾伦·卡尔松：《自然与景观：环境美学论文集》，陈李波译，湖南科学技术出版社 2006 年版，第 7 页。

⑤ ［美］阿诺德·伯林特：《环境美学》，张敏、周雨译，湖南科学技术出版社 2006 年版，第 155 页。

的静观美学的审美模式，是一种人体所有感官都积极参与审美过程的美学。正如伯林特所说："所有这些情形（我们与自然界交往过程中发生的那些温和的情形——引者注）给人的审美感受并非无利害的静观，而且身体的全部参与，感官融入到自然界之中并获得一种不平凡的整体体验。敏锐的感官意识的参与，并且随着同化的知识的理解而加强，这些情形就会成为灰暗世界里的曙光，成为被习惯和漠然变得迟钝的生命里的亮点。"① 这实际上是一种存在论的环境观与审美观。因为，当代存在论哲学已经克服了主体与客体、人与自然、灵与肉二元对立的在世模式与思维模式，贯彻的是一种"此在与世界"的在世模式：此在在"世界之中"，与世界融为一体。伯林特是一位著名的现象学美学家，一直都坚持以当代存在论的现象学方法为其哲学立场，认为"自然之外并无一物，一切都包含其中"。他说："大环境观认为环境不与我们所谓的人类相分离，我们同环境结为一体，构成其发展中不可或缺的一部分。传统美学无法领会这一点，因为它宣称审美时主体必须有敏锐的感知力和静观的态度。这种态度有益于观赏者，却不被自然承认，因为自然之外并无一物，一切都包含其中。"② 这里所说的"自然"，并不是单纯的自然，而是有人参与其间的"自然"。伯林特指出："我们会发现正如斯宾诺莎所说的，没有人之外的自然，也没有自然之外的人。"③ 他坚决反对将人与环境相对立的二元论倾向："比如将人类理解成被放置（placed in）在环境之中，而不是一直与其'共生'（continuous with）。"④

由此可见，伯林特在这里所讲的"自然"或"环境"，其实就是"生命整体"，他所说的"参与美学"，实际上就是"生态整体论美学"，或者也可以说，就是"生态存在论美学"。这种美学观在审美过程中是由审美主体与审美对象两部分构成，它一方面强调了主体在

---

① ［美］阿诺德·伯林特：《环境美学》，张敏、周雨译，湖南科学技术出版社2006年版，第154页。
② 同上书，第12页。
③ 同上书，第36页。
④ 同上书，第11页。

审美中的主观构成作用，但又不否定自然潜在的美学特性。罗尔斯顿将自然审美归结为两个相关的条件，那就是人的审美能力与自然的审美特性的结合，认为只有在两者的统一之下，在人的积极参与之下，自然的审美才成为可能。他说："有两种审美品质：审美能力，仅仅存在于欣赏者的经验中；审美特性，它客观地存在于自然物体内。美的经验在欣赏者的体内产生，但是这种经验具备什么？它具有形式、结构、完整性、秩序、竞争力、肌肉力量、持久性、动态、对称性、多样性、同步性、互依性、受保护的生命、基因编码、再生的能量、起源等等。这些事件在人们到达以前就在那里，它们是创造性的进化和生态系统的本性的产物；当我们人类以审美的眼光评价它们时，我们的经验被置于自然属性之上。"[①] 他以人们欣赏黑山羚的优美的跳跃为例认为，黑山羚由于在长期的进化中获得了身体运动的肌肉力量，因而能够优美地跳跃——只有在人类的欣赏中，当这种跳跃与人的主观审美能力相遭遇，才有可能产生审美的体验。

三　"参与美学"的得与失

"参与美学"的提出无疑是对传统无利害静观美学的一种突破，将长期被忽视的自然与环境的审美纳入美学领域，具有十分重要的意义；它不仅在审美对象上突破了艺术惟一或艺术显现的框框，而且在审美方式上也突破了主客二元对立的模式。在这里要特别强调的是，"参与美学"将审美经验提到相当的高度，认为面对充满生命力和生气的自然，单纯的"静观"或"如画式"风景的审视都是不足够的，而必须要借助所有感官的"参与"。诚如罗尔斯顿所说："我们开始可能把森林想作可以俯视的风景。但是森林是需要进入的，不是用来看的。一个人是否能够在停靠路边时体验森林或从电视上体验森林，是十分令人怀疑的。森林冲击着我们的各种感官：视觉、听觉、嗅觉、触觉，甚至是味觉。视觉经验是关键的，但是没有哪个森林离开

---

① ［美］阿诺德·伯林特主编：《环境与艺术：环境美学的多维视角》，刘悦笛译，重庆出版社 2007 年版，第 158 页。

了松树和野玫瑰的气味还能够被充分地体验。"①

英国人 M. 巴德在《自然美学的基本谱系》一文中指出了"参与美学"的三个主要缺陷：其一，我们基本处于风景之中而非与之面对，风景并不能阻止我们的审美经验成为鉴赏的，这种鉴赏常常是很适宜的；其二，这些介入的方面如何成为审美的，但条件似乎在于，对于一种审美反应的观念的任何一种满足性的理解，都必须被满足；其三，与自然相伴的介入美学丧失了如下的资格：既被接受为一种自然鉴赏的考虑，也被作为一种自然的审美经验的概念所接受。②巴德的批评不能说没有道理，但从总体上看，他还是站在传统的静观美学的立场来审视"参与美学"的，更为重要的是，他忽视了"参与美学"实质上是一种当代存在论美学——对美的界定已经与传统形式的美没有了直接关系，而成为一种诗意地栖居与真理的澄明。

当然，"参与美学"至少目前还存在一些理论难题。如果说"参与美学"对自然环境的审美有明显的作用，但眼耳鼻舌身各种感官的全部参与用在艺术品的审美上就有点牵强。伯林特显然意识到这一点，他试图从现代艺术的复杂性方面对此进行了某种辩解。在新近所写《环境美学的发展及其新近问题》一文中指出："整个世纪刚刚终结，艺术已不只以诸如绘画、雕塑、建筑、音乐、戏剧、文学和舞蹈的习惯方式得以繁荣。艺术在超出其传统边界的持续坚持当中加紧前行。在达达派与许多追随其后的创新运动那里，绘画已将禁忌材料、主题和被使用文本整合在图像当中，从而打破了油画的樊篱，并超越了其架构。雕塑已经放大了其尺寸和形式，以至于我们能在其上、在其中、在其内穿行，雕塑已经拓展到环境当中，既是被封闭的又是在户外的。建筑已经超越了纪念碑式的架构，挑战了惯常的外形和结构，融合在场所当中。音乐已经采取了音调生产的新的方式和排列，

---

① ［美］阿诺德·伯林特主编：《环境与艺术：环境美学的多维视角》，刘悦笛译，重庆出版社 2007 年版，第 166 页。

② ［英］M. 巴德：《自然美学的基本谱系》，刘悦笛译，《世界哲学》2008 年第 3 期。

这既出现在合成器那里，又出现在对噪音及其他传统的非音乐音响的运用当中，而且已经出现在不同的表演场合，正如在环境音乐那里一样。诗歌已经放弃了节奏和韵律，同时，小说已经转换了其叙事和其他的传统形式。舞蹈不仅已经发展为现代舞的多种形式，而且打破了姿势、光亮和装饰音的习惯标准。戏剧，与其他艺术一道，已经发展出了需要能动的观者参与的形式。"①的确，现代艺术向行为艺术的发展的确为"参与美学"中眼耳鼻舌身等整个身体的"参与"准备了条件。但是，当面对着传统形式以及传统的艺术形式时，"参与美学"的绝对有效性就值得怀疑了。在这种情况下，我们不妨将"参与"拓展为主体的积极参与，首先是主体审美知觉能力的参与，参与到对审美对象的构成之中，当面对自然环境时则又包含着各种感官的参与。"参与美学"作为当代生态存在论美学强调的主体与对象的因缘性的在手与不在手、称手与不称手的关系，恰是对"主客二分"的静观美学的突破。在这样的拓展下，"参与美学"作为凭借现象学方法的生态存在论美学就具有了极大的包容性与理论的自明性。

第七节　生态文艺学

一　为什么要提出生态文艺学

生态文艺学的提出是将生态美学由理论付诸实践的现实要求。众所周知，当代生态理论的最大特点是，它并不完全是一种纯粹学院式的理论形态，其基本的或主要的特性之一即具有极大的实践性。这种实践性当然首先表现在文学艺术上，因为文学艺术是美学最重要的实践形态之一。另外，生态文艺学的提出也是生态美学研究者社会责任的表现。我们为什么要研究生态美学呢？除了理论与学术的冲动外，再就是一种强烈的社会责任感，一种强烈的拯救环境、拯救地球、拯救人类的社会责任。生态批评与生态诗学的首倡者——威廉·鲁克尔

---

① ［美］阿诺德·伯林特：《环境美学的发展及其新近问题》，刘悦笛译，《世界哲学》2008 年第 3 期。

特指出："作为文学的读者、教师和批评者，人们怎样才能参与到责任重大的创造性与合作性的生物圈行动当中呢？我认为，我们必经开始着手回答这些问题，继续去做我们一直在做的工作：求助于诗人，然后再求助于生态学家。我们必须建立一种生态诗学。"① 生态文艺学的提出也与我们当前文学艺术的现状有关。当前的国内外文学艺术领域中，"人类中心主义"仍然占据着主导地位，"人定胜天"的理念和自然美属于"人化的自然"的思想，仍然强势存在着。现实生活中自下而上环境的继续恶化促使我们美学工作者不应沉寂和缺席，而应发出自己的声音，要立足于逐步改变现实，特别是文学艺术的现实。

二　生态文艺学的内涵

1. 文艺活动的"绿色原则"

文学艺术活动中"绿色原则"的提出，借鉴了美国著名的生态批评家劳伦斯·布伊尔有关"绿色阅读"的观点。布伊尔曾说："如果没有绿色思考和绿色阅读，我就无法谈论绿色文学。"在这里，布伊尔连续使用了"绿色思考""绿色阅读"和"绿色文学"三个重要概念。"绿色"是大地的本色，代表了生命、生态和生长。"绿色原则"是"生命圈"的"共生"原则，是一种"生态整体"的原则。它既不同于传统的"人类中心主义"，也区别于具有某种极端性的"生态中心主义"。它倡导的是一种"万物并育而不相悖"的"生态整体"的理论原则。诚如奥尔多·利奥波德的《沙乡年鉴》所说："当一个事物有助于保护生物共同体的和谐、稳定和美丽的时候，它就是正确的，当它走向反面时，就是错误的。"②

2. 生态批评

1978 年，美国文学研究者威廉·鲁克尔特在《衣阿华州评论》

---

① ［美］威廉·鲁克尔特：《文学与生态学：一项生态批评的实验》，载《生态批评读本》，美国佐治亚大学出版社 1996 年版，第 107 页。

② ［美］奥尔多·利奥波德：《沙乡年鉴》，侯文蕙译，吉林人民出版社 1997 年版，第213 页。

（1978 年冬季号）发表了一篇题为《文学与生态学：生态文学批评的实验》的文章，第一次使用了"生态批评"的概念。从此，"生态批评"就成为社会批评、美学批评、精神分析批评与原型批评之后的又一种极为重要的文学批评形态，成为当代生态美学观的重要组成部分与实践形态，并很快成为蓬勃发展的"显学"。

"生态批评"首先是一种文化批评，是从生态的特有视角所开展的文学批评，是文学与美学工作者面对日益严重的环境污染将生态责任与文学、美学相结合的一种可贵的尝试。鲁克尔特在陈述自己提出"生态批评"之理由时，说："即诗歌阅读、教学、写作如何才能在生物圈中发挥创造性作用，从而达到清洁生物圈，把生物圈从人类的侵害中拯救出来，并使之保持良好状态的目的。同样，我的实验动机也是为了探讨这一问题，这一实验是我作为人类一分子的根本所在。"他面对严重的环境污染向文学和美学工作者大声疾呼："人们必须开始有所作为！"① 环境美学家伯林特进一步强调"美学与伦理学的基本联结"，罗尔斯顿则倡导一种"生态圈的美"②，同时指出：美国大峡谷的保护就是从其美丽与壮观考虑的，从这个角度说，"自然保护的最终的历史基础是美学"③。从当代生态美学观来说，伦理学与美学的统一还是最根本的原则。因为环境对于人类来说并不总是积极的，噪音既是对于人的知觉的干扰，也是对于人的身体健康的危害，因而噪音是既非善的也非美的。

由此可见，环境伦理学与美学的统一是生态批评的最基本的原则。生态批评理论家们相信：艺术具有某种能量，能够改变人类。这种能量表现为改变人们的心灵，从而转变他们的态度，使之从破坏自然转向保护自然。弗朗西斯·庞吉在《万物之声》一文中指出，我们应该拯救自然，"希望寄托在诗歌中，因为世界可以借助诗歌深入地

---

① ［美］切瑞尔·格罗特费尔蒂等：《生态批评读本》，美国佐治亚大学出版社 1996 年版，第 40 页。

② ［美］阿诺德·伯林特主编：《环境与艺术：环境美学的多维视角》，刘悦笛译，重庆出版社 2007 年版，第 24 页。

③ 同上书，第 151 页。

占据人的心灵，致使其近乎失语，随后重新创造语言"①。也许，生态批评家们将文学艺术的作用估价得过高了，但通过审美教育转变人们的文化态度，使之逐步做到以审美的态度对待自然。这种可能性还是有的。我们应该朝着这个方向继续努力，以期能不断有所收获。

3. 艺术价值的重估

我们当前正面临着由"人类中心"到"生态整体"的重大社会与文化价值的转型，生态文艺学既然在哲学文化立场与艺术创作原则上都有重大调整，那就必然面临着对于文学艺术价值重估的问题。事实证明，任何重大的经济、社会与文化价值的转型，都必然导致文学艺术领域的价值重估。早在19世纪末20世纪初，随着德国古典哲学的终结，传统的主体性原则逐步显露其消极面，从而出现了尼采在其著名的《悲剧的诞生》中提出了"价值重估"和"上帝死了"的重要命题。今天，由工业文明到生态文明的巨大社会经济转型也必然会出现文学艺术领域的价值重估。美国学者格林·洛夫在《重新评价自然》一文中敏锐地指出："我们的批评与美学领域必定会重新评价某些文学与批评文本，这些文本只有一种弃绝地球的、具有终极毁灭性的人类中心主义价值观，忽略了其他的价值观。"② 这种"价值重估"也正是布伊尔所倡导的"绿色阅读"的重要内容，也即运用"生态整体"的"绿色原则"重新评价既往的文学艺术作品。对于这种文学艺术领域的"价值重估"问题，学术界正在讨论当中。美国的杰·帕理尼在2001年出版的《新文学史》一书中对生态批评中的"价值重估"提出了自己的看法。他说，生态批评是"一种向行为主义和社会责任回归的标志。它象征着那种对于理论的更加唯我主义倾向的放弃。从某种文学的观点来看，它标志着与写实主义重新修好，与掩藏在符号汪洋之中的岩石、树木和江河及其真实宇宙的重新修好"③。在

---

①　［美］威廉·鲁克尔特：《文学与生态学：一项生态批评的实验》，载《生态批评读本》，美国佐治亚大学出版社1996年版，第105页。

②　［美］格林·洛夫：《重新评价自然》，载《生态批评读本》，美国佐治亚大学出版社1996年版，第235页。

③　参见王宁编译《新文学史》，清华大学出版社2001年版，第289页。

这里，帕理尼说出了文学艺术"价值重估"的一些原则，有些是可取的。例如，社会责任化的回归，唯我主义倾向的放弃等。这里的"社会责任"，自然是指生态保护的社会责任，是地球上人类每一分子的职责所在；而"唯我主义倾向"则指工业革命以来日益膨胀的"人类中心主义"，恰是在这种思想指导下，人类才日益加重了对地球的破坏与环境的污染，当然应该加以放弃。但对人与动物根本区别的行为主义心理学的回归则是不妥当的，而"与现实主义的重新修好"也不尽适宜。现实主义尽管遵循如实地反映现实的原则，但批判现实主义的盛行期也正值 19 世纪工业革命深化之时。即使是批判的现实主义，也仍然遵循了"人类中心主义"的原则，其所贯穿的"人类中心主义"思想及其对新兴资产阶级与工业化的歌颂，依然没有跳脱出"人类中心主义"的窠臼；而与之相对的以夸张变形为其特点的现代派，尽管是以对自然不同的变易为其特征，但却蕴涵着批判高度膨胀的工具理性的深意。毕加索的著名壁画《格尔尼卡》就采用了极度的夸张与包括人、牛、动物等的变异画面作为对法西斯兽行的控诉、谴责和抗议，观之令人震撼。

三　生态文艺学的东方资源

中国古代有着非常丰富的生态文艺学资源，值得我们大力加以发掘。从哲学思想来说，中国古代遵循"天人合一"之说，将天地、宇宙、自然放在人类与万物齐一的位置之上；从艺术方面来说，中国文艺很早就以自然为表现对象。山东诸城前寨大汶口文化遗址中发掘出的陶尊之上就有陶画文字图形"火旦"的刻纹，据专家通过地理考证，认为此图形是古先民对所观察到的太阳在寺崮山升起这一自然景象的描摹。《诗经》《离骚》中多有摹写自然山水者。至魏晋，山水画勃然兴起，成为中国特有的画种。南朝更是山水诗、田园诗勃兴的时代。中国古代艺术不像西方古代那样以雕塑见长，着重模仿人物，绘形绘色，惟妙惟肖，而是在"天人合一"观念指导下，以自然山水诗画为基础，以自然为友。

1. 比兴

"比兴"是《诗经》的主要艺术手法，在我们今天看来，实是以

"自然为友"的古代"绿色美学"原则。"比"字,在《说文解字》中字形为二人相依,释为:"比,密也。二人为从,反从为比。"清段玉裁注云:"其本义谓相亲密也。"可见,"比"的本义,即为二人亲密相处。《诗经》之中所用之"比",作为表现方法,则为"比方于物"。所谓"兴",东汉郑众云:"兴者,托事于物。"段玉裁《说文解字注》曰:"兴,起也。《广韵》曰:'盛也,举也,善也。'"《诗经》的"兴",是用自然之物来兴起诗人所写之言。南朝刘勰《文心雕龙》有《比兴》篇,所谓"诗人比兴,触物圆览。物虽胡越,合则肝胆。拟容取心,断辞必敢。攒杂咏歌,如川之涣"。可见,"比兴"是借自然之物表达人之情感。物与心虽然相差很大,但只要运用恰当,就如人之肝胆互配互合。比兴的运用,既要"拟容",又要"取心",既写自然万物之形貌,又显其内在之神韵。"物"之"容"与"心",都与诗人所欲表现的情怀、神志有着紧密的内在联系。

2. 比德

所谓"比德",就是以自然之物比喻人之高洁的品德。首先运用这一手法的当推孔子。孔子在《论语·雍也》篇指出:"智者乐水,仁者乐山。智者动,仁者静。智者乐,仁者寿。"荀子则继承发展了这一理论,他在《法行篇》中借孔子之口说道:"夫玉者,君子比德焉。温润而泽,仁也;栗而理,知也;坚刚而不屈,义也;廉而不刿,行也;折而不桡,勇也;瑕适并见,情也;扣之,其声清扬而远闻,其止辍然,辞也。"在这里,运用自然之物"玉"的"温润而泽""坚刚不屈""栗而理""廉而不刿""折而不桡""瑕适并见""其声清扬""其止辍然"等自然品质来比喻人的"仁""知""义""行""勇""情""辞"等优秀的品德。此后,"比德"思维在中国文学艺术进一步发展。如以"竹"喻品行的高洁,用"梅兰"比喻凌霜傲雪之品格,以"荷"比喻出污泥而不染之德,以"竹、松、梅"为"岁寒三友",比喻士人历艰难而不屈之志等。

3. 造化

所谓"造化",原指天地、大自然创造万物的伟大。杜甫《望岳》有"造化钟神秀,阴阳割昏晓"。后以"造化"指化育万物的大自然。如上所述，中国文学艺术的最重要的特点之一，就是以天地自然为表现对象。因此，"造化"也成为中国艺术哲学的重要概念。唐代著名画家张璪提出了关于画学的不朽名言——"外师造化，中得心源"，揭示了中国古代山水画创作的基本原则。王维在《山水诀》中指出："夫画道之中，水墨最为上。肇自然之性，成造化之功。或咫尺之图，写千里之景。东西南北，宛尔目前；春夏秋冬，生于笔下。"在王维看来，在各种画种中以水墨画最为重要，其原因在于它能很好地描绘自然万物，在咫尺之图中写尽千里万里，东南西北，春夏秋冬之景，都能得到传神地表现。也就是说，在王维看来，水墨画能很好地描摹出作为天地人万物之源的大自然的"造化"。正因此，中国古代画学历来就有"以造化为师"的说法。宋代罗大经在《画说》中记载了两例十分生动的"以造化为师"的例子：一是唐明皇令画家韩干画马，先让其观所藏画马之画，而韩干却说"庭马皆师"。北宋画家李伯时画马，终日观御马而不暇与客谈，以求做到"胸中有其全马矣，信意落笔，自尔超妙？"二是曾云巢善画草虫，出神入化，年迈愈精。人问曾画草虫是否有所传授？曾说："某自少时取草虫，笼而观之，穷昼夜而不厌。又恐其神不完，复就草地之间观之，于是始得其天。方其落笔之际，不知我之为草虫耶，草虫之为我也。此与造化生物之机械，盖无以异。"这两个例子都生动说明了中国古代艺术"以造化为师"之神妙。

4."气韵生动"

南朝齐谢赫在《古画品录》中提出著名的"画有六法"之说，并将"气韵生动"置为首位。唐张彦远在《论画》中对比了古画与今之画的区别，对"论画六法"进行了进一步阐释，认为应以古为范。他说："古之画或能移其形似而尚其骨气，以形似之外求其画，此难可与俗人道也。"在他看来，一幅优秀的绘画作品，不能单纯追求形似而应在形似之外有其"骨气"。这里所谓"骨"乃"髓之府"，指"天地之元气"，而"骨气"则指人最基本、最主要的生命精神之汇集。张彦远用"骨气"解释"气韵生动"，突出了"气韵"的人之生命精神的集中反映的性质。宋人邓椿在《画继》中将"气韵生动"

解释为"传神"，他说，"画之为用大矣。盈天地之间者万物，悉皆含毫运思，曲尽其态。而所以能曲尽者，止一法耳。一者何也？曰传神而已矣。"因此，"画法以气韵生动为第一"。邓椿指出："世徒知人之有神，而不知物之有神。"显然，他所谓的"传神"，就是传天地万物的生命精神。

5. "常乐常适"

宋代郭熙在《林泉高致》一文中阐释了山水画在中国盛行的原因，将其归结为人皆有一种对山水常乐常适之秉性。他说："君子之所以爱夫山水者，其旨安在？丘园养素，所常处也；泉石啸傲，所常乐也；渔樵隐逸，所常适也；猿鹤飞鸣，所常亲也。尘嚣缰锁，此人情所常厌也；烟霞仙圣，此人情所常愿而不得见也。直以太平盛日，君亲之心两隆，苟洁一身出处，节义斯系，岂仁人高蹈远引，为离世绝俗之行。"山水画之创作和欣赏，在一定程度上起源于人们超脱世俗生活，欲因以高蹈远引、离世绝俗之念，同时，也因为自然山水为君子之人所常处、常乐、常适、常观之地。这里所谓的"常处""常乐""常适""常观"等，揭示了人亲近山水的本性。当然，人们亲近山水，热衷山水艺术，追求超然物外的情怀，也与社会动荡黑暗、仕人阶层生活多变所导致的对道家出世思想的向往有关。这恐怕也是山水画在中国魏晋时期兴起的重要原因。郭熙所提出的对自然山水的常处、常乐、常适、常观、常愿，反映了中国作为农业大国，以农为本以及"天人合一"的哲学观念的深入人心。中国古人，特别是艺术家们天然的即有一种亲近山水和以自然为友的艺术情怀。

第八节 两种生态审美形态：阴柔的安康之美 与阳刚的自强之美

一 《周易》的阴柔的安康之美与阳刚的自强之美

我们认为，生态审美具有两种不同的形态，就是阴柔的安康之美与阳刚的自强之美。最早提出这两种形态并对其进行了深入论述的，是我国古代典籍《周易》。事实上，《周易》六十四卦揭示了"天人关系"中人的各种生存状态，这诸多生存状态是人生的状态，也是人的生态存在的审美状态，基本是阴与阳两种情状及其关系加以表示。人们对于《周易》所论述的人的生态审美的阴柔之美比较熟悉，《周易》所揭示这种阴柔之美就是大地之美，在坤卦的卦爻辞以及相关的《彖传》《象传》中有比较全面深入的论述。它以"正位居体""至柔至静"为其基本特征，以"坤厚载物"为其基本品格，以"黄中通理""地道妻道"为其基本形式，以"万物资生"为其基本职责。这是一种天地相交、万物相通、风调雨顺的"中和安康"之美。正如《周易》泰卦《彖传》所言："泰，小往大来，吉，亨，则是天地交而万物通也，上下交而志同也。内阳而外阴，内健而外顺，内君子而外小人。君子道长，小人道消也。"《诗经·周颂·丰年》为我们呈现了这种因天地相交、风调雨顺而产生的粮食丰收、吉庆祥和的情形：

> 丰年多黍多稌，
> 亦有高廪，
> 万亿及秭。
> 为酒为醴，
> 烝畀祖妣。
> 以洽百礼，
> 降福孔皆。

　　但是，天地相交，阴阳相和，风调雨顺只是农业社会中并不经常出现的情形，它更多的是代表着人们的一种生活理想。多数的年成是天灾人祸不断，尤其是在那种生产力极其不发达的情况下，自然给人们带来的并不经常是丰收吉庆，而可能比较多的是大灾小难。在这种情况下，人类之所以能生生不息，主要是面对各种灾难并不退缩，在与自然抗争、敬畏与祈愿的复杂感情中表现出的一种"自强不息"的可贵精神。正是这种精神，才使人类历尽风雨，不断前行，一直走到今天。《周易》是我国先民为了应对天人之难的各种智慧的结晶。诚如《周易·系辞下》所言："《易》之兴也，其于中古乎？作《易》者，其有忧患乎？"《周易》是人类应对忧患的产物，我国先民应对忧患的基本法宝就是不屈不挠的"自强不息"的精神。《周易》乾卦九三爻辞"君子终日乾乾，夕惕若厉，无咎"，在困难、灾难、危险等困境面前，在那种严酷的自然条件下，人们从不懈怠，终日保持着奋斗不息的状态，时刻警惕，未雨绸缪。这是《周易》乾卦《象传》"天行健，君子以自强不息"的精神。《周易》认为，天道是一种阳刚之德，乾卦由六个阳爻组成，象征着天道的刚健。人们效法天道的刚健强大，从而自强不息。正是由于这种"自强不息"的精神，人类才能应对各种灾难，克服艰难险阻，向前发展。《周易》集中表现了一种东方的古典的辩证精神，即所谓"否极泰来"的精神，而促使这种转变的条件就是人的"自强不息"的奋斗精神，也是《周易》所包含的中华民族的重要精神力量。

《周易》的否卦本来是一种极不吉利的卦象，所谓"天地不交而万物不通，上下不交而天下无邦"。但否卦的爻辞同样提示人们，只要在艰难险阻中做到"自强不息"就能排除万难，走向光明。否卦初六爻辞"拔茅茹，以其汇，贞，吉，亨"，就提示君子只要自强不息，就能克服困难，走向吉祥亨通。否卦《象传》说"君子以俭德避难，不可荣以禄"，提示君子在艰难困境中不应以利禄为荣，应内敛其德，以避险难。按照《周易》的物极必反的观念，只要在艰难困境中持中守正，自强不息，就一定能克服险难，走向光明亨通之境。否卦最后一爻上六爻辞是"倾否，先否后喜"，该爻的《象传》说"否终则倾，何可长也"，这就是人们常说的"否极泰来"。再如《周易》的震卦，卦象为震上震下，以雷为象，象征着惊雷连续不断，惊天动地，力量之大，破坏之巨，震撼人心。但该卦卦辞却提示人们，即便在这种危难的情况下也只要"自强不息"，认真对待，便能化险为夷，转危为安。所谓"震来虩虩，笑言哑哑，吉"。也就是说，只要在强烈的震动与恐惧中保持冷静，从容不迫，笑然对待，就能有吉祥的结果。《周易》把象征"天行健"的乾卦放在六十四卦的首位，不仅包含着对"天"之创生万物之"大德"的赞美，而且表现了对来自乾阳的自强不息的精神推崇。乾卦《文言传》指出："乾始能以美利天下，不言所利，大矣哉！大哉乾乎！刚健中正，纯粹精也。"也就是说，乾不仅以其阳气使"万物资始"，而且以其"天行健""刚健中正"的精神哺育人类，使得人类自强不息，战胜困难。这也是一种特有的美德与美行。

二　尼采关于酒神精神与日神精神的论述

德国著名哲学家尼采于 1872 年写出著名的《悲剧的诞生》，提出悲剧的酒神精神与日神精神。尽管尼采所讨论的还不是生态存在论美学，但有一点是非常清楚的，那就是酒神精神与日神精神并不完全属于单纯的艺术哲学，它是对于黑格尔传统艺术哲学的一种解构，讲的是广义的人生美学，是人生的悲剧，是包括人在自然与社会中的悲剧。此外，非常明显的是，尼采在悲剧精神时，虽然主要运用的是西方的资源，但同时也借鉴了东方的资源。因此，尼采所论述的悲剧精神的两种形态，不完全是古希腊朗吉努斯《论崇高》所讨论语言的崇高，也不是康德《判断力批判》之中理性的崇高。尼采指出："只要我们不单从逻辑推理出发，而且从直观的直接可靠性出发，来了解艺术的持续发展是日神和酒神的二元性密切相关的，我们就会使审美科学大有收益。这酷似生育有赖于性的二元性，其中有些连续不断的斗争和只是间发的和解。"又说："为了使我们更切近地认识这两种本能，让我们首先把它们想象成梦和醉两个分开的艺术世界。在这些生理现象之间可以看到一种相应的对立，正如在日神因素和酒神因素之间一样。"① 从尼采对于悲剧起源的论述中，我们可以看到，他所揭示的悲剧起源是具有原始状态的古希腊艺术和古希腊部落的秘仪仪式，悲剧及其酒神精神之中的人的生态存在内涵就更加清楚了。尼采认为，酒神作为原始力量，曾经被肢解后又转化为空气、土地、火和水并得以重生。他说："一个神奇的神话描述了他怎样在幼年被泰坦众

---

① ［德］尼采：《悲剧的诞生》，周国平译，生活·读书·新知三联书店 1986 年版，第 2、3 页。

神肢解，在这种情形下又怎样作为查格留斯备受尊崇。它暗示，这种肢解，本来意义上的酒神受苦，即是转化为空气、水、土地和火。"又说："悲剧的秘仪学说，即：认识到世界万物根本上浑然一体，个体化是灾祸的始因，艺术是可喜的希望，由个体化魅惑的破除而预感到统一得以重建。"① 尼采从人的男女之性的"二元性"来区分悲剧的类型，显然与东方文化的阴阳学说的影响有关。他所揭示的悲剧诞生的古希腊原始社会背景，也显现了悲剧的酒神精神所包含的沟通人与自然的生态存在论内涵。

尼采认为，日神是外观、适度、素朴与梦。日神对于人类是非常重要的。他说："日神，作为一切造型力量之神，同时是预言之神。按照其语源，他是'发光者'，是光明之神，也支配着内心幻想世界的美丽外观。这更高的真理，与难以把握的日常现实相对立的这些状态的完美性，以及对在睡梦中起恢复和帮助作用的自然的深刻领悟，都既是预言能力的、一般而言又是艺术的象征性相似物，靠了它们，人生才成为可能并值得一过。"② 日神的发光、和谐、外观与美丽，使得人生具有了追求的目标，但人生的更大价值则在酒神精神。尼采认为，酒神精神是一种放纵、癫狂、酣醉与情感奔放，是人生的真正价值与意义所在。他说："我们就瞥见了酒神的本质，把它比拟为醉乃是最贴切的。或者由于所有原始人群和民族的颂诗里都说到的那种麻醉饮料的威力，或者在春日熠熠照临万物欣欣向荣的季节，酒神的激情就苏醒了，随着这激情的高涨，主观逐渐化入浑然忘我之境。"又说，"在酒神的魔力之下，不但人与人重新团结了，而且疏远、敌对、被奴役的大自然也重新庆祝她同她的浪子人类和解的节日。大地自动地奉献它的贡品，危崖荒漠中的猛兽也驯良地前来。酒神的车辇满载着百卉花环，虎豹驾御着它驱行"。③ 尼采论述了酒神精神中特有的和解，人与人，以及人与自然的和解作用，再一次说明了酒神精神的生

① ［德］尼采：《悲剧的诞生》，周国平译，生活·读书·新知三联书店1986年版，第41、42页。

② 同上书，第4页。

③ 同上书，第5、6页。

态审美内涵。

尼采还特别强调了悲剧所特具的"形而上慰藉"作用，他说："每部真正的悲剧都用一种形而上的慰藉来解脱我们：不管现象如何变化，事物基础之中的生命仍是坚不可摧的和充满快乐的。"① 这种"形而上慰藉"，不是理性的慰藉，也不是感性的慰藉，而是一种更高的生命力的审美的慰藉，是借助于这种酒神精神对于人与大地生命力的召唤。

三　海德格尔关于人的栖居的两种形态的阐释

海德格尔的哲学与美学思想所包含的生态存在论美学意蕴，我们已进行了比较深入地探讨。现在的问题是：海氏提出了哪些形态的人的栖居形式？毫无疑问，海氏是极力主张人在"四方游戏"的世界结构中实现"诗意地栖居"的。但人的真正的诗意地栖居难道是常态吗？在现实生活中，在常态的情况下，人其实是很难实现诗意地栖居的。海氏无疑也清楚地看到了这一点，在他关于艺术作品的阐释中，透露出关于人的栖居方式的一看法。

先看大家都非常熟悉的对梵高那著名的油画《鞋》的分析。我们首先应该清楚，海氏对梵高的油画《鞋》的分析，并不是真的在分析油画，油画只不过是道具，他是在借助这个道具阐释自己的哲学与美学观点。海氏在此是借助梵高油画《鞋》来阐释自己的艺术的本质是"存在者的真理自行设置入作品"②，但也由此阐释了他有关人的栖居的观点。他说："从鞋具磨损的内部那黑洞洞的敞口中，凝聚着劳动步履的艰辛。这硬邦邦、沉甸甸的破旧农鞋里，聚积着那寒风陡峭中迈动在一望无际的永远单调的田垅上的步履的坚韧和滞缓。鞋皮上沾着湿润而肥沃的泥土。暮色降临，这双鞋底在田野小径上踽踽而行。在这鞋具里，回响着大地无声的召唤，显示着大地对成熟的谷物的宁静的馈赠，

---

① ［德］尼采：《悲剧的诞生》，周国平译，生活·读书·新知三联书店 1986 年版，第 28 页。
② ［德］马丁·海德格尔：《海德格尔选集》，孙周兴选编，上海三联书店 1996 年版，第 256 页。

表征着大地在冬闲的荒芜田野里朦胧的冬冥。这器具浸透着对面包的稳靠性的无怨无艾的焦虑，以及那战胜了贫困的无言的喜悦，隐含着分娩阵痛时的哆嗦，死亡逼近时的战栗。"① 在这里，我们看到的并不是什么"诗意地栖居"，而是"艰辛、滞缓、焦虑、哆嗦与战栗"，是在这幅油画里置入的存在者的"存在"与"真理"的"艰辛与坚韧"。

我们再来看海氏对古代希腊神庙的阐释，他说："正是神庙作品才嵌合那些道路和关联的统一体，同时使这个统一体聚集于自身周围；在这些道路和关联中，诞生和死亡，灾祸和福祉，胜利和耻辱，忍耐和堕落——从人类存在那里获得了人类命运的形态。这些敞开的关联所作用的范围，正是这个历史性民族的世界。出自这个世界并在这个世界中，这个民族才回归到它自身，从而实现它的使命。"② 海德格尔对古希腊神庙的论述中涉及的古代希腊人的生存状态，也完全不是"诗意地栖居"，而是诞生和死亡、灾祸和福祉、胜利和耻辱、忍耐和堕落。总之，是这个"历史性民族的世界"。我们看到的这个世界是充满历史的硝烟的，是荣辱共存的，是百折不挠的。由此可见，海氏实际上为我们呈现的是理想中的"诗意地栖居"与日常的"艰辛坚韧的前行"这样两种同时并存的审美形态。

关于生态美学的审美形态，目前已有理论家有所涉及。例如，美国当代生态批评家斯科特·斯洛维克在其新著《走出去思考》中提到，美国后现代生态批评家李·罗塞尔（Li Rozelle）写作了《生态崇高：环境敬畏从新世界到怪世界的恐怖》一书。罗塞尔说："自然的崇高与修辞性的崇高之间没有任何情感上的差异；两者都有能力提升观众、读者或表演者对真实自然环境的意识。两者都有提倡、宣教之功用。"又说："山巅、臭氧空洞、书籍、DVD、广告甚至电子游戏都有言说环境敬畏与恐怖的潜能。"③ 罗塞尔已经将"生态崇高"带入

① ［德］马丁·海德格尔：《海德格尔选集》，孙周兴选编，上海三联书店1996年版，第254页。

② 同上书，第262页。

③ ［美］斯科特·斯洛维克：《走出去思考》，韦清琦译，北京大学出版社2010年版，第197页。

我们的日常生活，提倡运用一切现代手段来言说环境的恐怖及对其的敬畏。从这里，我们可以看出，他所理解的"生态崇高"，其主要内涵是"环境的敬畏与恐怖"。当然，单纯的敬畏与恐怖是难以构成生态崇高的审美特征的，还必须包含生态存在论美学所倡导的"真理的自行显现"的要义，也就是必须要表现出当代人性的光辉。

生态存在论美学的审美形态是一个全新的课题。我们相信，随着生态文学艺术的进一步发展，随着生态美学、生态文艺学与环境美学的发展与成熟，它必定会越来越引起大家的重视而不断得到发展。

第九节 生态审美教育

一 什么是生态审美教育

生态审美教育，是用生态美学的观念教育广大人民，特别是青年一代，使他们学会以生态审美的态度对待自然，关爱生命，保护地球。它是生态美学的重要组成部分，是生态美学这一理论形态得以发挥作用的重要渠道与途径。生态审美素养应该成为当代公民，特别是青年人最重要的文化素养之一，是从儿童时期就须养成的重要习惯素养。

生态审美教育是1970年以来在国际上日渐勃兴的环境教育的重要组成部分，甚至可以说是环境教育的重要理论立场之一，审美地对待自然成为人类爱护环境的重要缘由之一。1970年，国际保护自然资源联合会会议（IUCN）指出："所谓环境教育，是一个认识价值，弄清概念的过程，其目的是发展一定的技能和态度。对理解和鉴别人类文化和生物物理环境之间的内在关系来说，这些技能和态度是必要的手段。环境教育促使人们对环境问题的行为准则做出决策。"1972年，联合国在斯德哥尔摩召开人类环境会议，正式把"环境教育"的名称确立下来；1975年，联合国正式设立国际环境教育规划署。同年，联合国教科文组织发表了著名的《贝尔格莱德宪章》，《贝尔格莱德宪章》根据环境教育的性质和目标，指出：环境教育是"进一步认识和关心经济、社会、政治和生态在城乡地区的相互依赖性，为每一个人提供机会，以获得保护和促进环境的知识和价值观、责任感和技能，创造个人、群体和整个社会环境行为的新模式"①。由此可见，环境教育旨在确立人对环境的正确态度，建立正确的行为准则，并使每个人获得保护和促进环境的知识、价值观、责任感和技能，以期建立新型的人与环境协调发展的模式。对自然生态环境的审美态度也成为当代人类与自然环境"亲和共生"的最重要、最基本的态度之一。

　　生态审美教育是每个公民享有环境权与环境教育权的重要途径之一。1972 年联合国环境会议确定每个人都享有在良好的环境中过一种有尊严的生活的权利。1975 年《贝尔格莱德宪章》又规定"人人都有受环境教育的权利"。从"权利"的内涵来说，首先要有知情权，也就是首先知道自己有这个权利；其次就是了解权，也就是了解这种权利的内涵是什么。从了解权的角度来说，生态审美教育作用重大。"环境权"的付诸实施让每个人都得以"审美的生存"和"诗意地栖居"，这才是"有尊严的生活"；"环境教育权"就是让每个人都了解环境教育中所必须包含的生态审美教育的重要内容。缺少生态审美教育的环境教育权是不完整的，或者说是有缺陷的。

二　生态审美教育的内容

　　生态审美教育最基本的立足点是当代生态存在论审美观的教育，即以马克思主义的唯物实践存在论为指导，从经济社会、哲学文化与美学艺术等不同基础之上，将生态美学有关生态存在论美学观、生态现象学方法、生态美学的研究对象、生态系统之美、人的生态审美本性论以及诗意栖居、四方游戏、家园意识、场所意识、参与美学，以及生态文艺学等观念作为教育的基本内容；从生态审美教育的目的上来说，它应该包含使广大公民、特别是青年一代能够确立欣赏自然的生态审美态度和诗意化栖居的生态审美意识。

　　确立欣赏自然的生态审美态度，首要的是确立正确的自然观，在生态存在论美学观中坚持"此在与世界"的在世方式，即自然不是外

---

① 参见杨平《环境美学的谱系》，南京出版社 2007 年版，第 295 页。

在于人类的，更不是与人类对立的，而是与人类构成一体、须臾难离的。在此基础上，更为重要的是要学会欣赏自然的美。诚如桑塔耶纳所说："审美教育在于训练我们看到最大限度的美。在物质世界——环绕我们身边的物质世界——中去看它，就是走向想象和现实间的联姻大路上，这正是我们最终期望的。"① 针对长期以来在工业革命背景下对自然之美的全然抹煞，桑塔耶纳在这里提出的让我们看到的"最大限度的美"——自然之美，也就是"物质世界中"的美。自黑格尔将美学称作"艺术哲学"，抹煞了自然美的应有地位以来，直到今天我们的许多美学论著仍将自然美简单归结于"人化的自然"，这是非常片面的。我们固然从不否认人在审美中的应有作用，但也应该认识到和承认自然本身所具有的审美潜力，审美恰是人对自然这种审美潜力的发掘、呈现或在此基础上的创造。当然，对自然或物质世界的审美潜力的发现或创造也有浅与深、误与正之别。加拿大环境美学家艾伦·卡尔松曾对这种情况作了专门的论述。他说，自然的审美有"浅层含义"和"深层意义"之分，"当我们审美地喜爱对象时，浅层含义是相关的，主要因为对象的自然表象，不仅包括它表面的诸自然特征，而且包括与线条、形状和色彩相关的形式特征。另一方面，深层含义，不仅仅关涉到对象的自然表象，而且关系到对象表现或传达给观众的某些特征和价值。普拉尔称其为对象的'表现的美'，以及霍斯普斯谈到对象表现'生命价值'"②。也就是说，卡尔松将自然物质的某些"自然表象"作为"浅层"的潜在审美特性，而将"表现的美"和"生命价值"作为其"深层的"潜在审美特性。他以这一观点对自然物质对象加以判断，认为"对我，路边的小小的家庭农场可以表现毅力，而废弃汽车的车体却不能，一座城市的地平线可以表现眼界，而一处条形的矿山却不能"③。卡尔松的"表现的美"和"生

---

① 转引自艾伦·卡尔松《自然与景观》，陈李波译，湖南科学技术出版社 2006 年版，第126 页。

② ［加］艾伦·卡尔松：《环境美学——自然、艺术与建筑的鉴赏》，杨平译，四川人民出版社 2005 年版，第 206—207 页。

③ 同上书，第 214—215 页。

命价值"等"深层含义"的审美属性，在很大程度上是从属于生态存在论审美范围的。

其次是生态审美的生活方式。罗马俱乐部负责人贝切伊认为，当前的环境问题归根结底是一个文化问题，是一种人们选择什么样的生活方式的问题。对正在进行现代化建设的中国和中国人民来说，这个问题同样十分重要。有人认为，我国当前的问题是先发展后环境，甚至可以走"先污染后治理"的道路。这是一种极不负责任的态度。事实证明，这条路不仅会付出昂贵的代价，而且对我国这样人口众多、资源紧缺的国家而言，事实上是根本行不通的。我们必须将发展与环境放在同等重要的位置，走两者双赢的建设"环境友好型社会"之路。这就要求我们的人民要选择并培养生态审美的生活方式。这种生活方式是建设现代"生态文明"的重要内容，从根本上来说，也是一种与自然亲和的审美的生活方式，或者说，是一种"诗意栖居"的生活方式。具体来说，这种生活方式包括"够了就行"、环保循环与珍爱生命等内容。所谓"够了就行"，是指一种小康而节俭的生活方式，不奢侈铺张、浪费资源和能源。不是房子越大越好、汽车越多越好、家具衣物越多越好，而是崇尚节俭，够了就行；所谓"环保循环"，就是自觉地保护环境，不污染环境，尽量选择生物能源，选择一种使物质和能量循环利用的生活方式；所谓"珍爱生命"，就是自觉保护大自然的一草一木、动物植物，保护野生物种、珍稀物种，以珍爱的精神关怀动物。正如美国生态理论家大卫·雷·格里芬所说："我们必须轻轻地走过这个世界，仅仅使用我们必须使用的东西，为我们的邻居和后代保持生态的平衡，这些意识将成为'常识'。"①

最后是培养一种对自然的审美态度，这是生态审美教育最核心的内容。归根结底，生态审美教育是一种审美观的教育，更是一种世界观的教育。这种对自然的审美态度的培养和确立要经过这样三种转换：第一，从哲学观上，要从"人类中心主义"转到"生态整体

---

① ［美］大卫·雷·格里芬：《和平与后现代范式》，《后现代精神》，王成兵译，中央编译出版社1998年版，第227页。

论"。只有经过了这样的转换，对自然的审美态度才能真正确立。长期以来，"人类中心主义"在哲学领域中占据着不可动摇的重要地位，人类战胜自然、控制自然成为压倒一切的观念。在这种观念的指导下，人类总是将自己看作自然的主人，不可能与自然建立起平等和谐的审美关系；第二，从美学观上，要从自然之美是"人化的自然"转到自然之美是"人与自然的共生"上来。传统的美学观将自然美看作是"人化的自然"，仍然是只见人、不见自然，遮蔽着对自然之美的呈现。而当代生态存在论美学观则认为，自然之美是"人与自然由其共在而导致的共生"之美。正因为人与自然的平等共在、须臾难离，人与自然才能共同获得生长繁茂，充满生命力，呈现出生命与存在之美；第三，从审美观的性质来说，人对自然的审美态度从单纯的审美观转换到一种人生观、世界观，是新时期所必需的一种人生态度。中国新时期以建设"和谐社会"为目标，人与自然的和谐就相应成为经济社会发展与人民审美化生存的重要基础。从而，人对自然的审美态度就成为人与自然和谐相处的必备条件，成为新时期所亟须提倡和确立的一种人生观、世界观。

第六编
生态美学的文学作品解读

第十三章

中国作品的生态美学解读

第一节 《诗经》的生态美学解读

当前，生态存在论审美观的研究已经深入到对其具体的美学内涵的探讨阶段。这种探讨的重要途径之一，就是从生态存在论审美观的视角对某些经典作品进行审美解读，从中探索出某些规律性的东西。对我国古代著名诗歌总集《诗经》的生态审美观的解读是这种尝试之一。

一

我们之所以选择《诗经》，是因为《诗经》产生于公元前 11 世纪至前 5 世纪的 500 多年中，其时正是我国古代"天人合一"生态存在论哲学思想逐步形成之时。这一时期出现的一些重要的文学、思想文献，与当时的宗教信仰、神话传说、生活传统、生产方式、人与自然环境的关系等保持着非常紧密的联系。《周易》也大体产生并完成于这个时期，或者更早一些。我国的先民在这种"神人以和"的古代思想文化氛围中，以农耕为主要方式，栖息繁衍在华夏大地之上。他们在极为落后的生产条件下开垦土地，收获庄稼，繁衍后代，抵御外敌。同时，也在祭祀礼仪与乐舞歌诗紧密结合的状态下，祈福上天，纪念先祖，歌颂丰收，抒发情感。《诗经》就是在这种条件下产生的，它是我国先民的原生态性的作品，是他们本真的生活形态的真实表现，是独具特色的中华古代艺术的发源地。它的极为可贵之处就在于其原始性，即基本上没有受到后来的儒家等思想的浸染，还保持了中华古代艺术对"天人合一"的诉求和"中和美"的独有风貌。事实证明，《诗经》产生于前儒学时代，是我国先民的生命之歌、生存之歌。

当然，后世对《诗经》的解释却不免有基于不同思想的曲解，特别是在其成为儒家经典之后，很多古代生态存在论美学内涵被有意无意地遮蔽了。孔子论《诗经》，比较全面而且不乏深刻地揭示了它的性质及在中国文化传统中的地位、意义。如，"兴于诗，立于礼，成于乐"（《论语·泰伯》），结合礼乐教化传统论述了诗歌的美育作用；如，"诗可以兴，可以观，可以群，可以怨"，"多识乎鸟兽草木之名"（《论语·阳货》）等，以审美感动为中心论述了诗歌的社会作用；再如，"《关雎》乐而不淫，哀而不伤"（《论语·八佾》）等，揭示了诗歌的"中和"之美等。但孔子之论《诗》，有很多基于儒家思想、封建礼教的曲解，如，"《诗》三百，一言以蔽之，曰：思无邪"（《论语·为政》），有以儒家道德意识强解《诗》之嫌；如，"放郑声，远佞人。郑声淫，佞人殆"（《论语·卫灵公》），"恶紫之夺朱也，恶郑声之夺雅乐也，恶利口之覆邦家者"（《论语·阳货》）等等，提倡"正声""雅乐"而否定"郑声"等的价值；再如，"子曰：诵《诗》三百，授之以政，不达；使于四方，不能专对。虽多，亦奚以为?"（《论语·子路》），"迩之事父，远之事君"（《论语·阳货》）等，有过分强调诗歌之政治伦理作用之倾向。汉代的《毛诗大序》，以及后世儒家经学对《诗经》的研究，大体上是沿着孔子的"思无邪""放郑声""乐而不淫，哀而不伤"等的思路展开的。如《毛诗大序》的"《关雎》，后妃之德也""先王以是经夫妇，成孝敬，厚人伦，美教化，移风俗"等，莫不如此。

那么，《诗经》的核心内涵到底是什么？我们又为什么说《诗经》之中包含着生态存在论审美思想之内容呢？我们认为，将《诗经》的核心内涵归结为"诗言志"，应该是没有问题的。《尚书·尧典》载："帝曰：'夔！命女典乐，教胄子。直而温，宽而栗，刚而无虐，简而无傲。诗言志，歌永言，声依永，律和声，八音克谐，无相夺伦，神人以和。'夔曰：'於！予击石拊石，百兽率舞。'"这一段话较为全面地记载了我国先民艺术创作的实际情况。第一，当时的艺术是乐、舞、诗的统一；第二，艺术的追求是"律和声""八音克谐，无相夺伦"，最终达到"神人以和"；第三，艺术的核心内涵是"诗言志"。问题的关键是，"志"到底指什么？《毛诗序》说："诗者，志之所之也，在心为志，发言为诗。情动于中，而形于言。言之不足，故嗟叹之；嗟叹之不足，故永歌之；永歌之不足，不知手之舞之足之蹈之也"，"情发于声，声成文，谓之音。"可见，所谓"志"，主要是藏于内心之情。袁行霈等在《中国诗学通论》中经过详细考订后指出，"在这些诠释与理解中，'志'的内涵就是'情'、'意'，也就是诗人内心的情感与意志"[1]。一定的思想意识是一定的社会存在的反映，那时人的"情志"是当时社会生活的反映。我国是农业社会，我们的先民是以农耕为主的民族，对于土地、自然与气候有着极大的依赖性。因此，对于天地自然的尊崇与亲和，就是我们先民之"情志"的重要内容。正是在这种农耕社会的背景下，我们的先民创造了自己特有的"天人合一"的"易文化"。《周易·说卦传》曰："昔者圣人之作《易》也，将以顺性命之理。是以立天之道曰阴与阳，立地之道曰柔与刚，立人之道曰仁与义。""夫大人者，与天地合其德，与日月合其明，与四时合其序，与鬼神合其吉凶。先天而天弗违，后天而奉天时。"这就是说，中华古代的"易文化"是具有广博内涵的"天人合一"的文化，包含阴阳、柔刚与仁义之道，并力倡一种合乎天地之德、日月之明与四时之序的古典"生态人文精神"。这也是当时人的"情志"的必然内涵。中国原始艺术是一种起源于祭祀活动的礼、乐、舞与诗等统一的艺术形态，其根本指归是"大乐同和"的追求。诚如《礼记·乐记》所说："大乐与天地同和，大礼与天地同节。和故百物不失，节故祀天祭地。明则有礼乐，幽则有鬼神。如此，则四海之内，合敬同爱矣。礼者，殊事合敬者也；乐者，异文合爱者也。礼乐之情同，故明王以相沿也。"可见，当时诗人之"情

---

① 袁行霈、孟二冬、丁放：《中国诗学通论》，安徽教育出版社 1994 年版，第 19 页。

志",是一种"大乐与天地同和"之"情志"。

综上所述,人与自然之亲和、人与天地合其德,"大乐与天地同和"等内容,即当时诗人之"情志",就是一种"天人合一"的"中和"之美的论述,这些都是一种包含着"与天地合其德"的古典生态人文精神的生态存在论审美思想。《诗经》之核心,就是对于这种"中和"之美的追求,是包含着生态内涵的古代存在论美学精神,是我国特有的古典形态的美学与艺术精神,迥异于西方古代的美学与艺术精神,是一种极为宏观的"天人合一"的美学精神。诚如《礼记·中庸》所说,"中也者,天下之大本也;和也者,天下之达道也。致中和,天地位焉,万物育焉"。这就是说,"中和"乃天地万物发展演化的根本规律,关系到天地的运行与万物的繁育,即所谓"大本""达道"。这种"中和"之美在艺术上的集中表现就是《诗经》,它是我国先民"情志"的艺术表现,是中华民族美学精神的凝聚。西方古代所倡导的"和谐",则是一种以"理念"或"数"为其本体的物质世界的对比与匀称。亚里士多德认为,对美与艺术品的最重要的要求就是"整一性",具体表现为人物行动与情节的"完整","秩序、匀称与明确"①,等等,其美学观念即为"模仿说",代表性的艺术即为雕塑、悲剧与史诗。特别是古希腊的雕塑,更以其"匀称、对称与和谐"而彪炳于世,表现出一种"高贵的单纯和静穆的伟大"。②《诗经》所表现的,则是一种与之不同的动态而宏观的"中和"之美。现举《卫风·河广》为例:

> 谁谓河广?一苇杭之。谁谓宋远?跂予望之。
> 谁谓河广?曾不容刀。谁谓宋远?曾不崇朝。

这是一首著名的思乡之诗。诗人为客居卫国的宋人,他面对横亘在前,将其与故乡隔开的滚滚黄河,思乡心切,发出"谁谓河广?一

---

① [古希腊]亚里士多德:《诗学》,罗念生译,人民文学出版社1982年版,第26页。
② [德]莱辛:《拉奥孔》,朱光潜译,人民文学出版社1979年版,第215页。

苇杭之","谁谓宋远？曾不崇朝"的呼喊。在诗人的艺术世界中，滚滚的黄河已经不是归乡的障碍，恨不能凭着一叶小小的芦苇就飞渡黄河，而且更要跨越黄河立即赶到宋国的家中与亲人团聚。这样的急于归乡之情表现的是多么突出啊！"归乡"自古以来就是中西俱有的文学"母题"，具有浓郁的生态存在论美学意蕴，但《卫风·河广》却通过特有的以自然为友的方式加以处理。诗人通过艺术想象力，将作为自然物的一片苇叶想象为能够帮助游子渡过滔滔黄河的小船。在游子急切归乡的心情下，这样的艺术处理似乎还嫌不够，而又在想象力的作用下把宽广的黄河突然缩窄，似乎踮起脚尖就能看到家乡，很快就能赶回家中与亲人团聚。这时，不仅苇叶，乃至滔滔的黄河都成为游子的朋友，帮助游子实现自己"归乡"的心愿。这就是一种特有的以自然为友的艺术"情志"，迥异于古希腊《荷马史诗》中的描写希腊战士胜利后乘船渡海返乡时的情态。荷马史诗《奥德修斯》说的是希腊英雄奥德修斯在特洛伊战争结束后返乡的故事。它以隐喻的方式表现了人与自然的斗争，描写了奥德修斯战胜海神波塞冬及其所幻化出的巨人、仙女、风神、水妖等自然力量的过程，最后才得以顺利返乡。这是一幅人与自然斗争的画面，是人类战胜自然的颂歌，完全不同于《诗经·河广》的审美内涵。

二

我们打开《诗经》，从生态存在论审美观的视角去解读，就会发现其中包含着极为丰富的内容。这里需要再次加以说明的是，我们所说的生态存在论审美观是一种包含生态维度的存在论美学思想，远远超出单纯的人与自然的审美关系，最后落脚于人的美好生存与诗意栖居。

1. 包含生态人文内涵的"风体诗"

《毛诗序》指出，"故诗有六义焉：一曰风，二曰赋，三曰比，四曰兴，五曰雅，六曰颂。"唐孔颖达在《毛诗正义》中指出："风、雅、颂者，诗篇之异体；赋、比、兴者，诗篇之异词耳。大小不同，而得并为六义者，赋、比、兴为诗之所用；风、雅、颂是诗之成形。"

这一说法，为后世《诗经》研究者所沿用。我们认为，《诗经》"六义"，最重要的是风、比与兴。我们先来说"风"。"风"的确是《诗经》之中独具特色并包含生态人文内涵的特有"诗体"，不仅是中国文学宝库中的瑰宝，而且在世界文学之中也闪耀着异彩。"风体诗"是《诗经》的主要组成部分，《诗经》305篇，"国风"160篇，主要是15个诸侯国的地方民歌。《大雅》与《小雅》105篇。高亨先生认为："雅是借为夏字，《小雅》、《大雅》就是《小夏》、《大夏》。因为西周王畿，周人也称为夏，所以《诗经》的编辑者用夏字来标西周王畿的诗。"① 这样，我们也可以说《小雅》《大雅》也是"风"。因此，305篇之中除了用于祭祀的庙堂之乐"颂"40篇之外，"风体诗"即占了265篇，成为《诗经》的最主要部分。

那么，什么是"风"呢？《毛诗序》认为："风，风也，教也；风以动之，教以化之。"又说："上以风化下，下以风刺上。主文而谲谏，言之者无罪，闻之者足以戒，故曰风。"这主要从传统的"诗教"的角度来解释"风体诗"的政治教化的特点。由于可以据"风体诗"的"刺上"作用而观察到政情民意，于是统治者就建立了"采风"的制度。据说，周代保存着从上古就传下来的这种采诗的制度。《礼记·王制》记载："天子五年一巡守。岁二月，东巡守，……命太师陈诗，以观民风。"这时已经有了乐官、太师"陈诗"这样的制度。《汉书·食货志》记载："孟春之月，群居者将散，行人振木铎，徇于路以采诗，献于太师，比其音律，以闻于天子。"何休注《春秋公羊传·宣公十五年》："男女有所怨恨，相从而歌。饥者歌其食，劳者歌其事。男子六十、女子五十无子者，官衣食之，使之民间求诗。乡移于邑，邑移于国，国以闻于天子。故王者不出牖户，尽知天下所苦。"高亨先生从乐与自然之风相似，及其反映风俗的角度来阐释"风"之内涵。他说，"风本是乐曲的通名"，"乐曲为什么叫做风呢？主要原因是风的声音有高低、大小、清浊、曲直种种的不同，乐曲的音调也有高低、大小、清浊、曲直种种的不同。乐曲

---

① 高亨：《诗经今注》，上海古籍出版社1980年版，第4页。

有似于风，所以古人称乐为风。同时乐曲的内容和形式，一般是风俗的反映，所以乐曲称风与风俗的风也是有联系的。由此看来，所谓国风就是各国的乐曲"。① 我国古代还从"合天地之德"的文化观念出发，认为"乐"可与天地相合。《礼记·乐记》篇指出：奏乐"奋至德之光，动四气之和，以著万物之理。是故清明象天，广大象地，终始象四时，周还象风雨。五色成文而不乱，八风从律而不奸，百度得数而有常"。这就阐述了乐曲尤如来自八个方向的自然之风，有其自身的节律。《说文解字》从字的构成的角度解释"风"之内涵，"风，从虫凡声"，"风动虫生，故虫八日而化"。这可以证明，将乐曲命名为"风"，正取其反映生命活动的最原初之意义，已经包含古典生态人文主义之内涵。中国古代"天人合一"思想之最经典表述，就是《周易》的"生生之谓易"，阴阳二气交感畅通，化生天地万物。阴阳是生命的根本，而风则为阴阳相感、冲气以为和所产生，是催生万物生命之动力。风动而虫生，有风才有生命。因而，最原初的艺术之风与自然之风一样，是人的生命的本真状态的表征。"风体诗"就是这种类似于自然之风的最原初的艺术之风，是一种原生态的生命的律动，映现了人的最本真的生存状态。"风体诗"的内容，主要是表现人的生命的最基本的需要及其状态。所谓"食色，性也"，饮食男女，劳动与生存繁衍，是生命存在的最基本状况。这种对人的最本真需要与状况的艺术表现，正是对于人的生态本性的一种回归，是《诗经》"风体诗"的价值之所在。

　　当然，《诗经》对于人的最本真的生态本性的表现是非常丰富多彩的，我们只能举其要者而言之。《小雅·苕之华》就是"饥者歌其食"的著名篇章。让我们看看诗歌的具体描写：

　　　　苕之华，芸其黄矣！心之忧矣，维其伤矣！
　　　　苕之华，其叶青青。知我如此，不如无生。
　　　　牂羊坟首，三星在罶。人可以食，鲜可以饱。

---

① 高亨：《诗经今注》，上海古籍出版社1980年版，第4页。

这是一位饥民对周朝因连年征战所引起的灾年的深刻描写，特别是对于空前的饥馑进行了深入而形象的表现。诗作先以一片片黄色的紫葳花在夏季的盛开起兴，反喻饥饿中人心的忧伤；继而又说早知在饥馑中如此煎熬，还不如不要降生；最后通过羊之体瘦头大、鱼篓空空而只见星光，说明已无可食之物，即便勉强有点东西吃，也很少有能吃饭的时候。这首诗以生动的形象有力表现了周代大饥荒中人的生存状态。尤其是"知我如此，不如无生"，"人可以食，鲜可以饱"的诗句，更是处于极端困境中的人们发自心底的求生的呼声，是生命尊严的最基本的要求。如果人连紫葳花都不如，整天饿肚子，人的生命还有什么价值呢？著名的《魏风·伐檀》则是典型的"劳者歌其事"的篇章。诗云：

　　　　坎坎伐檀兮，置之河之干兮，河水清且涟漪。不稼不穑，胡取禾三百廛兮？不狩不猎，胡瞻尔庭有县桓兮？彼君子兮，不素餐兮！

　　伐木者在清清的河岸从事着繁重的难以承受的体力劳动，更重的压力是来自"君子"的残酷剥削，他们从不劳动，却能获得三百捆禾，家里的庭院里总是挂满了猎物。这到底是为什么呢？他们怎么能不耕种不狩猎而白白占有呢？这是劳动者对劳动产品被无情剥夺的抗争，是对人的生存权的维护！当劳动者们在无情的压榨下无法生存的时候，《魏风·硕鼠》发出了向往"乐土"的呐喊！

　　　　硕鼠，硕鼠，无食我黍！三岁贯女，莫我肯顾。逝将去女，适彼乐土。乐土，乐土，爱得我所！

　　劳动者们已经无法忍受"硕鼠"们无情无义的残酷盘剥，毅然决然地选择逃亡之路，寻找自己的所谓"乐土"。当人们选择逃亡的时候，证明他们的最基本的生存权都难得保障了！但属于劳动者们的"乐土"在哪里呢？在剥削社会中，劳动人民的家庭生活权和爱情权同样面临着时时被剥夺的危险。《诗经》保留的许多"弃妇之诗""离妇之诗""离人之诗",为我们深刻刻画了此时战争频仍,礼崩乐坏,剥削加剧,民不聊生,家庭不稳等社会生态平衡惨遭破坏的严酷情形。这股强劲的艺术之风已经远远超出了儒家"诗教"的"风以动之,教以化之"的范围,触及当时社会最底层人民严重恶化的生存状态,更进一步触及社会生态的严重失衡。这就是《诗经》所独创的"风体诗"的特有价值。

2. 反映初民本真爱情的"桑间濮上"诗

《诗经》之"风体诗"不仅表现了广大底层人民为其生存权而抗争的呐喊,而且表现了人民极为本真的爱情追求。这就是著名的"桑间濮上"之诗,也就是长期以来被封建文人所批判的"淫诗"。实际上,爱情是人的本性的表现,是艺术永恒的母题。特别是在3000多年前的人类早期,爱情与原始先民的繁衍生殖密切相关,甚至与原始的宗教活动相关,更反映了人的某种生态性。众所周知,繁衍生殖是人之本性,在早期初民阶段,繁衍关系到宗族与部落的存亡,因而在人类神秘的崇拜文化中有充分表现。中国传统"易文化"将宇宙万物的创生归结为"阴阳相生",在这种文化观念之中,阴阳感应,万物化生,与人的结合、成长具有了内在的一致性。当时的异性交往具有较大的自由度,甚至有节日习俗为男女相识、交往提供机会。据《周礼·地官·司徒·媒氏》载:"中春之月,令会男女。于是时也,奔者不禁。"古人认为,桑树茂密成林,可以养蚕,给人类带来福祉,并与繁衍相连,因而,桑林具有某种神秘性与神圣性,人们在此祭祀,男女也在此欢会。文化人类学之"狂欢"理论对这种文化现象,也有结合生育崇拜的解释。《诗经·鄘风·桑中》说:

> 爱采唐矣?沫之乡矣。云谁之思?美孟姜矣。期我乎桑中,要我乎上宫,送我乎淇之上矣。

以下两章反复咏唱。该诗生动描写了青年男女在桑林约会、欢聚、送别的爱恋情景。《毛诗序》认为该诗"刺奔",的确是曲解。

其实，该诗是对于与祭祀礼仪相关的男女野合欢会的表现，是一种人的本真爱情的描绘。郭沫若在《甲骨文研究》中认为："桑中，即桑林所在之地。上宫，即祭桑之祠。士女于此欢会。"有学者认为，上古时期，人们祭奉农神与生殖之神，"以为人间的男女交合可以促进万物的繁殖，因此在许多祭奉农神的祭奠中都伴随有群婚性的男女欢会"，"《桑中》所描写的，正是此类风俗的孑遗。"《墨子·明鬼下》说："燕之有祖，当齐之社稷，宋之有桑林，楚之有云梦也，此男女之所属而观也。""《诗·鄘风·桑中》所描写的男女幽会相恋的情形，及《左传》成公称人私通或有孕为'有桑中之喜'，《吕氏春秋·顺民》和《帝王世纪》都说商汤灭夏夺得天下，天大旱，五年不收，'汤以身祷于桑林之社，雨乃大至'，凡此都说明，桑林既是神圣的祭祀场所，也是人们野合尽欢之地。《礼记·乐记》：'桑间濮上之音，亡国之音'，亦是指祭祀场所的男女纵情逸乐歌舞。由于地点固定，久而久之，人们提起此地就想起那些欢快娱乐之事，并径直借用其地名（因常于渌林祭祀，乐由树名而兼指地名）表达那种美好的感受。"①《陈风·东门之枌》中主人公更是明确地邀请恋人在某个特定的良辰节时于"南方之原"进行欢会。诗曰：

> 穀旦于差，南方之原。不绩其麻，市也婆娑。

这里的"穀旦"，"是用来祭祀生殖神以乞求繁衍旺盛的祭祀狂欢日"，"同样，诗的地点'南方之原'也不是一个普通的场所"，"这也与祭祀仪式所要求的地点相关"。②男女恋人就在这样的特定祭祀生殖神之日，到达特定的"南方之原"，载歌载舞，狂欢相会。《东门之枌》将先民们在如歌如舞如巫的神秘而神圣的情景之中所进行的具有本真形态的爱情活动表现无遗。

---

① 陈双新：《西周青铜乐器》，河北大学出版社 2002 年版，第 178 页。
② 姜亮夫等：《先秦诗鉴赏辞典》，上海辞书出版社 1998 年版，第 206 页。

3. 建立在古典生态平等之上的"比兴"艺术表现手法

赋比兴为《诗经》之"三用"，即三种表现手法，其中比兴意义更大，充分反映了我国早在初民时代即已有较为成熟的文学艺术表现手法，一直影响到后世乃至现代。事实说明，"诗言志"之"志"，主要就是通过"比兴"的艺术途径得以表现的。"比兴"也恰恰反映了中国古代包含在"天人合一"中的生态平等观念。"比"字，在《说文解字》中写作两人相依，释义为"密也。二人为从，反从为比"。清段玉裁注《说文》，释为"比，密也"，"其本义谓相亲密也。余义：俌也，及也，次也，校也，例也，类也，频也，择善而从之也，阿党也"。又认为古文的"比"字"盖从二大也。二大者，二人也"。因此，所谓"比"，其本义即为二人亲密相处。《诗经》中所用之"比"，则以"比方于物"（《周礼·春官·大师》）为义。如，《周南·桃夭》：

桃之夭夭，灼灼其华。之子于归，宜其室家。

这是一首描写姑娘出嫁的诗，用三月盛开的鲜艳桃花比喻新嫁娘的美丽，同时祝福她建立美好的家庭。后两章分别以丰硕的果实与茂密的枝叶祝福新娘多子多福、家庭兴旺。该诗以桃花比喻美丽的女孩子，成为我国文学史上的著名比喻，影响到后世，如唐崔护的名诗"去年今日此门中，人面桃花相映红。人面不知何处去，桃花依旧笑春风"，这样绝妙的诗句即由此化出。更为重要的是，诗中将姑娘比喻为桃花，这是在两者亲密平等的意义上来作比的。"桃"在中国传统文化中素有福寿之义，直到现在，我们给老人祝寿时常常要敬献"寿桃"。因而，以桃花比喻，不仅取美丽之义，也有祝愿其家庭与个人长远的美好生存之义，可谓寓意深刻。这也就是该诗通过"比"的艺术手法所寄寓的"情志"。

"比"还与中国古典美学的"比德"说有关，"比德"就是将自然之物与人的美好道德相比。孔子在《论语·雍也》篇说："知者乐水，仁者乐山。知者动，仁者静；知者乐，仁者寿。"《荀子·法行》

篇明确提出"比德"概念，该篇借孔子之口指出："夫玉者，君子比德焉。温润而泽，仁也；栗而理，知也；坚刚而不屈，义也；廉而不刿，行也；折而不挠，勇也；瑕适并见，情也；扣之，其声清扬而远闻，其止缀然，辞也。故虽有珉之雕雕，不若玉之章章。《诗》曰：'言念君子，温其如玉。'此之谓也。"这就将作为自然之物的玉的"温润而泽""栗而理"等比喻为人的"仁""知""义""行""勇""情""辞"等德行、情操。该文中所引的"言念君子，温其如玉"，出自《秦风·小戎》。该诗写一位妇女思念其出征的丈夫，诗将温润之玉比喻其夫的美好性格比喻，通过这样的比喻蕴涵了深厚的爱情与亲情。此后，中国艺术广泛运用比兴、比德等手法。如国画将梅竹松比喻为"岁寒三友"，是艺术领域中人与自然为友的又一表现。《诗经》开创的"比"之艺术方法影响深远，在"比兴""比德"等的艺术手法中，寄寓着中国文化基于"天人合一"的人与自然平等、友好的观念，和"天人合德"之深意。

下面再看"兴"。汉人郑众说："兴者，托事于物。""兴"字，《说文解字》释为"起也"，字形象两人共举一物。段玉裁注《说文》，云："兴，起也。《广韵》曰：'盛也，举也，善也。'《周礼》'六诗'，曰比曰兴。兴者，托事于物。"《诗经》的"兴"，都是运用自然之物来兴起所写之人，通过这一艺术手法共同兴起一种深厚内涵，这就是诗歌艺术的意蕴所在。如，《召南·摽有梅》：

　　　摽有梅，其实七兮。求我庶士，迨其吉兮。

这是一首少女怀春之诗，以梅熟落地起兴逝水年华、少女青春短暂，因而求偶心切，让年轻的小伙子不要犹豫，以致耽误良辰吉时。后两章反复咏唱，增"迨其今兮""迨其谓之"之句，要求年轻的小伙子不要错过今天，更不要羞于启齿。这样，就以"摽有梅"与"求我庶士"共同兴起少女怀春的急切之情，寄寓着婚偶当及时之深意，体现着人类早期重繁衍生殖的本真生存状态。"怀春之诗"以《摽有梅》一诗为开端，成为中国古代文学的重要"母题"。从中国古文字学的角度看，"比"与"兴"的字义，如"两人也"，"相亲密也"，"共举也"，不仅讲人与人的关系，而且讲人与物的关系。《诗经》的比兴的运用，大多是比自然物象比人，比人心，比人的关系，包含着运用艺术表现手法以自然为友，将自然看作是与人平等、无贵贱之分的朋友。这包含着一种古典形态的"主体间性"的美学思想，东方生态智慧之丰富由此可见一斑。

4. 对于"生于斯养于斯"之家园怀念的"怀归"诗

德国哲人海德格尔在分析人之生存状态时以"在世界之中"进行界定。他对这个"在之中"解释道："'在之中'不意味着现成的东西在空间上'一个在一个之中'；就源始的意义而论，'之中'也根本不意味着上述方式的空间关系。'之中'［in］源自 innan-，居住，habitare，逗留。'an［于］'意味着：我已住下，我熟悉、我习惯、我照料；它有 colo 的如下含义：habito［我居住］和 diligo［我照料］。我们把这种含义上的'在之中'所属的存在者标识为我自己向来所是的那个存在者。而'bin'［我是］这个词又同'bei'［缘乎］联在一起，于是'我是'或'我在'复又等于说：我居住于世界，我把世界作为如此这般熟悉之所而依寓之、逗留之。"① 人之生存，本就有在"家园"之中的意思。"家园"一词，同生态学密切相关。从辞源学追溯，德语"生态学"（okologie）一词来自希腊语"oikos"，原义是"人的居所、房子或家务"。因此，从生态学的角度看，所谓"人的居所"就是适宜于人与自然万物共生，并适宜于人之生存的"家园"。无论是物质的家园或者是精神的家园，都是人之美好生存的依托。因此，有关"家园"的文学主题成为自古以来文学的"母题"。《诗经》中就有着大量的与"家园"有关的诗篇。其时，社会处于急剧分化时期，由于战争的频繁与劳役的繁重，广大人民长期离开家园，甚至流离失所。因此，《诗经》中"怀归"之诗特别多，成为我国文学史上"怀归"思乡文学的源头。《小雅·四牡》即是非常著名

---

① ［德］马丁·海德格尔：《存在与时间》（修订译本），陈嘉映、王庆节合译，生活·读书·新知三联书店 2006 年版，第 63—64 页。

的"怀归"诗。

> 四牡骓骓，周道倭迟。岂不怀归？王事靡盬，我心伤悲。

　　该诗的抒情主人公是为王事而长期在外辛苦奔波的离人，他骑着飞快奔跑的马匹，在长长的无边无际的周道上奔波，而内心却思家心切。马的疲劳，周道的漫长，与王事的无尽无休，衬托了离人的思乡之情，因而发出"岂不怀归"的内心呼喊。离人怀归的原因是什么呢？原来是"不遑将父""不遑将母"，也就是说，因为年迈的老父老母需要奉养而特别思归。因此，离人在急速行路之中看到翩翩飞翔的"孝鸟"雅而更加伤悲，真是有人不如鸟的感慨。主人公"怀归"的根本原因，也是该诗最重要的主旨，那就是"怀归"是为了奉养双亲。在《诗经》产生的年代，经济社会还非常落后，整个社会还依靠血亲关系来维持。所以，在那样的时代，"父慈子孝"成为最重要的道德准则，也是人类社会生态之链得以维系的重要原因，与这种"父慈子孝"相联系的"怀归"与"思乡"之情也成为扣动无数人心扉的共同情感。试看《小雅·采薇》所写雨雪中匆匆归乡的一位游子与离人的心情：

> 昔我往矣，杨柳依依。今我来思，雨雪霏霏。行道迟迟，载渴载饥。我心伤悲，莫知我哀！

　　这位急于返乡的离人，忍受着道路的漫长艰苦，忍受着不断袭来的饥渴，更是忍受着记挂父母妻女的悲哀，但回想起离家时的杨柳依依与现今回家时的雨雪纷飞，两相对照更是悲上加悲。"昔我往矣，杨柳依依。今我来思，雨雪霏霏"成为传唱千古的"怀归"诗之名句，其原因就在于诗句以鲜明生动的对比加重了离人的"怀归"之悲，从而给人以深深地感染。是的，无论我们每个人离家多远多长，家乡都是我们心中最隐秘处的永久的思念。这就是通常所说的"桑梓"之情。《小雅·小弁》写道：

> 维桑与梓，必恭敬止。靡瞻匪父，靡依匪母。

原来那遍栽桑树梓树之处就是父母生我养我并至今仍生活于此之地，是我们每一个人的永远的怀念与向往。

5. 反映先民营造宜居环境的"筑室"之诗

与"怀归"诗相近的是《诗经》中保留的一些"筑室"之诗。这类诗歌多为颂诗，是用以歌颂周王带领部族开疆建都的功绩。诗歌在描写选址建都时，体现了先民们在当时"天人合一"观念指导下择地而居、营造宜居环境的古典生态人文主义思想。众所周知，我国古代对于房屋的建设是非常重视环境的选择与建筑的结构的，努力追求天人、乾坤、阴阳的协调统一。《周易》泰卦卦辞"泰，小往大来，吉，亨"，《象传》说"天地交而万物通也，上下交而其志同也。内阳而外阴，内健而外顺，内君子而外小人。君子道长，小人道消也"。从人居环境建筑来理解，这些文字提示我们，古人在筑室中要做到"泰"，就必须处理好天地、大小、阴阳、内外等各方面的关系，达到有利于家庭及其成员美好生存的目的。《大雅·绵》描写周王朝自汾迁岐定都渭河平原之事：

> 周原膴膴，堇荼如饴。爰始爰谋，爰契我龟。曰"止"曰"时"，"筑室于兹"。

这里写到，选择渭河平原的原因，是那里有肥沃的土地和丰富的物产，于是，经过占卜，获得吉兆之后，决定"筑室于兹"。《小雅·斯干》从自然与人文等多个层面介绍了贵族宫室的适宜人居住的优点：

> 秩秩斯干，幽幽南山。如竹苞矣，如松茂矣。兄及弟矣，式相好矣，无相犹矣。

这里讲到了清清的流水，幽幽的南山，茂盛的竹林，也讲到了兄弟亲人的和睦诚信相处。如此自然与人文相统一的环境，才是君子们的好居所，所以"君子攸芊"。

6. 反映古代农业生产规律的"农事"之诗

我国是以农为本的文明古国，历来对农事非常重视，而所有的农事活动都非常重视按自然生态规律办事。《礼记·月令》载，孟春之月，"天子乃以元日祈谷于上帝。乃择元辰，天子亲载耒耜，措之于参保介之御间，帅三公、九卿、诸侯、大夫躬耕帝籍。天子三推，三公五推，卿、诸侯九推。反，执爵于大寝，三公、九卿、诸侯、大夫皆御，命曰劳酒。是月也，天气下降，地气上腾，天地和同，草木萌动。王命布农事，命田舍东邻，皆修封疆，审端经、术，善相丘陵、阪险、原隰土地所宜，五谷所殖，以教导民，必躬亲之。田事既饬，先定准直，农乃不惑"。《礼记·月令》、《吕氏春秋》的十二《纪》、《淮南子·时则》等记载，证明我国古代就有按照天时以安排农事，遵循自然规则以狩猎的生态文化传统。《诗经》中"农事"诗，就是在这一传统之下产生的，反映了当时的生产活动和生态观念。《周颂·载芟》较为详细地描写了当时农业生产从开垦、春耕、播种、田间管理、收获到祭祀上天与先祖等过程。诗中写道：

　　载芟载柞，其耕泽泽。千耦其耘，徂隰徂畛。

这是两千多人除草耕地的壮观情景，"匪今斯今，振古如兹"，自古以来就是这样劳作。《豳风·七月》是最为典型的农事诗。该诗极为细致地描写了当时农事活动的比较完整的过程，诸如耕地、采桑、纺纱、染布、缝衣、采药、摘果、种菜、打谷、修房、酿酒、修房与祭祀等活动，都必须遵循农时按月令进行。诗还在此基础上描写了当时的社会阶级关系，抒发了贫苦农民要给贵族公子缝衣、织裘，自己缺衣少食、妻女还有可能被霸占的痛苦。诗的首章写道：

　　七月流火，九月授衣。一之日觱发，二之日栗烈。无衣无褐，何以卒岁？三之日于耜，四之日举趾。同我妇子，馌彼南亩，田竣至喜。

我国古代以星象的位置来确定节气、月令与农时，农历九月之时火星已经下坠，十一月寒风凛冽应该穿上冬衣，但穷苦的农人无衣无裤怎么过冬呢？三月开春应该修理耕地的农具，四月就应来到田头，老婆孩子随着送饭，田官看到大家忙活喜上眉头。以下依次写了每个季节需要进行的农事活动，提醒人们不违农时。正因为当时是农业立国，因此我国古代先民对于土地有着特殊的眷恋之情，蕴涵着《周易》坤卦卦辞"坤厚载物"所表示的对大地之养育功德的赞颂。《小雅·信南山》对于周代先民耕于斯养于斯的信南山的良田进行了满怀深情的歌颂。诗写道：

> 信彼南山，维禹甸之。畇畇原隰，曾孙田之。我疆我理，南东其亩。
> 上天同云，雨雪雰雰。益之以霡霂，既优既渥。既霑既足，生我百谷。

可以说，这首诗充分表达了先民们对信南山下这片肥沃土地的深厚感情，歌颂了先祖大禹赐给如此沃土。这片土地广阔平整，雨水充沛，庄稼苗壮，是后辈栖息繁衍生存发展的良好家园。

7. 敬畏上天的"天保"之诗

《诗经》产生的时代为前现代之农业社会，生产力低下，科学极其不发达，人们在思想观念上有着浓厚的自然神灵崇拜，认为万物有灵，对自然极为敬畏，并将自己的命运寄托在上天的保佑之上。因此，《诗经》中有很多企求上帝保佑的"天保"之诗。如，《小雅·天保》就是一位臣子为君王祈福，其中包含了企求上天保佑的重要成分。诗曰：

> 天保定尔，俾尔戬谷。罄无不宜，受天百禄。降尔遐福，维日不足。

> 天保定尔,以莫不兴。如山如阜,如冈如陵。如川之方至,
> 以莫不增。

在这里,诗人明确表示只有在上天的保佑下国家才能安定稳固,君王才能享有福禄与太平,并且对于这种上天的降福进行了热情的歌颂,将其比作高如山巅、厚如丘陵。相反,如果违背天道,那就必然遭到惩罚。《小雅·雨无正》就是"刺幽王"之作,是一位臣子对周幽王的倒行逆施进行的批评,幽王"不畏于天",因而天降灾难,造成国家混乱,民不聊生。诗曰:

> 如何昊天,辟言不信?如彼行迈,则靡所臻。凡百君子,各
> 敬尔身。胡不相畏,不畏于天?

面对人民的丧乱饥馑、周室的败落、大夫的离居、各种灾难的降临,诗人认为根本的原因是"辟言不信""不畏于天"。十分明显,诗人在这里表现的是一种人类早期的"天命观",带有时代的局限性与落后性。我们当然不能将人类的命运都寄托在"天命"之上,也不能一味的敬畏于天。但是,"天命"也可以理解为不以人的意志为转移的自然规律,那么这段诗歌就提示我们,人类应该主动地依循这种规律生活,而且对作为人类母亲的大地与自然保持适度的敬畏。如果做到这一点,人类肯定会获得更加美好的生存。这也许就是《诗经》之中"天保"一类的诗篇所能给予我们的启示。

8. 秉天立国之"史诗"

很多民族都有自己的由神话、传说以及历史故事构成的史诗,如古代希腊的《荷马史诗》等。《诗经》之中也有一些具中华民族史诗性质的诗篇,如《大雅》中的《生民》《公刘》《绵》《皇矣》《文王》《大明》等。这些诗篇大都以歌颂中华民族的开创者为其主旨,贯穿了一种"秉天立国"的观念,成为中华民族的精神根源之一。《生民》是周人歌颂其民族始祖后稷,叙述其神奇经历以及在农业上的贡献的长诗。该诗首先叙述了后稷的神奇诞生:

厥初生民，时维姜嫄。生民如何？克禋克祀，以弗无子。履帝武敏，歆，攸介攸止，载震载夙，载生载育，时维后稷。

这里讲的是后稷的神奇诞生。其母姜嫄踩到了上帝的脚印因而孕育后稷，这几乎与《圣经》之中耶稣的诞生有些类似。凡是圣人都是上天之子，这正是后稷得以秉天立国的根本。后世许多学者积极考证"履帝武敏"的具体含义，试图搞清楚这是否暗示野合或者是与神尸交合而怀孕，等等，其实是没有太大的必要。因为，这里讲的仅仅是一个民族始祖诞生的神话传说。其后叙述了后稷的三次被弃，三次被救，这与很多民族祖先的神奇经历是一致的。再后，叙述了后稷带领华夏儿女从事农业种植，这是在上天的帮助下进行的：

诞降嘉种，维秬维秠，维穈维芑。恒之秬秠，是获是亩。恒之穈芑，是任是负，以归肇祀。

诗的内容是说，上天赐予良种，而且赐予了丰收，因此，丰收之后应该祭祀上天与祖先。下面接着的两篇是《公刘》与《绵》。前者主要描写后稷的子孙公刘如何由邰迁都到豳，开创基业。如，公刘的选址建都：

笃公刘，逝彼百泉，瞻彼溥原。乃陟南冈，乃觏于京。京师之野，于时处处，于时庐旅。于时言言，于时语语。

诗里说，憨厚的公刘在有泉、有原、有冈这样美好的豳地建立都城。这确是最好的有利于民族生存的选择，所谓"于时处处，于时庐旅"，因而上上下下都欢声笑语，所谓"于时言言，于时语语"。《大雅·绵》描写周王朝十三世祖古公亶父带领本族人民定居渭水之原的故事，下面一段讲述有利于民族发展的沃土的选择：

古公亶父，来朝走马。率西水浒，至于岐下。爰及姜女，聿来胥宇。

诗写了古公亶父与新婚妻子清晨一起骑马在渭水之滨岐山脚下寻找并确定民族定居之地的情形，说明土地乃民族生存发展之本，正是滚滚的渭水与辽阔的平原养育了中华民族的祖先。

9. 表现古代巫乐诗舞相统一的"乐诗"

在中国古代，巫乐诗舞是统一的，这种统一也是当时人们最重要的生存方式。巫术、宗教祭祀是当时人们最重要的生活内容，可以说贯穿了人从出生、恋爱、结婚、生产劳作、习俗节日等一切方面。先民正是在这种如歌、如舞、如诗的带有宗教性质的氛围中不断实现自己与上天相通的愿望的。《周易·系辞上》借用孔子的话指出："圣人立象以尽意，设卦以尽情伪，系辞焉以尽其言，变而通之以尽利，鼓之舞之以尽神。""鼓之""舞之"等，正是祭祀中的实际情况，是当时人与天、人与神沟通的主要方式。《诗经》保存了相当数量的这种如歌如舞的祭祀之诗。《小雅·楚茨》描写了祭祀祖先时歌乐，在详细叙写了祭前的准备后就写到祭祀中的乐舞：

礼仪既备，钟鼓既戒。孝孙徂位，工祝致告。神具醉止，皇尸载起。钟鼓送尸，神保聿归。

这里写到，各种准备工作完成后，祭礼开始，钟鼓齐鸣，在音乐声中完成祭礼，然后再以音乐送走祭主。《周颂·执竞》描写的对先王的祭礼，也是在舞乐歌诗中进行的：

钟鼓喤喤，磬筦将将。降福穰穰，降福简简。

这里，描写了钟、鼓、磬与筦四种乐器，在"喤喤""将将"的乐声中，祭祀活动热烈隆重，充分体现出颂诗之"美盛德之形容，以其成功告于神明"的景象。《小雅·鼓钟》具体叙写了雅乐的演奏情况：

> 鼓钟钦钦，鼓瑟鼓琴，笙磬同音。以雅以南，以籥不僭。

这里写到雅乐所用的鼓、钟、瑟、琴、笙、磬、籥七种乐器，七乐齐鸣并伴之歌舞，和谐合拍美妙悦耳，其盛况可见一斑。這些都是祭祀所用的"庙堂之乐"，日常生活中则还有燕息之乐。《王风·君子阳阳》就具体描写贵族燕息时的音乐：

> 君子阳阳，左执簧，右招我由房。其乐只且！
> 君子陶陶，左执翿，右招我由敖。其乐只且！

这里描写了家庭燕息之乐，是一种舞乐齐备的场景，乐师边唱边舞边奏，有的手持簧乐，有的手持翿这种舞蹈道具载歌载舞，其乐无穷。普通老百姓也有自己的乐舞生活，《陈风·宛丘》描写孟春之月纪念生殖神时在桑间濮上的祭祀歌舞与欢会，一位女性舞者在野外山坡之上翩翩起舞：

> 子之汤兮，宛丘之上兮。洵有情兮，而无望兮。
> 坎其击鼓，宛丘之下。无冬无夏，值其鹭羽。
> 坎其击缶，宛丘之道。无冬无夏，值其鹭翿。

这位在野外载歌载舞的漂亮女子到底是谁呢？一般认为是女巫，我们也可以猜度她或许也是"桑间濮上"被许多青年男子所爱慕的女子吧。

三

综上所述，从生态存在论审美观的角度解读《诗经》，真的使我们感觉耳目一新，收获颇丰。从总的方面来说，《诗经》所表现的是一种"天人合一"之"情志"，是一种古典形态的生态人文主义。对它，我们可以从"诗体""诗意"与"诗法"三个方面来理解。从"诗体"的角度看，《诗经》为我们提供了"风体诗"这种特有的以反映人的本真的生存状态为其内涵的原生态性的诗歌艺术，这是一种巫乐舞诗相结合的古代艺术，是我国古代先民的基本生活方式。从"诗意"的角度来看，《诗经》几乎是全方位的描写了我国先民的生活，反映了他们的情感，特别表现了普通人民与自然及人之本性密切相关的生活状况与欲望情感。大体包括情、家、食、劳、巫与乐等各个方面。所谓"情"，主要指天真烂漫本真的爱情，即所谓"桑间濮上"之诗；而谓"家"则指"家园"之情，归乡之诗、离人之诗、怨妇之诗、筑室之诗均属于这个范围；所谓"食"，则为"饥者歌其食"，主要指那些扣动人心的饥者之歌；所谓"劳"。则指"劳者歌其事"，包括劳动之歌、抨击剥削者之歌等等；所谓"巫"，主要指描写祭祀活动之诗歌。当时祭祀是人们的主要生活内容，所谓"国之大事，在祀与戎"（《左传·成公十三年》），祭祀更是当时人们与天沟通的主要途径，因而，《诗经》中有许多描写祭祀活动的诗篇。所谓"乐"，其实与巫是紧密相连的。如果说巫主要指庙堂与贵族宫廷活动的话，那么，"乐"则是当时普通人民的基本生活方式，反映了当时普通人民的本真的生活状态。从"诗法"的角度看，《诗经》主要给我们提供了"比兴"这样的诗歌表现手法，而且是从人与自然平等的古典"主体间性"的角度来进行比兴，包含了与自然为友的精神，难能可贵，成为中国诗艺在人与自然平等交流中创造出诗情画意的经久不衰的优良传统。"比兴"之法直接影响到后世的"意境"之说，在人与对象、意与境的交融融合之中蕴涵着诗之深情厚谊，即所谓"意在言外""境外之情"，等等。

对于《诗经》的重新解读，给予我们许多启发，使我们进一步认识到，长期以来影响极广的"实践美学"，及其所强调的美是"人的本质力量的对象化"，以及"主体性"的理论只有部分的正确性，用这些理论是无法恰当地解释像《诗经》这样的古代文学经典的。《诗经》并不完全是劳动之歌，更说不上是什么人的本质力量对象化的产物，它主要是从人的本性发出的原生态的歌唱。它也不是什么人类改造战胜自然的产品，更不完全是人的自我颂歌。它是人出于天性的生命之歌、生存之歌，是对于"天人合一"的期盼，甚至是对渺茫宇宙与上天的祈祷。它对天的歌颂远远超过了对于人的歌颂，根本不存在什么"人类中心主义"。因此，《诗经》是生命之歌，是对人与自然和谐的祈盼之歌，包含着极为丰富的生态存在论美学内涵。正是从这样的角度，我们认为，本世纪中期海德格尔在东方哲学与美学，特别是中国道家思想启发下，其思想发生的由"人类中心"到生态整体的转变，所提出著名的"天地神人四方游戏"说等，意义十分重大。我们认为，与海氏从东方获得启发从而实现对思想突破一样，我们如欲对生态存在论审美观进一步加以深入阐释，继续从东方艺术中寻找灵感，应该是重要途径之一，而对于《诗经》的研究就是一种有效的尝试。《诗经》产生的文化背景与道家思想大体相近，而其基本思想内涵也与道家"道法自然"之说相关。因此，《诗经》展现给我们的"风体诗""桑间濮上诗""怀归诗""比兴"手法等，都包含着极为浓郁的"天人合一"精神的具体的艺术与审美的经验，这些经验对当代生态存在论审美观的建设将给予非常重要的启示。

当然，《诗经》毕竟是创作于3000多年前的作品，当时我们的先民们还生活在前现代的极其落后的生活条件之下，思想也处于较为蒙昧的状况，残存着许多神秘与迷信的色彩，不可避免地要反映到《诗经》之中，渗透于它的艺术审美经验之中，因而不能不有很多局限性。但这并不能抹杀其重要价值，不能抹杀其在建设当代生态存在论审美观之中的重要思想资源作用。

第二节　回望家园：《额尔古纳河右岸》 的生态美学解读

迟子建的长篇小说《额尔古纳河右岸》（以下简称《右岸》）是一篇以鄂温克族人生活为题材的史诗性的优秀小说，曾获第七届茅盾文学奖。这部小说的成就是多方面的，但我们非常惊喜地发现，它是一部在我国当代文学领域中十分少见的优秀的生态文学作品。作者以其丰厚的生活积淀与多姿多彩的艺术手法，展现了当代人类"回望家园"的重要主题，揭示了处于"茫然失其所在"的当代人对于"诗意栖居"生活的向往。这部小说以其成功的创作实践为我国当代生态美学与生态文学建设做出了特殊的贡献。

　　甲骨文有"家"字，其两义重要义项：一是"人之所居也"，二是"与宗通，先王之宗庙"。① 这说明，"家"的本义是人的居住之地，也是祖先的安息之地，是人类之根的所在。从微观上讲，"家园"是我们每个人诞育与生活的"场所"。但如果从宏观上讲，"家园"应该就是人类赖以生存的大自然。在现代工业化与城市化的进程中，我们的"家园"已经伤痕累累，甚至失其所在。因此，在当代历史视域中，"回望家园"即成为文学艺术与人文学科中非常重要的主题。海德格尔的著名的《荷尔德林诗的阐释》一书有一篇阐释诗人荷尔德林《返乡》的专文，指出所谓"返乡"就是寻找"最本己的东西和最美好的东西"②。因此，"回望"或"寻找"，其实就是一种怀念，更是一种批判与反思。审美人类学家认为，"对以往文明的研究实际上都曲折地反映了人对现实的思考、批判和否定"③。迟子建在《右岸》中通过对鄂温克族人百年兴衰史的"回望"表达了自己对于人类前途命运的深沉的诗性情怀，以及对于现实生活的深刻反思。文化人类学家弗雷泽曾将自己的作品比喻为特洛伊英雄埃涅阿斯从女神手中得到的那枝金枝——不仅能够帮助自己寻找到父亲，而且还能了解到自己的命运——一样，迟子建也试图通过对于鄂温克族人生活与命运的描述，为自己探询人类的前途命运提供一束"金枝"。

一　"回望"的独特视角——探寻"家园"的本源性

　　"怀乡诗"是文学艺术中常有的题材。早在先秦时代的《诗经》中，就有"昔我往矣，杨柳依依"的诗句。此后，李白《静夜思》的"举头望明月，低头思故乡"，更是"怀乡"的名句。《右岸》是在 21 世纪初期写作的一部具"后现代"视角的反思性小说。开始于

---

① 徐中舒主编：《甲骨文字典》，四川辞书出版社 2003 年版，第 799 页。
② ［德］马丁·海德格尔：《荷尔德林诗的阐释》，孙周兴译，商务印书馆 2000 年版，第 12 页。
③ 王杰：《审美幻象与审美人类学》，广西师范大学出版社 2002 年版，第 192 页。

18世纪的现代化与工业化，确实给人类带来了福音，但同时也带来了巨大灾难。这无疑是美与非美的二律背反。一方面，人类的生活状况得到大幅度改善；另一方面，在享受到现代文明的同时，自然的破坏，精神的紧张与传统道德的下滑，也给人类带来了一系列灾难。人类赖以生存的物质的与精神的"家园"已经变得面目全非，人类正面临失去"家园"的危险。正如海德格尔所说："在畏中人觉得'茫然失其所在'。此在所缘而现身于畏的东西所特有的不确定性在这话里当下表达出来了：无与无何有之乡。但茫然骇异失其所在在这里同时是指不在家。"又说，"无家可归是在世的基本方式"。[①] 在"无家可归"成为人类在世的基本方式的情况下，"回望家园"的反思性作品得以产生。

早在20世纪中期的1962年，就有一位美国著名的生态作家，同样也是女性的莱切尔·卡逊写作了具有里程碑意义的以反思农药灾难为题材的生态文学作品《寂静的春天》，在当时起到了振聋发聩的巨大作用。迟子建的《右岸》以反思游猎民族鄂温克族丧失其生存家园而不得不搬迁定居为其题材。作者在小说的《跋》中写到，触发她写作该书的原因，是她作为大兴安岭的子女早就有感于持续30年的对莽莽原始森林的滥伐所造成的严重的森林的老化与退化现象。首先受害的，当然是作为山林游猎民族的鄂温克族人。她说："受害最大的，是生活在山林中的游猎民族。具体点说，就是那支被我们称为最后一个游猎民族的、以放养驯鹿为生的敖鲁古雅的鄂温克人。"而其直接的机缘则是作者接到一位友人关于鄂温克族女画家柳芭走出森林，又回到森林，最后葬身河流的消息，以及作者在澳大利亚、爱尔兰所见识到的有关少数族裔以及人类精神失落的种种见闻，这使作家深深地感受到原来"茫然失其所在"是具有某种普遍性的当今人类的共同感受。这才使作者下了写作这个重要作品的决心。她在深入到鄂温克族定居点根河市时，猎民的一批批回归更加坚定了她写作的决心。于

---

① ［德］马丁·海德格尔：《存在与时间》（修订译本），陈嘉映、王庆节合译，生活·读书·新知三联书店2006年版，第218、318页。

是，作者开始了她的艰苦而细腻的创作历程。

作者采取史诗式的笔法，以一个年纪90多岁的鄂温克族老奶奶、最后一位酋长妻子的口吻，讲述了额尔古纳河右岸敖鲁古雅鄂温克族百年来波澜起伏的历史。这种讲述始终以鄂温克族人生存本源性的追溯为其主线，以大森林的儿子特有人性的巨大包容和温暖为其基调。整个讲述分上、中、下与尾四个部分，恰好概括了整个民族由兴到衰、再到明天的希望的整个过程。正如，讲述者的丈夫、最后一位酋长瓦罗加在那个温暖的夜晚所唱的：

> 清晨的露珠湿眼睛，
> 正午的阳光晒脊梁，
> 黄昏的鹿铃最清凉，
> 夜晚的小鸟要归林。

歌谣寓意着整个民族在清晨的温暖中诞育，在中午的炙热与黄昏的清凉中发展生存，在夜晚的月亮中期盼的历程，每一历程都寄寓着民族的生存之根基。在清晨的讲述中，鄂温克老奶奶讲述了该民族的发源及其自然根基。据传，鄂温克族发源于拉穆湖，也就是贝加尔湖：

> 有八条大河注入湖中，湖水也是碧蓝的。拉穆湖中生长着许多碧绿的水草，太阳离湖水很近，湖面上终年漂浮着阳光，还有粉的和白的荷花。拉穆湖周围，是挺拔的高山，我们的祖先———一个梳着长辫子的鄂温克人，就居住在那里。

但三百年前，俄军的侵略使得他们的祖先被迫从雅库特州的勒那河迁徙到额尔古纳河右岸，从12个氏族减缩到6个氏族。从此，额尔古纳河就成为鄂温克族的生活栖息之所。她说：

> 我们是离不开这条河流的，我们一直以它为中心，在它众多

的支流旁生活。如果说这条河流是掌心的话，那么它的支流就是展开的五指，它们伸向不同的方向，像一道又一道的闪电，照亮了我们的生活。

在这里，讲述者道出了额尔古纳河与鄂温克族繁衍生息的紧密关系，它是整个民族的中心，世世代代以来照亮了他们的生活。而额尔古纳河周边的大山——小兴安岭也鄂温克族的滋养之地。讲述人说道：

> 在我眼中，额尔古纳河右岸的每一座山，都是闪烁在大地上的一颗星星。这些星星在春夏季节是绿色的，秋天是金黄色的，而到了冬天则是银白色的。我爱它们。它们跟人一样，也有自己的性格和体态。……山上的树，在我眼里就是一团连着一团的血肉。

就是这个有着"一团连着一团的血肉"的大山，成为鄂温克族人的生存与生命之地。鄂温克族人是驯鹿的民族，驯鹿为他们提供了鹿奶、皮毛、鹿茸，并且还是很好的运载与狩猎的帮手。驯鹿是小兴安岭的特有驯养动物，因为那里森林茂密，长有被称作"恩克"和"拉沃可达"的苔藓和石蕊，这为驯鹿提供了丰富的食物。因此，讲述人说道：

> 驯鹿一定是神赐予我们的，没有它们，就没有我们。虽然它曾经带走了我的亲人，但我还是那么爱它。看不到它们的眼睛，就像白天看不到太阳，夜晚看不到星星一样，会让人心底发出叹息的。

额尔古纳河周围的山上，安葬着鄂温克人的祖先。讲述人生动地讲述了他的父亲、母亲、丈夫、伯父和侄子的不平凡的生命历程。先是她的父亲林克为了下山换取强健的驯鹿而在雷雨中被雷击而死，被风葬在高高的松树之上；母亲达玛拉则是在丧夫和爱情失败后痛苦地在舞蹈中死去，被风葬在白桦树之上；讲述人的两个丈夫，一个冻死在寻找驯鹿的途中，一个则死于为营救别人而与熊搏斗的过程中；她的伯父尼都萨满则为了战胜日本人，在作法中力尽而亡；她的侄子果格力则是因为他的妈妈妮浩萨满为了救治汉人何宝林生病的孩子而必须向上天献出自己的孩子而导致了其死亡。这些亲人最后都回归到大自然之中，有星星、月亮、银河与之做伴。正如妮浩在一首风葬的葬歌中所唱：

> 魂灵去了远方的人啊，
> 你不要惧怕黑夜，
> 这里有一团火光，
> 为你的行程照亮。
> 魂灵去了远方的人啊，
> 你不要再惦念你的亲人，
> 那里有星星、银河、云朵和月亮，
> 为你的到来而歌唱。

这里所说的"风葬"，是鄂温克人特有的丧葬方式，就是选择四棵直角相对的大树，砍一些木杆，担在枝桠上，为逝者搭建一张铺。然后，将逝者用白布包裹，抬到那张铺上，头北脚南，再覆盖上树枝，放上陪葬品，并由萨满举行仪式为逝者送行。这种风葬实际上说明，鄂温克族人来自自然又回归自然的生存方式——他们把自己看作是大自然的儿子。

额尔古纳河与小兴安岭还见证了鄂温克族人的爱情与事业。讲述人讲述了自己的父辈以及子孙一代又一代在这美丽的山水中所发生的情爱生死。她的父亲与伯父同时爱上了最美丽最爱跳舞的鄂温克姑娘达玛拉，但最后伯父尼满在通过射箭比赛来决定谁当新郎的过程中输给了林克——实际上是主动出让了自己的爱情。第二年，达玛拉与林克成亲之时，达玛拉的父亲送给她的结婚礼物是一团对于游猎部族十

分重要的"火种"，后来这个"火种"又作为结婚礼物送给了达玛拉
自己的儿子。林克结婚时，尼满划破了自己的手指而成了部族的萨
满。林克死后，尼满对达玛拉的爱情再次复苏，他用攒了两年的山鸡
羽毛精心编织了一件最美丽的裙子。这个裙子完全是额尔古纳河及其
周围群山的美丽形象，光彩夺目。讲述人描叙道：

> 这裙子自上而下看来也就仿佛由三部分组成了：上部是灰色
> 的河流，中部是绿色的森林，下部是蓝色的天空。

达玛拉收到这珍贵的礼物时，真是高兴极了，充满着惊异、欢喜
和感激，说这是她见过的世上最漂亮的裙子。但他们的爱情却因世俗
的偏见（不允许寡妇再嫁大伯哥的习俗）而宣告失败，达玛拉终于悲
痛地辞世，尼满也匆匆结束了自己的生命。在达玛拉的葬礼仪式上，
尼满的葬歌凄婉哀绝，歌声表达了鄂温克人对爱情的坚贞与无私，也
表达了尼满为能使达玛拉进入另一个美好世界而愿意蹚过传说中的
"血河"，接受任何惩罚的爱恋之心。歌中唱道：

> 滔滔血河啊，
> 请你架起桥来吧，
> 走到你面前的，
> 是一个善良的女人！
> 如果她脚上沾有鲜血，
> 那么她踏着的，
> 是自己的鲜血；
> 如果她心底存有泪水，
> 那么她收留的，
> 也是自己的泪水！
> 如果你们不喜欢一个女人，
> 脚上的鲜血，
> 和心底的泪水，

而为她竖起一块石头的话，

也请你们让她

平安地跳过去。

你们要怪罪，

就怪罪我吧！

只要让她到达幸福的彼岸，

哪怕将来让我融化在血河中，

我也不会呜咽！

　　由此可见，鄂温克族人是属于大自然的真正儿女，大自然见证了他们的爱情，他们爱情的信物与礼物也完全来自自然。鄂温克族人已经将自己完全融化在周围的山山水水之中，他们的生命与血肉已经与大自然融为一体，额尔古纳河与小兴安岭已经成为他们生命与生存的须臾难离的部分。依莲娜是鄂温克族人第一个接受了高等教育的青年，她是著名的画家，并在城市有了体面的工作。但她终究辞去了工作，回到额尔古纳河畔的故乡。因为，"她厌倦了工作，厌倦了城市，厌倦了男人。她说她已经彻底领悟了，让人不厌倦的只有驯鹿、树木、月亮和清风"。她用了整整两年的时间画出了鄂温克人百年的风雨历史，最后永远地安眠在故乡额尔古纳河的支流贝尔茨河之中。

　　经过30年愈来愈大规模的开发，鄂温克族人的生存环境已经遭到严重破坏，生活在山上的猎民已不足两百人，驯鹿也只有六七百只了，于是决定迁到山下定居。在动员定居时，有人说，猎民与驯鹿下山也是对森林的保护，驯鹿游走时会破坏植被，使生态失去平衡。再说，现在对动物要实施保护，不能再打猎了；一个放下猎枪的民族才是一个文明的民族、有前途的民族等等。讲述人在内心回应道：

　　我们和我们的驯鹿，从来都是亲吻着森林的。我们与数以万计的伐木人比起来，就是轻轻掠过水面的几只蜻蜓。如果森林之河遭受了污染，怎么可能是几只蜻蜓掠过的缘故呢？

讲述人还讲道，驯鹿本来就是大森林的子女，吃东西时非常爱惜草地，总是一边从草地上走过一边轻轻地啃着青草，所以草地看起来总是毫发未损的样子——该绿的还是绿的。它们吃桦树和柳树的叶子，也只是啃几口就离开——那树依然枝叶茂盛。驯鹿怎么会破坏植被呢？至于鄂温克族人，他们更是森林之子。他们狩猎不杀幼崽，保护小的水狗；烧火只烧干枯的树枝、被雷电击中失去生命力的树木和被狂风刮倒的树木——使用这些"风倒木"——而不像伐木工人去砍伐那些活得好好的树木。他们每搬迁一个地方总要把挖火塘和建"希楞柱"时戳出的坑用土填平，再把垃圾清理在一起深埋，以便让这些地方不会因他们住过而散发出垃圾的臭气。他们保持着对自然的敬畏，即便猎到大型野兽也会在祭礼后食用并有诸多禁忌。例如，鄂温克族人崇拜熊，因此吃熊肉的时候要像乌鸦似的"呀呀呀"地叫几声，想让熊的魂灵知道，不是人要吃它们的肉而是乌鸦要吃它们的肉。书中反复引用过鄂温克族人一首祭熊的歌：

> 熊祖母啊，
> 你倒下了，
> 就美美地睡吧！
> 吃你的肉的，
> 是那些黑色的乌鸦。
> 我们把你的眼睛，
> 虔诚地放在树间，
> 就像摆放一盏神灯！

山林的开发使得鄂温克族人被迫离开山林下山定居，但驯鹿不能没有山林中的苔藓，而鄂温克族人也不能没有山林，所以，他们又带着驯鹿回到山林，但未来会怎样呢？在空旷的已经无人的营地"乌力楞"，只有讲述人与她的孙子安草儿。当讲述人在月光中突然发现她们的白色小鹿木库莲回来了，她激动地说：

而我再看那只离我们越来越近的驯鹿时，觉得它就是掉在地上的那半轮淡白的月亮。我落泪了，因为我已经分不清天上人间了。

小鹿回来了，像那半轮月亮，但明天会怎样呢？作品给我们留下了想象的空间，也给我们留下了思考的空间。我们从鄂温克族最后一位酋长的妻子的讲述中领悟到，额尔古纳河右岸与小兴安岭，那些山山水水，已经成为鄂温克族人的血肉和筋骨，成为他们的生命与生存的本源。放而大之，从文化人类学的角度考察，人类的生存与生命的本源就是大自然。我们如何对待自己的生命与生存之根与本源呢？在环境污染和破坏日益严重的今天，这已经不仅仅是一个鄂温克族的命运问题，而其实是整个人类的命运向题。这正是这篇小说给予我们的重要启示之一。

二　"回望"的独特场域——探询"家园"的独特性

"家园"是与人的生存与生命紧密相连的"世界"，而"场所"则是作为具体的人生活的"地方"（place），生态文学和环境文学的重要特点就是将"场所"作为自己的特殊"视域"。美国环境美学家阿诺德·伯林特在《环境美学》一书中指出，所谓"场所"，"这是我们熟悉的地方，这是与我们自己有关的场所，这里的街道和建筑通过习惯性的联想统一起来，它们很容易被识别，能带给人愉快的体验，人们对它的记忆中充满了感情。如果我们的邻近地区获得同一性并让我们感到具有个性温馨，它就成了我们归属其中的场所，并让我们感到自在与惬意"①。环境文学家斯洛维克在《走出去思考》一书中进一步将"场所"界定为"本土"（the local），即是附近、此地及此时。②《额尔古纳河右岸》就满含深情地描写了额尔古纳河右岸这

---

①　［美］阿诺德·伯林特：《环境美学》，张敏、周雨译，湖南科学技术出版社2006年版，第66页。

②　［美］斯科特·斯洛维克：《走出去思考》，韦清琦译，北京大学出版社2010年版，第183页。

个鄂温克族人生活栖息的特定"场所"。按照海德格尔对场所的阐释，"这种场所的先行揭示是由因缘整体性参与规定的，而上手事物之来照面就是向着这个因缘整体性开放出来"①。"因缘整体性"与"上手"成为"场所"的两个基本要素。这就是说，人与世界构成因缘性的密不可分的整体，而世界万物又成为人的"上手之物"，当然其中许多物品是"称手之物"，是特定场所之人须臾难离之物。《右岸》就深情地描写了鄂温克族人与额尔古纳河右岸的山山水水的须臾难离的关系，以及由此决定的特殊生活方式，一草一木都与他们的血肉、生命与生存融合在一起，具有某种特定的不可取代性。这是一种对于人类"家园"独特性的探询，意义深远。鄂温克族的衣食住都具有与其生存地域相关联的特殊性。他们以皮毛为衣，而且主要是驯鹿的皮毛；他们所食主要是肉类，因为游猎成为他们基本的生存方式。小说的"清晨"部分具体地描写了林克带着两个孩子捕猎大型动物堪达罕的场面。他们乘坐着桦皮筏，在小河中滑行，然后在夜色中漫长地等待。最终，林克机智勇敢地枪击堪达罕，将其毙命。堪达罕的捕获给整个营地带来了快乐。大家都在晒肉条，"那暗红色的肉条，就像被风吹落的红白合花的花瓣"。当然，他们还食用驯鹿奶、灰鼠，并与汉族商人交换布匹、粮食与其他食品。他们还有一种特殊的食品储备仓库——"靠老宝"。这是留作本部族或者是其他部族以备不时之需的物品仓库。用四棵松树竖立为柱，做上底座与四框，苫上桦树皮，底部留下口，将闲置与富裕的物品存放在内。不仅本部落可取，别的部落的人也可去取。鄂温克族老人留下两句话：

> 你出门是不会带着自己的家的，外来的人也不会背着自己的锅走的；
> 有烟火的屋子才有人进来，有枝的树才有鸟落。

① ［德］马丁·海德格尔：《存在与时间》（修订译本），陈嘉映、王庆节合译，生活·读书·新知三联书店 2006 年版，第 121 页。

这是由山林大雪与严寒等特殊条件决定的鄂温克族人的特殊生活方式，反映了这个山地民族的博大胸怀。讲述人年轻时曾迷失于森林，就依靠这个"靠老宝"获得食物并遇到了自己的丈夫。鄂温克族的居住也十分特殊。他们实行的是原始共产主义制度，相近的家族组成一个"乌力楞"，也就是部落。每个"乌力楞"实行的是原始共产主义生产与生活制度，按照男女老弱进行分工，并平分所得。他们居住的，是一家一户的住房——"希楞柱"，也叫"仙人柱"，就是用二三十根落叶松杆，锯成两人高的样子，将一头削尖，尖头朝向天空，汇集一起，松木杆另一头戳地，均匀分开，好像无数条跳舞的腿，形成一个大圆圈，外面苫上挡风御雨的围子。讲述人说道：

> 我喜欢住在希楞柱里，它的尖顶处有一个小孔，自然而然成了火塘排烟的通道。我常在夜晚时透过这个小孔看星星。从这里看到的星星只有不多的几颗，但它们异常明亮，就像擎在希楞柱顶上的油灯似的。

鄂温克族人出行时主要的代步工具是驯鹿，一般只是由妇女儿童和体弱者乘骑。为了驯鹿的食物等各种生存原因，他们过一段就要搬迁住处。讲述人讲述了一次搬迁的情况：

> 搬迁的时候，白色的玛鲁王走在最前面，其后是驮载火种的驯鹿，再接着是背负我们家当的驯鹿群。男人们和健壮的女人通常是跟着驯鹿群步行的，实在累了，才骑在它们身上。哈谢拿着斧子，走一段就在一棵大树上砍上树号。

鄂温克族女人生孩子时要专门搭建一个名叫"亚塔珠"的产房，生产时男人绝对不能进入亚塔珠，女人进去则会使自己的丈夫早死。因此，鄂温克女人生产一般都是自己在大自然中处理。但她们老了之后却能得到全部族的照顾。在大部分部族人要到定居点之时，已经90多岁的讲述人留了下来。于是部族的人们将她的孙子安草儿留在她身边照顾她，并给她留下足够的驯鹿和食品，甚至怕她寂寞，有意留下两只灰鹤，让她能够看到美丽的飞禽，不至于眼睛难受。鄂温克族人生病是通过萨满跳神来治疗，而无须服药。死后，即实行风葬，葬在树上，随风而去，回归自然。

可见，鄂温克族人有着自己特有的衣食住行，生老病死。这是他们的生存方式，是他们具有特殊性的生活场所。在这样的场所中，他们有痛苦，但更多的是生存的自在与适应。小说在描写讲述人当年在静夜中乘船出发与父亲一起捕猎堪达罕的情景时写道：

> 桦皮船吃水不深，轻极了，仿佛蜻蜓落在水面上，几乎没有什么响声，只是微微摇摆着。船悠悠走起来的时候，我觉得耳边有阵阵凉风掠过，非常舒服。在水中行进时看岸上的树木，个个都仿佛长了腿，在节节后退。好像河流是勇士，树木是溃败士兵。月亮周围没有一丝云，明净极了，让人担心没遮没拦的它会突然掉到地上。河流开始是笔直的，接着微微有些弯曲，随着弯曲度的加大，水流急了，河也宽了起来。

这真是一幅人与自然统一的美好图画。当然，大自然也会给鄂温克族人带来灾难，诸如"白灾""黄灾""瘟疫"与"狼祸"等。但这些毕竟是人的生存世界的有机组成部分。就拿狼祸来说，虽然是对鄂温克族人的危害，但狼却是与人紧密相连，不可避开的。正如讲述人所说：

> 在我们的生活中，狼就是朝我们袭来的一股股寒流。可我们是消灭不了它们的，就像我们无法让冬天不来一样。

但总体上来说，额尔古纳河右岸这个无比美妙的自然环境，是鄂温克族人真正的故乡，是生养他们的家园。这里的山山水水，已经融入他们每个人的生命与血液之中。这里，自然对于他们的"不称手"只是暂时的，而更为本源的则是熟悉却不触目的"上手"，是一种须臾难离的生活方式。一旦脱离了这种生活方式，脱离了这里的山水、驯鹿、乌力楞与希楞柱，就会茫然失其所在，出现难以适应的水土不服的状况，对于老人更是如此。讲述人讲到搬迁到定居点之事时说：

> 我不愿意睡在看不到星星的屋子里，我这辈子是伴着星星度过黑夜的。如果午夜梦醒时我望见的是漆黑的屋顶，我的眼睛会瞎的；我的驯鹿没有犯罪，我也不想看到它们蹲进"监狱"。听不到那流水一样的鹿铃声，我一定会耳聋的；我的腿脚习惯了坑坑洼洼的山路，如果让我每天走在城镇平坦的小路上，它们一定会疲软得再也负载不起我的身躯，使我成为一个瘫子；我一直呼吸着山野清新的空气，如果让我去闻布苏的汽车放出的那些"臭屁"，我一定就不会喘气了。我的身体是神灵给的，我要在山里，把它还给神灵。

这就是鄂温克族人的"家园"，这个"场所"的独特性，甚至是不可代替性。生态美学与生态文学的"家园""场所"的独特的、重要的内涵，在《右岸》中得到非常形象并深情地表达。

三　"回望"的独特美学特性——探询"家园"特有的生态存在之美

迟子建在《右岸》中从全新的生态审美观的视角对鄂温克族生活进行了艺术描写，在她所构筑的鄂温克族人的生活中，人与自然不是二分对立的，"自然"不仅仅是人的认识对象，也不仅仅是什么"人化的自然""被模仿的自然""如画风景式的自然"，而是原生态的、与人构成统一体的存在论意义上的自然。正是在这种人与自然特有的"此在与世界"的存在论关系中，"存在者之真理已经自行设置入作品"①，从而呈现出一种特殊的生态存在之美。这里的"存在者"就是鄂温克族人，而所谓"真理"则是指人之本真的人性，"自行设置

---

① ［德］马丁·海德格尔：《林中路》，孙周兴译，上海译文出版社 2004 年版，第 21 页。

入"则指本真人性的逐步展开,由遮蔽走向澄明。迟子建在《右岸》中所描写的这种"真理自行设置入"的美,不是一种静态的物质的对称比例之美,也不是一种纯艺术之美,而是在人与自然关系中的,在"天人全一"中的生态存在之美和特殊的人性之美。

迟子建在作品中所表现的这种美有两种形态,一种是阴柔的安康之美。此时,人与自然处于和谐协调的状态,或是捕猎胜利后的满足,或是爱情收获后的婚礼,等等。《右岸》生动地描写了多个这样的欢乐场面,例如,小说写到驯鹿产羔丰产年度的一个喜庆场景:

> 这一年,我们在清澈见底的山涧旁,接生了二十头驯鹿。一般来说,一只母鹿每胎只产一仔,但那一年却有四只母鹿每胎产下两仔,鹿仔都那么的健壮,真让人喜笑颜开。那条无名的山涧流淌在黛绿的山谷间,我们把它命名为罗林斯基沟,以纪念那个对我们无比友善的俄国安达。它的水清凉而甘甜,不仅驯鹿爱喝,人也爱喝。

因驯鹿丰产,鄂温克族人喜笑颜开,山谷黛绿,清泉甘甜,人的安康的生存状况跃然纸上。这显然是一种风调雨顺,人畜兴旺,吉祥安康的幸福的生存状态,是一种阴柔的安康之美,反映了"天人合一"、人生幸福的一面。但大多数情况则是一种阳刚的壮烈之美,是一种特定的"生态崇高"。斯洛维克在《走出去思考》一书中介绍了当代美国环境文学中有关"崇高"的新的内涵。在这里,"生态崇高"(Ecosublime),意味着"需有特定的自然体验来达到这种愉快的敬畏与死亡恐怖的非凡结合"①。迟子建在《右岸》中大量地描写了这种"愉快的敬畏与死亡的恐怖的非凡结合"的崇高场景。主要有两个方面,一个方面是人与恶劣自然环境奋斗中的英勇抗争与无畏牺牲。前面已提到的林克为调换健康驯鹿时在林中被雷击的悲凄场面,

---

① [美] 斯科特·斯洛维克:《走出去思考》,韦清琦译,北京大学出版社2010年版,第197页。

更惊心动魄的是鄂温克族人达西与狼的拼死搏斗。达西是优秀的鄂温克族猎手，一次去寻找三只丢失的鹿仔，发现鹿仔被三只狼围困在山崖边，正发着抖，情况非常危险。达西当时并没有带枪而只带着猎刀，但却只身与三只饿狼搏斗，虽然最终打死了老狼，但他的一条腿却被小狼咬断了，只好带着三只救下的鹿仔爬回营地，从此落下了残疾。但他下定复仇的决心，专门驯养了一只猎鹰，随时准备与袭击部族的狼群拼死搏斗，保护部族利益。有一年，碰到瘟疫蔓延，野兽减少，驯鹿也减少了，人与狼群都处于生存的困境之中。这时，狼群始终跟着部族，觊觎着驯鹿，试图袭击。就在狼群准备袭击之时，达西和他的猎鹰奋起还击，展开殊死搏斗，最后是人狼双亡，极为惨烈。请看《右岸》为我们展现的这种极为惨烈的搏斗场面：

> 许多小白桦被生生地折断了，树枝上有斑斑点点的血迹；雪地间的蒿草也被踏平了，可以想见当时的搏斗多么惨烈。那片战场上横着四具残缺的骸骨，两具狼的，一具人的，还有一具是猎鹰的。
>
> 我和依芙林在风葬地见到了达西，或者说是见到了一堆骨头。最大的是头盖骨，其次是一堆还附着粉红肉的粗细不同、长短不一的骨头，像是一堆干柴。……狼死了，他们也回不来了。

这是人与自然环境的"不称手"的典型表现。此时，人与恶劣的自然环境剧烈对抗，表现了人的顽强的生存信念与勇气。在这里，特别展现了达西维护部族利益，牺牲自我的人性光芒。作品呈现在我们面前的是以抗争的死亡与遍地骸骨为其特点的森人画面，展现出鄂温克族人另一种生存精神的崇高之美。《右岸》还非常突出地表现了人对于自然的敬畏，具有前现代的明显特色。这种敬畏又特别明显地表现在鄂温克族人崇信萨满教，及极为壮烈的仪式之中。萨满教是一种原始宗教，是原始部落自然崇拜的表现。这种宗教中的萨满即为巫，具有沟通天人的力量与法术，其表现是如醉如狂、神秘诡谲的跳神。《右岸》绘声绘色地描写了两代萨满神秘而离奇的宗教仪式，特别是跳神，表现了萨满在救人于危难中的牺牲行为，构成了神秘离奇的崇高之美。讲述人的伯父的尼都萨满是小说描写的第一代萨满。他在宗教仪式中体现出来的崇高之美，集中地表现在为了对付日本入侵者而进行的那场不同寻常的跳神仪式之中。小说写到，第二次世界大战开始后，日本人占领了东北，一天日本占领军吉田带人到山上试图驯服鄂温克族人，他要求尼都萨满通过跳神治好他的脚伤，否则要求尼满萨满烧掉自己的法器与法衣，并跪在地上向他求饶。在这关系部族前途命运的关键时刻，尼都萨满毫不犹豫地接受了挑战，而且他说，不仅要用舞蹈治好吉田的腿伤，而且还要用舞蹈让战马死去。他说："我要让他知道，我是会带来一个黑夜的，但那个黑夜不是我的，而是他的！"黑夜来临后，尼满萨满开始了惊心动魄的跳神：

> 黑夜降临了，尼都萨满鼓起神鼓，开始跳舞了。……他时而仰天大笑着，时而低头沉吟。当他靠近火塘时，我看到了他腰间吊着的烟口袋，那是母亲为他缝制的。他不像平日看上去那么老迈，他的腰奇迹般地直起来了，他使神鼓发出激越的鼓点，他的双足也是那么的轻灵，我很难相信，一个人在舞蹈中会变成另外一种姿态。他看上去是那么的充满活力，就像我年幼时候看到的尼都萨满。……舞蹈停止的时候，吉田凑近火塘，把他的腿撩起，这时我们听到了他发出的怪叫声，因为他腿上的伤痕真的不见了！那伤痕刚才还像一朵鲜艳的花，可如今它却凋零在尼满萨满制造的风中。……吉田的那匹战马，已经倒在地上，没有一丝气息。……吉田抚摩着那匹死去的、身上没有一道伤痕的战马，冲尼都萨满叽里哇啦的大叫着。王录说，吉田说的是，神人，神人……。

> 尼都萨满咳嗽了几声，反身离开了我们。他的腰又佝偻起来了。他边走边扔着东西，先是鼓槌，然后是神鼓，接着是神衣、神裙。……当他的身体上已没有一件法器和神衣的时候，他倒在了地上。

这是一个为部族利益与民族大义在跳神中奉献了自己生命的鄂温克族萨满，他的牺牲自我的高大形象，他在跳神时那神秘、神奇的舞蹈及其难以想象的效果，制造出一种诡谲多奇的崇高之美。这是一种"生态崇高"。让我不由得想起小时候进庙时的那种难以言状的神秘神奇的感受，感到在这种种神奇神秘的力量面前人的渺小、恶的可怖与向善的必然。萨满教虽然是一种迷信，但却是主宰鄂温克族人精神世界的信仰，常常在他们心中唤起无限安宁与崇高。继承尼都萨满的是他的侄儿媳妇妮浩萨满，她在成为新萨满时在全乌力楞的人面前表示，一定要用自己的生命和神赋予的能力保护自己的氏族，让氏族人口兴旺，驯鹿成群，狩猎年年丰收。她确实是这样做的，为了部族的安宁献出了自己三个孩子的生命。小说写到，部族成员马粪包被熊骨卡住嗓子，马上就要毙命，这时部族里的人将眼光投向了妮浩萨满，只有她能够救马粪包了。妮浩颤抖着，悲哀地将头埋进丈夫的怀里，因为她知道如果救了马粪包，她就要献出自己的女儿。但她还是披上了法衣，跳起了神：

> 妮浩大约跳了两个小时后，希楞柱里忽然刮起一股阴风，它呜呜叫着，像是寒冬时刻的北风。这时"柱"顶撒下的光已不是白的了，是昏黄的了，看来太阳已经落山了。那股奇异的风开始时是四面弥漫的，后来它聚拢在一个地方鸣叫，那就是马粪包的头上。我预感到那股风要吹出熊骨了。果然，当妮浩放下神鼓，停止了舞蹈的时候，马粪包突然坐了起来，"啊——"地大叫一声，吐出了熊骨。……妮浩沉默了片刻后，唱起了神歌，她不是为起死回生的马粪包唱的，而是为她那朵过早凋谢的百合花——交库托坎而唱的。

她的百合花——美丽的女儿永远地败落和凋零了。秋天还没有到，还有那么多美好的夏日，但她却使自己的花瓣凋零了，落下了。一命换一命，这就是严酷的生活现实，也是妮浩作为萨满所付出的沉重代价。在神秘的法则面前，人又是多么渺小啊！这里所说的萨满跳神的奇效，可能是一种偶然，也可能是神秘宗教和信仰起到的一种心理暗示，但却向我们展示了游猎部族特有的由对自然的敬畏与无力所产生的特殊的崇高之感。因为在这种崇高中包含着妮浩萨满的无畏的牺牲精神，所以放射出特有的人性光芒，因而具有了美学的含义。动人心魄，感人至深！妮浩萨满的最后一次跳神是 1998 年初春为了消灭因两名林业工人吸烟乱扔烟头而引发的火灾。火势凶猛，烟雾腾腾，逃难的鸟儿都被熏成了灰黑色，额尔古纳河和小兴安岭要蒙受灾难了。妮浩已经年迈，但还是披上了神衣：

> 妮浩跳神的时候，空中浓烟滚滚，驯鹿群在额尔古纳河畔低头站着。鼓声激昂，可妮浩的双脚却不像过去那么灵活了，她跳着跳着，就会咳嗽一阵。本来她的腰就是弯的，一咳嗽就更弯了。神裙拖到了林地上，沾满了灰层。……妮浩跳了一个小时后，空中开始出现阴云；又跳了一个小时，浓云密布；再一个小时过去后，闪电出现了。妮浩停止了舞蹈，她摇晃着走到额尔古纳河畔，提起那两只湿漉漉的啄木鸟，把它们挂到一棵茁壮的松树上。她刚做完这一切，雷声和闪电就交替出现，大雨倾盆而下。妮浩在雨中唱起了她生命中最后一支神歌。可她没有唱完那支歌，就倒在了雨水中——
>
> 额尔古纳河啊，
> 你流到银河去吧，
> 干旱的人间……
>
> 山火熄灭了，妮浩走了。她这一生，主持了很多葬礼，但她却不能为自己送别了。

在这里，作者为我们塑造了一个为额尔古纳河，也为鄂温克族人奉献了自己毕生生命的最后一名鄂温克族萨满的悲壮形象，充满着特殊的崇高之美。以这样的画面作为小说的结尾，就是以崇高之美作为

小说的结尾，为作品抹上了浓浓的悲壮的色彩，将额尔古纳河右岸鄂温克族人充满人性的生存之美牢牢地镌刻在我们的心中。

　　"回望家园"是《额尔古纳河右岸》的特殊视角，它给我们提供了一系列深刻的启示，告诉我们在大踏步前行的现代化浪潮中，不断地回望家园，是人类应有的态度。回望是一种眷恋，是我们永记地球母亲对于人类的养育；回望是一种反思，促使我们不断地反思自己的行为；回望也是一种矫正，不断地矫正我们对地球母亲的态度与行为。《额尔古纳河右岸》的回望告诉我们，地球家园中存在着众多的文明形态，众多的生存方式，这样才使地球呈现出百花齐放、绚丽多姿的色彩。因此，保留文明的多样性也是一种地球家园生态平衡的需要，我们能否在兴建高速公路的同时适当保留那一条条特殊的"鄂温克小道"？同时，《额尔古纳河右岸》也告诉我们，永远也不要忘记自己是大自然的儿子。也许大自然有时会是一个暴虐的家长，但我们作为子女的身份是永远无法改变的，我们只有依靠这样的父母才能生存的现实也是无法改变的。珍惜自然，爱护自然，就是珍惜爱护我们的父母，也是珍惜爱护我们人类自己！

第十四章

外国作品的生态美学解读

第一节 《查泰莱夫人的情人》的生态美学解读

对于劳伦斯的《查泰莱夫人的情人》，国内外学界都有多种解读，当然也包括从生态审美角度的解读。林语堂曾说，劳伦斯此书是骂英人，骂工业社会，骂机器文明，骂理智的——劳伦斯要归于自然的艺术与情感的生活。玛载·戴卫德指出："D. H. 劳伦斯是又一个能被称之为早期生态批评的'作家'。因为，他对于原始自然持积极肯定态度。"

一 劳伦斯生态审美观产生的条件

劳伦斯生态审美观的产生有其历史的与个人的条件。劳伦斯（1885—1930）出生于英国中部城市诺丁汉郡附近的一个矿山小镇伊斯特伍德，当时英国的第一次工业革命基本完成，但已经成为欧洲工业最发达的国家。当然，由工业革命造成的环境污染也是当时发达国家最为严重的。据记载，1789 年英国煤的年产量为 1000 万吨，而法国只有 70 万吨。与此同时，随着"圈地运动"的发展，英国的保存林正在被耗尽，环境污染严重，出现了著名的"伦敦雾"。而且，由空气污染形成的肺结核与肺炎空前严重，戕害着人们的健康。劳伦斯的家乡伊斯特伍德镇就是一个煤矿矿山，他的父亲是煤矿工人，长年在地下挖煤。他的哥哥在 23 岁的青春年华时死于肺炎。劳伦斯本人一出生就身体虚弱，患有支气管炎，在他哥哥逝世的六个星期前，他也被肺炎击倒。此后，他一生也没有摆脱肺病的困扰。劳伦斯的一生，是和妻子弗里达为了自己的健康与兴趣而逃离城市文明，寻找"乡村避难所"和"心灵的故乡"的漫长的旅程。他曾在给友人的信中说："我不敢去伦敦，为了保命。到了那里就像走进了毒气室，肺受不了。"这就决定了劳伦斯很早就确立了自己初步的生态观念。他曾高呼："大自然，希望我能够把他写得更大。"

二　对工业文明所造成的生态病症的批判

劳伦斯在作品中对资本主义的批判是全面的，特别是在对其工业化所造成的生态后遗症的批判上更为深刻。批判首先从对自然环境的破坏开始，该书的第二章写了康妮和克利夫的老家勒格贝——这是一个煤矿区，是一个环境被严重污染的地方。作品通过康妮的观察写道，"那是令人难以置信的可怕的环境，最好别去想它。从勒格贝那些阴郁的房子里，她听见矿坑里筛子机的铄铄声，起重机的喷气声，载重车换轨的响声，和火车头粗哑的汽笛声。达哇斯的煤矿在燃烧着，已经有数年了。要熄灭它，非花笔大钱不可，所以任它烧着。风从那边来的时候——这是常事——屋里便充满了腐土经燃烧后的硫磺臭味。空气里也带着地窖下的什么恶臭味。甚至在毛茛花上，也铺着一层煤灰，好像是恶天降下的黑甘露"。劳伦斯把资本主义对利润的追逐所造成的对环境与社会的破坏看成是对一切美好事物的"奸污"，在该书第八章，劳伦斯描写了康妮与克利夫的一段对话，借主人公之口对当时资本主义对自然生态、社会生态与精神生态的破坏进行了全面的批判，并将其归结为"把空气里的生气都毁灭了"，"是人类把宇宙摧毁了"，"他们把自己的巢窝摧毁了"，"是人类把一切事物奸污了"。劳伦斯指出，资本主义发展造成了人的"家园"的丧失。该书第六章描写了康妮从污浊的工人村社返回自己令人窒息的家时有一段内心独白："康妮慢慢地走回家去……用'家'这个温暖的字眼去称这所郁闷的大房子。但这已经有些过时的字，并没有什么多大的意义了。康妮觉得所有伟大的字眼，对于她的同时代人，好像皆失掉意义了。爱情、幸福、家、父、母、丈夫，所有这权威的伟大字眼，在今日都呈半死状态，而且一天一天地死下去了。"

三　对大自然的热情歌颂

劳伦斯一家受尽家乡污浊环境的危害，他自己也在恶劣环境中饱受健康的戕害，因而对于美丽的特别是原生态的大自然有着天然的向往与热爱，从小就将初恋女友杰茜家的农场黑格斯看作是自己逃脱"伊斯特伍德丑陋环境的避难所"。在小说中，"树林"也是康妮逃避勒格贝这窒息人的老屋的"唯一的安身处，她的避难所"。在她的眼中，这是最美好净化的大自然福地，对其歌颂有加。劳伦斯在第十二章写道："午餐过后，康妮到树林去了。那真是可爱的日子，蒲公英开着太阳似的花，新出的雏菊花是这样洁白。榛树的茂林，半开的叶子中杂着尘灰颜色的垂直花絮，好像是一束花边。盛开的黄燕蔬满地簇拥，像黄金似的闪耀。这种黄色，是初夏最有力的黄色。樱草花花枝招展的，再也不萎缩了。绿油油的玉簪花，像似个沧海，向上举着一串串的蓓蕾，跑在路上。忘忧草乱蓬蓬地繁生着，耧斗菜乍开着紫蓝色的花苞，在那边矮丛林的下面，还有些蓝色的鸟蛋的壳。处处都是生命的跳跃！"

四　对符合人的生态本性的性爱的歌颂

该书最受争议的部分就是有关性爱的描写。现在看来，这种描写是富有深意的，那就是对于资本主义机械化生活剥夺人的性爱的生态本性的有力批判，和对于符合人的生态本性的性爱的热情歌颂。之所以说性爱符合人的生态本性，是因为在其哲学理念上进行了必要的调整。如果从主客、身心二分的角度出发，当然会得出否定性爱的结论。但如果从"人"之作为整体生存于世界之中的角度出发，那么，性爱就是符合人的生态本性的。更何况，人的繁衍也是生态得以延续的前提。但在资本主义社会中，由于工具理性的泛滥和对金钱的追逐，出现了一方面是腐化的蔓延，另一方面则是对正常的性爱的否定。在金钱与利益至上的社会中，人的自然本性被扼杀，人的生殖能力也被残酷地"阉割"了。该书第七章再现了克利夫家客厅中所进行的一场有关性爱的绝妙讨论，令人吃惊的是，参与这场讨论的若干上层社会人士居然对于性爱进行了彻底的否定。克利夫说："我实在觉得如果文明是名副其实的话，便应该将肉体的弱点加以排除。"又说："就拿性爱来说，这便是可以不必要的。"另一位贵夫人班纳利说："只要你能忘掉你的肉体，你便快活。"又说："假如文明有点什么用处的话，它便要帮助我们忘掉肉体。"还有一位文达斯克说："现在正是时候了，人类得开始把他本性改良了，尤其是肉体方面的本能。"——他所谓的改良实际上就是对性爱的"阉割"。正是在这种身心二分的"阉割"理论的指导下，克利夫提出了一个生殖与家庭区分的所谓"计划"。鉴于自己没有生育能力，而又想拥有一个所谓的财产继承人，因此，他建议康妮找一个人生一个孩子，作为他的继承人！这是多么不可思议的想法！由于对此荒谬想法的不能理解，正值青春少的康妮陷入了极端的苦闷与痛苦之中，"必然"发生了与守林人梅乐士的缠绵性爱。作品对这种性爱进行了热情的歌颂，劳伦斯把性爱看成"生命的原始处"。书中着重描写了康妮的心理感受，劳伦斯写道："现在的她，觉得她已经到了天性真正的原始处了，并且觉得她原来就是毫无羞惧的，是她原来的、有肉体的自我，毫无羞惧的自我，她觉得胜利差不多光荣起来！原来如此！生命原来是如此的！"康妮在对其姐姐描述她对性爱的看法时，更将其说成是"那使你觉得你是生活着，你是在创造的过程中"。作者还借艺术家霍布斯之口将性起说成是"自然的，重要的机能"。在第十八章，作者借梅乐士的心理活动对性爱的人性的创造的本性进行了深刻的表述："他心里想着：我拥护人与人之间的肉体的醒悟的接触和温情的接触，她是我的伴侣，……多谢上帝，我得了个女人！我得了个又温柔又了解我的女人和我相聚！……多谢上帝，她是个温柔而理性的妇人。当他的生命在她里面播种的时候，在这种创造行为中——那是远甚于生殖行为的——他的灵魂也向她播种着。"

五　对与机械生存相对的生态审美生存的追求

作品的核心内容是克利夫与梅乐士对康妮的一场争夺战，这实际上体现了两种文明、两类人与两种社会理想的尖锐斗争。作者的立场也由此得到明确表明。具体说，就是日渐勃兴的工业文明与未来形态的生态文明、凭借工业机器生存的人与自然和谐相处的生态状态的人，以及拜金主义理想与建造人类生存家园理想之间的尖锐斗争。显然，作者的立场与态度是明显地倾向于后者的，这恰恰表明了作者伟大的前瞻性的生态意识，表明了该书极为重要的价值与意义。作者在作品中为我们展示了两个决然不同的世界：一个是机器轰鸣、污染严重、劳工苦难的所谓"工业文明"世界，那就是克利夫的勒格贝；而另一个世界则是梅乐士的树林，那里远离尘嚣与世俗，繁花似锦，百鸟齐鸣，"处处都是生命的跳跃"。而在这两个世界中生活着两类人，一个是克利夫——这是上层社会人士、庄园主、煤矿主。他是一个以追逐金钱与名利为生活目的的资产阶级人士，虽有着发达、牟利的头脑，但却是一个双肢残废，靠轮椅生活的，没有生殖力的"机器人"；另一个则是"守林人"梅乐士——一个下层人士，受雇于克利夫。虽也曾以中尉身份跻身于上流社会，但却因为厌恶现代文明而将自己放逐于树林之中。梅乐士作为"人"，有着常人的爱心、正常的生活能力，包括俊美的外表和健康的体魄，是一个与自然融为一体的生态人。

在克利夫与梅乐士对康妮的争夺过程中，康妮也经过了"安居—思想的动摇—行动的动摇—彻底出走"的心理历程。一开始，她跟着克利夫回到勒格贝建于18世纪的古朴老屋，过着单调乏味无性的主妇生活。此时的康妮在总体上是安居的，过着"很恬静的生活"。直到有一天，她二十几岁青春生命的躁动，"那肉体深深不平的感觉，燃烧着了她灵魂的深处"，她的思想开始动摇了，她要"反抗"了。作品第十章细致描写了她在树林里与梅乐士的结合，并感到这种结合"把她常年积压的苦闷减轻了，有种宁静安舒的感觉"，"那是爱情"，是"生命的复活"。但在面对上层社会苦闷但却富裕的生活与回归自然的但却艰苦的生活之间，康妮还是犹豫了。经过最后的抉择，她还是选择了彻底出走，与克利夫离婚，与梅乐士结婚，共同经营着一个小农场。这也许就是劳伦斯所谓回归"心灵的故乡"之路。这条道路导向了人类物质与精神"家园"的重建，是对审美生存生活理想的追求。但机器文明的世界毕竟强大无比，作品的最后并没有给人们什么结论，而只是给人们一种期待。

第二节　《白鲸》的生态美学解读

《白鲸》（Moby Dick）是美国著名小说家梅尔维尔（Herman Melville，1819—1891）的代表作。该书于1851年10月出版，出版后并没有引起足够的重视，直到作者诞辰100周年纪念以及1921年有关他的第一本传记出版之时才受到社会的广泛关注和高度评价，被誉为是"英语文学的一座丰碑""美国的史诗"等。①

进入20世纪后期，学术界对于《白鲸》的评价又有了一些变化。美国当代著名生态文学批评家劳伦斯·布依尔在《环境想象》一书中指出："《白鲸》这部小说比起同时代任何作品都更为突出地……展现了人类对动物界的暴行。"②《纽约时报》曾说，我们文学中一个具有讽刺意味的事情是最伟大的美国小说《白鲸》写的是一种已经在美国彻底消灭了的职业和生活方式。从该书写作的19世纪中期工业革命的蓬勃发展，到今天，已经进入后工业革命的"生态文明"新时期，对于该书的评价的确相应地会有一个必然转变。因为立足于今天的文学评价立场，无论如何都应包含着生态的维度。所以，对于《白鲸》，我们也应该从生态的维度进行考虑，给它一个重新的评价。

任何成功的作品所提供给我们的都是活生生的艺术形象，从形象大于思想的观点看，《白鲸》以其特有的审美意象不仅给我们提供了人类残酷掠杀自然生物的恐怖图景，而且也给人类如何正确对待自然提供了有力地警示。在美国这个新兴国家的文化氛围中，梅尔维尔打破常规，在《白鲸》中运用了特有的现实主义、科学主义与象征主义相结合的创造方法，不仅生动地记录了人类掠杀鲸鱼的残酷过程，而

①　吴富恒等：《美国作家论》，山东教育出版社1999年版，第170—193页。
②　王诺：《欧美生态文学》，北京大学出版社2003年版，第164页。

且以其特有的复杂情怀思考了人类与自然的复杂关系，并以其浓郁的悲剧气氛和象征笔触给我们以有力地警示。

一 真实地再现了资本主义前期捕鲸业畸形发展所造成的对鲸鱼等自然资源的残酷掠夺

《白鲸》是以美国捕鲸业为其创作题材的。小说的描写以美国的南塔克特与新贝德福为其陆地基点，而以捕鲸船披谷德号为其最重要的海上基地。这些捕鲸业的陆海基地都极为形象地说明了美国资本主义前期蓬勃发展的捕鲸业对于当时盛极一时的掠杀鲸鱼等自然资源行为的巨大推动作用。南塔克特是马萨诸塞州科特角以南48公里处的岛屿，其捕鲸业于18世纪美国独立前夕达于鼎盛，曾经是125艘捕鲸船的基地。《白鲸》一书描写道："这些出生在沙滩上的南塔克特人到海上讨生活又有什么奇怪的呢！……并且在所有大洋上一年四季向那经过大洪水存留下来最最强大的也是最骇人最像大山的生物永久宣战。""他们瓜分了大西洋、太平洋和印度洋，如同那三个海盗国家瓜分了波兰一样。"这也说明了，在煤气和电力出现之前，在人们以鲸油为主要照明能源的时代，美国已经参与到与其他资本主义国家为掠夺鲸油而瓜分世界的行列。南塔克特就是其最早的捕鲸基地。其后，新贝德福取而代之，迅速成为规模巨大的新的捕鲸基地。《白鲸》一书指出，该城市是一座从垃圾堆般的石头上拔地而起的豪华新城，"一块富得流油的土地"，"就在全美国你也找不出比新贝德福的贵族味儿更足的屋宇，更豪华的公园和私人花园。它们是打哪儿来的呢？它们是如何被安置到这方曾是贫瘠得有如火山熔岩的土地上来的呢？只要到前边那座巍峨的邸宅去瞧瞧它周围竖立的当做标记的铁镖枪，你的问题就有了答案。不错，所有这些气象万千的房屋和繁花似锦的园林都来自大西洋、太平洋和印度洋。它们没有一件不是用镖枪射得，从海底拖到岸上这儿来的"。又说："在新贝德福，父亲嫁女儿，陪嫁的是鲸鱼，他们的侄女成婚时，每人得的是几头海豚。只有在新贝德福，你才能见到灯火辉煌的婚礼；因为据说那儿每户人家都有一池池的鲸油，每晚都可以毫不在乎地点着鲸油蜡烛到天明。"——新贝德福凭借捕鲸业得以发展繁荣的盛况由此可见一斑。书中还具体描写了当时的人们不仅对鲸油有着惊人的需求，而且对于鲸骨、鲸脑、鲸角，乃至鲸鱼特有的龙涎香等都有大量的需求——捕鲸的巨大利润是推动其发展的强大动力——甚至城市建设也到处需要鲸鱼。

　　历史告诉我们，在 1861 年起人类大量提炼石油之前，照明能源依靠的只是鲸油，因此捕鲸业成为那时的支柱性产业就成为理所当然的了。美国作为新兴的海洋国家在捕鲸业中迅速崛起，捕鲸业在当时也成为美国经济起飞的引擎，扶持着一个年轻的、曾经被压榨的殖民地国家迅速转变成全球的霸主。美国成为世界上最主要的捕鲸国家：1846 年全世界有 900 艘捕鲸船，美国就有 755 艘；1853 年一年中美国捕获鲸鱼 8000 头，获利 1100 万美元。《白鲸》曾将美英在捕鲸方面的规模作了一个比较，"美国佬一天总共宰的鲸比英国人十年总共宰的还要多"。美国捕鲸业的巨大规模是与国家的扶持分不开的，当时美国的捕鲸业已经成为国家行为，由国家直接介入并绘制鲸鱼回游的海图。作者在该书的注中专门说明，他有幸得到 1856 年 4 月 16 日华盛顿气象局由莫瑞中尉签署的一项官方通告，说明美国国家气象局正在完成绘制一张鲸鱼回游的海图，"海图将大洋分成经纬度各五度的若干区；每区垂直划分代表十二个月份的十二栏，又有三道横线将每区划分为三小区，最上面一个小区标明在每区每个月中逗留的天数，另两个小区标明看到抹香鲸或露脊鲸出水的天数"。这里明确地记录了国家直接介入捕鲸的事实。正是这种大规模的举国体制的捕鲸行动，极大地推动了捕鲸业的迅猛发展，造成了对鲸鱼的残酷掠杀。《白鲸》告诉我们，大量的捕获与掠杀已经使得鲸鱼再不敢单独行动而选择集群行动。

二　真实地再现了捕鲸船掠杀鲸鱼的具体过程

　　《白鲸》是一本独具美国特色的文学作品，它不仅是现实主义的文学作品，而且还包括了许多科学的实证内容。比如，该书详细地向读者介绍了鲸鱼的分类与各种捕鲸工具的用途，特别真实地再现了捕鲸船捕鲸、掠鲸、杀鲸与炼油的完整过程。这种实证式的写法在一般小说创作中是很少有的，一些批评家曾认为这种写作方法会对作品的文学性造成一定的冲击，并批评其"粗俗、冗长"，有的批评家甚至批评该书是"一锅用罗曼司、哲学、自然史、美文、优美感情和粗俗语言熬成的文字粥"①。但不可否认的是，这种方法的确真实再现了捕鲸的详细过程，成为捕鲸历史的可贵记录。

《白鲸》对于捕鲸过程的详细描写，为我们提供了人类掠杀鲸鱼的真实记录。在作者的笔触下，披谷德号捕鲸船就是一个海上的猎鲸基地、杀鲸屠宰场与熬炼鲸油的工场，其残忍性是触目惊心的。其实，鲸鱼是海洋中一种非常温驯的动物，除了觅食，它一般不会攻击其他生物，而且其本性是遇到袭击时尽量不反击。通常鲸鱼都是结队游弋，群体性较强，捕获其中一条其他鲸并不离开，捕到幼鲸母鲸也不离开。鲸鱼对人类没有任何的攻击性，但人类却为了功利的需求对鲸鱼进行了极为疯狂和残忍的猎杀。《白鲸》的第六十一章"斯德布宰了一头鲸鱼"描写了一场完整而详细的猎鲸过程，披谷德号在爪哇岛附近洋面游弋，突然发现了抹香鲸，立即放艇追赶，二副斯德布得以靠近了鲸鱼。他先是投出锋利的镖枪，然后通过拽鲸索拉紧鲸鱼，等逐步靠近后，再投出一支支镖枪。对于被刺中受伤的鲸鱼，书中这样写道："此时，血水从这海怪周身各处犹如泻下的山泉一般喷出来。它的受折磨的躯体不是在海水中而是在血水中滚动，这红色的水像开了锅似的沸腾，吐着沫子，伸展在后面有好几里长。"最后，鲸鱼走向了死亡，"它辗转反侧，喷水孔一抽一抽地时而扩张，时而收缩，发出尖厉的、仿佛有什么东西迸裂似的痛苦的呼吸声。最后，一注注凝成块的鲜血直射到空中，像是红葡萄酒的紫色渣滓，然后落下，顺着它的一动不动的两侧流到海中，它的心脏迸裂了！"这是一幅多么残忍的画面——血水喷涌，痛苦挣扎，一个个活活的生灵就这样在人类利益的追求中被扼杀了！不仅如此，捕鲸船对幼鲸也不放过。《白鲸》还描写过大副斯塔勃克在一次捕鲸中连母鲸与幼鲸一起捕获的情

---

① ［美］梅尔维尔：《白鲸》，人民文学出版社 2001 年版，"前言"第 3 页，后引小说原文均出自该版本，不再出注。

况："他看到鲸鱼太太的长长的一圈圈的脐带，它似乎仍然连结着幼鲸和它的妈妈。在旋风般变化无常的追猎中，脱离了母体的脐带和索子绞到一起，那并不是少有的事。这样一来，幼鲸就被捉住了。"将母鲸和幼鲸一并捕获，本身就是违背生态规律的。《论语·述而》载："子钓而不纲，弋不射宿。"中国自古就有保护幼小动物的传统。在《白鲸》中，作者记录了披谷德号掠鲸的过程：当一头鲸鱼已经被刺中筋疲力尽之时，人们还要围着它加以掠杀、蹂躏。小说写道："一支支长矛已经刺进它的鼻子，它的新的伤口不停地迸射出鲜血，而它的头上的天生的喷水孔，只是忽停忽作地向空中喷出受了惊的水雾。""这条鲸鱼在那原来是眼睛的地方鼓出两个什么也看不见的包疱，看了十分可怜。可是眼下没有什么怜悯心可说。哪怕它上了年纪，只有一条胳膊（一支鳍），双眼已瞎，它还是得死，被乱枪刺死，好让人有油来照亮兴高采烈的婚礼，好让人有灯火寻欢作乐，好使庄严肃穆的教堂大放光明，来劝诫人人都要彼此无条件地不去伤害对方。这时它还在自己的血泊中翻滚，最后终于部分地袒露出侧腹底下一个形状奇怪、变了色的笆斗大的疙瘩。"这种在鲸鱼已经濒临死亡之时还要对其掠杀，使其"在血泊中翻滚"的行径，已经不是什么捕鲸，而是地地道道的掠鲸了，完全背离了包含怜悯之心的"人道主义"，读来真是让人心惊。由此也进一步证明，在资本主义"利润第一"的经济追逐中，其所倡导的"博爱"等伦理道德必然走向虚无的事实。

　　《白鲸》明确地向我们展示了为了最大限度地追求经济效益，披谷德号捕鲸船实际上已成了一个海上鲸鱼屠宰场和鲸油炼制的加工厂。首先是鲸鱼的屠宰场。该书第六十七章写到捕获鲸鱼后处理鲸鱼的情形时，说："那是个星期六晚上，而第二天是这样一个安息日！所有捕鲸人本来就是违背安息日规矩的大师。这镶牙骨的披谷德号变成了一片屠场，每一个水手变成了一个屠夫，你会以为我们是在给各位海神上一万头血淋淋的公牛的供。"——这那里是给海神上供，这完全是为了追逐高额利润的残酷杀戮。接下来，书中十分具体详尽地描绘了屠宰鲸鱼的整个过程，包括对死鲸的分割、割膘、掏鲸脑窝、挖龙涎香，以及最后对于整个剩余鲸鱼部分的抛弃，等等。接着是对鲸油的提炼，《白鲸》第九十六章写道："从外表上识别一条美国捕鲸船的标识，除了它的吊起的小艇之外，便是它的炼油间了。炼油间是最最坚固的砖石建筑，放在由橡木和大麻造成的船上，形成了全船的一个不协调的怪异部分。它像是从野外搬到了船上的一座砖窑。""到了半夜时分，炼油间已是开足马力在炼油了。我们已经远离鲸尸，已经扯起风帆；一阵阵好风令人神清气爽，茫茫大洋上一片漆黑。可是这黑暗却被熊熊火光吞没了，它时不时地从充满煤烟的通道中蹿出来。"炼油过后就是装桶，整个捕鲸船装满了鲸油桶，满载而归之时，也是赢获高利润之时。书中说道："捕鲸人出海去猎鲸，为的是可以有保障地得到新鲜地道的鲸油，有如旅人在大草原上打猎，为的是晚餐可以有自己的猎物充饥。"猎鲸基地、屠宰场与炼油间，这就是《白鲸》对于捕鲸船的形象描写，捕鲸船无所置疑地成为与海洋以及海洋生物敌对的前哨阵地。

三 真实地再现了特定时代捕鲸人疯狂与鲸鱼为敌的行动与心理

《白鲸》的中心线索是以埃哈伯为代表的捕鲸人与白鲸莫比·狄克之间不共戴天的仇恨斗争。小说告诉我们，捕鲸人选择捕鲸这种危险的职业，其主要目的除了好奇心与探险等原因之外，最主要是出于经济上获取利润的需求。当时美国的捕鲸业采取了一种将捕鲸人利益与捕鲸效益挂钩的份额制的分配制度，对此，《白鲸》第十六章作了比较详细的描写。它借叙述人以实玛利的口说道："我已经知道，干捕鲸这一行，东家是不付工资的；不过所有人手，包括船长在内，每人都可以从获利中拿到一份钱，叫做份子。这份子的多少要看自己在全船人中间干的什么活儿，它有多重要。我也知道自己在捕鲸这一行中是个新手，我的份子不会很大；……也就是这次出海挣的钱的二百七十五分之一。"这样的分配制度必然导致捕鲸越多获利越多的结果，更使得捕鲸人拼命地去捕鲸以赚取更多利润。

但《白鲸》对于捕鲸人与鲸鱼关系的表现没有停留在简单的经济的层面，而是深入到了人与自然关系的层面。在那特定的工业革命时代，捕鲸人参与捕鲸不仅是为了牟利，还有力图战胜自然，甚至与自然为敌的心理参与其间，是一种人类与自然对抗、妄自尊大的表现。
这集中反映在披谷德号捕鲸船船长埃哈伯身上。据书中介绍，埃哈伯
这个名字取自《圣经·旧约·列王记上》中遭到上帝惩罚的以色列国
王。埃哈伯是一个孤儿，其寡母在他出生后一年便去世了。他终年生
活在波涛汹涌的大海之上，40多年的捕鲸生涯，在岸上生活的时间
不足3年，直到50多岁才迎娶了一位年轻的姑娘做妻子。他是远近
闻名、勇敢坚定的捕鲸人，曾因与莫比·狄克搏斗而失去了一条腿，
但仍奋战在捕鲸的第一线。这样的一位船长使披谷德号捕鲸船更徒增
了几分神秘色彩。作者直到小说的中间部分才写到了埃哈伯船长的出
场，并使用了"未见其人，已闻其声"的写法。叙述人以实玛利一到
船上就听到船东之一法勒对埃哈伯的介绍："埃哈伯不是平常人，埃
哈伯念过不止一家大学堂，也在食人生番中呆过，比海浪更深奥的希
罕事儿他常见，他那支烈火般的长矛投中过比鲸鱼更威猛、更奇怪的
敌人。他的长矛呀，在咱们全岛上数它最锋利，百发百中！啊，他可
不是比勒达船长；他也不是法勒船长；他是埃哈伯，伙计，古时的埃
哈伯，你知道，那是戴上王冠的国王啊！""而且是个心狠手辣的国
王"。作者在这里对埃哈伯非凡的、心狠手辣的捕鲸人首领的地位与
性格作了基本的刻画。小说第二十八章，在披谷德号已经离开南塔克
特航行了好几天之后，埃哈伯终于首次露面。作者对他的露面给予了
很多铺垫，先是通过各种专横的命令使人感觉到他的存在，小说写
道，船上的一、二、三副"从房舱出来时，发出的命令是如此的突如
其来，如此专横，叫人不能不感到：他们分明不过是代人传令。不
错，他们的最高主子和独裁者就在那儿，虽然在不准进入房舱去一窥
那神圣隐秘场所的人中至今还没有谁见过他"。接着才是他的正式出
场，在一个灰蒙蒙的早晨，叙述者以实玛利在甲板上看到了岿然屹立
的埃哈伯。"他活像一个从火刑柱上放下来的人，火焰虽说烧伤了所
有他的四肢，却没有毁了它们，也丝毫没有影响它们的久经风霜的结
实程度。他的整个高大魁伟的形象像是用实实在在的青铜在一个无可
更改的模子里铸成，犹如切利尼雕刻的《帕尔修斯》像，从他的花白
头发里钻出来一条细长棍子般的青白色印痕，它自上而下穿过他的干

枯的茶色的半边脸和脖子，最后消失在衣服之中。"这段出场是非同寻常的。首先，作者将埃哈伯描写成了真理而受火刑但又绝不妥协的殉道者；同时，作者又将他描写成希腊神话中的英雄帕尔修斯。帕尔修斯是希腊神话中的英雄，是阿尔戈斯公主达那埃与宙斯之子，他杀死了海怪美杜萨，成为梯林斯国王，最后升天为英仙座，代表了勇敢、正义与坚持。在作者眼中，埃哈伯是帕尔修斯式的杀死海怪莫比·狄克的英雄，是一个不畏惧任何困难的殉道者。这就奠定了主要人物埃哈伯誓与白鲸莫比·狄克决一死战的决心与基调。在捕鲸船深入鲸鱼集中地之时，埃哈伯以临战的姿态召集全船的人员集合——这实际是一场与白鲸决一死战的誓师大会。小说第三十六章写道，埃哈伯猛地停下来喊道：

"你们要见到了一头鲸鱼，你们怎么办？"

"招呼大家去逮它！"约莫有二十个人的怪声怪气的声音做出了这种冲动性的反应。

"好！"埃哈伯叫道，他看到自己的突如其来的问题居然如此有吸引力地激起了他们由衷的兴奋，口气中不禁大为赞许。

"那么下一步怎么办，伙计们？"

"放下小艇去追它！"

"那时候你们是个什么劲头，伙计们？"

"不是鲸死就是艇亡！"

这里点出了"不是鲸死就是艇亡"的誓言，但埃哈伯并没有罢休，而是进一步将矛头指向了他的真正的死敌——白鲸莫比·狄克。他说：

"我的全船的伙计们：打断我的这根桅杆的是莫比·狄克；莫比·狄克害得我如今站在这里，一条腿只剩下一截断头。对，对"，他一声呜咽，可怕而又响亮，像是一只被打中了心脏的大角鹿发出的，"对，对！是那头该死的白鲸废了我，让我从此永远变成了一个可怜的装假腿的水手!"然后他双臂往外一甩,用无限怨毒口气喊道,"对,对!我要追它到好望角,到霍恩角,到挪威的大旋涡,不追到地狱之火跟前我决不罢休。伙计们,这就是雇你们上船来要干的活儿!在东西两个大洋中追猎那头白鲸,在地球的四面八方追猎它,直到它喷出黑血来,直到它的尾巴摆平为止。伙计们,你们有什么说的,你们愿意从今以后一起动手干吗?我看你们都像是好样儿的"。"对,对!"镖枪手和水手们喊道,他们走得离这个处于亢奋状态中的老头儿更近了。"睁大眼睛留神那白鲸,握紧镖枪对准莫比·狄克!"

至此,以埃哈伯为代表的披谷德号捕鲸人此次出海的目的已经十分明确地聚焦到一个目标上:与白鲸莫比·狄克决一死战!其深层的原因除了经济利益之外,也包含了人类与自然为敌与报仇雪恨这样的缘由。随着《白鲸》主题的进一步明确,我们也不由得深思:人类与自然的最根本的关系到底是什么?因为全船以捕杀莫比·狄克作为最终的目标,所以,尽管披谷德号已经捕获了几头鲸鱼,炼到足够的鲸油,完全可以返航了,但埃哈伯还是不甘罢休,仍然在大洋上游弋,等待捕捉莫比·狄克。故事情节的转折点发生在披谷德号航行到日本海的一个台风肆虐、雷雨大作的晚上。这时东风刮起,如果顺风航行,披谷德号就会顺利返航回到南塔克特,而逆风航行则必走向死亡。"朝上风头走,前途是一片黑暗,而顺着风走呢,是回家的路。"这时,一直力主与自然和解的大副斯塔勃克向埃哈伯说道:"老伙计,你要克制啊!这次航行主凶哟!开头不吉利,一路不吉利。趁现在还办得到,让我们把帆调整过来。老伙计,顺着风儿返航吧,以后再来一次,会比这次吉利。"但埃哈伯断然否决了大副的意见,几乎是采取暴力措施在强迫船只逆风而行,终至走上了毁灭之路。《白鲸》第一百一十九章的最后写道:

可是埃哈伯把那丁当乱响的避雷针的链环往甲板上一扔,捡起那燃烧着的镖枪,把它当火把似的在水手们中间挥舞;发誓说哪个水手首先解开了一根索子上的结，他就用镖枪戳他一个窟窿。大伙儿给他那副神气吓愣了，他手里拿的火热的枪更使他们后退不迭；大家垂头丧气地缩回去了。于是埃哈伯又说道：

"你们都发过誓要追捕白鲸，这誓言和我的誓言都是有约束力的。我老埃哈伯，我的心，我的灵魂，我的肉体，我的五脏六腑和我的生命都受它的约束，为了让你们知道我这颗心为什么而跳动，我现在吹灭这最后的恐惧！"他鼓足了气吹灭了那火焰。

此后，披谷德号直接朝着抹香鲸经常群居游弋的日本海继续航行，借以寻找莫比·狄克。在终于遭遇后，披谷德号连续与莫比·狄克死战了三天。第一、二两天都是人鱼同时受伤，到了决战的第三天，双方都是拼尽全力，形势非常险恶，埃哈伯让其他人全部上船，他亲自率艇搏斗。尽管给了莫比·狄克致命打击，但最后关头大鲸也将披谷德号掀翻，全船在滔滔海水中覆没，埃哈伯也被拽鲸索缠绕拖入海中而葬身海底，最后落得人鱼双亡，只剩下叙述人以实玛利凭借棺材改成的救生器而得以逃生。

在这出人鱼双亡的悲剧之中，作者的倾向虽然有着某些游移，但总的倾向还是明显的，那就是对以埃哈伯为代表的捕鲸人的歌颂和对莫比·狄克这头巨鲸的否定。《白鲸》对埃哈伯的歌颂之处很多，现在我们只举该书第四十四章写到埃哈伯为实现捕获莫比·狄克而寝食不安时的这段描写：

上帝保佑你，老人家，你的欲念已经在你身体中创造了另一个生物，于是这个有着炽烈的欲念的人使自己成了一个普罗米修斯；一只兀鹰永远啄食着他的心，这兀鹰正是他自己所创造的那个生物。

相反，作者在将白鲸莫比·狄克神秘化的同时，也将其进一步妖魔化。该书不仅描写了捕鲸人将莫比·狄克看作是"无所不在，长生不死"的神怪之物，而且更将其描写成"恶毒力量的偏执狂的化身"。该书第四十一章写道：

> 　　然而使这头鲸鱼生来令人望而生畏的主要不是它的异乎寻常
> 的伟岸身躯，也不是它的令人瞩目的颜色，也不是它的伤残的下
> 巴，而是它在攻击猎捕人时一而再地表现出来的无与伦比的又乖
> 巧又歹毒的心计，这是有确切的案例可查的。尤为可恨的则是它
> 的那种奸险的退却，这种退却比起一些其他动作来也许更令人为
> 之丧胆。因为在它的得意洋洋的追捕者面前泅过时，它装出一副
> 担惊受怕的模样，可是人家说就在这样做时，它有好多次突然掉
> 过头来，扑向追捕人，不是把他们的小艇打得粉碎，便是赶得他
> 们气愤难消地逃回到船上。

　　在这里，我们可以看到作者鲜明的态度：一方面将捕鲸人埃哈
伯蓄意与鲸鱼为敌，到处搜寻，必欲捕杀而后快的行为看作是偷火
给人类的天神与英雄普罗米修斯，另一方面则将温驯的被动受敌的
鲸鱼看作是具有"歹毒心计"的"恶毒力量"的化身。很显然，小
说《白鲸》的主题与思想倾向是对以埃哈伯为代表的捕鲸人与掠鲸
行为的歌颂，对以莫比·狄克为代表的所谓"罪恶化"的自然力量
的鞭挞。

**四　真实地再现了导致捕鲸业疯狂发展的西方特别是美国的捕鲸
文化**

　　捕鲸业的发展与特殊的捕鲸人的形成，以及对于鲸鱼等海洋生物
的疯狂掠杀，都是有着一定的文化支撑的。这就是《白鲸》产生之时
美国特殊的捕鲸文化。与其说《白鲸》的可贵之处在于向我们讲述了
一个惊心动魄的捕鲸故事，不如说它让我们从中体认到特殊时代的特
殊的捕鲸文化。人鲸相战的故事情节尽管生动曲折，扣人心弦，但毕
竟是表层的东西，已成为历史的尘烟。文化却是更深层的内容，它不
仅向我们揭示了事件的动因，而且也在今天对于我们进一步思考人与
自然的关系予以深刻的启示。

《白鲸》告诉我们，18—19 世纪捕鲸业的空前发展是美国一种特殊的拓荒文化推动的结果。众所周知，美国是一个移民国家，也是一个殖民国家。欧洲移民到达美洲之后，不仅要驱赶土著居民，进行殖民统治，而且还要开拓疆域，发展实业。梅尔维尔的时代，正是美国从俄亥俄山谷向太平洋迅速推进的时代，同时也是一个继续向海洋拓展的时代，是一个与老牌帝国主义争夺殖民地的时代。这种拓荒文化造就了人类向自然开战的索取精神。从其优点来说，这是一种艰苦奋斗、勇往直前的精神，但如果从其遗留的问题来说，我们认为，这是一种只看成果而不计后果，无尽向自然索取的卑劣行径。以埃哈伯为代表的捕鲸人，即具备这种拓荒的精神。《白鲸》的"为捕鲸辩"一章就论及了这种美国式的拓荒精神。该章主要针对某些批评捕鲸业"多余""污秽"以及"恐怖"等的说法进行了批驳。在作者看来，捕鲸不仅有着明显的经济效益，"因为在全球燃点的所有小蜡烛和灯盏，与燃点在许多圣殿前的巨蜡一样都得归功于我们"，而且，更为重要的是捕鲸业开拓了疆界，使资本主义可以获得更多的殖民地。小说写道：

> 许多年来，捕鲸船成为搜寻出地球的最僻远最不为人知的部分的先锋。它探测了没有画成地图，连库克或温哥华也不曾航行过的海洋和群岛。如果说美国和欧洲的战舰可以平安地驶进一度是蛮荒的港口，那么它们应该鸣礼炮向原来为它们指明了道路并最先为它们和那些蛮子作了沟通的捕鲸船致敬。
>
> 澳大利亚等于是地球那一边的伟大美国，它是由捕鲸人交付给文明世界的。它在被一个荷兰人歪打正着地发现以后，除了捕鲸船到此停留之外，所有其他船只都把它看做疫病流行的蛮荒之地而长久躲着它。捕鲸船乃是这块如今是了不起的殖民地的真正的母亲。

《白鲸》的第八十九章"有主的鱼与无主的鱼"主要讨论了在茫茫大海之中鲸鱼的财产所有权问题，及由此引发的有关殖民地的开拓问题。书中写道：

> 美洲在一四九二年不是一头无主鲸又是什么？当时哥伦布打出了西班牙的国旗，为他的国王和娘娘在美洲插上浮标，表明它已经有主。波兰在沙皇眼中又是什么？希腊之于土耳其人又是什么？印度之于英国呢？墨西哥对美国来说最终将是什么？全都是些无主鲸。

作者甚至说："这整个茫茫地球岂不是一头无主鲸？"这样一种开拓、占有、殖民、统治的"拓荒文化"，正是埃哈伯等捕鲸人要尽力捕获到莫比·狄克，将其臣服，并使其成为他们的"有主鲸"的非常重要的动因。拓荒文化的名言是"宁可丧生，也不苟活"，第二十三章对此有一段非常重要的叙述语言：

> 然而无边无岸，如上帝一般无限的最高真理仅仅存在于一片汪洋之中，因此宁可在狂风怒号的大海中丧生，也不愿被投到背风处觍颜苟活，即令那便是平安也罢！因为谁愿意如蝼蚁般畏畏缩缩地爬到陆地上去！

《白鲸》给我们提供的另外一种捕鲸文化，就是当时美国式的基督教文化。《白鲸》第七至第九章用三章介绍了这种美国式的与捕鲸密切相关的基督教文化。为了慰藉捕鲸人的心灵，新贝德福专门建造了一座捕鲸人的教堂。这个教堂的奇特之处在于，其施教的讲堂建筑与捕鲸船的桅楼极其相像，而教堂的扶梯又与船上的绳梯形状近似，讲堂后面墙上的壁画也是正在破浪前进的大船。教堂承载着与捕鲸人的精神慰藉相关的所有职责，教堂的墙上贴满了捕鲸失事者的碑刻，寄托着亲人的哀思；牧师布道讲的也是与捕鲸有关的内容。在运用圣歌来抚慰捕鲸人时，牧师唱道：

> 鲸鱼的骨架和威力，

> 罩我在令人心悸的阴影里，
> 阳光下上帝的波涛翻卷而去，
> 将我留在末日的谷底。
>
> 我见到地狱张开血盆大口，
> 那里有说不尽的痛苦辛酸；
> 只有亲身感受到的人才能道出——
> 啊，我陷入了绝望的深渊。
> 大祸临头，我呼唤我的上帝，
> 这时我几乎不信他会将我庇佑，
> 可他俯耳倾听我的哀诉——
> 鲸鱼只得就此罢休。
> ⋯⋯⋯⋯⋯

　　显然，牧师在这里是企图用圣歌来抚慰捕鲸人，让他们相信自己会得到上帝的保佑。尽管大海波涛汹涌，鲸鱼张开血盆大口，捕鲸人大祸临头，但万能的上帝却能倾听到捕鲸人的哀诉，鲸鱼最终只能被猎杀。牧师还会在讲经的过程中结合捕鲸人的实际进一步为其进行精神上的抚慰，先是通过《旧约·约拿书》先知约拿的故事来进行说教和启示。先知约拿违背上帝，试图逃脱，被上帝让大鲸将其吞食，但他却在鱼腹中诚心悔罪而最终得到赦免。更为重要的是，牧师在讲经中宣扬了一种强者的哲学，直指了美国"拓荒精神"的内涵。牧师说道：

> 可是，船友们呀，每一灾祸的背面必有一种幸福，而幸福之高超过灾祸之深。难道船桅杆之高不是有过于内龙骨之深吗？谁能挺身而出，吾行吾素，而与现世的傲岸的诸神和首领对立，谁就有直薄云天而又出自内心的幸福。谁在这卑鄙险诈的世界之船在其脚下沉没时还能用自己的强壮的臂膀支撑自己，谁就会有幸福。

　　牧师在布教中所言"幸福之高超过灾祸之深"，就是鼓励捕鲸人不怕灾祸去追求幸福，是一种美国式的基督教箴言。

在当时的捕鲸文化中，最为有力的应该是"人类中心主义"，这是工业革命时期最为流行的理论观念，也是当时人类对待自然态度的基本依据。这种"人类中心主义"最根本的内涵，即是"人类为大，无所不能，必胜万物"。这样的思想在《白鲸》中的体现就是：人优越于鲸鱼及万物，而且人定胜鲸，并且在精神上也会取得胜利。第九十九章"且说金币"中写到，埃哈伯曾说谁先发现白鲸谁就得到金币，就在与白鲸生死搏斗的关键时刻，埃哈伯又盯着那金币图案中的景色，此时书中插进了这样一段话：

> 山巅、高塔以及所有其他崇高壮丽的事物总有某种以自我为中心的意思在内：瞧这三个高峰犹如魔王一般高傲。这坚实的高塔，那是埃哈伯；这火山，那是埃哈伯；这只勇敢无畏、一副得胜者神气的公鸡，那也是埃哈伯；这些都是埃哈伯；而这圆圆的金币乃是更圆的地球的形象，它像一个魔术师手里的镜子，轮流照出每一个人的神秘的自我。

这一段插白明确说出了自然都是以人为中心的理论，无论是坚实的山峰、神气的公鸡，还是圆圆的地球，都映照出神秘的自我。这个自我就是埃哈伯，他成为万物之"自我"，就是"中心"。其实，前面说到的"拓荒文化"，与美国式的捕鲸人基督教文化在很大程度上即是一种为人类掠杀鲸鱼提供理论支撑的"人类中心主义"。将梅尔维尔的《白鲸》与其同时代的梭罗在《瓦尔登湖》中提出的"人类应该与自然为友"的思想相比，梅尔维尔仍保持着与工业革命时代同步的步伐，随着历史的发展，他所宣扬的"人类中心主义"及其有关的捕鲸文化却被证明是错误的。

五　通过现实主义与象征主义相结合的艺术手法所营造的悲剧气氛给人类发出强烈的警示

梅尔维尔通过现实主义与象征主义相结合的艺术手法在《白鲸》

中给我们描绘了人鲸俱亡的悲剧场景，予人类以强烈的警示。

首先，他巧妙地运用了现实主义的写作手法，真实地记录了最后三天人鱼相斗并走向双亡的悲剧场景，基本上是一天一天的如实记述。第一天，发现鲸鱼并与之展开搏斗，结果是埃哈伯的小艇被莫比·狄克咬断，埃哈伯落水被救；第二天，出现少有的鲸跳，也就是鲸鱼从海底最深处以最快的速度跃出海面，产生翻江倒海式的波涛，导致两船相撞并毁坏，埃哈伯的小艇被折断，他的假腿也被折断了；第三天是最后的决战，造成人鱼双亡的悲惨结局，小说写道：

> 大船的侧影消失在仙女摩根式的海市蜃楼之中，只剩下桅杆的顶尖在海面上。那几个异教徒镖枪手，不知出于恋恋不舍的感情，还是忠于职守或命运使然，依然守着沉下海去的曾是高耸在空中的瞭望哨。最后，那只孤零零的小艇连同所有它的水手，每一支漂着的桨，每一根长矛杆，都像陀螺似的打起转来，活的死的，全都转成一个涡流，把披谷德号的最小的碎木片也卷了进去，不见了。

梅尔维尔除了运用现实主义的艺术手法，还较好地运用了象征主义的艺术手法，特别是隐喻的手法。《白鲸》在人名上运用了隐喻：叙述人以实玛利，借用了《旧约·创世记》中被逐出家门的以实玛利，有遭遇坎坷，受社会不公正待遇之意；主人公埃哈伯借用《旧约·列王纪上》中以色列王埃哈伯背叛上帝而被降临灾祸之意；至于船名"披谷德号"，则是借用马萨诸塞州一个已经灭绝无存的印第安部落的名称。另外，该书所写到的地名也包含了许多寓意。例如，南塔克特捕鲸人用餐的"油锅客栈"、客栈门前立着的绞架式的旧中桅，以及附近的掌柜姓"考芬"（棺材）的客店，等等，都包含着某种悲剧的寓意。其他方面的隐喻在《白鲸》中几乎比比皆是。例如，第一百二十六章写前桅杆瞭望者的突然落水、救生器的丧失以及用棺材代替救生器等，都被"看做已经预见到的一件坏事的应验"，从而带有隐喻的性质。其他诸如在大海上与"拉谢号"以及"双喜号"的相遇，也带有隐喻的性质。因为所谓"拉谢"乃是运用《旧约·耶利米书》雅谷妻子拉谢对丧失的子女的啼哭，而"双喜"号则为与莫比·狄克搏斗中遇难的五位水手的海葬，这些都是不祥的预兆。

作品还使用了一些预言。这些预言也带有某种神秘色彩，起到了营造某种悲剧气氛的作用。第九十九章黑人水手比普在落海疯癫后对于埃哈伯说了一段预言：

> 哈，哈！埃哈伯老头儿呀！白鲸，它要把你钉在那儿！这是棵松树。我的父亲从前在托兰乡下砍翻了一棵松树，一看那里面有一只银戒指；那是一个黑人老头儿的结婚戒指。它怎么会在那里的呢？有一天，人家捞起这支旧桅杆，见到桅杆上钉着这金币，桅杆皮外面长着一层毛，裹着一些牡蛎。他们在复活过来以后也会这样问。啊，这金子！这多么贵重的金子啊！

这显然是预言着披谷德号终被颠覆的悲剧结局。第一百零五章"它将趋于灭亡吗？"对鲸鱼将因过度捕捞而走向绝灭的问题作出了预言：

> 鲸鱼是否经受得住如此无所不至的追猎，如此绝情的摧残；它们是否最终会受到种族灭绝的荼毒而从此在海洋中绝迹；最后一头鲸鱼是否会像最后一个人一样，抽完最后一口烟，然后他自身也随着最后一阵轻烟消失得无影无踪。

这种有关过度捕捞导致物种灭绝的议论，的确是具有警示价值的重要预言。《白鲸》还运用了象征的手法。第一百一十九章写雷电击中桅杆，燃起三支巨大的火焰，就是死者祭礼的象征，营造出浓浓的悲剧色彩。小说写道：

> 所有那些帆桁的臂尖上都闪着青白的火光，每根避雷针尖端的三股也冒着三道尖细的白焰；三支高高的桅杆支支都在那充满

了硫磺的空气中静静地燃烧，像点在祭坛前的三支巨大的蜡烛。

末尾对被沉没的披谷德号卷进大海的"兀鹰"信号旗的描写，也为人鱼俱亡的结局增添了具有神话色彩的最后一笔。

更为重要的是，《白鲸》运用的这些现实主义与象征主义的艺术手法都是为了营造整个作品的悲剧基调。《白鲸》最大的贡献就是通过捕鲸人埃哈伯与白鲸莫比·狄克殊死的悲剧冲突以及人鱼双亡的悲剧结局，向人类昭示了人对自然的掠杀最后必然导致双毁的悲剧命运。应该说，《白鲸》还是运用了传统的悲剧理念。诚如黑格尔所说："这就是说，通过这种冲突，永恒的正义利用悲剧的人物及其目的来显示出他们的个别特殊性（片面性）破坏了伦理的实体和统一的平静状态；随着这种个别特殊性的毁灭，永恒正义就把伦理的实体和统一恢复过来了。"① 《白鲸》塑造了埃哈伯与莫比·狄克两个特殊的形象，埃哈伯代表着人类对于自然的掠取与复仇，而莫比·狄克则由作者通过拟人化的描写代表了自然对人类的惩罚。这两种形象代表着各有其道理而又片面的伦理观念，殊死的冲突和斗争并不能解决问题，只能以双亡以告终结。这揭示给人类一种更具永恒性的理念，那就是人与自然的和解，只有和解才能共存。这也许是作者没有明确意识到的，但其塑造的艺术形象及其作品中所营造出的浓厚的悲剧气氛却给了我们这样的启发。并且，披谷德号唯一的清醒者大副斯塔勃克也向我们诉说了这样的观念。就在埃哈伯追猎白鲸第三天的最后关头，他向埃哈伯说道：

> 就是此刻，为时也还不算太晚，这是第三天啦，罢手吧。你瞧莫比·狄克没有找你一决输赢。是你，你在发狂似的在找它算账！

但埃哈伯却拒绝了这种和解的要求，结果最后走向双亡。小说的

---

① ［德］黑格尔：《美学》第3卷下，朱光潜译，商务印书馆1981年版，第287页。

最后写道：

> 如今小小的水鸟在这依然张着大口的海湾之上叫嚣飞翔；一
> 个忿忿不平的白浪一头撞在它的峭壁上，终于大败而归。那片大
> 得无边无际的尸布似的海洋依然像它在五千年前那样滚滚向前。

一场人鱼之间的激烈争斗终于化作烟尘，只有无边的大海仍然滚
滚向前。小说以其特有的力量告诉我们，只有人与自然和解才真正符
合宇宙的规律。这就是《白鲸》的艺术形象所给予我们的启示，也是
作品最大的贡献所在。

结　语

生态美学建设的反思

第一节　关于生态美学学科建设的反思

生态美学的提出，如果从 20 世纪中期算起，迄今已有 15 个年头了。一直以来，对于生态美学的提出与发展都存在着不同的看法。这一方面是由于生态美学是一种新的美学观念，理解、接受都要有一个过程；同时，更加重要的是，我们从事生态美学研究的学界同仁在生态美学建设上做得还很不够，还没有为生态美学的合理性提供更具有阐释力的成果。因此，我们以后需要加倍努力。

我们认为，对于生态美学的学科建设，需要从这样两个方面来进行反思。

一　生态美学是后现代语境下产生的新兴学科

生态美学能否成为一门学科在学术界存在颇多争议，非常重要的原因是对于它作为后现代语境下的新兴学科的性质还没有能够充分理解。从时间上来说，生态美学是 20 世纪后期，特别是 21 世纪以来后工业社会的产物，是后现代语境下的一种不同于传统学科的新兴学科。作为后现代语境下的新兴学科，它有这样几个特点：其一是反思超越性。也就是说，生态美学是对于传统美学的反思超越的结果。它既是对传统美学的认识论与"人类中心主义"的一种反思与超越，也是对传统美学完全漠视生态维度而仅仅局限于艺术美学的超越。因此，生态美学是一种前所未有的包含着生态维度的美学形态；其二是开放多元性。生态美学作为一种后现代语境下的新兴学科，不像传统学科那样具有某种超稳定性，而是一种开放多元的体系。正如深层生态学的提出者阿伦·奈斯所言，他的生态哲学只是生态哲学 A，还会有别的理论家加入其中，成为生态哲学 B、C、D、E、F、G，等等。本书表达了我们对生态美学的看法，提出来供大家参考，没有也不可能定于一尊。生态美学的发展，需要有更多同道加入其中；其三是交叉性。生态美学作为后现代语境下的新兴学科具有明显的交叉性，包含美学、生态哲学、生态伦理学等多种元素；其四是建构性。生态美学作为后现代语境下的新兴学科具有建构性的特点，它随着时代不断发展前进，具有明显的与时俱进的品格。因此，生态美学的发展，欢迎更多来自其他相关学科的学者参与建构。

二　生态美学诞生的重要意义

生态美学在 20 世纪后半期出现，无疑是美学领域的一场革命，具有极为重大的意义。

1. 具有新的世界观建构的作用

我们认为，当代生态审美观应该成为新世纪人类最基本的世界观，成为我们基本的文化立场与生活态度。事实证明，从 20 世纪 60 年代开始，人类与自然的关系发生了重大的变化，那就是工业革命以来的"主客二分"思维模式已经不再能适应新的形势要求，人与自然的对立已经极大地威胁到人类的生存。首先，人与自然的对立导致了各种生态危机的频发。从著名的"伦敦雾"到惊人的日本"水俣病"，以及近年的"非典病毒""印尼海啸""甲型 H1N1 流感"等，都是自然对于人类破坏的惩罚。而近年在我国肆虐的"沙尘暴""淮河污染""太湖蓝藻"等，已被公认为是严重的环境危机，直接威胁到人的健康与安危，甚至关系我国现代化建设的成败，是继续与自然对立，还是与自然保持和谐，已经成为人类处于成败安危十字路口的关键性抉择。这是 45 年前当代生态理论的开拓者之一莱切尔·卡逊的警告。人与人的对立，特别是由资本主义制度所造成的战争危机，也因科学技术的极大发展而使任何一场战争都足以导致人类的毁灭——

人类所制造的核武器已经足以摧毁整个人类文明。当代资本主义的扩张与剥削所形成的南北与贫富的严重对立，使数以亿计的人们生活在饥饿与病痛之中。在这样的情况下，存在论将代替认识论，"共生"将代替"人类中心"，成为当代最核心的价值观与人生态度。

这里所说的"共生"，首先是人与自然的共生。因为，人与自然的关系是人与世界关系的基础与前提。人类与动物的最基本的差别就是动物与自然一体，无所谓"关系"，而人则与自然区别开来，从而产生人与自然的"关系"。对于人类与自然和谐相处的追求，是人类永恒的目标。各个不同的历史时代人与自然有着的不同关系，从而产生出了不同的人生观与审美观。远古时期，人类刚刚从自然中分化而出，自然的力量远胜过人类，人与自然是对立的，人类对自然有一种莫名的崇敬与恐惧，其中蕴含着"万物有灵"的世界观。以素朴粗犷的艺术创造实现人与自然的和谐，追求诗意地栖居，构成了这个时期"象征型"的审美观。农业社会时期，尽管人类社会有了很大发展，但自然的力量仍然远胜于人，人类在宗教及其来世期待中寄托与自然和谐相处的美好生活的愿望，发展出寄希望于来世的宗教世界观，在审美上，则表现为以苦难与拯救相结合的超越之美。工业革命以降，科技发展，理性张扬，社会前进，生活改善，人在与自然的关系中取得优势地位，但也因此出现了"人类中心主义"人生观，表现为对科技与理性的过度迷信，和以科技的栖居取代诗意地栖居、以物遮蔽人的扭曲了的审美观。20世纪中期以来，特别是新世纪开始，人类通过对于工具理性以及"人类中心主义"负面作用的反思，提出了"生态整体"的自然观与"共生共荣"的世界观，在审美观上提出了通过"天地神人四方游戏"走向人的"诗意地栖居"的生态审美观。此后，人与自然"共生"的生态观念越来越引起人类的高度重视。1972年，联合国通过环境宣言，试图使人与自然的共生和谐成为全人类的共识。我国也早在20世纪90年代制定了可持续发展的战略，最近，又提出"科学发展观"以及"环境友好型社会"建设的战略指导思想。

但人与自然、发展与环保，以及当代与后世的关系等，却总有一种难解的矛盾相互纠缠着。一方面是对环境保护的大力倡导，另一方面则是在经济利益驱动下生态破坏与环境污染的日益加剧。问题的严重性已经远远超出了人们的良好愿望与生态的承受能力，环境与生态灾难日益呈现加剧的趋势，形势的严重性可能已经远远超出人们的估计，现在已经到了不能不直接面对和加以改变的时候了。但问题的关键还是在于人的文化态度，在于人选择什么样的生活方式的问题。对于这一点，著名的罗马俱乐部发起人贝切伊早有预见与论述。因此，当务之急是尽快改变人们的人生观、文化态度与生活方式。在当代，我们应倡导一种以"共生"为其主要内涵的人生观、文化态度与生活方式，和以"诗意地栖居"为其目标的生态审美观。这是一种以"此在与世界"之存在论在世结构为其哲学基础的，以审美态度对待人与自然关系为其主要内容的，以人的当下与未来美好生存为其目的的崭新的美学观念。它完全符合当今社会发展现实，符合科学发展观，是当代先进的生态文化的重要内容。这种生态审美观是一种"参与性"的审美观，不同于传统的以康德为代表的静观美学。它不仅以身的愉快作为心的愉快的基础，而且将审美观作为改造现实的指南，要求人们按照生态审美观的规律改造现实，真正做到人与自然的和谐。这也正是马克思所预见的未来社会的彻底的自然主义与彻底的人道主义的结合。这种将生态审美观作为新世纪基本人生观的努力具有十分重要的意义，但同时也是一项十分艰巨的历史任务，是一项宏大工程的组成部分，应该将其包含在当代科学发展观的学习与践行之中。因为，只有以审美的态度对待自然，以及与此相应的以审美的态度对待他人、社会与自身，当代社会才能真正走向和谐发展之路。我们相信，通过这个宏大的学习与践行的工程，将会改变国人的自然观、生态观、审美观与生活方式，实现中华民族的伟大复兴和我国人民美好栖居的愿望。

2. 在当代美学学科建设中的作用

生态美学的提出与发展，在当代美学学科建设中具有巨大的作用。首先，它更新了传统的自然美的概念，建构了崭新的生态美学学科。生态美学能否成为一门独立的学科，这个问题一直存在着争论。我们觉得，在新的转型时期，生态美学至少是一个新的学科生长点，它可能还不够成熟，但大体已经具备了作为一个独立学科的雏形。一般来说，一个相对独立的学科应该具有相对独立的理论范畴、相对独立的研究方法、相对独立的学者群体这样三个方面的要素。这个标准当然是现代启蒙主义时期知识体系的产物，但在目前的教育与学科体制下还是有其参考价值的。如果从上述学科成立的基本要求看，生态美学可以说已经初步具备了上述三个要素。从相对独立的理论范畴来说，它首先更新了传统的自然美概念，不承认自然是与人相对立的，因而不认为存在着独立的离开人的所谓"自然之美"，只认为存在着人与自然生态协调共生的自然生态存在之美。尽管自然生态是与人紧密相连，密不可分的，但它与艺术以及日常生活相比还是构成了相对独立的领域。国际美学学会会长佩茨沃德最近说过，当前存在着生态环境的美学、艺术哲学的美学与日常生活的美学。生态美学的研究对象，是包括人在内的生态系统，而不是自外于人的所谓"自然"。其最基本的美学范畴，是生态存在论审美观，以及与之紧密相关的"诗意地栖居""四方游戏""家园意识""场所意识""参与美学""生态审美教育""生态文艺学""生态审美的两种形态"与"生态美育"等。这些美学范畴与传统美学的"美、美感、艺术"的三分法相比，应该说是有着明显突破与创新的；从研究方法来说，当代生态美学不同于传统的认识论研究方法，而是采取了当代存在论以及生态现象学的方法。因为只有在存在论的意义上，以及从生态现象学的方法出发，生态观、人文观与审美观才能够真正统一。生态美学研究的学者群体，现在看来，也处在逐步成长壮大阶段。

　　总之，从完备的学科来说，生态美学作为新兴学科应该说还处在建设与发展之中，还需要进一步完善和加强。但从另一方面来说，生态美学的建设发展对于整个美学学科都意义重大。它突破了"美学即艺术哲学"的传统认识论模式，而将自然生态作为极为重要的研究内容；它还突破了长期以来占统治地位的美学研究中的"人类中心主义"的倾向，而将"生态整体论"与"生态人文主义"引入到美学研究之中。这些基本的理论观念必将极大地影响艺术的与日常生活的审美，为这些领域带来重要的变革。

3. 在当代美学的价值重建中的作用

19世纪末20世纪初，德国哲学家尼采提出了"价值重建"的重大课题。这意味着社会的急剧转型要求哲学与美学与之适应，进行必要的价值重建。生态美学的提出与发展，在美学领域就具有价值重建的重要作用。因为，人与自然的关系是人类生活最基本的关系，如果在对这一关系的把握上实现了由人类中心到生态整体，以及由认识论到存在论的重大转变，那么，与之相关的美学领域也必然要随之发生转变。上面，我们已经说到，生态美学的提出与发展，在美学研究对象上发生了由艺术到自然与生活的拓展，在研究视角上发生了由认识论到生存论存在论的变化等，而与之相关的一些理论观念也将随之发生转变。如，传统的文艺与审美的界定所依据建立的认识论与"镜子说"，现在看来就有问题。因为，它们是建立在"主客二分"之上的美学与文艺学理论。此外，文学艺术高于生活的"典型论"，也需要重新审视。因为，从生态美学的观念来说，自然生态与人是共生平等的，是一种共同相互建构的关系，各有其丰富性与不可取代性，不存在谁比谁高的问题。在当代生态美学面前，柏拉图的"理念论"、黑格尔的"美是理念的感性显现"、康德的"静观"美学等，都有明显的历史局限性。对于车尔尼雪夫斯基的"美即生活"论，长期以来我们一般批评其有"机械唯物主义"倾向，基本上加以否定，但生态美学的提出与发展却使我们看到"美即生活"论还包含着强调生态与生命的可贵因素。例如，车氏对"旺盛的健康与均衡的体格"这种"美的特征"的强调，就具有特殊的意义与价值。再如，对于建立在灵肉分裂之上的只凭借视听感官的"静观"美学，生态美学强调，审美以灵肉统一为基础，不排除其他身体感官在审美中的重要作用，因而提倡"参与美学"。这也是一种新的突破。生态美学理论指导下的"共生"观念、"家园意识"与"场所意识"等，对于当代建筑美学、景观美学、旅游美学等都能起到重要影响，并有可能更新许多传统观念。生态美学的提出与发展，也是对西方长期以来的基本否定东方美学之价值的倾向的扭转。生态美学对中国古代美学的重新评价，对于打破"欧洲中心主义"所谓的"东方美学的非逻辑性"的结论，重新发现东方美学，特别是中国古代"生生之谓易"的古典生态存在论的生命美学意蕴，无疑有重要意义。

4. 在当代文学批评中的特殊作用

生态美学的提出与发展，为当代文学批评增添了一个新的维度，提供了一种新的理论武器。生态美学力倡"生态存在论审美观"，遵循"绿色原则"与"家园意识"，在文学批评中发挥着特殊的作用。根据这些原则，我们不仅重新发现了卢梭、梭罗、利奥波德等在生态美学与生态文学发展中的特殊贡献，而且更为重要的是，发现了中国古代自先秦以来儒道释各家历久弥新的生态审美智慧。运用生态美学观念与方法重新认识评价古今中外一系列重要文学作品，是一件具有重大意义的事件。例如，我们已经对大家所熟知的西方名著《查泰莱夫人的情人》《白鲸》等从生态美学的角度进行了重新的解读与评价。对于另外一些文艺复兴、启蒙主义时期的文学著作，我们也在肯定其与"人类中心主义"有关的"人文主义"的历史地位的同时，揭示了其时代的局限性。例如，大家所熟知的莎士比亚的名剧《哈姆雷特》中对于人之伟大的歌颂："高贵的理性！……宇宙的精华！万物的灵长！"这种明显的"人类中心主义"色彩，现在应该根据生态美学予以重新评价。对于我国以《诗经》为代表古代文艺作品的生态审美智慧，我们也应该本着生态美学原则予以重新发掘与阐释。

5. 实践指导作用

生态美学作为当代生态理论的一个有机组成部分，与其他当代生态理论一样，不仅具有极为重要的理论品格，而且还具有极为重要的实践品格。生态美学不仅是一种理论的建构，而且应当成为我们实践的指导。首先，应该指导我们的生活实践，使得我们每个人都能够以生态的审美的态度去对待自然生态与现实生活，过一种热爱自然生态、节俭素朴的生活，使"爱生与护生"成为我们的生活准则。这种生态美学原则应进一步与环境美学、城市美学与建筑美学结合，贯彻到实际生活之中，真正在人民实现"诗意地栖居"与"美好地生存"上发展愈来愈大的作用。

第二节 坚持生态美学的生态存在论的哲学基础

目前，学术界对于生态美学的疑虑主要集中在人与自然、生态观和人文观与审美观能否统一的问题。这实际上是涉及生态美学能否成立的原则问题。解决这一问题，要实现哲学观的重大转型与调整。事实证明，生态美学之所以能够成立，人与自然，生态观、人文观与审美观之所以能够统一，就是因为现代生态美学的哲学基础是生态存在论哲学观。这首先是一种时代与学术的进步，是对传统认识论与"人类中心主义"的突破。哲学史告诉我们，人与世界的关系具有两种模式，一种是传统的认识论模式。在这种模式中，主客是二分对立的。它既导致了工业革命时代出现的"人类中心主义"——认为人类能够主宰万物，也是后来出现的"生态中心主义"的来源，认为非人类的生物可以具有超过人类的价值。但这种主客二分的认识论模式以及由此产生的"人类中心主义"与"生态中心主义"都已经被历史证明是走不通的道路。这样，19世纪末、20世纪初出现了区别于认识论哲学观的存在论哲学观。这种存在论哲学观是一种"此在与世界"的在世模式，力主人与万物共生，共同构成世界，而作为"此在"的人则具有领会与阐释万物之意义与价值的功能。海德格尔指出："此在是这样一种存在者：它在其存在中有所领会地对这一存在有所作为。这一点提示出了形式上的生存概念。此在生存着，另外此在又是我自己向来所是的那个存在者。"① 又说，"某个'在世界之内的'的存在者在世界之中，或说这个存在者在世；就是说：它能够领会到自己在它的'天命'中已经同那些在它自己的世界之内向它照面的存在者的存在缚在一起了"②。在这里，海氏以"在世界之内"概括了"此在与世界"的在世模式。而且，这个"在世界之内"还意味着"此在"

---

① ［德］马丁·海德格尔：《存在与时间》（修订译本），陈嘉映、王庆节合译，生活·读书·新知三联书店2006年版，第61—62页。
② 同上书，第65—66页。

即人还具有领会所有存在者的"作为"，并且在"天命"中已经在世界之内将人与其照面的所有存在者"缚在一起了"。也就是说，人与地球万物紧密相连，须臾难离，共生共荣，共同构成"世界"。这其实就是生态存在论哲学观，是一种包含生态维度的存在论哲学观，正是人与自然以及生态观与人文观统一的哲学基础。生态存在论哲学观是一种全新的美学理念，它摒弃了美的实体性观念，将美放在一定的世界关系之中，作为真理逐步呈现的过程来看待，提出著名的"美是真理的自行置入"的命题。在这里，存在者之存在在"此在"的领会与阐释中，逐步由遮蔽走向澄明，真理得以自行显现，而美也得以呈现。这就是存在的澄明、真理的敞开与美的显现的统一，实现了生态观、人文观与审美观的统一。这里需要说明的是，生态美学的生态存在论哲学基础，是我们对生态美学的基本看法。这并不排斥对生态美学的其他理解。生态美学的开放性使其完全乐于接受各种不同观点的争论与辨析。例如，目前在生态哲学、生态文学与生态美学中有一种"弱人类中心主义"的观点，主张不放弃认识论对于生态理论的指导。我们认为，这也不失为一种有价值的思考，只要理论上实践上都能行得通，不妨可以并存。美国当代著名生态文学家斯洛维克就明确地表示自己持认识论的理论立场，这并不妨碍他成为重要的生态文学家。当然，其内在的理论自洽性还有值得推敲之处。但这都是学术讨论范围内的事情，可以见仁见智。

第三节　生态美学与环境美学的关系

生态美学与环境美学的关系问题，一直是国内外学术界所共同关心的问题。当代西方美学界，主要是英美学术界一直大力倡导环境美学，中国当代美学的相关学者则极力倡导生态美学。2006 年在成都召开的国际美学研讨会上，笔者作了有关生态美学的发言后，国外学者集中向我提出的问题就是生态美学与环境美学的关系问题。本来，从美学的自然生态维度来说，生态美学与环境美学都属于自然生态审美的范围，是对"美学即艺术哲学"传统观念的突破，它们应该属于需要联合一致的同盟军，不需要将其疆界划分得过于清晰。但从学术研究的角度看，却又有搞清两者关系的必要。这也是中国学界面对国际学界相关质疑的应有回应。

环境美学是中国当代生态美学发展与建设的重要参考与资源。从文化立场来说，生态美学与环境美学有着两个比较共同的立场，这就是共同面对当代严重的生态破坏而提倡对生态环境加以保护的立场。中国当代生态美学实际上是我国现代化逐步深化并进入生态文明时代的产物，它以生态文明建设作为自己的目标，而环境美学也是在西方环境问题突出以后产生的，并以环境保护作为自己的坚定立场。诚如芬兰环境美学家约·瑟帕玛所说："我们可以越来越明显地看到现代环境美学是从20世纪60年代才开始的，是环境运动和它的思考方式的产物，对生态的强调把当今的环境美学从早先有100年历史的德国版本中区分了出来。"他还明确地将"生态原则"作为环境美学的重要原则之一，指出："在自然中，当一个自然周期的进程是连续的和自足的时候，这个系统是一个健康的系统。"① 另外一个共同的立场就是，它们都是对于传统美学忽视自然审美的突破。我国生态美学研究者明确表示，生态美学的最基本的特点就是它是一种包含生态维度的美学②，西方当代环境美学的一个重要立场就是对于传统美学忽视自然生态环境美学的一种突破。加拿大著名环境美学家艾伦·卡尔松在《环境美学》一书中指出："在论自然美学的当代著作中，大量的这些观点其实在一篇文章中早就预见到了：赫伯恩（Roland W. Hepburn）创造性的论文《当代美学及自然美的遗忘》（"*Contemporary Aesthetics and the Neglect of Natural Beauty*"）。赫伯恩首先指出，美学根本上被等同于艺术哲学之后，分析美学实际上遗忘了自然界，随后他又为20世纪后半叶的讨论确立了范围。……与自然相关的鉴赏可能需要不同的方法，这些方法不但包括自然的不确定性和多样性的特征，而且包

① ［芬］约·瑟帕玛：《环境之美》，武小西、张宜译，湖南科学技术出版社2006年版，第221、180页。

② 曾繁仁：《转型期的中国美学》，商务印书馆2007年版，第303页。

括我们多元的感觉经验以及我们对自然的不同理解。"① 西方环境美学发展的较早,我国20世纪90年代中期产生的生态美学明显接受了环境美学的资源。在我国生态美学建设过程中,环境美学给予了极大的滋养。它们关于"宜居"观念的论述给我们以很大的启发,特别是伯林特的"参与美学""生态现象学"以及"自然之外无它物"的理论观点对我们影响更大。正是从这个意义上,我们认为,环境美学是中国当代生态美学建设的重要资源与借鉴。

当然,中国的生态美学与西方的环境美学还是有些明显区别的。首先,生态美学与环境美学产生于不同的时代与地区。环境美学产生于20世纪60年代的西方发达国家。其时,这些国家基本完成了工业化,而且它们大多有着比较丰富的自然资源。中国是在20世纪90年代中期,特别是从21世纪初期开始逐步形成具有一定规模的生态美学研究态势。其历史背景是在工业化逐步深化的情况下,发现单纯的经济发展维度无法实现现代化,而必须伴之以文化的审美维度。这就是科学发展观与和谐社会建设提出的缘由,我国生态美学研究由此获得逐步发展。因此,我国的生态美学建设面对的是急需发展经济的现实社会需要与环境资源空前紧缺的国情现状,经济发展与保护环境成为双重需要。这与西方环境美学提出的历史文化背景是有明显差别的。而且,在21世纪,人类对于生态理论的认识也有了较大的发展与变化,发现"人类中心主义"难以为继,单纯的"生态中心主义"也难以成为现实,只有人与自然的"共生"才是走得通的道路。正是在这种情况下,出现了"生态人文主义"与"生态整体主义"等更加符合社会发展规律的生态理论形态,成为当代生态美学的理论支点。

其次,从字意学的角度说,"生态"与"环境"也有着不同的含义。西文"环境"(Environment),有"包围,围绕,围绕物"等义,明显是指外在于人之物,与人是二分对立的。环境美学家瑟帕玛自己

① [美]艾伦·卡尔松:《环境美学——关于自然、艺术与建筑的鉴赏》,杨平译.四川人民出版社2005年版,第17页。

也认为，"甚至'环境'这个术语都暗示了人类的观点：人类在中心，其他所有事物都围绕着他"①。而与之相对，"生态"（Ecological），则有"生态学的，生态的，生态保护的"之义，而其词头"eco"则有"生态的，家庭的，经济的"之意。海德格尔在阐释"在之中"时说道："'在之中'不意味着现成的东西在空间上'一个在一个之中'；就源始的意义而论，'之中'也根本不意味着上述方式的空间关系。'之中'（'in'）源自 innan-，居住，habitare，逗留。'an（于）'意味着：我已住下，我熟悉、我习惯、我照料；它具有 colo 的含义：habito（我居住）和 diligo（我照料）。"② 在这里，"colo"已经具有了"居住"与"逗留"的内涵。"生态学"一词，最早则是由德国生物学家海克尔于 1866 年将两个希腊词 okios（'家园'或'家'）与 logos（研究）组合而成的。可见，"生态"的含义的确包含"家园，居住，逗留"等含义，比"环境"更加符合人与自然融为一体的情形。从生态美学作为生态存在论美学的意义上来说，"生态的"所包含的"居住，逗留"等义更加符合生态存在论美学的内涵。

再次，从美学内涵的角度来说，"生态"比"环境"具有更加积极的意义。生态美学产生于 20 世纪后期与 21 世纪初期，综合了 100 多年来人类在保护生态环境问题上长期探索的成果。众所周知，100 多年以来，人类在生态环境问题上，努力探索人与自然生态应有的科学关系，经历了"人类中心主义"与"生态中心主义"的苦痛教训。"人类中心主义"已经被 200 多年的工业革命证明是一条走不通的道路，严重的环境污染就是留给人类的惨痛教训，而"生态中心主义"也是一条走不通的路。事实证明，作为生态环链之一员，包括人类在内的所有物种都只有相对的平等，而不可能有绝对的平等。"生态中心主义"的绝对平等观是不可能行得通的，只能是一种彻底的"乌托

① ［芬］约·瑟帕玛：《环境之美》，武小西、张宜译，湖南科学技术出版社 2006 年版，第 136 页。
② ［德］马丁·海德格尔：《存在与时间》（修订译本），陈嘉映、王庆节合译，生活·读书·新知三联书店 2006 年版，第 63 页。

邦"。唯一可行的道路就是"生态整体主义"和"生态人文主义"的道路。马克思主义倡导"自然主义与人道主义的统一"，马克思指出："这种共产主义，作为完成了的自然主义，等于人道主义，而作为完成了的人道主义，等于自然主义。"①"生态整体主义"与"生态人文主义"，就是对于"人类中心主义"与"生态中心主义"的综合与调和，是两方面有利因素的吸收，不利因素的扬弃。生态美学就是以这种"生态整体主义"与"生态人文主义"的理论作为自己的理论指导的。

"环境美学"产生较早，明显受到"人类中心主义"、"生态中心主义"的局限。瑟帕玛的《环境之美》就具有比较明显的"人类中心主义"的倾向，他不仅将"环境"定义为外在于人的事物，而且在"环境美学"内涵的论述上也表现出"人类中心主义"的倾向。他认为："环境美学的核心领域是关于审美对象的问题"，而"使环境成为审美对象通常基于受众的选择。他选择考察的方式和考察对象，并界定其时空范围"。他认为："审美对象看起来意味着这样一个事实：这个事物至少在一定程度上适合审美欣赏。"②很明显，瑟氏并没有完全跳出传统美学的窠臼，不仅完全从主体出发考察审美，而且从传统的艺术的形式美学出发考虑环境美学审美对象的形成，诸如形式的比例、对称与和谐等，就是通常所说的"如画风景论"，而没有考虑生态美学应有的"诗意地栖居"与"家园意识"等。卡尔松是比较彻底的环境主义者，较多地倾向于"生态中心主义"的理论观点。他在《环境美学》一书所提出的"自然全美论"，就是这种"生态中心主义"的反映。他说："全部自然界是美的。按照这种观点，自然环境在不被人类触及的范围之内具有重要的肯定美学特征：比如它是优美的，精巧的，紧凑的、统一的和整齐的，而不是丑陋的，粗鄙的，松散的，分裂的和凌乱的。简而言之，所有原始自然本质上在

①　《马克思恩格斯全集》第 42 卷，人民出版社 1979 年版，第 120 页。

②　［芬］约·瑟帕玛：《环境之美》，武小西、张宜译，湖南科学技术出版社 2006 年版，第 36、41、44 页。

审美上是有价值的。"① 他将自然的审美称作"肯定美学",借助了许多西方生态理论家的观点。例如,著名生态理论家马什认为,自然是和谐的,而人类是和谐自然的重要打扰者;地理学家罗汶塔尔认为,人类是可怕的,自然是崇高;等等。显然,卡尔松的"自然全美论"是建立在"生态中心主义"的理论立场之上的。"生态中心主义"由此导致对于人类活动,包括人类的艺术活动的全部否定,应该说是非常不全面的。当然,环境美学也包含许多深刻的、有价值的美学内涵。例如,伯林特的"环境美学"就比较科学合理,他实际上倡导一种崭新的自然生态的审美观念。他说:"大环境观认为不与我们所谓的人类相分离,我们同环境结为一体,构成其发展中不可或缺的一部分。传统美学无法完全领会这一点,因为它宣称审美时主体必须有敏锐的感知力和静观的态度。这种态度有益于观赏者,却不被自然承认,因为自然之外并无一物,一切都包含其中。"② 这里,他提出了著名的"大环境观",即"自然之外并无一物"。这里的"自然",并非外在于人,与人对立的,而是包含着人在内的,实际上就是我们通常所说的"自然系统",而他所说的与传统美学相对的"环境美学",则是与以康德为代表的着重于艺术审美的"静观的无功利的美学"不同的一种运用于自然审美的"结合美学"(aesthetic of engagement)。我们更愿意将其译成"参与美学",是指眼耳鼻舌身五官在自然审美中的积极参与。这里的"自然之外无它物"与"参与美学"的理论观点,都成为我们建设生态美学的重要资源与借鉴。

最后,生态美学之所以产生于中国文化氛围之中,与中国传统文化资源有着非常深刻的关系。在中国古代文化哲学中,没有外在于人的"环境",只有与人一体的"天",天人从来都是紧密联系的。一部中国古代文化史,就是探讨天人与古今关系的历史,如司马迁所谓的"究天人之际,通古今之变"。所谓"天人之际",与"天人合

---

　　① ［加］艾伦·卡尔松:《环境美学——自然、艺术与建筑的鉴赏》,杨平译,四川人民出版社 2006 年版,第 109 页。

　　② ［美］阿诺德·伯林特:《环境美学》,张敏、周雨译,湖南科学技术出版社 2006 年版,第 12 页。

一"、"天人相和"等，都是指人与自然一体的"生态系统"中较为复杂的关系。无论是儒家的"中和位育""民胞物与"，道家的"道法自然""万物齐一"，佛家的"众生平等""万法缘起"，等等，也都是讲的天人之际的"生态系统"。这些东方生态理论在近现代影响了西方众多生态哲学家与美学家，如梭罗、海德格尔等。特别是海德格尔的"生态存在论"哲学与美学观、"四方游戏说"与"家园意识"等，可以说是"老子道论的异乡解释"。在这样一片如此丰沃的东方生态理论的土壤上，我们相信一定能够生长出既有现代意识与通约性又有丰富的古代文化内涵的具有中国特色的生态美学。

关于生态美学与环境美学的关系，我们还要强调一点，那就是"环境美学"具有极强的实践性，它以"景观美学"与"宜居环境"为其核心内涵，探讨了城乡人居与工作环境建设等大量问题，有许多既有专业性，又具有可操作性的思考。这是生态美学目前所欠缺的，生态美学的发展亟需吸收、借鉴环境美学这一方面的资源，因为生态理论的根本特性就是具有强烈的实践性。当然，生态美学在城乡环境建设中的指导作用到底如何发挥，还是可以讨论的问题。

总之，生态美学与环境美学这两种美学形态其实有着十分紧密的关系，如果在理论阐释上互相更多地借鉴，则完全可以从不同的角度来共同阐释人与自然生态的审美关系。正如我国第一部《环境美学》的作者陈望衡教授所说："这两种美学都有存在的价值，它们互相配合，共同推动美学的发展。"①

第四节　生态美学的今后发展

生态美学的今后发展主要是着力于建设，在建设中逐步走向完善。为此，要做到以下五个方面的衔接。

---

① 陈望衡：《生态美学》，武汉大学出版社 2007 年版，第 45 页。

一　与当代生态文明建设相衔接

生态美学是当代生态文明的产物，是当代生态文明的有机组成部分，因此，它的发展还有赖于当代生态文明建设为其提供现实的与理论的支撑。众所周知，生态美学是 20 世纪中期以来生态文明的产物，生态文明是工业文明之后一个新的时代的到来，一般来说肇始于 20 世纪 60 年代，真正产生则是 20 世纪 70 年代，以 1972 年联合国环境会议与环境宣言为其标志。理论上是人类中心主义的结束，新的生态人文主义的开始；实践上是以自然为敌的结束，人与自然共生的开始；经济发展上是单纯的经济增长模式的结束，经济发展与自然生态保护双赢的开始。这其实是一个新的崭新时代的开始。中国作为后发展国家，生态文明建设真正开始于 2007 年 10 月，国家意识形态正式提出生态文明建设目标之后。从此，生态文明建设成为符合社会与经济发展方向的先进文化，生态美学就是属于这种先进文化的有机组成部分。只有与当代社会的生态文明建设相衔接，才能从现实生态文明建设中获得动力，获得资源，获得丰富的信息，并找到正确的方向，才能使生态美学建设不仅取得某种合法性与合理性，从而使之牢牢地立足于现实的基础之上。同时，也可以避免许多不符合时代与实际的偏差，使之不会成为一种乌托邦而具有现实的阐释力与生命力。当然，生态美学的发展非常需要国际的对话。从某种意义上说，我国目前在包括生态美学在内的生态理论建设中并不具有先进地位，向国外先进理论学习的任务仍然很重，但生态理论的实践性决定了它必须立足于本国的土地之上，符合本国的实际，并主要从本国的生态文明建设中获取营养。

二　与当代生态理论的发展相衔接

生态美学是生态理论，特别是生态哲学的有机组成部分，因此生态美学的发展必须与当代生态理论的发展相衔接。事实证明，当代生态美学的发展与生态理论的发展是同步的，生态哲学与生态伦理学的突破导致生态美学的突破。生态理论是非常前沿的且具敏感性的理论形态，涉及许多非常复杂的理论与现实问题。诸如，自然的内在价值，自然的权利，自然的审美属性，生态观与人文观的关系，生态与科技的关系，等等。这些理论问题研究的任何进展都会对生态美学的发展起到重要作用。为此，我们要努力吸收国内外生态理论界在这方面的成果。当然，还必须紧密结合生态美学自身的情况，特别是审美所特具的经验性、感官性特点，在生态美学建设中进行消化、吸收和创新。

三 与中国传统文化的生态智慧相衔接

中国是一个有着 5000 年文明史的文化古国，以农业立国，农耕文明发达，有着十分丰富的生态智慧，但目前我们对此的整理和阐释做得还远远不够。有充分的证据证明，西方当代包括生态美学在内的生态理论的发展都与中国古代的生态智慧的影响有明显关联。我国理论界对此认识还不够。目前，对中国传统生态智慧的梳理和阐释工作才刚刚开始，文献整理和理论阐释虽有些进展，但差距仍然很大。事实证明，中国古代美学具有不同于西方美学的形态，不像西方那样是一种认识论的静态的物体的美学，而是一种人生的生态的生命的美学。因此，中国当代生态美学的发展必然伴随着中国古代生态的生命美学的重新认识与整理发挥，在这样的基础上逐步形成具有中国特色与中国气派的生态美学理论，对世界美学发展做出自己的贡献。

四 与当代生态文艺的发展相衔接

生态美学的实践性还表现在，它紧密地与文学艺术的实践密切相关。它的发展必然要建立在总结生态文艺发展的基础之上，并对生态文艺创作的进一步发展起到指导作用。目前，国际上生态文学发展逐渐呈现蓬勃的态势，生态批评也逐步成为显学。但在我国，无论是生态文艺创作，或者是生态文艺批评，其发展都不甚理想，与国际差距明显，需要更好地发挥生态美学的指导作用，推进生态文艺与生态批评的发展，促使两者之间呈现良性互动的态势。只有在此基础之上，生态美学的发展才能具有更加坚实的基础。

五　在中西交流对话中与坚持中国特色文化建设之路相衔接

当今时代，文化建设已经突破了"欧洲中心主义"，走向交流对话，多元共存。在这种情况下，各国文化建设都应该在交流对话的基础上，互相吸收，互相补充，同时紧密结合国情，建设既有国际通约性同时又具有本国特色的文化形态。生态美学的建设同样也应该如此。如果说在生态美学建设的初始阶段，由于资源的缺乏，我们是更多地吸收了西方资源的话，那么在我国包括生态美学在内的各种生态理论的建设已经取得明显成效、国家层面已经提出有关生态文明建设指导方针的情况下，我们应该努力地在生态美学的建设中走中国特色之路。这种中国特色，主要表现在这样两个方面：一个方面是紧密结合中国现实，符合中国实际。中国是一个后发展国家，现代化和工业化还处于中期发展阶段，经济与社会的发展是国家富强与民族振兴的需要。另外，我国是资源紧缺型国家，人口众多，资源相对贫乏。在这种情况下，我们发展生态美学的指导思想，只能坚持发展与环保双赢，生态与人文的统一。既不能再走人类中心主义之路，也不能去走生态中心主义之路。另一方面，由于我国是生态文化资源相对比较丰富的文明古国，因此，我们在现代生态美学建设中就要努力挖掘和吸收古代生态审美智慧，建设具有自己特点的生态美学话语。事实证明，虽说现代以来，西方发达国家的生态理论走在了世界前列，我们确实应该注意吸收、借鉴西方现代生态理论，但中国的文化传统，却积累了远比西方更为丰厚的生态智慧资源。儒道释各家的生态智慧都显现着独特的光彩，它们将会成为人类当代生态文明建设的宝贵财富，也成为当代生态美学建设的宝贵财富，我们理应很好加以总结改造，融入现代生态美学建设的话语体系之中，使得我们的生态美学理论具有明显的中国气派与中国风格，贡献于世界。

我们相信，拥有 14 亿人口与 5000 年历史的东方中国，在中华民族伟大复兴的道路上，一定能够做到 14 亿人经济生活的富裕和审美的对待自然生态的双重实现，金山银山和绿水青山同时变成现实，发展与环保的双赢。这必将是一种特具价值的经验，是东方中国对人类的伟大贡献。这也是我们生态美学研究的价值意义之所在。

主要参考书目

《马克思恩格斯选集》，人民出版社 1972 年版。

《环境学词典》，科学出版社 2003 年版。

《圣经》（新译本），香港天道书楼 1993 年版。

《宗教辞典》，上海辞书出版社 1981 年版。

陈鼓应：《庄子今注今译》，中华书局 2001 年版。

陈望衡：《环境美学》，武汉大学出版社 2007 年版。

陈望衡：《生态美学》，武汉大学出版社 2007 年版。

冯友兰：《中国哲学简史》，涂又光译，北京大学出版社 1996 年版。

胡志红：《美学生态批评研究》，中国社会科学出版社 2006 年版。

雷毅：《深层生态学研究》，清华大学出版社 2001 年版。

雷毅：《生态伦理学》，陕西人民教育出版社 2000 年版。

李培超：《伦理拓展主义的颠覆：西方环境伦理思潮研究》，湖南师范
　　大学出版社 2004 年版。

刘纲纪：《周易美学》，湖南教育出版社 1992 年版。

刘克苏：《中国佛教史话》，河北大学出版社 1999 年版。

鲁枢元：《生态文艺学》，陕西人民教育出版社 2000 年版。

蒙培元：《人与自然》，人民出版社 2004 年版。

彭锋：《完美的自然——当代环境美学的哲学基础》，北京大学出版社
　　2005 年版。

孙周兴选编：《海德格尔选集》，上海三联书店 1996 年版。

王诺：《欧美生态文学》，北京大学出版社 2003 年版。

徐崇温：《全球问题与人类困境》，辽宁出版社 1986 年版。

徐恒醇：《生态美学》，陕西人民教育出版社 2000 年版。

余谋昌：《生态伦理学》，首都师范大学出版社 1999 年版。

袁鼎生等主编：《生态审美学》，中国文史出版社 2002 年版。

曾繁仁：《生态存在论美学》，吉林人民出版社 2003 年版。

曾繁仁：《转型期的中国美学》，商务印书馆 2007 年版。

曾永成：《文艺的绿色之思——文艺生态学引论》，人民文学出版社 2000 年版。

张世英：《哲学导论》，北京大学出版社 2002 年版。

（唐）实叉难陀译：《华严经》，林世田等点校，宗教文化出版社 2001 年版。

［德］马丁·海德格尔：《存在与时间》（修订译本），陈嘉映、王庆节合译，生活·读书·新知三联书店 2006 年版。

［德］马丁·海德格尔：《荷尔德林诗的阐释》，孙周兴译，商务印书馆 2000 年版。

［德］马丁·海德格尔：《林中路》，孙周兴译，上海译文出版社 2004 年版。

［德］马丁·海德格尔：《演讲与论文集》，孙周兴译，生活·读书·新知三联书店 2005 年版。

［德］马丁·海德格尔：《在通向语言的途中》，孙周兴译，商务印书馆 2004 年版。

［德］莫尔特曼：《创造中的上帝》，隗仁莲等译，汉语基督教文化研究所 1999 年版。

［芬］约·瑟帕玛：《环境之美》，武小西、张宜译，湖南科学技术出版社 2006 年版。

［加］艾伦·卡尔松：《自然与景观》，陈李波译，湖南科学技术出版社 2006 年版。

［美］阿诺德·伯林特：《环境美学》，张敏、周雨译，湖南科学技术出版社 2006 年版。

［美］阿诺德·伯林特主编：《环境与艺术：环境美学的多维视角》，刘悦笛等译，重庆出版社 2007 年版。

［美］艾伦·卡尔松：《环境美学——自然、艺术与建筑的鉴赏》，杨平译，四川人民出版社 2005 年版。

［美］奥尔多·利奥波德：《沙乡年鉴》，侯文惠译，吉林人民出版社 1997 年版。

［美］巴里·康芒纳：《封闭的循环》，侯文蕙译，吉林人民出版杜 1997 年版。

［美］芭芭拉·沃德、勒内·杜博斯：《只有一个地球》，吉林人民出版社 1997 年版。

［美］大卫·雷·格里芬：《后现代精神》，王成兵译，中央编译出版社 1998 年版。

［美］德内拉·梅多斯等：《增长的极限》，李涛、王智勇译，机械工业出版社 2006 年版。

［美］霍尔姆斯·罗尔斯顿III：《哲学走向荒野》，刘耳等译，吉林人民出版社 2000 年版。

［美］卡洛琳·麦茜特：《自然之死》，吴国盛等译，吉林人民出社 1999 年版。

［美］莱切尔·卡逊：《寂静的春天》，吕瑞兰、李长生译，吉林人民出版社 1997 年版。

［美］罗德里克·弗雷泽·纳什：《大自然的权利》，青岛出版社 1999 年版。

［美］切瑞尔·格罗特费尔蒂等：《生态批评读本》，美国佐治亚大学出版社 1996 年版。

［美］梭罗：《瓦尔登湖》，徐迟译，上海译文出版社 2004 年版。

［美］约翰·杜威：《艺术即经验》，高建平译，商务印书馆 2005 年版。

［英］阿诺德·汤因比：《人类与大地母亲》，徐波莱译，上海人民出版社 2001 年版。

［英］戴维·佩珀：《生态社会主义：从深生态学到社会正义》，刘颖译，山东大学出版社 2005 年版。

初版后记

　　本书是从 2001 年秋季至今八个寒暑辛勤思考与工作的成果。八年，对于一个已过花甲之年的人来说，应该是已经不算短了，但对于一个新兴学科来说，其探索又显得为时太短。尽管我已经尽了自己的力量，力图使生态美学这门学科更加周延、完备并更具说服力。但生态美学作为一门正在发展中的新兴学科，其自身难免存在诸多缺憾。加之我本人学力的限制，因此，本书的探索还是初步的、不成熟的。但这种探索也让我懂得，生态美学是充满生命力的。我期望自己的探索能对后人的工作起到一点铺路的作用。

　　本书的写作具有高校教师的工作特点，它在很大程度上是教学相长的成果。首先，我曾经将有关内容向若干高校的同学们宣讲，并听取他们的意见；其后，我将其中的主要部分在山东大学文艺美学研究中心 2007、2008 两届博士生与博士后之中作为"生态美学研究"课程的主要内容加以讲解，并组织相关讨论，先后有 30 多位博士生与博士后研究人员参加了学习与讨论。我吸取了他们讨论中的许多好的意见，其间有部分同学帮助我整理有关讲稿。因此，这本书凝聚着这些同学的智慧与劳动。在成书的过程中，曾经请刘悦笛博士与王诺博士审阅书稿，并吸收了他们的宝贵意见。李晓明博士为我提供了有关外文文献，祁海文博士为我校阅了有关古代文献。在书稿具体整理过程中，又得到山东大学文艺美学研究中心博士后工作人员傅松雪博士与李妍妍博士的大力帮助。

　　本书作为山东大学文艺美学研究中心"985 项目的中期成果"之一，其出版得到山东大学和山东大学文艺美学研究中心的大力支持。

商务印书馆的丛晓眉女士为本书的出版给予了关心与支持，对本书出版给予关心的还有王德胜博士。对于以上所有的同学与朋友，我都要表示自己衷心的感谢。最后，我还要感谢我的妻子纪温玉对于我的悉心照顾与爱护，谢谢她为我所作出的默默的奉献！当然，我最大的期望还是来自广大读者与同行的批评。

曾繁仁

2009 年 9 月 5 日夜

曾繁仁文集

第 二 卷

生态存在论美学论稿

曾繁仁 著

中国社会科学出版社

目　　录

第一编　生态美学发生论

第二编　生态美学基本内涵论

第三编　生态美学资源论

第四编　生态美学基础论

附 录

第一编
生态美学发生论

当代生态美学的发展与美学的改造

古典美学以主体与客体、理性与感性的对立统一为其主线，发展到 19 世纪中叶，以黑格尔的"美是理念的感性显现"为其顶峰。但也从这时起，美学领域以叔本华为起点开始走上了突破古典美学、开创现代美学的美学学科改造的艰难而漫长的道路。可以说，整个 20 世纪至今都是以突破这种主客二分的美学范式为其主要任务的。20 世纪 60 年代以来，一种以生态批评为先导的生态美学伴随着时代的脚步悄然兴起，并逐步呈现迅速发展之势。所谓生态美学，即是在生态危机越来越严重的历史背景之下产生的一种符合生态规律的当代存在论美学，包括人与自然、社会及人自身的生态审美关系。它的产生与发展标志着古典的认识论美学到现代的存在论美学的转型所具有的现实紧迫性与理论完备性，因而，意义深远。本文试图在目前所掌握的材料的基础上，尽量从理论的广度与深度的结合上对生态美学这一新型的美学理论形态的产生、基本内涵、主要原则及其重要意义进行论述，以期引起更多的美学工作者的重视，并投入到这一逐步在国内外成为热点的生态美学（或称生态批评）的探索与讨论之中。但论题本身的重要及困难，特别是材料的缺乏，决定了本文仍然是一种带有某种冒险的探索，只是希望它同时成为一种有意义的探索。

一

生态美学的产生是一种时代的需要，是同人与自然的矛盾日趋尖锐深重、生态危机极大地威胁到人类的生存这一现实状况相伴随的。

其实，在漫长的岁月中，人同自然是处于较为和谐的状态的。只是在进行大规模工业化的近三百多年的时间内，人类借助空前发达的科学技术对自然进行了强有力的开发与改造，包括化学农药与肥料的施用、运用机械对森林与草原的砍伐与开发、工业废水与汽车废气的污染，以及带有毁灭性的战争和核武器的试验运用等等。这些，都对自然造成极大的破坏，对人类的生态造成极大的威胁，已逐步引起有识之士严重的关注。正是在这样的背景下，围绕美国海洋生物学家、著名作家莱切尔·卡逊（Rachel Carson 1907—1964）于 1962 年出版的《寂静的春天》一书展开了一场历时数年的争论。莱切尔·卡逊曾写过《在海风下》《环绕着我们的海洋》《海洋边缘》等著作。从 1958 年开始，卡逊把全部注意力转到了危害日益严重的杀虫剂使用问题的调查研究上来，她花费了四年的时间遍阅美国官方和民间关于杀虫剂使用和危害情况的报告。在详细的调查研究的基础上，她于 1962 年写成了《寂静的春天》一书。卡逊以严格实证的科学态度和激情澎湃的艺术家的情怀无情地揭露了美国农业、商业为追逐利润而滥用农药的事实，对不分青红皂白地滥用 DDT 等杀虫剂而造成的生物与人体的危害进行了有力的抨击。卡逊并没有就事论事地披露杀虫剂的滥用，而是将其笔触深入到环境的破坏对人的生存的极大危害，以及人与自然的关系等社会的、价值的和哲理的层面。书名《寂静的春天》就有深刻的寓意。本来，春天的到来，万物复苏，百鸟争鸣，鲜花怒放，应当是喧闹的、灿烂的、充满生气的。但正是因为 DDT 等杀虫剂的滥用，导致了鸟类和昆虫的死亡，牲畜和人类的患病，因而喧闹的春天成为寂静而毫无生气的春天。这是一种多么可悲而又惊人的现实啊！卡逊在书中的开头虚构了美国中部的一个村镇，这个村镇坐落在繁荣的农场中间，曾经是一种美不胜收的景象。"春天，繁花像白色的云朵点缀在绿色的原野上；秋天，透过松林的屏风，橡树、枫树和白桦闪射出火焰般的彩色光辉，狐狸在小山上叫着，小鹿静悄悄地穿过了笼罩着秋天晨雾的原野。"① 但从某一天开始，一个奇怪的阴影

---

① ［美］R. 卡逊：《寂静的春天》，吕瑞兰译，科学出版社 1979 年版，第 3 页。

遮盖了这个地区，一切都开始变化，一些不祥的预兆降临到村落，到处是死神的幽灵，喧闹的春天变成了寂静的春天。她写道："这是一个没有声息的春天。这儿的清晨曾经荡漾着乌鸦、鹟鸟、鸽子、樫鸟、鹪鹩的合唱以及其他鸟鸣的音浪；而现在一切声音都没有了，只有一片寂静覆盖着的田野、树林和沼泽。""不是魔法，也不是敌人的活动使这个受损害的世界的生命无法复生，而是人们自己使自己受害。"① 这就是为了所谓征服自然、消灭害虫而滥用 DDT 等杀虫剂所导致的严重后果。卡逊十分激愤地写道："当人类向着他所宣告的征服大自然的目标前进时，他已写下了一部令人痛心的破坏大自然的记录，这种破坏不仅仅直接危害了人们所居住的大地，而且也危害了与人类共享大自然的其它生命。"② 最后，卡逊从人类面临生存抑或灭亡的存在论的高度指出，人类正处于保护自然与破坏自然的十字路口上，并大声喊出了，为人类提供生存的最后唯一的机会是"让我们保住我们的地球"③。这就是莱切尔·卡逊这位将自己的一生都奉献给了环保事业的伟大女性在生态危机已经十分严峻的时刻从生死存亡的高度向人类发出的警告。因此，可以毫不夸张地说，《寂静的春天》是划世纪的经典之作，是一本改变了世界的书，它开拓了生态学的新纪元，也是生态批评的发轫之作。正如美国记者小弗兰克·格雷厄姆（Frank Graham，Jr.）在 1970 年出版的《〈寂静的春天〉续篇》中所说："《寂静的春天》以其文学上的成就，问世后的影响和在全世界享有的盛誉而受到评论界异口同声的推崇，从而跻身于经典著作的行列。"④ 莱切尔·卡逊是一位不平凡的女性，她为了自己所挚爱的科学与环保事业而终身未婚。从 1958 年春天她就开始了写作《寂静的春天》的计划，一开始定名为《人类与地球作对》。她与欧美各国科学家广泛接触，并从事规模庞大的研究工作，阅读了几千篇论文和文

---

① ［美］R. 卡逊：《寂静的春天》，吕瑞兰译，科学出版社 1979 年版，第 4—5 页。
② 同上书，第 87 页。
③ 同上书，第 292 页。
④ ［美］弗兰克·格雷厄姆：《〈寂静的春天〉续篇》，罗进德、薛励廉译，科学技术文献出版社 1988 年版，"前言"第 8 页。

章。在书籍的撰写过程中，卡逊经历了老母辞世的悲哀和自己从1960年就发现恶性肿瘤并接受化疗的痛苦。卡逊以坚韧的毅力和巨大的奉献精神终于完成了全书的写作，并于1962年6月16日开始在《纽约人》杂志分三次登完该书的缩写本，全书由霍顿·米夫林公司于1962年9月份出版。但缩写本的发表在政府、化学工业界和农业界引起轩然大波，其猛烈程度出乎人们意料之外。《纽约时报》于1962年7月22日的一条消息的标题称："《寂静的春天》现在成了嘈杂的夏日。"① 该书的出版也受到某些利益集团的直接阻拦。一些颇具影响和权力的科技界与企业界人士对莱切尔·卡逊及其《寂静的春天》大加挞伐。轻则说卡逊是在编造一部"科幻小说"，重的则攻击该书"科学上错误，事实上失真，方法不科学，倾向有害"。② 甚至无耻地对卡逊女士进行人身攻击。在书稿出版不久，联邦害虫控制审查委员的一次会议上，一位颇有名气的委员竟说："她是个老处女，干吗那么关心遗传问题？"③ 一时间，有关《寂静的春天》与杀虫剂问题的辩论成为美国全国性的热点问题，不仅报刊讨论，而且成为国会辩论的议题。哥伦比亚广播公司的电视记录系列节目《CBS》于1963年4月3日专门安排了一项题为"莱切尔·卡逊的《寂静的春天》"的节目。肯尼迪总统的科学顾问委员会花了8个月调查杀虫剂的应用情况，并于1963年5月15日在《基督教科学箴言报》发表调查结果，大字标题是："莱切尔·卡逊被证明正确"。④ 但斗争并没有止息，工业界、企业界与某些科学家被经济利益所驱动仍在干着攻击诋毁卡逊的勾当。但这位伟大的女性却从未动摇过，也从未屈服过。令人遗憾的是，可怕的癌症终于在1964年4月14日夺去了她的生命。但她的事业和精神却是永恒的。正是在她及其《寂静的春天》的推动下，1969年，美国国会通过了《国家环境政策法》，并建立了专门环境保护机

① ［美］弗兰克·格雷厄姆：《〈寂静的春天〉续篇》，罗进德、薛励廉译，科学技术文献出版社1988年版，第48页。

② 同上书，第54页。

③ 同上书，第49页。

④ 同上书，第79页。

构"改善环境质量委员会"。1971 年 1 月，尼克松总统在国情咨文中指出，保护环境"是美国人民在 70 年代必须关注的一个主要问题"。表面上看，卡逊及其《寂静的春天》所引发的争论是有关杀虫剂利弊的争论，实际上这是一次人类应取何种生存方式之争。也就是说，人类应该采取同自然对立的生存方式？还是应该采取同自然协调的生存方式？卡逊认为，由杀虫剂所引起的环境污染灾害完全是由人类所采取的同自然对立的生存方式决定的。她说："今天，我们所关心的是一种潜伏在我们环境中的完全不同类型的灾害——这一灾害是在我们现代的生活方式发展起来之后由我们自己引入人类世界的。"① 从更深的层面上看，《寂静的春天》所引发的还是一场哲学的革命。也就是说，以其为开端出现了一种足以更新人们的思想观念和改变人类生活状态的深层生态学。生态学是德国博物学家海克尔（Ernst Heinrich Haeckel，1834—1919）于 1866 年提出的，是一种研究生物之间及生物与非生物环境之间关系的学科，属于自然科学范围。以卡逊的《寂静的春天》为开端，将生态问题引向社会的、价值的领域，即对人与自然的关系进行"为什么""是什么"等深层的哲学与伦理的追问，从而出现了主要属于社会科学领域的深层生态学。卡逊通过人类对杀虫剂的滥用所引起的严重的生态危机中认识到，人与自然不应该是一种敌对的关系，而应该是一种和谐共生的关系。她认为，生物学问题同时也是一个哲学问题。她说，"控制自然"这个词是一个妄自尊大的想象产物，是当生物学和哲学还处于低级幼稚阶段时的产物，并且明确提出："我们必须与其他生物共同分享我们的地球。"② 人与其他生物共生共享，就是卡逊提出的一个新颖的极富哲学意味的存在论命题，成为后来逐步兴起的深层生态学的开端与有机组成部分。1973 年，挪威哲学家阿伦·奈斯（Arne Naess）在《探索》（Inquiry）杂志上发表了《浅层生态运动和深层、长远的生态运动：一个概要》一文，正式提出"深层生态学"的概念。所谓"深层生态学"，就是一

---

① ［美］R. 卡逊：《寂静的春天》，吕瑞兰译，科学出版社 1979 年版，第 193 页。
② 同上书，第 313、312 页。

种深层追问的生态学，它强调的是"问题的深度"。奈斯提出："形
容词'深层'强调了我们问'为什么……'、'怎样才能……'这类
别人不过问的问题"，"这是一类价值理论、政治、伦理问题。"① 奈
斯的深层生态学思想包括哲学观和实践观两个方面，前者面向学术，
后者面向大众，其思想体系分四个层次。第一层次为"上帝与宇宙是
一体的"；第二层次为"自然自身有价值"；第三层次为由以上原则
引出的"有机农业""废品回收""多步行"等具体结论；第四层次
为更实际的决定，如"骑车上班""回收办公用纸""参加荒野协会
的保护行动"等。在以上推演的基础上，奈斯建立起称之为"生态智
慧 T"的深层生态学思想体系，诸如自我实现、生命多样性、复杂
性、共生等。② 1984 年 4 月，在美国自然保护主义者约翰·缪尔
（John Muir）生日那天，深层生态学的两位重要人物奈斯和乔治·塞
欣斯（George Sessions）在美国加利福亚州的死亡谷（Death Valley）
做了一次野外宿营，并对十多年来深层生态学的发展进行了总结性的
长谈。在此基础上，他们共同起草了一份深层生态学运动应遵循的 8
条原则纲领：（1）地球上人类和非人类生命的健康和繁荣有其自身的
价值（内在价值，固有价值）。就人类目的而言，这些价值与非人类
世界对人类的有用性无关。（2）生命形式的丰富性和多样性有助于这
些价值的实现，并且它们自身也是有价值的。（3）除非满足基本需
要，人类无权减少生命形态的丰富性和多样性。（4）人类生命和文化
的繁荣与人的不断减少不矛盾，而非人类生命的繁荣则要求人口减
少。（5）当代人过分干涉非人类世界，这种情况正在迅速恶化。
（6）因此我们必须改变政策，这些政策影响着经济、技术和意识形态
的基本结构，其结果将会与目前大有不同。（7）意识形态的改变主要
是在评价生命平等（即生命的固有价值）方面，而不是坚持日益提高
的生活标准方向。对数量的大（big）与质量上的大（great）之间的
差别应当有一种深刻的意识。（8）赞同上述观点的人都有直接或间接

---

① 雷毅：《深层生态学思想研究》，清华大学出版社 2001 年版，第 25 页。
② 同上书，第 38—39 页。

的义务来实现上述必要的改变。① 他们认为，这 8 条纲领并不是一种系统的哲学，而只是深层生态学的一种共同的立场与基础。但我们认为，这 8 条纲领的确是较全面地概括了深层生态学的基本内容和新的发展。奈斯是一位十分谦逊和宽容的哲学家，他把自己的深层生态学称作"生态智慧 T"，说明他将自己有关深层生态学的理论完全看成仅仅是个人的一种见解（T），其他人也可以提出自己有关生态学的见解（生态智慧 A、B、C……）。

在 20 世纪后半期，深层生态学成为后现代思潮的重要组成部分。后现代主要有两种派别，一是以法国的福柯、德里达、拉康为代表的解构的后现代，二是以美国的大卫·雷·格里芬与大卫·伯姆等人倡导的建设性的后现代。后一种建设性的后现代更多地赞成对现代性的批判继承，对其反思超越，并创造新的经济文化形态。这种建设性的后现代思想就包含着丰富的深层生态学的思想。诚如美国圣巴巴拉后现代的研究中心主任和过程研究中心执行主任大卫·雷·格里芬（Griffin，D. R.）所说，"后现代思想是彻底的生态主义的，它为生态学运动所倡导的持久的见识提供了哲学和意识形态方面的根据。事实上，如果这种见识成了我们新文化范式的基础，后世公民将会成长为具有生态意识的人。在这种意识中，一切事物的价值都将得到尊重，一切事物的相互关系都将受到重视。我们必须轻轻地走过这个世界、仅仅使用我们必须使用的东西、为我们的邻居和后代保持生态的平衡，这些意识将成为'常识'"②。他还十分深刻地把这种深层生态学原理概括为"生态论的存在观"。他说："现代范式对世界和平带来各种消极后果的第四特征是它的非生态论的存在观。生态论的观点认为个人都彼此内在地联系着，因而每个人都内在地由他与其他人的关系以及他所做出的反映所构成。"③ 这就将深层生态学作为当代存在论哲学的重要资源和组成部分。从哲学或世界观的维度来说，深层生

---

① 雷毅：《深层生态学思想研究》，清华大学出版社 2001 年版，第 53 页。
② ［美］大卫·雷·格里芬编：《后现代精神》，王成兵译，中央编译出版社 1998 年版，第 227 页。
③ 同上书，第 224 页。

态学是进一步地由认识论到存在论的跨越。在当代，我们可以说，人们不仅仅要认识世界和改造世界，更重要的是要在同世界的和谐平等的对话中获得审美的生存。这就是时代所给予我们的深刻启示。

与深层生态学的发展相应，一种新颖的文学批评形态逐步兴起，这就是生态批评（ecocriasm）。生态批评出现于20世纪70年代，1974年，美国学者密克尔出版专著《生存的悲剧：文学的生态学研究》，提出"文学的生态学"这一术语，主张文学批评应当探讨文学所揭示的"人类与其他物种之间的关系"，要"细致并真诚地审视和发掘文学对人类行为和自然环境的影响"。同年，美国学者克洛伯尔在《现代语言学会会刊》发表文章，将"生态学"和"生态的"概念引入文学批评。1978年，鲁克尔特在《衣阿华评论》冬季号上发表题为《文学与生态学：一项生态批评实验》的文章，首次使用了"生态批评"一词，明确提倡"将文学与生态学结合起来"，强调批评家"必须具有生态学视野"，认为文艺理论家应当"构建出一个生态诗学体系"。1985年，现代语言学会出版弗莱德里克·威奇编写的《环境文学教学：材料、方法和文献资源》。1991年，英国利物浦大学教授贝特出版专著《浪漫主义的生态学》。在这部书里，贝特使用了"文学的生态批评"（Literary ecocriticism）。有学者认为，这一著作的问世标志着英国生态批评的开端。同年，现代语言学会举办议题为"生态批评：文学研究的绿色化"的研讨会。1992年，"文学与环境研究会"（简称ASLE）在美国内华达大学成立，这是一个国际性的生态批评学术组织。1994年，克洛伯尔出版专著《生态批评：浪漫的想象与生态意识》。1995年，ASLE首次学术研讨会在科罗拉多大学召开，会议收到两百多篇学术论文。同年，第一家生态批评刊物《文学与环境跨学科研究》出版发行。人们一般把ASLE的这次会议看作生态批评倾向和潮流形成的标志。同年，哈佛大学英文系的布伊尔教授出版专著《环境的想象：梭罗、自然、自然文学和美国文化的构成》，这部书被誉为"生态批评的里程碑"。1996年，第一本生态批评文学论文集《生态批评读本》出版，这是生态批评入门的首选文献。1998年，英国第一本生态批评论文集《书写环境：生态批评和文学》出版。同年，ASLE 第一次大会的会议论文集出版。1999 年夏季的《新文学史》是生态批评专号。2000 年 6 月，在爱尔兰科克大学举行多学科学术研讨会"环境的价值"。同年 10 月，在台湾淡江大学举办议题为"生态话语"的国际生态批评讨论会。2000 年，多种生态批评专著和论文集出版。2001 年，布伊尔出版的新著，麦泽尔主编的《生态批评的世纪》，ASLE 第四届年会，都对生态批评进行了全面的回顾与总结。2002 年初，弗吉尼亚大学出版社推出了"生态批评探索丛书"。2002 年 3 月，ASLE 在英国召开题为"生态批评的最新发展"的研讨会。①

以上，我以相当的篇幅介绍了生态批评在西方，特别是美英的发展历程。现在我们应该进一步弄清楚生态批评到底是一种什么样的批评。英国批评家理查德·克里治在《书写环境：生态批评和文学》的前言中指出，生态批评是"一门新的环境主义文化批评"。美国文艺理论家加布理尔·施瓦布指出："现在有新发起的批评理论，我们一般称之为'生态批评'，它主要研究关系到环境保护问题的全球化的政治设想。生态批评理论包含了一系列在环境危机和环境灾难研究之外的与生态有关的话题。它包括对生态政治运动的批评分析、全球化和生态破坏对人类以及更广泛意义上的物种的健康的影响，对生态基因多样性和自然资源的保护，以及针对生态问题的国家和超越国家的集团的政治的发展。从另一种意义上说，生态批评理论是对哲学意义上的人类和自然概念的历史批评，包括它们对种族和性别社会建构的巨大影响。"② 总之，生态批评实质上是一种文化批评，即以深层生态学的理论为指导，通过文学艺术这种形式对人类社会与生态有关的问题进行评价或者是通过理论批评的形式对文学艺术中涉及生态的问题进行评价。但无论如何，这是审美的物化形态——文艺与深层生态学的一种结合，从而为生态美学的产生奠定了实践的基础。

---

① 王诺：《生态批评：发展与渊源》，载鲁枢元主编《精神生态与生态精神》，南方出版社 2002 年版，第 239—244 页。

② ［美］加布理尔·施瓦布：《理论的旅行和全球化的力量》，《文学评论》2002 年第 2 期。

从我们目前所能掌握到的材料来看，迄今未止未见有国外学者论述生态美学的专著与专文。生态美学这一理论问题是我国学者从 20 世纪 90 年代中期开始提出的，此后逐步引起较多关注。2000 年以来有更多的论著出版和发表，并有多次专题的学术讨论会。徐恒醇的专著《生态美学》于 2000 年在陕西人民教育出版社出版。与此相关的，还有鲁枢元的《生态文艺学》、曾永成的《文艺的绿色之思——文艺生态学引论》。本人也于 2002 年发表专论《生态美学：后现代语境下崭新的生态存在论美学观》，并被《新华文摘》转载。本人在文章中明确提出，生态美学即"是一种人与自然和社会达到动态平衡、和谐一致的处于生态审美状态的崭新的生态存在论美学观"。① 生态美学之所以在我国产生并发展，除了我国古代有着丰富的深层生态学理论资源之外，更重要的是我国当前美学理论建设的需要。长期以来，我国当代美学受苏联的教条主义美学和德国古典美学影响至深。大家所熟知的"典型论"美学更多地受到苏联客观论美学影响，而"实践论"美学则更多受到德国古典美学影响。二者均未摆脱传统的主客二分的认识论模式，难有突破。在这样的情势下，以倡导人与自然融合和谐为其主旨的深层生态学犹如一股春风，给中国美学带来了活力与希望，从而催生了生态美学的产生与发展。

二

美学作为艺术哲学，从学科的发展来说，最重要的突破是作为美学的理论基础的哲学观的突破。从美学学科的发展来说，生态美学最重要的突破，也可以说最重要的意义和贡献就在于：它的产生标志着从人类中心过渡到生态中心、从工具理性世界观过渡到生态世界观，在方法上则是从主客二分过渡到有机整体。这可以说是具有划时代意义的，标志着一个旧的美学时代的结束和一个新的美学时代的开始。

---

① 曾繁仁：《生态美学：后现代语境下崭新的生态存在论美学观》，《陕西师范大学学报》（哲学社会科学版）2002 年第 3 期；《新华文摘》2002 年第 9 期。

有人问：生态美学最基本的原则是什么？我们的回答是：生态美学的基本原则就是不同于传统的人类中心的生态中心哲学观。还有人问：我们人类考虑问题就应该以人为本，怎么会以生态为中心呢？他们把这种"生态中心"看作是一种乌托邦。我们的回答是：由人类中心到生态中心的过渡是一个宏观的哲学观的转向（我们姑且将其称作哲学观点的"生态学转向"），是历史时代发展的必然结果，与具体工作和生活中是否"以人为本"不是一个层次的问题。

生态美学之所以难以被人接受，首先就在于这种"生态中心"的哲学观难以被人接受。其实，这是十分必然的事情。因为，人类中心的哲学观已经统治人类几千年了，而且西方美学的产生与发展又与人类中心的哲学观紧密相连。早在古希腊时期，智者的代表人物普罗泰戈拉就有一句脍炙人口的名言："人是万物的尺度。"古希腊最重要的理论家柏拉图则在《理想国》第七章中提出著名的"地穴理论"，把包括自然在内的可见世界统统比喻为地穴囚室。① 亚里士多德则在《政治篇》中认为，动植物都是为人类而存在的。他说："动物出生之后，植物即为了动物而存在，而动物则为了人类而存在，其驯良是为了供人役使或食用，其野生者则绝大多数为了人类食用，或者穿用，或者成为工具。如果自然无所不有，必求物尽其用，此中结论便必定是：自然系为了人类才生有一切动物。"② 作为西方文化源头之一的基督教也是主张"人类中心"的，《圣经》中《创世纪》1：25 至1：30："神说：我们要照着我们的形象，按着我们的样式造人，使他们管理海里的鱼、空中的鸟、地上的牲畜和全地，并地上所爬的一切昆虫。神就照着自己的形象造人，乃是照着他的形象造男造女。神就赐福给他们，又对他们说：要生养众多，遍满地面，治理这地，也要管理海里的鱼、空中的鸟和地上各样行动的活物。""神说：看哪！我将遍地上一切结种子的蔬菜，和一切树上所结有核的果子，全赐给你们作食物。至于地上的走兽和空中的飞鸟，并各样爬在地上有生命之

① ［古希腊］柏拉图：《理想国》，郭斌和、张竹明译，商务印书馆 1986 年版，第 276 页。
② 转引自冯沪祥《人、自然与文化》，人民文学出版社 1996 年版，第 532 页。

物，我将青草赐给他们作食物，事就这样成了。"文艺复兴时期是人性复苏时期，是以人道主义为旗帜反对宗教禁欲主义的重要时期，在人类历史上创造了辉煌的文化成就。但文艺复兴时期也是"人类中心"哲学观进一步发展完善时期。请看莎比亚在《哈姆雷特》中所写的有关对人的歌颂的一段著名的独白："人是一件多么了不得的杰作！多么高贵的理性！多么伟大的力量！多么优秀的外表！多么文雅的举动！在行为上多么像一个天使！在智慧上多么像一个天神！宇宙的精华！万物的灵长！"西方近代哲学的代表培根写出《新工具》一书，将作为实验科学的工具理性的作用推到极致，不仅可以认识自然，而且能够支配自然。这就是培根的"知识就是力量"的重要内涵。德国古典哲学的开创者康德则提出了著名的"人为自然界立法"的著名观点。康德认为，"范畴是这样的概念，它们先天地把法则加诸现象和作为现象的自然界之上"[①]。黑格尔之后，哲学和美学领域就开始了对主客二分哲学思潮方法的突破，但"人类中心主义"的突破却仍要待以时日。因此，西方现代哲学在很长的时间内仍是人类中心主义。现象学以其现象学还原方法突破了主客二分的思维模式。但早期现象学却仍是"人类中心主义"，其现象学还原方法所"悬搁"的是包括自然在内的各种实体，而保存的则是以"自我"为核心的"意向性"，是一种自我的构造性。因而，"自我"是世界的本原，从而成为"自我创造非我"。这仍是"自我本原"的"人类中心主义"。存在主义沿用现象学方法，将包括自然在内的一切实体都看成"虚无"，极力膨胀人的自由、自我设计、自我选择、自我规定本质，仍然是人类中心主义。正如萨特所说："世界从本质上说是我的世界。……没有世界，就没有自我性，就没有人；没有自我性，就没有人，就没有世界。"[②]

20世纪60年代以来，由于第二次世界大战对人类所造成的巨大破坏、环境灾难的加剧以及深层生态学思想的逐步产生等原因，

---

① 转引自赵敦华《西方哲学简史》，北京大学出版社2000年版，第273页。
② 转引自赵敦华《现代西方哲学新编》，北京大学出版社2000年版，第205页。

工具理性世界观与主客二分思维模式的极大局限得到突出显露，从而促使法国著名哲学家福柯（Michel Foacoult）于 1996 年在《词与物》一书中宣告工具理性主导的"人类中心主义"的哲学时代的结束，并将迎来一个新的哲学新时代。福柯指出："在我们今天，并且尼采仍然从远处表明了转折点，已被断言的，并不是上帝的不在场或死亡，而是人的终结。"① 这里所谓"人的终结"，就是"人类中心主义"的终结。他进一步阐述说："我们易于认为：自从人发现自己并不处于创造的中心，并不处于空间的中间，甚至也许并非生命的顶端和最后阶段以来，人已从自身之中解放出来了；当然，人不再是世界王国的主人，人不再在存在的中心处进行统治……"② 这个新的哲学时代是什么样的时代呢？福柯仅以"考古学"这一解构的特质予以初步说明，美国神学家托马斯·贝里（Thomas Berrry）则给予了明确界定。他认为："现代社会需要一种宗教和哲学范式的根本转变，即从人类中心主义的实在观和价值观转向生物中心主义或生态中心主义的实在观和价值观。"③ 生态中心主义的实在观与价值观就是深层生态学。它的产生其实是一场哲学的革命。正如著名的"绿色和平哲学"所阐述的那样："这个简单的字眼——'生态学'，却代表了一个革命性的观念，与哥白尼天体革命一样具有重大的突破意义。哥白尼告诉我们，地球并非宇宙中心，生态学同样告诉我们，人类也并非这一星球的中心。生态学并告诉我们，整个地球也是我们人体的一部分，我们必需像尊重自己一样，加以尊重。"④ 因此，生态中心主义哲学观或深层生态学的产生是对传统哲学观与价值观基本范式的一种颠覆，它必然会引起巨大的震动。长期以来，围绕着生态中心主义究竟是反人类中心主义（mis—anthropocentric）的还是反人类（mis—anthropic）的问题，一直存在着激烈的争论。对生态中心主义所谓潜在的反人类倾向的指责始终没有停止。即使像前美国副总统阿尔·戈尔这样的具有

① ［法］福柯：《词与物》，莫伟民译，上海三联书店 2002 年版，第 503 页。
② 同上书，第 454 页。
③ 转引自雷毅《深层生态学思想研究》，清华大学出版社 2001 年版，第 121 页。
④ 转引自冯沪祥《人、自然与文化》，人民文学出版社 1996 年版，第 44 页。

强烈环保意识的政治家，也认为生态中心主义具有反人类的倾向。他的一本名为《濒临失衡的地球》的著作在大力宣传环保意识的同时，也指责深层生态学（生态中心主义）具有反人类的倾向。他说："有个名叫'深层生态主义者'的团体现在名声日隆。它用一种灾病来比喻人与自然的关系。按照这一说法，人类的作用有如病原体，是一种使地球出疹发烧的细菌，威胁着地球基本的生命机能。深层生态主义者把我们人类说成是一种全球癌症，它不受控制地扩张，在城市中恶性转移，为了自己的营养和健康攫取地球以保证自身所需的资源。深层生态学的另一种说法是，地球是个大型生物，人类文明是地球这个行星的艾滋病毒，反复危害其健康和平衡，使地球不能保持免疫能力。""他们犯了一个相反的错误，即几乎完全从物质意义上来定义人与地球的关系——仿佛我们只是些人形皮囊，命里注定要干本能的坏事，不具有智慧或自由意志来理解和改变自己的生存方式。"[①] 在这里，戈尔有着许多偏见。生态中心主义恰恰不是从物质意义上来定义人与地球的关系，而是从地球和人类共同持续生存的高度来理解人与地球的关系。而且，它也不是一种消极的"灾病观"，而是立足于向前和建设发展的一种"建构的后现代主义"。当然，更重要的是这种"生态中心主义"哲学观有其充分的理论合理性，是从一种全新的，同时也是科学的意义上来阐释人类与地球的关系，以此说明不是什么"人类中心"而应是人与地球的共荣共存。首先，地球与人的关系，不是什么"人类中心"而是地球对于人类具有一种本源性的地位。也就是说，人类是由地球所构成的自然系统中产生出来的，地球是人类之母。自然史证实，地球的历史在 45 亿年之上，而生命的出现只有 3 亿年左右。人类是地球之上生命演化的过程中产生的，人类的生命得以维持也要完全依赖地球所提供的空气、食物与环境。正是从这个意义上，我们认为，绝不是人类主宰地球、控制自然，而恰恰是地球与自然是人类的本源。恰如莱切尔·卡逊在《寂静的春天》中所说，"人是大自然的一部分"，"假若没有能够利用太阳能生产出人类生存

---

① 转引自雷毅《深层生态学思想研究》，清华大学出版社 2001 年版，第 136、137 页。

所必需的基本食物的植物的话，人类将无法生存"，"人类忘记了自己的起源，又无视维持生存最起码的需要"。① 由此可知，地球与自然对于人类的本源性就是"生态中心"哲学观的重要内涵。其次，人对于地球和自然具有一种依存性。这就是生态学中的生命链的客观规律，使之提高到哲学和价值论的高度。正如卡逊在《寂静的春天》中所说，这是一种生命环链，"这个环链从浮游生物的像尘土一样微小的绿色细胞开始，通过很小的水蚤进入噬食浮游生物的鱼体，而鱼又被其它的鱼、鸟、貂、浣熊所吃掉，这是一个从生命到生命的无穷的物质循环过程"②。这种生命环链应该是生态学的一个客观规律，但从深层的哲理上理解却可揭示出人同地球自然的依存性是这种生命链意义上的依存。它说明：（1）这个生命环链是一种客观规律，人类只能遵从，无法随意控制，更不能加以破坏；（2）人只是这个生命环链之一环，他不能代替其他环链，也不可能离开其他环链；（3）人类只有尊重并维护这个生命环链才能得以生存。正如卡逊在《寂静的春天》出版后在为全国妇女书籍协会准备的一篇报告中所说："我的每一本书都试图说明，地球上的一切生物都是互相关联的；每一物种都与其他物种联系着；而所有物种又与地球相关。这是《我们周围的海洋》和其中几本关于海洋的书的主题，也是《寂静的春天》的主题。"③ 其三，人类与地球及自然不是相互对立的，而是一种有机的整体构成。这是生态中心主义哲学观最重要的理论观念，是其区别于主客二分的传统思维模式最基本之点。正如美国环境哲学家 J. B. 科利考特所说，"我们生活在西方世界观千年的转变时期——一个革命性的时代，从知识角度来看，不同于柏拉图时期和笛卡尔时期。一种世界观，现代机械论世界观，正逐渐让位于另一种世界观。谁知道未来的史学家

---

① ［美］R. 卡逊：《寂静的春天》，吕瑞兰译，科学出版社 1979 年版，第 194、64 页。
② 同上书，第 48 页。
③ ［美］弗兰克·格雷厄姆：《〈寂静的春天〉续篇》，罗进德、薛励廉译，科学技术文献出版社 1988 年版，第 53 页。

们会如何称呼它——有机世界观、生态世界观、系统世界观……"①
美国著名物理学家卡普拉认为："新范式可以被称为一种整体论世界
观，它强调整体而非部分。它也可以称为一种生态世界观，这里的
'生态'一词是深层生态学意义上的。"② 这种有机整体生态世界观的
重要特点是将"主体间性"（inter-sub-jecttvetat）的观点引入整体论哲
学观之中，使得人与自然的关系不是自我与他者的对立的、分裂的关
系，而是我和你两个主体间平等对话的关系。人与自然事物一样都是
生命环链这一关系之网中的一个点，是一种处于平等地位的"关系中
的自我"（Self-in-relation）。但生态论有机整体世界观中的平等又不是
绝对的平等，而是每个存在物在生命环链所处位置中所具有的生存、
繁衍和充分体现自身的应有的权利。人类和动、植物在生命环链中所
处的位置不同，因而都应充分具有生存、繁衍和体现自身的权利。人
类当然应有自己的权利，但人类的这种权利应以尊重其他物种的权利
为其前提。诚如奈斯于 1984 年同塞欣斯所起草的深层生态学 8 条行
动纲领之三所说，"除非满足基本需要，人类无权减少生命形态的丰
富性和多样性"。因此，这种生态整体论世界观包含了对人的基本权
利的充分尊重，同时又将这种尊重扩大到生命环链中的其他物种。由
此可见，这种生态世界观不仅不是反人类的，而且实际上是一种更宽
泛的人道主义——普世性的仁爱情神。

　　生态中心主义哲学观的产生还得到了自然科学的支持，那就是从
20 世纪 60—70 年代以来在地球科学中产生了一个分支学科——地球
生理学（Geophysiotogy）。地球生理学是于 1968 年由海洋生物学家、
美国加州火箭推进实验室月球与行星研究太空计划的生命科学顾问詹
姆斯·拉伍洛克（Jam. esLoletock）首次提出的。这就是著名的该亚
（Gaia）假说——地球女神：地球医学的实证科学（Gaiaihepractical-
Science of planetaig Medicine）。地球生理学是用大气分析的方法探测行

　　①　［美］J. B. 科利考特：《罗尔斯顿内在价值：一种解构》，《哲学译丛》1999 年第 2 期，
第 25 页。

　　②　转引自雷毅《深层生态学思想研究》，清华大学出版社 2001 年版，第 122—123 页。

星是否存在生命所得出的结果。也就是通过大气分析的方法，发现地球是完全不同于火星与金星的具有强大生命力的球体。因此，拉伍洛克视地球为一个地理的体系，犹如活的生物。因此，这是一种对大型生命系统，如地球的一种整体论科学。同时，它也是一种严谨的科学，针对地球这个大型生命体系的特性进行研究，从而成为实验科学——行星医学的基石。这门科学所探测的范围是：地球生物圈作为一个生命体，这个生命体健康吗？以此为出发点，对这颗行星步入中年之际做一番彻底的检视。其结果让人既迷惘又恐惧，就像其他步入中年的生命形态，地球也曾遭受一些打击，甚至是一些严重的打击，但已达到了完全的复原，而现在地球却生病了，并且病得很重，人类的活动应该是造成问题的一个因素。地球生理学就应该对地球所得疾病进行探测，并研究其前途、疗救的措施等等。拉伍洛克的工作从20世纪60年代初期即已开始，但第一篇讨论地球为一个自我调整体系的论文较晚才得以发表。直到1988年美国地球物理联合会（AGU）才选择地球女神该亚（Gaia）作为会议的主题之一。拉伍洛克认为，所谓生命决不仅仅指通常意义上的生殖，而是指一个能够进行能量与物质交流并使之内部维护稳定的体系。按照这样一种观点，地球恰恰是这样一个有机生命体，它利用太阳的能量并且照行星的尺度进行一种新陈代谢作用。地球从太阳光吸取高等级的自由能，并排出低等级的能量于太空，同时地球在其内部的内太空里也交换其化学物质。这就使地球上大气圈处于不寻常的化学不平衡状态，其还原与氧化气体是以高度反应混合的方式并存。与此相对，在金星与火星之上，大气层则接近平衡状态，仅具有惰性气体。而要维护地球大气圈的还原与氧化的稳定状态，必须通过生物每年通过光合作用补充充足的甲烷和氧气。假如地球上的生物突然不见了，所有构成地圈、水圈与大气圈的上百种元素将会彼此共同反应，直到没有任何更进一步的反应发生，从而达到一种平衡的状态。那么，地球这颗星球将会成为一个炽热、无水气的一片死寂之地，不再适合人类的居住。正如著名的生态学家何塞·卢岑贝格所说："我们的地球还远未达到一种化学平衡状态，如果地球上没有生命，那么这里很有可能会发生与金星相似的情况。我们的海洋也会蒸发枯竭，水会从这个世界上消失，虽然我们比之金星距离太阳要远一些，但是地球表面的温度也会远远高出 200 摄氏度。"① 试想，这是一种多么可怕的景象啊！地球生物圈得以存在，又与海洋、河流、岩石、土壤等等非生物密切相关，因而地球的生物与非生物系统构成一个有机整体的体系。这就使地球生理学将研究岩石圈演化过程的地球科学与研究生物圈演化过程的生命科学结合了起来，从而形成一种新的地球生理学这一分支学科。地球生理学使地球成为一个有机整体的生命体系，而人类只是这生命体系的一种，既不能成为中心，也不能成为主宰。正如拉伍洛克所说："关键的是星球的健康，而不是个体有机物种的利益，它既不与广泛的人类中心主义也不与已建立的科学相一致；在盖亚，人类只是另一物种，而不是这种星球的所有者与管理者；人类的未来取决于与它的适当关系，而不是自身利益无休止的满足。"② 由此可知，拉伍洛克所提出的地球生理学——该亚假说实际上已经在自然科学的基础上提升到科学哲学的高度，成为生态中心主义哲学思想的重要支撑。

三

生态美学从根本上来说还是一种存在论美学，即生态存在论美学观。这一美学观的提出应该归功于德国当代哲学家海德格尔（Martin Heidegger）。他首先于 1943 年提出人"诗意地栖居"这一著名命题。海德格尔于 1943 年为纪念诗人荷尔德林逝世一百周年写了《追忆》一文，对荷尔德林的诗歌"追忆"进行阐释。他借用荷氏的一句诗"充满劳绩，然而人诗意地，栖居在这片大地上"，对其加以阐释："一切劳作和活动，建造和照料，都是'文化'。而文化始终只是并

---

① ［巴西］何塞·卢岑贝格：《自然不可改良：经济全球化与环保科学》，黄凤祝译，生活·读书·新知三联书店 1999 年版，第 57 页。
② 转引自郇庆治《欧洲绿党研究》，山东人民出版社 2000 年版，第 229 页。

且永远就是一种栖居的结果。这种栖居却是诗意的。"① 这里提到了人类"诗意地栖居"的目标，但却将其同劳作和建造等人的活动相联系，仍在"人类中心主义"的思想体系之中。在此前的 1936 年前后，海氏在《艺术作品的本源》的演讲中，将真理的敞开即诗意的栖居归之于"世界与大地的争执"，所谓"作品建立一个世界与制造大地，同时就完成了这种争执。作品之作品存在就在于世界与大地的争执的实现过程中"。② 虽然从古典美学的感性与理性的矛盾置换成真理遮蔽与敞开的矛盾，在摆脱主客二分的思维模式上有了突破性的进展，但真理的遮蔽与敞开仍依赖于"世界与大地的争执"，而世界对大地仍处于统治地位，"人类中心主义"的思想禁锢仍未突破。因此，"诗意地栖居"和"真理的敞开"等重要的具有当代性的美学观念的提出，仍未达到生态世界观的高度。只是在海氏的晚期的 1959 年 6 月 6 日在慕尼黑库维利斯首府剧院举办的荷尔德林协会上作的演讲报告中，才提出了具有生态思想的"天地人神四方游戏说"。他说："于是就有四种声音在鸣响：天空、大地、人、神。在这四种声音中，命运把整个无限的关系聚集起来。但是，四方中的任何一方都不是片面地自为地持立和运行的。在这个意义上，就没有任何一方是有限的。若没有其他三方，任何一方都不存在。它们无限地相互保持，成为它们之所是，根据无限的关系而成为这个整体本身。"③ 这就说明，当代美学的发展仅仅突破主客二分的思维模式、由认识论进入存在论还是远远不够的，还必须进一步突破"人类中心主义"哲学观，进入"生态中心主义"的哲学高度。海氏的"天地神人四方游戏说"就不仅是存在论的，而且是生态论的，是一种崭新的生态存在论美学观。从目前我们接触到的材料来看，海氏的"天地神人四方游戏说"应该

---

① ［德］马丁·海德格尔：《荷尔德林诗的阐释》，孙周兴译，商务印书馆 2000 年版，第 107 页。

② ［德］马丁·海德格尔：《海德格尔选集》，孙周兴选编，生活·读书·新知三联书店 1996 年版，第 270 页。

③ ［德］马丁·海德格尔：《荷尔德林诗的阐释》，孙周兴译，商务印书馆 2000 年版，第 210 页。

是首次表述了有关生态审美观的思想，同时也是最完备的表述。对于海氏的这一表述，目前理论界包括西方的生态批评界都重视的不够，西方生态批评学界过于就事论事，而文学的生态批评尚未能上升到生态存在论审美观的高度。海氏的生态存在论审美观包含着极为丰富的内涵。他首先无情地批判了西方现代由技术的"促逼"所形成的人类中心主义。他说："这种关涉在今天普遍地以一种依然鲜有思索的促逼触及人。也就是说，这片大地上的人类受到了现代技术之本质连同这种技术本身的无条件的统治地位的促逼，去把世界整体当作一个单调的、由一个终极的世界方式来保障的、因而可计算的贮存物（Bestand）来加以订造。向着这样一种订造的促逼把一切都指定入一种独一无二的拉扯之中。这种拉扯的谋制（Machenschaft）把那种无限关系的构造夷为平地。那四种'命运的声音'的交响不再鸣响。"① 所谓现代技术的"促逼"，就是人类滥用技术、无限制地掠夺和破坏自然所造成的"支配性暴力"，即强大的压迫。其结果是把人与自然之间和谐的"无限关系的构造夷为平地"，而"天地神人四方游戏"的"那四种'命运的声音'的交响不再鸣响"。这就必然导致人类试图对宇宙空间加以"订造"的"人类中心主义"。海氏指出："欧洲的技术—工业的统治区域已经覆盖整个地球。而地球又已然作为行星而被算入星际的宇宙空间之中，这个宇宙空间被订造为人类有规划的行动空间。诗歌的大地和天空已经消失了。谁人胆敢说何去何从呢？大地和天空、人和神的无限关系似乎被摧毁了。"② 在这里，海德格尔作为哲学家的远见的确让人佩服，他在四十多年之前就已经预见到某些超级大国不仅妄图称霸地球，进而妄图称霸宇宙空间的事实。但这种称霸或曰"支配性的暴力"，其后果即是对人与自然和谐统一的生态协调关系的破坏。海氏的生态存在论审美观恰以此为其哲学起点。他所依据的恰恰就是"天地神人四方游戏说"和"大地与天空的亲密

---

① ［德］马丁·海德格尔：《荷尔德林诗的阐释》，孙周兴译，商务印书馆 2000 年版，第221 页。

② 同上书，第218 页。

性之整体"的观念。他形象地将这种状况比喻为婚礼式的节日和庆典。他说:"婚礼乃是大地与天空、人类与诸神的亲密性之整体。它乃是那种无限关系的节日和庆典。"① 这就是说,海氏认为,既不是人类中心,也不是生物中心,而是天空和大地结成亲密的整体,只有这样的整体才具有无限发展的空间。而大地和天空、人类与诸神,人与自然的亲密结合就犹如盛大的婚礼,将给人类带来幸福和美好前途的节日和庆典。这里所谓"大地和天空的亲密性之整体"就是"人与自然和谐协调的生态整体",恰好说明海氏力倡"生态中心",拒斥"人类中心",正是海氏美学思想中生态观的深刻内涵。海氏的生态存在论美学观作为存在论美学所遵循的乃是存在论现象学的方法,即是将美归结为真理的显现,而其过程则是由存在者到存在、由在场到不在场、由遮蔽到解蔽(澄明)。他说:"美乃是以希腊方式被经验的真理,就是对从自身而来的在场者的解蔽,即对 ψυσιδ(自然、涌现),对希腊人于其中并且由之得以生活的那种自然的解蔽。"② 这里所说的"解蔽"具有"悬搁"与"超越"之意,即将外在杂芜的现实和内在错误的观念加以"悬搁",从而显露出事物本真的面貌;同时,也是对功利主义和物质主义的一种"超越",进入思想的清明之境,从而把握生活的真谛。在海氏已经摆脱"人类中心"、接受"生态中心"的情况之下,他的美学思想中的"悬搁"与"超越"当然包含着环境保护和生态中心的新的内涵。这一点可从他对艺术家和艺术的要求中看出。海氏认为:"但对希腊人来说,有待显示的东西,亦即从它本身而来闪现者,也就是真实(das Waher),即美。因此之故,它就需要艺术,需要人的诗意本质。诗意地栖居的人把一切闪现者,大地和天空和神圣者,带入那种自为持立的、保存一切的显露之中,使这一切闪现者在作品形态中达到可靠的持立。"③ 在海氏看来,作为真理显现的美,必须借助于艺术,而艺术创造又有赖于"诗意地

---

① [德]马丁·海德格尔:《荷尔德林诗的阐释》,孙周兴译,商务印书馆 2000 年版,第214页。
② 同上书,第 197 页。
③ 同上书,第 198—199 页。

栖居的人"及"人的诗意本质"。只有这样，才能将一切闪现者，包括大地和天空和神圣者带入艺术作品之中。这就要求艺术家应具有"人的诗意本质"，即大地和天空"结成亲密的整体"的生态意识，这样才能在艺术作品中体现出大地和天空和神圣者协调和谐的生态观念。

四

　　生态美学既然是一种由人与自然的关系生发出来的美学思想，那么，除了我以上谈到的生态中心、生态存在论审美观等具有高度哲理性的原则之外，它还有些什么样的同自然有关的绿色原则呢？在这个问题上可以有许多不同的概括，但我们认为还是稍微宏观一点为好，同时，也不能从一个极端直到另一个极端。最近，美国所编《新文学史》中介绍了杰·帕理尼对生态批评原则的阐释。他指出，生态批评是"'一种向行为主义和社会责任回归的标志'；它象征着那种对于理论的更加唯我主义倾向的放弃。从某种文学的观点来看，它标志着与写实主义重新修好，与掩藏在符号汪洋之中的岩石、树木和江河及其真实宇宙的重新修好"①。也许帕理尼这段概括在一定程度上反映了美国当代生态批评的现实，但从理论上来说却未免具有某种明显的片面性。上述论述中所倡导的"社会责任回归"和"对于理论的更加唯我主义倾向的放弃"，无疑是正确的，十分重要的，但其对抹杀人与动物区别的行为主义心理的全盘肯定、对传统写实主义的弘扬，以及对现代派艺术夸张变形技巧的否定等都未必全面正确。因此，帕理尼的上述五原则很难说就是具有科学性的生态批评原则。

　　我个人认为，生态美学包括生态批评除了要遵循上述生态中心、生态存在论审美观的基本理论指导之外，从稍微宏观的角度来说，从人与自然的关系的角度还可概括为尊重自然、生态自我、生态平等与

---

　　① ［美］但纳·菲利普：《生态批评，文学理论与生态学的真实性》，王宁编译《新文学史》，清华大学出版社 2001 年版，第 289 页。

生态同情四原则。是否可以将它们视为生态美学四个重要的绿色原则呢？这里作为个人的一得之见，提出来供学术界同仁参考。所谓"尊重自然"，这是生态美学或生态批评的首要原则。针对长期以来人类对自然的轻视与掠夺，从自然是人类生命与生存之源的角度，人类也应对自然保持十分尊重的态度。有了尊重，才会热爱，才会自觉的保护珍惜。这也应该成为生态美学与生态批评的重要组成部分。当代著名环境伦理学家泰勒（Paul Taylor）所著的当代西方环境伦理学中理论架构最为完整的一部书的书名就是《尊重自然》。荷兰植物保护工作者布里吉博士认为，"生命是一个超越了我们理解能力的奇迹，甚至在我们不得不与它进行斗争的时候，我们仍需要尊重它。"① 所谓"生态自我"（Ecologicalself），是当代深层生态学的一个十分重要的理论观点，即是将"自我"从狭义的局限于人类的"本我"扩大到整个生态系统的"大我"，说明人和其他生物具有同样的实现自我的权利，成为"主体间性"理论在生态理论的具体体现。雷毅在评述奈斯的深层生态学时说："他用'生态自我'（Ecological，Self）来表达这种形而上学的自我，以表明这种自我必定是在与人类共同体、与大地共同体的关系中实现。自我实现的过程是人不断扩大自我认同对象范围的过程，也是人不断走向异化的过程。随着自我认同范围的扩大与加深，我们与自然界其他存在的疏离感便会缩小，当我们达到'生态自我'的阶段，便能'在所有存在物中看到自我，并在自我中看到所有的存在物'。"② 所谓"生态平等"，也是深层生态学"普遍共生"的一个重要原则，即指所有生物都享有自己在生命环链中所应有的平等发展的权利。正如德维（Bill Devall）与雷森（George Lessions）在1985年讨论深层生态学时所说，深层生态学的"基本深义即在肯定以生命为中心的平等性，认为所有在此地球上一切万类都有平等的生存权利、平等的发展权利，乃至于平等的机会，以充分自我实现其潜

---

① 转引自 R. 卡逊《寂静的春天》，吕瑞兰译，科学出版社 1979 年版，第 288—289 页。
② 雷毅：《深层生态学思想研究》，清华大学出版社 2001 年版，第 46—47 页。

能"。① 要承认生态万物的多样性，正是这多种多样、相生相济的生物群落构成了环环相扣、紧密依存的生命环链。而每一个物种都在自己所处的生命环节上有其特殊的位置与作用。因此，"生态平等"就是尊重这种生命环节中的位置与作用，使之享有自己的生存与发展的权利。所谓"生态同情"，即指深层生态学的生态智慧中所包含的对万物生命所怀有的一种仁爱精神。因为，深层生态学所面对的不是冷冰冰的毫无知觉的客观事物，而是活生生的生命，不仅动物、植物，甚至连岩石、土壤、海洋和河流也是生命体系不可缺少的有机组成部分。因此，深层生态学不仅是一种客观的哲理，而且包含终极关怀的情怀和悲悯同情的博爱精神。正如奈斯所说："深层生态学的另一个基本准则是：随着人类的成熟，他们将能够与其他生命同甘共苦。当我们的兄弟、一条狗、一只猫感到难过时，我们也会感到难过；不仅如此，当有生命的存在物（包括大地）被毁灭时，我们也将感到悲哀。"②

那么，这种生态美学或生态批评中的绿色原则应如何在文学艺术中体现呢？从广义的生态存在论审美观的角度说，这是一种审美观念与文艺观念的更新，一个新的艺术精神的重铸。而从更为具体的绿色文艺的意义上来说，我认为可以从这样三个方面界定。首先，从题材上来说，应以人与自然友好和谐的关系为其题材。例如泰戈尔《园丁集》：

　　我常常思索，人和动物之间没有语言，他们心中互相认识的界线在哪里？

　　在远古创世的清晨，通过哪一条太初乐园的单纯的小径，他们的心曾彼此访问过。

　　他们的亲属关系早被忘却，他们不变的足印的符号并没有消灭。

---

① 转引自冯沪祥《人、自然与文化》，人民文学出版社 1996 年版，第 71 页。
② 转引自雷毅《深层生态学思想研究》，清华大学出版社 2001 年版，第 44 页。

可是忽然在那无言的音乐中，那模糊的记忆清醒起来，动物用温柔的信任注视着人的脸，他用嬉笑的感情下望着它的眼睛。

好像两个朋友戴着面具相逢，在伪装下彼此模糊地互认着。

泰戈尔在诗中以感人的笔触描写了人与动物的亲缘历史与友好相处的现实关系，在题材上就是选择的人与自然友好和谐的题材。

其次，从态度上应取对自然歌颂的态度。中国当代作家徐刚在其《伐木者，醒来！》中写道：

我要趁此机会告诉亲爱的读者，我正努力用诗的语言来进行我现在的写作，不是为了证明我是诗人，而是因为大自然太美妙、太神奇了。我相信：如同没有一支画笔可以绘出秋日森林的景致一样，也没有一首诗能够深邃地抒发自然之美，我们能做的，只是点点滴滴。

徐刚在书中以诗歌的语言歌颂了葱郁的天目山、武夷山，奔腾的黄河、长江，神奇的戈壁，但也无情地鞭挞了那些大自然的破坏者，爱憎分明，反映了作者自觉的环保意识。

最后，也是更为重要的是，作者应通过作品的描述引发读者有关人与环境的哲思。莱切尔·卡逊在《寂静的春天》的最后写道："控制自然"这个词是一个妄自尊大的想象产物，是当生物学和哲学还处于低级幼稚阶段时的产物。当时人们设想中的"控制自然"就是要大自然为人们的方便有利而存在。应用昆虫学上的这些概念和做法在很大程度上应归咎于科学上的蒙昧。这样一门如此原始的科学却已经被用最现代化、最可怕的化学武器武装起来了；这些武器在被用来对付昆虫之余，已转过来威胁着我们整个的大地了，这真是我们的巨大不幸。[①]

这一段可说是全书的点睛之笔，将杀虫剂之争提升到了人与自然的关系是控制还是顺应这样的哲学的高度，给世人以深刻的警示。而

---

① ［美］R. 卡逊：《寂静的春天》，吕瑞兰译，科学出版社1979年版，第313页。

"'控制自然'这个词是一个妄自尊大的想象产物"也成了一个著名的哲理名言。

五

生态美学所涉及的一个重要的，同时又是引起诸多争论的问题，就是"世界的复魅"问题，以及与之有关的自然美与宗教美学问题。所谓"魅"，即是远古时代科技尚不发达之时人们将自然现象都看作是"神灵凭附""万物有灵"。远古的神话传说就同这种"魅"紧密相关，使人们领略到人类童年时代的生活与精神风貌。但随着科技的发展，人们对于自然现象有了更多的了解，不再存有神秘之感，古代神话传说似乎也失去其应有的魅力。这就是所谓"世界的祛魅"。20世纪初，马克斯·韦伯（M. Weber 1864—1920）就曾提出"世界的祛魅"（disenchantment of the world）这一概念。但20世纪后期，随着人类社会进入"后工业时代"，由于深感自然界的许多神奇的规律远未、甚至永远不可能被人类发掘，而深层生态学的出现又使人感受到大自然无穷的魅力，所以，又有人提出"世界的复魅"（Reenchantment of the world）。"世界的复魅"也是深层生态学的有机组成部分，并同生态美学与生态批评紧密相关。由上述可见，实际上人类经历了"魅—祛魅—复魅"这样一个曲折的历史发展过程。当前所提倡的"世界的复魅"，实际上是后现代思潮对科技时代主客二分、人与自然对立的思维模式的一种批判。它当然并不是要求回到远古的神话时代，而是要求恢复对自然的必要的敬畏、重新建立起人与自然的亲密和谐关系。正如 J. 华勒斯坦（J. Wallerstein）所说："世界的复魅是一个完全不同的要求。它并不是在号召把世界重新神秘化。事实上，它要求打破人与自然之间的人为界限，使人们认识到，两者都是通过时间之箭而构筑起来的单一宇宙的一部分。'世界的复魅'意在更进一步地解放人的思想。"①

---

① 转引自鲁枢元《文艺生态学》，陕西人民教育出版社2000年版，第82页。

"世界的复魅"的具体内容是什么呢？我以为，主要是针对后工业时代工具理性主义对人的科学认识能力的过度夸张，对大自然的伟大神奇魅力的完全抹杀，从而力主恢复自然的神奇性、神圣性和潜在的审美性。所谓"大自然的神奇性"，就是指大自然和地球是十分复杂的生命体，人们的科技再发展也无法穷尽其秘密。因而，大自然永远对人有一种神奇之感，这就是它的一种无穷的魅力。莱切尔·卡逊曾多次讲到"生命是一个奇迹"。她说："譬如说，相信自然界的大部分是人类永远干涉不到的，这是很愉快的。人可能毁坏树林，筑坝拦水，但是，云、雨和风都是上帝的。生命之流古往今来永远按着上帝为它指定的道路流淌，不受人类的干扰，因为人类只不过是那溪流中的一滴水而已。"① 所谓"大自然的神圣性"主要是从大自然是人类的生命之源的角度来说，人类不仅来自大自然，而且人类今天的繁衍、生存与发展也都依赖于大自然。大自然、地球是人类的母亲！难道对于生我、养我的母亲不应充满神圣的敬意吗？诚如卢岑贝格所说，"这也就意味着，对于美丽迷人、生意盎然的该娅，我们必须采取一个全新的态度来重新看待她。我们需要对生命恢复敬意"②。至于"大自然潜在的审美性"，这是一个争议性颇大的问题。当代深层生态学家从生命的具有独自的"内在价值"出发，认为大自然也具有自己的美学价值，从而否定了审美是人类特有的情感判断的观念。例如，卡逊认为："我们继承的旷野的美学价值就如同我们继承我们山丘中的铜、金矿脉和我们山区森林一样多。"③ "和平绿色宣言"也认为："生态学广阔无边之美，真正提醒我们，应如何去了解和欣赏众生之美。"④ 我们认为，大自然特具的蓬勃的生命、斑斓的色彩、对称的比例的确具有无限的美的魅力。但作为自然美，这还只是人的一种审美

---

　　① 转引自弗兰克·格雷厄姆：《〈寂静的春天〉续篇》，罗进德、薛励廉译，科学技术文献出版社1988年版，第14页。

　　② [巴西] 何塞·卢岑贝格：《自然不可改良》，黄凤祝译，生活·读书·新知三联书店1999年版，第57—58页。

　　③ [美] R.卡逊：《寂静的春天》，吕瑞兰译，科学出版社1979年版，第74页。

　　④ 转引自冯沪祥《人、自然与文化》，人民文学出版社1996年版，第532页。

价值判断。大自然的美的魅力是一种潜在的审美性，是需要给予承认并充分重视的。

　　"世界的复魅"问题同原始宗教和当代宗教息息相关，因此，涉及宗教与生态美学的关系问题。本来，宗教所特具的终极关怀精神就同生态理论有着密切关系，特别是东方宗教，力主"普度众生"，因而，将其仁爱精神扩大到万物众生。天台宗《法华经》称："一切众生皆成佛道，若有闻法者，无一不成佛。"印度教认为，"什么叫作宗教？悲悯一切万物生命，就是宗教"。伊斯兰教主张万物同一，指出："它们不只是地球上的动物，也不只是用双翼飞的生物，它们如同你们一样，也是人类。"奈斯深层生态学的形成就深受东方佛教和甘地哲学的影响。基督教因其源自西方，颇多人类中心主义影响。对基督教的人类中心主义，赫胥黎（A. Huxley）较早地提出过批判。他说："比起中国道教与远东佛教，基督教对自然的态度，一直是令人奇怪的感觉迟钝，并且常常出之以专横与残暴的态度。他们把《创世纪》中不幸的说法当作暗示，因而将动物只看成东西，认为人类可以为了自己目的，任意剥削动物而无愧。"[①] 1966 年 12 月，美国科学史家林恩·怀特在题为《我们时代生态危机的历史根源》的演讲中，把生态危机的根源直接归因于基督教，对基督教的教义提出了严厉的批评，要求人们重新考虑《圣经》教义和确定基督教信仰中人与自然的关系，由此引发了一场基督教与生态危机关系的激烈争论，并导致生态神学的兴起。不少基督教人士开始了将基督教信仰同生态学相联系的探索。英国教会全国大会 1970 年宣言："我们让动物为我们工作，为我们载重，为我们娱乐，为我们赚钱，也为我们累死。在很多地方，我们利用它们，却毫无感念与悲悯，也毫不关心，真是充满自大与自私。人类常常把快乐建筑在其万物痛苦之上，人道精神因而荡然无存。"这样的反思应该说还是比较深刻的。不仅如此，基督教还从正面提出要求，他们借用启示录第七章的一段名言"地与海，并树木，你们不可伤害"，并加以发挥。基督教奎克教会宣示："让仁慈的精神

---

　　① 转引自冯沪祥《人、自然与文化》，人民文学出版社 1996 年版，第 418 页。

能够无限伸展，让仁慈能够对上帝创造的一切万物，均表示至爱与体贴。"德国神学家莫尔特曼（Jurgen MoltMann）更是提出"生态创造论"这一较为系统的生态神学理论体系。他否定了人类的中心地位，提出人类处于上帝与万物之间的中介地位，"是以人既不具有决定万物存有的能力，也不可以视万物仅为满足自己的手段和工具，一方面因为人不是绝对的，另一方面因为万物各自有其本性，正因如此，人于受造的自然界乃有这一器重的角色需要扮演"①。深层生态学本身也具有某种宗教倾向。卡普拉就认为，深层生态学"将要求一种新的哲学和宗教基础"②。但我们认为，深层生态学并不是宗教世界观，而是在科学和社会学基础之上的一种哲学和价值论的思考，它同生态神学还有着明显区别。对于神学家们的生态学研究，总的来说，基督教神学的生态学转向，将基督教的普世精神延伸到有关人类前途命运的生态危机这上，应该是给予肯定的。许多神学家超越宗教范围的生态学研究成果，更可看作当代生态学研究的宝贵资源之一。

六

生态美学的提出与发展有利于在 21 世纪中国美学进一步走向世界，形成中西美学平等对话的良好局面，从而结束美学领域长期以来的欧洲中心主义的态势。众所周知，无论是奈斯所提出的深层生态学，还是海德格尔"天地神人四方游戏说"都受到东方哲学、美学，特别是中国美学的重要影响，吸收了中国传统文化资源。生态美学的进一步发展必将为中国传统哲学、美学走向世界开辟更加广阔的天地。中国古代的确有着极为丰富的生态哲学、美学资源，已为世界各国理论家所重视，我们完全应该进一步对其进行研究，使之实现现代转化，成为 21 世纪中国美学发展的重要资源与机遇。中国古代长期

---

① ［德］莫尔特曼：《创造中的上帝》，隗仁莲等译，汉语基督教文化研究所 1999 年版，中译本"导言"。

② 参见雷毅《深层生态学思想研究》，清华大学出版社 2001 年版，第 124 页。

的农业社会生产与生活环境，以及特有的文化传统，形成了不同于西方主客二分的"天人合一"、"位育中和"的哲学与伦理学思想传统。这是中国传统文化的主线。在漫长的岁月中，中国传统文化对宇宙人生、伦理道德的探索就没有离开过人与自然和谐协调这样一条主线。《礼记·中庸》将这种"天人合一"、"位育中和"提到宇宙人生之根本的高度。所谓"中也者，天下之大本也；和也者，天下之达道也。致中和，天地位焉，万物育焉"。要做到"天人合一""位育中和"，就必须顺应人和自然万物的规律，从而促进天地的化育发展。这就是"唯天下至诚，为能尽其性；能尽其性，则能尽人之性；能尽人之性，则能尽物之性；能尽物之性，则可以赞天地之化育；可以赞天地之化育，则可以与天地参矣"。同时要求"万物并育而不相害，道并行而不相悖"，才能达到"此天地之所为大也"之境界。中国传统文化正因为主张"天人合一"，所以是反对"人类中心"，力主"生态中心"的。老子指出："故道大，天大，地大，人亦大。域中有四大，而人居其一焉。人法地，地法天，天法道，道法自然"（《老子·二十五章》）。人只是域中"四大"之一，最后归之为"自然"。中国古代文化顺应自然，不要违逆天时，所谓"夫大人者，与天地合其德，与日月合其明，与四时合其序，与鬼神合其吉凶。先天而天弗违，后天而奉天时"（《周易·文言》）。中国古代历来对天地自然怀抱着敬畏亲近的情感。将天地比作自己的父母，将万物比作自己的同胞，对自然赐于自己的食物都怀着深深的感恩之情。北宋哲学家张载在《西铭》篇中说："乾称父，坤称母，予兹藐焉，乃混然中处。故天地之塞，吾其体；天地之帅，吾其性。民吾同胞，物吾与也。"这里提出的"乾父坤母"与"民胞物与"的思想都是十分有价值的古代生态智慧。中国古代有着历史久远的仁爱精神，这是中国特有的人文精神，这种人文精神不同于西方文艺复兴以来的人文精神之处在于，前者将仁爱的范围扩大到自然万物，而后者仅仅局限于人，是典型的人类中心主义。孔子说："己所不欲，勿施于人。"（《论语·颜渊》）这里的"人"包含自然万物，只要将仁爱精神施与宇宙万物，就是在国在家都不留遗憾。中国古代传统文化由"道"之本体论出发，派生出

"道在万物"的思想，从而得出宇宙万物平等的结论。《庄子·知北游》中记述了庄子与东郭子有"道在何处"的一段对话："东郭子问于庄子曰：'所谓道，恶乎在？'庄子曰：'无所不在'。东郭子曰：'期而后可'。庄子曰：'在蝼蚁。'曰：'何其下邪？'曰：'在稊稗。'曰：'何其愈下邪？'曰：'在瓦甓。'曰：'何其愈甚邪？'曰：'在屎溺。'"在庄子看来，道存在于蝼蚁、稊稗、瓦甓、屎溺之中，因而这些事物都应是平等的。庄子还主张一种万物循环的"天均论"。他在《寓言》篇指出："万物皆种也，以不同形相禅，始卒若环，莫得其伦，是谓天均。天均者，天倪也。"这种"以不同形相禅，始卒若环"的看法，已具有生态学中生物环链和生物圈的思想雏形。老子还对如果一旦打破了人与自然的和谐所造成的生命危机的严重情形作了预测。他说："昔之得一者：天得一以清，地得一以宁，神得一以灵，谷得一以盈，万物得一以生，侯王得一以为天下贞。其致之，天无以清将恐裂，地无以宁将恐发，神无以宁将恐歇，谷无以盈将恐竭，万物无以生将恐灭，侯王无以贵高将恐蹶。"（《老子·三十九章》）老子在这里描述的天崩地倾，神歇谷竭，物灭国败的生态危机景象够触目惊心了，的确是以最简洁的语言向我们预示了几千年后的"寂静的春天"。

综上所述，生态美学的兴起与发展意义至为重大。它标志着美学学科的发展结束了一个旧的时代，进入了一个新的时代。也就是说，美学学科由工具理性主导的认识论审美观时代进入到以生态世界观主导的生态存在论审美观时代。其内涵极为丰富，包含了由人类中心到生态中心、由主客二分思维模式到有机整体思维模式、由主体性到主体间性，由认识论审美观到存在论审美观、由对自然的轻视到绿色原则的引入，由自然的祛魅到新的返魅，由欧洲中心到中西平等对话等一系列极为重大的转化。生态美学的发展也标志着美学学科将进一步从学术的象牙之塔进入到现实生活，开始关注人类的前途命运。但这只是一个新的开端。由于生态哲学与生态伦理学本身尚有许多不成熟之处，以及美学研究的艰难，我们还会面对诸多难题与挑战，需要在马克思主义基本理论的指导之下，以开拓创新的精神去攻克难关、取得新的进展。同时，我再次声明，有关生态存在论审美观的看法只是我个人的一得之见，浅陋之处在所难免，其意在抛砖引玉，求教于同道，以期促进美学学科的改造与发展。

（原载《中国美学》2004 年第 1 期）

生态美学的产生及其意义

  生态美学是生态学与美学的有机结合，实际上是从生态学的方向研究美学问题，将生态学的重要观点吸收到美学之中，从而形成一种崭新的美学理论形态。生态美学，从广义上来说，包括人与自然、社会及人自身的生态审美关系，是一种符合生态规律的当代存在论美学。它产生于 20 世纪 80 年代以后生态学已取得长足发展并渗透到其他学科的情况之下。1994 年前后，我国学者提出生态美学论题。2000年以来，我国学者开始出版有关生态美学的专著，标志着生态美学在我国进入更加系统和深入的探讨阶段。

  生态美学产生于后现代经济与文化背景之下。迄今为止，人类社会经历了原始部落时代、早期的农耕文明时代、科技理性主导的现代工业时代，信息产业主导的后现代。所谓后现代，在经济上以信息产业、知识集成等为标志；在文化上又分解构与建构两种。建构的后现代是一种对现代性反思基础之上的超越和建设。对现代社会的反思的结果，是认识到现代化利弊同在。所谓"利"，是现代化极大地促进了社会的发展。所谓"弊"，则是现代化的发展出现了危及人类生存的严重危机。从工业化初期"异化"现象的出现，到第二次世界大战的核威胁，再到 20 世纪 70 年代之后的环境危机，再到当前"9·11"为标志的帝国主义膨胀所造成的经济与文化的剧烈冲突。总之，人类生存状态已成为十分紧迫的课题。我国在经济上处于现代化的发展时期，但文化上是现代与后现代共存，已出现后现代现象。这不仅由于国际的影响，而且我国自身也有市场拜物、工具理性泛滥、环境严重污染、心理疾患蔓延等问题。这样的现实呼唤关系人类生存的生态美学诞生。

生态美学以当代生态存在哲学为其理论基础。生态学尽管是1866年由德国生物学家海克尔提出，但属于自然科学范围。1973年，挪威哲学家阿伦·奈斯提出深层生态学，实现了自然科学实证研究与人文科学世界观的探索的结合，形成生态存在论哲学。这种新哲学理论突破主客二元对立机械论世界观，提出系统整体性世界观；反对"人类中心主义"，主张"人—自然—社会"协调统一；反对自然无价值的理论，提出自然具有独立价值的观点。同时，提出环境权问题和可持续生存道德原则。

生态美学的产生具有重要意义。首先，是形成并丰富了当代生态存在论美学观。这种美学观同以萨特为代表的传统存在论美学观相比，在"存在"的范围、内部关系、观照"存在"的视角、存在的审美价值内涵等方面均有突破，是一种克服传统存在论美学各种局限和消极方面，并更具整体性和建设性的美学理论。它将各种生态学原则吸收进美学，成为美学理论中著名的"绿色原则"。其次，是派生出著名的文学的生态批评方法。从20世纪90年代中期以来，这种生态批评方法得到长足发展。它倡导系统整体观点，反对"人类中心主义"；倡导社会责任，反对环境污染；倡导现实主义，反对对自然的扭曲与施虐，成为文学批评的重要视角。再次，促进了生态文学的发展。所谓生态文学即绿色文学，以人与自然的关系为题材、歌颂人与自然的协调和谐、共生共存。最后，是有利于继承发扬中国传统的生态美学智慧，主要是道家的"天人合一"思想和易学的"一阴一阳之谓道"的理论等。

当然，生态美学目前尚在形成过程中，只是一种发展中的美学理论形态，还不具备作为一个学科的必要条件。对于西方当代的生态存在论哲学，也需进一步清理批判。特别是某些理论家将"存在"引向神秘的"上帝"的倾向，以及"世界的复魅"问题、自然的"内在精神"与独立的审美价值问题，以及如何正确对待现代化与现代化科技问题，都需要慎重对待。我们需要坚持马克思主义的辩证唯物主义与历史唯物主义为指导对其加以分析清理、批判地继承。

（原文作于 2002 年 4 月 24 日）

论我国新时期生态美学的产生与发展

20 世纪 90 年代至今，生态美学成为我国美学领域一种富有生命力的新的理论形态与生长点，愈来愈引起学术界的重视。事实证明，生态美学是我国新时期美学研究的重要收获之一。本文试图全面地论述我国新时期生态美学产生与发展的历程，总结其成绩，指出其问题，并对其发展趋势做出某种勾画。这里，我要特别说明的是，本文所讲的生态美学研究，包括新时期出现的生态美学、环境美学、生态文艺学与生态批评等方面的研究。它们尽管名目有异，但总体上都是一种包含生态维度的美学与文艺学研究，相互之间是互补与共在的，共同构成了我国新时期生态审美研究这道亮丽的风景。

一

首先需要强调的是，生态美学的产生是一种现实的需要。1894年，恩格斯在致符·博尔吉乌斯的信中指出："社会一旦有技术上的需要，则这种需要就会比十所大学更能把科学推向前进。"[①] 这就说明，社会的现实需要是科学前进的最根本的动力。自 20 世纪 60 年代至今，现代工业革命中的负面因素唯科技主义与"人类中心主义"所造成的自然环境与生态的破坏污染愈来愈加严重，已经直接威胁到数亿人民的安危与生存。中国自 20 世纪 90 年代以来，单一的经济发展模式也付出了沉重的环境与资源代价。我国领导人曾说，资本主义国

---

① 《马克思恩格斯选集》第 4 卷，人民出版社 1972 年版，第 505 页。

家200年间陆续发生的环境问题在我国近20年间集中发生了。问题的严重性已经达到触目惊心的程度。在这种情况下，生态与环境问题逐步引起国家领导层与学术界的高度重视。首先是20世纪90年代提出"可持续发展方针"，近年又提出建设"环境友好型社会"与"生态文明建设"的建设目标，成为新时期有中国特色的马克思主义创新理论与和谐社会建设的重要内容。在这种形势下，以"生态文明建设"的理论为指导的当代包括生态美学在内的各种生态理论，就必然地成为与社会发展相适应的社会主义先进文化建设的有机组成部分。生态美学的发展，不仅是"环境友好型社会建设"与"生态文明建设"的必然结果，而且，其深化发展也需要从中吸取丰富的营养与强大的动力。

在我国，由于美学学科具有特殊的人文内涵，因而，一直引起学术界与广大人民，特别是青年一代的广泛关注与爱好。一百余年来，我国先后产生了王国维、蔡元培、朱光潜、宗白华、蔡仪、蒋孔阳、李泽厚等一批具有独特丰采的著名美学家，其富有生命力的丰硕成果不断滋养着一代代学人，直至今天。但时代毕竟发生了巨大的变化，原有的理论形态的某些局限性愈来愈加呈现出来。以中华人民共和国成立后产生的、直至今天仍具有巨大影响的实践美学来说，在其具有深厚理论积累的前提下就暴露出明显的理论弊端。具体表现为，在哲学基础上一定程度地局限于机械的认识论。实践论美学的主要代表就曾多次表明其美学思想是以认识论为指导的，较多地关注审美的认识功能，因而相对忽视了更深刻地揭示人的生存状况与价值的意义；在美学理论本身，过分地强调了审美是一种"自然的人化"，而相对忽视对象，特别是自然本身的价值，表现出明显的"人类中心主义"倾向；在美学研究的对象上，固守西方古典美学的"美学是艺术哲学"的传统命题，将非常重要的"自然"排除在审美之外。这是既往美学研究最重要的失误之一；在自然美的问题上，受黑格尔轻视自然美的观点与马克斯·韦伯"祛魅"论的影响，在一定的程度上无视自然美特有的价值以及自然在审美中特有的地位；在思维方式上，实践美学总体上没有完全摆脱启蒙主义以来主客、身心二分思维模式的影响。

总之，实践美学总体上是一种以"人化"为其核心概念的，忽视"生态维度"，并具有明显的"人类中心主义"倾向的美学形态。在当前的形势下，应该说已经一定程度地落后于时代。对这种美学形态的改造与超越已成为历史的要求。生态美学的提出就是对实践美学的一种改造与超越，是美学学科自身发展的时代需要。

同时，生态美学的提出，也是全球化语境下弘扬中国传统文化的需要。当今世界，经济正面临全球化的新的形势，在实际生活中，交通的便捷、网络通讯的发展也大大地拉近了国与国、人与人的距离。正是在这种新的形势下，民族文化的发展与交流成为一个国家能否以其特有的面貌自立于世界民族之林的独特标志。我国有着5000多年悠久的发展历史，形成了历久不衰、彪炳于世的独具风采的中华文化，成为中华民族的象征与骄傲。在中华传统文化之中，包括生态审美观的生态智慧是一种独特的财富与文化遗产。儒家的"天人合一""民胞物与"，道家的"道法自然""万物齐一"，佛家的"万物一体""普度众生"等思想，都是极为珍贵的古典形态的生态智慧，早已引起世界学术界的重视与借鉴。因此，加强包括生态美学在内的中国形态的生态理论的建设，有利于在世界上弘扬中国传统文化，传播中华民族精神，从而为21世纪中期的中华民族伟大复兴做出应有的贡献。

回顾和总结我国新时期生态美学的发展历程，总体上，我们可将其分为这样三个阶段。

第一，萌芽期，从1987年到2000年。

我国学术界第一次与生态美学有关的，是1987年鲍昌主编的《文学艺术新术语词典》对"文艺生态学"的介绍。该词典从文艺学和生态观相结合的角度对"文艺生态学"进行了界定，指出"文艺生态学则是研究人类生存的自然环境、社会环境及其他各种因素同文学进行交互作用的科学"，强调人类与自然环境、社会环境的"共生关系"，是"人类从事文学艺术活动的背景和条件"①。第一篇题名为"生态美学"的文章，是1992年由之翻译的俄国曼科夫斯卡亚所写

---

① 鲍昌主编：《文学艺术新术语词典》，百花文艺出版社1987年版，第14页。

《国外生态美学》一文，发表在《国外社会科学》1992 年第 11 期和12 期。该文译自俄国《哲学科学》第 2 期。作者较为详尽地介绍和评述了欧美正在兴起的生态美学（实际是环境美学），主要介绍了瑟帕玛与卡尔松等人的生态美学观，认为这种生态美学"已远远超出了就艺术中的自然问题进行传统研究的范围"，"生态美学从概念上说已经建立起来了"。当然，文章也指出了生态美学发展中的一些问题。1994 年，李欣复教授在《南京社会科学》1994 年第 12 期发表《论生态美学》一文。此文可以说是我国第一篇具有一定理论深度的生态美学学术论文，文章论述了生态美学的产生、基本原则及发展前景。在论述生态美学的产生时，文章指出，生态美学"是伴随着生态危机所激发起的全球环保和绿色运动而发展起来的一门新兴学科。它以研究地球生态环境美为主要任务与对象，是环境美学的核心组成部分，其构成内容包括自然生态、社会物质生产生态和精神文化生产生态三大层次系统"，并指出生态美学所必须树立的"生态平衡是最高价值美""自然万物的和谐协调发展"与"建设新的生态文明事业"三大美学观念，以及"道法自然""返朴归真"与"适度节制"三大原则方法等。在论述生态美学的前途时，文章指出："作为一门年轻的新兴学科，生态美学在知识理论内容构成上有自己独特的系统与标准及原则，尽管它目前尚没定型成熟，但其蕴含的科学性、先进性决定了它有强大生命力和发展前途，我们应该为它的诞生和建设欢呼，与贡献绵薄之力。"这篇文章在 20 世纪 90 年代初期就运用了大量中国传统生态智慧资源论述生态美学问题，其价值与地位非常重要。上述两篇文章的发表，可以看作是我国生态美学研究的萌芽。1999 年 10 月，海南省作协召开了《生态与文学》国际学术研讨会。这是我们目前所知道的我国第一个生态文学方面的国际学术研讨会，反映了我国文学界与学术界高度的生态自觉性。1999 年，鲁枢元教授创办《精神生态通讯》，成为我国生态文学研究的特有阵地。该刊一直延续至今，其重要贡献有目共睹。

第二，发展时期，从 2000 年到 2007 年。

这一时期，生态美学以及与之关系密切的生态文艺学、环境美学研究呈现出不断发展的良好态势。2000 年 12 月，陕西人民教育出版社出版了徐恒醇的《生态美学》、鲁枢元的《生态文艺学》。同年，人民文学出版社出版了曾永成的《文艺的绿色之思——文艺的生态学》一书。2001 年 1 月，在武汉召开了"21 世纪生态与文艺学"学术研讨会。此后，"全球化与生态批评专题研讨会"在北京召开。2001 年 11 月，中华美学学会青年美学会与陕西师范大学文学院在西安联合召开了"首届全国生态美学研讨会"。此后，分别在贵州、南宁、武汉分别召开了第二、三、四届会议。在新时期生态美学的发展中，中华美学学会青年美学会起到了非常重要的推动作用。2002 年 6 月，苏州大学文学院发起召开"中国首届生态文艺学学科建设研讨会"。同年 12 月，江汉大学与武汉大学在武汉联合主办"全国文化生态变迁与文学艺术发展研讨会"。2002 年 6 月，张皓出版了《中国文艺生态思想研究》，系统阐释了中国古代儒、道、佛、禅的生态审美智慧。2002 年 11 月，袁鼎生等出版《生态审美学》一书，论述了"生态审美场""生态美""生态审美效应"与"生态美育"等一系列有关生态审美的问题。2002 年 6 月，曾繁仁在《陕西师范大学学报》第 3 期发表《生态美学：后现代语境下崭新的生态存在论美学观》一文，提出生态美学是后现代语境下对现代性工业革命进行反思与超越的产物，其基本理论内涵是一种生态存在论的美学观，从生态存在论哲学观的角度为生态观、人文观与审美观的统一奠定了基础。该文被同年《新华文摘》大部分转载。2003 年 8 月，王诺在北京大学出版社出版《欧美生态文学》一书，该书是作者在美国哈佛大学访学期间及此后的研究成果。2003 年 10 月，曾繁仁在吉林人民出版社出版《生态存在论美学论稿》一书，全书分"生态美学论"与"当代存在论美学论"两编，收录了作者 2001 年以来有关生态美学与生态存在论美学 14 篇论文。2004 年 5 月，武汉大学哲学系陈望衡教授在武汉大学主持召开了"美与当代生活方式"国际学术研讨会。2005 年 11 月，北京大学彭锋出版《完美的自然——当代环境美学的哲学基础》一书。同年 3 月，上海复旦大学出版社出版了章海荣的《生态伦理与生态美学》一书，该书将当代生态伦理学与生态美学结合，在

强烈的社会语境中审视生态美学的建设与意义。2005 年 8 月，山东
大学文艺美学研究中心在青岛主办了"人与自然：当代生态文明视
野中的美学与文学"国际学术研讨会，共有 170 多名海内外学者参
会。会议围绕"生态观、人文观与审美观"的关系，就"中国当代
生态文学与生态美学研究态势""西方生态批评与环境美学""中国
生态智慧与生态文化"与"生态伦理与生态美学"等重要问题展开
了比较深入的开放式的研讨与对话。会议论文集《人与自然：当代
生态文明环境中的美学与文学》，2006 年 7 月由河南人民出版社出
版。2006 年 3 月，湖南科学技术出版社开始陆续出版美国著名环境
美学家阿诺德·伯林特与武汉大学陈望衡教授联合主编的"环境美
学译丛"，先期出版了阿诺德·伯林特的《环境美学》和芬兰约·
瑟帕玛的《环境之美》。同年 6 月，四川人民出版社出版了加拿大卡
尔松的《环境美学》一书，作为中国社会科学院哲学所滕守尧教授
主编的"美学·设计·艺术教育丛书"之一种。至此，国际上三位
著名的当代环境美学家的主要著作均已译介到国内。2006 年 7 月，
四川大学胡志红的博士论文《西方生态批评研究》一书在中国社会
科学出版社出版。该书持生态中心主义立场，从思想基础、理论建
构、文学研究、跨文化研究、比较文学视野等不同角度对西方生态
批评进行了较为深入的阐发，具有独特的立场与较强的理论价值。
2006 年 7 月，鲁枢元教授在华东师范大学出版社出版了《生态批评
的空间》，从生态时代、精神生态、生态视野等视角阐发了作者对生
态文学与生态批评的一系列新的见解。2007 年 4 月，中国社会科学
院哲学所刘悦笛等翻译出版了阿诺德·伯林特教授主编的《环境与
艺术：环境美学的多维视角》，该书收录了国际上 12 位颇具影响力
的当代美学家有关环境美学的最新成果，内容丰富新颖，颇具理论
价值。2007 年 7 月，武汉大学出版社出版陈望衡教授的《环境美
学》一书，这是我国第一本以"环境美学"为书名的论著。2007 年
12 月，商务印书馆出版曾繁仁近年来的美学论文集《转型期的中国
美学》，其中的第三编"生态美学论——由人类中心到生态整体"收
录有关生态美学的 17 篇文章。中华美学学会会长汝信教授在为该书

所写的"序"中指出："我以为生态美学的提出是我国学术界的首创，正好填补了生态研究的一个空白，无论是在理论上或是在实践上都是具有现实意义的。"中华美学学会副会长、北京大学哲学系叶朗教授于 2007 年 11 月 15 日在《光明日报》发表《建设中华民族共有精神家园》一文，指出："和这种生态哲学和生态伦理学的意识相关联，中国传统文化中也有一种生态美学的意识。"

第三，新的建设时期，从 2007 年 10 月开始。

2007 年 10 月，我国最高决策层与时任国家主席的胡锦涛第一次在建设社会主义物质文明、精神文明与政治文明之后，明确提出了"建设生态文明"的重要论断，并将其作为建设社会主义和谐社会的重要目标，同时，对"生态文明"的内涵进行了深入的阐释。这一论断对于我国包括生态美学在内的生态理论建设具有极为重要意义，使之由边缘发展为主流，从而开始了新的建设时期。所谓"新的建设"，应该包括反思总结与建设两个方面。从反思总结来说，我们要回顾从 1987 年以来生态美学与生态文艺学所走过的 20 年曲折的道路，其成绩与收获是十分明显的。首先是翻译介绍与梳理了中外有关生态美学与生态文学的成果与资料。从国外来说，重要的当代生态美学与环境美学理论家的成果几乎都作了翻译介绍。从我国自身来说，主要深入发掘梳理了中国古代儒道佛各家的生态审美智慧，对古代、现代与当代某些文学作品中所包含的生态审美智慧与资源也作了初步的研究。其次，召开了 10 次左右有关生态美学、生态文艺学与生态文学学术研讨会，出版了 10 多部有关生态美学与生态文学的论著，提出了一系列重要学术观点，理论研究在逐步地走向深入。再次，从生态美学与生态文学影响来说，由不被理解到逐步得到适度认可。目前从国家社科项目来说，已有 5 位中青年学者的有关生态文学与生态批评的项目获得批准立项，并正在进行当中。以生态文学、生态批评与生态美学为题目进行硕士、博士论文研究的研究生有近 20 名。最后，从队伍建设来说，目前从事生态美学、生态文艺学与生态文学的学者不断扩大。2005 年 8 月，在青岛召开的"人与自然：当代生态文明视野中的美学与文学"国际学术研讨会，是目前我国规模最大的一次生态美学与生态文学学术研讨会。国内学者出席会议的有 150 人左右，说明研究队伍在不断扩大。在这个领域中辛勤耕耘的美学家与文艺学家有李欣复、聂振斌、滕守尧、鲁枢元、徐恒醇、曾永成、张皓、袁鼎生、陈望衡、章海荣、刘恒健等。此外，还涌现了王诺、王晓华、王耘、刘悦笛、彭锋、宋丽丽、韦清琦、张敏、胡志红、刘蓓、程相占、李庆本、盖光、覃新菊、王茜、韩德信、李晓明、邓绍秋等一批中青年生态美学与生态文学的研究者，并已取得初步成果。

二

为了全面了解我国新时期生态美学建设的成绩，需要将其主要成果作一个简要评述，以便回顾总结我们已经取得的成果。我国当今的成果重要集中在生态美学、生态文艺学与生态文学三个方面。

在生态美学方面，主要代表作是徐恒醇的《生态美学》，该书是徐恒醇研究员于 20 世纪 80 年代与 90 年代两次访学德国时，受到德国优良的生态环境与《生态心理学》一书的影响，并经长期酝酿而写成的一本论著，2000 年 12 月由陕西人民教育出版社出版。作为我国第一部比较完备的、自成体系的生态美学论著，该书的贡献很多：首先是明确提出了对工业文明进行反思与超越的"生态文明时代的到来"的观点。作者指出："一种新的人类文明的曙光已经呈现，这便是人与自然和谐共生的生态文明时代。"[1] 其次是提出建立生态美学的两个理论前提，一个是生态世界观，一个是中国古代的生命意识。关于生态世界观，作者认为，这是与机械世界观相对立的包括有机整体、有序整体与自然整体进化三大思想原则。[2] 关于生命意识，作者指出："生态美学对人类生态系统的考察，是以人的生命存在为前提的，以各种生命系统的相互关联和运动为出发点。因此，人的生命观

---

① 徐恒醇：《生态美学》，陕西人民教育出版社 2000 年版，第 7 页。
② 同上书，第 44 页。

成为这一考察的理论基点。"① 其三是提出了十分重要的有关"生态美"的核心范畴。作者指出："所谓生态美，并非自然美，因为自然美只是自然界自身具有的审美价值，而生态美却是人与自然生态关系和谐的产物，它是以人的生态过程和生态系统作为审美观照的对象。生态美首先体现了主体的参与性和主体与自然环境的依存关系，它是由人与自然的生命关联而引发的一种生命的共感与欢歌。它是人与大自然的生命和弦，而并非自然的独奏曲。"② 在这里，作者强调了生态美学以人的生态系统作为审美对象，以参与性及依存性为特点，以人与自然的生命共感与和弦为表征。这些都说明，"生态美"就是一种人的审美的生存之美。其四是进一步阐释了生态美的意义，包括推动现代美学理论的变革、确立健康的生存价值观、有利于克服技术的生态异化、有利于变革不合理的生产与生活方式等。③ 其五是作者以自己的"生态美"的理论具体地对人的生活环境、城市景观与生活方式等提出具有实践价值的建设与发展的意见，十分难能可贵。

在生态文艺学研究方面，第一部论著是鲁枢元所著的《生态文艺学》，2000 年 12 月由陕西人民教育出版社出版。该书是鲁枢元教授用他所擅长的特有的散文诗的笔法写就的，具有理论著作少有的可读性，当然也形成了观点的某种含蓄性。该书分上下两卷十四章，上卷带有总论性质，下卷则带有理论的应用性质。其主要观点可归纳如下：其一是提出了"试图探讨文学艺术与整个地球生态系统的关系，进而运用现代生态学的观点来审视文学艺术"④ 的主旨；其二是论述了生态文学所赖以产生的"生态文明"新时代。作者提出："我们赞同这样一种提法：即将来临的时代是一个人类生态学的时代。"⑤ 他又将这一时代表述为"'后现代'是生态学时代"⑥，并从审美的角度提

———————————

① 徐恒醇:《生态美学》，陕西人民教育出版社 2000 年版，第 14 页。

② 同上书，第 119 页。

③ 同上书，第 150 页。

④ 鲁枢元:《生态文艺学》，陕西人民教育出版社 2000 年版，第 2 页。

⑤ 同上书，第 24 页。

⑥ 同上书，第 169 页。

出："走向审美的生态学时代。"其三是该书对生态文艺学的研究对象与内容作了一个简要的概括："一门完整的生态文艺学，应当面对人类全部的文学艺术活动，并对其作出解释。而作为人类重要精神活动之一的文学艺术活动，必然全部和人类的生存状况有着密切的联系，优秀的文学艺术作品更是如此，因而都应当归入生态文艺学的视野加以考察研究。"① 其四是提出了地球是生态系统、自调节的生命体，是地母盖娅，以及有机联系的生命圈、自然的部分复魅、女性自然与艺术的天然同一性、怀乡是对栖息地的眷恋、栖居是作为生态诗学的重要命题等一系列新的观点。其五是提出了著名的生态学三分法：自然生态学、社会生态学与精神生态学。② 其六，提出了艺术家作为自然有机体在自然、家族、社会、文艺土壤中生长的问题；③ 其七，提出生态文艺学批评的内涵：大自然是一个有机的整体；人类对于维护自然在整体上的完善、完美承担着更多的责任；人类目前面临着的即将到来的生态灾难是人类自己造成的；生态危机的解救要求人类从根本上调整自己的价值观与生活方式；人类精神与自然精神的协调一致是生态的和审美的；诗与艺术是扎根于自然土壤之内，开花于精神天空的植物；真正的艺术精神等于生态精神；生态文艺批评把艺术哲学当作乌托邦的精灵；生态文艺批评是一种更看重文艺内涵的文艺批评；生态文艺批评不排斥包括形式批评在内的其他批评类型，其基本原则是"多元共存"，等等。其八，关于自然美的新理解：自然美不是"人化的自然"，它既是自然生成的，客观存在的，同时又是人类审美机制中固有的，而有时候又是被个人的意识、经验、心境所强化的，"人与自然是共处一个'有机团体'之中的"④。曾永成在人民文学出版社 2000 年 5 月出版的《文艺的绿色之思——文艺生态学引论》，是一部自觉地以马克思主义的生态观为指导与主线展开论述的生态文艺学论著。诚如作者所说，"文艺的绿色之思，理应从马克思主义的生

① 鲁枢元：《生态文艺学》，陕西人民教育出版社 2000 年版，第 28 页。
② 同上书，第 132 页。
③ 同上书，第 203 页。
④ 同上书，第 90 页。

态观念中吸取智慧，为自己寻求最坚实也最有生命力的理论基础"。作者将马克思主义，特别是马克思在《手稿》中的生态观概括为人本生态观、实践唯物主义人学及生命观、美学的生态学化、文艺思想中的生态思维等，然后从文艺审美活动的生态本性、文艺生态思维的观念、文艺审美活动的生态功能、文艺活动与生态问题，以及社会主义市场经济与文艺生态等层面进行论述。作者的立足点是将生态学作为一种新的思维和方法来研究文艺问题，提出要"把本来诞生于自然科学中的'生态'观念引入文艺研究"，指出长期以来人们对马克思有关人的本质"是社会关系总和的理解，常常将社会性孤立起来，轻视自然对人的实践的基础性制约作用"，又提出文艺的意识形态性质"是以这个生命生态为基础，并在其中实现的"① 等观点，在对马克思主义文艺思想的阐释中强化了生态的维度，并力图使之渗透于文艺审美活动的各个方面。这是该书的贡献所在。但因成书较早，该书对国内外最新的生态理论与生态批评、环境美学等成果吸收借鉴不够。

在环境美学方面，最主要的代表作 2007 年 7 月武汉大学出版社出版的陈望衡的《环境美学》。这是我国第一部环境美学论著，既总结概括了国内外的有关研究成果，又提出自己的看法，具有较强的概括性与完备性，是我国新时期生态美学研究的重要成果。现将其主要观点概括如下。其一，有关本书的基本内容，作者提出"景观"概念。如果说，艺术美的本体是意境，环境美学的本体就是景观。它们是美的一般本体的具体形态。景观的生成由主体与客体两个方面的作用。自然、农村、城市是环境美学研究的三大领域，生态性与人文性、自然性与人工性的矛盾与统一是环境美学研究的基本问题。环境是我们的家，故环境美最根本的性质是家园感。在环境美学的视域内，"宜居"进而"乐居"是环境美学的首要功能，"乐游"只能是它的第二功能。环境的功能当然不只是"居"与"游"，环境作为人的生存之本、生命之源，关涉人的一切生活领域，人类改造环境的任

---

① 曾永成：《文艺的绿色之思——文艺生态学引论》，人民文学出版社 2000 年版，"前言"第 1、8 页。

何事业都包含有美学的成分，将环境变成景观也就是按照美的规律创造世界。在我们的居住环境的建设中，园林的概念具有重要的美学价值，建设园林式的城市和农村是我们居住的最高境界。其二，关于环境美学与传统美学的区别。作者指出："美学研究的重心从艺术转移到自然，其哲学基础由传统人文主义和科学主义扩展到人文主义、科学主义和生态主义；美学正在走向日常生活并应用于实践。不难预见，环境美学将成为美学研究的鲜血，也势必为人类的实践指出一条通往人与环境的和谐美的道路"，"环境美学的出现，是对传统美学研究领域的一种扩展，意味着一种新的以环境为中心的美学理论的诞生"。① 其三，关于什么是环境，作者指出："环境只能是人化的自然。从存在论意义来看，人与环境是同时存在的，没有适宜于人生存的环境，人不能存在；而没有人存在的环境，也就不能称之为环境。"② 其四，关于环境与艺术的关系，作者不完全同意西方环境美学家将两者严格加以区别的观点，而是主张两者的结合。他说："因此，环境美学的任务不在于区别艺术与环境，而恰恰在于将艺术与环境结合起来，走环境艺术化或艺术环境化的道路。"③ 其五，作者认为，"家园感是环境美学的基础"，"它侧重的是感性的维度，包括感性观赏和情性的融合"④。其六，关于环境美学的视界，作者认为，将自然、农村、城市"这三种环境类型间的相互关系进行阐述，将是我们获得研究环境美学的一个全新的视界"⑤。其七，关于环境美学与生态美学的关系，作者认为："这两种美学都研究环境，但是，它们是不一样的，生态的问题不只是出现在环境之中，生态学作为一种维度，一种理论体系，或者说一种观察世界的视角，它与美学的结合，的确开辟了美学的新局面，但它不能归属于环境美学，这两种美学都有存

① 陈望衡：《环境美学》，武汉大学出版社 2007 年版，第 10 页。
② 同上书，第 17 页。
③ 同上书，第 22 页。
④ 同上书，第 24—25 页。
⑤ 同上书，第 26 页。

在的价值，它们相互配合，共同推动美学的发展。"① 其八，关于环境美学的哲学基调，作者从生态的，文化的，伦理的与哲学的四个层面加以阐释。其九，环境美本体是"景观"。所谓"景观"，作者认为"主要由两个方面的因素构成"：一个是"景"，它指客观存在的各种可以感知的物质因素；二是"观"，它指审美主体感受风景时种种主观心理因素。这些心理因素与作为对象的种种物质因素相互认同，从而使本为物质性的景物成为主观心理与客观影响相统一的景观。环境之美在景观，景观是环境美的存在方式，也是环境美的本体。② 其十，关于环境美欣赏，作者认为对环境美的欣赏是多角度感知的综合，同时也是一种整体化的欣赏，不仅五官都要参与，而且还包含某种功利的价值判断。其十一，作者有力地批评了"自然全美论"，认为这是一种主客二分的，反人本主义观点。那么，什么是自然美呢？作者认为"归根结底是人的活动使自然之美展现出来，但人类并不是将所有的自然都归结为审美对象，并不是所有的自然都可以被化为审美对象的，作为审美对象的自然，必须是肯定人的生存、生活、人的情感的那部分自然。"③ 其十二，提出"自然至美说"，其原因是自然是人类生命之源、美的规律之源、审美创造之源等，其结果是带来美学的哲学基础，研究重点和理论形态的重大变化等。其十三，作者还探讨了农业环境美、园林美与城市环境美等，应是美学理论走向应用于实践的重要尝试，十分可贵。

北京大学出版社 2005 年 1 月出版的彭锋的《完美的自然——当代环境美学的哲学基础》一书，是另一部环境美学专著。该书是一位具有深厚哲学学养的青年学者从哲学本体论的角度对自然美问题的反思，从一种崭新的角度论述了"自然全美"问题。首先，作者从哲学本体论的角度提出当代生态理论家有关"自然全美"论述的理论缺陷，那就是产生一种生态科学的联系性与审美的孤立性、独特性的矛

①　陈望衡：《环境美学》，武汉大学出版社 2007 年版，第 44—45 页。
②　同上书，第 136 页。
③　同上书，第 222 页。

盾。他说："按照这种美学方式，自然物之所以是美的，因为自然物完全是与自身同一的存在，它们是不可重复、不可比较，不服从任何依据既有概念的理解。这种美学方式与生态学家的普遍联系方式刚好相反，因此可以被适当地称之为完全孤立方式。"① 其次，作者提出了对于"生态美学"建立的怀疑。他说："如果说生态科学用普遍联系的观点能够较好地解释自然物的价值的话，它并不容易解释自然物的美。正是在这种意义上，我们可以很恰当地说有一种新的生态伦理学，但很难说有一种新的生态美学。"② 同时，作者对他的从哲学本体论的角度反思自然的基本观点作了自己的陈述。他说，这种研究让我们对美有了新理解，"审美经验是人生在世的本然经验，审美对象是事物的本然样态，审美中的人与对象关系是一种前真实的（pre-real）肉身关系"，"审美就处于这种解构和建构的张力之中"③。那么，什么是"自然全美"呢？作者指出，"自然物之所以是全美的，并不是因为所有自然物都符合同一种形式美，而是因为所有自然物都是同样的不一样的美。就自然物是完全与自身同一的角度来说，它们的美是不可比较、不可分级、完全平等的"④。为此，作者还列举了庄子、禅宗与儒家的有关思想，以及康德、阿多诺、杜夫海纳的有关理论加以论证。作者的论述是独特的，但也不是不存在矛盾。问题在于："自然全美"这个美学命题本身就是西方环境美学理论家从"生态中心主义"出发提出的一个并不正确的命题，因为自然之美只能在其与人的生态审美关系中存在，而不可能"自美"与"全美"。

在生态文学研究方面，目前主要成果是 2003 年 8 月北京大学出版社出版的王诺的《欧美生态文学》。该书是我国第一部研究欧美生态文学的学术专著，其《引言》部分对有关生态文学的基本问题阐述了自己的看法。作者认为："生态文学是以生态整体主义为思想基础、以生态系统整体利益为最高价值的，考察和表现自然与人之关系和探

① 彭锋：《完美的自然》，北京大学出版社 2005 年版，"前言"第 4 页。
② 同上书，"前言"第 2 页。
③ 同上书，"前言"第 3、4 页。
④ 同上书，"前言"第 5 页。

寻生态危机之社会根源，并从事和表现独特的生态审美的文学。生态责任、文化批判、生态理想和生态预警是其突出特点。"① 该书明晰地勾勒了从 1974 年以来欧美生态文学的基本发展历程。第一章主要论述作为生态文学思想基础的欧美生态哲学与生态伦理学的发展概况。从上古一直到 20 世纪，从施韦策的"敬畏生命"论、利奥波德的"生态整体观"到威斯特灵的"生态人文主义"、辛格的动物解放主义、生态社会主义的"生态正义论"等，几乎涉及与评述了西方近代以来所有重要的生态思想。第二章，生态文学的发展，主要研究了欧洲各个时期生态文学的发展，代表性作家作品。第三章，深入分析了欧美生态文学的思想内涵，包括"征服、统治自然批判""工业与科技批判""生态整体观""重返与自然的和谐"等。本书是我国学者对欧美生态文学进行研究的重要成果，作者的判断建立在先进的生态观的理论立场之上，基于对大量生态文学与生态理论原著细读。

以上评述的目的在展示 20 世纪 90 年代中期至 2009 年短短的不到 20 年的时间中生态美学所取得的骄人成果。但因主要着眼于著作，而且是从本人的一得之见出发，因此难以全面。

三

近 20 年来我国生态美学研究的发展，尽管取得了很大成绩，但也存在许多问题与差距。从理论水平来看，无论在广度还是在深度上，目前还处于初步阶段。无论对国外，还是对国内有关生态审美资源的掌握与研究都还有相当差距。与此相应，迄今为止还没有出现高水平的具有较高理论阐释力，并具有明显中国特色的生态美学论著。特别是对中国传统文化中的丰富的生态审美智慧的发掘、整理、研究深度还很不够。因此，在国际生态美学与环境美学、生态文学学术界，中国学界还没有发出自己引人注目的特有的声音。

一种理论形态是否有其生命力，不是看其名目与提法的新颖别

---

① 王诺：《欧美生态文学》，北京大学出版社 2003 年版，第 11 页。

致，最重要的是看其是否适应社会历史发展的需要及其成果的水平。生态美学要真正站得住，关键是要拿出高水平的、有理论阐释力的成果。当前，我国生态美学研究的欠缺还表现在，到目前为止，它与我国实际的结合还远远不够。首先，要紧密联系中国现实，结合我国正在如火如荼进行着的现代化建设的实际，结合我们中华民族多少代人梦寐以求的中华民族伟大复兴事业。再就是，如何在生态美学建设中有机地注入中国元素与中国资源。当然，一种理论形态的成立主要是其特有的理论范畴的确立，生态美学的生命力就应表现在它具有与传统美学，或者说与传统艺术美学不同的范畴体系，这方面的探索尽管许多学者都在进行，但尚未取得既具有理论阐释性又具有广泛认同感的成果。从学者队伍来看，尽管近20年来，特别是近5年来，研究者的队伍在不断扩大，但数量不多，还有待于进一步扩大。从对外交流的情况看，21世纪以来，在生态美学方面的国际交流对话有了很大进展，不仅召开了2—3次有关国际学术研讨会，而且有学者到国外进行考察、学习，也有不少中国学者到国外参加国际学术研讨会。但总的来说，交流的深度和广度还不够。而从学术影响来说，目前生态美学、生态文艺学与生态文学在国内学术界仍然遭到更多质疑。这些质疑的存在恰恰说明，我们的研究工作还有很大差距，缺乏更加充分的说服力，有待于进一步深入和提高。好在，现在有了良好的文化学术氛围，更有作为国家意识的"生态文明建设"和"环境友好性社会建设目标"的重大决策，在这种有利的形势下，我们的努力要向更加深入、更加全面、更加中国化的方向前进。

我们要在总结过去的基础上争取有新的突破。我认为，主要应该从以下三个方面着手。第一个方面，是在前段研究的基础上进一步的综合提高。主要是从当代生态美学产生的经济社会、文化哲学与文学背景，我们所必须坚持的马克思主义理论的指导，生态美学建设所凭借的主要东西方资源，生态美学基本范畴，以及生态美学对中西方作品的解读等方面，对现有的中西方研究成果进行尽量的综合、消化与吸收；第二方面，努力探索确立生态美学特有的审美范畴，主要是确立最基本的生态存在论审美观，以及其他有关的审美范畴，从而论证生态存在论审美观与传统美学的区别，及其独立存在的必要性；第三方面，是努力将中西方有关生态审美智慧交融在一起，进行生态美学范畴建设的思考。例如，将中国古代"生生之谓易"的生态审美智慧与生态存在论审美观结合；将生态美学的特有对象与中国古代"天地有大美而不言"的观念相结合；将生态现象学研究与中国古代"心斋""坐忘"等特有的审美体验观念相结合；将生态审美本性论与中国古代生命哲学美学相结合；将"天人合一"与"四方游戏"相结合；将中国古代的"宜居"之说与"诗意的栖居"相结合；将中国古代的"归乡主题"与家园意识、场所意识结合；将气韵说、境界说与"参与美学"结合；将"比兴"之说与生态想象结合；将中国古代生态"时令"观念与实践与生态审美实践相结合，等等。通过以上努力，努力建设比较新颖，又具有中西交融特征的生态美学理论体系。

同时，要探索运用新的研究方法。首先是坚持马克思主义历史唯物主义与生态观的指导。马克思主义理论为我们正确认识自然社会与人的精神生活提供了科学的理论指导与最重要的立场、观点与方法，我们在生态美学的研究中必须自觉地坚持马克思主义的理论指导。其一，是坚持马克思主义历史唯物主义的理论指导，从社会存在决定社会意识以及经济基础与上层建筑关系等重要的理论视角来认识、探讨当今生态问题的最根本的经济与社会动因，探讨生态问题的出现、解决与一定社会制度的必要联系。由此，进一步明确生态审美观进一步确立的经济社会根基。其二，应认真学习马克思主义有关人与自然关系的一系列重要论述，以之为生态审美观建设的重要理论指导。马克思与恩格斯所生活的 19 世纪中期，尽管还处于工业革命的最兴盛时期，"人类中心主义"占据着压倒的优势，但马克思与恩格斯的科学世界观决定了他们以其深邃的唯物辩证思维来观察人与自然的关系，批判资本主义制度与资产阶级对于自然与人的双重的无限制的掠夺，从而导致人与自然以及人的"异化"。这种历史唯物主义与辩证唯物主义的自然观应该成为我们今天研究生态美学观的重要理论指导与思想资源。

其次是坚持当代生态整体论与生态存在论的生态哲学观。生态美学最重要的特点，就是它是一种包含着生态维度，并坚持以当代生态哲学为指导的崭新的美学观。所谓"当代生态哲学"，内容是非常复杂的，包括"人类中心主义""生态中心主义"与"生态整体主义"等多种不同的生态哲学派别。"人类中心主义"生态观坚持人对自然的绝对控制，只不过在此前提下主张有所节制；而"生态中心主义"生态观又过分强调自然万物的绝对价值、自然与人的绝对平等，其结果必然导致与现代社会发展的对立。我们坚持的是一种"生态整体论"的更加全面与更具包容性的生态哲学观，强调人与自然的共生，人类相对价值与自然相对价值的统一。这样的生态哲学实际上就是一种"生态存在论"哲学，是当代的"生态人文主义"。只有在这样的生态哲学观的指导下，生态美学建设才能走上科学健康的轨道。

最后是坚持"后现代"的反思与超越的方法。生态美学是一种"后现代"语境下产生的新的美学观念。所谓"后现代"语境，就是说生态美学是"后工业文明"即"生态文明"的产物。因此，在生态美学的研究中就应坚持"后现代"理论所必具的对现代性进行反思与超越的基本品格。从现在看来，所谓"后现代"有"解构"与"建构"两种内涵，当然，其基本品格都是对"现代性"的反思与超越。但"解构"的"后现代"更侧重在批判与打碎，而"建构"的"后现代"则更侧重在扬弃与建设。生态美学就是一种以扬弃与建设为其基本品格的美学形态。对现代社会成果、哲学与美学理论从历史的角度充分肯定其成绩，但又结合新的时代进行超越与发展，继承原有价值体系的合理因素，建设新的思想与话语体系。在哲学观上克服机械认识论，实现由传统认识论到当代存在论的转型；在研究对象上，克服长期占统治地位的"美学是艺术哲学"的观念，将包含自然与人的"生态系统"作为生态美学的研究对象；在研究方法上，克服主客二分思维模式，在坚持马克思主义的前提下，运用当代现象学方法，突破德国古典美学的"静观"论审美观，适当借鉴当代"参与美学"；在美学观念上，充分揭示人与自然的生态审美关系是一种人的本性的表现，从而明确提出"生态审美本性论"；在美学内涵上，

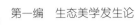

与传统的"美是感性认识的完善"相对，提出生态存在论审美观、家园意识、场所意识、诗意地栖居等一系列崭新的美学观念；在理论特性上，适度超越传统美学对审美"无功利"的过分夸大，强调生态美学的实践特性，将生态审美批评、生态审美教育与生态审美实践提到突出的位置。

　　总之，尽管生态美学迄今还不具备构成一个独立学科的条件，但它却是一个具有强大生命力的新的美学理论形态。我们相信，它一定会愈走愈远，愈走愈加完备。

［原载《陕西师范大学学报》（哲学社会科学版）2009 年第 2 期］

我们为什么提出生态审美观
以及什么是生态审美观？

马克思主义的最基本的实践品格决定了它是不断发展的、革命的、与时俱进的，马克思主义美学也同样具有这样的特性。我们正是在马克思主义美学这一基本特性的鼓励下从事当代生态审美观的研究的。国际上有关生态批评的实践可以 1962 年莱切尔·卡逊出版《寂静的春天》为其开端，生态诗学则可以追溯到 1978 年鲁克尔特发表《文学与生态学》一文。我国的生态美学研究则以 1994 年李欣复发表《论生态美学》一文为其肇始。目前，国内已经出版生态美学研究相关专著 10 部左右，大约有 10 名左右博士生选择生态审美观或生态批评为论文题目。虽然近年来国内生态美学研究发展的较快，但还需要，也希望学术界同行给予更多关注与参与。

我们为什么提出生态审美观？如果让我用一句话概括这一问题，那么，我的回答就是为了适应现实的需要。目前，生态问题已经非常紧迫地提到整个人类以及我们每一个人面前，我们作为人文学者必须给予必要的关注。西方许多学者认为，这是人类的一种"生态责任"。面对如此严峻的环境问题，作为人文学者不应缺席与沉默。当然，这也是我们中国广大美学工作者的态度。

具体来说，生态审美观的提出适应了以下四个方面的现实需要。

首先，是为了适应当代社会由工业文明到生态文明转型的需要。20 世纪 60 年代前后，人类社会开始由工业文明向生态文明转型。1972 年联合国发布《人类环境宣言》，将环境问题提到了全人类面临的最紧迫的共同课题的高度。我国也于 20 世纪 90 年代提出可持续发展方针。2004 年 4 月 30 日，我国学者更加明确提出："人类文明正处于由工业文明向生态文明的过渡。"对于我国来说，环境与资源问题显得更加紧迫。我国以世界 9% 的土地养活世界 22% 的人口，森林覆盖率不到 14%，淡水为世界人均的四分之一。当前，我国环境污染的严重性也是空前的。用温家宝总理的话说，就是"发达国家上百年工业化过程中分阶段出现的问题在我国已经集中出现"。在这种情况下，我们必须立即改变我们的发展模式和文化态度，走环境友好型发展之路，以审美的态度对待自然。

其次，是为了适应 20 世纪以来哲学领域从主客二分向主体间性以及由人类中心向生态整体转型的需要。19 世纪中期，黑格尔逝世之后，特别是 20 世纪以来，西方古典哲学走向终结，开始了西方现代哲学探索之路，逐步发生了由主客二分向主体间性，以及由人类中心向生态整体的转型。以尼采的"酒神精神"的提出为开端，以胡塞尔与海德格尔的现代现象学与存在论哲学为标志，其后，德里达提出"去中心"，福柯提出"人的终结"，阿伦·奈斯提出"深生态学"等等，都反映了这一转型的发生与进行。美学是与哲学紧密相连的，哲学的转型必将引起美学的转型。

再次，是为了适应美学与文学自身从 20 世纪 60 年代以来逐步发生的由无视生态维度向充分重视生态维度的转型的需要。20 世纪 60 年代以来，生态批评、生态文学、生态诗学与环境美学逐步在国际学术界成为"显学"。1984 年，日本美学家今道友信邀请杜夫海纳与帕斯默聚会东京，探讨新的生态伦理学及其与美学的关系，为美学界提出了十分重要的生态审美观的课题。此后，鲁克尔特在论述生态批评与生态诗学时则指出，对于生态问题"人们必须有所作为"。这是一位人文学者在面对严峻的生态问题现实时对同行的激励，我们也应响应这一激励，在同样严峻的中国生态问题面前"必须有所作为"。

最后，是为了适应新的经济全球化背景下振兴中国优秀传统文化的需要。在当前经济全球化的背景下，西方强势文化对我们的压力日益增强，而我国的现代化也需要新的中华文化的伟大复兴，我国人民在现代化的过程中也需要从优秀传统文化中寻找自己的精神家园。在这种情况下，优秀的中华传统文化的振兴成为历史发展的需要与必然要求。在中国优秀传统文化中，古代生态智慧是极为宝贵的思想财富。从传统的"天人合一"思想，到老子的"道法自然"观念、儒家的"民胞物与"思想、佛家的"善待众生"思想等等，都各有其值得借鉴的价值，并为国际学术界所看重，成为开展国际学术对话的极好领域。正如罗马俱乐部中国分部所说，老子几千年前所提出的"无欲"与"天人合一"，"正是人类正'道'的基本前提。并且老子的思想提供的价值观念真正切中了以西方文化为主体的现代文明异化的种种问题与要害，正是医治现代文明病的良方。"

那么，什么是生态审美观呢？

首先，生态审美观是一种当代生态存在论审美观。生态审美观是1994年由中国学者首次提出来的一种崭新的审美观。它有广义与狭义两种理解。狭义的理解，指建立一种人与自然达到亲和、和谐的生态审美关系；广义的理解，指建立人与自然、社会、他人、自身的生态审美关系，是一种符合生态规律的当代生态存在论生态审美观。我们主要在广义上理解和阐释生态审美观。

其次，生态审美观在一些重要的理论问题上有新的发展。从目前看，生态审美观还不能构成一个新的美学学科分支，而是美学学科在当代新的发展、新的延伸、新的丰富和新的立场。其发展主要表现于如下四点：其一，从美学学科的哲学基础来看，它标志着我国美学学科的哲学基础将由认识论过渡到当代存在论、从人类中心主义过渡到生态整体。我们认为，只有从当代存在论的立场才能理解人与自然的一致性，而传统认识论的立场无法理解这种一致性的。因为，传统认识论是"主体与客体二分对立"的在世结构，而当代存在论则是"此在与世界"的在世结构，人与包括自然在内的世界的关系是人的当下的生存状态，人与自然的统一成为必有之义，从而建构当代的生态人文主义；其二，从美学理论本身来看，它标志着我国美学理论将由无视生态维度、过分强调"人化的自然"过渡到重视并包含生态维度；其三，从人与自然的审美关系看，将从自然的完全"祛魅"过渡到自然的部分"复魅"，也就是部分地恢复自然的神圣性、神秘性和潜在的审美性；其四，从审美研究的思维方式来看，将从传统的主客二分的思维模式过渡到消解主客的生态现象学方法。这是一种对过度膨胀的工具理性与极端私欲的"悬搁"，达到人与自然的"平等共生"。

再次，生态审美观的具体内涵。对于生态审美观的具体内涵，我们可以从四个方面概括：第一，是生态审美观的文化立场。美国批评家施瓦布说，生态批评是一种文化批评。这就说明，生态美学观的提出首先是哲学与文化立场的重要转变。所以，有关哲学与文化的范畴成为生态美学观的最重要范畴。当然，这方面涉及的问题很多，只能举其主要的列出：（1）"生态存在论"——由美国的大卫·雷·格里芬首先提出，针对传统认识论与人类中心主义；（2）"有机世界观"——由美国环境哲学家 J. B. 科利考特提出，包含有机整体的内涵，与笛卡尔的机械论世界观相对立；（3）"共生"理论——由挪威的阿伦·奈斯提出，包含人类与自然的相对平等、共生共荣，与人类战胜自然的传统观念相对立；（4）"生态环链理论"——由英国的汤因比与美国的莱切尔·卡逊等提出，包含人类是生态环链之一环以及享有生态环链之相对平等，也是与传统的人与自然对立理论相对立；（5）"该亚定则"——由英国科学家拉伍洛克提出，将地球比喻为古代神话中的地母"该亚"，包含着敬畏自然与自然是有生命的理念，与传统的掠夺自然理论对立；（6）"复魅"——由大卫·雷·格里芬提出，包含对于自然部分神秘性的恢复与对自然的适度敬畏，与工业革命的完全"祛魅"相对立。

第二，是西方生态美学范畴。西方生态美学范畴主要由海德格尔提出，当然还有一些理论家也作了贡献。其主要内容为：（1）"诗意地栖居"——海氏提出，包含人的审美的生存之意，与工业社会完全凭借技术的栖居相对立；（2）"家园意识"——海氏提出，包含人要回归最本真的与自然和谐相处的精神与生活家园之意，与当代工业社会人失去家园的茫然之感相对；（3）"四方游戏"——海氏提出，包含"天地神人"四方自由平等相处之意，与人类中心相对立；（4）"场所意识"——美国生态批评家格罗特费尔蒂提出，包含人赖以生存的地方以及对其记忆，针对工业化与城市化对于人的原生态的栖居地的破坏；（5）"参与美学"——美国环境美学家阿诺德在《环境美学》一书中提出，这是一种环境现象学美学，指出在自然环境审美中人与自然的机缘性关系与意识的构成作用，与以康德为代表的静观的美学相对立，认为静观美学导致人与自然的二律背反。

第三，是中国古代生态美学范畴。中国古代有着丰富的生态美学智慧，有待我们深入发掘。现举列举几点：（1）"天人合一"观念——《周易》中提出并阐发，包含天与人、人与自然有机统一的古代生态观念；（2）"风体诗"——《诗经》之主要文体，《说文》云："风，从虫，凡声，风动虫生，故虫八日而化。"因此，"风体诗"即为反映人之生命律动以及与自然关系的"原生态"之艺术；（3）"比兴"——《诗经》主要艺术创作手法。《说文》云："比，密也"，"从两大也，两大者，二人也"；"兴"，"兴者，举也，谓两人共举一物"。由此可见，所谓"比兴"表达的是人与自然亲密、合作之意，是一种东方式的与自然平等的特有艺术表现手法，后来发展到"比德""意境"等艺术表现手法；（4）"饥者歌其食，劳者歌其事"——后汉何休所言"男女有所怨恨，皆相从而歌。饥者歌其食，劳者歌其事"，说明中国古代来自民间的艺术特别是民歌主要反映人的生命生存状况，其诗意集中于古代的生态存在论美学方面。如"怨诗""桑间濮上诗""思夫诗""怀归诗""乐诗"等。

第四，是审美批判的生态维度。当代美学以席勒为开端对资本主义开展了审美的批判，这正是美学的重要功能之所在。生态审美观在对现实的审美批判中增加了生态的维度，意义重大。《寂静的春天》对人类使用农药破坏土地与自然进行了有力的批判；美国作家赫尔曼·梅尔维尔在19世纪后期所写《白鲸》，也是对人类有意与自然为敌的批判。他以形象的笔触深刻地描写了"披谷德号"船长埃哈伯向一只曾经咬掉他一条腿的名叫莫比·迪克的抹香鲸誓死复仇，并与自然为敌的行动，最后导致人鱼双亡。中国作家徐刚的《伐木者，醒来》是对滥伐森林的声讨，加拿大阿特伍德《羚羊和秧鸡》则是以反乌托邦的形式对人类滥用科技的批判，她以科学狂人秧鸡企图通过

生物技术控制人类，最后在自己制造的病毒爆发时造成人类文明和自己的毁灭，从而有力地批判了违背自然规律的严重后果。

（本文是作者在中国社会科学院 2006 年 10 月于北京西山召开的"马克思主义美学与和谐社会"学术研讨会上发言，后以《论生态审美观》为题发表于《中国社会科学院院报》2006 年 11 月 30 日第 8 版）

新时期与新的生态审美观

    我国从 1978 年党的十一届三中全会后开始了以"改革开放"为标志的新的历史时期。同时，也开始了我国文艺学与美学的新的历史时期。新时期 30 年来，我国经济社会发生了巨大的变化与重要的转型，由此也直接影响到文艺学与美学的变化与转型，出现了诸如网络文艺学、消费文化文艺学、生态美学等一系列新的文艺学与美学的理论形态。我这里着重谈一下新时期之"新"与当代生态审美观之"新"的必然联系。

    首先，新时期为生态美学的产生提供了新的时代的需要。恩格斯曾经指出："社会一旦有技术上的需要，则这种需要就会比十所大学能把科学推向前进。"① 在这里，恩格斯明确地指出了学术发展的最大动力是经济社会与时代的需要。新时期生态美学的产生就是时代需要的产物，具体地讲，就是新的生态文明时代的产物。新时期 30 年，特别是从 20 世纪后期开始，我国发生了重要的经济社会转型。尽管对于这种转型如何理解与阐释还有不同的看法，但我国已经由传统的工业文明转向新的生态文明，这已经成为绝大多数学者的共识。早在 20 世纪 90 年代，我国政府就提出可持续发展方针；2004 年 4 月，我国学者又明确提出"人类文明正处于从工业文明向生态文明过渡的阶段"；2007 年 10 月，党的十七大进一步将"生态文明建设"与物质文明、精神文明与政治文明一起作为我国未来建设发展的重要目标。生态文明的提出不仅是经济社会转型的标志，而且是国家经济社会发

---

① 《马克思恩格斯选集》第 4 卷，人民出版社 1972 年版，第 505 页。

展指导原则与思想观念的重大转变。它意味着我们的思想观念与指导原则将逐步地从人类中心转向生态整体，由"战天斗地"转向"环境友好型社会建设"，由单纯的经济发展转到发展与环保的双赢，等等。正是这种重要的经济社会与理论原则转型的背景，才使得传统的以"人化的自然"为其特点的美学观愈加显示其局限性，从而促使新的生态审美观得以应运而生。

更为重要的是，新时期为生态美学建设在内涵上的创新开辟了广阔的天地。新时期是有中国特色的社会主义理论探索与创新的重要历史时期，这一时期提出了包括"生态文明""科学发展观""以人为本"以及"建设和谐社会"等一系列十分重要的理论观念。十分重要的是，党的十一届三中全会所确立的"解放思想，实事求是"的思想路线为突破一切"左"的禁锢开辟了道路，为我们的包括美学与文艺学在内的学术领域的创新与借鉴开辟了空前广阔的天地。正是在这样的形势下，理论界的同仁共同努力，大胆探索，不断丰富和更新生态审美观的内涵。事实证明，生态审美观的确具有不同于以往美学观的崭新内容。其最基本的特点在于，"它是一种包含生态维度的美学理论"，以此区别于传统的"美学是艺术哲学"的美学理论。事实证明，人与自然生态的关系是最基本的关系，对于这一关系在认识上的突破与调整必将导致包括美学在内的其他理论的突破与创新。

生态美学的突破与创新，具体表现在如下六个方面。第一，在哲学观上，实现了由机械认识论到现代存在论以及由人类中心到生态整体的转型。生态美学深入发掘马克思、恩格斯唯物实践论中的生态内涵并对其进行唯物实践存在论的阐释，并借鉴海德格尔等西方存在论哲学家有关人与世界的机缘性在世关系的理论，代替长期占统治地位的人与自然对立的在世关系理论，以此克服长期以来人类中心主义、主客二分思维模式与绝对的"人化自然"的理论对美学的束缚。第二，在美学的研究对象上，克服长期占统治地位的以黑格尔为代表的将自然审美排除在外的"美学是艺术哲学"的传统观念，而将"生态系统"作为美学的研究对象。这里的"生态系统"，不是孤立的与人对立的"自然"，而是充满生命的包括人在内的"生态整体"。这样的研究对象既不同于以艺术为研究对象的美学，也与传统的"自然美"不同。同时，又与西方环境美学中有可能外在于人的"环境"有着明显的区别。第三，在研究方法上，在坚持马克思主义辩证唯物主义与历史唯物主义指导的前提下，运用生态现象学的方法。这种方法要求将人类中心主义观念与对自然过渡掠夺的物欲加以"悬搁"，回到人的精神的自然基础这个事情本身，扭转人与自然的纯粹工具理性关系，并强调对自然的"内在价值"的适度承认，从而走向人与万物平等对话、共生共存的审美境界。而且，这种生态现象学方法强调了人的主体的能动的构成作用，在生态审美中力主人的所有感觉系统都参与审美的"参与美学"，与古典的"静观美学"相区别。第四，在美学观念上，明确提出生态审美本性论，一改完全从认识的角度对审美的阐释，认为人对自然的亲和与审美是人的生态审美本性的表现。它包括：人的生态本源性，正视人来自自然并最终回归自然、自然是人类的母亲，以及人有亲近自然的天性这样的事实；人的生态环链性，说明人只有在生态环链中才得以生存，人与自然万物生态环链须臾难分；人的生态自觉性，也就是人是生态环链中唯一有自觉意识的物种，人应该具有维护生态环链平衡与稳定的自觉意识。而且，也只有人类具有破坏与保持生态环链平衡的能力。这实际上是一种新的人与自然共存的生态人文主义。这种生态人文主义是对传统人文主义的继承与发展，是一种包含生态维度的新的人文主义，是生态文明新时代的产物，是人类得以与自然生态和谐相处并长期美好生存的法宝。第五，在美学内涵上，与传统的"美是感性认识的完善"相对，提出一系列崭新的美学观念。诸如，诗意的栖居，四方游戏，家园意识，场所意识，参与美学，生态美学批评，生态审美教育等。这些美学观念的特点在于：主要不是从认识论的角度来阐释人与对象的审美关系，而是从生态存在论的角度来阐释人与对象的审美关系；不是以认识的完善而是以人的美好生存来界定审美，因而将人与自然的和谐协调放在十分突出的位置。所以，在美学范畴上是富有新意的。第六，生态美学强烈的实践性特色。所有的现代生态理论的一个重要特点就是具有强烈的实践性品格，绝不是离开实际的坐而论道。这是生态美学区别于传统美学的重要特点之一。生态美学的实践性品格首先表现在它将生态审美教育放在十分突出的位置，认为生态美学的首要任务就是改变人们的文化立场，使人们确立以审美的态度对待自然的观念，确立爱护自然就是爱护人类自身的观念。诚如罗马俱乐部创始人贝切伊所说，环境问题归根结底是一个文化态度问题。因而，生态审美教育作为环境教育的重要组成部分具有其特殊的作用。众所周知，环境教育是 1972 年联合国确认的具有国际法律地位的教育形式，由此彰显生态审美教育的特殊地位与作用。同时，生态美学吸收环境美学的某些内容，努力对于人类的生产实际，特别是在城乡生存环境的建设方面积极提出某些有价值的理念。

新时期使中国生态美学建设逐步形成自己的鲜明特色。我国的生态美学肇始于 20 世纪 90 年代中期，逐步发展于 21 世纪，目前仍然处于建设发展阶段。它尽管吸收借鉴了大量西方资源，但总体上还是产生于中国自己的土地之上，因而具有十分明显的中国特色。最近，美国著名环境美学家伯林特指出，生态美学主要是中国学者所使用的学术话语。当然，生态美学具有国际对话的通约性，这是没有任何问题的。但通约性与特色性的共存正是生态美学的特色和我们的努力方向。其特色性具体表现如下两个方面。

第一，紧密结合中国现实生活。我国是一个发展中国家，经济与社会的发展具有十分突出的地位，是通常所说的"硬道理"。而且，我国也是一个资源紧缺型国家，人均"生态足迹"十分有限。因此，我国的生态美学建设必须面对这样的现实。为此，我们在生态美学建设中始终坚持社会主义生态文明理论与生态整体观的指导，力求人与自然的共生、发展与环境以及资源的利用与保护的双赢。我们放弃传统的人类中心主义，放弃"战天斗地"与"人定胜天"的口号，走环境友好之路。同时，我们也不同意生态中心主义，不同意无限制地夸大自然的"内在价值"。在对待西方的"荒野哲学"的态度上，我们承认它的价值意义，力争"辅万物之自然而不敢为"（《老子·六十四章》）。但具体到中国环境资源空前紧缺的情况下，"荒野哲学"一般只具有哲学理论的借鉴意义，难以指导现实。在生态美学的理论建设中，我们认为，"生态美学"的提法更加符合中国的实际，因而，一般不使用西方盛行的"环境美学"的提法。因为，"生态美学"更加强调其研究对象为人与自然万物共存的"生态系统"，而不是简单的有可能外在于人并与人对立的"自然"或"环境"。事实证明，环境美学是一种内涵非常丰富同时也比较复杂的美学理论形态，既对西方当代美学建设做出了重要贡献，也是我们建设当代生态美学的重要资源。但它也有值得推敲之处。首先，"环境"一词的模糊性容易产生其外在于人的主客对立的理解。而且，"环境美学"也有"如画风景论"的人类中心主义倾向与"自然全美"论的生态中心主义倾向。这两种倾向的美学理论都是理论上不完善的，也是不适合于我国的国情的。"如画风景论"，完全将自然环境看作人观赏与游玩的对象，甚至可以任意破坏。目前，国内许多著名景点在所谓"度假黄金周"所遭到的难以修复的破坏，就是明证。这是典型的人类中心主义的倾向。"自然全美论"从任何自然存在物（包括艾滋病菌）都是合理的着眼，论证自然的都是美的。这当然是对于自然"内在价值"的全面肯定，但自然全美与内在价值都应该置于保持生态环链稳定平衡的前提之下，并非是无条件的，这才是真正的生态共生理论，否则，就将走向生态中心主义。即使如此，这种"自然全美论"在已经完成现代化并且资源丰富的发达国家或许还可以付诸实践，在我国则是行不通的。我们的立场是生态整体论。包括人类在内的任何自然万物只有在维持生态环链稳定平衡的意义上才有可能是合理的与美的。

第二，努力吸收融合中国古代丰富的生态审美智慧。首先应该对于中国古代的生态审美智慧给予足够的认识与充分的估价。应该说，我国是一个有着十分丰富的生态审美智慧的文明古国。作为具有五千年文明史的农业大国，我国古代对于人与自然关系的认识，对于生态审美的体悟的确积累了非常丰富的资源，并逐步形成我国古代独具特色的美学形态。在我国古代，难以找到西方那样以"模仿"与"感性认识的完善"为其特点的美学的话，却独具以"天人之际""生生之谓易"为其主要内涵的生存论与生命论美学，其中包含着非常丰富的生态审美资源。《周易》的"元亨利贞"四德、"居位正体"之至

美；儒家的"天人合一""民胞物与""位育中和"；道家的"道法自然""万物齐一"；佛家的"法界缘起""善待众生"等，都包含十分丰富的生态审美内涵。这些可以作为当代生态美学建设的重要资源。当然，我们也需要清醒地认识到，这些生态审美智慧毕竟是前现代的产物，没有经过工业革命的洗礼，需要现代的改造与扬弃。

我们相信，只要我们立足于中国的大地之上，同时又以更加开放的态度参与到国际与国内的学术对话当中，生态美学的建设一定会更加健康，并逐步走向繁荣。

（原载《文艺争鸣》2008 年第 9 期）

第二编
生态美学基本内涵论

生态美学：后现代语境下
崭新的生态存在论美学观

一

生态美学已在我国应运而生，并正在成为学术热点。对于生态美学，目前有狭义与广义两种理解。狭义的生态美学着眼于人与自然环境的生态审美关系，提出特殊的生态美范畴。广义的生态美学则包括人与自然、社会以及自身的生态审美关系，是一种符合生态规律的存在论美学观。我个人赞成广义的生态美学，认为它是在后现代语境下，以崭新的生态世界观为指导，以探索人与自然的审美关系为出发点，涉及人与社会、人与宇宙以及人与自身等多重审美关系，最后落脚到改善人类当下的非美的存在状态，建立起一种符合生态规律的审美的存在状态。这是一种人与自然和社会达到动态平衡、和谐一致的处于生态审美状态的崭新的生态存在论美学观。

生态美学是在 20 世纪 80 年代中期以后，生态学学科已经取得长足发展并逐步渗透到其他各有关学科的情况之下逐步形成的。法国社会学家 J. M. 费里于 1985 年指出，"生态学以及有关的一切，预示着一种受美学理论支配的现代化新浪潮的出现"①。正如费里所预见的那样，从 20 世纪 80 年代后期开始，作为生态美学应用形态的生态批评在美国文学界悄然兴起。也正是在生态批评的发展中，生态美学理论

---

① 转引自鲁枢元《生态文艺学》，陕西人民教育出版 2000 年版，第 27 页。

也得以实践与发展。1994 年前后，我国学者提出生态美学论题，并先后组织多次学术讨论。2000 年，陕西人民教育出版社出版徐恒醇的《生态美学》和鲁枢元的《生态文艺学》，标志着生态美学不仅引起了学术界更加广泛的关注，而且已经开始对其进行更加深入系统的理论探讨。

生态美学同一切理论论题一样，其产生与发展都有一定的历史文化背景。生态美学恰恰就是产生在后现代的经济与文化背景之下。目前，学术界在后现代问题上分歧颇多，一时难以统一，甚至连对这一概念的内涵的理解都难一致。我想首先阐明自己对"现代"与"后现代"的基本看法。

我认为，所谓"后现代"是指"现代"之后，而不是现代的"后半期"。但现代与后现代两者又并非截然分开，而是在"现代"之后，现代与后现代特性共存。这种情况需要持续漫长的融合与过渡时期。而从"后现代"的内容来看，它又不仅是对现代性的批判与解构，更是对新的经济与文化形态的建设与重构。实质上，"后现代"可以说是对"现代"的一种反思。这种反思的重点恰恰就集中于人的生存状态之上。"现代性"的极度扩张导致了人的生存状态不可遏止的恶化，甚至威胁到整个人类的生存。后现代着重从根本上扭转这一局面，改善人的生存状态。这已经成为关系到整个人类命运的时代课题。正是从扭转人类生存状态恶化，并从根本上加以改善这一时代课题出发，生态美学不仅应运而生，而且走到学术与社会的前沿，显现其极为重要的地位与作用。我们正是从这样的立足点上来思考生态美学的产生的。

第一，现代化弊端的充分暴露及其对人的生存的巨大威胁，呼唤新的存在论美学出现。近 200 多年来，人类社会所进行的现代化取得了辉煌的成就，物质丰富，科技进步，社会繁荣，标志着人类社会进入一个新的文明阶段。但由于现代化常常同资本主义剥削制度相伴随，因而，可以说，现代化的发展也就是剥削与侵略的加剧。作为现代化支柱的市场经济与工业化本身又因其固有的缺陷，导致了盲目追求经济效益与工具理性统治的严重问题，由此导致地球南北之间、社会内部贫富之间，以及人与大自然之间出现尖锐的矛盾。由于资本主义发展到帝国主义，因掠夺与侵略导致了两次世界大战。特别是在第二次世界大战中，人类不仅制造了核武器，而且使用了核武器。核武器的毁灭性的威力与后果给人类以巨大震动，使人类第一次意识到现代化过程中由经济利益的追逐与科技的发展所制造的核武器，原来足以毁灭整个人类！此后，现代化过程中的工业化与农业化肥以及农药的滥用所造成的严重环境污染，在 20 世纪 70 年代之后也凸现了出来。臭氧层的破坏，沙尘暴的袭击，可用土壤与水资源的严重匮乏，污染所形成的癌病与艾滋病的蔓延……又使人类面临着另一个重大的生存危机。总之，现代化给人类社会带来巨大进步的同时又不可避免地带来巨大灾难，而这些灾难又都归结到最根本的一点：直接威胁到人类的生存。正如法国夏尔－雷奥波－马耶人类进步基金会发布的《建设一个协力尽责多元的世界的纲领》中所说："简言之'西方现代性'的构成因素引起的后果，或对于某些人而言，就是'现代性'的后果。"① 总之，对现代化的冷静总结与思考使我们认识到，当前对于现代化的利弊应更侧重于充分认识其弊端，特别是其对人类生存所构成的严重威胁，并采取积极的措施加以克服。这方面的重要措施之一，就是在观念上呼唤一种充分反映人类当前生存状况的新的存在论哲学与美学问世，作为指引人类前行的灯火。这就是现实对生态美学及其研究所提出的强烈要求。美国后现代理论家大卫·雷·格里芬指出："现代性的持续危及我们星球上的每一个幸存者。随着人们对现代世界观与现代社会中存在的军国主义、核主义和生态灾难的相互关系的认识的加深，这种意识极大地推动人们去查看后现代世界观的根据，去设想人与人、人类与自然界及整个宇宙之间关系的后现代方针。"② 新的存在论哲学与美学就是人与自然、社会后现代方式的理论表现，旨在克服现代性的种种弊端。

---

① ［法］夏尔－雷奥波·马耶人类进步基金会：《建设一个协力尽责多元的世界》，乐黛云等主编《跨文化对话》（8），上海文化出版社 2002 年版，第 2 页。

② ［美］大卫·雷·格里芬：《和平与后现代范式》，大卫·雷·格里芬编《后现代精神》，王成兵译，中央编译出版社 1998 年版，第 238 页。

第二，后现代经济与文化形态的形成为生态美学的产生创造了必要的条件。谈到后现代，人们常常将其同对现代性的批判、否定、解构相联系，因而认为不可取。事实上，存在着解构与建构、否定与建设两种不同的后现代思想体系。正如我国生态哲学家余谋昌所说："后现代主义具有极其丰富的思想和理论内涵，'是人类有史以来最复杂的一种思潮'。它主要有两种派别，一是以法国的福柯、德里达、拉康为代表的后现代主义，它把对现代性的批判定位于摧毁、解构和否定性的维度上，对现代世界观和启蒙认识论持彻底的取消和否定态度，故称为'解构性后现代主义'。二是以美国的大卫·格里芬、大卫·伯姆等人倡导的富于'建设性后现代主义'，它对现代性的批判不是要解构现代性，而是要超越现代性，并试图通过对现代前提和传统观念的修正，来构建一种后现代世界观。"① 在这里，我们更赞成以美国大卫·格里芬为代表的"建设性后现代主义"。这种理论主张对现代性进行批判地继承，保留其优点，克服其弊端，并创造新的经济与文化形态，从而实现对现代性的超越。这些建设性的后现代理论家们把这种创造性的后现代文化说成是一种"生态时代的精神"。② 此前，人类经历了三个早期的文化—精神发展阶段：首先是具有萨满教（shamamic）宗教经验形式的原始部落时代，其次是产生了伟大的世界宗教的古典时代，再次是科学技术成了理性主义者的大众宗教的现代工业时代。直到现在，在现代的终结点上，我们才找到了一种具体的生态精神的时代。这些理论家们在这里主要是从文化与宗教的角度来划分时代。如果加上经济因素的话，我们可以将迄今为止的人类社会划分这样四个阶段：以狩猎与采集为主的原始部落时代；处于早期文明的农耕时代；科技理性主导的现代工业时代；倡导生态精神的信息经济时代。由此可见，后现代社会作为对科技理性主导的现代工业时代的超越，实际上形成了一种新的经济与文化形态。在经济上以信

① 余谋昌：《生态哲学》，陕西人民教育出版社 2000 年版，第 39 页。
② ［美］乔·霍兰德：《后现代精神和社会观》，大卫·雷·格里芬编《后现代精神》，王成兵译，中央编译出版社 1998 年版，第 81 页。

息产业作为其标志，以知识集成作为其特色，实际上是一种后工业经济，而在文化精神上，则是对科技理性主导的一种超越，走向综合平衡和谐协调的生态精神时代。这就说明，后现代在精神与文化上的特色就是对生态精神的倡导，这就为生态美学的产生与发展提供了土壤，创造了条件。现在有一个问题，那就是中国目前还是发展中国家，现代化还没有完成，更谈不上已经进入信息经济时代，因此，从经济的角度中国谈不上后现代。那么，生态美学为何在中国仍有其广泛的基础呢？我们认为，从单纯的经济形态看，中国的确谈不上后现代；但从现代性的负面影响以及精神文化的角度看，中国已经有了浓厚的后现代思想文化。因此，我们将"后现代"主要定位于对现代性的一种反思与超越。从这样的角度，中国同样存在市场拜物、工具理性盛行、生态恶化等严重问题，对现代性的反思与超越同样必要。这就是中国的后现代文化和生态美学产生的基础。正如格里芬在为《后现代科学》中文版所写序言中所说："我的出发点是：中国可以通过了解西方世界所做的错事，避免现代化带来的破坏性影响。这样做的话，中国实际上是'后现代化了'。"①

第三，新时代生态学的发展为生态美学提供了理论的营养。所谓生态美学就是生态学与美学的一种有机的结合，是运用生态学的理论和方法研究美学，将生态学的重要观点吸收到美学之中，从而形成的一种崭新的美学理论形态。生态学概念尽管是 1866 年由德国生物学家海克尔（E·Haeckel）最早提出，但生态学的成熟发展却是 20 世纪中期以后的事情。也就是说，只有在后现代经济与文化语境中，环境问题日益突出，由此引起的理论论题十分尖锐的情况之下，才形成了现代生态学。正如格里芬所说，"后现代思想是彻底的生态学的"，因为"它为生态运动所倡导的持久的见解提供了哲学和意识形态方面的根据"。② 现代生态学的发展，大体在 20 世纪60—70 年代的第一次

---

① ［美］大卫·格里芬：《别一种后现代主义（代序）》，大卫·格里芬编《后现代科学》，马季方译，中央编译出版社 1995 年版，第 16 页。

② 王治河：《后现代主义与建设性（代序）》，大卫·雷·格里芬编《后现代精神》，中央编译出版社 1998 年版，第 16 页。

环境革命中得到丰富充实，而在 20 世纪 80 年代末 90 年代初的第二次环境革命中得到进一步发展。现代生态学同传统生态学相比，其重要特点在于超越了纯粹自然科学研究的范围，成为自然科学与社会科学的结合，不仅以自然科学的实证研究为基础，而且形成自身具有普遍世界观价值的理论观点。这种理论观点就是整体性的理论观点，是对传统的笛卡尔—牛顿的二元论、机械论世界观的突破。余谋昌指出："生态系统整体性，是生态系统最重要的客观性质，反映这种性质的生态系统整体性观点，是生态学的基本观点，也是生态哲学的基本观点。运用生态系统整体性观点观察和理解现实世界，是把生态学作为一种方法，即生态学方法。"① 这种后现代语境中产生的现代生态学，又称作"深层生态学"。它是 1973 年挪威哲学家阿伦·奈斯提出的，指在生态问题上对"为什么""怎么样"等问题进行"深层追问"。深层生态学坚决抵制"人类中心主义"观点，不仅反对传统的二元论，主张人与自然的和谐协调，而且反对自然离开人就不具有价值的传统观点，主张自然具有自己独立的"内在价值"，并反对盲目的经济效益论和科技决定论，力主生态效益和再生能源技术。虽然深层生态学尚有一些理论问题需要进一步探讨，但它对"人类中心主义"的批判和提出"关爱自然"的命题无疑具有极为重要的意义，是对传统世界观根基的动摇，也是对新时代新型世界观的一种奠基。正是从这个意义上，深层生态学的基本观点恰恰代表了生态精神时代或后现代的基本观点，是这个时代具有代表性的世界观。当然，还有一个明显特点，就是这种"深层生态学"以及在其指导下的当代波澜壮阔的环保运动，都无例外地围绕着人类的生存问题展开。首先，现代生态学中"人—自然—社会"的系统整体论就包含着可贵的人与自然、社会共生共存的生存论思想。而且，1972 年联合国环境会议发布《人类环境宣言》中从人权的高度第一次提出人所应该享有的环境权问题。《宣言》指出："人类有权在一种能够过尊严和福利的生活环境中，享有自由、平等和充足的生活条件的基本权利，并且负有保护

---

① 余谋昌：《生态哲学》，陕西人民教育出版社 2000 年版，第 33 页。

和改善这一代和将来的世世代代的环境的庄严责任。"① 此后，有关环保组织及理论家们又进一步提出"可持续生存"以及与之有关的道德原则。1991 年，世界自然保护组织、联合国环境规划署和世界野生动物基金会提出《保护地球——可持续生存的战略》报告。报告制定了可持续生存的九项原则，其中第一项原则就是："人类现在和将来都有义务关心他人和其他生命。这是一项道德准则。"② 这是新的世界道德原则——人类可持续生存的道德原则。上述这些都是现代生态学——深层生态学所提供的极为宝贵的理论资源，为生态美学的产生与发展提供了极为丰富的营养，注入了许多新鲜的内容。这些内容包括系统整体性的生态学方法，"人—自然—社会"和谐一致的整体性观点，反对"人类中心主义"，力主一切自然现象都具有"内在价值"的价值观，以及同环境相关的生态"生存论"原则等。这一切都使生态美学具有了不同凡响的崭新面貌与内涵。

第四，美学学科的特性及其发展趋势为生态美学的产生提供了必要的前提。生态美学产生于 20 世纪后半期，除了有其客观的时代土壤之外，还同美学本身的特性及其在新时代的发展分不开。众所周知，尽管自古以来人们对美与美学的界定众说纷纭，莫衷一是，但美所特具的和谐性、亲和性与情感性却是被大多数学者所接受的。美所具有的这些特色恰恰同现代生态学系统整体性的基本观点相吻合。这就为美学与生态学的结合，也就是为生态美学这一新的美学理论形态的产生与发展提供了最重要的前提。所以，许多生态学家在论述其生态理论时都情不自禁地运用美学的理论与方法。J. M. 费里就曾指出，"未来环境整体化不能靠应用科学或政治知识来实现，只能靠应用美学知识来实现"③。在这里，费里将环境整体化十分自然地同美学相结合，并对美学在生态学中的作用给予极高评价。美国另一位后现代理

---

① 联合国人类环境会议：《人类环境宣言》，万以诚、万岍选编《新文明的路标——人类绿色运动史上的经典文献》，吉林人民出版社 2000 年版，第 3 页。

② 世界自然保护同盟、联合国环境规划署、世界野生生物基金会编：《保护地球——可持续生存战略》，国家环境保护局外事办公室译，中国环境科学出版社 1992 年版，第 7 页。

③ 转引自鲁枢元《生态文艺学》，陕西人民教育出版社 2000 年版，第 27 页。

论家 C. 迪恩·弗罗伊登博格在谈到后现代农业的奋斗目标时，就借用了美学领域中"完整、美丽、和谐"的理论观点。他说："后现代农业按照有助于而且促进同它发生相互作用的自然体系的思路来设计和运转。它能使自然体系变得更完整、美丽、和谐。"① 著名的生态学者、诺贝尔生存权利奖获得者何塞·卢岑贝格则将地球称作是"美丽迷人、生意盎然"的地母该亚。他说，这是一种"美学意义上令人惊叹不已的观察与体悟"。② 当然，生态美学的产生还同 20 世纪 70 年代末 80 年代初欧美美学与文学理论领域所发生的"文化转向"密切相关。众所周知，西方 20 世纪以来的美学与文学理论领域始终存在着科学主义与人文主义两条发展线索。从 20 世纪初期形式主义美学的兴起开始，连绵不断地出现了分析美学、实用主义美学、心理学美学等科学主义浪潮，侧重于对文学艺术内在的、形式的与审美特性的探讨。从 70 年代末 80 年代初开始的文化的转向，表现出对当前政治、社会、制度、文化、经济、性别、种族、新老殖民主义的浓厚兴趣。正如美国美学者加布里尔·施瓦布所说："美国批评界有一个十分明显的转向，即转向历史的和政治的批评。具体来说，理论家们更多关注的是种族、性别、阶级、身份等等问题，很多批评家的出发点正是从这类历史化和政治化问题着手从而展开他们的论述的，一些传统的文本因这些新的理论视角而得到重新阐发。"③ 美学在新时代的这种"文化转向"恰恰是后现代美学的重要特征，这就使关系到人类生存的问题必然地进入美学研究领域并成为其极其重要的课题，从而产生了生态美学。生态美学在中国的提出也同 20 世纪 90 年代开始的美学转向有关。众所周知，中国在 20 世纪 50—60 年代和 70—80 年代曾两度出现过"实践美学"的讨论热潮，但从 90 年代开始，学术界有些人感到实践美学的局限，开始探讨"后实践美学"。另一方面，中国

---

① ［美］C. 迪恩·弗罗伊登博格：《后现代世界中的农业》，大卫·雷·格里芬编《后现代精神》，王成兵译，中央编译出版社 1998 年版，第 193 页。

② ［巴西］何塞·卢岑贝格：《自然不可改良》，黄风祝译，生活·读书·新知三联书店 1999 年版，第 63 页。

③ 转引自钱中文《全球化语境与文学理论的前景》，《文学评论》2001 年第 3 期。

美学与文艺学从 1978 年以来又经历了"从外到内，再由内到外"的历程。20 世纪 90 年代以来，不少学者试图突破偏重审美的"内部研究"，进而探索历史、文化等外部规律。生态美学正是在这种由"实践美学"转向"后实践美学"，以及由"内部研究转向外部研究"的过程中诞生的。

二

　　生态美学的产生无论对生态学还是对美学都有着极其重要的意义。对于生态学来说，生态美学的产生为其增添了新的视角和具有宝贵价值的理论资源，使其更具人文精神。这一方面的论述不是本文的任务，不拟展开，这里只打算对生态美学的产生对美学与文艺学学科的意义深入进行探讨。

　　第一，生态美学的产生进一步促进了新时代美学观念的转向，形成并丰富了生态存在论美学观。生态美学的产生，从美学学科来讲，最重要的意义在于促进了新时代美学观念的转向。可以这样说，从 20 世纪 90 年代以来，"实践美学"与"后实践美学"的讨论一直未取得突破性进展。目前仍处于胶着状态，难以突破。但是，生态美学的产生却可以说是对这场讨论的突破。它作为一种生态存在论美学观，对于"实践美学"的超越和"后实践美学"的形成都具有决定性的意义。实际上，在西方美学史上，美学的"存在论转向"从康德即已开始。康德以前的西方美学大多囿于认识论范围，美与审美离不开"摹仿""对称""典型"等范畴。康德第一个将"本体论"引入美学，不仅探索此岸世界中的"真"，而且追求彼岸世界中的"善"。美成为沟通真与善、认识与存在、此岸与彼岸的无目的的合目的性形式，最后使美成为"道德的象征"。① 也就是说，在康德看来，美是一种既合规律又合目的的"存在方式"。席勒力倡美育，用以克服资本主义生产的"异化劳动"，也是将"存在"放在非常突出的位置。

―――――――――――――

　　① ［德］康德：《判断力批判》，宗白华译，商务印书馆 1985 年版，第 201 页。

但在存在论美学的发展中，黑格尔却有很大倒退，他将美看成是绝对理念自发展、自认识的一个阶段，提出"美就是理念的感性显现"①命题，仍是在总体上将美局限于认识论范围。20世纪以来，资本主义的内在矛盾愈加尖锐，人的生存问题更加紧迫，尼采以其具有强大冲击力的"酒神"精神，强力冲击传统的机械论和虚伪的理性主义，将艺术作为人的一种存在方式，提出艺术"是生命的伟大兴奋剂"②的著名观点。20世纪30—40年代以来，特别是第二次世界大战之后，著名的存在主义理论家萨特针对人类愈加严重的存在危机，提出了一系列存在主义哲学与美学理论，包括"存在先于本质""人是绝对自由的"等著名观点。在美学领域，萨特将艺术作为人的一种自由的存在方式，提出著名的艺术是"由一个自由来重新把握世界"③的观点。海德格尔进一步从艺术与存在关系的角度探索美学问题，他借用荷尔德林的诗句提出"充满才德的人类，诗意地栖居于这片大地"④的著名观点。所谓"诗意地栖居"，就是"审美的生存"。它表明了一代哲人对人类当下非美的生存状态的忧虑，对未来审美的生存所寄予的无限期望。上述对西方存在论美学发展脉络的简要勾勒旨在说明，西方存在论美学始终是同资本主义的发展与现代化的进程紧密相连的，是一个具有极强现实意义的现代课题。而且，存在论美学作为现代西方人文主义美学的主要派别，始终绵延不断，发展充实。在20世纪前半期，虽因受到科学主义美学思潮的冲击没有占据主导地位。但到20世纪60—70年代之后，随着后现代经济与文化形态的产生，存在论美学就逐步成为西方当代美学的主流。生态美学的产生，更是使存在论美学获得丰富的营养，更具强大的生命力，发展成影响巨大的生态存在论美学观。格里芬在《和平与后现代范式》一文中批判现代性的非生态论的生存观，倡导后现代的生态论生存观。他说，"现

---

① ［德］黑格尔：《美学》，朱光潜译，商务印书馆1979年版，第142页。
② ［德］尼采：《悲剧的诞生》，周国平译，生活·读书·新知三联书店1986年版，第385页。
③ 朱立元：《现代西方美学史》，上海文艺出版社1993年版，第542页。
④ 胡经之：《西方文论名著选编》下，北京大学出版社1986年版，第582页。

代范式对世界和平带来各种消极后果的第四个特征是它的非生态论的存在观"①。生态存在论美学就是在生态论存在观哲学基础上产生的新型美学思想。

那么，这种生态存在论美学观同传统存在论美学相比有什么区别，增添了多少新的内容呢？首先，生态存在论美学观同传统存在论美学相比，丰富了"存在"的范围。存在论美学的基本范畴是"存在"，这里的"存在"并不是抽象的处于静态的人的本质，而是此时此地人的"此在"，也就是人的当下的生存状态。生态存在论美学观无疑接受了人的这种当下的"此在"内涵，但却将这种内涵不仅局限在人，而是扩大到"人—自然—社会"这样一个系统整体之中。也就是说，生态存在论美学观中人的"此在"包含着自然与社会当下对人的影响，甚至这个"此在"就同时包含着自然与社会当下的生存状态。其次，生态存在论美学观同传统存在论美学相比，改变了"存在"的内部关系。传统存在论美学虽然借助现象学的理论与方法，试图摆脱二元论与机械论观点，但却没有完全做到。因此，它所说的"存在"是指处于孤立状态的人。人同他人的关系是敌对的，所谓"他人是地狱"。人的现实状况是"被抛弃的"，因而孤独与焦虑成为"此在"的主要状态。这种处于孤独与焦虑状态、把他人看作地狱的人，肯定也是对自然与社会持敌对态度的。但生态存在论美学观却与此相反，从系统整体性与建设性出发，提出"主体间性"的概念，力图抛弃现代哲学中主体无限膨胀的理论和个人主义观点，从人与他人的平等关系中来确定"自我"的位置，消除人我之间的对立。正如王治河在《后现代精神》一书中文版的代序中所说，"在人与人的关系上，后现代主义则摒弃现代激进的个人主义，主张通过倡导主体间性来消除人我之间的对立。在后现代思想家看来，'个人主义已成为现代社会中各种问题的根源'。对'自我'的坚执往往是以歪曲、蔑视、贬低他人为条件的，其结果是导致人我的对立（萨特的'他人是

① ［美］大卫·雷·格里芬：《后现代精神》，王成兵译，中央编译出版社1998年版，第224页。

地狱'），而周围都是地狱又哪里有自我的自由可言？后现代主义将人不是看作一个实体的存在，而是关系的存在，每个人都不可能单独存在，他永远是处在与他人的关系之中的，是关系网络中的一个交汇点。在这个意义上，他们称人为'关系中的自我'（Self-in-relation），因此，'主体间性'内在地成为'主体'、'自我'的一个'重要方面'。"① 在人与自然的关系中，生态存在论美学观摒弃了传统存在论美学中"人类中心主义"的观点，不是把人看成主宰，对自然可以任意的宰割和处置，而是将人与自然放在平等和谐的关系之中，如同朋友和对话者。再次，生态存在论美学观同传统存在论美学相比，进一步拓宽了观照"存在"的视角。在传统存在论美学之中，"存在"被界定为人的此时此地的"此在"，时空界限明确。而生态存在论美学观，对"存在"的观照视野则大大拓宽了。从空间上看，生态存在论同最先进的宇宙科学相联系，从太空的视角来观照地球与人类。自从20世纪60年代人造宇宙飞船升天并环绕地球航行之后，从广袤的宇宙空间观看地球，地球只是一个小小的蓝色发光体，似乎顷刻之间就会像一颗流星那样消逝，显得如此脆弱。人类只是这个宇宙间小小星体的一个极其微小的"存在"。因此，从如此辽阔的空间观照人的存在，不是更加感到人与地球的共生存同命运的休戚与共的关系吗？不是更加感到人的"此在"不可能须臾离开地球吗？从时间上看，生态存在论坚持可持续发展的观点，认为人的存在尽管是处于当下状态的"此在"，但这个"此在"是有历史的，既有此前多少代人的历史积存，又要顾及后代的长远栖息繁衍。这样的时空观照就改变了传统存在论美学中"此在"的封闭孤立状态，拓宽其内涵，赋予其崭新的含义。还有，生态存在论美学观同传统存在论美学相比，进一步完善与丰富了它的审美价值内涵。传统存在论美学所包含的审美价值取向是比较消极与负面的，他们所说的"存在"是一种被抛入的焦虑、忧愁等一系列低沉消极的心理状况，尽管在其审美观中增加了"自由选

---

① 王治河：《后现代主义与建设性（代序）》，大卫·雷·格里芬编《后现代精神》，中央编译出版社1998年版，第10—11页。

择"的主体活动空间，给这种低沉心理增添了些许亮色，但也并没有根本改观。正如美国后现代理论家里查·A. 福尔柯所说，"让—保罗·萨特把现代存在同面对现实时的恶心感相联系，以此来说明其荒谬性。现代性从其深层的、最终的意义上讲是无根的，因为它给我们的存在赋予了超出我们的必死性之外的意义。""从这种更广泛的意义上看，后现代意味着去重新发现能够给人类存在赋予意义的合理的精神基础。"① 这就说明，从生态存在论美学观来看，作为后现代的重要思潮之一，它更立足于建设与重构。也就是说，它以"人—自然—社会"构成系统整体的理论为指导，着力于建设一个人与自然社会和谐协调发展的、人与其他生命共享的美好物质家园与精神家园。正是基于以上情况，我们认为，生态存在论美学观在价值观上同传统存在论美学相比更加积极和正面。不仅如此，传统存在论美学受传统的二元论与机械论哲学思想影响，只承认人具有独立的审美价值，而否定自然界具有独立的审美价值，自然界的美是由人的主体决定的。于是，在传统美学中，出现了"移情"、"外射"、"偷换"等等理论观点。传统存在论美学只承认主体的"自由选择"的审美能力，甚至梵高的名画《鞋》的美学特性也由主体的理解产生。但生态存在论美学观却打破了这样的理论樊篱，坚持认为自然界万事万物，无论是动物、植物等有生命的物体，乃至于山脉、大河、岩石等无生命的物体统统具有自身的"内在价值"，包括自身内在的"审美价值"。也就是说，在他们看来，自然界本身也有"美感"。这是一个十分敏感的问题，有待于进一步讨论。但无论如何，在自然具有自身独有的内在审美价值这一点上，生态存在论美学观是对传统存在论美学的一个重要突破。最后，生态存在论美学观将一系列生态学原则吸收到自己的理论体系之中，从而同传统存在论美学相比，极大地丰富了美学理论的范围。传统存在论美学纯粹从人的"存在"这一现代人本主义的角度来阐发自己的美学思想，而生态存在论美学观则将生态学的一系列原则

---

① ［美］里查·A. 福尔柯：《追求后现代》，大卫·雷·格里芬编《后现代精神》，王成兵译，中央编译出版社1998年版，第127页。

借鉴吸收到美学理论之中，极大地拓展了美学理论的范围。前已说到，现代生态学的最基本的原则就是系统整体论的观点，在此前提下，又有平衡规律、对立统一规律、反馈转化规律与物质循环代谢规律等。正如我国著名生态学家马世骏教授所说，"基本生态规律有：一，作用与反作用，即输出与输入平衡的规律；二，排斥与结合，即对立统一规律，是自然界生物群落中的普遍现象；三，相互依赖与制约，即反馈转化规律，又称数量极限规律；四，物质生生不已和循环不息的再生，即互生规律，又称物质循环的代谢规律。"① 这些生态学原则经过融合、加工，被吸收进生态存在论美学观之中，成为美学理论中的"绿色原则"。总之，生态存在论美学的提出在我国当前美学领域具有极为重要的作用。我个人认为，它标志着由"实践美学"到"后实践美学"的过渡初步完成。当然，我并不主张直接地全盘地将西方生态存在论美学观拿过来运用，而是强调要经过必要的改造，并吸收"实践美学"的有价值成分，也就是其能动的唯物主义哲学基础，从而使之成为在社会实践基础之上的生态存在论美学。这就终于找到了一种符合当代特点的、同时又具相当科学性的美学理论形态。

　　第二，生态美学的实际应用派生出文学的生态批评，进一步丰富了文学批评的视角。生态批评是当代西方正在兴起的一种新的批评方法，是生态美学的实际应用。生态批评的发展充分说明生态美学的重要作用与意义。据有关学者提供的资料显示，在文学领域中最早介入生态批评的学者，是 1925 年美国一位博士生的博士论文，但直到1978 年一篇题为《文学与生态学：一种生态批评主义的实验》发表，文学生态批评才正式提出。生态批评真正引起了人们的重视并成为热点，则要到 20 世纪 90 年代中期以后。美国学者但纳·菲利普指出："对某些人来说，生态批评的反理论精神，似乎是完全值得赞赏的，因为它给批评界吹入了一股新鲜的空气（虽然这一说法在本文中过于武断）。1995 年《纽约时代杂志》上发表的一篇文章中，杰·帕理尼对这种新批评方式的正式登台亮相表示了欢迎；同年夏季在科罗拉州

_____

① 转引自余谋昌《生态哲学》，陕西人民教育出版社 2000 年版，第 43—44 页。

举行了一次会议，则成为生态批评开始的标志，有数百名未来的生态批评家们出席这次会议，其中有我本人。杰·帕理尼解释了生态批评的起源，指出它是'一种向行为主义和社会责任回归的标志'；它象征着那种对于理论的更加唯我主义倾向的放弃。从某种文学的观点来看，它标志着与写实主义重新修好，与掩藏在符号海洋之中的岩石、树木和江河及其真实宇宙的重新修好。"① 这一段论述基本上阐明了文学生态批评在美国的发展与内涵。菲利普将 1995 年夏作为文学生态批评开始的标志，而对其内涵，他则概括了五点：一是"向行为主义的回归"，强调人与动物具有更多共同性。因为行为主义是兴起于 20 世纪初期的一种心理学理论，以"刺激—反应"的公式作为行为的解释原则，后因否定人与动物的质的差别而受到批判。向行为主义的回归即强调动物与人两者的同一性，反对"人类中心主义"。二是"向社会责任的回归"，是对工业化所造成严重环境污染的一种谴责，认为它不仅戕害当代，而且遗患后代，必须呼唤社会责任，呼唤社会良知。三是"对理论的更加唯我主义倾向的放弃"，是反对由机械论与个人主义所导致的对人类利益和主体欲望无限膨胀的趋势，进一步反对"人类中心主义"。四是"标志着与写实主义的重新修好"，是对现代派艺术扭曲自然，大量描写暴力、黑暗、丑陋与污秽的一种鞭挞，要求持现实主义的歌颂自然的态度。五是"与掩藏在符号海洋之中的岩石、树木和江河及其真实宇宙的重新修好"，这是对文学创作中将自然看作"他性"、自然与人对立、大肆描写人类施虐自然的一种批判，要求把自然看作人类的朋友，人类的家园。实际上，生态批评的方法对其他批评方法也产生巨大的影响，有着十分密切的关系。因为，生态批评坚持一种系统整体论的观点，主张和谐、均衡、适度的原则，因此给阶级、性别、种族等十分流行的文学批评视角注入了新的内容。这也是生态批评方法得到迅速流行的重要原因。生态批评方法的兴起同文学批评中业已流行的社会批评、精神分析批评、神

---

① ［美］但纳·菲利普：《生态批评，文学理论与生态学的真实性》，王宁编《新文学史》，清华大学出版社 2001 年版，第 289 页。

话—原型批评与格式塔—心理学批评等方法一起为文学批评增添了新的批评武器和视角。同时，也可以运用文学批评的阵地宣传生态理论，推动环保运动，改善人类的生存环境。

第三，在生态美学的影响与引导下，必然极大促进生态文学的发展，从而拓展文学创作的题材、观念和内容。生态美学的产生必然极大地影响文学创作，有力促进生态文学的发展。生态文学又称"绿色文学"，也分狭义与广义两种。狭义的生态文学纯以人与自然的关系为题材，或对自然进行讴歌，或对生态破坏进行有力控诉，或者表达对大自然的一种依恋之情。广义的生态文学则是以生态存在论美学观为指导，按照系统整体、生态平衡的哲学—美学观念来进行创作，题材不局限于人与自然的关系，而可以更为广泛。但目前在通常的意义上还多是持狭义生态文学的观点。因为，广义生态文学有难以把握的困难。只是目前无论在世界范围，还是在我国，真正的生态文学还为数不多。说起生态文学，人们便会马上想起生态文学的发轫之作，即美国女记者蕾切尔·卡逊的长篇报告文学《寂静的春天》。这部书出版于1962年，作者以感人的笔触、生动的事例、高尚的情怀描写了农药给天空、大地和海洋所带来的严重污染，给无数生命所造成的戕害，使一个有声有色的春天变成了荒凉死寂的春天。这部书以其独特的生态学视野，强烈的人文关怀精神，产生了巨大的震撼作用，成为西方生态文学的开路先锋。我国作家徐刚于20世纪80年代中期所写长篇报告文学《伐木者，醒来》，以及此后结集出版的有关生态保护的六卷本《守望家园》，都贯串着热爱自然、关怀人类的"绿色的情感纽带"。其他，如张承志、张炜、史铁生等人的作品也都不同程度地体现着"生态学含义"。总之，生态文学正是生态美学所开出的鲜艳花朵，是一个方兴未艾的文学园地，有待于大力推进，使之繁荣发展。这不仅能为文学园地增光添彩，而且从文学特有的视角，宣传生态生存论观念，促进可持续发展战略，协调人与自然的关系，造福子孙后代，造福人类。

第四，生态美学的发展有利于进一步继承发扬中国传统的生态美学智慧。中国先秦时代有着极为丰富和宝贵的反映我国先民智慧的哲理思想，包括大量的生态学智慧。特别集中地反映于以老庄为代表的道家学派的思想理论之中。这一点受到西方许多学者的一致肯定。澳大利亚环境哲学家西尔万（Richard Sylvan）和贝内特（David Bennett）认为，"道家思想是一种生态学的取向，其中蕴涵着深层的生态意识，它为'顺应自然'的生活方式提供了实践基础。"① 众所周知，道家的"天人合一"理论，是力主人与自然宇宙和谐协调的。其"道法自然"、"无为"等理论，主张顺应自然规律，不可强不为而为之，以至于违背天时。正如老子所说，人应"辅万物之自然而不敢为"。也就是说，人应克制个人欲望，顺应万物本来的情形，不要破坏万物本来的状态。庄子的理论则是一种人类早期的存在论诗性哲学。他不满于人的现实生存状态，追求自身与自然自由统一的"逍遥游"的审美生存状态，具有极高价值。即使是《周易》的阴阳变易的理论，也是主张人应遵循自然规律，做到与自然和谐统一。所谓"一阴一阳之谓道"，就是阐明了天地、阴阳对立统一和谐一致的普遍规律。这些早期人类的生态学智慧都是极其宝贵的精神财富，中华民族的文化瑰宝。生态美学的发展可以使我国早期的这些生态学智慧同当代结合，重新放射出夺目的光辉。当然，对中国传统的生态美学智慧在评价上也还有不同。有人以为，道家"天人合一"思想是小农生产状态下的产物，带有某种蒙昧和迷信色彩；而且，中国历史上严重的生态破坏恰从反面证实了这些生态智慧的软弱无用。在我看来，这些看法虽不能不说有一定道理，但我们所说的生态智慧是特指先秦时代对先民们早期智慧的某种哲学理论反映形态，同东汉以后道家学说的迷信化、封建化无关。而且，这些理论智慧还须经过认真的清理、改造，结合当代现实适当加以吸收，并非全盘搬来使用。

三

生态美学作为一种后现代语境下的生态存在论美学观，从目前的

---

① 转引自余谋昌《生态哲学》，陕西人民教育出版社2000年版，第212页。

情况看，还只是一个重要的理论问题，并没有形成一个独立的学科。因为，作为一个独立的学科，要有独立的研究对象、研究内容、研究方法、研究目的及学科发展的趋势这样五个基本要素。目前，生态美学在这些方面还不完全具备条件。目前，我们应更好地将生态学与美学相结合，使之更加紧密的统一起来，科学地确定自身的逻辑起点。从目前看，这一逻辑起点到底是什么？是否可将其定为"生态存在美"呢？又如何确定其内涵及发展轨迹？这些都需要进一步探讨。

对于格里芬等人所提出的后现代思想与生态存在论理论，我们也要进行必要的批判吸取与清理。因为格里芬等人大都是神学教授，他们的后现代思想带有浓郁的宗教倾向。应该说，他们是一批有见解的宗教改革派。因为，在西方基督教中，特别是在《圣经》中，是主张人与自然对立的。但格里芬等人紧跟时代发展，将系统整体性等后现代思想引进基督教之中，使之更好地适应现实。当然，我们不能因为他们的信仰而漠视其敏锐的见解、深刻的分析，以及有价值的理论成果。但也不可否认，其理论成果中伴随着宗教色彩。他们在论述中，常常自觉或不自觉地将其生态存在论引向"万能"的上帝和神秘的天国。而且，由其宗教立场决定，他们常常情不自禁地批判否定唯物主义理论，并进而提出使一切事物都具有"神圣性"的"世界的复魅"。格里芬指出："由于现代范式对当今世界的日益牢固的统治，世界被推上了一条自我毁灭的道路，这种情况只有当我们发展出一种新的世界观和伦理学之后才有可能得到改变。而这就要求实现'世界的返魅'（the enchantment of the world），后现代范式有助于这一理想的实现。"① 所谓"世界的返魅"是针对"世界的祛魅"的。因为，在远古时代，人类社会早期，人们对世界的认识处于初始阶段，对许多自然现象难以理解，只能借助于原始宗教。原始宗教大多是"万物有灵论"，认为天地运行、动植物生长都被神灵左右，具有深厚的神秘的宗教色彩。到了现代社会之后，随着科技发展，人们逐渐掌握了天

---

① ［美］大卫·雷·格里芬：《和平与后现代范式》，大卫·雷·格里芬编《后现代精神》，王成兵译，中央编译出版社1998年版，第222页。

地万物运行生长的规律，揭去其神秘的面纱，进入到唯物主义无神论的道路之上，这就是"世界的祛魅"。但格里芬等人却把这种唯物主义无神论的"祛魅"看作是一种机械唯物主义，是导致"人类中心主义"的直接原因。相反，他们所倡导的"后现代"世界观却要实行"返魅"，回到宗教统治的有神论时代，以为只有这样自然才会丢弃"他性"，具有独立于人类的"内在价值"。我个人尽管赞成后现代生态存在论世界观的确立，但却不赞成"世界的返魅"。也就是说，不同意回到宗教的时代。当然，我也不赞成"人类中心主义"，这种"人类中心主义"也的确同主客对立的机械唯物主义有关。但我认为，马克思主义的实践唯物主义同这种机械唯物主义迥然不同。因为，马克思主义的实践唯物主义既承认世界的客观性，同时更重视人类的能动实践作用。在实践中，不仅有"人化的自然"，同时自然也反作用于人类，成为"人的对象化"。因此，笼统地对唯物主义加以否定批判是不正确的。至于自然是否具有独立于人类的"内在价值"，这是一个比较复杂的问题。一方面，"人类中心主义"确实偏颇，自然决不仅仅是"他性""工具""被宰割的对象"，自然同样也具有自己独立于人类的运行规律，并成为地球这个大家园的不可缺少的有机组成部分。人类的任何价值都不能离开自然，人类的生死存亡也都离不开自然。这就是后现代"人—自然—社会"的系统整体性观念，是一种崭新的生态存在论世界观。但自然是否同人类一样具有独立的"内在价值""内在精神"，却是又同"返魅""万物有灵"等宗教神学观相联系，显得十分敏感，须谨慎对待。目前，还是以坚持"人类与自然整个生态系统构成中心"这样的观点为宜。与此相关的，还有一个自然美的客观性问题。许多生态理论家认为，既然自然具有独立于人类的"内在价值""内在精神"，那么自然就有独立于人类的美与美感。有的论者将我们过去看作生物本能的动物因求偶而进行的啼鸣与展翅等都看作动物独有的美与美感。这种自然的客观美又同机械唯物主义从对象的典型性的角度认为自然具有不以人的意志为转移的客观美的观点不同。这种自然美同自然的"内在价值""内在精神"的观点紧密相连。我个人一方面不同意"实践美学"完全以"人化的自然"

来解释自然美的理论，同时也难以接受从自然的"内在价值"、"内在精神"的角度来理解"自然美"。我认为，还是从生态存在论美学观的角度来理解自然美。也就是说，凡是符合系统整体性，有利于改善人的生态存在状态的事物就是美的，反之，则是丑的。

再一个十分敏感的问题，就是生态美学的发展如何正确对待现代化及现代科技的问题。有的论者由于看到环境与生态的破坏是现代化的恶果之一，也同科技活动中工具理性的泛滥有关，因而走到否定现代化和科技的道路，主张抛弃科技，回到现代化之前的时代。实际上，这是对现代化与现代科技的一种片面的理解。因为，尽管现代化和现代科技的发展造成了严重的生态恶化后果，但现代化与现代科技同时也给人类社会生活带来巨大进步，对社会的前进发展起到了巨大的推动作用。而人类社会的未来发展，也还要借助于科技的巨大动力。更为重要的是，这种回到过去的观点实际上是一种非历史主义态度。因为，历史主义不仅承认历史的事实，而且承认历史发展的规律，反对历史的倒退。正是从这样的角度，我们认为，没有现代性，也就没有后现代性；没有现代化过程中的生态系统的破坏，也就没有现代生态学理论及生态存在论美学观的产生。这恰是一个历史发展的必然过程，不可能颠倒或倒退。正如美国理论家但纳·菲利普所说："但是，假定对环境危机的解决意味着回归过去——'从都市的梦境里醒过来'——却忽视这样一个事实，即我们对环境的理解是通过农业、工业化以及相伴随的科学之兴起从而引起自然的解体而发生的。换句话说，如果没有环境危机，可能就不会存在'环境想象'，顶多将只是一种不经意的意识而已。亦将不会需要生态学家们意欲去理解和修复自然世界这个遭到了损坏的机械装置。"①

生态存在论美学观的提出还使我们面对一个这样的问题：生态存在论美学观与实践美学的关系。前文已经谈到，生态存在论美学观是在我国美学由"实践美学"到"后实践美学"以及由"内部研究转

———————————

①　［美］但纳·菲利普：《生态批评，文学理论与生态学的真实性》，王宁编《新文学史》，清华大学出版社 2001 年版，第 310 页。

到外部研究"的美学转向的过程中产生的。众所周知，"实践美学"有其不可磨灭的历史功绩，至今仍有其有价值的积极成分，但它又的确难以适应当前社会与学术发展的趋势。目前需要出现一种新的美学理论形态，既可保留实践美学的有价值的积极成分，又突破其局限，从而实现真正的超越。这样的理论，我个人认为就是生态存在论美学观。我认为，我们所建立的生态存在论美学观当然要吸收西方当代生态存在论的许多重要理论、概念，但又要对其批判地借鉴。那就是一方面要使其适合中国国情，同时又要以马克思主义的实践唯物主义为基本指导。为此，我们提出建立以社会实践为基础的生态存在论美学。这是一个比较复杂的理论课题，我将另有专文阐述。

总之，生态存在论美学观的提出只是对实践美学超越的一种探索，还需要进一步丰富、展开与发展。我期望这样的探索能给众多的理论研究者以某种启发，包括正面的，也包括反面的。

［原载《陕西师范大学学报》（哲学社会科学版）2002 年第 3 期］

当代生态文明视野中的生态美学观

　　生态美学是 20 世纪 90 年代中期，在世界范围内由工业文明到生态文明转型和各种生态理论不断发展的情况下，由中国学者提出的一种崭新的美学观念。它以人与自然的生态审美关系为基本出发点，包含人与自然、社会以及人自身的生态审美关系，是一种包含着生态维度的当代存在论审美观。实际上，它是美学学科在当代的新发展、新延伸和新超越。

一

　　20 世纪中期以来，工业文明所造成的生态危机日益严重，对人类的生存构成极大威胁，于是一种崭新的对工业文明进行反思和超越的生态文明应运而生。《光明日报》2004 年 4 月 30 日发表的《论生态文明》一文指出："目前，人类文明正处于从工业文明向生态文明过渡的阶段。"又说："生态文明是人类文明发展的一个新的阶段，即工业文明之后的人类文明形态。"[①] 我国对生态文明的肯定与强调恰是建设有中国特色社会主义现代化道路的重要表征之一，是对资本主义工业文明的重要超越。人类社会对传统工业文明的批判和新的社会文明的转型早在 20 世纪 60 年代即已开始。1962 年，美国著名海洋生物学家莱切尔·卡逊在其具有里程碑意义的名著《寂静的春天》中说："现在，我们正站在两条道路的交叉口上。这两条道路完全不一

---

　　① 《光明日报》，2004 年 4 月 30 日第 1 版。

样……。我们长期以来一直行驶的这条道路使人容易错认为是一条舒适的、平坦的超级公路，我们能在上面高速前进。实际上，在这条路的终点却有灾难等待着。这条路的另一条叉路——一条很少有人走的叉路——为我们提供了最后唯一的机会让我们保住我们的地球。"① 卡逊在这里所说的舒适的路，即我们习以为常的工业文明所坚持的经济无限增长、最后引起生态危机的灾难之路。而她所说的另一条路，则是唯一可选择的保住地球环境的生态文明之路。1973 年，英国著名历史学家阿诺德·汤因比在《人类与大地母亲》的第八十二章"抚今追昔，以史为鉴"的最后写道："人类将会杀害大地母亲，抑或将使它得到拯救？如果滥用日益增长的技术力量，人类将置大地母亲于死地，如果克服了那导致自我毁灭的放肆的贪欲，人类则能够使她重返青春，而人类的贪欲正在使伟大母亲的生命之果——包括人类在内的一切生命造物付出代价。何去何从，这就是今天人类所面临的斯芬克斯之谜。"② 汤因比以其历史学家的远见卓识，从当代生态哲学"生态圈"的理论高度，又一次提出了人类面临何去何从的问题，给人类以深刻的警示。

社会经济的转型必然要求包括美学在内的文化也随之转型。著名的罗马俱乐部发起人贝切伊认为人类对于自然的无限扩张实质上是"人类文化发展的一个巨大过失"③。而著名环保组织塞拉俱乐部的前任执行主席麦克洛斯基则明确指出，随着社会转型需要一场价值观和世界观的革命。他说："在我们的价值观、世界观和经济组织方面，确实需要一场革命。因为，文化传统建立在无视生态地追求经济和技术发展的一些预设之上，我们的生态危机就根源于这种文化传统。工业革命正在变质，需要另一场革命取而代之，以全新的态度对待增长、商品、空间和生命。"④ 生态文明的到来对美学也提出了一系列新

---

① ［美］R. 卡逊：《寂静的春天》，吕瑞兰译，科学出版社 1979 年版，第 292、48 页。

② ［英］阿诺德·汤因比：《人类与大地的母亲》，徐波莱译，上海人民出版社 2001 年版，第 529 页。

③ 转引自徐崇温《全球问题与"人类困境"》，辽宁人民出版社 1986 年版，第 165 页。

④ 转引自王诺《欧美生态文学》，北京大学出版社 2003 年版，第 69 页。

的课题，要求工业文明时代理性主导下的美学理论进行必要的转型，以适应生态文明新形势的要求。1984 年 12 月 10 日，当代法国著名美学家杜夫海纳与澳大利亚著名哲学家帕斯默应日本著名美学家今道友信之邀聚会东京，就生态文明时代的生态伦理学以及与之有关的美学问题交换了意见。正如今道友信在开场白中所说："20 世纪后半叶，由于科学技术的发展，人类的生活环境与以前相比，发生了截然不同的变化。过去，说到环境，在公共方面，主要只是指自然；此外，也多少涉及个人的文化环境。然而今天，技术关联已经成为环境。因此，我认为有必要根据这种生活环境的激变而树立新的伦理，提倡eco—ethics（生态伦理学）。Eco 是 ecology（生态学）的 eco，是希腊语中的家、住处一词的引申，也就是生存环境。因此，生态伦理学就意味着适应人的生存环境的伦理学，它是包含着解决在现代科学技术的环境中产生的新问题的思考。——与此相同，在美学上也产生了极大的问题。"① 而格林·洛夫则在《重新评价自然》一文中提出"承认自然的优先地位，承认建立包括人类与自然在内的新伦理学和美学的必要性"②。在西方，生态批评作为生态美学的实践形态从 20 世纪70 年代以来开始蓬勃发展，逐渐成为显学。英国《卫报》发表的影响很大的文章《在绿色团队里》就认为，结合了社会批评、女性主义批评和后殖民批评的生态批评必将成为文学批评的主流。③ 与此同时，生态哲学、生态伦理学、生态政治学等生态方面的各种理论也繁荣发展起来了。就是在这样的形势下，我国美学工作者结合我国的实际情况，借助于丰富的传统生态智慧，提出了生态美学这一崭新的美学理论观念，成为我国美学和文艺学领域的一个新亮点。

---

① ［日］今道友信编：《美学的将来》，广西教育出版社 1997 年版，第 261—262 页。

② ［美］彻丽尔·格林费尔蒂、哈罗德·弗罗姆编：《生态批评读本：文学生态学的里程碑》，美国乔治亚大学出版社 1996 年版，第 239 页。

③ 转引自王诺《生态批评：发展与渊源》，见鲁枢元主编《精神生态与生态精神》，南方出版社 2002 年版。

二

西方文学生态学和生态批评的哲学基础是西方当代生态哲学。主要代表是挪威哲学家阿伦·奈斯的"深层生态学"和德国哲学家海德格尔的当代生态存在论哲学。阿伦·奈斯主要通过对生态问题的深层追问，深入到价值论与社会层面，探索"怎么样""为什么"等深层根源，并由此提出"生态自我""生态平等"与"生态共生"等生态智慧。海德格尔则立足于人与自然的平等游戏，由遮蔽走向澄明之境，实现人的"诗意地栖居"。他们的思想都是对传统的主客二分思维模式与主体性观念的突破，包含着有机整体和"主体间性"的当代哲学内涵，成为当代哲学转型的重要表现。但它们又都具有浓厚的唯心主义倾向和神秘主义色彩。因此，我们在吸收以上理论有价值成分的前提下，将我们的生态美学观奠定在马克思的唯物实践存在论的哲学基础之上。马克思与恩格斯于1845—1846年在《德意志意识形态》中将共产主义者称作"实践的唯物主义者"①。这种唯物实践观迥异于当代西方包括生态哲学在内的各种哲学形态。它不是从抽象的观念和意识出发，而是从活生生的社会生活出发。诚如马克思所说，"不是意识决定生活，而是生活决定意识"②。这一理论作为对于传统机械唯物认识论的突破进入当代存在论的更深层面是十分明显的。马克思首先对于"存在"作了不同于西方现代存在主义哲学的唯物主义阐释。他认为，"存在"不是一种观念的精神状态，而是人的实际生活过程。他说："意识在任何时候都只能是被意识到了的存在。而人们的存在就是他们的实际生活过程。"③ 马克思指出，对于包括事物、现实和感性在内的人的存在不能像主客二分的旧唯物主义那样只是从客体的或主观的形式去理解，而必须"把它们当作人的感性活动，当作

---

① 《马克思恩格斯选集》第1卷，人民出版社1972年版，第48页。
② 同上书，第31页。
③ 同上书，第16页。

实践去理解"①。十分重要的是，马克思还把通过社会实践对私有财产的积极扬弃作为人的一切感觉和特性获得彻底解放的必要前提。他说："因此，私有财产的扬弃，是人的一切感觉和特性的彻底解放；但这种扬弃之所以是这种解放，正是因为这些感觉和特性无论在主体上还是在客体上都变成人的。"② 而所谓"人的一切感觉和特性的彻底解放"就是同"非人"的生存状态相对立的人的审美的生存。在这里，十分重要的是我们对于马克思唯物实践存在论应该给予完整的准确理解，也就是应该将其前后相关的论著结合起来理解。当然，我们在研究马克思的唯物实践存在论时应持一种与时俱进的发展态度，吸收 20 世纪以来哲学发展、特别是生态哲学发展的崭新成果，将其补充进马克思的唯物实践存在论之中。以这种理论作为当代生态美学的哲学基础就将生态美学奠定在科学的哲学理论根基之上，从而避免了西方当代生态理论诸多唯心和神秘的消极因素。

更为重要的是，这一点在我国具有特别重要的意义，它可以成为新的生态美学与传统的实践美学相衔接的桥梁。实践美学是新中国成立后美学研究的重要成果，在当时具有重要的理论价值和时代先进性。但随着社会文化与哲学的转型，实践美学必然要随之发展并被新的理论观念所超越。当代生态美学观的提出就是对实践美学的一种超越，但这种超越又不是对实践美学的抛弃，而是建立于对实践美学继承的基础之上。其超越之处主要表现于以下四个方面：其一，是由美的实体性到关系性的超越。众所周知，实践美学力主美的客观性，将美看作不以人的意志为转移的客观实体，而生态美学观却将美看作人与自然之间的一种生态审美关系。这就突破了对美的主客二分的僵化理解，将其带入有机整体的新境界。其二，是由主体性到主体间性的超越。实践美学特别张扬人的主体力量，人对自然的驾驭应有其正确之处，但其不当之处在于完全将美看作"人的主体性的最终成果"③。

①　《马克思恩格斯选集》第 1 卷，人民出版社 1972 年版，第 16 页。
②　《马克思恩格斯全集》第 42 卷，人民出版社 1979 年版，第 124 页。
③　《李泽厚哲学美学文选》，湖南人民出版社 1981 年版，第 161 页。

这就完全抹杀了自然的价值，表现出明显的人类中心主义色彩。而生态美学观则将主体性发展到"主体间性"，强调人与自然的"平等共生"，这是一种新的哲学转型在美学研究领域的反映。其三，在自然美的理解上由"人化的自然"到人与自然平等共生亲和关系的超越，也是由"自然的祛魅"到部分的"自然的复魅"的过渡。实践美学关于自然美完全是用通过社会实践，人对自然的"人化"来加以解释的，这实际上同工业革命以来所力倡的"自然的祛魅"相一致，而完全抹杀了自然所特具的不完全为人所了解的魅力。关于自然美，李泽厚说道："自然美的崇高，则是由于人类社会实践将它们历史地征服之后，对观赏（静观）来说成为唤起激情的对象。所以实质上不是自然对象本身，也不是人的主观心灵，而是社会实践的力量和成果展现出崇高。"对于诸多未经人类改造的自然对象如何会成为审美对象，李泽厚解释道："只有当荒漠、火山、暴风雨不致为人祸害的文明社会中，它们才成为观赏对象。"① 这就完全抹杀了自然对象本身特有的包括其潜在审美价值在内的魅力，应该说这种观点是不全面的。而生态美学观则在承认自然对象特有的神圣性、部分的神秘性和潜在的审美价值的基础上，从人与自然平等共生的亲和关系中来探索自然美问题，这显然是美学领域的一种突破和超越。其四，是由美的单纯认识论考察到存在论考察的超越。实践美学过于强调审美的认识层面，而相对忽视了审美归根结底是人的一种重要的生存方式与审美所必须包含的生态层面。而生态美学观却将审美从单纯的认识领域带入崭新的存在领域，并将不可或缺的自然的生态维度带入审美领域，这不能不说是一个重要的超越。

三

生态美学观最重要的理论原则是生态整体主义原则，它是对"人类中心主义"原则的突破和超越。长期以来，特别是欧洲 17 世纪开

---

① 李泽厚：《批判哲学的批判》，人民出版社 1979 年版，第 404 页。

始的理性主义的兴起，导致了人类中心主义的兴盛。培根力倡"新工具论"，鼓吹"工具理性"和"人类中心"，他坚信人类是"自然的主人和所有者"，声称自己"已经获得了让自然和它的所有儿女成为你的奴隶，为你服务的真理"。这个真理就是："如果我们考虑终结因的话，人可以被视为这个世界的中心；如果这个世界没有人类，剩下的一切将茫然无措，既没有目的，也没有目标，……整个世界一起为人服务；没有任何东西人不能拿来使用并结出果实。"① 法国的勒内·笛卡尔提出著名的"我思故我在"，则把具有理性精神的人推到决定包括自然在内的一切事物的极端。康德则提出著名的"人为自然立法"的观点。他说："范畴是这样的概念，它们先天地把法则加诸现象和作为现象的自然界之上。"② 这种传统的理性主义的"人类中心主义"理论，从 20 世纪中期以来就受到当代各种哲学理论的挑战。1961 年雅克·德里达在《书写与差异》之中提出了著名的"去中心"的理论观点，他运用结构主义方法最后得出"去中心"的解构主义理论。他在文中揭示出一个中心既可在结构之内又可在结构之外因而并不存在的悖论，并由此得出结论说："这样一来，人们无疑就得开始去思考下述问题：即中心并不存在，中心也不能以在场者形式去被思考，中心并无自然的场所，中心并非一个固定的地点而是一种功能、一种非场所，而且在这个非场所中符号替换无止境地相互游戏着。"③米歇尔·福柯则于 1966 年在《词与物》中明确提出了"人的终结"，即"人类中心主义的终结"的观点。他说："在我们今天，并且尼采仍然从远处表明了转折点，已被断言的，并不是上帝的不在场或死亡，而是人的终结。"他又说："我们易于认为：自从人发现自己并不处于创造的中心，并不处于空间的中间，甚至也许并非生命的顶端和最后阶段以来，人已从自身之中解放出来了；当然，人不再是世界王国的主人，人不再在存在的中心处进行统治。"① 这其实是一场哲学的革命，即从人类中心主义转向生态整体主义。诚如美国环境哲学家 J. B. 科利考特所说，"我们生活在西方世界观千年的转变时期——一个革命性的时代，从知识角度来看，不同于柏拉图时期和笛卡尔时期。一种世界观，现代机械论世界观，正逐渐让位于另一种世界观。谁知道未来的史学家会如何称呼它——有机世界观、生态世界观、系统世界观。"② 这种新的生态世界观就是突破"人类中心主义"的生态整体主义世界观。它的产生具有重大意义，正如著名的"绿色和平哲学"所阐述的那样："这个简单的字眼：生态学，却代表了一个革命性观念，与哥白尼天体革命一样，具有重大的突破意义。哥白尼告诉我们，地球并非宇宙中心；生态学同样告诉我们，人类也并非这一星球的中心。生态学并告诉我们，整个地球也是我们人体的一部分，我们必须像尊重自己一样加以尊重。"③

生态整体主义最主要的表现形态就是当代深层生态学，其核心观点就是"生态平等"，也就是主张在整个生态系统中包括人类在内的万物都自有其价值而处于平等地位。长期以来，围绕生态整体主义中之"生态平等"观是反人类中心主义还是反人类，展开了激烈的争论，对生态平等观之反人类倾向的指责始终没有停止。美国前副总统阿尔·戈尔是一位具有强烈环保意识的政治家，但他也认为生态整体主义之生态平等观具有反人类倾向。他说："有个名叫深层生态学的团体现在名声日隆。它用一种灾病来比喻人与自然关系。按照这一说法，人类的作用有如病原体，是一种使地球出诊发烧的细菌，威胁着地球基本的生命机能。——他们犯了一个相反的错误，即几乎从物质主义来定义与地球的关系——仿佛我们只是些人形皮囊，命里注定要干本能的坏事，不具有智慧或自由意志来处理和改变自己的生存方

---

① ［法］米歇尔·福科：《词与物》，莫伟民译，生活·读书·新知三联书店2001年版，第503页。

② 同上书，第454页。

③ 转引自冯沪祥《人、自然与文化》，人民文学出版社1996年版，第532页。

式。"① 在这里,戈尔表现出了许多偏见。首先,生态整体主义之生态平等观恰恰不是从物质的意义上来定义人与地球的关系,而是超越了当前的物质利益,从人类与地球持续美好发展的高度着眼来界定两者的关系。更为重要的是,生态整体主义之生态平等观是对人类中心主义的抛弃,而绝不是什么反人类。因为生态整体主义所主张的"生态平等",不是人与万物的绝对平等,而是人与万物的相对平等。如果是绝对平等那当然会限制人类的生存发展,从而走上反人类的道路,而相对平等即为"生物环链之中的平等",人类将会同宇宙万物一样享有自己在生物环链之中应有的生存发展的权利,只是不应破坏生物环链所应有的平衡。正如阿伦·奈斯所说,生态整体主义之生态平等则是"原则上的生物圈平等主义,亦即生物圈中的所有事物都拥有的生存和繁荣的平等权利"②。莱切尔·卡逊在《寂静的春天》中具体论述了这个生物环链。她说:"这个环链从浮游生物的像尘土一样微小的绿色细胞开始,通过很小的水蚤进入噬食浮游生物的鱼体,而鱼又被其它的鱼、鸟、貂、浣熊所吃掉,这是一个从生命到生命的无穷的物质循环过程。"③ 这种生命环链本来是生态学的一个客观规律,但从生态整体主义深层生态学的哲学高度理解却揭示出一系列当代性的有关人的生态本性和新的生态人文主义的哲学思想。

本来,人文主义就是一个历史的范畴,它产生于欧洲 14—16 世纪文艺复兴时代,旨在摆脱经院哲学和教会束缚,以人道主义反对封建宗教统治,提倡关怀人、尊重人、以人为中心的世界观。我国民主革命和社会主义革命时期对其进行改造,倡导革命的人道主义和社会主义人道主义。生态美学所贯彻的生态整体主义哲学观虽然突破了传统的人类中心主义,但却不是对人文主义的抛弃。它实际上是生态文明时代的一种新的人文精神,是一种包含了"生态维度"的更彻底、更全面、更具时代精神的新的人文主义精神,也可

---

① 转引自雷毅《深层生态学思想研究》,清华大学出版社 2001 年版,第 136—137 页。

② 同上书,第 49 页。

③ [美] 莱切尔·卡逊:《寂静的春天》,吕瑞兰、李长生译,科学出版社 1979 年版,第 48 页。

将其叫作生态人文主义精神。首先，它突破了"人类中心主义"，从人类可持续发展的崭新角度对人类的前途命运进行一种终极关怀。因为，只有人与自然处于和谐协调的生态审美状态，人类才能得到长久的审美生存。所以，佩西倡导一种把人类同其他生命更紧密联系起来的"新人道主义"。这种"新人道主义"是"从人的总体性和最终性上来看人，从生活的连续性上来看生活"①。其次，它是对人的生态本性的一种回归。长期以来，人们在思考人的本性时，涉及人的生物性、社会性、理性与创造语言符号的特性等，但从未有人从生态的角度来考察人的本性。生态哲学与美学则从生态的独特视角，揭示出人所具有的生态本性。包含人的生态本源性、生态环链性和生态自觉性，其中主要是人的生态环链性。人类只有自觉地遵循生态本性，保持生态与生物环链之平衡，才能获得美好的生存。而且，人的生态本性决定了人具有一种回归与亲近自然的本性，人类来自自然、最后回归自然，自然是人类的母亲。因此，回归与亲近自然是人类的本性。近代资本主义工业化过程中出现的人对自然的掠夺破坏是人的回归与亲近自然本性的异化。而以生态整体主义哲学为其支撑的生态美学恰是对人的亲近自然本性的一种回归，其本身就是最符合人性的。再次，它是对环境权这一最基本人权的尊重。在良好的环境中享有自由、平等和充足的生活条件，过一种有尊严和福利的生活是基本人权所在。而以生态整体主义哲学为支撑的生态美学就是力倡在良好的环境中人类"诗意地栖居"。同时，以生态整体主义哲学为支撑的生态美学观还倡导人类对其它物种的关爱与保护，反对破坏自然和虐待其他物种的行为，这其实是人的仁爱精神和悲悯情怀的一种扩大，也是人文精神的一种延伸，使人类的生存进入更加美好文明的境界。总之，以生态整体主义哲学为支撑的生态美学观是人文主义精神在新时代的发扬和充实。

---

① 转引自王诺《欧美生态文学》，北京大学出版社2003年版，第69页。

四

对生态美学观内涵的深刻阐述当今应首推德国哲人海德格尔，为此海氏被誉为"生态主义的形而上学家"①。海氏并没有提出"生态美学"这个概念，但他晚年深刻的美学思想实际上就是一种具有很高价值的生态美学观。他于 20 世纪 50 年代末期和 60 年代初期提出了著名的"天地神人四方游戏说"。1958 年，海氏在《语言的本质》一文中指出："时间—游戏—空间的同一东西（dasselbige）在到时和设置空间之际为四个世界地带（相互面对）开辟道路，这四个世界地带就是天、地、神、人—世界游戏（weltspiel）。"② 从生态美学观是当代美学的新发展的角度，我们可以将海德格尔的生态美学观的内涵归结为这样五个方面：

第一，人的生态本性自行揭示之生态本真美。在当代存在论哲学—美学之中，所谓"存在"即是人的本性，也就是"真理"，而真理之自行揭示即为美。海德格尔指出："美是一种方式，在其中，真理作为揭示产生了。"③ 而所谓"揭示"即指作为人之本性的"存在"由遮蔽通过解蔽而走向澄明之境。具体地说，即是人的生态本性突破工具理性的束缚得以彰现。

第二，天地神人四方游戏之生态存在美。海氏提出著名的"天地神人四方游戏说"，标志着他由前期的"世界与大地"争执之"人类中心主义"到生态存在论审美观的转变。包含着宇宙、大地、人类与存在的无所束缚、交互融合与自由自在的和谐协调关系，反映了人的符合生态规律的存在之美。

第三，自然与人的"间性"关系的生态自然美。生态美学观在自

---

① 王诺：《欧美生态文学》，北京大学出版社 2003 年版，第 69、158、55、44 页。

② ［德］马丁·海德格尔：《走向语言之途》，孙周兴译，台北时报文化出版企业股份有限公司 1993 年版，第 184、186 页。

③ ［德］马丁·海德格尔：《诗歌、语言、思想》，彭富春译，文化艺术出版社 1991 年版，第 56 页。

然美的观念上，力主自然与人的"平等共生"的"间性"关系，而不是传统的认识论美学的"人化自然"的关系。中国古代有着大量的符合这种"间性"关系的生态自然美的作品。李白的五绝《独坐敬亭山》"众鸟高飞尽，孤云独去闲。相看两不厌，唯有敬亭山。"该诗以明白晓畅的语言抒写了主人公与敬亭山在静谧中的"相看两不厌"的朋友般的情感交流，是一种真正的人与山"平等共生"的自然生态之美。

第四，人的诗意地栖居之生态理想美。海氏在《荷尔德林诗的阐释》中提出人的"诗意地栖居"[①]的重要命题，成为生态存在论审美观的生态理想美。所谓"诗意地栖居"是针对工具理性过分发展之"技术地栖居"而言的，其意在人类通过"天地神人四方游戏"，从而建造自己的美好的物质家园和精神家园，获得审美的生存。

第五，审美批判的生态维度。从资本主义工业化开始以来，许多有识之士就对其进行了激烈的批判，其中就包括审美的批判，以席勒的《美育书简》为其代表。当代，在对资本主义现代化的审美批判之中又加进了生态的维度。这就是逐渐成为"显学"的文学艺术的生态批评，其开创性著作就是莱切尔·卡逊的《寂静的春天》。卡逊在书中虚构了一个美国的中部城镇，曾经繁荣兴旺，鲜花盛开，百鸟齐鸣，人畜旺盛。但突然，"一个奇怪的寂静笼罩了这个地方"，到处是死神的幽灵，这就是滥用农药所造成的严重副作用，卡逊的批判开创了当代生态批评的先河。我国当代作家徐刚在长篇报告文学《伐木者，醒来！》中以其对大自然的挚爱之情，有力地批判了大森林的滥伐者，成为我国当代生态批评的力作之一。

五

我国是有着 5000 多年历史的文明古国。早在 2500 年前的先秦时

---

① ［德］马丁·海德格尔：《荷尔德林诗的阐释》，孙周兴译，商务印书馆 2000 年版，第46 页。

期就形成了"天人合一"的哲学思想，特别是道家的"道法自然"的理论，成为世界上最早的，也是最彻底的深层生态学思想。这一思想，几千年来惠及我国人民与世界人民。"天人合一"是一种十分宏观的人与宇宙万物关系的哲学理论，它在我国古代各种理论形态中有着特有的内涵。儒家"天人合一"思想侧重于人道，道家"天人合一"思想则侧重于天道，但"和"却是其共同的内涵。孔子在《论语》中所说的"和而不同""和为贵"，既包括社会人事也包括宇宙万物。这就是我国古代的基本哲学原则，同时也是一种生态哲学原则。后代儒家不断提出十分有价值的"乾父坤母""民胞物与"等生态思想。道家思想更成为人类古代彻底而完备的生态哲学与美学理论的可贵财富。道家生态哲学和美学思想十分丰富，其主要体现为："道法自然"之宇宙万物运行规律理论，"道为天下母"之宇宙万物诞育根源理论，"万物齐一"之人与自然万物平等关系理论，"天倪"论之生物环链思想，"心斋"与"坐忘"之古典生态现象学思想，"至德之世"之古典生态社会理想等。道家生态哲学和美学思想的现代意义之彰显，集中地反映在德国哲人海德格尔的"四方游戏说"等当代生态哲学和美学思想与之的某种契合之中。海氏哲学与美学思想的明显转变集中反映在他20世纪50年代以后的理论成果之中，这也正是他受到中国道家思想较大影响之时。从20世纪50年代开始，海氏不仅在一些论著中直接涉及老庄的"道"，而且将其思想融入自己的学术之中，形成了独具特色的当代存在论生态哲学和美学思想①。海氏在论述真理之由遮蔽到澄明之敞开时，引用了老子的"知其白，守其黑"的名言。他后来在讲学中论述存在论不同于认识论、存在是对日常此在之超越时，曾列举了庄子著名的《秋水篇》中庄子与惠子游于濠梁之上有关能否体悟"鱼之乐"的对话。在20世纪50年代后期所写《语言的本质》《走向语言之途》等论文中，他更是多处运用道家思想。更为重要的是，海氏的"天地神人四方游戏说"明显地与老子的"域中有四大，人为其一"的理论密切相关。《老子》第二十

---

① 参见张祥龙《朝向事情本身》，团结出版社2003年版，第213页。

五章中指出："故道大，天大，地大，人亦大。域中有四大，而人居其一焉。"与此相关，海氏提出这四方游戏说形成了一种特有的非具时空感的言语所能表达的"寂静之音"。他说："作为世界四重整体的开辟道路者，道说把一切聚集入相互面对之切近中，而且是无声无臭地，就像时间到时，空间空间化那样寂静，就像时间—游戏—空间开展游戏那样寂然无声。我们把这种无声地召唤着的聚集——道说就是作为这种聚集而为世界关系开辟道路——称为寂静之音（dae Gelaut der Stille）。"① 这同《老子》第四十一章所说的"大音希声，大象无形，道隐无名"之间明显存在着某种契合关系。由此可见，海德格尔的"四方游戏说"之生态哲学—美学观就是中西古今文化交流对话的产物，是中国古代道家思想现代转型的重要表征之一。

因此，中国古代生态智慧具有重要理论意义与当代价值，继承和发扬中国古代生态智慧的生态美学的提出及其发展也必将打破美学领域"欧洲中心"的局面，开辟中西交流对话的新时代。当然，道家生态智慧作为古典形态的理论，其当代运用还需结合现实进行必要的改造。

（原载《文学评论》2005 年第 4 期）

---

① ［德］马丁·海德格尔：《海德格尔选集》，孙周兴选编，生活·读书·新知三联书店 1996 年版，第 1119—1120 页。

当代生态美学观的基本范畴

　　当代生态美学观的提出与发展已经形成不可遏止之势，它不仅成为国际学术研究的热点，而且在我国也越来越被更多的学者所接受。但对其研究的深入除了迅速地将这种研究紧密结合中国实际，真正实现研究的中国化之外，那就是抓紧进行理论范畴的建设。前一个方面的工作我们已经逐步开展，本文想集中论述当代生态美学观的范畴建构问题。众所周知，所谓"范畴"是"人们对客观事物的本质和关系的概括。源于希腊文 Kategoria，意为指示、证明"①。这就说明，学科范畴就是对于学科研究对象的本质与关系的概括，包含着指示与证明的功能。因此，作为当代美学新的延伸与新的发展的生态美学观的提出，也必然意味着人们对于审美对象的本质属性与关系有新的认识与发展，也必然意味着会相应地出现一些与以往有区别的新的美学范畴。由于当代生态美学观是一种新的正在发展建设中的美学观念，我们对其范畴的探讨只能是一种尝试。因此，我在这里尝试着对与之有关的七个范畴进行力所能及的简要论述。

一　生态论的存在观

　　这是当代生态审美观的最基本的哲学支撑与文化立场，由美国建设性后现代理论家大卫·雷·格里芬提出。他的《和平与后现代范式》一文在批判现代工具理性范式时，指出："现代范式对世界和平

---

① 冯契主编：《哲学大辞典》（修订版），上海辞书出版社 2001 年版，第 946 页。

带来各种消极后果的第四个特征是它的非生态论的存在观。"① 由此，他从批判的角度提出"生态论的存在观"这一极为重要的哲学理念。这一哲学理念是对以海德格尔为代表的当代存在论哲学观的继承与发展，有着十分丰富的内涵，标志着当代哲学与美学由认识论到存在论、由人类中心到生态整体，以及由对于自然的完全"祛魅"到部分"复魅"的过渡。从认识论到存在论的过渡是由海德格尔的首创，为人与自然的和谐协调提供了理论的根据。众所周知，认识论是一种人与世界"主客二分"的在世关系。在这种在世关系中，人与自然从根本上来说是对立的，不可能达到统一协调。当代存在论哲学是一种"此在与世界"的在世关系，只有这种在世关系才提供了人与自然统一协调的可能与前提。他说："主体和客体同此在和世界不是一而二二而一的"②。这种"此在与世界"的"在世"关系之所以能够提供人与自然统一的前提，就是因为"此在"即人的此时此刻与周围事物构成的关系性的生存状态，此在就在这种关系性的状态中生存与展开。这里只有"关系"与"因缘"，而没有"分裂"与"对立"。诚如海德格尔所说，"此在"存在的"实际性这个概念本身就含有这样的意思：某个'在世界之内的'存在者在世界之中，或说这个存在者在世；就是说：它能够领会到自己在它的'天命'中已经同那些在它自己的世界之内同它照面的存在者的存在缚在一起了。"③ 他又进一步将这种"此在"在世之中与同它照面并"缚在一起"的存在者解释为是一种"上手的东西"。人们在生活中面对无数的东西，但只有真正使用并关注的东西才是"上手的东西"，其他则为"在手的东西"，亦即此物尽管在手边但没有使用与关注，因而没有与其建立真正的关系。他将这种"上手的东西"说成是一种"因缘"。他说："上手的东西的存在性质就是因缘。在因缘中就包含着：因某种东西而缘，某

① ［美］大卫·雷·格里芬编：《后现代精神》，王成兵译，中央编译出版社1998年版，第224页。

② ［德］马丁·海德格尔：《存在与时间》，陈嘉映、王庆节译，生活·读书·新知三联书店1987年版，第74页。

③ 同上书，第69页。

种东西的结缘。"① 这就是说，人与自然在人的实际生存中结缘，自然是人的实际生存的不可或缺的组成部分，自然包含在"此在"之中，而不是在"此在"之外。这就是当代存在论提出的人与自然两者统一协调的哲学根据，标志着由"主客二分"到"此在与世界"，以及由认识论到当代存在论的过渡。正如当代生态批评家哈罗德·弗洛姆所说，"因此，必须在根本上将'环境问题'视为一种关于当代人类自我定义的核心的哲学与本体论问题，而不是有些人眼中的一种围绕在人类生活周围的细微末节的问题"②。

"生态论的存在观"还包含着由人类中心到生态整体的过渡的重要内容。"人类中心主义"从工业革命以来成为思想哲学领域占据统治地位的思想观念，一时间，"人为自然立法"、"人是宇宙的中心"、"人是最高贵的"等等思想成为压倒一切的理论观念。这是人对自然无限索取以及生态问题逐步严峻的重要原因之一。"生态论的存在观"是对这种"人类中心主义"的扬弃，同时也是对于当代"生态整体观"的倡导。当代生态批评家威廉·鲁克尔特指出："在生态学中，人类的悲剧性缺陷是人类中心主义（与之相对的是生态中心主义）视野，以及人类要想征服、教化、驯服、破坏、利用自然万物的冲动。"他将人类的这种"冲动"称作"生态梦魇"③。冲破这种"人类中心主义"的"生态梦魇"，走向"生态整体观"的最有力的根据，就是"生态圈"思想的提出。这种思想告诉我们，地球上的物种构成一个完整系统，物种与物种之间以及物种与大地、空气都须臾难分，构成一种能量循环的平衡的有机整体，对这种整体的破坏就意味着生态危机的发生，必将危及人类的生存。从著名的莱切尔·卡逊到汤因比，再到巴里·康芒纳都对这种生态圈思想进行了深刻的论述。康芒纳在

①　［德］马丁·海德格尔：《存在与时间》，陈嘉映、王庆节译，生活·读书·新知三联书店 1987 年版，第 103 页。

②　Cheryll Glotfelty & Harold Fromm（eds.），*The Ecocriticism Reader：Landmarks in Literary Ecology*，University of Georgia Press，1996，p.38.

③　［美］威廉·鲁克尔特：《文学与生态学：一项生态批评的实验》，《生态批评读本》，美国佐治亚大学出版社 1996 年版，第 113 页。

《封闭的循环》一书中指出："任何希望在地球上生存的生物都必须适应这个生物圈，否则就得毁灭。环境危机就是一个标志：在生命和它的周围事物之间精心雕琢起来的完美的适应开始发生损伤了。由于一种生物和另一种生物之间的联系，以及所有生物和其周围事物之间的联系开始中断，因此维持着整体的相互之间的作用和影响也开始动摇了，而且，在某些地方已经停止了。"① 由此可知，一种生物与另一种生物之间的联系，以及所有生物和周围事物之间的联系，就是生态整体性的基本内涵。这种生态整体的破坏就是生态危机形成的原因，必将危及人类的生存。按照格里芬的理解，生态论的存在观还必然地包含着对自然的部分"返魅"的重要内涵。这就反映了当代哲学与美学由自然的完全"祛魅"到对于自然的部分"返魅"的过渡。所谓"魅"乃是远古时期由于科技的不发达所形成的对自然自身的神秘感以及人类对它的敬畏与恐惧。工业革命以来，科技的发展极大地增强了人类认识自然与改造自然的能力，于是人类以为对于自然可以无所不知。这就是马克斯·韦伯所提出的借助于工具理性人类对于自然的"祛魅"。正是这种"祛魅"成为人类肆无忌惮地掠夺自然从而造成严重生态危机的重要原因之一。诚如格里芬所说，"因而，'自然的祛魅'导致一种更加贪得无厌的人类的出现：在他们看来，生活的全部意义就是占有，因而他们越来越嗜求得到超过其需要的东西，并往往为此而诉诸武力。"他接着指出，"由于现代范式对当今世界的日益牢固的统治，世界被推上了一条自我毁灭的道路，这种情况只有当我们发展出一种新的世界观和伦理学之后才有可能得到改变。而这就要求实现'世界的返魅'（the reenchantment of the world），后现代范式有助于这一理想的实现。"② 当然，这种"世界的返魅"绝不是回复到人类的蒙昧时期，也不是对于工业革命的全盘否定，而是在工业革命取得巨大成绩之后当代对于自然的部分"返魅"，亦即部分地恢复自

---

① ［美］巴里·康芒纳：《封闭的循环——自然、人和技术》，侯文蕙译，吉林人民出版社1997年版，第7页。

② ［美］大卫·雷·格里芬：《和平与后现代范式》，格里芬编《后现代精神》，王成兵译，中央编译出版社1998年版，第221、222页。

然的神圣性、神秘性与潜在的审美性。

正是在上述"生态论存在观"的理论基础之上，才有可能建立起当代的人与自然以及人文主义与生态主义相统一的生态人文主义，从而成为当代生态美学观的哲学基础与文化立场。正因此，我们将当代生态美学观称作当代生态存在论美学观。

二　天地神人四方游戏说

这是由海德格尔提出的重要生态美学观范畴，是作为"此在"之存在在"天地神人"四方世界结构中得以展开并获得审美的生存的必由之路。当然，海氏在这里明显受到中国古代特别是道家的"天人合一"思想的影响，但又具有海氏的现代存在论哲学美学的理论特色。很明显，海氏提出的"天地神人四方游戏"是对于西方古典时期具有明显"主客二分"色彩的感性与理性对立统一的美学理论的继承与突破。其继承之处在于，"四方游戏"是对于古典美学"自由说"的继承发展，但其"自由"已经不是传统的感性与理性对立中的自由融合，而是人在世界中的自由的审美的生存。当然，海氏"四方游戏说"是有一个发展过程的。最初，海氏有关"此在"之展开是在"世界与大地的争执"之中的。在这里，世界具有敞开性，而大地具有封闭性，世界仍然优于大地，没有完全摆脱"人类中心"的束缚。他说：世界是"在一个历史性民族的命运中单朴而本质性的决断的宽阔道路的自行公开的敞开状态（Offenheit）。大地是那永远自行锁闭者和如此这般的庇护者的无所促迫的涌现。世界和大地本质上彼此有别，但却相依为命。"又说："世界与大地的对立是一种争执（Streit）。"①直到20世纪40年代之后，海氏才完全突破"人类中心主义"，走向生态整体，提出"天地神人四方游戏说"这一生态美学观念。他说："天、地、神、人之纯一性的居有着的映射游戏，我们称

---

① ［德］马丁·海德格尔：《林中路》，孙周兴译，上海译文出版社2005年版，第30页。

之为世界（Welt）。世界通过世界化而成其本质。"① 这里，"四方游戏"是指"此在"在世界之中的生存状态，是人与自然的如婚礼一般的"亲密性"关系，作为与真理同格的美就在这种"亲密性"关系中得以自行置入，走向人的审美的生存。他在1950年6月6日名为《物》的演讲中以一个普通的陶壶为例说明"四方游戏说"。他认为，陶壶的本质不是表现在铸造时使用的陶土，以及作为壶的虚空，而是表现在从壶中倾注的赠品之中。因为，这种赠品直接与人的生存有关，可以滋养人的生命，恰是在这种赠品中交融着四方游戏的内容。他说，"在赠品之水中有泉。在泉中有岩石，在岩石中有大地的浑然蛰伏。这大地又承受着天空的雨露。在泉水中，天空与大地联姻。在酒中也有这种联姻。酒由葡萄的果实酿成。果实由大地的滋养与天地的阳光所玉成。"又说："在倾注之赠品中，同时逗留着大地与天空、诸神与终有一死者。这四方（Vier）是共属一体的、本就是统一的。它们先于一切在场者而出现，已经被卷入一个惟一的四重整体（Geviert）中了。"② 他认为，壶中倾注的赠品泉水或酒包含的四重整体内容，与此在之展开密切相关，其作为美是一种关系性的过程，并先于一切作为实体的在场者。由此可见，此在在与四重整体的世界关系中其存在才得以逐步展开，真理也逐步由遮蔽走向澄明，与真理同格的美也得以逐步显现。

三　诗意地栖居

这是海氏所提出的最重要的生态美学观之一，具有极为重要的价值与意义。因为，长期以来，人们在审美中只讲愉悦、赏心悦目，最多讲到陶冶，但却极少有人从审美地生存，特别是"诗意地栖居"的角度来论述审美。而"栖居"本身则必然涉及人与自然的亲和友好关

---

① ［德］马丁·海德格尔：《海德格尔选集》，孙周兴选编，生活·读书·新知三联书店1996年版，第1180页。

② 同上书，第1172—1173、1173页。

系，包含生态美学的内涵，成为生态美学观的重要范畴。海氏在《追忆》一文中提出"诗意地栖居"这个美学命题。他先从引用荷尔德林的诗开始："充满劳绩，然而人诗意地，栖居在这片大地上。"然后，他说道，"一切劳作和活动，建造和照料，都是'文化'。而文化始终只是并且永远就是一种栖居的结果。这种栖居却是诗意的。"①实际上，"诗意地栖居"是海氏存在论哲学美学的必然内涵。他在论述自己的"此在与世界"之在世结构时，就论述了"此在在世界之中"的内涵，包含着居住与栖居之意。他说："'在之中'不意味着现成的东西在空间上'一个在一个之中'；就源始的意义而论，'之中'也根本不意味着上述方式的空间关系。'之中'（'in'）源自innan—，居住，habitare，逗留。'an'（'于'）意味着：我已住下，我熟悉、我习惯、我照料；它有 colo 的含义；habito（我居住）和 dil-igo（我照料）。我们把这种含义上的'在之中'所属的存在者标识为我自己向来所是的那个存在者。而'bin'（我是）这个词又同'bei'（缘乎）联在一起，于是'我是'或'我在'复又等于说：我居住于世界，我把世界作为如此这般熟悉之所而依寓之、逗留之。"②由此可见，所谓"此在在世界之中"就是人居住、依寓、逗留，也就是"栖居"于世界之中。如何才能做到"诗意地栖居"呢？其中，非常重要的一点就是必须要爱护自然、拯救大地。海氏在《筑·居·思》一文中指出："终有一死者栖居着，因为他们拯救大地——拯救一词在此取莱辛还识得的那种古老意义。拯救不仅是使某物摆脱危险；拯救的真正意思是把某物释放到它的本己的本质中。拯救大地远非利用大地，甚或耗尽大地。对大地的拯救并不控制大地，并不征服大地——这还只是无限制的掠夺的一个步骤而已。"③"诗意地栖居"即

① ［德］马丁·海德格尔：《荷尔德林诗的阐释》，孙周兴译，商务印书馆 2000 年版，第107 页。

② ［德］马丁·海德格尔：《存在与时间》，陈嘉映、王庆节译，生活·读书·新知三联书店 1987 年版，第 67 页。

③ ［德］马丁·海德格尔：《海德格尔选集》，孙周兴选编，生活·读书·新知三联书店1996 年版，第 1193 页。

"拯救大地"，摆脱对于大地的征服与控制，使之回归其本己特性，从而使人类美好地生存在大地之上、世界之中。这恰是当代生态美学观的重要旨归。这里需要特别说明的是，海氏的"诗意地栖居"在当时是有着明显的所指性的，那就是指向工业社会之中愈来愈加严重的工具理性控制下的人的"技术的栖居"。在海氏所生活的20世纪前期，资本主义已经进入帝国主义时期。由于工业资本家对于利润的极大追求，对于通过技术获取剩余价值的迷信，因而滥伐自然、破坏资源、侵略弱国成为整个时代的弊病。海氏深深地感受到这一点，将其称作是技术对于人类的"促逼"与"暴力"，是一种违背人性的"技术地栖居"。他试图通过审美之途将人类引向"诗意地栖居"。他说："欧洲的技术—工业的统治区域已经覆盖整个地球。而地球又已然作为行星而被算入星际的宇宙空间之中，这个宇宙空间被订造为人类有规划的行动空间。诗歌的大地和天空已经消失了。谁人胆敢说何去何从呢？大地和天空、人和神的无限关系似乎被摧毁了。"① 针对这种情况，他说："这个问题可以这样来提：作为这一岬角和脑部，欧洲必然首先成为一个傍晚的疆土，而由这个傍晚而来，世界命运的另一个早晨准备着它的升起？"② 可见，他已经将"诗意地栖居"看作是世界命运的另一个早晨的升起。在那种黑暗沉沉的漫漫长夜中，这无疑带有乌托邦的性质。无独有偶，差不多与海氏同时代的英国作家劳伦斯在其著名的小说《查太莱夫人的情人》中通过强烈的对比鞭挞了资本主义社会中极度污染的煤矿与工于算计的矿主，歌颂了生态繁茂的森林与追求自然生活的守林人，表达了追求人与自然协调的"诗意地栖居"。

四　家园意识

当代生态审美观中"家园意识"的提出，首先是因为在现代社会

---

① ［德］马丁·海德格尔：《荷尔德林诗的阐释》，孙周兴译，商务印书馆2000年版，第218页。

② 同上书，第219—220页。

中由于环境的破坏与精神的紧张人们普遍产生一种失去家园的茫然之感。诚如海氏所说："在畏中人觉得'茫然失其所在'。此在所缘而现身于畏的东西所特有的不确定性在这话里当下表达出来了：无与无何有之乡。但茫然失其所在在这里同时是指不在家。"又说："无家可归是在世的基本方式，虽然这种方式日常被掩盖着。"① 这就说明，"无家可归"不仅是现代社会人们的特有感受，而且，作为此在的基本展开状态的"畏"则具有一种本源的性质，作为"畏"的必有内容的"无家可归"与"茫然失其所在"也就同样具有了本源的性质，可以说是人之为人而与生俱来的。当然，在现代社会各种因素的冲击之下，这种"无家可归"之感显得愈加强烈。由此，"家园意识"就成为具有当代色彩的生态美学观的重要范畴。海氏在 1943 年 6 月 6 日为纪念诗人荷尔德林逝世一百周年所作的题为《返乡——致亲人》的演讲中明确提出了美学中的"家园意识"。因为，他着重评述诗人一首题为《返乡》的诗。他说道："在这里，'家园'意指这样一个空间，它赋予人一个处所，人唯在其中才能有'在家'之感，因而才能在其命运的本己要素中存在。这一空间乃由完好无损的大地所赠予。大地为民众设置了他们的历史空间。大地朗照着'家园'。如此这般朗照着的大地，乃是第一个'家园'天使。"又说："返乡就是返回到本源近旁。"② 在这里，海氏不仅论述了"家园意识"的本源性特点，而且论述了它是由"大地所赠予"，阐述了"家园意识"与自然生态的天然联系。是的，所谓"家园"就是每个人的休养生息之所，也是自己的祖祖辈辈繁衍生息之地，那里是生我养我之地，那里有自己的血脉与亲人。"家园"是最能牵动一个人的神经情感之地。当代生态美学观将"家园意识"作为重要美学范畴是十分恰当的。

　　当代著名生态哲学家霍尔姆斯·罗尔斯顿在《从美到责任：自然美学和环境伦理》一文中指出，"当自然离我们更近并且必须在我们

① ［德］马丁·海德格尔：《存在与时间》，陈嘉映、王庆节译，生活·读书·新知三联书店 1987 年版，第 228、331 页。

② ［德］马丁·海德格尔：《荷尔德林诗的阐释》，孙周兴译，商务印书馆 2000 年版，第 15、24 页。

所居住的风景上被管理时，我们可能首先会说：自然的美是一种愉快——仅仅是一种愉快——为了保护它而做出禁令似乎不那么紧急。但是这种心态会随着我们感觉到大地在我们脚下，天空在我们的头上，我们在地球上的家里而改变。无私并不是自我兴趣，但是那种自我没有被掩盖，而是自我被赋形和体现出来了。这是生态的美学，并且生态是关键的关键，一种在家里的、在它自己的世界里的自我。我把我所居住的那处风景定义为我的家。这种'兴趣'导致我关心它的完整、稳定和美丽。"他又说："整个的地球，不只是沼泽地，是一种充满奇异之地，并且我们人类——我们现代人类比以前任何时候更加——把这种庄严放进危险中。没有人，……能够在逻辑上或者心理上对它不感兴趣。"① 在这里，罗尔斯顿更为现代地从"地球是人类的家园"的崭新视角出发，论述了生态美学观的"家园意识"。他认为，人类只有一个地球，地球是人类生存繁衍并有一席之地的处所，只有地球才使人类具有"自我"，因而，保护自己的"家园"，使之具有"完整、稳定和美丽"是人类生存的需要，这就是"生态的美学"。正是因为"家园意识"的本源性，所以，它不仅具有极为重要的现代意义和价值，而且成为人类文学艺术千古以来的"母题"。从古希腊《奥德修纪》的漫长返乡之程和中国古代《诗经》的"归乡之诗"，到当代著名的凯利金的萨克斯曲《回家》和中国歌手腾格尔的《天堂》，都是以"家园意识"的抒发而感动了无数的人，而李白的"举头望明月，低头思故乡"更加成为千古传诵的名句。"家园"成为扣动每个人心扉的美学命题。

五　场所意识

如果说"家园意识"是一种宏大的人的存在的本源性意识，那么，"场所意识"则是与人的具体的生存环境以及对其感受息息相关。

---

① ［美］阿诺德·伯林特主编：《环境与艺术：环境美学的多维视角》，刘悦笛译，重庆出版社 2007 年版，第 167—168、140 页。

"场所意识"仍然是海德格尔首次提出的。他说:"我们把这个使用具得以相互联属的'何所往'称为场所。"又说:"场所确定上手东西的形形色色的位置,这就构成了周围性质,构成了周围世界切近照面的存在者环绕我们周围的情况","这种场所的先行揭示是由因缘整体性参与规定的,而上手的东西之为照面的东西就是向着这个因缘整体性开放出来的"①。在海氏看来,"场所"就是与人的生存密切相关的物品的位置与状况。这其实是一种"上手的东西"的"因缘整体性"。也就是说,在人的日常生活与劳作当中,周围的物品与人发生某种因缘性关系,从而成为"上手的东西"。但"上手"还有一个"称手"与"不称手"以及"好的因缘"与"不好的因缘"这样的问题。例如,人所生活的周围环境的污染、自然的破坏,造成各种有害气体与噪音对于人的侵害,这就是一种极其"不称手"的情形,这种环境物品也是与人"不好的因缘"关系,是一种不利于人生存的"场所"。

当代环境美学家伯林特从人对环境的经验的角度探索了生态美学观之中的"场所意识"问题。他说:"比其他的情境更为强烈的是,通过身体与处所(body and place)的相互渗透,我们成为了环境的一部分,环境经验使用了整个人类感觉系统。因而,我们不仅仅是'看到'我们的活生生的世界,我们还步入其中,与之共同活动,对之产生反应。我们把握场所并不仅仅通过色彩、质地和形状,而且还要通过呼吸,通过味道,通过我们的皮肤,通过我们的肌肉活动和骨骼位置,通过风声、水声和汽车声。环境的主要的维度——空间、质量、体积和深度——并不是首先和眼睛遭遇,而是先同我们运动和行动的身体相遇。"②这是生态美学观的新的美学理念,与传统的审美凭借视觉与听觉等高级器官不同。伯林特认为,当代生态美学观的"场所意识"不仅仅是视觉与听觉意识,而且包括嗅觉、味觉、触觉与运动知

---

① [美]海德格尔:《存在与时间》,陈嘉映、王庆节译,生活·读书·新知三联书店1987年版,第103、129页。

② [美]阿诺德·伯林特主编:《环境与艺术》,刘悦笛译,重庆出版社2007年版,第10页。

觉的意识。他将人的感觉分为视觉、听觉等保持距离的感受器与嗅觉、味觉、触觉与运动知觉等接触的感受器，这两类感受器都在审美中起作用。这不仅是新的发展，而且也符合当代生态美学的实际。

从存在论美学的角度，自然环境对人的影响绝对不仅是视听，而且包含嗅、味、触与运动知觉。不仅噪音与有毒气体会对人造成伤害，而且沙尘暴与沙斯病毒更会侵害人的美好生存。当然，从另外的角度，从更高的精神的层面，城市化的急剧发展，高楼林立，生活节奏的快速，人与人的隔膜，人与自然的远离，居住的逼仄与模式化，人们其实都正在逐步失去自己的真正的美好的生活"场所"。这种生态美学的维度必将成为当代文化建设与城市建设的重要参照。这是一种"以人为本"观念的彰显，诚如伯林特所说，"场所感不仅使我们感受到城市的一致性，更在于使我们所生活的区域具有了特殊的意味。这是我们熟悉的地方，这是与我们自己有关的场所，这里的街道和建筑通过习惯性的联想统一起来，它们很容易被识别，能带给人愉悦的体验，人们对它的记忆中充满了情感。如果我们的邻近地区获得同一性并让我们感到具有个性的温馨，它就成为了我们归属其中的场所，并让我们感到自在和惬意。"①

六　参与美学

这是伯林特明确提出的。他说："无利害的美学理论对建筑来说是不够的，需要一种我所谓的参与的美学。"② 又说："美学与环境必须得在一个崭新的、拓展的意义上被思考。在艺术与环境两者当中，作为积极的参与者，我们不再与之分离而是融入其中。"③ 这里，所谓"参与美学"本来就是当代存在论美学的基本品格。因为，当代存在

---

① ［美］阿诺德·伯林特：《环境美学》，张敏、周雨译，湖南科技出版社 2006 年版，第66 页。

② 同上书，第 134 页。

③ ［美］阿诺德·伯林特主编：《环境与艺术》，刘悦笛译，重庆出版社 2007 年版，第 44页。

论美学就是对于传统主客二分美学理论的突破，是通过主体的现象学描述所建立起来的审美经验。当代生态美学观同样如此，它首先是突破了康德的主客二律背反的无利害的静观美学，这种静观美学必然导致人与自然的对立。当代生态美学观则主张人在自然审美中的主观构成作用，但又不否定自然潜在的美学特性。罗尔斯顿将自然审美归结为两个相关的条件，那就是人的审美能力与自然的审美特性的结合，只有两者的统一，在人的积极参与下，自然的审美才成为可能。他说："有两种审美品质：审美能力，仅仅存在于欣赏者的经验中；审美特性，它客观地存在于自然物体内。美的经验在欣赏者的体内产生，但是这种经验具备什么？它具有形式、结构、完整性、秩序、竞争力、肌肉力量、持久性、动态、对称性、多样性、统一性、同步性、互依性、受保护的生命、基因编码、再生的能量、起源等等。这些事件在人们到达以前就在那里，它们是创造性的进化和生态系统的本性的产物；当我们人类以审美的眼光评价它们时，我们的经验被置于自然属性之上。"① 他以人们欣赏黑山羊的优美的跳跃为例，认为黑山羊由于在长期的进化中获得身体的运动的肌肉力量，因而能够优美地跳跃。但只有在人类的欣赏中，这种跳跃与人的主观审美能力相遇，这才产生了审美的体验。

七　生态批评

1978 年，美国文学研究者威廉·鲁克尔特在《衣阿华州评论》1978 年冬季号发表了一篇文章，题为《文学与生态学：生态文学批评的实验》，第一次使用了"生态批评"的概念。从此，"生态批评"就成为社会批评、美学批评、精神分析批评与原型批评之后的另外一种极为重要的文学批评形态，成为当代生态美学观的重要组成部分与实践形态，很快成为蓬勃发展的"显学"。

---

① ［美］阿诺德·伯林特主编：《环境与艺术》，刘悦笛译，重庆出版社 2007 年版，第158 页。

"生态批评"首先是一种文化批评，是从生态的特有视角所开展的文学批评，是文学与美学工作者面对日益严重的环境污染将生态责任与文学美学相结合的一种可贵的尝试。鲁克尔特在陈述自己写作此文的原因时，说道："……诗歌的阅读、教学、写作如何才能在生物圈中发挥创造性作用，从而达到清洁生物圈、把生物圈从人类的侵害中拯救出来并使之保持良好状态的目的，同样，我的实验动机也是为了探讨这一问题，这一实验是我作为人类一分子的根本所在。"他面对严重的环境污染，向文学和美学工作者大声疾呼"人们必须开始有所作为"[1]。环境美学家伯林特更进一步强调"美学与伦理学的基本联结"[2]。罗尔斯顿则倡导一种"生态圈的美"[3]。有的环境保护就是从审美的需要出发的。罗尔斯顿指出，美国的大峡谷的保护就是从其美丽与壮观考虑的，从这个角度说"自然保护的最终历史基础是美学"[4]。但从当代生态美学观来说，伦理与美学的统一还是最根本的原则，因为环境对于人类来说并不都是积极的，噪音既是对于人的知觉的干扰，也是对于人的身体健康的危害，因而噪音就既非善的也非美的。由此可见，环境伦理学与美学的统一就是生态批评的最基本的原则。生态批评理论家们相信艺术具有某种能量，能够改变人类，这种能量表现为改变人们的心灵，从而转变他们的态度，使之从破坏自然转向保护自然。弗朗西斯·庞吉在《万物之声》中指出，我们应该拯救自然，"希望寄托在诗歌中，因为世界可以借助诗歌深入地占据人的心灵，致使其近乎失语，随后重新创造语言。"[5]也许，生态批评家们将文学艺术的作用估价得过高了，但通过审美教育转变人们的文化态度，使之逐步做到以审美的态度对待自然，这种可能性还是有的。

---

① Cheryll Glotfelty & Harold Fromm（eds.），*The Ecocriticism Reader：Landmarks in Literary Ecology*，University of Georgia Press，1996，p. 112.

② ［美］阿诺德·伯林特主编：《环境与艺术》，刘悦笛译，重庆出版社2007年版，第24页。

③ 同上书，第154页。

④ 同上书，第151页。

⑤ Cheryll Glotfelty & Harold Fromm（eds.），*The Ecocriticism Reader：Landmarks in Literary Ecology*，University of Georgia Press，1996，p. 105.

但愿我们都朝这个方向努力，以图有所收获。

我们正处于一个转型的时代，人类社会正在由工业文明转向生态文明，人类也逐步由人类中心转向环境友好。与之相应的，我们时代的美学观念也应有一个转型，当代生态美学观的提出就是这种转型的努力之一。但愿我们的努力能引起更多人的参与，能够对当代美学的发展起到一点点作用。

（原载《文艺研究》2007 年第 4 期）

试论生态美学

从目前看，关于生态美学有狭义和广义两种理解。狭义的生态美学仅研究人与自然处于生态平衡的审美状态，而广义的生态美学则研究人与自然以及人与社会和人自身处于生态平衡的审美状态。我个人的意见更倾向于广义的生态美学，但将人与自然的生态审美关系的研究放到基础的位置。因为，所谓生态美学首先是指人与自然的生态审美关系，许多基本原理都是由此产生并生发开来。但人与自然的生态审美关系上升到哲学层面，具有了普遍性，也就必然扩大到人与社会以及人自身的生态审美关系。由此可见，生态美学的对象首先是人与自然的生态审美关系，这是基础性的，然后才涉及人与社会以及人自身的生态审美关系。

生态美学如何界定呢？生态美学的研究与发展不仅对生态科学具有重要意义，而且将会极大地影响乃至改造当下的美学学科。简单地将生态美学看作生态学与美学的交叉，以美学的视角审视生态学，或是以生态学的视角审视美学，恐怕都不全面。我认为，对于生态美学的界定应该提到存在观的高度。生态美学实际上是一种在新时代经济与文化背景下产生的有关人类的崭新的存在观，是一种人与自然、社会达到动态平衡、和谐一致的处于生态审美状态的存在观，是一种新时代的理想的审美的人生，一种"绿色的人生"。其深刻内涵是包含着新的时代内容的人文精神，是对人类当下"非美的"生存状态的一种改变的紧迫感和危机感，更是对人类永久发展、世代美好生存的深切关怀，也是对人类得以美好生存的自然家园与精神家园的一种重建。这种新时代人文精神的发扬在当前世界范围内霸权主义、市场本位、科技拜物教盛行的形势下显得越发重要。

下面，我想从四个方面对生态美学的内涵及其意义加以进一步阐释。

第一，生态美学是 20 世纪后半期哲学领域进一步由机械论向存在论演进发展的表现。美国环境哲学家科利考特指出："我们生活在西方世界观千年的转变时期——一个革命性的时代，从知识角度来看，不同于柏拉图时期和笛卡尔时期。一种世界观，现代机械论世界观，正逐渐让位于另一种世界观。谁知道未来的史学家们会如何称呼它——有机世界观、生态世界观、系统世界观……"① 这里，科利考特所说的"有机世界观、生态世界观、系统世界观"等等，实际上是存在论哲学观在新时代的丰富，包含了生态哲学的内容。应该说，在西方哲学中，由机械论向存在论的转向在 18 世纪下半叶的康德与席勒的美学思想中即已开始。20 世纪初期，尼采的生命哲学、胡塞尔的现象学哲学更深入地涉及存在论哲学。直到第二次世界大战前后，萨特正式提出存在主义哲学，进一步将人的"存在"提到本体的高度。此后，众多哲学家又都沿着这样的理论路径进一步深入探讨。马克思独辟蹊径，早在 1845 年的《关于费尔巴哈的提纲》中就提出实践论哲学，借以取代机械唯物论。实践论就是一种建立在社会实践基础之上的唯物主义存在论，以社会实践作为人的最基本的存在方式。应该说，实践论已经从理论上克服了机械论的弊端，为存在论哲学开辟了广阔的前景。但理论总是相对苍白的，而实践之树常青。理论的生命在于不断吸取时代营养，与时俱进。马克思主义实践论不仅应该吸取西方当代存在主义哲学的合理因素，而且应该吸取当代产生的生态哲学及与之相关的生态美学的合理因素。生态哲学与生态美学的合理因素就是人与自然、社会处于一种动态的平衡状态。这种动态平衡就是生态哲学与生态美学最基本的理论。具体地说，可包含无污染原则与资源再生原则。所谓无污染原则，就是在人与自然、社会的动态关系中不留下物质的和精神的遗患。所谓资源再生原则，就是指人与自

① ［美］科利考特：《罗尔斯顿内在价值：一种解构》，《哲学译丛》1999 年第 2 期。

然、社会的动态关系应有如大自然界的生物链，不仅消耗资源，而且能够再生资源，这种消耗与再生均处于平衡状态。这样的原则就极大地丰富了马克思在《1844 年经济学—哲学手稿》中有关"人也按照美的规律来建造"的理论。很显然，"按照美的规律来建造"就不仅是"把内在的尺度运用到对象之上"，而且也是"按照任何一个种的尺度来进行生产"①，是两者的统一。同时，在这两者的统一之中，也应包含生态美学的平衡原则及与此相关的无污染原则与资源再生原则。这就是我所理解的生态美学哲学内涵的重要方面。

第二，生态哲学及与其相关的生态美学的出现，标志着 20 世纪后半期人类对世界的总体认识由狭隘的"人类中心主义"向人类与自然构成系统统一的生命体系这样一种崭新观点的转变。长期以来，我们在宇宙观上总是抱着"人类中心主义"的观点。公元前 5 世纪，古希腊哲学家普罗泰戈拉提出了著名观点："人是万物的尺度。"尽管这一观点在当时实际上是一种感觉主义真理观，但后来许多人却将其作为"人类中心主义"的准则。欧洲文艺复兴与启蒙运动针对中世纪的"神本主义"提出"人本主义"。这种"人本主义"思想即包含人比动植物更高贵、更高级，人是自然界的主人等"人类中心主义"观点，进而引申出"控制自然""战天斗地""人定胜天""让自然低头"等口号原则。这些观点与原则都将人与自然的关系看作敌对的、改造与被改造、役使与被役使的关系。这种"人类中心主义"的理论以及在此影响下的实践，造成了生态环境受到严重破坏，并直接威胁到人类生存的严重事实。正是面对这样的严重事实，许多有识之士在20 世纪后半期才提出了生态哲学及与其相关的生态美学。生态哲学与生态美学完全摒弃了传统的"人类中心主义"观点，主张人类与自然构成不可分割的生命体系，如奈斯的"深层生态学"理论与卢岑贝格的人与自然构成系统整体的思想。奈斯的"深层生态学"提出著名的"生态自我"的观点，这种"生态自我"是克服了狭义的"本我"

---

① 《马克思恩格斯全集》第 42 卷，人民出版社 1979 年版，第 97 页。

的人与自然及他人的"普遍共生"①，由此形成极富价值的"生命平等对话"的"生态智慧"，正好与当代"人在关系中存在"的"主体间性"理论相契合。卢岑贝格则提出，地球也是一个有机的生命体，是一个活跃的生命系统，人类只是巨大生命体的一部分。应该说，卢岑贝格的论述不仅依据生态学理论，而且依据系统整体观点。在他看来，地球上的动物、植物、岩石土壤，它们所形成的生物链、光合作用、物质交换等才使地球不同于其他处于死寂状态的星球。人只是这个生命体系的一个组成部分。如果没有了其它的动物、植物，没有了大气层、水、岩石和土壤，人类也就不复存在。正是从这个颠扑不破的事实出发，卢岑贝格才指出："如果我们认识到这一点，那么我们就需要一个完全不同于现在的伦理观念。我们就不可以再无所顾忌地断言，一切都是为我们而存在的。我们人类只是一个巨大的生命体的一部分。""我们需要对生命恢复敬意"，"我们必须重新思考和认识自己"②。重新认识和思考就是对"人类中心主义"的摒弃，对人文主义精神的更新丰富。既然地球本身就是一个有机的生命体，人类只是这个生命体系的一个组成部分，那么，"人类中心主义"就不能成立。人与地球、与自然的关系不是敌对的、改造与被改造的、役使与被役使的关系，而是一个统一生命体中须臾不可分离的关系。因此，"人最高贵""控制自然""战天斗地""人定胜天""让自然低头"等口号和原则就应重新审视，而代之以既要尊重人同时也要尊重自然，人与自然是一种平等的亲和关系的观点。当然，这不是说自然不可改造，人类不要生产，而是要在改造自然的生产实践中遵循生态美学与生态哲学的平衡原则。这就涉及人文主义精神的充实更新。原有人文主义精神中所包含的对人权的尊重、对人类前途命运的关怀都应加以保留，但应将其扩大到同人类前途命运须臾难分的自然领域。同样，人类也应该尊重自然，关怀自然，爱护自然，保护自然。人类不

① 参见自余谋昌《生态哲学》，陕西人民教育出版社 2000 年版，第 120—121 页。

② ［巴西］卢岑贝格：《自然不可改良：经济全球化与环保科学》，黄凤祝译，生活·读书·新知三联书店 1999 年版，第 57、58 页。

仅应该关爱自己的精神家园，而且应该关爱自己的自然家园。因为自然家园是精神家园的物质基础。自然家园如果毁于一旦，精神家园也就不复存在。

第三，生态美学的提出实现了由实践美学向以实践为基础的存在论美学的转移。我国经过 20 世纪的两次美学大讨论，进一步确立了实践美学在我国美学理论中的主导地位。实践美学以马克思《1844年经济学—哲学手稿》与《关于费尔巴哈的提纲》为指导，坚持在社会实践的基础上探索美的本质，提出美是"客观性与社会性统一"的观点。应该说，这一美学理论在当时具有相当的科学性。但新时期以来，美学学科的迅速发展，特别是存在论美学的提出，显现出实践美学的诸多弊端。生态美学的提出更进一步丰富深化了存在论美学，进而促使我国美学学科由实践美学向存在论美学的转移。但我们说的这种转移，不是对实践美学的完全抛弃，而是在实践美学基础之上的一种深化。也就是说，我们说的存在论美学是以社会实践为基础的。我们始终认为，社会实践特别是生产实践是审美活动发生的基础与前提条件。这是同西方当代存在论美学的根本区别之所在。但我们认为，审美是人类最重要的存在方式之一。这是一种诗意的、人与对象处于中和协调状态的存在方式。这种审美的存在方式也符合了人与自然达到生态平衡的生态美学的原则。所谓生态美学，实际上也就是人与自然达到中和协调的一种审美的存在观。因此，生态美学的提出，促进了由实践美学向实践基础上的存在论美学的转移。我们觉得，这种转移更能贴近审美的实际。从艺术的起源来看，无数考古资料已经证明，艺术并不完全起源于生产劳动，而常常同巫术祭祀等活动直接有关。例如，甲骨文中的"舞"字，就象征一个向天祭祀的人手拿两个牛尾在舞蹈朝拜。因此，归根结底，艺术起源于人类对自身与自然（天）中和协调的一种追求。从审美本身来说，也不是一切"人化的自然"都美，更不是所有非人化的自然就一定不美。审美本身还是取决于人与对象处于一种中和协调的亲和的审美状态。实践美学历来难以准确解释自然美的问题。特别是对于原始的未经人类实践改造的自然，更是难以用"人化自然"的观点解释。中和协调的存在论美学却能够对其很好地解释。因为，无论是经过人的实践，还是未经实践的自然，只要同人处于一种中和协调的亲和的审美状态，那么，这个"自然"就是美的。总之，美与不美，同人在当时是否与对象处于中和协调的存在状态密切相关。美学所追求的也恰是人与对象处于一种中和协调的审美的存在状态。这就是审美的人生、诗意的存在。从生态美学的角度说，也就是人与自然平衡的"绿色的人生"。卢岑贝格正是从这种人与自然中和协调的存在论出发，把地球看作一个充满生机的生命，包括人类在内的生命演化过程实际上是一曲宏大的交响乐，构成顺应自然的完整体系。他充满深情地借古希腊大地女神该亚的名字来称呼地球。该亚是古希腊神话中的大地女神，被认为是人类的祖先。在古希腊佩耳伽谟祭坛的浮雕中，该亚是一个美丽而丰满的母亲，下半身没入土中，左手抱着聚宝角，高举右手，为她的孩子祈福。无论从外在形象还是从内在品德，该亚都是无比美丽的形象。卢岑贝格把她称作"美丽迷人、生意盎然的该亚"。① 这就是他一再肯定的英国化学家勒弗劳克（James Lovelock）所提出的著名的"该亚定则"。这既是一个生态学定则，也是一个美学定则。正如卢岑贝格所说，这是一种"美学意义上令人惊叹不已的观察与体悟"②。我们把地球称作美丽迷人的该亚，就不是从具体的实践观出发，而是从人类与地球休戚与共的生命联系的存在论出发。

第四，生态美学的提出，进一步推动了美学研究的资源由西方话语中心到东西方平等对话的转变。我国的美学研究作为一个学科的建立，是近代的事情，以王国维、蔡元培为开端，主要借鉴西方理论资源，逐步形成西方话语中心。我国古代美学与文艺思想的研究，也大多以西方理论范畴进行阐释。1978 年改革开放以来，我国学者提出了文艺美学学科问题，才逐步重视我国传统的美学资源的独立意义。20 世纪 90 年代以来，生态美学的提出更使我国传统哲学与美学资源

---

① ［巴西］卢岑贝格：《自然不可改良：经济全球化与环保科学》，黄凤祝译，生活·读书·新知三联书店 1999 年版，第 57—58 页。

② 同上书，第 63 页。

发出新的光彩。众所周知，西方从古希腊罗马开始就倡导一种二元对立的哲学与美学思想。在这一哲学与美学思想中，主体与客体、感性与理性、人文与自然等两个方面始终处于对立状态。而我国古代，则始终倡导一种"天人合一"的哲学思想，及在此基础上的"致中和"的美学观点。尽管儒家在"天人合一"中更强调"人"，而道家则更强调"天"，但天与人、感性与理性、自然与社会、主体与客体、科学主义与人文主义是融合为一体的。特别是道家的"道法自然"思想，认为自然之道是宇宙万物所应遵循的根本规律和原则，人类应遵守自然之道，决不为某种功利目的去破坏自然、毁灭自然。这里包含着极为丰富的自然无为、与自然协调的哲理。正如美国著名物理学家卡普拉所说，"道教提出了对生态智慧的最深刻、最精彩的一种表述。"① 这种"天人合一"的东方智慧正是当代存在论美学的重要思想资源。最近，季羡林先生指出："我曾在一些文章中，给中国古代哲学中'天人合一'这一著名的命题做了'新解'。天，我认为指的是大自然；人，就是我们人类。人类最重要的任务是处理好人与大自然的关系，否则人类前途的发展就会遇到困难，甚至存在不下去。在天人的问题上，西方与东方迥乎不同。西方视大自然为敌人，要'征服自然'。东方则视大自然为亲属朋友，人要与自然'合'一，后者的思想基础就是综合的思维模式。而西方则处在对立面上。"② 海德格尔等西方著名哲学—美学家从中国"天人合一"思想中吸取了极其丰富的营养，充实自己的存在论哲学—美学。当然，我们这里所说的中国古代"天人合一"的哲学思想，以及在此基础之上的"致中和"的美学思想，主要是指先秦时代老子、庄子、孔子等著名思想家带有原创性的思想精华，并非指后世打上深深的封建乃至迷信烙印的所谓"天人感应"、"人副天数"等理论。而且，对这种原创的素朴的"天人合一"与"致中和"思想也必须进行批判的改造，吸取其精华，

---

① ［美］弗里乔夫·卡普拉：《转折点》，卫飒英、李四南译，四川科技出版社 1988 年版，第 406 页。

② 季羡林、张光直编选：《东西方文化议论集》上册，经济日报出版社 1997 年版，第 130页。

剔除其糟粕，结合当代社会现实给予丰富充实，使之实现现代转型。但无论如何，生态美学的提出，使中国古代"天人合一"的哲学与美学资源显示出西方学者也予以认可的宝贵价值。这就将逐步改变美学研究中西方话语中心地位的现状，使我国古代美学资源也成为平等的对话者之一，具有自己的地位。

在我国，生态美学的提出是 20 世纪 90 年代中期以后的事情，时间较短，研究尚未充分展开，在许多问题上认识尚待深入，也不可避免地存有分歧。当然，许多分歧是生态哲学和生态伦理学中存在的问题，但都和生态美学密切相关。这些问题的深入讨论必将推动生态美学的进一步发展。有些问题在上面的论述中我已有所涉及，但为了便于研究，这里再将其加以归纳并分析探讨。

第一，有关生态美学的界定问题。首先就是生态美学能否构成一个独立学科的问题。构成一个学科要有独立的对象、研究内容、研究方法、研究目的及学科发展的趋势这样五个基本要素。目前，生态美学在这些方面尚不具备条件。因此，我个人认为，暂时可将其作为美学学科中一个新的十分重要的理论课题。另外，有的学者将生态美学的基本范畴归结为生态美，从而使其研究对象成为"人与大自然的生命和弦"。应该说，这已涉及生态美学的基本内涵。但我个人认为，这一看法尚不全面。因为生态美学不仅涉及人与自然关系的层面，而且还涉及人与社会以及人自身的层面。前者是表现，而后者是更深层的原因。因此，我个人将生态美学的对象界定为人与自然、社会及人自身动态平衡等多个层面，认为其根本内涵是一种人与自然、社会达到动态平衡、和谐一致的处于生态审美状态的存在观。这也是从当代存在论的高度来界定生态美学，其内涵的特殊性就在于将生态的平衡原则以及与其有关的无污染原则、资源再生原则吸收到生态美学理论之中。

第二，有关生态美学所涉及的哲学与伦理学问题。这是当前讨论最多的问题。有的生态学家提出"生态精神""生物主动性""生态认识论""内在价值""生态智慧"等一系列论题，在美学方面，就涉及自然自身是否具有脱离人之外的美学价值问题。这都是在对"人类中心主义"的批判中提出的问题，涉及对哲学史上"泛灵论"与"自然的返魅"等的重新评价。对这些问题的思考与探讨十分重要。我目前的看法是，"人类中心主义"的确不全面，有改进充实之必要。但基本的哲学立足点还是应该是唯物实践论，在此前提下吸收生态哲学与生态美学有关理论内容，加以丰富发展。因此，目前，我对于地球与自然是有生命的观点能够接受。当然，这种生命首先应包括人这个高级生命在内，构成一个有机的生命体系。对于地球、自然生物是否有自身的"独立精神"与"内在价值"，到目前为止，我还没有接受。我认为，从唯物实践论的角度，自然界的"精神"与"价值"还是同人的社会实践活动密切相关，自然界的精神和价值虽然不能说是人所赋予的，但也应在实践过程中，从以人为主的包括自然的有机的生命体系中来理解。这样，自然就不是简单地处于被改造、被役使的位置，而是处于平等对话的位置。因为，离开了自然，人的生命体系、精神体系、价值体系都将不复存在。同样，离开了人，特别是离开了人的社会实践，自然本身也不可能有其独立的"精神"与"价值"。总之，自然与人紧密相连，构成有机的生命体系。从审美的角度来看，自然的美学价值尽管不能完全用"人化的自然"这一理论观点解释，但自然也只有在同人的动态平衡、中和协调的关系中才具有美学价值。自然自身并不具有离开人而独立存在的美学价值。至于"泛灵论"，我个人觉得具有人类原始宗教的特性。当前，人类已经迈入 21 世纪的信息时代，对"泛灵论"与"自然的复魅"的重新肯定，应该慎之又慎。

第三，关于生态美学与当代科技的关系问题。对于生态学、生态哲学与生态美学的研究必然涉及对当代科学技术评价的问题。毋庸讳言，世界范围内自然环境的大规模破坏同科技理性的泛滥、工具主义的盛行、科学技术的滥用不无关系，包括无节制的工业发展对自然环境的破坏，农药对土壤的破坏与污染，工业烟尘和汽车尾气对大气的污染，等等。凡此种种都直接威胁并破坏人的存在状态，使人处于"非审美化"。当然，还有科技所制造的杀伤性武器，更使人类饱受战争的灾害。但是否就可以将生态与科技相对立，走到排斥科技、排斥

现代化的极端，从倡导"回归自然"，倡导"回归古代"，从倡导"绿色人生"走到排斥"科技人生"呢？我个人认为，这是不可行的。因为，科学同样是人类的伟大创造，是人类社会进步的重要力量。正是从这个角度上说，科学成果也属于人文的范围。应该说，科学本身是没有价值取向的，但对于科学运用却有明显的价值取向。科学既可造福人类，也可破坏人类，既可有利于生态平衡，也可破坏生态平衡。因此，我们一方面要批判科技理性的泛滥和工具主义的盛行，反思科技发展造成生态破坏甚至引向毁灭人类战争的社会原因；另一方面，我们应该倡导科技与自然、科学与人文、社会发展与生态平衡的高度统一，既倡导"绿色人生"，也倡导"科技人生"，使科技造福人类，造福自然，推动可持续发展，创造符合生态原则的审美的人生。

（原载《文艺研究》2002 年第 5 期）

生态美学

——一种具有中国特色的当代美学观念

1994年，在生态问题日渐成为国内外学术热点的形势下，中国学者提出了"生态美学"这一崭新的美学观念。许多中国理论工作者从生态文艺学、文艺的绿色之思、生态存在论审美观等多重视角对这一美学观念进行了丰富与发展。"生态美学"同国际上日渐勃兴的"生态批评"、"环境美学"密切相关，但又有别于它们。它是一种具有中国特色的美学观念，是中国美学工作者的一个创举。它的提出对于中国当代美学由认识论到存在论，以及由人类中心到生态整体的理论转型具有极其重要的意义。但它不是一个新的美学学科，而是美学学科在当前生态文明新时代的新发展、新视角、新延伸和新立场。它是一种包含着生态维度的当代生态存在论审美观。它以人与自然的生态审美关系为出发点，包含人与自然、社会以及人自身的生态审美关系，以实现人的审美的生存、诗意的栖居为其指归。

生态美学在中国的产生有其历史的必然性。它是中国现代化事业深入发展，环境问题日趋尖锐的新形势对中国美学学科和美学工作者的一种现实呼唤，也是中国当代形态的马克思主义要求一切从实践出发、以解决现实问题为理论出发点的必然趋势。它是当代社会由工业文明过渡到生态文明的历史必然趋势，是反映着科学发展观的当代先进文化的表征之一。实际上，它已经成为有中国特色的社会主义的有机组成部分，同我国当前提出的可持续发展方针、科学发展观和构建和谐社会的理论是一致的，是这些理论的重要内涵。从美学学科本身来看，20世纪中期以来，经过几代美学工作者的努力而创立的实践美学，尽管在历史上有着重要的贡献和不可抹杀的地位，但在新的时代，它的确已经显现出诸多局限。特别是其所表现出的落后于时代的"认识论"的理论支点和"主客二分"的思维模式，更是明显的局限，需要在新的形势下有新的发展和充实。许多中青年美学工作者提出的"后实践美学"就是这种形势的反映，它对生态美学的提出与发展有着重要的启示作用。生态美学也是新时期中西交流对话的产物。它的提出主要借鉴了德国哲学家海德格尔后期有关"天地神人四方游戏"的哲学—美学理论。海氏"四方游戏说"的提出又明显地吸收融通了中国古代老庄道家思想，特别是老庄的"域中有四大，而人居其一"等一系列包含生态智慧的观点。诚如海氏在《从关于语言的一次对话而来》一文中所说："运思经验是否能够获得语言的某个本质，这个本质将保证欧洲—西方的道说与亚洲—东方的道说以某种方式进行对话中，而那源出于唯一的源泉的东西就在这种对话中歌唱。"[①] 也就是说，海氏将他后期的理论看作是中西"道说"之间通过对话而涌流出来的一种歌唱。当然，我们也借鉴了莱切尔·卡逊在《寂静的春天》中所表现出来的具有当代色彩的生态观念及其批评实践，以及阿伦·奈斯的"深层生态学"、罗尔斯顿的"荒野哲学"，还有日渐成为"显学"的西方"生态批评"。当代我国，包括生态美学观在内的生态文化的建设仍需走中西交流对话这一重要途径。当然，对于当代西方生态理论所表现出的唯心主义和神秘主义色彩也需进行必要的分析批判。

但生态美学仍然与上述西方各种生态理论有着重要的区别。首先，它坚持以马克思主义唯物实践观以及有关的自然观为其理论指导。当然，马克思与恩格斯由于时代的原因其生态观难免有其历史的局限，但马克思主义唯物实践观中所包含的"物质生产基础""实践世界""自然主义与人道主义的结合""按照美的规律建造"，以及"不要过分陶醉于对自然界的胜利"等理论观点对于克服当代西方某

---

① ［德］马丁·海德格尔：《海德格尔选集》，孙周兴选编，生活·读书·新知三联书店1996年版，第1012页。

些生态理论中的局限与弊端有着重要的价值。我们认为，十分重要的是，马克思主义的唯物实践观在本质上是对西方启蒙主义哲学"主客二分"思维模式和"人类中心主义"理论的批判与超越，是一种具有无限生命力的崭新的以劳动实践为其基础的当代唯物主义实践存在论哲学，是当代我国包括生态美学观在内的生态文化建设的理论支点。

我们提出的生态美学观在借鉴西方理论的同时力图继承发扬中国古代固有的生态智慧资源。这包括儒家的"天人合一""和而不同""民胞物与"的生态思想，道家的"道法自然"、"万物齐一"等生态智慧。当然，还有其他一些包含在哲学、文学艺术之中的宝贵生态智慧。对于中国传统生态智慧，目前学术界在理解和评价上尚有诸多不一致之处。我个人认为，我国传统生态智慧内涵之丰富及其所达到的高度是十分惊人的。它恰是我们建设当代包括生态美学观在内的生态文化的基本立足点和最重要资源。中国传统文化尽管有儒道佛各家，但其核心恰是费孝通先生所提到的刻在孔庙大殿上的"中和位育"四个字。这四个字来源于《礼记·中庸》篇："喜怒哀乐之未发，谓之中；发而皆中节，谓之和。中也者，天下之大本也，和也者，天下之达道也。致中和，天地位焉，万物育焉。"在这里，《礼记·中庸》将"中和"提到宇宙运行、万物生长的根本性的高度上加以定位，应该讲是比较确切的。所谓"中和"，其核心内涵即为"共生"，恰是当代生态文化建设的重要源头。"中和"从其内涵来说首先是"共"，即"和而不同"。这里划清了"和"与"同"的界线。"和"为万物共生共处共荣，而"同"则为党同伐异、追求划一。这就是中国古代传统文化中著名的"和而不同"理论观念的含义。这种"和而不同"的思想，在西方，直到1871年，才由尼采在著名的《悲剧的诞生》一书中提出与之相似的酒神精神与日神精神两种生命本能的相互作用而诞育万物与艺术。"中和"其次之意为"生"，也就是说只有"和"，万物才能滋生繁荣、生生不息。所谓"和实生物，同则不继"、"生生之谓易"、"道生一，一生二，二生三，三生万物。万物负阴而抱阳，冲气以为和"等等。这种中国古代"中和论"是迥异于西方古代"和谐论"的。"中和论"是一种建立在"天人合一"基础上的宇宙万物诞育运行理论，"和谐论"则是建立在主客二分基础上的具体事物比例对称理论。在宇宙观上，"中和论"是一种"天人合一"理论，而西方古代之"和谐论"则是一种以主客二分为基础的"理念论"；在外延上，"中和论"是一种极为宏观的"天人之和"，而西方古代之"和谐论"则是一种微观的物质之和，追求世界是由"数"或"火"构成之物质根源和比例对称、黄金分隔之具体和谐；在其内涵上，中国古代"中和论"思想是一种人生哲学，关涉到宇宙社会人生，以"善"的追求为其目标，而西方古代"和谐论"则主要是一种自然哲学，侧重于具体的物质存在，以"真"的追求为其目标。当然，这两种理论都是一种非凡的古代智慧，"中和论"思想绵延 5000 年，诞育了独具特色的中华文化。西方"和谐论"为西方的科技发展与现代化提供了理论支持。但从当代社会的可持续发展来看，中国古代"中和论"的共生思想在解决当代文明危机之中重新绽放出绚丽的光彩。特别是"中和论"共生思想在构筑当代人与自然社会共荣共生的新目标之中具有极为重要的现实意义与价值，被国际科技文化界所逐步认同。不仅有德国著名哲学家海德格尔对中国古代道家思想的借鉴，而且有多位诺贝尔奖获得者提出当代世界危机的解决应到 2500 多年前的中国孔子理论中去寻找智慧。这些看法的提出绝非偶然，充分说明中国传统的以"中和论"为代表的古代智慧在当代社会文化建设，特别是在当代生态文化建设中的重要价值。当然，中国古代的"中和论"思想作为前现代农业文明时期的产物必不可免地有其历史的局限性，其当代价值必须通过"批判地继承"才能得以发挥。我们应该遵循"古为今用"的方针，坚持"取其精华，去其糟粕"的原则，对其进行必要的改造，使之在当代发挥应有的作用。我们认为，中国传统生态智慧的最基本的局限性就在于它是一种前现代农业文明的产物，虽然包含人与自然平等共生的可贵内涵，但这种"共生"，还是缺少科学精神的、低水平的。因而，这种"中和论"生态智慧必须经过必要的改造，注入现代人文精神，充实其"共生"内涵，提高其生存质量。但中国古代以"中和论"共生思想为代表的生态智慧在当代世界生态文化建设中重要作用的彰显，以及我国建设具有中国特色的生态文化的努力，都是新世纪突破"欧洲中心主义"，弘扬中华文化，走向民族文化振兴的重大举措。

再就是，我们提出的生态美学观是从中国当代的社会与理论的实际出发的。我们将生态美学观作为当代中国先进文化之一的生态文化建设的有机组成部分，自觉地以科学发展观与和谐社会建设的理论为指导，紧密结合中国的社会发展和理论建设实际。我国作为发展中国家，发展是硬道理。但我国同时又是资源贫乏的国家，而且作为社会主义国家我们必须避免资本主义制度盲目追求极大利润的弊端，坚持走人与自然和谐的真正的"以人为本"之路。这是我国的国情与基本国策所在。

马克思早在《1844年经济学—哲学手稿》中就提出了自然主义与人道主义以及与审美观的结合这样的重要论题，我们今天在生态美学建设中所要解决的最重要课题仍然如此。我们应努力建设一种以当代生态人文主义为指导的生态审美观。首先，应从生态存在论"此在"之"在世"出发确立人的生态本性观。长期以来，我们总是离开人的现实生存抽象地来界定人的"感性""理性""人类之爱"等本性，但生态存在论哲学观与美学观力主从"现世之人"出发来界定人的本性，作为"现世之人"的最基本的特点就是人生存于生态环境之中，与生态环境须臾难分。这样，人的生态本性就是人的最基本的本性。它包括人来自于自然的生态本源性，人都处于生态环链之上并作为其生命最基本条件的生态环链性，人作为生态环链中唯一有理性的动物所具有的维护生态环境的生态自觉性等等。正是在人的生态本性理论的基础上，我们才得以构建新的生态人文主义精神。人文主义是西方文艺复兴时期提出的"以人为基本出发点"的理论观念。这一观念是一个历史的范畴，随着历史的发展而不断的发展变化。今天，在生态文明新时代，我们应该着力建设新的包含生态维度的人文精神，即生态人文主义精神。这就是由人的平等发展到人与自然在"生物环链"之中的相对平等，由人的生存权发展到人的生存权之中包括人的环境权，由人的价值发展到同时适度地承认自然的价值，将对于人的关爱发展到兼及对其他物种的适度关爱，将对于人类的当下关怀发展到对于人类前途命运的终极关怀。总之，当代生态美学观尽管突破了传统的人类中心主义，但却不是对于人类的反动，而恰是新时代对于人类生存发展更具深度和广度的一种关爱，是新时代包含生态维度的新的人文精神。生态人文精神集中地体现了人文观和生态观的统一。生态观所要求的人与自然的亲和性本身就与审美观是一致的。诺贝尔生存权利奖获得者何塞·卢岑贝格将地球称作"美丽迷人、生意盎然"的地母该娅，并说这是一种"美学意义中令人惊叹不已的观察与体悟"①。由此说明生态观与美学观的一致性。

当前，关于生态观与人文观、审美观的统一，是引起争论最多的问题。有些朋友把对生态观的强调提到"反人类"的高度，有的则认为三者的统一是完全没有可能的。分歧与争论的激烈是空前的。我们认为，这是正常的现象，没有任何可奇怪的。因为当代生态存在论哲学观与美学观的建设，实际上是冲破统治人类头脑几百年的"主体性""人类中心"等传统文化观念的一场革命，是一场改变人们基本观念的哲学的和文化的革命。既然是一场革命，就必然要碰到思想的剧烈冲突与碰撞。我们认为，对于生态观与人文观、审美观的统一这样崭新的理念，站在传统的认识论的立场是无法接受的。只有站到当代存在论的哲学立场，才能把握和理解。因为，从当代存在论的立场来看，传统认识论和现代所盛行的唯科技主义和工具主义之弊端，就在于混淆了"存在者"与"存在"的界限，因而以"物"遮蔽了"人"，走上无限崇尚科技与物质之路，从而使人的根本生存状态遇到极大威胁。当代存在论所追求的恰是超越物之遮蔽，走向存在得以彰显的澄明之境。这种超越既是对物之迷恋的超越，也是对人与自然对立的超越。因为，只有从存在者均为存在之显现的意义上来认识，万物才具有某种平等性，理应处于和谐共处之境。而从认识论主客二分的角度看，人与自然是不可能"平等"的。这种"平等"与和谐共

---

① ［巴西］卢岑贝格：《自然不可改良：经济全球化与环保科学》，黄凤祝译，生活·读书·新知三联书店1999年版，第63页。

处是生态观与人文观的统一，是人类获得诗意的栖居的前提。在当代
存在论哲学之中，真理与美是同格的，存在之由遮蔽走向澄明，真理
得以显现，其本身是"真"，同时也是"美"。美即真理的自行显现。
这就是生态观与人文观、审美观在当代存在论立场上的一致性。但有
人却提出，当代生态文化反对"人类中心"即等于反对"以人为
本"。其实，"以人为本"与"人类中心"是不可混同的。因为，"以
人为本"是一种贯穿人类社会始终的关爱人及对人类终极关怀的人文
精神，"人类中心"却是启蒙主义工业革命时代的产物，以"我思故
我在""人为自然立法"为其内涵。当然，其中也贯穿着使人类走向
文明和民主的启蒙主义时代的人文精神。但20世纪60年代以来，人
类社会发生了巨大变化，工业文明逐步被新的生态文明所取代。"人
类中心"及与之相关的"人与自然根本对立"的观念也作为一种历
史的范畴被必然地扬弃，而代之以人与自然平等共处的生态整体观
念。当然，启蒙主义时代的包含科学精神和民主意识的人文精神内涵
应予保留，并在新时代加以继承发扬，构建新的包含生态维度的人文
精神，使人类更加美好地生存。有人对于这种新的生态人文精神的建
设持保留态度，认为"人与自然是宿命的对立，不可能走向统一"。
的确，人类要生存发展就必须改造自然，但这种"改造"的前提是人
类得以在自然环境中持续美好的生存，而且是基于人类是大自然的一
部分的这一基本事实。如果离开这一前提与事实，对大自然无度地滥
加开发，必将毁灭人类自身。早在1873年，恩格斯就在著名的《自
然辩证法》之中批判了这种将人与自然相对立的观点。他说，"这种
事情发生得愈多，人们愈会重新地不仅感觉到，而且也认识到自身和
自然界的一致。而那种把精神和物质、人类和自然、灵魂和肉体对立
起来的荒谬的、反自然的观点，也就愈不可能存在了。"[1] 他还更加明
确地指出，"我们连同我们的肉、血和头脑都是属于自然界，存在于
自然界的。"[2] 问题的关键是，如何才能在现实生活中求得人与自然的

---

① 《马克思恩格斯选集》第3卷，人民出版社1972年版，第518页。
② 同上。

平等共生。恩格斯认为，资本主义制度对利润无限追求的本性必然导致其对于自然的无限掠夺。他说："当西班牙的种植主在古巴焚烧山坡上的森林，认为木灰作为能获得最高利润的咖啡树的肥料足够用一个世代时，他们怎么会关心到，以后热带的大雨会冲掉毫无掩护的沃土而只留下赤裸裸的崖石呢？"① 因此，恩格斯期待一种"能够有计划地生产和分配的自觉的社会生产组织"，② 将人类从资本主义所导致的经济危机和生态危机之中解救出来。这样的"社会生产组织"就是克服资本主义"以物为本"，坚持"以人为本"的社会主义制度，这就是我国正在实践的有中国特色的社会主义制度所要实现的重要目标之一。因此，摆脱人与自然的根本对立，走向人与自然的和谐发展，正是我国建设有中国特色的社会主义的题中应有之意。

目前，还有一个重要问题，就是具体到生态美学观，到底包含那些新的内涵？我们认为，它具体指人的生态本性突破工具理性束缚、真理得以自行揭示的生态本真美，天地神人四方游戏的生态存在美，自然与人的"间性"对话关系的生态自然美，人的诗意栖居的生态理想美，以及审美批判的生态维度等。当然，这只是一个轮廓式的意见，其具体内涵还需在总结古今中外各种文学艺术文本的基础上加以概括总结，特别是对于中国古代文学艺术和当代生态文艺的研究愈加重要。在这种研究的基础上，我相信一定能更好地概括出生态美学观的基本特征。生态美学观作为后现代语境下生成的理论观念，本身是一种开放的、非中心的和共创的，它并不刻意追求理论的自足性，而是以其理论的现实性与突破性为指归。这样，包括生态美学观在内的当代生态文化建设必将随着我国有中国特色的社会主义实践的深入发展而不断深化。

（原载《中国文艺研究》2005 年第 4 期）

---

① 《马克思恩格斯选集》第 3 卷，人民出版社 1972 年版，第 520 页。
② 同上书，第 458 页。

试论当代生态存在论审美观中的
"家园意识"与城市休闲文化建设

　　"家园意识"是当代生态存在论审美观之中的应有之义。早在1936年，德国存在论美学家海德格尔就在《荷尔德林和诗的本质》一文中引用德国著名诗人荷尔德林的著名诗句：

> 充满劳绩，然而人诗意地
> 栖居在这片大地上

　　他对"诗意地栖居"一语解释道，所谓"诗意地栖居"就是"此在在其根基上'诗意地'存在"。在另一篇名为《追忆》的文章中，他进一步写道，所谓"诗意地栖居"，就是"一切'创造者'必定在其产生的基础中有其家园"。又说："故乡是灵魂的本源和本根。"①

　　由此可见，所谓"诗意地栖居"就是人在此时此刻的"审美地存在"，就是一种回到作为灵魂本源之家园的身体与精神的轻松与归依之感。美国当代著名环境美学家阿诺德·伯林特在其《环境美学》一书中，结合城市建设又明确提出了美学中的"家园意识"问题。他说："城市设计是一种家园的设计，设计出的场所像家的感觉，这样才是成功的。城市设计应该是对人的补充和完成，而非对人造成阻

---

① ［德］马丁·海德格尔：《荷尔德林诗的阐释》，孙周兴译，商务印书馆2000年版，第46、109页。

碍、压迫或者吞没。"① 这就是说，在伯林特看来，城市建设应该是一种"家园"建设，是符合人性的建设，是人的补充与完成的建设。审美的"家园意识"，在我国古代表现为"桑梓之情"。《诗经·小弁》云：

> 维桑与梓，必恭敬止。
> 靡瞻匪父，靡依匪母。

所谓"桑梓"就是农耕经济时代的"家园"，在那里有给自己带来生活之需的桑梓之树与土地农田，更有养育自己、抚爱自己、值得自己永远依恋的父母亲人，因而永远是自己身体与精神的向往与依归。因此，远在千里的游子要冒着雨雪匆匆归乡。《诗经·采薇》写出了著名的"归乡"的名句：

> 昔我往矣，杨柳依依，
> 今我来思，雨雪霏霏。
> 行道迟迟，载渴载饥，
> 我心伤悲，莫知我哀。

诗中描写一位远在千里之外的游子，身体忍受着饥渴，内心承受着思念父母妻女的忧思，匆匆行进在归乡的途中，回想离家时的春光明媚、杨柳依依，对比当前返乡时的雨雪霏霏，内心充满着惆怅。"昔我往矣，杨柳依依，今我来思，雨雪霏霏"成为千古传唱的思念家园的名句。由此可见，"家园意识"是古今中外都共同具有的、与人的美好生存紧密相连的审美意识，具有十分重要的价值，在现代城市休闲文化建设中具有重要的理论与现实意义，给我们以重要的启示。它告诉我们，审美的"家园意识"应该是城市休闲文化建设的最

---

①　［美］阿诺德·伯林特：《环境美学》，张敏、周雨译，湖南科技出版社 2006 年版，第 63 页。

重要理念之一，我们应该将我们的城市建设成为适合人们审美地生存与诗意地栖居之所，成为人们身体与精神的最好的归依之处，成为最适合人们生存的美好家园。

我们应该将我们的城市建设成人的诗意地栖居之所，而非被技术"统治"之地。海氏提出人的"诗意地栖居"是针对当代唯科技主义泛滥造成对人性压抑的现实情况的。他说："这片大地上的人类受到了现代技术之本质连同这种技术本身的无条件的统治地位的促逼，去把世界整体当作一个单调的、由一个终极的世界公式来保障的、因而可计算的贮存物（Bestand）来加以订造。向着这样一种订造的促逼把一切都指定入一种独一无二的拉扯之中。"① 在这里，海氏对于科技的全盘否定态度，肯定是片面的，但他指出的现代社会人受技术的"促逼"与"拉扯"，也就是被技术"统治"的情况则是存在的，有时还相当严重。从表层来看，人们受制于各种电脑、电器以及各种机械的生活模式，生活单调而乏味，以致出现"网迷""星迷"等；从深层来说，唯科技主义以及与之相关的工具理性已经成为人们，甚至是整个城市的理念与管理体制，人们沉浸在各种会议、报表、评估与竞争之中。在这种表层与深层的唯科技主义的"统治"下，人们不可避免地成为技术的奴隶，活得很累，甚至出现种种精神与心理疾患。我们的城市休闲文化建设就是要与这种"技术的统治"相对，营造一种适合人们诗意地栖居的外部环境和内部文化氛围，努力摆脱唯科技主义的"统治"，确立科技与人文统一的城市建设理念。

我们应该将我们的城市建设成为有利于人们回归自然之所，而非远离自然之地。海德格尔提出了当代生态存在论审美观中著名的"天地神人四方游戏说"，要求人与自然建立某种紧密交融的"整体性"与"亲密性"②。中国古代有"天人合一"之说，并力主"万物齐一"。当前，我国提出建设"环境友好型社会"。可见，人与自然的

---

① ［德］马丁·海德格尔：《荷尔德林诗的阐释》，孙周兴译，商务印书馆 2000 年版，第221 页。

② 同上书，第 210 页。

交融统一是古今中外城市建设的共同理想。其原因在于这样一个真理，那就是大自然是人类的母亲，人类来自自然，最后又必将回归自然，因而亲近自然是人的本性之所在。因此，当代生态存在论审美观有关城市休闲文化建设的观念必然地包含着极为重要的自然的维度。任何一个符合审美规律的休闲城市都应该是一个有利于人们回归自然的城市，而绝不是让人们远离自然之地。这不仅表现在要调整城市绿地与人口之比，更重要的是要成为城市建设的"回归自然"的指导原则。尽量地保留原生态的状况，少一些人为的痕迹；尽量地使人靠近自然，而不是远离自然；尽量地多一些自然的绿地树林，少一些纽约式的高楼"森林"，给人们提供更多的徜徉在自然母亲怀抱之中的空间与时间。

我们应该将我们的城市建设成为充满亲情关怀之所，而非冷冰无情之地。马克思曾说，人是社会关系的总和。康德曾说，人是社会共通性与个别性的统一。人作为社会的动物是需要群居，需要亲情，需要人与人沟通的。在长期的农耕社会里，人们生活在大家庭之中，人与人比邻而居，乡情、亲情、友情极为浓郁，慰藉着人们的心灵。即便是工业革命之初，早期的城市也有着北方的四合院与南方的弄堂，邻里不乏沟通的空间与时间。这就是当代生态存在论审美观之中"场所意识"。诚如伯林特所说："场所感不仅使我们感受到城市的一致性，更在于使我们所生活的区域具有了特殊的意味。这是我们熟悉的地方，这是与我们有关的场所，这里的街道和建筑通过习惯性的联想统一起来，它们很容易被识别，能带给人愉悦的体验，人们对它的记忆中充满了情感。如果我们的邻近地区获得同一性并让我们感到具有个性的温馨，它就成为了我们归属其中的场所，并让我们感到自在和惬意。"① 由此可见，所谓"场所"就是更具体意义上的"家园"，是每个人与自己的亲人、友人生于斯、养于斯、与之同欢乐共患难的地方。这个地方充满了亲情与乡情，是人的精神与情感得以寄托的

---

① ［美］阿诺德·伯林特：《环境美学》，张敏、周雨译，湖南科技出版社 2006 年版，第 66 页。

"家"。但当代工业化与城市化的深化,以匆忙的生活代替了闲暇时光,以林立的高楼代替了亲情与乡情得以连接的"场所"。人们都有一种孤独之感、苍凉之感,每个人都好像是无家可归者,有车、有房、有钱,但就是没有亲情与乡情,人成了没有精神寄托的空壳。因此,当代城市休闲文化建设应该具有强烈的人文关怀精神,强化"场所意识",努力营造各种有利于人与人交流的场所,创造各种人与人交流的空间与时间,诸如现在许多城市特别强调的广场建设与社区建设,等等。

我们应将城市建设成充满个性与活力之所,而非千人一面的"同质化"之地。所有的"家园"都是个性化的,都凝聚了祖辈的劳绩与自己的印记,都有着自己特有的亲情、友情及其记忆。陶渊明的"园田"、鲁迅的"百草园"就是这种独具个性特色的"家园",同他们的生活史与作品风格紧密相连。但大踏步的城市化步伐却在短瞬间冲倒了这一个一个独具特色与个性的家园,而代之以一个一个面目几乎相同的钢筋水泥结构的建筑物,人们已经几乎找不到自己的"家园",出现了"我是谁?""我在哪里?"的疑问。诚如雷尔夫所描写的那样:"快速增长的城市丧失了形状,失掉了艺术格调,那些玻璃与钢结构的高楼大厦给人矫饰炫耀的感觉,它们体现的是在图纸上盖纸箱子的设计水平。这些方盒子被写字楼大军所占领,这些男男女女属于那种如同被复制出来的完全一样的各个机构。这些就造就了那些毫无生气的城郊景观,在那里诞生了毫无生气、彼此没有区别的城郊一族。这些人沉湎于物质主义的追求:拥有最新式的录像机,做一次包价的西班牙旅行,或者,至少一辈子吃成千上万个一模一样的汉堡包。"① 我们的城市建设应该改变这种情况,不仅每个城市要有个性化,而且要尽量给城市里的每个人以创造个性化家园的条件。在中国人均土地面积极少的情况下,要做到这一点,需要我们发挥更多的创造性,但个性化城市与个性化住所的营造却是当代生态存在论审美观之"家园意识"所不可缺少的。

---

① 〔英〕迈克·克朗:《文化地理学》,杨淑华、宋慧敏译,南京大学出版社2003年版,第131—132页。

我们应将城市建设成承载优秀传统文化之所，而非散布低俗文化之地。审美的"家园意识"不是纯粹的空壳，而是包含着丰富的文化内涵。一个人的依归除了居所的依归更重要的是精神的依归，使自己的精神找到依托。精神的依归主要就是优秀的传统文化，包括典籍、风俗、节日与艺术等等极为丰富的内容。特别是，我们中国人有着自己的极为丰富悠久的传统文化，每个城市都有自己独特的历史与文化积淀，这不仅是每个城市的骄傲与标志，而且也是我们每个人精神依归与栖息之所。我曾经清楚地记得 1987 年我第一次出国访问，虽然只有短短的三个星期，但却有着强烈的故土之思。当我在旧金山踏上回国的国航航班，戴上耳机听到熟悉的京剧旋律之时，我的热泪不禁涌出，我才真正感到尽管西方国家发达但我的家还是在中国，我是一个地道的中国人，是中国传统文化将我养育长大的。因此，城市休闲文化的建设理应将传统文化的保留与发扬放到十分突出的位置。与此相应，在倡导健康的通俗文化的同时，对于各种低俗文化要给予必要的抵制，使人们在高雅而健康的文化生活中得到陶冶与休息。

马克思曾说，我们应该按照美的规律来建造。这当然包括按照美的规律来建设我们的城市，使我们每个人在自己的城市里都能得到审美的生存与诗意地栖居，这也许就是城市休闲文化之中所必然存在的审美内涵。也就是伯林特所说的一种新的美学特征，"艺术与生活的连续性、艺术的动态特征，带有人性特征的实用主义"①。人们曾说，"上有天堂下有苏杭"。所谓"天堂"就是诗意栖居之所。那么，在新的历史时期，我们完全有信心将苏杭建成更加美好的"天堂"——具有中国特色，同时又是国际性的诗意栖居之所，是我们中国人为之骄傲的享誉海内外的美好的家园。

（本文为作者提交的 2006 年 11 月"首届中国人文旅游学术高峰论坛"的论文）

---

① ［美］阿诺德·伯林特：《环境美学》，张敏、周雨译，湖南科技出版社 2006 年版，第 54 页。

论生态美学与环境美学的关系

　　生态美学与环境美学的关系问题一直是国内外学术界所共同关心的问题。因为，当代西方美学界一直大力倡导环境美学，而中国当代美学界部分学者极力倡导生态美学。2006 年在成都召开的国际美学会上，笔者在作了有关生态美学的发言后，国外学者集中向我提出的问题就是生态美学与环境美学的关系话题。本来，从美学的自然生态维度来说，生态美学与环境美学都属于自然生态审美的范围，是对"美学是艺术哲学"传统观念的突破，它们应该属于需要联合一致的同盟军，不需要将其疆界划得很清晰。但从学术研究的角度，却又有将其厘清的必要。而且，中国学界还要回应国际学术界的质疑。

　　首先，西方环境美学是中国当代生态美学发展建设的重要参照与资源。从文化立场来说，生态美学与环境美学有着两个比较共同的立场。这就是共同面对当代严重的生态破坏而要对生态环境加以保护的立场。中国当代生态美学实际上是我国现代化逐步深化进入到生态文明时期的产物，它以生态文明建设作为自己的目标。西方环境美学也是在环境问题突出以后产生的，并以环境保护作为自己的坚定立场。诚如芬兰环境美学家约·瑟帕玛所说："我们可以越来越明显地看到现代环境美学是从 20 世纪 60 年代才开始的，是环境运动和它的思考的产物，对生态的强调把当今的环境美学从早先有 100 年历史的德国版本中区分了出来。"① 而且，他还明确地将"生态原则"作为环境

---

　　① ［芬］约·瑟帕玛：《环境之美》，武小西、张宜译，湖南科技出版社 2006 年版，第 221 页。

美学的重要原则之一，他说，"在自然中，当一个自然周期的进程是连续的和自足的时候，这个系统是一个健康的系统。"① 另外一个共同的立场就是，它们都是对传统美学忽视自然审美的突破。

我国生态美学研究者明确表示，生态美学的最基本的特点就是，它是一种包含生态维度的美学。② 西方当代环境美学的一个重要立场就是对于传统美学忽视自然生态环境美学的一种突破。加拿大著名环境美学家艾伦·卡尔松在《环境美学》一书中指出："在论自然美学的当代著作中，大量的这些观点其实在一篇文章中早就预见到了：在赫伯恩创造性的论文《当代美学及自然美的遗忘》（'Contemporary Aes theties and the Negleet of Natural Beauty'）。赫伯恩首先指出，美学根本上被等同于艺术哲学之后，分析美学实际上遗忘了自然界，随后他又为 20 世纪后半叶的讨论确立了范围。……与自然相关的鉴赏可能需要不同的方法，这些方法不但包括自然的不确定性和多样性的特征，而且包括我们多元的感觉经验以及我们对自然的不同理解。"③

西方环境美学发展得较早，我国 20 世纪 90 年代中期产生的生态美学明显借鉴了西方环境美学的资源。我国第一篇涉及自然生态美学的学术文章是由之翻译的由俄国学者曼科夫斯卡亚所写的《国外生态美》，该文实际上介绍的是西方环境美学，发表在 1992 年《国外社会科学》第 11—12 期。该文对我国生态与环境美学研究产生了重要影响。此后，李欣复于 1994 年发表第一篇名为《论生态美学》的学术论文，徐恒醇于 2002 年出版了第一部《生态美学》论著，中华美学学会青年美学学会于 2001 年召开了全国首届生态美学学术研讨会。曾繁仁于 2003 年出版《生态存在论美学论稿》一书，提出"生态存在论审美观"。与此同时，西方环境美学也加快了在我国传播的步伐。2006 年前后，滕守尧组织翻译了卡尔松的《环境美学》，陈望衡组织

---

① ［芬］约·瑟帕玛：《环境之美》，武小西、张宜译，湖南科技出版社 2006 年版，第 280 页。

② 曾繁仁：《转型期的中国美学》，商务出版社 2007 年版，第 303 页。

③ ［加］艾伦·卡尔松：《环境美学——自然、艺术与建筑的鉴赏》，杨平译，四川人民出版社 2006 年版，第 17 页。

翻译了伯林特的《环境美学》与瑟帕玛的《环境之美》。至此，西方环境美学代表性论著均翻译介绍到我国。陈望衡教授也于 2007 年出版了我国第一部环境美学专著，融中西马为一体，构筑了自己的环境美学体系。在我国生态美学建设过程中，西方环境美学也给我们以滋养，它的关于"宜居"观念的论述给我们以很大的启发，特别是伯林特的"参与美学""生态现象学"以及"自然之外无它物"的理论观点更给我们启发良多。正是从这个意义上，我们认为，西方环境美学是中国当代生态美学建设的重要资源与借鉴。

当然，中国的生态美学与西方的环境美学还是有着某些区别。首先，生态美学与环境美学产生于不同的时代与地区。环境美学产生于 20 世纪 60 年代的西方发达国家。其时，这些国家基本完成了工业化，而且它们大多有着比较丰富的自然资源。更为重要的是，那时西方生态哲学与生态伦理学刚刚起步，占主导地位的是"生态中心主义"思想。因此，在当代西方环境美学中，占主导地位的理论观点是"生态中心主义"观点，力主"自然全美"与"荒野审美"等。中国是在 20 世纪 90 年代中期，特别是从 21 世纪初期开始逐步形成具有一定规模的生态美学研究态势。其历史背景是在工业化逐步深化的情况下，发现单纯的经济发展维度无法实现现代化，而必须伴之以文化的审美维度。这就是科学发展观与和谐社会建设提出的缘由。与此同时，我国生态美学研究获得逐步发展。因此，我国的生态美学建设面对的是急需发展经济的现实社会需要与环境资源空前紧缺的国情现状，经济发展与保护环境成为双重需要。这与西方环境美学提出的历史文化背景是有明显差别的。而且，在 21 世纪，人类对于生态理论的认识也有了较大的发展与变化，发现单纯的"生态中心主义"难以成为现实，只有人与自然的"共生"才是走得通的道路。正是在这种情况下，出现"生态人文主义"与"生态整体主义"等等更加符合社会发展规律的生态理论形态，成为当代生态美学的理论支点。这也就使中国生态美学所凭借的理论立足点比西方环境美学的"生态中心主义"更加可行，并具有更强的时代感与现实感。

其次，从字义学的角度说，"生态"与"环境"也有着不同的含义。西文"环境"（Environment），有"包围、围绕、围绕物"等意，明显是指外在于人之物，与人是二元对立的。环境美学家瑟帕玛自己也认为，"甚至'环境'这个术语都暗示了人类的观点：人类在中心，其他所有事物都围绕着他"①。与之相对，"生态"（Ecofogical）有"生态学的，生态的、生态保护的"之意，其词头"eco"则有"生态的、家庭的、经济的"之意。海德格尔在阐释"在之中"时说道："'在之中'不意味着现成的东西在空间上'一个在一个之中'；就源始的意义而论，'之中'也根本不意味着上述方式的空间关系。'之中'（'in'）源自 innan—，居住，habitare，逗留。'an'（'于'）意味着：我已住下，我熟悉、我习惯、我照料；它有 colo 的含义：habito（我居住）和 diligo（我照料）。"② 在这里，"colo"已经具有了"居住"与"逗留"的内涵。"生态学"一词最早是由德国生物学家海克尔于 1869 年将两个希腊词 okios（"家园"或"家"）和 logos（研究）组合而成。可见，"生态"的含义的确包含"家园、居住、逗留"等含义，比"环境"更加符合人与自然融为一体的情形。从生态美学作为生态存在论美学的意义上来说，"生态的"所包含的"居住、逗留"等意更加符合生态存在论美学的内涵。

再次，从美学内涵的角度来说，"生态"比"环境"具有更加积极的意义。生态美学产生于 20 世纪后期与 21 世纪初期，综合了 100 多年来人类在生态环境问题上长期探索的成果。众所周知，100 多年以来，人类在生态环境问题上，努力探索人与自然生态应有的科学关系，经历了"人类中心主义"与"生态中心主义"的苦痛教训。"人类中心主义"已经被 200 多年的工业革命证明是一条走不通的道路，严重的环境污染就是留给人类的惨痛教训。"生态中心主义"也是一条走不通的路。事实证明，作为生态环链之一员，包括人类在内的所有物种都只有相对的平等，而不可能有绝对的平等。"生态中心主义"

①　[芬]约·瑟帕玛：《环境之美》，武小西、张宜译，湖南科技出版社 2006 年版，第136 页。

②　[德]马丁·海德格尔：《存在与时间》，陈嘉映、王庆节译，生活·读书·新知三联书店 1987 年版，第 67 页。

的绝对平等观是不可能行得通的，只能是一种彻底的"乌托邦"。唯一可行的道路就是"生态整体主义"和"生态人文主义"，正如马克思倡导的"自然主义与人道主义的统一"。他说，"这种共产主义，作为完成了的自然主义，等于人道主义，而作为完成了的人道主义，等于自然主义。"① 所谓"生态整体主义"与"生态人文主义"就是对于"人类中心主义"与"生态中心主义"的综合与调和，是两方面有利因素的吸收，不利因素的扬弃。生态美学就是以这种"生态整体主义"与"生态人文主义"的理论作为自己的理论指导。

"环境美学"由于产生的历史较早，因此难免受到"人类中心主义"或"生态中心主义"的局限。瑟帕玛的《环境之美》就具有比较明显的"人类中心主义"的倾向。他不仅将"环境"定义为外在于人的事物，而且在对环境美学内涵论述上也表现出"人类中心主义"的倾向。他认为，"环境美学的核心领域是审美对象问题"，而"使环境成为审美对象的通常基于受众的选择。他选择考察对象的方式和考察对象，并界定其时空范围"。而且，他认为，"审美对象看起来意味着这样一个事实：这个事物至少在一定的程度上适合审美欣赏"②。很明显，瑟氏并没有完全跳出传统美学的窠臼，不仅完全从主体出发考察审美，而且从传统的艺术的形式美学出发考虑环境美学审美对象的形成，诸如形式的比例、对称与和谐等，就是通常所说的"如画风景论"，而没有考虑到生态美学应有的"诗意的栖居"与"家园意识"等。相反，卡尔松倒是彻底的环境主义者，但他却较多的倾向于"生态中心主义"的理论观点。他在《环境美学》一书所提出的"自然全美论"就是这种"生态中心主义"的反映。他说，"全部自然界是美的。按照这种观点，自然环境在不被人类触及的范围之内具有重要的肯定美学特征：比如它是优美的，精巧的、紧凑的、统一的和整齐的，而不是丑陋的、粗鄙的、松散的、分裂的和凌

---

① 《马克思恩格斯全集》第 42 卷，人民出版社 1979 年版，第 120 页。
② [芬] 约·瑟帕玛：《环境之美》，武小西、张宜译，湖南科技出版社 2006 年版，第 36 页。

乱的。简而言之，所有原始自然本质上在审美上是有价值的。"① 他将自然的审美称作"肯定美学"，在这方面，他借助了许多西方生态理论家的观点。例如，著名生态理论家马什的观点：自然是和谐的，而人类是和谐自然的重要打扰者；地理学家罗坟塔尔的观点：人类是可怕的，自然是崇高的等等。显然，卡尔松的"自然全美"论是建立在上述"生态中心主义"的理论立场之上的，由此导致对于人类活动，包括人类的艺术活动的全部否定，应该说是非常不全面的。

当然，环境美学也包含许多正确的、有价值的美学内涵。例如，伯林特的环境美学理论就比较科学合理。他实际上倡导一种崭新的自然生态的审美观念。他说："大环境观认为环境不与我们所谓的人类相分离，我们同环境结为一体，构成其发展中不可或缺的一部分。传统美学无法完全领会这一点，因为它宣称审美时主体必须有敏锐的感知力和静观的态度。这种态度有益于观赏者，却不被自然承认，因为自然之外并无一物，一切都包含其中。"② 这里，他提出了著名的大环境观，即"自然之外并无一物"。这里的"自然"并非外在于人、与人对立的，而是包含着人在内的，实际上就是我们通常所说的"自然系统"。他所说的与传统美学相对的"环境美学"即是与以康德为代表的着重于艺术审美的"静观的无功利的美学"不同的一种运用于自然审美的"结合美学"（aesthetics of engagement）。我们更愿意翻译为"参与美学"，是指眼耳鼻舌身五官在自然审美中的积极参与。这里的"自然之外无它物"与"参与美学"的理论观点都成为我们建设生态美学的重要资源与借鉴。

最后，生态美学之所以产生于中国的文化氛围之中，与中国的传统文化资源有着十分密切的关系。在中国古代文化哲学中，没有外在于人的"环境"，只有与人一体的"天"，天人从来都是紧密联系的。一部中国古代文化史就是探讨天人与古今关系的历史，所谓"究天人

①　［加］艾伦·卡尔松：《环境美学——自然、艺术与建筑的鉴赏》，杨平译，四川人民出版社 2006 年版，第 109 页。
②　［美］阿诺德·伯林特：《环境美学》，张敏、周雨译，湖南科技出版社 2006 年版，第 12 页。

之际，穷古今之变"。这里所讲的"天人之际""天人合一"与"天人之和"等就是人与自然一体的"生态系统"中较为复杂的关系。无论是儒家的"位育中和""民胞物与"，道家的"道法自然""万物齐一"，佛家的"众生平等""无尽缘起"等，都是讲天人之际的"生态系统"。这种东方生态理论在近现代影响了西方众多生态哲学家与美学家，包括梭罗、海德格尔等。特别是海德格尔的生态存在论哲学与美学观、"四方游戏说"与"家园意识"等，成为"老子道论的异乡解释"。在这样一片如此丰沃的东方生态理论的土壤上，我们相信一定能够生长出既有现代意识与通约性，又有丰富的古代文化内涵的具有中国特色的生态美学。

上面，我们论述了生态美学与环境美学的关系。这里还需要讲一点，那就是环境美学具有极强的实践性，它以"景观美学"与"宜居环境"为核心内涵，涉及城乡人居与工作环境建设的大量问题，带有专业性、可操作性与现实的指导性。这一点是当前的生态美学研究难以做到的，而且也是需要向其学习的，因为生态理论的根本特性就是具有强烈的实践性。当然，生态美学在城乡环境建设中到底如何发挥指导作用，还是可以讨论的话题。

总之，生态美学与环境美学这两种美学形态其实有着十分紧密的关系，如果在理论阐释上互相更多地借鉴，完全可以从不同的角度来共同阐释人与自然生态的审美关系。正如我国第一部《环境美学》专著的作者陈望衡教授所说："这两种美学都有存在的价值，它们互相配合，共同推动美学发展。"①

（原载《探索与争鸣》2008 年第 9 期）

---

① 陈望衡：《生态美学》，武汉大学出版社 2007 年版，第 45 页。

作为新世纪基本人生观的当代生态审美观

——热烈祝贺《人文杂志》创刊 50 周年

  《人文杂志》转眼间已经创刊 50 周年了，作为该刊的读者与作者，我表示热烈的祝贺，祝愿该刊在当前少有的大好形势下越办越好，为我国人文社会科学的发展做出更大贡献。50 年来，《人文杂志》始终坚持"学术性"的办刊特点，以其厚重的学术含量而为学术界所称道。该刊以陕西深厚的文化底蕴为其支柱，以弘扬中国优秀文化精神为其旨归，努力适应时代要求，追赶学术前沿。该刊所设立的"人文学术新思潮"栏目反映 20 世纪 90 年代以来的各种学术新思潮，在我国学术界赢得广泛好评。这个栏目曾刊登了我的有关当代生态美学观的文章。值此《人文杂志》创刊 50 年之际，我还想就当代生态美学观问题谈几点看法。

  我的基本看法是，当代生态审美观应该成为新世纪人类最基本的人生观，成为我们基本的文化立场与生活态度。事实证明，从 20 世纪 60 年代开始，人与世界的关系发生了重大的变化。那就是，工业革命以来的主客二分思维模式已经不再能适应新的形势要求，人与世界的对立已经极大地威胁到人类的生存。首先是人与自然的对立导致了各种生态危机的频发，从著名的"伦敦雾"到惊人的日本"水俣病"，以及近年的"非典""印尼海啸"等，都是自然对于人类滥伐的惩罚。我国近年所频发的"沙尘暴""淮河污染"与"太湖蓝藻"等已经被公认为环境危机，直接威胁到人民的健康与安危，甚至关系到我国现代化的成败。是继续滥伐自然，还是与自然保持和谐，已经成为人类处于安危成败十字路口的关键性抉择。这正是 45 年前当代生态理论的开拓者之一莱切尔·卡逊的警告。人与人的对立，特别是由资本主义制度所造成的战争危机，也因为科学技术的极大发展而使任何一场战争都可能导致人类的毁灭。因为，人类所制造的核武器已经足以摧毁人类文明。当代资本主义的扩张与剥削所形成的南北与贫富的严重对立，使数以亿计的人生活在饥饿与疾病之中。在这样的情况下，存在论将代替认识论、"共生"将代替"人类中心"，成为当代最核心的价值观念与人生态度。

这里所说的"共生"，首先是人与自然的共生。因为，人与自然的关系是人与世界关系的基础与前提。人类与动物的最基本差别就是动物与自然一体，无所谓"关系"，而人则与自然区别开来，从而产生人与自然的"关系"。对于人类与自然和谐相处的追求，是人类永恒的目标。各个不同的时代有着人与自然的不同关系，从而产生不同的人生观与审美观。远古时期，人类刚刚从自然分化而出，自然的力量远胜过人类，人与自然是对立的，人类对自然是一种无名的崇敬与恐惧。那时是一种万物有灵的人生观，而以粗犷的艺术创造在象征中实现人与自然的和谐以及诗意栖居的追求，由此构成这个时期象征型的审美观；农业社会时期，尽管人类社会有了很大发展，但自然的力量仍然远胜于人，人类在宗教及其来世期待中寄托了与自然和谐相处以及美好生活的愿望。此时是一种寄寓于来世的宗教人生观，在审美上则是一种以苦难与拯救相结合的超越之美；工业革命以降，科技发展，社会前进，生活改善，理性张扬，但同时也出现了"人类中心主义"人生观。对于科技与理性过度迷信，以科技的栖居取代诗意的栖居，以物遮蔽了人，审美观出现某种扭曲；20世纪中期以来，特别是新世纪开始以后，人们通过对于工具理性以及"人类中心主义"负面作用的反思，开始提倡"生态整体"的自然观与"共生共荣"的人生观。在审美观上，提出了通过"天地神人四方游戏"走向人的"诗意地栖居"的生态审美观。此时，人与自然"共生"的生态观念越来越引起人类的高度重视，逐步走到社会前沿。1972年，联合国大会通过《人类环境宣言》，试图使人与自然的共生和谐成为全人类的共识。我国也早在20世纪90年代制定了可持续发展的战略，最近又提出科学发展观以及"环境友好型社会"建设的战略指导思想。

但是，人与自然、发展与环保以及当代与后世却总是一种难解的矛盾。一方面是对保护环境的大力倡导，另方面则是在经济利益驱动下的生态破坏与环境污染的日益加剧，问题的严重性已经远远超出了人们的良好愿望与生态的承受能力，环境与生态的灾难呈现日益发展的趋势，形势的严重性可能出乎人们的估计，现在已经到了不能不直接面对与加以改变的时候了。问题的关键在于人们的文化态度，在于人们选择什么样的生活方式。对于这一点，著名的罗马俱乐部发起人贝切伊早有预见与论述。因此，当务之急是迅速改变人们的人生观、文化态度与生活方式。在当代，应有的人生观、文化态度与生活方式就是以"共生"为其主要内涵，以"诗意地栖居"为其目标的生态审美观。这是一种以"此在与世界"之存在论在世结构为其哲学基础，以审美的对待自然为其主要内容，以人的当下与未来美好生存为其目的的崭新的美学观念。它完全符合当今社会发展现实，符合科学发展观，是当代先进的生态文化的重要内容。这种生态审美观是一种参与性的审美观，不同于传统以康德为代表的静观美学。它不仅以身的愉快作为心的愉快的基础，而且将审美观作为改造现实的指南，要求人们按照生态审美观的规律改造现实，真正做到人与自然的和谐。这正是马克思所预见的未来社会的彻底的自然主义与彻底的人道主义的结合。

这种将生态审美观作为新世纪基本人生观的努力既有十分重要的意义，同时又是一个十分艰巨的历史任务，是一个宏大的学习工程的组成部分，应该将其包含在当代科学发展观的学习与践行之中。因为只有以审美的态度对待自然，以及与此相应的以审美的态度对待他人、社会与自身，当代社会才能真正走向和谐发展之路。我们有信心通过这个宏大的学习工程，改变国人的自然观、生态观、审美观与生活方式，实现中华民族的伟大复兴和我国人民世世代代的美好栖居。

（原载《人文杂志》2007 年第 5 期）

第三编

生态美学资源论

老庄道家古典生态存在论审美观新说

　　中国传统文化以儒道互补为其特点，这已成为学术界的共识。儒家作为中国封建社会的主流文化也是不争的事实，但以老庄为代表的道家文化在 20 世纪以来的现代化大潮中，愈来愈显示出特有的价值与意义，从而引起东西方学术界的广泛重视。本文试图从生态存在论审美观的角度探索老子、庄子哲学—美学思想的深刻内涵。可以毫不夸张地说，老庄哲学—美学思想的当代价值是难以估价的，它作为东方古典形态的、具有完备理论体系和深刻内涵的存在论哲学美学思想与人生智慧，业已成为人类思想宝库中的一份极为重要的遗产，也是当代人类疗治社会与精神疾患的一剂良药。

一

　　我们应该首先探讨老庄哲学—美学之中最基本的命题："道法自然。"（《老子·二十五章》）这是东方古典形态包含浓厚生态意识的存在论命题，它深刻阐释了宇宙万物生成诞育、演化发展的根源与趋势，完全不同于西方古代的"理念论"与"摹仿论"等以主客二分为其特点的认识论思维模式。唯其是存在论哲学与美学命题，才能从宇宙万物与人类生存发展的宏阔视角思考人与自然共生的关系，从而包含深刻的生态智慧，而不是仅从浅层次的认知的角度论述人对于对象的认识与占有。"道法自然"中的"道"乃是宇宙万物诞育的总根源，实际上也是宇宙万物与人类最根本的"存在"。老子说："道可道，非常道"（《老子·一章》）。这里把"可道"，即可以言说之道与

"常道"，即永久长存、不能言说之道加以区别。"可道"，属于现象层面的在场的"存在者"，而"常道"则属于现象背后的不在场的"存在"。道家的任务即通过现象界在场的存在者"可道"探索现象背后的不在场的存在"常道"。这是一个古典形态的存在论的命题。不仅如此，老庄还有意识地在自己的理论中将作为存在论的道家学说与作为知识体系的认识论划清了界限。他们把人的知识分为两种，一种是普通的知识，即所谓"知"，一种是最高的知识，即所谓"至知"。对于普通的"知"，老庄是否定的。他们主张所谓"绝圣弃知"（《老子·十九章》），主张"绝圣弃知而天下大治"。对于"至知"，他们则是肯定的。庄子说："知天之所为，知人之所为者，至矣。"（《庄子·大宗师》）也就是说，庄子认为，能够认识到自然与人类社会运行规律的就是一种最高的知识，即"至知"。而这种"至知"只有"真人"借助于道才能获得，所谓"是知之能登假于道者也若此"（《庄子·大宗师》）。这就进一步的说明，老庄所谓的"道"与通常的"知"是有着严格的界限的。既然"道"有在场与不在场之分，那么其表现形态就有"言"与"意"之别。所谓"言"即是"可道"，所谓"意"即是"常道"。言与意有别，即有在场与不在场之别。但两者又有联系，即由"言"而领会"意"而又"得意忘言"。庄子说："荃者所以在鱼，得鱼而忘荃；蹄者所以在兔，得兔而忘蹄；言者所以在意，得意而忘言。"（《庄子·外物》）在这里，庄子借助荃与鱼、蹄与兔的比喻，说明言与意的关系，实际上涉及语言与存在的关系。在他看来，语言作为声音的组合，属于在场的、现象界的，但却试图借以表达不在场的、现象背后的"道"（即存在）。但这种表达，在老庄看来，几乎是不可能的。他们认为，作为宇宙万物诞育之根的"道"实际上只能意会，难以言传。因此，老子说："大音希声，大象无形，道隐无名。"（《老子·四十一章》）庄子说："天地有大美而不言，四时有明法而不议，万物有成理而不说。"（《庄子·知北游》）也就是说，在老庄看来，作为"大音""大象""大美"之道是无法用声、形、名、言加以表达的，因其不在认识论的层面，而属于存在论的范围，所以只能借助审美的想象获得精神的自由，从而体悟道。道家由此开创了中国古代艺术中影响深远的"意象"与"意境"之说。

"道法自然"这一命题中的"自然",即是同人为相对立的自然而然，无须外力，无劳外界，无形无言，恍惚无为，这乃是道的本性。正如庄子借老子之口所说，"夫水之于汋也，无为而才自然矣。"（《庄子·田子方》）也就是说，"自然"好像是水的涌出，不借外力，无所作为，是一种"无为"，也是一种"无欲"。正如老子所说，"故常无欲，以观其妙。"（《老子·一章》）"无欲"是指保持其本性而感于外物所触生之情的状态。"观"指"审视"，既不同于占有，也不同于认知，而是保持一定距离的观察体味。"观其妙"，是指只有永葆自然无为的本性才能观察体味道之深远高妙。这里的"无欲"已经是一种特有的既不是占有，也不是认知的，既超然物外，又对其进行观察体味的审美的态度。老子认为，"无为而无不为。"（《老子·四十八章》）也就是说，只有无为才能做到无所不为。这里，无为与无不为是相应的，只有无为，才能做到无不为；相反如果做不到无为，也就做不到无不为。老子还进一步加以解释道："万物作焉而弗始，生而弗有，为而不恃，功成而弗居。夫唯弗居，是以不去。"（《老子·二章》）如果从人与自然的关系对这段话加以理解，那就是人类任凭万物自然兴起而不人为地对其最初的生长进行改造，生化万物而不占有，帮助万物生长，有所作为，而不因此无限制地对万物施为，对万物的生长取得成功而不因此自居为万物的中心。正因为不自居为中心，人类应有的发展和地位反而可以保存而不失去。老子还提出了一个重要的生态存在论审美观念，那就是"不争"的观念。他说："不尚贤，使民不争。"（《老子·三章》）这里所谓的"不尚贤"，就是不过分地推崇世俗的多才多能之士，从而使人民不争功名而返回自然状态。实际——老庄是将这种"不争"的思想扩大到人与自然的关系之中的，所谓"水善利万物而不争"（《老子·八章》）。也就是说，老子认为，道同水一样滋润而有利于万物却从不同万物相争。正是因为人类遵循道之"无为"，不与万物相争，"故天下莫能与之争"（《老子·二十二章》）。

庄子进一步将老子"无为"的思想发展为"逍遥游"的思想。"逍遥游"，按其本义即通过无拘无束的翱翔达到闲适放松的状态。庄子特指一种精神的自由状态。他的逍遥游分"有待之游"与"无待之游"。所谓"有待之游"即有所凭借之游，日常生活中所有的"游"都是有待的，无论是搏击万里的大鹏，还是野马般的游气和飞扬的尘埃，其游均要凭借于风。而只有"游心"即心之游才"无待"，即无须凭借，从而达到自由的翱翔。他说："汝游心于淡，合气于漠，顺物自然而无容私焉。"（《庄子·应帝王》）这里的所谓"游心"即使自己的精神和内气处于淡漠无为的状态，顺应自然，忘记了自己的存在。这就是精神丢弃偏私之挂碍，走向自然无为，也是一种由去蔽走向澄明的过程，是一种真正的精神自由。这种精神自由可以任凭思想自由驰骋而体悟万物。所以，"逍遥游""游心"是对老子"道法自然"命题中"无为"内涵的深化与发展，包含着深刻的由去蔽走向澄明，从而达到超然物外的精神自由的审美的生存状态。

二

　　老庄的存在论哲学—美学观集中地表现于他们关于宇宙万物诞育生成的理论。他们认为，宇宙万物诞育生成于"道"。"道"是什么呢？它不是物质或精神的实体，因而它不属于认识论范围，没有主体与客体之分；它属于存在论范围，是宇宙万物诞育生成乃至于"存在"的总根源，也是一种过程或人的生存的方式。西方主客二分的认识论思维模式是无法理解老庄所论之"道"及其道家思想的。老庄明确认为，宇宙万物，包括人类诞育生成的总根源都是"道"，这就提出了一个人与万物同源的思想，从而使老庄的哲学—美学思想成为"非人类中心主义"的。老子说："有物混成，先天地生。寂兮寥兮，独立不改，周行而不殆，可以为天下母。"（《老子·二十五章》）这就明确提出了"道为天下母"的观点。庄子则进一步提出"道为万物之本根"的思想。他说："扁然而万物自古以固存。六合为巨，未离其内；秋毫为小，待之成体。天下莫不沉浮，终身不故；阴阳四时运行,各得其序;昏然若亡而存,油然不形而神;万物畜而不知。此之谓本根,可以观于天矣。"(《庄子·知北游》)庄子在这里没有点明"道"为万物之"本根",但他所说的万物生长、宇宙变化、四时运行所凭借的"本根"实际就是"道"。那么,"道"是如何成为宇宙万物之"母"或"本根"的呢?也就是说,"道"是如何创生宇宙万物的呢?这就涉及一个中间环节,那就是"气论",也就是阴阳之气交汇中和以成万物。老子说:"道生一,一生二,二生三,三生万物。万物负阴而抱阳,冲气以为和。"(《老子·四十二章》)庄子借孔子之口说道:"至阴肃肃,至阳赫赫。肃肃出乎天,赫赫发乎地。两者交通成和而物生焉,或为之纪而莫见其形。"(《庄子·田子方》)这就说明,老庄均认为宇宙万物的诞育生成是阴阳之气的交汇中和的结果。老子更具体地以人的生育比喻万物诞育之根。这就是中国古代道家的阴阳冲气以和化育万物的思想,是以存在论为根据的宇宙万物创生论。它完全不同于西方以认识论为基础的物质本体或精神本体以及基督教中的上帝造人造物。这是一种中和论哲学—美学思想,是中国传统哲学与美学的带有根本性的理论观点。正如《礼记·中庸》所说,"中也者,天下之大本也;和也者,天下之达道也。致中和,天地位焉,万物育焉。"这就将中和之说提升到"大本"、"达道",天地定位,万物诞育的高度,可见其重要。由上述可见,这种中和论是一种存在论的哲学与美学理论,包含天人、阴阳交汇融合,万物诞育生成等等极为丰富的内涵,完全不同于西方发端于古希腊而完善于德国古典哲学的"和谐论"哲学与美学理论。"和谐论"完全以认识论为其理论根基,以主体与客体、感性与理性二分对立为其思维模式,以外在物质形式的比例、对称、黄金分割,乃至共性与个性之关系为其理论内涵。而中国古代的"中和论"则是阴阳的中和浑成,万物的生成诞育,是一种宏观整体上的交融合成。老庄认为,"中和"之道作用很大,不仅阴阳冲气以和可以诞育宇宙万物,而且,"中和"之道可以借以治国、养身。总之,老庄的"道为天下母"的思想,使人与自然万物在生成上有了共同的本源,这正是老庄十分重要的生态存在论审美观的内涵之一。

三

老庄道家学说中还有一个十分重要的思想就是"万物齐一论"，也就是说，万物都是平等的，没有贵贱高下之分，不存在人类高于自然之说。这样一个重要思想也是来源于存在论，而不是来源于认识论的。因为，从认识论的角度，自然万物的确客观存在着长短优劣之别，所以不可能加以同等看待。而作为存在论，则力主任何事物均具有其"内在价值"。因此，凡是存在的就是合理的，一切存在的都有自己独有的位置与价值，因而应该同其他事物同等看待。老子有一段著名的话："故道大，天大，地大，王亦大。域中有四大，而王居其一焉。"（《老子·二十五章》）这里所说的"王"即人之代表，王即人也。因此，道、天、地与人，人只是"四大"之一，从而确定了人在宇宙万物中的平等地位。老子又说："天地不仁，以万物为刍狗。"（《老子·五章》）因为，老子遵奉天道，反对孔子所倡导的局限于人际关系的仁学，所以，他认为，天地按天道运行而不按具有局限性的仁学运行，天道是"道法自然""无为无欲"，因而对万物没有偏私之爱，一视同仁地将其看作是用于祭祀的草扎的狗，任其存在与销毁。这就说明，老子反对将人与万物分出贵贱，对其有不平等的爱，而是主张将人与万物同样看待，没有伯仲高下之分。庄子在著名的《齐物论》中指出："天地与我并生，而万物与我为一。"在《秋水》篇中，庄子假托河伯与北海若的对话阐述物无贵贱、人是万物之一的道理。所谓"号物之数谓之万，人处一焉；人卒九州，谷食之所生，舟车之所通，人处一焉"。这就是说，在茫茫宇宙之中，各类事物何止上万，而人只是其中之一；而在九州之内，谷食所生，舟车所通之处，个人也只是万分之一。那么，为什么物无贵贱，人与万物是平等的呢？庄子认为，这是道家学说特有的内涵。还是在《秋水》篇中，他假借何伯之口问道："若物之外，若物之内，恶至而倪贵贱？恶至而倪大小？"他还假借北海若之口答道："以道观之，物无贵贱；以物观之，自贵而相贱。以俗观之，贵贱不在己。以差观之，因其所大而大之，则万物莫不大；因其所小而小之，则万物莫不小；知天地之为稊米也，知毫末之为丘山也，则差数睹矣。"在这里，庄子提出了观察问题的不同视角：从道的角度看问题，万物齐一，物无贵贱；从一己的角度看问题，只能是贵己而轻物；从当时世俗的观念来看问题，只能遵循"富贵在天，生死有命"的天命思想，认为由天命决定而不在自己；从数量比较的角度来看，那就会因为认为它大就说它大，这样万物都会被看作大；也会因为认为它小就说它小，那么万物都会被看作小。大小是相对而言的，天地之大也可以被看一粒小米，毫末虽小却又可将其看作大山。这都是从数量的角度难以比较的。后面所说"以差观之"，即是从数量的角度，也就是从认识论的角度，因数量的相对性而难分伯仲。那么，为什么"以道观之，物无贵贱"呢？这是由"道"的"自然无为"的性质决定的。正因为"道"的本性是自然而然，顺其自然，无所作为，所以，从"道"的角度出发，事物本来就无所谓贵贱高下之分。当然，人与自然万物也就无所谓贵贱高下，更没有"中心"与"非中心"之别了。庄子认为，道是无所不在的，体现于一切事物之中，这正是决定"万物齐一"的根本原因。《知北游》中记载了庄子与东郭子的一段对话：东郭子问于庄子曰："所谓道，恶乎在？"庄子曰："无所不在。"东郭子曰："期而后可。"庄子曰："在蝼蚁。"曰："何其下邪？"曰："在稊稗。"曰："何其愈下邪？"曰："在瓦甓。"曰："何其愈甚邪？"曰："在屎溺。"东郭子不应。这就说明，道甚至存在于通常被看成较为低级的蝼蚁、稗、瓦甓和屎溺之中。那么，从这些东西也体现了道的角度说，它们也是平等的。其意义还在于具有某种生态存在论的意义，也就是说，这些事物都是多姿多彩的生态世界中不可缺少的一员，因而有其存在之价值。

庄子的道无所不在的观点非常重要，体现了一种古典形态的事物均具有其"内在价值"的观念。庄子还提出了一个著名的"无用之用"的命题。也就是说，一个事物没有通常所说的优点和价值，但却正因此而得到长期生存的空间和时间，所以反而显得"有用"。当然，这种"无用之用"还意味着某种事物，包括自然物自身所秉有的不向外显示的"内在价值"，即所谓"德不形者"，德之"内保之而外不荡也"(《庄子·德充符》)。德包含在内而不显露在外。庄子在《人间世》中还记载了一棵栎社树批评木匠说其无用的言论："女将恶乎比予哉？若将比予于文木邪？夫柤梨橘柚，果蓏之属，实熟则剥，剥则辱；大枝折，小枝泄。此以其能苦其生者也，故不终其天年而中道夭，自掊击于世俗者也。物莫不若是。且予求无所可用久矣，几死，乃今得之，为予大用。使予也而有用，且得有此大也邪？且也若与予也皆物也，奈何哉其相物也？而几死之散人，又恶知散木！"这段话真是包含着深刻的生态存在论审美观念：第一，提出事物，特别是自然物"无所用之大用"的观点，所谓"无所用"是从世俗的功利与认知的角度判断的，而"大用"则是从生态存在论的角度判断的。因为生态存在论认为，任何事物，特别是自然物均有其"内在价值"。这就是老庄的道无所不在、遍及万物的观点；第二，包含中国古代道家的生态存在论"无为无不为"的哲学思想即"无用无不用"。所谓只有"无用"才能达到"无不用"的境界，如果刻意追求有用，反而会无用。这也警示我们人类，如果过分追求"有用"之经济与功利目的，滥掘资源，污染环境，最后必然走到资源枯竭、环境恶化的"无所用"之境地；第三，人类与自然万物都同样是物，在这一点上是平等的，因而不能以有用无用、用之多少这样的标准去要求它物，取舍它物，所谓"奈何哉其相物也"。这实际上是老庄"万物齐一论"的深化，也是对统治人类的"人类中心主义"的有力批判。庄子在《人间世》的最后，用"人皆知有用之用，而莫知无用之用也"作结。庄子的这段话是有感而发的，因为在庄子所在的时代，无论是世俗的观念，还是影响极大的儒家学说，都是在"天命观"的前提之下主张人在万物之中为最贵。而且，老庄尊重自然的观点，"万物齐一"的理论，还遭到儒家学派的批判。荀子在《解蔽》篇中对庄子的自然观进行了批判。他说："庄子蔽于天而不知人"。荀子还在《王制》篇中将人与自然万物相比较，认为人"最为天下贵也"。他说："水火有气而无生，草木有生而无知，禽兽有知而无义，人有气有生有知亦且有义，故最为天下贵也。"曾子所著《孝经》则借孔子之口说道："天地之性，人为贵。"由此可见，老庄的"万物齐一"的理论观点在当时的难能可贵。

四

老庄的论著中包含着大量的极其有意义的生态智慧，反映了人与自然的应有的关系。庄子提出的"天倪"与"天钧"的理论就包含着万物"以不同形相禅，始卒若环"的生物链思想，具有重要的理论价值。庄子说："万物皆种也，以不同形相禅，始卒若环，莫得其伦，是谓天钧。天钧者，天倪也。"（《庄子·寓言》）这就是说，庄子认为，各种事物均有其种属，但以其不同的形状相互连接。从开始到最终，互相紧扣，好像环链，没有什么东西可同其相比。这是一种自然形成的循环变化的等同状态，也就是所谓"天钧"。在《齐物论》中，庄子进一步从"万物齐一"的角度论述了"天倪"。庄子的"天倪"论是在"道法自然""万物齐一"基本理论的统帅之下的，因而应从生态存在论审美观的角度理解。如果从通常的认识论理解，所谓"天倪""天钧"绝对是一种相对主义的、认识循环论的错误观点。但从生态存在论审美观的视角理解，可以看出其所包含的深意：（1）明确提出了事物构成环链的思想，即所谓万物"以不同形相禅，始卒若环"；（2）形成事物环链的重要原因是事物之间具有更多的联系性和同一性，即所谓"是不是，然不然"；（3）形成事物环链的根本原因是它们都"寓诸无竟"，也就是有着共同的生命本原——"道"；（4）这种"天倪"的思想也是对"万物齐一"论的一种补充，那就是万物中的每一物所享受的平等都是在自己所处环链位置上的平等，而不是超出这个位置，这才是"无为而为""自然而然"。从这样的分析中可见，庄子的"天倪"说在某种程度上已经包含了生态存在论中生物链思想的基本内容，阐述了宇宙万物普遍共生、构成一体、须臾难分的普遍规律。

老庄的道家学说中还包含人类应该尊重自然，按自然万物的本性行事，不要随便改变自然本性这样极为重要的生态观念。老子提出著名的"以辅万物之自然，而不敢为"的思想，就是指尊重万物的自然本性而不要随意改变。庄子通过一个寓言故事深化了这一理论。他在《至乐》篇中通过一个寓言故事提出了不"以己养养鸟"，应"以鸟养养鸟"的道理，要求人类充分尊重自然万物之本性，而不要将人类的观念、欲望和方式强加于自然。老子还有一个重要的生态思想，那就是著名的"三宝说"。老子说："我有三宝，持而保之：一曰慈，二曰俭，三曰不敢为天下先。慈，故能勇；俭，故能广；不敢为天下先，故能成器长。"（《老子·六十七章》）这"三宝"应该说都同道家的自然观有关。这里所谓"慈"不是儒家"仁者爱人"之慈，而是道家"道法自然"之慈，包含着"无为"、"无欲"、敬畏自然、尊重自然本性、不侵犯自然的内涵。所谓"俭"即指性淡而不奢，不随便掠取自然，过一种符合自然状态的俭朴的生活；所谓"不敢为天下先"，即为"不争"，要求人类尽量不同自然争夺生存的空间，不搞"人类中心主义"，对自然采取一种平等相处的态度。只有珍视这"三宝"，按其要求行事，才能正确面对自然万物，同其融洽相处，自然资源才能得到广大的发展空间，人类和自然万物都能得到很好的生存。老子接着说："今舍慈且勇，舍俭且广，舍后且先，死矣。"也就是说，老子认为，一旦丢弃了这"三宝"而走向其反面，那么人类只有死路一条。应该说，这"三宝"是老子从存在论特有的视角对人与自然关系的生态规律的深刻总结，成为中国古代极其宝贵的生态智慧精华。

五

老庄对于如何掌握道家思想，遵循"道法自然"的生态存在论审美观来行事有着深刻的论述与探讨。总的来说，老庄认为，这种"道法自然"的道家学说不是依靠知识的学习所能掌握的，而是必须通过心灵的体悟，精神的修炼，从而达到一种摆脱物欲、超然物外的精神境界。这也恰是一种审美的境界与态度，从而使老庄的"道法自然"的生态存在论同审美恰相融合，成为一种生态存在论审美观。《老子》

一书主要直接阐述"道"之内涵，但也对"道"的掌握进行了必要的论述。老子说："多言数穷，不如守中。"（《老子·五章》）这里所谓"守中"，就是一种精神的保养和修炼，具有特殊的含义。对于老子提出来的"守中"，庄子将其发展为"坐忘"与"心斋"。庄子在《大宗师》中假借孔子和颜回的对话提出并论述了"坐忘"之道："仲尼蹴然曰：'何谓坐忘？'颜回曰：'堕肢体，黜聪明，离形去知，同于大通，此谓坐忘。'仲尼曰：'同则无好也，化则无常也。而果其贤乎！丘也请从而后也。'"这里所谓"坐忘"有三个要点：（1）"堕肢体"，就是将自己的生理的要求，一切物欲，统统抛弃；（2）"黜聪明"，就是彻底抛弃自己精神上一切负担，包括当时流行的儒家仁义之说和其他各种学说知识，还有日常生活之知识；（3）"离形去知，同于大通"，就是说只有在生理上和精神上都丢弃负担之后，超越了一切物欲和所谓知识，才能体悟到自然虚静之道，与其相通。庄子还在《人间世》中提出著名的"心斋"，所谓"心斋"即"唯道集虚"。老庄的道家学说恰是通过这种"堕肢体，黜聪明"、"离形去知"的"坐忘"与"无听之以耳，而无听之以心"、"唯道集虚"的"心斋"，排除物欲的追求、纷争的世事及各种功利的知识，从而超越处于非美状态的存在者，直达到诞育宇宙万物之道，获得审美的存在。心之"无待"的逍遥游就是庄子所追求的审美的存在，所谓"坐忘""心斋"恰是一个由遮蔽走向解蔽，走向澄明之境的过程。庄子认为，只有至人、神人、真人、圣人等等超凡脱俗之人才能达到离形去知、超然物外、通于道、达于德的"至乐"的审美的境界。老子的"守中"，庄子的"坐忘"与"心斋"等，同当代现象学中所谓"本质还原"的方法是十分接近的，也是一种将现象界中的外物与知识加以"悬搁"，通过凝神守气而去体悟宇宙万物之道的过程，最后达到"无待"之逍遥之游的"至乐"之境。这正是一个超越存在者走向审美的、诗意的存在的过程，用通常的认识论中可知与不可知等等范畴是无法理解的。

六

老庄还对符合生态存在论要求的"至德之世"有所预言,寄托了他们的美好理想,给后世以深刻的启示。他们首先论述了"道"与"世"的关系,也就是推行道家学说与社会发展的关系,总的观点是"道丧世丧,道兴世亦兴"。庄子说:"由是观之,世丧道矣,道丧世矣。世与道交相丧也,道之人何由兴乎世,世亦何由兴乎道哉!道无以兴乎世,世无以兴乎道,虽圣人不在山林之中,其德隐矣。"(《庄子·缮性》)老庄的所谓"世丧",即社会的衰败,既包括政治经济方面,也包括自然生态方面。因为,在他们的宇宙观中,"天地道人"都在其中的。由此可见,生态问题归根结底是世界观问题,也就是庄子所说的"道之兴衰"问题。道兴则生态社会兴,人们可以按照"道法自然""清静无为"的观念建立一种"辅万物之自然而不敢为"的生活方式,从而建立人与自然普遍共生、中和协调,共同繁荣昌盛的生态型的社会。相反,道丧则生态社会丧,如果人们一旦违背"道法自然"的观念,以"人类中心"为准则,攫取并滥发自然,人与自然的协调关系必然受到破坏,社会的衰败必然到来。鉴于当时的诸侯割据,战争频仍,社会黑暗,老子进一步地预见到生态和社会危机的到来。他说:"其致之。天无以清将恐裂,地无以宁将恐发,神无以灵将恐歇,谷无以虚将恐竭,万物无以生将恐灭,侯王无以贵高将恐蹶。"(《老子·三十九章》)在老子看来,只有得到"道",天地社会才能安宁。如果天失去道就无以清明并将崩裂,地失去道就无以安宁并将荒废,庄稼失去道就无以充盈并将亏竭,自然万物失去道就无法生长并将灭亡,君王失去道就无以正其朝纲并将垮掉。这应该是对"道与世"之关系的一种认识深化,是对"非道"所造成的生态与社会危机的一种现实描述与预见。庄子在《在宥》中进一步描述了这种"天难",即天之灾难。他借鸿蒙之口说道:"乱天之经,逆物之情,玄天弗成;解兽之群,而鸟皆夜鸣;灾及草木,祸及止虫。意!治人之过也。"这就深刻阐述了扰乱天道的所谓理论,违逆万物的所谓感情，所造成的恶果是使天道无法成功推行，扰乱了野兽的群居状态使之离散，使鸟儿失去常规而在半夜啼鸣，并使草木获得祸殃，连昆虫也不能幸免。庄子在这里写的更多的是人与自然的关系，指出在错误的理论观念指导下必然有错误的行动，从而破坏人与自然的关系，造成"天难"这样的生态危机。不仅如此，庄子鉴于"非道"的情形十分严重，还预言了千年之后的生态与社会危机。他在《庚桑楚》中借"偏得老聃之道"的庚桑子之口说道："吾语女，大乱之本，必生于尧舜之间，其末存乎千世之后。千世之后，其必有人与人相食者也。"千年之后人与人之相食，可以理解为社会与生产的破坏形成灾年，由严重的饥饿造成人与人相食，也可以理解为生态的严重破坏形成严重的生态危机，资源枯竭，环境恶化，人类失去了最基本的生存条件。这也是一种变相的"人与人之相食"——人破坏了生态，使人失去生存条件，从而难以存活，实际上是人自己残害了自己。

不仅如此，老庄还对按其"道法自然"理论所建立的生态社会提出了自己的社会理想。老子说："小国寡民，使有什伯之器而不用，使民重死而不远徙。虽有舟舆，无所乘之；虽有甲兵，无所陈之；使人复结绳而用之。甘其食，美其服，安其居，乐其俗，邻国相望，鸡犬之声相闻，民至老死不相往来。"（《老子·八十章》）老子这一段有关"小国寡民"的论述是十分著名的，许多人都耳熟能详，但过去对其批判的较多，主要认为这是一种倒退的、小农经济的社会理想，是一种消极落后的乌托邦。这些批判也都没有错，但大都局限于社会政治的、认识论的层面，而从存在论的视角来看，应该讲还是有重要的理论价值的：第一，这是对当时战国时期战争频仍，民不聊生，流离失所，动荡不安的黑暗现实的有力揭露和批判，是对当时人民处于非美的生存状态的有力控诉；第二，追求一种节约、俭朴、安定、平衡，人同自然、社会和谐相处的生态型社会理想。这一社会理想就其所包含的生态存在论的内涵来说还是有积极意义的。相当长的时期内，人们衡量一个社会是否进步，唯一凭借的是生产力标准，似乎生产力前进了，社会就一定进步，而是完全忽略了生态的标准。目前，国际上通用一种生活质量的评价体系，在一定程度上已经将生态标准包括进去。老子正是从生态存在论的标准来衡量当时社会，认为当时人民处于一种非美的生存状态。从这个角度评价老子的社会理想，不能不承认其中包含着极有价值的成分。当然，从历史的发展来看，回到结绳记事之时是不可能的，只不过寄托了老子一种力图建立一个符合其"道法自然"理论观念的生态社会的理想，同孔子将其理想放在周代，及西方人对古希腊盛世的历久不衰的向往没有什么不同。

七

当我用极为简单的笔触，十分粗略地将老庄道家生态存在论审美观作了一番勾勒之后，真是感慨系之。我深感自己面对的是一座直插云霄的理论高峰，而我只不过是走到峰下，要达到峰顶还要待以时日。我首先感到，老庄的生态存在论审美观已经达到非常高的理论水平，无论从理论的深邃，范畴的准确，还是从体系的严密来说，都是高水平的，不仅在当时的世界思想理论史上处于前列，而且在今天仍然闪烁着不灭的智慧光芒。老庄道家思想中所涉及的"道为万物母""道法自然""万物齐一""天倪""天道"等理论已经深刻地论述了当代深层生态学中所涉及的"普遍共生""生物环链""生态自我""生态价值"等理论问题，而且有着独特的东方式的智慧。老庄思想中所涉及的"常道与可道""无为与无不为""无欲""逍遥游""游心""心斋""坐忘"等学说所具有的理论深度和意义也是不言而喻的。这就使我产生了两个疑问：第一，长期以来许多人都说中国的哲学、美学和文艺学缺乏有体系的理论思维，只有体悟式的成果。但是，运用这样一种观点又如何能解释像老庄道家思想这样的具有如此理论深度的理论现象呢？这种观点是否是因为近百年来在西学东渐的形势下，人们自觉或不自觉地以西方主客二分的认识论思维模式来要求和规范老庄等属于存在论范围的哲学—美学思想的结果呢？事实证明，老庄的生态存在论审美观已经构筑了一个完备而严密的理论体系。第二，为什么在春秋战国那样生产力极其不发达的农业社会会出现老庄的"道法自然""万物齐一"这样高水平的理论成果呢？有的理论家将老庄的存在论哲学与美学思想看作是前现代时期不够成熟的理论成果，但我却从中看到许多极富深意的当代内涵。马克思曾将古希腊史诗和莎士比亚戏剧同现代人相比，提出艺术的一定繁盛时期绝不是同社会的一般发展成比例的这样的观点。① 那么，同是作为精神产品，在哲学与美学领域里是否也会有这样的情形呢？当我们面对老子、庄子、孔子还有西方古代柏拉图、亚里士多德这些哲人的理论，我们真的会为其深邃之思所折服，并叹为观止，深感难以企及。这种感受，我相信会发生在我们每一个人身上。同时，我也深深地体会到，老庄"道法自然"的生态存在论审美观已经真正成为中国古代文化的源泉和取之不尽的宝库。无论是中医、气功、园林、建筑等艺术和中国人的生活和思维方式都自觉或不自觉地渗透着老庄道家思想的影响，它已成为中国传统文化艺术血脉之源。毋庸讳言，过去我们对这种影响的估计远远不够，总的评价上，对儒家学说的影响的评价超过对道家思想学说影响的评价。应该说，这样的评价是不太准确的。其实，儒家思想对官方和政治学的影响较大，而道家思想则对士大夫、民间，对艺术的影响更大，各有其千秋，并互相渗透。而且，老庄道家思想在国际上，特别是在西方学术界影响巨大，成为西方当代存在论哲学—美学和深层生态学的重要源头，这已为许多西方当代理论家所承认。特别是当代著名理论家海德格尔于1959年提出"天地神人四方游戏说"②，标志着海氏对"人类中心主义"的突破，使其理论成为名副其实的当代生态存在论审美观。十分明显，海氏肯定是受到老庄"域中有四大、人居其一"的道家理论影响的。那么，到底为什么在2000多年前的春秋战国时代会产生老庄生态存在论审美观这样高水平的理论成果呢？当然，首先是由时代决定的。中国古代有着高度发达的农业文明，在春秋战国时期已经达到很高的水平，这就给老庄总结人与自然的关系提供了必要的前提。战国时期的频繁战

① 《马克思恩格斯选集》第 2 卷，人民出版社 1972 版，第 113 页。
② ［德］马丁·海德格尔：《荷尔德林诗的阐释》，孙周兴译，商务印书馆 2000 版，第 210 页。

争，统治者的横征暴敛、穷奢极欲给人民带来沉重的灾难，这也为老庄思考人的存在问题提供了必要的素材和切身的体验。再就是，中国从上古以来悠久的文化传统，特别是春秋战国时期"百家争鸣"局面的出现，包括同老庄相对立的儒家文化的高度发展，都给老庄道家生态存在论审美观的产生以营养和动力。当然，老庄道家生态存在论审美观的产生同老子和庄子本人的文化素养、经历经验、聪明才智与勤奋努力都是分不开的。再就是，人类对宇宙人生哲理的体悟同社会发展并不是完全一致的，而是呈现波浪起伏之势。中国先秦时期与古代希腊都是人类智慧的高峰，产生了许多反映宇宙人生智慧的经典，成为哺育人类的思想之源。老庄道家生态存在论审美观就是中国先秦时期产生的人类宇宙人生智慧之一，成为人类精神文化的高峰。当然，它作为一种文化遗产，在当代发挥作用，还需经过"古为今用"的吸收消化与改造转换的过程。

（原载《文史哲》2003 年第 6 期）

中国古代"天人合一"思想与
当代生态文化建设

一

在我国大踏步地走向现代化之际，文化建设的重要性在不知不觉中凸现出来。很明显，没有具有特色的现代中国文化建设，我国的现代化是不可能成功的。当前，全世界生态环境恶化日益加剧，而我国又因其特定原因，生态环境恶化的问题更加严重。在这种情况下，现代生态文化建设成为至关重要的任务。但如何建设有中国特色的现代生态文化呢？学术界对此看法分歧严重，这种分歧又主要集中在对于中国古代"天人合一"思想的评价之上。众所周知，"天人合一"思想可以说是中国古代最具代表性的思想观念，它几乎贯穿于中国古代儒、释、道各家。但最近学术界对其评价却截然相反。季羡林认为，中国古代"天人合一"思想是当代生态文化建设的基础。他说："具体来说，东方哲学中的'天人合一'，就是以综合思维为基础的。西方则是征服自然，对大自然穷追猛打。表面看来，他们在一段时间内是成功的，大自然被迫满足了他们的物质生活需求，日子越过越红火。但久而久之，却产生了以上种种危及人类生存的弊端。这是因为，大自然既非人格，亦非神格，但却是能惩罚、善报复的，诸弊端就是报复与惩罚的结果。"[①] 蒙培元认为，中国古代"天人合一"思

---

① 季羡林：《东学西渐与东化》，《东方论坛》2004 年第 5 期。

想所表现出来的有机整体观对于现代生态文化建设有着特殊的重要意义。他说："应当说，中国哲学的基本问题即'天人合一'问题在《周易》中表现得最为突出，中国哲学思维的有机整体特征在《周易》中表现得也最为明显。人们把这种有机整体观说成人与自然的和谐统一，但这种和谐统一是建立在《周易》的生命哲学之上的，这种生命哲学有其特殊意义，生态问题就是其中的一个重要方面。"① 汤一介也认为，"'天人合一'观念无疑将会对世界人类未来求生存与发展有着极为重要的意义"②。与此相对，有些学者对中国古代"天人合一"思想持基本否定的态度。著名物理学家杨振宁在 2004 年北京文化高峰论坛上认为，中国古代易学中的"天人合一"思想只有归纳没有演绎，缺乏科学精神，因而阻碍了中国科技的发展③。徐友渔认为，中国古代"天人合一"思想实际上是一种神学目的论，并不是生态伦理。他说："其实，把'天人合一'说成是生态伦理或自然保护哲学是曲意解释。这个观点最早出现时，天是一种人格神，在汉朝董仲舒那里天是百神中之大君，天人合一论是一种神学目的论。只有在庄子那里，才勉强符合上述解释，但它从未起到保护自然环境和生态的作用。"④

　　由于"天人合一"论是中国传统文化的核心思想，因而对它的评价就涉及到这样两个问题。其一，对"天人合一"思想本身的理解与评价。我们并不完全否认上述对"天人合一"思想持基本否定态度的学者看法的局部正确性。"天人合一"论的确具有某种神学目的论色彩，两汉时期更加明显，而它也确实缺乏近代西方科学的演绎内涵。但从总体上来说，"天人合一"论作为一种中国古代特有的哲学理念与思想智慧，以"位育中和"为其核心内涵，深刻包含了我国古人对于"天地人"三者关系的极富哲理的特定把握，对于当代生态文化建设具有极为重要的参考价值。至于其所包含的"天命观"，实际上是

---

① 蒙培元：《人与自然——中国哲学生态观》，人民出版社 2004 年版，第 110 页。
② 汤一介：《在经济全球化形势下中华文化的定位》，《中国文化研究》2000 年第 4 期。
③ 杨振宁：《〈易经〉对中华文化的影响》，《自然杂志》2005 年第 1 期。
④ 徐友渔：《90 年代社会思潮》，《天涯》1997 年第 2 期。

人类早期的一种"自然神论",还不能算作宗教哲学。"天人合一"论虽然不具有近代演绎法,但却包含着"象数"这样的古典形态的推算演绎。它与西方以"和谐"为其代表的哲学理念有着十分重要的区别。因为,"中和"是一种宏观的"天人之际",而"和谐"则是微观的物质对称比例。因此,从总体上,对"天人合一"思想给予应有的肯定,是一种科学的、客观的态度。同样,对其进行必要的批判分析也是客观必要的。第二个问题就涉及中国当代文化建设,包括当代生态文化建设的路径问题。因为,我国在文化建设问题上从五四运动以来一直存在着"中西体用之争"。但总结近百年来的经验,特别是在当代经济全球化的背景之下,当代中国文化建设要从中国自己的传统出发而不能完全从西方文化出发,这应该是不争的事实。当然,我这里所说的"中国自己的传统",既包括中国古代的传统,也包括中国现代的传统。而且,现代传统应该占据重要位置,但也不能忽视古代传统,特别是对于中国古代那些具有明显民族性并包含有当代价值内涵的哲学与文化精神更应加以重视与继承发扬。这里就包括中国古代"天人合一"论这样的思想观念。应该讲,它是中国古代文化精华之所在,渗透于中华民族文化与生活的方方面面,成为中国文化的标志,特别是其所包含的生态智慧具有极为重要的当代价值,理应引起我们的高度重视与正确评价。这样做,在一定的程度上也是全球化语境下的一种中华民族文化身份的认同。

二

我们已经说过,我国古代的"天人合一"思想是以"位育中和"为其核心内涵的。"位育中和"在我国古代文化之中有其特殊重要的地位。正如《礼记·中庸》所说:"喜怒哀乐之未发,谓之中;发而皆中节,谓之和。中也者,天下之大本也;和也者,天下之达道也。致中和,天地位焉,万物育焉。"这里首先讲的是君子的道德修养若达到"中和"的境界,就能使得天地有位、万物化育。这就将君子之修养与天地万物的化育有序地联系在一起,从而成为"天人合一"论之核心内涵。由此可见，中国古代"天人合一"与"中和"论思想的确是包含着浓郁的生态意识的。正如费孝通教授所说："刻写在山东孔庙大成殿上的'位育中和'四个字，可以说代表了儒家文化的精髓。"① 由此，我们应该回过头来更深入地探讨"位育中和"思想的起源及其深刻内涵。这就要更深入地探寻与之有关的儒、道等各家的学术思想，特别是《周易》的有关思想。因为，《周易》已经被众多国学家公认为我国文化的源头。"天人合一"与"中和"论思想的起源就在《周易》之中。

其一，"太极化生"之古代生态存在论思想。《周易》整个讲的是宇宙人类化生、生存、发展与变化的道理。《易传·系辞上》指出："《易》与天地准，故能弥纶天地之道。"因此，《周易》的内容不是讲人对于世界的认识，它不是一种认识论哲学，而是讲宇宙人类的生存发展，是一种古代存在论哲学。在宇宙人类万物生成的基本观念上，《周易》提出"太极化生"的重要观点。《周易·系辞上》指出："是故易有太极，是生两仪，两仪生四象，四象生八卦，八卦定吉凶，吉凶生大业。"这里的所谓"太极"就是对于宇宙形成之初"混沌"状态的一种描述，预示天地混沌未分之时阴阳二气环抱之状，一动一静，自相交感，交合施受，出两仪，生天地，化万物。《周易·乾·象》指出："大哉乾元，万物资始，乃统天"，将"太极"之乾作为万物之"元"之"始"，也就是回到宇宙万物之起点。《周易·系辞下》还对这种"混沌"和"起点"的现象进行了具体描绘。它说"天地氤氲，万物化醇；男女构精，万物化生"，也就是说，宇宙万物形成之时的情形犹如各种气体的渗透弥漫，阴阳交感受精，万物像酒一般地被酿制出来，像十月怀胎一样地被孕育出来。在这里，《周易》提出了"元"和"始"的问题，也就是哲学上一再讨论的回到事物原初之"在"（Bing）。《周易》的回答是，事物原初之"在"既非物质，也非精神，而是阴阳交融的"太极"。这个"太极"就是老子所说的"道"，所谓"道生一，一生二，二生三，三生万物。万物负阴

_____

① 费孝通：《"三级两跳"中的文化思考》，《读书》2001年第4期。

而抱阳，冲气以为和"(《老子·四十二章》)。这实际上是一种古典形态的存在论哲学观念，"太极"与"混沌"就是作为万物之源的"在"。人与万物都是"太极"与"混沌"所生，它们在这一点上是平等的。因此，庄子提出了"天地与我并生，而万物与我为一"(《庄子·齐物论》)的"万物齐一"论。"太极化生"论还为"天人合一"之"中和论"予以具体的阐释，告诉我们中国古代的"中和"不是简单地物物相加，而是天人、阴阳交互混合，发展变化，构成整体。从这个意义上说，中国古代的"中和"论就是"整体论"。著名的《中国古代科技史》的作者李约瑟（Joseph Needham）将之称为"有机的自然主义"。他说，"对中国人来说，自然界并不是某种应该被意志和暴力所征服的具有敌意和邪恶的东西，而更像一切生命中最伟大的物体"。就《周易》本身来说，这种"整体观"是非常复杂的，而且是纯粹东方式的。它是一幅丰富复杂的"八卦图"，包含着天、地、人之间阴阳、刚柔、仁义、发展、变化、往复、相生、相克等等内涵，实际上是一个更为宏阔的宇宙、社会与人生之环链。正如《周易·系辞下》所说，"古者包牺氏之王天下也，仰则观象于天，俯则观法于地，观鸟兽之文与地之宜，近取诸身，远取诸物，于是始作八卦，以通神明之德，以类万物之情"。这也就是《周易·系辞上》所言"乾坤成列，而《易》立乎其中矣"。"太极八卦"中由象、卦、辞构成的"乾坤成列"的系统与环链实际上反映了天地人文万物交互联系之内在规律，是更为宏阔的古典形态的生态环链模拟。其后，庄子据此提出更为具体的"天倪论"生物环链思想。《论语·述而》中也有对于保护生态平衡的具体表述，所谓"钓而不纲，弋不射宿"。也就是说，要求人们捕鱼不要用细密的网，以便留下小鱼繁殖生长，而射鸟时不要射过夜的鸟以免射杀过多。这些思想观念对于当代人类思考在宇宙万物生态环链中的生存有着极大的启发价值。《周易》"太极化生"中所包含的"中和论"思想，实际上渗透于几千年来中华民族的日常生活的各个方面。从人的身体的方面来说，著名的《黄帝内经》就以"太极阴阳""整体施治"作为其健身疗病之根据，力主"人生有形，不离阴阳""天地合气，命之曰人"。这些都是有别于西医的"对症治疗"的原理的，并被事实证明是有其独特价值的。在精神生活方面，我国古代儒家历来主张君子应该在"天人合一"思想指导下，修仁义之德，养浩然之气，以便做到奉天承命，治国平天下。在政治伦理道德领域，儒家主张"礼之用，和为贵"（《论语·雍也》）、仁者"爱人"、"己所不欲，勿施于人"（《论语·卫灵公》），等等。最近，学术界许多人士倡导"和合精神"，就是试图结合当前现实生活继承发扬这种"天人合一""太极化生""位育中和"的传统文化思想。

其二，"生生之谓易"之古代生态思维。《周易》的"太极化生"不仅是一种东方式的古典形态的存在论哲学，而且是一种古典形态的生态思维。这是一种以"天人之和"为基点，以生命运动为特征，以"易变"为表征，包含卦、象、数、辞等丰富内容的生命有机论思维方式。《周易·系辞上》指出："圣人立象以尽意，设卦以尽情伪，系辞焉以尽其言，变而通之以尽利，鼓之舞之以尽神。"这里基本上将"易变"思维的基本特点讲清楚了。所谓"卦""象"即指六十四卦，作为天地万物的象征，表达了"天人相和"之意，既是某种原始的具象思维，也包含着高度的归纳。所谓"辞"即是圣人对于"卦象"的阐释，是圣人之言。所谓"变通"即是"易变"思维的最重要特点，是一种"变"与"通"的结合，以发挥其特殊的沟通天人的作用。当然，这里面还有"象数"推算的活动，也是一种古典形态的演绎。所谓"鼓之舞之以尽神"是指"易变"思维包含某种巫术思维的色彩，凭借占卦以卜吉凶，而且伴随着某种歌舞的原始祭祀活动。这种"易变"思维首先是一种整体思维，是从"太极"、"阴阳"之"道"生发的一种思维。《周易·系辞上》所谓"易与天地准，故能弥纶天地之道"，这就是说，在"易变"思维看来，"易"与天地宇宙是一致的，它是从天地宇宙这个整体出发来进行思维的。它还认为，"易"与万物之源的"乾""坤"紧密相连，是以乾坤、阴阳、刚柔之变化莫测的关系为其基本内涵的。《周易·系辞上》指出："乾坤，其《易》之蕴邪？乾坤成列，而《易》立乎其中矣；乾坤毁则无以见《易》；《易》不可见，则乾坤或几乎息矣。"又云："刚柔相推而生变化。"由此可见，乾坤阴阳刚柔与"易变"之紧密关系。因此，"易变"思维包含着乾坤阴阳刚柔相交相应的重要内涵。所谓易者变也，爻者交也。既然有"交"，那就有相生与相克之分。阴阳相应，和谐协调，即为吉，否则即为凶。《周易·泰·彖》曰："'泰，小往大来，吉，亨。'则是天地交而万物通也，上下交而其志同也。内阳而外阴，内健而外顺，内君子而外小人，君子道长，小人道消也。"《周易·泰·象》中又指出："天地交，泰。后以财成天地之道，辅相天地之宜，以左右民。"与此相反的"否"卦则为"天地不交而万物不通也，上下不交而天下无邦也。……小人道长，君子道消也。"（《周易·否·象》）泰与否、福与祸都是相对的，可以互相转化的，所谓"否极泰来""祸兮，福之所倚"，即此之谓也。这就说明，人与自然关系的泰与否是相对的、可以转化的，只有"顺应天时"才能转否为泰，风调雨顺，而违背天时却要遭到"天谴"，甚至有可能陷入"天难"。"易变"思维重要的内涵是将世界上的一切矛盾问题加以简化。正如《周易·系辞上》章所说："易则易知，简则易从。易知则有亲，易从则有功。……易简而天下之理得矣。天下之理得，而成位乎其中矣。"也就是说，所谓"易"就是容易和简化，只有容易才能为很多人接受，而只有简化才能做到有效率。很明显，《周易》将天地宇宙万物人类社会那么复杂多变的事物与现象简化为"太极""天人""阴阳"与"八卦"。这么高度的简化实际上是一种极其哲理化的"回到原初"的把握事物的方法，也就是古典形态的现象学。这是一种从"乾坤混沌""太极化生"的原初视角对人与自然关系一体性的把握，即为中国古代有关"天人之际"的重要观念，今天仍有其极为重要的价值。"易变"思维的最重要内涵是将宇宙万物、天地人事均视为具有生命的活力。正如《周易·系辞上》所说，"生生之谓易，成象之谓乾，效法之谓坤，极数知来之谓占，通变之谓事，阴阳不测之谓神"。也就是说，"易变"之理在于以"生生"即生命的生长演变为基础，然后才有占、变、神与阴阳等"易理"。因此，生命是最根本的易变之理。正如《周易·系辞下》所言，"天地之大德曰生"。"生"成为天地人之间最高的准则。因此，从某种意义上，也可以说，《周易》的根本是"生生"，而"易变"的核心则是生命的生长演变。正是从这个角度上，我们说中国古代文化是一种生命的生态的文化。

其三，"天人合德"之古代生态人文主义。人文主义有狭义与广义之别。狭义的人文主义特指西方文艺复兴时期以对抗神学为其核心内涵的对人的本性欲望的张扬，而广义的人文主义则是自有人类以来就存在的对于人的生存命运的重视与关怀。正是从广义的人文主义的角度，我们认为，我国古代的人文主义精神是一种包含着浓郁的生态意识的生态人文主义精神。这种生态人文主义精神集中地表现于以《周易》为其代表的先秦时期的典籍之中。《周易》中的"天人合德"思想就是这种中国古代生态人文主义精神的重要体现。《周易·乾·文言》指出："夫大人者，与天地合其德，与日月合其明，与四时合其序，与鬼神合其吉凶。先天而天弗违，后天而奉天时。天且弗违，而况于人乎，况于鬼神乎？"这里提出了一个"与天地合其德"的重要问题，其内容为"天弗违""奉天时"，这样才能做到"与天地合其德，与日月合其明，与四时合其序，与鬼神合其吉凶"。也就是说，只有这样，人才能有一个较好的生存状态。这就是一种将"天时"与人的生存相结合的古典形态的生态人文主义。我国古代之所以能够提出如此深刻的问题，与我国作为农业古国长期饱受自然之患有很大的关系。著名的"大禹治水"传说与《山海经》中的许多神话故事都说明了这一点，可以说是深刻的历史教训和忧患意识使得我国在先民时期就具有了较为明确的生态人文主义思想。《周易·系辞下》指出："《易》之兴也，其于中古乎？作《易》者，其有忧患乎？是故履，德之基也；谦，德之柄也；复，德之本也；恒，德之固也。"这就充分说明，《周易》的出现是与当时先民的忧患意识有着密切关系的。这种忧患除了战争之外，最重要的就是自然灾难，特别是水患。因此，顺应天时，掌握自然规律就成为人类安居乐业之本，成为有利于人的"大德"。这就是当时包含生态规律的人文主义产生的重要原因。由此，《周易》明确提出"天文"与"人文"的统一。《周易·贲·象》曰："贲，亨，柔来而文刚，故亨；分，刚上而文柔，故'小利有攸往'。刚柔交错,天文也;文明以止,人文也。观乎天文,以察时变;观乎人文,以化成天下。"对于"天文"与"人文"的统一,我们进一步以《周易》贲卦为例加以说明。贲,艮上而离下,柔上而刚下,这是一种有小利而无大咎的卦象,属于"天文"的范围。人们根据这种天象规范自己的行为,使人类的行为以此为准,那就成了"人文"。观天文可以了解宇宙万物的变化,而观人文则可以规范人的行为。这就是一种天文与人文的统一,是"天人合德"的具体内涵。《周易》还更具体地阐述了天地人"三才"的理论。《周易·说卦传》指出:"昔者圣人之作《易》也,将以顺性命之理。是以立天之道曰阴与阳,立地之道曰柔与刚,立人之道曰仁与义。兼三才而两之,故《易》六画而成卦。"这就是说,古代圣人根据天地人本真性命之道,通过卦象将天道阴阳、地道刚柔、人道仁义联系在一起。因而,易卦就是一种包含着天地人三个维度的古代人文主义,即古代中国的生态人文主义。当然,古人认为,"易"是由圣人发现并作卦与辞的,只有圣人能够体现这种包含生态内涵的与天地相应的仁义之理。《周易·系辞上》指出:"是故天生神物,圣人则之。天地变化,圣人效之。天垂象,见吉凶,圣人象之。河出图,洛出书,圣人则之。"一般的君子亦可以通过道德的修养达到"至诚"的高度,从而掌握这种包含生态维度的仁义精神。这就是所谓的"知天命",即孔子所说的"五十而知天命"。《礼记·中庸》说道:"唯天下至诚,为能尽其性。能尽其性,则能尽人之性;能尽人之性,则能尽物之性;能尽物之性,则可以赞天地之化育。可以赞天地之化育,则可以与天地参矣。"也就是说,只有达到至诚才能顺应天性与物性,并尽人性,从而可以与天地相和。这里,强调了一种人应与天地参,即向天地看齐的观念。《周易·乾·象》中提出"天行健,君子以自强不息",《坤·象》提出"君子以厚德载物"的思想,都是因效法天地而培养的包含生态内涵的"仁义之理"。同时,中国古代还将这种"天人之和"的思想扩大到人与万物的"共生"。《礼记·中庸》所说的"万物并育而不相害,道并行而不相悖",就是一种古典形态的"共生"思想。《周易·文言》提出:"君子体仁足以长人,嘉会足以合礼,利物足以和义，贞固足以干事。君子行此四德者，故曰：'乾，元亨利贞。'"这里的"长人""嘉会""利物"与"贞固"都是"共生"思想的体现。《论语·子路》云："君子和而不同，小人同而不和。"这里，所谓"和而不同"是各种事物相杂而生，而"同而不和"则是只允许一种事物独自存在而不允许不同的事物存在。只有这种"和而不同"才有利万物的生长。《国语》云："和实生物，同则不继。"这正是生态规律的反映，是一种生态的人文主义。

其四，"厚德载物"之古代大地伦理观念。《周易》通篇充满了对于天地的敬畏与歌颂，特别是它对于大地的敬畏与歌颂，可以说就是古典形态的大地伦理观念。这里，我们引用《周易》中的两段文字加以说明。《周易·坤·彖》云："至哉坤元，万物资生，乃顺承天。坤厚载物，德合无疆。含弘光大，品物咸亨。牝马地类，行地无疆，柔顺利贞。"《周易·坤·文言》云："坤至柔而动也刚，至静而德方。后得主而有常，含万物而化光。坤道其顺乎，承天而时行。"又说："阴虽有美，含之以从王事，弗敢成也。地道也，妻道也，臣道也。地道无成，而代有终也。"这几段文字可以说是对我国古代大地伦理观念的全面阐发，从大地的地位、作用、特性与人类对大地应有的态度等多个方面阐发论证了古代大地伦理观念。从大地的地位来说，"至哉坤元，万物资生""德合无疆，含弘光大"，等等，将大地的地位提到至高无上、诞育万物、功德无量的人类母亲的高度。从大地的作用来说，"坤厚载物""品物咸亨""天地变化，草木蕃""地道无成，而代有终"等，对于大地的承载万物，使之繁茂发育、承续后代等等重要作用进行了深入的阐释。在大地的特性方面，《周易》进行了形象而深刻的描述，用了"坤至柔而动也刚""至静而德方""阴虽有美，含之以从王事"等，充分表现了大地"内柔外刚""内静外方""含蓄之美"等美好的母性品格。在人类对于大地应有的态度上，《周易》首先对于大地母亲进行了充分的歌颂，使用了"至哉""无疆""光大"等高尚而美好的语言。更重要的是，《周易》表现了人类应该学习大地，秉承大地优秀品格的意愿。《周易·坤·彖》说："地势坤，君子以厚德载物。"《周易·文言》说："地道也，妻道也，臣道也。"也就是说，它认为人类应该像大地那样宽容厚道，容纳万物，学习大地"含弘光大"的"地道"，尽到做人的责任。《周易·说卦》更明确地告诉我们，"坤也者，地也，万物皆致养焉，故曰'致役乎坤'"。这就歌颂了大地养育和服务于万物与人类的奉献精神。这样的古代大地伦理观念尽管时代局限性非常明显，但其所包含的对于大地地位、作用及人类应有态度的阐述，对于我们思考人类与大地的关系还是很有启发作用的。

其五，"大乐同和"之古代生态审美观。在我国古代，生产劳动与诗乐舞巫的结合可以说就是一种最基本的生存方式，《周易》中专门描写过占卜过程中的"鼓之舞之"，也就是载歌载舞的情状。特别是乐，在我国古代更有其特殊的地位，是达到天地人三才相和的重要途径。《礼记·乐记》指出："大乐与天地同和，大礼与天地同节。和，故万物不失；节，故祀天祭地。"又说："夫歌者，直己而陈德也，动己而天地应焉，四时和焉，星辰理焉，万物育焉。"《尚书·舜典》云："八音克谐，无相夺伦，神人以和。"在我国古代，"乐"具有非常高的本体的地位，成为达到"天人之和"的重要渠道。《乐记》认为，"是故情见而义立，乐终而德尊。君子以好善，小人以听过。故曰：生民之道，乐为大焉。"将乐与"德尊""好善"相联系，提到"生民之道，乐为大焉"，即人类生活中最高的地位。这就是中国古代的"乐本论"，将"乐"作为人的基本生存方式。《乐记》对此具体描述道："是故乐在宗庙之中，君臣上下同听之，则莫不和敬；在族长乡里之中，长幼同听之，则莫不和顺；在闺门之内，父子兄弟同听之，则莫不和亲。故乐者，审一以定和，比物以饰节，节奏合以成文。所以合和父子君臣，附亲万民也。是先王立乐之方也。"在这里，"乐"已经深入宗庙、乡里、家庭等社会生活的各个方面，成为我国古代人民基本的生活方式。这是一种通过"乐"来和敬天地乡里家庭的审美的生活方式，是古典的生态审美形态。

三

在当今 21 世纪开始之际，人类既享受到现代工业革命给我们带来的文明发展，同时也切身地感受到现代工业革命给我们带来的一系列负面影响。特别是生态的急剧恶化和环境的严重破坏给我们带来的深重灾难，水俣病、癌病、艾滋病、非典、禽流感，等等，都在威胁着我们，给我们的未来和后代带来浓重的生活阴影。因此，应当改变我们的生存方式，从现代的工业文明迅速过渡到后工业的生态文明已经成为全世界绝大多数人的共识。要实现这种文明形态的过渡，最重要的是要改变我们的文化观念，迅速地从工业文明的人类中心主义、唯科技主义、唯工具理性与主客二分的思维模式转变到有机整体的生态思维观念之上。这样的转变当然应主要立足于当代，并从各国的实际情况出发，但借鉴古代的生态智慧则是十分必要的。我国古代"天人合一"思想中所包含的生态智慧无疑不可避免地存在着历史与时代的局限，特别是因其产生在前现代的远古的背景之上，因而免不了有许多反科学的，甚至是迷信的色彩。因此，对于"天人合一"之中的生态思想，我们既不能完全接受，也不能任意拔高。但这一思想之中的许多智慧资源的确是极其宝贵的。特别重要的是，对于我们当前亟须建设的当代生态人文主义，中国古代生态智慧具有较大的借鉴意义。在当代，人与自然、生态观与人文观能否真正实现统一，从而建设当代形态的生态人文主义，这是至关重要的理论问题，也是十分紧迫的现实问题。有人说，人与自然、生态与人文是天生对立的，不可能统一。这是一种悲观主义的态度，这种态度还是建立在传统的唯科技主义认识论思维基础之上的。从传统认识论出发，当然会得出生态与人文必然对立的结论。但当前最为重要的则是需要从传统认识论转到现代存在论哲学与思维模式之上，从人与自然的必然对立转向两者在存在论基础之上的统一。从我国古代"天人合一"思想之"易变"思维来看，对其两者的关系应该从"简""变""合德""共生"，古代大地伦理与"大乐同和"等特殊视角去把握。所谓"简"，就是应该将人与自然的复杂关系简化，回到事物产生之初的"太极"与"混沌"状态，就会清楚地看到人与自然所由产生的同一根源，说明其间必然存在的统一的原初性根由。从"变"的角度看，就是要以"易变"的观念充分认识人与自然之间的相生与相克及其变化，只要注重天时地利人和，创造必要的条件，就能由其相克转化到相生。从"合德"的视角看，人类不仅应该改造自然，而且还应尊重自然，自然尽管不是神秘的但其秘密也不是人类所能穷尽的。因此，在人与自然的关系上，人类更应主动地遵循自然规律，与自然"合德"，这才是天文与人文统一的前提，是建设当代生态人文主义的首要条件。我国古代的"共生"哲学，力主"和而不同""生生之谓易"与"和实生物，同则不继"，这实际上是一种特别有价值的生态哲学，值得我们借鉴。从大地伦理的角度看，我国《周易》对于"厚德载物"的大地母亲的敬畏与歌颂值得我们深思，它不仅揭示了大地哺育人类的真理，而且体现了人类感恩大地的情怀。而"大乐同和"则是一种古典形态的生态审美观，揭示了我国古代先民在如歌、如乐、如舞的生命境界中实现人与天地万物和谐美好生存的审美境界，值得我们在确立当代"诗意的栖居"的生态审美态度时从中获得诗意的启发。

对于我国当前提倡的科学发展观和确立建设和谐社会目标，古代"天人合一"思想中所包含的生态智慧更有其特殊价值。因为我国的现代化建设已进入关键时期，许多矛盾暴露出来，其中非常突出的就是社会经济发展与环境资源的突出矛盾。因此，人与自然环境资源的和谐协调成为科学发展观与和谐社会建设的非常重要的内容。我国要真正做到两者之间的和谐协调，除了发展模式要从中国实际出发外，同样重要的是应该从我国的实际出发，建设具有中国特色的、易于为广大人民接受的生态与环境理念。这就要借鉴我国古代文化资源，从中汲取营养，建设为广大人民所喜闻乐见的当代中国生态理论，以期对科学发展观与和谐社会建设做出应有贡献。我国古代"天人合一"思想中的生态智慧早就引起国际哲学界与生态学界的重视。美国研究环境问题的世界观察研究所所长布朗指出："我们只应当追求维持生活的最低限度的财富，我们的主要目标应当是精神文化的。如果我们把追求物质财富作为我们的最高目标，那就会导致灾难。老子提倡无私和博爱，并认为这是人类事业中取得幸福和成功的关键。"罗马俱乐部中国分部对此评价道："这恰与老子几千年前所提'无欲'、'天人合一'相对应，这正是人类正'道'的基本前提。并且老子的思想提供的价值观念真正切中了以西方文化为主体的现代文明异化的种种问题与要害，正是医治现代文明病的良方。"① 当然，还有包括海德格尔等许多已经为大家熟悉的理论家都从我国"天人合一"思想中吸取诸多精华，说明我国古代这一理论所具有的当代普世性价值，值得我们重视并加以研究。

（原载《文史哲》2006 年第 4 期）

---

① 参见布达佩斯俱乐部中国分部论坛：http：//www. bdpscluborg\ bbs\ index. asp.

孔子与儒家的古典生态智慧与生态审美智慧

　　孔子是中国最重要的思想家，也是我国古代的儒家学派的开创者与代表人物，他的思想集中反映在后人所记《论语》以及《礼记》等典籍中。这里，我们就以《论语》等为主要依据，来研究分析以孔子为代表的儒家学派的生态智慧与生态审美智慧。

一　"天人合一"的中国古代生态存在论智慧

　　以孔子为代表的儒家学说十分重要的思想就是"天人合一"。当然，"天人合一"可以说是儒道两家共有的思想，所谓"天人之际，合而为一"（《春秋繁露》）。在天人关系中，道家更注重于"天"，而儒家更注重于"人"。但是，儒道两家在天人关系中都仍然是以"天"为主。这里的"天"有多重解释，到东汉董仲舒之后，更多倾向于"神道之天"，而在先秦时期，则更多是"自然之天"，所以，那时的"天人合一"就已包含人与自然统一的思想。"天人合一"实际上是说人的一种在世关系，人与包括自然在内的世界的关系，这种关系不是对立的，而是交融的，相关的，一体的。这就是中国古代东方的存在论生态智慧。孔子《论语》中讲到了"礼之用，和为贵"（《论语·学而》），这里的"礼"不是指日常生活之礼，而主要是祭祀之礼，"大礼与天地同节"（《礼记·乐记》）之礼；这里的"和"，可以理解为"天人之和"，是一种对天人之和的诉求。同时，孔子又讲到"中庸之为德也，其至矣乎"（《论语·雍也》），也就是将中庸看作是最高的道德。什么是中庸呢？即"过犹不及"，它完全不是人们一般意义上理解的日常行事原则，而是作为最高的道德。这种最高的道德在当时来讲，应该是对天所持守的道德。这里的"中庸"与"过犹不及"就是《礼记》所说的"中和"，《周易》所说的"保合太和"。《礼记·中庸》的"中和"即为孔子所言"和为贵"与"中庸"的进一步阐发，是一种生态存在论古代智慧。《中庸》亦指出："喜怒哀乐之未发，谓之中；发而皆中节，谓之和。中也者，天下之大本也；和也者，天下之达道也。致中和，天地位焉，万物育焉。"（《礼记·中庸》）《中庸》将"致中和"提到"天下之大本"与"天下之达道"的高度，而且认为，只有"致中和"，天地才能各在其位，即生态平衡，万物才得以繁衍生长，实现一种人与万物和谐的，有利于人与万物生长生存的状态。这实际上是一种古代生态存在论的智慧。因此，"位育中和"成为儒家的经典名言，被镌刻在孔庙的门楣之上。

二　对自然之敬畏与客观自然美的诉求

孔子不赞成盛行于当时的民间巫术，反对以这种迷信活动扰乱人们的生活，所谓"子不语怪力乱神"（《论语·述而》），但孔子对自然之天却有敬畏。他曾说："君子有三畏：畏天命，畏大人，畏圣人之言"（《论语·季氏》），将"畏天命"放在首位。他在说到古代贤君尧帝时，认为尧之所以伟大，就是因为尧效法于天，"大哉，尧之为君也。巍巍乎！唯天为大，唯尧则之"（《论语·泰伯》）。当然，孔子的"天"的内涵，除了自然之外，还有神秘的神性色彩。他在回答卫国大夫王孙贾有关如何祭祀的请教时，回答说："不然，获罪于天，无所祷也。"（《论语·八佾》）这种对天的敬畏与神秘之感，在那样一个科技落后的时代是十分自然的，其宿命论与神秘色彩亦是十分明显的，但其中主要还包含着对自然之天的适度敬畏。而且，孔子还在一定程度上将自然看作是一种不以人的意志为转移的客观存在。人们应该有一种对于这种自然的客观美的向往与诉求。孔子在一次与弟子子贡有关教育的讨论中，曾经说到自然的无言之教。"子曰：'予欲无言'。子贡曰：'子如不言，则小子何述焉?'子曰：'天何言哉？四时行焉，百物生焉，天何言哉？'"（《论语·阳货》）也就是说，大自然以其客观运行繁盛万物，并以此教育人类，成为人类永恒的向往与期许。

三 "和而不同"的"共生"思想

孔子说："君子和而不同，小人同而不和。"（《论语·述而》）"和而不同"成为儒家学说中的重要思想。孔子在这里将"和"与"同"相对，所谓"和"即为不同事物之间的协调和谐，而"同"即事物的单一状态，不允许不同事物的存在。诚如《国语》所说，"和实生物，同则不继"，这就揭示了一种古典的"共生"的思想，只有多种生物相杂，自然才能繁盛；若只有同一种生物，不能继续生态繁盛。这也是古代在人类繁衍中所总结出的"同姓不蕃"的思想的引申，是一种生态规律。同时，孔子也是一个十分热爱生命和生活的思想家。有一次子路向他请教"死"的问题，孔子回答："未知生，焉知死？"（《论语·先进》）也就是说，孔子认为，与死紧密相关的生比死更为重要。而且，孔子还将这种"生"的思想用于孝道上，就是著名的"三年守孝"的论述。宰我问孔子，为什么要守孝三年，三年时间太长，一年就可以了。孔子对这个问题作了回答："子生三年，然后免于父母之怀。夫三年之丧，天下之通丧也。"（《论语·阳货》）也就是说，父母养育一个生命使之脱离怀抱，能行走进食，一般需三年，这三年是一个人生命的初始期，关键期，也是父母最操劳，抚爱的时期，因此一个人回报父母养育之恩起码就要守孝三年。这正是对生命及生命承续的重视。

四 不违农时的古典生态智慧

孔子的时代，农业是国计民生的根本，因此，不违农时成为当时当政者与人民最重要的事情。所谓"不违农时"，就是按照四时节气之自然生态规律来安排农业生产。孔子在谈到治理一个国家时曾经说："敬事而信，节用而爱人，使民以时。"(《论语·学而》) 等三条原则，其中"使民以时"就是指要使老百姓不误农时，按照四时节气时令进行农业生产。这是一种古典的生态智慧，是十分重要的。《礼记·月令》十分详细地记载了春夏秋冬四季当政者与人民如何按照农时进行农业活动及相关活动的情形。以春季为例，《月令》认为，立春是"天气下降，地气上腾，天地和同，草木萌动"。在这种情况下，当政者应不违农时，带领人民进行适时的农业活动。首先是"迎春之礼"，所谓"立春之日，天子亲帅三公九卿诸侯大夫以迎春于东郊"。其次就是"开播之典"，所谓"乃择元辰，天子亲载耒耜，措之于参保介之御间，帅三公九卿诸侯大夫躬耕帝籍。天子三推，三公五推，卿诸侯九推"。再就是为了保证农业生产进行必要的生态保护。所谓"乃修祭典，命祀山林川泽，牺牲不用牝。禁止伐木。毋覆巢，毋杀孩虫、胎、夭、飞鸟、母鹿、母卵"，等等。当然，孔子也在《论语》中讲到了相应的"生态保护"思想，就是十分著名的"钓而不纲，弋不射宿"(《论语·述而》) 的观念，说明中国自古就有比较自觉的生态保护意识。

五 力主节俭素朴的符合生态规律的生活方式

上面说到，孔子在谈治国原则时将"节用爱人"作为重要原则之一，这正是倡导一种符合生态规律的生活方式。还有一次，鲁国人林放向孔子请教"礼"的根本，孔子回答说："大哉问! 礼，与其奢也，宁俭; 丧，与其易也，宁戚。"(《论语·八佾》) 也就是说，在孔子看来，"礼"的最根本之意是去奢求俭，也就是追求和倡导一种节俭的生活方式，这在孔子所生活的时代是非常重要的。因为据孔子同时代人墨子记载，当时战乱频发，统治阶级骄奢淫逸，而广大人民却不堪重负，流离失所，极端贫困。统治阶级骄奢淫逸的生活，一方面加剧了社会矛盾，另一方面则严重破坏了自然环境和生态平衡。所以，"节俭"实际上也是一种符合生态规律的"够了就行"的生活方式。

六 "知者乐水，仁者乐山"的对自然万物的亲和之情

孔子有一句著名的话："知者乐水，仁者乐山。"（《论语·雍也》）这是一种以对自然友好做比喻的诗性思维，就是用水来比喻知者的智慧，用山来比喻仁者的道德。水的流动性和溪流中流水奔腾流淌的欢快性，恰恰比喻了知者的巧于应对的机智和获得智慧的欢快；而山的沉静和永恒，则形象地说明了高尚道德者做人原则的坚定性及其与日月同辉的价值。由此说明，孔子对自然万物的亲和之情及其在对话中对亲和自然的"比兴"手法的运用。孔子还有一句话："君子怀德，小人怀土；君子怀刑，小人怀惠"（《论语·里仁》），这里的君子是指处于统治地位的人，而小人则指处于被统治地位的普通平民，与一般的好人与坏人的价值判断不应有关，不是通常所说的君子与小人。这里的意思是，处于统治地位的人追求礼仪的完备，道德的完善，普通老百姓则追求安定的乡土生活；统治者追求法度治国，而普通老百姓则期望实行仁政而获得生活的改善。这里的"怀土"实际上是一种对普通老百姓的乡土之情的表达，针对当时的战争与劳役，使大批百姓流离失所，离乡背井，而乡土情正是生态观的内涵之一。

七 "仁者爱人"的东方古典生态人文主义

孔子思想的核心是仁学思想。也就是说，孔子的论述都是围绕"仁"来进行的。那么，什么是"仁"呢？孔子在回答学生樊迟请教什么是"仁"的问题时讲"爱人"，这就是流行于世的"仁者爱人"的思想。对于"仁者爱人"的内涵，孔子作了很多论述，其中有些论述是包含古典生态人文主义的，也就是说是一种包含生态观念的对人的关爱。一个重要思想就是"修己以安人"。孔子在回答子路的问题——怎样才能成为君子时，说"修己以安人"，又说："修己以安百姓。修己以安百姓，尧舜其犹病诸！"（《论语·宪问》）也就是说，"仁"的一个重要内容就是修善自己以达到使百姓"安居乐业"，这

一点连古代圣君尧舜都难以做到。这里的"安"有"安居"之意，也就是使百姓有自己安定的生存家园，这是中国古代生态与生存论哲学与美学的一个重要标志。对于"仁"，孔子在另一处又作了有关"恕"的解释。"子贡问曰：'有一言而可以终身行之者乎？'子曰：'其恕乎！己所不欲，勿施于人'。"（《论语·卫灵公》）所谓"己所不欲，勿施于人"就是"由己推人"，在哲学的意义上也可以说将对象看作另一个主体，即"互为主体"。《圣经》中也有类似的话，被生态哲学家和生态伦理学家们运用于生态理论，以解释人与自然的关系，人类由己推人以平等的态度对待自然。如果将"己所不欲，勿施于人"的"人"的范围加以扩大，延伸到自然万物的话，就是人对自然万物的仁爱精神，是一种典型的古典生态人文主义。

八　孟子的"仁民爱物"与张载的"民胞物与"的古典生态观

孟子是先秦时期另一位儒学大家，他的主要理论观点是著名的"性善说"，主张人人皆有"不忍之心""恻隐之心"，等等，并主张推己及人，所谓"老吾老，以及人之老；幼吾幼，以及人之幼"（《孟子·梁惠王上》），并由此推及自然万物。《梁惠王上》记载了齐宣王在大堂上看见有人宰牛去"血祭"，齐宣王见牛因恐惧而呈现觳觫之状而不忍，最后以羊代之。孟子由此得出结论："君子之于禽兽也，见其生，不忍见其死；闻其声，不忍食其肉。是以君子远庖厨也。"这就是"不忍之心""恻隐之心"的一种推思，是"仁爱"的一种扩大。进而，孟子提出"仁民而爱物"的思想。他在《孟子·尽心上》中谈道："君子之于物也，爱之而弗仁；于民也，仁之而弗亲。亲亲而仁民，仁民而爱物。"这里，尽管物，民与亲有所差别，但是由亲亲到仁民到爱物，由己及人，由近到远的仁爱思想还是十分明显的，可以说是一种古典的生态人文主义。

北宋哲学家张载从人与万物同受天地之气而生出发，提出"无一物非我"，进一步提出"民吾同胞，物吾与也"，即"民胞物与"的思想，将人民都看作自己的兄弟，将万物都看作自己的朋友。这一思想成为中国古代儒家理论中"人与万物平等"思想的典型表述，十分可贵。

（原文写于 2008 年 6 月）

试论基督教文化的神学存在论生态审美观

　　20 世纪 60 年代以来，生态问题在人类社会中愈来愈加突现出来，引起广泛关注。1972 年，联合国通过了《人类环境宣言》，确认生态危机已成为全球性问题。与此相应，在学术领域出现了"深层生态学""生态哲学""生态伦理学""生态批评""环境美学"，等等新兴学科。20 世纪 90 年代中期，中国学者提出"生态美学"概念，并认为这是一种人与自然和社会达到动态平衡、和谐一致的处于生态审美状态的崭新的生态存在论审美观。建设中的生态美学应该吸收古今中外各种理论的、文化的资源，其中也包括对人类社会和文化发展起过并仍在起着重要作用的基督教文化，特别是其经典《圣经》的重要思想资源。当然，也包括当代基督教文化之中有关神学存在论、神学现象学与生态神学的重要思想资源。本文拟从基督教文化的原典《圣经》出发，从神学存在论的视角，探索基督教文化中的生态审美观，作为对于新兴的生态美学问题的丰富，同时也以此就教于方家。

一

　　首先，摆在我们面前的问题就是，为什么说基督教文化的生态观是一种神学存在论生态审美观。因为，围绕基督教文化的生态观问题分歧颇多。美国史学家林恩·怀特（Lynn White）于 1967 年发表了他那篇被誉为"生态批评的里程碑"的名作《我们的生态危机的历史根源》。他指出，"犹太—基督教的人类中心主义"是"生态危机的思想文化根源"。它"构成了我们一切信念和价值观的基础"，"指导着我们的科学和技术"，鼓励着人们"以统治者的态度对待自然"。①
当代德国著名神学家莫尔特曼（Jurgen Molt Mann）则与此相反，提出
了"上帝中心"的"生态创造论"这一较为系统的生态神学理论。
他认为，人类处于上帝与万物之间的中介地位，"是以，人既不具有
决定万物存有的能力，也不可以视万物仅为满足自己的手段和工具，
一方面因为人不是绝对的，另一方面因为万物各自有其本性，正因如
此，人于受造的自然界乃有这一器重的角色需要扮演。"② 历程神学的
发展者天主教神学家贝利（Thomas Berry）和麦道拿（Sean McDagh）
则强调大地本身具有潜存之价值，人可说是自然演化中最迟出现的产
物，人的故事是大地故事的一部分，但这不是一个以人为中心、以大
自然为背景的故事。相反，这是一个以大地为中心的故事。③ 我们认
为，对于基督教文化及其经典《圣经》不能从通常的认识论的物我关
系来理解，而应从信仰论之彼岸此岸之关系来理解。因此，我们认为
基督教文化及其《圣经》的生态观是一种神学存在论生态审美观。也
就是用神学存在论的理论对基督教文化及《圣经》的生态观进行阐
释。这是一种以"上帝中心"及"救世"为主要内涵的生态存在论
审美观。我们之所以以"神学存在论"为理论支点，正说明基督教文
化是以上帝为中心、以信仰论为出发点，决不同于通常的认识论。正
如《圣经》所说，"我们也讲这些事，不是用人的智慧所教的言语，
而是用圣灵所教的言语，向属灵的人解释属灵的事"④。我们的阐释采
取"回到原典"的方法，以基督教文化的经典《圣经》为依据，主
要通过对《圣经》的解读来论述其神学存在论生态审美观。

　　基督教与《圣经》产生于人类对于自己的生存状态进行思索和探
索的早期。正值纪元前及其初期，犹太教和罗马帝国形成和发展的历

　　① 转引自王诺《欧美生态文学》，北京大学出版社 2003 年版，第 61 页。参见赖品超《对
话中的生态神学》，《道风基督教文化评论》第 18 期，道风书社 2003 年。

　　② ［德］莫尔特曼：《创造中的上帝》，汉语基督教文化研究所 1999 年版，中译本《导
言》。

　　③ 参见郭鸿标、堵建伟《新世纪的神学议程》（下）第九章《生态神学》，香港基督徒学
会 2003 年版。

　　④ 《圣经》新译本，香港天道书楼 1993 年版，第 1555 页。

史文化背景之下。当时尚处于前现代的经济社会状况。其时，人们不仅因为对于许多自然现象和社会现象无法理解而需要借助于信仰。而且，由于战争频繁，灾荒不断，人民流离颠沛，长期处于苦难的生存状态，只能把希望寄托于彼岸的神的世界。因此，从某种意义上来说，基督教是穷人和苦难民族的宗教。《圣经·旧约·诗篇》写道："耶和华要给受欺压的人作保障，作患难时的避难所。"① 《圣经·新约·马太福音》更以"骆驼穿过针眼，比有钱的人进上帝的国还容易"② 来生动比喻初期基督教对富人严把入口而却为穷人敞开大门的情形。现代丹麦著名哲学家和宗教作家梭伦·阿比耶·祁克果（Soren Aabye Kierkegaard）也指出："我一直力言：基督教是真正穷人的宗教；他们辛苦终日，几乎不得饱食。获益愈多，则愈难成为基督徒；因为，这时的反省，最易转错方向。"③ 基督教产生之时，人们的科技和生产水平都十分低下，面对复杂多变的自然和来势凶猛的灾荒，人们显得无助、无奈、茫然。正是在战争、压迫和自然灾害所形成的无尽的生存苦难之中，基督教和《圣经》作为救世的避难所应运而生。因此，基督教和《圣经》的产生就充分说明了它必然的包含着深刻的存在论哲思。而且，它既不可能是"人类中心"，也不可能是"生态中心"，而只能是"上帝中心"。因为，基督教作为一神教的宗教只能是"上帝崇拜"，遵循"上帝是万物之尺度"的准绳。诚如《圣经》所说："天上地下，只有耶和华是上帝，除他以外，再没有别的神了。"④ 因此，基督教文化不可能如怀特所说是什么"人类中心"，也不可能如贝利和麦道拿所说，是什么"生态中心"。基督教文化之产生，就已完成了由多神教向一神教的转变，使多神论"万物有灵"之思想为一神论之"上帝中心"所代替。由此可见，基督教文化的一神教特征成为其"上帝中心"之牢固根基。

　　从基督教和《圣经》的内涵来看，也都是有关人类和民族的前途

---

① 《圣经》新译本，香港天道书楼 1993 年版，第 698 页。
② 同上书，第 1363 页。
③ 《祁克果语录》，陈俊辉译，台湾扬智文化事业股份有限公司 1993 年版，第 31 页。
④ 《圣经》新译本，香港天道书楼 1993 年版，第 225 页。

命运、生存发展和来世理想等重大课题。《旧约》之诫律和《新约》之救赎都关系到人类和民族生死存亡之前途。诚如《新约》之约翰壹书所说，"如果有人犯了罪，在父的面前我们有一位维护者，就是那义者耶稣基督。他为我们的罪作了赎罪祭，不仅为我们的罪，也为全人类的罪"。① 更具体地看，《圣经》有创世——苦难——救赎三大主题，当然重点是救赎。这三大主题表示了人类存在的过去、现在和未来之历时性过程，回答人类何以在、如何在之宏大论题，成为以上帝为中心建构的完备的神学存在论。

从理论本身来看，基督教文化和《圣经》之神学存在论是不同于以海德格尔为代表的普通存在论的。海氏的普通存在论以"世界与大地之争执"来构建其内在关系，最后引向世界统治大地之"人类中心主义"。而且，海氏所说之诸神明显带有泛神论之倾向。而基督教和《圣经》之神学存在论是有其特殊内涵的。它业已经过祁克果和蒂利希（Puul Tillich）等加以阐释。祁克果指出，"基督教必须和存在有关，即和正存在之中的行动有关"。② 蒂利希指出，"基督教断言耶稣是基督。基督这个词，也明显的比照指明了人的存在的境遇"。③ 作为神学存在论所指的存在就是基督耶稣，在基督教中基督就是道、就是路、就是生命之源。基督之作为道，不同于古希腊的理性之"逻各斯"。正如《圣经》所说，"然而在信心成熟的人中间，我们也讲智慧，但不是这世代的智慧"。④ 基督之道也不是海氏所说的人性之道，而是属灵的神性之道。正如《圣经》所记耶稣对众人所说，"你们是从地上来的，我是从天上来的；你们属这世界，我却不属这世界"。⑤ 当然，基督之作为存在同海氏所说之存在一样是超验的，既超越万物之客体也超越人之精神主体。在这种神学存在论中，人与万物只是作为神之存在、即基督之道的具体呈现之存在者。作为"存在者"，人

① 《圣经》新译本，香港天道书楼 1993 年版，第 1678 页。
② 《祁克果语录》，陈俊辉译，台湾扬智文化事业股份有限公司 1993 年版，第 31 页。
③ ［德］蒂利希：《系统神学》第 2 卷，东南亚神学协会台南神学院 1971 年版，第 30 页。
④ 《圣经》新译本，香港天道书楼 1993 年版，第 1555 页。
⑤ 同上书，第 1466 页。

与万物处于此时此地的暂时多变的状态之中。但人类却因原罪和欲念而常常走向违背上帝之约的犯罪之途，因而作为存在者就不能很好地呈现上帝这最高之存在，即基督之道，因而必然受到上帝之罚，但最后又需上帝之救赎使之回到上帝存在之道。蒂利希借用现代哲学异化与复归之理论加以阐释。但作为《圣经》实际上是人类早期有关生存之罪与罚、罚与救之原型的体现。那么，为什么说基督教文化的神学存在论是生态的和审美的呢？其实，生态问题从哲学层面来说归根结底是人的存在问题。也就是人在天、地、自然之中生存发展之问题。因此，神学存在论本身是包含着生态之内容的。那就是基督教文化以上帝作为存在，人与万物都由上帝这一存在决定并都是呈现这一存在的存在者。正是从作为存在者这一点来讲，人与万物在上帝这一存在面前是平等的。因而，基督教文化之上帝中心的神学存在论生态观具体表现为，人与万物同是作为存在者的生态平等论。而神学存在论作为存在论哲学形态之一，它所贯彻的神学现象学方法就使现象的显现、真理的敞开与审美存在的形成达到高度的一致。因而，神学存在论具有十分突出的审美属性。首先，从真理的敞开来说，存在论哲学认为"美是无蔽性真理的一种呈现方式"。① 因此，存在论哲学—美学认为，所谓美即真理［存在］之自行敞开的过程，也就是由遮蔽到澄明之过程。基督教之神学存在论认为，基督耶稣就是真理、道路与生命。《圣经》约翰福音中耶稣说道，"我就是道路、真理、生命"。② 因而，耶稣通过救赎之途将人类从罪恶和灾难之中拯救出来，从而体现出上帝的真理之光，这就是真正的美。《圣经》诗篇第六十九篇写道："耶和华啊！求你应允我，因为你的慈爱美善；求你照着你丰盛的怜悯转脸垂顾我。求你不要向你的仆人掩面，求你快快应允我，因为我在困境之中。求你亲近我，拯救我，因我仇敌的缘故救赎我。"③ 在这里，《圣经》明确地将美善与上帝对人类的拯救与救赎紧密相连。

---

① ［德］马丁·海德格尔：《人诗意地栖居》，上海远东出版社1995年版，第107页。
② 《圣经》新译本，香港天道书楼1993年版，第1476页。
③ 同上书，第757页。

可见，拯救与救赎是上帝之真理由遮蔽到澄明的必经之过程。正因此，《圣经》认为，上帝就是美，就是善。《圣经》诗篇第一百篇写道："应当感恩的进入他的殿门，满口赞美的进入他的院子；要感谢他，称颂他的名。因为耶和华本是美善的，他的慈爱存到永远，他的信实直到万代。"① 正因为神学存在论把拯救与救赎作为其存在［真理］显现的核心环节，因而基督教文化，特别是《圣经》流露出浓厚的悲天悯人的慈爱心怀，渗透着强烈的审美的情感特性，并由此产生巨大的震撼力量。基督教文化与《圣经》的审美特性还表现在它极为突出的隐喻性。在《圣经》马可福音第四章中耶稣对他的门徒说："上帝的国的奥妙，只给你们知道，但对于外人，一切都用比喻，叫他们，看是看见了，却不领悟，听是听见了，却不明白，免得他们回转过来，得到赦免。"为此，他用撒种来隐喻传道。他说："你们听着！有一个撒种的出去撒种，撒的时候，有的落在路旁，小鸟飞来就吃掉了。有的落在泥土不多的石地上，因为泥土不深，很快就长起来。但太阳一出来，便把它晒干，又因为没有根就枯萎了。有的落在荆棘里，荆棘长起来，把它挤住，它就结不出果实来。有的落在好土里，就生长繁茂，结出果实，有三十倍的、有六十倍的、有一百倍的。"接着，他对这个比喻进行了阐释。他说，"撒种的人所撒的就是道。那撒在路旁的，就是人听了道，撒旦立刻来，把撒在他心里的道夺去。照样，那撒在石地上的，就是人听了道，立刻欢欢喜喜的接受了；可是他们里面没有根，只是暂时的；一旦为道遭遇患难，受到迫害，就立刻跌倒了。那撒在荆棘里的，是指另一些人；他们听了道，然而今世的忧虑，财富的迷惑，以及种种的欲望，接连进来，把道挤住，就结不出果实来。那撒在好土里的，就是人听了道，接受了，并且结出果实，有三十倍的、有六十倍的、有一百倍的"。② 这实际上是一个极好的隐喻。传道即隐喻中的"所指"。而撒种，包括小鸟吃掉、太阳晒干、被荆棘挤住、落入好土生长繁茂等等均为以形象出现的比

---

① 《圣经》新译本，香港天道书楼 1993 年版，第 790 页。

② 同上书，第 1368 页。

喻，即"能指"，其中包含了道之呈现的必备的内外条件。由此隐含更深之意即上帝救赎与人类通过超越而得救之艰难历程。但无论是撒旦破坏，还是人类自身根基不深易受迷惑等，终究挡不住拯救人类之福音的传播，最后结出果实。这恰恰是上帝之真理的最后呈现，是一种圣洁之光、神圣之美。《圣经》中这样的比喻比比皆是。例如，用"为什么看见你弟兄眼中的木削却不理会自己眼中的梁木"来隐喻基督教文化中"严于律己宽于待人"之宽恕精神。并用"你们当进窄门，因为引到灭亡的门是宽的，路是大的，进去的人也多；但引到生命的门是窄的，路是小的，找着的人也少"来隐喻人类获救之艰难。由此可见，《圣经》中大量比喻的运用既是其阐释深奥之道的途径，也构成其突出的隐喻性之美学特征。在这一点上，《圣经》同中国古代的《庄子》十分类似，同样是用生动的寓言、故事来深喻生存之道。而海德格尔则大量借用荷尔德林之诗句来形象地阐述其深奥的存在论真理。《圣经》的这种隐喻性就成为其通过存在者呈现存在的美学特征。不仅如此，基督教文化还以极为丰富的诗歌、美文、绘画和音乐来阐释深奥的基督之道。《圣经》本身就主要由诗歌和美文组成。而基督教文化中的文学、绘画和音乐早已成为世界文学艺术史的重要资源。在这些美学形式中都寄寓了基督教神学存在论生态审美观的深刻内涵。

二

神学存在论生态审美观以神学存在论为理论依据，从人与万物同为上帝这一最高存在之存在者这一独特视角出发，总结并阐释了《圣经》之中"上帝中心"前提下人与自然万物关系，开辟了基督教文化以神学存在论为基点，参与当代生态文明建设的广阔前景。下面，我们主要从《圣经》出发，具体阐释神学存在论生态审美观的基本内涵。

"因道同在"之超越美。"因道同在"是基督教神学存在论生态审美观之基点，包含极为丰富的内容。其最基本的内容是主张上帝是最高的存在，是创造万有的主宰。《圣经》申命记称上帝耶和华为"万神之神，万主之主"。① 在《圣经》诗篇中又称耶和华为"全地的至高者"。② 《圣经》启示录借二十四位长老之口说道"我们的上帝，你是配得荣耀、尊贵、权能的，因为你创造了万有，万有都是因著你的旨意而存在，而被造的"。③ 由此，基督教文化，特别是《圣经》的重要内容就是上帝创世。所谓"那看得见的就是从那看不见的造出来的"。④《圣经》的首篇就是"创世记"，记载了上帝六日创世的历程。第一日，上帝创造天地；第二日，上帝创造穹仓；第三日，上帝创造青草、菜蔬和树木；第四日，上帝造了太阳、月亮和星星；第五日，上帝造了鱼、水中的生物、飞鸟、昆虫和野兽；第六日，上帝按照自己的形象造人。第七日为安息日。由此可见，天地万物以及人类均为上帝所造。上帝是创造者，人与万物都是被造者。因此，从人与万物同是被造者的角度，他们之间的关系也应该是平等的。有学者强调了上帝规定人有管理万物的职能，从而说明人高于万物。的确，《圣经》创世记是记载了人对万物的管理。《圣经》记载上帝的话："我们要照着我们的形象，按着我们的样式造人；使他们管理海里的鱼、空中的鸟、地上的牲畜，以及全地，和地上所有爬行的生物。"并说，"看哪，我把全地上结种子的各种菜蔬，和一切果树上有种子的果子，都赐给你们作食物，至于地上的各种野兽，空中的各种飞鸟，及地上爬行有生命的各种活物，我把一切青草菜蔬赐给他们作食物"。⑤ 上述言论，成为许多理论家认为基督教文化力主"人类中心"的重要依据。其实，从同为被造者的角度人类并没有构成为万物之中心。而上帝所赋予人类对于万物之管理职能也并不意味着人类成为万物之主宰，而只意味着人类承担更多的照顾万物之责任。正如《圣

---

① 《圣经》新译本，香港天道书楼 1993 年版，第 232 页。
② 同上书，第 789 页。
③ 同上书，第 1969 页。
④ 同上书，第 1654 页。
⑤ 同上书，第 4—5 页。

经》希伯来书所说，对于人类"我们还没有看见万物都服他"。^①至于上帝把菜蔬、果子赐给人类作食物，同时把青草和菜蔬赐给野兽、飞鸟和其他活物作食物。包括《圣经》中对于人类宰牲吃肉的允许，以及对安息日休息和安息年休耕的规定，都说明基督教文化在一定程度上对生物循环繁衍的生态规律之认识。由此说明，基督教文化中人与万物同样作为被造者之平等也不是绝对的平等，而是符合万物循环繁衍之规律的平等。而且，人与万物作为存在者也都因上帝之道〔存在〕而在，亦即成为此时此地的具体的特有物体。《圣经》以十分形象的比喻对此加以阐述，认为人与万物都好比是一粒种子，上帝根据自己的意思给予其不同的形体，而不同的形体又都以不同的荣光呈现出上帝之道。《圣经》哥林多书写道："你们所种的，不是那将来要长成的形体，只不过是一粒种子，也许是麦子或别的种子。但上帝随着自己的意思给它一个形体，给每一样种子各有自己的形体。而且各种身体也都不一样，人有人的身体，兽有兽的身体，鸟有鸟的身体，鱼有鱼的身体。有天上的形体，也有地上的形体；天上形体的荣光是一样，地上形体的荣光又是一样。太阳有太阳的荣光，月亮有月亮的荣光；而且，每一颗星的荣光也都不同。"^②在此基础上，《圣经》认为，人与万物作为呈现上帝之道的存在者也都同有其价值。《圣经》路加福音有一句名言："五只麻雀，不是卖两个大钱吗？但在上帝面前，一只也不被忘记。"^③因此，即便是不如人贵重的麻雀，作为体现上帝之道的存在者，也有其自有的价值，而不被上帝忘记。综上所述，从人与万物作为存在者因道同在的角度，《圣经》的主张是：人与万物因道同造、因道同在、因道同有其价值。这种人与万物因道同在的哲思包含着一种超越之美。本来，存在论美学就力主一种超越之美。它是通过对物质实体和精神实体之"悬搁"，超越作为在场的存在者，呈现不在场之存在，到达真理敞开的澄明之境。而作为神学存

① 《圣经》新译本，香港天道书楼 1993 年版，第 1645 页。
② 同上书，第 1569 页。
③ 同上书，第 1592 页。

在论美学又有其特点，面对灵与肉、神圣与世俗、此岸与彼岸等特有矛盾，通过灵超越肉、神圣超越世俗、彼岸超越此岸之过程，实现上帝之道对万有之超越，呈现上帝之道的美之灵光。《圣经》加拉太书引用上帝的话说："我是说，你们应当顺着圣灵行事，这样就一定不会去满足肉体的私欲了。因为肉体的私欲和圣灵敌对，使你们不能作自己愿意作的。但你们若被圣灵引导，就不在律法之下了。"在这里，《圣经》强调了面对肉欲与圣灵的敌对，应在圣灵的引导下超越肉欲，才能遵循上帝的律法到达真理之境。《圣经》又以著名的"羊的门"作为耶稣带领众人超越物欲，走向生命之途、真理之境的形象比喻。《圣经》马太福音引用耶稣的话说："我实实在在告诉你们，我就是羊的门。所有在我以先来的都是贼和强盗；羊却不听从他们。我就是门，如果有人借着我进来，就必定得救，并且可以出，可以入，也可以找到草场。贼来了，不过是要偷窃、杀害、毁坏；我来了，是要使羊得生命，并且得的更丰盛。"① 在这里，盗贼代表着物欲，耶稣即是圣灵，进入羊的门即意味着圣灵对物欲的超越。《圣经》认为，只有通过这种超越，才能真正迈过黑暗进入真理的光明之美境。《圣经》约翰福音中耶稣对众人说："我是世界的光，跟从我的，必定不在黑暗里走，却要得着生命的光。"又说："你们若持守我的道，就真是我的门徒了；你们必定认识真理，真理必定使你们自由。"② 基督教神学存在论所主张的这种引向信仰之彼岸的超越之美，为后世美学之超功利性、静观性提供了宝贵的思想资源。同时，这种超越之美也为生态美学中对"自然之魅"的适度承认提供了学术的营养。科学的发展的确使人类极大的认识了自然之奥秘，但自然之神秘性和审美中的彼岸色彩却是无可穷尽的重要因素。

"藉道救赎"之悲剧美。"救赎论"是基督教文化中最主要的内容和主题，也是神学存在论生态审美观最重要的内容，构成了它最富特色并震撼人心的悲壮的美学基调。它由原罪论、苦难论、救赎论与

---

① 《圣经》新译本，香港天道书楼 1993 年版，第 1469 页。
② 同上书，第 1466 页。

悲壮美等四个相关的内容组成。上帝救赎是由人类犯罪受罚、陷入无法自拔的灾难而引起。因而，必然要首先论述其原罪论。《圣经》创世记第三章专门讲了人类始祖所犯原罪之事。主要是人类始祖被蛇引诱而违主命偷食禁果，犯了原罪，并被逐出美丽富庶、无忧无虑的伊甸园。那么，人类所犯原罪之根源何在呢？基督教教义认为，主要在于人类本性之贪欲。《圣经》写道，当蛇引诱女人夏娃偷食禁果时，"女人见那树的果子好作食物，又悦人的眼目，而且讨人喜欢，能使人有智慧，就摘下果子来吃了；又给了和她在一起的丈夫，他也吃了"。① 由此可知，夏娃之所以被诱惑而偷食禁果，还是为了满足自己的口腹、眼目和认知之私欲。正是这样的私欲导致人类犯了原罪。但人类的私欲并没有因为被逐出伊甸园而有所改变。因为《圣经》认为这种私欲是人类的本性。所以，一再暴露。正如《圣经》创世纪第六章所写："耶和华看见人类在地上的罪恶很大，终日心里想念的尽都是邪恶的。于是，耶和华后悔造人在地上，心中忧伤。"② 《圣经》还在创世纪第九章写道，"人从小时候开始心中所想的都是邪恶的"。③ 由此可见，《圣经》认为人的原罪是本原性的。而且，《圣经》认为，人类的后代在原罪的驱使下所做的坏事超过了他们的前人。《圣经》耶利米书第十六章耶和华对先知耶利米评价以色列人之后代时说道："至于你们，你们所做的坏事比你们的列祖更厉害；你们各人都随从自己顽梗的恶心行事，不听从我。"④ 基督教文化的这种强烈的自责性是其极为重要的特点。它总是将各种灾难之根源归咎于自己的原罪和过错。《圣经》诗篇第二十五篇写道："耶和华啊！求你纪念你的怜悯和慈爱，因为它们自古以来就存在。求你不要纪念我幼年的罪恶和过犯；耶和华啊！求你因你的恩惠，按着你的慈爱纪念我。"又写道："耶和华啊！因你名的缘故，求你赦免我的罪孽，因为我的罪孽重大。"这一种强烈的自责的情绪同古希腊文化形成鲜明对比。众所周

---

① 《圣经》新译本，香港天道书楼 1993 年版，第 6 页。
② 同上书，第 9 页。
③ 同上书，第 12 页。
④ 同上书，第 1052 页。

知，古希腊文化是将一切灾难和悲剧之根源都归结为客观之命运的，很少有基督教文化那种深深的自责之情。著名的悲剧《俄狄浦斯王》就将主人公俄狄浦斯杀父娶母之罪孽归咎于客观的不可抗拒之命运。它们产生的效果也是截然不同的。命运之悲剧使人产生无奈的同情，但原罪之悲剧却能产生强烈的灵魂之震撼。因为，如果犯罪之根源在于每个人的心中都会有的原罪，这就使人不仅自责而且产生强烈的反省。当前，面对现代化、工业化过程中生态灾难的日益严重，某些人的置若罔闻，甚至洋洋自得，很可能是不能正确对待古希腊悲剧把一切灾难都归结为客观命运的观念的结果。而我们更需要重视基督教文化之原罪悲剧精神。当前，面对生态危机给人类的生存所带来的一系列严重问题，我们对既往的观念和行为进行自责性的反省实在是太必要了。同原罪论紧密相连的是苦难论。由于基督教文化承认人的原罪，所以为了避免原罪，就出现了一个非常重要的人类与上帝之约，就是著名的十诫。也就是上帝给人类立了十个不准，以遏制其原罪。但人类终因原罪深重而难以遵约，因而总是违诫。这就使人类不断受到惩罚而陷入苦难之中。因此，基督教文化之中的苦难、包括自然灾害一类的生态灾难都是上帝为了惩罚人类而制造的，属于目的论范围的苦难。当然，上帝的这些惩罚都是由于人类的违约而引起。《圣经》利未记记载上帝对于人类的警告："但如果你们不听从我，不遵行这一切的诫命；如果你们弃绝我的律例，你们的心厌弃我的典章，不遵行我的一切诫命，违背我的约，我就要这样待你们：我必命惊慌临到你们，痨病热病使你们眼目昏花，心灵憔悴；你们必陡然撒种，因为你们的仇敌必吃尽你们的出产……"①。正因为人类由于原罪的驱使一次次的违约，所以面临上帝惩罚的一次次灾难。首先是被赶出伊甸园，被罚"终生劳苦"。接着，又被特大的洪水淹没。《圣经》说通过滔滔洪水"耶和华把地上所有的生物，从人类到牲畜，爬行动物，以及空中的飞鸟都除灭了"②。同时，上帝还使人类面临其他灾难。

---

① 《圣经》新译本，香港天道书楼 1993 年版，第 159 页。
② 同上书，第 11 页。

"他使埃及水都变成血，使他们的鱼都死掉。在他们地上，以及君主的内室，青蛙多多滋生。他一发命令，苍蝇就成群而来，并且虱子进入他们的四境。他给他们降下冰雹为雨，又在他们的地上降下火焰。他击打他们的葡萄树和无花果树，毁坏他们境内的树木。他一发命令，蝗虫就来，蚱蜢也来，多的无法数算，吃尽了他们地上的一切植物，吃光了他们土地的出产……"① 上帝还把可怕的旱灾和地震带给人类。旱灾的情形是"土地干裂，因为地上没有雨水，农夫失望，都蒙着自己的头"。② 地震的情形是"大山在他面前震动，小山也都融化"。③《圣经》所列的这些苦难绝大多数都是一些自然灾害，而且大都是一些天灾。但今天的灾害，诸如核辐射、艾滋病、癌症、非典、禽流感等等却大多是人祸，是人对环境破坏的结果。这难道不更加惊心动魄吗?!《圣经》似乎有所预见一般，在《新约》提摩太后书中专讲到末世的情况："你应当知道，末后的日子必有艰难的时期到来。那时，人会专爱自己、贪爱钱财、自夸、高傲、亵渎、背离父母、忘恩负义、不圣洁、没有亲爱良善、卖主卖友、容易冲动、傲慢自大、爱享乐过于爱上帝，有敬虔的形式却否定敬虔的能力……"上述所言自私贪欲、追求享受等等恰是现代社会滋生蔓延的人性之弊病。这样的弊病引起的惩罚应该更大。事实证明，当今人类生存状态美化和非美化之二律背反的严重事实不恰恰证明了这一点吗？基督教文化把救赎放在一个十分突出的位置。所谓救赎即上帝和基督耶稣对人类苦难的拯救。基督教文化认为，这种救赎完全是由上帝和基督耶稣慈爱的本性决定的。《圣经》第三十篇和第三十一篇写道："耶和华我的上帝啊！我曾向你呼求，你也医治了我。耶和华啊！你曾把我从阴间救上来，使我存活，不至于下坑。耶和华的圣民哪！你们要歌颂耶和华，赞美他的圣名。因为他的怒气只是短暂的，他的恩惠却是一生一世的；夜间虽然不断有哭泣，早晨却欢呼。"又说，"因为你是我的岩

---

① 《圣经》新译本，香港天道书楼1993年版，第797页。
② 同上书，第1048页。
③ 同上书，第1284页。

石、我的坚垒；为你名的缘故，求你带领我，引导我。求你救我脱离人为我暗设的网罗，因为你是我的避难所。我把我的灵魂交在你手里，耶和华，信实的上帝啊！你救赎了我"。① 由此可见，《圣经》认为，上帝对人类的救赎，成为人类的避难所，完全是由于上帝永恒的恩惠、万世的圣名、信实的品格、慈爱的本性。基督教文化中上帝对于人类的救赎不同于一般的扶危济困之处在于，这种救赎是对人类前途命运之终极关怀，是在人类生死存亡之关键时刻伸出拯救人类之万能之手。按照《圣经》记载，在人类的初期，因罪恶而被洪水吞没之际，上帝命义人挪亚建造方舟，躲过了这万劫之难。其后，在人类又要面临大难之际，上帝又让独子耶稣基督降生接受痛苦的赎罪祭，并复活传福音，以"把自己的子民从罪恶中拯救出来"。② 并且，《圣经》还预言了在未来的世界末日基督耶稣将重临大地拯救人类。基督教文化的救赎，不仅是对人类的救赎，而且也是对万物的救赎。因为，各种灾害既是人类的苦难，也是万物的苦难。所以，在拯救人类的同时也必须拯救万物。《圣经》所载人类初期，大洪水到来淹没了人类和万物，上帝命挪亚建造方舟，既拯救了人类也拯救了万物。《圣经》记载上帝对挪亚说："我要和你立约。你可以进方舟；你和你的儿子、妻子和儿媳，都可以和你一同进方舟，所有的活物，你要把每样一对，就是一公一母，带进方舟，好和你一同保存生命。"③ 因此，在基督教文化和《圣经》之中，人与万物一样都是被上帝救赎的。正是从人与万物被上帝同救的角度，人与万物之间也具有某种平等性。而且，在基督教文化和《圣经》当中，上帝不仅救赎了人类和万物，并将其慈爱之情倾注于整个自然，有着浓浓的热爱自然与大地的情怀。不仅前已说到，《圣经》有安息日和安息年规定人与自然休养生息的诫律，而且上帝造人就是用地上的尘土造成人形。上帝还对人类说，"你既是尘土，就要归回尘土"。④ 更为重的是，《圣经》提

---

① 《圣经》新译本，香港天道书楼1993年版，第716—717页。
② 同上书，第1388页。
③ 同上书，第10页。
④ 同上书，第7页。

出了著名的"眷顾大地"的伦理思想，突出了大自然作为存在者之应有的价值。《圣经》诗篇第六十六篇写道："你眷顾大地，普降甘霖，使地甚肥沃；上帝的河满了水，好为人预备五谷；你就这样预备了大地。你灌溉地的犁沟，润平犁脊，又降雨露使地松软，并且赐福给地上所生长的。"① 也就是说，基督教文化的救赎论中包含上帝将大地、雨露、阳光、五谷等美好丰硕的大自然赐给人类，使人类得以美好生存。也由此说明，在基督教文化中人类的生存同自然万物须臾难离。总之，基督教文化中的"藉道救赎"论是一种极具悲剧色彩的神学存在论生态审美观。它不仅以巨大的不可抗拒的灾难给人以惊惧威慑，而且以强烈的自谴给人的心灵以特有的震撼，并以对未来更大灾难的预言给人以深深的启示。《圣经》以生动形象、震撼人心的笔触为我们刻画了一幅幅灾难与救赎的画面，渗透着浓郁的悲剧色彩。从挪亚方舟颠簸于滔滔洪水，到耶稣基督被钉在十字架的苦难画面，乃至对未来世界七个惩罚的可怖描绘，都以其永恒的震惊的形象留在世人心中。这确是一种具有崇高性的悲剧美。正如康德所言，这是对象物质之巨大压倒了人的感性力量，最后借助于理性精神压倒感性之对象，唤起一种崇高之美。在基督教文化之中，就是借助基督耶稣之救赎这一强大的理性精神，战胜自然获得精神之胜利，唤起一种崇高之美。一般的生态美主要是表现人与自然和谐之美好图景，或是以艺术的手段对破坏自然恶行之抨击。但唯有基督教文化，以原罪—苦难—救赎的特有形式，以浓郁的悲剧色彩，表现"上帝中心"前提之下人与自然之关系，突出了面对自然灾难人类应有更多自责并遵神意"眷顾大地"的核心主题，给我们以深深的启发。

"因信称义"之内在美。"因信称义"即是对人的信仰的突现与强调，这是基督教文化与《圣经》十分重要的组成部分，也成为神学存在论生态审美观的十分重要的内容。它是达到神学存在论美之真理敞开的必由之途，也使其成为具有高度精神性的内在美。"因信称义"是基督教文化不同于通常认识论之信仰决定论的神学理论。正如《圣

---

① 《圣经》新译本，香港天道书楼1993年版，第752页。

经》加拉太书所说，"既然知道人称义不是靠律法，而是因信仰耶稣基督，我们也就信了基督耶稣，使我们因信基督称义"。① 所谓称义，即得到耶稣之道。《圣经》认为，它不是依靠通常的诉诸道德理性之律就可达到，而必须凭借对于基督耶稣之信仰。而信仰是一种属灵的内在精神之追求，必须舍弃各种外在的物质诱惑和内在的欲念，甚至包括财产，乃至生命等。正如《圣经》加拉太书所说，"属基督耶稣的人，是已经把肉体和邪情私欲都钉在十字架上了，如果我们是靠圣灵活著，就应该顶着圣灵行事。我们不可贪图虚荣，彼此浊怒，互相嫉妒"。② 而这种"义"所追求的是耶稣的"爱"，正如耶稣回答发利赛人所说："你要全心、全性、全意爱主你的上帝。这是最重要的第一条诫命。第二条也和它相似，就是要爱人如己。全部律法和先知书，都以这两条诫命作为根据。"③ 做到以上诸条的人，就是"除去身体和心灵上的一切污秽，"同耶稣合一的"新造的人"。④ 而要做到这一点则要依靠基督教文化中特有的灵性的修养过程，包括洗礼、祷告、忏悔等。最后实现上帝之道与人的合一，即"道成肉身"。正如《圣经》约翰福音所记耶稣在为门徒所作的祷告中所说："我不但为他们求，也为那些因他们的话而信我的人求，使他们都合而为一，象父你在我里面，我在你里面一样；使他们也在我们里面，让世人相信你差了我来。你赐给我的荣耀，我已经赐给了他们，使他们合而为一，象我们合而为一。"⑤ 在这里，基督教文化的"因信称义"及与之相关的属灵的修养过程，实际上成为一种神学现象学。也就是通过属灵的因信称义、道成肉身的祈祷、忏悔的过程，人们将各种外在的物质和内在的欲念加以"悬搁"，进入一种内在的神性生活的审美的生存状态。诚如德国神学现象学家 M. 舍勒（Max Scheler）所说："这种想法似乎宏观地表现下述学说之中：基督的拯救行动不仅赎去

① 《圣经》新译本，香港天道书楼 1993 年版，第 1588 页。
② 同上书，第 1593 页。
③ 同上书，第 1368 页。
④ 同上书，第 1578 页。
⑤ 同上书，第 1480 页。

了亚当之罪，而且由此将人带离罪境，进入一种与上帝的关系，较之于亚当与上帝的关系，这种关系更深，更神圣，尽管在信仰和追随基督之中的获救者不再有亚当那种极度的完美无瑕，并且总带有尚未清醒的欲望（肉体的欲望）。沉沦与超升初境的循环交替一再微妙地显示在福音书中：在天堂，一个忏悔的罪人的喜悦甚于一个个义人的喜悦。"① 写到这里，不禁使我想起中国古代老庄道家思想中之"坐忘"与"心斋"，即所谓"堕肢体，黜聪明，离形去知，同于大通"（《庄子·大宗师》）。这也是一种古代形态的现象学审美观，同基督教文化的"因信称义"有许多相似之处，说明中西古代智慧之相通。

"新天新地"之理想美。基督教文化与《圣经》从神学存在论出发，对生态审美观之理想美作了充分的论述。当然，伊甸园是天地神人合一的理想之美地。但人类因原罪被逐出了伊甸园，从而也就失去了这样一个美地。但基督教文化与《圣经》中的上帝还在为人类不断的创造新的美地。在《圣经》申命记中曾写道：耶和华上帝快要将人类领进那有橄榄树、油和蜜，不缺乏食物之"美地"。《圣经》以赛亚书具体的描写了上帝将要创造的新天新地将是一个人与万物、人与人、物与物协调相处的美好的物质家园与精神家园。书中具体写道："因为我的子民的日子象树木的日子，我的选民必充分享用他们亲手做工得来的。他们必不陡然劳碌，他们生孩子不再受惊吓，因为他们都是蒙耶和华赐福的后裔，他们的子孙也跟他们一样。那时，他们还未吁求，我就应允，他们还在说话，我便垂听。豺狼必与羔羊在一起吃东西，狮子要象牛一样吃草，蛇必以尘土为食物。在我圣山的各处，它们都必不作恶，也不害物；这是耶和华说的。"② 而《圣经》启示录专门对理想的新天新地作了描绘："我又看见了一个新天新地，因为先前的天地都过去了，海也再没有了。我又看见圣城，新耶路撒冷，从天上由上帝那里降下来，预备好了，好象打扮整齐等候丈夫的

---

① ［德］M. 舍勒：《爱的秩序》，林克译，三联书店香港有限公司 1994 年版，第 137 页。
② 《圣经》新译本，香港天道书楼 1993 年版，第 1016 页。

新娘。"① 这个新天新地真是美妙非凡：城墙是用碧玉造的，城是用纯
金造的，从上帝的宝座那里流出一道明亮如水晶的生命河，河的两边
有生命树，结十二次果子，树叶可以医治列国……总之，这也是一个
天地人神和谐相处、美丽富庶的家园。这些叙述，表达了基督教文化
和《圣经》神学存在论生态审美观的美学理想：天地神人统一协调、
美好和谐的物质家园与精神家园。

综上所述，我们从因道同在之超越美，藉道救赎之悲剧美，因信
称义之内在美，新天新地之理想美四个层面阐述了基督教神学存在论
生态审美观之基本内涵，说明这是一种力主人与万物同样被造、同样
存在、同样有价值、同样被救赎，并具有超越性、内在性、理想性与
充满自我谴责之原罪感的特殊悲剧美，具有其特定的内涵与不可代替
之价值。

三

基督教文化之神学存在论审美观的提出，无疑是在新的社会历史
形势下，从崭新的视觉对基督教文化和《圣经》的一种新的研究，具
有重要的意义与价值。

从基督教文化本身来看。我们的这种研究是在新形势下对基督教
文化与《圣经》的一种新的阐释。当代阐释学的视界融合理论为我们
提供了对所有文化形态在原有文本的基础上，结合新的形势进行新的
解读和阐释的理论方法。正是在这个意义上，我们说所有的历史都具
有当代的意义与价值。《圣经》从诞生之日起就不断地面对各种阐释，
而每种阐释又必然地同时代的背景和历史的状况有关。从文艺复兴至
启蒙运动，再到资本主义的工业化和现代社会的发展，各种理性主义
和实证主义思潮相继勃兴。在这种情况下，对基督教文化和《圣经》
作出"人类中心主义"的阐释是一点也不奇怪的。事实证明，欧洲近
代以来对基督教文化起着重大影响的是哲学上的理性宗教观念。反对

---

① 《圣经》新译本，香港天道书楼 1993 年版，第 1711 页。

人性毁于教条，努力使宗教合理化，强调宗教的人本主义性质，强调人的自由意志、人的尊严、人的解放等等人道主义思想。① 这种对于基督教文化的人道主义阐释必然会突出其"人类中心主义"的内涵。从这个角度说，怀特对基督教文化"人类中心主义"的批评也不是没有一点根据的。但今天的时代，从 20 世纪 60 年代以来即已逐步进入以信息技术为标志的后工业时代，社会发生了巨大的变化。在这样的形势下，我们应该对基督教文化和《圣经》进行新的解读和阐释。当然这种解读和阐释应该以原有的前见，特别是作为原典的《圣经》文本作为基础，不能随意附会。同时，要根据时代与社会的形势做两方面的工作。一方面是努力发掘原典之中未曾被重视的内涵与视角，例如，本文力图从神学存在论的视角发掘基督教文化和《圣经》特有的生态审美观内涵。另一方面，就是结合时代的需要突出原典之中有关内容的价值和意义。本文根据当代生态问题突出的现实，突出了基督教文化与《圣经》之中有关上帝、人类和自然万物之关系的论述，阐释其现实价值和意义。在这一方面，当代许多神学家和宗教哲学家已经作出了自己的努力。例如，前已提到的德国神学家莫尔特曼所提出的"生态的创造论"神学，美国神学理论家大卫·雷·格里芬（Griffin，D. R.）提出"生态论的存在观"。② 本文所提出的基督教文化神学存在论生态审美观就是在新时代的形势下，在前人研究的基础上，对基督教文化特别是其原典的一种新的解读与阐释。试图在基督教文化诸多生态观之中提出一种由神学存在论出发的生态审美观。作为对基督教文化多种当代阐释之一种，参与到建构新时期基督教文化生态理论的行列之中。

从社会需要的层面来看，我们的研究试图发挥基督教文化在疗治现代社会疾病中的重要作用。众所周知，自 18 世纪工业化以来，人类社会发生了巨大的变化，出现了人的生存状态美化与非美化二律背反之现实情况。一方面，人类的物质生活空前的富裕，生活条件大为

① 参见尹大贻《基督教哲学》，四川人民出版社 1987 年版，第 221 页。
② ［美］大卫·雷·格里芬：《后现代精神》，中央编译出版社 1998 年版。

改善，人的生存状态走向空前的美化之境。但另一方面，生态环境恶化，战争连续不断，新的疾病蔓延，精神焦虑问题严重等等也越来越迫切地需要解决。这一系列现代社会疾病又极大地威胁到人类，使其生存状态出现空前的非美化倾向。在这种形势下，对当前社会疾病之疗治成为十分迫切的课题。特别是生态危机的严重性正日益迫近人类。人类由其欲求扩张之需要，仍在继续掠夺地球，破坏环境，加重生态灾难。著名当代历史学家阿诺德·汤因比（Arnold. J Toynbee）将其比作人类所犯的一种弑母之罪。他说："在 1763—1973 年这 200 多年间，人们获得了征服生物圈的力量，这一点就是史无前例的。在这些使人迷惑的情况下，只有一个判断是确定的。人类，这个大地母亲的孩子，如果继续他的弑母之罪的话，他将是不可能生存下去的。他所面临的惩罚将是人类的自我毁灭。"[1] 对于人类现代社会疾病之疗治需求助于政治、道德、法律等各种手段。但人类确立一种正确的态度却是首要的。因此，不少理论家指出，与其说当代社会面临着经济、社会与生态的危机，还不如说是面临着思想观念的危机，关键是人们的思想观念不正确，不能以正确的态度去处理当代社会经济与未来的发展问题。正是从这个角度，可以说态度决定一切，态度决定了人类的前途命运。那就要借助于文化，特别要借助人类悠久的历史智慧。它们包含在东西方古代优秀的文化传统之中，基督教文化就是极为重要人类智慧和文化传统。关于当代人类的文化和世界观的缺失，有许多有识之士发表过非常有见识的看法。著名的罗马俱乐部发起人贝切伊（Aurelio Peccei 1908—1984）指出："一般地说人类增长和人类发展的极限问题，主要是一种文化上的极限。就事实而论，人类正在经历一个巨大的物质扩张阶段，并获得了对于自己栖息地的决定性力量，但人类并不知道自己能在其中安全地启动的星球的负荷能力和人类个人的生物心理能力的极限是什么，然而，不预先承认和估计这些外部极限和内部极限，却正是人类文化发展的一个巨大过失。"[2] 目

---

① ［英］阿诺德·汤因比：《人类与大地母亲》，上海人民出版社 1992 年版，第 726 页。

② 转引自徐崇温《全球问题与"人类困境"》，辽宁人民出版社 1986 年版，第 165 页。

前许多哲学家和神学家都十分关注如何运用基督教文化资源参与纠正当代人类生态态度之缺失。诚如香港中文大学宗教系主任赖品超博士所说："宗教与生态关怀是有着一种辨证的关系；一方面，对于生态问题的觉醒会导致宗教上的生态转向，例如基督教在思想和实践上二十世纪七十年代出现了明显的变化；而另一方面，生态问题也会导引出宗教和灵性上的问题，而这在深度生态学的讨论中尤为明显，可以说生态关怀是有一灵性之向度，而宗教是可以对环保有重大的帮助。"① 美国水利专家罗得米克（W. C. Lowdermilk）于 1939 年就水土保持问题发表演说时认为应在《圣经》中增加摩西第十一诫之条文。唐佑之先生也认为，在当前环境遭受生态危机之时应考虑增加第十一条诫命："不可误用地土。自然环境是属主的，我们应尽管家职分。凡有损自然的必遭拒绝，应该明辩慎思，同时谨慎应用，对大自然有尊重的心，珍惜自然资源。"② 本文则从神学存在论的角度概括总结基督教文化之生态审美观。其基本观点是：第一，人类对自己和地球之前途命运应有终结关怀的情怀、强烈的悲剧意识和危机感，包括基督教文化之"原罪论"的自遣意识；第二，要牢固树立《圣经》所论述的人与万物同造、同在、同存、同有价值、相互依存之生态观；第三，最重要的是要超越物欲，确立一种"眷顾大地"的审美态度。

　　从学术的层面看，我们的研究试图对当前的生态理论和美学理论的建设作出些微的贡献。从 20 世纪 60 年代以来，与环境问题的恶化同步，生态理论逐步发展，方兴未艾。人类中心主义、弱人类中心主义、生态中心主义——等各种理论层出不穷。本文着重阐述基督教文化之神学存在论生态审美观。一方面是因为，本人认为基督教文化是人类优秀文化传统之一，理应很好的研究阐发。同时，本人也认为，生态问题归根结底是人类的生存问题，而且当前十分重要的是应以审美的态度对待自然、社会和人生，获得审美的诗意生存。所以，本人努力倡导生态存在论审美观。而基督教文化之神学存在论特质及其特

　　① 《生态神学》，《道风基督教文化评论》第 18 期，道风书社 2003 年。
　　② 唐佑之：《教会在后现代的反思》，香港卓越书楼 1993 年版，第 30—40 页。

有的神学美学特性恰是对生态存在论审美观的丰富。而从美学的角度看，我国美学学科从 20 世纪 90 年代以来，有关实践美学和后实践美学之争论以后，目前处于停滞状态，同生活与艺术的实际脱离较远。而对神学美学，特别是欧洲中世纪美学的研究又一直十分薄弱。在这种情况下，探索美学、生态与基督教文化的结合应该讲是一种十分有意义的工作。这样做，一方面可以突破美学学科自身的沉寂及其与现实的脱离，使之进入生态问题的关注和对神学美学资源的吸收这种新的领域；同时，也具有在新形势下重新研究神学美学之意义。瑞士神学家巴尔塔萨（Hans Urs Balthasar）在 20 世纪 60 年代以来，力图同"世俗美学"相区别，"用真正的神学方法从启示自身的宝库中"建立具有当代意义的"神学美学"理论。他指出，基督教创世论中创造出来的存在范围的敞开性和公开性之中包含着审美因素在内的丰富内容，值得人们很好的研究与开拓。他说，"这片敞开的领域一开始就埋藏着丰富的神圣财富，诸如上帝身上的和平、极乐和神化、罪的消除、悄悄在场的天堂，以及真的美用于安慰我们的一切"。[①] 我们的粗浅研究发现，基督教神学美学的确具有同古希腊美学不同的风貌。基督教神学美学是属于存在论的，而不包含古希腊作为认识论的"模仿论"美学内涵。其次，基督教神学美学的以原罪与救赎为内涵的悲剧色彩，导向人类对苦难的恐惧和深深的自谴之情，同古希腊美学的"和谐"内涵完全不同。总之，基督教神学美学的研究对于建设当代的美学学科具有重要的借鉴意义。

　　而从当代多元文化的交流对话的角度来看，基督教文化之神学存在论生态审美观无疑是一种十分重要的文化资源。当代社会，经济逐步走向一体化，但文化却更加走向多元对话共存。以多民族、多形态的文化智慧来丰富当代人类的精神生活。基督教文化就是这多元文化之重要方面，必将在交流对话中起到特有的作用。从西方文化自身来看，基督教文化之神学存在论生态审美观无疑是对现代西方文化之

---

　　① ［瑞士］巴尔塔萨：《神学美学导论》，三联书店香港有限公司 1998 年版，第 167、24—25 页。

"人类中心主义"是一种重要的补正。而从中西文化来看，基督教文化之神学存在论不仅同我国古代道家"万物齐一"之存在论思想有共同之处，而其强烈的终结关怀精神和悲剧意识也会对我国文化的当代发展以借鉴。而从古今文化的对话来看，基督教文化生态审美观对超越美之强调，对于当代社会对物欲之过分追求、对金钱之过分崇拜和对技术之过分迷信，都是一种有力的纠正和警示。

（原载《基督教文化学刊》第 13 辑）

梭罗所给予我们的真理的启示：
人类要永远与自然友好为邻

亨利·梭罗（Henry David Thoreau，1817—1868），美国著名的生态理论和生态文学的先驱，他的作品《瓦尔登湖》成为现代生态哲学、生态伦理学与生态文学的启示式的作品。梭罗也成为"浪漫主义时代最伟大的生态作家"。

梭罗的经历十分简单，他就学于哈佛大学，毕业后在家乡的中学执教两年，然后又为著名作家爱默生当门生与助手。从 1845 年 3 月到 1847 年 5 月，他拿着借来的一把斧子走进家乡的瓦尔登湖，借助最简单的劳动独立生活了 26 个月，思考人生，感悟自然，总结哲理，写出不同凡响的交织着散文、哲理与科学观察的《瓦尔登湖》。该书于 1854 年出版后，取得很大反响。1862 年，梭罗因肺病辞世，终年 44 岁。

《瓦尔登湖》是一部不同凡响的奇书。在 19 世纪中期，工业革命如火如荼进行之际，在人们都沉浸在物质的狂欢之中时，梭罗却独具慧眼，预见了工业革命所造成的破坏自然的灾难，洞察了人与自然的本真关系，倡导一种简洁原始的、以自然为友的生活。他以其独特的哲人的玄思、诗人的敏感、博爱的情怀、细腻的笔触体验自然、对话自然，留下一系列千古名言，警示后代，造福人类。著名的美国生态批评家劳伦斯·布伊尔是梭罗的研究专家，写过多篇研究论著，多有创获。我们根据自己的体会将梭罗在《瓦尔登湖》中所给予我们的真理的启示概括为：人类要永远与自然友好为邻。

第一，倡导一种尊重自然、爱惜自然的简洁健康的生活方式。

梭罗的时代还是美国资本主义工业化的高潮时期，人们对物欲的追求不断发展，追求金钱富裕，向往城市，向往文明，成为一种时尚和趋势。梭罗毕业于名校哈佛大学，也有追求物欲的条件，但他恰恰相反，放弃了这一切，毅然手持一柄斧头，走进茫茫的瓦尔登湖区，伐木建屋，开荒种地，泛舟钓鱼。他说：

> 我工作的地点是一个怡悦的山侧，满山松树，穿过松林我望见了湖水，还望见林中一块小小空地，小松树和山核桃树丛生着。①

他之所以这样做，是出于对当时物欲横流的生活的一种反抗，从而选择一种原始素朴、爱惜自然、健康简洁的生活。他还说：

> 虽然生活在外表的文明中，我们若能过一过原始性的、新开辟的垦区生活还是有益处的。

梭罗认为，在物欲膨胀、金钱拜物潮流之中，人类"生病"了。他试图通过这种原始的本真的生活来疗救人类：

> 所以，如果我们要真的用印第安式的、植物的、磁力的或自然的方式来恢复人类，首先让我们简单而安宁，如同大自然一样，逐去我们眉头上垂挂的乌云，在我们的精髓中注入一点儿小小的生命。

他的简单的生活究竟是什么样的生活呢？那就是仅凭一把刀、一柄斧子、一把铲子、一辆手推车和辛劳的双手，每年只需工作六个星期，就足够支付一切生活的开销，其余的大部分时间全都用来读书和

---

① 〔美〕梭罗：《瓦尔登湖》，徐迟译，上海译文出版社 2004 年版，第 36 页。本篇以下凡引《瓦尔登湖》，均据此书，不另注明。

体验自然。梭罗认为：

> 大部分的奢侈品，大部分的所谓生活的舒适，非但没有必要，而且对人类进步大有妨碍。所以关于奢侈与舒适，最明智的人生活得甚至比穷人更加简单和朴素。

而且，非常可贵的是，在那样一个以钱财为生活目标的社会中，梭罗放弃任何私有财产。他热爱美丽的田园风光，但却不想购买田园作为自己的私有财产，而是将美丽的田园作为公有财产，与众人一样去游览忘返。他说：

> 执迷于一座田园，和关在县政府的监狱中，简直没有分别。

这样的思想境界在当时可谓是超凡脱俗的。

第二，以自然为邻，以自然为友，体验自然，对话自然。

梭罗《瓦尔登湖》的主要篇章是细腻地描写自己26个月中在瓦尔登湖湖畔、在他的独特的木屋中与大自然为邻、与大自然对话，直接体验大自然的种种深邃的感悟。首先道出了他对大自然的热爱，与自然为邻、为友的情怀。他在书中大量地写了他的各种邻居。他在回答古代圣哲的话时说过：

> 寒舍却并不如此，因为我发现我自己突然跟鸟雀做起邻居来了。

他还写了其他的邻居：鼷鼠、草木、麋鹿和熊等。当然，在他看来，瓦尔登湖是他最重要的邻居。他生活在瓦尔登湖畔，生于斯，养于斯，对瓦尔登湖充满了深情。他说：

> 八月里，在轻柔的斜风细雨暂停的时候，这小小的湖就做我的邻居，最为珍贵。

他以饱沾情感的笔触对瓦尔登湖做了深情的描绘。梭罗这样说过：

> 就是在那时候，它已经又涨，又落，澄清了它的水，还染上了现在它所有的色泽，还专有了这一片天空，成了世界上唯一的一个瓦尔登湖，它是天上露珠的蒸馏器。谁知道，在多少篇再没人记得的民族诗篇中，这个湖曾被誉为喀斯泰里亚之泉？在黄金时代里，有多少山林水泽的精灵曾在这里居住？这是在康科德的冠冕上的第一滴水明珠。
>
> 它是大地的眼睛，望着它的人可以测出他自己天性的深浅。

他以大自然为母体，接受大自然无私的馈赠，因而怀着一颗感谢大自然的心。

> 到秋天里就挂起了大大的漂亮的野樱桃，一球球地垂下，像朝四面射去的光芒。它们并不好吃，但为了感谢大自然的缘故，我尝了尝它们。

梭罗正是怀着这样一颗感恩的心、友善的心、平等之心来真正地体验自然、对话自然。他在静静的黄昏和夜晚，侧耳倾听大自然的各种声音，并将这些声音看作美妙无比，人间未有的"天籁"。他以细腻的听觉和情感分辨各种声音，享受这美妙无比的音乐。他在描写夜莺的啼叫时提到：

> 有时，我听到四五只，在林中的不同地点唱起来，音调的先后偶然地相差一小节，它们跟我实在靠近，我还听得到每个音后面的咂舌之声，时常还听到一种独特的嗡嗡的声音，像一只苍蝇投入了蜘蛛网，只是那声音较响。

他甚至能够分辨出夜莺鸣叫的含义：

> 呕——呵——呵——呵——呵——我 要 从 没——没——没——生——嗯！湖的这一边，一只夜鹰这样叹息，在焦灼的失望中盘旋着，最后停落在另一棵灰黑色的橡树上。

梭罗已经成为能辨鸟语的自然之友了，诚如他自己所言："我突然感觉到能跟大自然做伴是如此甜蜜如此受惠。"总之，梭罗完全将自己融入了自然，将自己作为自然的一部分。他说："我在大自然里以奇异的自由姿态来去，成了她自己的一部分。"正因为如此，他从大自然中领悟到一种甜蜜温暖与健康向上的情感：

> 只要生活在大自然之间而还有五官的话，便不可能有很阴郁的忧虑。对于健全而无邪的耳朵，暴风雨还真是伊奥勒斯的音乐呢。

第三，对与自然以及人为敌的过渡工业化和人类中心主义的批判。

19 世纪中期，美国已经经过了残酷的资本原始积累，工业有了蓬勃的发展，但梭罗以其敏锐的眼光看到了工业化背后人与自然为敌、疯狂掠夺自然的行径。他说，"生活现在是太放荡了"，而且，"无论在农业，商业，文学或艺术中，奢侈生活产生的果实都是奢侈的"。这种放荡奢侈生活的重要表现就是与自然为敌，对于自然疯狂掠夺，滥伐树木，破坏大地。同时，也对人进行血淋淋的剥削。他以横贯美国东西的大铁路为例，认为这实际上是以无数劳工的鲜血和生命换来的交通的便捷。他说：

> 你难道没有想过，铁路底下躺着的枕木是什么？每一根都是一个人，爱尔兰人，或北方佬。铁轨就铺在他们身上，他们身上又铺起了黄沙，而列车平滑地驰过他们。

他看透了资产阶级代表少数富人压迫剥削少数人的事实，所以有意采取不合作主义，拒交人头税，并因而被捕。他在文中写道：

> 我拒绝付税给国家，甚至不承认这个国家的权力，这个国家在议会门口把男人、女人和孩子当牛马一样买卖。

当然，梭罗由于过分地站在生态主义的立场，所以对作为历史发展趋势的现代化有许多不理解之处，这应该是他的片面性和局限所在。他说：

> 人们认为国家必须有商业，必须把冰块出口，还要用电报来说话，还要一小时奔驰三十英里，毫不怀疑它们有没有用处。

但梭罗作为生态理论和生态文学的先驱，他对自然的亲和态度，他极力主张的"简单、简单、简单啊"的生活方式，这无疑对处于人与自然极度对立的当今是极具启示意义的。

第四，借鉴中国古代儒家"仁爱"思想，阐发他的人类与自然友好为邻的观点。

梭罗借鉴了东方古代智慧，特别是中国古代儒家的"仁爱"思想来阐发他的人类应与自然为邻的观点。他在著名的《春天》的篇章中，运用孟子的"性善论"来阐释其大自然之美是自然本性之美，而善待自然则是人之善良本性。他引用《孟子·告子上》中有关人性善的一段话："牛山之木尝美矣，以其效于大国也。斧斤伐之可以为美乎？是其日夜之所息，雨露之所润，非无萌蘖之生焉。牛羊之从而牧之，是以若彼之濯濯也。人见其濯濯也，以为未尝有材焉，此岂山之性也哉。虽存乎人者，岂无仁义之心哉。其所以放其良心者，亦犹斧斤之于木也。旦旦而伐之，可为美乎？其日夜之所息，平旦之气，其好恶与人相近也者几希？则其旦昼之所为，有梏亡之矣。梏之反复，则有夜气不足以存，夜气不足以存，则有违禽兽不远矣。人见其禽兽也，而以为未尝有才焉，是岂人之情也哉。"这里主要借助孟子"性善论"思想阐释其自然之美以及人之善待自然都由其善良之本性所决定。为此，梭罗自然还写了一首诗来阐发孟子的思想：

> 高山上还没有松树被砍伐下来，
> 水波可以流向一个异国的世界，
> 人类除了自己的海岸不知有其他。
> ⋯⋯⋯⋯⋯⋯⋯
> 春光永不消逝，徐风温馨吹拂，
> 抚育那不须播种自然生长的花朵。

这是一个人类世纪初创之时，春风荡漾，微风徐吹，自然的花朵自由开放，人与自然和谐相处，友好为邻，是梭罗的理想时代，是他心中的"乌托邦"。

他还借鉴孔子的"仁爱"思想，来阐释自己的人与自然以及人与人和谐相处的理想。他引用《论语·颜渊》中季康子问政于孔子，孔子的回答："子为政，焉用杀。子欲善，而民善矣。君子之德风，小人之德草。草上之风必偃。"用以说明，一种简单的与自然社会为邻、为友的生活应该是来源于出于仁善心的仁政，与此相应的是蒲伯译的古代希腊荷马的史诗：

> 世人不会战争，
> 在所需只是山毛榉的碗碟时。

第五，这种人类与自然为邻的思想应该成为当代生态存在论美学的重要来源。

梭罗的人类与自然友好为邻的思想是倡导一种全新的人的生活与生存的方式，这种生活与生存的方式是与工业化时代人的生活与生存方式是不一样的。工业化时代，人类过的是一种主体与客体二分对立的生活与生存方式，而梭罗所倡导的则是人与自然为友的此在与世界紧密相连的生活与生存方式。前一种是认识论的生活与生存方式，而后一种则是存在论的生活与生存方式。前一种方式必然导致人与自然的对立，从而使人的生存状态逐步恶化，而后一种方式则是在人与自然的友好相处中逐步获得美好的生存。这种"此在与世界紧密相联"的生存方式，就是海德格尔所说的"在世界之中存在"。这种"在之中"不是指空间意义上的一个在另一个之中，而是指"我居住于世界，我把世界作为如此这般熟悉之所而依寓之、逗留之"。① 这就说明，人与自然不是一种对象性关系，而是一种依寓性关系，人与自然是一个整体，须臾不可分开。人正是在这种依寓性关系中得以生存并逐步展开自己的本真性，走向诗意的栖居。这就是一种生态存在论的审美的生存。梭罗正为这种生态审美的生存方式与美学观念的先驱。

（本文为作者参加 2008 年 10 月 8 日清华大学召开的"超越梭罗：
美国及国际文学界对自然的反应"国际学术研讨会提交的论文）

---

① ［德］马丁·海德格尔：《存在与时间》，陈嘉映、王庆节译，生活·读书·新知三联书店 1987 年版，第 67 页。

西方 20 世纪环境美学述评

西方 20 世纪逐步兴起了环境美学这样一种新的美学形态。关于环境美学的兴起，加拿大著名美学家卡尔松与芬兰美学家瑟帕玛都作了论述。卡尔松在《自然与景观》一书中认为，环境美学起源于围绕自然美学的一场论争。主要是赫伯恩（Ronald W. Heplurn）发表于 1966 年的一篇题为《当代美学及对自然美的忽视》的文章。这篇文章主要就分析美学对自然美学的轻视予以抨击。卡尔松认为："他这篇论文为环境审美欣赏的新模式打下基础：这个新模式就是，在着重自然环境的开放性与重要性这两者的基础上，认同自然的审美体验在情感与认知层面上含义都非常丰富，完全可与艺术相媲美。"[①] 瑟帕玛也认为，西方环境美学起源于赫伯恩对当代美学只讨论艺术的非难，但在 20 世纪中期之后就有了明显的改变。他说："在（20 世纪）70 年代和 80 年代组织的美学会议——尤其是最近 1984 年在蒙特利尔的会议——中的一个主题就是环境美学。"[②] 由此可见，环境美学在西方滥觞于 20 世纪 60 年代，而发端于 20 世纪 70—80 年代。其最主要的代表人物是芬兰的瑟帕玛、加拿大的卡尔松和美国的伯林特。

一

约·瑟帕玛（yrjo Sepanmana），芬兰约恩苏大学教授，曾任第十

① ［加］卡尔松：《自然与景观》，陈李波译，湖南科技出版社 2006 年版，第 6 页。
② ［芬］约·瑟帕玛：《环境之美》，武小西、张宜译，湖南科技出版社 2006 年版，第 198 页。

三届国际美学学会主席，连任五届国际环境美学学会主席，主要著作《环境之美》写于1986年，是较早的一部环境美学论著，1993年出版。他在该书篇首的《致谢》中说明，他在1970年就开始环境美学的思考与研究，1982年在加拿大艾伯塔大学得到导师艾伦·卡尔松"平等的同行式的态度——讨论，质疑，阐述其他可能"①。芬兰美学会在1975年春季组织了多学科的环境美学系列讲座，讲座的材料后来于1981年经过选择后结集出版。他对自己的《环境之美》作了一个简要的概括。他说："我这本书的目标是从分析哲学的基础出发对环境美学领域进行一个系统化的勾勒。"② 这个勾勒包括：第一个问题是关于本体论的：作为一个审美对象环境是什么样的；第二个问题是关于元批评的：环境是如何被描述？第三个问题是讨论了环境美学的实践维度。很显然，瑟伯玛是在传统的分析美学的基础上来研究环境之美的。

全书的基本观点可以作如下概括：首先是他所谓"环境美学的本体论"，也就是"核心领域"。他说："环境美学的核心领域是关于审美对象的问题。"③ 也就是说，环境如何成为审美对象的问题。瑟帕玛认为，"使环境成为审美对象通常基于受众的选择"④。也就是说，受众可以选择艺术也可以选择社会事物作为审美对象，但却选择了环境作为审美对象。这样，环境美学才得以产生，人与环境之间的审美关系才得以建立。所以，受众是真正的艺术家。瑟帕玛指出："那么谁是艺术家？是受众，人。人选择将某物看作是自然的艺术品，而不管它是如何生成的。"⑤ 很显然，瑟帕玛在这里所谓的"本体论"仍然是"人类中心主义"的。因为，最终环境之美还是人创造的，是人的选择的结果；环境外在于人，人与环境还没有构成整体。当然，他借

---

① ［芬］约·瑟帕玛：《环境之美》，武小西、张宜译，湖南科技出版社2006年版，"致谢"第2页。

② 同上书，第1页。

③ 同上书，第36页。

④ 同上书，第41页。

⑤ 同上书，第58页。

助于隐喻，将环境之美作为大自然的艺术品，以大自然作为艺术家来代替这个缺席的创造者。① 这个缺席的创造者带有几分神秘性，成为神化的人。瑟帕玛从 12 个方面论述了环境之美与艺术品的差异：艺术是人工的，环境是给定的；艺术是在习俗中诞生的，环境则没有；艺术是为审美创作的，环境之美是副产品；艺术是虚构的，环境是真实的；艺术是概括的，环境是它自身；艺术是被界定的，环境是无边的；艺术的作者有名字，环境则没有；艺术是独特的，环境是重复的；艺术有风格，环境没有；艺术是感官的，环境是感官与理论的合一；艺术是静态的，环境是动态的；观赏艺术是有限的，环境是自由的，等等。由此可见，瑟帕玛讲的环境美大多是指与艺术品相似的风景之美。第二个主要观点就是他的所谓"元批评"。从分析美学来说，与言说有关的批评是其主要部分，所以，瑟帕玛说："环境美学便是环境批评的哲学。"② 他将这种"元批评"分为描述、阐释与评价三项任务。瑟帕玛作为分析美学家，认为人与自然的关系就是一种元批评的关系，一种描述与阐释的关系。他说："只有当自然被观看和阐释时，它对于我们来说才是有意义的。"③ 而且，他断言："但是在感知和描述之外便不存在环境了——甚至'环境'这个术语都暗含了人类的观点：人类在中心，其他所有事物都围绕着他。"④ 很显然，在这里，他是"人类中心主义"的。他还列举了环境评价的四个前提条件：物质上不受制于自然需要；理智上转向科学世界观；具有自然和文化过程的知识；具有对自然进行归类的能力等。⑤ 这四个前提条件也包含着人类中心的内容，这是很明显的。但瑟帕玛在他的环境批评中也不完全是"人类中心主义"的，而是包含着某种尊重自然、尊重生命的现代生态哲学的观点。他将自己的环境批评分为肯定美学与批

---

① ［芬］约·瑟帕玛：《环境之美》，武小西、张宜译，湖南科技出版社 2006 年版，第 59 页。

② 同上书，第 110 页。

③ 同上书，第 136 页。

④ 同上。

⑤ 同上书，第 151 页。

评美学两类。所谓"肯定美学",他认为,主要是评价未经人类改造的处于自然状态的任何事物。他认为:"任何处于自然状态中的事物都是美的,具有决定性的是选择一个合适的接受方式和标准的有效范围。"① 显然,瑟帕玛在这里受到卡尔松"自然全美"观点的影响。关于卡尔松"自然全美"的观点,我们在下面还要评述,此不赘述。但瑟帕玛的"自然全美"也还是有价值取向的,那就是因自然灾害而出现的自然自毁现象,如森林火灾,植物疾病,雪崩,火山爆发,一场飓风等。他认为,这些作为"一些例外的情况被视为丑陋的"。但他接着又说:"但如果把它们置于一个更宽广的背景下,也可以'解救'它们:把它们看作过程中的一个阶段,其中发生高潮与低谷的戏剧性变化。"② 也就是说,从自然演变的一个过程来看,可以把这些现象看作是自然全美中的一个阶段或一次低谷,但并不影响自然美的全景。另外一种则是"批评美学",即为"评价人类活动的结果,甚至在必要时进行否定的评价"。在这样的对于人类改造过的环境的批评中,瑟帕玛认为是有着明显的价值取向的。他说:"人类按照自己的目的来改造环境,所有价值领域都有这些目的。但行动有伦理学的限制:地球不只是人类使用也不只是人类的居住地,动物和植物甚至还有自然构造物也有它们的权利,这些权利不能受到损害。"③ 在这里,瑟帕玛使用了一个伦理学的准则,就是动植物的权利不能受到损害的准则。这自然是现代生态伦理学的标准。在谈到审美价值与生命价值的关系时,瑟帕玛显然是更加重视生命价值的。当然,这里需要说明的是,他所说的审美价值还是传统的西方的和谐比例对称的形式主义方面的审美,而非深层的生命与生态主义上的审美。因此,他将这种审美的价值看作是浅层次的,而将生命价值看作是深层次的,前者不能危及后者。他说:"审美的目标不能伤害到生命价值,因此不计后果的审美体系被排除在外。"又说:"在环境中,人不能从深层意义上

① [芬]约·瑟帕玛:《环境之美》,武小西、张宜译,湖南科技出版社 2006 年版,第 148 页。

② 同上书,第 149 页。

③ 同上。

甚至在审美上认可与破坏性力量相关的东西。任何事物——甚至奥斯维辛的尸体堆——都能作为一种构成和颜色从表层来考察，但这样做将是脱离由生命价值或意识形态给予的框架的畸形行为。"① 这里，他明显地排除了纯形式的审美，而将生态的与意识形态的价值评判带进了审美之中。同时，瑟氏还谈到了荒野的价值。他认为，西方与东方特别是中国和日本对于荒野的赞美不同，在历史传统上对荒野的价值是普遍掩藏的。这主要是从自然与人的生计关系考虑，将自然土地的肥沃与否及其对人的生计的关系作为美丑的界线。但当人们摒弃这一切以后，审美的观念就有了改变。他说："当人们摒弃了单一地对肥沃的土地和丰饶的绿地的赞美后，荒芜的自然以简约清晰为特征的美便引起了人们的注意。"② 他还谈到了审美的生态原则问题。他认为，"在自然中，当一个自然周期的进程是连续的和自足的时候，这个系统是一个健康的系统"。"在这个意义上自然的平衡是动态的，不是静态的，一个审美的原则在系统的经济性和各部分的和谐之中得到实现。在系统中，任何东西都是必要的，没有什么是多余的。"③ 在他看来，生态系统的连续性、自足性、动态性、平衡性，最后是健康性，就是审美的最重要的生态原则。很明显，在这里，瑟氏仍然没有完全做到从生态的科学原则到生态的哲学原则，再到生态的审美原则的必要转换。他在总体上还是倾向于，或者说局限于生态的科学原则。这与前面谈到的生命价值是一致的。第三个主要观点就是他的"应用环境美学"。瑟氏一方面强调了美学的理论品质与哲学品质，同时也提到了环境美学的应用问题，"探讨由美学所产生的理论知识的传播方式和影响实践的方式"④。主要涉及环境教育，人对环境的影响，未来前景展望的具体化等。这里，我们要特别强调的是，瑟帕玛的环境美学的生态原则不仅具有理论的品格，而且应具有实践的品

---

① ［芬］约·瑟帕玛：《环境之美》，武小西、张宜译，湖南科技出版社 2006 年版，第 161 页。

② 同上书，第 170 页。

③ 同上书，第 180 页。

④ 同上书，第 192 页。

格，这是值得充分肯定的。因为作为具有生态维度的美学来说，最重要的就是要将生态审美的原则推行到现实生活中去，使人们掌握这些原则，并以审美的态度去对待自然。首先是环境教育，是通过提供环境的知识、理想和目标，"为理解环境因此也为审美地理解环境创造了一个基础"。① 我们认为，所谓"审美地理解环境"就是指以审美的态度对待环境。瑟氏有关"人对环境的影响"，包括环境的理想，立法，积极美学与消极美学等内容。所谓环境的理想，指人在改造环境的实践中所要遵循的"伦理的限制"与"对和谐、完整的要求"等；所谓立法，即环境的改造中"对整个变化也都必须从审美的角度考虑，通过立法来保证把这个方面考虑在内"；所谓积极美学是试图对趣味与对象造成积极影响的美学，而消极美学就是一种力图消除内在矛盾的美学；所谓展望的具体化是指伦理学与环境美学的关系，前者为后者设计了界线，但没有决定界线之内的具体惯例，因此并不在严格的意义上具有规范地位。

<h2 style="text-align:center">二</h2>

艾伦·卡尔松（Allen Carlson），加拿大阿尔伯特大学哲学系教授，他所写的《环境美学》一书于 1998 年出版。但整部书的写作历时 20 多年，最早的篇章写于 1976 年，其他篇章写于 20 世纪 80 年代与 90 年代，并且大部分都曾发表过。卡尔松是当今国际上著名的环境美学理论家。瑟帕玛就曾在他手下学习过环境美学，这一点在瑟氏的著作中已有交代。从这个角度来说，卡尔松可以说是西方环境美学的奠基人之一。《环境美学》一书共包括一个引论二编十四章。"引论"主要论述美学与环境的关系，是对环境美学的界定，对其本质、取向与范围的论述。第一编主要讲自然的鉴赏，围绕对自然的审美鉴赏，从历史回顾、自然环境的形式特征、鉴赏与自然环境、自然的审

---

① ［芬］约·瑟帕玛：《环境之美》，武小西、张宜译，湖南科技出版社 2006 年版，第 193 页。

美判断与客观性、自然与肯定美学、鉴赏艺术与鉴赏自然等方面来展开。第二编为景观艺术与建筑，包括在自然与艺术之间，环境美学与审美教育的困境，环境艺术是否构成对环境的侵犯以及园林、农业景观、建筑的鉴赏、景观与文学的关系等方面。

此书涉及的内容较多，主要有这样几个方面。第一个方面是关于环境美学的性质范围。卡尔松认为，环境美学的主题就是对于原始环境与人造环境的审美鉴赏。环境美学的审美对象就是我们的环境。这个对象具有非常重要的特点，那就是"作为鉴赏者，我们沉浸在鉴赏对象之中。……鉴赏对象也构成了我们鉴赏的处所。我们移动时总是在鉴赏对象中，因而改变了我们与它的关系，也就改变了它本身"①。环境美学的范围从荒野的诞生到乡村景观、郊区、城市景观、周边地带的更多场所、购物中心等。第二个方面是，环境美学的本体论问题。首先是自然对象的鉴赏模式。卡尔松列出了对象模式、景观模式、自然环境模式、参与模式、情感激发模式、神秘模式等。但卡尔松以利奥波德的《沙乡年鉴》为范例，强调一种"将恰当的自然审美鉴赏与科学知识最紧密地联系在一起的模式：自然环境模式"。② 他认为，这种模式有利于克服传统美学理论中的"人类中心主义"。卡尔松认为，在自然环境的审美中面临着形式与内容的矛盾。所谓对自然的形式的鉴赏就是传统的风景画式的审美鉴赏，这种鉴赏仍然是人类中心的。他说："自然环境不能根据形式美来鉴赏和评价，也就是说，诸形式特征的美；更确切地说，它必须根据其他的审美维度来鉴赏和评价。"③ 这个"其他的审美维度"就包括以人与自然和谐平等的生态审美的维度，这就是自然环境的鉴赏模式。他认为，这种模式强调两个明显的要点，那就是自然环境是一种环境，而且它是自然的。这当然是针对传统的以形式鉴赏为特点的景观模式的。这种景观模式的对象不是环境而是自然环境的形式，而且它不是自然的而是经

① ［加］艾伦·卡尔松：《环境美学——自然、艺术与建筑的鉴赏》，杨平译，四川人民出版社 2005 年版，第 5 页。
② 同上书，第 27—28 页。
③ 同上书，第 64 页。

过鉴赏者选取加工的。在卡尔松看来，这种景观模式是一种主客二分的人类中心主义。他引用斯巴叙特的观点说道："这里我初步赞同斯巴叙特的一些评论。他认为在环境方面考虑某些事物主要依据'自我与环境'的关系而不是'主体与客体'或'观赏者与景色'之间的关系来考虑它。"① 这反映了卡尔松的环境美学的思维模式已经力图突破传统的主客二分的"人类中心主义"。在鉴赏什么和如何鉴赏上，他认为，鉴赏所有的事物而且凭借所有的感觉器官去鉴赏。正因为人与环境构成一个整体，而不是"如画风景式"的有选择的鉴赏，所以这种自然环境的鉴赏模式是从人的生存的角度来鉴赏所有的环境，并且是凭借所有的器官对作为人的生存环境的"气味、触觉、味道，甚至温暖和寒冷，大气压力和湿度"来进行鉴赏，这就是后来被伯林特进一步加以发展的"参与美学"，是对传统的以康德为代表的静观美学的突破。对此，他总结道："我们因而找到一种模式，开始回答在自然环境中鉴赏什么以及如何鉴赏的问题，这样做，似乎充分考虑到环境的本质。因此，不但是对审美，而且对道德和生态而言，这也是重要的。"② 卡尔松在进一步比较了艺术的鉴赏与自然的鉴赏之后，认为真正意义的自然环境鉴赏与艺术的鉴赏是有明显差异的，因为鉴赏的对象与鉴赏的方式都是不同的。因此，艺术的范畴本身无法运用于自然。"简而言之，自然不适合艺术范畴。"③ 这就指出了自然环境鉴赏也就是环境美学的相对独立性问题。许多艺术美学的理论范畴是不适合环境美学的，环境美学面临着范畴重构的重大课题。正是在这种思想指导下，卡尔松提出了"自然全美"的重要理论观点，成为卡尔松《环境美学》一书的核心论点之一。他说："全部自然界是美的。按照这种观点，自然环境在不被人类所触及的范围之内具有重要的肯定美学特征：比如它是优美的，精巧的，紧凑的、统一的和整齐的，而不是丑陋的，粗鄙的，松散的，分裂的和凌乱的。简而言之，所有

---

　　① ［加］艾伦·卡尔松：《环境美学——自然、艺术与建筑的鉴赏》，杨平译，四川人民出版社 2005 年版，第 76 页。

　　② 同上书，第 81 页。

　　③ 同上书，第 92 页。

原始自然本质上在审美上是有价值的。自然界恰当的或正确的审美鉴赏基本上是肯定的,同时否定的审美判断很少或没有位置。"① 为此,他通过正反等多个方面进行了论证,特别是借助于当代生态科学与生态哲学进行了论证。最后,他说道:"简而言之,这种异议表明既然在自然界中存在大量事物,我们不会觉得它们在审美上有价值,这种观点的任何辩护必定不正确。我同意在自然界中存在大量事物,对我们许多人来说,它们看似在审美上没有价值。然而,因为这种辩护提供阐明这种事实如何与肯定美学观点一致,所以这种事实本身并不构成一种决定性的反对。首先,正如罗尔斯顿评论所暗示的,他评论道,'我们没有生活在伊甸园,然而那种趋势在那里存在。'"② 也就是说,在卡尔松看来,"自然全美"不仅仅是一种"给定的",非人造的,而且是一种整体的,理想的。在这里,卡尔松继承了达尔文的某些观点,同时又将其改造为环境美学的一个原则,那就是尊重原生态的自然,保护它的天然的审美价值而不要轻易改动它。

第二编主要阐释了介于天然与人造、自然与艺术之间的景观艺术与建筑艺术等。卡尔松首先讨论了环境艺术的评价问题,诸如用塑料造的绿树,毕加索用自行车部件构造的"牛头",张伯伦用汽车部件构成的雕塑艺术,等等。还有杜尚的著名的叫作"泉"的小便器如何评价?真是众说纷纭。卡尔松从生态整体观出发,用生命价值这一重要的标准给予界定。他说:"我希望,这依靠于我们作为诸个体的一个共同体。譬如,对我,路边的小小的家庭农场可以表现毅力,而废弃汽车的车体却不能,一座城市的地平线可以表现眼界,而一处条形的矿山却不能。"③ 这里所说的"共同体"就是利奥波德所说的"生命共同体",作为一种生态原则,它成为卡尔松环境美学中最重要的审美原则。由此,卡尔松肯定了艺术家索菲斯特丹有关环境艺术的观点:"不改变而只是一步步地展示自然的审美特征——直到自然的本

---

① 〔加〕艾伦·卡尔松:《环境美学——自然、艺术与建筑的鉴赏》,杨平译,四川人民出版社 2005 年版,第 109 页。

② 同上书,第 150 页注①。

③ 同上书,第 214—215 页。

身即艺术。"① 在以下有关日本园林、农业景观、建筑艺术、文学中的环境描写等的讨论中，他都是遵循"生命共同体"这样一个最基本的生态审美原则。

三

阿诺德·伯林特（Arnold Berleant），美国长岛大学荣誉退休教授，曾任国际美学学会主席、国际应用美学咨询委员会主席、国际美学学会秘书长、美国美学学会秘书长等职，著名现象学美学家、环境美学家。我国已经翻译介绍了他于 1992 年所著的《环境美学》一书和 2002 年主编的《环境与艺术：环境美学的多维视角》。最近，程相占教授又在《学术月刊》2008 年第 3 期翻译发表了他的《审美生态学与城市环境》。可以说，伯林特是一位为中国美学界所熟悉的著名美学家。

伯林特的《环境美学》一书共十二章，包括环境美学的基本理论与环境批评、城市美学等实践领域。在基本的理论方面，伯林特首先与传统的主客二分的"人类中心主义"将环境作为外在于人的客体针锋相对，提出了自己的有关环境的概念。他说："我的观点则是：环境就是人们生活着的自然过程，尽管人们的确靠自然生活。环境是被体验的自然、人们生活其间的环境。"又说："也得时刻警惕它们滑向二元论和客体化的危险，比如将人类理解成被放置（placed in）在环境之中，而不是一直与其共生（continuous with）。"② 为此，伯林特从生态整体观的角度提出一个非常重要的观点："自然之外无它物。"这是他在批判"自然保护区"的设立时说的。所谓"自然保护区"，其设立是为人的所谓观赏和休闲服务的，仍然将自然看作是外在于人的。所以，伯林特说："就这一点而言，自然保护区的设立完全没有

---

① ［加］艾伦·卡尔松：《环境美学——自然、艺术与建筑的鉴赏》，杨平译，四川人民出版社 2005 年版，第 235 页。

② ［美］阿诺德·伯林特：《环境美学》，张敏、周雨译，湖南科技出版社 2006 年版，第 11 页。

必要，因为自然之外并无一物。这里所指的自然已经涵盖万事万物，它们隶属于同一个存在层次，沿袭同样的发展进程，遵循同样的科学规律，并能激发相似的惊叹或沮丧之情，而且最终都被人所接受。"①这里，他明显受到斯宾诺莎关于人与自然统一观点的影响。他还进一步将环境美学与传统美学进行了区别。在范围上，传统美学仅限于自然美，而环境美学必须打破自身防线而承认整个世界。在审美方式上，传统美学是一种静观美学，凭借视听等感官，而环境美学则是一种"参与美学"（aes the ticsofengagement）。他认为，这是该书重点解决的问题。伯林特还将环境美学称作是一种"文化美学"（a cultunal aeathetics）。这就是说，他除了强调人对环境的审美感知之外，还强调环境美学的文化向度，强调了审美感知中所混合的记忆、信仰、社会关系等。但是，他认为："关键问题是：如何保持理性意识对当下感受力的忠诚，而不去人为地编辑它们以适应传统的认识。"②伯林特站在现象学的立场，将环境美学称作是一种"描述美学"，它是一种"对环境和审美经验的理解，以及它们之间的一体性"③。这里所谓的环境，有两重意思，即原始的自然环境与被描述的环境。被描述的环境就是"一系列感官意识的混合、意蕴（包括意识到和潜意识的）、地理位置、身体在场、个人时间及持续运动"。④其实，这正如伯林特在其他文章中所说的，对自然环境鉴赏式审美是主观的构成与对象的审美潜质的结合。他并且举了黑羚羊的例子，说明黑羚羊优美的跳跃是潜在的审美素质，也是自然环境的审美的必要条件。在后面的几章中，伯林特还对"参与美学"、"家园意识"、"场所意识"、环境现象学以及作为未来哲学的核心的关于自然哲学，即生态哲学与美学都作了十分重要的论述，许多内容我已经在有关生态美学的审美范畴的文章中加以论述，在此不赘。

---

① ［美］阿诺德·伯林特：《环境美学》，张敏、周雨译，湖南科技出版社 2006 年版，第 9 页。

② 同上书，第 23 页。

③ 同上书，第 29 页。

④ 同上书，第 33 页。

在环境美学的实践领域，伯林特提出了"城市美学"的问题，"当我们致力于培植一种城市生态，以消除现代城市带给人的粗俗和单调感，这些模式会成为有益的指导，因而使城市发生转变，从人性不断地受威胁转变为人性可以持续获得并得到扩展的环境"①。他还主张"城市设计是一种家园设计"，建设"以人为本的城市"。伯林特十分前沿地提出了"太空社区"的设计问题。他指出，在人类进入太空探索时代，一系列与地球重力有关的基质、层次、轻重、上下等概念都将发生变化，因而应以全新的观念进行太空社区设计。他说："研究太空社区的设计已经持续了几十年，但这些研究很少从美学角度进行探索。然而，我们不仅要思考在新的环境条件下人类生活如何进行，还要认识和指导这种生活所具有的不同性质的条件，这一点是很重要的。在未来的人类环境，尤其是在太空环境之中，其社区对艺术的本质和作用甚至包括审美都提出了质疑。"② 这种论述应该说是很前沿的。此外，他还从环境美学的角度对博物馆展品的陈列提出看法，要求"用体验的美学取代目前物体的美学。这要求我们把博物馆当作一种环境。像其它环境一样，博物馆这种环境，只有当它作为人与环境相结合的场所发挥作用时，它才真正实现了自身。但博物馆是有特定目的的环境，这个目的就是促进审美的欣赏，促进审美参与的体验"③。这种将环境美学运用于博物馆，有利于观者参与的见解对我们来说也是颇富启发的。

伯林特与瑟帕玛一样从现象学的角度来论述环境批评，将其概括为描述阐释与评价的过程，并对其作用进行了充分的肯定，认为环境批评能使环境的审美价值获得和其他环境价值同等的地位，有助于形成同艺术一样的对环境的审美欣赏，能促进设计水平的提高并人为地塑造环境等等。该书的最后一章为"改造美国的景观"，实际上是伯林特欲将其环境美学理论应用于改造家园的设想与蓝图。他认为："审美价值是理解环

① ［美］阿诺德·伯林特：《环境美学》，张敏、周雨译，湖南科技出版社2006年版，第56页。

② 同上书，第89页。

③ 同上书，第106页。

境和采取行动的一个必要的部分，并且审美价值必须被包含在任何环境改造的建议之中。"① 环境美学的最终实践目的就是"使我们在地球上的存在更人性化就是在所有的景观中弘扬家的价值"。②

<h1 style="text-align:center">四</h1>

西方环境美学从 20 世纪 70 年代兴起，迄今已有近 40 年的时间，已从不被重视，到今天被西方学术界承认它是与艺术美学、日常生活美学相并立的当代三大美学维度之重要一维。这也是一种历史的进步。当然，我们认为，西方美学界的这一界定仍然是不彻底的。因为，环境美学的兴起实际上是美学领域的一场革命，主要针对工业革命与启蒙运动以来"人类中心主义"的勃兴到独霸天下，以其"美学是艺术哲学"与"审美的主体性原则"将自然生态彻底地排除出美学学科。从 1966 年赫伯恩对"美学是艺术哲学"的命题发难，提出"自然美学"的重要命题，拼力恢复自然生态在美学中的地位，从而导致了环境美学的兴起与兴盛，直到将利奥波德的"生态整体观"作为环境美学的重要原则，以及将生态现象学引入环境美学，"参与美学"的提出及其对康德"静观美学"的颠覆，这场美学领域的革命实际上越走越远。其实，环境美学的出现何止是美学之一维，实际上它彻底颠覆了西方古典美学的所有重要美学范式。在这样的情况下，难道还能仅仅将其称作是美学学科三足鼎立之一翼吗？因此，当代西方环境美学虽未遭扼杀但却仍然冷寂的境遇，确是不正常的现象，应该引起我们的深长思之！这只能说明传统的工具理性思维以及与之相关的学术体制是如何的顽强与保守！

与西方的环境美学相呼应，我国从 20 世纪 90 年代开始，特别是 21 世纪以来，逐步兴起生态美学。特别在当前"和谐社会""环境友

---

① ［美］阿诺德·伯林特：《环境美学》，张敏、周雨译，湖南科技出版社 2006 年版，第 161 页。

② 同上书，第 170 页。

好型社会"以及"生态文明"为社会建设目标的新形势下，我国的生态美学的发展遇到了前所未有的极好机遇。在这种情况下，我们应该从西方环境美学的发展中吸取宝贵的经验教训。首先是吸收其冲决传统"主体性美学"与"美学即艺术哲学理论"扭曲美学真谛与独霸天下的不正常现象，学习其抗争精神与解构策略。同时，还要学习环境美学所提供给我们的丰富学术营养。例如，它们对于传统自然审美"如画风景论"的批判，对于"自然之外无它物"的倡导，对生态现象学的熟练运用，所提出的"参与美学"的有价值内涵，以及对于"景观美学"与环境美学实践的倡导，都值得我们很好地学习借鉴。同时，西方环境美学的命运也应给我们以启示，那就是它们迄今的冷寂地位说明传统"主体性美学"及其学术制度的顽强。因为迄至今天，西方仍然只将环境美学视作实践形态的"应用美学"的范围，而并不将其视作美学理论的本体。正因此，我们倒认为，我们不能仅仅将环境美学与生态美学称作是一种美学形态或新的分支学科，而应该将其看作是美学学科的新发展与新延伸，是一种相异于以往的当代形态的包含生态维度的新的美学理论。

再进一步思考，西方 20 世纪环境美学虽有其产生的历史必然性与存在的学术合理性，但其毕竟是西方社会的产物，其产生的土壤是欧美等西方发达国家，因此，对于其某些学术立场我们很难完全接受。例如，作为哲学立场的"荒野哲学"，在西方发达国家具有辽阔的国土与丰饶的资源的情况下可以加以推行，保留大量的荒野，使人们欣赏完全原生态的美，但对于我国这样的国土资源相对紧缺的国家，生态足迹相对有限，那就很难保留大片荒野不去开发。再如，西方的"生态中心主义"哲学立场，包括将人权延伸到大猩猩等动物等等，我们只能有限度地实行，走人与自然双赢的道路，持生态人文主义立场。与之相关的西方环境美学所坚持的"自然全美论"，力求维持原始自然的原生态之美。但"自然全美"，我们不仅在理论上难以苟同，在实践上我们也难以完全接受。我们的立场是"环境友好"、开发与保护共存。从理论资源来说，西方环境美学凭借的是有限的西方资源，并不时借鉴东方资源。我国作为东方文明古国，"天人合一"

是我们的文化传统，在儒释道等文化理论中蕴涵着丰富的生态审美资源，是我们建设当代生态美学的主要理论支撑，等待我们发掘整理与实行当代转换。我们相信，在中西与古今对话交流的基础上，我国当代生态美学一定能得到更好地发展。

（原载《社会科学战线》2009 年第 2 期）

第四编
生态美学基础论

马克思、恩格斯与生态审美观

生态审美观是 20 世纪 70 年代以后出现的一种崭新形态的审美观念，是在资本主义极度膨胀导致人与自然矛盾极其尖锐的形势下，人类反思历史的成果。如果说活跃于 19 世纪中期到晚期的马克思与恩格斯早就提出了这一理论形态，那肯定是不符合事实的。但作为当代人类精神的导师和伟大理论家，他们以其深邃的洞察力和敏锐的眼光对人与自然的生态审美关系已有所分析和预见，那是一点也不奇怪的。而且，就我们目前的研究来看，这种分析与预见的深刻性同样是十分惊人的，从而成为 21 世纪我们深入思考与探索生态审美观的极其宝贵的资源。这里需要特别说明的是，由于生态审美观的核心内容是人与自然的和谐协调，因此，同生态哲学观具有高度的一致，所以，本文所论，涉及马、恩的生态哲学观，同生态审美观密切相关。

一 马、恩的共同课题——创立具有浓郁生态审美意识的唯物实践观

生态审美观的核心是在人与自然的关系上一方面突破了主客二分的形而上学观点，同时也突破了"人类中心主义"的观点，力主人与自然的和谐平等、普遍共生。因而，生态审美观是一种具有当代意义与价值的哲学观。研究表明，马克思、恩格斯创立的唯物实践观就包含浓郁的生态审美意识，完全可以成为我们今天建设生态审美观的理论指导与重要资源。

马克思与恩格斯的理论活动开始于 19 世纪中期，当时的紧迫任

务是批判以黑格尔为代表的唯心主义和以费尔巴哈为代表的旧唯物主义。这两种理论都带有形而上学与人类中心主义的倾向，将主体与客体、人与自然放置于对立面之上。黑格尔尽管创立了唯心主义辩证法，试图将主体与客体、感性与理性的对立加以统一，但仍是统一于绝对理念的精神活动之中，完全排除了自然的客观实在性。费尔巴哈倒是充分肯定了自然的客观实在性与第一性，但他不仅抹杀了人的主观能动性与客观实践性，而且将人视为自然的创造者，断言人的本质即是神的本质。诚如马克思所说："费尔巴哈想要研究跟思想客体确实不同的感性客体，但是他没有把人的活动本身理解为客观的（gegenstandliche）活动。所以，他在《基督教的本质》一著中仅仅把理论的活动看作是真正人的活动，而对于实践则只是从它的卑污的犹太人活动的表现形式去理解和确定。所以，他不了解'革命的'、'实践批判的'活动的意义。"① 恩格斯通过对自然科学与哲学关系的探讨明确宣布了形而上学的反科学性。他说："在自然科学中，由于它本身的发展，形而上学的观点已经成为不可能的了。"② 于是，在批判唯心主义与旧唯物主义的基础之上，马克思与恩格斯创立了以突破形而上学为其特点的新的世界观。这个新的世界观就是我们所熟知的唯物主义实践观。这是一种迥异于一切旧唯物主义的、以主观能动的实践为其特点的唯物主义世界观。马克思指出："从前的一切唯物主义——包括费尔巴哈的唯物主义——的主要缺点是：对事物、现实、感性，只是从客体的或者直观的形式去理解，而不是把它们当作人的感性活动，当作实践去理解，不是从主观方面去理解。"③ 对于这种唯物主义实践观突破传统哲学形而上学弊端的丰富内涵，在《1844年经济学—哲学手稿》中，马克思有更为具体而详尽的阐释，指出："我们看到，主观主义和客观主义，唯灵主义和唯物主义，活动和受动，只是在社会状态中才失去它们彼此间的对立，并从而失去它们作

---

① 《马克思恩格斯选集》第 1 卷，人民出版社 1972 年版，第 16 页。
② 《马克思恩格斯选集》第 3 卷，人民出版社 1972 年版，第 521 页。
③ 《马克思恩格斯选集》第 1 卷，人民出版社 1972 年版，第 16 页。

为这样的对立面的存在；我们看到，理论的对立本身的解决，只有通过实践方式，只有借助于人的实践力量，才是可能的；因此，这种对立的解决决不只是认识的任务，而是一个现实生活的任务，而哲学未能解决这个任务，正因为哲学把这仅仅看作理论的任务。"① 马克思认为，主观主义和客观主义、唯心主义和唯物主义、活动与受动、人与自然之间的对立，从纯理论的抽象的精神领域是永远无法解决的，只有在人的能动的社会实践当中才能解决其对立，从而使其统一。这实际上是通过社会实践对人与自然主客二分的传统思维模式的一种克服，成为生态审美观的重要哲学基础。而且，应该引起我们重视的是，马、恩所创立的唯物实践观中包含着明显的尊重自然的生态意识。马克思认为："我们在这里看到，彻底的自然主义或人道主义，既不同于唯心主义，也不同于唯物主义，同时又是把这二者结合的真理。我们同时也看到，只有自然主义能够理解世界历史的行动。"② 马克思在这里所说的"自然主义"和"人道主义"都是费尔巴哈的自我标榜，但费氏所说的自然主义和人道主义都是人与自然的分裂，因而是不彻底的。马克思认为，彻底的"自然主义"和"人道主义"应该是人与自然在社会实践中的统一。这样才能真正将唯物主义与唯心主义加以结合，并真正理解人与自然交互作用中演进的世界历史的行动。由此可见，在马克思的唯物实践观中包含着"彻底的自然主义"这一极其重要的尊重自然、自然是人类社会发展重要因素的生态意识。

这里还应引起我们重视的是，马克思的唯物实践观不仅包含明显的生态意识，而且包含明显的生态审美意识。这就是非常著名的马克思有关"美的规律"的论述。马克思在《1844 年经济学—哲学手稿》中论述到人的生产与动物的生产的区别时，讲了一段十分重要的话。他指出："诚然，动物也生产。它也为自己营造巢穴或住所，如蜜蜂、海狸、蚂蚁等。但是动物只生产它自己或它的幼仔所直接需要的东

---

① 《马克思恩格斯全集》第 42 卷，人民出版社 1979 年版，第 127 页。
② 同上书，第 167 页。

西；动物的生产是片面的，而人的生产是全面的；动物只是在直接的肉体需要的支配下生产，而人甚至不受肉体需要的支配也进行生产，并且只有不受这种需要的支配时才进行真正的生产；动物只生产自身，而人再生产整个自然界；动物的产品直接同它的肉体相联系，而人则自由地对待自己的产品。动物只是按照它所属的那个种的尺度和需要来建造，而人却懂得按照任何一个种的尺度来进行生产，并且懂得怎样处处都把内在的尺度运用到对象上去；因此，人也按照美的规律来建造。"① 首先，我想说明的是，马克思所说的"人也按照美的规律来建造"之中包含着明显的生态意识。也就是说，所谓"美的规律"即是自然的规律与人的规律的和谐统一。马克思这里所说"尺度"（standards）其含义为"标准、规格、水平、规范、准则"，结合上下文，又包含"基本的需要"之意。所谓"任何一个种的尺度"，即广大的自然界各种动植物的基本需要。"美的规律"要包含这种基本需要，不能使之"异化"，变成人的对立物。这已经带有承认自然的价值之意。因为，承认自然事物的"基本需要"必然要承认其独立的价值。而所谓人的"内在的尺度"（Interent standard），按字面含义，即为"内在的、固有的、生来的标准和规格"，即是人所特有的超越了狭隘物种和肉体需要一种有意识性、全面性和自由性。但这种有意识性的特性应该在承认自然界基本需要的前提之下，这就是自然主义与人道主义的结合，人与自然的和谐统一，也就是"按照美的规律来建造"。其次，我认为，马克思在《1844 年经济学—哲学手稿》中所说的"按照美的规律来建造"是其所创立的崭新世界观——唯物实践观的必不可少的重要内容，具有极其重要的理论价值与时代意义。马克思曾在《关于费尔巴哈的提纲》中说道："哲学家们只是用不同的方式解释世界，而问题在于改变世界。"② 由于这个提纲是马克思于 1845 年春在布鲁塞尔写在笔记本中的，当时并未准备发表，也没有具体展开。为此，我认为，马克思这里所说的"改变世界"应该

---

① 《马克思恩格斯全集》第 42 卷，人民出版社 1979 年版，第 96—97 页。
② 《马克思恩格斯选集》第 1 卷，人民出版社 1972 年版，第 19 页。

包含"按照美的规律来建造"。所以，马克思这一段话更完整的表述应是：哲学家们只是用不同的方式解释世界，而问题在于改变世界，按照美的规律来建造。这样完整表达的唯物实践观就包含了浓郁的生态审美意识。

我们说，马克思、恩格斯的唯物实践观中包含浓郁的生态审美意识，这不仅有以上有关"物种的尺度"的依据，而且在其他的论述中马克思与恩格斯也有生态观的论述。马克思在《1844年经济学—哲学手稿》中多处论述人是自然的一部分，从而包含人与自然平等的生态观念。他在论述人的生存与自然界的联系时指出："人靠自然界生活。这就是说，自然界是人为了不致死亡而必须与之不断交往的、人的身体。所谓人的肉体生活和精神生活同自然界相联系，也就等于说自然界同自身相联系，因为人是自然界的一部分。"① "人靠自然界生活"，这是一个亘古不变、不可动摇的客观事实。从人的肉体生活来说，人的生存所必需的食物、燃料、衣服和住房均来源于自然界。从人的精神生活来说，自然界不仅是自然科学的对象，而且是艺术、宗教、哲学等一切意识活动的对象："是人的精神的无机界，是人必须事先进行加工以便享用和消化的精神食粮。"② 而且，马克思认为，作为人本身来说，是同一切动植物一样是有生命力、有感觉和欲望的自然存在物。他说："人直接地是自然存在物。人作为自然存在物，而且作为有生命的自然存在物，一方面具有自然力、生命力，是能动的自然存在物；这些力量作为天赋和才能、作为欲望存在于人身上；另一方面，人作为自然的、肉体的、感性的、对象性的存在物，和动植物一样，是受动的、受制约的和受限制的存在物……"③ 马克思在这里充分地肯定了人作为自然存在物的自然属性，包含自然力、生命力、肉体的与感性的欲望要求，等等。正是从这个角度说，人本来就是自然的一部分，与自然共存亡、同命运。但人的本质毕竟是其社会

① 《马克思恩格斯全集》第42卷，人民出版社1979年版，第95页。

② 同上。

③ 同上书，第167页。

性，人是社会关系的总和，人的自然属性都要被其社会属性所统帅，而其社会性集中地表现为社会实践性。人只有通过"按照美的规律来建造"的社会实践，才能实现人与自然、自然主义与人道主义的统一。正如马克思所说："只有在社会中，人的自然的存在对他说来才是他的人的存在，而自然界对他说来才成为人。因此，社会是人同自然界的完成了的本质的统一，是自然界的真正复活，是人的实现了的自然主义和自然界的实现了的人道主义。"① 也就是说，在马克思看来，即使作为社会的人，其本质也要其实现与自然的统一。恩格斯在《自然辩证法》中论述了人与自然的关系。其中，十分重要的是以雄辩的事实阐释了劳动在从猿到人转变过程中的巨大作用，从而论述了人类起源于自然的真理。恩格斯指出："正如我们已经说过的，我们的猿类祖先是一种社会化的动物，人，一切动物中最社会化的动物，显然不可能从一种非社会化的最近的祖先发展而来。随着手的发展、随着劳动而开始的人对自然的统治，在每一个新的进展中扩大了人的眼界。"② 这就说明，人类是猿类祖先在劳动中逐步演化进步、发展而来，因而自然是人类的起源，动物是人类的近亲。同时，恩格斯还揭示了包括人类在内的自然界的一些特性。首先是自然界的运动性和相互联系性。恩格斯指出："我们所面对的整个自然界形成一个体系，即各种物体相互联系的总体，而我们在这里所说的物体，是指所有的物质存在，从星球到原子，甚至直到以太粒子，如果我们承认以太粒子存在的话。这些物体是互相联系的，这就是说，它们是相互作用着的，并且正是这种相互作用构成了运动。"③ 恩格斯在这里所说的"整个自然界形成一个体系"的观点已经包含了生态学中有关生态环链的思想，因而是十分珍贵的。而且，恩格斯作为一个坚定的唯物主义者，就在其同唯心主义展开激烈斗争的过程中，他也充分地阐述了大自然的神秘性、神奇性和许多自然现象的不可认识性，也就是说承

---

① 《马克思恩格斯全集》第42卷，人民出版社1979年版，第122页。
② 《马克思恩格斯选集》第3卷，人民出版社1972年版，第510页。
③ 同上书，第492页。

认了某种程度的"自然之魅"。恩格斯在论述宇宙的产生与前途时说了一段意味深长的话，值得我们深思。他说："有一点是肯定的：曾经有一个时期，我们的宇宙岛的物质把如此大量的运动——究竟是何种运动，我们到现在还不知道——转化成了热，以致（依据梅特勒）从这当中可能发展出至少包括了两千万个星的种种太阳系，而这些太阳系的逐渐灭亡同样是肯定的。这个转化是怎样进行的呢？至于我们太阳系的将来的 Caputmortuum 是否总是重新变为新的太阳系的原料，我们和赛奇神甫一样，一点也不知道。"①。恩格斯在这里一连用了两个"不知道"，说明即使是坚定的唯物主义者面对浩渺无垠的宇宙和诡谲神奇的自然也不能不承认其所特具的神奇魅力。这对我们当前生态美学研究中正在讨论的"自然的祛魅"与"自然的复魅"问题是深有启发的。

马克思：异化的扬弃——人与自然和谐关系的重建

生态审美观的产生具有深厚的现实基础，主要针对资本主义制度盲目追求经济利益对自然的滥伐与破坏，造成人与自然的严重对立。马克思将这种"对立"现象归之为"异化"，并对其内涵与解决的途径进行了深刻的论述，给当今生态审美观的建设以深深的启示。1844年4—8月，马克思在巴黎期间写作了极其重要的《1844年经济学—哲学手稿》。这部手稿具有重要的理论与学术价值，是马克思唯物实践论崭新世界观的真正诞生地。这部著作十分集中地论述了资本主义社会中"异化劳动"问题，深刻地分析了"异化劳动"的内涵，产生"异化劳动"的资本主义私有制原因，以及扬弃异化劳动、推翻资本主义私有制、建设共产主义制度的根本途径。有关经济学和政治学方面的问题已有许多论著作了深刻阐述，在此不赘。我着重从异化劳动中人与自然的关系解读一下马克思的理论观点。应该说，在这一方

---

① 《马克思恩格斯选集》第3卷，人民出版社1972年版，第460页。

面，马克思也给我们留下了极其宝贵的理论财富。首先，我想谈一下对"异化"这一哲学范畴的看法。"异化"作为德国古典哲学的范畴，是德文"Entfremdung"的意译，意指主体在一定的发展阶段，分裂出它的对立面，变成外在的异己的力量。因为，德国古典哲学包含"绝对理念的分裂""人类本质与抽象人性的分裂"等，因而带有明显的抽象思辨色彩和人性论意味。因此，"异化"一度成了一个禁谈的词语。但我认为，"异化"不仅从微观上反映了某种自然与社会现象，如自然物种的"变异"、社会发展中制度的变更等；而且，从宏观方面说，恰恰是马克思与恩格斯所指出的否定之否定规律。在黑格尔，是绝对理念演化的"正、反、合"，而在马克思与恩格斯则是事物的肯定、否定、否定之否定的重要规律。恩格斯将之称为是其"整个体系构成的基本规律"。① 马克思在《1844 年经济学—哲学手稿》中论述劳动由人的本质表现（肯定）到异化（否定），再到异化劳动之扬弃，重新成为人的本质（否定之否定），应该说是具有深刻哲学与政治学意义的。在劳动中，人与自然的关系，恰也经过了这样一种肯定（人与自然和谐）、否定（自然与人异化），再到否定之否定（重建人与自然的和谐）的过程。这正是马克思有关人与自然关系深刻认识之处。马克思认为，自然界在社会劳动中是必不可少的生产材料。正如他所说："没有自然界，没有感性的外部世界，工人就什么也不能创造。它是工人用来实现自己的劳动、在其中展开劳动活动、由其中生产出和借以生产出自己的产品的材料。"② 因此，自然界成为生产力的重要组成部分。马克思认为，社会生产力是指具有一定生产经验和劳动技能的劳动者，利用自然对象和自然力生产物质资料时所形成的物质力量。它表明的是人对自然界的关系，是人们影响自然和改造自然的能力。由此可见，社会劳动恰是人与自然的结合、有机的统一。在自有人类以来的漫长时间内，在社会劳动的过程中，人与自然从总体上来说都是统一协调的。但自私有制产生之后，特别是资本

---

① 《马克思恩格斯选集》第 3 卷，人民出版社 1972 年版，第 484 页。
② 《马克思恩格斯全集》第 42 卷，人民出版社 1979 年版，第 92 页。

主义制度产生以来，在社会劳动中自然与人出现异化，自然成为人的对立方面，而且有愈演愈烈之势。诚如马克思所说："异化劳动使人自己的身体，以及他之外的自然界，他的精神本质，他的人的本质同人相异化。"① 这里的异化，包括人的身体、自然界、精神本质和人的本质等，自然界是其重要方面之一。首先，自然界作为生产产品的有机部分，在异化劳动中同劳动者处于异己的、对立的状态。马克思指出："当然，劳动为富人生产了奇迹的东西，但是为工人生产了赤贫。劳动创造了宫殿，但是给工人创造了贫民窟。劳动创造了美，但是使工人变成畸形。劳动用机器代替了手工劳动，但是使一部分工人回到野蛮的劳动，并使另一部分工人变成机器。劳动生产了智慧，但是给工人生产了愚蠢和痴呆。"② 就是说，工人在改造自然的劳动中创造了财富和美，但这些却远离自己而去，自己过着一种贫穷、丑陋、非自然与非美的生活。其次，社会劳动中自然与人的异化还表现在劳动过程中对自然的严重破坏与污染。本来，社会劳动是人"按照美的规律来建造"，是人与自然的和谐统一，但异化劳动却使自然受到污染和破坏。马克思在批判费尔巴哈的直观的唯物主义所谓"同人类无关的外部世界"观点时，谈到一切的自然都是"人化的自然"，工业的发展就使自然界受到污染，甚至连鱼都失去了其存在的本质——清洁的水。他指出："但是每当有了一项新的发明，每当工业前进一步，就有一块新的地盘从这个领域划出去，而能用来说明费尔巴哈这类论点的事例借以产生的基地，也就越来越小了。现在我们只来谈谈一个论点：鱼的'本质'是它的'存在'，即水。河鱼的'本质'是河水。但是，一旦这条河归工业支配，一旦它被染料和其他废料污染，河里有轮船行驶，一旦河水被引入只要把水排出去就能使鱼失去生存环境的水渠，这条河的水就不再是鱼的'本质'了，它已经成为不适合鱼生存的环境。"③ 就说明，现代工业的发展，使自然环境严重污

① 《马克思恩格斯全集》第 42 卷，人民出版社 1979 年版，第 97 页。
② 同上书，第 93 页。
③ 同上书，第 369 页。

染，被污染的河水不再成为鱼的存在的本质，反而成为其对立面了，当然也就同人处于异化的、对立的状态。还有一种现象，那就是异化劳动中人对自然的感觉和感情的异化。这一点常常被人忽视，但马克思却敏锐地抓住了它。马克思认为，社会劳动是人的本质力量的对象化、自觉的意识和欲望的实现，因此人在劳动中应该感到十分的幸福和愉快，但异化劳动却是一种强制的劳动，是人的本质的丧失、肉体的折磨、精神的摧残。所以，劳动者在感觉和感情上是一种痛苦和沮丧。在这种情况下，人对自然的感觉和感情也会发生异化，即使是面对如画的河山和亮丽的风景，处于痛苦和沮丧状态中的劳动者也是绝对不会欣赏的。马克思指出："忧心忡忡的穷人甚至对最美丽的景色都没有什么感觉；贩卖矿物的商人只看到矿物的商业价值，而看不到矿物的美和特性；他没有矿物学的感觉。因此，一方面为了使人的感觉成为人的，另一方面为了创造同人的本质和自然界的本质的全部丰富性相适应的人的感觉，无论从理论方面还是从实践方面来说，人的本质的对象化都是必要的。"① 就是说，只有完全排除了异化状态的劳动，人在劳动中才能真正处于一种幸福和愉快的状态，才能真正实现人的本质力量的对象化，以便培养同人的本质和自然界的本质相适应的人的感觉，从而真正欣赏大自然的良辰美景，进而使工业生产成为人同自然联系的中介，成为人的审美力能否得到解放的重要标尺。

马克思认为："我们看到，工业的历史和工业的已经产生的对象性的存在，是一本打开了的关于人的本质力量的书，是感性地摆在我们面前的人的心理学。"② 但是，资本主义工业化恰恰是对人的本质力量对象化的否定，是对人与自然关系的极大疏离，是对人的审美的感觉和感情的压抑。这就说明，大自然本身尽管具有潜在的美的特性，但如果人的审美的感觉被异化，也不会同自然建立审美的关系。这就揭露了资本主义私有制不仅剥夺了人应有的物质需求，而且剥夺了人的包括审美在内的精神需求。有鉴于以上所述异化劳动中劳动者的被

---

① 《马克思恩格斯全集》第 42 卷，人民出版社 1979 年版，第 126 页。
② 同上书，第 127 页。

残酷地剥夺、人与自然的空前对立，人的生存环境的日益恶化，马克思明确地提出了扬弃异化、扬弃资本主义私有制、建设共产主义社会、重建人与自然和谐协调关系的美好理想。马克思十分敏锐地看到了导致异化劳动的根本原因就是资本主义私有制。他说："私有制使我们变得如此愚蠢而片面，以致一个对象，只有当它为我们拥有的时候，也就是说，当它对我们说来作为资本而存在，或者它被我们直接占有，被我们吃、喝、穿、住等等的时候，总之，在它被我们使用的时候，才是我们的……"又说："因此，一切肉体的和精神的感觉都被这一切感觉的单纯异化即拥有的感觉所代替。"① 就是说，马克思认为，资本主义私有制制度使一切对象变成私欲所有，成为资本。这才是劳动异化，特别是自然与人异化的根本原因。马克思对资本主义制度中视为万能的货币的揭露就可充分看到这一制度对异化劳动，包括自然与人的异化之中所起的决定性作用。马克思指出："莎士比亚特别强调了货币的两个特性：（1）它是有形的神明，它使一切人的和自然的特性变成它们的对立物，使事物普遍混淆和颠倒；它能使冰炭化为胶漆。（2）它是人尽可夫的娼妇，是人们和各民族的普遍牵线人。使一切人的和自然的性质颠倒和混淆，使冰炭化为胶漆——货币的这种神力包含在它的本质中，即包含在人的异化的、外化的和外在化的类本质中。它是人类的外在的能力。"② 马克思明确地指出，货币是使人的和自然的性质颠倒这种异化现象产生的"神力"。这种神力的具体表现就是对利润、私欲和短期经济效益的不顾一切的追求，这恰是造成资源的过度开采、环境的严重污染和自然与人的异化的根本原因。所以，为了解决这种十分严重的异化劳动、自然与人的疏离的问题，马克思提出了"私有财产的扬弃"这一十分重要思想。他说："因此，私有财产的扬弃，是人的一切感觉和特性的彻底解放；但这种扬弃之所以是这种解放，正是因为这些感觉和特性无论在主体上还是在客体上都变成人的。……因此，需要和享受失去了自己的利己主

① 《马克思恩格斯全集》第 42 卷，人民出版社 1979 年版，第 124 页。
② 同上书，第 153 页。

义性质，而自然界失去了自己的纯粹的有用性，因为效用成了人的效用。"① 很明显，私有财产的扬弃之所以会成为异化的扬弃，马克思认为主要是感觉复归为人的感觉，需要丢弃了利己主义性质，对自然界的关系丢弃了纯粹的功利性，从而得到彻底的解放。这种人的解放和人与自然和谐关系的重建就是共产主义社会的建立。正如马克思所说："共产主义是私有财产即人的自我异化的积极的扬弃，因而是通过人并且为了人而对人的本质的真正占有；因此，它是人向自身、向社会的（即人的）人的复归，这种复归是完全的、自觉的而且保存了以往发展的全部财富的。这种共产主义，作为完成了的自然主义，等于人道主义，而作为完成了的人道主义，等于自然主义，它是人和自然界之间、人和人之间的矛盾的真正解决，是存在和本质、对象化和自我确证、自由和必然、个体和类之间的斗争的真正解决。它是历史之谜的解答，而且知道自己就是这种解答。"② 这真是一个极为深刻的理论阐释，包含着极为丰富的哲学内涵：（1）共产主义作为人的自我异化的扬弃即是私有财产的扬弃；（2）这种扬弃是人的自觉性在保留以往发展全部财富的基础上向更高层次的复归，是一种哲学上的否定之否定；（3）共产主义作为完成了的自然主义，由于包含着人这个最高级的自然存在物，因而等于人道主义；而共产主义作为完成了人道主义，由于将人的自由自觉性延伸到自然领域，所以又等于自然主义；（4）共产主义的实质是人与自然、人与人、存在与本质、对象化与自我确证、自由与必然、个体与类之间矛盾的解决；（5）这就是人类从历史和自身局限中摆脱出来并得到解放的历史之谜的解答，但这是一个由低到高的否定之否定的永无止境的历史过程。在这里，共产主义是私有财产（资本主义私有制）的积极扬弃，从而真正解决人与自然、人与人之间的矛盾，实现人道主义与自然主义的统一，实现人的真正解放是其主旨所在。这是一百多年前，马克思对于资本主义私有制所造成的自然与人以及人与人之异化现象及其解决的深刻思考，

---

① 《马克思恩格斯全集》第 42 卷，人民出版社 1979 年版，第 124—125 页。
② 同上书，第 120 页。

具有极强的理论的与现实的意义。

如果说，当代"深层生态学"是对生态问题进行哲学和价值学层面的"深层追问"的话，那么，马克思在《1844 年经济学—哲学手稿》中已对人与自然的关系进行了社会学的沉思，并将其同社会政治制度紧密联系。马克思这种沉思的当代价值应该是显而易见的。

三　恩格斯：辩证唯物主义自然观的创立
——人与自然统一的哲学维度

生态审美观从其主要内涵是阐述人与自然的生态审美关系来说，恩格斯所创立的辩证唯物主义自然观应成为其哲学基础。这一自然观包含着批判人类中心主义、唯心主义和强调人与自然联系性，人的科技能力在自然面前的有限性等等，值得我们学习借鉴。众所周知，恩格斯于 1873—1886 年写作了著名的《自然辩证法》。这部论著的主旨在于创立辩证唯物主义自然观，从而进一步丰富了马克思主义的世界观，同时也是对当时自然科学重大发现的总结和对自然科学领域形而上学和唯心主义进行批判。当时在资本主义私有制度之下的工业的发展也进一步激化了人与自然的矛盾，环境的污染和资源的过度开采日渐严重，对人与自然的关系以及人的科技能力进行哲学的审视已是迫在眉睫的事情。这就是《自然辩证法》写作的背景。诚如恩格斯所说，"我们在这里不打算写辩证法的手册，而只想表明辩证法的规律是自然界的实在的发展规律，因而对于理论自然科学也是有效的。"①对于这部理论界已有深入研究的论著，当我带着当代诸多生态方面的理论问题进行重新阅读时，真是感到从未有过的亲切，并且获得了许多新的体会。

首先，我发现，恩格斯的自然辩证法并不是像某些人曾经理解的那样主要讲的是人与自然的对立、人对自然的支配。恰恰相反，恩格斯的重点讲的是人与自然的联系，强调人与自然的统一，批判"人类

①《马克思恩格斯选集》第 3 卷，人民出版社 1972 年版，第 485 页。

高于其他动物的唯心主义"观点，而且对人的劳动与科技能力的有限性与自然的不可过度侵犯性进行了深刻的论述。读后深感对于当前批判"人类中心主义"传统观念具有极强的现实意义与价值。在谈到辩证法时，恩格斯给予明确的界定："阐明辩证法这门和形而上学相对立的、关于联系的科学的一般性质。"①谈到自然界时，恩格斯认为，整个自然界是"各种物体相互联系的总体"②。而且，恩格斯借助于细胞学说，从人类同动植物均由细胞构成与基本结构具有某种相同性上论证了人与自然的一致性，批判了人类高于动物的传统观点。他指出："可以非常肯定地说，人类在研究比较生理学的时候，对人类高于其他动物的唯心主义的矜夸是会极端轻视的。人们到处都会看到，人体的结构同其他哺乳动物完全一致，而在基本特征方面，这种一致性也在一切脊椎动物身上出现，甚至在昆虫、甲壳动物和蠕虫等身上出现（比较模糊一些）。……最后，人们能从最低级的纤毛虫身上看到原始形态，看到简单的、独立生活的细胞，这种细胞又同最低级的植物（单细胞的菌类——马铃薯病菌和葡萄病菌等等）、同包括人的卵子和精子在内的处于较高级的发展阶段的胚胎并没有什么显著区别……"③恩格斯在这里把"人类高于其他动物"的观点看作"唯心主义的矜夸"并给予"极端轻视"，这已经是对"人类中心主义"的一种有力的批判。这种批判是从比较生理学的科学视角，立足于包括人类在内的一切生物均由细胞构成这一事实，因而是十分有力的。不仅如此，恩格斯还从人类由猿到人的进化进一步论证了人与自然的同源性。他说："这些猿类，大概首先由于它们的生活方式的影响，使手在攀援时从事和脚不同的活动，因而在平地上行走时就开始摆脱用手帮助的习惯，渐渐直立行走。这就完成了从猿转变到人的具有决定意义的一步。"④他还从儿童的行动同动物行动的相似来论证这种人与自然的同源性。恩格斯指出："在我们的那些由于和人类相处而有比

①《马克思恩格斯选集》第3卷，人民出版社1972年版，第484页。
②同上书，第492页。
③《马克思恩格斯选集》第4卷，人民出版社1972年版，第337—338页。
④《马克思恩格斯选集》第3卷，人民出版社1972年版，第508页。

较高度的发展的家畜中间，我们每天都可以观察到一些和小孩的行动具有同等程度的机灵的行动。因为，正如母腹内的人的胚胎发展史，仅仅是我们的动物祖先从虫豸开始的几百万年的肉体发展史的一个缩影一样，孩童的精神发展是我们的动物祖先、至少是比较近的动物祖先的智力发展的一个缩影，只是这个缩影更加简略一些罢了。"① 恩格斯由此出发，从哲学的高度阐述了人与动物之间的"亦此亦彼"性，从而批判了形而上学主义者将人与自然截然分离的"非此即彼"性。这种"亦此亦彼"性恰恰就是由于事物之间的"中间阶段"而加以融合和过渡的。他说："一切差异都在中间阶段融合，一切对立都经过中间环节而互相过渡，对自然观的这种发展阶段来说，旧的形而上学的思维方法就不再够了。辩证法不知道什么绝对分明的和固定不变的界限，不知道什么无条件的普遍有效的'非此即彼！'，它使固定的形而上学的差异互相过渡，除了'非此即彼！'，又在适当的地方承认'亦此亦彼！'，并且使对立互为中介；辩证法是唯一的、最高度地适合于自然观的这一发展阶段的思维方法。"② 由此可见，将人与自然对立的"人类中心主义"不恰恰就是恩格斯所批判的违背辩证法而力主"非此即彼"的形而上学吗？但是，人类毕竟同动物之间有着质的区别，那就是动物只能被动地适应自然，而人却能够进行有目的的创造性的劳动。恩格斯指出："人类社会区别于猿群的特征又是什么呢？是劳动。"③ 正因此，动物不可能在自然界打上它们的意志的印记，只有人才能通过有目的劳动改变自然界，使之"为自己的目的服务，来支配自然界"④。19 世纪 70 年代以来，由于科学技术的发展、工业化的深化和资本主义对利润的无限制追求，造成了两种情形，一是人类对自己改造环境的能力形成一种盲目的自信，二是人类对环境的破坏日渐严重，逐步形成严重后果。恩格斯指出："当一个资本家为着直接的利润去进行生产和交换时，他只能首先注意到最近的最直接的结

---

① 《马克思恩格斯选集》第 3 卷，人民出版社 1972 年版，第 517 页。
② 同上书，第 536 页。
③ 同上书，第 514 页。
④ 同上书，第 517 页。

果。一个厂主或商人在卖出他所制造的或买进的商品时，只要获得普通的利润，他就心满意足，不再去关心以后商品和买主的情形怎样了。这些行为的自然影响也是如此。当西班牙的种植场主在古巴焚烧山坡上的森林，认为木灰作为能获得高额利润的咖啡树的肥料足够用一个世代时，他们怎么会关心到，以后热带的大雨会冲掉毫无掩护的沃土而只留下赤裸裸的岩石呢?"① 这就将自然环境的破坏同资本主义制度下利润的追求紧密相联，不仅说明环境的破坏同资本主义政治制度紧密相关，而且同人们盲目追求经济利益的生产生活方式与思维模式紧密相关。同时，环境的破坏也同科技的发展导致人们对自己的能力过分自信从而肆行滥伐和掠夺自然的观念和行为有关。恩格斯在描绘在科学的进军下宗教逐渐缩小其地盘时写道:"在科学的猛攻之下，一个又一个部队放下了武器，一个又一个城堡投降了，直到最后，自然界无限的领域都被科学所征服，而且没有给造物主留下一点立足之地。"② 这就说明科学与宗教对自然界领域的争夺，最后科学志满意得地认为"自然界无限的领域"都被其所征服。但是，恩格斯从人与自然普遍联系的哲学维度敏锐地看到，人类对自己凭借追求经济利益的目的和科技能力对自然的所谓征服是过分陶醉、过分乐观的。他说:"但是我们不要过分陶醉于我们对自然界的胜利。对于每一次这样的胜利，自然界都报复了我们。每一次胜利，在第一步都确实取得了我们预期的结果，但是在第二步和第三步却有了完全不同的、出乎预料的影响，常常把第一个结果又取消了。"③ 这是一段非常著名的经常被引用的话，说得的确非常深刻，非常精彩，不仅讲到人类不应过分陶醉于自己的能力，而且讲到人类征服自然的所谓胜利必将遭到报复并最终取消其成果，从而预见到人与自然关系的矛盾激化以及生态危机的出现。

恩格斯还由此出发对人类进行了必要的警示:"因此我们必须时

---

① 《马克思恩格斯选集》第 3 卷，人民出版社 1972 年版，第 520 页。

② 同上书，第 529 页。

③ 同上书，第 517 页。

时记住：我们统治自然界，决不像征服者统治异民族一样，决不像站在自然界以外的人一样，——相反地，我们连同我们的肉、血和头脑都是属于自然界，存在于自然界的。"① 这就是说，对自然的破坏最后等于破坏人类自己。恩格斯并没有仅仅停留于此，而是从辩证的唯物主义自然观的高度抨击了欧洲从古代以来并在基督教中得到发展的反自然的文化传统，进一步论述了人"自身和自然界的一致"。他说："但是这种事情发生得愈多，人们愈会重新地不仅感觉到，而且也认识到自身和自然界的一致，而那种把精神和物质、人类和自然、灵魂和内体对立起来的荒谬的、反自然的观点，也就愈不可能存在了，这种观点是从古典古代崩溃以后在欧洲发生并在基督教中得到最大发展的。"② 这是一段极富哲学意味的科学的自然观，也是科学的生态观，即使放到今天都极富启示和教育意义。恩格斯在抨击人们过分迷信自己科技的能力时，并没有完全否认科技的作用，他相信科学的发展会使人们正确理解自然规律，从而学会支配生产行为所引起的比较远的自然影响。他说："事实上，我们一天天地学会更加正确地理解自然规律，学会认识我们对自然界的惯常行程的干涉所引起的比较近或比较远的影响。特别从本世纪自然科学大踏步前进以来，我们就愈来愈能够认识到，因而也学会支配至少是我们最普通的生产行为所引起的比较远的自然影响。"③ 由此说明，恩格斯并没有把科学放到与自然对立的位置上，认为关键在于运用和掌握科学技术的人，在如何运用科学的武器去掌握并遵循自然规律，促使人与自然的和谐协调。在当前讨论科技与生态的关系中，恩格斯的这些理论观点都是极具指导价值的。但是，恩格斯认为，最后解决人与自然的根本对立的途径是通过社会主义革命建立一种"能够有计划地生产和分配的自觉地社会生产组织"。他说："只有一种能够有计划地生产和分配的自觉的社会生产组织，才能在社会关系方面把人从其余的动物中提升出来，正像一般

---

① 《马克思恩格斯选集》第 3 卷，人民出版社 1972 年版，第 518 页。

② 同上。

③ 同上。

生产曾经在物种关系方面把人从其余的动物中提升出来一样。历史的发展使这种社会生产组织日益成为必要，也日益成为可能。一个新的历史时期将从这种社会生产组织开始，在这个新的历史时期中，人们自身以及他们的活动的一切方面，包括自然科学在内，都将突飞猛进，使已往的一切都大大地相形见绌。"①恩格斯认为，人盲目地追求经济利益，造成人与自然以及人与人的关系的失衡，实际上是人的自由自觉本质的一种异化，是向动物的一种倒退，而只有这种"有计划地生产和分配的自觉的社会生产组织"才是人从动物中的提升，人的本质的复归，这就是一个新的社会主义历史时期的开始。我想，在我们中国已经开始了这样的历史时期，消除盲目经济利益的追求已经成为可能，只要我们进一步完善"有计划地生产和分配的自觉的社会生产组织"，就一定能使人与自然、人与人的关系进一步和谐协调，从而实现人类审美的生存。

恩格斯曾经指出："我们只能在我们时代的条件下进行认识，而且这些条件达到什么程度，我们便认识到什么程度。"②作为一个马克思主义历史主义者，恩格斯讲的的确非常深刻。由此，我们也可认识到马、恩生态审美观的不可免的历史局限性。因为19世纪中期，资本主义还处于发展的兴盛期，人与自然的矛盾还没有突出出来。只在20世纪中期以后，人与自然的矛盾才日渐突出，环境问题十分尖锐，人类社会不仅出现了马、恩所揭示的经济危机，而且出现了他们所未曾看到的生态危机。因此，马、恩对环境问题尖锐性的论述肯定还有所不够。但是，他们的包含生态审美意识的唯物主义实践观和辩证唯物主义自然观，以及共产主义是人与自然和谐协调关系重建的论述，都带有普遍的世界观的指导意义，不仅克服了西方传统的主客二分形而上学思维模式，而且对长期禁锢人们头脑的"人类中心主义"也有所突破，成为我们今天建设新的生态审美观的理论基础。当然，我们还应在此基础上与时俱进，结合新时代

---

① 《马克思恩格斯选集》第3卷，人民出版社1972年版，第458页。
② 同上书，第562页。

的实际，吸收有关重要成果，建设更加具有时代特色并有更加丰富内涵的生态审美观。

［原载《陕西师范大学学报》（哲学社会科学版）2004 年第 5 期］

当代社会主义生态文明建设
与生态美学理论发展

　　党的十七大政治报告第一次在社会主义物质文明、精神文明与政治文明之后明确地提出"建设生态文明"的重要问题，将其作为建设我国社会主义小康社会的新目标与新要求，并对"生态文明"的内涵进行了一系列深入的论述。这对我国当代包括生态美学与生态文学在内的生态理论的建设发展具有极为重要的意义，开辟了广阔的发展空间。我们应该抓住这一极好机遇，很好地学习领会十七大报告中有关"建设生态文明"论述的深刻理论内涵与重要意义，用以指导生态美学与生态文学建设。

　　我认为，最重要的就是十七大报告将"建设生态文明"作为我国"全面建设社会主义小康社会"的"新目标"与"新要求"。在此前提下包含极为丰富的内容。我初步地将其概括为这样五层意思：第一，一个反思。即对传统的发展模式的反思，总结我国当代建设与发展的"困难和问题"的第一条就是"经济增长的资源环境代价过大"。正是在这种深刻反思的前提下才有极为重要的理论认识与建设模式的超越，这就是"建设生态文明"提出的现实背景与缘由。从这个意义上说，我国有关"建设生态文明"的理论也带有积极的建设性的"后现代"性质。第二，两个立足点。报告指出，生态文明建设"关系人民群众根本利益和中华民族生存发展"。也就是说，当代生态文明建设是以人民群众与民族的生存发展为其宗旨，以人民、民族与人类的福祉为其旨归，是科学发展观之中"以人为本"原则的体现，是社会主义人文主义精神的当代发展。第三，三个关系。报告中涉及当代生态文明建设的三个极为重要的关系。一是生态文明与经济发展的关系。报告一方面将发展作为"执政兴国的第一要务",同时又将"保护环境"作为经济发展的"基础",明确提出要"又好又快发展"。这就使生态文明建设与现代化过程中的经济发展统一起来,使之成为社会主义现代化的有机组成部分;二是生态文明与科学技术的关系。报告一方面将发展从依靠资源环境消耗转到依靠科技进步,同时指出生态文明建设也要很好地利用科技的手段,"开发和推广节约、替代、循环利用和治理污染的先进实用技术"。这就将生态文明建设与科技很好地统一起来。报告还论述了生态文明建设中中国与世界的关系,提出"加强应对气候变化能力建设,为保护全球气候作出新贡献",这既说明了当代生态环境问题的全球性性质,同时说明中国作为负责任的大国所应具有的国际生态责任。第四,三个重要建设措施。即生态文明建设要从法律政策、体制机制与工作责任制三个方面着手。第五,五个重要转变。首先在经济层面的产业结构上,要"由主要依靠资源消耗向主要依靠科技进步、劳动者素质提高、管理创新转变";在增长方式上,要由盲目追求经济效益向"可持续"与"又好又快"转变;在消费方式上,要由盲目追求物质需求、铺张浪费、互相攀比向节约、适度转变;在理论观念上,要使"生态文明观念在全社会牢固树立"。这里的"生态文明观念",应该包含当代生态哲学、生态伦理学、生态美学与生态文学等;最后,在发展目标上,要使我国成为"生态环境良好的国家"。

党的十七大报告有关"生态文明建设"理论的提出,对于我国当代包括生态美学在内的生态理论建设意义重大。首先为我国当代生态理论建设提供了坚实的现实依据。长时期以来,我国生态理论基本上处于边缘化状态。一方面由于生态理论自身在理论上的种种不完备,同时也由于理论界对当代社会与理论转型在认识上的不统一,因而生态理论基本上处于被质疑的状态。十七大报告明确提出"生态文明建设"的重要论断,就将当代生态理论建设作为有中国特色社会主义理论的重要组成部分,符合我国社会主义先进文化建设的方向。这恰恰反映了我国当代社会由工业文明到生态文明转型,以及理论上由人类中心到人与环境友好转型的必然趋势。在"生态文明"这个大题目下，重新建立人与自然关系的一系列理论，包括经济观、发展观、消费观、政治观、哲学观、价值观、美学观与文学观等。而哲学中的"共生"观念、伦理学中的"生态价值"观念、美学中的"诗意栖居"观念与文学中的"人与自然友好"观念等成为有待于继续发展的生态观念。当然，当前这种好的形势只是给我国生态理论的发展提供了一个良好的现实环境与前提，并不等于理论自身已经完备，需要我们生态理论工作者加倍地努力，在这种空前的良好环境中更好地进行理论创新，发挥理论工作应有的积极作用，汇入我国当代"生态文明建设"的洪流之中，作出自己应有的贡献。

另一个重要方面是，十七大报告有关"生态文明建设"的论述使我国包括生态美学在内的生态理论建设进一步得到了新的有中国特色的当代马克思主义的理论支撑。我国当代生态理论建设，从总体上来说，一直是在马克思主义理论的支撑之下的发展的。我们在理论建设中坚持马克思主义历史唯物主义的指导，很好地吸收了马克思《在1844年经济学—哲学手稿》中运用"异化"理论对资本主义制度割裂人与自然统一的批判，及其对共产主义实现彻底的人道主义与彻底的自然主义的统一的论述。同时，也运用了恩格斯在著名的《自然辩证法》之中有关人与自然辩证统一关系，以及只有对资本主义制度"实行完全的变革"才能实现这种辩证统一的理论。但马克思与恩格斯毕竟是生活在100多年前还没有真正的社会主义实践的资本主义兴盛时期，不可能完全展开完备的生态理论研究与论述。而十七大有关"生态文明建设"的理论是产生在当代中国社会主义实践之中，通过总结90年来的国际经验与50多年来的国内经验，并吸收国内外生态理论研究营养的理论成果。这一成果更加具有丰富的实践性内涵与理论前沿性品格，是当代发展了的马克思主义理论，是有中国特色社会主义理论的有机组成部分，对我国当代包括生态美学在内的生态理论建设具有极为重要的指导意义。

十七大报告有关"生态文明建设"的理论，以及科学发展观为我国当代包括生态美学在内的生态理论中一系列重要难题的解决指明了方向。首先，对于有关人类中心与生态中心这一当代生态理论中最重要的争论，按照"生态文明建设"理论，极端的人类中心主义与极端的生态中心主义都是不可取的，而应将人与自然、人文与生态有机地统一起来。有人怀疑两者统一的可能性，认为它们天生是"宿命的对立"，但我们相信，有中国特色的社会主义能够在不转嫁生态危机的前提下开辟了这种统一的可能性。否则，我们的社会主义现代化就不能成功。在人的价值与自然价值的关系问题上，我们一方面坚持"以人为本"，同时也承认自然生态对于人的生存具有基础性的价值，人应对自然生态采取友好态度，和谐协调相处，但最后还是落脚于人类持续的美好生存，这就意味着两者只能统一在当代马克思主义实践存在论哲学基础之上。在经济发展与生态环境保护的关系上，我们一方面将发展作为第一要务，同时又坚持发展要以生态环境的支撑作为前提、基础与必要条件。在生态文明与科技的关系问题上，我们一方面批判唯科技主义和工具理性的泛滥，同时又认为当代生态文明建设离不开科技的力量。对于包括生态美学在内的当代生态理论的现实合理性，我们认为"生态文明建设"理论与建设模式的提出标志着我国社会经济的重要转型，即由传统的工业文明到先进的生态文明的转型，为适应这种转型，哲学、伦理学与美学也必须要有自己转型，在人与自然这一最基本的理论问题上调整自己的理论观点已经是十分紧迫的课题，这就是对于包括生态美学在内的各种生态理论的现实呼唤与理论需求。当然，十七大报告有关"生态文明建设"的理论内涵丰富，而生态理论自身又非常复杂，不是简单的几句话就能说清楚，但十七大报告的有关论述已经给我们指出了理论研究的方向，我们应该在这一方向指引下继续深入学习研究探索。

同时，十七大报告在论述"生态文明建设"的同时还论述了社会主义文化建设的有关问题，提出"弘扬中华文化，建设中华民族共有精神家园"的重要论题。这一论题对于"生态文明建设"同样有着重要的意义价值。一方面，我国古代有着极为丰富的有价值的生态智慧，包括儒家的"天人合一"、道家的"道法自然"与佛家的"善待众生"等等。特别是我国古代的"易思维"，就是一种"生生之谓易"的古典形态的以生存、生命为基础的"诗性思维"，是我国古典形态的生态美学，包含极为丰富的内涵。这些理论被西方理论家所看重并称之为"有机世界观"，对于建设当代生态理论有着非常重要的价值，已经被海德格尔等众多西方当代生态理论家所借鉴。我们在当代"生态文明"与生态理论建设中对于这些古代生态智慧与生态性的诗性思维，应按照十七大报告要求"取其精华，去其糟粕，使之与当代社会相适应、与现代文明相协调，保持民族性，体现时代性"。在这样的艰苦探索过程中，建设具有中国特色与中国气派的包括生态美学在内的中国当代生态理论，使我国不仅在生态实践上而且在生态理论上都能在国际上作出自己的新贡献。

生态美学理论在我国的发展有一个渐进的过程。1978 年，美国学者克鲁特首先提出"生态批评"论题。此后，生态批评日渐勃兴，逐渐成为显学。此后，西方又逐渐出现环境美学理论。环境美学大体分两个部分，一个部分坚持现象学方法，围绕人与自然的基本关系探索美学问题。这种环境美学其实就是生态美学，只是涉及某些人居环境问题。还有一种环境美学，着重探索人居环境的美学问题，诸如城市建设、楼房建筑与室内装饰的美学问题等，技术层面的内容更多一些，与生态美学的距离稍微远了一些。但生态美学并不排斥这种环境美学，而是将其视作学术上的同盟军。生态美学的概念是 1994 年中国学者首次提出的，但其发展却是 20 世纪以来的事情。2001 年秋，中华美学学会青年美学学会在西安召开了全国第一次生态美学学术研讨会。生态美学研究日渐兴盛。此后，青年美学会又先后在贵阳、南宁主持召开了第二与第三次生态美学学术研讨会。2007 年 11 月 3 日，第四次全国生态美学学术研讨会由青年美学会与中南民族大学文学院、山东大学文艺美学研究中心在武汉联合召开。其间，山东大学文艺美学研究中心于 2005 年 8 月在青岛召开"人与自然：当代生态文明视野中的美学与文学国际学术研讨会"，有 170 余位中外学者参加会议。这是我国第一次有关生态美学与生态文学的大型国际学术研讨会，取得良好效果。

但由于主客观的各种原因，生态美学的发展仍然面临着一系列挑战与质疑。主要在生态美学的必要性、科学性与独立性三个方面。面对这些挑战与质疑，我们尽管没有犹疑，但也的确感到困难重重。十七报告有关社会主义生态文明建设的提出不仅给我们以信心，而且给我们以方向。我们知道，十七大提出的生态文明建设理论不可能代替生态美学建设，生态美学建设有着自己的一系列特殊的学科与学理方面的艰难工作需要研究者自己去努力探索，而且非短期内即可解决。但十七大报告有关生态文明建设的理论却给生态美学建设与上述问题的解决以极为重要的理论指导。

首先是生态美学提出的必要性问题。质疑者认为，既然已经有此前的美学理论，为什么还要提出生态美学呢？这是否是一种标新立异？但生态文明建设的理论告诉我们，人类的社会文明形态已经由工业文明前进到生态文明，人类社会文明形态的转型必然要求哲学、伦理学与美学等社会与人文学科与之适应。生态美学就是美学为适应生态文明新的社会文明转型所作出的适当调整与必要发展。

在生态美学的科学性问题上，主要集中在生态美学能否成立的问题。今天再来看这个问题，我们可以明确地回答：生态美学其实就是当代生态文化的有机组成部分，而生态文化又是生态文明的有机组成部分。众所周知，当代生态文明包括生态物质文明与生态精神文明两个方面。生态精神文明主要是当代生态文化，包括各种当代生态理论形态、生态历史研究、生态教育与生态艺术形式等。当代生态文化属于社会主义先进文化范围，是整个生态文明建设的组成部分与理论思想保证。生态美学应该按照当代社会主义生态文化建设的方向来要求与规范自己。关于生态美学的科学性，还有一个重要问题就是人与自然、人文与生态如何得以统一的问题。我们曾经以当代马克思主义实践存在论为指导将其统一在人的社会实践存在之上。社会主义生态文明建设理论的提出为这种统一提出了更具时代特征的理论根据。那就是社会主义科学发展观中的"以人为本"的原则。社会主义生态文明建设是包括在科学发展观之中的，同样贯彻"以人为本"原则。这实际上是马克思主义实践存在论的新的发展，在社会主义建设中高举"发展为了人民、发展依靠人民、发展成果由人民共享"的旗帜。

"为了人民"就是为了人民长远持续的美好生存，这就是生态美学的重要内涵与目标，是实现上述统一的重要根据。

在生态美学的独立性问题上，首先是生态美学是否构成独立的学科的问题。我个人认为，生态美学是否构成独立学科并不特别重要，生态美学作为当代生态文化的有机组成部分就足以说明其具有极为重要的独立意义。至于是否构成独立学科，需要按照学科的要求在范畴、方法与队伍等方面创造条件。但无论如何，生态美学是美学学科在当代的新发展、新延伸与新视角是不成问题的。实际上，它已经成为当前国际美学研究的新方向。国际美学学会会长海因斯·佩茨沃德最近说道，应该对于艺术哲学意义上的美学、自然美学意义上的美学与作为日常生活审美化的美学进行区分。这实际上指出了当前世界美学研究的主要方向，自然美学是当前美学研究的主要方向之一。自然美学就是包括环境美学与生态美学的美学形态。

目前的问题是需要在生态美学特有的内涵上进一步深化。我们已经在有关生态美学的"四方游戏""诗意的栖居""家园意识""场所意识"与"参与美学"等范畴上进行了探索。而且，对中国古代特有的"天人之际""生生之谓易""保合大和""道法自然""气韵生动"与"风体诗""比兴法"等范畴与理念进行了探索。但这仅仅是初步的工作，范畴的探索与理论建构的任务还很重，需要我们在社会主义生态建设理论的指导下继续艰苦努力，构建相对独立并具有中国特色的当代生态美学形态。

（原载《中南民族大学学报》2008 年第 1 期）

试论当代存在论美学观

当代美学学科建设应在综合比较方法的指导下，以当代存在论美学为基点，对各种美学见解加以综合吸收，在此基础上创建以马克思主义实践观为指导的符合中国国情的当代存在论美学观，实现由认识论到存在论的过渡。其实，新时期以来，我国许多理论家已不约而同地将美学与文艺学的关注点集中于人的现实生存状况①。因此，我对当代存在论美学观的研究实际上是在许多学者研究工作基础上的一种"接着说"。只是因为认识论美学的影响至为深远，所以希望我的这种"接着说"能引起更多同行专家的共鸣，当然也希望能得到批评。

一

当代存在论美学观的提出绝不是偶然的心血来潮或标新立异，而有其经济社会、艺术和学科发展的必然根据。众所周知，西方存在主义哲学—美学思潮滥觞于 19 世纪末 20 世纪初，兴盛于第二次世界大战之后，20 世纪 60 年代以来即融汇于各种人本主义哲学—美学思潮之中。它的发展是同资本主义现代化过程中的一系列矛盾的尖锐化相伴随的。诸如富裕与贫穷、发展与生存、当代与后代、科技与人文、物质与精神、人与环境等，都是一系列难解的二律背反。这些二律背

---

① 新时期以来，我国理论家对人的现实生存状况非常关注。如钱中文说："新理性精神将从大视野的历史唯物主义出发，首先来审视人的生存意义。"（《走向交往对话的时代》，北京大学出版社 1999 年版，第 339 页）胡经之认为，"艺术，不仅是人对世界的一种反映方式，它也直接是人的一种生存方式"（《文艺美学》，北京大学出版社 1989 年版，第 393 页）。

反在资本主义现代化的进程中又递次地表现为人的"异化",战争的严重破坏与环境的恶化等等严重问题,越来越严重地威胁到人的现实生存状况,引起全人类的高度关注。我国目前正在进行社会主义现代化建设,取得令人瞩目的成就。我国凭借制度自身的优势同资本主义国家相比对于各种矛盾问题具有更多的调节能力和空间。但事实证明,现代化之中的许多二律背反常常是过程性的,甚至是难以避免的,只是有程度与解决的快慢之分。例如,市场化与传统道德,城市化与精神疾患的蔓延,工业化与环境的破坏,科技发展与工具理性的膨胀等等。尽管不是无解的矛盾,但也的确是难以避免的矛盾。这些矛盾都极大地威胁到人的现实生存,使人的现实生存状况面临美化与非美化的二律背反。也就是说,现代化一方面促进了生活富裕、精神文明、社会繁荣,人们处于一种从未有过的美化的现实生存状况,但同时,生活节奏的加快、竞争的激烈、贫富悬殊、环境的污染、战争与恐怖活动的威胁等又使人们处于一种压抑、焦虑不安,乃至被种种现代病困扰的非美的现实生存状况。这种生存状况的改变当然主要依靠制度的改善和法律的完备,但也对美学和文学艺术提出必然的要求。因为,审美是一种不借助外力而发自内心的情感力量,是人的自觉自愿的内在要求,具有不可替代的巨大作用。所以,改善当代日益严重的人类现实生存状况非美化的现实需要,成为当代存在论美学观产生的现实土壤。这种现实需要必将改变审美仅仅局限于自我愉悦的范围,拓展到社会人生,成为一种审美地对待社会、自然与人自身的审美的世界观。这也就是当代存在论美学观的不同于传统美学观的深刻内涵之所在。与时代的步伐相伴,现代艺术发生了巨大的变化。现代艺术已不是传统的感性与理性对立融合的现实主义与浪漫主义艺术,而是愈来愈走向感性与理性的脱节,形象与情节愈趋淡化,形式与色彩愈趋变易与夸张,理性愈加隐没,从而走向意识的流淌。这就是当代的抽象派绘画、象征派诗歌、荒诞派戏剧、魔幻现实主义与意识流小说等等。这类作品已不是对现实的反映,而是对人的现实存在意义的探寻和追问。毕加索创作于第二次世界大战时期的著名壁画《格尔尼卡》,结合立体主义、现实主义和超现实主义手法,通过跨越时空、变形夸张、聚焦渲染，充分表现了人类的痛苦受难，控诉了兽性的膨胀和法西斯战争，同传统的美学原则与艺术手法已相去甚远。即使是我国当代作家运用传统现实主义手法创作的作品，也在实际上偏离传统美学原则，渗透着浓郁的当代色彩。我国作家万方所著中篇小说《空镜子》① 写的是传统的婚恋故事，但却渗透着浓郁的荒诞气氛，一种人在命运中的期待、无奈和惆怅。小说几乎没有传统的开端、高潮和结尾，只是让生活流伴随着意识流不经意地朝前流淌，但却蕴含着对爱情与婚姻的意义与价值的追寻。作品并没有给我们提供典型形象，而只有意义的追问。由此可见，面对已经发生巨大变化的现代艺术，传统美学实在是离文学艺术的实践距离太远了。但当代存在论美学却能够对其进行艺术的阐释和理论的支撑。诚如南非作家1991 年诺贝尔文学奖获得者纳丁·戈迪默所说："我认为，我们是被迫走向个人的领域。写作就是研究人的生存状况，从本体论的、政治的和社会的以及个人的角度来研究。"②

　　当代存在论美学观的产生也是美学学科发展的必然要求。西方美学根源于古希腊美学，是一种理性主义的认识论美学。这种美学以"和谐"为其美学理想，以感性与理性的二元对立与统一为其主线，而以黑格尔的"美是理念的感性显现"为其最高形态。所谓"理念的感性显现"，即是感性和理性的直接统一、完全融合，是一种达到极致的古典形态的最高的美。但此后，这种古典形态的认识论美学即逐步宣告解体，而代之以否定理性、思辨与和谐的现代美学，存在论美学即是西方现代美学的主要流派之一。这种由认识论到存在论的美学转向，实际上始于康德在《判断力批判》中对美的知性特征的挑战，在他的美是"无目的的合目的性的形式"命题中包含着美的"无功利性""纯粹性"与"合目的性"问题，成为存在论美学的先声。19 世纪末 20 世纪初，克尔凯戈尔与尼采首先提出"存在先于本质""生命意志本体"等存在主义命题，萨特从理论与创作的结合上

---

① 《十月》2000 年第 1 期。
② 引自《新华文摘》2002 年第 8 期，第 161 页。

建立了存在主义的美学体系，海德格尔则将这一理论进一步向前推进。目前，存在主义已经作为一种哲学—美学精神和方法渗透于各种极为盛行的美学流派之中。包括存在论美学在内的西方当代美学在理论与思想上都有其十分明显的局限性，但它所包含的生产力、科技与社会发展的先进内涵却值得我们借鉴。从美学由传统到现代转换的角度，我们应该跟上世界的步伐。众所周知，我国近代以来，以王国维、蔡元培为开端，美学研究受到西方传统的认识论美学的深刻影响。早期基本上偏重于介绍，20 世纪中期以后，逐步形成的典型论美学与实践论美学总体上仍然属于西方传统的认识论美学。特别是 20世纪 60 年代之后逐步发展的实践论美学，对我国独具特色的美学理论的发展无疑起到了极大的推动作用。但它并没有完全接受马克思主义实践观的现代哲学内涵，总体上仍然沿袭传统认识论体系，坚持主客二分的理论结构和客观性诉求等，已经愈来愈显示出理论的陈旧，以及同现实的严重脱离。实践论美学力主美的本质的客观论。这是一种传统的以主客二分为基础的本质主义的命题，属于科学认识的范围，不属于美学的范围。因为，只有科学才通过实验的手段，探寻对象客观存在的本质属性。而美却属于情感的范围，没有主体就没有客体，没有审美也就没有美。早在二百多年前，康德就在《判断力批判》中指出："没有关于美的科学，只有关于美的评判；也没有美的科学，只有美的艺术。因为关于美的科学，在它里面就须科学地，这就是通过证明来指出，某一物是否可以被认为美。那么，对于美的判断将不是鉴赏判断，如果它隶属于科学的话。至于一个科学，若作为科学而被认为是美的话，它将是一个怪物。"① 如果我们真的至今仍然相信美的本质的客观性，那也只能犹如康德所说是将科学的证明混同于美学而令人感到奇怪。因此，美的本质的客观性或者是客观的美实际上是一个并不存在的伪命题。实践论美学还坚持审美的反映论，仍然是西方认识论美学的翻版。众所周知，古希腊关于艺术本质的最重要的理论就是"摹仿说"，柏拉图提出了著名的"摹仿的摹仿"的理

---

① 〔德〕康德：《判断力批判》上，宗白华译，商务印书馆 1985 年版，第 150 页。

论，即现实是对理式的摹仿，而艺术则是对现实的摹仿。他在讲到艺术家的摹仿时提出了著名的"镜子说"，即认为艺术家对现实的摹仿犹如镜子一般是在外形上的映现。审美的反映论实际上就是西方古典美学"摹仿说"的发展，是将审美归结为认识的典型的理论形态。其实，康德已经将真善美作了认真的区分，并为审美确定了不同于认识的独特的情感领域。我们从切身的艺术欣赏实践中也能深切地体会到审美同认识的严格区别。我们欣赏梅兰芳的代表作《贵妃醉酒》，主要并不是获得有关杨贵妃的某种知识，而是对梅派唱腔和优美舞姿的欣赏，在欣赏中不知不觉地进入一种赏心悦目、怡然自得的审美的生存状态，乃至于百看不厌。实践论美学在艺术理论上是倡导"艺术典型"论的。应该说，艺术典型论也是西方古典美学的重要内容。古希腊时期亚里士多德提出"按照人应当有的样子来描写"[1] 就包含着艺术创作应通过个别反映必然的艺术典型的内容。古罗马和新古典主义时期由于形而上学的作祟，导致了艺术创作的"类型说"，这实际上是一种倒退。德国古典美学将成功的艺术创作称作"审美理想"，是理念与形式的"自由的统一的整体"[2]。这是对古典的艺术创造的最贴切的概括。但到俄国的别林斯基与高尔基，对艺术创作又作了形而上学的表述，提出影响极大的"艺术典型"理论。高尔基说："假如一个作家能从二十个到五十个，以至从几百个小店铺老板、官吏、工人中每个人的身上，把他们最有代表性的阶级特点、习惯、嗜好、姿势、信仰和谈吐等等抽取出来，再把它们综合在一个小店铺老板、官吏、工人的身上，那么这个作家就能用这种手法创造出'典型'来，——而这才是艺术。"[3] 应该说，高尔基所提出的"艺术典型论"是较为僵化的，是在德国古典美学之上的一种倒退。作为反映感性与理性、现实与必然、个别与一般统一的"审美理想"或"艺术典型"的理论，总体上反映了古典形态的艺术创作的基本特点，但却不适合

---

[1] ［古希腊］亚里士多德：《诗学》，罗念生译，人民文学出版社1982年版，第94页。

[2] ［德］黑格尔：《美学》第1卷，朱光潜译，商务印书馆1979年版，第87页。

[3] ［苏］高尔基：《论文学》，孟昌等译，人民文学出版社1978年版，第160页。

现代艺术。因为现代艺术不是形象与意义的统一，而是两者的错位，它所追寻的目标不是形象（存在者）的反映，而是对于隐藏在存在者之后的存在的显现，存在意义的追问。在我们前已提到的毕加索的著名壁画《格尔尼卡》中，我们又如何能找到艺术典型的影子呢？

上面，我们对实践论美学所包含的美的本质的客观论、审美反映论与艺术典型论作了大体的分析，说明这一理论已难以适应时代的要求，也难以反映当代审美的现实，完全需要在此基础上加以突破，实现由认识论到存在论的转换。但突破不是抛弃，而是在充分肯定实践美学历史地位的前提下，保留其有价值的内容，力创新说。

二

当代存在论美学观最重要的理论内涵是以胡塞尔所开创的现象学方法作为其哲学与方法论指导，从而使其从传统的主客二元对立的认识论模式跨越到"主体间性"的现代哲学—美学轨道。这种跨越或转换所具有的重要的理论与实践意义愈来愈显示在人们面前，并且已经和将要产生极其重要的影响。

胡塞尔所开创的当代现象学与其说是一种哲学理论，还不如说是一种哲学方法。诚如当代存在论美学的奠基者海德格尔所说，"'现象学'这个词本来意味着一个方法概念"，"'现象学'这个名称表达出一条原理；这条原理可以表述为：'走向事情本身！'——这句座右铭反对一切飘浮无据的虚构与偶发之见，反对采纳不过貌似经过证明的概念，反对任何伪问题——虽然它们往往一代复一代地大事铺张其为'问题'。"① 这就是说，通过将一切实体（包括客体对象与主体观念）加以"悬搁"的途径，回到认识活动中最原初的意向性，使现象在意向性过程中显现其本质，从而达到"本质直观"。这也就是所谓"现象学的还原"。在这个"走向事情本身"或是"现象学的还原"的过

① ［德］马丁·海德格尔：《存在与时间》，陈嘉映、王庆节译，生活·读书·新知三联书店1987年版，第35页。

程中，主观的意向性具有巨大的构成作用。因此，"构成的主观性"成为胡塞尔现象学的首要主题。从这种现象学的"走向事情本身"的哲学方法中，我们在看到其哲学突破的同时，也看到了明显的唯我论色彩，并因此受到当时理论界的尖锐批评。对此，胡塞尔本人亦有明显的觉察，并在1931年出版的《笛卡尔的沉思》中提出"主体间性"（又译交互主体性）理论加以补充。他在该书的第五沉思中说道："当我这个沉思着的自我通过现象学的悬搁而把自己还原为我自己的绝对经验的自我时，我是否会成为一个独存的我（Solus ipse）？而当我以现象学的名义进行一种前后一贯的自我解释时，我是否仍然是这个独存的我？因而，一门宣称要解决客观存在问题而又要作为哲学表现出来的现象学，是否已经烙上了先验唯我论的痕迹。"① 对于自己的发问，他接着作了解答。他说："所以，无论如何，在我之内，在我的先验地还原了的纯粹的意识生活领域之内，我所经验到的这个世界连同他人在内，按照经验的意义，可以说，并不是我个人综合的产物，而只是一个外在于我的世界，一个交互主体性的世界，是为每个人在此存在着的世界，是每个人都能理解其客观对象（Objekten）的世界。"② 他还进一步对这种主体间性（交互主体性）作了解释。他说："我自己并不愿意把这个自我看作为一个独存的我，而且，即使在对构造的各种作用获得了一个最初理解之后，我仍然始终会把一切构造性的持存都看作为只是这个惟一自我的本己内容。"③ 也就是说，他认为，在意向性活动中，自我与自我构造的一切现象也都是与我同格的（即惟一自我的本己内容），因而意向性活动中的一切关系都成为"主体间"的关系。这里仍然渗透着浓郁的先验唯我论的色彩，但哲学上的突破已显而易见。由以上简述可知，现象学方法在哲学与美学领域的确具有划时代的突破意义。即突破了古希腊以来到近代以实证科学为代表的主客对立的认识论知识体系，开始实现由机械

---

① ［德］胡塞尔：《笛卡尔式的沉思》，张廷国译，中国城市出版社2002年版，第122页。
② 同上书，第125页。
③ 同上书，第204—205页。

论到整体论、由认识论到存在论、由人类中心主义到非人类中心主义的哲学与美学的革命。现象学方法所特有的通过"悬搁"进行"现象学还原"的方法，与美学作为"感性学"的学科性质，以及审美过程中主体必须同对象保持距离的非功利"静观"态度特别契合。胡塞尔指出："现象学的直观与'纯粹'艺术中的美学直观是相近的。"① 在海德格尔改造了的"存在论现象学"之中，现象的显现过程，真理的敞开过程，主体的阐释过程，与审美存在的形成过程都是一致的。伽达默尔也曾认为，解释学在内容上尤其适用于美学。正是从这个意义上，存在论现象学哲学观也就是存在论现象学美学观。由于存在论现象学哲学观在当代哲学世界观转折中处于前沿的位置，因此，当代存在论美学观具有了当代主导性世界观的地位。它标示着人们以一种"悬搁"功利的"主体间性"的态度去获得审美的生存方式。这就是当代人类应有的一种最根本的生存态度。正如克尔凯郭尔所说，人们应"以审美的眼光看待生活，而不仅仅在诗情画意中享受审美"②。众所周知，原始时代主导性的世界观是巫术世界观，农耕时代主导性的世界观是宗教世界观，工业时代主导性的世界观是工具理性世界观，而当代作为信息时代主导性的世界观则是以当代存在论美学观为代表的审美的世界观。这种审美的世界观要求人们以"悬搁"功利的"主体间性"的态度对待自然、社会与人自身，使之进入一种和谐协调、普遍共生的审美生存状态。这对于解决当今社会现代化过程中的一系列二律背反，促使人类社会的健康发展具有极其重要的意义。

海德格尔对胡塞尔的"先验现象学"加以发展，使之成为"存在论现象学"。他说："存在论只有作为现象学才是可能的。现象学的现象概念意指这样的显现者：存在者的存在和这种存在的意义，变化和

---

① ［德］胡塞尔：《胡塞尔选集》，倪梁康选编，生活·读书·新知三联书店 1997 年版，第 1203 页。

② 《一个诱惑者的日记——克尔凯郭尔文选》，徐信华、余灵灵译，上海三联书店 1992 年版，第 405 页。

衍化物。"① 在这里，海德格尔把胡塞尔先验现象学中由先验主体构造的意识现象代之以存在，并使现象学成为对于存在的意义的追寻，从而建立了自己的"存在论现象学"。海德格尔的"走向事情本身"即是回到"存在"，其"悬搁"的则是存在者。人只是存在者中之一种，海氏把他叫作"此在"，其不同之处是"对存在的领悟本身就是此在的存在规定"②。也就是说，人（此在）这种存在者有能力领悟自己的存在，可以说具有一种自我的认识能力，而其他的树木、花草、岩石、建筑等存在者则不具有这种能力。这就是说，当代存在论美学观的出发点即是作为此在的存在。回到人的存在，就是回到了原初，回到了人的真正起点，也就回到了美学的真正起点。这完全不同于传统美学的从某种美学定义出发，或是从人与现实的审美关系出发等等。事实上，审美恰恰是人性的表现，是人原初的追求，人与动物的最初区别。杜夫海纳将审美称作"它处于根源部位上，处于人类在与万物混杂中感受到自己与世界的亲密关系的这一点上"③。我国古代的《乐记》也将能否欣赏音乐、分辨音律作为人与禽兽的区别，所谓"知声而不知音者，禽兽是也"。可见，所谓审美即是人同动物的根本区别，是人性的表现。最初的审美活动实际上就是一种人性的教化、文明的养成。因此，审美恰是人区别于动物的一种特有的生存状态。从人的生存状态的角度审视审美，研究审美，就是对审美本性的一种恢复，也是对美学学科本来面貌的一种恢复。当代存在论美学观对此在的存在意义的追问，即其审美本性的探寻，实际上是一种具有崭新意义的人道主义，是一种区别于传统"人类中心主义"的人在世界（关系）中审美地存在的人道主义精神。正如海德格尔所说，这是"一种可能的人类学及其存在论基础"④。

① ［德］马丁·海德格尔：《存在与时间》，陈嘉映、王庆节译，生活·读书·新知三联书店1987年版，第45页。

② 同上书，第16页。

③ ［法］杜夫海纳：《美学与哲学》，孙非译，中国社会科学出版社1985年版，第8页。

④ ［德］马丁·海德格尔：《存在与时间》，陈嘉映、王庆节译，生活·读书·新知三联书店1987年版，第22页。

关于审美对象，传统美学总是把它界定为一种客观的实体，或是自然物，或是艺术作品等等，而且特别强调了审美对象具有不以人的意志为转移的美的客观性。但是以现象学为方法的当代存在论美学观却完全否定了审美对象作为物质或精神的实体性，而把审美对象作为意向性过程中的一种意识现象（存在），通过现象学还原，在主观构成性中显现。胡塞尔在 1913 年所作的《纯粹现象学通论》中通过对杜勒铜版画《骑士、死和魔鬼》的分析，阐述自己对审美对象的理解。他认为，审美对象既不是存在的，又不是非存在的。这就是说，审美对象不是物质实体对象，须借助主体的知觉和想象显现，因此"不是存在的"。同时，审美对象又不是纯粹理念的精神实体，要以感觉材料为基础，通过意识活动赋予其意义，因此，"又不是非存在的"。对于胡塞尔的阐述，杜夫海纳说了一句更为明确的话："美的对象就是在感性的高峰实现感性与意义的完全一致，并因此引起感性与理解力的自由协调的对象。"① 也就是说，审美对象是意向性活动中凭借主体的感性能力对存在意义的充分揭示，从而达到两者的"完全一致"。在这里，起关键作用的还是主体的感性能力、审美的知觉，无论对象本身的情况如何，只要主体的感性能力、审美的知觉没有对其感知，那就不能构成审美对象。杜夫海纳指出："艺术作品则不然，它只激起知觉。如果作品有效果，那么刺激就强烈。这是否说没有'现象的存在'呢？是否说博物馆的最后一位参观者走出之后大门一关，画就不再存在了呢？不是。它的存在并没有被感知。这对任何对象都是如此。我们只能说：那时它再也不作为审美对象而存在，只作为东西而存在。如果人们愿意的话，也可以说它作为作品，就是说仅仅作为可能的审美对象而存在。"② 这一段话说得非常精彩的。它告诉我们，审美对象只有在审美的过程中，面对具有审美知觉能力的人，并正在进行审美知觉活动时才能成立。它是一种关系中的存在，没有

---

① 〔法〕杜夫海纳：《美学与哲学》，孙非译，中国社会科学出版社 1985 年版，第 24—25 页。

② 同上书，第 55 页。

了审美活动不可能有审美对象，但并不否认它作为作品——一种可能的审美对象而存在。马克思不是也讲过"对于没有音乐感的耳朵说来，最美的音乐也毫无意义，不是对象"吗？① 那么，既然审美对象的成立主要由主体的审美意向活动中的审美知觉决定，那么审美还有没有普遍有效性或共通性呢？对于这一问题，康德是通过"主观共通感"加以解决的。当代现象学在一开始走的也是这条道路。也就是说，主观判断的普遍性决定了审美的客观性和普遍有效性。阐释学美学家伽达默尔则从审美与艺术所具有的"交往理解"与"同戏"等人类学共同特点来阐释艺术作为人的基本存在方式必将具有共通性的道理。这实际上已经是"主体间性"（交互主体性）理论的一种深化，应该说更符合当代存在论美学的理论本性。

关于艺术的本质，传统美学有艺术是现实的摹仿和反映等等表述。但当代存在论美学放弃这种传统观点，从存在论现象学的独特视角，将艺术界定为真理（存在）由遮蔽、解蔽和澄明。正如海德格尔所说，"艺术的本质或许就是：'存在者的真理自行设置入作品'。"② 他进一步解释道："在艺术作品中，存有者之真理已经自行设置入作品中了。在这里，'设置'（Setaen）说的是：带向持立。一个存在者，一双农鞋，在作品中走进了它的存在的光亮中。存在者之存在进入其闪耀的恒定中了。"③ 在这里，"存在者之真理已经自行设置入作品"与"存在者之存在进入其闪耀的恒定中"含义相同。所谓"真理"并不是通常所说的对事物认识的正确性，而是指把存在者的存在从隐蔽状态中显现出来，揭示出来，加以敞开。这是一种现象学的方法。因而，从这个意义上说，"真理"就是"存在"。所谓"自行设置入"也不是放进去，而是存在自动显现自己。这样，可以将海德格尔的这句话简要地理解为：艺术就是在作品中加以显现的存在者的存在。海氏以梵·高的著名油画《农鞋》为例，说明这不是一件普通的

---

① 《马克思恩格斯全集》第 42 卷，人民出版社 1979 年版，第 126 页。
② ［德］马丁·海德格尔：《林中路》，孙周兴译，上海译文出版社 2005 年版，第 18 页。
③ 同上。

农具，它的艺术的本质属性与描绘的惟妙惟肖无关，而与作品对存在者存在的显现有关。这个存在就是真理，也就是艺术的本质。海德格尔进一步指出："作品建立一个世界并制造大地，同时就完成了这种争执。作品之作品存在就在于世界与大地的争执的实现过程中。"① 在这里，世界是同大地相对的。"大地"原指地球、自然现象、物质媒介等，具有封闭性，而"世界"则指人的生存世界，具有开放性，两者对立斗争就是真理的显现过程。大地与世界的内在矛盾构成了艺术发展的内在矛盾，不同于古典美学中感性与理性的矛盾，而是存在显现过程中的矛盾，是封闭与敞开、隐蔽与显现的矛盾，实际上是通过比喻的诗性语言反映了存在的两种状态。在这两种状态的斗争中，存在得以显现，艺术得以具有重大的人生价值。但这一"大地与世界争执"的理论仍是强调世界对大地的统帅，未能完全摆脱"人类中心主义"的影响。只在 20 世纪 50 年代后期，海德格尔提出"天地人神四方游戏说"才真正摆脱了"人类中心主义"的理论束缚，使其美学思想成为当代存在论美学观的典范表述。他于 1959 年 6 月 6 日在慕尼黑库维利斯首府剧院举办的荷尔德林协会所作的演讲中指出："于是就有四种声音在鸣响：天空、大地、人、神。在这四种声音中，命运把整个无限的关系聚集起来。但是，四方中的任何一方都不是片面地自为地持立和运行的。在这个意义上，就没有任何一方是有限的。若没有其他三方，任何一方都不存在。它们无限地相互保持，成为它们之所是，根据无限的关系而成为这个整体本身。因此，大地和天空以及它们的关联，归属于四方的更为丰富的关系。"② 真理（存在）就在这天地人神之相互依存的整体中显现出来，实现人类的审美的存在。可以说，"天地人神四方游戏说"实际上是对"主体间性"（交互主体性）理论的进一步具体化和深化，将"主体间性"理论同当代存在论美学观相结合。因而，这一理论在当代美学发展中具有极其

---

① ［德］马丁·海德格尔：《林中路》，孙周兴译，上海译文出版社 2005 年版，第 31 页。

② ［德］马丁·海德格尔：《荷尔德林诗的阐释》，孙周兴译，商务印书馆 2000 年版，第 210 页。

重要的作用。正是基于"天地人神四方游戏说"达到真理的敞开这一艺术的本质，海德格尔提出了自己的当代存在论美学理想，那就是人类应该"诗意地栖居"。他引用诗人荷尔德林的诗句："充满劳绩，然而人诗意地栖居在这片大地上"，指出："一切劳作和活动，建造和照料，都是'文化'。而文化始终只是并且永远就是一种栖居的结果。这种栖居却是诗意的。"① 海氏认为，人的存在的根基从根本上说就应该是"诗意的"，所谓"诗意的"就是尽可能地去神思（寻找到）神祇（存在）的现在和一切存在物的亲近处。因此，所谓"诗意的"就是天命与人的现实状况的统一，天人合一。正是从这个意义上，诗意的生活成为人类追求的目标，"诗是支撑着历史的根基"②。诗，也就是艺术，成为海德格尔寻求人生理想的根本途径。他的艺术的理想、美的理想，也就是人类理想的存在、审美的生存，成为其社会人生的理想。"人类应该诗意地栖居于这片大地"，是哲人海德格尔苦苦追寻的目标，也是他的美学目标。

在传统美学之中，艺术想象是艺术审美活动的重要形式，是由现实美到艺术美的必要途径。当代存在论美学观从人的存在的全新维度来理解艺术想象，将艺术想象看作是人的审美的存在的最重要方式。萨特是将想象与自由联系在一起研究的，认为人要摆脱虚无荒谬的现实世界，获得绝对自由，唯有通过艺术。他说：艺术是"由一个自由来重新把握的世界"③。其原因在于，艺术能唤起人们的想象。他说："现实的东西绝不是美的，美是一种只适合于意象的东西的价值，而且这种价值在其基本结构上又是指对世界的否定。"④ 想象则是一种意向性的活动，尽管想象要凭借对象的形象的浮现，但主观的构成性却在想象中起到巨大的作用。现象学方法认为，艺术想象中的这种主观构成性是完全凭借于感性的，是一种感性的组织、感性的统一原则。

---

① ［德］马丁·海德格尔：《荷尔德林诗的阐释》，商务印书馆 2000 年 12 月版，第 106—107 页。

② 胡经之主编：《西方文艺理论名著选编》下卷，北京大学出版社 1989 年版，第 583 页。

③ 转引自朱立元主编《西方现代美学史》，上海文艺出版社 1993 年版，第 542 页。

④ ［法］萨特：《想象心理学》，褚朔维译，光明日报出版社 1998 年版，第 292 页。

杜夫海纳指出："审美对象的第一种意义，也是音乐对象和文学对象或绘画对象的共同意义，根本不是那种求助于推理并把理智当作理想对象——它是一种逻辑算法的意义——来使用的意义。它是一种完全内在于感性的意义，因此，应该在感性水平上去体验。然而，它也能很好地完成意义的这种统一与阐明的职能。"① 在艺术想象中，通过感性去阐明意识经验或存在的意义，这就是一种"归纳性的感性"。正是因为在现象学方法中艺术想象自始至终是不脱离感性而不求助于理智的，所以，可以说，现象学恢复了美学作为"感性学"（Aestheticae）的本来面目。萨特还认为，艺术想象通过创作与欣赏的结合来完成，"作品只有被阅读时才是存在的"②。艺术家在艺术想象中否定现实世界的表面现象，同时也重新把握其深层的存在的意义，就在这样的过程中获得了美的感受。萨特认为："美不是由素材的形式决定的，而应该是由存在的浓密度决定的。"③ 萨特把想象归结为人的一种获得自由的存在方式，以及现象学突出想象感性的组织作用，值得我们深思，但由此导致对现实的完全否定则是不正确的。

实际上，从海德格尔开始就将阐释学引入现象学，成为阐释学现象学，这是当代存在论美学的重要理论资源之一。海德格尔认为，由于存在论现象学将"此在"即人的存在意义的追寻引入现象学，而解释则是追寻人的存在意义的重要方法，所以，"此在的现象学就是诠释学（Hermeneutik）"，是一种"历史学性质的精神科学的方法论"④。也就是说，"此在"作为"此时此地存在着的人"，就显示出了时间性和历史性，它所具有的存在的意义就具有了历史的生成性，只有在历史的生成中才能理解一切意识经验。作为海氏的学生，伽达默尔发展了这种解释学现象学，并将它同美学紧密结合，形成一种新的当代

---

① ［法］杜夫海纳：《美学与哲学》，孙非译，中国社会科学出版社 1985 年版，第 64 页。
② 转引自今道友信《存在主义美学》，崔相录、王生平译，辽宁人民出版社 1987 年版，第 200 页。
③ 同上书，第 231 页。
④ ［德］马丁·海德格尔：《存在与时间》，陈嘉映、王庆节译，生活·读书·新知三联书店 1987 年版，第 47 页。

存在论美学形态——解释学美学。伽氏认为，"解释学在内容上尤其适用于美学"①。这就是说，解释学同艺术文本在审美接受中存在及其历史生成紧密相关。这就在很大程度上克服了传统美学偏重文本忽视接受、偏重作者忽视读者的倾向，为方兴未艾的接受美学开辟了广阔的天地。伽氏还进一步把"理解"作为人的一种存在方式，提到了"本体论"的高度。他说："理解并不是主体诸多行为方式中的一种，而是此在自身的存在方式。"② 伽氏在其解释学美学中提出了著名的"视界融合"和"效果历史"的原则。所谓"视界融合"就是在理解过程中将过去和现在两种视界交融在一起，达到一种包容双方的新的视界。这一原则包含了历时与共时、过去与现在、自我与他者等诸多丰富内容，但更多的是过去和现在的关系，即从现在出发，包容历史，形成新的理解。所谓"效果历史"，即是认为一切理解的对象都是历史的存在，而历史既不是纯粹客观的事件，也不是纯粹主观的意识，而是历史的真实与历史的理解二者相互作用的结果，这就是效果。显然，"效果历史"也包含着丰富的内容，但主要是自我与他者的关系。这不是一种传统认识论的主客二元关系，而是一种现象学中的"主体间性"，是一种"自身与他者的统一物，是一种关系"。因为观者与文本都是反映了"此在"的存在状态，是一种你与我之间（主体之间）平等对话的关系。

三

当代存在论美学观应该借鉴大量的古代与现代的理论资源。从古代来说，应该借鉴西方古典存在论哲学—美学资源。首先是借鉴公元前6世纪古希腊哲学的资源，如哲学家阿那西曼德提出万物循环规律与人的生存的关系，对当代存在论不无启发。再就是借鉴康德以来的西方近代哲学家关于艺术与人的生存关系的思考。例如，康德关于美

① ［德］伽尔默尔：《真理与方法》，王才勇译，辽宁人民出版社1987年版，第242页。
② 同上书，《第二版序言》第37页。

是无目的合目的性的形式的理论，把作为彼岸世界的信仰领域引入审美，探讨了审美与人的存在的关系。席勒有关美育与异化的探索，也涉及人的存在领域。尼采所倡导的酒神精神，实际上也是崇尚一种生命力激扬的生存状态。叔本华关于艺术是人生花朵的理论，也将艺术与人生相联系。当代，福柯的生存美学理论也会给我们以深刻启发。福柯面对前资本主义对身体的奴役和现代资本主义从内部即从精神上对身体的控制，包括监督、惩罚、规训等，提出"自我呵护"的著名命题。他说，"呵护自我具有道德上的优先权"。这就是说，他认为，人的关注重点由关注自然到关注理性，再到关注非理性，当前应更加关注自身，使人与自身的关系具有本体论的优先权。为此，他提出，"我们必须把我们自己创造成为一件艺术品"。由我们自身的艺术化发展到把我们每个人的生活都"变为一件艺术品"①。这实际上是建立在对现代化负面影响反思超越的基础上，要求建立一种从自我开始的艺术化（审美的）生存方式。

在这里，我要特别提到20世纪70年代以来逐步兴盛的当代生态哲学与美学对当代存在论美学观所提供的十分重要的借鉴作用。1985年，法国社会学家 J. M. 费里指出，"生态学以及有关的一切，预示着一种受美学理论支配的现代化新浪潮的出现"②。这种新的美学新浪潮在西方当代表现为以文艺批评实践形态出现的生态批评繁荣发展，在我国则表现为20世纪90年代前后兴起的生态文艺学与生态美学。生态美学是一种包含人与自然、社会以及自身的生态审美关系、符合生态规律的存在论美学。这种理论的产生有其社会与理论的背景。现代化过程中因工业化与农业化肥、农药的滥用和过分获取资源所造成的严重环境污染和资源的枯竭于20世纪70年代之后凸现了出来，使人的生存面临更大的威胁。加之城市化加速和竞争的激烈所造成的精神疾患的迅速蔓延等，都要求人类从自己长期生存发展的利益出发，必

---

① ［英］路易丝·麦克尼：《福柯》，贾湜译，黑龙江人民出版社1999年版，第172、164、165页。

② 转引自鲁枢元《生态文艺学》，陕西人民教育出版社2000年版，第27页。

须确立一种人与自然、社会以及自身和谐协调发展的新的世界观。从理论角度看，20世纪70年代以来，逐步产生了一种抛弃传统"人类中心主义"的新的生态生存论哲学观。长期以来，我们在宇宙观上都是抱着"人类中心主义"的观点。公元前5世纪，古希腊哲学家普罗泰戈拉提出著名的"人是万物的尺度"的观点。尽管这一观点在当时实际上是一种感觉主义的真理观，许多人仍是将其作为"人类中心主义"的准则。欧洲文艺复兴与启蒙运动针对中世纪的"神本主义"提出"人本主义"，包含着人比动植物更高贵、更高级，人是自然的主人等"人类中心主义"观点，进而引申出"控制自然""人定胜天""让自然低头"等口号原则。这些"人类中心主义"的理论观点和原则都将人与自然的关系看作敌对的、改造与被改造、役使与被役使的关系。这种"人类中心主义"的理论及在其指导下的实践是造成生态环境受到严重破坏并直接威胁到人类生存的重要原因。正是面对这种严重的事实，许多有识之士在20世纪中期才提出了生态哲学及与之相关的生态美学。1973年，挪威著名哲学家阿伦·奈斯提出"深层生态学"，主要在生态问题上对"为什么"、"怎么样"等问题进行"深层追问"，使生态学进入了深层的哲学智慧与人生价值的层面，成为完全崭新的生态哲学与生态伦理学。阿伦·奈斯的"深层生态学"提出了著名的"生态自我"的观点。这种"生态自我"是克服了狭义的"本我"的人与自然及他人的"普遍共生"①，由此形成极富价值的"生命平等对话"的"生态智慧"，正好与当代"主体间性"理论相契合。与此相应，美国哲学家大卫·雷·格里芬提出"生态论的存在观"② 这一哲学思想。这种"生态论存在观"实际上就是当代存在论哲学的组成部分，以其为理论基础的生态存在论美学观实际上也就是当代存在论美学观的组成部分，而且丰富了当代存在论美学观的内涵。从"存在"的内涵来说，将其扩大到"人—自然—社

---

① 参见雷毅《深层生态学思想研究》，清华大学出版社2001年版，第48页。
② ［美］大卫·雷·格里芬：《后现代精神》，王成兵译，中央编译出版社1998年版，第224页。

会"这样一个系统整体之中。从"存在"的内部关系来说，将其界定为关系中的存在，是关系网络中的一个交汇点，人与自然也是一种平等对话的关系。从观照"存在"的视角方面也进一步拓宽，空间上看到人与地球的休戚与共，时间上看到人的发展的历史连续，从而坚持可持续发展观。从审美价值内涵来说，一改低沉消极心理，立足建设更加美好的物质与精神家园。

<h1 style="text-align:center">四</h1>

当代存在论美学观目前仍在探索与形成当中，而它作为当代西方哲学—美学理论形态之一，自身具有不可免的片面性，因而其局限是十分明显的。

首先，这一理论自身尚不完善。许多基本的理论问题还有待于进一步解决。包括同传统存在论的关系问题，基本范畴问题，特别是如何将这一理论进一步落实到具体的审美实践与艺术实践等，均有待于进一步探索。加上，当代存在论本身存在许多自相矛盾，难以统一之处。这一理论所具有的后现代解构特点与现象学方法的借用又不可免地导致对唯物主义实践论的远离，从而使其在哲学的根基上尚欠牢固。同时，这一理论是一种外来的理论形态。还有一个更为艰难的同中国实际结合加以本土化的问题。另外，有些重要的理论问题还有待于解决，包括人的存在与科技、现代化的关系问题等等。因此，我们面对西方当代存在论哲学—美学理论不能生吞活剥地加以接受，而应以马克思主义为指导，紧密结合中国国情，建设具有中国特色的以唯物实践观为指导的当代存在论美学观。首先要奠定唯物实践观在当代存在论美学观建设中的指导地位，发掘并坚持马克思的实践存在论观点。马克思充分肯定了人的存在的重要性。他首先充分肯定了有生命个人的存在。他在《德意志意识形态》中指出："任何人类历史的第一个前提无疑是有生命的个人的存在。"[1] 同时，他还十分明确地提出

---

① 《马克思恩格斯选集》第 1 卷，人民出版社 1972 年版，第 24 页。

了物质生产在人类生存中的作用。他说："所以我们首先应当确定一切人类生存的第一个前提也是历史的第一个前提，这个前提就是：人们为了能够'创造历史'，必须能够生活。但是为了生活，首先就需要衣、食、住以及其他东西。因此第一个历史活动就是生产满足这些需要的资料，即生产物质生活本身。"① 他十分强调存在的实践性，"通过实践创造对象世界，即改造无机界，证明人是有意识的类存在物"②。对于存在的社会性，他也作了充分的论述。他说："个人是社会存在物。"③ 存在的社会性不仅表现于直接同别人的实际交往表现出来和深得确证的那种活动和享受，而且表现在科学之类的活动。由此可见，马克思在此强调了存在的"实际交往性"，这已包含了"主体间性"（交互主体性）的理论内涵。他还特别强调了人是一种"感性的存在物"。他说："因此，人作为对象性的、感性的存在物，是一个受动的存在物；因为它感到自己是受动的，所以是一个有激情的存在物。激情、热情是人强烈追求自己的对象的本质力量。"④ 但是，人的感性的存在，并不是纯感性的、完全的自然存在物，而是经过"人化的"，是"人的自然存在物"⑤。通过以上简要的论述可知，马克思有关实践存在论的理论是十分丰富的，我们应该予以很好地研究，将其同当代存在论美学观相结合。当然，我们在这里强调马克思主义唯物实践观，包括实践存在论的指导作用，是从哲学前提的角度讲的。也就是说，在当代存在论的研究中应该坚持唯物实践观的哲学前提，而不能重犯过去以哲学观取代美学观的错误。例如，我们说社会实践是人的最重要的存在方式，但绝不是说"社会实践"本身就是美。因此，这种以唯物实践观为指导的当代存在论美学观同传统的实践美学还是有着根本区别的。

当代存在论美学观的研究开辟了中西美学交流对话的广阔天地。

---

① 《马克思恩格斯选集》第 1 卷，人民出版社 1972 年版，第 32 页。
② 《马克思恩格斯全集》第 42 卷，人民出版社 1979 年版，第 126 页。
③ 同上书，第 96 页。
④ 同上书，第 122 页。
⑤ 同上书，第 169 页。

因为，我国古代哲学与美学理论从其理论形态来说实际上就是一种存在论哲学与美学，主要围绕天人关系与人生问题展开哲学与美学的探讨。从现有的材料来看，海德格尔存在论哲学与美学思想的形成就受到中国道家思想的深刻影响。1930 年，海德格尔就在论著中援引《庄子》的观点。1946 年，海氏即将老子的《道德经》作为一个课题研究，在他的书房里则挂有"天道"的条幅①。他 1959 年提出"天地人神四方游戏说"，也肯定受到中国道家"天人合一"学说的影响。而且，当代西方生态论存在观哲学与美学思想的形成，也吸收了大量的中国古代、特别是道家的生态智慧。因此，当代存在论美学观的建立的确在美学研究领域为打破"欧洲中心主义"，建立中西美学的平等对话提供了极好的条件。当代存在论美学观的建设也有赖于吸收中国传统文化中有关存在观的哲学与美学遗产。首先是中国古代"天人合一"的哲学思想，尽管有从"天道"出发与"人道"出发的区分，但其所阐述的"道"却没有西方的主客二分，而是"天人之际"、交融统一，应该成为思考人在与世界宇宙、自然万物关系中存在的出发点。庄子的"心斋"、"坐忘"，所谓"堕肢体，黜聪明。离形去知，同于大通"（《庄子·大宗师》），应该说同现象学的"悬搁"与"现象还原"有相近的意思。中国传统"意境"说的所谓"诗家之景，如蓝田日暖，良玉生烟，可望而不可置于眉睫之前也。象外之象，景外之景，岂容易可谭哉"（司空图《与极浦书》），王夫之的"现量说"，即所谓"'现量'，现者，有'现在'义，有'现成'义，有'显现真实'义。'现在'，不缘过去作影；'现成'，一触即觉，不假思量计较；'显现真实'，乃彼之体性本自如此，显现无疑，不参虚妄"②。这些表述同现象学中现象显现之义相近，值得互比参考。渗透于中国古代艺术中的艺术精神，特别是古代诗画，则更多是一种"象外之象，景外之景"的人的生存意义。这样的例子在中国传统艺术中实在是比比皆是，举不胜举，应该成为思考与建设当代存在

① 见李平《被逐出神学的人海德格尔》，四川人民出版社 2000 年 5 月版，第 229—238 页。
② （明）王夫之：《相宗络索》，《船山全书》第 13 册，岳麓书社 2011 年版，第 536 页。

论美学观的重要资源。

　　以上，我写出了自己对于建设当代存在论美学观的思考与学习心得，片面之处在所难免，只是作为当前美学理论创新中多声部合唱中的一种声音，提出来以求教于美学界同仁。

（原载《文学评论》2003 年第 3 期）

是"判断先于快感"，
还是"判断与快感相伴"？

——对康德美学一个重要命题的重新阐释

　　近30年来，康德美学一直对我国美学的发展影响巨大。特别是康德在《判断力批判》上卷"审美判断力批判"第9节提出的"判断先于快感"的重要命题，我们更是将其看作是审美的"铁律"。康德指出："在鉴赏判断里是否快乐的情感先于对对象的判定还是判定先于前者"，"这个问题的解决是鉴赏判断的关键，因此值得十分注意。"① 康德认为，这是划清单纯的官能快感与审美快感的分界线。朱光潜认为："这问题确实是理解康德美学的关键。"② 李泽厚认为，"判断在先还是愉快在先，是由愉快而判断，还是由判断生愉快，对审美便是要害所在。"③ 由此，"判断先于快感"已经成为我们进行美学研究与艺术分析的重要理论准则。但21世纪以来，这一理论命题却不可免地遇到了挑战。

　　首先是日益发展的以影视与网络为其载体的"大众文化"，已经将娱乐与快感放到了首位，而将判断放到了其次。在理论研究中，对于身体快感的强调愈来愈加增强。最近被译介到国内的美国著名美学家理查德·舒斯特曼的《实用主义美学》一书提出了"身体美学"的命题，明显地强调了身体快感在审美中的首要作用。他说："身体

---

① ［德］康德：《判断力批判》上，宗白华译，商务印书馆1964年版，第54页。
② 朱光潜：《西方美学史》下，人民文学出版社1963年版，第363页。
③ 李泽厚：《批判哲学的批判》（修订本），人民出版社1984年版，第375页。

美学可以先暂时定义为：对一个人身体——作为感觉审美欣赏（aesthesis）及创造性的自我塑造场所——经验和作用的批判的、改善的研究。"①他在用此理论解读作为当代西方流行艺术的"拉谱"时适当地肯定了这种当代后现代艺术的背离永恒性、普遍性与审美性的特征。他说："这些特征包括：重复使用而不是独特原创，折衷混合的风格，热情拥抱新技术和大众文化，挑战审美自律和艺术纯粹的现代主义观念，以及强调地方化和暂时性而不是假定的普遍与永恒。"②除此之外，还有某些强调"身体写作"的所谓"新理念"等。

我本人对于康德的"判断先于快感"的美学命题一直是比较信奉的，认为这是康德对于英国经验论美学的继承与突破，划清了审美与生理快感的界线，同时又坚持了审美所必然包含的身体经验因素，具有较多的理论合理性与对于艺术现实的阐释能力。因此，我曾经多次撰文对其加以阐释。但是，面对日渐迅速变化的理论与艺术现实，我认为，应该将康德的"判断先于快感"调整为"判断与快感相伴"。首先，这是由康德美学的时代历史局限性决定的。因为，尽管康德是一位划时代的哲学与美学大家，他的美学理论直到今天仍有其重要的价值。但他毕竟生活在启蒙主义的历史条件之下，难以摆脱工具理性与主客二分思维模式的束缚。他将审美界定为"无目的的合目的性的形式"，充分揭示了审美之中无目的与合目的、感性与理性、真与善以及判断与快感的内在矛盾，并试图加以调和。但这种调和还是不得不借助于某种神秘的"先验原理"。他提出"判断先于快感"，明显地说明其没有跳出理性与感性、身与心二分对立的哲学与美学框架，并在实际上与其"相互对立却并不矛盾"的"二律背反"之解决相违背。实际上，从1831年黑格尔逝世之后，西方哲学与美学界就开始突破以康德与黑格尔为代表的主客二分哲学与美学理论及其相应的思维模式。从叔本华、尼采为代表的意志论美学，到克罗齐的表现论

① ［美］理查德·舒斯特曼：《实用主义美学——生活之美，艺术之思》，彭锋译，商务印书馆2002年版，第354页。

② 同上书，第268页。

美学，再到现象学美学、存在论美学、实用主义美学与阐释论美学等，基本上都是以克服主客二分为其理论主旨之一。从审美的本性来说，它不是一种认识活动，不以知识的追求为其目标；它是人的一种生存方式，并以审美的生存为其指归。杜威认为，在人的审美活动中不存在感性与理性以及身与心的分离，人是作为"活的生物"参与审美，并形成完整的"一个经验"。他说："当其决定任何可被称为一个经验的要素被高高地提升到知觉的阈限之上，并且为着自身原因而显现之时，一个对象就特别并主要是审美的，它产生审美知觉所特有的享受。"① 而且，他认为，只要不是一个完整的经验就不是审美的。他说："人们也许会做得精力充沛，受得深刻而强烈。但是，除非它们相互联系并在知觉中成为一个整体，所做的东西就不是审美的。"② 对于割裂身心、贬抑感性的理论，他也给予了有力的批判。他说："为什么将高等的、理想的经验之物与其基本的生命之根联结起来的企图常常被看成是背离它们的本性，否定它们的价值？为什么当美的艺术的高等成果与日常生活，与我们同所有活着的生物所共有的生活将联结起来时，人们就会感到反感？为什么生活被当成是一个低级趣味的事，或者最多不过是世俗感受之物，随时可以下降到色欲及粗恶残酷的水平？要完整地回答这个问题，就要写一部道德史，阐明导致蔑视身体，恐惧感官，将灵与肉对立起来的状况。"③ 我国古代论述艺术的审美经验的理论很多，也都是力主情理一致、形神兼备的。唐代司空图力倡著名的"韵味说"，以人的味觉形容审美的感觉特性，而更加深刻的意蕴就蕴含在这感觉的"韵味"之中，所谓"味在咸酸之外"。他说："文之难，而诗之难尤难。古今之喻多矣，而愚以为辨于味，而后可以言诗也。……华之人以充饥而遽辍者，知其咸酸之外，醇美者有所乏耳。"又说："今足下之诗，时辈固有难色，倘复以

①　［美］杜威：《艺术即经验》，高建平译，商务印书馆2005年版，第61页。
②　同上书，第55页。
③　同上书，第20页。

全美为工,即知味外之旨矣。"① 我们再回过头来看康德"判断先于快感"的美学观念,其实,这还是一种西方古典形态的美学观念,没有跳出"高贵的单纯,静默的伟大"这种古典的静态的形式的和谐美。它实际上是一种保持相当距离的静态的审美评判。当代,以现象学美学为代表的美学理念强调一种主观的能动的构成作用。因此,康德的这种静态的保持距离的美学理论不仅不适合各种当代大众文化形态,而且对于日渐勃兴的生态美学观也不适应。因为,当代生态美学观强调人在与自然环境的关系中生存,强调眼耳鼻舌身等各种感官都参与审美。美国著名当代环境美学家阿诺德·伯林特力主一种"参与美学",就是对于康德的古典的静观美学的反拨。总之,无论从西方美学的历史发展来看,还是从其自身的合理性来看,康德的"判断先于快感"这一美学观念都是有着明显的局限性的。

但是,我们是否又可以反过来说是"快感先于判断"呢?当然不能,因为这又会走上身与心以及感性与理性二分对立之路。杜威是非常重视快感在审美中的作用的,他认为审美经验是人作为"活的生物"与环境交互作用的结果,而感官就直接参与这种交互作用。他说:"由于感觉器官及其相连的动力机制是这种参与的手段,任何一次,并且每一次对这些感觉器官,不管是理论上的,还是实践上的贬低,都既是一种狭窄而沉闷的生活经验的原因,也是它的结果。所有心灵与身体,灵魂与物质,精神与肉体的对立,从根本上讲,都源于对生活会产生什么的恐惧。"② 由此可见,杜威对于审美中感觉与快感的重视,但他也决不同意"快感先于判断",而是特别强调审美经验的"完满性"与"理想性"。他说:"由于这种经常放弃现在而投向过去和未来,那种当下所完成的,将自己投入到对过去的回忆和对未来的期待的经验,逐渐构成了一种审美理想。"又说:审美经验"与这些经验不同,我们在所经验到的物质走完其历程而达到完满时,就

<hr />

① （唐）司空图：《与李生论诗书》,郭绍虞、王文生主编《中国历代文论选》第 2 册,上海古籍出版社 1979 年版,第 196、197 页。
② ［美］杜威：《艺术即经验》,高建平译,商务印书馆 2005 年版,第 22 页。

拥有了一个经验"。① 即便是试图突破杜威的舒斯特曼，也没有完全否定杜威有关审美完满性的观点。他于 2006 年 4 月 26 日应邀到山东大学文艺美学研究中心进行学术访问，在此期间，我们与他进行了有关学术对话。在对话中，谈到他对杜威审美完满性的评价。他表示，他是杜威审美完满性与统一性价值的赞赏者，但他担心对完满性的强调会导致对差异性的扼杀，他主张完满性与差异性的统一。当代现象学美学是以"悬隔"实体的途径突破传统美学主客、身心以及感性与理性的二分对立，并对审美的快感特征给予充分重视的。它是以审美知觉的构成作用作为基点来构筑自己的美学理论的，因此，特别强调了作为知觉组成部分的感觉与快感的地位。法国著名审美现象学理论家杜夫海纳认为，审美对象的"根本现实性首先存在于感性之中"②。在他看来，审美的感性就是对象，就是主体，就是此在，因而，感性具有本体的存在的意义。他认为，离开了感性就离开了审美。他还认为，以感性作为基点的审美知觉在审美过程中具有重要的构成作用，而在其呈现阶段则表现为肉体。他说："主体至少在三个方面是构成因素：第一，在呈现阶段，通过梅洛－庞蒂所说的肉体先验，这种先验勾画出肉体自身所体验的世界结构。"③ 由此说明，现象学美学家杜夫海纳对于感性与肉体的重视。但杜夫海纳并没有将感性与肉体放到第一的、决定性的位置，而是同时强调了感性的训练与精神的提升。他认为，审美尽管是从肉体开始的，但又不仅是从肉体开始的，如果审美仅仅为肉体而存在，只会给人以肉体的刺激与激动。这甚至对艺术是一种危险。他说："一方面，肉体必须经过训练才能用于审美经验；另一方面，艺术作品本身尽管是为肉体创作的，也不单是为它而创作的，而且有时还首先使肉体感到困惑。"④ 这里所谓"使肉体感到困惑"，就是指有时要拒绝甚至对抗肉体。再就是，这里所说的对

---

① ［美］杜威：《艺术即经验》，高建平译，商务印书馆 2005 年版，第 18、37 页。
② ［法］杜夫海纳：《审美经验现象学》，韩树站译，文化艺术出版社 1992 年版，第 74 页。
③ 同上书，第 484 页。
④ 同上书，第 380 页。

于肉体的训练，我们在马克思的《1844年经济学—哲学手稿》中也看到“有音乐感的耳朵和感受形式美的眼睛”等类似的论述。不仅如此，杜夫海纳还强调审美经验需要理解力，甚至更进一步地强调审美经验的本体的存在论的意义。他说：“赋予审美经验以本体论的意义，就是承认情感先验的宇宙论方面和存在方面都是以存在为基础的。也就是说，存在具有它赋予现实的和它迫使人们说出的那种意义。”① 这就是说，现象学美学认为，审美经验最后的导向是对于人的生存状况的改善与提升，走向人的审美的生存。从中国古代美学理论来说，也从来没有将快感与感性放到首要的位置。众所周知的“情志说”就特别强调“诗言志”，成为中国古典诗学的重要传统。而侧重于作家的“养气说”，力倡“我养吾浩然之气”，力倡作家所必具的高尚精神修养。凡此种种，都说明绝对的快感说在中国传统美学中是没有地位的。从作品来看，几乎所有的优秀和比较优秀的作品，都是情与理、快感与判断的有机统一。中国古代诗学中有所谓“一切景语皆情语”之说，阐明了中国古代艺术情境交融的特点。曹雪芹在谈到自己的《红楼梦》创作时所说的“十年辛苦不寻常，字字读来都是血”，说明其作品是情与理的交融统一，字字句句都渗透着自己对生活的体悟与情感。即便是当代的后现代艺术，例如杜尚的小便器《泉》，也不是纯快感的产物。这些后现代艺术作品作为一种行为艺术，可以说伴随着这种艺术行为的是一种艺术的观念。杜尚的小便器《泉》就是旨在阐明一种新的有关艺术的观念。那就是，所谓艺术，在他们看来与美无关，而是某种艺术制度，甚至是阐释的结果。也就是说，在他制定的这种艺术制度中，或者在他的阐释中，这件物品就成为艺术品。这应该说还是阐明了某种值得思考的观念的。而某些宣扬恐怖与血腥的行为艺术，我个人认为是不能肯定的。

康德美学的重大贡献是试图通过二律背反的途径将感性派对于感性快感的强调与理性派对于理性绝对性的强调加以调和，因而提出

① ［法］杜夫海纳：《审美经验现象学》，韩树站译，文化艺术出版社1992年版，第581页。

"无目的的合目的的形式"的著名美学命题，充分揭示了审美的内在矛盾，彰显了审美的内在张力与魅力，被黑格尔称作是说出了"关于美的第一个合理的字眼"①。但"判断先于快感"的命题在某种程度上违背了这种二律背反的原则，说明康德归根结底没有跳出理性派的束缚。让我们改造这一命题，提出"判断与快感相伴"，从而使审美的内在张力与魅力进一步凸显，也使理论的阐释力进一步增强。

（原载《文艺争鸣》2007 年第 11 期）

---

① 参见鲍桑葵《美学史》，张今译，商务印书馆 1985 年版，第 344 页。

试论人的生态本性与生态存在论审美观

生态美学是 1994 年由中国学者首次提出的①。2001 年，在西安召开的全国第一届生态美学研讨会上，受国内外诸多学者的启发，我提出了"生态存在论审美观"。在我看来，生态美学是一种生态存在论审美观，本身还不能构成一个新的美学学科分支，只能是美学学科在当代新的发展、新的延伸和新的丰富。很明显，生态存在论审美观是建立在当代生态文明时代生态存在论哲学观的基础之上的。正是从当代生态存在论哲学观的独特视角，我们才拨开迷雾，真正认识到人所具有的生态本性与生态存在论审美观，并由此产生了一种由人的生态本性出发、包含着生态维度和生态存在论审美观的新人文精神。从这一新的理论视角出发，有必要对当代哲学理论、美学理论等给予必要的价值重估。

一

20 世纪 60 年代以来，人类社会和思想观念发生了巨大的变化。从人类社会方面来说，工业文明的畸形发展，造成了生态环境的重大污染破坏。这在严重危及人类生存发展的同时，也促使人类对现代工业文明进行必要的反思与探索超越之路。目前，人类社会正处于由工业文明到后工业文明或生态文明的过渡阶段。1962 年，美国著名生态学家莱切尔·卡逊（Rachel Carson）在《寂静的春天》一书中，以

---

① 李欣复：《论生态美学》，《南京社会科学》1994 年第 12 期。

"万物复苏繁茂生长的春天走向寂静"的深刻寓意对传统工业文明造成的严重环境污染进行了有力的揭露和批判，引起巨大反响。1970年，美国举办了第一个"地球日"，它标志着"生态学时代"的到来。1972年，联合国召开首届人类环境会议，发布《人类环境宣言》。1991年，美国著名世界观察研究所发表《世界情况报告》，指出："世界正处于历史性的转折点，一个新的时代即将来临"。在这个新的时代中，"拯救地球的战斗"将"成为建立世界新秩序的主旋律"①。我国从20世纪70年代以来开始逐步重视起生态问题，先后提出了可持续发展战略与科学发展观，并将生态文明作为社会经济发展的重要目标之一。社会的转型和生态文明时代的到来，必将引起思想理论观念上的重大变化，其重要表征就是长期以来一直被忽视、被漠视的自然维度开始进入到当代学术思想的视野之中。

众所周知，工业革命和启蒙运动以来，工具理性和"人类中心主义"在思想理论领域占据绝对优势，自然处于被主宰的地位。但自20世纪60年代以来，这种情况开始发生很大的变化，人类思想理论的焦点逐渐转移向自然和环境，各种生态理论层出不穷。"人类中心主义"观念受到严重挑战，自然的地位逐步提高，乃至被提高到关乎人类生存的本体论高度。当代生态存在论哲学观以及有关理论的产生与发展，是其最重要的代表。1973年，挪威哲学家阿伦·奈斯（Arne Naess）提出"深层生态学"理论，将生态维度引入哲学、价值理论、政治学和伦理学领域，阐述了"生态自我""生态平等"与"生态共生"等一系列生态哲学和生态伦理学观念。1995年，美国生态理论家霍尔姆斯·罗尔斯顿Ⅲ（Holmes Rolston Ⅲ）出版《哲学走向荒野》一书，提出哲学的"荒野转向"（Wildturn），他指出："衡量一种哲学是否深刻的尺度之一，就是看它是否把自然看作与文化是互补的，而给予她以应有的尊重"②，从而正式确立了"自然维度"

①　参见余谋昌《生态伦理学》，首都师范大学出版社1999年版，第115页。
②　［美］霍尔姆斯·罗尔斯顿Ⅲ：《哲学走向荒野》，刘耳、叶平译，吉林人民出版社2000年版，《一个走向荒野的哲学家·代中文版序》第11页。

在当代哲学中的重要地位。同样是在 20 世纪 90 年代，美国著名生态理论家大卫·雷·格里芬（Griffin，D. R.）提出更具当代性的"生态论的存在观"，① 将生态问题与人的生存问题紧密联系起来，生态存在论哲学作为哲学学科的前沿方向开始引起人们的高度重视。中国生态理论家余谋昌对当代生态理论的存在论内涵也有极好的阐发，他反复强调说："人的生命和自然界是相互依存的，人与自然作为完整的系统，人对自然的态度也就是对自己的态度，人对自然做了什么也就是对自己做了什么，人对自然的损害也就是对自己的损害"；"环境问题的实质是人的问题，保护地球是人类生存的中心问题。"② 除了学术界以外，国家主席胡锦涛在阐述科学发展观时也深刻地指出："良好的生态环境是社会生产力持续发展和人们生存质量不断提高的重要基础。"③ 将生态环境看作是中国社会发展与人的生存质量提高的重要基础。这对于我们重新认识经济学、哲学领域中的一系列问题，具有重要的理论意义与指导作用。

总之，生态文明时代的到来，生态存在论哲学观的提出，为我们更加深入地认识人的本性、人文精神的内涵，以及一系列哲学美学问题，不仅提供了时代的条件与前提，同时也提供了更加先进的理论观念。

<h2 style="text-align:center">二</h2>

生态存在论哲学观开辟了把握人的本性的新视角。众所周知，把握人的本性是人类精神生活的永恒主题。古希腊德尔斐神庙的墙上就镌刻着"认识自我"的铭文。但自古以来，在把握人的本性上却有着两种截然不同的路径。一是目前在许多领域仍然盛行的认识论路径，它以认识、把握人的抽象本质为最高使命。在这种路径下，有人是理

---

① ［美］大卫·雷·格里芬编：《后现代精神》，中央编译出版社 1998 年版，第 224 页。
② 余谋昌：《生态伦理学》，首都师范大学出版社 1999 年版，第 87、136 页。
③ 胡锦涛：《在中央人口资源环境工作座谈会上的讲话》，《光明日报》2004 年 4 月 5 日。

性的动物、人是感性的动物、人是政治的动物、人的本质是人本主义之"爱"等说法。① 它们的片面性在于，对人的本性的把握完全脱离了现实生活实际。因为，在现实生活世界中从来不存在具有上述抽象"本质"的人。恩斯特·卡西尔（Ernst Cassirer）试图从功能性的角度去突破认识论的局限，他把人的本性归结为创造和使用符号的动物。他说："如果有什么关于人的本性或'本质'的定义的话，那么这种定义只能被理解为一种功能性的定义，而不能是一种实体性的定义。我们不能以任何构成人的形而上学本质的内在原则来给人下定义；我们也不能用可以靠经验的观察来确定的天生能力或本能来给人下定义。人的突出特征，人与众不同的标志，既不是他的形而上学本性也不是他的物理本性，而是人的劳作（work）。正是这种劳作，正是这种人类活动的体系，规定和划定了'人性'的圆周。语言、神话、宗教、艺术、科学、历史，都是这个圆的组成部分和各个扇面。"② 卡西尔从创造和使用符号的"功能性"角度界定人的本性，应该说是一种突破性的尝试，但却没有从根本上突破本质主义的束缚。因为，所谓创造和使用符号的能力仍然是对人的本性的一种抽象描述，而实际上，在活生生的生命活动与创造、使用符号的抽象主体，仍然是不能完全划等号的。前者比后者要丰富、具体得多。

　　与认识论的本质主义路径相反，现代西方哲学家马丁·海德格尔（Martin Heidegger）提出一种"存在论与现象学的"方法，他说："存在论与现象学不是两门不同的哲学学科而并列于其它属于哲学的学科。"③ 这在某种程度上是对存在论现象学的发展，它突破了认识论主客二分的本质主义窠臼，采取将一切实体性内容"悬置"从而"回到事情本身"的方法，直接面对"存在"本身。在这样一种哲学

---

　　① 以上是一种概括性的归纳，具体包括：柏拉图认为人分有了"理念"；亚里士多德认为"人是政治的动物"；英国经验派哲学把人的本质归结为"感性""感觉"；费尔巴哈认为人的本质是人本主义的"爱"。

　　② ［德］恩斯特·卡西尔：《人论》，甘阳译，上海译文出版社1985年版，第87页。

　　③ ［德］马丁·海德格尔：《存在与时间》，陈嘉映、王庆节译，生活·读书·新知三联书店1987年版，第47页。

观与世界观中，人所面对的就不是"感性""理性""政治""爱""符号"之类的实体，而是人的"存在"本身；不是社会与自然的对立，而是生命与自然的原初性的融合。海德格尔对人的本性的认识与把握具有明显的现世性，也为当代生态存在论哲学与美学观提供了丰富的思想资源。海德格尔认为："此在的任何一种存在样式都是由此在在世这种基本机制一道规定了的。"① 德国哲学家沃尔夫冈·韦尔施指出："人类的定义恰恰是现世之人（与世界休戚相关之人），而非人类之人（以人类自身为中心之人）。"② 所谓"现世性"就是指所有的人都是现实生活之人，而不是抽象的存在物。这种现实生活之人一时一刻也不可能离开自然和生态环境，是自然和生态环境中的存在者。这种对人的本性的把握还具有某种整体性。也就是说，不存在感性与理性、社会与自然二分对立之人，所有的生命都只能生存在万物相互交融的生态系统之中。正如罗尔斯顿所指出的："我们的人性并非在我们自身内部，而是在于我们与世界的对话中。我们的完整性是通过与作为我们的敌手兼伙伴的环境的互动而获得的，因而有赖于环境相应地也保有其完整性。"③ 这种对人性的把握还具有某种人文性。也就是说，真正的人性是充满着人文情怀的，而不应该是冷冰冰的工具理性，在其中深层存在的正是充满人文情怀的当代生态理念。与理性生命理念不同，当代生态理念充满着有史以来最强烈的人文情怀。如，1972 年的联合国人类环境会议就提出："只有一个地球，人类要对地球这颗小小的行星表示关怀。"1991 年，联合国环境规划署等国际机构在制定《保护地球——可持续生存战略》时指出："进行自然资源保护，将我们的行动限制在地球的承受能力之内，同时也要进行发展，以便使各地的能享受到长期、健康和完美的生活。"

---

① ［德］马丁·海德格尔：《存在与时间》，陈嘉映、王庆节译，生活·读书·新知三联书店 1987 年版，第 145 页。

② ［德］沃尔夫冈·威尔施：《如何超越人类中心主义？》，朱林译，《民族艺术研究》2004 年第 5 期。

③ ［美］霍尔姆斯·罗尔斯顿Ⅲ：《哲学走向荒野》，刘耳、叶平译，吉林人民出版社 2000 年版，第 92—93 页。

从生态存在论哲学观的独特视角，可以把当代人的生态本性概括为三方面。第一，人的生态本原性。人类来自于自然，自然是人类生命之源，也是人类永享幸福生活最重要的保障之一。这一点非常重要，长期以来，人们在观念上更多地强调的是人与自然的相异性，而忽视了它们之间的相同性，这就很容易造成两者在实践上的敌对与分裂。正如恩格斯所说，"特别从本世纪自然科学大踏步前进以来，我们就愈来愈能够认识到，因而也学会支配至少是我们最普通的生产行为所引起的比较远的自然影响。但是这种事情发生得愈多，人们愈会重新地不仅感觉到，而且也认识到自身和自然界的一致，而那种把精神和物质、人类和自然、灵魂和肉体对立起来的荒谬的、反自然的观点，也就愈不可能存在了……"[①] 第二，人的生态环链性。人的生态本性中包含的一个重要内容是，人是整个生态环链中不可缺少的一环。人人都具有生态环链性，个体一旦离开生态环链，就会失去他作为生命的基本条件，从而走向死亡。莱切尔·卡逊在《寂静的春天》中具体论述了作为生命基本条件的生态环链性。她说："这个环链从浮游生物的像尘土一样微小的绿色细胞开始，通过很小的水蚤进入噬食浮游生物的鱼体，而鱼又被其它的鱼、鸟、貂、浣熊所吃掉，这是一个从生命到生命的无穷的物质循环过程。"[②] 生态环链性是人的生态本性之基本内容，一方面，它反映了人与自然万物的共同性与密切关系。人与万物均为生物环链之一环，相对平等，他们须臾相连，一刻也不能分开。另一方面，它还包含着人与自然万物的相异性方面。因为人与自然万物又分别处于生态环链的不同环节，各有其不同的地位与功能。长期以来，人们完全从人与自然的相异性来界定人的本性，严重忽略了人与自然万物的共同性与密切关系。工业文明那种征服自然、掠夺自然的实践方式，正是以此为内在生产观念的。一旦意识到生物环链中人与自然的相同性，并根据它的基本原理来界定人的本

<hr />

①　《马克思恩格斯选集》第 3 卷，人民出版社 1972 年版，第 518 页。

②　［美］蕾切尔·卡逊：《寂静的春天》，吕瑞兰、李长生译，吉林人民出版社 1997 年版，第 39 页。

性，人与自然的关系，不仅更加符合人的本性，也会使人类的思想与活动具有更高的科学性。第三，人的生态自觉性。人类作为生态环链之中唯一有理性的动物，他不能像动物那样只顾自己的生存，而对自然万物不管不问。人类不仅要维护好自己的生存，而且应该凭借自己的理性自觉维护生态环链的良好循环，维护其他生命的正常生存，只有这样，人类才能最终维护好自己的美好生存。罗尔斯顿认为，人类与非人类存在物的真正区别是，动物和植物只关心自己的生命、后代及其同类；而人类却能以更为宽广的胸襟维护所有生命和非人类存在物。他说，人类在生物系统中位于食物链和金字塔的顶端，"具有完美性"，但也正是因为这个原因，"他们展现这种完美的一个途径"是"看护地球"①。从生态存在论出发做出的对人的本性的新阐释，对于包括美学在内的当代人文学科必然要产生重要影响，为它们调整内在观念与学科框架提供新的哲学基础。

三

现在，我们进一步探讨人的生态本性对当代美学研究的重要影响。长期以来，自然在美学中是没有地位的。柏拉图提出"美即理念"说，将包括自然事物在内的现实世界排除在美学之外。黑格尔将自己的美学称为"艺术哲学"，将自然作为前美学阶段。当代生态文明时代的到来，生态存在论哲学观的提出和人的生态本性的确认，必然会将自然维度引入美学领域，极大提高自然在美学中的地位，这是对当代美学极为重要的改造和丰富。

从当代生态存在论的独特视角出发，生态哲学、人学和美学才必然地结合在一起，构成当代生态存在论审美观。在当代存在论哲学语境中，存在的澄明、与真理、与美是一致的，它们的逻辑关系可以阐释为，"真理"是"存在"由遮蔽状态走向澄明之境，而这种"存

---

① ［美］霍尔姆斯·罗尔斯顿：《环境伦理学：大自然的价值以及人对大自然的义务》，杨通进译，中国社会科学出版社 2000 年版，第 461 页。

在"的显现也就是"美"。另一方面，在当代生态哲学对人与自然亲和关系的特别强调中，也必然包含着极为浓郁的美学内涵。著名生态学者何塞·卢岑贝格在谈到地球——犹如大地女神该亚一样——具有生机勃勃的生命时曾说，它有一种"美学意义上令人惊叹不已的观察与体悟"①。由此可见，在当代生态哲学与美学之间存在的内在一致性。在某种意义上讲，当代生态存在论审美观与海德格尔后期美学理论有着一种渊源关系。按照现代西方哲学史家的一般看法，以 20 世纪 40 年代前后为界，海德格尔美学思想经历了一个明显的变化过程。在前期，海氏是通过"世界与大地"的争执去实现"存在"的澄明的，所以，仍然没能完全摆脱"人类中心主义"的束缚；到后期，则由"人类中心主义"过渡到生态整体主义，提出了著名的"天地神人四方游戏说"。也正是因为这个后期的重要转向，西方理论界才将海氏誉为"生态主义的形而上学家"②。

海德格尔后期美学思想，生态存在论审美观已经相当明显。它可以概括为这样三个方面。

第一，真理自行揭示之生态本真美。对于真理，哲学史上有符合说和揭示说两种观点。前者是传统认识论的观点，主张主客二分，真理是通过认识产生的思想与某种实体的一种符合。这是一种本质主义的抽象理论。而后者则是当代存在论的真理观，认为所谓符合说是混淆了存在者和存在，它反对本质主义的主客二分法，认为"真理"是存在自身通过遮蔽走向澄明的过程，它不是通过主体的意识活动达成的，而是存在自行揭示自身、自行显现自身的过程。正是在这种存在主义真理观的指导下，海氏提出了美是真理的自行揭示、自行置入的重要观点。他说，"美是作为敞开的真理的一种显露方式。"③ 又说：

---

① ［巴西］卢岑贝格：《自然不可改良：经济全球化与环保科学》，黄凤祝译，生活·读书·新知三联书店 1999 年版，第 63 页。

② 参见王诺《欧美生态文学》，北京大学出版社 2003 年版，第 44 页。

③ ［德］马丁·海德格尔：《诗·语言·思》，彭富春译，文化艺术出版社 1991 年版，第 8 页。

"在艺术作品中，存在者之真理自行设置入作品中了。"① 这里所说的"敞开""置入"都是指存在之由遮蔽通过解蔽而走向澄明之境。他所谓的"真理"也完全不同于认识论语境中的抽象"本质"，正如海氏在解释梵·高的油画《鞋》与古希腊神殿时所指出的那样，所谓"存在"不是人的意识中的一个灰色的影像，而是一种与具体的存在者、与时间境域中具体展开的一切密不可分的有机整体。这与生态学视野中的人的存在，或者说与人的生态本性是完全一致的。正如美国的生态理论家小约翰·B. 科布指出："生态学教导给我们的一个非常简单的道理是，事物不能够从与其他事物的关系中分离出去。它们可能会从一组自然的关系中被转移到一组人为的关系当中（例如实验室），但当这些关系改变后，事物本身亦发生变化。"② 因此，可以说，在海氏的"本真生存"之意中明显包含着人的生态本性。人的生态本性的核心内涵是人的生物环链性，人作为生物环链之一环是须臾不能离开这个生物环链的，正如梵·高《鞋》不能离开农妇的日常生活，古希腊神殿不能脱离众神与朝圣的人群一样，一旦离开，就没有了"存在"，也没有了"美"。

第二，天地神人四方游戏之生态存在美。海氏哲学尽管从一开始就试图突破主客二分的认识论范式，但很显然，他早期并没有完全摆脱人类中心主义的影响，而是相当的程度上保留着传统形而上学的明显痕迹。其中最明显的例子是，他将"世界"界定为"开放"，把"大地"界定为"封闭"，"世界"优于"大地"，两者处于矛盾状态中。而且，正因为这个矛盾，存在才获得了由遮蔽走向澄明的可能。这种"世界"与"大地"的二元对立，无疑打上明显的人类中心主义烙印。他甚至还说："自然作为对一定的在世界之内照面的存在者的存在结构的范畴上的总体把握，是绝不能使世界之为世界被理解

---

① ［德］马丁·海德格尔：《林中路》，孙周兴译，上海译文出版社2005年版，第21页。

② ［美］小约翰·B. 科布：《生态学、科学和宗教：走向一种后现代史观》，大卫·雷格里芬编《后现代科学》，马季方译，中央编译出版社2004年版，第149页。

的。"① 由于这个原因，尽管他批评传统认识论从存在者的角度出发去把握人与世界，因而迷失了自己，遗忘了存在，但由于受人类中心主义的影响，他并不能找到真正的存在。只在他完成了从人类中心主义向生态整体主义的过渡之后，对于"存在"的理解才上升到一种全新的境界。1958 年，海氏在《语言的本质》一文中指出："时间—游戏—空间的同一东西（das Selbige）在到时和设置空间之际为四个世界地带'相互面对'开辟道路，这四个世界地带就是天、地、神、人—世界游戏（Weltspieal）。"② 这就是著名的"天地神人四方游戏说"。此后，海氏还在多篇文章中从不同个角度谈到"四方游戏说"，成为其后期哲学与美学理论的一大亮点。"四方游戏说"内涵丰富。首先，"四方"包含了宇宙、大地、存在和人，自然理所当然地被纳入其中。"游戏"在西方美学中历来有"无所束缚，交互融合，自由自在"的内涵，它说明本来相互矛盾的"四方"在此已达到浑融一体的境界。这里的"相互面对"是对"游戏"性质的进一步补充，意在说明四者在交往中达到彻底平等的地步。此外，海氏还用"婚礼""亲密性"等来阐述四者之自由、平等与和谐。这就充分体现了人的生态本性，特别是人的生态环链性、生态平等性。同时，它也是具有现世性的活生生的人之现实生存状态。只有在这种生存状态中，人才能走向真正的澄明之境。如果说处于"世界统治大地"中之人，绝对不会有真正自由之生存，也绝对不会真正追寻到存在并走向澄明之境，那么，可以说，只有"四方游戏"之人才使人的本真存在得以走向澄明。这是因为，处于"世界与大地"矛盾之中的人迷失了他的生态本性，而只有在"四方游戏"之结构中，他才找回了与世界万物和谐相处的生态本性。

第三，诗意地栖居之生态理想美。海氏是一个理想主义者，把他的所有的期望寄托在人类对于未来的创造，寄托在美的理想之上。其

① ［德］马丁·海德格尔：《存在与时间》，陈嘉映、王庆节译，生活·读书·新知三联书店 1987 年版，第 81 页。

② ［德］马丁·海德格尔：《海德格尔选集》，孙周兴选编，生活·读书·新知三联书店 1996 年版，第 1118 页。

原因是，他对于他所处的时代的深感失望。他认为，资本主义发展到
20 世纪，由于过度迷信科技的力量，过度追求利润的增长，因而导致
了自然环境的严重破坏，人的生存状态的恶化。他将这种情况比喻为
技术的"促逼"。他说："这片大地上的人类受到了现代技术之本质
连同这种技术本身的无条件的统治地位的促逼，去把世界整体当作一
个单调的、由一个终极的世界公式来保障的、因而可计算的储存物
（Bestand）来加以订造。向着这样一种订造的促逼把一切都指定入一
种独一无二的拉扯之中。这种拉扯的阴谋诡计把那种无限关系的构造
夷为平地。"① 这就是说，由于对科技的过分迷信，导致工具理性的无
限膨胀，将世界的整体性、人类生活的无限丰富的关系性统统加以抹
杀、夷为平地。无可否认，海氏有某种片面性，他没有看到现代科技
的重要地位及其对于社会发展的重要贡献，但另一方面，我们也不能
不佩服他对当代现实的深刻认识。科学技术本身的确是伟大的，但对
它过分依赖和迷信的后果也同样是可怕的，它直接导致了工具理性的
恶性膨胀和人文精神的严重缺失，其结果之一就是生态环境受到严重
破坏，并直接威胁到人类的现实生存。海氏将之喻为人类的茫茫黑
夜，也许有点悲观，但人类对这样的文化危机如果还不警醒，难道不
是真的掉进茫茫黑夜而难以自拔吗？

　　同西方的许多大理论家一样，海氏也把自己的希望寄托给古希
腊，认为古希腊那种人与自然的和谐一致是人的本质的体现，而当代
人与自然的对立则是人的本质的失落。他说："希腊本身就在大地和
天空的闪现中，在把神掩蔽起来的神圣者中，在作诗着运思着的人类
本质中，走近人之本质，在一个惟一的位置那里达到人之本质，而在
这个位置上，人诗意的漫游已经获得了宁静，为的是在这里把一切都
保藏入追忆之中。"② 海氏在这里把大地、天空、神和人类的和谐统一
作为人之本质，并与人的"诗意的漫游"联系在一起。然而，由于这

---

　　① ［德］马丁·海德格尔：《荷尔德林诗的阐释》，孙周兴译，商务印书馆 2000 年版，第
221 页。

　　② 同上书，第 199 页。

只是古希腊的情形，所以它又只能包藏在"追忆之中"。在这里，他实际上已经阐述了人的生态本性，并将其与人的"诗意的漫游"的审美理想联系起来。人的生态本性直接体现在他多次提出的"诗意地栖居"① 命题之中，所谓"诗意地栖居"是相对于"技术地栖居"而言的。前者是一种审美的生活方式，后者则是前者的异化，它背离了人的生态本性，是非人性的，也是非美的。只有突破现实的"技术地栖居"方式，才能实现人的"诗意地栖居"的审美的、本真的生存方式。这既是海氏的美的理想，也是他对生态理想美的不懈追求。

从生态本真美、生态存在美和生态理想美三个层面看，海德格尔晚期的美学思想，已经将自然维度纳入审美领域，对于当代生态存在论审美观来说，是具有极其重要的理论与现实意义的。

四

提出人的生态本性和生态存在论美学，也面临着一系列挑战和难题。其中，最主要的是它与当前倡导的"以人为本"的人文主义精神是什么关系？强调了生态是否就会导致漠视人的生存？在这些问题上，存在着相当尖锐的不同意见。以美国前副总统阿尔·戈尔为例，尽管他一方面是具有强烈环保意识的政治家，甚至写过环保论著《濒临失衡的地球》，但另一方面，他对当代深层生态学理论却持反对的态度，视之为一种"反人类"的危险理论。他说："有个名叫'深层生态主义者'的团体现在名声日隆。它用一种灾病来比喻人与自然关系。按照这一说法，人类的作用有如病原体，是一种使地球出疹发烧的细菌，威胁着地球基本的生命机能。""他们犯了一个相反的错误，即几乎完全从物质意义上来定义人与地球的关系——仿佛我们只是些人形皮囊，命里注定要干本能的坏事，不具有智慧或自由意志来理解

---

① ［德］马丁·海德格尔：《荷尔德林诗的阐释》，孙周兴译，商务印书馆 2000 年版，第 198 页。

和改变自己的生存方式。"① 戈尔的看法具有代表性，就是以为提倡生态学以及与之相关的理论会违背"以人为本"观念，甚至是与人类为敌。我们认为，以戈尔为代表的批评者，并没有真正理解深层生态学或其他相关的生态理论的深刻内涵。真正的科学生态理论是一种整体主义的生物环链理论，它将人的生存发展与自然联系在一起进行考虑。可以说，当代深层生态学、生态存在论哲学观和生态整体主义，以及我们提出的人的生态本性论与生态存在论审美观等，本身就是真正具有当代性的人的生存理论，它充分体现了当代世界的新人文精神。所以，有的理论家干脆将当代生态理论称作"生态人文主义"。它既与传统的人文主义有联系，同时又增添了新的时代内容，其中最主要的就是把自然维度纳入人文主义精神的框架之中，在传统"以人为本"的人文精神（如希腊名言"人是万物的尺度"、文艺复兴时期对人性解放的呼唤和对人的感性欲望的歌颂，培根的"知识就是力量"，康德的"人为自然立法"等）与当代的"生态存在论哲学观"（包括人的生态本性理论和生态存在论审美观等）之间建立了一种对话、交流渠道。这是符合时代需要的理论创新，它蕴涵着新时代人类长远美好生存的重要内涵，是人文主义精神在新时代的延伸和发展。

具体说来，人的生态本性理论及当代生态存在论哲学—美学，它们特有的新人文主义内容主要表现在这样几个方面。

第一，由人的平等扩张到人与自然的相对平等。"公正"与"平等"是人文主义精神的基本内涵。当代生态理论力主"生态平等"，将人文主义的"公正平等"原则扩张到自然领域。有的论者据此批评当代生态理论排除了人类吃喝穿用等基本的生存权利，因此具有明显的反人类色彩。这其实是一种误解，因为当代生态理论所说的"生态平等"不是绝对平等，而是相对平等，也就是生物环链之中的平等。它的意思是，包括人在内的生物环链之上的所有存在物，既享有在自己所处生物环链位置上的生存发展权利，同时也不应超越这样的权

---

① ［美］阿尔·戈尔：《濒临失衡的地球——生态与人类精神》，陈嘉映等译，中央编译出版社 2011 年版，第 167、168 页。

利。深层生态学的提出者阿伦·奈斯所说的"原则上的生物圈平等主义",讲的就是这个意思。他说:"对于生态工作者来说,生存与发展的平等权利是一种在直觉上明晰的价值公理。它所限制的是对人类自身生活质量有害的人类中心主义。人类的生活质量部分地依赖于从与其他生命形式密切合作中所获得的深层次的愉悦和满足。那种忽视我们的依赖并建立主仆关系的企图促使人自身走向异化。"①

第二,人的生存权之扩大到环境权。人文主义的重要内容就是人的生存权,力主人生而具有生存发展之权利。这种生存权长期限于人的生活、工作与政治权利等方面,而当代生态理论却将这种生存权扩大到人的环境权。这恰是当代生态理论所具有的新人文精神内涵。美国于1969年颁布的《国家环境政策法》明确规定:"每个人都应当享受健康的环境,同时每个人也有责任对维护和改善环境作出贡献。"1970年,《东京宣言》明确提出:"把每个人享有的健康和福利等不受侵害的环境权和当代人传给后代的遗产应是一种富有自然美的自然资源的权利,作为一种基本人权,在法律体系中确定下来。"1972年,联合国《人类环境宣言》指出:"人类有权在一种能够过尊严和福利的生活环境中,享有自由、平等和充足的生活条件的基本权利,并且负有保护和改善这一代和将来的世世代代的环境的庄严责任。"1973年,在维也纳制定的《欧洲自然资源和人权草案》中,环境权作为一项新的人权得到了肯定。很明显,当代环境权包含享有美好环境和保护美好环境两方面的权利。前者为了当代和人类自身,而后者则是为了后代和其他生命与非生命物体,全面地概括了人的环境权利。

第三,将人的价值扩大到自然的价值。价值从来都是表述对象与人的利益之间的关系,维护人的价值向来是人文主义必不可缺的重要内容。但长期以来,人们对于自然的价值却相当忽视,似乎河流、海洋、空气和水是天然存在的,本身不具有什么价值。当代生态理论突破了这一点,将人的价值扩大到自然领域,充分肯定了自然所具有的

---

① 转引自雷毅《深层生态学研究》,清华大学出版社2001年版,第51页。

重大的不可代替的价值。1992 年，罗尔斯顿在中国社科院哲学所的讲演中将自然的价值概括为 13 种之多：支持生命的价值，经济价值，科学价值，娱乐价值，基因多样性价值，自然史和文化史价值，文化象征价值，性格培养价值，治疗价值，辩证的价值，自然界稳定和开放的价值，尊重生命的价值，科学和宗教的价值，等等。① 自然价值的确认，对于进一步维护人的美好生存具有极为重要的意义，是人文精神的新的拓展。

第四，将对于人类的关爱拓展到对其他物种的关爱。这是人的仁爱精神的延伸。人文主义具有强烈的关爱人类，特别是关爱弱者的仁爱精神与悲悯情怀。当代生态理论将这种仁爱精神和悲悯情怀扩大到其他物种，力主关爱其他物种，反对破坏自然和虐待动物等不人道行为。1992 年，联合国发布的《保护地球——可持续生存的战略》提出有关环境道德的原则，其中包括"人类的发展不应该威胁自然的整体性和其他物种的生存，人们应该像样地对待所有生物，保护它们免受摧残，避免折磨和不必要的屠杀"②。

第五，由对于人类的当下关怀扩大到对于人类前途命运的终极关怀。人文主义历来主张对人的前途命运的终极关怀，但却没有包含自然维度。当代生态理论将自然维度包含在终结关怀之中，使之具有更深刻丰富的内涵。特别是当代提出的可持续发展理论，就是从人类的长远发展出发，是终极关怀理论的丰富与发展。

总之，生态存在论哲学—美学和有关人的生态本性的理论尽管突破了传统人类中心主义，但却不是对于人类的反动，而恰是新时代对人类之生存发展更具深度和广度的一种关爱，是新时代包含自然维度的新人文精神。

（原载《人文杂志》2005 年第 3 期）

---

① 参见余谋昌《生态伦理学》，首都师范大学出版社 1999 年版，第 66—68 页。
② 转引自余谋昌《生态伦理学》，首都师范大学出版社 1999 年版，第 146 页。

发现人的生态审美本性与
新的生态审美观的建设

  从 2001 年起进行当代生态审美观研究以来，我们一直面临着生态观、人文观与审美观如何能够统一的诘难，在回应这一诘难时也总是感觉有几分吃力。2007 年秋，我有机会到武汉大学梁子湖生态实习基地参观学习。这个基地的众多实验中，有一个湖水生态比较实验对我启发颇大。基地制造了两方水体，一方是梁子湖原生态的自然水体，有泥、虫、水草、小鱼、大鱼等。这个水体是活的，有生命的，内在循环的，因而是洁净、甘甜，并且也是美好的。而另一个水体则为死水，布满了各种蓝藻，冒着水泡，散发着臭味。这个水体是不美好的。我从中体悟到审美与自然生命力有着密切的关系，对于蓬勃生命力的亲和是人的天性之一，人与自然生态的审美关系也是人的重要本性之一。由此，我以为，从人的生态审美本性的角度就能够很好地阐释生态观、人文观与审美观的统一。

一

  人类的历史就是不断发现自身本性的历史。古希腊德尔斐神殿的铭文就是"认识你自己"。这里的"认识"也可以理解为"发现"，也就是说，人类的历史也就是人类不断发现自己本性的历史。近日读梁启超《〈欧洲文艺复兴史〉序》一文，受到很大启发。他在该书中指出，"及读此书，见其论欧洲文艺复兴所得之结果二：'一曰人之发现，二曰世界之发现'。"① 我觉得，用"发现"一词比用"死了"一词更加积极正面。例如，尼采说"上帝死了"，那就不如说"人的非理性的发现"；福柯说"人死了"，不如说"人的'主体间性'的发现"。事实证明，"发现"更有积极的建设的意义。进入 20 世纪 60 年代以后，由于环境污染的日渐严重和自然生态的日渐重要，人类社会开始逐步发现了自己的生态审美本性。众所周知，人类曾经发现了自己的理性、社会性、非理性、符号创造性与主体间性等等本性，但其实人类还具有生态审美本性。当代生态批评家哈罗德·弗洛姆说道，生态问题是一个关系到"当代人类自我定义的核心的和哲学与本体论问题"②。人的生态审美本性的表现就是人对自然万物蓬勃生命力的一种审美的经验，其内涵包括人对自然的本源的亲和性、人与自然须臾不分的共生性、人对自然生命律动的感受性，以及人在改造自然中与对象的交融性等等。

但是，长期以来，由于工具理性的过分泛滥，人的生态审美本性被遮蔽，人与自然处于可怕又可悲的不正常的对立状态。黑格尔将美学界定为"艺术哲学"，自然美在很大程度上被排除在美学之外。其不良影响一直延续至今。现在到了恢复人的这种生态审美本性的时候了。其实，马克思主义经典作家早就在一定的程度上论述过人的这种生态审美本性。马克思在著名的《1844 年经济学—哲学手稿》中就直接提出了"人直接是自然存在物"的观点，并深刻地论述了在人的实践活动中自然的"人化"与人的"对象化"共存的事实。他说："说人是肉体的、有自然力的、有生命的、现实的、感性的、对象性的存在物，这就等于说，人有现实的、感性的对象作为自己的本质即自己的生命表现的对象；或者说，人只有凭借现实的、感性的对象才能表现自己的生命。"③ 马克思在《德意志意识形态》第一卷手稿中有力地批判了费尔巴哈的历史唯心主义及其刻意分离人与自然的关系

① 梁启超：《饮冰室合集》第 4 卷，中华书局 1989 年版，第 43 页。
② ［美］切瑞尔·格罗菲尔德主编：《生态批评读本》，美国乔治亚大学出版社 1996 年版，第 16 页。
③ 《马克思恩格斯全集》第 42 卷，人民出版社 1979 年版，第 168 页。

来谈论人的本质的作法。马克思认为，人是在与自然的关系中来展开自己的本质的。他形象地以鱼与水的关系来比喻人与自然的关系，指出："鱼的'本质'是它的'存在'，即水。河鱼的'本质'是河水。但是，一旦这条河被工业支配，一旦它被染料和其他废料污染，河里有轮船行驶，一旦河水被引入只要把水排出去就能使鱼失去生存环境的水渠，这条河的水就不再是鱼的'本质'了，它已经成为不适合鱼生存的环境。"[①] 马克思在这里十分形象并恰当地以鱼与水的关系比喻人与自然的关系，并由此阐释人的本质。马克思的论述告诉我们，犹如鱼无法离开洁净的水一样，人也同样不能离开良好的自然生态环境。因而，人的本质是与良好的自然生态环境紧密相连的。恩格斯在著名的《自然辩证法》中特别地强调了人与自然的一致性。他说："人们愈会重新地不仅感觉到，而且也认识到自身和自然界的一致，而那种把精神和物质、人类和自然、灵魂和肉体对立起来的荒谬的、反自然的观点，也就愈不可能存在了。"[②] 可见，马克思主义经典理论家对于人与自然生态的本源的亲和的本质关系是有充分认识到并加以论证了的。

二

从历史上看，中西方历史上对于人的生态审美本性也都有着比较深入地论述。中国古代先民长期生活于农耕社会，繁衍栖息于广袤的黄土高原，因而，人与自然的关系是先民遇到的最重要的关系，所谓"究天人之际，通古今之变"。也就是在这样的文化背景下，中国古代诞育了以反映人的生态的生命的审美本性为其主要内涵的美学思想。我国古代的易学就提供了这种"生生之为易"的哲学与美学思想。《周易·系辞上》指出："生生之谓易，成象之谓乾，效法之谓坤，通变之为事，极数知来之谓占，阴阳不测之谓神。"易的根本之点就

① 《马克思恩格斯全集》第 42 卷，人民出版社 1979 年版，第 369 页。
② 《马克思恩格斯选集》第 3 卷，人民出版社 1972 年版，第 518 页。

是"生生"，亦即在"天人关系"宏阔背景下人与万物的生命与生存。《周易·系辞下》还进一步提出："天地之大德曰生，圣人之大宝曰位"，将生态、生存与生命视为天地给予人类的最高恩惠，视珍视万物生命为人类最高的行为准则。《周易·文言》指出："元者，善之长也；亨者，嘉之会也；利者，义之和也；贞者，事之干也。"这就意味着，天地万物与人类美好的生命状态就是"元亨利贞"等人与万物生命力蓬勃的生长与美好地生存状态。要做到这一点，就要求天地、乾坤、阴阳符合生态规律的运行，所谓"天地交而万物通也，上下交而其志同也"（《周易·泰·彖》）。这就是象征着吉祥的"泰"，相反的则是"天地不交而万物不通也，上下不交而天下无邦也"（《周易·否·彖》），这就是象征着灾难的"否"。易学认为，这种符合生态规律的天地自然运行就是一种"美"。《周易·文言》指出："阴虽有美，含之以从王事，弗敢成也。地道也，妻道也，臣道也，地道无成而代有终也"，"君子黄中通理，正位居体，美在其中，而畅于四支，发于事业，美之至也。"对这两段话的解释很多，在我看来，它们是着重用以阐释坤卦卦辞"坤，元亨，利化马之贞。君子有攸往，先迷，后得主，利。西南得朋，东北丧朋。安吉贞"中的"元亨"与"安吉贞"的。它所强调的是阴阳乾坤各在其位，各尽其职，认为这样即使先迷失道路也会得到主人接待而大为有利，即使一度失去朋友最后也会得到朋友而平安吉祥顺利。第一段话是说坤卦所包含的"美"在于充分发挥其安于天道之下的、处于"妻位"与"臣位"的协助的、辅佐的地位与作用。第二句话表面上说的是穿衣服的得体，黄裳在内外加罩衣，实际上还是用以比喻阴阳乾坤的"正位居体"，只有做到这一点，才能"上下交而万物通"，"天地变化，草木蕃"，人与万物生命力蓬勃生长，于是"畅于四肢"，"发于事业"，成为至高之美。在这里，"美"始终与阴阳乾坤的各安其位的"正位居体"以及"上下交通"这样的自然生态的运行紧密联系，并表现为生命力的蓬勃生长，旺盛有力。这就是我国古代早期对于生态的生命的审美本性的表述，也就是我国具有代表性的"中和"之美。在这里，所谓"中和"，就是天地、乾坤各在其位，因而风调雨顺，万物繁茂，充满生命力。正如《礼记·中庸》所说："中也者，天下之大本也；和也者，天下之达道也。致中和，天地位焉，万物育焉。"天地阴阳正位，万物才能繁茂昌盛。由此可见，我国古代的中和之美，从根本上说，就是万物繁茂昌盛的生态与生命之美。这种生态的生命的美学观一以贯之，影响深远。庄子的养生说，包含"保身""全身""养亲"与"尽年"的内容，也与生命的美学密切相关（《庄子·养生主》）。曹丕在文论领域提出的"养气"说，指出："文以气为主，气之清浊有体，不可力强而致。譬诸音乐，曲度虽均，节奏同检，至于引气不齐，巧拙有素，虽在父兄，不能以移子弟。"（《典论·论文》）这里的"气"，即包含生命气韵之意，气之清浊强弱直接与音乐艺术的巧拙有素密切相关，是一种中国古代的生命美学理论。刘勰提出"物色"说，所谓"诗人感物，联类不穷，流连万象之际，沉吟视听之区；写气图貌，既随物以婉转；属采附声，亦与心而徘徊"（《文心雕龙·物色》），并以《诗经》所用的"灼灼、依依、杲杲、瀌瀌、喈喈、喓喓"等生动形象的词汇说明艺术创作中诗人艺术创作中感物联类，流连万象，写气图貌，赋予对象以生命力的情形。谢赫在绘画"六法"中明确提出"气韵生动"之说，将生命力的体现作为绘画成功的重要标准之一。唐代王昌龄在《诗格》中提出影响深远的"意境"说，所谓"搜求于象，心入于境，神会于物，因心而得"，将艺术创作中通过情与象、意与境、神与物交融汇合而创作出充满生命力的艺术作品的情形表现无遗。当代美学家宗白华在总结中国古代美学传统的基础上力倡"生命美学"。他说："艺术本来就是人类……艺术家……精神生命底向外的发展，贯注到自然的物质中，使他精神化，理想化。"又说："中国画所表现的境界特征，可以说是根基于中国民族的哲学，即《易经》的宇宙观：阴阳二气化生万物，万物皆禀天地之气以生，一切物体可以说是一种'气积'。（庄子：天，积气也）这生生不已的阴阳二气织成一种有节奏的生命。"① 凡此种种，都说明我国古代存在着悠久的生态的生命的美学

---

① 宗白华：《艺境》，北京大学出版社1987年版，第7、118页。

传统。

西方由其特定的自然历史文化背景决定了抽象的逻辑推理的发达，因而，审美从一开始就被推向了与自然生态相对脱节的纯理性思考。于是，产生了"美是理念""美是对称""美是感性认识的完善""美是理念的感性显现""美是无目的的合目的性"等在一定程度上离开人的生态审美本性的美学理论界说。1725 年，意大利理论家维柯（G·Vico，1668—1744）在其《新科学》一书中将作为其"新科学的万能钥匙"的原始形态的"诗性思维"看作一种原始形态的生态审美思维。他坚持一种人类学的方法，即认为"各民族的共同本性就会成为（或涉及）每一民族在起源、发展、成熟、衰颓和死亡中都要展示的一种发育学模式"。由此，他得出"诗性的思维"是人的共同本性的结论。他在阐释原始的"诗性的玄学"与"诗性的思维"时说："这些原始人没有推理的能力，却浑身是强旺的感觉力和生动的想象力。这种玄学就是他们的诗，诗就是他们生而就有一种功能（因为他们生而就有这种感官和想象力）。"① 在这里，维柯特别地强调了"生而就有"的"强旺的感觉力和生动的想象力"等生命的本性的特质。他将这种"诗性的思维"表述为一种将自然万物当做"活人"的想象力。他说，原始人类"按照自己的观念，使自己感到惊奇的事物各有一种实体存在，正像儿童们把无生命的东西拿在手里跟它们游戏交谈，仿佛它们就是些活人"②。这就是一种以自然为"同类"的生态审美思维。1794 年，席勒（Johann Christoph Friedrich Schler，1759—1805）在著名的《美育书简》中将审美看作人的本性，但由其理性主义立场决定，他不可能从生态的生命的角度论述审美。从 1936 年开始，海德格尔（Martin Heidegger，1889—1976）力图构筑自己的"天地神人四方游戏"的生态审美观，将自然生态与人的关系看作是"此在与世界"的机缘性关系，是"此在"在世的本真状态，其生命性表现为"此在"即人在时间与空间中的存在，认为

---

① ［意］维柯：《新科学》，朱光潜译，人民文学出版社 1986 年版，第 13、161—162 页。
② 同上书，第 162 页。

"存在在世界之中"①。这里所谓的"世界"就是"天地神人"四方游戏的"生态系统"。这是一种生态的生命的哲学与美学。

以下，我特别要介绍几位西方理论家在人的生态审美本性论述中的贡献。一位是俄国著名民主主义思想家车尔尼雪夫斯基（1828—1889）。他于1855年出版《艺术与现实的审美关系》，有力地论述了唯物主义美学思想。在书中，他提出著名的"美是生活"的命题，批判了黑格尔"美是理念的感性显现"的观点。他进而将"生活"界定为"生命"，认为"凡是我们可以找到使人想起生活的一切，尤其是我们可以看到生命表现的一切，都使我们感到惊叹，把我们引入一种欢乐的、充满无私享受的精神境界，这种境界我们就叫作审美享受"。②他还把"美"具体界定为"旺盛健康的生活"，认为"青年农民或农家少女都有非常鲜嫩红润的面色——这照普通人民的理解，就是美的第一个条件"。③由此可见，车氏是将生命的生态的健康之美作为美的第一条件的。

另一位就是美国著名哲学家与教育家杜威（John Dewey，1859—1952）。他在1934年出版的《艺术即经验》一书中提出，自己的意图是克服当时普遍存在的主客、灵肉分离的倾向。他说，要回答"为什么将高等的、理想的经验之物与其基本的生命之根联结起来的企图常常被看成是背离它们的本性，否定它们的价值"这样的问题，"就要写一部道德史，阐明导致蔑视身体，恐惧感官，将灵与肉对立起来的状况。"就此，他提出了审美主体是"活的生物"的崭新概念，认为所谓审美即是人这个"活的生物"与他生活的世界相互作用所产生的"一个完满的经验"。他具体描述道："人在使用自然的材料和能量时，具有扩张他自己的生命的意图，他依照他自己的机体结构——

① ［德］马丁·海德格尔：《存在与时间》，陈嘉映、王庆节译，生活·读书·新知三联书店1987年版，第17页。
② ［俄］车尔尼雪夫斯基：《车尔尼雪夫斯基论文学》中卷，辛未艾译，上海译文出版社1979年版，第23页。
③ ［俄］车尔尼雪夫斯基：《艺术与现实的审美关系》，周扬译，人民文学出版社1979年版，第6页。

脑、感觉器官，以及肌肉系统——而这么做。艺术是人类能够有意识地，从而在意义层面上，恢复作为活的生物的标志的感觉、需要、冲动以及行动间联合的活的、具体的证明。"他还特别强调了自然生态在审美中的本源性作用。他说："自然是人类的母亲，是人类的居住地，尽管有时它是继母，是一个并不善待自己的家。文明延续和文化持续——并且有时向前发展——的事实，证明人类的希望和目的在自然中找到了基础和支持。"①

法国的著名现象学美学家梅洛－庞蒂（Maurice Merleau-Ponty，1908—1961）作为现象学哲学与美学家，从现象学的特殊角度论述了"身体"的本体意义及其在审美中的重要地位，并论述了身体与空间的关系。他说："'身体图式'是一种表示我的身体在世界上存在的方式。"又说："我的身体在我看来不但不是空间的一部分，而且如果我没有身体的话，在我看来也就没有空间。"也就是说，他认为，"身体空间和外部空间构成了一个实际系统"②。在这里，实际上他主张在审美之中人的身体与自然生态构成一个有机的系统。这是人的生态审美本性的另一种表述。

我还要提到另一位继承了身体理论的美学家，就是美国的新实用主义美学家理查德·舒斯特曼（Richard Shusterman）。他在《实用主义美学》一书中提出"身体美学"的概念，这是新时代的感官与哲思统一的生命美学形态。他说："身体美学可以先暂时定义为：对一个人的身体——作为感觉审美欣赏（aesthesis）及创造性的自我塑造场所——经验和作用的批判的、改善的研究。因此，它也致力于构成身体关怀或对身体的改善的知识、谈论、实践以及身体上的训练。"③在这里，他没有用"bodyesthetics"，而是借用古希腊词汇用了"somaesthetics"，就包含灵肉统一之意。那么，他提出身体美学的意图何

① ［美］杜威：《艺术即经验》，高建平译，商务印书馆2005年版，第20、26、28页。

② ［法］莫里斯·梅洛－庞蒂：《知觉现象学》，姜志辉译，商务印书馆2001年版，第138、139、140页。

③ ［美］理查德·舒斯特曼：《实用主义美学——生活之美，艺术之思》，彭锋译，商务印书馆2002年版，第354页。

在呢？他自己说道，一是为了复兴鲍姆嘉通将美学当作既包含理论也包含实践练习的改善生命的认知学科的观念；二是终结鲍氏灾难性的带进美学中的对身体的否定；三是身体美学能够对许多至关重要的哲学关怀做出重要贡献，从而使哲学恢复它最初作为一种生活艺术的角色。很明显，舒氏的"身体美学"包含生态的生命美学的内涵。诚如舒氏所说："我们可以很容易发现，身体美学对感觉敏锐性、肌肉运动和根据经验的意识的改善，怎样富有成效地有助于诸如音乐、绘画和舞蹈（最卓越的身体审美的艺术）之类的传统艺术的理解和实践，怎样增进我们对我们穿行和栖息的自然和建筑环境的欣赏。"①

当然，在西方，当代环境美学与生态批评理论也提供了一系列极为重要的生态的生命的审美理论的资源。特别是美国美学家阿诺德·伯林特的"参与美学"，力倡运用眼耳鼻舌身全方位地参与到审美感受之中，获得一种生命快感与哲思，提升相结合的审美愉悦。英国科学家拉伍洛克提出的著名的"该亚定则"，将大地比喻为地母该亚，看做是养育了人类的母亲。这些资源对于我们建设新时期的生态审美观都有极为重要的借鉴作用。

<h2 style="text-align:center">三</h2>

现在的问题是如何以有关人的生态审美本性理论为指导，在新的世纪建设当代形态的生态审美观？我认为，最重要的是，有关人的生态审美本性理论是建立新的生态人文主义的理论基础。这种新的生态人文主义又是建设新的生态审美观的理论指导。因为，启蒙主义以来，通常的人文主义是"人类中心主义"的，在此前提下人与自然生态处于宿命的对立状态，不可能将生态观、人文观与审美观三者统一起来。新的建立在人的生态审美本性基础之上的生态人文主义能够将以上三者加以统一。诚如美国明尼苏达大学生态学、进化与行为教授

---

① ［美］理查德·舒斯特曼：《实用主义美学——生活之美，艺术之思》，彭锋译，商务印书馆 2002 年版，第 368 页。

菲利普·雷加尔（Philip Regal）所说："如果说关于人类状况的知识是人文主义之要义的话，那么，理解人类所存在的更大的系统对于人文主义者来说就是非常重要的。……'生态人文主义'隐含着对于个体之间、个体与社会机构之间以及个体与非人类环境之间关联模式的洞察。"① 这是雷加尔在美国 2002 年出版的《生态人文主义论集》中所写的话。所谓"生态人文主义"（Ecohumanism）是在生态危机日益严重的情况下出现的激进生态主义者对于自然绝对价值的过分强调，并与传统的人类中心主义展开激烈的争论。在这种情况下，"生态人文主义"能克服这两种理论倾向的偏颇，并将两者加以统一。生态人文主义得以成立的根据就是人的生态审美本性。也就是我们在上文所说的，人天生具有一种对自然生态亲和热爱，并由此获得美好生存的愿望。这种"生态人文主义"正是新的生态审美观建设的哲学与理论的依据。

在此前提下，新的生态审美观包括这样两个层面的内涵。从文化方面来说，有这样一些内容。主要是人的相对价值与自然的相对价值的统一。这也是我们通过"生态人文主义"对绝对生态主义与人类中心主义的一种调和。因为，绝对的生态主义主张自然生态的绝对价值，必然导致对于人的需求与价值的彻底否定，从而走向对于人的否定。这是一条走不通的路。人类中心主义将人的需求与价值加以无限制的扩大，从而造成对于自然生态的严重破坏。历史已经证明，这必将危害到人类自身的利益，也是一条走不通的路。正确的道路只有一条，那就是在生态人文主义的原则下只承认两方价值的相对性，并将其加以统一。这才是一条"共生"的可行之路。在这种"共生"原则指导下，在社会发展上贯彻社会经济发展与环境保护"双赢"的方针，走建设环境友好型社会之路。在代际关系上，要贯彻代际平等原则，兼顾当代与后代利益，真正做到可持续发展；在审美理论建设的层面，特别强调审美所包含的蓬勃生命力的内涵。作为审美对象，应

① Regal, Philip, J., Ecohumanism: Refining the Concept, in Robert B. Tapp〔eds〕Ecohumanism, Prometheus Books, 2002. p. 62.

该是蓬勃生命力的灌注与对于生命反思的统一。新的生态审美观力主一种灌注着蓬勃生命力的美学理念，是一种绿色的生命的美学，使人获得诗意栖居的美学。但这种生命力的灌注应该伴随着对于生命的反思，蕴藏着对于生命价值的可贵哲思。如齐白石之画，即便是几条小鱼，也在充满生命力的嬉戏中渗透着画家可贵的童趣；再如泰戈尔的诗，在对自然动物的描写中，流露着诗人的终极关怀精神；又犹如贝多芬的《命运交响曲》，以不断变速的乐调，叩击着命运，高歌着生命；在审美经验的形成上，是生命感官的全方位参与与对象潜在审美质的统一。这种新的生态的生命的美学迥异于古典的静观美学，在审美中它不仅凭借眼耳等感觉器官，而且凭借眼耳鼻舌身所有的感觉器官参与到审美之中。这是一种生命的感受，是一种寻找身心家园的审美之旅。当你徜徉在青山绿水之间，难道你在为无限美景赏心悦目之时，不也同时感受到清新空气的沁人心脾与甘例的泉水为你带来的快感吗？而污浊的环境、呛人的气体与嘈杂的噪音不也同样在刺激眼耳的同时伤害鼻舌身其他的感官吗？当然，对象的审美潜质也是不可缺少的条件。放足于清洁美丽的海滨与置身于拥挤的大都会的感受必然迥异，面对美丽的开屏的孔雀与面对毛毛虫的感觉当然不同。美丽的蓬勃的生命必然给予人以生命的美感；在美学理论的构建上，当代新的生态审美观必然要吸收东方，特别是中国元素。除了我们已经熟知的海德格尔"四方游戏"说对道家的吸收之外，我们认为，中国古代的"生生之谓易"的古典生命哲学理论、"坤厚载物"的大地伦理学以及"气韵生动"的艺术理论等，都应成为当代生态审美观建设的有效资源，需要我们进一步发掘利用。

（原载《社会科学辑刊》2008 年第 6 期）

后现代语境下的当代存在论美学

存在论美学在 20 世纪初期一度兴盛，后逐步被分析美学所取代。但第二次世界大战之后，特别是 20 世纪 70 年代以来，存在论美学再度复兴，逐步成为主流美学思潮之一，一直影响至今。这种当代形态的存在论美学实际是后现代经济文化的产物，具有许多新的内涵。不仅在西方当代美学发展中有其重要地位，而且对中国当代美学发展也具有重要意义。

一

当代存在论美学是在后现代经济与文化的背景下产生的。迄今为止，人类社会历经了早期文明（原始部落文明）、古代文明（农业文明）、现代文明（工业文明）和后现代文明（后工业文明）四个阶段。后现代文明，一般以 20 世纪 50 年代后期美国社会结构中从事技术与管理的白领人员超过从事体力劳动的蓝领人员为其标志。法国著名后现代理论家让 - 弗朗索瓦·利奥塔于 1970 年所著《后现代状况》一书指出，从工业时代到后工业时代至少在 50 年代末期这一转变就已形成。所谓后现代，在经济上是以信息产业主导为其标志，知识取代机器与资本在经济发展中起到决定性作用。在文化上，后现代则意味着网络文化与大众文化迅速崛起，文化产业迅速发展。在思想上，后现代是对近代以来的现代理论体系，包括主体性、工具理性与结构主义哲学的一种解构与超越。从总体上看，后现代实际上是对现代性的一种反思与超越。因为，近代以来的经济与思想文化领域的现代化运动极大促进了人类社会的发展，经济繁荣，生活富裕，文明程度提高。但现代化也不可避免地有其负面影响，特别是现代化进程中不可缺少的市场化、工业化、城市化与科技的巨大作用等，更犹如双刃剑而在促进社会前进的同时带来消极面。例如，市场拜物盛行、工具理性膨胀、人与自然矛盾加剧、环境恶化、资源匮乏以及精神疾恶漫延，等等。凡此种种，都直接危及人类的生存状态，乃至阻碍社会进一步发展。正是在这样的情况下，20 世纪 50 年代以后，哲学思想与理论领域出现对现代化进行反思与超越的后现代思潮。后现代有以法国的德里达、福柯、拉康为代表的解构的后现代与以美国的大卫·雷·格里芬、大卫·伯姆为代表的建设的后现代。前者侧重于摧毁与解构，后者侧重于超越、修正与建设，旨在建设一种新的避免了现代性弊端同时又更具积极意义的后现代世界观。抛弃工具理性、主体性与结构主义哲学等人类中心主义理论，主张人、自然与社会系统的统一的当代存在论哲学观，就是这种后现代世界观的代表性形态。当然，对于这种包括后现代经济文化特点与后现代世界观在内的后现代理论，也有许多不同的看法。德国当代哲学家哈贝马斯就坚持用现代性对抗后现代性，不同意全面否定启蒙主义理论，并从整体上否定现代主义价值观。实际上，哈贝马斯也承认现代化，特别是资本主义社会所出现的社会危机以及工具理性等现代理论的弊端，但他不赞成采取彻底解构的途径，而主张借助改良的道路，运用人性与社会交往理论加以修补。国内有些学者认为，我国目前只是现代化的中期，属于社会主义初级阶段，不仅肩负着进一步发展现代化的重任，而且肩负着克服前现代性的任务，所以，后现代在我国不是现实的存在。这种看法不无道理，但并不全面客观。的确，一方面，我国正处于现代化中期，现代性还需大力提倡。但另一方面，市场化、工业化、城市化与科技发展所形成的市场与金钱拜物、工具理性膨胀、环境恶化、精神疾患漫延等弊端在我国同样突出的存在，同样极大地威胁到人的现实生存状态。正是在这样的情况下，我国政府才坚持物质文明与精神文明两手抓和可持续发展的战略方针。因此，我国在现代化的过程中同样存在后现代的社会与文化现象，当代后现代理论在我国同样有其适用性。

正是在这种后现代的经济文化背景与世界观的条件下，才在西方出现当代存在论美学。其实早在 20 世纪初期，西方即已出现以萨特、梅洛－庞蒂、加缪与雅斯贝尔斯为代表的存在主义哲学—美学理论。但这些理论未能摆脱西方现代理论的影响，表现出一切从自我出发的浓郁的"人类中心主义"色彩。甚至海德格尔早期的有关"大地与世界争执"的理论，强调世界对大地的统帅，也未能摆脱"人类中心主义"的影响。只在 20 世纪 50 年代后期到 20 世纪 60 年代前后，海德格尔提出"天地神人四方游戏说"，才真正摆脱了"人类中心主义"的理论束缚，使其美学思想成为当代存在论美学的典范表述。他于 1959 年 6 月 6 日在慕尼黑库维利斯首府剧院举办的荷尔德林协会上作的演讲报告中指出："于是就有四种声音在鸣响：天空、大地、人、神。在这四种声音中，命运把整个无限的关系聚集起来。但是，四方中的任何一方都不是片面地自为地持立和运行的。在这个意义上，就没有任何一方是有限的。若没有其他三方，任何一方都不是存在。它们无限地相互保持，成为它们之所是，根据无限的关系而成为这个整体本身。因此，大地和天空以及它们的关联，归属于四方的更为丰富的关系。"①

二

当代存在论美学的提出绝不是偶然的，而有其经济、社会与思想文化的根据。首先是改变当代人类生存状态日益非美化这一现实需要的呼唤。当代社会在现代化的进程中出现一系列二律背反的情形。具体表现为发展与生存、当代与后代、富国与穷国、科技与人文、物质与精神等一系列尖锐矛盾。总起来，表现为物质生活的富裕与生存状态非美化的尖锐矛盾。那就是说，现代化、工业化、城市化、市场化与科技的发展，

---

① ［德］马丁·海德格尔：《荷尔德林诗的阐释》，孙周兴译，商务印书馆 2000 年版，第 210 页。

一方面极大地改善了人类的物质生活，使之逐步走向富裕，但同时，现代化的进程又直接威胁到人类的生存。从现在看，大体分三个阶段。那就是现代化初期出现机器与产品走向奴役生产者的"异化"现象；资本主义市场经济的发展产生瓜分产品、资源与殖民地的战争，凭借科技制造的极具杀伤性的武器运用于战争，特别是二战中原子弹的使用更是人类的空前灾难；20 世纪 70 年代以来，由现代化、工业化的发展与盲目追求经济利益，导致人与自然矛盾尖锐，环境恶化、资源匮乏，直接威胁到人类及其子孙后代的生存。这些矛盾的解决，除了依靠经济、政治与道德的手段，还要借助美学的作用。因为，美是一种不借助外力而发自内心的情感的力量，是人的自觉自愿的内在的要求，具有不可替代的巨大的作用。所以，改善当代日益严重的人类生存状态非美化的现实需要，成为当代存在论美学产生的现实土壤。

其次，当代哲学的发展又为当代存在论美学的诞生提供了理论的根据。20 世纪以来，西方现代哲学以科学主义与人文主义两条线索交替发展。20 世纪 50 年代以后，科学主义的分析哲学逐步式微，而人文主义的哲学思想逐步兴盛。特别是 20 世纪 70 年代以来各种文化哲学的兴盛，更从多个文化层面考察人性与深层精神生活，从而为当代存在论哲学—美学的发展提供了丰富的理论营养。胡塞尔现象学方法在当代的发展又给当代存在论哲学—美学提供了方法论的武器。因为，胡塞现象学方法是用整体性意识反对传统的主客二元对立的思维模式，用存在论代替认识论，特别是现象学方法中的交互主体性（主体间性）理论更成为当代存在论哲学—美学的理论精髓。深层生态学理论更使当代存在论哲学—美学具有了丰富的内涵与崭新的面貌。1973 年，挪威哲学家阿伦·奈斯将对世界观、价值观的深刻追问引入生态学研究，创立深层生态学，打破"人类中心主义"传统，提出"自我实现"与"生态中心主义平等"两个最高原则，成为当代存在论哲学—美学的重要内容。正是在此基础上，美国著名后现代理论家大卫·雷·格里芬提出著名的"生态论存在观"①哲学，成为当代存在论哲学的重要理论形态，同时也是当代存在论美学的重要哲学根据。

再次，当代存在论美学的产生也是美学学科自身发展的需要。20世纪70年代以来，美学研究逐步向文化领域延伸。文化的视角即是人的生存视角，表明人类进一步加深了对自身生存状态的关心，从而使存在论美学进一步凸现出来。中国当代美学领域也面临着对实践美学的突破，当代存在论美学的强烈的现实性与包容性使其成为可能取代实践美学的最佳选择。

当代存在论美学的产生还借用了大量的传统存在论哲学—美学资源。首先是借鉴了公元前6世纪古希腊哲学家阿那克西曼德之箴言，阿氏提出万物循环规律与人的生存的关系，对当代存在论不无启发。再就是，康德以来的西方近代哲学家关于艺术与人的生存关系的思考。例如，康德关于美是无目的的合目的性形式的理论，把作为彼岸世界的信仰领域引入审美，探讨了审美与人的存在的关系。席勒有关美育与异化的探索，也涉及人的存在领域。尼采所倡导的酒神精神，实际上也是人的生命力激扬的生存状态。叔本华关于艺术是人生花朵的理论，也是将艺术与人生联系。以上理论都给当代存在论以营养。中国古代道家"天人合一"的思想受到了西方当代存在论哲学—美学理论家的重视。海德格尔的"天地神人四方游戏说"就明显地吸取了道家理论精华。当代西方生态哲学家更从东方智慧中吸取大量营养，他们从不讳言中国道家思想和印度佛教理论在当代生态哲学与美学建设中的重大价值。这也预示着美学领域长期占统治地位的"欧洲中心主义"必将被中西平等交流对话所取代。

当然，当代存在论哲学—美学更是20世纪初期传统存在论哲学—美学发展的必然结果，两者有着直接的渊源关系。当代存在论哲学—美学对传统存在论哲学—美学给予重要的改造，主要是抛弃了传

---

① ［美］大卫·雷·格里芬：《后现代精神》，王成兵译，中央编译出版社1998年版，第224页。

统存在论哲学—美学之中"人类中心主义"的理论内涵，代之以"人—自然—社会"系统共存的崭新观点。具体说来，当代存在论哲学—美学对传统存在论哲学—美学的继承主要表现在这样三个方面：一是方法上继承其现象学整体意识的方法，抛弃传统的主客二分的思维模式。这是非常重要的。因为主客二分的传统思维模式以探讨事物的本质为名将主体与客体、感性与理性分裂，最后导致美学研究走上死胡同。传统存在论哲学—美学则已突破了这种传统的方法，采取现象学的整体意识方法，即抛弃了传统的本质追问而去探究作为整体的对象在意识中的显现过程。正是运用这样的方法研究人的存在问题，才取得了重要的突破。对于这种现象学的整体意识的方法，当代存在论哲学—美学是完全接受的。再就是对于传统存在论有关"存在"这一基本范畴的继承。传统存在论的"存在"这一基本范畴，也具有十分丰富的内涵，表明传统存在论哲学—美学理论突破了长期占统治地位的认识论哲学—美学范式。认识论美学离开审美的本性，孤立地探讨美在理念或美在现实，最后使审美等同于科学与道德活动。但存在论美学却打破了这种僵化的认识论范式，完全立足于审美的特性，回到人的原初状态，从人为什么存在与如何存在这样最基本的问题出发，从人与动物最原初的区别为有没有审美活动开始，确定审美的生存这样一个最基本的美学范式。席勒在《美育书简》中认为，审美活动是人摆脱自然的欲望同对象发生的第一个自由的关系。他认为，只有当人做审美的游戏的时候，"他才是完整的人"①。因此，审美的存在这样一个最基本的美学范畴，在当代存在论哲学—美学中还是应该保留的。只是传统存在论哲学—美学有关审美存在的内涵没有完全摆脱"人类中心主义"与"自我中心"的理论束缚，还笼罩着消极灰暗的理论色彩。因为，这一理论的三个核心思想："存在先于本质"、"人是绝对自由"，以及"他人是地狱"等都有欠妥之处。所谓"存在先于本质"，强调自我规定本质；"人是绝对自由"，强调自我选择，自我设计；"他人是地狱"，强调所谓存在就是人与人之间的冲

①　[德] 席勒：《美育书简》，徐恒醇译，中国文联出版社1984年版，第90页。

突，所面对的是虚无荒谬的世界。当代存在论哲学—美学，以"主体间性"理论强调人只是"关系中的存在"，以"系统协调"的生态存在观强调人的自由只存在于人与自然、社会的"普遍共生"的关系之中。而且，以积极的"可持续发展"的态度去创建现实的审美的存在。传统存在论哲学—美学把想象放在十分重要的位置，认为现实的东西绝对不是美的，美是一种只适合想象的东西的价值。这种价值论在其基本结构上又是指对现实世界的否定。在这种理论中，想象同自由紧密相连，两者实际上互为条件，自由是想象得以进行的基本条件，而想象又是自由的必要条件。对于这种想象理论，当代存在论美学当然应该有选择的吸收，想象是人的审美的存在的主要方式，也是文学艺术创作的最重要途径，它的整体意识性的特色充分反映了审美的基本特性。但当代"普遍共生"的生态存在论哲学观从人与自然、社会"普遍共生"的角度反对因强调想象而导致对现实世界的彻底否定，认为审美的确主要凭借想象，但也同自然、社会，特别是三者间系统协调的关系密切相关。当代存在论美学的具体形态除了我们在上文已经提到的海德格尔1959年前后提出的"天地神人四方游戏"说之外，还有福柯的"生存美学"理论。福柯面对前资本主义对身体的奴役和现代资本主义从内部即从精神上对身体的控制（监督、惩罚、规范），提出了"自我呵护"的著名命题。他说："呵护自我具有道德上的优先权。"① 这就是说，他认为，人的关注重点由关注自然，到关注理性，再到关注非理性，当前应更加关注自身，使人与自身的关系具有本体论的优先权。为此，他提出："我们必须把我们自己创造成为一件艺术品。"由我们自身的艺术化发展到把我们每个人的生活都"变为一件艺术品"。② 这实际上是建立在对现代性负面影响控诉批判的基础上，要求建立一种从自我开始的艺术化（审美的）生存方式。再就是，20世纪70年代以来的生态美学。1985年，法国社会学家J. M. 费里指出："生态学以及有关的一切，预示着一种受美学理论

---

① ［美］路易丝·麦克尼：《福柯》，贾湜译，黑龙江人民出版社1999年版，第172页。
② 同上书，第164、165页。

支配的现代化新浪潮的出现。"① 这种美学理论在西方当代表现为文艺实践的生态批评，而在我国则表现为20世纪90年代前后兴起的生态文艺学与生态美学。生态美学是一种包括人与自然、社会以及自身的生态审美关系，是一种符合生态规律的存在论美学。

三

由于当代存在论美学目前仍在形成当中，加上西方诸多当代哲学—美学理论形态自身不可免的片面性，因而其局限是十分明显的。首先，这一理论自身极不完善。许多基本理论问题并未解决，包括同传统存在论的关系问题，基本范畴问题，特别是如何将这一理论落实到具体的审美实践与艺术实践问题等等，均有待于进一步探索。这一理论所具有的后现代解构特点与现象学方法的借用又不可免地导致了对唯物主义实践论的否定，从而使其失去牢固的根基。同时，许多敏感的理论问题也未得到解决，包括人的存在与科技、现代化的关系等。因此，我们面对西方当代存在论哲学—美学理论，不能生吞活剥地加以接收，而应以马克思主义为指导，紧密结合中国国情，建设具有中国特色的、以唯物实践观为指导的当代存在论美学。

首先要奠定唯物实践观在当代存在论美学中的指导性地位。这种指导性地位就是坚持以唯物实践观作为当代存在论美学的哲学前提。也就是说，这一美学理论在物质与精神的关系上坚持物质第一的观点，在认识论领域坚持社会实践是认识的唯一基础与真理的唯一标准的观点。而且，坚持认为"社会实践"是人类最重要、最基本的存在方式。但在具体的当代存在论美学领域，唯物实践观不再取代具体的具有独立性的美学规律。例如，我们说社会实践是人的最重要存在方式，但绝不是说"社会实践"本身就是美。因此，这种以唯物实践观为指导的当代存在论美学观同传统的实践美学是有着根本区别的。当代存在论美学的基本范畴是审美存在，而不是实践美学的"人的本质

---

① 转引自鲁枢元《生态文艺学》，陕西人民教育出版社2000年版，第27页。

力量对象化"。所谓审美存在，是指人当下的存在状况，是关系中的存在，而非实体的存在。它包含了自然—社会—人整体协调的内容，是物质与精神，现实与理想、此岸与彼岸、世俗与诗意、科学与人文的二律背反，但又侧重于后者。审美存在是当代存在论美学的基本出发点，同时也是审美的理想、艺术的本质特性。审美存在的内涵就是人的本真存在的遮蔽与解蔽。存在论美学是将真理界定为人的本真的存在，因而真理与美是同格的。正如海德格尔所说："艺术就是自行置入作品的真理。"① 因此，审美存在的内在矛盾就是对真理的遮蔽与解蔽，所以对于对象本真的解蔽程度就成为美的标准，也成为一部文艺作品之所以具有永久魅力的原因之所在。正如萨特所说："美不是由素材的形式决定的，而应该是由存在的浓密度决定的。"② 当然，所谓解蔽就是拨开笼罩真理的各种雾障。西方存在论美学的解蔽是完全局限于精神领域的。海德格尔将其界定为解读，并用对梵·高的油画《鞋》作为通过解读实现解蔽达到把握本真的例证。这表明，西方存在论理论家对现实的完全失望，因而把审美存在的理想完全寄托于精神领域。应该说，这是不正确的。我们认为，所谓解蔽首先是现实生活中对于遮蔽真理的各种雾障的清除，包括市场拜物、工具理性、环境污染、精神疾患等等方面。这应该是基础与前提。基于此，精神领域的解蔽才有可能，人的审美生存才会更加现实。审美存在与艺术的关系是任何美学理论不容忽视的一个重要问题，也恰是当代存在论美学的薄弱环节。毫无疑义，文学艺术是审美存在的最重要的形式。人就在文学艺术活动中摆脱现实生活中非美的存在，获得审美的存在。这主要依靠艺术的想象。艺术想象是审美存在的最重要途径，人在想象中可以摆脱日常生活中各种非美因素的干扰，获得充分的自由。因此，艺术想象是对非美的现实生活的补偿。但我们不同意存在论美学家认为艺术想象也是对现实世界彻底否定的观念。在他们看来，审美的存在只有在文学艺术活动中，在艺术想象的过程中才有可能。这种

---

① 参见朱立元《现代西方美学史》，上海文艺出版社1993年版，第530页。
② 转引自今道友《存在主义美学》，辽宁人民出版社1987年版，第231页。

看法应该说是不全面的，不能因为审美存在同艺术紧密相连，就从而否定审美存在同现实的密切相关。因为艺术活动不仅要以现实为基础，而且艺术活动也必然反作用于现实。现在我们回过头来看，艺术想象贯串于艺术创作、传播、接受的全过程，涉及现实与艺术、非美与审美、情与景、言与意等多重矛盾。艺术创作的过程，实际上就是美的形象的创造与审美存在统一的过程。也就是说，在存在论美学中，美的形象的创造并不是目的，而只是手段，作者通过美的形象的创造，实现由遮蔽到解蔽，从而达到审美的生存，这才是艺术创造的目的所在。而所谓艺术的传播，表面上是要解决物质媒介与美的形象的矛盾，实质也是通过艺术的想象，凭借娴熟的技巧，在创造性活动中消解物的特性，实现解蔽，从而达到审美的存在。艺术的接受常同解读相联系，也要凭借艺术的想象，但解读与想象本身都是一种审美存在的方式。事实上，文学接受中的解读必须通过艺术想象的途径，因而同想象是统一的。但接受的一个更重要的内涵就是育人。也就是通过艺术作品的手段，培育审美的生存的一代新人。这就是我们通常所说的美育。事实证明，美育不仅在教育中成为重要的环节之一，而且在整个人类社会进步中都有着巨大的作用。因为，美育是最根本的世界观的教育。在当代，面临21世纪的种种挑战和人的非美化现实，人的最根本的世界观就是以审美的态度对待自然、社会、他人与自身。同时，美育也是最基本的教育，也就是说，美育是教育一个人如何做人。因此，它是一种人的最原初的养成教育。因为，审美与艺术是人与动物最基本的区别。动物把自己同自然混为一体，决无爱美之心和艺术的追求。只有人，一旦同动物区分开来，就产生了爱美之心和艺术的追求。所以，审美与艺术可以说是人性中最基本的内涵。因此，美育就是教人如何摆脱物性而具有人性的教育，也是对人进行最原初的精神慰藉与提升，常能收到奇效。

当代存在论美学肩负着十分繁重的任务，首先，应该通过当代存在论审美观念的教育和艺术作品的传播接受，对现实生活起到应有的积极作用。那就是，通过以上途径有利于清除现实生活中真理的雾障，逐步地由遮蔽到澄明，使人不仅在艺术中获得审美的生存，而且在现实生活中也能获得更多审美的生存。同时，当代存在论美学还应起到推动美学学科建设的作用。从目前看，以唯物实践观为指导的当代存在论美学在某种程度上包含了实践美学的合理成分，已显现出超越实践美学的极大可能。

但存在论美学在审美实践与艺术实践方面相对薄弱，又不太有利于这种超越。因此，当代存在论美学还应立足于建设，进一步丰富自己的内涵，特别是在审美实践与艺术实践方面进行更多的理论建设，使之更加完备，真正担当起建设新世纪美学学科的重任。当然，当代存在论美学仍然发源于西方，因而还有一个使之本土化的重大课题。那就要充分吸收中国古代一系列有价值的美学思想，包括"天人合一"的东方智慧、"中和论"美学思想，以及我国古代一系列有关人生美学的精华。同时，还要从我国传统文学艺术中吸收优秀的极富民族特色的艺术精神。诸如我国古代有关人生的艺术和艺术的人生的种种理论观点，像养气论、气韵说、品味说、意境说等。将这些传统文化的精华充实到当代存在论美学体系之中，使之成为富有中国民族特色，同时又具普适性的崭新的美学理论体系。

（原文写于 2002 年 9 月）

当代文学的重要任务：集中体现
当代存在论美学精神

一 现代性的内涵：提升人的生存层次

现代性是一个理论的、历史的与地域的范畴。它是一个来自西方的概念，人类早在文艺复兴时期即已开始了关于现代性问题的探索，但深层次的思考应该是从工业革命后开始的。我国从近代才开始对现代化性问题的探索，当代更加明确提出"四个现代化"的任务和实现中华民族伟大复兴的目标。将文学同现代性相联系，既是时代的召唤，又是文学自身社会责任之所在和永葆青春之动力。现代性具有丰富而复杂的内涵，从理论的层面上，所谓现代性实质上是社会与人的改造，也就是提升社会与人的层次，促使其加速进步；从历史的层面上，现代性又是一个历史的概念。一方面，它针对传统性而言，另一方面，现代性又是一个历史发展的过程，在不同的历史发展阶段，传统性与现代性都有不同内涵。我们今天所讲的现代性，应该是具有强烈现实针对性的现代性，特指已经迈入 21 世纪的中国当代的现代性课题。当然，现代性更是一个具有地域特点的范畴，我们中国学人所讲的现代性主要是指中国的现代性，但从世界的关联性和当前经济全球化背景来看，中国的现代性又同世界的现代发展紧密相联。因此，中国本土的现代性又受到世界的影响，特别是西方发达国家的影响，必须具有世界的视野。

现代性的难点与重点是对其中一系列二律背反的协调。它不是一个平面的范畴，而是一个包含着一系列内在矛盾或二律背反命题的范畴。例如，物质文明和精神文明、科技与人文、经济发展与人的改善、现代与后现代等等。其最核心的内涵是物质文明与精神文明，即物质现代化与精神现代化的两个维度相互之间相反相成。将各种二律背反的命题加以协调，特别是将物质文明与精神文明加以协调，这是现代性的难题与重点。邓小平同志提出"两手抓，两手都要硬"，我国在《社会主义精神文明建设决定》中提出社会主义市场经济与为人民服务道德建设兼容问题。这些都是将两者协调的重要探索。

解决现代性难点的重要途径是人的现代性——人的生存层次的提升。所有的现代性最后都落脚于人的现代性，这是解决现代性之中一系列二律背反的最重要途径。因为，物质文明与精神文明最后都落脚于人的文明，而物质文明与精神文明的协调也依靠现代文明人的创造性活动。人的现代性归根结底是人的生存层次的提升。从西方来说，其现代性经过了从中世纪到现代社会，再到后现代社会，即从神的存在到人的理性存在，再到人的当代存在这样的发展历程。从我国来说，从近代以来，经历了农业社会、半封建半殖民地，再到社会主义现代化的社会发展历程，而人的存在也经历了由"天人合一"到"救亡图存"，到"大公无私"，再到"效益优先，兼顾公平"的发展过程。当前的"效益优先，兼顾公平"原则，既将人的个人生存提到优先位置，又兼顾到社会群体生存状况的改善，是一种具有强烈当代性的人的生存原则。

文学的特殊功能——从审美的途径提升人的生存层次。人的生存层次的提高有着多种途径，包括经济的、政治的、法律的、道德的、文化的……，但文学却是不可取代的特有途径。尼采说，艺术"是生命的伟大兴奋剂"。鲁迅也曾说，文艺是"引导国民精神的前途的灯火"。因为，文学是一种语言艺术，是美的物化形态，能给人以深刻的美的教育。美的教育是一种超功利的教育，也是一种提升人的生命层次的教育，旨在确立人的审美的态度，营造人的审美的生存状态。最近，北京大学原常务副校长王义遒教授在香港召开的两岸三地素质教育会上说，他在访问美国各著名大学时，了解到许多教育家和科学家都认为当代人才培养不仅需要知识、能力，而且更需要确立一种正确的态度（attitude）。我认为，其中最重要的就是审美的态度，即审美地对待社会、自然与自身的态度。这也就是人的审美的生存。这是人的一种生存方式，也是一种人生境界，恰是现代性最深层的内涵。

二 当代文学的重要任务——集中体现当代存在论美学精神

现代性的当代挑战是人的生存状态非美化问题。人类在整个现代化的过程中都面临着人的生存状态美化与非美化的二律背反。虽然现代化极大地改善了人的生存状态，但同时却又导致了人的生存状态非美化。这也恰似一把双刃剑，到 20 世纪中期以后，愈加尖锐。这就是西方现在所称后现代状况。后现代从时间上来说是现代之后，而不是现代后期。从内涵上来说，有以福柯、德里达为代表的解构的后现代，也有以大卫·雷·格里芬为代表的建构的后现代。对于中国，从经济形态来看，目前仍在现代化过程中。从文化形态看，如果将"后现代"理解为对现代性的反思，那么，中国不仅应从西方后现代状况得到借鉴，而且本身也同样存在类似于西方的后现代现象。因此，从文化的角度，后现代理论同样适用于中国，当然也有一个本土化过程。作为后现代状况的重要特征就是人的生存状态非美化问题日趋严重。主要表现在六个方面：第一，科技主义泛滥，一味推崇工具理性，否定人文精神；第二，新型战争的巨大破坏与核武器的威胁；第三，市场经济的负面影响，主要是市场拜物、金钱万能的负面作用；第四，环境的严重恶化；第五，文化道德转型给人类带来的巨大压力，我国主要面临由计划经济到市场经济，以及由农村化到城市化的转型；第六，国际范围内帝国主义的经济与文化渗透。对于中国来说，这种生存危机在我国表现为三次大的冲击：20 世纪 30—40 年代的侵略战争威胁，20 世纪 70 年代以来的巨大环境压力，世纪之交由社会转型与"入世"带来的社会与精神压力。这就形成了我国目前罹患心理疾病者不少于 1600 万人的情况。

同这种当下人的生存状态非美化趋势相对应，我们提出新的当代形态的存在论美学。这种美学理论针对当代社会现实，吸收中国实践美学与西方当代生态存在论哲学的有价值成分，对传统存在论美学加以改造。它是一种正在形成的新的美学理论形态。其基本内涵是：第一，以社会实践为理论基础。因为社会实践是人类存在的前提，而且社会实践也是人类最基本的存在方式。第二，吸收西方当代生态生存论哲学的理论精华。主要是吸收以美国大卫·雷·格里芬为代表的西方当代生态哲学家提出的生态存在论哲学。这种哲学是对笛卡尔—牛顿主客对立二元论、机械论世界观的彻底突破，坚持"人—自然—社会"共生共存的系统整体论观点。第三，同传统的以萨特为代表的存在论美学相比，将"存在"的范围扩大到"人—自然—社会"的系统整体之中，并以"主体间性"即关系中的存在，克服"他人是地狱"的人我敌对观点，在观照存在的视角上拓展到宇宙空间和可持续发展；在存在的价值内涵上，以积极的建设性态度克服了传统存在论的"恶心"的消极负面情绪。第三，吸收中国传统存在论美学的精华。主要是吸收天人合一的"中和论"美学的精华、人与自然审美统一的存在方式，以及意境说、品味说等艺术人生化的有关理论。第四，这是一种极具当代性的人文主义精神，是对人类命运的一种终极关怀态度。主要是通过一种审美的生存的美学精神的倡导，来协调现代化过程中物质与精神、科学与人文、现代与传统等一系列看似对立的二律背反。因为，只有文学艺术及其所蕴涵的美学精神才能包含以上诸多方面，才使人的存在成为诗意的存在。这种诗意的存在既是人的美好的栖息方式，也是对世俗存在的一种改造与提升。

　　当代文学应该集中体现当代存在论美学精神，这一点已在上文论及。但如何体现呢？我想，仍然离不开"写什么"和"怎样写"的问题。所谓"写什么"，主要是题材问题。应该选择关系到当代人类生存状态的有关题材，诸如科技、战争、市场、环境、文化与国际关系等同人的存在的关系，特别对人的心理和精神生活的巨大影响。当然，重要的是"怎样写"的问题，也就是要贯彻体现当代存在论美学的有关精神，如，系统整体性美学精神、建设性美学精神等等。但是，更重要的是要具有当代意义的人文关怀精神。在当代的现实背景下，关怀人类的命运，关怀人的生存状态，并以积极的态度去改善人类的命运和人的生存状态，建设美好的物质家园与精神家园。

三　在当代存在论美学指导下，面对
一系列当代文学现象

关于生态批评。这是 20 世纪 90 年代中期兴起的一种批评方法，是生态美学原则在文学批评中的运用，是一种崭新的批评视角与方法。这种批评方法较好地贯彻了当代存在论美学中系统整体性的原则和关爱生命的精神。但对生态批评中有关"世界的复魅"及自然美的客观性等等观点，应加以有分析地吸收。

关于文化研究。20 世纪 70 年代末 80 年代初，西方美学与文艺学领域发生"文化转向"，由对文学艺术的"内在规律"的探讨，转向关注政治、社会、文化、经济、性别、种族、新老殖民主义等文化问题。这种"文化转向"，从 20 世纪 90 年代开始在我国兴盛起来。这恰恰说明，社会问题，特别是人的生存问题愈来愈走到社会的前沿，引起人们广泛的重视。也再次说明，我国文化中存在着后现代现象。但是，对于当前文化研究中取消文学研究和审美视角的现象，应该予以引导。在文学艺术领域中，文化研究始终不应离开当代存在论美学的轨道。

关于大众文化。20 世纪 90 年代中后期以来，由于文化的内涵扩大到日常的消费行为和消费产品，因而出现大众文化。大众文化是相对于精英文化而言的，在当代市场经济条件下，无疑具有大众性、娱乐性、商业性等特点。大众文化已经成为当代人的一种生存方式，这是无法回避的事实。但对大众文化的低俗化倾向，要以当代存在论美学加以必要的引导，使之以建设美好的精神家园为其旨归。

关于网络文化。这是 20 世纪 90 年代后半期，随着多媒体技术的发展而出现的现代层面的文化形态。网络的平等性与互动性给广大群众提供了空前广阔的主动参与及施展才华的空间。在文化领域也为信息的迅捷传播和全球性的资源共享开辟了广阔的天地。但作为现代的文化形态，还是应以当代存在论美学加以引导，使之克服沉湎于"虚拟时空"、西方信息霸权以及"过度自由"等弊端。

（2002 年 9 月完成）

美学学科的理论创新与
当代存在论美学观的建立

　　创新是一个民族前进的不竭的动力，也是一个学科发展的永久的动力。我国美学学科的发展必须走创新之路。要创新就必须突破前人，这是一个规律。我国美学学科的现状是有一些新的进展，但无大的突破，仍处于徘徊彷徨的局面。阻碍我们前进并需要突破的是什么呢？我认为，就是多年来对我们影响深远的认识论美学。这种认识论美学主要是在西方传统知识论基础上建立的以主客二分为其特点的理论体系。这一理论体系以主体与客体、理性与感性的对立统一为其理论内涵，以反映并认识现实为其理论旨归，构筑了包括美的客观本质论、审美反映论、艺术典型论等一系列范畴体系。这一理论体系因其使用了一些经典作家的用语而具有了某种表面的权威性，而其自身所具有的理论的周延性又使我们一时难以用别的理论替代。但事实上，这种认识论美学是西方传统知识论的翻版，是同马克思主义理论的革命的、批判的、与时俱进的品格不相容的。其致命的弱点是以哲学的普遍规律代替了美学学科的特殊规律，从而在一定的程度上取消了美学学科；这一理论还从本质主义的主客二分思维模式出发，以抽象的美的本质的追寻为其目的，完全忽视了美学作为人学反映人性的基本追求的根本特点；同时，这一理论还深受科学主义影响，追求一种从概念到概念的逻辑推演，从而大大地弱化了美学作为人文学科必须贯注深切的人文关怀精神的本质属性。因此，我认为，当前对认识论美学的突破是十分重要而紧迫的课题。而认识论美学自身的僵化及其知识的陈旧、同中国当前现实生活与艺术的严重脱节，又给我们美学理论的创新以广阔的天地。

综观中外理论家实现理论创新的历史，综合比较是一条基本的途径。所谓综合比较，就是在古今中外各种美学理论的基础之上，从当前的社会与理论现实需要出发，加以比较梳理，综合吸收其合理内核，力创新说。本人经过反复的学习思考，提出建立当代形态的存在论美学观，致力于实现由认识论到存在论的过渡。我以此作为引玉之砖，以求教于美学界同行。我想，我们在美的本质的探寻之路上已经走过两千多年了，为什么至今还迷惑不解呢？恐怕是把简单的问题复杂化了，还是应该采取最简明的回到原初的方法。所谓回到原初，就是回到人的存在这一最基本的问题之上。诚如马克思与恩格斯在《德意志意识形态》中所说，"任何人类历史的第一个前提无疑是有生命的个人的存在"[①]。"个人的存在"这一最基本、最原初的问题，包括为什么存在、怎样存在以及存在的怎样等诸多内涵，涉及哲学、宗教学、伦理学与社会学等诸多领域，"存在的怎样"这一人在存在中的感受与体验就主要属于美学领域。

当代形态的存在论美学观的提出绝不是偶然的心血来潮和标新立异，而有其经济社会、思想文化与学科自身的根据。首先是改变当代人类生存状态的日益非美化这一现实需要的呼唤。当代社会在现代化进程中出现了一系列二律背反的情形，具体表现为发展与生存、当代与后代、富国与强国、科技与人文、物质与精神等一系列尖锐矛盾，而总起来表现为物质生活的富裕与生存状态非美化的尖锐矛盾。也就是说，现代化、工业化、城市化、市场化与科技的发展，一方面极大地改善了人类的物质生活，使之逐步走向富裕，另一方面，现代化的进程也带来了严重的负面影响，诸如工具理性泛滥、市场拜物盛行、战争的严重灾难、环境的严重污染与资源枯竭、精神疾患蔓延等，直接威胁到人类的生存，使之处于一种非美化的生存状态。这些矛盾的解决，除了依靠经济、政治与道德的手段，还要借助美学的作用。因为，美是一种不借助外力而发自内心的情感力量，是人的自觉自愿的

---

① 《马克思恩格斯选集》第2卷，人民出版社1972年版，第24页。

内在的要求，具有不可替代的巨大的作用。因此，改善当代日益严重的人类生存状态非美化的现实需要，成为当代存在论美学观提出的现实土壤。

当代形态的存在论美学观的建立也是美学学科自身发展的需要。众所周知，我国近代以来，随着西学东渐的潮流逐步建立了美学的学科体系。一百多年来，尽管各种美学理论名目繁多，但无疑以认识论美学处于独尊的地位。无论是前期的典型论美学，还是后期的实践论美学，大体都属于认识论美学的范围，以认识或反映社会生活的本质为其宗旨。这样就使美学与哲学、伦理学难有根本的区分。虽然增加了"形象的反映"、"审美的反映"等种种限制词，但仍难以说清美学学科自身的学科特性。其实，审美虽然同认识密切相关，但审美并不等同于认识，这应该是最基本的常识。我们欣赏梅兰芳的《贵妃醉酒》，并不是要借此获取有关杨贵妃的某种知识，而是对梅派唱腔和优美舞姿的欣赏。在欣赏中，不知不觉地进入一种赏心悦目、怡然自得的审美的生存状态，乃至于百看不厌。由此可知，审美其实是一种不同于认识的人性的基本要求。席勒在《美育书简》中认为，审美活动是人摆脱自然的欲望同对象发生的第一个自由的关系，并认为只有当人做审美的游戏的时候"他才完全是人"①。弗洛伊德将包括审美在内的文化作为人从动物性原欲中摆脱出来的"升华作用"。他说："研究人类文明的历史学家一致相信，这种舍性目的而就新目的的性动机及力量，也就是升华作用，曾为文化的成就，带来了无穷的能源。"② 我国古代的《乐记》也将能否欣赏音乐、分辨音律作为人与禽兽的区别，所谓"知声而不知音者，禽兽是也"。由此可见，所谓审美是人同动物的根本区别，是人性的表现，而最初的审美活动实际就是一种人性的教化、文明的养成。因此，审美就是人所区别于动物的一种特有的生存状态。从人的生存状态的角度审视审美、研究审美，恰是对审美本性的一种恢复，也是对美学学科本来面貌的一种

---

① 参见朱光潜《西方美学史》下卷，人民文学出版社1963年版，第450页。
② ［奥］弗洛伊德：《爱情心理学》，林克明译，作家出版社1986年版，第59页。

恢复。

同时，当代形态存在论美学观的提出也是当代存在论哲学与美学理论发展的必然结果。众所周知，存在主义哲学与美学理论滥觞于 19 世纪后期现代化过程中一系列二律背反逐步激化的背景之下，而兴盛于 20 世纪中叶第二次世界大战之后人类生存状况严重恶化的情况之下。萨特面对存在虚无化的现实，提出以审美的艺术想象来获取自由的途径，认为艺术是"由一个自由来重新把握世界"①。海德格尔进一步从本体论的高度论述审美的存在，提出人类应该"诗意地栖居"的著名命题②。1959 年 6 月 6 日，海氏在著名的荷尔德林协会的演讲中提出"天地人神四方游戏说"，指出"在这四种声音中命运把整个无限的关系聚集起来"③。此时，海氏才彻底摆脱了"人类中心主义"的束缚，使"四方游戏说"成为当代存在论哲学与美学的典范表述。此后，存在论哲学与美学作为一种理论思潮逐步式微，但作为一种理论思想却渗透于西方当代各种人文主义的哲学与美学理论之中。特别是 20 世纪 70 年代之后逐步盛行的文化诗学、大卫·格里芬的"生态论存在观"④哲学与美学、福柯的"生存美学"等等都贯注着当代存在论哲学与美学精神。我们可以这样认为，当代存在论哲学与美学理论是具有很强的前沿性与包容性的理论形态，它犹如海绵一般吸收了当代诸多理论的有益成分，从而成为阐释审美现象的理论工具。

当代存在论美学观包含着极其丰富的内涵。它不是从认识论的角度把审美作为认识或反映现实的一种手段，而是从本体论的高度把审美作为人的最根本的生存方式。诚如尼采所说，"只有作为审美现象，生存和世界才是永远有充分理由的。"⑤这种根本的审美生存方式，使审美成为当代人的一种最根本的生存态度，即世界观。正如克尔凯郭

① 参见朱立元《现代西方美学史》，上海文艺出版社 1993 年版，第 542 页。

② ［德］马丁·海德格尔：《荷尔德林诗的阐释》，孙周兴译，商务印书馆 2000 年版，第 46 页。

③ 同上书，第 210 页。

④ ［美］大卫·雷·格里芬等：《后现代精神》，中央编译出版社 1998 年版，第 224 页。

⑤ ［德］尼采：《悲剧的诞生》，周国平译，生活·读书·新知三联书店 1986 年版，第 21 页。

尔所说，人们应"以审美的眼光看待生活，而不仅仅在诗情画意中享受审美"①。这种作为最根本的生存态度的审美世界观就是当代主导性世界观。事实证明，原始时代主导性的世界观是巫术世界观，农耕时代主导性的世界观是宗教世界观，工业时代主导性的世界观是工具理性世界观，而当代作为信息时代主导性的世界观则应是审美的世界观。这种世界观决定了人们以审美的态度对待自然、社会与人自身，努力进入一种和谐协调、普遍共生的审美的生存状态。

当代存在论美学观在方法上摒弃主客二元对立的思维模式，运用胡塞尔整体意识的现象学还原方法来审视审美现象。它不是通过感性探寻理性，通过客体探寻主体，通过艺术形象探寻作品主题，通过个性探寻共性，而是直接面对审美现象，把审美过程中的感性形象和艺术想象作为整体，作为本原，作为人的存在本身来把握。更为重要的是，这种现象学还原方法不仅克服了纯自然主义倾向，而且克服了"唯我论"和"人类中心主义"倾向。因为，现象学方法所包括的"主体间性"理论排除孤立的自我存在，主张一种"彼此互为对方的存在"②。

当代存在论美学观以审美存在作为其基本范畴。所谓审美存在是指人的当下的存在状况，是一种关系中的存在，而非孤立的实体的存在。它同时又是审美的理想，其内涵就是本真存在的遮蔽与解蔽。当代存在论美学是将真理界定为人的本真的存在的，因而真理与美是同格的。正如海德格尔所说，"艺术就是自行置入作品的真理"③。因此，审美存在的内在矛盾就是对真理的遮蔽与解蔽，所以对于对象本真的解蔽程度就成为美的标准，也成为一部文艺作品之所以具有永久魅力的原因之所在。正如萨特所说，"美不是由素材的形式决定的，而应该是由存在的浓密度决定的"④。

当代存在论美学观的建立还十分有利于在新的世纪进一步发扬我

① 《一个诱惑者的日记——克尔恺郭尔文选》，徐信华、余灵灵译，上海三联书店1992年版，第405页。

② ［德］胡塞尔：《笛卡尔式的沉思》，张廷国译，中国城市出版社2002年版，第177页。

③ 参见朱立元《现代西方美学史》，上海文艺出版社1993年版，第856页。

④ 参见今友道信《存在主义美学》，辽宁人民出版社1987年版，第231页。

国传统审美文化。众所周知，当前发展民族文化、弘扬民族精神成为十分紧迫的课题。当代存在论美学观的建立有利于我国传统审美文化遗产的发掘和现代转化。我国古代没有西方那样的逻各斯中心主义，而是遵奉"天人合一""位育中和""阴阳相生"这样的天与人、主与客、物与我浑然一体的哲学理论，因而在文艺观上出现了养气论、气韵说、品味说、意境说等多种理论。这些理论都不是逻辑实证式的概念，而是一种对人的审美状态的描述性话语，实际上是一种古代存在论美学形态。例如，司空图讲到意境时说："诗家之景，如蓝田日暖，良玉生烟，可望而不可置于眉睫之前也。象外之象，景外之景，岂容易可谭哉？"（《与极浦书》）这实际是用多种比喻揭示诗歌创作与欣赏中所达到的只可意会不可言传的美妙的审美生存体验，形象而生动，绝不是西方的共性与个性统一的典型理论可以相比的。中国古代的存在论哲学与美学的东方智慧已逐渐为西方理论界所重视与吸收。不仅海德格尔"天地人神四方游戏"说吸收了我国古代"天人合一"思想，而且，我国古代尤其是道家关于人与自然协调和谐的生态智慧也引起西方众多理论家的高度重视。总之，当代存在论美学观的建立必将逐步改变美学领域"欧洲中心主义"的现状，走向中西美学平等交往对话的新的时代。这当然还有待于我们对传统文化做大量艰苦细致的发掘、整理与转化的工作。

　　总的说来，当代存在论美学观基本上还是一种来自西方的理论形态，欠缺与不成熟之处难以避免，要将其运用于中国还必须进一步做好诸多方面的工作。首先要以马克思主义理论为指导对其进行必要的清理与改造，同时要紧密结合中国的国情，包括传统文化，特别是当代现实，对其进行必要的本土化转化。而且，我始终强调，这种当代形态的存在论美学观只是我个人提出的一种理论主张，作为当前美学建设与创新多声部合唱中的一种声音，以期得到同行与方家的批评。

（原载《文艺研究》2003 年第 2 期）

当代存在论美学的提出及其发展

当代美学发展呈多元共存之势，各种观点并列，难有突破。但有一点是学术界诸多同仁的共识，那就是应取综合比较的方法，将古今中外各种美学见解加以综合吸收，才能独创新见。正是在这种综合比较方法的指导下，我提出以当代存在论美学为基点，对当代各种美学见解加以综合吸收，在此基础上创建以马克思主义实践观为指导的符合中国国情的当代存在论美学。

存在主义美学在西方 20 世纪初即已形成，绵延发展至今。但从总体上看，可分为传统存在主义美学与当代存在主义美学，其分界线为德国存在主义理论家海德格尔 1959 年 6 月 6 日在慕尼黑库维利斯首府剧院举办的有关荷尔德林的演讲中提出"天地神人四方游戏说"。他将审美的存在界定为天地神人"无限的关系而成为这个整体自身"。这意味着，西方存在主义美学观开始克服传统存在论"人类中心主义"和崇尚"自我"的弊端，力主"关系中的存在""整体的存在"，从而走向当代形态，并显现其反映当代人类要求的普适性特点。

我们之所以看中这种当代存在论美学，认为有批判继承、吸收引进之必要，首先是这一理论反映了人的存在这一人性之最原初状态，人类社会最基本的问题，审美的存在正是从存在的状态这样一个维度描述人自身的情感体验。同时，这一理论也特别有利于我国现代化深入发展中一系列矛盾的解决。如，生存与发展、当代与后代、物质与精神、自然与人类、科技与人文等一系列矛盾，而最根本的是经济社会发展与人的生存状态非美化共存的尖锐矛盾。目前，解决这些矛盾已迫在眉睫，不解决或解决得不好，必将影响我国现代化的深层发展。解决的途径有经济、政治、道德与审美等多种。所谓审美的途径，就是从最深层的情感的领域给人以精神的慰藉与教化，使之确立审美地对待自然、社会与人自身的态度，即做到审美的生存。

当代存在论美学的建设需要以马克思主义实践观为指导对古今中外多种资源进行整合。首先，必须坚持马克思主义实践观的指导，用以改造当代存在论美学观。按照马克思主义实践观，对于人的存在应"把它们当作人的感性活动，当作实践去理解，不是从主观方面去理解"，并要确立物质生产是人的存在的"第一前提"的观点。但要防止实践美学那样以实践规律代替审美规律的弊端，坚持实践观的指导作用但并不是代替。其次，要批判地借鉴西方当代存在论美学的有关资源，当然首先是以海德格尔、伽达默尔为代表的当代存在论美学的重要思想，包括"天地神人四方游戏说"、艺术即自行置入作品的真理、理解本体、审美教化是造就人类自然素质和能力的特有方式等等一系列观点；此外，还要批判地借鉴胡塞尔现象学抛弃主客二元对立模式，运用的整体性意识方法和交互主体性（主体间性）的概念；批判地借鉴福柯"生存美学"及其"自我呵护"、"把我们自己创造成艺术品"的思想；批判地借鉴阿伦·奈斯与大卫·雷，格里芬所倡导的当代生态哲学——美学观念，包括反对"人类中心主义"、倡导"人——自然——社会""普遍共生""系统整体"的观点；批判地借鉴从20世纪70年代发展起来的西方文化诗学理论，继承发展其从文化，亦即从人的生存的层面对文学艺术的深入关注和探索。最后，十分重要的是当代存在论美学的发展必须借鉴吸收中国古代与现代的理论资源，使之做到中西交融，适合中国国情。当然，首先是中国古代"天人合一"的哲学观和"致中和"的美学观。"中和"包含着"天人合一""阴阳相生""和而不同"的丰富内涵，是极其深刻的东方哲学，既深刻地揭示了世界发展的根本动因，同时又揭示了万物与人基本的生存状态。同时，要很好地继承中国古代人生艺术化、艺术人生化的艺术精神，包括诗教、乐教、养气、气韵、品味、意境等等迥异于西方但同人的生存状况紧密相联的艺术范畴。当然，对中国传统的继承还包括我国现当代同人的生存密切相关的美学与艺术理论，包

括梁启超、王国维、蔡元培"以情育人"的启蒙主义美育理论、鲁迅，茅盾为代表的左翼文人"为人生的艺术"的传统，特别是毛泽东提出的"文艺为人民"的重要理论。当代资源也包括当代诸多对"后实践美学"的探讨。

总之，在以上综合比较、批判继承的基础上可期形成一种具有崭新形态的当代存在论美学。不仅实现美学领域的某种突破，而且力图使美学贴近现实生活，对我国现代化大业有所助益。

（原文作于 2002 年 10 月）

关于当前美学、文艺学学科
理论创新的几点思考

最近学习有关理论创新及与时俱进的精神，所受启发很大，现结合美学、文艺学学科建设谈几点看法。

关于突破前人。要创新就必须突破前人，这是一个规律。当前美学、文艺学学科的现状是有发展、少突破，还应进一步解放思想，有新的突破。当前阻碍我们发展并需要突破的到底是什么呢？我认为，就是多年来对我们影响深远的认识论美学、认识论文艺学。我这里讲的是以认识论取代或变相取代的美学与文艺学，并不反对以马克思主义认识论为指导。譬如主客二元对立，在认识论领域是成立的，但在审美与文艺领域就很难成立。唯物、唯心的两条哲学路线问题不能简单地用于美学、文艺学。至于影响我们多年的实践论美学、反映论文艺学之所以难有突破，也与此有关。现在已有大量事实证明，审美与文艺同认识论紧密相关，但审美与文艺绝不仅仅是通常的认识，而包含着独有的以情感体验为特征的丰富的社会心理与文化的内涵。我国古代美学、西方自康德以来的美学也大都不是认识论美学和文艺学，这已经是常识。再就是，要突破逻辑实证主义和本质主义的影响，强化美学与文艺学作为人文学科关注现实人生、关怀人类前途命运的学科本性。

关于与时俱进。我觉得创新的核心是与时俱进，这句话说得特别好。这里所说的"时"是创新的前提与基础，即指当下的现实，包括社会现实、文艺现实、学科自身的现实。这就是创新的出发点，并不是我们长期争论的是从西方文论出发还是从中国传统文论出发的问题。所谓"进"，即指前进、发展，也就是要建设、重在建设。我觉得，尽管多年来我们有前进发展，但建设不够，空泛的议论较多，总是讨论"失语症"、以什么为出发点等等。我以为，还是要鼓励建设。好在已有王国维、蔡元培、朱光潜、宗白华、钱钟书等一批大师级人物给我们树立了建设的榜样。当前，应在以马克思主义为指导的大的前提下，鼓励学术界同仁潜心于建设。建设可以是多元的，应该鼓励探索，允许失误。自己感到错了就再重来，当然要真诚坦荡。只要是从现实出发，在理论建构上可以以中国传统文论为基础，也可以以西方文论为基础，当然也可以以当前的理论现实为基础。五花八门，多种多样，互相比较，竞争切磋，真正形成百家争鸣、百花齐放、和而不同的局面。20世纪的西方美学与文艺学领域就是一种百花齐放的局面，有值得我们借鉴之处。只有这样，才能形成按学科自身的发展规律实行优胜劣汰。

关于民族精神。在当前全球化的语境下，面对中华民族伟大复兴的光荣历史使命，倡导继承与弘扬民族精神是十分重要的。但在美学与文艺学领域如何进行，可以说已经争论了一百多年。我认为，目前不必争论要不要的问题，而是着眼于建设、立足于做。从多年的经验来看，还是从宏观着手为好，不应拘泥于具体概念、范畴的转换。从宏观着手，就是从中国古代迥异于西方的独特的美学精神、文学精神、民族精神着手。中国古代是以"天人合一"、"位育中和"为哲学基础的"中和论"美学精神，西方则是以"主客二分"的逻各斯中心为哲学基础的"和谐论"美学精神。这两种美学精神犹如中医与西医，是有着严格区别的。中国的"中和论"美学精神已逐步受到西方学者重视，如海德格尔1959年所提"天地神人"四方游戏说，20世纪60年代以来西方的生态哲学、生态美学与生态批评对道家"道法自然"的吸收等，已呈现出中西美学融合的趋势。我觉得，应该将这种"中和论"美学精神灌注到我们的学科建设之中，紧密结合当代现实加以批判地继承，逐步形成具有中国民族特色，同时又具当代形态的美学理论。

关于当代以马克思主义实践观为指导的存在论美学。前面说到理论创新要有所突破。经过相当长一段时间的思考，我提出在原有实践论美学的理论成果基础之上，建设以马克思主义实践观为指导的当代存在论美学。这一美学不是从人的认识出发，而是从生存问题这一人性的最原初的问题出发，从人的追求生存的审美状态的本性出发，以人的现实的审美存在为其基本范畴与美学理想，吸收古今中西美学资源加以建设。这一美学思想具有强烈的现实性，紧密针对当前现代化过程中种种负面影响，诸如工具理性泛滥、市场拜物盛行与城市化浪潮冲击下精神疾患蔓延，以及环境严重污染、资源枯竭等种种人的非美的现实生存状态。这正是现实对当代存在论美学的呼唤，也是我们美学、文艺学学科给现实以强烈的人文关怀的社会历史责任之所在。这一美学思想也具有极大的开放性，既包容了西方当代现象学、存在主义、解释学美学精华，又同中国传统的"天人合一""神人以和""文质彬彬"的哲学与美学境界相契合。同时，还借助了存在论哲学与史学的丰富材料，做到了王元化先生所说古今、中西、文史哲三结合的精神。

关于学科制度创新。在理论创新的前提下就相应的需要学科制度创新，建立一种符合学科发展规律，有利于理论创新的制度与评价体系。当前，束缚理论创新的制度性因素主要有两个方面，一是以适合理工科发展的工具理性制度规范人文学科。例如，对数量、刊物级别、经费的种种规定，以及同待遇、晋职的挂钩，还有烦琐的评估制度等。二是种种非学术因素对学科发展的影响，例如，权力本位对学术工作的干扰，权力因素对学科评定，晋职和晋升影响过大，从而妨碍学术公平。还有人情、小圈子等社会不正之风的干扰。我们呼吁建立符合人文学科及其学术发展规律的管理与评价制度，建议进一步强化学术标准，倡导公平竞争，排除各种非学术因素干扰，以利于包括美学与文艺学在内的人文学科的发展。三是建立一种有利于人文学者学术创新和自律的制度，支持原创性成果，鼓励严谨求实的学风，克服学术泡沫和浮躁风气，形成良好的学术环境。

（原文作于 2002 年 12 月）

现代化过程中的二律背反与审美救赎

  当前的时代是充满希望的时代，也是充满问题的时代。希望与问题都指向一个聚焦点，那就是现代化过程中一系列二律背反（悖论）。例如，当代与后代，科技与人文，人与自然，效率与公平，市场原则与道德原则，城市化与焦虑症，网络与孤独，大众文化与低俗倾向，物质文明与精神文明等。这一系列二律背反所造成的结果，一方面是经济发展，物质丰富，社会进步，而另一方面则是工具理性泛滥，市场拜物盛行，环境恶化资源枯竭与精神疾患蔓延等。总之，集中起来说就是，人的生存状态的美化与非美化共存。西方现代有"文明的危机"一说，也是指现代化过程中"文明"与"危机"相反而并存的事实。在现代化过程中解决这一系列二律背反已经成为十分紧迫的课题，这就是我国一再提出但又一时难以解决的一系列物质文明与精神文明两手抓、两手都要硬的课题。

  其实，资本主义现代化存在着更为剧烈的二律背反问题，对于这一点，马克思做了十分尖锐而深刻的揭露与批判。如大家都熟悉的马克思早期对资本主义异化的批判，后来对资本主义剥削的批判，马克思说资本的每一个毛孔都流淌着血和肮脏的东西，以及有关资本主义社会生产资料私有制与生产社会化矛盾的论述等。我国所进行的社会主义现代化从制度的范围已在很大程度上为这一系列二律背反的解决提供了必要的前提。这就是社会主义制度的优越性。但犹如人的成长跨越不了任何一个阶段一样，社会主义社会的现代化也难以避免现代化过程中一系列必然出现的二律背反。实践证明，这一系列二律背反，正是现代化过程中一系列严峻的挑战，如不逐步加以解决，必将影响现代化进程与社会稳定。

如何解决这一系列二律背反呢？除了政治、经济与法律的手段之外，审美教育是当代实行社会救赎的重要途径。所谓审美教育，就是运用审美的手段培养广大人民，特别是青年一代确立审美的世界观。把审美教育作为救世的手段之一，是不是会重蹈马尔库塞审美乌托邦的覆辙呢？我认为，我们所说的当代审美教育与马尔库塞所论的"审美向度"的培养相比，有着全新的内容与意义。我可以从两个方面加以说明：首先，时代发生了重要变化。马尔库塞写作《单向度的人》主要针对的是工业时代状况，而人类从 20 世纪 50 年末开始已逐步迈入以信息技术为标志的后工业时代。在这样的时代，作为社会发展最关键的因素已由农耕时代的资源和工业时代的资本发展到掌握知识的人才。这是一种新的人本主义，掌握知识的人决定了经济与社会的发展，改变人的世界观也就在很大程度上决定了经济与社会的发展方向，因而审美的世界观成为后工业时代主导性的世界观。原始时代主导性的世界观是巫术世界观，农耕时代主导性的世界观是宗教世界观，工业时代主导性的世界观是工具理性世界观，而当代作为后工业的信息时代，主导性的世界观则是审美的世界观。因为，在当代，主客二元对立的机械论世界观与人类中心主义世界观已经过时，而必然地代之以有机系统整体的生态世界观，也可以说是当代的审美世界观。其次，从审美世界观的内涵说，在当代，审美的世界观同以前相比，从内涵上获得了极大丰富，具有了崭新的面貌。这种审美的世界观已不仅是传统美学的"和谐"与马克思讲的"按照美的规律建造"，而是以人的审美的生存为核心内容，包含了现象学"关系中存在"的"主体间性"理论、存在主义"诗意地栖居"的理论、生态哲学的人与自然、社会"普遍共生"的理论、福柯有关"自我呵护"的理论，特别是吸收了当代教育学有关培养"知识、能力、态度，关键是态度"的理论。所谓"关键是态度"，我们将其深化，主张关键在"审美的态度"，也就是审美的世界观。这种审美的世界观或者说审美的态度涵盖了人与自然、社会、人自身等多个层面。从人与自然的关系说，应该审美的对待自然，摒弃传统的"人类中心主义"观点，树立"人—自然—社会"系统发展的观点；从人与社会的关系说，应该审美的对待社会，摒弃人与人是兽性的自然主义理论与"他人是地狱"的传统存在主义灰暗的理论，以高尚的人道主义的审美态度关爱社会与他人；从人与人自身的关系来说，应该审美的对待人自身，改变人类很少关心自身、特别是自身心理的状况，做到"自我呵护"，实现身与心、情与意的和谐协调发展，培养提升人的情感力和文化品位。

实践证明，审美的世界观一旦成为当代社会主导性的世界观，社会就能进入可持续发展的健康轨道。可持续发展就能促使当代与后代、人与自然、物质和精神等一系列二律背反得以相对解决，从而使社会处于相对和谐协调平衡的发展状况。这也就是社会处于一种符合审美规律的发展。同时，人类在审美的世界观的指导下也会获得内与外、身与心的和谐协调的审美的生存，即诗意地栖居。当然，物质与精神、美与非美的二律背反是绝对的，而其解决则是相对的。这正是人类为社会进步与美的理想的实现永不止歇、永无止境的奋斗过程。

（原文作于 2003 年 1 月）

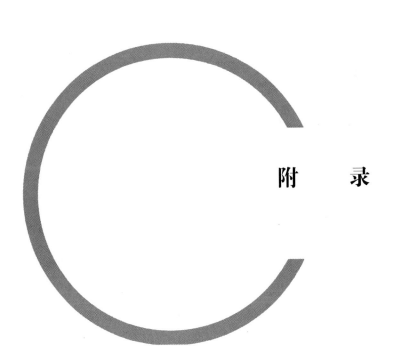

附　　录

人类是否应该"敬畏自然"？

人类是否应该"敬畏自然"？这个问题在"生态文明建设"已经成为现实紧迫需要的今天应该不成问题。但其实，它不仅在理论认识上，而且在现实实践上都仍然是一个问题。记得不久前，在 2006 年就曾经发生过人类是否要"敬畏自然"的一场争论。一些重要学者就极力批判"人类应该敬畏自然"的观念，并认为这是与"以人为本"相悖的，等等。其实，这是一种理论的误解。我们今天讲的人类"敬畏自然"，与原始时代人类对于自然的恐惧膜拜乃至图腾崇拜是完全不同的。这是我们在经过工业革命之后在对人与自然关系的反思的基础上对于人与自然关系的一种新的理解。工业革命时期，人类因工业的成就与科技的发展对自己的理性能力产生盲目的迷信，提出"我思故我在"与"人为自然立法"等过分自信的观念，我国也曾有过"战天斗地"与"人有多大胆，地有多大产"等不切实际的口号。但是，工业革命在给人类带来福音与进步的同时，也为人类带来生态破坏与环境污染等严重弊端，直接威胁到人类的前途命运。人类不能再继续过去那种只顾发展不顾其他，以及无限制地开发自然的老路了。1962 年，美国著名环境理论家莱切尔·卡逊在《寂静的春天》一书中针对农药公害问题发出了"人类走在十字路口上，我们应该保住我们的地球"的警告。这就告诉我们，在新的时代，人类应该建立一种将人与自然加以统一的新的生态人文主义。这种生态人文主义是要将人的相对价值与自然的相对价值、人类社会的经济社会发展与自然生态保护，以及当代人的利益与后代人的利益加以统一，做到"双赢"。这就是我们现在强调的"生态文明建设"与"环境友好型社会建设"

的目标。也就是说，我们现在所说的"敬畏自然"，在情感上是对自然母亲的一种本源性热爱，在实践上是对自然规律的尊重，并力图做到人与自然的"共生"与"双赢"。这应该是当代"以人为本"的重要内涵。事实证明，人类只有与自然"共生"，自己才能获得美好生存。当代"以人为本"观念必须包含"生态的维度"，这是时代与现实的需要。缺乏"生态维度"的"以人为本"，不仅是背离时代要求的，而且是对于人类有害的、落后的。特别重要的是，在我们中国生态资源特别紧缺、环境问题特别严重的现实情况下，适度地保持人对自然的"敬畏"是更加有其必要的。我国实际上是自然环境资源紧缺型社会，人口众多，人的"生态足迹"有限，人均共享的生态资源都在世界人均水平之下。我国的人均森林覆盖率只有不到14%，是世界人均水平的一半；我国的人均淡水占有量是世界人均水平的四分之一；我国的荒漠化土地面积已经相当于 14 个广东省。我国目前的环境污染情况也达到十分严重的境地，我国领导人曾说，发达国家200年间陆续发生的环境问题在我国近 20 年中集中发生了。至于非典的肆虐、松花江的污染、太湖蓝藻等一件件与生态环境破坏相关的事件，更让国人记忆犹新，甚至是惊心动魄。难道在这样的情况下，我们还能随心所欲地对待自然而不应对其保持适度的"敬畏"吗？

现在十分重要的是，如何将对自然保持适度"敬畏"的理念与"生态文明建设"和"环境友好型社会建设的"目标相互结合并落到实处，同时真正在实际工作中体现这种精神。试看我们现实生活中存在的种种与此违背的事实，真的使人万分痛心。有的地方将茂密的森林砍伐，种上用作纸浆原料的小叶桉，不仅破坏了生态体系，而且使其他植物无法生长；有的美丽的海湾修了海底通道还不过瘾，还要再修跨海大桥，破坏了内海的生态系统和海湾的环流；在我国仅有的母亲河上已经开发了大型水电站不算，还要再在源头修水电站，从源头开始污染我们的母亲河，改变江水的流速和自净能力；美丽的滨海城市本来应以发展旅游与高新技术为主，但却以增加生产总值为目的大力发展重化工业，必将使碧海蓝天不复存在；有的滨海城市以发展旅游业为借口在海边大肆修建硬化的通衢大道，使对于维护海岸和海洋生态起到防护作用的海洋生物遭到毁灭性的破坏，后果的严重难以预料；我国的垃圾分类处理一直没有得到实施，不仅塑料袋飞扬造成令人恐怖的"白色污染"，而且电池等有毒废物遍布大地，必将戕害广大人民。我国近年在经济蓬勃发展的同时付出的生态代价十分昂贵，据权威部门统计，我国每年因环境污染造成的经济损失占 DTP 的10% 左右，这个数字已经够惊人了……凡此种种都说明，我们的现实状况距离生态文明建设的要求还很远很远，现在已经到了必须惊醒的时候了！在如此严峻的现实下，难道我们还能以自然的"主宰"的"人类中心主义"的态度去对待自然吗？难道我们还不应对自然保持适度的"尊重"与"敬畏"吗？

当代人类对自然的适度"敬畏"，或者说对于自然的部分"复魅"，并不是要回到人类的蒙昧时期，让人类臣服于自然，而是在经过工业革命之后，在科技理论指导下对自然的适度"敬畏"与部分"复魅"。也就是适度恢复自然的神圣性、部分的神秘性与潜在的审美性。所谓"自然的神圣性"，就是恢复人来自自然最后要回归自然的本源性。正是这种本源性使得人对自然具有一种天然的亲和性，将自然称作人类的母亲。我们应该像爱护自己的母亲那样去爱护自然，保护自然。这就是当代著名的将自然称作"地母"的"该亚定则"。所谓"部分的神秘性"，是说人类对于自然秘密的认识是不断深化的但又永远无法穷尽，正如恩格斯在讲到宇宙的起源时所连用的两个"不知道"。是的，直到目前为止，我们对于宇宙起源问题仍然在继续探索的过程之中，还有其他许多自然的秘密需要我们继续探索。所谓"潜在的审美性"，是说人类的审美需要人类的审美能力与自然对象的审美属性两个相关的条件。单有其中的一个条件无法完成对于自然的审美。这就承认了自然自身审美属性的重要，意识到审美不完全是人的主体决定的，不是所谓单纯"对象化"的结果，而必须有自然自身的审美属性。

最后，让我们共同记住恩格斯在著名的《自然辩证法》中讲过的两段话。

附　录

　　我们连同我们的肉、血和头脑都是属于自然界，存在于自然界的。

　　人们愈会重新地不仅感觉到，而且也认识到自身和自然界的一致，而那种把精神和物质、人类和自然、灵魂和肉体对立起来的荒谬的、反自然的观点，也就愈不可能存在了。

　　　　　　　　　（原载《人民政协报》2008 年 4 月 7 日 "学术家园"）

让我们愈来愈加走近生态文明

　　党的十七大首次在我国提出建设生态文明的目标，真是大得人心！事实证明，生态文明建设既符合经济社会发展规律，也符合广大人民的根本利益。邓小平同志说，贫穷不是社会主义。那么我们也可以由此推出，环境污染也不是社会主义！因为，一个环境污染的国家不仅不可能实行可持续发展，而且还会严重危及广大人民群众的生命健康。历史上的许多文明形态就是由于生态的破坏而宣告灭亡或走向衰落。在一个环境污染的国度，人民的生存都难以为继，那里还有可能走向幸福美满的社会主义呢？中华民族从鸦片战争以来是一个苦难的民族，但也是一个奋起的民族，多少代人都期盼着民族的复兴、人民的解放。1949 年，新中国的成立，标志着中国人民站起来了。1978年开始的改革开放，使中国人民走上了富裕的道路。我们中国人民永远会感念这一切。但由于我们缺乏经验，我们 30 年来的现代化建设，在取得巨大成绩的同时，也付出了巨大的环境代价。西方发达国家200 年间陆续出现的环境污染问题，在我国的短时间里集中发生了。问题的严重性，我们可以通过官方公布的数字与我们的切身感受两个方面来说明。我国有关方面公布：我国"主要污染物排放量远远超过环境容量，环境污染严重。全国 26％的地表水国家重点监控断面劣于水环境 Ⅴ 类标准，62％的断面达不到 Ⅲ 类标准；流经城市 90％的河段受到不同程度的污染，75％的湖泊出现富营养化；30％的重点城市饮用水源地达不到 Ⅲ 类标准，近岸海洋环境质量不容乐观；46％的社区城市空气质量达不到二级标准，一些大中城市灰霾天数有所增加，酸雨污染程度没有减轻"。这些数据已经告诉，我们环境污染够严重

了！从我们个人的感受来说，环境污染也时时向我们亮起黄牌，甚至是红牌！我们周围的亲人与友人又有多少人罹患的疾病与死亡与环境污染有关，我们自己所患的某些疾病就是环境污染所导致。我从前年查体时，医生就说我患有甲状腺结节的病，其病因与水的污染有关。至于我们在灰霾天气中的气闷，在沙尘暴中的无奈，近海美味鱼类的不敢食用，已经是大家的共同感受！人们常说，我们不敢相信在30年的时间中我们就能达到这样富裕的程度。同样，我们也不敢相信，我们周围的环境污染已经如此严重！

好在党和国家十分英明地提出生态文明建设这一造福国家与人民的发展大计，而且采取了有力措施，取得了明显成效。2008年3月5日，温总理在政府工作报告中指出："节约资源和保护环境从认识到实践都发生了重要转变"。报告还对解决环境污染问题提出了更加具体的政策措施。但严重的环境污染问题并不是在短时期内就能解决的，我们还要充分认识到问题的严重性与解决问题的艰难性，更加认真地学习党中央的科学发展观和有关建设生态文明的精神，踏踏实实地加以贯彻落实。要按照党中央科学发展观的要求确立正确的经济社会发展观念，改变原有的单纯经济增长观，转变到发展与环保双赢的轨道上来。在这一方面，各级领导干部应该率先做到。但恰恰是很多领导干部受传统发展模式影响严重。据《中国青年报》2006年11月13日报道，某省环保局公布的一项问卷调查称，有高达91.95%的市长和厅局长认为，加大环保力度会影响经济增长。这说明，这些地位空前重要的领导同志更加需要改变观念。只有他们的观念改变了，才能真正落实党中央有关环境保护的各项措施。

我们还应进一步加强全民性的环境保护教育。首先是环境保护要进课堂，各级大中小学都要开设环境保护课程，各级领导干部都应到党校接受系统的环境保护教育。教育部应该立即组织编写有关环境保护教育的教材，宣传部门应该编写生态文明干部读本。在具体措施上，应该立即实行垃圾分类收集与处理制度，将废旧电池等有毒废品与其他废品分开处理，避免毒害人民群众。还应对于环境污染事故严肃处理，实行重罚。我曾经参加省人大的法制委员会工作，感到对于环境污染事故处罚过轻，因而有关企业与部门不惧怕处罚。如果在经济与人事两个方面对导致环境污染的企业及其主要领导处以重罚，甚至刑之以法，有关环境保护的规定肯定能够落实。当然，目前正在酝酿的环境特别税应尽快出台，运用经济手段调剂自然环境的消耗与补偿。

总之，在生态文明建设方面我们还有许多事情要做，我们的路还很长很长。但只要我们真正从科学发展观的核心"以人为本"出发，将维护人民的福祉放到空前重要的地位，我们的生态文明建设目标一定能够逐步得到落实，我们祖国的山会更绿，水会更青，天会更蓝，人民会更加幸福健康。

让我们愈来愈加走近生态文明，每个人都行动起来，伸出我们的手，贡献我们的力量，为了祖国，为了民族，为了孩子，为了未来！

（原载《人民政协报》2009 年 2 月 2 日）

生态文明建设

——一个适应现实紧迫需要的重大战略决策

党的十七大报告提出"生态文明建设"问题，关系中华民族的长远生存发展，具有空前重要的战略意义，适应了现实的紧迫需要。

从现代化经济建设的角度来说，生态文明建设体现了长远的可持续发展的方向和"又好又快"的发展方针。我国新时期以来，由于实行改革开放方针，经济发展呈现长期快速发展的势头，但单向度的经济快速发展却又造成了严重的环境污染，导致了严重的经济损失，西方发达国家在200多年间陆续出现的环境污染问题在我国的近30年中集中发生了。其结果就是，我国每年因环境污染所造成的经济损失占GDP的10%左右。这个数量是非常巨大的，而且还有逐步扩大之势。如果任其发展蔓延，我国经济发展的成果必将损失殆尽，我国的现代化将会受到严重阻碍，中华民族的伟大复兴有付之东流的可能。生态文明建设的目的，就是要走环境友好型发展之路，立足于循环经济的发展，实现经济发展与环境保护的双赢。

从人的生存发展的角度来说，生态文明建设充分体现了"科学发展观"中"以人为本"的思想，能确保我国人民在美好的环境中审美地栖居。自然是人类之家，是人类美好栖居之源。联合国《人类环境宣言》就将在美好的环境中有尊严地生活作为人人都应享有的环境权加以确立，属于人权的一个有机组成部分。但在我国，由于单纯经济的发展道路导致了近年来环境危机频发。从松花江的污染、淮河的污染、太湖蓝藻泛滥、沿海的赤潮，到珠江口咸水回流；从波及全国的非典，到禽流感、艾滋病感染人数的攀升等。这一切都直接威胁到人民群众的健康与生命安危。而且，我国是一个资源紧缺型国家，以占世界9%的土地养活占世界22%的人口，森林覆盖率不到国土的14%，淡水为世界人均的四分之一。也就是说，我国以960万平方公里的土地养活了13亿人口，人均的生态资源非常有限。如果人们的消费水平持续增高或者人口持续增长，那么我们的有限国土将难以承载这些人口所需要的营养，并化解所排出的废物。这样，更严重的生态灾难将会发生。这是一种极为可怕的景象。生态文明建设就是首先从人的美好健康生存出发，尊重人人所应享有的环境权，遵循自然环境是人们美好栖居的基础的规律，实现环境保护与开发同时并举，并将人的生存放在优先地位的方针。在现代化发展的同时，实现天蓝、水清与人美。

从当代文化建设的角度来说，生态文明建设将造就培养以审美的态度对待自然的一代新人作为其重要目标，使中华民族成员成为具有高素质的一代新人。众所周知，环境问题归根结底是一个文化问题，是人的生存方式问题、人的素质问题。十七大报告提出"基本形成节约能源资源和保护生态环境的产业结构、增长方式、消费模式"，以及要使"生态文明观念在全社会牢固树立"。这里讲的，就是人们的生存方式以及对待自然应有的态度。这是最重要的。因为，生态文明是一种不同于工业文明的新的文明形态，理应有不同于工业文明的理论与观念，有不同于工业文明的生存方式。这就是由人类中心主义到生态整体，以及由人与环境对立到人与环境友好的重要转变。只有实现了这样的转变，生态文明建设才能真正落到实处。如果不是这样，即使有了再好的政策与发展方针，但如果人们对于自然的正确态度没有确立起来，那么环境问题不仅仍然解决不了，而且会持续发展蔓延，愈演愈烈。同时，从文化的角度，还有一个积极参与国际环境问题对话的问题。目前，生态与环境保护成为国际文化对话的重要领域。生态文明建设必将促使我国理论界很好地探索我国作为幅员辽阔、人口众多与资源紧缺的国家所应有的环境保护之路，并进一步发掘我国独有的古代生态智慧，在国际生态环境文化建设中做出我国特有的贡献。

在生态文明建设中，我们要特别地强调森林在自然环境保护中的特殊作用。森林是大地之肺，在地球这个有机的生命体中具有举足轻重的作用。因为，树木通过特有的光合作用吸收太阳的能源，然后吸收二氧化碳废气，吐出人们得以生存的氧气，有的树木还能结出人们需要的果实。例如，热带雨林就对地球与人类的生存关系重大，被称为地球之肺。甚至每一棵数都有其特殊的价值，有其光合作用、吸纳废气与呼出氧气的特殊作用，不是简单的木材价格所能计算。在这里，我们要特别提出原始森林的特殊价值，那就是保护物种多样性与生态系统丰富性的价值。原始森林的毁坏不仅是资源的丧失，而且是物种多样性与生态系统丰富性的丧失，后果是非常严重的。有一个我国最美丽的岛屿之一，为了提供生产造纸的纸浆，竟然将大片的原始森林砍伐，种上大片大片的小叶桉，臭气所及，周围的草木都消失殆尽。何况，造纸还会进一步污染环境，后果非常严重。

让我们在生态文明思想指导下爱护森林，保护森林，与森林为友，使我们的祖国充满绿色，使我们的心田充满绿色。

（原载《中国绿色时报》2008 年 1 月 11 日第 4 版）

曾繁仁文集

第 三 卷

西方美学论纲

曾繁仁 著

中国社会科学出版社

目　　录

目　录

第一编
古希腊罗马美学

第一章

古希腊罗马美学概述

一

古希腊罗马美学最基本的特征，就是它是整个西方美学的源头。这一基本特征，就使古希腊罗马美学在整个西方美学中具有特殊的地位。特别是古希腊美学，这一方面的特点更为显著。有的理论家认为，在整个西方古典美学中最重要的是古希腊美学与德国古典美学，这是十分有道理的。那么，为什么说古希腊罗马美学是西方美学的源头呢？

首先在于它提供了最基本的美学范畴。

按照马克思主义辩证逻辑的研究方法，无论是论的研究还是史的研究都须遵循逻辑与历史相统一的研究方法。作为美学史的研究，要在纷繁复杂的史料中把握住美学发展的基本线索，就须把握各类基本范畴。因为，整个美学史就是一个扩大了的人类认识过程，遵循着由抽象到具体的认识发展途径。这里所说的"抽象"和"具体"，与通常理解的涵义不同，不是指"精神"与"物质"，而是指概念即范畴本身内涵的"抽象"与"具体"，即通过范畴的演变发展或自身内在涵义的发展，逐步由抽象到具体，实现美学的发展。所以，从这个意义上说，把握美学发展的历史就是把握范畴的发展与演变史。

从另一方面说，任何国家、时代美学的基本特点都是由其基本范畴及其独特的内涵决定的。范畴及其内涵决定了美学史的基本特点。

古希腊罗马美学所提供的基本范畴是什么呢？

第一，基本的理论范畴：美、丑、悲剧、喜剧、崇高、滑稽。

第二，具体的美学范畴：和谐、理念、秩序、整一、匀称。

第三，艺术范畴：摹仿、灵感、想象、净化、情节、性格、形象。

我们应掌握这些范畴的原始含义及其具体演变。

第一，基本理论范畴。

美：从最基本的美学范畴来看，最主要的就是"美"。"美"作为美学范畴的提出，即其与具体的物体美分离出来，标志着人类对世界的美的哲学思考的开端。从某种意义上说，亦即是美学史的真正开端，此前都应属于美学的史前期。古希腊时期关于美的概念的提出，时间较早。但作为哲学角度的美学范畴是由柏拉图首次提出的，即所谓"美本身"的概念，后又将其具体充实为"美即理念"。亚理斯多德（亦译亚里士多德）发展了毕达哥拉斯学派提出"美在整一（和谐）"。

丑："丑"的范畴的提出，是人类对美的哲学思考的一个发展，极大地扩大了美学研究的领域，使美超出了直接愉悦的范畴，具有了较丰富、深刻的涵义。"丑"是亚理斯多德在《诗学》中论述喜剧时提出的，他说："喜剧是对于比较坏的人的摹仿，然而，'坏'不是指一切恶而言，而是指丑而言，其中一种是滑稽。滑稽的事物是某种错误和丑陋，不致引起痛苦或伤害。"① 这里提出了"喜剧""滑稽""丑"等美学范畴，但喜剧与滑稽都同丑直接相连，而且，将丑与恶相区别，因为"丑"是美学范畴，善、恶是伦理学范畴，两者不宜混淆。所谓丑，有这样三方面的涵义：其一，内容是违背历史的错误，具有某种社会性；其二，形态的丑陋，非直接快感；其三，产生的结果，不直接引起伤害，而是通过一种间接的审视、体验而产生的快感。

崇高：本应同悲剧紧密相联，但真正提出崇高的是古罗马理论家郎吉纳斯的著名论文《论崇高》。这本是作者写给朋友特伦天的一封

---

① ［古希腊］亚理斯多德、［古罗马］贺拉斯：《诗学·诗艺》，罗念生、杨周翰译，人民文学出版社1962年版，第16页。

信，当然基本上涉及的还是修辞学方面的内容，将崇高归结为"措辞的玄妙"，但也接触到作为美学范畴崇高的基本特征，如，崇高具有超越主体的性质，在效果上是一种使主体惊诧，并具有专横、不可抗拒的作用，崇高根源于庄严伟大的思想和强烈激动的感情等，特别是"崇高可以说就是灵魂伟大的反映"① 的名言，将崇高同内在灵魂的伟大相联系。

悲剧：亚理斯多德的《诗学》主要是论述悲剧的，其著名定义是："悲剧是对于一个严肃、完整、有一定长度的行动的摹仿；它的媒介是语言，具有各种悦耳之音，分别在剧的各部分使用；摹仿方式是借人物的动作来表达，而不是采用叙述法；借引起怜悯与恐惧来使这种情感得到陶冶。"② 这就论述了悲剧的性质、手段、方法、效果，成为经典性的定义。

第二，具体美学范畴。

所谓具体的美学范畴，是指同基本理论范畴紧密相连，对其进行具体界定的范畴，这类范畴更为重要。

和谐：美即是和谐。这是古希腊罗马时期，对美的最基本的界定，最重要的范畴，贯串于该时期整个理论的由始至终，也具体体现于古希腊罗马的艺术品之中。秩序、整一、匀称，这些范畴都同和谐直接有关。

理念：即美是理念，为柏拉图首次提出，标志着人类对美的哲学思考的开始，在整个西方美学史上影响深远。

第三，艺术范畴，即艺术反映生活的范畴。

这里又分两类，其一，基本范畴：摹仿、灵感、想象。

摹仿：摹仿说，柏拉图、亚理斯多德与贺拉斯都涉及。它是著名的"再现说"的雏形。

灵感：迷狂说，柏拉图提出。它是著名的"表现说"的雏形。

---

① ［古罗马］郎吉纳斯：《论崇高》，钱学熙译，《文艺理论译丛》第 2 期，人民文学出版社 1958 年版，第 38 页。

② ［古希腊］亚理斯多德、［古罗马］贺拉斯：《诗学·诗艺》，罗念生、杨周翰译，人民文学出版社 1962 年版，第 19 页。

想象：几乎所有美学家都涉及，标志着艺术从技艺中分离出来。

其二，具体的艺术范畴。亚理斯多德与贺拉斯涉及的较多。

净化（Katharsis）：悲剧的效果；情节：即行动，悲剧的基础与灵魂。另外，还有性格。亚氏首次提出作品六要素：情节、性格、言词、思想、形象、歌曲。①

以上各类范畴，都是西方美学中最基本的范畴，一直沿用到 19 世纪末。20 世纪初，特别是当代，抽象派艺术的出现，现代西方美学的崛起，才对这些范畴有所突破。如，非情节，无形象等。但也没有完全摆脱这些范畴。

其次是提供了最基本的研究方法。

方法，即美学研究的根本道路、根本途径，决定了一个学科的成就及其发展方向。它同世界观紧密相连，是人类把握世界的最基本的工具。马克思历来认为，世界观、认识论与方法论是统一的。古希腊罗马美学作为西方美学的源头，其重要特点就是为整个西方美学提供了基本的研究方法，这些方法是：

第一，理性的方法：即对美的哲学抽象，或曰哲学沉思。突出的表现就是柏拉图在著名的《大希庇阿斯篇》中将"美本身"与具体的美的事物、美的特征相区别，这类方法是从抽象的哲学体系出发建立自己的美学系统，侧重于对美的本体的思考。

第二，感性的方法：即对艺术的美学抽象。从对艺术的研究出发，抽象出各类美学范畴。如亚理斯多德的《诗学》，就从艺术种类的研究出发，特别是从悲剧的研究出发，提出著名的"整体说"，认为美的基本特性是内在外在统一的"整一性"。其他，如贺拉斯的《论诗艺》，郎吉纳斯的《论崇高》都是如此。这种方法侧重于从对艺术与审美的研究开始，再上升到美的本质。

第三，素朴的辩证方法：即感性与理性素朴的统一。一般认为，代表人物是赫拉克利特，他提出了美的根源在于事物内部对立面的斗

---

① ［古希腊］亚理斯多德、［古罗马］贺拉斯：《诗学·诗艺》，罗念生、杨周翰译，人民文学出版社 1962 年版，第 21 页。

争、美是相对的等观点，具有素朴的辩证统一的思想。但作为研究方法，他首次提出了看不见的和谐与看得见的和谐的统一、"看不见的和谐比看得见的和谐更好"① 这样的观点。这里所谓"看不见的和谐"即指理念的和谐，"看得见的和谐"即指感性的和谐。但真正体现素朴辩证法的还是柏拉图。他在著名的《会饮篇》的第俄提玛的启示中提出的认识美的过程是十分深刻的，体现了由个别到一般、感性到理性的发展统一过程，是古代素朴的辩证思想的杰出代表。

最后是决定了西方美学史的基本面貌与基本发展线索。

第一，东西方美学都是探索真善美的关系，但西方美学是直接对美进行理论的思考，不论是理论还是艺术的探讨都是如此。东方美学特别是中国美学，重点是对善的研究，由对善的研究出发，探讨美。儒学中的"美"服从"仁"，《乐记》对音乐的探讨也从善出发。

东西方古典美学都讲和谐，但侧重点不同。西方强调外在和谐，表现为强调秩序、整一、匀称；艺术上以雕塑见长，其代表是再现艺术。东方强调内在的和谐，艺术上以诗歌、音乐见长，其代表是表现艺术。

第二，古希腊罗马美学涉及美学史发展中的基本矛盾即感性与理性的矛盾。这一矛盾推动了人类对美的把握的深化，也推动了美学史的发展，并形成不同时代不同的理论形态。由此，决定了西方美学发展的基本线索。即由感性与理性的朦胧统一，到分裂，再到唯心主义的统一，到多样化的发展。

古希腊罗马美学从总体上来看属于一种古典的美。西方古典美的基本范畴是"和谐"。古希腊罗马有众多美学范畴，但基本上占据统治地位的美学范畴是"和谐"。"和谐"是整个古希腊罗马的美学基调。连悲剧也都没有突破这一基调，结局也是某种"正义"的胜利，具有和谐统一的基调。

西方古典美基本上属于一种物质的美。古希腊罗马的作为古典美的和谐，强调的是外在的和谐，所以基本上属于一种物质的美。从和

---

① 《西方美学家论美和美感》，商务印书馆1980年版，第16页。

谐论强调的侧重点来看，是外在的属于物质属性的匀称、秩序等。从艺术种类来说，占统治地位的是雕塑，该时期的诗歌与戏剧也具有某种雕塑性与绘画性。

西方的古典美基本上是一种静态的美。主要表现为一种雕塑的美，具体就是情节的静止，性格的类型化。

二

现在我们再来看看古希腊罗马美学的发展过程。

古希腊罗马美学的基本范畴是"和谐"，所以必须围绕"和谐"这个范畴来研究其美学的发展过程。因此，我们可从众多的范畴中，抽出"和谐"这个范畴，探讨某内涵的发展、演变。

首先，"和谐说"的提出——毕达哥拉斯（公元前570—前475年）。

第一，在真与美的区别中提出美即和谐说。真、善、美在人类的初始阶段是混合在一起的，毕达哥拉斯在对真的探讨中，即对世界本原的探讨中，将美与真相区别，提出了美即和谐说。他说："什么是最智慧的？——数"，"什么是最美的？——和谐。"①

第二，将和谐的基本品格归结为"由杂多导致统一"。他说："音乐是对立因素的和谐的统一，把杂多导致统一，把不协调导致协调。"② 这就将和谐的基本品格归结为杂多导致统一，主要是统一，这就是著名的"整体说"，既是古典美的基本品格，也是整个美学最基本的规律之一。

第三，将最基本的审美模式定为圆形。他说："一切立体图形中最美的是球形，一切平面图形中最美的是圆形。"③ 这就将古典美的审美模式界定为圆形，平稳的、对称的、静止的。

---

① 转引自〔法〕罗斑《希腊思想和科学精神的起源》，陈修斋译，商务印书馆1965年版，第79页。

② 北京大学哲学系美学教研室：《西方美学家论美和美感》，商务印书馆1980年版，第14页。

③ 同上书，第15页。

其次，"和谐说"的深化——柏拉图的理念说。

现在我们着重地探讨一下柏拉图的美即理念说对毕达哥拉斯美即和谐说的深化，以及这两者之间的一致性。

第一，美即理念说探索了和谐的动因，其内涵是指一种内在的精神和谐。柏拉图说："这原因（指人分九流）在人类理智须按照所谓'理式'去运用，从杂多的感觉出发，借思维反省，把它们统摄成为整一的道理。"① 这说明，对物质与感觉的杂多，需依靠"理式"才能将其统一起来，成为和谐。也说明，"理式"成为和谐的根本动因，是一种内在的精神和谐。由此，柏拉图提出了著名的"有机整体说"。美的外在和谐由内在和谐、精神和谐决定。这还是十分有道理的。

第二，认为理念的根本特征也是和谐。柏拉图将理念归结为一种超验性，同神等同。他在著名《斐德若篇》中描写了神界的景象，实际上也是理念的景象："诸天的上皇，宙斯，驾驭一辆飞车，领队巡行，主宰着万事万物；随从他的是一群神和仙，排成十一队，因为只有赫斯提亚留守神宫，其余列位于十二尊神的，各依指定的次序，率领一队。诸天界内，赏心悦目的景物，东西来往的路径，都是说不尽的，这些极乐的神和仙们都在当中徜徉遨游，各尽各的职守……"② 这是一幅多么有秩序而和谐的图画！

再次，"和谐说"的具体阐述——亚理斯多德的《诗学》与贺拉斯的《诗艺》。所谓具体阐述就是在艺术理论中加以具体的发挥。

亚理斯多德在《诗学》中，主要是结合悲剧的研究阐述了著名的"整体说"，要求悲剧在总体上做到"整一"，即具有"秩序、匀称与明确"，在情节上限于一个完整的行动，有头有身有尾，在性格上前后一致。

贺拉斯在《诗艺》中根据美在和谐说，提出了著名的"合式"的原则。所谓"合式"，就是要做到总体上统一，合情合理。他说："如果画家作了这样一幅画像：上面是个美女的头，长在马颈上，四

---

① ［古希腊］柏拉图：《文艺对话集》，朱光潜译，人民文学出版社1963年版，第124页。
② 同上书，第121页。

肢是由各种动物的肢体拼凑起来的，四肢又覆盖着各色羽毛，下面长着一条又黑又丑的鱼尾巴，朋友们，如果你们有缘看见这幅图画，能不捧腹大笑么？"①

最后，对和谐的试图挣脱——郎吉纳斯的《论崇高》。

第一，崇高的特点。郎吉纳斯说："一切使人惊叹的东西无往而不使仅仅讲得有理、说得悦耳的东西黯然失色。相信或不相信，惯常可以自己作主；而崇高却起着横扫千军、不可抗拒的作用；它会操纵一切读者，不论其愿从与否。有创见，善于安排和整理事实，不是在一两段文章里所能觉察出来，而是要在作品的总体里才显示得出。"②由以上这段话可以看出：其一，崇高是一种对主体的超出；其二，崇高的效果是引起惊诧；其三，崇高具有一种不以主体意识为转移的横扫千军、不可抗拒的作用；其四，崇高是一部作品总体里显示出来的品格。

以上说明，郎吉纳斯所说的崇高是一种情感效果及其特征，具有美学意义。

第二，崇高的作用。崇高的作用在于灵魂的提高。正如郎吉纳斯所说："这些伟大的人物（指荷马——引者）昂然挺立在我们面前，作为我们竞赛的对象，就会把我们的心灵提到理想的高度。"③

第三，崇高的来源。郎吉纳斯认为，崇高有五个来源：其一，庄严伟大的思想；其二，强烈而激动的情感；其三，运用藻饰的技术；其四，高雅的措辞；其五，整个结构的堂皇卓越。"在这全部五种崇高的条件之中，最重要的是第一种，一种高尚的心胸。"④

第四，郎吉纳斯的崇高说是对和谐的挣脱，但最终并未真正挣脱和谐。其一，郎吉纳斯所说的崇高总的来说是从修辞学角度讲的，其本意并未自觉认识到崇高是一种基本的美学范畴。他说："所谓崇高，

① ［古希腊］亚理斯多德、［古罗马］贺拉斯：《诗学·诗艺》，罗念生、杨周翰译，人民文学出版社 1962 年版，第 137 页。
② 伍蠡甫、蒋孔阳主编：《西方文论选》上卷，上海译文出版社 1979 年版，第 122 页。
③ 转引自朱光潜《西方美学史》上卷，人民文学出版社 1963 年版，第 109 页。
④ 伍蠡甫、蒋孔阳主编：《西方文论选》上卷，上海译文出版社 1979 年版，第 125 页。

不论它在何处出现，总是体现于一种措辞的高妙之中。"① 其二，他认为，引向崇高的道路：一是抓住对象的特点联合成有生命的整体；二是摹仿过去伟大的诗人和作家。这说明他并未从古典美摆脱出来，而这条挣脱之路还要走相当一段距离。

---

① 伍蠡甫、蒋孔阳主编：《西方文论选》上卷，上海译文出版社 1979 年版，第 122 页。

第二章

柏拉图的美学思想

恩格斯曾经在《自然辩证法》中指出："在希腊哲学的多种多样的形式中，差不多可以找到以后各种观点的胚胎、萌芽。"① 恩格斯的这个论断，不仅适用于一般哲学，而且也同样适用于美学。欧洲美学史证明，许多著名的美学家的美学理论以及一系列重要的美学问题，其源头都可追溯到古代希腊。唯心主义美学的源头就是古希腊的大理论家柏拉图。因此，柏拉图在欧洲美学史上历来就是作为唯心主义美学的祖师而出现的。柏拉图活动于公元前 427 年至前 347 年，他出身于雅典奴隶主贵族阶级，和他的老师苏格拉底都是当时著名的奴隶主贵族的理论代表。他一生主要从事教学和著述活动，开办了著名的学园，写作对话四十余篇。这些对话，经过考证，大部分已被证明确系柏拉图所著。其中专门谈美的只有他早年写的《大希庇阿斯》一篇，涉及美学的则有《伊安》《高吉阿斯》《普罗塔哥拉斯》《会饮》《斐德若》《理想国》《斐利布斯》《法律》诸篇。前人曾怀疑《大希庇阿斯》与《伊安》两篇对话的真伪，根据英国研究古希腊美学的专家泰勒的考证，均可断定为柏拉图的真作。但他对《大希庇阿斯》的考证比较可信，对《伊安》篇的考证似仍不确。柏拉图的著作，除《苏格拉底的辩护》以外，都是用对话体写成的，其中的主角是苏格拉底。这就使我们很难判断哪些是记录他导师的意见，哪些是柏拉图本人的意见。但一般说来，柏拉图早期著作复述导师的意见多，中晚

---

① 《马克思恩格斯选集》第 3 卷，人民出版社 1972 年版，第 468 页。

期则主要表述自己的思想。其实，他们师徒两人的思想属于同一理论体系，是一致的。因此，从总的方面来说，柏拉图的美学观点是比较明确的。

一

柏拉图的美学思想是建立在他的客观唯心主义的"理念论"的哲学基础之上的。

柏拉图是古希腊唯心主义的集大成者。他继承了毕达哥拉斯学派的唯心论，将其作为万物本原的抽象的"数"发展为"理念"。这个"理念"就是最简单的抽象，是一般概念。但柏拉图却认为，它先于现实世界，高于现实世界，是世界的本原，先有理念然后才有个别的具体事物。

由"理念论"又导致了"分有说"。在柏拉图看来，由于理念是世界的本原，现实世界中的具体事物之所以存在就是因为"分有"了理念。因此，柏拉图认为，"理念"就是至高无上的、绝对的、不变的，而具体事物则是相对的、多变的、转瞬即逝的。

从"理念论"出发，在认识论的领域中，柏拉图提出了"回忆说"。所谓"回忆说"，是同灵魂不灭的理论联系在一起的。柏拉图认为，人的灵魂是不灭的，在它进入肉体之前原本是住在"理念世界"里面的，在那里，灵魂有了"理念"的知识。当灵魂进入肉体时，暂时把它对于理念的知识忘记了，但以后由于经验的刺激它又把这种知识逐渐回忆了起来。所以，他认为，认识就是回忆，认识的过程就是回忆的过程。

总之，柏拉图将这种抽象的理念看成高于一切、包括一切。这实际上是将"一般"完全同"个别"割裂了开来，因而导致了彻头彻尾的客观唯心主义。正如列宁所说："原始的唯心主义认为：一般（概念、理念）是单个的存在物。这看来是野蛮的、骇人听闻的（确切些说，幼稚的），荒谬的。"又说："人类认识的二重化和唯心主义（＝宗教）的可能性已经存在于最初的、最简单的抽象中一般的'房屋'和个别的房屋。"① 在西方哲学史上，柏拉图就是这种"野蛮的、骇人听闻的、荒谬的"唯心主义理论体系的首创者。他的"理念"也无非是一种最简单的思维抽象转化为"单个存在物"的一般概念，而且，他也确实从这里直接走向了宗教神秘主义，因为他公然宣称理念是神所创造的。

柏拉图将他的唯心论的哲学运用到社会政治方面，就得出他的关于"理想国"的理论。他在中年和晚年先后两次提出自己关于理想国的设想。在他的理想国中，"理念"是统治一切的、至高无上的准则。道德则以包含理念的多少分为智慧、勇敢、节制和正义四种。人也因属于不同的道德领域而分为三个等级：第一等级是管理国家的统治者，其道德是智慧，是掌握理念的哲学王；第二等级是保卫国家的武士，其道德是勇敢；第三等级是从事工业、商业和农业的"自由民"，其道德是节制。至于奴隶，柏拉图根本没有把他们当作人，因而没有道德。他认为，让上面所说的三种人都处在自己的位置上实行自己的道德，这就是"正义"，这样的国家就是正义的国家，即理想国。由此可见，柏拉图的唯心主义哲学就是要维护奴隶制秩序，为奴隶主贵族统治辩护。这是其哲学思想的阶级基础，同样也是其美学思想的阶级基础。

二

如前所说，柏拉图美学思想的哲学基础是唯心主义的"理念论"，因而必然由此得出"美即理念"的思想。这可以说是他的美学思想的核心和出发点。因为，柏拉图认为，每一类事物都有一个理念，美的事物当然也有一个美的理念。他在《理想国》中说："我们经常用一个理式来统摄杂多的同名的个别事物，每一类杂多的个别事物各有一个理式。"② 对于这种"美的理念"，柏拉图将其叫作"美本身"。他

---

① 《列宁全集》第38卷，人民出版社1984年版，第420、421页。
② ［古希腊］柏拉图：《文艺对话集》，朱光潜译，人民文学出版社1963年版，第67页。

一直认为，"美本身"与美的事物不可混淆，美本身在前，美的事物在后，先有"美本身"，后有美的事物。在他早年所写的《大希庇阿斯》中已经涉及这个问题。尽管这篇著作写于柏拉图思想还不成熟时期，但却是西方美学史上第一篇集中讨论美的论文，因此非常重要。在这篇著作中，柏拉图借苏格拉底与辩士希庇阿斯的对话，从各个角度探讨了"凡是美的那些东西真正是美，是否有一个美本身存在，才叫那些东西美"①的问题。他认为，不能把"美本身"与美的东西混淆。例如，不能把美本身与美的小姐（汤罐、母马、竖琴、猴子等）混淆，也不能把"美本身"与美的具体品质（如有用、快感等）混淆。所谓"美本身"，就是"把它的特质传给一件东西，才使那件东西成其为美"②。因此，尽管在这篇著作的最后他也没有得出更具体的结论，而是认为"美是难的"，但却明确地将"美本身"与美的东西及美的具体品质作了区别，已经表现出了"美即理念"说的端倪。他在中年写作的《理想国》中，"美即理念"的观点就十分明朗了。他在《理想国》卷六中说："一方面我们说有多个的东西存在，并且说这些东西是美的，是善的等等。另一方面，我们又说有一个美本身，善本身等等，相应于每一组这些多个的东西，我们都假定一个单一的理念，假定它是一个统一体而称它为真正的实在。"③很清楚，在这里，他已经把"美本身"归结为"单一的理念"了，"美即理念"的观点已经成熟。

正是因为"美即理念"，因此，"美"就不在现实世界而存在于神的境界，具有某种超验性。他在《斐德若》篇中明确地指出："我回到美。我已经说过，她在诸天境界和她的伴侣们同放着灿烂的光芒。"④而且，由于这种"美的理念"是高于一切、超越一切的，因此在柏拉图看来它就是绝对的、长住不变的。他在《克拉底鲁》篇中通过苏格拉底与克拉底鲁的对话表达了这一观点：

---

①　［古希腊］柏拉图：《文艺对话集》，朱光潜译，人民文学出版社1963年版，第181页。
②　同上书，第184页。
③　转引自汝信、夏森《西方美学史论丛》，上海人民出版社1963年版，第9页。
④　［古希腊］柏拉图：《文艺对话集》，朱光潜译，人民文学出版社1963年版，第126页。

苏：……告诉我，善、美和其他一些东西是否有某种永久不变的性质。

克：当然有的，苏格拉底，我认为如此。

苏：那末让我们把真正的美当作我们探究的对象：我们不去问一张脸是否是美的，或任何诸如此类的东西是否是美的，因为所有这些东西在我们面前出现时都处于流动之中；我们只问，真正的美是否永远保持它的本质的性质。

克：当然如此。①

在《法律篇》中，他甚至从美的绝对性出发，认为城邦应规定这样的法律：把艺术品的形式和音调"固定下来，把样本陈列在神庙里展览，不准任何画家和艺术家对它们进行革新或是抛弃传统形式去创造新形式"②。

既然美的理念在诸天之上，具有永久不变的绝对的性质，那么现实世界中的美的事物如何才能是美的呢？柏拉图认为，这些现实世界中具体的美的事物之所以美是因为"分有"了"美的理念"。他在《斐多》篇中说："我要简单明了地、或者简直是愚蠢地坚持这一点，那就是说，一个东西之所以是美的，乃是因为美本身出现于它之上或者为它所'分有'……"③另外还有一个问题，那就是他既然认为美是诸天之上的理念，那么人们怎样才能把握美呢？柏拉图在此运用了著名的"回忆说"。他认为，人们只有在现实中美的事物的诱发下才能回忆起理念世界的美。能进行这种回忆的就是哲学家，他们得天独厚，在灵魂未曾附着到肉体之前"对于真理见得多"，于是在灵魂附着到肉体后"见到尘世的美，就回忆起上界真正的美"④，即"回忆到灵魂随神周游，凭高俯视我们凡人所认为

---

① 转引自汝信、夏森《西方美学史论丛》，上海人民出版社 1963 年版，第 11 页。
② ［古希腊］柏拉图：《文艺对话集》，朱光潜译，人民文学出版社 1963 年版，第 305 页。
③ 转引自汝信、夏森《西方美学史论丛》，上海人民出版社 1963 年版，第 10 页。
④ ［古希腊］柏拉图：《文艺对话集》，朱光潜译，人民文学出版社 1963 年版，第 125 页。

真实存在的东西，举头望见永恒本体境界那时所见到的一切"①。柏拉图认为，不是一切的人都能回忆到美的，"凡是对于上界事物只暂时约略窥见的灵魂不易做到这一点，凡是下地之后不幸习染尘世罪恶而忘掉上界伟大景象的那些灵魂也不易做到这一点。剩下的只有少数人还能保留回忆的本领"②。这种回忆是一种从个别的美的事物开始，由低到高逐步递升的过程。他在《会饮》篇中借女巫第俄提玛之口指出："先从人世间个别的美的事物开始，逐渐提升到最高境界的美，好像升梯，逐步上进，从一个美形体到两个美形体，从两个美形体到全体的美形体；再从美的形体到美的行为制度，从美的行为制度到美的学问知识，最后再从各种美的学问知识一直到只以美本身为对象的那种学问，彻悟美的本体。"③ 这就是著名的所谓"第俄提玛的启示"，阐述了由个别美到一般美，到社会美，到综合美，再到抽象的绝对美的辩证发展过程。

总之，柏拉图认为，美的理念是第一性的、绝对的。它是美的事物之所以美的根源。这恰恰是颠倒了感性与理性、物质与意识的关系。正如马克思和恩格斯在《神圣家族》中揭露黑格尔思辨哲学的秘密时所指出的，思辨哲学家"完成了一个奇迹：他从'一般果实'这个非现实的、理智的本质造出了现实的自然的实物——苹果、梨等等"。他们把这种唯心主义的谬论形象地称之为"儿子生出母亲，精神产生自然界"，"结果产生起源"④。

三

从美学史上看，关于文艺的本质有两种对立的理论。一是"再现说"，主张文艺是对客观现实的反映，强调认识作用。另一是"表现

---

① ［古希腊］柏拉图：《文艺对话集》，朱光潜译，人民文学出版社 1963 年版，第 124—125 页。

② 同上书，第 125—126 页。

③ 同上书，第 273 页。

④ 《马克思恩格斯全集》第 2 卷，人民出版社 1979 年版，第 74—75、214 页。

说"，主张文艺表现主观的感情，强调情感作用。这二种理论的根源都在柏拉图。他既在"再现说"方面提出了"摹仿说"，又在"表现说"方面提出了"灵感论"。

柏拉图认为，有两种不同的诗人。一种是属于社会第一流的"爱智慧者，爱美者，或是诗神和爱神的顶礼者"；一种是"诗人或是其他摹仿的艺术家"①。这里，"爱智慧者，爱美者，或是诗神和爱神的顶礼者"，实际上就是哲学家。他们可在神灵的凭附下进行预言、教仪、诗歌、爱等活动。诗歌创作即是诗神凭附的结果，可创作出典范的理想诗篇。但这样的哲学家及其创作的诗篇在当时现实的文艺领域都是极少的。

因此，柏拉图不得不面对现实，他看到现实世界中的文艺作品大都是"摹仿性"的。其实，把文艺看作"摹仿"，这不是柏拉图的创见，而是古希腊的传统看法。在古希腊哲学家们遗留下来的著作残篇中，我们就可以发现这种思想。例如，根据亚里斯多德的《论世界》的记载，赫拉克利特就有艺术摹仿自然的看法。留基伯和德漠克利特也曾说过人由于摹仿天鹅和黄莺等鸟类的歌唱而学会了唱歌。当然，上述"艺术摹仿自然"的看法是一种朴素的唯物主义艺术观，但到了柏拉图手里则被改造成了客观唯心主义艺术理论的一个组成部分。

柏拉图在《理想国》卷十中集中探讨了这种"摹仿性诗"的"本质真相"。②他认为，存在着三个世界：理念世界、现实世界和艺术世界。现实世界是对理念世界的"摹仿"，而艺术世界又是对现实世界的"摹仿"，因此是"摹本的摹本""影子的影子"。③为了说明这一个基本观点，他举了床作为例子。他说，床有三种，第一种是床之所以为床的那个床的理念；第二种是木匠依照床的理念所制造出来的个别的床；第三种是画家摹仿个别的床所画的床。这三种床之中，

---

① ［古希腊］柏拉图：《文艺对话集》，朱光潜译，人民文学出版社1963年版，第123页。
② 同上书，第66页。
③ 同上书，第67—79页。

只有床的理念是永恒不变的、真实的；木匠制造的床，受到时间、空间、材料、用途等方面的限制，因而只能摹仿床的理念的某些方面，没有永恒性和普遍性，因而是不真实的，只是一种摹本；至于画家所画的床，只是从某一角度所看到的床的外形，不是床的实体，所以更不真实，"和真理隔着三层"①。摹仿的艺术在描写人的时候，由于人性中的理性成分不易摹仿，摹仿出来也不易欣赏，因此所摹仿的都是"情欲"这种人性中的"低劣"成分。这种对人的"情欲"的摹仿，会召唤出人的内心中的非理性倾向，造成不良的效果。

　　正因为如此，柏拉图认为，对于这种摹仿的艺术来说，现实是高于艺术的。他认为，一个人"如果对于所摹仿的事物有真知识，他就不愿摹仿它们，宁愿制造它们，留下许多丰功伟绩，供后世人纪念。他会宁愿做诗所歌颂时英雄，不愿做歌颂英雄的诗人"②。因此，他把诗人或摹仿的艺术家放在社会第六流的地位，次于政治家、事业家、体育运动员和祭士，同工人、农民接近。③

　　总之，这种唯心主义的"摹仿说"把抽象的精神"理念"作为文艺的根源，否认了"客观社会生活是文艺的唯一的源泉"这一唯物主义的最基本的前提。因而，从理论实质上来说，这是一种客观唯心主义。特别是在其中渗透着浓厚的宗教神秘主义色彩。但有的学者对于柏拉图美学中的这种客观唯心主义的哲学前提却有某些不同的看法。朱光潜先生在《西方美学史》中有关柏拉图的部分引用了《会饮》篇中第俄提玛的启示中的一段话。即，第俄提玛认为，对美的把握应"从某一个美形体开始"，最后达到"永恒的，无始无终，不生不灭，不增不减的"美。朱光潜先生认为："从这个进程看，人们的认识毕竟以客观现实世界中个别感性事物为基础，从许多个别感性事物中找出共同的概念，从局部事物的概念上升到全体事物的总的概念。这种由低到高，由感性到理性，由局部到全体的过程正是正确的

<hr />

① ［古希腊］柏拉图：《文艺对话集》，朱光潜译，人民文学出版社1963年版，第74页。
② 同上书，第73页。
③ 同上书，第123页。

认识过程"，柏拉图的错误仅仅在于"辩证不彻底"。① 这样，他就在一定的程度上否定了柏拉图客观唯心主义理念论的哲学前提，似乎柏拉图的哲学观是二元论的。这种看法不符合柏拉图的实际情况。实际上，柏拉图是始终坚守其客观唯心主义的哲学立场的。他在《会饮》篇第俄提玛的启示中所说的对美的认识的由个别到一般的发展就是以"回忆说"为其前提的。他借第俄提玛的口说道："我们所谓'回忆'就假定知识可以离去；遗忘就是知识的离去，回忆就是唤起一个新的观念来代替那个离去的观念，这样把前后的知识维系住，使它看来好像始终如一。"② 对美的这种由个别到一般、具体到抽象层层递进的认识，就是由"回忆"而维系住的。

四

"灵感论"是柏拉图关于创作特性及动力的理论，是其艺术理论中的重要方面，对后世影响极大。

"灵感论"在古希腊并不流行，亦非柏拉图所首创。柏拉图在《苏格拉底的辩护》中曾记载苏格拉底在法庭上的辩护词："于是我知道了诗人写诗并不是凭智慧，而是凭一种天才和灵感；他们就像那种占卦或卜课的人似的，说了许多很好的东西，但并不懂得究竟是什么意思。"③柏拉图就是在此基础上加以具体地阐述和发展的。

首先，柏拉图提出了文艺创作为什么不是凭技艺而是凭灵感的问题。他在《伊安》篇中集中论述了这一问题，分析了文艺创作活动中的这样几种现象。一种现象是文艺家在具体知识上并不如匠人。例如，《荷马史诗》中有关御车的段落，诵诗人在御车的技艺方面肯定没有御车人知识多，但诵诗人却能比御车人朗诵得好。对于诗中描写的治病、纺织、牧牛、打仗等，情形都是如此。总之，说不出文艺活

---

① 朱光潜：《西方美学史》上卷，人民文学出版社 1963 年版，第 45 页。
② ［古希腊］柏拉图：《文艺对话集》，朱光潜译，人民文学出版社 1963 年版，第 268 页。
③ 北京大学哲学系外国哲学史教研室编译：《古希腊罗马哲学》，生活·读书·新知三联书店 1961 年版，第 147 页。

动凭借什么具体的技艺。再一种现象就是，有些诗人"长于某一种体裁，不一定长于他种体裁。假如诗人可以凭技艺的规矩去制作，这种情形就不会有，他就会遇到任何题目都一样能做"①。还有就是，有些诗人平生只写了一首成功之作。例如，卡尔喀斯人廷尼科斯，"他平生只写了一首著名的《谢神歌》，那是人人歌唱的，此外就不曾写过什么值得记忆的作品"②。通过上述种种现象，柏拉图认为，文艺创作不是凭借某种合规律的具体技艺，不是后天可以通过学习来认识和掌握的，而是凭借诗神凭附的无规律、无目的的"灵感"，是一种先天的禀赋。他在《斐德若》篇中甚至断言："若是没有这种诗神的迷狂，无论谁去敲诗歌的门，他和他的作品都永远站在诗歌的门外。"③

柏拉图对于"灵感"的特性提出了自己的看法，这就是著名的"迷狂说"。什么是"灵感"呢？柏拉图回答说，灵感即迷狂。他在《伊安》篇中以抒情诗人为例来具体说明这种文艺创作中的"迷狂"犹如女巫下神时的失去理智的状态。他说："抒情诗人的心灵也正像这样，他们自己也说他们像酿蜜，飞到诗神的园里，从流蜜的泉源吸取精英，来酿成他们的诗歌。他们这番话是不错的，因为诗人是一种轻飘的长着羽翼的神明的东西，不得到灵感，不失去平常理智而陷入迷狂，就没有能力创造，就不能做诗或代神说话。"④ 在《斐德若》篇中，柏拉图超出具体的文艺创作范围，探讨了哲人在美的回忆中所经历的迷狂状态。他把这种对美的回忆比作对爱情的追求中因得与失所引起的痛喜感情，并描述了其间的迷狂情形。他说："这痛喜两种感觉的混合使灵魂不安于他所处的离奇情况，彷徨不知所措，又深恨无法解脱，于是他就陷入迷狂状态，夜不能安寝，日不能安坐，只是带着焦急的神情，到处徘徊，希望可以看那具有美的人一眼。若是他果然看到了，从那美吸取情波了，原来那些毛根的塞口就都开起来，

① ［古希腊］柏拉图：《文艺对话集》，朱光潜译，人民文学出版社1963年版，第8—9页。
② 同上书，第9页。
③ 同上书，第118页。
④ 同上书，第8页。

他吸了一口气，刺疼已不再来，他又暂时享受到极甘美的乐境。"① 甚至父母亲友全忘，财产的损失也满不在意。这就极细致地刻画了在美的追求与达到美的境界后的不同处境中迷狂的具体状态。由此说明，灵感中的迷狂有如下三大特点：第一，迷狂是一种搅动得作者寝食不安的、非理性的强烈感情活动；第二，迷狂是一种父母亲友财产俱忘的高度集中的精神状态；第三，创作的成功使作者达到一种乐而忘痛的"极甘美的乐境"②。

最后，柏拉图论述了灵感的产生，提出了"神启说"。文艺创作中的"灵感"是怎样产生的呢？柏拉图从其唯心主义的"理念论"出发，将其归结为"神启"。他把这种"神启"说成是"神灵凭附"，具体地说就是诗神的凭附。他在《伊安》篇中把这种"诗神凭附"比作磁石对铁环的吸引，他说："诗神就像这块磁石，她首先给人灵感，得到这灵感的人们又把它递传给旁人，让旁人接上他们，悬成一条锁链。"③ 朱光潜先生认为，柏拉图除了认为"神灵凭附"是产生"灵感"的原因之外，还有一个原因就是"回忆"。其实，在柏拉图的理论体系中，"神启"与"回忆"是一致的。这就是他的理念论与灵魂不灭说的宗教观的一致。因为，在柏拉图看来，哲学家们之所以能"回忆"起理念，究其原因还是"神启"的结果。他在具体谈到"回忆说"时，从来都是同"神启"相联系的。他说："因为哲学家的灵魂常专注在这样光辉景象的回忆"，"他们不知道这其实是由神灵凭附的。"④ 他还进一步将这种由"回忆"引起的迷狂，同其他情形的迷狂作了比较，"现在我们可以得到关于这种迷狂的结论了，就是在各种神灵凭附之中，这是最好的一种"⑤。由此可见，他是将"神启"作为"迷狂"的总根源的，"回忆"所引起的"迷狂"只是这总根源中的一种情形而已。

---

① ［古希腊］柏拉图：《文艺对话集》，朱光潜译，人民文学出版社1963年版，第128页。
② 同上。
③ 同上书，第8页。
④ 同上书，第125页。
⑤ 同上。

柏拉图之所以会提出灵感论，其重要原因之一就是希腊神话。按照希腊神话，人的各种技艺，如占卜、医疗、耕种、手工业等等都是由神发明、由神传授的。每种技艺都有一个专负其责的护神。诗歌和艺术的总的最高的护神是阿波罗，底下还有九个女神叫缪斯。柏拉图提出文艺创作凭借诗神凭附，这正是肯定了希腊神话中上述古老的传说。至于"灵感论"所表现的"灵魂不灭说"，本是东方一些宗教中的迷信，可能经由埃及传到希腊。此外，柏拉图的灵感说的提出，同贵族阶级鄙视与生产有关的技艺，及苏格拉底学派鄙视诡辩学派玄谈技艺规矩这两个事实也是分不开的。

很明显，柏拉图的"灵感论"是反理性的。但是，这一理论却接触到文艺的感情特色。以极多的篇幅，详细地进行了描述和强调，这实在是难能可贵的。如此集中详尽地阐述文艺创作的感情特色，在西方美学史上也是第一次。

五

柏拉图不仅在西方美学史上第一次集中地阐述了文艺创作的感情特色，而且最早集中地强调了文艺的社会效用。他在《理想国》卷十中明确地对文艺提出了这样的衡量标准和要求："不仅能引起快感，而且对国家和人生都有效用。"[①]

那么，柏拉图为什么要提出"效用说"呢？事实证明，柏拉图提出"效用说"不是偶然的，而是有其深刻原因的。第一，由于他充分地认识到文艺的巨大作用，特别是认识到文艺的巨大感染作用。他在《理想国》卷三中告诉我们："音乐教育比起其他教育都重要得多，是不是为这些理由？头一层，节奏与乐调有最强烈的力量浸入心灵的最深处，如果教育的方式适合，它们就会拿美来浸润心灵，使它也就因而美化；如果没有这种适合的教育，心灵也就因而丑化。其次，受过这种良好的音乐教育的人可以很敏捷地看出一切艺术作品和自然界

---

① ［古希腊］柏拉图：《文艺对话集》，朱光潜译，人民文学出版社 1963 年版，第 88 页。

事物的丑陋，很正确地加以厌恶；但是一看到美的东西，他就会赞赏它们，很快乐地把它们吸收到心灵里，作为滋养，因此自己性格也变成'高尚优美'。"① 可见，他已非常深刻地认识到文艺"浸润心灵"的特殊的感染作用。他甚至将这种作用说成是一种"诗的魔力"，而坏的作品"对于听众的心灵是一种毒素"②。第二，由于他认识到对统治者，特别是对其继承人进行教育的迫切需要。柏拉图为了给自己的"理想国"培养统治人才，是十分重视青年一代的教育的。他将此称作是"我们的城邦保卫者们的教育"。他认为，这种教育包括身体和心灵两个方面。"对于身体用体育，对于心灵用音乐。"③ 由此可知，柏拉图是认识到文艺对于人的心灵的教育比体育更难。他说："用故事来形成儿童的心灵，比起用手来形成他们的身体，还要费更多的心血。"④ 因此，他认为，应该十分重视文艺，使得青年们"天天耳濡目染于优美的作品，像从一种清幽境界呼吸一阵清风，来呼吸它们的好影响，使他们不知不觉地从小就培养起对于美的爱好，并且培养起融美于心灵的习惯"⑤。否则，如果"随便准我们的儿童去听任何人说的任何故事，把一些观念印在心里，而这些观念大部分和我们以为他们到成人时应该有的观念相反"⑥，那就会后患无穷。第三，由于痛感到当时文艺领域所存在的问题。当时的文艺领域，主要流行的是古代神话、传说、《荷马史诗》和悲喜剧。柏拉图站在奴隶主贵族的立场上，对上述艺术作品是十分不满的。他认为，主要存在这样两个方面问题。一个问题是所谓"说谎"。他认为，主要表现在歪曲地描写了英雄和神，把他们描写得同普通人一样，互相争吵，欺骗和残杀。再一个问题是所谓迎合人性中的低劣部分。他认为，主要表现在悲剧通过人物"哀诉一番"的哀伤癖来激起听众同情的"哀怜

---

① ［古希腊］柏拉图：《文艺对话集》，朱光潜译，人民文学出版社 1963 年版，第 62—63 页。
② 同上书，第 66 页。
③ 同上书，第 21 页。
④ 同上书，第 22 页。
⑤ 同上书，第 62 页。
⑥ 同上书，第 22 页。

癖"，喜剧则是投合人类"本性中的诙谐的欲念"，以至"不免于无意中染到小丑的习气"。① 他认为，文艺领域所存在的这些问题不利于奴隶主贵族的统治，必须加以匡正。为此，就十分迫切需要强调文艺发挥其有利于城邦统治的效用。

关于"效用说"的具体内容，柏拉图在早年所写的《大希庇阿斯》篇中已经涉及。在这篇对话中，他用相当的篇幅探讨了"美与善"的关系问题。先是提出了"有用即美"的命题，又进一步提出了"有益即美"的命题。尽管最后并未真正弄清楚美与善的关系，但已经说明柏拉图早就看到了美与善之间的必然联系。柏拉图在《理想国》卷十中更明确地提出了"既有快感，又有效用"的观点。同时，他还在《理想国》中将其"效用说"的观点进一步具体化。在这里，他从有利于城邦保卫者的"培养品德"出发，提出了这样三个方面的要求。第一，从内容上看，写神只能写"神不是一切事物的因，只是好的事物的因"②。这样，写神与英雄就只能写其英雄事迹，而不能写他们的说谎、痛苦、爱财等。写人则应符合"正义"的道理。这里所说的"正义"就是安分守己。因为，前已说到，在柏拉图的"理想国"里各个阶级守其本分即是"正义"。第二，从表现形式上看，柏拉图认为，文艺对现实的表现无非三种形式。一种是直接叙述的形式，如戏剧。柏拉图称之为"摹仿"。第二种是间接叙述的形式，即用诗人的口吻叙述，如颂诗。柏拉图称之为单纯叙述。第三种是两者的混合，如史诗。柏拉图赞成间接叙述的颂诗等形式，反对直接叙述的戏剧等形式。因为这种直接叙述的形式，在柏拉图看来会使城邦保卫者因摹仿坏人坏事而使其性格受到伤害。更重要的是，他认为会破坏"正义"这一城邦的最高道德，使得各种等级互相混淆。因为，柏拉图认为，按照"正义"的要求："我们的是唯一的城邦，里面鞋匠就真正是鞋匠，而不是鞋匠兼船长；农人就真正是农人，而不是农人兼法官；兵士就真正是兵士，而

---

① ［古希腊］柏拉图：《文艺对话集》，朱光潜译，人民文学出版社1963年版，第86页。
② 同上书，第28页。

不是兵士兼商人，其余依次类推。"① 第三，在音乐方面，对于当时流行的四种乐调，他反对音调哀婉的吕底亚式和音调柔弱的伊俄尼亚式，只准保留音调简单严肃的多里斯式和激昂的战斗意味强的佛律癸亚式。他认为，原因在于激昂的乐调可使城邦保卫者"在战场和一切危难境遇都英勇坚定"，而严肃的乐调则可使城邦保卫者在和平时期"谨慎从事，成功不矜，失败也还是处之泰然"②。

关于如何推行自己的"效用说"，柏拉图是有一系列想法的。第一，他认为，应该按照"效用说"的标准建立对于文艺作品的检查制度。在《理想国》中，他就提出了对于文艺家进行监督的观点。他认为，应该强迫艺术家在自己的作品中"只描写善的东西和美的东西的影像"，不准他们"摹仿罪恶，放荡，卑鄙，和淫秽，如果犯禁，也就不准他们在我们的城邦里行业"③。在其晚年所著的《法律》篇中，他更加明确地指出，任何文艺作品"只有凭真正的法律才能达到完善"④。因此，他对一切到城邦来的文艺家提出了极为严格的审查的要求。他说："所以先请你们这些较柔和的诗神的子孙们把你们的诗歌交给我们的长官们看看，请他们拿它们和我们自己的诗歌比一比，如果它们和我们的一样或是还更好，我们就给你们一个合唱队；否则就不能允许你们来表演。"⑤ 第二，对于一切不利于城邦利益和城邦保卫者教育的文艺作品和文艺家要采取果断的驱逐措施。在《理想国》中，柏拉图对专事"摹仿"的文艺家说道："我们的城邦里没有像他这样的一个人，法律也不准许有像他这样一个人，然后把他涂上香水，戴上毛冠，请他到旁的城邦去。"⑥ 接着，他又进一步阐明了这种驱逐实际上是关系到国家的存亡。因为，这类作品"培养发育人性中低劣的部分，摧残理性的部分"⑦，其结果就会导致国家的权柄落到一

---

① ［古希腊］柏拉图：《文艺对话集》，朱光潜译，人民文学出版社1963年版，第55页。
② 同上书，第58页。
③ 同上书，第62页。
④ 同上书，第313页。
⑤ 同上。
⑥ 同上书，第56页。
⑦ 同上书，第84页。

批坏人手里。因此，他认为，对于这样的文艺家，应该"拒绝他进到一个政治修明的国家里来"①。即便是那些对文艺有深厚感情的人，对于这类作品也应从"效用"出发，应该"像情人发现爱人无益有害一样，就要忍痛和她脱离关系了"②。第三，按照"效用说"的理论保留少量的符合城邦利益的文艺作品。他认为，按照"效用说"的理论，并非一切的文艺都要排除驱逐，有些符合城邦利益的作品还是应该保留发展。例如，"颂神的和赞美好人的诗歌"③ 还是可以保留在他的理想国之中的。因为，这类诗歌符合他的"效用说"的标准："不仅能引起快感，而且对于国家和人生都有效用"，"不但是愉快的而且是有用的"④。

柏拉图的"效用说"，从政治上来说，完全是为了维护奴隶主贵族的统治制度。这一理论的具体目的，就是教育奴隶主贵族的继承人能够团结一致地维护贵族统治的反动秩序。例如，他在批判描写神与神之间残害的作品时指出："我们的城邦的保卫者们必须把随便就相争相斗看成最大的耻辱。"⑤ 他还正面表述了这一观点，要求文艺家创作的"用意是要他们长大成人时知道敬神敬父母，并且互相友爱"⑥。另外，他的"效用说"还要求运用文艺手段使青年人懂得"节制"，而所谓节制就是安分守己，服从统治。当然，柏拉图的"效用说"也不是一无可取。从美学理论本身来说，他第一次集中而明确地将美与善联系了起来，并且认为善是美的基础，这还是十分可贵的，对后人有很大启发。

六

修辞学是柏拉图时代十分流行的一种学问，崇尚这门学问的主要

---

① ［古希腊］柏拉图：《文艺对话集》，朱光潜译，人民文学出版社1963年版，第84页。

② 同上书，第88页。

③ 同上书，第87页。

④ 同上书，第88页。

⑤ 同上书，第24页。

⑥ 同上书，第34页。

是一些诡辩学家们。这些人中的大多数赞成民主政治，常以教授诡辩和修辞为业，其修辞理论有过分强调形式的倾向。他们在谈到其修辞学的主要观点时指出："无论你说什么，你首先应注意的是逼真，是自圆其说，什么真理全不用你去管。全文遵守这个原则，便是修辞术的全体大要了。"① 这些人大多是柏拉图的政敌。柏拉图痛感他们的诡辩术的危害，为了斗争的需要，于是提出了自己关于修辞学的理论，论述了文章的内容与形式之间的关系。

柏拉图与诡辩派针锋相对，认为修辞学的根本原则不应是辞句上的自圆其说，而应是对于真理的追求。他说："文章要做得好，主要的条件是作者对于所谈问题的真理要知道清楚。"② 他还明确肯定了斯巴达人的一句谚语："在言辞方面，脱离了真理，就没有，而且也永不能有真正的艺术。"③ 这就充分地肯定了内容在作品中的主导地位，否定了诡辩学派过分强调言辞的形式主义倾向。由于柏拉图将文章写作好坏的主要条件看作是否清楚地知道真理，因而，他认为，只有"爱智者"或"哲人"才能写出好的文章。在写作中，只有把真理表达清楚，才能称得上是在修辞方面达到完美。为此，必须"要有三个条件：第一是天生来就有语文的天才；其次是知识；第三是练习"④。在他看来，前两条是最主要的。所谓"天才"就是高尚的灵魂，所谓"知识"也是指对先天所见的理念的回忆。这两条都是先天的禀赋，只有最后一条是后天的，但却是次要的。由此可见，他的修辞学中表达真理的基本观点还是由其"理念论"的世界观决定。

根据这一对真理表达得清楚的基本原则，他对文章的形式提出了两条具体的要求。第一条是要求中心突出、结构严谨。他说："头一个法则是统观全体，把和题目有关的纷纭散乱的事项统摄在一个普遍概念下面，得到一个精确的定义，使我们所要讨论的东西可以一目了

---

① ［古希腊］柏拉图：《文艺对话集》，朱光潜译，人民文学出版社1963年版，第165页。
② 同上书，第141页。
③ 同上书，第143页。
④ 同上书，第159页。

然。"① 这就是说，要使文章表达的真理居于统帅地位，以理帅辞，贯串始终，这样，文章的结构就"像一个有生命的东西，有它所特有的那种身体，有头尾，有中段，有四肢，部分和部分，部分和全体，都要各得其所，完全调和"②。第二条是要求段落清晰。他说："第二个法则是顺自然的关节，把全体剖析成各个部分，却不要像笨拙的宰割夫一样，把任何部分弄破。"③ 这就要求将文章所表达的真理通过逐段安排，层次清晰地阐述明白。这两条的统一就是柏拉图所称为的"辩证术"。他认为，按照这样的"辩证术"就可写出好文章。

从柏拉图上述关于修辞学的理论可以看到，他从"理念论"出发，在文章的内容与形式这两个方面之中，他是特别强调内容的，将内容的正确与否作为文章好坏的主要条件，在内容与形式的关系中提出了内容"统观全体"的观点，主张"以理帅辞"。这些观点应该说都在一定的程度上总结了写作中的客观规律。但柏拉图对形式的反作用和相对独立性强调得太少，这就不免有绝对化的倾向。

综观柏拉图的美学思想，真是极其矛盾的。一方面，他是一个反映奴隶主贵族利益的政治家，具有浓厚宗教神秘主义的唯心主义理论家；但另一方面，他又在欧洲美学史上首次集中地探讨了美的本质、美与善的关系，对后世各种美学思想都发生了很大的影响。一方面，他从维护奴隶主的政治立场和唯心主义的理念论出发，肆意否定文艺，将文艺归之为"摹本的摹本"，另一方面，他又在欧洲美学史上第一次比较全面地论述了艺术创作和艺术作用上的情感特征。凡此种种，都说明对于柏拉图这样的美学家不能采取简单化的一概肯定和一概否定的态度，而应以马克思主义的历史主义为武器，对其进行历史地、具体地分析。这样才能给予科学的评价，以便于我们批判地继承这份历史遗产。

---

① ［古希腊］柏拉图：《文艺对话集》，朱光潜译，人民文学出版社1963年版，第152页。
② 同上书，第150页。
③ 同上书，第153页。

第三章

亚理斯多德的美学思想

亚理斯多德（前384—前322年）是古希腊著名哲学家柏拉图的学生，马其顿王亚历山大的老师。他是古希腊最著名的学者，在哲学、物理学、伦理学、语言学、美学等各个领域都有重要建树。在美学方面，他第一次写出了有关的专著《诗学》和《修辞学》。此外，在其《形而上学》《政治学》等其他哲学、伦理学著作中也都涉及许多有关的美学问题。他的这些著作，尤其是《诗学》，在欧洲古代美学和文艺理论史上具有法典性的权威。因此，系统地研究亚理斯多德的美学思想，对于进一步掌握欧洲古代和近现代美学流派的思想渊源以及发展我国自己具有民族特点的马克思主义美学理论，都是大有裨益的。要全面理解亚理斯多德的美学思想，必须掌握这样一条基本线索，那就是，尽管亚理斯多德师承于柏拉图，但在所有的美学基本问题上两者却是对立的。柏拉图曾在其著名的对话《理想国》中对当时的文艺与文艺家进行了全面的谴责，并曾声言要将他们赶出他的"理想国"。亚理斯多德很可能是有感于此，而写出了自己的美学著作，用以为文艺辩解。

一

文艺与现实的关系问题是美学理论的一个基本问题。柏拉图在这个问题上提出了唯心主义的"摹仿说"，认为现实是对理念的摹仿，文艺是对现实的摹仿，因此，文艺是"摹仿的摹仿""影子的影子"。

亚理斯多德继承了柏拉图的艺术是摹仿的观点，但却对其进行了唯物主义的根本改造，并以此为出发点建立了自己的美学思想体系。这是亚理斯多德对美学史的重大贡献。因此，我们应该全面地认识亚理斯多德的摹仿说。

摹仿的原因。柏拉图对于文艺的摹仿是谴责的，在他的"理想国"里，他将文艺家放在社会第六等级的地位，甚至认为他们连普通的匠人都不如。亚理斯多德不同意这种看法，认为文艺的摹仿完全是出于人的天性。在《诗学》的第四章探讨诗的起源时，他指出，诗的起源有二：一是摹仿，一是音调感和节奏感。这两个方面，在他看来都是出于人的天性。他在谈到摹仿时指出："人从孩提的时候起就有摹仿的本能。"① 他甚至认为，人同禽兽的分别之一就在于人最善于摹仿，人的最初的知识就是从摹仿得来的。② 可见，在亚理斯多德看来，摹仿既是人的天性，也就人皆有之，因而不应受到谴责。而且，因其能给人以知识，还应给其应有的地位。

摹仿的文艺比现实更高。柏拉图对于文艺的真实性是否定的。他认为，理念世界是最高的最真实的境界，而文艺是"摹仿的摹仿""影子的影子"，当然无任何真实性可言。亚理斯多德则认为，文艺尽管是对现实的摹仿，但却比现实更高。他在将诗与历史相比较时指出："写诗这种活动比写历史更富于哲学意味，更被严肃的对待。"③ 这里，亚理斯多德所说的"历史"并不是我们今天所理解的总结历史规律的历史科学，而是指当时古希腊的详尽记述史实的编年史。因此，亚理斯多德所说的历史可以理解成"现实"本身。所谓"哲学意味"是指就其深刻性来说超过了客观反映现实的历史，并比历史更有价值，因而就"更被严肃的对待"。

那么，文艺为什么能做到比现实更高呢？亚理斯多德认为，这是由于文艺能反映生活的规律。他说："诗人的职责不在于描述已发生

---

① ［古希腊］亚理斯多德、［古罗马］贺拉斯：《诗学·诗艺》，罗念生、杨周翰译，人民文学出版社1962年版，第11页。

② 同上。

③ 同上书，第29页。

的事，而在于描述可能发生的事，即按照可然律或必然律可能发生的事。历史家与诗人的差别不在于一用散文，一用'韵文'……两者的差别在于一叙述已发生的事，一描述可能发生的事。……因为诗所描述的事带有普遍性，历史则叙述个别的事。所谓'有普遍性的事'，指某一种人，按照可然律或必然律，会说的话，会行的事……"① 这里所说的"可然律"是指在某种假定的前提与条件下可能发生的结果，而"必然律"则指在已定的前提或条件下必然发生的结果。总之，都是指反映事物之间因果关系的一种必然的规律。可见，在亚理斯多德看来，文艺之所以比现实更高，就是因其揭示了现实生活的内在规律。为此，他特别强调文艺作品情节的合乎情理。他认为，一桩不可能发生而可信的事，比一桩可能发生而不可信的事更为可取。因为，所谓可信与否就是指是否合乎情理，亦即是否符合事物发展的规律。在他看来，一件事只要符合事物发展的规律，尽管现实生活中不存在，也完全应该作为文艺作品的情节；相反，一件事如果违背了事物发展的规律，那么即使在现实生活中存在也不应作为文艺作品的情节。

正因为文艺在对现实的摹仿中可以揭示其内在的规律，所以亚理斯多德要求文艺家也必须掌握现实生活的规律。但柏拉图却认为，艺术家根本不需要掌握现实生活的知识，而只要凭神启的灵感就行。亚理斯多德不同意这种看法，认为在现实知识的掌握方面，对于文艺家的要求应该比经验家更高，文艺家对于现实事物不仅应知其然而且应知其所以然。

摹仿的特点。摹仿的文艺有什么特点，它同科学的认识又有什么区别呢？这是将文艺从一般认识形式中区分出来，使其具有独立意义的一个极其重要的问题，也是创作理论中的一个基本问题。亚理斯多德对于这一问题已有一定程度的认识。在《心灵论》中，他已谈到了判断与想象的区别，认为它们"是不同的思想方式"。他说，所谓想

---

① ［古希腊］亚理斯多德、［古罗马］贺拉斯：《诗学·诗艺》，罗念生、杨周翰译，人民文学出版社1962年版，第28—29页。

象就是离开具体事物之后，闭上眼睛所产生的一种"幻象"①。在《诗学》中，他要求诗人在安排情节时，"应竭力把剧中情景摆在眼前，唯有这样，看得清清楚楚——仿佛置身于发生事件的现场中——才能作出适当的处理"②。很明显，亚理斯多德所认为的艺术想象，就是具体事物在脑子里的一种活灵活现的浮现。这说明，亚理斯多德已经认识到了创作中的个别性的特点。结合上文所说的他认为文艺必须反映生活普遍性，也说明他已涉及文艺创作中普遍性与个别性之间的关系问题。这是非常重要的，可以看作是有关艺术典型理论的萌芽，对此后的创作和理论都产生了重大的影响。

摹仿的方法。亚理斯多德在《诗学》中还涉及艺术摹仿的方法问题。他说："诗人既然和画家与其他造型艺术家一样，是一个摹仿者，那么他必须摹仿下列三种对象之一：过去有的或现在有的事、传说中的或人们相信的事、应当有的事。"又说："如果有人指责诗人所描写的事物不符实际，也许他可以这样反驳：'这些事物是按照它们应当有的样子描写的'，正像索福克勒斯所说，他按照人应当有样子来描写，欧里庇得斯则按照人本来的样子来描写。"③这里尽管讲的是摹仿对象，但实际上论述的则是摹仿中所应遵循的原则，即摹仿的方法。他讲了三种方法：一种是摹仿"过去有的或现有的事"，总之是摹仿已有的事；第二种是摹仿"传说中的或人们相信的事"，这实际上是说的古代神话；第三种是摹仿"应当有的事"。这三种方法归纳起来又无非是"按应当有的样子来描写"和"按本来的样子描写"两种。但由于亚理斯多德讲得过于简单，因而导致对这段话理解上的分歧。有人认为，"这里所说的就是浪漫主义和现实主义基本原则上的区别"④。有人认为，"这里第一种就是简单摹仿自然，第二种是指根据神话传说，第三种就是上文所说的'按照可然律或必然律'是'可

---

① 伍蠡甫、蒋孔阳主编：《西方文论选》上卷，上海译文出版社 1979 年版，第 561 页。
② ［古希腊］亚理斯多德、［古罗马］贺拉斯：《诗学·诗艺》，罗念生、杨周翰译，人民文学出版社 1962 年版，第 55—56 页。
③ 同上书，第 92、93—94 页。
④ 蔡仪主编：《文学概论》，人民文学出版社 1979 年版，第 258 页。

能发生的事'"①。我们认为，第二种看法比较符合亚理斯多德的原意。因为，古希腊时期尽管文艺繁荣，但终究是人类文艺发展的初期，现实主义与浪漫主义并未形成独立的文学流派，所以，理论上的概括就不可能完善。按照亚理斯多德的本意理解，"按本来的样子描写"实际上说的是一种不完全的现实主义，过分地拘泥于现实；而"按应当有的样子来描写"就是"按照可然律或必然律可能发生的事"。这样的事，在亚理斯多德看来是合乎情理的，即使其在现实中不存在也比在现实中存在的不合情理的事更有资格作为文艺的描写对象。总之，我们认为，亚理斯多德在这里从总的方面就是讲文艺对现实的"摹仿"。因此，不论是"本来的样子"还是"应当有的样子"，都是以"摹仿"为其前提的。由此，我们认为，所谓"应当有的样子"不是主观认为有的"理想"的样子，而是现实本身的"必然的"样子。当然，后来有人把"本来的样子"和"应当有的样子"解释为"固有的样子"和"理想的样子"，从而将其分别作为现实主义和浪漫主义的基本特征，那也无可厚非，但却不是亚理斯多德的本意。

摹仿的文艺的社会作用。由于对摹仿的认识不同，亚理斯多德在文艺的社会作用问题上与柏拉图也有着不同的看法。柏拉图由于将文艺看作是"摹仿的摹仿"，因而否定了摹仿的文艺有任何的真实性，也就否定了它的认识作用。同时，由于他认为摹仿是迎合人性中的低劣部分，因而也就否定了摹仿的文艺的快感作用。但他却从其政治需要出发要求文艺具有巩固其"理想国"的"效用"。亚理斯多德由于给了摹仿以唯物主义的解释，因而他除了继承他老师的"效用说"之外，还针锋相对地肯定了文艺的认识作用和快感作用。他首先肯定了文艺的快感作用，认为"人对于摹仿的作品总是感到快感"②。他还在《政治学》中以音乐为例对这种快感进行了具体的描述，他说，"音乐是一种最愉快的东西"，能够使人"心畅神怡"。③ 同时，他也

① 朱光潜：《西方美学史》上卷，人民文学出版社 1963 年版，第 74 页。
② 伍蠡甫、蒋孔阳主编：《西方文论选》上卷，上海译文出版社 1979 年版，第 53 页。
③ 北京大学哲学系美学教研室：《西方美学家论美和美感》，商务印书馆 1980 年版，第 45 页。

十分重视文艺的认识作用，甚至认为文艺的快感作用主要还是以认识作用作基础的。他说："我们看见那些图像所以感到快感，就因为我们一面在看，一面在求知。"① 为此，他还举了尸首和可鄙的动物形象为例，说明之所以"事物本身看上去尽管引起痛感，但惟妙惟肖的图像看上去却能引起我们的快感"②，就是因为满足了我们"求知"的需要。亚理斯多德在这里讲的是从自然丑变为艺术美的问题，是美学理论中一个有争议的重要问题。亚理斯多德以"求知说"对其作了解释，看来是简单而不确切的。因自然丑变为艺术美的问题比较复杂。其原因主要不是"求知"，而是艺术创造中文艺家所寄寓的美学理想。或者是将对象本身包含的某种潜在的美的因素在特定的情境中突出了出来，或者是通过强烈的批判而流露出美学理想。而且，也不是一切的丑的事物都有条件变成艺术美，像尸首之类事物就不可能变成艺术美。在这里，尽管亚理斯多德以"求知说"解释得不够确切，但也由此说明亚理斯多德对文艺认识作用的重视。另外，有些人因为看到了亚理斯多德重视文艺的快感作用，因而就将其描绘成只重视快感的"唯美主义者"。例如，英国的布乔尔和阿特铿斯就是如此。③ 实际上，他们都把亚理斯多德歪曲了。因为亚理斯多德是十分重视文艺的政治教育作用的。他在《修辞学》中曾说："美是一种善，其所以引起快感，正因为它善。"④ 可见，他已经把文艺的政治伦理作用摆在快感作用之上了。他还在《政治学》中以许多事例证明音乐对人的道德品质的潜移默化作用。因此，他特别强调地认为，音乐的第一个目的就是"教育"⑤。

　　在文艺的社会作用的问题上，亚理斯多德的另一个重要贡献是提出了文艺的不同内容会对人产生不同的作用的观点。他着重论述音乐

---

　　① ［古希腊］亚理斯多德、［古罗马］贺拉斯：《诗学·诗艺》，罗念生、杨周翰译，人民文学出版社 1962 年版，第 11 页。

　　② 同上。

　　③ 参见朱光潜《西方美学史》上卷，人民文学出版社 1963 年版，第 83 页。

　　④ 转引自朱光潜《西方美学史》上卷，人民文学出版社 1963 年版，第 84 页。

　　⑤ 参见朱光潜《西方美学史》上卷，人民文学出版社 1963 年版，第 88 页。

中的这种现象，他说："乐调的本性各异，听乐者聆受不同的乐调被激发不同的感应。有些乐调使人情惨志郁，例如所谓吕第亚混合调，就以沉郁著称。另些，流于柔靡的曲调，听者往往因此心舒意缓。另一种曲调能令人神凝气和，这就是杜里调所特有的魅力；至于莳里季调则不同；听者未及终阕，就感到热忱奋发，鼓舞兴起了。"① 这一关于文艺的内容与其作用的关系的问题也是美学理论中的一个重要的有争议的问题。但早在二千多年前亚理斯多德就已看到了这一问题并发表了自己的见解，这就说明他的美学理论的水平之高。

二

亚理斯多德在《诗学》中论述了史诗、喜剧、悲剧等当时流行的各种文体，但其主要力量却是用于论述悲剧。而且，这一论述的全面和深刻在美学史上是第一次，对后世也具有极大的影响。

悲剧的定义及其地位。什么是悲剧呢？亚理斯多德首次给其下了一个比较全面的定义。他说："悲剧是对于一个严肃、完整、有一定长度的行动的摹仿；它的媒介是语言，具有各种悦耳之音，分别在剧的各部分使用；摹仿方式是借人物的动作来表达，而不是采用叙述法；借引起怜悯与恐惧来使这种情感得到陶冶。"② 在这里，亚理斯多德全面地论述了悲剧的性质、表现手段、方法及效果。这就较好地总结了古希腊时期的悲剧创作，在美学史上影响深远，几乎成为欧洲古典美学中有关悲剧的经典性定义。

那么，悲剧在各种文体中的地位如何呢？柏拉图从其建立"理想国"的政治需要出发是肯定颂诗而否定悲喜剧的。他认为，悲喜剧所产生的悲哀和喜悦的情感效果是迎合了人性中的低劣部分。但亚理斯多德却不同意这种看法，他认为，悲剧是所有文体中最好的一种。他

① ［古希腊］亚里士多德：《政治学》，吴寿彭译，商务印书馆1965年版，第422页。
② ［古希腊］亚理斯多德、［古罗马］贺拉斯：《诗学·诗艺》，罗念生、杨周翰译，人民文学出版社1962年版，第19页。

针对当时社会上流行的尊崇史诗贬斥悲剧的观点，在《诗学》中以整个一章的篇幅来论述这两种文艺体裁的优劣。从内容、结构，特别是从效果等各个方面将两者作了比较，最后得出结论："悲剧比史诗优越，因为它比史诗更容易达到它的目的。"① 亚理斯多德之所以如此重视悲剧，是有其时代与思想的原因的。因为，亚理斯多德所生活的时代，希腊奴隶主阶级专政的城邦制已渐趋瓦解，社会矛盾极其尖锐，奴隶主统治面临着越来越多的问题。亚理斯多德作为奴隶主阶级的中间阶层的思想代表，是主张适当地揭露矛盾以便于疗救的。悲剧这一文学样式就一方面能揭露矛盾，另方面又能在感情上唤起观众对主人公的极大同情，其主人公又都是奴隶主阶级的代表人物。可见，悲剧这一文学样式就正适应了亚理斯多德的政治要求，因而被其推崇。当然，在一切文体中过分地强调悲剧，应该说是片面的。

悲剧主角的"过失说"。关于悲剧的主角，亚理斯多德在将悲剧与喜剧进行比较时曾说："喜剧总是摹仿比我们今天的人坏的人，悲剧总是摹仿比我们今天的人好的人。"② 这是他在《诗学》的一开始的第二章讲的，不免简单了一些。在第十三章，他又从悲剧效果的角度以相当的篇幅进一步研究了悲剧的主角，提出了著名的悲剧主角的"过失说"。他说，悲剧的主角应是"介于这两种人之间的人，这样的人不十分善良，也不十分公正，而他之所以陷于厄运，不是由于他为非作恶，而是由于他犯了错误"③。他在这里所说的"这两种人"是好人和坏人，悲剧的主角就应介于这两者之间，一方面应是好人，另方面又不是十全十美而犯有错误。当然，所犯错误不是道德品质方面的问题而只属于认识方面的问题。亚理斯多德之所以这样认为，完全是从悲剧所应产生的怜悯与恐惧的效果出发的。在他看来，悲剧的主角只有是一个好人，仅仅因认识方面的过失就遭到厄运，这样才能引起一般人的怜悯。"因为怜悯是由一个人遭受不应遭受的厄运而引

① ［古希腊］亚理斯多德、［古罗马］贺拉斯：《诗学·诗艺》，罗念生、杨周翰译，人民文学出版社1962年版，第107页。
② 同上书，第8—9页。
③ 同上书，第38页。

起的。"① 悲剧主角只有尚有缺点，犯有错误，同普通人有相似之处，才能使一般人由其所遭受的厄运而想到自己，从而产生恐惧之情。因为，"恐惧是由这个这样遭受厄运的人与我们相似而引起的"②。他的这种从文艺效果出发通过对观众心理的分析所进行的悲剧主角的研究，是非常深刻、极其有价值的。这也是整个古希腊文学由神话时代迈入悲剧时代的特点在理论上的反映，说明文艺越来越接近现实生活，由对战胜自然的神与英雄的讴歌逐步地过渡到对现实的人的描写。在悲剧的根源上，也由古希腊传统的"命运说"开始转到个人，认为悲剧的根源"是由于他犯了错误"。但他并未真正摆脱"命运说"的束缚，因为，他不仅在第十五章中敬畏地提到"神是无所不知的"③，并主张"机械下神"和不合情理的事可放到剧外，而且，他视为典范的悲剧《俄狄浦斯王》就集中地表现了"命运说"。因此，朱光潜先生认为，他在《诗学》中未提"命运"二字，似乎同"命运说"划清了界限。这一看法是不切合实际的。

悲剧作用的"陶冶说"。上面谈到，亚理斯多德在《诗学》第六章给悲剧下定义时曾经涉及悲剧的"陶冶"作用。他说：悲剧"借引起怜悯与恐惧来使这种情感得到陶冶"。这里所说的"陶冶"，即"Kathansis"（卡塔西斯）。它就是亚理斯多德所认为的悲剧所应起到的作用，是其美学思想中的关键性字眼，也是欧洲文艺史上的重要问题之一。但对其涵义自文艺复兴以来就有争论。在我国学者中也存有不同看法。一般说来，有三种看法：第一种看法是将"卡塔西斯"解释为宗教的"净化"，即通过悲剧的怜悯与恐惧来净化其中的痛苦、利己、凶杀等坏的因素；第二种看法是将"卡塔西斯"解释为医学上的"宣泄"，即通过悲剧的怜悯与恐惧使其中过分强烈的情绪因宣泄而达到平静，由此恢复和保持住心理的健康。朱光潜先生在其《西方

---

① ［古希腊］亚理斯多德、［古罗马］贺拉斯：《诗学·诗艺》，罗念生、杨周翰译，人民文学出版社 1962 年版，第 38 页。

② 同上。

③ 同上书，第 50 页。

美学史》中就持这种看法；① 第三种看法是将"卡塔西斯"解释为"陶冶"。罗念生先生就持这样的看法，认为"悲剧使人养成适当的怜悯与恐惧之情"。② 我认为，在这三种看法中，罗先生的"陶冶说"较为恰当。因为，从文艺本身来说，由其形象性所决定对人的感情都能起到一种潜移默化的熏陶作用。正是通过这种熏陶作用，从而培植起人们的某种感情。悲剧即因其特有的主角和情节通过感情熏陶能使人培植起恐惧与怜悯之情。这就是作为文艺的悲剧所特有的"陶冶"作用。再从亚理斯多德的情形来看，他是一贯地主张"适中的中庸之道"的，因而，他对于恐惧与怜悯之情的培植是要求不强不弱、适当有度的。所以，罗先生将亚理斯多德的"卡塔西斯"解释成"使人养成适当的怜悯与恐惧之情"。但罗先生并没有进一步解释亚理斯多德关于怎样"养成"的观点。亚理斯多德在这一方面同样是有自己的深刻的见解的。他认为，悲剧首先是使人得到怜悯与恐惧的感情上的满足，这就是悲剧所能给予观众的一种"特别能给的快感"。不过，罗先生否认这种快感与陶冶有直接的关系。这是不对的。实际上，这种快感乃是悲剧"陶冶"作用的必由之途。试想，怜悯与恐惧的情感本身都不是愉悦的而是痛苦的，但观众接受到悲剧的这种感情之后却会产生一种特有的满足。这就表现为人们明明知道悲剧会引起悲戚，但却有意地花钱买票去看，甚至预先带着手帕准备到剧院中去大哭一场。其原因是，悲剧所产生的这种怜悯与恐惧同生活中经历的同样的感情不同，它对观众来说是一种感情上的满足。亚理斯多德曾以索福克勒斯的著名悲剧《俄狄浦斯王》为例，说明观众看到这个悲剧"而惊心动魄，发生怜悯之情"，是由于看到其情节而"受感动"③。所谓"受感动"是一种审美现象，也就是人们在文艺欣赏中的感情上的一种满足。任何人要被悲剧所"陶冶"，都需经过这种"受感动"的过程。

---

① 朱光潜：《西方美学史》上卷，人民文学出版社1963年版，第88页。
② 罗念生：《卡塔西斯笺释——亚里斯多德论悲剧》，《剧本》1961年第11期。
③ ［古希腊］亚理斯多德、［古罗马］贺拉斯：《诗学·诗艺》，罗念生、杨周翰译，人民文学出版社1962年版，第43页。

悲剧的情节。亚理斯多德认为，在悲剧艺术的六个成分（情节、性格、言词、思想、形象与歌曲）当中，最重要的是情节。他说："情节乃悲剧的基础，有似悲剧的灵魂。"又说："悲剧中没有行动，则不成为悲剧，但没有'性格'，仍然不失为悲剧。"① 可见，亚理斯多德对于悲剧的情节是十分重视的，但却未免过分。因为，在任何文艺作品中，人物性格的塑造都是基础，情节乃性格的历史，由性格决定。如果过分突出情节而忽视性格，就不免成为错误的"唯情节论"。亚理斯多德之所以这样重视悲剧的情节，是因为他认为悲剧创作不在于摹仿人的品质而在于摹仿某个行动，悲剧主人公不是为了表现性格而行动而是在行动的时候附带表现性格。因此，他断言："悲剧艺术的目的在于组织情节（亦即布局），在一切事物中，目的是最关重要的。"② 他还由此进一步认为，悲剧特有的怜悯与恐惧的效果不是依靠性格产生而只能依靠情节产生。当然，这一看法也是偏颇的。因为悲剧效果尽管直接地由情节决定，但情节却是由性格决定的。

关于情节的具体涵义，亚理斯多德十分正确地指出："所谓'情节'，指事件的安排。"③ 对于事件的安排，他提出了"一桩桩事件是意外的发生而彼此间又有因果关系"④ 的原则。这里所说的"意外的发生"是指偶然性，而"因果关系"则又是指必然性。也就是说，在亚理斯多德看来，情节安排的原则是偶然性与必然性的统一。这一看法是非常正确的，是同他的"摹仿说"紧密相联的。因为，他既强调文艺的摹仿要表现"可然律与必然律"，又认识到摹仿的个别性，这就必然导致对情节的安排提出偶然与必然统一的原则。

不仅如此，亚理斯多德还细致地研究了悲剧情节结构的几种情形

① ［古希腊］亚理斯多德、［古罗马］贺拉斯：《诗学·诗艺》，罗念生、杨周翰译，人民文学出版社1962年版，第23、21页。
② 同上书，第21页。
③ 同上书，第20页。
④ 同上书，第31页。

及其组成部分。他根据古希腊悲剧情节结构的实际情况，将其分为简单情节与复杂情节两类。所谓"简单情节"，即由顺境到逆境或由逆境到顺境的转变是逐渐发生的。而"复杂情节"，即指由顺境到逆境或由逆境到顺境的转变是通过人物对于未知事实的发现而突然转变的。前者情节单纯，后者情节错综复杂。亚理斯多德还对于"复杂情节"的各个主要组成部分：突转、发现、苦难、穿插、结局等作了深入地分析与研究。

"突转"：即意外地转变。这是带有偶然性的，在悲剧中是引起戏剧性的重要手法。亚理斯多德的要求是，这种"突变"应是"按照可然律或必然律而发生的"。也就是说，要求在偶然中表现出必然。

"发现"：由不知到知，即掌握了自己所不知道的事实。这种"发现"从内容上来说是人物的被发现，最好是发生了苦难事件之后，发现双方是亲属关系。例如，索福克勒斯的著名悲剧《俄狄浦斯王》中的主角俄狄浦斯最后发现自己杀父娶母。

"苦难"：所谓"苦难"，"是毁灭或痛苦的行动，例如死亡、剧烈的痛苦、伤害和这类的事件"①。但亚理斯多德认为，并不是一切的苦难事件都可作为悲剧情节的成分。因为，还得研究一下那一些苦难事件能引起怜悯与恐惧的悲剧效果。他认为，只有"当亲属之间发生苦难事件时才行，例如弟兄对弟兄、儿子对父亲、母亲对儿子或儿子对母亲施行杀害和企图杀害，或作这类的事"②。只有这样的苦难事件才能产生悲剧的效果，才是作家所应追求的。

"结局"：在结局问题上，柏拉图反对作家在作品中写"许多坏人享福，许多好人遭殃"③而主张善有善报、恶有恶报的大团圆式的双重结局。亚理斯多德是不同意这一观点的。他认为，这样做是作家为了迎合观众的软心肠，是不会产生悲剧的效果的。他主张单一的结局，其中最好的是由顺境转入逆境而不是由逆境转入顺境。因为，只

① ［古希腊］亚理斯多德、［古罗马］贺拉斯：《诗学·诗艺》，罗念生、杨周翰译，人民文学出版社 1962 年版，第 36 页。

② 同上书，第 44 页。

③ ［古希腊］柏拉图：《文艺对话集》，朱光潜译，人民文学出版社 1963 年版，第 42 页。

有这样才"最能产生悲剧的效果"①。

"穿插"：所谓"穿插"，是指悲剧的主要情节之外的一些细节。亚理斯多德主张穿插时不要做没必要的外加，而要使其相互之间有内在联系。另外，他还要求悲剧中的穿插要短，不能像史诗中那样过长。

悲剧的性格刻画。亚理斯多德虽然特别重视悲剧的情节而相对地忽视悲剧的性格，但仍是将悲剧成分中的性格作为第二位来对待的。而且，他还在《诗学》第十五章中对悲剧的性格刻画进行了专门的研究，提出了必须注意的四点原则。这些原则是：第一点，性格必须善良。也就是说，尽管悲剧人物犯有错误，但不是品德上的"为非作恶"，而是认识上的问题。而且，对人物品质的刻画"宁可更好，不要更坏"②。第二点，性格必须适合。即要求性格必须适合人物的身份。第三点，性格必须相似。也就是要求悲剧人物的性格同一般的人相似。第四点，性格必须一致。所谓"一致"，就是要求性格要统一，即使不一致，也要"寓一致于不一致的'性格'③"中，亦即要求做到基本上一致。上述原则是非常深刻的，甚至在今天都不失其现实的意义。

悲剧的分类。亚理斯多德认为，悲剧分为四种：第一种是复杂剧，这种剧主要由突转与发现构成；第二种是苦难剧，属于简单剧，其主要成分是苦难；第三种是性格剧，主要写善良人物，以大团圆收场；第四种是穿插剧，其主要成分是穿插。

三

亚理斯多德的美学思想是极其丰富的，除上述主要理论外，还涉及美学理论中的许多问题，因而只能择其要者加以论述。

---

① ［古希腊］亚理斯多德、［古罗马］贺拉斯：《诗学·诗艺》，罗念生、杨周翰译，人民文学出版社1962年版，第41页。

② 同上书，第40页。

③ 同上书，第48页。

"整体说"。关于什么是美，柏拉图认为，美即理念。这样，在柏拉图看来，美就是抽象的、不可捉摸的了。由于亚理斯多德在文艺与生活的关系上基本上坚持了唯物主义的"摹仿说"，因而必然将美从虚无飘渺的境界拉回到现实之中，一反美即理念的观点，提出了美在整体的理论。他认为，对一部文艺作品的最重要的要求就是"整一性"，悲剧是对一个"完整"行动的摹仿，情节安排也应该"整一"。他又进一步认为，"美是要倚靠体积与安排"，因为事物不论太大或太小都"看不出它的整一性"①。他还对这种美的"整一性"作了具体的规定，即"秩序、匀称与明确"，他认为，这是"美的主要形式"②。

基于这种美在整体的观点，他认为，文艺作品的情节应只限于一个完整的行动，里面的事件要有紧密的组织，任何部分都不能随意挪动和删削。他还进一步对"完整"作了具体的解释，认为"所谓'完整'，指事之有头，有身，有尾。所谓'头'，指事之不必然上承他事，但自然引起他事发生者；所谓'尾'，恰与此相反，指事之按照必然律或常规自然的上承某事者，但无他事继其后；所谓'身'，指事之承前启后者"③。亚理斯多德的关于情节"整一性"的解释看来非常具体通俗，有似生活中的大实话，但却蕴含着丰富的哲理，即要求情节之各部分有机结合、紧丝密缝。在性格塑造上，他也从美在整体的理论出发，提出了"寓一致于不一致"的观点，要求做到性格完整，因上文已经论及，不再赘述。

亚理斯多德的这种"美在整体"的观点是有其积极意义的。他一反柏拉图关于美的唯心主义观念，而将美奠定在现实的基础之上。他的"整体说"就是以唯物主义的摹仿说为其理论根据的。因为，唯物主义"摹仿说"认为美的根源在于对客观现实的摹仿，所以客观现实

---

① ［古希腊］亚理斯多德、［古罗马］贺拉斯：《诗学·诗艺》，罗念生、杨周翰译，人民文学出版社 1962 年版，第 25、26 页。

② 《西方美学家论美和美感》，商务印书馆 1980 年版，第 41 页。

③ ［古希腊］亚理斯多德、［古罗马］贺拉斯：《诗学·诗艺》，罗念生、杨周翰译，人民文学出版社 1962 年版，第 25 页。

事物的整体的特性就成了美的属性。而且，正因为他从唯物主义的"摹仿说"出发，所以同柏拉图否定快感与美感的必然联系相反，而是承认快感与美感的密切关系，并正是从快感的角度提出了"美在整体"的理论。他一再强调，美的事物应该是一个像我们的身体一样的"活的东西"，因而它的长短、体积、比例等外部特征都是我们可以感知的。他正是从这种人的"感知"的角度，才对美的概念充实了"整一""匀称"和"明确"等具体的含义。他认为，只有这种"完整的活东西"，才能"给我们一种它特别能给的快感"①。但这种"美在整体"的观点又不免有形式主义和绝对化的偏向。因为，尽管亚理斯多德所说的"整一性"也包括情节的必然性等内容的因素，但总的来说是偏重于形式的方面。另外，他认为，美的这种"秩序、匀称和明确"，"惟有数理诸学优于为之作证"②。这就不难看出毕达哥拉斯学派从自然科学角度看美将美归结为"和谐"的机械论观点的影响。

论文艺的种类与体裁。关于文艺的种类与体裁的理论，是同文艺发展的状况联系在一起的。希腊奴隶社会的初期，只有作为叙事诗的"史诗"，后来才有抒情诗。到雅典的最盛时期，悲剧与喜剧相继繁荣。正是在这样的情形下，亚理斯多德在《诗学》中论述了文艺的种类与体裁。他在《诗学》的第一章开宗明义地提出了文艺分类的三条标准：媒介、对象、方式。这三条标准的提出在美学史和文艺史上的影响是很大的，后世的许多理论家就是根据自己对于这三条的理解来确定文艺分类的标准。

关于因反映生活所用的媒介不同而使文艺分成不同种类的情形，亚理斯多德论述的是比较清楚的。这里所说的"媒介"，主要指文艺所借用的物质手段。亚理斯多德认为，绘画与雕塑是"用颜色和姿态来制造形象，摹仿许多事物"；舞蹈"借姿态的节奏来摹仿各种'性格'、感受和行动"；音乐"只用音调和节奏"，史诗"只用

---

① ［古希腊］亚理斯多德、［古罗马］贺拉斯：《诗学·诗艺》，罗念生、杨周翰译，人民文学出版社1962年版，第82页。

② 《西方美学家论美和美感》，商务印书馆1980年版，第41页。

语言来摹仿"；而颂诗、悲喜剧等，则兼用音调、节奏、语言等各种媒介。①

亚理斯多德还认为，描写对象的不同也会导致作品的差别。喜剧是描写比一般人坏的人，悲剧是描写比一般人好的人；颂诗和赞美诗描写高尚的人的行动，讽刺诗则描写下劣的人的行动。甚至，描写对象在长度方面的不同也是造成文体差别的原因之一。史诗所描写的是故事繁多的材料，规模大，而戏剧则只能描写整个事件的一部分。

亚理斯多德所说的摹仿的方式是指反映生活、塑造形象的方法。柏拉图将其分为直接叙述、间接叙述和两者的混合三种，并赞成间接叙述而反对戏剧体的直接叙述。亚理斯多德在分法上同柏拉图一致，但他认为直接叙述的方式优于由作者出面介绍的第三人称的间接叙述的方式，并明确地肯定了借人物动作来摹仿的纯属间接叙述的戏剧类，特别是肯定了其中的悲剧。

当然，由于当时文艺现实本身分类就不是太细，种类比较简单，这就使亚理斯多德在论述中不免过于粗略。但他对文艺分类所立的标准却还是比较科学的。

论文艺批评。关于文艺批评所应掌握的标准，柏拉图是特别看重政治标准的。他主张"效用说"，以贵族城邦的利益作为衡量文艺的标准。亚理斯多德不同意这种以政治标准取代艺术标准的绝对化的倾向，他认为，衡量诗和衡量政治正确与否的标准不应一样。这样，就在文艺批评中较充分地注意到了文艺的特性，是比较科学的。但是，亚理斯多德又并不否认政治标准的重要性。相反，他在重视文艺特性的同时，仍是十分强调政治道德的标准。上文所说的他的有关善是美的基础的观点就是例证。

在批评标准上，当时还流行着诡辩论者相对主义的理论。例如，诡辩论者普罗塔哥拉就曾提出"人是万物的尺度"。由此出发，必然得出这样的结论："同一个别事物于此人为美者，可以于彼而为丑。"

---

① 〔古希腊〕亚理斯多德、〔古罗马〕贺拉斯：《诗学·诗艺》，罗念生、杨周翰译，人民文学出版社 1962 年版，第 4 页。

这就完全否定了衡量事物标准的客观性，当然也就否定了文艺批评标准的客观性。亚理斯多德不同意这种观点，而将其看作是荒谬的。他认为，在评论事物时，"该以其中的一方为度量事物的标准，而不用那不正常的另一方"①。这就强调了文艺批评标准的客观性，是其文艺观中唯物主义倾向的表现。

在批评方法上，亚理斯多德反对主观臆断的唯心主义批评方法。他借一个名叫格劳孔的人之口有力地抨击了这种倾向：从一些不近情理的假定出发，然后由此推断，把自己想出来的意思作为诗人所说的，进而指责诗人。这种以先入之见代替作品实际的批评方法在批评史上是屡见不鲜的，直到现在仍甚有市场。可见，一种唯心主义倾向在古今中外都是一脉相承的。与此相反，亚理斯多德却主张具体问题具体分析的唯物主义批评方法。他认为："在判断一言一行是好是坏的时候，不但要看言行本身是善是恶，而且要看言者、行者为谁，对象为谁，时间系何时，方式属何种，动机是为什么。"②尽管亚理斯多德在这里主要讲的是对文艺作品中人物行为的评价问题，但却同时为我们确立了一个共同的批评方法：从对象本身的实际情况出发，紧密联系作者及其具体环境。这样的批评方法应该说是比较科学的，对我们今天仍有其重要的借鉴价值。

论喜剧。亚理斯多德在《诗学》中用主要篇幅讲悲剧，但也捎带着论到了喜剧和史诗。由于喜剧是一种新兴的文艺种类，亚理斯多德对他的论述在美学史上就带有开创的性质。关于喜剧的起源，他认为，喜剧是从下等表演的临时口占发展来的。这里所说的下等表演，是指滑稽表演，临时口占即此种以歌唱为主的表演中的一种临时性的对答。不仅如此，亚理斯多德还进一步论述了喜剧的性质，提出了丑和滑稽的概念。他说："喜剧是对于比较坏的人的摹仿，然而，'坏'不是指一切恶而言，而是指丑而言，其中一种是滑稽。滑稽的事物是

① ［古希腊］亚里士多德：《形而上学》，吴寿彭译，商务印书馆 1959 年版，第 218 页。
② ［古希腊］亚理斯多德、［古罗马］贺拉斯：《诗学·诗艺》，罗念生、杨周翰译，人民文学出版社 1962 年版，第 94 页。

某种错误和丑陋，不致引起痛苦或伤害。"① 这里，他不是将喜剧的本质归结为一般的"恶"，而是归结为丑。他还进一步对"丑的事物"即"滑稽的事物"作了具体性质方面的规定。在他看来，所谓"滑稽的事物"，从内容上看是一种违背历史必然的错误，从形式上看则是一种形态怪异的丑陋，而从其效果看则不像悲剧那样使人如临其境一般产生伤害感而引起痛苦，而是使观众在欣赏中保持相当的距离。当然，这样的解释还是过于简单，而且也不甚准确，但却从大的方面对喜剧作了规定，因而其意义就是十分明显的了。

论风格。关于风格，亚理斯多德主要讲的是语言风格。他在《诗学》中对语言风格提出的总要求是："明晰而不流于平淡。"② 在《修辞学》中又对这一总要求作了具体的规定，提出了两条具体要求：一条是必须清楚明白，一条是必须妥帖恰当。这里特别要提出来的是，亚理斯多德在论述语言风格时也涉及作家的创作风格问题，他认为，一个作家语言的特色也表现了他的性格，因为，"不同阶级的人，不同气质的人，都会有他们自己的不同的表达方式"③。这实际上是认为语言风格由其阶级和气质的个人性格特点所决定，不同阶级和气质的人有不同的语言表达特色，因而也就有不同的风格。这样的意见已经接近我们今天关于"风格"的解释了，亚理斯多德在二千多年前就能讲出这样的意见，实在是难能可贵的。当然，他所说的阶级是指男女老幼各类的人，同今天所说的阶级含义迥然不同，不可混淆。在风格的形成问题上，他是既强调天赋才能又重视后天的长期学习的。这种从先天和后天两个方面来考察风格形成的途径无疑是正确的。但在风格的形成中，天赋的因素只不过是提供了一种可能，更重要的还是后天的锻炼和学习。亚理斯多德将先天与后天同等看待，这就暴露了他的唯心主义思想倾向。

---

① ［古希腊］亚理斯多德、［古罗马］贺拉斯：《诗学·诗艺》，罗念生、杨周翰译，人民文学出版社 1962 年版，第 16 页。

② 同上书，第 77 页。

③ 伍蠡甫主编：《西方文论选》上，人民文学出版社 1979 年版，第 93 页。

四

综上所述，亚理斯多德无疑是一位伟大的美学家。但由于他的著作的特殊遭遇，使得他的美学思想直到 15 世纪才开始对欧洲美学史发生影响。据历史记载，亚理斯多德死后，他的遗著传给他的门徒提奥法拉斯托，提奥法拉斯托临死时把它传给涅琉士。涅琉士的后人害怕柏加曼的国王要求馈赠或廉价收买这些珍贵著作，便把它藏在地窖里。经百余年，约在公元前 100 年，一个名叫亚伯来康的非洲富人把它们高价收买下来，带到雅典，并请人把它们抄录出来，并凭猜测补上一些水污虫蚀的章节。亚伯来康的藏书于公元前 84 年被苏拉运到罗马。希腊学者塔兰尼奥于 1 世纪末叶从苏拉的图书室中发现亚理斯多德的著作，写了几份目录提要分赠给西塞禄、安德罗尼科斯等人。安德罗尼科斯把他获得的目录提要加以整理，后又校订了原文，于是亚理斯多德的著作才得以流传。公元 6 世纪被译成叙利亚文，10 世纪由叙利亚文译成阿拉伯文。正因为亚理斯多德的著作一度被淹没，因而他的美学思想对古希腊晚期和罗马时期的一些美学和文艺论著没有发生影响。它在欧洲美学史和文学史上发生影响大约开始于 15 世纪末叶。

尽管亚理斯多德的著作经过了这样的特殊遭遇，但仍然无损于他的美学思想在美学史上的重要地位。亚理斯多德美学思想最突出的成就就是系统性。在古希腊，尽管柏拉图是第一个集中地论述了美学与文艺问题的理论家，但从总的方面来说，他的美学思想还是零散而未成体系的。但是，亚理斯多德的《诗学》却是第一部有体系的美学著作。他在这部著作中以唯物主义的摹仿说与整体说作为理论根据，以悲剧为重点，全面而系统地阐明了自己对情节安排、性格刻画、修辞造句及悲剧效果等问题的观点，并从比较的角度论述了喜剧与史诗。尤为重要的是，他在论述中提出了一系列极其重要的美学观点，如"摹仿说""整体说""过失说""陶冶说"以及有关文艺分类、文艺批评等各方面的观点。这些理论对后世影响极大，具有规范的作用。

二千多年来的悲剧理论，从莎士比亚、高乃依、莱辛、黑格尔到车尔尼雪夫斯基，无不受到亚理斯多德悲剧理论的影响。他的"过失说""陶冶说"等悲剧观成为悲剧理论中不断探讨的问题。而且，在欧洲文学的古典主义时期，古典主义的大师们正是以亚理斯多德的"整体说"为据提出了著名的"三一律"（一个情节、一个地点、一天内完成）。另外，亚理斯多德关于文艺对现实的摹仿必须合乎必然律与可然律的观点，实际上是为后世的艺术典型理论提供了根据。他关于按事物的本来样子和应有样子描写的论述，尽管有其原来固有的涵义，但还是对后世的现实主义和浪漫主义理论产生了明显影响。其他有关文艺分类和文艺批评的观点，对后世的影响也是很大的。总之，正如车尔尼雪夫斯基所说，"亚理斯多德第一个在独立的体系中申述了美学见解，他的见解几乎统治了二千多年"，并成为"所有后来美学概念的基础"①。

当然，亚理斯多德也同一切伟大的理论家一样有其局限性。从阶级立场上来看，亚理斯多德毕竟是奴隶主阶级的理论家，在他的美学观点中，奴隶主阶级的阶级偏见是十分明显的。例如，他在谈到人物刻画时，竟禁不住对奴隶进行辱骂："妇女比较坏，奴隶比较坏。"②而在谈到悲剧主角时，他又情不自禁地流露出对奴隶主阶级的赞美。他认为，悲剧的主角应该是比普通的人更好的人，这种人就只能是奴隶主阶级的代表人物了。他说："这种人名声显赫，生活幸福，例如俄狄浦斯、堤厄斯忒斯以及出身于他们这样的家庭的著名人物。"③ 从理论上看，亚理斯多德尽管在美学问题上不乏唯物主义的真知灼见，但他终究不是彻底的唯物主义者，而是动摇于唯物主义与唯心主义之间。因而，他的美学思想中唯心主义成分还是十分明显的。从大的方面来说，他把人类的活动分为认识、实践、创造三个方面。认识主要

---

① ［俄］车尔尼雪夫斯基：《车尔尼雪夫斯基论文学》中卷，辛未艾译，上海译文出版社1979年版，第183、212页。

② ［古希腊］亚理斯多德、［古罗马］贺拉斯：《诗学·诗艺》，罗念生、杨周翰译，人民文学出版社1962年版，第47页。

③ 同上书，第38—39页。

指科学研究领域，实践则指政治与伦理活动，而创造则指包括"文艺"在内的一切人工制作。这样，就将文艺创作与理论认识、政治活动在一定的程度上割裂了开来。这不仅是一种理论上的混乱，而且是使创作脱离社会实践的一种唯心主义倾向。再从亚理斯多德的悲剧理论来说，他在论述悲剧的矛盾时，多从善与恶及悲剧主角个人"过失"的纯道德角度考虑，而没有认识到悲剧的矛盾冲突实质上是社会阶级矛盾的艺术反映。这当然也是一种历史唯心主义的倾向。而且，这种"过失说"在美学史上影响深远。不仅黑格尔提出的冲突双方是合理而又片面的伦理力量的悲剧观是受其影响，甚至拉萨尔在《济金银》中将主人公的失败归之于"智力过失"也是这种"过失说"的表现。另外，亚理斯多德的美学思想中绝对化、形而上学的倾向也到处可见。这种倾向着重表现在他的美学思想缺乏发展的观点而取静观的认识。这当然首先由其哲学思想中的静止论所决定。他一方面反对诡辩派的相对主义，而另一方面又主张静止论。他说："探索真理必以保持常态而不受变改之事物为始。"① 可见，他只看到事物不变的常态一面，而完全忽视了事物发展的变态的一面。因而，他在论到美及文艺问题时，不免有形而上学绝对化的倾向。例如，他强调美在整体，主张文艺情节与形式的整一性，但却忽视了文艺的多样性，忽视了客观存在的情节安排的波折多奇以及形式上的曲线美等，乃至于如前所说，甚至走到从数学的角度来要求文艺的极端。

但是，从历史唯物主义的观点来看，亚理斯多德的上述局限在当时的历史条件下是难以避免的。正如列宁所说："判断历史的功绩，不是根据历史活动家没有提供现代所要求的东西，而是根据他们比他们的前辈提供了新的东西。"② 以这样的标准衡量，将亚理斯多德作为欧洲美学史的奠基人，应该是毫不过分的。

---

① ［古希腊］亚里士多德：《形而上学》，吴寿彭译，商务印书馆1959年版，第
② 《列宁全集》第2卷，人民出版社1984年版，第154页。

第四章

贺拉斯及其《诗艺》

一 生平与背景

贺拉斯（公元前65—8年），生于意大利南部一个获释的奴隶家庭。他父亲比较富有，送他到罗马接受很好的教育，其后又被送往雅典去学哲学，使其成为古希腊文化的推崇者。内战时期，贺拉斯于公元前42年参加共和派军队，并被委任为军团司令官。共和派战败后，他乘大赦的机会回到罗马。这时父亲已死，田产充了公，家中生活十分贫困。他设法谋得一个财务录事的差事，开始写作诗歌。公元前39年，他的诗歌经当时著名诗人维吉尔的推荐，得到奥古斯都的亲信麦凯纳斯的赏识，参加了麦凯纳斯组织的文学集团。公元前33年，麦凯纳斯赠给他一座庄园，位于罗马附近的萨比尼山。从此，他便在庄园与罗马两地消磨此后的岁月，生活宁静，并转向了支持帝制，写诗颂扬奥古斯都大帝。在罗马文学的"黄金时代"，贺拉斯与维吉尔齐名，创作了许多抒情诗、讽刺诗与诗体《信简》二卷。他的《信简》第二卷中的第三封信——《致皮索父子》，回答他们提出的一些文艺问题。这封信被后人称为《诗艺》。

贺拉斯生活在罗马帝国初期（罗马历史分王政时期、共和时期和帝国时期）。此时，战争的硝烟已从人们头上飘散，人们生活在宁静的和平之中。在战争中遭到破坏的手工业、商业与交通迅速恢复并活跃起来，罗马成为向四处辐射的交通网络的中心，有"条条道路通向罗马"之誉。罗马也成为国际性的水陆码头，呈现一片繁荣的景象。

经济的发达促进了文学艺术的繁荣。一方面，奴隶主阶级需要通过文艺标榜自己的文治武功，在世界面前树立起帝国的崇高而不可侵犯的形象；另一方面，希腊和东方艺术大量涌入罗马，大大刺激了刚刚从戎马生涯中脱身出来的罗马人的兴味。罗马的统治者们一心要把罗马建成贝里克利时代的雅典那样举世瞩目的城市，明确要求文艺为帝国、为皇帝服务，用崇高的语言和格调来歌颂罗马的功业。在他们的奖掖下，一大批艺术家从各地汇集到罗马，成为宫廷的侍臣或权贵们的门客。但罗马的文学基本上是对古希腊文学的继承与摹仿，缺乏创造性。

古罗马也没有自己独特的哲学，它的哲学就是伊壁鸠鲁派和斯多噶派的哲学。伊壁鸠鲁学说的核心范畴是"快乐"，这种快乐是一种静态的、持久的、有节制的，保持了中庸和简朴。斯多噶派认为，人类的基本出发点和归宿是德行，德行是快乐的基础。人们为获得快乐，唯一的途径是做一个有德行的人，他们不是听凭情感而是听凭理智生活。贺拉斯的文艺思想就深受伊壁鸠鲁派和斯多噶派中庸的哲学思想的影响。

二 贺拉斯的文艺思想

（一）古典主义的创作原则

古典主义文艺思潮在西方绵延了一千余年。直到17—18世纪启蒙运动，才逐步被现实主义所代替。但作为一种美学特征，则几乎延续到资本主义前期。古典主义创作原则最早由谁提出？一说始于古罗马的贺拉斯，17世纪的法国布瓦洛等被称为新古典主义；一说始于布瓦洛。我们持前一种看法，认为古典主义创作原则最早由贺拉斯提出。因为，在他的《诗艺》里，已经概括了古典主义的基本特征。

第一，创作上的理性原则。

古典主义最基本的特征就是强调在创作中理性主宰一切。贺拉斯说："要写作成功，判断力是开端和源泉。"① 何为判断力呢？贺拉斯认为，判断力即理性能力，指应懂得对国家、朋友的责任；懂得怎样爱父兄、宾客；懂得元老、法官、将领等各类人员的职务与作用，最后是"懂得怎样把这些人物写得合情合理"②。这就要求创作应合乎现实自然之理与罗马帝国所要求的情理。在此，贺拉斯借用了亚理斯多德关于诗人应写"应当有的事"，认为"作者在写作预定要写的诗篇的时候能说此时此地应该说的话"③。这"应该说的话"就是符合自然之理与古罗马社会情理和理性要求的话。贺拉斯对文艺的总要求，是"至少要作到统一、一致"④，表现出一种整体的和谐的美。他认为，有的劣等工匠，在雕塑铜像时，常常着眼于个别的指甲与毛发的惟妙惟肖，但却忽略了整体的协调，因此，"总效果却很不成功"⑤。

首先，艺术作品的外在结构应有一种统一性。他举例说，如果有位画家画了一幅画，上面有个美女的头，长在马颈上，四肢是由各种动物的肢体拼凑起来的，四肢上又覆盖着各色羽毛，下面长着又黑又丑的鱼尾巴。面对这么一幅奇形怪状不伦不类的画，谁又能不捧腹大笑呢？因为这幅画是不同种类的拼凑，在外在结构上缺乏最基本的统一性。

其次，艺术作品的情节应有某种统一性。贺拉斯又举例说，诗人固然有大胆创造的权利，"但是不能因此就允许把野性的和驯服的结合起来，把蟒蛇和飞鸟，羔羊和猛虎，交配在一起"⑥。因为这样的事是不合情理、不可能发生的。

再次，在描写人物性格方面，要做到具有某种统一性。他说："假如你把新的题材搬上舞台，假如你敢于创造新的人物，那么必须

① ［古希腊］亚理斯多德、［古罗马］贺拉斯：《诗学·诗艺》，罗念生、杨周翰译，人民文学出版社1962年版，第154页。

② 同上。

③ 同上书，第139页。

④ 同上书，第138页。

⑤ 同上。

⑥ 同上书，第137页。

注意从头到尾要一致，不可自相矛盾。"① 这个"一致"，既要人物性格自身始终一贯、头尾呼应，还要求应与其身份相一致。做到什么身份的人说什么样的话，办什么样的事。

最后是要求艺术作品在风格上具有统一性。贺拉斯认为，诗人在写作时如果是一种极为庄严的格调，但却突然"出现一两句绚烂的词藻，和左右相比太显得五色缤纷了（绚烂的词藻很好）。但是摆在这里摆得不得其所"②。"绚烂的词藻"，也有译成"大红补钉"，亦即同庄严的格调不相称、不和谐。

贺拉斯认为，对于该写什么，不该写什么，作家主要依靠理性加以判断，做出取舍。例如，作为表演艺术的戏剧，主要靠行动取胜，呈现在观众眼前。"不该在舞台上演出的，就不要在舞台上演出，有许多情节不必呈现在观众眼前。"③ 例如，不必让美狄亚当着观众屠杀自己的孩子，不必让罪恶的阿特柔斯公开地煮人肉吃，不必把普洛克温当众变成一只鸟，也不必把卡德摩斯当众变成一条蛇。

第二，题材上的仿古原则。

在题材方面，贺拉斯是主张借鉴古希腊的，他提出的著名口号是："你们应当日日夜夜把玩希腊的范例。"④ 他又说道："从公共的产业里，你是可以得到私人的权益的。"⑤ 这里所谓"公共产业"即指古希腊时期的题材，这是一种公共的财富，而所谓"私人的权益"，即作家本人的独创。他尽管主张从古希腊文艺遗产中寻找题材，却竭力反对死搬死译，刻板地摹仿，而应是有某种独创性。他的这种看法，有点像现在的新编历史剧，借古人的事迹，表现当代人的情感。

第三，观众方面的贵族原则。

贺拉斯认为，贵族与平民有不同的艺术趣味，对于当时流行的软

---

① ［古希腊］亚理斯多德、［古罗马］贺拉斯：《诗学·诗艺》，罗念生、杨周翰译，人民文学出版社 1962 年版，第 143—144 页。

② 同上书，第 137 页。

③ 同上书，第 146 页。

④ 同上书，第 151 页。

⑤ 同上书，第 144 页。

绵绵的诗歌，或者某些淫词秽语，那些站在大街上买烤豆子、烤栗子吃的平民是十分赞许的，而骑士、长者、贵人、富人们却极其反感。贺拉斯对于平民的艺术趣味是十分厌恶的，对于贵族的艺术趣味却十分欣赏。他把贵族们尊称为"清醒、纯洁、有廉耻的人"①。他还认为，当时罗马艺术已有着某种程度上的堕落，就同迎合平民观众直接有关。他说："本来么，观众中夹杂着一些没有教养的人，一些刚刚劳动完毕的肮脏的庄稼汉，和城里人和贵族们夹杂在一起——他们又懂得什么呢？因此，奏箫管的乐师便在古法之外加上些动作和花巧，在舞台上曳着长裙走过。"② 很显然，贺拉斯是主张文艺应以贵族为服务对象。

第四，修辞上的典雅原则。

贺拉斯与亚理斯多德相同，认为最重要的艺术样式是悲剧。悲剧在修辞上最重要的应是有某种高贵性的典雅原则，给人一种庄严崇高之感，不可反庄为谐，不可让天神与英雄穿着庄严的袍褂却说一些粗俗的语言。他说："悲剧是不屑于乱扯一些轻浮的诗句的，就像庄重的主妇在节日被邀请去跳舞一样。"③ 他要求诗人"至少要能分辨什么是粗鄙，什么是漂亮文字，用我们耳朵、手指辨出什么是合法的韵律"④。

（二）寓教于乐的功利作用

文艺的作用到底是什么呢？柏拉图提出了"效用说"，亚理斯多德提出了"净化说"，贺拉斯在此基础上提出了"寓教于乐"的名言，将教化与娱乐这两种功用结合了起来。他说："寓教于乐，既劝谕读者，又使他喜爱，才能符合众望。"⑤ 当然，在教化与娱乐这两者

①　［古希腊］亚理斯多德、［古罗马］贺拉斯：《诗学·诗艺》，罗念生、杨周翰译，人民文学出版社1962年版，第148页。

②　同上。

③　同上书，第149页。

④　同上书，第151页。

⑤　同上书，第155页。

之间，他更侧重于教化。在他看来，娱乐只不过是手段，只有教化才是目的。他甚至认为，"神的旨意是通过诗歌传达的；诗歌也指示了生活的道路"①。文艺的教化作用到底是什么呢？他认为，古希腊时代是指导人们"划分公私，划分敬渎，禁止淫乱，制定夫妇礼法，建立邦国，铭法于木"，后来的荷马和斯巴达诗人堤尔泰俄斯利用诗歌"激发了人们的雄心奔赴战场"②。

　　但单纯的教化还不能达到自己的目的，文艺毕竟有着自己的特点。首先是虚构性，即通过合理想象虚构形象，使读者或观众如闻其声、如睹其面，文艺的教化作用就通过形象产生。诚如贺拉斯所说，"虚构的目的在于引人欢喜"③。但虚构又应真实合理，不可随意杜撰。例如，你如告诉人们可从专吃婴儿的女妖拉米亚的肚皮里取出活生生的婴儿，那就近于荒诞了。同时，文艺还必须要有打动人心的情感。你自己先要笑，才能引起别人脸上的笑。同样，你自己得哭，才能在别人脸上引起哭的反应。这种情感在他看来就是文艺特有的"魅力"。他说："一首诗仅仅具有美是不够的，还必须有魅力，必须能按作者愿望左右读者的心灵。"④很显然，他把文艺的情感性看作是"美"之外的另一种特性。由此可见，他这里所谓的"美"偏重于物质的外在的统一与和谐，而情感却是精神的，内在的。

　　贺拉斯不仅强调文艺的虚构性、情感性，而且再次突出地强调了文艺的独创性。他认为，任何人，甚至律师、诉讼师都可犯平庸的毛病，"唯独诗人若只能达到平庸，无论天、人或柱石都不能容忍"⑤。对诗歌的唯一要求就是具有创造性，只有具有创造性，才能使人耳目一新，心旷神怡，从而达到教化的效果，否则就功亏一篑，一败涂地。由此可见，贺拉斯对于文艺的特性还是比较重视的。他的教化是

---

　　①　［古希腊］亚理斯多德、［古罗马］贺拉斯：《诗学·诗艺》，罗念生、杨周翰译，人民文学出版社1962年版，第158页。
　　②　同上。
　　③　同上书，第155页。
　　④　同上书，第142页。
　　⑤　同上书，第156页。

尊重文艺特性前提下的教化，而强调文艺特性的根本目的又是教化。这说明，从亚理斯多德开始的对文艺规律本身的研究到了贺拉斯已经有了更大的进展。

（三）诗人的修养

第一，天才与训练的结合。

诗人应该具备一些什么样的修养呢？这是自古希腊以来就争论不休的问题。有的强调天才（先天禀赋），有的强调训练。贺拉斯则主张天才与训练的结合。他说："有人问：写一首好诗，是靠天才呢，还是靠艺术？我的看法是：苦学而没有丰富的天才，有天才而没有训练，都归无用；两者应该相互为用，相互结合。"①

第二，诗人应切忌失去理性。

贺拉斯强调理性对创造的指导，因而在天才与训练上更侧重于后天的训练。他举例说，竞技场上的优胜者，是因幼年勤于训练，吃过很多苦，出过汗，受过冻，并且严于律己，戒酒戒色。在纪念日神阿波罗的音乐竞赛会上受到人们称赞的音乐演奏家们也是经过艰苦的努力，长期在老师的严格要求之下训练而成。为此，他在《诗艺》中尽力抨击天才论者。古希腊的哲学家德谟克利特是天才论者，贺拉斯认为，他所起的坏作用是"把头脑健全的诗人排除在赫利孔之外"②。这里所说的赫利孔，是希腊神话中诗神所居的山，泛指诗歌领域。这就是说，推行天才论的结果，竟使所谓的诗人队伍没有一个真正头脑健全的人。这些人不修边幅，缺乏正常人的生活习惯。他们不剪指甲，不剃胡须，流连于人迹不到之处，从不进入浴室，浑身污垢。而且，神志不清、疯疯癫癫。贺拉斯将他们说成是"癫诗人"。这些癫诗人两眼朝天，口中吐些不三不四的诗句，东游西荡，最后落入陷阱、自取灭亡。贺拉斯对他们极其痛恨，告诫人们说："让诗人们去

---

① ［古希腊］亚理斯多德、［古罗马］贺拉斯：《诗学·诗艺》，罗念生、杨周翰译，人民文学出版社1962年版，第158页。

② 同上书，第153页。

享受自我毁灭的权利吧。"① 他这里所说的"癫诗人",就是柏拉图所说的获得灵感的、处于失去理性的迷狂状态的诗人。

第三,诗人应重视诗作的修改。

贺拉斯强调,作品完成后,作家要进一步润色、修改。这与他对天才论的反对相一致。他认为,任何成功之作都得经过多次涂改,就好像雕塑家不停地用指甲在雕像上摩擦检查接缝处的光润状况,以便加以修正。②

第四,诗人应正确对待批评。

贺拉斯非常重视文艺批评对于发展文艺的作用。他十分形象地将文艺批评比作磨刀石,说:"我不如起个磨刀石的作用,能使钢刀锋利,虽然它自己切不动什么。"③ 所谓"磨刀石作用",就是通过批评,阐明诗人的成绩、功能、创作的源泉、诗人的修养与正确道路等等。很显然,这是以理性对诗人及其创作加以指导。他告诫诗人,千万要分辨真假朋友,珍视出于善意的批评家的严厉批评,警惕别有用心者的阿谀奉承。他说:"出殡的时候雇来的哭丧人的所说所为几乎超过真正从心里感到哀悼的人;同样,假意奉承的人比真正赞美(你的作品)的人表现得更加激动。"④

第五,诗人应摆脱金钱贪欲。

罗马时代由于商品经济的发展,在市民阶层中逐步发展起来的对金钱的贪欲,对文艺创作也有所腐蚀,贺拉斯对此不以为然。他说:"当这种铜锈和贪得的欲望腐蚀了人的心灵,我们怎能希望创作出来的诗歌还值得涂上杉脂,保存在光洁的柏木匣里呢?"⑤

(四)人物塑造的类型说

在人物塑造上,亚理斯多德强调诗应描写"有普遍性的事",即

① 〔古希腊〕亚理斯多德、〔古罗马〕贺拉斯:《诗学·诗艺》,罗念生、杨周翰译,人民文学出版社1962年版,第161页。
② 同上书,第152—153页。
③ 同上书,第153页。
④ 同上书,第159页。
⑤ 同上书,第155页。

"按照可然律式必然律会说的话，会行的事"。在这里，亚理斯多德尽管对典型与个别的辩证法缺乏应有的认识，但毕竟是揭示了人物的合规律的普遍性。贺拉斯却明确提出按照不同人物的类型进行描写的要求。具体地说，他认为，不同的年龄应有不同的性格类型。他说，一个诗人，如果希望自己的作品赢得观众的掌声，"那你必须（在创作的时候）注意不同年龄的习性，给不同的性格和年龄以恰如其分的修饰"①。应写出儿童的天真、少年的无知、成年的野心、老年的痛苦。他要求，"我们必须永远坚定不移地把年龄和特点恰当配合起来"②。他还认为，不同的身份的人，应有不同的语言特点和性格。他说："如果剧中人物的词句听来和他的遭遇（或身份）不合，罗马的观众不论贵贱都将大声哄笑。"③ 神、英雄、饱有经验的老人、热情的少年、货郎、农夫及各个不同地区的人所说话都大不相同。再就是，他认为，古希腊神话和悲剧中的人物也都有固定的性格类型，后人在描写这些人物时也不能加以更改。例如，阿喀琉斯的急躁、暴戾、无情、尖刻，美狄亚的凶狠、彪悍，伊诺的哭哭啼啼，伊克西翁的不守信义，伊俄的流浪，俄瑞斯忒斯的悲哀，等等。

三　对贺拉斯文艺思想的评价

（一）成就

第一，贺拉斯是西方古典主义的奠基人。他在《诗艺》中提出了古典主义创作原则，特别是对理性的肯定，对"合式"原则的倡导，对后世产生较大影响，为 17 世纪的新古典主义提供了理论根据。布瓦洛所坚持的理性原则，除了受笛卡尔理性主义的影响外，主要是对贺拉斯古典主义原则的继承与发展。

第二，《诗艺》对现实生活的肯定，对普通人性的赞扬，对文艺

---

① ［古希腊］亚理斯多德、［古罗马］贺拉斯：《诗学·诗艺》，罗念生、杨周翰译，人民文学出版社 1962 年版，第 144—145 页。

② 同上书，第 146 页。

③ 同上书，第 143 页。

社会作用的倡导，对文艺复兴时期的理论家有较大的启发，并受到18世纪启蒙运动的推崇。

第三，在西方美学与文艺理论史上，贺拉斯首次作为一个诗人从总结自己的创作经验出发来阐述美学与文艺理论问题。他的思想尽管在理论性与系统性上有所欠缺，但同亚氏相比，对文艺的论述与文艺本身更加切近，有许多自己独到的见解，特别是在诗人修养与文艺作用等问题上观点更加突出。他对"和谐"范畴的探讨，也多次对外在的、物质的和谐有所突破，涉及理性的主导作用与作品内在风格的协调一致等。

（二）局限

第一，《诗艺》中流露出明显的保守思想，确立了僵化的创作原则，形成了文艺中长期束缚创造性的清规戒律，为中世纪神学家所称道。

第二，《诗艺》明显地表现出对普通劳动人民的蔑视，对贵族阶级的颂扬，是一种阶级的偏见，其艺术趣味也纯是贵族式的。

第三，《诗艺》所提出的类型说，同亚氏的典型论相比，内容更具体丰富，但在理论深度上却有所倒退，极大的助长了此后人物类型化的倾向，所产生的作用是消极的。

第四，在理性与灵感、天才与训练的关系上，过分否定灵感与天才的作用，有形而上学绝对化倾向，不甚符合文艺创作实际。

第二编
新古典主义与启蒙主义美学

第五章

布瓦洛的新古典主义

新古典主义文艺思想与启蒙主义文艺思想同属于西方古典美的范围，但各处于西方古典美的不同发展阶段。它们都尊崇理性，所使用的基本范畴都是和谐。但两者又有所不同。新古典主义的理性是一种对封建君主专制政体高度服从的理性，而启蒙主义的理性则是资产阶级文化运动包含着"自由""民主"等新内容的理性。新古典主义的和谐是感性与理性机械地、外在地统一于理性的和谐，而启蒙主义的和谐则是探索感性与理性通过内在矛盾实现自由统一的和谐。

布瓦洛是新古典主义最主要的理论代表，他的文艺论著《诗的艺术》是新古典主义的法典。俄国伟大诗人普希金曾说："布瓦洛为古典主义诗歌写作了一部《可兰经》。"

一　生平与时代

布瓦洛（1636—1711），出身于巴黎一个司法官的家庭。由于早年丧母，生活不幸，养成沉默的个性。一开始，他根据父亲的旨意，专攻神学，准备为宗教服务。但因做神父不是自己的志愿，后改学法律。1657 年毕业于巴黎大学，考取了律师。由于厌恶律师生活的枯燥乏味，在得到父亲一笔遗产后，离开法院，专心致力于文学事业，开始了诗人的生涯。一开始，布瓦洛颇有锋芒，将讽刺的矛头对准没落的封建贵族和专事雕琢的官方诗人，著有《讽刺诗》（十二篇）。但在种种压力下不得不改变原先激进的态度，开始出入宫廷。先后写了几篇献媚于路易十四的书简诗，受到国王赏识，被命名为宫廷诗人。就在这种向贵族统治屈膝妥协的情况下，布瓦洛写作了《诗的艺术》，并于1674年发表。这部著作由于适应了封建王朝的政治需要，因此很快被钦定为古典主义的理论法典，布瓦洛本人也被聘为皇家的史官。1684年，布瓦洛在路易十四的推荐下进入法兰西学士院，成为40个"不朽者"之一。1711年3月，布瓦洛去世。

布瓦洛生活于欧洲由封建社会向资产阶级社会过渡而封建势力仍占绝对统治地位时期，这是新古典主义产生的时代条件，也是《诗的艺术》产生的时代条件。

第一，政治上，法国中央集权君主政体的形成与巩固。

法国进入16世纪以后，封建制度日趋解体，资本主义开始发展，贵族势力有所削弱，国家在政治上得到了统一。法王路易十三和路易十四时期，由于任用了两个有才能的宰相，采取了有力的措施，使法国中央集权的君主专制在17世纪中期进入了黄金时代，成为当时欧洲最强的中央集权的君主制国家。此时的法国，封建势力与资产阶级斗争十分尖锐，在力量对比上封建贵族阶级仍占优势，但也压不倒新兴的资产阶级。社会上的等级制仍很严格。第一等级为天主教僧侣，代表着占有优势的封建势力；第二等级为贵族，世袭着种种政治上的特权；第三等级为市民。作为新兴资产阶级，虽有经济实力，但政治上却处于附庸地位。作为君主政体的国家，则居中，处于表面协调的地位，使贵族与市民彼此保持平衡。但实际上却仍然是依靠贵族势力维持自己的统治，当然也利用市民阶级的经济实力。

第二，思想上，笛卡尔的唯理主义成为当时法国的统治思想。

笛卡尔是唯理主义哲学的创始人，他把理性置于最高的地位，认为人类的思想是判断现实生活的准绳。他的著名命题，是"我思故我在"，强调理性决定一切。这种哲学，用人的理性去代替神的启示，同中世纪神学相比，无疑具有进步意义。但唯理主义哲学明确认为理性的具体化就是国家，就是君主专制。它特别强调君权高于一切，在思想上必须绝对遵守王权。因此，受到封建统治者的欢迎，很快成为当时的统治思想。

第三，文艺上的专制主义措施与尖锐激烈的斗争。

　　封建的君主政体在文艺上实行专制主义政策，1635 年，路易十三的宰相黎塞留为了推行他的文化政策，把文艺置于专制王权的直接控制之下，创立了法兰西学士院，任务就是制定与中央集权的政治相适应的文学与语言法规。这就使皇家宫廷成为王国的文化中心，它的趣味成为一时的风尚。封建宫廷通过法兰西学士院对文艺实行强有力的控制。1638 年，曾发生法兰西学士院公开批评高乃依著名戏剧《熙德》的事件。《熙德》是高乃依所著的一部成功的古典主义悲剧，演出后受到巴黎观众的热烈欢迎，但也受到一些人的攻击。当时的宰相，红衣主教黎塞留对它极为不满，便利用他所控制的法兰西学士院对《熙德》加以攻击，并指使夏泼兰写了《法兰西学士院对〈熙德〉意见书》，谴责这部作品违背了"三一律"，使高乃依为此辍笔五年。17 世纪 80—90 年代，又发生了轰动法国文坛的"古今之争"。双方争论的中心，是在文艺方面究竟是古人胜过今人，还是今人胜过古人？崇古派以布瓦洛为领袖，崇今派以贝洛勃为代表。崇今派的主要理论家是艾弗蒙，虽也承认以理性为基础的永恒的法则，但更强调时代的变化与文学的发展，并明确提出："我们应该把脚移到一个新的制度上去站着，才能适应现时代的趋向和精神。"[①] 这一争论表明资产阶级作家冲破古典主义清规戒律束缚、争取创作上的更大自由的强烈要求。

二　布瓦洛的文艺思想

　　布瓦洛的文艺思想集中表现于《诗的艺术》一文，该文是新古典主义的法典。

（一）唯理论

　　作为新古典主义的代表人物，布瓦洛认为体现封建君主政体利益

---

①　转引自朱光潜《西方美学史》上卷，人民文学出版社 1963 年版，第 198—199 页。

的理性在文艺创作中处于最重要的位置。首先，他认为，理性是衡量作品价值的最根本的标准。14世纪以来，意大利作家除但丁之外，大都倾向于形式主义的文风，追求浮华的辞藻，离奇的情节，以及其他种种穿凿附会。到17世纪，发展得更加严重，并把这种风气带到了法国。布瓦洛有感于此，针锋相对地提出："因此，首须爱义理：愿你的一切文章，永远只凭着义理获得价值和光芒。"① 在他看来，对于文艺家来说，最重要的就是热爱理性，并凭借着理性，使自己的作品获得价值和光芒。其次，在文艺创作中，诗人必须明确地把握住理性，完全在理性的指导之下。那就要做到，在写作之前就应构思清楚。布瓦洛说："你心里想得透彻，你的话自然明白，表达意思的词语自然会信手拈来。"② 这就说明，体现理性的主题思想在创作中起着指导的作用。这段话在当时的法国流行极广，已经成为谚语。最后，对于作品来说是内容决定形式。布瓦洛认为，义理与音韵，二者似乎对立，但又不是不能相容。义理作为作品内容在作品中起着主导的作用，决定了形式，所谓"音韵不过是奴隶，其职责只是服从"，但音韵作为形式，也对义理有辅助的作用，所谓"韵不能束缚义理，义理得韵而愈明"③。他特别反对的是"以韵害义"的形式主义倾向。

（二）自然人性说

布瓦洛是古希腊摹仿说的继承者，强调对自然的摹仿。他认为，"我们永远也不能和自然寸步相离"④，著名的古希腊诗人荷马，他的成功就是由于以大自然为师，所谓"荷马之令人倾倒是从大自然学来"⑤。但他的摹仿说是建立在理性主义基础之上的，和传统的摹仿说相比有很大的差别。首先，他所说的"自然"是一种先天的、与生俱

---

① 伍蠡甫、胡经之主编：《西方文艺理论名著选编》上卷，北京大学出版社1985年版，第182页。

② 同上书，第186页。

③ 同上书，第181页。

④ 同上书，第208页。

⑤ 同上书，第202页。

来的人性，这种人性是由抽象的理性决定的。因而，他所说的"自然"，是一种打上了理性烙印的"自然人性"。他对作家们说道，"你们唯一钻研的就应该是自然人性"，这种自然人性即是一种抽象的、先天的好尚、精神与行径，表现为一种类型，分为不同的年龄、职业、性格等。其次，他认为，这种"自然人性"存在于宫廷与城市之中，因此，诗人应由此获得对自然人性的正确认识。他的名言是："好好地认识都市，好好地研究宫廷，二者都是同样地经常充满着模型。"① 但布瓦洛认为，城市只需一般地认识，而皇家贵族的宫廷却须认真研究。可见，他认为，真正的符合理性的人性存在于宫廷之中。

（三）"三一律"

"三一律"又称"三整一律"，包括地点整一律（剧中的事件发生在同一地点，整出剧不换景）、时间整一律（剧情表现的时间限于二十四小时或十二小时）、情节整一律（全剧表现一个完整的情节）。"三一律"是新古典主义文艺思想的重要内容。布瓦洛在《诗的艺术》中对此作了明确的规定："我们要求艺术地布置着剧情发展；要用一地、一天内完成的一个故事，从开头直到末尾维持着舞台充实。"② 从此，地点、时间与情节的整一成为戏剧创作的金科玉律，高乃依的悲剧《熙德》就因为没有完全遵守"三一律"而受到法兰西学士院的严厉批评。据说，"三一律"来自亚理斯多德的《诗学》，其实是对亚理斯多德《诗学》的曲解。"情节整一律"来自亚氏"悲剧是对于一个完整而具有一定长度行动的摹仿"③，看来有一定根据。"地点整一律"，据说源于《诗学》"悲剧不可能摹仿许多正发生的事，只能摹仿演员在舞台上表演的事"④。这种看法，将舞台上表演的

---

① 伍蠡甫、胡经之主编：《西方文艺理论名著选编》上卷，北京大学出版社1985年版，第207页。

② 同上书，第195页。

③ ［古希腊］亚理斯多德、［古罗马］贺拉斯：《诗学·诗艺》，罗念生、杨周翰译，人民文学出版社1962年版，第25页。

④ 同上书，第86页。

事等同于同一地点发生的事，显然根据相当不充分。但古希腊由于条件的限制，演出时换景十分困难，因此常常使情节表现的地点只局限于一处。"时间整一律"，据称源自《诗学》中的一句话："就长短而论，悲剧力图以太阳的一周为限。"① 原来是指演出时间的长短，一出悲剧只限于白天的十二小时。后来被附会为情节所表现的是十二小时或二十四小时所发生的事，显然是一种曲解。从戏剧的特点出发，"三一律"要求内容的紧凑，确有一定道理。但如作为一种僵死的规则，就一定会成为创作的束缚。从这个意义上说，布瓦洛所特别强调的"三一律"恰恰反映了封建君主政体的僵死划一的文艺思想，是对丰富多彩的生活的硬性剪裁，也是对诗人创造精神的扼杀，消极作用十分明显，被后人称为"野蛮的规则"。

（四）崇尚古代

新古典主义文艺思想的另一个重要特征是崇尚古代。在他们看来，古希腊文艺是永恒的楷模，是文艺创作取之不尽的源泉。布瓦洛说：荷马的书是"众妙之门，并且是取之不尽"②。他号召当时的诗人，"你爱他的作品吧，但必须爱得诚虔"③。与此同时，布瓦洛在《诗的艺术》中对崇今派们作了尖锐的批评与无情的讽刺。他称这些崇今派是"不学无术的诗人"，"被冲昏头脑骄傲得如狂如醉"，他们自我欣赏，不知天高天厚，"维吉尔比起他来算不得工于创造，老荷马比起他来也难说臆想高超"，其结果是"大作早已悲凄地被虫豸厌尘腐蚀"④。

（五）诗人论

布瓦洛以理性为指导，对诗人的道德修养、创作态度、诗品人

---

① ［古希腊］亚理斯多德、［古罗马］贺拉斯：《诗学·诗艺》，罗念生、杨周翰译，人民文学出版社1962年版，第17页。

② 伍蠡甫、胡经之主编：《西方文艺理论名著选编》上卷，北京大学出版社1985年版，第203页。

③ 同上。

④ 同上书，第203、204页。

品提出了严格的要求。首先是要求诗人接受批评。他认为，一个聪明的诗人应热情地欢迎批评，并将严格批评之人看作净友。他说："无知的人才永远倾向于欣赏自己。"又说："一个益友经常是既严格而又刚毅；一发现你的错误就绝不让你安息。"① 他还要求诗人，"勤访周咨，倾听大家的评语，有时候狂夫之言也能有一得之愚"②。他认为，真正优秀的批评家还是凭借理智才能正确地判断是非。他说："望你选个品题者，要他能坚定、内行，凭理智判断是非，论学问见多识广，要他能运斤成风，一动笔就能指出你哪里意存藏拙，你哪里欠缺工夫。"③ 其次，要求诗人从容写作，不管别人如何催逼。布瓦洛由于特别强调诗歌的教化作用，所以对诗歌的质量特别重视，他强调在理性指导下的从容创作，反复修改，反对仅凭情感的急就章。他说："不论你写些什么，总归是涂抹之流。从从容容写作吧，不管人怎样催逼。"④ 又说："还要十遍、二十遍修改你的作品：要不断地润色它，润色，再润色才对；有时可以增添，却常要割爱删弃。"⑤ 再次，要求诗人切忌平庸。布瓦洛继承贺拉斯的观点，认为任何行业都可允许普通平庸，唯有诗人切忌平庸。他说："任何别的艺术里都分不同几等，你虽是二流角色也还能显示才能；但是写诗和作文是最危险的一行，一平庸就是恶劣，分不出半斤八两。"⑥ 他甚至极端地认为，平庸的诗人连疯子都赶不上。他说："一个疯子倒还能逗我们发笑消愁，一个无味的作家除讨厌一无是处。"⑦ 最后，布瓦洛认为，诗人应有高尚的道德、无邪的诗品。布瓦洛认为，一部作品实际上是人的心灵与品格的写照，反映了人的道德面貌与品德修养。他说："你的作品反映着你的品格和

---

① 伍蠡甫、胡经之主编：《西方文艺理论名著选编》上卷，北京大学出版社1985年版，第188页。

② 同上书，第211页。

③ 同上书，第212页。

④ 同上书，第187页。

⑤ 同上。

⑥ 同上书，第209页。

⑦ 同上书，第210页。

心灵，因此你只能示人以你的高贵小影。"① 因此，他要求诗人加强道德修养，做到"爱道德，使灵魂得到修养"②。这样，作品在内容上才能做到符合理性的要求。由此，他认为，人品决定了诗品。他说："一个有德的作家，具有无邪的诗品，能使人耳怡目悦而绝不腐蚀人心。"③ 从总的方面，他要求诗人将自己的艺术趣味同善与真融合在一起，"处处能把善和真与趣味融成一片"④。具体地来说，要求诗人守信义（"也还要结交朋友，做一个信义之人"），戒贪欲（"为光荣而努力啊！一个卓越的作家绝不能贪图金钱，把得利看成身份"）⑤。

（六）古典主义的风格论

新古典主义文艺有自己特有的风格：质朴、高尚、和谐。正如布瓦洛在《诗的艺术》中所说："提高你的笔调吧，要从工巧求朴质，要雄壮而不骄矜，要优美而无虚饰。"⑥ 这是对古典主义艺术风格的一个综合要求，形成一种严整、简朴、和谐并充满贵族气的美学特征。这种古典主义风格，首先要求一种高贵的典雅性。布瓦洛认为，在题材上，"不管你写的什么，要避免鄙俗卑污：最不典雅的文体也有其典雅的要求"⑦。他极其讨厌"村俗的调笑""市井嗷嘈""滥咏狂讴"⑧，等等，将他们看作流毒各地、贻害各界的瘟疫。他说："这风气有如疫疠，直传到全国郡县，由市民传到王侯，由书吏传到时贤。"⑨ 甚至对于喜剧，布瓦洛认为，它的任务也不是跑到街口用下流的语言博取观众欢呼。相反，他要求"它的演员们应

---

① 伍蠡甫、胡经之主编：《西方文艺理论名著选编》上卷，北京大学出版社 1985 年版，第 213 页。
② 同上书，第 214 页。
③ 同上。
④ 同上书，第 213 页。
⑤ 同上书，第 215 页。
⑥ 同上书，第 185 页。
⑦ 同上书，第 184 页。
⑧ 同上。
⑨ 同上。

当高尚地调侃诙谐"①。其次他要求古典主义的文艺要真正做到内在与外在的和谐,这就要符合"常情常理"。布瓦洛说:"就是作歌谣也该讲艺术、合乎常情。"② 在语言的运用上,"精选和谐的字眼自不难妙合天然"③。如果在语言的运用上违背和谐原则,选用拗字拗音,那么,即便是最有内容的诗句,高贵的意境,也使人刺耳难听,难以欣赏。在结构上,要布置适当,形成一个完整的整体。诚如布瓦洛所说:"必须里面的一切都能够布置得宜;必须开端和结尾都能和中间相配;必须用精湛的技巧求得段落的匀称;把不同的各部门构成统一和完整。"④ 在和谐的风格上,内在的和谐,内容的和谐,布瓦洛涉及的较少,仍主要局限于语言、结构等外在的物质和谐。最后,布瓦洛要求古典主义文艺具有一种静止的风格。在性格创造上,他的类型说,是一种从一开始就是一个稳定的性格,直到结束,从不发展,也不变化。他说:"你打算单凭自己创造出新的人物?那么,你那人物要处处符合他自己,从开始直到终场表现得始终如一。"⑤ 在这里,他主张性格的一致是对的,但性格的一致并不等于处于静止状态的平面展开,而不向纵深发展。在表现手法上,布瓦洛更多地称赞叙述的方式而反对依靠行动,这同其典雅性的要求相适应。在这样的要求下,很多事物不能通过行动表演,而只能诉诸叙述。他说:"不便演给人看的宜用叙述来说清,当然,眼睛看到了真相会格外分明;然而,却有些事物,那讲分寸的艺术,只应该供之于耳而不能陈之于目。"⑥ 在这里,他继承了贺拉斯的观点,但由于过分强调"讲分寸的艺术",故而使得古典主义戏剧里叙述过多,以致形成一种冗长、沉闷的艺术风格。

---

① 伍蠡甫、胡经之主编:《西方文艺理论名著选编》上卷,北京大学出版社 1985 年版,第 208 页。

② 同上书,第 192 页。

③ 同上书,第 186 页。

④ 同上书,第 187 页。

⑤ 同上书,第 199 页。

⑥ 同上书,第 195—196 页。

三 基本评价

（一）贡献与历史地位

第一，《诗的艺术》作为17世纪古典主义艺术实践的理论总结，适应了君主专制的需要，而君主专制政体在当时对于统一法兰西民族，在一定程度上促进资本主义的发展，都是有其积极的作用。因此，古典主义美学与艺术理论作为反映君主专制政体政治要求的意识形态就应有其一定的进步作用，须给其应有的地位。

第二，在《诗的艺术》中，布瓦洛关于诗歌的义理与音韵的关系、诗人的修养以及真实并不逼真等论述，都有合理的成分，值得后人借鉴。

（三）局限

第一，《诗的艺术》产生于法国君主专制的全盛时期，充分地体现了绝对王权的美学思想和艺术观点，从总体上看，是一种保守的形而上学的美学与文艺理论体系。在后来的资产阶级革命中产生过消极的作用，对于我们今天直接借鉴的价值也不太大。

第二，布瓦洛在《诗的艺术》中表现出极其明显的贵族阶级御用文人的阶级倾向，流露出明显的对普通人民的鄙视。他在谈到莫里哀时，就毫不掩饰地批评他："可惜他太爱平民，常把精湛的画面，用来演出那些扭捏难堪的嘴脸。"①

---

① 伍蠡甫、胡经之主编：《西方文艺理论名著选编》上卷，北京大学出版社1985年版，第207页。

第六章

狄德罗的现实主义美学思想

狄德罗（1713—1784），法国启蒙运动的三大领袖之一，这个运动的重要理论家，著名的《百科全书》的主编。他在反封建的资产阶级革命中表现了不屈不挠的斗争意志。正如恩格斯所说："如果说，有谁为了'对真理和正义的热诚'（就这句话的正面意思说）而献出了整个的生命，那末，例如狄德罗就是这样的人。"[1] 他是一个战斗的唯物论者，尽管其世界观从总的方面来说尚未摆脱形而上学的束缚，但却包含着明显的辩证法因素。他的政治上的革命性和哲学上的突破，使得他在美学研究上也取得了不同凡响的成就。他一生中论美的专文只有为《百科全书》所写的一节，后来定名为《美之根源及性质的哲学的研究》。其美学思想，又散见于论述绘画、雕刻、音乐、戏剧和表演艺术的各种论文之中，如《论戏剧艺术》《绘画论》《关于演员的是非谈》等。狄德罗在欧洲美学史上占有突出的地位，特别应该引起我们马克思主义美学研究者的重视。因为，他是欧洲近代现实主义美学的先驱，对唯物主义美学思想的发展作过不可磨灭的贡献。他的"美在关系"的唯物主义美学命题至今仍闪耀着不灭的光辉，对我们深有启发。

一

关于"美是什么"的问题，早在公元前 5 世纪至前 4 世纪古希腊

---

[1] 《马克思恩格斯选集》第 4 卷，人民出版社 1972 年版，第 228 页。

的柏拉图就开始进行探讨。此后的理论家与文艺家们又不断地研究这一问题。到 17 世纪，法国新古典主义的理论家们提出了"美在理性"的观点。这里所说的"理性"，即指一种符合人性的普遍而永恒的准则。笛卡尔和布瓦洛都是这样主张的。这种对理性准则的崇拜使得他们主张一种轻内容而重形式的形式主义理论，鼓吹所谓"三一律"。这是一种唯心主义的、绝对化的美学观，不利于文艺对现实生活的反映和自身的发展。为了更好地表现"第三等级"的现实要求，狄德罗勇敢地打破了这种"美在理性"的传统观念，提出了"美在关系"的新看法。这是人类在美的本质研究上的一个进步。

狄德罗的"美在关系"的命题是从哲学的高度对美的本质的概括，适用于一切的美的事物。他在《美之根源及性质的哲学的研究》中研究了历史上各种关于美的本质的代表性理论。关于"美在理性"的理论，他认为，最后必然导致"承认在我们的精神之上，有某种根本的、至上的、永恒的、完全的统一，是美的基本尺度"①。显然，这种超然于精神之上的"美的基本尺度"是根本不存在的，这种观点也完全是唯心的。关于"美即有用"的理论，狄德罗认为，并不能概括一切美的事物，因为"假如有用是美的唯一基础，那么浮雕、暗纹、花盆、总而言之，一切装饰都变成可笑而多余的了"②。可见，并非一切美的东西都有用，同样，也并非一切有用的东西皆美。关于"美即愉快"的理论，狄德罗认为也不全面。它同"美即有用"的理论一样，"有些东西使人愉快而并不美，另一些则虽美而并不使人愉快"③。因此，这一理论也不能真正地概括美的本质。关于"美即伟大"的理论，狄德罗认为，"一个存在物是孤立的、或虽是一个为数甚多的种类的个体而被孤立起来考察时，大小就丝毫不相干了"④。为此，狄德罗得出结论说："所有叫作美的存在物，就见一个排除伟大、

---

① ［法］狄德罗：《美之根源及性质的研究》，杨一之译，《文艺理论译丛》第 1 期，人民文学出版社 1958 年版，第 2 页。

② 同上书，第 15 页。

③ 同上书，第 16 页。

④ 同上书，第 24 页。

另一个排除用途、第三个排除对称。"① 鉴于上述情况，狄德罗认为，不能就事论事地从相对的狭隘的意义上来研究美，而应从"更为哲学的、更适合于一般的美的概念与语言及事物的本性的意义"② 上来研究美。这就要更多地考虑到概念的普遍性和抓住美的事物的本质特征。他说，"人们要求美的一般概念适用于一切称为美的存在物"③。狄德罗正是从这种哲学的、更为普遍的高度在《美之根源及性质的哲学研究》中提出了"我认为组成美的，就是关系"④ 的命题。他认为，"关系"的概念概括了我们称之为美的一切存在物所共有的性质。任何存在物只要有了"关系"的性质也就有了美，没有这种性质也就不会有美，具有同其相反的性质就成为丑。总而言之，由于这种性质，美在发生、增加、变化无穷、衰谢、消失。而且，这一概念也适用于一切时代，"将美放在关系的知觉中，你就有了从世界诞生起直到今天它的进步史"⑤。

同时，"美在关系"的理论同历史上其他有关美的本质的理论相比，也更准确、更深刻地概括了美的本质。首先是坚持了美在客观的唯物主义哲学路线。狄德罗的"美在关系"命题之中，"关系"的概念是唯物主义的而不是唯心主义的。他所说的"关系"，不是指精神的关系而是指客观存在的关系。为此，他批评了英国经验主义美学家哈奇生在美的认识上的唯心主义观点。哈奇生主张，绝对美即"某个人的心所得到的一种认识"。狄德罗认为，哈奇生的错误在于"不将绝对的美理解为事物中那样固有的性质，它自身就使事物美，与看事物和下判断的心灵毫无关系"⑥。他与哈奇生针锋相对，明确地将"关系"看作是美的存在物所共有的一种客观性质，是不以人的意志为转移的，在人的"身外的"。他以巴黎的卢浮宫的门面为例说明美

---

① ［法］狄德罗：《美之根源及性质的研究》，杨一之译，《文艺理论译丛》第 1 期，人民文学出版社 1958 年版，第 24 页。

② 同上。

③ 同上。

④ 同上。

⑤ 同上书，第 26 页。

⑥ 同上书，第 7 页。

的这种客观性，认为"不论有人无人，卢浮宫的门面并不减其美"①。他还在《美之根源及性质的哲学研究》中进一步论述了"关系"的具体含义，认为存在着实在的、察知的和虚构的三种关系，作为事物的美的本质的关系不是指属于第二性的察知的和虚构的关系，而是指客观的实在的关系。他说："所以我说一个存在物，由于我们注意它的关系而美，我并不是说由我们的想象力移植过去的智力的或虚构的关系，而是说那里的实在关系，借助于我们的感官而为我们的悟性所注意到的实在关系。"② 不仅如此，狄德罗还进一步将美与美感划清了界限，指明前者是客观的、不以人的意志为转移的，而后者则是主观的、被各种主观因素所决定的。因而，他认为，审美判断上的分歧并不能说明实在美的虚妄，从而否定美的客观性。他十分形象地指出，将西班牙酒同呕吐剂混在一起喝，会使人们讨厌西班牙酒，但不能改变西班牙酒本身是好的；一个瑰丽的前厅由于朋友在其中丧命而使人反感，但不能改变前厅本身的瑰丽；一座美丽的剧院因自己在其中演出被喝了倒彩而不觉其美，但"这座剧院并未失其为美"③。这样将美与美感明确地分开是十分重要的，可以堵塞唯心主义的漏洞，使其不能利用美与美感的混淆宣扬唯心主义的观点。

其次，"美在关系"的理论使对于美的本质的探讨由自然形式突进到对于社会内容的研究。从历史上来看，关于美的本质，亚理斯多德将其归结为体积、大小、秩序、相称和明确等。这样着重从形式方面对美进行探讨，从亚理斯多德到古罗马的贺拉斯，再到中世纪时期的奥古斯丁，乃至于新古典主义的布瓦洛，都是一脉相承、大同小异的。18 世纪英国经验主义美学家柏克等人，从感觉经验出发，将美归结为小、光滑、娇柔等，也还是局限于形式方面的探讨。上述美学理论，从对于美的本质的把握来说，还是比较肤浅的。狄德罗的"美在关系"的理论则开始突破这一美学体系，使对于美的本质的探讨开始

---

① ［法］狄德罗：《美之根源及性质的研究》，杨一之译，《文艺理论译丛》第 1 期，人民文学出版社 1958 年版，第 19 页。

② 同上书，第 24 页。

③ 同上书，第 30 页。

深入到社会关系的领域。当然，狄德罗由于受到机械论世界观的影响，因而仍是较多地从自然形态的角度来探讨美，在对美的社会性的研究上也是极为初步的。可以说，在对美的本质的探讨上，狄德罗的美学思想带有从自然到社会的过渡性质。狄德罗将美分为实在美与相对美两类。所谓"实在美"，就是事物本身的关系，即其各个部分之间的关系，诸如秩序、对称、安排等。这仍然是亚理斯多德以来美在自然形态的形式方面的那一套。所谓"相对美"，即指一事物与其他事物之间的关系。这里又有两种情形。一种情形是对象与自然现象之间的关系，仍是着重于自然形态的形式方面的因素。他举花与鱼为例，认为"在同类的存在物之中，花中这一朵，鱼中那一条，在我心中唤醒最多的关系观念和最多的某些关系"①，就是美的。再一种情形就是对象与社会现象即社会环境之间的关系。在这一点上，他是最有创见的，真正涉及美的社会性本质，但从理论本身来说仍是较为模糊的。他在举例论述"相对美"时提到高乃依的悲剧《荷拉士》，涉及这一点。该剧写的是公元前7世纪罗马荷提留斯时代，荷拉士三兄弟与库里亚斯三兄弟作战，荷拉士兄弟两死，库里亚斯兄弟三伤。于是，荷拉士兄弟中的仅存者佯逃，库里亚斯兄弟在后追赶。当老荷拉士听到他的女儿说其子两死一逃时，气愤地说了"他就死"这句话。狄德罗认为，如果脱离老荷拉士说这句话的环境，那这句话就无所谓美与丑。但如果将老荷拉士说的这句话同其环境联系起来，知道这场战斗关系到祖国的荣誉，战士是说话者所剩的唯一的儿子，另外两个儿子已经战死，他又是对自己的女儿说这番话的。"于是原来不美不丑的答话'他就死'，以我逐步揭露其与环境的关系而更美，终于成为绝妙好词。"②但是，假如说这句话的人与环境的关系发生了变化，变成由意大利喜剧中著名的狡猾仆役史嘉本说出，他又是在主人被强盗袭击后逃走、自己也逃走的情况下说这番话的。于是，"这个'他

①　［法］狄德罗：《美之根源及性质的研究》，杨一之译，《文艺理论译丛》第1期，人民文学出版社1958年版，第20页。
②　同上书，第21—22页。

就死'便成为可笑了"①。由此，狄德罗得出结论说："所以美确乎如我们以上所说，是随关系而开始、增长、变化、衰落，消失的。"② 狄德罗在这里所说的"关系"，明显是指社会关系，这就涉及美的社会性的本质了。关于美的社会性问题，他还曾讲过这样一段话："如果由用途、由习惯，我们给几个肢体以特殊的禀赋而有损其它的，就不再是自然人的美，而是社会的几种状况的美。背变驼，肩变宽，臂缩短和更有力，是'挑夫的美'。"③ 但总的来说，他在这方面的认识还是比较模糊朦胧的。此后，他就没有再从理论上探讨美的社会性质，而只在探讨具体的艺术问题时涉及这一问题。具体地说，就是在探讨戏剧艺术时提出了"情境"的概念，一反性格决定环境的习见，认为情境"应该成为作品的基础"。他这里所说的"情境"就是指社会环境、人物之间的本质关系等。

最后，"美在关系"的理论还更深刻地揭示了美与真、善之间的关系。在对美的本质的探讨中，必然涉及美与真、善的关系问题，而"美在关系"的理论则把这样一个理论问题深化了。它要求我们进一步研究美是人同现实之间的一种实用的关系呢，还是一般的认识关系，或是其他的关系。关于美与真的关系，狄德罗作为现实主义文艺家，观点是十分清楚的。他提出了"摹仿自然"的口号，要求"美"做到符合客观现实。但是，他又认为，艺术中的"美"与哲学中的"真"是不同的。他说："艺术中的美和哲学中的真都根据同一个基础。真是什么？真就是我们的判断与事物一致。摹仿性艺术的美是什么？这种美就是所描绘的形象与事物的一致。"④ 这就说明了"美"不等于"真"，它是在形象的描绘中包含着"真"的内容。关于美与善的关系，在狄德罗看来有两个方面的含义：一个方面是关于美与有

---

① ［法］狄德罗：《美之根源及性质的研究》，杨一之译，《文艺理论译丛》第 1 期，人民文学出版社 1958 年版，第 22 页。

② 同上。

③ 转引自周忠厚《试论狄德罗的美学思想》，中国社会科学院文学研究所文艺理论研究室《美学论丛》（2），中国社会科学出版社 1980 年版，第 100 页。

④ 转引自朱光潜《西方美学史》上卷，人民出版社 1963 年版，第 274 页。

用的关系。上面已经谈到狄德罗是不同意把美仅仅归结为有用的。他认为，美应超脱一点个人的直接利益，因为，"情欲十分激动时，只会更显得可怕"①。但狄德罗又反对美与实用毫无关系的观点。他虽然不同意将实用作为美的唯一基础，但却认为实用是美的基础之一。他说，人们觉得健康是美，因为健康能给人带来幸福；觉得安详是美，因为安详意味着舒适的休息；觉得深沉是美，因为深沉能使人产生智慧。总之，健康、安详、深沉都有其实用的一面，因而也都有可能是美的。由此，狄德罗断言：愉快与有用的有机组合"应当占据审美等级的第一位"②。美与善的关系的第二个方面的含义就是美与德行的关系。德行作为"善"的组成部分，已经是社会方面的内容了。狄德罗认为，美与德行密切相关。他在晚年所写的《绘画论》中谈到美的容貌的吸引力时曾说过这样一段话："……如果他经常的容貌，符合于你所想象的德行，他就是吸引你；如果他经常的容貌符合于你所想象的邪行，他就会离开你。"③ 总括起来，在狄德罗看来，美所概括的人与现实的关系，既同"真"的范畴所概括的认识关系与"善"的范畴所概括的效用关系密切相关，但又不完全相同。因此，他主张三者的统一，认为"真、善、美是些十分相近的品质"④。同时，他朦胧地看到了美所概括的人与现实的关系还有其特有的内容。他在《绘画论》中说，在真与善的"两种品质之上加上一些难得而出色的情状，真就显得美，善也显得美"⑤。对于"情状"，朱光潜先生译为"情境"，指具体的社会环境。周忠厚同志解释为"形式因素"。以上两说都不太符合狄德罗的原意，因而不太确切。我认为，如果从其"美在关系"的理论出发，将"情状"解释为"关系"较为妥帖，意即美既非属于社会因素的"善"和"情境"，亦非属于自然因素的

① ［法］狄德罗：《绘画论》，宋国枢译，《文艺理论译丛》第 4 辑，人民文学出版社 1958 年版，第 43 页。

② ［法］狄德罗：《狄德罗哲学选集》，江天骥等译，商务印书馆 1959 年版，第 191 页。

③ ［法］狄德罗：《绘画论》，宋国枢译，《文艺理论译丛》第 4 辑，人民文学出版社 1958 年版，第 41 页。

④ 同上书，第 70 页。

⑤ 同上书，第 70—71 页。

"真"和"形式",而是同两者都密切相关,是介于真与善、自然与社会之间的一种特有的"关系"。这样理解是符合狄德罗的美学思想中所包含的辩证法因素的。但狄德罗作为机械的唯物论者,不可能认识到实践的作用,因而并不能真正解决真与善的统一问题,而只不过是一种朦胧的认识,甚至是一种猜测。

由上述可知,"美在关系"说在解决美的本质问题上坚持了唯物主义观点,并将美的探讨伸张到社会领域,对人们有重要启示作用。狄德罗强调艺术美须揭示现实生活中合乎规律的关系和这一关系所蕴含的思想内容,这对于保卫文艺的现实主义原则、加深文艺的思想认识意义具有进步的作用。但"美在关系"的命题在含义上过于广泛,任何事物都有各种关系,"美"所概括的人与现实的关系应该有更具体的规定性,否则就不能科学地解决美的本质问题。

二

什么是美感呢?由于狄德罗认为"美在关系",因而必然得出美感是关于关系的概念的结论。他说:"关系的感觉是我们的赞赏和愉悦的唯一基础。"① 这样,狄德罗就十分肯定地断定了美感是属于第二性的,是精神领域的范畴。这就再一次旗帜鲜明地将美与美感划清了界限,从而进一步地在美学领域坚持了唯物主义的路线。狄德罗为了进一步说明美感的第二性,还研究了美感的来源问题。他在《美之根源及性质的哲学研究》中认为,秩序、安排、比例、统一等等美感的观念"都来自感觉,是后天的"②。他说,尽管某些唯心主义者将这些美感的范畴"叫作永恒的、根本的、至高无上的、美的本质的规则等",但实际上这些美感的范畴只不过是各种客观的美的关系作用于我们的感官的结果,作为"知性""概念",它们都只不过是"我们

---

① 转引自周忠厚《试论狄德罗的美学思想》,《美学论丛》(2),中国社会科学出版社1980年版,第103页。

② [法]狄德罗:《美之根源及性质的研究》,杨一之译,《文艺理论译丛》第1期,人民文学出版社1958年版,第17页。

的精神的抽象"①。

对于美感，狄德罗是充分地看到了它的差异的。他认为，在一个民族与另一个民族之间，以及同一个民族中一个人与另一个人之间在美感方面都是有差异的。他甚至在《美之根源及性质的哲学研究》中断言，"在地球上或许就没有两个人对同一对象刚刚看到一样的关系，在同一程度上判断它美"②。那么，美感为什么会有差异呢？狄德罗认为，其根本原因在于美感的来源。由于美感是客观美通过感官在人的观念上的反映，因而美感来源于客观美和人的主观感受。客观美本身是稳定的，对任何人都是共同的，因此，美感差异就只能是来源于人的主观条件的差异。众所周知，在美学史上，柏拉图把美感差异的原因归之于神，但狄德罗却将其归之于人。这正是他的唯物主义美学思想的又一明显的表现。他在晚年所著的《绘画论》中断言："快感便是这样和一个人的想象、敏感和知识成正比例而增长的。"③ 他举例说，一个普通人的感受和一个哲学家的感受由于主观条件的不同而差别甚大。他说，由于哲学家有渊博的知识、深沉的思想和澎湃的感情，因而能通过联想在森林的树木上看出挺立在风雨中的桅檣，在高山的腹内看出熔解在炉火中的矿石，在岩石里看出建造宫殿和庙宇的石条，在泉水中看出丰收、水涝和贸易，但普通的人由于无知、愚钝和冷心肠却做不到这一点，而"只看出很有限的东西"④。当然，从狄德罗的上述观点中，也可以看到他的明显的阶级偏见。

艺术欣赏是对艺术的审美活动，是获得美感的具体途径。狄德罗在论述美感与审美的同时，也论述了艺术欣赏问题。什么是艺术欣赏力呢？他在《绘画论》中说，所谓艺术欣赏力就是"由于反复的经验而获得的敏捷性，它表示在能使它美化的情况下，抓住真实与良好

---

① ［法］狄德罗：《美之根源及性质的研究》，杨一之译，《文艺理论译丛》第 1 期，人民文学出版社 1958 年版，第 17 页。

② 同上书，第 31—32 页。

③ ［法］狄德罗：《绘画论》，宋国枢译，《文艺理论译丛》第 4 辑，人民文学出版社 1958年版，第 70—71 页。

④ 同上书，第 70—72 页。

的东西，并且迅速而强烈地为它所感动"①。这实际上是对艺术欣赏力所下的定义，包含如下几点内容：第一，艺术欣赏力的特征是敏捷性，也就是对某一美的对象或美的对象的某一方面具有特别敏锐的、似乎是不经思考的反应，能迅速地引起强烈地感动。第二，形成艺术欣赏力的原因是由于反复的经验。这无疑是唯物主义的，排除了欣赏来源于先天和神启的唯心主义谬说。但仍不免过分强调感性因素相对忽略了理性因素，因而有机械唯物论倾向。第三，艺术欣赏力的内容是抓住真实与良好的东西，而所谓真实与良好的东西即是真与善的东西。这就将真与善作为艺术欣赏的基础与前提，无疑是比较正确和进步的。但艺术欣赏的内容除去真与善是其基础之外，还应包含美的因素。诸如，内容的感人、形式的和谐对称等。

三

"摹仿"说是解答现实美与艺术美的关系问题。它又分两类：一类是以柏拉图为代表的唯心主义"摹仿"说，将现实作为理念的摹仿，而又将艺术看作是对现实的摹仿，因而是"摹仿的事仿"。另一类是以亚理斯多德为代表的唯物主义"摹仿"说，认为艺术是对现实的摹仿。狄德罗是现实主义美学的大师，他是师承于亚里斯多德的唯物主义"摹仿"说的。他明确要求文艺家应"悉心摹仿自然"②，"在自然门下，作一名潜心向学的弟子"。③ 不仅如此，他还进一步提出了文艺创作应"服从自然"的原则，指出："自然，自然！人们是无法违抗它的。要就把它赶走，要就服从它。"④ 这些只不过是狄德罗对于唯物主义"摹仿"说的继承和发挥。更重要的是，他还对唯物主义的

---

① ［法］狄德罗：《绘画论》，宋国枢译，《文艺理论译丛》第 4 辑，人民文学出版社 1958 年版，第 70—72 页。

② 同上书，第 18 页。

③ ［法］狄德罗：《关于演员的是非谈》，李健吾译，《戏剧报》编辑部编《"演员的矛盾"讨论集》，上海文艺出版社 1963 年版，第 202 页。

④ ［法］狄德罗：《论戏剧艺术》下，陆达成、徐继曾译，《文艺理论译丛》第 2 期，人民文学出版社 1958 年版，第 142 页。

"摹仿"说作出了自己特有的新贡献。

　　他提出了摹仿要做到惊奇而不失逼真的原则。狄德罗认为，不是一切事物都可以在艺术中一丝不走地加以摹仿的。他以画人为例，认为按照对人体各部严格的比例画出来的人只有神仙和野人。因为这两类"人"没有个性，可以这样一丝不走地"摹仿"。但对于活生生的世俗的人，因为都是有着鲜明的个性的，因此在对其描绘时，不要求比例的极端精确，而是要求选择最能代表本业的人，画出其特征。基于这样一种指导思想，狄德罗对于"摹仿"提出了惊奇而不失逼真的基本观点。在狄德罗看来，所谓"惊奇"是一种"稀有的情况"、"异常的组合"。它所产生的是一种"戏剧兴趣"，即艺术效果。这种"稀有""异常"就是个性与共性高度统一的"个别"。这才是艺术"摹仿"的对象，也是在"摹仿"中所应达到的目标。狄德罗在《论戏剧艺术》中认为，在这种"稀有"中应该是"真实性要少些而逼真性却多些"①。这里所说的"真实性"是指偶然的个别事物，而"逼真性"即是亚理斯多德所说的现实生活中不必实有但却是符合可然律的可能有的事物。狄德罗继承了这一思想，并加以发挥。狄德罗是非常重视这种"逼真性"的，认为艺术摹仿不可为了追求"惊奇"而失去"逼真"。他将这种失去逼真的情形称作"奇迹"，在《论戏剧艺术》中指出，"稀有的情况是惊奇；天然不可能的情况是奇迹：戏剧艺术摒弃奇迹"②。他反复强调这一点，并举出许多例子加以说明。他在《绘画论》中举出了一幅题为《苏格拉底之死》的绘画来说明这种失去逼真性的可笑。他说："在这张画上希腊的这位生活最清苦严肃的哲学家竟会死在一张富丽堂皇的卧床上。"③ 同时，他还要求文艺家们"牢牢记住贺拉斯的名句"。这些名句是："画家和诗人自来便敢说敢写，……但是也不至于将猛兽和家畜同槽，毒蛇和飞禽

　　① ［法］狄德罗：《论戏剧艺术》上，陆达成、徐继曾译，《文艺理论译丛》第 1 期，人民文学出版社 1958 年版，第 167 页。

　　② 同上。

　　③ ［法］狄德罗：《绘画论》，宋国枢译，《文艺理论译丛》第 4 辑，人民文学出版社 1958 年版，第 39 页。

交配。"① 这就要求文艺创作既不能一丝不走地摹仿生活，同时也不能违背生活的规律。

　　如上所说，狄德罗提出了"服从自然""回到自然"的口号。从口号本身看，似乎与新古典主义没有区别，但在对"自然"，即现实美的理解上却不相同。新古典主义所说的"自然"，所欣赏的"现实美"，是所谓"文明""文雅""彬彬有礼"，也就是经过封建文化洗礼的"自然"。但作为启蒙主义者的狄德罗却同其相反，他所说的"自然"，所欣赏的现实美是原始状态的。例如，他在《论戏剧艺术》一文中就明确指出："诗人需要的是什么？是未经雕琢的自然，还是加过工的自然；是平静的自然，还是混乱的自然？他喜欢晴明宁静的白昼的美呢？还是狂风阵阵呼啸，远方传来低沉而连续的雷声，电光闪亮了头顶的天空的黑夜的恐怖？他喜欢波平如镜的海景，还是汹涌的波涛？他喜欢面对一座冷落无声的宫殿，还是在废墟中作一回散步？一幢人工建筑的大厦和一块人手栽种的园地，还是一个神秘的古森林和在一座没有生物的岩石间的无名洞穴？一湾流水，几片池塘和数股清泉，还是一挂在下泻时通过岩石折成数段，发出一直传到远处的咆哮，使正在山上放牧的童子闻而惊骇的奔腾澎湃的瀑布？"他得出结论说："诗需要一些壮大的、野蛮的、粗犷的东西。"② 狄德罗的这种原始主义的观点正是后来的浪漫运动所要求的东西。因此，狄德罗在由新古典主义到浪漫主义的过渡过程中起了很大的促进作用。

　　亚理斯多德在首次提出唯物主义"摹仿"说时就已初步涉及艺术典型的问题。但这一理论到中世纪以后，直到新古典主义，均被理解成"类型"说。狄德罗对于亚理斯多德的典型论有所新的发挥，对于新古典主义的类型说有所突破。这是他的美学思想中辩证因素的突出表现，是其不同于机械唯物论之处。

　　首先，提出了文艺是生活现象的集聚的观点。狄德罗不仅提出了

---

　　① ［法］狄德罗：《绘画论》，宋国枢译，《文艺理论译丛》第 4 辑，人民文学出版社 1958 年版，第 69 页。

　　② ［法］狄德罗：《论戏剧艺术》下，陆达成、徐继曾译，《文艺理论译丛》第 2 期，人民文学出版社 1958 年版，第 137 页。

艺术摹仿应做到惊奇而不失逼真的原则，而且进一步提出了文艺是生活现象的集聚的观点，认为艺术美应高于现实美。他在《关于演员的是非》中说，"他们吸收一切引起注意的东西；他们把这些东西聚在一起。许多珍贵现象，就从这些不知不觉聚在心里的东西那边，移到他们的作品的里面"①。在这里，他较准确地揭示了艺术概括的特点，认识到艺术概括是一种对现象的感性形态在不知不觉中所进行的选择和集中。也就是从生活素材中选出珍贵的现象，然后将其集聚起来。这就既划清了艺术与理论的界限，也划清了艺术与生活的界限。正是基于这种对艺术概括的认识，他反对当时流行的一种现实美高于艺术美的观点。他在《关于演员的是非谈》中说，如果像某些人所说的："本生自然和一种偶然安排比艺术魅力更有成就，艺术魅力仅止于损害它们的成就，请问，被人誉扬不置的艺术魅力又是什么？"②相反，他主张艺术美高于现实美。为了说明这一观点，他形象地以现实生活中的街头场面和戏剧场面相比，认为它们之间的高低"就像一个野蛮部落之于一个有文化的人们的集会一样"③。

其次，提出并论述了"理想典范"的概念。狄德罗提出了"理想典范"的概念。他在《关于演员的是非谈》中指出："什么是舞台上的真实？是动作、谈话、容貌、声音、行动、手势与诗人想象出来的一个理想典范的符合，而这种理想典范又往往被演员加以夸张。妙处就在这里。"④可见，他已将"理想典范"看作艺术的真实，在作品中具有统帅的作用，而且认为文艺创作的成功之妙就在于此。狄德罗非常赞赏当时法国的一位著名女演员克勒雍，认为在整个艺坛上没有比她更好的演员了。而克勒雍的成功恰恰就在于，"她自己事先已塑造出一个范本，一开始表演她就设法按照这个范本"⑤。狄德罗认为，

---

① 〔法〕狄德罗：《关于演员的是非谈》，李健吾译，《戏剧报》编辑部编《"演员的矛盾"讨论集》，上海文艺出版社1963年版，第205页。

② 同上书，第215页。

③ 同上。

④ 同上书，第213页。

⑤ 朱光潜：《狄德罗的〈谈演员的矛盾〉》，《戏剧报》编辑部编《"演员的矛盾"讨论集》，上海文艺出版社1963年版，第4页。

这个"范本"是角色的提炼，而不是演员本身。甚至，这个经过演员提炼的"范本"比原作中的人物还高。据说伏尔泰看了克勒雍演出他的剧本后，说："这出戏是我写出来的吗？"那么，这种"理想典范"的含义是什么呢？狄德罗认为，它首先具有最一般、最显著的特征，也就是具有某类人的共性。他以莫里哀剧中的悭吝鬼哈巴贡和伪君子达尔杜弗为例说明这一问题。他说："哈巴贡和达尔杜弗是照世上所有的杜瓦纳尔和格利塞耳创造的；这里有他们最一般和最显著的特征，然而不是任何一个人的准确的画像；所以也就没有一个人把戏里的人物看成自己。"① 这里所说的杜瓦纳尔是当时法国的税收总办、著名的善于搜括的人物，而格利塞耳则是当时法国以神甫面目出现的拐骗同谋犯。在狄德罗看来，"理想典范"就应根据现实生活中的这类人物进行概括，体现出这类人物的共同特征，但又决不就是现实生活中的某个具体人。这就说明，狄德罗所说的"理想典范"就是我们所说的艺术典型。当然，在艺术典型问题上，狄德罗突破新古典主义的贡献还在于他同时强调了人物的个性。他在《绘画论》曾说过这样的名言："没有两张叶子是同样绿的；没有两个人在动作和体态上是完全一样的。"② 甚至认为："世界的每一部分，每一个国家；一个国家的每一个省；每一个省的每一个城市；每一个城市的每一家；每一家的每一个人；每一个人的每一个时刻，都有它的相貌，它的表情。"③他要求文艺家准确地表现出这种独特的相貌和表情。对于画家来说，如果做不到这一点，因而就抓不住人物之间的区别。狄德罗就老实不客气地对其斥责道："请你把画笔摔到火里烧掉。"④

　　最后，深刻地论述了性格与环境的关系。狄德罗在艺术典型问题上最突出的贡献，就是特别着重地论述了典型性格与环境的关系。这

　　① ［法］狄德罗：《关于演员的是非谈》，李健吾译，《戏剧报》编辑部编《"演员的矛盾"讨论集》，上海文艺出版社1963年版，第227页。

　　② ［法］狄德罗：《绘画论》，宋国枢译，《文艺理论译丛》第4辑，人民文学出版社1958年版，第53页。

　　③ 同上书，第40页。

　　④ 同上书，第44页。

是同他的"美在关系"的基本美学观点直接有关的。他明确地提出环境决定性格的观点,在《论戏剧艺术》中指出:"人物的性格要根据他们的处境来决定。"① 为此,他从多方面阐明了这一思想。一方面,是认为社会制度对人物性格有重大的影响。他分析了共和国和君主国两种不同的社会制度所造成的不同的人的性格。他在《绘画论》中说:"共和国是平等的状况。任何国民自己看作是小皇帝,共和国的人民所有的神气是趾高气扬,无情与傲慢。在君主国,不是命令就是服从,其特性和表情是和蔼、婉转、温和、重名誉、讲究文雅博人欢心。在专制统治下,美德是奴隶的美德。你可以指给我看温和、柔顺、懦怯、谨慎、哀求和谦虚的面容。"② 另一方面,他提出了阶级环境和生活环境对人物性格的影响问题。他说:"在社会里,每一个阶层的公民都有它的特性和表情,手艺人,贵族,平民,文人,教士,法官,军人等等。手艺人当中,有各个行业的习惯,有店铺的和工场的各种容貌。"③ 他还具体地举出巴黎马尔苏郊区贫穷的孩子受到环境影响的情形。他说:"我长久住在圣马尔苏郊区,在那里的偏僻地方我见过许多面容很可爱的孩子。到十二三岁的时候,这些充满温和善良的眼睛转变为敢做敢为十分激烈的眼睛了。……由于经常发怒,谩骂,互殴,叫喊,为几分钱经常脱帽的缘故,他们一辈子感染了吝啬,无耻,忿怒的神气。"④ 当然,在这里,狄德罗又一次明显地流露出了自己的阶级偏见。但正因为狄德罗充分认识到环境对性格的重大影响,所以认为在文艺创作中如果把环境安排的突出一些,性格就会更加鲜明。他在《论戏剧艺术》中说:"如果人物的处境愈棘手愈不幸,他们的性格就愈容易决定。"⑤ 这里所说的"棘手",是指环境与

---

① [法]狄德罗:《论戏剧艺术》上,陆达成、徐继曾译,《文艺理论译丛》第1期,人民文学出版社1958年版,第184页。

② [法]狄德罗:《绘画论》,宋国枢译,《文艺理论译丛》第4辑,人民文学出版社1958年版,第42页。

③ 同上。

④ 同上书,第41页。

⑤ [法]狄德罗:《论戏剧艺术》上,陆达成、徐继曾译,《文艺理论译丛》第1期,人民文学出版社1958年版,第184页。

人物的对比、人物利益的对立。总之，是指尖锐的矛盾冲突。这一理论同黑格尔的"情境说"与恩格斯的典型环境决定典型性格的现实主义典型论有着渊源关系。

<h1 style="text-align:center">四</h1>

狄德罗在亚理斯多德的基础上，通过文艺与历史的比较，进一步阐明了艺术创作的特点。他在《论戏剧艺术》中指出："但是历史家只是简单地、单纯地写下了所发生的事实，因此不一定尽他们的所能把人物突出；也没有尽可能去感动人，去提起人的兴趣。如果是诗人的话，他就会写出一切他以为最能动人的东西。他会假想出一些事件。他可以杜撰些言词。他会对历史添枝加叶。"① 狄德罗同亚理斯多德一样，认为历史只是单纯地写下已发生的事实，当然这是不完全正确的。但在对文艺创作的认识上，狄德罗比亚理斯多德进了一步。他认为，文艺创作的主要特征是"假想出一些事件"②。这里所说的"假想"，就是我们通常所说的艺术想象，是文艺创作的最主要途径。正如狄德罗自己所说，"诗人善于想象，哲学家长于推理"③。那么，什么是想象呢？狄德罗认为，所谓想象"是人们追忆形象的机能"，即"把一系列的形象按照它们在自然中必然会前后相联的顺序加以追忆"④。这种对形象的追忆就使所要描写的人物"犹如在我的眼前"⑤。这就对想象进行了比较全面的阐述，指出了想象的根据是"自然中必然是前后相联的顺序"，想象的特点是"犹如在我的眼前"的个别形象的浮现，想象的心理机能是"追忆"。不仅如此，狄德罗还指出，文艺家在进行艺术想象时，常常处于一种灵感来临的状态，并对其进

---

① ［法］狄德罗：《论戏剧艺术》上，陆达成、徐继曾译，《文艺理论译丛》第 1 期，人民文学出版社 1958 年版，第 169—170 页。

② 同上书，第 169 页。

③ 同上书，第 171 页。

④ 同上书，第 170、171 页。

⑤ ［法］狄德罗：《论戏剧艺术》下，陆达成、徐继曾译，《文艺理论译丛》第 2 期，人民文学出版社 1958 年版，第 146 页。

行了具体的描绘。他说，这是一种"游神物外的时候"，文艺家"完全接受艺术的支配"，甚至是处于一种"似醉似迷的状态"①。在《绘画论》中，他又以画家为例说道，灵感来临时画家的"眼睛一直望着他的画布；微微地张开口；气息喘急"②。总之，狄德罗认为，在灵感来临之际是一种身不由己的非自觉的、感情极端澎湃冲动的状态。他进而认为在整个艺术想象的过程中都伴随着感情的活动。他在《论戏剧艺术》中说："如果写的是讽刺诗，他就应该怒目而视，高耸双肩，闭嘴咬牙，呼吸短促而紧逼，因为他在发怒。如果写的是赞美诗，他就应该昂着头，嘴半开半闭，眼睛朝天，神气是激发而感奋，呼吸急促，因为他满怀狂热。"③ 由上述可见，狄德罗是西方美学史上第一个以唯物主义观点比较全面地阐明了艺术想象的美学家，因而在这一方面具有开创的意义。当然，他只强调了"追忆"，相对忽视了创造，这就不免有机械唯物论的倾向。

　　艺术想象尽管是充分自由的、充满着激情的，但却不是没有任何束缚。狄德罗充分地认识到了这一点，他在《论戏剧艺术》中说："诗人不能完全听任想象力的狂热摆布，想象有它一定的范围。在事物的一般程序的罕见情况中，想象的活动有它一定的规范。这就是他的规则。"④ 这里所说的"范围"和"规范"，就是指"理"对感情的约束与指导，以使想象"合乎逻辑"，也就是"显出各种现象之间的必然联系"⑤。他的著名的《关于演员的是非谈》，就是旨在反对靠敏感演戏而主张靠思维演戏。他说，"演员靠灵感演戏，决不统一"，而"根据思维、想象、记忆、对人性的研究、对某一理想典范的经常模仿"，就能使每次演出都能"统一、相同、永远

---

　　① ［法］狄德罗：《论戏剧艺术》下，陆达成、徐继曾译，《文艺理论译丛》第 2 期，人民文学出版社 1958 年版，第 129、143 页。

　　② ［法］狄德罗：《绘画论》，宋国枢译，《文艺理论译丛》第 4 辑，人民文学出版社 1958 年版，第 24 页。

　　③ ［法］狄德罗：《论戏剧艺术》下，陆达成、徐继曾译，《文艺理论译丛》第 2 期，人民文学出版社 1958 年版，第 159 页。

　　④ 同上书，第 172 页。

　　⑤ 转引自朱光潜《西方美学史》上卷，人民文学出版社 1963 年版，第 280 页。

始终如一地完美"①。即便是舞台上的感情的高潮，那也不完全由感情使然，而应受到思维的指导。他说："演员的眼泪是从他的脑内流出来的，敏感者的眼泪是从他的心里倒流上去的。"② 他认为，"情欲发展到难以自制的地步，十九都要显出一副怪相"③，而绝没有美。为此，他要求理性的指导，并举例说，在朋友或爱人刚死之时不宜作诗哀悼，因此时受到感情的驱遣写不下去，"只有等到激烈的哀痛已过去，……当事人才想到幸福遭到折损，才能估计损失，记忆才和想象结合起来，去回味和放大已经感到的悲痛"④。总之，狄德罗是强调情与理的统一的，在这两者之中，他对理的束缚力更重视。这对于反对唯心主义的凭感情驱遣、随心所欲的艺术理论起到很大作用。但从总的方面来讲，相对地轻视了情感在艺术想象活动中的能动作用。这就不免偏颇，有形式化和僵化的倾向。

狄德罗作为唯物主义者，是非常重视社会与时代对文艺创作的重大影响的。他非常认真地研究了社会、时代与文艺的关系，得出了动乱使艺术之树常青的结论。他在《论戏剧艺术》中说："正是国内自相残杀的战争或对于宗教的狂热使人们揭竿而起，使大量的血流遍大地，这时候，亚波罗头上的桂冠才复活而常青，它需要以血滋润。在和平时期，在安闲时期，它就要萎谢了。"⑤ 这一观点，从总的方面来说，是正确的。因为，所谓动乱的时代就是阶级斗争激烈的时代。此时，社会斗争此起彼伏，风云变幻，给文艺创作提供了丰富的题材。同时，激烈的斗争也迫切地需要文艺为其服务。这就自然会给文艺创作提供了厚实的土壤和丰富的营养。另外，狄德罗还提出了忧患出诗人的观点。他在《论戏剧艺术》中认为："什么时代产生诗人？那是在经历了大灾难和大忧患以后，当困乏的人民开始喘息的时候。那时

---

① ［法］狄德罗：《关于演员的是非谈》，李健吾译，《戏剧报》编辑部编《"演员的矛盾"讨论集》，上海文艺出版社1963年版，第202、203页。

② 同上书，第209页。

③ 同上书，第213页。

④ 转引自朱光潜《西方美学史》上卷，人民文学出版社1963年版，第280页。

⑤ ［法］狄德罗：《论戏剧艺术》下，陆达成、徐继曾译，《文艺理论译丛》第2期，人民文学出版社1958年版，第137页。

想象力被伤心惨目的景象所激动，就会描绘出那些后世未曾亲身经历的人所不认识的事物。"① 很清楚，狄德罗已经认识到，一个作家只有在动乱的时代，在遭遇到种种磨难之后，才会对社会人生有深切的感受，才会获得创作的动力和源泉。总之，作家和作品都是时代的产儿，这一唯物主义的基本原理在狄德罗那里已经得到了初步地阐发。他甚至还在《绘画论》中提出，某种艺术种类的出现和发展也同社会的某种需要有关。例如，建筑术的发展就同统治者的财富增加和奢侈的发展有关。由于歌颂胜利者的凯旋门和祷告上帝的大石屋的出现，使得统治者竞相抬高自己的住宅，从而促使了"庙宇、宫殿、府第、公馆的建筑一天比一天讲究；雕刻和绘画亦随之而日益发展起来"②。他还研究了某种文艺潮流与社会的关系。他在《论戏剧艺术》中说："如果一个民族的风尚萎靡、琐屑、做作……。他只好尽力美化这种风尚，选择最适合于他的艺术的情节，对其它的略去不计，同时大胆假设一些情节。"③

　　狄德罗作为一个进步的资产阶级理论家和唯物论者，从自己的政治立场与哲学观出发，对文艺家提出了要求。首先，他要求文艺家深入生活，甚至提出了"试住到乡下去，住到茅棚里去"的战斗口号。他说："你要想认识真理，就得深入生活，去熟悉各种不同的会情况。试住到乡下去，住到茅棚里去，访问左邻右舍，更好是瞧一瞧他们的床铺、饮食、房屋、衣服等等，这样你就会了解到那些奉承你的人设法瞒过你的东西。"④ 狄德罗认为，只有通过这样的亲自观察才能对生活实践形成真正的概念。他在《绘画论》中说："今天是大礼拜的前夕，你们到教区去围着忏悔台去走一转，你们

———————

　　① ［法］狄德罗：《论戏剧艺术》下，陆达成、徐继曾译，《文艺理论译丛》第 2 期，人民文学出版社 1958 年版，第 137 页。

　　② ［法］狄德罗：《绘画论》，宋国枢译，《文艺理论译丛》第 4 辑，人民文学出版社 1958 年版，第 66 页。

　　③ ［法］狄德罗：《论戏剧艺术》下，陆达成、徐继曾译，《文艺理论译丛》第 2 期，人民文学出版社 1958 年版，第 137—138 页。

　　④ 转引自周忠厚《试论狄德罗的美学思想》，中国社会科学院文学研究所文艺理论研究室《美学论丛》（2），中国社会科学出版社 1980 年版，第 123 页。

就会看到静思和悔过的真正体态。明天，你们到乡间小酒店去，你们会看到忿怒人的真正的动作。你们要寻找公众场合的节目：观察街道、公园、市场和屋内，这样，你们对于生活实践时真正动作就会有正确的概念。"① 狄德罗的要求文艺家"深入生活"的观点在当时是具有进步意义的。因为，他要求文艺家深入第三等级，特别是劳动人民的生活，而不同于新古典主义布瓦洛等人所热衷的宫廷贵族生活。同时，这也是唯物主义美学的战斗口号，对于欧洲现实主义文艺的发展有着巨大的指导作用。其次，要求文艺家既要有强烈的感情，更要有较高的判断力。狄德罗对于文艺家直觉的感受力和理性判断力之间的关系提出了自己的看法，他并不否定文艺家直觉的感受力，但认为这种感受不应过分。他在《绘画论》中说："感受推到极致可以使人失却明辨之智；一切东西都会不分好坏地使他感动。"② 为此，他在《论戏剧艺术》中要求文艺家"也应该是一个哲学家"③。狄德罗认为，文艺家只有成为哲学家，才能具备文艺家的基本品质——判断力高。他在《关于演员的是非谈》中谈到一个大艺术家所应具备的基本品质时，说："我这方面，希望他判断力高；我要他是一位冷静的旁观的人；这就是说，我要他鞭辟入里，决不敏感，有模仿一切的艺术，或者换一个方式来说，有扮演任何种类性格与角色的无往而不相宜的本领。"④ 这就是说，在狄德罗看来，一个演员只有具有较高的判断力，才能正确地把握角色的性格特征与感情，从而能够演好任何角色而不至于以自己的性格与感情去取代。为此，狄德罗以古代的学者和批评家为榜样，要求文艺家在增加自己的生活经验的同时，还要研究各种哲学著作。他在《论戏剧艺术》中说："古代的作者和批评家都从自己先求深造开始，

①　［法］狄德罗：《绘画论》，宋国枢译，《文艺理论译丛》第4辑，人民文学出版社1958年版，第21页。

②　同上书，第72—73页。

③　［法］狄德罗：《论戏剧艺术》上，陆达成、徐继曾译，《文艺理论译丛》第1期，人民文学出版社1958年版，第146页。

④　［法］狄德罗：《关于演员的是非谈》，《戏剧报》编辑部《"演员的矛盾"讨论集》，上海文艺出版社1963年版，第201—202页。

他们总是在学完各派哲学以后从事文艺事业。"① 另外，狄德罗还要求文艺家首先成为一个有德行的人。他非常重视文艺家的道德修养，说："真理和美德是艺术的两个密友。你要当作家、批评家吗？请首先做一个有德行的人。"② 为此，他要求文艺家努力学习为人之道，提高自己的道德修养。他说："不要以为学习为人之道而付出的劳动和光阴对于一个作家说来是白费的。从你将在你的性格、作风中建立起来的高度的道德品质里散发出一种伟大正直的光采，它会笼罩着你的一切作品。"③ 相反，他认为缺乏道德修养的吝啬鬼、迷信者和伪君子是对真善美无所感的，因而也绝对创作不出优秀的作品。他说："当艺术家想到金钱时，它便丧失了美的感觉。"④

五

狄德罗除了在美、美感、文艺与现实、文艺创作与作家等理论问题上阐述了自己的现实主义美学思想，还论述了文艺的社会效用、风格、批评、文体等一系列美学和文艺理论问题。

在文艺的社会效用问题上，他首先为文艺树立了劝善惩恶的"共同目标"。他在《论戏剧艺术》中说："倘使一切摹仿艺术树立一个共同的目标，倘使有一天它们帮助法律引导我们爱道德恨罪恶，人们将会得到多大的好处！"⑤ 又在《绘画论》中说："使德行显得更为可爱，恶行更为可憎，怪事更为触目，这就是一切手拿笔杆、画笔或雕刀的正派人的意图。"⑥ 可见，他同历来的许多现实主

---

① ［法］狄德罗：《论戏剧艺术》下，陆达成、徐继曾译，《文艺理论译丛》第 2 期，人民文学出版社 1958 年版，第 154 页。

② 同上。

③ 同上书，第 155 页。

④ 转引自周忠厚《试论狄德罗的美学思想》，中国社会科学院文学研究所文艺理论研究室《美学论丛》（2），中国社会科学出版社 1980 年版，第 123 页。

⑤ ［法］狄德罗：《论戏剧艺术》上，陆达成、徐继曾译，《文艺理论译丛》第 1 期，人民文学出版社 1958 年版，第 150 页。

⑥ ［法］狄德罗：《绘画论》，宋国枢译，《文艺理论译丛》第 4 辑，人民文学出版社 1958 年版，第 57 页。

义理论家一样，是将文艺的社会效用归之于劝善惩恶的。在他看来，这就是文艺创作的总目标。按照这样的总目标创作的文艺，就能产生良好的社会效果，引起观众或读者的强烈共鸣和严肃思考。他在《论戏剧艺术》中说，这样的作品能使观众"长时间静默的抑压以后发自心灵的一声深沉的叹息"，并因"严肃地思考问题而坐卧不安"①。在他看来，这样的作品的效果才能长留人们的心中，这样的作家才是卓越的作家。他说，"效果长期存留在我们心上的诗人才是卓越的诗人"②。这就说明，狄德罗实际上是要求文艺家引导人们思考社会问题，要求文艺成为反封建的战斗武器。由于主张这种劝善惩恶的总目标，因而在文艺的内容上，他就主张表现严肃的内容，反对表现肮脏污秽的内容。他形象地将绘画和诗称作"良家女子"，"应当是行为端淑的"③。对于当时专以色情的肉感为题材的画家布仙，狄德罗在《绘画论》中公开声明："尽管人们把你摆在展览会最引目的地方，我们还是不屑一顾的。"④ 与此相反，他主张文艺作品描写严肃正派的内容。为了更好地表现第三等级，狄德罗提出了一种介于悲喜剧之间的"严肃喜剧"。要求这种戏剧形式认真地提出社会道德问题，以"市民家庭"为其内容，可涉及人类的美德和缺点，家庭的不幸事件等各个道德领域。他甚至在《论戏剧艺术》中主张文艺作品"直接提出道德问题"，"在舞台上讨论道德问题的最重要之点"⑤。他说："诗人应该这样来讨论自杀、荣誉、决斗、财产、品格，以及其它千百种问题。我们的诗将由此取得一种它所未有的严肃性。"⑥ 这种在舞台上直接讨论道德问题的主张，

　　① ［法］狄德罗：《论戏剧艺术》上，陆达成、徐继曾译，《文艺理论译丛》第1期，人民文学出版社1958年版，第150、150—151页。
　　② 同上书，第151页。
　　③ ［法］狄德罗：《绘画论》，宋国枢译，《文艺理论译丛》第4辑，人民文学出版社1958年版，第56页。
　　④ 同上。
　　⑤ ［法］狄德罗：《论戏剧艺术》上，陆达成、徐继曾译，《文艺理论译丛》第1期，人民文学出版社1958年版，第152、151页。
　　⑥ 同上书，第151页。

就在理论上为后来的"问题剧"提供了根据，对易卜生、奥斯特洛夫斯基、萧伯纳等人的戏剧创作有着深刻影响。但是，狄德罗并没有把文艺的这种劝善惩恶的作用绝对化，而是同时注意到了文艺的特性。他认为，文艺的这种劝善惩恶应做得不牵强，目的不应太显露，否则就达不到目的而导致失败。他在《论戏剧艺术》中说："让他去教育人；去取悦于人；但是这一切都要做得毫不牵强。假使别人发现他的目的，他就算没有达到目的，那时他就不是对话而是说教了。"① 如何才能做到使目的不显露而隐蔽呢？那就只有通过完美的艺术形象，"使听众经常误信自己身临其境"②。这样，就会产生巨大的艺术效果，使读者或观众感动、惊吓、心碎、恐怖、战栗、流泪、愤怒。狄德罗将这种方法称作是"以迂回曲折的方式打动人心"，而且是能够"更准确更有力地打动人心深处"③。这时，即便是一个坏人，走出包厢时也可能已比较不那么倾向于作恶了。他在《论戏剧艺术》中说："这比被一个严厉而生硬的说教者痛斥一顿要来得有效。"④

狄德罗在研究戏剧和绘画的过程中涉及了文艺创作的风格问题。他发现，在文艺创作中有这样一种现象，就是有人向好几个艺术家提出一个同样的题材去作画，每个艺术家用他自己的方法去思考、去绘制，结果从他们的画室里拿出来的图画是各不相同的。每一幅画里都可以发现一些特殊的美。为什么会形成这种现象呢？狄德罗在《绘画论》中认为，主要是文艺家在作品中"自我写照"⑤。由于文艺家的经历不同，所以其各自的个性也就不同。他在《论戏剧艺术》中说，

---

① ［法］狄德罗：《论戏剧艺术》上，陆达成、徐继曾译，《文艺理论译丛》第 1 期，人民文学出版社 1958 年版，第 182 页。

② 转引自朱光潜《西方美学史》上卷，人民文学出版社 1963 年版，第 262 页。

③ ［法］狄德罗：《论戏剧艺术》上，陆达成、徐继曾译，《文艺理论译丛》第 1 期，人民文学出版社 1958 年版，第 150 页。

④ 同上。

⑤ ［法］狄德罗：《绘画论》，宋国枢译，《文艺理论译丛》第 4 辑，人民文学出版社 1958 年版，第 24 页。

"不同的生活和相异的经历就已经足够产生不同的判断了"①。正因为各个人的个性不同，所以，作为"自我写照"的文艺作品也就绝不相同，而各具特色。狄德罗还认识到，由于人的经历的变化造成文艺家的性格也要发生变化，因而文艺家的风格也必然随之发生变化，不会一成不变。他在《论戏剧艺术》中说："就以同一个人而言，无论就生理或精神方面来看，也是一切都在不断的相互交替之中的……所以怎么能够使我们之中有人能在整个生命的过程中保持始终不变的爱好，对真、善、美下同一的判断?"② 在具体的风格方面，狄德罗赞赏简朴的风格。他在《论戏剧艺术》中自称："天赋我以对简朴的爱好。"③ 由此，他反对与简朴相对的豪华和富丽堂皇。他说："豪华使一切遭到破坏。富丽堂皇的景象未必美。富丽使你想入非非；它可以使你眼花缭乱，但不会感动你的心。"④ 同时，他也赞成风格方面的简单明了。他在谈到戏剧时认为，"对观众来说，一切应当明白"，"最好把将要发生的事情也向他们明白交代"⑤。为了做到简单明了，他在《绘画论》中认为，在创作中"不须要加以任何闲散的形象，无谓的点缀。主题只应是一个"⑥。

关于批评标准，狄德罗在《论戏剧艺术》中认为："有多少人就有多少不同的衡量标准，而且同一个人在他的生命之中许多显著不同的时期里就有同样多的不同尺度。"⑦ 因此，他认为，如果只拿自己当作典范，争论就不会完结。他主张，"在自我范围之外找出一个衡量

---

① ［法］狄德罗：《论戏剧艺术》下，陆达成、徐继曾译，《文艺理论译丛》第 2 期，人民文学出版社 1958 年版，第 156 页。

② 同上书，第 156—157 页。

③ ［法］狄德罗：《论戏剧艺术》上，陆达成、徐继曾译，《文艺理论译丛》第 1 期，人民文学出版社 1958 年版，第 175 页。

④ ［法］狄德罗：《论戏剧艺术》下，陆达成、徐继曾译，《文艺理论译丛》第 2 期，人民文学出版社 1958 年版，第 140—141 页。

⑤ ［法］狄德罗：《论戏剧艺术》上，陆达成、徐继曾译，《文艺理论译丛》第 1 期，人民文学出版社 1958 年版，第 178 页。

⑥ ［法］狄德罗：《绘画论》，宋国枢译，《文艺理论译丛》第 4 辑，人民文学出版社 1958 年版，第 52 页。

⑦ ［法］狄德罗：《论戏剧艺术》下，陆达成、徐继曾译，《文艺理论译丛》第 2 期，人民文学出版社 1958 年版，第 157 页。

标准，一个尺度"，而"只要还没有找到，大多数的判断会是错误的，而全部判断会是不可靠的"。① 那么，到底是什么样的标准呢？狄德罗没有直接谈到，但却在《绘画论》中认为："一件作品，陈列在各种各样的观众面前，如果它不能为一个普通正常头脑的人所了解，将是一件失败的作品。"② 又说："我就想到问题不仅仅在于要真实，而且还要有趣。"③ 可见，他所说的"衡量标准"，无非就是内容上的正确、真实和形式上的有趣。

在批评态度方面，他竭力反对那种不实事求是的对文艺家恶意中伤的批评家。他将这种批评家称作是向过路人喷射毒箭的野蛮人。同时，他也反对那种以教育者自居的狂妄自大的批评家。因此，他在《论戏剧艺术》中认为，"没有一个人，也不可能有一个人能在一切领域中同样完善地判断真、善、美"，如果有人以为存在一个"心目中拥有尽善尽美的理想的普遍典范的人"，"这完全是妄想"④。在批评方面，狄德罗的民主精神的表现就是比较重视群众的意见。他说："请相信我，群众是不大会看错的。""对群众来说，他们有他们自己的主张。假使作家的作品不高明，他们嗤之以鼻；如果批评家们的意见是错讹的，他们也同样对待。"⑤

在文体论方面，狄德罗研究了体裁的产生。他认为，一种新的体裁的出现是同社会的需要直接有关的，是由当时的社会决定的，并以肖像画和半身像为例加以说明。他在《绘画论》中说："肖像画和半身像应该在共和国家受到尊重，因为在共和国家里公民的视线经常注射在人民权利和自由的保卫者身上。在君主国家情况就不一样；那里

① ［法］狄德罗：《论戏剧艺术》下，陆达成、徐继曾译，《文艺理论译丛》第 2 期，人民文学出版社 1958 年版，第 157 页。

② ［法］狄德罗：《绘画论》，宋国枢译，《文艺理论译丛》第 4 辑，人民文学出版社 1958 年版，第 51 页。

③ 转引自周忠厚《试论狄德罗的美学思想》，《美学论丛》（2），中国社会科学出版社 1980 年版，第 106 页。

④ ［法］狄德罗：《论戏剧艺术》下，陆达成、徐继曾译，《文艺理论译丛》第 2 期，人民文学出版社 1958 年版，第 158 页。

⑤ 同上书，第 153 页。

只有上帝和国王。"① 狄德罗的这一认识是非常精辟的，是唯物主义的。同时，他还论述了各种体裁之间的关系及其区别。关于悲剧和喜剧，他在《论戏剧艺术》中作了这样的区别："一是悲剧，在悲剧中戏剧作家可以凭个人想象在历史以外加上他认为能以提高兴趣的东西；一是喜剧，可以完全出之于戏剧作家的创造。"② 关于小说和戏剧，狄德罗认为，它们之间的规律不同。他在《论戏剧艺术》中认为，"小说家有的是时间和空间，而戏剧作家正缺乏这些东西"，③"小说作家可以用主要力量来描绘动作和印象，而戏剧作家不过顺便投下一言半语而已"。④ 狄德罗说，正因为如此，"在同等条件下，我比较看轻一部小说而重视一个剧本"⑤。狄德罗不仅看到了各类体裁之间的区别，而且看到了它们之间的一致性。他认为，绘画和戏剧在不能照搬自然这一点上是一致的，而从各类体裁的起源和发展看，它们之间也是密切相关、不可分离的。他在《绘画论》中认为："如果没有建筑术，也就不会有绘画，不会有雕刻。"⑥ 正是从这个意义上，可以说绘画与雕刻从建筑术中获得起源与发展。同时，"绘画和雕刻又反过来给予建筑以巨大的推进。如果一个建筑师不同时是制图能手，我劝你不要相信他的建筑才艺"⑦。在体裁方面，狄德罗为了适应斗争的需要，还独出心裁地创造了一种介于悲喜剧之间的严肃喜剧，将家庭的不幸和人民大众的灾难包含在它的表现范围之内。他认为，自己创作的《私生子》和《一家之主》就是这类剧的代表作。这就在实

---

① 〔法〕狄德罗：《绘画论》，宋国枢译，《文艺理论译丛》第4辑，人民文学出版社1958年版，第62页。

② 〔法〕狄德罗：《论戏剧艺术》上，陆达成、徐继曾译，《文艺理论译丛》第1期，人民文学出版社1958年版，第165页。

③ 同上书，第168页。

④ 〔法〕狄德罗：《论戏剧艺术》下，陆达成、徐继曾译，《文艺理论译丛》第2期，人民文学出版社1958年版，第151页。

⑤ 〔法〕狄德罗：《论戏剧艺术》上，陆达成、徐继曾译，《文艺理论译丛》第1期，人民文学出版社1958年版，第168页。

⑥ 〔法〕狄德罗：《绘画论》，宋国枢译，《文艺理论译丛》第4辑，人民文学出版社1958年版，第65页。

⑦ 同上书，第66页。

际上创造了一种新的体裁——正剧，从而打破了古典主义所规定的悲剧表现王公贵族、喜剧鞭挞第三等级的框框，扩大了戏剧体裁，使文艺能够更好地反映现实生活、表现第三等级的要求。

综上所述，狄德罗建立了深刻的现实主义美学思想体系，成为启蒙运动时期唯物主义美学的杰出代表人物。他的美学思想对于美学史上唯物主义美学理论的发展和艺术史上现实主义艺术的发展都起到了巨大的指导作用。

当然，狄德罗的美学思想也有着明显的缺陷。首先是他的美学思想中掺有某些唯心主义的因素，在某些问题上表现出了摇摆性。例如，他在《论戏剧艺术》中说："当还没有诗人的时候，就有诗的道理。"① 这就将作为观念形态的诗的道理放到了作为物质形态的诗人之前。同时，狄德罗企图依靠文艺在瞬间使恶人良心发现，这不免过分地强调了文艺的作用，只看到"批判的武器"而没有看到"武器的批判"。他还把自己看成教育者，把人民群众看成被教育者，相对地忽视了人民群众在历史上的巨大作用，并时时流露出对于劳动人民的阶级偏见。他也和其他启蒙运动的理论家一样，把理性看成是教育和文艺的最高目的和手段。但他所说的理性，不过是资产阶级的人性。凡此种种，都说明他没有完全同唯心主义、特别是历史唯心主义划清界限。再一方面，狄德罗的美学思想在理论上有前后矛盾之处，作为体系不够完整。例如，他在《关于演员的是非谈》中强调理性、否定天才和敏感，但在《论戏剧艺术》中却又强调天才和情感。这就使得在理论上前后不够一致完整。

---

① ［法］狄德罗：《论戏剧艺术》上，陆达成、徐继曾译，《文艺理论译丛》第 1 期，人民文学出版社 1958 年版，第 147 页。

第七章

莱辛及其美学思想

一

莱辛（1729—1781），欧洲启蒙文学的重要理论家，德国民族文学的奠基人。在美学上有重要建树，先后发表了《关于当代文学的通讯》《拉奥孔》与《汉堡剧评》等文艺理论和美学论著。特别是其中的《拉奥孔》，成为欧洲美学史上的一座纪念碑，对后世有着深远的影响。

他于 1729 年 1 月 22 日诞生在德国萨克森的一个小城镇卡门茨城的一个贫穷牧师的家庭里，是父母 12 个子女中的长子。童年时期聪慧好学，富有反抗精神。1746 年，年仅 17 岁的莱辛进入莱比锡大学学习。他并没有被繁复沉重的课程与书本所束缚，而是热情地投入生活，特别是同当时戏剧界的人士交往。他在一封家信中写道："我理解，书使我变成学者，但是绝对没有使我变成人。因此，我决定从房间里出来，在像我一样的人群里露面。"① 他写作了生平第一个喜剧《青年学者》，并获得了上演的机会。后来，他竟毅然放弃学业，移居柏林，开始了自己的文学生涯。这在当时实际上是一种毫无生活保障而又被人所鄙视的职业，在亲友们看来无疑是毁灭自己。莱辛后来描述了世人对文学事业的偏见，他说："有人说，大丈夫应当从事教堂

---

① ［俄］车尔尼雪夫斯基：《莱辛，他的时代，他的一生与活动》，《车尔尼雪夫斯基论文学》中卷，辛未艾译，上海译文出版社 1979 年版，第 332 页。

或者国家所要求的严肃的研究，或者重大的事业。诗歌和喜剧都被称为玩物……"① 但莱辛却为了对民众进行启蒙教育义无反顾地走上了这条崎岖而曲折的道路。他也的确终生为穷苦颠沛所累，常常不得温饱，甚至吃不上午餐。后因同法国著名学者伏尔泰之间因借书所引起的误解，莱辛受到了极不公平的对待。正因这件不愉快事件的影响，使得他离开柏林，参加医学硕士学位的考试，并取得成功。但这只不过是为了给满怀希望的父亲以些微的安慰。他仍旧于 1752 年回到柏林，从事文学工作，主要写文学评论。莱辛走上文学道路之时，正值德国文艺界的一场大论战。论战的中心是如何发展德国文学的问题，主要派别是力主模仿法国古典主义的高特舍特派和力主模仿英国现实主义的苏黎世派。从总的方面来说，莱辛对于这两派不从德国现实出发专事模仿的倾向都不赞成。他在早期所写寓言《猴子和狐狸》中，借一只专事模仿的猴子对这种倾向进行了尖锐的讽刺。但比较起来，他认为，苏黎世派模仿英国现实主义的主张还较适合德国的情形，而高特舍特派以法国古典主义为蓝本的观点，他认为完全违背了德国的现实。因此，他给予高特舍特派以更有力的抨击。他说："要是高特舍特先生从来没有干预过戏剧该多好。他所想象的改进要么是一些不需要的细微末节，要么是把它变坏。"又说，高特舍特"认为什么是崭新的呢？只是法国化的戏剧；也不去研究一下，这种法国化的戏剧，对德国的思想方式合式呢，还是不合式？"② 他还以犀利的笔锋反击了高特舍特派因莱辛常以小开本出版专著而对他所进行的讽刺，他出资翻印了高特舍特派的小册子《袖珍本笑话》，并宣布："我们把这本小册子翻印出来，并且给它定了一个它所值的卖价，这就是零。"③ 他就是以这样的斗争锋芒，在很短的时间内就战胜了高特舍特派、苏黎世派等旧有的派别。这都说明了，他是一名有着不屈的斗争精神的战士。他在回答当时《美术评论》的编辑关于在他的肖像下写

① ［德］莱辛：《汉堡剧评》，张黎译，上海译文出版社 1981 年版，第 482 页。

② 伍蠡甫主编：《西方文论选》上卷，上海译文出版社 1979 年版，第 416、417—418 页。

③ ［俄］车尔尼雪夫斯基：《莱辛，他的时代，他的一生与活动》，《车尔尼雪夫斯基论文学》中卷，辛未艾译，上海译文出版社 1979 年版，第 375 页。

什么题词时，曾经风趣地说："请在我的肖像之下写上：这是个凶恶的人，要当心他。"① 在柏林期间，莱辛同友人们一起创办了著名的《文学通讯》杂志，从1759年开始的最初几期几乎全是他所写，后来逐渐减少。这就是尔后出版的《关于当代文学的通讯》。

但莱辛终为穷困所迫，希图找到一个固定的职业，甚至不得不给一位富商充当旅游陪伴。当然，这也是为了实现自己环游欧洲的宿愿，但后来又因种种原因而中途辍止。不过，莱辛寻职的活动却并未中止，甚至准备接受普鲁士军队中一个给养官的职位。后来，他终于接受了布列斯拉夫尔总督塔乌蒂安将军手下一名秘书的职位。他在这个职位上一直工作了四年，并利用这一较安定的条件，系统地研究了神学、哲学、美学、历史、法律、自然科学等。也正是在这段时间，他写出了剧本《明娜·封·巴尔赫姆》以及影响极大的美学专著《拉奥孔》。但这种枯燥而机械的官场生活同他献身于新的启蒙文学的志趣是格格不入的，他终于在1765年5月离职重返柏林，回到文学的岗位之上。这时，莱辛已逐渐成为德国文学的公认的领袖。从1767年4月开始，他应邀就任汉堡剧院艺术顾问的职务，办起了《汉堡剧评》，共一年时间，出了104期。

1770年，莱辛为了偿还为数并不太大的债务，接受了勃朗史维格王子斐迪南的邀请，到伏尔芬贝特担任图书管理员。尽管薪金极其微薄，但总算可使他摆脱最困窘的境况。就在这段时间，他写作了悲剧《爱美丽雅·迦罗蒂》（1772）。后来，他又违背自己的意愿接受了勃朗史维格政府宫廷顾问的职位。1776年10月，莱辛终于结束长期极不稳定的流浪汉式的生活，建立起一个温暖的家庭。但只有短暂的时间。1778年1月，莱辛的妻子因难产而去世。这是对莱辛的一次沉重的打击。此后，他因心力交瘁而不断缠绵病床，生命的最后三年完全是在疾病中度过的。但他却以空前的毅力咬紧牙关，投入了一次辉煌的反宗教的斗争。斗争起于莱辛出版了汉堡教授莱马罗斯怀疑《圣

---

① ［俄］车尔尼雪夫斯基：《莱辛，他的时代，他的一生与活动》，《车尔尼雪夫斯基论文学》中卷，辛未艾译，上海译文出版社1979年版，第399页。

经》真实性的手稿，引起宗教界的不满。牧师约翰·葛兹针对莱马罗斯的论点在讲道时进行了反扑，于是，莱辛接连撰文进行答复，这就是著名的《反葛兹论》。但勃朗史维格大公禁止莱辛进行答辩，于是，他就写出了生平最后一个剧本——《智者纳旦》（1779），反对正统教会的宗教偏见，保卫人民的信仰自由。1781 年 2 月，莱辛已被气喘和昏睡病折磨得狼狈不堪。2 月 15 日晚 9 时，莱辛在病床上听说朋友们来探望自己，于是起了床，打开房间的门，走进客厅，向客人们行礼，他的眼睛充满着温暖的爱，握着养女的手，跌倒下去，平静地阖上了眼睛，离开了这个战斗了一生的世界，终年 52 岁。在他死后，柏林和汉堡的剧院都举行了追悼演出，在饰以黑绒的舞台上演出了莱辛的《爱美丽雅·迦罗蒂》，演员们身穿丧服走上舞台。为了纪念这位伟大的德国剧作家和批评家，人们还镌刻了两枚纪念章。在纪念章上刻着："德国的光荣""真理在他身上痛悼失去朋友，自然痛悼失去对手"①，还在莱辛的故世地勃朗史维格建造了纪念碑。

二

莱辛的美学思想有一个特点，就是主要论述文艺美学的一些具体问题，而对美的本质这样一些从哲学角度探索美的问题几乎没有涉及。其原因在于时代的需要。莱辛所处的 18 世纪的德国，政治经济都很落后，全国被三百多个封建小邦所割据，不论在政治上和经济上都以封建统治为主体。但资本主义经济和资产阶级还是有了相当的发展，只是德国资产阶级在政治上具有妥协性，思想上具有软弱性，经济上具有依附性。当时，以法国为中心的资产阶级启蒙运动已影响到德国，但在德国具体的历史条件下，资产阶级政治革命的条件还不成熟。因而，德国的启蒙运动主要表现于文化领域，目标是建立统一的德国文化，进而实现政治与经济的统一。而且，在当时就提出了如何

① ［俄］车尔尼雪夫斯基：《莱辛，他的时代，他的一生与活动》，《车尔尼雪夫斯基论文学》中卷，辛未艾译，上海译文出版社 1979 年版，第 492 页。

建立统一的德国文化，特别是统一的德国文学的问题。这是摆在当时德国的一切进步知识分子面前的共同课题。这一课题虽是属于文化的范围，但又不局限于此，而具有关系德国民族发展的政治的性质。毫无疑问，莱辛一跨入社会所面临的也正是这样一个建立统一的德国民族文化与文学的问题。这是时代的要求。任何进步的理论家都要或直接或间接地被这一时代的要求所制约。因此，建立统一的德国民族的文化和文学就是莱辛美学思想的总的出发点。只有从这样一个总的出发点，才能科学地理解莱辛美学思想和美学论著的内容与意义，及其主要局限于具体的文艺美学问题的原因。当然，建立统一的德国民族文学是一切先进的德国知识分子的共同出发点。莱辛就是解决这一问题的最优秀的理论家，这就使他成为德国新文学的奠基人。原因在于，莱辛在政治上较突出地反映了德国资产阶级的革新要求，在理论上接受了启蒙运动的先进世界观，在文艺上较彻底地同古典主义划清了界限。在上述总的出发点的前提下，进一步分析一下莱辛的美学思想还有如下具体的出发点。

第一，莱辛认为，文艺应着眼于平民。古典主义文学是着眼于宫廷与贵族的，大多取材于"上流社会"，目的在拥护中央王权，歌颂"贤明君主"。法国古典主义理论家布瓦洛在《诗的艺术》中就要求诗人对"贤明君主""发动讴歌吧，缪司！让诗人齐声赞美"，并劝告诗人"少做人民的朋友"。在艺术形式上，古典主义则主张雍容造作的风格和僵硬的"三一律"。莱辛则同其相反，他认为，文艺应着眼于普通的"平民"。他说，一个有才能的作家"总是着眼于他的时代，着眼于他国家的最光辉、最优秀的人"。他接着解释说，这里所说的"最光辉、最优秀的人"即指"平民"[①]。他还针对古典主义提出的描写"伟大人物""伟大行动"的要求，主张描写"普通人"的"细微的行动"，甚至认为，这种"细微的行动"可以使性格最明确地表现出来，因而从艺术的角度来看也就是"最伟大的行动"。他明确反对文艺着眼于王公与英雄，认为王公和英雄之所以感动人，也是

---

① ［德］莱辛：《汉堡剧评》，张黎译，上海译文出版社1981年版，第9页。

"因为我们把他们当作人，并非当作国王之故"①，事实上，只有普通人的生活和命运才是具体的，所以也才是感人的。这就说明，在文艺题材上，他是多么重视从平民阶级的普通生活中取材。不仅如此，他还对文艺提出了对于平民"必须是为了照亮他们和改善他们"的要求，并要求剧院成为"道德世界的大课堂"②。这就突出地强调了文艺的教育启发作用。正因为如此，莱辛不满于歌德的《少年维特之烦恼》的较为低沉的结局。他在给友人艾森堡的信中指出："这部如此温暖的作品不该有一篇简朴而冷静的尾声吗？"其理由在于："应把诗的美当作道德的美。"③ 在形式上，正因为他从平民出发，所以反对古典主义雍容造作的语言风格，主张通俗易懂，浅显明白的语言风格。他还认为，一个艺术家的作品不应该是谜。因为，解谜既费力又不着边际。对一个艺术家的赞扬是随着他作品的明白易懂的程度而增长的；越易懂，越通俗，他便越值得人们赞扬。他之所以反对雍容造作的风格，是由于认为感情不能同具有这种风格的语言同时并存，而只能同朴素、通俗、浅显、明白的语言风格相一致。

第二，要求文艺描写人的美和塑造有人气的英雄。古典主义是以理性为最高原则的，而将人性放在从属的地位。布瓦洛说："因此，首先须爱理性，愿你的一切文章永远只凭着理性，获得价值和光芒。"④ 另一方面，他们则强调在文艺作品中克制个人情欲，要服从国家利益和公民义务。莱辛针对古典主义的这种压制"人性"的理论，继承人文主义传统，要求在文艺中恢复人的地位。他在《汉堡剧评》第五十九篇中指出："如果说富贵荣华和宫廷礼仪把人变成机器，那么作家的任务，就在于把这种机器再变成人。"⑤ 他还针对当时德国文坛在古典主义影响下盛行着的一种僵硬的、静态的物体美，明确地指

---

① ［德］莱辛：《汉堡剧评》，张黎译，上海译文出版社1981年版，第74页。

② 同上书，第9、10页。

③ ［俄］车尔尼雪夫斯基：《莱辛，他的时代，他的一生与活动》，《车尔尼雪夫斯基论文学》中卷，辛未艾译，上海译文出版社1979年版，第462页。

④ ［法］布瓦洛：《诗的艺术》，伍蠡甫主编《西方文论选》上卷，上海译文出版社1979年版，第290页。

⑤ ［德］莱辛：《汉堡剧评》，张黎译，上海译文出版社1981年版，第309页。

· 105 ·

出："最高的物体美只有在人身上才存在，而在人身上也只有靠理想而存在。"① 由此可见，在莱辛看来，人是大自然中美的范本，而人的美又在于其理想的美。那么，什么样的人的理想才能称为美呢？或者说什么是理想的形象呢？这在当时的德国是一个分歧极大的问题。德国另一位启蒙运动的领袖、著名的艺术史家温克尔曼认为，对于痛苦的忍受就是美的理想或理想的英雄。他在分析著名的拉奥孔雕像群时认为，这个雕像的优点在于成功地表现了拉奥孔对最激烈的痛苦的忍受。本来，拉奥孔从肉体到精神都因毒蛇无情地缠绕和啮咬而痛苦不堪，但画面所表现的不是哀号，而只是一种节制住的焦急的叹息。莱辛明确表示不同意温克尔曼的上述观点。他认为，不应塑造什么忍受激烈痛苦的英雄，而要塑造有"人气的英雄"。他以古希腊的索福克勒斯和荷马的作品为例，认为他们的作品的优点就在于既表现了英雄人物行动上的超凡，又表现了遭逢痛苦时具有一般的人性，即所谓"在行动上他们是超凡的人，在情感上他们是真正的人"②。例如，索福克勒斯在其悲剧《菲罗克忒忒斯》中描写主人公希腊神箭手菲罗克忒忒斯在出征特洛亚途中被毒蛇咬伤，尽管他具有超凡的英雄气概，但在蛇伤的折磨下也禁不住由痛苦而发出哀怨声、号喊声和粗野的咒骂声。声音之响震撼了整个希腊军营，扰乱了一切祭祀和宗教典礼，以致人们把他抛弃在荒岛之上。莱辛认为，菲罗克忒忒斯的这种基于理性的英雄气概和基于自然的人的要求的结合就使他成为理想的"有人气的英雄"。他说：菲罗克忒忒斯的"哀怨是人的哀怨，他的行为是英雄的行为。二者结合在一起，才形成一个有人气的英雄。有人气的英雄既不软弱，也不倔强，但只在服从自然的要求时显得软弱，在服从原则和职责的要求时就显得倔强。这种人是智慧所能造就的最高产品，也是艺术能摹仿的最高对象"③。这就说明，莱辛所理解的"人气"或"人性"即是理性原则与自然要求的统一。这是不同于古

---

① ［德］莱辛：《拉奥孔》，朱光潜译，人民文学出版社 1979 年版，第 194 页。
② 同上书，第 8 页。
③ 同上书，第 30 页。

典主义的纯以抽象的理性为出发点的理论主张的。温克尔曼在这个问题上实际上还是受到古典主义的影响。莱辛认为，他们的理论根子在于古希腊的禁欲主义的斯多噶派。这是一个盛行于公元前 6 世纪至公元 6 世纪的哲学派别，它鼓吹人们盲目地服从命运，认为人生的目的不是快乐，而是恬淡寡欲。古罗马理论家西塞罗就继承了斯多噶派禁欲主义理论，在其《塔斯库伦辩论文集》中写有"论轻视死亡""论忍痛"等章。莱辛认为，原因就在于古罗马人大搞残酷的奴隶格斗，因而泯灭了人的自然本性，导致了对死亡和痛苦的轻视。这一番话，实际上从阶级根源上揭露了奴隶主和封建主阶级否定人性的原因，说明严格的等级制度和对奴隶与农奴的非人的残酷压榨，是奴隶社会与封建社会抹杀人的价值的重要根源。描写人的美和有人气的英雄，是莱辛美学理想的重要根据，贯串于他的所有著作之中。

第三，文艺应该摹仿自然，反对宗教对文艺的束缚。古典主义也提出"艺术摹仿自然"的原则，但他们所说的自然是封建化的具有浓厚贵族色彩的自然，是雕琢的、打上"理性"烙印的自然。因而，古典主义专事对古代的摹仿和对庸俗的贵族生活的粉饰，实际上是脱离自然与现实的。莱辛继承亚理斯多德的唯物主义"摹仿说"，认为"自然在任何地方都不曾放弃过它的权力"[①]。他这里所说的"自然"是同古典主义含义不同的，是指活生生的现实生活、未经雕琢的朴素的自然。他认为，如果艺术脱离摹仿自然的规则，艺术就不成其为艺术，至少不成为高明的艺术；而艺术中的一切出奇制胜也都不能奇异到不自然的地步。由此，他反对人工雕琢，认为人工雕琢得最细致的反倒是最坏的，而最粗犷的反倒是最好的。在这里，已经显露出浪漫主义所特有的回到粗野的自然的观点。正因为他将自然抬到文艺源泉的地位，因此必然要求将"真实"作为衡量文艺的标准之一，认为不真实的作品不可能是伟大的。法国古典主义作家高乃依的作品就因为不完全真实，因而只能称为是庞大的、巨大的，而不能称作是伟大的。他甚至认为，人的欣赏趣味的形成也应"按照事物的自然本性所

---

① ［德］莱辛：《汉堡剧评》，张黎译，上海译文出版社 1981 年版，第 75 页。

要求的规则"①。与此同时，他竭力反对教会对文艺的束缚，反对教会
将文艺变成宣传教义的工具。他说："一切带有明显的宗教祭典痕迹
的作品都不配称为'艺术作品'，因为艺术在这里不是为它自己而创
作出来的，而只是宗教的一种工具，它对自己所创造的感性形象更着
重的是它所指的意义而不是美。"② 这就说明，莱辛认为，宗教是对文
艺的一种束缚。这种束缚在当时的文艺领域表现得非常突出。一种情
形就是在舞台上借助神明庇护产生效果。莱辛认为，这一手法的最大
弊病就是违背了自然，在舞台上一切属于人物性格的东西，都必须是
从最自然的原因中，按照"严格的真实性"产生出来的，因为人们只
会相信"产生自物质世界的奇迹"③。再一种情形就是舞台上鬼魂的
出现。他认为，鬼魂完全是文艺家无能的表现，目的在于迷惑和恐吓
观众。因此，从总的方面来说，莱辛是不赞成舞台上鬼魂出现的。但
对莎士比亚的《哈姆雷特》中的鬼魂，他认为，完全是从戏剧环境中
产生的，而且也只在哈姆雷特一人身上发挥作用，因而是完全自然
的，可以允许的。总之，莱辛的美学思想中较明显地倾向于唯物主
义，主张从德国的现实生活出发来形成独立而统一的德意志民族
文学。

三

莱辛对于统一的德意志民族文学的探讨是沿着这样一条道路前进
的：首先在《关于当代文学的通讯》中批判了高特舍特等立足于摹仿
的有害倾向，接着在《拉奥孔》中通过对诗画区别的论述阐明了自己
的美学理想，继而在《汉堡剧评》中则更具体地提出了自己关于文学
创作的种种理论主张。因此，《拉奥孔》在他的美学理论和文艺理论
体系中具有极重要的地位。这部著作表面上看是谈具体文体及其特

① ［德］莱辛：《汉堡剧评》，张黎译，上海译文出版社 1981 年版，第 100 页。
② ［德］莱辛：《拉奥孔》，朱光潜译，人民文学出版社 1979 年版，第 57 页。
③ 同上书，第 10 页。

点，但实质上却是对文艺作品提出了种种根本性的要求，从而阐明了自己对艺术美的基本看法。

　　"拉奥孔"原是古希腊一座著名的雕像群，是古代艺术家阿格山大等人在公元前42年到公元前21年之间创作的。长久被埋在罗马废墟里，直到1506年才被挖出，但拉奥孔的右手膀臂已残缺，后请米开朗基罗和蒙托索理、考提勒修补完整。这座雕像成为长期以来理论家们研究的一个课题。18世纪中期，德国著名的启蒙运动领袖、艺术史专家温克尔曼发表了《论希腊绘画和雕刻作品的摹仿》和《古代造型艺术》等著作。温克尔曼在这些著作里通过对拉奥孔雕像的分析，认为拉奥孔及其子被毒蛇缠绕与啮咬，本是痛苦异常，理应发出哀号，但作者却让其强忍住痛苦而仅仅表现出焦急的叹息。这表现了古典艺术的"高贵的单纯和静穆的伟大"①的美学理想。这样一个美学理想正是长期统治着德国文坛并阻碍德国民族文学形成的桎梏。早在古希腊时期，诗人西摩尼德就主张诗歌应像绘画那样的静止地描绘，提出"画是一种无声的诗，诗是一种有声的画"。拉丁诗人贺拉斯在《诗艺》里也提出"画如此，诗亦然"的主张。此后，这一主张延绵不断，到古典主义时期更被奉为经典。其原因是，绘画的这种静止描绘的风格适合了他们巩固王权、统一国家的政治主张，有利于创作适合其美学要求的风景诗和寓意画。在当时的德国，不仅古典主义的高特舍特派坚持这种描绘式的"单纯""静穆"的美学主张，就是苏黎世派也是同意的。只有莱辛，以敏锐的眼光看到了这一美学主张的严重危害在于，将会使其蔓延于整个文艺领域，从而窒息文艺反映现实、推动现实的活的生机。为此，他写作了美学专著《拉奥孔》，"目的在于反对这种错误的趣味和这些没有根据的论断"②。他认为，这一错误倾向的理论根源在于将诗画这两种体裁进行了混淆。因此，他要致力于研究并确定诗画的界限，以便对每一种体裁的独特功用做出正确判断。这样，他就由诗画的异同开始了自己的美学探讨。莱辛

---

① ［德］莱辛：《拉奥孔》，朱光潜译，人民文学出版社1979年版，第5页。

② 同上书，第3页。

继承并发展了亚理斯多德的文体论，认为任何文艺种类都是对现实的摹仿，它们之间的区别主要来自摹仿的对象和手段的不同，而主要是摹仿的手段的不同。他说，诗和画固然都是摹仿的艺术，出于摹仿概念的一切规律固然同样适用于诗和画，但两者用来摹仿的媒介或手段却完全不同，这方面的差别就产生出它们各自的规律。① 具体地说，就是绘画运用空间中的形体和颜色，是一种自然的符号；而诗却运用在时间中发出声音的语言，是一种人为的符号。从摹仿的对象来说，由于绘画运用形体和颜色，所以适于表现那些在空间中并列的物体；而诗则因其运用语言，所以适于表现那些在时间中先后承续的动作。正是从这个意义上，人们把绘画叫作空间艺术，把诗歌叫作时间艺术。此外，绘画和诗给人的印象也不同。绘画诉诸人们的视觉，而诗则诉诸人们的听觉，并最后借助于想象。

但是，莱辛的意图并不是为了具体地阐述诗画的区别，而是为了着重论述两者之间由体裁而形成的截然不同的艺术理想（规律）。他认为，绘画的理想是美，而诗的理想则是动作。他说："把绘画的理想移植到诗里是错误的。绘画的理想是一种关于物体的理想，而诗的理想却必须是一种关于动作（或情节）的理想。"又说："绘画的最高法律是美。"② 这就点出了整部《拉奥孔》的要旨，使他关于诗画异同的研究有了更高的理论价值和历史意义。他在《拉奥孔》中以拉奥孔雕像为例，详细地论证了绘画的理想在美的理由。他认为，艺术家为了通过雕像表现出美，作了大量的艺术处理。这就是处于极端痛苦中的拉奥孔为什么没有哀号，而只是叹息的原因。因为，如果处理成哀号，那就要表现形体的激烈扭曲和面部扭曲，并使人物张着大口，在绘画上形成一个大黑点，在雕刻上形成一个大窟窿，而这些都是令人嫌恶的丑的形象，是同造型艺术的美的规律相违背的。甚至连毒蛇缠绕的道数、部位及拉奥孔是否穿衣服等，都要从美的角度出发加以艺术处理。很显然，莱辛在这里所说的美主要是指一种对称、比

---

① ［德］莱辛：《拉奥孔》，朱光潜译，人民文学出版社 1979 年版，第 181 页。
② 同上书，第 177、206 页。

例、协调之类的形式美。这种形式美当然是静止的。这实际上就是长期在古代欧洲影响颇大的形式主义美学思想的表现，在当时的德国占据了统治的地位，以致在康德美学中都留有明显的痕迹。莱辛尽管没有完全同这种形式主义美学思想划清界限，仍然认为造型艺术中还要以这样的美作为最高法律，但他却断定这样的美不适用于以诗歌为代表的语言艺术。他认为，诗的理想是动作，"动作是诗所特有的题材"[①]。因此，诗画之间根本的艺术规律、艺术理想都是不同的。原因是，绘画所运用的媒介或手段是形体和颜色，只能在空间中配合，所以不能表现时间中前后承续的动作；而诗人凭借语言媒介，只能表现发展中的动作的前后序列，而不能表现空间中排列的物体。不仅如此，莱辛还进一步批判了长期流行的"表情必须服从美"的法则。他认为，这条法则是以静止的物体为描绘对象的造型艺术的法则，但不是以诗为代表的语言艺术的法则。因为语言艺术的长处就在于通过动作表达出丰富的情感，收到打动人心的巨大效果。他还将这种"表情服从美"的静止的艺术规则同基督教相联系，认为基督教所要求的性格就是"默默的冷静，不变的温柔"，但这样的性格是毫无戏剧性的，是难以收到艺术效果的。

正因为诗以动作为题材，可以表现逐步完成的前后承续的动作，所以同生活较为接近。而绘画则因以物体为题材，只能表现一个已经完成的东西，所以本身就受到极大局限。基于这样的理由，莱辛认为，诗较绘画优越。他说，"生活高出图画有多远，诗人在这里也就高出画家有多远"[②]。他认为，首先是诗歌的范围超过绘画。因为诗歌的主要优点在于可让读者历览从头到尾的一序列画面，而绘画则只能画出其中最后的一个画面。例如，《荷马史诗》中写阿波罗降瘟疫于希腊大军，真是绘声绘色。通过诗人的描写，我们仿佛亲眼看到阿波罗盛怒着从奥林普斯高峰奔下来，听到他背上的箭头哗哗作响。这样一种诗的图画是借助于形体和颜色的绘画所无法翻译的。因为，如果

[①]　［德］莱辛：《拉奥孔》，朱光潜译，人民文学出版社 1979 年版，第 83 页。

[②]　同上书，第 75 页。

将它画出来的话，就成为"阿波罗大怒，用箭射希腊大军"这样的图画。同原诗相比，那就黯然失色！莱辛认为，这是因为诗的形象纯粹是精神性的，各种特性可以丰富多彩地完美地并存在一起，而诗的作用则在于通过动作唤起想象，想象的领域又是无限广阔的。相反，绘画却直接描绘实物本身，这就要受到空间和时间的局限，因而在对现实生活的表现上大为逊色。他将诗歌这种在表现生活的范围上远胜于绘画的长处称作诗歌可表现一种"非图画性的美"，而这是远远超过"图画性的美"的。那么，这种"非图画性的美"是什么呢？莱辛认为，这是一种"潜在的东西"，是物体之外通过动作表现出来的美，人们只有通过猜测才能把握这种潜在的美。绘画只能通过物体的描绘来暗示这种潜在的美，这就受到了局限，但诗却可将其直接描写出来而不受局限。他还认为，诗可表现崇高和丑，而绘画却不能。从崇高来说，由于常常产生于体积的巨大，使人们头昏目眩，一眼看不到边，从而产生崇高感。但这种巨大的体积在绘画中就会缩小，使人一眼就可看透，从而产生不了崇高的印象。而从丑的表现来说，诗作为时间艺术在前后承续的动作中描写丑，这样，就使丑被冲淡了，不会使人产生嫌恶的感觉，因而，丑可以作为诗的题材。但因绘画作为空间艺术将丑在空间中并列，不免使人嫌恶，所以丑不能作为绘画的题材。

莱辛不仅论述了诗画的区别，批判了以造型艺术"静穆"的理想取代语言艺术特有规律的倾向，阐述了语言艺术以动作为理想的特点。而且，他还将这一运动、发展的美学观点贯串于关于诗画规律可以通用的论述中。作为诗来说，莱辛认为，不仅以动作为题材，而且也可以以物体为题材，途径就是化静为动，通过动作来对物体的特征进行暗示，这样常常能够收到绘画所无法比拟的效果。他说："诗描绘物体，只通过动作去暗示。诗人的妙技在于把可以眼见的特征化为运动。"[①] 具体地说，他认为，有三个途径。一个是不直接描写事物本身，而是描写它所产生的欢欣、喜爱和迷恋的效果。例如，荷马对海

---

① ［德］莱辛：《拉奥孔》，朱光潜译，人民文学出版社1979年版，第173页。

伦的美在诗中几乎没有直接描写，但却描写了海伦走进特洛亚国元老们的会场里的情形。这些冷心肠的老年人面对着海伦的美，都情不自禁地为之震撼，并彼此私语道：为了这样一位"不朽的女神"，即使发动战争也是值得的。这就一下子将海伦的倾城倾国之貌突现了出来。再一个就是化美为媚。所谓"媚"，就是一种动态中的美。它比单纯的形状和颜色要生动得多，所产生的效果也强烈得多。例如，文艺复兴时期意大利诗人阿里奥斯陀在其传奇体叙事诗《疯狂的罗兰》中描写阿尔契娜美丽的眼睛时，并未描写眼睛的黑或蓝，而是描写它们"娴雅的左顾右盼，秋波流转"。这就活灵活现地刻画了她的美目的巨大的美的魅力。第三个途径就是不直接描写事物本身，而是描写其制造过程。荷马在描写阿伽门农的朝笏和阿喀琉斯的盾牌时，就是这样做的。而作为绘画，莱辛认为，也可以描写动作，但只能通过物体，用暗示的方式去描写。具体地说，就是选择动作中"最富有孕育性的那一顷刻"[①]。理由就是，由于绘画描写空间并列的静态的物体，所以作为绘画来说，要描写动作就只是选择其中作为一顷刻的一个场面。同时，作为艺术品的绘画又具有凝定性，需供人们长期反复的欣赏。这样，就须惜墨如金，选择最能产生艺术效果的那一顷刻。具体地说，就是要选择"可以让想象自由活动的那一顷刻"[②]。莱辛认为，这样的顷刻就是到达顶点之前的那一瞬间。因为到了顶点就到了止境，想象就被捆住了翅膀。而顶点之前的那一顷刻是最富"孕育性"的，可升可降，寓意无穷。因此，拉奥孔雕像就只能选择他在叹息的那一顷刻。这样，就给欣赏者留下了想象的余地。人们通过叹息就可想象到拉奥孔的哀号。如果是直接选择哀号那一顷刻，那就到了顶点，没有任何余地，想象就会处于乏味的状态。莱辛为了深入说明这一观点，又进一步举了希腊著名画家提牟玛球斯所作美狄亚杀子一画。画家并没有选择美狄亚发狂地杀害亲生儿子那一顷刻，而是选择杀子前不久处于母爱与嫉妒相交战之间的顷刻。这幅画在历史上博得

---

①　[德]莱辛：《拉奥孔》，朱光潜译，人民文学出版社1979年版，第83页。
②　同上书，第18页。

了长期的普遍的赞赏。但另一位不知名的画家却恰恰选择了美狄亚杀子的一顷刻，违背了绘画要选择"最富孕育性的顷刻"的规律，从而被许多艺术家所谴责。诗人斐立普斯在谴责这幅画时说："你就这样永远渴得要喝自己儿女的血吗？就永远有一位新的伊阿宋，永远有一位新的克瑞乌萨，在不断地惹你苦恼吗？滚到地狱去吧，尽管你是在画里！"① 莱辛在《拉奥孔》中所论述的造型艺术要选择"最富孕育性的那一顷刻"的思想是一个极其重要的美学观点，是他把诗以动作为理想的美学思想在造型艺术上的具体运用，充分地说明了他的辩证的发展的美学观对古典主义的静穆的美学观的战胜。事实证明，这一美学思想不仅适用了雕塑、绘画等造型艺术，而且也适用于其他一切艺术门类。因为艺术的特点就在于唤起想象，只有留有余地，才使想象能够在广阔的领域里驰骋。一旦将动作的发展描写到顶点，那就会大大地束缚想象的能力，甚至会窒息想象，使艺术不成其为艺术。

四

《汉堡剧评》是莱辛的又一部美学巨著。在这部著作中，他运用"诗的理想是运动"的美学思想全面地阐述了自己的戏剧理论和文学理论。从某种意义上来说，《汉堡剧评》是他的美学思想的具体化与发展。

对于戏剧，莱辛向来是很有感情的。他一踏上社会，就与戏剧和戏剧演员发生了密切的关系。而且，这种关系始终不断。他不仅亲自创作了优秀的戏剧作品，而且潜心研究这种艺术形式。原因是什么呢？有人认为，是由于当时德国政治、经济和文化落后，小说出现的较晚，就使具有口头文学性质的戏剧成为文学正宗，并引起莱辛的重视。这种看法应该说有一定的道理，但并不完全，特别是没有找出莱辛重视戏剧的根本原因。我们认为，根本原因在于戏剧这种艺术形式最符合莱辛的"诗的理想是运动"的美学观点。他继承亚理斯多德把

① ［德］莱辛：《拉奥孔》，朱光潜译，人民文学出版社1979年版，第21页。

情节作为戏剧第一要素的理论，认为戏剧能最好地表现运动，揭示矛盾。他的这一观点是同古典主义的戏剧观截然不同的。古典主义否定戏剧主要表现动作，将其归结为静止的"叙述"。莱辛有力地批判了这种重在叙述的静止的戏剧观。当时法国的伏尔泰，由于未能完全同古典主义划清界限，因而在《莫里哀传》中评价《太太学堂》一剧时就表现了这种静止的戏剧观。他说，"《太太学堂》是一出新型体裁的喜剧，戏里的一切都只是叙述"。莱辛对此不以为然。他认为，假如新颖表现在这里，最好还是放弃这种新型体裁，不论它有多少艺术性，叙述毕竟是叙述，而我们要在舞台上看真实的行动。不仅如此，他还进一步将戏剧与小说进行比较，认为由于戏剧重行动而小说重叙述，所以戏剧比小说更多优点。首先，他认为，戏剧的想象远比一部单纯的小说丰富，所以戏剧里的人物比小说里的人物更能引起人们的兴趣。当然，戏剧的这种具有丰富想象的长处也完全是由其重在行动的根本特点所决定的。因为，行动都是具体的感性的，排除了一切的抽象性，所以最能唤起想象。其次，他认为，戏剧给人一种直接的观感，所以在小说中需要通过猜测来把握的东西，在戏剧里却可以真实地感到。原因仍是在于戏剧通过行动，使一切都真实地发生在人们的面前，活灵活现地作用于人们的感官。再就是，他认为，戏剧通过行动更易于表现激情，从而"不论观众愿意与否，须使他产生同感"①。当时有一位德国年轻的剧作家未能成功地改编文艺复兴时期著名诗人塔索的叙事诗《被解放的耶路撒冷》，莱辛认为，其原因在于未能把握戏剧重在行动的特点，不是将激情通过人物的行动真实地表现出来，而是通过叙述表现。因为，对激情的叙述所产生的效果是远逊于通过行动对激情的表现的。

当然，莱辛并不是对一切戏剧都感兴趣，他对古典主义的悲剧就是反感的。因为这些悲剧都是从上流社会取材，反映千篇一律的平静乏味的宫廷生活。这样的戏剧显然是同莱辛的重在行动的戏剧理论相违背的。正是从这样的意义上，他断言，在德国人那里没有戏剧，就

---

① ［德］莱辛：《汉堡剧评》，张黎译，上海译文出版社1981年版，第6页。

是自夸有着欧洲最好的戏剧的法国人也没有戏剧。因此，莱辛同法国伟大的现实主义戏剧理论家狄德罗相呼应，对原有的古典主义悲剧进行改造，创造了市民悲剧和悲喜剧的戏剧形式。他说："我想谈一谈戏剧体诗在我们的时代所发生的变化。无论是喜剧还是悲剧都没有逃脱这种变化。喜剧提高了若干度，悲剧却降低了若干度。就喜剧来说，人们想到对滑稽玩艺的喜笑和对可笑的罪行的讥嘲已经使人腻味了，倒不如让人轮换一下，在喜剧里也哭一哭，从宁静的道德行为里找到一种高尚的娱乐。就悲剧来说，过去认为只有君主和上层人物才能引起我们的哀怜和恐惧，人们也觉得这不合理，所以要找出一些中产阶级的主角，让他们穿上悲剧角色的高底鞋，而在过去，唯一的目的是把这批人描绘得很可笑。喜剧的变化造成提倡者所称的打动情感的喜剧，而反对者则把它称为啼哭的喜剧。悲剧经过变革，成为市民的悲剧。"① 这种市民悲剧和悲喜剧的戏剧形式打破了戏剧题材囿于上层贵族的限制，直接从市民阶级中取材。他在《汉堡剧评》第十四篇中说，"王公和英雄人物的名字可以为戏剧带来华丽和威严，却不能令人感动。我们周围人的不幸自然会深深侵入我们的灵魂"②。他还借法国作家马蒙泰尔之口对这种"我们周围的人"作了具体描述，马蒙泰尔认为，悲剧的主人公首先是"人"这个神圣的名字，并且是不必去关心其官阶、姓氏和出身的正直的人，甚至是具有某种软弱性的不幸的人。很显然，这样的"人"就是普通的市民。他还进一步结合法国社会现实分析了市民悲剧不能流行的原因，那就是由一种极坏的社会风气所造成，即所谓爱虚荣、醉心于爵位、热衷于同上流社会交往，等等。我们认为，莱辛在这里表面上说的是法国，实际上却说的是德国。只是由于封建势力的强大，而不得不以隐晦曲折的方式表达。莱辛的一生都是同上述陈腐的社会风气格格不入的，而他的戏剧作品就是同这种社会风气斗争的有力武器，也是实践其市民悲剧理论的范例。他的悲喜剧混杂的观点也是对古典主义悲喜剧严格区分的传

---

① 转引自朱光潜《西方美学史》上卷，人民文学出版社1963年版，第317页。

② ［德］莱辛：《汉堡剧评》，张黎译，上海译文出版社1981年版，第74页。

统理论的有力冲击。莱辛在《汉堡剧评》第六十至六十八篇中提出了"俗气的滑稽和最庄重的严肃巨大结合"、喜剧性和悲剧性混杂的思想。[①] 他认为，这是同古典主义对悲剧提出的"文雅"的要求相抵触的。这种所谓的"文雅"，就是娓娓动听的声音、优美华丽的环境，以及朝仪宫礼等。莱辛认为，这只不过是一种单调，只能使人们打瞌睡，而上述滑稽和严肃的结合、喜剧和悲剧的混杂，却是一种多样性的更迭，"比冷冰冰的单调更能讨我喜欢"[②]。他还借西班牙戏剧家洛贝之口告诉人们，这种滑稽与严肃、喜剧与悲剧的结合是自然本身所提供给我们的丰富多彩，而艺术对自然的这种摹仿当然不是什么缺点。事实上，上述市民悲剧和悲喜剧的观点正是莱辛"诗的理想在运动"的美学思想的表现。因为，市民阶级处于社会的低层，最动荡不安，他们又是革命阶级，具有强烈的变革要求。所以，市民题材本身最能表现运动和发展，而悲剧与喜剧的结合恰恰是矛盾运动的根源，戏剧冲突和人物内心冲突的基础。

关于悲剧，莱辛继承了亚理斯多德的悲剧观，并有所发展。他在《汉堡剧评》中用了整整十篇，着重探讨了悲剧精神问题。这主要是针对古典主义对悲剧精神的歪曲。当时的古典主义为了运用悲剧服务于对王权和贵族的妥协，就有意地篡改了亚理斯多德的悲剧理论，提出了自己的保守的悲剧观。其代表人物就是德国的高特舍特和法国的高乃依。莱辛认为，高特舍特在这一方面没有什么独到的见解，只不过是摹仿法国而已。因此，真正的代表人物是法国的高乃依。莱辛认为，高乃依是造成危害最多的人，尤其是他的理论被整个民族，乃至整个欧洲都奉为至理名言，被一切后辈作家奉为金科玉律，但按这种理论进行创作，只能产生最空洞、最乏味、最不具有悲剧精神的东西。他同以高乃依为代表的古典主义的分歧集中在对悲剧效果的看法上。莱辛继承亚理斯多德的理论，认为悲剧的效果是借引起怜悯与恐惧来净化我们的怜悯与恐惧。但高乃依却将这种对怜悯与恐惧的净化

---

① ［德］莱辛：《汉堡剧评》，张黎译，上海译文出版社 1981 年版，第 351 页。

② 同上书，第 74 页。

篡改为"悲剧引起我们的怜悯，是为了引起我们的恐惧，为了借这种恐惧来净化我们心中的激情，而被怜悯的人物便是由于这种激情才遭逢厄运的"①。在这里，怜悯与恐惧变成了一般的"激情"。那么，古典主义所说的这种"激情"到底是什么呢？莱辛通过仔细地分析告诉我们，只不过是一些宫廷和贵族生活的陈腐感情，诸如宫廷里男男女女之间风流艳遇的庸俗倾向，以及冗长的政治议论等。莱辛认为，这种所谓"激情"是绝对引不起恐惧与怜悯的。因此，他以讽刺的口吻说道："这就是说，我们什么都有，就是没有应该有的东西，我们的悲剧是出色的，不过它们都不是悲剧。"② 无疑，莱辛认为，悲剧所应有的效果就是激发起怜悯与恐惧之情。这是对广大人民进行启蒙教育所必须的。他十分欣赏古希腊时期悲剧的兴盛及其给予观众的强烈的、不寻常的感情鼓舞，启蒙运动的政治目的和历史的借鉴使他特别重视悲剧及其所产生的引起怜悯与恐惧的效果。他说："戏剧形式是唯一能引起怜悯与恐惧的形式；至少这种激情在任何别的形式里都不能激发到这样一种高度。"③ 并且，他还要求悲剧扫荡一切陈腐萎靡的上流社会的感情，充分发挥自己激发恐惧与怜悯之情的作用。

悲剧的效果是同悲剧的主角相联系的。因为，人物是戏剧的核心，有什么样的人物，就能在观众中起到什么样的作用。因此，悲剧主角问题就牵涉到能不能产生怜悯与恐惧之情以及产生什么样的怜悯与恐惧之情的问题。在古典主义的悲剧理论中，主人公一律是上层人物，国王、王子、贵族、骑士等，并将这些人物一律标榜为"善良"。但这是怎么样的一种"善良"呢？高乃依认为，这种"善良"既与道德的善相容，也与道德的恶相容。他以自己的悲剧《罗多居娜》中的主角克莱奥帕特拉为例，说明这个女人尽管野心勃勃，不惜采用暗杀手段谋夺王位，但是，她的犯罪行为却是跟灵魂的某种伟大联结在一起，所以人们在诅咒她的行动时，才又赞叹产生这些行动的源泉。

---

① ［德］莱辛：《汉堡剧评》，张黎译，上海译文出版社1981年版，第415页。

② 同上书，第409页。

③ 同上书，第407页。

这真是对统治阶级中的阴谋家的一种露骨的粉饰。莱辛认为，这是一种卑劣的伎俩，是妄图将邪癖"涂着一层处处令我们眼花缭乱的釉彩"，而按照亚理斯多德的教导，激情的激化与这种骗人的光辉是完全无关的。① 高乃依还认为，可以将"完全正直的人"作为悲剧的主角。既可以写他们逃避了厄运，也可以写他们虽遭迫害，但迫害者却是由于懦弱而不是恶行。莱辛也不同意这种观点。他认为，将这种"完全正直的人"作为悲剧主角最主要的弊病是不会引起恐惧。而恐惧是怜悯的一个必要的组成成分，只有感受到了恐惧，怜悯才能作为一种持续存在的激情被保存下来，否则一俟悲剧结束，我们的怜悯便也停止。对于高乃依所主张的将迫害者描写成懦弱而不是恶行，莱辛认为，这只能调和戏剧冲突、削弱戏剧所应产生的激情，给人以冷淡与不愉快之感。对这种抹平戏剧矛盾的冷淡主义的批判，正是莱辛作为启蒙主义者的战斗精神的表现。不仅如此，高乃依甚至认为，十分邪恶的人也可以充当悲剧主角，因为这样的人虽不能引起怜悯却可以引起恐惧。作为这种理论的实践，就是一个名叫魏塞的人写了一部《理查三世》。这是一部不同于莎士比亚同名剧的作品。这部作品的主角是罪恶的化身、"嗜血的魔鬼"，他以嗜血为荣、杀人为快，不惜用世界上最亲爱的人的尸首来填满他和王位之间的鸿沟。对于这样的人物，莱辛认为，只能产生恐怖而不能产生恐惧，但恐怖不等于恐惧。恐怖完全由他人的罪恶引起，而恐惧则是由于我们跟受难的人相似，为我们自己而产生。这是我们看见不幸事件落在这个人物身上时，唯恐自己也遭到这种不幸，变成怜悯的对象。总之，这种恐惧是我们对自己的怜悯。由此可知，在莱辛看来，像理查三世这类罪恶的人物由于与普通的人完全不同，所以其行为与命运与普通人无关，他的遭遇既不会引起任何怜悯，亦不会引起任何恐惧。莱辛满怀激愤之情说道："他是一个可恶的家伙，他是一个披着人皮的魔鬼，在他身上找不到一丁点儿跟我们自己类似的特征，我甚至认为，我们可以眼巴巴

---

① ［德］莱辛：《汉堡剧评》，张黎译，上海译文出版社1981年版，第423页。

地望着他被打入十八层地狱，而丝毫不同情他。"① 这正是一个启蒙主义者对封建贵族野心家的强烈憎恨的流露，是他的戏剧理论政治倾向性的表现。通过上述批判，莱辛所主张的悲剧主角就不言而喻了。那就是必须是善良的，同时又不是完善的，而是有过错的，因而是同普通人相似的人。这当然是亚理斯多德悲剧主角"过失说"的翻版，但莱辛在实际阐述时却明确地将悲剧主角归结为"平民"。他认为，只有以这样的平民作为悲剧主角，才能最大地发挥出悲剧的怜悯与恐惧的效果。莱辛在此借助亚理斯多德的理论进一步论证了自己的"平民悲剧"。

那么，怎样才能发挥悲剧唤起怜悯与恐惧的感情的效果呢？法国《诗学》翻译者达希埃提出了一种悲剧旨在使观众忍受不幸遭遇和勇敢地承担不幸遭遇的理论。这是法国古典主义对悲剧效果的又一歪曲，其结果是完全阉割了悲剧的积极作用，使之成为封建阶级调和社会矛盾的工具。作为启蒙主义者的莱辛是不能容忍这种理论的。他尖锐地指出，这是一种从禁欲主义的斯多噶派贩买来的冷淡无情的理论。莱辛认为，悲剧的净化（或陶冶）绝不是"安慰"，而是一种使怜悯与恐惧的激情"向道德的完善的转化中"②，也就是要从过多或过少的怜悯与恐惧激情的两个极端中使之适当。这就要使观众既不是对一切的事物都怜悯与恐惧，对封建贵族阶级就不应有此种感情；也不是对一切事物都无动于衷，而要对平民阶级及其反封建斗争的挫折产生强烈的怜悯与恐惧之情。另外，在题材上，古典主义局限于历史的题材，莱辛却要求悲剧着重反映现实的矛盾。他在《汉堡剧评》第七十七篇借亚理斯多德之口说道："怜悯必然要求一种现实存在的灾难；我们对于早已过去的灾难，要么根本不能产生怜悯，要么这种怜悯远远不如对于眼前的灾难那样强烈；所以引起我们怜悯的行动，不能当作过去的行动，即不是用叙述形式进行摹仿，而是当作现实的行

① ［德］莱辛：《汉堡剧评》，张黎译，上海译文出版社1981年版，第402页。
② 同上书，第400页。

动，即用戏剧的形式进行摹仿。"① 这种反映现实矛盾的要求是对古典主义悲剧理论的极大冲击，是德国文学史上的伟大转折，是向人们预告了反映德国现实生活的民族文学的诞生。

古典主义理论家把文学题材分为"高雅的"和"卑俗的"两种，悲剧属于"高雅的"，而喜剧则属于"卑俗的"。在"卑俗的"喜剧里只能出现市民和普通的人，并且是作为嘲笑的对象。莱辛针对古典主义的上述喜剧理论，从启蒙主义的立场出发建立了自己的喜剧理论。首先，关于喜剧的主角，他明确提出应该划清颠三倒四的人和心怀不善的小人之间的界限。他认为，喜剧的主角在本性上应该是善良的，但在行为上却是颠三倒四的。因而，这种喜剧丑角所产生的效果就是引起人们发笑，但却不会引起人们的鄙视。因此，他明确提出了喜剧丑角塑造的基本要求和特点：作家必须"赋予他们机智和智慧，以便掩盖他们的愚行的卑贱。作家必须赋予他们荣誉感，以便使之发出光辉"②。这就打破了古典主义从鄙视市民阶级出发将喜剧丑角无限丑化的做法，而赋予他们人的地位，并提出了寓庄于谐的喜剧理论见解。在喜剧的作用方面，莱辛同传统的看法一样，认为喜剧是通过笑来发挥自己的特有的作用。但他不同意古典主义把喜剧仅仅局限于对市民阶级和下层人民的嘲笑，在他看来，每一种不合理的行为都是可笑的，但笑却不同于嘲笑，"喜剧要通过笑来改善"③。这种"改善"即是劝善惩恶的道德教化作用。莱辛清醒地估计到，喜剧也许并不能真正地改善一个愚汉。例如，《悭吝人》一剧也许从未改善一个吝啬鬼；《赌徒》一剧也许从未改善一个赌徒等。但他认为，喜剧却可以训练广大民众发现可笑事物的本领。当然，这是一种通过喜剧的笑本身来进行的艺术的训练，而不是理论的训练。经过这样的训练，对任何人都是一帖有益的预防的良药。

莱辛还探讨了表演艺术的问题。这在当时的欧洲是一个争论激烈

---

① ［德］莱辛：《汉堡剧评》，张黎译，上海译文出版社1981年版，第394页。

② 同上书，第117页。

③ 同上书，第152页。

的问题，出现了表演凭借敏感和凭借冷静的理智的两派。法国的狄德罗为此专门写作了《关于演员的是非谈》，主张表演凭借冷静的理智，反对凭借敏感。莱辛则是主张两者的结合。他在《汉堡剧评》第三篇中通过演员的道白来说明这种观点。他认为，演员必须通过最正确、最可靠的声韵使我们确信他完全理解了他的台词的全部含义。但是，正确的声韵在必要的时候连鹦鹉也可以教会。可见，一个只是做到了理解的演员距离同时还做到了感受的演员是多么远啊！仅仅理解了台词的意思并且印入记忆里，仍然可能没有感情。演员应该在理解的同时将灵魂的注意力专心致志地倾注在道白里，这才是正确的途径。莱辛的这些理解是符合表演实际的。他还进一步对表演艺术的性质作了自己的探索。他认为，表演艺术"是一种处于造型艺术和诗歌之间的艺术"①。作为造型艺术，应以美为最高原则；而作为诗歌，又具有迅速变化的特点。因此，表演艺术不同于造型艺术，可以表现村俗粗野的东西，但时间不可停留得太长，也不能像作家在创作时表现得那么强烈，而要很快通过前后连续的动作加以转变。莱辛对表演艺术性质的这种理解，突破了古典主义将表演归结为纯粹的形式美，禁绝一切粗俗丑陋的形式主义规则，为戏剧表演揭露尖锐的社会矛盾，表现下层市民阶级开辟了道路。但他仍然保留了"不应带有令人不悦的东西"的规则，这说明莱辛仍未能完全摆脱古典主义的束缚。此外，莱辛作为对表演艺术有着丰富经验和深刻体会的理论家，对表演艺术中的许多具体问题都有着自己独到的见解。例如，他通过当时的著名女演员亨塞尔夫人在《奥琳特与索弗洛尼亚》一剧中扮演克洛琳黛这个角色的分析，认为一个出色的演员不仅要表演作家说过的东西，而且要表演作家"可能说"的东西。亨塞尔夫人就做到了这一点，她在念台词"我爱你，奥琳特"时，就独具匠心地使用了降调，成功地表现了主人公羞怯的心理。再如，对于演员的手势，他提倡一种"个性化的手势"②，借以运用精炼的表演动作活脱地表现出人物的性格。莱辛

---

① ［德］莱辛：《汉堡剧评》，张黎译，上海译文出版社 1981 年版，第 30 页。
② 同上书，第 23 页。

本来是打算以较多的篇幅来讨论表演艺术问题的，但由于当时演员们的斤斤计较，使他不得不放弃了自己的计划，逐步转到对于剧本的评价和戏剧理论的探讨。这就使莱辛在表演艺术理论上没有更多的建树。

<h1 style="text-align:center">五</h1>

　　莱辛是伟大的现实主义美学家，在他的艺术理论中不仅渗透着唯物主义精神，而且还具有一定的辩证法因素。在文艺与现实的关系上，他不仅坚持艺术摹仿自然的观点，而且主张艺术不同于自然，艺术的真实不同于生活的真实。他以喜剧为例，认为一切在日常生活中堪称喜剧的事件在喜剧里就不完全像真实的事件。因此，他认为，单纯地提忠实地摹仿自然的口号并不完全正确，而是不仅要摹仿自然的现象，还要摹仿自然的精神。这种摹仿不完全拘泥于事实，而要进行"集中"。这样，他就必然要否定完全以生活真实作为评价作品的标准。他在《汉堡剧评》第二十四篇中指出："手持编年纪事来研究他的作品，把他置于历史的审判台前，来证明他所引用的每个日期，每个偶然提及的事件，甚至在历史上存在与否值得怀疑的人物的真伪，这是对他和他的职业的误解。"[1] 而伏尔泰正是这样纯粹以历史事件的真实与否来评价高乃依的悲剧《罗多居娜》。莱辛认为，伏尔泰和他的历史考证是非常讨厌的。他极为气愤地说："让他在自己的'世界通史'里核实年月去吧！"[2] 莱辛的上述关于艺术与生活关系的理论都无疑是正确的。他还认为，历史题材的作品中基本的历史史实亦可加以改动。例如，马蒙泰尔的小说《苏莱曼二世》中，对女奴罗塞兰的国籍与历史都做了重大改变，但莱辛却认为这些均可忽略不计。这是我们所不敢苟同的，也同他自己的另一些论述相左。例如，他在《汉堡剧评》第五十五篇评论本克斯与高

---

① ［德］莱辛：《汉堡剧评》，张黎译，上海译文出版社1981年版，第126页。
② 同上书，第166页。

乃依以同一有关艾塞克斯的题材所写的不同的戏剧，认为本克斯的作品相当严格地遵守了历史事实，只是把不同的事件加以集中，因而更具有真实性。在这里，莱辛较正确地揭示了文艺来源于生活，但又在生活的基础上加以集中的辩证关系。据此，他具体地论述了戏剧与历史的关系。他说："把纪念大人物当作戏剧的一项使命，是不能令人接受的；这是历史的任务，而不是戏剧的任务。我们不应该在剧院里学习这个人或者那个人做了些什么，而是应该学习具有某种性格的人，在某种特定的环境中做些什么。悲剧的目的远比历史的目的更具有哲理性，如果把悲剧仅仅搞成知名人士的颂辞，或者滥用悲剧来培养民族的骄傲，便是贬低了它的真正尊严。"① 这一段话，很深刻地划清了戏剧与历史的界限，揭示了戏剧艺术的本质特征，说明历史应严格地再现历史事件自身，而戏剧则应表现性格及其形成的过程。正是从这个意义上说，戏剧比历史更能揭示生活的规律，因而也就更具哲理性。很显然，这是对亚理斯多德《诗学》中诗与历史比较的继承与发展。莱辛还继承发展了亚理斯多德关于诗中所写的事不必实有但要"可信"的观点，他认为，在艺术创作中可能会出现两种缺点：一种是人物性格同历史上实有的人物有出入，一种是人物性格违背了"内在的可能性"。莱辛认为，前一个缺点是可以谅解的，但后一个缺点就不能谅解。他这里所说的"内在的可能性"就是指"合规律性""合情理性"，亦即"可信性"。

众所周知，古典主义文艺是并不重视性格的，在他们的作品中常常只有类型而无性格。而亚理斯多德在论述戏剧时，是将事件与情节作为第一要素，看得高于一切的，而性格只位居第二。但莱辛却既不同宁古典主义，也不同于亚理斯多德。他明确地将性格看得高于一切。他说，"对于作家来说，只有性格是神圣的，加强性格，鲜明地表现性格，是作家在表现人物特征的过程中最当着力用笔之处"②。为什么这样呢？他讲了三个理由：第一，性格决定事件，事件是性格的

① ［德］莱辛：《汉堡剧评》，张黎译，上海译文出版社 1981 年版，第 101 页。
② 同上书，第 125 页。

延续；第二，事件是偶然的，而性格是本质的；第三，性格是感动观众的主要手段，"他不是以表现什么的方式，而是以怎样表现的方式来感动观众"①。这后一段话，显然与恩格斯《致拉萨尔》的"我觉得一个人物的性格不仅表现在做什么，而且表现在他怎样做"②是有着内在的联系的。正是基于上述理由，莱辛对性格是十分重视的，甚至认为事件可任意处理，只要不与性格相矛盾就可；性格不能改变，因为微小的改变就会使人感到抵消了个性。他还违背亚理斯多德对"惊奇"等情节结构的充分肯定，认为"惊奇""悬念"都是"迎合一种幼稚的好奇心理，是最低劣的手法"③。我们认为，莱辛在这里将性格的核心作用突出地强调出来是难能可贵的，但完全否定了情节的作用则是割裂了性格与情节的辩证关系，也违背了他本人"诗的理想在运动"的基本美学观。事实上，性格尽管是艺术形象的核心，但它根本离不开情节，性格只有在情节之中才得以展开，情节是性格的历史，离开了情节也就没有了性格。

莱辛师承于亚理斯多德，因而必然要在亚氏初步涉及典型问题的基础上进一步对这一问题进行探讨。他在《汉堡剧评》第九十一篇中针对狄德罗提出的喜剧的性格具有普遍性、悲剧的性格具有个别性的观点，明确指出狄德罗的观点是错误的，喜剧和悲剧的性格都是具有普遍性的。莱辛同亚氏一样，认为这种普遍性就是诗比历史更富有哲学意味和教益的根据。但莱辛在典型问题上比亚氏有所发展，具体地表现为较明确地涉及典型化的问题。他认为，艺术典型的创造就是"对个别性格的扩展，是把个性提高为普遍性"④。这就说明，艺术典型的普遍性不同于理论的从概念出发的抽象的普遍性，而是从个别出发的形象的普遍性。他以古希腊喜剧家阿里斯多芬所创作的苏格拉底为例，说明艺术中的苏格拉底是以现实生活中个别的苏格拉底为出发点，同时概括了当时诡辩派哲学家的共同特征，从而达到个别与普遍

① ［德］莱辛：《汉堡剧评》，张黎译，上海译文出版社1981年版，第254页。
② 杨柄编：《马克思恩格斯论文艺和美学》，文化艺术出版社1982年版，第415—416页。
③ ［德］莱辛：《汉堡剧评》，张黎译，上海译文出版社1981年版，第254页。
④ 同上书，第460页。

的统一，寓普遍于个别。

古典主义对于艺术的理解是侧重于理性的，常常不免丢弃文艺的感性特征，使之成为某种抽象理性的工具。莱辛针对这种唯理派的美学观点，鲜明地提出了自己截然不同的美学见解。他在《汉堡剧评》第七十篇着重探讨了艺术创造的特征问题。他说："艺术的使命，就是使我们在这种鉴别美的领域里得到提高，减轻我们对于自己注意力的控制。我们在自然中从一个事物或一系列不同的事物，按照时间或空间，运用自己的思想加以鉴别或者试图鉴别出来的一切，它都如实地鉴别出来，并使我们对这个事物或一系列不同的事物得到真实而确切的理解，如同它所引起的感情历来做到的那样。"① 这是莱辛极其重要的美学思想，是其美学理论中最富哲理性的部分之一。其含义有三：第一，莱辛认为，人类要认识世界必须具备一种鉴别的能力。这种鉴别能力就是把握事物的联系、转化和本质的能力，即我们通常所说的思维能力。没有这种能力，我们就无所感受，就要成为表面现象的俘虏；第二，这种鉴别能力又分两种，一种是凭借思想的注意力，是一种由个别到一般的抽象思维能力；第三，另一种是美的领域的鉴别力，凭借的是个别的形象，所引起的是强烈的感情，但却同样能达到对事物的理解，这就是感性与理性、情感与理智的统一。在这里，莱辛初步涉及形象思维问题。在《汉堡剧评》第三十五篇，他还通过论述戏剧与道德小说（哲理故事）的区别，阐明了艺术的特征。具体言之，第一，目的不同。道德小说是为了用道德来教训，而戏剧是为了激起人们的激情，并使人们得到消遣；第二，作用于读者或观众的侧重点不同。道德小说作用人们的理智，而戏剧作用于人们的心灵；第三，运用的手段不同。道德小说主要依靠具有普遍意义的道德性的命题，而戏剧依靠个别性的完整的情节。划清这样的界限是十分重要的。这里所说的道德小说的特征实际上就是古典主义重在理性的特征。因而，这里实际上是在一定的程度上划清了启蒙主义的现实主义文艺与古典主义的僵硬的文艺之间的界限。由于是针对古典主义的僵

---

① ［德］莱辛：《汉堡剧评》，张黎译，上海译文出版社1981年版，第359页。

硬的规则，所以，他更多地强调文艺的感性特征的一面。这种对于文艺感性特征的强调在莱辛的著作中是比较多的。例如，他在谈到文艺的技巧时，认为这些技巧是"单凭推理无法理解的"，与那些死板的规则相比是能够"产生更多的真实性和更多的生活气息"的。① 这里所说的"单凭推理无法了解的技巧"，就是文艺的形象思维的技巧、感性特征的技巧。这种技巧常常只能意会难以言传，是用概念的语言难以表达的，也是用抽象的理智的思考所无法把握的，但对于文艺却是十分重要的，这些恰恰为古典主义所忽视。在语言方面，他也不满于古典主义的空洞乏味、程式化的宫廷语言，主张运用形象化的具有感性特征的语言。他在评价伏尔泰的《扎伊尔》一剧中扎伊尔表白爱情时的语言时，认为这是一种"公文用语"，无异于拘谨的女诡辩家和冷冰冰的艺术批评家为自己辩白时采用的那种语言。但是，莱辛绝不是感性主义者，他还是十分重视艺术创作中的理性作用的。上面我们在介绍莱辛对"艺术使命"的看法时，已经谈到他主张感性与理性的统一。不仅如此，他还明确地反对单纯的形象的摹仿，认为这是一种低级趣味，而主张有目的的创造。他说："有目的的行动，使人类超过低级创造物；有目的的写作，有目的的摹仿，使天才区别于渺小的艺术家。"②

莱辛的理论研究是很广泛的，他还在《汉堡剧评》中以一定的注意力集中在文艺家素质的探讨上。他的可贵之处，就是能够比较辩证地思考问题，在文艺家素质的问题上也是如此。他一方面反对僵硬的规则，但又不否定一切的规则。在当时的德国，有一种"规则窒息天才"的理论，说什么"天才轻视一切规则！天才的所作所为，就是规则"。莱辛十分厌恶这种观点。他以讽刺的口吻说道，提这种观点的人首先充分暴露出在他们身上没有一星儿天才的火花。他认为："天才所理解、所牢记、所遵循的，只是表达他的感受的规则。而他这些用语言表达出来的感受，却应该限制他的活动吗？关于这个问题，你

---

① ［德］莱辛：《汉堡剧评》，张黎译，上海译文出版社 1981 年版，第 175 页。
② 同上书，第 181 页。

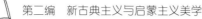

们跟他去辩论吧，爱辩多久就辩多久；一旦他瞬息之间在一个个别的事件里认清了你们的普遍性的命题，他就会理解你们；他在头脑里保留下来的，只有关于这个个别事件的记忆，这种记忆在创作中对他的力量所产生的影响，跟对一个成功的样板的记忆，对一个自己的成功经验的记忆对他的力量所产生的影响是一样的。"① 在这里，莱辛比较深刻地论述了文艺天才的特征，就是建立于对个别事物记忆的心理基础之上的感受。这种感受不是同规律性、普遍性对立的；它不同于来自样板的概念的图解，但同样可以符合某种规则，达到普遍性的认识。正是基于这种对文艺天才的认识，他对文艺家的素质、修养提出了自己的看法。概括起来有这样三点：第一，要有丰富的生活感受。他认为，应经历丰富才能感受深刻。由此，他认为一个初出茅庐的青年人既不能了解世界也不可能描写世界。最伟大的艺术天才的青年时代的作品也会显得空洞。第二，要有一定的文化修养，"胸无点墨，作不出文章"。第三，应有一定的哲学思维能力。为此，他要求文艺家和哲学家交朋友，并认为古希腊的欧里庇得斯幸亏与哲学家苏格拉底交朋友才成为悲剧作家。莱辛认为，一个文艺家具备了很高的修养就会像莎士比亚一样达到独创性的高度，具有自己特有的风格。他在评论魏塞声称自己的《理查三世》没有剽窃莎士比亚的同名剧时，指出莎士比亚的独具风格的作品是只能研究不能劫掠的。他说："关于荷马的一句话——你能剥夺海格力斯的棍棒，却不能剥夺荷马的一行诗——也完全适用于莎士比亚。他的作品的最小优点也都打着印记，这印记会立即向全世界呼喊：'我是莎士比亚的！'陌生的优点胆敢与它争雄，一定要一败涂地。"② 海格力斯即希腊神话中著名的大力士赫剌克勒斯，他所用的棍棒是连根拔起的巨大的野生橄榄树。赫剌克勒斯正是凭借这根巨棒和一张神弓，上天入地，所向披靡，斩尽妖魔。在这样一位无敌的英雄面前，谁又敢去夺取他的硕大无比的棍棒呢？但在莱辛看来，即使能夺下赫剌克勒斯的棍棒，也不能剥夺荷马、莎

---

① ［德］莱辛：《汉堡剧评》，张黎译，上海译文出版社 1981 年版，第483—484 页。
② 同上书，第374 页。

士比亚等天才作家的一行诗。这就是风格，是一个天才艺术家的艺术修养达到炉火纯青的标志。莱辛就以这样的高标准期望着、要求着，同时也哺育着德国民族自己的文艺天才。历史终于回答了他的呼唤，时隔不久，德国民族出现了自己的天才的荷马与莎士比亚——歌德与席勒。

莱辛是一位有着博大胸怀的理论家。一方面，他在斗争中有着决不妥协的坚定立场，但同时他又有着极其谦虚的高尚品格。因此，他十分重视来自各方面的批评，深刻地论述了一个文艺家对批评所应采取的正确态度。他说："要让观众去看和听，去检验和裁决。决不能低估他们的声音，切不可忽视他们的评论！"① 在这里，他要求文艺家虚心倾听批评，特别是来自观众的批评。这正是他的启蒙主义者的民主精神的表现。当时的戏剧观众多为平民。莱辛不仅主张写平民、演平民，而且主张倾听平民的批评。这就充分证明他是平民阶级的思想代表。不仅如此，他还十分厌恶当时流行的庸俗的捧场，要求文艺家"嘲笑每一个不着边际的赞赏"，而"只是暗自欣赏一种人的赞扬，他知道此人有心挑他的毛病"②。他甚至断言，宁可听最肤浅、最不着边际、最恶毒的批评，也不愿听冷冰冰的赞扬。因为，对于前者，只要正确对待还可转变为有用的东西，而后者却毫无用处。从莱辛的这些意见中，我们不是可以看到一个伟大人物成功的秘诀吗？除了站在历史潮流的前头和惊人的勤奋之外，就是谦虚。

六

莱辛的美学思想在德国，乃至整个欧洲都有着巨大的影响。无产阶级的革命导师马克思在青年时期曾经认真地读过《拉奥孔》，后来又在《关于出版自由的辩论》一文中将莱辛称作扭转德国文学与政治风气的代表人物。德国的伟大诗人歌德在谈到莱辛的《拉奥孔》的影

---

① ［德］莱辛：《汉堡剧评》，张黎译，上海译文出版社1981年版，第2页。
② 同上书，第134页。

响时，曾经描述了在莱辛以前的德国是"平淡无奇、漫长忧闷、无所作为的时代"，而《拉奥孔》"这部著作把我们从一种幽暗的静观境界中拖了出来，拖到爽朗自由的思想境界。千年来 Ut pictura poesis（诗即画）这种谬说一举消除，造型艺术和语言艺术的区别已经明确；两者的峰巅已经分清，虽然两者的根基可能互相连接"。歌德于1798年继承并发展莱辛《拉奥孔》中的美学思想，写作了《论拉奥孔》的论文，提出了一个重要的美学观点："艺术所能表现的最大限度的悲怆性往往显示在从一种状态或情况向另一种状态或情况的转变当中。"又说："如果在这转变的过程中，原来的情况还遗留任何痕迹的话，这就为造型艺术提供了最崇高的题材，拉奥孔群像把动作和受痛在同一刹那中表现出来，就属于此种情况。"①席勒在读了《汉堡剧评》后，感叹道："毫无疑问，在他那个时代的所有德国人当中，莱辛对于艺术的论述，是最清楚、最尖锐，同时也是最灵活的、最本质的东西，他看得也最准确。"德国的辩证法大师黑格尔也在他的《美学》中专门讨论了文体的问题。他是不是也受到莱辛的美学思想的影响呢？钱锺书先生在《读〈拉奥孔〉》一文中认为，黑格尔在论造型艺术时，再三称引莱辛所批驳的温克尔曼，只一笔带过莱辛，甚至在讲拉奥孔雕像时也不提莱辛的名字，但却把莱辛的观点悄悄地采纳了。②钱先生的分析是十分正确的。因为，尽管黑格尔也曾将温克尔曼的和谐的静穆作为自己的美学理想，但他却具体地描述了达到和谐的静穆的正、反、合的途径，并将矛盾冲突作为其关键的环节。所以，从总的方面来说，黑格尔的美学思想并不是静止的，而是在辩证法的指导下运动的、发展的。正因为如此，黑格尔在实际上并不同意"诗画同一"的静止的美学观，而是采纳了莱辛的运动的美学观。他在论绘画这一艺术种类时指出："所以我们一开始就向绘画提出一个要求，要它描绘人物性格，灵魂和内心世界，不是要从外在形象就可

---

① ［德］歌德：《论拉奥孔》，艾梅译，《古典文艺理论译丛》第8册，人民文学出版社1964年版，第110页。

② 钱锺书：《旧文四篇》，上海古籍出版社1979年版，第28—49页。

以直接认出内心世界，而是要通过动作去展现这内心世界的本来面貌。"那么，绘画如何通过动作去展现内心世界呢？黑格尔又说："绘画不能像诗或音乐那样把一种情境，事件或动作表现为先后承续的变化，而是只能抓住某一顷刻。"① 这就充分说明，莱辛对黑格尔的影响也是十分明显的。

正是由于莱辛美学思想的巨大影响，他在德国美学史上，以及整个欧洲美学史上的地位都是极其突出的。首先，他的美学理论开创了德国文学的新时代，因而成为德国新文学之父。俄国伟大的革命民主主义理论家别林斯基指出：德国文学上的变革思想不是通过伟大的诗人，而是通过睿智的和有胆识的批评家莱辛完成的。历史向我们证明，德国启蒙文学的前期以高特舍特为代表，仍然是因袭法国古典主义的原则，被仿制的、死气沉沉的空气所笼罩，盛行着各种描绘体的、脱离现实的僵硬的文艺。自从莱辛登上文艺舞台，就一变德国文坛的空气。他以空前勇敢的姿态，否定高特舍特派对法国古典主义的摹仿，抨击温克尔曼的静止的美学观，一扫充斥于当时文坛的以美为尚的绘画式的风格。这就为德国新文学的发展扫清了道路。更为可贵的是，莱辛以其著名的《拉奥孔》和《汉堡剧评》为德国新文学的发展提供了理论的根据。尤其是他的"诗的理想在运动"的美学理论和平民悲剧的戏剧理论，使德国新文学既以德国的现实生活为立足点，又贯注进蓬勃前进的生气。这就为18世纪80年代的"狂飙突进"运动作了理论上的准备，也直接哺育了德国民族的伟大作家歌德与席勒的成长。可以毫不夸张地说，整个18世纪，德国一切有成就的文艺家都在不同的程度上是莱辛的学生。

其次，莱辛的美学思想也是德国古典美学的重要来源之一。从表面上看，莱辛的理论活动似乎与以康德、黑格尔为代表的德国古典美学没有必然的联系。但从实质上看，德国古典美学正是莱辛美学思想发展的必然结果。众所周知，德国古典美学的特点是建立和发展了辩证的美学思想，并使其具备了完整而严密的体系。而莱辛的"诗的理

①　［德］黑格尔：《美学》第3卷上，朱光潜译，商务印书馆1981年版，第289页。

想在运动"的美学观就蕴含了丰富的运动、发展的辩证精神，同德国古典美学有着必然的内在的联系。大江大河常常源于小泽，因而没有小泽也就没有大江大河。同样，尽管莱辛的辩证美学观还只带有萌芽性质，但没有莱辛，肯定也不会有康德、黑格尔。关于这一点，还有一层很重要的意思。那就是，在莱辛的辩证的美学思想的指导下，德国启蒙主义新文学具备了新鲜的前进发展的活力。这样的文学气氛，才给辩证的德国古典美学的提出和发展提供了最好的土壤。更何况，莱辛在晚年还亲自写了哲学专著《反葛兹论》和哲理剧《智者纳旦》。因此，车尔尼雪夫斯基认为，莱辛既为德国的第一个诗歌时期奠定了基础，又为第二个哲学时期提供了根据。①

　　再次，莱辛继承和发展了亚理斯多德的现实主义美学理论。车尔尼雪夫斯基认为，从亚理斯多德的时期以来，没有一个人能够像莱辛那么正确深刻地理解诗的本质。② 这一评价应该说还是比较公允正确的。因为，莱辛的美学思想在以亚理斯多德为源头的现实主义美学的发展中的确具有十分突出的地位。他继承了亚理斯多德的唯物主义摹仿说，并在此基础上更进一步突出地强调了文艺通过感性形象反映生活本质的特点，完善了个别与一般相统一的典型化的理论。对于亚理斯多德"没有行动就没有悲剧"的理论，莱辛作了充分的阐述与发挥，提出了"诗的理想在运动"的美学观，作为其美学思想的核心内容。这就为黑格尔的矛盾冲突说、车尔尼雪夫斯基的"美在生活"说，以及马克思的实践美学提供了理论的先导。当然，他也同时修正了亚氏关于情节是悲剧的第一因素的观点，将性格提到首要的地位。关于悲剧的理论，莱辛对于亚氏通过悲剧净化（或陶冶）怜悯与恐惧的理论作了进一步的解释，批判了古典主义对悲剧精神的歪曲，阐述了怜悯与恐惧互为因果的悲剧观，表现了资产阶级力图通过文艺成为时代的主人的历史要求。莱辛还与狄德罗相呼应，创造了"平民悲

---

　　① ［俄］车尔尼雪夫斯基：《莱辛，他的时代，他的一生与活动》，《车尔尼雪夫斯基论文学》中卷，辛未艾译，上海译文出版社1979年版，第486页。

　　② 同上书，第425页。

剧"和"悲喜剧"的全新体裁，为表现新兴的资产阶级提供了武器。凡此种种，都说明莱辛与狄德罗不愧为欧洲现实主义美学的两颗巨星。

另外，需要特别强调的是，莱辛的美学思想的特点是理论与评论、理论与创作的统一。由于历史的原因，莱辛的美学思想没有德国理论家所惯有的思辨哲学的抽象性，而是从具体的文艺实际出发，将理论渗透于评论之中。他在《汉堡剧评》中明确声言："让我在此提醒读者，这份刊物丝毫不应该涉及戏剧体系问题。"① 这样做，尽管使他的理论在系统性上有所欠缺，但却具有极大的现实针对性，因而具有战斗性。而且，在文风上夹叙夹议，生动活泼，毫无德国美学著作所常见的艰涩难懂的特性。这种理论风格，被俄国的革命民主主义理论家别林斯基和杜勃罗留勃夫所继承，对我国的一些革命的理论工作者也颇多影响，对于改变我们当前美学与文艺理论研究中所存在的从概念到概念的倾向也应有现实意义。同时，莱辛不仅是理论家，而且也是作家。他的理论同他的作品总是互相呼应，相辅相成。这就使他的理论较为实际，也使他的创作具有了哲理的深度。当然，他的创作是远逊于他的理论的，但这种从两个方面实践的美学研究道路还是值得提倡的。

上面谈到，莱辛的美学思想的长处是从具体的文艺实际出发，将理论渗透于具体的评论之中。但这不仅使他的美学思想缺乏系统性，而且也使他的美学思想缺乏科学性，具体表现为有些概念不够严密。例如，他所说的"画"，实际上是指雕刻。绘画和雕刻尽管同属造型艺术，但使用的物质手段却不完全相同，各自还有其特有的规律。他的造型艺术要表现动作的顷刻的理论就不适合于风景画。他所说的"诗"，实际是指叙事性的《荷马史诗》。因此，"诗的理想在运动"的观点就不完全适合于抒情诗。当然，他的美学思想的最严重的缺点就是缺乏历史的发展观点。主要表现为在相当大的程度上把诗、画规律固定化、孤立化，看不到诗、画作为意识形态首先为社会的经济与

---

① ［德］莱辛：《汉堡剧评》，张黎译，上海译文出版社1981年版，第480页。

政治所制约，它们的规律也要随着社会发展变化。再就是，他的美学理论是建立在资产阶级人性论的基础之上的。这说明在社会历史观上，他仍是唯心主义。他对古典主义、高特舍特和伏尔泰的批判，也有缺乏历史主义的否定一切的偏激倾向。事实上，古典主义在推动德国民族文化的形成和促进资产阶级文学的发展上都曾有其积极作用。只是到了 18 世纪，在封建王朝日趋反动的情况下，古典主义才失去其进步性而必然为启蒙文学所取代。再就是，就高特舍特来说，他虽是专事对法国古典主义的摹仿，但对促进德国文学的规范化、纯洁化还是有所贡献的。至于法国作家伏尔泰，尽管未能完全同古典主义划清界限，但他仍不失为启蒙主义的重要先驱，对启蒙文学的发展有着不可磨灭的功勋。因此，对法国古典主义、高特舍特和伏尔泰都应从历史发展的角度给予应有的历史地位。但莱辛不免缺乏历史的分析，其对伏尔泰的评价，又因私人之间的龃龉而不免感情用事。再从莱辛的美学理论本身来说，他虽然终生着力于向以温克尔曼为代表的静穆的美学思想斗争，但在造型艺术上仍不免让步。他将造型艺术的理想还是归结为美，而这种美其实是偏重于形式美。这就说明，莱辛从欧洲美学发展的总的历史阶段来看还是处于由形而上学到辩证法过渡的时期，因而，在他的美学思想中，形而上学的痕迹还颇为明显。

莱辛在《汉堡剧评》中曾经讲过这样一段极富哲理的话："我走我的路，不必去顾及路旁蟋蟀的鼓噪。离开路一步去踩死它们，也是不值得的。反正它们的夏天已经屈指可数了！"[1] 这段话的确有力地突现了莱辛的斗争精神。正是在这种精神的鼓舞下，他在难以想象的艰难中苦战，终于为德国新文学的发展开辟了道路。其间，他虽倍受磨难，乃至不幸早夭。但他从未低下自己的高傲的头。他的美学思想就是这种斗争精神的产物，所以不仅具有很高的历史地位，而且有着永不衰竭的生命力。

---

① ［德］莱辛：《汉堡剧评》，张黎译，上海译文出版社 1981 年版，第 485 页。

第八章

新古典主义与启蒙主义
美学思想的异同

新古典主义美学思想与启蒙主义美学思想同属西方古典美的范围，但各处于西方古典美的不同发展阶段。对于它们之间的异同，只有在这一前提下才能较准确地把握。

一

我们来看一下它们的相同之处。

它们之间最主要的相同之处就是新古典主义美学思想与启蒙主义美学思想都属于西方古典美的范围，最基本的美学特征都是和谐。在这里，对西方古典美的确定及其基本特征"和谐"的把握，我们借用了黑格尔在《美学》中的论述。但在时间的确认上，又不同于黑格尔。黑格尔认为，古典美仅限于古希腊罗马时期，从中世纪就开始了近代的以崇高为特征的美。我们则认为，西方古典美一直延续到19世纪资本主义初期，而其理论上的最高总结就是黑格尔。黑格尔完善了著名的"美在自由"说和"有机整体"说，成为西方古典美理论的集大成者。关于这一点的最重要的论据，就是"和谐"对于新古典主义与启蒙主义来说都是其关于"美"的基本内涵。布瓦洛在《诗的艺术》中以"和谐"为基本出发点，对诗歌的语言与结构都提出了明确的要求。如，"精选和谐的字眼"，"把不同的各个部门构成统一和完整"①　等。温克尔曼则在《古代艺术史》中指出："美正是由和谐、单纯和统一这些特征形成的。"②　狄德罗的"美在关系"说将美分为"实在美"与"相对美"两种，前者是指事物本身的美，即各个部分之间的对称、秩序和安排等，仍为形式方面的和谐；"相对美"指事物之间的关系，包含有社会内容。莱辛所说的，绘画的理想是"美"，此处所说的"美"也指形式美。

　　从理论本身来看，新古典主义与启蒙主义美学思想都崇尚抽象的理性，即普遍的人性。当然，它们所说的理性的内涵及对其崇尚的程度还是不同的。法国新古典主义崇尚理性，主张理性第一。这是大家都清楚的。启蒙主义美学思想也是崇尚理性的。法国启蒙主义美学家狄德罗在著名的《关于演员的是非谈》中就反对靠敏感演戏而主张靠思维（即理智）演戏。他说："演员的眼泪是从他的脑内流出来的，敏感者的眼泪是从他的心里倒流上去的。"③　温克尔曼也把造型艺术称作"通过理智创造的有灵感的自然"④。

　　从文艺的功用看，新古典主义与启蒙主义美学思想都主张文艺的道德教化作用。新古典主义美学家布瓦洛在《诗的艺术》中说："一个有德的作家，具有无邪的诗品，能使人耳怡目悦而绝不腐蚀人心；他的热情绝不会引起欲火的灾殃。因此你要爱道德，使灵魂得到修养。"⑤　启蒙主义美学家狄德罗在《论戏剧艺术》中说："倘使一切摹仿艺术树立一个共同的目标，倘使有一天它们帮助法律引导我们爱道德恨罪恶，人们将会得到多大的好处！"⑥　这说明，这两个时期对美的

　　①　［法］布瓦洛：《诗的艺术》，伍蠡甫、胡经之主编《西方文艺理论名著选编》上卷，北京大学出版社 1985 年版，第 186、187 页。

　　②　［德］温克尔曼：《论希腊人的艺术》，邵大箴译，《世界艺术与美学》第 2 辑，文化艺术出版社 1983 年版，第 363 页。

　　③　［法］狄德罗：《关于演员的是非谈》，李健吾译，《戏剧报》编辑部编《"演员的矛盾"讨论集》，上海文艺出版社 1963 年版，第 209 页。

　　④　［德］温克尔曼：《关于在绘画和雕刻中摹仿希腊作品的一些见解》，杨德友译，《世界艺术与美学》第 1 辑，文化艺术出版社 1983 年版，第 207 页。

　　⑤　［法］布瓦洛：《诗的艺术》，伍蠡甫、胡经之主编《西方文艺理论名著选编》上卷，北京大学出版社 1985 年版，第 214 页。

　　⑥　［法］狄德罗：《论戏剧艺术》上，陆达成、徐继曾译，《文艺理论译丛》第 1 期，人民文学出版社 1958 年版，第 150 页。

独特的情感领域及其与真、善的区别尚未完全把握。

从艺术形象的创造看，这两个时期的理论主张基本上都是类型说。布瓦洛在《诗的艺术》中说："好好地认识城市，好好地研究宫廷，两者都是同样地经常充满模型。"① 他进一步阐述道，写古代英雄要写其骄傲敬神的某种本性，写普通人则要按流浪汉、守财奴、老实、荒唐、糊涂、嫉妒的类型描写，或者写出老中青不同的定性。狄德罗在《关于演员的是非谈》中提出的"理想典范"的概念，就从角色创造的角度提出了形象创造的"类型化"问题。所谓"理想典范"，就是演员根据某些人的特点所创造的一个"范本"，以后每次演出都遵照这个"范本"。他说："哈巴贡和达尔杜弗是照世上所有的杜瓦纳尔和格利塞耳创造的；这里有他们最一般和最显著的特征，然而不是任何人的准确的画像，所以也就没有一个人把戏里的人物看成自己。"② 可见，哈巴贡和达尔杜弗就是按照吝啬鬼和伪君子的类型创造的。这里的"理想典范"显然并不等于后来美学史上所说的"典型"，而是"类型"。

二

我们来看一下这两个时期的相异之处。

新古典主义美学与启蒙主义美学作为古典型的美，有着共同的美学理想——和谐，但在此前提下，在同为和谐美的具体内涵上还是有差异的。

这两个时期的和谐美反映了不同的社会内容。新古典主义美学与启蒙主义美学尽管其基本特征都是和谐，但由于处于不同的历史时期，所以其所包含的社会内容就不相同。新古典主义在某种程度上是当时法国封建的君主专制政体的产物，这种美学思潮中所包含的"和

---

① ［法］布瓦洛：《诗的艺术》，伍蠡甫、胡经之主编《西方文艺理论名著选编》上卷，北京大学出版社1985年版，第207页。

② ［法］狄德罗：《关于演员的是非谈》，李健吾译，《戏剧报》编辑部编《"演员的矛盾"讨论集》，上海文艺出版社1963年版，第226—227页。

谐"是一种封建专制主义所能允许的，并在其控制之下的"和谐"。布瓦洛在谈到文艺作品的题材要做到高雅避免鄙俗之风时说："但是，最后，朝廷上感觉到这股歪风，它憎恶着诗坛上这种荒唐的放纵，辨认出真率自然不同于俳优俗滥，让《梯风》一类作品到外省去受称赞。"① 这就充分反映了当时的封建的文化专制主义。而其在题材、体裁、风格与语言上的某种高度的规范化的要求及由此形成的某种特殊的"和谐"，的确是集中地反映了封建君主政体之下大一统的政治要求。该时期所发生的一个重大事件，即 1636 年对高乃依《熙德》一剧的争论，就是封建的文化专制主义的集中表现。当时文坛上正统派攻击《熙德》的主要论点是：不能严守"三一律"；该剧快乐的收场破坏了悲剧传统；内容庞杂，不符合整一性的要求；将史诗的题材用于悲剧是不合式的；主题不符合道德的要求等等。后经法兰西学院裁决，写出了否定性的《对熙德的感想》一文，迫使高乃依沉默了几年并改变创作倾向。

启蒙主义美学是资产阶级思想教育运动的产物。这种美学思潮中所包含的"和谐"是资产阶级思想文化运动所要求的"和谐"。温克尔曼明确地提出了美的根源在自由的论断，他在《古代艺术史》中指出："就希腊的政治体制和机构来说，古希腊艺术的卓越成就的最主要的原因在于自由。"②

同时，新古典主义与启蒙主义还处于古典美的不同发展阶段。这里就出现了一个如何划分美的不同发展阶段的问题。我们认为，美的问题属于情感领域，涉及主体与客体、感性与理性等各个方面，是主体与客体、感性与理性在特定关系中出现的一种情感状态。作为古典美，主体与客体、感性与理性之间基本上处于一种和谐协调的状态之中。但在和谐协调的前提下，主体与客体、感性与理性之间还有着不同的关系。这种不同的关系就形成了古典美发展的不同阶段。具体地

---

① ［法］布瓦洛：《诗的艺术》，伍蠡甫、胡经之主编《西方文艺理论名著选编》上卷，北京大学出版社 1985 年版，第 184—185 页。

② 转引自朱光潜《西方美学史》上卷，人民文学出版社 1963 年版，第 304 页。

来说，新古典主义美学是主体与客体、感性与理性机械地统一于理性的阶段，而启蒙主义美学则是探索主体与客体、感性与理性通过内在矛盾实现自由统一的阶段。我们可从这两个时期不同的代表人物的理论观点来论证上述看法。布瓦洛是新古典主义最主要的理论代表，他的美学论著《诗的艺术》是新古典主义美学的法典。俄国著名诗人普希金曾说："布瓦洛为古典主义诗歌写作了一部《可兰经》。"布瓦洛提出了著名的"理性第一"的观点，认为诗的"一切要受理性的指挥"。温克尔曼在西方美学史上的突出贡献是第一次试图以历史的观点研究古希腊的造型艺术，而其特殊地位则是其处于由新古典主义到启蒙主义美学的过渡之中。一方面，他提出古典美的突出标志是"高尚的简朴和静穆的伟大"，另一方面他又把美的根源归之于自由；一方面他力主一种绘画的形式美，另一方面他又将美与表现相对立，揭示了两者的矛盾；一方面他鼓吹静态的美，另一方面又揭示了动态的美的发展的历史形态，即由无形式的崇高到秀美再到美的摹仿的动态发展过程。这一切都说明温克尔曼是一个过渡性的人物。当然，莱辛也是过渡性的人物。在温克尔曼和莱辛身上，两个时期的美学特点都有，但在他们身上到底哪一个时期的美学特点占的比重更大，在美学史上的见解则不相同。我们认为，温克尔曼似乎是新古典主义美学的成分更多，莱辛则应属于下一个时代的人物，在他的身上启蒙主义的成分更多。著名美学史家鲍桑葵则持相反的看法。他说，"我相信，在美学史中，应该把莱辛放在温克尔曼前面加以论述……。单单他们的生卒年月和他们的著作的发表日期并不具有决定意义"，"莱辛的见解是以前的时代产生出来"，"温克尔曼所开创的新方向倒和他以后的时代联系着，而不是和他以前的时代联系着"，"总之，莱辛代表了一个较早的传统"，"温克尔曼代表了一个相似而不同的新方向"。① 我们认为，鲍桑葵的不能完全以美学家的活动时代作为其所处美学阶段的唯一根据的观点是可取的，但他对温克尔曼与莱辛所处美学阶段的结论我们却不能同意。我们将在下文进一步论述莱辛作为启蒙主义美

---

① ［英］鲍桑葵：《美学史》，张今译，商务印书馆1985年版，第281、282页。

学代表的理由。在此之前先应谈一下狄德多。狄德多是法国启蒙主义美学的代表。其主要贡献有四个方面。一是提出了著名的"美在关系说";二是首次论述了一种新的戏剧形式——严肃喜剧（悲喜剧）;三是论述了带有浪漫主义文学色彩的原始主义;四是在表演艺术中论述了表现与体验的冲突而倾向于基于理性的表现。至于莱辛,是德国启蒙主义美学的代表。其主要贡献是通过诗画的区别论述了新古典主义与启蒙主义两种美学理想的对立,又通过诗画的统一将两种美学理想加以统一,即将感性与理性、客体与主体、美与表现加以统一。同时,他还将丑与崇高引入美学领域,作为重要的美学范畴。

三

现在,我们再更深一层地论述一下新古典主义与启蒙主义在美学理想上的具体差异。这两个时期尽管在"和谐"这一基本的美学理想上是一致的,但仍有具体的差异。

第一,在美的形态上,新古典主义是一种静的美学形态,强调一种物质的、叙述体的、平面的、静止的美。布瓦洛在《诗的艺术》中就反对动态的激情表现,而崇尚叙述。他说,"感动人的绝不是人所不信的东西,不便演给人看的宜用叙述来说清"[1]。而启蒙主义则是一种动的美学形态,强调一种精神的、动态的美。莱辛就明确提出绘画的理想在美,而诗歌的理想在行动。所谓"绘画的理想"即代表新古典主义的美学理想,是一种物质的静态的美学理想。而"诗歌的理想"则代表启蒙主义的美学理想,是一种精神的、动态的美学理想。

第二,在美的基本原则上,新古典主义的美的基本原则是美在理性。所谓"理性"即是符合人性原则的一种先天的规范。于是,新古典主义的理论家们在对亚理斯多德的《诗学》加以曲解的基础上提出了著名的"三一律",即所谓时间、地点和情节一律。布瓦洛在《诗

---

① ［法］布瓦洛:《诗的艺术》,伍蠡甫、胡经之主编《西方文艺理论名著选编》上卷,北京大学出版社 1985 年版,第 195 页。

的艺术》中要求，"要用一地、一天内完成的一个故事"①。启蒙主义最著名的美学原则是"美在关系"。这就有了更为丰富的内涵，不仅有"实在美"即物体自身的关系，而且有"相对美"即此物与它物之间的关系、物体与社会之间的关系。"相对美"中包含着矛盾与行动，当然最后还是要实现和谐与协调。

第三，在美的典范上，对于新古典主义来说，美的典范在古代，而且主要是古罗马。温克尔曼也把自己的美的典范放到古代，但主要是指古希腊。这是他同纯粹的新古典主义理论家的相异之处。新古典主义的理论代表布瓦洛在《诗的艺术》中说道："古典就是自然，摹仿古典就是运用人类心智所曾找到的最好的手段，去把自然表现得完美。"温克尔曼认为，"拉斐尔之所以达到这种伟大，正因为他摹仿了古代艺术家"。启蒙主义美学家虽也推崇古代，但却更多地面向现实。他们要求文艺家更多地反映现实生活，特别是第三等级的生活、利益与要求。狄德罗就提出了著名的"试住到乡下去，住到茅棚里去"②的口号。莱辛也要求文艺家描写"我们周围人的不幸"。

第四，在审美趣味上，新古典主义适合贵族阶级的要求，在审美趣味上崇尚一种典雅性。由此出发，在题材上要求描写贵族生活，而不主张描写世俗内容。在体裁上推崇单一的悲剧、喜剧和史诗，特别是悲剧。在风格上推崇一种华丽的高贵。启蒙主义美学为了适应新兴资产阶级的要求，在审美趣味上崇尚一种通俗性，在题材上要求反映市民生活，在体裁上主张悲喜剧的融合，创造了严肃喜剧或市民悲剧，强调悲剧性与喜剧性的混杂，所谓"俗气的滑稽和最庄重的严肃巨大结合"③。在风格上推崇语言的通俗易懂。

第五，在美的具体涵义上，新古典主义的美是一种形式的美，基本上局限于物质本身的对称、和谐、匀称、秩序。而启蒙主义的美虽

---

① ［法］布瓦洛：《诗的艺术》，伍蠡甫、胡经之主编《西方文艺理论名著选编》上卷，北京大学出版社1985年版，第195页。

② 转引自周忠厚《试论狄德罗的美学思想》，中国社会科学院文学研究所文艺理论研究室《美学论丛》（2），中国社会科学出版社1980年版，第123页。

③ ［德］莱辛：《汉堡剧评》，张黎译，上海译文出版社1981年版，第74页。

也包含形式美，但已有社会内容。狄德罗关于高乃依《荷拉斯》一剧中"他就死"这句话的分析，莱辛关于"非图画性的美"的论述，实际上都涉及社会美的问题。

第六，在真善美的关系上，新古典主义虽然主张真善美的统一，但不能划清美与真、善之间的界线。他们将美与真、善混同，特别将美与真混同。布瓦洛在《诗的艺术》中说，"只有真才美，只有真才可爱：真应该到处统治，寓言也非例外"。真即科学、真理。因为将美与真混同，必将抹杀美的情感特征，忽视艺术创作中的想象。启蒙主义则开始将美与真、善相区别，特别是狄德罗的名言，在真与善"两种品质之上加以一些难得而出色的情状，真就显得美，善也显得美"①。狄德罗这里所说的"情状"的含义是什么呢？有三种理解。一种将"情状"理解为社会环境，这实际上就是"善"。另一种将"情状"理解成"形式"，这实际上是"真"。再一种将"情状"理解为"关系"。这更符合狄德罗的原意，即指一种特殊的关系。虽仍模糊，但已开始探寻"美"的特征，将美与真、善加以认真的区别。

---

① ［法］狄德罗：《绘画论》，《文艺理论译丛》第 4 期，人民文学出版社 1958 年版，第 70—71 页。

第三编

德国古典美学

第九章
康德论美

一　生平与思想

康德（1724—1804），德国最著名的哲学家之一，德国古典美学的奠基者，近代西方美学发展中承先启后的人物。他的美学与文艺理论著作《判断力批判》在欧洲美学与文艺理论史上影响深远。

康德出生于东普鲁士的哥尼斯堡，父亲是马鞍匠，父母均为虔诚派教徒，家庭充满浓厚的宗教气氛。大学期间，他广泛地学习了物理学、数学、地理学、哲学和神学，打下了深厚的知识基础。大学毕业后，从1746年到1755年，当了九年家庭教师。1755年，到哥尼斯堡大学当讲师，担任多种课程的教学任务。1770年，被提升为教授，主要讲授"逻辑学"和"形而上学"。1797年退休，仍继续著述活动，直到逝世。

康德思想的发展有一个过程，一般以1770年为界，1770年以前为前批判时期，1770年后为批判时期。在前批判时期，他主要研究自然科学。他的大学毕业论文为《活力测定考》，1754年发表了论述潮汐的著作。1755年，出版了《自然通史和天体论》，提出了著名的"星云说"假设。1760年左右，他开始由对自然的研究转而注重对人性的研究。1770年，转变完成，进入了批判时期。他作为资产阶级唯心主义的代表人物，及其在哲学史、美学史与文艺理论史上的重要地位，主要由其批判时期的成就决定的。这个时期，他写了著名的三大批判，即《纯粹理性批判》（1781）、《实践理性批判》（1788）和

《判断力批判》（1790）。

在政治思想上，康德集中地反映了当时德国资产阶级的两面性。一方面接受了法国启蒙主义的某些观点，反对封建制度，主张民主共和，强调人的地位与能动作用。但另一方面，又具有极大的妥协性，认为民主共和是永远不能实现的，贵族等级制度还可以存在。因此，他的启蒙主义的进步倾向就集中地表现在理论研究之中，而在现实的实际斗争上却一无所为。马克思曾经极其深刻地将康德哲学称为"法国革命的德国理论"①。

学习、研究康德的美学与文艺思想，必须首先学习、研究其哲学思想。这是因为，《判断力批判》是其整个哲学中不可分割的组成部分。康德把《判断力批判》看作是沟通和统一他的认识论（真）和伦理学（善）的中介。他通过写这部美学著作，结束他的全部的"批判"工作，完成他的哲学体系。

黑格尔曾经正确地指出，康德哲学是欧洲近代哲学由形而上学到辩证法的"转折点"②。在康德之前，哲学领域分为两大派。一派以先天的理性为客观世界和人类知识的基础，这就是以德国的莱布尼茨、沃尔夫为代表的大陆理性主义。另一派则承认物质的独立存在，主张一切知识从感觉经验开始，这就是以培根、柏克为代表的英国经验主义。在认识论方面，经验派认为一切知识都以感性经验为基础，理性派却认为没有先验的理性基础，知识就不可能。在方法论方面，经验派以产生于经验的因果律来解释世界，而理性派则以产生于先天理性的目的论（天意安排）来解释世界。两派的对立是明显的，斗争是尖锐的。到了康德，则充分地看到了经验派与理性派的对立与各自所包含的合理因素，因而企图在主观唯心主义的基础上将两者调和起来。因此，康德哲学带有二元论的色彩，包含着辩证法的因素，但究其实质仍是主观唯心主义。

康德把自己的哲学称为"批判哲学"，这里的所谓"批判"是指

---

① 《马克思恩格斯全集》第1卷，人民出版社1956年版，第100页。
② ［德］黑格尔：《美学》第1卷，朱光潜译，商务印书馆1981年版，第70页。

批判地研究人的认识能力，确定认识的方式和限度，这主要是针对着理性派的。因为，理性派无限制地强调理性的作用，在没有事先考察人的认识能力之前就预先断定，理性无须经验的帮助，单凭自身的力量就可认识事物，对各种问题做出理论上绝对正确的证明。康德将其称为"独断论"，他不同意这种独断论，要给思辨哲学领域内的研究以"一个完全不同的方向"①。当然，康德的哲学研究的这种出发点是错误的。因为，马克思主义认为，认识只能产生于实践并被实践所检验，绝不可能离开实践而去考察人的认识能力。

康德经过自己对于认识能力的批判，得出结论：人的认识能力是有限的，只能认识"现象界"，而不能认识"物自体"。"现象界"和"物自体"是贯穿于康德哲学体系的两个基本概念，将两者从根本上分开是其整个哲学体系的轴心。这里所谓的"物自体"是指在主体之外的"客体"，但我们只能感知到它对感官的刺激，却不能认识到它是什么样子。所谓"现象界"，则是"物自体"作用于我们的感官而在我们心中引起的"感觉表象"。但这种表象已经过了我们的认识能力以其先天固有的认识形式的综合整理，打上了主观形式的烙印，有了"增加改变"，而非"物自体"的本来面目。由此，他认为，一切认识都是后天的感觉经验经由先天的认识形式综合整理的结果，其公式为：科学知识＝先天形式＋经验质料。

以上就是康德对人的认识能力的一个考察。具体说来，他认为，人的认识能力有三个环节：感性、知性、理性。它们由低到高，逐步发展、深化。在感性认识时，经验质料是"物自体"刺激我们的感官所引起的"感觉"，而其先天形式则是时间与空间的"感性直观纯形式"，经过它对感觉的综合整理，就使感性认识脱离了"物自体"，成为主观的，不依赖于经验的。在知性认识时，经验质料是感性，而其先天形式则是"因果性""必然性""可能性"等十二个先天的知性范畴。感性认识只有经过先天知性范畴的综合整理，才能具有普遍

① ［德］康德：《任何一种能够作为科学出现的未来形而上学导论》，庞景仁译，商务印书馆1982年版，第9页。

必然性，从而成为科学知识，自然法则就是由人的知性强加到自然之上的，因此，"人是自然的立法者"。理性认识指对无限、绝对的本质的认识。康德认为，知性对知识的综合还不是最高的，人的认识能力要求将知性所把握的知识再加以综合整理成最高最完整的系统，认识的这种最高的综合整理能力就叫作理性。它所追求的最高统一体有三个：物理现象中的"世界"、精神现象中的"灵魂"，和二者统一的"上帝"。这三者又可统称为"理念"，即是超越于经验和现象之外的"物自体"。对于这种"理念"或"物自体"，尽管可借用十二个知性范畴去把握，但立即会陷入矛盾和错误。因此，康德认为"理念"或"物自体"不是认识的对象，而是信仰的对象。

二 《判断力批判》的结构与基本内容

《判断力批判》是康德的代表性的美学与文艺理论论著，在欧洲美学与文艺理论史上占有极重要的地位，对我们理解美与艺术的本质极富启发性。但因其所要解决的问题本身较为繁难，加之具有抽象的思辨哲学的特点，所以该书显得特别晦涩，需要对全书作一些简单扼要的介绍。

关于《判断力批判》的结构。《判断力批判》分导论、分析论、辩证论、目的论四个部分。导论是总结性论述其整个哲学体系。《判断力批判》上卷为"审美判断力的批判"，包括分析论与辩证论两个部分，主要阐述他的美学思想。下卷为"目的论的判断力批判"，内容是考察目的论的自然观及道德问题。

"审美判断力的分析论"又分两章。第一章"美的分析"，主要论述对于形式美（纯粹美）的鉴赏（判断）问题，从质、量、关系、方式四个方面着手，为形式美鉴赏的愉快界定了无利害与具有普遍性、必然性、主观合目的性四个方面的特点。第二章为"崇高的分析"，主要论述美的鉴赏与崇高的鉴赏的异同，阐述了崇高的对象是一种不符合任何形式美规律的"无形式"，崇高的鉴赏的愉快是以不愉快为媒介的消极的愉快，而其根源完全在于主体的心灵。"审美判断力的辩证论"是对审美鉴赏的二律背反提出解决的办法。康德认为，作为审美鉴赏来说，有两个相互对立但又各有其合理性的命题：审美鉴赏的不可论证的特点，说明它不是建立在一个概念的基础之上；审美鉴赏的普遍性，则要求它建立在一个概念的基础之上。这样两个命题就构成二律背反，实际是审美内在本质矛盾的两个侧面，康德人为地将它们调和于主观的合目的性（理性）之中。

关于审美判断力的性质。《判断力批判》是专门研究审美判断力的。为此，必须了解审美判断力的性质，而要了解审美判断力的性质，就首先要了解什么是判断力。康德认为，判断是基本的认识形式之一，包括主词、宾词和系词三个部分。它通过肯定或否定指明事物的属性，给予人们某种知识。判断有两种，一种是分析判断，宾词包含在主词之中，没有给人以新的知识。再一种是综合判断，把本来互不包含的概念综合在一起，给人以新的知识。但这种综合判断必须凭借某种先天的知性范畴，才能使知识具有普遍必然性，因而又叫先验的综合判断。先验的综合判断又分定性判断与反思判断两种。所谓定性判断，即是通常所说的逻辑判断，由普遍到特殊，从先验的概念范畴出发来规范个别对象的性质。例如，花是植物，即由植物的概念出发确定某株花是否具有植物的属性。一般的凭借知性力的理论思维都是采用定性判断。所谓反思判断，即由特殊到一般，由特殊的个别事物反思其是否具有某种本质的普遍性。这种反思判断又有两种情形。一种是审目的判断，即是判定某一对象的存在与结构是否符合自身先天统一性（完善）的目的，因为是判定对象是否同自身的目的相符合，所以叫作客观的合目的性。另一种是审美判断，即是判定某一对象的形式是否符合主体的某种心理功能，从而使人们在主观情感上感到某种合目的性的愉快。因为在审美判断中主客体之间是以情感而不是以概念作为媒介，所以又叫情感判断。它的合目的性叫作形式的合目的性，或主观的合目的性。对于反思判断的上述区别，康德自己是这样说的："判断力批判区分为审美的和目的论的判断是建基在这上面的：前者我们了解为通过愉快或不快的情感来判定形式的合目的性（也被称为主观的合目的性）的机能，后者是通过悟性和理性来判定自然的实在的（客观的）合目的性的机能。"① 由此可知，所谓审美判断力，就是一种以情感为媒介的，对于对象的形式的一种反思判断的能力。《判断力批判》一书的任务就是批判地考察这种审美判断力的能力、方式和限度，研究它是如何可能的，怎样构成的？为什么对个别事物的美的判断却具有普遍必然性？为什么作为主观的情感判断却具有客观的可传达性？凡此种种，说明康德抓住了审美中个别与一般、客观与主观的普遍性矛盾，从而在揭示审美与艺术的本质方面为我们提供了许多极富启发性的宝贵意见。

关于审美判断力的作用。从康德写作《判断力批判》的主观目的来看，主要还不是揭示审美与艺术的本质，而是为了其哲学体系的完整。因为，康德在写作《判断力批判》之前已经完成了《纯粹理性批判》与《实践理性批判》两部著作。前者涉及的纯粹理性世界，属于现实界、自然的领域，受自然的必然律支配，知性力在其中行使自己的职能。后者则是实践理性世界，属于道德、意志、物自体的自由领域，理性力在其中行使自己的职能。这两个世界彼此孤立，各自成为独立封闭的系统，当中有一条难以逾越的鸿沟。这样，他的哲学体系就还不是完整的。因为，实践理性世界中的道德意志，具有强烈的实践愿望，要求在现实界里实现自己。这样，就需要在自然与自由、知与意之间找到一座桥梁将两者沟通起来。他认为，审美判断力就具有这种桥梁的作用，能完成"从自然诸概念的领域达到自由概念的领域的过渡"②。因为，审美判断力所凭借的先验原理是形式的（主观的）合目的性，而形式的合目的性就既包含自然领域中对象的形式与合规律的知性力，又包含自由领域中的合目的的愉快，因此成为沟通自然与自由的桥梁。上述观点是具有极重要的理论价值的。因为，尽管康德的主要目的不在于探讨审美与艺术的规律，但实际上，这些观点却极为深刻地为审美与艺术开辟了独立的情感领域，揭示了它们作为自然与自由、真与善的中介的本质。

---

① ［德］康德：《判断力批判》上卷，宗白华译，商务印书馆1964年版，第32页。
② 同上书，第16页。

三 论审美判断

康德的美学思想是完全否定客观美的存在的。因此，他的论美实际上论述的是美感，即所谓审美判断力，其所著的《判断力批判》就是旨在批判地研究这种审美判断力的方式和限度。不过，通过康德对美感的论述，亦可窥见其对美的基本品格的认识。特别可贵的是，康德打破了美学研究中经验派和理念派的形而上学的对立，开辟了感性与理性统一的美学研究的新路。他提出美在无目的的合目的性的形式，认为美是沟通真与善的桥梁，是两者的统一。他认为，所谓审美判断就是情感判断，是认识与意志的统一，这就论述了真善美的关系问题，成为贯穿康德美学思想的中心线索。

审美判断是反思判断。康德认为，判断是人类认识世界的基本形式，可分两种。一种是定性判断，又叫逻辑判断，是由普遍的概念出发，逻辑地去判定个别事物的性质。这是人们在理性认识（知性力）中所常常采用的。另一种是反思判断，是由个别出发，反思其普遍性的判断。康德认为，审美判断就是属于这种反思判断，是对于一个个别事物反思其是否具有美的普遍性的判断。

审美判断是情感判断。康德认为，反思判断又分两种。一种是审目的判断，亦即由个别对象出发反思其结构与存在是否符合自身完善的概念，而这种符合是先天的合目的的。例如，面对一朵花，判断其是否是一朵符合概念的完善的花。这时，主体与客体之间是由概念作为中介的。康德认为，审美不是这种审目的判断。这实际上是对鲍姆嘉通的理性派美学思想的否定。因为，鲍姆嘉通将美归结为"感性认识的完善"。康德不同意这种看法，认为审美判断是不同于这种审目的判断的。它不涉及对象的概念，只涉及对象的形式，是由个别对象出发反思其形式对于主体能否引起某种具有普遍性的愉快，而且这是先天的合目的。因此，在审美判断中，对象与主体之间的中介是愉快与不愉快的情感。正因为如此，我们将这种审美判断叫作情感判断。这样将审美判断界定为情感判断，将审美领域界定为情感领域，在西方美学史上是第一次，具有划时代的意义。

审美判断是沟通认识与意志之间的桥梁。审美判断在康德的整个哲学体系中具有巨大的"桥梁"和"过渡"的作用。因为，在康德的整个哲学体系中，有两个各自封闭的世界。一个是纯粹理性世界（真），属于自然的现象界的领域，感性与知性在其中起作用，以规律性为其原则。另一个是实践理性世界（善），属于自由的物自体的领域，理性在其中起作用，以"绝对命令"的"最后目的"为其原则。这两个世界各成封闭的圆圈，互不相通。但实践理性作为意志目的，具有强烈的实践愿望，要求在现实的纯粹理性的自然世界里实现自己。康德认为，审美判断力就是沟通自然与自由这两个封闭世界的桥梁。从所涉及的领域来说，审美判断涉及的是情感领域，既是对个别对象的感受，涉及自然领域，又是主体的审美愉快，涉及自由的领域。从所凭借的认识能力来说，审美所凭借的是判断力，既包括认识范畴的想象力与知性力的协调，又是一种意志领域的绝对的无条件的普遍性。从所遵循的先天原则来说，审美判断所遵循的是"自然的合目的性"，既包含个别对象形式的无目的性，又包含形式唤起主体愉快的先天的合目的性。具体可见下表：

类别　方面	纯粹理性世界（真）	审美（美）	实践理性世界（善）
领域	自然（现象界）	情感（客体的对象＋主体的审美愉快）	自由（物自体）
凭借的能力	感情、知性	判断力（想象力与知性力的协调＋主观无条件的普遍性）	理性
遵循的原则	规律性	自然的合目的性（自然的无目的性＋主体愉快的合目的性）	最后目的（绝对命令）

当然，康德关于审美判断作为沟通自然与自由的桥梁的这一理论比较晦涩，其原因在于理论本身不免有牵强之处，同我们所习惯的思

维不顺。我们觉得，运用康德关于人类认识的通用公式倒可说明这一问题。康德给人类的认识规定了这样一个通用的公式：科学知识＝普遍必然性＋新内容。其中，普遍必然性是先天形式，与经验无关，为人的认识能力所固有；而新内容则是从感觉经验得来的质料，这样，他的公式就是：科学知识＝先天形式＋经验质料。按照这一公式，审美就成为：审美＝主观的合目的性的先天原理＋对于对象形式的感受。这里，"主观的合目的性的先天原理"，即指审美感受的合目的性的普遍性，具有"自由"的性质，而"对于对象形式的感受"则涉及对象的形式，带有"自然"的性质。由此，审美就具有了沟通自然与自由的桥梁的作用。

这样，自然与自由、真与善、感性与理性、规律性与目的性、知与意就通过这特有的审美的情感判断而统一了起来。这一思想在康德的美学理论中是极其重要的，成为其整个美学理论的总的出发点和关键之所在。同时，这一思想也是极其深刻的，可以毫不夸张地说，在西方美学史上具有里程碑的作用。因为，从17世纪到康德所生活的18世纪，整个美学领域尽管观点繁多、学派林立，但归结起来无非是重自然的感性派和重理念的理性派。这两派形而上学的理论思潮长期以来争论不休，束缚了美学的发展。康德则以审美的情感判断为旗帜，迈出了感性与理性统一的第一步。这在西方美学领域无异于一声惊雷，具有振聋发聩的作用。当然，康德这种以美作为真与善的桥梁的理论本身不免牵强附会，并且是唯心的。因为，他对实践完全作了唯心主义的歪曲，使其脱离了自然领域和感性经验而仅仅属于主观的意志领域。事实上，实践本身就是主观见之于客观，人们完全能够在实践中、并且只有在实践中实现主观与客观、知与行、真与善的统一。美只不过是人们在实践中所达到的主观与客观、真与善的直接统一而已。

四　论纯粹美

康德为了完成他的哲学体系，在纯粹理性与实践理性之外，又提出了审美判断力，作为以上两者的桥梁，并为此创造了"无目的的合目的性"的先验原理。这个"无目的的合目的性"的先验原理是贯串于康德整个美学思想的中心线索，但其具体含义在形式美、壮美和艺术美中又有所不同。总的来看，是经历了一种由美到善，即由优美到壮美、纯粹美到依存美的过渡。现在，我们先来分析康德关于形式美的观点。他认为，经验派与理性派的薄学思想都被世俗的观点玷污了，因而他要做一番"净化"。这种"净化"就是将审美对象的内容全部抽去，而只留下形式。这种对于对象纯形式的审美就是所谓纯粹美。他从质、量、关系、方式等四个方面加以论述，但多有重复，颇为烦琐，我们只概括分析其主要论点。

审美是一种同对象无任何利害关系的"自由的愉快"。康德针对经验派把美归结为生理快感、理性派把美归结为善的倾向，明确地指出美是"无利害的"。这里的所谓"无利害"，就是指主体对于客体没有上述"快感"和"善"的利害关系。他认为，所谓快感只不过是一种生理的官能满足。这尽管是一种主观的满足，但仍然同对象客观存在的某种自然属性相联系。例如，食欲的满足就同对象的营养素有关。而所谓"善"，则是一种在道德上被主体所珍贵和赞许的。这种珍贵和赞许同对象对于社会的"客观价值"直接有关。例如，我们赞扬某位同志的爱国主义行为，这种赞扬就是因爱国主义行为本身具有有利于祖国的客观社会价值。康德认为，审美同上述的快感及善不同。它同对象的自然的或社会的客观存在都无任何利害关系，而只是对象的形式适应了主体的某种心理活动的能力而引起的愉快。康德认为，这种愉快是无"偏爱的""纯然淡漠的""静观的""自由的愉快"。当然，这里所谓的"自由"，并不是他在《实践理性批判》中所谈到的信仰、意志范畴的"自由"，而是指主体不受对象的存在束缚、同对象无任何利害关系。因此，这里的"自由"同后来论艺术美时提出的"游戏说"直接有关，同样带有不受束缚、轻松愉快的性质。这是他为美规定的重要特征。他认为，快感和善都受对象的内容束缚，同对象有利害关系，因而是不自由的。当然，这种毫无内容的纯形式的"静观"是一种露骨的形式主义。但主体与对象的关系在审美中又的确与快感及善不同，它不是一种直接行动性的关系，而是一种间接的"观照"的关系。正是在这个意义上，我们吸取了康德这一观点中的合理因素，把审美叫作"静观"或"自由的观照"。那么，审美为什么会成为同对象无利害关系的"自由的愉快"呢？康德认为，这主要是由审美主体既是动物性的又是理性的人决定的。他把人分成了动物的自然形态的人与理性的道德的人。这两种人各具纯粹理性和实践理性的能力，是互相对立、难以统一的。从与对象的关系来看，动物性自然的人具有本能方面的要求，只能产生快感；理性的道德的人具有超验的理性要求，只能产生道德感。只有既具有动物性又具有理性的人，才能一方面产生某种非本能的愉快，另方面这种愉快又具有不凭借对象客观价值的合目的性。这就是现实的理性的人所特具的审美能力。

审美是一种具有主观普遍性的愉快。康德认为，审美与快感一样，对象都是单个事物。但快感是纯个人的，无普遍性。例如，这个辣椒好吃，只对嗜辣的人才有意义。但审美却要求普遍性。你感到美的事物，别人也必须感到美，否则就不成其为美。例如，这朵花是美的，必须以大家都感到美为前提。那么，审美为什么会具有普遍性呢？康德认为，这种量的普遍性是以质的无利害感为前提的。也就是说，审美之所以具有量的普遍性是因为在性质上它不基于主体与对象的利害关系，不是从主体纯粹的个人需要出发，不是一种偏爱。而快感却是从个人的主观生理条件出发的，基于主体与对象的利害关系，是一种偏爱。因此，在量上也只能是纯个人的，没有普遍性。这就揭示了审美与快感的根本区别，说明了审美具有社会性的根本特征。康德认为，审美与快感在量的问题上发生差异的另一个重要原因，就是快感是完全以主体的感受作为基础，而审美则以判断作为基础，是判断先于感受。他提醒我们说："这个问题的解决是鉴赏判断的关键，因此值得十分注意。"① 这说明，康德已真正从经验派摆脱了出来。因为，经验派把美归结为自然物本身的自然属性，因而必然主张快感在

① ［德］康德：《判断力批判》上卷，宗白华译，商务印书馆1964年版，第54页。

先，美感等于快感。这就完全排除了美本身包含的物化了的理性因素。但康德却认为，快感在先与审美的普遍传达性是"自相矛盾"的。因为，快感是一种单纯的官能满足，如果快感在先判断在后，那么，判断就会受到官能快感的束缚而没有普遍性。康德认为，审美不是由对象自然属性决定的官能快感的满足，而是一种对人类具有普遍的社会意义的价值；美感也不是快感，而是包含着理性因素的判断。康德接着指出，审美的这种普遍性不同于概念的普遍性。概念的普遍性是客观的，具有客观可见的规律，可以言传，甚至可以强迫别人接受。例如，对于花是植物的逻辑判断，就可以讲出一番道理，让别人接受这个道理。但审美的普遍性却不是这种客观的概念的普遍性，而是主观的普遍性。它不是凭借概念，而是凭借由对象的形式所引起的主体的共同感受。这种共同感受只是一种共同的心意状态，只可意会，不能言传，无明确的规律但却趋向于某种规律。例如，这朵花真美！就完全是一种发自内心的惊赞。大家面对绚烂芬芳的花朵，不约而同、情不自禁地发出了这一美的赞语，既不需事先约好，也不能用命令的方式强制。这就从量上划清了审美与真、善的界限，说明真、善是客观的凭借概念的普遍性，有可以明确表述的规律，审美则是主观感受的普遍性，难以用客观的概念将其明确地表述。

审美是主观的合目的性。按照马克思主义的哲学理论，所谓"目的性"是指人的行动的有意识性、自觉性。它是建立在对于某种普遍规律的认识和掌握的基础之上的。但在康德的美学理论中，"目的性"则与上帝的"创世说"联系在一起，即指一种唯心主义的因果论。也就是说，按照先天的某种意图（因），必然会出现现实中的某种现象（果）。康德认为，这种目的性有两种。一种是客观的目的性，即事物的内容、存在合乎了某种先天的目的，或者是符合了外在有用的目的。如，马可拉车耕地；或者是符合了内在"完善"的目的。如，骏马就符合"完善"的马的概念。而审美却既没有这种外在的合目的性，亦无这种内在的合目的性。它是一种不涉及任何概念内容的主观合目的性，或形式的合目的性。它的对象不包含任何内容，仅仅以其形式适合了主体的需要而引起愉快。而这一切都是合目的的，"好像是有意的，按照合规律的布置"①。由于这种主观的合目的性只涉及对象的形式，因而，实质上是一种主观感受的合目的性。它只使主体获得某种愉快而不提供对于对象的功利方面的评价。例如，人们在对一块草场进行审美时，就仅仅是一种合目的的愉快而已，而不会想到草场可作跳舞场等等用途。在这里，康德认为审美不完全等同于功利目的是正确的，但将审美同功利目的完成割裂，则不免堕入了形式主义的泥坑。

审美是范式的必然性。所谓必然性，是指事物间一种必然联系的方式，指这一方存在另一方必然存在。审美必然性，即指主体面对审美对象时必然会产生审美快感。康德认为，必然性有两种。一种是客观的借助概念的必然性。认识领域的必然性就借助于知性概念。如，人们面对着一株花，借助于知性概念就必然地认识到花是植物。而作为实践领域的必然性，则要借助于理性概念。如，人们看到一个儿童落水，凭借着"救助受难者"的道德律令就被某种义务驱使而跳入水中救助。但审美却不是这种凭借概念的客观的必然性，而是借助于主观共同感受的主观的范式必然性。康德认为，所谓范式必然性，就是"一切人对于一个判断的赞同的必然性，这个判断便被视为我们所不能指明的一个普遍规则的适用例证"②。这就说明，范式必然性的特点是例证性。它是对于一个对象所进行的单称判断，而这个单称判断则包含着某种不能指明的普遍规则。这就是个别中包含着一般，已有艺术典型论的含义。范式必然性的基础，是一种主观的共通感。康德对于这种主观共通感作了比较深入细致地分析。他认为，这种主观共通感就是审美的社会性。他说，主观共通感"靠拢着全人类理性"，并指出，一个孤独地居住在荒岛之上的人绝不会有对美的追求，不会去修饰自己和自己的茅舍，"只在社会里他才想到，不仅做一个人，而且按照他的样式做一个文雅的人（文明的开始）；因为作为一个文雅的人就是人们评赞一个这样的人，这人倾向于并且善于把他的情感传

---

① ［德］康德：《判断力批判》上卷，宗白华译，商务印书馆 1964 年版，第 146 页。
② 同上书，第 75 页。

达于别人，他不满足于独自的欣赏而未能在社会里和别人共同感受"①。这就说明，审美的共通感是社会性的产物，而且也只有这种普遍可传达的社会性才使审美愉快成为价值。他说："诸感觉也只在它们能被普遍传达的范围内被认为有价值。"②

审美的心理基础是想象力与知性力的"自由的协调"。审美为什么作为单称判断但却具有普遍性呢？康德将其归结为人们都具有一种想象力与知性力自由协调的共同主观条件。这是一种主观的心理机能。康德认为，这种共同的心理机能就是审美的情感判断的"规定根据"。这种心理根据的探寻是康德论美的特点之一，是其对于英国经验派美学在这一方面成果的继承和发展。康德在论述纯粹美、壮美（崇高）和艺术美的各个范畴时，最后都归结到心理的根据。他将纯粹美的心理根据界定为"想象力与知性力的自由协调"。这里所谓想象力是指对于感觉表象的综合能力，即通常所说的形象思维能力。而知性力则指把想象力中的感性材料进一步综合起来的能力，即通常所说的合规律的思维能力。在通常情况下，二者是通过概念来协调的。也就是知性力通过概念对想象力中的感性表象加以综合。这就是知识认识、逻辑判断。但审美却是不通过概念的主观的协调，而是通过主体的心理机能来协调。这就是审美不凭借概念但却合规律、具有普遍必然性的根本原因。

那么，主体如何凭借心理机能将想象力与知性力协调起来的呢？康德认为，这是一种由想象力自由地唤起知性力的"自由的协调"。其具体含义有三：第一，想象力充分自由，处于主动地位，知性力服务于想象力。这就是我们通常所说的在形象思维过程中始终不离开具体可感时形象。第二，想象力不借助概念，但却趋向于某种概念；没有明确的规律，但却"暗合"某种规律。亦即形象思维中完全依据形象的自由发展而不以概念加以束缚，但形象却有自身发展的逻辑和规律。这一思想在我国古代文论中亦有相似的表述。例如，严羽在《沧

---

① ［德］康德：《判断力批判》上卷，宗白华译，商务印书馆1964年版，第138、141页。
② 同上书，第142页。

浪诗话》中认为，诗歌创作中的理性和规律性是一种"不涉理路，不落言筌"，好像是"羚羊挂角，无迹可求"。第三，这种协调由于不凭借概念，因而不是知性认识范畴的作为因果律的"假定"、"将要"，而是属于理性范畴的合目的性的"设想"、"期待"。这就是所谓"人同此心，心同此理"，凡是我认为美的，与我具有相同心理机能的人也"应该"认为是美的。因而，这是一种"合目的性"的"自由的协调"。总之，康德认为，这种想象力与知性力的自由的协调就是产生审美愉快的根本原因。它不同于快感。快感没有知性力参加，因而是无规律性和普遍性的。康德认为，无规律性本身是违反目的的、不愉快的。例如，生理缺陷和不对称的建筑就不会引起人的审美愉快。对于大自然现象，也许刚刚接触时会产生赏心悦目之感，但时间一长也会因其缺乏应有的规律而令人厌倦。当然，审美也不同于认识。因为认识是运用的概念手段，以知性力为主，想象力服从知性力并被其所束缚。这样，想象力就是不自由的，因而产生不了愉快的情感。

总之，康德在"美的分析"中所探讨的纯粹美，就是一种纯形式的美。这种美在现实世界中是极其少见的。康德自己也认为，可以称为纯粹美的自然现象也只不过包括单纯的颜色、音调、建筑物上的框缘、壁纸上的簇叶饰、无标题的幻想曲等，而现实世界中绝大多数事物或则以无规则的高大怪异的形态出现，或者是同其本身的客观概念密切相联。这样，康德就不得不离开自己纯粹形式主义的道路而面对现实，于是提出了壮美（崇高）和艺术美的问题。

五 论崇高

康德在对纯粹美作了一番分析之后，就过渡到对崇高的分析。他之所以要实现这样的过渡，其主要原因是在对纯粹美的判断中还没有完全实现由自然到自由的过渡。因为，在纯粹美中，自然只有形式，毫无内容，重点仍在合目的性的自由。这样，他的哲学天平就还没有真正摆平。于是，他提出了崇高的判断。尽管在崇高的判断中，对象的内容亦是纯主观的，经过了"偷换"的途径，才由主观移至客观，但毕竟还是有了内容。康德是在将崇高与审美的比较中论述崇高的。他首先简要地论述了崇高与审美的相同之处。他认为，崇高与审美一样都是自身令人愉快的，但又都是主观的合目的性的愉快，既不同于快感而具有普遍必然性，又不同于认识而仅只是形式的合目的性。但他主要的力量还是放在对崇高与审美的区别的论述之上。他从对象、种类、心理状态和根源等四个方面论述了这种区别。

审美的对象在形式，崇高的对象是"无形式"。康德认为，审美是一种形式的合目的性，即审美对象的形式符合了想象力与知性力协调的心理机能从而引起愉快。这就是说，尽管审美的对象是一种纯形式，但却要符合某种不明确的规律，受到这种不明确的规律的限制。这就使审美对象都要在不同的程度上具有某种对称、比例、节奏等形式美的规律。因此，审美对象都是有限度的，人们凭借自然的感官是完全能够把握的。可以通过视觉观其外形、色彩，通过听觉听其音响、节奏。但崇高的对象却与此不同，是一种"无形式"。所谓"无形式"，就是一种不符合任何形式美规律的形式。也就是说，这也是一种形式，而不是实在。既不是以其物质的实在给人以真正的感性威胁，也不是以其意义的实在给人以理论的认识。当然，这种"无形式"本身并不符合目的，而只为唤起某种主观的目的提供一个外在的诱因，康德将这叫作"机缘"。他认为，对于这种"无形式"，人们凭借着感官是无法把握的，也不能运用感性的尺度来衡量。它是一种"无限"。"我们对某物不仅称为大，而全部地、绝对地，在任何角度（超越一切比较）称为大，这就是崇高。"① 因为崇高的对象本身是无目的的、不涉及概念的，所以这种无限不包括艺术、雕塑、建筑和动物，而只是粗野的自然。其中又分两种情形。一种是数量上的无限。如，茫茫星空，无边无际的大海，连绵不绝的崇山峻岭等等。另一种是力量的无限。如，好像要压倒人的悬崖陡壁，密布天空迸射出迅雷疾电的黑云，具有毁灭威力的火山，势可扫空一切的狂风，惊涛骇浪

---

① ［德］康德：《判断力批判》上卷，宗白华译，商务印书馆1964年版，第89页。

的大海，巨河投下的悬瀑等等。康德认为，正因为崇高的对象是一种无限，所以，对于崇高的判断和审美判断不同，总是和量结合着。也就是说，在崇高的判断中，着重对于对象进行量的鉴赏和把握。它的愉快产生于面对着无限大的对象而能够把握其整体。审美的判断是和质结合着的。也就是，在审美的判断中着重对于对象进行性质方面的鉴赏和把握，从对象的形式符合某种不明确的规律而获得愉悦。

审美是一种积极的愉快，崇高则是消极的愉快。康德认为，从愉快的种类来说，审美的愉快是一种"积极的愉快"，而崇高的愉快则"更多的是惊叹或崇敬，这就可称作消极的快乐"①。所谓"积极的愉快"是一种直接引起的愉快，对人的生命起促进作用。它表现为主体与对象之间的一种吸引，主体的心情舒展愉快，犹如在游戏一般。因此，我们通常将这种美称为"优美"。而"消极的愉快"则是一种间接的愉快，以不愉快为媒介的愉快。它的表现是由于想象力承受不了对象的巨大压力，故而主体对于对象先是取推拒的态度，是一种痛感，生命力受阻。继而，因为借助于理性力量，战胜了对象，主体才对对象变推拒为吸引。从主体本身来说，也才由痛感到快感，从生命力受阻到生命力迸发洋溢。作为主体的状态，由于是由痛感到快感，因而不是轻松，而是严肃认真的。所以，我们通常把崇高称为"壮美"。

审美的心理机能是想象力与知性力的协调，而崇高则是想象力与理性的对立。康德认为，审美判断的心理状态是想象力与知性力的协调。这是因为，想象力能够把握对象的形式，因而在其自由的活动中同知性力相协调。但崇高判断的心理状态却是想象力与理性的对立。这是由于崇高的对象是一种巨大的"无形式"，因而压倒了想象力，使其难以继续，被夺去了自由。所谓"对立"亦可理解成想象力与知性力的不一致，即通过想象力的无能为力而发现理性力量的无限能力。康德指出，"于是那自然对象的'大'——想象力在把它全部总括机能尽用在它上面而无结果——必然把自然概念引导到一个超感性

① ［德］康德：《判断力批判》上卷，宗白华译，商务印书馆1964年版，第84页。

的根基（作为自然和我们思维机能的基础）。这根基是超越一切感性尺度的大，因此它不仅使我们把这个对象，更多的是把那估计它时候的内心的情调评判为崇高"①。正因为审美判断是想象力与知性力的协调，所以其心境状态是平静安息，而崇高的判断却是想象力与理性的对立，所以其心境状态是一种激动、奋发、高扬。

崇高的愉快的根源完全在于主体的心灵。尽管康德在审美判断中将美的愉快的根源归之于适应主体心理机能的一种合目的性，但对象之中仍然保留着形式的因素。而在崇高的判断中，康德则连对象仅有的形式也完全抛掉，而将崇高的愉快完全归之于主体心灵。他说："由此得出结论：崇高不存在于自然的事物里，而只能在我们的观念里寻找。"② 这就是说，崇高的对象作为巨大的"无形式"，不适合人的认识能力，想象力无法承受，形象思维的活动被迫中止，而引导到超感性的理性领域。康德举例说，狂风巨浪中的大海本身不能说就是崇高，而是可怕的。一个人只有在内心里先装满大量观念，才能在观照时把内心的崇高激发出来。他进一步认为，崇高产生于崇敬感对于恐惧感的战胜。所谓"恐惧感"，它的产生是由于想象力凭借着生理的自然因素，无力适应巨大的自然对象，也就是在量上较小的人体的自然因素战胜不了在量上宏大的无限的对象。康德认为，如果老是恐惧就不可能产生崇高的判断，就好像局限于生理快感的"偏爱"不能进行美的判断一样。这样，就必须借助于崇敬感才能战胜恐惧感。所谓崇敬感，即是对人的理性力量的崇敬。这是一种以人的尊严及道德精神力量为武器的自我保存方式，是区别于凭借着本能的自然因素的另一种自我保存方式。它具有战胜恐惧感的足够力量。康德认为，崇敬感战胜恐惧感的过程是一种净化和升华的过程。所谓"净化"，是指在崇高的判断中丢弃了平常关心的各种财产、健康和生命等。心灵不再受个人的感性因素的东西支配，因而摆脱了恐惧。所谓"升华"，则是指在崇高的判断中，心灵战胜了对象的感性因素，将我们的精神

---

① ［德］康德：《判断力批判》上卷，宗白华译，商务印书馆 1964 年版，第 95 页。
② 同上书，第 89 页。

提到了理性的高度，使我们充分地看到人的理性力量是远远地高出于自然的。康德还认为，这种崇高感产生的途径是一种"偷换"（Subreption）。也就是将主体内心对人的理性的崇敬通过"偷换"的途径移到自然对象之上。这样，表面上看是对于对象的崇敬，而实质上是人对自己理性的崇敬。因此，崇高的对象本身并不直接蕴含着崇高，反倒是同崇高感相对立，它只能通过"偷换"，作为对于崇高的一种象征。这也是与审美不同的。因为，在审美之中，对象本身就是符合形式美的规律。在这里，康德接触到了鉴赏中的"移情"问题，对后世影响很大，应引起我们的注意。

对于崇高，尽管早在康德之前古罗马的朗吉弩斯、法国古典主义理论家布瓦洛和英国经验派美学家博克等人都曾作过论述。但他们或主要局限于文章风格，或只是建基于某些粗浅的感性经验之上。康德吸收了他们关于崇高的认识的合理成分，将其提到一个新的理论高度，使之更加完备系统。他认为崇高的根源在于人的内在心灵的理性观念，这也说明他已经超越了美在纯形式的观点，将美同作为善的形态的伦理道德联系了起来。在此，康德的美学思想已经有了发展。

六 论艺术美

康德整个美学体系的核心是论述真善美之间的关系，以美到善的过渡作为其中心线索。实际上，表现为两个具体的过渡：一个是由美到崇高的过渡，一个是由纯粹美到依存美的过渡。所谓纯粹美，即是不包含任何内容的纯粹形的美，而依存美则是依存于一定的概念、具体内容意义的美。他认为，全部的艺术品和大部分自然美都属于依存美。在完成了上述两个过渡之后，康德断言："美是道德的象征。"①这就真正使美成为真与善的中介。

对于艺术美，康德没有在《判断力批判》中列专章论述，只在"审美判断力的分析论"中涉及。但这绝不意味着他不重视艺术美，

---

① ［德］康德：《判断力批判》上卷，宗白华译，商务印书馆 1964 年版，第 201 页。

只能再次证明他的注意力主要在于哲学体系的完整，而不在于对美学与艺术规律的探讨。事实上，他是非常重视艺术美的。因为他把理想美归结为依存美，而依存美又主要是艺术美。

（一）关于"游戏说"

康德对于文艺的本质的论述，集中表现在他把文艺看成是"自由的游戏"。他的这一观点，是欧洲美学与文艺理论史上长期发生影响的"游戏说"的滥觞。康德的"游戏说"，并非像有些人所曲解的那样，是将文艺看成无意义的儿童嬉戏，实质是将文艺界定为不受任何外在束缚的"自由的愉快"。因而，康德的"游戏说"实质上就是一种"自由说"。他说："诗人说他只是用观念的游戏来使人消遣时光，而结局却于人们的悟性提供了那么多的东西，好像他的目的就是为了这悟性的事。感性和悟性虽然相互不能缺少，它们的结合却不能没有相互间的强制和损害，两种认识机能的结合与谐和必须好像是无意地，自由自在相会合着的，否则那就不是美的艺术。"他还说，"没有这自由就没有美的艺术，甚至于不可能有对于它正确评判的鉴赏"①。

康德"游戏说"的提出不是偶然的，而是建立在他对审美本质认识的基础之上的。众所周知，在康德所生活的18世纪的欧洲，哲学领域内形而上学的机械论仍然占据着统治的地位，表现在美学与文艺理论上就形成了互相对立的经验派与理性派。经验派将美与艺术的本质归结为感性快感，理性派将美与艺术的本质归结为先天的理性。康德不满于经验派与理性派各自将审美束缚于感性快感或理论概念的局限性，他说："人们能够首先把鉴赏的原理安放在这里面，即：鉴赏时时是按照着经验的规定根据，也就只是后天的通过感官所赋予的。或者人们可以承认：鉴赏是由于先验的根基来下判断的。前者将是鉴赏批判里的经验主义，后者是唯理主义。按照前者我们的愉快的对象将不能从舒适，按照后者——假使那判断是建基于规定的概念上的

① ［德］康德：《判断力批判》上卷，宗白华译，商务印书馆1964年版，第168、203—204页。

话——将不能和善区别开来。这样一来，一切的美将从世界里否定掉，而只剩下一特殊的名词来代替它，指谓着前面所称的两种愉快的某一种混合物。"① 康德打破经验派和理性派的桎梏，独创地将审美的本质归结为情感判断。所谓情感判断，就是主体因不受对象的感性存在和理性概念的束缚而获得自由，由此引起的情感愉悦，是主体的一种解放。他说："于是我们能够一般地说：不管是自然美或艺术美，美的事物就是那在单纯的评判中（不是在官能感觉里，也未曾通过概念）而令人愉快满意的。"② 康德认为，这种审美的情感愉快的根据是凭借着一种特有的先验原理，即是无目的的合目的性，又叫自由的合目的性。它既同对象的存在无直接关系，又同对象的概念无直接关系，而是主观上的各种心理功能的自由的协调一致。总之，由于对于对象的"无利害""不凭借概念"的自由的鉴赏而唤起主体各种心理功能的自由的协调，从而引起主体的合目的的愉快，这整个的审美过程都同"自由"密切相关。

康德对于这种以"自由"为特性的审美愉快给予极高的评价，认为它既涉及对象的形象又涉及主体的合目的性的愉快，因而成为客体与主体、感性与理性、真与善之间的一种过渡和桥梁。他说："判断力以其自然的合目的性的概念在自然诸概念和自由概念之间提供媒介的概念，它使纯粹理论的过渡到纯粹实践的，从按照前者的规律性过渡到按照后者的最后目的成为可能。"③ 这就说明，康德给予"自由的"审美以多么高的地位，将其确定为由真到善、自然到人、感性的人到理性的人的必由之途。当然，这是指整个审美来说的，但作为包含着理性的艺术美，则能更好地承担起这种桥梁和过渡的作用。因此，康德在《判断力批判》的《导论》的最后部分，列表说明由自然到自由的过渡，明确地以艺术代替审美作为真与善的中介。

康德"游戏说"的提出，不仅有其追求真善美统一和批判地继承

---

① ［德］康德：《判断力批判》上卷，宗白华译，商务印书馆1964年版，第194页。
② 同上书，第152页。
③ 同上书，第35页。

经验派和理性派的美学根据，而且，在政治思想方面，也是他受到资产阶级启蒙主义思想影响的结果。因为，在这一理论中，康德特别地强调了人及其价值，强调了理性与自由。

现在，需要进一步探讨康德为艺术界定的"自由的游戏"的具体含义。根据康德的论述，我们认为，其具体含义就是通过形象对于理性的不受任何障碍的自由的观照（直观）。康德在论述审美直接使人愉快时解释道：审美的愉快对于理性"只是在反味着的直观里，不像道德在概念里"①。正因为如此，艺术美作为"自由的游戏"绝不是无意义的嬉戏，而是包含着某种理性观念，具有某种价值。康德认为，这是艺术与自然、艺术美与自然美的最重要的区别，也是通过"自由"而产生的产品的重要特性。他说，"正当地说来，人们只能把通过自由而产生的成品，这就是通过一意图，把他的诸行为筑基于理性之上，唤做艺术"②。在他看来，只有这种以理性观念为基础的艺术创作活动才真正是创造性的，是有目的的"制作"。但自然却与此相反，只是一种无目的、无意识的本能性的"动作"。从成品来说，自然物是有果无因（目的）的"效果"，而艺术品则是有果有因（目的）的"作品"。他举例说，蜜蜂的蜂巢尽管很规则，但却只不过是由蜜蜂的无目的的本能所产生的"效果"，而沼泽地里发掘出来的远古人作为工具的削正的木头，看似粗糙，但却是包含着理性观念的艺术作品。另外，康德还通过论述艺术美与自然美的区别，进一步阐明了艺术美包含着理性观念。他认为，自然美只是事物本身美，而艺术美则是对事物所作的美的形象描绘，应该将事物自身的性质与对事物的美的形象描绘区别开来。因为，在美的形象描绘中已经包含了艺术家的理性观念，对事物作了某种程度的改造。由此，他认为，艺术显出它的优越性的地方就在于可以把自然中本来是丑的或不愉快的事物描写得美。例如，复仇、疾病、战争的毁坏等坏事都可以作为文艺的题材，运用理性观念改造加工，变自然丑为艺术美。康德认为，正因

---

① ［德］康德：《判断力批判》上卷，宗白华译，商务印书馆1964年版，第202页。
② 同上书，第148页。

为艺术美必须包含着理性观念，所以自然只有在像似艺术时才美。①
这就是说，作为自然美，必须在自然中见出艺术的自由，看出它的合
规律性好像是在某种理性观念指导之下经过人工创造时，才显得美。

但是，艺术美包含着某种理性观念只是"游戏说"的一个方面，
更重要的是，康德认为，艺术美是一种对于理性的自由的观照（直
观）。这种"自由的观照"，就是要求艺术做到使其理性目的显不出
任何痕迹，虽有理性但却看不到任何理性，虽是趋向于某种理性概念
但却觉察不到任何概念，显露在人们面前的只是同生活本来的面目一
样的形象。这一关于自由的观照的观点是其"游戏说"的精髓之所
在，贯穿于他的艺术理论的始终。他是从两个方面来论述文艺的这种
自由观照的特征的。首先是通过艺术创作与手工艺劳动的比较，认为
艺术创作不同于手工艺劳动，在内容上不受对象的存在束缚。他说：
"艺术也和手工艺区别着。前者唤做自由的，后者也能唤做雇佣的艺
术。前者人看做好像只是游戏，这就是一种工作，它是对自身愉快
的，能够合目的地成功。后者作为劳动，即作为对于自己是困苦而不
愉快的，只是由于它的结果（例如工资）吸引着，因而能够是被逼迫
负担的。"② 这就是说，他认为，手工艺劳动是被迫的，本身是痛苦
的。原因在于主体被劳动报酬所束缚，而劳动报酬是由对象的数量来
计算的，因而也可以说，在手工艺劳动中主体被对象的存在所束缚，
所以是不自由的。而艺术创作却好像是游戏，因为它本身是愉快的，
主体在艺术创作中是自由的，不受束缚的，心情舒展，犹如在游戏中
一般。当然，康德在这里泛用"劳动"的概念是片面的。因为，痛苦
的强制的劳动只是剥削社会中"异化"了的劳动，而不是共产主义社
会中作为人的第一需要的劳动。同时，完全将艺术与劳动对立起来，
也就在实际上割裂了艺术与实践的关系。但康德在这里强调的重点是
艺术不像劳动那样有明显的外在目的，而是不受对象存在束缚的、自
由的。他还通过艺术与科学的比较，认为艺术创作不同于科学之处是

---

① ［德］康德：《判断力批判》上卷，宗白华译，商务印书馆 1964 年版，第 152 页。
② 同上书，第 149 页。

在形式上不受对象的概念束缚。当然，康德在论述艺术与科学的区别时，将科学单纯地归结为"知"（死的书本知识），而将艺术归结为"能"（技能），这本身并不科学，无可取之处。但他在批判关于"美的科学"的概念时，倒是抓住了艺术与科学在思维形式上的区别，从另一个侧面揭示了"游戏说"的含义。康德指出："没有关于美的科学，只有关于美的评判；也没有美的科学，只有美的艺术。因为关于美的科学，在它里面就须科学地，这就是通过证明来指出，某一物是否可以被认为美。那么，对于美的判断将不是鉴赏判断，如果它隶属于科学的话。至于一个科学，若作为科学而被认为是美的话，它将是一个怪物。"① 这就是告诉我们，艺术作为审美的鉴赏判断，是以形象为形式的思维，而科学作为证明，则是以概念为形式的思维。在科学的判断中，主体受到概念的束缚，是有限制的，但在艺术创作的鉴赏判断中，主体不受对象的概念的束缚，是自由的。这种自由性表现在，形象不是蕴含一个概念内容，而是可以蕴含无限丰富的内容。

　　综合上述主体在内容与形式两个方面都不受对象束缚的自由性的特点，康德认为，艺术的这种"自由的游戏"的本质特征就是无目的的合目的性，或曰自由的合目的性。他说："所以美的艺术作品里的合目的性，尽管它也是有意图的，却须像似无意图的，这就是说，美的艺术须被看做是自然，尽管人们知道它是艺术。"② 这就说明，艺术的这种"自由的游戏"的本质特征实质上就是合目的性与无目的性、有意图性与无意图性、艺术与自然的统一。虽有目的却看不到目的，虽含意图却不显露意图，虽是艺术却看似自然。这真是抓住了艺术寓思想于形象的根本特征。

　　还需要说明的一点就是，康德还从生理学的角度探讨了"游戏说"的理论，认为艺术的自由和谐必将引起身体的自由放松，从而促进人体的健康。他说："所以人们可以，我想，承认伊比鸠的说法：一切的愉快，即使是通过那些唤醒审美诸观念的概念所催起来的，仍

---

① ［德］康德：《判断力批判》上卷，宗白华译，商务印书馆1964年版，第150页。
② 同上书，第152页。

是动物性的，即肉体的感觉。"①他进一步将其过程归结为：由精神的自由放松（想象力的自由驰骋）导致肉体的自由放松，推动内脏和横隔膜的和谐活动，并进而加强精神上的自由愉快。他形象地举了一个谐谑的例子：一个印第安人在一个英国人的筵席上看见一个啤酒坛子被打开时，有许多泡沫喷出，于是惊呼不已。主人问他有何可惊之事，这个印第安人说，我并不是惊讶那些泡沫是怎样出来的，而是惊讶它们当初是怎样被搞进去的。于是，人们听后大笑不已。康德认为，在这种谐谑中，人们产生愉悦的原因不在知性获得了什么知识，而是在于由紧张的期待到虚无，从而引起精神的放松（自由）和肉体的放松（自由）。正是通过这样的精神和肉体放松的"自由的游戏"，才产生了情感愉悦。这就说明，康德尽管认为艺术是一种包含着某种理性观念的超越生理快感的愉悦之情，但并不否认艺术美包含着生理快感的因素，并正确地将身体的自由放松也包含在自由的游戏的内涵之内。这是十分切合艺术创作实际的、极有价值的见解。

（二）关于"审美观念"

审美观念是康德关于艺术美的中心概念，接近于当代文艺理论中"典型"的概念。所谓"观念"，即德文"Idee"字，意指某种包含着丰富内容的不确定的理性概念。朱光潜先生借用中国古典美学的"意象"概念予以翻译。根据康德的论述，所谓审美观念，即指某种包含了无限理性内容的现实的形象。康德说："人们能够称呼想象力的这一类表象做观念；这一部分因为它们对于某些超越于经验界限之上的东西至少向往着，并且这样企图接近到理性诸概念（即智的诸观念）的表述，这会给予这些观念一客观现实性的外观。"②当然，审美观念只不过是从创作的角度给艺术典型所界定的概念，而从欣赏的角度，康德则将其称之为审美理想。这个概念被黑格尔在《美学》中

---

① ［德］康德：《判断力批判》上卷，宗白华译，商务印书馆1964年版，第182页。
② 同上书，第160页。

所接受。"理想"（Weal）本身"意味着一个符合观念的个体的表象"①。朱光潜先生更明确地将其翻译为："把个别事物作为适合于表现某一观念的形象显现。"② 所谓"形象显现"就是理性与形象之间不经过概念的自由的统一。这就更充分地揭示了这一概念同黑格尔关于"美是理念的感性显现"的定义之间的渊源关系。一般来说，理性观念尽管无比丰富，但还需借助于概念来表达，但审美观念却不经过概念，仅借助于一个表象将无比丰富的理性观念直接显现出来。因此，康德认为，审美观念"生起许多思想而没有任何一特定的思想，即一个概念能和它相切合，因此没有语言能够完全企及它，把它表达出来"③。正是在这个意义上，康德认为，审美观念是理性观念的"对立物"。

康德认为，审美观念具有巨大的作用，标志着艺术美所达到的高度，使艺术形象具有"精神"和"灵魂"。"精神（灵魂）在审美的意义里就是那心意赋予对象以生命的原理。"④ 这里的所谓"生命"就是艺术形象的艺术魅力、感染力和吸引力。他进一步论证道，有些艺术形象，表面上看也符合美的规律，找不出什么毛病，但却没有精神，不具备艺术的魅力，就好像一个妇女，尽管俊俏、健谈、规矩，但却缺乏内在的吸引人的力量。这种内在的吸引人的力量就正是审美观念所特有的。那么，审美观念的这种内在的吸引人的力量或艺术的魅力是从哪里产生的呢？根据康德的论述，就是由理性与形象的不经过概念的自由的统一中产生的。因为，理性本身是具有巨大的力量的，经过这样一种与形象的自由的统一，就能产生巨大的、震撼人心的、潜移默化的效果。

康德还进一步对审美观念的性质作了论述，认为它是经过理性观念改造的"另一自然"。他说："想象力（作为生产的认识机能）是

---

① ［德］康德：《判断力批判》上卷，宗白华译，商务印书馆1964年版，第70页。
② 朱光潜：《西方美学史》下卷，人民文学出版社1963年版，第395页。
③ ［德］康德：《判断力批判》上卷，宗白华译，商务印书馆1964年版，第160页。
④ 同上书，第159页。

强有力地从真的自然所提供给它的素材里创造一个像似另一自然来。"① 朱光潜先生更明确地翻译为"第二自然"。②"另一自然"所依据的是现实自然所提供的素材,其外在形式是保持现实自然的本来面目,看上去似乎同自然一样是无目的、无理性的,而其实质却是经过了理性的改造,充满着理性的内容,因而是"优越于自然的东西"③。这就在一定的程度上揭示了艺术美与自然美的关系,说明自然美是艺术美的根据,艺术美不脱离现实自然的外在形式,但艺术美中渗透着理性内容,同自然相比更为"优越"。这也说明,虽然在康德的总的美学体系中形式主义色彩浓厚,但在审美观念的理论中却对其形式主义的弊病有所补救,并在一定的程度上纠正了理性派过分重视艺术美、感性派过分重视自然美的偏颇。

不仅如此,他还进一步探讨了"另一自然"的产生过程。他认为,这个过程就是给理性观念一个客观现实性的外观,也就是使理性观念具体化,使其通过直观的形象显现出来。这种具体化有两种情况,一种是对于极乐世界、地狱世界、永恒界、创世等抽象的概念,应使其具有感性外观;另一种是对于死、忌妒、恶德、爱、荣誉等现实的思想,应使其超出现实,达到理性的高度,"在完全性里来具体化。"④ 这就反对了自然主义倾向,强调了理性在审美观念创造中的作用,表现了康德受到启蒙主义影响的进步倾向。

康德对于审美观念的寓无限于有限的重要特征也作了深刻地论述。他说:"在一个表象里的思想(这本是属于一个对象的概念里的),大大地多过于在这表象里所能把握和明白理解的。"⑤ 这里所说的"思想"是指表象(形象)本身所包含的理性内容,而"所能把握和明白理解的"则指读者或观众在鉴赏中所能把握和明白理解的思想。这就是我们通常所说的"形象大于思想""言有尽而意无穷"

① ［德］康德:《判断力批判》上卷,宗白华译,商务印书馆1964年版,第160页。

② 朱光潜:《西方美学史》下卷,人民文学出版社1963年版,第399页。

③ ［德］康德:《判断力批判》上卷,宗白华译,商务印书馆1964年版,第160页。

④ 同上书,第161页。

⑤ 同上。

"意在言外""咫尺之图写千里之景""以一当十",等等。为什么会这样呢?原因之一,是审美观念作为无限的理性内容与有限的感性形象的自由的统一,实际上就是寓无限于有限。原因之二,是在艺术创作中经过了艺术提炼的过程。这就是运用想象力的自由驰骋,在可能表达某种理性内容的杂多的形式中选出一个能够最完满地显现理性观念的形式,从而使人们可从这一个形式联系到不能用语言表达的无限深广的理性内容。正如康德所说:"通过它使想象力自由活动,并在一给予了的概念的界限内,在可能的与此相协和的诸形式的无限多样性之下,提供那一形式,这形式把表现这概念和一种思想丰富性结合着,对于这思想的丰富性是没有语言的表达能够全部切合的因而提升自己达到诸理念。"① 当然,康德在这里所说的"提供"(即选出),并未真正地揭示提炼的内在本质,这一任务将由黑格尔来承担。原因之三,是从鉴赏的角度看,由于审美观念是具体的、感性的个别形象,这就给人以充分自由地发挥想象能力和给形象以补充的余地。因为,如果面对着概念,主体的想象力就受到局限,没有发挥驰骋的可能,而只有面对着形象,想象力才是自由的、不受束缚的,才有可能浮想联翩,通过自己的想象补充形象间的空白,最后引导到无限广阔的理性领域。

(三) 关于创造的想象力

康德对审美的探讨,从总的方面来说就是侧重于心理的分析,这是其论美的基本特点。他对艺术美的论述也不例外,最后也归结到心理功能的分析。他认为,艺术美的心理功能是一种创造的想象力。② 这种创造的想象力是多种心理功能的综合,包括想象力、知性力、理性力(精神)和鉴赏力。他说:"所以美的艺术需要想象力,悟性,精神和鉴赏力。"③ 这四种心理功能在艺术创作中处于一种合目的的自

---

① [德]康德:《判断力批判》上卷,宗白华译,商务印书馆1964年版,第173页。
② 同上书,第161页。
③ 同上书,第166页。

由的协调状态。文艺作为一种"自由的游戏",就是根源于这种创作过程中各种心理功能的合目的的自由协调。也正是由这种自由的协调,才使主体产生了美的愉悦之情。他说,艺术创作就是"把心意诸力合目的地推入跃动之中,这就是推入那样一种自由活动,这活动由自身持续着,并加强着心意诸力"①。

当然,在这四种心理功能中最核心的还是鉴赏力。康德在论述到艺术创作需要四种心理功能时,特别加注指出:"前三种机能通过第四种才获得它们的结合。"② 这就说明,创造的想象力中的想象力、知性力、理性力的自由协调必须以审美的情感判断为中介。它们都统一于情感判断,最后也是为了产生审美的情感判断。离开了审美的情感判断的中介,创造的想象力将不复存在。

但是,比较起来,想象力却是最活跃的因素。因为,作为创造的想象力始终是以直观形态的感性表象为其心理活动的基本元素的。只有在想象力的生气勃勃的活动中,才把知性与理性的功能带进了艺术创作的复杂的心理活动之中。正如康德所说:"在这场合,想象力是创造性的,并且把知性诸观念(理性)的机能带进了运动。"③ 而且,艺术创作中合目的的审美愉快也主要是由想象力的自由活动唤起的。康德指出,"这主观合目的性是建基于想象力在自由中的活动"④。他认为,艺术创作中想象力具体表现为象征、类比手法的运用。因为,艺术创作中对于理性观念是无法用一个概念来表达的,那就只好借助于一个直观的形象来加以类比和象征。康德将这种类比、象征称作是审美对象的状形词(Attribute),它可以使想象力活跃起来,通过类似表象的联想,表达出某种理性概念,最后创造出审美观念。这种方法是远远地超出借助于文字的、通过逻辑概念对理性的表达的。正如康德所说:"这些东西给予想象力机缘,扩张自己于一群类似的表象之上,使人思想富裕,超过文字对于一个概念所能表出的,并且给予了

---

① [德]康德:《判断力批判》上卷,宗白华译,商务印书馆 1964 年版,第 160 页。
② 同上书,第 166 页注①。
③ 同上书,第 161 页。
④ 同上书,第 198 页。

一个审美的观念字，代替那逻辑的表达。它服务于理性的观念，本质上为使心意生气勃勃，替它展开诸类似的表象的无穷领域的眺望。"①他举例说，朱匹特的鸷鸟和它爪子上的闪电就是那威严赫赫的天帝的状形标志。因为，通过鸷鸟及其爪子上的闪电这样的直观的感性表象，可以象征类比另一感性表象天帝朱匹特。这是想象力的特殊作用，比借助于语言和逻辑概念要丰富得多。在语言和逻辑概念里是什么就是什么，但具体的表象却可以使人引起丰富的联想。例如，通过鸷鸟及其爪上的闪电不仅可使人想到天帝的赫赫威严，还可以使人想到他的残忍凶暴及其他……这就可将人引导到无限丰富的理性观念的领域。

　　不过，知性力在创造的想象力之中仍然占有重要的地位。康德认为，在一切审美判断中都是判断先于快感，这是审美愉快与生理快感的根本区别。正因为如此，知性才是创造的想象力中不可或缺的因素。这样，就使创造的想象力的成果——审美观念成为有意义和内在逻辑的精神产品。他指出："对于审美观念的丰富和独创性不是那样必要的，而想象力在它的自由活动里适合着悟性的规律性却是必要的。因前者的一切富饶在它的无规律的自由中只能产生无意义的东西，而判断力与此相反，它是那机能，把它们适应于悟性。"② 正因为知性是创造的想象力的不可或缺的因素，所以就使艺术创作必然地包含着认知的性质。但这却又是一种特殊的认知，是一种不凭借概念而只是凭借形象的认知。这就使这种认知带有直观的无意识的性质，看似通过形象的直接领悟，实际是一种形象的感染，情感的启迪，但其中确又包含着某种认识和内在的逻辑。只是，这种认识不是概念所表达的认识，这种逻辑不是外在的形式逻辑，而是一种形象所唤起的认识和内在的情感逻辑。因为，在创造的想象中，想象力与知性力之间，是知性力服务于想象力，而不是想象力服务于知性力。想象力是为主的，充分自由的，始终处于主动的活跃的状态。正是在想象力的

---

① ［德］康德：《判断力批判》上卷，宗白华译，商务印书馆1964年版，第161页。
② 同上书，第166页。

自由的生气勃勃的活动当中，自然而然地"暗合"了某种知性规律，但又不经过任何概念因而是语言难以表达。这倒仿佛同中国古代文论中所谓的"不涉理路，不落言筌"、"羚羊挂角，无迹可求"（严羽《沧浪诗话·诗辨》）的情形有些相似。康德也讲过一段类似的话，他说："想象力（作为先验诸直观的机能）通过一个给定的表象，无意识地和悟性（作为概念机能）协合一致，并且由此唤醒愉快的情绪。"①

在创造的想象力中理性力占据着突出的地位。它决定了创造的想象力的性质，使艺术具有了无限丰富深广的内涵，具有了深刻的伦理道德的价值，也使创造的想象力与复现的想象力划清了界限。复现的想象力是对形式美的鉴赏中所凭借的想象力，是想象力与知性力的自由协调，运用的是经验的联想律，只把自然物的外形复现出来，使其和原物类同。例如，用红云比喻盛开的红梅，用伞盖比喻亭亭青松等。这完全是一种刻板的"再现"，是对现实的纯然相同的"摹仿"，有如我们通常所说的自然主义创作方法。康德认为，创造的想象力完全与此不同。它是想象力与理性力的自由协调，是根据更高的理性原则去进行联想、类比，将经验所提供给我们的印象加以改造。这就不仅是借助于经验材料的再现，而且要经过主观改造，是打上了主观理性印记的表现，是再现与表现的统一。

（四）关于天才论

康德认为，只有天才才具备创造的想象力，因此，"美的艺术必然地要作为天才的艺术来考察"②。这就必然地由艺术创作问题过渡到天才问题。在西方美学与文艺理论史上，关于天才的理论始终笼罩着神秘主义的迷雾，从柏拉图开始，许多理论家都把天才归之于"灵感""神启"。但康德却与之相反，认为天才是文艺家独具的创造能力，是一种先天的心灵禀赋，它就是创造的想象力，是与生俱来的，

① ［德］康德：《判断力批判》上卷，宗白华译，商务印书馆1964年版，第28页。
② 同上书，第153页。

同人的生理因素一样是身体结构的一部分，属于"自然"的范畴。其原因在于，审美不是凭借概念的判断，而是凭借主体的某种合目的性的情感判断，而这种情感即来自自然生成的心理功能。他说："因美必须不按照概念来评定的，而是按照想象力和概念机能一般相一致时的合目的性的情调来评定的。因此，不是法规和训示，而只是那在主体里的自然（本性），不能被把握在法规或概念之下。"① 关于天才的"自然"属性，他还曾以审美观念的"传授"加以说明。他认为，审美观念的得以"传授"，完全基于师生之间在心灵上被大自然装配了类似的比例。他说，"一个艺术家的诸观念激动了他的学徒的类似的观念，假使大自然给他的心灵能力装配了一个类似的比例"②。但苏联的阿斯穆斯在《康德论艺术中的天才》一文中将此处的"自然"解释为"理性所认识的世界"。③ 这是不符合康德的原意的。

不仅如此，康德还进一步认为，通过天才，自然给艺术制定法规。因为，在他看来，艺术必须具备某种普遍可传达的规则性，但这种规则性不能来自客观的概念，所以是一种不凭借概念的不明确的规则。这种不明确的规则性就只能来自天才所独具的主体的创造想象力的心理功能。康德认为，这种心理功能是属于"自然"范畴的。正是在这样的意义上，康德才断言："天才是天生的心灵禀赋，通过它自然给艺术制定法规。"④

关于天才的特征，康德在《判断力批判》的第 46 节和第 49 节中分别归纳为四个规定性。前者侧重于无目的的独创性，后者侧重于合目的的典范性。因此，归结起来就是两者的统一。正如康德所说，"天才就是：一个主体在他的认识诸机能的自由运用里表现着他的天赋才能的典范式的独创性"⑤。这就告诉我们，他认为，天才

---

① ［德］康德：《判断力批判》上卷，宗白华译，商务印书馆 1964 年版，第 191 页。

② 同上书，第 155 页。

③ ［苏］B. 阿斯穆斯：《康德论艺术创作中的"天才"》，王善忠译，《现代文艺理论译丛》第 6 辑，人民文学出版社 1964 年版，第 200 页。

④ ［德］康德：《判断力批判》上卷，宗白华译，商务印书馆 1964 年版，第 152—153 页。

⑤ 同上书，第 164 页。

是以主体的创造的想象力的心理功能为根据的独创性与典范性的统一。首先，天才具备某种无目的的独创性。这是天才的第一特性和构成天才品质的本质部分。这种独创性就意味着，天才所创造出来的作品是独一无二的，不符合任何客观规则的，同摹仿是完全对立的，具有一种不受任何束缚的自由性。这样，艺术天才的这种独创性就将它和科学家的才能区别了开来。康德认为，艺术天才的独创性具有一种不能明确传达的特征，不能对自己的创作过程进行描述证明，不能提供明确的规范传达给别人，因而常常造成人亡艺绝，只好让新的天才去重新受之于天。而科学家却可规定自己的创作道路，让别人追随学习。他举例说，大科学家牛顿就可将自己的知识传授给别人，但古希腊诗人荷马和德国诗人魏兰却无法为后人提供学习的规范。从不同的产生途径来说，天才是先天具备的，在诞生时由守护神指导而产生的，但科学知识却靠后天学习。从成果来说，天才的产品也不同于科学。天才的作品只是作为导引，作为工具性的范例来唤醒、启发、引导另一天才；但科学的成果却可作为范本让人摹仿。其次，天才具有合目的的典范性。但这只是艺术的典范性，而不是科学的典范性，它只存在于具体的艺术形象之中，而不存在于概念与法规之中，是一种无明确规则的规则。康德认为，这种典范性也是十分重要的，它是对于天才的陶冶和训练，就好像是驯马与悍马的区别。因此，如果缺乏典范性，就不成其为艺术作品，而只是偶然性的自然事物。

（五）关于艺术分类

康德认为可用借以表现的物质手段加以区分。具体地说来，可类比于语言的表现手段，从文字、表情和音调三个方面区分。他说："所以我们如果要把美的艺术来分类，我们所能为此选择的最便利的原理，至少就试验来说，莫过于把艺术类比人类在语言里所使用的那种表现方式，以便人们自己尽可能圆满地相互传达它们的诸感觉，不仅是传达他们的概念而已。这种表现建立于文字，表情，和音调（发音，姿态，抑扬）。"① 这里所说的"文字"，是指说话所使用的文字，用于艺术即指语言文学；所谓"表情"是说话时的姿态、形体动作，用于艺术即指造型艺术；所谓"音调"是说话时抑扬顿挫的语调，用于艺术即指感觉的艺术。

关于语言艺术，康德认为可分为雄辩术和诗的艺术两种。"雄辩术是悟性的事作为想象力的自由活动来进行；诗的艺术是想象力的自由活动作为悟性的事来执行。"② 这就是说，在他看来，演说家为了取悦于听众，在使用雄辩术时，有意把严肃的理解力的事情作为自由的感性的游戏来进行，使得听众乐而不倦；诗人则与此相反，是在一种自由的感性想象力的游戏中寄寓着深刻的理解与目的。对于造型艺术，他认为，是"诸观念在感性直观里的表现"③。这就是，观念不必通过文字，而是直接在感性直观中表现出来。具体可分为感性的真实形体的艺术和感性的假象的艺术。前者为雕塑，因为是立体的，所以诉诸视觉和触觉。后者为绘画，因为是平面的，所以仅仅诉诸视觉。绘画又可分为对于自然的美的描绘和对于自然产物的美的安排。前者为绘画本身，后者为园林艺术，即是对自然风景用绘画的意境加以安排、布置。他认为，感觉的自由活动的艺术所涉及的是"对于感觉所隶属的感官的不同程度的情调（紧张）间的比例，这就是说那调子的准确把握"④。也就是说，在他看来，这种艺术是感官对于外界刺激的不同程度的准确把握。这里又可分为通过听觉和视觉对外界刺激的把握，即音乐和色彩的艺术两种。但由于光的摇曳不定，难以把握，因而通过视觉的色彩的艺术就不包括在内。所以，这种感觉的自由活动的艺术只有音乐一种。

随着艺术的发展，单一的艺术种类已不可能，而必然出现各种艺术种类相互结合的趋势。康德看到了这一点，他指出，戏剧是雄辩术和绘画的表现方式的结合；歌唱则是诗和音乐的结合；歌剧是歌唱和

---

① ［德］康德：《判断力批判》上卷，宗白华译，商务印书馆1964年版，第167页。
② 同上书，第167—168页。
③ 同上书，第168页。
④ 同上书，第171页。

戏剧的结合。至于舞蹈，则是音乐和形象的游戏的结合。

对于各艺术种类的审美价值的比较，康德认为，有两种不同类型的艺术："第一种从诸感觉达到不规定的诸观念；第二种却从规定的诸观念达到诸感觉。"① 第一种即指语言艺术、造型艺术等，是一种具有持久性的艺术。第二种即指音乐，"只是流转着的印象"②。对于这两种艺术，按照不同的标准有不同的评价。他说："如果人们把诸艺术的价值按照着它们对人们的心情所提供的修养来评量，并且把人们认识过程里必须集合起来的诸机能的扩张作为评量标准，那么，音乐就将在诸美术中居最低的位置。"③ 也就是说，他认为，从道德和认识的标准看，诗的价值最高，造型艺术次之，音乐的位置最低。雄辩术因为使道德原则和人的心术受了损害，所以是"应被放弃的"④。但如果是"按照它们的舒适性来评价的，音乐大概会占据最高位"⑤。

七 《判断力批判》的地位、影响及其局限

《判断力批判》是一部包含着丰富内容的美学与文艺理论著作，长时期以来一直为后代理论家和文艺家所重视。德国大诗人歌德曾经充满感情地说，"我一生中最愉快的时刻都应归功于它。在这本书里我找到了我的那些井然有序的极其多种多样的兴趣：对艺术作品和自然界作品的解释是按同一方式进行的，审美的和目的论的判断力是相互得到阐明的。"⑥《判断力批判》一书在西方美学与文艺理论史上有着极其重要的贡献与影响。黑格尔认为，康德说出了关于美的第一句合理的话。

首先，《判断力批判》奠定了感性与理性统一的美学与文艺研究

---

① ［德］康德：《判断力批判》上卷，宗白华译，商务印书馆1964年版，第176页。
② 同上书，第177页。
③ 同上书，第176页。
④ 同上书，第174页。
⑤ 同上书，第176页。
⑥ ［苏］阿尔森·古留加：《康德传》，贾泽林等译，商务印书馆1981年版，第206页。

的道路。在欧洲美学与文艺理论史上，长期以来存在着感性派与理性派、摹仿论与灵感论、再现说与表现说的尖锐对立。它们各自或从感性因素出发，或从理性因素出发，而有其片面性。这反映了欧洲形而上学机械论对美学与文艺研究的影响。康德则打破形而上学的桎梏，独辟蹊径，首次以感性与理性统一的方法研究文艺，为文艺界定了理性内容与感性形象自由的统一的深刻含义。这就既包含了客观的感性因素，又包含了主观的理性因素，较为符合文艺的实际。更重要的，是开始将文艺现象作为感性与理性统一的整体来研究，包含着辩证法的合理内涵，从而为整个欧洲近代文艺理论史，特别是德国近代文艺理论史指明了正确的途径。黑格尔在《美学》中运用的辩证的研究方法，就同康德的《判断力批判》有着直接的渊源关系。正因为《判断力批判》在方法上有所突破，所以能够深刻地揭示文艺内在的感性与理性、合规律性与合目的性、无意图性与有意图性等等矛盾现象，康德将其称之为互相对立而又带有某种合理性的"二律背反"。对于这样的"二律背反"，康德在《判断力批判》中尽管并未给予真正地解决，但却较充分地加以揭示，因而特别富有启发性。

其次，为美学与文艺开辟了崭新的"情感领域"。在欧洲美学与文艺理论史上，长期以来美学与文艺并未形成自己独立的领域，理性派将其同哲学与伦理学混同，感性派则将其与生理学混同。只有到了康德，才在《判断力批判》中第一次明确地指出了美学与文艺的独特领域是介于认识与意志之间的独立的情感领域，审美是一种不凭借概念的主体的情感愉悦。这就将文艺同哲学、科学及伦理道德划清了界限。他还认为，文艺是一种包含着理性内容、以判断先于快感的高级形式的愉悦之情。这又将文艺与生理快感划清了界限。更重要的是，他还在《判断力批判》中指出，文艺的独立的情感领域具有沟通知与意的中介作用。这就既完成了他自己的哲学体系，实现了真善美的统一，又使文艺成为不同于知与意的人类掌握世界的特有手段。马克思在《〈政治经济学批判〉导言》中指出："整体，当它在头脑中作为被思维的整体而出现时，是思维着的头脑的产物，这个头脑用它所专有的方式掌握世界，而这种方式是不同于对世界的艺术的、宗教的、实践—精神的掌握的。"① 这里所说的艺术的掌握世界的方式就是从情感的角度掌握世界的方式，正是马克思对康德的《判断力批判》批判地继承的成果。

再次，提出了著名的"自由的游戏"说，在一定的程度上揭示了文艺的本质。康德在《判断力批判》中提出的关于文艺的本质的"自由的游戏"说，在欧洲文艺理论史上影响极大，后为席勒和斯宾塞所补充与发展。这个理论虽有其明显的局限与消极作用，但却在一定的程度上揭示了文艺的本质。它揭示了文艺具有的既不受对象的存在，又不受其概念直接束缚的自由性的本质特征。这既说明了康德文艺思想中的资产阶级民主主义色彩，又在一定的程度上反映了文艺创作与欣赏中的自由观照和主客体统一的内在规律。同时，"游戏说"也揭示了文艺创作与欣赏的真实性与假定性统一的特点。康德在《判断力批判》中认为，文艺同客体的内容与形式有关，具有真实性的一面，但又不受其内容与形式的束缚，具有同真实性有别的假定性。正由于这种真实性与假定性的统一，就使文艺既同实践活动、认识活动有关，又不同于它们而具有超越客体的目的与意义。这就使文艺成为再现与表现的统一，即是既同现实生活密切相关，又具有超出现实生活的宏大的意义，有如我国古代文论常说的"味在咸酸之外"。

另外，康德在《判断力批判》中着重从文艺心理学的角度探讨了文艺创作问题，具有开创的意义。康德在整个的对于审美的分析中最后都要落脚到心理根据的探寻之上。对于艺术美的分析也不例外，最后归结到对于创造的想象力的深刻分析，论述了文艺创作中想象力、知性力、理性力等心理功能以情感判断为中介的有机统一，揭示了文艺创作中认识与直观、理性与情感内在的和谐一致的特点。这种分析是极为深刻细致的，在欧洲文艺理论史上具有开创的意义。因为，尽管对于文艺创作与欣赏中心理现象的分析从英国经验派美学即已开始，但它们较多地偏重于生理快感一面，康德却在一定的程度上克服了这种片面性，较全面地深刻地论述了文艺创作中的心理现象。这对

① 《马克思恩格斯选集》第 2 卷，人民出版社 1972 年版，第 104 页。

于文艺心理学这一独立的学科的形成具有重要意义，对于后人真正把握文艺创作的内在本质也有极大的启示作用。

综上所述，从《判断力批判》的巨大贡献可以看出，它在欧洲美学与文艺理论发展史上处于关键性的转折点上，是一部影响深远的伟大著作。它不仅在当时开创了美学与文艺理论研究的新时代，而且直接成为欧洲现代与当代一系列文艺理论思潮的源头。我国理论界长期以来对康德的《判断力批判》一直评价较低，近几年来这种情况有所变化。有的学者认为，"《判断力批判》在近代欧洲文艺思潮上起了很大影响，是一部极重要的美学著作，在美学史上具有显赫地位（例如胜过于黑格尔的《美学》）"。这位学者的意见恐怕不尽全面。《判断力批判》是否全面胜过《美学》，还要进一步具体分析。应该说，这两部著作各有所长。从揭示审美与文艺的内在心理根据的角度看，《美学》是赶不上《判断力批判》的；但从科学性与系统性的角度看，《美学》却又在《判断力批判》之上。当然，这是历史发展的必然结果，没有《判断力批判》也就没有《美学》。

当然，《判断力批判》绝不可能是一部完美的著作，它不可避免地有其历史的与阶级的局限，而最主要的是这部著作在哲学上的主观唯心主义的理论内核。康德在这部著作中，对于感性与理性、客体与主体、个别与一般、无目的与合目的等二律背反的解决统统是以其主观唯心主义为出发点的，他人为地把它们统一于主观，最后归之于属于信仰领域的理性。这不仅不能给上述矛盾以科学的解决，而且成为违背客观现实的极大谬说。正因为如此，西方现代与当代的许多唯心主义与神秘主义美学与文艺思潮都常到康德的《判断力批判》那里去寻找理论根据。特别是随着从 19 世纪 60—70 年代新康德主义的泛滥，李普曼等提出的"回到康德那里去"的口号的盛行，康德在整个西方现代与当代美学思潮中逐步成为影响最大的美学家。康德美学思想中的主观先验的理论内核成为许多以表现主义、存在主义和象征主义标榜的美学和文艺思潮的理论支柱。例如，著名的存在主义理论家萨特就曾在其《什么是文学》一书的第二章《为何写作》中认为，"作家无论在什么地方接触的只是他的知识，他的意志，他的计划，一句话，只是他自己。他只触及他自己的主观"①。

　　另外，这部著作也带有明显的形式主义的非理性的倾向。这不仅表现在论述真善美的关系时过分地强调了三者的区别而忽视了它们的统一，在一定的程度上将美与真善相割裂；在论述纯粹美时又完全抽去了思想内容，而且，在艺术美部分，在论述"游戏说"的过程中，又特别地强调无功利的直观的特征，相对忽视了具有功利性的一面。这都被后来的形式主义与非理性主义文艺思潮所袭用。英国的斯宾塞就以生物学的进化理论来解释游戏说，认为高等动物，特别是人类由于营养丰富，除了进行保持生命的活动之外还有"过剩而无用的精力"，这种精力的无目的发泄的游戏就产生审美愉快，所以，美是无目的无利害的一种过剩精力的活动。这种从生理学的角度对审美的解释成为西方一股绵延不断的潮流，其错误就在于继承和发展了康德"游戏说"中抹杀审美的社会功利作用的非理性倾向。这里面，尽管有对康德美学与文艺思想曲解的一面，但也的确与《判断力批判》本身包含有形式主义与非理性主义的因素有关。

　　再就是，这部著作本身还有其内在的不统一性。有的命题前后不够一致，例如，"无目的的合目的性"的中心命题，在纯粹美、壮美和艺术美中含义都不完全相同，经历了由纯形式到美是道德的象征的重大变化。有的概念前后也不统一，例如，关于鉴赏力，前面解释为包含着想象力与知性力和谐统一的情感判断，后又单纯地将其归结为知性力。关于天才，前面将其作为各种心理功能的统一，后又仅仅将其作为想象力来理解。凡此种种，都说明体系本身不够严密，不免给后人的学习与研究带来困难。还有就是，这部著作尽管对艺术美的分析有独到、精辟的见解，但结合文艺史的实际太少，而对艺术分类的论述则显得过于单薄，价值不大，在论述中还时有重复，颇为烦琐。

---

①　伍蠡甫主编：《现代西方文论选》，上海译文出版社1983年版，第194页。

第十章

席勒的美学思想

一　生平、著作和美学研究的出发点

　　席勒（1759—1805），德国诗人、剧作家、狂飙突进运动的主要
人物之一。1759 年 11 月 10 日出生于内卡河畔的马尔巴赫。父亲是军
医，母亲是面包师的女儿。1766 年，举家迁往路德维希堡。幼年曾进
拉丁语学校。13 岁时，被公爵强迫选入军事学校，接触到莎士比亚剧
作、狂飙运动文学和启蒙思想家卢梭的作品，深受影响。1780 年毕业
后，在一个步兵旅当军医。1781 年，完成《强盗》的写作，公演后
引起强烈反响。1782 年 9 月 22 日，席勒毅然摆脱公爵束缚，乘机逃
出斯图加特，到达曼海姆。期间，完成《阴谋与爱情》。这是席勒青
年时代最成功的一部剧作，反映了当时德国统治阶级政治的腐败、生
活的侈靡、精神的空虚、宫廷的秽行。恩格斯曾说，它的"主要价值
就在于它是德国第一部有政治倾向的戏剧"[①]。1785 年 4 月，席勒接
受克尔纳等人的邀请，前往莱比锡。由于深感友情温暖，写成名诗
《欢乐颂》。同年秋，迁居德里斯顿，写成中篇小说《失去荣誉的犯
罪者》和未完成的《视鬼者》，同时完成《唐·卡洛斯》。这是席勒
青年时代最后一个剧本，也是他的文艺创作由狂飙突进时期进入古典
时期的一个过渡。1787 年 7 月，席勒应卡尔普夫人之邀前往魏玛，因
感需要学习，毅然放下写作。从 1788 年至 1795 年，研究历史与康德

---

　　① 杨柄编：《马克思恩格斯论文艺和美学》，文化艺术出版社 1982 年版，第 797 页。

哲学。1789 年 3 月，经歌德介绍到耶拿大学任历史教授。1792 年，获法国国民会议颁发的荣誉公民状。1793 年 9 月，席勒回路德维希堡探望父母，结识了出版商科塔，商定出版文艺刊物《季节女神》，后又出版《文艺年鉴》。期间，席勒同歌德结为深交。从 1794 年至 1805 年的 10 年，两位诗人的结交给德国民族文学的发展以深刻的影响。两人通力协作、相互启发。歌德的已经衰惫的创作精力经席勒的激荡而又旺盛起来，获得"第二次青春"；席勒得到歌德的帮助，逐步从唯心主义的哲学探讨中摆脱出来，面对现实。由于两人的密切合作而产生了一系列重要的作品。席勒最大的一部历史剧《华伦斯坦》于 1799 年完成。同年 12 月，席勒举家迁往魏玛。1801 年，完成剧本《玛丽亚·斯图加特》和《奥尔良的姑娘》。1803 年，完成他最后的一部剧作《威廉·退尔》。这部剧作塑造了一个反抗异族统治和封建统治、进行解放斗争的典型，洋溢着爱国主义激情，具有高度的现实意义。它是席勒的呕心沥血之作，演出时受到群众的热烈欢迎。1805 年 5 月 9 日，席勒因病逝世。

席勒是德国资产阶级的思想代表，对德国封建专制制度进行了激烈的批判，为冲破封建的枷锁、赢得资产阶级的"民主"、"自由"而大声疾呼。早在青年时代，他就在《强盗》一剧中发出了"德国应该成为一个共和国"的革命呼声。晚年，他又在《威廉·退尔》中公开地对自由进行召唤，以澎湃的激情唱道："他们冲锋陷阵，封建之花凋谢，自由高高地举起胜利的大旗。"但作为德国资产阶级的思想代表，他又必然地有其软弱性的一面，对封建制度的批判和对"自由"的呼唤都仅仅是停留在思想理论上而已。归根结底，在政治上，他只不过是一个改良主义者。在哲学上，席勒并没有形成自己的完整的理论体系，而是受到康德、歌德、孟德斯鸠、卢梭、温克尔曼、莱辛等各种思想流派的影响。其中，对他影响最大的是康德和歌德。特别是康德，对他的影响更大。所以，人们一般都把席勒看作是康德哲学的信奉者。但席勒并没有完全拘泥于康德的哲学体系，而是努力地摆脱其主观先验的根本局限。正因此，才使席勒的美学与文艺思想没有成为康德理论的翻版而有其独特的意义和地位。

席勒不仅是著名的诗人、剧作家，而且对理论深有兴趣。自1791年开始研究康德哲学后，他先后写作了一系列有关美学和文艺理论的论著。最具代表性的，有《给克尔纳的信》《美育书简》和《论素朴的诗与感伤的诗》等。《给克尔纳的信》，又名《论美》，写于1793年2月。此时，他正在研究康德的《判断力批判》，同时又受到歌德的影响。这就使他对康德将美归结为主观性有些不同的看法，准备把这些看法写成一篇论美的对话。结果，对话没有写出，写出的却是给友人克尔纳的七封信，其中最重要的是1793年2月28日写的题为《论艺术美》的一封。《美育书简》的初稿，写于1793年5月至次年7月。他为了报答丹麦亲王奥古斯登堡的克里斯谦公爵所曾给予自己的资助，将这十多封论述美育的信寄给了公爵。这些信最初只流传于哥本哈根的宫廷之中。1794年，原稿因火灾被焚，但保留了复制件。后来，席勒又重写了全部书简，篇幅较原稿几乎加长了一倍，并于1795年上半年陆续发表。《论素朴的诗与感伤的诗》写于1794年秋，完成于1796年1月。最初分几部分发表，各有独立的标题：《论素朴》《感伤的诗人》《关于素朴诗人和感伤诗人的结论》《附关于人们的一个突出差别的若干意见》。

　　席勒的美学和文艺理论论著尽管也同康德一样，具有思辨哲学的特点，极为晦涩抽象，但其出发点却同康德迥异。康德的美学与文艺理论研究不是从现实的社会和文艺现象出发，而是从其先验的哲学体系出发。席勒的美学与文艺理论研究却完全是从活生生的德国现实出发的，在抽象的理论形式中包含着丰富的现实内容。他的美学和文艺理论研究开始于震荡整个欧洲大陆的法国大革命之后。这场大革命，一方面取得了推翻封建统治、促进资本主义生产发展的巨大成就，另一方面也暴露了资产阶级革命和资本主义生产方式本身所固有的弊病。那就是，这场革命尽管以"自由"为旗帜，但却并未能真正给人民带来"自由"。席勒在描述当时的现实时，说道："国家和教会、法律和习尚现在是分裂开了；享受同工作分离了，手段同目的分离了，努力和奖励分离了。由于永远束缚在整体的一个小碎片上，人自身也就成为一个碎片了；当人永远只是倾听他所转动的车轮的单调声音，他就不能够发表自己存在的和谐，他并不在自己的天性上刻下人性的特征，而是仅仅成为自己的业务和自己的科学的一个刻印。"① 这是对资本主义社会矛盾的深刻揭露。不仅如此，他还深刻地洞察到了弥漫于整个资本主义社会的"畜类状态"。这就是：由于不知道自己的人的尊严，因而不能够尊重别人的尊严；由于意识到自己的粗野的情欲，因而害怕别人这种类似的情欲；从来在自己身上看不见别人，而只能在别人身上看到自己。社交越来越把人封闭在个体之内，而不是把他向全社会扩展。席勒看到了资产阶级革命和资本主义社会的弊病，并试图改造污浊的现实。但是，选择什么样的道路来实现这一目的呢？席勒对以法国革命为标志的政治革命的道路已感绝望。他以厌恨的态度对待法国大革命，认为这只不过是一场政治暴乱和"梦想"。因此，他深感绝望，决心采取超现实的方式来解决现实问题，彻底摆脱现实的政治与经济要求，而通过美与艺术来改造人的灵魂，实现人的内在心灵自由。他在 1795 年 11 月 4 日给歌德的信中写道："因此我看不出天才有什么脱险的办法，除非抛弃现实的领域，努力避免和现实建立危险的联系，和它完全断绝关系。因此我想诗的精神要建立它自己的世界，通过希腊神话来和辽远的不同性质的理想时代维持一种因缘，至于现实则只会用它的污泥来溅人。"② 他甚至在《美育书简》中设想过一个培养拯救人类的艺术天才的最佳途径。那就是，当天才还在襁褓之中时，就由神把他从母亲的怀抱中攫走，带到辽远的希腊的明朗天空下养大，成为完全脱俗的纯洁而高尚的人，再让他回到祖国，用艺术来教育和清洗他的时代。由此可见，席勒已将美与艺术的追求看作是改造社会与人的唯一手段。

从理论上看，席勒的美学与文艺理论的研究是从资产阶级的人性论出发的。他的这种人性论主要来自康德的影响。他在《美育书简》的第一封信中就明确地说："我对您毫不隐讳，下述命题绝大部分是

---

① ［德］席勒：《美育书简》，曹葆华译，《古典文艺理论译丛》第 5 册，人民文学出版社 1963 年版，第 97 页。

② 转引自朱光潜《西方美学史》下卷，人民文学出版社 1963 年版，第 456 页。

基于康德的各项原则。"① 席勒同康德一样，将统一的具体的人性分成了抽象的感性与理性两个方面，并认为现代社会导致了这两个方面的分裂，只有通过美与艺术才能使这两个方面重新统一，从而达到人的改造和社会改造的目的。他在《美育书简》第七封信中声言："当人的内在分裂还没有停止的时候，任何改革都是不合时的，建筑于其上的任何希望也都只能是空想。"② 这一思想贯穿席勒美学思想的始终，成为一条中心的理论线索。只有抓住这条中心线索，才能理解席勒的美学思想。显然，席勒从康德所继承来的这种人性论的理论观点是一种露骨的唯心主义。但在哲学观上，席勒又不完全与康德相同。他试图摆脱康德美学的主观性的弊病，克服康德将美与艺术的根源归结为某种主观先验的原则。为此，他努力探索美与艺术的客观性。诚如黑格尔所说："席勒的大功劳就在于克服了康德所了解的思想的主观性与抽象性，敢于设法超越这些局限，在思想上把统一与和解作为真实来了解，并且在艺术里实现这种统一与和解。"③ 席勒在著名的给克尔纳的信中指出，"我希望以充分的说服力证明，美是客观的属性"，并认为美是对象中的"客观要素"，"当它存在时使对象有美，而当它不存在时就使对象失掉这种美的东西本身。"④ 席勒在一定的程度上承认了美与艺术的客观性，但抽象人性的观点却又使他将这种客观性仅仅停留在美与艺术本身的领域，而完全脱离了社会的政治与经济状况。

在文艺上，席勒的美学与文艺理论研究正值德国文学由浪漫时期向"古典"时期转变之时。席勒曾经是德国浪漫主义文学的狂飙突进运动的主要代表人物之一，力主文艺创作从主观的思想感情出发，使之成为时代精神的号筒。但从18世纪80年代开始，特别是席勒与歌德结交之后，他就逐渐倾向于"古典主义"文学。在当时的德国，以史雷格尔兄弟为代表的消极浪漫主义势力甚大。这种消极浪漫主义在

---

① ［德］席勒：《美育书简》，徐恒醇译，中国文联出版公司1984年版，第35页。
② 转引自蒋孔阳《德国古典美学》，商务印书馆1980年版，第182页。
③ ［德］黑格尔：《美学》第1卷，朱光潜译，商务印书馆1981年版，第76页。
④ ［德］席勒：《论美》，张玉能译，刘纲纪、吴樾编《美学述林》第1辑，武汉大学出版社1983年版，第284、292页。

政治上日趋反动，公开向封建贵族投降；在内容上则缅怀过去，歌颂封建的、教会的中古时代；在艺术上则是一种散漫的怪诞的形式、模糊的语言。从某种意义上说，他们已经是19世纪末期资产阶级颓废文学的先驱。席勒与歌德对这种消极浪漫主义是持批判态度的，并逐渐形成了以他们为代表的特有的德国古典主义文学。这种古典主义既不同于17世纪法国的古典主义，又不同于德国启蒙运动初期高特舍特派所倡导的侧重于摹仿法国文学的古典主义。在艺术理想上，他们把希腊艺术作为典范，同时也从民间文学吸收养分。在思想体系上，他们继承文艺复兴时期的人文主义传统，坚持人道主义原则。在创作方法上，则倾向于现实主义，并强调现实主义和浪漫主义的结合。在艺术上，追求形式的完整、语言的纯洁。席勒的美学与文艺理论论著就表现了这种德国古典主义的特征。

二　《论素朴的诗与感伤的诗》

在写完《美育书简》和《论艺术形式运用上的必要界限》之后，席勒于1796年写成了《论素朴的诗与感伤的诗》。这是席勒的最重要的一篇美学与文艺理论论著，在欧洲美学与文艺理论史上，特别是欧洲近代美学与文艺理论史上具有重要的地位和广泛的影响。

（一）素朴的诗与感伤的诗的起源

席勒认为，所谓"素朴的诗"，即是"模仿自然"的诗。此时，诗人与自然之间是一种原始的和谐的素朴关系。所谓"感伤的诗"，则是"表达理想"的诗。此时，诗人失掉了自然，所以在作品中千方百计地寻求自然，对自然的态度就像成人失去了童年一样，是依恋的、感伤的。他说，这类作品中所描写的自然"代表着我们的失去的童年，这种童年对于我们永远是最可爱的；因此它们在我们心中就引起一种伤感"[1]。马克思在论述古希腊文艺的永久魅力时曾吸收了席勒

① 转引自朱光潜《西方美学史》下卷，人民文学出版社1963年版，第460页。

这一关于人对自己童年眷恋的思想，指出："一个成人不能再变成儿童，否则就变得稚气了。但是，儿童的天真不使他感到愉快吗？他自己不该努力在一个更高的阶梯上把自己的真实再现出来吗？在每一个时代，它的固有的性格不是在儿童的天性中纯真地复活着吗？为什么历史上的人类童年时代，在它发展得最完美的地方，不该作为永不复返的阶段而显示出永久的魅力呢？"① 席勒认为，素朴的与感伤的这两种诗的对立起源于人同自然（现实）的关系。素朴的诗起源于诗人同自然（现实）的和谐一致，而感伤的诗则起源于诗人同自然（现实）的对立。他说，"诗人或者是自然，或者寻求自然。前者使他成为素朴的诗人，后者使他成为感伤的诗人"②。人与自然的关系又同人性密切相关。当人性处于内在的感性与理性和谐统一的状况时，他本身就是自然（现实），因而诗人同自然处于素朴的和谐关系之中，同自然之间是一种现实的协调。而当人性处于感性与理性的分裂状态时，诗人就同自然处于对立的关系，只能通过表现理想来追寻自然，这时，人同自然的协调就只能在理想中存在。因此，在席勒看来，素朴的诗和感伤的诗的对立实际上是两种不同的人性的对立，也就是感性与理性和谐统一的人性同感性与理性分裂的人性的对立。这就超出了文艺学的范围，将文艺学的问题同伦理学的问题相联系。

不仅如此，席勒还进一步将素朴的诗与感伤的诗的对立归结到社会学上来，认为同社会历史时代紧密相联。具体地说，就是一定的社会时代产生了一定的人性，进一步产生出某种特定的艺术类型。他认为，古代希腊罗马的时代是一种自然的素朴时代，这个时代为人性的和谐统一提供了足够的条件，人可以在自己的感性行动中充分体现理性的力量。而近代的文明社会则由于道德的沦丧、分工的发展导致了人性的分裂。正是从这个意义上，席勒认为，素朴的诗是古代诗的代表，而感伤的诗则是近代诗的代表。他说："在自然的素朴状态中，

---

① 《马克思恩格斯选集》第 2 卷，人民出版社 1972 年版，第 114 页。
② ［德］席勒：《论素朴的诗与感伤的诗》，曹葆华译，《古典文艺理论译丛》第 2 册，人民文学出版社 1961 年版，第 1 页。

由于人以自己的一切能力作为一个和谐的统一体发生作用，他的全部
天性因而表现在外在生活中，所以诗人的作用就必然是尽可能完美地
模仿现实；在文明的状态中，由于人的天性的和谐活动仅仅是一个观
念，所以诗人的作用就必然是把现实提高到理想，或者换句话说，就
是表现或显示理想。"① 这种追溯素朴的诗与感伤的诗所产生的社会历
史根源的做法，反映了席勒美学与文艺思想中所包含的极其重要的历
史意识。这是对温克尔曼与莱辛将古今文艺在对比中加以研究的继承
和发展。

（二）素朴的诗与感伤的诗的区别

素朴的诗与感伤的诗之间有着根本的区别，集中表现于它们处理
艺术与现实的关系时遵循着根本不同的原则。席勒将此归结为对艺术
与现实的关系在"处理上"的差别。他说，"因为素朴的诗人除了素
朴的自然和感觉以外，再没有其他的范本，只限于模仿现实，所以他
对于自己的对象只能有单一的关系，因而在处理上是没有选择余地
的"，而感伤的诗人则"沉思事物在他身上所产生的印象；他的心灵
中所引起的和他在我们心灵中所引起的感情，都是以他的这种沉思为
基础。对象是联系着观念而考察的，它的诗的印象就是以同观念的这
种关系为基础"②。这就说明，素朴的诗是以对现实的客观的"模仿"
作为其原则的，而感伤的诗则以主观的"沉思"为原则。因此，"素
朴的诗"就具有主观与客观绝对统一的根本特点，具体表现为客观描
写对象与文艺作品是完全一致的，客观对象作为主观表象的文艺的唯
一范本，而文艺则是客观现实的忠实"摹本"。正如席勒所说，"因
果的这种绝对的统一是素朴的诗的特点"③。而"感伤的诗"则是一
种对客观对象的主观的"沉思"，对象经过了观念的改造加工，客观
经过了主观的变形的处理，主观与客观、因与果已不完全一致。他在

---

① ［德］席勒：《论素朴的诗与感伤的诗》，曹葆华译，《古典文艺理论译丛》第 2 册，人
民文学出版社 1961 年版，第 2 页。

② 同上书，第 5 页。

③ 同上。

另一个地方用另一种方式对这两类诗的不同的创作原则进行了表述，他说："当然，诗应当以无限为描述的内容；诗之所以为诗就在于此；但是这个要求可以用两种不同的方式实现出来。诗可以描述它的对象的一切界限，即把它个性化，而表现出形式的无限；或者诗可以使它的对象摆脱一切界限，即把它理想化，而表现出绝对观念的无限，——换句话说，诗或者作为绝对的描述可以是无限的，或者作为绝对物的描述可以是无限的。前一条路是素朴诗人所走的，后一条路是感伤诗人所走的。"① 这是完全从艺术创作的过程来论述素朴的诗与感伤的诗的不同的原则。席勒认为，作为文艺，"素朴的诗"与"感伤的诗"的目标是相同的，都要通过有限表现出无限，但达到目标的方式却迥然不同。"素朴的诗"采取"个性化"的方式，始终不离开感性的个别的形象，通过艺术的提炼与加工使之具有巨大的艺术概括性，从而在有限的个别中蕴含着无限的内容。这是一种"绝对的描述"，即通过相对的事物表现出绝对的内容。但"感伤的诗"却与之相反，采取的是"理想化"的方式，可以脱离客观的描写对象，直接地表现主观的具有无限性含义的思想观念，这是一种对于作为无限理性的"绝对物的描述"。这就是所谓的"达到同一目标的不同道路"②。席勒曾举出一些生动的事例来说明素朴诗与感伤诗的区别。其中的一个例子是，荷马在《伊利亚特》卷六写特洛伊方面的将官格罗库斯和希腊方面的将官阿麦德在战场上相遇，在挑战时的交谈中发现彼此有世交之谊，就交换了礼物，相约此后在战场上不再交锋；文艺复兴时代意大利诗人阿里奥斯陀的《疯狂的罗兰》中也有类似的情节，是说回教骑士斐拉古斯和基督教骑士芮那尔多原是情敌，在一场恶战中都受了伤，听到他们同爱的安杰里卡在避险中，两人就言归于好，在深夜里同骑一匹马去追寻她。席勒认为，这两段情节尽管类似，但两位诗人在表现时所遵循的原则却完全不同。阿里奥斯陀是一

---

① ［德］席勒：《论素朴的诗与感伤的诗》，曹葆华译，《古典文艺理论译丛》第2册，人民文学出版社1961年版，第29—30页。

② 同上书，第20页。

位近代的感伤诗人，他"在叙述这件事之中，毫不隐藏他自己的惊羡和感动"，"突然抛开对对象的描绘，自己插进场面里去"，以诗人的身份表示他对"古代骑士风"的赞赏。但荷马却丝毫不露主观情绪，"好像他那副胸膛里根本没有一颗心似的，用他那种冷淡的忠实态度"去描写。① 这就是主观的"理想化"的方式与客观的"个性化"的方式的明显区别。通过席勒的这些论述，我们可以清楚地看到，他所讲的"素朴的诗"即是"现实主义的诗"，而"感伤的诗"则是"浪漫主义的诗"（或理想主义的诗）。1796 年 3 月 21 日，就在席勒完成《论素朴的诗与感伤的诗》之后两个多月的时候，他在写给威廉·亨布尔特的信中写道："我突然发现了"，"我的关于现实主义和理想主义的思想的非常令人惊奇的证明，这个证明同时能在我的诗的结构中顺利地给我帮助。"② 歌德对此也有着明确的表述。③

如上所说，素朴的诗与感伤的诗的产生都有其历史的根源，其典型形态产生于特有的古代和近代，从而成为古典主义和浪漫主义的不同流派。但作为创作方法，它们又决不仅仅局限于古代与近代，在古代会有感伤的诗，在近代也同样有素朴的诗。诚如席勒自己所说，"如果把近代诗人拿来和古代诗人比较，我们就不仅应该注意到时间的差别，也应注意到风格的差别。甚至在近时，而且在最近期间，我们也看到多种多样的素朴的诗，虽然不是完全纯粹的；在古代罗马诗人中，甚至在希腊诗人中，也不是没有感伤诗的。"④ 他认为，莎士比亚和荷马尽管是被时代的无法计量的距离所隔开，但在按照客观的态度模仿自然这一点上却是完全一致的，因而都属于"素朴的诗"，即现实主义的创作方法。席勒指出这一点是十分重要的，这就深刻地揭示了创作方法与文学流派之间的紧密联系和严格区别。

---

① 参见朱光潜《西方美学史》下卷，人民文学出版社 1963 年版，第 464 页。

② 转引自［苏联］阿斯穆斯《席勒的美学观点》，曹葆华译，《现代文艺理论译丛》第 6 辑，人民文学出版社 1964 年版，第 185、185—186 页。

③ 参见［德］爱克曼辑录《歌德谈话录》，朱光潜译，人民文学出版社 1982 年版，第 221 页。

④ ［德］席勒：《论素朴的诗与感伤的诗》，曹葆华译，《古典文艺理论译丛》第 2 册，人民文学出版社 1961 年版，第 2 页注①。

席勒还进一步具体地阐述了素朴的诗与感伤的诗之间的区别。主要有如下四个方面：第一，题材不同。素朴的诗侧重于摹写客观的自然（现实），而感伤的诗则侧重于表现主观的观念。席勒认为，"正是题材才使感伤的诗和素朴的诗迥然不同"①。第二，产生的效果不同。素朴的诗由于侧重于对客观现实的摹仿，是一种较单纯的形象浮现，因而产生的效果不是那么强烈复杂，而是愉快的、纯洁的和平静的。这也同素朴诗人与自然（现实）处于和谐协调的状态有关。而感伤的诗则由于侧重于对主观观念的表现，想象力被理性观念所左右，情感在爱与憎、喜与怒之间摇摆，因而产生的效果是包含着严肃和紧张的多种复杂感情的混合。这当然也是由诗人与自然（现实）处于矛盾对立的关系所造成的。席勒指出："任何人只要注意到素朴的诗在他身上产生的印象，并且能够把内容所引起的兴趣分开，他就会发现这种印象是愉快的、纯洁的和平静的，即使作品的题材是极其悲惨的。在感伤的诗中，印象总多少是严肃的和紧张的。这是因为在素朴形式的诗中，不论它的题材如何，我们总是从真实中，从对象活生生地存在于我们的想象中获得快乐的，并且除了真实以外我们是不寻求别的东西的；至于在感伤的诗中，我们必须把想象力的表象和理性的概念结合在一起，并且在两种全然不同的心境中摇摆不定。"② 第三，代表性的艺术种类不同。由于素朴的诗侧重于客观的摹写，因而造型艺术在素朴的诗中具有代表性。而由于感伤的诗侧重于表现主观观念，所以诗歌在感伤的诗中具有代表性。席勒指出："在造形艺术中，近代艺术家的观念上的优越对于他没有多大帮助；他在这里不得不以精确测定的空间来限制他的想象力所产生的形象，并且在古代艺术家占有确实优势的领域中同他们比较力量。在诗的作品中情形就不同了。如果古代诗人以素朴的形式，以从感觉上描绘的具体的对象占有上风，那末近代诗人则以丰富的内容，以超出造形艺术和感性表现的

---

　　① ［德］席勒：《论素朴的诗与感伤的诗》，曹葆华译，《古典文艺理论译丛》第 2 册，人民文学出版社 1961 年版，第 30 页。

　　② 同上书，第 5 页注①。

界限的对象，总之，以称为艺术作品的精神的东西胜过了古代诗人。"① 这里涉及我们通常所说的再现艺术和表现艺术的区别。第四，对现实的态度不同。素朴的诗人由于以占有感性现实见长，因而总是带着愉快的态度对待现实，而感伤的诗人则由于失去并远离了现实，所以总是对现实生活感到厌恶。由此形成了素朴的诗人总是充满欢快的情绪来描写感性现实，而感伤的诗人则设法使心灵超过自然，沉溺在自身的精神生活之中。席勒认为："感伤的诗是隐遁和静寂的产物，它又招引我们求取隐遁和静寂；素朴的诗是生活的儿子，它引导我们回到生活中去。"② 席勒对于感伤诗的这样一种看法，应该说并不太完全符合浪漫主义文艺的特点。因为，在浪漫主义文艺中，只有消极浪漫主义才对现实取厌恶态度，并引导人们走隐遁的道路，积极浪漫主义则仍是以乐观进取的态度来对待现实人生的。

（三）素朴的诗与感伤的诗的优劣

关于素朴的诗与感伤的诗的优劣，歌德曾有一段明确的评述。他说："我想到一个新的说法，用来表明这二者的关系还不算不恰当。我把'古典的'叫做'健康的'，把'浪漫的'叫做'病态的'。"③ 这就反映了歌德试图以现实主义反对消极浪漫主义的努力。在这一点上，席勒与歌德是站在同一立场之上的。自从 1794 年同歌德结交以来，席勒深受歌德影响，逐步摆脱了康德哲学的影响，走上了现实主义的道路。他在 1797 年 6 月 18 日给歌德的信中写道："您越来越使我""抛弃那个在任何实践的、特别是在诗的活动中不可容忍的志愿，——从一般的事物走向单个的事物，与此相反，您给我指出了从个别情况达到一般法则的道路。"④ 席勒在《论素朴的诗与感伤的诗》

---

① ［德］席勒：《论素朴的诗与感伤的诗》，曹葆华译，《古典文艺理论译丛》第 2 册，人民文学出版社 1961 年版，第 4 页。

② 同上书，第 34 页。

③ ［德］爱克曼辑录：《歌德谈话录》，朱光潜译，人民文学出版社 1982 年版，第 188 页。

④ 转引自［苏联］阿斯穆斯《席勒的美学观点》，曹葆华译，《现代文艺理论译丛》第 6 辑，人民文学出版社 1964 年版，第 184 页。

一文中也从总的方面观点鲜明地肯定素朴的诗而贬抑感伤的诗。他不仅像歌德一样将素朴的诗说成是"健康的"、将感伤的诗说成是"病态的",而且突出地肯定自然(现实)在艺术创作中的巨大作用。他说,"甚至现在,自然还是燃点和温暖诗的精神的唯一的火焰。诗的精神只是从自然才获得它的全部力量;在追求光明的人身上,它也只是对自然说话","在人类文明当前的情况下,能够强烈地激起诗的精神的仍然是自然。"① 因此,崇尚自然的现实主义精神是贯串《论素朴的诗与感伤的诗》全文的主旨。但席勒作为一个有远见的思想家,又绝不是一个复古主义者。他尽管认为,从总体上来看,古典的素朴诗优于近代的感伤诗;前者标志着人性的和谐完善,后者标志着人性的分裂破坏。但从历史的发展来看,他又认为近代的感伤诗对于古代的素朴诗来说是一个历史的进步。他把素朴诗作为古代"自然人"的作品,而将感伤诗作为近代"文化人"的作品。他说:"自然人是从绝对达到有限而获得他的价值,文化人是从不断接近无限的伟大而获得他的价值。由于只是后者才有等级,并且才有进步,所以遵循文化道路的人的相对价值是决不能确实地加以决定的;虽然从事于文化的人,如果单独来看,比起自然在其身上发生完美作用的那类人来,一定居于不利的地位。但是,人类的最终目标只有依靠进步才能够达到,而自然人除了走上文化的道路,是不能够取得进步的,所以只要考虑到最终目标,哪一方面占着优势,就十分明显了。"② 这又一次证明,席勒的文艺观中包含着历史意识,说明他已认识到,任何文艺现象(包括一定的创作方法)都是历史的产物,因此,尽管都不可避免地有其时代的局限,但又同时具有历史发展的必然性,不能轻率地、抽象而孤立地加以否定。正是根据这样的理由,席勒尽管自觉地站在现实主义立场对浪漫主义有所贬抑,但他还是从历史发展的角度肯定了浪漫主义创作方法的历史地位。这是难能可贵的。

----

① [德]席勒:《论素朴的诗与感伤的诗》,曹葆华译,《古典文艺理论译丛》第 2 册,人民文学出版社 1961 年版,第 1 页。

② 同上书,第 3 页。

席勒还围绕着艺术与现实的关系更具体地阐述了素朴的诗和感伤的诗的优劣。关于素朴的诗，他认为："素朴诗人在感性的现实方面总是比感伤诗人占有优势，因为他是把感伤诗人仅仅力求达到的东西作为实在的事实来处理的。"① 但素朴的诗也存在着不足之处。首先是素朴的诗所塑造的形象存在着局限性。因为素朴的诗本身就是感性现实，而一切感性现实都是有限的。感性现实的这种有限性就使形象的内涵在时间和空间上都受到了极大的限制。② 其次是素朴的诗人对现实有着某种依赖性。因为素朴的诗人着力于对现实的模仿，所以现实是什么样就决定了作品是什么样，这就使其创作活动在很大的程度上受制于现实。如果他所看到的是丰富多彩的自然、诗的世界和天性纯洁的人类，那么创作就会取得成功；如果看到四周都是毫无生气的物质，就会导致创作的失败。由此，席勒断言："素朴诗人需要的是外面的帮助。"③ 正因为素朴的诗人依赖于外在的感性现实，所以题材对素朴的诗起着极为重要的作用。席勒在这里提出，应该划清"实际的自然"与"真正的自然"的界限，素朴的诗必须以"真正的自然"为题材。他说："但是必须以极大的细心把实际的自然与真正的自然区别开来，真正的自然是素朴诗的题材。实际的自然到处都有，而真正的自然是非常罕见的，因为它需要有存在的内在必然性。"④ 这就阐明了艺术的真实与生活的真实的界限，说明并非一切实际存在的生活现实都可成为文艺的题材，而只有符合"内在必然性"的现实，即所谓"真正的自然"才可成为文艺的题材。很明显，以"实际的自然"为题材的文艺就是自然主义的文艺，而只有以"真正的自然"为题材的文艺才是现实主义的。席勒所说的"素朴的诗"是以"真正的自然"为题材的现实主义的诗。但是，他还是不断地提醒素朴的诗人警惕堕入自然主义的泥坑，使自己的作品流于"乏味的庸俗"。他认为，

---

① ［德］席勒：《论素朴的诗与感伤的诗》，曹葆华译，《古典文艺理论译丛》第 2 册，人民文学出版社 1961 年版，第 33 页。

② 同上书，第 34 页。

③ 同上书，第 35 页。

④ 同上书，第 36 页。

由于素朴的诗人的天性是感受性超过主动性，在对自然的加工提高上较为逊色，不免屈从外界的印象，因而一旦面对实际自然，就常常流于"乏味的庸俗"。他说："没有一个素朴的天才，从荷马起到波特马止，曾经完全避开了这个暗礁。"① 他认为，这种自然主义的倾向是素朴诗的极大危险，因为许多人对素朴的诗有一种误解，以为单是纯自然的感情和对实际自然的摹拟就构成诗人的天性，而其结果必然导致接近卑俗的现实。甚至，在悲剧艺术中也会形成对贫乏可怜的感情的表述："因为这些感情表述并不是真正的自然的模仿，而仅仅是现实生活的枯燥和鄙陋的复写。因此，在这样一场眼泪的筵席之后，我们所有的感受几乎就像访问了一所医院或读了沙尔茨曼的《人类苦难》以后一样。"② 在这里，他把自然主义的悲剧艺术对悲剧固有的崇高性的抛弃喻为"眼泪的筵席"，真是十分形象而又深刻。对于感伤的诗，席勒也不是一味地贬抑，而是认为仍有其优点，最重要的就是在理性的崇高性上优于素朴的诗。他说："另一方面，感伤诗人比素朴诗人占有这个巨大的优势：他能够比素朴诗人提供给这种冲动以更崇高的形象。"③ 原因就是，感伤的诗人以理想为自己的题材，而理想同现实相比是无限的、不受任何束缚的、包含着理性精神的，因此，他所提供的形象就必然地具有一种无限的理性的崇高性。席勒还具体地描述了感伤的诗人将现实"理想化"、使其具有崇高美的过程。他说，感伤诗人"通过主观从内部把外表粗糙的材料加以灵性化，通过沉思来提供外在感受所不能达到的诗的价值，通过观念来完成自然，——一句话，通过感伤的手段使有限的对象变成无限的对象"④。在这里，席勒已经涉及浪漫主义的主观性的特点。他把这种主观性叫作"灵性化"，就是一种理性的加工、改造，乃至变形处理的过程。其结果，是使粗糙的材料经过了理性的改造，并将直接的感受加以提

---

① ［德］席勒：《论素朴的诗与感伤的诗》，曹葆华译，《古典文艺理论译丛》第2册，人民文学出版社1961年版，第37页。

② 同上书，第39页。

③ 同上书，第33—34页。

④ 同上书，第37页注①。

高，使之具有诗的价值，最终是使有限的自然变成了无限的精神。这就是"感伤的手段"，即浪漫主义的创作过程。这个创作过程的特点是使文艺摆脱了客观现实的有限性的束缚，并完全借助于诗人内在的理性力量来使带有缺陷的现实完善起来，同时也使自己的灵魂得到滋养和净化。这种超脱客观与主观自然束缚的特点正是感伤的诗优于素朴的诗之处。诚如席勒所说："感伤天才开始自己活动的地方，正是素朴天才结束自己活动的处所。"① 素朴诗人的活动局限于现实，而感伤诗人的活动却超出现实伸展到理性精神领域。席勒的话正是这一文艺创作实际情形的哲学概括。

由于席勒是在德国古典美学的氛围中成长，因而他的文艺思想中处处渗透着辩证的精神。他一方面看到了感伤的诗超脱现实，有其优越性的一面，另方面又看到了这容易导致感受和表现上的夸张的危险。他说："夸张这个缺点是基于感伤天才的方法的特殊性，正如弛缓这个缺点是基于素朴天才的特殊方法一样。"② 原因是，在感伤诗人身上，主动性超过感受性，但任何诗的创作都必须要求主动性与感受性之间的某种协调，两者之间要有相应的比例，一旦突破这种比例，破坏这种协调，就会导致夸张。夸张的根本特点是脱离了感性现实，而成为一种缺乏现实根据的"空虚"。但是，席勒并不是反对一切夸张。他认为："夸张这个字眼只能适用于这样的东西，它不是违反逻辑的真实，而是违反感觉的真实，但又要求有感觉的真实。"③ 这就是说，他认为，夸张首先不能违反逻辑的真实，也即是不能违反理性所固有的逻辑性，否则就会陷入自相矛盾而成为"荒谬"。其次，夸张尽管从总的方面超越了感性现实，但却不能完全超越感性现实。因为，任何文艺创作都不能脱离作为感性能力的想象力，诗的创作一旦脱离了想象力就会变成一种非艺术的"夸大"。所以，感伤诗人的夸张只能把对象包括在想象力的范围之内。例如，希腊神话，尽管宙斯

---

① ［德］席勒：《论素朴的诗与感伤的诗》，曹葆华译，《古典文艺理论译丛》第 2 册，人民文学出版社 1961 年版，第 35 页。

② 同上书，第 40 页。

③ 同上书，第 41 页。

和众神都具有超凡的神奇力量，但无非都是现实的人的力量的扩大，仍是在想象力的范围之内。这是对浪漫主义文艺所特有的"夸张"手法的深刻阐述，指出了"夸张"的特点和界限。

在综合地论述了素朴的诗与感伤的诗的优劣之后，席勒说道："素朴诗的杰作后面一般紧跟着许多平庸无聊的东西，感伤诗的杰作后面紧跟着一些空想的作品。"① 这是对现实主义与浪漫主义创作方法的深刻理解，说明任何真理只要多迈出一步都会变成谬误，现实主义有可能成为自然主义，而浪漫主义则有可能成为空想主义。文艺发展的历史充分地证明了席勒上述论断的正确性。

（四）素朴的诗与感伤的诗的结合

如前所说，席勒的理论探讨是旨在寻找一种理想的艺术用作审美教育的手段，以便解决现实社会中人性分裂的重大课题。他写作《论素朴的诗与感伤的诗》一文，目的就在于探寻这种理想艺术的创作道路。探寻的结果是，理想的艺术应是素朴的诗与感伤的诗的结合，亦即现实主义与浪漫主义的结合。他在论述了素朴的诗与感伤的诗的特点之后，认为这两者的结合更符合人道的概念。他说："但是还有一种更高的概念可以统摄这两种方式。如果说这个更高的概念与人道观念叠合为一，那是不足为奇的。"② 他表示对于这个道理要写专文论述，却并未能实现自己的诺言。但我们通过上面的简短论述亦可看到，他所认为的"这个更高的概念"就是"统摄这两种方式"的新的创作道路。他还认为，尽管理想的素朴诗与感伤诗相结合的作品并未出现，但在优秀作家的作品中已经见出两者结合的端倪。例如，歌德的《少年维特之烦恼》就是这样的作品，而且比较其他的作品常常更能使人感动。他说："不仅在同一个诗人身上，而且也在同一部作品中，也往往发现这两类的诗结合在一

---

① ［德］席勒：《论素朴的诗与感伤的诗》，曹葆华译，《古典文艺理论译丛》第2册，人民文学出版社1961年版，第43页。

② 转引自朱光潜《西方美学史》下卷，人民文学出版社1963年版，第463—464页。

起，例如，在《少年维特之烦恼》中就是这样；正是这种性质的作品才常常使人最受感动。"①

那么，为什么素朴的诗和感伤的诗这两种根本对立的创作方法必须结合起来呢？席勒认为，这首先是历史发展的必然要求。席勒是具有较强历史意识的思想家，相信社会的进步、人类的发展。他虽然肯定素朴的诗，相对地贬抑感伤的诗，但还是认为感伤诗毕竟是社会进步的结果。他还从社会进步的角度看到了素朴诗与感伤诗的必然结合。他说："自然使人成为整体，艺术则把人分而为二；理想又使人恢复到整体。"② 也就是说，在他看来，人类的童年阶段，社会和谐统一，人性和谐统一，文艺也是素朴的和谐统一的；而到了有文化的近代社会，则将人性一分为二，文艺也由此形成反映人性分裂的感伤的诗；只有到了理想的时代，在现实社会中人性恢复到统一，文艺也必将在素朴诗与感伤诗的基础上形成二者结合的更高级的创作方法。他认为，这既是人类必走的道路，同时也是"近代诗人所走的道路"。虽然由于德国资产阶级固有的软弱性，使席勒对于理想艺术的实现抱有悲观主义的怀疑态度，认为"理想是人决不会达到的无限的东西"③，但社会和文艺发展的这一趋势，他还是看到了，并且是指明了的。更重要的，席勒认为，素朴诗与感伤诗的结合也是人性发展的必然要求。他认为，素朴诗与感伤诗既是两种不同的艺术种类，而对于诗人来说又是两种不同的性格。这两种不同的性格决定了文艺的两种根本对立的倾向。素朴的性格偏重于物质的感性方面，因而把诗作为休息和娱乐的工具，提出了著名的"休息说"；而感伤的性格则偏重于理性的精神方面，因而把诗作为提高人的道德的工具，提出了著名的"高尚化说"。席勒认为，这两种性格以及由此产生的两种诗都是违背人性要求的、片面的，应该克服其片面性，将两者结合起来，这样才能使人性得到解放。他说："诗人的任务是使人性从一切偶然的

---

① ［德］席勒：《论素朴的诗与感伤的诗》，曹葆华译，《古典文艺理论译丛》第 2 册，人民文学出版社 1961 年版，第 2 页注①。

② 同上书，第 3 页。

③ 同上。

障碍中解放出来，而不是否认人性的观念本身或超过人性的必要界限。"① 这里，"否认人性的观念本身" 即指素朴的性格及其所提出的"休息说"，而"超过人性的必要界限" 即指感伤的性格及其所提出的"高尚化说"。席勒认为，这两种倾向都是对人性的障碍，必须加以克服，使之统一，才能使人性获得解放。他将素朴诗与感伤诗的结合寄托于一个新的阶级的产生。他认为，人类当中的劳动阶级由于偏重于物质，因而对文艺更多的是感性休息方面的要求，而人类当中"沉思的一部分"（即知识阶级）则对文艺更多的是道德高尚化方面的要求，只有一个新的阶级，他们既不劳动但却积极地面对现实，虽不空想但却能理想化。总之，他们保持了"人性的美的统一"。只有这样一个阶级，才能集素朴性格与感伤性格于一身，并最后实现这两种创作方法的结合。他说："在这一阶级（我在这里仅仅把它作为一种观念提出来，而决不是指的一个实际存在的东西）中间，素朴的性格同感伤的性格可以这样地结合起来，以致双方都相互提防走向极端，前者提防心灵走到夸张的地步，后者提防心灵走到松弛的地步。因为我们终于不能不承认，不论素朴的性格或感伤的性格，如果单独来看，都不能完全包括美的人性这个观念，这个观念只有在两者的密切结合中才能产生出来。"② 当然，席勒在这里对于他所期望的新的阶级的出现仍然是迷惘的，但在实际上，他是希望他所代表的德国资产阶级能够摆脱资本主义社会的弊病而承担起这一历史的重任。但现实生活中的资产阶级却是污浊的、软弱的德国庸人，因此他感到某种失望和悲怆。但他对这个新的阶级的期望却表现了某种历史的预见性。因为，无产阶级及其所领导的社会主义革命，必将并已经创造一个崭新的社会，为现实主义与浪漫主义的逐步结合提供了深厚的现实土壤。

（五）感伤诗的种类

感伤诗是席勒所在时代占主导地位的文学流派。席勒写作《论

---

① ［德］席勒：《论素朴的诗与感伤的诗》，曹葆华译，《古典文艺理论译丛》第 2 册，人民文学出版社 1961 年版，第 46 页。

② 同上书，第 47—48 页。

素朴的诗与感伤的诗》的目的也是摆脱感伤诗的束缚。因此，对感伤诗的论述、特别是对感伤诗的各种类型的论述成为这篇文章的重要部分，占据的篇幅最大。席勒在这里所讲感伤诗的种类不是通常意义上的艺术种类，而是着重从体现创作方法的角度来划分艺术种类，目的也不是谈艺术的分类，而是为了进一步阐述自己关于创作方法的观点。也就是说，他还是从处理艺术与现实关系时所遵循的根本原则，亦即从对现实的"感受状态"的角度来划分感伤诗的种类，说明其典型形态与非典型形态，并进而评判其优劣。他说："我应当再说一遍，我所举出来作为唯一可能的三种感伤诗的讽刺诗、哀歌和牧歌，是和以这三个名字著称的三种形式的诗作毫无共同之处，除了它们大家都特有的感受形式之外。从感伤诗的概念本身很容易推论出：在素朴诗的界限之外只有三类感受和创造的形式，它们把感伤诗的整个领域完全包括了。"① 席勒对感伤诗的论述同莱辛对诗画文体的论述有些类似。莱辛在《拉奥孔》中表面是论述诗画的界限，而实质却是阐述两种不同的美学理想。席勒在这里，表面是论述感伤诗的三种类型，而实质是为了进一步论述感伤诗，即浪漫主义艺术的特征。只有从这样的角度，才能正确地理解席勒论述感伤诗种类的深义。他认为，感伤的诗人既然是以对现实的主观的沉思为其特点的，那么，感伤诗人所碰到的就是两个互相冲突的因素：具有有限性的现实和具有无限性的观念。

尽管从总的方面看，感伤诗是以主观的观念性为其特点，但具体到艺术作品中，现实和观念之间的关系就十分复杂，对于两者关系的处理亦有差别，从而产生了不同的艺术种类。席勒说，"于是发生这个问题：诗人着重的是现实还是理想？他是把前者当作厌恶的对象来处理，还是把后者当作喜爱的对象来处理？因此，他的描述不是讽刺的，便是哀歌的（就这个用语的广义而言，往后将加以

---

① ［德］席勒：《论素朴的诗与感伤的诗》，曹葆华译，《古典文艺理论译丛》第 2 册，人民文学出版社 1961 年版，第 26 页注②。

说明）；每个感伤的诗人都将依属于这两种感受中的一种。"① 在这里，他把感伤诗分成讽刺诗与哀歌诗两种形态。所谓讽刺诗是把现实当作厌恶的对象来处理，而所谓哀歌诗则是把理想当作喜爱的对象来处理。讽刺诗虽然借助于理想来批判现实，但侧重的还是现实，仍同素朴诗较为接近，所以不能称作是典型的感伤诗，只是素朴诗到感伤诗，即现实主义到浪漫主义之间的一种过渡的中间类型。而只有哀歌诗，是以对理想的追求作为特征，完全摆脱了现实，从而成为典型的感伤诗的形态。席勒对感伤诗的分析并没有停止于此，而是进一步又将哀歌诗更细致地分成了哀歌与牧歌两种。他说："感伤的诗之区别于素朴的诗，是在于把构成素朴的诗的题材的现实加以理想化，把理想应用到现实上面。因此，如前面说过的，感伤的诗是处理两个相互冲突的对象——理想与现实或经验；在这两者之间可能存在着下面三种关系。主要占据着心灵的不是现实同理想的对抗，就是现实同理想的一致，否则就是心灵被现实和理想所分占。在第一种情况下，心灵是被内在斗争的力量或精力的充沛活动所占据；在第二种情况下，心灵完全被内在生活的谐和或精神充沛的休息所占据；在第三种情况下，斗争与谐和交替，休息与活动交替。这三类感受状态产生了三类诗，如果我们仅仅注意到这三类诗在我们心灵中所引起的情绪，如果我们使自己的思想离开那些用以引起这些情绪的手段，那末讽刺诗、哀歌和牧歌这三个通用的名称是同这三类诗相符合的。"② 很明显，席勒在这里从理想与现实之间的不同关系的角度将感伤诗更具体地分成了三类。第一类，即讽刺诗，是理想同现实的对抗，理想仍未能摆脱现实的束缚，内心处于斗争的状态，是由素朴诗到感伤诗的过渡或中间类型。第二类，即哀歌，理想已摆脱了现实，但仍未实现，因而内在心灵处于既向往理想又留恋现实的特殊状态，是感伤诗的典型形

---

① ［德］席勒：《论素朴的诗与感伤的诗》，曹葆华译，《古典文艺理论译丛》第 2 册，人民文学出版社 1961 年版，第 5—6 页。

② 同上书，第 26 页注②。

态。第三类，即牧歌，此时理想已完全压倒了污浊的现实，它在遥远的过去或渺茫的未来成为"现实"。在这类诗中，现实与理想之间表现为一种虚假的一致，内心也呈现出虚假的平静。这是感伤诗的超越类型，严格地讲也是一种畸形。这样，席勒就以现实与理想之间的关系为基准，为我们描画了一条由素朴诗发展到感伤诗的历史轨迹。其中，有过渡形态的讽刺诗、典型形态的哀伤诗和超越形态的牧歌诗。这种对创作方法的研究就不是孤立的、静止的、形而上学的，而是根据文艺特有的内在的感性与理性、现实与理想的矛盾将创作方法的形成看作一个互相联系与不断发展的历史过程。这是一种辩证的研究方法的萌芽，在文艺理论史上具有巨大的理论价值。

席勒还具体地阐述了讽刺诗、哀歌和牧歌三种艺术类型的特点。关于讽刺诗，他认为，总的特点是把现实当作厌恶的对象来处理。但在讽刺诗中，又有两种处理方式。一种是凄厉的处理方式，我们称之为凄厉的刺诗；一种是戏谑的处理方式，我们称之为戏谑的讽刺诗。这两者之间有较大的区别。从题材来说，凄厉的讽刺诗的题材是"现实与理想的矛盾"，即是违背理想的现实，道德上的邪恶；而戏谑的讽刺诗的题材则是"同自然的隔离"，即是违背自然规律的现实，是在道德上无关重要的题材。从灵感来源说，凄厉的讽刺诗的灵感来自意志的领域，即理想的道德的领域，而戏谑的讽刺诗的灵感则来自理解力的领域，即认识的智力的领域。从描写方式来说，凄厉的讽刺诗以严肃和热情的方式描写，对现实表现出一种愤怒的态度；而戏谑的讽刺诗则以戏谑的愉快的方式描写，对现实表现出一种嘲弄的态度。从美学范畴来说，凄厉的讽刺诗具有崇高的性质，属于悲剧的范畴；而戏谑的讽刺诗则具有优美的性质，属于喜剧的范畴。正是从具体分析凄厉诗与戏谑诗的不同特点的角度，席勒将悲剧与喜剧作了比较。他认为，从题材方面看，悲剧的题材较为严肃，而喜剧的题材则可以说是无关紧要的，因而悲剧在这一方面占有优势。但从诗人个人的作用来看，悲剧诗人更多地依靠题材，而喜剧诗人则更多地依靠个人的力量。由此，他得出结论说，"所以这两种艺术作品的审美价值就和它们的题材的重要性成反比例了。"① 席勒之所以在这里将喜剧看的比悲剧更高，是与其对素朴诗所持的总的褒扬的态度分不开的。因为，在他看来，具有喜剧性质的戏谑诗更接近以现实为主的素朴诗，而具有悲剧性质的凄厉诗则更接近于理想。这也进一步证明，他所肯定的素朴诗不是17世纪法国新古典主义艺术，因为新古典主义是力主悲剧高于喜剧的。席勒认为，所谓哀歌是理想被表现为不可企及，因而产生一种悲哀。但这种悲哀只应产生于追求理想所引起的热情，而不能产生于感官需要的满足。这样，哀歌才具有诗的价值。至于牧歌，则是理想已成为现实，变成了欢乐的对象。席勒认为，"感伤牧歌是最高类型的诗"②。这就是说，在感伤诗的发展中，牧歌已发展到了最后的阶段，理想与现实已实现了统一。但席勒并没有对牧歌持肯定的态度。原因是：第一，牧歌不是引导人们前进，而是引导人们后退。这是因为牧歌的环境是虚构的，所以只能"产生在文化开始以前的时代，牧歌不仅排除了文化的弊害，而且同时也排除了它的优越性；所以牧歌根本是同文化对立的。因此，从理论上说，牧歌使我们后退，但是从实际上说，牧歌又引导我们前进，使我们高尚起来。可惜牧歌把它应该引导我们去争取的那个目标放在我们后边，因而只能引起我们一种对于损失的悲伤感情，而不能引起一种对于希望的欢乐感情"③。第二，牧歌只能给病态的心灵以治疗，而不能给予健康的心灵以食物。它不能使人生气蓬勃，而只能使人性情柔和。第三，牧歌的性质是现实与理想之间的一切矛盾完全被克服，各种感情的冲突也完全停止。因而，牧歌具有一种特有的宁静的气氛，这种宁静尽管也具有某种充实的内容，但终究是意味着运动的停止，而这是同艺术的本质背道而驰的。席勒认为，"正因为一切抵抗停止了，所以在牧歌里就比在讽刺诗和哀歌里更难于引起运动，然而没有运动在任何地方

---

① ［德］席勒：《论素朴的诗与感伤的诗》，曹葆华译，《古典文艺理论译丛》第2册，人民文学出版社1961年版，第8页。
② 同上书，第31页。
③ 同上书，第29页。

都不可能产生诗的效果。"① 席勒的这一看法，表现了他对消极浪漫主义的深刻认识，并渗透着运动的、发展的文艺美学与思想。他对牧歌的这一具体评价被后来的黑格尔所继承和发展。

三　《论美》和《美育书简》

（一）艺术美问题

席勒在《论美》（又名《给克尔纳的信》）中，着重探讨了美的本质问题，而在第七封信，即 1793 年 2 月 28 日的信中集中地论述了艺术美的问题。首先是探讨了艺术美的特性。什么是艺术美呢？席勒回答道："当艺术作品自由地表现自然产品时，艺术作品就是美的。"② 很显然，席勒在这里袭用了德国古典美学通用的"美在自由"的命题，并将其用于艺术美之上，从而将艺术美归结为对自然的"自由地表现"。所谓"自由地表现"，第一个含义就是把对象的特征"提供给直接的直观"，即使对象的特征与直观、内容与形象处于直接的统一之中。这种直接的统一是两者的融为一体，而决不经过理智的概念。席勒认为，艺术的表现一旦经过概念就是一种对自然的"描述"，而不是"表现"，是对"自由"的破坏，从而背离艺术美时基本特性，成为理智的认识。"自由地表现"的第二个含义是从审美主体来说，在艺术活动中必须凭借直观的想象能力而不是理性的概括能力。想象力是艺术活动的基本心理功能，因为只有在形象的想象中，主体才是自由的，不受束缚的。

其次是论述了艺术形象与物质媒介及艺术家之间的关系。席勒深刻地研究了艺术活动的本质特征。他认为，艺术活动面临着三种不同的自然物之间的斗争，即所表现的对象（形象）、物质媒介及艺术家个人的自然特性之间的斗争。他的基本要求是三者之间的斗争结果应

---

① ［德］席勒：《论素朴的诗与感伤的诗》，曹葆华译，《古典文艺理论译丛》第 2 册，人民文学出版社 1961 年版，第 32 页。

② ［德］席勒：《论美》，张玉能译，刘纲纪、吴樾编《美学述林》第 1 辑，武汉大学出版社 1983 年版，第 309 页。

是艺术形象的感性特征完全地克服了物质媒介和艺术家个人的感性特征。他说："那么，在艺术作品中质料（再现者的自然本性）应该溶化在（被再现者的）形式中，物体应该溶化在外观中，现实应该溶化在形象的显现之中。"① 这里，所谓"质料应该溶化在形式中"，是从总的方面论述艺术形象应克服物质媒介和艺术家自然本性的质料。"物体应该溶化在外观中"是指艺术美的观念性的特点，说明通过艺术创造将媒介与艺术家的物质性消融在精神性的形象之中。"现实应该溶化在形象的显现之中"则指媒介与艺术家的偶然性的感性特征消融在必然的美的艺术形象之中的艺术典型化的特点。这里所说的"消融"，实际上就是指物质媒介、艺术家的自然本性与艺术形象直接统一、融为一体。也就是艺术的自由地表现。席勒认为，只有做到了这一点，才是真正的艺术美，而做不到这一点就是一种丑。他举例说，"如果在（铜板画中）肌肉的灵活性由于金属的硬度或艺术家的手不够灵活而受到损害，那么表现是丑的。"②

再次，席勒还探讨了艺术创作中主客体之间的关系，反对由于过分表现主体形成的一种"特别作风"，而主张主体溶化于客体之中的"纯粹客观性"，并将这种"纯粹的客观性"称作是"风格"。他说，"特别作风的对立面是风格，风格不是别的，而是表现的最高独立性，这种表现应脱离一切主观的和一切客观的偶然性的规定。表现的纯粹客观性是好的风格的本质，是艺术的最高原则。"③ 他以当时的演员对《哈姆雷特》一剧的表演为例，说明艺术家在处理主客体关系时的三种情况。一种是扮演哈姆雷特的演员，作为一个大艺术家只"给我们表现对象"，而将自己的个性完全消融到哈姆雷特的个性之中。一种是扮演奥菲莉雅的演员，作为一个平庸的艺术家，完全按照自己的主观的原则演出，从而仅仅体现了"特别作风"。再一种是扮演国王的演员，完全是低劣的艺术家，在演出中老是令人嫌厌地表现自己身体

---

① ［德］席勒：《论美》，张玉能译，刘纲纪、吴樾编《美学述林》第 1 辑，武汉大学出版社 1983 年版，第 311 页。

② 同上书，第 312 页。

③ 同上书，第 284、292 页。

的自然本性。①

　　不仅如此，席勒还在《论美》中探讨了诗歌艺术（即语言艺术）在艺术表现上的特殊性问题。他认为，诗歌艺术在运用克服物质媒介自然本性的规律方面是十分困难的，原因在于诗歌所运用的物质媒介是词语。词语不是一种感性的自然形态，而是一种"类或种"、"无限多个体的符号"，实际上即是反映事物的抽象性和概括性的概念符号。他说："诗歌力图达到直接的直观，语言却仅仅提供概念。"② 显然，作为概念符号的语言是同艺术的具体性、个别性相对立的、异己的。因此，诗歌艺术的任务就是运用自己的艺术力量克服语言通向一般的倾向，以达到艺术美的高度。他说，"诗的表现的美是'自然（本性）处在语言枷锁中自由的自动'"③。这就是说，诗歌艺术的美也在于"自由地表现"，即是克服语言特有的通向一般的倾向而形成的"纯粹的客观性"。其具体途径就是运用语言来进行具体地形象地表现，以便唤起人们的想象。他说，"诗人为了表现个别事物到处只有一个办法——就是精致地结合一般"④。所谓"精致地结合一般"，就是"借助于结合仅仅概括的符号来表现的那种情况"⑤。也就是借助于语言这一"概括的符号"来进行艺术的"表现"。为此，他举了一个例子："站在我面前的烛台倒下"。这里借助的是语言，但却运用了形象表现的手法。具体为拟人化的比喻手法，将烛台比喻成站着的人。再就是描绘的手法，具体地感性地描绘了烛台像人一般地倒下。其结果是唤起人们的想象，似乎是如闻其声，如睹其貌。当然，还有许多借助于语言进行形象表现的具体手法，正是凭借这些手法，诗歌艺术才得以"穿过概念抽象领域的漫长环形道路"，到达"自由地表现"的美的目标。⑥

---

　　① ［德］席勒：《论美》，张玉能译，刘纲纪、吴樾编《美学述林》第 1 辑，武汉大学出版社 1983 年版，第 313—314 页。

　　② 同上书，第 315 页。

　　③ 同上。

　　④ 同上。

　　⑤ 同上。

　　⑥ 同上。

（二）游戏说

"游戏说"是席勒关于艺术起源与本质的理论，是对康德有关理论的继承和发展。席勒将人类的艺术活动说成是一种特殊的以"审美的外观"为对象的游戏冲动。他说："当那以外观为快乐的游戏冲动一出现的时候，立刻就产生模仿的创造的冲动，这种冲动认为外观是某种独立自主的东西。"①"游戏冲动"是席勒借助于康德的主观先验的方法对人性进行抽象分析的结果。他认为，在人身上存在着两个对立的因素，一个是持久不变的"人身"，即主体、理性和形式；另一个是经常改变的"情境"，即对象、"世界"、感性、材料或内容。这两个因素在"绝对存在"的理想的完整的人格中是统一的，而在"有限存在"的经验世界中则是分裂的。因此，人就有两种先天的要求或冲动，一种是"感性冲动"，另一种是"形式冲动"或"理性冲动"。所谓"感性冲动"就是要把人的内在的理性变成感性现实的一种要求，而所谓"理性冲动"即使感性的内容获得理性的形式，从而达到和谐。这两个概念后来被马克思用社会实践的观点加以改造，发展成为"人的本质的对象化"和"对象的人化"的著名命题。但在席勒的先验的抽象理论中，"感性冲动"和"理性冲动"作为人的两种对立的天性的要求，还是没有统一的，而只有"游戏冲动"才能使这两种"冲动"统一，并进而使人性达到统一。所谓"游戏冲动"就是以美为对象的艺术创造冲动。他说，"美是这两种冲动的共同对象，也就是游戏冲动的对象"②。这里所说的"美"，就是指"活的形象""审美的外观"。它们正是"游戏冲动"的对象或产物。席勒认为："用一个普通的概念来说，感性冲动的对象就是最广义的生命，这个概念指全部物质存在以及凡是直接呈现于感官的东西，也用一个普通的概念来说，形式冲动就是同时用本义与引申义的形象，这个概

① ［德］席勒：《美育书简》，曹葆华译，《古典文艺理论译丛》第5册，人民文学出版社1963年版，第87页。

② 《西方美学家论美和美感》，商务印书馆1980年版，第176页。

念包括事物的一切形式方面的性质以及它们对人类各种理智功能的关系。还是作为一个普通的概念来看，游戏冲动的对象可以叫做活的形象，这个概念指现象的一切审美的品质，总之，指最广义的美。"① 这就是说，感性冲动的对象是感性现实，理性冲动的对象是理性的形式，而只有"游戏冲动"的对象才是具有感性与理性直接统一特点的"活的形象"。这"活的形象"泛指一切美的现象，但主要指艺术。因此，席勒又将它称作是"审美的艺术冲动"。他说："审美的艺术冲动发展得或早或晚，这只决定于他借以能够集中注意在单纯外观上面的那种热爱的程度。"② 席勒同康德一样，将"游戏"的含义归结为摆脱了一切强制的"自由"。他说："我们说一个人游戏，是说他审美地观照自然，并创作了艺术，把自然对象都看成是生气灌注的。在这里面，单纯的自然的必然性，让位给了各种能力的自由的活动；精神自发地与自然相和谐，形式与物质相和谐。"③ 又说："游戏这个名词通常是用来指凡是在主观和客观方面都不是临时偶然的事，而同时又不是受外在和内在强迫的事。"④ 席勒在《美育书简》第十四封信中曾借用一个生动的例子来解释"游戏说"中"自由"的含义。他说，当我们怀着情欲去拥抱一个理应鄙视的人时，我们就痛苦地感到自然的压力；而当我们仇视一个值得尊敬的人时，我们也痛苦地感到理性的压力；但如果一个人既能吸引我们的欲念，又能博得我们的尊敬，情感的压力和理性的压力就同时消失了，我们就开始爱他，这就是同时让欲念和尊敬在一起游戏。这里所谓的"游戏"，即指在摆脱感性与理性压力的前提下欲念与尊敬两种心情的自由活动。

但席勒在对"游戏说"的"自由"的理解中，较之康德，增加了新的"过剩"的含义。他认为，精力过剩是"游戏"的动力，甚

---

① 《西方美学家论美和美感》，商务印书馆1980年版，第175—176页。
② ［德］席勒：《美育书简》，曹葆华译，《古典文艺理论译丛》第5册，人民文学出版社1963年版，第87页。
③ ［德］席勒：《美育书简》，转引自蒋孔阳《德国古典美学》，商务印书馆1980年版，第185页。
④ 《西方美学家论美和美感》，商务印书馆1980年版，第176页。

至连动物也只有在物质过剩，需求得到满足时，才能游戏。他说："当狮子不受饥饿折磨，也没有别的猛兽向它挑战的时候，它的没有使用过的力量就为它自身造成对象；狮子的吼叫响彻了充满回声的沙漠，它的旺盛的力量以漫无目的的使用为快乐。昆虫享受生活的乐趣，在太阳光下飞来飞去；当然，在鸟儿的悦耳的鸣啭中我们是听不到欲望的呼声的。毫无疑问，在这些运动中是自由的，但这不是摆脱一般需求的自由，而只是摆脱一定的外部的需求的自由。当缺乏是动物的活动的原动力的时候，它是在工作；当力量过剩是这种原动力的时候，当生命力过剩刺激它活动的时候，它是在游戏。"① 这种"精力过剩"所引起的"游戏"，对于人来说是有着不同层次的含义的。首先是一种物质的过剩，由此引起身体器官的"游戏"，这是一种未摆脱动物性的生理的快感。其次是一种超出物质需求的精神方面的过剩，由此引起的是想象力的"游戏"。但当理性没有参与想象力的游戏之前，这种游戏虽然摆脱了物质的束缚，属于观念的自由的活动，但只是一种对现实世界的再现，缺乏"创造"的因素，因而仍未完全摆脱动物性。只有在理性参与之后，想象力的游戏才成为审美的游戏。它是一种创造性的活动，因此不仅在范围和程度上扩大化了，而且在性质上也有了跃进，使之高尚化。席勒指出："等到想象力试图创造自由形式的时候，它就最后地从这种物质的游戏跃进到审美的游戏了。这是必须叫作跃进的，因为在这里出现了一种完全新的力量，因为在这里立法的精神第一次干涉盲目本能的活动，使想象力的任意活动服从于它的不变的和永恒的统一，并且把自己的独立性硬加在易变的事物身上，把自己的无限性硬如在感性的事物身上。"② 这种想象力在理性力参与下的自由的游戏，集中地表现为一种精神性的"创造活动"。这种"创造活动"完全同实用目的和直接的功利割断了关系，使具体的感性对象表现出人的锐敏的智力、灵巧的双手和自由的

① ［德］席勒：《美育书简》，曹葆华译，《古典文艺理论译丛》第 5 册，人民文学出版社 1963 年版，第 91 页。

② 同上书，第 92 页。

精神，从而成为一种挣脱现实需要枷锁的对美的追求。他说："但是，他不久就不满足于事物使他喜欢；他自己想给自己快乐，最初只是通过属于他的事物，后来就通过他本人。他所拥有的事物、他所创造的事物，不能再只具有服务的痕迹、他的目的的懦怯的形式了；除了它所作的服务以外，它同时必须反映那思考它的锐敏的智力，那执行它的可爱的手，那选择和提出它的明朗和自由的精神。现在，古德意志人为自己寻找更光泽的兽皮、更堂皇的鹿角、更雅致的饮酒器，而古苏格兰人为自己的祝宴寻找最美丽的贝壳。甚至武器在今天也不仅可以是恐怖的对象，而且可以享受的对象；精工细造的剑带也像杀人的剑刃一样力求引起人们的注目。不满足于把审美的过剩现象归入必要事物之内，自由的游戏冲动最后完全和需要的枷锁割断关系，于是美本身就成为人的追求的对象。人装饰自己。自由享受列入了他的需求，过剩的东西不久就成为他的快乐的更好部分。"①

　　席勒还探讨了审美游戏与人的关系。他的结论是："只有当人充分是人的时候，他才游戏；只有当人游戏的时候，他才完全是人。"②这就是说，艺术的审美的游戏是人的特有的能力，是人之所以为人的证明。因为，这种艺术的审美的游戏必须建立在听觉和视觉特别发展的基础之上。他说，"自然本身赋予人以两种感官之后，就把他从实在提高到外观，这两种感官只是通过外观才使他认识实在。在眼睛和耳朵里，恣意专横的材料从感觉中排除出去，我们用动物的感觉直接接触知的对象就离开了我们。"③ 原因之一是视听感觉使对象同主体之间保持一段距离，而触觉却以直接的感觉为限。原因之二是视听感觉对于对象经过了主体的某种主动的加工、创造，而触觉对于对象只是被动地接受。同时，也正是艺术的审美游戏才使人真正摆脱了动物状态。他说："野蛮人以什么现象来宣布他达到人性呢？不论我们深入

---

　　① ［德］席勒：《美育书简》，曹葆华译，《古典文艺理论译丛》第 5 册，人民文学出版社1963 年版，第 93 页。

　　② 转引自朱光潜《西方美学史》下卷，人民文学出版社 1963 年版，第 450 页。

　　③ ［德］席勒：《美育书简》，曹葆华译，《古典文艺理论译丛》第 5 册，人民文学出版社1963 年版，第 86—87 页。

多么远，这种现象在摆脱了动物状态的奴役作用的一切民族中间总是一样的：对外观的喜悦，对装饰和游戏的爱好。"[1] 主要是当人还是处于动物状态时，他自己只能被动地接受自然，所以，同自然一体；只有当人处于艺术的审美游戏状态时，才真正地将自己同自然分开，而对自然取观照的态度。

（三）审美教育

审美教育问题是席勒美学和文艺思想中的重要部分。他的著名的《美育书简》就是为论述审美教育而写。

首先，他认为审美教育所凭借的手段是"活的形象"或"审美的外观"，主要指艺术。他说："轻视外观，就是轻视一切艺术，因为外观是艺术的本质。"[2] 所以，审美教育主要指艺术教育。那么，为什么"活的形象""审美的外观"是审美教育的手段呢？这是因为，"活的形象"与"审美的外观"是一种不受任何束缚的自由的形式。席勒面对着资本主义的现实世界，认为找不到任何理想的教育手段。如果以强力作为教育手段，那只会束缚和压抑人的感性力量；而如果以法则为教育手段，则又会压抑和束缚人的理性的意志；只有以"活的形象""审美的外观"为教育手段才能摆脱感性和理性的束缚。他说："如果在权利的动力的国家中，人作为某种力量跟人对抗，并且限制他的活动；如果在义务的伦理的国家中，他以法则的尊严跟人对立，并且束缚人的意志，那末在美的交往范围内，在审美的国家中，人只能作为形式出现，只能作为自由游戏的对象跟人对抗。"[3] 这里所说的"形式"就是指感性与理性统一的"活的形象""审美的外观"，是审美教育的必要手段。

其次，席勒认为，审美教育有着不同于感性与理性的独立的情感的领域。用他的话来说，就是要在力量的王国和法则的王国之外创建

---

① ［德］席勒：《美育书简》，曹葆华译，《古典文艺理论译丛》第 5 册，人民文学出版社1963 年版，第 85 页。

② 同上书，第 86 页。

③ 同上书，第 94—95 页。

一个新的以情感愉悦为特点的审美的王国。他说："在力量的可怕王国中以及在法则的神圣王国中，审美的创造冲动不知不觉地创建第三个王国——游戏和外观的愉快的王国，在这里，它卸下了人身上一切关系的枷锁，并且使他摆脱一切可以叫作强制的东西，不论是身体的强制或者道德的强制。"① 这就说明，审美王国的领域既不同于力量王国的感性领域，又不同于法则王国的理性领域，而是一种独立的介于感性与理性之间的情感领域。这是由美育的手段——"活的形象""审美的外观"的特点决定的。因为，"活的形象""审美的外观"作为认识对象具有理性的形式的特点，而作为主体的创造物在其中又凝聚着生命和情感。他说："美的确对于我们是一种对象，因为反省是我们借以感觉到美的条件，但是美同时又是我们的主观的状态，因为感情是我们借以得到美的概念的条件。美是形式，因为我们可以静观它；但是它同时是生命，因为我们可以感觉它。总之，美同时是我们的状态，又是我们的行为。"② 诚如他自己所概括的，"活的形象""审美的外观"的特点是"反省和感情这样完全交织在一起"③。这就是说，"活的形象"和"审美的外观"所引起的感情是一种包含着反省的理性内容的高尚的感情。

席勒为了进一步阐述审美教育独特的情感领域，特别在第二十五封信中将审美教育与科学活动（认识真理）加以区别。他认为，审美教育与科学活动有两大重要区别。一是科学活动必须抛弃一切感性的材料进行纯粹的抽象，而审美活动则始终不抛弃感性的材料，因为审美的表象与感觉的表象是无法区分的。二是科学活动是排除了任何主观色彩的纯粹客观规律的探索，而审美活动却具有强烈的主观色彩。在论述审美教育的情感领域时，席勒还细致地将审美情感同其他性质的情感加以区别，认为审美情感是不同于"感性的快乐"与"理性的快乐"的"美的快乐"。他认为，"感性的快乐"只有作为个性才

---

① ［德］席勒：《美育书简》，曹葆华译，《古典文艺理论译丛》第 5 册，人民文学出版社 1963 年版，第 94 页。

② 同上书，第 84 页。

③ 同上书，第 83 页。

能享受，因而不具普遍性；"理性的快乐"只有作为种族才能对其享受，但由于每个人都具有个体的痕迹，因而这种快乐也是不具普遍性的；而只有"美的快乐"才既是个别的，又是普遍的，所以是一种高尚的情感的快乐。

席勒在《美育书简》中用了较长的篇幅来论述审美教育的作用问题。他的最基本的观点就是认为，美是实现自由的必由之途。歌德曾说，"贯串席勒全部作品的是自由这个理想"①。我们也可以说，"让美走在自由之前"这一思想是贯串整个《美育书简》的主题。这是席勒在《美育书简》的第二封信中提出的。在这封信中，他说道："正当时代情况迫切地要求哲学探讨精神用于探讨如何建立一种真正的政治自由（这在一切艺术作品中是最完善的一种艺术作品）时，我们却替审美世界去找一部法典，这是否至少是不合时宜呢？"接着，他提出"让美走在自由之前"的命题，并说："这个题目不仅关系到这个时代的审美趣味，而且也关系到这个时代的实际需要；人们为了在经验界解决那政治问题，就必须假道于美学问题，正是因此通过美，人们才可以直到自由。"② 由此可见，席勒是将审美教育当作解决现实社会问题、实现政治自由的理想的途径。他认为，审美是人摆脱动物性、同现实世界发生的"第一个自由的关系"，是人对现实"感觉方式"的彻底革命，人性的真正开始；只有在这时，人类才走上了一条无限漫长的文明之路。这是一条争取社会政治自由的道路。席勒认为，在这条道路上必须由对人性的改造开始，使人摆脱感性现实的束缚，由感性的人变成理性的人，但首先须使其成为审美的人。他说："想使感性的人成为理性的人，除了首先使他成为审美的人以外，再没有其它的途径。"③ 这就是说，在席勒看来，审美教育在人性的发展过程中具有由感性过渡到理性、使两者达到平衡的中介和桥梁作用。他说："一切其他形式的表象都使人分裂，因为它们完全是以人

---

① ［德］爱克曼辑录：《歌德谈话录》，朱光潜译，人民文学出版社1982年版，第108页。

② 转引自朱光潜《西方美学史》下卷，人民文学出版社1963年版，第443、444页。

③ ［德］席勒：《美育书简》，曹葆华译，《古典文艺理论译丛》第5册，人民文学出版社1963年版，第73页。

的存在的感性部分或精神部分为基础的；只有美的表象才使人成为整体，因为它要求他的两种天性跟它一致。"① 这种感性与理性统一为整体的人就是"美的灵魂和人性"②，而只有在这种"美的灵魂和人性"出现之后，才能建立起理想的自由社会。因为，席勒认为，人是社会的基础，人性发展的和谐必将导致社会的和谐。他说，"只有趣味才能给社会带来和谐，因为它在个人心中建立起和谐"③。就像先验而抽象地将人性分成感性与理性两个方面一样，席勒也先验而抽象地将社会分成感性力量的国家和理性法则的国家两种。同样，就像将审美的人作为由感性的人到理性的人的中介一样，他也将审美的国家作为由感性力量的国家到理性法则的国家的中介。他说："只要趣味支配着和美的王国扩大着，任何优先权、任何独占权都是不可容忍的。这种王国向上一直伸展到这样的界限：理性以绝对的必然性统治着，一切物质都消失不见。它向下一直伸展到这样的界限：自然冲动以盲目的力量支配着，形式还没有产生。"④ 这就生动地说明了，审美的王国向上伸展到理性统治的王国，而向下则联系到感性力量的王国，成为两者之间的"桥梁"。可见，在席勒看来，这个"审美的王国"是克服了感性力量王国和理性法则王国的弊病的无限美好的自由平等的社会。但这样的理想的社会到底在哪里呢？席勒自己也感到十分渺茫。他认为，在实际上，"它也许只可以在少数优秀人物的圈子里找得到"⑤。

四　席勒美学的地位、贡献与局限

（一）席勒美学思想的历史地位和主要贡献

第一，席勒在西方美学与文艺理论史上具有独特的地位，他的美

---

① ［德］席勒：《美育书简》，曹葆华译，《古典文艺理论译丛》第 5 册，人民文学出版社1963 年版，第 95 页。

② 同上书，第 85 页。

③ 同上书，第 95 页。

④ 同上书，第 95—96 页。

⑤ 同上书，第 96 页。

学与文艺思想成为由康德的主观唯心主义美学观过渡到黑格尔的客观唯心主义美学观的中介。席勒是在康德哲学和美学思想的影响下从事美学研究的，他的美学观无疑地受到了康德主观唯心主义的影响。但他又不满于康德的主观唯心主义，感到康德并没有真正地将感性派与理性派的对立统一起来，从而试图从客观的意义上将两者统一。由此，他提出了"活的形象""审美的外观"的概念，打破了康德将美的形象的根源归结为主观先验原理的臆断，承认了"形象"本身的客观性质。这就将感性与理性的对立在艺术与审美中客观地统一了起来。正是从这个意义上说，席勒的美学思想来源于康德，但却超越了康德，从而为黑格尔的客观唯心主义美学观奠定了理论的基础。而且，也正由于席勒强调感性与理性在客观意义上的对立统一，并将这一思想贯穿于对创作方法、艺术本质和审美教育的论述中，还初步涉及人的本质对象化的问题。这就说明，席勒的美学思想比康德具有更多的唯物主义的因素。

第二，席勒在西方美学与文艺理论史上的杰出贡献在于对素朴诗与感伤诗的论述，从而首次从理论的意义上阐明了现实主义与浪漫主义创作方法的基本特点。具有现实主义与浪漫主义特征的文学现象尽管自古就有，但从理论的意义上对它们进行研究却是近代的事情，而席勒就是全面地从理论上进行这一研究的第一个人。他在著名的《论素朴的诗与感伤的诗》一文中，从诗人处理艺术与现实关系所遵循的不同原则的角度将文学分成了"素朴的诗"和"感伤的诗"两类。前者是现实主义创作方法，后者为浪漫主义创作方法。更为可贵的是，席勒认为，理想的诗应是素朴诗与感伤诗的结合。这些论述是从理论的高度对当时欧洲文学的深刻总结，开了创作方法研究的先河，并推动了现实主义与浪漫主义两种文学潮流的自觉形成和不断发展。

第三，从研究方法来说，席勒不是孤立地研究文艺，而是将文艺放在社会和人的发展中进行研究。首先，他是为着改造现实社会来研究文艺的，将文艺看作是改造现实社会唯一重要的手段，而文艺对于人性的完善也起着协调的中介作用。在创作方法问题上，他将一定的创作方法的产生同一定的时代社会紧密相联，认为"素朴的诗"产生于和谐统一的古代，"感伤的诗"产生于动荡分裂的近代，而两者结合的"理想的诗"则只能期待于未来的自由时代。在这个问题上，他初步地运用了历史与逻辑相统一的方法，既将一定创作方法的产生置于一定的历史背景之上，又较科学地总结了现实主义与浪漫主义的创作原则。而从基本的方面来说，他所作的历史的研究还是服务于逻辑的研究。所谓"素朴的诗"与"感伤的诗"并不主要作为历史形态的文学流派出现，而主要是作为现实主义与浪漫主义两种根本不同的创作方法。

第四，在康德论述艺术美的基础上，进一步阐发了"游戏说"，揭示了艺术所固有的"心理自由"的内在规律。席勒继承并发展了康德关于艺术本质的"游戏说"，并以"过剩"的新的含义给予补充。他在康德论述的基础上，正确地阐明了艺术的创作和欣赏在本质上是一种内在的心理自由，即想象力在自由地驰骋中对美的自由的形式的创造，而且带有一种发自内心的审美愉悦。这种内在的心理自由完全是由文艺家和欣赏者在艺术活动中处于自由的境地而形成的，这种自由的境地即是一种不受任何束缚的"过剩"的状态，既不受感性束缚，处于物质过剩；又不受理性束缚，处于精神的过剩。这样，在艺术活动中主体才能摆脱同对象的利害关系而处于内在心理自由的状态，并创造出自由的美的艺术品。不仅如此，席勒还进一步将"自由"的概念运用到艺术与时代的关系之上。他谴责了近代资本主义社会的社会分裂导致人性分裂，并进而引起艺术的内在和谐的破坏，并由此认为自由的艺术应产生于自由的时代，从而期望一个新的自由的理想时代的到来。这正是席勒作为资产阶级思想家进步性的表现，并且的确在一定的程度上揭示了艺术发展的客观规律。

第五，在西方美学史和文艺理论史上首次提出了"美育"的概念，并进行了较系统的阐述。艺术教育尽管自古就有，但"美育"这个概念却是席勒首次提出来的。他的著名的《美育书简》既是第一部资产阶级在"美育"方面的理论论著，也是人类文化史上第一部明确系统地论述美育的论著。席勒在这部著作中阐述了美育的任务、性质和作用，特别是着重论述了美育的情感教育的独特领域及由此形成的在人的心理上从感性过波到理性的中介作用。这些理论观点对于我们形成社会主义的"美育"（或"艺术教育"）理论具有历史的借鉴作用。

（二）席勒美学思想的局限性

第一，席勒的美学思想从政治上看具有明显的资产阶级改良主义色彩，而且会产生引导人们逃避现实的消极作用。他虽不满于当时的资本主义社会，并企图加以改造、疗救，但为社会所开的却是一剂改良主义的药方。席勒主张放弃政治革命的途径而假道于审美的文艺的途径，并希图借此建立一个理想的审美的王国。这纯粹是一条逃避现实的改良主义道路，而所谓"审美的王国"也不过是一种乌托邦式的社会理想。正如恩格斯所说，席勒"逃向康德的理想来摆脱鄙俗气"，"归根到底不过是以夸张的庸俗气来代替平凡的鄙俗气。"[①] 这就集中地反映了德国资产阶级在政治上的妥协性。

第二，席勒的美学思想在理论上仍未能真正地摆脱康德主观先验主义的束缚。他从对人性的先验而抽象的分析入手，认为人性的分裂形成了相互对立的感性冲动与理性冲动，而要将两者统一必须借助于艺术的游戏冲动，以此形成完美的人性。这是一种较典型的抽象人性论观点，同马克思主义的历史唯物主义是根本对立的。

第三，席勒的"游戏说"虽在一定的程度上揭示了艺术的内在自由的本质，但却从总的方面脱离了社会实践，并片面地将艺术归结为一种主观的心理活动。这就使对艺术起源和本质的理解有着重大的理论缺陷。在他的"游戏说"的基础上，经英国哲学家斯宾塞进一步发挥而形成的"席勒—斯宾塞说"，以及朗格和谷鲁斯的审美幻相说和内摹仿说，更着重地把艺术活动同人的本能相联系，包含着某种本能发泄的含义。这就堕入了"生物社会学"的泥坑，在一定的程度上歪曲了艺术的本质。

第四，席勒的美学与文艺思想缺乏理论本身所应有的科学性和内

---

① 杨柄编：《马克思恩格斯论文艺和美学》，文化艺术出版社 1982 年版，第 235 页。

在的逻辑性。具体表现为在论述素朴诗与感伤诗时尚未能在严格的科学意义上将创作方法和艺术发展的历史形态加以区别，以致造成后人理解上的歧义；在对美育的本质和"游戏说"的特征的论述中，也有语焉不详的弊病，甚至在许多概念的表述上也都不够严密清晰。

第十一章

黑格尔的美学思想

黑格尔，人类历史上最伟大的理论家之一，德国古典美学的集大成者。他的美学思想是马克思主义之前美学研究的最高成就。其最重要的特点是把辩证法全面地运用于美学研究之中，使康德美学中没有真正得到统一的感性与理性两个方面，通过广泛的联系和深刻的矛盾冲突得到了唯心主义的统一。这就为揭示美与艺术的本质跨出了关键的一步。而且，由于黑格尔的美学思想处处闪耀着辩证法的光辉，具有巨大的逻辑力量，因而在逻辑性、系统性和科学性上也超过了以往任何美学家。正因为如此，马克思主义美学与黑格尔美学在许多方面都有着更直接的渊源关系。可以说，马克思主义美学在一定程度上就是对黑格尔美学进行唯物主义根本改造的成果。因此，要研究马克思主义美学首先必须研究黑格尔美学，舍此别无他途。

一 生平与哲学思想

（一）生平

黑格尔（1770—1831），生于德国南部乌腾堡省斯图加特城的一个官僚家庭。父亲是当时乌腾堡公国财政部门的高级官员。从1788年到1793年，黑格尔在图宾根神学院学神学。这时正值法国资产阶级革命高涨的年代，他对法国革命有着较大的热情，曾同谢林、荷尔德林等人一道到郊外种了一棵自由树，在他和谢林组织的政治学会中，他也是最爱谈论资产阶级的自由和博爱的一个成员。1793年，他毕业于图宾根神学院，在贵族与资产阶级家庭中当了6年家庭教师。从这时开始，他就逐渐对法国革命中无产阶级和劳动群众的革命行动感到畏惧与憎恨。1800年冬，由于谢林的帮助，黑格尔到耶拿大学当讲师，和谢林共事，颇受谢林影响。同时，黑格尔也同歌德交往，歌德的思想也对黑格尔有影响。1805年，黑格尔升任副教授。1806年，完成了他的第一部名著《精神现象学》。此书建立了黑格尔哲学的基本轮廓和基本概念。1807年，黑格尔移居班堡，做了一年报纸编辑工作。1808年到1816年，黑格尔在纽伦堡担任中学校长。1812年至1816年，写了《逻辑学》（俗称"大逻辑"）。1816年到1817年，黑格尔到海德堡大学当教授。这时，他明确地主张世袭的君主制。1817年，出版了《哲学全书》，分为逻辑学（俗称"小逻辑"）、自然哲学和精神哲学三部分，全面而系统地表述了黑格尔的哲学体系。1818年，黑格尔被普鲁士政府聘为柏林大学哲学教授。当时，反动势力在欧洲嚣张一时，知识分子和青年学生思想动荡。普鲁士政府聘请黑格尔到柏林大学任教，就是想利用黑格尔的哲学思想阻挡知识分子和青年学生中的激进倾向。在这里，黑格尔得到普鲁士政府的许多优待，形成了自己的学派。1821年，黑格尔出版了《法哲学原理》。这是他晚年在柏林任教13年期间正式出版的唯一的一部较大的著作。此书表明，他的政治观点在这个时期已经发展到了他一生中最保守的地步。这部书的出版标志着黑格尔已经成了普鲁士王国政府的官方哲学家。1830年，黑格尔担任柏林大学校长。1831年，黑格尔因霍乱病逝世。

黑格尔死后，由他的门徒整理出版的著作有：《哲学史讲演录》《历史哲学》《美学讲演录》。1817年和1819年，黑格尔曾两次在海德堡大学讲过美学。1820年到1829年，他又在柏林大学四次讲过美学。《美学讲演录》就是根据这几次的听课笔记和一部分讲稿，在他死后由其门徒整理出版的。当然，他的美学观点并不局限于《美学讲演录》一书，在《精神现象学》和《哲学全书》中也都涉及美学问题。

黑格尔同康德一样，都是18世纪末到19世纪初德国资产阶级的理论代表。但康德的思想体系形成于法国革命之前，而黑格尔的思想体系则形成于法国资产阶级革命之后。因此，同康德相比，黑格尔思想中的革命性就更少一些，而保守性更多一些。因为，黑格尔的思想反映了德国资产阶级在看到法国革命中无产阶级和劳动群众发动之后对劳动人民和仇恨和向反动的普鲁士政府的屈膝献媚。正如恩格斯所说，虽然在他的著作中相当频繁地爆发出革命的怒火，但是总的说来似乎更倾向于保守的方面。黑格尔为普鲁士国家和贵族统治阶级辩护。他认为，普鲁士国家是历史发展的"顶峰"，是"地上的神物"，应该永世长存。他说，贵族是社会的第一等级，在管理国家方面起主要作用。他诬蔑人民群众，"只是一群无定型的东西"，"他的行动完全是自发的、无理性的、野蛮的、恐怖的"。总之，在政治观点上，黑格尔是保守的，甚至是反动的。黑格尔的名言——"凡是合理的都是现实的，凡是现实的都是合理的。"就较为明确地反映了他的这种趋向于保守的政治观点。诚然，这句话中包含着必然性终将成为现实性的辩证思想，但黑格尔提出这一原理的意图却旨在为腐朽的德国现实作辩护，借此把德国的现实说成是合理的，人们对这种现实只可改良不可革命。

（二）哲学思想

黑格尔在他的《美学》第一卷中，开宗明义地将他的美学叫作"艺术哲学"，并宣称美学是哲学的一个部门。这就说明，黑格尔是从哲学的角度来研究美学的。他研究美学的一个重要目的就是为了完成自己的哲学体系。因此，要掌握黑格尔的美学思想首先要掌握他的美学思想的哲学根据。当然，黑格尔美学研究中的哲学思想是极其丰富的，并贯串于整个的理论体系之中。这里，我们只能介绍他的美学研究中几个最基本的哲学根据。

黑格尔是一个客观唯心主义的理念论者。他认为，世界上一切的物质现象、精神现象都是绝对理念发展的不同阶段，美就是其中的一个阶段。他认为，绝对理念是世界的本原，是一种外在于人的主观理念的客观的理念。整个世界都是绝对理念自我发展、自我认识的结果。任何事物或现象都是绝对理念在其一定发展阶段的表现，美就是绝对理念在艺术阶段的表现。

在黑格尔看来，绝对理念的自发展经历了逻辑、自然、精神三大阶段。在逻辑阶段，绝对理念处于纯概念的发展。到自然阶段，绝对理念就异化为外在的自然物，诸如，无机物，有机物，植物，动物等等。到精神阶段，绝对理念重又回到精神、意识、思维的状态。在这个阶段，绝对理念又经历了主观精神（个人意识），客观精神（社会意识）和绝对精神三个阶段。而在绝对精神阶段又分艺术、宗教、哲学三个具体阶段。

由上述可知，黑格尔美学思想的出发点不是客观的物质现象与美学现象，而是绝对理念。他的美学研究的主要目的也是为了完成其哲学体系。美在黑格尔包罗万象的哲学体系中只是其无数阶段的一个阶段，无数链条的一个链条。从其哲学体系看，美只是其绝对精神阶段的一个环节，属于精神、意识的范围，因而只有艺术才是美的，自然界根本不可能有美。

上面，我们简述了黑格尔美学研究的哲学前提，说明了他的美学研究的客观唯心主义的哲学基础，以及美学在其整个哲学体系中的地位。但这只是黑格尔美学研究的主要哲学根据之一，还有另外一方面的哲学根据。那就是前已谈到的，他的美学思想的根本特点是把辩证法全面地运用于美学研究。这是黑格尔美学思想最重要的特色，也是其最主要的成就。为了便于领会黑格尔的构造庞大而严密的美学体系，我们首先必须掌握黑格尔把美看作辩证发展的过程的思想。

首先，他认为，艺术美的发展动力不在外部，而在其自身感性与理性的对立统一。黑格尔认为，任何事物都不是静止的，而是发展的；事物发展的动力不在外部，而在事物自身内部的矛盾性，即"自身分裂""对立面的统一"。正是通过这样的内部的矛盾性，才使事物运动、发展和转化。同样，他认为，艺术美也不是静止的而是发展的，其动力即在于内部感性与理性的矛盾。因而，艺术美的发展过程，即是不断地克服感性与理性的矛盾，使其得到统一的过程。这是黑格尔美学思想的出发点，也是其美学思想的精髓。由这种对立统一的矛盾观出发，就使其美学思想同形而上学的静止论和孤立论划清了界限。这就使其美学思想中的感性不仅是感性，可以同时是理性；形象不仅是形象，可以同时是思维；有限不仅是有限，可以同时是无限。

其次，艺术美发展的途径是正、反、合的辩证的三段式。黑格尔认为，任何事物辩证发展的途径都是由自身肯定的正，到对立面矛盾斗争的反，再到对立面统一的合，这样的正、反、合辩证发展的三段式。这也就是肯定、否定、否定之否定的三段式。黑格尔的美学体系就是按照这样的三段式构造而成。作为美，则是经历了概念、自然美、艺术美的三段式。艺术美则经历了艺术美的概念、艺术形象、艺术家的三段式。艺术形象又经历了一般世界情况、动作、性格的三段式。以上，也就是黑格尔论美的纲要。

最后，艺术美的发展过程在内容上是由抽象到具体的逐步深化。黑格尔这里所说的具体与抽象的概念不是通常意义上的物质与意识，而是指属于意识范畴的概念的规定性不断深化的过程。黑格尔认为，任何概念的发展都经历了由简单到复杂、抽象到具体的过程。因为，任何概念都包含着肯定、否定两个方面，否定克服肯定，进入否定阶段，否定阶段则是对原有概念的既克服又保留。只有通过否定，旧的概念才能转化为新的概念。在这新的概念中则包含了前一概念的合理内涵。这样，通过否定阶段，概念才能不断地由浅入深，由抽象到具体地发展。由此说明，概念发展的由抽象到具体的关键在于否定阶段。黑格尔认为，艺术美的发展也是这样的经由否定而达到从抽象到具体的过程。其中，关键的环节就是动作（冲突），只有通过动作，性格的内涵才能丰富，才有立体感、层次感，才能成为真正理想（美）的性格。因此，黑格尔的美学思想是十分重视动作的，认为动作就是艺术美发展的否定阶段，是感性与理性统一的关键性环节。我们学习黑格尔的美学思想，要首先抓住他的矛盾冲突说，这样才算抓住了他的美学思想的核心内容，才能理解其美学思想的真谛。

二　美学研究方法

作为一个空前的大理论家，黑格尔是十分重视研究的方法的。他的成功的奥秘也就在于，他掌握并运用了辩证发展的方法。在美学的研究中，他也是十分重视方法的。他的《美学》的《序论》，主要讲的就是方法问题。他在总结前人研究方法的基础上，明确地提出了"经验观点和理念观点的统一"的辩证的方法。

美学（Aerthetica），这个名称尽管只是到1750年才由德国美学家鲍姆嘉通首次运用，但美学的研究却古已有之。自古以来，在美学的研究上，黑格尔认为，无非有三种方法，他均给予了认真而深刻的总结。

一种是所谓从经验出发的方法。这种方法主张从感性的经验开始，以此为出发点来进行美学的研究。这种方法最早的代表人物是古希腊的亚里斯多德，他提出了著名的"摹仿说"，在美学史上影响很大。但黑格尔却对其进行了否定，他认为，"摹仿说"有如下四点弊病：第一，这是一种多余的费力。因为，摹仿要求艺术同现实生活一样，但每个人都目睹过现实生活，所以摹仿就成为不必要。而且，生活是无比丰富多样的，艺术永远不能同生活相比，同生活竞争。如果要同现实生活竞争，就犹如一只小虫爬着去追大象。第二，从摹仿所产生的乐趣来看，因为摹仿是纯然对现实的仿制，所以乐趣有限。只有经过自己创造的事物，才会对人有更大的乐趣。第三，从摹仿所造成的结果看，必然导致否定对象的美。因为它重在摹仿的是否正确，而不重视对象的美。第四，"摹仿说"不是对于每种艺术类型都适用，因而具有极大的片面性。因为，图画和雕刻着重于再现，可以说是对现实的摹仿，但建筑和诗却重在感情的表现，就不能完全说是摹仿。总之，黑格尔认为，"摹仿说"只注重客观感性因素而不注意主观理性因素，因而是不全面的。他认为，尽管自然现实的外在形态是艺术的一个基本因素，但决不能忽视主观理性的因素，不能把"逼肖自然"作为艺术的标准，也不能把对于外在现象的单纯摹仿作为艺术创

作的目的。

黑格尔认为，这种主张从经验出发进行美学研究的人，在创作上必然主张艺术是天才与灵感的产物，将艺术创作归结到非自觉性，而完全否定艺术创作的自觉性。这种看法是片面的。因为艺术创作和艺术才能中尽管包含有自然的因素，但还同时包含着理性的因素，需要思考、创作的技巧和探索内心世界所必需的学习。

第二种是从理念出发的方法。这就是从逻辑或概念的分析出发，着重于理性、普遍性的方面，忽视个别的、感性的因素。第一个系统地持有这种看法的就是古希腊的柏拉图。他主张从美的理念及美本身出发来进行研究。黑格尔认为，这种方法太抽象空洞，一方面不能具体地解决美究竟是什么的基本理论问题，同时也不能适应资本主义时代的人们对美的丰富的哲学要求。

第三种是德国古典美学的方法。黑格尔认为，以康德为开端的德国古典美学打破了美学史上或从经验出发或从理念出发的老传统，而开创了经验与理念统一的崭新的辩证的研究方法。康德提出了"无目的的合目的性"的命题，首次将感性与理性在美学研究中统一了起来。黑格尔认为，这已经很接近辩证的方法，但康德的问题在于只看到这种统一存在于主观世界之中，而否定其客观性，这是不全面。席勒的大功劳就在于克服了感性与理性统一的主观性与抽象性，敢于设法超越这些界限，把统一与和解作为真实来了解，并且在艺术上实现这种统一与和解。黑格尔表示，他要在上述理论的基础上，去探求"对必然与自由、特殊与普遍、感性与理性等对立面的真正统一，得到更高的了解"①。

黑格尔探求的结果，就是认为应当继承和发展这一"经验观点与理念观点的统一"的方法。他认为，这是一种辩证的科学的方法，是对艺术创作活动中感性与理性直接统一的特点的深刻概括。

首先，从人类通过"实践"自我认识的本性来看，艺术创作是感性与理性的直接统一。黑格尔作为资产阶级的人文主义者，认为既然

---

① ［德］黑格尔：《美学》第 1 卷，朱光潜译，商务印书馆 1981 年版，第 76 页。

艺术创作和艺术描写的中心都是人，那么艺术创作中感性与理性统一就完全是由人的本性决定。他认为，人既同动物一样是自在的，又不同于动物是自为的。所谓"自为"，就是指自觉性，人能够意识到自己的愿望、意志。这种自我认识的方式有两种。一种是通过认识活动，再一种就是通过实践活动达到对自己的认识。他说："有生命的个体一方面固然离开身外实在界而独立，另一方面却把外在世界变成为他自己而存在的：它达到这个目的，一部分是通过认识，即通过视觉等等，一部分是通过实践，使外在事物服从自己，利用它们，吸收它们来营养自己，因此经常地在它的另一体里再现自己。"① 这就是说，人通过实践在外在事物上面刻下自己的烙印，消除同外在事物的隔阂，"人把他的环境人化了"②，这样，就可以在外在事物之上来欣赏自己。为此，他举了著名的小孩投石河中自我欣赏圆圈的例子。这就说明，人在实践中一方面把外在世界化成自己的思想，另方面又把自己的思想实现于外在世界，于是为自己、也为旁人造成了观照和认识的对象，并借以满足心灵自由认识的需要。因此，艺术品作为创作实践的产物就不仅是自然的、感性的、现象的，而且也是人化的、理性的。总之，是感性与理性的统一。

其次，从艺术创作中人与对象的关系来看，也要求感性与理性的统一。在艺术创作中，人与对象不是纯粹感性的欲望的关系。因为，在这种感性的欲望关系中，人以感性的个别事物的身份，对待也是感性的个别事物的外在对象，利用它们，吃掉它们，牺牲它们来满足自己。这时，欲望所需要的不仅是对象的外形，而且还有具体存在。因此，欲望的冲动就是要消灭外在事物的自由，而主体由于被欲望束缚，所以也不自由。而在创作中，人同对象的关系不是这种欲望的关系，人让对象在艺术作品中自由地存在，它尽管是感性的，但只有感性的形式，但没有感性的具体实在，是没有自然生命的。同时，人在创作中对于对象也只是静观，是没有感性的欲望冲动的，因此也是自

① ［德］黑格尔：《美学》第 1 卷，朱光潜译，商务印书馆 1981 年版，第 159 页。

② 同上书，第 326 页。

由的。同时，在艺术创作中，人与对象也不是科学的理智的关系。因为，在艺术活动中，人对对象的个体性感到兴趣，不像科学活动那样将个别转化为普遍的思想和概念。总之，在艺术创作中，人与对象的关系既不是感性的欲望关系，又不是科学的理智关系，而是感性与理性的统一。

最后，从艺术家的创作活动来看，也是感性与理性的统一。黑格尔认为，艺术创作活动必须包含心灵的因素，但同时又具有感性和直接性。由于包含心灵的理性的因素，因此不是无意识的机械工作。也由于具有感性和直接性，因此不是抽象的思想。总之，"在艺术创造里，心灵的方面和感性的方面必须统一起来"①。他认为，绝不能把这种统一拆散为两种分立的活动。为此，他举例说，在诗的创作中，人们可把所要表现的材料先按散文的方式想好，然后在这上面附加上一些意象和韵脚，结果这些意象就像是挂在抽象思想上的一些装饰品。

以上是从总的方面谈了艺术家创作的理性与感性统一的特点。具体地说，艺术创作活动就是艺术想象活动。但艺术的想象不是一般的想象，一般的想象只是对个别事物的追忆，而不能把事物的普遍性显示出来。艺术想象是创造的想象，"它用图画般的明确的感性表象去了解和创造观念和形象，显示出人类的最深刻最普遍的旨趣"②。因此，艺术的想象也是感性与理性的统一。

三　美论

（一）关于美的定义

黑格尔认为："美因此可以下这样的定义：美就是理念的感性显现。"③ 这一关于"美就是理念的感性显现"的定义就是黑格尔的辩证的美学观的出发点。这个定义看似简单，而其实则含有丰富的哲学

---

① ［德］黑格尔：《美学》第 1 卷，朱光潜译，商务印书馆 1981 年版，第 49 页。
② 同上书，第 50—51 页。
③ 同上书，第 142 页。

内容。

　　首先，这里所说的理念不同于历史上柏拉图的空洞抽象的理念。柏拉图尽管也主张"美即理念"，但他的理念是超验的、静止的，在九天之上的神的境界放着光芒。黑格尔的美的理念也不同于当时《意大利研究》一书的作者吕莫尔所说的"抽象的无个性的理想"。黑格尔的美的理念是具体的、发展的。所谓具体，就是说在他的理论中，理念既作为世界的本原，又渗透于具体事物之中，并在不同的事物中有不同的内涵。因为，黑格尔认为理念就是"概念与实在的统一"，而不同的事物中则有不同的统一。所谓发展，即指他的理念处于由抽象到具体的自发展、自认识之中，因而有不同的阶段。美的理念即属于艺术阶段的理念。他说，因为"艺术美既不是逻辑的理念，即自发展为思维的单纯因素的那种绝对观念，也不是自然的理念，而是属于心灵领域的"，同宗教、哲学属于同一领域的不同阶段。① 这时的理念，既符合理念的本质，又表现为具体形象，黑格尔把它叫作"理想"（Ideal）。这里所谓"理想"，类似于典型，但比典型的含义更宽泛，包括了整个的艺术美。由此可知，黑格尔的"美即理念"是具体地指感性显现阶段的理念。

　　所谓"显现"，从字面上讲同"存在"是对立的，带有"现外形"的意思，是指美的事物只取其外在形象不取其实际存在。例如，图画中的马，只是马的外形，而不是真正能骑的马。我们再进一步看其内在的含义。所谓"理念的感性显现"就是理念与感性的直接统一、互相渗透、融为整体。他说："艺术的内容就是理念，艺术的形式就是诉诸感官的形象。艺术要把这两方面调和成为一种自由的统一的整体。"② 在这里，黑格尔明确地提出了艺术的"整体说"。这是辩证的艺术思想的集中表现，贯串于整个美学体系之中，具有重要的理论价值。理念与感性直接统一为整体的具体含义，即是感性的理性化与理性的感性化的统一。所谓理性的感性化，就是理性完全通过感性

---

① ［德］黑格尔：《美学》第1卷，朱光潜译，商务印书馆1981年版，第120、121页。
② 同上书，第87页。

的形式表现，而不通过概念的形式。这就将艺术与哲学划清了界限。所谓感性的理性化，则是指感性只作为理念的外形，成为观念性的因素，而完全丢掉其实际存在，并进而丢掉一切外在于理性的感性因素，使感性形象的每一部分都成为理念的显现。为此，他借用俗话所说的"眼睛是灵魂的窗户"，认为"艺术也可以说是要把每一个形象的看得见的外表上的每一点都化成眼睛或灵魂的住所，使它把心灵显现出来"①。他又借用希腊神话中天后指使百眼的阿顾斯监视变成白牛的伊蛾的传说，要求"艺术把它的每一个形象都化成千眼的阿顾斯，通过这千眼，内在的灵魂和心灵性在形象的每一点上都可以看得出"②。这就将艺术同自然划清了界限。

黑格尔提出的"美是理念的感性显现"的定义，具有极大的意义，它深刻地揭示了美与艺术的本质。黑格尔曾说过这样一段著名的话："当真在它的这种外在存在中是直接呈现于意识，而且它的概念是直接和它的外在现象处于统一体时，理念就不仅是真的，而且是美的了。"③ 这里所谓"真"是指真理，即理念，包括哲学、道德等。黑格尔认为，当理念与外在感性形式"直接"处于统一体时，理念就表现为美。因此，理念与感性的"直接统一"就是美的根本特征，是其区别于哲学和道德之处。这就告诉我们，美或艺术与哲学的内容都是理念，但哲学的形式是思想、概念本身，而美或艺术的形式则是感性的形象。黑格尔认为，这种理念与感性的直接统一就是美或艺术的本质。他说："正是概念在它的客观存在里与它本身的这种协调一致才形成美的本质。"④

同时，这一定义也揭示了美与艺术所具有的无限自由的根本特征。正因为美是理念与感性的直接统一，所以美就有了无限的自由性的特点，这也就是他所说的"理想性"的含义。黑格尔说："美本身

---

① ［德］黑格尔：《美学》第 1 卷，朱光潜译，商务印书馆 1981 年版，第 198 页。
② 同上。
③ 同上书，第 142 页。
④ 同上书，第 143 页。

却是无限的、自由的。"① 这里所说的"无限"，是相对于"有限"而言的。即指在量上艺术美不受外在个别事物的限定和束缚，在有限的形式中包含着无限的内容。个别不仅是个别，而同时又是一般。一不仅是一，而同时是十、百、千、万。而所谓"自由"，是相对于"必然"而言的，即指在质上艺术美的自由的理性精神不受外在自然的必然性束缚。在艺术美中，看似感性的自然，而实为人的理性精神。黑格尔认为，理念本身就是无限的自由的，美之所也是有这种无限自由性，原因有二：一是美的感性形式不脱离理念，同理念融为一体，因而能在有限的感性形式中显现出理念的无限性；二是在理念与感性的统一中，理念是主要的、起决定作用的。因此，在美之中，理念不受感性形式的束缚，表现出自己是充分自由的，像在家里一样。这种"无限的自由"的观点是一种辩证的美学思想，是同形而上学的美学思想水火不容的。因为，在形而上学的理论看来，有限只能是有限而不能同时是无限，而无限也只能是无限不能同时是有限。黑格尔认为，这种形而上学观点有二种：一种是所谓"有限理解力"的观点，即有限感性的感性派观点。它只承认感性客体的自由，而将主体的自由完全建筑在这种客体的自由之上。但实际上，感性客体的具体存在是个别的、有限的、不自由的。这样，主体也不可能自由。这是一种只强调感性、个别而忽视深刻的思想与理性的自然主义倾向。另一种是"有限意志"的观点，即有限理性的理性派的观点。它只承认主体的自由，而将客体的自由建筑在主体的自由之上。但主体的自由受到客体的抗拒，因而也是不自由的。这是一种只强调理性而忽视形象的说教式的倾向。黑格尔认为，美的领域应该带有解放的性质，将主体与对象都从有限与必然的束缚中解放出来，达到无限自由的理想的境界。他认为，这种无限自由性本是理念的最高定性，是人类精神生活所追求的最高目标。在哲学上，是一种对真理的领悟。在艺术上，则是最高的美学理想，表现为情感上的"享受神福"，是一种高尚的精神愉悦。要实现这种无限自由性，在艺术上与在哲学上是不同的。哲

_____

① ［德］黑格尔：《美学》第 1 卷，朱光潜译，商务印书馆 1981 年版，第 143 页。

学借助于精神概念，不受形式的阻碍，但艺术却要借助于不自由的感性的形式。这就要克服内在的理性自由与外在的感性必然之间的矛盾，只有以内在的自由克服了外在的不自由，才能实现艺术的自由。这是艺术美的创造中所面临的主要课题。

既然美的本质是理性与感性的直接统一，那么怎样才能做到这一点呢？黑格尔认为，首先应该将人的生命作为艺术美的表现内容。他感到，既然艺术美要求理性或灵魂显现于感性形式的每一点上，那就不是一切事物都能做到这一点的。在无机的矿物、有机的植物以及动物之中，理性或灵魂都被物质束缚，因而是有限的。只有受到生气灌注的人的生命才是自为的、自由的，因而才充分地显现了理性。人应成为艺术表现的唯一内容和真正中心。再就是，艺术创作中应该对一切不符合理念的感性现象进行"清洗"。因为艺术美是一种感性形式的理性化，是显现为整体，那就要求对感性形式中被偶然性与外在性玷污的方面进行"清洗"。所谓"清洗"，就是将上述偶然性与外在性的因素"一齐抛开"。这种"清洗"又叫"艺术的谄媚"，好像画家对被画者的"谄媚"。具体要求就是，在艺术创作中抛开与理念无关的外在细节，特别是自然方面的，如外形、面貌、瘢点等方面的细节，同时将足以见出理念的真正的特征表现出来。由此可见，黑格尔这里所说的"清洗"或"艺术的谄媚"就是艺术的提炼和典型化的过程。在艺术创作中所要遵循的另一个原则就是应停留在理性与感性"中途一个点上"①。这"一个点"是纯然外在的因素与纯然内在的因素的互相调和、理性与感性的直接统一。这一观点是非常重要的，再次从创作的角度深刻地揭示了艺术创作活动不同于认识活动的特性。尽管它们都是要克服理性与感性的矛盾，但认识却旨在消灭感性的形式，而成为抽象的概念；艺术创作却仍然保留着感性的形式，是停留在感性与理性的"中途一个点上"。黑格尔所说的这"一个点"，作为感性与理性的"中介"，具有极其丰富的哲学含义。这个"点"是感性到理性、真到善、自然到自由的"过渡"，同时也就是理想的艺

---

① ［德］黑格尔：《美学》第1卷，朱光潜译，商务印书馆1981年版，第201页。

术美。它一身二任、亦此亦彼，既具有理性的特征，又具有感性的特征。它作为理性与感性高度统一的"交叉点"，既以个别的感性形式出现，又是完全排除了偶然性、充分地显现了理性的个别，亦即所谓"理想"。诚如黑格尔所说，"理想就是从一大堆个别偶然的东西之中所拣回来的现实"①。这个作为艺术理想的感性与理性中途的"一个点"，就是艺术创作所努力追求的目标。黑格尔作为一个辩证法大师，是十分重视文艺家的主观能动作用的。因此，他把艺术理想归结为文艺家的创造性的活动。他说："艺术家必须是创造者，他必须在他的想象里把感受他的那种意蕴，对适当形式的知识，以及他的深刻的感觉和基本的情感都熔于一炉，从这里塑造他所要塑造的形象。"② 在他看来，文艺的创造性活动是凭借的艺术想象这一文艺家所特有的创造能力，而达到的目标就是使艺术形象具有一种"最高度的生气"。这种"最高度的生气"就是理性与感性直接统一而形成的无限自由性。它可使形象的每一个部分都显现出理性的力量，从而具有极大的艺术感染力量，"特别使人振奋"。反之，仅具形式美而缺乏生气的面孔却只能是干燥无味、没有表现力的。由此可知，黑格尔所说的"最高度的生气"，同康德论述审美意象时所谈到的"精神""灵魂"的含义是一样的。黑格尔认为，在创作中能够达到这种"最高度的生气"，就是"伟大艺术家的标志"③。他特举伦勃朗等人的荷兰风俗画为例，说明文艺家通过自己的创造性活动所达到的这种"最高度的生气"。他说，伦勃朗等人的风俗画取材平凡，无非是以小酒馆、结婚跳舞场面和宴饮等普通生活为描写对象，但却充分表现了"民族进取心"和"凭仗自己的活动而获得一切的快慰和傲慢"④。因而，这些画都表现了一种特有的感人力量。这就说明，在理性与感性的统一中，黑格尔是特别重视理性的。这尽管表现了他的唯心主义哲学立场，但却也表现了资产阶级启蒙运动以理性衡量一切的进步倾向。在黑格尔看来，

---

① ［德］黑格尔：《美学》第 1 卷，朱光潜译，商务印书馆 1981 年版，第 201 页。
② 同上书，第 222 页。
③ 同上书，第 221 页。
④ 同上书，第 217 页。

无论何种平凡的题材，只要被理性的光辉照亮，都能成为理想的美，从而具有"最高度的生气"。

（二）关于自然美

按照上述黑格尔的定义，所谓"美"就是指艺术美。因此，从理论上来说，他是把自然美完全排斥在美的领域之外的。但在实际论述时，他又并未完全否定自然美，甚至在《美学》第一卷中以整个第二章的篇幅来阐述自己关于自然美的观点。

那么，到底什么是自然美呢？黑格尔关于美，已经提出了"美是理念的感性显现"的定义，而关于自然美，他则提出："我们只有在自然形象的符合概念的客观性相之中见出受到生气灌注的互相依存的关系时，才可以见出自然的美。"① 很明显，在黑格尔看来，美是理念的感性显现，理念取心灵的形式，而自然美中的理念则是表现于"客观性相"，是自然的形式。理念在"客观性相"之中的具体表现则是"见出受到生气灌注的互相依存的关系"。这里所谓"生气"是指体现理念的"生命"，而"互相依存的关系"是指理念对各个部分的制约、统帅而形成的互相依存一致的"统一性"。按照这一自然美的定义，他认为，在自然的机械性阶段没有生命，因而无所谓美。而在物理性阶段，由于统一性很弱，因而也谈不上美。只在到了有机性阶段，理念才通过实在而较明显地表现出统一性，因而多少地表现出美。他认为，在动物有机体阶段，才更多地表现出统一性，成为"自然美的顶峰"。②

黑格尔认为，自然美是不完满的美，根本的缺陷在于理念被物质的材料束缚。其表现之一，就是理念的内在性，亦即不是每一部分都表现出理念。如，动物的羽毛、鳞甲、针刺，人的皮肤皱纹、裂纹、汗毛、毫毛等，都不能表现出理念。再就是，理念被物质束缚表现为个别自然事物对外界环境的依赖性。这就是说，自然物能不能表现出

---

① ［德］黑格尔：《美学》第 1 卷，朱光潜译，商务印书馆 1981 年版，第 168 页。
② 同上书，第 170—171 页。

生命力而具有美，往往由外在的环境决定。例如，动物的美就由寒冷、干燥、营养决定，而人的美则受到疾病、穷困、法律影响。物质束缚理念的另一个表现，是个别自然事物本身也有局限性，主要是受到种族、遗传、家庭、职业的影响，常常使面貌、外形的统一性受到歪曲和变态。

　　既然在自然物中理念为物质束缚，因此本身对美的体现不充分，那么人们为什么还会认为自然物美呢？黑格尔认为，自然物是为审美意识而美，也就是为人而美。他说："有生命的自然事物之所以美，既不是为它本身，也不是由它本身要显现美而创造出来的。自然美只是为其它对象而美，这就是说，为我们，为审美的意识而美。"① 这已经涉及"移情"作用的问题了，朱光潜先生认为，黑格尔对此并不重视，没有在这上面再做文章。② 这种说法并不太符合实际。事实上，黑格尔以相当的篇幅论述了这一问题。其原因，我们认为，是由于黑格尔无法处理他的理论体系与现实存在的矛盾。因为，从黑格尔的体系看，美是理念的感性显现，因而自然领域中不可能有美，但事实上自然领域中却存在美。黑格尔尽管用"不完满的美"给予解释，但仍未解决这种体系与现实的矛盾。于是，他就提出了"移情"的看法给予解释。黑格尔将此称作是对概念的"朦胧预感"③。所谓"朦胧预感"，即不是具体的概念，而是一种不确定的抽象的领悟，抽象地领悟到人的某种观念和情感。黑格尔分三类情形论述了这种"朦胧预感"的现象。

　　第一类是根据人的生活观点和习惯来判定一个动物的美与丑。例如，活动和敏捷是人们关于生命的一种观点，而懒散则相反。由此，我们对两栖动物、鳄鱼、癞蛤蟆、许多昆虫都不起美感。再如，从习惯上看，过渡种和混种使人惊奇但不美，象鸭嘴兽是鸟与四足兽的混合就是这种情形。

---

①　［德］黑格尔：《美学》第1卷，朱光潜译，商务印书馆1981年版，第160页。

②　朱光潜：《西方美学史》下卷，人民文学出版社1963年版，第490页。

③　［德］黑格尔：《美学》第1卷，朱光潜译，商务印书馆1981年版，第167页。

第二类是自然对象的形式美引起人的某种愉快。黑格尔认为，还有一些无生命的自然景物，如，山峰的轮廓、婉艇的河流、树木、草棚、民房、城市、宫殿、道路、船只、天和海，谷和壑等，"在这种万象纷呈之中却现出一种愉快的动人和外在的和谐，引人入胜"①。这就是说，这些自然景物本身是无生命的，但却具有一种整齐、平衡、和谐的形式美，因而使人愉快，引人入胜。黑格尔在第二章自然美中用专门的篇幅探讨了形式美问题。但对形式的整齐、平衡、和谐为什么会引起美，却没有进一步论述。从黑格尔关于"朦胧预感"的理论来看，是否可以这样理解：那就是形式美是事物的一种外在统一，观念才是内在的统一。从无生命的外在统一可使人朦胧地预感到一种内在的统一，从而使人感到愉快、动人。

第三类是自然物对心情的契合。黑格尔认为，某些自然物由于唤醒、感发了人类的某种心情而包含着一种特有的美的意蕴。这种美的意蕴不在自然物本身，而在于它同人类心情的"契合"。这种"契合"就是所谓"移情"。例如，寂静的月夜常常唤起人们乡思的情怀，但月夜本身无乡思之情而是由人的乡思之情的外射。因此，李白的《静夜思》："床前明月光，疑是地上霜。举头望明月，低头思故乡。"牵动了万千游子之心，被千古传诵。暗夜中的惊雷闪电能唤起人们勇敢搏击恶势力的斗争精神，也在于人的斗争精神的外射。郭沫若同志《屈原》一剧中的《雷电颂》不仅在黑暗如磐的四十年代的重庆给无数爱国志士以鼓舞，就是今天也仍然给人以战胜困难的勇气。至于某些动物，也都因其契合了人的某种感情，由人的勇敢、敏捷、和蔼的感情的外射，而具有某种特殊的美，如虎、猫等等。

总之，黑格尔关于自然美的理论在当时是具有进步意义的。因为，黑格尔正处于一个浪漫主义的时代，浪漫主义的特征之一就是崇拜自然，当时落后的消极浪漫主义对自然的崇拜甚至有泛神主义的神秘色彩。黑格尔是反对浪漫主义的，他的美学思想的基本精神是人本主义。他正是从对人及人的精神力量的推崇出发才反对消极浪漫主义

① ［德］黑格尔：《美学》第 1 卷，朱光潜译，商务印书馆 1981 年版，第 170 页。

绝对化地对自然的推崇，从而相应地轻视了自然美。从理论上来说，黑格尔关于自然美的理论也带有集大成的性质。因为，在美学史上，自然美与艺术美的关系，历来是一个核心问题，也是长期斗争的焦点之一。一部分倾向于唯物主义的美学家持"摹仿说"，认为自然美高于艺术美，如亚里斯多德、狄德罗等。但有的美学家却认为艺术美高于自然美，美只是主观意识的产物。如，康德在《判断力批判》中就根本排斥了客观的自然美的存在。总之，他们都把客观的自然与主观的意识割裂了开来，因而都不免堕入绝对化的歧途。只有黑格尔才第一次将它们统一了起来，提出了自然美是理念在自然的客观性相中的表现的命题，这就为自然美问题的正确解决奠定了基础。当然，黑格尔这个命题本身所归结的自然美的本质还是在于理念。而且，从其体系出发，他最后还是否定了自然美。但他为了解释自然领域中的美学现象，又提出了"朦胧预感"的理论。这个"朦胧预感"的理论，作为审美的确有许多独到的见解，但将对自然的审美代替自然现象本身所具有的客观的美，又暴露出他的唯心主义实质。

（三）艺术美的创造

黑格尔美学思想的主要部分是关于体现艺术美的艺术形象的创造问题。对于艺术形象，他叫作"有定性的现实存在"。一切的现实存在都是有限的，因而是非理想的，但艺术美的根本特征则是无限自由的理想性，因此，艺术形象的创造所要解决的中心问题就是怎样从有限的非理想性达到无限的理想性，从而创造出理想的美和理想的性格。这就是通过艺术创造克服感性与理性的矛盾，达到两者的直接统一、高度融合，从而做到在感性的形式中直接地充分地表现人的理性力量。这一切需要经过由一般世界情况到动作，再到性格的正、反、合的过程。

第一，一般世界情况。

什么是一般世界情况呢？按照黑格尔的观点，所谓"一般世界情况"，即指特定时代借以体现绝对精神的物质生活情况和文化生活情况的总和，是艺术形象形成的一般背景和各个方面统一的依据。在

"一般世界情况"之中，绝对理念还处于混沌的状态，但对艺术形象的创造却是提供了根本的时代前提。黑格尔在此主要论述了艺术与时代的关系问题，回答了什么是理想艺术的理想时代。他首先提出对一般世界情况的总的要求，是应成为有利于塑造独立自足的理想性格的背景。所谓独立自足的理想性格即是具有无限自由性的性格，也是理性力量通过感性形式得到充分显现、直接统一的英雄性格。由此，无限自由的艺术需要无限自由的时代土壤，英雄的性格产生于英雄的时代。黑格尔认为，真正的"英雄时代"只在古代，具体指希腊神话与史诗所反映的时代，即是原始社会后期、奴隶社会前期，大约在公元前 12 至前 8 世纪。他认为，这是理想性格的理想背景。原因是此时法律尚未制定，因而就没有法律约束个人自由，每个人都凭借自己的意志行事，理性与个性都不受任何阻碍，得以直接地统一。黑格尔举出埃斯库罗斯的悲剧《俄瑞斯忒斯的归来》为例说明这一点。剧中描写俄瑞斯忒斯潜回故国替父王阿伽门农复仇，一举杀死谋害亲夫的母后及其奸夫。这一切行为因是发生在"英雄时代"，所以，完全不受法律约束，主人公凭自己理解的道德原则行事。这样，其个别的感性行为本身就能直接地体现其理性意志。另外，由于当时社会分工不发达，劳动同个人的需要完全一致，劳动中充满了创造的欢乐，充分地表现了人的意志、理性、智慧和英勇。黑格尔说："例如阿伽门农的王杖就是他的祖先亲手雕成的传家宝；俄底修斯亲自造成他结婚用的大床；阿喀琉斯的著名的武器虽不是他自己的作品，但也还是经过许多错综复杂的活动，因为那是火神赫斐斯托斯受特提斯的委托造成的。总之，到处都可见出新发明所产生的最初欢乐，占领事物的新鲜感觉和欣赏事物的胜利感觉，一切都是家常的，在一切上面都可以看出他的筋力，他的双手的伶巧，他的心灵的智慧或是英勇的结果。只有这样，满足人生需要的种种手段才不降为仅是一种外在的事物；我们还看到它们活的创造过程以及人摆在它们上面的活的价值意识。"①正因为这样，黑格尔得出结论说："从此可以看出，理想的艺术表现

---

① ［德］黑格尔：《美学》第 1 卷，朱光潜译，商务印书馆 1981 年版，第 332 页。

为什么在神话时代，一般地说，在较早的过去时代，才找到它的最好的现实土壤。"① 黑格尔的这一结论应该说是有道理的。因为，文艺史证明，理想艺术的产生决定于现实生活中人的本质的实现程度。在他所说的"英雄时代"，在人的本质的实现方面至少有这样三大优势：第一，物质生产有所发展，已经逐步摆脱人类早期茹毛饮血的原始状态，并开始使用金属工具，产品有了富余，不致终日为衣食防御奔忙。这就促进了人的自我认识的发展。第二，当时仍实行原始的民主制。这就使人的本质的实现较少遇到的障碍。第三，当时尚处原始的集体生产状态，奴隶主剥削的生产关系未占统治地位，因而劳动尚未"异化"，这就使劳动本身仍保持着创造性，人们能够在劳动中使自己的本质力量对象化。凡此种种，都使古希腊时期成为人类早期文明的摇篮。马克思据此发展成文艺与社会的发展不平衡的理论。他指出，"关于艺术，大家知道，它的一定的繁盛时期决不是同社会的一般发展成比例的，因而也决不是同仿佛是社会组织的骨骼的物质基础的一般发展成比例的"，"我们先拿希腊艺术同现代的关系作例子，然后再说莎士比亚同现代的关系。大家知道，希腊神话不只是希腊艺术的武库，而且是它的土壤。成为希腊人的幻想的基础、从而成为希腊（神话）的基础的那种对自然的观点和对社会关系的观点，能够同自动纺机、铁道、机车和电报并存吗？在罗伯茨公司面前，武尔坎又在哪里？在避雷针面前，丘必特又在哪里？在动产信用公司面前，海尔梅斯又在哪里？"②

　　与"英雄时代"相比较，黑格尔认为，资本主义时代是一种不利于艺术发展的"散文气味"的世界情况。所谓"散文气味"的世界情况，即是缺乏艺术性的、不利于艺术形象创造的、导致理性与感性分裂的时代背景。其原因是，在这样的时代，普遍性、理性首先表现为法律，个人必须服从法律，个人的自由是有限的、受到法律束缚的。因此，普遍性、理性就不能直接同感性统一。再就是由于分工精

①　［德］黑格尔：《美学》第 1 卷，朱光潜译，商务印书馆 1981 年版，第 242 页。
②　《马克思恩格斯选集》第 2 卷，人民出版社 1972 年版，第 112—113、113 页。

细，每个人只能完成一件事情的某一个方面，这就形成了人们相互之间的依存性，使个人的作用受到局限。因而，人的意志、力量就不能充分地通过感性的行为表现出来。另外，黑格尔认为，在这样的时代，劳动失去了它的创造性和乐趣，变成束缚人的异化的劳动。也就是变成了同人敌对的异己力量。黑格尔全面而深刻地论述了"异化"劳动的内涵，他说："在这种情况之下，需要与工作以及兴趣与满足之间的宽广的关系已完全发展了，每个人都失去了他的独立自足性而对其他人物发生无数的依存关系。他自己所需要的东西或是完全不是他自己工作的产品，或是只有极小一部分是他自己工作的产品；还不仅此，他的每种活动并不是活的，不是各人有各人的方式，而是日渐采取按照一般常规的机械方式。在这种工业文化里，人与人互相利用，互相排挤，这就一方面产生最酷毒状态的贫穷，一方面就产生一批富人，不受穷困的威胁，无须为自己的需要而工作，可以致力于比较高级的旨趣。"① 这就从劳动与需要的关系、劳动中人与人的关系、劳动方式及劳动所产生的结果四个方面深刻地揭示了"异化"劳动的本质。正是根据上述理由，黑格尔断言，"我们现时代的一般情况是不利于艺术的。"② 由此，我们可以看到，实际上，黑格尔认为，资本主义时代是人的本质的全面"异化"。在他看来，资本主义时代里，人的本质不仅"异化"为强制性的劳动，而且异化为束缚人的本质的法律与社会分工。这是对资本主义社会少有的深刻揭露。当然，他在另一方面又将德国的资产阶级国家机器吹捧为历史的"顶峰"、地上的"神物"。而且，不加分析地反对社会分工和劳动机械化，看不到它们具有进步的一面，也是片面的。但黑格尔对资本主义揭露的深刻性却是毋庸讳言的。而且，他不仅深刻地揭露了资本主义社会残害人的本性的本质，还深刻地揭露了它阻碍文艺发展的本质。因为，在他看来，现实生活中人的本质的异化必然导致艺术表现中人的本质的异化。在此基础上，马克思提出了"资本主义生产就同某些精神生产部

---

① ［德］黑格尔：《美学》第 1 卷，朱光潜译，商务印书馆 1981 年版，第 331 页。
② 同上书，第 14 页。

门如艺术和诗歌相敌对就是如此"① 的观点。

总之，黑格尔在此深刻地提出和论述了艺术的繁荣与时代的关系的问题，这是一个有着重要理论价值的问题，是黑格尔在其唯心主义的体系之中对艺术发展规律的可贵猜测。黑格尔还进一步阐明了无限独立自由的新兴资产阶级的美学理想，要求自由的艺术建基于自由的时代。这在当时有进步意义，对我们今天也有启发作用。此外，黑格尔还论述了人物性格与社会背景的关系，肯定对后世典型环境与典型性格的理论有重要影响。他的异化劳动的理论也为马克思所继承、发展。

第二，情境与情致。

理念在一般世界情况之中尽管是和谐、静穆的，但也是混沌的。因此，理念要在艺术的创造中得到发展，要同感性达到直接的统一，就不能停止在一般世界情况的和谐静穆状态，而必须打破它、破坏它，走向分裂和矛盾。黑格尔指出，"但是内在的心灵性的东西也只有作为积极的运动和发展才能存在，而发展却离不开片面性和分裂对立。"② 他认为，这种艺术创作中理念的分裂和对立就是作为矛盾冲突的动作或情节，这是艺术创作的否定阶段，是理性与感性直接统一的关键的一环。

黑格尔认为，艺术形象的动作或情节不是偶然的，而是有其外因和内因的。其外因就是所谓"情境"。他说："情境就是更特殊的前提，使本来在普遍世界情况中还未发展的东西得到真正的自我外现和表现。"③ 这就是说，所谓"情境"，是艺术形象的更具体的前提，也就是环境。它是一般世界情况中绝对理念的外现，是使人物成为有具体规定性的艺术形象的重要一环。黑格尔认为，情境有三类：一是"无情境"，即是"无定性"的情境，有抽象的外形，但无动作。在这种"无情境"中，绝对理念具体化了，但处于"自禁

---

① 杨柄编：《马克思恩格斯论文艺和美学》，文化艺术出版社 1982 年版，第 512 页。

② ［德］黑格尔：《美学》第 1 卷，朱光潜译，商务印书馆 1981 年版，第 227 页。

③ 同上书，第 254 页。

闭状态"，是完全静止的，同外界无关的，直接表现出一种静穆的独立自足性、泰然自若的和谐状态。黑格尔认为，古代庙宇的严肃、肃穆的风格、古代埃及希腊雕刻中无表情的简单人物、基督教造型艺术中的圣母等都是属于"无情境"。再一种是所谓"处于平板状态"的情境。在这种情境中，有外在定性（动作），但无冲突，因而，理念不能得到质的纵深发展，而只能得到平面的量的扩大。这就表现不出严肃性、重要性和深刻的意义。黑格尔认为，古希腊早期雕塑中神的坐、站、静观、出浴等简单动作就是属于这种"处于平板状态"的情境。最后是"冲突"。所谓"冲突"，就是绝对理念分裂为本质上的差异面，表现为具有外在规定性的形象之间的矛盾。它在形象的形成中是人物动作的外因和开端。例如，《哈姆雷特》一剧的冲突就是围绕着复仇所展开的哈姆雷特与克劳迪斯之间的矛盾斗争。黑格尔认为，冲突是一种对和谐的破坏和否定，但只有通过这种破坏和否定，"情境才开始见出严肃性和重要性"①，绝对理念才有深化的可能性，才为最后达到更深刻的和谐的美创造了最基本的条件。因此，冲突是理想的情境。

　　以上所说的"情境"，是动作或情节的外因，而其内因则是"情致"。所谓"情致"，就是植根于绝对理念的人物内在的动机、思想和情感。例如，前已说到的埃斯库罗斯的悲剧《俄瑞斯忒斯的归来》中俄瑞斯忒斯的为父复仇的内在感情就是属于"情致"的范畴。黑格尔认为，"情致"不仅是人物动作的内因，而且是扣动人们心弦、引起强烈共鸣的艺术效果的重要来源，对于自然环境等外在的因素也具有统帅的作用。关于"情致"的表现，黑格尔认为，应做到内在的情感与外在形象的高度统一，使内在的情感隐藏于外在的形象之中，做到"含锋不露"。他举出歌德和席勒加以比较。他说："在这方面歌德和席勒两人现出鲜明的对照。在情致方面歌德比不上席勒，他的表现方式比席勒的表现方式比较含锋不露；特别是在抒情诗里歌德是很含蓄的，他的一些短歌，象歌本来应该那样，只让人约略窥见他所想

<hr />

① ［德］黑格尔：《美学》第 1 卷，朱光潜译，商务印书馆 1981 年版，第 261 页。

说的，而不加以反复阐明。席勒却不然，他喜欢尽量流露他的情致，用明晰活泼的词句把它揭示出来。"他又借德国作家克劳丢斯对莎士比亚和伏尔泰的评论，形象地指出："艺术所表现的正是说的和显得像的，而不是在自然现实中确实是的。如果莎士比亚真哭，而伏尔泰却显得像哭，莎士比亚就会是一个比较差的诗人了。"① 当然，克劳丢斯对莎士比亚的评价并不公允，黑格尔也是不同意的。他只是借用了克劳丢斯在情致表现方面的观点。也就是说，黑格尔在情致的表现上主张寓思想于形象。所谓"含锋不露"，即指将内在的思想情感隐藏于形象之中。而"显得象的"，也是用形象来显现思想情感，"确实是的"倒是借助于语言直接说出某种思想情感。这一切都同黑格尔所一贯主张的理性与感性直接统一的整体说相一致的。由此，我们可以看到，马克思和恩格斯主张"莎士比亚化"和反对"席勒式"的许多观点同黑格尔的上述观点有着渊源的关系。

在情境（外因）和情致（内因）的基础上就形成了动作（或情节），是包括动作、反动作和矛盾的解决的一种本身完整的运动。它是由形象之间的冲突而表现出来的精神对立。因其是一种矛盾的否定的环节，这个否定的环节是性格形成的关键阶段。黑格尔认为，人物性格"借一个情境和动作显现出来，在这个情境和动作的演变中，他就揭露出他究竟是什么样的人，而在这以前，人们只是根据他的名字和外表去认识他"②。他还认为，矛盾冲突是动作的核心，矛盾愈尖锐，性格就愈鲜明突出。他说："环境的互相冲突愈众多、愈艰巨，矛盾的破坏力愈大而心灵仍然坚持自己的性格，也就愈显出主体性格的深厚和坚强。"③ 同时，也只有在冲突中，通过这种对和谐的破坏，才能最后达到真正的和谐，即理性与感性的直接统一。他认为，索福克勒斯的悲剧《安蒂贡涅》就是这种通过尖锐的冲突而达到和谐美的典范作品。因此，他把这部作品誉为"最优秀最圆满的艺术作品"④，

① ［德］黑格尔：《美学》第 1 卷，朱光潜译，商务印书馆 1981 年版，第 299、299—300 页。
② 同上书，第 277 页。
③ 同上书，第 228 页。
④ ［德］黑格尔：《美学》第 3 卷下册，朱光潜译，商务印书馆 1981 年版，第 313 页。

并将其主人公安蒂贡涅称为"最壮丽的形象"。这就说明，在所有的冲突中，黑格尔是最赞赏悲剧冲突的。他在分析动作与反动作的根源时，认为应是两种同样合理的，但却各具片面性的伦理力量。这就一反当时社会上流行的善恶冲突的"恶的悲剧"的理论。他认为，这种以恶作为动作根源的悲剧会破坏艺术本身应有的"和谐"。他甚至不得不因此而对自己十分喜爱的莎士比亚的某些作品，如《李尔王》等颇有微言。那么，既然动作的双方都是"善"，又怎样会引起冲突呢？黑格尔认为，其原因在于它们各有片面性。例如，《安蒂贡涅》一剧中安蒂贡涅和国王克瑞翁双方就是如此。安蒂贡涅的两位哥哥因争王位而发生争斗，两人同时战死，其中的波吕涅刻斯因勾结外敌进攻祖国，被国王克瑞翁下令不准任何人收葬。但在古希腊，人死收葬是一种公认的基于天意的伦理道德，安蒂贡涅出于兄妹之情冒死收葬。这样，爱国之情与兄妹之情、国法与家法，都各有其合理性，但又各有其片面性，因而不可避免地发生了冲突。正因为双方都是片面的，因而在实现自己的伦理力量时必然要侵害对方也具有合理性的权利，毁灭另一种伦理力量，所以，从"伦理的意义"来看，双方又都是有罪的。这样，他们各自的不幸都由本身的因素造成，因此受到惩罚就是必然的，是咎由自取。在《安蒂贡涅》一剧的结尾，安蒂贡涅因违犯国法而自尽，克瑞翁则因失去未婚的儿媳而子死妻亡，各自都受到了惩罚。

　　关于动作的"解决"，黑格尔认为，是一种永恒正义胜利的"和解"。这就是说，矛盾的双方通过斗争，克服各自的片面性、不义性，最后达到"永恒正义"的胜利，矛盾得到解决，重新进入理念的和谐统一状态。这种"和解"，在内容上是高于矛盾双方的"永恒正义"的胜利。例如，在《安蒂贡涅》一剧的最后，既非家法的胜利，也非国法的胜利，而是克服了它们的片面性的、高于其上的"永恒正义"的胜利。在艺术效果上，不是给人以悲伤、痛苦，而是一种打动高尚心灵的"惊羡"。黑格尔认为，应该划清悲剧与悲惨事件的界限。所谓悲惨事件，只是一种外在的偶然的事件，一般只能引起人们的难过、同情。悲剧事件包含着理性、必然性，所以在效果上就是一种打动高尚心灵的"惊羡"。这是一种由震惊到平静、由悲痛到欣慰、由伤感到振奋的灵魂净化、精神升华的过程。例如，对《安蒂贡涅》一剧中主人公的壮烈的死，我们并不单纯地感到悲伤，而同时产生对这位殉道者的崇敬，感到她虽死犹生，并因而受到教育。动作的"和解"表现在形式上，就是由理性与感性的对立而达到两者的高度的和谐、直接的统一。在《安蒂贡涅》一剧中，我们可以看到，主人公的性格随着矛盾冲突一起朝前发展，冲突的深化亦是性格的深化。最后，冲突"和解"了，性格也最后完成。

黑格尔在关于动作或情节的论述中，辩证法表现得特别充分。他的动作是艺术创作的关键环节、冲突是理想的"情境"、"情致"应做到含锋不露等等观点，都深刻地体现了辩证法的精神。

第三，性格。

在黑格尔的艺术创造的辩证法中，动作是否定阶段，是反，而性格就是肯定阶段，是正，是理念的最后归宿。所谓"性格"，就是"神们变成了人的情致，而在具体的活动状态中的情致就是人物性格"①。这里所说的"神们"，即指绝对理念，就是说，绝对理念具体化为人物内在思想感情的情致，而情致在具体的活动状态中作为动作的内因，同作为外因的情境结合引起动作，性格就在动作中展开。这就是我们通常所说的情节是性格的历史。例如，《哈姆雷特》一剧中，主人公哈姆雷特的性格就不是孤立的、静止的、抽象的，而是同复仇的情节紧密相联，并正是在为报父仇而同克劳迪斯的矛盾斗争中逐步深入地展示了自己的性格。性格在艺术创作中具有极重要的地位，它是"理想艺术表现的真正中心"②。也就是说，从艺术形象本身来说，一般世界情况、情境、情致都不是独立的因素，只不过是形象整体的一部分，最后都统一到性格之上，为性格的展开服务。从艺术创作的主要任务来说，目的就是使绝对理念经由从抽象到具体的过程，克服感性与理性的矛盾，创造出具有具体定性的性格。

---

① ［德］黑格尔：《美学》第 1 卷，朱光潜译，商务印书馆 1981 年版，第 300 页。

② 同上。

性格的基本特征是有生命的整体，也就是理性与感性、共性与个性直接统一、互相渗透为充满生气的有生命的整体。黑格尔认为，在生命整体的基本特征的前提下，性格的具体特征有三：第一是丰富性。就是指性格具有活生生的人的特点，其内在的思想情感不是一个方面，而是多方面的、丰富的。欧洲中世纪以来直到古典主义时期，流行一种"类型说"，常常将一种抽象的品质进行人格化的图解，甚至分别化为一个个抽象的骑士，如，圣洁骑士、节制骑士、正义骑士等。黑格尔不同意这种"类型化"的方法，将其称之为"寓言式的抽象品"而加以斥责。他说："每一个人都是一个整体，本身就是一个世界，每个人都是一个完满的有生气的人，而不是某种孤立的性格特征的寓言式的抽象品。"① 他对于《荷马史诗》中丰富的性格描写倍加赞赏。例如，他认为，希腊大将阿喀琉斯就是这样一种性格丰富的形象。阿喀琉斯具有年轻人的勇敢和力量，热爱自己的母亲，同时也挚爱自己的情人，并满怀着高尚的友谊。黑格尔认为，"这是一个人！高贵的人格的多面性在这个人身上显出了它的全部丰富性"② 。第二，明确性。就是在性格的丰富性之中有一个情致作为其主要方面，从而使性格具有确定性。原因是，性格作为一个整体，要求有区别于其他性格的特征，而要做到这一点就要有一个方面作为性格的主导的、统治的方面。这样，又是丰富性，又是明确性，就应做到两者的统一。黑格尔认为，对于这种统一，也应从性格是真有生命的这个根本特点来看，而不能作抽象的、孤立的、形而上学的理解。例如，对阿喀琉斯这个形象就应如此。一方面，他在战场上十分凶残，杀死特洛亚大将赫克托之后拖其尸绕城三圈。但另一方面，当赫克托之父来到他的营帐时，他的心肠又软了下来，亲切地接待了老人，并让他领回赫克托之尸安葬，充分表现了一种人道的精神。对于上述情形，如果从抽象的形而上学的观点看，凶残与人道是不能统一的。但从辩证的生命的观点来看，两者是可以统一的。因为，人是有生命的、有意

---

　　① ［德］黑格尔：《美学》第 1 卷，朱光潜译，商务印书馆 1981 年版，第 303 页。

　　② 同上。

识的，他既能承担矛盾，又能忍受矛盾，这里不是一就是一、二就是二，而是有一个"幅度"。例如，阿喀琉斯，作为英雄，他的性格中占统治地位的是其柔软仁慈的理性力量。他在战场上的凶残，是出于为友复仇，而和蔼地接待赫克托之父则是理性力量的胜利。这种看似矛盾的两极就这样统一于一个有生命的英雄的身上。这就是所谓的寓一致于不一致。黑格尔在这里讲了一段极富启发的话："从此可知，知解力爱用抽象的方式单把性格的某一方面挑出来，把它标志成为整个人的唯一准绳。凡是跟这种片面的统治的特征相冲突的，凭知解力来看，就是始终不一致的。但是就性格本身是整体因而是具有生气的这个道理来看，这种始终不一致正是始终一致的、正确的。因为人的特点就在于他不仅担负多方面的矛盾，而且还忍受多方面的矛盾，在这种矛盾里仍然保持自己的本色，忠实于自己。"① 第三，坚定性。就是要有一个明确的情致贯串到底，不要动摇。黑格尔认为，这也是由性格的整体性的根本特征决定的。因为，作为性格整体来说，必须有一个主要的思想情感贯穿到底，才能始终把不同的方面统一起来，否则就是一盘散沙，毫无生气。为此，他要求一个性格中不能有两个根本对立的矛盾方面。他对高乃依的悲剧《熙德》中主人公罗德利克身上荣誉与爱情的尖锐矛盾就极不满意，认为违背了性格坚定性的原则。另外，他还反对感伤主义的性格的软弱性。为此，他不赞赏歌德的名著《少年维特之烦恼》，认为主人公是一种病态的性格。黑格尔认为，在人物性格的坚定性方面，莎士比亚倒是一个范例。他的"特点正在于他把人物性格描绘得果断而坚强，纵然写的是些坏人物，他们单在形式方面也是伟大而坚定的。哈姆雷特固然没有决断，但是他所犹疑的不是应该做什么，而是应该怎样去做"②。

　　黑格尔在关于性格特征论述中，提出了性格是理性与感性直接统一的整体、性格在情节中展开、性格是多样化的统一，以及这种统一是寓不一致于一致等重要的美学思想。这些思想都是其辩证的艺术观

---

　　①　［德］黑格尔：《美学》第 1 卷，朱光潜译，商务印书馆 1981 年版，第 306 页。

　　②　同上书，第 310—311 页。

的体现，具有重要的理论价值与启示作用。尤其是与现实主义的典型理论具有更直接的渊源关系。马克思主义经典作家关于"莎士比亚化"和典型应"是一个'这个'"的论述就受到上述思想的极大启发。有的同志认为，恩格斯在《致敏·考茨基》的信中所说的"每个人都是典型，但同时又是一定的单个人，正如老黑格尔所说的，是一个'这个'"①，其中的"这个"的含义就是黑格尔《美学》中论述阿喀琉斯性格丰富性时所说的"这是一个人"。但有的同志不同意，认为"这个"根源于《精神现象学》。我认为不能简单地理解，因为《精神现象学》中的"这个"和《美学》中的"这是一个人"的哲学根源是一致的，因此，恩格斯所说的"这个"的含义应包括上述两者。

（四）艺术家

黑格尔认为，在探讨了艺术美的概念及其表现形式之后，作为一种主体的创造活动，还应从主观方面对艺术家的活动进行探讨。在对艺术家的活动的探讨中，中心的问题是艺术家凭借什么能力以及怎样克服理性与感性、主观与客观的矛质而使两者达到统一。

黑格尔首先论述了主体所独具的艺术创造能力，即想象、天才、才能与灵感，等等。所谓"想象"，黑格尔认为是艺术家最杰出的本领，主体的一种创造性的活动，是一种先天禀赋的能力，所运用的材料是现实世界丰富多彩的图形，主体所使用的是听觉、视觉等感觉器官。他说："在艺术里不像在哲学里，创造的材料不是思想而是现实的外在形象。"② 正因为想象所运用的材料是现实世界丰富多彩的图形，所以想象的基础是现实的生活而不是抽象的理想。黑格尔说，想象"所依靠的是生活的富裕，而不是抽象的普泛观念的富裕"，并要求艺术家"必须置身于这种材料里，跟它建立亲切的关系；他应该看

---

① 杨柄编：《马克思恩格斯论文艺和美学》，文化艺术出版社 1982 年版，第 796 页。

② ［德］黑格尔：《美学》第 1 卷，朱光潜译，商务印书馆 1981 年版，第 357—358 页。

得多、听得多，而且记得多"①。这就说明，尽管从总的理论体系来说，黑格尔是客观唯心主义理论家，但在接触到具体的艺术创作问题时，他却不免在思想中闪出唯物主义的火花。这正是黑格尔的可贵之处。

他还进一步论述了想象的过程中感性与理性的关系这一艺术创作的核心问题。他认为，想象的根本特点是"理性内容和现实形象互相渗透融会"②。为此，他特别强调艺术想象凭借着具体的、个别的形象"去认识"的特点，而反对将其同哲学的思考混同。他说："想象的任务只在于把上述内在的理性化为具体的形象和个别现实事物去认识，而不是把它放在普泛命题和观念的形式去认识。"又说："哲学对于艺术家是不必要的，如果艺术家按照哲学方式去思考，就知识的形式来说，他就是干预到一种正与艺术相对立的事情。"③ 这就较明确地论证了艺术想象是借助于形象来思维，而不同于哲学借助于概念来思维。在艺术想象中所凭借的形象，并不单纯是现实生活中的形象，而既是形象又是思维。这是辩证法在艺术构思中的运用，又是同有限知解力的形而上学根本对立的。因为，在形而上学看来，形象只能是形象，而不可能同时又是思维；但在辩证的观点看来，就是完全可能的、合情合理的。黑格尔的这些论述，已接近于我们现在所说的形象思维的含义。但他决不排斥理性因素在想象中的作用，而是强调想象中必须依靠理性的思维能力来驾驭所要表现的内容。他明确指出，没有深思熟虑就不能揭示对象本质的真实的东西，而"轻浮的想象绝不能产生有价值的作品"④。那么，怎样才能在想象中将理性与感性统一起来呢？黑格尔提出："只有情感才能使这种图形与内在自我处于主体的统一。"⑤ 这里所谓的"情感"就是主体通过对对象的玩味、深刻地被其感动。黑格尔认为，只有被对象感动了，才能把对它的理性

---

① ［德］黑格尔：《美学》第 1 卷，朱光潜译，商务印书馆 1981 年版，第 357、358 页。
② 同上书，第 359 页。
③ 同上书，第 359、358—359 页。
④ 同上书，第 358 页。
⑤ 同上书，第 359 页。

认识外射（或外化）为图形（形象）。在这里，黑格尔提出了情感是艺术想象中联结理性与感性的中介的观点，这是十分深刻的。

关于天才与才能，黑格尔认为同想象活动是一致的，是在艺术的想象活动中所表现出来的能力。但"才能"只是将理念转化为形象的"特殊的本领"，即艺术技巧，诸如演奏、歌唱、绘画的技巧等。而"天才"却是一种创造性的活动，它能使艺术创造"达到本身的完备"[①]，即使理性与感性达到完满的直接的统一。在天才与才能形成的问题上，黑格尔一方面承认天才与才能"需要一种特殊的资质"，但也强调后天的学习，认为艺术表现"这种天生本领当然还要经过充分的练习，才能达到高度的熟练"[②]。

对于"灵感"，许多美学家都感到神秘莫测，但黑格尔却提出了自己独到的见解。他说，灵感就是"完全沉浸在主题里，不到把它表现为完满的艺术形象时绝不肯罢休的那种情况"[③]。这样，在黑格尔看来，灵感就是一种在艺术想象中所表现的强烈的创作欲望和高度集中的精神状态。关于灵感的起源，既不是什么"感官刺激"，也不是什么"创作愿望"，而是形成于理性内容感性化的过程中，亦即是主题提炼的过程中。这样，在"灵感"的问题上，黑格尔倒是多少排除了神秘的迷雾，接近于揭示其本质。

但是，上述想象、天才、灵感等都只是主体性的能力，它们还须有客观的依据，否则就会成为理性派的脱离客观的主观随意性。当然，黑格尔也反对感性派的纯粹外在的客观性。这种所谓"客观性"，完全脱离主体，只强调形式的逼真，而成为琐屑的客观细节的堆砌。黑格尔认为，应该做到主体性与客观性的高度统一。这种统一的结果就是物我一致的独创性。他说："独创性是和真正的客观性统一的，它把艺术表现里的主体和对象两方面融合在一起，使得这两方面不再互相外在和对立。"[④] 这就是通过创造性的艺术劳动使主体和对象两方

① ［德］黑格尔：《美学》第 1 卷，朱光潜译，商务印书馆 1981 年版，第 360 页。
② 同上书，第 361、363 页。
③ 同上书，第 365 页。
④ 同上书，第 373 页。

面融合，达到物我一致，物中有我，我中有物。关于这个问题，我们可举一个例子加以说明。宋代诗人秦观的《初见嵩山》："年来鞍马困尘埃，赖有青山豁我怀。日暮北风吹雨去，数峰清瘦出云来。"这日暮北风中出云的清瘦的数峰，既是自然景物，又是怀才不遇、数遭贬斥、穷愁潦倒的作者，物我统一，融为一体。这就是独创性的表现。黑格尔的"独创性"的含义，接近我们现在所说的创作中充分表规了作者个性的"风格"。而他所说的"风格"，却只是某种艺术形式特有的规律。黑格尔进一步指出，独创性的根本要求是整一性。他说，艺术创作"要表现出真正的独创性，它就得显现为整一的心灵所创造的整一的亲切的作品"①。这就要求作品内在的内容和外在的形式均要做到和谐统一。当然，最重要的还是要求首先做到内在的统一，因为外在的统一根源于内在的统一。这样的作品才是真正的理性与感性、主观与客观的直接统一，才能达到理想的艺术美的高度。这种内在的整一性的动力，在于艺术家在创作中抓住艺术形象自身内在的矛盾性，通过矛盾冲突的充分展开而使艺术形象达到和谐统一的境界。这就是整一性的内在必然性。他说："如果作品中情景和动作的推动力不是由自身生发的，而只是从外面拼凑的，它们的协调一致就没有内在的必然性，它们就显得是偶然的，由一种第三因素，即外在于它们的主体性，把它们联系在一起。"②这种"由自身生发的"内在必然性是感性与理性由矛盾对立而达到统一，也即是艺术美创造的客观规律。这就告诉我们，艺术的整一性是艺术家的艺术想象等主体性能力得到符合艺术规律的充分发挥的必然结果，而违反艺术规律就不能达到整一性。他认为，歌德的《葛兹·封·伯利兴根》尽管是一部优秀作品，但其中的许多情节就是违背艺术规律的由外面机械地凑合在一起的，因而是缺乏整一性的。例如，该剧所写修道士马丁·路得对世俗生活的羡慕，就是缺乏内在根据的败笔。黑格尔的这段论述说明，他始终将矛盾冲突作为艺术美的关键环节，要求艺术创造中抓住

---

① ［德］黑格尔：《美学》第 1 卷，朱光潜译，商务印书馆 1981 年版，第 375—376 页。
② 同上书，第 376 页。

这一环节，使作品达到独创性的高度。

综上所述，黑格尔深刻地论述了艺术家创作活动中的一系列根本问题。他揭示了艺术想象所运用的手段是外在形象，主张艺术想象从生活出发，要求艺术家置身于生活之中，并强调了理性在艺术想象中的驾驭作用。这就涉及艺术思维的根本特征问题，划清了艺术与哲学的界限，并同时打破了消极浪漫主义与神秘主义的反动文艺思想；在天才问题上，他以承认先天资禀为前提，同时也注意到了后天的训练。这同康德仅仅承认先天的自然禀赋相比，是一个明显的进步；关于灵感的来源，他将其归之于理性内容感性化的过程，既不在单纯的主体，也不在单纯的客体。这对进一步排除灵感问题上的神秘主义迷雾，揭示其本质具有重要的价值；他还将艺术创作的根本特征归之于"独创性"。所谓"独创性"，在他看来就是感性与理性、内容与形式及整个形象总体的高度整一性。这是其无限自由的美学理想的体现，涉及艺术创作和评论的总要求、总标准的根本问题。当然，黑格尔在艺术家的创作的问题上仍不可能真正摆脱其客观唯心主义的束缚。例如，他过分地强调了想象、天才和灵感中的先天因素，将其作为主要成分；在艺术创作真实性的问题上，不恰当地突出了主体性的作用，而相对地忽略了外在的客观存在；在艺术创作中感性与理性的关系上，将理性抬到决定一切的位置，而仅仅将感性作为理性外射的工具。

四　艺术类型说

（一）艺术类型说的理论根据

黑格尔在《美学》第二卷中提出并集中论述了艺术类型说。此卷的副题是"理想发展为各种特殊类型的艺术美"。可见，他说的艺术类型，就是美的理想发展的由低到高的不同阶段，具体分为原始的象征型的美、古代的古典型的美、近代的浪漫型的美。这种不同的艺术类型又是不同的"美的世界观"，所以，他说，各种艺术类型的特殊内容"是由艺术精神本身发展出来的对神和人的各种美的世界观，这种世界观自成一种内部经过分别开来的体系。"①

黑格尔提出艺术类型说的理论根据，有如下三点。

第一，"美是理念的感性显现"的总定义决定了对于理想的美即理想（Ideal）的实现必须有一个发展的（显现的）过程。在黑格尔的艺术辩证法看来，美不是静止的、永恒的，而是发展的，变化的，在思维中是如此，在历史上也是如此。从历史上来看，美的发展过程就形成了不同的艺术类型，即所谓象征型、古典型与浪漫型的由低到高的不同阶段。他认为："这三种类型对于理想，即真正的美的概念，始而追求，继而到达，终于超越。"②

第二，黑格尔认为，美的理念的上述历史形态发展的动力不在外部而在内部，即自身的自分化和自发展。他说："所以艺术表现的普遍性并不是由外因决定，而是由它本身按照它的概念来决定的，因此正是这个概念才自发展或自分化为一个整体中的各种特殊的艺术表现方式。"③ 就是说美的理念自分化为理性与感性的不同方面，并由其内在的矛盾而促使其发展，形成了不同的艺术类型。

第三，黑格尔认为，美的理念的上述发展其本质是精神对于物质的战胜。艺术愈向前发展，物质的因素逐渐下降，精神的因素逐渐上升。象征型艺术是物质趋向于精神，古典型艺术是物质与精神的平衡吻合，浪漫型艺术是精神超过物质。正是这样，他进一步指出，上述各艺术类型"之所以产生，是由于把理念作为艺术内容来掌握的方式不同，因而理念所借以显现的形象也就有分别。因此，艺术类型不过是内容和形象之间的各种不同的关系，这些关系其实就是从理念本身生发出来的，所以对艺术类型的区分提供了真正的基础"④。

对于这样一个划分不同艺术类型的原则，具体可作如下两个方面的理解：

首先，黑格尔的三种艺术类型反映了理念与形象互相融为一体的

①　［德］黑格尔：《美学》第1卷，朱光潜译，商务印书馆1981年版，第3页。
②　同上书，第103页。
③　［德］黑格尔：《美学》第2卷，朱光潜译，商务印书馆1981年版，第3页。
④　［德］黑格尔：《美学》第1卷，朱光潜译，商务印书馆1981年版，第95页。

不同程度。他说："象征型艺术在摸索内在意义与外在形象的完满的统一，古典型艺术在把具有实体内容的个性表现为感性观照的对象之中，找到了这种统一，而浪漫型艺术在突出精神性之中又越出了这种统一。"①

其次，决定不同艺术类型特点的不是形式而是内容，即理念本身。他一贯主张内容决定形式，有什么样的理念内容就有什么样的理念与形式的结合方式。他说："关于艺术理想在它的发展过程中所产生的特殊类型的研究到这里可告结束了。我比较详尽地讨论了这些类型，目的在于说明这些类型所用的内容，这种内容本身产生了和它相应的表现形式。因为在艺术里象在一切人类工作里一样，起决定作用的总是内容意义。"②绝对理念本身就是发展的，在不同的时代有不同的含义，所以，他认为，艺术的发展包括两方面内容。一是作为艺术内容的绝对理念的演进。这是一种先后相承的各个历史阶段的确定的世界观，主要是"对于自然、人和神的确定的但是无所不包的意识"③。二是作为艺术形式的直接感性存在的演进。这两个演进之间是互相适应的，艺术形式的演进与内容的演进相适应。内容的决定作用还表现在，美的理念在其发展过程中经历了由单薄到清晰、丰富的过程，艺术也相应地表现出象征、古典与浪漫的不同类型。

（二）象征型艺术

黑格尔将艺术的历史发展划分为象征型、古典型与浪漫型的不同阶段。其中，象征型属于原始的艺术美，古典型属于古代的艺术美，浪漫型属于近代的艺术美。他在具体阐述时将重点放在对古典型与浪漫型进行比较，目的在探讨古今不同的历史条件下艺术美的形态及其特点。他以自己特有的逻辑顺序描绘了一幅艺术美发展的历史画卷。

在这幅画卷中，首先呈现在我们面前的是东方象征型的艺术。它

① ［德］黑格尔：《美学》第 2 卷，朱光潜译，商务印书馆 1981 年版，第 6 页。
② 同上书，第 385 页。
③ ［德］黑格尔：《美学》第 1 卷，朱光潜译，商务印书馆 1981 年版，第 90—91 页。

是借助外在自然界的形象对理念的一种模糊而抽象的象征，给人以朦胧之感。因为，此时人类还处于原始的蒙昧阶段，缺乏自觉的意识，理念本身就是朦胧抽象、未受定性的。如印度婆罗门教当中的"梵"，就是一种没有任何定性的浑然太一，本身显不出任何具体形象。正是由于理念本身的这种朦胧抽象的性质，使其不能由自身产生出适合的艺术表现形式，而要在自身之外的自然界寻找表现形式。印度的婆罗门教就用牛、猴之类动物作为"梵"的表现形式。有的民族则借用未经加工的非常粗糙的木、石来表现神（理念）。它们也对自然现象进行某种加工，但多是歪曲和夸张，突出其庞大而无规则的特性。所以，他说，象征型艺术"把自然形状和实在现象夸张成为不确定不匀称的东西，在它们里面昏头转向，发酵沸腾，勉强它们，歪曲它们，把它们割裂成为不自然的形状，企图用形象的散漫、庞大和堂皇富丽来把现象提高到理念的地位。"①

可见，原始的象征型艺术都以其物质形式的巨大而著称。如古代埃及人已初步具备灵魂不朽的观念，但却找不到灵魂独立存在的形式，因此就建造一些巨大的结晶体，以其作为国王或神牛、神猫、神鸾之类神物的坟墓的外围，象征某种内在的不朽灵魂。象征型艺术感性形象与理性观念之间是一种间接暗示的关系，"象征一般是直接呈现于感性观照的一种现成的外在事物，对这种外在事物并不直接就它本身来看，而是就它所暗示的一种较广泛较普遍的意义来看"②。它主要表现为形象成为"要表达的那种思想内容的符号"③。它不像语言那样是形象与理念意义任意结合的符号，而是两者之间有着某种联系与相同之处。如，用狮子象征刚强、狐狸象征狡猾、圆形象征永恒、三角形象征神的三身一体等。但符号与观念意义之间又不完全相同，因象征的形象本身具有多义性，同一内容可用多种形象象征，而同一形象又可象征多种内容。所以，他说："象征在本质上是双关的或模

---

①　[德] 黑格尔：《美学》第1卷，朱光潜译，商务印书馆1981年版，第96页。

②　[德] 黑格尔：《美学》第2卷，朱光潜译，商务印书馆1981年版，第10页。

③　同上书，第11页。

棱两可的。"①

其次，在象征型艺术中，感性形象与观念意义又表现为一种矛盾斗争的状态，它们形成了不同的阶段。这种不同阶段，黑格尔认为，"并不是不同种类，而只是这同一矛盾的不同阶段和不同方式。"② 正是这种内在的不协调性，使象征艺术中观念对客观事物的关系"成为一种消极的关系"③。这就是说，形象对理念的不适应不协调促使理念离开形象，将自己提升到高出于形象之上，从而使象征艺术在美学特征上形成一种崇高的风格。"理念越出有限事物的形象，就形成崇高的一般性格。"④ 这就是原始民族中用离奇而体积庞大的东西来象征本民族某些抽象的理想所产生的印象是巨量物质压倒心灵而理性又超越物质的原因所在。黑格尔在这里吸收了康德的有关理论，并以客观唯心主义加以改造。他认为，象征型艺术的历史地位，不过是人类初期的低级艺术，实际上是一种史前艺术或真正艺术的准备阶段，它"主要起源于东方"⑤。这种说法当然不符合艺术史的事实，也是其错误的"欧洲中心主义"观点的露骨表现。他还指出，建筑是象征型艺术的代表性种类，因为建筑所使用的材料是没有精神性的外在自然，从而形成精神的纯然外在的反映。

总之，在黑格尔看来，象征型艺术反映了人类审美意识的萌芽、早期人类对美的探求。具体表现为理念对感性表现形式的挣扎和追求。故作为美的体现物，早期艺术较少人类创造的痕迹，呈现出巨大、粗糙的原始状态，给人以朦胧、模糊、神秘乃至崇敬的崇高之感。

（三）古典型艺术与浪漫型艺术的比较

黑格尔把人类艺术发展划分为象征型艺术、古典型艺术和近代浪

① ［德］黑格尔：《美学》第 2 卷，朱光潜译，商务印书馆 1981 年版，第 12 页。
② 同上书，第 16 页。
③ 同上书，第 9 页。
④ ［德］黑格尔：《美学》第 1 卷，朱光潜译，商务印书馆 1981 年版，第 96 页。
⑤ ［德］黑格尔：《美学》第 2 卷，朱光潜译，商务印书馆 1981 年版，第 9 页。

漫型艺术，其中也包括所他反感的消极浪漫主义艺术与自然主义艺术三个阶段。

我们先来看黑格尔对于古典型艺术的研究。他认为，古希腊罗马时期的古典艺术是理想艺术的典范，因为它们克服了象征型艺术的形象的不完善性及其与意义的抽象联系"这双重的缺陷"，而"把理念自由地妥当地体现于在本质上就特别适合这理念的形象，因此理念就可以和形象形成自由而完满的协调"①。"只有古典型艺术才初次提供出完美理想的艺术创造与观照，才使这完美理想成为实现了的事实。"② 他进一步申述其原因道："古典型艺术中的内容的特征在于它本身就是具体的理念，唯其如此，也就是具体的心灵性的东西；因为只有心灵性的东西才是真正内在的。"③ 人类经过原始的氏族生活之后，开始形成了雏形的国家，在古希腊即是"城邦"。因而，在思想观念上，也由朦胧的初始的不稳定的人类意识而初步形成了较为稳定具体的伦理道德观念。它们表现为古希腊复杂的神话系统中的众神，从而也成为古代文艺的内容。古典型的美就筑基于这样的伦理道德观念内容之上。一定的内容要求一定的形式。"所以要符合这样的内容，我们就必须在自然中去寻找本身就已符合自在自为心灵的那些事物"，这种事物就是"人的形象"④。在黑格尔看来，只有在人的形象里，作为具体理念的人类的伦理观念才能得到圆满的显现。因此，古希腊艺术集中地体现了人体的美。不论是爱神、艺术之神与智慧女神都具体化为栩栩如生的维纳斯、阿波罗和雅典娜等美的人体造型，并从中流露出爱情、艺术与智慧等人类伦理观念。黑格尔认为，古典型艺术是"内容和完全适合内容的形式达到独立完整的统一，因而形成一种自由的整体"⑤。这种自由的整体表现为"精神意义与自然形象互相

---

① ［德］黑格尔：《美学》第 1 卷，朱光潜译，商务印书馆 1981 年版，第 97 页。
② 同上。
③ 同上。
④ 同上书，第 97、98 页。
⑤ ［德］黑格尔：《美学》第 2 卷，朱光潜译，商务印书馆 1981 年版，第 157 页。

渗透"①。这就是古典型艺术特有的"精神个性的原则"。所谓"精神个性的原则"即是"把自由的精神性作为具体的个性来掌握，而且直接从肉体现象中来认识这种个性"②。

　　古典型艺术的上述特性与原则形成了一种特殊的"古典美"。所以，他又说："我们把古典型艺术及其完善和象征型与浪漫型艺术都明确地区分开来，后两种艺术类型的美无论在内容上还是在形式上都是完全另样的。"③ 因为其性质不同于象征型艺术局限于通过自然象征抽象的客观的理念的美，而是经过了艺术创造成为具体理念的美，所以，还需借助外在的人体形象来显现出内在的精神："把精神的个性纳入它的自然的客观存在中，只用外在现象的因素来阐明内在的东西。"④ 古典美由于其理性观念与感性形象处于直接统一、互相渗透的状态，因而以和谐协调为其基本特点。或者说，"这些因素直接融合成美的那种和谐却是古典型艺术的精髓"⑤。所以，古典美总是一种静态的雕塑型的美，离开了矛盾冲突的"沉思的，巍然不可变动"的美。⑥ 它体现的美学理想也是一种特有的静穆和悦、镇静自持、雍容肃穆。"真正的古典理想具有无限的安稳和宁静，十全的福慧气象和不受阻挠的自由。"⑦ 黑格尔极其推崇古典的美学理想，认为这是"艺术达到完美的顶峰"，"是理想的符合本质的表现，是美的国度达到金瓯无缺的情况。没有什么比它更美，现在没有，将来也不会有"⑧。

　　古典型艺术尽管是理想的艺术、最高的美，但却存在着不能完全摆脱感性自然束缚而上升到绝对精神的缺陷，因而它注定要瓦解而被浪漫型的艺术代替。这里的浪漫型艺术，指的是从中世纪基督教文艺

①　［德］黑格尔：《美学》第 2 卷，朱光潜译，商务印书馆 1981 年版，第 162 页。
②　同上书，第 167 页。
③　同上书，第 174 页。
④　同上书，第 227 页。
⑤　同上书，第 175 页。
⑥　同上书，第 231 页。
⑦　同上书，第 227 页。
⑧　同上书，第 273、274 页。

直至 19 世纪初期的现实主义与浪漫主义及自然主义等各种文艺流派的总和，也就是资本主义时代的文艺，可统称作近代文艺。黑格尔认为，这种近代文艺有着与古典艺术迥然不同的面貌。首先，它在思想内容方面已不是模式化的古代人类的伦理道德观念，而是资本主义时代人们的丰富复杂的内心生活，"浪漫型艺术的真正内容是绝对的内心生活"①。这样的内容已经超出了古典型艺术运用感性的肉体形象的表现方式的范围，因而必然要择取精神的表现方式。他指出，浪漫型艺术的与内容相应的形式"是精神的主体性，亦即主体对自己的独立自由的认识"②。所谓"精神的主体性"，即是特殊的"内在形象"。他说："浪漫型的美不再涉及对客观形象的理想化，而只涉及灵魂本身的内在形象，它是一种亲切情感的美，它只按照一种内容在主体内心里形成和发展的样子，无须过问精神所渗透的外在方面。"③"内在形象"就是指植根于灵魂的、有着浓烈个人情感的个性。这种个性不同于古典型艺术中的性格。古典型艺术中的性格是借以体现各种伦理观念的类型，而近代浪漫型艺术中的个性却是从人的本性与主观情欲出发，各各相异的。黑格尔认为，莎士比亚剧作中的人物就是这样的个性，它们"所涉及的不是宗教虔诚，不是出于人在宗教上自己与自己和解一致的行动，不是单纯的道德问题。相反地，我们所看到的是些完全依靠自己的独立的个别人物，他们所追求的特殊目的是只有他们才有的，是完全由他们的个性决定的，他们带着始终不渝的热情去实现这些目的，丝毫不假思索和考虑普遍原则，只求达到自己的满足。特别像《麦克伯》《奥赛罗》《理查三世》之类悲剧，每部中都有一个这样的人物性格，他周围的人物都没有他那样突出和强有力"④。

正因如此，黑格尔认为，在浪漫型艺术中"外在的现象已不再能表达内心生活，如果要它来表达，它所接受的任务也只能是显示出外

① ［德］黑格尔：《美学》第 2 卷，朱光潜译，商务印书馆 1981 年版，第 276 页。
② 同上。
③ 同上书，第 280 页。
④ 同上书，第 344 页。

在的东西不能令人满意，还是要回到内心世界，回到心灵和情感，这才是本质性的因素。因此，浪漫型艺术对外在的东西是听其放任自流的，听任一切材料乃至花木和日常家具都按照自然界的偶然的样子原封不动地出现在艺术作品里。"① 这样，在浪漫型艺术里就导致了主体与客体、感性与理性的分裂，分裂成主体方面和外在现象方面两个相互对立的整体。前者即为内在形象，后者即为外在形象。而其特点是内在理性观念的丰富溢出了外在形象，所以完全不同于内在理性观念的贫乏找不到合适的外在感性形象的象征型艺术。当然，浪漫型艺术也必须具有自己的"和解"，因为"没有和解"，始终处于分裂状态，就不会达到美的境界。但这种"和解"，既不同于象征型艺术凭借"暗示"的感性与理性的勉强协调，也不像古典型艺术以感性与理性直接统一方式的"和解"。它是精神与精神的和解，即主观情欲同个性的和解，是主观情欲通过个性的生动表现。所以，它是一种特殊形态的美，它在性质上是一种内在的精神性的美。因为，在浪漫型艺术中，主体的作用大大加强，成为其他因素的主宰，对一切的客观对象都进行艺术的加工处理，使其打上鲜明的主观印记。所以，黑格尔说，浪漫型艺术的"主体性凭它的情感和见识，凭它的巧智的权利和威力，把自己提高到全体现实界的主宰的地位，不让任何事物保持一般常识都认为它应有的习惯的联系和固定的价值；只有等到纳入艺术领域的一切，通过艺术家凭主体的见解、脾气和才智所赋予它的形状和安排，都成为本身可以分解的，而对于观照和情感来说，则显得确已分解掉了，这时主体性才感到满足"②。正是这样，浪漫型艺术可将各种反面的丑恶的事物作为艺术题材，还使其具有犹如音乐一般的浓烈的抒情的基调。"因为浪漫型艺术的原则在于不断扩大的普遍性和经常活动在心灵深处的东西，它的基调是音乐的，而结合到一定的观念内容时，则是抒情的。抒情仿佛是浪漫型艺术的基本特征，它的这种调质也影响到史诗和戏剧，甚至于像一阵出心灵吹来的气息，也围

① 〔德〕黑格尔：《美学》第 2 卷，朱光潜译，商务印书馆 1981 年版，第 286—287 页。
② 同上书，第 366 页。

绕造型艺术作品（雕塑）荡漾着，因为在造型艺术作品里，精神和心灵要通过其中每一形象向精神和心灵说话。"① "精神如果要获得完整与自由，就须使自己分裂开来，使自己作为自然和精神本身的有限的一面和原来本身无限的一面对立起来。另一方面，与这种分裂联系在一起的还有一种必然：通过精神本身的分裂，有限的，自然的，直接的存在，自然的心，就被确定为反面的，罪孽的，丑恶的一面，因此，只有通过对这种反面东西的克服，精神才能摆脱本身的分裂而转入真实与安乐的领域。"②

这种内在的冲突、精神的分裂使浪漫型艺术的美成为一种动态的美。这种美是逐步展开、深化和完善的，由不稳定渐趋稳定，呈现出一种在时间中发展的特有的主体美，而不同于古典美的定型化和空间平面化。黑格尔将古希腊艺术与莎士比亚戏剧作了对比，他认为，在古希腊人那里，起重要作用的不是主体性格而是情致或动作的实体性内容，这种定性明确的人物性格在他的动作情节范围之内基本上没有发展，在开场时是什么样的人，在收场时还是那样的人。但浪漫型艺术中的性格却表现出一种主体内心世界的发展过程。《麦克白》一剧中的主人公麦克白，他的动作情节同时就是他的心灵逐渐转向野蛮的恶化过程，一个环节套着一个环节。浪漫型艺术的这种精神分裂的特点和内在运动的状态就使其不像古典型艺术那样以和悦静穆的美作为其理想，而是以打破和谐的动荡的美为其理想。它也不像象征型艺术通过对自然现象的提高而形成对无限理念的向往，而是通过对感性形象的轻视激荡起内在情感的波浪，所以是一种内在主体的情感的美。这种美也带有几分朦胧的色彩，但却并非来源于理念本身的抽象，而是来源于内在情感的非确定性。

（四）主要理论贡献

恩格斯曾说，黑格尔的著作"有巨大的历史感"，"到处是历史

---

① ［德］黑格尔：《美学》第 2 卷，朱光潜译，商务印书馆 1981 年版，第 287 页。
② 同上书，第 280 页。

地、在同历史的一定的（虽然是抽象地歪曲了的）联系中来处理材料的"①。黑格尔的艺术类型学说也是这样，它对于我们从历史的角度理解艺术的本质、认识美与审美的时代性是大有助益的。下面阐述一下黑格尔的艺术类型说的主要理论贡献。

第一，黑格尔的艺术类型说深刻地阐述了艺术发展的历史观。从历史的角度论述艺术，将古今艺术形态进行对比研究，以及将艺术分为三种类型，都不是黑格尔的创造，前人早有过不同的探讨，如赫尔德曾联系各民族的历史研究艺术，温克尔曼与席勒都将古代艺术与近代艺术进行对比研究，莱辛则提出了古代与近代两种不同的美学理想，许莱格尔在古代与近代的艺术之外又加了东方艺术等。黑格尔的研究其意义，一在对前人的探讨作了总结和综合，二在作了创造性的发挥。这里特别要补充他的艺术发展辩证法历史观。他说："不管是荷马和梭福克勒斯之类诗人，都已不可能出现在我们的时代里了，从前唱得那么美妙的和说得那么自由自在的东西都已唱过说过了。这些材料以及观照和理解这些材料的方式都已过时了。只有现在才是新鲜的，其余的都已陈腐，并且日趋陈腐。"② 这就是他运用历史发展观对自己推崇荷马和梭福克勒斯为代表的古希腊艺术为美的顶峰无法超越，以及曾经宣扬过的"今不如昔"的错误看法的超越，明确表示再美的艺术也是要陈旧的。所以，他又说，对于"古典理想的美，亦即形象最适合于内容的美，就不是最后的（最高的）美了"③。他甚至说，浪漫型艺术对于古典美的改变，不应"看作是由时代的贫困、散文的意识以及重要旨趣的缺乏之类影响替艺术所带来的一种纯粹偶然的不幸事件；这种改变其实是艺术本身的活动和进步，艺术既然要把它本身所固有的材料化为对象以供感性观照，它在前进道路中的每一步都有助于使它自己从所表现的内容中解放出来"④。这就完全是一种"今胜于昔"的历史进步的观点了。尽管在阐述这一观点时有些勉强，

---

① 《马克思恩格斯选集》第 2 卷，人民出版社 1972 年版，第 121 页。
② ［德］黑格尔：《美学》第 2 卷，朱光潜译，商务印书馆 1981 年版，第 381 页。
③ 同上书，第 275 页。
④ 同上书，第 377 页。

不禁带有一点悲观哀怨的情绪，但他毕竟是承认了这一点。不仅如此，关于"处理材料的方式"问题，黑格尔还说："面对着这样广阔和丰富多彩的材料，首先就要提出一个要求：处理材料的方式一般也要显示出当代精神现状。"① 当代精神是个永恒发展的概念，所以，他认为，同为对现实的摹仿，古希腊的摹仿就以理性与感性的直接统一为其准则，既排斥对感性现实的单纯摹写，也排斥主观色彩的过分流露；而近代的摹仿就被浪漫艺术的内在主体性原则所制约，在对现实的摹仿中到处表现出主观精神的主宰作用，以至成为一种"对现成事物的主观的艺术摹仿"②。的确，同为摹仿，莎士比亚同埃斯库罗斯相比就有着明显的区别，而我们今天的摹仿艺术也有着自己的特色。由此也可见，黑格尔的不同时代有不同的美学理想的提法，比目前流行的现实主义、浪漫主义的提法更加科学，也具有更大的包容性和开放性，更有利于艺术的繁荣发展。

第二，黑格尔的艺术类型说阐明了一定的艺术美的时代土壤。他认为，各个不同时代之所以有着不同于其它时代的艺术与美的形态，因为先后相承的各阶段的确定的世界观是作为对于自然、人和神的确定的但是无所不包的意识而表现于艺术形象的。他还指出，各个时代的"世界观形成了宗教以及各民族和各时代的实体性的精神，它们不仅渗透到艺术里，而且也渗透到当时现实生活的各个领域里。因为每个人在各种活动中，无论是政治的，宗教的，艺术的还是科学的活动，都是他那时代的儿子，他有一个任务，要把当时的基本内容意义及其必有的形象制造出来，所以艺术的使命就在于替一个民族的精神找到适合的艺术表现"③。他深刻地论述了艺术同时代的关系，提出了"文艺家是时代的儿子""艺术美是民族精神的艺术表现"等重要观点，虽然没有跳出客观唯心主义者将抽象理念作为艺术发展的出发点的根本缺陷，但在一定程度上也揭示了美

---

① ［德］黑格尔：《美学》第2卷，朱光潜译，商务印书馆1981年版，第381页。
② 同上书，第366页。
③ 同上书，第375页。

与艺术发展的历史动因。

第三，黑格尔的艺术类型说还揭示了艺术发展的历史趋势，尽管不完全符合历史真实面貌，却有其合理性一面。下面列表对黑格尔关于三种艺术类型基本特点的概括予以说明：

方面\类别	内容	形式	理性与感性的关系	代表性的艺术种类	美学理想	美的特征			
						原则	性质	特点	状态
象征型（原始的美）	抽象的理念	外在的自然现象	分裂对感性的提高	建筑	对无限的向往引起的崇高	通过自然对理论的暗示	抽象的客观理念的美	感性与理性的对立	动态
古典型（古代的美）	具体的理念（伦理道德观念）	人的肉体形象	直接统一	雕塑	静穆和悦	精神个性	渗透着伦理观念的人的形体美	和谐统一	静态
浪漫型（近代的美）	内心生活	精神性的内在形象（外在形象的偶然性）	分裂对感性的轻视	绘画、音乐、诗歌	内在的情感的动荡的美	内在主体性	主体性的情感的美	内有情感的冲突	动态

据表可知，艺术类型说作为艺术的历史发展规律的理论，必然要涉及艺术的历史发展趋势问题。在他看来，艺术的发展过程就是理念逐步显现的过程，也是主体的精神因素越来越突出的过程，从创作的角度来看，则是艺术的创造性越来越增强的过程。

当然，黑格尔以客观的理念为动力，人为地将艺术发展划分为象征、古典与浪漫三种类型，试图将丰富复杂的、源远流长的艺术史都囊括其中，这不仅是一种唯心主义，而且犯了机械论的错误。但他毕竟是以大量的艺术史材料为基础，而其方法又是辩证的。因而，他的艺术类型说中有许多真知灼见应该以马克思主义为指导给以批判地继承。

五 诗论

诗论在黑格尔的《美学》中占了近四分之一的篇幅，是黑格尔研究各门艺术种类时注意的中心。他说："诗比任何其它艺术的创作方式都要更涉及艺术的普遍原则，因此，对艺术的科学研究似应从诗开始，然后才转到其它各门艺术根据感性材料的特点而分化成的特殊支派。"① 他的诗论实际上就是他的文学理论。因为，"诗"在这里是泛指各种以语言文字为媒介的文体，包括史诗、抒情诗与戏剧等。

（一）论文学在精神性与想象性方面的特征

黑格尔认为，诗与其他艺术体裁相比就是精神性最强，并且是一种不同于其他艺术的观念性想象。

诗艺的精神性最强。黑格尔认为，诗艺是浪漫型艺术的最高阶段，也是全部艺术门类中最高的形式，它以语言文字为媒介，因此精神性最强物质性最弱。黑格尔说："它在否定感性因素方面走得很远，把和具有重量占空间的物质相对立的声音降低成为一种起暗示作用的符号，而不是像建筑那样用建筑材料造成一种象征性的符号。"② 诗艺所运用的语言文字媒介是一种纯观念的符号，从而使得观念对于诗而言，就既是内容，又是表现内容的媒介（形式）。黑格尔说，语言文字"这些精神性的媒介代替了感性的媒介，成了诗的表现所用的材料"③。正因为诗所运用的语言文字媒介是纯观念性的，所以诗同造型艺术相比就摆脱了空间的物质材料，而同音乐相比摆脱了时间性的物质材料（声音）。黑格尔认为，从表现范围来看，诗所运用的语言文字所表现的范围"几乎全部包括凡是精神（心灵）所关心和打交道的事物"④，所以，诗的题材囊括一切精神事物与自然事物。诗特别擅

---

① ［德］黑格尔：《美学》第 3 卷下册，朱光潜译，商务印书馆 1981 年版，第 14 页。

② 同上书，第 16 页。

③ 同上书，第 9 页。

④ 同上书，第 10 页。

长于表现在时间中先后衔接的动作与精神发展的历史，而造型艺术只能表现动作的一顷刻，不宜表现历史。音乐也只能直接抒发感情的起伏，不能鲜明地展示精神运动的历史。

诗的想象是一种观念性的想象。黑格尔认为，诗运用语言文字这一观念性的媒介，因此，它的想象不受任何物质材料的限制，是一种观念性的想象，是所有艺术想象的最高形式。他说，诗的想象"把观念掌握住，用语言，用文字及其在语言中的美妙的组合，来把这观念传达出去，而不是把它表现为建筑的雕刻的或绘画的形象，也不是使它变成音乐的音调而发出声响"①。他还认为，诗的观念性的想象可以集一切艺术门类之所长，表现一切艺术所能表现的东西，又可渗入一切艺术门类之中，使一切近代艺术均带有诗的因素。

（二）三种掌握世界的方式

黑格尔为了揭示诗的本质，提出并论证了散文的、诗的和哲学的三种掌握世界的方式。黑格尔认为，所谓散文的掌握世界的方式是一种孤立静止的思维方式。特点是单凭知解力，即割裂感性与理性对立统一的关系，以形而上学的思维能力去了解世界。这是一种日常的思维方式。黑格尔说："日常的（散文的）意识完全不能深入事物的内在联系和本质以及它们的理由，原因，目的等等，它只满足于把一切存在和发生的事物当作纯然零星孤立的现象，也就是按照事物的毫无意义的偶然状态去认识事物。"② 关于诗的掌握世界的方式，黑格尔认为即是艺术的掌握世界的方式，同艺术美"理念的感性显现"的定义统一，把事物的内在理性和它的实际外在显现结合成活的统一体。这就是一种形象的思维，在形象中显现理性的思维方式。黑格尔对诗的掌握世界的方式论述道，这"是一种还没有把一般和体现一般的个别具体事物割裂开来的认识，它并不是把规律和现象、目的和手段都互相对立起来，然后又通过理智把它联系起来，而是就在另一方面（现

---

① ［德］黑格尔：《美学》第 3 卷下册，朱光潜译，商务印书馆 1981 年版，第 12 页。
② 同上书，第 23 页。

象）之中并且通过另一方面来掌握这一方面（规律）"，"是真理和现实世界在现实现象本身中的和解"①。关于哲学的掌握世界的方式，黑格尔将其称作"玄学的思维"，他认为，这是以概念的形式显示理念内容的思维方式，实际即是逻辑思维的方式。黑格尔说："玄学的思维是真理和现实世界在思维中的和解。"②黑格尔关于艺术的掌握世界的方式的理论具有十分重要的意义，它有利于我们进一步理解马克思在《政治经济学批判导言》中提出的对世界的理论的、艺术的、宗教的和实践精神的四种掌握世界方式的论述，从而使我们进一步把握文学艺术的本质特征。

（三）诗的分类

黑格尔将诗（文学）分为史诗、抒情诗与戏剧诗三大类。关于史诗，黑格尔认为，史诗的根本特征是客观性。它通过对客观世界发生的事迹的忠实描述来揭示其内在发展规律，而诗人自己并不露面。史诗的主要内容是客观地反映整个民族与时代的精神。他说，史诗往往成为"一个民族的'传奇故事'，'书'或'圣经'。每一个伟大的民族都有这样绝对原始的书，来表现全民族的民族精神。在这个意义上史诗这座纪念坊简直就是一个民族所特有的意识基础"③。关于史诗的产生，他认为，史诗产生于一个民族的早期。每个民族的史诗都有着久远的生命力。其原因是，史诗描写的"特殊民族和它的英雄的品质和事迹能深刻地反映出一般人类的东西"④。关于小说，黑格尔认为是"近代市民阶级的史诗"，但却缺乏产生古代史诗的一般世界情况。他认为，史诗的发展分为三个阶段。首先是东方史诗，即印度与阿拉伯的史诗，其次是希腊罗马古典型史诗，如著名的《荷马史诗》，最后是中世纪的浪漫型史诗，如中世纪西班牙的《熙德的诗》、但丁的

---

① ［德］黑格尔：《美学》第3卷下册，朱光潜译，商务印书馆1981年版，第20、24—25页。

② 同上书，第24页。

③ 同上书，第108页。

④ 同上书，第124页。

《神曲》、薄迦丘的《十日谈》、塞万提斯的《堂吉诃德》等。关于抒情诗，黑格尔认为，抒情诗的基本特征是主体性。它要表现的不是事物的实在面貌，而是事物的实际情况对主体心情的影响，即内心的经历和对所观照事物的内心活动的感想。抒情诗以诗人的内心和灵魂、具体的情调与情境为出发点，将客观世界吸收到内心世界里，使之主体化、内心化和情感化。抒情诗以抒情为主导，虽也保留若干叙事因素，也要服从并服务于抒情。抒情诗产生的时代晚于史诗。此时，一个民族生活情况的秩序已大体固定，作为个人来说开始把自己和外在世界对立起来，反省自己，把自己摆在这个世界之外，在内心里形成一种独立绝缘的情感思想的整体。抒情诗分为颂神诗、颂体诗与歌三大类。颂神诗中个人的感情完全消融在对神的崇拜之中，如古希腊的酒神颂。颂体诗中主体上升到首位，借助对象表现自己。在歌里，主体与客体都得到充分的发展与表现，有民歌、社交歌、圣歌、十四行体、六行体、挽歌体等。抒情诗的发展，分为东方抒情诗、古希腊罗马抒情诗和浪漫型抒情诗。东方抒情诗采用象征的手法，缺乏主体性，如中国、印度的抒情诗，希伯来人、阿拉伯人和波斯人的抒情诗。这当然是黑格尔的欧洲中心主义错误观点的又一次表现。古希腊与罗马的抒情诗呈现出古典型雕塑艺术的特征。浪漫型抒情诗是主体性得到充分发展的近代诗歌。关于戏剧诗，黑格尔认为，戏剧中的史诗原则是凭借表演把动作、情节、冲突和人物的发展过程客观地呈现在观众面前；戏剧中的抒情诗原则是动作、冲突、情节取决于内心，是主体性的表现。真正的戏剧诗兼有史诗的客观原则与抒情诗的主体性原则，因而成为诗中之冠。对于戏剧的产生，他认为，必须产生于一个比较开化的民族生活之中。

黑格尔还全面地论述了戏剧诗的艺术规律，将其概括为五个方面。第一，完整的戏剧冲突。冲突构成戏剧的基础，具体表现为两种伦理力量外化为人物性格的冲突，通过动作和反动作达到最后和解，是一种更高的伦理力量的胜利。第二，戏剧的集中性原则。戏剧通过表演、以现在进行的方式表现事件，因而必须集中紧凑。同时，戏剧在人物表现上的特点也要求它集中。戏剧中个别人物的性格不像史诗那样把全部民族特性的复合体都通过人物展现到我们面前，而只展现与实现具体目的的动作有关的那一部分主体性格。从审美方式来看，戏剧的欣赏并不通过阅读，而是通过直接的表演诉诸观众的视听，因而必须集中。第三，戏剧内容的实体性与必然性要求。戏剧所要实现的目的，应是对人类有普遍意义的旨趣和在本民族中广泛流行的一种有实体性的情致。这种具有普遍意义的实体性情致与伦理道德本身又具有必然的力量。第四，戏剧的整一性原则。戏剧整一性的关键在动作，即冲突和动作的整一性，并以冲突的发生、发展与解决作为动作发展的三阶段，因此，以三幕结构为宜。这一看法不无道理，但作为某种程式就不免生硬。第五，对戏剧语言与音律的要求。黑格尔认为，语言对戏剧"起着决定作用"。相对于合唱和独白，对话是戏剧语言的主要手段。要求对话应在主观情致背后揭示出有实体性的客观情致。

六 艺术典型论

正如马克思主义哲学同黑格尔的辩证法有着直接的渊源关系一样，马克思主义的艺术典型论同黑格尔的艺术典型论也有着直接的渊源关系。因为，马克思、恩格斯尽管给予黑格尔的艺术典型论以唯物主义的改造，但他们还是从其中直接接受了一系列思想资料，并在基本观点上同黑格尔有一致之处。那么，马克思、恩格斯以及黑格尔在艺术典型问题上的基本观点是什么呢？多年以来，真是众说纷纭。学术界有的同志将其概括为"共性说"，有的则将其概括为"统一说"前一段时间，又有的同志将其概括为"个性说"。1978 年 12 月，在上海召开的典型问题讨论会上，有些同志明确提出"个性出典型"的理论主张。还有同志撰写专文进一步阐述了"个性说"的观点，认为艺术家只有在创作过程中紧紧抓住个性不放，时时排除共性的干扰，才能塑造出真正独特的艺术典型，才有强大的生命力。为此，他举出了马克思、恩格斯和黑格尔的有关理论作为其提出"个性说"的根据。关于黑格尔，他是这样说的："十分清楚，黑格尔并没有将哲学上共性与个性的统一简单搬到美学上来，而他在美学上所强调的却是个性化。"我们认为，这一将马克思、恩格斯与黑格尔的艺术典型论统统归结为"个性说"的理论是不符合实际的，而且在实践中也是有害的。因此，我们拟着重探讨黑格尔艺术典型论的基本内容，并简要论及它与马克思主义典型论的关系。

在西方美学史上，典型问题与其他问题一样，长期交织着理性派与感性派的斗争。理性派强调理性、普遍性，将典型归之于类型。感性派则从"纯然的感性"出发强调个性。这当然都是形而上学的理论。德国古典美学一反上述形而上学观点，逐步形成了感性与理性、个性与共性融合的"整体说"。这种"整体说"的首创者是康德，而完善者则是黑格尔。"典型"在德国古典美学中通常是被称作"理想"（Ideal）。康德给"理想"所界定的涵义是："把个别事物作为适合于表现某一观念的形象显观。"① 这里所说的"形象显观"，就包含着不借助概念但却涉及概念的个别与观念相融合的意思。歌德在此基础上明确地提出了"整体说"，他说："艺术作品必须向人的这个整体说话，必须适应人的这种丰富的统一整体，这种单一的杂多。"② 黑格尔将这一"整体说"进一步丰富、完善，他将整个的艺术美都归之为"理想"，并提出了著名的"美就是理念的感性显观"的定义。这里所说的"理念"包含有"普遍性"、"共性"的意思，所谓"感性"则包含"个别性"的意思，"显观"则是两者的直接统一、互相渗透、融为一体。黑格尔说："艺术的内容就是理念，艺术的形式就是诉诸感官的形象。艺术要把这两方面调和成为一种自由的统一的整体。"③ 这种理性与感性、共性与个性的直接统一、融为一体，就是德国古典美学中"整体说"的浅近含义。马克思、恩格斯虽然没有直接运用"整体说"的概念，但在实际上，他们对于"整体说"也是赞成的、接受的。我们可以举出下列观点加以证明：恩格斯在给拉萨尔

① 转引自朱光潜《西方美学史》下卷，人民文学出版社 1963 年版，第 395 页。
② 同上书，第 431 页。
③ ［德］黑格尔：《美学》第 1 卷，朱光潜译，商务印书馆 1981 年版，第 87 页。

的信中提出"较大的思想深度和意识到的历史内容，同莎士比亚剧作的情节的生动性和丰富性的完美的融合"①；马、恩关于人物塑造应"更加莎士比亚化"而不要"席勒式地把个人变成时代精神的单纯的传声筒"②的论述；恩格斯关于"倾向应当从场面和情节中自然地流露出来"，"作者的见解愈隐蔽，对艺术作品来说就愈好"③，等等。这些观点都同"整体说"在实质上完全一致，都要求在典型塑造中做到理性与感性、共性与个性融合渗透、直接统一为整体。

黑格尔认为："正是概念在它的客观存在里与它本身的这种协调一致才形成美的本质。"④这就是说，在黑格尔看来，这种理性与感性、共性与个性直接统一的"整体说"揭示了艺术美的本质。既然是揭示了艺术美的本质，当然也就是揭示了艺术典型的本质。首先，"整体说"将艺术典型与哲学及科学区别了开来。黑格尔说："当真在它的这种外在存在中是直接呈现于意识，而且它的概念是直接和它的外在现象处于统一体时，理念就不仅是真的，而且是美的了。"⑤这里所说的"真"即指"绝对理念"，哲学与科学都是对理念的认识，但都以抽象概念的形式出现。只有在理念不是以概念的形式出现而是与其个体的外在现象直接处于统一体时，才成为艺术美或艺术典型。这就告诉我们，在艺术典型中，理念或共性不是以其本来的概念的形式出现而是直接借助感性或个性的形式出现，是理性与感性、共性与个性的直接统一，即是理念的感性化、共性的个性化。这就将"整体说"同长时期中我国理论界流行的"统一说"划清了界线。因为这种"统一说"所主张的不是理性与感性、共性与个性的直接统一，而是简单相加。其结果就不是使艺术典型成为通体和谐的"整体"，而是将理性与感性、共性与个性拆散为两种分立的活动，使形象成为

① 杨柄编：《马克思恩格斯论文艺和美学》，文化艺术出版社1982年版，第415页。

② 同上书，第412页。

③ 同上书，第797、802页。

④ ［德］黑格尔：《美学》第1卷，朱光潜译，商务印书馆1981年版，第143页。

⑤ 同上书，第142页。

"挂在抽象思想上的一些装饰品"①。其次，黑格尔的"整体说"也将艺术典型同现实的生活现象与一般的艺术形象划清了界线。在黑格尔看来，艺术典型作为理性与感性、共性与个性直接统一的"整体"，不仅是理性的感性化、共性的个性化，同时也是感性的理性化、个性的共性化。艺术典型中的感性与个别已不是具有现实价值的有生命的存在，而是属于观念范畴的心灵的产品。而且，"整体说"还要求这种经由心灵创造的个别的感性形式充分地表现出理性或共性，"把每一个形象的看得见的外表上的每一点都化成眼睛或灵魂的住所，使它把心灵显现出来"②。而现实生活与一般艺术形象就做不到这一点，因为它们总不免在其个别的感性中掺杂着一些外在于理性与共性的因素。

"整体说"在黑格尔的美学体系中占有极重要的位置，体现了他的最高的美学理想。他把艺术典型的整体性称作"和悦的静穆和福气"，将其"作为理想的基本特征，而摆在最高峰"③，并将达到这种整体性的要求作为伟大艺术家的标志。他还认为，只有通过独特性的创作活动，"从一个熔炉，采取一个调子"，才能产生这种由"整一的心灵所创造的整一的亲切的作品"④。

黑格尔的"整体说"的提出不是偶然的。上面已经谈到，这是他对整个德国古典美学乃至整个西方美学进行深刻总结的结果。他吸收了西方美学史上有关艺术美及艺术典型理论的一切积极成果，克服了其中种种的形而上学的谬误，在辩证的理论基础上加以创造性发展而得出来的结论。同时，"整体说"的提出也是他的资产阶级人本主义思想的表现。欧洲资产阶级从文艺复兴到启蒙运动，经历了同封建的神学思想的长期斗争，从而发展了资产阶级的人本主义思想。这种人本主义思想表现在美学上就是将人作为审美的对象、艺术表现的中

---

① ［德］黑格尔：《美学》第 1 卷，朱光潜译，商务印书馆 1981 年版，第 50 页。
② 同上书，第 198 页。
③ 同上书，第 202 页。
④ 同上书，第 376 页。

心。康德早就指出，"所以只有'人'才独能具有美的理想"①。而黑格尔的美学本身就是一曲关于人的颂歌。他认为，人是自在自为的、受到生气灌注高度统一的整体，这就决定了以人为唯一表现对象的艺术美也必然是充满生气的整体。

当然，这种"整体说"的提出还同黑格尔整个的哲学体系密切相关。因为，黑格尔把整个世界都看成是绝对理念自我认识、不断发展的结果，而艺术是绝对理念经由逻辑、自然以及主观精神、客观精神等阶段之后，到了绝对精神阶段的表现之一。在艺术阶段，绝对理念尽管已开始认识自己，但与宗教、哲学相比还只是初级的，只是绝对理念的自身的一种感性直观的认识。在黑格尔看来，这时绝对理念尽管已经进入精神阶段，但还未能完全摆脱客观物质世界的束缚，而必须借助客观物质现象的形式来表现自己。但是，这种客观物质现象的形式本身已无实际价值，只不过是为了表现绝对理念而同其处于直接的统一之中，很明显，黑格尔的这种关于绝对理念演绎的哲学体系本身是唯心的、荒谬的，但其中所渗透的辩证法思想则是可贵的"合理内核"，而他的关于艺术典型的"整体说"就是其"合理内核"之一。

恩格斯指出，黑格尔的"最大功绩，就是恢复了辩证法这一最高的思维形式"②。同样，在黑格尔的艺术典型"整体说"中，最突出的贡献也在于集中地体现了辩证法的思想。因此，"整体说"不像"共性说""统一说"和"个性说"那样简单贫乏，而是包含着极其丰富的内容。

黑格尔"整体说"中辩证思想的表现，首先在于将艺术典型看作一个不断发展的过程，而不是将其看成静止的、僵化的。他在《美学》中为艺术典型的形成勾画了一个以否定为其中心环节的由抽象到具体的发展途径。由其客观唯心主义的体系决定，他认为艺术典型的形成是以绝对理念为其出发点的，开始是"一般世界情况"，即处于

---

① ［德］康德：《判断力批判》上卷，宗白华译，商务印书馆1964年版，第71页。
② 《马克思恩格斯选集》第3卷，人民出版社1972年版，第416页。

背景性的和谐状态。这时，没有矛盾，因此绝对理念还是抽象的。继之，发展打破了上述和谐状态，进入否定的环节，出现了分裂。一是分裂为情境，这是人物之间的关系，性格形成的外因；一是分裂为情致，这是人物的主要思想情感，性格形成的内因。内因和外因结合，促使人物行动，于是产生了尖锐矛盾冲突的情节，而性格就在情节中展开和形成。他认为，性格是普通的理念在具体的个人身上融合成的"整体和个性"，是"理想艺术表现的真正中心"①。这样的"整体"和"中心"只有在经历了从抽象到具体的矛盾发展过程才得以实现。正因为如此，理性与感性、共性与个性才不是互相分立或简单相加而成为对立统一的互相融合。黑格尔认为，莎士比亚的《哈姆雷特》中的主人公哈姆雷特就是这样的共性与个性直接统一，融为整体的成功典型。原因就是，它以文艺复兴时代为其背景，以克劳迪斯的杀兄娶嫂为其情境，以人文主义思想为其情致，并在此前提下经历了尖锐而曲折的矛盾冲突，从而使其性格逐步由抽象到具体，最后成为理性与感性、共性与个性高度融合、密不可分的整体。在这个整体中，共性不仅是其本身，而且同时也是个性。同样，个性不仅是本身，而且同时也是共性。例如，第三幕第四场哈姆雷特对母后葛忒露德的谴责，就既是其疾恶如仇的个性特征，又表现了他的人文主义理想。这一点是任何以形而上学观点为指导的人所不能理解的。因为正如恩格斯所说，形而上学家们是"在绝对不相容的对立中思维；他们的说法是：'是就是，不是就不是；除此以外，都是鬼话。'在他们看来，一个事物要么存在，要么就不存在；同样，一个事物不能同时是自己又是别的东西"②。所以，在形而上学的理论之中，共性只能是共性，个性只能是个性，而不能同时可以是其他。目前流行的"共性说""个性说"乃至"统一说"等，不就多少带有这种形而上学的味道吗？

不仅如此，由于艺术典型经历了这样的由抽象到具体的矛盾发展过程，还使其具有了极其丰富的内容。正如黑格尔所说："每个人都

① ［德］黑格尔：《美学》第 1 卷，朱光潜译，商务印书馆 1981 年版，第 300 页。
② 《马克思恩格斯选集》第 3 卷，人民出版社 1972 年版，第 61 页。

是一个整体，本身就是一个世界，每个人都是一个完满的有生气的人，而不是某种孤立的性格特征的寓言式的抽象品。"① 因为，性格在经历了作为否定阶段的尖锐曲折的矛盾冲突之后，包含了前此一切环节所带来的特征，从而具有了极其丰富的规定性，成为活生生的有血有肉的人。黑格尔认为，荷马所塑造的希腊英雄阿喀琉斯就是这样的性格。他热爱自己的母亲、朋友，尊敬老人，有极强的荣誉感，也挚爱自己的情人。但他对敌人却异常凶恶，在特洛伊大将赫克托战死后，他愤怒地将其尸体绑在车后，绕城拖了七圈。而当赫克托之父哭泣着来到他的营帐，他的心肠又软了下来，并亲切地握着老人的手。多么丰富而又复杂的性格啊！表面上看，甚至是充满着矛盾的、不可理解的。但黑格尔认为，"就性格本身是整体因而是具有生气的这个道理来看，这种始终不一致正是始终一致的"②。可见，如此纷纭复杂的美学现象，只有运用"整体说"才能给以科学的解释。因为，艺术典型不是有限的某些性格特征的机械相加物，而是共性与个性直接统一的有生命的整体。这种有生命的整体既是统一的，有其内在的一致性，又是复杂的、矛盾的，可以在一定的限度内承受各个矛盾的侧面而保持自己的本色。例如，阿喀琉斯对赫克托的凶恶与对其父的友善。这样对立的侧面在其性格的总倾向中是大致统一的。这就正如黑格尔自己所说，作为有生命的整体的人，"不仅担负多方面的矛盾，而且还忍受多方面的矛盾"③。面对这样复杂的美学现象，不论是"共性说""个性说"，还是"统一说"，都只能感到迷惑不解。

黑格尔还进一步认为，正是由于艺术典型是理性与感性、共性与个性直接统一的整体，因而具有寓无限于有限的根本特性。关于这一点，康德早就有过论述。他在其《判断力批判》中认为，艺术典型可以使人"联系到许多不能完全用语言来表达的深广思致"④。他并以天帝宙斯手中的鸷鸟及其闪电为例，因为，这既可象征天帝的赫赫威

---

① ［德］黑格尔：《美学》第 1 卷，朱光潜译，商务印书馆 1981 年版，第 303 页。
② 同上书，第 306 页。
③ 同上。
④ 转引自朱光潜《西方美学史》下卷，人民文学出版社 1963 年版，第 401 页。

严，又象征天帝的残暴无情。黑格尔继承并发展了这一观点，明确指出艺术典型具有寓无限于有限的根本特性。他说："美本身却是无限的、自由的。美的内容固然可以是特殊的，因而是有限的。但是这种内容在它的客观存在中却必须显现为无限的整体，为自由……"① 其原因就在于，艺术典型是理性与感性、共性与个性直接统一的整体。他认为，在艺术创造中，理性是无限的、自由的，感性或个别性则是同理性直接统一，结成一体的，亦即是理性化了的。这样，这种量的直接统一就使产生出来的成品发生了一个质的突变，使有限的感性和个别不仅是其自身，而且具有了理性的性质，具有了无限的自由性。这就揭示了艺术典型的"以一当十""言有尽而意无穷"的特殊作用。对于这种无限自由的特殊作用，高尔基用艺术典型"远远的走出时代的范围之外，同时一直活到我们的今日"来加以概括，而何其芳则借鉴别林斯基的论述提出了著名的"共名说"。总之，不管怎么说，艺术典型的作用都应该远远超出本身的个别形象的范围，而且有更广泛的、甚至是超越时代的概括意义。如果要拿出一个衡量艺术典型的标准的话，这就应该是重要的标准之一。要做到这一点，片面的"共性说""个性说"和机械的"统一说"，都是不可能的，因为它们都没有完全摆脱形而上学的束缚。黑格尔在论述艺术典型的根本特性时，就曾指出了两种代表性的形而上学的观点：一种是所谓有限知解力的观点，一种是所谓有限意志的观点。前者只注意感性、客体、个别，但因忽略了理性、主体和共性而不能获得艺术表现的自由。后者只注意理性、主体和共性，却因忽略了感性、客体和个别，同样也不能获得艺术表现的自由。其原因就在于，它们片面地将感性与理性、个性与共性、客体与主体割裂了开来。黑格尔坚决反对这种孤立片面的美学观点，认为"如果把对象作为美的对象来看待，就要把上述两种观点统一起来，就要把主体和对象两方面的片面性取消掉，因而也就是把它们的有限性和不自由性取消掉"② 。重温黑格尔的这些话，对于扭转我们文艺研究、特别是典型研究中的形而

---

① ［德］黑格尔：《美学》第 1 卷，朱光潜译，商务印书馆 1981 年版，第 143 页。
② 同上书，第 145 页。

上学倾向是很有助益的。

那么，怎样才能使艺术典型成为理性与感性、共性与个性直接统一的有"生命"的整体呢？那就要依靠艺术创造的特殊过程。这种艺术创造的特殊过程，在德国古典美学中叫作创造性的想象。黑格尔也是这样沿用的。这种创造性的想象就是我们通常所说的形象思维过程，也就是典型化的过程。现在，我们需要进一步弄清楚形象思维或典型化的特点。我们还是先来看黑格尔的论述。他说："在这种使理性内容和现实形象互相渗透融合的过程中，艺术家一方面要求助于常醒的理解力，另一方面也要求助于深厚的心胸和灌注生气的情感。"①可见，在黑格尔看来，形象思维或典型化是思维的理性内容和感性的现实形象的直接统一，是基于理性的理解力和基于感性的情感的高度结合。总之，形象思维或典型化是思维与形象的直接统一，形象的思维化和思维的形象化的统一。它们借助的手段是形象，而达到的目的却是思维，既是形象又是思维，既是感性又是理性。或者，用黑格尔本人的话来说，艺术创造对理性与感性来说是"停留在中途一个点上，在这个点上纯然外在的因素与纯然内在的因素能互相调和"②。

首先，形象思维或典型化的过程是思维的形象化的过程。黑格尔认为，"想象的任务只在于把上述内在的理性化为具体形象和个别现实事物去认识，而不是把它放在普泛命题和观念的形式去认识"③。这就是说，艺术的想象同哲学思考完全不同，艺术想象是思维的形象化、理性的感性化，而在哲学思考中，思维与理性则仍是以抽象的观念的形式出现。因而，这种思维的形象化就是形象思维或典型化的最主要的特点，是其区别于其他思维形式之处。黑格尔认为，在艺术上不像在哲学上，创造的材料不是抽象的思想而是丰富多彩的图形、现实的外在形象，而从创造过程来说，艺术想象则是从对现实图形的记忆开始。由此可见，尽管黑格尔是客观的唯心主义者，但在具体的美

---

① ［德］黑格尔：《美学》第 1 卷，朱光潜译，商务印书馆 1981 年版，第 359 页。
② 同上书，第 201 页。
③ 同上书，第 359 页。

学问题研究中却又常常十分注重现实，这正是他的可贵之处。

其次，形象思维或典型化的过程也是形象的思维化的过程。众所周知，黑格尔尽管非常重视思维的形象化、个性化，但他毕竟是个理性主义者，在形象思维或典型化的问题上，他更为重视理性、共性的作用。他十分不满于当时十分流行的以"妙肖自然"为口号的自然主义理论，反对排斥理性的神秘主义倾向。他认为，在形象思维或典型化的过程中，理性具有驾驭感性的作用。他说："没有思考和分辨，艺术家就无法驾驭他所要表现的内容（意蕴）。"① 他甚至认为，艺术典型的创造从本质上来说是感性对理性的"还原"，他说："艺术理想的本质就在于这样使外在事物还原到具有心灵性的事物。"② 这种所谓"还原"，就是对于感性现象中不符合理性内容、个性中不符合共性的污点的一种"清洗"，也叫作"艺术的谄媚"。正是通过这种"清洗"和"谄媚"，才达到形象的思维化、感性的理性化、个性的共性化。因此，黑格尔认为，形象思维或典型化不是对理性或共性的排斥，而倒是对纯然外在的偶然的个别的舍弃。他说："理想就是从一大堆个别偶然的东西之中所拣回来的现实。"③ 可见，在对理性和共性的强调上，黑格尔倒的确是有些过分了，但有些同志却要把他归之为"个性说"的倡导者，这对黑格尔来说不真是一种冤枉吗？

马克思曾经对黑格尔的哲学思想作过这样的概括："在黑格尔看来，思维过程，即他称为观念而甚至把它变成独立主体的思维过程，是现实事物的创造主，而现实事物只是思维过程的外部表现。"④ 因此，马克思和恩格斯一致认为，黑格尔哲学最根本的弱点是：头足倒置。同样，黑格尔美学思想中的"整体说"也是头足倒置的。因为，在黑格尔看来，典型化亦是以绝对理念为其根源和出发点的，在整个典型化过程中绝对理念和共性占据了统治的地位。他所说的"还原"，即是感性对理性的"还原"、个性对共性的"还原"。这些观点应该

---

① ［德］黑格尔：《美学》第 1 卷，朱光潜译，商务印书馆 1981 年版，第 359 页。
② 同上书，第 201 页。
③ 同上。
④ 《马克思恩格斯选集》第 2 卷，人民出版社 1972 年版，第 217 页。

说都是唯心的、错误的，对后世某些艺术教条主义和唯心主义观点是有其坏的影响的。但他的"整体说"的贡献却是基本的，最主要的就是其中贯穿着辩证的思想，因此，马克思、恩格斯关于艺术典型的理论同其有着直接的继承关系。甚至连主张个性说的同志一再提到的卢那察尔斯基关于艺术典型的理论也同黑格尔的艺术典型论一脉相承。例如，卢那察尔斯基在《萨姆金》一文中一再强调典型是"活生生的人"，是"最普遍的典型特点""在纯个人的特点中得到自然的补充和充分的完成"。这里所说的，就是共性与个性高度融合成为直接统一的"整体"。因此，我们一方面应该继承黑格尔"整体说"中的辩证思想，同时也应对其进行唯物主义的改造。具体说来，我们应该继承其艺术典型是共性与个性直接统一的整体，是一个辩证发展的过程，是丰富多样性与明确坚定性的统一等辩证的思想。同时，我们也要抛弃其以绝对理念为出发点的唯心主义观点，坚持在共性与个性直接统一的整体中个性是出发点，个性制约共性的唯物主义思想。这样，我们就将真正清除艺术典型理论中的唯心主义和形而上学的影响，逐步做到以马克思主义的唯物辩证的观点给艺术典型这一美学和文艺理论中的基本问题以一个比较科学的解决。

七　小结

我们在介绍康德美学思想时已经谈到，有的学者认为，康德的《判断力批判》在美学史上的显赫地位超过了黑格尔。在哲学界长期以来亦有"康德对黑格尔"（两者处于同一逻辑层次）和"从康德到黑格尔"（黑格尔高于康德）两种不同的看法。我们认为，看这个问题不能脱离具体的历史时代作抽象的比较，而应取马克思主义的历史主义的态度。从马克思主义的历史主义观点来看，康德首次开辟了美学研究的崭新领域，奠定了理性与感性、主观与客观统一的研究道路。从这个意义上说，在美学史上是没有第二个人能代替康德的，他不愧是欧洲近代美学的奠基者。但由于时代的前进，美学是要发展的。因此，从深刻性、完备性和科学性的角度来说，黑格尔当然超过了康德，黑格尔的《美学》也超过了康德的《判断力批判》。

我们认为，可以毫不夸张地说，黑格尔是西方美学史上最重要的一位美学家。他不仅是德国古典美学的集大成者，也是马克思主义以前整个西方美学的集大成者。他的辉煌的贡献与成就在西方美学史上是独一无二的。

首先，在西方美学史上第一次建立了一整套严密而完备的辩证的艺术理论体系。正如黑格尔在哲学领域上的最大功绩是提出了一整套完备的辩证法思想一样，在美学上黑格尔的最主要贡献亦是建立了一整套严密而完备的辩证的艺术理论体系，亦即艺术辩证法。他同传统的形而上学美学理论根本对立，从辩证的联系与发展的角度来研究艺术。从联系的观点看，他把艺术与时代结合，提出了一定的时代是一定的艺术的基础与土壤的基本观点。还把性格与环境统一，认为环境是性格的更具体的前提。从发展的观点看，他把理性与感性的矛盾作为艺术发展的出发点和关键，并深刻地论述了由抽象到具体的正、反、合三段式的过程。他还提出了生命整体说、独创说、无限自由说等著名的理论。尤其可贵的是，他打破了形而上学"是就是，不是就不是"的孤立而绝对的形式逻辑认识方式，第一次提出了形象可以同时是思想、感性可以同时是理性、客体可以同时是主体、有限可以同时是无限的辩证的美学思想。上述理论观点都成为建立马克思主义美学的重要思想资料，对于我们今天彻底打破美学与文艺研究中的形而上学倾向、发展马克思主义文艺理论与美学理论也具有重要的借鉴作用。

其次，从美学理论本身来说，黑格尔的美学思想在美学史上具有集大成的地位。他科学地综合了前人的成果，比较深刻地揭示了艺术美理性与感性直接统一的本质，并逻辑地论证了克服理性与感性矛盾的具体过程。这就较准确地划清了艺术与理论及科学的界限。尤其值得我们注意的是，黑格尔的美学思想虽是从理念出发，但处处将逻辑的论证与历史的论证结合，包含着丰富而深刻的艺术史的资料，对于我们从论与史的结合上更深入地理解艺术有很大的启发。

再次，黑格尔提出了通过实践达到主客观统一、人的本质对象化等一系列重要观点。当然，他所说的"实践"是指精神的实践，他的实践观是唯心主义的实践观。但是，这种唯心主义的实践观对马克思主义的唯物主义的实践美学观有着重要影响，两者之间有着直接的渊源关系。

最后，在黑格尔的美学思想中贯串着启蒙运动哲学家惯有的清醒的理性主义精神，既反对非理性主义、感伤主义的颓废文艺流派，也反对自然主义倾向。这在当时是具有一定的进步意义的。

但是，黑格尔的客观唯心主义的哲学世界观却使其将绝对理念作为其美学理论的出发点，而在理性与感性的对立统一之中，理性又占据了统治的地位。这就从根本上使其美学思想成为一种头足倒置的理论。在他的美学思想中也渗透着德国资产阶级的妥协精神。这突出地表现在他在美学理想中只强调和谐静穆的中和之美，而在冲突论中则将冲突的原因归之于双方的合理而片面、最后的解决是一种调和性的"和解"。这一切都表现了德国资产阶级的妥协性，说明其仍未摆脱德国庸人的气味。而且，黑格尔基本上抹杀了自然美的存在，否定了自然美是艺术美的源泉，及其生动性、丰富性。这正如匈牙利著名美学家卢卡契所说，是"重蹈了唯心主义所固有的蔑视自然的覆辙"[①]。另外，黑格尔将理想的艺术时代放在古代，明显地流露了向后看的悲观主义情绪。

马克思指出："辩证法在黑格尔手中神秘化了，但这决不妨碍他第一个全面地有意识地叙述了辩证法的一般运动形式。在他那里，辩证法是倒立着的。必须把它倒过来，以便发现神秘外壳中的合理内核。"[②] 在这里，马克思十分公允地评价了黑格尔的理论成就，并提出了对其批判继承的任务。在美学领域，恰恰是马克思主义理论家真正地继承了黑格尔美学建立在逻辑与历史相统一的方法之上的艺术辩证法，并给以唯物主义的改造，在新的历史条件下发展成为具有高度的革命性与科学性相统一的马克思主义美学理论。

---

① 《卢卡契文学论文集》（一），中国社会科学出版社1980年版，第426页。
② 《马克思恩格斯选集》第2卷，人民出版社1972年版，第218页。

第十二章

德国古典美学的三个基本命题

德国古典美学有三个基本命题，即"美是真与善的桥梁""美在自由""美是无目的性与合目的性的统一"等。弄通弄懂这三个基本命题，是研究德国古典美学的关键之一。

一 关于"美是真与善的桥梁"

美是统一真与善、知与意、自然与自由、知性与理性的桥梁，这是康德《判断力批判》一书《导论》的主要观点，也是统率全书的主要观点，是贯穿康德美学思想的中心线索。从美学史本身来看，美是真与善的矛盾统一是由古典美到近代美的重要过渡，美的近代意识的重要标志。从此，美学领域的"和谐"就不是无冲突的、形式的、平板的和谐，而是充满着矛盾的（二律背反）、包含着丰富内容的、立体的和谐。而近代的崇高也开始作为一个独立的美学范畴在真与善的对立与统一中被提出。按照康德的理解，崇高是真与善的对立，最后善压倒真，统一于善。因此，黑格尔说，康德"说出了关于美的第一句合理的话"。从康德本身的哲学体系看，这一命题使其《判断力批判》成为沟通《纯粹理论批判》与《实践理论批判》的桥梁。因而，没有《判断力批判》，其整个哲学体系就没有完成。这就使美学成为其整个批判哲学的总结，而学习与掌握康德美学对于掌握其整个哲学体系就起到了提纲挈领的作用。

"美是真与善的桥梁"这个命题本身比较深奥。要理解这个命题的含义必须弄清楚两点：一是，康德认为，纯粹理性世界与实践理性世界是对立的；二是，只有通过审美判断的无目的的合目的性原理才能将两者加以统一。康德说道："现在，在自然概念的领域，作为感觉界，和自由概念的领域，作为超感觉界之间虽然固定存在着一个不可逾越的鸿沟，以致从前者到后者（即以理性的理论运用为媒介）不可能有过渡，好像是那样分开的两个世界，前者对后者绝不能施加影响；但后者却应该对前者具有影响，这就是说，自由概念应该把它的规律所赋予的目的在感性世界里实现出来；因此，自然界必须能够这样地被思考着：它的形式的合规律性至少对于那些按照自由规律在自然中实现目的的可能性是互相协应的。"① 为了理解这句话，我们可通过下表说明：

	真	美	善
领域	自然（现象界）	艺术	自由（物自体）
凭借能力	知性力	判断力	理性力
先验原理	合规律性	无目的的合目的性	最后目的
心理机能	认识（知）	情	欲求（意）

现在需要进一步探讨的是，在康德的理论中将纯粹理性世界与实践理性世界统一起来的必要性何在呢？康德认为，这首先是由实践理性的基本品格决定的。实践理性的基本品格是有着强烈的实践愿望，要将自己的目的、道德律令、行为准则在感性世界中加以实现。其次，也是由康德对其哲学体系完整的追求决定的。康德作为一个哲学家，研究人类掌握世界的能力，探索了认识能力与意志能力，但这却是两个对立的世界，中间隔着难以逾越的鸿沟。这样，哲学体系本身并未完成。这就必然要求他以判断力批判来将两者统一起来。正如他1790年在《判断力批判》第一版序言中所说："我以此结束我的全部的批判工作。我将不耽搁地走向理性的阐述以便我能在渐入衰年的时

① ［德］康德：《判断力批判》上，宗白华译，商务印书馆1964年版，第13页。

候尽可能地尚能获得有利的时间。"① 他将两个世界统一的基本依据，是假设存在着一个无目的的合目的性先验原理。他在《判断力批判》中讲了一段十分关键的话："判断力，按照自然的可能的诸特殊规律，通过它的判定自然的先验原理，提供了对于起感性的基体（在我们之内一如在我们之外）通过知性能力来规定的可能性。但理性通过它的实践规律同样先验地给它以规定。这样一来，判断力就使从自然概念的领域到自由概念的领域的过渡成为可能的。"② 这里须对上述言论中的某些语句加以必要的解释。所谓"自然的可能的诸特殊规律"，即指自然领域的形式的合规律性，所运用的认识能力为知性力。所谓"判定自然的先验原理"，即指审美判断的无目的的合目的性原理。所谓"超感性的基体"，即指物自体。这句话的完整含义即为：审美判断力通过自己的无目的的合目的性先验原理可对属于自由领域的物自体通过属于自然领域的知性规律以规定，即赋予物自体某种规律性；而理性也可通过属于自由领域的实践规律给物自体以规定。这样，通过无目的的合目的性的先验原理由自然到自由、知性力到理性力、合规律性到合目的性的过渡就成为可能。这里，由自然领域的形式的合规律性过渡到自由领域的意志的合目的性，必须通过一个主体共通感的中介。即审美对象形式的美不是通过概念规范的，而是通过主体的感受实现的，这种感受又不是个人的，而是具有普遍性的，人人共同感到美，这就是所谓审美共通感，而这种共通感又不是认识领域中的"必然"，而是道德领域中的"应该"。这种所谓"审美的共通感"就是一种无目的的合目的性，是沟通形式的合规律性与意志的合目的性的桥梁。再从康德关于知识的构成来看，康德认为，科学知识即是经验质料加上先天形式。作为审美来说，即是对于个别对象形式的感受（合规律性）加上主观的合目的性（合目的性）。这就使美成为自然与自由、知性力与理性力、合规律性与合目的性、知与意的中介。

"美是真与善的桥梁"是康德美学的精髓之所在，在美学史上首

---

① ［德］康德：《判断力批判》上，宗白华译，商务印书馆1964年版，第6页。

② 同上书，第35页。

次开辟了美的独特的情感领域。同时，这一命题的提出也标志着美学史上的重要转折。即由美或偏于感性或偏于理性的两者对立转变到感性与理性的统一；美学研究从在此之前基本属于哲学范围转变到重视主体体验的心理学研究；从范畴的角度看，由和谐作为美的单一范畴扩展到崇高作为美的另一形态。这个命题还提出了由必然王国到自由王国过渡的重大课题，将美学作为解决这一课题的钥匙，虽然过分夸大美学的作用，不太全面，但却是从人类发展的高度思考美学的地位，有其一定的价值。这个命题本身具有巨大的包容性和丰富的内容，对后世具有巨大的启发作用。当然，这个命题本身也有着重大的缺陷。首先是对"实践"这一极为重要的哲学概念进了曲解。马克思主义认为，所谓"实践"是人们在改造世界中主观见之于客观的活动。但康德美学却将"实践"归之于纯主观的所谓"意志"范畴，完全同客观隔绝。而感性与理性的统一本来也只有通过社会实践才能实现，但康德却在某种主观先验原理的基础上将两者"统一"了起来，完全否定了社会实践的作用。再就是，康德所假设的无目的的合目的性的原理也纯粹是主观的、先验的，是一种主观唯心主义，因而，在此基础上的统一也是一种虚假的统一。

二 关于"美在自由"

德国古典美学最基本的一个范畴就是"美在自由"。温克尔曼说，"艺术之所以优越的最重要原因是有自由"①。康德认为："没有自由就没有美的艺术，甚至于不可能有对于它正确评判的鉴赏。"② 席勒说，"当艺术作品自由地表现自然产品时，艺术作品就是美的"③。由此可见，要掌握德国古典美学就必须掌握"美在自由"这一基本范

① ［德］温克尔曼：《论希腊人的艺术》，邵大箴译，《世界艺术与美学》第1辑，文化艺术出版社1983年版，第307页。

② ［德］康德：《判断力批判》上，宗白华译，商务印书馆1964年版，第203—204页。

③ ［德］席勒：《论美》，张玉能译，刘纲纪、吴樾编《美学述林》第1辑，武汉大学出版社1983年版，第307页。

畴。那么，德国古典美学"美在自由"说的基本含义是什么呢？"美在自由"说是"美在和谐"说的深入发展，是古典美的最高级形态。"美在和谐"说在德国古典美学之前，主要表现为两种形态，或为偏重于感性、物质与形式的外在和谐，或为偏重于理性、精神与内容的内在和谐。古希腊时期的亚理斯多德就偏重于外在和谐，柏拉图则偏重于内在和谐；英国经验主义美学是一种外在的和谐，大陆理性主义美学则是一种内在的和谐。到了德国古典美学，"美在和谐"说发生了质的变化，进入了新的阶段，由感性的外在和谐和理性的内在和谐发展到感性与理性经过对立统一达到一种新的自由的和谐的境界。因此，"美在自由"说是"美在和谐"说的深入发展。作为古典美的基本范畴当然是"美在和谐"，但在外在和谐或内在和谐阶段，古典美的内涵还是平面的、肤浅的。只在到了"美在自由"阶段，经过感性与理性、外在与内在的对立统一，古典美的内涵才丰富充实起来，从而成为一种有层次的立体美。因而，"美在自由"说是古典美的最高级阶段，古典美从此达到极境。这就是古典美的终结，预示着一种新的形态的美与美学理论必然产生。而这种新的形态的美与美学理论就孕育于古典美学理论体系之中，它即是康德关于崇高的理论与黑格尔关于近代的浪漫型艺术的理论。同时，"美在自由"说也是资本主义上升时期的产物。资本主义上升时期针对封建主义对人性的禁锢提出了"人性解放"与"民主自由"的口号，从而为"美在自由"说的产生提供了必要的思想条件。因为，诚如黑格尔所说，不论外在和谐的感性派还是内在和谐的理性派都具有某种束缚性。感性派只强调感性，实际上物质的形式的东西过度泛滥，束缚了精神与内容。而理性派只强调理性，精神与内容的无限膨胀反而淹没了物质与形式。因而二者都不是真正的和谐。只有"美在自由"说强调感性与理性的对立统一，才是真正的和谐，具有冲决束缚的解放性质。归根结底，资本主义上升时期，在大生产和科技高度发展的基础上出现的辩证思维方法为"美在自由"说提供了理论的根据。这种辩证的思维方法最根本的特点是打破了"是就是，不是就不是"的传统的形式逻辑的思维方式，而主张"是同时可以是不是"的辩证的思维方式。这就开阔了人们的思路，使感性不仅是感性，同时亦可是理性，从而为"美在自由"说奠定了理论的基础。资本主义上升时期从封建社会脱胎而出，本身带有明显的过渡色彩，无论在政治上、思想上与理论形态上都具有明显的近代气息，同时又是对古代的总结。而且，由于其时业已超越了封建的古代，所以愈发易于总结。"美在自由"说就是资本主义上升期以崭新的思想武器对古代艺术基本特征的哲学总结。但也同时存在着新的近代的美学形态，如前所说的康德的崇高论与黑格尔关于浪漫型艺术的概括等。因此，此时可以说是新旧两种理论形态同时存在，交替发展。但古典美毕竟已经走完了自己的路，完成了自己的历史使命，新的近代的美学形态必将代替它走到历史的前沿。

　　所谓"美在自由"，其基本含义是指，美是一种感性与理性、客体与主体之间不受任何障碍的直接统一。即感性与客体中到处渗透着理性与主体，而理性与主体也完全渗透于感性与客体之中。这一理论的发展，表现在统一的根据的变化之上，大体分三步：第一步是感性与理性自由地统一于主观。这主要以康德为代表。他假设了一个主观先验的原理：无目的的合目的性，作为感性与理性自由地统一的根据。所谓无目的的合目的性，并不是一种客观的法则，而是一种主观的心理功能，实际上是一种主观感受的合目的性，即这种主观感受应具有一种合目的普遍性。这种主观感受是一种心理的功能，即想象力与知性力（理性力）自由的协调的心理功能。在康德看来，这种心理功能具有某种合目的的普遍性。康德的理论完全是一种主观的假设，因而，我们认为，康德所说的自由的统一是一种主观的统一。第二步，由主观到客观的过渡。"美在自由"说由主观到客观过渡的代表人物是席勒。一方面，席勒提出了这种美的感性与理性的自由统一，客观地表现于某种形象之中，这就是所谓"活的形象""审美的外观"。这种美的形象的基本特征是把对象的特征"提供给直接的直观"，即特征与直观、内容与形象的直接统一。但这种活的形象的产生，席勒却认为是主观的"游戏冲动"的结果，而游戏冲动是一种既不同于感性冲动又不同于理性冲动的，摆脱了任何束缚的一种主体的自由。将人类的本性划分为感性冲动与理性冲动，又认为两者的统一必须借助于游戏冲动，这本身就是一种主观先验的与抽象的划分方法，最后还是将美归结到主体的自由，仍没有完全摆脱康德主观先验论的束缚。第三步是感性与理性自由地统一于客观。代表人物是黑格尔，他在自己的《美学》中将感性与理性自由地统一的基础完全从主观扭转到客观之上。他给美所下的定义为"美是理念的感性显现"。首先，他认为，理念的感性显现是客观理念自发展到绝对精神的艺术阶段的必然结果。其次，他认为，所谓理念的感性显现即是理性与感性的直接统一、融为一体，并集中地表现于美的形象（即理想）之中。再次，他认为，这种理想的形成过程是经由感性与理性对立统一的内在矛盾而形成的"一般世界情况—情境与情致而形成的动作—性格"这样一个"正、反、合"由抽象到具体的过程。这就将感性与理性自由统一的客观过程描述了出来。最后，他认为，感性与理性的自由统一同一般世界情况即时代背景密切相关广而理想的时代背景应在古希腊时代。这就提出了自由的艺术产生于自由的时代的思想，从而为感性与理性的自由统一确定了时代与社会的基础。

"美在自由"说的提出有什么重要意义呢？我们认为，首先是在某种程度上揭示了美的基本规律。美是什么？这是自古以来就一直被人们所询问和讨论的问题，而这一所谓美的本体论问题又是区分各类美学问题的核心。那么，到底美是什么呢？美学史上有各种理论，对美有各种界说。有的认为，美在感性；有的认为，美在理性。实践证明，这些理论都是不完善的。德国古典美学提出"美在自由"说，尽管是无数美学理论之一种，但却在某种程度上揭示了有关美的一个基本规律，即一切的美既不在纯粹的理性，也不完全在纯粹的感性，而在理性与感性之间的一种自由的关系。因为，在他们看来，只有在这种自由的关系之中，主体处于一种不受概念和具体实用利益的束缚，才能对对象产生审美的态度——即鉴赏的肯定性的情感评价态度。当然，感性与理性之间的这种自由关系并不仅仅是和谐的关系。因为，"和谐"及由此形成的感性与理性的直接统一、融为一体只是自由的关系的形态之一。而理性对感性的超越亦可产生一种不受束缚的自由感，即崇高感，也是美的形态之一。其次，"美在自由"说同马克思主义美学之间有着重妻的渊源关系。马克思主义美学继承了"美在自由"说中感性与理性对立统一及由此产生自由关系的观点，抛弃其唯心主义内核，以社会实践的理论对其加以改造，使社会实践成为感性与理性对立统一并产生自由关系的唯一动力。美是社会实践的产物，只有在社会实践中，特别是劳动阶级的实践中才会产生感性与理性之间的对立统一，并由此产生自由的关系。而所谓自由的关系，即是社会实践中主体遵循客观规律对客体的改造而形成的感性与理性的两者的高度统一。同时，"美在自由"说也给西方现当代美学以重要启示。西方现当代美学基本上是现代派、抽象派艺术在理论上的概括。这种美学理论基本上完全否定了感性、理性与客体的位置与作用，表面上看同古典美学与"美在和谐"说完全无关。但实际上，它同古典美学及作为美在和谐说的最高形态的美在自由说却密切相关。因为，作为西方现代派艺术理论代表的西方现当代美学理论，主张主客体的对立关系中主体不受任何束缚的一种自由。在审美上表现为主体对客体的压倒，成为主体愿望的强烈表现；在艺术上是感性对精神的象征；在美的形态上，充分表现了主体为追求自由而进行挣脱的痛苦历程，因而是一种崇高的美。但是，西方现当代美学中的"主体"同德国古典美学的"主体"有着不同的含义。德国古典美学中的"主体"属于理性范围，西方现当代美学中的"主体"则基本上属于非理性的"自我"。因而，西方现当代美学中的"自由"就是一种非理性的自我表现。

　　当然，德国古典美学的"美在自由"说也有着根本的缺陷。政治上，它是资产阶级自由观的表现，具有某种虚伪性。黑格尔所声称的产生自由艺术的自由时代，其实在资本主义社会里是从来也没有出现过的。这只不过是黑格尔老人的一个空想。理论上，它是一种否定社会实践的唯心主义。这一理论中所包含的主观与客观、主体与客体等等概念都同唯物主义的存在与意识的概念根本不同的。它们均属意识、精神范围。因而，所谓"美在自由"，实质上是一种精神的、理性的自由。马克思主义认为，自由只能是通过社会实践对必然的认识和对客观世界的改造。

三 关于"无目的的合目的性"

前些时候，在文艺创作的自觉性与非自觉问题上，有这样一种理论：逻辑思维（自觉性）是创作的基础，而作为创作过程则应完全顺从形象思维自身的逻辑（包括情感的逻辑）来进行，而尽量不要让逻辑思维从外面干扰、干预、破坏、损害它。这就是说，创作过程完全是非自觉性的了。这样一来，就出现了三个问题。一是将文艺创作分为自觉性与非自觉性两个阶段，那么，这性质不同的两个阶段是如何结合的呢？二是文艺创作以逻辑思维为基础，自觉性在前，非自觉性在后，依靠形象思维创作。这就同"表象—概念—表象"的公式在实际上没有了区别，而且也必然导致所谓"主题先行论"。三是这种理论虽然将逻辑思维作为文艺创作的基础，但创作过程却完全排除逻辑思维。这就在实际上将创作的主要部分看作非自觉性。总之，我们觉得这种创作理论自身似难自圆，而且并不符合创作实际。

那么，这种理论所存在的问题在哪里呢？我们觉得，持这种理论的人们看到了文艺创作中过分强调自觉性所造成的弊端而走到了另一极端，过分地强调了非自觉性的一面，没有将自觉性与非自觉性有机地结合与统一起来。为了更好地认识与阐述文艺创作过程中自觉性与非自觉性的关系，我们认为可以借用康德著名的美是"无目的的合目的性"的命题，并以马克思主义为指导对其加以改造。

下面，我们就借用与改造"无目的的合目的性"命题问题简要地谈几点看法。

第一，康德的这一命题是一场长期美学论战的产物，因而其中吸收和凝聚了几派美学观点的成果。在康德之前，欧洲美学界同哲学界一样，主要是唯理派与经验派的激烈斗争。在文艺创作的自觉性与非自觉性问题上，唯理派是强调自觉性的。例如，法国著名的启蒙主义者狄德罗就曾强调"想象的活动有它一定的规范"。这里所说的"规范"即指理性。相反，经验派美学家却强调非自觉性。英国的博克就说："我们所谓美，是指物体中能引起爱或类似情感的某一性质或某些性质，我把这个定义只限于事物的单凭感官去接受的一些性质。"①
康德看到了这两派争论中所存在的不足，于是试图调和。为此，在审美（包括文艺创作）的自觉性与非自觉性的问题上就提出了"无目的的合目的性"的著名命题。这一命题是他所确定的最主要的审美判断的先验原理，是其美学思想的核心所在。经过他的长期思考与研究，这一命题中包含着极其丰富的内容，是对历史上各派美学思想在审美自觉性与非自觉性问题上的一个总结，吸收了各家的精辟之处。因此，这一命题理应引起我们的特别重视。

第二，对于"无目的的合目的性"这一命题的原意，要认真地科学地进行分析。这一命题本身无疑存在着浓厚的先验的非理性主义的色彩。因为，康德所说的"无目的"即指没有任何客观的目的，也就是对对象的存在无任何实际的利害要求。而所谓"合目的性"，即指对象的形式适合了人的主观认识能力从而引起美的愉快。在康德看来，这一切都是先天的安排，"好像是有意的，按照合规律的布置"②。很明显，这里面是包含着许多形式主义、唯心主义和非理性主义的东西。但他的最突出的功绩却在于正确地指出了，在自觉性与非自觉性问题上，审美不应和其他认识形式及实践活动一样，而应具有的特性。并且，他还将这种特性归结为无目的性和有目的性的统一，即是自觉性与非自觉性的统一。这些看法是非常有见地的，不仅闪耀着辩证法的光辉，而且比较符合审美活动（包括文艺创作）的实际。

第三，对于"无目的的合目的性"这一命题，我们今天以马克思主义为指导对其进行根本改造，赋予新的涵义，仍可采用。首先，我们谈谈对于"目的"这一概念的改造问题。在康德那里，所谓"目的论"是同宗教神学的"创世说"密切相关的。他所说的目的，乃是先天的或者说是上帝的目的。而对于我们来说，所谓"目的"，乃是人的主观能动性的表现，是人的自觉的活动、有意识的实践。因而，在我们看来，所谓"目的性"就是人的一种能动性、自觉性和有

① 《西方美学家论美和美感》，商务印书馆1980年版，第118页。
② ［德］康德：《判断力批判》上，宗白华译，商务印书馆1964年版，第148页。

意识性。其次，谈一下对于无目的性（非自觉性）与有目的性（自觉性）统一的命题本身的改造问题。在我们看来，对于这一命题应该抛弃其形式主义、唯心主义和非理性主义的成分，而保留其辩证统一的合理因素，并赋予其新的涵义。从内容上说，这一命题表现在创作上不直接具有生产、理论与生活实践的目的性（自觉性），但却具有一种审美的目的性（自觉性）。这就是说，在文艺创作中，作者不是直接把对象当作生产、理论与生活等一般实践活动的对象，犹如看到食物要将其吃掉一样，因而把文艺看作是一种直接实用的对象。这样的目的性或自觉性在文艺创作中不应保留，如果保留，就是对于艺术规律的破坏。相反，在文艺创作中，作者则应具有一种审美的目的性（自觉性）。这种审美的目的性（自觉性）就是作者在创作中意识到对象的某种功利性，但却保持距离地对其持审美的态度。这种以某种功利性为基础的审美的态度应该贯穿于创作与欣赏活动的整个过程。因为，审美如果变成具有某种直接实用目的的自觉的行动，那就必将离开审美的轨迹而发生抗战时期观众殴打《放下你的鞭子》一剧里老头的事件。从形式上来说，这种无目的性（非自觉性）与有目的性（自觉性）统一的表现，就是文艺创作不像逻辑思维那样将自觉的目的直接体现于概念之中，而是将其间接地蕴含在形象之内。众所周知，逻辑思维是借助于概念之间的矛盾运动来推动思维发展的，使人们由对事物初级本质的把握到对其高级本质的把握。因此，逻辑思维的目的性、自觉性一直是直接表现的、明朗的。但文艺创作却要借助于形象，而形象又是一种感性的形式。那么，这种感性的形象能否包含自觉性的理性的因素呢？这是许多同志的疑问。我们认为，这里有两个问题需要解决。一个是人的头脑中反映出来的形象与客观世界的形象有原则的区别。前者是一种纯粹的客观，后者却是一种认识，打上了浓厚的主观烙印。再一个就是人的头脑反映出来的形象作为感性的形式，并不是不能包含理性的自觉性的内容。因为，形象创造的想象活动乃是人类区别于动物的本质特征之一。这就是马克思所说的最低劣的建筑师优越于最巧妙的蜜蜂之处。因此，形象同样是人类对客观世界思维的产物，它绝不是客观对象的纯感性的再现，而一定包含着某种理性的内容。这就是恩格斯所说的倾向性越隐蔽越好，不要特别地说出来，而要从情节和场面中自然地流露出来。也正如钱锺书先生所说："理之在诗，如水中盐、蜜中花，体匿性存，无痕有味。"①例如，一幅山水风景的绘画，尽管是对客观的感性的山水风景的描摹，但却同样渗透着作者的理性认识。而且，作者对这幅以感性形式出现的图画可以作多次的修改，而使其中所包含的理性内容不断深化。可见，一切文艺创作中作者头脑中所浮现的形象都是在感性的非自觉的形式中蕴含着自觉性的理性的内容。而且，作者正是通过对这种感性的非自觉的形象的不断修改，而便其所蕴含的自觉的理性内容不断加深。这种对于形象的修改就是艺术想象中形象之间由低到高的有逻辑的联结。这就是形象在思维中的矛盾运动，是形象思维发展的过程。这整个过程都离不开作者世界观的指导作用。这样，我们对康德"无目的的合目的性"命题的改造就赋予这一命题以完全崭新的意义，而同原有命题的唯心主义、形式主义与非理性主义的内容有了本质的区别，同时也吸收了原有命题的精华之处。

---

① 钱锺书：《谈艺录》（补订本），中华书局 1984 年版，第 231 页。

第四编
浪漫主义与自然主义美学

第十三章
雨果的浪漫主义美学思想

雨果是 19 世纪法国杰出的诗人，小说家和文艺理论家，法国资产阶级浪漫主义文学运动的领袖人物，他所发表的《〈克伦威尔〉序》与《莎士比亚论》是浪漫主义文学运动的两部重要论著，特别是 1827 年发表的《〈克伦威尔〉序》成为整个浪漫主义运动的宣言书，较集中地阐述了浪漫主义文学运动的基本要求，在西方文艺理论史上具有重要的地位和广泛的影响。

一

1802 年 2 月 26 日，雨果诞生于法国贝藏松城莱奥波德的一个下级军官的家庭里，其父为营长。其时，正值法国资产阶级革命曲折发展时期。因此，他的思想随着政治形势的变化也有所变化，走过了曲折的道路。但从总的方面来讲，雨果是站在进步势力一边的，并成为法国资产阶级革命的热情的宣传者与鼓动者、工人阶级的真诚的朋友。早期，雨果接受的是贵族传统教育。波旁王朝复辟后（1814年），他所接受的贵族教育使他反对革命，歌颂保皇主义，成为新古典主义的公开拥护者。但反动君主政体所推行的封建专制主义，从反面深刻地教育了雨果，使他从 1826 年开始了浪漫主义的战斗，1827年发表著名的《〈克伦威尔〉序》。1830 年 2 月 25 日，他所著的《欧那尼》一剧首场演出，剧本反封建暴君的主题以及演出时剧院中那场激烈的斗争，显示着积极浪漫主义反对古典主义和消极浪漫主义的胜利。在路易菲立浦的金融贵族统治日益巩固的情况下，雨果的政治倾向出现逆转，开始同现实妥协，拥护君主立宪，反对共和政体。1841年1月7日，雨果当选为法兰西学士院院长。1845年4月13日，国王授予雨果法兰西贵族称号。1848年2月，法国暴发了资产阶级革命。7月，王朝倒台，资产阶级共和国建立。蓬勃发展的革命浪潮使雨果彻底同君王立宪决裂，站到了共和派一边。他公开出来发表演说，为起义者辩护，同反动势力斗争。1852年，他被法国反动政府驱逐出境，移居比利时，从此度过了漫长的19年政治流亡者的生活。期间，雨果充满了斗争的激情，为和平与进步事业而斗争，创作发表了《悲惨世界》《海上劳工》《笑面人》等重要作品。1870年，雨果返回祖国，受到人民的隆重欢迎。巴黎公社起义的初期，雨果对这场无产阶级革命不太理解，但当起义失败，凡尔赛军血腥镇压公社社员之时，雨果又挺身而出，保护被迫害的社员，并为他们辩护，表现了一个民主主义战士的鲜明的爱憎态度与正义感。1885年5月22日，雨果逝世。二百万巴黎人为这位伟大的浪漫主义诗人送葬，充分表现了法国人民对诗人的无比崇敬与爱戴。

二

　　法国资产阶级大革命后，由于资本主义社会矛盾的进一步暴露，一部分资产阶级文艺家对资本主义社会失望而寄希望于未来。

　　1789年在法国爆发的震撼欧洲的资产阶级大革命，是一场资本主义代替封建主义的革命。这次革命用暴力推翻了统治法国一千多年的封建专制制度，为法国资本主义的进一步发展创造了条件。但法国大革命后各种社会矛盾却进一步尖锐激烈起来，封建阶级不甘心退出历史舞台，多次发动反革命暴乱，企图复辟；大资产阶级也在斗争的关键时刻走向革命的反面，利用篡夺的政权，进一步镇压与剥削无产阶级与劳动人民；新的资本主义社会虽已确立，但其内在的弊端却进一步暴露，社会上的污浊与黑暗仍到处存在。这就完全粉碎了启蒙主义思想家呼吁建立"理想的国家""理想的社会"的言辞。诚如恩格斯所说，"和启蒙学者的华美约言比起来，由'理性的胜利'建立起来的社会制度和政治制度竟是一幅令人极度失望的讽刺画"①。许多资产阶级文艺家在失望之余，就致力于对现实的阴暗与丑恶的揭露与批判，对理想的热切地探索与追求，由此形成一股以抒发主观情感，批判丑恶现实与追求理想为其特点的浪漫主义文艺思潮。因理想性质的不同，浪漫主义运动出现了分裂。将理想寄托未来的为积极浪漫主义，而将理想放在过去的则为消极浪漫主义。

　　19 世纪浪漫主义运动，从思想渊源上来看，对其产生极大影响的是盛行于 19 世纪的德国古典哲学与空想社会主义。德国古典哲学是一种崇尚精神力量的唯心哲学。这种哲学给浪漫主义以巨大的影响。如，康德所强调的"彼岸世界""上帝观念"；费希特的"自我创造非我""主观虚构"；黑格尔的"绝对理念的感性呈现"，等等。圣西门、傅立叶与欧文所宣扬的空想社会主义，对资本主义社会的抨击与未来社会的预测，也给浪漫主义运动有着重大影响。雨果就曾将自己称为社会主义者，他说："最近四十年来，人们称之为社会主义者的那些人，正是献身于这一工作（即教育与改造人民的工作——引者注）。本书的作者虽然渺小，但也是其中最早的一员。"

　　浪漫运动继承了启蒙运动的文学传统，对新古典主义展开了更加深刻的批判，彻底否定古典主义为服从绝对王权而制定的种种清规戒律和对希腊罗马的刻板摹仿。特别在法国大革命后，随着封建阶级政治上复辟阴谋的推行，新古典主义又有所抬头，特别在戏剧领域，浪漫运动的领袖们以勇敢的战斗精神同新古典主义的残余展开了殊死的斗争，发生了因雨果的著名戏剧《欧那尼》的上演而形成的浪漫主义与古典主义的激烈斗争。《欧那尼》叙述 16 世纪西班牙贵族出身的欧那尼为了替父亲复仇而投身绿林，反对残暴的封建君主国王。后为追求爱情与恪守信义而自杀，其女友也殉情自尽。1830 年 2 月 25 日，该剧在法国巴黎上演，它的反封建的主题，主人公的反抗精神，及其采用的传奇剧的手法，吸引了法国广大群众，受到了热烈的欢迎。尽

---

① 《马克思恩格斯选集》第 3 卷，人民出版社 1972 年版，第 298 页。

管古典主义派为了破坏演出，采取了收买审查员、准备喝倒彩的鼓掌班、写恐吓信等手段，但仍然无法阻挡该剧演出的成功。这就标志着浪漫主义对古典主义斗争的胜利。可以毫不夸张地说，浪漫主义真正地宣告了新古典主义死亡。另一方面，浪漫运动在继承启蒙运动的同时，也继承了中世纪的民间文学。浪漫主义（Romantiaem）这个名词就源于中世纪的一种叫作"传奇"（Roman）的民间文学体裁。中世纪民间文学中丰富的想象、真挚的情感与自由而通俗的语言正符合了浪漫主义运动的需要，因为它们指出的一个极其重要的口号，就是"回到中世纪"。

三

现在，我们阐述一下雨果浪漫主义美学思想的基本观点。

（一）浪漫主义的真正定义是文学上的自由主义

浪漫主义产生于资产阶级彻底冲破封建制度束缚建立资本主义制度的政治背景之上。因而，在文艺上，雨果将彻底冲破古典主义束缚而获得自由作为浪漫主义文艺的一个重要特征。他明确地提出了浪漫主义的真正定义是文学上的自由主义的论断。1830 年 3 月 9 日，他在那出著名的《欧那尼》剧的序言中写道："如果只从战斗性这一个方面来考察，那末总起来讲，遭到这样多曲解的浪漫主义其真正的定义不过是文学上的自由主义而已。"① 为什么会提出这样的命题呢？一方面由于旧的文艺没有死亡，新的文艺与文艺工作者仍受到压制。更重要的是，封建制度已被冲破，资本主义制度已经建立，既然从政治上来说，资产阶级已经取得了胜利，将自己从旧的社会形式中解放了出来，那为什么不能将自己从古老的诗歌形式中解放出来呢？因此，雨果信心百倍地预告："在不久的将来，文学的自由主义一定和政治的

---

① 《雨果论文学》，柳鸣九译，上海译文出版社 1980 年版，第 92 页。

自由主义能够同样地普遍伸张。"① 那么，这种文学上的自由主义的真正含义是什么呢？就是冲破古典主义的束缚，将新的诗歌形式从中解放出来。他针对新古典主义的疯狂反扑，郑重地发表声明："我们要粉碎各种理论、诗学和体系。我们要剥下粉饰艺术的门面的旧石膏。什么规则、什么典范，都是不存在的。"② 并且发狠地说道，要用6把甚至更多的锁，锁住各种古典主义的清规戒律。他所破除的头一个规则就是新古典主义的"三一律"。雨果说道："要推翻所谓的'三一律'，也不见得是件难事。我们说'二一律'而不说'三一律'，是因为剧情或整体的一致是唯一正确而有根据的，很久以来就毋庸再议了。"③ 他认为，最有力的反驳是生活本身。从地点整一律来看，各类性质的事件，不可能发生在同一地点；而从时间整一律来看，不同的事件也不能有长短相同的时间。因此，雨果断言："真实否决了他们的规则。"④ 同时，雨果还毫不留情地批判了古典主义所遵奉的对希腊罗马古典进行摹仿的原则。他认为，这种摹仿是一种窒息创造性的蠢举。他生动地举例说道："说到摹仿!? 反光怎比得上光明？老在一条轨道上运行的卫星怎比得上居于中心的恒星呢？就以维吉尔全部的诗篇而论，他只不过是荷马的卫星而已。"⑤

（二）对照原则

新古典主义由于遵循典雅原则，所以在题材与语言风格方面都要求一种纯洁性，并因此而显得单调。浪漫主义与此相对，提出了著名的对照原则。他在著名的《〈克伦威尔〉序》中提出并集中地论述了这一原则，他说："基督教把诗引到真理。近代的诗神也如同基督教一样，以高瞻远瞩的目光来看事物。她会感到，万物中的一切并非都是合乎人情的美，她会发觉，丑就在美的旁边，畸形靠近着优美，丑

---

①　《雨果论文学》，柳鸣九译，上海译文出版社1980年版，第93页。

②　同上书，第58页。

③　同上书，第48页。

④　同上书，第49页。

⑤　同上书，第57页。

怪藏在崇高的背后，美与恶并存，光明与黑暗相共。"① 他认为，"这是古代未曾有过的原则"②。那么，雨果为什么会提出这一原则呢？第一，他认为，随着时代的发展，每个时期都有自己的美学原则。他提出"诗总是建筑在社会之上"③的著名观点，认为原始时代、古代与近代这三大人类发展的阶段中，诗歌都各有自己特殊的美学原则。原始时期是抒情性的，其特征是纯朴；古代是史诗性的，其特征是单纯；近代是戏剧性的，其特征是真实。他说："戏剧的特点就是真实；真实产生于两种典型、即崇高优美与滑稽丑怪的非常自然的结合，这两种典型交织在戏剧中就如同交织在生活中和造物中一样。"④ 很显然，在雨果看来，近代的诗是以戏剧为主体的，戏剧则要求反映生活的真实，而生活的真实就是美丑的统一。因此，对照原则的提出既是近代文艺特有的美学原则，也反映了现实生活的本来面貌。第二，对照原则反映了人性的基本要求。他说："在基督教民族的诗里，这两个典型之中的前者表现了人类的兽性，后者则表现了人类灵魂。这是艺术的两个分枝，如果有人禁止它们枝叶交复而要把它们截然分开，那么，将产生的全部后果，其一是恶习和可笑的抽象化，其二是罪恶、英雄主义和美德的抽象化。"⑤ 这就说明，在雨果看来，优美与丑怪、崇高与滑稽都反映了人性中兽性与理性两个不同的侧面，完整的人性则是两者的结合，如若分开，必然在创作中导致抽象化的恶果，从而远离完整的人性。第三，对照原则的提出，从哲学上来看，是德国古典哲学中的辩证原则的体现。我们曾经说过，德国古典哲学的唯心主义对于浪漫文学有重大影响，而其辩证精神对浪漫文学的影响也是十分明显的，具体表现于对照原则之中。雨果在著名的《莎士比亚论》中曾以"整体由对立面构成"的基本哲学原理为莎氏的对称原则论证。他说："什么是创造呢？就是善与恶、欢乐与忧伤、男人与

---

① 《雨果论文学》，柳鸣九译，上海译文出版社1980年版，第30页。
② 同上书，第31页。
③ 同上书，第22页。
④ 同上书，第44—45页。
⑤ 同上书，第45页。

妇女、怒吼与歌唱、雄鹰与秃鹫、闪电与光辉、蜜蜂与黄蜂、高山与深谷、爱情与仇恨、勋章与它的反面、光明与畸形、星辰与俗物、高尚与卑下。大自然，就是永恒的双面像。"① 由此说明，他的对照原则，是总结世界万事万物普遍存在的对立统一的规律的结果，就好像奖章有其背面，光明有其阴影，火炬有其烟雾。最后，雨果将美丑相依存而存在的事实概括为一句话："如果删掉了丑，也就是删掉了美。"② 第四，对照原则的提出，最对古代喜剧传统的继承。雨果认为，从总体上来说，古代是一种单纯的美，但还是存在着萌芽状态的喜剧形式中所包含的丑。如，稍显畸形的半人半羊的神，海神，人鱼，外形上丑恶的司命神，人面鹰等，但丑怪们都是怯生生的，躲躲闪闪的，作为一种美学特征还没有正式登台。而近代的丑终究是对于古代萌芽状态的丑的继承。

对照原则的具体含义是什么呢？第一，对照原则就是崇高优美与滑稽丑怪这两种美学特征的有机结合。他说："浪漫主义戏剧又会怎样做呢？它要把这两种乐趣加以捣碎并混合在一起。它要使观众每时每刻从严肃到发笑、从滑稽的冲动到痛苦的激情，从庄严到温柔、从嬉笑到严肃。因为我们已经说过，戏剧就是滑稽丑怪与崇高优美的结合、灵魂与肉体的结合、悲剧与喜剧的结合。"③ 他甚至将这两种美学特征的结合比作厨师通过烹调将其变成一道美味丰富引起食欲的佳肴。当然，崇高优美与滑稽丑怪在艺术中的地位也并不是相等的，而是以崇高优美为主，滑稽丑怪处于一种衬托辅助的地位之上，雨果将其比作是一种严肃工作之后的休息。他说："相反，滑稽丑怪却似乎是一段稍息的时间，一种比较的对象，一个出发点，从这里我们带着一种更新鲜更敏锐的感受朝着美而上升。鲵鱼衬托出水仙；地底的小神使天仙显得更美。"④ 第二，这一美学原则体现于艺术形式之中，就是形成一种新的艺术种类即喜剧。雨果指出："既然增加了一种条件

① 《雨果论文学》，柳鸣九译，上海译文出版社1980年版，第155页。
② 同上书，第84页。
③ 同上书，第81页。
④ 同上书，第35页。

会改变整体，于是在艺术中也发展了一种新的形式。这种新的类型，就是滑稽丑怪。这种新的形式，就是喜剧。"① 喜剧在近代已成为一种具有独立意义的文体，在某种程度上已与悲剧并驾齐驱，即使在悲剧中，喜剧因素也同悲剧因素具有了同等的地位。诚如鲁迅所说："悲剧把人生的有价值的东西毁灭给人看，喜剧将那无价值的撕破给人看。"② 喜剧作为近代的一种独立的文体，它集中表现的是作为特殊美学范畴的丑，是通过对恶行的批判而寄寓着美的理想。而古代的喜剧，所揭露的恶行则是不彻底的，甚至恶行本身还包含"善"的因素。"这样，喜剧便消失在古代史诗巨大的整体中，差不多毫不引人注意就过去了。"③ 第三，对照原则的实际运用，使近代崇高远远地超过了古代的美。雨果认为："我们未尝不可以说，和滑稽丑怪的接触已经给予近代的崇高一些比古代的美更纯净、更伟大、更高尚的东西；而且这也是理所当然。"④ 原因是，由于对照原则的使用使近代的崇高比古代的美更符合现实，也更丰富多彩，因而产生极大的美学效应。

（三）人心是艺术的基础，理想是艺术的动力

浪漫主义文艺最基本的特征就是主观性，侧重于内在的感情与理想的抒发，从而成为一种表现的艺术，区别于现实主义侧重于对客观现实摹仿的再现艺术。雨果也是完全主张文艺的源泉与基础在于人的主观世界的。他在《〈秋叶集〉序》中指出："人心是艺术的基础，就好象大地是自然的基础一样。"⑤ 又在著名的《莎士比亚论》中指出："进步是科学的推动者；理想是艺术的动力。"⑥ 雨果关于文艺主观性的论述，主要包含这样两个方面：第一，他认为，主观观念在文

---

① 《雨果论文学》，柳鸣九译，上海译文出版社 1980 年版，第 31 页。
② 《鲁迅论文艺》，湖北人民出版社 1979 年版，第 350 页。
③ 《雨果论文学》，柳鸣九译，上海译文出版社 1980 年版，第 33 页。
④ 同上书，第 35 页。
⑤ 同上书，第 99 页。
⑥ 同上书，第 129 页。

艺中具有至高无上的地位。他说："诗人除了自己的目的以外别无其他限制，他只考虑有待实现的思想；除了观念以外，他就不承认有其他至高无上、不可缺少的东西……"① 很显然，雨果将属于主观范畴的目的、思想、观念看得至高无上、不可缺少，成为艺术的基础。他在另一个地方甚至更为明确地指出，"除了感情外，诗几乎就不存在了"②。第二，在创作方面，他认为，主观世界是源泉与出发点。他在谈到自己所写的《秋叶集》中的诗篇时，说道："它们就是这样一些哀歌，好象是诗人的心灵让它们从那被生活的震撼造成的内心裂缝里源源而出。"③ 他在论述莎士比亚的创作时，提出了这样的论点："每个伟大的艺术家都按照自己的意念铸造艺术。"④ 雨果之所以特别强调文艺的主观性，原因之一是由于主观唯心主义世界观的影响，原因之二则是由于当时大革命后人们对社会失望，需要以高尚的理想与蓬勃的感情教育与激励人民。他说："文学是从文明中分泌出来的，诗则是从理想中分泌出来的。这便是为什么文学是一种社会需要。这便是为什么诗是灵魂所渴求的东西。因此，诗人是人民的启蒙导师。"⑤

（四）推崇一种"伟大"的美学风格

浪漫主义文艺由于选择宏大的题材，充满澎湃的热情，因而形成一种特殊的"伟大"的美学风格。这是不同于古代以和谐为特点的优美的风格，而是植根于近代土壤的"崇高"风格。雨果在《〈玛丽·都铎〉序》中指出："在舞台上，有两种办法激起群众的热情，即通过伟大和通过真实。伟大掌握群众，真实攫住个人。"⑥ 在这里，他尽管同时提出了伟大与真实，但真正掌握群众的则是"伟大"。因此，相比之下更加强调"伟大"的风格。那么，"伟大"风格的具体含义

---

① 《雨果论文学》，柳鸣九译，上海译文出版社 1980 年版，第 148 页。
② 转引自伍蠡甫《欧洲文论简史》，人民文学出版社 1985 年版，第 248 页。
③ 《雨果论文学》，柳鸣九译，上海译文出版社 1980 年版，第 101 页。
④ 同上书，第 139 页。
⑤ 同上书，第 169—170 页。
⑥ 同上书，第 110 页。

是什么呢？第一，伟大是一种具有神秘色彩的"无限"。他说："现在，请你思考一下，艺术就像无垠一样，对所有一切'为什么'来说，都有一个至高无上的'因为'。"① 他认为，崇高的艺术具有一种"无限性"，而这种"无限性"都植根于一种至高无上的"原因"，实际上是指莫测高深的不可知的神的力量，而任何不可知都必然具有某种神秘色彩与迷人的魅力，从而"使诗歌里充满神秘而美妙的典型，唯其因为这些典型略带痛苦的色彩、唯其因为它们或隐或现但又千真万确、既笼罩在自己背后的阴影里又力图使读者感到愉快，所以它们就格外具有迷人的魅力"②。雨果把这种情况称作"伟大的悲哀"③，就是具有某种无限性的神秘而感伤的美学风格。第二，伟大是一种维持某种内部平衡的丰富的"单纯"。雨果认为，崇高的艺术具有极其饱满丰富的内容，而这种丰富由于保持某种内在的平衡，因而使最不可思议的复杂成为单纯。他说："在诗歌中，淡泊就是贫乏；而单纯则是伟大。"④ 这就说明，崇高的艺术所包含的丰富内容，它所具有的无限性，因符合某种美的规律，而成为人的感官能够掌握的单纯的对象。这就是伟大的风格能够被人欣赏的根本原因。第三，这种伟大的风格产生强烈的艺术效果。雨果以莎士比亚为例，说明他的作品字字是形象、是对照，都像白昼与黑夜那样对比鲜明。他因而断言："莎士比亚是播种'眩晕'的人。"⑤

（五）想象就是深度

浪漫主义文艺大多具有奇特的想象，夸张的比喻，并因而暗示了作者对社会人性的深刻思考。雨果认为，"想象就是深度"⑥。也就是说，想象本身能够承担哲学的任务，深入揭示社会的内在隐秘。他

---

① 《雨果论文学》，柳鸣九译，上海译文出版社 1980 年版，第 148 页。

② 同上书，第 149 页。

③ 同上书，第 150 页。

④ 同上书，第 162 页。

⑤ 同上书，第 162 页。

⑥ 同上书，第 151 页。

说："没有一种精神机能比想象更能自我深化、更能深入对象，这是伟大的潜水者。"① 从这个意义说，"诗人是哲学家，因为他想象"②。但想象对社会的深入思考，却是一种特殊的思考，是一种通过虚构与图案的思考。他这里所说的图案就是形象，好比大自然中的植物，植物的生长、落叶、繁殖、开花、结果，正是形象地揭示了大自然的内在规律。这已涉及形象思维问题，说明浪漫主义作家不仅在自己的作品中激荡着充沛的感情，而且寄寓了对社会人生的深邃的思考。

四

我们已经论述了雨果的浪漫主义美学思想，现在我们给它一个简要的评价。

首先谈一下雨果浪漫主义美学思想的贡献。

第一，作为法国积极浪漫主义运动的领袖人物，雨果表现了关怀民族与人民命运的民主精神，并以其著名的《〈克伦威尔〉序》使整个浪漫运动迸发出炽热的光亮，成为推动运动前进的伟大宣言。

第二，雨果有关浪漫主义对照原则，人心是艺术的基础，伟大的风格，以及想象是深度等的论述，较深刻地揭示了浪漫主义的基本特点，并包含着某种现实主义精神，丰富了西方美学理论的内容。

第三，他关于崇高优美与滑稽丑怪相结合的论述，深刻地揭示了文艺创作中感性与理性相统一的内在规律，对于打破僵硬的传统美学原则，反映丰富复杂的现代生活有着现实意义。

第四，雨果不仅作为理论家出现于文坛，而且以其具有极高水平的作品实践着自己的理论，从而使其有极强的说服力量与广泛的影响。

其次，再谈一下雨果作为一个历史人物不可避免的局限性。

第一，雨果的浪漫派美学思想是建立在主观唯心主义的基础之上

---

① 《雨果论文学》，柳鸣九译，上海译文出版社1980年版，第151页。
② 同上。

的。他的关于文艺发展的观点脱离了社会的政治与经济条件，他的创作的出发点是主观观念的思想。这是一种抹杀生活源泉的艺术唯心主义。他的具有神秘色彩的文艺思想对后世神秘主义文艺的发展起到了不良的作用。

第二，对主观色彩与崇高风格的过分强调，尽管有其时代原因，但也不可避免地具有片面性。

第三，理论观点以随想的形式表达出来，不够系统，缺乏应有的深刻性。

第十四章

左拉的自然主义美学思想

一

左拉（1840—1902），法国 19 世纪后期的小说家、自然主义文学理论的创始者。青年时代在贫困中度过，作过运输公司职员、书店的雇员。开始创作生涯后，一度转到新闻方面，为《费加罗报》及其他日报撰写评论文章，引起公众注意。19 世纪 60 年代中期，受到泰纳的环境决定论和克罗德·贝尔纳的遗传学说的影响，开始探索自然主义美学理论。他的名为《卢贡·马尔卡家族史》是包括二十部长篇的巨著，以第二帝国为背景，描写一个家族的两个分支在遗传法则支配下的盛衰兴亡史。这部著作虽然写出了劳动人民，特别是工人阶级的苦难，从总体上看属于现实主义的范围，但把工人的贫困归咎于遗传，把工人的反抗归之于向上爬的生理本能，这都是自然主义理论消极影响的结果。1893 年，左拉又着手写另一部长篇巨著：《三大名城》（即卢尔德、罗马、巴黎）。1894—1898 年，他流亡英国期间，写了《四福音书》，完成《繁殖》《劳动》《真理》，最后一部《正义》未能完成。左拉的《实验小说论》（1880 年）是他的理论代表作，该书同《戏剧中的自然主义》等文集一起，阐述了他的自然主义美学理论体系。

二

左拉自然主义美学思想产生的根源。

（一）自然科学的发展

19 世纪是自然科学飞速发展的时期，在能量守恒及转化定律、细胞学说及达尔文进化论三大发现之后，又有许多新发现与发明。诚如恩格斯所说，此时，自然科学已从 20 世纪末"搜集材料的科学"，发展成为"整理材料的科学，关于过程，关于这些事物的发生和发展以及关于把这些自然过程结合为一个伟大整体的联系的科学"①。自然科学的发展对整个社会乃至人们的思想都有着重要影响，自然主义就是自然科学发展对文艺思想直接影响的结果。

（二）实证论哲学的影响

随着自然科学的发展，19 世纪 30 年代，在欧洲产生了一种新的哲学流派——实证论哲学。这一哲学思想于 19 世纪 50—70 年代在法、英两国知识分子中广为传播。这是一个以理性、科学与进步为标榜的唯心主义哲学派别。主要代表人物是法国的孔德（1798—1857）。孔德所谓的"实证"，意思就是"确实"，认为只有人类感觉所经验到的事实或现象，才是"确实"的，"实证"的。这等于说，这些事实或现象是由人的主观感觉所构成。至于事物的本质，则超出了感觉经验的范围，是不可能认识的。他宣称，科学的目的只在于发现自然规律或事实中的恒常关系，而为了达此目的，须依靠观察和经验以获取实证的知识，因此强调实证科学及其在人类的各个领域中的运用。孔德认为，科学就是描写和记录经验到的事实或现象，因此断言科学只问"是什么"？而不问"为什么"？最后以主观唯心主义代替了唯物论。法国的泰纳接受了孔德的实证论，提出了种族、环境、时代决定文学创作的理论。左拉深受孔德与泰纳的影响。他说：我是在二十五岁的时候，才读了泰纳的书，读着他的理论，我作为理论家、实证主义者，才有了发展，我在我的书里面运用他的关于遗传和环境的理论，我把这个理论应用到小说里了。

---

① 《马克思恩格斯选集》第 4 卷，人民出版社 1972 年版，第 241 页。

（三）实验医学的影响

实验医学，特别是解剖学也对左拉的自然主义理论产生了直接的影响。左拉说，光就解剖学来说吧，它开辟了整整一个新的世界，每天都揭示着生命的一些秘密。特别是当时的著名生理学家、解剖学家克罗德·贝尔纳，对左拉更有着直接影响。左拉将贝尔纳看作是自己的老师，在自己的著作中大段直接引证贝尔纳的《实验医学研究导论》。

三

左拉自然主义美学理论的主要观点。

（一）自然主义是这个世纪的反映

左拉作为自然主义文艺思想的创立者，对于这一文艺思想的出现，自认为是适应了时代的要求，提出了"自然主义是这个世纪的反映"[①] 的观点。

第一，任何事物的出现与巩固都基于社会的需要。

左拉为了论证自然主义出现的必然性，提出了这样一个重要观点："任何东西，除了建筑在需要之上以外，都是不巩固的。"[②] 文艺创作理论当然也是如此，应该适应不同时代的艺术趣味的需要。古典主义的悲剧曾经统治了近二个世纪，因为它确实满足了 17—18 世纪这一特定时代艺术趣味的需要。以自由为标榜的浪漫主义文学的出现，也确实适应了法国大革命之后新的社会刚刚诞生，这样一个"壮丽的抒情的繁盛时期"[③] 的社会需要。左拉所生活的时代，社会的艺术趣味发生了明显的变化，以表现普通生活与通俗语言为其特点的喜剧《朋友弗里茨》，居然引起喝彩，就深刻地说明了这一点。左拉说：

---

① ［法］左拉：《自然主义的戏剧》，郭麟阁、端济译，《古典文艺理论译丛》第 7 册，人民文学出版社 1964 年版，第 176 页。

② 同上书，第 174 页。

③ 同上书，第 175 页。

"为了解释这种成功，必须承认时代前进了，必须承认一个潜移默化的工作已经对观众起了作用。精确的描绘过去曾令人生厌，而今天却吸引着人们。"①

第二，浪漫主义已经过时，只有自然主义才能表现当代智慧。

左拉认为，浪漫主义是建立在诗人的幻想之上的，而这种幻想实际上是由于社会变革所引起的一种"时代病"。这其实就是社会变革之迅猛，使某些人不愿面对现实，而沉湎于幻想。左拉认为，浪漫主义已经"注定了要和这种时代病一同消灭"②。事实证明，浪漫主义既不能表现社会现实，又满足不了人们的艺术需求。因为已经过时，对于当时社会的人们来说，就像面对一种人们无法理解的方言一样。相反，只有自然主义才能适应现实社会的需要，从而成为表现当代智慧的最佳艺术形式。左拉说："只有自然主义在时代的精神里扎下了深根；并且它将提供持久的、生动活泼的唯一的艺术形式，因为这种形式将表现当代的智慧所具有的方式。"③

第三，我们处在实验科学的时代，最迫切的需要是精确分析。

左拉认为，19世纪以来，自然科学取得了突飞猛进的发展，地球上出现了一个全新的天地，而这种科学领域的变革必然引起其它领域发生相应的变革。他说："调查和分析的运动——这个十九世纪的主要运动，——要在一切科学和艺术的领域里掀起一场革命。"④ 在艺术领域就引起了自然主义文艺思想的产生。在左拉看来，自然主义文艺完全适应了实验科学的需要，是在其基础上产生的一种反映新时代的最好艺术形式。他说："每一个时代都有它自己的形式"，"我们处在一个讲究方法、实验科学的时代，我们最迫切需要的是精确的分析。"⑤

---

① ［法］左拉：《自然主义的戏剧》，郭麟阁、端济译，《古典文艺理论译丛》第7册，人民文学出版社1964年版，第174页。

② 同上书，第175页。

③ 同上书，第176页。

④ 同上书，第173页。

⑤ 同上书，第177页。

综合所述，可知自然主义的确是同 19 世纪自然科学的发展密切相关的，并且是对浪漫主义的一个反动。但它是从另一个极端对浪漫主义的修正，反而使文艺从幻想的天国坠入了地上的污水之中。

（二）最重要的事情是做一个纯粹的生理学家

左拉的自然主义的最基本的特征就是混淆自然现象与社会现象、科学家与文艺家之间的界限，将社会现象当作自然现象，让文艺家去承担实验科学家的责任。左拉曾经声言："最重要的事情是作一个纯粹的自然主义者，一个纯粹的生理学家。"①

第一，自然主义的基本口号是回到自然。

什么是自然主义呢？左拉明确地回答道："自然主义是回到自然和人；它是直接的观察、精确的剖解、对存在事物的接受和描写。"②他这里所说的"人"，也是处于自然状态的只是具有生理特征的人。因此，他断言：自然就是我们的全部需要。在他看来，历史上的文艺都是同自然的分离，而其发展"正是向自然的复归，这是产生我们现在的信仰和认识的这一伟大的自然主义的过程"③。

第二，作家与科学家的任务是相同的。

既然自然主义的基本口号就是回到自然，那么，作家与科学家所承担的任务就必然相同。左拉认为："作家和科学家的任务一直是相同的。双方都须以具体的代替抽象的，以严格的分析代替单凭经验所得的公式。"④左拉特别强调作家同医生的任务更为接近，在创作中更需遵循医学的先天遗传的原则。他说："作者不是道德家"，"道德教训，我留给道德家去做。……我不要那些原则（皇权啦，天主教的教义啦），我要这些原则（遗传学，先天性）……"⑤

---

① 转引自伍蠡甫《欧洲文论简史》，人民文学出版社 1985 年版，第 367 页。
② 伍蠡甫等编：《西方文论选》下卷，上海译文出版社 1979 年版，第 246 页。
③ ［法］左拉：《论小说》，柳鸣九译，《古典文艺理论译丛》第 8 册，人民文学出版社 1964 年版，第 129 页。
④ 伍蠡甫等编：《西方文论选》下卷，上海译文出版社 1979 年版，第 246 页。
⑤ 转引自伍蠡甫《欧洲文论简史》，人民文学出版社 1985 年版，第 367 页。

第三，文艺作品中的人物同植物一样是空气和土壤的产物。

左拉不仅认为作家的任务同科学家相同，而且认为文艺作品同自然事物也相类似。具体地来说，就是将文艺作品中的人物类比于植物，是空气和土壤的产物。他说："大家都可以看到，近代文学中的人物不再是一种抽象心理的体现，而像一株植物一样，是空气和土壤的产物。"① 这就是说，在他看来，文艺作品中的人物已不再反映某种社会心理，而只是像植物一样是自然因素的产物。

（三）把实验的方法应用于小说和戏剧

自然主义的主要内容就是把自然科学的实验的方法应用于文艺创作。他说："在我的文学论文中，我常常谈到把实验方法应用于小说和戏剧。"②

第一，将实验医学的理论作为自然主义文艺思想的坚实基础。

左拉特别重视当时著名的医学家贝尔纳的《实验医学研究导论》一书，并决定以此作为自己的自然主义文艺思想的坚实基础。他说："（《实验医学研究导论》）这一著作出于一位具有绝对权威的学者，可以作为我的一个坚实的基础。"③ 他甚至声言，只要将该书的"医生"一词改为"小说家"，该书立刻就可成为指导自然主义创作的论著。

第二，实验的方法同样可以解释社会现象并应用于文艺创作。

左拉认为，自然科学的实验方法，不仅可以应用于自然领域，而且可以应用于社会领域，可以用以获取有关感情生活与智力生活的有用知识。他说："在我的方面，我要试图证明：如果实验方法可以获致物质生活的知识，它也应当获致感情生活和智力生活的知识。这只是同一道路上的程度问题，这条道路从化学通向生理学，接着又从生理学通向人类学，通向社会学。"④

---

① ［法］左拉：《论小说》，柳鸣九译，《古典文艺理论译丛》第 8 册，人民文学出版社1964 年版，第 130 页。

② 伍蠡甫等编：《西方文论选》下卷，上海译文出版社 1979 年版，第 249 页。

③ 同上。

④ 同上书，第 250 页。

第三，实验方法的具体运用

实验方法如何应用于文艺创作呢？这是左拉着重探讨与论述的问题。在他看来，实验方法应用于创作，首先得根据先天的观念进行假设。他说："现在我们进入到假设的问题了。艺术家和学者从同一点出发；他置身于自然之前，有一个先天的观念，而且按照这观念进行工作。"① 这就说明，左拉继承实证哲学的衣钵，以主观先验论作为自己的艺术创作的出发点。其次是观察与实验。他说："小说家是一位观察家，同样是一位实验家。"② 所谓观察，就是根据假设，对事实进行观察，然后将观察到的事实原样摆出来，进行实验。所谓实验，就是安排人物的活动，从而揭示出观察中把握到的事实之所以继续存在的原因。艺术创作中的"实验"的很重要的一点，是探讨环境对人物的决定性影响。他认为，在一个优秀作家的作品里，"环境描写保持在一种合理的平衡中：它并不淹没人物，而几乎总是仅限于决定人物"③。他所说的环境，主要是指先天的遗传因素。他说："我们考虑了今天的科学对遗传和环境等问题的全部知识后，就能在实验小说中很容易对这些问题提出一些假设。"④ 而在他的小说中，所描写的作为人物的决定因素就是遗传因素。最后，他以巴尔扎克的小说《贝姨》为例，说明实验方法在创作中的具体应用。他说："一部实验小说，例如《贝姨》，只是小说家在观众眼前所作出的一份实验报告而已。"⑤ 他将这份实验报告产生的过程分解为观察、实验、问题与结论四个步骤论述。所谓观察就是：一个男人的恋爱气质所造成的破坏。而所谓实验则是，将于洛男爵放在某种环境之中。问题是：在这个环境中活动着的感情，从个人和社会的观点来看会产生什么？结论是，关于人的科学的知识。

---

① 伍蠡甫等编：《西方文论选》下卷，上海译文出版社 1979 年版，第 254 页。

② 同上书，第 250 页。

③ ［法］左拉：《论小说》，柳鸣九译，《古典文艺理论译丛》第 8 册，人民文学出版社 1964 年版，第 132 页。

④ 伍蠡甫等编：《西方文论选》下卷，上海译文出版社 1979 年版，第 255 页。

⑤ 同上书，第 250—251 页。

（四）一个伟大的小说家就是一个有真实感的人。

左拉自然主义的另一个重要特征就是否定想象，强调真实。他认为，"一个伟大的小说家就是有一个真实感的人"①。

第一，想象不再是小说家最主要的品质。

左拉认为，以前对于一个小说家最美的赞词莫过于说："他有想象"。而今天，形势完全变了，"想象不再是小说家最主要的品质。"②当然，作为小说来说，不可能没有虚构，但"虚构在整个作品里就只有微不足道的重要性"③。具体来说，只应虚构最简单的情节、信手拈来的故事，而且总是直接取之于日常生活。这样一来，不仅降低了虚构的地位，而且是在实际上取消了虚构。因此，左拉断言："作家全部的努力都是把想象藏在真实之下。"④

第二，小说家最高的品格就是真实感。

左拉认为，"今天，小说家最高的品格就是真实感"⑤。那么，什么是真实感呢？他说："使真实的人物在真实的环境里活动，给读者提供人类生活的一个片断，这便是自然主义小说的一切。"⑥可见，他所说的"真实"就是"人类生活的一个片断"，也就是细节的真实，而真实感就是提供这一生活片断的能力。他对真实感给予极高评价，认为是"决定我一切判断的试金石"⑦。如果面对一部作品，一旦发现它缺乏真实感，那就应给予否定。他认为，司汤达所著《红与黑》中于连与德瑞拉夫人的爱情描写，确实是"弹出了真实的调子，也就是说抓住了生活中确实可靠的东西"⑧。原因是，在当时的爱情描写都

①　［法］左拉：《论小说》，柳鸣九译，《古典文艺理论译丛》第8册，人民文学出版社1964年版，第129页。

②　同上书，第120页。

③　同上书，第121页。

④　同上。

⑤　同上书，第122页。

⑥　同上。

⑦　同上书，第123页。

⑧　同上书，第124页。

充满浪漫情调之时，司汤达的这一段描写的却是"像普通人那样相爱"①。相反，他却对巴尔扎克作品中的某些夸张和想象极端不满，认为巴尔扎克"身上有一个张着眼睛做梦的人"②。可见，左拉的真实感是要求排除一切理想，尽力表现普通的，甚至是黑暗的生活。他说："故事愈是普通一般，便愈有典型性。"③

第三，我们只需取材于生活中一个人的故事，忠实地记载他的行为。

既然真实感是小说家的最高品格，那么，在创作中怎样才能按照这样的要求实践呢？左拉认为，一个优秀的作家就应生活于所写的事件之中，详尽地记下事件发生与发展的笔记。而这个笔记就是创作最重要的依据。他说，当代著名小说家的"全部的作品几乎都是根据准备得很详尽的笔记写成的"④。为此，他以浪漫主义作家乔治·桑作对比，认为乔治·桑可以在一叠白纸前坐下，有了一个开头的想法，就可以一直不停地按照自己的想象写下去。而一个自然主义的小说家，首先关心的是从他的笔记里收集他对自己所要描绘的领域所能掌握的一切知识。"一旦他的材料齐备，就如我上面所说的那样，他的小说自己就形成了。小说家只要把事件合乎逻辑的加以安排。从他所理解了的一切东西中间，便产生出整个戏剧和他用来构成全书骨架的故事。"⑤ 可见，在他看来，创作就是记录，而笔记本身其实也就是文学作品。

四

对自然主义美学思想的评价。

---

① ［法］左拉：《论小说》，柳鸣九译，《古典文艺理论译丛》第 8 册，人民文学出版社 1964 年版，第 124 页。
② 同上。
③ 同上书，第 121 页。
④ 同上。
⑤ 同上。

（一）自然主义从总体上看是一种倾向于生理主义的消极而错误的美学与文艺思潮

自然主义美学与文艺思潮的出现尽管是建立在对浪漫主义文艺思潮耽于幻想的弊病的批判的基础之上，但自然主义对浪漫主义的批判是以错误的生理主义理论为其武器的。自然主义虽然反对脱离现实的幻想，但却反对一切艺术想象和艺术概括，主张从纯自然的现实出发，特别是强调先天性的遗传因素对人物乃至整个文学的决定性因素，这就不负堕入一种极端错误的生理主义。这也说明，自然主义与现实主义有着本质的区别。现实主义也反对浪漫主义，但却不排斥艺术想象。现实主义也强调"真实"，但却是反映生活本质有着高度概括性的艺术的真实。因此，左拉将巴尔扎克等现实主义作家也看作遵循自然主义的创作原则，实际上是一种误解，混淆了现实主义与自然主义的根本区别。

（二）自然主义对西方 20 世纪现代文艺理论中表现原始欲望的思潮有极大影响

自然主义美学与文艺思想先后在西方各国发生影响，其直接的后果就是成为 20 世纪以后有着相当势头的表现原始欲望的美学与文艺思潮的重要理论源头。首先是叔本华、尼采对属于原始冲动的生命力与权力意志的张扬，其次是后来的弗洛伊德主义对作为性的原动力的"力必多"的阐发，都不同程度地继承了自然主义的生理主义的理论观点。

（三）自然主义产生于马克思主义诞生之后，在本质上起到了同马克思主义对抗的消极作用

自然主义产生于 19 世纪后半期，其时马克思主义业已诞生，正遭到各种错误思潮的围攻。左拉的自然主义理论尽管没有正面攻击马克思主义，但作为一种极端唯心主义的哲学与文艺思潮，在实质上也起到了同马克思主义对抗的消极作用。

（四）左拉本人在创作实践中并未完全贯彻自然主义，而具有现实主义倾向

左拉本人的创作实际上没有完全贯彻自然主义的原则。他在谈到自己的长篇《卢贡·马卡尔家族》时，认为这个家族的每一个成员都有一种遗传的"公律"。在生理方面，他们全是神经与血缘的变态的继承人；在历史方面，他们全是平民阶级，随着本性的冲动，而在社会变动中浮沉，表现出"一个充满疯狂和耻辱的奇异时代的图画"。这当然极大地影响他塑造出真正有价值的艺术典型。但由于自然主义理论本身的荒谬，在创作实践中，左拉基本上还是运用的现实主义的创作方法，从而使他的《卢贡·马卡尔家族》还是反映了法国社会的巨大变化，描写了劳资之间的尖锐对立和劳动者的苦难，特别是将工人阶级作为主人公，因而有其历史功绩，属于现实主义之列。

第五编
俄罗斯现实主义美学思想

第十五章

车尔尼雪夫斯基美学思想评述

　　马克思在《资本论》中将车尔尼雪夫斯基评价为"俄国的伟大学者和批评家"[①]。列宁则将他称之为"彻底得多的、更有战斗性的民主主义者"[②]。这些话，非常准确地概括了车尔尼雪夫斯基战斗的一生。他作为一个革命民主主义者和战斗的唯物论者，为推翻沙俄统治，为俄国人民的解放献出了自己的一生。早在1848年，他就曾说过："只要我确信我的这些信念是正义的，确信它们会取得胜利；只要我将来仍坚信它们会取得胜利，即使我（不能）看到它们胜利和取得统治地位，我也不会感到惋惜，并且我会含笑而死，瞑目而逝。"他正是凭借着这样的信念，并从革命的需要出发，开始自己的哲学、经济学和美学研究的。在美学研究方面，他于1855年发表了他的主要美学著作《艺术与现实的审美关系》。并于同年发表了《俄国文学果戈里时期概观》，从文学史的角度论证了自己的现实主义美学观点。1856年发表了《莱辛，他的时代，他的一生与活动》。这是一部作家评传，通过全面评述德国伟大的启蒙主义戏剧家、美学家莱辛来阐述自己的革命的美学理论。此外，他还于1854年前后写作了《现代美学概念批判》《论滑稽与崇高》等论文。

---

① ［德］马克思：《资本论》第1卷，人民出版社1975年版，第17页。
② 《列宁论文学与艺术》，人民文学出版社1983年版，第161页。

一

车尔尼雪夫斯基美学思想的基本之点可用他在《艺术与现实的审美关系》的最后所说的一段话来加以表述。他说："这篇论文的实质，是在将现实和想象互相比较而为现实辩护。"① 这一观点是贯穿于其他一系列美学观点之中的。那么，车尔尼雪夫斯基为什么要以这样的观点作为其美学思想的基本之点呢？他的根据和出发点是什么呢？

从政治上看，他的美学思想的基本之点是建立在反对封建专制、要求彻底解放农奴的民主主义思想之上的。车尔尼雪夫斯基首先不是作为一个学者，而是作为一个革命家来研究美学的。他站在革命民主主义的立场之上，充分意识到反对封建专制的革命重任。并且，鉴于十二月党人起义失败的教训，他还认识到要完成这一重任必须开展广泛的启蒙运动，以唤起广大民众。而当时的俄国，启蒙运动的主要表现不在哲学和其他社会科学方面，而在文艺方面。这是由于文艺本身是一种宣传革命思想的比较方便的手段。同时，也由于当时俄国的现实主义文艺运动已由普希金、果戈里和别林斯基等人开创和总结，而有相当的水平和影响。因此，车尔尼雪夫斯基毅然投入文艺运动，致力于美学的研究。正是因为从这种启蒙主义的革命要求出发，所以，他主张文艺应当摆脱幻想而面对现实，也就是要求文艺反映生活、对现实生活起到推动、促进的作用。他十分赞赏别林斯基的这样一种观点："文学得认识本身的使命——它不是诗人个人幻想底消闲玩乐，而是人民自觉的表达者，并且是推动人民顺着历史发展道路前进的强大动力之一。"② 他还极力推崇普希金的这样几句诗："因为我用竖琴唤醒了善良的感情，因为依仗诗句的美我是有益的，为了没落的人呼

① ［俄］车尔尼雪夫斯基：《艺术与现实的审美关系》，周扬译，人民文学出版社 1979 年版，第 100 页。

② ［俄］车尔尼雪夫斯基：《俄国文学果戈理时期概观》，《车尔尼雪夫斯基论文学》上卷，辛未艾译，上海译文出版社 1978 年版，第 328 页。

求过怜悯，我就永远能够和民众接近。"① 他还在总结果戈里的创作道路时说："他直率地认为自己是一个他的使命不是为了艺术、而是为了祖国而服务的人；他对自己这样想过：我不是诗人，我是公民。"②在这里，车尔尼雪夫斯基表面上说的是果戈里，实际上讲的是自己。他就正是首先从祖国和人民的需要出发，从当时的革命任务出发，才勇敢地站出来"为现实辩护"，提出了"生活即美"的响亮口号。

　　从理论上看，他的美学思想的基本之点是建立在直观的唯物主义和人本主义世界观之上的。任何理论家都是以哲学思想作为他的世界观的核心，作为其他思想观点的基础和理论出发点。车尔尼雪夫斯基也是如此。他之所以会认为现实高于想象而为现实辩护，就是由其直观的唯物论世界观决定的。在车尔尼雪夫斯基时期的俄国，思想领域占统治地位的仍然是黑格尔的客观唯心主义。但车氏却不随时俗，而是师承于同黑格尔对立的费尔巴哈唯物主义。关于车氏与费尔巴哈的继承关系问题，在俄国和后来的苏联是一直有争论的。普列汉诺夫、卢那察尔斯基等认为车氏是费尔巴哈的信奉者，但另有一部分人认为费尔巴哈对车氏的影响是次要的，对他影响最大的是当时俄国的革命民主主义者赫尔岑、别林斯基。关于这个问题的争论，其意义不是太大。因为费尔巴哈同赫尔岑、别林斯基等人在思想的发展上遵循着同一的由唯心到唯物的道路的。而且，车氏本人对他与费尔巴哈的师承关系也直承不讳。1877 年 4 月 11 日，车氏在给儿子们的信中谈到费尔巴哈时，明确地说："根据我对他的已逐渐衰退的记忆，可以断定我是他的忠实信徒。"③ 1888 年，他逝世的前一年，为《艺术与现实的审美关系》所写的三版序言中公开宣布，自己的论文"就是一个应用费尔巴哈的思想来解决美学的基本问题的尝试"④。正因为如此，列

---

　　① ［俄］车尔尼雪夫斯基：《俄国文学果戈理时期概观》，《车尔尼雪夫斯基论文学》上卷，辛未艾译，上海译文出版社 1978 年版，第 248 页。
　　② 同上书，第 248—249 页。
　　③ 转引自汝信、夏森《西方美学史论丛》，上海人民出版社 1963 年版，第 234 页。
　　④ ［俄］车尔尼雪夫斯基：《艺术与现实的审美关系》，周扬译，人民文学出版社 1979 年版，"第三版序言"第 4 页。

宁也把车氏称作"费尔巴哈的学生"，并说，"早在上一世纪五十年代，车尔尼雪夫斯基就作为费尔巴哈的信徒出现在俄国文坛上了"①。与此有联系的，是车氏对黑格尔的客观唯心主义哲学则采取了批判的态度。他认为，黑格尔哲学的致命弱点是原则与结论的矛盾。他说："黑格尔的原则是非常有力、非常宽广的，可是结论却狭窄而渺小。"② 这里所说的"原则"是指辩证法的原则，而"结论"却是指由其客观唯心主义体系而形成的对现实世界的颠倒的看法。由此可见，车氏对黑格尔的辩证法原则是肯定的、赞赏的，但对其唯心主义理论体系则是批判的。这也可反证在哲学的基本路线上车氏是站在唯物主义之上的。这种唯物论的哲学思想对车氏美学的最重要的影响，就是在其美学研究及其所建立的美学体系中始终将现实生活放在首要的地位。用车氏自己的话来说，就是"尊重现实生活，不信先验的假设，不论那些假设如何为想象所喜欢"③。这是车氏美学研究的基本原则，也是他的美学思想的基本原则。这就是说，他的美学研究方法及其所建立的整个美学理论都是以现实生活作为出发点，而不像当时占统治地位的黑格尔唯心主义美学那样，以抽象的"绝对精神"作为出发点。按照这种唯心主义观点，美的根源就在于抽象的"绝对精神"。车氏与之相反，他在《艺术与现实的审美关系》的三版序言中指出，他的美学研究所遵循的是费尔巴哈的这样一种观点："想象世界仅仅是我们对现实世界的认识的改造物，而这种改造物在我们心中所引起的印象比较起来，在强度上是微弱的，在内容上是贫乏的。"④ 这里所说的"想象世界"是指精神世界，"现实世界"即指物质世界。其意是精神世界只不过是人们在认识中对物质世界改造的结果，物质世界是第一性的，精神世界是第二性的，物质世界决定着精神世界。按照

---

① 列宁：《唯物主义与经验批判主义》，曹葆华译，人民出版社 1950 年版，第 361 页。

② ［俄］车尔尼雪夫斯基：《俄国文学果戈理时期概观》，《车尔尼雪夫斯基论文学》上卷，辛未艾译，上海译文出版社 1978 年版，第 381 页。

③ ［俄］车尔尼雪夫斯基：《艺术与现实的审美关系》，周扬译，人民文学出版社 1979 年版，第 2 页。

④ 同上书，"第三版序言"第 9 页。

这样一种哲学观点，必然会得出同唯心主义截然不同的美学结论：美的根源在于生活，现实美高于艺术美。车氏在评述别林斯基等人的美学观时，就曾明确地指出："很明显，现实生活在他们说来，是站在第一位的，抽象的知识只有第二等的重要性。"① 当然，车氏所遵循的费尔巴哈唯物论是一种机械直观的唯物论。它的机械性与直观性表现在把人的认识看成是一种对客观存在的消极的直观，否定了人们只有通过积极的实践才能由直观到抽象，由现象到本质。这种机械直观的唯物论用于对人及人类社会的认识，就是离开具体的社会关系而把人看成生物学上的自然人。这就是哲学上的人本主义。列宁认为，人本主义是"关于唯物主义的不确切的肤浅的表述。"② 费尔巴哈是尊崇人本主义的，车氏亦接受了他的人本主义理论。他一生中唯一的一部哲学著作就名曰《哲学中的人本主义原理》（1860）。他的这种人本主义思想表现在一个突出的例子上，那就是他认为："牛顿在发现引力定律时神经系统内所发生的过程和鸡在垃圾尘土里找谷粒时神经系统内所发生的过程是同一的。"③ 他的人本主义理论也直接导致了他为现实辩护并得出"美即生活"的命题。因为，他认为人对美的感受是一种"本能"的行为。他说："人到底是本能地还是自觉地看出美与生活的关系呢？不言而喻，这多半是出于本能的。"④ 这里所谓"本能"主要是指人的器官的感觉。他认为，在感觉上引起人的愉悦的，并具有普遍性的，就是美。在《艺术与现实的审美关系》中，车氏在提出"美即生活"的命题时说了这样一段极其重要的话："美的事物在人心中所唤起的感觉，是类似我们当着亲爱的人面前时洋溢于我们心中的那种愉悦。我们无私地爱美，我们欣赏它，喜欢它，如同喜欢我们亲爱的人一样。由此可知，美包含着一种可爱的、为我们的心所宝贵的东西。但是这个'东西'一定是一个无所不包、能够采取最多

---

① ［俄］车尔尼雪夫斯基：《俄国文学果戈理时期概观》，《车尔尼雪夫斯基论文学》上卷，辛未艾译，上海译文出版社 1978 年版，第 398 页。

② 《列宁全集》第 38 卷，人民出版社 1959 年版，第 78 页。

③ 转引自朱光潜《西方美学史》下卷，人民文学出版社 1963 年版，第 562 页。

④ 同上书，第 564 页。

种多样的形式、最富于一般性的东西；……在人觉得可爱的一切东西中最有一般性的，他觉得世界上最可爱的，就是生活，首先是他所愿过的、他所喜欢的那种生活；其次是任何一种生活，因为活着到底比不活好：但凡活的东西本性上就恐惧死亡，惧怕不活，而爱活。所以，这样一个定义：‘美是生活。’”① 这里，他把美的起源归结为人的器官感觉所引起的既多样而又带一般性的愉悦，而这种既多样又带一般性的愉悦，在他看来就是生活，生活即是“活着”，也就是生命。最后，美成了生命，还是归到了人本主义之上。可见，直观的唯物论和人本主义哲学观一方面是其唯物主义美学思想的理论根据，同时也给他的美学思想带来了不可克服的缺点。

从文艺上看，他的美学思想的基本之点是继承别林斯基的战斗传统，保卫现实主义文艺，反对消极浪漫主义文艺的必然结果。19世纪的俄国，经历了消极浪漫主义与现实主义的剧烈斗争。当时，占统治地位的贵族文人与资产阶级“自由派”试图掩盖黑暗现实，引导人们逃避业已存在的围绕农奴制问题所展开的激烈现实斗争，使之沉溺于虚无的幻想和艺术的象牙之塔当中。于是，大肆鼓吹消极浪漫主义艺术和“纯艺术”的理论。这就是在19世纪初期占统治地位的“浪漫派”，以茹科夫斯基和波列伏依为其代表。但在尖锐的现实斗争之中产生了与之对立的“自然派”，其代表人物是果戈里。所谓“自然派”即现实主义流派，车尔尼雪夫斯基将它概括为“按照现实生活的真实样子来描写它，不是叙述世界中所没有的恶人和英雄以及自然中从来没有见过的美”②。伟大的革命民主主义者别林斯基从现实的斗争需要出发，以勇敢的战斗姿态领导了这场自然派对浪漫派的斗争，写下了一系列闪烁着战斗的光辉和具有相当理论深度的现实主义文艺理论论著，迫使“浪漫派”不得不收敛其活动。但1848年，别林斯基不幸早逝。在此之前一年，另一位著名的革命民主主义者赫尔岑又离

---

① ［俄］车尔尼雪夫斯基：《艺术与现实的审美关系》，周扬译，人民文学出版社1979年版，第5—6页。

② ［俄］车尔尼雪夫斯基：《俄国文学果戈理时期概观》，《车尔尼雪夫斯基论文学》上卷，辛未艾译，上海译文出版社1978年版，第344页。

开了俄国。于是，"自由派"逐步控制了出版界和文艺界，这就使"浪漫派"和"纯艺术"的理论又开始泛滥起来。车氏对这一情况描述说："浪漫主义还只做了一些表面上的让步，至多不过放弃它的名义，可是根本没有销声匿迹，很长时间还是苦苦要跟新的倾向一决胜负；它在文学中还有许多继承者，在公众中间还有不少信徒。"① 19世纪50年代初，车尔尼雪夫斯基走上了政治的与文艺的斗争舞台。他的民主主义的力图改造黑暗现实的政治观和唯物主义的哲学观决定了他必然是现实主义文艺理论的积极赞助者，是别林斯基战斗传统的继承人。他接过了别林斯基高举的现实主义的理论旗帜，投入了保卫现实主义、反对消极浪漫主义的战斗。他的斗争决心是很强烈的，曾明确表示："反对生活中病态的浪漫主义倾向，是一直到现在为止都是必要的，甚至一直到文学上的浪漫主义这个名字完全被人忘却的时候，还是必要的。这个斗争要一直持续到人们在生活中完全放弃沉湎于矫揉造作的习惯，持续到人们习惯于嘲笑一切不自然的东西，不论它用怎样合适的美辞和形式来掩盖内在的庸俗，都能嘲笑其鄙俗的时候。"② 正因为如此，车尔尼雪夫斯基特别地强调现实而反对幻想，甚至在这一方面做得有些过分，连文艺创作必不可少的想象，他也加以贬斥。

二

车尔尼雪夫斯基给自己确定的研究题目是：艺术与现实的审美关系。也就是要研究艺术美与现实美谁决定谁、谁高于谁的问题。这是美学的中心问题之一。但要解决这一问题，首先要解决美学的基本问题——美的本质问题。对美的本质的回答，是任何美学体系的哲学前提。

---

① ［俄］车尔尼雪夫斯基：《俄国文学果戈理时期概观》，《车尔尼雪夫斯基论文学》上卷，辛未艾译，上海译文出版社1978年版，第342—343页。

② 同上书，第347页。

对于美的本质问题，车尔尼雪夫斯基首先从破入手，也就是从批判入手。因为正如车氏所说，在40年代末和50年代初，黑格尔哲学"支配着我们的美学界"①。所以，车氏踏上美学研究道路的第一步就面临着对黑格尔派美学思想的批判问题。这就是车氏所一再声言的对"流行的美学体系"的批判。所谓"流行的美学体系"，即指黑格尔派的美学思想，并不仅只是黑格尔本人的美学观。因为，黑格尔的名字同费尔巴哈的名字一样，在当时的俄国都是不允许在书中引用的。尽管车氏曾经摘录过黑格尔的门徒费肖尔《美学》一书中的一些观点，但同原著略有出入，而且是经过某种俄国化的改造的。不过，从总的意思来说，还是符合黑格尔美学体系的精神实质。因此，我们将车氏所批判的"流行的美学体系"称之为黑格尔派美学思想。车氏将黑格尔派美学思想概括为一个基本观点和两个相关的定义。一个基本观点就是："一切精神活动领域都受从直接上升到间接这条规律的支配"，以及由此得出的"观念完全显现在个别事物上的、本身包含着真实的假象，就是美"②。所谓"一切精神领域都受从直接上升到间接这条规律的支配"，即是指黑格尔派认为绝对理念是宇宙的出发点，它遵循着由自然的物质领域到人的精神领域的规律发展。这是宇宙发展的根本规律，一切精神领域都要受到这一规律的支配。所谓"观念完全显现在个别事物上的、本身包含着真实的假象，就是美"，即指在黑格尔派看来美只是绝对观念在精神阶段中感性阶段的显现。此时，尽管绝对观念以个别的感性形式表现出来，但却已是精神、观念，因而这个个别的事物只不过是包含着绝对观念（即真实）的假象。应该说，对黑格尔派美学思想的基本观点的这样一种概括，基本上是确切的。当然，"完全显现"一词并不完全符合黑格尔派美学思想的原意，我们留待以后再作分析。关于黑格尔派美学思想的两个定义，车氏是这样概括的：一个是"一件事物如果能够完全表现出该事

①　［俄］车尔尼雪夫斯基：《艺术与现实的审美关系》，周扬译，人民文学出版社1979年版，"第三版序言"第1页。
②　同上书，第2页。

物的观念来，它就是美的"，另一个是"美是观念与形象的统一，观念与形象的完全融合"。① 这两个定义的概括应该说是十分不确切的。因为，"美是个别完全表现出观念"与"美是观念与形象的完全融合"是一回事，所以，这两个定义其实是一个意思。同时，"美是个别完全表现出观念"中的"完全表现"不符合黑格尔派的原意。因为，在黑格尔派看来，"完全表现"或"完全显现"并不是指一切的美的范畴，而是指理想美的范畴，而理想美只在古希腊才存在。尽管如此，从总的方面来说，车氏还是在定义中概括了"观念在个别上的显现"这样的基本意思，这就在主要的方面表述了黑格尔派美学思想。

车尔尼雪夫斯基对黑格尔派美学思想的批判是从两个方面进行的。一个是从理论方面，一个是从事实方面。在理论方面的批判简直是简略得惊人。主要有这样两层意思。一层是认为上述黑格尔派美学思想的基本概念，"公认是经不起批评的，"因而不必去说。另一层是对黑格尔派关于观念发展得愈高美就消失得愈多的观点，车氏认为，"实际上人的思想的发展毫不破坏他的美的感觉"，因而也"不想用事实去推翻这一点"。总之，他认为从理论上来说，"作为形而上学体系的结果和一部分，上述的美的概念随那体系一同崩溃。"② 这些批判是他在《艺术与现实的审美关系》中进行的。而在与此同时完成《现代美学概念批判》中，他对黑格尔派美学思想从理论上作了更为明确地批判。他说，"这些通常的概念就是唯心主义以及片面的唯灵主义的结果。"又说："首先我们要指出产生了所谓'美是观念的体现'这一概念的那个奇怪的哲学底起源，我们现在可以把它叫做唯心主义哲学。"③ 车氏对黑格尔派美学思想的批判主要是从事实的角度，而不是从理论的角度。他表示要离开"体系"独立地来看黑格尔派美

---

① ［俄］车尔尼雪夫斯基：《艺术与现实的审美关系》，周扬译，人民文学出版社 1979 年版，第 3、5 页。

② 同上书，第 3 页。

③ ［俄］车尔尼雪夫斯基：《现代美学概念批判》，《车尔尼雪夫斯基论文学》中卷，辛未艾译，上海译文出版社 1979 年版，第 27、38 页。

学思想是否正确，也就是不从理论上而是从事实上来对黑格尔美学思想进行批判。这是车氏方法论的具体表现。他在《艺术与现实的审美关系》的开首告诉人们："这篇论文只限于述说根据事实推断出来的一般的结论，这些结论又仅仅依靠事实的一般的引证来加以证实。"①这里需要说明的是，这种"仅仅依靠事实"的研究方法尽管表现了车氏的唯物主义的重事实的基本哲学立场，但毕竟是忽略了在此基础上的归纳、综合和间接的思维概括。这实际上还是一种直观的机械的唯物主义。同时，车氏试图脱离黑格尔派的美学理论体系单独从事实的角度来批判也是极不科学的。因为，黑格尔的关于美的概念是完全以其唯心主义的哲学体系为理论基础的，所以，哲学体系与美的概念之间是互为因果、密不可分的。如果离开黑格尔的哲学体系来单独分析其关于美的概念，势必歪曲其原意。

　　车氏从事实的角度对黑格尔派美学思想的批判包含三层意思。首先，是认为黑格尔美学思想"太空泛"。也就是说："它只说明在那类能够达到美的事物和现象中间，只有其中最好的事物和现象才似乎是美的；但是它并没有说明为什么事物和现象的类别本身分成两种，一种是美的，另一种在我们看来一点也不美。"② 这就是说，在车氏看来，黑格尔派美学思想只说明了某种事物中只有最好的才美，而没有说明该事物本身美与不美以及为何美与不美。他举田鼠与沼泽为例，说明按照黑格尔派美学思想，最好的田鼠与沼泽应该也是美的。但其实任何田鼠与沼泽本身都是不美的。这样的批判是不符合黑格尔的原意的。因为，按照黑格尔的美学体系，已经解决了美与不美的问题。在黑格尔看来，美与不美及美的程度完全由事物所体现的绝对精神的多少来决定。而绝对精神的感性表现按照无机—有机—植物—动物—人的次序顺序递增，而在人的精神阶段，绝对精神得到了"感性显现"，成为艺术，才是真正的美。其次，是认为黑格尔派美学思想

---

　　① ［俄］车尔尼雪夫斯基：《艺术与现实的审美关系》，周扬译，人民文学出版社1979年版，第1页。

　　② 同上书，第4页。

"太狭隘"。所谓"太狭隘"，就是指按照黑格尔的观点在同类事物中只有最好的才堪称为美，这就不能包含美的多样性，特别对于动物和人。这也是对黑格尔派美学思想的曲解。因为，在黑格尔美学的"感性显现"不是简单的同类事物中堪称为好的东西，而是指理念的"现外形""放光辉"，即指理念与形象的高度统一、互相渗透、融为一体，是个别与一般、感性与理性、有限与无限的直接统一。这样的美的事物与类型化的形而上学的美学观是完全对立的。它的有限不仅是有限，而是寓无限于丰富多彩、千变万化的有限之中。再就是，认为黑格尔派关于美的概念只概括了艺术美的特征而没有概括一般的美的特征。车氏认为，黑格尔关于美的定义，"所注意的不是活生生的自然美，而是美的艺术作品，在这个定义里，已经包含了通常视艺术美胜于活生生的现实中的美的那种倾向的萌芽或结果"①。这个批评是符合黑格尔的原意的。因为，按照黑格尔"美是理念的感性显现"的定义，美都是精神产品，自然美都是不完善的美。另外，车氏认为，黑格尔派美学也有其正确的一面，即所谓"美是在个别的、活生生的事物，而不在抽象的思想"②。这其实是不符合黑格尔的原意的。因为，黑格尔尽管没有完全否定个别，有时甚至还十分重视个别，但总的来说，他更重视一般而将美归之于绝对理念。由此可知，车尔尼雪夫斯基对黑格尔美学的批判是不太确切的，不完全符合原意的。特别对黑格尔美的定义的分析，更是如此。因此，对黑格尔美学思想的批判不是车氏对美学史的主要贡献，他的主要贡献是在美学史上首次旗帜鲜明地提出了"美即生活"的口号。

为了同"美即观念"的流行的美学定义对抗，车尔尼雪夫斯基在《艺术与现实的审美关系》中提出了"美即生活"的定义。具体表述是这样的："'美是生活。'任何事物，凡是我们在那里面看得见依照我们的理解应当如此的生活，那就是美的；任何东西，凡是显示出生

---

①　［俄］车尔尼雪夫斯基：《艺术与现实的审美关系》，周扬译，人民文学出版社1979年版，第5页。

②　同上书，第4页。

活或使我们想起生活的，那就是美的。"① 这段话包含着极其丰富的含义。首先是提出了"美是生活"这一关于美的基本定义或总纲。在这个基本定义中，车氏同传统的唯心主义关于"美是理念的感性显现"的定义针锋相对，明确宣布"美是生活"。要正确认识这一基本定义，关键在于对"生活"概念的理解。统观车氏的全部美学论著，他给"生活"概念所规定的基本含义是"生命"。在《艺术与现实的审美关系》中，他将"生活"的基本含义归结为"活着"，也就是"吃得饱，住得好，睡眠充足"等生命的基本要求。在《现代美学概念批判》一文中，他更明确地表示："凡是我们可以找到使人想起生活的一切，尤其是我们可以看到生命表现的一切，都使我们感到惊叹，把我们引入一种欢乐的、充满无私享受的精神境界，这种境界我们就叫作审美享受。"② 很明显，车氏在这里是把"生活"界定为"生命表现"的。这虽然是一种人本主义的观点，但作为"生命"首先是一个具体的、活生生的存在。仅在这一点上，他就与"美即理念"的理论相对，提出了一个全新的美学纲领。当然，车氏关于"生活"的概念不仅仅是"生命"，还包含"劳动""思想和心灵的生活""应当如此的生活"，等等。但这些都不是主要的，只说明其思想的混乱。其次，是提出了关于社会美的定义，即"依照我们的理解应当如此的生活，那就是美的"。这里，所谓"应当如此的生活"，就是理想的生活，而且这种理想的生活是人们所理解的。车氏认为，人们在对"理想"的生活的理解上有共同之处，那就是健康。他说："不错，健康在人的心目中永远不会失去它的价值，因为如果不健康，就是大富大贵，穷奢极侈，也生活得不好受，——所以红润的脸色和饱满的精神对于上流社会的人仍旧是有魅力的。"③ 又说："一种身体健康的生活

① ［俄］车尔尼雪夫斯基：《艺术与现实的审美关系》，周扬译，人民文学出版社1979年版，第6页。

② ［俄］车尔尼雪夫斯基：《现代美学概念批判》，《车尔尼雪夫斯基论文学》中卷，辛未艾译，上海译文出版社1979年版，第23页。

③ ［俄］车尔尼雪夫斯基：《艺术与现实的审美关系》，周扬译，人民文学出版社1979年版，第7页。

本也是上层阶级的人的生活的理想。"① 另外，车氏还认为，在自然美的欣赏上人类也是共同的。他说："说到他们对自然美的理解，双方却都是一模一样的，你无法找出一种风景，有教养的人感到喜欢了，普通的人却不觉得好。"② 但是，车氏认为，在对理想生活的理解上，各个不同的阶级也是有差别的。他说："他们之间的差别只在对人的美的理解上；这种分歧的原因完全在于这一点：普通人和社会上层阶级成员对生活与幸福的理解并不一致；因此他们对人的美、对外表所表现的生活的丰富、满足、自由自在的理解也是各有千秋的。"③ 他进一步具体地阐明了不同的阶级对理想的生活的不同理解。一种是农民所理解的理想的生活，包括着劳动的概念在内。这就是"丰衣足食而又辛勤劳动"，是一种"旺盛健康的生活"，其结果是"使青年农民或农家少女都有非常鲜嫩红润的面色——这照普通人民的理解，就是美的第一个条件"④。再一种是商人贩夫所理解的理想生活，是光吃不做的懒散的生活，其结果就是使其妻女胖得怪形怪状、臃肿不堪，但"也会得到把这种生活奉为理想的人们所宠爱的"⑤。另一种就是上流社会所谓的理想生活。这是一种没有物质的匮乏和生活的不舒服，但却精神空虚、神经衰弱的所谓灵智和内心的生活，其结果是造成了一批"脸色苍白、唇无血色、眼神困倦、瘦削孱弱的年轻太太和姑娘"⑥。车氏认为，对于这些年轻的太太和姑娘，普通老百姓简直不会去瞧她们一眼。最后，是提出了关于自然美的定义，就是"凡是显示出生活或使我们想起生活的，那就是美的"⑦。这里所谓"显示出生活"或"使我们想起生活"都是指自然物对生活的暗示。车尔尼雪夫斯基说："自然界的美的事物，只有作为人的一种暗示才有美的意

　　① ［俄］车尔尼雪夫斯基：《现代美学概念批判》，《车尔尼雪夫斯基论文学》中卷，辛未艾译，上海译文出版社 1979 年版，第 27 页。

　　② 同上书，第 24 页。

　　③ 同上。

　　④ 同上书，第 6 页。

　　⑤ 同上书，第 26 页。

　　⑥ 同上书，第 28 页。

　　⑦ 同上书，第 6 页。

义。所以，既经指出人身上的美也是生活，那就无需再来证明在现实的一切其他领域内的美也是生活，那些领域内的美只是因为当作人和人的生活中的美的一种暗示，这才在人看来是美的。"① 这里所说的"暗示"有两方面的含义。一方面是从中"显示出生活"。这是指动物的美，可以从中直接同人的生活进行某种联系。车氏说："总之，在动物中间我们喜欢的是适度的丰满以及形态的端正；为什么？因为在这里我们找到了一种跟人的正常健康的生活相接近的东西，人的正常健康生活也表现为丰满和形态的匀称。"② 他举例说，诸如生命力沸腾的马、柔和匀称的猫等等。但青蛙却不使我们感到美，因其形态可憎，而且其外表冰冷，并覆盖着一层尸体般的粘液，使人一经触摸，嫌恶异常。再一方面是"使我们想起生活的"。这是指植物的美，可以使其间接地同人的生活具有某种联系。在车氏看来，人们对于植物喜欢其色彩的新鲜、枝叶的茂盛和形状的多样。"因为那显示着力量横溢的蓬勃的生命。"③ 他举例说，人们喜欢森林，因为森林中有更多的生活，其中不但植物长得茂盛蓬勃，而且树木的喧闹也使人想到人类生活中的喧闹以及谈话，而鸟儿的叽叽喳喳就更是比较接近我们的生活了。至于远方打猎的喧闹，则进一步使整幅画面充满了生气。"于是森林和它的所有居民对我们来说就变成图画的框子；而图画则是人。"甚至连无生命的事物，也只有使人联想到人的生活才会是美的。例如太阳和光明，它们之所以美就"因其是大地上一切生命的主要条件"④。

车尔尼雪夫斯基认为，"美即生活"的定义与"美即理念"的定义是有着本质的区别的，分别以它们为不同的出发点，会构成完全不

①　［俄］车尔尼雪夫斯基：《艺术与现实的审美关系》，周扬译，人民文学出版社 1979 年版，第 10 页。

②　［俄］车尔尼雪夫斯基：《现代美学概念批判》，《车尔尼雪夫斯基论文学》中卷，辛未艾译，上海译文出版社 1979 年版，第 30 页。

③　［俄］车尔尼雪夫斯基：《艺术与现实的审美关系》，周扬译，人民文学出版社 1979 年版，第 9 页。

④　［俄］车尔尼雪夫斯基：《现代美学概念批判》，《车尔尼雪夫斯基论文学》中卷，辛未艾译，上海译文出版社 1979 年版，第 34 页。

同的美学体系。他说："所以，应该说，关于美的本质的新的概念——那是从和以前科学界流行的观点完全不同的、对现实世界和想象世界的关系的一般观点中得出的结论，——会达到一个也和近来流行的体系根本不同的美学体系，并且它本身和以前关于美的本质的概念根本不同。"① 具体地说，它们之间的区别有这样三个方面。首先，"美即理念"的定义将观念作为美的本质，而"美即生活"的定义则认为"生活却是美的本质"②。其次，"在通常的概念中，最主要的是观念；而在我们的概念中，最主要的却是生活。"③ 最后，"我们以为，自然美的确是美的，而且彻头彻尾都是美的，通常的概念认为，自然美并非真正是美的，并非完全是美的，它只不过是依靠我们的幻想才使我们觉得它是十分美的而已。"④ 总之，这两个美的定义，一个认为美在观念，一个认为美在生活，这就明确地划清了唯心主义美学体系与唯物主义美学体系的根本界限。

"美即生活"定义的提出是车尔尼雪夫斯基对美学史的主要贡献。他以唯物主义的美学理论较有力地批驳了长期占统治地位的唯心主义美学理论。从某种意义上讲，在美学史上起到了拨乱反正的战斗作用。在美学史上有一个奇怪的现象，那就是唯心主义美学体系始终具有重大影响，而且长期占据统治地位。尤其是德国古典美学，特别是黑格尔美学兴盛之后，更是如此。黑格尔美学理论对西方各国有着广泛而深远的影响。"美即理念"的观点到处盛行，充斥于文学艺术的各个领域，致使文艺长期脱离现实生活，并成为各种消极颓废文艺的理论支柱之一。在这种情况下，车尔尼雪夫斯基提出"美即生活"的口号，用以批驳"美即理念"的定义。这就给予唯心主义美学思想以有力的打击，使之濒临崩溃的境地，从而使革命民主主义的现实主义

① ［俄］车尔尼雪夫斯基：《艺术与现实的审美关系》，周扬译，人民文学出版社1979年版，第11页。

② ［俄］车尔尼雪夫斯基：《现代美学概念批判》，《车尔尼雪夫斯基论文学》中卷，辛未艾译，上海译文出版社1979年版，第34页。

③ 同上。

④ 同上书，第35页。

文艺将"美即生活"作为自己的战斗旗帜。同时，"美即生活"的定义具有朦胧的阶级观点，这在西方美学史上具有开创的意义。列宁在《俄国工人报刊的历史》一文中认为，车尔尼雪夫斯基的著作"散发着阶级斗争的气息"。[①] 车氏的美学著作及其"美即生活"的定义也是散发着阶级斗争气息的，具体地表现为具有朦胧的阶级观点。他曾表示："在普通人头脑中的关于美的概念，和有教养的社会阶级的概念有很多不同。"[②] 他认为，这种不同主要是基于对生活与美的理解不同。如上所述，他具体地分析了劳动农民、商人贩夫与上流社会的不同的美的概念。这种分析尽管是粗浅的，不太科学的，但在美学史上却是第一次，因而是可贵的。而且，"美即生活"的定义并没有排斥美的理想性，这就在一定的程度上同低劣的自然主义划清了界限。车尔尼雪夫斯基尽管基本上是机械直观的唯物主义哲学观，受到人本主义思想的极大影响，但他并未完全堕入自然主义的泥淖。他的"美即生活"的定义并未完全排斥美的理想性，其中包含的"应当如此的生活"就是"理想的生活"。这就在一定的程度上具有号召和鼓舞人民去建设新的理想生活的积极的战斗意义。而他所说的"理想生活"就是他在小说《怎么办》中所描述的没有剥削和压迫的空想社会主义。他在《怎么办》中满腔热情地号召人们热爱这"理想的生活"，并努力为之奋斗。他说，"这个将来是光明和美丽的。爱它吧，倾向它吧，为它工作吧，接近它吧，把可能带的都带给它吧！"这就说明，小说《怎么办》就是他的"美即生活"定义的艺术实践，并为这一定义增添了革命的战斗光彩。另外，"美即生活"的定义尽管在内涵上不见得在一切方面都高于狄德罗的"美在关系"的定义，但其中却包含有劳动创造美的内容。如前所说，他不仅在论述农民的美学理想时将"辛勤劳动"包含于其中，而且，在《怎么办》中他还明确地将劳动作为"生活"的主要因素。他借小说中的人物阿列克赛·彼得罗维奇

① 《列宁论文学与艺术》，人民文学出版社 1983 年版，第 161 页。
② ［俄］车尔尼雪夫斯基：《现代美学概念批判》，《车尔尼雪夫斯基论文学》中卷，辛未艾译，上海译文出版社 1979 年版，第 23 页。

的口说："然而生活的主要因素是劳动，因此现实的主要因素也是劳动。"当然，这一观点未免同他将"生活"归之于"生命"有所抵牾，但却也说明他的美学观点中包含着生产劳动的因素。这都是狄德罗所不及的，而且在西方唯物主义美学史上，乃至整个西方美学史上都是难能可贵的。

当然，"美即生活"的定义也有着明显的不足之处。具体地分析一下这个定义，就会发现它本身带有不可调和的矛盾性。车氏在这个定义中一方面强调美的客观性，美在事物"本身"。同时，又强调所谓生活乃是按照人的理解"应当如此的生活"，而所谓自然美则是使人"想起"生活的。很明显，不论是"应当如此的生活"或使人"想起"生活，都是属于主观的、第二性的。这样，如果上述两方面都成立的话，那就是一个不可调和的矛盾，而车氏则并未将它们统一起来。正如普列汉诺夫所说，"他的创作将要只是再现按照他自己的阶级的概念看来是美好的生活，美好的现实"，"这就是说，如果车尔尼雪夫斯基是对的，那么他所反驳的唯心论的学派也不是完全不对。"① 正因为这种理论本身的矛盾性，所以造成了一定的混乱，使得一些人误认为车氏的美学理论是属于唯心主义的范畴，甚至在美学史上闹出了一场误会。俄国著名的进步批评家皮萨列夫在其《美学的毁灭》一文中得出了车氏写作《艺术与现实的审美关系》是出于看似阐述美学而实质旨在毁灭美学的"诡谲的"目的。皮萨列夫说："美学或关于美的科学，只在美具有不以无限多样化的个人趣味为转移的独立意义的情况下，才有合理的存在权利。假如美只是我们所喜爱的东西，假如由于这个缘故，所有关于美的形形色色的概念原来都是同样合理的，那么美学就化为灰烬了。每一个人都建立他自己的美学，因此，把各种个人趣味强制地统一起来的那种普遍的美学，是不可能存在的。《艺术与现实的审美关系》的作者正是要把自己的读者引向这个结论，虽然他并没有

---

① ［俄］普列汉诺夫：《车尔尼雪夫斯基的美学理论》，吕荧译，《文艺理论译丛》第1期，人民文学出版社1958年版，第138页。

十分坦白地说出这个结论。"这当然是对车氏美学理论的误解。因为车氏所说的人所喜欢的才美，并不是指纯粹的个人喜爱，而是强调审美是一种"无私的欢乐以及赞美的特殊感情"①。同时，车氏的目的也并非是表面肯定实质是否定的、"诡谲的"，而是真正在捍卫唯物主义的美学原则。总之，尽管皮萨列夫站在车氏对美学的所谓毁灭一边，但的确是曲解了车氏的观点。不过，这也同车氏本人的美的定义中包含着某种唯心主义成分不无关系。车氏"美即生活"的定义所存在的另一方面的缺陷，是具有浓厚的形而上学的味道。普列汉诺夫说，车尔尼雪夫斯基"跟纯艺术的拥护者们的争论中，他为了启蒙者的观点抛弃了辩证论者的观点。"②普列汉诺夫的这句话是说得十分正确的。他告诉我们，车氏尽管是采取了革命的政治立场和唯物的哲学立场，但却基本上抛弃了黑格尔派辩证的观点，从而使自己成为一个形而上学论者。这恐怕是一切直观的、机械的唯物主义的通病。在车氏"美即生活"的定义中，这种形而上学的气味亦是十分浓厚的。突出地表现在，车氏所说的"生活"从总的方面来说是抽象的、平板的、没有发展的。在车氏看来，似乎任何时候"生活"的含义和"美"的含义都是固定不变的。例如，他认为，绚烂多彩的花朵在任何时候都表现了生活，因而也都是美的。但其实，生活是随社会的发展而发展的，美的含义也是随着生活的发展而发展的。花朵绚烂的植物在人类尚处以畜牧为主的时代就并不显得美。普列汉诺夫说："我们都知道，原始的种族，例如薄墟曼人，澳洲土人，和其他的跟他们处于同一发展阶段上的'野蛮人'，虽然住在花卉很为丰富的土地上，却决不用花来装饰自己。现代的人种学巩固的确立了这个事实：上述的这些种族都只从动物界采取自己的装饰的主题。"③另一个形而上学的突出表现是，车氏

---

　　①　［俄］车尔尼雪夫斯基：《现代美学概念批判》，《车尔尼雪夫斯基论文学》中卷，辛未艾译，上海译文出版社1979年版，第22页。

　　②　［俄］普列汉诺夫：《车尔尼雪夫斯基的美学理论》，吕荧译，《文艺理论译丛》第1期，人民文学出版社1958年版，第106页。

　　③　同上书，第136页。

将"生活"归之于"生命"，归之于人的本性的要求和表现。这是
人本主义思想影响的明显结果。但这种人本主义却混淆了动物与人
的界限。人与动物的根本区别就在于，动物只是被动地适应自然，
人却以能动的有组织的实践来改造自然。因而，人类生活的含义首
先就应是社会实践。人类正是通过社会实践创造了世界，也创造了
美。但车氏却看不到人类的能动的社会实践，而只看到死板的自
然，一成不变的生命。这样，他尽管强调了美的客观性，但却忽略
了美的社会性和人类在美的创造中的能动作用。车氏"美即生活"
的定义还有一个缺陷，就是仍然保留着明显的唯心主义痕迹，因而
就未能完全同唯心主义划清界限。从哲学史来看，直观的机械的唯
物主义都是不彻底的，因而都不可能同唯心主义划清界限。车尔尼
雪夫斯基当然也是如此。他的关于"美即生活"的定义中所说的
"生活"，是同一定的社会的政治与经济完全无关的，而只为人的本
性所决定。但实际上，马克思主义的历史唯物主义认为，社会存在
决定社会意识。这样，美就不是为人的抽象本性决定，而是被一定
时代的经济与政治所决定。因此，车氏"美即生活"的定义就带有
了历史唯心主义的色彩。同时，车氏提出自然美是"显示出生活或
使我们想起生活的"，这实际上就是美学史上的唯心主义的"暗示
说"。例如，黑格尔提出自然美不在自然本身，而在于"感发心情
和契合心情"，费肖尔父子则以著名的"移情说"来解释自然美。
车尔尼雪夫斯基在自然美上的"暗示说"明显地受到了他们的
影响。

三

　　车尔尼雪夫斯基论述美的本质的目的，是论证现实美与艺术美
的关系问题。他认为，前者是后者的理论根据，由此推论出真正的
美是在现实还是在艺术，从而提出现实美与艺术美谁更高的问题。
他说，美的存在有现实美、想象中的美以及艺术美三种形式，"这
里，第一个基本问题，就是现实中的美对艺术中的美和想象中的美

的关系问题。"① 他的结论是现实美是真正的美，因而现实美高于艺术美。他说："现实比起想象来不但更生动，而且更完美。想象的形象只是现实的一种苍白的，而且几乎总是不成功的改作。" 又说，诗歌"无对现实的一种苍白的、一般的、不明确的暗示罢了"。②

车氏对这一现实美高于艺术美的基本观点的阐述，是从对黑格尔派关于艺术美高于现实美的观点的批驳入手的。黑格尔派对现实美进行了多方面的责难，车氏的批驳就是循着这种责难进行的，先是批驳其对现实美的攻击，接着阐述艺术美在这些方面的不足。这种批驳本来应该是有意义的，但因车氏采取的是观点罗列的方法，缺乏归纳，重复烦琐之处甚多。这就不免减损其理论意义，同时也给我们的阐述带来了困难，因而不得不略加归并。首先，他驳斥了"'自然中的美是无意图的。'而艺术中的美则是有意图的"③。车氏认为，尽管艺术美是人创造的、有意图性的，但人的力量却远弱于自然的力量。他说，"我们的艺术直到现在还没有造出甚至像一个橙子和苹果那样的东西来，更不必说热带甜美的果子了。"而且，艺术品"比之自然的作品粗糙、拙劣、呆笨得多"。④ 他为了替现实美辩护，甚至断言现实也有一种产生美的意向。也就是说，他认为，现实中有一种不太明朗的、朦胧的产生美的意图性。他说，"不能不承认美是自然所奋力以求的一个重要的结果"⑤。为此，他以鸟兽的爱整洁、人的注意外表、蜂房的正六角形和树叶的两半对称为例加以说明。他还认为，艺术美中的意图性也是相对的。因为，"艺术家活动的无意识性早已成为一个被讨论得很多的问题"⑥。在一部作品中，不仅有意图性而且还有其他方面的内容，诸如"思想、见解、情感"等。其次，车氏驳斥了"现实中的美是少见的"，

① ［俄］车尔尼雪夫斯基：《艺术与现实的审美关系》，周扬译，人民文学出版社 1979 年版，第 32 页。
② 同上书，第 102、71 页。
③ 同上书，第 52 页。
④ 同上书，第 42 页。
⑤ 同上书，第 43 页。
⑥ 同上书，第 52 页。

"在艺术中美就更常见"的观点。他认为，现实中的美即便是稀少也并不减损其美，鸽蛋大小的钻石难得看到，但一致公认这稀有的钻石是美的。他认为，现实中的美并不稀少，尽管"最"美的事物只有一个，但"十分"美的事物却是很多，不仅美丽的风景随处可见，就是人生中美丽动人的瞬间也到处都有。相反，他认为，艺术中的美倒是并不常见。由于伟大艺术天才生长和顺利发展的有利机会极少，因而真正美的悲剧或戏剧在整个欧洲文学中仅有三四十篇，而在俄国只不过有普希金的一二篇。再次，车氏驳斥了"'现实中的美是瞬息即逝的。'在艺术中，美常常是永久的"① 的观点。他承认，现实美具有瞬息万变的特点，但却认为这种瞬息万变的特点正是现实能够保持其美的重要原因。为此，提出了美的发展的、具有时代性的重要观点。他说："每一代的美都是而且也应该是为那一代而存在：它毫不破坏和谐，毫不违反那一代的美的要求；当美与那一代一同消逝的时候，再下一代就将会有它自己的美、新的美，谁也不会有所抱怨的。"② 正因为如此，现实中的美才与时更始、新陈代谢，并以其多样性而令人神往。他说："活着的人不喜欢生活中固定不移的东西；所以他永远看不厌活生生的美。"又说："自然不会变得陈腐，它总是与时更始、新陈代谢。"因此，"生活、活的面孔和现实的事件，却总是以它们的多样性而令人神往"③。另一方面，"艺术却没有这种再生更新的能力，而岁月又不免要在艺术作品上留下印迹"④。这就常常不免使艺术失去美的魅力。例如，随着时间的流逝，诗歌中的许多东西会不为我们所理解，古乐曲因现代乐曲中乐队的完善而大大减色，绘画中颜色的消褪等。尤其是由于时代趣味和风尚的变化，使得任何一种艺术品在一百多年以后都会使人觉得老旧、可笑。最后，批驳了"现实美的相对性、艺术

---

① ［俄］车尔尼雪夫斯基：《艺术与现实的审美关系》，周扬译，人民文学出版社 1979 年版，第 54 页。
② 同上书，第 45 页。
③ 同上书，第 46、54 页。
④ 同上书，第 54 页。

美的绝对性"。流行的美学观点认为，"自然中的美只有从一定的观点来看才是美的。"① 车氏不同意这种观点，认为美的事物从任何角度看都是美的，但只有从一个角度看才最美。不仅现实美是这样，艺术美也是这样的。还有一种观点认为，"现实中的美包含着许多不美的部分或细节。"② 车氏认为，这实际上是混淆了美与完美的界限，以完美来代替美。"在生活的任何领域寻求完美，都不过是抽象的、病态的或无聊的幻想而已。"③ 因为，这只是一种"数学式的完美"，所以是与美感无关的。他说："我们不应忘记，美感与感官有关，而与科学无关；凡是感受不到的东西，对美感来说就不存在。"④ 再就是流行的美学观点认为，"活的事物不可能是美的，因为它身上体现着一个艰苦粗糙的生活过程。"⑤ 例如，人脸上的汗渍、树叶上的小虫等。车氏认为，这种观点的根源在于"美在形式"理论的影响。他没有具体点名，实际上说的是德国的康德。他认为，这种将美仅仅归结为外在形式的光滑、平整和对称的观点是不正确的。从主体的审美能力来看，他认为，尽管美感依靠听觉和视觉等感觉进行，但"理智的记忆和思考总是伴随着视觉，而思考则总是以实体来填补呈现在眼前的空洞的形式。人看见运动的事物，虽则眼睛本身是看不见运动的；人看见远处的事物，虽则眼睛本身看不见远处；同样，人看见实体的事物，而眼睛看到的只是事物的空洞的、非实体的、抽象的外表。"⑥ 从对象本身来说，之所以会美也决不仅仅是因其形式，而必然要涉及其实际存在。他说："美的享受虽和事物的物质利益或实际效用有区别，却也不是与之对立的。"⑦ 另外，他认为，即便是艺术品也会留下艰苦劳动的痕

---

① ［俄］车尔尼雪夫斯基：《艺术与现实的审美关系》，周扬译，人民文学出版社1979年版，第56页。

② 同上。

③ 同上书，第48页。

④ 同上书，第49页。

⑤ 同上书，第57页。

⑥ 同上书，第50页。

⑦ 同上。

迹。车氏对于"个别的事物不可能是美的，原因就在于它不是绝对的"① 观点也是不同意的。他首先从哲学理论上进行批驳，认为"我们在现实中没有遇见过任何绝对的东西；因此，我们无法根据经验说明绝对的美会给予我们什么样的印象。"② 相反，他却认为，"个体性是美的最根本的特征。"③ 因为，现实美作为个体美是不能越出个体性范围的。

车尔尼雪夫斯基一方面批驳黑格尔派对现实美的责难，另一方面则正面论述了现实中的美不管有多大缺点总是真正的美，并高于艺术创作。他首先探讨了什么是真正美的问题，为"真正美"这个概念立了一个标准，就是"能使一个健康的人完全满意的"。根据这样的标准，现实美就是真正的美。因为，"现实中的美，不管它的一切缺点，也不管那些缺点有多么大，总是真正美而且能使一个健康的人完全满意的。"④ 车氏认为，实际并不像流行的美学观点所认为的那样，艺术美比现实美"更富于诗意"。恰恰相反，在现实中每分钟都有富于诗意的事件，这些事件就是从严格的诗的观点来看也找不出在艺术方面的任何缺陷。它们都具有艺术作品所不可缺少的"一般"，甚至不加任何改变就可在"艺术"的名目下加以重述。由此，他认为，"现实中有许多的事件，人只须去认识、理解它们而且善于加以叙述就行。"⑤ 又说，"总括起来可以说，在情节、典型性和性格化的完美上，诗歌作品远不如现实。"⑥ 当然，他认为，可能在"修辞点缀"和人物与事件的结合方面，艺术美较现实美为好。但这只是一种"虚假"的"矫饰"，会使艺术作品的价值大大贬低。所谓人物与事件结合得好，则常常不免使人物与事件单调重复、千篇一律。他说："因为由于人物性格的多样，本质上相同的事件会获得一种色度上的差

① ［俄］车尔尼雪夫斯基：《艺术与现实的审美关系》，周扬译，人民文学出版社 1979 年版，第 51 页。
② 同上。
③ 同上书，第 52 页。
④ 同上书，第 39 页。
⑤ 同上书，第 75 页。
⑥ 同上书，第 76 页。

异，正如在永远多样化、永远新鲜的生活中所常见的情形一样，可是，在诗歌作品中，人却常常碰到重复。"① 车尔尼雪夫斯基认为，对现实与艺术的"总的批评"，即理论上的批评还不能彻底解决问题。他还要从事实上来验证这种理论的批评，因而要深入到各个艺术门类考察，进一步将这些艺术门类与现实进行比较。当然，比较的结果仍然是现实美是真正的美并高于艺术美。他认为，建筑根本不是艺术品，只是人类实际活动的一种，因此用不着比较。雕塑和绘画都有一个共同的缺点，就是它们死的、不动的。因此，"这两种艺术作品在许多最重要的因素方面（如轮廓的美、制作的绝对的完善、表情的丰富等等），都远远不及自然和生活。"② 由于人工歌唱同自然的歌唱相对照不能补偿真挚情感的欠缺，因此，"在音乐中，艺术只是生活现象的可怜的再现。"③ 至于诗的形象，"无非是对现实的一种苍白的、一般的、不明确的暗示罢了"，所以，诗的形象和现实的形象比较起来，"显然是无力的、不完全的、不明确的"④。

车尔尼雪夫斯基之所以得出现实美高于艺术美的结论，其理论根据就是对艺术想象和典型的否定，认为现实高于想象。他首先对于想象的起源和性质进行了探讨，认为现实本来是美好的、能够满足健康人的要求的，想象只是现实生活贫乏的产物。他说，"一个人的心空虚的时候，他能任他的想象奔驰；但是一旦有了稍能令人满意的现实，想象便敛翼了。一般地说，幻想只有在我们的现实生活太贫乏的时候，才能支配我们。"⑤ 他举例说，一个人睡在光板上才会幻想富丽的床铺，诸如，珍贵的木床、鸭绒被、花边枕头、高级料子的帐子等，一旦有了柔软舒适的床铺，就不会作这样的幻想了。因此，他断言："现实生活的贫困是幻想中的生活的根源。"⑥ 不仅如此，他还认

---

① ［俄］车尔尼雪夫斯基：《艺术与现实的审美关系》，周扬译，人民文学出版社 1979 年版，第 77 页。

② 同上书，第 67 页。

③ 同上书，第 70 页。

④ 同上书，第 71 页。

⑤ 同上书，第 39 页。

⑥ 同上书，第 40 页。

为，对幻想的追求是一种"病态的现象"。他说，"但是这种没有什么东西可以满足的幻想的苛求，我们必须承认是病态的现象。"① 车氏还进一步探讨了艺术想象的能力，认为创造的想象的力量是十分有限的，它的产品比现实要低得多。他说："如所周知，在艺术中，完成的作品总是比艺术家想象中的理想不知低多少倍。但是这个理想又决不能超过艺术家所偶然遇见的活人的美。"又说："想象决不能想出任何一朵比真的玫瑰更好的玫瑰；而描绘又总是不及想象中的理想。"② 那么，为什么想象的产物这样不如现实呢？车氏认为，原因在于想象只能对对象进行量的增加而不能进行质的改造，而量的增加只能使其离开原型，质的改造才能使其提高。他说，想象"只能融合从经验中得来的印象；想象只是丰富和扩大对象，但是我们不能想象一件东西比我们所曾观察或经验的还要强烈"③。这里所说的"融合"、"丰富"和"扩大"，都是指量的增加。他还认为，艺术家所能做的一件事就是"凑合"，就是将这个人美的前额、那个人美的鼻子、第三个人的美的嘴和下腭凑成一个理想的美人，而这样做是要破坏面孔的和谐的。他说："人体是一个整体；它不能被支解开来，我们不能说：这一部分美，那一部分不美。在这里，正如在许多其他情形下一样，选配、镶嵌、折衷，会招致荒谬的结果。"④ 车氏还讲过想象具有借取、填补、改变等等作用。所谓借取是因对完整的事件记忆不全而从别的场景借取，而填补则是对于一事件同另一事件分开时造成的空白的填补，改变也只是涉及细节。因此，这些还是无碍本质，属于量变的范围。

由于艺术典型化是通过艺术想象来实现的。因此，车尔尼雪夫斯基否定艺术想象必将导致对艺术典型化的否定。艺术典型问题集中于"一般"与"个别"的关系问题。黑格尔派认为，艺术典型同现实生活相比就是更多地体现了一般，艺术典型化就是清洗不体现一般的个

---

① ［俄］车尔尼雪夫斯基：《艺术与现实的审美关系》，周扬译，人民文学出版社1979年版，第39页。

② 同上书，第62、65页。

③ 同上书，第62页。

④ 同上书，第63页。

别，使之"重新升到一般"的过程。车氏对于这种"重新升到一般"的过程是否定的。他认为，"对于人来说，一般不过是个别的一种苍白的、僵死的抽象。"① 其理由是"抽象的一般"已不是事物本身，所谓"事物的精华通常并不像事物的本身：茶素不是茶，酒精不是酒；那些'杜撰家'确实就是照上面所说的法则来写作的，他们给我们写出的不是活生生的人，而是以缺德的怪物和石头般的英雄姿态出现的、英勇与邪恶的精华"②。这里需要说明的是，尽管车氏对上述抽象的"概括化"的批判本身是正确的。但一方面曲解了黑格尔派美学典型化理论本身的含义，另方面则因一概反对概括而不免失之偏颇。因为，艺术创作中的由个别上升到一般的概括，途径有二。一种是车氏所批判的，"把一切个别的东西抛弃，把分散在各式各样的人身上的特征结合成为一个""精华的人物"③ 的概括方法。这是一种无异于逻辑思维的抽象概括的方法，是完全同艺术创作的本质相敌对的，是理应受到批判的。但黑格尔派美学的"概括化"并不舍弃个别的因素，而只是对不包含一般的个别进行"清洗"，使保留下来的"个别"能更好地体现"一般"，达到两者的高度统一、直接融合。这是一种"艺术的概括"，是典型化的正确道路。正因为车氏将这两种概括混淆了起来，所以才会反对一切概括。相反，他却十分重视艺术创作中个别性的因素。他说："实际上，个别的细节毫不减损事物的一般意义，相反，却使它的一般意义更活跃和扩大。"④ 不仅如此，他还把"个性化"提高到艺术创作中的首要地位。他认为，在艺术创作中是无论如何都不可能达到真正的个性化的，只能稍稍地接近它，"诗的形象的价值就取决于这种接近的程度如何。"⑤ 在此，车氏将形象的价值完全委诸个性化了，这倒是一种十分崭新的观点，应该引起我们

---

①　[俄]车尔尼雪夫斯基：《艺术与现实的审美关系》，周扬译，人民文学出版社 1979 年版，第 71 页。

②　同上书，第 72 页。

③　同上。

④　同上书，第 71 页。

⑤　同上。

的重视。正因为车氏认为个别能充分地表现一般，而一般只不过是苍白的抽象，所以，他必然得出真正的典型只有在现实中才能找到的结论。车氏问道："人能够在现实中找到真正的典型人物吗？"① 接着，他自我答道，这个问题的明确已是不需要回答的。它犹如在生活中去寻找好人、坏人、守财奴、败家子，及冰是冷的、面包有营养一样。由于真正的典型人物就在现实之中，因而他认为作家的创作就只要"再现"现实中的典型人物就可以了。他说："诗人'创造'性格时，在他的想象面前通常总是浮现出一个真实人物的形象，他有时是有意识地、有时是无意识地在他的典型人物身上'再现'这个人。"② 他举例说，许多作品中的主要人物都是作者自己的真实画像，如，歌德的浮士德，席勒的堂·卡罗斯与波查侯爵，拜伦与乔治桑作品中的男女主人公，普希金的奥涅金与连斯基，莱蒙托夫的皮巧林等。因此，车氏认为，艺术创作就是一种对真人的"模拟"，而不是创造。如果有谁违背这一"再现""模拟"的原则，而是按照典型化的原则，以真人为蓝本，将其提高到一般的意义。车氏认为，"这提高通常是多余的，因为那原来之物在个性上已具有一般的意义。"③ 作家只要发现和理解，并加以表现就可以了。另外，车氏还分析了人们为什么会认为艺术美高于现实美。他归纳为三点原因。第一是出于非常重视困难的事情和稀有事物的人之常情。艺术美是稀有的，并且是经过多年劳力的结果，所以被重视，而自然的产物则是不费力的，因而被贬损。第二是出于对人类的劳动智慧和力量的珍视。艺术是人的劳动的产物，是人的智慧和力量的结晶，因而人们引为骄傲。第三是为了迎合人类爱矫饰的趣味。为此，他把艺术比作很少内在价值的钞票，而将自然比作没有戳记的金条。他说，"生活现象如同没有戳记的金条；许多人就因为它没有戳记而不肯要它，许多人不能辨出它和一块黄铜的区别；艺术作品像是钞票，很少内在的价值，但是整个社会保证着

① ［俄］车尔尼雪夫斯基：《艺术与现实的审美关系》，周扬译，人民文学出版社 1979 年版，第 71 页。

② 同上书，第 72 页。

③ 同上书，第 73 页。

它的假定的价值，结果大家都宝贵它，很少人能够清楚地认识，它的全部价值是由它代表着若干金子这个事实而来的。"① 由于车氏的上述意见价值不大，所以我们不再详加论述。

车尔尼雪夫斯基关于现实美与艺术美关系的理论在美学史上是有其贡献的。最主要的是有力地批驳了黑格尔派对现实美的否定，恢复了现实美的应有地位。长期以来，黑格尔派对现实美一直是大加否定的，认为现实美是无意识的、自在的、相对的，因而是不完全的美。黑格尔在其《美学》中所论的美，即理想，其实就是艺术美，而将现实美排斥在外。这就完全否定了美的现实性与客观性，是黑格尔派美学唯心主义实质的必然表现。车氏与之针锋相对，全面地批驳了黑格尔派否定现实美的种种观点，并明确提出现实美是真正的美。这在扭转黑格尔派唯心主义美学的不良影响，恢复现实美的应有地位方面的作用是十分巨大的。实际上，这是对唯心主义美学观的批驳，对唯物主义美学观的坚持。车氏还提出事物的精华不是事物本身、共性不能代替典型的著名观点，从而否定了典型创作中的唯心主义的抽象概括化。当时，唯心主义发展到极端，出现一种抽象概括的唯心主义创作方法，即是完全抛弃个别、只剩下抽象的概念，使人物成为某种概念的图解或传声筒。车氏对于这种唯心主义的抽象概括化进行了较深入地批判，认为事物的精华不是事物本身、茶素不是茶、酒精不是酒。因为抽象的苍白的一般不能代替活生生的人，共性不能代替典型。这是十分正确、深刻的，对于我们今天批判所谓"主题先行"的错误观点都有重要的借鉴作用。再就是，车氏提出了现实美的发展与时更始的重要观点，说明在他的美学观中包含着某种发展的观点。车氏在批驳黑格尔派认为"现实美是瞬息即逝"的观点时，提出了现实美的时代性的重要观点。他认为，"每一代的美都是而且也应该是为那一代而存在"，"再下一代就将会有它自己的美、新的美。"② 总之，他断

---

① ［俄］车尔尼雪夫斯基：《艺术与现实的审美关系》，周扬译，人民文学出版社 1979 年版，第 83 页。
② 同上书，第 45 页。

言现实美是"与时更始、新陈代谢"的。这完全是一种科学的发展的观点，是十分正确的，说明车氏的美学思想中包含着某种辩证的成分，在某些方面已对形而上学的哲学体系有所突破。这一点应该引起我们的注意。第四是对康德的形式主义美学观进行了批判，较正确地阐明了感性与理性、美与善的关系。车氏在批驳黑格尔派认为现实美因生活痕迹而使某些细节不美的观点时，认为这是康德形式主义美学观影响的结果。他认为，美感尽管依靠听觉和视觉等感觉来进行的，但理智的思考也起着作用，"总是以实体来填补呈现在眼前的空洞的形式"①。这就将感性与理性在一定的程度上统一了起来。至于美与善的关系，形式主义美学是完全排除善的，认为美与对象的任何效用甚至存在都无关。车氏则认为，美同效用有区别，但也有联系。他说，"美的享受虽和事物的物质利益或实际效用有区别，却也不是与之对立的。"② 这当然过分简单，但总是重视了美与善的联系。他在谈到艺术的"生活教科书"的作用时，更全面地阐明了这个问题。第五是在一定的程度上批驳了寻求"数学式完美"的机械论倾向。在批驳唯心主义美学认为现实美包含着不美的细节时，车氏认为，这是寻求一种"数学式的完美"。但这种"完美"却是不存在的，对它的寻求"都不过是抽象的、病态的或无聊的幻想而已"。他认为，只有近似的完美，而没有"数学式的完美"，但这种近似的完美严格地说只能叫作美，而不能叫作完美。关于这种"数学式完美"的批判，车氏在好几个地方谈到过。这是一种对所谓"绝对的"、形而上学的美学思想的批判，是车氏美学中包含着辩证法思想的又一证据。第六是坚持人物性格的多样性，批判了创作中脱离现实的理想化的唯心主义倾向。脱离实际的理想化是当时流行的一种唯心主义创作倾向，是黑格尔派从理念出发的美学研究方法必然导致的结果。这种创作倾向要求人物性格适合某种先验的精神，诸如坏事必然是坏人所为、好事则必然是好

---

① ［俄］车尔尼雪夫斯基：《艺术与现实的审美关系》，周扬译，人民文学出版社1979年版，第50页。

② 同上。

人所做，其结果就形成了千篇一律、公式化、看到开头就知结尾等倾向。车氏反对这种脱离实际的"理想化"，认为在现实中绝不是如此的。他说，在现实生活中"性格渺小的人物往往是悲剧、戏剧等等事件的推动者；一个微不足道的浪子，本质上甚至完全不算是坏人，可以引起许多可怕的事件；一个决不能叫做坏蛋的人，可以毁坏许多人的幸福，他所引起的不幸事件，可能比埃古或靡非斯特所引起的更多得多"①。他认为，还是应该从现实出发，摆脱脱离实际的唯心主义理想化的创作倾向，否则就会"形成了千篇一律，人物，甚至于事件本身都变得单调了；因为由于人物性格的多样，本质上相同的事件会获得一种色度上的差异，正如在永远多样化、永远新鲜的生活中所常见的情形一样，可是，在诗歌作品中，人却常常碰到重复。"②

　　当然，车尔尼雪夫斯基的现实美与艺术美关系的理论中也不可避免地有其局限性。首先是具有浓厚的形而上学、机械论的色彩。如前所说，尽管车氏在现实美与艺术美关系的理论中包含某些辩证发展的观点，但这毕竟是次要的。从总的方面来说，在这一理论中，形而上学的机械论则是主要的，并且是其在这一理论问题上所存在的主要局限。这种机械论集中地表现为在论述现实美无条件地高于艺术美时不能正确地处理客观与主观、个别与一般、感性与理性等辩证的关系，走上了片面强调客观、个别与感性、忽视主观、一般与理性的绝对化的地步。在客观与主观的关系上，车氏强调了客观的、现实的美，这应该是对的，但却抹煞了经过人的主观创造的艺术美，否定了人的主观能动性。这主要表现在他对艺术想象的否定。他认为，想象是一种病态的幻想、机械的凑合，只能对事物进行量的丰富和扩大，而不能使之有质的改变。他说，想象就不能想出任何一朵比真的玫瑰更好的玫瑰，这是完全错误的。因为，艺术想象是一种创造性的劳动，它不是简单的机械凑合，而是在原有

　　① 〔俄〕车尔尼雪夫斯基：《艺术与现实的审美关系》，周扬译，人民文学出版社1979年版，第76页。

　　② 同上书，第77页。

形象基础之上的新的形象的创造。这种创造的形象不仅在量上比原有形象丰富扩大，而且在质上也比原有形象强烈、提高。总之，艺术想象的产物既不是脱离现实的幻想，同时又高于现实而不是什么凑合。在个别与一般的关系上，车氏特别地强调了美的个别性特点。他认为，"个体性是美的最根本的特征"，"个别的细节毫不减损事物的一般意义"，① 诗的形象的价值就取决于对个性化接近的程度等等。相反，他对一般大加否定。他认为，一般是对个别的一种苍白、僵死的抽象，从个别对一般的"提高"纯粹是多余的等等。这些观点应该说都是偏颇的。因为，美的根本特征是个别与一般的有机地统一为整体，单纯的个别性并不能构成美的根本特征，作品的价值也不完全在于其个别性。事实上，并非一切的个别都是美的。许多个别的事物乃至事物中的个别细节是同事物的一般背道而驰的。这就要在艺术创作中加以舍弃，经过艺术的概括使个别与一般得到更好的统一。这就是艺术的"提高"，它在典型创造中是完全必要的，而不是多余的。感性与理性的关系是美学史上的老问题，感性派和理性派作了长期的斗争，到德国古典美学才开始将两者统一。在这一方面，康德提出了"无目的的合目的性"的命题，黑格尔则提出了"美是理念的感性显现"的基本定义。当然，作为德国古典美学来说，主要的方面则是强调的理性。特别是黑格尔，更是以理念作为美的出发点与归宿。车氏在这个问题上尽管偶有辩证思想的萌芽，例如，在他对康德形式主义美学的批判上就是如此，但从总的方面来说，他是片面地强调了感性，退到了感性派的立场。他说："我们不应忘记，美感与感官有关，而与科学无关；凡是感受不到的东西，对美感来说就不存在。"② 这样，美感中的理性因素就被完全排除了，乃至于断言美感与科学根本无关。这很容易导致感觉主义与自然主义的错误倾向。其次，在对唯心主义的批

① ［俄］车尔尼雪夫斯基：《艺术与现实的审美关系》，周扬译，人民文学出版社1979年版，第52、71页。

② 同上书，第49页。

判中并未真正同唯心主义划清界限，有时不免受到唯心主义影响。具体表现在，车氏在批判黑格尔派对现实美无意图性的指责时，竟强辩说什么现实美也有某种意图性，即所谓意向性。他举例说，如鸟兽的爱整洁、人的关心外表等等。这实际上还是承认所谓意图性，即观念是美的必要因素，没有真正同这种唯心主义美学思想划清界限。再次是在现实美与艺术美的关系问题上同样表现出浓厚的人本主义思想的影响。车氏的人本主义思想作为其美学思想的哲学基础是贯彻在各个方面的，在"美即生活"的定义中有人本主义的影响，在关于现实美与艺术美关系的理论中同样也有人本主义的影响。其表现就是他所提出的"真正美"的标准就是"能使一个健康的人完全满意的"①。从其具体阐述的吃、住等等内容来看，所谓"满意"即指感官欲望的满足。这就完全是一种生理的满足了。最后，在论证的方法上，随着论敌转，不免烦琐重复。由于车氏缺乏辩证的观点，在论证的方法上过分拘泥于事实，因而不免于跟着论敌转，特别在批驳黑格尔派对现实美的攻击时更是如此。先是批驳黑格尔派对现实美的攻击，后又阐述在同样的问题上的艺术美的缺陷，均为七八条之多，重复烦琐，但又并未完全抓住要害。

四

在艺术的作用问题上，车尔尼雪夫斯基首先是提出了著名的"再现说"和"代替说"。他说，"艺术的第一个作用，一切艺术作品毫无例外的一个作用，就是再现自然和生活"。"艺术作品的目的和作用也是这样：它并不修正现实，并不粉饰现实，而是再现它，充作它的代替物。"② 他对"再现说"与"代替说"的论述，是从对旧的艺术起源于对美的渴望的理论的批判开始的。车氏认为，流行的美学观点

① ［俄］车尔尼雪夫斯基：《艺术与现实的审美关系》，周扬译，人民文学出版社1979年版，第39页。
② 同上书，第86页。

关于艺术起源和作用的理论可以概括如下："人有一种不可克制的对美的渴望，但又不能够在客观现实中寻找出真正的美来；于是他不得不亲自去创造符合他的要求的事物或作品，即真正美的事物和现象。"① 总之，在流行的黑格尔派美学观点看来，因为现实中的美有缺陷，才要求创造出艺术，所以艺术起源于对美的渴望，艺术的作用即是对美的追求。车氏对这一观点进行了批判。他是从美的定义入手来批判的。他认为，如果按照流行的黑格尔派的观点，把美界定为"观念与形式的完全吻合"，就是要求事物的外形符合某种先验的观念，那任何产品的制作都是这样要求的，这就把美与一般的技能、艺术与其他的产品相混淆。这当然是对黑格尔派关于"美是理念的感性显现"的理论的曲解。前已谈到，不再赘述。他又认为，如果把美限定为"对一切有生之物的喜悦的爱"，那活生生的现实就能满足这种美的渴望而无须艺术。因此，如果认为艺术是对美的渴望，那就要放弃一切艺术的追求。因为，如果连现实中的美都不满意，那就会更加不满意于低于现实美的艺术美。这样，对美的追求就是徒劳无益的事了。艺术既然不是由于现实美的缺陷而起源于对美的渴望，那么，起源于什么呢，它的作用又是什么呢？车氏认为，艺术起源于对现实的"代替"和"再现"。他说："我们的想象的活动不是由生活中美的缺陷所唤起的，却是由于它的不在而唤起的。"② 具体地说，就是尽管现实美是完全的美，但却并不总是呈现在我们面前。因此，"当一个人得不到最好的东西的时候，就会以较差的为满足，得不到原物的时候，就以代替物为满足"③。他认为，这种代替物并不修正、粉饰现实，而是对自然和生活的一种"再现"，犹如印画和原画、画像和本人的关系。尽管印画不如原画，"艺术作品任何时候都不及现实的美或伟大"，但作为现实的代替物，却可以"使那些没有机会直接欣赏现实中美的人也能略窥门径；提示那些亲身领略过现实中的美而又喜

① ［俄］车尔尼雪夫斯基：《艺术与现实的审美关系》，周扬译，人民文学出版社1979年版，第84页。

② 同上书，第85页。

③ 同上。

欢回忆它的人，唤起并且加强他们对这种美的回忆"①。车氏认为，他的"再现说"和欧洲 17—18 世纪流行的伪古典主义的"自然模拟说"是大不相同的。他认为，他的"再现说"与"自然模拟说"有这样两个方面的区别。一是"自然模拟说"局限于"外形的仿造"，而"再现说"则是注意"内容的表达"。他说："只有值得有思想的人注意的内容才能使艺术不致被斥为无聊的娱乐"，"人的工作却应当以人类的需要为目的，而不是以自身为目的。"② 二是"自然模拟说"局限于一切细微末节，而"再现说"则着重于"主要的、最富于表现力的特征"③。他认为，前者是一种"照相式的模拟"、"死板的模拟"，是不真实的，后者才是真实的。而要做到这一点，则要求作者具有一种"辨别主要的和非主要的特征的能力"④，而"自然模拟说"则不需要。车氏认为，艺术与历史一样都是对生活的再现，但也有不同。那就是，"历史叙述人类的生活，艺术则叙述人的生活，历史叙述社会生活，艺术则叙述个人生活。"⑤ 这里所说的"人类的生活"和"社会生活"，即指历史对生活的"再现"，侧重于揭示群体性、社会性的生活规律；而所谓"人的生活""个人生活"则指个别的、具体的人的生活特征，也就是艺术的形象特征。这里涉及艺术的特征问题，但不免过于简略。

车氏认为，"艺术除了再现生活以外还有另外的作用，——那就是说明生活"⑥。如何理解艺术说明生活的含义呢？首先，"必须用鲜明清晰的形象来表现事物的主要特征"⑦。车氏认为，这就要求"必然要省略许多，使我们的注意集中在剩下的特征上"⑧。在作了这一番

---

　　① ［俄］车尔尼雪夫斯基：《艺术与现实的审美关系》，周扬译，人民文学出版社 1979 年版，第 86 页。

　　② 同上书，第 88、89 页。

　　③ 同上书，第 89 页。

　　④ 同上。

　　⑤ 同上书，第 98 页。

　　⑥ 同上书，第 95 页。

　　⑦ 同上。

　　⑧ 同上。

解释之后，他马上接着说道："但是我们只能承认诗的价值在于它生动鲜明地表现现实，而不在它具有什么可以和现实本身相对抗的独立意义。"① 其次，所谓"说明生活"是一种对生活进行判断。他说："诗人或艺术家不能不是一般的人，因此对于他所描写的事物，他不能（即使他希望这样做）不作出判断；这种判断在他的作品中表现出来，就是艺术作品的新的作用。"② 他接着又对这种"判断"作了进一步的解释。他认为，如果一个艺术家智力活动强烈并赋有艺术才能的话，那么，他的判断"就会为有思想的人提出或解决生活中所产生的问题；他的作品可以说是描写生活所提出的主题的著作"。③ 因为，作为一个真正赋有才华的文艺家，他所感兴趣的事物一定也是同时代人感兴趣的，他所思考的也一定是同时代人都在思考的问题。正因为艺术具有说明生活和判断生活的作用，所以它就成了"生活的教科书"。车氏认为，生活尽管比艺术"更完全、更真实，甚至更艺术。不过生活并不想对我们说明它的现象，也不关心如何求得原理的结论：这完全是科学和艺术作品的事；不错，比之生活所呈现的，这结论并不完全，思想也片面，但是它们是天才人物为我们探求出来的，没有他们的帮助，我们的结论会更片面，更贫弱。科学和艺术（诗）是开始研究生活的人的'教科书'，其作用是准备我们去读原始材料，然后偶尔供查考之用"。④ 由于艺术要对生活进行说明、判断，要成为生活的教科书，提出和解决生活中所产生的问题，这就必然要求艺术家成为思想家，要求他思考对象的意义和时代的问题，并提出解决的方案。总之，要求文艺家不仅客观地描写生活，而且要凭借主观的思维去评价生活、说明生活，要求其作品不仅包含客观感性因素，而且包含主观的理性因素。他说，由于要求艺术去表现一定的思想，"于是艺术家就成了思想家，艺术作品虽然仍旧属于艺术领域，却获得了

---

① ［俄］车尔尼雪夫斯基：《艺术与现实的审美关系》，周扬译，人民文学出版社1979年版，第96页。

② 同上。

③ 同上。

④ 同上书，第97页。

科学的意义。"① 这里所说的"艺术领域"即指客观生活的再现，而"科学意义"即指主观的判断、说明，对规律的揭示、论证。接着，他进一步认为，艺术与历史一样，第一个任务是再现生活，第二个任务是说明生活；一个艺术家或历史家只有既担任第一个任务又担起第二个任务，"才成为思想家，他们著作然后才有科学价值"②。

车尔尼雪夫斯基不仅论述了艺术的作用，而且论述了艺术的内容和形式。他着重批判了当时流行的形式主义的为艺术而艺术的理论。这种理论将艺术的内容完全归结为美。车氏不同意这种看法。他认为，即使把崇高和滑稽都包括在美的范围内，艺术的内容也不仅仅是美。为此，他举了绘画、音乐、诗歌等各个艺术部门中的实例加以说明。他说，诸如描写家庭生活的图画、忧愁的曲子，正剧等等，从内容来讲都不能算到美的范畴之内。因而，他断言，"艺术的范围并不限于美和所谓美的因素，而是包括现实（自然和生活）中一切能使人——不是作为科学家，而只是作为一个人——发生兴趣的事物；生活中普遍引人兴趣的事物就是艺术的内容。"又说："诗的范围是全部的生活和自然。"③ 车氏认为，流行的美学观之所以把艺术的内容归结为美，"那真正的原因就在于：没有把作为艺术对象的美和那确实构成一切艺术作品的必要属性的美的形式明确区别开来。"④ 这就是说，在车氏看来，艺术的形式是美，而内容则应是生活，不能将两者混淆。在这里，有两点要加以说明。第一点是他的关于美的含义是混乱的。从他把崇高、滑稽包括在内来看，似乎是指内容方面的美。但总的来说，他在这里所说的美则是指形式美。第二点是他所说的艺术的内容包括全部自然和生活是指素材。但素材并不是艺术内容的因素，作为艺术的内容因素应是题材。车氏在这里混淆了素材与题材的界限。既然车氏在这里所说的艺术的美是指形式美，那么，艺术的形式

---

① ［俄］车尔尼雪夫斯基：《艺术与现实的审美关系》，周扬译，人民文学出版社 1979 年版，第 97 页。

② 同上书，第 98 页。

③ 同上书，第 91 页。

④ 同上。

美的含义又是什义呢？他认为，形式美是观念与形象的统一，也就是
使形象去符合某种观念。他说，"作为观念与形象的统一的形式的美
是人类一切活动的共同属性"①。这就恰如皮鞋业、首饰业、书法、工
程技术、道德活动等的产物一样。总之，他认为，这就是一种形象
性，而所谓形象即"不是用抽象的概念而是用活生生的个别的事实去
表现思想；当我们说'艺术是自然和生活的再现'的时候，我们正是
说的同样的事，因为在自然和生活中没有任何抽象地存在的东西；那
里的一切都是具体的；再现应当尽可能保存被再现的事物的本质；因
此，艺术的创造应当尽可能减少抽象的东西，尽可能在生动的图画和
个别的形象中具体地表现一切"②。在这里，他把形象性界定为通过具
体生动的图画表现现实生活的本质。这是十分可贵的。但他却又把形
象性作为人类一切活动的特点，这就完全抹杀了艺术区别于其他活动
的本质特征。因而，是十分令人费解的。车氏还严峻地指出了把艺术
的内容界定为美所造成的危害。其一是不管适当不适当都写恋爱。他
认为，由于将艺术的内容界定为美，因而老是描写恋爱，忘记了还有
更使一般人发生兴趣的其他方面。他说，"我们丝毫没有意思要禁止
诗人写恋爱；不过美学应当要求诗人只在需要写恋爱的时候才写它：
当问题实际上完全与恋爱无关，而在生活的其他方面的时候，为什么
把恋爱摆在首要地位？"③ 第二个危害就是矫揉造作，简单地把人物分
成英雄与恶汉，并且对英雄进行超现实的"理想化"，"描写了在实
际生活中几乎从来没有人作过的那样深谋远虑的行动计划。"④ 其结果
是作品单调，"人物是一个类型，事件照一定的药方发展，从最初几
页，人就可以看出往后会发生什么，并且不但是会发生什么，甚至连
怎样发生都可以看出来。"⑤

---

① ［俄］车尔尼雪夫斯基：《艺术与现实的审美关系》，周扬译，人民文学出版社 1979 年
版，第 92 页。

② 同上。

③ 同上书，第 93 页。

④ 同上书，第 94 页。

⑤ 同上。

车尔尼雪夫斯基在艺术理论方面最主要的贡献就是提出并论证了艺术的三大作用，即再现生活、说明生活和判断生活，并提出了艺术是生活教科书的至理名言。尤为可贵的是，他还明确要求文艺家提出并解决同时代人共同感兴趣的主要问题，从而成为思想家。同时，车氏还有力地批判了为艺术而艺术的理论。这是对别林斯基现实主义文艺思想的继承和发展，充分地表现了车氏作为一个唯物主义者和革命民主主义者对文艺社会作用的正确意见，以及试图运用文艺为武器去改造社会的革命精神。"文艺是生活的教科书"的战斗口号在美学史上是第一次出现的。它标志着文艺摆脱有闲阶级束缚的不可阻挡的趋势，并预示着新的革命阶级的文艺思想不可避免地即将诞生。

当然，车氏的艺术理论中也有一些缺陷。他将艺术的起源归结为对现实事物的"代替"，这不仅搞错了艺术起源的真正原因，而且也否定了艺术所特有的主客观统一的审美价值。车氏认为，艺术与历史都是对生活的"再现"，而艺术与人类的一切活动一样，都具有使观念与形象统一的形式美的共同属性。这就混淆了艺术与历史及现实的界限，抹杀了艺术以形象反映生活的本质特征。再就是，在艺术的内容与形式问题上，将艺术的内容归结为生活，而将形式归结为美。这不仅从概念本身来说同他的"美即生活"的基本定义相矛盾，而且也割裂了内容与形式的关系。

五

在美学领域中，车尔尼雪夫斯基还对崇高、悲剧和滑稽等美学范畴进行了研究。在"崇高"的问题上，他首先对关于崇高的旧的概念进行了批判。他认为，旧的流行的美学体系关于崇高的概念有两个。其中的一个就是所谓"崇高是观念压倒形式"。其意为"对象中自己暴露出来的力量压倒了所有限制它的力量"①。车氏认为，按照这样的

---

① ［俄］车尔尼雪夫斯基：《艺术与现实的审美关系》，周扬译，人民文学出版社1979年版，第12页。

思想得出的不一定是崇高的东西，而只是丑或模糊的东西。但"并不是每一种崇高的东西都具有丑或朦胧模糊的特点；丑的或模糊的东西也不一定带有崇高的性质"①。他说，丑而成为可怕或朦胧，可加强可怕与巨大时才能变成崇高，否则就不会。车氏认为，观念压倒形式只是一种消极的崇高，它并不能包括崇高的一切方面。还有一种积极的崇高，也就是压倒与之相比的事物的崇高。例如，空旷草原上的金字塔比在许多宏大建筑中的金字塔要雄伟得多。流行的美学体系关于"崇高"的第二个概念就是"崇高是'无限'的观念的显现"，或是"凡能在我们内心唤起'无限'的观念的，便是崇高"②。车氏认为，"这一个崇高的定义是流行的崇高的概念的精髓"③。他从两个方面来批判这一概念。首先，认为"无限"的观念不是引起崇高的原因，而是由崇高的事物产生的结果。他说，"当然，在观察一个崇高的对象时，各种思想会在我们脑子里发生，加强我们所得到的印象；但这些思想发生与否都是偶然的事情，而那对象却不管怎样仍然是崇高的；加强我们的感觉的那些思想和回忆，是我们有了任何感觉时都会产生的；可是它们只是那些最初的感觉的结果，而不是原因。"④ 这就是说，无限的观念固然会加深崇高的印象，但它是由崇高的感觉产生的，崇高的感觉则由对象本身的崇高产生的。无限的观念是结果，原因是崇高的事物本身。其次，车氏认为，崇高的事物常常不是无限的，而是和无限的观念相反的。他说，看见海岸比起没看见海岸时，大海看起来更雄伟的多。大风暴的威力看起来显得是不可制胜的，但一座座小山丘就会遏止住它的力量，因而它在大地上终究是无力的。总之，他认为，自然界中没有任何东西是可以称为无限的。那么，人本身是否有无限的东西呢？有人说，无限的爱和毁灭一切的愤怒具有一种"不可制服的力量"，而正是这种"不可制服的力量"可以唤起

---

① ［俄］车尔尼雪夫斯基：《艺术与现实的审美关系》，周扬译，人民文学出版社 1979 年版，第 12 页。

② 同上书，第 13 页。

③ 同上。

④ 同上书，第 14 页。

无限的观念。车氏认为，这也不符合事实。因为睡眠和饮食的"不可制服的力量"更是超过了爱和愤怒。但睡眠和饮食的观念却不能称之为崇高。由此可见，崇高既不在观念对形式的压倒，也不在无限观念的唤起，也就是说，崇高不在观念。那么，崇高在哪里呢？车氏认为，上述关于崇高的流行的理论是想象干预的结果，而事实上崇高在于事物本身，崇高是具有实际现实性的。他说，"我们对于崇高的本质的看法是承认它的实际现实性。"① 这里所谓的"实际现实性"是针对"观念性"而来的，即指崇高的本质不在观念性而在现实性，也就是不是观念使事物崇高而是事物本身崇高。他在批判"观念压倒形式"的崇高概念时指出，"在这里，崇高的秘密不在于'观念压倒现象'，而在于现象本身的性质；只有那被毁灭的现象本身的伟大，才能使它的毁灭成为崇高。"② 他说，北美的尼亚加拉瀑布、马其顿王亚历山大都是由其本身而崇高。在批判"崇高是'无限'观念的显现"时，他又说："我们觉得崇高的是事物本身，而不是这事物所唤起的任何思想。"③ 他举例说，高加索的卡兹别克山、大海、罗马政治家恺撒和伽图等之所以崇高，都是因其"本身是雄伟的"。车氏正是以这种崇高在于事物本身的基本观点为根据提出了关于崇高的定义。这个定义就是："一件事物较之与它相比的一切事物要巨大得多，那便是崇高。"又说："一件东西在量上大大超过我们拿来和它相比的东西，那便是崇高的东西；一种现象较之我们拿来和它相比的其他现象都强有力得多，那便是崇高的现象。"他认为，这个定义"似乎能完全包括而且充分说明一切属于这个领域内的现象"④。关于这个定义，车氏有这样一个评价。他认为，他在给崇高下定义的时候，数量的比较和优越应该从崇高的次要的特殊的标志提升到主要的和一般的标志。这种由观念转换到数量相比的结果就使崇高和美一样，"在我们看来是

①　［俄］车尔尼雪夫斯基：《艺术与现实的审美关系》，周扬译，人民文学出版社 1979 年版，第 19 页。

②　同上书，第 13 页。

③　同上书，第 14 页。

④　同上书，第 17 页。

比以前更加离开人而独立，但也更加接近于人了。"① 这里，车氏认为，他在给崇高下定义时将数量的比较提到主要地位是符合实际情形的。但正因为他将崇高建立在数量的"相比"之上，就突出了主体的人的作用，因而相比之下崇高反倒不在对象本身，而在于人了。这就并未使崇高更加离开人而独立，并仍然带有主观意志的色彩。车氏认为，由于将美界定为生活，而将崇高界定为同别的事物相比巨大得多，这样，"美与崇高是完全不同的两个概念，彼此互不从属。"② 首先是这两类现象在本质上就有区别，两者之间无内在联系，崇高的事物可能是美的，也可能是丑。其次是美感与崇高感也有区别。前者是温柔的喜悦，后者则是恐怖、惊奇、自豪等。"因此，人们把崇高当作美的变态，我们就觉得是一种错误。"③ 那么，崇高是否包括在美学的范围之内呢？车尔尼雪夫斯基认为，如果把美学界定为关于美的科学，那就不包括崇高；但如果将美学界定为关于艺术的科学，那就包括崇高，因为崇高是艺术领域的一部分。看来，车氏是倾向于后者的，因为他的美学专著中还是论及了崇高。

在悲剧理论方面，车氏探讨了欧洲美学史上长期流行的"命运说"和"过失说"，并提出了自己关于悲剧的定义。"命运说"在欧洲是自古希腊以来就存在的一种悲剧理论。在德国古典美学中仍有其一定的影响，黑格尔的门徒费肖尔的悲剧理论偶尔涉及这一概念。但黑格尔在其《美学》中是没有采用这一概念的。因此，车氏断言"在德国美学中，悲剧的概念是和命运的概念联结在一起的"④，就是不确切的。"命运说"是一种典型的宿命论，所谓"命运"就是一种以神为根源的、盲目的、人类无法掌握的必然性。正如车氏所说，

① ［俄］车尔尼雪夫斯基：《艺术与现实的审美关系》，周扬译，人民文学出版社1979年版，第19页。

② 同上书，第20页。

③ ［俄］车尔尼雪夫斯基：《论崇高与滑稽》，《车尔尼雪夫斯基论文学》中卷，上海译文出版社1979年版，第72页。

④ ［俄］车尔尼雪夫斯基：《艺术与现实的审美关系》，周扬译，人民文学出版社1979年版，第23页。

"命运""好是一种要致人死命的不可克服的力量。"① 他说，犹如《一千零一夜》中卡林黛尔的奇妙故事及著名古希腊悲剧《俄狄浦斯王》，都是"人跟命运的冲突"，最后必不可免地导致人的悲剧。车氏认为，"今天凡是有教养的人都会承认这个关于命运的概念是幼稚的，是和我们的思想方式不相称的"②。他的批判分两个方面。首先是探讨了"命运说"产生的原因。他认为，"命运说"产生于人的落后愚昧，因而将意外之事的力量人格化。他说，野蛮人或半野蛮人除知道人的直接生活之外，不知道其他领域的情况，因而只能将一切对象都拟人化，包括动物、植物、无机物，也包括各种意外事件，以为意外事件是一个同人一样的不可违抗的神或上帝同人作对的结果。这种将"命运说"归之于同科学对立的迷信的理论应该说是比较正确的。其次是批判了"命运"的概念本身。他将"命运"的概念概括为这样一段话："人的自由行动扰乱了自然的正常进程；自然和自然规律于是起而反对那侵犯它们权利的人；结果，苦难与死加于那行动的人，而且行动愈强，它所引起的反作用也愈剧烈：因为凡是伟大的人物都注定要遭到悲剧的命运。"③ 车氏对上述理论的各层意思都进行了批判。第一，他认为，自然和自然规律是无意志的、非人格化的。但是，按照"命运说"的观点，自然和自然规律是有生命的、有意志的，要有意同人作对，加害于人。这显然是一种愚昧的唯心主义观点。车氏站在唯物主义立场上给予批判，认为自然和自然规律是客观存在的、不以人的意志为转移的。他说："自然永远照它自己的规律继续运行着，不知有人和人的事情、人的幸福和死亡；自然规律可能而且确实常常对人和他的事业起危害作用；但是人类的一切行动却正要以自然规律为依据。"④ 第二，他认为，自然并非必然地同人对立与

① ［俄］车尔尼雪夫斯基：《论崇高与滑稽》，《车尔尼雪夫斯基论文学》中卷，上海译文出版社 1979 年版，第 75 页。

② 同上书，第 76 页。

③ ［俄］车尔尼雪夫斯基：《艺术与现实的审美关系》，周扬译，人民文学出版社 1979 年版，第 26 页。

④ 同上。

斗争。他说，"自然对人是冷淡的；它不是人的朋友，也不是人的仇敌；它对于人是一个有时有利、有时又不利的活动场所"①。第三，他认为，即便存在着人同自然的斗争，但这个斗争也不一定注定是悲剧结局。相反地，在历史上遭到悲剧结局的伟大人物是少数。在多数情况下，成功、顺利、幸福倒常在他们一边。由此，他得出结论："伟大人物的命运是悲剧的吗？有时候是，有时候不是，正和渺小人物的命运一样；这里并没有任何的必然性。"又说："悲剧并不一定在我们心中唤起必然性的观念，必然性的观念决不是悲剧使人感动的基础，也不是悲剧的本质。""在现实中，在大多数情形之下，可怕的事物完全不是不可避免的，而纯粹是偶然的。"② 在他看来，悲剧的结局只不过是一种偶然性的"意外之灾"。由上述可见，他从唯物主义立场批评了"命运说"中自然有意志的观点，这是十分正确可贵的。但他却完全否定了悲剧的必然性，而将其归之于偶然性，这就是十分错误的了。因为悲剧的冲突还是植根于社会必然的矛盾冲突之中，悲剧中的偶然性正是借以表现出这种必然性，否则就毫无意义。如，《红楼梦》中黛玉恰好死于宝玉和宝钗的新婚之夜。这可能是偶然的，但作为既叛逆而又弱小的女子，其被封建正统势力压榨而死则又是必然的。车氏还对欧洲美学史上流行的悲剧主角"过失说"进行了批判。所谓"过失说"就是主张伟大人物的悲剧结局是由其本身的"过失"所致。他对这种"过失说"进行了概括。他说，这种理论主张"伟大人物的性格里总有弱点；在杰出人物的行动当中，总是有某些错误或罪过。这弱点、错误或罪过就毁灭了他。但是这些必然存在他性格的深处，使得这伟大人物正好死在造成他的伟大的同一根源上。"③ 车氏对这一理论进行了有力的批驳。他认为，许多悲剧人物的毁灭并非由于自己的过失，在许多情况下他们是清白无瑕的，如果将其毁灭归罪于本人就是太不近情理。为此，他十分激动地说道："当然，如果我

---

　　① ［俄］车尔尼雪夫斯基：《艺术与现实的审美关系》，周扬译，人民文学出版社 1979 年版，第 26 页。

　　② 同上书，第 27、30、31 页。

　　③ 同上书，第 28—29 页。

们一定要认为每个人死亡都是由于犯了什么罪过，那么，我们可以责备他们：苔丝德梦娜的罪过是太天真，以致预料不到有人中伤她；罗密欧和朱丽叶也有罪过，因为他们彼此相爱。然而认为每个死者都有罪过这个思想，是一个残酷而不近情理的思想。"①另外，他认为，这种"过失说"同"命运说"之间有着必然的联系。因为"过失说"主张主人公的过失招致了自己的惩罚或毁灭。车氏认为，"这个思想显然是起源于处罚犯罪的复仇之神的传说"②。这是古希腊的神话传说，复仇女神代表天意惩罚犯了罪过的人。但车氏认为，这种"德性结果总是胜利，邪恶总是受到惩处"的"善有善报，恶有恶报"的观点是完全不符合实际的。因为，"世界并不是裁判所，而是生活的地方"③。所以，邪恶与罪过并不一定受到舆论和良心的惩罚。因而，车氏认为，用这种古希腊人的眼光来看世界是十分好笑的。在这里，车氏将"过失说"与"命运说"归之于同一的古代宿命论的根源，是十分精辟、深刻的。既然悲剧与命运、过失等均无关系，那么其含义到底是什么呢？车氏给悲剧概括了这样一个定义："悲剧是人生中可怕的事物"，并认为："这个定义似乎把生活和艺术中一切悲剧都包括无遗了。"④他认为，只要是可怕的事物就足以引起恐怖和同情的悲剧效果，而不管其原因是偶然还是必然。很显然，这样一个关于悲剧的定义是一般化的、不确切的，它并没有真正概括出悲剧的本质。

对滑稽这一美学范畴，车氏在《艺术与现实的审美关系》中只以极少的篇幅涉及，而主要在《论崇高与滑稽》一文中论述。滑稽的本质是什么呢？车氏认为，丑就是滑稽的本质。他说，"丑，就是滑稽的基础、本质"⑤。丑是什么呢？丑是美的反面，美是生活，丑就是生活的例外。在崇高中，丑以恐怖的面目出现，而"只有到了丑强把自

---

① ［俄］车尔尼雪夫斯基：《艺术与现实的审美关系》，周扬译，人民文学出版社1979年版，第29页。

② 同上书，第30页。

③ 同上。

④ 同上书，第31页。

⑤ ［俄］车尔尼雪夫斯基：《论崇高与滑稽》，《车尔尼雪夫斯基论文学》中卷，上海译文出版社1979年版，第89页。

己装成美的时候这才是滑稽"①。这就是说，在车氏看来，在滑稽中丑不安其位，要显出自己不是丑，这时就弄巧成拙，显得荒唐，于是引起我们的嘲笑。车氏说："丑在滑稽中我们是感到不快的；我们所感到愉快的是，我们能够这样洞察一切，从而理解，丑就是丑。既然嘲笑了丑，我们就超过它了。"又说："滑稽在人们心中所产生的印象，总是快感和不快之感的混合，不过在这种混合中，快感通常总是占优势，有时这种优势是这样强烈，那种不快之感几乎完全给压下去了。这种感觉总是通过笑而表现的。"② 关于滑稽的范围，车氏认为，在无机界和植物世界不可能有滑稽的位置，因为在这个自然界的发展阶段中，事物还没有独立性，还没有意志，也不可能有什么要求。例如，植物就既不会炫耀，也不会自我欣赏。在动物身上，倒可以看到一种类似滑稽的行为。我们所以觉得动物可笑，只是因为把它和人作了对比。例如，鸭子的走法所以可笑，是因为它使人想起一个胖子的走路姿势，它由于腿短，走起路来就摇来摆去。车氏说，"但是滑稽的真正领域，却是人、是人类社会，是人类生活，因为只有在人的身上，那种不安本分的想望才会得到发展，那种不合时宜、不会成功以及笨拙的要求才会得到发展。凡是在人的身上以及在人类生活中结果是失败的、不合时宜的一切，只要它们不是恐怖的、致命的，这就是滑稽。"③ 例如，一个大发雷霆的人，如果其愤怒完全因琐碎小事而引起，而且不会带来什么严重危害，那就变得非常可笑了。再如，一个人爱上了一个上了年纪的涂脂抹粉的老妖怪，也是滑稽可笑的。车氏认为，还应将可笑与可怜、可恶区别开来。只有在这种可笑的现象没有给自己或别人带来严重损害之前才是可笑的，如果因此而把自己毁了就变成可怜而不可笑，而如果因其愚蠢的行为而害了别人，那就变得令人憎恶和痛恨了。车氏还具体地将滑稽分为三种类型。第一种是滑稽戏。它

① ［俄］车尔尼雪夫斯基：《论崇高与滑稽》，《车尔尼雪夫斯基论文学》中卷，上海译文出版社1979年版，第89页。
② 同上书，第97页。
③ 同上书，第90页。

"只局限于一种外部的行动和一种表面上的丑"①。也就是说，一个人成为愚蠢而又无害的场合中的玩具，或者成为其他人们的嘲笑对象。滑稽只限于外部的丑恶，首先破坏的是礼貌，因而是一种冷嘲。第二种是谐谑。这就是两种本质上完全属于不同概念范围的事物突然而迅速的接触，可分成谐谑和嘲笑。简单的谐谑目的在于炫耀，更多的是愉快和机智的放肆，像通常所见的文字游戏之类，特点是笑别人却尊崇和原谅自己。而嘲笑则是讽刺、挖疮疤，有时甚至变成挖苦。第三种是幽默，也就是自我嘲笑。车氏说："一个爱好幽默的人，他就自以为道德上的伟大与道德上的渺小和弱点，自己都兼而有之，他自以为因为各种各样的缺点而变丑了。"② 这就是说，幽默是自尊、自嘲和自鄙的混合，包含着笑和悲哀。如果只看到崇高与渺小的矛盾，但不了解其深度，此时笑超过哀，就可叫作"愉快的或者天真的幽默"③。莎士比亚剧中的小丑，就是这种愉快的幽默的代表。还有一种幽默达到无耻的地步，亦即一个人嘲笑自己的放荡行为，并同其保持和解。如莎士比亚的《亨利四世》和《温莎的风流娘儿》中的福斯泰夫。还有一种是只看到在荒唐与渺小中道德的阴暗沉重方面，在其幽默中对自己与人世的不满超过愉快，这种幽默就是悲哀的。

现在，我们来看一下车尔尼雪夫斯基在崇高、悲剧与滑稽等美学问题上的贡献与局限性。他在崇高问题上的贡献是批判了黑格尔派崇高在于观念的唯心主义理论，明确指出崇高在于对象本身，坚持了唯物主义立场。但却将其崇高的定义界定为"一件事物较之与它相比的一切事物要巨大得多"。这就将崇高归之于主观的"相比"，表明出明显的唯心色彩，说明其未能真正同唯心主义划清界限。在悲剧问题上，他批判了唯心主义的"命运说"和调和主义的"过失说"，正确地把"命运"观念归之于落后愚昧的表现。他还反对伟大人物悲剧命

① ［俄］车尔尼雪夫斯基：《论崇高与滑稽》，《车尔尼雪夫斯基论文学》中卷，上海译文出版社1979年版，第92页。

② 同上书，第94页。

③ 同上书，第96页。

运必然性的说法，普列汉诺夫说，这是由其"有条件的乐观主义的观点"① 所决定。这就表现了他的革命乐观主义精神。他认为，所谓"过失"乃是一种"残酷而不近情理的思想"，充分表现了革命民主主义者否定黑暗现实的革命立场与情感。但他完全否定悲剧冲突及其结局的必然性，而强调其偶然性。这是一种形而上学的观点。事实证明，悲剧的真正价值就在于其所揭示的历史必然性。诚如普列汉诺夫所说，"真正的悲剧以历史必然性的观念作基础。"② 他的悲剧是"人生中可怕的事物"的定义则显得过于空洞、一般，并不能揭示悲剧的本质。普列汉诺夫曾以一个形象的例子对这一定义加以批评，他说，"被正在建筑的房屋的墙壁塌下来压死的人，他的命运是可怕的，但这种命运也许只对其中的某些人来说才是悲剧性的。"③ 在丑与滑稽的问题上，他提出了滑稽的本质在于丑，丑是生活的例外的唯物主义思想，并较为全面地研究了滑稽的范围和形态等等问题。但他关于丑的本质只谈到是生活的例外，诸如所谓畸形之类，还是限于人本主义的解释。而实际上，丑的本质乃是一种与历史规律相违背的旧事物。这就说明，车氏的喜剧理论仍是建立在人本主义的哲学基础之上。

六

车尔尼雪夫斯基的美学思想是马克思主义以前唯物主义美学的最高成就。他在美学史上完成了第一部系统的唯物主义美学论著《艺术与现实的审美关系》，首次明确提出了关于美的三大命题和关于艺术的三大命题，将美学奠定在唯物主义的基础之上。尽管关于"生活"的问题，歌德、席勒、黑格尔也都涉及了，但将生活提到首要的地位，则以车氏为首创。这就继别林斯基之后，为现实主义文学奠定了

---

① ［俄］普列汉诺夫：《尼·加·车尔尼雪夫斯基的美学理论》，《普列汉诺夫美学论文集》，曹葆华译，人民出版社1983年版，第289页。

② ［俄］普列汉诺夫：《尼·加·车尔尼雪夫斯基》，《普列汉诺夫哲学著作选集》第4卷，生活·读书·新知三联书店1974年版，第67页。

③ 同上。

强有力的基础。车氏继承别林斯基战斗传统，与当时占统治地位的黑格尔美学以及"为艺术而艺术"的反动文艺思潮进行了不屈不挠的斗争。从斗争的彻底性来看，他比别林斯基更进一步同黑格尔体系划清了界限，而他的批判也更全面、更具战斗性。他提出了"文艺是生活的教科书"和"表现应当如此的生活"的战斗口号，批判了同现实调和及悲剧人物咎由自取的谬说，表现了革命民主主义的政治立场和革命乐观主义的精神。这就使他的美学思想走出了象牙之塔，成为现实政治斗争的有力武器。这就在以美学参加现实政治斗争方面为我们树立了范例。另外，他的美学思想中还包含着可贵的阶级观点和实践观点，诚如普列汉诺夫所说，这些都是"正确的艺术观的萌芽"①。

　　车氏美学思想的最大局限是对于"生活"的理解上所持的旧唯物主义的人本主义观点。他以人本主义为依据，将"生活"归结为抽象而不变的生命。尽管在对"生活"的理解上有些微"阶级"、"实践"的正确思想的闪光，但随之即淹没于形而上学的"生命说"之中。事实上，按照马克思主义的观点，应该把"生活"理解成实践。既然是实践，就既包括实践的客体，也包括能动的实践着的主体。只有从这样的实践的角度，才能对美的本质作出真正科学的探讨。普列汉诺夫说："车尔尼雪夫斯基正确地称艺术为'生活'的再现。但是，正是因为艺术再现'生活'，所以科学的美学——更正确些说，关于艺术的正确的学说，——只有当关于'生活'的正确的学说产生了的时候，才能够站在坚固的基础上面。"② 车氏的美学观还具浓厚的形而上学色彩。他尽管将其批判的锋芒指向唯心主义的黑格尔派美学，表现一个唯物主义者的斗争精神。但是，他的批判从总的方面来说同费尔巴哈对黑格尔的批判一样，采取的是简单的"否定"的方法，而不是辩证的"扬弃"的方法。也就是说，他在批判黑格尔派美学的唯心主义理论之时，连同其中十分可贵的辩证思想也一块抛弃了。因而，从

---

① 〔俄〕普列汉诺夫：《车尔尼雪夫斯基的美学理论》，《文艺理论译丛》第 1 期，吕荧译，人民文学出版社 1958 年版，第 139 页。
② 同上书，第 139—140 页。

这个意义上说，他并未真正完成批判黑格尔的任务。也正因为如此，在他的美学思想中处处表现出形而上学的缺陷。突出地表现就是，由于将生活理解为生命，这就在客观与主观、现实与想象、个别与一般、感性与理性的关系中，将两者割裂并对立了起来，走上了纯粹强调客观、现实、个别与感性的被端，从而完全脱离了正确的实践观点。其结果必然导致完全否定了主观的想象的创造性作用，也否定了艺术美在其典型性上有高于现实美的一面，从而走上了片面强调现实美的地步。车氏的美学思想作为形而上学的唯物主义理论体系不可能同唯心主义划清界限，因而其唯物主义是不彻底的。他的美学中的"应当如此说""暗示说""相比说"等，都还是强调了主观的意识的作用，因而同自己的唯物主义前提相矛盾。在历史领域中，形而上学的唯物主义更不能同唯心主义划清界限。车氏美学中浓厚的人本主义、人性论的思想，他的缺乏彻底而完备的阶级观点就证明了这一点。另外，在研究方法上，车氏没有按照历史与逻辑统一的科学方法，泛论较多，缺乏在艺术史的基础上的由抽象到具体的辩证的论述。

　　毫无疑问，站在马克思主义的历史主义的立场之上来评价车尔尼雪夫斯基的美学思想，当然应该充分认识到它的极高的历史地位。诚如普列汉诺夫所说，"对于他自己的时代来说，我们的作者的学位论文毕竟是非常严肃的和卓越的著作"①。

---

　　①　［俄］普列汉诺夫：《尼·加·车尔尼雪夫斯基的美学理论》，《普列汉诺夫美学论文集》，人民出版社1983年版，第306页。

第六编

西方现代美学

第十六章

里普斯与移情说

里普斯（1851—1914），德国心理学家、美学家，在慕尼黑大学当过二十年心理学系主任。他对美学的研究主要从审美心理出发。美学著作有《空间美学和几何学、视觉的错觉》（1897），《美学》（1909），《论移情作用，内摹仿和器官感觉》与《再论移情作用》（1903、1905）等。

一 "移情说"的提出

所谓"移情说"，即是关于审美根源的理论，探索人们为什么感到一个事物美，这是以费希纳为开端的自下而上的心理学美学的一个重要流派。"移情说"认为，审美的根源在于主观情感的外射，达到一种物我统一的审美的境界。在美学史上影响深远，在 20 世纪初期成为具有支配地位的一种美学观点。

"移情说"的出现可以说与心理学美学同步，自从英国经验派把美学研究转到心理学的基础上，人们就不断地讨论移情现象。对"移情说"影响最大的就是英国经验派的"同情说"，休谟用同情解释平衡感，"一个摆得不是恰好平衡的形体是不美的，因为它引起它要跌倒，受伤和痛苦之类的观念"①。博克也用它解释崇高和美，"同情应该看作一种代替，这就是设身处在旁人的地位，在许多事情上旁人怎

① 转引自朱光潜《西方美学史》下卷，人民文学出版社 1963 年版，第 598 页。

样感受，我们也就怎么感受"①。在德国，康德、黑格尔都曾接触到移情问题，康德提出"偷换"的概念，黑格尔提出"朦胧预感"概念；美学家弗列德里希·费肖尔提出"对象的人化"问题，涉及移情现象。他说，所谓对象的人化，就是"人把他自己外射到或感入到自然界事物里去，艺术家或诗人则把我们外射到或感入到自然界事物里去"②。他的儿子劳伯特·费肖尔在《视觉的形式感》一文中首次提出"移情"的概念，其意为"把情感渗进里面去"，美国实验心理学家惕庆纳创造了"Empathy"一词来翻译它。

里普斯是倡导"移情说"的主要理论家，他比他的同时代人都更为详尽地把这一理论运用到艺术与审美欣赏的每一个方面，他着重通过探讨对于空间形象的错觉研究移情问题。

关于"移情"的含义，他说："移情作用就是这里所确定的一种事实：对象就是我自己，根据这一标志，我的这种自我就是对象；也就是说，自我和对象的对立消失了，或则说，并不曾存在。"③

二　审美移情的根本特征

（一）审美的移情是"无欲念的""聚精会神的"

移情是在人的活动中情感的外射。移情分二种：一种是出于意志的，有欲念的移情，也就是人在有目的的道德与科学活动中的移情。如，居里夫妇对所提炼的镭的移情。这种移情的特点是主客体之间分的很清。

一种是审美移情，是"无欲念的""聚精会神的"——两者互为因果。里普斯说："我愈聚精会神地去观照所见到的动作，我的摹仿也就愈是不出于意志的。倒过来说，（摹仿）动作愈是不出于意志的，观照者也就愈完全地处在那所见到的动作里。如果我完全聚精会神地

---

①　转引自朱光潜《西方美学史》下卷，人民文学出版社 1963 年版，第 599 页。

②　同上书，第 601 页。

③　［德］里普斯：《论移情作用》，朱光潜译，《古典文艺理论译丛》第 8 册，人民文学出版社 1964 年版，第 45 页。

去观照那动作，我也就会完全被它占领住，意识不到我在干什么，即意识不到我实际已在发出的动作，也意识不到我身体里所发生的一切；我就不再意识到我的外现的摹仿动作。"①

审美移情是一种"内摹仿"——心理的摹仿，完全站在对象位置之上的摹仿。也就是一种聚精会神的情不自禁的摹仿。诚如里普斯所说，"审美的摹仿的特点就在于此：旁人的活动代替了自己的活动"②。——这就是所谓"只感不动"。又说："例如我在剧场里座位上看台上所表演的一种舞蹈。我不可能去参加舞蹈。我也没有舞蹈的念头，我没有那种心情。我的位置和坐势也不容许发生任何身体动作来。但是这并不能遏止我的内部活动，遏止我随着观看台上表演的动作时所感到的那种挣扎和满足。"③ 这就要求欣赏者做到"设身处地"。

（二）审美移情是主、客体的完全同一

移情的无意识、聚精会神和内摹仿的结果，是主客体的完全同一。里普斯说，"在审美的摹仿里，这种（主客的）对立却完全消除了。双方面只是一体"④。这种"同一"是指外在的"空间"与内在的"意识"都是同一的。里普斯说："这时我连同我的活动的感觉都和那发动作的形体完全打成一片，就连在空间上（假如我们可以说自我有空间范围）我也是处在那发动作的形体的地位；我被转运到它里面去了。就我的意识来说，我和它完全同一起来了。既然这样感觉到自己在所见到的形体里活动。我也就感觉到自己在它里面自由、轻松和自豪。这就是审美的摹仿，而这种摹仿同时也就是审美的移情作用。"⑤ 这是一种物质与精神的自由的统一。

---

① ［德］里普斯：《论移情作用》，朱光潜译，《古典文艺理论译丛》第 8 册，人民文学出版社 1964 年版，第 48 页。

② 同上书，第 50 页。

③ 同上。

④ 同上书，第 49 页。

⑤ 同上书，第 48—49 页。

三 审美移情的心理过程

（一）知觉是审美移情的基础

里普斯以道芮式石柱为例说明审美移情的心理过程，道芮式石柱为古希腊建筑风格之一。在庙宇石柱上表现为上细下粗，柱面有纵直的槽纹，这个石柱给人一种耸立上腾的美感享受。

产生耸立上腾的美感效果的是什么呢？是实际的石柱本身呢？还是石柱在意识上心理所产生的效果？回答是后者。

里普斯说，石柱"这个形象不顾重量而且在克服这重量中自己凝成整体和耸立上腾。或则换一个方式来说，我们姑且把石柱的印象丢开，且追问在概念上石柱所要完成的是什么运动，或是它所用的力是用在什么东西上面，这时我们就会看出石柱是在我们的思想或幻想里继续收缩而在纵直的方向则继续增长"①。这就说明，石柱的收缩或增长都是"意识"中（思想、幻想）发生的。这种在心理中发生的运动就是"知觉"。因此，可以说"知觉"是审美移情的基础。

知觉的对象不是内在实体，而是外在形式——线、面、形等。里普斯说，"自己耸立上腾的不是那石柱本身而是石柱所呈现给我们的空间意象。现出弯曲、伸张或收缩那些动作的是些线、面和体形，而不是由那些线所撑持的、由那些面所围成的或把一种物体空间填塞起来的物质堆"②。例如，"米雍的回身向着的掷铁饼者弯着腰，伸着胳膊，头向后转着。这一切动作都不是制成雕像的那块大理石而是雕像所表现的那个人所发出的。对于我们来说，这个人在雕像上并没现出实体而只现出形式或像是人的空间意象，只有这个空间意象对于我们的幻想才是由人的生命所充塞起来的。大理石只是表现的材料，表现的对象却是禁闭在那空间中的生命"③。

---

① ［德］里普斯：《论移情作用》，朱光潜译，《古典文艺理论译丛》第8册，人民文学出版社1964年版，第39页。

② 同上书，第41页。

③ 同上书，第42页。

（二）机械的解释与人格的解释的统一

第一，机械的解释。

所谓"解释"，不是指理性的活动，而是指主体对客体的一种无意识的心理上的把握。"机械的解释"，即是对客体的一种力的知觉。既然是力就有作用力与反作用力，两者的斗争产生一种新的力量。这种力量不是实在的，而是心理的，即主体知觉到的，是一种"心理的事实"。里普斯说："总之，我们使石柱成为一种机械的解释的对象。我们这样做，并非出于意志，也不是经过反思，而是一旦对石柱起了知觉，立刻就作出机械的解释。"① 这种知觉到的力，用道芮式石柱为例，有二类。一类是从纵直的方向来看，由压力与抗力的对抗、抗力超过压力，形成特有的"耸立上腾"之势。从横平方向来看，是延伸力与局限力的对抗，局限力超过延伸力，于是就"凝成整体"。

第二，人格的解释。

所谓"人格的解释"，是另一种"心理事实"，即主体对客体的情感的移入，"向我们周围的现实灌注生命。"里普斯说："这种向我们周围的现实灌注生命的一切活动之所以发生而且能以独特的方式发生，都因为我们把亲身经历的东西，我们的力量感觉，我们的努力，起意志，主动或被动的感觉，移置到外在于我们的事物里去，移置到在这种事物身上发生的或和它一起发生的事件里去。这种向内移置的活动使事物更接近我们，更亲切，因而显得更易理解。"②

里普斯认为，人格解释的原因是人们都有一种"以己度物"的心理倾向。他说，"我们都有一种自然倾向或愿望，要把类似的事物放在同一个观点下去理解。这个观点总是由和我们最接近的东西来决定的。所以，我们总是按照在我们自己身上发生的事件的类比，即按照我们切身经验的例比，去看待在我们身外发生的事件。"③

---

① ［德］里普斯：《论移情作用》，朱光潜译，《古典文艺理论译丛》第 8 册，人民文学出版社 1964 年版，第 39 页。

② 同上书，第 40 页。

③ 同上书，第 39 页。

第三，两者的统一。

里普斯认为，这两种对于对象的心理的把握，不是分裂的，而是统一的。他说："这种情况发生并不经过任何反思。正如我们并非先看到石柱而后按照机械的方式去解释它，那第二种方式的解释，即'人格化'的解释，亦即按照我们自己的动作来测度客观事件的方式，也并非跟着机械的解释之后才来的。"① 这实际上是一种在直觉中的统一。他举例说道："在我的眼前，石柱仿佛自己在凝成整体和耸立上腾，就像我自己在镇定自持和昂首挺立，或是抗拒自己身体重量压力而继续维持这种镇定挺立姿态时所做的一样。"②

（三）审美移情的动力是"同情感"

里普斯认为，"所以一切来自空间形式的喜悦——我们还可以补充说，一切审美的喜悦——都是一种令人愉快的同情感"③。所谓"同情感"，即是指对于对象的形式感到"可喜""赞许"，也就是主体与对象之间的"实际谐和"。里普斯说："'赞许'就是我的现在性格和活动与我所见的事物之间的实际谐和。正是这样，我必须能赞许我在旁人身上所发现的心理活动（这就是说，我对它们必须能起同情），然后它们对我才会产生快感。"④

这里所说的"实际谐和"，即指主体与客体具有某种一致性，因而客体对于主体起到一种积极的、肯定的作用。里普斯叫作"正面的移情作用"。令人嫌厌的丑的事物，则受到主体的人格反抗，因而叫作"反面的移情作用"，不属于审美的范围。至于丑的事物可否作为审美对象，里普斯并未解决。所谓"实际谐和"就是一种"同情"，这种同情产生一种体验，是一种通过知觉对形象的体验，而不是对存在的体验。

---

① ［德］里普斯：《论移情作用》，朱光潜译，《古典文艺理论译丛》第 8 册，人民文学出版社 1964 年版，第 40 页。
② 同上书，第 41 页。
③ 同上。
④ 同上书，第 54 页。

（四）联想不是审美移情的动力

有一种理论，认为审美移情的动力是联想，但里普斯却否认这一点，认为联想不是审美移情的主要动力。他认为，某种形式与某种情感之间是一种直接的"表现"关系，即形式与情感之间是一种象征的关系，使人们直接地从中体验到某种情感，而不是通过联想间接地同某种情感发生联系。

里普斯指出："说一种姿势在我看来仿佛是自豪或悲伤的表现（或则说得更好一点，它对于我或我的意识实在表现了自豪或悲伤），这和说我看到那姿势时自豪或悲伤的观念和它发生联想，是很不相同的。"① 又说："我明白较好的说法是：它是一种自豪或悲伤的姿势，这就不过是说：它这种姿势表现出自豪或悲伤。……姿势和它的表现的东西之间的关系是象征性的……这就是移情作用。"② 但他又不能完全排斥联想的作用，在谈到对象联想主体的力的知觉时，曾经涉及联想的作用。里普斯说，力的知觉"这种情况就使我们回想起自己所经历过的与它虽不同而却相类似的过程，使我们回想起自己发出同样动作时的意象以及自然伴随这种动作的亲身感到过的情感"③。看来用"同情感"、主客体之间的"实际谐和"来解释移情现象，理由并不充分，还须用"联想"来加以补充。

四　审美移情的根本原因

（一）审美移情的原因在自我

审美移情的根本原因在客观还是在主观呢？里普斯的回答很明确，在"自我"。因此，这是一种主观唯心主义的审美理论。

里普斯说："审美欣赏的原因就在我自己，或自我，也就是'看

---

① ［德］里普斯：《论移情作用》，朱光潜译，《古典文艺理论译丛》第 8 册，人民文学出版社 1964 年版，第 53 页。

② 同上。

③ 同上书，第 40 页。

到''对立的'对象而感到欢乐或愉快的那个自我。"① 他认为，审美从本质上来说，不是对于对象的欣赏，而是对自我的欣赏，是关于自我的一种直接的价值感，即主观价值。他说："审美的欣赏并非对于一个对象的欣赏，而是对于一个自我的欣赏。它是一种位于人自己身上的直接的价值感觉，而不是一种涉及对象的感觉。"② 但是，这里所说的自我，还不是纯粹的自我，而是经过外射的"对象化了的"自我。里普斯说："在审美欣赏里，这种价值感觉毕竟是对象化了的。在观照站在我面前的那个强壮的、自豪的、自由的人体形状，我之感到强壮、自豪和自由，并不是作为我自己，站在我自己的地位，在我自己的身体里，而是在所观照的对象里，而且只是在所观照的对象里。"③

（二）"自我"的内心活动成为由对象到欣赏的中介

里普斯认为，自我的内心活动"处在审美欣赏对象和欣赏本身的中途上"④。这就说明，自我的内心活动是产生欣赏的原因。自我的"内心活动"，即由刺激—抵抗—达到—情感。这整个复杂的内心活动——将固有的情感外射到对象之上——这整个情感产生过程，即移情过程，也就是审美欣赏的原因。

（三）"自我"在移情中凭借一种先天本能的心理结构

由于他排斥了联想，移情的直接物质原因又寻找不到，最后只好归结到主体本能的先天的心理结构。里普斯说："移情作用的意义是这样：我对一个感性对象的知觉直接地引起在我身上的要发生某种特殊心理活动的倾向，由于一种本能（这是无法再进一步加以分析的），这种知觉和这种心理活动二者形成一个不可分裂的活动。"⑤

---

① ［德］里普斯：《论移情作用》，朱光潜译，《古典文艺理论译丛》第 8 册，人民文学出版社 1964 年版，第 43 页。
② 同上书，第 44 页。
③ 同上书，第 44—45 页。
④ 同上书，第 43 页。
⑤ 同上书，第 55 页。

综上所述，里普斯的移情说从心理学的角度较深入地探讨了审美中的移情现象，对发展审美心理学具有重要的启示作用。但他把移情的根本原因归于"自我"就完全是一种主观唯心主义了。事实证明，移情是审美中一种物我交融的现象，但"物"之所以美决非由自我情感的外射造成。按照马克思主义辩证唯物主义与历史唯物主义的观点，美是客观实践的产物；而任何情感也不是主观自生的，都是在客观实践的基础上，人对客观对象是否适合人的需要与社会要求而产生的一种体验，是人对现实世界的一种特殊的反映形式。诚如毛泽东所说："马克思主义的一个基本观点，就是存在决定意识，就是阶级斗争与民族斗争的客观现实决定我们的思想感情。"①

---

① 《毛泽东论文艺》，人民文学出版社 1983 年版，第 51 页。

第十七章

克罗齐的表现论美学思想

在西方现当代美学史上，有一个重要的美学流派，即表现说。它是西方一度兴起的浪漫主义艺术思潮在理论上的总结。这一理论同后来的符号美学与格式塔心理学美学又有着密切的渊源关系。它的主要代表人物是法国的柏格森、意大利的克罗齐和英国的科林伍德。最主要的代表人物当首推克罗齐，代表作即是其著名的《美学原理》。

一 生平及基本的哲学观

（一）生平

克罗齐（1866—1952），意大利资产阶级哲学家、美学家。出生于意大利南部的那不勒斯，父母为地主，死于1883年，克罗齐成为一个富有的孤儿。家境的富裕使他有更多的机会去学习，他专攻哲学，熟悉历史和文学。1920年，做过意大利政府的教育部长。墨索里尼上台后，他辞去教育部长职务，拒绝效忠法西斯政权，并被意大利学院除名。克罗齐在政治上属于资产阶级自由派，但是他的哲学思想又是法西斯理论的来源之一，是一个很复杂的人物。

（二）基本的哲学观点

1. 哲学派别：学术界通常将克罗齐归之于新黑格尔主义者，但实际上，他更倾向于康德主义，在他的哲学思想中，主观唯心主义的色彩更浓。

2. 哲学体系：他把精神作为世界的本原，认为只有心灵掌握的，才是现实。即"意识即实在"。他说："心灵是现实，没有一种不是心灵的现实"，"心灵主要是活动，而心灵的活动就是全部的现实。"总之，他把心灵世界同客观世界完全等同了起来。

他把心灵活动分为"知"和"行"，即认识和实践两个度，又把认识分为两个阶段，从直觉始到概念止；把实践分为两个阶段，从经济活动始到道德活动止。

世界的一切都可归结为直觉、概念、经济与道德这四种心灵活动。这四种活动各有其价值与反价值，直觉产生个别意象，正反价值为美与丑；概念产生普通概念，正反价值为真与伪；经济活动产生个别利益，正反价值为利与害；道德活动产生普通利益，正反价值为善与恶。这四种活动之间是一种后者包含前者的关系，认识为实践的基础，认识可离实践而独立，实践却不能离认识而独立，实践中却包含了认识。这就说明，美学已成他的整个哲学体系不可分割的一个环节。这是一切哲学家的美学理论的共同特点，还是一种自上而下的美学。

3. 著作：克罗齐的主要著作是《精神哲学》四卷本，包括了他的哲学体系的各个部分。

这四部著作是《美学——作为表现的科学和一般语言学》（1901）；《逻辑学——作为纯粹概念的科学》（1909）；《实践哲学——经济学和伦理学》（1908）；《历史学的理论与历史》（1912），而以其中篇幅最少的《美学》影响最大。

二 "直觉即表现"说

"直觉即表现"是克罗齐美学理论中的核心论点。

（一）直觉即表现

什么是美学呢？克罗齐回答，美学即直觉的科学。他说："美学只有一种，就是直觉（或表现的知识）的科学。"① 在他看来，直觉和表现是一回事。他说："直觉是表现，而且只是表现（没有多于表现的，却也没有少于表现的）。"② 现在，我们再具体地了解一下直觉与表现的含义。通常，人们将直觉看成不必经过推理和分析就能直接领会到事物真相的一种特有的心理能力。克罗齐则认为，直觉是人类心灵活动的起点，是认识的两种形式之一。认识有直觉与逻辑两种形式，直觉凭借的手段是想象，逻辑则凭借理智；直觉是对个别事物的知识，逻辑则是对一般事物的知识；直觉产生的是形象，逻辑则产生概念。克罗齐认为，直觉包含物质与形式两方面的内容。所谓物质，即是"感受"，这种感受是在直觉界线以下的一种无形式的物质，人的心灵永不能认识。它属于被动的、兽性的范围。人们只有凭借心理的主动性，赋予感受以形式，才能克服其被动性与兽性，成为具体的形象，被人们所认识。因此，直觉的过程即是赋予物质以形式的过程，也是以人的主动性克服兽的被动性的过程。那么，什么是表现呢？克罗齐认为，所谓表现，即是心灵赋予物质以形式，使之对象化，产生具体形象的过程。因此，直觉也即是表现。克罗齐说："在这个认识的过程中，直觉与表现是无法可分的。此出现则彼同时出现，因为它们并非二物而是一体。"③ 由此可见，克罗齐在"直觉即表现"的理论中，其实是将黑格尔的"显现"说与康德的"先验的综合"说结合到一起了。因为，在直觉中，心灵以形式对感受的综合，即是康德主观的先验的综合说；而在表现中，物质通过形式而成为具体的形式，即是黑格尔的显现说。

（二）艺术即直觉

克罗齐认为，艺术也是一种借助于形象的表现，因而同直觉是完全统一的。他说："我们已经坦白地把直觉的（即表现的）知识和审

---

① ［意］克罗齐：《美学原理　美学纲要》，朱光潜等译，外国文学出版社1983年版，第19页。

② 同上书，第16页。

③ 同上书，第13页。

美的（即艺术的）事实看成统一，用艺术作品做直觉的知识的实例，把直觉的特性都付与艺术作品，也把艺术作品的特性都付与直觉。"①克罗齐认为，艺术是人类特有的一种心灵性的创造活动，是人性的解放，是主体能动性的充分表现，是人性对自然的被动性的征服。他说："人在他的印象上面加工，他就把自己从那些印象中解放了出来。把它们外射为对象，人就把它们从自己里面移出来，使自己变成它们的主体。说艺术有解放和净化的作用，也就等于说'艺术的特性为心灵的活动'。活动是解放者，正因为它征服了被动性。"②在艺术创作活动中，起决定作用的是形式，"缺乏了形式，就缺乏了一切"③，因为形式就是人的主动性，就是人性。他以过滤器为例说明形式的决定作用，经过过滤器过滤的水已非原水，因为起决定作用的是过滤器，犹如经过形式加工的印象已非原来的印象。正是基于形式的决定性作用，克罗齐认为，艺术的表现不同于自然的表现。自然的表现是某种感受的直接流露，未经任何加工，因为缺乏心灵性，不是人的创造活动的产品，所以不是艺术。一个人因盛怒而流露的怒的自然表现和一个人依审美原则把怒表现出来，中间有天渊之别。他说："自然科学意义的表现之中简直就没有心灵意义的表现，这就是说，它没有活动性与心灵性，因此就没有美丑两极。"④在这里，克罗齐以直觉为标准划清了艺术与非艺术的界限。正因为作为心灵活动，直觉是划分艺术与非艺术的界限，而心灵活动的产品必然是具有整一性的产品，所以，艺术的基本特征之一就是整一性。他说："心灵的活动就是融化杂多印象于一个有机整体的那种作用。这道理是人们常想说出的，例如'艺术作品须有整一性'，'艺术须寓变化于整一'（意思仍然相同）之类肯定语。表现即综合杂多为整一。"⑤克罗齐将艺术创作的

---

① ［意］克罗齐：《美学原理 美学纲要》，朱光潜等译，外国文学出版社 1983 年版，第17 页。

② 同上书，第 24 页。

③ 同上书，第 28 页。

④ 同上书，第 87 页。

⑤ 同上书，第 23 页。

全过程，分为四个阶段：一，诸印象；二，表现，即心灵审美的综合作用；三，快感的陪伴，即美的快感，或审美的快感；四，由审美事物到物理现象的翻译。他认为，真正算得上是审美的，最重要的是作为"表现"的第二阶段。第四阶段，即借助物质媒介的传递阶段已不属于表现，而且具有实践的性质。

（三）美即成功的表现

既然艺术即直觉，直觉即表现，克罗齐认为，作为美，亦可将其界定为表现，或者叫作"成功的表现"。他说："……所以我们觉得以'成功的表现'作'美'的定义，似很稳妥；或是更好一点，把美干脆地当作表现……"① 因为，克罗齐认为，表现是一种心灵的创造性的活动，是人性对兽性，主动性对被动性，形式对感受的冲突并战胜。人性、主动性与形式在冲突中获得了胜利，取得了成功，就是成功的表现，就是美。相反，没有获得胜利并取得成功就是丑。克罗齐说："丑和它所附带的不快感，就是没有能征服障碍的那种审美活动；美就是取得胜利的表现活动。"②

（四）美的创造与美的判断的一致

美的创造与美的判断的关系，是美学史上长期讨论的问题。什么是判断呢，克罗齐借用美学史上通用的命题：审美判断即把艺术品在自己心中再造出来。也就是说，审美的判断就是审美的再造。他的基本观点是，审美创造与审美判断应该统一。他说："下判断的活动叫做'鉴赏力'，创造的活动叫做'天才'；鉴赏力与天才在大体上所以是统一的。"③ 为此，克罗齐认为，要做到审美判断的准确，判断者就必须把自己提到创造者的观点上，借助于创造者提供给自己的物理的符号，再循原来创造的程序走一遍。他的一句名言

---

① ［意］克罗齐：《美学原理　美学纲要》，朱光潜等译，外国文学出版社 1983 年版，第 74 页。
② 同上书，第 106 页。
③ 同上书，第 108 页。

就是："要判断但丁，我们就须把自己提升到但丁的水平。"① 他把审美判断的历程归结为如下三段：一、物理的刺激物（即艺术品），二、印象，三、快感或痛感的陪伴。② 克罗齐还在论述中涉及审美判断的差异问题。他认为，甚至创作者本人也会因主观因素的干扰不能正确评价自己所创作作品的美与丑，同理，欣赏者也会由于主观因素难以准确地判断作品的美丑。他说："同理，批评家们也往往因为匆忙、懒惰、省察的缺乏，理论上的偏见，私人的恩怨以及其它类似的动机，把美的说成丑的，丑的说成美的。如果他们能消除这些扰乱的因素，他们就会如实地感觉到艺术作品的价值，不把它留给后世人（那个较勤勉而且较冷静的裁判者）去给奖，去主张他们自己不曾主张的公道。"③

（五）美学与语言学的统一

克罗齐所写《美学》一书的副题为："作为表现的科学和一般语言学"，所以，该书的题旨之一就是探讨美学与语言学的关系。他的基本观点，是美学与语言学是统一的。他说："艺术的科学与语言的科学，美学与语言学，当作真正的科学来看，并不是两事而是一事。"④ 原因就是，语言在本质上也是一种表现，语言是声音为着表现才连贯、限定和组织起来的。克罗齐的这一看法，有其片面性。语言是思想的外壳，包含语音、语法、词汇等诸多因素，既可表情又可表意。单纯地将语言的本质归之于表情，是不全面的。

三 艺术独立论

克罗齐是艺术独立论，即为艺术而艺术论的倡导者。从他的哲学体

---

① ［意］克罗齐：《美学原理 美学纲要》，朱光潜等译，外国文学出版社 1983 年版，第 108 页。
② 同上书，第 88 页。
③ 同上书，第 107 页。
④ 同上书，第 126 页。

系看，他将人的心灵活动分为二度四个阶段，作为直觉的艺术是心灵活动的起始阶段，可作为逻辑、经济、道德其他三个阶段的基础，但又具有独立性，不为其他阶段所代替。为此，克罗齐明确提出艺术的独立论，竭力阐述为艺术而艺术之观点的正确性。他说："艺术就其为艺术而言，是离效用、道德以及一切实践的价值而独立的。如果没有这独立性，艺术的内在价值就无从说起，美学的科学也就无从思议，因为这科学要有审美事实的独立性为它的必要条件。"① 又说："内容选择是不可能的，这就完成了艺术独立的原理，也是'为艺术而艺术'一语的正确意义。艺术对于科学、实践和道德都是独立的。"②

（一）艺术不同于逻辑

艺术与逻辑同属于认识范畴，但却是截然不同的阶段。克罗齐认为，必须将这二者严格区分开来。他说："思想的科学（逻辑学）就是概念的科学，犹如想象的科学（美学）就是表现的科学。要维持这两种科学的健全，就必须把这两个领域很谨严地精确地区分开来。"③ 他认为，艺术与逻辑是双度的关系，第一度是作为直觉的艺术，第二度是作为概念的逻辑；第一度艺术可离第二度逻辑而独立，第二度逻辑却不能离第一度艺术而独立。为此，克罗齐极力反对文艺上的分类说，诸如，悲剧的、喜剧的、史诗的、田园的，等等。他认为，分类说最大的弊端就是应用各种抽象的逻辑概念去衡量作为表现的艺术作品，从而破坏了表现，远离了审美的艺术。他说："心灵想到了共相，就破坏了表现，因为表现是对于殊相的思想"，"我们踏上了第二阶段，就已离开第一阶段了"，又说："一个人开始作科学的思考，就已不复作审美的观照。"④ 同时，与流行的将艺术与逻辑混淆的倾向有关的就是典型问题的理论。这种理论把

---

① ［意］克罗齐：《美学原理　美学纲要》，朱光潜等译，外国文学出版社 1983 年版，第 104 页。
② 同上书，第 51 页。
③ 同上书，第 45 页。
④ 同上书，第 36、37 页。

典型看成抽象概念的例证，即所谓"艺术应使总类在个体中显现出来"①，克罗齐不同意这种观点。什么是典型呢？他说："在一个诗人的表现品中（例如诗中的人物），我们看到自己的一些印象完全得到定性和实现。我们说那种表现品是典型的，我们的意思就无异于说它是艺术的。"② 事实上，克罗齐把典型看成情感的完全的表现，同完美的艺术等同。这就完全推翻了传统的典型理论。显然，克罗齐代表了浪漫主义艺术家对于传统的现实主义典型理论的一种反拨，有其合理的一面，但浪漫主义的典型，作为情感集中表现的典型，其中的情感理所当然地应包含强烈的社会意义。克罗齐在这一方面的忽略，的确是走得太远了。

（二）艺术不同于效用

克罗齐的美学思想从本质上来说，同康德是一致的，具有相当浓厚的形式主义色彩。如前所说，在克罗齐的美学体系中，形式是最活跃的因素，是艺术与艺术创造的灵魂。他曾说过"只有形式，才使诗人成其为诗人"③。因此，在艺术与艺术创作中，他在形式之外排除了其他一切的功利目的。他说："就艺术之为艺术而言，寻求艺术的目的是可笑的。再者，定一个目的就是选择，艺术的内容须经选择说也是错误的。"④ 他在谈到有人认为诗是"经济的"产品时，认为这是一种十分片面的观点，是看到有个别的诗人靠卖诗帮助生活，就将诗歌创作的目的归之于经济。⑤

（三）艺术不同于道德

道德也属于实践范畴，具有普遍的功利目的性，当然也同艺术有

---

①　［意］克罗齐：《美学原理 美学纲要》，朱光潜等译，外国文学出版社 1983 年版，第 35 页。

②　同上。

③　同上书，第 28 页。

④　同上书，第 50 页。

⑤　同上书，第 77 页。

着泾渭分明的界限。克罗齐坚持艺术与道德的分流，批评了当时社会上流行的几种将两者混淆的观点。一种是从道德观点出发对艺术作品的题材加以毁誉。他认为，艺术创作的关键是表现得是否完美，而不是题材的选择。为此，他要求艺术批评家们废止所谓道德的观点，"完全采取美学的，和纯粹的艺术批评的观点"①。再一种是所谓风格即人格说，认为文品与人品应该一致。克罗齐以知行分离论否定这一观点。他说："如果要想从某人所见到而表现出来的作品去推断他做了什么，起了什么意志，即肯定知识与意志之中有逻辑的关系，那就是错误的。"② 最后是艺术须真诚说。克罗齐认为，作为实践的道德原则的真诚，同艺术家无关，艺术家的责任就是"只赋予形式给已在心中存在的东西"③。如果艺术家按此责任将某类欺骗言行写进自己的作品，赋予其形式，使之成为审美的艺术品，这本身确是无可指责的。

四　批评各种美学理论

克罗齐的美学思想有一个显著特点，就是以"艺术即直觉，直觉即表现"的理论为武器，始终以挑战者的姿态出现，针锋相对地批判各种相异的美学理论。在他看来，自己可以无坚不可摧，常常是以寥寥数笔就草率地宣判了一种美学思想的死刑。

第一，模仿说。

这是现实主义美学理论的一个主要观点。对于这种观点，克罗齐是反对的。他说："但是模仿自然如果指艺术所给的只是自然事物的机械的翻版，有几分类似原物的复本；对着这种复本，我们又把自然事物所引起的杂乱的印象重温一遍，这种艺术模仿自然说就显然是错误的了。"④ 为什么是错误呢？克罗齐举了两个例子说明这一观点。一

---

① ［意］克罗齐：《美学原理　美学纲要》，朱光潜等译，外国文学出版社 1983 年版，第 51 页。

② 同上书，第 52 页。

③ 同上。

④ 同上书，第 21 页。

个例子，蜡像馆里的蜡像，其之所以称不上是艺术品，主要是不能引起审美的直觉。如果一个艺术家对其进行艺术创造，那就得通过心灵作用，产生了艺术的直觉品。再一个例子，某些照像如果有点艺术的味道，就是因其"传出照像师的直觉"①。可见，在他看来，"模仿说"之所以错误，就在于这种机械的模仿缺乏心灵的作用，不能传出作者的直觉。后来，他干脆反其道而行之，提出"自然模仿艺术家"的命题。他说："其实更精确一点，应该说自然模仿艺术家，服从艺术家。"② 原因是，艺术家不是从外在自然出发，而是从外在自然的印象出发，通过心灵的作用，达到表现，然后再从表现转到自然的事实，用它做工具去再造理想的事实。因此，创作的程序就是："印象—表现—自然"。印象与表现都是主体性的东西，"自然"是客体；先有主体后有客体，"自然"成为对艺术家内在心灵的模仿。

第二，快感说。

这是自古以来就有的一种美学理论。克罗齐将其分解为高等感官快感说、游戏说、性欲说和同情说。高等感官快感说主张，审美来源于视听等高等感官的快感。克罗齐认为："审美的事实并不依靠印象的性质，任何感官的印象都可以提升到审美的表现，却不一定就必须提升到审美的表现。"③ 关于游戏说，这是由康德、席勒等提出的。克罗齐认为，其弊端在于，作为发泄身体过剩精力的一种活动，涉及的面极广，除道德之外的，包括科学在内的其他活动都可具游戏的性质，所以，游戏说难以反映艺术的本质。他说："但是'游戏说'既也指发泄身体的富裕精力所生的快感（这是一种实践的事实），它就不免要承认任何玩艺都是审美的事实，或承认艺术就是一种玩艺，因为像科学和任何其它东西，艺术也可以作为玩艺的一个节目。"④ 关于性欲说，这是以弗洛伊德为代表的精神分析学派提出的一种观点，将

---

① ［意］克罗齐：《美学原理 美学纲要》，朱光潜等译，外国文学出版社 1983 年版，第 21 页。

② 同上书，第 97 页。

③ 同上书，第 76 页。

④ 同上书，第 77 页。

艺术作为被压抑的性欲借以发泄的途径。克罗齐认为，这种观点，主要在于混淆了人性与兽性的界限，最后使艺术家变成仿佛禽兽一般的傻瓜。他说："我们就常看到诗人们用他们的诗作自己的装饰，像公鸡耸冠，火鸡张尾那样。但是任何人这样做，就他这样做来说，就失其为诗人，变成一个可怜的傻瓜，一个像公鸡、火鸡的傻瓜，而且征服女人的欲望也与艺术毫不相干。"① 同情说主张艺术的题材必须引起观众的道德同情。克罗齐认为，这种理论混淆了题材与表现、寻常人的情感和艺术的直觉。在他看来，题材不能决定艺术表现的性质，一个不值得同情的事物同样可以有美的表现，而寻常人感到苦痛的形象亦可经直觉的加工成为艺术的美。同时，同情本身具有相对性，很难以此决定美丑与否。他说："各人有各人的美的事物（即引起同情的事物），犹如各人有各人的情人。"② 最后，克罗齐综合上述快感说的弊病，认为主要在于追求某种感官愉悦的功利目的，同美学作为表现的科学的本质不符。他说："如果美学当作表现的科学，'艺术目的'这个问题是不可思议的，如果美学当作同情的科学，这个问题就有一个明显的意义，需要解答。"③

第三，联想说。

联想说是传统的心理学对审美的一种理解，在审美感受的基础上唤起记忆，由此物联想到彼物，再进一步发展到审美的想象，进入新的艺术形象的创造。这种理论立足于审美感知的基础上，由此物联想到彼物，因而还是一种现实主义的再现说的美学理论，因此，同作为表现说的克罗齐美学理论格格不入。克罗齐认为，联想说的弊病之一是将审美过程分解为两个不同的形象的联想，从而破坏了审美的整一性这一根本特征。他说："审美的意识是完全整一的意识，不是两股合成的意识，这联想说与审美的意识所以极不相容。"④ 弊病之二是过

---

　　① ［意］克罗齐：《美学原理　美学纲要》，朱光潜等译，外国文学出版社 1983 年版，第77 页。

　　② 同上书，第 96 页。

　　③ 同上书，第 78 页。

　　④ 同上书，第 94 页。

分抬高了客观的物理事实的地位，将其作为一种形象引入审美体系，其实"物理的事实并不以形象的资格进入心灵，它只帮助形象（这形象是唯一的，也就是审美的事实）的再造或回想。"①

第四，移情说。

移情说也是现实主义的再现的美学理论之一种，强调由对象的某种特性引起审美者共鸣，从而将自己的某种情感灌注于对象之中。正如克罗齐在《美学》一书中举例所说，有人以为几何图形凡是向上指着的就美，因为暗示坚定与力量。例如，著名的道芮式石柱的凝成整体和耸立上腾，使人体味到一种镇定自持、昂然挺立的精神。在克罗齐看来，这仍是过分地突出了对象及其基本特征。而表现派美学则强调的是主体及其创造，即使面对着对象的不稳定和柔弱，主体亦可通过加工创造，将其表现为美的形象。他说："有些事物引起不稳定与柔弱的印象，也可以美，因为所要表现的恰是不稳定与柔弱。"②

第五，外在的形式主义美学。

克罗齐的表现论美学是一种形式主义美学，抹杀内容，强调主体创造中赋予形式的作用。但这种形式主义是一种内在的形式主义，对于外在的形式主义，即追求形象的外在物质结构的形式主义，克罗齐是反对的。他认为，这种形式主义的主要弊病是相信可以替美找出自然科学的规律，从而违背了美学是表现的科学的基本前提。他在举例时谈到了黄金分割、蛇形曲线等，他说，这是一种"美学的天文学"。③

五　其他美学观

（一）关于自然美

根据克罗齐"艺术即直觉，直觉即表现"的基本美学观，凡是美都应是精神的产品，因此，只有艺术美，而没有自然美。他只在这样

---

① ［意］克罗齐：《美学原理　美学纲要》，朱光潜等译，外国文学出版社1983年版，第94页。

② 同上书，第96页。

③ 同上书，第99页。

的意义上才承认自然美，就是自然作为物理的刺激物，人们对它进行审美的创造，直觉的表现，而其产品，当然已非原来自然，而成为精神的产品。因此，他认为，只有对于用艺术家的眼光去观照自然的人，自然才显得美；动物学家和植物学家们认不出美的动物和花卉。同时，他否认自然美的客观性，认为自然美不是客观存在的，而是"发现出来的"，"如果没有想象的帮助，就没有哪一部分自然是美的"①。正因为他强调自然美的产生于人的创造的特性，所以认为自然美是相对的，你认为美的别人不一定认为美。

（二）　自由美与非自由美

自由美与非自由美即是康德所说的纯粹美与依存美。所谓非自由美，就是有着审美以外的特殊目的的美，这特殊目的对审美加以制约和限制，因此是非自由的。克罗齐说："非自由的美是指含有两重目的的东西，一重目的是审美以外的，另一重目的是审美的（直觉的刺激物）；因为第一重目的对第二重目的加以限制与障碍，所以产生的美就被人认为非自由的。"② 显然，自由美就是除审美之外没有其他目的，不受任何限制与制约的美。

（三）　物理美

所谓物理美，按克罗齐的观点，就是审美的直觉借助物质媒介形成作品的那种外在的美。其作用是作为刺激物帮助人再造美，或作为备忘录帮助人回想美。诚如克罗齐所说："艺术的纪念碑，审美的再造所用的刺激物，叫作'美的事物'或'物理的美'。"③ 克罗齐认为，艺术作为直觉，直觉作为表现是一种属于认识范畴的心灵的创造活动，本来在心灵阶段就已完成，但为了将其凝定下来作为回想的备忘录或作为唤起他人再造想象的刺激物，还须由认识过渡到实践，借

①　［意］克罗齐：《美学原理 美学纲要》，朱光潜等译，外国文学出版社 1983 年版，第90 页。
②　同上书，第 91—92 页。
③　同上书，第 89 页。

助物质材料，将直觉的形象外射为外在的物理美。克罗齐说："我们能凭意志要，或不要，把那直觉外射出去；那就是说，要不要把已造成的直觉品保留起来，传达给旁人。"①

（四）艺术史

克罗齐是十分重视艺术的历史研究的重要性的。他认为，如果没有艺术史的研究，人类就会丧失文明，甚至回到动物的黑暗生活中。他说："如果没有传统文献和历史的批评，人类所造成的全部或几乎全部艺术作品的欣赏就会丧失而不可恢复，我们就会不比动物好多少，全困在现时或最近的过去中。"②他认为，历史通常分为人类史、自然史、人类自然混合史三种。艺术史涉及人所特有的心灵的活动，因而属于人类史的范围，是人类起源乃至发展的文明史的有机组成部分。艺术史的规律到底是什么呢？有人用"进步律"解释历史，假想人类按天意安排，沿着一条直线，朝着一个未知的命运前进。克罗齐认为，这种理论从总体上来说就是错误的，因它否定了历史本身，否定了组成历史的具体事实有别于抽象观点的那种偶然性、经验性和不可确定性，因而，对于艺术特别不适用。因为艺术是直觉，是个别性相，而个别性相是从不复演的。因此，他认为，不妨可把艺术史的规律看成一个波浪形状前进的周期，此起彼伏，形成无数的高潮与低谷，但总趋势又不断向前发展。他说："我们至多只能说：审美的作品的历史现出一些进步的周期，但是每周期有它的特殊问题，而且每周期只能对于那问题说，是进步的。"③

六　评价

从上述分析可知，克罗齐的美学思想同康德的美学思想是一脉相承

---

① ［意］克罗齐：《美学原理 美学纲要》，朱光潜等译，外国文学出版社 1983 年版，第100 页。

② 同上书，第 114 页。

③ 同上书，第 120 页。

的。他们具有共同的主观唯心主义的哲学出发点，完全否定客观现实的存在，认为一切物质世界与精神世界都是主观精神的产物。由此出发，他们也都一致否定美的客观存在，将一切的美均归之于主观。因此，在他们的美学理论中美即等于审美。甚至，在为审美设置的公式上，克罗齐也大体承袭了康德美学。康德为审美设置的公式是：审美＝无目的的合目的性先验原理＋主体对对象形式的感受。克罗齐设置的公式是：审美＝直觉＝认识形式＋感受。但克罗齐又不同于康德。如果说，康德的作为万物之源的"主观"，基本上还属于理性范畴的话，那么，克罗齐的作为万物之源的"主观"就基本上属于非理性范畴了。就拿以上所举审美公式来说，康德的先天原理与对形式的感受之中都包括某种合目的性与合规律性，但克罗齐的直觉中的感受却是一种无形式的物质，属于被动的、兽性的范围，而认识形式也只是一种具有某种主动性的使感受对象化为形象的内在心灵。因此，克罗齐不仅继承了康德美学中的主观先验成分，而且将其发展为一种非理性的美学形态。

对于这样一种美学形态，克罗齐将其用简洁的语言概括为美即表现、表现即直觉。像这样明确地将美与表现直接联系起来的美学理论在西方美学史上是第一次。它一经诞生就成为目前盛行西方的现代派美学理论的代表性论点，"表现说"也几乎成为纷纭复杂的各类西方现代派美学理论的代表。这些美学理论尽管千差万别，但几乎都将"表现"作为自己的旗帜。正是从这个意义上，我们说克罗齐的"表现说"开了西方现代派美学的先河。

如果说"移情说"是由西方古典派美学到现代派美学的过渡的话，那么"表现说"则成为西方现代派美学的滥觞。这种表现论美学直接地体现了西方现代派美学的这样四个特点。一是非理性主义。西方现代派与古典派的重要区别就是否定理性，崇尚非理性。不论是柏格森的生命说、弗洛伊德的精神分析说，还是萨特的存在主义美学等等，都具浓厚的非理性主义倾向。柏格森的生命冲动实际即是一种直觉的冲动，弗洛伊德的"力必多"同克罗齐直觉说的无形式的感受直接有关，萨特的"存在"实际上则是克罗齐自我心灵的演化。二是形式主义。克罗齐鼓吹形式决定论，认为只有形式才使诗人成为诗人，主观心灵的唯一作用就是赋予感受以形式等等。这实际上成为西方现代绵延不断的科学美学的起点。诸如，新批评派，符号论美学，格式塔美学等等无不受到克罗齐形式主义的影响。三是反传统的倾向。克罗齐在自己的美学论著《美学原理》中批判并抛弃了历史上以"模仿说"为代表的几乎所有的美学理论，充分表现了他对西方古典传统的反抗。而西方现代派美学理论正是以与传统的现实主义美学理论决裂的姿态出现在美学史上的。这种同现实主义决裂的所谓"反传统精神"正是来源于克罗齐。四是确立了西方现代派美学的美是情感的感性显现的基本命题。众所周知，西方古典派的最基本的美学命题是黑格尔提出的美是理念的感性显现。而西方现代派美学则反其道而行之，提出了美是情感的感性显现的命题。西方现代派美学的这一基本命题就始于克罗齐。克罗齐所谓的美即直觉、直觉即表现，他所说的直觉的表现即是表现一种非理性的情感。

克罗齐表现论美学在一定的程度上的确反映了新的时代由于社会发展变化，特别是西方资本主义世界中巨大的社会与生活压力所形成的人们试图在艺术中表现内心被压抑的情感的强烈愿望。这也正是西方现代派艺术，特别是造型艺术具有一定市场的重要原因。正是基于这样的情况，我们认为，克罗齐的表现论美学在一定的程度上反映了西方现代美学形态的变化，因而应给它一定的历史地位。同时，克罗齐的表现论美学以极大的力量探索了主体在创作过程中的作用，并将这种作用强调到独尊的地位。当然，这种强调是极不可取的，但探索本身却还有一定的意义。因为，主体在文艺创作中的作用的确是应该引起我们重视并进一步探索的课题。

克罗齐的表现论美学并不完全是一种美学理论和艺术理论，而首先是一种哲学理论。作为一种哲学理论就具有了世界观与价值观的意义。克罗齐表现论美学所包含的世界观与价值观很明显是一种张扬主观自我的唯心主义的非理性主义的世界观与价值观。这种世界观与价值观的出现在 20 世纪初期马克思主义诞生之后，就具有一种反马克思主义的性质，应该给以严肃的批判。而表现论作为一种美学观也是不科学的。克罗齐的"表现"决不同于通常所说的"艺术表现"，而是一种纯粹的主观心灵的活动，即主观创造形象的过程。这是一种纯内心直觉的过程，完全脱离客观世界。他甚至提出了"自然模仿艺术家"的荒谬命题。同时，他又将艺术的独立性强调到不恰当的程度，成为一种为艺术而艺术的错误理论。在他的所谓二度四阶段的理论中，艺术不仅同概念、经济、道德无关，不受它们的制约，而且还可反过来超越于这些活动之上。这样突出地否定艺术的功利作用，连西方现代派的许多理论家都难以接受。

克罗齐的表现论美学在西方和我国都有着广泛的影响。在西方的影响，我们已在上文谈及，说明表现论成为西方现代派美学的滥觞，"表现"则成为西方现代派美学的标志。在我国，克罗齐的表现论也有着广泛的影响。早在新中国成立之前和新中国成立之初，我国就流行一种"美在主观"的理论，这种理论的来源之一就是克罗齐的表现论。克罗齐曾明确声称，自然美不是客观存在的，而是艺术家发现与创造的。近十年来，这种主观唯心主义的美学与艺术理论又一度有所抬头。曾在我国文艺界一度流行的所谓"主体性"的理论就同克罗齐的表现论十分相似。我们从不否定主体在文艺创作中的能动作用，但决不同意将主体夸大到主宰决定一切的地位。某些论者所谓实践主体、精神主体，精神主体决定实践主体，精神主体包含意识与潜意识等等观点，就渊源于克罗齐的直觉包含心灵形式与无形式的兽性感受，以及认识高于实践的理论。这也说明，历史上的某种唯心主义理论在适当的气候与条件之下仍会以新的面目与形式出现。

第十八章

弗洛伊德及精神分析美学

一

弗洛伊德（1856—1939），奥地利著名的精神病学家，精神分析学派的创始人。他的以潜意识的发现与论述为特点的深层心理学理论在现代人类文化史上具有较大的影响，几乎渗透于当代西方哲学、心理学、社会学、美学等各种社会科学领域。弗洛伊德出生于现属捷克的摩达维亚一个小镇弗赖堡的一个犹太籍商人家庭，4岁时举家迁居奥地利首都维也纳。后来，他一生中的大部分时光都在维也纳度过。他的一生大体可分为四个阶段。第一，青年时期，从1873年至1885年。弗洛伊德于1873年考入维也纳大学医学系学习，受到著名的生理学家布吕克的影响。1881年，获医学博士学位。1885年获维也纳大学神经病理学讲师称号。第二，学术形成时期，从1885年至1900年。1886年，弗洛伊德第一次使用"精神分析"概念，1900年完成《梦的解析》一书，初步形成自己的精神分析学理论体系。第三，学术发展时期，从1900年至1926年。1902年，弗洛伊德创立心理学周三学会。1908年，国际精神分析学会在沙尔斯堡召开，周三学会改名为维也纳精神分析学会。1909年弗洛伊德赴美讲学，精神分析学派内部发生分裂，阿德勒与荣格先后退出运动。1926年，弗洛伊德本人从精神分析运动引退。第四，晚期，从1926年至1939年。1935年，弗洛伊德成为英国皇家学会名誉会员。1936年，罗曼·罗兰等一百多位作家前去祝贺他的80寿辰。1938年，第二次世界大战爆发，弗洛伊德前往伦敦过流亡生活。1939 年 9 月 23 日，因长期患下腭癌经 33 次手术后复发，逝世。

要研究弗洛伊德的精神分析美学，必须首先弄清楚他的精神分析心理学的主要观点。那么，什么是精神分析呢？精神分析本来是弗洛伊德治疗精神病的一种方法。对于精神病的病因，弗洛伊德认为，不是生理损伤而是一种心理障碍，因而在治疗上从传统的通磁术的物理疗法转向精神疗法。在精神疗法中，又从自己惯用的催眠疗法改为"自由联想法"。所谓"自由联想法"，就是让病人在绝对安静的状态中使被压抑于潜意识中的思想观念和情感进入意识之中，并依其先后，自己一一将其报告出来，借此消除心理障碍，使病人得到治疗。在这种精神分析疗法的基础上，弗洛伊德逐渐形成了自己的精神分析理论。这一理论不同于其他心理学的地方在于，突出地强调潜意识和性的重要作用。在此前提下，弗洛伊德形成了自己的系统的精神分析心理学的理论体系，包括心理结构论、人格结构论与心理动力说三部分。

关于心理结构论。弗洛伊德认为，人的心理结构分为三个层次。首先是"意识"，属于能够觉察到的心理活动，代表个性的外表方面。在正常的情况下管辖和指挥人的精神生活，使之得以有效进行。其次是"前意识"，不属于意识，但却是随时复现于意识的部分。它介于意识与潜意识之间，成为它们的中介环节。最后是"潜意识"，又称无意识。它是不能觉察到的心理活动，代表人的各种本能欲望、动机和感情的内在方面，是人的心理最原始最基本的因素。弗洛伊德认为，意识专设一道防线，阻止潜意识的贸然侵犯，起心理稽查作用。他的心理结构理论特别地强调潜意识，成为其整个学说的支柱。他的精神分析心理学就是在潜意识基础上构成的理论体系，因此又称作深层心理学。

关于人格结构论。弗洛伊德认为，人格结构也分三个层次。首先是"超我"，为幼年时期通过父母的奖惩权威树立起来的良心、道德律令和自我理想。"超我"按道德原则活动，起到阻止本能能量释放的作用。其次是"自我"，是协调本我与现实之间不平衡的机能，受现实原则支配。最后为"本我"，属于潜意识范围，是潜意识的人格化。它是一种盲目的本能，如爱欲、性力等，受避苦趋乐的快乐原则支配，如同一口沸腾的大锅。超我、自我与本我三者的含义，即人格的社会成分、心理成分与生物成分。而"本我"是人格的原始基础和一切心理能量的源泉。

关于心理动力说。弗洛伊德的老师，奥地利生理学家布吕克提出一种动力生理学的理论，认为心理能力是一种物质能力，这种能力产生于神经细胞。弗洛伊德将布吕克的动力生理学加以改造，成为动力心理学。他认为，人的整个心理活动过程是一个动态的系统，以本能作为其能量源泉，成为科学、文艺、宗教行为的终极原因。而最基本的本能即为求生本能与死亡本能两种。所谓"求生本能"，是潜伏在生命自身中的创造力，包括性本能和生存本能。所谓死亡本能，是潜伏在生命自身中的一种破坏力，向内引向自杀，向外引向谋杀。

由上述分析可见，弗洛伊德的精神分析心理学在重视潜意识的作用方面确有其可取之处。但从总体上来看，他将生物本能作为人类精神活动的基础，则是一种极大的荒谬。这就从根本上违背了马克思主义关于社会存在决定社会意识及人是社会关系总和的历史唯物主义的重要论断。这种基本理论上的根本错误必将导致其美学思想从总体上来说是荒谬的了。他的美学思想并不完整，我们将其概括为原欲升华论、昼梦说与艺术分析方法三个方面。

二

关于原欲升华论。这是关于艺术创作源泉的理论。

第一，艺术创作的源泉在"原欲"（Libido）。弗洛伊德明确指出，艺术创作的源泉在"原欲"。他说，"艺术活动的源泉之一正是必须在这里寻觅"，[①] "我坚决认为，'美'的观念植根于性的激

---

① 转引自［苏联］叶果洛夫《美学问题》，刘宁、董友等译，上海译文出版社1985年版，第305页。

荡"①。他这里所说的"原欲"或"性欲"，即是其在著作中经常提到的专用名词"里比多"（Libido）。所谓"里比多"是指性欲，但是从广义上来说的，泛指一切能带来肉体愉快的接触，如口部与肛门的快感等（指幼儿吮吸与便溺的快感）。它同饥饿一样，是一种本能的力量，通常叫作"性驱力"。弗洛伊德说，"里比多"和饥饿相同，是一种力量，本能——这里是性的本能，饥饿时则为营养本能——即借这个力量以完成其目的。它是生命力的基础，是人所具备的潜能，处在心理的最深层，人的一切行为都是它的转移、升华和补偿。对于这种性本能，弗洛伊德认为，首先表现为机体内部的一种同化学变化类似的生物能（现已证明为性激素的分泌），并逐步转化为"心理能"（弗氏称为"精神能"）。这就对这种能量的来源及其转换进行了所谓物质的解释，但从生物能到心理能的转换却忽略了人都具有理性这一最根本的特征，因而缺乏应有的科学性。弗洛伊德进一步认为，这种"原欲"在人的身上又集中地表现为一种"情结"，即所谓"恋母"（俄狄浦斯情结）与"恋父"情结等。所谓"情结"，即是压抑在潜意识中的性欲沉淀物，实际上是一种心理损伤，即未曾实现的愿望。弗洛伊德认为，这种"恋母"或"恋父"情结构成了许多艺术作品的源泉。他说，俄狄浦斯情结经过变化、改造与化装供给诗歌与戏剧以许多激情。

第二，原欲的实现经历了发泄与反发泄的对立。弗洛伊德不仅把创作的源泉归之于沸腾的"原欲"，而且进一步从动态的角度来论述"原欲"的实现过程。他将此看作是对心理现象的动力学研究。他说，"我们要对心理现象作一种动的解释"②。在他看来，心理现象都表现为两种倾向的对立、斗争与平衡。具体说来，就是能量发泄与反能量发泄的对立与斗争。所谓"发泄"，即指本我要求通过生理活动发泄能量，而"反能量发泄"则指自我与超我将能量接过来全部投入心理活动。这种情形被称为"冲突"，即超我、自我与本我之间的冲突。

---

① ［奥］弗洛伊德：《爱情心理学》，林克明译，作家出版社1986年版，第53页。

② ［奥］弗洛伊德：《精神分析引论》，高觉敷译，商务印书馆1986年版，第46页。

这就使原欲处于受压抑状态，得不到实现，从而形成对痛苦的情绪体验的焦虑，长此以往，会形成精神病。而艺术创作就是冲突的解决，给原欲找到一条新的出路。

第三，升华作用——原欲实现的途径。要使人们摆脱心理冲突，从焦虑中挣脱出来，弗洛伊德认为有许多途径，"移置"即是其一。所谓"移置"，即是指能量从一个对象改道注入另一对象的过程。因而，"移置"就必然是寻找新的替代物代替原来的对象。如果替代对象是文化领域中的较高目标，这样的"移置"就被称为"升华作用"。弗洛伊德说，所谓升华作用即是"将性冲动或其他动物性本能之冲动转化为有建设性或创造性的行为之过程"①。艺术即是这种原欲升华之一种。弗洛伊德说，"艺术的产生并不是纯粹为了艺术。它们的主要目的是在于发泄那些在今日已被压抑了的冲动"②。这是一种原欲发泄新的出口的选择，其作用则在于将心理能加以发泄，而不使之因过分积储而引起痛苦。他说："心理活动的最后的目的，就质说，可视为一种趋乐避苦的努力，由经济的观点看来，则表现为将心理器官中所现存的激动量或刺激量加以分配，不使它们积储起来而引起痛苦。"③ 弗洛伊德认为，这就证明原欲为人类的文化，诸如艺术创造带来了无穷的能源，从而为人类文化艺术的发展作出了最大的贡献。他说，"研究人类文明的历史学家一致相信，这种舍性目的而就新目的的性动机及力量，也就是升华作用，曾为文化的成就带来了无穷的能源"④，"我们认为这些性的冲动，对人类心灵最高文化的，艺术的和社会的成就作出了最大的贡献"⑤。弗洛伊德将"原欲"作为艺术的源泉显然是对社会生活是文艺唯一源泉这一根本真理的颠倒。

关于昼梦说。这是关于艺术想象的理论，弗洛伊德明确地将艺术创作称作"白日梦"。

---

① [奥] 弗洛伊德：《爱情心理学》，林克明译，作家出版社1986年版，第145页注（11）。
② [奥] 弗洛伊德：《图腾与禁忌》，中国民间文艺出版社1986年版，第116页。
③ [奥] 弗洛伊德：《精神分析引论》，高觉敷译，商务印书馆1986年版，第300页。
④ [奥] 弗洛伊德：《爱情心理学》，林克明译，作家出版社1986年版，第59页。
⑤ [奥] 弗洛伊德：《精神分析引论》，高觉敷译，商务印书馆1986年版，第9页。

第一，昼梦的原因。弗洛伊德认为，昼梦的原因是愿望的不能实现。他说，"未能满足的愿望，是幻想产生的动力"①。这种未能实现的愿望在儿童就表现为游戏，而在成人则表现为幻梦——白日梦。其区别在于儿童在游戏中喜欢直接借用现实中的事物，幻梦却不借用。艺术家只借助幻梦来创造艺术品。弗洛伊德说："作家正像做游戏的儿童一样，他创造出一个幻想的世界，并认真对待之。"②

第二，昼梦的内容。弗洛伊德指出："文学的作品即以这种昼梦为题材；文学家将自己的昼梦加以改造，化装，或删削写成小说和戏剧中的情景。但昼梦的主角常为昼梦者本人，或直接出面，或暗以他人为自己写照。"③弗洛伊德认为，作为梦，其根本内容即为原欲，主要是野心与色欲，经过凝缩（几种欲望以一种象征出现）、换位（被压抑的欲望被换成另外的内容）、戏剧化（以具体对象表示抽象的欲望）、润饰（将混乱颠倒的欲望加以整理），最后把潜意识的欲望经过改头换面转换成人们所能接受的表象。因此，弗洛伊德认为，文艺作品中的主人公都是作家自我的化身，各种人物成为"自我"的分裂。他将此称作"将自己精神生活的冲突趋向拟人化，在很多主人公身上体现出来。"④从时序上来看，就是以欲望的转换为中心，将过去、现在与将来联结起来。他说，愿望"利用现在的事件，按照过去的方式来安排将来"⑤。

第三，昼梦的作用。弗洛伊德认为，昼梦的总的作用是一种欲望的替代性满足。具体地说来，作者可以借此抛弃生活的沉重负担，获得幽默、想象的极大乐趣。这就是成人以昼梦代替游戏，可从中领略儿童游戏的乐趣，借以从现实生活的沉重负担中解脱出来。同时，作者可通过昼梦创作出艺术作品，将自己不能实现的愿望加以实现。主

---

①　［奥］弗洛伊德：《弗洛伊德论创造力与无意识》，孙恺详译，中国展望出版社1986年版，第44页。

②　同上书，第42页。

③　［奥］弗洛伊德：《精神分析引论》，高觉敷译，商务印书馆1986年版，第70页。

④　［奥］弗洛伊德：《弗洛伊德论创造力与无意识》，孙恺详译，中国展望出版社1986年版，第48页。

⑤　同上书，第46页。

要是通过创作的成功而在现实中获得成功，如获得荣誉、权势、爱情等等。这就使文艺成为人们回到现实的一条路。弗洛伊德认为，"幻念也有可返回现实的一条路，那便是——艺术"，因为，作家可使他人共同享受创作的快乐，"从而引起他们的感戴和赞赏；那时他便——通过自己的幻念——而赢得从前只能从幻念才能得到的东西：如荣誉，权势和妇人的爱了。"① 另一方面，弗洛伊德认为，艺术想象由于是对昼梦的进一步改造，所以给予人的不是肌体的生物的愉快，而是一种温和的精神的安慰，在相当长的时间内使人的现实冲动缓解，从而起到净化作用。弗洛伊德曾说，艺术的"主要功能之一就是充当'麻醉剂'"。② 艺术想象与昼梦虽然都有形象浮现的共同特点，但前者是一种包含理性内容的创造活动，而后者则是一种无理性的下意识活动，将两者等同，虽强调了对昼梦的改头换面，但否定艺术想象的理性内容却是显而易见。

艺术分析方法。弗洛伊德开创了以潜意识去解释艺术创作活动的方法，以此探寻作品与作家的创作动机、生活经验与遭遇的关系。潜意识主要来自过去的生活事件，特别是儿童发育中的所谓性创伤、性经验，如恋母情结等。这种方法即由形象（显意）探寻其内在含义（隐意），从而把握作家原始的创作动机。这是"释梦"的精神分析方法在艺术形象分析中的应用。弗洛伊德说道："由显梦回溯到隐念的历程就是我们的释梦工作。"③ 这个方法本身并无什么深奥的理论，需要通过弗洛伊德对具体作品的分析才能更深入地了解这一批评方法的内涵。弗洛伊德于1910年写了《列奥纳多·达·芬奇和他童年的一个记忆》。该文在西方被称为精神分析批评派的基石。弗洛伊德的基本观点，是认为童年的性心理活动及其遭遇决定了一个人一生的事业。在他看来，每个人从三岁开始，便经历了一个"幼儿性研究时期"。这是第一个智慧独立的企图，所产生的印象是持久而深刻的，

① ［奥］弗洛伊德：《精神分析引论》，高觉敷译，商务印书馆1986年版，第301、302页。

② 转引自莱昂内尔·特里林《弗洛伊德与文学》，刘半九译，《外国现代文艺批评方法论》，江西人民出版社1985年版，第82页。

③ ［奥］弗洛伊德：《精神分析引论》，高觉敷译，商务印书馆1986年版，第129页。

决定了一个人基本的性格倾向。达·芬奇童年的性心理活动集中地表现于关于秃鹫的幻想之中。弗洛伊德认为，达·芬奇"所有成就和不幸的秘密都隐藏在童年秃鹫的幻想之中"①。他的关于秃鹫的幻想是这样的：当达·芬奇作为婴儿睡在摇篮之中时，曾有一只秃鹫向他飞来，用翘起的尾巴撞开他的嘴，还用尾巴一次次地撞他的嘴唇。弗洛伊德认为，这并不是达·芬奇童年时期真正发生的一个真实事件的回忆，而是对童年时期自己同母亲之间性关系的一种幻想。在这个幻想中，秃鹫即代表母亲，因为在古埃及人的象形文字中，母亲是由秃鹫的画像来代表的。埃及人还崇拜女神，这个女神被表现为有一个秃鹫的头。女神的名字读作摩托，与德语单词"Mutter"（母亲）发音相近。这样，达·芬奇幻想的内容之一就是，他是秃鹫的儿子，只有母亲，没有父亲。这同他作为一个私生子的身份是完全相符的。而且，他还用秃鹫的尾巴一次次撞击嘴唇来暗喻母子之间的性关系，即被母亲哺育与亲吻的记忆。同时，这种对母亲的依恋及其被压抑，导致了以自己为爱的模特儿，即所谓自恋。由此进一步根据自己的相似性来选择爱的对象，实际是逃避其他女人，保持着对母亲的忠诚，从而使自己成为同性恋者。这种由恋母到自恋，再到同性恋就是对达·芬奇更深层的心理分析。根据弗洛伊德的考证，达·芬奇又确实具有同性恋的倾向。达·芬奇作为画家，他的作品就是他的隐秘的心理活动的表现。正如弗洛伊德所说，"仁慈的自然施于艺术家能力，使他能通过他创造的作品来表达他最秘密的精神冲动，这些冲动甚至对他本人也是隐藏着的；这些作品强烈地打动了对艺术家完全是陌生的人们，他们自己也不知道自己的感情来源。难道列奥纳多一生的作品中没有一件可以证明他记忆中保留的正是童年时期最强烈的印象？人们当然希望可以找到一些东西。"②弗洛伊德认为，第一幅可以证明他童年印象的画就是著名的《梦娜·丽莎》。达·芬奇用了整整四年时间来画

① ［奥］弗洛伊德：《弗洛伊德论美文选》，张唤民、陈伟奇译，知识出版社1987年版，第102页。

② 同上书，第78页。

这幅画，大约是从 1503 年到 1507 年。这幅画的特点是，主人公具有一种谜一般的微笑。人们在长时期中对于这个微笑之谜一直难以解释。弗洛伊德认为，这实际上是模特儿的微笑勾起了他的秃鹫的幻想，唤醒了他对母亲那充满情欲的欢乐而幸福的微笑的回忆，从而使他寻求新的艺术表现。另一幅画是《圣安妮和另外两个人》。在这幅画中，达·芬奇式的微笑清楚地印在两个女人脸上——圣安妮及其女儿。这实际上也是恋母情结曲折的表现。弗洛伊德认为："列奥纳多的童年显然酷似画中的情景。他有两个母亲：第一个是他亲生的母亲卡特琳娜，在他三到五岁的时候，他被迫离开了她；然后是他的年轻的仁爱的继母——他父亲的妻子唐娜·阿尔贝拉。把他童年的这个事实与上面叙述的一点（他的母亲和外祖母的存在）结合起来，把它们凝缩成一个合成的整体——《圣安妮和另外两个人》的构思对他就更具体了。离男孩较远的母性形象——外祖母——与他早先的亲生母亲卡特琳娜相应，不仅在外貌上，而且也在与男孩的特殊关系上。艺术家似乎在用圣安妮的幸福微笑否认和掩盖这不幸的女人的妒嫉——在她不得不把自己的儿子交给比她出身高贵的竞争者时感到妒嫉，这种割舍颇似她曾经抛弃了孩子的父亲。"[1] 1914 年，弗洛伊德写了《米开朗基罗的摩西》一文，用他的精神分析法来分析这座著名雕像的隐意。他对这座雕像的兴趣始于 1901 年之前，当时参观了维科里的圣皮埃特多教堂，第一次同摩西雕像相遇。1912 年 9 月，他在给妻子的信中说，每天都要去看这座雕像，一心扑在雕像之上，着手进行写作的准备工作。1914 年完成论文，却拒绝署名，直到 1924 年才承认是自己所作。他说，他曾独自一人整整三周站在塑像前，一次又一次地画着素描。历史上的摩西是以色列人的先知和领袖，率领以色列人从埃及迁回迦南，建立了自己的国家。据《旧约·出埃及》记载，摩西到西奈山去领取耶和华的教谕和刻有十诫的法板，回来后看到以色列人铸了铁犊，并围着它吃喝狂舞。摩西勃然大怒，把两块法板扔到地

---

① ［奥］弗洛伊德：《弗洛伊德论美文选》，张唤民、陈伟奇译，知识出版社 1987 年版，第 84 页。

上摔碎。米开朗基罗正是选用这一情节，但形象却不符合原来的记载，而是另一幅形象——摩西凝坐于椅上，左手托着长须，右手捺着法板，保护法板免于滑落。这是一个为自己所献身的事业而成功地克制内心愤怒的形象。弗洛伊德联系塑像的背景，鉴于这座塑像是为十六世纪很有权威的教皇朱利叶斯二世塑立的，是教皇巨大陵墓的一部分，因此塑像必然同教皇朱利叶斯二世及作者本人密切相关。原来朱利叶斯二世是个相当有作为的教皇，试图在自己的统治期间将整个意大利统一在自己的权力之下。他采取联合外国军队的措施，实现了自己的愿望。但他脾气急躁，经常采取过激手段，而画家米开朗基罗本人也属于急躁型的性格。据此，弗洛伊德认为："艺术家在自己身上也感到了同样暴烈的意劫，但是，作为一个更加内省的思想家，米开朗基罗预见到他们两人命中注定的失败。于是，他在教皇的陵墓上雕塑出一个摩西，这是对死去教皇的责备，也是自己内心的反省。艺术家也由此自我批评升华了自己的人格。"①

三

弗洛伊德的精神分析学美学一经产生就发生了广泛的影响，近年波及到我国思想文化领域。到底应如何评价这一精神现象呢？我们认为，应取马克思主义的实事求是的科学态度，既要看到它本身的有价值之处，又要看到其弊端，特别应结合我国实际剖析其危害，从而真正分清理论是非。

这一理论的价值，我们认为主要在两个方面。一，充分地论述了潜意识在文艺创作中的作用，具有某种合理性。因为，潜意识的确同艺术想象、共鸣、灵感、创作冲动等艺术现象有一定的联系，有待于我们进一步地探索研究。而性爱作为人类得以生存与发展的重要因素及爱情生活的生理根源，事实上同作为情感判断的审美与文艺也有一

---

① ［奥］弗洛伊德：《弗洛伊德论创造力与无意识》，孙恺详译，中国展望出版社 1986 年版，第 35 页。

定关系，是审美与艺术创作中的重要课题。总之，弗洛伊德提出了潜意识在创作中的作用这样一个课题，而对于这一课题我们过去研究得不够。但作为这一课题的答案，从根本方面来说，弗洛伊德的结论则是错误的。二，提出通过作品探寻文艺家深层动机及个人童年偶然性遭遇的艺术分析方法，在丰富文艺批评方法方面有一定的参考价值。

　　至于弗洛伊德精神分析美学的弊端及其不良影响，我们认为近几年缺乏应有的重视，需结合其实际影响进行更深入的探讨。目前，也可初步从两个方面认识。一是弗洛伊德的精神分析美学具有严重的生物社会学倾向，这就决定了其最基本的理论根据及结论都是荒谬的。弗洛伊德在自己的理论中将社会的历史的人看作是赤裸裸的生物的人，将具有极强社会性的文艺创作活动单纯看作是生物冲动的过程，将生物性的性本能看作是人类一切精神活动及文艺创作的根源，这都是完全错误的，而且是十分有害的。这一理论的产生，从理论本身看，主要是在将作为生物学的自然科学引入社会科学时抹杀了两者的根本区别。而从社会原因看，又恰在一定程度上反映了帝国主义时期精神崩溃、人欲横流、社会的人在很大程度上沦为生物的人这样一个现状。当然，作者不是以否定的态度，而是以肯定的态度对此加以反映的，这是造成这一理论荒谬的根本原因。再从影响来看，这一理论构成当代西方人本主义思潮的一个组成部分。二是弗洛伊德的艺术分析方法过分地强调了作品同作家个人早期偶然遭际的联系，特别是强调作品同作家个人的性创伤的联系以及过分追求作品的隐意等，都造成了对作品的严重歪曲，并导致了文艺批评中的主观随意性。他对达·芬奇两幅著名作品分析的荒谬性已显而易见。他在分析莎士比亚的名剧《哈姆雷特》时重蹈了这一错误，竟然荒谬地认为哈姆雷特复仇的犹豫是由于作者童年时杀父娶母的潜意识的复苏而造成的自遣。其对米开朗基罗雕像《摩西》的分析则完全是当时个人情绪的流露。1910 年前后，弗洛伊德正面临国际精神分析运动的分裂危机。他在对《摩西》的分析中表明了自己不因众叛亲离而发怒、继续坚持将精神分析运动发展下去的情绪。如果对作品隐意的分析都是个人情感的流露，那文艺批评还有什么科学性可言呢？总之，弗洛伊德的艺术分

析方法只具有一定的参考价值，而决不能成为文艺批评的主流。但目前它却成为西方公认的重要批评方法之一，并被我国理论界某些人所推崇，实在应引起我们的重视。

综上所述，从总体上看，弗洛伊德的精神分析美学是荒谬的，是同马克思主义的历史唯物主义背道而驰的。特别是近年来，它被我国某些人不加分析地、甚至断章取义地运用于文艺创作之后，形成了我国所谓"性文学"的一度泛滥，甚至成为某些色情文学的理论根据，对社会造成不良影响，也是对社会主义精神文明建设的冲击，应该引起我们的高度警惕。目前，我们对精神分析美学有双重任务。一是认真地分析研究弗洛伊德理论本身，剖析其得失，探寻其产生的土壤及造成失误的原因。二是严肃地分析批判那种将弗洛伊德的理论庸俗化的性文学理论，真正肃清其影响。

第十九章

容格与"神话—原型批评论"

一 容格的生平与分析心理学的主要观点

（一）容格的生平

容格（1875—1961），瑞士著名的心理学家和分析心理学的创始人。生于康斯坦斯湖畔一个乡村的自由主义新教牧师的家庭。1900年，获巴塞尔大学医学博士学位。后在著名精神病学家欧根·布留伊勒的指导下，在苏黎世大学的精神病学研究所任职。1905年，任精神病学讲师。后来退职，自己开业。1900年，读弗洛伊德《梦的解析》一书，很感兴趣。1906年，两人开始通信。1907年，容格赴维也纳会晤弗洛伊德，积极参加精神分析运动。弗洛伊德对容格特别重视，把他作为自己事业的继承人。1911年，他们共同创立国际精神分析学会，容格被推为第一任主席。1912年，容格出版《无意识心理学》一书，与弗洛伊德产生了分歧。1913年，分歧加剧，弗洛伊德宣称容格不再是精神分析学者。1914年，容格离开弗洛伊德，创立分析心理学。此后，两人再未见面，但容格仍对弗洛伊德十分敬仰。20年代后期，容格为研究种族潜意识，赴非州亚利桑耶与新墨西哥等地对原始人的心理进行考察。1932年，任苏黎世联邦综合技术大学教授，1942年辞职。1944年，回母校巴塞尔大学任医学心理教授。容格著述甚丰，已编成《全集》十七卷。还有多种著作没有编入。哈佛大学、牛津大学都曾授予他荣誉博士学位。1961年，容格逝世。

（二）分析心理学的主要观点

容格是继承弗洛伊德精神分析学的基础而形成自己的分析心理学的。这两种学说都以对深层心理的分析、强调潜意识的巨大作用为其共同特点。但分析心理学也有自己的不同之处。

第一，对力比多的崭新解释

这是容格与弗洛伊德的基本分歧之所在。弗洛伊德是把力比多完全理解为性欲的，容格则将其理解为普通的生命力，包括生长、生殖和其他活动，即生命所具有的一种活力，性欲只是其中的一种。他说："力比多，较粗略地说是生命力，类似于柏格森的活力。"① 他认为，力比多作为一种生命力，其出路是多方面的。在儿童时期，力比多通过营养和成长而发泄出来。儿童对父母的依恋是一种营养与成长的需要，不是什么"恋母"或"恋父"情结。只有在青春期，力比多才通过异性爱发泄出来。

第二，人格结构说

容格与弗洛伊德一样，以心灵代表整个人格。不同的是，他所说的人格不是意识、前意识与潜意识三部分，而是将潜意识加以发展，分为个人潜意识与集体潜意识二部分。于是，在容格看来，人格就分为意识、个人潜意识与集体潜意识三部分。

意识的中心是自我，同一个人自身的概念相近，包括知觉、记忆等等。这只是人格的极小的方面，犹如海岛之露出水面的可见部分。人格的大部分为潜意识，即海岛的水面下的底层。

个人潜意识。它曾经为意识的组成部分，也就是说来自于个人的经验，但后来因遗忘或压抑而消失，但还有被唤回到觉醒的意识中来的可能性。这说明，个人潜意识并不是潜意识很深的层次，其主要内容为"情结"。

集体潜意识。这是容格的新发现。他认为，集体潜意识不是来自个人的经验，从来也没有在意识中存在过，完全通过遗传而存在。它

---

① 转引自高觉敷主编《西方近代心理学史》，人民教育出版社 1986 年版，第 395 页。

的主要内容为"原型"，又名原始意象，是一种通过遗传而留存的先天倾向，不需要经验的帮助即可使人的行动在类似的情况下与其祖先的行动相似。

容格认为，在众多的原型中有四种最为突出：人格面具、阿妮玛、阿姆斯与暗影。

人格面具是人格的最外层，个体在环境的影响下造成的与别人接触的假象，掩饰着真正的我，同真正的人格不符。其行为在于投合别人对他的期望。

阿妮玛是灵气之一种，指男人身上的女性特征。

阿妮姆斯是另一种灵气，指女人身上的男性特征。

暗影又称黑暗的自我，处于人格的最内层，是一种兽性的低级的种族遗传，包括一切激情和不道德的欲望及行为，类似于弗洛伊德所称的伊底。

第三，性格类型说

容格将人格分为外倾型与内倾型二种。这是根据其力比多学说而来的。他认为，力比多作为一种生命力是有着自己的活动趋向的，从而决定了个人对特定环境反应的两种不同的态度形式。

内倾型，是其力比多在一定程度上倾注于自己的人格之上，感觉到自身有绝对价值，看待一切事物都以自己的观点为准则。其性格特点是喜孤寂、较沉静、好疑虑、多畏缩、对外人怀有戒心等等。

外倾型，是其力比多在一定的程度上倾注于外，感到身外有绝对的价值，看待一切事物依据客观的估价。其性格特点是善交际、好活动、易受情感支配、乐观开朗等等。

其实，纯粹的外倾型与内倾型是不存在的，大多数人是两种因素各具的中间型，只是在某一个特定时间某一种倾向占据了压倒的优势。

二　"原型论"的提出

早在 1919 年，容格就在《本能与无意识》一文中提出了"原型"的概念。他说："本能与原型同样出自集体无意识。"① 但将其作为美学或艺术的理论提出，却是 1922 年所写《论分析心理学与诗的关系》一文。在这篇文章中，他明确地说道："创造过程，就我们所能理解的来说，包含着对某一原型意象的无意识的激活，以及将该意识象精雕细琢地铸造到整个作品中去。通过给它赋以形式的努力，艺术家将它转译成了现有语言，并因此而使我们找到了回返最深邃的生命源头的途径。"②

容格原型论的提出是建立在对弗洛伊德美学思想批判的基础之上的。从方法上看，弗洛伊德的精神分析学是从个人的心理活动，特别是个人的性意识障碍中来探寻艺术的根源的。这完全是一种医学领域的分析精神疾病的方法，即从个人的某种遭遇寻找精神疾病的根源。容格不同意将这种简单的方法运用于艺术。他说："弗洛伊德的简化方法是纯粹的医疗方法，这种处理针对的是病理的或是其他取代了正常功能的心理构成物。"③ 他认为，艺术品不是精神疾病，因而需要一种同治疗精神疾病不同的方法。这种方法要求不能仅仅从个人自身的因素中去探寻艺术的根源。在他看来，个人的因素在一部分作品中所占的比重并非很重，如果总是以此为出发点研究艺术作品，那就愈来愈离开了艺术作品。他特别不同意弗洛伊德单纯从艺术家个人的性意识中（主要指艺术家幼年同父母之间朦胧的性意识）探寻艺术根源的做法。他说："虽然诗人所加工的素材及其特殊的处理方式可以容易地被追溯到他同父母的私人关系中去，但这并不能使我们理解他的诗。"④ 他认为，一部真正的艺术作品的价值恰恰在个人生活的范围之外，而个性则是一种有害于艺术并同艺术的本质相违背的因素。他说："一部艺术作品的价值最主要的在于能超越个人生活范围，而且诗人该以其肺腑之言向全人类

---

① ［瑞］C. 容格：《论分析心理学与诗的关系》，朱国屏、叶舒宪译，叶舒宪选编《神话—原型批评》，陕西师范大学出版社 1987 年版，第 99 页注②。
② 同上书，第 102 页。
③ 同上书，第 86 页。
④ 同上书，第 84 页。

倾诉，在艺术的领域里，作者的个性成分是一种缺陷——甚至可以说，是种罪恶。一部纯粹个性化的'艺术作品'根本就是一种心理症的表现。"①

三 原型论的内容

（一）原型的含义

第一，字面上的含义

Archetype——原型，又译原始意象，来源于希腊文"Archetypos"。"Arch"的含义为"最初的""原始的"，而"typos"的含义则为"形式"。二者相合，其字面含义为"最初的形式"或"原始的形式"。柏拉图借用这个概念来指事物的理念本原。他认为，现实事物是理念的影子，因而理念是现实事物的"原型"。容格说："我所说的原型——从字面上讲就是预先存在的形式……"②当然，这里所说的形式，并非指物质的形式，而是心理中的形式。所以，"原型"的字面含义即指心理中预先存在的形式或原始的形式。

第二，原型的根源是集体无意识

原型的根源是什么？容格认为是集体无意识。他说："个体无意识的绝大部分由'情结'所组成，而集体无意识主要由'原型'所组成的。"③这就说明，原型是集体无意识的表现形态，集体无意识就是原型的根源。集体无意识是容格独创的一个概念。它不同于个体无意识，不是因个人欲望的受挫而形成的本能倾向（情结），而是一种发端于人类祖先、具有某种普遍性的、无数同类经验的心理凝聚物。容格将其称之为"非个体性的第二心理系统"④。

第三，原型的具体表现形态是神话

---

① ［瑞］C. 荣格：《现代灵魂的自我拯救》，黄奇铭译，工人出版社1987年版，第255页。

② ［瑞］C. 容格：《集体无意识的概论》，王艾译，叶舒宪选编《神话—原型批评》，陕西师范大学出版社1987年版，第104页。

③ 同上。

④ 同上书，第105页。

容格认为，以集体无意识为根源的原型，具体地表现为神话。他说："原始意象或原型是一种形象，或为妖魔，或为人，或为某种活动，它们在历史过程中不断重现，凡是创造性幻想得以自由表现的地方，就有它们的踪影，因而它们基本上是一种神话的形象。"① 其原因在于，原型作为人类祖先共同经验的心理凝聚物，而神话则是原始人类最基本的精神生活，二者具有某种共同性。因为，原始人类由于生产力水平极低，对大自然的认识还处于恐惧、猜测与崇拜的盲目状态，不自主地（本能地）将这种盲目的认识编织成充满神秘感的、五彩缤纷的神话，并积淀在人们的心灵深处，流传后世。诚如容格所说："神话却具有极为重要的意义。它们不仅代表而且确实是原始氏族的心理生活，这种原始氏族失去了它的神话遗产，即会象一个失去了灵魂的人那样立即粉碎灭亡。一个氏族的神话集是这个氏族的活的宗教，失掉了神话，不论在哪里，即使在文明社会中，也总是一场道德灾难。"② 由于神话思维是一种凭借形象的特定思维形式，所以常常具有朦胧性与多义性，缺乏固有的确切含义。容格认为，神话的原则是："与任何有意识的或曾经是有意识的东西无关，而与一些本质属于无意识的东西有关。"③ 因此，容格认为，对于神话不必具体讨论它所指的到底是什么，而只需对其无意识的核心思想加以限定或作出大致的描述即可。这就如同对晶体，只需把握其轴系统。因为，轴系统只决定晶体的主要结构，而不决定个别晶体的具体形状与大小。

第四，原型的流传方式是遗传

对于原型的流传，容格多次指出是依靠遗传的方式。他说，原型"也就是附着于大脑的组织结构而从原始时代流传下来的潜能"。④ 其原因在于，原型作为集体无意识，是存在于人的意识之外的，无法通过口

① ［瑞］C. 容格：《论分析心理学与诗的关系》，朱国屏、叶舒宪译，叶舒宪选编《神话—原型批评》，陕西师范大学出版社 1987 年版，第 100 页。

② ［瑞］C. 荣格：《集体无意识和原型》，顾良译，《外国现代文艺批评方法论》，江西人民出版社 1985 年版，第 125 页。

③ 同上书，第 126 页。

④ ［瑞］C. 容格：《论分析心理学与诗的关系》，朱国屏、叶舒宪译，叶舒宪选编《神话—原型批评》，陕西师范大学出版社 1987 年版，第 100 页。

耳相传，因此，它的存在与留传只有遗传的方式。这就触及到了整个原型论是否具有科学性的关键问题。如果说，人体遗传的秘密在于细胞中特殊的遗传因子的话，那么，原型作为一种心理形式，其流传难道也依靠遗传因子吗?! 容格在这个问题上只是凭借某种猜测，从人体结构的遗传推断出心理结构也应具有某种遗传。他说："从人体的结构中，我们仍可找出进化之早期阶段的痕迹，以此类推，人类灵魂的构成元素一定亦是根据人种进化学之原理而形成的。"① 这里，容格采取的方法是由生理去推断心理，即将生理学运用于社会学，是十分荒谬的。

（二）原型的作用

第一，原型是文艺创作的源泉。

关于文艺创作的源泉，摹仿说主张文艺源于生活，表现说主张文艺源于主观的内在情感，而原型说主张文艺源于集体无意识的原型。容格说："我认为我们要加以分析的文艺作品不仅具有象征性，而且其产生的根源不在诗人的个体无意识，而在无意识的神话领域之中，这个神话领域中的原始意象乃是人类的共同遗产。"② 容格将文艺作品分为两类，一类为心理学式的，其创作活动并未超越心理学所能理解的限度，而其题材也来自人类意识界。容格认为，这类作品的价值与意义都大受局限，而具有更大价值与意义的则是另一类幻觉式的文艺作品。这类作品的题材来自于无意识的原型。容格说："幻觉式的艺术创作素材不再是人人耳熟面详的。其本源是来自人类的心灵深处，它说明了吾人与洪荒时代在时间上的差距，同时亦给人一种只有明暗对比之超人世界的感觉。那是一种人类无法了解的原始经验，因而人亦常有受其驱使的危险。其价值与力量在于它的广大无边。它来自无限；令人感到陌生，冷竣，无边际，魔力，光怪陆离。"③ 事实上，在容格看来，文艺创作的实质就是对早已存在的原型的激活，并赋予它

---

① ［瑞］C. 荣格：《现代灵魂的自我拯救》，黄奇铭译，工人出版社1987年版，第250页。

② ［瑞］C. 容格：《论分析心理学与诗的关系》，朱国屏、叶舒宪译，叶舒宪选编《神话—原型批评》，陕西师范大学出版社1987年版，第99页。

③ ［瑞］C. 荣格：《现代灵魂的自我拯救》，黄奇铭译，工人出版社1987年版，第238页。

以具体的形式。他认为，每一个原型之中都凝聚着人类心理的共同因素。它犹如一条不断流淌的心理的河，一旦遇到适合其表现的环境条件，就突然涨成一股巨流。这是对文艺创作的形象的比喻。由此，他认为，一切创作都是以不同的方式重复着某几个神话故事或其片断。这就强调了文艺互相联系的共同的一面，而相对抹煞了它的独特的各具特点的一面。容格这一关于文艺创作源于无意识的原型的观点，充分说明了他最基本的哲学出发点是唯心主义。因为，马克思主义辩证唯物主义认为，一切文学艺术的唯一源泉是社会生活。

第二，原型是文艺创作的动力。

容格认为，文艺创作的动力来源于原型寻求自身表现的斗争。他说，"原始意象寻求自身表现的斗争之所以如此艰巨，是由于我们总得不断地对付个体的，非典型的情境。这样看来，当原型的情境发生之时，我们会突然体验到一种异常的释放感也就不足为奇了，就像被一种不可抗拒的强力所操纵。"[1] 当然，这只是原型作为强大的创作动力的原因之一。另外一个十分重要的原因在于原型本身。因原型所代表的已不是个人，而是全体，整个的人类。因此，"能释放出为我们的自觉意志所望尘莫及的所有隐匿着的本能力量"[2]。容格将这种强烈的创作动力比喻为植根于人类心灵的一个生物，它无视于作为载体的作家的命运与意志，在他身上吸取养料，自顾自地拼命生长。这个生物，容格将其称作"自主情绪"。这是文艺家创造过程中的一种心理状态，表明当能量集聚到一定程度时，原型才脱颖而出，由无意识升华为意识。"但它不是意识所控制的对象，既不能受其制约，也不能有意识地使它产生。这就是所谓情结的自主性：它的出现和消逝都依据自身固有的倾向，独立于意识的意志之外。"[3] 这就从一个新的角度解释了创作中艺术形象常常按照自己固有的规律活动而不以艺术家个人意志为转移的现象。诚如容格所说："《浮士德》并非是歌德创作

---

① ［瑞］C. 容格：《论分析心理学与诗的关系》，朱国屏、叶舒宪译，叶舒宪选编《神话—原型批评》，陕西师范大学出版社 1987 年版，第 100—101 页。

② 同上书，第 101 页。

③ 同上书，第 97 页。

的，而是歌德为《浮士德》创造出来的。"① 这就说明，浮士德作为一个特定的原型，是在远古时代早就预先存在的，因而并非为歌德所创造，而仅仅是歌德将其表现出来而已。浮士德作为一个原型是一股推动歌德创作的不可抗拒的强大的力量。当然，这是一股不可知的神秘力量。因而又不可避免地坠入神秘主义。

第三，原型是对社会缺陷的补偿。

上面，我们介绍了容格关于原型对于文艺创作作用的观点。那么，原型对于现实社会有何意义呢？容格认为，原型的表现是对现实社会缺陷的一种补偿。他说："艺术的社会意义就在于此：它不断地造就着时代精神，提供时代所最缺乏的形式。艺术家以不倦的努力回溯于无意识的原始意象，这恰恰为现代的畸形化和片面化提供了最好的补偿。"② 容格认为，一个时代同一个人一样，都有其在思想意识方面的缺陷，需要对其加以补偿与调节，而植根于集体无意识的原型就可起到这种补偿与调节的作用。他说："这些集体潜意识表象对于文学研究最有贡献的是，它们可补偿意识态度。易言之，这些表象可平衡意识所带来的偏见、反常或危险状态。"③ 容克举例说，像浮士德一类圣贤与救世主，当然是自远古时代以来的原型，但只有在现实生活中人们的人生观出现偏颇时，它才会受到刺激，并在梦中或艺术家与先知们的幻象中显露出来，从而促使该时代与心灵恢复其原来的平衡。

（三）原型批评论

以上论述的是作为美学与文艺学的原型论的基本观点，而将这些基本观点运用于文艺批评即为原型批评论。这是当代西方最有影响的批评理论之一，原型论的得以流传主要是其在批评领域中所发挥的作用。

---

① ［瑞］C. 荣格：《现代灵魂的自我拯救》，黄奇铭译，工人出版社 1987 年版，第 259 页。

② ［瑞］C. 容格：《论分析心理学与诗的关系》，朱国屏、叶舒宪译，叶舒宪选编《神话—原型批评》，陕西师范大学出版社 1987 年版，第 102 页。

③ ［瑞］C. 荣格：《现代灵魂的自我拯救》，黄奇铭译，工人出版社 1987 年版，第 251 页。

在批评方法上，容格继承了弗洛伊德心理分析的基本方法，对艺术形象不局限于本身，而是通过其所运用的特殊手法，分析隐藏在其背后的深层的心理根源。所不同的是，弗洛伊德追溯的是一种以性本能为主导的个人无意识，而容格所追溯的则是以原型为其形式的集体无意识。由形象而追溯其原型。这就是原型批评论的基本方法。容格将其看作是对艺术创作和艺术形象之谜的探寻。他说："在回到分享神秘的状态中，——即回到人类的而不是个别作家的生活经验上（个人的凶吉祸福不算在内，这里只有全人类的安危），我们才能够发现艺术创作和艺术效果的秘密。"① 他运用这一方法分析了文艺复兴时期著名画家达·芬奇的名著《圣安娜与圣母子》，得出了与弗洛伊德完全不同的结论。弗洛伊德将这幅画与达·芬奇的童年生活相联系，认为它曲折地表现了达·芬奇有生母与继母两个母亲及其对生母的深情回忆这样一种特殊的感情，并暗喻他童年时期的恋母情结。他有意将象征生母的圣安娜描写的特别年轻，并使她离男孩较远，以喻其被迫离去，还通过圣安娜的微笑掩盖其怨恨与嫉妒的感情，从而寄托了他对生母的思念。而容格则从中分析出了"双重母亲"的原型。这是关于人类的古老的题材。在古老的神话中，"人"，是由人类的母亲所生，但却由上帝赋予其不朽的生命。于是，出现了人与神的双亲血统。巨人赫拉克勒斯与基督本人都具有这样的双亲血统。现今的西方仍然沿袭的宗教洗礼与教父母的习俗就保留了双重母亲的原型痕迹。容格针对弗洛伊德的分析说道："没有丝毫证据可以表明达·芬奇用他的绘画表达了任何其他东西。即使假定他把自己等同于画中的圣子是正确的，他还是在一切可能性中表现着神话的双重母亲的母题，并未涉及他自己私人的经历。"② 关于歌德的名著《浮士德》，容格认为是塑造了一位医生或人类导师——即智者、救世主的"原始意象"。这些原始意象自文明之初就潜伏在人类的无意识之中，只在社会出现

---

① ［瑞］C. 荣格：《心理学与文学》，顾良译，《外国现代文艺批评方法论》，江西人民出版社1985年版，第115页。

② ［瑞］C. 容格：《集体无意识的概论》，王艾译，叶舒宪选编《神话—原型批评》，陕西师范大学出版社1987年版，第109页。

一系列危厄之时，它才复苏起来，出现在梦境与文艺作品之中。

（四）原型的意义

容格认为，一部表现了原型的艺术作品具有永久的艺术魅力。这些作品产生永久魅力的原因，不在于他所利用的具体素材——史实与神话，而在于通过史实与神话所表现的幻觉与梦想，即原型。他说："可是他们作品的感动力与深刻意义却不是凭借这些史实与神话，他们所凭借的是幻觉与梦想。"① 原型之所以能使文艺作品具有永久的魅力，主要因其有二大特点。一是从广度上看，原型具有巨大的概括力。它远远超越了文艺家个人的范围，从而概括了全人类的经验。这就使原型道出了千万个人的声音，可以使人心醉神迷，为之倾倒，并把思想从偶然与短暂提升到永恒的王国之中，把个人的命运纳入人类的命运，并在人们身上唤起那时时激励人类摆脱危险、熬过漫漫长夜的亲切力量。容格说道："这便是伟大艺术的奥秘，是它对我们产生影响的奥秘。"② 二是从深度上看，原型带有揭示时代发展趋势的预言性。容格认为，原型与古代某种神秘的宗教紧密相连，在形象的直觉中包含着某种深刻的哲理，预示着未来，并"指出一条每个人冥冥之中所渴望、所期以达成的目标与大道"③。

四　对原型论的评价

（一）贡献

第一，从宏观上把握艺术，突出地强调了艺术发展的整体性。

原型批评论是在新批评派的衰落中兴起的。因而，从某种意义上说，它是对新批评派的反拨。新批评派，又名形式主义批评派，代表人物为英国批评家艾略特。新批评派认为：艺术就是艺术，不是社

---

① ［瑞］C. 荣格：《现代灵魂的自我拯救》，黄奇铭译，工人出版社1987年版，第241页。

② ［瑞］C. 容格：《论分析心理学与诗的关系》，朱国屏、叶舒宪译，叶舒宪选编《神话—原型批评》，陕西师范大学出版社1987年版，第101页。

③ ［瑞］C. 荣格：《现代灵魂的自我拯救》，黄奇铭译，工人出版社1987年版，第252页。

会、宗教、伦理或政治等观念的表现，甚至不一定体现作者的创作意图；评价一部作品，作品本身既是出发点又是归宿；批评开始于对作品的研读，并且不论它在语言、历史、传记和文学传统方面走得多远，而总是以形式的特征为目标。结果，它成为对语言与形式进行解释的一种技巧。这一理论强调从艺术本身的语言或形式出发，有其合理的一面。但割断艺术同社会、文化的联系及其自身历史发展的整体性，则是其片面之处。原型论正是为了弥补新批评派的这一致命的缺陷应运而生的。它跳出了艺术自身的局限，特别是语言与形式的局限，从历史发展的宏观角度，将艺术看成一个大的有机整体。这个整体以原型作为其共同的源泉，犹如一条汩汩东流的河。这实际正是从纵向的发展中将艺术看成有机的系统，比新批评派仅将艺术自身，特别是仅将语言形式看成独立系统，具有更大的深刻性。

第二，从人类学的新角度论述了艺术的起源与本质。

对于艺术的起源与本质问题，自古分歧颇多。目前，我国多数理论家认为艺术起源于劳动，也有的理论家主张艺术起源于巫术。原型论则认为艺术起源于神话。它完全是从人类学的角度做出这一判断的。因为，神话是人类在初民阶段的原始思维，人类把握世界的最初形式。原型论认为，就像今人在生理上来源于古人一样，艺术作为人类把握世界的方式之一，也来源于原始思维——神话，特别是作为其基本形态的原型，并将艺术的本质归结为对神话所包含的"原型"的激活。这一理论从根本上说，唯心色彩十分浓厚，而其本身的完善性也有待于推敲，但却从人类学的新角度提出问题，因此丰富了人们对艺术的认识。

第三，对艺术的典型性问题做了崭新的解释。

原型论没有采用传统的典型概念，但却论述了艺术的典型性问题。它认为艺术的巨大概括性既不是来自于抽象的理论概括，也不是来自于艺术思维自身的"正、反、合"过程，而是导源于原型本身的特点。原型是一种超现实、超个体的人类经验。它所包含的深意跨越了时空界限。因而，以原型作源泉的艺术具有极大的概括力、震撼力与魅力。

第四，深刻地论述了艺术的模糊性与巨大的包含性。

原型论认为，艺术的源泉是神话，而神话本身则具有多义性、模糊性与巨大的包含性。神话犹如晶体的轴系统，只能决定其基本结构，而不能决定其具体形状。神话的特点决定了艺术亦具有多义性、模糊性与包含性，不能用某种模式，特别是概念所能包容。这就在一定的程度上揭示了艺术不同于科学与理论的基本特征。

（二）局限

第一，原型论最根本的局限在于它是一种唯心主义的美学观与文艺观。在文艺的起源、本质、动力、作用等一系列根本问题上，都违背了文艺作为社会意识必然要被社会存在决定的最基本的唯物主义原理。容格的所谓"原型"，在实际上是一种超验的、神秘的、主宰一切的"集体无意识"。当然，这种集体无意识不同于黑格尔的客观理念，而是一种非理性的客观潜意识。正是这种客观潜意识决定了人类的命运，也决定了文艺。这难道不是对人类之谜和文艺之谜的一种极其荒谬的解释吗?!

第二，相对忽视了艺术家创作的个性与偶然性。

原型论同弗洛伊德对个体经验与必然性的强调针锋相对，强调了艺术创作的共同源泉、集体无意识与某种必然性。在原型论者看来，只要按照原型论的方法，掌握作品中的具体形象同某个神话原型的联系，即可以认识隐藏在作品背后的深义，这就好像通过某种密码对电文内容的破译。诚如美国理论家魏伯·司各特所说，"这样，原型批评旨在发现和破译文学作品中的密码，使之更能为我们理解。"① 这种对作品形象与其含义之间必然性关系的理解，结果就导致了对偶然性与个体经验的全盘否定，从而走到一个极端，使文艺批评成为某种机械的"破译"。

第三，对原型流传的解释缺乏必要的科学性。

---

① ［美］魏伯·司各特：《当代英美文艺批评的五种模式》，蓝仁哲译，《外国现代文艺批评方法论》，江西人民出版社1985年版，第33页。

容格对原型的流传是以类比于生理遗传而加以解释的。但心理是一种精神现象，受到社会等各种因素的影响，比生理现象要复杂得多。以如此复杂的精神现象类比于生理现象，不免跌入生物社会学的泥坑，从而缺乏必要的科学性。

　　第四，具有某种神秘性与非理性倾向。

　　魏伯·司各特认为："图腾式批评显然反映了当代对人的理性、科学观念大为不满。人类学模式的文学旨在使我们恢复全部的人性，重视人性中一切原始的因素。"[①] 新批评派从具体的形式与语言着手，分析作品自身的系统，充满着科学的理性精神，反映了因当代自然科学发展而产生的系统论对文艺学的影响；而原型论同这种科学式的理论模式相对立，着眼于人的初始的原始本性，尽管有其新意，但不免具有某种神秘性与非理性。凡是以此为指导而创作的作品都具有某种朦胧的神秘气息。容格甚至认为："心灵实体的观念是现代心理学最重要的成就之一，虽然目前还是很少人承认它。"[②] 在这里，他已明确地将"心灵"看作第一性的"实体"，说明他的美学思想中的神秘主义与非理论主义倾向是以唯心论、甚至神学作哲学基础的。

---

　　① ［美］魏伯·司各特：《当代英美文艺批评的五种模式》，蓝仁哲译，《外国现代文艺批评方法论》，江西人民出版社 1985 年版，第 34 页。
　　② ［瑞］C. 荣格：《现代灵魂的自我拯救》，黄奇铭译，工人出版社 1987 年版，第 288 页。

第二十章

完形心理学美学

完形心理学美学是当代西方重要的美学流派之一，也是西方现代派抽象艺术的理论依据之一。近年来，我国学术界对完形心理学美学开始介绍并逐步引起重视，但评价不一，分歧颇大。马克思主义认为，对于任何社会现象都应将其提到一定的历史范围之内，进行实事求是地分析。对于完形心理学美学当然也应如此，必须具体地分析其产生的历史条件，进一步研究其具体内容和现实作用，从而科学地判定其得失。

一

完形心理学美学同完形心理学一起产生并以其为理论工具。因此，要了解完形心理学美学必须首先了解完形心理学。所谓完形心理学，又名"格式塔心理学"（Gestalt Psychotogy）。"格式塔"是德文"Gestalt"一词的音译，指的是"形式"或"形状"，实际上是说心理现象具有一种超出于部分之外的特殊的"整体性"，即所谓"格式塔性"。它运用从现代物理学和心理学中产生的"有机整体"的观点研究心理现象，认为"整体大于部分之和"。完形心理学的创始人韦太默指出，"格式塔理论的基本'公式'可以这样表述：有些整体的行为不是由个别元素的行为决定的，但是部分过程本身则是由整体的内在性质决定的。确定这种整体的性质就是格式塔理论所期望的。"① 他举例说道，人们演奏一首由 6 个乐音组成的曲子，如果使用 6 个新的乐音演奏，尽管变了调，但人们还能认识这首曲子。这就证明，有一种比 6 个乐音的总和更多的东西，即第 7 种东西，也就是原来 6 个乐音的格式塔质。正是这第 7 个因素使我们认识了已经变了调的曲子。② 完形心理学是在同构造主义心理学的斗争中产生的。构造主义心理学，又名元素主义心理学，为现代科学心理学的建立者冯特所创立，它把一切心理现象都看成一个一个的感觉元素（诸如对色、形和亮度的感觉等），只是通过联想，才将这些感觉元素结合了起来。格式塔心理学将这种理论称作是"砖和灰泥心理学"，说它用联想过程的水泥把元素（砖）黏合在一起。他们认为，人们知觉到的是事物的整体而不是支离破碎的部分，于是就提出了"格式塔质"的概念。这种格式塔质并不是知觉对象本身固有的属性，而是建立于大脑生理机能组织作用的基础之上的。

完形心理学产生于德国，德国心理学家冯·艾伦费尔斯首先提出"格式塔质"的概念，被学术界认为是这一派的先驱者。而其创始人则是韦太默（1880—1943）、柯勒（1887—1967）、考夫卡（1886—1941）。一般以韦太默于 1912 年发表的论文《关于运动知觉的实验研究》作为这一学派创立的标记。这三位创始人都是德国学者。1933年后，由于纳粹政权与科学为敌，完形心理学的三位创始人及其门徒流亡美国，于是这一学派在美国发展起来。

完形心理学本身同美学的关系至为密切，它的创始人在著作中大都涉及艺术问题。冯·艾伦费尔斯在他那篇首次提到"格式塔"这个概念的论文中指出，如果让 12 名听众同时倾听一首由 12 个乐音组成的曲子，每个人规定只听取其中的一个乐音，这 12 个人经验相加的和绝不等同于仅有一个人听了整首曲子之后所得到的经验。但真正集中地以完

形心理学为理论工具对美学和艺术进行研究的，还是鲁道夫·阿恩海姆。他于 1904 年生于德国柏林，因不满希特勒法西斯统治，于 1940 年迁居美国，曾担任美国美学协会主席。他是韦太默的学生，曾从事过由笔迹来辨认个性的实验研究。1954 年出版了《艺术与视知觉》一书，1974 年修订再版。1966 年出版了《艺术心理学论集》。他在《艺术与视知觉》一书的《引言》中开宗明义地说道：我"试图把现代心理学的新发现和新成就运用到艺术研究之中。我所引用的心理学试验和心理学原则，绝大部分都是取自格式塔心理学理论"①。

二

从心理学出发对美学的研究不同于从哲学出发对美学的研究，后者是所谓"自上而下"的美学，着重对美的本质问题进行比较抽象的哲学思考；前者是所谓"自下而上"的美学，着重探讨具体的审美体验问题。完形心理学美学就是属于这种"自下而上"的美学，以讨论审美体验为其主旨。在这一方面它有着自己的一系列完全新颖的见解。

（一）知觉结构说

将审美体验看作是一种情感的体验，这是绝大多数美学家的结论。但这种情感体验的根源是什么呢？审美对象与审美情感的关系又是怎样的呢？在这样的问题上，却有着不同的看法。一种看法是所谓主观联想说。哲学家贝克莱在《新视觉论》中认为，人们之所以会通过他人的面部的表情和色彩的变化洞见其羞愧和愤怒的情感，"那是因为它们在我们的经验中总是伴随着情感一起出现。如果预先没有这样一些经验，我们就分不清脸红究竟是羞愧的表现还是兴奋的表现。"② 还有一种主观推论说，认为从某种常规和社会习俗推论就会产

---

① ［美］鲁道夫·阿恩海姆：《艺术与视知觉》，滕守尧、朱疆源译，中国社会科学出版社 1984 年版，《引言》第 4 页。

② 同上书，第 611 页。

生出对于审美对象的情感体验。例如，社会上的人通常认为长着鹰钩鼻子的人较阴险，由此对长着鹰钩鼻子的人产生嫌恶之情。再就是移情说，德国美学家里普斯的理论在这一方面具有代表性。他认为，审美体验必然涉及力的活动，在观看神庙中的立柱时，当自己将"体验到的压力和反抗力经验投射到自然当中时，我也就把这些压力和反抗力在我心中激起的情感一起投射到了自然中。这就是说，我也将我的骄傲、勇气、顽强、轻率，甚至我的幽默感、自信心和心安理得的情绪，都一起投射到了自然中。只有这样的时候，向自然所作的感情移入，才能真正称为审美移情作用"①。

总之，不论是主观联想说（对以往经验的联想）、主观推论说（从知识出发的一种推论），还是移情说（主观情感的外射），从心理学来说，都是属于联想主义的范畴。它们都认为，审美知觉是初级的、零碎的、无意义的，只有通过主观的联想才能将审美知觉中的各个因素联结起来成为完整的审美情感体验。因而，在它们看来，审美体验的根源在于主观联想，只有凭借联想才能将审美对象与审美情感联结起来。

完形心理学美学反对这种联想主义的审美观。阿恩海姆在《艺术与视知觉》一书中明确指出："在本书中，我对这种联想主义的理解一直是持反对态度的。我认为，对于艺术家所要达到的目的来说，那种纯粹由学问和知识把握到的意义，充其量也不过是第二流的东西。"② 他认为，这种联想主义审美观的根本缺陷在于仅仅将审美知觉作为从记忆仓库中唤起情感的导火线，从而否定了它的重要作用。与此相反，他从完形心理学出发，认为知觉不是初级的、零碎、无意义的，而是本身就显示出一种整体性，一种统一的结构，情感和意义就渗透于这种整体性和统一的结构之中。因此，知觉结构是审美体验的基础。阿恩海姆说道："无论在什么情况下，假如不能把握事物的整

---

① ［美］鲁道夫·阿恩海姆：《艺术与视知觉》，滕守尧、朱疆源译，中国社会科学出版社1984年版，第613页。
② 同上书，第546页。

体性或统一结构，就永远不能创造和欣赏艺术品。"① 又说，艺术"是建立在知觉的基础之上的"②。这样，他就一反传统的联想主义审美观，将审美体验的根源由主观联想移置于知觉结构之上，并认为知觉结构是联结审美对象与审美情感的纽带。这就是他在《艺术与视知觉》一书中反复讨论的审美对象的情感表现性问题。在他看来，"表现性乃是知觉式样本身的一种固有性质"③。阿恩海姆举例说道，一株垂柳之所以看上去是悲哀的，并不是它像一个悲哀的人，而是它的知觉结构（指其枝条的形状、方向和柔软性）本身传递了一种被动下垂的表现性；一根神庙中的立柱之所以看上去挺拔向上，似乎承担着屋顶的压力，并不在于观看者设身处地地站在了立柱的位置之上，而在于立柱本身的知觉结构，它的位置、比例和形状之中就包含了这种表现性。

既然知觉结构是审美体验的基础，那么，它的内涵是什么呢？知觉是外物所引起的主体感官的感受，它又如何会有自己的结构呢？这又是一种什么样的结构呢？诸如此类的问题，确实令人费解。但完形心理学美学所说的"知觉结构"却是一种特殊的"力的结构"，也就是一种对力的感受的结构。阿恩海姆认为，"一切知觉对象都应被看作是一种力的结构"④。现在，我们具体地来阐述一下所谓"力的结构"的具体含义。

首先，审美体验是一种对力的体验。

阿恩海姆认为，审美是对于对象的一种情感体验，而只有对象所包含的力才能给主体以刺激，并产生情感的体验。他说："与有机体关系最为密切的东西，莫过于那些在它周围活跃着的力——它们的位置、强度和方向。这些力的最基本属性是敌对性和友好性，这样一些

①　[美]鲁道夫·阿恩海姆：《艺术与视知觉》，滕守尧、朱疆源译，中国社会科学出版社1984年版，《引言》第5页。

②　转引自朱狄《当代西方美学》，人民出版社1984年版，第13页。

③　[美]鲁道夫·阿恩海姆：《艺术与视知觉》，滕守尧、朱疆源译，中国社会科学出版社1984年版，第624页。

④　同上书，第324页。

具有敌对性和友好性的力对我们感官的刺激，就造成了它们的表现性。"① 这种对力的知觉是不同于科学活动、经济活动与生理需求活动的特殊的知觉过程。他说："由于我们总是习惯于从科学的角度和经济的角度去思考一切和看待一切，所以我们总是要以事物的大小、重量和其它尺度去解释它们，而不是以它们外表中所具有的能动力来解释它们。这些习惯上的有用和无用、敌意和友好的标准，只能阻碍我们对事物的表现性的感知。"② 这就划清了审美作为对力的感受同科学经济活动与生理需求活动的界限。从科学活动的角度看，人的知觉只是对于现象的物理属性（如距离、大小、角度、尺寸、色彩的波长）的静态反应，而不像审美是对于对象力的结构的动态的体验。例如，同样是运用图表，在地理科学中用蓝色表示水、红色表示陆地；但在审美当中却是用蓝色和红色创造出一种冷和暖的感染力量。再从生理需求的角度来看，同样是面对一个西红柿，有人问画家马蒂斯，在你吃它的时候与你画它的时候是不是看上去都一样呢？马蒂斯的回答是："不一样"。这是因为，在吃一个西红柿时只是对其所含营养素的心理体验。而在画一个西红柿时却是对其具有整体性的力的结构的体验。

其次，审美体验中的力是一种"具有倾向性的张力"。

现在需要进一步弄清楚的是，审美体验所面对的力是一种什么样的力？难道是一种真实的物理力以及由此引起的运动吗？我们记得，德国著名美学家莱辛就在其名著《拉奥孔》中提出了表现动作的美学理想，因此要求绘画表现对象的运动过程中"最富有孕育性的那一顷刻"。阿恩海姆从完形心理学出发不同意这种观点，认为表现对象的任何一顷刻都不能正确表现其整体而只能对其歪曲。他说，"这样的一瞥本身是不能代表事物整体的，即使将多个一瞥加到一起也最多不过是各个互相矛盾的形象的集合体，而这种集合体只能给人一种十分

---

①　［美］鲁道夫·阿恩海姆：《艺术与视知觉》，滕守尧、朱疆源译，中国社会科学出版社1984 年版，第 620 页。

②　同上书，第 626 页。

不舒服的感觉。"① 他举例说道，如果用快镜头拍下足球运动员和舞蹈演员的动作，在其中的有些照片上，他们就会僵硬地凝定在半空中，好似得了半身不遂之症。阿恩海姆认为，这种要求艺术表现动作的观点混淆了对于运动的知觉和对于倾向性张力知觉的区别。审美不是对于运动的知觉而是对于"具有倾向性的张力"的知觉。这种"具有倾向性的张力"并不是一种真实存在的物理力及由此引起的运动，而是人们在知觉某种特定对象时所感知到的"力"。这种"力"具有"扩张和收缩、冲突和一致、上升和降落、前进和后退等等"② 基本性质。他举例说，在正方形中有一个偏离中心的黑色圆面，这个圆面"永远被限定在原定位置上，不能真正向某一方向运动，然而，它却可以显示出一种相对于周围正方形的内在张力。这一张力，也与上述所说的位置一样，并不是理智判断出来的，也不是想象出来的，而是眼睛感知到的，它像感知到的大小、位置、亮度值一样，是视知觉活动的不可缺少的内容之一"③。很显然，阿恩海姆在这里所说的"具有倾向性的张力"并不是真正的物理力，而只是一种人们在知觉活动中所感知到的"力"，即心理的"力"，他只是在此借用了物理学中"张力"（牵引力）的概念。事实上也正是如此。任何使人产生较强审美体验的优秀作品都不是真正地表现了运动，即便是以运动为题材的作品，也只是表现那蕴含着的力量。古希腊米隆的雕像《掷铁饼者》并没有真正地去投掷，波尼尼绘的大卫手中的投石器也没有真正地把石头推出去，丢勒塑造的天使没有把宝剑刺进对手的胸膛，米勒笔下的"播种者"同样也没有真正地撒播种子。总之，这是一种不动之中的"动"，即"具有倾向性的张力"。阿恩海姆认为，这种不动之动的"张力"，是表现性的基础，艺术的生命，审美体验的前提。他说："艺术家们认为，这种不动之动是艺术品的一种极为重要的性质。按照达·芬奇的说法，如果在一幅画的形象中见不到这种性质，

---

① ［美］鲁道夫·阿恩海姆：《艺术与视知觉》，滕守尧、朱疆源译，中国社会科学出版社1984年版，第172页。

② 同上书，第640页。

③ 同上书，第3页。

'它的僵死性就会加倍，由于它是一个虚构的物体，本来就是死的，如果在其中连灵魂的运动和肉体的运动都看不到，它的僵死性就会成倍地增加。'"①

最后，张力结构首先由知觉对象本身的结构骨架决定。

尽管阿恩海姆将审美体验中的"力"归结为一种"心理力"，但他并不认为这种"心理力"的产生是纯粹主观的。他反对那种"把对艺术品的理解完全看作是一种主观作用的思潮"②，认为审美对象都具有一种客观的结构骨架，并为美的欣赏与创造提供了一个坚实的基础。这种结构骨架就是由审美对象的形状、颜色、光线以及矛盾冲突所构成的力的图式。他说："物质不是别的，而是能量的聚集。用这种简单的自然观去衡量，不管是事物还是事件，最终都只不过是力的式样所具备的种种特征而已。"③ 又说："任何一件不动的物件，并不意味着它并不具备力量，而是意味的各种力量所达到的暂时平衡。"④ 在他看来，不论是一片树叶还是海滩上拾到的贝壳，那规则的图型和美丽的花纹，都显示了促使它成长的力量和干扰它成长的力量之间的斗争。阿恩海姆认为，审美对象的结构骨架"首先是指主要轴线的构架，其次还包括由它的主要轴线创造出来的部分与部分之间那种独特的对应关系"⑤。例如，正方形与长方形虽然都是垂直轴和水平轴相交成直角，但正方形的水平轴和垂直轴相等，因而其内在的力均匀，给人以静态的感觉，而长方形的水平轴长于垂直轴，形成水平轴上的力大于垂直轴上的力，使人感到向水平方向伸展的趋势，从而产生拉长的张力，给人以动感。在《艺术与视知觉》一书中，阿恩海姆还以艺术作品为例说明结构骨架所形成的力。这个例子是米开朗基罗在罗马的西斯庭教堂中所画的天顶画《亚当出世》。这幅画主要由上帝和亚

---

① ［美］鲁道夫·阿恩海姆：《艺术与视知觉》，滕守尧、朱疆源译，中国社会科学出版社1984年版，第569页。

② 同上书，第113页。

③ 同上书，第514页。

④ 同上书，第515页。

⑤ 同上书，第113页。

当两个人物组成，这两个人物的形象构成一个倾斜的四边形的主要轴线的构架，其倾斜性形成了一种由右到左、由上到下的张力，而这张力又由上帝的伸出的手臂传导到亚当的手臂之上，构成一种积极的力与被动的物体的接触，并由能量的传递象征着某种生命的传递和创造。① 对结构骨架中所蕴含着的力影响最大的就是定向倾斜和比例的改变，所谓定向倾斜就是在垂直和水平等基本空间定向上的偏离。这种偏离会在一种正常的位置和一种偏离了基本空间定向的位置之间造成张力，那偏离了正常位置的物体，看上去似乎是要努力回复到正常位置上的静止状态。上面提到的《亚当出世》就运用了这种定向倾斜的手法，组成具有强烈动感的结构骨架。在色彩的运用和乐音的配合上，常在一种基本色和基本音之外配以另外的色彩和乐音，从而造成一种类似定向倾斜的张力。例如，在黄红色中，红色是基本色，黄色为偏离色，这就使其出现一种要回复到红色的倾向；而在 C 调中出现了 B 音，也有一种回复到 C 调的倾向。再就是通过比例的改变使结构骨架具有某种张力。前已说到的长方形比正方形"具有倾向性张力"就是如此；同样，椭圆形又比圆形具有更多的张力。

我们曾经谈到，审美体验中的"力"是一种"具有倾向性的张力"。阿恩海姆认为，这种张力在本质上是生理力的心理对应物。他说，张力"就是大脑在对知觉刺激进行组织时激起的生理活动的心理对应物"。② 在他看来，任何知觉都是动力学意义上的知觉，是一个运动的过程，而不是静止的。具体表现为，知觉对象对主体形成一种较强的刺激，主体的大脑皮层对外部刺激进行完形的组织加工，这就是生理力与外部作用力的斗争过程，最后将对象改造成某种知觉式样。他十分生动地描述了这样一个过程："知觉活动所涉及的是一种外部的作用力对有机体的入侵，从而打乱了神经系统的平衡的总过程。我们万万不能把刺激想象成是把一个静止的式样极

---

① ［美］鲁道夫·阿恩海姆：《艺术与视知觉》，滕守尧、朱疆源译，中国社会科学出版社1984年版，第630页。

② 同上书，第573页。

其温和地打印在一种被动的媒质上面，刺激实质上就是用某种冲力在一块顽强抗拒的媒质上面猛刺一针的活动。这实质上是一场战斗，由入侵力量造成的冲击遭受到生理力的反抗，它挺身出来极力去消灭入侵者，或者至少要把这些入侵的力转变成为最简单的式样，这两种互相对抗的力相互较量之后所产生的结果，就是最后生成的知觉对象。"① 这整个过程是发生在大脑皮质中的生理现象，但却使主体处于一种激动的参与的状态，就在这样的状态中产生了相应的心理体验的经验。这是一种特殊的情感体验。阿恩海姆认为，这种体验"并不是一种类似照相的活动，而是一种类似创作乐曲的活动"。② 因为，审美不是由于对于对象物理特征的把握，而是对其形成的大脑中的力的活动的一种心理体验。这种体验就在一定的程度上具有了乐曲的节奏和韵律。

（二）大脑力场说

既然完形心理学美学把审美体验看作是由外在刺激而产生的生理力的心理对应物，那么生理力就是审美体验的关键所在，成为沟通外在物理力与内在心理力的中介。这个"生理力"，在完形心理学美学看来完全由大脑皮层的积极活动所形成。他们将现代物理学电磁学中的场论借用到自己的理论中，提出了著名的"心理—物理场"的概念。完形心理学认为，人和环境的关系就是一个有机联系、相互作用的"场"。韦太默指出："如果研究纲领是把有机体看作一个大场中的一部分，那末就必需把问题重新表述为有机体和环境之间的关系问题。刺激—感觉的联系必然要由场内条件的转变，即生活情境和有机体通过其态度、斗争及感情的变化而发生的总反应之间的联系来代替。"③ 他们进一步认为，这种"心理—物理场"之所以能够成立主

---

① ［美］鲁道夫·阿恩海姆：《艺术与视知觉》，滕守尧、朱疆源译，中国社会科学出版社1984年版，第573页。

② 同上书，第200页。

③ ［美］杜·舒尔茨：《现代心理学史》，沈德灿等译，人民教育出版社1981年版，第299页。

要是由于大脑力场的作用。因此，可以将这一理论更明确地表述为"心理—生理—物理场。"阿恩海姆说道："假如人的大脑视皮层区域就是这样一个力'场'的话，那么，在这个区域中，那种向简化的分布发展的趋势就应该是十分积极的。当一个刺激式样投射到这个作为力场的大脑视觉区域时，就会打乱这个'场'中的平衡分布状态。一经被打乱后，场力又会去极力恢复这种平衡状态。"① 大脑力场的这种恢复平衡状态的努力就是它的特有的完形组织作用。事实证明，在审美体验中，大脑的确处于一种积极的活动状态，充分发挥着自己的完形组织作用。他认为，在审美知觉中，大脑不是对于对象被动的复制，而是对于其整体的积极的把握。他把在大脑指挥下所进行的积极的知觉活动比喻成人的灵活无比的"手指"，对事物进行发现、触动、捕捉、扫描和组织的活动。这种组织活动是按照著名的韦太默组织原则进行的。这些组织原则即是相似原则、相近原则、方向原则和闭合原则等。按照这些原则将知觉刺激转变成有组织的整体。阿恩海姆认为，在这些组织原则中"相似原则"是"更为基本的原理"，其他原则都是总的相似性原则的特殊表现。② 大脑根据形状、大小、位置、色彩的相似性加以组合，形成整体。例如，法国现代派画家修拉的《大碗岛上的星期日》描绘一个初夏的星期日，人们在巴黎郊外大碗岛上愉快地度假的情景。这幅画采用"散漫性构图法"，但却运用相似性原理使欣赏者能感受到它的统一性。首先是通过姿势的相似性组合，将人群分为站、坐、躺三类和打伞与不打伞的两类。更重要的是，通过人物的不相闻问的态度将其归为一类，表现了城市居民特有的孤独的情调。

　　大脑皮质活动作为一个力场就应有其物理学上的根据。最早，韦太默于1912年发表的《关于运动视觉的实验研究》一文中涉及这一问题。他在这篇文章中集中地研究了所谓的"似动现象"，即是在暗

---

　　① ［美］鲁道夫·阿恩海姆：《艺术与视知觉》，滕守尧、朱疆源译，中国社会科学出版社1984年版，第87页。

　　② 同上书，第97页。

室中如果两条光线先后出现的时间仅仅相隔十分之一秒的话，那么我们就会看到一根光柱在运动。这也就是所谓的"频闪运动"，霓虹灯广告牌就是利用这一原理，其中的闪光式样形成了文字和图形的运动，其实真正发生的只是灯光的时亮时灭。韦太默由此得出结论，事物的运动并非本身在运动，而是大脑皮质的完形组织作用所致。他认为，这两个相距不太远的刺激点，很可能是投射在同一个生理区域之内的，这个区域就是大脑视皮层。当这两个点很迅速地在两个相距不太远的位置上出现时，就会产生某种生理短路，使神经兴奋从第一个点传递向第二个点，由此产生的心理经验就是看到同一个光点的位移。韦太默在这里借用了"生理短路"的物理学概念来解释兴奋的迅速传递。完形心理学的另一个创始人柯勒于1920年出版了《静态的物理格式塔》一书，在这本书中，他认为，皮质过程的行为方式和电力场的行为方式相类似，象围绕着磁铁的电磁力场一样，神经活动场可以由大脑对感觉冲动发生反应的电机械过程建立起来。阿恩海姆则在其《艺术与视知觉》一书中进一步发挥了这一理论。他说："位于人头的后半部的大脑视觉中心，似乎有着产生这种过程的良好条件。按照格式塔心理学家们的试验，大脑视皮层本身就是一个电化学力场。这些电化学力在这儿自由地相互作用着，并没有受到象在那些相互隔离的视网膜接受器中所受到的那种限制。在这个视皮层区域中，任意一个点受到的刺激都会立即扩展到临近的区域中去。"① 当前，神经生理学的发展已在一定的程度上证实了完形心理学美学关于大脑电化学力场的理论。科学家们利用先进的单细胞录音技术，在被试的猴子的头盖骨上钻了一个小眼，用一精密的微电极探测器插入皮层相应的区域，可记录视皮层中脑细胞的微弱的电流变化情况。然后，给被测试的猴子观看某种图形。这时，被激活的脑细胞就放出一系列电脉冲。这种电脉冲经过放大后可显示在示波器的屏幕上，人们就可在示波器上看到不同的箭头。还可将其输入扬声器，人们就可听到一连串

① ［美］鲁道夫·阿恩海姆：《艺术与视知觉》，滕守尧、朱疆源译，中国社会科学出版社1984年版，第10页。

的咔嗒声，这就是所谓的大脑细胞中电脉冲活动时的"语言"。①

（三）同形同构说

在介绍了完形心理学美学的大脑力场说之后，就比较容易理解它的同形同构说。这一理论也是韦太默首先提出的。他认为，既然从视觉的角度来看似动与真动是同一的，那么，也就证明似动与真动的大脑皮质过程必然是类似的。由此得出结论：凡是引起大脑的相同皮质过程的事物，尽管在性质上截然不同，但其力的结构必然相同。这就是所谓的同形同构说或异质同构说。阿恩海姆进一步将这一理论运用于审美，从而为审美对象所具有的情感性质找到了理论上的答案，为形式与情感之间的关系找到了沟通的桥梁。他从世界的统一性和物理现象、精神现象与社会现象的内在协调的整体性着眼来理解同形同构说和审美对象的情感表现性问题，在他看来，力的结构及其基调是物理现象、精神现象与社会现象所共有的，也是它们所具情感表现性及相互间构成内在统一性的原因。他说，"我们发现，造成表现性的基础是一种力的结构，这种结构之所以会引起我们的兴趣，不仅在于它对那个拥有这种结构的客观事物本身具有意义，而且在于它对于一般的物理世界和精神世界均有意义。象上升和下降、统治和服从、软弱和坚强、和谐和混乱、前进和退让等等基调，实际上乃是一切存在物的基本形式。不论是在我们自己的心灵中，还是在人与人之间的关系中；不论是在人类社会中，还是在自然现象中；都存在着这样一些基调。那诉诸人的知觉的表现性，要想完成它自己的使命，就不能仅仅是我们自己感情的共鸣。我们必须认识到，那推动我们自己的情感活动起来的力，与那些作用于整个宇宙的普遍性的力，实际上是同一种力。只有这样去看问题，我们才能意识到自身在整个宇宙中所处的地位，以及这个整体的内在统一。"② 很显然，他认为，在物理现象、精

① 参见滕守尧《艺术形式与情感》，《美学》第 4 期，上海文艺出版社 1982 年版，第 143—170 页。

② ［美］鲁道夫·阿恩海姆：《艺术与视知觉》，滕守尧、朱疆源译，中国社会科学出版社 1984 年版，第 625 页。

神现象和社会现象中都存在着共同的力的结构和基调，那促使人们情感活动起来的力与物理现象和社会现象中的力是相同的。这就是说，在这些现象中，相同结构的力都可在大脑皮质中引起类似的电脉冲；而同情感活动同构的物理现象与社会现象也就具有了情感表现性。由此，他以事物的力的结构所具有的情感表现性为标准，打破了惯常的按生物与非生物、人类与非人类、精神与物质的标准进行分类的办法，将具有相同的力的结构及表现性的事物归于一类。例如，将自然界的某些事物与人类社会的某些现象归于一类。人类社会中所发生的某种变动与暴风雨来临前天空中变动同形同构，就可归于一类。我们不是常用"山雨欲来风满楼"比喻一场政治风暴前夕的社会形势吗？总之，同形同构说为审美的情感体验提供了新的理论根据，告诉我们所谓审美的情感体验就是审美对象的力的结构与某种情感活动的力的结构相同，并在审美主体的大脑皮质中引起某种相同的电脉冲，从而使审美主体产生情感的体验。

同形同构说是一种崭新的审美理论，对各种审美现象提出了自己的解释，给我们以深刻的启发。

首先，关于审美联想与审美共鸣。通常，我们不仅将审美联想看作审美体验的桥梁，而且将它的发生看作是对象感发主体某种记忆的结果。完形心理学美学不同意这种看法。它们认为，审美联想不是审美体验的桥梁，它的发生是由于审美对象本身的形式结构同某种情感生活或真理的形式结构相似，而审美主体又有着掌握这种情感生活和真理的经验，因而勾起往事的回想。他说，"为什么某些风暴、轶事和某种姿势能够'勾起人对往事的回想'呢？这主要是因为它们能以某种特殊的媒介呈现出一种包含着某种真理的有意义的形式。"[1] 这样他就将审美联想的发生归结为审美对象同审美主体所曾经历的某种生活在形式结构上的相同。同样，他也以这样的观点解释审美共鸣现象。对于审美共鸣，我们通常将其归结为审美现象中由移情作用所产

①　[美] 鲁道夫·阿恩海姆：《艺术与视知觉》，滕守尧、朱疆源译，中国社会科学出版社1984年版，第229页。

生的强烈的感同身受的情感活动。这样，还是将审美共鸣的原因归之于主观联想。完形心理学的同形同构说认为，在审美共鸣中移情起不到决定性的作用，起决定作用的是审美对象自身的形式结构所固有的情感表现性。一旦审美主体也有着类似的情感生活时，两者在力的结构上相同，就有可能产生审美共鸣，但那是在审美主体知觉到对象的表现性之后。阿恩海姆说："一根神庙中的立柱，之所以看上去挺拔向上，似乎是承担着屋顶的压力，并不在于观看者设身处地地站在了立柱的位置上，而是因为那精心设计出来的立柱的位置、比例和形状中就已经包含了这种表现性。只有在这样的条件下，我们才有可能与立柱发生共鸣（如果我们期望这样的话）。而一座设计拙劣的建筑，无论如何也不能引起共鸣。"①

其次，关于审美通感。

审美通感是指在一种类型的审美感受的影响和诱发下产生另一种类型审美感受的情形。例如，我们大家都熟悉的宋祁的著名词句："红杏枝头春意闹"，就是由红杏的视觉感受引发出"闹"的听觉感受。再如，色彩是一种视觉感受，但通常我们都用冷与暖的触觉感受加以形容，所谓红、黄为暖色，蓝、黑为冷色等。对于这种通感现象，在传统的理论中也是用联想说来加以解释的。按照联想说解释上述诗句，就是由挂满枝头的红杏在春风中摇晃厮磨，使人联想到顽皮嬉闹的儿童。对于色彩的冷暖等表现性亦由联想产生。红色的刺激性是因为使人联想到火焰、流血和斗争，绿色的表现性来自它所唤起的对大自然的清新感觉，蓝色的表现性来自于使人想到水的冰凉等。完形心理学美学以其同形同构说为理论工具，对这种审美通感现象进行了完全不同的解释。它认为，各种不同的审美知觉所以可以相通，那是因为尽管其质料相异，但却有着共同形成的结构，从而在神经系统中产生出某种相同的效果（电脉冲）。阿恩海姆在谈到审美通感现象时指出："当我们专门在各种不同的知觉领域中探索这一现象时，就

---

① ［美］鲁道夫·阿恩海姆：《艺术与视知觉》，滕守尧、朱疆源译，中国社会科学出版社1984年版，第624页。

有可能认识到，由热和光（还可能有声音）所产生的刺激是很有可能在神经系统中产生出某些相似的或相同的感觉或效果来的，不管这些感觉或效果的本质是什么。"①

再次，关于审美比喻。

比喻，是在属于审美范畴的艺术创造和欣赏中经常运用的手法，我国艺术理论中历来就有赋、比、兴之说，所谓"比者，以彼物比此物也"。那么，这种审美比喻的内在机制是什么呢？通常，我们也是以联想说加以解释，即由此一现象的感发而联想到另一现象。例如，唐代诗人贺知章的《咏柳》诗："碧玉妆成一树高，万条垂下绿丝绦。不知细叶谁裁出，二月春风似剪刀。"按照传统的联想说解释，就是人们由春风吹绿柳树绽出嫩芽而联想到剪刀的剪裁之力。但这一理论本身并没有完全回答比喻的内在原因。为什么对于春风的吹绿杨柳要用剪刀作比而不用宝剑作比成为"二月春风似宝剑"呢？完形心理学美学运用同形同构说对审美比喻进行了全新的解释。它认为，审美比喻的内在机制在于两者的力的基本式样相同。春风的吹绿杨柳是一种轻快的力度较小的动作，恰同剪刀的裁衣在力度上相仿，而不同于宝剑的强劲的砍刺。阿恩海姆说道："乔治·布洛克曾经规劝艺术家们应该注意从不同的事物中寻找和表现它们的等同点。'例如，当诗人吟诵出燕子（刀切似地）掠过天空时，他实际上已经在一把锋利的刀子和一只在天空中迅疾飞过的燕子之间找到了共同点。'这种暗喻还可以使得读者们透过客观事物的外壳，将那些除了力的基本式样相同，其余一切都很少有共同之处的不同事物联系起来。"② 的确，李白的"白发三千丈，缘愁似个长"，就是因"白发三千丈"同无尽的愁绪之间在力的结构上相同而用作比喻；"燕山雪花大如席"则以硕大的雪花与凄凉的心境在力的结构上类似而加以联结。

------

① ［美］鲁道夫·阿恩海姆：《艺术与视知觉》，滕守尧、朱疆源译，中国社会科学出版社1984年版，第467页。

② 同上书，第627—628页。

三

完形心理学美学以其知觉结构说、大脑力场说，特别是同形同构说为理论根据，全面地对艺术、艺术思维和现代派艺术的特性等重要问题进行了探讨，提出了自己的见解。

（一）论艺术

什么是艺术？对于这个问题，在西方美学史和文艺理论史上曾经有过多种多样的回答。艺术是对于现实的再现，是主观情感的表现，是处于"迷狂"状态的灵感的产物，是理念的感性显现，如此等等。完形心理学美学对艺术有着自己的解释。阿恩海姆给艺术所下的定义是这样的："艺术的本质，就在于它是理念及理念的物质显现的统一。"① 这里所说的"理念"，即指对于对象在知觉中整体把握的情感表现性和思想意义等。而"理念的物质显现"，即指艺术家凭借某种物质媒介所选取的用以表现这一整体把握的形式结构。这种形式结构本身不应被现实的物质性所束缚，而应包含着足以表现知觉整体把握的力的式样。这就是两者的统一。以上所述，说明理念与理念的物质显现应做到异质同形。如阿恩海姆所说，艺术"要求意义的结构与呈现这个意义的式样的结构之间达到一致。这种一致性，被格式塔心理学称为'同形性'。"② 他举例说道，如果有一个画家要表现亚当的两个儿子该隐和阿拜尔之间的关系，因该隐是杀害其弟的凶手，所以这幅画的意义（理念）应为善与恶、凶杀者与被害者、背叛者和忠诚者之间的对立和差别，因而，所选择的式样结构（借助于媒介的物质显现）也应与此相同，而不能画成样子相似、姿势相同、对称排列着面对面站在一起的人物。这种"统一"或"同形"具有一种"透明性"

---

① ［美］鲁道夫·阿恩海姆：《艺术与视知觉》，滕守尧、朱疆源译，中国社会科学出版社1984年版，第185页。

② 同上书，第75页。

的特点。阿恩海姆指出："但是，当存在物的价值仅仅是局限于它的特有的物质价值时，它就失去了自己的象征意义，失去它所具有的透明性。这种透明性是一切艺术的基础。"① 这里所说的"透明性"本来是指绘画中表现重迭的物体时所出现的情形，运用传统的透视法就无"透明性"，不用透视法，物体的重迭就具有了"透明性"。阿恩海姆在这里借用了上述意思，泛指艺术创作中摒弃细节的真实，直接表现事物的整体性和本质。阿恩海姆说："一件作品要成为一件名副其实的艺术品就必须满足下述两个条件：第一，它必须严格与现实世界分离：第二，它必须有效地把握住现实事物的整体性特征。"② 其实，他所说的这两个条件是完全一致的。因为表现了整体性就使作品具有"透明性"并使其与现实世界分离。

完形心理学美学关于艺术的定义，给了艺术以完全崭新的解释。这样一来，艺术形象可以不必是生活的图画，而只要呈现出某种力的结构的形式即可。这一定义对于理解东方书法艺术及古代象征艺术倒很适合，但更适合的还是西方现代派抽象艺术，而对于现实主义艺术却并不适合。这应该说是其明显的片面性之所在。

对于艺术的作用，完形心理学美学既不同意"再现说"，也不同意"快感说"。阿恩海姆认为，如果艺术的作用仅此两项，那么，它在社会上的显赫地位就会使人感到茫然不可理解。他说："我认为，艺术的极高声誉，就在于它能够帮助人类去认识外部世界和自身，它在人类的眼睛面前呈现出来的，是它能够理解或相信是真实的东西。"③ 很显然，在他看来，艺术的作用就在于它是人类把握世界的一种方式，而且是从"理解和相信"的角度去把握世界，也就是从主观的角度去把握世界。艺术的把握世界同科学的把握世界有其相同之处，那就是都是一种由个别到一般的"抽象"，但科学却是凭借着理论规律的抽象，而艺术却是凭借着结构规律的抽象。这种结构规律即

---

① ［美］鲁道夫·阿恩海姆：《艺术与视知觉》，滕守尧、朱疆源译，中国社会科学出版社1984年版，第184—185页。
② 同上书，第189页。
③ 同上书，第636页。

是一种力的结构规律。因而，艺术的对世界的把握实际上是一种"音乐式的"探讨。① 由力的结构的方向与强度使其具有一种上升与下降、软弱与坚强、前进与后退的基调，从而使其具有情感的表现性。因此，这种"音乐式的"探讨也是一种对世界的情感的把握。而这种情感的把握又不同于普通的快感，内中常常包含着某种道德与宗教的意义。例如，毕加索于 1919 年画了一幅题为《小女学生》的画，从画面上看是一些随意重叠起来的颜色浓重的几何图形。乍一看上去，很难分辨出这幅画的题材。然而，它却成功地把儿童的旺盛的生命力、女性恬静和羞涩的表情、直直的头发、巨大的书本所造成的严酷等表现出来了。请看，这不正是艺术家呈现在我们面前的"能够理解或相信是真实的东西"吗？并由此使我们经受了深刻的情感体验和某种人生意义的领悟。

（二）论艺术思维

从惯常的理论来看，艺术与抽象、形象与思维是互相对立、难以相容的。因为，艺术是一种再现具体个别事物、创造形象的活动，而抽象却是一种由个别到一般的理性思维活动。这一问题是艺术创作中根本问题之一，长期难以解决。阿恩海姆运用完形心理学的知觉心理学理论对这一问题作了自己的回答。他认为，这种回答可能"较为全面地去描绘和解释艺术创造活动"。② 他首先批驳了"朴素现实主义"和"唯智论"在这个问题上的观点。所谓"朴素现实主义"即自然主义，反对艺术的抽象，认为"在物理对象和心灵感知到的关于这个物理对象的形象之间是没有什么区别的，心灵把握到的形象就是这个物理对象本身。"③ 其结果是使艺术品成为现实的简单复制。据说，古希腊画家左克西斯因为找不到一个足够美丽的女子作为给特洛伊的海伦画像的模特儿，于是访察了城里所有的女子，从中选出感到满意的

---

① ［美］鲁道夫·阿恩海姆：《艺术与视知觉》，滕守尧、朱疆源译，中国社会科学出版社 1984 年版，第 639 页。

② 同上书，第 214 页。

③ 同上。

五名，并打算把这五人中每人所特有的美貌都收集到他的画像中。阿恩海姆认为，这只不过是一种初级的"整容术"，没有认识到现实世界和反映这个现实世界的艺术形象之间的根本区别。再一种就是"唯智论"，这是针对儿童画说的，因为儿童画都比较抽象，画人头都只像一个圆圈。于是，唯理智论者认为，儿童画的抽象性不是知觉的产物而是理性认识的产物，是一种对理性认识的再现。阿恩海姆认为，这是一种奇谈怪论，因为在人的发育的初级阶段上，心灵的主要特征就是对感性经验的全面依赖。对于儿童来说，事物就是他所知觉到的样子，即便是他们的思维活动也是在知觉水平上进行的而不是在抽象思维的水平上进行的。例如，儿童可以分辨出男人与女人，但却归纳不出他们的主要特征。那么，儿童画的抽象性到底是怎么回事呢？阿恩海姆认为，这是一种特殊的知觉抽象，其本质是"每次具体的观看都包含着对物体的粗略特征的把握——也就是说，包含着概括活动"[1]。这种对物体的粗略特征的把握，正是知觉特有的把握整体性的完形机能。它不是由高级的抽象思维能力完成的，而是由一种比它低级的知觉能力完成的。阿恩海姆指出："看起来，视知觉不可能是一种从个别到一般的活动过程，相反，视知觉从一开始把握的材料，就是事物的粗略结构特征。"[2] 这一观点同我们通常理解的感性认识阶段由个别性的感觉到普遍性的知觉再到整体性的表象的过程显然是不一致的。在他看来，知觉就是对物体的初始感知，特点是整体性，经历了一个由抽象到具体，由朦胧到清晰的过程。阿恩海姆认为，知觉对于对象的这种整体把握，其结果是创造出一种与对象相对应的一般形式结构。他说："这个一般的形式结构不仅能代表眼前的个别事物，而且能代表与这一个别事物相类似的无限多个其他的个别事物。"[3] 这就是说，这个"一般形式结构"具有某种抽象性。儿童画的用以表示头的圆圈就舍弃了许多偶然的个别的因素，而达到了真正抽象的要

---

① ［美］鲁道夫·阿恩海姆：《艺术与视知觉》，滕守尧、朱疆源译，中国社会科学出版社1984年版，第221页。

② 同上书，第53页。

③ 同上书，第55页。

求。波斯人画的豹子图像也不是对豹子的精确再现，而只是传达出这种动物的有力但又柔和的运动特点，就好像是钢制的弹簧。这就再现了具有普遍性的"质"，通过特定的个别图像传达了一种抽象的一般内容。正如阿恩海姆在《走向艺术心理学》一书中所说，"知觉是一种抽象过程，在这个过程中，知觉通过一般范畴的外形再现个别的事实。这样，抽象就在一种最基本的认识水平上开始，即以感性材料的获得来开始。"①

阿恩海姆认为，作为知觉抽象产品的"一般形式结构"不是知觉对象的原原本本的再现，而是对它的创造性的加工改造，是知觉对象的"结构等价物"。这个知觉对象的"结构等价物"显然是大脑完形机能的产物。其特点是：第一，并不包含在视网膜投影中那些有关物体的全部细节，而是把握对象的一般结构特征；第二，不像视网膜上的形象受到透视原理影响发生变形，而是在大部分情况下同对象的实际形状相似。② 以上两个特点都说明，作为知觉抽象产物的"一般形式结构"具有了整体性和普遍性的特点，而这正是"概念"所具有的特性，完形心理学美学把它叫作"知觉概念"。阿恩海姆指出，"知觉过程就是形成'知觉概念'的过程"③。这个"知觉概念"同科学概念一样能够揭示对象的本质，但它又同科学概念不同。科学概念所揭示的是对象的物理本质，而知觉概念却是揭示对象给予人的知觉本质。前者属于物理学的范围，表明了对象的科学含义；后者属于心理学范围，表明了对象情感表现性的美学的含义。例如，同是"重量"的概念，作为科学概念的"重量"就表明地球吸引物体的力，而作为知觉概念的"重量"则表明物体作用于人的力（即人对对象的沉重的动觉体验），这种力就是"具有倾向性的张力"。诚如阿恩海姆所说："我们必须区别知觉概念'重量'（它涉及沉重的动觉体验）与思维概念'重量'（定义为地球吸引物体的力）。两者同样可

① 转引自朱狄《当代西方美学》，人民出版社1984年版，第12页。
② ［美］鲁道夫·阿恩海姆：《艺术与视知觉》，滕守尧、朱疆源译，中国社会科学出版社1984年版，第222页。
③ 同上书，第55页。

以满足用于特定情况的一般质的概念要求。"① 而且，两者所凭借的手段也不相同，科学概念凭借的是对象本身的物理手段，诸如，可度量的大小、轻重等等，知觉概念则是凭借的人对于对象知觉到的特性，诸如，轻重性、长短性等。阿恩海姆以苹果为例指出："科学家所得到的那种最接近于苹果本质的概念，是通过准确地概括出苹果的重量、大小、形状、质量、味道而把握到的。而要使知觉对象（即一般性的图式）最最接近于那个作为刺激物的'苹果'，就要以那种诸如圆形性、轻重性、味性、绿色性等一般的感性特征组成的特殊式样，去代表那个作为具体刺激物的'苹果'。"② 这种知觉概念是艺术思维的基础。阿恩海姆认为，在艺术活动中有两种不同的思维方式。一种是要求再现事物的"几何—技术"性质，做到细节的真实。这是一种按照科学原理的创造。另一种是按照知觉的本能反应创造，从知觉概念出发，着重把握对象的知觉表现性质。这才是真正的艺术思维方式。阿恩海姆根据这一艺术思维方式提出了一个全新的艺术教学法。这种教学法是这样的：上课一开始，教师先让一个模特儿成耸肩姿势坐在地板上，但他并不把学生的兴趣集中在这个姿势的三角形形状上，而是要求学生们回答出这种姿势的表现性质。当学生们能够正确地回答出它的表现性质（看上去很紧张，那缩成一团的身体充满了潜在的力量等）时，教师便要求学生们将这种表现性再现出来。在作画时，学生们不是注重对象的比例和方向，而是把它们当作体现这种表现性的因素，每一笔触的正确与否都是看它是否捕捉到了这一题材的表现性质。③

　　完形心理学美学认为，艺术思维不能停留在知觉阶段，还必须迅速地将知觉到的内容再现出来。阿恩海姆指出："艺术抽象的心理学不仅包括知觉问题，而且包含再现问题。知觉一事物并不等于再现一

---

　　① ［美］鲁道夫·阿恩海姆：《知觉抽象与艺术》，徐恒醇译，刘纲纪、吴樾编《美学述林》第 1 辑，武汉大学出版社 1983 年版，第 322 页。
　　② ［美］鲁道夫·阿恩海姆：《艺术与视知觉》，滕守尧、朱疆源译，中国社会科学出版社1984 年版，第 53—54 页。
　　③ 同上书，第 621 页。

事物。"① 而且，是否具有再现能力是一个真正艺术家的标志。他说，一个非艺术家在自己的知觉概念面前手足无措，不知如何将其表达出来，而只有真正的艺术家才不仅能获取知觉概念，而且有能力通过某种特定的媒介再现这个知觉概念，使之变成一种可触知的东西。因此，阿恩海姆指出："只有当一个人形成了完美的再现概念的时候，他才能成为一个艺术家。"② 这样，在完形心理学美学看来，知觉概念是艺术思维的基础，再现概念则是艺术思维的完成。那么，什么是"再现概念"呢？所谓"再现概念"，就是在艺术创作中通过某种物质媒介将知觉概念再现出来，使之物态化，具有可见的外在形式。诚如阿恩海姆所说，"'再现概念'指的是某种形式概念。通过这种形式概念，知觉对象的结构就可以在具有某种特定性质的媒介中被再现出来"③。再现由于是一种将知觉概念物态化的过程，因此受到物质媒介物的明显制约。媒介是艺术地再现知觉概念的物质手段，木头、石块、黏土、线条、色彩、语言……不同的物质媒介决定了艺术的不同手法和艺术产品的不同面貌。例如，上文提到的米开朗琪罗的《亚当出世》，原取材于《圣经》，是以语言文字为媒介的。艺术再现的形式是：上帝按照自己的形象用地上的尘土造了一个人，往他的鼻孔里吹了一口气，于是有了生命的灵魂，能说话，会行走，取名曰亚当。但米开朗琪罗的《亚当出世》则是绘画，作为造型艺术，凭借的是色彩和线条的物质媒介，难以用"吹气"的外在形态再现创造生命的知觉概念。于是，他就通过上帝的手将生命的火花从指尖传到亚当的指尖，再现了创造生命的知觉概念。阿恩海姆指出："再现概念取决于媒介，这种媒介是从现实中取得的。当观察人的形象时，一个雕塑家所构成的再现概念与另一个艺术家从'木刻的眼光'观察同一个人的

---

① ［美］鲁道夫·阿恩海姆：《知觉抽象与艺术》，徐恒醇译，刘纲纪、吴樾编《美学述林》第 1 辑，武汉大学出版社 1983 年版，第 322 页。

② ［美］鲁道夫·阿恩海姆：《艺术与视知觉》，滕守尧、朱疆源译，中国社会科学出版社 1984 年版，第 229 页。

③ 同上书，第 228 页。

形象是迥然不同的。"① 所谓"再现"，从本质上来说，就是运用完形心理学美学的同形论在特定的媒介中创造出一个知觉概念的结构等同物。阿恩海姆指出："但不论什么媒介，再现与知觉概念都有着结构相似性。在格式塔的理论中，将不同媒介中这种外形的结构相似性称为同构。"② 这种结构相似性实际上就是一种力的结构的相似性。因而，将艺术再现的产品同激发外形相比并不一致。例如，画家画奔马，常将马腿分离到最大限度，但在实际生活中却没有一匹奔跑的马呈现出这样的姿势（除非跳跃）。其原因是，知觉概念作为心理的力的结构是旨在创造出奔马的激烈的力的运动，而作为同构的再现概念就须以尽量分开的两腿才能表现出这种激烈的力的运动，使激发外形的物理力转换成绘画的运动力。完形心理学美学之所以把"再现"看成是一种"概念"，那是因为，在它们看来，再现不是对知觉概念的机械复制，而是凭借大脑的一种创造性活动。再现产品同知觉概念一样也具有极大的概括性。阿恩海姆指出，再现"这个任务不是靠笔在纸面上完成的，而是靠头脑来指引笔并用头脑来判断结果。这就是为什么我要将它称为'再现概念'的缘故"③。

（三）论现代派

在阿恩海姆所处的美国当代艺术世界，同样存在着一个现实主义艺术与现代派艺术孰优孰劣的争论。不少艺术家和理论家是肯定现实主义艺术而否定现代派的。对此，阿恩海姆不以为然。他极其不满地说道："现在，我们所面临的是一种极其反常的现象，这就是：现代派艺术被认为远离了现实，而投影幻相主义却被认为充分表现了现实。"④ 阿恩海姆明确地发表了自己的不同看法，对现实主义的所谓

---

① ［美］鲁道夫·阿恩海姆：《知觉抽象与艺术》，徐恒醇译，刘纲纪、吴樾编《美学述林》第 1 辑，武汉大学出版社 1983 年版，第 324 页。

② 同上。

③ 同上。

④ ［美］鲁道夫·阿恩海姆：《艺术与视知觉》，滕守尧、朱疆源译，中国社会科学出版社 1984 年版，第 159 页。

"充分表现了现实"的问题提出了疑问。他认为，从古代起，人们一直把艺术品看成是现实事物的忠实复制品，在评判艺术品时，如果被认为同实物极其相似，甚至酷似到乱真的程度，就被认为达到极高水平，但这充其量不过是"对应该如此或能够如此存在的事物所进行的真实模仿"① 罢了。他对这种"真实模仿"极其厌恶，认为"无异于艺术生命的自杀"，并借用现代派画家塞尚在听到公众赞扬罗萨·波荷尔的某一幅画与原形十分相似时曾经说过的一句话加以评述："这是一种多么可怕的相似啊！"② 阿恩海姆认为，现实主义艺术的这种"可怕的相似"的原因，主要在于它们用透视法将立体的事物在平面上加以表现，这样做，表面上看是逼真的，但却只是从一个角度对事物一瞬间形态观察的结果，反映的是事物的一个侧面，并不能表现对于对象整体性反映的知觉概念。他在评论现实主义绘画的这种中心透视法时，写道："如果我们从知觉和艺术的角度去看待这个问题，就必然会得出中心透视法比别的空间表现法更严重地损害了事物的基本视觉概念的结论。"③ 现代派画家就完全摒弃了现实主义艺术的透视法。他们从创造知觉概念的同构等价物的艺术要求出发，将正面与侧面、远处与近处、过去与未来全都集中在一个平面上，给人一种强烈的整体的印象。例如，著名的世界立体派大师毕加索在其名画《格尔尼卡》中，将大火中挣扎或狂奔的妇女、怀抱惨死婴儿哭喊的母亲、惊恐万状的公牛、在长啸中被刺死的战马，以及被炸得支离破碎的肢体，这许多发生在不同时间与不同空间的形象组合在一个平面上。但它们却被一个视觉概念所统帅：活着的与死去的都在怒吼，从而渗透了一个主题——对法西斯战争的控诉。因此，现代派艺术的主要特点就是对物质性和立体性的舍弃，对作为整体的知觉概念的表达。诚如阿恩海姆所说："古代的艺术大师们所希望的是能够把主体对物质的坚固性和清晰可辨性感受突出出来，而现代派艺术家却希望尽量减少

---

① ［美］鲁道夫·阿恩海姆：《艺术与视知觉》，滕守尧、朱疆源译，中国社会科学出版社1984年版，第160页。

② 同上书，第165页。

③ 同上书，第396页。

事物的物质性和尽量把事物的立体性减少到最小限度。"① 这种对物质性与立体性的舍弃，就导致了现代派艺术的另一个特征——抽象性，甚至抽象到完全用线条和几何图形来构成图画。例如，鲍尔·克立所创作的作品就完全是按照欧几里德几何学原理推导出来的图形。他所创作的《哥哥和妹妹》中，两个头的有机分离被一个长方形所否定，这个长方形在融合这两个头的同时，又把哥哥的一张脸一分为二。右边的两条腿所支撑的身体既可与哥哥的头部连起来，又可与妹妹的头部连起来。据说，这幅画表现了这样一个世界：事物的自然状态通过两极的对立变得更加稳定和可靠。在这幅画中还能看到某种现实的内容，而在抽象艺术发展到极端时就完全同现实脱离，成为"无标题艺术"，通过某种线条、图形所呈现的力表现出某种旋律和节奏。这就是所谓的对生活的"音乐式的"探讨，音乐和绘画合而为一了。阿恩海姆对于这种抽象艺术是十分欣赏的。他认为，现代派艺术最主要的优点在于更直接地表现自然结构的本质，而现实主义只能通过现实的形象间接地表现。他说："科学的方法，就是从个别的和表面的现象后退从而更直接地把握事物的本质的方法。这种对纯粹的本质的直接把握（叔本华就因此而高度地评价了音乐，认为音乐是最高级的艺术），是那些优秀的现代派绘画和雕塑企图通过抽象而要达到的目的。现代派艺术家运用精确的几何图形的目的，就是在于更为直接地去表现那些隐藏着的自然结构的本质。而现实主义的艺术，则是再现这种自然结构在物质对象和发生在物质世界的各种事件中的表现形式，而它的本质则是间接地揭示出来的。"② 显然，他这儿所说的"本质"，即指对于事物整体性把握的"知觉概念"。由于现代派艺术具有非物质性、立体性和高度的抽象性，因而总是直接地创造出"知觉概念"的同构等价物，而现实主义艺术却须通过真实的形象间接地包含着这种同构等价物。

<hr>

① ［美］鲁道夫·阿恩海姆：《艺术与视知觉》，滕守尧、朱疆源译，中国社会科学出版社1984年版，第301页。

② 同上书，第184页。

四

通过以上介绍可知，所谓完形心理学美学实际上是作为西方现代派抽象艺术的理论根据之一而出现的。因此，如何评价完形心理学美学就同如何评价西方现代派抽象艺术联系在一起。这的确是一个十分敏感与烦难的问题，绝不能持轻率的态度，而需谨慎细致地加以分析研究。

（一）完形心理学美学产生的历史条件

首先，20 世纪的科技发展为其提供了理论的营养。任何社会科学理论体系的产生都同自然科学的发展息息相关。因为，自然科学的发展在一定程度上反映了人类的思维水平，而自然科学本身在经过理论的提高之后又可为社会科学提供认识的工具。西方当代美学同自然科学的关系更为密切，这是其重要特点之一。完形心理学美学的发展就同 20 世纪科技的新发展直接有关。最主要的是物理学中的场论，它对完形心理学美学产生了直接的影响。所谓"场"是一个物理学的概念，指物质活动的领域中相互作用的一个区域。最早是指电磁场，由法拉第 1832 年首先提出，1865 年由马克斯苇进一步发展。他们发现，如不考虑到电磁力分布的整个的场就不能确定某一物质分子的移动方向，而这个"场"不是个别物质分子引力和斥力的总和，而是一个全新的结构。完形心理学美学借用场论来解释审美刺激与审美直觉和审美主体与审美对象的关系，认为人本身是一个"场"，作为心理现象的审美知觉和由此引起的作为生理现象的大脑皮质过程都是一个"场"，这就是所谓的"心理—物理场"。完形心理学美学中的"完形论"和"同形论"就是这样从物理学的场论中吸取了营养。而作为 20 世纪产生的综合性学科系统论则在更高的层次上给予完形心理学以理论的指导。系统论产生于 20世纪 30 年代，由奥地利生物学家贝塔朗菲首创。它反对以牛顿的机械力学为基础的机械论，认为事物不是机械静止的相加而是有机的动态的系统，提出了著名的系统观点、动态观点和等级观点。完形心理学美学从中受到启发，将审美和知觉看作是一个由主体创造的、具有动态性和内在联系性的系统。

其次，现代派抽象艺术是其理论概括的基本对象。任何一种美学理论都是对一定的美学现象，特别是艺术现象的理论概括。完形心理学美学主要是对西方现代派抽象艺术的理论概括，当然，主要是抽象派的绘画艺术。从 19 世纪下半叶开始，西方艺术风气开始转变，逐渐形成了一股摆脱现实主义艺术的潮流。多数学者认为，这股潮流从塞尚及后印象主义开始，其间经历了以修拉为代表的点彩派、以马蒂斯为代表的野兽派、以毕加索为代表的立体派、以康定斯基为代表的抽象艺术画派等。尽管名目繁多，但归结起来就是高度的抽象性与非物质性的根本特点。诚如英国艺术史家、美学家赫伯特·里德在他的《现代绘画简史》一书中所说，现代派绘画具有一种统一的倾向，"这个倾向就是不去反映物质世界，而去表现精神世界。一言以蔽之，以上就是作者所采用的'现代'准则"①。面对这样一种现代派抽象艺术，传统的联想的审美理论已难以适应，于是应运而生了完形心理学美学等新颖的美学流派。它们就是对现代派抽象艺术的理论概括。例如，完形心理学美学的张力说、大脑力场说与同形同构说就是一种对于这类主要凭借线、点、面、块和色等来表达情感的抽象艺术的审美本质的解释。

最后，当代西方社会是其产生的现实土壤。社会存在决定社会意识，一定的理论作为思想意识都是产生于一定的社会土壤之上。完形心理学美学就是当代西方资本主义社会的必然产物。一方面，由于物质生产的高度发展，物质生活的较前丰富，使得人们对精神生活提出了更多的要求，在审美趣味上更加注重倾向于情感性的艺术形式、流派和风格。这就使抽象艺术以及与此相应的美学理论得以发展，并具有了较深厚的群众性基础。阿恩海姆将这种情形作为特定文化环境中

---

① ［英］赫伯特·里德：《现代绘画简史》，刘萍君译，上海人民美术出版社 1979 年版，第 2 页。

特定的审美趣味来加以认识。他说："今天我们就难以想象，仅仅在几十年之前，塞尚和雷诺阿的绘画还被人们指责为不真实。"① 另一方面，也由于资本主义社会本身固有的物质文明和精神文明具有内在矛盾性的弊病和拜金主义、私利主义的泛滥，造成了社会与人的矛盾以及人的精神世界的空虚。同时，不断出现的经济危机以及战争威胁、核恐怖等，使人们在精神世界上具有一种不安全感和恐惧感。抽象派艺术及完形心理学美学就是人们在这种个人与社会的矛盾中产生的逃避现实的畸形心理倾向的产物。阿恩海姆自己也在一定程度上承认这一点。他说：抽象派艺术"决不是反映了艺术家对一个平衡的世界所持的天真观点，而是他们为了从自身和周围世界的错综复杂性中逃避出来而产生的必然结果"②。他又说道，现代派艺术所显示出来的扭曲和张力"适合某个人或某一部分人的精神状态"③。他更具体地从当代西方社会中艺术家与现实的关系来探寻这种抽象艺术产生的原因。他认为，在文艺复兴时期，艺术家和社会一致，感到自己在社会中的价值，因而运用现实主义创作方法对现实取写实的赞美歌颂态度；但当代的情况就完全不同了，由于拜金主义的泛滥，追求利润成了一切社会活动的唯一目的，所以真正的艺术品被排除在体现供求关系的整架经济机器之外，艺术家本人也变成了一个以自我为中心的旁观者、社会的多余人。这就使他们的艺术创作脱离现实，走向抽象的形式，好像参加一个与己无关的集会，不去关心其所讨论的具体内容，而只关心那些讲话的声音和富有感染力的手势。"一句话，我们所感受的仅仅是所发生的事件的形式和结构。"④ 以上，阿恩海姆所分析的是现代派抽象艺术所赖以产生的社会条件，实际上也是他对于自己的作为抽象艺术理论概括的完形心理学美学所赖以产生的社会条件的自我剖析。

---

① ［美］鲁道夫·阿恩海姆：《艺术与视知觉》，滕守尧、朱疆源译，中国社会科学出版社1984年版，第161页。

② 同上书，第167页。

③ 同上书，第164页。

④ 同上书，第183页。

（二）完形心理学美学的贡献

如何评价完形心理学美学这一当代资本主义社会土壤中所生长的美学流派，它到底有没有积极意义？这是一个值得深入研究的问题。我们认为，从实事求是的态度出发，还是应该肯定其具有积极的一面，承认其在美学发展中的贡献。

首先，自觉地将有机整体的系统方法运用于美学研究。完形心理学的创始人韦太默在《格式塔理论》一文中指出："格式塔理论应从事具体研究；它不只是一种结果，而且是一种方法；不仅是关于一种结果的理论，而且是一种有助于进一步发现的手段。"① 他的这一观点同样适用于完形心理学美学。完形心理学美学也不只是一种结果而首先是一种方法，是一种有助于进一步发现的手段。它的这种方法就是有机整体的系统方法。这从世界观上来看，就是一种由形而上学的机械整体论到辩证的有机整体论的转变。阿恩海姆将此称作是由"自然现象的'原子思维'向那种主张整体的内在统一的格式塔概念的转变"② 。他的确是将这种有机整体的方法自觉地运用于美学研究了。当然，自觉运用有机整体方法于美学，并不始于阿恩海姆，黑格尔早就提出了著名的"生命整体说"。但在具体细致地将这一方法运用于审美和艺术创造方面，阿恩海姆却有着自己的创新。而且，他还吸收了20 世纪系统论的理论成果，将整个审美过程看作是一个以主体创造为中介的物我统一的动态过程，使美学研究中的有机整体方法有了进一步的发展。他认为，审美首先是对象以其强劲有力的形态给予主体的大脑皮层以刺激，大脑皮层以其创造性的组织作用产生相应的心理的力的感受。这是一个具有整体性的审美过程，也是一个由力的作用与反作用所组成的动力系统。这就使审美不仅是有机整体的，而且是动态发展的，物我都处于运动的状态之中。这样从物理、生理与心理

---

① ［美］杜·舒尔茨：《现代心理学史》，沈德灿等译，人民教育出版社 1981 年版，第296 页。

② ［美］鲁道夫·阿恩海姆：《艺术与视知觉》，滕守尧、朱疆源译，中国社会科学出版社1984 年版，第 256 页。

三者之间组成有机整体的动态系统的角度研究审美，就推动了审美学的发展。

其次，进一步推进了心理学美学研究的发展。心理学美学从英国经验派美学开始，到 20 世纪，已经走过了漫长的路程。在这漫长的路程中，完形心理学美学不仅继承了心理学美学的历史传统，而且有着自己的创造性的贡献。第一个方面是提出了大脑力场说，对审美心理的生理基础进行了更充分的研究，并以大脑电脉冲说使其具有更强的科学性。第二个方面是在审美体验的内在心理机制方面打破了传统的审美联想说，独创同形同构说。这是一个很重要的创新。因为，历来都是以审美联想作为由审美感知发展到审美想象的关键性环节，没有联想和移情就没有审美已成为心理学的准则之一。这就在一定的程度上将审美体验的心理过程分裂了开来，明显地受到心理学中机械论的元素主义的影响。而同形同构说则将审美体验归结为由外在刺激形成的，以大脑皮质的完形作用为中介的生理活动的心理对应物，从而使其成为一个完整的具有内在联系的有机的心理过程。所谓同形同构，从本质上来说，就是一个物我与身心直接感应的过程，也是一个刺激与反应从而引起心理体验的过程。应该说，这一理论具有一定的科学性。

再就是完形心理学美学对审美知觉进行了完全崭新的研究。从传统的心理学美学来说，审美知觉只是审美体验的初级阶段，必须由此进一步朝前发展到审美的联想与想象，才能在量与质两个方面加以深化。但完形心理学美学认为，审美感知本身就能带来强烈的审美情感体验。它大胆地将感知所产生的表象归结为一种对于对象进行直接的整体把握的抽象，并名之曰"知觉概念"，这个"知觉概念"本身就具有极大的概括性与情感性，有助于我们对于"形象思维"的理解。而"知觉概念"形成的过程就是对于对象进行审美体验的过程。总之，完形心理学美学以自己的独特的理论贡献推动了心理学美学研究的发展，这是我们需要认真地加以研究的。

最后，较好地概括了抽象艺术的审美特征。完形心理学美学是对抽象艺术的理论概括，除了概括其一般特性之外，最重要的是概括了它的审美特征。在阿恩海姆看来，抽象艺术的最主要的审美特征就是音乐性。他认为，抽象艺术正是以其高度概括的非现实化的形式，形成主体与客体之间的力的作用，从而揭示出外部世界与内部世界的本质，这就是所谓的对世界的"音乐式的"探讨方式。这就告诉我们，抽象艺术不是以现实的形象唤起人们的想象，从而拨动情感的琴弦，而是凭借非现实化的抽象形式及由其内在矛盾形成的力的节奏与旋律引起主体相应的力的感应，从而形成强烈的情感体验。这种力的节奏与旋律就直接地存在于抽象的形式之中，也直接地存在于主体的心理感受之中。它本身就犹如乐曲一般具有强烈的情感表现性。因此，作为审美本质的情感性就直接地存在于抽象艺术的艺术形式之中。这就较好地概括了抽象艺术的审美特征，告诉我们对于抽象艺术不能以现实主义的形象性来加以衡量，而只能以那种凭借点、线、面、块和色组成的抽象形式及蕴于其中的力的作用所形成的节奏和旋律来加以衡量。它同样能引起强烈的情感体验，甚至在某种程度上超过现实主义艺术。阿恩海姆对于抽象艺术审美特征的这一论述是很有启发意义的，能帮助我们加深对这一艺术种类和流派的理解与研究。我国的书法艺术作为抽象艺术之一种就具有这种审美特征。它的情感性常常同所写文字的内容无直接关联，而直接寓于笔势和字形之中。而把握抽象艺术的审美特性也有利于它的发展。目前，我国广大群众，特别是青年，愈来愈对抽象派绘画艺术与造型艺术有所接受和爱好。据最近青岛市纺织部门在京进行调查研究，广大顾客对纺织图案的要求，较普遍地喜好抽象性的图案。由此说明，对于抽象艺术的适当发展，即便在我国也是有相当群众基础的。

（三）完形心理学美学的局限

首先，具有明显的生物社会学的非理性倾向。审美是一种社会现象，但完形心理学美学却在其同形同构说中用纯生理的原因给予解释，也就是用大脑皮质的电脉冲反应将形式与情感、人与对象联系起来。其实，一个动物面对着某种作为形状、色彩、音响的形式，也会有大脑脉冲反应。诸如，牛听音乐会多出奶，孔雀在绚烂的色彩面前会开屏等等。这样一来，动物岂不与人一样，也对形式有了情感的反映了吗?! 而人对形式的情感反应不也就同动物一样了吗?! 这种用生物学解释社会现象的理论就是一种生物社会学，完全排除了审美过程中社会的理性的内容。这是一种极端错误的理论观点。马克思早就指出，人的感官和感觉绝不同于动物而是一种人化的自然，具有明显的社会性内容。他说："一句话，人的感觉、感觉的人性，都只是由于它的对象的存在，由于人化的自然界，才产生出来的。五官感觉的形成是以往全部世界历史的产物。"又说："人的眼睛和原始的、非人的眼睛得到的享受不同，人的耳朵和原始的耳朵得到的享受不同，如此等等。"[1] 事实证明，人的一切感觉（知觉）都是社会化的，包含着理性内容的，决不同于动物的感觉。任何抽象的形式之所以与某种情感同形同构，也有其社会的理性的原因，只是这种社会的理性内容经过长期的历史岁月已被淡化。例如，向下的曲线常常表示某种低调的节奏，同哀伤低沉的情感同形同构。其实，这向下的线条正是无数有关社会生活经过高度抽象化的结果。众所周知，人们在失败后和哀伤时要低垂下头，人在伤病与死亡时要倒垂于地，人的劳动成果一旦毁坏也取向下倒垂之势……这些社会生活的高度抽象化就是向下的线条。红色同热烈情感的同构，是因为红色同喜庆、阳光等热烈的气氛联系而经过了高度的抽象……自然与人、对象与感情在自然素质和形式感上的映对呼应、同形同构，还是经过人类社会实践这个至关重要的环节的。

其次，以主观唯心主义的先验论为其哲学基础。完形心理学美学认为，人对于对象的知觉必须借助于一系列的知觉范畴。这些知觉范畴即是人对于对象整体把握时在形状、色彩、位置、空间和光线等方面的一些普遍的特性，主要指上升和下降、统治和服从、软弱和坚强、和谐和混乱、前进和倒退等基调。在完形心理学美学家看来，这些知觉范畴不是由对象的知觉特性中概括出来的，而是先验地存在的某种固有的公式。阿恩海姆说道："这些范畴不是由大量例证中经过

---

① 《马克思恩格斯全集》第 42 卷，人民出版社 1979 年版，第 126、125 页。

经验加以智力提取的，而是自发的‘感官知觉的纯粹形式’（借用康德术语），可以用知觉皮层对刺激反应过程中产生的结构简化倾向来解释。我认为，个别激发外形进入知觉过程，它只是唤起一般感官范畴的一个特定模式……”① 很显然，完形心理学美学在这里因袭了康德的主观先验论，用某种主观先验的形式来解释身与心、人与对象、情感与形式之间的同形同构关系。它根本没有认识到，这些知觉范畴都只能产生于后天的社会实践，只有社会实践才是身与心、人与对象、情感与形式同形同构的唯一基础。

最后，完形心理学美学本身具有极大的局限性。完形心理学美学是在对现代抽象派艺术进行理论概括的基础之上产生的。因此，它的一些基本理论观点就只适用于西方现代抽象派艺术而不适用于现实主义艺术。例如，它的关于艺术的定义：“艺术的本质，就在于它是理念及理念的物质显现的统一”，就只概括了抽象艺术的特点。因为，按照这一定义的要求，艺术只需以抽象的形式表现出作为对象整体特征的情感性与思想意义即可，不必求形象本身的真实性（包括细节的真实和现实主义本质的真实）。而其对于艺术的非现实性的所谓“透明性”要求，更是对现实主义艺术形象的现实性特点的否定。这显然是极其片面的。因为，在现实主义艺术中不仅绘画要求符合透视原理，就是语言艺术也要首先反映事物固有的样子。它还提出了艺术的简化原则，要求简洁地再现出知觉的力的图式。阿恩海姆认为，对于莎剧《哈姆雷特》可将其潜在的对立力量变成简单的结构式样，无须涉及整个故事即可用图表将其标志出来。② 这一要求对于现实主义艺术也是不适宜的。因为，将作品的内在矛盾简化为某种力的图式，从中分析其情感基调，把握其基本的美学特性，只是对艺术作品进行美学分析的一个方面，更多地适用于造型艺术，特别是抽象派的造型艺术。而对于语言艺术，特别是现实主义的史诗性的戏剧和小说就难以

---

① ［美］鲁道夫·阿恩海姆：《知觉抽象与艺术》，徐恒醇译，刘纲纪、吴樾编《美学述林》第 1 辑，武汉大学出版社 1983 年版，第 321 页。

② ［美］鲁道夫·阿恩海姆：《艺术与视知觉》，滕守尧、朱疆源译，中国社会科学出版社 1984 年版，第 521 页。

全面准确的把握，不免出现将丰富复杂的美学现象抽象化与模式化的倾向。当然，在艺术朝多样化发展的当代，究竟如何确定艺术的内涵的确是比较繁难的。就连阿恩海姆自己也承认，抽象艺术只是艺术的一个方面而不是全部。他在对艺术的未来进行预测时，说道："我们无法知道将来的艺术会是什么样子，但肯定不再会是抽象艺术，因为抽象艺术并不是艺术发展的顶峰，然而，抽象艺术确实是观看世界的一种有效方式，也是一种只有站在神圣的山峰上才能看到的景象。"①的确，抽象艺术只是艺术的把握世界的有效方式之一，并不排斥其他方式的有效性。但在理论上，完形心理学美学就恰恰排除了现实主义艺术把握世界的有效性。这只是其失误之一。

---

① ［美］鲁道夫·阿恩海姆：《艺术与视知觉》，滕守尧、朱疆源译，中国社会科学出版社1984 年版，第 639 页。

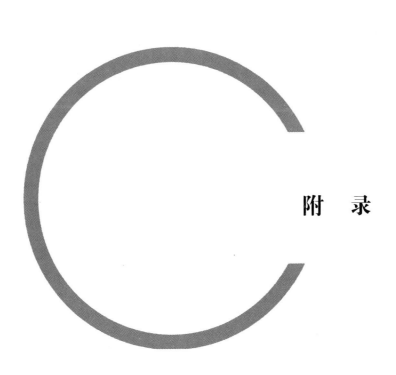

附　录

附录一

漫议人类对美的哲学思考

美的本质是什么？这是新中国成立以来学术界长期争论、悬而未决的问题。围绕这一问题发表的许多意见，多有重复。因此，要进一步推动这一问题讨论的深入，不妨可考虑从更多的新角度入手。其中之一，就是认真地研究一下历史上人类对美的哲学思考。因为，历史是现实的一面镜子。总结与回顾历史上人类对美的哲学思考，就可弄清楚今天研究问题的历史起点，批判地吸取前人的有益成果，避免重复历史争论的无效劳动，从而推动讨论的进一步深入。由此出发，我想，从西方美学的角度对这一问题作一点粗浅的漫议，并顺便做一点极不成熟的评述。同时，也对马克思主义实践美学观的历史渊源作一初步探讨。

一

在人类的童年时期，由于客观的美的形态与主观的智力都极不发达，因而对美的认识仅仅局限于具体的美的事物。一谈到美，就是具体地指一个美的汤罐、一个美的姑娘、一个美的母马或一个美的竖琴等等。这种对美的认识完全是经验性的，还达不到哲学思考的高度。到了公元前 5 世纪和前 4 世纪，古希腊的苏格拉底和柏拉图才第一次将"美"作为一个独立的概念提了出来。这就是他们所谓的"美本身"。柏拉图在他早期所写的对话《大希庇阿斯篇》中，借他的老师苏格拉底和辩士希庇阿斯的对话，从各个不同的角度探讨了"凡是美的那些东西真正是美，是否有一个美本身存在，才叫那些东西美呢"①
的问题。他认为，不能把"美本身"与美的东西（如美的汤罐、姑
娘、母马、竖琴等）相混淆，也不能把"美本身"同美的具体品质
（如有用、视觉与听觉的快感等）相混淆。"美本身"是不同于这些
具体的对象与品质的，是"把它的特质传给一件东西，才使那件东西
成其为美"②。不管他对"美本身"的具体解释是正确还是荒谬，但
已经是对一个美的事物为什么会美的哲学思考，是对美的本质的理论
探索。从此以后，"一个美的事物为什么会美"，也就是"美的本质
到底是什么"的问题，二千多年来一直成为人类反复探讨的一个课
题。在欧洲历史的古希腊罗马时期，美学同哲学一样都还处于素朴的
唯物论和素朴的辩证法的状态，思想活跃，颇多建树，但系统性与科
学性较差，大多带有猜测的性质。在漫长的欧洲中世纪，宗教神学取
代了哲学，也取代了美学，甚至公然宣称上帝就是最高的美。因此，
美学谈不到发展。在欧洲资本主义发展的近代历史开始之后，由于实
验科学和机械力学的影响，形而上学在哲学领域占了上风，形成了唯
理派与经验派的长期斗争。在美学领域也同样形成了唯理派与经验派
的斗争，它们就是黑格尔所说的理念的观点与经验的观点。

　　所谓理念的观点，就是一种将美归结为先验的理念的唯心主义观
点。这种观点在西方最早的代表人物就是柏拉图。柏拉图早年提出的
"美本身"的概念已具理念论的端倪。因为，在他看来，这个"美本
身"是完全游离于具体的美的事物之外的，决定其是否为美的。在其
中年所写的对话《理想国》中，"美即理念"的观点就十分明朗。他
在《理想国》卷六中说："一方面我们说有多个的东西存在，并且说
这些东西是美的，是善的等等。另一方面，我们又说有一个美本身、
善本身等等，相应于每一组这些多个的东西，我们都假定一个单一的
理念，假定它是一个统一体，而称他为真正的实在。"③很清楚，在这

---

① ［古希腊］柏拉图：《文艺对话集》，朱光潜译，人民文学出版社1963年版，第181页。
② 同上书，第184页。
③ 北京大学哲学系外国哲学史教研室编译：《古希腊罗马哲学》，生活·读书·新知三联
书店1961年版，第178—179页。

里，他已经把"美本身"归结为"单一的理念"了，"美即理念"的观点已经成熟。而且，在他看来，这种美的理念并不在现实世界，而存在于神的境界，现实世界中的事物因为"分有"了这种美的理念，才具有美的特质。他在《斐多篇》中说："我要简单明了地、或者简直是愚蠢地坚持这一点，那就是说，一个东西之所以是美的，乃是因为美本身出现于它之上或者为它所分有。"① 这就说明，柏拉图的"理念论"是同宗教神学的"目的论"紧密相联的。这种"理念论"对欧洲美学史有着极其深远的影响。发展到后来，就是17—18世纪的大陆理性主义的"美即完善"的美学思想，主要以德国的莱布尼茨、沃尔夫和鲍姆嘉通为代表。他们完全继承了目的论的唯心主义观点，将美的根源归之于上帝或天意。莱布尼茨认为，世界好比一架钟，其中各个部分都安排得妥妥贴贴，成为和谐的整体，而上帝就是作出这种安排的钟表匠。他认为，从美学的观点看，这种经由上帝安排的"预定和谐"就是美。鲍姆嘉通进一步将这种"预定和谐"发展为感性认识的"完善"。他在1750年出版了一部专门研究这种"感性认识的完善"的专著——《美学》（Aesthetica）。他在这部书中指出："美学的对象就是感性认识的完善（单就它本身来看），这就是美；与此相反的就是感性认识的不完善，这就是丑。正确，指教导怎样以正确的方式去思维，是作为研究高级认识方式的科学，即作为高级认识论的逻辑学的任务；美，指教导怎样以美的方式去思维，是作为研究低级认识方式的科学，即作为低级认识论的美学的任务。"② 这种美学中的"理念论"有两个方面的可取之处。一是充分注意到了美的共同性特点，也就是说，认识到美不是一种个人的感受或偏爱，而是人类的一种共同感受。这就初步涉及美的社会性的特性问题。当然，理念派将这种美的共同性的根源归结为上帝或"天意"，这完全是唯心的。再就是，他们充分注意到，美不能离开人，而是同人的活

---

① 北京大学哲学系外国哲学史教研室编译：《古希腊罗马哲学》，生活·读书·新知三联书店1961年版，第177页。

② 转引自朱光潜《西方美学史》上卷，人民文学出版社1963年版，第297页。

动紧密相联。这就说明了，没有人也就没有美。不过，这种"理念论"也有其致命的弱点。最重要的就是其唯心主义的"目的论"的实质，将美完全归结为精神的产物、"上帝的目的"，而完全否定了美的客观性。同时，这种理论将美归结为某种抽象的"理念""预定的和谐"，或是"感性认识的完善"，都还只是属于科学或道德伦理理论领域方面的内容，而脱离了美的特质，亦即脱离了美本身的个体性、独特性，在作用上唤起情感愉悦的特质。这样，就仍是没有抓住美的根本特性。

所谓经验的观点，基本上一种素朴的唯物主义或形而上学唯物主义的观点。这种观点将美的本质归结为自然物的属性。早在古希腊时期，毕达哥拉斯学派就单纯从自然科学的角度着眼，将美归结为对象的"和谐"。后来的亚里士多德在《诗学》和《形而上学》中继承了这一观点，认为美就是一种"整一性"。所谓"整一性"，具体地说就是"体积与安排""秩序、匀称与明确"。他认为，具有这种"整一性"的自然物之所以会美是因其能"给我们一种它特别能给的快感"①。由此可见，这种关于美的"经验论"的观点，强调美是客观事物的属性，强调美的事物所能给予人们的快感。但在古希腊时期，这种"经验论"的美学思想还属于朴素的唯物主义，较为简单。到了17—18世纪的英国"经验派"，因为当时自然科学的蓬勃发展，特别是实验科学和机械力学的发展，就给这种"经验论"的观点注入了新的内容。例如，英国著名的经验主义美学家博克就明确地把美的本质局限于事物的感性特质。他在美学著作《论崇高与美两种观念的根源》中指出："我们所谓美，是指物体中能引起爱或类似情感的某一性质或某些性质。我把这个定义只限于事物的纯然感性的性质。"② 他还具体地把这种"单凭感官去接受的一些性质"归之为"小""柔滑""娇弱""明亮"等。这些特性之所以会使人感到美、原因在于

---

① ［古希腊］亚理斯多德、［古罗马］贺拉斯：《诗学·诗艺》，罗念生、杨周翰译，人民文学出版社1962年版，第43页。
② 北京大学哲学系美学教研室编：《西方美学家论美和美感》，商务印书馆1981年版，第118页。

"他们都在我们心中引起对他们人身的温柔友爱的情绪，我们愿他们和我们接近"①。

可见，在"经验派"看来，美就是客观事物的自然属性，而美感即是快感。这种"经验论"的美学观的最主要的贡献就是坚持了美的客观性的唯物主义前提。这是非常重要的。因为，不论是自然美还是社会美，都是自然现象和社会现象的美，是客观的、不以人的意志为转移的。另外，这种"经验论"正确地揭示了美感的生理和心理基础，并在这一方面多有探索，对后人启发颇大。但是，它的最重要的弱点则在于抹煞了美的社会性。因为，事物的自然属性，在人类社会出现以前也是存在的，但它们对于动物来说为什么就不成其为美呢？甚至在人类社会的初期，人类对某些"美的"自然属性也仍然不感兴趣。例如，普列汉诺夫就曾雄辩地举出了狩猎时期的人类，即便在花卉繁多、万紫千红的环境中也决不欣赏那花团锦簇的花朵。这就说明，自然属性本身并不能成为美。这是一方面。另一方面，这种作为自然属性的美的特质只能引起人们的生理快感。但一切生理快感都是纯个人的，而决不具任何社会性。康德曾经正确地将这种生理的快感称之为"偏爱"（又译"偏私"）。也就是说，这种"偏爱"属于人的个人嗜好，犹如嗜辣、嗜酸等。其结果只能是"人各有美"，实际上也就没有了美。"经验派"也看到了这一弊端，于是提出了一种"同情说"。也就是说，设身处地地站在旁人的地位，同旁人一起感同身受。这样，旁人感到美的事物你也就会感到美了。但这种"同情说"显然与"经验论"的美学理论体系并无内在的有机联系，而是外在的、附加的，并不能正确地解释美的社会性问题。

总之，尽管"理念论"和"经验论"在对美的本质的思考上都作出了自己的重要贡献，但它们都还停留在美的大门之外，未能真正把握美的本质，不能科学地解释现实生活中万千繁复的美的现象。其原因就在于它们都是片面的、形而上学的美学理论，或则单纯地从精

---

① 北京大学哲学系美学教研室编：《西方美学家论美和美感》，商务印书馆1981年版，第119页。

神的理念出发，或则单纯从客观的感性对象出发。其结果是连真正的美的研究的出发点都没有找到。因而，只能徘徊于美的大门之外。因此，"美学"并没有形成自己独立的领域，作为"理念论"来说，不免同哲学与伦理学混同，而"经验论"则又不免同自然科学，如生理学混同。由此可见，人类对美的探索是多么艰难，道路又是多么漫长曲折啊！

二

　　从上述人类对美的探讨的简况可知，要取得真正的突破，就要摆脱"理念论"与"经验论"的桎梏，开辟新的研究途径。这样，才能真正地把握住美的研究的科学起点和美的独特领域。这是历史向理论家们提出的艰难而繁重的任务。这个历史的重任是由以康德、黑格尔为代表的德国古典美学的理论家们担当了起来。他们科学地总结了历史上美的探讨的积极成果，打破了"理念论"与"经验论"的形而上学桎梏，另辟了感性与理性统一的崭新的研究道路，初步把握住了感性与理性自由地统一的美的研究的起点和美的独特的情感领域。他们的成果是马克思主义以前人类对美的哲学思考的最高成就，充分显示了人的思维的把握世界的伟大能力，为唯物辩证的马克思主义美学的建立提供了极其丰富的、十分重要的、必不可少的思想资料。对于这份宝贵的精神财富，我们应该给予更多的重视和研究。

　　康德是西方美学史上第一个试图打破形而上学美学研究的理论家。他在1790年发表了著名的美学论著《判断力批判》。在这部极其重要的美学论著中，他提出了一个著名的"美在无目的性的合目的性的形式"的命题。这个命题看似晦涩、令人费解，但其中却包含着极其丰富深刻的内容，是人类在"美在感性"和"美在理念"两个命题之间探寻一种新的合题的初步尝试。这里所谓的"无目的性"，是针对"理念论"说的。因为，"理念论"断言，美的"完善""和谐"等属性完全由某种精神性的"理念""目的"决定。康德则认为，这样势必涉及各种概念，成为逻辑判断，而美也必然要混同于道德伦理，美的特性就将丧失殆尽。他断言，美的对象只有某种"形式"，而没有任何实在，因而不涉及任何"概念"、无任何明确的伦理道德的目的。而"合目的性"是针对"经验派"说的。因为，"经验派"认为美在事物的某种自然属性，同主体无关。康德认为，美的对象的"形式"并非同主体完全无关，而是要符合主体的想象力与知性力自由协调的心理机能，这样才能引起审美愉快。这种审美愉快是一种具有"共通性"的愉快，也就是全社会的人都会感到的愉快。如果对象的"形式"并不是"合目的性"的，那就只能刺激人们的感官，产生某种快感。这种快感纯粹是一种个人的生理"偏爱"，而没有任何的共通性。

总结康德的美学思想，起码有这样五点可给我们对美的本质的探讨以重要启示。第一，美不在纯然的感性，也不在纯然的理性，而在于两者的统一。这就为我们探讨美的本质初步确定了科学的起点；第二，康德认为，美既不是一种主体与客体之间的认识关系（知），也不是主体与客体之间的伦理道德关系（意），这些都是借于概念的逻辑判断。而美却是一种特有的情感判断（情）。这就指明了美必须引起主体情感愉悦的特点，为美学确定了独特的情感领域；第三，明确地说明了美是判断在先，具有某种"共通性"的特点，而不是纯然快感的"个人偏爱"。这就划清了美同生理快感的原则区别，揭示了美具有社会性的根本特点；第四，美的愉悦的根源是一种感性与理性的"自由的协调"。这种"自由的协调"即是感性本身看似没有理性规律，但却在实际上"暗合"了某种理性规律，而表现出一种"自由的协调"。这就揭示了美的根本属性是一种感性与理性的"自由的协调"。这一观点一直影响到黑格尔，并被马克思所继承；第五，康德在论述崇高时提出了"偷换"（Sabreption）的概念。也就是说，康德认为，作为自然物本身并无所谓崇高，它的崇高是由主体对人的理性的崇高感经由"偷换"的途径而移到对象之上，对象才引起人们的崇敬。这实际上已经是一种主观唯心主义的"对象化"理论，它的提出对于后来黑格尔与马克思的对象化的理论肯定具有一定的影响。

总之，我们认为，康德美学思想的最大特点是充分地揭示了美学领域的各种矛盾，这就特别富有启发性。但是，由于历史的局限，康德不可能真正解决美学领域中的理性与感性的统一。他是试图解决这一统一，但在实际上，却又将美学领域中感性与理性、客观与主观、自然与自由、无目的与合目的、个别与一般等矛盾看成各自合理而互相对立的二律背反。因为，他认为，这些矛盾在现实中不可能统一，而只能借助于主观的能力将其"调和"。例如，在个别和一般的关系上，他认为，美的对象是个别的不涉及概念的，但又是一般的、普遍的、人人都会共通感到美的。但这二者如何统一呢？他于是发明了一种"主观共通感"的说法，认为凡是心理正常的人都"应该"对个别的美的对象感到美。但这只不过是一种纯主观的愿望罢了。正如黑格尔所说："康德的学说确是一个出发点，但是只有把康德的缺点克服了，我们才能凭借这种概念去对必然与自由、特殊与普遍、感性与理性等对立面的真正统一，得到更高的了解。"① 因此，我们必须在康德的感性与理性主观统一的出发点上，继续向美的探索的顶峰攀登。德国古典美学的一系列大家们都在这一方面作出了自己的贡献，而贡献最大的应首推德国古典美学的集大成者黑格尔。

黑格尔是举世公认的辩证法大师，他第一个全面地有意识地叙述了辩证法的一般运动形式，并且创造性地将其运用于许多领域，其中就包括美学研究的领域。他以康德的理性与感性统一的美学思想为基本的出发点。正如他对一切领域的研究都要首先抓住其基本矛盾一样，他极为深刻地以理性与感性的矛盾作为美学研究的基本矛盾。他还以"正""反""合"的发展的具体途径雄辩地揭示了这一矛盾通过否定而达到统一的具体过程。虽然黑格尔的主要笔墨用于艺术美的探讨，对艺术美的概念、历史形态及种类作了极富启发的研究，但因不在本文研讨的范围之内，故而对上述内容不予赘述。但是，不仅如此，黑格尔还以其深邃的辩证思想，将人类对美的本质的探讨提到了以对立统一的辩证法为理论基础的完全崭新的哲学高度。尤为可贵的是，他独具慧眼地首次以实践的观点来理解美的本质，以实践作为美

---

① ［德］黑格尔：《美学》第 1 卷，朱光潜译，商务印书馆 1981 年版，第 76 页。

的创造中理性与感性、主观与客观联结的纽带。这无疑对于马克思的美学思想中实践观的形成具有重要的启示作用。

关于黑格尔对美的本质探讨的贡献，我认为，主要有如下四个方面。

第一，他明确地将理性与感性的"自由的"统一确定为美的属性。黑格尔的美学体系是以关于"美是理念的感性显现"的基本概念为其论述的起点的。这里的所谓"显现"，就是理性与感性都不受任何束缚的、"自由的"直接统一。当然，按照黑格尔的观点，只有在艺术美中才能真正达到这种"自由的"统一。但作为美的根本属性，却也可用来作为衡量一切美的现象的尺度。他在谈到自然现象时，运用了"朦胧预感"的概念来解释基本上不是属于人类直接实践对象的自然现象与人的理性的统一而具有美的属性的问题。① 所谓"朦胧预感"就是人们从自然现象之上不确定地、抽象地领悟到某种理性观念。例如，由于各种爬行的懒虫违背了人的敏捷的生命观点，因而其感性形态就不能显示出理性而被人类看作丑。而山峰、河流、树木、大海的外在形式的统一常常使人联想到人的生命的内在的生气灌注的统一。这就使其同理性紧密相联而被人类认为是美。至于寂静的月夜、平静的山谷、波涛汹涌的海洋、肃穆庄严的星空，以及某些动物，也因契合了人类的某种心情而被认为是美。对于黄金、宝石、珍珠、象牙等自然物，他认为，这些东西之所以美，完全是由于它们的"稀奇灿烂"，可以显示人的华丽、富有，达到一种"纯粹认识性的满足"。他说："并不是因为它们本身而引起兴趣，不是作为自然物而显得有价值，而是要借它们显出他自己来，显出它们配得上他的环境，配得上他所爱所敬的，例如，他的君主、庙宇和神。"② 这些解释，不尽科学，其中不免带有唯心的因素，但却对我们还是深有启发。

第二，人类对美的追求是一种理性的需要。黑格尔为，人类之所

---

① ［德］黑格尔：《美学》第 1 卷，朱光潜译，商务印书馆 1981 年版，第 168 页。
② 同上书，第 328 页。

以要通过创造艺术作品去实现对美的追求，完全是一种理性的需要。他说，自然只是自在的、直接的、一次的，是不能复现自己，认识自己的；而人却是自为的，不仅作为自然物而存在，而且能够观照自己、认识自己、思考自己。他认为，人的自我认识有两种方式，一种是认识方式，在认识中形成关于自己的观念；再一种是实践方式，通过改变感性对象，在对象之上打上自己的烙印来认识自己。他说："通过实践的活动来达到为自己（认识自己），因为人有一种冲动，要在直接呈现于他面前的外在事物之中实现自己，而且就在这实践过程中认识他自己。人通过改变外在事物来达到这个目的，在这些外在事物上面刻下他自己内心生活的烙印，而且发现他自己的性格在这些外在事物中复现了。人这样做，目的在于要以自由人的身份，去消除外在世界的那种顽强的疏远性，在事物的形状中他欣赏的只是他自己的外在现实。"① 在这里，黑格尔尽管将认识与实践分了开来，是极不科学的、错误的，但整个这一段话的内容却极其丰富深刻。他深刻地揭示了美的产生的理性需要的社会根源，而且科学地将实践作为理性的人与纯感性的动物的根本区别，指出了实践的主观见之于客观的主客观统一的特点。更重要的是，指出了只有通过实践才能产生供人欣赏的感性与理性统一的美——"他自己的外在现实"。

　　第三，进一步论证了通过实践使"环境人化"，从而创造美的过程。黑格尔辩证法的核心就是通过否定（即矛盾斗争）促进矛盾的解决和事物的发展。在艺术美的创造中，他认为，通过"冲突"，打破混沌状态的一般世界情况，使理性在具体的人物身上得以对象化而达到统一。在整个美的创造中，如前所说，他认为通过实践（主客观之间的矛盾），使理性得以在感性对象之上对象化，感性则得以"理性化"（人化），从而达到两者的统一。他在论述艺术创作中人与环境的关系时，曾经讲了这样一段极富启发的话："只有在人把他的心灵的定性纳入自然事物里，把他的意志贯彻到外在世界里的时候，自然事物才达到一种较大的单整性。因此，人把他的环境人化了，他显出

① ［德］黑格尔：《美学》第 1 卷，朱光潜译，商务印书馆 1981 年版，第 39 页。

那环境可以使他得到满足，对他不能保持任何独立自在的力量。"① 这里所说的"人把他的环境人化了"，按照黑格尔的意思，即指通过实践，改造了对象，在对象之上实现自己的目的，因而在对象之上就凝结了人的筋力、双手的灵巧、心灵的智慧和英勇。

第四，首次提出了美的创造中"异化"的概念。黑格尔的哲学的确常常将"异化"与"对象化"相混淆，但在论及美的创造时，他所提出的"异化"概念则明确地是带有贬义的。他认为，只有在古希腊的"英雄时代"才是适合艺术创造的现实土壤。因为在那时的现实生活中人同环境的关系是和谐的，没有出现"异化"。他说："在这种情况之下，人见到他所利用的摆在自己周围的一切东西，就感到它们都是由他自己创造的，因而感觉到所要应付的这些外在事物就是他自己的事物，而不是在他主宰范围之外异化了的事物。"② 相反，黑格尔认为，在现代工业化的资本主义社会中，人与环境的关系却真正发生了"异化"，亦即人们的产品不是归己所有，生产不是出于自身的需要，而生产本身也是一种受束缚的机械方式，生产中人与人之间则是一种排挤、利用的关系，其结果就是贫富悬殊。总之，环境对于人、感性对于理性是疏远的、异己的、陌生的、敌对的。黑格尔认为，这样的时代不利于美的创造和欣赏。由此可见，黑格尔的这一番描述是极其形象而深刻的。这肯定对马克思的"异化"理论的提出有重要的影响。

总之，理性与感性在黑格尔的美学体系中终于得到了辩证的统一，而且是通过实践得到统一。这的确是十分宝贵的。但黑格尔作为一个客观唯心主义者，他的这种统一是唯心的统一，是以理性为出发点的统一，统一于理性。甚至他所说的实践也始终是一种精神的实践。因此，我们在漫游于黑格尔宏伟、富丽的美学殿堂时，不要忘记凌驾于其上的是一个超然物外的理性的尊神，美只不过是这个尊神佛法无边的万千变化之一种形态。因而，马克思和恩格斯都断言，黑格

---

① ［德］黑格尔：《美学》第 1 卷，朱光潜译，商务印书馆 1981 年版，第 326 页。

② 同上书，第 332 页。

尔的整个哲学都是"头足倒置"的。美学当然也不会例外。这时，人类已经迈入了美学的大门，但所看到的仍然只是迷雾缭绕的"太虚幻境"，而要真正把握到"美"，就要拨开种种唯心的迷雾。

三

　　马克思主义的诞生为揭示自然和社会的本质提供了无比锐利的武器，也为人类对美的哲学思考开辟了通往真理的道路。在这里，我们不能不提到一部马克思早期的，但也是唯一地直接涉及美的本质问题的专著——《1844 年经济学—哲学手稿》。这是马克思于 1844 年 4—8 月间在巴黎写的一部手稿。其时，正值马克思主义形成之时，而且，这又是一部未经修订的手稿。因此，不免有杂乱和不成熟之处。但也正因为如此，其内容的丰富又是别的著作所难以比拟的。鉴于此，对于这部著作，一方面应将其同《关于费尔巴哈的提纲》之后的著作有所区别，不能将其作为一部成熟的马克思主义经典著作和理论武器。对其中的许多观点、名词应有所辨别，另一方面也应看到它的重大理论价值。因为，历史已经证明，这部著作所贯串的基本思想——异化劳动理论、实践理论和唯物主义对象化理论，正是后来的马克思的经济学说和实践理论的萌芽。当然，在这里还需要说明的是，这部著作主要是一部经济学、哲学论著，而不是美学论著。它只在对于人类解放的"历史之谜"的总的探讨中才稍稍涉及"美学之谜"。因而，绝不是在这部论著中已经包含了一切美学问题的现有答案。甚至，就连其中涉及的一些美学观点，也只不过是在以主要笔墨论述别的问题时附带提到的。但是，这部论著对于马克思主义美学形成的意义又非同一般。原因在于，这部著作极深刻地回答了人类解放的"历史之谜"。"美"从来都同人与人的解放紧密相联的，是其总课题之中的一个不可分割的方面。总的"历史之谜"的解决必然有利于"美学之谜"的解决。

　　关于对这部论著的美学思想的理解，我认为，首先应该认识到马克思是在论述唯物主义实践观和对象化的理论时才涉及美学问题的，应该从这样的哲学高度来看待《手稿》中的美学思想，理解其中具体论美的文字，而不能完全拘泥于个别词句的解释。

马克思在《手稿》中直接谈到美的只有两段。一段是在〔异化劳动〕的部分谈到"人也按照美的规律来建造"的问题，再一段就是〔共产主义〕那一部分中关于人的感受的丰富性（包括美感）由人的本质的客观展开的丰富性决定的论述。历来对这两段的解释分歧颇多，有的不免曲解附会，其原因之一就是没有从全文的总体上而是割裂开来理解的结果。我们试图从全文的总体的角度谈一点自己学习的体会。

现在我们来看关于"美的规律"的那段论述。对于这段论述，我认为包含这样几个观点：第一，美的规律是人类社会特有的规律。马克思在这里并非专门论述美的规律，而是在谈到劳动异化时涉及的。关于劳动异化，马克思认为有这样四个方面：一是产品的异化，二是劳动过程的异化，三是人的本质的异化，四是人与人之间关系的异化。马克思是在谈到人的本质的异化、论述人的本质到底是什么时，谈到了"美的规律"的问题。他认为，有意识的劳动实践是人与动物的本质区别，劳动实践是人的本质特征。人在劳动实践中要遵照一系列的客观规律，如自然的规律、主体的规律，还有就是"美的规律"。"美的规律"是劳动实践中所要遵照的规律之一。正如马克思所说，"人也按照美的规律来建造"。这里用了一个"也"字，就说明了这一点。因此，可以说明，在马克思看来，美的规律就是劳动实践的规律之一，是人类社会特有的规律。

第二，美的规律就是通过劳动实践，主体的目的、意志、理性与客体的感性特征达到自由的统一。既然美的规律是人类劳动实践的规律之一，那么，什么是美的规律呢？马克思提出了这样的解释："动物只是按照它所属的那个种的尺度和需要来建造，而人却懂得按照任何一个种的尺度来进行生产，并且懂得怎样处处都把内在的尺度运用到对象上去。"① 这里，所谓"任何一个种的尺度"，说明人不同于动

---

① 《马克思恩格斯全集》第 42 卷，人民出版社 1979 年版，第 97 页。

物的一个方面是动物不能认识世界，而人却能认识世界，能掌握客观自然对象的规律。这一点在讨论中分歧不大。分歧最大的就是所谓"内在的尺度"。许多同志认为，这种"内在的尺度"还是指自然对象而言，是指其内在的本质的尺度。这种看法未免曲解本意。因为，这里明明论述的是人的不同于动物的劳动实践的本质，指出人的劳动与动物的"生产"的根本区别就在于"人是有意识的类存在物"。这种意识性、目的性是人类劳动实践中最重要的因素之一。马克思在《资本论》中再次论述到人类的劳动与动物的"生产"的区别时仍然坚持了这一观点。他认为，人类的劳动"不仅使自然物发生形式变化，同时他还在自然物中实现自己的目的，这个目的是他所知道的，是作为规律决定着他的活动的方式和方法的，他必须使他的意志服从这个目的"①。由此证明，所谓"内在的尺度"即是指主体的目的、意志、理性。劳动实践由于使人的理性目的与对象的感性特征达到统一，就使人"自由地对待自己的产品"，因而在劳动实践中可从产品之上获得美的享受。很明显，马克思在这里进一步改造了黑格尔"美是理念的感性显现"的观点，批判了黑格尔将理性与感性统一于绝对理念的唯心主义糟粕，而将两者统一于劳动实践。这就第一次将美学奠定在辩证唯物主义的理论基础之上，是马克思对美学的创造性贡献。有的同志认为，劳动创造美的观点忽视了自然对象，同拉萨尔的"劳动创造财富"的修正主义观点类似。其实，问题不在于是否运用"劳动"的概念，而在于对这一概念的理解。我们所说的"劳动"，不仅是主体的活动，而且包括劳动工具和对象。正如马克思所说，"劳动过程的简单要素是：有目的的活动或劳动本身，劳动对象和劳动资料"②。

　　第三，这种美的规律也是人的本质的对象化的规律之一。就在上述谈到劳动实践是人与动物的本质区别、在劳动中也按照美的规律生产之后，紧接着，马克思着重从主体的角度、从人的能动性的角度谈

---

① 《资本论》第 1 卷，人民出版社 1975 年版，第 202 页。
② 同上。

到劳动实践实际上也是人的本质的对象化。他说："因此，劳动的对象是人的类生活的对象化：人不仅像在意识中那样理智地复现自己，而且能动地、现实地复现自己，从而在他所创造的世界中直观自身。"① 这就说明，劳动实践是主体的能动性的表现，主体通过劳动实践改造自然、改造对象世界，在对象之上实现自己的目的，打上自己的印记。这是劳动实践的过程，也是人的有意识有目的的本质对象化的过程。这种对象化的结果就使人可以"在他所创造的世界中直观自身"。这里的所谓"直观"，即是从感性中看到理性，从客体的个别中看到主体的一般。如果主体处于不受束缚的"自由的"状态，那么，这种"直观"就将成为一种自我鉴赏，从而产生美感。由此可见，美的规律也是人的本质对象化的规律之一。我们认为，这是符合马克思的原意的。但这里所说的"对象化"，是不是一种以主观为出发点的唯心主义呢？回答也是否定的。马克思认为，人的劳动实践本身就是主体的一种不以人的意志为转移的客观的活动。这就是马克思在《手稿》中提出的"自然主义"观点的含义之一，也就是说，人类劳动、人类世界都以客观的自然为其前提，即以唯物主义为其前提。这正是马克思主义的对象化理论与实践理论同黑格尔、费尔巴哈的对象化理论与实践理论的原则区别之一。马克思在《手稿》中明确指出，主体虽是有意识的，但不是抽象的意识存在物，而是首先同客观的自然对象一样，"本来就是自然界"。因此，所谓对象化和劳动实践就是"对象性的存在物客观地活动着"②。为了进一步说明这一问题，马克思在著名的《关于费尔巴哈的提纲》中再一次强调："费尔巴哈想要研究跟思想客体确实不同的感性客体，但是他没有把人的活动本身理解为客观的活动。"③ 这就是说，马克思认为，费尔巴哈把人和自然都作为第一性的、客观的感性存在，这是唯物主义的，但他却没有看到人的实践活动本身也是一种改造世界的客观的活动，这是十

---

① 《马克思恩格斯全集》第 42 卷，人民出版社 1979 年版，第 97 页。
② 同上书，第 166 页。
③ 《马克思恩格斯选集》第 1 卷，人民出版社 1972 年版，第 16 页。

分错误的。由此说明，费尔巴哈的唯物主义还是不彻底的，而只有不仅承认人和自然的客观性，而且承认人的实践活动本身的客观性，才是真正坚持了唯物主义。

马克思好像意识到自己还没有完全把问题讲清楚，因此在第三手稿〔共产主义〕部分中进一步从审美对象与审美主体关系的角度论证了美与美感。当然，这一段也不是专门论美的，而主要是论述人的感觉如何从异化的前提下解放出来，由此而涉及人的美感及其形成。对于这一段论述，我们可以看作是关于"美的规律"论述的补充，主要是通过论述人的感觉从异化的情况下解放而提出了"人化的自然界"的概念。原话是这样说的："只是由于人的本质的客观地展开的丰富性，主体的、人的感性的丰富性，如有音乐感的耳朵、能感受形式美的眼睛，总之，那些能成为人的享受的感觉，即确证自己是人的本质力量的感觉，才一部分发展起来，一部分产生出来。因为，不仅五官感觉，而且所谓精神感觉、实践感觉（意志、爱等），一句话，人的感觉、感觉的人性，都只是由于它的对象的存在，由于人化的自然界，才产生出来的。五官感觉的形成是以往全部世界历史的产物。"①这一段话，的确如有的同志所说，并不是直接论美的，而是论述人的感觉解放的客体方面的条件。但却包含着明显的美学因素。这也是不容忽视的。马克思在这里所提出的中心观点，是人的感觉的形成和发生首先取决于人的本质是否在客观对象之上得到丰富的展开。所谓"人的感觉"，即指体现了人的理性目的等本质力量的感觉。马克思主要从美学的角度，将音乐感的耳朵和享受形式美的眼睛作为这种理性的人的感觉的例证。这就说明，他主要是以美感为例的。他站在唯物辩证的角度认为，这种"人的感觉"的产生和发展，必须首先依赖"人的本质的客观地展开的丰富性"。对于这句话，他又在后面紧接着解释说，就是"人化的自然界"。"人化的自然界"就是通过劳动实践，改造了对象，使人的目的、理性在对象之上实现，达到人的本质的对象化。这时，作为劳动产品的对象，表面上看来是客体，但已打

① 《马克思恩格斯全集》第 42 卷，人民出版社 1979 年版，第 126 页。

上了主体的烙印，因而是"人化"了。这就是所谓"人化的自然界"。这种"人化的自然界"是一切劳动产品的共同的性质，本身首先是劳动的成果，但也同时具有不同程度的美。只有面对这种凝聚着不同程度美的"人化的自然界"，才能培养训练包括美感在内的主体的"人的感觉"。因此，"人化的自然界"的概念是对"人的本质对象化"的概念的进一步具体化。这些概念虽然并不能完全断言就是关于美的定义，但却从大的方面揭示了美的本质。

　　总之，马克思在《手稿》中论述到美时所运用的"异化""感性与理性的统一""对象化""人化"等等概念都并不是马克思的创造，而是从黑格尔、费尔巴哈的理论中借鉴而来。但《手稿》最重要的贡献却在于：在美学史上第一次将感性与理性统一于客观的劳动实践，将"对象化""人化"作为劳动实践的客观过程。这就既同黑格尔、费尔巴哈的精神异化的唯心理论划清了界限，同时又继承发展了费尔巴哈从人与自然的客观性出发的唯物主义，从而在一定的程度上将美的探讨奠定在现实的、能动的实践观的基础之上。当然，《手稿》本身正处在马克思主义的形成时期，其中不免渗透着费尔巴哈的某些直观的形而上学和人本主义观点。例如，在谈"美的规律"时将人在"意识中理智地复现自己"和"在他所创造的世界中直观自身"并列，这就不免将认识与实践割裂。而过多地使用"类"和"异化"的概念，并将这种"类本质"较多地归结为某种抽象而共同的"人的感觉"，等等，就说明这时他关于阶级与阶级斗争的理论还没有完全成熟。而且，作为一部经济学哲学论著，马克思也只不过是作为例证较多地涉及美学问题，因而不免语焉不详。从马克思在这部著作中所流露的对美学的兴趣来看，以后他一定会以成熟的无产阶级世界观为指导写出一部美学专著。但战斗繁忙的革命时代，还有比美学更重要的工作需要马克思及其战友恩格斯去承担，因而我们终于未能看到一部出自经典作家之手的马克思主义美学专著。因而，《手稿》就越发显出了自己特有的价值。而且，它的深刻性与丰富性也的确可以作为我们进一步探索美的奥秘的理论参考。而真正彻底的辩证唯物主义的美学论著则是毛泽东的《在延安文艺座谈会上的讲话》。

四

现在，我们试图沿着马克思和毛泽东开辟的现实的、能动的实践观点的道路来进一步对美的本质问题作一个简要的概括。这个简要的概括，可以归结为美在社会实践中实现的感性与理性的对立统一的和谐关系。许多同志一看就知，这是借用了法国著名的启蒙运动理论家狄德罗"美在关系"的命题，只不过是对其进行了根本的改造。我们这样做的理由在于，长期以来老是争论美是客观的、主观的，还是主客观统一的，但却在美到底是什么的问题上各派都无简洁明了的看法，这就必然造成对美的本质的把握的困难。同时，狄德罗"美在关系"的命题本身尽管还十分抽象，甚至不完善，但却既是唯物的，又包含着某种辩证的因素，而且具有简洁明了的特点。我们认为，它在对美的本质概括的深刻性上超过了车尔尼雪夫斯基"美是生活"的命题。当然，狄德罗的"美在关系"的命题的确是极不成熟。他所说的构成美的"关系"有两种：一种是实在美所反映的事物本身的自然关系，另一种是相对美所反映的对象与事物之间的关系。我们所肯定的只是相对美中关于对象与社会现象之间的关系。在这一方面，狄德罗举了高乃依的悲剧《荷拉士》为例。老荷拉士在其三子与库里亚斯三兄弟作战时二死一逃的情况下，对其女气愤地说了"他就死"这句话。狄德罗认为，如果脱离了这句话的环境，它就无所谓美丑。但假如将老荷拉士这句话同其环境联系起来，知道这场战争关系到国家的荣誉，战士是被询问者所剩的唯一的儿子，"于是原来不美不丑的答话'他就死'，以我逐步揭露其与环境的关系而更美，终于成为绝妙好词"[1]。这是关于社会美的本质的极深刻的阐述。它告诉我们，社会美的根源不在社会行为本身，而在于该行为与对象的关系。"他就死"这句话本身无所谓美丑，但放在特定的关系中，却渗透了老荷拉士的

---

① ［法］狄德罗：《美之根源及性质的研究》，杨一之译，《文艺理论译丛》第 1 期，人民文学出版社 1958 年版，第 21—22 页。

爱国之情因而变美。总之，所谓"美在关系"表面上是对象与社会现象之间的关系，而实质上则是感性的现象与理性的内容的关系。两者达到和谐统一的，就构成为美。由此，我们提出美在感性与理性和谐统一的关系的命题。我们认为，这一命题的适应范围较为广泛。作为社会美、艺术美，理性内容方面可以占更多的比重，而作为自然美、形式美，感性形式的方面则可占更大的比重。

当然，绝不是一切的感性与理性的关系都是美的，而只有在两者达到和谐统一的情况下才是美的。因为，美是特有的情感的领域，它必须要唤起主体的某种具有社会共同性的高尚的愉悦之情。而只有在感性与理性处于和谐统一的关系之时，在感性的客体之上才能凝结着对主体的肯定，因而才能引起主体的自我欣赏的愉悦之情。马克思在《手稿》中将这种和谐统一称作"一种特殊的、现实的肯定方式"，能使人得到一种不同于动物的"享受"。因此，只有感性和理性的和谐统一才能形成对象与人之间特有的美学关系。正因为如此，就产生凡是我们亲自实践过的对象，我们就特别感到美。例如，工人、农民对自己生产的产品特别欣赏喜爱，而在一切爱国者的眼中养育自己及其祖先的祖国的土地和山水就更能唤起美好的眷恋之情。这是因为，在劳动产品与祖国的土地上凝聚了人们更多的理性内容，理性与对象之间达到了水乳交融的地步，人们从中看到了自己的力量，对自己进行了肯定，因而不免拨动某种高尚感情的琴弦。

那么，感性与理性和谐统一的关系是怎样实现的呢？我们认为，感性与理性两者不是一种精神的统一，而是通过唯物的劳动实践实现的两者的和谐统一。本来，在人类还未成其为人类、处于类人猿的动物状态时，类人猿与自然同一，因而一切的自然对象在类人猿的眼中无所谓美丑。近代动物学的研究证明，即便是处于高级的灵长类状态的猩猩也绝无美丑之感。只有在类人猿进化为人，有了理性观念，才能通过劳动实践实现理性与感性的统一，与对象建立了美学关系。这里所谓的实践，就是人在某种目的的指导下，通过实际的行动改造对象，从而在对象之上实现自己的目的，打上主体的印记。这样，实践的产品就不仅是客体、感性，而同时是主体、理性。如果两者达到和谐的统一，那就在这个产品之上凝结了人与对象之间的客观的美学关系。因此，人与对象的美学关系首先是一种实践关系。这种通过实践而产生的美学关系对于劳动生产的产品、社会斗争的产品及艺术产品都好理解，就是对于人们直接的实践手段所没有达到或目前无法达到的自然现象不好理解。有的同志会问，如果美的对象是"人化的自然界"，那么，那些未经实践改造的自然又是如何"人化"的呢？这确是一个比较繁难的问题。但是，只要从总体上，而不是死板地去理解，就可得到大致正确的结论。因为，人与自然的关系自从有了劳动实践后就发生了一个根本的变化。那就是，从总体上来说，自然已不是与人同一，而是成为人的实践对象，进入了人的实践范围。正因为如此，从总体上来说，自然都已具备了某种社会性，都不同程度地成为人类实践的对象，也都不同程度地"人化"了。人类眼里的自然早已不是那种借以维持自己及后代生命的自然，而是人们实现自己的创造能力的无限广阔的天地。从这样一个角度出发，我们就比较好理解"人化的自然界"的概念。从整个自然界都进入人类实践范围的角度来看，人与自然之间的关系有这样两种情形：一种是自然直接成为人的实践对象，这就是劳动的产品；再一种是自然间接成为人的实践对象。也就是以自己特有的感性自然因素为条件，同人类的劳动实践或社会实践发生某种必然的联系，从而与人类建立起某种美学关系。例如，月亮柔和皎洁的光辉常与人类宁静和平的生活相联系，而太阳则以自己的强烈而灼热的光芒同人的某种热烈的生活气氛相联系。这也是一种在实践中的"人化的自然界"，但只不过是一种间接的"人化"。

这里需要再次强调一下，人与对象之间这种通过实践而达到的感性与理性的和谐统一的美学关系是一种不以人的意志为转移的客观的关系。它之所以是客观的，就是因为实践本身就是一种客观的活动，而实践的产品则是人的本质力量的物化形态。马克思在论述产品中物化劳动的客观性时指出："在劳动者方面曾以动的形式表现出来的东西，现在在产品方面作为静的属性，以存在的形式表现出来。"① 同

---

① 《资本论》第 1 卷，人民出版社 1975 年版，第 205 页。

样，作为人与对象之间感性与理性和谐统一的美学关系，也是在实践的过程中化动为静、凝结于具体的产品之上，成为不以人的意志为转移的客观的形态。

有的同志认为，美的客观性不包括物化了的主体的理性因素，而只是对象的自然属性，并认为马克思所说的金银的"美学属性"完全在于金银本身的"天然的光芒"。应该肯定，金银的美当然应以其自然属性为必要条件。例如，同金银本身特有的天然光芒直接有关。但金银之具有美学价值却是在人类社会实践中这种客体的自然属性与主体的理性观念发生了某种固有的客观联系。前文所引的黑格尔的话应该是有说服力的，马克思也曾明确地讲过同样的意思。他说："最后要指出的一个主要因素是金银的美学属性，这种属性使它们成为显示富裕、装饰、奢侈、满足自发的节日需要的直接表现，成为财富本身的直接表现。华丽，有延展性，可以加工为器具，也可以用于颂扬和其它目的。金银可以说表现为从地下世界本身发掘出来的天然的光芒。"① 很明显，这里所谓的"美学属性"，当然是指金银具有"天然的光芒"等自然属性。但事物的"美学属性"是多方面的，既包含感性的自然因素，也包含物化的理性内容。只有在两者和谐地统一时，事物才具有美学价值，才成为美。诚如马克思所说，金银的"天然的光芒"只不过是使它成为显示富裕、装饰、奢侈，满足自发的节日需要的直接表现。也就是说，只有在这时，金银才具有美学价值。而单纯的自然方面的美学属性只不过是构成美的因素之一，它本身并不就是美。例如，铜几乎同金一样具有某种"天然的光芒"，但因为铜不是稀有的贵金属，它同人类的财富、装饰等生活实践内容的联系远没有金银密切，因而其美学价值也不同于金。当然，也不能机械地将金银的美学价值同主体的实践相联系，以金银是从"地下世界本身发掘出来的"作为其具有美学价值的唯一理由。应从更广阔的背景上，在总体上理解金银的美学价值同人类实践的客观联系。

这里还要说明一下，应该区别主体与对象之间的美学关系与审美

---

① 《马克思恩格斯全集》第46卷下册，人民出版社1979年版，第458页。

关系。首先，美学关系中的主体不是指具体的个人，而是指整个的人类，它表现了对象与人类之间的某种关系。而审美关系则是指具体的个人同对象之间的关系。其次，美学关系是客观的、不以人的意志为转移的，是人的理性通过实践在对象之上的物化形态。而审美关系却反映了主客观之间的关系，常常受到主体的思想状况的影响。面对着客观对象的美学关系（美的事物），审美主体常因某种特有的心境而不能同对象发生审美关系，从而产生不了美感。这就是马克思在《手稿》中所说的："对于一个忍饥挨饿的人说来，并不存在人的食物形式，而只有作为食物的抽象存在；食物同样也可能具有最粗糙的形式，而且不能说，这种饮食与动物的饮食有什么不同。忧心忡忡的穷人甚至对最美丽的景色都没有什么感觉，贩卖矿物的商人只看到矿物的商业价值，而看不到矿物的美和特性；他没有矿物学的感觉。"[①] 划清这两者的界限是十分必要的，这就进一步划清了美与美感的关系，肯定了美的不以人的意志为转移的客观性。

特别需要加以说明的是，马克思主义所讲的"实践"决不同于德国古典美学所说的"实践"。如前所述，德国古典美学所说的"实践"是一种唯心的精神实践。而马克思在《手稿》中所说的实践，尽管对德国古典美学"实践"概念的唯心内容进行了改造，使其成为客观的、唯物的实践活动，但仍未完全摆脱德国古典美学唯心主义的痕迹，保留着人本主义的影响。这就在一定的程度上忽略了"实践"的社会性，而强调劳动实践是所谓"人的类生活的对象化"，通过实践，旨在证实"人是有意识的类存在物"等。他在《手稿》中说道："通过实践创造对象世界，即改造无机界，证明了人是有意识的类存在物，也就是这样一种存在物，它把类看作自己的本质，或者说把自身看作类存在物。"[②] 又说，"劳动的对象是人的类生活的对象化。"[③] 一年以后，马克思完成了由德国古典哲学到马克思主义哲学的

①《马克思恩格斯全集》第 42 卷，人民出版社 1979 年版，第 126 页。

② 同上书，第 96 页。

③ 同上书，第 97 页。

转变。1845 年春，他在《关于费尔巴哈的提纲》中就对这种人本主义思想进行了清理。他对费尔巴哈批判道："所以，他只能把人的本质理解为'类'，理解为一种内在的、无声的、把许多个人纯粹自然地联系起来的共同性。"① 同时，他明确地指出："但是，人的本质并不是单个人所固有的抽象物。在其现实性上，它是一切社会关系的总和。"② 毛泽东继承与发展了马克思主义的唯物主义实践观。他在著名的《实践论》中批判旧唯物主义的主要弊端是"离开人的社会性，离开人的历史发展，去观察认识问题"，并明确提出"社会实践"的概念③。因此，他把文艺家同群众的关系作为艺术创造的根本问题。毛泽东《在延安文艺座谈会上的讲话》中强调了文艺家只有亲身投入实践活动才能获取创作的源泉。而且，他从实践的"社会性"角度，要求文艺家以人民的立场投入人民的生活实践之中，表现与歌颂作为历史主人的人民，并将此作为文艺工作的"根本的问题，原则的问题"④。这就极大地发展了马克思主义的唯物主义实践观，并进而发展了马克思主义的美学思想，将美的创造同文艺家的立场及其革命实践活动紧紧相联。正因为如此，我们认为，毛泽东美学思想成为人类对美的哲学思考的最重要的成果之一。

总之，人类在对美的探索中走过了漫长而曲折的道路，我们的先辈在美学研究中给我们留下了极丰富的宝贵财富。对于这样一笔丰富的遗产，我们应从哲学的高度加以认真地整理，去芜存菁，准确地勾画出人类在美的探索中所走过的哲学思维的轨迹，所历经的不同的哲学思维的逻辑层次。这种历史的研究实际上也就是逻辑的研究，并定将会为在更高的水平上对美的哲学探讨打下坚实的科学基础。

① 《马克思恩格斯选集》第 1 卷，人民出版社 1972 年版，第 18 页。
② 同上。
③ 《毛泽东选集》第 1 卷，人民出版社 1966 年版，第 249 页。
④ 《毛泽东选集》第 3 卷，人民出版社 1966 年版，第 814 页。

附录二

车尔尼雪夫斯基与毛泽东美学观之比较

1982 年是毛泽东的《在延安文艺座谈会上的讲话》（以下简称《讲话》）发表四十周年。在重新学习《讲话》时，将毛泽东所阐述的文艺与生活关系的理论与车尔尼雪夫斯基在同一问题上的成果加以比较，就能够更清楚地看到毛泽东在这一问题上的主要贡献，从而进一步认识到《讲话》的理论价值。

车尔尼雪夫斯基是俄国 19 世纪伟大的革命民主主义者，他的美学思想是马克思主义以前唯物主义美学的最高成就。他的杰出贡献是发表了著名的学位论文《论艺术与现实的审美关系》，在文艺与生活关系问题上批判了黑格尔的唯心主义观点，提出了著名的"美是生活"的命题。但由于历史条件和阶级的局限，车尔尼雪夫斯基的美学思想仍属于形而上学的机械直观的唯物主义。因此，普列汉诺夫正确地指出，"车尔尼雪夫斯基的美学见解仅仅只是正确的艺术观的萌芽"①。这里所说的"正确的艺术观"，就是指马克思主义的艺术观。毛泽东是一位对马克思主义的美学和文艺理论作了较为系统地阐述和发挥的重要的理论家。特别是他的《讲话》，更是马克思美学与文艺理论宝库中的一篇极其重要的论著。它全面而深刻地论述了文艺的方向、作用和党的文艺工作方针。其中关于文艺与生活关系的论述，不仅吸收了车尔尼雪夫斯基的唯物主义思想，而且以马克思主义的革命

① ［俄］普列汉诺夫：《车尔尼雪夫斯基的美学理论》，《文艺理论译丛》第 1 期，吕荧译，人民文学出版社 1958 年版，第 139 页。

的能动的反映论克服了车氏的直观的形而上学的弊病，从而闪烁着不灭的马克思主义的理论光辉。因此，将毛泽东关于文艺与生活关系的理论与车氏的同一理论加以比较，对于进一步深入研究毛泽东文艺思想就是十分必要的了。

同时，目前研究这一问题也有着现实的意义。最近几年，文艺界发生了文艺是否高于生活与真实性问题的讨论。讨论中，有的同志撰文，在批判"文艺高于生活"的观点时，就直接引用车氏关于"真正的最高的美正是人在现实世界中所遇到的美，而不是艺术所创造的美"的观点作为根据之一。① 有的同志则认为，艺术真实"必须以逼真作为根本前提"，而艺术概括则会"失真"。② 总之，不少同志将艺术的真实与生活的真实等同，并将这种生活的真实作为文艺的"生命"或"最高原则"。凡此种种，都说明，车氏的机械直观的形而上学的美学思想在目前仍被一些同志所接受。但是，历史毕竟已经跨过了机械唯物论的阶段，而马克思主义的辩证唯物主义与历史唯物主义的出现也已有一百余年。因此，在文艺与生活问题上划清马克思主义与机械唯物主义的界限就是十分必要的了。而纪念《讲话》发表四十周年，进一步学习和研究毛泽东文艺思想就是一个极好的机会。

一

在文艺与生活的关系问题上，毛泽东与车尔尼雪夫斯基的主要区别，在于前者以实践的观点作为研究问题的根据，而后者则不是从实践的观点出发的。这种离开人的社会实践来考察人的认识是一切旧唯物主义的通病。正如马克思所说："从前的一切唯物主义——包括费尔巴哈的唯物主义——的主要缺点是：对事物、现实、感性，只是从客体的或者直观的形式去理解，而不是把它们当作人的感性活动，当

---

① 参见《人民日报》1979 年 4 月 12 日。
② 参见《文艺理论研究》1980 年第 1 期。

作实践去理解，不是从主观方面去理解。"① 根据这一段话的基本观点，我们先大体剖析一下车尔尼雪夫斯基的美学观和艺术观是如何缺乏实践的观点的，并同时对照地看一下毛泽东的有关观点。

首先，我们来看一看车氏所说的"生活"的含义。车尔尼雪夫斯基认为，"美是生活"。那么，他对于"生活"是怎样解释的呢？翻开他的美学论著，我们就会发现，他是把生活看作是作为人的生理本能的"生命"的。他在《现代美学批判》中说："凡是我们可以找到使人想起生活的一切，尤其是我们可以看到生命表现的一切，都使我们感到惊叹，把我们引入一种欢乐的、充满无私享受的精神境界，这种境界我们就叫作审美享受。"② 很明显，他是把"生活"和"生命表现"同等看待的。在另外的地方，他又把"生活"说成是"活着""吃饱，住得好，睡眠充足"等。这些都是属于生理方面的内容。总之，在他看来，所谓"生活"就是自然形态的"生命"，因而是永恒的，既无历史的发展，又无阶级的社会的斗争。但这是对"生活"的曲解。普列汉诺夫曾用一个极好的例子驳斥了车氏的观点。因为，车氏认为，花显示蓬勃的生命，引起人们的爱好，于是，普列汉诺夫就反驳说，原始的狩猎部落尽管住在花卉繁多的地方，但却决不用花来装饰自己。这就是说，"生活"不是什么永恒的生命及其显现，而是社会的历史的。按照马克思主义的观点，生活就是社会的实践。毛泽东在《讲话》中就曾明确指出，我们应从客观实践出发。而在著名的《实践论》中，他则将实践界定为以生产活动为基本内容，但又包括阶级斗争、政治生活、科学和艺术的活动等。后来，他更明确地将社会实践归之于生产斗争、阶级斗争和科学实验。不仅如此，毛泽东还在《讲话》中将社会实践归之为阶级的实践、群众的斗争，并提出了社会实践的时代性问题。这就将实践的观点同阶级观点、群众观点及历史观点统一了起来。这是毛泽东对于马克思主义"实践"含义的创

---

① 《马克思恩格斯选集》第 1 卷，人民出版社 1972 年版，第 16 页。
② ［俄］车尔尼雪夫斯基：《车尔尼雪夫斯基论文学》中卷，辛未艾译，上海译文出版社 1979 年版，第 23 页。

造性发挥。

其次，看一看车氏对文艺本质的理解。文艺的本质是什么呢？他认为，就是对现实的"再现"，犹如印画和原画的关系。他说："所以，艺术的第一个作用，一切艺术作品毫无例外的一个作用，就是再现自然和生活。艺术作品对现实中相应的方面和现象的关系，正如印画对它所由复制的原画的关系，画像对它所描绘的人的关系。"① 很明显，这种再现是一种刻板的原样复制，好似印画对原画的复制、镜子对物象的映照。这样，文艺创作就是一种直观的反映、纯客观的活动。对于这种直观的唯物主义文艺观，唯心主义者黑格尔倒作了十分生动的批判。黑格尔认为，如果把文艺看作是一种对现实的复制，那么这种复制就完全是多余的。因为文艺用以复制的东西在现实中原已存在，而且以有限的艺术手段去复制繁复的现实生活也是白费气力，就像一只小虫爬着去追大象。黑格尔尽管是个唯心主义者，但他的上述分析应该说还是十分有道理的。但最根本的问题还在于，车氏没把文艺创作看成一种实践活动。这样就完全排除了创作中的主观作用，从而使文艺创作成为一种纯客观的复制。毛泽东向来是反对这种直观的唯物主义的。在哲学上，他一贯把"做或行动"（即实践）看作是主观见之于客观的东西，人类特有的能动性。运用于文艺创作，他将其看作是一种在社会生活的文艺原料的基础上的"创造性的劳动"。因而，他一方面强调社会生活是文艺的唯一源泉，同能又从深入生活、艺术创造、文艺的作用等各个方面充分强调作家的主观因素。这就全面而深刻地阐述了文艺与生活的关系，揭示了文艺作为一种实践活动的产品既源于生活又高于生活的本质。

二

车尔尼雪夫斯基由于离开了社会实践来考察文艺，这就必不可避

---

① ［俄］车尔尼雪夫斯基：《艺术与现实的审美关系》，周扬译，人民文学出版社 1979 年版，第 86 页。

免地要在各个方面对文艺有所曲解。在文艺的作用上，车尔尼雪夫斯基把文艺看作现实的简单的"代替物"，而将它的作用仅仅看作是借以唤起人们的"回忆"。他认为，尽管现实本身就是最完全的美，但是它并不总是呈现在人们面前。因此，"当一个人得不到最好的东西的时候，就会以较差的为满足，得不到原物的时候，就以代替物为满足"①。这种"代替物"的作用就是"使那些没有机会直接欣赏现实中美的人也能略窥门径；提示那些亲身领略过现实中的美而又喜欢回忆它的人，唤起并且加强他们对这种美的回忆"②。当然，作为一个试图改革黑暗现实的革命民主主义者，车氏也曾提到过文艺"说明生活""判断生活"，成为"生活的教科书"的问题。但后者显然是同文艺是现实的"代替物"和"回忆"相矛盾的。这当然反映了他的革命民主主义的政治立场与形而上学的唯物主义的哲学观的不一致之处，说明他对旧唯物主义还是有所突破的。但究其思想实质，他仍是一个旧唯物主义者，因而所谓"代替说"和"回忆说"乃是他对文艺作用的最基本的意见。这个意见实质上是将文艺看成照相式的纯客观的复写。这显然是对文艺作用的贬低。尽管这一理论的产生是一百多年以前的事情，但在今天却仍有其影响。近年，我国文艺界在讨论"真实性"问题时，有的同志将"生活真实"作为文艺创作的最重要的目的，就是例证。他们借用俄国 19 世纪著名的批判现实主义作家契诃夫的话，将文艺的任务归结为"无条件的、直率的真实"。在创作中，也出现了个别对罪恶和丑行展览的作品。

　　但是，文艺的作用难道真的就是提供这种纯客观的"代替物"，从而引起人们的"回忆"吗？难道它的任务真的是什么"无条件的、直率的真实"吗？如果真的是这样的话，那么摄影术的发明就完全可以取消一切文艺，因为它倒真的能提供各种"真实"的"代替物"。怪不得当这种技术出现时，曾经遭到画家们的联名抗议。但这只不过

---

　　① ［俄］车尔尼雪夫斯基：《艺术与现实的审美关系》，周扬译，人民文学出版社 1979 年版，第 84 页。
　　② 同上书，第 86 页。

是由于前人的无知而留给我们的一个笑话。事实上，摄影术的出现和发展并没有对艺术的发展有丝毫的影响。因此，马克思主义的以实践为指导的文艺观是根本排斥车氏的这种"代替说"和"回忆说"的。毛泽东在《讲话》中旗帜鲜明地将文艺作为改造世界、推动革命实践发展的一种武器。他指出，革命文艺应"作为团结人民、教育人民、打击敌人、消灭敌人的有力武器"，并认为文艺是"对于整个革命事业不可缺少的一部分。如果连最广义最普通的文学艺术也没有，那革命运动就不能进行，就不能胜利"①。事实上，毛泽东亲自召开延安文艺座谈会，目的就是为了研究革命文艺同整个革命工作的关系问题，以便更好地发挥革命文艺推动实践发展的作用。因此，他在这个会议上的整个讲话都是由此出发的。毛泽东的上述观点是将马克思主义的实践观点在文艺作用问题上的具体发挥和运用。因为，马克思主义告诉我们，旧唯物主义只是消极地把认识看作对世界的解释，而马克思主义则主张人们认识世界不只是为了解释世界，而且更重要的是为了改造世界。这正是人类的主观能动性的表现之一，是人类的根本特性，是其区别于动物之处。因为，动物只能被动地适应现实，而人却能能动地改造现实。人们在改造现实的实践中要借助于各种各样的手段，文艺就是其重要手段之一。因此，文艺创作如果仅仅是提供纯客观的"代替物"或是"无条件的、直率的真实"，那就决不能起到改造世界的作用。而车氏的"代替说"恰恰就是抹杀了文艺的改造世界的根本目的。

而且，车氏的这种"代替说"由于主张一种纯客观的刻板的复制，因而也排斥了文艺诉诸形象、以情感人、鼓舞人们去改造世界的根本特征。十分难能可贵的是，毛泽东在以主要笔墨论述文艺推动革命实践的作用时，并没有忘记以简洁而准确的语言指出文艺作用的重要特征。他说，"革命的文艺，应当根据实际生活创造出各种各样的人物来，帮助群众推动历史的前进"。又认为，文艺的作用是"使人民群众惊醒起来，感奋起来，推动人民群众走向团结和斗争，实行改

---

① 《毛泽东选集》第3卷，人民出版社1966年版，第805、823页。

造自己的环境"①。这里，已经涉及文艺发挥推动现实作用的特殊性问题。因为，人类改造现实的手段多种多样，文艺只是其中的一种。同其他手段相比，同是推动现实前进，但文艺却有自己的特殊性，那就是通过自己特有的人物、形象，着重对人们进行感情上的熏陶感染，使之惊醒感奋，从而更加信心百倍地投入改造现实的斗争。文艺的这种通过形象以情感人的作用就是一种特有的美感教育作用。文艺的这种特有的美感教育作用说明，文艺作品绝不是现实的纯客观的"代替物"，而是糅合着作者的浓厚的主观情感的"艺术品"。古往今来的文艺作品都充分证明了这一点。例如，杜甫诗《春望》，劈头四句："国破山河在，城春草木深。感时花溅泪，恨别鸟惊心。"这是杜甫在安史之乱期间身陷长安时对长安景物的描写。很明显，这里既不是纯客观的"代替物"，也不是"无条件的、直率的真实"。因为，草木之深尽管是实写，但山河之破却是作者的主观感受，而溅泪的花、发出惊心啼鸣的鸟则更是因作者的感时恨别而产生的主观感受了。因"溅泪"是对花上朝露的比喻，但既可喻为珍珠，亦可喻为明眸，但作者却喻为"溅泪"。"惊心"是对鸟鸣的形容，但既可形容为婉转，亦可形容为清脆，但作者却形容为"惊心"。这样的比喻和形容就渗透了作者有感于国家破败亲人离散的悲愤之情。毛泽东的《娄山关》中"苍山如海，残阳如血"，以海喻山，以血喻阳，就突出地表明了作者在遵义会议后面对艰巨斗争而又满怀必胜信念的悲壮之情。

三

车尔尼雪夫斯基之所以将文艺的作用贬低为现实的"代替物"而只能引起人们的"回忆"，其原因是断定现实美高于艺术美。他的学位论文的主旨就是在于论证"艺术在艺术的完美上低于现实生活"②。

---

① 《毛泽东选集》第 3 卷，人民出版社 1966 年版，第 818 页。
② ［俄］车尔尼雪夫斯基：《艺术与现实的审美关系》，周扬译，人民文学出版社 1979 年版，第 100 页。

他几乎是在反复论证这一观点，在谈到雕塑和绘画时，认为这两种艺术在许多最重要的因素方面"都远远不及自然和生活"。音乐"只是生活现象的可怜的再现"，诗同现实相比"显然是无力的、不完全、不明确的"①。他坚持上述现实美高于艺术美的理由，是认为现实美是最高的真正的美，而艺术美则不是。为此，他以大量的篇幅驳斥了黑格尔关于艺术美产生于填补现实美缺陷的观点，从各个方面阐明了现实美是没有什么缺陷的，而艺术美倒有很多缺陷。似乎是有意识地针对车氏的上述观点，毛泽东在《讲话》中明确指出："人类的社会生活虽是文学艺术的唯一源泉，虽是较之后者有不可比拟的生动丰富的内容，但是人民还是不满足于前者而要求后者。"② 不仅如此，毛泽东还具体地分析了现实美与艺术美的优劣。按照毛泽东的观点，现实美的优点是最生动、最丰富、最基本，因而在这一点上说，"它们使一切文学艺术相形见绌"，其缺点则是"自然形态的东西，是粗糙的东西"③。这就说明，作为以物质形式出现的自然形态的现实美，尽管有其丰富性、生动性，但却不免庞杂、琐细、混乱。这就是人民对它不满的原因。因为，人民对美的基本要求是能起到使人"惊醒""感奋"的美感教育作用。是否能起这种美感教育作用，才应是"真正美"的标准。而现实美恰恰因其具有庞杂、琐细、混乱、粗糙的缺陷，因而难以很好地发挥美感教育作用。但车氏却正是离开了人们对美应具有美感教育作用的基本要求，而以现实美的物质的自然属性作为"真正美"的标准。他说，"真正美"就是"能使一个健康的人完全满意的"④。这里所谓的"满意"，即指包括吃、穿、住在内的生理满足。在攻击艺术美时，他指责艺术"到现在还没有造出像一个橙

---

① ［俄］车尔尼雪夫斯基：《艺术与现实的审美关系》，周扬译，人民文学出版社 1979 年版，第 70、71 页。

② 《毛泽东选集》第 3 卷，人民出版社 1966 年版，第 818 页。

③ 同上书，第 817 页。

④ ［俄］车尔尼雪夫斯基：《艺术与现实的审美关系》，周扬译，人民文学出版社 1979 年版，第 39 页。

子或苹果那样的东西来"①。这种纯粹从对象的物质自然属性出发所提出的"真正美"的标准，显然是离开了美的作用的基本范围，因而是荒唐的。因此，具体剖析一下车氏的"真正的最高的美是人在现实世界中所遇到的美，而不是艺术所创造的美"②的命题，我们就会发现，这其实是建筑在人本主义的理论基础之上的、错误的。因此，车氏对现实美的缺陷的辩护也就是很难成立的了。对于艺术美，毛泽东虽然认为在生动性、丰富性上远远不如现实美，但在发挥使人"惊醒"、"感奋"的美感教育作用方面却远远地高于现实美。这就是我们通常所说的六个"更"字，所谓"文艺作品中反映出来的生活却可以而且应该比普通的实际生活更高、更强烈、更有集中性、更典型、更理想，因此就更带普遍性"③。有的同志分别地解释了这六个"更"字的不同含义。我倒认为，这样做不免繁琐，难以做到确切。因此，还是看其总的精神为宜。从总的方面理解，这六个"更"字正是针对现实美作为自然形态的东西不免粗糙的缺陷提出来的。它正是文艺这一精神产品的特点，说明经过艺术的创造清除了物质形态所必不可免的各种杂质，从而使其能更好地发挥"惊醒"、"感奋"群众的美感教育作用。这正是对现实美的缺陷的一种弥补。因此，从这个意义上说，黑格尔将艺术归之于对现实美缺陷的弥补是没有什么错的。但他所说的美却无非是绝对理念的体现，这就完全是唯心的了。毛泽东以"社会生活是文艺的唯一源泉"这一命题，将黑格尔头足倒置的理论正了过来，从而同其唯心主义划清了界限。那么，艺术美高于现实美的命题有没有普遍性呢？有的同志反复强调《讲话》中关于文艺"比普通的实际生活"更高的提法，似乎在特殊的情况下现实美还可以高于艺术美。当然，任何比较都有前提，那就是得在两者性质相当的情况下，亦即两者都应是美。如果是一篇低劣的歪曲生活的文艺作品，那

---

① 〔俄〕车尔尼雪夫斯基：《艺术与现实的审美关系》，周扬译，人民文学出版社 1979 年版，第 42 页。
② 同上书，第 11 页。
③ 《毛泽东选集》第 3 卷，人民出版社 1966 年版，第 818 页。

当然不能同生活中的典型人物比较。但如果具有了这样的前提，那艺术美高于现实美则是具有普遍意义的。在《讲话》的最初的版本里，在谈到现实美与艺术美的关系时，还记载了毛泽东的这样一段话："活的列宁比小说戏剧电影里的列宁不知生动丰富得多少倍，但是活的列宁一天到晚做的事情太多，还要做许多完全和旁人一样的事……在这些方面，小说戏剧电影里的列宁就比活的列宁强。"这段话十分形象地说明了艺术美高于现实美的普遍性。至于毛泽东所说的"普通的实际生活"，只不过是以"普通"二字来形容现实美中包含着大量的平凡而芜杂的生活琐事，而并不意味着某种特殊的现实美倒可以在其集中性和普遍性上高于艺术美。

那么，车尔尼雪夫斯基为什么会断言现实美高于艺术美呢？原来，他是根据对于艺术想象作用的贬低。他说："创造的想象的力量是很有限的：它只能融合从经验中得来的印象；想象只是丰富和扩大对象，但是我们决不能想象一件东西比我们所曾观察或经验的还要强烈。"[①] 在他看来，艺术想象只能对对象进行量的"融合""丰富和扩大"，而不能通过对对象进行质的创造，使其比现实更"强烈"。当然，他曾谈到艺术想象具有借取、填补、改变等作用。但所谓借取只是场景的借取，填补则是个别空白的填补，改变也只是细节的改变，都还是属于量的范围。总之，在车氏看来，艺术想象只能对对象进行量的增加而不能进行质的改造，否认艺术想象是一种创造性的劳动。他曾明确表示，应以"独出心裁"或"虚构""来代替那过于夸耀的常用名词'创造'"[②]。这种对艺术想象作用的贬低是贯串全篇的要旨之一。与此相联系的，他还对艺术典型化进行了否定。当然，在艺术典型问题上，他曾正确地反对过抽象概括的非艺术倾向，提出了"事物的精华通常并不像事物的本身：茶素不是茶，酒精不是酒"[③] 的名言。但他却完全否定了艺术的概括，并将个性化强调到不适当的程

[①]　［俄］车尔尼雪夫斯基：《艺术与现实的审美关系》，周扬译，人民文学出版社1979年版，第62页。

[②]　同上书，第74页。

[③]　同上书，第72页。

度。他认为，一切个别都不会减损一般而只能增强其意义；现实生活中就存在着真正的典型人物，文艺家只需要对其进行摹拟，而不需要将其提高，因为"这提高通常是多余的"①。说起来很有意思，那就是一百多年前车尔尼雪夫斯基讲过的话，我们在最近的关于文艺与生活关系的讨论中重又看见。例如，有的同志将艺术比作"淘金"，认为"金子原来是自然界里固有的，人们只能去发现它、提炼它，而不能脱离自然界去创造"②。还有的同志反对高度的艺术概括，认为"高度概括，会导致对生活的高度净化，使艺术图画失真；高度概括，又会导致对生活的高度浓缩，使艺术形象丧失自然形态的生活现象的真实感"③。上述种种，充分说明在车氏及与其观点相同的人看来，艺术创作完全是一种机械的活动，而艺术的想象倒反而会歪曲现实。但毛泽东却站在革命的能动的反映论的高度，对艺术创作活动的想象能力作了充分的肯定。他不仅将它称作是一种"创造性的劳动"，而且进一步对这种"创造性的劳动"作了具体的阐述。他说，"例如一方面是人们受饿、受冻、受压迫，一方面是人剥削人、人压迫人，这个事实到处存在着，人们也看得很平淡；文艺就把这种日常的现象集中起来，把其中的矛盾和斗争典型化，造成文学作品和艺术作品"④，这样的作品就能充分发挥美感教育作用，推动人民群众实行改造自己的环境。当然，由于《讲话》的着重点在于阐述党的文艺方针而不是文艺创作的专论，因而上述观点并未展开，但对于艺术创作问题已给了我们一个总的理论上的纲要。这就是说，在毛泽东看来，艺术的创作或想象是一种实践性的"创造性的劳动"，是在现实生活基础上的一种艺术典型化的过程。毛泽东的这些观点揭示了艺术劳动的本质，是马克思主义的实践理论在艺术创造中的运用，说明了艺术创作不是什么刻板的"摹拟"或机械的沙里"淘金"，从而同机械直观的艺术理

---

①　[俄] 车尔尼雪夫斯基：《艺术与现实的审美关系》，周扬译，人民文学出版社 1979 年版，第 73 页。

②　参见《人民日报》1979 年 4 月 12 日。

③　参见《文艺理论研究》1980 年第 1 期。

④　《毛泽东选集》第 3 卷，人民出版社 1966 年版，第 818 页。

论划清了界限。众所周知，马克思主义的实践理论认为，人类的一切
实践活动都是具有相当大的主观能动性的一种创造性的活动，是对对
象的一种本质上的改造。这种能动性着重表现在人类的实践活动具有
某种明确的意图性和目的，是使自然适应人的需要，而不是使人去适
应自然的需要。马克思为了说明人类实践活动的这一特点，曾形象地
将蜜蜂的活动和建筑师的活动加以比较。他说："蜘蛛的活动与织工
的活动相似，蜜蜂建筑蜂房的本领使人间的许多建筑师感到惭愧。但
是，最蹩脚的建筑师从一开始就比最灵巧的蜜蜂高明的地方，是他在
用蜂蜡筑蜂房以前，已经在自己的头脑中把它建成了。劳动过程结束
时得到的结果，在这个过程开始时就已经在劳动者的表象中存在着，
即已经观念地存在着。他不仅使自然物发生形式变化，同时他还在自
然物中实现自己的目的，这个目的是他所知道的，是作为规律决定着
他的活动的方式和方法的，他必须使他的意志服从这个目的。"① 这就
深刻地揭示了人类实践活动的主客观统一的根本特点，说明实践的结
果不仅使对象发生形式的量变，而且按照人的目的使其发生质变。由
此可知，人类的艺术劳动作为一种实践活动当然也是一种主客观的统
一，是按照人类的某种目的对现实的一种本质的改造。但是，艺术实
践又是一种不同于其它实践的特殊的实践活动。它的特殊性就集中地
表现在不是凭借抽象思维的手段，而是凭借艺术的想象来实现对现实
的改造。这里所说的艺术想象，也即艺术典型化的过程。它不同于抽
象思维由生动的直观到抽象的概念的抽象概括，而是个性化与概括
化、感性化与理性化同时进行的艺术概括。因为，所谓"想象"就是
一种在已有形象基础之上的新的形象的创造，在其整个过程中始终不
离开具体可感的形象。而形象却是个别与一般、感性与理性的统一。
但对于现实生活中的感性事物，这种统一是低级的。个别常常不免外
在于一般，而感性则同理性相游离。艺术的想象或典型化就是借助于
人的主观能动性，在现实的基础上创造出新的形象，使这种统一的程
度不断提高，达到个别与一般、感性与理性、客观与主观的高度的直

① 《资本论》第1卷，人民出版社1975年版，第202页。

接统一为整体。即在个别中直接渗透着一般，在感性形式中溶化着理性的内容，在客观的事件与人物中激荡着作者强烈的爱憎褒贬的主观情感评价。这样的艺术形象就是通常所说的典型形象。这种艺术想象或典型化的过程不是什么抛开个别抽象地"浓缩"精华的过程，而是一种始终以个别为基础对其进行艺术地提炼、加工、改造而使其直接地集中地体现一般的过程。因而，艺术想象或典型化的结果不是"失真"，而是更具有了艺术的真实。这种艺术的真实决不单纯是什么"无条件的、直率的真实"，或是什么"真实地反映了客观实际"，而是真、善、美的统一。只有这样的艺术真实才是艺术的生命，也才能发挥文艺特有的美感教育作用。

在古今中外的文艺史上，这种通过艺术想象或典型化，对生活素材进行质的改造，从而提高了素材美学价值的例子，几乎俯拾即是。举世闻名的列夫·托尔斯泰晚年所创作的长篇小说《复活》就是根据作者听到的一个真实的故事创作的。原来的故事中，玛斯洛娃同意与聂赫留道夫结婚，但作者从真善美统一的艺术真实的角度断定这一切都是"不真实的、虚构的、软弱的"。因而，他毅然把这一结尾一笔勾掉，而改成玛斯洛娃拒绝结婚并被错判，罚为苦役。这就大大地增强了作品的悲剧效果和在更大的范围内对黑暗社会的控诉力量。这样的改造和提高是十分必要的，正是伟大的艺术家的创造能力的表现。我国当代著名的女作家杨沫在谈到她的长篇小说《青春之歌》时，就一方面承认自己作品中的主人公"基本是都是真实的"。但接着作者又指出，"但是这种真实只是生活的真实，它是不够全面的，现在，我要告诉读者另外的一种真实——这就是艺术的真实。一部文艺作品，要想说服人、感动人，要想有较高的典型意义，根据完全的真人真事常常是不易写好的，因为即使是英雄人物，他一个人所经历的生活和斗争不见得都够典型，都是那么曲折动人，所以文学作品常常要讲究集中和概括。"例如，主人公林道静，其中就表现了作者本人的一部分生活事实，但又集中了许多女革命知识分子的生活和斗争，加工、提炼而成的。这些事实都雄辩地证明了毛泽东关于艺术创造论述的正确性。

四

　　车尔尼雪夫斯基不仅否定了艺术想象和典型化，而且否定了艺术创作中一切主观的因素，最主要的就是对浪漫主义创作方法的否定。他对浪漫主义简直到了深恶痛绝的地步，在《俄国文学果戈里时期概观》一文中认为，浪漫主义"是对生活的做作、狂热、虚伪见解的表现"，"要把人引导到空想和庸俗，自耀和自夸里"，"歪曲了人的智慧和道德力量"①。进而，他表示了自己同浪漫主义斗争的决心，要做到"文学上的浪漫主义这个名字完全被人忘却"②。也就是说，他发誓将浪漫主义从文艺领域中一笔勾掉。对于车氏的这种决心和义愤，联系到他所处的特定时代，我们是可以理解的。原来在19世纪初期的俄国，消极浪漫主义在文艺领域占据着统治地位。它粉饰黑暗的现实，鼓吹空幻的"理想"，引导人们逃避现实的斗争。这就使消极浪漫主义在某种程度上起到了帮助沙俄统治维护现有秩序、麻痹人民革命斗志和反对革命的反动作用。车氏面对这样的现实，在机械唯物论的指导下，从革命民主主义的立场出发，必不可免地要怀着满腔的愤怒起而反对消极浪漫主义，乃至于反对一切浪漫主义。

　　历史证明，某种社会现象常常会在不同的时代重演。在打倒"四人帮"之后的我国，人们面对着"四人帮"以及极"左"思潮统治文艺领域时期所充斥于文坛的大量"假、大、空"的所谓"浪漫主义文艺"，面对着一系列虚伪的"高大完美的英雄人物"，于是以抑制不住的嫌恶之情将这些东西抛弃。但同时，有些人也在抛弃这些"假、大、空"文艺一起，抛弃了浪漫主义和"革命现实主义与革命浪漫主义相结合"的创作方法。有人认为，"两革结合"的创作方法在理论上是错误的，在实践中是有害的，所以，只应采用写"客观真实"的现实主义一种创作方法。

---

① 《车尔尼雪夫斯基论文学》上卷，辛未艾译，上海译文出版社1978年版，第345页。
② 同上书，第347页。

　　但是，愤怒不能代替科学。事实证明，车尔尼雪夫斯基对"浪漫主义"的彻底否定，正是其机械的直观的唯物主义世界观的反映。因为，这种世界观完全否定了人的主观能动性和认识对现实的反作用，由此也必然连带地否定了文艺所应包含的反映主观理想和愿望的浪漫成分。事实上，车氏作为一个革命民主主义者也不得不在自己关于美的定义中将"应该如此的生活"包含于其中。所谓"应该如此的生活"就是"理想的生活"，在文艺中就是浪漫主义的因素。这本身就雄辩地证明了他对浪漫主义的完全否定是偏颇的。

　　毛泽东作为革命的能动的反映论者，是一直既重视革命的现实主义，又重视革命的浪漫主义的。他充分地肯定了斯大林与高尔基提出并倡导的社会主义现实主义创作方法。因为，这个创作方法"要求艺术家从现实的革命发展中真实地、历史地和具体地去描写现实。同时艺术描写的真实性和历史具体性必须与用社会主义精神从思想上改造和教育劳动人民的任务结合起来"①。这就不仅突出地强调了革命的现实主义，而且将革命浪漫主义作为社会主义现实主义创作方法的一个不可或缺的有机组成部分。毛泽东进一步发展了社会主义现实主义的创作方法，经过前后二十余年的酝酿，提出了"两革结合"的创作方法。早在抗日战争时期，毛泽东就提出了"抗日的现实主义，革命的浪漫主义"。1938 年，周恩来在鲁迅逝世二周年纪念会上的讲话中，论述鲁迅作品的精神时，说道："一般常常争论的现实主义与浪漫主义的问题，在鲁迅作品中可得到正确的解答。一种写实的作品，没有不受环境的影响和加以主观见解的。只有主观上抓住最现实的生动材料，起了极深刻的反映，能产生出成功的作品。现实离不开环境及物质的支配，而同时又须有主观的选择，包含了理想的见解，并暗示着光明——奋斗目标，这必然是个好作品，正是鲁迅作品的精神。"由此可见，在毛泽东、周恩来看来，鲁迅作品的精神就是现实与理想的结合。1958 年，毛泽东提出，应把革命干劲与求实精神统一，"这在文学上叫作革命的现实主义和革命的浪漫主义的统一"。周恩来于

① 《苏联文学艺术问题》，曹葆华等译，人民文学出版社 1953 年版，第 13 页。

1959 年 5 月 3 日在《关于文化艺术工作两条腿走路的问题》的讲话中更为明确地对"两革结合"创作方法进行了阐述。他说："既要浪漫主义，又要现实主义。即革命的现实主义与革命的浪漫主义的结合。就是说，既要有理想，又要结合现实。没有理想的艺术作品，干巴巴的，和照像一样。况且照像也还要有艺术性。主导方面是理想，是浪漫主义。我们要提高我们的生活，使我们的生活和情操更美化、高化。"

毛泽东和周恩来对"两革结合"创作方法的论述是完全符合文艺创作的客观规律的。因为，文艺创作作为社会生活在文艺家头脑中的能动的反映，既包括客观方面，也包括主观方面。这就使文艺本身既包含着现实主义因素，又包含着浪漫主义因素，纯客观的文艺是根本不存在的。而且，马克思主义的唯物论的反映论对文艺所提出的改造现实、推动历史的要求，就更突出了文艺应包含着理想的浪漫主义的因素，以便使文艺成为促进革命实践的巨大精神力量。当然，脱离现实的空幻的浪漫主义是不会起到这样的作用的，只能将理想植根于革命的现实，将浪漫主义建立于现实主义的基础之上，做到革命现实主义与革命浪漫主义的有机结合。这是新的时代的要求，也是马克思主义的建立促使文艺创作方法所发生的质的巨变。如果说，19 世纪中期车尔尼雪夫斯基曾经在创作方法上陷入了无可解决的矛盾，那么，我们今天完全应该从这种矛盾中走出来，既要坚持革命的现实主义，又要坚持革命的浪漫主义。当然，也为两者的高度统一而继续努力，以便在文艺领域高高地举起共产主义的旗帜，使我们的文艺成为推动"两个文明"建设和实现共产主义理想的号角。

五

机械的直观的唯物主义既然完全否定了主观在文艺创作中的作用，那就必然否定世界观在文艺反映生活中的极重要的作用。车尔尼雪夫斯基作为一个人本主义者，就曾经把文艺作为人的本性的追求之一种。他说："在人的每一种行动中都贯串着人的本性的一切追求，虽然其中之一，在这方面也许特别使人感到兴味。因此，连艺术也不是因为对美的（美的观念）抽象底追求而产生的，而是活跃的人底一切力量和才能底共同行动。"①这段话告诉我们，由于车尔尼雪夫斯基把文艺创作看作是一种"人的本性"的追求，那就必然否定作家的立场和观点在文艺反映生活中的作用。当然，车氏作为一个革命家，他的激进的民主主义革命观点又常常不免同他的人本主义有抵触而对其有所突破。例如，他就曾要求文艺家认识自己的使命，"不是诗人个人幻想底消闲玩乐，而是人民自觉底表达者，并且是推动人民顺着历史发展道路前进的强大动力之一"②。但车氏终究没有完全摆脱机械唯物论和人本主义的束缚，因而没有给予文艺家的世界观在文艺反映生活中的作用以明确的论述和强调。此后，一些后继者们更为明确地否定世界观在文艺反映生活中的作用，将真实性问题同世界观脱离开来。这就出现了长期以来关于反动的世界观和先进的创作方法的不一致的讨论。前些时候，有的论者重又提出现实主义原则在作品里表现了和自己原来的政治观念相反的问题。③

对于上述问题，毛泽东在《讲话》中早就进行了马克思主义的正确论述。作为一个马克思主义的实践论者，毛泽东是十分重视世界观在文艺反映生活中的重要制约作用的。因此，他在《讲话》中把文艺创作的中心问题归到了"为什么人服务"这一世界观的核心问题之上，认为"为什么人的问题，是一个根本的问题，原则的问题"④。这一论断集中地体现了马克思主义实践论关于"必须在改造客观世界的同时改造主观世界"的观点。作为文艺创作，它对客观世界的改造是通过文艺作品的手段来现的，因而首先必须改造文艺家的作品，使其在对生活的反映上具有更高的艺术真实性。要做到这一点，非常重要的条件就是必须使文艺家通过革命的实践树立正确的世界观。鉴于当时的多数文艺工作者是从国统区刚到根据地，世界观基本上是小资

①《车尔尼雪夫斯基论文学》上卷，辛未艾译，上海译文出版社1978年版，第423页。
②同上书，第328页。
③《文艺研究》1981年第1期。
④《毛泽东选集》第3卷，人民出版社1966年版，第814页。

产阶级的，因此，毛泽东特别着重地强调了世界观的转变问题，并以实践的观点从源泉、创作和作品等各个方面阐述了世界观对反映生活的重要制约作用。

在源泉问题上，毛泽东在马克思主义的文艺理论史上首次提出了"人民生活"的概念。他说："作为观念形态的文艺作品，都是一定的社会生活在人类头脑中的反映的产物。革命的文艺，则是人民生活在革命作家头脑中的反映的产物。"① 这就告诉我们，即使在获取创作源泉时，文艺家也绝不是纯客观的，而是要受着立场、世界观制约的，他总是在一定的立场和世界观的指导下选择自己作品所反映的生活范围和角度。革命的或进步的文艺则是革命的或进步的文艺家在革命的或进步的世界观的指导下对人民斗争实践的反映，即使表现反动黑暗的生活现实，也是从人民斗争的角度。例如，同是描写封建恶霸西门庆，《水浒传》就着重反映武松为兄报仇、铲除邪恶，而《金瓶梅》则侧重于反映西门庆罪恶生活的种种细节。两相对照，应该表明了两位作者在世界观上的差距。

在创作问题上，毛泽东提出了态度的问题，也就是歌颂谁暴露谁的问题。他鲜明地指出："你是资产阶级文艺家，你就不歌颂无产阶级而歌颂资产阶级；你是无产阶级文艺家，你就不歌颂资产阶级而歌颂无产阶级和劳动人民：二者必居其一。"② 这里所说的"歌颂"与"暴露"，即是文艺家对描写对象的爱憎褒贬的感情评价。这种主观的感情评价是任何文艺家都必然会有的，即便是以客观主义标榜的文艺家也不能例外，只不过有明显与不明显之分罢了。这种爱憎褒贬的感情评价属于情感的范畴，主要由文艺家的立场、观点决定。

对于文艺创作的成果——作品，毛泽东提出了政治性与真实性的关系问题。这里所说的政治性是指作品中通过艺术形象流露出来的政治倾向性，而真实性则是指作品的艺术真实的程度。在马克思主义看来，政治倾向性对于艺术真实性具有极为重要的制约作用。政治倾向

---

① 《毛泽东选集》第 3 卷，人民出版社 1966 年版，第 817 页。
② 同上书，第 829 页。

反动的作品，也许有某种单纯史料或艺术的价值，但却决不能真正达到艺术的真实，即实现真善美的统一。某些文艺家政治观点中包含落后反动的因素，但却创作出了具有相当艺术真实的作品。这不是世界观和创作尖锐矛盾的表现，而只是证明了在创作实践中文艺家已对某些政治观点作了修正。我们革命文艺家世界观上的先进性为我们创作的文艺作品达到真善美的统一提供了最重要的条件。正因为如此，毛泽东断言，"我们的文艺的政治性和真实性才能够完全一致"①。当然，毛泽东关于世界观和创作的关系还讲了另外一段话。他说，"马克思主义只能包括而不能代替文艺创作中的现实主义"②。这就告诉我们，世界观虽然对文艺反映生活有重大的制约作用，但文艺还有自己的相对独立性和反作用，世界观与文艺创作、政治性与真实性之间不平衡的现象是大量存在的。因此，一个革命的文艺工作者不仅要通过革命实践树立马克思主义的世界观，而且还要努力学习艺术创作的方法，这样才能真正地在正确世界观的指导之下，做到政治性与真实性的完全一致。

总之，正是基于对世界观在文艺反映生活中的重要制约作用的充分认识，毛泽东才在《讲话》中反复号召广大革命的文艺工作者积极投身到革命的实践中去，投身到广大工农兵群众中去，树立正确的世界观，创作出真实地反映三大革命斗争实践的优秀作品。毛泽东说："中国的革命的文学家艺术家，有出息的文学家艺术家，必须到群众中去，必须长期地无条件地全心全意地到工农兵群众中去，到火热的斗争中去，到唯一的最广大最丰富的源泉中去，观察、体验、研究、分析一切人，一切阶级，一切群众，一切生动的生活形式和斗争形式，一切文学和艺术的原始材料，然后才有可能进入创作过程。"③ 实践证明，这段闪耀着马克思主义实践论光辉的话，虽然是四十年前说的，但仍是至理名言，并应作为一切革命文

---

① 《毛泽东选集》第 3 卷，人民出版社 1966 年版，第 823 页。
② 同上书，第 831 页。
③ 同上书，第 817—818 页。

艺工作者的座右铭。我们今天面临的是更加繁复的四个现代化的伟大现实，一切革命文艺工作者肩负着为人民和社会主义服务的重任。因此，为了更好地反映现实，创作出促进四化、振奋群众的文艺作品，我们应沿着老一代革命文艺工作者的脚印，投身到四化的建设者与保卫者的斗争行列中去，在实践中和群众中树立正确的世界观，坚持四项基本原则，创作出无愧于我们伟大时代的、具有高度艺术真实的优秀作品。这就是一个马克思主义者在回顾历史、重温毛泽东的遗训时所应得出的正确结论。

在结束本文之前，我们要特别说明一下，尽管在这篇文章中，我们对车尔尼雪夫斯基颇多微词，但这只不过是站在今天的时代的角度，只是在将他的文艺思想同毛泽东的成果相比较时才这样做的。而实际上，车氏在他所生活的时代仍不失为最伟大的理论家之一。他虽然只在自己革命活动的初期以短暂的时间从事美学与文艺的研究，但无论在理论的勇气上和所取得的成果上都为后人树立了光辉的榜样。因此，毛泽东和车尔尼雪夫斯基都不愧是历史的巨人，他们之间的差距也完全是历史的。另外，本文还涉及我国文艺界近年来在真实性问题讨论中的一些观点。对此需要说明的是，这些观点的出现不是偶然的，而是有其历史原因。那就是我国1957年以后，受到极"左"思潮的干扰，特别是经历了十年浩劫中"四人帮"的破坏，文艺的真实性问题被完全颠倒，出现了大量的美化现实、掩盖矛盾、鼓吹空幻的理想的作品。面对这样的现状，在拨乱反正中，人们把真实性问题重新提出来讨论、研究，从不同的角度展开探讨，乃至美学史上已被淘汰的观点重又出现。这是毫不奇怪的。一方面说明了探讨者正本清源、总结历史经验的积极态度，另方面也说明理论的途程同任何事物一样，不是笔直的，而是曲折的。面对这样的情况，我们坚信一切探讨者都会始终坚持在马克思主义的指导下，通过对文艺现实的正确总结而得出结论。因为，我们的文艺理论工作同任何工作一样，应在原有的基础上前进。马克思主义的经典作家们已经在文艺理论的一系列基本问题上批判唯心主义和旧唯物主义，取得了巨大的成绩。他们的理论成果与其前人相比已经高出了一个或几个逻辑层次。其中，就包括毛泽东四十年前发表的《讲话》。实践证明，这是一篇远远高出唯心主义和旧唯物主义的马克思主义的文艺理论巨著。当然，它也不可避免地有其时代特点。但其中的许多基本观点，特别是关于工农兵方向和文艺与生活的理论都已被历史证明是完全正确的。对此，我们一定要很好地研究和继承，并在新的历史条件下进一步丰富发展。

曾繁仁文集

第 四 卷

西方美学范畴研究

曾繁仁　著

中国社会科学出版社

目　　录

导　言

　　本书是在"西方美学范畴研究"课程讲稿的基础上整理而成的。该课程是继本科、硕士课程之后的博士课程，是在学习西方美学史之后对于西方美学认识、研究的进一步提高。如果说历史基本上是一种史实的呈现，那么，范畴就是对于这种呈现的各个阶段的一种思想的总结。列宁说，范畴是思想之网上的"纽结"。黑格尔说："纯化这些范畴，从而在它们中把精神提高到自由与真理乃是更高的逻辑事业。"① 本书就是一种"纯化"的工作，试图在历史的视域中提升、总结每个大的历史阶段西方美学的理论范畴，借此进一步把握西方美学的发展规律及其重要价值。有学者曾指出，美学理论的学习实际上就是美学史的学习。因为，任何理论都不是孤立而抽象的，都是在历史中出现、发展和转型。本书试图在历史的发展中阐述西方美学的八个重要理论范畴，并以有关理论家的原著作为理论产生的根据。

一　关于西方美学的分期

1. 古典美学的分期

　　对于西方古典美学，学术界比较明确地将之分为古代希腊罗马、文艺复兴、启蒙运动与德国古典几个时期。

---

　　① ［德］黑格尔：《逻辑学》上，杨一之译，商务印书馆 1977 年版，"第二版序言"第 15 页。

2. 现代美学的分期

对于西方现代美学分期比较复杂,主要有四种观点:一是从哲学的角度,认为从 1831 年黑格尔逝世后即开始进入现代美学发展时期;二是根据经济发展,认为从 20 世纪开始进入现代美学发展时期;三是从政治的角度,认为从 1917 年"十月革命"开始进入现代美学发展时期;第四种观点是目前多数美学家的意见,认为从 1831 年开始至 19 世纪末为西方美学由古代到现代的过渡时期,从 20 世纪初开始为现代美学的发展时期。而进入 20 世纪之后这 100 多年来的西方美学的发展又可分为 20 世纪头 30 年的发展期、30—50 年代的形成期、60 年代之后的"后现代时期"。对于"后现代",又有现代之后、现代后期与对现代的反思等不同理解。内容上也有解构与建构之分。目前"后现代问题"仍旧讨论热烈,这个"后现代"一直延续到 21 世纪的今天。

二 西方美学的流派

1. 西方古典美学的流派

关于西方古典美学的流派的划分,与哲学的划分相同,大体从启蒙主义开始分为大陆理性主义美学与英国经验主义美学。当然,还可以从时间的角度分为古典的与现代的。在古典美学发展之中始终贯穿着感性与理性以及古典与现代的矛盾,德国古典美学试图将两者统一,提出古代希腊美作为西方古典美"顶峰"的理论,走向西方古典美学的总结与终极。

2. 现代美学的流派

关于现代美学的流派,李泽厚在 1964 年提出内容与形式二分法,朱狄在 20 世纪 80 年代初提出科学与分析两分法。目前,多数美学家主张科学与人文两分法,也就是欧陆人文主义哲学美学和英美经验主义与分析哲学美学两分法。前期偏重人文,后期偏重科学,目前是以人文为主的两者统一,始终贯穿科学与人文的矛盾,表现为遮蔽与澄明、大地与世界的矛盾,最后走向两者的统一,"天地神人"四方游戏。

三　西方美学的研究方法

1. 逻辑的方法

黑格尔所使用的方法，以"美是理念的感性显现"为逻辑起点，从逻辑与历史的两个维度加以论述。应该说，这是一种社会科学的研究方法，不太适合作为人文学科的美学。所以，我们看到黑格尔的《美学》中存在着以历史迁就逻辑、以艺术史实迁就理论的现象。

2. 历史的方法

鲍桑葵的《美学》基本运用历史突破逻辑的方法，将审美意识引入美学研究，不是仅凭美学家的理论观点。这是一种对黑格尔美学的改造。

3. 理论与历史结合的方法

我们主张运用理论与历史结合的方法，坚持"论从史出"的原则，将理论与历史相结合。

4. 坚持以马克思人学理论为指导，坚持美学作为人文学科的特点而从审美经验出发的研究方法。总结近半个世纪美学研究的经验，人学的研究方法是一种贴近美学人文学科本性的方法，效果较好。

四　对于西方美学的评价

对于西方古典美学的评价，因为马克思主义经典理论家都有定评，比较容易把握，并已取得基本一致的意见。但对于西方现代美学的评价，则比较复杂：

第一，对西方现代美学目前有肯定论、否定论与分析论三种评价。分析论之中又有总体肯定与总体否定两种观点。我们主张有分析的、适度总体肯定的观点。正如有学者所言，西方现代美学对于传统美学的超越与推进是美学学科的历史进步。

第二，西方现代美学具有四个并存的特点，即意识形态上的局限性与社会文化哲学发展的前瞻性并存、哲学与政治上的错误与对于审美与艺术规律的揭示并存、腐朽与进步并存、文化的发展与精神的空虚并存。

第三，我们的基本态度是坚持马克思主义的历史唯物主义原则，将一切美学现象放到社会历史经济的发展中进行实事求是的分析评价。

第四，坚持"批判地继承"与"洋为中用"的原则，吸收其精华，剔除其糟粕，力求避免"以西释中"。

五 西方美学研究的理论立足点——马克思人学理论指导的审美经验理论

我们在中国当下语境下研究西方美学，首先涉及实践美学。它应该是我国当代马克思主义美学研究最重要的成果，具有历史的先进性与一定的合理性，但也有着时代的历史的局限：其一，理论过于泛化，因为"实践"是一切人类活动的特点，无论如何论述都难以特指美与审美；其二，同艺术的起源不完全相符，许多艺术活动与古代巫术有关，并非都是生产实践；其三，无法解答自然美，特别是未经实践的荒漠等自然现象，而且自然美问题上有关"自然的人化"的观点具有明显人类中心主义倾向；其四，混淆了审美与认识的关系，将审美局限于认识领域，在思维方式上还是主客二分的。当然，实践美学所依据的理论资源主要还是德国古典美学，特别是康德美学，这些理论成果尽管具有很强的学术与理论价值，但毕竟已经成为历史的形态，缺乏更加强烈的现代性。

再就是"后实践美学"。它是新时期的可贵探索，但也有明显局限：完全否定实践美学的唯物主义实践论的理论前提，不太妥当；非理性化倾向严重；理论资源基本上是西方现代生命论美学。

我们的理论立场是坚持马克思主义唯物史观的指导，运用实践存在论的审美经验现象学。以马克思主义唯物史观作为理论前提，不能动摇；采取古今中外兼收并蓄的方法；坚持美学作为人文学科的基本特点，贯穿人文学科价值判断立场；坚持以具有社会共通性的个人的审美经验为研究的出发点，以克服主客二分的现象学作为美学研究的重要方法，但不排斥社会的、历史的等方法。

我们的目标是继承古典美学，走出古典美学，建设现代美学。长期以来，由于种种原因，我国美学领域受西方古典美学影响深远。中华人民共和国成立后受别林斯基、车尔尼雪夫斯基、杜勃罗留波夫与苏联美学影响；新时期开始受德国古典，特别是康德美学影响。目前我们已经进入现代与后现代社会，经济社会文化发生了巨大变化。因此，必须继承古典，走出古典，走向现代。这是美学建设的重任。

六　本书内容

本书除了导言外，由八个部分构成，也就是论述了八个历史阶段的西方美学范畴。古代希腊的和谐论美学，其基本范畴为"美与和谐"；欧洲中世纪的神学美学，其基本范畴为"美与神性"；德国古典美学，其基本范畴为"美与自由"。这是西方古典美学的三个主要时期及其基本范畴。现代西方美学主要论述了19世纪后期至20世纪初期的生命论美学，其基本范畴为"美与生命"；美国实用主义美学，其基本范畴为"美与经验"；欧陆现象学经验论美学，其基本范畴为"美与间性"；后现代解构论美学，其基本范畴为"美与解构"；英美分析美学，其基本范畴为"美与分析"。我们的论述不是单纯地就范畴而论范畴，而是尽力在历史的境域中论述，尽力阐述有关范畴生成的历史与理论背景及其贡献与局限。当然，这种论述不免有所遗漏，期待在以后的教学与科研中不断弥补。

本书的写作历经了20年的漫长历程。起初是与参与博士课程的同学一同阅读与理解西方美学原著，学习内容不断有所调整，直到形成本书的基本格局。其中有些重要内容如西方马克思主义与符号论美学尽管非常重要，但一学期的学习时间毕竟有限，因而只好搁置，没有纳入本书。这是一个重要缺陷。由于本书的写作与教学同步，其中吸收了选课同学的一些意见，在此谨致谢意。本书的成书过程还要感谢我目前的三位学生张文、张晓东和李莉的帮助和校阅。感谢我的助手祁海文教授的工作。西方美学的博士课程的教学经历了我人生中从中年到老年的学术历程。目前，

由于体力、精力有限，难以长时间阅读和写作，所以影响了写作水平的提高和内容的完善。敬请学术界同行，特别是青年朋友多加批评指正。

曾繁仁

（原文作于 2016 年 9 月 2 日）

第一章

古代希腊美学：美与和谐

古希腊是公元前 800 年至公元前 146 年（历时约 650 年）那段时间内位于欧洲南部、地中海东北部、巴尔干半岛西部、爱琴海诸岛及小亚细亚西岸一群奴隶制城邦的总称。本章主要研究古希腊时期的"和谐论"美学思想。

第一节　希腊古典和谐美及其理论地位

希腊古典和谐美，包括理论与艺术两个部分。它在人类美学史、艺术史，乃至整个历史上都具有极高的地位，这是毋庸置疑的。希腊古典和谐美是人类历史上的光辉篇章，是人类童年的伟大创造，同时也是人类引以为自豪的永恒骄傲。黑格尔认为，古代希腊"这个民族值得我们尊敬，因为他们创造出一种具有最高度生命力的艺术"①。古希腊是西方文明的摇篮。黑格尔说，在欧洲人心中一提到古希腊这几个字，"自然会引起一种家园之感"②。对于古希腊古典美的研究探讨，是美学史与艺术史的永恒课题。而希腊罗马时期的美学理论就是对于这一古典美进行探讨总结的结晶，留下了人类初期对美的哲学思考，给后人以深深的启示。

---

① ［德］黑格尔：《美学》第 2 卷，朱光潜译，商务印书馆 2009 年版，第 169 页。

② ［德］黑格尔：《哲学史讲演录》第 1 卷，贺麟、王太庆译，商务印书馆 2009 年版，第 173 页。

一 希腊古典和谐美是人类美的艺术及其理论的源头

希腊古典美及其理论是人类艺术与美学理论不尽的源头。希腊古典艺术本身不论在题材、技巧还是语言等各个方面都成为后世艺术的源头。而其美学理论也是人类，特别是西方美学的源头。恩格斯说："在希腊哲学的多种多样的形式中，几乎可以发现以后的所有看法的胚胎、萌芽。"① 而希腊古典和谐美本身即成为西方美学史上的重要研究课题，从新古典主义到文艺复兴，再到近代温克尔曼、莱辛以及黑格尔等，都有大量研究古希腊美学与艺术的篇章。而古希腊作为人类文化的轴心时期，正如德国哲学家雅斯贝斯在《历史的起源与目标》一书中所言，"人类一直靠轴心期所产生、思考和创造的一切而生存"②，从而成为人类文化发展的重要支撑之一。

二 希腊古典和谐美是人类艺术及理论的典范

马克思在《政治经济学批判》导言中指出，希腊艺术仍然能够给我们以艺术享受，而且就某些方面说还是一种规范和高不可及的范本，并具有永恒的魅力。这是千真万确的事实，几千年来古希腊美学与艺术被各代艺术家奉为典范，而其论著也被奉为法典。

三 古希腊古典和谐论美学与艺术在当前具有现实的价值

鲍桑葵指出，"任何东西都不能和伟大的美的艺术作品（包括杰出的文学在内）相比。只有这些伟大的美的艺术作品才是随着时代的变迁日益重要，而不是随着时代变迁日益不重要"③。对当代来说，希腊古典美及其理论所具有的现实意义是：欣赏的价值；从中体悟到人类的创造的力量而受到鼓舞，成为人类前行的永久动力；从中发掘出

---

① 《马克思恩格斯文集》第 9 卷，人民出版社 2009 年版，第 439 页。
② ［德］卡尔·雅斯贝斯：《历史的起源与目标》，魏楚雄、俞新天译，华夏出版社 1989 年版，第 14 页。
③ ［英］鲍桑葵：《美学史》，张今译，商务印书馆 2009 年版，第 6 页。

人类初始阶段理论的光芒及其对美的思考，具有原创的价值，从而从中吸取丰富的营养。

第二节 希腊古典和谐论美学产生的背景

一 自然背景

希腊是一个半岛，三面环海，交通方便，气候温和。航海事业发达，商业繁荣。但希腊半岛丘陵起伏，自然条件艰苦，形成许多城邦，长年处于战争状态。为了适应战争的需要，体育锻炼被提到重要地位，运动会成为炫耀体魄的场所，运动会裸体举行，这就给雕塑艺术特别是裸体雕塑艺术的发展提供了条件。因为运动会的冠军常常以为其塑像而加以奖励，从而促进了写实的雕塑艺术的发展。

二 文化背景

希腊时代是个多神教的时代，流传着多种带有强烈宗教色彩的神话。同时，由于实行奴隶社会的城邦民主制，所以思想空前活跃，辩论盛行，各种哲学思想得到高度发展，涌现了一大批哲学家。

三 艺术背景

希腊时代是人类童年艺术高度发展的时代，雕塑是当时最具代表性的艺术形式。其他诸如史诗、戏剧等，也都发达。这就给古代希腊美学理论的发展提供了前提，而美学理论又成为艺术进一步发展的动力。

四 社会与科学背景

古希腊作为海洋国家，及其以山地为主的地理环境，使其基本的生存与经济生活是手工业、商业与航海。加之古希腊哲学是一种对于本源的探求，所以古希腊在这种本源哲学与商业经济、海洋经济背景下盛行一种以数学与几何为代表的纯科学，宗白华称之为几何空间之哲学，从而导致和谐论美学与艺术观之出现。

第三节　希腊古典和谐美的内涵及其发展

一　希腊古典和谐美的内涵

关于希腊古典美的内涵及其基本特征，美学史上多有论述。最著名的就是温克尔曼将希腊古典美概括为"高贵的单纯和静穆的伟大"①。黑格尔则将其归结为古典型的雕塑美，即"内容和完全适合内容的形式达到独立完整的统一，因而形成一种自由的整体"②。鲍桑葵在《美学史》中则将之归结为"和谐、庄严和恬静"③。不过，无论如何概括，希腊古典美都是一种静态的、形式的"和谐美"，也就是说希腊古典美有三要素：静态，形式，和谐。而"和谐"是最核心的内容。为什么说"和谐美"是希腊古典美最核心的内容呢？这是因为，"和谐"作为一种美的境界，也就是人生的理想，是人之特点所在。因为，动物本身是自然的一部分，没有社会，不存在同自然与社会的关系问题。而人区别于动物之后，就将自己从自然中划分了出来，并将自然变成了自己的对象，从而形成了社会。人类最基本的矛盾即人同对象的矛盾，对象包括自然与社会，而这种矛盾呈现"斗争—和谐—再斗争—再和谐……乃至无穷"的状态。因此，这种"和谐"在古希腊表现为物质的形式的数的比例对称的和谐，而在中国古代则表现为"天地人之中和"的和谐。总之，"和谐"是人类的理想与目标。人不断通过矛盾斗争追求着和谐的境界，同时也获得了满足。因此，"和谐"即是美的境界，也是人类的理想、人生的目标。这种"美即和谐"论在古希腊罗马具体表现为四个方面的内容：

第一，形式美的和谐说。这就是将美归之为"秩序、对称和比例"。

第二，艺术创作的"模仿"说。在古希腊，"再现"论艺术观占

① ［德］温克尔曼：《希腊人的艺术》，邵大箴译，广西师范大学出版社 2001 年版，第 17 页。
② ［德］黑格尔：《美学》第 2 卷，朱光潜译，商务印书馆 2009 年版，第 157 页。
③ ［英］鲍桑葵：《美学史》，张今译，商务印书馆 2009 年版，第 21 页。

据上风，创作过程成为物质对象的再现，包括柏拉图著名的"模仿的模仿"与"镜子"说，亚里斯多德与贺拉斯的"模仿"说等。

第三，艺术作品的"悲剧"观。古希腊悲剧所表现的是一种古典的静式美，所谓性格（ethos）的类型化、情节中心论（包括亚氏的一个场景、一个地点等，最后发展到"三一律"）、效果（katharsis）的陶冶说（包括鲍桑葵的"宣泄"说、莱辛的"净化"说与罗念生的"陶冶"说三种说法）。作为古典的雕塑美表现的是人与命运斗争中流露的一种高尚感情，因而我们认为还是以"陶冶"说为宜。

第四，代表性的艺术形式是雕塑。物质的形式的静态美在古希腊雕塑中得到了最集中的体现。这种雕塑美体现于史诗与戏剧之中。

二　希腊古典美的发展

希腊古典美是有一个发展过程的，我们将之分为四个阶段。

第一，古典美的提出。

主要代表人物是古代希腊哲学家毕达哥拉斯。他说"什么是最美——和谐"[1]，并将其基本品格归结为"把杂多导致统一"[2]，而将统一归结为"数"，所谓"整个天是一个和谐，是一个数"[3]。

第二，古典美的深化。

主要表现为柏拉图的理念论。他进一步探讨了和谐的内在动因是一种内在的精神因素，由"理念"将"杂多"统摄为"整一"。柏拉图在《大希庇阿斯篇》中提出"什么是美""美是难的"以及"美的理念"等论题与观念，开创了对于美的哲学思考，为人类提供了作为哲学组成部分的美学学科的雏形。

第三，古典美的具体阐释。

主要是亚里斯多德的《诗学》与贺拉斯的《诗艺》，在艺术理论中对于古典的和谐美加以发挥。亚里斯多德提出著名的"模仿说"与

---

① 转引自闫国忠《古希腊罗马美学》，北京大学出版社 1983 年版，第 11 页。

② 转引自北京大学哲学系美学教研室编《西方美学家论美和美感》，商务印书馆 1980 年版，第 14 页。

③ 参见〔英〕W. C. 丹皮尔《科学史》，李珩译，商务印书馆 1975 年版，第 37 页。

悲剧观，贺拉斯则提出文学创作的"合式"原则。同时也导致了古希腊的"诗与哲学之争"。古希腊和谐美包括柏拉图的"理念"论与亚里斯多德的"整一"论，前者是"哲"，后者是"诗"。柏拉图批评诗的模仿，亚里斯多德批评柏拉图理念论的精神性，坚持审美与艺术的物质实体性。诗哲之争，贯穿整个西方美学的始终。前者发展为大陆理性主义之人文主义美学，后者发展为英美分析哲学之科学主义美学。

第四，古典和谐美的挣脱。

主要是朗吉弩斯的《论崇高》和普罗提诺提出的美"是在事物的对称性上面闪耀的光"①。尽管朗吉弩斯"崇高"概念的提出主要从修辞出发的，但已经涉及伟大的思想与激昂的感情，所以已经关涉崇高感的感情效果及其特征，因而具有美学意义，是对于"和谐"的突破。我们需要特别给予注意的是，朗吉弩斯提出"崇高"概念已经是公元 1 世纪左右的事情，《论崇高》中引用了旧约《圣经》，说明其崇高概念受到中世纪基督教文化的影响，因此"崇高"概念的提出既是美学的转型，也是时代社会的转型。因此，"希腊哲学家的创造才能随着普罗提诺而结束了"②，说明普罗提诺意味着希腊古典美的式微。

在此需要指出的是，古希腊的"和谐美"是一种具体物质的"比例、对称与协调"，而中国古代的"中和美"则是一种宏观的"天人之和"，两者不可简单类比。

第四节　柏拉图的《理想国》：美的"效用"说

柏拉图（Plato，前 427—前 347），古希腊哲学家，柏拉图学派的创始人，其美学理论是欧洲哲学与美学的源头之一。《理想国》是柏拉图中年时期的作品，是西方第一部系统的政治学著作。在该书中，

---

① ［英］鲍桑葵：《美学史》，张今译，商务印书馆 1985 年版，第 155 页。
② 同上书，第 157 页。

柏拉图不仅讨论了国家的起源、性质和结构，还设计了一种带有乌托邦性质的政治蓝图。该书带有百科全书的性质，包括了哲学、政治学、伦理学、教育学、美学与文艺学等极为丰富的内容。柏拉图的美学与文艺学思想具有鲜明的政治色彩，完全从巩固城邦的政治利益出发来探讨审美与文艺问题，审美与文艺的效用说占据突出的位置。这说明，从源头上，西方美学思想与文艺思想具有明显的政治性，审美与文艺的政治性与超越性在西方从源头上就开始了的。《理想国》在西方历史上第一次从法制的角度强化了审美与文艺的"效用说"与驱逐模仿诗人的合法性，并以其著名的"洞穴理论"从认识本体论的角度强调了审美教育的极端重要作用。同时，柏拉图从优化人种的角度论述了教育包括审美教育对于培养城邦护卫者的极端重要性，成为此后西方种族主义的源头。

一 美的本质：美即理念

柏拉图在其著名的《大希庇阿斯篇》中在人类历史上第一次提出了"美本身"与"美的东西"的区别，强调了"美本身"这个概念，为美学的哲学研究开启了先河，从其理念论的角度论述了美的本质特性。在《理想国》之中，他又进一步从国家论的高度论述了美即"理念"与美即"美本身"的问题。他将"理想国"之中的阶级分为哲学王、护卫者与平民三类，而哲学王作为统治者既是理念的掌握者，也是美的掌握者。他还从其独有的知识体系论述了"美本身"与"美即理念"的问题。他认为，所谓知识分为有（知识）、意见与无（无知识）三种。所谓"有"，即是对于理念的把握，称为"有知识"；而"无"，即是"无知识"，没有把握理念；而所谓"意见"，则是日常生活的看法，即普通人对于"美的东西"的看法。当然，这也远离了"美的理念"。他说："一般人关于美的东西以及其它东西的平常看法，游动于绝对存在和绝对不存在之间。"[1] 又说："那些只

———————
① ［古希腊］柏拉图：《理想国》，郭斌和、张竹明译，商务印书馆1986年版，第225—226页。

看到许许多多美的东西，许许多多正义的东西，许许多多其它的东西的人，虽然有人指导，他们也始终不能看到美本身，正义等等本身。关于他们我们要说，他们对一切都只能有意见，对于那些他们具有意见的东西谈不上有所知。"① 而这种"美本身"与"美的理念"的特性则是永远不变的"一"。他在批判那些只看到"美的东西"的人时，说道，"他不相信有永远不变的美本身或美的理念，而只相信有许多美的东西，他绝对不信任何人的话，不信美本身是'一'，正义本身是'一'，以及其它东西本身是'一'，等等"。② 而且，柏拉图还提出了善在美前与美善统一的重要问题。他说："总之我认为，一个人如果不知道正义和美怎样才是善，他就没有足够的资格做正义和善的护卫者。我揣测，没有一个人在知道善之前能足够地知道正义和美。"③ 他还认为，"如果善是知识和真理的源泉，又在美方面超过这二者，那么你所说的是一种多么美不可言的东西啊"④。而他又将善比作"太阳"与"光"，那个"善在可见世界中所产生的儿子——那个很象它的东西——所指的就是太阳"⑤。可以说，这是西方历史上第一次将善与美比喻为"太阳"和"光"，开创了中世纪神学美学将美比喻为"光"的先河。

二 美的教育：城邦护卫者"灵魂的转向与上升"

柏拉图从城邦政权巩固的角度出发非常重视城邦护卫者的培养和教育。他认为，城邦护卫者的培养和教育是当政者的"大事"，又称之为"能解决问题的事"。"因为，如果人们受到了良好的教育就能成为事理通达的人，那么他们就很容易明白，处理所有这些事情还有我此刻没有谈及的别的一些事情。"⑥ 在《理想国》中，柏拉图非常

---

① ［古希腊］柏拉图：《理想国》，郭斌和、张竹明译，商务印书馆 1986 年版，第 226 页。
② 同上书，第 224 页。
③ 同上书，第 262 页。
④ 同上书，第 267 页。
⑤ 同上书，第 266 页。
⑥ 同上书，第 138 页。

重要的是从认识本体论的角度论述了美的教育重要性。他将人的认识归结为对于理念（真理）的把握，美的教育当然也是一种对于理念的把握，因而具有本体的性质。他提出了著名的"洞穴理论"。他认为，有些人从小就居住在洞穴里，头颈和腿脚都被绑着不能走动也不能转头，只能看见洞穴后壁的阴影，这就是所谓的可见世界，而看不见洞穴前方的光亮和风景，也就是所谓的可知世界。其实，知识是每个人灵魂里都有的一种能力，而每个人用以学习的器官就是眼睛。这样就需要一种将他们的头颈和腿脚转向的技巧。"于是这方面或许有一种灵魂转向的技巧，即一种使灵魂尽可能容易尽可能有效地转向的技巧。"① 通过这种转向技巧将灵魂从可见世界转到可知世界，真正把握"善的理念"。"它的确就是一切事物中一切正确者和美者的原因，就是可见世界中创造光和光源者，在可理知世界中它本身就是真理和理性的决定性源泉。"② 他认为，这种转向的技巧是"后天的教育和实践培养起来的"③。他说："没受过教育不知道真理的人和被允许终身完全从事知识研究的人，都是不能胜任治理国家的。"又说："因此，我们作为这个国家的建立者的职责，就是要迫使最好的灵魂达到我们前面说是最高的知识，看见善，并上升到那个高度。"④ 他将人的心灵分为理智、激情与欲望三个部分，认为应该通过教育使得理智起到领导作用，激情起到理智的协助作用，而对于占据心灵最大部分的欲望加以监视、控制，使其不因失控而毁了人的整个生命。而心灵教育的最好途径，就是音乐和体育的协同作用。他说："因此，不是正如我们说过的，音乐和体育协同作用将使理智和激情得到协调吗，既然它们用优雅的言词和良好的教训培养和加强理智，又用和谐与韵律使激情变得温和平稳而文明。"又说："这两者（理智和激情）既受到这样的培养、教育并被训练了真正起自己本份的作用，它们就会去领导

① ［古希腊］柏拉图：《理想国》，郭斌和、张竹明译，商务印书馆1986年版，第278页。
② 同上书，第276页。
③ 同上书，第278页。
④ 同上书，第279页。

欲望。"① 当然，柏拉图在《理想国》一文中还从人种优化的角度谈到包含音乐教育在内的教育问题，所谓"良好的培养和教育造成良好的身体素质，良好的身体素质再接受良好的教育，产生出比前代更好的体质，这除了有利于别的目的外，也有利于人种的进步，像其他动物一样"②。应该说，这种"人种论"的观点是错误的，导致了西方历史上的种族主义。

三　美的效用：通过说服或强制造就城邦"整体的幸福"

柏拉图在美的功能问题上是强调效用说的，在《理想国》之中，他从国家利益的高度进一步强化了这一观点，具有更大的功利性、政治性、法制性、强制性。柏拉图不仅是作为哲学家，更是作为政治家来谈论审美与文艺问题的。他要建立一种由哲学王统治的贵族政治，即他所谓的"理想国"。在这个理想国之中，有哲学王、护卫者与平民三个阶级，包含智慧、勇敢、节制与正义四种道德规范，智慧属于哲学王，勇敢属于护卫者，而节制属于平民，三个阶层各在其位属于正义。"正义"就是城邦最大的道德规范与秩序所在，可以这样说，顺之者昌，逆之者亡。因此，包含审美与文艺在内的一切活动的最重要规范，就是对于"正义"的维护。这就是城邦的整体幸福所在，是美的效用的最终目标。他说："我们立法不是为城邦任何一个阶级的特殊幸福，而是为了造成全国作为一个整体的幸福。它运用说服或强制，使全体公民彼此协调和谐，使他们把各自能向集体提供的利益让大家分享。"③ 为了城邦"整体的幸福"，通过说服或强制的途径，达到协调和谐的目标。这就是柏拉图对于一切城邦成员及其活动的要求，包括审美活动与文艺活动在内。为此，可以通过立法的手段驱逐违反上述规范进行审美与文艺活动的人。这就是《理想国》第三卷中著名的"驱逐诗人"的论述："我们不能让这种人到我们城邦里来；

---

① ［古希腊］柏拉图：《理想国》，郭斌和、张竹明译，商务印书馆1986年版，第169页。
② 同上书，第138页。
③ 同上书，第279页。

法律不准许这样，这里没有他的地位。我们将在他头上涂以香油，饰以羊毛冠带，送他到别的城邦去。"① 他甚至认为，可以对身体不健全与天赋邪恶的人处之以死。他说："这两种法律都对那些天赋健全的公民的身体和心灵抱有好意；而对那些身体不健全的，城邦就让其死去；那些心灵天赋邪恶且又不可救药的人，城邦就毫不姑息处之以死。"② 动用法律和极刑对待审美与文艺等精神活动，可以说柏拉图开了历史的先例，对于审美与文艺的效用之说可以说是发挥到了极致。

四 诗与悲剧：对模仿的诗的否定和艺术规律的阐释

对于诗歌，柏拉图仍然是从政治的角度加以评价，他首先考虑的是城邦政权的巩固。当时的诗歌有三种体裁，一种是完全通过模仿的戏剧体，主要是悲剧与喜剧；一种是诗人自我表达情感的抒情诗体；再一种是二者并重的史诗。③ 因此，总体上说，模仿的诗占据了主导性地位，包括著名的荷马史诗与古希腊悲剧喜剧等。柏拉图对于模仿的诗是否定的。他主要从政治、哲学与教育三个角度阐述自己的观点。首先，在政治上，他认为，模仿的诗违背了城邦最基本的政治与道德规范，即违背了最重要的"正义"原则。他说："假使我们要坚持我们最初的原则，一切护卫者放弃一切其它业务，专心致志于建立城邦的自由大业，集中精力，不干别的任何事情，那么他们就不应该参与或模仿别的任何事情。"④ 为什么这样要求呢？因为，柏拉图认为，城邦的最大原则与政治道德规范是哲学王、护卫者与平民三个阶级各在其位，不得超越自己的地位与职责。这就是城邦最重要的政治与道德规范——正义。违背了这一原则就是"不正义"，是不利于城邦政权稳固的最大的悖逆。而模仿就违背了各个阶级各安其位的原则，因而是一种最大的不正义。他说，我们"曾经规定下一条总的原则。我想这条原则或者这一类的某条原则就是正义"。而所谓"正义

① ［古希腊］柏拉图：《理想国》，郭斌和、张竹明译，商务印书馆1986年版，第102页。
② 同上书，第120页。
③ 同上书，第96—97页。
④ 同上书，第98页。

就是只做自己的事而不兼做别人的事"①。从哲学上看，他认为，模仿是与真理（理念）隔着两层的，是没有价值的。在著名的《理想国》第十卷中，柏拉图以三种床作为比喻，说明模仿与真理隔着两层。他说有三种床：一种是神造的自然的床，一种是木匠造的床，一种是画家画的床。"因此，你把和自然隔着两层的作品的制作者称作模仿者"，"自然地和王者或真实隔着两层"②。这种与真理隔着两层的模仿的床（即绘画与诗歌）是没有价值的。这就是古代希腊著名的哲学与诗歌之辩。这也涉及艺术真实之辩，柏拉图从理念论出发是完全否定诗与艺术的真实性的，而亚里斯多德则对于诗与艺术的真实性给予了充分的肯定。这一争论其实贯穿了整个西方美学与文学理论历史，值得我们重视与注意。最后，从教育的角度出发，柏拉图认为，模仿的诗歌是模仿了人的心灵中欲望这一最低贱的部分，因而，它起到一种腐蚀的作用。他说："因为像画家一样，诗人的创作是真实性很低的；因为像画家一样，诗人的创作是和心灵的低贱部分打交道的。因此我们完全有理由拒绝让诗人进入治理良好的城邦。因为他的作品在于激励、培育和加强心灵的低贱部分毁坏理性部分，就像在一个城邦里把政治权力交给坏人，让他们去危害好人一样。"③ 所以，他认为，"诗歌的最大罪状"就是"有一种能腐蚀最优秀人物（很少例外）的力量"④。

由于柏拉图否定模仿的诗，导致必然否定同样是模仿的悲剧，特别是悲剧对于怜悯与同情之情的唤起。他认为，荷马和悲剧诗人对受苦的模仿，长时间的悲叹和吟唱，捶打胸膛，"我们就会反过来，以能忍耐能保持平静而自豪，相信这才是一个男子汉的品行，相信过去在剧场上所称道的那种行为乃是一种妇道人家的行为"⑤。又说："在

---

① ［古希腊］柏拉图：《理想国》，郭斌和、张竹明译，商务印书馆1986年版，第154页。
② 同上书，第392页。
③ 同上书，第404页。
④ 同上书，第405页。
⑤ 同上。

那种场合养肥了的怜悯之情，到了我们自己受苦时就不容易被制服了。"[1] 为此，柏拉图申述道："既然诗的特点是这样，我们当初把诗逐出我们国家的确是有充分理由的。"[2] 但柏拉图并非不懂艺术的规律，他对于诗歌的否定还是从政治出发的。在《理想国》中，柏拉图比较充分地论述了诗歌艺术的特点和创作规律。首先是艺术的内容和形式特点。他说："下面我们要讨论故事的形式或风格的问题。这样我们就可以把内容和形式——即讲什么和怎样讲的问题——全部检查一番了。"[3] 这里已经涉及艺术的内容（讲什么）和艺术的形式（怎样讲）及其关系问题。接着涉及艺术形式主要是体裁问题，说道："他们说故事，是用简单的叙述，还是用摹仿，还是两者兼用？"[4] 其次，柏拉图论述了"诗歌和曲调的形式问题"，指出："诗歌有三个组成部分——词，和声，节奏。"[5] 这三个组成部分，涉及吕底亚调、多利亚调、佛里其亚调以及各种多弦乐器和多调乐器等。总之，柏拉图比较全面地论述了艺术的特点和规律，说明他并非是对诗歌戏剧等艺术规律不了解的人，而是非常熟悉的理论家，他否定艺术是要求有一种符合他的政治需要的新的艺术出现。

柏拉图《理想国》之中的美学思想说明了其美学与艺术思想的强烈政治色彩和理念论哲学根基，一直影响西方美学与文艺思想几千年之久。

第五节　亚里斯多德的《诗学》：美在整一

亚里斯多德［Aristotle，前 384（383）—前 322］是古希腊后期最重要的思想家，百科全书式的人物。他的《诗学》是欧洲第一部完整的成体系的美学与文艺理论论著，成为西方几千年美学与文学理论

---

① ［古希腊］柏拉图：《理想国》，郭斌和、张竹明译，商务印书馆 1986 年版，第 406 页。
② 同上书，第 407 页。
③ 同上书，第 94 页。
④ 同上。
⑤ 同上书，第 103 页。

的重要源头，此后西方的诸多重要美学与文学理论论题几乎都是对亚氏理论的阐发。古代希腊存在着哲学与诗学的争论，柏拉图代表了哲学的立场与视角，而亚里斯多德则代表了诗学的立场与视角，亚氏的学术立场与观点是基于对他的老师柏拉图的反驳，因此亚氏留下名言："吾爱吾师，吾更爱真理。"对于这场哲学与诗学的争论，我们应深入考虑其在西方文化史上的深远影响，是形成日后欧陆理性主义与英国感性主义的开端，一直延续至今，形成人文与科学的交叉互补。因此，我们完全可以将《诗学》与《理想国》相对着来阅读。

亚氏在《诗学》中的美学思想是基于其基本的美学观：美在整一。这里的"整一"是一种从生活与物质出发的物质实体性内涵，与柏拉图的"理念论"的精神性是完全不同的。亚氏充分总结了古代希腊繁荣发达的史诗、悲剧与喜剧的特点，在此前提下，全面地阐发了他的诗学理论，充分肯定了作为模仿的文学的认识作用与美感作用。

一 论美的本质：美在整一

关于美的本质，柏拉图将之归结为"理念"，审美是人对于这种理念的"回忆"。亚里斯多德与之相反，则将美的本质归之于物质实体性的"整一"。他在《诗学》中说道："一个美的事物——一个活东西或一个由某些部分组成之物——不但它的各部分应有一定的安排，而且它的体积也应有一定的大小；因为美要倚靠体积与安排，一个非常小的活东西不能美，因为我们的观察处于不可感知的时间内，以致模糊不清；一个非常大的活东西，例如一个一万里长的活东西，也不能美，因为不能一览而尽，看不出它的整一性；因此，情节也须有长度（以易于记忆者为限），正如身体，亦即活东西，须有长度（以易于观察者为限）一样。"① 首先，这里将美界定为"美的事物""活的东西"与"组成之物"，也就是实际的事物即实体。其次，这种实体在体积与长度上都应长短、大小适中，即具有"整一性"。其

---

① ［古希腊］亚里斯多德：《诗学》，罗念生译，人民文学出版社 1962 年版，第 25—26 页。

三，美应有"整一性"的原因是从审美者的感受出发的，即易于观察和易于记忆。这说明亚氏的美感是一种实在性的人的认识（记忆）与感受（观察），开辟了认识与心理两个层面。其四，美是"活的东西"之说，已经将有机论思想放到其美学理论之中，包含了美的事物的生命性内容。这就是亚氏有关美的本质的基本观点，是与古希腊美的"比例、对称与和谐"的观点一致的，是这种理论的发展与深化。

二　论诗学：诗作为摹仿的艺术的性质与特点

亚氏一反柏拉图对诗（文学）的否定，在《诗学》中以肯定的态度全面地论述了"诗"，即文学的性质、作用与分类，在人类历史上第一次建立了"诗学"即文学理论，意义重大。他在介绍《诗学》的内容时说，"关于诗的艺术本身、它的种类、各种类的特殊功能，各种类有多少成分，这些成分是什么性质，诗要写得好，情节应如何安排，以及这门研究所有的其他问题，我们都要讨论"①。这就是亚氏《诗学》的大纲，说明其对诗学即文学理论的草创之功，以及将之体系化的重要建树。与柏拉图对摹仿的否定不同，他相当全面地论述并肯定了文学的基本特征——摹仿及其作用。他将文学的本质归之于"摹仿"，说道："史诗和悲剧、喜剧和酒神颂以及大部分双管箫乐和竖琴乐一这一切实际上是摹仿。"② 他认为，"摹仿"是文学的起源，并将之归之于人的一种本能。他说："一般说来，诗的起源仿佛有两个原因，都是出于人的天性。人从孩提时代起就有摹仿的本能（人和禽兽的分别之一，就在于人最善于摹仿，他们最初的知识就是从摹仿得来的），人对于摹仿的作品总是感到快感。"③ 在这里，亚氏将文学的起源归之于摹仿，而摹仿是人类区别于禽兽的一种本能并能从中得到快感，其原因是人的最初的知识是从摹仿得来的，而且这种知识的获得是审美快感的重要原因。这是一种认识论美学的起源，说明认识

---

①　[古希腊] 亚里斯多德：《诗学》，罗念生译，人民文学出版社 1962 年版，第 3 页。
②　同上。
③　同上书，第 11 页。

是审美的根源。而由于摹仿的诗是按照可然律与必然律描述可能发生的事，"因此，写诗这种活动比写历史更富于哲学意味，更被严肃地对待；因为诗所描述的事带有普遍性，历史则叙述个别的事"①。在这里，亚氏揭示了文学的摹仿反映普遍性的特点，因此比古希腊当时的纯粹记录历史事实的历史更具哲学意味。这就完全不同于柏拉图认为文学的摹仿与真理隔着三层，是"摹仿的摹仿"的观点。亚氏还进一步论述了艺术特别是文学的分类，由摹仿的媒介、对象与方式的不同，形成了不同艺术与文学门类。由于摹仿的媒介不同形成了绘画、音乐与文学的差别。而文学的媒介主要是韵文，而文学中的戏剧作为综合艺术也包括节奏、歌曲等媒介。他说："有些艺术，例如酒神颂和日神颂、悲剧和喜剧，兼用上述各种媒介，即节奏、歌曲和'韵文'；差别在于前二者同时使用那些媒介，后二者则交替着使用。"②在摹仿的对象方面，亚氏认为，"喜剧总是摹仿比我们今天的人坏的人，悲剧总是摹仿比我们今天的人好的人"③。在摹仿的方式上，亚氏认为既可以用叙述的方式，也可以用动作的方式，前者即为史诗，后者则为戏剧。他说，"摹仿须采用这三种种差，即媒介、对象和方式"④。这是关于文学分类的最初也是最权威的论述。

三　论悲剧：悲剧的严肃性与"卡塔西斯"效果

亚氏在《诗学》中集中论述了悲剧。据说，《诗学》还有一个第二卷是讲喜剧，但我们目前看到的本子则是集中论述悲剧，对于喜剧只是一带而过，但也已经涉及喜剧的基本特征。他论述了悲剧的性质、对象、作用与成分，特别是对于悲剧的效果"卡塔西斯"的论述更是意义重大。首先，他为悲剧下了一个完整的定义。他说："悲剧是对一个严肃、完整、有一定长度的行动的摹仿；它的媒介是语言，具有各种悦耳之音，分别在剧的各部分使用；摹仿方式是借人物的动

---

① ［古希腊］亚里斯多德：《诗学》，罗念生译，人民文学出版社 1962 年版，第 29 页。
② 同上书，第 6 页。
③ 同上书，第 8—9 页。
④ 同上书，第 9 页。

作来表达，而不是采用叙述法；借引起怜悯与恐惧来使这种情感得到
陶冶。"① 这里，讲了悲剧的性质、摹仿的方式与效果。

1. 关于悲剧的性质

亚氏认为，悲剧是对"一个严肃、完整、有一定长度的行动的摹
仿"。因此，悲剧的最主要特点是"严肃"，与之相反，喜剧的特点
是"丑"，"其中一种是滑稽。滑稽的事物是某种错误或丑陋，不致
引起痛苦或伤害"②。因此，悲剧不必以伤害或死亡作为其必备的情
节，只要是严肃的事件即可。为此，悲剧要描述重大题材和高尚人
物。这也是悲剧与喜剧（包括喜剧的前身讽刺剧）的差异。亚氏说：
"诗由于固有性质不同而分为两种：比较严肃的人摹仿高尚的行动，
即高尚的人的行动，比较轻浮的人则摹仿下劣的人的行动，他们最初
写的是讽刺诗，正如前一种人最初写的是颂神诗和赞美诗。"③ 悲剧的
另外一个特性是完整性，这是亚氏"美在整一"的体现。他说："所
谓'完整'是指事之有头，有身，有尾。所谓'头'，指事之不必然
上承他事，但自然引起他事发生者；所谓'尾'，恰与此相反，指事
之按照必然律或常规自然的上承某事者，但无他事继其后；所谓
'身'，指事之承前启后者。"④ 这种完整性还包含着有机性的内涵。
亚氏指出，悲剧摹仿完整的行动"里面的事件要有紧密的组织，任何
部分一经挪动或删削，就会使整体松动脱节。要是某一部分可有可
无，并不引起显著的差异，那就不是整体中的有机部分"⑤。正是因为
完整性，所以对于悲剧的长度还是有所要求，所谓"悲剧力图以太阳
的一周为限"⑥，发展为后来新古典时代的"三一律"。原义是说，由
于古希腊的演出条件和每个白天演完一个参赛剧作家的三出悲剧附带
一出笑剧的要求，必须在悲剧的长度上有所限制。"三一律"是后来

---

① ［古希腊］亚里斯多德：《诗学》，罗念生译，人民文学出版社 1962 年版，第 19 页。
② 同上书，第 16 页。
③ 同上书，第 12 页。
④ 同上书，第 25 页。
⑤ 同上书，第 28 页。
⑥ 同上书，第 17 页。

发展而成的,与亚里斯多德的《诗学》没有直接关系。

2. 关于悲剧的特点

亚氏认为,悲剧的特点是对于情节即行动的摹仿。他说:"悲剧中没有行动,则不成为悲剧,但没有'性格',仍然不失为悲剧。"[1]又说:"情节乃悲剧的基础,有似悲剧的灵魂。"[2]之所以如此强调,是从悲剧行动和情节引起"怜悯与恐惧"的效果出发的。他在讨论悲剧的性格、言辞和思想等成分时,指出:"一出悲剧,尽管不善于使用这些成分,只要有布局,即情节有安排,一定更能产生悲剧的效果。"[3]

3. 关于悲剧的效果

亚氏明确指出,悲剧的效果是引起"怜悯与恐惧"。亚氏认为,这和悲剧的人物密切相关。他说,悲剧的效果是怎样产生,什么样的复杂情节能够引起怜悯与恐惧之情。他认为:"第一,不应写好人由顺境转入逆境,因为这只能使人厌恶,不能引起恐惧或怜悯之情;第二,不应写坏人由逆境转入顺境,因为这最违背悲剧的精神——不合悲剧的要求,既不能打动慈善之心,更不能引起怜悯或恐惧之情;第三,不应写极恶的人由顺境转入逆境,因为这种布局虽然能打动慈善之心,但不能引起怜悯或恐惧之情,因为怜悯是由一个人遭受不应遭受的厄运而引起的,恐惧是由这个这样遭受厄运的人与我们相似而引起的。……此外,还有一种介于这两种人之间的人,这样的人不十分善良,也不十分公正,而他之所以陷于厄运,不是由于他为非作恶,而是由于他犯了错误。"[4]这种介于恶人与好人之间的人,是一种极为普通的人,与常人相似的人,这样才能使作为常人的普通观众产生感同身受,引起怜悯与恐惧的效果。这种"卡塔西斯"的悲剧效果,可以解释为宗教术语的"净洗",也解释为医疗术语"宣泄",罗念生将之解释为"陶冶"。我个人认为,三者可以融合。

---

① [古希腊] 亚里斯多德:《诗学》,罗念生译,人民文学出版社 1962 年版,第 21 页。
② 同上书,第 23 页。
③ 同上书,第 22 页。
④ 同上书,第 37—38 页。

4. 关于悲剧的结构

亚氏充分总结了古希腊戏剧特别是悲剧艺术，对于悲剧的结构进行了极为丰富并权威的论述。他说："整个悲剧艺术包括'形象''性格''情节''言词''歌曲'与'思想'。"① 特别对悲剧的情节进行了详尽的论述。他认为，悲剧有简单情节与复杂情节之别，"所谓'简单的行动'，指按照我们所规定的限度连续进行，整一不变，不通过'突转'与'发现'而达到结局的行动；所谓'复杂的行动'，指通过'发现'或'突转'，或通过此二者而达到结局的行动"②。所谓"突转"，是指剧情转向相反的方向，而"发现"是人物的发现，发现被伤害的一方与自己有亲属关系。还有就是"苦难"，是毁灭和痛苦的行动。亚氏认为，这种结构最能产生怜悯与恐惧的效果。这种"突转"，其实是剧中由公情到私情的转变与两者的剧烈冲突，最能引发戏剧效果并扣人心弦。因为，公情是一种公共利益，属于"意"的范围；而私情则是一种牵动心灵的私人情怀，属于"情"的范围。犹如《俄狄浦斯王》之中国家巩固与杀父娶母的冲突，针锋相对，难以统一，痛彻心扉。这里的"突转"，就是报信人向俄狄浦斯报告：他就是那个被弃的婴儿，也就是说，他就是杀父娶母之人。这是灾难的根源。此外，亚氏还论述了悲剧的起源是临时口占与萨提洛斯剧，这是一种与酒神有关的羊人剧。后来，尼采在《悲剧的诞生》中对此进行了专门的研究和论述。此外，亚氏还论述了悲剧的虚构问题，也有重要价值。

四　论史诗：用叙述体和韵文来摹仿的艺术

亚氏在《诗学》中还专论了史诗，他说，史诗是"用叙述体和'韵文'来摹仿的艺术"③。他认为，史诗不应像历史那样只写事物之间偶然的联系，而应按照可然律或必然律来写；与悲剧相比，他认

---

① ［古希腊］亚里斯多德：《诗学》，罗念生译，人民文学出版社1962年版，第21页。
② 同上书，第32页。
③ 同上书，第82页。

为，史诗由于采用叙述体，所以篇幅比悲剧长。这正是史诗的特殊之处，史诗比悲剧还能容纳不近情理的事情。亚氏认为，史诗诗人应该保持史诗叙述体的特征，史诗诗人不能将自己变成故事中的人，而应记住自己是叙述者。他认为，将悲剧与史诗相比，"悲剧比史诗优越，因为它比史诗更容易达到它的目的"①。

第六节　中西古典悲剧观之比较

一　关于中国古代有没有悲剧的问题

我们已经说到，古代希腊亚里斯多德的悲剧观是一种通过怜悯与恐惧而达到陶冶的"卡塔西斯"。亚氏力主悲剧是一种情势向相反方向的逆转，而其结局则为毁灭和痛苦的遭遇，诸如当场丧命、剧痛、创伤等。但中国古代却没有这样的悲剧，中国一般的悲情戏为痛苦伤情，但最后多为大团圆结局。例如《窦娥冤》，尽管窦娥受尽冤屈，但最后其父中举廉访判案，窦娥冤案得以昭雪；《梁山伯与祝英台》一剧最后也是双双化蝶，成双作对，都是大团圆结局。为此，许多著名学者认为，中国古代没有悲剧。蒋观云认为，"且夫我国之剧界中，其最大之缺憾，诚如訾者所谓无悲剧"，并认为"为他国之所笑，事稍小亦可耻也"②；朱光潜在《悲剧心理学》一书中也认为，中国人"对人类命运的不合理性没有一点感觉，也就没有悲剧，而中国人却不愿承认痛苦和灾难有什么不合理性"③。钱锺书认为，"戏剧艺术的最高形式当然是悲剧，然则正是在悲剧方面，我国古代并没有一位成功的剧作家"④。但也有些理论家认为中国古代有悲剧。王国维认为，中国戏剧自来就存在悲剧，"其最有悲剧之性质者，则如关汉卿之

①　［古希腊］亚里斯多德：《诗学》，罗念生译，人民文学出版社1962年版，第107页。
②　蒋观云：《中国之演剧界》，阿英编《晚清文学丛钞·小说戏曲研究卷》，中华书局1960年版，第51、50页。
③　朱光潜：《悲剧心理学》，张隆溪译，江苏文艺出版社2009年版，第192页。
④　钱锺书：《中国古代戏曲中的悲剧》，陆文虎译，《解放军艺术学院学报》2004年第1期。

《窦娥冤》，纪君祥之《赵氏孤儿》。剧中虽有恶人交构其间，而其蹈汤赴火者，仍出于其主人翁之意志，即列之于世界大悲剧中，亦无愧色也"①。钱穆认为，中国文学有自己的悲剧，因此不会出现西方式的悲剧。例如，《尚香祭江》"乃为中国戏剧中一纯悲剧"②，表现其爱夫之情坚贞不渝，而西方悲剧崇尚男女之爱，缺乏夫妇之爱。无论分歧多大，有几点需要说明：其一，中国作为文化古国一定会有自己的悲剧；其二，不能完全以西方悲剧观来解释中国古代悲剧，要从不同的国情出发；其三，中国的确没有古代希腊那样的悲剧，但有自己的悲剧，可以称作苦情戏，而且中国的大团圆结局有自己的民族文化根源。由此可见，中西悲剧与悲剧观是有着明显差异的。

二　中西悲剧与悲剧观差异之原因

其一，哲学观与美学观的差异。西方的哲学观是"天人相分"的，其美学观是偏重于认识论的，因此，其悲剧就是一种人类无法主宰命运的悲剧，是一种人面对巨大的自然无法把握的失败与悲痛，是一种对于真的追求的崇高之感。而中国古代是一种"天人合一"哲学观，天地人构成须臾难离的共同体，人把自然宇宙看成自己的家园，而其美学观则是一种生存论美学观，以追求"保合太和，乃利贞"（《周易·文言》）的吉祥安康为其人生目标。所以，其悲剧就是一种大团圆的结局，充分反映了中国人的生存状态。而且，中国悲剧出现在元代之后，戏剧成为世俗社会的一种生存方式，人们欣赏悲剧已经不关注剧情的内容，而是着眼于演唱的观赏，是一种对美的追求。

其二，地理经济环境的差异。古代希腊濒临大海，人民以航海业与商业为生，生存的风险较大，剧烈的生活变动使之追求强烈的悲剧慰藉。而中国作为内陆国家与农业社会，以生活的稳定性为其生存追求，不喜巨大的变动，这就是大团圆结局的地理与经济原因。

其三，宗教的差异。古代希腊是一种多神教，其先民对神的信仰

---

① 王国维：《宋元戏曲史》，上海古籍出版社 2008 年版，第 88 页。
② 钱穆：《中国文学论丛》，生活·读书·新知三联书店 2002 年版，第 167 页。

十分虔诚，后来发展到基督教。因此，古希腊悲剧包括后来基督教的虔诚的信仰因素，将人的命运交给了神。而中国古代没有占统治地位的宗教信仰，古代社会常常以礼乐教化代替宗教的作用，特别是元代之后戏剧发展之时，儒、佛观念对于中国文化艺术影响深远，儒家的"忠恕""中庸"与佛家的"轮回报应"对于文学艺术包括戏剧影响很大，这就是中国悲剧"善有善报，恶有恶报"的双重结局的宗教文化原因。

其四，人生理想的差异。西方古代希腊由于地处海洋，过的是经商的冒险生活，所以尊奉的是与自然抗争的人生理想；而中国古代的地理与农业生活，遵循的是一种顺应自然与命运的人生态度，《论语》所谓"文质彬彬，然后君子"，以及"君子不争"等就是一种中国古代社会提倡的人生理想与态度，以及道家倡导的"辅万物之自然而不敢为"的人生态度。以上，就是中国古代苦情戏及其大团圆结局产生的重要文化原因。

第二章

欧洲中世纪美学：美与神性

第一节 欧洲中世纪的基本社会情况

中世纪（Middle Ages）（约476—1453），是欧洲历史上的一个时代（主要是西欧），自西罗马帝国灭亡（476）数百年后起，在世界范围内，封建制度占统治地位的时期，直到文艺复兴时期（1453）之后，资本主义抬头的时期为止。"中世纪"一词是15世纪后期的人文主义者开始使用的。这个时期的欧洲没有一个强有力的政权来统治。封建割据带来频繁的战争，造成科技和生产力发展停滞，人民生活在毫无希望的痛苦中，所以中世纪或者中世纪早期，在欧美普遍被称作"黑暗时代"，传统上认为这是欧洲文明史上发展比较缓慢的时期。欧洲中世纪不同于中国的中世纪。中国的中世纪是人类历史上封建社会最繁荣发达的时期，创造了高度发达的经济成就和繁荣的文化。由于没有任何一个宗教占据统治地位，所以思想文化开放，经济与科技处于世界领先地位，产生了举世闻名的汉代文明和盛唐文化，一直持续到南宋，而文化到明清时期还继续放射出光彩。但欧洲中世纪却呈现复杂的情形。一方面，经济文化上是所谓黑暗世纪，同时也是文化转型与新兴文化生长的世纪。对欧洲中世纪的评价因不同的立场而有不同的结论：一是从现代文艺复兴的启蒙、人性、世俗与科学的立场，得出对中世纪的彻底否定；二是从工具主义立场得出实用主义的结论，如欧洲种族主义者会得出排犹太教与排伊斯兰的结论，也有人从语言等文化的角度对相异者进行排斥。正确的态度应该是以马克思历史唯物主义的立场，即从经济社会历史发展的角度对中世纪进行全面的评价。恩格斯指出："中世纪完全是从野蛮状态发展而来的。它把古代文明、古代哲学、政治和法学一扫而光，以便一切都从头做起。它从没落了的古代世界接受的唯一事物就是基督教和一些残破不全而且丧失文明的城市。其结果正如一切原始发展阶段的情形一样，僧侣获得了知识教育的垄断地位，因而教育本身也渗透了神学的性质。"① 同时，恩格斯又指出："中世纪的巨大进步——欧洲文化领域的扩大，在那里一个挨着一个形成的富有生命力的大民族，以及 14 世纪和 15 世纪的巨大的技术进步，这一切都没有被人看到。"②

从经济上来说，欧洲中世纪是封建主义制度，最大的封建主是教会。政治上实行政教合一体制，天主教会的首领同时也成为世俗政权的首领。思想上天主教被定为国教，占据绝对统治地位，导致经院哲学的盛行。天主教僧侣成为这一哲学的创立者和主持者，一切学问都被定为天主教教义的组成部分。哲学上占统治地位的是新柏拉图主义，即客观唯心主义的柏拉图哲学打上神秘主义与禁欲主义的烙印。

第二节　欧洲中世纪美学意义的重新发现

对于欧洲中世纪美学与文学艺术的评价交织着各种极其相反的意见和观点，但总体上在 20 世纪 60 年代之前贬多于褒。大体上有这样四种观点：

第一，黑暗期。英国查伯尔斯认为，"美学被完全压垮了，以致它的历史不得不从头开始"③。朱光潜在《西方美学史》中也说，中世纪"欧洲文艺思想和美学思想实际上处于停滞状态"④。

第二，连续期。英国学者鲍桑葵著名的《美学史》在谈对文艺复

① 《马克思恩格斯全集》第 10 卷，人民出版社 1998 年版，第 482 页。
② 《马克思恩格斯选集》第 4 卷，人民出版社 2012 年版，第 236 页。
③ ［美］凯·埃·吉尔伯特、［德］赫·库恩：《美学史》，夏乾丰译，上海译文出版社 1989 年版，第 157 页。
④ 朱光潜：《西方美学史》，人民文学出版社 1979 年版，第 119 页。

兴的态度时，提出要"把文艺复兴追溯到基督纪元"①，"普罗提诺以后的美学在学术上的连续性"②。这主要指普罗提诺对于艺术局限于模仿的摧毁，这一理论继承了柏拉图的理论，同时又为中世纪基督教艺术家所继承。德国学者库恩也认为，"在中世纪，美学既没有被基督教道德的对抗所扑灭，也没有被神学完全搅乱"，"神父们顽强的人性以及他们对古典文学和哲学的熟识，迫使他们去寻找一些巧妙的理由，在另一些情况下他们的良知迫使他们为所抛弃的艺术和美辩护"。③

第三，浪漫主义美学开端期。黑格尔认为，浪漫主义美学的开端即"宗教氛围的浪漫主义艺术"，把宗教的"爱"看作精神主体性的初期表现。他认为，"浪漫型艺术把这种内容表现在基督、圣母、信徒们以及凡是受到圣灵鼓舞而具有完整神性的人们的生命史里"④。对于黑格尔的这一看法，以前我们一般认为是一种以体系剪裁历史的趋向，现在看来并不太妥当。黑格尔的这一看法，有相当的道理。首先，作为欧洲中世纪文艺基本特征的象征性、神秘性成为欧洲浪漫主义艺术的先河；其次，欧洲中世纪发展着的非宗教的传奇故事（romance）开了欧洲浪漫主义的先河，成为其滥觞。

第四，斗争期。缪朗山在《西方文艺理论史纲》中指出："中世纪文化有其进步的、革命的一面，也有其落后的、反动的一面。在悠长的一千年中，我们看到这两条路线不断的剧烈斗争，此起彼伏，时盛时衰，曲曲折折作波浪式的发展。"⑤ 其原因是：其一，封建因素同奴隶制的斗争；其二，美学与文艺的实际。我们认为，以斗争论述中世纪是对的，但以反动与革命等给当时的美学与文艺戴帽子，不免有以政治代学术和艺术的时代痕迹。

---

① ［英］鲍桑葵：《美学史》，张今译，商务印书馆1985年版，第159页。
② 同上书，第173页。
③ ［美］凯·埃·吉尔伯特、［德］赫·库恩：《美学史》，夏乾丰译，上海译文出版社1989年版，第169—170、165页。
④ ［德］黑格尔：《美学》第2卷，朱光潜译，商务印书馆2009年版，第279页。
⑤ 缪朗山：《西方文艺理论史纲》，中国人民大学出版社1985年版，第190页。

由上述可见，学术界对欧洲中世纪历来看法分歧颇多，总体上否定多于肯定，以政治取代学术，加之对宗教的片面看法，因而漠视了欧洲中世纪美学与文艺的实际。甚至西方学术界，在相当长的时期内也将中世纪视为一片空白。直至现当代，即20世纪60年代以后，学术界对欧洲中世纪的评价才有所变化。当前学术界总体上认为，欧洲中世纪是西方文明的三大来源，即希腊的理性精神、罗马的法制与希伯来的宗教精神，通过基督教的哲学和神学，被整合为一个完整的文明传统。特别是1963年前后，学术界提出"神学美学"（Theological Aesthetics）概念，并给予了科学的研究与阐发，主要研究中世纪基督教核心人物的神学论著中所包含的美学思想及其对后世的影响。我国学者也开始对欧洲中世纪美学与文艺学给予比较充分的肯定。其中的代表人物杨慧林教授在《基督教的底色与文化延伸》一书中指出："中世纪欧洲文学研究之所以格外重要，还是由于它浸润于基督教意识，又凝固着基督教意识，并最终使之成为西方文化方式的主导性特征。"① 这就意味着我们对欧洲中世纪的重新发现，是对政治与哲学决定美学与艺术的"左"的传统观念的突破，是实事求是研究的学风的胜利，也是新的时代人类对"终极关怀"的重新发现。当然，对欧洲中世纪的重新发现并不等于其没有问题，没有局限。如果没有问题，没有局限，就不会出现文艺复兴人性对于神性的突破。其局限表现在：第一，对希腊古典美传统的彻底否定。因为，希腊古典美传统具有世俗性，闪耀着人性的光辉，同神学相对立。因此，被神学视为异端与邪教，遭到大肆毁灭。第二，以神学代美学，把上帝看成一切美的最后根源。这就扼杀了希腊古典美的生机，也极大阻碍了美学的发展。

第三节　欧洲中世纪美学的基本特征及其意义

一　产生了神学美学及基督教艺术，并在历史上发挥了重要作用

欧洲中世纪基督教成为统治的文化，由此产生神学美学及奥古斯

① 杨慧林：《基督教的底色与文化延伸》，黑龙江人民出版社2002年版，第356页。

丁与托马斯·阿奎纳等一系列重要代表人物及有关论著，还有基督教艺术。神学美学有其落后、专制与否定人性的重要负面影响，但神学美学及基督教艺术在历史上产生巨大作用。但历史上由于感性学（Aesthetics）的长期影响，排斥了理性因素，因而不承认神学美学的价值，但神学美学的影响却是毋庸置疑的。

第一，神学美学与基督教艺术作为一种文化形态成为西方文化、艺术与美学的源头之一，是古希腊文化与希伯来文化融合的产物，渗透于西方文化与生活的方方面面。

第二，神学美学对彼岸世界（神性）的强调，使美学成为对于人类进行终极关怀教育和情感慰藉的重要手段，影响到康德的"无目的的合目的性"的理性最后胜利的崇高美的形成，以及存在主义、解释学理论与现象学理论等当代人文主义美学的对人的本体生存的高度关怀。

第三，神学美学的原罪与救赎模式，成为人类出世与入世两种人生态度的文化原型。其"原罪论"悲剧观，成为不同于古希腊"命运论"悲剧观的另一种悲剧形式。

第四，神学美学的象征、讽喻手法与神秘性氛围，成为浪漫派艺术与现代美学艺术的重要内涵。

二　欧洲中世纪在美学与艺术领域处于转型期，交织着复杂激烈的矛盾斗争，蕴含着丰富的内涵

第一，交织着古希腊和谐美与中世纪神秘美的斗争。许多美学家，如奥古斯丁、托马斯·阿奎纳，一方面将古希腊"比例、对称"的和谐美作为美的基本特征，另一方面又认为，"上帝是一切美的真实和最高的美"[①]。

第二，交织着宗教美学与民间浪漫主义美学的对立。欧洲中世纪一方面在正统的思想文化统治下，宗教美学占据着统治地位，另一方

---

① 转引自［苏］奥夫相尼科夫《美学思想史》，吴安迪译，陕西人民出版社1986年版，第62页。

面在民间则发展着非宗教的传奇故事和诗歌。这种传奇故事情感真挚，想象丰富，形式自由，具有强烈的现实性而同希腊古典美一脉相承，但又是对希腊古典美的突破。

第三，宗教艺术本身交织着神秘性与世俗性的斗争。基督教本身具有一种神秘性与超越性，这些特性具有落后的一面，但其诉诸艺术创作则出现了一系列突破希腊古典和谐美的精品，特别在建筑方面和绘画领域，创造了拜占庭式与哥特式建筑。例如，圣保罗教堂（4世纪）、圣苏菲亚教堂（6世纪）、米兰教堂（1386）、巴黎圣母院（1163—1235），以及一系列雕塑与绘画成为人类艺术的瑰宝，成为中世纪艺术与美学的成就标志。由此可见，宗教艺术并不因其神秘性和宗教色彩而减轻其光芒。我们过去认识有偏颇，由对宗教的批判导致对宗教艺术的贬抑，这是不正确的。同时，在宗教艺术中也具有民间性与世俗性的一面。后期由僧侣建筑师改变为专业匠人建筑师，更加重了建筑、雕塑与绘画的民间性、世俗性倾向。

三 中世纪美学所具有的融合中西的根本特点使之具有更大包容性和广阔的空间

中世纪美学的地域，由古希腊转移到古代罗马，地跨欧亚，吸收了古希腊文化与古代希伯来文化，处于中西的交汇点之上。加之军事活动与民族迁徙导致的东西民族交融，使这种文化呈现跨文化、跨地域的特点，蕴含着丰富的内容。因此，对于中世纪美学与艺术应从跨文化的角度才能更深刻地理解。

第四节 奥古斯丁的《忏悔录》：上帝至高至美

奥古斯丁（Augustinus Hipponensis，350—430）是古希腊罗马帝国时期的基督教思想家，欧洲中世纪基督教神学、哲学、新柏拉图主义的重要代表。在罗马天主教系统，奥古斯丁与托马斯·阿奎纳并称为基督教神学的两位大师。奥古斯丁在西方思想史上的地位与柏拉图、康德并列。奥古斯丁出生于北非的塔加特斯城，接受过修辞学与雄辩术的教育，后从事这两门专业的教学工作。他曾信奉摩尼教，着迷于星相学，热爱史诗戏剧，生活放纵。公元386年，32岁时他皈依基督教，传说他是在花园的一棵无花果树下领悟到基督教神学的要旨，号啕大哭，泪如雨下，改信基督教。这就是所谓"花园里的奇迹"的典故。后来，奥古斯丁担任神父，后升为主教，一生著书立说，传播教义。《忏悔录》是他45岁至51岁时的著作，通过基督徒在上帝面前忏悔原罪的模式剖析自己的灵魂。这是一本神学著作，但作为中世纪的神学经典，也对该时的美学与艺术活动具有重大影响，其中渗透着重要的美学思想。该书的忏悔部分到第九卷止，第十卷为全书之导言。后三卷是对《圣经》创世记之解读。

一　论美：上帝是至高、至善、至美

《忏悔录》作为神学论著，是以上帝作为世界万物的本体的，真善美及万事万物均由上帝作为其本源。奥古斯丁说道："我的天主，我无法用语言完全描绘出你的伟大与完美。你是至高、至善、至能、至仁又至义、至隐又至现、至美又至强的，你不依赖任何事物，你保持自身不变的同时，并随时更新一切。"① 因此，《忏悔录》中的美，是一种神学本体论意义上的美。奥古斯丁说道："主啊，你是世界的本原，万物的主宰，在这个世界上只有你是唯一永恒存在的。"② 具体言之，上帝是"真理的化身""普照世界之光""无形的神性"。他在其著名的时间论中也贯彻了上帝本体的神学思想。他说，上帝"你是时间的主人，是时间的创造者，你在没有创造时间前怎么会有时间的消逝呢"③？因此，在时间中存在的具体的美与艺术，只有在上帝创世后才存在。这就是奥古斯丁神学本体论时间观中对具体美的阐释。他

---

① ［古罗马］奥古斯丁：《忏悔录：直面人生中最真实的情感》，北京出版社2008年版，第3页。

② 同上书，第4页。

③ 同上书，第123页。

还认为，上帝"是世间万物最完备最美善的创造者和管理者"①。上帝也是美善的给予者。因此，在他看来，上帝是最美的。他说："天主是万物中最美善的。"②

二 论审美：凭借永恒的真理来评判万物的美

奥古斯丁超越了亚里斯多德的认识论美学，将审美归之为凭借神性真理的信仰和对于天主的爱，从而充分论述了神学美学中审美的超越性特点。他说："我根据什么来评判万物的美呢？我发现永恒的真理就在我的思想中。"③ 这里，"永恒的真理"就是"无形的神性"。因此，在他看来，审美具有"超越性"，首先是对具有认识论特点的"记忆"的超越。他说："我要超越记忆来到天主身边，我要超越记忆寻找你。"④ 所谓"记忆"，具有传统认识论的特点。他说："记忆中储存着由感官带来的关于外部世界的影像。这些是感官曾经感受到的，经过思考后形成的想法，以及曾经的回忆也都藏在其中。"⑤ 因此，对于记忆的超越就是对传统认识论的超越。他还认为，包括审美在内的神学对于上帝的寻找也是对于肉体的超越。他说："我要超越肉体的力量，用灵魂的力量去感知。"⑥ 他认为，包括审美在内的人类的幸福是靠信仰得到的，而不是古希腊哲学家所说的依靠哲学。他说："只知道哲学而不知信仰你的人是不幸的，只要信仰你即使对哲学一窍不通的人也是幸福的，而既知道哲学又信仰你的人是最幸福的。他们的幸福不是来自哲学，而是来自对你的信仰。"⑦ 而信仰的具体表现就是"爱"，首先是上帝对于人类的"爱"，把上帝的"慈爱

---

① ［古罗马］奥古斯丁：《忏悔录：直面人生中最真实的情感》，北京出版社 2008 年版，第 14 页。

② 同上书，第 19 页。

③ 同上书，第 68 页。

④ 同上书，第 103 页。

⑤ 同上书，第 98 页。

⑥ 同上。

⑦ 同上书，第 43 页。

浇灌在我们心里"，"向我们指引更加美善的道路"①，这种爱能够将人类救赎。其次是信徒对于上帝的"爱"。这种"爱"能够赢得上帝的爱，把信徒带到应有的位置即幸福的福地。他说："而我的重量就是我的爱，爱把我带到哪里，哪里就是我的位置。"②

三 论艺术：艺术的虚构性是一种妨害生活的荒诞不经

奥古斯丁作为神学家，对于世俗艺术总体上是否定的。他说："现在看来这些荒诞不经的文字，在当时对我来说是更正经、更有价值的文学……"③ 又说："如果我问忘掉阅读和书写，比起忘掉虚构的故事诗，哪一样更妨害生活？那么，想必那些未丧失理智的人都知道答案。"④ 显然，奥古斯丁的答案是虚构的故事诗更妨害生活。原因是这些文学作品所表现的世俗生活背离了上帝的意旨，是一种犯罪。具体说，他认为荷马史诗编造神犯罪的故事是对神的亵渎。他说："荷马编造的故事，把神写成无恶不作的人，让人们不把罪恶当成是罪恶。即使人们犯罪作恶，也不以为是在仿效坏人，而自以为是受天上神灵的感召。"⑤ 他认为，悲剧中怜悯与恐惧是对沉溺于享乐的同情以及对虚构的苦难的悲伤，其实是一种违背天主意旨的犯罪。他说："我的天主啊，在你的保佑下，我要远离那些污秽之物。以前，当我看到剧中的恋人沉溺于幸福之中时，我会感到快乐。如果他们分离，我就会感到悲伤，我很享受这个过程。现在，我更加同情那些沉溺于享乐的人。虽然我怜悯别人，别人会说我善良；但我宁愿世间没有任何事需要我去怜悯不已，这才是真正的同情。"⑥ 他认为，建立在好奇心与欲望基础上的荒诞剧是一种建立在肉欲基础上的危害更大的"另一种诱惑"，是《圣经》中所说的"目欲"。"人们只是出于好奇心恶

---

① ［古罗马］奥古斯丁：《忏悔录：直面人生中最真实的情感》，北京出版社 2008 年版，第 153 页。

② 同上书，第 154 页。

③ 同上书，第 10 页。

④ 同上。

⑤ 同上书，第 11 页。

⑥ 同上书，第 23 页。

心地看着，看过之后还有可能会做噩梦。也正因为有了人们的好奇，才有了戏剧中各种怪诞、奇异的思想。"①

四　美的忏悔：对沉浸于低级美的忏悔

奥古斯丁在32岁信奉基督教之前是世俗中之人，沉溺于世俗的生活与艺术之中，并在早期写作了《论美和适宜》一书。32岁之后。奥古斯丁信奉了基督教，对于这段世俗的文艺与审美爱好在《忏悔录》中进行了深刻的反省与忏悔。他认为，这些只是一些低级的美，背离了基督教的宗旨。他说："可是我不懂这些，当时的我只是沉浸在低级的美中。我对朋友说：'除了美丽，我们还爱什么吗？什么样的东西是美的，什么是美呢？我们所爱的事物都是什么方面吸引我们，令我们愉快呢？难道事物不美就不能吸引我们了吗？'"② 又说："我把美定义为事物本身的特征，把适宜定义为事物与事物间和谐的关系，还用物质实体的例子来支持我的论断。但是我对于精神世界的错误观念阻碍了我前进，虽然真象就在面前，我却没有抓住它。"③ 可见，他认为，真正的美是精神世界的美，是神性的美，而将美定义为适宜与和谐，则是违背了这种精神的神性的神学美学的基本原则，因而这是一种丧失理性并可能会危及生命的"错误判断"。

由此可见，奥古斯丁《忏悔录》中的美学思想经历了世俗之整体和谐美与神性超越美的斗争与交锋，当然最后是神性之美的胜利，超越之美的呈现。但世俗整体与和谐美仍然是中世纪美学与艺术之一维。在《忏悔录》中仍然无法完全剥夺世俗之美的存在。

第五节　《圣经》的美学思想：神学存在论美学

《圣经》是基督教经典，包括《旧约全书》与《新约全书》。前

---

① ［古罗马］奥古斯丁：《忏悔录：直面人生中最真实的情感》，北京出版社2008年版，第112页。
② 同上书，第36页。
③ 同上书，第37页。

者产生于公元前 2 世纪，后者稍晚。前者为希伯来文，后者为希腊文，公元 4—5 世纪译成拉丁文。全书由传说、诗歌与哲言组成，本身具有极高的美学价值。由于《圣经》作为基督教经典，从哲学的意义上说是一种神学存在论。在这一方面，德裔美国哲学家蒂里希对于《圣经》进行了很好的神学存在论的阐释。众所周知，《圣经》是中世纪的基督教经典，主要运用神话故事来阐释基督教教义，但其上帝本体论内涵与当代存在论哲学特别契合。蒂里希发掘了这一点并加以深刻阐释，成为神学存在论。其实，奥古斯丁的《忏悔录》中的美学思想也是以上帝为本原的上帝本体论，所以蒂里希说存在主义描绘的人及普遍生存境况是奉献给神学的一件伟大的礼物。因此，我们运用蒂利希的神学存在论可以很好地阐释《圣经》的美学思想。

在神学存在论之中，上帝是最高的"存在"，它的逐渐展示与显现就是美的逐渐显现，是一种由遮蔽到澄明的过程。正是在这样的意义上，神学与美学才联系起来。诚如当代神学家斯蒂芬·菲尔兹所言，"神圣的美可以理解为通过存在仲裁自身。在存在中，美看见了自身。我们甚至可以说美通过看视投射在存在中的自身才实现了自身的完美"①。《圣经》全书包括"创世、苦难与救赎"三大命题，重点是"救赎"。这三大命题表示人类存在的"过去、现在与未来"的历时性过程，回答了人类"何以在与如何在"的宏大课题，包含人类生存之大智慧与终极关怀，以及人类前途命运的大慈悲，成为以上帝为中心建构的完备的神学存在论。从总体上说，只有从大智慧与大慈悲的神学存在论的视角才能理解其美学思想。基督教文化是西方非常重要的文化资源，对西方文明影响深远。20 世纪 60 年代，1967 年林恩·怀特发表著名的《我们生态危机的历史根源》一文，将生态危机的根源归结为基督教神学，认为正是基督教神学与《圣经》造成了西方持久不断的人类中心主义，成为严重生态灾难的根源。由此，掀起一场当代的基督教改革运动，生态神学即是在这种形势下产生的。而生态神学与神学美学具有内在的融会性。从神学存在论的特殊视角来

---

① 刘光耀、杨慧林：《神学美学》第 4 辑，上海三联书店 2011 年版，第 243 页。

阐释《圣经》的美学思想，这是理解《圣经》美学思想的钥匙。《圣经》的美学思想与传统认识论实体性美学完全不同，是一种神学本体论，超越看得见的存在者，走向看不见的存在，即上帝。德裔美国哲学家蒂里希提出神学存在论，认为上帝本体论与神学存在论特别契合，存在主义描绘的人的普遍的生存境况是奉献给神学的伟大礼物。在神学存在论中，上帝是最高的存在。上帝的逐渐显现，是一种由遮蔽到澄明的过程。神学与美学由此联系起来。这就是"在存在中看见了自身"，美是最高的存在，最高的存在是上帝。存在的逐渐显现就是上帝的逐渐显现。此种意义上的神学美学，包括以下几个方面的内容：

一 "因道同在"之超越美

"因道同在"，是基督教神学存在论生态审美观之基点，包含极为丰富的内容。其最基本的内容，是主张上帝是最高的存在，是创造万有的主宰。《圣经·申命记》称，上帝耶和华为"万神之神，万主之主"①。在《圣经·诗篇》中，又称耶和华为"全地的至高者"②。《圣经·启示录》借二十四位长老之口说道："我们的上帝，你是配得荣耀、尊贵、权能的，因为你创造了万有，万有都是因著你的旨意而存在，而被造的。"③ 由此，基督教文化，特别是《圣经》的重要内容就是上帝创世，所谓"那看得见的就是从那看不见的造出来的"④。《圣经》的首篇就是《创世记》，记载了上帝六日创世的历程。第一日，上帝创造天地；第二日，上帝创造苍穹；第三日，上帝创造青草、菜蔬和树木；第四日，上帝造了太阳、月亮和星星；第五日，上帝造了鱼、水中的生物、飞鸟、昆虫和野兽；第六日，上帝按照自己的形象造人；第七日为安息日。由此可见，天地万物均为上帝所造。上帝是创造者，人与万物都是被造者。因此，从人与万物都是被

---

① 《圣经》（新译本），香港天道书楼1993年版，第232页。
② 同上书，第789页。
③ 同上书，第1969页。
④ 同上书，第1654页。

造者的角度看，他们之间的关系应该是平等的。有学者强调了上帝规定人有管理万物的职能，从而说明人高于万物。的确，《圣经·创世记》记载了人对万物的管理。《圣经》记载上帝的话："我们要照着我们的形象，按着我们的样式造人；使他们管理海里的鱼、空中的鸟、地上的牲畜，以及全地，和地上所有爬行的生物。"并说："看哪，我把全地上结种子的各种菜蔬，和一切果树上有种子的果子，都赐给你们作食物，至于地上的各种野兽，空中的各种飞鸟，及地上爬行的有生命的各种活物，我把一切青草菜蔬赐给它们作食物。"①

上述言论，成为许多理论家认为基督教文化力主"人类中心"的主要依据。其实，从同为被造者的角度来看，人类并没有构成万物的中心。而上帝所赋予人类对于万物的管理职能也并不意味着人类成为万物之主宰，而只意味着人类承担更多的照顾万物之责任。正如《圣经·希伯来书》所说，对于人类"我们还没有看见万物都服他"②。至于上帝把菜蔬、果子赐给人类作食物，同时把青草和菜蔬赐给野兽、飞鸟和其他活物作食物，包括《圣经》中对于人类宰牲吃肉的允许，以及对安息日休息和安息年休耕的规定，都说明基督教文化在一定程度上对生物循环繁衍的生态规律之认识。由此说明，基督教文化中人与万物同样作为被造者之平等也不是绝对的平等，而是符合万物循环繁衍之规律的平等。而且，人与万物作为存在者也都因上帝之道（存在）而在，亦即成为此时此地的具体的特有物体。《圣经》以十分形象的比喻对此加以阐述，认为人与万物都好比是一粒种子，上帝根据自己的意思给予其不同的形体，而不同的形体又都以其不同的荣光呈现出上帝之道。《圣经》写道："你们所种的，不是那将来要长成的形体，只不过是一粒种子，也许是麦子或别的种子。但上帝随着自己的意思给它一个形体，给每一样种子各有自己的形体。而且各种身体也都不一样，人有人的身体，兽有兽的身体，鸟有鸟的身体，鱼有鱼的身体。有天上的形体，也有地上的形体；天上形体的荣光是一

---

① 《圣经》（新译本），香港天道书楼1993年版，第4—5页。
② 同上书，第1645页。

样，地上形体的荣光又是一样。太阳有太阳的荣光，月亮有月亮的荣光；而且，每一颗星的荣光也都不同。"① 在此基础上，《圣经》认为，人与万物作为呈现上帝之道的存在者也都同有其价值。《圣经·路加福音》有一句名言："五只麻雀，不是卖两个大钱吗？但在上帝面前，一只也不被忘记。"② 因此，即便是不如人贵重的麻雀，作为体现上帝之道的存在者，也有其自有的价值，而不被上帝忘记。

综上所述，从人与万物作为存在者因道同在的角度，《圣经》的主张是：人与万物因道同造、因道同在、因道同有其价值。这种人与万物因道同在的哲思，包含着一种超越之美。本来，存在论美学就力主一种超越之美。它是通过对物质实体与精神实体之"悬搁"，超越作为在场的存在者，呈现不在场之存在，到达真理敞开的澄明之境。而作为神学存在论美学又有其特点，面对灵与肉、神圣与世俗、此岸与彼岸等特有矛盾，通过灵超越肉、神圣超越世俗、彼岸超越此岸之过程，实现上帝之道对万有之超越，呈现上帝之道的美之灵光。《圣经·加拉太书》引用上帝的话说："我是说，你们应当顺着圣灵行事，这样就一定不会去满足肉体的私欲了。因为肉体的私欲和圣灵敌对，使你们不能做自己愿意做的。但你们若被圣灵引导，就不在律法以下了。"③ 在这里，《圣经》强调了面对肉欲与圣灵的敌对，应在圣灵的引导下超越肉欲，才能遵循上帝的律法到达真理之境。《圣经》又以著名的"羊的门"作为耶稣带领众人超越物欲，走向生命之途、真理之境的形象比喻。《圣经·马太福音》引用耶稣的话说："我实实在在告诉你们，我就是羊的门。所有在我以先来的都是贼和强盗；羊却不听从他们。我就是门，如果有人藉着我进来，就必定得救，并且可以出，可以入，也可以找到草场。贼来了，不过是要偷窃、杀害、毁坏；我来了，是要使羊得生命，并且得的更丰盛。"④ 在这里，盗贼代表着物欲，耶稣即是圣灵，进入羊的门，即意味着圣灵对物欲的超

____

① 《圣经》（新译本），香港天道书楼1993年版，第1569页。
② 同上书，第1592页。
③ 同上书，第1593页。
④ 同上书，第1469页。

越。《圣经》认为，只有通过这种超越，才能真正迈过黑暗进入真理的光明之美境。《圣经·约翰福音》中，耶稣对众人说："我是世界的光，跟从我的，必定不在黑暗里走，却要得著生命的光。"又说："你们若持守我的道，就真是我的门徒了；你们必定认识真理，真理必定使你们自由。"①基督教神学存在论所主张的这种引向信仰之彼岸的超越之美，为后世美学超功利性的静观美学提供了宝贵的思想资源。同时，这种超越之美也为生态美学中对"自然之魅"的适度承认提供了学术的营养。科学的发展的确使人类极大地认识了自然之奥秘，但自然之神秘性和审美中的彼岸色彩却是无可穷尽的不可或缺的因素。

二 "藉道救赎"之悲剧美

"救赎论"是基督教文化中最主要的内容和主题，也是神学存在论生态审美观最重要的内容，构成了它最富特色并震撼人心的悲壮的美学基调。它由原罪论、苦难论、救赎论与悲壮美四个相关的内容组成。上帝救赎是由人类犯罪受罚、陷入无法自拔的灾难而引起。因而，必然要首先论述其原罪论。《圣经·创世记》第三章专门讲了人类始祖所犯原罪之事，主要讲人类始祖被蛇引诱到违主命偷食禁果，犯了原罪，并被逐出美丽富庶、无忧无虑的伊甸园。那么，人类所犯原罪之根源何在呢？基督教教义认为，主要在于人类本性之贪欲。《圣经》写道，当蛇引诱女人夏娃偷食禁果时，"女人见那树的果子好作食物，又悦人的眼目，而且讨人喜欢，能使人有智慧，就摘下果子来吃了；又给了和她在一起的丈夫，他也吃了"②。由此可见，夏娃之所以被诱惑而偷食禁果，还是为了满足自己的口腹、眼目与认知之私欲。正是这样的私欲导致人类犯了原罪。但人类的私欲并没有因为被逐出伊甸园而有所改变。因为《圣经》认为，这种私欲是人类的本性，所以一再揭露。正如《圣经·创世记》第六章所写，"耶和华可

---

① 《圣经》（新译本），香港天道书楼 1993 年版，第 1466 页。
② 同上书，第 6 页。

见人类在地上的罪恶很大，终日心里想念的尽都是邪恶的。于是，耶和华后悔造人在地上，心中忧伤"①。《圣经》还在《创世记》第九章写道："人从小时候开始心中所想的都是邪恶的。"② 由此可见，《圣经》认为人的原罪是本原性的。而且，《圣经》认为，人类的后代在原罪的驱使下所做的坏事超过了他们的前人。《圣经·耶利米书》第十六章，耶和华对先知耶利米评价以色列人之后代时说道："至于你们，你们所做的坏事比你们的列祖更厉害；你们个人都随从自己顽梗的恶心行事，不听从我。"③ 基督教文化的这种强烈的自责性，是其极为重要的特点。它总是将各种灾难之根源归咎于自己的原罪和过错。《圣经·诗篇》第二十五篇写道："耶和华啊！求你纪念你的怜悯和慈爱，因为它们自古以来就存在。求你不要纪念我幼年的罪恶和过犯；耶和华啊！求你因你的恩惠，按着你的慈爱纪念我。"又写道："耶和华啊！因你名的缘故，求你赦免我的罪孽，因为我的罪孽重大。"

这一种强烈的自责的情绪同古希腊文化形成鲜明对比。众所周知，古希腊文化是将一切灾难和悲剧之根源都归结为客观之命运的，很少有基督教文化那种深深的自责之情。著名的悲剧《俄狄浦斯王》，就将主人公俄狄浦斯杀父娶母之罪孽归咎于客观的不可抗拒之命运。它们产生的效果也是截然不同的。命运之悲剧使人产生无奈的同情，但原罪之悲剧却能产生强烈的灵魂之震撼。因为，如果犯罪之根源在于每个人的心中都会有的原罪，那么这就使人不仅自责而且产生强烈的反省。当前，面对现代化、工业化过程中生态灾难的日益严重，某些人置若罔闻，甚至洋洋自得，很可能是不能正确对待古希腊悲剧，把一切灾难都归结为客观命运的观念的结果。而我们更需要重视基督教文化之原罪悲剧精神。当前，面对生态危机带给人类生存的一系列严重问题，我们对既往的观念和行为进行自责性的反省实在是太有必

---

① 《圣经》（新译本），香港天道书楼 1993 年版，第 9 页。
② 同上书，第 12 页。
③ 同上书，第 1052 页。

要了。

　　同原罪论紧密相连的是苦难论。由于基督教文化承认人的原罪，所以为了避免原罪，就出现了一个非常重要的人类与上帝之约，这就是著名的"十诫"。也就是上帝给人类列了十个不准，以遏制其原罪。但人类终因原罪深重而难以遵约，总是违诫。这就使人类不断受到惩罚而陷入苦难之中。因此，基督教文化之中的苦难，包括自然灾害一类的生态灾难都是上帝为了惩罚人类而制造的，属于目的论范围的苦难。当然，上帝的这些惩罚都是由于人类的违约而引起。《圣经·利未记》记载了上帝对人类的警告："但如果你们不听从我，不遵行这一切的诫命；如果你们弃绝我的律例，你们的心厌弃我的典章，不遵行我的一切诫命，违背我的约。我就要这样待你们：我必命惊慌临到你们，痨病热病使你们眼目昏花，心灵憔悴；你们必徒然撒种，因为你们的仇敌必吃尽你们的出产……"①　正因为人类由于原罪的驱使一次次地违约，所以面临上帝对其惩罚的一次次灾难。首先是被赶出伊甸园，被罚"终生劳苦"。接着，又被特大的洪水淹没。《圣经》说，通过滔滔洪水，"耶和华把地上所有的生物，从人类到牲畜，爬行动物，以及空中的飞鸟都除灭了"②。同时，上帝还使人类面临其他灾难。"他使埃及水都变成血，使他们的鱼都死掉。在他们地上，以及君主的内室，青蛙多多滋生。他一发命令，苍蝇就成群而来，并且虱子进入他们的四境。他给他们降下冰雹为雨，又在他们的地上降下火焰。他击打他们的葡萄树和无花果，毁坏他们境内的树木。他一发命令，蝗虫就来，蚱蜢也来，多的无法数算，吃尽了他们地上的一切植物，吃光了他们土地的一切出产……"③　上帝还把可怕的旱灾和地震带给人类。旱灾的情形是"土地干裂，因为地上没有雨水，农夫失望，都蒙着自己的头"④。地震的情形是"大山在他面前震动，小山

①　《圣经》（新译本），香港天道书楼1993年版，第159页。
②　同上书，第11页。
③　同上书，第797页。
④　同上书，第1048页。

也都融化"①。《圣经》所列的这些苦难绝大多数都是一些自然灾害，而且大都是一些天灾。但今天的灾害，诸如核辐射、艾滋病、癌症、非典、禽流感等却大多是人祸，是人对环境破坏的结果。这难道不更加惊心动魄吗?!《圣经》似乎有所预见一般，在《新约·提摩太后书》中专门讲到末世的情况："你应当知道，末后的日子必有艰难的时期到来。那时，人会专爱自己，贪爱钱财、自夸、高傲、亵渎、背离父母、忘恩负义、不圣洁、没有亲爱良善、卖主卖友、容易冲动、傲慢自大、爱享乐过于爱上帝，有敬虔的形式却否定敬虔的能力……"上述所言自私贪欲、追求享受等，恰是现代社会滋生蔓延的人性之弊病。这样的弊病引起的惩罚应该更大。当今人类生存状态美化和非美化之二律背反的严重事实恰恰证明了这一点。基督教文化把救赎放在一个十分突出的位置。所谓救赎即上帝和基督耶稣对人类苦难的拯救。基督教文化认为，这种救赎完全是由上帝和基督耶稣慈爱的本性决定的。《圣经》第三十篇和第三十一篇写道："耶和华我的上帝啊！我曾向你呼求，你也医治了我。耶和华啊！你曾把我从阴间救上来，使我存活，不至于下坑。耶和华的圣民哪！你们要歌颂耶和华，赞美他的圣名。因为他的怒气只是短暂的，他的恩惠却是一生一世的；夜间虽然不断有哭泣，早晨却欢呼。"又说："因为你是我的岩石、我的坚垒；为你名的缘故，求你带领我，引导我。求你救我脱离人为我暗设的罗网。因为你是我的避难所。我把我的灵魂交在你手里，耶和华，信实的上帝啊！你救赎了我。"②

由此可见，《圣经》认为，上帝对人类的救赎，成为人类的避难所，完全是由于上帝永恒的恩惠、万世的圣名、信实的品格、慈爱的本性。基督教文化中上帝对于人类的救赎不同于一般的扶危济困之处在于，这种救赎是对人类前途命运之终极关怀，是在人类生死存亡之关键时刻伸出拯救人类之万能之手。按照《圣经》记载，在人类的初期，因罪恶而被洪水吞没之际，上帝命义人挪亚建造方舟，躲过了这

---

① 《圣经》（新译本），香港天道书楼 1993 年版，第 1284 页。
② 同上书，第 716—717 页。

万劫之难。其后，在人类又要面临大难之际，上帝又让独子耶稣基督降生接受痛苦的赎罪祭，并复活传福音，以"把自己的子民从罪恶中拯救出来"①。并且，《圣经》还预言了在未来的世界末日基督耶稣将重临大地拯救人类。基督教文化的救赎，不仅是对人类的救赎，而且也是对万物的救赎。因为，各种灾害既是人类的苦难，也是万物的苦难。所以，在拯救人类的同时也必须拯救万物。《圣经》所载人类初期，大洪水到来淹没了人类和万物，上帝命挪亚建造方舟，既拯救了人类也拯救了万物。《圣经》记载上帝对挪亚说："我要和你立约。你可以进方舟；你和你的儿子、妻子和儿媳，都可以和你一同进方舟，所有的活物，你要把每样一对，就是一公一母，带进方舟，好和你一同保存生命。"② 因此，在基督教文化和《圣经》之中，人与万物一样都是被上帝救赎的。正是从人与万物被上帝同救的角度，人与万物之间也具有某种平等性。而且，在基督教文化和《圣经》之中，上帝不仅救赎了人类和万物，并将其慈爱之情倾注于整个自然，有着浓浓的热爱自然与大地的情怀。前面已说到，《圣经》有安息日和安息年规定人与自然休养生息的戒律，而且上帝造人就是用地上的尘土造成人形。上帝还对人类说，"你既是尘土，就要回归尘土"③。更为重要的是，《圣经》提出了著名的"眷顾大地"的伦理思想，突出了大自然作为存在者之应有的价值。《圣经·诗篇》第六十六篇写道："你眷顾大地，普降甘霖，使地甚肥沃；上帝的河满了水，好为人预备五谷；你就这样预备了大地。你灌溉地的犁沟，润平犁脊，又降雨露使地松软，并且赐福给地上所生长的。"④ 也就是说，基督教文化的救赎论中包含上帝将大地、雨露、阳光、五谷等美好丰硕的大自然赐给人类，使人类得以美好生存。也由此说明，在基督教文化中人类的生存同自然万物须臾难离。

总之，基督教文化中的"藉道救赎"论是一种极具悲剧色彩的神

---

① 《圣经》（新译本），香港天道书楼 1993 年版，第 1388 页。
② 同上书，第 10 页。
③ 同上书，第 7 页。
④ 同上书，第 752 页。

学存在论生态审美观。它不仅以巨大的不可抗拒的灾难给人以惊惧威慑，而且以强烈的自谴给人的心灵以特有的震撼，并以对未来更大灾难的预言给人以深深的启示。《圣经》以生动的形象、震撼人心的笔触为我们刻画了一幅幅灾难与救赎的画面，渗透着浓郁的悲剧色彩。从挪亚方舟颠簸于滔滔洪水，到耶稣基督被钉在十字架的苦难画面，乃至对未来世界七个惩罚的可怖描绘，都以其永恒的震惊的形象留在世人心中。这确是一种具有崇高性的悲剧美。正如康德所言，这是对象物质之巨大压倒了人的感性力量，最后借助于理性精神压倒感性之对象，唤起一种崇高之美。在基督教文化之中，就是借助耶稣基督之救赎这一强大的精神力量，战胜自然获得精神之胜利，唤起一种崇高之美。一般的生态审美主要表现为与自然和谐之美好图景，或是以艺术的手段对破坏自然恶行之抨击。但唯有基督教文化，以原罪——苦难——救赎的特有形式，以浓郁的悲剧色彩，表现"上帝中心"前提下人与自然之关系，突出了面对自然灾害人类应有更多自责并遵神意"眷顾大地"的核心主题，给我们以深深的启发。

三 "因信称义"之内在美

"因信称义"，即是对人的信仰的突现与强调。这是基督教文化与《圣经》十分重要的组成部分，也成为神学存在论生态审美观十分重要的内容。它是达到神学存在论美之真理敞开的必由之途，也使其成为具有高度精神性的内在美。"因信称义"，是基督教文化不同于通常认识论之信仰决定论的神学理论。正如《圣经·加拉太书》所说，"既然知道人称义不是靠律法，而是因信仰耶稣基督，我们也就信了基督耶稣，使我们因信基督称义"①。所谓"称义"，即得到耶稣之道。《圣经》认为，它不是依靠通常的诉诸道德理性之律就可达到，而必须凭借对于基督耶稣的信仰。而信仰是一种属灵的内在精神之追求，必须舍弃各种外在的物质诱惑和内在的欲念，甚至包括财产，乃至生命等。正如《圣经·加拉太书》所说，"属基督耶稣的人，是已

---

① 《圣经》（新译本），香港天道书楼 1993 年版，第 1588 页。

经把肉体和邪情私欲都钉在十字架上了，如果我们是靠圣灵活着，就必须顶着圣灵行事。我们不可贪图虚荣，彼此浊怒，互相嫉妒"①。而这种"义"所追求的是耶稣的"爱"，正如耶稣回答发利赛人所说，"你要全心、全性、全意爱主你的上帝。这是最重要的第一条诫命。第二条也和它相似，就是要爱人如己。全部律法和先知书，都以这两条诫命作为根据"②。做到以上诸条的人，就是"除去身体和心灵上的一切污秽"，同耶稣合一的"新造的人"③。而要做到这一点则要依靠基督教文化中特有的灵性的修养过程，包括洗礼、祷告、忏悔等。最后实现上帝之道与人的合一，即"道成肉身"。正如《圣经·约翰福音》所记耶稣在为门徒所做的祷告中所说，"我不但为他们求，也为那些因他们的话而信我的人求，使他们都合而为一，像父你在我里面，我在你里面一样；使他们也在我们里面，让世人相信你差了我来。你赐给我的荣耀，我已经赐给了他们，使他们合而为一，像我们合而为一"④。在这里，基督教文化的"因信称义"及与之相关的属灵的修养过程，实际上成为一种神学现象学。也就是通过属灵因信称义，道成肉身的祈祷、忏悔的过程，人们将各种外在的物质和内在的欲念加以"悬搁"，进入一种内在的神性生活的审美的生存状态。诚如德国神学现象学家 M. 舍勒（Max Scheler）所说，"这种想法似乎宏观地表现下述学说之中：基督的拯救行动不仅赎去了亚当之罪，而且由此将人带离罪境，进入一种与上帝的关系，较之于亚当与上帝的关系，这种关系更深、更神圣，尽管在信仰和追随基督之中的获救者不再有亚当那种极度的完美无瑕，并且总带有尚未理清的欲望（"肉体欲望"）。沉沦与超升初境的循环交替一再微妙地显示在福音书中：在天堂，一个懊悔的罪人的喜悦甚于一千个义人的喜悦"⑤。写到这里，不禁使我想起中国古代道家思想中之"坐忘"与"心斋"，即所

① 《圣经》（新译本），香港天道书楼 1993 年版，第 1593 页。
② 同上书，第 1368 页。
③ 同上书，第 1578 页。
④ 同上书，第 1480 页。
⑤ ［德］M. 舍勒：《爱的秩序》，林克译，三联书店香港有限公司 1994 年版，第 137 页。

谓"堕肢体，黜聪明，离形去知，同于大通"（《庄子·大宗师》）。这也是一种古代形态的现象学审美观，同基督教文化的"因信称义"有许多相似之处，说明中西古代智慧之相通。

四 "新天新地"之理想美

基督教文化与《圣经》从神学存在论出发，对生态审美观之理想美作了充分的论述。当然，伊甸园是天地神人合一的理想之美地。但人类因原罪被逐出了伊甸园，从而也就失去了这样一个美地。但基督教文化与《圣经》中的上帝还在为人类不断地创造新的美地。在《圣经·申命记》中曾写道：耶和华上帝快要将人类引进那有橄榄树、油和蜜，不缺乏食物之"美地"。《圣经·以赛亚书》具体地描写了上帝将要创造的新天新地将是一个人与万物、人与人、物与物协调相处的美好的物质家园与精神家园。书中具体写道："因为我的子民的日子像树木的日子，我的选民必充分享用他们亲手做工得来的。他们必不陡然劳碌，他们生孩子不再受惊吓，因为他们都是蒙耶和华赐福的后裔，他们的子孙也跟他们一样。那时，他们还未吁求，我就应予，他们还在说话，我便垂听。豺狼必与羔羊一起吃东西，狮子要像牛一样吃草，蛇必以尘土为食物。在我圣山的各处，它们都必不作恶，也不害物；这是耶和华说的。"[1] 而《圣经·启示录》专门对理想的新天新地做了描绘："我又看见了一个新天新地，因为先前的天地都过去了，海也再没有了。我又看见圣城，新耶路撒冷，从天上由上帝那里降下来，预备好了，好像打扮整齐等候丈夫的新娘。"[2] 这个新天新地真是美妙非凡：城墙是用碧玉造的，城是用纯金造的，从上帝的宝座那里流出一道明亮如水晶的生命河，河的两边有生命树，结十二次果子，树叶可以医治列国……总之，这也是一个天地人神和谐相处、美丽富庶的家园。这些叙述，表达了基督教文化和《圣经》神学存在论生态审美观的美学理想：天地神人统一协调、美好和谐的物

---

① 《圣经》（新译本），香港天道书楼 1993 年版，第 1016 页。
② 同上书，第 1711 页。

质家园与精神家园。

上面，我们从"因道同在"之超越美、"藉道救赎"之悲剧美、"因信称义"之内在美、"新天新地"之理想美四个层面阐述了基督教神学存在论生态审美观之基本内涵，说明这是一种力主人与万物同样被造、同样存在、同样有价值、同样被救赎，并具有超越性、内在性、理想性与充满自我谴责之原罪感的特殊悲剧美，具有其特定的内涵和不可代替之价值。

第六节　20 世纪巴尔塔萨的神学美学：启示与美

神学美学（Theological Aesthetics）是 20 世纪兴起的一种美学形态，有广义与狭义两种理解。广义的神学美学，是自中世纪以来的基督教美学，从根本上说它是一种神学。从狭义的角度说，是自 20 世纪以来，以略夫与巴尔塔萨为代表的神学美学。略夫于 1932 年在《神圣与世俗之美》一书中创造"神学美学"一词，拉开了现代神学美学体系建构的序幕。略夫从神学出发，以神学为准则解释美学，关注"神学中的美学"，将美学神圣化，其实质是一种神学。而巴尔塔萨则是通过美学认识神学，并通过神学判断美学，强调美学与神学的统一。当然，归根结底还是一种神学，或者叫作神学家的美学，但美学的内容更多一些。

巴尔塔萨（Hans Urs Von Baltha Sar，1905—1988），瑞士天主教神学家、文化思想家、古典学者，共出版 85 本专著，500 多篇论文，将近 100 多种翻译作品，还有大量的短篇文章及整理的 60 多卷文献。《上主的荣耀：神学美学》（1982—1991）共 7 卷本，被认为是 20 世纪以来最重要的神学成就之一，也是 20 世纪神学美学的代表性论著。

要理解巴氏的这本书，需要掌握这样几个要点：第一，这是一本神学论著；第二，其哲学基础是神学存在论，天主是万有之本源，万有均为天主之体现；第三，核心理论是上帝的神性显现，对应于黑格尔的美是理念的感性显现；第四，表现形态是神学中之"道成肉身"与圣经、各种神学活动与基督教艺术等；第五，信仰是神学美学的必要前提；第六，该书是巴氏思考资本主义社会现代危机的结果，他试图通过基督教解决社会危机。这也是他对基督教危机的思考，试图通过神学美学走出基督教困境，挖掘其新的生机。

神学美学产生的社会原因，主要是 20 世纪以来资本主义社会的文明危机日渐尖锐，上帝的终结，人的主体地位的抬头，超验的神性的终结与人的理性与科技的主宰在给人带来光明的同时，也带来了战争、污染、贫困、精神疾患的蔓延与艺术的彻底非美化等深重的灾难。这些情况重新唤起人们对于超验的精神生活的追求，对终结关怀的向往，对中世纪神学美学价值的有所认同。于是，巴尔塔萨与略夫的神学美学重新在美学中有一席之地。诚如巴尔塔萨所说："在唯物主义和精神分析时代，特别是在 20 世纪，当艺术主要成了对纯粹物质空间关系、平面关系以及肉体关系的一种暗示，（最终同样）成了对心理——精神的无意识结构因素的一种表现之际，传统的美难道还能完整地保持下来吗？还能和现代的美用同一概念来概括吗？"① 在这里巴尔塔萨实际上是主张在新世纪发扬包括神学美学在内的各种新兴美学的有益价值的。

一　论启示与美的关系神学美学的核心主题

"启示"的希腊文（apokalyptein）原意是"揭开"，是基督教《圣经》中的常见词汇，是指神借助创造、历史、人的良知和《圣经》的记载，向人类揭示神自己。《圣经》说明神以耶稣基督揭示他自己，耶稣基督就是神启示的缩影。张俊教授认为，启示的形式是巴氏神学美学的核心主题。因为神学美学根本性的论题是神圣荣耀与世俗之美的关系问题，而启示就揭示了这一关系。所谓启示就是"道成肉身"的基督，唯有这种形式才是神学美学的真正对象。巴氏的基本立场是"努力把美和启示协调起来"②，"重新领会西方—基督教传统

① ［瑞士］巴尔塔萨：《神学美学导论》，曹卫东、刁承俊译，生活·读书·新知三联书店 2002 年版，第 2 页。

② 同上书，第 3 页。

中启示和美自身之间的源始遭遇"①。

1. 从历史的角度看，巴氏认为，历史上那些伟大的理论家，从柏拉图开始到奥古斯丁等人都是从对感官的排斥开始的，通过排斥"召回或重新获得美"②，而且"只有在宗教里才存在着真正的美，那种把美的源始表象世界远远抛到脑后的震惊即是对这种惟一真正的美的观照"③。

2. 从客观的角度看，巴氏一方面强调形而上，同时又在审美的维度上不放弃"非形而上"。他一方面强调超验，同时也不反对体验。他强调超验与体验的结合，这就为启示与美的关系搭建了桥梁。他说："只有当基督灵魂的力量大到可以把宇宙作为恩典和把不可捉摸的绝对之爱的无根启示来体验，美才会重新出现。单纯的'信仰'是不够的，而是要体验。"④

3. 从启示的角度看，从神启的角度，巴氏一方面强调无形的光和道，同时也强调有形的"道成肉身"。这正是神学美学与宗教艺术赖以建立的前提之一。他说，"只要这个世界还存在，十字架就必然是道成肉身的首选目的"，"上帝启示中的荣耀、一切美和美学的超额完成必须坚持将所有人——无论是教徒还是非教徒——的眼睛遮蔽起来，尽管遮蔽的程度相当不同"。⑤ 这是从启示的角度强调从"道成肉身"的启示来体验超验的美，是一种神学存在论的由遮蔽到澄明，由在场到不在场。在这里，提出了一个人们普遍关心的问题：被卑微而痛苦地钉在十字架上的基督怎么会成为美的象征？在这里，巴尔塔萨的"上帝向我们自由的、绝对的自我启示是神学美学唯一真正的基础"⑥ 的观点起了作用。因为，"世俗美学诉诸存在的和谐与形式，

---

① ［瑞士］巴尔塔萨：《神学美学导论》，曹卫东、刁承俊译，生活·读书·新知三联书店2002 年版，第 4 页。

② 同上书，第 9 页。

③ 同上书，第 12 页。

④ 同上书，第 17 页。

⑤ 同上书，第 21 页。

⑥ 刘光耀、杨慧林：《神学美学》第 4 辑，上海三联书店 2011 年版，第 234 页。

而神性的美则依据更高的原则发挥作用"①。这个更高的原则就是"人子启示出的爱"。"这在信仰中领悟到的爱，在十字架的耻辱中闪耀，把一个被现实世界的法则判定为丑的形象转变为美的征象。"② 例如，曾获得诺贝尔和平奖的修女特蕾莎虽然并不美丽，但她在加尔各答建立的普济会和清心之家，对穷人与临终者施救的善举，使我们"看到的是一种慈爱的和英雄般自我牺牲的美"③。

4. 从神学的角度看，巴氏认为，思考启示与美的关系就是把握好神学的超验性与当代历史发展的关系，以图在无序的当代建立起新的次序。他说："审美并非要听命于什么，审美的确定就是它的飘荡，在历史时机——伟大的艺术在这时机之中——和神恩的自由之间飘荡。"④ 这说明审美是在历史与神恩、当下与既往、此岸与彼岸之间飘荡（徘徊、选择）。但巴氏认为，"再高的天赋也只有带着圣灵才会触及美的中心。……爱的衰弱只说明一点，即我们的艺术萧条了"，认为彼岸是艺术的真谛所在。因此，他认为，"艺术要想重新兴旺起来，只有靠爱再来激发。惟有能够领悟上帝艺术的心灵才敢要求在我们当代的混乱无序中建立起新的秩序"⑤。

二 论神学美学的基本理论形态

1. 什么是神学美学

巴氏认为，神学美学不是通常意义上的美学，而是一种"审美的神学"。他说："所以，至少在实践中，看来应当和必须放手让神学运用审美概念。使用审美概念的神学迟早会抛弃神学的审美学，亦即摆脱用神学方法在实际层面上开展美学的尝试，转向一种审美的神学，

---

① 刘光耀、杨慧林：《神学美学》第4辑，上海三联书店2011年版，第241页。

② 同上。

③ 同上书，第242页。

④ ［瑞士］巴尔塔萨：《神学美学导论》，曹卫东、刁承俊译，生活·读书·新知三联书店2002年版，第34页。

⑤ 同上书，第35页。

亦即运用内心世界美学学说的一般直观来揭示神学内容。"① 他又说，这是一种"不是主要运用世俗哲学美学，特别是诗的非神学范畴，而是运用真正的神学方法从启示自身的宝库中建立起它的美学"②。巴氏之所以创立神学美学，目的是建立一种本体圆融的更具魅力的神学。他曾对有人误认为他是"神学唯美主义者"而深感恼火。他说，他的神学美学首先不是通常的美学而是反映在"上帝自身神性光辉意义的荣耀中"③。在这里，还需将"审美的神学"与"审美神学"区别开来，前者是神学，而后者则是审美学。他说："要想进一步了解神学美学的意义，就必须将它与最容易混淆的审美神学区别开来。审美神学概念中的'审美'难免会是世俗的、有限的，因而带有贬义色彩。"④

2. 《圣经》是神学美学最重要的论著

巴氏认为，神学美学首先应该研究《圣经》。他说："首先对神学本身的源头，即《圣经》作一番追溯。《圣经》虽然不能完全说是，但可以说主要是一部诗作。"⑤ 不仅如此，《圣经》还是神学美学的主要论著。他不同意这种诗歌形式通过历史文化即可"解释清楚"的观点，而是认为《圣经》贯穿着神性的光辉，因而成为神学美学经典。他说："由特殊的《圣经》形式所激发起来的沉思将一道审美之光往后（也是往前）洒向救恩史，从而和《律法书》及《先知书》中的自然——诗歌形式一起将救恩史的整个罕见的超验范围都揭示了出来。这倒不是要对已经过去的英勇而崇高的历史时期追加乏味而浪漫的美化，而是要将这种特别具有戏剧色彩的行动内在所固有的，必须作为神学审美学对象的审美尺度通过照耀而显示出来。"⑥ 也就是说，巴氏反对将《圣经》仅仅作为一部普通的诗歌集

---

① ［瑞士］巴尔塔萨：《神学美学导论》，曹卫东、刁承俊译，生活·读书·新知三联书店2002年版，第59页。

② 同上书，第133—134页。

③ 同上书，第57页。

④ 同上书，第99页。

⑤ 同上书，第63页。

⑥ 同上书，第65页。

来阅读，而是认为它集中体现了神的启示，因而应该是神学美学最重要的论著。

3. 神学内容的美学考察

第一，关于上帝——巴氏认为，所谓神学美学就是上帝的显现。神学美学的创造者认为，要想解释上帝的荣耀通过具有直观性的审美是必不可少的。巴氏认为，"首先要建构一种神学美学（'荣耀'）：上帝显现"①。这其实是与传统的美学是感性学的特征相对立的。因此，上帝之美成立的哲学根基就不是传统的认识论，而是神学存在论。只有在这个基础上，美与上帝的荣耀的关系才能建立起来。他说："在神学层面，'主宰一切的、崇高的、荣耀的'上帝证实自己作为存在根基的属性，呈现于一切存在物之中，并必然超越所有范畴定义。'doxa'作为关于上帝的一种说法，因此'实际上不只是一个概念：它是一个原初的密码'，'因为 doxa 超越一切言说、一切言语'。"② 在这里，上帝成为创造万物的本体，万物都闪耀着上帝之光。所以，神学美学是存在论美学，也是创造论美学。同时，上帝拯救人类与万物，所以也是一种具有人文精神的美学。神学美学的创造者认为，要想解释上帝的荣耀，通过具有直观性的审美是必不可少的。神学美学的"显现"是感性与神性的直接统一，而不是传统认识论美学的感性与理性的直接统一。

第二，关于三位一体——也就是对基督教神学中圣父、圣子与圣灵三位一体的审美解读。在这里，运用了"类比"的方法，就是通过类比寻找世俗生活中圣灵的显现，从而将上帝的荣耀之美与世俗生活联系起来。巴氏说道："自我呈现出来的奥秘之光，不能混同于尘世中的其他审美光辉。尽管如此，这并不意味着那种神秘之光与这种审美光辉不存在任何共通之处。"③ 这就是神学中的"类比"，是沟通圣父、圣子与圣灵的以及神圣荣耀与尘世之美的桥梁。

---

① 刘光耀、杨慧林：《神学美学》第 2 辑，上海三联书店 2008 年版，第 5 页。
② 同上书，第 59 页。
③ 同上书，第 57 页。

第三，关于"道成肉身"——这是上帝之美的肉身化，是神学美学的主要对象。要将"道成肉身"作为审美的阐释，就必须借助于信仰。正如巴氏所言，"上帝的荣耀是隐藏着的，但对信仰的眼睛而言，荣耀，作为永恒三一之爱的荣耀却照射出炫目的光辉"①。所以，信仰是神学美学的必要前提。否则，我们在道成肉身中看到的只能是恐怖的形象而不是美。

第四，神学美学的形态——神学美学形态仍然十分丰富，包括圣经、圣歌、圣仪、圣像、神学建筑与神学艺术等。

4. 神学美学的基本特性：这是一种特有的基于信仰的在神奇的形式力量中达到迷狂与陶醉。诚如巴氏所说，"如果他们在热情和神圣之统一之中未能达到基督教意义上的迷狂和陶醉境地，那么，（他们是不会拥有这种形式力量的）"②。

5. 神学美学所必须经历的两个阶段

巴氏做了自己关于神学美学审美阶段的论述："神学美学实际上必须经过下列两个阶段：（1）直观论——或曰基础神学；（康德意义上的）美学作为感知上帝启示形象的学说。（2）陶醉论——或曰教义美学；美学作为荣耀之上帝成人以及鼓舞人分享荣耀的学说。"③

第一，直观阶段。美学作为感性学，还是要以感知与直观作为基础，因此，神学美学首先要面对上帝启示所呈现的形象，需要有直观的感知。

第二，陶醉阶段。神学美学作为上帝荣耀的显现最终应该是使人分享上帝的荣耀达到陶醉。这是神学美学最根本的特征所在。

三 论神学与戏剧

1. 神学美学为什么必然包含戏剧学。这是由神的绝对自由与人的相对自由的矛盾决定的。正如巴氏所说："当神与我们立约之后，便

---

① 刘光耀、杨慧林：《神学美学》第2辑，上海三联书店2008年版，第61页。
② ［瑞士］巴尔塔萨：《神学美学导论》，曹卫东、刁承俊译，生活·读书·新知三联书店2002年版，第99页。
③ 同上书，第141页。

要继之以一种戏剧学了：耶稣基督的绝对的上帝的自由如何面对人的相对的但也是真的自由？这两种对立位格的自由，会不会因为有选择何者为善的问题而带来你死我活的冲突？谁会成为最后的赢家？"① 因此，人神冲突、惩罚与拯救的交替出现成为基督教神学与《圣经》的基本内容，包括神学仪式中的各种对话、表演与活动都成为神学戏剧学的重要内容。

2. 神学与悲剧。神学美学中的悲剧概念是什么呢？巴氏说道："'悲剧'和'信仰'二词相遇到一块，可谓意味深长，因为悲剧中破碎的东西，是以一个牢不可破的整体的信仰为前提的。"② 这里说出了神学美学悲剧的特点是"信仰"，它的悲剧与救赎均以信仰为前提。

3. 原罪论与命运论：这是神学美学中的悲剧相异于古代希腊悲剧之处，因为后者是一种"命运说"，但前者却是"原罪说"。诚如巴氏所说，"人被卷到了一种集体罪责当中，这种罪责把正义者与民族命运联在一起……尽管如此，基督替众人受难当中还有着一种赎罪受难的味道。"③ 这就告诉我们，神学美学的悲剧都与人类始祖亚当、夏娃当初的原罪相关，而耶稣的下降与受难救赎是对于人类的一种救赎。

4. 神学美学悲剧的核心内容，就是耶稣代替所有的人去受难并最后拯救所有的人，使之得以获得救赎。但这一切只有带着信仰的眼光才能看到。正如巴氏所说，"其最终内容就是受难者实际上代替一切选民去堕落，以便让一切堕落的罪人都能因他而被挑选，只是这一内容在尘世舞台上是无法看到的。这种绝对悲剧的核心内容，只有带着信仰的眼光才能辨识出来"④。这种替众人受难，替民族受难的悲剧特性，使耶稣成为世间悲剧的集大成者，增强了这种悲剧的人类性意义。

---

① 刘光耀、杨慧林：《神学美学》第2辑，上海三联书店2008年版，第6页。
② ［瑞士］巴尔塔萨：《神学美学导论》，曹卫东、刁承俊译，生活·读书·新知三联书店2002年版，第156页。
③ 同上书，第165页。
④ 同上书，第167页。

5. 论神学悲剧的实践性质。巴氏认为，其神学美学到达戏剧阶段就是强调了当代神学救赎人类的实践性特征。他说："上帝的启示绝不是观照的对象，而是在世界之中和作用于世界的行动，这个世界也只能在行动中应答和'理解'上帝的行动。"①巴氏将其美学概括为：圣神的——显现——美学；圣神的——实践——戏剧学。这就更加凸显了神学美学的人文情怀。

下面，我们将巴尔塔萨的启示论神学美学总结一下：

第一，20世纪神学美学的出现，实际上是为新世纪贡献了一种新的美学形态。这种美学形态即是对传统神学美学的继承，同时又具有当代的价值内容；这种神学美学具有浓郁的人文精神，是对当代人类终极关怀的体现。正如巴氏所言，"我们先从反思人的处境开始。人，作为一个有限存在物生存一个有限的世界，但他的理性是对无限者和所有存在敞开的"②，并说自己的哲学与美学是一种"元人类学"③。

第二，这种神学美学实际上包含着丰富的文化内涵。它"重新整合恩典与自然、思维与感受、身体与精神、文化与神学"④ 等丰富内容，并在很大程度上强化了审美的超越性内涵，在审美与艺术过度世俗化的今天具有重要的价值与意义。这种神学美学也是对基督教美学内涵的深度发掘。

但这种神学美学的明显的局限是毋庸讳言的。首先，它是以一种极度唯心主义的宗教哲学为其基础。诚如马克思在《〈黑格尔法哲学批判〉导言》中所说，"宗教是被压迫生灵的叹息，是无情世界的情感"，"宗教是人民的鸦片"，是那些"还没有获得自身或已经再度丧失自身的人的自我意识和自我感觉"，宗教即"颠倒的世界意识"。⑤

① ［瑞士］巴尔塔萨：《神学美学导论》，曹卫东、刁承俊译，生活·读书·新知三联书店2002年版，第180页。

② 刘光耀、杨慧林：《神学美学》第2辑，上海三联书店2008年版，第3页。

③ 同上书，第4页。

④ 同上书，第31页。

⑤ 《马克思恩格斯选集》第1卷，人民出版社2012年版，第1—2页。

而且，在巴氏理论中，神学与美学的关系是没有真正得到解决的，两者之间的关系是无法通过简单的"类比"加以沟通的。这种难以沟通性，使得神学美学的学术合理性在很大程度上受到挑战和质疑。

第三章

德国古典美学：美与自由

第一节　德国古典美学的产生及其特点

一　德国古典美学的产生

蒋孔阳在其《德国古典美学》一书中指出："什么是德国古典美学呢？这就是十八世纪末到十九世纪初，在德国以康德、费希特、谢林、歌德、席勒和黑格尔等为代表，所形成的一个美学流派。这个流派，不仅以德国古典哲学作为理论基础，而且就是德国古典哲学的一个组成部分。"① 德国古典美学以康德为其开山祖师，以黑格尔为其最高表现与最后终结。德国古典美学的基本特点，是对整个西方古典美学的综合总结。

德国古典美学是以 18 世纪欧洲启蒙运动为其历史准备的。从 18 世纪到 19 世纪这一百多年，是西方古典美学发展的最重要时期，也就是西方古典美学的成熟期。它表明，古典的和谐美已经发展到鼎盛，将走向转型，代之以现代浪漫美。这一百多年又可分为两个阶段：从 1735 年鲍姆嘉通提出"美学"的概念，到 1781 年莱辛逝世，康德的《纯粹理性批判》出版为前期或发展期；从 1781 年到 1831 年黑格尔逝世为后期或成熟期。而整个启蒙运动都是德国古典美学的准备期，为德国古典美学的产生准备了充分的条件。

在理论上，德国古典美学的最辉煌成就是康德的美是"无目的的

---

① 蒋孔阳：《德国古典美学》，商务印书馆 2014 年版，第 1 页。

合目的性"的形式与黑格尔的美是"理念的感性显现"两个基本范畴的提出，建立了完备的古典美学理论体系，体现出"美在自由"的重要内涵。18世纪启蒙主义美学就为这两个著名范畴的提出及完备美学体系的建立做好充分准备，鲍姆嘉通于1735年提出"美学"（Aesthetic）概念，使之成为独立于逻辑学与伦理学之外的一门学科，从而为德国古典美学建立独立的、完备的美学体系奠定了基础。而启蒙主义时期大陆理性主义与英国经验主义哲学美学均得到充分发展。这就为德国古典美学把两者综合起来打下了基础。

在范畴上，启蒙主义时期对美、丑、崇高、和谐、典型（理想）等基本范畴在原有基础上做了极大的丰富与发展。而在美学的历史发展上，启蒙主义时期也进行了充分的准备。它对带有浓厚封建主义色彩的新古典主义进行了有力的突破，特别是扬弃了从亚里斯多德《诗学》到贺拉斯《诗艺》开始又到新古典主义的所谓"三一律"，改造了亚氏和新古典主义的悲剧、喜剧模式，创造了适合新时代的市民悲剧或悲喜剧的新型剧种。而启蒙主义的风格是一种昂扬向上的风格，特别是莱辛与狄德罗，在其美学思想中贯穿着资产阶级上升时期的生气与学习综合总结历史成果的力量，与德国古典美学所呈现出来的综合总结的力量一脉相承。

德国古典美学就在18世纪启蒙运动美学发展的基础上，开始了自己的综合总结整个西方古典美学，以及"美在自由"说的提出的伟大历史任务。

二 德国古典美学的基本特点

上文已提到，德国古典美学的基本特点是对整个西方古典美学的综合总结与美在自由说的提出。具体说来有这样几个表现。

第一，出现了整个西方古典美学最重要的成就——康德与黑格尔的美学思想，成为整个西方古典美学的总结和最辉煌的成就，其最重要的内涵就是"美在自由"。德国古典美学总结了美在和谐、美在神性、美在感性、美在理性、美在关系等一系列美学理论的精华，包容了几千年美学与艺术发展历史的成果，具有极大的综合性与阐释力，价值非凡，意义重大。

　　第二，具有极为重要的批判精神。这正是德国古典美学取得巨大成就的重要原因之一。从康德开始，整个德国古典美学充满了难能可贵的批判精神。这是一种反思的精神，是德国古典美学取得重大成就的重要原因之一。康德就将自己的哲学称作"批判哲学"，其意是对传统理性主义进行质疑与反思。因为，理性主义声称理性具有无比强大的力量，一切都可在这个理性的审判台上加以评判。但康德评判反思的结果却是理性只在"现象界"有其力量，而在彼岸的"物自体"领域却是无能为力的。这里尽管为神学留下后路，但却是对于资本主义社会迷信所谓资产阶级理性力量的有力怀疑。在康德看来，一切思想理论不仅应该放到理性的评判台上，而且应该放到"反思"与"评判"的评判台上。这正是德国古典美学的可贵精神，也是其取得辉煌成就的重要原因之一。

　　第三，在方法上，德国古典美学的重要突破是从单纯的感性方法与理性方法到重要的二律背反，再到辩证方法。从康德开始，在美学研究方式上就有了明显的极大的突破，那就是突破原来的感性方法与理性方法，采取了二律背反的方法。所谓"二律背反"，就是两个表面看相对立的范畴，但却各有自己存在的合理性，将其整合在一个范式之中，从而构成二律背反。而在审美中，构成二律背反的前提就是反思的审美判断，依据的是先天的先验原则。例如，康德在著名的《判断力批判》中就给我们展示了一个审美之中典型的二律背反："正命题：鉴赏不植基于诸概念，因否则即可容人对它辩论（通过论证来决定）。反命题：鉴赏判断植基于诸概念；因否则，尽管它们中间有相违异点，也就不能有争吵（即要求别人对此判断必然同意）。"① 康德进一步指出："二律背反可能解开的关键是基于两个就假相来看是相互对立的命题，在事实上却并不相矛盾，而是能够相并存立，虽然要说明它的概念的可能性超越了我们认识能力的。"② 又

---

① ［德］康德：《判断力批判》上卷，宗白华译，商务印书馆 2009 年版，第 180—181 页。
② 同上书，第 182 页。

说："这里提出来的和解决了的'二律背反'，是以那正确的鉴赏的概念——即作为一个单纯的反省着的审美判断力的概念——为基础。"① 这里告诉我们，只有凭借先验的反思的审美判断才能解决二律背反的问题。这里不免有神秘主义色彩，但二律背反的提出与解决却是研究方法的突破，是不同寻常的，是德国古典美学得以综合感性派与理性派，以及综合整个西方古典美学的重要原因，而且为其后黑格尔的唯心论辩证法的诞生准备了条件。正是通过这种二律背反的方法，德国古典美学才将古代的美（素朴的诗）与现代的美（感伤的诗）、感性的美（英国经验主义）与理性的美（德法理性派）、古代希腊传统（古典的艺术传统）与莎士比亚的近代传统、席勒的浪漫主义与歌德的现实主义加以综合，从而产生一场革命。这场革命就是没有产生新的艺术，"却有一种新的哲学从这场革命中产生出来"②。这种二律背反的方法发展到黑格尔，就是辩证法的诞生。正是德国古典美学在方法上的这种革命，才产生了"美在自由"说，感性与理性、主体与客体、物自体与现象界才能够处于自由的游戏状态。因此，美学的革命首先是方法的革命，说到底是哲学的革命。

第二节 "美在自由"说

一 "美在自由"说是德国古典美学的最重要的成就

"美在自由"说是德国古典美学的最重要的成就，因为它是对整个西方古典美学与艺术实践综合总结的结果，是西方古典美学与艺术的光辉结晶。它包含了整个西方古典美学与艺术成就的精华，是人类文化的瑰宝，其意义价值几乎可以与古代希腊文化艺术及美学理论相媲美。

"美在自由"说是资本主义上升时期的产物。资本主义上升时期，针对封建主义对人性的禁锢提出"人性解放"与"民主自由"的口

---

① ［德］康德：《判断力批判》上卷，宗白华译，商务印书馆 2009 年版，第 183 页。
② ［英］鲍桑葵：《美学史》，张今译，商务印书馆 1985 年版，第 408 页。

号，从而为"美在自由"说的产生提供了必要的思想条件。从思维方式来说，资本主义上升时期，由于资产阶级在生产力与社会进步发展中的先进地位，使之具有一种综合包容一切的力量，产生二律背反与辩证的方法。这种思维方法的革命使得"美在自由"说的产生具有了必要的思想前提。同时，这种思维方法的革命也打开了人们的思路，使得感性不仅是感性而且同时可以是理性，从而为"美在自由"说奠定了思想理论的基础。资本主义上升时期从封建社会脱胎而出，本身带有明显的过渡色彩，无论在政治上、思想上与理论形态上都具有明显的近代气息，同时又是对古代的总结。"美在自由"说就是资本主义上升时期以崭新的理论武器对古代美学与艺术的哲学总结，也是对近代与古代的综合。但西方古典美学毕竟已经走完自己的路，完成了自己的历史使命，新的近代美学形态必将代替它走到历史的前沿。

二　"美在自由"说的内涵

"美在自由"说的内涵，是德国古典美学的重要范畴，"理想"即"理想的美"。所谓"理想"，即是感性与理性、主体与客体之间不受任何障碍的直接统一，融为一体。也就是感性与客体中到处渗透着理性与主体，而理性与主体也完全渗透于感性与客体之中。这一"美的理想"的发展过程表现在统一的根据的变化之上，大体分四个阶段。第一阶段，是温克尔曼从时代社会的角度论述古代希腊的艺术与审美，认为自由的社会才能产生自由的艺术，认为古希腊"艺术之所以优越的最重要的原因是有自由"[①]。第二阶段，是康德将感性与理性统一于主观，即统一于主观先验原理——无目的的合目的性。具体表现为主观的心理功能，即想象力与知性力的自由协调的心理功能。第三阶段，是由主观到客观的过渡，即席勒将美的感性与理性自由地统一于客观的"活的形象""审美外观"。第四阶段，是黑格尔将感性与理性统一于客观，但却是"客观的理念"，为美下了"美是理念

---

①　［德］温克尔曼：《希腊人的艺术》，邵大箴译，广西师范大学出版社 2001 年版，第109 页。

的感性显现"的重要定义，并通过逻辑的"一般世界情况"到"情境"与"情致"再到"动作"与"性格"的"正反合"过程，以及历史的"象征型到古典型再到浪漫型"的"正反合"过程，实现在逻辑与历史的统一中的感性与理性的直接统一，融为一体的自由的理想的美。

三 "美在自由"说的价值意义

首先，是在某种程度上揭示了美的基本规律。美是什么？这是自古以来就一直被人们所询问的问题，而这一美的本体论问题恰恰成为区分各种美学理论的核心所在。那么，到底美是什么呢？美学史上有美在客观、美在主观与美在关系诸说，但这些说法都是不完善的。德国古典美学提出"美在自由"，尽管也是各种美学理论之一种，但却具有较大的阐释力，在一定程度上揭示了美的基本规律。诚如黑格尔所言，康德"关于美所说过的第一句合理性的话"①，这句合理的话就是"无目的性"与"合目的性"在反思的审美判断中的自由的统一。直到黑格尔，发展到感性与理性的直接统一，融为一体。也就是说，在审美过程中，审美者完全摆脱了感性与理性的束缚，处于黑格尔所说的解放的自由的状态，在这种状态下才能够产生一种真正的审美的态度，即主体与对象之间的肯定性的情感评价关系。这种自由的关系可以是一种和谐的关系，也可以使一种理性超越感性的崇高的关系。总之，"美在自由"正因为是整个西方古典美学的总结，所以具有极大的普适性，意义重大。

其次，"美在自由"对西方现当代美学也具有阐释力量。因为"美在自由"，既包含认识之中的感性与理性统一的自由，也可以指向人生，指向主体，从而成为人生美学与非理性美学的重要内涵。这就成为西方现当代美学的重要方面。无论是生命论美学、经验论美学、现象学美学，还是生存论美学，都与自由有关。

---

① ［德］黑格尔：《哲学史讲演录》第 4 卷，贺麟、王太庆译，商务印书馆 200 年版，第 332 页。

"美在自由"说还直接开启了马克思主义美学。马克思主义本身就将人的自由作为无产阶级解放与人的异化扬弃的重要内容。"人也按照美的规律建造"就是人的尺度与自然尺度的统一，也是自然主义与人道主义的结合。

　　"美在自由"说的局限也是非常明显的。它是建立在唯心主义哲学基础之上的，无论是康德的先验的先天原理，还是黑格尔的客观的理念，都是唯心主义的。而且，这里的"自由"，也是资产阶级的自由，具有很大的空想性，是脱离社会实践的，始终局限于艺术与审美之中的，是不牢靠的，缺乏现实基础的。

第三节　鲍姆嘉通：感性认识的完善

　　鲍姆嘉通（A. G. Baumgarten，1714—1762），全名亚历山大·戈特利布·鲍姆嘉通（又译"鲍姆嘉滕"）。1914年出生于柏林，1935年出版博士论文《诗的哲学默想录》，又名《关于诗的哲学沉思》。正是在《关于诗的哲学沉思》中，鲍姆嘉通提出了"感性学"（Aesthetica）的概念，他在书中称作"知觉的科学或感性学"。鲍姆嘉通在1750年和1758年，又出版《美学》第一、二卷。在《美学》第一、二卷中，他给"美学"下了"感性认识的科学"的定义，并以相当的篇幅对此进行了论述。克罗齐在《鲍姆嘉通的美学》一文中认为，鲍氏给美学所下的定义是"有史以来最好的定义"，"是他对美学的最大的贡献"。

　　在相当长的时间内，由于鲍氏的《美学》是用拉丁文写作的，不免给其传播造成一定困难。更重要的是，由于认识的局限，学术界对鲍氏美学与思想的意义、作用的认识是相当不够的。20世纪80年代以来，由于学术界对启蒙运动以来由"主客二分"思维模式所形成的主体与客体、理性与感性、身体与心灵二分对立弊端的愈来愈清晰的认识，由此，对鲍姆嘉通"美学即感性学"理论的意义价值也有了更加明确的认识，对其美学理论给予了更多的重视。正如德国当代美学家沃尔夫冈·韦尔施（Wolfgang Welsch）所说："鲍姆嘉通的美学思想尤其令我感到惊异。因为他将美学作为一门研究感性认识的学科建立起来。在他看来，美学研究的对象首先不是艺术——艺术也只是到后来才成为美学研究的主要对象——而是感性认识的完善。在研究过程中，我尝试着努力恢复鲍姆嘉通的这一原始意图。"① 由此，我们认为，鲍氏所论述的"美学即感性学""美的教育即感性教育"的重要理论在当代具有厘清美学与美育内涵，恢复其本性的重要作用。其具体内涵与价值如下。

一 首创"美学即感性学"，是对工具理性膨胀的有力反驳，为美育开辟了"感性教育"的新领域

鲍姆嘉通在 1735 年所写的博士论文《诗的哲学默想录》中就提出"美学即感性学"的命题。他说："'可理解的事物'是通过高级认知能力作为逻辑学的对象去把握的；'可感知的事物'（是通过低级认识能力）作为知觉的科学或'感性学'（美学）的对象来感知的。"② 1750 年，他又在《美学》第一卷中正式给美学下了"感性认识的科学"的定义。他说："美学作为自由艺术的理论、低级认识论、美的思维的艺术和与理性类似的思维的艺术是感性认识的科学。"③ 他为了准确阐明"感性认识的科学"的内涵，特意在希腊词"aesthe-sis"的基础上，创造出拉丁词 Aesthetica，这是一个与 Ratio（理性）对立的概念，意为感性的、感官的、知觉的。由此可知，"Aesthetica"一词原来的含义只是"感性的"之意，与"美"是没有关系的。正如《诗的哲学默想录》的英译者阿什布鲁纳与霍尔持所说："这个词的本义与'美'（beauty）无关，它源自 aesthesis（感觉），而不是源自任何更早的代表美或艺术的词。"④ 但有一点是肯定的，那就是这个"Aesthetica"是不同于逻辑学与伦理学之外的另一门新的学问，那就是"美学"。由此，"美学即感性学"的论断得以

---

① 王卓斐：《拓展美学疆域，关注日常生活——沃尔夫冈·韦尔施教授访谈录》，《文艺研究》2009 年第 10 期。

② ［德］鲍姆嘉滕：《美学》，简明、王旭晓译，文化艺术出版社 1987 年版，第 169 页。

③ 同上书，第 13 页。

④ 同上书，第 178 页。

成立。

　　"美学即感性学"的论断之所以能够成立的一个重要原因在于，鲍姆嘉通充分地论证了感性认识对理性认识来说所具有的独立性。他在回答人们对感性认识的价值与独立性的责难时，说道："哲学家是人当中的一种人，假使他认为，人类认识中如此重要的这一部分与他的尊严不相配，那就失之欠妥了。"① 鲍氏将自己所说的"感性认识"，又称作"低级认识能力"。但他对沃尔夫所说的"低级认识能力"做了某种程度的改造和补充，从而使之具有了新的面貌。在沃尔夫的理论体系中，认识能力的低级部分包括：感觉、想象、虚构、记忆力。鲍姆嘉通在《形而上学》一书中用"幻想"取代了沃尔夫的"想象"，并用洞察力、预见力、判断力、预感力和命名力扩展了沃尔夫的序列。所以，这里所讨论的就不再是"认识能力的低级部分"，而是独立的"低级认识能力"了。② 作为"低级认识能力"的"感性认识"就具有了独立性，从而标志着它已经不同于"高级认识能力"的逻辑学，而具有了自己的独立地位。由此，作为感性学的"美学"就与逻辑学、伦理学区分开来走向学科独立之路。这就是人们将鲍姆嘉通称作"美学之父"的主要原因。其意义就在于，突破启蒙运动以来，以笛卡尔、莱布尼茨与沃尔夫为代表的大陆理性主义将"理性"推到决定一切的至高无上地位的"独断论"。这种"独断论"不仅是一种哲学理论的极端化、片面化的错误表现，而且是对人的鲜活的感性生命力的压制与宰割，后果极为严重，成为现代以来人们在精神和身体上茫然无所归依的重要原因。鲍氏首创"美学即感性学"就是对这种工具理性独断论的反驳，是对人的本真的感性生命力的呼唤与恢复，意义重大。

　　在这里，还需要特别指出的是，鲍氏"美学即感性学"命题的提出，也是对西方长期盛行的"美学即艺术哲学"理论的有力批判与反驳。审美当然与艺术紧密相联系，但它首先来自人的鲜活的感性的生

---

① ［德］鲍姆嘉滕：《美学》，简明、王旭晓译，文化艺术出版社 1987 年版，第 15 页。
② 同上书，第 13 页。

活,并最终为了改善人的感性生活使之更加美好。但"美学即艺术哲学"却在很大程度上割断了审美与感性生活的血肉联系,使之局限于单一的艺术,后果极为严重。鲍氏提出的"美学即感性学"的命题已经将审美扩展到感觉、幻想、虚构、记忆、洞察、预见、判断与命名等方方面面,具有了极大的鲜活性、生动性与生命力。

鲍氏在其美学的定义中还有"美学作为自由艺术的理论"的表述,在这里,"自由艺术"并不等于"艺术",而是有着十分宽泛的内涵。鲍姆嘉通在他的《真理之友的哲学信札》中写道:"人的生活最急需的艺术是农业、商业、手工业和作坊,能给人的知性带来最大荣誉的艺术是几何、哲学、天文学,此外还有演说术、诗、绘图和音乐、雕塑、建筑、铜雕等,也就是人们通常算作美的和自由的艺术的那些。"① 可见,他所说的一切非自然之物都在"自由艺术"之列,由此可以说明鲍氏突破传统的"美学即艺术哲学"的理论框架,有回归古典时代"艺术即技艺"之意,说明审美并不等于艺术,而美育更是比艺术教育的涵盖面更宽。

鲍氏在《美学》一书中除了对美学作为感性学给予明确界定外,还对"美的教养"即美育的内涵给予了界定。他说:"一切美的教养,即那样一种教养,对在具体情况下作为美的思维对象而出现的事物的审视,超过了人们在未经训练的状况下可能达到的审视程度。熟悉了这种教养,通过日常训练而激发起来的,美的天赋才能,就能成功地使兴奋起来的,转化为情感的审美情绪——包括在珀耳修斯那里看到的那种'尚未沸腾'的审美情绪——对准美的思维的某一确定对象。"② 在这里,鲍氏将作为"感性教育"的"美的教养"所包含的丰富内容做了充分的揭示。其一,审美教养的主要内涵是"作为美的思维对象而出现的事物的审视"。这里所谓"美的思维对象"就是"低级认识"即"感性"的对象,揭示了审美教养作为"感性教育"的基本特质。其二,揭示了审美教育提高人的审美能力的重要作用,

---

① [德] 鲍姆嘉滕:《美学》,简明、王旭晓译,文化艺术出版社1987年版,第5页。
② 同上书,第34页。

说明低级的感性认识也有一个提升的过程。鲍氏说，审美教养的作用是"超过了人们在未经训练的状况下可能达到的审视程度"。其三，进一步揭示了审美教养作为"感性教育"的具体内涵是对"天赋才能"的"激发"。其四，揭示了审美教育的目的是"转化为情感的审美情绪"，也就是美育的目的是通过感性教育的途径达到情感培养与提升的目的。这也许就是人们将"感性学"称作"美学"，并对其极为重视的最重要原因。

相反，如果忽视了审美教养，对人的情感加以放纵，则会导致人的贪婪、伪善、狂暴、放荡，最后会败坏一切美的东西。他说，审美训练的忽视与走偏方向会"完全坠入激情控制一切的境地，坠入一无所顾地追求伪善、狂暴的争赛、博爱、阿谀逢迎、放荡不羁、花天酒地、无所事事、懒惰、追求经济活动、或干脆追求金钱，那么就到处都会充斥着情感的匮乏，这种匮乏会败坏一切能被想成美的东西"①。显然，鲍氏这里所针对的正是工业资本主义社会感性教育的弱化与走偏方向所造成的对美的破坏的严重社会现实。

二　提出了"感性认识的完善"说，揭示了审美与美育的经验与知识共存的内在特性

鲍姆嘉通不仅提出了美学即感性学，阐释了美育即感性教育的重要命题，而且揭示了这一命题中所包含的"感性认识的完善"的十分丰富而复杂的内容，从而揭示了美育所特有的感性与理性、经验与知识、模糊性与明晰性、例外与完善、个别与一般共存，但总体上倾向于感性的经验性与模糊性的内在特性。

鲍氏在论述了审美的感性特征后进一步论述道："美学的目的是感性认识本身的完善（完善感性认识）。"②鲍氏这个论断本身就是一个二律背反式的悖论，因为既然是感性，那本身就是经验的、个别的、例外的与模糊的；而审美却又要求一种与之相反的知识的、普遍

---

① ［德］鲍姆嘉滕：《美学》，简明、王旭晓译，文化艺术出版社1987年版，第29页。
② 同上书，第18页。

的、必然的与明晰的完善性，要求将这两种倾向统一在一个审美活动之中。十分遗憾的是，鲍氏讲出了这种二律背反的事实，但没有在理论上加以总结。其后的康德，明确地将这种二律背反作为自己美学理论的组成部分，对其极为重视，并以无目的合目的的"先验原理"加以综合。但鲍氏毕竟揭示了两者的共存，他指出，低级认识能力"不仅可以同以自然的方式发展起来的更高级的能力共处，而且后者还是前者的必要前提"。又说："就经验而言，以美的方式和以严密的逻辑方式进行的思维完全可以和谐一致，并且可以在一个并不十分狭窄的领域中并存。"① 这种"共处"与"并存"，就是审美与美育的内在特性所在，是其所特有的内在张力与魅力，后来被康德继承，提出审美是"无目的的合目的的形式"的论断，被黑格尔称为"关于美所说过的第一句合理性的话"②。现在，我们再研究鲍氏的"感性认识的完善"时才知道，原来对有关审美与美育特性的最初揭示是由鲍姆嘉通完成的。鲍氏作为一位素养深厚的美学家不会让感性与理性、个别性的经验与普遍性的知识随便地、不合常理地杂糅在一起，而是让两者统一协调，构成一种"整体美"。他认为，审美的例外是以服从其"整体美"为前提的，是以"审美必要性"为其原则的，这就是一种"诗意的思维方式"。他说："由于诗意的思维方式只不过是一种美的无论如何也不是一种粗糙的例外现象，所以它的一切可然性都是建立在这样的基础上，这种例外就是在理性类似物看来也小到了它对整体美所能允许的程度，或者至少理性类似物并没有发现相反的情况，因而并没有出现这样的情况，仿佛事实上人们可以提出这样的论断，说这是没有审美必要性而虚构的。"③ 既然在鲍氏看来感性认识是审美、美育与诗意思维的最基本特点，那么他就必然认为在感性与理性、模糊与清晰、独特与完善之间肯定是前者

---

① ［德］鲍姆嘉滕：《美学》，简明、王旭晓译，文化艺术出版社1987年版，第26、27页。

② ［德］黑格尔：《哲学史讲演录》第4卷，贺麟、王太庆译，商务印书馆2009年版，第332页。

③ ［德］鲍姆嘉滕：《美学》，简明、王旭晓译，文化艺术出版社1987年版，第107页。

占据了主导的地位，感性、模糊性与独特性成为审美的基本特性与品格。他说："既然混乱的表象和模糊的表象都是通过低级的认识能力接受的，我们同样可以称其为模糊的。"① 在他看来，这种模糊性正是美学与哲学、艺术与科学的最基本的区别。他说："因为哲学所追求的最高目标是概念的确定性，而诗却不想企及这一目标，因为这不是它的本分。"②

在这里，鲍姆嘉通不仅论述了审美、美育与艺术所特有的感性与理性，模糊与清晰、个别经验与普遍知识"共存""共处"的特点，而且论述了感性、模糊性与个别经验性占据主导地位的"整体美"审美思维。而这种"共存"的根本原因在于审美主体所特有的"理性类似思维"，即审美直觉所特有的能力。康德继承了这种审美与美育所特有的内在悖论的理论观点，但做了诸多的调整。这种调整有进有退，有得有失。首先，从理论上来说，更加周延，特别将其归结为一种在审美与艺术中具有普适性的"二律背反"方法，使得这种"共存""共处"在理论上更加精致与完备。其次，将这种"共存""共处"的重心做了调整。鲍氏将这种重心落脚于"感性"与"模糊性"之上，更加符合审美、艺术与美育的根本特性。而康德则将这种重心落脚于"理性"与"道德"，最后提出"判断先于快感"的重要命题，使审美成为"道德的象征"。这就在更大程度上恢复了理性派的"理性第一"原则，偏离了鲍氏对理性派反驳的初衷。从某种程度来说，在这一点上，康德明显是一种倒退。最后，在两者"共存"与"共处"的根据上，鲍氏将之归结为作为人的直觉本能的"类似理性思维"，不仅从自身与内部探寻根源，具有比较充分的理论说服力。而且，将其归结为人的直觉本能也具有较多的科学与事实根据。但康德却将两者"共存"与"共处"的根据归结为一种神秘莫测的"先验的先天原则"，即为先天预设的"无目的的合目的性的"原则。这不免使这一理论也变得神秘莫测起来，因此也应该是一种后退。

① ［德］鲍姆嘉滕：《美学》，简明、王旭晓译，文化艺术出版社1987年版，第128页。
② 同上书，第132页。

三 提出"理性类似思维"的概念，直抵审美与美育的深层生命根基

鲍氏美学与美育思想的一大重要贡献就是"理性类似的思维"的提出。他在《美学》的《引论》部分论述美学的基本概念时就明确提出，美学是"美的思维的艺术和与理性类似的思维的艺术"①。在这里，鲍氏没有像沃尔夫与迈埃尔那样用"近似理性的思维"，而是用"理性类似的思维"，因为"类似"不是相同，而是"好像"，更宜阐明感性认识的独立性及其与理性认识能力所具有的同等价值。根据鲍氏在《形而上学》一书的论述，"类似理性"思维包括：（1）认识事物的一致性的低级能力；（2）认识事物的差异性的低级能力；（3）感官的记忆力；（4）创作能力；（5）判断力；（6）预感力；（7）命名力，等等。②从鲍氏所列的七类来看，这种"理性类似的思维"是一种不同于凭借逻辑与概念推理的感性直觉能力，但同样能把握好事物的一致性、差异性、历史性、关联性及某些特性等，起到"类似理性"的作用。鲍氏将这种"理性类似的思维"看得很重，认为"诗意思维"的"一切可然性都是建立在这样的基础上"③。因此，鲍氏整个"美学即感性学"的论述都是以"理性类似的思维"作为根基的。

鲍姆嘉通的另一个重要贡献，就是比较充分地揭示了这种"理性类似的思维"所凭借的人的全部身体感官基础及其所包含的先天自然禀赋特点。鲍氏指出，作为审美的感性判断"是由那些受感觉影响的感官作出的"④。他用法文、希伯来文、拉丁文、意大利文等有关词语论述感官作用。英译者在注中对他的这种论述加以阐释时说："鲍氏的观点是：不同的语言都有些用法来自感觉，而应用于感性判断。如英语的'美味'（good taste）。'taste'对物而言是味、滋味，对人是

---

① ［德］鲍姆嘉滕：《美学》，简明、王旭晓译，文化艺术出版社 1987 年版，第 13 页。
② 同上。
③ 同上书，第 107 页。
④ 同上书，第 161 页。

味觉，对艺术只是'趣味'，对鉴赏者是欣赏力，审美力，所以 good
taste 也有'风雅'之意。对于希伯来文和意大利文的解释，可见鲍氏
的《美学》一书（1936 年出版于巴里 Bari，第 546 页）。在这本著作
中，这样解释这两个希伯来文，UYU 意为'他已经品赏，他试过滋
味'，转而为'他洞察了自己的心灵'；NYY 意为'嗅'……转而为
'嗅出，预感到'。拉丁文的意思可译为'你讲话，就看出你''听其
语知其人'，意谓'谈吐文雅'。"① 可见，鲍氏《美学》所说的"感
官"已经不单单是古希腊诗学所讲的"视听觉"，除此之外还包含了
味觉和嗅觉等整个身体的感官系统。更为重要的是，鲍氏在《美学》
中对于包括人的身体感官在内的审美的自然要素列专节"自然美学"
加以比较深入全面的论述。他说："先天的自然美学（体质、天性、
良好的禀赋、天生的特性），就是说，美学是同人的心灵中以美的方
式进行思维的自然禀赋一起产生的。"② 又说："敏锐的感受力，从而
使心灵不仅可以凭借外在感官在获取一切美的思维的原材料，而且可
以凭借内在感官和最为内在的意识去测定其它精神能力的变化和作
用，同时又始终使它们处于自己的引导之下。"③ 在这里，鲍氏将
"先天的自然美学"作为美学家的"基本特征"，包括一切先天赋予
的条件，诸如体质（感官）、天性（心理素养）、良好的禀赋（才能）
与天生的特性（气质）等。又将感受力分为获得原材料的"外在感
官"即指身体感觉系统，与测定精神能力变化的想象、幻想等"内在
感官"。显然，在这里，鲍氏已经将先天的生理禀赋（身体等外在感
官）与先天的心理禀赋（心理与心灵等内在感官）放到十分重要的
基础性位置。这是鲍氏对启蒙主义以来的理性主义、工具主义对感性
与理性、灵与肉分离的倾向的一种反驳，是对长期被压抑的感官、身
体这种天资中"低级能力"的一种唤醒。正如他自己所表白的那样，
"这种天资中的低级能力较易唤醒，而且应当与认识的精确性比例适

① ［德］鲍姆嘉滕：《美学》，简明、王旭晓译，文化艺术出版社 1987 年版，第 161 页。
② 同上书，第 22 页。
③ 同上。

当"①。这就是 20 世纪以来逐步兴盛的"身体意识"与"身体美学"的滥觞。

但鲍氏的这种刚刚萌芽的身体意识很快被压制，康德以静观的无功利的纯形式的审美使美学又一次离开了感官与身体，而席勒的不同于感性王国的"审美王国"的建立将灵与身的距离进一步拉开，黑格尔的"理念的感性显现"则在审美与美育之中彻底地消除了身体与感官的痕迹。20 世纪以来，随着对主客二分思维模式的批判，身体意识与身体美学逐步走向兴盛，成为美学与美育理论不可缺少的组成部分。法国著名现象学哲学家莫里斯·梅洛－庞蒂（Maurice Merieau Ponty，1908—1961）在 1945 年所写《知觉现象学》中列专章论述"身体"，并公开声言"因为我们通过我们的身体在世界上存在，因为我们用我们的身体感知世界"②。美国美学家舒斯特曼（Richard Shusterman）则在其 2000 年出版的《实用主义美学》一书中明确提出建立"身体美学"的建议。他说："在对身体在审美经验中的关键和复杂作用的探讨中，我预先提议一个以身体为中心的学科概念，我称之为'身体美学'（Soma esthetics）。"③ 当代美国美学家阿诺德·伯林特（Arnold Berleant）在其《环境美学》一书中，提出建立一种眼耳鼻舌身全部感官及整个身心都融入其中的新美学。他说："这种新美学，我称之为'结合美学（aesthetics of engagement）'，它将会重建美学理论，尤其适应环境美学的发展。人们将全部融合到自然世界中去，而不像从前那样仅仅在远处静观一件美的事物或场景。"④

总之，20 世纪后半期以来，鲍姆嘉通"感性学"与"感性教育"的思想价值被重新发现并得到新的阐发。其意义首先在于更加彻底地批判了启蒙主义以来感性与理性、身与心、生活与艺术相互分离的思

---

① ［德］鲍姆嘉滕：《美学》，简明、王旭晓译，文化艺术出版社 1987 年版，第 22 页。

② ［法］莫里斯·梅洛－庞蒂：《知觉现象学》，姜志辉译，商务印书馆 2005 年版，第 265 页。

③ ［美］理查德·舒斯特曼：《实用主义美学》，彭锋译，商务印书馆 2002 年版，第 348 页。

④ ［美］阿诺德·伯林特：《环境美学》，张敏、周雨译，湖南科技出版社 2006 年版，第 12 页。

维定式，恢复其相互联系的本真状态。我们可以结合现实思考一下，难道在现实生活中存在与感性相悖的理性、与身体分离的心灵以及与生活相对立的艺术吗？它们之间的关系就正如鲍氏所说是一种"共处""共存"的关系，而不是相悖相离的关系。同时，这也是对审美作为人之感性与生命表征的真诡的一种回归。事实证明，鲍氏对审美之感性学、美育之感性教育本性的论述，特别是其对于审美之"类似理性思维"的论述，具有某种人类学的意义，直抵人性之深处。它说明，感性与"类似理性思维"就是人类早期思维特点，是一种直觉的、比喻的、类比的思维方式，就是维柯在《新科学》中所说的"诗性思维"、中国《周易》中所蕴含的"象思维"，这恰是审美思维特点之所在。感性学与"类似理性思维"，就是对人类已经被逐渐湮没的早期"诗性思维"与"象思维"的一种唤醒，使正在走向异化之途的人得以回归其本真的生存与生命状态。而从美育的角度来看，重新提出鲍姆嘉通的"感性教育"思想，有利于扭转当前美育实践中将美育演化为单纯的"知识教育"的反常现象，使之回归到"感性教育"的正途。

第四节　康德的《判断力批判》：无目的的合目的性的形式

一　关于康德美学的地位

康德（Immanuel Kant，1724—1804）是世界级的哲学大师之一，对整个人类的思想有重要影响。直至今天，康德哲学仍具有现实意义。康德美学是其哲学的重要组成部分，甚至可以说是最重要的组成部分，是沟通其认识论与伦理学的桥梁。

康德美学一经问世，因其具有调和经验派与理性派的根本特点或缺陷，因而立即招致多种攻击，形而上学的机械论者从"左"的方面对其攻击，而唯心论者则从"右"的方面对其攻击。当然，也有许多正确的批评。赫尔德批判他的艺术是冷漠的直观的思想，认为艺术是有明确目的的。浪漫主义的施勒格尔则从个人主义和无政府主义的角度批判他的道德义务观、理性主义。席勒、黑格尔对康德美学的缺陷也都做了十分中肯的批评。当代少部分资产阶级主观唯心主义哲学家则以新康德主义自我标榜，提出"回到康德"的口号，宣扬主观唯心主义和神秘主义。在我国对康德的研究，因受"左"的思潮的影响，评价一直偏低。改革开放以来有了新的变化，但也出现分歧。如1979年出版的李泽厚的《批判哲学的批判》，是我国当代研究康德哲学特别是美学的重要著作，包含许多具有突破性的见解。但在对康德的评价上也有一些值得商榷之处，比如，认为康德的影响高于黑格尔，并且完全肯定康德"人是目的"的命题，以及由康德审美心理论引出"积淀"说等，都有值得进一步推敲之处。

对康德美学的地位，历来有由康德到黑格尔与康德对黑格尔，甚至康德高于黑格尔之说。李泽厚在《批判哲学的批判》中指出："《判断力批判》在近代欧洲文艺思潮上起了很大影响，是一部极重要的美学著作，在美学史上具有显赫地位，远远地超过了黑格尔的《艺术哲学》。"① 关于康德美学的评价，我们引证三位重要人物的看法。黑格尔认为，康德哲学处于欧洲近代哲学由形而上学到辩证法的"转折点"②，并认为康德说出了"关于美所说过的第一句合理性的话"③；朱光潜认为，"他无愧于德国古典美学开山祖的称号"④；苏联学者阿斯穆斯认为，"应该这样来评述康德在美学中的地位，他不仅是美学的'创始者'，也是美学的'继承者'，在某种程度上又是美学的'完成者'"⑤。他这里所说的"继承者"和"完成者"是就启蒙论美学而言的，而"创始者"则是指德国古典美学。因此，综合三人的观点，康德美学是德国古典美学的奠基者，是没有问题的。

① 李泽厚：《批判哲学的批判：康德述评》，生活·读书·新知三联书店2007年版，第388页。

② ［德］黑格尔：《美学》第1卷，朱光潜译，商务印书馆2009年版，第70页。

③ ［德］黑格尔：《哲学史讲演录》第4卷，贺麟、王太庆译，商务印书馆2009年版，第332页。

④ 朱光潜：《西方美学史》，人民出版社2011年版，第439页。

⑤ 转引自金斯塔科夫《美学史纲》，上海译文出版社1986年版，第222页。

所谓德国古典美学，是相对于德国古典哲学而言。恩格斯在评述德国哲学发展过程时，把1790年至1840年，即从康德至费尔巴哈这一时期称为"德国古典哲学"①。由此，我们也把美学发展的相应时期称为德国古典美学。

我们之所以把康德说成德国古典美学的奠基者，主要是从两个角度来说的。第一，康德为美学开辟了完全崭新的情感领域。感性派把美学归结为感性的快感，而理性派则把美学归结为感性认识的完善。只有康德独辟蹊径，在真与善之间为美学独辟了情感领域，从此美学真正成为独立的学科，有着自己独特的研究领域，当然也为艺术的发展指明了方向。第二，康德美学是辩证的研究方法的萌芽。在此之前，无论感性派还是理性派都还局限于一隅，具有浓厚的形而上学色彩。只有康德以先天的形式为依据，以二律背反的方法为手段，将感性与理性、偶然与必然、内容与形式综合了起来。尽管这种综合凭借的是主观先验的形式，但总是迈出了二者统一的一步，为德国古典美学唯心主义艺术辩证法的发展，甚至马克思主义唯物主义艺术辩证法的发展都奠定了基础。

至于康德与黑格尔的关系，我们从历史发展的观点坚持由康德到黑格尔的观点，主张康德是德国古典美学的奠基者，而黑格尔是集大成者。但并不否定康德有其独特的贡献，成为对后世哲学—美学最具影响力的古典理论家，甚至超过了黑格尔。在2013年由北京师范大学与山东大学联合召开的"思想的旅行"国际学术研讨会上，美国西北大学教授彼得·芬维斯指出，"20世纪下半叶，康德的思想几乎对每一种重要理论计划都起了决定性的作用"，"20世纪晚期重大理论普遍参照康德著作"，他特别强调了康德的"过渡理论""显示康德在构建跨学科领域的理论所处的中心地位"。

第一，从历史的事实来看，黑格尔美学的理论更完备，方法更成熟，构成博大精深的体系，成为西方古典美学发展的顶峰。而相比之下，康德美学尚有许多不完备，不成熟，甚至是内在的不严密之处，

① 参见《马克思恩格斯文集》第2卷，人民出版社2009年版，第265页。

缺乏黑格尔的巨大的历史感。

第二，从历史发展看，没有康德就没有黑格尔，前者为后者奠定了基础，提供了思想资料，后者是前者发展的必然结果。

第三，康德美学正因其充满矛盾，所以有着黑格尔美学所无可比拟的丰富性，他所涉及的许多问题，到黑格尔美学中被净化或删除了，如审美心理学问题、对美的特殊情感领域及过渡地位的论述等，在黑格尔美学中都不突出了，甚至湮没了。也正因此，有些论者提出，康德高于黑格尔的问题，但从历史的发展来看还应是后者高于前者。

二　康德美学的核心

康德美学内容丰富复杂，而且晦涩难解。在这种情况下，最重要的是要抓住康德美学的核心或者关键。这个核心或关键就是：美是真与善的桥梁。这就是康德在《判断力批判》的《导论》中提出的基本观念，也是贯穿全书的中心线索。这个观念集中地体现在康德关于美的基本定义之上，或者用康德的语言表述为，美的主观先验的先天原则之上，即美是无目的的合目的的形式，或曰主观的合目的性的形式。通俗地解释是：没有客观的目的性，但却是主观的合目的性。这个原则包含了属于纯粹理性世界的真的范围的自然的无目的性，同时也包含了属于实践理性世界的善的范围的主观的合目的性，属于以其独特的形式，符合主体心理需要而引起愉快的情感的范围，成为沟通真与善、合规律性与合目的性、因果律与目的论、感性与理性的桥梁。这是一个伟大的突破。首先是突破了感性派与理性派的局限，其次是结束了美学作为迷途的羔羊的状态，而首次明确了自己独特的领域，美属于情感的范围，同人的主观的心理感受紧密联系。因此，黑格尔说康德《判断力批判》，说出了"关于美所说过的第一句合理性的话"①。很可惜，黑格尔对此没有

① ［德］黑格尔：《哲学史讲演录》第4卷，贺麟、王太庆译，商务印书馆2009年版，第332页。

给予足够的重视，没有再展开论述美学作为真与善的过渡的独有情感性质。

当然，康德在《判断力批判》中，将审美判断力作为真与善的桥梁，主要并不是由于他要探讨美的独特的情感领域，而是作为哲学家出于使自己体系更加完整的需要。因为，康德的《纯粹理性批判》以人的认识领域作为研究对象，属于现象界的范围，而《实践理性批判》则以人的伦理道德领域作为研究对象，属于物自体的范围，两者无法沟通。而《实践理性批判》中，理性作为"道德律令"具有强烈的实践性，需要把自己的道德律令在人的自然的认识领域付诸实践，但两者之间却有不可逾越的鸿沟。在这样的情况下，康德的《判断力批判》提出的审美判断就承担了沟通两者的任务。一方面完成了其哲学体系的完整，同时也开辟了美学独特的情感领域。康德在 1787 年给 K. 莱因霍尔德的信中提到这一点："目前我正在从事鉴赏力的批判，在这方面发现另一种 a priori（先天）原则，它们不同于上述那些原则。因为心灵的功能有三种，即认识能力、快感与不快感和愿望的能力。我在《纯粹理性（理论）批判》中发现了认识能力的 a priori 原则，在《实践理性批判》中发现了愿望的能力之 a priori 原则。我正在寻找快感与不快感的 a priori 原则，尽管我一向认为这种原则是难以找到的。""现在我承认，哲学的三部分中每一部分都有它 a priori 原则。"①

康德为了实现这种过渡，在其《判断力批判》中设置了两个过渡。一个是由美向崇高的过渡，一个是由纯粹美向依存美的过渡，最后提出美是道德的象征的命题。有学者提出了"崇高是美与艺术的桥梁"的观点，我认为是对康德美学理论研究的深入。虽然康德在文中只隐约涉及美到崇高、自由美到依存美的过渡，没有涉及崇高是美与艺术的桥梁，但我们亦可做这样的理解。因为美、崇高、艺术三者贯串始终的都是"美是道德的象征"的命题；美作为道德的象征是从鉴

---

① 转引自〔苏〕金斯塔科夫《美学史纲》，樊莘森等译，上海译文出版社 1986 年版，第 224 页。

赏角度看的，艺术作为道德象征是从表现的角度看的，崇高则是从主体条件品格看的。而崇高实质上是以人的道德力量为中心，没有道德的崇高，就无所谓美与艺术对道德的象征。美向崇高的过渡是在审美领域呈现的。因为纯粹美的无目的的合目的性的形式只包含毫无内容的线条、色彩等，仍然是真的形式的内容偏多，善的内容偏少，并没有实现这种过渡。两者不平衡。康德并不满足于此，他说："我们只能期待人的形体。在人的形体上理想是在于表现道德，没有这个对象将不普遍地且又积极地（不单是消极地在一个合规格的表现里）令人愉快。"① 由此，就产生了由纯粹美到依存美、由美到崇高的过渡。崇高的对象是"无形式"，崇高感完全是主观的。康德认为，崇高的无形式对象本身不会产生崇高，只会产生恐怖，崇高感的产生"必须把心意预先装满着一些观念"，在鉴赏中通过"偷换"的方式移到对象之上。因而，崇高完全是一种主体的理性道德力量，但崇高正因为是纯主观的，所以仍是内在的，没有外化为形象。只有通过艺术的创造，即审美意象，才能使理性力量、道德力量外化为形象，从而实现自然客体—主体—精神客体的转换，由此真正完成由真到善的过渡，而崇高在这个过渡中担负了桥梁的作用。

以上所说，由认识到道德领域的过渡，即客观的自然领域到社会领域的过渡即是哲学中著名的"自然向人生成"的命题。康德在此没有完全摆脱"目的论"的影响，提出人是"最后目的"的命题，他说："没有人类，这整个创造就只是浪费、徒劳、没有最后目的。"② 而且最后导致了神学宿命论，即所谓天意安排。关于"人是最后目的"的观点，在我国当代哲学和伦理学的理论中颇有市场。有人以此作为整个哲学的出发点和归宿，而有人又以此作为所谓"合理的个人主义"的理论根据。有的美学家则由此导出著名的"人类学本体论"与"人化自然"的著名论题。这个理论，在康德所在的时代，以高扬

① ［德］康德：《判断力批判》上卷，宗白华译，商务印书馆 2009 年版，第 68 页。
② 转引自李泽厚《批判哲学的批判：康德述评》，生活·读书·新知三联书店 2007 年版，第 422 页。

人的价值、地位、作用来对抗宗教神学把人作为手段、工具、奴隶，高扬"人类中心主义"，是有其现实意义的。当时，康德以抽象的人性论作为其哲学和美学的出发点，在他所处的 18 世纪末期那样的时代也还是有其历史必然性的。但在今天，再以抽象的"人"作为哲学或美学的出发点和归宿，以"人性论"作为美学的基础，那就同马克思主义的历史唯物主义背道而驰，也同时代的脚步不相吻合。而从马克思主义的历史唯物主义来看，社会关系决定社会意识，每个人都是社会的、具体的，作为社会集团的一员，生活于社会之中，既享受着权利，又承担着义务，既是目的，又是手段。作为我国公民，既是社会的主人，享受着许多的权利，接受着全社会的乃至其他成员所提供的服务，从这个角度说，人的确是目的；同时，每个公民又肩负着社会的义务，履行为人民服务的道德宗旨，不论在社会、单位、家庭都有着不可推卸的责任，因此，从这个角度说，人又是手段。因此，应该说，自然向人生成是历史的必然，但这个生成的过程，从微观上来说，通过审美可起到这种作用。但这只是一个横向的、静态的过程。而从纵向、从宏观、从历史发展看，自然向人的生成，作为社会发展过程，乃至作为美的创造过程，还得通过社会的实践，首先是经济、政治、科技的实践，其次才是艺术的实践。康德在这里不仅滑向了抽象的人性论，而且丢弃了历史的辩证法，而滑向了形而上学。当然，自然向人的生成，还有另外的意义，那就是对审美教育的倡导，因为自然向人的生成，要求人成为"文化的、道德的人"，而美育就是唯一的途径。康德说："美的艺术与科学通过具有共通性的快感，以及通过对社会进行详细而精确的说明，尽管不能使人们在精神上得到改善，却能使他们变得文明一些，从欲念的束缚下夺回很多东西，以此培养人适应这样一种制度，在这种制度下，进行统治的应该只是理性。"① 特别重要的是，当今已进入"生态文明"新时代，"人类中心主义"已被证明是人类无尽掠夺自然的理论根据，而被"生态整体主

① 转引自［苏］金斯塔科夫《美学史纲》，樊莘森等译，上海译文出版社 1986 年版，第 235 页。

义"取代,所以康德的"人是目的""人为自然立法"应放到历史语境中予以批判地理解。

三 康德美学的基本内容

康德美学的内容是十分丰富的。我们曾以美论、崇高论、艺术论加以概括,下面我们换一个角度,试从范畴论、体系论、方法论和心理美学四个方面加以概括。

1. 范畴论

范畴是美学理论的基本元素或基础,西方古典美学的基本范畴是"美在和谐",但在不同时代、不同理论家之中,其内涵不断丰富发展,从而构筑其不同的范畴体系。康德美学也有其特有的范畴体系,其范畴体系的内涵特点决定了它在美学史上的地位,即决定了它作为德国古典美学奠基者的地位。

首先是"美"。康德提出著名的美是"无目的的合目的的形式"的命题,实际是对感性派(无目的)和理性派(合目的)的综合,既突破了传统的感性派的"摹仿说",也突破了理性派的"灵感说",成为感性和理性由对立走向统一的新时代的开端。而且,这种无目的的合目的的形式,涉及特殊的主观心理状态、情感领域,更具有开创的意义。这一点被席勒注意到,在《美育书简》中提出情感教育问题。但被黑格尔所忽视,在其庞大而严密的辩证的美学体系中,只剩下概念的逻辑发展,而相对忽略了蓬勃激动的情感,这正是其缺陷所在。康德的局限在于否定了美的客观性,当然也否定了自然美的存在。

其次是"崇高"。康德把崇高的过程描述为对象压倒主体,主体又借助理性压倒对象,因而崇高感最终是一种理性的伟大胜利,是道德的象征,其根源不在对象,而在人自身的理性精神。康德对崇高的论述也是有历史意义的。西方最早提出崇高概念的是古罗马时代的朗吉弩斯,他的《论崇高》一书曾经论及自然界的崇高对象,但主要论述的是文采风格的崇高、修辞的宏伟等,基本局限在修辞学范围之内。18世纪英国的经验论者博克最早从美学的角度对崇高进行了较为深入的研究。他认为，优美的对象偏重于小巧、光滑、娇弱，而崇高的对象则巨大、阴暗、孤寂；美以快感为基础，崇高以痛感为基础。博克的论述极富启发性，但仍多局限于经验论的感觉的范围。只有康德的崇高论，才在前贤论述的基础上，第一次赋予崇高以深刻的哲学内容，使之成为系统的理论，包括崇高的对象、崇高与优美的区别、崇高的心理过程、崇高的根源等。康德在崇高论中实际上也将丑带入美的领域，大大地拓展了美与审美的范围。因为，崇高的对象作为"无形式"带有巨大的可怖的特点，已不是什么对称、和谐、合比例的优美，而是属于丑的范围。但只有在人类从特定的鉴赏的角度上，这种丑才能由痛感成为快感而进入美的领域。这比亚里斯多德从认识论的角度解释由痛感到快感要深刻而高明得多了。

关于艺术。历史上曾有过表现、再现等争论，康德独辟蹊径，提出"审美观念"的概念。所谓"审美观念"，就是"它生起许多思想而没有任何一特定的思想，即一个概念能和它相切合，因此没有言语能够完全企及它，把它表达出来"①。也就是说，在有限的表象中包含了无限的理性内容，不涉及任何概念，但却包含无尽的理性精神。这样的艺术观也是对形而上学的突破，对辩证的艺术哲学的开拓。

关于"天才"。康德认为，天才是天生的心理禀赋，通过它，自然给艺术制定法规。康德关于"天才"的理论，实际上涉及的是创作论和作家论。德国"狂飙突进"运动把天才看作超越自然规律的特殊的超人、个性、天资，康德则把天才看作是"天生的心灵禀赋，通过它自然给艺术制定法规"②。他概括了天才的四个特点：第一，独创性；第二，规范性；第三，天才本身并不是纯理性的才能，而是作为自然赋予它以法规；第四，天才不是把规律赋予科学，而是赋予美的艺术。这里，既顾及再现论的规范性，又顾及表现论的独创性，而其连接点则把天才归结为特殊的心理禀赋，天才的作品是一种范例，而不是规则，只可意会，难以言传。康德对这种先天心理禀赋的描绘，

---

① ［德］康德：《判断力批判》上卷，宗白华译，商务印书馆 2009 年版，第 155 页。
② 同上书，第 148 页。

虽也有某种神秘性，并有夸大心理功能的弊端。但总的来说符合艺术创作的实际，触及艺术创作最深奥的本质，因而有其特定的价值。

2. 体系论

范畴论应该讲同体系论是一致的，但康德却以其特有的方式来构筑自己的美学体系。他借用知性领域的四大范畴体系来构筑自己的美学体系，即量、质、关系、方式。但在《判断力批判》中，康德却毅然把质，即实在性与非实在性范畴放在量之前，作为其美学体系的首位。这是有其深意的。主要是为了给美学的特殊情感领域定性，美是一种无利害的快感。首先是快感，属于情感领域。其次不是一般的快感，而是无利害的快感，既无感觉的利害，也无道德的利害，无任何功利目的。再次是，判断在先，而不是快感在先。这就为其整个"无目的的合目的性"情感美学奠定了基础。这判断在先的无利害的快感恰恰是"美"的最基本的品格。

其次是量，即个别性与普遍性的范畴，也就是说美不涉及概念，但却有普遍性。这种普遍性不是概念的伦理的普遍性，而是心理感受的普遍性。这就使美既与逻辑概念区分，又同生理快感区分，因为任何生理快感都是个别的，无普遍性的。康德在量的分析中，实际上更多地涉及崇高的范畴。因为崇高的对象是一种"无形式"，"无形式"的突出表现就是量的巨大，压倒了主体，借助理性才将其战胜，当然是心理上理性的战胜。

再次是"关系"，即主体与客体联系方式涉及因果性与目的性的范畴。康德也将感性派的因果性与理性派的目的论加以综合，提出主观的合目的性的判断。也就是说，美没有客观的目的性，即道德、理性的目的性，但却符合主观的目的性，即美的形式符合了主观心理需要或心理机能，因而引起了一种愉悦。这种主观的目的性的愉悦就是一种美。在这里，没有明显的客观的目的，但却导向一种主观的更深远的理性的目的。更多的同悲剧的范畴紧密相联系，因为悲剧是一种有价值的事物的毁灭，导向一种高尚、至善，产生净化灵魂的作用，而主观的合目的性恰恰符合悲剧的精神内涵。《美学史纲》的作者金斯塔科夫提到这个观点，康德没有明讲，但金氏的理解值得参考。

最后是"方式"，即主体与客体联系方式涉及偶然性与必然性的范畴。使人愉快的东西并不都是必然的，但审美判断却是必然的，这种必然不是借助概念的必然，而是一种"范式必然性"，也就是尽管是个别事物，但却使主体感到一种必然性的愉快。康德最后假设了一种心理的"共通感"，作为这种必然性的必要条件。他说："所以只在这个前提下，即有一个共通感（不是理解为外在的感觉，而是从我们的认识诸能力的自由活动来的结果），只在一个这样的共通感的前提下，我说，才能下鉴赏判断。"① 而这种"共通感"也不是"知性"领域中的"必须"，而是理性领域中的"应该"，即所谓"人同此心，心同此理"。这种范式必然性与喜剧范畴关系更紧密，因喜剧是一种违背常理的人物而不知其违背常理，从而引起一种嘲讽式的愉快，这也是一种范式必然性。康德在《判断力批判》中所举的印第安人喝啤酒的例子就是其一。

3. 方法论

康德采取的方法论也是独特的，总体上说，他是一种主观先验的二元的综合的方法论。当然具有极大的弊端，但从历史发展看，比欧洲形而上学感性论与理性论的确有了极大的进步，其中包含许多辩证的因素，实际在方法上，康德也是德国古典美学唯心主义主观辩证法的开拓者。

关于"本体论"。康德采取二分法，实质是二元论，即将世界分为物自体与现象界，二者之间有着不可逾越的鸿沟。人们的认识只能达到现象界，而现象界又不能反映物自体，物自体只存在人的信仰里。这就是所谓实践理性与纯粹理性的对立，这不仅是一种二元论，而且是一种不可知论，由此提出《判断力批判》，借此沟通二者之间的关系。

关于"认识论"。康德取三分法，即将人的认识分为感性、知性、理性三部分。其基本公式是先天形式加经验质料。感性是时空的先天形式加感觉表象的质料，知性是知性范畴的先天形式加感性的感觉质

---

① ［德］康德：《判断力批判》上卷，宗白华译，商务印书馆 2009 年版，第 71 页。

料，理性则不在认识的范围之内，这是一种最高的综合整理的能力，是对物自体的把握，对绝对和本质的认识。

这样的三分法显然同我们的二分法把认识分为感性与理性截然不同，而且包含着浓厚的神秘主义的色彩，但这种三分法有无可借鉴之处，值得研究。如果我们也抛弃马克思主义认识论，取康德的三分法，显然是错误的。但如果加以改造，也有可利用之处，我们可以把理性认识分为两部分，一部分知性，即形式逻辑的范围，解决一般的认识体系、回答是什么的问题，其公式为：是就是，不是就是不是，一就是一，二等于二。另一部分为理性阶段，即解决辩证逻辑范围的问题，回答为什么的问题，其公式为：是不一定是是，不是不一定是不是，一不一定是一，可能是二、三、四……这样的理性认识在艺术辩证法中是适用的。例如，著名京剧《武松打虎》的老虎就不是老虎，老虎也是"人"，艺术典型中的意义大于形象，等等。

二律背反是康德哲学的特定概念，其原意是用知性范畴去规定"理性"领域的"世界"（物理现象），便会陷入不可解决的矛盾，即二律背反之中。这也就是悖论，即两个根本相反却又各自有理的命题。在《判断力批判》中，他使用了二律背反的方法。正命题：鉴赏不植基于诸概念，因否则即可容人对它辩论（通过论证来决定）。反命题：鉴赏判断植基于诸概念；因否则，尽管它们中间有相违异点，也就不能有争吵（即要求别人对此判断必然同意）。[1] 如何解决这个二律背反呢？他提出了审美判断力的无目的的合目的性的先验原理，将无知性概念而合乎理性概念这相反的两个命题统一起来。他说："这里提出来的和解决了的'二律背反'，是以那正确的鉴赏的概念——即作为一个单纯的反省着的审美判断力的概念——为基础。在这里两个似乎相对立的原理相互协合起来，两者都能是真实的，这也足够了。"[2] 这句话的意思是，审美"二律背反"的解决是以审美鉴赏的概念为基础的。这个审美鉴赏概念就是"单纯的反省着审美判断力"，也就是无目的的合目的性的

---

① ［德］康德：《判断力批判》上卷，宗白华译，商务印书馆2009年版，第180—181页。
② 同上书，第183页。

"先验原理"。以此为基础或前提才使两个似乎相对立的原理协调起来。这个先验原理的协调是使无知性范畴规定的概念，但却在个别的形象中包含理性范畴来规定的概念。

对于康德对审美"二律背反"的解决，有人完全否定，认为是一种"钳合"，没有解决根本问题，仍然限于二元论。这种看法不能说没有道理，但未免偏颇，因为康德在此并不是简单的"钳合"，而是充分揭示了审美的内在矛盾，并试图将对立的双方努力地综合，而且也的确开辟了"反省的审美判断力""情感判断"，乃至"审美观念"这样一些独特的领域和概念。这些领域和概念也在一定程度上起到了将矛盾的双方统一的作用，也的确涉及美与审美的内在本质。现在看来，康德关于审美的"二律背反"的论述，尽管有其哲学的局限，但却揭示了审美与艺术的根本特征。包括鲍姆嘉通的"类似理性思维"，也是一种"二律背反"。正如黑格尔所言，康德说出了关于美的第一个合理的字眼。由此，无目的与合目的，以及感性与理性的二律背反，应该说揭示了审美和艺术的普遍性的规律。

4. 心理美学

在心理学方法的使用方面，康德美学吸取了英国经验主义，特别是英国美学家博克关于美与崇高的大量心理学的分析。他对审美的探讨，总的来说侧重于心理的分析，这是其论美的特点，也是其论美的长处。他在纯粹美、崇高和艺术美的分析中最后都归结为审美心理分析，而以论艺术美中对艺术创造想象力的论述最为充分。他有一句名言："所以美的艺术需要想象力、悟性、精神和鉴赏力。"[1] 紧接着，他在下面加注写道："前三种机能通过第四种才获致它们的结合。"[2] 也就是说，想象力、知性力和理性力的自由协调必须以审美情感判断为中介和目的。其中，想象力最为活跃，是审美心理的基本要素。知性力占有重要地位，因为判断先于快感，是审美与生理快感的根本区别。而理性力也占据突出地位，决定了创造想象力的性质，使之具有

---

[1] ［德］康德：《判断力批判》上卷，宗白华译，商务印书馆 2009 年版，第 162 页。
[2] 同上。

丰富的内涵和深刻的伦理道德价值。这样的论述在审美理论中是十分深刻的，也是具有开创性的。即使在今天我们仍然觉得没有过时，这正是康德美学的最重要的贡献之一。

李泽厚在《批判哲学的批判》中充分肯定了康德对审美心理研究的杰出贡献，这是十分正确的。但他却由此提出著名的"积淀论"。他说："理性才能积淀在感性中，内容才能积淀在形式中，自然的形式才能成为自由的形式，这也就是美。美是真、善的对立统一，即自然规律与社会实践、客观必然与主观目的的对立统一。审美是这个统一的主观心理上的反映，它的结构是社会历史的积淀，表现为心理诸功能（知觉、理解、想象、情感等）的综合，其各因素间的不同组织和配合便形成种种不同特色的审美感受和艺术风格，其具体形式将来似乎可能借化学双螺旋（Double Helix）或某种数学方程式和数学结构来作精确表述。"[①] 很显然，李泽厚在此是直接引用我在上文已经谈到的康德关于美的四种心理功能综合的那一段。他提出的"积淀论"，在一定程度上借鉴了荣格的集体无意识。而问题是，他最后将这种积淀归结为一种"心理的结构"，这就在一定程度上继承了康德的这样一个观点，即"天才是天生的心灵禀赋，通过它自然给艺术制定法规"[②]。也就是说，在康德看来，天才是与生俱来的，同生理结构一样是身体结构的一部分，属于"自然"的范畴，应该说这是一种生物社会学的观点，混淆了生理与心理的界限。我个人认为，"积淀论"不是一种先天的"心理的结构"的积淀，而是在历史的精神产品中"积淀"了大量的历史内容，包括极其丰富的心理产品的成果。正是依赖于这样的成果，人类才能在精神文化与道德审美范畴方面得以代代相传，继承发展。在这一点上，连荣格的集体无意识理论也没有解决好。李泽厚的"积淀论"非常有影响，而且有价值，但其中也掺杂了康德与荣格的这些不正确的认识，值得提出来商榷。

---

① 李泽厚：《批判哲学的批判：康德述评》，生活·读书·新知三联书店 2007 年版，第 436—437 页。

② ［德］康德：《判断力批判》上卷，宗白华译，商务印书馆 2009 年版，第 148 页。

康德美学的局限是非常明显的，首先是它的主观先验论的唯心主义色彩，将审美的最后动因归之为虚无缥缈的"主观的先验原则"；其次是它对于理性的盲目崇拜，提出所谓"判断先于快感"，无视身体快感在审美中的重要作用，是一种脱离审美实际的理论，其实应该是"判断与快感相伴"。他的试图沟通感性与理性的愿望尽管可贵，但最后仍然没有走出二元对立的思维模式。

第五节　谢林的《艺术哲学》：自由与自在之不可区分

谢林（Schelling，1775—1854），德国著名哲学家与美学家。出身于具有浓郁宗教氛围的牧师家庭，接受神学教育。先后在耶拿大学与柏林大学任教，出版过《先验唯心论体系》《艺术哲学》与《论人类自由的本质》等著作。谢林是德国古典哲学与美学的重要代表人物，是由康德到黑格尔的另一位过渡人物，是德国浪漫主义美学的重要代表。他的学术活动时间很长，经历了自然哲学、先验哲学、同一哲学与天启哲学等发展过程。《艺术哲学》完成于谢林的学术活动的中期，大约在1801 年至 1809 年，是其从先验哲学转向同一哲学之时期，是其逝世后由其子组织出版。黑格尔曾经对于谢林的"同一哲学"的"一切牛在黑夜里都是黑的"① 的观点有过评价，由此两人的友谊中断。谢林的美学思想由于种种原因一度没有受到足够的重视，在一些美学史论著中没有论及。近年来，谢林的美学思想逐步受到应有的重视，他的神话理论、浪漫主义自然观、泛神学美学思想等越来越展现其学术活力。

一　论美：美乃是实在中那种自由与自然之不可区分

什么是美呢？康德说，美是"无目的的合目的性"形式，并以一个二律背反对美给予界定。谢林在此基础上进一步界定为："美乃是实

---

① ［德］黑格尔：《精神现象学》，贺麟、王玖兴译，商务印书馆 2009 年版，第 11 页。

在中所观照的那种自由与必然之不可区分。"① 这里的"不可区分",就是均衡之意,两者在争执中处于均衡状态,希图对于"二律背反"给予解决,而其根源则是"实在"即绝对者或上帝,说明"绝对者"是美之根源。这就是谢林著名的"流溢说"。他说:"光是美的正极以及自然中永恒的美之流溢。"② 针对艺术,他说:"艺术本身是绝对者之流溢。"③ 他甚至更加明确地指出,上帝是美之根源。"犹如上帝(神)一原型在映像中成为美,在映像中被观照的理性之理念也成为美。"④ 这里,所谓"美是不可区分",正是谢林的"同一哲学"在美学理论中的体现,预示着黑格尔"理念的感性显现"这一理论的诞生。

在此基础上,谢林论述了崇高与美的形态。他说:"有限者同宇宙的对立,在第一种情势下应呈现为抗衡,在第二种情势下则呈现为对宇宙的无条件自我奉献。前者可视为崇高(古希腊时期的基本特征),后者可视为狭义之美。"⑤ 这里运用的是康德有关崇高与优美的界定,他在另外的地方说,崇高是"精神个体在自然之力下筋疲力尽,同时又凭借其心灵居于上风"⑥。同时,谢林还论述了美学范畴"丑"。他说:"艺术家的最高之智和内在的美,可呈现于他所描绘者之荒诞或丑陋。只是从这个意义上说来,丑可成为艺术的对象;而且,在这一描绘中,丑者似乎不再是丑者。"⑦ 其中的关键环节,是通过理念将丑转化为美,因为低俗者在描绘中可"作为理念之对立者",可使之完全转化,"这一转化,实则是喜剧者的本质"。⑧

二 论艺术:艺术呈现为自成一体的、有机的整体

谢林从浪漫主义艺术观出发,力主艺术是一种自成一体的"有机

---

① [德]谢林:《艺术哲学》,魏庆征译,中国社会出版社 2005 年版,第 33 页。

② 同上书,第 175 页。

③ 同上书,第 22 页。

④ 同上书,第 35 页。

⑤ 同上书,第 98 页。

⑥ 同上书,第 110 页。

⑦ 同上书,第 198 页。

⑧ 同上。

体"。他说，艺术"呈现为自成一体的、有机的整体；这一整体就其所有范畴说来是必然的，犹如自然"①。他认为，应该致力于研究植物的"有机的结构、内在机制、相互关系和组成"，这样可以更好地把握作为更高一级的艺术作品。在他看来，有机性最能体现作为艺术本源的绝对者之理性。因为有机的自然距离创世之上帝（绝对者）最近，是被实在者（上帝）所观照的。他说："有机的形象同理性有着直接的关系，其原因在于：它是其最贴近的显现，实则是被实在观照的理性。理性同非有机者，只具有间接的关系，——正是凭借作为其直接形体的有机体。"② 实在者即上帝的观照成为优秀艺术的必要条件，也正是浪漫主义美学与艺术观的重要特征。谢林哲学的"同一性"恰恰体现了这种"有机的整体性"，具体表现为自由与自然、有限与无限的有机结合。他说："在自然与自由相结合的最高形态中——在艺术本身，自然与自由以及无限者与有限者的这一对立再度复返。"③ 他认为，艺术之有机性成为体现其"同一哲学"的最高形态。由此，他将艺术哲学看作其整个哲学大厦的"拱顶石"。

在艺术的有机整体性的前提下，谢林"构拟"了艺术的图式。他在实在序列与理念序列的对立中进行构拟。所谓实在序列，包括音乐、绘画与建筑艺术，而理念序列则包括抒情诗、叙事诗与戏剧，均是正、反、合之三段式，是理性到感性的运动。谢林详细地论述了各个艺术门类。他说："延续性为音乐之必然形态。——其原因在于：时间——乃是无限者呈现于有限者之普遍形态，因为它作为来自实在者之抽象中的形态而被直观。"④ 这充分说明了音乐作为"时间艺术"和"抽象艺术"的特点。

关于绘画，他说："绘画尤其接近于艺术的最高形式，正是由于它将空间视为某种必需者，并把它描绘为与其所描绘的对象似乎与生俱来者。在完美的画面中，空间同样具有独立的意义，与画面内在的

---

① 　[德] 谢林：《艺术哲学》，魏庆征译，中国社会出版社 2005 年版，"绪论"第 9 页。
② 　同上书，第 205 页。
③ 　同上书，第 65 页。
④ 　同上书，第 133 页。

或质的范畴并无任何从属的关系。"① 这说明了绘画作为"空间艺术"的特点。

谢林指出，建筑艺术是"空间的音乐，犹如凝滞的音乐"②；"雕塑以实在的形式既表现本质，又表现事物的理念范畴，因而一般表现本质和形式的最高不可区分"③；"诗歌之普遍的形态，乃是理念赖以在话语和语言中呈现者"④。这说明了诗歌的语言艺术特点。

关于戏剧，他说道："情节并非呈现于叙述，而是呈现于现实中（主观者被描述为客观的）。由此可见，我们设定的体裁，应成为整个诗歌的最后的综合——这便是戏剧。"⑤ 这说明，戏剧是一种以"情节"为其特征的语言艺术。在此前提下，谢林对悲剧与喜剧的特征有较多论述。

此外，谢林还提出了"构拟"（construo）艺术的概念，即创造一种将艺术纳入其中的图式，直达宇宙与上帝。这幅图式就是按照对于绝对（上帝精神）体现的多少来划分的，进行"实在序列与理念序列对立之中诸艺术形态的构拟"。其中，实在序列（需要诉诸物质）之音乐、绘画与建筑艺术，表现为正反合之三段式；而理念序列（是语言即为精神的创造）则为抒情诗、叙事诗与戏剧，也是正反合之三段式。这是一种由感性到精神的运动，是精神逐步超越物质的过程。在此前提下，谢林阐述了各种艺术门类的特点。这一理论明显地影响了黑格尔的艺术理论；提出"艺术美建基于有意识活动与无意识活动的同一之上"，将无意识活动提到突出的位置，意义深远。

三　论神话：神话乃是任何艺术的必要条件和原始质料

对于神话的关注与论述，是谢林《艺术哲学》的特点。他不仅关注历史上的神话，而且认为新的时代应该也要有自己的神话。因为神

---

① ［德］谢林：《艺术哲学》，魏庆征译，中国社会出版社 2005 年版，第 156 页。
② 同上书，第 204 页。
③ 同上书，第 199 页。
④ 同上书，第 253 页。
⑤ 同上书，第 304 页。

话是一切艺术创作的基础与前提，是一切艺术的必要条件和原始质料。①

关于神话的性质，谢林进行了前所未有的论述。他说："神话则是绝对的诗歌，可以说，是自然的诗歌。它是永恒的质料；凭借这种质料，一切形态得以灿烂夺目、千姿百态地呈现。"② 神话是神的歌唱，也是自然的歌唱，是艺术永恒不寂的源泉。谢林形象地说道："对诗歌说来，神话是一切赖以明生的始初质料，是一切水流所源出的海洋（借用古人之说），同样是一切水流所复归的海洋。"③

神话还是哲学的基础。他说："神话既然是初象世界本身，宇宙的始初普遍直观，也就是哲学的基础，而且不难说明：即使希腊哲学的整个方向，亦为希腊神话所确定。"④ 他认为，神话作为始初文化反映了哲学的最初萌动与始初形态，是哲学之根，也可以说是文化之根。神话在艺术上也有着原初的意义，那就是神话主要形态是艺术的基础形态——象征。他说，神话"不应视为模式的，也不应视为比喻的，而应视为象征的"⑤。象征是艺术之魂，艺术之灵，其来源即为神话。他将神话分为希腊神话与基督教神话两类，认为希腊神话的质料是自然，而基督教神话的质料是历史。⑥

谢林呼唤新的神话。他说："新的神话并不是个别诗人的构思，而是仿佛仅仅扮演一位诗人的一代新人的构思。这种神话的产生倒是一个问题。它的解决唯有寄希望于世界的未来命运和历史的进一步发展。"谢林的神话论，对恩格斯有很大的启发。恩格斯说："我乐意接受谢林从基督教方面触及到神话的重要成果而得出的结论。"⑦

无疑，谢林的美学思考给了黑格尔最直接的影响。黑格尔高度评

---

① ［德］谢林：《艺术哲学》，魏庆征译，中国社会出版社 2005 年版，第 54 页。
② 同上。
③ 同上书，第 63 页。
④ 同上书，第 64 页。
⑤ 同上书，第 59 页。
⑥ 同上书，第 73 页。
⑦ 转引自 ［苏］阿尔森·古留加《谢林传》，贾泽林等译，商务印书馆 1990 年版，第 296 页。

价了谢林在美学史上的地位，认为"到了谢林，哲学才达到它的绝对观点"①。

第六节　黑格尔《美学》：美是理念的感性显现

一　黑格尔美学的地位与贡献

黑格尔（Georg Wilhelm Friedrich Hegel，1776—1831）是德国古典哲学最重要的代表人物。学术界对他在美学上的地位与贡献的看法并不完全一致，有从康德到黑格尔与康德对黑格尔等看法。个别现当代理论家对黑格尔的哲学包括美学持全盘否定态度，将其美学视为传统美学，而与现代美学完全区分开来。我们是主张从康德到黑格尔的，肯定黑格尔有其历史与现实的价值与意义。黑格尔是人类历史上最重要的哲学家与美学家之一。

1. 黑格尔美学是西方古典美学发展的顶峰

这里所谓的"顶峰"，当然是就马克思主义之前的西方美学来说的。为什么说他是西方古典美学发展的顶峰呢？这主要是从西方古典美学的美在和谐的基本范畴的发展来看，这一基本范畴从古希腊的外在形式的统一与对称，到大陆理想主义的内在理性和谐，英国经验主义的外在感性和谐，发展到黑格尔在温克尔曼、康德、席勒的基础上明确提出"美在自由"的重要命题。这是"美在和谐"范畴发展的最高级形态，意味着西方古典美学已发展到极致，同时也意味着它的终结，预示着新的美学形态的诞生或萌芽。

"美在自由"内涵极为丰富，首先是感性与理性的外在和谐；其次是两者通过对立统一的矛盾之后的和谐包含着极其丰富的内容；再次是创作中主体处于一种不受束缚、自由和谐状态，主体的想象力自由地驰骋，不受知性力的约束；复次，这种美在自由说要求必须具有独立自由的时代土壤；最后，这种美在自由说与西方现当代美学中追求的主体的绝对自由也有着渊源关系。

---

① ［德］黑格尔：《美学》第 1 卷，朱光潜译，商务印书馆 1996 年版，第 78 页。

2. 黑格尔美学是西方古典美学的集大成

尽管黑格尔的美学不可能完全囊括西方古典美学所有内容，例如，它就没有很好地包括美的经验论，乃至康德美学中关于审美心理的有关理论等，但这些缺憾并不影响黑格尔美学的集大成意义。黑格尔的美是"理念的感性显现"的基本定义，以及在此基础上构筑的美学体系，在西方古典美学史上具有总其成的重大意义。

第一，从概念本身来看，包括了西方古典美学史上美在整一、美在理念、美在关系、美在真实、美在善良、美在合适、美在无目的的合目的性等重要美学概念的基本内容，内涵极其丰富；第二，从方法上来看，这种辩证的对立的方法，包含着单纯模仿的感性方法与单纯表现的理性方法，因而更为优越；第三，在美的历史形态中，通过对古典型与浪漫型之异同的比较，融会了自温克尔曼以来有关古代与近代、素朴与感伤、空间艺术与时间艺术的对比的诸多内容，因而对古代与近代这一长期争论不休的论题做了比较完满的解决；第四，最重要的是，较好地解决了西方古典美学中感性与理性、现实与浪漫之间的分裂和对立，使柏拉图关于"美是难的"这一论断历经两千多年发展终于得到较为完满的回答。

3. 黑格尔美学对后世有着深刻的影响

首先，黑格尔美学同马克思主义美学之间有着直接的继承关系。马克思主义美学的实践观点、异化观点、艺术的掌握世界的观点、艺术典型理论、关于古希腊艺术评价等，都同黑格尔美学直接有关。马克思主义经典理论家正是在黑格尔美学的基础上将感性与理性统一于物质实践的前提之下，从而开创了美学发展的新天地。有充分的历史材料证明，马克思主义创始人对黑格尔美学十分重视。马克思、恩格斯都曾钻研过黑格尔《美学》，并曾打算为一部美国百科全书撰写黑格尔美学条目。恩格斯说黑格尔在包括美学的"每一个领域中都起了划时代的作用"。他还建议 K. 施米特"读一读《美学》"，并且说："只要您稍微读进去，您就会赞叹不已。"①

---

① 《马克思恩格斯文集》第 10 卷，人民出版社 2009 年版，第 623 页。

黑格尔美学对西方现当代美学也有着极其重要的影响。当代美国哲学家怀特在《分析的时代》中说："几乎20世纪的每一种重要的哲学运动都是以攻击那位思想庞杂而声名显赫的19世纪的德国教授的观点开始的，这实际上就是对他加以特别显著的赞扬。我心里指的是黑格尔。"因为，"现在不读他的哲学，我们就无从讨论20世纪的哲学，他不仅影响了马克思主义、存在主义与工具主义（当今世界最盛行的三大哲学）的创始人，而且在这一时期或另一时期还支配了那些更加具有技术哲学运动的逻辑实证主义，实在主义与分析哲学的奠基人。问题是在于：卡尔·马克思、存在主义者克尔凯郭尔、杜威、罗素和摩尔，这些人在这一时期或那一时期都是黑格尔思想的密切研究者，他们的一些最杰出的学说都显露出从前曾经同那位奇特的天才有过接触或斗争的痕迹或伤痕"①。

4. 黑格尔美学为我们提供了辩证的美学研究方法

马克思主义认为，黑格尔对人类最重要的贡献是提供了辩证思维方法。鲍桑葵也认为，黑格尔"美学是辩证法想要着重指出的那种合理联系的一个标本"②。我们由此可以断言，黑格尔对美学最重要的贡献在于提供了辩证思维和研究的方法。从历史上看，此前美学研究所遵循的方法，无论是理念的方法，还是经验的方法，统统都是形而上的方法，遵循的"是就是，不是就不是"的形式逻辑准则，因此，无法真正解决美学与艺术领域的感性与理性统一的问题。直到康德，才试图对这种形而上的方法进行突破。他凭借先天的先验原则，运用二律背反的方法，将感性与理性主观地先验地嵌合在一起。只有黑格尔，才真正运用辩证的思维方法，通过对立统一的原则，将感性与理性真正地统一起来。其要点为：第一，他认为，艺术美的发展动力不在外部，而在其自身感性与理性的对立统一；第二，艺术美总的发展途径是正、反、合的辩证三段式；第三，艺术美的发展过程在内容上是由抽象到具体的逐步深化。

---

① 转引自李醒尘《西方美学史教程》，北京大学出版社2005年版，第400页。

② ［英］鲍桑葵：《美学史》，张今译，商务印书馆1985年版，第431页。

二　黑格尔美学的局限

1. 客观唯心主义的哲学基础

黑格尔美学的哲学基础是客观唯心论，因此，马克思主义创始人把黑格尔理论称作是一种"头足倒置"的理论。同样，他的美学也是一种"头足倒置"的美学。这种头足倒置的美学，结果必然导致落后的唯心主义体系与先进的辩证方法的矛盾，落后的唯心主义体系极大地束缚了先进的辩证逻辑方法，使这种方法难以彻底。其表现为：第一，将美学的根源归之为客观理念，完全否定了美的现实客观性；第二，将美仅仅归之为观念形态的艺术美，完全否定了自然美，正如卢卡契所说，黑格尔"重蹈唯心主义所固有的蔑视自然的覆辙"①；第三，将美归之于其客观理念外在诸多环节中之一个环节，即绝对精神阶段的艺术阶段，其《美学》也只是其哲学体系的组成部分，是为了完成哲学体系之需要。

2. 艺术悲观主义

按照黑格尔"美是理念的感性显现"的理论，理念在显现为各类艺术作品时，经过史诗、抒情诗、戏剧诗阶段，在戏剧诗阶段又经过悲剧和喜剧阶段，终于走完了在艺术领域的全部行程，得到了完全实现。至此，精神就要走出艺术的感性形式而向更高的宗教与哲学阶段发展，作为艺术哲学的美学的研究任务也将告终。黑格尔说，"到了喜剧的发展成熟阶段，我们现在也就达到了美学这门科学研究的终点"，"到了这个顶峰，喜剧就马上导致一般艺术的解体"②。国内外的许多理论家，认为这是一种悲观主义理论。克罗齐说："黑格尔美学是艺术死亡的悼词，它考察了艺术相继发生的形式并表明了这些艺术形式的发展阶段的全部完成，它把它们埋葬起来，而哲学为它们写下了碑文。"③ 朱光潜认为，黑格尔发出的是"替艺术唱挽歌的声

① ［匈］卢卡契：《卢卡契文学论文集》（一），中国社会科学出版社1981年版，第426页。

② ［德］黑格尔：《美学》第3卷下，朱光潜译，商务印书馆2009年版，第334页。

③ ［意］克罗齐：《美学的历史》，王天清译，商务印书馆2015年版，第156页。

调"，以至于"把艺术导致死胡同里"。① 但朱立元却认为，这种观点有待商榷，因为它并不代表黑格尔对艺术前景的基本看法。朱立元引用了黑格尔在《美学》第 1 卷绪论部分讲到各门艺术种类的最后一句话："但是要完成这个艺术之宫，世界史还要经过成千上万年的演进。"② 同时，朱立元认为，黑格尔在论述最后一个艺术类型——浪漫型时，认为浪漫型艺术是"精神的美"，即"本身无限的精神的主体性的美"③，说明浪漫型艺术并非美的最后阶段，而它仍有其生命力，预示着新的美学类型的诞生。

我们认为，从总体上讲，黑格尔在艺术上是持悲观主义态度的。第一，唯心主义体系决定了他必然要持这种态度。因为，他的客观唯心主义理论体系决定了艺术作为绝对精神的第一阶段，必然要发展到宗教与哲学阶段，被宗教与哲学所代替，最后宣告艺术的解体与终结；第二，资本主义的社会现实，大量异化现象的存在，使得美学的艺术缺乏土壤，而面临越来越散文化的倾向。

同时，黑格尔又并非没有看到艺术还有其前途无限的一面。第一，辩证法本身是有生命的前进的，都是由一切新的代替旧的，否定战胜肯定，产生新兴的艺术形式。第二，黑格尔作为大理论家，他也必然感受到并预见到艺术本身发展前进的生命力，并在其《美学》中表现这一点。但两者相比，前者们仍是主要的，从总体上说黑格尔是一个艺术悲观主义者。

三 黑格尔的美学体系

黑格尔在《美学》的最后写道："这样我们现在就已达到了我们的终点，我们用哲学的方法把艺术的美和形像的每一个本质性的特征编成了一种花环。编织这种花环是一个最有价值的事，它使美学成为一门完整的科学。"④ 黑格尔在其《美学》中构筑其特有的美学体系，编织了

---

① 朱光潜：《〈美学〉译后记》，《美学》第 3 卷下，商务印书馆 2009 年版，第 353 页。
② ［德］黑格尔：《美学》第 1 卷，朱光潜译，商务印书馆 2009 年版，第 114 页。
③ ［德］黑格尔：《美学》第 2 卷，朱光潜译，商务印书馆 2009 年版，第 274—275 页。
④ ［德］黑格尔：《美学》第 3 卷下，朱光潜译，商务印书馆 2009 年版，第 335 页。

他的美学花环，这个花环也就是其庞大而复杂的美学范畴体系。

1. 逻辑起点——美是理念的感性显现

黑格尔遵循由抽象到具体的方法，其逻辑的起点是美是"理念的感性显现"。有学者认为，黑格尔美学的中心范畴是"美在自由"，这一看法从总体上看是得体的。黑格尔就是"美在自由"说的代表者，但"美在自由"说应更加具体地看作是"美是理念的感性显现"。这一有关美的定义，看似简单，其实包含了极为丰富的内容，其所说的"理念"绝不同于柏拉图的"理念"，而是具体的，体现在各个阶段的。其所说的"显现"，也绝不只是感性与理性的一般性的统一，而是两者融为一体，互相渗透，而且在不同的艺术类型中有不同的关系，呈现出不同的状态。

2. 美的史前期——自然美

按照其美是"理念的感性显现"定义，黑格尔所说的"美"应该是单指艺术美，但黑格尔仍将"自然美"列为专章讨论。应该讲，"自然美"是在其美学体系之外的，但大理论家的直觉又迫使他不得不承认自然美的客观存在，这也许是其体系与方法矛盾的体现。对于自然美，黑格尔按理念的体现状况由低到高进行论述，也就是从无机物到有机物，由矿物、植物、动物到人，加以论述。在这个论述中，他提出了"朦胧预感"的著名范畴，包含着"移情"与"共鸣"的内涵。

3. 理念自发展阶段

第一，自发展过程：一般世界情况、情境、动作、性格；第二，理念与外在方面的统一：整齐一律，和谐统一律；人的实践，自然的人化，异化；第三，作品与听众关系：历史与现实题材的处理；第四，艺术家——主体的创造活动，想象，天才，灵感，作风，风格，独创，等等。

4. 理念的承续性发展阶段

从象征型、古典型到浪漫型，贯穿着正、反、合的发展线索。

作为具体的艺术种类来说，建筑对应象征型艺术；雕塑对应古典型艺术；音乐对应浪漫型艺术。

四 黑格尔美学的得与失

对于黑格尔美学，我们在前面已经做了勾画。这里将对其得失再做剖析。

1. 值得肯定之处

第一，黑格尔从历史发展的角度看待美，认为每个时代都有每个时代美的世界观，从而构成特定的艺术作品的灵魂和性格；第二，将美的基本特征或品格概括为感性与理性的和解即"理想"，象征型是对理想的"追求"，古典型是理想的"达到"，浪漫型是理想的"超越"；第三，较为准确地描绘了古典美的特征：感性与理性融为一体，是一种外在的雕塑型的美；第四，较准确地预示了新时代浪漫型美的特征：精神和精神的和谐；内在与外在的不协调。

2. 局限

第一，黑格尔错误地以绝对理念作为美的发展的动力。实际上，美的发展动力是人类社会的进步和人类对真善美的不竭追求；第二，相对僵化的"正反合"的发展模式，并因此而阉割历史。将古典美仅仅局限于古希腊是错误的，而实际上直到 19 世纪中期都属于古典美时期；第三，对主体性的一定程度的忽视。突出地表现为对美的主体因素，特别是心理因素的忽视，不仅难以科学地解释古典美的心理娱乐和主客体的和谐特征，而且更无法理解现代浪漫型的美，更加侧重由外在形式导致心理和谐的根本特征；第四，艺术悲观主义色彩，前已谈到，不赘。

第四章

西方现代生命论美学：美与生命

从 19 世纪下半期开始，西方哲学与美学由传统的认识论哲学与美学转向现代存在论哲学与美学，此时现代生命论哲学与美学应运而生。

第一节　现代西方美学的转型

一　把握这种转型的必要性

第一，这种转型是由理论本身与时俱进的特性决定的。

这种转型首先是由历史本身决定的，也就是说历史已经大踏步地前进了，难道研究历史的人不随着历史前进还要停留在久远的古代吗？世界哲学与美学发展的历史以 1831 年黑格尔逝世为界，逐步发生了由古代到现代、由认识论到存在论、由理性到理性与非理性共存、由主体性到主体间性、由人类中心到生态整体的转型。这是一个毋庸置疑的历史事实。在这里，有一个历史主义的态度问题。也就是说历史发展了，前进了，历史上曾经有过的真理并不意味着是永恒的真理。因为真理是相对的，历史的。正如马克思主义哲学所认为的那样，任何事物都是过程，都有其产生、发展与退出的历史轨迹，应以这样的态度对待任何事物、现象与历史。例如，现在人们争论不休的"人类中心主义"问题、人道主义问题，从历史的角度看，它们是工业革命与启蒙主义的产物，在历史上曾经起到过极大的积极作用，并且自身也蕴藏着相对真理。但随着"后工业革命"时代的到来，人类

中心主义与人道主义已经成为落后于时代的理念，被生态整体主义与生态人文主义所取代。

第二，这种转型有其历史必然性。

首先是工业革命只重视经济与物质，对理性盲目崇拜，忽视人文主义，因而造成严重的社会问题；其次是资本主义发展对物欲的无止境追求、对理性盲目崇拜所造成的人的深层精神困惑，说明工具理性不能完全解决深层的精神问题；其三是文学艺术的逐渐转型产生对理论的必然要求。主要是现代派象征艺术的出现，其标志是1857年出版的波德莱尔的《恶之花》，其中的"恶"包含罪恶与痛苦之意，渗透了非理性精神。该诗说："愚蠢和错误，还有罪孽和吝啬，占有我们的心，折磨我们的肉身。"①

第三，这种转型对于我国的意义是由我国理论界的现状决定的。

我国理论界由于特殊的原因在一定程度上仍然被过时的僵化的具有古典形态的理论所束缚，少数学者仍然坚持工具理性主义、主体性、人类中心主义以及主客二分思维模式。例如，我们在美学与文艺学之中长期使用的模仿论、典型论等，应该讲都是属于古典形态的理论，是相对落后的。马克思在著名的《关于费尔巴哈的提纲》中认为："从前的一切唯物主义（包括费尔巴哈的唯物主义）的主要缺点是：对对象、现实、感性，只是从客体的或者直观的形式去理解，而不是把它们当做感性的人的活动，当作实践去理解，不是从主体方面去理解。"② 马克思在这里讲的就是实现由机械唯物主义认识论到辩证唯物主义实践存在论的哲学与美学转型。所以，我们的任务是尽快走出古典！当然，在我国目前还有一个前现代、现代与后现代交互出场与共存的问题。现代性的东西，如主体性、人道主义等其能量还没有释放穷尽，但历史已进入后现代。尽管情况比较复杂，但不等于我们在理论上可以停滞不前。

---

① ［法］波德莱尔：《恶之花》，钱春绮译，人民出版社1986年版，第3页。
② 《马克思恩格斯选集》第1卷，人民出版社2012年版，第133页。

二　现代西方哲学与美学转型的历程

在哲学史上，这种由古典到现代的转型历经了漫长的复杂历程：

第一，过渡期。从1831年黑格尔逝世到20世纪初期，主要任务是"突破"，以"生命"的核心概念突破古典的"理想"概念。非理性、潜意识进入哲学与美学领域，是对现代性反思与超越的开端。当然，最早是席勒对美育的倡导，马克思对"异化"的扬弃。

第二，转型理论的现象学建构期。主要以现象学理论的提出为开端，以存在论、经验论与阐释学为标志，进入比较体系化的建设期与建构期。这个时期的关键词是"经验"。

第三，转型理论的解构论建构期。主要是20世纪中期以来、第二次世界大战以后、后工业革命时期，大众文化、消费文化与网络文化的兴起，直到当今。其关键词是"解构"，通过解构进一步瓦解古典遗痕，建构多元对话的理论。

三　审美与潜意识的关系

将潜意识引入审美，是美学领域的重大革命性突破。长期以来，特别是西方古典主义时期，审美都是与理性有关。柏拉图的"美在理念"、亚里斯多德的"美在和谐"、狄德罗的"美在关系"、康德的"美是道德的象征"、鲍姆嘉通的"美是感性认识的完善"、黑格尔的"美是理念的感性显现"等，无不如此。

当然，东方特别是中国古代并非如此。中国古代的"中和"美、"气韵"说、"意境"说、"滋味"说等，都包含着非理性的感觉的生命的因素，但由于历史的原因，并未进入世界美学的主流之中。

1831年后的生命论美学，特别是20世纪初弗洛伊德提出的精神分析心理学对于潜意识的突出强调，将其作为人们包括审美在内的行动动因之一，应该说具有革命的意义，使我们认识到决定人们行为的不仅是意识，而且还有潜意识，并且潜意识是冰山之下更为本源的部分，意识只是冰山一角。这是对人的审美，对人的文化行为的新阐释，具有较强的科学性。

弗氏的精神分析美学将艺术理解为无意识的外现与被压抑的性欲的升华，其目的与功能是长期压抑的潜意识得以宣泄获得身心健康。同时，它也是一种特有的艺术文本的深度解读方法，将艺术归结为童年的心理创伤等。克罗齐的表现论美学力主艺术即直觉，直觉即表现，突出了人类原初形态的直觉的作用，排除了审美与艺术的外在因素。叔本华力主一种生命意志论哲学与美学，尼采在其基础上进一步强调了一种特有的酒神精神使之作为审美与艺术的本源。柏格森则强调生命的绵延与直觉特征以及喜剧表现直觉的特征。

四　美在生命论美学的评价

生命论美学，又称"生命直觉论"美学，致力于打破西方传统的唯理论和经验论的分裂，以个体的生命力为主要着眼点，以直觉论为基本的哲学方法，对艺术创作与审美鉴赏等进行了深入的考察。其贡献是对理性主义美学的突破，为此后的存在论美学与现象学美学奠定了基础。其局限是极为浓厚的非理性主义使之走向偏颇，而其不可避免的内在矛盾，影响了其理论生命力的恒久。

五　生命论美学在中国

西方现代生命论美学是"五四"时期传入中国的，许多人文学者深受其影响，包括鲁迅与王国维等人。非常著名的事例，就是王国维以叔本华的唯意志论哲学—美学为据写下了著名的《红楼梦评论》，成为近代以来的经典之作。王国维在该文中运用叔本华的理论指出："生活之本质何？欲而已矣。欲之为性无厌，而其原生于不足。不足之状态，苦痛是也。即偿一欲，则此欲以终。然欲之被偿者一，而不偿者什伯。一欲既终，他欲随之。"① 这是以叔本华的欲望即意志及苦痛解脱的理论来评价《红楼梦》，并将人生之解脱分为两种。其一为观他人之苦痛而解脱者，这需要大的觉解，非常人能够做到；第二种是觉自己之苦痛而得以解脱。前者为惜春、紫鹃；后者为宝玉。"前

---

① 王国维：《红楼梦评论》，岳麓书社1999年版，第4页。

者之解脱，超自然的也，神明的也；后者之解脱，自然的也，人类的
也。前者之解脱宗教的；后者美术的也。前者平和的也，后者悲感的
也，壮美的也，故文学的也，诗歌的也，小说的也。此《红楼梦》之
主人公所以非惜春、紫鹃，而为贾宝玉者也。"① 他又以叔本华关于悲
剧三类的理论来解读《红楼梦》。叔本华认为，悲剧分为极恶之人造
成的悲剧、命运之悲剧，以及剧中人物的位置关系造成的悲剧。《红
楼梦》就是剧中人物的位置关系造成的悲剧。他说，《红楼梦》的悲
剧"不过通常之道德、通常之人情、通常之境遇为之而已。由此观
之，《红楼梦》者，可谓悲剧中之悲剧也"②。他的这一解读还是很有
力的。而且，王国维还将叔本华生命论哲学中的"理念论"运用到他
的"境界"说之中，颇有融会中西之意，值得推崇。而朱光潜之受到
克罗齐直觉论美学之深刻影响，也是学术界所共知的事实。

　　20 世纪 80 年代后，生命论哲学—美学再度在中国传播，发展成
著名的当代生命论美学。但西方生命论美学与中国古代生命论美学有
着本质的差别：其一，本源不同，西方是来自身体的欲望，而中国则
是气本论；其二，人与万物关系不同，西方生命论认为人是生命的高
级形态，而中国则是万物一体；其三是哲学根基不同，西方立足于现
代科学，中国则立足于古代天人之说。

第二节　叔本华的《作为意志和表象的世界》：生命意志美学

　　叔本华（Arthur Schopenhauer，1788—1860），德国著名生命论意
志主义哲学代表，代表性论著为《作为意志和表象的世界》。叔本华
几乎是黑格尔的同时代人，但他却是反对黑格尔的。他不同意黑格尔
的脱离实际的、纯思辨的哲学与美学理论。他将黑格尔称作莎士比亚
《暴风雨》一剧中的丑鬼珈利本，并认为该世纪近 20 年来将黑格尔作

---

① 王国维：《红楼梦评论》，岳麓书社 1999 年版，第 10 页。
② 同上书，第 13 页。

为最大的哲学家叫嚷是一种错误。他将康德的"善良意志论"改造为"意志主义本体论",力倡一种生命意志哲学—美学思想。他这里所说的意志是非理性的,甚至是本能的一种盲目的不可遏止的冲动。也就是说,叔本华所说的意志就是"欲求",包含生存和繁衍两个方面的内涵,这种生命意志成为世界的本源。在这里,叔本华还没有完全超越德国古典哲学与美学,但已力图将美学引向个体的人的生存,成为20世纪存在论美学的先驱。叔本华哲学来源于柏拉图、康德和东方的佛教,他的美学思想的哲学根据可以概括为这样四句话:以"世界为我的表象"为其出发点;以"世界为我的意志"的反理性主义为其核心;以"自在之物——理念(意志的直接客体化)——事物"为其哲学框架;以"世界是无"为其终点。正是在这样的前提下,叔本华提出"艺术是人生的花朵"与审美观审说的著名论断。从这个意义上说,叔本华的美学思想与席勒的以追求人的全面发展为目的的"自由论"美学思想是一致的。

一 "艺术是人生的花朵"论

如何认识审美与艺术的作用呢?叔本华一反传统的认识论将审美归结为感性认识以及著名的模仿论、理念论的观点,特别反对德国古典思辨哲学脱离现实生活的美学与艺术研究,从而提出著名的"艺术是人生的花朵"的理论。他说:"在不折不扣的意义上说,艺术可以称为人生的花朵。"① 因为,叔本华认为,艺术创作同现实生活相比是一种"上升、加强和更完美的发展"②,而且"更集中、更完备,而具有预定的目的和深刻的用心"③。这就将艺术、审美同人生相联系,开辟了西方古典美学所没有的人生美学,即广义的美育之路,同艺术的模仿论与理念论是相对立的。

---

① [德]叔本华:《作为意志和表象的世界》,石冲白译,商务印书馆2009年版,第367页。

② 同上。

③ 同上。

二　艺术补偿论

艺术补偿论是叔本华人生美学的进一步发挥。他更进一步地追问：艺术为什么会成为人生的花朵？从而得出艺术补偿的论断。这同叔本华基本的人生观与美学观有关。因为，在人生观上，叔本华是一个悲观主义者，认为人生本质上就是一种无尽的痛苦，而艺术就是对于痛苦的一种稍许的补偿。叔本华立足于他的生命意志理论，认为人的欲求起源于对现状的不满，因为现实无法满足人的需要。所以，他认为，意志本身就是痛苦，生存本身就是不息的痛苦，要摆脱痛苦只有通过艺术的审美欣赏使人进入一种物我两忘的审美境地，但这也只是暂时的摆脱。这样，叔本华就将审美作为解决生存痛苦的重要工具，审美与艺术也就标志着人生的光明与希望。正是在这样的背景下，叔本华提出了艺术补偿论。叔本华认为："一切欲求皆出于需要，所以也就是出于缺乏，所以也就是出于痛苦。"① 艺术"对于他在一个异己的世代中遭遇到的寂寞孤独是唯一的补偿"②。艺术补偿论也是他人生美学的一种深化，阐明了艺术的对人生的补偿的重要作用。

三　审美观审论

审美观审论是叔本华最核心的美学观点，它的提出是对传统艺术是感性认识和理念显现的认识论的突破。叔本华还是从他的悲观主义人生论出发，认为摆脱痛苦的手段之一就是审美的观审。他采取将审美与艺术超越于认识与功利的手法，认为人们在审美中可以"摆脱了欲求而委心于纯粹无意志的认识"，从而"进入了另一世界""一个我们可以在其中完全摆脱一切痛苦的领域"③。叔本华认为，正是这种超越才使人们在审美观赏中得到享受和安慰，从而对于观赏者可以起到一种"补偿"的作用。为此，他进一步论述了这种超越论美学观，

---

①　［德］叔本华：《作为意志和表象的世界》，石冲白译，商务印书馆 2009 年版，第 271 页。

②　同上书，第 368 页。

③　同上书，第 274 页。

认为之所以审美与艺术会成为人生的一种补偿，那是因为审美与艺术本身具有一种超越认识与功利的特性，从而使人进入一种超功利的观审状态。这就是叔本华的"审美观审"说。他认为，审美观审的条件就是作为审美对象，不是实际的个别事物而是非根据律的"理念"，而作为审美主体是摆脱了意志和欲求的无意志的主体。他说，审美是"在直观中浸沉，是在客体中自失，是一切个体性的忘怀，是遵循根据律的和只把握关系的那种认识方式之取消""人们或是从狱室中，或是从王宫中观看日落，就没有什么区别了"。① 这说明，他认为，审美快感的根源在于纯粹的不带意志，超越时间，在一切相对关系之外的主观方面。叔本华认为，这种审美的观审状态就是使审美者进入一种物我两忘、融为一体的"自失"状态。叔本华指出："人在这时，按一句有意味的德国成语来说，就是人们自失于对象之中了，也即是说人们忘记了他的个体，忘记了他的意志"，"所以人们也不能再把直观者（其人）和直观（本身）分开来了，而是两者已经合一了"。②在这里，对于审美观审的无功利性的强调，说明叔本华继承了康德理念，但他对于康德理念却有着明显的超越。那就是他对审美合规律性的否定。叔本华认为，在审美观审中，"这种主体已不再按根据律来推敲那些关系了，而是栖息于，浸沉于眼前对象的亲切观审中，超然于该对象和任何其他对象的关系之外"③。这种客体对于根据律的超越与主体对于欲求的超越，实际上就接近于现象学的"悬搁"，从而将审美从普通认识论带入现象学与审美存在论，说明叔本华的审美观的确标志着西方美学的某种转向。审美观审论是叔本华最主要的美学理论，但仍然没有逃脱德国古典美学特别是康德主观先验论的窠臼。

四　超人作用论

叔本华为了进一步突破传统认识论美学，论证了艺术的想象力以

---

① ［德］叔本华：《作为意志和表象的世界》，石冲白译，商务印书馆 2009 年版，第 273 页。

② 同上书，第 248 页。

③ 同上。

及具有这种想象力的超人。他认为，只有天才才能创造真正的艺术，而艺术的创造者又只能是天才。那么，什么是天才呢？他认为所谓"天才"就是"超人"。他说："正如天才这个名字所标志的，自来就是看作不同于个体自身的，超人的一种东西的作用，而这种超人的东西只是周期地占有个体而已。"① 这种所谓"超人"，就是不凭借于根据律认识事物，而是沉浸于审美观审之人。叔本华说："天才人物不愿把注意力集中在根据律的内容上。"② 也就是说，叔本华认为，所谓"超人"是超越于通常的认识论的，而进入了审美的生存的境界。他认为，这种超人的能力使天才发挥了特有的作用。普通的人凭借根据律认识，认识能力只能成为"照亮他生活道路的提灯"③，而天才人物作为"超人"却超越了普通的根据律，并具有全人类的意义成为"普照世界的太阳"④。他认为，作为天才的"超人"之所以具有这种能力，是因其凭借一种特殊的想象力。他认为，有两种想象力，一种是普通人凭借幻想的想象力。这是一种按照根据律，从自己的意志欲念出发进行的想象，其作用在个人自娱，最多只能产生各种类型的庸俗小说。而另一种是作为天才的"超人"所具有的想象力，这种想象力完全摆脱意志和欲念的干扰，是认识理念的一种手段，而表达这种理念的就是艺术。他说："与此相同，人们也能够用这两种方式去直观一个想象的事物：用第一种方式观察，这想象之物就是认识理念的一种手段，而表达这理念的就是艺术；用第二种方式观察，想象的事物是用以盖造空中楼阁的。"⑤ 这种特殊的想象力，既表现在质的方面，又表现在量的方面，将作为"超人"的天才的眼界扩充到实际呈现于天才本人之前的诸客体之上，举一反三，由此及彼，由表及里，由现象到本体。他认为，这种想象力"并不是看到大自然实际上已经

---

① ［德］叔本华：《作为意志和表象的世界》，石冲白译，商务印书馆2009年版，第262页。

② 同上。

③ 同上书，第261页。

④ 同上书，第260页。

⑤ 同上书，第261页。

构成的东西，而是看到大自然努力要形成……的东西"①，充分阐明了审美想象力创造性特点。叔本华对于想象力的论述无疑来自康德，但又超越了康德。因为康德没有将想象力具体化，而叔本华则对想象活动的具体过程做了较为清晰的说明。这不仅是一种艺术经验的深入总结，更是哲学的突破，是对于传统理性力与认识论的突破。

五　美的形态："三美"说

审美观审中对象与主体的不同状态决定了美的不同形态。优美是对象与主体的协调，无须主体特别努力即可进入纯粹直观的状态；壮美是对象与主体的敌对关系，需要主体的强制性的努力才能进入审美观审状态，直观因素占据主导位置；媚美是对于意志的直接自荐与迎合，主体无法摆脱欲求，因而已经超出纯粹审美关系，其积极者为绘画中的食物与人体，借以引起食欲与肉欲，消极者则为令人作呕的"意志深恶的对象"。

由上述可知，尽管叔本华的审美观审论在相当大的程度上把审美归结为一种认识（理念），说明其不可免地仍然保留着德国古典美学的痕迹。但从总体上说，叔本华的唯意志论美学仍然是开辟了西方美学的新方向。他以非理性的唯意志论美学全面地批判了黑格尔的古典主义美学，用意志取代认识，抬高直观，贬低唯理性主义，赋予审美以生命的生存的意义。这就为西方现代现象学美学与人文主义的人生美学，也就是广义的审美教育的发展奠定了基础。但叔本华还是借助了古典哲学的理念概念，并没有完全超越主客二分，因此，他是古典到现代的过渡性人物。

第三节　尼采的《悲剧的诞生》：强力意志美学

尼采（Friedrich Wilhelm Nietzsche，1844—1900）在西方现代美学发展中具有特殊的地位，从某种意义上说，西方现代真正意义上的人生

① ［德］叔本华：《作为意志和表象的世界》，石冲白译，商务印书馆2009年版，第259页。

美学的转向是从尼采开始的。他是继叔本华之后另一个德国唯意志主义哲学家和美学家，同叔本华一样，也认为世界的本源是意志，人生是痛苦的，可怕的，不可理解的。但他反对叔本华把世界分为表象与意志，而是认为意志与表象不可分离。而所谓意志也不是生命意志，而是强力意志。因此，他反对叔本华的悲观主义和虚无主义，主张以强力意志反抗生活的痛苦，创造新的欢乐和价值。他认为，叔本华哲学是"人类最高超的欺骗和诱惑""欧洲文化的最可怕的病兆"①。他彻底地否定古希腊的理性传统、基督教文化、启蒙主义理性精神和传统的生活，宣称"上帝死了""价值重估"。他编造了一个疯子在白天打着灯笼在市场上找上帝的故事，说明上帝是被不信上帝与自称相信上帝的人所共同谋杀的。但他并不主张虚无主义，而是主张价值的转换与重估。所以，"价值重估"是尼采哲学贯穿始终的主题。而写于1872年的《悲剧的诞生》，则是尼采价值重估的最初尝试。《悲剧的诞生》是尼采哲学与美学的处女作，为他全部著作奠定了一个基调，成为其整个哲学的诞生地。他以其酒神精神对古希腊文化做了全新的阐释，并奠定了西方整个20世纪广义的美育，即人生美学的发展之路。

一　审美人生论

尼采的审美人生论是将审美和艺术提到本体的高度，以之代替理性与科学的本体地位。他的美学思想的根本特点是把审美与人生紧密相联系，把整个人生看作审美的人生，而把艺术看作人生的艺术。他严厉地批判了从理性的角度看待人生，而主张从艺术与审美的角度看待人生，认为整个世界作为审美对象才是合理的。这是《悲剧的诞生》一书的主旨。为此，他提出了著名的艺术是"生命的伟大兴奋剂"②与"艺术在本质上是对存在的肯定、祝福与神化"③的重要观点。他在《悲

---

① ［德］尼采：《论道德的谱系》，周红译，生活·读书·新知三联书店1992年版，第5—6页。

② ［德］尼采：《悲剧的诞生》，周国平译，生活·读书·新知三联书店1986年版，第325页。

③ 转引自胡经之《西方文艺理论名著教程》下册，北京大学出版社2003年版，第88页。

剧的诞生》中将希腊艺术的兴衰与希腊民族社会的兴衰结合起来研究，着重探讨"艺术与民族、神话与风俗、悲剧与国家在其根柢上是如何必然和紧密地连理共生"①。

他与叔本华一样，认为人生是一出悲剧。他借用古希腊神话说明这一点。这个神话告诉我们，古希腊佛律癸亚国王问精灵西勒若斯，对人来说什么是最好最妙的东西，西勒若斯回答最好的东西是不要诞生、不要存在、成为虚无，次好的东西则是立即就死。而从文化本身来说，尼采认为，当代文化同艺术是根本对立的，带给人的是个性的摧残和人性的破坏。他在这里对于现代教育和科技的非人化机械论、非人格化的劳动分工对于人性和人的生命因素的侵蚀毒害进行了无情的批判。他说："由于这种非文化的机械和机械主义，由于工人的'非人格化'，由于错误的'分工'经济，生命便成为病态的了。"②既然人生是悲剧，怎么办呢？尼采认为，只有借助于审美进行补偿和自救。他说，"召唤艺术进入生命的这同一冲动，作为诱使人继续生活下去的补偿和生存的完成"③。他甚至进一步将审美与艺术提到世界第一要义的本体的高度，"我确信……，艺术是人类的最高使命"。又说，"只有作为一种审美现象，人生和世界才显得是有充足理由的"④。他还说："艺术，除了艺术别无他物！它是使生命成为可能的伟大手段，是求生的伟大诱因，是生命的伟大兴奋剂。"⑤表面看尼采与叔本华都主张审美补偿论，但尼采不同于叔本华之处在于，尼采认为悲剧的作用不仅在生命的补偿，而且是生命的提升与肯定。

而且，特别重要的是，作为悲剧精神的酒神精神在尼采的美学理论中已经被提升到本体的人的生存意义的形而上的高度，成为代替科技世界观和道德世界观的唯一世界观。这在当代西方美学中是其有开

---

① ［德］尼采：《悲剧的诞生》，周国平译，生活·读书·新知三联书店1986年版，第101页。
② 同上书，第57页。
③ 同上书，第12页。
④ 同上书，第105页。
⑤ 同上书，第385页。

创意义的。

二 酒神精神论

酒神精神和日神精神是尼采哲学—美学中具有核心意义的范畴，特别是酒神精神更具重要性。尼采认为，对于悲剧人生进行补偿的唯一手段是借助于一种特有的酒神精神及作为其体现的悲剧艺术。他认为，宇宙、自然、人生与艺术具有两种生命本能和原始力量，那就是以日神阿波罗作为象征的日神精神与以酒神狄俄尼索斯为象征的酒神精神，而最根本的则是酒神精神。这是一种以惊骇与狂喜为特点的强大的生命力量，尼采后来将其称作"强力意志"，也是一种审美的态度。这种审美的态度不同于康德与叔本华的"静观"，而是一种生命的激情奔放。充分体现酒神精神的，就是古希腊的悲剧文化以及古希腊的典范时代。这是对古希腊美学精神的新的阐释，也是对传统的和谐美的反驳。尼采鼓吹在德国文化与古希腊文化之间建立起一座联系的桥梁。他说："谁也别想摧毁我们对正在来临的古希腊精神复活的信念，因为凭借这信念，我们才有希望用音乐的圣火更新和净化德国精神。"① 与此同时，尼采有力地批判了古希腊的和谐美的美学精神。他认为，所谓"美在和谐""美在理性"是一种以苏格拉底为代表的非审美的、理性的逻辑原则，主张"理解然后美""知识即美德"②等，实际上是一种扼杀悲剧与一切艺术的原则。

三 艺术的生命本能论

艺术的起源与本真的内涵到底是什么？这是长期以来人们一直在探讨的一个十分重要的问题。尼采提出了著名的生命本能的二元性论，将艺术的起源、本真内涵与人的生命与本真的生存相联系。尼采认为，艺术是由日神精神与酒神精神这两种生命本能交互作用而产生

---

① ［德］尼采：《悲剧的诞生》，周国平译，生活·读书·新知三联书店1986年版，第88页。

② 同上书，第52页。

的，犹如自然界的产生依靠两性一样。他说："艺术的持续发展是同日神和酒神的二元性密切相关的"，"这酷似生育有赖于性的二元性"。① 在他看来，日神的含义是适度、素朴、梦、幻想与外观，而酒神则是放纵、癫狂、醉与情感奔放。他说："为了使我们更切近地认识这两种本能，让我们首先把它们想象成梦和醉两个分开的世界。"② 在两者的关系中，尼采认为酒神精神更为重要。因为，艺术的本原与动力即在于酒神精神，但日神精神也是不能离开并十分必要的。尼采指出："我们借它的作用得以缓和酒神的满溢和过度。"③ 这里需要说明的是，酒神精神与日神精神都是非理性精神，它们是非理性的两种不同形态，是人的醉与梦的两种本能。

既然艺术起源于日神与酒神两种生命本能，这就决定了艺术的基本特征是以酒神精神为主导的酒神与日神两种生命本能精神的冲突与和解，而其核心是一种激荡着蓬勃生命，强烈意志的酒神精神，非理性的情感奔放。因此，这样一种艺术精神就极大地区别于苏格拉底所一再强调的理性的原则与科学的精神。他在区别苏格拉底式的理论家与真正艺术家的区别时写道："艺术家总是以痴迷的眼光依恋于尚未被揭开的面罩，而理论家却欣赏和满足于已被揭开的面罩。"④ 而任何语言都不能真正表达出艺术的真诡。他说："语言绝不能把音乐的世界象征圆满表现出来。"⑤ 他更加反对对于音乐的图解。他认为这势必显得十分怪异，甚至是与音乐相矛盾的，是我们的美学"感到厌恶的现象"⑥。

四　悲剧的形上慰藉论

悲剧观是尼采人生美学的重要组成部分。尼采继承席勒的理论，认为悲剧起源于古希腊的合唱队。他说："希腊人替歌队创造了一座

---

① ［德］尼采：《悲剧的诞生》，周国平译，生活·读书·新知三联书店 1986 年版，第 2 页。
② 同上书，第 3 页。
③ 同上书，第 94 页。
④ 同上书，第 63 页。
⑤ 同上书，第 24 页。
⑥ 同上书，第 23 页。

虚构的自然状态的空中楼阁，又在其中安置了虚构的自然生灵。悲剧是在这一基础上成长起来的。"① 而这种古希腊的合唱队俗称"萨提尔合唱队"，是一种充满酒神精神的纵情歌唱的艺术团体。萨提尔是古希腊神话中的林神，半人半羊，纵欲嗜饮，代表了原始人的自然冲动。这就说明，悲剧起源于酒神精神，但悲剧的形成还需要日神的规范和形象化。因此，悲剧是酒神精神借助日神形象的体现。可以说，悲剧是酒神精神和日神精神统一的产物。尼采说："我们在悲剧中看到两种截然对立的风格：语言、情调、灵活性、说话的原动力，一方面进入酒神的合唱抒情，另一方面进入日神的舞台梦境，成为彼此完全不同的表达领域。"② 他还更深入地从世界观的角度探讨悲剧起源于一种古典的"秘仪学说"。他说："认识到万物根本上浑然一体，个体化是灾祸的始因，艺术是可喜的希望，由个体化魅惑的破除而预感到统一将得以重建。"③

正是因为悲剧起源于酒神精神，所以悲剧才具有一种"形而上的慰藉"的效果，从而使之成为人特有的生存状态。在悲剧效果上，亚里斯多德提出著名的"卡塔西斯理论"，也就是悲剧通过特有的怜悯与恐惧达到特有的"陶冶"。黑格尔则提出著名的"永恒正义胜利说"。尼采批判了亚里斯多德的悲剧观，认为"如果他是对的，那么悲剧就是一种危及生命的艺术"。与之相反，他另辟蹊径，提出了著名的"形而上慰藉"说。他说："每部真正的悲剧都用一种形而上的慰藉来解脱我们：不管现象如何变化，事物基础之中的生命仍是坚不可摧的和充满快乐的。"④ 这种悲剧效果论，也不同于叔本华的悲剧观。叔本华的悲剧观是由否定因果律的"个体化原理"导致对于意志的否定，引向悲观主义。而尼采则由对"个体化原理"的否定导致对意志的肯定，引向乐观主义。这是一种在现象的不断毁灭中，指出那

---

① ［德］尼采：《悲剧的诞生》，周国平译，生活·读书·新知三联书店1986年版，第27页。

② 同上书，第34页。

③ 同上书，第42页。

④ 同上书，第28页。

生存的核心是生命的永生。尼采以古希腊著名悲剧《俄狄浦斯王》为例说明，"一个更高的神秘的影响范围却通过这行为而产生了，它把一个新世界建立在被推翻的旧世界的废墟之上"①。从哲学的层面来说，实际上是个人的无限痛苦和神的困境。"这两个痛苦世界的力量促使和解，达到形而上的统一。"② 说明这是一种更高层次的超越个别的统一和慰藉，而从深层心理学的角度来讲，也是一种由非理性的酒神精神移向形象的"升华"。尼采说道："对于悲剧性所生的形而上快感，乃是本能的无意识的酒神智慧向形象世界的一种移置。"③ 由此可知，这里所谓形而上的统一，不是现象世界的统一，也不是道德世界的统一，而是审美世界的统一。而所谓形而上的慰藉，从根本上来说，也不是现象领域、道德领域和哲学领域的慰藉，而是美学领域的具有超越性的形而上的慰藉，是一种具有蓬勃生命力的酒神精神的胜利，是"个人的解体及其共同太初存在的合为一体"④。说明形而上慰藉是一种具有本体意义的酒神精神的审美的慰藉，也是审美世界观的确立，人的生存意义的彰显。

从上述尼采的美学理论中可知，他敏锐地感受到资本主义现代文明之中已经暴露出的对于人性压抑扭曲的弊端，因而大力倡导一种以酒神精神为核心的悲剧美学，成为一种新型的美学理论与世界观。如果说，叔本华仍然保留着较多的传统美学的痕迹，那么尼采则将非理性的生命意志哲学—美学理论贯彻到底，完成了由传统到现代的过渡，成为新世纪哲学—美学的真正的先驱，特别成为新世纪人文主义美学的先驱，为精神分析主义、存在主义等哲学—美学理论奠定了基础。但尼采对于一切价值的彻底否定是一种彻底的虚无主义，而他对强力意志的盲目推崇以及对平等博爱与同情弱者的全面否定，则包含了明显的种族主义偏见，这是错误与危险的。特别是某些人将"权力

---

① ［德］尼采：《悲剧的诞生》，周国平译，生活·读书·新知三联书店 1986 年版，第36页。
② 同上书，第 38 页。
③ 同上书，第 70 页。
④ 同上书，第 33 页。

意志"强加在尼采头上，此后被法西斯利用，导致对尼采的全面否定，这也是不全面的。经过学者的考证，证明所谓尼采的最后一部著作《权力意志》其实是一部伪书，已与尼采的学术无直接关系。

第四节　弗洛伊德的《精神分析引论》：原欲的升华

弗洛伊德（Sigmund Freud，1856—1939）是奥地利著名的精神病学家，精神分析学派的创始人。他的以潜意识的发现为其特点的深层心理学在现代人类文化史上具有很大的影响，渗透于当代西方哲学、教育学、心理学、伦理学、社会学与美学的各个领域。可以说，弗洛伊德的深层心理学从根本上改变了人们对自身行为的看法，使人们认识到决定人的行为的并不完全是意识，还有并不被人们所了解的潜意识。这就为包括美育在内的人的教育与人格的培养提供了新的思想维度。它告诉我们，审美不能忽视精神分析心理学，也不能不将弗洛伊德有关潜意识升华的文化与美学理论放到自己的视野之中。弗洛伊德的潜意识升华的文化与美学理论，是建立在他的精神分析心理学的基础之上的。他的精神分析心理学，包括心理结构理论、人格结构理论与心理动力理论等。所谓心理结构理论，是指他认为人的心理结构分为意识、前意识与潜意识三个层次，而作为人的本能的潜意识是最原始、最基本与最重要的心理因素。所谓人格结构理论，是指他认为人的人格结构也分为超我、自我与本我三个层次，其中"本我"是人格的原始基础和一切心理能量的源泉。所谓心理动力理论，是指他认为人的心理过程是一个动态系统，以本能作为一切社会文化活动的能量源泉，成为其终极因。正是在以上理论的基础上，弗氏建立了自己的"原欲升华"的美学理论。

一　艺术创作的源泉在"原欲"

弗洛伊德认为，艺术创作的源泉是"原欲"。他说："艺术活动的源泉之一正是必须在这里寻觅。"又说："我坚决认为，美的观念植根于性的激荡。"① 这里所说的"原欲"（Libido），是一种广义上的能带来一切肉体愉快的接触。他认为，"力比多"同饥饿一样是一种本能的力量，即为"性驱力"，是人的一种"潜能"，是生命力的基础，处于心理的最深层，人的一切行为都是它的转移、升华和补偿。弗洛伊德认为，"原欲"在人身上集中地表现为"俄狄浦斯"的"恋母情结"和"爱兰克拉"的"恋父情结"。所谓"情结"，即是压抑在潜意识中的性欲沉淀物，实际上是一种心理的损伤，即是未曾实现的愿望。弗洛伊德认为，这种"恋母"和"恋父"情结经过变化、改造和化装供给诗歌与戏剧以激情，成为艺术作品的源泉。

二 原欲的实现经过了发泄与反发泄的对立过程

弗洛伊德不仅将艺术创作的源泉归结为"原欲"，而且进一步从动态的角度描述了原欲实现的过程。他认为，这就是对于心理现象的动力学研究。他认为，心理现象都表现为两种倾向的对立：能量的发泄与反发泄的对立与斗争。所谓"发泄"，即指本我要求通过生理活动发泄能量；所谓"反发泄"，即指自我与超我将能量接过来全部投入心理活动。这种情形就是超我、自我与本我之间的"冲突"。这就使原欲处于受压抑状态，得不到实现，从而形成对痛苦情绪体验的焦虑，长此以往就可形成神经病。而艺术创作就是冲突的解决，给原欲找到一条新的出路。

三 升华—原欲实现的途径

弗洛伊德认为，要使人们摆脱心理冲突，从焦虑中挣脱出来，有许多途径，"移置"即为其一。所谓"移置"，即指能量从一个对象改道注入另一个对象的过程。因而，移置就必然形成寻找新的替代物代替原来的对象；如果替代对象是文化领域的较高目标，这样的"移置"就被称为"升华"。弗洛伊德说，所谓升华作用，即是"将性冲动或其他

---

① 转引自［苏］叶果洛夫《美学问题》，刘宁、董友译，上海译文出版社 1985 年版，第305 页。

动物性本能之冲动转化为有建设性或创造性的行为之过程"①，艺术即是这种原欲升华之一种。他认为，艺术的产生并不是纯粹为了艺术，其主要目的在于发泄那些在今日已经被压抑了的冲动。这是原欲对于新的发泄出口的选择，其作用则在于将心理能量加以发泄不使其因过分积储而引起痛苦。他说："心理活动的最后的目的，就质说，可视为一种趋乐避苦的努力，由经济的观点看来，则表现为将心理器官中所现存的激动量或刺激量加以分配，不使它们积储起来而引起痛苦。"② 弗洛伊德认为，这就证明原欲为人类的文化、诸如艺术的创造带来了无穷的能量，从而为人类文化艺术的发展做出了很大的贡献。他说："研究人类文明的历史学家一致相信，这种舍性目的而就新目的的性动机及力量，也就是升华作用，曾为文化的成就带来了无穷的能源。"③ 又说："我们认为这些性的冲动，对人类心灵最高文化的，艺术的和社会的成就作出了最大的贡献。"④

现在看来，弗洛伊德的这种泛性主义，将力比多看作一切社会文化活动的根本动力显然是片面的。但他承认了潜意识的原欲是人类社会文化活动的根源之一，并将其途径概括为"升华"，应该说是很有见地的。他的这种"舍性目的而就新目的"⑤ 的理论与批评实践，无疑是对艺术的育人作用的新的概括，是对当代美学与美育理论与实践的丰富。

第五节 柏格森的《创造进化论》：
生命之绵延性

柏格森（Henri Bergson，1859—1941），法国著名哲学家，生命论哲学的代表人物，1928 年获诺贝尔文学奖，著有《时间与自由意志》（1889）、《笑：论滑稽的意义》（1889）、《形而上学引论》（1903）、

---

① ［奥］弗洛伊德：《爱情心理学》，林克明译，作家出版社 1986 年版，第 145 页。
② ［奥］弗洛伊德：《精神分析引论》，高觉敷译，商务印书馆 1986 年版，第 300 页。
③ ［奥］弗洛伊德：《爱情心理学》，林克明译，作家出版社 1986 年版，第 59 页。
④ ［奥］弗洛伊德：《精神分析引论》，高觉敷译，商务印书馆 1984 年版，第 9 页。
⑤ ［奥］弗洛伊德：《爱情心理学》，林克明译，作家出版社 1986 年版，第 59 页。

《创造进化论》（1907）等。其生命论哲学影响深远，与其他生命论哲学家一起开创了西方哲学超越传统形而上学哲学走向人生哲学的新时代。柏格森不是美学家，专门的美学论著只有出版于1889年的《笑：论滑稽的意义》一书，篇幅有限，但其生命论哲学对于美学与文学艺术影响深远。他提出的"直觉""生存""生命"等概念，成为20世纪以降现代美学的主要范畴与概念。其生命论哲学与美学对于我国现代哲学与美学也有重大影响。其理论缺乏论述的严密性，更多是对现象的描述，对于人们概括总结与理解其理论形成某种障碍。有的理论家认为，柏格森是"形式的现象主义者""他不把哲学看作解释性的理论建构，而是尽力避开理论化，从而集中于尽可能单纯地描述我们怎样实际体验到的世界"。[1]

一 超越传统形而上学

柏格森的生命论哲学是对于传统形而上哲学的超越，他对于传统形而上哲学给予了有力地批判。他认为，生命哲学"它宣布自己要超越机械论和目的论"[2]。众所周知，机械论是工业革命时代科学主义的产物，将宇宙世界设想为一种类似于机械的装置，完全可以运用数学公式加以计算。柏格森认为，计算在生命领域是行不通的。他说："在生命领域，计算充其量只能用于有机体解体的某些现象。相反，关于有机创造，关于真正构成生命的进化现象，我们无论如何都不能对它们进行数学处理。"[3] 总之，他认为，生命是一种不同于物理现象的"绵延"，科学主义方法是无法认识这种"绵延"现象的。他说："因此，必须对有生命的东西采取一种特殊的态度，用不同于实证科学的眼光来考察它。"[4] 机械论还有一种静止的观点，这就是著名的古希腊哲学家芝诺飞矢不动的悖论，将运动理解为一个一个停止的点。柏格森认为，生命是一种绵延，是一种生命之流，不可能形成静止的

---

① 汝信主编：《西方美学史》第4卷，中国社会科学出版社2008年版，第86页。
② ［法］柏格森：《创造进化论》，姜志辉译，商务印书馆2012年版，第47页。
③ 同上书，第23页。
④ 同上书，第166页。

点。他说："不应该像谈论一种抽象，或像谈论人们把所有生物列入其中的一个简单栏目那样来谈论一般的生命。"① 同样，他也是反对目的论的，这种目的论是客观唯心主义的观点，力主一种预定的目的，也是一种形而上学的观点。他说："生命首先是对无机物质作用的一种倾向。这种活动的方向显然不是预先确定的：因此，生命在进化的过程中产生了不可预见的各种形态。"② 他在精神领域提出了人的意识问题，认为意识不同于传统的认识论哲学中的"智慧性"。他说："状态超出了智慧性，与之没有共同的尺度，是不可分的和新的。"③

二 论生命：绵延是我们生存的这个世界的根本实质

柏格森生命哲学的要旨是深刻地论述了世界的生命本源性，并进一步阐释了生命的直觉与冲动的特点，以其对哲学、美学及其他学科领域产生极大影响。他将生命的根本特点归结为"绵延"，即一种在时间之流中一往向前的生命之流。他说："我们把绵延感知为我们无法追溯的一种流动。它是我们存在的基础，我们清楚地感觉到它，它是我们与之联系的事物的本质。"④ 在这里，柏格森将生命比作一往向前的水流，是人类生存的根本实质，明确提出了"生存"这个范畴，以之代替传统哲学中"存在"（being）这个范畴。众所周知，"存在"是个本体论范畴，而"生存"则是一个动态中的生存论范畴。柏格森以"生存"替代"存在"，开创了由传统本体论到现代生存论的先河。"绵延"充分说明生命论哲学是一种时间的哲学，"绵延"是一种生命之流，也是一种时间之流，时间具有一种一往向前不可逆转的特点。他说："我们越深入研究时间的本质，我们就越领悟到绵延意味着创造，形式的创造，意味着全新事物的不断生产。"⑤ 因此，从这个意义上说，生命哲学就是时间哲学。他认为，生命的主要特征是

---

① ［法］柏格森：《创造进化论》，姜志辉译，商务印书馆 2012 年版，第 28 页。
② 同上书，第 85 页。
③ 同上书，第 168 页。
④ 同上书，第 39 页。
⑤ 同上书，第 16 页。

"直觉"。他说:"如果直觉能延伸到一些时刻之后,那么直觉不仅仅能确保哲学家和他自己的思想一致,而且还能确保所有哲学家一致。"① 他还论述了"生命冲动"的不确定性与自由的特点,从更深的视角论述了生命的特点。他说:"我们所说的生命冲动在于一种创造的需要。生命冲动不能绝对地进行创造,因为它面对的是物质,也就是与自身相反的运动,但是,生命冲动获得了作为必然性的物质,力图把尽可能多的不确定性和自由引入物质。"② 他形象地论证了生命冲动在与外部、内部材料的冲突中最终获得不确定性与自由的过程,由此说明了生命冲动的无比强大的力量。

三 论艺术:艺术的目的常常在于生命直觉的"个性的因素"

柏格森正是在其生命论哲学的基础上论述了艺术的特点。他认为,艺术同样是一种生命的直觉的活动,生命力与对于生命力的表现是艺术的根本所在。他说:"艺术的目的常常在于个性的因素。"③ 这个"个性的因素"就是时间之流中生命的直觉,画家的绘画是画家在特定的某地、某日、某时所见到的色彩;诗人和戏剧大师所表现的情感和心灵活动都是他们在时间之流中生命感悟到的"永远不能复来的事情"④。由此说明,艺术创作是一种个人的生命活动。他进一步以诗歌创作为例,说明艺术创作是一种"生命的继续流动"。他说,诗歌创作"在分离的个体之间,生命依然在流动:个体化的倾向受到一种对立的和补充的结合倾向的抑制而变得完善,好像来自多样性方向中的生命的多样统一性竭力缩回本身之中"⑤。他将这种生命流动形象地描述为个体化与整体性的抗衡与联合最后走向生命自身。所以,在他看来,艺术家只有通过他的官能感觉,特别是知觉而同艺术结缘。他

① [法]柏格森:《创造进化论》,姜志辉译,商务印书馆 2012 年版,第 199 页。
② 同上书,第 209 页。
③ 转引自缪灵珠《缪灵珠美学译文集》第 4 卷,中国人民大学出版社 1998 年版,第 159 页。
④ 同上。
⑤ [法]柏格森:《创造进化论》,姜志辉译,商务印书馆 2012 年版,第 215 页。

甚至更加明确地指出："艺术当然不外是对现实的较直接的洞观。然而，这种纯粹的知觉却意味着与实用方面的习惯决裂，意味着感觉或意识之特别集中而毫无私心杂念的一种态度。"① 因为创造是生命的基本特点，所以他明确地说，"艺术的生命在于创造"②。艺术的内容是"不可预见的"③。而生命在世的基本特点是"生存"，"生存"是一种动力与根源，是揭开自然与主体之间的帷幕的秘诀。他说："在自然和我们之间，甚且在我们自己和自己意识之间，隔着一幅帐幔——这帐幔对于一般群众是厚重而晦暗的，对于艺术家和诗人却是稀薄而几乎透明的。是什么神仙织就这帐幔呢？是出于恶意还是出于友谊织成它？我们要生存，而生存要求我们掌握事物对我们需要的关系。生存就是行动。"④

四　论喜剧：喜剧将我们的注意力转向于无目的的"姿态"

对于喜剧，柏格森有着自己的独特的阐释，他站在直觉论的立场将喜剧归之于对于一种"姿态"的表现。他对于喜剧表现方法的公式概括道："我试列出它的公式：喜剧并不使我们的注意力集中于行为，反之引它转向于姿态。我所谓的'姿态'是指态度，举动，甚至语言，一种心情借此以表明自己，但不是具有目的，也不是为了利益，而仅是由于心痒。照这样的定义，姿态就与行为大不相同。行为是有意的，总是自觉的；姿态则无意中流露，是自动。行为涉及整个人，姿态单独表现人的一部分，不涉及整个人格，至少是与它无密切关系。最后，（而这是主要点），行为与激发行为的感情成正比例；……然而姿态带有一点爆发的成份，这惊醒了我们即将被催眠的感觉，这样令我们清醒了，便妨止我们把事情看得太严重。所以，我们一旦只

---

① 转引自缪灵珠《缪灵珠美学译文集》第 4 卷，中国人民大学出版社 1998 年版，第157—158 页。
② ［法］柏格森：《创造进化论》，姜志辉译，商务印书馆 2012 年版，第 44 页。
③ 同上书，第282 页。
④ 转引自缪灵珠《缪灵珠美学译文集》第 4 卷，中国人民大学出版社 1998 年版，第154页。

注意姿态而不注意行为时，我们便处于喜剧的境界。"① 在这里，柏格森将"姿态"与"行为"进行了严格的区分：行为是整个人格的，具有目的性的感情；而姿态则是无目的态度，处于催眠状态的感觉。由此可见，所谓"姿态"即是"直觉"，喜剧是以直觉作为其动力、目的与特点的。喜剧的这种"直觉性"特点表现之一就是集中表现了喜剧人物的一种"心不在焉"的特点。柏格森说道："凡是心不在焉的都是可笑的。把心不在焉写得越深刻，喜剧就越是高级。像唐·吉诃德那样有系统的心不在焉，是世间可能想象的最可笑的了；它是穷源极致的滑稽本身。"② 这里的"心不在焉"，在小说《唐·吉诃德》中的表现就是主人公唐·吉诃德对于急剧变化的现实"心不在焉"，追求一种早已不复存在的"骑士生活"，把风车当巨人，把旅店当城堡，把苦役犯当骑士，把皮囊当巨人头颅，等等，造成极大的笑话。喜剧的直觉性还表现在这种可笑性的性格成为一种"共型"，也就是说，这种可笑的性格是一类人共有的。他说："描写性格，就是说，描写共型，是高级喜剧的目的。"③ 因为，"悲剧写个性而喜剧则写类型"，这种"类型"是表现一种普遍性。他认为，"恨世者""悭吝人""赌徒""冒失鬼"等，"是我们似曾相识而且将来也会再邂逅的人物"④。最后说到喜剧的作用"笑"，柏格森认为，笑是喜剧的特殊的效果，能够起到某种疗治的作用，特别是对于喜剧中由"心不在焉"而形成的对于"虚荣心"这种轻微的毒素具有某种"中和"的疗治作用。他说："笑不断地起这种中和作用。在这意义上，不妨说，笑是医治虚荣心的特殊方法，而尤其可笑的过失是虚荣心。"⑤

柏格森的生命论哲学与美学在 20 世纪初期影响巨大，但由于其始终在感性与理性之间徘徊，没有完全走出传统的二元论，因而最终

---

① 转引自缪灵珠《缪灵珠美学译文集》第 4 卷，中国人民大学出版社 1998 年版，第 151—152 页。

② 同上书，第 152 页。

③ 同上书，第 154 页。

④ 同上书，第 160 页。

⑤ 同上书，第 166 页。

被新的现象学哲学与美学超越。柏格森的生命论哲学与美学的特点是什么呢？有的学者认为，是他的生物等级学说，将人类视为最高等级，具有人类中心论倾向，不同于中国古代的"万物齐一"。这自然是不错的。但柏格森生命论哲学与美学的最大特点是融汇了自然科学与社会科学，吸收了进化论的重要成果，因而科学性成为其根本特点，开创了20世纪哲学与美学研究的人文与科学结合的道路。

第六节　克罗齐的《美学原理》：艺术即直觉，直觉即表现

克罗齐（Benedetto Croce，1866—1952）是当代意大利著名美学家，最主要的美学论著《美学原理》出版于1901年。他是继叔本华与尼采之后突破西方古典和谐美和认识论主客二分思维模式，并取得重要成就的当代美学家。他在20世纪开始之际建立了美是非理性的情感显现这一表现论美学理论体系，从而成为20世纪西方当代美学的旗帜。他的美学思想对于当代美学理论的贡献是突出地强调了艺术的情感表现性特征和相异于认识、道德的独立地位，从而有力论证了美学的不可取代性。他的哲学思想是将精神作为世界的本源，提出"意识即实在"的命题。又将心灵世界分为知与行，即认识与实践两个度，认识分为直觉与概念两个阶段；实践分为经济与道德两个阶段。直觉是其心灵活动的起点，其产品是个别意象，正价值是美，副价值是丑，哲学的门类即美学，直觉为此后的概念、经济、道德等活动提供了基础，后者包括前者，但前者却可以离开后者而独立。

一　美学是直觉的科学，与美是艺术哲学相异

克罗齐说："美学只有一种，就是直觉（或表现的知识）的科学。"① 对于美学的这一界说，既不同于鲍姆嘉通的"美是感性认识的科学"，也不同于黑格尔的"美是艺术哲学"等有关美的界说，充

---

① ［意］克罗齐：《美学原理》，朱光潜译，外国文学出版社1983年版，第21页。

分反映了他不同于德国古典美学的非理性主义倾向。他认为，直觉包含物质与形式两个方面的内容。所谓物质，即"感受"，属于直觉界线以下的无形式部分，是被动的兽性。而所谓形式，即为心理的主动性，可克服物质的被动性与兽性，赋予感受以形式，使之成为具体的形象，被人们所认识。但这种克服不是消灭，只是一种"统辖"。他还突出地强调了审美与艺术的"意象性"特点。他说："意象性是艺术固有的优点：意象性中刚一产生出思考和判断，艺术就消散，就死去。"① 这是对形象思维的突出强调。

二 艺术即直觉的表现，与艺术是理论的感性显现相异

这是克罗齐美学思想的核心命题，明显地区别于亚里斯多德的"美是和谐"、康德的美是"无目的的合目的性形式"、黑格尔的美是"理念的感性显现"等命题。他说："直觉是表现，而且只是表现（没有多于表现的，却也没有少于表现的）。"② 这样，将直觉与表现完全等同，将艺术完全局限于艺术想象阶段，归结为纯个人的艺术想象活动，就是克罗齐美学的基本观点，决定了他的其他一系列美学观点。这一观点一方面决定了他将艺术与无意识的情感显现相联系，有其突破传统的合理性。同时，也决定了他仅仅将艺术局限于纯个人的想象阶段，同赋予其物质形式的创作活动无关。而且，也决定了他将艺术创作与艺术欣赏完全等同。这显然是不符合艺术活动的规律。

三 艺术独立论，与艺术是依存美相异

克罗齐突出地强调了艺术的独立性。他认为，如果没有艺术的独立性，其内在价值就无从说起，这关系到"艺术究竟存在不存在"③ 这种艺术存亡的关键性的问题。他认为，如果前一种活动依赖于后一种活动，那么事实上前一种活动就不存在。他说："如果没有这独立性，艺

---

① ［意］克罗齐：《美学原理》，朱光潜译，外国文学出版社 1983 年版，第 217 页。
② 同上书，第 18 页。
③ 同上书，第 252 页。

术的内在价值就无从说起，美学的科学也就无从思议，因为这科学要有审美事实的独立性为它的必要条件。"① 他阐述其艺术独立论的主要理论根据，是其"精神哲学"理论。他把精神作为世界的本源，提出"意识即实在"的命题。他又把心灵活动分为知与行，即认识与实践两个度。认识分为直觉与概念两个阶段；实践分为经济与道德两个阶段。直觉是其心灵活动的起始，产品为个别意象，哲学的门类即为美学。直觉为其后的概念、经济、道德等活动提供了基础，后者包括前者，但前者却可离开后者而独立。这种精神哲学的理论就为他的艺术绝对独立性提供了理论的依据。他认为，艺术离开逻辑而独立。他说："一个人开始作科学的思考，就已不复作审美的观照。"② 他还认为，艺术离开效用而独立。他说："就艺术之为艺术而言，寻求艺术的目的是可笑的。"③ 他也要求在艺术活动中完全废止道德的因素，"完全采取美学的，和纯粹艺术批评的观点"④。但他又曾说过理念等道德因素在艺术中"像一块糖溶解在一杯水里一样"⑤。此书的英译者将克罗齐的"艺术独立论"比喻为像发现了"海王星的独立存在"⑥，应该说具有一定的道理。他还认为，语言哲学其实就是艺术的哲学，因为两者都是直观。就此而言，克罗齐成为语言艺术哲学的开创者之一。

克罗齐从1901年出版《美学原理》到1912年出版《美学纲要》，发生了相当大的变化。尽管"艺术即直觉"的基本观点没有变，但《纲要》却使直觉与艺术家的灵魂相遇，从而使之具有了文化的意味，在一定程度上是对他早期美学思想的一种补正。总之，他的"艺术即直觉的表现"的美学理论成为西方20世纪人本主义美学思潮的重要开端与代表，给予整个西方20世纪美学的发展以极为重要的影响。

---

① ［意］克罗齐：《美学原理》，朱光潜译，外国文学出版社1983年版，第126页。
② 同上书，第44页。
③ 同上书，第60页。
④ 同上书，第61页。
⑤ 同上书，第185页。
⑥ 同上书，第225页。

第五章

美国实用主义经验论美学：美与经验

第一节 审美经验研究在当代
美学研究中的地位

从实际情况来看，审美经验研究已经成为现代以来西方美学研究的重点所在。20 世纪以来，西方美学有一个经验论转向问题，即由抽象的本质主义的哲学美学走向侧重审美经验的人生美学。李斯托威尔在《近代美学史评述》中指出，近代思想界鲜明地不同于上一个世纪之处，就是其所采用的方法，"这种方法不是从关于存在的最后本性那种模糊的臆测出发，不是从形而上学的那种脆弱而又争论不休的某些假设出发，不是从任何种类的先天信仰出发，而是从人类实际的美感经验出发"①。V. C. 奥尔德里奇则在《艺术哲学》中指出，审美知觉理论已经成为"讨论艺术哲学诸基本概念的良好出发点"②。托马斯·门罗则明确指出，"美学作为一门经验科学"，应该打破单一的哲学美学格局，使之走向实证化、经验化。③ 可以说，西方现当代的主要美学流派都以审美经验作为主要研究对象，只不过对"经验"的内涵的界定各不相同而已。

---

① ［英］李斯托威尔：《近代美学史评述》，蒋孔阳译，安徽教育出版社 2007 年版，"序言"第 2 页。
② ［美］V. C. 奥尔德里奇：《艺术哲学》，程孟辉译，中国社会科学出版社 1986 年版，第 22 页。
③ 转引自朱立元《现代西方美学史》，上海文艺出版社 1993 年版，第 670 页。

第二节　现代西方美学审美经验研究之发展

经验论之发端是英国经验论美学，认为审美经验是美学的出发点，以培根、休谟与博克为其代表。但英国经验论美学将审美经验归结为完全由主体引起，即便是博克，对审美经验的客观性的探求也是从人的感官的共同性中寻找。康德的《判断力批判》中的判断力作为主观合目的性，也是一种对于具有共通性的审美经验快感的追求之判断。当然，到了黑格尔，就又退回到本质主义之美的探讨。

黑格尔之后，叔本华的生命意志论、尼采的酒神精神论等，尽管包括了形而上的内容，但还是以审美经验为基础。

20世纪初，克罗齐的直觉即表现说，可以说开了将经验与情感之表现相联系的当代美学之先河。此后，克莱夫·贝尔的"有意味的形式"（1914）也同经验有关。

真正打出"艺术经验"旗号的则是杜威。1934年，他出版了《艺术即经验》一书，标志着经验派美学逐步走向成熟。但杜威的经验带有浓厚的达尔文生物进化论的"物竞天择"的内容。

真正使经验论美学具有浓郁哲学色彩与更深刻内涵的，则是杜夫海纳的《审美经验现象学》一书的出版（1953）。此后，经验论审美渗透于存在论与阐释学美学之中。因此，我们在此论述经验论美学之时就分成两个部分，一个是美国带有科学色彩的实用主义经验论美学，另一就是欧陆以现象学为基础的经验论美学思想。由于欧陆现象学经验论美学之中的"经验"不以生物的科学的经验为主，而是导向"生存"和"真理"，具有"天地神人四方游戏"的深刻内涵，因此我们将有专章论述。本章主要讲美国实用主义经验论美学，但从广义的视角也必须涉及欧陆之经验论美学。

第三节　现代经验论美学之内涵

现代经验论美学内涵非常丰富，大体包括如下几个方面：

1. 经验与主体：经验论美学当然是以主体为主的，但又不是英国经验主义纯主体之经验，而是包含着客体之经验，消融了主客对立，如所谓交互主体性。有的是通过行动（生活）消解，如杜威；有的通过主体的构成作用消解，如现象学之杜夫海纳；有的通过主体的直接接受或阐释消解，如伽达默尔之阐释学美学；有的通过身体消解，如梅洛－庞蒂。

2. 经验与表现：经验之最重要特点是同情感之表现密切相关，如克罗齐的直觉论美学、阿恩海姆之"同形同构"、杜威之审美经验中的"情感特质"等。

3. 经验与快感：经验论当然强调情感的快感，以感觉为其基础。但经验论美学又不局限于快感。康德就提出判断先于快感的命题，杜威强调审美经验是经验呈现出完整性与理想性，试图超越快感。杜夫海纳运用现象学方法更是强调对于快感的超越。而我们则认为经验与快感相伴，两者犹如电光石火，同时发生。

4. 经验论与心理学：经验论包含很多心理学内容，如感觉、想象、意向等，但又不能将其等同于心理学。否则，就是纯粹的科学主义。经验论更具人文内涵，拓展到社会、伦理，特别是哲学层面。现象学美学就力图与纯粹的心理学划清界限。

5. 经验与接受：经验论与阐释学结合，强调阐释本体，突出此时此地的审美经验。这样经验论就与接受美学发生了关系。此外，由视界融合的引入而同新历史主义相融合。

第四节　詹姆士的《实用主义》：行动的哲学

威廉·詹姆士（William James，1842—1910），美国著名实用主义哲学家，1869年获哈佛大学医学博士学位，1872年应聘哈佛大学担任生理学、心理学与哲学课程。出版的论著有《心理学原理》（1890）、《实用主义》（1907）、《多元的宇宙》（1909）、《真理的意义》（1909）、《彻底经验主义论文集》（1912）等。他是皮尔士之后将实用主义哲学体系化并用以分析实际问题的理论家。

一　论实用主义的基本品格：突破与调和

美国自 1776 年建国以来，一直以实业为其追求，长时期不重视哲学的建构，没有自己的哲学家和哲学思想。实用主义是第一个由美国哲学家建立并具有美国特色的哲学理论。它的产生是紧密结合美国实际，并批判传统哲学的成果。当时正值 20 世纪初期，工业革命的负面影响逐步暴露，工具理性与二分对立的哲学思维逐步带来文化危机。在这种情况下，批判与突破传统哲学特别是工具理性成为那时学术界的首要任务。由于美国正处于经济发展的关键时期，尤其需要一种新的哲学为其文化支撑，实用主义哲学于是成为美国经济社会发展的必然产物，也是批判突破工业革命时代传统哲学的成果。

首先是批判传统的理性主义的成果。詹姆士说，"针对自命是一种权利和方法的理性主义，实用主义有全副武装并富于战斗精神"①。众所周知，理性主义是欧洲哲学的主要传统，实用主义哲学反对的第一个目标就是欧洲的理性主义传统，理性主义对于枯燥抽象的本质的追求与美国的实业现实是矛盾的。他说："正是平常理性主义哲学所表示的本质的贫乏枯燥，才引起经验主义者的排斥。"② 他从本体论与宇宙论的宏阔视野划清了实用主义与理性主义的界限，"实用主义和理性主义的差别的意义，现在全部看到了。本质上的差别是：理性主义的实在一直就是现成的、完全的；实用主义的实在，则是不断在创造的，其一部分面貌尚待未来才产生。一者认为宇宙是绝对稳定的，一者认为宇宙还在追求奇遇中"③。也就是说，从本体论的角度看，理性主义的实在是现成的实体，而实用主义的实在是创造中的过程；而从宇宙论的角度看，理性主义的宇宙观是认为宇宙是静止与稳定的，实用主义宇宙观则认为宇宙是变化的，不断追求奇遇的。

他还回答了人们由于实用主义反对理性主义而认为其与实证主义

---

① ［美］威廉·詹姆士：《实用主义》，陈羽纶、孙瑞禾译，商务印书馆 1979 年版，第 30 页。

② 同上书，第 23 页。

③ 同上书，第 131 页。

等同的疑问，认为实用主义始终是"刚性和柔性的一个调和者"①。这说明，实用主义不仅批判突破理性主义而且批判突破实证主义。总之，实用主义是一种突破的哲学，突破是实用主义的最基本品格。当然，实用主义的突破是通过"调和"的路线进行的，所以实用主义也是一种调和的哲学。詹姆士说："实用主义正是你们在思想方法上所需要的中间的、调和的路线。"② "调和"也是实用主义的基本品格。所有的唯物与唯心、主体与客体、理性与感性、自然与人类等二分对立，统统在实用主义中加以调和起来。

二　论实用主义的方法：行动、实效、科学、合算

"实用主义"是什么呢？詹姆士认为，实用主义首先强调的是"行动"。这是一种"行动"的哲学而不是传统的"认识"的哲学。他说："实用主义这个名词是从古希腊的一个词 πραγμα 派生的，意思是行动。'实践'（practice）和'实践的'（practical）这两个词就是从这个词来的。……要弄清楚一个思想的意义，我们只须断定这思想会引起什么行动。对我们说来，那行动是这思想的唯一意义。"③ 由"行动"导出了实用主义的其他一系列的内涵。例如"实效"。他说："我们思考事物时，如要把它完全弄明白，只须考虑它含有什么样可能的实际效果，即我们从它那里会得到什么感觉，我们必须准备作什么样的反应。……这是皮尔斯的原理，也就是实用主义的原理。"④ 这就是著名的实用主义"效果首位"的原理。

还有就是"科学"的内涵，实用主义作为一种新时代的哲学，不仅是一种人文主义的哲学，而且吸收了 20 世纪初期科学特别是生物科学与心理学的成果，是形而上学与科学的结合。詹姆士在评述实用主义时说道："这样，科学与形而上学就会更接近，就会在事实上完

---

① ［美］威廉·詹姆士：《实用主义》，陈羽纶、孙瑞禾译，商务印书馆 1979 年版，第138 页。

② 同上书，第 24 页。

③ 同上书，第 26 页。

④ 同上书，第 27 页。

全携手并进了。"① 这种科学精神就包括了实用主义的著名的"大胆假设，小心求证"的命题。他说："按照实用主义的原则，任何一个假设，只要它的后果对人生有用，我们就不能加以否定。"②

还有非常有意思的一点，就是"实用主义"包含了美国商业社会的价值观念，在论证实用主义真理观时，他将"信用"和"合算"等资本主义商业社会运作的规律也都囊括到他的实用主义原则当中。③

三　论实用主义的真理观：工具、适用、过程

实用主义的真理观是非常重要的，什么是"真理"呢？詹姆士认为，是能够简化劳动、节省劳动的，"从工具的意义来讲，它是真的。这就是在芝加哥讲授得很成功的真理是'工具'的观点"④。这里说的芝加哥讲授，就是指实用主义的另外一位创建人杜威建立芝加哥学派并在芝加哥发表演讲，认为"真理是工具"这一最基本的真理观。当然，"真理是工具"与实用主义的"效用说"是直接相关的。这同时涉及传统理性主义的"符合论"真理观，认为只有"符合"某种"客体"的观念才是"真理"。这是一种客观主义的真理观。

实用主义同意这种"符合论"真理观，但却从"人本主义"的视角将之加以改造。他在"符合"之外提出了"引导"与"配合并适应环境"的原则。他说："的确，摹写实在是与实在符合的一个很重要的方法，但决不是主要的方法。主要的事是被引导的过程。任何观念，只要有助于我们在理智上或在实际上处理实在或附属于实在的事物；只要不使我们的前进受挫折，只要使我们的生活在实际上配合并适应实在的整个环境，这种观念也就足够符合而满足我们的要求

---

① ［美］威廉·詹姆士：《实用主义》，陈羽纶、孙瑞禾译，商务印书馆 1979 年版，第 29 页。
② 同上书，第 139 页。
③ 同上书，第 106 页。
④ 同上书，第 33 页。

了。"① 他在这里将"符合"除了摹写之外又赋予了引导和配合适应环境的重要内容，明显将人为的痕迹加强了。他说："既然真理并不就是实在，而只是我们关于实在的信念，那就必然含有'人的因素'。"② 既然"真理是工具"，那么真理就不是实体，而是一种"使用"，于是真理就具有了"适用性"这样的特点。他在厘清实用主义真理观与非实用主义真理观的区别时说道："实用主义者所说的真理，只限于指观念而言，也就是限于指观念的'适用性'而言；而非实用主义者所说的真理，一般似都是指客体而言。"③ 也就是说，实用主义的真理是指观念的适用性，而不是指观念与客体的符合。

这种"适用性"，显然是由真理的工具性决定的。正因为真理是工具，所以真理就是工具的使用过程。詹姆士说，真理的"真实性实际上是个事件或过程，就是它证实它本身的过程，就是它的证实过程，它的有效性就是使之生效的过程"④。

四 论实用主义的经验：彻底的经验主义与期望的满足

在詹姆士看来，实用主义最后归结为彻底的经验主义。他说："实用主义代表一种在哲学上人们非常熟悉的态度，即经验主义的态度，在我看来它所代表的经验主义的态度，不但比素来所采取的形式更彻底，而且也更少可以反对的地方。"⑤ 因此，他认为，实用主义就是彻底的经验主义。他在《真理意义的序言》中对于彻底的经验主义做了详细的阐释。他说："彻底经验主义首先包括一个假定，接着是一个事实的陈述，最后是一个概括的结论。它的假定是：只有能以经验中的名词来解释的事物，才是哲学上可争论的事物。（当然，不能经验的事物也尽可以存在，但绝不构成哲学争论的题材。）事实的陈

---

① ［美］威廉·詹姆士：《实用主义》，陈羽纶、孙瑞禾译，商务印书馆 1979 年版，第 109 页。

② 同上书，第 128 页。

③ 同上书，第 158 页。

④ 同上书，第 103 页。

⑤ 同上书，第 29 页。

述是：事物之间的关系，不管接续的也好，分离的也好，都跟事物本身一样地是直接的具体经验的对象。概括的结论是：经验的各个部分靠着关系而连成一体，而这些关系本身也就是经验的组成部分。总之，我们所直接知觉的宇宙并不需要任何外来的、超验的联系的支持；它本身就有一连续不断的结构。"① 这一段话比较全面地阐释了彻底的经验主义的内涵。首先，认为哲学的对象不是主体也不是客体，而只是经验；其次，认为事物之间的关系与事物本身都是一种直接的具体的经验；其三，认为我们的对象乃至宇宙都是连成一体的经验，经验是连续不断的一条河流。同时，在詹姆士看来既然检验经验之真假是看其"效用"，那么一个真的经验就是一个其效用能够满足我们期望的经验。他说，"反应的是真是假，就看它们能不能满足我们的期望：能满足我们的期望的，就是'真'的反应，要不就是'假'的"。满足期望包含非常复杂的内涵，既有精神的心理的满足，也有身体的肉体的满足。

五 论实用主义的宗教观：在确有价值的意义上神学是"真的"

实用主义宗教观，是其哲学观的重要组成部分。詹姆士充分运用了实用主义的调和性特点，认为实用主义是对于经验主义方法与人类宗教需要的一种调和。他说："实用主义是经验主义思想方法与人类的比较具有宗教性的需要的适当的调和者。"② 这种"调和"，就是运用实用主义的彻底经验主义的方法从多重的角度审视了宗教的真实性问题。首先，他从经验主义的价值论的角度论证了宗教的真实性，他说："如果神学的各种观念证明对于具体的生活确有价值，那末，在实用主义看来，在确有这么多的价值这一意义上说，它就是真的了。"③ 其次，他从效用说的角度论证了宗教的真实性问题。他说："根据实用主义的原则，只要关于上帝的假设在最广泛的意义上能令

---

① ［美］威廉·詹姆士：《实用主义》，陈羽纶、孙瑞禾译，商务印书馆 1979 年版，第158—159 页。

② 同上书，第 38 页。

③ 同上书，第 40 页。

人满意地起作用，那这假设就是真的。不管它还有什么旁的疑难问题，但经验表明，这假设确是有用的；问题只在于怎样来建立它、确定它，使它和其他实用的真理很好地结合。"① 最后，他干脆从纯感觉的角度论证了上帝的存在。他说："'有没有上帝'，就等于说'有没有希望'。……这话的真实意义并不是真指在任何形式上有上帝存在，而只是指这样说能令人感觉舒服。"② 这充分反映了实用主义的无原则性，它不回答上帝是否存在这样根本性的问题，而是从表象的"舒服"的角度来进行模棱两可的回答。

詹姆士的上述实用主义哲学思想虽然并不涉及美学问题，但却涉及实用主义的产生、发展与内涵。只有在充分了解这些的基础上，我们才能进一步阐释实用主义美学与艺术观，特别是"艺术即经验"的重要美学与艺术观。这样，也才能够对实用主义美学中"经验"内涵有更深的理解。

第五节　杜威的《艺术即经验》：实用主义的经验自然主义美学

杜威（John Dewey，1859—1952）是 20 世纪美国著名的哲学家、教育家和心理学家。英国著名哲学家罗素认为："杜威是实用主义最著名的代表，而实用主义是美国出现的第一个最有特点的哲学流派。"③ 从 1894 年开始，他与他的学生们组成美国实用主义的重要学派——芝加哥学派，并产生了极大的影响。1931 年，杜威应哈佛大学之邀前往举办演讲会，做了一系列题为"艺术哲学"的演讲，后编成《艺术即经验》一书，并于 1934 年出版。这本书集中地阐释其实用主义美学思想，成为当代最具美国特点的美学与艺术理论体系。杜威在该书中以"艺术即经验"为核心观点，全面论述了艺术与生活、艺术

---

① ［美］威廉·詹姆士：《实用主义》，陈羽纶、孙瑞禾译，商务印书馆 1979 年版，第152—153 页。
② 同上书，第 158 页。
③ ［英］罗素：《西方哲学史》，重庆出版社 2010 年版，第 318 页。

与人生、艺术与科学、内容与形式等一系列重要问题。他将美国资产阶级的民主观念与商业观念贯注于其经验论美学之中，将艺术从高高的象牙之塔拉向现实的社会人生，对于当代、特别是我国的美学建设产生过重要影响。杜威的美学思想也经过了一段曲折的道路。由于其反对先锋艺术的保守立场与理论的模糊性等种种原因，他的美学思想从 20 世纪 30 年代提出后即走向沉寂，逐步被分析美学所取代。从 20 世纪后期开始，以 1979 年罗蒂出版《哲学和自然之镜》为标志，他的实用主义美学思想重新引起人们的重视。

一 经验自然主义的美学研究方法

要掌握杜威的"艺术即经验"的实用主义美学思想，必须要了解其经验自然主义的美学研究方法。经验自然主义的方法就是实用主义的方法，就是一种强调经验的第一性，强调经验与自然具有连续性的方法，也就是一种重效果、重行动的特有的当代美国式的方法。例如，对于战争中的情报，实用主义认为情报无真假之分，只由战争结果之胜败决定其为好与坏。这种方法当然同 18 世纪英国经验派的理论有继承关系。但它主要产生于美国特有的拓荒时代，当时所遵循的实业第一的原则、效率首位的教育、利益取向的政治，以及 19 世纪以达尔文进化论为代表的科技的发展及其对实证的强调。

对于这种方法，杜威将其看作是一种"哲学的改造"，旨在突破古希腊以来，特别是工业革命以来的理性主义和本质主义传统以及主客二分的思维模式。杜威认为，这种方法立足于突破古希腊以来由主奴对立所导致的知识与实用的分裂，他试图通过经验对其加以统一。这是杜威实用主义哲学与美学的最重要的贡献和最富启发性之处，但长期以来没有引起足够的重视。

首先是主观唯心主义的经验论。他对其哲学与美学的核心概念"经验"做了主观唯心主义的界说。他突破传统的主客二分方法，将经验界定为主体与客体的合一、感性与理性的合一，以此与传统的二元论划清界限。而他的经验论又与自然主义的实践观紧密相联系。这

里所说的实践，是作为有机体的人为了适应环境与生存所进行的活动。他说，"经验是有机体与环境相互作用的结果"①，也就是说，他认为经验并非是人对于环境简单的认知，而是作为生物体的人对于环境主动性中的一种内涵丰富的整体反映。

其次，以生物进化论作为其重要理论基础。杜威将达尔文的生物进化论，特别是适者生存理论作为自己的哲学与美学的理论基础。这种对于人与环境适应的强调，固然有生物进化论的弊端，但十分重要的是，杜威将人的生命存在放在突出的位置，因此也可以说这是一种"自然主义的人本主义"（Naturalistic Humanism）。

再次，工具主义的方法论。杜威主张真理即效用的真理观，这是一种工具主义的理论。在此基础上，他又将其改造为控制环境的一种工具。他说："对环境的完全适应意味着死亡。所有反应的基本要点就是控制环境的欲望。"② 这种控制就是朝着一定的目标对环境运用"实验的方法"进行的一种"改造"。所谓"实验的方法"，就是对"逻辑的方法"的一种摒弃，采取假定—实验—经验的解决问题的路径。这就是一种实验的工具主义的方法，也就是我们所熟悉的"大胆假设，小心求证"。在《艺术即经验》之中，这种工具主义方法的具体运用就是采用一种与本质主义方法相对的"描述"的方法，也就是一种"直观的""直接回到事实"的方法。杜威将艺术界定为"经验"，就是一种抓住其最基本事实的"描述"，虽不尽准确，但却具有极大的包容性。

二 艺术即经验论

"艺术即经验"是杜威美学思想的核心命题。他的《艺术即经验》一书的主旨就是恢复艺术与经验的关系，"把艺术与美感和经验联系起来"。这就是西方当代美学所谓的"经验转向"，将艺术由高高在上的理性拉向现实的生活实践与生活经验。

---

① ［美］杜威：《艺术即经验》，高建平译，商务印书馆 2005 年版，第 22 页。
② 转引自［美］威尔·杜兰特《哲学的故事》，文化艺术出版社 1991 年版，第 532 页。

首先，杜威将其美学与艺术研究的出发点归结为"活的生物"（live creature），这是别开生面的。"活的生物"是杜氏实用主义美学的关键词之一，要给予充分的重视。他说："每一个经验都是一个活的生物与他生活在其中的世界的某个方面相互作用的结果。"① 这一方面充分强调了审美的"感性"特点，同时强调了人的审美的感性与动物感性的必然联系。他说："为了把握审美经验的源泉，有必要求助于处于人的水平之下的动物的生活。"② 在此，他批判了传统的"蔑视身体、恐惧感官，将灵与肉对立起来"③ 的观念。而且，他还强调了五官在审美之中的参与作用，他说："五官是活的生物藉以直接参与他周围变动着的世界的器官。"④ 这就与古典的主要借助于视听的无利害的"静观美学"划清了界限。更重要的是，在这里，杜威提出了人与自然的全新的关系的观点。他打破了传统的人与自然对立的观念，而力主人与自然统一的观念，提出人在自然之中而不是在自然之外。他说，人"通过与世界交流中形成的习惯（habit），我们住进（in-habit）世界。它成了一个家园，而家园又是我们每一个经验的一部分"⑤。杜威认为，"艺术的源泉存在于人的经验之中"⑥，而这种经验就是"活的生物"在某种能量的推动下与环境相互作用的结果。他说，"有机体与周围环境的相互作用，是所有经验的直接或间接的源泉，从环境中形成阻碍、抵抗、促进、均衡，当这些以合适的方式与有机体的能量相遇时，就形成了形式"⑦，而艺术的任务就是恢复审美经验与日常经验的联系。他说，艺术哲学的任务，是旨在"恢复作为艺术品的经验的精致与强烈的形式，与普遍承认的构成经验的日常事件、活动，以及苦难之间的连续性"⑧。

---

　① ［美］杜威：《艺术即经验》，高建平译，商务印书馆2005年版，第46页。
　② 同上书，第18页。
　③ 同上书，第21页。
　④ 同上书，第22页。
　⑤ 同上书，第112—113页。
　⑥ 转引自伍蠡甫主编《现代西方文论选》，上海译文出版社1983年版，第218页。
　⑦ ［美］杜威：《艺术即经验》，高建平译，商务印书馆2005年版，第163页。
　⑧ 同上书，第1—2页。

他还进一步打破了艺术与日常工艺以及精英与大众的壁垒。这种对于艺术经验与日常经验延续关系的探讨，正是杜威式的美国资产阶级民主在审美与艺术领域中的表现。它打破了文化艺术的精英性和神秘性，而将其拉向日常生活与普通大众。杜威特别强调审美经验的直接性，认为这是美学所必需的东西。他说，美学"所关心的是要强调某种实际上的审美必然性：审美经验的直接性。对于非直接性的就不是审美的这一点，无论怎么强调都不过分"①。由此，他反对在艺术欣赏中过分地强调联想，因其违背审美直接性的原则。同时，他也反对从古希腊开始的将审美经验仅仅归结为视觉与听觉的理论，而将触觉、味觉与嗅觉等带有直接性的感觉都包含在审美的感觉之内。他说："感觉的性质之中，不仅包括视觉与听觉，而且包括触觉与味觉，都具有审美性质。但是，它们不是在孤立状态，而是相互联系中才具有的；不是作为简单而相互分离的实体，而是在相互作用中具有的。"② 因此，审美经验不同于日常经验之处，就在于它是一种"完整的经验""具有令人满意的情感的质"③，因而构成"理想的美"。

对于这种完整性，他称为是"一个经验"（an experience），这是把握杜氏美学思想的一把钥匙。他说："把对过去的记忆与对将来的期望加入经验之中，这样的经验就成为完整的经验，这种完整的经验所带来的美好时期便构成了理想的美。"④ 这种完整经验的理想美具体表现为有序、有组织运动而达到的内在统一与完善的艺术结构。杜威认为，这个完整的经验以现在为核心，将过去与将来交融在一起，使人达到与环境水乳交融的境界，从而使人成为"真正活生生的人"。这就是一种处于审美状态的人和审美境界，"这些时刻正是艺术所特别强烈歌颂的"⑤。艺术即"活生生的人"的"完整的经验"，是"理想的美"。这就是杜威对于艺术即经验的中心界说。正因为杜威把经

---

① ［美］杜威：《艺术即经验》，高建平译，商务印书馆2005年版，第130页。
② 同上书，第132页。
③ 转引自汝信编《西方美学史》第4卷，中国社会科学出版社2008年版，第187页。
④ 转引自伍蠡甫主编《现代西方文论选》，上海译文出版社1983年版，第226—227页。
⑤ 转引自伍蠡甫主编《现代西方文论选》，上海译文出版社1983年版，第227页。

验界定为人作为有机体生命的一种生机勃勃的生存状态，所以他认为，不断的变动和完结终止都不会产生美的经验，而只有变动与终止、分与合、发展与和谐的结合才能产生美的经验。所谓"需要—阻力—平衡"才是审美经验的基本模式。他说，"我们所实际生活的世界，是一个不断运动与到达顶峰、分与合等相结合的世界。正因为如此，人的经验可以具有美"①。这种分与合的结合，实际上是人与周围环境由不平衡到平衡、由不和谐到和谐的过程。他说，"生命不断失去与周围环境的平衡，又不断重新建立平衡，如此反复不已，从失调转向协调的一刹那，正是生命最剧烈的一刹那"②。这也就是美的一刹那。由此可见，杜威的美论是一种主体与环境由不平衡到平衡的过程中所产生的强烈的、同时也是完整的审美经验，即生命的体验。

正是从艺术即经验的基本界说出发，杜威主张，"艺术产品，是艺术家与听众之间的联系环节"③。他认为，艺术品只有在创造者之外的人的经验中发生作用，或者说被接受，才是完整的。他甚至认为，即便在艺术创作过程中，艺术家也应该将自己化身为读者与观众，像了解自己的孩子一样与自己的作品一起生活，掌握其意义，这时"艺术家才能够说话"④。这就说明，杜威较早地将接受美学引入了自己的美学体系之中。杜威的实用主义的工具主义在其美学理论中的表现，就是他认为艺术与其他经验一样都是具有工具性的。而艺术经验的工具性的特点即为"在事情的结果方面和工具方面之间求得较好的均衡"⑤。这也就是要求作为完整经验的美与作为工具性的善之间取得某种统一与平衡。

三 艺术的内容与形式不可分论

由主客混合、感性与理性统一的自然主义经验决定，杜威提出了

---

① 转引自伍蠡甫主编《现代西方文论选》，上海译文出版社1983年版，第225—226页。

② 转引自伍蠡甫主编《现代西方文论选》，上海译文出版社1983年版，第226页。

③ ［美］杜威：《艺术即经验》，高建平译，商务印书馆2005年版，第115页。

④ 蒋孔阳、朱立元主编：《二十世纪西方美学名著选》上，复旦大学出版社1987年版，第334页。

⑤ ［美］杜威：《经验与自然》，傅统先译，商务印书馆1960年版，第8页。

艺术的内容与形式的不可分论。在他看来，内容与形式是任何艺术的最基本的要素，两者之间的关系成为美学研究的核心课题。因此，他在《艺术即经验》一书中列专章来讨论这一重要课题。高建平将之译为"实质与形式"，但从约定俗成来说，译成"内容与形式"也是可以的。杜威的基本观点是内容与形式不可分论，任何企图将两者分开的理论都是"根本错误的"①。他主张"内容与形式的直接混合"，并认为"除了思索的时候而外，形式与内容之间是没有界线可分的"②。其原因是，他认为，在作品中内容与形式是相对的。而从欣赏的角度看，内容与形式也是不可分的。

审美经验本身也是内容与形式的高度统一，其最后的根源则是自然主义的经验论。他认为，从自然主义经验论来看，人与环境的和谐平衡这个最根本的自然的生物的规律要求审美的艺术经验中内容与形式不可分。他说："由于形式与质料在经验中结合的最终原因是一个活的生物与自然和人的世界在受与做中的密切的相互作用关系，区分质料与形式的理论的最终根源就在于忽视这种关系。"③ 这里的"受"（undergo）与"做"（do）都是杜氏经验美学的重要概念，所谓"受"指环境给予人的刺激与影响，此时人具有被动性；而"做"则指人对环境的作用，人具有主动性，都是经验的重要组成部分。这里的"受"和"做"在活生生的"人"的行动中的统一，杜威认为是一种"交往作用的"关系，即相互主体性的关系，也是一种"可逆性"的关系，是杜威乃至西方现代"身体意识"理论的重要内涵，是对于传统"身心分离"理论的彻底突破。当然，从总的方面来说，杜威本人还是倾向于形式的。他认为，审美经验就是"把经验里的素材变为通过形式而经过整理的内容"，起关键作用的还是主体，是主体通过形式对素材的整理，从而使其成为内容。这就是理性主义的工具主义在艺术理论中的体现。

---

① 转引自伍蠡甫主编《现代西方文论选》，上海译文出版社 1983 年版，第 443 页。
② 转引自蒋孔阳、朱立元主编《二十世纪西方美学名著选》上，复旦大学出版社 1987 年版，第 347 页。
③ ［美］杜威：《艺术即经验》，高建平译，商务印书馆 2005 年版，第 146 页。

四　艺术是人类文明的显示

对于审美与艺术的作用，杜威给予了充分的肯定。他首先认为，艺术是人类文明的记录与显示。他说：“审美经验是一个显示，一个文明的生活的纪录与赞颂，也是对一个文明质量的最终的评判。”① 审美与艺术的作用集中表现在文明的传承与交流。他说：“文化从一个文明到另一个文明，以及在该文化之中传递的连续性，更是由艺术而不是由其他某事物所决定的。”② 他认为，哲人与艺术家会一个接一个的逝去，但他们的作品却沉留下来成为文化传承的载体，从而“成为文明生活中持续性的轴心”③。而且也正是通过艺术，不同民族之间得以进行文化的对话与交流。他认为，各个民族的文化艺术尽管各异，但在“存在着一种有秩序的经验内容的运动”上却是有着一致性的，这就可以使之“进入到我们自身以外的其他关系和参与形式之中”“可以导致一种将我们自己时代独特的经验态度与远方民族的态度的有机混合”④。最终，杜威特别强调了审美与艺术的教育作用。他说：“这些公共活动方式中每一个都将实践、社会与教育因素结合为一个具有审美形式的综合整体。它们以最使人印象深刻的方式将一些社会价值引入到经验之中。”⑤ 在《艺术即经验》一书的最后，他引用了一首诗来阐明艺术对于人类的潜移默化的培育作用。这首诗说道：“但是艺术，绝不是一个人向另一个人说，只是向人类说—艺术可以说出一条真理潜移默化地，这项活动将培育思想。”⑥

杜威还论述了艺术与科学的关系，他认为，两者从经验的角度看是有着一致性的，而且科学可以给艺术与审美提供方法的启示。但两者的表现方式却是不同的，“科学陈述意义；而艺术表现意义”⑦。

---

① ［美］杜威：《艺术即经验》，高建平译，商务印书馆 2005 年版，第 362 页。
② 同上书，第 363 页。
③ 同上书，第 362 页。
④ 同上书，第 368、370、371 页。
⑤ 同上书，第 364 页。
⑥ 同上书，第 384 页。
⑦ 同上书，第 90 页。

　　总之，杜威尝试用新的实用主义方法，突破传统美学与艺术理论，提出艺术即经验的重要命题，回应 20 世纪新时代提出的一系列新的课题，产生了广泛影响。他在《经验与自然》一书的序言中说道："本书中所提出的这个经验的自然主义的方法，给人们提供了一条能够使他们自由地接受现代科学的立场和结论的途径。"① 这就是杜威借助实用主义方法对审美与艺术所进行的全新的阐释，旨在突破传统二元对立的纯思辨方法。他破除西方古典美学中艺术与生活、内容与形式以及灵与肉的两极对立的观点，而以经验为纽带将其紧密相联系，成为其美学与艺术理论中的精彩之点，形成新的实用主义美学流派，产生了广泛影响。但其在一定程度上抹杀审美经验的社会性，而其理论自身在审美经验与日常经验关系上也存在自身的矛盾性，这是其难以避免的缺陷。但事实证明，杜威仍然是 20 世纪初期美国最有影响力的美学家。他的美学是一种改变了美国艺术家思维方式的理论，多数美国的美学家和艺术家都承认，不了解杜威美学就不会了解战后美国的美学和艺术所发生的深刻变化。

第六节　理查德·罗蒂：新实用主义

　　理查德·罗蒂（Richard Rorty，1931—2007），美国当代著名哲学家。1956 年获普林斯顿大学博士学位；1961 年起在普林斯顿大学哲学系任教；1982 年辞去普大哲学系教席，到弗吉利亚大学任社会人文科学教授。他自称是"新实用主义者"，实际上是在 20 世纪后半期"后现代"时代背景下对于分析哲学的突破与对实用主义的改造，也是一种试图沟通英美分析哲学与欧陆现象学的可贵探索。他并没有直接探索美学论题，但他的新实用主义是"解构性的后哲学文化"，是一种打破学术边界的哲学理论，也是一种更加重视文化与文学的哲学理论。从这个角度说，他的哲学涉及美学。更为重要的是，他的哲学

---

① ［美］杜威：《经验与自然》，傅统先译，商务印书馆 1960 年版，第 3 页。

的解构性与突破性，大大拓展了我们的想象力，对于新时期美学的发展具有重要启示作用。

罗蒂著有《哲学和自然之镜》（1979）、《实用主义的后果》（1982）与《后形而上学希望》（2003）等专著。罗蒂的"新实用主义"包含着十分丰富的内涵。事实上，罗蒂已经突破了杜威的美与经验的必然联系的观点，认为如果将美归结为经验不免落入本质主义的窠臼。对于美是什么的问题，罗蒂并没有明确回答。在他看来，美是一种教化的过程，美是谈话，美是协同，等等。总之，一旦为美确定了某种稳定的内涵，就必然走上本质主义之路，而他是反对这样做的。他的哲学和美学就是不下定义，也不做任何确定。

一 反对"镜式本质"

1. 摆脱"镜式本质"

他认为，传统哲学的基本特点就是一种"镜式本质"，将心看作是一面镜子，从中映照着事物。他认为，这是一种必须摆脱的"镜式本质"论。他说："我们的镜式本质（经院学者的'理智的灵魂'）也就是培根的'人之心'，它'远远不是一面明净平匀的镜子，在其中事物的光线应按其实际的人射来反射……，而是像一面中了魔的镜子，满布着迷信和欺骗，如果它没有被解除魔法和被复原的话'。"①他认为，之所以必须要摆脱镜式本质，就是因为对于事物的把握并非如镜子式的按照光线的实际人射来反映，这种直接的反映布满着迷信和欺骗。首先，反映的对象并非感性的形式，而是各种理性的形式，这就使物质性的镜子所无法反映；其次，镜子是实体的，仅仅局限于一种视觉隐喻，而人的反映器官则是大脑与复杂的机体，不仅凭借视觉而且凭借多种感官，因此镜式本质论是不科学的、荒谬的。罗蒂在摆脱镜式本质的理论前提下力主反对一切本质主义，这正是其基本的哲学立场。

---

① ［美］理查德·罗蒂：《哲学和自然之镜》，李幼蒸译，商务印书馆 2009 年版，第 55 页。

2. 批判传统认识论

罗蒂在摆脱镜式本质的基础上提出必须批判传统的认识论。他说："不存在一个其本质有待被发现并且自然科学家最擅长于此道的称为'认识'的活动。"① 又说："按我的观点，杜威、塞拉斯和费耶阿本德的伟大功绩在于，他们指出了通向一条非认识论哲学之路，并部分地做出了示范，从而它也是一条放弃了对'先验性'怀抱任何希望的道路。"② 在他看来，传统认识论赖以建立的"身心二元对立"的基本立足点是难以成立的。因为，这种二元论是以身与心、感性与理性的二元分离为其前提的，但实际上，身与心、感性与理性是无法分离的。因此，他认为，"理性作为把握普遍性机能的概念，在证明心与身的区别性的前提中就不再适用了"③。

3. 批判唯科学主义

罗蒂在批判镜式本质与传统认识论的同时，必然会批判在西方哲学与美学中占据重要地位的唯科学主义，这就将自己与分析哲学与美学划清了界线。他说："'分析的'哲学是另一种康德哲学，这种哲学的主要标志是，把再现关系看成是语言的而非心理学的，……基本上未曾改变笛卡尔—康德的问题体系，因此并未真地赋予哲学一种新的自我形象。因为分析哲学仍然致力于为探求、从而也是为一切文化建立一种永恒的、中立的构架。"④ 他这里所说的"永恒的、中立的构架"，我个人理解就是一种唯科学主义。他说："唯科学主义被定义作那种把合理性看作应用准则的观点，其根源正是一种对客观性的愿望，……它具有超历史的性质。"⑤ 这里，他将唯科学主义的缺陷归结为：准则、客观性与超历史等，恰好与其新实用主义之非准则性、协同性与历史性相违背。因此，他认为，对于这种

---

① ［美］理查德·罗蒂：《后形而上学希望》，张国清译，上海译文出版社 2003 年版，第 22 页。

② ［美］理查德·罗蒂：《哲学和自然之镜》，李幼蒸译，商务印书馆 2009 年版，第 397 页。

③ 同上书，第 66 页。

④ 同上书，第 23 页。

⑤ 同上书，第 491 页。

唯科学主义必须予以批判。

二 后现代相对主义的实用主义

1. 后现代相对主义的实用主义

实用主义兴起于19世纪后半期与20世纪前期的美国，20世纪中期实用主义逐渐淡出，但20世纪后期实用主义又在美国兴起，代表人物即为罗蒂与舒斯特曼。由于时代的变迁，这一时期的实用主义被称为"新实用主义"，罗蒂就自称是"新实用主义者"。罗蒂的新实用主义继承了传统实用主义的效果至上性与调和性，但却抛弃了传统实用主义的工具主义的唯科学主义立场和经验理论，自称为"后现代相对主义"的实用主义。罗蒂指出："我本人过去二十年的研究工作一直遵循着今日统称为'后现代相对主义'的观点，这正是20世纪初叶由詹姆斯和杜威以'实用主义'名称提出的同一类观点。……《哲学和自然之镜》与美国实用主义一致采取的基本观点是：我们使用的语言不是用来代表现实的，不能按其代表现实的优劣加以评价，语言起源于不时改变语言以适应社会实践的需要。"① 这里的所谓"后现代"，显然是指20世纪后期的由信息社会与后工业社会所带来的"解构性"理论的兴起，并进入新实用主义的理论阶段。而"相对主义"则指新实用主义对于传统哲学学科性与稳定性的抛弃，走向更大的模糊性。但罗蒂保留了实用主义的重视社会实践的理论遗产。

2. 实用主义的兼容并包特性

罗蒂之所以由分析哲学立场转向新实用主义，主要是看中了实用主义的兼容并包的特点。他使用了一个非常著名的"旅馆走廊"的比喻来形容实用主义兼容并包的基本特点，在《后形而上学希望》一书中，他借用了乔瓦尼·帕皮尼对实用主义的描述："实用主义'就像是一家旅馆里的一条走廊。众多的房间向它敞开。在一个房间里，你可以发现一个人正在撰写美学著作；而他的邻居正跪拜着祷告神灵；第三个房间住着一位化学家，他正在研究一个物体的属性……他们全

---

① ［美］理查德·罗蒂：《哲学和自然之镜》，李幼蒸译，商务印书馆2009年版，第4页。

都拥有着这条走廊，并且所有人都必须穿越这条走廊。'他的寓意是，出于实践的目的关注信念的含义提供了沟通秉性与秉性之间，学科与学科之间，哲学学派之间的差异的惟一途径。特别是，这些关注提供了调和宗教和科学的唯一途径。"① 这个形象的比喻，揭示了实用主义的兼容性与开放性，但也不免鱼龙混杂、良莠不分的特点。

3. 把客观性归结为协同性

罗蒂明确提出哲学中客观性与协同性的对立，认为新实用主义是一种"协同性哲学"②。在他看来，古代希腊以来的西方传统哲学是一种由协同性转向客观性的哲学，力主一种追求所谓真理的"符合论哲学"，即科学主义的哲学，而实用主义哲学则是一种由客观性转向协同性的哲学。他说："那些希望把客观性归结为协同性的人（我们称他们作'实用主义者'），既不需要形而上学，也不需要认识论。用詹姆士的话说，他们把真理看作那种适合我们去相信的东西。"③ 这样，罗蒂就以对于"协同性"的强调，进一步清洗了传统实用主义理论与分析哲学理论之中的科学色彩，加强了新实用主义的人文色彩。

4. 用希望取代知识

罗蒂的新实用主义"竭力主张我们用希望取代知识"④。他说："如果说实用主义有什么不同之处的话，那么就在于它以更美好的人类未来观念取代了'现实''理性'和'自然'之类的观念。"⑤ 他更进一步对杜威的"对代理人观点至上性的坚信"加以解释，"我把这个至上性解释为，开辟出成为新人类的新途径的需要，创造出这些新人类居住的新天堂、新地球的需要，优先于对稳定、安全和秩序的

---

① ［美］理查德·罗蒂：《后形而上学希望》，张国清译，上海译文出版社 2003 年版，第82 页。

② ［美］理查德·罗蒂：《哲学和自然之镜》，李幼蒸译，商务印书馆 2009 年版，第 497页。

③ 同上书，第 484 页。

④ ［美］理查德·罗蒂：《后形而上学希望》，张国清译，上海译文出版社 2003 年版，第76 页。

⑤ 同上书，第 7 页。

愿望"①。显然，这种新人类、新地球和新天堂，肯定是对人类未来的希望而言的，明显带有乌托邦的色彩。

三　教化哲学

1. 教化哲学是非主流哲学

罗蒂倡导一种区别于传统主流哲学的"教化哲学"。他说："我将用'教化'（Edification）一词来代表发现新的、较好的、更有趣的、更富有成效的说话方式的这种构想。……无论在哪种情况下，这种活动都是（尽管两个词在字源学上有关系）教化的，而不是建设的。……因为教化性的话语应当是反常的，它借助异常力量使我们脱离旧我，帮助我们成为新人。"② 这说明，罗蒂倡导的"教化哲学"，是一种迥异于主流哲学的哲学形态，罗蒂将它的特点概括为：新颖性、有趣性、成效性、反常性、谈话性与非主流性，以及塑造新人等，这的确富有极大的吸引力。

罗蒂又进一步论述了"教化哲学"的"治疗性"特点。他说，我曾经讨论过"这种哲学治疗活动，对事物的反本质主义描述使得这种哲学治疗活动成为可能"③。在他看来，"教化哲学"的治疗特点在于它的非学科性与质疑性，通过谈话中的质疑或解构达到一种教化的效果。简要地说，教化就是质疑，就是阐释。教化哲学就是一种解构论哲学与阐释论哲学。

2. 教化哲学是沟通欧美哲学的桥梁

罗蒂所说的"教化哲学"之"教化"，实际上来自德国的解释学哲学家伽达默尔。他说，伽达默尔"以 Bildung（教育，自我形成）概念，取代了作为思想目标的'知识'概念。认为当我们读得更多、

---

① ［美］理查德·罗蒂：《后形而上学希望》，张国清译，上海译文出版社 2003 年版，第 76 页。

② ［美］理查德·罗蒂：《哲学和自然之镜》，李幼蒸译，商务印书馆 2009 年版，第 378—379 页。

③ ［美］理查德·罗蒂：《后形而上学希望》，张国清译，上海译文出版社 2003 年版，第 51 页。

谈得更多和写得更多时，我们就成为不同的人，我们就'改造'了我们自己，这正相当于以戏剧化的方式说，由于这类活动而适用于我们的语句，比当我们喝得更多和赚得更多时适用于我们的语句，往往对我们来说更重要"①。也就是说，教育过程比教育结果更加重要。罗蒂继承了伽达默尔的"Bildung"中"自我形成"之意，用英语"Edification（教化）"代之，这就是"教化哲学"之由来，说明罗蒂的"教化哲学"吸收了欧陆现象学哲学之精华，从而成为沟通欧陆与英美的桥梁。他自己在叙述哲学史时说道："这就是蒙特费欧里所提倡的那种架桥工作，而且他这样去努力是完全正确的。"② 罗蒂的新实用主义对于欧陆与英美哲学的沟通及其"教化哲学"的提出就是一种成功的"架桥"工作。

3. 教化哲学是一种文化哲学

罗蒂所坚持的"后现代解构论"立场决定了他对于学科边界的打破以及对于文化的重视，他倡导一种"无先导性哲学的后哲学文化"。所以，我们称罗蒂的"教化哲学"是一种文化哲学。他说："实用主义者乐于见到的不是更高的祭坛，而是许多画展、书展、电影、音乐会、人种博物馆、科技博物馆。总之，是许多文化的选择，而不是某个特权的核心学科或制度。"③ 他甚至将哲学称作另一种文学样本，说道："我认为我们最好把哲学只看作古典与浪漫之间的对立在其中表现十分突出的另一种文学样式。"④ 他认为，文学不是认识，而是美学升华的理想，艺术与科学成为自由自在的生命花朵。他还在一定程度上继承了分析哲学语言分析传统，认为语言的描述可以发现一个前人认为不可能的自我。

罗蒂的"新实用主义"吸收了传统实用主义的"效果至上"与

---

① ［美］理查德·罗蒂：《哲学和自然之镜》，李幼蒸译，商务印书馆 2009 年版，第 377—378 页。

② 同上书，第 433 页。

③ 转引自刘放桐《新编现代西方哲学》，人民出版社 2000 年版，第 628 页。

④ ［美］理查德·罗蒂：《哲学和自然之镜》，李幼蒸译，商务印书馆 2009 年版，第 474 页。

"调和性"理论观点，并从后现代解构论立场对之进行了改造。他在很大程度上突破了分析哲学之"唯科学主义"立场，但吸收其语言分析的特点。他有力地批判了西方传统哲学的"镜式本质论"和认识论，对于传统哲学学科进行了彻底的颠覆。罗蒂的重要价值并不是为我们提供了新的理论，而是为我们大大拓展了学术的想象力与批判力，开阔了我们的视野。他的无所不在的解构立场与模糊的相对主义方法使得哲学与美学场域中难留有价值的成果。

第七节　舒斯特曼的《实用主义美学》：身体美学

理查德·舒斯特曼（Richard Shusterman，1949—　），牛津大学哲学博士，美国佛罗里达亚特兰大大学人文学院教授。1979年罗蒂出版《哲学和自然之镜》一书后，实用主义再度兴起，被称为新实用主义。舒氏是继其后以新实用主义为武器阐释美学与艺术问题成为当代新实用主义美学的代表人物之一。其代表作《实用主义美学》在继承杜威实用主义美学的前提下有诸多创新，受到国内外美学界的高度重视，被译介到多个国家。他还著有《生活即审美》（2007）、《身体意识和身体美学》（2009）等。

一　实用主义方法的新突破

在新的后现代语境下，舒斯特曼创造性地运用实用主义"调和"的方法，进一步解决后现代时期的理论对立。具体言之，就是试图运用新实用主义"有机统一"的方法，搭建沟通分析与解构美国与欧洲、东方与西方、精英与大众的桥梁，以图探索理论与实践新的途径。特别是对于分析与解构的"调和"，具有理论与实践的意义。他说："按照我的想法，实用主义是分析和解构之间最好的调解和选择。"① 这里所说的"调和"，即是实用主义的有机统一能够将分析论

---

① ［美］理查德·舒斯特曼：《实用主义美学》，彭锋译，商务印书馆2002年版，第116页。

美学之对于"单子"之重视与解构论美学之对于"延异"之重视"调和"起来，因为这两者都包含着有机统一的因子。同时，舒斯特曼的新实用主义还将新的阐释视角吸收进实用主义之中。他说："当代实用主义者像斯坦利·菲什一样，不断坚持解释包含我们所有有意义的和有智力的人类活动，以至于'解释是圈里的唯一游戏'。"①

二　对"审美经验终结论"的回应

实用主义经验论是实用主义的主要理论武器，但随着时间的推移却遭到了严格的批判。舒氏指出："尽管审美经验长期被看作艺术领域内最基本的美学概念，它却在最近半个世纪受到了越来越多的批评。不仅它的价值而且它的存在都已经受到质疑。"② 这种质疑来自各种理论形态。分析哲学说它造成一种理论的紧张，必须予以"抛弃"③；后现代西方马克思主义文论则认为审美经验理论不能用来界定高级艺术④；存在论美学则认为，审美经验不符合艺术是真理的敞开这样的存在论艺术观⑤；阐释学美学认为审美经验理论的直接性与艺术的历史性不相适应⑥。如此等等，被学术界看作是"审美经验的终结"⑦。舒斯特曼对此进行了回应。他探索了实用主义哲学在阻止审美经验消失上的作用。他重新界定了审美经验的作用："不是去定义艺术或是去证明批评判断的正确性，它是指导性的，提醒我们在艺术中和生活的其他方面什么是值得追求的东西。"⑧ 为此，他提出哲学首先应该"提醒我们审美经验作为一种提升的、有意义的、有价值的现象学经验，仍然是一个有着多重涵义的概念"⑨。其次是认为阻止审美经

①　［美］理查德·舒斯特曼：《实用主义美学》，彭锋译，商务印书馆2002年版，第159页。

②　［美］理查德·舒斯特曼：《生活即审美》，彭锋译，商务印书馆2002年版，第18页。

③　同上书，第21页。

④　同上书，第23页。

⑤　同上。

⑥　同上书，第24页。

⑦　同上书，第18页。

⑧　同上书，第43页。

⑨　同上。

验消失的最好方法是"通过对审美经验概念的更大关注来更充分地认识到它的重要性和丰富性"①。总之，他认为，解决"经验终结论"的最好方法是进一步厘清实用主义经验论之"经验"的作用，不是对于艺术的定义和证明，而是指导和提醒，起到一种很宽泛的非介入或介入性极少的作用。他认为，这样做的结果是，"经验论美学"的可塑性和接受度都可增强。

三 论通俗艺术

第一，对于通俗艺术的合法性的辩护。

20世纪后期，通俗艺术悄然兴起，但在艺术界和理论界引起争论，对其批判之声不绝。舒斯特曼站在实用主义立场之上对这些批判给予了还击，对于通俗艺术的合法性给予了辩护。他说："为了挑战这种有力的联合，本章再次表达了我对通俗艺术的实用主义辩护。我不仅批判隔离性的秘教和对高级艺术的总体宣称，而且我也深刻怀疑高级艺术产品与流行文化产品之间的任何本质的和不可逾越的划分。"②他对通俗艺术采取的是实用主义的"中间立场"。他说："我的中间立场是一种改良主义，既承认通俗艺术严重的缺点和弊端，也认可它的优点和潜能。它主张通俗艺术应该被改善，这既因为它还有许多尚待改进的地方，也因为它能够且常常获得真正的审美优点和服务于有价值的社会目的。"③他认为："改良主义认为通俗艺术因其许多缺点而应该改善，但它之所以能被改善是由于它可以并且常常达到了真正美学上的长处并致力于有价值的社会目的。"④

舒斯特曼逐一对各种批判通俗艺术的言论进行了反驳。首先是对于通俗艺术"审美经验短促性"的反驳。他说："在我们这个不断变化和充满期望的世界中，不存在永久的满足，对于消逝的愉快和期望

① ［美］理查德·舒斯特曼：《生活即审美》，彭锋译，商务印书馆2002年版，第43页。

② 同上书，第47页。

③ 同上书，第49页。

④ 同上书，第80—81页。

更多的欲望来说，惟一的终点就是死亡。"① 这是从历史的发展中论述"短促性"对任何艺术都难以避免。

其次，对于通俗艺术"反智性"的反驳。他说："即使通俗艺术无需严肃的智性努力就能使人高兴，这也并不意味着它就不能通过智性努力受益和使人高兴。"② 这是以事实论述了通俗艺术包含"智性"的一面。

再次，对于通俗艺术"太肤浅"的反驳。针对摇滚乐队对时局问题的抗议和人权的关怀，他说："它已经被证明是为了有价值的政治和人道主义目标的合作性行为的一种有效来源。"③ 在这里，舒氏以摇滚乐对时局的抗议和人权关怀，有力地反驳了对通俗艺术"太肤浅"的指责。

复次，对于通俗艺术"非原创性"的反驳。他举例反驳道："通俗艺术的技术，已经帮助创造了像电影、电视连续剧和摇滚录像片等新的艺术形式；而且这种富有冒险和不可预测的创造力量，进而威胁到要削弱高级艺术及其监护人的权威，这在一定程度上可能正是激发他们指责通俗艺术在创造上软弱无力的原因。"④ 这还是以通俗艺术创新性的事实反驳对其"非原创性"的攻击。

又次，对于攻击通俗艺术"缺乏形式的复杂性"的反驳。他认为："许多通俗艺术作品，为制造审美效果的多样性而自觉地相互暗指和相互引用，其中包括一些复杂的涉及艺术历史关联的形式结构。"⑤

最后，对于攻击通俗艺术"缺乏审美的自律性和反抗性"的反驳。他根据美国通俗艺术的发展兴盛对这一攻击给予了反驳，指出："美国通俗艺术最为兴盛，而且在美学和文化合法性上对高级艺术的

---

① ［美］理查德·舒斯特曼：《生活即审美》，彭锋译，商务印书馆2002年版，第52页。
② 同上书，第60页。
③ 同上书，第61页。
④ 同上书，第66页。
⑤ 同上书，第71页。

束缚形成了成功的挑战。"① 他说，他并不是为了辩护通俗艺术的合法性而要攻击高级艺术。"我所挑战的并不是高级艺术，而是高级艺术对价值的排斥性的要求，以及它的那些反对通俗美学的理论家。"②

第二，对通俗艺术娱乐性的辩护。

他认为，社会上存在一种将艺术与娱乐对立的倾向。他说："一个很不常见的做法是把通俗艺术或娱乐看作高级文化的对抗性的对立者。"③ 这种看法的根源是古希腊柏拉图的诗与真对立的观点。他说："这可以上溯至柏拉图对艺术的贬斥：艺术通过假装真理与智慧但又缺乏对真知识的正确认识的模仿品来提供具有腐蚀性的娱乐，并相应地刺激我们灵魂中的低劣部分来加剧道德的堕落。"④ 舒氏对于通俗艺术的娱乐性给予了自己的辩护。

首先，从词源学的角度对于"娱乐"的正面含义进行了考辨。舒氏认为，"这个语源分析意味着一个容易理解的哲学启示，即保养自身的一个好（如果不是必须的）方法是愉快地并且以乐趣来填满自己"⑤。

接着，舒氏从快乐与生活这两个实用主义的基本美学概念入手来为通俗艺术的娱乐性进行辩护。他从历史考证出发引证了亚里斯多德和进化论对于快乐与生活关系的论述：亚里斯多德认为，"不论我们是为了快乐而选择生活还是为了生活而选择快乐，它们似乎被缚在一起不容许分离"；进化论主张"一些生活中很强有力的快乐与营养和生殖的活动密切相关，这些活动对物种的生存是必须的（或起码在新的遗传技术引入之前如此）"⑥。他说："快乐除了使生活甜美，还提供了值得活下去的承诺以便让延续的生活更有可能。审美的娱乐当然对这种充实生命的快乐有所贡献。"⑦ 这就论证了通俗艺术的娱乐性所

①　［美］理查德·舒斯特曼：《生活即审美》，彭锋译，商务印书馆2002年版，第75页。
②　同上书，第77页。
③　同上书，第83页。
④　同上。
⑤　同上书，第85页。
⑥　同上书，第98—99页。
⑦　同上书，第99页。

包含的快乐因素对于生活和生命所具有的重要价值。

第三，对于"拉普"给予了美学的阐释与充分的肯定。

他认为，通俗艺术是当今审美能量汇聚之所。"拉普"具有这样的特性。从审美的角度说，"拉普"虽然挑战了传统审美惯例，但"仍然满足审美合法性所需要的最重要的惯例标准"。①

四　身体美学

舒氏的美学思想具有创建性，同时也充满内在矛盾。因而颇受争议的美学学说，是他首创的"身体美学"（Somasthetic）。从美学发展史上看，舒氏的身体美学显然是杜威"活的生物"说的继承和发展。舒斯特曼说："笔者正在倡导一个名为'身体美学'的领域，它将身体经验与艺术翻新重新置人哲学的核心，旨在使哲学重新成为生活的艺术。"②

什么是身体美学呢？他说："身体美学可以被暂时定义为一门兼具批判与改良双重性质学科，它将身体作为感性审美欣赏与创造性自我塑造的核心场所，并研究人的身体体验与身体应用。"③ 对于极为敏感的"身体"概念，他也进行了自己的解说，将之与纯粹的"身体快感"区分。他说："我经常喜欢使用'身体'一词而不是'肉体'一词，目的是为了强调我所关心的是那个富有生命活力和感情、敏锐而有目的取向的'身体'，而不仅仅是那个单纯由骨肉聚集而成的物质性'肉体'。"④

舒氏特别提出了"身体是最初的乐器"的思想。他说："除了吉他、提琴、钢琴甚至还有鼓之外，我们的身体就是制作的最初乐器。"同时，身体对于欣赏音乐也是"基本的、不可替代的媒介"。主要是

---

① ［美］理查德·舒斯特曼：《实用主义美学》，彭锋译，商务印书馆2002年版，第268页。

② ［美］理查德·舒斯特曼：《身体意识与身体美学》，程相占译，商务印书馆2011年版，第28页。

③ 同上书，第33页。

④ 同上书，第5页。

对于身体的感受、感觉和运动经过"更好地调整以便去审美地感知、应对和表演"①。他还从审美媒介的角度提出身体"作为最重要的中介，现在被提高到了建构者和真实场所的地位"②。因为，"身体比更新的电子媒体更为基本、熟悉和有机，因此它就变得如此直接以至于遮蔽了它那旧的媒体形象③"。

可见，舒氏提出身体美学即是对古希腊以来身心二分论的抛弃，对于美学作为感性学的回归，对于摇滚等通俗艺术感官娱乐性的肯定、身体作为最初的"乐器"、身体是具有建构性和真实场所性基本媒介地位的论述，以及他对人的包括身体在内的美好生存的期许等理论都是具有创新价值的。但他的身体美学所包含的分析哲学的、实用主义经验的与实践执行的三个向度的内在统一性能否做到理论的自洽性，则需要进一步论证。

总之，舒氏理论的创建性与内在矛盾性是共存的，需要我们进一步研究。

①　[美]理查德·舒斯特曼：《生活即审美》，彭锋译，北京大学出版社 2007 年版，第174 页。

②　同上书，第 193 页。

③　同上。

第六章

欧陆审美经验现象学美学：美与间性

    欧陆现象学美学也是以"经验"作为美之界定，但它的经验又相异于实用主义之经验。欧陆现象学美学是以现象学作为其最基本的方法，而现象学的最大贡献是消解了主体与客体、人与自然的根本对立走向两者的"间性"，所以我们以"美与间性"作为其对于美的基本范畴。所谓"间性"，即是"主体间性"（intersubjectivity）之意。这里的"间性"，当然也是一种"经验"，是一种"完满"的感觉。但这种"完满"的感觉是由主体与客体、人与自然的"间性"形成的。这种"间性"的具体表现就是"共生""诗意地栖居"与"家园"。因而，实际上，欧陆现象学美学最后走向生态美学。

    在这里，需要特别指出的是，"间性"是20世纪西方哲学与美学的一个非常重要的关键词，也是一个非常重要的理论方法，标志着整个西方哲学与美学进入一个全新的人与自然共生的新时代。"间性"与"现象学""存在论""审美经验现象学""诠释学""教化"（bildung）、"肉身间性"等都是"同格"的，也就是说，具有相近的内涵。"间性"是交互主体性，对象具有"准主体"性质，主体与客体是"可逆的"。"现象学"是一种"悬搁"，将主客关系搁置一旁。对人文学科研究来说，现象学是一种非常好的方法，也是一种视角。

    在现代欧陆哲学与美学视野中，所有的概念都应从现象学方法的视角审视才有可能理解。没有现象学，就没有存在论与诠释学以及身体现象学或身体美学，而存在论也只有在现象学的方法之中才能成立。存在论之中的"此在与世界"，其实就是此在与世界的间性，此在与世界的对话，此在对世界的诠释。"天地神人四方游戏"也是一种间性，游戏就是间性。审美经验现象学也只有从现象学和间性的角度才能理解。首先是主客二分的悬搁，其次是审美对象与审美知觉的间性关系，知觉对于对象的诠释；诠释学之中诠释者与文本，也是一种间性的关系，当然，两者的对立需要现象学的悬搁。这里的诠释者就是审美经验现象学之中的知觉经验，也就是欣赏者。教化（bildung）反映了欣赏者与对象、主体与客体、现代与历史的一种间性关系，所谓"教化"不是上位者教化下位者，也不是历史教化现代或他者教化主体，而是一种平等的对话，在对话中形成的效果历史，教化（bildung）就是间性；"肉身间性"更需要从现象学与间性的视角理解，肉身与世界是一种间性的关系，肉身就是世界（自然），世界（自然）就是肉身，只有这样才能理解梅洛－庞蒂的身体现象学美学思想及其对于塞尚的诠释性的解释。《塞尚的疑惑》一文中提出的"自然"与"原初"都是经过现象学的悬搁后回到"身体与世界"之"间性"的自然与原初。

　　这里需要说明的是，欧陆现象学中的"间性"（主体间性），其理论来源与康德的不诉诸概念但却要求共通性的"二律背反"密切相关。主与客、人与自然、此在与世界、对象与知觉（包括对象的准主体性）的间性，都是一种二律背反。正因此，才具有张力、魅力，无穷的意味，才是美的。其实，梅洛－庞蒂在《塞尚的疑惑》中也提到塞尚的绘画是一种感觉与真实的二律背反，塞尚不在感觉与真实之间二选一，而是将两者混合，走向一种"间性"之路，这正是塞尚的成功之处。

第一节　现象学方法的提出及其重要意义

一　现象学方法的提出

19 世纪与 20 世纪之交，由于自然科学对物质的研究挤占了传统哲学的"物质"研究领域，心理科学的研究挤占了传统哲学的"精神"的研究领域，加之传统哲学主客二分思维模式的弊端的充分暴露，哲学出现危机。在这种情况下，德国哲学家胡塞尔于 1900 年出版《逻辑研究》第一卷，提出极为重要的现象学方法，提出"回到事物本身"即"意向性"的口号。在这里，"意向性"既是事物本身，也是事物得以呈现的过程。倪梁康认为，"胡塞尔所提出的现象学思想以及他所运用的现象学方法不仅为欧洲大陆本世纪最重要的哲学思潮——现象学运动的产生和发展提供了基础，而且它还影响了现象学运动以后的西方哲学、心理学/病理学、美学/文学/艺术论、社会哲学/法哲学、神学/宗教理论、教育学、逻辑学/数学/自然科学，甚至经济学等等学科的问题提出与方法操作"①。胡塞尔现象学哲学分为三个阶段。第一个阶段是 1900 年现象学以及"描述"的现象学方法的提出；第二阶段是从 1910 年开始现象学哲学的进一步完善，提出"现象学还原""先验自我"与"主体间性"等重要概念。第三阶段是 1936 年在《欧洲科学的危机与先验现象学》一书中将现象归结为"生活世界"，而不是自我创造物。现象学并不是一种统一的哲学派别，而是一种共同运用现象学方法的运动。其现象学方法更加具有理论与实践的价值意义，表现为从传统的主客二分的认识论模式向"主体间性"的现代哲学与美学模式的转变。现象学哲学的两个基本概念，为"走向事情本身"的现象学基本原理与"主体间性"的重要理论。

首先是"走向事情本身"的现象学基本原理与"意向性"基本概念。海德格尔说，现象学本来就意味着一个方法概念，这个方法的基本原理就是"走向事情本身"。所谓"走向事情本身"，就是通过将一切实体（包括客体对象与主体观念）加以"悬搁"的途径，回到认识活动中最原初的"意向性"，使现象在意向性过程中显现其本质，从而达到"本质直观"，亦即"现象学还原"。在这过程中，主观的"意向性"具有巨大的构成作用。因此，"构成的主观性"成为胡塞尔现象学的首要主题。"意向性"概念是德国哲学家郎贝特提出

---

① ［德］埃德蒙德·胡塞尔：《胡塞尔选集》，倪梁康编译，上海三联书店 1997 年版，"编者引论"第 2 页。

的，该概念最早是中世纪经院哲学所用，布伦塔诺用以沟通精神现象之表象、判断与情感等，成为其基本特征。布氏之用意为突破康德割裂现象界与自在之物、人与自然的对立，将它们在"意向性"之中加以沟通起来。

其次是"主体间性"（Intersubjectivity）。这是胡塞尔在1931年《笛卡尔的沉思》的第五沉思中为克服自己理论中的"唯我论"色彩而提出的。他说："我就是在我之中，在我的先验还原了的纯粹意识生活中，与其他人一道，在可以说不是我个人综合构成的，而是我之外的、交互主体经验的意义上来经验这个世界的。"[①] 其内涵，是"把一切构造性的持存都看作只是这个唯一自我的本己内容"。也就是说，在意向性活动中，"自我"（唯一自我的本己内容）与自我构造的一切现象（构造性的持存）都是同格的，因而意向性活动中的一切关系都成为"主体间的关系"。在这里需要说明的是，现象学尽管不完全否定客体的存在，认为在人的知觉之外的客体仍然会作为"物"而存在，但这个"物"还不是对象，只有经过人的知觉的构成，客体才成为"对象"，一切的"对象"都是构成性的，它与知觉紧密相连，构成相互主体性的关系。这里提到的"主体间性"是非常重要的，成为对工具理性割裂主客及人与自然的重要突破，并成为新时代"共生"与"生态美学"的重要理论根基。

二 现象学的存在论转向

1927年，胡塞尔的弟子海德格尔出版《存在与时间》一书，标志着现象学向存在论的转向。海氏指出："存在论只有作为现象学才是可能的。"[②] 其意义在于：第一，海氏将胡塞尔的先验现象学中的先验主体构造的现象代之以存在，并使现象学成为对存在意义的追寻；第二，海氏的"走向事情本身"，即是回到"存在"，而其"悬搁"

---

① ［德］埃德蒙德·胡塞尔：《笛卡尔沉思与巴黎讲演》，张宪译，人民出版社2008年版，第128页。

② ［德］马丁·海德格尔：《存在与时间》（修订译本），陈嘉映、王庆节合译，生活·读书·新知三联书店2012年版，第42页。

的则是存在者；第三，"人"只是存在者的一种，即"此在"。对存在的领悟本身就是"此在"的存在规定，因为人这种存在者具有自我认识能力。当代存在论哲学观与美学观的出发点，即是回到作为"此在"即人的存在。回到人的存在，即是回到人的原初，回到人的真正起点，也就是回到美学的真正起点。

存在论美学观的意义在于，回到人的存在，就是回到最原初的出发点，不同于传统美学从某种定义出发或从人与现实的审美关系出发，而是从人性出发，从人与动物的最初的区别出发。诚如席勒所言，审美是人摆脱自然同对象发生的第一个自由的关系；《礼记·乐记》篇也说"知声而不知音者，禽兽是也"。因此，审美的生存是一种真正的人道主义。存在论美学力主"存在先于本质"，因此也是对本质主义美学的彻底突破。

三 现象学方法所具有的划时代的突破意义

现象学方法的突破与开创，是突破了古希腊以来到近代以实证科学为代表的主客对立的认识论知识体系，开创了由机械论到整体论，由认识论到存在论，由人类中心到非人类中心的哲学与美学的新阶段。

而其对于美学的作用，是现象学还原的"悬搁"的方法同美学作为感性学的非功利直观特别切合。胡塞尔认为："现象学的直观与'纯粹'艺术中的美学直观是相近的。"① 在存在论现象学之中，现象的显现、真理的敞开、主体的诠释与审美的存在都是一致的。而在当代，存在论美学观应该成为主导性的世界观，也就是说，人们都应以"悬搁"功利的主体间性的态度去对待自然、社会与自身并获得审美的生存，诗意的栖居。这应该成为不同于原始时代的巫术世界观、农耕时代的宗教世界观、工业革命时代的工具理性世界观的一种当代世界观。

---

① ［德］胡塞尔：《胡塞尔选集》，倪梁康选编，上海三联书店1997年版，第1203页。

四　现象学经验美学的基本内涵

第一，关于审美对象。现象学否定了传统美学将审美对象界定为一种客体（或为自然物或为艺术品）的理论，而是将审美对象作为意向性过程中的一种意识现象，通过现象学还原，在主观构成性中显现出来。审美对象成为意向性活动中的一个过程。

在审美对象显现的意向性活动中起关键作用的是主观构成力，即主体的感性能力与审美知觉。无论对象本身的情况如何（美或不美，动人或不动人），只要主体的感性能力没有对其感知，那就不能构成审美对象。正如杜夫海纳所言："这是否说没有'现象的存在'呢？是否说博物馆的最后一位参观者走出之后大门一关，画就不再存在呢？不是。它的存在并没有被感知。这对任何对象都是如此。我们只能说：那时它再也不作为审美对象而存在，只作为东西而存在。如果人们愿意的话，也可以说它作为作品，就是说仅仅作为可能的审美对象而存在。"①

审美的普遍有效性问题。审美都是具有普遍有效性的，康德借助于"主观的共同感"来解决这种普遍有效性，杜夫海纳借助于"主观判断的普遍性"即意向的普遍性，而伽达默尔则借助于人类学的"交往理解"与"游戏"的普遍性。

第二，关于艺术本质。现象学否定传统美学的模仿说与反映论等有关艺术实体性本质的理论，从现象学和存在论的独特视角，将艺术本质界定为真理（存在），由遮蔽走向解蔽和澄明的过程。也就是，通过主体的欣赏或诠释，对存在或真理领悟和把握的过程。强调了主体，强调了对存在的体验或感悟。例如，面对一出好戏，如果在观戏中完全不懂，或者呼呼大睡，那这个戏就还不是艺术，只是潜在的艺术。只有审美主体懂了、欣赏了，才成为好戏。

---

① ［法］米盖尔·杜夫海纳：《美学与哲学》，孙非译，中国社会科学出版社1985年版，第55页。

海德格尔说道：艺术的本质是"存在者的真理自行置入作品"[①]，艺术即是在作品中加以显现的存在者的存在。他所举凡·高的《农鞋》，作品中显现出的农妇的生存状况就是真理，亦是艺术的本质。海氏说，通过大地与世界的争执，由遮蔽走向敞开；又说，在"天地神人四方游戏"中，真理得以敞开，主体间性得以具体化与深化。这里包含有浓厚的生态内涵，意义重大。海氏还说，"人类应该诗意地栖居于这片大地之上"[②]，这是一种对审美生存与审美栖居的理想。

第三，艺术想象。不同于传统美学将艺术想象看作艺术审美的形式、手段和途径，而是从现象学和存在论的维度将艺术想象看作人的审美存在的最重要方式。萨特在论述艺术想象理论时说道："美是一种只适于意象的东西的价值。"[③] 因为艺术想象能够导致对于现实世界的否定，摆脱虚无荒谬的现实世界，获得绝对自由；艺术想象通过创作和欣赏的结合完成，因为作品只有在被阅读时才是存在的；美是由存在的"浓密度决定的"[④]，因为艺术家在艺术想象中否定现实世界的表面现象，同时重新把握其深层的存在意义，而美就是由追寻其深层存在意义的浓密度决定的。

杜夫海纳在论述艺术想象理论时说道：艺术想象是一种"主观构成性的""归纳性的感性"[⑤]；艺术想象是一种意向性活动，完全凭借"主观构成性"这种感性的组织的统一原则，所谓"审美对象的第一种意义，也是音乐对象和文学对象或绘画对象的共同意义，根本不是那种求助于推理并把理智当作理想对象——它是一种逻辑算法的意义——来使用的意义。它是一种完全内在于感性的意义，因此，应该

---

① ［德］马丁·海德格尔：《人，诗意地安居》，郜元宝译，广西师范大学出版社2000年版，第80页。

② 《海德格尔诗学文集》，余虹译，华中师范大学出版社1992年版，第200页。

③ ［法］让－保罗·萨特：《想象心理学》，褚朔维译，光明日报出版社1988年版，第292页。

④ 月人编：《萨特箴言集》，东北朝鲜民族教育出版社1993年版，第84页。

⑤ ［法］米盖尔·杜夫海纳：《美学与哲学》，孙非译，中国社会科学出版社1985年版，第61—72页。

在感性水平上去体验"①。通过感性"完成意义的这种统一与阐明的职能"②；由此可知，现象学美学之中的艺术想象始终不能脱离感性，从而真正恢复了美学作为感性学的本来面目。

第四，审美诠释学。从海德格尔开始将诠释学引入现象学，成为诠释学现象学，作为当代现象学美学与存在论美学的一种重要资源，并经伽达默尔形成诠释学美学，克服传统美学重文本轻接受，重作者轻读者的倾向，为接受美学并辟了更加广阔的天地。

海德格尔在论述诠释学现象学美学时说道："此在的现象学就是诠释学。"③ 也就是说存在论现象学将"此在"即人的意义的追寻引入现象学，而诠释则是追寻人的意义的重要方法。海氏又说，诠释是一种"历史学性质的精神科学方法论"④。也就是说，"此在"作为此时此地存在着的人就显示了时间性与历史性，只有在历史生存的过程中才能诠释其存在的意义。

伽达默尔在论述诠释学美学时说道："美学必须被并入诠释学中。"⑤ 也就是说，诠释与艺术文本在审美诠释与接受中存在，诠释与文本的历史生存密切相关。所谓"理解本体"，伽氏认为，理解（诠释）是此在自身的存在形式，因而具有本体的性质；所谓"视界融合"，即指诠释（理解）过程中将过去和现在两种视界交融在一起达到一种包容双方的新的视界。这一原则包含了历时与共时、过去与现在、自我与他者的丰富内容，但更多是过去与现在的关系，即从现在出发包容历史，形成新的视界。所谓"效果历史"，即指一切的诠释对象都是历史的存在，而历史既不是纯客观的事件也不是纯主观的意

---

① ［法］米盖尔·杜夫海纳：《美学与哲学》，孙非译，中国社会科学出版社1985年版，第64页。

② 同上。

③ ［德］马丁·海德格尔：《存在与时间》（修订译本），陈嘉映、王庆节合译，生活·读书·新知三联书店2012年版，第44页。

④ ［德］马丁·海德格尔：《存在与时间》，生活·读书·新知三联书店1987年版，第47页。

⑤ ［德］伽达默尔：《真理与方法：哲学诠释学的基本特征》上，洪汉鼎译，上海译文出版社1992年版，第215页。

识，而是历史的真实与历史的诠释二者相互作用的结果，这就是"效果历史"。它包含丰富的内容，但主要是自我（历史的诠释）与他者（历史的真实）的关系，两者不是传统认识论的主客二元关系，而是"主体间性"的"你"与"我"之间平等的对话关系。伽氏认为，诠释是一种自身与他者的统一物，是一种关系，因而阐述者与作者是一种"关系中的存在"，是一种"间性"关系。

第二节　海德格尔的《存在与时间》：
天地神人"四方游戏"

一　生平与思想

马丁·海德格尔（Martin Heidegger，1889—1976）是 20 世纪最有影响的西方哲学家与美学家之一。他出生于德国的默斯基尔希，在弗莱堡大学学习神学和哲学，1914 年获博士学位。先后在马堡大学和弗莱堡大学任教。主要著作有《存在与时间》（1927）、《林中路》（1950）与《荷尔德林诗的诠释》（1936—1938）等。他的另一部写于 1936 年至 1938 年的《哲学论稿》在他去世后的 1989 年才出版，表现出他的哲学由前期到后期的转变。他曾经参加纳粹党，并于 1933 年 4 月至 1934 年 2 月任弗莱堡大学校长。学术界对这段历史一直存在争论。

海氏是当代存在主义哲学与美学的最重要的代表，终生思考资本主义现代性与传统哲学的诸多弊端，着力阐发其基本本体论哲学与美学思想。其美学思想意义重大，是对胡塞尔现象学的存在论改造并将其引入人学轨道；是诠释学方法的首次运用；是对传统认识论美学的彻底突破与新兴的人生论存在美学与生态存在论美学的建立。

海德格尔最主要的著作《存在与时间》写成于 1927 年，集中反映了海氏的哲学思想。

《存在与时间》的基本内容：

1. 本书的目的

具体探讨"存在"的意义问题，初步目标是把时间诠释为使对"存在"的领悟得以可能的境域。

2. 具体指导线索

存在概念的普遍性不反对探索的特殊性；这种特殊性就是，通过对某种存在者即"此在"的特别诠释这条途径突入"存在"概念。但作为"此在"的"存在者"是历史的，所以对"存在者"的这一番最本己的存在论澄明就必得成为一种"历史学的"诠释。

3. 结构

第一部：依时间性诠释"此在"。分三篇：准备性的此在基础分析；此在与时间性；时间与存在。

第二部：依时间状态问题为指导线索，对存在论历史进行现象学分析。包括康德的图形说与时间性；笛卡尔的"我思故我在"的存在论基础及其在"能思之物"这一提法中对中世纪存在论的继承；亚里斯多德论时间。

4. 基本概念

存在与存在者：存在者指实体物之名称；存在指过程，为动词；传统哲学将两者混淆。

"此在"即"存在于此"，也就是"人"。它是存在论的出发点，因为只有人是以对存在有所领会的方式存在，才能追问"存在"的意义，而且也只有人才"生存着"，因而"生存"也就是人的存在。"此在的本质在于他的存在"，说明人的本质是其存在的过程，一切取决于他的选择；"这个存在者在其存在中对之有所作为的那个存在，总是我的存在"①，说明每个人都是一个存在者。由此说明，存在论哲学的人学本性。"此在之生存"是海氏哲学的开始之处，由此与胡塞尔对现象学的理解发生分歧，说明"回到事情本身"也不是回到胡氏的先验意向，而是回到此在的生活世界，继而从本质直观的现象学发展到诠释学现象学。

世界是人的存在方式，是人与其他事物在时间中共在的在世结构，人是"在世之在"。由此说明，存在论哲学彻底改变了人与世界

---

① ［德］马丁·海德格尔：《存在与时间》（修订译本），陈嘉映、王庆节译，生活·读书·新知三联书店 2006 年版，第 50 页。

的关系理论，由"主观与客观"的对立到"此在与世界"之在世。海氏的"世界"是个生存论的概念，不是普通的空间概念，是"依寓"与"逗留"之意，不是空间的"在之中"。"世界"是此在在其中理解自身的东西，也是此在让世界之中的存在者获得意义的东西。

时间性是普遍更深刻的显示存在的方式，人的存在是在时间中被揭示的。《存在与时间》的主题是存在的意义在于时间。时间性的三部分为过去、现在与将来，分别对应于存在的三种方式：沉沦态、抛置态与生存态。可以说，时间是此在对存在领会的视域，只有通过时间性存在才成为可以理解的，存在的意义才能被我们领会。

海德格尔的基本本体论：他的基本本体论实际上是对传统本体论的一种反思与批判。他认为，传统本体论的最主要弊端是混淆了存在与存在者的关系，而他则将两者区分开来。所谓*存在者*就是"是什么"，是一种在场的东西；而所谓存在则是"何以是"，是一种不在场。他认为，在存在者中最重要的是"此在"，即人，这是一种能够发问存在的存在者。"此在"的特点是一种"在世"，即是处于一种"此时此地"之中，而且此在之在世是处于一种被抛入的状态；其基本状态就是"烦""畏"和"死"。

海德格尔思想的前后期问题：海氏的哲学与美学有一个前后期的区分，大体以1936年为界，前期有明显的人类中心倾向，后期则逐步转入生态整体。海氏的哲学与美学理论直接面对当代资本主义社会制度和工具理性膨胀之压力下的人的现实生存状态，提出审美乃是由遮蔽到解蔽的真理的自行显现，走向人的诗意的栖居。他在1936年所写《荷尔德林和诗的本质》一文中引用了荷尔德林的诗，"充满劳绩，然而人诗意地栖居在这片大地上"。他认为，荷尔德林在此说出了"人在这片大地上栖居的本质""探入人类此在的根据"[1]。海氏的这一论述及其有关的理论思想具有重要的理论价值与现实意义，影响深远，对于当代美学与美育建设无疑都是非常重要的理论资源。而他在《哲学论稿》中也提出了对人的主体性的"抑制"问题，说明已

---

① 《海德格尔选集》，孙周兴选编，生活·读书·新知三联书店1996年版，第319页。

经逐步走向人与世界的间性。

海德格尔的真理观：传统的真理观是符合论的真理观，也就是在认识论的思维中判断与对象相符合的就是真理，但这种真理观是主客二分的、预设的，将存在者与存在分开，诠释的是存在者而不是存在。海氏与之相反，提出揭示论的真理观。也就是，不是把真理看作某种实体，而是看成由遮蔽到澄明逐步展开的过程。为此就需要诠释的介入。

海德格尔的现象学方法：海氏运用胡塞尔开创的现象学方法。这是一种"回到事情本身"的方法。也就是通过将一切实体（客体对象与主体观念）加以"悬搁"的途径回到认识活动最原初的"意向性"，使现象在意向过程中显现其本质，从而达到"本质直观"，也就是"现象学的还原"。在这个过程中，主观的意向性具有巨大的构成作用。因此，"构成的主观性"成为胡氏现象学的首要主题。在现象学方法中，胡氏在著名的《笛卡尔的沉思》中提出重要的"主体间性"观念。也就是在意向性活动中"自我"与自我构造的现象都是同格的，因而意向性中的一切关系都成为"主体间"的关系。海氏对现象学进行了改造，将其转变为存在论现象学。他将胡氏先验主体构造的意识现象代之以存在并使现象学成为对存在意义的追寻。这样，所谓"回到事情本身"就成为"回到存在"，而其悬搁的则是存在者。这样"回到人的存在"就是回到人的原初，回到美学的真正起点。

海德格尔与中西文化交流对话：在海德格尔早期，他认为存在得以自行显现的世界结构是世界与大地的争执，虽然在突破主客二分思维模式方面有了重大进展，但仍然具有明显的人类中心主义倾向。20世纪30年代以后，海氏开始由人类中心主义转向生态整体主义，提出著名的"天地神人四方游戏说"。有充分的材料说明，海氏的生态转向是他同中国古代道家生态智慧对话的结果。关于这一方面，中西有关哲学家进行了认真的研究和考证，以充分的材料说明从20世纪30年代以来海氏就能较熟练地运用老庄的思想。他曾经使用过两个有关老庄的德文译本，并曾在1946年与中国台湾学者萧师毅合作翻译《道德经》八章。他曾较多地使用老庄的理论来论证自己的观点。首先，海氏的"天地神人四方游戏说"这样的生态思想与老子《道德经》第二十五章"故道大，天大，地大，王亦大。域中有四大，而人居其一焉"一脉相承。他还用老子的"知其白，守其黑"来诠释其"由遮蔽走向澄明"的思想，用老子"三十辐共一毂，当其无，有车之用"来说明其"存在者"与"存在"的区别。也就是说，他以车轮因辐条汇集形成空间方能转动来比喻存在是不在场的，因而才能有用。他又用老子的"道可道，非常道"来说明其"道说不同于说"，用庄子的"无用之大用"说明其"人居住着"是不具功利性的，用庄子与惠子游于濠梁之上谈论鱼之乐的对话，来比喻站在通常的立场上无法理解水中自由游泳的鱼之乐，而只有从存在论的视角才能体味到这一点，由此说明存在论和认识论的区别等。还有其他一些理论观点的对话和影响，内容十分丰富，形成中西古今交流对话的一个带有专门性的领域。

海氏曾将自己的理论比喻为由东西交流对话而形成的一种从共同本源涌流出来的歌唱。他在《从关于语言的一次对话而来》一文中说道："运思经验是否能够获得语言的某个本质，而这个本质将保证欧洲—西方的道说（Sagen）与东亚的道说以某种方式进入对话中，而那源出于唯一的源泉的东西就在这种对话中歌唱。"① 我国有的哲学家则将海氏美学中的生态观念说成是"老子道论的异乡解释"。

以上都从不同的视角阐述了海氏理论的形成与发展所凭借的中西交流对话途径。同样，我国美学工作者从 20 世纪 90 年代中期以来着力于建设生态美学观，既从我国的实际出发，同时又极大地借鉴西方，特别是海德格尔的包含生态内涵的哲学与美学观念。我们借鉴海德格尔当代存在论哲学—美学理论，将当代生态美学观归结为以马克思主义唯物实践观为指导的生态存在论美学观。特别借鉴海氏后期有关"天地神人四方游戏"和"人诗意地栖居于大地上"，以及"家园意识"等的重要理论观念。

---

① 《海德格尔选集》，孙周兴选编，生活·读书·新知三联书店 1996 年版，第 1012 页。

二 美学思想

第一，艺术就是自行置入作品的真理。

海氏突破传统认识论理论中有关真理的符合论思想，从其存在论现象学出发将真理看作存在由遮蔽到解蔽的自行显现，而这也就是美与艺术的本源。他于1935年写作了著名的《艺术作品的本源》一文，成为存在论美学的重要经典。该文作为"艺术之谜"的解答给了我们全新的视野，他说："艺术作品以自己的方式开启存在者之存在。这种开启，也即解蔽（Entbergcn），亦即存在者之真理，是在作品中发生的。在艺术作品中，存在者之真理自行设置入作品。艺术就是自行设置入作品的真理。"① 在这里，"艺术"就是此在即观赏者在观赏过程中逐步显现的艺术作品。非常重要的是，这里的"艺术作品"并非通常意义上客观的艺术作品，而是欣赏者在观赏过程中逐步呈现的，实际上是欣赏者的知觉所构成的；"自行置入"，即是观赏过程中作品之真理由遮蔽到解蔽，而真理则是存在者之存在，是一个逐步展开与显现的过程。

（1）海氏跳开传统的由作家与作品入手研究审美或艺术本质的研究路径，而是直接从艺术的本源入手。这是与他的"存在先于本质"的哲学思维密切相关的。他不是从传统的客体或主体出发，而是从与存在直接有关的艺术出发。

（2）突破了传统的认识论有关艺术本源的认识论与体验论的结论，直接从人的存在的视角探索艺术的本质。

（3）突破传统的美学观，将美与真理直接衔接，认为"西方艺术的本质的历史相应于真理之本质的转换"，并认为真理、存在与无蔽是同格的。因此，认为"美是作为无蔽的真理的一种现身方式"②。

（4）从物之美过渡到人之美。他的"艺术是真理的自行置入"

① 《海德格尔选集》，孙周兴选编，生活·读书·新知三联书店1996年版，第259页。

② 同上书，第302、276页。

是论述了一种全新的人之美，存在之美，因为"没有人便无存在"①。

（5）在"世界与大地的争执"中实现存在者的由遮蔽到无蔽，以此代替传统的感性与理性的矛盾。这种争执是一种诠释的境域，也是人的存在得以敞亮的可能，如凡·高《鞋》中的劳动的女性，希腊神殿的民族性的彰显。

（6）鲜明的时代性。海氏面对资本主义的深重经济与社会危机、社会制度的诸多弊端与工具理性的重重压力、人的极其困难的生存困境，思考人的存在之谜，探问人是什么，人在何处安置自己的存在。他认为，工具理性的膨胀已经使人类处于技术统治的"黑暗之夜"。他说："这片大地上的人类受到了现代技术之本质连同这种技术本身的无条件的统治地位的促逼，去把世界整体当作一个单调的、由一个终极的世界公式来保障的、因而可计算的贮存物（Bestand）来加以订造。"② 因此，人的存在只有突破资本主义社会制度和工具理性的重重压力，才能由遮蔽走向敞开，实现真理的自行置入，人才得以进入人审美的生存境界。在这里，主观的构成作用十分明显。所谓真理的自行显现是在意向性过程中主观构成的结果。人"在世"，周围世界进入此在的关系中，但审美是世界与人的一种"机缘"。也就是说，世界所有的事物对于人来说都是"在手"的，而只有人对之产生兴趣的东西才是"上手"的东西，这个东西就与人有了机缘。如果这个东西具有美的属性，那人就与之发生审美关系，在主观意向构成中逐步由遮蔽走向解蔽，由昏暗走向澄明，从而真理自行显现，这就是人与对象审美关系发生的过程。这种"解蔽"的过程不是通过实物的描绘、制作程序的讲述以及对实际器具的观察，而是通过对艺术作品的"观赏"与"诠释"，例如对凡·高的《鞋》的诠释，就是通过诠释揭示出农妇艰苦而本真的生存状态的。

第二，人诗意地栖居于这片大地上。

---

① 《海德格尔选集》，孙周兴选编，生活·读书·新知三联书店 1996 年版，第 307 页。

② ［德］马丁·海德格尔：《荷尔德林诗的阐释》，孙周兴译，商务印书馆 2014 年版，第 217 页。

"人诗意地栖居于这片大地上"是海氏对诗和诗人之本源的发问与回答。"人是谁以及人把他的此在安居于何处？"① 艺术何为？诗人何为？海德格尔回答说，它就是要使人诗意地栖居于这片大地上。他认为诗人的使命就是在神祇（存在）与民众（现实生活）之间，面对茫茫黑暗中迷失存在的民众，将存在的意义传达给民众，使神性的光辉照耀宁静而贫弱的现实，从而营造一个美好的精神家园。海氏认为在现代生活的促逼之下人失去了自己的精神家园，艺术应该使人找到自己的家园，回到自己的精神家园。同时，"人诗意地栖居于这片大地上"也是海氏的一种审美的理想。他所说的"诗意地栖居"是同当下"技术地栖居"相对立的。所谓"诗意地栖居"就是要使当代人类抛弃"技术地栖居"，走向人的自由解放的美好的生存。

第三，天地神人四方游戏说。

海氏后期突破人类中心主义的束缚，走向生态整体理论，被称为"生态主义的形而上学家"。最著名的就是他提出"天地神人四方游戏说"。早在1936年他就在《哲学论稿》中提出，"作为基本情调，抑制贯通并调谐着世界与大地之争执的亲密性"；"作为这种争执的纷争，此一在的本质就在于：把存有之真理，亦即最后之神，庇护如存在者之中"。② 这里，实际上已经提出"神人一体"的问题，成为争执抑制的具体化，为此后"四方游戏说"奠定了基础。1946年海氏又发表《论 Humanismus 的信》，熊伟将"Humamsmus"译为"人道主义"，宋祖良译为"人类中心论"。宋祖良说，该文的主旨是对人类中心论及科技主义之束缚的突破，成为海氏后期较为彻底的生态世界观的纲领。此后，海德格尔于1950年在《物》一文中提出四方游戏说，指出壶之壶性在倾注之赠品泉水中集中表现。泉水来自大地的岩石，大地接受天空的雨露，水为人之饮料，也可敬神献祭，"这四方共属一体"。海德格尔于1959年在《荷尔德林的大地与天空》一文

---

① ［德］马丁·海德格尔：《荷尔德林诗的阐释》，孙周兴译，商务印书馆2014年版，第51页。

② ［德］马丁·海德格尔：《哲学论稿》，孙周兴译，商务印书馆2014年版，第44页。

中指出："于是就有四种声音在鸣响：天空、大地、人、神。在这四种声音中，命运把整个无限的关系聚集起来。"①

海氏的"四方游戏说"包含极其丰富的内容。四方中之"大地"，原指地球，但又不限于此，有时指自然现象，有时指艺术作品的承担者。而"天空"则指覆盖于大地之上的日月星辰，茫茫宇宙。而所谓"神"，实质是指超越此在之存在。而所谓"人"，海氏早期特指单纯的个人，晚期则拓展到包含民族历史与命运的深广内涵。所谓"四方"并非是一种实数，而是指命运之声音的无限关系从自身而来的统一形态。"游戏"是指超越知性之必然有限的自由无限。"游戏"在西方美学中早就使用，康德用它形容知性力与想象力的自由融合，席勒用它形容感性世界与理性世界的融合，黑格尔则用以形容感性与理念的直接统一、融为一体。海氏则用之形容天地神人自由统一。他甚至用"婚礼"来比喻"四方游戏"之无限自由性。这无疑是对其早期"世界与大地争执"之人类中心主义的突破，走向生态整体理论。正是通过这种四方世界的游戏与可靠持立，存在才得以由遮蔽到解蔽，走向澄明之境，达到真理显现的美的境界。海氏认为："在这里，存在之真理已经作为在场者的闪现着的解蔽而原初地自行澄明了。在这里，真理曾经就是美本身。"②

第四，诗就是通过语言去神思世界。

海氏哲学理论中语言观是非常重要的组成部分。首先，他认为他所说的"语言"不是以其为知识对象的语言，也不是具体的话语，而是作为人的存在的"道说"。他认为，人正是通过语言的"开启而明晓"而成为特殊的存在者，语言是"存在之家"。他说，"唯语言才使存在者作为存在者进入敞开领域之中"③，在无机物、植物与动物中没有语言，所以没有任何敞开性。而语言本身就是根本意义上的诗，"诗乃是

① ［德］马丁·海德格尔：《荷尔德林诗的阐释》，孙周兴译，商务印书馆2014年版，第206页。
② 同上书，第194页。
③ 《海德格尔选集》，孙周兴选编，生活·读书·新知三联书店1996年版，第294页。

存在者之无蔽的道说"①，诗就是通过语言去神思存在。对于"神思"，海氏说道："存在决不是存在者。但因为存在和存在物的本质不可计算，也不可从现存的东西中计算推衍出来，所以它们必然是自由创造、规定和给予的。这种给予的自由活动就是神思。"② 也就是，诗通过语言给予存在与存在物第一次命名，诗意的生存成为人们追求的目标。

第五，美是"此在"在时间境域中对存在的领悟。

关于时间问题，是海氏存在论的重要观点。他的《存在与时间》的主题就是存在的意义在于时间。海氏列出了此在各种存在状态：过去（沉沦态）、现在（抛置态）、将来（生存态）。因此，在海氏的存在论美学中，美不是静态的实体，而是一个逐步展开的过程；美也不纯粹是客观存在，而是与欣赏者密切相关，在欣赏者的诠释中美逐步展开。因此，存在论美学必然导向诠释学。海氏说："现象学描述的方法上的意义就是解释。"又说："通过诠释，存在的本真意义与此在的本己存在的基本结构就向居于此在本身的存在之领悟宣告出来。"③ 审美与时间性的关系向我们提出了一个美的永恒性与现时性的问题。我们过去常说经典作品的美的魅力是永恒的，但美又是在时间的境域中展开的，如何理解呢？

总的来说，在海氏的现象学理论中，永恒的美是不存在的，美都是在时间中生成的。例如，过去远古时期的工具，现在可能成为艺术品，成为经典。而今天的经典，也可能随着历史的发展而消失其价值。总之，一切都在时间中变动，都是当时人的自由的创造，不存在任何永恒。海氏常用的凡·高的《鞋》就是他的一种及时性的解读、诠释。当然，这种诠释并不排除某种"前见"。例如，他对古希腊神殿的诠释。

由此可见，在海氏的美学理论中，四方游戏、诗性思维、真理显现、美的境界与诗意的栖居都是同格的。他后期的美学思想中不仅包

---

① 《海德格尔选集》，孙周兴选编，生活·读书·新知三联书店1996年版，第294页。

② ［德］马丁·海德格尔：《荷尔德林与诗的本质》，刘小枫译，北京大学文艺美学研究会编《文艺美学》，内蒙古人民出版社1985年版，第328—329页。

③ 《海德格尔选集》，孙周兴选编，生活·读书·新知三联书店1996年版，第72页。

含着深刻的当代存在论思想，而且包含着深刻的当代生态观的缘由。这正是他以诗性思维代替技术思维、以生态平等代替人类中心、以诗意栖居代替技术栖居的必然结果。总之，海氏的当代存在论美学思想在审美对象、艺术本质、语言观上均有大的突破。

由于现象学所凭借的"意识结构"之先验性，就使其在本质上脱离了"生活世界"，无论是其"悬搁"或"诠释"都带有某种主观意识的随意性，从而在很大程度上堕入唯心主义并脱离生活与艺术的实际。例如，海氏对凡·高那双鞋的著名诠释，其所凭借的鞋不是农妇的鞋，而是凡·高本人的鞋，这就使其诠释具有了某种虚妄性与随意性。而海氏的存在论哲学未免又将"存在"绝对化与空心化。所以，阿多诺批评海德格尔的基础本体论哲学是一种一切皆空的"虚无主义"，导致了一种概念与语言的"独裁"，是一种非历史的行径，并为法西斯的独裁提供了口号。这一批判尽管有片面之处，但也值得我们深思。

第三节　伽达默尔的《真理与方法》：诠释与对象的视界融合

伽达默尔（Hans-Georg Gadamer，1900—2002）是当代德国最著名的诠释学哲学家和美学家，是胡塞尔和海德格尔的学生。他先后任教于马堡大学、莱比锡大学、法兰克福大学和海德堡大学。1960年出版代表性论著《真理与方法》，标志着当代诠释学哲学的诞生。该书的副标题为"哲学诠释学的基本特征"，从艺术、历史与语言三个方面诠释了"理解"的基本特征。书名《真理与方法》，实际上指的是在海德格尔的真理观与狄尔泰的方法论之间进行选择。伽氏的选择是，超越启蒙主义以来理性主义的科学方法，而从诠释学理论出发去探寻真理的经验。这里的"经验"，是指现象学的原初的经验。也就是说，伽氏的诠释学是以追寻存在的意义为其旨归的"本体论"的诠释学，不同于传统的探寻客观知识为其主旨的认知诠释学。该书的最重要贡献，是在胡塞尔现象学和海德格尔诠释学的基础上进一步完善与发展了现代诠释学哲学理论，并将之用于美学领域，提出美学实际上归属于诠释学的重要命题。

一　美学的诠释学哲学原则

伽氏的现代诠释学是对西方古代诠释学理论继承发展的结果，特别是对德国生命哲学家狄尔泰客观主义诠释学和海德格尔存在论此在诠释学继承发展的结果。但它又有着自己鲜明的特点：第一，在对待理解者"偏见"的态度上，传统诠释学是将其看作消极因素而力主消除，但伽氏则将其看作有益的视界，是一种"前见"，说明"诠释"的本质是一种与"他者"的对话，在"他者"的共同参与下创造意义。第二，在诠释学循环方面的不同含义。传统诠释学循环是部分与整体之间的诠释循环，而伽氏则是"前见"与理解之间的循环关系，具有本体的意义。第三，对于"诠释"的不同理解。传统诠释学将诠释看作方法，而伽氏则将其看作本体，提出"诠释本体"的核心观点。第四，不同的真理观。传统诠释学是一种符合论的命题真理观，而伽氏的当代诠释学则是一种本体论的真理观，将"理解"作为此在之存在方式，其本身就是真理。第五，当代诠释学哲学原则是关系性、对话性、开放性和历史性，这也是传统诠释学所没有的。

二　对艺术经验的诠释

伽氏探讨了艺术经验、历史经验与语言领域的真理问题。他特别重视艺术经验的探讨，认为，"艺术的经验在我本人的哲学解释学中起着决定的，甚至是左右全局的重要作用"①，并以其当代诠释学理论通过游戏、象征与节日三个基本概念探讨艺术经验的人类学基础，对艺术经验做了全新的诠释。

首先，关于"游戏"。他说，如果我们在艺术经验的关联中去谈游戏，那么，游戏是"指艺术作品本身的存在方式"②。也就是说，伽达

---

① 转引自蒋孔阳、朱立元主编《西方美学通史》第7卷，上海文艺出版社1999年版，第230页。

② ［德］汉斯－格奥尔格·伽达默尔：《真理与方法：哲学诠释学的基本特征》，洪汉鼎译，上海译文出版社1999年版，第130页。

默尔认为，从艺术经验的角度审视游戏，游戏就是艺术作品本身的存在方式。他认为，游戏的特点首先是其特具的"此在"的本体性特征，说明"游戏"是人的一种此时此地原初的生命活动的呈现；游戏还具有游戏者与观者"同戏"的特点，这是艺术的本质，也是其人类学基础，人性特点之所在；再就是，游戏还是一种"创造物"，艺术家通过自己的艺术创造实现艺术的"转化"，即由日常的功利生活转入审美的生活。最根本的是，游戏具有一种"观者本体"的基本特征。伽氏指出，"观赏者就是我们称为审美游戏的那一类游戏的本质要素"①。他认为，艺术表现实质上是通过接受者（观者）的再创造使之获得艺术本身存在方式的过程。游戏只有在被玩时才具体存在，而作为具有游戏特点的艺术作品也只有在被观赏时才具体存在，也就是说，只有依赖于观者的艺术经验，艺术作品才具体存在。这种"观者本体"的作用表现在两个方面：一是只有通过观者的欣赏和创造，艺术才能超越日常功利进入审美状态；二是只有通过"观者"的意向性构成作用才能使作品成为审美对象。这种对于观者构成功能的突出强调就使诠释论美学有别于认识论美学，也有别于完全不讲文本的"接受美学"。

其次，关于"象征"。伽氏认为，象征是艺术作品的显现方式。他说："总之，歌德的话'一切都是象征'是解释学观念最全面的阐述。"②象征之所以成为艺术作品的显现方式，完全是由艺术作为游戏的非功利性质决定的。而这里所说的象征，不是一物对于另一物的象征，而是指一物对于"存在""意义"的象征。由此形成巨大的"诠释学空间"，召唤理解者沉浸在"在与存在"本身的遭遇之中，体认那流逝之物中存在的意义。

最后，关于"节日"。因为伽氏以海德格尔的存在论现象学为其哲学基础，所以特别重视艺术存在的时间特性问题。他认为，节日就

---

① ［德］汉斯－格奥尔格·伽达默尔：《真理与方法：哲学诠释学的基本特征》，洪汉鼎译，上海译文出版社1999年版，第166页。

② 转引自王岳川《现象学与解释学文论》，山东教育出版社1999年版，第223页。

是艺术存在的时间特性。时间性是诠释学美学不同于传统美学的重要内容，包含历史性、现时性与共时性等内涵。而节日庆典则是伽氏研究艺术经验时间性的重要对象。因为，庆典具有同时共庆性、复现演变性和积极参与性等特点，由此区别于日常的经验进入特有的审美世界，并使作为诠释的艺术具有了现时性。这种节日庆典的狂欢共庆性进一步成为艺术的人类学根源。

三　对艺术作品意义的理解

对于艺术作品意义的理解成为诠释学美学的核心。正是因为诠释具有本体的性质，所以作品只有在诠释中才能存在。而其中心问题是理解的历史性，主要包含"时间间距""视界融合"与"效果历史"等内容。

首先是"时间间距"，指两次理解之间的差距。伽氏指出，"艺术能够通过它自身的现时意义（Srnnprasenz）去克服时间的距离"[①]。事实证明，只有通过两次理解的交流，出现新的理解才能消除时间的"间距"。在这里，关键是对前人理解，也就是对"前见"的态度。传统的所谓"客观重建说"，是否定前见的。但伽氏却对"前见"总体上持一种肯定的态度，认为"前见"是一种重要的历史传统。在理解过程中通过与"他者"的对话对其进行过滤，去伪存真，消除时间间距，形成新的理解。

其次是"视界融合"。这是诠释学的核心概念，指文本的原初视界与诠释者现有视界的交融产生一种新的视界，更多地包含过去与现在、古与今对话交融之内涵。在这里，从"观者本体"的角度出发，视界交融的重点是诠释者，是当下。

最后是"效果历史"，指历史的真实与历史的理解相互作用产生的效果。伽氏指出："一种名副其实的诠释学必须在理解本身中显示历史的实在性。因此我就把所需要的这样一种东西称之为'效果历

---

① ［德］汉斯－格奥尔格·伽达默尔：《真理与方法：哲学诠释学的基本特征》，洪汉鼎译，上海译文出版社 1999 年版，第 217 页。

史'（Wirkungsgeschichte）。"① 这里，重点是主体与客体的交融，通过理解消除两者的疏离，求得新的统一。主体与客体两者之间是一种互为主体的对话关系。

四 审美理解的语言性

语言是伽氏诠释学理论的三大领域之一，构成其美学思想的本体论基础。伽氏认为，所谓诠释学就是把一种语言转换成另一种语言，因而是在处理两种语言之间的关系。他认为，审美理解的基本模式是一种对话，对话都需预先确定一种共同语言，同时也创造一种共同语言。而人则是一种具有语言的存在，通过艺术的语言，审美主体不仅理解了艺术作品，同时也理解了自身。

五 关于审美教化

伽氏诠释学美学具有浓郁的人文色彩，他特别地强调了审美的教化。他说："教化后来与修养概念最紧密地联系在一起，并且首先意指人类发展自己的天赋和能力的特有方式。"② "教化"（Bildung）是一个非常特殊的德文词汇，既不同于中国"教化"自上而下的功能，也不同于英语"Culture"（文化）的内涵，是一种来自中世纪，同时又经过改造的词汇，是通过平等的对话主体主动地认识自己、塑造自己的过程。这是主体与客体对话的过程，也是主体诠释的过程，当然也是主体在诠释中自我教育的过程。教化成为精神科学（人文学科）相异于科学主义归纳性的重要特征。伽达默尔将之看作是其人文主义教化、判断力、共同感与趣味四概念的首位概念。在他看来，人是通过教化才能成为诠释主体的，只有在教化中的人才具有理解与创造意义的能力，并且能不断提高这种能力。这就将其诠释学美学引向文化，引向造就人类的素质。而且，他充分论述了自席勒以来强调审美

① ［德］汉斯－格奥尔格·伽达默尔：《真理与方法：哲学诠释学的基本特征》，洪汉鼎译，上海译文出版社 1999 年版，第 385 页。
② 同上书，第 12 页。

教育的重大意义。他说："一种通过艺术的教育变成了一种通向艺术的教育。在真正的道德和政治自由——这种自由本应是由艺术提供的——的位置上，出现了某个'审美国度'的教化，即某个爱好艺术的文化社会的教化。"① 在此，伽氏不仅深入论述了审美教化的内涵，而且论述了其导向道德和政治自由的巨大作用。将诠释学美学引向审美教化，又将审美教化强调到改造国家社会的高度，这恰恰表明了伽氏强烈的社会责任意识。

伽氏还论述了当代审美教化的特点。首先，是审美观念的刷新直接影响到审美教化，这就是"对19世纪心理学和认识论的现象学批判"②。这种批判标志着当代审美观念的转型，要求从科学认识论转到以现象学为哲学基础的当代诠释学美学的轨道上来。由此，在审美教化过程中突出了观者主体的作用和同戏共庆的人类学特征。再就是对于审美教化所凭借的艺术作品，伽氏也做了自己的诠释。那就是，他提出了"审美体验所专注的东西，应当是真正的作品"③ 这样的见解。所谓"真正的作品"，就是目的、功能、内容、意义等非审美要素的抛弃。也就是说，伽氏认为，真正的作品只能同审美体验相联系，在游戏中存在，通过象征显现。在这里，伽氏对审美教化，即美育，做了诠释学的全新的理解。尽管伽氏的诠释学美学有着十分明显的主观唯心主义和相对主义的弊病，但其对美学和美育的全新理解却对我们深有启发。

第四节　梅洛－庞蒂：肉体间性

梅洛－庞蒂（Maurice Merleau-Ponty，1908—1961）是继海德格尔之后欧洲最重要的现象学理论家，毕业于巴黎高等师范学院，1945年出版其代表作《知觉现象学》。他被称为法国最伟大的现象学哲学

---

① ［德］汉斯－格奥尔格·伽达默尔：《真理与方法：哲学诠释学的基本特征》，洪汉鼎译，上海译文出版社1999年版，第106页。

② 同上书，第107页。

③ 同上书，第109页。

家，提供了最详尽系统的现象学美学论著。他有机会阅读了胡塞尔晚年的手稿，得以继承其现象学的新成果，而且由于时代的发展，使他形成了自己特有的身体现象学。身体现象学是在海氏存在论现象学的基础上逐步发展起来的，成为崭新的生命论哲学。这种身体现象学是生态现象学的新发展，为我们提供了人与自然生态共生共荣新关系的新的理论支点。

一 "身体本体论"是生态现象学的新发展

梅洛－庞蒂在海氏"此在本体论"的基础上将之发展为"身体本体论"。在这里，"此在"变成了"身体"。"身体"是人与世界的"媒介物"，是人与世界关联的"枢纽"，是人的存在的基础。他说："身体是在世界上存在的媒介物，拥有一个身体，对一个生物来说就是介入一个确定的环境，参与某些计划和继续置身于其中。"① 这里的"身体"，并不是生理的身体，而是存在的身体，是意向的身体，也是生存的身体。所谓意向的身体，就是意向性所达到的身体；所谓生存的身体，就是人的生理机能与精神机能借以凭借的身体。由此，才产生了著名的"幻肢"现象。也就是，截肢者仍然会在自己的意向中呈现其被截的肢体，从而产生幻觉。当然，这也是截肢者的一种生存的记忆与愿望。梅氏认为，这是一种"习惯身体"而不是"当前身体的层次"②。正是这种意向的存在的身体，成为人与自然生态的"媒介物"与"枢纽"。梅氏认为，这个身体就是真正的先验，就是生命。他说："胡塞尔在他的晚期哲学中承认，任何反省应始于重新回到生命世界（Lebenswelt）的描述。"③ 这就将身体现象学推向了生命现象学，从而将生态现象学推向新的阶段。在生命的层次上，人与自然生态的平等共生就具有了更强的理论合理性。

---

① ［法］莫里斯·梅洛－庞蒂：《知觉现象学》，姜志辉译，商务印书馆 2001 年版，第 116 页。

② 同上书，第 117 页。

③ 同上书，第 459 页。

二　"肉身间性"（Intercorporedlity）是人与自然生态共生关系的深化

梅氏的理论中身体与自然生态的关系是一种间性的、可逆的关系，也就是所谓"肉身间性"的关系。这种肉身间性就是一种整体性的关系，共生共荣的关系。梅氏提出著名的"双重感觉"的观点，也就是著名的左手触摸右手的"触摸"与"被触摸"的双重感觉。他说，"我们的身体是通过它给予我的'双重感觉'这个事实被认识的：当我用我的左手触摸我的右手时，作为对象的右手也有这种特殊的感知特性"，这是"两只手能在'触摸'与'被触摸'功能之间转换的一种模棱两可的结构"。① 这种"双重感觉"存在于身体整体性之中，犹如左手与右手、身体任何部分与其他部分的整体关系。为此，他提出著名的"身体图式"概念。他说："身体图式应该能向我提供我的身体的某一部分在做一个运动时其各个部分的位置变化，每一个局部刺激在整个身体中的位置，一个复杂动作在每一时刻所完成的运动的总和，以及最后，当前的运动觉和关节觉印象在视觉语言中的连续表达。"② 这其实是一种统一性或整一性的感觉能力，不仅身体各部分之间，而且包括身体各种感觉之间，都是一种整体的关系。不仅如此，梅氏还认为，人与世界也是一种整一性共生共荣的关系。在这里，梅氏继承发展了海氏的"此在与世界"关系的理论，认为身体与世界的关系不是一个在一个之中，而是须臾不可分离。他说："不应该说我们的身体是在空间里，也不应该说我们的身体是在时间里。我们的身体寓于空间和时间中。"③ 他认为，这其实是坚持现象学所必然导致的结果。他认为，人与世界关系中的"身体"是一种"现象身体"即意向性中的身体，这种意向中的"现象身体"不仅包括意向所达到的整一性的身体，而且包括意向所达到的与身体紧密相连的世界。他说："我们的客观身体的一部分与一个物体的每一次接触实

---

① ［法］莫里斯·梅洛－庞蒂：《知觉现象学》，姜志辉译，商务印书馆 2001 年版，第129 页。
② 同上书，第136 页。
③ 同上书，第185 页。

际上是与实在的或可能的整个现象身体的接触。"① "现象身体"的提出是梅氏对于现象学的新创见，意义重大。

三 生态语言学的新拓展

生态语言学虽是 1972 年提出的，但前文已经说过，其实海德格尔早在 1927 年的《存在与时间》中已经涉及生态语言学的有关问题。梅洛－庞蒂则在其写于 1945 年的《知觉现象学》中进一步对生态语言学有了新的拓展，主要是他将语言与身体紧密相连并由此达到自然生态世界。在这里，梅氏实际上论述的是身体语言学。当然，他这里的身体是现象学的身体，是寓于世界之中的身体。他明确提出："言语是身体固有的。"② 这就将言语与身体紧密联系。继而提出，言语"是身体在表现，是身体在说话"③。身体如何在说话呢？梅氏认为，是身体通过动作在说话。他说："言语是一种动作，言语的意义是一个世界。"④ 这就揭示了言语的本质，说明无论从作为言语的发声还是从说话时的表情来说，言语都是一种身体的动作。当然，这个动作并不局限于身体本身，而是从现象学的身体而言是紧密联系于世界的。他认为，动作具有深广的世界意义，不同地域人的动作都含有特殊的不相同的意义，"日本人和西方人表达愤怒和爱情的动作实际上并不相同"⑤。这当然有其环境、地域、文化与水土的差异，揭示了生成语言的自然生态背景。梅氏还进一步阐述了语言的文化本质，认为言语是对"身体本身的神秘本质"的揭示，明确说明言语通过身体所蕴含的深刻文化内涵。他强调言语与生存的紧密联系，指出"言语是我们的生存超过自然存在的部分"⑥。

---

① ［法］莫里斯·梅洛－庞蒂：《知觉现象学》，姜志辉译，商务印书馆 2001 年版，第 401 页。
② 同上书，第 252 页。
③ 同上书，第 256 页。
④ 同上书，第 240 页。
⑤ 同上书，第 245 页。
⑥ 同上书，第 255 页。

四　现象学自由观是对人类改造自然生态的限制

关于自由观，传统认识论一直认为自由是对必然的认识与掌握。在传统认识论看来，只要认识并掌握了事物的必然规律，人类就获得了自由，可以放手地去改造自然生态，肆意进行所谓"人化自然"的活动，由此产生一系列严重的破坏自然生态的环境事件，导致人类目前已经难以维持基本的生存权利。梅氏一反传统认识论自由观，提出现象学自由观。现象学自由观是经过意向性悬搁之后的自由观，也就是经过意向性将客观的必然性与主观的选择性统统加以悬搁，最后剩下受到主客体限制的相对的自由性。梅氏认为，"没有决定论，也没有绝对的选择"①。这就将客观的决定论与主观选择的绝对性全部加以悬搁。他对现象学的自由进行回答道："自由是什么？出生，就是出生自世界和出生在世界上。"② 在这里，无论"出生自世界"还是"出生在世界"，都要受到出生与世界两个要素的制约。自由不是绝对的，不可能存在无任何制约的人对自然的"人化"。梅氏明确指出，"被具体看待的自由始终是外部世界与内部世界的一种会合"③。外部世界与内部世界都会对自由形成约束，"甚至在黑格尔的国家中的介入，都不能使我超越所有差异，都不能使我对一切都是自由的"④。梅氏认为，黑格尔所推崇的作为最高理性体现的"国家"也不会具有绝对自由的权力。这就对工具理性时代的认识论自由观进行了深刻的批判，提出一种崭新的现象学相对自由观，对于人的肆意掠夺自然进行了必要的约束。

五　现象学生命哲学走向东西生态哲学的融通

梅洛-庞蒂于1960年在《符号》一书中指出，东方的古代智慧同样应当在哲学殿堂中占据一席之地，西方哲学应当向印度哲学和中

---

① ［法］莫里斯·梅洛-庞蒂：《知觉现象学》，姜志辉译，商务印书馆2001年版，第567页。

② 同上。

③ 同上书，第568页。

④ 同上书，第569页。

国哲学学习。梅氏甚至在对灵感的论述中提出艺术创作中呼吸的问题。他说，艺术创作的灵感状态中"确实是有存在的吸气与呼气，即在存在里面的呼吸"①。这已经是与中国古代生命论艺术理论中的阴阳与呼吸相呼应了，进一步说明东西方艺术在生命论中的相遇。由此可见，梅氏在《符号》一书中有关中西文化的论述，说明他认识到现象学生命哲学充分体现了中西哲学的融通。他所说的生命哲学是相异于西方传统认识论语境下人类中心的生命论哲学、主客二分对立的生命哲学，而是力主万物一体、主客模棱两可与间性的生命哲学。这就与东方的万物齐一、生生不已与天人合一的生命论哲学具有了相通性。身体与生命成为沟通东西方哲学的桥梁。

六 梅洛-庞蒂使得生态存在论美学走向"身体—生命美学"

梅洛-庞蒂的身体哲学不仅开启了生态哲学的新篇章，而且开启了生态美学的新篇章。他在晚年写作了非常重要的《塞尚的疑惑》一文，通过印象派画家塞尚对于艺术创作中现实与知觉关系的疑惑，将其身体哲学与现象学直观的方法成功地运用于艺术创作理论，创造了一种新的身体—生命美学，是一种新的生态美学形态。

我们现在考虑，为什么梅洛-庞蒂选中塞尚作为诠释他的审美与艺术观的典型呢？通过研究，我们发现原来塞尚的作品与创作经验非常符合现象学，特别是知觉现象学直观的基本观点。梅洛-庞蒂在"身体—生命美学""本质直观""身体本体"与"肉身间性"等理论的指导下，借助分析塞尚的创作提出了"师法自然"与"原初体验"等极为重要的美学观点。

塞尚（1839—1906）出生并活跃于法国，被西方誉为"现代绘画之父"。他的绘画活动处于西方印象派绘画之后。梅洛-庞蒂于1948年在《意义与无意义》一书中写了《塞尚的疑惑》一文。塞尚的疑惑是什么呢？梅洛-庞蒂告诉我们，塞尚主要有三个疑惑：其一是对

① ［法］莫里斯·梅洛-庞蒂：《眼与心》，刘韵涵译，中国社会科学出版社1992年版，第137页。

外界评价的疑惑。对于塞尚的创新与勤奋，外界并不理解，而是不予认可，并加以贬抑。二是对于艺术选择的疑惑。当时绘画界在古典主义的"真实"与印象派的"感觉"之间徘徊，塞尚没有进行选择，而是追求两者的二律背反的"感觉的混沌"。第三个是关于创新的疑惑。塞尚追求艺术的创新，但深感"说出第一句话之难"。对于这些疑惑，其实塞尚自己做出了自己的回答，梅洛－庞蒂将之总结为"师法自然"与"原初体验"。所谓"师法自然"是梅氏所记塞尚在其晚年去世前的一个月所说的对于自己的疑惑和焦虑的看法。塞尚的一生除了绘画还是绘画，绘画是他的全部世界，他的存在之本。他没有门徒，没有家人的支持，没有评论家的鼓励。在母亲去世的那个下午、在被警察跟踪的时光，他都在画画。他不断地被人质疑，甚至说他的画是一个醉酒的清洁工的涂鸦，如此等等。面对这一切，塞尚在生命最后的回答是："我师法自然。"可以说这是他对自己一生艺术创作的总结。在这里，梅洛－庞蒂引用这个观点说明，他非常赞同这个观点。这个"师法自然"包含极为丰富的内容，是梅氏特有的"自然本体"的观点。这里的自然既不是客观的大自然，也不是主观的意念中的自然，当然也不是中国道家的"道法自然"，而是知觉现象学中的自然，即是作为整体性的"身体图示"中的自然，是知觉中身体与世界可逆性的自然，可以说是身体与世界共同的"自然"。梅氏曾说，画家"正是在把他的身体借用给世界的时候，画家才把世界变成绘画"①。他对"自然"极为推崇，借塞尚的话说："我们所有的一切皆源于自然，我们存在于其中；没有什么别的更值得铭记的了。"他还说："古典派是在作一幅画，我们则是要得到一小块自然。……应该向这完美绝伦的杰作顶礼膜拜，我们的一切来自于它，我们借助于它而存在，并忘却其他一切。他们（指古典主义画家）创造绘画；而我们做的是夺取自然的片段。"②他举出法国画家雷诺阿的油画《大浴女》，明明是画

---

①　[法]莫里斯·梅洛－庞蒂：《眼与心》，刘韵涵译，中国社会科学出版社1999年版，第128页。

②　同上书，第45页。

家对着大海画的，但画面呈现给我们的却是四位浴女在河水中浴后歇息与远景洗浴的景象，特别表现了河中蓝蓝的水。其实，画这幅画时，雷诺阿是面对着大海画的，但茫茫的大海变成了河流，海水的蓝色变成河水的蓝色。这其实本真地道出了梅氏所谓"师法自然"之"自然"的具体内涵，自然不是现实，不是观念，而是最原初的诗性感受。在这幅画里，梅氏认为，雷诺阿不是表现大海或大河，只是表现了一种对于海水这种液体的询问与解释，雷诺阿之所以这样画，"是因为我们向大海询问的只是它解释液体、显示液体并把液体与它自己交织在一起，以便使液体说出这、说出那，简而言之，使之成为水的全部显现中的一种方式"①。这就是所谓"师法自然"。

梅氏还对于这种"师法自然"做了进一步的阐发，那就是艺术家需要一种"原初的体验"。他说："在这里，把灵魂与肉体、思想与视觉的区别对立起来是徒劳的，因为塞尚恰恰重新回到了这些概念所由提出的初始经验，这种经验告知我们，这些概念是不可分离的。"② 这个"原初的体验"是一种未经人类的知识和社会的环境所影响的体验。首先，这不是一些"人造客体"即通常所谓的"环境"。他说："我们生活在一个由人建造的物的环境当中，置身家中，街上，城市里的各种事物当中，而大部分时间我们只有通过人类的活动才能看见这些东西。对人类的活动，它们能成为实用的起点。我们早已习惯把这些东西想象成必要的，不容置疑地存在着的。然而塞尚的画却把这种习以为常变得悬而未决，他揭示的是人赖以定居的人化的自然之底蕴。"③ 例如，梅氏认为，巴尔扎克在《驴皮记》中所写的"桌布的洁白""新落的雪""对称的玫瑰红"与"黄棕色的螺旋纹"等都能在绘画中表现，但诸如"簇拥"这样的人造景象就不好表现了。他还认为，"原初的体验"与科学的透视是不相容的，"激活画家动作的永远不会只是透视法，几何

---

① ［法］莫里斯·梅洛－庞蒂：《世界的散文心》，杨大春译，商务印书馆 2005 年版，第45、69 页。

② ［法］莫里斯·梅洛－庞蒂：《眼与心》，刘韵涵译，中国社会科学出版社 1999 年版，第49 页。

③ 同上书，第50 页。

学，颜色配合或不论什么样的知识。一点点作出一幅画来的所有动作，只有一个唯一的主题，那就是风景的整体性与绝对充实性——塞尚恰当地称这为主题"。① 最后呈现给我们的是一个未经人类影响的前文明时期的风景。梅氏具体描写道："自然本身也被剥去了为万物有灵论者们预备的那些属性：比如说风景是无风的，阿奈西湖的水纹丝不动，而那些游移着的冰冷之物就像初创天地的时候那样。这是一个缺少友爱与亲密的世界，在那里人们的日子不好过，一切人类感情的流露都遭禁止。"② 可见，这是一个回到人类本源的原初世界，也是人的原初体验。这与维柯的"原始诗性思维"非常相像，也是万物有灵时期人凭借身体感官所进行的人与自然统一的思维。这正是一种生态的、审美的、艺术的思维，需要我们很好的借鉴与运用。

梅氏的生态审美观是很彻底的，他借助胡塞尔的思想提出了"地球根基"的思想，说道："当我们居住在其他星球时，我们能移动或搬动我们的思想和我们的生活的'地面'或'根基'，然而，即使我们能扩展我们的祖国，我们也不能取消我们的祖国。由于按照定义，地球是独一无二的，是我们成为其居民时行走在它上面的土地，所以，地球的后裔能与之进行交流的生物同时成了人——也可以说，仍将是独一无二的更一般的人类之变种的地球人。地球是我们的时间和我们的空间的母体：由时间构成的任何概念必须以共存于一个惟一世界的具体存在的我们的原始时期为前提。可能世界的任何想象都归结为我们的世界观。"③ 这里的"地球"按照"肉身间性"理论也就是"身体"，在这里"地球根基"也就成为"身体根基"。"自然之外无他物"就成为真正的生态整体论，关爱地球与关爱身体是一个事物的两面，人与生态真正地统一了起来。

现象学开辟了生态哲学的新天地，也开辟了生态美学的新天地，在中西古今结合的背景下，我们还有许多工作要做。

---

① ［法］莫里斯·梅洛－庞蒂：《眼与心》，刘韵涵译，中国社会科学出版社1999年版，第51页。

② 同上书，第50页。

③ ［法］莫里斯·梅洛－庞蒂：《符号》，刘韵涵译，商务印书馆2003年版，第224页。

第五节　杜夫海纳的《审美经验现象学》：审美对象与审美主体的相互主体性

杜夫海纳（Mikel Dufrenne，1910—1995）是法国著名美学家，曾任法国美学学会主席、世界美学学会副主席，主要著作有《审美经验现象学》（1953）、《美学与哲学》（1967—1976）。

一　现象学的美学研究路径

杜夫海纳的美学研究的最主要特点就是坚持现象学的哲学立场，运用现象学本质直观的方法；也就是通过意识的构成性来解决审美经验与审美对象的循环，实现心与物、主体与客体、意识活动与意识对象的辩证统一，探讨审美的经验。这是一种属人的现象的意义的自身显现之过程。这种现象学立场不同于通常的唯物、唯心之哲学立场，也不同于通常的心理主义。这种现象学循环，实际上是经验与对象、心与物的一种"主体间性"关系。其具体研究的出发点，是从欣赏者的经验出发。现象学美学的出发点不是艺术家本人的经验，而是欣赏者的经验，而欣赏者所凭据的作者是欣赏过程中作品所显示出来的作者，而不是历史上创作出这个作品的作者。其主要研究的着力点，是描述艺术引起的审美经验。研究的中心是审美对象和审美知觉的相互关联，亦即欣赏者和对象之间的交流沟通。方法是通过不可避免的知觉和对象的两分法来把握审美经验。具体路径为由审美对象即作品的客观分析到审美知觉本身的研究，最后研究这些审美经验意味着什么，以先验的本体论的思考，力图摆脱二分关系。得出的结论是美是存在于审美感知中的性质。他说："美不是一个观念，也不是一种模式，而是存在于某些让我们感知的对象中的一种性质，这些对象永远是特殊的。美是被感知的存在在被感知时直接被感受到的完满（即使这种感知需要长时间的学习和长时间的熟悉对象）。首先，美是感性的完善，它以某种必然性的面目出现，并能立刻打消任何对其加以修改的念头。其次，美是某种完全蕴含在感性之中的意义，没有它，对象将毫无意义，至多是令人愉快的、装饰性的或有趣的事物而已。"①
很明显，杜氏所说的"完满"，实际上是一种诉诸感觉的"经验"，
是一种感觉经验的"完美的和谐"。也就是说，是在主与客、人与自
然"间性"中感觉的一种"完美的和谐"。

在这里，需要特别说明的是，审美对象与审美主体之间也是一种
"主体间性"的关系。审美对象具有"准主体"性质，也就是说，审
美对象是知觉建构的对象；而审美主体则具有"准客体"性质，也就
是说审美主体是呈现在客体之上的。我们只有从这种"主体间性"的
角度才能够理解审美经验现象学。

二　审美对象现象学

1. 为什么从审美对象入手

首先提出的问题是，审美经验现象学为什么从审美对象入手？

第一，杜氏认为，从对象入手具有研究的准确性。如果不从对象
入手而从知觉入手，就会导致审美对象从属于知觉，结果会赋予对象
更宽泛的意义，从而缺乏准确性。因此，应该从审美对象入手，从艺
术作品出发，给审美对象下定义。再从现象学方法的角度来看，所谓
现象学就是研究对象在意识中的呈现，所以必须从对象入手。

第二，从欣赏者的角度来看，欣赏者的经验必然指向审美对象，
而艺术家的经验却往往指向审美知觉，从而导致心理主义弊端。所
以，从欣赏者的角度说也应从审美对象出发。

2. 何为审美对象

接着上面提出的问题是，何为审美对象？也就是说，审美对象的
存在方式。杜氏认为，审美对象就是被知觉的艺术作品。杜氏说，审
美对象"必须在艺术作品之上加上审美知觉"②。也就是说，杜氏认
为审美对象的存在方式是知觉。这就将审美对象与一般的艺术作品区

---

① ［法］米盖尔·杜夫海纳：《美学与哲学》，孙非译，中国社会科学出版社1985年版，
第19—20页。

② ［法］米盖尔·杜夫海纳：《审美经验现象学》，韩树站译，文化艺术出版社1996年版，
第22页。

别开来了，说明审美知觉是审美对象的基础。一幅画对于搬运工来说是物，而对于爱好者来说则是画。杜氏说："审美对象是奉献给知觉的，它只有在知觉中才能自我完成。"① 在这里，审美对象与艺术作品的区别就是，艺术作品只有在与审美知觉相连时才能成为审美对象。而审美知觉也不是一般的知觉，而是一种感性完满的知觉。

3. 审美对象的特性

下面研究的问题是审美对象的特性，杜氏的回答是，审美对象的特性是感性，它也是审美对象的形态。杜氏认为，审美对象不是论证，不是说教，而是显现，是感性要素的组合。他指出，审美对象的根本现实性首先在于感性当中，只有在以感性形式呈现的欣赏中，审美对象才得以再现，否则只处于沉睡状态。"观众通过观看对象使之达到再现，使之显示出沉睡在它身上的感性，而没有人观看就不会唤醒它。"② 他还指出，博物馆关门后，艺术作品"再也不作为审美对象而存在，只是作为东西而存在。……仅仅作为可能的审美对象而存在"。他还进一步划清了一般感性与审美感性的区别，认为一般感性（知觉）走向实用或知识，而在艺术和审美中感性则成为目的，成为对象本身，是一种被直接感受到的完满。

4. 感性的要素

感性的要素包括形式、意义与世界。杜氏对形式给予了特别的重视，认为形式是作品的灵魂，犹如灵魂是肉体的形式。同时，杜氏认为感性的另一个要素是意义。审美对象是内在于感性的意义。他指出，"意义内在于感性"③，不同于传统的观点所认为的内容与形式的对立，这是一个中心的概念。在这里，关键是感性具有本体的地位，具有存在的意义，感性就是对象，就是主体，就是此在。杜氏还认为，审美对象不容许知觉离开给定之物（即形式），要求其停止在给定之物并交出其意义；并认为，在审美对象的情况下，所指内在于能指。再一个就是所

---

① ［法］米盖尔·杜夫海纳：《审美经验现象学》，韩树站译，文化艺术出版社1996年版，第254页。

② 同上书，第40页。

③ 同上书，第79页。

谓"世界"。他认为，"审美对象同主体性一样，是一个特有世界的本原，这个特有世界不能归结为客观世界"①，而是主体（作者）通过感觉即"感知表现的世界的一种特殊方式"所呈现的"世界"②。但这个世界又不能同主体画等号，而是审美对象借以存在并包含的"特有世界"，构成"此在与世界"的须臾难离的关系，审美对象的时间性、空间性与深层意义都在这个世界结构中呈现。他还认为，意义通过时空的先验构架来安排感性，使不同的艺术在复杂性和形式方面各有不同，由此说明传统的时间艺术与空间艺术的区别是错误的。

5. 审美对象的"准主体"性质

杜氏的一个非常重要的观点是，审美对象具有"准主体"性质，也就是认为审美对象跨越外在性，具有表现性，既是客观对象，又表现了主体世界。他说，在这里，审美对象与知觉主体互为主体，交流对话。又说，审美对象是一个作者的作品，在它身上含有制造它的主体的主体性。

三 审美知觉现象学

1. 审美知觉现象学的重要性

杜氏首先指出了审美知觉现象学的重要性，认为审美知觉是审美对象的存在方式，审美对象是在知觉中才能领会的感性事物的存在。其重要性表现在，知觉具有一种构成性。在（感性）呈现阶段，知觉是肉体，表现为身体审美即身体美学；在再现阶段，知觉经过了对象化，成为形象，成为一种想象的美学；在表现的感觉阶段知觉是深层的我，是一种存在的美学。他认为，审美知觉是一种感知、见证、呈现的状态，而不是完全感动自失的心理意义的状态。

2. 审美知觉的阶段

对于审美知觉，他将其分为三个阶段：第一，呈现阶段，即知觉的产生是一种整体的、前反思的和身体合一的知觉阶段。首先，审美

---

① ［法］米盖尔·杜夫海纳：《审美经验现象学》，韩树站译，文化艺术出版社1996年版，第234页。

② 同上。

对象呈现于肉体，它的价值在很大程度上是以吸引肉体的这种能力来衡量的。但审美对象不仅为肉体而存在，伟大的作品不那样去讨好肉体或向肉体让步；肉体必须经过训练才能用于审美经验，审美对象有时还会使肉体困惑，甚至是拒绝肉体。在这里，杜氏吸收了梅洛－庞蒂的身体美学。第二，表象和想象阶段。他认为，知觉倾向于对象化，把感知到的初步内容塑造成可辨认的实体和事件。先是形象，即使对象作为再现物呈现；再就是想象，其是精神与肉体之间的纽带。但其在审美知觉中不起主要作用，如果不感知而去想象，审美对象就会消失得无影无踪。杜氏说，想象力是统一感性的能力。这是对于萨特关于想象理论的反思与批判。第三，反思和情感阶段。他认为，知觉发展为一种客观反思的形式，并趋向于可理解和认识的，同时因其感情特质而与审美对象固有的表现性联系在一起。审美知觉是需要理解力的。他认为，想象力为给定物带来了丰富性，理解力给予给定物以严格性的保证，它还赋予给定物以客观性，使我们与对象保持距离，并使我们把这个对象作为整体来把握。

3. 审美知觉的能力表现为审美对象的深度

他认为，审美知觉所导致的审美对象的深度，首先需要某种惊异性，但最重要的还是对世界本原的呈现，即存在之由遮蔽到澄明。他说："审美对象的深度就是它具有的、显示自己为对象同时又作为一个世界的源泉使自身主体化的这种属性。而我们通过感觉进入的正是这个世界。"①

4. 情感在知觉构成中发挥的特殊作用

首先是情感可以加深审美对象的深度。他认为，情感就涉及欣赏者和审美对象这两者的审美深度。情感特质，在于它是"主体中的最深的东西，正如它是审美对象中的最深的东西一样"②。

5. 知觉对对象的构成作用

杜氏认为："如果我仅是一只瞬间性的耳朵，如果我的耳朵没有

---

① ［法］米盖尔·杜夫海纳：《审美经验现象学》，韩树站译，文化艺术出版社 1996 年版，第 454 页。

② 同上书，第 489 页。

受过训练，进一步说，如果我不让音乐在我呈现给声音的这个自我中回荡并得到反响，我如何能感觉到音乐呢？"①

四 对象与知觉的协调走向相互主体性

1. 问题的重要性

对象与知觉两者的协调成为杜氏理论的主导线索，因其出发点就是通过现象学的悬搁途径，消解主客二分，因此，对象与知觉的二分必将走向协调统一。

这也是他的现象学美学的中心问题：审美对象与欣赏者如何相聚于审美经验之中？杜氏说，审美对象与审美知觉的关联是"我们研究的中心"②。在这里，他强调了知觉对对象的巨大构成作用。只有经过训练的耳朵才能使至妙的音乐得到回响。

2. 审美情感特质是沟通对象与知觉的最基本的途径

杜氏认为，审美经验运用的是真正的情感经验，这是一个世界能被感觉的条件，而只有审美的情感特质才构成先验并具有产生一个世界的作用。他认为，并非任何情感特质都能构成一种先验，它只有被审美化时才能如此。而思想本身也不能构成一个世界，只有通过情感特质才得以成形和表现。他说，没有哲学家斯宾诺莎的世界，只有艺术家巴尔扎克和贝多芬的世界。③

他认为，情感先验所导致的统一性，归根结底来自欣赏者观看现实的目光的统一性。他说，只有主体才能揭示这个世界，而有多少审美对象就有多少世界。④

3. 本体论是最终的统一：对象与知觉统一于存在

杜氏认为，情感先验是以存在为基础的。他说："赋予审美经验以本体论的意义，就是承认情感先验的宇宙论方面和存在方面都是以

① ［法］米盖尔·杜夫海纳：《审美经验现象学》，韩树站译，文化艺术出版社1996年版，第444页。

② 同上书，第22页。

③ 同上书，第492页。

④ 同上书，第574页。

存在为基础的。"① 所谓存在，就是价值。他说，价值就是存在。而艺术则成为人性充分展现自己的那个世界。杜氏说："人类一经超越兽性阶段，艺术就出现在历史的初期。"② 对于真正的艺术家，存在与创作之间没有界线，他的行为处于主客的区分之外，并体现出相互主体性。他说"艺术家无规律之可言"，因为"规律要求受苦，要求人与自然、与别人决裂。艺术则相反。它要求并体现相互主体性：它要求别人都是自我"。③ 也就是说，他认为，艺术与规律性要求人与自然、人与他人决裂，而艺术与之相反，要求人与自然相融，要求别人都是自我，都包含某种存在。他认为，形而上学的"真"来自一种与审美态度并非无关的态度。因为，审美就是对真理即存在的探求。在他的现象学美学中，真理与美是同格的，而艺术的特点就在于它的意义全部投入到感性之中。

对于杜氏审美经验现象学的成就，爱德华·S. 凯西指出："《审美经验现象学》是现象学美学领域出现的唯一最全面的、最完善的著作。"④ 权威现象学家施皮格伯格指出，《审美经验现象学》"是现象学运动中美学方面不仅篇幅最大而且很可能是内容最广泛的著作"，它由于"它的体系结构以及它丰富的具体洞察而很出色"。⑤

杜夫海纳的贡献是，以现象学为出发点提出美不是观念，不是模式，是感知对象中的一种经验的生存论美学观，完全区别于传统的生存论美学观；强调以身体的感觉为基础，恢复 Aesthetic（美学）作为感性学的原义；对现代艺术进行了理论的概括；提出了"相互主体性"这一重要问题；试图以审美知觉为基础，统一主体与对象，并做了卓有成效的努力；具体诠释了审美与存在的关系；对审美想象与情

① ［法］米盖尔·杜夫海纳：《审美经验现象学》，韩树站译，文化艺术出版社 1996 年版，第 581 页。

② 同上书，第 594 页。

③ 同上书，第 597 页。

④ ［英］爱德华·S. 凯西：《〈审美经验现象学〉英译本前言》，《审美经验现象学》，文化艺术出版社 1996 年版，第 606 页。

⑤ ［美］赫伯特·施皮格伯格：《现象学运动》，王炳文、张金言译，商务印书馆 2011 年版，第 792、793 页。

感、先天与后天的关系等重要问题发表了自己独有的看法；同时他批判了现实社会中工业理性对于自然的"暴力"与"强加"，倡导一种"按照物质的启示和根据动作的自发性行事的"审美的态度。他说："这里，科学的态度是由技术的态度来加以说明的。这技术的态度恰恰不是艺术性的技术态度而是工业的态度。工业对自然使用暴力，把思想上所想要的形式与功能强加给自然，而不是按照物质的启示和根据动作的自发性行事。"①

同时，其局限也是非常明显的。其表现为对新时期纯粹美学——新的审美范畴能否建立存有疑义；在美学与哲学、生活的关系上有所犹疑；没有完全摆脱主客二分思维模式与人类中心主义的束缚。

---

① ［法］米盖尔·杜夫海纳：《美学与哲学》，孙非译，中国社会科学出版社1985年版，第58页。

第七章

后现代解构论美学：美与解构

第一节　后现代解构论美学产生的背景

后现代解构论美学是在后现代状况下产生的，那么什么是后现代状况呢？

第一，所谓"后现代状况"，就是 20 世纪中期以来以信息技术、知识经济与大众文化为标志的经济与文化状况。福柯 1966 年在《词与物》一书中将现代定为 1800—1950 年，其基本特征是"自我表象"，哲学形式是"人类中心主义"；而将当代（后现代）定为 1950年至今，基本特征为"下意识"，哲学形态为"考古学"，即以解构为目的对结构的起源的考察，因而也就是"解构主义"。1979 年，利奥塔的《后现代状况》一书出版。这是一种以后现代话语代替哲学知识论话语的纲领，从经济、政治、哲学与文化等多个视角探索了后现代理论。对于后现代状况，利奥塔说道："当许多社会进入我们通称的后工业时代，许多文化进入我们所谓的后现代化时，知识的地位已然变迁。至少在50年代末期这一转变就形成了。"① 又说，所谓后现代就是"让我们向统一的整体开战，让我们成为不可言说之物的见证者，让我们不妥协地开发各种歧见差异，让我们为秉持不同之名的荣誉而努力"②。可见，利奥塔将后现代定位于 20 世纪 50 年代末期，其

① ［法］利奥塔:《后现代状况》，岛子译，湖南美术出版社 1996 年版，第 34 页。
② 同上书，第 211 页。

内涵是对统一性的否定，对于歧见差异的开发。同时，据我们掌握的资料，1956 年美国的白领超过蓝领，可以作为在经济上进入后现代的标志。西方马克思主义又将后现代称为"晚期资本主义"。

第二，关于后现代的特点，按照一般的理解所谓后现代即是对于启蒙主义倡导的主体性、工具理性与结构主义哲学的一种反思与超越，可分建构与解构两种。① 在时间上又可分为现代之后、现代后期以及与现代同时等三种观点。

第三，基本命题：

（1）反本质主义：是对于西方现代本质主义哲学观的反驳。在本体论上，是对认识本体论的反驳，不承认存在一个稳定的本体，从而走向多元本体、本体的滑动；在认识论上，反对传统的主客二分，力主主客的混合；在真理观上，反对传统的符合论真理观，赞同揭示论真理观；在价值论上，认为反对本质的追求是人类的唯一价值，力主价值的多元；在方法论上，反对传统的科学实证的方法，力主阐释的方法。

（2）去中心：反对现代哲学对于中心的追求，力主去中心，主张中心的多元。为此，反对一切的中心，包括认识中心、人类中心、文化中心、男性中心、欧洲中心等。德里达通过结构主义的方法进行解构，他说，在结构主义之中，中心既在结构之内又在结构之外，因而中心不复存在。

（3）文学的扩界与日常生活审美化：后现代状况力主文化与文学的扩界，并将这种扩界伸张到日常生活领域与经济生产领域，主张日常生活审美化，甚至走向艺术的终结。

（4）文学艺术的发展新趋势：包括大众文化的兴起、消费文化的发展、视觉艺术的转向与网络文化的兴起。

（5）知识考古学：这是福柯倡导的一种解构论的方法，这里是运用考古学对未知文物的发掘以掌握新知识的方法，对之加以改造，成

① ［美］大卫·格里芬编：《后现代精神》，王成兵译，中央编译出版社 2011 年版，第 236 页。

为从人们不注意的知识缝隙中发掘历史新内涵的方法，摆脱了传统的、从正史研究历史的途径。而福柯是从所谓"记忆中的历史"，即民间传说、神话、故事中发掘历史，是一种对正统知识与历史的解构。

（6）内部拆解法：这是德里达运用的"解构法"，主要指在其《论文字学》一书中对于传统"语音中心"的反驳，将文字的辅助地位加以扩大，使之代替"语音中心"。通过文本内部的拆解方法，从内部寻找矛盾因素，反对语音中心，力主文字中心。

第四，关于"后现代"的争论：首先是哈贝马斯对后现代的反对。他坚持用启蒙主义现代性对抗后现代性，不同意因工具理性的弊端而否定启蒙理性，并从整体上否定现代主义价值观，例如科学、民主等；同时，哈贝马斯倡导一种他认为包含在现代性之中的"交往对话"理论，以之代替后现代理论。

再就是对于中国有没有后现代产生的分歧。有些学者认为，中国还处于前现代与现代共存时期，没有什么后现代。我们认为，中国在经济上处于现代化中期，但生态文明的到来又意味着后现代在经济社会领域的开始，而思想文化领域则早已存在后现代现象。

第二节　德里达：解构的哲学与美学

一　生平与思想

1. 雅克·德里达（Jacques Derrida，1930—2004），当代法国著名的哲学家、美学家。其是著名的解构论哲学的创立者与代表人物，也是当代最具震撼力的哲学家之一，他的理论与逝世均引起巨大反响。德里达是最具争议的理论家之一。1992 年春，英国剑桥大学授予他荣誉博士称号，被某些分析哲学家所反对，但最后还是通过；2004 年10 月，德里达逝世后的第二天，美国《纽约时报》发布"讣告"——"解构论哲学家德里达将自己解构了"，由此引发4000 余人联合捍卫德里达及其解构论哲学。德里达的解构理论始终面临着一种被自己所创立的解构方法所解构的问题。但德里达及其解构理论，无疑又具有不可忽视的划时代意义。他长期以来被分析哲学家们攻击为"缺乏清晰、严谨和明确的边界"，但这恰恰是德里达所着力解构的目标。

德里达出生于法属阿尔及利亚近郊的犹太家庭，19 岁赴法，入巴黎高等师范学院，师从著名黑格尔研究哲学家伊波利特，并潜心攻读哲学史，受到萨特、加缪存在主义哲学的深刻影响。他 1960 年任教于巴黎大学，1965 年回巴黎高等师范学院教授哲学史。20 世纪 70 年代起，德里达定期赴美讲学，影响逐步扩大。特别是耶鲁大学，每年邀请德里达访问并主持学术研讨会，一批优秀的学者都不同程度地接受解构论哲学并将其应用于文学批评实践，在全美乃至在整个西方引起巨大反响，被称为"耶鲁学派"。其中影响最大的则是被称作"耶鲁四人帮"的保尔·德曼、希利斯·米勒、哈罗德·布鲁姆与杰弗里·哈特曼。米勒在我国颇具影响，他于 2004 年 1 月在《文学评论》发表《全球化时代文学研究还会继续存在吗?》一文，提出信息时代文学的终结，引起广泛争论，即为我国有关文学边界与日常生活审美化争论的开端，同解构理论密切相关。

德里达于 1966 年在美国霍普金斯大学召开的"批评语言和人文科学国际座谈会"上发表《人文科学话语中的结构、符号和游戏》的重要学术演讲，使其一举成名，这篇演讲也被誉为当代解构理论的奠基之作。1967 年，德里达出版《论文字学》《书写与差异》与《言语与现象》三本著作，又称为"解构三部曲"，全面推出其解构理论。此后，德里达又出版了许多论著。但其基本理论已经包含在早期的三部著作之中。他曾多次到中国，在北大和复旦发表演讲。他于 2001 年 9 月 14 日，在上海社会科学院的演讲中指出："事实上，今天中国文化已经渗透着西方文化的许多影响，你还有需要解构的东西。"

2. 德里达解构理论产生的历史条件

第一，20 世纪 60 年代席卷欧洲的学生运动。

1968 年，由于国际范围内资本主义国家内部的危机和矛盾的尖锐发展，爆发了席卷欧洲的学生运动，直接威胁到资本主义国家的国家机器。由于种种原因，这场学潮很快平息。受到挫折的知识分子和学生对在学潮中持思想中立立场的结构主义理论家及其理论进行了批判。人们对结构主义产生了极大的怀疑，对其稳定性和整体性进行了批判。他们由否定政治和社会转向，否定为之提供理论支撑的语言体系以及次序、结构，由政治上对民主、平等的要求转向对语言和社会结构中多元平等的呼唤。这就是解构理论产生的社会背景。

第二，西方社会文化深度发展的必然要求。

20世纪中期以后，西方迅速进入后工业社会。随着网络的发展、文化产业的勃兴、环境问题的日益突出、后现代艺术的发展，出现了许多崭新的经济文化现象，需要哲学理论给予说明和阐释。这些经济文化现象有学科与文化的边界问题，精英文化与大众文化的关系问题，人与自然的和谐平等问题，等等。这些问题都要求对传统的哲学理论进一步突破，提出新的哲学维度和理论创新。

第三，从哲学与美学本身来看，解构理论的提出，是20世纪以来突破主客二分思维模式这一思潮继续深入发展的必然结果。

20世纪以来，从尼采开始，对传统特别是近代以来本质主义、认识论哲学与主客二分思维模式进行了突破和批判，出现了生命哲学、实用主义哲学、现象学哲学、存在论哲学等。但仍然不够彻底。德里达认为，结构主义及其语言理论就是主客二分思维模式与本质主义哲学留下的最后堡垒，应该予以突破。其实，结构主义的提出在很大程度上是试图对西方传统的"理念""主体"与"绝对精神"的突破，试图驱逐人文学科中"人"的因素，使之具有自然科学那样的"科学性"。列维－施特劳斯就是试图通过对人类学中结构的发现摆脱传统形而上学中的"种族中心"与"欧洲中心"，重新认识野蛮人的智慧与边缘社会的价值。但诚如德里达所说，结构主义仍然不能摆脱对"中心"的诉求，仍然没有离开传统"中心论"，需要进一步的解构。所以，德里达的解构论是结构主义的新发展，或者说是一种后结构主义。在德里达的解构论之中，仍然包含着结构主义的要素，也有人认为是一种激进的结构主义。解构理论的出现，是20世纪以来突破主客二分思维模式这一思潮继续深入发展的必然结果。

第四，解构理论的提出同德里达出生于犹太民族的东方背景密切相关。

德里达出生于法属阿尔及利亚的犹太家庭，无论从身份、地域或语言来看，德里达从小就备尝边缘化的痛苦。他说："作为犹太人和排犹主义的受害者，并不能幸免于当时充斥四周的反阿拉伯主义之苦，无论是公开的还是暗中的。不管怎样说，文学或曰'能够讲述一切'的允诺，是在我当时所处的家庭及社会环境中召唤我或指示我的主要原则。"① 因此，他天然地要向人种中心、地域中心与语言中心等以各种以"中心"为标志的理论挑战，而主张消解这一切的中心，并与之对立，呼唤东方文化的复兴。这是一个同德里达个人出生直接有关的解构理论应运而生的文化背景。

3. 德里达的解构理论及其有关范畴

第一，解构——作为解构理论特有的哲学思维和理论观念。

所谓解构（deconstruction），是相对于"结构"的二元对立与稳定而言的，但又不是颠覆，不是颠倒结构中双方的位置，而是反对任何形式的中心，否认任何名目的优先地位，消解一切本质主义的思维方式。德里达说："解构运作最重要的是在某一特定的时候推翻等级次序。"②

解构是对一切传统的本体论的批判，对于一切"在场的形而上学"的超越。所谓"传统的本体论"，即传统哲学中以一个物质或精神实体作为世界的本源。"解构"不承认存在这种"本源"。所谓"在场的形而上学"，就是将上述实体作为"现成的事物"或"本质"，解构也是对这种"本质"和"形而上学"的超越。所以，解构论也就是反本质主义。

解构反对传统的逻各斯中心主义。首先说一下什么是"逻各斯中心主义"，这里的"逻各斯"即希腊语的"logos"，意为语言、定义，泛指理性与本源，是一种关于世界客观真理的观念，是对世界中心性

① ［法］雅克·德里达：《文学行动》，赵兴国等译，中国社会科学出版社1998年版，第6页。

② 转引自杨大春《文本的世界——从结构主义到后结构主义》，中国社会科学出版社1998年版，第214页。

的渴求。它是自柏拉图以来一种形而上学的二元对立，力主所谓"中心决定结构"，包括一系列二元结构，如内与外，初与终，中心与边缘等，被一一区别对待。解构理论要打破这种传统的"逻各斯中心主义"，力主消解中心，消解逻各斯即理性。

解构是德里达所运用的特有方法，也就是在传统中寻找其自身的解构因素，对其进行研究，将其扩展，从而达到拆解这一理论体系的方法或路径，是一种以子之矛还攻子之盾的从内部瓦解的方法。所以，德里达是从哲学史的研究入手进行解构的。这也是其理论庞杂，难以理解的原因之一。

第二，若干主要范畴。

去中心（decentralization）：德里达解构理论的核心范畴之一。德里达运用了结构主义理论自身的悖论对其予以消解。他说："中心可以悖论地被说成既在结构内又在结构外，中心乃是整体的中心，可是既然中心不隶属于整体，整体就应当在别处有它的中心。中心也就并非中心了。"①

延异（ladifftrance）：这是德里达自造的一个词，是"区分"与"推迟"两个词的结合。他认为，一个词的意义不仅取决于它与其他词的差别（索绪尔这样认为），而且是存在于这个词在时间的流动中与其他词的交叉、贯串，从而使其意义的出现推迟并具有模糊性、多义性、边缘性。这就是所谓"能指的滑动"，在这里，差别强调共时，而流动强调历时。

替补（supplementarite）：德里达的一种解构策略，具体体现在文字学之中。他认为，传统语言学之言语与文字是二元结构，文字是言语的替补，说明在这一排他逻辑的背后还存在着一种增补逻辑，这就是一种不安定因素，从而构成语言中心主义的解构力量。

痕迹（trace）：德里达认为，所谓"痕迹"既非自然的东西，也非文化的东西；既非物理的东西，也非心理的东西；既非生物学的东

① ［法］雅克·德里达：《书写与差异》，张宁译，生活·读书·新知三联书店2001年版，第503页。

西，也非具有灵性的东西。它是"无目的的符号生成过程得以可能的起点"①。也就是说，它是意义解构后作为能指的符号得以自由滑动的起点。它既是起源的消失，又是起源的并未消失。因此，"痕迹成了起源的起源"②。它实际上相当于现象学"悬搁"之后的情形。因此，德里达说："关于痕迹的思想不可能与先验现象学决裂。"③

撒播（dissemination）：是指通过解构，语言摆脱了控制之后在自由的游戏运动中的状况，犹如在自然中撒种的一种植物自我生长的状况。也是指意义的消解，所指的自由滑动的状况。德里达说："既不会有语言的历史线条，也不会有语言的静止画面。但有语言的旋转。文化的这种运动是根据自然中的最自然现象：即大地与四季来安排的并且有相应的节奏。语言被撒播开来，它们本身从一个季节过渡到另一个季节。"④ 这是一种"延异"的方向，四面八方的扩散，是一种充满能量和创造力的自我的运动，没有主体，不受人的控制，不是人的意识决定了语言的意义，而是语言的自我运动印迹决定了人的意识。德里达将撒播与蜡板刻写中的印记加以比较，他根据弗洛伊德的蜡板理论提出原型写作的刻写理论，即原型写作是先验地将原型刻在人的大脑上。弗氏的上述理论来源于柏拉图的记忆理论，这一理论被称为"蜡板假说"。他认为，人对事物获得印象，就像有棱角的硬物放在蜡板上所留下的印记一样。人对事物获得了印象之后，随着时间的推移，该印象将缓慢地淡薄下去乃至完全消失。这就像蜡板表面逐渐恢复了光滑一样。所谓"光滑的蜡板"，相当于完全遗忘。这种学说虽然也不完善准确，但还是影响了许多人。所谓"撒播"，就像蜡板中的印记和痕迹。

互文性（intertextuality）：是指"任何文本都是其他文本的吸收和转化"。说明文本的互用、符号的关联、语言在自由活动中留下的痕迹，在差异中显出价值。德里达由此证明，"作者已死"，文本绝对意

① ［法］雅克·德里达：《论文字学》，汪堂家译，上海译文出版社 2015 年版，第 65 页。
② 同上书，第 87 页。
③ 同上书，第 88 页。
④ 同上书，第 318 页。

义消失。这既打破了文本的边界，又打破了学科的边界。

二　德里达解构主义美学思想

1. 反对一切文学的本质

德里达是反本质主义的，当然也反对文学的本质，但他并不反对对于文学是什么的探寻，但探寻并不意味着要寻找文学不变的本质。他说："应该宣告，不论在什么情况下都不存在文学的本质，不存在文学的真实，无所谓存在或存在的文学。……当然这一切都不应阻止我们——正相反——试图发现在'文学'的名目下被再现出来并加以确定的东西究竟是什么、为什么。"[①] 如果非要说文学的本质的话，德里达认为，"是一种经验，而非文学的本质"[②]。他还是将文学归结为"经验"，既对文学进行了阐释，又无稳定的本质。

2. 论文字学——解构哲学与美学之经典

第一，文字成为一切语言现象的基础。

德里达认为，从古希腊以来，由于逻各斯中心主义的统治，形成语言中心主义、语言与文字的二元对立、语音对于文字的统治，文字成为搬运尸体的工具，符号的符号。这是一种二元对立，应该通过"去中心"，消解这种语言中心主义的二元对立。德里达强调，应该通过对语言中心主义的解构，确立文字学是一切语言现象的基础的观念。他指出："文字先于言语而又后于言语，文字包含言语。"[③] 其方法是通过寻找文本内部的"替补"，说明文字是语音的替补，从而逐步代替了语音，成为正宗。这样的解构策略，将语音中心进行了拆解与解构。

第二，文本之外无他物。

这是德里达解构论美学的核心内容。他说："如果我们认为文本之外空无一物，那么，我们的最终辩护可以这样来进行：替补概念和

---

① ［法］雅克·德里达：《文学行动》，赵兴国等译，中国社会科学出版社1998年版，第113页。

② 同上书，第12页。

③ ［法］雅克·德里达：《论文字学》，汪堂家译，上海译文出版社2015年版，第348页。

文字理论。"① 解构理论通过"替补"策略不断地解构，对"在场"进行消解，最后只剩下"文本"——文字、符号，别无他物。这就是一种对意义和本源的解构，对作者的放逐。

第三，汉字为哲学性文字。

首先是对西方人种中心主义的批判。德里达反对索绪尔语言学中对表音（拼音）文字的特别推崇和强调。他说："我们有理由把它视为西方人种中心主义。"② 他认为，作为象形文字的汉字是一种哲学性文字。他说，"中文模式反而明显地打破了逻各斯中心主义"③，是一种未受逻辑中心主义污染的伟大发明。他借用莱布尼茨的话说："汉字也许更具哲学特点，并且似乎基于更多的理性考虑，它是由数、秩序和关系决定的。于是，只存在不与某种物体相似的孤零零的笔划。"④ 德里达认为，莱布尼茨之所以认为汉字具有哲学意味，"是因为它同声音分离了开来，从而具有恒久性，本身成为一个自足的世界，澄怀观道，独立于绵绵历史之中"⑤。所以，中国考古发现中的古文字对于今人并无障碍，这在西方是难以想象的。莱布尼茨是17、18世纪德国著名哲学家、中国文化的热爱者，他通过传教士了解中国哲学，据说中国的阴阳八卦模式对于他创立二进制数理逻辑大有启发。德里达对汉字的肯定还表现在他对于美国意象派诗人庞德与美国东方学家费诺罗萨的评价。他说："这就是费诺罗萨的著作的意义，他对庞德与其诗学的影响是尽人皆知的：这一无以化解的意象的诗学，有如马拉美的诗学，最先打破了最为坚固的'西方'传统。中国的表意文字赋予庞德文字的那种瑰奇想象，因此是具有无以估量的历史意义。"⑥ 无疑，在德里达看来，包括汉文字在内的中国文化是弥补西方逻各斯中心主义的一剂良方。这又是后现代语境下中国传统文化价值

① ［法］雅克·德里达：《论文字学》，汪堂家译，上海译文出版社2015年版，第237页。
② 同上书，第55页。
③ 同上书，第115页。
④ 同上书，第116页。
⑤ 陆扬：《德里达·解构之维》，华中师范大学出版社1996年版，第32页。
⑥ ［法］雅克·德里达：《论文字学》，约翰·霍普金斯出版社1974年版，第92页。转引自陆扬《德里达·解构之维》，华中师范大学出版社1996年版，第38页。

的重新发现与中西文化的又一次对话。

3. 解构哲学的阅读理论

第一，阅读即辨认言语的分延（即延异）。

他说，阅读活动是"在言语中辨认文字，即辨认言语的分延和缺席"①。这是一种全新的解构理论的阅读观。阅读不是把握作者原意、文本内涵和读者视角，而是着眼于文本自身言语的"分延"，在能指的滑动中，在意义的区分和推延中，辨认其意义的交叉、模糊、流动与内在矛盾。说白了，这种阅读就是解构，是求异而非求同。

第二，解读文本就是对痕迹的追随。

德里达认为，解读文本就是对痕迹的追随。② 由于痕迹是玄虚的，因而对痕迹的追随也就是意义的消解。由此可见，德里达的阅读理论就是以其《论文字学》为范式的解构理论，无论是分延还是痕迹都是一种解构。

第三，读者是由作品在阅读中创造出来的。

什么是读者呢？德里达认为，没有预先存在的读者，读者是由作品在阅读过程中创造出来的。他说："按定义来讲读者并不存在，他不能在作品之前、作为它真正的'接受者'而存在。……读者将会由作品'形成''培训'、教导、构想、甚至生产——让我们所创造出来。"③

第四，阅读需要依靠"书页中那些文字"。

解构论者并不承认阅读是读者的一种随心所欲地对文本的为所欲为，而是主张阅读需要一种文本自身的物质性。乔纳森·卡勒在其《论解构》中指出，虽然解构无须像传统阅读那样在作品中读出什么统一的内容和主题，但解构并不"使阐释成为一种无奇不有的自由联想过程"。米勒更加明确指出，在阅读中"需要依靠某种东西，或者说是要有个立足点。那就是书页上的那些文字"。"无论出现在什么场

---

① ［法］雅克·德里达：《论文字学》，汪堂家译，上海译文出版社 2015 年版，第 204 页。
② 胡经之编：《西方文理论名著教程》下卷，北京大学出版社 2003 年版，第 561 页。
③ ［法］雅克·德里达：《文学行动》，赵兴国等译，中国社会科学出版社 1998 年版，第
40 页。

景，词语都会保持着自身某种历史性的力量"。① 解构论更加强调的是阅读要凭借文本的细读，他们自身也正是特别注重文本的细读。

4. 作为解构之批评——"替补"作为一种新的解构批评逻辑

"替补"逻辑，是德里达解读卢梭在《爱弥儿》时运用的解构论批评模式。卢梭在该书中尽管主张自然中心，但又悖论地潜伏着一种以文化替补自然的模式，在自然中心之外，又提出"人是通过教育培养而成"的重要观点，从而形成解构自然中心的解构式批评模式，成为德里达批评理论的示范。因为卢梭认为，自然状态是美好的原初状态，而文化则使人成为贪婪，社会成为罪恶。但卢梭又认为，只有文化才能使人脱离动物性具有人性。因此，文化成为自然状态的"替补"项，但最后这个"替补"项代替了主体项自然。这就是替补的解构功能。再就是，他在对柏拉图的《斐德若篇》中"药"一词的分析中，也得出了作为替补的文字最终取代语音的结论。1968年，他的《柏拉图的药》一文通过对《斐德若》一文的解读，批判柏拉图与苏格拉底的逻各斯中心主义。《斐德若》是柏拉图最重要的对话之一，写苏格拉底与少年斐德若有关爱与灵魂的对话。在该文中，柏拉图借苏格拉底之口，称文字是一剂药，但药有良药与毒药两种，柏拉图在游移中向文字是毒药倾斜。这个观点主要是通过两个故事表述的：一个是埃及的瑙克拉提这个地方住着一位古神塞乌斯，他发明了包括文字在内的许多好东西，并将其献给国王，并说文字"可以作为一种治疗"，也就是具有药的作用，但国王却将其弃之不顾，也就是说，这暗喻着国王认为文字是一种不好的药（毒药）。另一个故事是，雅典公主与女伴法马西亚（Pharmacia）玩耍时被风吹到山下摔死，暗喻被（pharmcia）"药"害死。但希腊文的药（pharmakon）是多义词，包含良药与毒药两种含义。苏格拉底因被诉运用言语（文字）蛊惑青年而赐予死刑，他自杀时所用的也恰恰是毒药（毒酒）。如果从毒药的角度，文字就由语音的"替补"从能够药死人的东西上升到主

---

① 郭伟：《论解构批评与人文主义的历史交锋——回顾一场三十年前的学术论争》，《当代外国文学》2014年第1期。

要地位而取语音而代之。当然，德里达在这里是从讽刺的意义上来阐述这个故事的，立足于对柏拉图与苏格拉底逻各斯中心主义的批判。也就是说，在德里达那里，所谓批评也是一种解构式批评。具有代表性的就是，他在《给予时间：假币》一文中对波德莱尔《恶之花》中的《假币》一文的分析。原文的叙述者说，他与一位朋友偶然在街上遇到一个乞丐，叙述者给了乞丐少量的钱，而他的朋友则给了数额巨大的假币。这样，该文试图告诉我们的当然是对叙述者的称赞，对乞丐的同情，对叙述者朋友给乞丐假币的否定。但德里达则运用"替补"的解构方法得出另外的结论：真正帮助他人的不是叙述者而是他的朋友。甚至仅仅是这种"偶遇"的机会。因为，德里达说所谓"赠品"只有在无意识的情况下才能够构成，而其朋友给予假币恰恰是无赠予意识，但却能够产生赠予效果的行为，因为假币照样可能发生货币和资本的作用，而这样的货币和资本是不需要劳动也可获得的；再就是，真正帮助他人的也不是叙述者与其友人，因为他们在街上偶遇乞丐，并非刻意要去资助他，而是这个偶遇给了他们赠予乞丐并因而行善的机会。① 当然，这是指对于正常思维方式的解构。还有一种情况是对主流价值的解构，德里达将之称为"危险的增补"，具体指卢梭的《忏悔录》中以非自然的情欲对他的主人与恩人华伦夫人纯洁母爱与爱情的增补。他说，母爱与爱情，"它是无法增补的，就是说它没有必要被增补，它是充足的，且是自足的；而这也意味着它是不可替代的；人们想用来替换它的东西不会赶上它，只能是低劣的凑合"②。显然，德里达认为，这种以情欲增补的爱，是一种危险的增补。

5. 互文性、延异与哲学、美学边界的新阐释

德里达在论述延异与替补时指出："严格说来，这等于摧毁了'符号'概念以及它的全部逻辑。这种取消边界的做法突然出现在语

① 转引自汝信编《西方美学史》第 4 卷，中国社会科学出版社 2008 年版，第 793—795 页。

② ［法］雅克·德里达：《文学行动》，赵兴国等译，中国社会科学出版社 1998 年版，第 49 页。

言概念的扩张抹去其全部界限之时，这无疑不是偶然的。"①

互文性也消解了文本与类别的界限。德里达认为，所有的文本都是复杂的，是一种折叠性的游戏，正是这种折叠性游戏导致文学文本与其他文本的互文性。他说："而正是在这种折叠的游戏中，记录着文学之间、文学与非文学之间、不同文本类型或非文学文本各要素之间的差异。"② 在德里达看来，文学的这种互文性的最大特点是文本的开放性。他认为，文学包含了文学的、科学的、哲学的与会话的多种元素，是完全开放的。他说："如果不是对所有这些话语开放、如果不是对这些话语的任何一种开放，它也就不会成为文学。"③

6. 批评古典戏剧，倡导残酷戏剧

德里达以其解构论立场批评传统的古典戏剧。他说，古典戏剧"它是一种腐坏，也是一种'反常'，一种引诱，一种越轨的边缘，越轨的意义和尺度仅仅在戏剧演出的前夜，在悲剧的起源之机才是可见的"④。之所以他要批判古典戏剧，那是因为古典戏剧反映了一种传统的中心论的戏剧价值观。德里达将这种古典戏剧价值观概括为剧本是首要的，演员和导演只是工具与奴性解读者，他们在逼真的解读剧本，表演作者的神学思想，再现舞台之外的上帝、父亲逻各斯和词语织物，舞台上的言谈是保证这些阐释任务的主要手段。

而残酷戏剧则正好相反，它贬低言谈的主导地位，而赋予形象、姿态、立体感、身体（生命）、力量以突出位置，它是生命的消费而非言谈的消费，是形象的消费而非声音的消费，它的舞台不再与观众保持距离，不再有观众与演出，而只有狂欢。总之，古典戏剧所有的形而上学的对立，例如表演与表演者、舞台与观众、文本与解释，在此都解构了。他说："残酷戏剧不是一个表演，在生活是不可表演的

① ［法］雅克·德里达：《论文字学》，汪堂家译，上海译文出版社2015年版，第8页。

② ［法］雅克·德里达：《文学行动》，赵兴国等译，中国社会科学出版社1998年版，第12页。

③ 同上书，第14页。

④ 同上书，第346页。

范围内，它是生活本身。"① "残酷戏剧的确是梦的戏剧，而且是残酷的梦的戏剧"②。"残酷戏剧是神圣的戏剧。"③ 最重要的是，德里达认为，残酷戏剧是反重复的戏剧，因为"重复使力、在场、生命同它们自己分离了。分离是经济的和计算的分离姿态"④。相反，德里达认为，新的残酷戏剧的最重要的特点是对"差异"的强调。他说："残酷戏剧当是差异的艺术，是无节省、无保留、无回返、无历史的耗费艺术。纯粹在场即纯粹差异，其行为应忘记，积极地忘记。"⑤ 总之，德里达的残酷戏剧实际上是对当代反叛性的先锋艺术的一种肯定。

三 评价

1. 值得肯定之处

第一，提出一种新的哲学精神，开创了一个新的时代。

德里达对传统哲学、美学理论与思维模式进行了更加彻底的颠覆，走向新的多元共生的哲学、美学新时代，包含了相异性、开放性与非中心性等新的维度。美国新实用主义理论家罗蒂指出，"德里达是他所在的这个时代最富有想象力的哲学家"；"人们将记住德里达，但不是因为他发明了一种被称之为'解构'的方法……乃是因为他们使他们的读者的想象力获得了解放"。⑥

第二，德里达的解构论哲学美学的辩证法内涵及其理论合理性。

他的解构论理论告诉我们，任何事物内部都蕴含着自我否定因素，而且具有革命性的作用。这是一种辩证的思想。

第三，解构作为一种新的批评方法具有其应有的价值，即文本内部的拆解法。这种批评方法可以与社会的、美学的、文学的、精神分

① ［法］雅克·德里达：《文学行动》，赵兴国等译，中国社会科学出版社1998年版，第343页。
② 同上书，第353页。
③ 同上书，第354页。
④ 同上书，第357页。
⑤ 同上书，第359页。
⑥ ［美］R. 罗蒂：《这个时代最有想象力的哲学家——德里达》，闲云译，《世界哲学》2005年第2期。

析的与原型的批评方法等一起，作为一种新的文学批评方法。

同时，德里达提供了一系列新的哲学和美学的思维范畴，具有解放思想的作用。

2. 局限

主要是不可避免的但又十分严重的内在矛盾性。如无原则与原则、解构与建构、无意义与意义、延异与稳定等，都充满内在矛盾。如果由此取消任何价值取向，那么对于社会核心价值与核心道德的建设则是具有相当危害性的。20 世纪 70 年代在美国爆发了一场关于解构批评的论争，以 M. H. 艾布拉姆斯和韦恩·布斯为代表的人文主义者与以耶鲁学派主将希利斯·米勒为代表的解构论者展开的论争。米勒批评艾布拉姆斯的《自然的超自然主义》一书是多元中的一元，是西方形而上学的产物，从而解除了文学研究中一切正确阐释的可能性；艾布拉姆斯则批评米勒等人的解构论是一种毫无根基的相对论和不知所云的怀疑论，必将导致消解一切人文价值的严重后果，而其实际上则是一种排斥一切其他批评方法的独断的靶向性极强的一元论。① 应该说，艾氏对解构论的批评是有一定道理的。解构论的概念与范畴具有内在的不稳定性；同时，解构论哲学与美学具有理论自身的晦涩难懂，他们无所不在的"解构"立场必致最后走向自我解构。

第三节　福柯：生存论美学

米歇尔·福柯（Michel Foucault，1926—1984），与柏格森、萨特齐名的法国当代著名哲学家。1960 年获哲学博士学位，1970 年起任法兰西学院历史与思想教授。著有《癫狂与非理性》（1961）、《词与物》（1966）、《监督与惩罚》（1975）、《性经验史》（1976—1984）等。

---

① 郭伟：《论解构批评与人文主义的历史交锋——回顾一场三十年前的学术论争》，《当代外国文学》2014 年第 1 期。

一 解构主义的理论与方法

福柯的工作是对现代历史的哲学批判，中心问题是论述现代理性和人的主体性在西方社会兴起的社会历史条件及其不合理性。他运用解构的立场与方法，从历史发展的断裂、缝隙与偶然中质疑并颠覆现代理性与人的主体性的合理性与必然性。其具体途径是知识考古学。

所谓"知识考古学"，是建立在对康德与海德格尔有关"人"的理解的不满之上，认为前者力主一种先验的"逻辑学的人"，而后者则力主一种时间的"历史性的人"，而实际上已经是"人的终结"，人生活在各个时代的断裂层中。他认为，所谓考古学就是"分析局部话语的方法"，即通过对片断性、断裂性、边缘性的话语的分析，以微小叙事反抗现代性宏大叙事，以局部性与边缘性对总体性与中心性进行颠覆。也就是对理性、主体性等传统知识结构本原进行更加深入的知识探寻，在合理性中发掘不合理性，必然性中发掘偶然，历史发展中发掘断裂。他说，他所设法阐明的"认识论领域是认识型"，是"撇开所有参照了其理性价值或客观形式的标准而被思考的知识"。他所宣明的历史"并不是它愈来愈完善的历史，而是它的可能性状况的历史；照此叙述，应该显现的是知识空间内的那些构型，（les configurations）它们产生了多种多样的经验知识。这样一种事业，与其说是一种传统意义上的历史，还不如说是一种'考古学'（unearchéologie）"。① 可见，福柯的考古学实际上是在传统知识论之外对于不合理性、偶然性与断裂性的探讨。

认识型（episteme）：古希腊词。柏拉图认为，知识是灵魂的一种认知状态，只关涉形相或形式，亦可作范型、范式。

构型（configurations）：指构造、结构与形状的外形。

考古学（unearcheologie）：一般指通过从地下发掘出早期文化遗迹，发现新的事实，印证历史。福柯知识考古的结果，是西方思想史在 17 世纪中叶和 19 世纪初发生了两次断裂。第一次断裂是文艺复兴

---

① ［法］福柯：《词与物》，莫伟民译，上海三联书店 2001 年版，"前言"第 10 页。

时期的相似性原则被同一与差异性原则取代，说明文艺复兴的终结和古典时代的开始。《词与物》一书开端所引用的"中国某部百科全书"有关动物分类原则引起西方人发笑的例子就是证明。福柯说："通过寓言向我们表明为另一种思想具有的异乎寻常魅力的东西，就是我们自己的思想的限度，即我们完全不可能那样思考。"① 第二次断裂是标志着古典时代的终结和现代的开端。其表现是古典的表象理论消失了，同一与差异被有机结构取代，人首次进入西方知识领域，人类学产生了，人文学科的空间打开了。福柯用 17 世纪西班牙画家威那兹克斯的名画《宫中侍女》来说明。古典时期的知识特征是"主客二分"，这幅画的画面上只有正在作画的画家和旁观者，真正的被画对象即国王菲利普四世和路易斯王后，并非画面主角，而只从画中的一面镜子里反射出来，但实际上整个画面都是国王与王后眼里看到的对象，他们才是真正的表象主体。这幅画表现了表象的特征，但表象主体是隐蔽的。表象出来的是客体，是自然。所以，自然科学是古典时期最主要的知识形式。

系谱学（genealogy）：一般的系谱学，是指对价值起源中起到区分性作用的差异因素的捕捉，这就意味着，任何价值的起源并非是可追溯至单一源头的、本质性的起源，而是呈现为一种差异性的多重力量的分布状态。而这种区分性的差异因素，既意味着对各种价值的批判，又意味着创造性可能。因而，完整的系谱学既包括批判性维度，也包括创造性维度，并不是单维的结构。尼采在其生前的最后一部著作《道德系谱学》中考察了道德的非形而上学起源问题，成为此后"系谱学"的源头之一。福柯的系谱学是在前期知识考古学的基础上发展起来的一种话语理论，旨在对话语背后的社会机制和权力关系进行更深入的发掘。他在《力量/知识》一书中提出，所谓"系谱学"，他认为是"微观物理学""政治解剖学的结果和工具"，"它的参照点不是语言和符号的模式，而是战争、战役的模式"。② 这里的"战

① ［法］福柯：《词与物》，莫伟民译，上海三联书店 2001 年版，"前言"第 1 页。
② 转引自赵敦华《现代西方哲学新编》，北京大学出版社 2000 年版，第 265 页。

争",是内在于身体的强力与外在的政治权力的较量。他认为,这种身体内的微观战争是宏观社会组织与经济关系的基础。"系谱学"正是在身体内的微观战争的这一基础上,从微观的角度,从人的身体内部看待现代惩罚制度的影响,由前资本主义对身体的直接奴役到现代资本主义经济从身体内部抽取生产性服务,通过规训从内部控制身体,把一定的力量灌注在身体之内。虽然这是通过语言进行的纪律与规训约束、技术培训和知识教育,但其结果不亚于战争对身体的摧残。在这里,涉及福柯对于话语与权力的特殊理解。他认为,所谓话语不是什么"文本",而是人的一种实践活动,影响话语的最根本因素是"权力",统治者通过话语与权力两者的结合来控制社会。

总之,福柯就是通过这种对知识和权力的分析与发掘来剖析资本主义社会及其知识体系的弊端,进行其对社会文化的大规模解构,从而影响文化与社会生活的方方面面。

二 有关"人的终结"的后现代人学理论

福柯通过自己的知识考古学方法探索了文艺复兴以来人类在"词与物"这个维度知识形态的变化与特点,从而反映人的生物、经济和文化特征。他认为,文艺复兴是 1500—1660 年,其基本的知识特征是相似性,知识形式是神秘科学,哲学形式是神学;古典时期为 1600—1800 年,知识形式是自然科学,哲学形式是理性主义;现代为 1800—1950 年,知识形式是人文科学,哲学形式是人类中心主义。而当今时代为 1950 年至今,知识形式是反人类科学(即反人类中心主义),哲学形式为"考古学"即解构论哲学。这里,非常重要的观点是:其一,福柯认为,人其实是工业革命发展的结果,人产生了理性,发现了自己,发明了科技,力量空前高涨,使人自认为成为世界的中心。福柯说:"在 18 世纪末以前,人并不存在。生命力、劳动生产或语言的历史深度也不存在。他是完全新近的创造物,知识造物主用自己的双手把他制造出还不足 200 年。"① 其二,指出了"人

---

① [法]福柯:《词与物》,莫伟民译,上海三联书店 2001 年版,第 402 页。

的终结""人类中心主义的终结"，起到振聋发聩的作用。他说："在我们今天，并且尼采仍然从远处表明了转折点，已被断言的，并不是上帝的不在场或死亡，而是人的终结（这个细微的、这个难以觉察的间距，这个在同一性形式中的退隐，都使得人的限定性变成了人的终结）。"① 他还在《词与物》的最后说，"人是近期的发明。并且正接近其终点"；"人将被抹去，如同大海边沙地上的一张脸"。② 事实上，从词与物的关系来看，"人类中心"也是被人自己运用语言创造出来的，随着历史的前进，证明"人类中心"只不过是一个虚妄的事实，这个词并不能反映人的真实位置，所以，人类又运用知识考古学的解构的方法将"人类中心"这个词颠覆，代之以"非人类中心"等新的词语。在福柯看来，这其实也是一种人的解放。"人已从自身之中解放出来了"③，也就是人将自己从"人类中心"的词语中解放出来了。从这个角度说，这是一种旧的人文精神的结束与新的人文精神的诞生。工业革命时期的人终结了，新的后工业革命时代的人产生了。这其实反映了福柯的一种非常新锐的、同时也是与时俱进的后现代人文思想，当然也包括他对资本主义工具理性的规训与惩罚的强有力的批判与控诉。

三 以"关注自我"为其核心的"生存美学"

福柯晚年，倾其全部精力写作了亘古未有的奇书《性经验史》。这是一部对人性进行另类的深度剖析的巨著。从美学的角度说，该书包含了以"关注自我"为其核心内容的生存美学。在这里需要说明的是，对于书中涉及颇多的性经验与身体、快感、审美的关系，由于内容比较复杂，我们只能暂时放在一边。目前集中精力论述其"生存美学"。

第一，提出"生存美学"的方法是"系谱学"的解构的方法。

福柯在书中指出："总之，我以为，如果不对欲望和欲望主体进

---

① ［法］福柯：《词与物》，莫伟民译，上海三联书店2001年版，第503页。
② 同上书，第506页。
③ 同上书，第454页。

行一种历史的和批判的研究，即一种'谱系学'的研究，那么我们就难以分析 18 世纪以来性经验的形成和发展。因此，我不想写出一部欲望、色欲或里比多前后相继的概念史，而是分析个体们如何被引导去关注自身、解释自身、认识自身和承认自身是有欲望的主体的实践。"① 也就是说，他从人自身（自我）、身体性快感这样一个独特的视角，从发生在这一切之上的外在政治权力与内在身体强力的微观战争来审视和批判社会制度、社会文化，追求人的解放和审美生存。

第二，"生存美学"的提出。

福柯正是在借助谱系学方法的过程中，在强力与权力的斗争中，也就是在由此形成的各种"责疑"的分析中提出"生存美学"的。具体说，就是在古代对性快感的责疑中提出"生存美学"。他说："我想指出古代的性活动和性快感是如何在自我的实践中被质疑的，并且展示各种'生存美学'的标准的作用。"② 在这里，福柯所说的"自我实践"包括养生法的实践、家庭治理的实践、恋爱行为中的求爱实践等，有点类似于"生活美学"或者现在盛行的"日常生活审美化"。③ 由此可见，他的"生存美学"是一种个体的美学、身体的美学、自我的美学。与此同时，他还提出一种"生存艺术"的观念，就是指"那些意向性的自愿行为，人们既通过这些行为为自己设定行为准则，也试图改变自身、变换他们的单一存在模式，使自己的生活变成一个具有美学价值、符合某种风格准则的艺术品"④，并由此提出使我们的生活"成为艺术品"的重要观点⑤。

第三，"关注自我"的核心命题。

"关注自我"是福柯《性经验史》也是其"生存美学"的核心命题。他说："关注自我（heautou epimeleisthai）的观念实际上是希腊文化中一个非常古老的论题。它很早就是一个广泛传播的律令。色诺芬

---

① ［法］福柯：《性经验史》，佘碧平译，上海人民出版社 2005 年版，第 125 页。

② 同上书，第 130 页。

③ 同上书，第 170 页。

④ 转引自汝信《西方美学史》第 4 卷，中国社会科学出版社 2008 年版，第 756 页。

⑤ 同上书，第 770 页。

笔下的居鲁士不认为他的生存因为征战的结束而完成，他还需要关注自我——这是最珍贵的……"① 他认为，"关注自我"是许多哲学学说中常见的一种律令，人的存在被界定为富有关注自我使命的存在，这是他与其他生物的根本区别；对自我的关注不是简单地要求一种泛泛的态度和一种零散的注意力，而是指一整套的事务，包含一种艰苦的劳动，诸如训练、养生、社会实践等；根据一种在希腊文化中源远流长的传统，关注自我是与医学思想和实践紧密联系的；而在关注自我中，"认识自我"显然占有极其重要的地位；关注自我的实践尽管表现不同，但是有着共同的目标，其特征可以用"转向自我"的最一般原则来规定②。福柯认为，这是一种行为的改变，同时也是一种自制的伦理，从法律上来看人属于自我，人就是他自己，同时人也"自我愉悦"，获得快感。

第四，"关注自我"中的"身体内涵"。

福柯"关注自我"的生存美学包含十分可贵的身体内涵。他说，"我们不难发现，在塞涅卡的书信或在马克·奥勒留与弗罗东（以上均为古罗马政治家与哲学家——引者注）的通信中，他们对自己日常生活的回忆见证了这种关注自我和自身肉体的方式。这种方式得到了极大的强化，远远超过了根本的变化；它表明了人们对身体的担忧大大增强了，但不是要贬低肉体"③。福柯引用了罗马皇帝伽利安有关人的创造的悖论的观点。伽氏说，大自然创造人，但"在创造过程中，遭遇到了一个障碍，即一种内在于它的目的之中的不兼容性。为了完成一个不朽的创造，它费尽了心机。然而，它所使用的材料却使它无法成功"④。这就是创造所追求的不朽与所使用的物质的可腐败性之间不可避免的不一致。为此，大自然（造物主）就创造了克服这种材料可腐败性的计谋。这个计谋或诡计就是三种元素：赋予所有动物的和用来生育的各种器官不同寻常和激烈的快感能力，以及灵魂中利用这

---

① ［法］福柯：《性经验史》，佘碧平译，上海人民出版社 2005 年版，第 330 页。
② 同上书，第 346 页。
③ 同上书，第 375 页。
④ 同上书，第 376 页。

些器官的欲望。当然，伽利安这里主要讲的是性活动。但从身体美学来说，器官、快感和欲望恰恰是身体的三要素。福柯提出的"快感养性法"与"自我呵护"，在这里，器官、快感与欲望三个维度使身体走向愉悦与美好。

此外，福柯还于1969年写作了《作者是什么?》一文，从话语功能的角度研究作者，提出作者不是一般的专有名称，而是话语的一种功能，是法律和惯例体系的产物，不具有普遍和永恒的意义，是一种复杂的、建构出我们称之为"作者"的理性存在与一个真实的个体形象。这就在传统的有关作者的反映论（客观论）和意向性（主观论）之外，提出了一种构成性的作者理论。他还明确表示了对于德里达文字理论的批判，从广阔的社会文化的视角来审视和研究作者与文本。

总之，福柯的解构论的生存美学所具有的对传统工具理性与人类中心的批判和颠覆是极具启发价值的，他的有关关注自我、自我呵护的生存美学思想也具有一定的现实与时代价值。但他对裂缝与偶然的过分强调、对快感的过分张扬、对权力与话语作用的过分夸张，特别是对马克思主义经济基础决定社会意识理论的明显背离，都是我们所必须同其保持距离之处。

第八章

20世纪英美分析美学：美与分析

要了解分析美学，首先要了解分析哲学。分析哲学是20世纪哲学危机背景下为寻求哲学的新出路而产生的、以语言分析作为哲学方法的当代哲学流派。它可以说是一场反对语言蛊惑的战斗，使哲学成为一种治疗性的哲学。它通过对语言误解的纠正来消除哲学问题，匡正思维模式，把形式分析或逻辑分析作为哲学固有的方法，其特点是重视语言在哲学中的作用，忽视哲学的世界观与价值观意义；重视分析方法，忽视综合方法；重视哲学研究的科学性与精确性，忽视哲学研究的基础性与社会性。

分析美学是分析哲学的组成部分，旨在分析解构传统美学的基本命题，在分析过程中阐释美、审美与艺术。有学者认为，分析美学不是以传统美学学科的美、审美与艺术为研究对象，而是以研究传统美学学科中对美、审美与艺术的界定之用语正确与否为研究对象，因而是一种"后美学"，或研究美学的美学。这种"后美学"是一种开放的美学，在"后美学"之中，美、审美与艺术都是不稳定的，在一定语境中变动不居。分析美学将科学认知作为其学术追求，它尽管是一个缺乏综合的美学，但其实还是将审美的共同性归之为科学认知主义。因此，一般将之归结为科学主义美学。分析美学的一个特点是，它是一种反本质主义的美学，反对一切美的实体，只看到审美的过程与活动，所以也只强调过程与活动。当然，它也是一种描述的美学，只有描述，没有论证。作为科学认知主义的美学，它最后归结为某种知识，并以此为依托。分析美学的方法是分析，以知识为依据分析审美的艺术的过程与活动。对于分析美学的历史发展，我们目前概括为初期的语言分析、中期的符号分析、后期的环境分析三个阶段，并以维特根斯坦、古德曼与卡尔松三位美学家的主要观点为代表，对分析美学观念、方法等进行梳理与评述，以呈现分析美学的大略风貌。

第一节　维特根斯坦的《美学对话录》：语言分析

维特根斯坦（Ludwig Josef Johann Wittgenstein，1889—1951），英国分析哲学大师，数理逻辑学家，分析哲学的创始人。出生于奥地利一个犹太家庭，先后在柏林高等技术学校与曼彻斯特大学就读，青年时期受到分析哲学奠基人弗雷格与罗素的影响。第一次世界大战时期参军，并在战俘营完成 20 世纪哲学经典之作《逻辑哲学论》（1919），后获得剑桥大学博士学位并任三一学院研究员（1930）、剑桥大学教授（1939）。1947 年辞去教授职务，专心于学术研究，成果丰硕。1951 年辞世。维特根斯坦具有极大影响的后期著作《哲学研究》，是在他辞世后的 1953 年出版的。维特根斯坦的思想发展有前后期的区分，前期思想来源于弗雷格与罗素，强调以逻辑分析的方法澄清命题的意义；后期则受到摩尔、莱姆塞以及德国语言学家毛特纳等的影响，强调语言的不同用法与语言的约定俗成性质。可以说，维特根斯坦的思想，有一个从早期的"语言界限"向晚期的"语言使用"的过渡。据称，维特根斯坦对于美学非常喜爱，曾说："我或许会发现科学问题很有趣，可它们从未真正吸引过我。唯有观念的和美学的问题吸引我的注意力。说实话，我对科学问题的解答漠不关心，但其他类型的问题不是这样的。"[①] 作为哲学家，他的美学论述不是很多，他的美学思想集中在 1938 年的《美学、心理学和宗教信仰演讲与对话集》之中，俗称"剑桥演讲录"。20 世纪以来，对现代哲学与美学影响最大的理论家有马克思、海德格尔与维特根斯坦。

---

① ［英］路德维希·维特根斯坦：《维特根斯坦笔记》，许志强译，复旦大学出版社 2008 年版，第 135 页。

维氏的哲学与美学研究是由对本质分析的批判发展到语言分析，不是探寻某种本质，而是在语言游戏（使用）中探寻把握美学、审美与艺术的某种途径或方法。维氏认为，语言游戏是语言与行动交织在一起的整体，呈现为语言的活动性、言语行为。他认为，哲学不是一种理论，乃是一种活动。维氏的美学不是理论的美学，而是活动的美学，是类似法庭辩论的对事件情景的厘清。这就是分析美学著名的"语境"论。

一　对传统美学的批判：反本质主义

第一，"美学"一词被误解，有澄清之必要。

他说："（美学）这个题目太大了，据我所见，它完全被误解了。对诸如'美的'（beautiful）这一词语（word）的使用，甚至更容易被误解，如果你看它所出现的那个句子的语言形式（linguistic form），那么，这种误解情况就较之其他多数的词语更容易发生。"① 在他看来，传统美学关于美学是感性认识的完善的科学、美学是艺术哲学等看法，问题很大。首先在于语言的使用不当，具有某种抽象性，与生活实际距离很远，也离开了语言的使用实际。他认为，如果从日常生活中"美的"一词的使用来看，美学只是一种形容词或感叹词，而绝对不是"感性认识"或"艺术哲学"那样的名词。而且，包括美学在内的任何概念都必须在语言的使用中把握，没有抽象的、不变的所谓"美学"。

第二，所谓"美的科学"是荒谬可笑的。

他说："美学就是一门告诉我们什么是美的科学——就词语而言这几乎是最荒谬的了。我假定美学也应该包括何种咖啡的味道更好些。"② 这就告诉我们，美学与传授知识的科学相距甚远，传统美学说"美学是一种科学"，这是最荒谬可笑的事情。因为其认为，美学不传授任何科学知识，在具体的语言使用中它只与美味、美言与美食密切

---

① ［英］路德维希·维特根斯坦：《美学、心理学和宗教信仰的演讲与对话集（1938—1946）》，刘悦笛译，中国社会科学出版社2015年版，第1页。

② 同上书，第17页。

相关，而不传授知识。

第三，美学是心理学的观点是极度愚蠢的。

他说："人们经常说，美学是心理学（psychology）的一个分支。这种观点认为，一旦我们是更为先进的，每个事物——一切的艺术的神秘（the mysteries of art）——都可以通过心理学实验（psychological experiments）来加以理解。诸如此类的观点是极度愚蠢的，可是它偏偏就是如此。"① 在他看来，既然美学不是科学，那么它也就不是心理学，因为心理学属于科学的范围。而且，他认为这种将美学看作是心理学的观点极为愚蠢。他在讲演中多次阐述这个观点。他认为，审美问题与心理学实验毫不相关，心理学作为科学是讲究因果律的，但审美没有因果律问题，更不是实验室可以解决的。

二 关于美学：语言分析

第一，哲学的目的是命题的明晰。

首先，维特根斯坦将哲学定位到了语言分析的位置。他说："哲学的目的是对思想进行逻辑澄清（the logical clarification of thoughts）。哲学不是一种理论，乃是一种活动（activity）。一部哲学作品本质上是由诸多阐明（elucidations）所构成的。哲学的结果，并不是得到一些'哲学命题'，而是使这些命题明晰。哲学应使那些不加澄清就变得暗昧而模糊不清的思想得以清晰，并为其划定明确的界限。"② 而"我的语言界限就意味着我的世界的界限"③。在这里，维特根斯坦已经走向了反本质主义，将哲学的根本目的指向了逻辑的澄清、命题的明晰与界限的划定。而这是需要进行语言的分析的，因为语言的界限就是世界的界限。总之，哲学已经走向反本质主义，走向语言分析，美学当然也走向反本质主义和语言的分析。

---

① ［英］路德维希·维特根斯坦：《美学、心理学和宗教信仰的演讲与对话集（1938—1946）》，刘悦笛译，中国社会科学出版社2015年版，第26页。

② 转引自刘悦笛《维特根斯坦的"大美学"》，载《美学、心理学和宗教信仰的演讲与对话集（1938—1946）》，中国社会科学出版社2015年版，"译者前言"第7—8页。

③ 同上书，"译者前言"第14页。

第二，美学所要做的事情就是给出语言使用的理由。

维特根斯坦认为："美学所要做的事情……就是给出理由，例如，在一首诗歌的一处特别的地方为何用这个词而不是那个，或者在一段音乐当中为何用这个音乐素材而不用那个。"① 也就是说，他已经将美学具体到实际艺术中词语与素材使用的研究。这就是一种语言分析的方法。

第三，美学研究的"描述"方法。

维特根斯坦认为："当时将美学视为一种严格意义上的科学的建构方式是走错了路，因为'美在哪里'就像'好吃在哪里'一样只能描述，而难以给出某种科学化的规则。"② 在这里，他道出了现代美学与古典美学的根本区别。古典美学因为将美学看作"科学"，所以美学研究的方法是一种科学的逻辑的方法，而现代以来则将美学回归到人文学科，是人学，走出了美学是科学的禁锢，从而将美学的方法回归到"描述"。所谓"描述"，就是回到事情本身后对于事物的形象化阐述。现象学是回到"意向性"本身，存在论是回到"存在"本身，实用主义是回到"经验"本身，而分析美学则是回到"语言分析"本身。所谓"审美"，就是再对这种"语言分析"进行形象地阐述。维特根斯坦在语言分析的阐述中使用最多的是举例。他说："要解决审美之谜，我们真正所要的，就是将特定的例证放到一起形成群落——并进行特定的比较。"③ 他在演讲中举了裁缝、音乐欣赏、绘画、法庭与舞曲等一系列例子，说明美学研究回归语言的可能。他认为，这里描述的都是各种特定情况下的审美反应，"描述"就是对于审美反应的描述。他说："欣赏音乐是人类生活的一种表现形式。对于某些人我们将如何描述这一形式呢？现在，我想我们首先必须描述音乐，然后我们才能描述人对它是如何反应的。"④

---

① 转引自刘悦笛《维特根斯坦的"大美学"》，载《美学、心理学和宗教信仰的演讲与对话集（1938—1946）》，刘悦笛译，中国社会科学出版社 2015 年版，"译者前言"第 31 页。

② 同上书，"译者前言"第 25 页。

③ ［英］路德维希·维特根斯坦：《美学、心理学和宗教信仰的演讲与对话集（1938—1946）》，刘悦笛译，中国社会科学出版社 2015 年版，第 44 页。

④ 转引自刘悦笛《维特根斯坦的"大美学"》，载《美学、心理学和宗教信仰的演讲与对话集（1938—1946）》，刘悦笛译，中国社会科学出版社 2015 年版，"译者前言"第 44 页。

第四，描述必须在一定的情境之中。

维特根斯坦认为："美学的讨论就类似于'法庭上的辩论'。在法庭辩论当中，你尽量去'弄清那种意欲去做的行为的情境'，希望最后将你所说的'诉诸法官的判决'。"① 在这里，他形象地将美学讨论比喻为法庭审判，而法庭审判的一个重要特点就是回归到事件发生的具体"情境"，同样的事件在不同的语境中其内涵是不同的。这说明，维特根斯坦的语言分析就是回归语言的使用情境，并客观地描述这种情境。这种"语境论"成为分析美学某种共识，并发展为此后的文化形式与生活形式，是分析美学语言分析走向生活的表征。他说，"意义及用法"将语言的意义完全归结为"使用"，是分析美学"语境论"的典型表述。

第五，美学与伦理学都是不可言传的。

维特根斯坦说："伦理显然是不可言传的。伦理是超验的（transcendental）。（伦理与美学是一回事）"② 维特根斯坦将世界分为可以言传的与不可言传的两类：一类是可以言传的世界，这是"事实世界"，它与语言、命题、逻辑相关；一类是不可言传的世界，是神秘的世界，伦理学与美学属于此类。这就为他在美学领域反对科学化提供了理论前提，也为美学研究的语言分析与描述方法提供了理论的根据。

三　"美的"出现：语言游戏

在什么是美的问题上，维特根斯坦无疑是反本质主义的，尽管他早期曾经提出过"美是使人幸福的东西（And the beautiful is what makes happy）"③。但这是在否定各种传统的有关美的本质的理论前提下，是在充分考虑到分析美的语言使用的情况下做出这个论断的。这个论断仍然是将审美与伦理连接在一起加以阐释的。他早期侧重于运用语言分析的方法批判传统美学，重在对于传统美学的语言分析，后期则侧重于审美过程中语言的使用。此时他对于审美的最基本的观点

---

① 转引自刘悦笛《维特根斯坦的"大美学"》，载《美学、心理学和宗教信仰的演讲与对话集（1938—1946）》，刘悦笛译，中国社会科学出版社2015年版，"译者前言"第23页。

② 同上书，"译者前言"第15页。

③ 同上书，"译者前言"第10页。

则是："美的"是语言游戏中的出现。

第一，所谓"美的"只有在"语言游戏"中才能出现。

维特根斯坦认为，"美的""好的"经常是以感叹词出现的，"是什么使得这个词成为同意的感叹词的？这是它所呈现出的游戏，而不是语词的形式"①。在这里，他将"美的"与"好的"这种特殊的感受归结为"语言游戏"。这里所谓的"游戏"，就是一种动作、过程与自由的状态，表明了语言的多义性与非稳定性，"美的"也是其多义性与非稳定性的表现，是非本质的与非概念的。

第二，"语言游戏"的背景是一种整体的文化。

维特根斯坦认为，语言的游戏是在一种情境中发生的，由此发现这种语言的游戏也需要一种"整体文化"。他说："我们所谓的审美判断的表现（expressions of aesthetic judgement）的词语扮演了非常复杂的角色，而且是一种非常明确的角色，我们称之为一个时期的文化（a culture of a period）。描述它们的用法，就要去描述你所意味的一种文化趣味（cultured taste），你必须得描述一种文化。我们现在所谓的一种文化趣味，或许在中世纪并不存在。不同的时代玩着完全不同的游戏。"② 在这里，他将审美的语言游戏放到整体文化的背景之上，从而赋予审美以浓郁的人文色彩。他明确地认为，审美恰恰是人与动物的根本区别之一，"不能称当音乐演奏时一只摇尾巴的狗有乐感"③。这种审美的人文性揭示了审美的文化特征及其广阔的背景。

第三，语言的游戏与生活方式紧密相连。

维特根斯坦认为，文化最后指向人的生活方式，他说："为了澄清审美语词，你必须得描述生活方式。"④ "生活方式"是时代的、具体的，具有广阔的内涵与丰富的内容，将审美牢牢地奠定在生活的基

---

① ［英］路德维希·维特根斯坦：《维特根斯坦全集》第 12 卷，江怡译，河北教育出版社 2002 年版，第 324 页。

② ［英］路德维希·维特根斯坦：《美学、心理学和宗教信仰的演讲与对话集（1938—1946）》，刘悦笛译，中国社会科学出版社 2015 年版，第 12 页。

③ 同上书，第 10 页。

④ ［英］路德维希·维特根斯坦：《维特根斯坦全集》第 12 卷，江怡译，河北教育出版社 2002 年版，第 334 页。

础之上。

第四，语言的游戏着重于差异性。

维特根斯坦认为，语言的游戏着重于差异性。对于差异性的重视，是他后期哲学与美学的重要特征。他曾引用《李尔王》中的一句台词——"我将教给你们差异"，将之作为其后期著作《哲学研究》的开篇题词。这也是他在审美的语言游戏中所贯彻的原则。他说："'正确地''有魅力地''微细地'等起着截然不同的作用。譬如，布丰（Buffon）——一个可怕的人——论写作风格的著名演说；他作出了许多区分，而我只能模糊地理解，但他的意思并不模糊——所有各种细微差别，像是'巨大的''有魅力的''好的'等。"① 总之，差异性是审美的语言游戏的一个重要特点。

第五，语言游戏的"规则性"。

审美除了差异性，非常重要的还要有共通性，而规则性就是共通性。没有规则就难以建立共通感，那也就不是审美。维特根斯坦以裁缝为例说明此事："裁缝知道一件外套应当是多长，袖子应当是多宽，等等。他学习了规则——他受过训练——就像你在音乐中学会了和声和对位。……另一方面，如果我并没有学习这些规则，我就不会作出审美判断。通过学习规则，你就得到了越来越精细的判断。"② 他认为，这样的"规则"不同于技术性的"规则"，而是一种"经验"的规则，审美判断力的规则。他继承康德美学，运用了审美判断力的概念，并将康德的审美判断力的共通性也继承下来。康德的共通性是一种心理的共通性，但维特根斯坦则是一种"经验"的共通性。他说："这里习得的不是一种技术；是在学习正确地判断。这里也有规则，但这些规则不构成系统，唯富有经验的人能够正确运用它们而已。不像计算规则。"③ 这说明，维特根斯坦

---

① ［英］路德维希·维特根斯坦：《维特根斯坦全集》第12卷，江怡译，河北教育出版社2002年版，第331页。

② 同上书，第328页。

③ ［英］路德维希·维特根斯坦：《哲学研究》，陈嘉映译，上海世纪出版集团2001年版，第274页。

认为，审美的语言游戏必须有规则，因为只有有规则才具有审美的共通性。但这种规则又不是计算的科学的规则，而是一种"经验"的规则。这就将审美的语言游戏与共通性归结到了"经验"上，只是这是一种语言游戏的经验。

四　关于艺术：家族类似

第一，艺术具有一种永恒性。

维特根斯坦是不承认艺术具有某种本质的，他的反本质主义在艺术理论上表现得很明显。但他并没有否定艺术的超越性的内涵，他说："艺术品是在永恒的观点下看到的对象；善的生活（good life）是在永恒的观点下看到的世界。这才是艺术和伦理学的联系。"① 可见，在他看来，"永恒性"是艺术与伦理学的共同本性，是一种"无法言传的"的世界，具有某种神秘性。这正是艺术与伦理学具有某种超越性之处。

第二，艺术的特点——家族类似。

艺术作为与审美有关的概念，当然也是艺术语言的游戏。但艺术品作为一种可以面对的实体，尽管没有共同本质，但总还有某种其他的共同性，这样才能统称为"艺术"。维特根斯坦将之概括为"家族类似"，他说："我不能想出较之'家族类似'这种相似性特征的更好的表现；对于同一家族成员之间的各式各样的相似性（the various resemblances）：体态、容貌、眼睛的颜色、步态、气质等，以同样的方式相互重叠和相互交叉（overlap and criss-cross）——我要说：'游戏'形成了一个家族。"② 在这里，可以说维特根斯坦找到了一个他自认为非常好的比喻来表现艺术的非本质的共同性，这个比喻就是"家族类似"，同一个家族的人很难说有一个特别共同的特征，但都有某种类似。甲与乙的鼻子类似，而乙又与丙的眼睛类似，

---

① 转引自刘悦笛《维特根斯坦的"大美学"》，载《美学、心理学和宗教信仰的演讲与对话集（1938—1946）》，刘悦笛译，中国社会科学出版社2015年版，"译者前言"第20页。

② 同上书，"译者前言"第48页。

而丙则与丁步态相似等，由此断言这是艺术。其实，这种家族类似就是语言的游戏。应该说，只有在这一点上，艺术才具有某种共通性。

第三，更加宽泛的比喻——工具箱。

维特根斯坦还有一个更加宽泛的比喻，那就是将语言比喻为"工具箱"。他说："我已常常把语言同一个工具箱做比较，这个工具箱里面装着锤子、凿子、火柴、钉子、螺丝钉和胶。所有这些东西都不是偶然地被装在一起的——但是在不同的工具之间却有着重要的区分——它们被用于一个方法的家族当中（a family of ways）尽管没有什么会比在胶与凿子之间差异更大。"① 这说明，维特根斯坦认为，语言好比"工具箱"，这个工具箱只有一个共同的目标——工具，然后各种用品均可归入其中，尽管内中的工具之间差异极大。因为他将艺术比喻为语言，所以工具箱也可看作是对艺术的一种更加宽泛的比喻。

总之，无论是"家族类似"，还是"工具箱"，都在说明艺术是一个开放的概念，但它们之间仍然具有某种永恒性，来作为其共同性。但这里仍然缺乏了历史主义的内涵，因为艺术是在历史中形成的，早期的、中期的与晚期的艺术概念都是不相同的，不同国家与地区的艺术也是不同的，它们都与产生它们的社会、经济、历史、文化紧密相连，脱离经济社会与历史的所谓"家族类似"与"工具箱"是难以概括一切艺术门类的。这个概念倒较为适合当代各种新兴艺术，在文化与艺术的边界被打破之后，某种家族的类似倒能够解释这些新兴艺术的属性。但运用于古典艺术就不合适了。不过，维特根斯坦的美学与艺术理论的突破性与局限性是共在的。在给我们启示的同时，其也有许多值得反思的内容。

---

① 转引自刘悦笛《维特根斯坦的"大美学"》，载《美学、心理学和宗教信仰的演讲与对话集（1938—1946）》，刘悦笛译，中国社会科学出版社 2015 年版，"译者前言"第 48—49 页。

第二节　纳尔逊·古德曼的《艺术的语言》：符号分析

纳尔逊·古德曼（Nalson Goodman，1906—1998），美国著名分析美学家。1941年获得哈佛大学哲学博士学位，先后在宾夕法尼亚大学、布兰迪斯大学和哈佛大学任教。他曾经在波士顿一家艺术画廊工作，培养了他对艺术的兴趣。古德曼在哈佛教育学院创建了著名的"零点计划"，探索文化艺术素质教育，并以"零"比喻一切从头开始。该计划投入巨大，培养了多元智能教育的倡导者，如霍华德·加德纳这样的教育理论家。古德曼于1962年受邀于牛津大学，主持约翰·洛克讲座，在此期间，他将积累下来的材料经过组织，进行六次演讲。此后，他在此基础上于1968年出版了《艺术的语言：通往符号理论的道路》，是最著名的美学与艺术论著之一。该书继承了分析美学着重于分析的传统，但与早期的语言分析有别的是，该书更侧重于符号的分析。他说："一件艺术品，无论怎样脱离再现抑或表现，也仍然是符号。"[1]

以下围绕着"符号分析"这个主题，对古德曼符号论分析美学予以评述。

一　方法：符号分析

古德曼说道："我的研究方法，毋宁说是通过对于诸多符号和符号体系的类型和功能的一种分析研究来实现的。"[2] 这就道明了他的学术目标是对符号和符号系统的分析研究。在《艺术的语言》一书中，古德曼着力运用符号的理论对各种艺术现象进行自己的符号论分析。可以说，该书就是符号分析方法在艺术与审美中的实际运用。在这里，需要特别说明的是，所谓符号，即是表示某种意义的标记，符号

---

① 转引自刘悦笛《分析美学史》，北京大学出版社2009年版，第195页。
② 同上书，第166页。

分析即是意义分析。古德曼特别提出"指谓"分析方法。他说："明显的事实是：一幅图画如果要再现一个对象，就必须是这个对象的一个符号，代表（stand for）它，指向它；……再现一个对象的绘画，就像描述一个对象的段落一样，指称（refers）这个对象，更严格地说是指谓（denotes）这个对象。指谓是再现的核心，而且它独立于相似。"① 也就是说，再现一个对象就是这个对象的符号，并且也是指谓这个对象。所谓"指谓"，就是符号指向多种意义。因此，符号分析也就是"指谓"分析中对于符号多重意义的分析。

符号分析首先是指谓分析方法。卡西尔认为，能为知觉揭示出意义的现象都是符号。古德曼认为，《艺术的语言》一书是一本符号分析的书，而不是定义艺术的书；不是论艺术本体的书，而是论艺术作品本体的书。艺术与语言，是 20 世纪分析美学的重要话题，它是建立在反对传统美学的立场之上的。古德曼认为，审美不是传统的直觉、愉快、想象与移情，而是对于艺术符号表达方式的识别，是一种对于何种情况下成为艺术品的分析，这是科学认识的领域。

我们先来看看古德曼是怎样运用符号理论对图像与情感关系进行分析的。图像本来是无知觉的，不带感情色彩的，但经过隐喻（暗喻）就可以使得图像具有了感情色彩，隐喻是联系图像与感情的关键。例如，"她是一个铁石心肠的女人"，运用"铁石心肠"的隐喻来"指谓"这个女人（艺术符号）的冷酷无情。古德曼说，"一幅图像在字面意义上（literally）是灰色的（gray），而只有在隐喻的意义上（metaphorically）是悲伤的（sad）"；"像'冷色调'或'高音调'之类的词语，是一种凝固的（frozen）隐喻，不过它是不同于年纪（age）上的年轻的（fresh）隐喻，而是和温度（temperature）上的零度保鲜的（fresh）隐喻一样"。② 一幅艺术的图像（符号）只有色彩

---

① ［美］纳尔逊·古德曼：《艺术的语言：通往符号理论的道路》，彭锋译，北京大学出版社 2013 年版，第 7—8 页。

② 同上书，第 55 页。

和图形的表征，并不包含情感，但通过隐喻（指谓）则可以使之带有感情色彩，这就是通过图像与音调的冷热和高低的特征，借助于隐喻使之带上感情色彩。比如，冷色调可以通过将之（符号）暗喻（指谓）为"尸体般的冰冷"，而高低音调则可以暗喻（指谓）为"出殡仪式般的噪音"等来隐喻"悲伤"。这样的隐喻（指谓），在心理学上常常以"异质同构"来加以说明。

古德曼还以符号理论展开了真品与赝品优劣的分析。这可以说是艺术理论之中一个争论不休的论题。古德曼认为，知识是构成真品与赝品区别的主要依据。他说："这种事实的知识（1）清楚地表明它们之间可以存在一种我能够学会去感知的差异，（2）赋予现在的观看以一种作为对那种感知辨别力的训练的角色，（3）最终要求修正和细分我现在观看那两幅图像的经验。"① 知识、训练和经验成为辨别真伪的主要依据，包括后面讲到的对于确认作者身份的知识。当然，古德曼还确定了审美感知力在辨别真品与赝品时的重要作用。不过，古德曼提出了在审美上真品不一定高于赝品的重要观点。他说："我们已经发现，原作与赝品之间的区别在审美上是重要的，这并不意味着原作一定比赝品优秀。一幅有灵感的复制品可能比一幅绘画原作更值得奖赏；一幅损坏的原作可能已经失去了绝大部分它以前的优点；一幅从破旧不堪的蚀刻版上印下来的图像，可能比一幅好的照相复制品在审美上更逊于早先印下来的图像。"② 他举例说，伦勃朗画的一幅拉斯曼绘画的复制品就可能比原作好得多，因为伦勃朗比拉斯曼有着更高的成就。尽管拉斯曼是伦勃朗的老师，但在绘画成就上伦勃朗要高于拉斯曼，因此在审美上，对于拉斯曼的复制品伦勃朗应高于拉斯曼。这样从知识、训练、经验与审美感知等多个侧面分析绘画符号，就较好地辨别了原作与赝品之间在审美上的优劣，特别是提出赝品不一定比原作在审美上更差的重要观点，值得重视。

① ［美］纳尔逊·古德曼：《艺术的语言：通往符号理论的道路》，彭锋译，北京大学出版社2013年版，第86—87页。
② 同上书，第97页。

二 艺术：艺术即符号

古德曼认为，艺术即是符号。他说："一件艺术品，无论怎样脱离再现抑或表现，也仍然是符号，即使其符号化的并不是事物、人物抑或情感，而是以特定形式呈现的形、色和质地等等。"① 艺术即是符号，无论其指向事物、感情抑或特定的形式，都是符号。这里涉及"特定的形式"是否包含意义的问题，我个人认为，应该是包含数学的、色彩的与物理的意义。古德曼进一步指出，艺术不一定是再现、表现或例示，但如果三者均没有则不可以。他说："无论何人没有符号去探求艺术，那将毫无发现——如果艺术品的符号化的一切途径都被考虑在内的话。艺术没有再现、表现与例示——可以；艺术三者都没有——不可以。"② 这里，古德曼坚持了艺术即符号、符号即意义的学术立场。对于"再现"与"表现"，古德曼进行了深入的符号论分析，当然均包含着意义的分析，这是毫无疑问的。他还引入了一个"例示"的新的概念。他说："再现和描述将符号联系到它所应用的事物上去；例示将符号联系到指谓它的标记上去，因而间接地将符号联系到在那个标记的范围内的事物（包括符号本身）上去。表现将符号联系到隐喻地指谓它的标记上去，因而不仅间接地将符号联系到那个标记特定的隐喻范围上去，而且间接地将符号联系到那个标记特性的字面范围上去。"③ 在这里，古德曼将再现、表现与例示进行了区分，基本上是再现与描述归于一类，均指向事物，而表现与例示则归于另一类，指向标记。前者的意义是直接的，后者的意义是间接的。而表现则是诉诸隐喻，所以，"并不是所有的例示都是表现，但是所有的表现都是例示"④。古德曼的这一说法不能说是对艺术的定义，因为分析美学是不赞成为艺术定义的，但却给了艺术一个更加宽泛的界

① 转引自刘悦笛《分析美学史》，北京大学出版社 2009 年版，第 195 页。
② 同上书，第 178 页。
③ ［美］纳尔逊·古德曼：《艺术的语言：通往符号理论的道路》，彭锋译，北京大学出版社 2013 年版，第 73 页。
④ 转引自刘悦笛《分析美学史》，北京大学出版社 2009 年版，第 182—183 页。

说或者说描述。这种描述告诉我们，古德曼的符号论艺术观认为，艺术作为符号无论是再现、表现抑或例示或者是其中之一，都是包含意义的。

古德曼还以这种符号即意义的理论提出了文学艺术中的"风格"一词。他不同意传统的"风格即人"的界定，认为那是将"风格"界定在创作主体的范围之内，古德曼从符号论的角度，将风格界定为表达意义的特征。他说："一个风格特征，就是所言说的、所例示的、所表现的东西的特征。"① 又说："风格就是一件艺术品的符号功能的诸多特征，这些作者的、时期的、地域的或者学派的特征。"② 这里，其已经将风格特征扩大到主体的、历史的、空间的与学术的众多领域，但都没有脱离"符号功能"即意义这个大的前提。

古德曼以符号理论对欧洲传统美术的"透视理论"进行了批判性的分析。传统透视理论是凭借传统光学与几何学原则对绘画的一种运用，要求"图像必须从正面，从一定距离、闭上一只眼睛而保持另一只不动、通过一个小孔来观看"。这样，"它与由对象本身提供的光线一致。这种一致是一种纯粹客观的东西，可以由仪器来测量。而这种一致就构成了再现的逼真性"③。古德曼对传统的透视理论进行了批判。他认为，艺术图像（符号）的形成并非是按照透视理论设定的，这种传统透视理论关于闭上一只眼睛的逼真性是极为荒唐可笑的。他说："根据照在一只闭上的眼睛上的光线来衡量逼真性，也是荒唐可笑的。"④ 他认为，图像（符号）的形成并非是僵化的再现，而是一种传递与转译，需要借助于习惯与训练。他说："这种转译如何才能最好地实现，取决于无数变化的因素，而这些因素当中，观看者那里根深蒂固的观看习惯和再现习惯是相当重要的。……不过，借助训练，一个人可以顺利地适应扭曲的景象或以扭曲的甚至反向的透视画

---

① 转引自刘悦笛《分析美学史》，北京大学出版社 2009 年版，第 187 页。

② 同上。

③ ［美］纳尔逊·古德曼：《艺术的语言：通往符号理论的道路》，彭锋译，北京大学出版社 2013 年版，第 12 页。

④ 同上书，第 13 页。

出来的图像。"① 例如，东方、拜占庭等中世纪的艺术。总之，古德曼认为，对于图像的形成与解读的最重要因素是文化习惯与训练，而非欧洲传统的"透视"，并承认了非西方艺术的合理性。

古德曼还从符号论的视角对各种艺术门类进行了描述。他说："在绘画中，作品是一个单独的对象；在蚀刻版画中，作品是一类对象。在音乐中，作品是遵从字符的那类演奏。在文学中，作品是字符自身。而我们可以补充说，在书法中，作品是一种独特的铭写。"② 而"舞蹈是像没有记谱的绘画一样的视觉艺术，可是又像具有高度发达的标准记谱的音乐一样的瞬时（transient）和时间（temporal）艺术"③。"建筑艺术是代笔艺术"④，等等。这些分析，都是从艺术的符号系统来描述各类艺术的，都没有脱离艺术作为符号的意义内涵。

三 艺术品：审美征候

古德曼作为分析美学家，不是寻求艺术与审美的本质，而是寻求艺术何时成为艺术，或者说是艺术品何时成为艺术品，是一种艺术品本体论。这在当代美学与艺术理论中是一种普遍的理论倾向。欧洲现象学美学是从主体构成的角度论述艺术品何时成为艺术品这样的问题的，于是认为艺术品只有在审美对象之中，或者说只有在审美之中才成为艺术品，而日常情况下艺术品只是一种沉睡的展品而已。古德曼也是着重于探索艺术品何时成为艺术品的论题的。他说："在关键的例证当中，真实的问题，并不在于'什么（永远）是艺术品'，而是'何时某物是一件艺术品'——或更简约地说，正如我的标题所示，'何时为艺术？'"⑤ 他将这种艺术品本体论的探索看得非常艰难，他否定了传统的对于审美本质以及划分审美与非审美界限的各种努力。

---

① ［美］纳尔逊·古德曼：《艺术的语言：通往符号理论的道路》，彭锋译，北京大学出版社 2013 年版，第 14 页。

② 同上书，第 161 页。

③ 同上书，第 162 页。

④ 同上书，第 168 页。

⑤ 转引自刘悦笛《分析美学史》，北京大学出版社 2009 年版，第 189 页。

他说："在寻找将经验分类为审美经验与非审美经验的简洁表达（就与大致的用法大致相适应来说）上的不断失败，表明需要一种更为复杂的探究。也许我们应该由检验经验中包含的几种不同的符号作用的主要特征的审美适当性开始，由寻找审美的征象或征候开始，而不是由寻找审美的明确标准开始。征候既不是审美经验的必要条件，也不是审美经验的充分条件，而仅仅是倾向于与其他这种征候联合起来呈现在审美经验之中。"① 这里告诉我们诸多信息：其一，他认为，传统美学对于审美与非审美界限之划分探索是失败的；其二，他想进行一种更复杂的探究；其三，探索的着眼点是从"符号作用的重要特征"开始的，这说明其对于符号论艺术思想的坚持；其四，寻找审美的征象或征候，这不是审美的必要条件也不是充分条件；其五，认为只有在各种征候联合起来呈现在审美经验之时才有其意义。应该说，这是模棱两可的描述，也正是分析美学的特点。他进一步认为，审美其实不是一种固化、稳定的物质与性质，而是一种动态中的创造。审美的创造性就得出审美征候的必然性，审美征候是一种氛围，一种过程。他说："审美'态度'是不停息的、探索的、检验着的——与其说它是态度，倒不如说是行动：创造与再创造。"②

关于审美的征候，古德曼说道："审美存在五种征兆：（1）句法的密度，在此某些方面最微妙的差异构成了不同符号之间的差异——譬如一支无刻度的水银温度计与一支电子读数器的差异；（2）语义的密度，在此符号被提供给由于某些最精妙的差异所辨别的事物上——不仅那只有刻度的水银温度计还有日常英语都可以作为例子，尽管日常英语并不具有句法上的密集；（3）相对饱满度（relative repleteness），在此某一符号的许多方面相对而言都是有意义的——譬如北斋的工笔山水画的形、线、笔触等的每个特征都是有意义的。相对照的是证券交易所日交易量曲线，其意义就在于基价上的线的高度；

---

① ［美］纳尔逊·古德曼：《艺术的语言：通往符号理论的道路》，彭锋译，北京大学出版社2013年版，第192页。

② 转引自刘悦笛《分析美学史》，北京大学出版社2009年版，第190页。

（4）例示，在此无论是符号还是所指谓的，都通过其作为本义或隐喻地具有属性的样本而符号化的；最后（5）多元复杂指称，在此某一符号要执行相互整合和互动的指称功能，某些是直接的而某些是以其他符号为中介的。"① 他认为："如果列出的四种征候并不分别地都是审美经验的充分条件或必要条件，但它们却可以联合地是审美经验的充分条件，可以联合地是审美经验的必要条件。也就是说，当一种经验具有所有这些属性而且仅当一种经验至少具有一种这些属性的时候，这种经验就可能是审美经验。"② 在他看来，以上五种经验联合起来或者某种经验包含两种以上经验，即可成为审美经验。对于以上五点审美征候应如何理解呢？古德曼自己做了解释，他说："句法密度是非语言系统的典型特征，而且是将草图区别于乐谱和手迹的一个特征；语义密度是艺术中的再现、描述和表现的典型特征，而且是将草图和手迹区别于乐谱的一个特征；而相对的句法充盈在语义上有密度的系统中将更为再现性的系统区别于更为图表性的系统，将更少'图式的'系统区别于更为'图式的'系统。"③ 这就说明，他所说的审美征候是代表着一种非语言性和艺术性，区别于语言性与图表性。他在《艺术的语言》一书中更为具体地将密度与例示阐释为"不可言说性"和"直接性"。很明显，古德曼是在符号论的视域中区分审美与非审美的不同符号，这里并无明显的界限，但有着模糊的密度与清晰的非密度的区分。他说："因此，密度、充盈和例示是审美的标志；清楚表达、衰减和指谓是非审美的标志。对经验的一种含糊而粗糙的二分法，让位于对特征、要素和过程的分类。"④ 这就是古德曼符号分析的特点所在，他的区分是相异于传统的审美与非审美二分对立的区分，是一种特征与过程的分类，不是论述，而是描述。就是说，在他看来，艺术与审美都是符号创造进行中的过程，一旦符号生成，具有

---

① 转引自刘悦笛《分析美学史》，北京大学出版社 2009 年版，第 175 页。
② ［美］纳尔逊·古德曼：《艺术的语言：通往符号理论的道路》，彭锋译，北京大学出版社 2013 年版，第 193 页。
③ 同上书，第 192 页。
④ 同上书，第 193—194 页。

了以上审美征候联合之情形时，即进入审美经验的范围，反之则不是。审美即是有密度的符号的生成过程，也是艺术品成为艺术品的过程，不存在任何的二分对立，也不存在任何的非此即彼。这就是古德曼在其符号分析论艺术理论与审美理论中对于什么是审美、什么是艺术品的回答。

四 审美与科学：审美认知

古德曼的符号论艺术观最终走向了科学认知主义。他认为，审美与科学尽管有着差异，但并不是对立的，有学者认为，这是古德曼美学与艺术观的"认识论转向"。古德曼说："艺术与科学并不是彻底背道而驰的。"① 又说："我也看不到这些精细的、短暂的和独特的心灵状态，能够标明审美的与科学的之间的任何有意义的差别。"② 在他看来，情感与认知是紧密相关、难以划分的，"情感的和认知的之间的分界线，并不比将某些审美对象和审美经验从其他的审美对象和审美经验之中划分出来更能够将审美的从科学的之中完全划分出来"③。又说："情感在认识上不是作为分离的部分起作用，而是在互相联系中以及在与其他认识手段的联系中起作用。"④ 这是非常重要的，因为传统理论是将情感与认知相分离的，但分析美学则将两者联系起来。前已说到，这种联系的途径是通过"隐喻"这样一个中介。这就是非常重要的音乐美学之中的"情感认知主义"。彼得·基维的音乐美学思想以其著名的"轮廓理论"与"升级的形式主义"将情感与认知联系起来，建构了音乐美学的情感认知主义。这是古德曼情感认知主义在音乐美学之中的发扬与运用。总之，古德曼最终将审美导向了科学认知主义，他指出，"审美经验就是一种认知经验"⑤。

---

① ［美］纳尔逊·古德曼：《艺术的语言：通往符号理论的道路》，彭锋译，北京大学出版社 2013 年版，第 194 页。

② 同上书，第 185 页。

③ 同上书，第 187 页。

④ 同上书，第 190 页。

⑤ 转引自刘悦笛《分析美学史》，北京大学出版社 2009 年版，第 191 页。

古德曼的符号论审美观与艺术观开辟了审美与艺术理论的众多新的领域，引起长久的争论，导致学术的新发展。但其内在的矛盾性还是非常明显的，诸如审美与非审美、认知与情感、艺术与非艺术、科学与审美等存在着较为复杂的关系，有着难以克服的矛盾，并非仅仅依靠符号理论即可加以解决。

第三节　艾伦·卡尔松的《从自然到人文》：环境欣赏模式分析

20 世纪中期以来，分析美学随着时代的潮流而转型，对传统的"艺术美学"一统天下的状况有了新的突破。以赫伯恩的《现代美学及其对自然美的遗忘》一文的发表为标志，环境美学应运而生。环境美学最重要的代表即是加拿大著名美学家艾伦·卡尔松（Allen A. Carlson，1943—　）。他是加拿大阿尔伯塔大学哲学系教授，西方环境美学的开创者和拓展者之一，著有多种环境美学论著，影响深远。2012 年 1 月，南开大学哲学系教授薛富兴翻译的卡尔松的环境美学论文集《从自然到人文》出版，该书比较全面地收集了卡尔松的环境美学论文，并得到卡尔松本人的认可。此外，还附有卡尔松所作的序言及访谈录，为我们全面了解卡尔松的环境美学提供了文献基础。

卡尔松是从英美分析哲学立场进行环境审美分析的最重要的理论家，他最具代表性的论著是 1979 年发表的《欣赏与自然环境》一文，它标志着卡尔松环境美学的正式成立。在该文中，卡尔松否定了传统的从艺术美学出发的自然环境欣赏模式——对象模式与景观模式，认为这种模式仍然是艺术的欣赏模式，是传统自然美学的特点与弊端之所在。为此，他提出"环境是自然的，自然是环境的"的观点以及自然环境是"居所"的欣赏原则，并致力于建构环境欣赏模式。他的这些看法，标志着新自然美学即环境美学的成立，解决了自然审美中欣赏什么与如何欣赏的问题，同时也确立了他的环境美学的"知识促成了欣赏的恰当界线"的科学认知主义的基础。

卡尔松的环境美学集中体现了分析美学作为科学美学的特点，着

力于运用分析的方法对各种环境欣赏模式进行深入的分析，其彻底性
与新颖性可谓蔚为大观，充分体现了分析美学在新时代的风采。

一　历史的反思与环境美学的理论原则

（一）历史的反思

1. 对风景管理实践的反思

卡尔松紧密结合整个北美自然美学领域，以其"如画风景"之观
念对风景景观管理的深刻影响进行了深入的反思。这种"如画风景"
之观念的最大的问题是使得各个风景区只按照形式主义的原则进行建
设，从而背离了生态价值与伦理价值的人文原则。他说："体现在传统
自然美学中的审美价值在许多方面已经不能与当代环境运动的价值保
持一致。事实上，根据某些当代环保主义者的意见，传统自然美学至少
有五种主要缺陷。简言之，传统自然美学受到批评，是因为它认可自然
审美欣赏是：（1）人类中心主义的；（2）景致迷恋的；（3）肤浅和琐
碎的；（4）主观的；（5）道德缺场的。"[①] 这五个缺陷基本彻底否定了
传统自然美学在风景景观管理上的作用，从而从实践的角度否定了传统
自然美学的"如画风景"理论的价值意义。

2. 对大地艺术的反思

从20世纪60年代中期持续到20世纪70年代和80年代，大地艺
术出现在北美大地之上，引起普遍关注。这种大地艺术通过对于自然
的刻意改变而形成某种所谓"艺术品"。例如，瓦特·德·曼拉的
《拉斯维加斯的组件》，是四个2.4米高、1609—2414米长的组件，
竖立在距离拉斯维加斯东北95公里处的沙漠中，是推土机在沙漠中
留下的印记。再如，奥本海姆的《山边烙印》，是通过用热焦油毁灭
众多植物而获得的印迹。可见，这种大地艺术实际上是对大自然的破
坏，但被美其名曰对自然的"重新定义"。卡尔松说："如果这种对
自然所属范畴的'重新定义'必然涉及审美冒犯，那么，环境艺术也

---

① ［加］艾伦·卡尔松：《从自然到人文——艾伦·卡尔松环境美学文选》，薛富兴译，广
西师范大学出版社2012年版，第286页。

就必然构成对自然的审美冒犯。"① 他指出："冒犯是一种类似于伤害，而不只是影响之类的东西。即使一种伤害是暂时性的，它也仍然是一种伤害，而且可能与永久性伤害同样严重。"②

3. 对分析美学的反思

卡尔松认为，1966 年赫伯恩发表的文章《当代美学及其对自然美的遗忘》，标志着 20 世纪后期环境美学的诞生，是对分析美学的深刻反思。他说，在"意识到目前的美学在本质上是将整个美学简化为艺术哲学，意识到分析美学实际上忽略了自然界之后，赫伯恩提出，艺术审美欣赏经常对自然欣赏提供错误的模式"③。卡尔松在赫伯恩的基础上"接着说"，着力于对分析美学的自然欣赏的批判与环境欣赏模式的探索。曾经有学者根据环境美学家对于分析美学的反思而主张环境美学是对分析美学的突破，我们认为无论是环境美学家本人的自供，还是其理论所呈现的分析特点，都说明环境美学是分析美学的新发展。

（二）环境模式分析的理论原则

1. 自然是一种环境，自然是自然

环境分析模式是卡尔松对于自然欣赏模式分析之后所做出的选择，他在自然欣赏之对象模式、景观模式与环境模式中选择了环境模式。之所以选择环境模式，他是有其理论原则的，那就是"自然是一种环境，是自然的"④。卡尔松在其著名的《欣赏与自然环境》一文中分析了自然欣赏模式，并提出了"自然是一种环境，是自然的"的著名理论原则，同时对于"环境"概念进行了阐释。他说："我得出的结论是：与对象模式一样，景观模式作为自然欣赏的范例同样不合适，但其不合适的原因引人深思。说景观模式不合适，是因其不适于自然环境之特征，可能还不适于解决面对自然环境看什么、如何欣赏

---

① ［加］艾伦·卡尔松：《从自然到人文——艾伦·卡尔松环境美学文选》，薛富兴译，广西师范大学出版社 2012 年版，第 146 页。

② 同上书，第 147 页。

③ 同上书，第 309 页。

④ 同上书，第 53 页。

的问题。我们必须更为细致地考察自然环境的特征。就此，我想强调两个更为明显的方面：其一，自然环境是环境；其二，它是自然的。"① 这里，卡尔松突出强调了欣赏什么与如何欣赏的问题。所谓"自然是一种环境"，是指欣赏什么，认为环境模式所欣赏的，既非形式主义的对象，也非如画的"风景"，而是环境。环境自身具有某种模糊性，边界是不清晰的。边界一旦清晰，那就不是环境。所谓自然"是自然的"，是指如何欣赏，指出自然不是艺术那样的人造物而是自然的，不能像人造物（艺术）那样凭借视觉保持距离的欣赏，而应是如自然那样全身心融入的欣赏。同时，卡尔松还对"环境"概念做出自己的界定。他说："环境是一片我们生存于其中的作为'感知部分'的居所。它是我们的周遭物。如斯巴尚特所指出的：作为我们的周遭物，我们的居所、环境是已为我们认可了的东西，我们很少意识到——它必然很不醒目。若环境中任一部分变醒目了，它便处于将被视为对象或风景的危境，而不再是我们的环境。"② 这里，环境是"居所"的论断无疑是深刻的，而环境是"周遭物"的看法则难以摆脱主客二分对立的窠臼。

2. 当代环保主义对于自然欣赏的五项要求

卡尔松立足于当代环保主义的理论高度，提出了环保主义对于自然欣赏的五项要求：（1）非人类中心，而非只是人类中心的；（2）环境聚焦，而非景致迷恋的；（3）严肃的，而非肤浅和琐碎的；（4）客观的，而非主观的；（5）伦理参与的，而非伦理缺场的。③ 卡尔松概括的上述五项要求内涵十分深刻，道出了当代环境美学的哲学与美学要旨，成为其在自然欣赏模式中进行鉴别与区分的重要依据与原则。

二 自然欣赏模式分析

卡尔松在其著名的《欣赏与自然环境》一文中分析了自然环境欣

---

① ［加］艾伦·卡尔松：《从自然到人文——艾伦·卡尔松环境美学文选》，薛富兴译，广西师范大学出版社 2012 年版，第 48 页。

② 同上书，第 48—49 页。

③ 同上书，第 288 页。

赏之模型，他说："我将讨论一些审美欣赏的具体案例。根据初步印象，这些案例似乎适用于作自然环境欣赏之模型。根据传统，这些案例在一定程度上提供了自然环境审美的适合范例。"① 卡尔松对这些案例——进行了具体的分析。

第一，对象模式分析。

所谓对象模式，即是将自然物作为雕塑那样的对象进行欣赏。卡尔松认为，这种欣赏模式是不适合、不恰当的。他说，自然景观欣赏的"限制标志着欣赏自然与欣赏自然对象之区别。只要我们意识到以对象模式欣赏自然之困难，便可以发现此区别之重要性。比如，依对象模式欣赏自然，自然对象就变成一种'现成品'（ready mades）或'发现艺术'（found art）。艺术世界认可对一段浮木作'艺术的阐释'，就像我们曾对杜尚（Duchamp）的便盆所作的阐释，或丹图（Danto）对真实的布里留包装盒（Brillo cartons）所作的讨论那样。如果这一魔术成功了，其结果就是艺术。欣赏什么、如何欣赏的问题在理论上已得到回答，但回答的只是艺术，而非自然，关于自然欣赏问题在混乱中迷失了"②。以上论述，集中回答了对象模式将自然变成艺术，从而在欣赏什么与如何欣赏之根本问题上混淆了艺术与自然界线的根本弊端。卡尔松对于对象模式是否定的。

第二，景观模式分析。

这种模式要求我们像欣赏风景画那样欣赏自然环境，曾经在北美的旅游业中起到很大作用。但卡尔松则否定了这一环境欣赏模式。他说道："这种模式之可疑，不仅在其伦理基础，也因其美学基础。这一模式要求我们将环境视为一幅静态画面，这种画面实质上是'两维的'。它要求将环境简化为风景或视角。但我们必须意识到：环境并不是一幅风景，不是画面，不是静态的，也不是两维的。问题在于：这种模式要求我们欣赏环境，并不依环境之本然与特性，而是依据某

① ［加］艾伦·卡尔松：《从自然到人文——艾伦·卡尔松环境美学文选》，薛富兴译，广西师范大学出版社2012年版，第43页。
② 同上书，第44页。

种自身并非如此、并无此特性的东西来欣赏。实际上，这种模式对实际自然对象和欣赏并不适合。"① 在这里，卡尔松已经很好地回答了这种景观模式的不适合性，因为这种模式把环境变成了静态的两维的风景画，离开了自然环境欣赏之本然性。

第三，环境模式分析。

卡尔松最后推荐的，是他认为最适合自然环境之本然性的环境模式。他说："我在此处所呈现的自然审美欣赏模式也许可称之为环境模式（the environmental model）。它强调：自然是一种环境，它是这样一种我们生存于其中，每天用我们全部的感官体验它，将它视为极平常生活背景的居所。但是，作为审美经验，它要求将这种极平常的背景体验为一种醒目的前台物，结果便成了一种'盛开的花朵与嗡嗡的虫鸣之混合'经验。为了欣赏，必须通过我们从自然环境中所获得的知识将这种经验调节。……这样，我们就有了一种模式，该模式足以回答自然环境欣赏中欣赏什么、如何欣赏的问题。这一模式充分顾及自然环境的特征。"② 又说："最重要的是，要承认自然是一种环境，是自然的，并将这种认识置于自然环境欣赏的核心位置。"③ 非常清楚，卡尔松根据自己的理论原则，以"自然是一种环境，是自然的"理论为指导，充分肯定了自然欣赏的环境模式。

第四，自然欣赏模式分析界线之区分。

卡尔松对自然欣赏模式的分析是有其界线的，这种界线的区分其实也是其模式分析的进一步发展。这一界线之划分，对他来说，实际上也是又一种性质的模式划分。他从两个方面来确立其模式分析的界线。

其一，分离与联系两种模式的区分。

卡尔松在分析对象模式时，对分离与联系两种模式进行了区分。这两种模式实际上是艺术之分离性与环境之联系性的区分，划清了艺

---

① ［加］艾伦·卡尔松：《从自然到人文——艾伦·卡尔松环境美学文选》，薛富兴译，广西师范大学出版社2012年版，第48页。

② 同上书，第52页。

③ 同上书，第53页。

术与环境两种模式的区别，也可以说是传统美学与自然分离之特点与当代环境美学与自然联系之特点的区分。他说："即使并未要求将自然对象当作艺术对象看待，对象模式对自然对象欣赏也强加了一些限制。此限制是将对象从其环境中分离的结果。对象模式要求这样的分离，以便从开始就能明了欣赏什么和如何欣赏。但是，要求此种分离时，对象模式便有了问题。对象模式最宜于那种能成为自足审美单元的艺术对象。……但是，自然对象与其创造环境具有一种我们可称之为有机性的联系。此类对象乃其环境要素之一部分，并经由尚有作用的自然力从其环境要素中发展出来。"① 这说明，对象模式与自然环境的分离实际上是一种具有独立自足性的艺术的特点，而自然环境与环境具有一种有机的联系性，是自然要素之组成部分。分离与联系是艺术与环境在审美欣赏中的区分，两者如果混淆，便会导致审美的偏差。这就是对象模式的弊端所在。

其二，认知与参与两种模式的区分。

卡尔松的环境美学涉及最多的是认知与参与两种模式的关系，这其实是卡尔松与另一位著名环境美学家伯林特长期争论的论题。前者持认知立场，而后者则持参与立场。两者长期争论，最后走向互补。认知模式是卡尔松所力主的，认为科学知识是环境审美的最关键因素，而伯林特则主张环境审美是一种感官的全方位的参与。卡尔松认为，认知模式稍稍强于参与模式，指出："从总体上看，在满足环境保护五项要求方面，后者（按：指"科学认识主义"——引者注）比前者得分更高。"但他最后还是认为，应该"最好的选择是将这两种主张结合在一起"。② 他说："这是因为，每一种主张可以被理解为只是呈现了恰当自然审美欣赏的必要条件。参与及相关的科学知识可以被视为是必要的；但是对这样的欣赏而言，此二者并没有被要求成为充分条件。由于在自然环境内一方面要全面参与，同时又要考虑对

---

① ［加］艾伦·卡尔松：《从自然到人文——艾伦·卡尔松环境美学文选》，薛富兴译，广西师范大学出版社 2012 年版，第 45 页。

② 同上书，第 296 页。

这种恰当欣赏而言的相关知识，这是困难的，这两种方法在实践上可能会产生一些紧张。可是，这种情感与知识、情感与认知的融合与平衡正是审美欣赏的核心部分。"①

三　日常生活美学模式分析

卡尔松的分析方法可以说无处不在，他不仅对艺术与环境进行了区分，并进行了不同模式的分析。而且，他对环境也进行了区分，并进而进行了模式分析。具体言之，他将环境区分为自然环境、人类影响环境与人类环境。他将人类环境的审美称之为"日常生活美学"，指出"对我们大部分人而言，日常生活美学（the aesthetics of everyday life）首先是那些我们工作、娱乐或者任何其他组成我们日常生活环境的美学。我在此将这些环境称为人类环境。这样，日常生活美学的一个核心问题是如何审美地欣赏我们的人类环境"②。卡尔松所说的"日常生活美学"，包括建筑、园林、农业、工业、城市等一切与人类生活、娱乐、工作有关的环境之美学。在 21 世纪到来之际，他对这些人类环境进行了自己的模式分析。让我们看看他的具体阐释。

第一，建筑之审美欣赏模式分析。

其一，建筑与艺术作品迥异。

通常的观点认为，建筑是艺术之一种，称之为建筑艺术，或者称之为凝固的音乐等。但卡尔松则认为，这是对于建筑的误读。他说："建筑的典范作品与典型的艺术作品迥异。"③ 在他看来，我们通常是将艺术如雕塑一般孤立起来欣赏的，关注其独立自足的形式与结构等，但建筑并非是孤立的，而是与周边的环境景致以及人类的生活息息相关。因此，"抽象的'建筑作品'概念就很难有牢固基础。挑出特殊的'建筑作品'在人们眼里就开始变成一种武断的过程。简言之，一旦我们开始观察和思考建筑，便会意识到：建筑很难与类似于

①　[加] 艾伦·卡尔松：《从自然到人文——艾伦·卡尔松环境美学文选》，薛富兴译，广西师范大学出版社 2012 年版，第 296 页。

②　同上书，第 237 页。

③　同上书，第 135 页。

我们所钟情的艺术作品观念相适应,那是一种独特、非功能,且通常是指审美欣赏便当对象的观念"①。很明显,卡尔松是在将建筑与艺术的区分中来阐释建筑的审美特征、确立建筑审美模式的特点,以及对其欣赏的特殊方法的。这是将建筑与艺术加以区分,尽管它们都是人类的产品。

其二,建筑之审美欣赏的生态学方法。

卡尔松认为,建筑其实是一种自然环境,是人类的栖息地,人类的居所与生活的空间。因此,对于建筑的审美欣赏,不适合运用通常运用于艺术审美的孤立的二维的欣赏方法。卡尔松提出了特殊的生态学方法。他说:"如果建筑存在于自然与艺术之间——'审美的无人地带',取代传统的立足于艺术的立场,我提倡一种立足于自然的立场。我将这一立场称之为生态学方法,是因为生态因素在自然环境审美欣赏中起核心作用。然而我在此强调生态因素,仅就如此认识而言:建筑作品并非一种艺术品的类似物,而是人类生态系统的有机部分,就像组成自然环境生态系统的那些要素一样。"② 上述论述表明,卡尔松认为,建筑作品尽管是人类环境,但却是紧紧联系于人类的生存,是人类栖息的家园。因此,它与一般的人类产品不同,是一种人类生态系统的有机组成部分,必须运用生态学的方法才能理解建筑产品,对其进行审美的欣赏。可见,卡尔松的建筑之审美欣赏的生态学方法,正是其"自然是自然的"理论原则的体现。这是将艺术的审美欣赏与建筑作品的欣赏方法加以区分,将之与对一般的自然环境一样运用生态学的方法进行审美的欣赏。

其三,形式服从功能。

接着,卡尔松又将建筑与一般的自然环境加以区分,认为建筑作为人工制品具有形式服从功能的特点,这也是建筑的审美特性之一。他引述沙利文的观点指出:"沙利文的评论强烈地宣示:建筑依其本

---

① [加]艾伦·卡尔松:《从自然到人文——艾伦·卡尔松环境美学文选》,薛富兴译,广西师范大学出版社 2012 年版,第 135 页。

② 同上书,第 136 页。

性是一种功能艺术，这样，它提醒我们任何一件建筑作品所提出的最明显问题：它做什么？再者，'形式服从功能'的口号概括了这一问题的意义，如沙利文所指出：'形状、形式、外在的表达、设计，或任何我们可以为一件建筑作品所选择之物'，应当服从该作品之功能。"① 建筑作品的功能是什么呢？卡尔松认为，建筑是为人类服务的，是作为人类的生存的"处所"，发挥好这种"处所"的功能就是美的建筑作品。在这里，卡尔松指出了建筑作品的自身特点是其区别于一般自然环境之处。

其四，体验中实现的欣赏之道。

建筑作为人类的居所，如何进行审美呢？卡尔松认为，欣赏建筑有一种"整体的方法"，这种整体的方法就是需要欣赏者进入并通过感官体验的"欣赏之道"。他说："一件建筑作品的功能并不能通过静态观照而体验之，……它就不能由欣赏者仅通过对作品的静态观照而获得。而且，它是一种欣赏者必须通过体验功能自身才可获得的功能。再者，仅仅知道它的功能是什么，根据这样的知识观照它，也不完全恰当。审美经验是在对作品的体验中实现的。"② 这是一种由外而内的运动，是一种动态的过程，是一种凭借感官的感受。这就将建筑作品的审美欣赏的特点进一步强化。

第二，居住者与观光者两种审美欣赏模式之区分。

卡尔松将建筑作品之审美欣赏进一步区分为居住者与观光者两种欣赏模式，他说，这是"环境审美经验这两种基本方式的区别"③。他借用斯巴尚德的观点指出："对观光者来说，他所看到的，仅仅是一些没有内在之物，也没有历史的面；对居住者而言，他所见之物乃是环境历史演化的成果，以及有着内在之物的外部空间。"④ 外在与内在，这就是观光者与居住者对于环境欣赏模式的差异。居住者的欣赏

---

① ［加］艾伦·卡尔松：《从自然到人文——艾伦·卡尔松环境美学文选》，薛富兴译，广西师范大学出版社 2012 年版，第 202 页。
② 同上书，第 207 页。
③ 同上书，第 259 页。
④ 同上。

是一种居住环境与生存之地的欣赏，观光者的欣赏则是一种景观的欣赏，只管外在形式与暂时的价值，而不管其与人的生态环境的关系，即便造成生态灾难也不予考虑。他说："在最后的分析中，不管环境建筑审美维度的意义是什么，这些维度都应当与伦理的维度结合起来考虑，如果必要的话，后面的考虑应当优于前者。"[1]

第三，农业景观审美欣赏模式分析。

20 世纪初期以来，北美的农业经历了革命性的变革，传统农业被现代农业迅速取代，那种绵延的农田、袅袅的炊烟、盛开的野花、围着栅栏的农屋，这些传统的农村景象被现代农业划一的景观所取代。从传统的审美眼光看，现代农业是审美的荒原。而卡尔松则以"形式服从功能"之原则，"以土地生产食物与纤维"之功能的圆满完成为标准，改变了审美的眼光，对于现代农业予以新的审美评价。他说："现代农业功能性景观的审美欣赏就得到很大提升，因为就其所完成的功能而言，它们在整体上设计得很好，经多年的试验与失败教训，连同生产方面的压力，使农业景观可以作为良好设计之典范而欣赏——外观清晰、洁净、整齐，同时又体现了精巧、效率和经济等性能。"[2] 在这种新的审美眼光之下，取代传统农村景象的现代农业被赋予新的审美评价，诸如忠实的汗水、持久的辛苦与最后的报偿等。

第四，园林审美欣赏模式分析。

卡尔松具体分析了西方园林的种类与特点，提出了多种园林艺术模式，例如，法国园林的"艺术作为自然"的模式，英国园林的"自然作为艺术的一种方式"，也有灌木修剪公园那种艺术与自然相区别的园林模式，等等。但卡尔松认为，最好的园林模式是日本园林，置身其中，不费力气地进入一种平静和安宁的观照状态。在他看来，日本园林是以一种人工因素安置在自然语境中的方式达到艺术与自然的统一。他说："日本园林虽然确实表现出人工和自然因素间的辩证

① ［加］艾伦·卡尔松：《从自然到人文——艾伦·卡尔松环境美学文选》，薛富兴译，广西师范大学出版社 2012 年版，第 265 页。
② 同上书，第 129 页。

关系，但是它如何能如此成功地解决审美欣赏中的困难和困惑问题？这一问题总是与这种辩证关系密切相关。它在使人工因素服从于自然因素的意义上，通过追随自然之引导做到这一点。它在创造自然的理想化版本过程中应用了人工因素，这种自然强调自然的本质。"① 卡尔松认识到了日本园林化人工于自然的本质特征，但却没有看到日本园林的成功恰是其追求"象外之象"之"意境"美的东方审美精神之指导的结果。

四　科学认知主义是卡尔松环境审美模式分析的理论根基

第一，科学认知主义是环境审美模式的基本立场。

卡尔松的环境美学理论的立足点是科学认知主义。总体上说，卡尔松的环境模式分析是一种科学主义的美学，因为分析美学本身就是科学主义的。的确，分析美学之分析应该有其相对稳定性，这个相对稳定性就是科学认知主义，成为其基本命题。卡尔松首先将科学认知主义作为其环境模式分析的基本立场，他在为《从自然到人文》一书所写的《序》中说道："在所有这些文章中，我都坚持与我在自然环境美学所发展的相类似的立场：对特定认知资源的依赖对于恰当的审美欣赏至为关键，虽然对人类环境与人类影响环境而言，这些资源典型地并非只源于自然科学，亦源于社会科学，特别是历史学、地理学与人类学。"② 他曾经不只一次地重申他的这种立场，指出："对有意义的自然审美欣赏而言，有些东西，诸如知识及博物学家们的经验至关重要。"③ 并认为，科学认知主义处于他整个理论的"核心地位"。他甚至认为，"'如其本然'地欣赏自然"，即将自然环境作为自然环境来欣赏，"就是依自然科学所揭示者来欣赏自然"。④ 科学主义的立场就是卡尔松环境美学的核心所在，也是我们把握其环境美学的关键

---

① ［加］艾伦·卡尔松：《从自然到人文——艾伦·卡尔松环境美学文选》，薛富兴译，广西师范大学出版社 2012 年版，第 218 页。
② 同上书，第 1—2 页。
③ 同上书，第 81 页。
④ 同上书，第 295 页。

所在。

第二，科学认知主义与环境审美的客观性。

薛富兴教授认为，自然环境审美的客观性与环境模式一起成为卡尔松环境美学的理论基石。他说："这样，与'环境模式'一起，'客观性'也成为卡尔松自然美学理论中的一个重要理论元素。"① 当然，卡尔松强调自然环境审美应该是"如其本然"的欣赏自然，而只有科学知识才能保证"如其本然"地欣赏。这种"如其本然"地欣赏就是一种客观的欣赏。目前的问题是：科学知识为何能提供这种"如其本然"的欣赏呢？卡尔松认为，科学知识具有某种独立的真理性，并以此对自然环境审美的客观性问题进行了回答。他多次论述过自然环境审美的客观性问题，其中 2010 年发表的《当代环境美学与环境保护》一文最具全面性、权威性和说服力。他说："科学事实上是非人类中心的典型范例，因此，它所揭示的真理不管是人类的，还是非人类的，都独立于任何独特的理解之外。同样，科学认知主义强调对环境的科学式欣赏，而不是风景式欣赏。没有一种关于风景的生态科学，或是关于线条、形状和色彩的生态学！此外，通过全面、深入地关注自然的真实状态及其所拥有的特性，科学认知主义强调：科学知识促进那种'真实地对待自然'意义上的严肃欣赏。再者，它也促进一种客观视野，因为科学是客观性的典范之一。建立在科学知识基础上的审美判断并不必然地与知识本身同样客观，但是，比之于那些主要地以情感感兴或融入为基础的审美判断，以科学知识为基础的审美判断有更大的客观性基础。对于最后一项要求，科学认知主义并未获得显著成功。因为虽然其客观性使它在环境问题上可能采取一种参与式的强有力的伦理立场，但它并没有要求自己这样做。它认为，比之于想象性虚构，科学知识的真实性特点可以产生对自然更具环境关切的反应。因此，它为伦理判断提供了坚实基础。"② 以上论述，从

---

① 薛富兴：《艾伦·卡尔松的环境美学》，［加］艾伦·卡尔松：《从自然到人文——艾伦·卡尔松环境美学文选》，薛富兴译，广西师范大学出版社 2012 年版，第 3 页。

② ［加］艾伦·卡尔松：《从自然到人文——艾伦·卡尔松环境美学文选》，薛富兴译，广西师范大学出版社 2012 年版，第 295—296 页。

如下四个方面较好地回答了自然环境欣赏的客观性问题：其一，科学知识是一种真理，具有某种独立性，因而具有客观性；其二，自然环境审美对自然环境是一种客观的科学式欣赏，而非主观的风景式欣赏；其三，科学视野是一种客观性视野，因为科学是客观性的典范之一；其四，科学认知主义对自然是一种具有客观而真实特点的环境关切，而非风景欣赏的想象性虚构。

第三，科学认知主义与肯定美学。

卡尔松在 1984 年发表专文《自然与肯定美学》，专门论述了他的环境美学的肯定美学特点。首先，他认为，所谓肯定美学即是"自然全美"。他说："尚未为人所染指的自然环境主要拥有积极的审美品质，它们主要体现为优雅、精致、强烈、统一和秩序，而非乏味、迟钝、平淡、混乱和无序。简言之。所有野生自然物，本质上均有审美之善。对自然界恰当、正确的欣赏基本上当是积极的，消极的审美判断在此无立锥之地。"① 与此同时，他又认为，人是自然的破坏者。他特别指出，自然环境欣赏的肯定性特点不是从宗教领域而是从科学知识中获得。他说："要发现一种对肯定美学的论证，我们可能需要到其他领域——不是宗教领域，而是如罗曼耐克引文所建议的，在宗教长期庇护下尚处于幼儿阶段的领域——科学中寻找。"② 在他看来，科学认知主义是肯定美学的根据。他认为，自然环境之美不是创造而是一种发现，科学知识的正确性决定了发现的自然的审美之善。他说："依此方式创造的范畴仍是正确范畴，它们与恰当的审美欣赏相关，体现出我们所欣赏自然的审美特性与价值。"③ 他还认为，科学依据秩序、规律、和谐、平衡、张力、稳定等特性解释自然界，"这些对我们来说使世界变得更可理解的特性也是一些使我们于世界中发现了审美之善的特性"④。最重要的是，他认为，科学逐渐进步使得人类进一

---

① ［加］艾伦·卡尔松：《从自然到人文——艾伦·卡尔松环境美学文选》，薛富兴译，广西师范大学出版社 2012 年版，第 86 页。
② 同上书，第 99 页。
③ 同上书，第 108 页。
④ 同上书，第 108 页。

步了解自然世界的美丽与奥妙。他说："随着地质学和地理学的发展，人们开始以肯定美学的眼光欣赏先前不喜欢的景观，比如山脉和森林。同样，对先前不喜欢的生命形式，如昆虫和爬行动物，似乎也随着生物学的发展，被人们以肯定美学的眼光进行欣赏。"① 当然，卡尔松自己对于肯定美学也是没有完全的把握，或者说还是处于犹疑之状态。他在与薛富兴的访谈中就表现了这种犹疑性。他说："肯定美学认为所有自然对象只有积极而非消极的审美价值，是反直觉、容易引起争论的。有些环境哲学家已经从许多不同的角度对它提出批评，但仍有另一些人接受它。因此，我以为，它的合理性问题尚未解决。究其部分原因，我以为这是因为肯定美学的准确特性并不很清楚。"②

第四，科学认知模式与非认知模式的区分与综合。

卡尔松充分肯定科学认知模式，但也十分关注非认知模式。他将非认知模式概括为参与模式、感兴模式、神秘模式与想象模式四种，并力主科学认知模式与非认知模式的综合与统一。他说："这种创新、综合的途径可能是最成功的道路，它们不仅为环境运动诸目标与实践拓展出更宽广的领域，也可以培育对我们所生活的这个世界的审美潜能更深入地理解与欣赏。"③ 可见，卡尔松的环境分析不仅在于区分，而是在于综合，走向各种环境审美欣赏模式的综合。这是卡尔松环境美学的发展前景，也是分析美学的发展前景。当然，分析美学的基本特点仍然在于区分，可以说没有区分就没有分析哲学与分析美学。

总之，卡尔松的环境美学是有得有失的。

从其"得"即贡献来说：

第一，卡尔松参与创立了西方环境美学，为西方环境美学贡献了重要理论成果。尽管人们都将赫伯恩 1966 年发表的《现代美学及其

① ［加］艾伦·卡尔松：《从自然到人文——艾伦·卡尔松环境美学文选》，薛富兴译，广西师范大学出版社 2012 年版，第 109 页。

② 薛富兴：《科学认知主义视野下的环境美学——环境美学家艾伦·卡尔松访谈录》，［加］艾伦·卡尔松：《从自然到人文——艾伦·卡尔松环境美学文选》，薛富兴译，广西师范大学出版社 2012 年版，第 330 页。

③ ［加］艾伦·卡尔松：《从自然到人文——艾伦·卡尔松环境美学文选》，薛富兴译，广西师范大学出版社 2012 年版，第 316 页。

对自然美的遗忘》作为西方环境美学的发轫之作，但真正使其成为体系的，则是1979年卡尔松发表的《欣赏与自然环境》一文。正是卡尔松从自然环境、日常生活环境，包括建筑、农业、园林等各个不同的侧面全面研究并阐发了环境美学问题，提出自然环境、人类影响环境与人类环境等不同领域的环境美学，使得环境美学成为西方当代美学之重要一翼。卡尔松与伯林特培养教育并影响了西方几代环境美学家，包括当代著名环境美学家瑟帕玛等。

第二，推动了分析美学的当代发展，使得分析美学发展到一个新的阶段。卡尔松的环境美学研究突破了分析美学局限于艺术美学的研究范围，将其发展到自然环境与人类环境，并以新的视角重新审视自然环境与人类环境，从而将分析美学推进到时代的新高度。

第三，提出了自然环境审美的新理论原则，为西方当代美学发展贡献了新的理论元素。这些理论包括："自然是一种环境，是自然的""非人类中心主义"，环境保护"五项要求"等，是对传统工具理性思维的重要突破。

第四，很好地运用了分析美学的分析方法，将之在环境欣赏模式分析中运用到极致，成为科学主义美学的当代典范之一。

第五，以科学主义的建立模型的方法，为美学理论的运用提供了范例。以卡尔松为代表的西方环境美学理论家以其理论与景观建设的实际紧密结合，突破旧有的如画式模型，建立了新的环境融入式模型。同时，在建筑、农业、园林与城市等领域建立了欣赏模型，具有理论与实践的价值，为美学走向现实提供了实践范例。

就其"失"，即其局限来说：

第一，科学认知主义哲学立场造成西方环境美学一系列无法避免的内在矛盾。首先是科学与审美的矛盾。科学认知主义的科学性、概念性与审美的情感性是难以相融的。康德认为，科学概念一旦发生，审美体验必将结束。而卡尔松则将科学认知作为审美的恰当性的标准，这就以科学认知代替了审美，是极为片面的。其次是科学认知主义与生态的矛盾。卡尔松的科学认知主义的科学决定论必将导致人类中心主义，这是与生态环境保护无法兼容的。再次，科学认知主义与人文精神的矛盾。科学本身是中性的，不是任何科学活动都能造福人类，只有充分考虑到人类利益的科学活动才能造福人类，过分夸大科学主义的绝对性是与人文精神不相融的。卡尔松试图通过综合认知与非认知、认知与参与的不同模式来化解这种内在矛盾，但这是无济于事的，因为哲学与美学的理论立场是难以调和的。

第二，卡尔松的自然环境美学是一种认知论的客观美学，自身具有重要局限。认识论美学是一种客观论美学，而客观论简化了审美活动之中非常复杂的情感体验关系，而卡尔松对于美的客观性的论述将之归结为科学知识的真理性，本身也是难有说服力的。因为科学的真理都是相对真理，都是发展中的，不能完全以科学的真理性来论证物质的客观性，那样即可以科学代替哲学。

第三，科学认知主义必然导致对科学的盲目崇拜，走向科学决定论。这样的理论观点在卡尔松的论述中不难见到，这是错误的。

卡尔松的科学进步论，即愈是后来的科学愈进步，美学愈发达，这样的结论对于中国古代美学是无法解释的，说明其不甚了解中国古代美学，特别是古代中国生态审美智慧的无比丰富性。而其科学认知主义又必将使中国古代美学成为不恰当的审美，显然是不妥当的，卡尔松的理论必然走向西方中心论。

尤其需要指出的是，分析美学将审美与艺术的动因归结为科学认知，但却忽略了一切意识形态的根本动因都是经济与社会生产，从而使其理论的科学性受到极大影响。

附录　博士课程《西方美学范畴研究》阅读书目

第一章　古希腊罗马美学

1.《柏拉图文艺对话集》，朱光潜译，人民文学出版社 1982 年版。

2. [古希腊] 亚里斯多德：《诗学》，罗念生译，人民文学出版社 1982 年版。

3. [古希腊] 朗吉弩斯：《论崇高》，《缪朗山文集》古代卷，人民大学出版社 2007 年版。

4.《礼记·中庸》。

5. 宗白华：《艺境·中国美学史中重要问题初步探索》，北京大学出版社 1987 年 6 月版。

6. 刘纲纪：《周易美学》，武汉大学出版社 2006 年版。

第二章　欧洲中世纪美学

1.《圣经》。

2. [古罗马] 奥古斯丁：《忏悔录》，北京出版社 2008 年版。

3. 严国忠：《中世纪神学美学》，上海社会科学出版社 2003 年版。

4. [瑞士] 巴尔塔萨：《神学美学导论》，生活·读书·新知三联书店 2002 年版。

5. 杨慧林：《基督教的底色与文化延伸》，黑龙江出版社 2001
年版。

第三章　德国古典美学

1. 蒋孔阳：《德国古典美学》，安徽教育出版社 2008 年版。

2. ［德］鲍姆嘉通：《美学》，王旭晓译，文化艺术出版社 1987
年版。

3. ［德］康德：《判断力批判》，宗白华译，商务出版社 1964
年版。

4. ［德］谢林：《艺术哲学》，魏庆征译，中国社会科学出版社
2005 年版。

5. ［德］黑格尔：《美学》，朱光潜译，商务出版社 1996 年版。

第四章　西方现代生命论美学

1. ［德］叔本华：《作为意志和表象的世界》，商务印书馆 1982
年版。

2. ［德］尼采：《悲剧的诞生》，生活·读书·新知三联书店
1986 年版。

3. ［奥地利］弗洛伊德：《精神分析引论》，商务印书馆 1986
年版。

4. ［意大利］克罗齐：《美学原理　美学纲要》，外国文艺出版
社 1983 年版。

5. ［法］柏格森：《创造进化论》，姜志辉译，商务印书馆 2002
年版。

6. ［法］柏格森：《笑》，徐继曾译，北京十月文艺出版社，
2005 年版。

第五章 美国实用主义经验论美学

1. ［美］威廉·詹姆斯：《实用主义》，陈羽伦、孙瑞禾译，商务印书馆 1979 年版。

2. ［美］杜威：《艺术即经验》，高建平译，商务印书馆 2005 年版。

3. ［美］舒斯特曼：《实用主义美学》，彭锋译，商务印书馆 2002 年版。

4. ［美］理查德·罗蒂：《哲学和自然之镜》，李幼蒸译，商务印书馆 2009 年版。

第六章 欧陆现象学经验论美学

1. 《胡塞尔选集》"编者引论""第十二编　现象学与美学"，倪梁康选编，上海三联书店 1997 年版。

2. ［法］米盖尔·杜夫海纳：《审美经验现象学》，韩树站译，文化艺术出版社 1996 年版。

3. ［法］伽达默尔：《真理与方法》，王才勇译，辽宁人民出版社 1987 年 8 月版。

4. ［德］马丁·海德格尔：《存在与时间》（修订译本），陈嘉映、王庆节合译，生活·读书·新知三联书店 2012 年版。

5. ［德］马丁·海德格尔：《荷尔德林诗的阐释》，孙周兴译，商务印书馆 2014 年版。

6. ［法］梅洛－庞蒂：《知觉现象学》，姜志辉译，商务印书馆 2001 年版。

7. ［法］梅洛－庞蒂：《塞尚的怀疑》，载《意义与无意义》，张颖译，商务印书馆 2018 年版。

第七章　后现代解构论美学

1. ［法］德里达：《书写与差异》，张宁译，生活·读书·新知三联书店 2001 年版。

2. ［法］德里达：《论文字学》，汪堂家译，上海译文出版社 2005 年版。

3. ［法］福柯：《词与物》，莫伟民译，上海三联书店 2001 年版。

4. ［法］福柯：《性经验史》，上海世纪出版集团 2005 年版。

第八章　英美 20 世纪分析美学

1. ［英］维特根斯坦：《美学、心理学和宗教信仰的演讲与对话集》，刘悦笛译，中国社会科学出版社 2015 年版。

2. ［美］纳尔逊·古德曼：《艺术的语言：通往符号理论的道路》，彭峰译，北京大学出版社 2013 年版。

3. ［加］艾伦·卡尔松：《从自然到人文》，薛富兴译，广西大学出版社 2012 年版。

4. ［英］罗纳德·赫伯恩：《当代美学与自然美的忽视》，李莉译，山东社会科学 2016 年第 9 期。

曾繁仁文集

第 五 卷

美育十五讲

曾繁仁 著

中国社会科学出版社

目　　录

导　言

　　美育，即通过自然美、艺术美与社会美的途径，在潜移默化中对广大人民，特别是青年一代进行情感的陶冶、健康审美力的培养与健全人格的塑造。美育是人类区别于动物的特点之一，诚如《礼记·乐记》所言，"知声而不知音者，禽兽是也"。古代中国与古代希腊均有十分深厚的美育传统，但美育作为一个独立的范畴和学科却是1795年由德国诗人、美学家席勒在著名的《美育书简》中提出的，其内涵是针对蓬勃兴盛的资本主义工业化、城市化与现代化使人性产生的"异化"现象，试图通过美育的途径进行人性的补缺与新的人文精神的塑造。席勒指出："要使感性的人成为理性的人，除了首先使他成为审美的人，没有其他途径。"① 现代美育理论于20世纪初期传入我国，逐渐与美学学科一起在我国得到发展。目前国内有关美育的书籍估计有上百本之多，在这种情况下，本书有什么新的特点呢？

　　我想，本书的一个重要特点是全面、新颖。所谓"全面"就是古今中外均有涉及，而且力求实现理论与现实的结合以及论与史的统一，并从教育学、美学与心理学三个维度对美育加以论述；所谓"新颖"就是一系列新的理论观点的阐释。例如，关于美育作为"人的教育"的基本特性的论述；对传统的"美育即艺术教育"观点的纠正与新的"生态美育"理论的阐发；对传统"精英艺术"观念的适度扭转与面对新的大众艺术确立"有鉴别地面对与接收"的文化立场；关于现代以来西方美学走向人生美学即"美育转向"的论述；关于中

---

① ［德］席勒：《美育书简》，徐恒醇译，中国文联出版公司1984年版，第21页。

国古代"中和论美育观"及其价值的阐发;关于中国现代"审美人生境界论"的阐发,以及对新时期我国美育理论成果与共识的总结,等等。

但本书的主旨还不完全在此,而是力图带有一种明确的问题意识,对当代我国社会与教育所面临的问题做出自己的回答。首先需要强调的是,美育的加强是当代中国社会发展的紧迫需要。众所周知,我国是没有占据主导地位的宗教的国家。这一点是与西方及阿拉伯世界相异的。这种情形促进了我国古代以来思想文化艺术的多元发展,出现儒释道与民间文化共生共存的特有局面。但信仰维度是人生必不可少的彼岸世界,是每个人心中的理想之国。诚如康德所言,"位我上者灿烂星空,道德律令在我心中"。难道中国人没有自己的"灿烂星空"吗?我国作为文化绵延五千年的文明古国当然是有的。这个作为彼岸世界的"灿烂星空"就是"礼乐教化",这是一种具有中国特色的综合哲学、生存方式与艺术的特殊的社会文化与美育形态。为此,蔡元培提出著名的"以美育代宗教",并得到王国维、冯友兰、朱光潜与丰子恺等一代大家以"审美境界"与"天地境界"的论述与之呼应,并加以发挥。这样的"礼乐教化""审美境界"与"天地境界"理论恰恰是当代需要进一步继承发扬的理论瑰宝。其原因在于,它不仅可以作为广大中国人民的信仰维度起到指导健康人生的作用,而且可以补救我国现代化进程中人文精神缺失的严重问题。我国新时期以来现代化与城市化取得巨大进步,国民生产总值跃居世界第二,人民生活逐步富裕。但是,单纯的经济发展与生活富裕就能实现现代化与中华民族的伟大复兴吗?事实告诉我们:显然不行。当前,逐步蔓延并难以遏止的诚信的缺失,浮躁与功利之风的盛行,环境的严重污染,城市病的发展,精神疾患的增多与文化艺术的低俗化等,都说明在经济增长之外还应有更加重要的人的素质的提高。没有全民素质的提高,不可能实现现代化,也不可能走向中华民族的伟大复兴!而人的素质的提高需要借助法律、道德与美育三个必不可少的途径。其中,法律是一种外在的行为规范,道德是内在的行为规范,两者均具有强制性。只有美育作为情感教育,是一种内在的情感需求,是一种没有任何强制性的自觉自愿的情感追求，具有无比强大的不可代替的力量。难道你对祖国与母亲的热爱不是一种最强大的力量吗？这是其他任何力量可以代替的吗？因此，美育是素质教育不可代替的重要途径，艺术是我们每个人最重要的终生伴侣。正是从这个角度说，缺少美育的人生是不完整的人生。再从教育自身的角度来看，结合我国在"十二五"教育发展纲要中提出的建设人民满意的教育的论题，需要研究：我国当前到底需要一种什么样的教育？目前的教育能否适应时代社会的需要并使人民感到满意？美育在建设这种让人民满意的教育中能够起到什么作用？无疑，新中国成立70多年来，我国在发展教育事业上取得巨大进步，由教育弱国成为举世公认的教育大国。但教育事业上的缺陷却是不可回避的。从著名的"钱学森之问"的提出到目前中学生升大学外流数量的不断增加，说明在一定程度上人民对教育领域"应试教育"体制的不满日益增大。这种"应试教育"体制必然是与国家的发展与人民的需要相背离的。而其重要表现之一就是对于美育的忽视，以致出现了公认的我国近年培养的学生缺乏"创造力"，以及美育是"所有教育环节中最薄弱的环节"与"认识、课程与管理三个不到位"这样的问题。

本书试图通过美育的独特视角探讨一种不同于"应试教育"的"人的教育"，从美育的基本理论、西方美育发展、中国美育发展与当代美育建设四个部分共十五章论述了美育的"人的教育"的特性及其丰富内涵，希望通过美育的强化，从一个重要侧面贯彻这种"人的教育"的重要理念，并提出改革"应试教育"体制的思路，开创中国教育的新天地。钱学森在回答创新人才培养的问题时，曾经以自己的切身经历做出过"艺术与科技的结合"的回答，本书试图以此作为自己的主旨之一。

这里，特别要强调的是，本书所说的美育，既是一种教育形式，同时也是一种教育观念，即从美育特有的中和、中介作用出发论述其所具有的促使人的自由、全面发展的功能。由此得出如下结论：缺乏美育的教育是不完全的教育。

第一章

美育的性质：包含感性与
情感教育的"人的教育"

　　什么是美育？中国美育学科的奠基人之一蔡元培曾经说过："美育之目的，在陶冶活泼敏锐之性灵，养成高尚纯洁之人格。"①而马克思早在1844年就提出了"人也按照美的规律建造"的重要论断。这里所说的"建造"包含产品与人两个方面。按照美的规律"建造"人，成为其必有之义，也是本书贯穿始终的主旨。为了深入论述这一论题，我们从最具代表性的美学理论的角度选取了鲍姆嘉通、席勒与马克思三位理论家的观点加以介绍。鲍姆嘉通是最早创立美学学科的理论家，首次提出美学即感性学，被称为"美学之父"，并由此提出"美育即感性教育"的重要观点。其观点具有极为重要的理论价值与现实意义。席勒是第一位提出"美育"概念，写出著名的《美育书简》，并系统论述美育问题的理论家。他对于美育特有的情感教育性质进行了深入阐发。由此，也可以将席勒称作"美育之父"。马克思是马克思主义理论的创始人，他所创立的唯物史观，不仅为美育学科的建设指明了正确方向，奠定了坚实的基础，而且马克思理论之中贯穿始终的无产阶级与人民自由解放以及人的自由全面发展的重要精神，成为当代美育发展的主旨与灵魂。

----

① 高平叔编：《蔡元培美育论集》，湖南教育出版社1987年版，第184页。

第一节　鲍姆嘉通与"感性教育"

鲍姆嘉通（A. G. Baumgarten，1714—1762），全名亚历山大·戈特利布·鲍姆嘉通。1714 年生于柏林，1735 年出版博士论文《诗的哲学默想录》，又名《关于诗的哲学沉思》。正是在《诗的哲学默想录》中，鲍姆嘉通提出了"感性学"（Aesthetica）的概念，他在书中称作"知觉的科学或感性学"。他又于 1750 年和 1758 年出版《美学》第一、二卷。在《美学》第一、二卷中，他给"美学"下了"感性认识的科学"的定义，并以相当的篇幅对此进行了论述。克罗齐在《鲍姆嘉通的美学》一文中认为，鲍氏给美学所下的定义是"有史以来最好的定义"，"是他对美学的最大的贡献"。由于鲍氏的《美学》是用拉丁文写成的，因此，在相当长的时间内其传播有一定困难。更重要的是，由于认识的局限，学术界对鲍氏美学与美育思想的意义、作用也认识得相当不够。20 世纪 80 年代后，由于学术界对于启蒙运动以来由"主客二分"思维模式所形成的主体与客体、理性与感性、身体与心灵之二元对立的弊端有愈来愈清晰的认识，所以，对鲍姆嘉通"美学即感性学"理论的意义和价值也有了更加明确的认识，对其美学与美育理论给予了更多的重视。正如德国当代美学家沃尔夫冈·韦尔施（Wolfgang Welsch）所说："鲍姆嘉通的美学思想尤其令我感到惊异。因为他将美学作为一门研究感性认识的学科建立起来。在他看来，美学研究的对象首先不是艺术——艺术也只是到后来才成为美学研究的主要对象——而是感性认识的完善。在研究过程中，我尝试着努力恢复鲍姆嘉通的这一原始意图。"① 由此，我们认为，鲍氏所论述的"美学即感性学""美的教育即感性教育"的重要理论在当代具有厘清美学与美育内涵，恢复其本性的重要作用。

第一，首创"美学即感性学"，对工具理性进行反拨，为美育开

---

① 转引自王卓斐《拓展美学疆域，关注日常生活——沃尔夫冈·韦尔施教授访谈录》，《文艺研究》2009 年第 10 期。

辟"感性教育"的新领域。

鲍姆嘉通在 1735 年出版的博士论文《诗的哲学默想录》中就提出"美学即感性学"的命题。他说:"'可理解的事物'是通过高级认知能力作为逻辑学的对象去把握的;'可感知的事物'(是通过低级认识能力)作为知觉的科学或'感性学'(美学)的对象来感知的。"① 1750 年,他又在《美学》第一卷中正式给美学下了"感性认识的科学"的定义。他说:"美学作为自由艺术的理论、低级认识论、美的思维的艺术和与理性类似的思维的艺术是感性认识的科学。"② 他为了准确阐明"感性认识的科学"的内涵,特意在希腊词"aesthesis"的基础上,创造出拉丁词"Aesthetica",这是一个与 Ratio(理性)对立的概念,意为感性的、感官的、知觉的。由此可知,"Aesthetica"一词原来的含义只是"感性的",与"美"是没有关系的。正如《诗的哲学默想录》的英译者阿布鲁纳·霍尔特所说,"这个词的本义与'美'(beauty)无关,它源自 aesthesis(感觉),而不是源自任何更早的代表美或艺术的词"③。但有一点是肯定的,那就是这个"Aesthetica"是不同于逻辑学与伦理学之外的另一门新的学问,即"美学"。由此,"美学即感性学"的论断得以成立。

"美学即感性学"的论断之所以能够成立,一个重要原因在于鲍姆嘉通充分论证了感性认识对理性认识来说所具有的独立性。他在回答人们对感性认识的价值与独立性的责难时,说道:"哲学家是人当中的一种人,假使他认为,人类认识中如此重要的这一部分与他的尊严不相配,那就失之欠妥了。"④ 鲍氏将自己所说的"感性认识"又称作"低级认识能力",但他对沃尔夫所说的"低级认识能力"做了某种程度的改造和补充,从而使之具有了全新的面貌。在沃尔夫的理论体系中,认识能力的低级部分包括感觉、想象、虚构和记忆力。鲍姆

---

① [德]鲍姆嘉滕(通):《美学》,简明、王旭晓译,文化艺术出版社 1987 年版,第 169 页。

② 同上书,第 13 页。

③ 同上书,第 178 页。

④ 同上书,第 15 页。

嘉通在《形而上学》一书中用"幻想"取代了沃尔夫的想象，并用洞察力、预见力、判断力、预感力和命名力扩展了沃尔夫的序列。所以，这里所讨论的就不再是"认识能力的低级部分"，而是独立的"低级认识能力"了。[①] 这种作为"低级认识能力"的"感性认识"就具有了独立性，从而标志着它已经不同于"高级认识能力"的逻辑学而具有了自己的独立地位。由此，作为感性学的"美学"就与逻辑学、伦理学区分开来而走向了学科独立之路。这就是人们将鲍姆嘉通称作"美学之父"的主要原因。其意义就在于，突破了启蒙运动以来以笛卡尔、莱布尼茨与沃尔夫为代表的大陆理性主义将"理性"推到决定一切的至高无上地位的"独断论"。这种"独断论"不仅是哲学理论的极端化和片面化，而且还是对人的鲜活的感性生命力的压制与宰割。其后果极为严重，成为现代以来人们在精神和身体上茫然无所归依的重要原因。鲍氏首创"美学即感性学"，就是对这种工具理性独断论的反拨，是对人的本真的感性生命力的呼唤与恢复，意义重大。

这里还需要特别指出的是，鲍氏"美学即感性学"命题的提出也是对西方长期盛行的"美学即艺术哲学"理论的有力批判与反拨。审美当然与艺术紧密相关，但它首先来自人的鲜活的感性生活，并最终为了改善人的感性生活而使之更加美好。但"美学即艺术哲学"却在很大程度上割裂了审美与感性生活的血肉联系，使之局限于单一的艺术，后果极为严重。鲍氏提出的"美学即感性学"的命题已经将审美扩展到感觉、幻想、虚构、记忆、洞察、预见、判断与命名等一切方面，具有了极大的鲜活性、生动性与生命力。

鲍氏在其美学的定义中还有"美学作为自由艺术的理论"的表述，在这里"自由艺术"并不等于"艺术"，而是有着十分宽泛的内涵。鲍姆嘉通在他的《真理之友的哲学信札》中写道："人的生活最急需的艺术是农业、商业、手工业和作坊，能给人的知性带来最大荣誉的艺术是几何、哲学、天文学，此外还有演说术、诗、绘画和音乐、雕塑、建筑、铜雕等，也就是人们通常算作美的和自由的艺术的

---

① ［德］鲍姆嘉滕：《美学》，简明、王旭晓译，文化艺术出版社 1987 年版，第 13 页。

那些。"① 可见，他所说的一切非自然之物都在"自由艺术"之列。这可以进一步说明，鲍氏拟突破传统的"美学即艺术哲学"的理论框架意图，有回归古典时代"艺术即技艺"之意，说明审美并不等于艺术，而是涵盖了比艺术教育更为宽泛的领域。

鲍氏在《美学》一书中，除了对美学作为感性学给予明确界定外，还对"审美教育"即美育的内涵进行了界定。他说："一切美的教养，即那样一种教养，对在具体情况下作为美的思维对象而出现的事物的审视，超过了人们在以往训练的状况下可能达到的审视程度。熟悉了这种教养，通过日常训练而激发起来的，美的天赋才能，就能成功地使兴奋起来的，转化为情感的审美情绪——包括在珀耳修斯那里看到的那种'尚未沸腾'的审美情绪——对准美的思维的某一确定对象。"② 在这里，鲍氏将作为"感性教育"的审美教育所包含的丰富内容做了充分的揭示。其一，揭示了审美教养的主要内涵是"作为美的思维对象而出现的事物的审视"。这里所谓"美的思维对象"就是"低级认识"即"感性"的对象，揭示了审美教养作为"感性教育"的基本特质。其二，揭示了审美教育对提高人的审美能力的重要作用，说明低级的感性认识也有一个提升的过程。鲍氏说，审美教养的作用"超过了人们在以往训练的状况下可能达到的审视程度"。其三，进一步揭示了审美教养作为"感性教育"的具体内涵是对"天赋才能"的"激发"。其四，揭示了审美教育的目的是"转化为情感的审美情绪"。也就是说，美育的目的是通过感性教育的途径达到情感培养与提升。这也许就是人们将"感性学"称作"美学"并对其极为重视的最重要的原因。

相反，如果忽视了审美教养，对人的情感加以放纵，就会导致人的贪婪、伪善、狂暴、放荡，最后会败坏一切美的东西。他说，审美训练的忽视与走偏方向会导致"完全坠入激情控制一切的境

---

① ［德］鲍姆嘉滕：《美学》，简明、王旭晓译，文化艺术出版社 1987 年版，"前言"第5页。

② 同上书，第 39 页。

地，坠入一无所顾地追求伪善、狂暴的争赛、博爱、阿谀逢迎、放荡不羁、花天酒地、无所事事、懒惰、追求经济活动、或干脆追求金钱，那么就到处都会充斥着情感的匮乏，这种匮乏会败坏一切能被想成美的东西"①。显然，鲍氏在这里，针对的正是工业资本主义社会感性教育的弱化与走偏方向所造成的对美的破坏的严重社会现实。

第二，提出"感性认识的完善"的美学内涵，揭示了审美和美育的经验与知识共存的内在特性。

鲍姆嘉通不仅提出了"美学即感性学"、美育即感性教育的重要命题，而且揭示了这一命题中所包含的"感性认识的完善"的十分丰富而复杂的内容，从而揭示了美育所特有的感性与理性、经验与知识、模糊性与明晰性、例外与完善、个别与一般共存但总体上倾向于感性的经验性与模糊性的内在特性。

鲍氏在论述了审美的感性特征后，进一步说道："美学的目的是感性认识本身的完善（完善感性认识）。"② 鲍氏这个论断本身就是一个二律背反的悖论判断。因为，既然是感性，那本身就是经验的、个别的、例外的与模糊的，但审美却又要求一种与之相反的知识的、普遍的、必然的与明晰的完善性，要求将这两种倾向统一在一个审美活动之中。当然，十分遗憾的是，虽然鲍氏讲出了这个二律背反的事实，但没有在理论上加以总结，而其后的康德却明确地将这种判断作为自己美学理论的组成部分，并对其极为重视。鲍氏指出，低级认识能力，"这种能力不仅可以同以自然的方式发展起来的更高级的能力共处，而且后者还是前者的必要前提"，又说，"就经验而言，以美的方式和以严密的逻辑方式进行的思维完全可以和谐一致，并且可以在一个并不十分狭窄的领域中并存"。③ 这种"共处"与"并存"，就是审美与美育的内在特性所在，是其所特具的内在张力与魅力，后来被

---

① ［德］鲍姆嘉滕：《美学》，简明、王旭晓译，文化艺术出版社1987年版，第29页。
② 同上书，第18页。
③ 同上书，第26、27页。

康德继承，提出审美是"无目的的合目的的形式"的论断，黑格尔称之为"关于美的第一个合理的字眼"①。现在，我们在研究鲍氏的"感性认识的完善"时才知道，原来有关这种审美与美育特性的最初揭示者是鲍姆嘉通。鲍氏不是让感性与理性、个别性的经验与普遍性的知识随便地、不合常理地杂糅在一起，而是让两者统一协调，构成一种"整体美"。他认为，审美的例外是以服从其"整体美"为前提的，是以"审美必要性"为其原则的，这就是一种"诗意的思维方式"。他说："由于诗意的思维方式只不过是一种美的无论如何也不是一种粗糙的例外现象，所以它的一切可能性都是建立在这样的基础上，这种例外就是在理性类似物看来也小到了它对整体美所能允许的程度，或者至少理性类似物并没有发现相反的情况，因为并没有出现这样的情况，仿佛事实上人们可以提出这样的论断，说这是没有审美必要性而虚构的。"② 既然在鲍氏看来感性认识是审美、美育与诗性思维的最基本特点，那么，他就必然认为在感性与理性、模糊与清晰、独特与完善之间，前者占据主导的地位，感性、模糊性与独特性成为审美的基本特性与品格。他说："既然混乱的表象和模糊的表象都是通过低级的认识能力接受的，我们同样可以称其为模糊的。"③ 在他看来，这种模糊性正是美学与哲学、艺术与科学的最基本的区别，"哲学所追求的最高目标是概念的确定性，而诗却不想企及这一目标，因为这不是它的本分"④。

在这里，鲍姆嘉通不仅论述了审美、美育与艺术所特有的感性与理性、模糊与清晰、个别经验与普遍知识"共存""共处"的特点，而且论述了感性、模糊性与个别经验性占据主导地位的"整体美"审美思维。而这种"共存"的根本原因在于审美主体所特具的"理性类似思维"即审美直觉所特具的能力。康德继承了这种审美与美育特有的内在悖论的理论观点，但做了诸多调整。这种调整有进有退，有

---

① ［英］鲍桑葵：《美学史》，张今译，商务印书馆 1985 年版，第 344 页。
② ［德］鲍姆嘉滕：《美学》，简明、王旭晓译，文化艺术出版社 1987 年版，第 107 页。
③ 同上书，第 128 页。
④ 同上书，第 132 页。

得有失。首先，从理论上来说，更加周延，特别将其归结为一种在审美与艺术中具有普适性的"二律背反"方法，使得这种"共存""共处"在理论上更加精致与完备。其次，将这种"共存""共处"的重心做了调整。鲍氏将这种重心落脚于"感性"与"模糊性"之上，使之更加符合审美、艺术与美育的根本特性；而康德则将这种重心落脚于"理性"与"道德"，最后提出"判断先于快感"的重要命题，使审美成为"道德的象征"。这就在更大程度上恢复了理性派的"理论至上"原则，偏离了鲍氏对理性派反拨的初衷。从某种程度上说，在这一点上，康德明显是一种倒退。最后，在两者"共存"与"共处"的根据上，鲍氏将之归结为作为人的直觉本能的"类似理性思维"，不仅从自身与内部探寻根源，具有比较充分的理论说服力，而且将其归结为人的直觉本能也具有较多的科学与事实根据；康德却将两者"共存"与"共处"的根据归结为一种神秘莫测的"先验的先天原则"，即先天而预设的"无目的的合目的性"原则，这不免使这一理论也变得神秘莫测起来，因此也应该说是一种后退。

第三，提出"理性类似思维"的概念，直抵审美与美育的深层生命根基。

"理性类似思维"的提出，是鲍氏美学与美育思想的一大重要贡献。他在其《美学》的《引论》部分论述美学的基本概念时，就明确提出，美学是"美的思维的艺术和与理性类似的思维的艺术"[1]。在这里，鲍氏没有像沃尔夫等人那样，用"近似理性的思维"而是用"类似理性的思维"，因为"类似"不是相同，而是"好像"，更宜阐明感性认识的独立性及其与理性认识能力所具有的同等价值。根据鲍氏在《形而上学》一书中的论述，"理性类似思维"包括：（1）认识事物一致性的低级能力；（2）认识事物的差异性的低级能力；（3）感官的记忆力；（4）创作能力；（5）判断力；（6）预感力；（7）命名力等。[2] 从鲍氏所列的七类能力来看，这种"理性类似思维"不同于

---

① ［德］鲍姆嘉滕：《美学》，简明、王旭晓译，文化艺术出版社1987年版，第13页。

② 同上书，第13页。

凭借逻辑与概念推理的感性直觉能力，但同样能把握好事物的一致性、差异性、历史性、关联性及某些特性，起到"类似理性"的作用。鲍氏将这种"理性类似思维"看得很重，认为"诗意的思维方式"的"一切可然性都是建立在这样的基础上"①。因此，鲍氏整个"美学即感性学"的论述都是以"理性类似思维"作为根基的。

鲍姆嘉通的另一个重要贡献，就是比较充分地揭示了这种"理性类似思维"所凭借的人的全部身体感官基础及其所包含的先天自然禀赋特点。鲍氏指出，作为审美的感性判断"是由那些受感觉影响的感官作出的"②。然后，他用了法文、希伯来文、拉丁文、意大利文等有关感官作用的论述，英译者在注中对他的这种论述加以阐释说："鲍氏的观点是：不同语言都有些用法来自感觉，而应用于感性判断。如英语的'美味'（good taste）。'taste'对物而言是味、滋味，对人是味觉，对艺术只是'趣味'，对鉴赏者是欣赏力、审美力，所以 good taste 也有'风雅'之意。对于希伯来文和意大利文的解释，可见鲍氏的《美学》一书，第546页（1936年出版于巴里 Bari）。在这本著作中，这样解释这两个希伯来文，UYU 意为'他已经品尝，他试过滋味，'转而为'他洞察了自己的心灵'；NYY 意为'嗅'……转而为'嗅出，预感到'。拉丁文的意思可译为'你讲话，就看出你，''听其语知其人'，意谓'谈吐文雅'。"③ 可见，鲍氏在这里所说的"感官"已经不单单是古希腊诗学所讲的"视听觉"，还包容了味觉和嗅觉等整个身体的感官系统。更为重要的是，鲍氏在《美学》中对于包括人的身体感官在内的审美的自然要素列为专节"自然美学"加以比较深入全面的论述。他说，"先天的自然美学（体质、天性、良好的禀赋、天生的特性），就是说，美学是同人的心灵中以美的方式进行思维的自主禀赋一起产生的"；又说，"敏锐的感受力，从而使心灵不仅可以凭借外在感官去获取一切美的思维的原材料，而且可以凭借内

①　［德］鲍姆嘉滕：《美学》，简明、王旭晓译，文化艺术出版社1987年版，第107页。

②　同上书，第161页。

③　同上。

在感官和最为内在的意识去测定其它精神能力的变化和作用，同时又始终使它们处于自己的引导之下"。① 在这里，鲍氏将"先天的自然美学"作为美学家的"基本特征"，包括一切先天赋予的条件，诸如体质（感官）、天性（心理素养）、良好的禀赋（才能）与天生的特性（气质）等；又将感受力分为获得原材料的"外在感官"即身体感觉系统与测定精神能力变化的想象、幻想等"内在感官"。显然，鲍氏已经将先天的生理禀赋（身体等外在感官）与先天的心理禀赋（心理与心灵等内在感官）放到十分重要的基础性位置。这是鲍氏对启蒙主义以来的理性主义、工具主义对感性与理性、灵与肉分离的倾向的一种反拨，是对长期被压抑的感官、身体这种天资中"低级能力"的一种唤醒。正如他自己所表白的那样，"这种天资中的低级能力较易唤醒，而且应当与认识的精确性比例适当"②。

这就是20世纪以来逐步兴盛的"身体意识"与"身体美学"的滥觞。但遗憾的是，这种刚刚萌芽的身体意识很快就被压制，康德以静观的无功利的纯形式的审美使美学又一次离开感官与身体，而席勒不同于感性王国的"审美王国"的建立又将灵与身的距离进一步拉开，黑格尔"理念的感性显现"则在审美与美育中彻底地消除了身体与感官的痕迹。20世纪以来，随着对主客二分思维模式的批判，身体意识与身体美学逐步走向兴盛，成为美学与美育理论不可缺少的组成部分。法国著名现象学哲学家莫里斯·梅洛－庞蒂（Maurice Merleau-Pouty，1908—1961）在1945年所著的《知觉现象学》中列专章论述"身体"，并公开声言"因为我们通过我们的身体在世界上存在，因为我们用我们的身体感知世界"③。美国美学家舒斯特曼（Richard Shusterman）在其2000年出版的《实用主义美学》一书中明确提出建立"身体美学"的建议，他说："在对身体在审美经验中的关键和复杂作用的探讨中，我预先提议一个以身体

---

① ［德］鲍姆嘉滕：《美学》，简明、王旭晓译，文化艺术出版社1987年版，第22页。
② 同上。
③ ［法］莫里斯·梅洛－庞蒂：《知觉现象学》，姜志辉译，商务印书馆2005年版，第265页。

为中心的学科概念，我称之为'身体美学'（Somaesthetics）。"① 当代美国美学家阿诺德·伯林特（Arnold Berleant）在其《环境美学》一书中，提出建立一种眼耳鼻舌身全部感官及整个身心都融入其中的新美学。他说："这种新美学，我称之为'结合美学（aesthetics of engagement）'，它将会重建美学理论，尤其适应环境美学的发展。人们将全部融合到自然世界中去，而不像从前那样仅仅在远处静观一件美的事物或场景。"②

20世纪后半期以来，鲍姆嘉通的"感性学"与"感性教育"思想被后人重新发现并得到新的阐发，其意义首先在于更加彻底地批判了启蒙主义以来感性与理性、身与心、生活与艺术相互分离的思维定式，恢复了其相互联系的本真状态。我们可以试想一下，难道在现实生活中存在与感性相悖的理性、与身体分离的心灵、与生活相对立的艺术吗？它们之间的关系，正如鲍氏所说，是一种"共处""共存"的关系，而不是相背离的。同时，这也是对审美作为人之感性与生命表征真谛的一种回归。

事实证明，鲍氏对审美之感性学、美育之感性教育本性的论述，特别是其对于审美之"类似理性思维"的论述，具有某种人类学的意义，直抵人性深处。它说明，感性与"类似理性思维"就是人类早期思维的特点，是一种直觉的、比喻的、类比的思维方式，也就是维柯《新科学》所说的"诗性思维"、中国《周易》的"象思维"，这恰是审美思维之特点所在。感性学与"类似理性思维"就是对人类已经被逐渐湮没的早期"诗性思维"与"象思维"的一种唤醒，使正在走向异化之途的人得以回归其本真的生存与生命状态。从美育的角度来看，鲍姆嘉通"感性教育"思想的重新提出，有利于扭转当前实践中将美育演化为单纯的"知识教育"的反常现象，使之回归到"感性教育"的正途。

----

① ［美］理查德·舒斯特曼：《实用主义美学》，彭锋译，商务印书馆2002年版，第348页。

② ［美］阿诺德·伯林特：《环境美学》，张敏、周雨译，湖南科学技术出版社2006年版，第12页。

第二节　席勒与情感教育

席勒（J. C. F. Schiller，1759—1805），资产阶级启蒙运动时期伟大的文学家和美学家，以其46年的短促生命，全力反对封建暴政和资本主义黑暗，创作了大量的戏剧、诗歌和美学论著，为人类奉献了弥足珍贵的精神财富。这些精神财富，特别是其美育理论思想随着时间的推移愈加显现出巨大的价值。马克思在青年时代深受席勒影响，曾说席勒是"新思想运动的预言家"①。当代理论家R. 克罗内认为，"席勒作为一个美学理论家，他所取得的成就是划时代的"②。席勒是人类历史上第一个提出"美育"概念，并加以全面深刻阐释的理论家。他也是第一个以美育理论为武器，深刻批判资本主义制度分裂人性弊端的理论家。同时，他还明确地将美育界定为"情感教育"，从而为后世人文主义美学的发展奠定了理论基础。

一　席勒美育理论的历史地位

席勒生活在18、19世纪之交的德国。当时，正值资产阶级大革命时期，整个社会正面临由封建社会向资本主义社会的急剧转变。社会变动迅速，各种矛盾尖锐，现实与理想、光明与黑暗、进步与落后、文明与卑劣并存。席勒出生在黑暗而分裂的德国施瓦本地区的符腾堡公国内卡河畔的马尔巴赫，父亲是随军的外科医生。席勒从小就被送入被称为"奴隶培训所"的军事学校，深受封建势力的压迫，同时也受到启蒙主义思想和狂飙突进文学运动的重要影响。毕业后，他曾短期当过军医，但很快就摆脱封建束缚，投身到文学和美学论著的写作中，成为狂飙突进运动的主要代表人物。席勒因其特有的经历，站在当时社会思想的制高点上，承受着各种社会矛盾的压力，切实感

---

① 转引自美国维塞尔《席勒与马克思关于活的形象的美学》，《美学译文》第1辑，中国社会科学出版社1980年版，第4页。

② 同上书，第4页。

悟到社会各阶层的情感，并以其睿智的思考写出一系列传世之作。早期，席勒以"打倒暴君""自由高高地举起胜利的大旗"为口号，写了《强盗》《阴谋与爱情》等戏剧，演出获得巨大成功，赢得了广泛声誉。他还发表了著名诗歌《欢乐颂》，成为贝多芬著名的《第九交响曲》的主题。1788—1795 年，席勒致力于研究历史与康德哲学，深入探讨社会、人生价值问题和救世之道。1794—1805 年的 10 年，席勒与伟大的现实主义作家歌德结为深交，进入理论研究和艺术创作的崭新时期，不仅创作了《华伦斯坦》和《威廉·退尔》等著名戏剧，还写出了《美育书简》《论美书简》《论素朴的诗与感伤的诗》《论崇高》等一系列美学论著。1805 年 5 月 9 日，席勒在过度劳累和长期贫病的压力下，罹患肺病而英年早逝。

长期以来，对于席勒的美学理论，我国美学界由于受鲍桑葵（Bernard Bosanquet，1848—1923）《美学史》等著作的影响，仅仅将其界定为"康德与黑格尔之间的一个重要的桥梁"[①]。但站在 21 世纪的今天，再来审视席勒的美学理论，我们就会深深地感到过去的评价是不恰当的。历史证明，席勒美学理论的意义绝不仅仅是黑格尔美学的一种"准备"和"桥梁"，而是早已超越了他的时代，成为人类美学建设和文化建设的不竭资源与宝贵财富。事实上，现在可见的席勒美学论著近 20 篇（部），尽管题目各异，但其核心论题却是"美育"，在《美育书简》的统领下展开。我们正是从这样一个崭新的角度出发来探讨席勒美育理论的划时代意义的。

席勒从美育的独特视角批判了他所在的时代。这种批判开启了对资本主义现代性进行审美批判的先河，影响到后世，在当代仍有重要意义。当代德国著名理论家哈贝马斯（Jurgen Habermas，1929—　　）在《论席勒的〈审美教育书简〉》一文中指出："这些书简成为了现代性的审美批判的第一部纲领性文献。"[②] 众所周知，以工业革命为标志的资本主义现代化在人类社会发展史上构成了一个十分明显的二律

[①] 朱光潜：《西方美学史》下卷，人民文学出版社 1963 年版，第 439 页。

[②] ［德］哈贝马斯：《现代性哲学话语》，曹卫东译，译林出版社 2004 年版，第 52 页。

背反：美与非美的悖论。所谓"美"，即指人们物质生活的富裕、文明与舒适；而所谓"非美"，即指人们精神生活的贫乏、低俗与焦虑。因此，对于同资产阶级现代化相伴而生的现代性之反思与批判乃至超越现代性，就成为现代与当代的紧迫课题。对现代性进行审美的批判与反思是众多现代与当代理论家的重要理论探索之一，而开其先河者即为席勒。他以其特有的理论敏感性，高举美的艺术是人"性格的高尚化"① 这一武器，深刻揭示了现代性之二律背反特性。一方面，他认为，现代化是历史的必然，"非此方式〔人〕类就不能取得进步"②；另一方面，他又空前尖锐地批判了所谓现代性所导致的人性分裂与艺术低俗的弊端。他说："现在，国家与教会、法律与习俗都分裂开来，享受与劳动脱节、手段与目的脱节、努力与报酬脱节。永远束缚在整体中一个孤零零的断片上，人也就把自己变成一个断片了；耳朵所听到的永远是由他推动的机器轮盘的那种单调乏味的嘈杂声，人就无法发展他的和谐。他不是把人性印刻到他的自然（本性）上去，而是把自己仅仅变成他的职业和科学知识的一个标志。"③ 对于资本主义现代化过程中美的艺术与现实的脱节以及走向低俗，席勒也进行了深刻的批判。他说："在现时代，欲求占了统治地位，把堕落了的人性置于它的专制桎梏之下。利益成了时代的伟大偶像，一切力量都要服侍它，一切天才都要拜倒在它的脚下。在这个拙劣的天平上，艺术的精神贡献毫无分量，它得不到任何鼓励，从而消失在该世纪嘈杂的市场中。"④

从以上席勒对于资本主义社会中人性分裂和艺术堕落的批判可知，他的这种批判是非常深刻和具有普适性的，即便在今天仍不失其价值。

众所周知，黑格尔曾经批判资本主义时代审美与艺术对立，因而导致"散文化"倾向。马克思在著名的《1844 年经济学哲学手稿》

---

① ［德］席勒：《美育书简》，徐恒醇译，中国文联出版公司 1984 年版，第 61 页。
② 同上书，第 53 页。
③ 同上书，第 12 页。
④ 同上书，第 37 页。

中列专章讨论资本主义的"异化劳动"问题，特别是对其"劳动创造了美，但是使工人变成畸形"① 的非人性现象进行了深刻的批判。美国著名哲学家马尔库塞（Herbert Marcuse，1898—1979）于 1964 年在《单向度的人》一书中批判了发达资本主义社会信奉的单向度的技术思维，认为其扼杀了人与艺术的多向度"自由"本性。这些批判应该说都与席勒有着某种渊源关系，同时也说明，席勒从审美的角度批判资本主义现代化过程中存在的美与非美的二律背反，并试图加以解决，是一个关系人类社会前途的具有重大价值的时代课题。

还有一点需要引起我们注意，席勒不仅是德国古典美学发展的桥梁，而且在许多方面超越了德国古典美学，某种程度上突破德国古典美学的思辨性、抽象性，努力将美学研究带入现实生活，开启了现代美学突破主客二分思维方式，走向"主体间性"之路。席勒继承了康德但又在许多方面超越了康德。正如黑格尔所说："席勒的大功劳就在于克服了康德所了解的思想的主观性与抽象性，敢于设法超越这些界限，在思想上把统一与和解作为真实来了解，并且在艺术里实现这种统一与和解。"② 席勒本人在《论美》一文中也明确表示，他要探索不同于康德的"主观—理性地解释美"的"第四种方式"——"感性—客观地解释美"。③ 席勒不同于包括黑格尔在内的德国古典美学之处在于，整个德国古典美学总体上都是从思辨的哲学体系之整体出发来阐释其美学理论，而席勒却与其相反，是从改造现实社会和艺术的需要来阐释其美学理论。他认为，美与艺术是社会与政治改革唯一有效的工具。他说，政治领域的一切改革都应该来自性格的高尚化，但是在一种野蛮的国家制度支配之下，人的性格怎么能够高尚化呢？为此，我们必须寻求一种国家没有为我们提供的工具，去打开不受一切政治腐化污染而保持纯洁的源泉。"这一工具就是美的艺术，在艺术不朽的范例中打开了纯洁的泉源。"④ 德国古典美学仍然遵循着

① 《马克思恩格斯全集》第 42 卷，人民出版社 1979 年版，第 93 页。
② ［德］黑格尔：《美学》第 1 卷，朱光潜译，商务印书馆 1979 年版，第 76 页。
③ ［德］席勒：《秀美与尊严》，张玉能译，文化艺术出版社 1995 年版，第 35—36 页。
④ ［德］席勒：《美育书简》，徐恒醇译，中国文联出版公司 1984 年版，第 61 页。

主客二分的思维模式。康德提出"美是无目的的合目的的形式"，作为审美判断必须凭借着一个理性的先验原理；黑格尔的"美是理念的感性显现"，将美确定为绝对理念的表现形式，而席勒的"美在自由"却是凭借一种初始的审美经验现象学，在审美的想象的游戏中将一切实体的经验与理念加以"悬搁"，进入一种主体与客体、感性与理性交融不分的审美境界。他说："从这种游戏出发，想象力在它的追求自由形式的尝试中，终于飞跃到审美的游戏。"① 席勒认为，这种审美的自由不同于对必然的认识之"智力的人的自由"，而是以人的综合本性为基础的"第二种自由"，其内涵为"实在与形式的统一、偶然性与必然性的统一、受动与自动的统一"。② 哈贝马斯认为，这实际上是当代"主体间性"理论和"交往理论"的一种萌芽，他在《论席勒的〈审美教育书简〉》中指出："因为艺术被看作是一种深入到人的主体间性关系当中的'中介形式'（Form der Mittelung）。席勒把艺术理解成了一种交往理性，将在未来的'审美王国'里付诸实现。"③

特别重要的是，席勒在人类历史上第一次提出了"美育"的概念，并将其界定为"人性"的自由解放与发展。这不仅突破了近代本质主义认识论美学，奠定了当代存在论美学发展的基础，而且开创了"人的全面发展"和"审美的生存"新人文精神的重铸之路，关系到人类长远持续美好的生存。席勒于1793—1795年写作了他一生中最重要的美学论著《美育书简》，其副标题是"关于人的审美教育书简"。这是资本主义现代发展过程中有关人性批判与人性建设的一部重要典籍，标志着美学逐步由书斋走向生活。在这一论著中，席勒在人类历史上首次提出了"美育"的概念，并将其同人的情感与自由紧密相联。他在第二封信中指出："我们为了在经验中解决政治问题，就必须通过审美教育的途径，因为正是通过美，人们才可以达到自由。"④ 审美教育的目的，就是克服资本主义时代对人性的扭曲和割

---

① ［德］席勒：《美育书简》，徐恒醇译，中国文联出版公司1984年版，第142页。
② 同上书，第87页。
③ ［德］哈贝马斯：《现代性哲学话语》，曹卫东译，译林出版社2004年版，第52页。
④ ［德］席勒：《美育书简》，徐恒醇译，中国文联出版公司1984年版，第39页。

裂，恢复人所应有的存在自由。这种人的存在自由就是人性发展的无障碍性和完整性。他说："我们有责任通过更高的教养来恢复被教养破坏了的我们的自然（本性）的这种完整性。"① 将审美教育与人的自由生存和人性的全面发展紧密结合，其意义极为深远。从美学学科本身来说，开创了由美学的抽象思辨研究到现实人生研究的广义美学学科的美育转向。这就是从席勒以来200年中绵延不绝的现代人本主义美学的发展。从更深远的社会意义来说，克服资本主义现代化所带来的人性和人格的片面性，追求人的审美的生存，是人类始终不渝的宏大课题。马克思曾经在《1844年经济学哲学手稿》中探讨人类通过"按照美的规律建造"的途径，扬弃"异化"，恢复人的自由本性问题。后来，马克思又探讨了人的全面发展成为建设共产主义的必要条件的问题。他说："私有制只有在个人得到全面发展的条件下才能消灭，因为现存的交往形式和生产力是全面的，所以只有得到全面发展的个人才能占有它们，即才可能使它们变成自己的自由的生命活动。"② 当代哲学家海德格尔（Martin Heidegger，1889—1976）针对资本主义时代极端发展的技术思维对人性的扭曲，提出"人诗意地栖居"③。席勒的美育理论尽管有其不可避免的局限性，但他对现代化过程中精神文化建设的高度重视，对人的审美生存的不懈追求，却成为鼓舞人类前行的伟大精神力量。

二　席勒的美育理论

席勒最重要的理论贡献在于围绕"美育"这个论题，以《美育书简》为中心，构筑了一个相对完备而新颖的美育理论体系。这个美育理论体系的核心是"把美的问题放在自由的问题之前"④，其实质是一种现代存在论美学的初始形态，预示着现代美学由认识论发展到存在论的必然趋势，直接影响到后世。正如我国有的学者所说，席勒美

---

① ［德］席勒：《美育书简》，徐恒醇译，中国文联出版公司1984年版，第56页。
② 《马克思恩格斯论艺术》第1卷，中国社会科学出版社1982年版，第271页。
③ ［德］海德格尔：《荷尔德林诗的阐释》，商务印书馆2000年版，第45页。
④ ［德］席勒：《美育书简》，徐恒醇译，中国文联出版公司1984年版，第38页。

学"既超越古希腊以来自然（宇宙）本体论，又超越近代认识论，从而达到了人本学本体论的新高度，并且一直影响到二十世纪以来的美论"①。

席勒美育理论的哲学基础是由认识本体论到存在本体论的过渡。说席勒的美育理论继承了康德的哲学思想，是没有问题的。他在《美育书简》的第一封信中即指出："下述命题绝大部分是基于康德的各项原则。"② 也就是说，席勒主要继承了康德的先验人本主义哲学，特别是康德有关自然向人生成的观点，但对于康德的认识本体论却有所突破。席勒对于欧洲工业革命以来盛行的认识本体论，总体上是持批判态度的。他认为，古希腊人之所以优于现代人就因为古希腊人的哲学观是一种人本本体论，而席勒所在的时代的哲学观却是一种从知性出发的认识本体论，这成为工业革命过程中各种"异化"现象的根源之一。正是出于克服这种"异化"现象的动机，席勒由古希腊的古典本体论出发，走向存在本体论。他认为，所谓美即是由感性冲动之存在向形式冲动之存在的过渡与统一；为了把我们自身之内的必然东西转化为现实，并使我们自身之外现实的东西服从必然性的规律，我们受到两种相反的力量的推动："前者称为感性冲动，产生于人的自然存在或他的感性本性。它把人置于时间的限制之内，并使人成为素材"；"第二种冲动我们称为形式冲动。它产生于人的绝对存在或理性本性，致力于使人处于自由，使人的表现的多样性处于和谐中，在状态的变化中保持其人格的不变"③。只有由第一种冲动过渡到第二种冲动，实现两者的统一，才能使现实与必然、此时与永恒获得统一，真理与正义才得以显现。在这里，所谓"感性冲动"实际上是指处于时间限制的"此在"状态之存在者，而"形式冲动"则指隐藏在存在者之后的"存在"，两者统一才能使存在得以澄明，真理得以显现。这就是一种审美的情感的状态。对于这种使人性得以显现的审美，席

---

① 蒋孔阳、朱立元主编：《西方美学通史》第 4 卷，上海文艺出版社 1999 年版，第 413 页。

② ［德］席勒：《美育书简》，徐恒醇译，中国文联出版公司 1984 年版，第 35 页。

③ 同上书，第 75、76 页。

勒称之为"我们的第二造物主"①。这说明,席勒认为审美是使人具有精神文化修养和真正禀赋人性的唯一途径。同时,他认为,"只有当人在充分意义上是人的时候,他才游戏;只有当人游戏的时候,他才是完整的人"②。也就是说,在他看来,作为情感状态的审美,实际上是人与周围世界发生的第一个自由的关系,也是人脱离动物单纯对物质的追求走上超越实在的文化之路的标志。由此可见,席勒是从存在本体论的独特视角来阐释其美育理论的。

关于美育的内涵,席勒将其界定为"情感"与"自由"。他认为,在现实生活中存在着力量的王国和法则的王国。在力量的王国里人与人以力相遇,其活动受到限制;在法则的王国中人与人以法则的威严相对峙,其意志受到束缚;只有在审美的王国中,人与人才以自由游戏的方式相处,处于一种情感的愉悦状态。因此,"通过自由去给予自由,这就是审美王国的基本法律"③。席勒所说的"自由",包含着十分丰富的含义。它不同于认识论哲学中的自由是对必然的把握,也不同于理性独断论的理性无限膨胀的自由,而是力图超越实在、必然与理性的一种审美的关系性的自由,是一种情感愉悦的"心境"。诚如席勒所说,"美使我们处于一种心境中,这种美和心境在认识和志向方面是完全无足轻重并且毫无益处"④。这种自由的另一含义,是审美的想象力自由,是想象力对于自由的形式的追求,从而飞跃到审美的自由的游戏。当然,归根结底,席勒所说的自由是人性解放的自由,是通过审美克服人性之分裂走向人性之完整。席勒认为,只有在审美的国度里才能实现"性格的完整性"⑤。席勒指出,只有通过美育,这种"精神能力的协调提高才能产生幸福和完美的人"⑥。但是,席勒也清楚地看到,在现实的资本主义社会中,试图通过审美

---

① [德]席勒:《美育书简》,徐恒醇译,中国文联出版公司1984年版,第111页。
② 同上书,第90页。
③ 同上书,第145页。
④ 同上书,第110页。
⑤ 同上书,第45页。
⑥ 同上书,第55页。

教育营造审美的王国，培养自由的全面发展的人格是不可能的，只能是一种理想。这种理想作为一种需求只可能存在于每个优美的心灵中，而作为一种行为也许只能在少数优秀的社会圈子里找到。通过上述分析可知，席勒美育理论的自由观与康德美学的自由观密切相关，但又区别于康德。康德的自由观局限于精神领域，是一种想象力与知性力、理性力的自由协调。而席勒美育理论的自由观则不仅局限于精神领域，而更侧重于现实人生，追求一种人性完整、政治解放的人生自由。因而，席勒美育理论的自由观是一条人生美学之路，开辟了整个西方现代美学走向人生美学的方向。

　　美育的作用是席勒美育理论的重要组成部分，关系到美育是否具有不可代替性的地位。席勒认为，美育的特殊作用是通过建构一个情感的审美的王国使其成为沟通感性与理性、自然与人文、知识与道德、感性王国与理性王国之中介。席勒指出："要使感性的人成为理性的人，除了首先使他成为审美的人，没有其他途径。"①这就使美育成为由自然之人成长为理性之人的必由之途，是对康德自然向人生成的观念的继承发展。这正是席勒关于美育作用的"中介论"，成为席勒整个美育理论的核心环节，解决了整个审美之谜。席勒认为，审美联结着感觉和思维这两种对立状态，寻找两者之间的中介成为十分关键的环节。"如果我们能够满意地解决这个问题，那么我们就能找到线索，它可以带领我们通过整座美学的迷宫。"②审美所关系到的感性和理性是一种各自成立而又相反的两端，构成二律背反，所以，审美与美育就具有一种特有的张力、魅力与神秘性，这也是美育"中介论"的特性所在。美育的中介作用是多方面的，除了教化的作用之外，美育还是社会解放的中介。席勒认为，美育能在力量的可怕王国和法则的神圣王国之间建立一个游戏的情感的审美王国，从而使社会与人得到解放。他说："在这里它卸下了人身上一切关系的枷锁，并

---

① ［德］席勒：《美育书简》，徐恒醇译，中国文联出版公司1984年版，第116页。
② 同上书，第98页。

且使他摆脱了一切不论是身体的强制还是道德的强制。"① 席勒认为，美育还是人性得以完整的中介。他说，其他一切形式或者偏重于感性，或者偏重于理性，都使人性分裂，"只有美的观念才使人成为整体，因为它要求人的两种本性与它协调一致"②。正因为美育具有特殊的中介作用，所以，席勒认为，它是德智体其他各育所不可取代的。他说："有促进健康的教育，有促进知识的教育，有促进道德的教育，有促进鉴赏力和美的教育。这最后一种教育的目的在于，培养我们感性和精神力量的整体达到尽可能的和谐。"③

席勒认为，美育所凭借的手段是美的艺术。因此，从某种意义上说，美育就是艺术教育。美的艺术之所以是美育的最重要手段，是由艺术的性质决定的。席勒指出，艺术的根本属性"是表现的自由"④。艺术美是一种克服了质料的形式美，也是一种无知性概念束缚的想象力的自由驰骋，所以，只有这种艺术美才能成为以自由为内涵的美育的最重要手段。席勒首先从艺术类型的纵向角度论述了理想的美育的途径，那就是由优美到崇高，达到人性的高尚。这就是理想的美育过程，也是理想的人性培养过程。他说："我将检验融合性的美对紧张的人所产生的影响以及振奋性的美对松弛的人所产生的影响，以便最后把两种对立的美消融在理想美的统一中，就象人性的那两种对立形式消融在理想的人的统一体中那样。"⑤ 这里所谓"融合性的美"就是滑稽，包括喜剧等一切有关的艺术形式，内含着某种形式的认识因素；而"振奋性的美"则是崇高，包括悲剧等一切有关的艺术形式，更多地趋向于道德的象征。因此，只有两者的结合才是理想的美育手段，也才能使人性达到统一，培养理想的性格。席勒认为，只有以美与崇高结合为一个整体的审美教育，才能使人性达到完整，使人由必然王国经过情感的审美王国，

---

① ［德］席勒：《美育书简》，徐恒醇译，中国文联出版公司 1984 年版，第 145 页。

② 同上。

③ 同上书，第 108 页。

④ ［德］席勒：《秀美与尊严》，张玉能译，文化艺术出版社 1996 年版，第 75 页。

⑤ ［德］席勒：《美育书简》，徐恒醇译，中国文联出版公司 1984 年版，第 94 页。

进入道德的自由王国。① 从纵向的角度，席勒勾画了审美教育的历史过程，即由古代的素朴的诗到现代的感伤的诗，最后走向两者结合的理想形态的诗。他认为，古代素朴的诗趋向于自然，反映了人性的和谐；而现代感伤的诗却是寻找自然，反映人性的分裂，但给人提供更多崇高的形象。因此，由素朴的诗到感伤的诗是人类走上文化道路的反映，是一种历史的进步。但理想的美育手段应该是未来的两者结合的诗（艺术形式）。他说："但是还有一种更高的概念可以统摄这两种方式。如果说这个更高的概念与人道观念叠合为一，那是不足为奇的。"② 他认为，美的人性"这个理想只有在两者的紧密结合中才能出现"③。

席勒的情感美育理论将美学研究从抽象的思辨带到现实生活之中，同时也将康德美学理论中的"自由"从形而上学的天堂带到现实生活之中。他第一次提出了现代社会人性改造的重大课题，并试图通过美育的途径实现人性的改造，建构了完备而系统的美育理论体系，给后世以巨大的启迪与影响。

三　席勒美育理论的当代价值

席勒的情感美育理论在 20 世纪初的 1904 年就由王国维介绍到中国，其后，蔡元培又提出著名的"以美育代宗教"说，产生了广泛影响，由此逐步开始了这一理论的中国本土化过程。在五四运动前后的反封建时期，席勒的美育理论在一定程度上起到了启蒙的作用，所谓"代宗教"也是指取代封建儒教。在当前我国进行大规模现代化建设的过程中，席勒的美育理论更有其重要作用。

席勒的美育理论是一种作为世界观的本体论理论，将审美看作人的本性和人的解放的唯一途径，因而成为最重要的价值取向。这一理论对于我国当前在马克思主义唯物实践观的指导下，通过美育的途

---

① 蒋孔阳、朱立元主编：《西方美学通史》第 4 卷，上海文艺出版社 1999 年版，第 413、421 页。

② 朱光潜：《西方美学史》下卷，人民文学出版社 1963 年版，第 463—464 页。

③ ［德］席勒：《秀美与尊严》，张玉能译，文化艺术出版社 1995 年版，第 337 页。

径，培养广大人民的审美世界观，造就一大批学会审美的生存的人，建设和谐的小康社会，具有极为重要的意义。我国的现代化建设在30多年中取得极大发展和辉煌成就，但也不可避免地出现美与非美的二律背反现象。在社会日益繁荣进步、人们生活日益改善提高的同时，也出现环境污染严重与精神焦虑加剧、某种程度的道德滑坡、文化的低俗化倾向等精神文化领域的问题。我国优越的社会制度无疑有利于这些问题的解决，但仍需采取政治、经济、法律等各种手段。其实，上述问题说到底是一个文化问题，也就是人的生活态度问题，因此，只有从文化、世界观与价值观的角度才能从根本上解决。其中就包括通过美育途径使人民确立审美的世界观，以审美的态度对待自然、社会与他人，成为生活的艺术家，获得审美的生存。通过美育，帮助人们确立审美的世界观，从而将人类从现代文化危机中拯救出来，这是具有普适性的人类自救之路。因为前工业时代人类依靠上帝这个"他者"来使自己超越私欲，而工业文明时代人类破除了对于上帝的迷信，反而陷入某种道德真空的危机。但我们相信，在当代，人类依靠包括审美自觉性在内的理性力量就一定能够使自己摆脱过分膨胀的私欲，走出文化危机，创造审美的生存的崭新生活。

席勒的美育理论是一种人生美学，旨在克服现实生活中人性的分裂，实现人性的完整，造就人性得到全面发展的自由的人。这是对于工业革命时代工具理性对人性的压抑、人格的分裂与教育扭曲的反拨，是对新的有利于人的自由、全面发展的教育的呼唤，对于我们建设当代崭新的社会主义教育体系具有重要意义。特别是我国当前提出加强素质教育的重要课题，将美育作为其中"不可代替"的方面，在这项重要工作中，应该借鉴席勒有关美育所特具的将人从感性状态提升到理性状态的"中介作用"等重要理论资源。而在落实当前国家有关加强德育和未成年人思想道德建设的重要工作中，要借鉴席勒有关美育思想所具有的"排除一切外在与内在强制的自觉自愿"的特性，充分发挥美的艺术在道德建设中的熏陶感染作用，落实德育工作的针对性与实效性，增强吸引力与感染力。

在当前的文化与文学艺术建设中，席勒的美育理论也具有重要的借鉴作用。早在 200 年前，席勒就敏锐地看到资本主义市场经济所造成的艺术的低俗化、功利化倾向。他尖锐地指出，艺术的精神"消失在该世纪嘈杂的市场中"，艺术严重地脱离了生活。他力主艺术超越"兽性满足"和"性格腐化"，成为精神力量的"自由的表现"，使得日常生活审美化。当前，在文化与文学艺术的建设中也存在美与非美的二律背反。一方面，反映时代精神的优秀文艺作品大量涌现；另一方面，市场利益的驱动和腐朽文化的浸染导致文化与文学艺术严重的非美化与低俗化。在这种情况下，应该充分地借鉴席勒有关美的艺术作为人性"高尚化"工具的理论，既正视当前大众文化蓬勃发展的现实形势，又坚持美的艺术的"高尚化"方向，使我国的文化和文学艺术事业得以健康、全面、可持续发展。

在我们吸收中西理论资源以建设当代美育理论体系的学术工作中，席勒的美育理论也有着极为重要的借鉴作用。席勒的美育理论作为一种人生美学，是与我国古代美学的"诗教""乐教"的传统相一致的。席勒在写作《美育书简》的同时还写过《孔子的箴言》，表明他对遥远的东方智慧的向往，也说明他的美育理论在某种程度上受到中国古代文化的影响。确实，中国古典美学之"中和论"美育思想，以中国古代"天人合一"理论为哲学基础，显示出特有的哲思魅力。探索中国古代"中和论"美育思想与席勒"中介论"美育思想的结合与互补，将会更好地推动我国当代美育理论建设。

席勒的挚友，伟大的德国文学家歌德指出，席勒"为美学的全部新发展奠定了初步基础"[1]，这一评价是恰当的。在席勒逝世 200 多年后的今天，我们再来回顾席勒的贡献，就会明显地看到席勒是不仅属于过去时代，更属于未来时代的伟大美学家。他不仅继承了过去，而且开创了未来。他对时代的思考，对人类前途命运的关怀，以及他的美学理论中所灌注的强烈的人文精神，都是跨越时代的，必将惠及人类的今天和明天。席勒于 1795 年在一首名为《播种者》的诗中写道："你只想在时间犁沟里播下智慧的种子——事业，让它悄悄地永久开

---

① ［英］鲍桑葵：《美学史》，张今译，商务印书馆 1985 年版，第 385 页。

花。"席勒就是这样的精神播种者，他在200多年前所播下的美育理论的智慧种子已经在人类的文化园地里开出灿烂的花朵，并将愈加绚丽。

当然，任何伟人及其思想都是历史性的存在，难免有其历史局限性。今天，我们从历史的视角反思席勒的情感论美育思想，感到其精英化倾向还是非常明显的。他将美育归结为艺术教育与情感教育，试图建立一个超越感性王国的审美的王国。这在很大程度上是对鲍姆嘉通感性教育思想的一种倒退，远离了鲜活而本真的感性，远离了丰富多彩的生活，走向了超越感性和平民的精英之路与艺术中心之路，为黑格尔美学与美育思想的客观理念之路做了铺垫。他对艺术美的过分推崇，对自然美的忽视，也表明了根深蒂固的"艺术中心论"观念。这当然是由时代的、阶级的与哲学观的局限所致，只有在马克思主义唯物史观的指导下才能得到彻底的克服。

第三节　马克思与人的教育

美育是一种人的教育，这已有许多理论家讨论过了。但马克思以唯物史观为指导对作为人的教育的美育的基础、实质与内涵的非常深刻的论述，可以看作是本书的指导原则。说到马克思有关美育的人的教育理论，首先就要讲到马克思主义的人学理论。这本来是不言而喻的事情，但过去很长一段时间曾经被视为禁区，新时期以来这方面的研究已经愈来愈多，可以看作是马克思有关美育的人的教育理论的一种指导。

一　马克思主义人学理论及其对美育的人的教育理论的重要意义

马克思主义人学理论，实际上就是马克思主义哲学的基本形态。尽管长期以来对于这一理论存在诸多争论，但我们认为，在人学已经成为当代西方哲学与文化转型的标志的情况下，马克思主义作为反映社会文化发展方向的哲学理论形态，对于人学理论没有回应是绝对不可能的。发掘马克思主义理论中的人学内涵，使之充分发挥纠正当代西方人学理论偏差的作用，也是时代的需要和我们理论工作者的责任。事实上，马克思主义就是关于无产阶级解放的学说，而无产阶级解放的前提则是整个人类的解放。恩格斯在《共产党宣言》1883 年德文版序言中指出，无产阶级"如果不同时使整个社会永远摆脱剥削、压迫和阶级斗争，就不再能使自己从剥削它压迫它的那个阶级（资产阶级）下解放出来"①。整个社会的解放，也就是人类的解放，这是马克思主义的奋斗目标。因此，我们从无产阶级乃至整个人类解放的意义上论述马克思主义人学理论，应该是科学的，符合马克思与恩格斯的本意的。其实，早在 1843 年年底至 1844 年 1 月，马克思就在著名的《〈黑格尔法哲学批判〉导言》一文中明确地提出了自己的人学理论。他说："德国唯一实际可能的解放是从宣布人本身是人的最高本质这个理论出发的解放。"② 又说，"对宗教的批判最后归结为人是人的最高本质这样一个学说，从而也归结为这样一条绝对命令：必须推翻那些使人成为受屈辱、被奴役、被遗弃和被蔑视的东西的一切关系"③。有的理论工作者认为，这一思想不仅不是马克思当时思想的核心，而且还带有费尔巴哈人本主义的痕迹。我们认为，这种看法不尽妥帖。因为，这里其实包含两层紧密相关的意思：第一层就是关于人是人的最高本质的学说；第二层是一条"绝对命令"，亦即人学理论的前提是推翻使人受奴役的一切社会关系。这正是 1885 年恩格斯所说的"决不是国家制约和决定市民社会，而是市民社会制约和决定国家"④ 的意思。这就是社会存在决定社会意识的马克思主义历史唯物主义重要原理。由此说明，马克思在《〈黑格尔法哲学批判〉导言》中所说的"绝对命令"，即人学理论的前提，已经将其奠定在历史唯物主义的基础之上了。事实证明，如果从马克思主义的历史唯物主义出发，将马克思主义的人学理论的核心归结为无产阶级和整个人类的解放，那么，这一理论其实一直贯穿于马克思主义理论发展始

---

① 《马克思恩格斯选集》第 1 卷，人民出版社 1972 年版，第 232 页。
② 同上书，第 15 页。
③ 同上书，第 9 页。
④ 《马克思恩格斯选集》第 4 卷，人民出版社 1972 年版，第 192 页。

终，从马克思在《1844 年经济学哲学手稿》中对"异化"的扬弃到我国今天对"以人为本"的倡导，应该说是一脉相承的。

马克思主义人学理论的产生绝不是偶然的，而是有其历史的必然性。从社会历史的层面说，这一理论恰是批判资本主义制度，实现人类解放的社会主义革命运动的必然要求。马克思主义创始人代表着无产阶级和广大被压迫阶级的利益，深刻地分析了资本主义制度剥削的本性及其生产社会化与私人占有制的内在矛盾，因而从深刻批判资本主义制度的角度出发必然要提出人类解放这一马克思主义人学理论最重要的理论武器。马克思在《〈黑格尔法哲学批判〉导言》中指出："哲学把无产阶级当做自己的物质武器，同样地，无产阶级也把哲学当做自己的精神武器；思想的闪电一旦真正射入这块没有触动过的人民园地，德国人就会解放成为人。"① 由此可见，马克思主义人学理论是无产阶级解放的精神武器。正是在无产阶级和劳动人民谋求解放的伟大历史运动之中，马克思主义人学理论才得以产生和发展。从《1844 年经济学哲学手稿》到《共产党宣言》再到《资本论》，再到马、恩后期的著作，几乎可以清晰地描绘出马克思主义人学理论发展的一条红线。从哲学理论的层面上看，马克思主义人学理论恰恰是批判各种二分对立的旧哲学的产物。众所周知，近代以来，与工业革命相应，认识本体论哲学发展，无论是唯物主义还是唯心主义，都从主客二分的角度将抽象的本质的追求作为哲学的终极目标。这种见物不见人的哲学理论实际上是对现实生活与人类命运的远离，是脱离时代需要的。马克思主义创始人充分地看到了这种哲学理论的弊端，以马克思主义历史唯物主义的人学理论对其加以超越。马克思在其著名的《关于费尔巴哈的提纲》中指出："从前的一切唯物主义——包括费尔巴哈的唯物主义——的主要缺点是：对事物、现实、感性，只是从客体的或者直观的形式去理解，而不是把它们当作人的感性活动，当作实践去理解，不是把它们当作人的感性活动，当作实践去理解，不是从主观方面去理解。所以，结果竟是这样，和唯物主义相反，唯心

---

① 《马克思恩格斯选集》第 1 卷，人民出版社 1972 年版，第 15 页。

主义却发展了能动的方面，但只是抽象地发展了，因为唯心主义当然是不知道真正现实的、感性的活动本身的。"① 在这里，马克思有力地批判了旧唯物主义的抽象客观性和旧唯心主义的抽象主观性，而将对于事物的理解奠定在主观的、能动的感性实践的基础之上。这种主观能动的感性实践就是人的实践的存在，是马克思主义实践论人学理论的基本内涵。马克思首先超越了费尔巴哈的旧唯物主义，这种旧唯物主义将人的本质归结为抽象的生物性的"爱"，是一种"从客体的或者直观的形式去理解"的二分对立的错误思维模式。同时，马克思也超越了以黑格尔为代表的唯心主义从抽象的精神理念出发的另一种主客二分对立的错误思维模式。马克思以人的唯物社会实践将主客统一了起来，从而超越了一切旧的哲学，成为人类历史上崭新的哲学理论形态——唯物实践论人学观。

马克思主义的唯物实践论人学观与西方当代人学理论有许多共同之处。马克思唯物实践论人学观与其他人学理论一样，都是对于西方近代以来认识本体论主客二分思维模式的突破。它以其独有的唯物实践范畴突破了西方古代哲学的主客二分，并对作为本体的主客两者加以统一。在这里，实践作为主观见之于客观的活动，是一个过程，不可能成为本体。但实践中的具体的人却可以成为本体。因此，这是一种唯物实践本体论，也是一种"存在先于本质"的理论，以此突破了主观实体或客观实体。正因为如此，马克思主义唯物实践论人学理论也同当代其他人学理论一样，是以现实的在世的个别之人为出发点。海德格尔是以在世之"此在"为其出发点的，马克思主义唯物实践论人学理论则是以个别的、活生生的现实之人为其出发点的。诚如马克思所说，唯物主义历史观的"前提是人，但不是某种处在幻想的与世隔绝、离群索居状态的人，而是处在一定条件下进行的、现实的、可以通过经验观察到的发展过程中的人"②；又说，"任何人类历史的第

---

① 《马克思恩格斯选集》第 1 卷，人民出版社 1972 年版，第 16 页。
② 《马克思恩格斯全集》第 3 卷，人民出版社 1960 年版，第 30 页。

一个前提无疑是有生命的个人的存在"①。由此可见，实践中的现实的有生命的个人存在就是马克思唯物实践论的出发点。这是一个在一定的时间与空间中实践着的活生生的个人。正如马克思所说，"时间实际上是人的积极存在，它不仅是人的生命的尺度，而且是人的发展的空间"②。马克思主义唯物实践论人学理论也同当代西方其他人学理论一样，是以追求人的自由解放为其旨归的。众所周知，马克思主义理论本身就以无产阶级与整个人类的自由解放为其最终目标，它把"只有解放全人类才能解放无产阶级"写在自己的战斗旗帜之上。马克思在论述共产主义时就曾明确指出，共产主义是"以每个人的全面而自由的发展为基本原则的社会形式"③。

但马克思主义人学理论又具有西方当代人学理论所不具备的鲜明的实践性和阶级性特点，由此成为当代人学理论的制高点。对于这一点，西方当代理论家也是承认的。萨特指出："马克思主义非但没有衰竭，而且还十分年轻，几乎是处于童年时代：它才刚刚开始发展。因此，它仍然是我们时代的哲学：它是不可超越的，因为产生它的情势还没有被超越。"④马克思所说的人首先是处于社会生产劳动实践之中的人，社会生产劳动实践是人的最基本的生存方式。诚如马克思所说，"所以我们首先应当确定一切人类生存的第一个前提也就是一切历史的第一个前提，这个前提就是：人们为了能够'创造历史'，必须能够生活。但是为了生活，首先就需要衣、食、住以及其他东西。因此第一个历史活动就是生产满足这些需要的资料，即生产物质生活本身"⑤。这就将以社会生产劳动为特点的实践世界放到了人的生存的首要的基础地位，从而将马克思主义人学理论奠定在唯物主义实践观的理论基础之上，迥异于西方当代以胡塞尔唯心主义现象学为理论基

---

① 《马克思恩格斯选集》第 1 卷，人民出版社 1972 年版，第 24 页。
② 《马克思恩格斯全集》第 47 卷，人民出版社 1979 年版，第 532 页。
③ 《马克思恩格斯全集》第 23 卷，人民出版社 1972 年版，第 649 页。
④ ［法］萨特：《辩证理性批判》上卷，林骧华等译，安徽文艺出版社 1998 年版，第 28 页。
⑤ 《马克思恩格斯全集》第 3 卷，人民出版社 1960 年版，第 31 页。

础的人学理论。马克思的"实践世界"理论也迥异于西方当代人学理论家后期提出的"生活世界"理论。马克思主义的人学理论还具有极其鲜明的阶级性。它是一种以关怀和彻底改变无产阶级和一切被压迫阶级的生存状况为宗旨的理论形态，是无产阶级和一切被压迫阶级获得解放的理论武器。这种人学理论迥异于呼唤抽象的爱的资产阶级人道主义，公开地宣布反对资产阶级的压迫与统治是无产阶级和一切被压迫阶级获得解放的必要条件。这就是马克思主义人学理论的鲜明的阶级性和政治价值取向所在。马克思人学理论的另一个重要特点是其将人的个人存在与其社会存在有机地结合起来。它一方面强调人是现实的有生命的个人存在，同时也强调人是一种社会的存在，是个体性与社会性的有机统一。马克思既强调了人的存在的现实性与个体性，同时更强调了人的存在的社会性与阶级性，强调了个人的自由解放要依赖于社会的进步和整个阶级与人类的解放，这就超越了西方存在主义理论观念。

马克思主义唯物实践人学理论的建设和发展对于当代美学与美育建设具有极为重要的作用，以它为理论基础就表明，当代美学与美育建设将由本质主义的实体性美学向当代人生美学转型。本质主义的实体性美学就是主客二分的认识论美学，以把握美的客观本质或主观本质为其旨归。这种美学实际上是一种严重脱离生活的经院美学，在很大程度上是对人的本真存在的一种遮蔽。而建立在马克思人学理论基础之上的人生美学则是充满现实生活气息的人的美学，是一种对于实体遮蔽之解蔽，实现人的本真存在的自行显现，走向澄明之境。这是一种以人的现实"在世性"为基点的美学形态，力图彻底摆脱主客二分，实现作为现实的人与自然社会、理性与非理性的多侧面、全方位的有机统一。实际上，以马克思主义人学理论为指导的当代美学与美育，突破了传统的本质主义认识论美学。对待审美，它不是如认识论美学那样只是从所谓"本质"的一个层面对其界说，而是从此在的在世的人的角度，从活生生的人的多个层面对其界说，从而对传统的美学与文艺学理论进行新的阐释。从具体的审美来说，它不是立足于对对象的客观规律的知识性把握，而

是立足于在世的现实的人的审美经验的建立。这种审美经验的建立是以"前见"为参照，以当下的理解为主，从主体的构成性出发，建立起新的视界融合。

马克思主义人学理论对美学与美育理论中有关"人的教育"的思想具有极为重要的价值与意义，我们初步将其概括为以下三个方面。

1. 明确地界定了美学与美育作为人文学科，"以人为本"是其出发点，人的教育是其核心内容。

马克思主义人学理论视野中的美育的"人的教育"理论始终建立在马克思主义唯物史观的理论基础之上，以社会实践与一定的经济基础为其根基，是历史的、发展的、与时俱进的。

2. 提出了马克思美学与美育观中的"人的教育"理论：人也按照美的规律建造。

马克思主义美学与美育观中的"人的教育"理论不是孤立地、抽象地提出的，而是在一定的社会实践和社会生产中提出的。这就是他在著名的《1844年经济学哲学手稿》中提出的"人也按照美的规律建造"的理论。他在《手稿》的"异化劳动"部分谈到社会实践创造对象世界时，指出："动物只是按照它所属的那个种的尺度和需要来建造，而人却懂得按照任何一个种的尺度来进行生产，并且懂得怎样处处都把内在的尺度运用到对象上去；因此，人也按照美的规律来建造。"[①] 在这里，首先要弄清楚"美的规律"的内涵。学术界对此争议颇多，其实从字义来说，十分明确的就是"种的尺度"与"内在尺度"的统一，也就是物与我的协调、自然与人的统一，达到一种自由的状态。再来看"建造"的含义，显然，在这里，"建造"指的是生产。马克思在《手稿》里所讲的生产是两种生产，即产品的生产与人的生产。他说："劳动不仅生产商品，它还生产作为商品的劳动自身和工人，而且是按它一般生产商品的比例生产的。"[②] 因此，"按照美的规律建造"，就不仅是指按照美的规律生产（建造）商品（产

① 《马克思恩格斯全集》第42卷，人民出版社1979年版，第97页。
② 同上书，第90页。

品），而且也指应该按照美的规律生产（建造）人（工人）。按照美的规律建造人，就是一种对人的审美的教育。既要按照美的规律生产产品，又同时要按照美的规律生产人，这就是马克思“按照美的规律建造”的基本内涵。这样的内涵意义重大，成为马克思主义唯物实践论的重要组成部分。众所周知，马克思在写作《1844年经济学哲学手稿》的半年之后，于1845年春又写作了另一个手稿《关于费尔巴哈的提纲》，在《提纲》的最后指出“哲学家们只是用不同的方式解释世界，而问题在于改变世界”①。如果将这前后相隔不到半年的两个手稿的论断结合起来，那就是：“哲学家们只是用不同的方式解释世界，而问题在于改变世界，按照美的规律建造。”我认为，这样的结合是具有理论自洽性的，其结果就是“按照美的规律建造”成为马克思唯物实践观的有机组成部分，马克思按照美的规律建造人的美学与美育思想在其基本理论中的位置凸现出来。

3. 批判了资本主义社会人的“非美化”：扬弃“异化”。

马克思终身的伟大事业之一，就是从事对资本主义及其制度的批判。这种批判的深刻性与科学性一直到今天都有重要的价值与意义。马克思的资本主义批判的一个重要方面就是对资本主义社会人的“非美化”的批判，也就是对极为重要的“异化”思想的阐述。他说：“国民经济学以不考察工人（即劳动）同产品的直接关系来掩盖劳动本质的异化。当然，劳动为富人生产了奇迹般的东西，但是为工人生产了赤贫。劳动创造了宫殿，但是给工人创造了贫民窟。劳动创造了美，但是使工人变成畸形。劳动用机器代替了手工劳动，但是使一部分工人回到野蛮的劳动，并使另一部分工人变成机器。劳动生产了智慧，但是给工人生产了愚钝和痴呆。”② 这是在“异化劳动”部分讲的，而“异化既表现为我的生活资料属于别人，我所希望的东西是我不能得到的、别人的所有物；也表现为每个事物本身都不同于它本身的另一个东西，我的活动是另一个东西，而最后，——这也适用于资

---

① 《马克思恩格斯选集》第 1 卷，人民出版社 1972 年版，第 19 页。
② 《马克思恩格斯全集》第 42 卷，人民出版社 1979 年版，第 93 页。

本家——则表现为一种非人的力量统治一切"①。由此说明，所谓"异化"就是走向自己的反面，走向"非人"，也就是一种"非美化"。马克思在这里首先揭露了资本主义劳动的"异化"的严重后果，迫使工人付出艰辛而巨大的劳动，结果使他们走向了贫困、粗陋、畸形、野蛮等一系列"非人"的"非美化"的恶劣境地；同时也深刻揭露了造成这种"异化"的原因，即资本主义制度下极为不合理的"分工"，使工人变成机器的奴隶，进而变成剩余价值的奴隶，资本家则成为机器的主人、剩余价值的拥有者。他认为，分工是私有财产的本质、异化的形式，指出："关于分工的本质——劳动一旦被承认为私有财产的本质，分工就自然不得不被理解为财富生产的一个主要动力——也就是关于作为类活动的人的活劫这种异化的和外化的形式……"②马克思认为，只有在私有制制度中，私有财产的拥有者才能凭借财产和权力的优势进行压迫，剥削和掠夺式的分工使劳动者处于被剥削、受迫害的不利地位，从而丧失自己的自由、权利和尊严。私有制，特别是资本主义制度是对人与人性的剥夺与压制。打破分工，是扬弃"异化"，解放被压迫者，恢复其人的权利，是一种未来社会建设的理想。马克思说："哲学家们把不再分工支配的个人看做'人'的理想，并且把我们所描述的全部发展过程说成是'人'的发展过程。"③

二 马克思对未来共产主义教育与美育思想的论述：人的自由全面发展

马克思对未来共产主义社会进行了科学的理论论证，认为未来的社会由于私有制与分工的消除，每个人都能得到自由全面的发展。1847年，马克思与恩格斯在著名的《共产党宣言》中说道："代替那存在着阶级和阶级对立的资产阶级旧社会的，将是这样一个联合体，

---

① 《马克思恩格斯全集》第 42 卷，人民出版社 1979 年版，第 141 页。
② 同上书，第 144 页。
③ ［苏］米海伊尔·里夫希茨编：《马克思恩格斯论艺术》，曹葆华译，人民文学出版社1960 年版，第 362 页。

在那里，每个人的自由发展是一切人的自由发展的条件。"① 恩格斯在此之前的《共产主义原理》一文中说过类似的话："通过消除旧的分工，进行生产教育、变换工种、共同享受大家创造出来的福利，以及城乡的融合，使社会全体成员的才能得到全面的发展；——这一切都将是废除私有制的最主要的结果。"② 人的自由全面发展，是一个社会的理想，也是教育的理想，当然也是美育的理想，是人的教育的原则与目标。当然，人的自由全面发展也是一定生产水平之下才能实现的目标，并且是建设共产主义社会的必要条件。马克思、恩格斯指出："只有在个人得到全面发展的条件下，私有制才能消灭，因为现存的交往形式和生产力是全面的，而且只有得到全面的个人才能够占有它们，即把它们变为自己的自由的生命活动。"③ 在这里，马克思又一次坚持了唯物史观的立场：一切的思想意识都只能建立在一定的经济基础之上。由此，人的解放、私有制的消灭与生产水平是同步互动的。马克思还深刻地论述了"人的自由全面发展"的深刻而丰富的内容，首先是分工的消除。当然，分工是私有制与一定生产水平的产物，但分工又的确极大地束缚了人的个性的自由解放。马克思与恩格斯指出，"问题在于：只要一出现了分工，每个人就具有自己的一定的专门活动范围，这是强加在他身上的，而且是他不能超出的。他是一个猎人、渔夫、牧人，或者是批判的批判家，只要他不愿意失去生活资料，就一定仍旧是这样一种人。至于共产主义社会里，没有谁被专门的活动范围限制着，而每个人都能在任何领域中益臻完善，所以社会调节着全部生产，因而也就为我们创造了可能性，可以今天做一件事情，明天做另一件事情，早上打猎，午后钓鱼，黄昏喂牲畜，晚饭后从事批判，随我高兴怎样就怎样，——因此并不使之成为猎人，渔夫，牧人或批判家"④。分工的消除能为人们个性与兴趣的发展开辟如

---

① 《马克思恩格斯选集》第 1 卷，人民出版社 1972 年版，第 73 页。

② 同上书，第 224 页。

③ 〔苏〕米海伊尔·里夫希茨编：《马克思恩格斯论艺术》，曹葆华译，人民文学出版社 1960 年版，第 358 页。

④ 同上书，第 211—212 页。

此广阔的空间，这的确是十分令人神往的。当然，其前提是社会发展到极高的水平，具备了极为丰富的物质与精神条件。

人的自由全面发展的另一个重要内涵，就是人长期受到压制与束缚的感性能力得到极大的解放，全面地拥有、占有了自己的感性能力，自由地运用其感受五彩缤纷的外部世界。马克思认为，在私有制的条件下，在异化的情况中，当人的基本生存都难以维持之时，人的感性的感觉也是异化的、被压制的。因此，"私有制的废除就是一切人的感觉和属性的完全解放"。马克思具体写道："人以全面的方式，即作为完全的人，占有着自己全面的本质。人对世界的任何一种人的关系——看、听、嗅、尝、触、思维、直观、感受、意愿、活动、恋爱……一句话，他的个性的一切器官，就像那些在形式上作为社会器官而直接存在的器官一样，在自己的对象关系上，或者在自己跟对象的关系上，是对于对象的占有，是对于人的现实性的占有。"① 马克思将自己的批判矛头直指资本主义制度之下异化的极端严重、工具理性的极端膨胀、人的天性的感觉能力所受到的巨大压制，并揭示了随着私有制的消灭、异化的扬弃，人的感觉能力必将全面复归。在这里，马克思将前面提到的鲍姆嘉通的感性教育包含在自己的人的教育之中，并为其揭示了感性教育复归的必要前提。

三　马克思美育思想的历史唯物论基础：人是社会关系的总和

马克思有关人的教育的理论与唯心主义的人学理论的截然不同之处在于，它建立在历史唯物论的理论基础之上。马克思所说的"人"，从来不是抽象的与社会历史相脱离的人，而是处在一定的经济与社会关系中的人。他在《关于费尔巴哈的提纲》中明确地将自己的人学与人的教育的理论同一切历史唯心论划清了界限。他说："人的本质并不是单个人所固有的抽象物。在其现实性上，它是一切社会关系的总和。"②

---

① ［苏］米海伊尔·里夫希茨编：《马克思恩格斯论艺术》，曹葆华译，人民文学出版社1960年版，第342页。

② 《马克思恩格斯选集》第1卷，人民出版社1972年版，第18页。

这是马克思对费尔巴哈将宗教的本质归结为人的本质的历史唯心论的有力批判，是他为自己的人学理论所建立的牢固的历史唯物论基础。他进一步指出："这种历史观和唯心主义历史观不同，它不是在每个时代中寻找某种范畴，而是始终站在现实历史的基础上，不是从观念出发来解释实践，而是从物质实践出发来解释观念的东西……。"① 他进而认为，即使到未来的共产主义社会，人的自由全面发展的根本动因与前提，"最后是在于个人在现实生产力的基础上的活动的普遍性中"②。

总之，马克思的人学理论与人的教育理论有着十分深刻而丰富的内涵，是其历史唯物论的重要组成部分，成为我们整个美育研究的最重要的理论基石。

---

① 《马克思恩格斯选集》第 1 卷，人民出版社 1972 年版，第 43 页。
② ［苏］米海伊尔·里夫希茨编：《马克思恩格斯论艺术》，曹葆华译，人民文学出版社1960 年版，第 359 页。

第二章

美育的学科特性

美育目前已经正式列入国家教育方针，并进入到各级各类教育的教学与课程体系，其独立学科性质已被国家体制所承认。为了有利于美育学科的学科建设，还是应该进一步弄清楚美育的学科特性，以便于按照其内在规律促使其健康发展。

第一节　作为边缘交叉学科的美育

"美育"并不是一门新兴学科，它早在18世纪末就已被提出，但人类对它的认识和研究还很不够，在我国更是如此。可以说，"美育"是一门薄弱学科。同时，它也是一门边缘性的学科，涉及教育学、美学、心理学、脑科学、哲学和社会学等诸多方面。因此，美育同其他学科的关系特别密切。从这个意义上说，"美育"的研究是一种综合性的研究。由于美育主要介于教育学和美学之间，成为二者的中介学科，因此，有的学者将其归结为教育学，有的将其归结为美学。从科学的意义上说，美育还是应属于教育学，是教育科学中具有独立意义的一个重要分支，同时也是我们社会主义教育的根本指导思想之一和不可缺少的方面。因为美育的根本任务和目的都在于培养社会主义新人，这样，教育科学中教与学及人才培养的基本规律都适用于"美育"，但这些基本规律却只能给美育以指导而不能代替它自身的特殊规律。因为美育是以培养审美力为其根本宗旨的，这就使它不同于一般的教育而具有自己的特殊性，需要人们对其作为一个特殊的领域的性质、规律和特点进行专门的研究。美育虽是教育学的一个分支，但同美学的关系特别密切，因为审美力的培养正是它的特殊性之所在。这样，就需深入研究审美力的特点及其发展规律。也正因此决定了美育不同于其他教育的特殊性质。对美育的研究必须借助于美学理论，特别是审美的理论；而且，美育的发展也将从实践的角度对美学提出一系列崭新的课题，促使美学不断地随着时代与社会的需要向前发展。美育同心理学和社会学的关系也很密切。心理学是以人的心理现象为其研究对象的，而审美力及其发展过程就是一种特殊的心理现象。只有从心理学的角度深刻地研究审美力的根本特点，及其同感知、联想、想象与思维等心理过程的关系，才能真正把握美育的本质，认识其重要性。长期以来，我国轻视美育的倾向，就同极"左"思潮影响下错误地把心理学打成唯心主义而加以批判直接有关。美育的心理机制以神经活动过程的生理机制为基础，因此，美育也同脑科学紧密相关。任何教育都是社会的，美育当然也不例外，所以，美育又同以社会现象为研究对象的社会学紧密相联。社会学要求美育从时代与社会的广阔背景上来探讨审美力的特点及培养问题，而不能将其孤立于社会与时代之外。另外，马克思主义的哲学作为一切科学最根本的理论指导，对美育也有着指导作用。我们应以马克思主义唯物史观为根本的指导思想来研究美育，运用社会存在决定社会意识、对立统一规律来探讨审美力的培养过程。

美育虽然是介于美学、教育学、心理学等之间的一门交叉边缘学科，但归根结底它是教育学的一个分支，中国的教育学界很长一段时间并没有给予其足够重视，外国教育学界所研究的情感教育与艺术教育问题，我们大都将其作为技能和手段。这就不免使美育变味。有鉴于此，我想说，我们既要认识到美育学科的交叉与边缘特点，更要强调它的相对独立性。为此，就要真正下力气从事美育学科的学科建设。我认为，在美育学科之内，还应包括美育学、美育心理学、美育社会学、美育实践学、美育史、比较美育学等。所谓美育学，无疑是对美育的基本理论进行研究，阐述美育的基本范畴及其体系。所谓美育心理学，是从美育的心理机制，包括从脑科学的角

度对美育进行研究探讨。所谓美育社会学，专门研究美育的社会属性，探讨它同政治、经济、文化的关系。所谓美育实践学，是运用现代教育方法与手段，对美育的实施进行全方位的探讨。所谓美育史，包括中外美育发展的历史及其规律。所谓比较美育学，主要是运用比较的方法对中外和各国之间的美育进行研究，探索其异同，着眼于交流对话与借鉴。

关于美育学的理论体系。既然美育是一门相对独立的学科，那么作为其基本理论研究的美育学就应有独立的理论体系，也就是范畴体系。我认为，美育学的基本范畴是审美力，因为美育是以培养审美力作为其出发点与落脚点的。审美力的内涵就是康德在《判断力批判》中所说的情感判断力。康德将其界定为无目的与合目的的统一，席勒则将其归纳为自然与自由的结合。从当代的发展来说，审美力的内在矛盾还包含情感与思维、原始本能与理性精神、形象的显现与存在本体，等等。从审美力出发，可以派生出审美力的培养、审美力与其他能力的关系，等等范畴。所谓审美力的培养，主要解决审美感受力与审美理解力的关系，既要以审美感受力作为基础，又不能离开审美理解力的指导。审美力与其他能力的关系，包括审美力与智力、意志力、体力的关系等。

关于美育研究的方法。当代自然科学与社会科学的发展都非常迅速，因此，在美育的研究方法上要尽量拓宽。本书所介绍的戈尔曼与加德纳的教育理论，运用了脑科学、教育学、心理学、统计学、社会学等多种研究方法，显得思路开阔，资料丰富，启人思考。相比之下，我国美育研究的方法比较单一，大多还是哲学的纯理论的研究方法，从理论到理论，显得比较单调贫乏，难以深入。实际上，在方法上，我们可以更多地借鉴国外的经验，采取多维度、多侧面的研究。当然，主要应按照美育侧重于教育学与美学的特点，侧重于教育学与美学的方法，侧重于人文教育与感情教育相结合的方法，落实到审美力的培养之上，力戒仿效其他科学学科而变成纯知识的传授。总之，美育学科的边缘交叉性质，决定了它的知识与方法的多元性特点。

第二节　作为人文学科的美育

美育属于人文学科，这是必须要明确的。只有明确了这一点，才能明确美育所肩负的人文教育的基本任务。人文学科有其特定的研究对象，那就是以"人文主义""人的价值""人的精神"作为自己的研究对象。《简明不列颠百科全书》在"人文学科"条目下指出，"人文学科是那些既非自然科学也非社会科学的学科的总和。一般认为人文学科构成一种独特的知识，即关于人类价值和精神表现的人文主义的学科"①。这种对于鲜活灵动的人性、人的精神、人的价值与人文主义的研究，显然不同于自然科学与社会科学对于自然与社会的客观规律的研究。这就是对于活生生的具体的个人的研究，或如马克思所说，是对于作为"社会关系总和"之人的本性的研究，也是海德格尔所说的对于作为"此在之在世"的人的生存状态的研究。具体到美学与美育，则是对于作为个体的人的审美经验的研究。法国美学家杜夫海纳在《审美经验现象学》中指出，美学的审美经验研究是与人学理论必然联系的。他说，美学以艺术的审美经验为研究对象，"这种解释的优点是把审美和人性的关系靠拢了。因为我们知道，审美的本性是揭示人性。但审美唯一依靠的是人的主动性。而人归根结底只是因为自己的行动或至少用自己的目光对现实进行了人化才在现实中找到人性"②。这里所说的艺术的审美经验，不是英国经验派所说的纯感性的"经验"，但又以这种感性的经验为基础。它从康德的审美作为反思的情感判断之"无目的的合目的的"经验开始，发展到当代审美经验现象学的经验。这种经验由感性出发，包含着某种超越。康德的审美判断是对于功利的超越，当代现象学的审美经验是对于实体的"悬搁"，最后走向自由，审美的自由、想象的自由、人的自由全面发

① 《简明不列颠百科全书》第 6 卷，中国大百科全书出版社 1986 年 3 月版，第 760 页。

② ［法］杜夫海纳：《审美经验现象学》，韩树站译，文化艺术出版社 1996 年版，第588 页。

展，等等。

美学与美育作为人文学科应有自己不同于自然科学与社会科学的研究方法，这就是人学的研究方法。诚如《简明不列颠百科全书》在"人文学科"条目中所说，人文学科"运用人文主义方法"。这种"人学"的，或者"人文主义"的研究方法，不是门罗所说的完全自下而上的方法，自下而上的方法实际上还是自然科学的实证的方法。这种人学的研究方法也不是我们长期以来所误解的马克思在《〈政治经济学批判〉导言》中所说的"从抽象上升到具体的方法"，因为这是政治经济学的研究方法，是一种社会科学的逻辑的研究方法。正如马克思在这个《导言》中所说，人们对于世界的理论的逻辑的掌握"是不同于对世界的艺术的、宗教的、实践—精神的掌握的"[①]。我们所说的人学的方法，就是马克思所说的"莎士比亚化"[②]的方法。从创作来说，就是"个性化"的方法，而从审美来说，则是具有鲜明个性的体验。发展到后来，就是现象学美学提出的审美经验现象学的方法，包含丰富的内容。波兰的英伽登和法国的杜夫海纳对审美经验现象学方法有丰富发展。首先是审美态度的改造性，即通过审美主体的审美态度将日常的生活经验改造为审美的经验。再就是审美知觉的构成性，即审美主体凭借审美知觉在意向性之中对于审美对象的构成。在审美知觉构成审美对象之前，作为自然物或艺术品都还只是一种存在物，并未成为审美对象。还有审美想象的填补性，即通过主体的艺术想象对于"未定域"加以补充，对作品加以"具体化"的再创造，对于某些"缺陷"加以弥补。最后是审美价值的形上性，这是对审美经验内涵的提升，是其人文精神的最好体现，也是审美走向自由的最重要途径。事实证明，审美绝不是也不可能"价值无涉"或"价值中立"，而是有着明显的价值倾向的。鲜明的价值取向就是美学与美育的最重要特点，是其区别于社会科学、特别是自然科学之处。首先，美学与美育有着明确的审美价值取向。的确，"艺术"（art）在

---

① 《马克思恩格斯选集》第 2 卷，人民出版社 1972 年版，第 104 页。
② 《马克思恩格斯选集》第 4 卷，人民出版社 1972 年版，第 340 页。

西语中除了"艺术、美术"之外还有"技术、技艺、人工"等含义。从实际生活来看,也并非一切的艺术都是美的。但我们的美学理论却应有明确的美的价值取向,鲜明地肯定美,同时否定丑。我们的美学与美育还应有社会共通性的价值取向,也就是说,在伦理道德上应该坚持善恶等人类共通的道德判断。再就是意识形态方面的价值取向,总的来说,应该坚持审美活动与文艺服务于最广大人民的方向。最后是应该坚持对于人类前途命运的终极关怀的价值取向,美学与美育的学科建设应该包含着强烈的理想因素和终极关怀精神。

从美育历史发展来看,它无疑贯穿着一条绵延不断的人文教育的红线。现代美育无疑是从现代西方开始的,是与资本主义的发展相伴随的,其目的是从封建专制对人与人权的压抑中将"人"解放出来。所以,美育的宗旨始终是人的解放与人的启蒙。从工业革命开始到现在,西方美育经过了审美启蒙、审美补缺与审美本体这样几个阶段。欧洲18世纪开始了著名的启蒙运动,以法国"百科全书派"为代表的启蒙运动明确提出"启蒙"的口号。所谓"启蒙"(mumination),原义即"照亮",即以科学艺术的知识照亮人们的头脑,高扬自由、平等与博爱三大口号,目标是针对封建制度的支柱——天主教会,旨在削弱封建的王权和神权。在那样的时代,审美成为"启蒙"的重要手段。他们一反传统文艺对贵族的歌颂,要求文艺歌颂普通的人民,并将之称为"最光辉,最优秀的人"。莱辛在著名的《汉堡剧评》中指出,一个有才能的作家"总是着眼于他的时代,着眼于他国家最光辉,最优秀的人"①。温克尔曼提出了著名的"自由说",认为"艺术之所以优越的最重要的原因是有自由"②。

到18世纪末期,资本主义现代化过程中社会矛盾越来越尖锐,资本主义制度与工具理性的弊端越来越明显,出现人与社会、科技与人文以及感性与理性日渐分裂的情形。这就是所谓"西方的没落"与

---

① [德]莱辛:《汉堡剧评》,张黎译,上海译文出版社1981年版,第9页。

② 蒋孔阳、朱立元主编:《西方美学通史》第3卷,上海文艺出版社1999年版,第841页。

"文明的危机"。在这种情况下，美学学科出现明显的"美育转向"，由"审美启蒙"转到"审美补缺"，由思辨的美学转到人生美学，现代"美育"理论由此出现。众所周知，第一个提出"美育"概念的是德国的席勒。他在师承康德美学的基础上于1795年发表著名的《美育书简》，提出"美育"的概念。大家知道，该书还有一个副标题："On the Aesthetic Education of Man"，可以翻译成"对于完整的人的感性的与审美的教育"，说明《美育书简》的主旨是完整的人的教育和对于完整的人的人文教育。在《美育书简》中，席勒对工业革命导致的人性分裂进行了深刻的批判。他将这种情况描述为："国家与教会、法律与习俗都分裂开来，享受与劳动脱节、手段与目的脱节、努力和报酬脱节。永远束缚在整体中一个孤零零的断片上，人也就把自己变成一个断片了。"为此，他提出通过美育的途径来将两者沟通起来，克服理性与感性的分裂："要使感性的人成为理性的人，除了首先使他成为审美的人，没有其他途径。"① 美育在这里承担着对于感性与理性分裂，也就是人性的分裂进行补缺的重要作用，成为人性的教育、人的教育。这其实也是当代美育的最重要内涵。因此，席勒美育思想的深远含义已经远远超越了启蒙运动初期理性审美启蒙的内容，包含着对被分割的现实进行人文补缺的崭新内涵。当然，席勒仅仅是现代美育理论的最早提出者，真正将这种人生美学发展到成熟阶段的，是以叔本华、尼采为代表的"生命意志论"哲学与美学家。他们张扬一种激昂澎湃的唯意志主义人性精神，力主审美是人之为人的最重要标志，是人的生存的最重要价值之所在。尼采指出，"艺术是生命的最高使命"，又说："只有作为一种审美现象，人生和世界才显得是有充分理由的。"② 事实上，自从黑格尔逝世之后，西方哲学界就开始试图突破启蒙运动以来"主客二分"的思维模式和人与世界对立的实体性世界观，探索一种有机整体性思维模式和关系性世界观。这

---

① ［德］席勒：《美育书简》，徐恒醇译，中国文联出版公司1984年版，第51、116页。
② ［德］尼采：《悲剧的诞生》，周国平译，生活·读书·新知三联书店1986年版，第2、105页。

就从世界观的高度为美育奠定了本体的地位。海德格尔提出"此在与世界"的在世模式与人"诗意地栖居"的审美的人生观，明确地为"审美的人生"（广义的美育）奠定了本体的地位。杜威在《艺术即经验》中致力于哲学的改造，提出"审美是一个完整的经验"的重要思想。他说，审美的经验"与这些经验不同，我们在所经验到的物质走完其历程而达到完满时，就拥有了一个经验"；又说，"经验如果不具有审美的性质，就不可能是任何意义上的整体"。① 与此同时，在教育领域也开始突破启蒙主义时期以"智商"为标志、把人训练成机器的见物不见人的"泛智型教育"，探索以新的人文精神为主导的"人的教育"。1869 年，查尔斯·W. 艾略特就任哈佛大学校长，提出著名的"塑造整个学生"的教育理念。1945 年，哈佛大学提出《自由社会中的通识教育》，俗称"红皮书"，将人文教育正式纳入课程体系之中，一直延续至今。2004 年，美国理查德·加纳罗与特尔玛·阿特休勒出版了"人文学通识"系列《艺术，让人成为人》（*The Art of Being Human*）一书，将以艺术为基本内容的人文学教育提到"使人成为人的教育"的高度认识，意义深远。作者在表述自己的愿望时指出，他们希望通过本书的阅读，"学生们将获得更大的信心寻找自己"②。翻译者舒予则在《译后记》中概括该书的要旨时指出，"我们学习人文学或人文艺术，最终的目的是要'成人'，'成人'即指'使人成为人'，因为人并不必然地生而为人便可以成'人'。如果一个个体在实践生命的过程中让流俗的意见、观念，让各种外在的社会现实全然操纵自己的命运而失去与自己的联系，无法聆听来自自己内心深处的声音，那么，他便不能是人文学意义上的'一个人'，而只能是古希腊哲学家第欧根尼（Diogenes）所说的'半个人'（a half man）、布罗茨基所说的'社会化动物'、克拉科和马丁所说的'二手人'（a second-hand person）"；又说，"因此，人文学意义上的'成

---

① ［美］杜威：《艺术即经验》，高建平译，商务印书馆 2005 年版，第 37、43 页。

② ［美］理查德·加纳罗、特尔玛·阿特休勒：《艺术，让人成为人》，舒予译，北京大学出版社 2007 年版，"致谢"第 9 页。

人'即是指，在'技术和机器成为群众生活的决定因素'的时代里，在'人类的统一意味着：所有人都在劫难逃'的时代里帮助人发现、滋养、耕犁他的独一性，也就是他的个性，进而让他成为一个人文学意义上的'人'"。① 在这里，美育作为"人文教育"已经具有使人摆脱"半个人""二手人"，使人成为具有独立个性的"人"的本体的重要作用。

2006年3月6—9日，在葡萄牙里斯本召开的世界艺术教育大会，更加明确地将艺术教育和文化参与提升到人权的高度加以认识。会议在制定《艺术教育路线图》时指出，"文化和艺术是旨在促进个体全面发展的综合教育的核心要素。因此，对于所有学习者，包括那些常常被排除在教育之外的人群，例如移民、少数民族和残疾人，艺术教育都是一种具有普遍意义的人权"②。这里，特别强调了艺术在人的全面发展中的核心作用。因而，艺术教育应该成为人人都应获得的基本权利，对我们提高对于艺术教育重要作用的认识具有重要启发意义。

我国现代美育是在西方的影响下发展起来的，引进并借鉴了大量西方现代美育与艺术教育的理论与经验。但由于我国乃"后发展国家"，而且长期处于半封建半殖民地政治与文化背景之下，因此，我国现代艺术教育的发展尽管与西方有许多相似之处，但其区别却是非常明显的。从时间上来说，如果说欧洲的现代艺术教育开始于18世纪后半期的工业革命和启蒙主义时期，那么我国现代艺术教育则应该是始于20世纪初。我们可以以王国维1903年发表第一篇美育论文作为我国艺术教育的起始。对于艺术教育内涵的理解，中西的看法差异较大。目前，有学者将中国现代美育概括为"审美功利主义"，并认为"中国现代美育思想与西方现代性的美学不同，它不排斥理性和道德，而是主张与理性和道德相包容、相协调"。这就是说，论者认为，中国现代美育思想借助的是西方现代早期审美启蒙的思想理论。还有

① ［美］理查德·加纳罗、特尔玛·阿特休勒：《艺术，让人成为人》，舒予译，北京大学出版社2007年版，第584页。

② 《构建21世纪的创造力——2006年世界艺术教育大会》，万丽君、龙洋编译，《中国美术教育》2008年第2期。

学者将中国现代美学与美育分为功利主义与超功利主义两类。①也有的论者认为，中国现代是"救亡压倒启蒙"②。按照这种说法，现代审美教育的审美启蒙在民族救亡之时必然受到阻碍。这几种看法都是论者长期研究的成果，自有其道理。但我们认为，我国现代审美教育的发展，从内涵上来看，也同样是"人"的教育与人文教育；而从历程来看，也大体历经了审美启蒙、审美补缺与审美本体这样三个阶段，但其具体内涵与路径却与西方有着明显差异。救亡与启蒙并不矛盾，而且具有某种内在的一致性，它们都统一在一代新人的培养之上。1902年，我国现代著名的资产阶级思想家梁启超发表著名的《新民说》一文，将培养新的国民作为"今日中国第一要务"，并提出"然则苟有新民，何患无新制度？无新政府？无新国家？"③由此说明，"人"的教育和人文教育已经成为我国现代资产阶级思想家与教育家的比较自觉的意识与行动方向。我国从20世纪初到20世纪80年代，基本上属于审美启蒙时期。但这时由于我国处于半封建与半殖民地社会以及长期的革命时期，真正的现代化还没有开始，尽管也高喊"科学与民主"的口号，但当务之急则是真正完成反封建的任务与民族自觉性的唤起。因此，这时主要不是理性与道德的启蒙，而是民族自觉性的启蒙，借助的也主要不是西方早期现代理性精神，而是19世纪后期以来的意志论、生存论与俄国民主主义哲学美学以及中国化的马克思主义哲学美学——毛泽东美学思想。20世纪80年代以来，随着我国现代化的逐步深入，经济与社会、科技与人文的矛盾日益尖锐，美育逐步承担起人文补缺的作用。新世纪开始以来，随着和谐社会与"以人为本"思想的日益深化，美育的本体地位愈加明显。

在上述分析的基础上，现在我们稍微具体一点，先从1903年王国维发表我国第一篇美育论文《论教育之宗旨》说起。该文在论述"教育之宗旨"时，提出著名的培养"完全之人物"的路径，其中就

---

① 杜卫：《审美功利主义》，人民出版社2004年版，"中文摘要"第5、209页。

② 李泽厚：《中国现代思想史》，东方出版社1987年版，第7—49页。

③ 《梁启超全集》第2册，北京出版社1999年版，第655页。

包括美育。王国维运用席勒的观点将美育定位于"情感教育"。他说："要之，美育者，一面使人之感情发达，以达完美之域；一面又为德育与知育之手段。此又教育者所不可不留意也。"① 在著名的发表于1906 年、揭示我国民族之疾病的《去毒篇》中，他写道："今试问中国之国民，曷为而独为鸦片的国民乎？夫中国之衰弱极矣，然就国民之资格言之，固无以劣于他国民。谓知识之缺乏欤？则受新教育而罹此癖者，吾见亦夥矣；谓道德之腐败欤？则有此癖者不尽恶人，而他国民之道德，亦未必大胜于我国也。要之，此事虽非与知识、道德绝不相关，然其最终之原因，则由于国民之无希望，无慰藉。一言以蔽之，其原因存于感情上而已。"显然，他立足于健康的国民感情的培育，而将国民感情的衰败作为中国衰弱的主要原因，放到了知识与道德之上。他要借助的理论武器不是欧洲理性主义精神，而是以叔本华、尼采为代表的意志论哲学美学。王国维在 1904 年写成的《叔本华与尼采》中将他们两人称作"旷世之天才"而给予充分肯定。他的哲学美学思想无疑是以这种意志论哲学为基础的。②

我国现代另一位倡导美育最力的教育家是曾经担任过民国教育总长与北京大学校长的蔡元培。1912 年，他在《对于教育方针之意见》中对美育做了一番解释："美感者，合美丽与尊严而言之，介乎现象世界与实体世界之间，而为津梁。此为康德所创造，而嗣后哲学家未有反对之者也。"③ 很明显，这里，蔡元培运用的是康德有关审美沟通现象界与物自体的理论，以图塑造人格完全之国民。众所周知，康德的美学理论尽管属于理性派范围，但其恰恰对于理性的绝对性表示质疑，而且强调被理性派所忽视的感情。这说明，蔡氏在此借鉴于康德的，并非其理性精神而是其"情感沟通"的理论。不仅如此，蔡氏的美育理论还包含着强烈的反封建精神。在其著名的"以美育代宗教"说之中，就对包括"孔教"在内的宗教之"强制""保守""有界"

---

① 姜东赋、刘顺利选注：《王国维文选》，百花文艺出版社 2006 年版，第 210 页。
② 同上书，第 229、36 页。
③ 高平叔编：《蔡元培教育文选》，人民教育出版社 1980 年版，第 4—5 页。

等压抑人性的弊端进行了激烈批判，对人性的自由、进步与普及进行了大力张扬。①

鲁迅对美育的倡导，更是大力借助于西方的积极浪漫主义文学与意志论哲学美学，以进行他的宏大的"国民性"改造工程。他在1907 年发表的《摩罗诗力说》就盛赞以拜伦、雪莱与裴多菲为代表的 8 位积极浪漫主义作家，颂扬他们"不为顺世和乐之音""殊持雄丽之言""立意在反抗，指归在动作"的艺术精神。他还特别张扬尼采的意志论哲学，试图以其熏陶个人人格，重建国民精神。

我国另外一位著名的现代教育家梅贻琦，在 20 世纪 30 年代初就任清华大学校长时，明确提出：清华的目标是培养学生成为"周见洽闻"的"完人"、"读书知理"的"士"、"精神领袖"，而不是"高等匠人"。与此同时，梅氏对于审美教育在烽火连天的民族救亡中所承当的"民族启蒙"作用也是十分赞同的，他所领导的西南联大成为民族救亡的大本营之一就是明证。

即便是被公认为比较强调审美超脱性的朱光潜也是主张审美人生论的。他早年在《论修养》一书中力主通过美育"复兴民族"，并要求青年彻底地觉悟起来。他说："现在我们要想复兴民族，必须恢复周以前歌乐舞的盛况，这就是说，必须提倡普及的美感教育。"② 又说："青年们，目前只有一桩大事——觉悟——彻底地觉悟！你们正在作梦，需要一个晴天霹雳把你们震醒，把'觉悟'二字震到你们的耳朵里去。"③

20 世纪 30 年代以后，开始了波浪壮阔的抗日战争以及日益深入的救亡运动，中国共产党领导的革命文化运动不断发展。这时，审美启蒙与救亡结合，毛泽东文艺思想在斗争中产生并指导着中国的文艺工作。文艺为工农兵服务，向工农兵普及，从工农兵提高，成为文艺与审美的指导原则，产生了《黄河大合唱》《义勇军进行曲》等充分

---

① 高平叔编：《蔡元培教育文选》，人民教育出版社 1980 年版，第 201 页。
② 《朱光潜全集》第 4 卷，安徽教育出版社 1988 年版，第 152 页。
③ 同上书，第 9 页。

反映时代精神的审美启蒙名曲，至今仍有着旺盛的艺术生命力。这种革命的审美启蒙一直继续到 20 世纪 60—70 年代。1978 年，我国开始进入新时期，中华民族开始了真正的现代化进程，取得巨大成绩。20 世纪 90 年代以来，随着市场经济的开展，我国社会逐步出现美与非美的二律背反，人文精神的缺失成为人们关注的重要问题。在这种情况下，我国的审美教育由审美启蒙进入审美补缺阶段。教育部于 1995 年提出开展包括审美教育等重要内容的文化素质教育，同时建立了全国性的人文素质教育基地。1999 年 6 月又颁布《关于深化教育改革全面推行素质教育的决定》，将美育作为素质教育的有机组成部分。特别是新世纪开始后，我国提出科学发展观与建设和谐社会的指导原则，更是标志着"审美本体"理念的确立。在这里，"科学发展观"是对传统经济发展观的超越，是我国现代化发展观念与模式的重大调整。而"以人为本"则是与之相关的对于改善人的生存状态的空前突出。"和谐社会建设"意味着审美态度将成为新世纪大力提倡的根本人生观，也就是提倡以审美的态度对待自然、社会、他人与自身。[①]就我国港台地区来说，近年来对于"通识教育"的认识与实践也有新的发展。主要是在唯科技主义和唯经济主义思潮的影响下，高等教育面临着巨大冲击，不仅学科种类面临着分割，而且德智体美等统一的"人的教育"也面临着分裂，大学变成"分裂型的大学"。在这种情况下，许多港台教育家力主应进一步强化"通识教育"中的"for all"理念，成为"全人教育"，以此作为克服"分裂型大学"的一剂良方。由此，"反映通识教育在大学教育中的角色不是辅助性的，而是体现大学理念的场所"[②]。

由此可见，我国现当代审美教育始终贯穿着人生教育的理念，是审美与人生的结合、启蒙与救亡的统一，发展到当代，则是建设和谐社会所必需的"德智体美"素质全面的一代新人的培养。总结我国近

[①] 参见曾繁仁《培养学会审美的生存的一代新人》，《光明日报》2006 年 4 月 26 日 "理论与实践"版。

[②] 张灿辉：《通识教育作为体现大学理念的场所：香港中文大学的实践模式》，香港中文大学通识教育中心编《大学通识报》2007 年 3 月，第 41 页。

百年审美教育历史，我们可以看到，它体现了世界美学发展的人生化的趋势，体现了我国民族崛起的现实要求，体现了我国"成于乐"的"乐教"传统。这是一份十分宝贵的财富，值得我们很好地总结继承。

总之，回顾中西现代普通高校公共艺术教育发展的历史，可以看到一条人文教育与"人"的教育的主线，历经审美启蒙、审美补缺与审美本体之途。在当代，"培养学会审美生存的一代新人，走向人与社会的和谐"，成为中国特色社会主义建设的重要目标，也是全世界有远见人士的共识。正是从这样的角度出发，我们应该将美育放到更加重要的位置。

第三节　作为美学学科的美育

美育是美学的分支学科，但长期以来在传统美学的"美、美感与艺术"的三分结构中，"美育"只从属于"艺术"部分中"艺术的作用"之"审美教育作用"这一小部分，显得非常不重要。但新时期以来，我国美学学科在对外开放的新形势下，逐步跟上国际美学发展的潮流，使得传统的认识论美学逐步转向现代的人生论美学。

美学是一门古老的学科，从古希腊柏拉图在《大希庇阿斯篇》中提出"美是什么"的问题，到德国思想家鲍姆嘉通提出"Aesthetica"（即美学是关于感性认识的科学），再到康德、黑格尔为代表的德国古典美学，整个古典美学都是在纯理论的层面上探讨美是什么的问题。康德的"美是无目的的合目的性的形式"与黑格尔的"美是理念的感性显现"，既是人类对美的古典认识的最高成就，也是人类在美的纯理论层面集大成的综合性成果。在我国，20世纪50—60年代发生了具有广泛影响的美学大讨论，出现了美在主观、美在客观、以及以实践的理论理解美等观点。特别是运用马克思主义实践观，从实践中"对象化"的角度理解美，是有其历史价值的。但这些理论观点仍停留在纯理论的认识论层面。

总之，无论是西方还是我国，对美的纯理论层面的探索都不免有纯思辨哲学的性质，不同程度地脱离了人的现实生活。当代许多理论

家不满足于此，赋予美学探讨以强烈的现实性。1831 年黑格尔逝世后，从叔本华到尼采、克罗齐开始了对认识论的纯思辨哲学美学的突破。他们将这种古典的纯理论思辨性的美学探讨批评为"形而上"，并从现象学、存在主义与解释学美学的崭新角度探索美与人的生存状态的关系问题，旨在促使美学研究关注当代条件下人的日渐困惑的生存问题，表现出了这些理论家对人类命运的终极关怀。德国当代著名哲人、解释学美学家海德格尔提出了人类应该"诗意地栖居于这片大地"的重要命题。所谓"诗意地栖居"，可以理解为"审美的生活"，从而将美学与改善人类的生存状态紧密相连，也将美学从纯理论的思辨拉回现实人生。这就使美育从美学的一个并不重要的分支走到美学学科的前沿，超越纯理论的"美""审美""艺术"等，成为最重要的课题。从改善人的生存状态的角度看，在某种意义上，美育也就是美学。这确实是新时代美学学科的一个巨大变化。我们可以这样理解，在当代，美学作为人生美学就是广义的美育。

第四节　作为教育学学科的美育

从一般的意义上来讲，教育包括德、智、体、美、劳五个方面，因此，美育成为教育学的有机组成部分和一个分支学科。美国于 2000 年在《美国教育国家标准》中指出，艺术教育有益于学生，因为它能够培养完整的人，并认为没有艺术的教育是不完整的教育。[①] 将美育提到关系教育的完整性的高度，这是总结历史经验的结果，不仅总结了工业革命以来理性主义占据主导地位的单纯专业教育所造成的严重弊端，而且总结了 20 世纪以来一度忽视美育的不良后果。1959 年，苏联人造卫星上天，震动了美国科技教育与国防各个领域的人士，国家出台了《国防教育法》，大力加强自然科学和高科技教育，导致对美育等人文教育的冲击，在一定程度上造成人才素质的下降。于是，20 世纪 70 年代出台了第二次教育改革方案，对第一次教育改革方案

---

① 参见王伟《当代美国艺术教育研究》，河南人民出版社 2004 年版，第 3—4 页。

进行了修正及补充，加强了被忽视的基本训练、系统知识和人文学科，美育也得到相应的加强。此后，为了应对新的技术革命，又进行了多次教育改革，在很大程度上加强了包括美育在内的人文学科。日本在苏联人造卫星上天后，也因为加强自然科学人才培养力度而相对削弱了包括美育在内的人文学科。但在 1984 年，日本从进入未来世纪出发进行教育改革，提出著名的五原则——国际化、自由化、多样化、信息化、重视人格化，并明确提出"教育应该使青年一代在德智体美几方面都得到和谐发展的重要指导思想"①。

由此，我们认为，美育的当代发展是人类在 20 世纪后期普遍重视素质教育的必然结果。农耕时代的贵族教育与工业时代的劳动后备军教育都必然要求应试教育。当代，在科技迅猛发展，知识经济扑面而来，国力竞争日趋激烈之时，国民素质已成为科技发展与国力强弱的基础。因而，素质教育成为全人类的共同课题。当然，素质包括智力因素与非智力因素，智力因素应该说已引起较多的重视，而意志、情感等非智力因素在应试教育体制下却常常被忽视。因此，在素质教育的"三全"（面对全体学生，贯穿全部教育过程，体现于教育的所有方面）中，非智力因素，尤其是美育就特别地引起人们的重视，被提到十分突出的位置。联合国教科文组织 1989 年 12 月在我国召开面向 21 世纪国际教育研讨会，会议提出《学会关心：21 世纪的教育》，将作为非智力因素的"关心"提高到未来世纪教育的中心课题的地位，说明各国教育家共同认识到：我们过去的教育的最大欠缺是没有将教育我们的学生"学会关心"放在重要位置，我们的学生的最大缺点也是缺少关心；在未来的新世纪，人类在教育领域的首要任务就是教育我们的学生"学会关心"。所谓学会"关心"，是一种同只"关心自我"的人生态度相对应的人生态度，即关心他人，关心社会，关心人类，其中包含浓烈而高尚的情感因素，同美育息息相关。对非智力因素的强调，集中地表现在当代美国教育学家与心理学家对"情商"（EQ）概念的提出与论述。所谓"情商"即"情绪商数"，是同

---

① 戴本博主编：《外国教育史》下，人民教育出版社 1990 年版，第 322—345 页。

"智商"（IQ）相对应的一种控制与调整自己情感的能力。有的学者认为，在人的成功因素中情商（EQ）所起的作用占到80%以上。尽管目前教育学与心理学领域对情商（EQ）问题还有争论，但情感因素的重要作用越来越引起教育学与心理学界的重视却是毋庸置疑的。这也说明，就教育学与心理学的角度而言，美育在当代已越来越显现出其重要性，走到了学科的前沿。

第三章

美育的特殊作用

第一节 "审美力"的培养

一 审美力是社会主义新人所不可缺少的一种能力

我国社会主义现代化在创造丰富的物质生产财富的同时，非常重要的是要培养社会主义"四有"新人，而审美力是社会主义"四有"新人不可缺少的一种能力。

第一，审美力是人类文明的标志。

目前，尽管学术界对于什么是美的问题众说纷纭，但在一个基本问题上却有一致认识，即认为美与生产劳动等社会文化活动紧密相关，是人类文明的结晶。人类学和考古学向我们证明，动物与自然一体，是不具备审美能力的。19世纪英国著名生物学家达尔文认为动物也有审美力，这是不正确的。达尔文说："美感——这种感觉也曾经被宣称为人类专有的特点。但是，如果我们记得某些鸟类的雄鸟在雌鸟面前有意地展示自己的羽毛，炫耀鲜艳的色彩……我们就不会怀疑雌鸟是欣赏雄鸟的美丽了。"① 很明显，达尔文是将动物的求偶本能与人类对于对象的美的观照相混淆了。因为，动物只能被动地适应自然，按照本能去繁衍后代，它们不能改变自然，不能按照某种意图去生活。因此，它们就不能认识自己和自然，也就不能认识和体验自然

① ［俄］普列汉诺夫：《没有地址的信：艺术与社会生活》，曹葆华译，见《普列汉诺夫哲学著作选集》第5卷，人民文学出版社1962年版，第312页。

和自身的美，不具备审美的能力。只有人类在生产劳动等社会文化活动中才创造了美，并发展了自己的审美能力。

众所周知，人类从劳动实践等社会文化活动中开始了对于自然对象和自己本身的认识和体验。当这种认识和体验处于观照、欣赏的状态，并引起赏心悦目的愉悦感时，就是审美。这种对于对象的观照、欣赏的能力就是最初的审美能力，是人类的一种特有的能力。席勒在《美育书简》中认为，这种审美的观照是人摆脱自然的欲望，同对象发生的第一个自由的关系。可见，审美是人类特有的能力，它不是孤立的，而是社会的，是人类社会文明的标志。康德认为，一个孤独地居住在荒岛之上的人绝不会有对美的追求，决不会去修饰自己和自己的茅舍，而"只在社会里他才想到，不仅做一个人，而且按照他的样式做一个文雅的人（文明的开始）；因为作为一个文雅的人就是人们评赞一个这样的人，这人倾向于并且善于把他的情感传达于别人，他不满足于独自的欣赏而未能在社会里和别人共同感受"。① 美与审美，在人类社会的早期，由于劳动产品的匮乏，同直接的功利是难以区分的。我国古代的所谓"羊大为美"，不管是指羊肥为美，还是指人们在捕获后以羊头为装饰表演舞蹈为美，都是同对羊的捕获和占有相联系的。但随着人类社会的前进，劳动产品的丰富，美越来越具备了独立的意义，人的审美能力也不断地随之发展。人不仅按照生活的需要来生产，而且也按照精神的审美的需要来生产，在生产出产品的同时也生产出审美的对象。在人类的审美史上首先出现的是工具的美，人类在劳动文化实践中首先创造了实用的同时又具对称、均衡、象征等审美因素的工具。接着就是产品的美。人类由于逐步摆脱茹毛饮血的原始生活而创造了各种用品，如器皿、食物等。它们既能满足人类的生活需要、文化需要，又能引起人的愉悦之情。再进一步，就是创造根本不具实用目的、完全为了人的审美需要的艺术品。同时，人的审美能力和创造美的能力也正是在劳动文化的实践中、在物质文明与精神文明的建设之中发展起来的。恩格斯在《自然辩证法》中指出，只

---

① ［德］康德：《判断力批判》，宗白华译，商务印书馆1964年版，第141页。

是由于劳动，"人的手才达到这样高度的完善，在这个基础上它才能仿佛凭着魔力似地产生了拉斐尔的绘画、托尔瓦德森的雕刻以及帕格尼尼的音乐"①。

还有一点，就是人类社会是逐步朝着和谐协调的方向发展的。和谐协调的程度愈高，表明人类社会愈文明。审美活动就是促使社会和谐协调的极为重要的因素。因为，人类的社会生活包括生产认识活动、政治道德活动与审美情感活动等。审美情感活动具有特殊的作用，成为整个社会生活的粘合剂。只有借助于审美情感活动，人类的社会生活才得以和谐协调。因此，审美力与审美活动的发展也标志了社会的和谐程度。作为有机统一的整体的社会生活，一旦缺少了审美情感活动，其整体的和谐统一性就将被破坏，社会就将倒退，后果难以设想。

因此，不论是美还是审美力，都是在劳动实践等社会文化活动中形成与发展的，也都是社会进步的结果和人类文明的标志。正是从这个意义上，我们才断言：社会的进步就是人对美的追求的结晶。高尔基曾说："照天性来说，人人都是艺术家。他无论在什么地方，总是希望把'美'带到他的生活中去。他希望自己不再是一个只会吃喝，只知道很愚蠢地、半机械地生孩子的动物。他已经在自己周围创造了被称为文化的第二自然。"② 由此可知，人类社会越朝前发展、越文明，人的审美能力就越强；而到了共产主义社会，人类处于极高的文明状态，本身也具有极强的审美能力。从另一角度来看，也可以说，审美能力越发展越说明人类朝文明时代的不断进步，而审美能力的低下则是人类文明处于落后状态和倒退的表现。一般来说，社会发展处于落后状态的国家，审美能力的发展也会受到束缚。当然，艺术的发展和生产的发展并不完全平衡。在人类社会的早期，不仅在西方出现过高度发展的古希腊文化，而且在东方也出现了灿烂的古中国和古印度文化。但我们所说的社会发展不仅指经济，也包括政治、思想、文

①《马克思恩格斯选集》第 3 卷，人民出版社 1972 年版，第 510 页。
② ［苏］高尔基：《文学论文选》，孟昌等译，人民文学出版社 1958 年版，第 71 页。

化等精神的因素，是多个方面的总和。从这个角度看，人类的审美能力是社会文明的标志这个命题应该是正确的。

审美力作为人类文明的标志，还反映了人类最终由物质生产水平决定的对现实生活需要的不断丰富和发展。人作为一个有生命的存在物，同动物一样有着现实的物质需要，也就是要从现实世界获得吃、喝、住等生理需求的满足。当然，人不同于动物之处在于，人不仅是简单地从现实世界接受馈赠，更重要的是通过自己的劳动进行创造。但是，人不同于动物之处更在于，人除了物质的需要之外还有精神需要，而精神需要比物质需要更高尚。马克思说过："如果音乐很好，听者也懂音乐，那末消费音乐就比消费香槟酒高尚，虽然香槟酒的生产是'生产劳动'，而音乐的生产是非生产劳动。"① 审美需要就是人的精神需要之一种。而且，越是随着物质生产水平的发展、物质财富的增加，在现实的物质需要不断提高的同时，审美等精神需要也就愈加发展。精神的需要与物质的需要是紧密相关、相辅相成的。物质需要是精神需要的基础。一个生产力水平落后的社会，人们主要精力用于解决物质需要，审美等精神需要当然就极为淡薄。只有在生产高度发展的前提下，才谈得上审美一类的精神需要的发展。反之，精神需要又会对物质需要起促进的作用。健康的精神生活使人更加精神昂扬，追求更高的生活目标；而低下的精神生活则会消磨人的意志，对物质生产起到消极的作用。高尚的审美活动就是这种健康的精神生活的一个方面。不可想象，在未来的物质文明高度发展的社会主义中国，我们的人民和青年竟会是缺乏审美力、目光短浅的猥琐人物；相反，他们应当是而且必须是具有极高的审美力、旨趣高尚、光彩夺目的公民。因此，美育是精神文明建设的不可缺少的一环，是"四化"建设的百年大计之一。

第二，审美力是一个健全发展的人的心理结构的必要组成部分。

心理学的基本常识告诉我们，人的心理结构包括知、情、意三个部分。这是由人类区别于动物的根本特点决定的。因为，人类在劳动

---

① 《马克思恩格斯全集》第26卷第1册，人民出版社1972年版，第312页。

实践中首先形成了特殊的真、善、美的领域，与"真、善、美"的领域相对应，人类也就有了"知、情、意"这样三种掌握世界的能力，或称心理机能。所谓"知"，即指认识客观对象的规律性、必然性的能力；所谓"意"，即指反映主体的意志、愿望的意志力；所谓"情"，即指审美能力，是主体对劳动实践成果取艺术的观照态度而产生的一种肯定性的情感评价，也就是人们在劳动实践等社会活动中因对对象的观照而产生的一种赏心悦目的愉快。总之，认识能力、意志能力、审美能力，这三种能力都是人类通过劳动实践等社会活动所获得的掌握世界的能力，是人类区别于动物的特有的心理机能，而审美能力则兼具认识能力与意志能力的特点，处于中间地位，成为其中介。因而，对于一个健全发展的人来说，这三种心理机能都是必须具有、缺一不可的。它们紧密联系、互相渗透，构成了一个健康的心理整体；一旦失去了其中的一个方面，人的心理就将失去平衡，其他两个方面的能力就将受到抑制。由于审美能力具有中介和过渡的特点，就更有其特殊的作用。缺少了它，作为整体的心理过程就将被破坏，心理结构就无法平衡，人的健全发展必然受到影响。由此可见，忽视了审美力的培养和情感的教育就忽视了心理结构的健全发展，违背了心理卫生的原则，同样会对青年的身心带来危害。由于我国长期以来极"左"路线的干扰，心理学这门重要学科被斥为唯心主义，其发展受到极大限制，所以，人们极少从心理卫生的角度考虑各种问题，这也是造成忽视美育倾向的一个重要原因。随着心理科学的发展，人们愈来愈认识到，不仅应培养智力结构健全的人才，而且要培养心理结构健全的人才。审美力就是健康的心理结构不可或缺的方面。这就充分说明了以情感教育为特点的美育不可代替的重要作用。

　　第三，审美力是确立伟大的共产主义信念的巨大的必不可少的情感动力。

　　我们要求一代又一代社会主义新人都必须牢固地确立共产主义的伟大理想和信念。但这种理想和信念的确立，除了理性的灌输、社会主义社会实践的教育之外，很重要的一点就是必须使人们具有极强的审美能力。因为，共产主义理想本身既是至善的目标，又是社会美的理想。而审美能力就是一股巨大的欣赏美、追求美和创造美的情感力量，是一种为美好的理想而献身的崇高的激情，也是一种不可遏止、不达目的誓不罢休的热情。高尔基曾经把"美"称作一种力量："我所理解的'美'，是各种材料——也就是声调、色彩和语言的一种结合体，它赋予艺人的创造——制造品——以一种能影响情感和理智的形式，而这种形式就是一种力量。"① 列宁对于情感的力量说的更为明确："没有'人的情感'，就从来没有也不可能有人对于真理的追求。"② 甚至，连资产阶级作家巴尔扎克也说过："热情就是整个人类。"③ 关于情感在为崇高信念而献身的行为中具有多么巨大的力量，我们可以从无数革命先烈和前辈身上找到答案。他们正是以巨大的热情、空前的献身精神投入到为实现共产主义理想而斗争的伟大事业之中的。革命烈士夏明翰的壮烈诗篇"砍头不要紧，只要主义真。杀了夏明翰，还有后来人"，就如同向共产主义进军的战斗号角，又好像熊熊燃烧的革命火炬。因此，审美能力的培养是共产主义教育不可缺少的一环。事实证明，只有具有较强的、健康的审美力的人，才会无比热爱生活、热爱祖国、热爱人民，才会具有一股为理想奋斗的热情和勇往直前的拼搏精神，才会具有一种强大的为实现美好的理想而努力创造的力量。

第四，审美力的培养是为了适应青年一代逐步发展的审美需要。

审美需要是对某种社会性的情感满足的追求。它是人类特有的一种社会性的需要。马克思在《1844年经济学哲学手稿》中论证了人的需要的丰富性，既包括吃、喝等维持生命的基本生理需要，也包括买书、上剧院、谈理论、唱歌、绘画、击剑等精神需要，审美需要就是人的精神需要之一种。它具体表现为欣赏和创造美的事物（包括自然美、社会美与艺术美）的强烈要求。这种审美需要的产生，从生理上来说，固然以视、听等感受力的日渐发展为其前提，但最根本的还

---

① ［苏］高尔基：《论文学》，孟昌译，人民文学出版社1978年版，第321页。
② 《列宁全集》第20卷，人民出版社1958年版，第255页。
③ 《外国作家谈创作经验》上，山东人民出版社1980年版，第242页。

是对自然、社会和艺术在理性认识上的逐步发展。审美需要从人的儿童时期就已初步显露，而在青年时期最为强烈，到成年时期则趋于成熟。它是人类的一种客观存在的需要，是不以人们的意志为转移的。特别在一个人的青年时期，审美需要进入高潮期，情感的追求十分强烈，包括对美丽的形式的爱好，对动人的美的形象的向往，对美好生活的憧憬，等等。审美需要本身是多样的、分层次的，既有较低级的对形式美的追求，也有较高级的对包含着深刻的理性内容的社会美、艺术美的追求。它是客观的，但又是社会的，是在后天形成和发展的。审美需要虽是人类的一种美好的感情要求，但如不引导，也有可能走向歧途，变成对某种怪异的"美"的追求，甚至发展到反面，以丑为"美"，以生理快感的发泄为"美"。特别是一个人的青年时期，既是审美需要强烈发展的时期，又是审美需要极不稳定的时期，很容易被社会上某种畸形的"美"所诱惑而在情感上误入歧途。因此，审美力的培养可以说是一种顺乎规律的事情，是按照人的客观的审美需要自觉地实施教育的必要手段。

第五，审美力是构成美好性格的必要条件。

性格是一个人对周围现实的稳定的态度，以及与之相适应的行为方式。我们社会主义教育的重要目的之一，就是培养学生具有美好的性格。这样的性格当然是各具个性的，但也有许多基本之点，那就是思维的敏捷、意志的坚强、行动的果断、道德的文明，等等，审美力即是构成这种美好性格的必要条件。也就是说，一个美好的性格必须是以审美的态度对待现实，包括自然、社会、人生、事业、亲友、同胞等。所谓审美的态度即是强烈的爱憎分明的情感态度，对一切美好的事物无比热爱，对一切丑恶事物无比憎恶。只有具备了这样的审美态度，性格中气质、能力等其他因素才能朝着优化的方向发挥出自己的作用。审美教育就是旨在培养人的审美力，这种审美力包含着审美态度，因而审美教育也是培养美好性格的不可缺少的手段。事实证明，我们的审美教育的主要目的并不在于培养多少艺术家，也不仅仅在于培养人们的艺术欣赏能力，更重要的是培养人们以审美的态度对待现实，对待生活。有人说，美育的目的在于培养"生活的艺术家"，

这是十分恰当的。的确，如果我们每个人都具备了较强的审美力，成为生活的艺术家，以满腔的热爱之情对待国家和社会，处理家庭关系和同事关系，克服事业中所碰到的挫折和困难，那么，我们的社会将会更加和谐、协调、美好，我们的"四化"大业也必将得到更快、更好的发展。

二 审美力的特点

对于审美力，学术界的同仁大都认为是一种情感判断能力，但对这种情感判断能力的特点的认识，却不太一致。有的学者认为，这种情感判断能力归根结底是一种认识能力。例如，有的学者说，情感的反映形式不论怎样特殊，但就其实质来说，总是这样那样地反映着人们对现实与自身关系的某种认识，不能背离认识论的一般原理；还有的学者说，文艺创作中的情感活动和一切情感活动一样，绝不是孤立存在的心理现象，一定的认识内容总是在情感、情绪的产生中起决定性的作用。这些学者的看法应该说是有一定的道理的，正确地阐述了情感判断力同人的认识能力之间的必然联系，及其中所包含的必不可少的认识内容。但其不足之处却在于，混淆了情感判断力与认识力之间的界限，从而抹杀了情感判断这一审美力独立存在的意义。

早在古希腊时期，柏拉图就在其《理想国》中粗略地认识到了人类掌握世界的三种特有的能力：认识能力（知）、情感能力（情）、意志能力（意）。但他只不过将这三种能力作为其《理想国》中哲学王、武士和自由民三个等级的人物由高到低的三种不同的天赋能力。[1]18 世纪的德国哲学家康德明确地划清了知、情、意之间的区别，阐述了它们各自的独特领域，认为"知"属于认识领域，"情"属于审美领域，"意"属于信仰领域。特别应该指出的是，康德第一次明确地将审美力的性质与特点界定为情感判断力，具有由认识力过渡到意志力的特殊中介和桥梁的作用。这是康德对心理学，特别是对美学的重

---

① 柏拉图认为，哲学王具有理性的认识力，武士具有意志力，自由民具有欲望的情感力。理性以意志控制欲望，同哲学王以武士控制平民一样。

要贡献。但是，康德作为主观先验的唯心主义者，终究更多地看到了
"知、情、意"之间的区别，而相对地忽略了它们之间的联系，并将
上述三种心理功能的根源导向某种神秘的先验原则。马克思主义的反
映论为科学地理解人类的"知、情、意"的心理功能提供了理论的根
据，它从存在决定意识的唯物主义基本原理出发，认为人的一切意识
活动（含心理活动）无不是客观现实在大脑中的能动的反映。从另一
个角度说，也就是说，人的一切意识活动（含心理活动）都可以在客
观现实中找到其根源。但人对现实的反映并不就等于人对现实的认
识，人对现实的反映能力也并不等于认识力。事实证明，人对现实的
反映包括认识、情感、意志等广泛的内容。人对现实的反映能力也包
括认识力、情感判断力、意志力等诸多方面。当然，它们之间的关系
决不像唯心主义者所断言的那样，是相互隔绝的、对立的、各自成为
封闭的圆圈的，而是相互关联、影响和渗透的。但是，这又不能否定
它们各自还有其独立的内容。就审美判断力来说，它虽然同认识力与
意志力都密切相关，但却具有同它们并不相同的特殊的内容。例如，
运用审美力对齐白石老人所画的一幅虾图进行欣赏，就不同于生物学
家运用认识力对虾的研究。因为，生物学家的认识力是旨在把握虾的
生理结构的客观规律，其中不能掺有任何主观的因素。同时，对虾图
的欣赏也不同于一位厨师对虾从功利目的着眼，考虑如何使虾成为一
种美味食品。就审美力来说，对于齐白石老人的虾图既不是着眼于其
客观的生理结构的研究，也不是从功利的角度考虑，而是取观照的欣
赏的态度，也就是通过虾图的色彩、线条结构把握其生动的外形，再
进一步领略到某种蓬勃的生命力的旨趣，从而得到感情上的满足。这
种情感上的满足反映了人与对象之间的一种特有的情感关系，它不同
于人与对象的认识关系和功利关系，反映这种特有的情感关系的审美
力也不同于反映认识关系的认识力和反映功利关系的意志力。这就是
马克思在《〈政治经济学批判〉导言》中所说的人类掌握世界的理
论、宗教、艺术与实践—精神四种方式之一的艺术的方式。这种艺术
地掌握世界或者说审美地掌握世界的方式，当然也是人类反映现实的
形式之一。如果非要说它也属于认识的范畴的话，那也只不过是从广

义的角度来说。从狭义的角度来说，它又决不同于科学的对世界的认识，并且也不是以这种科学的认识为前提。因为，对世界的艺术的掌握（或审美的掌握）带有极强烈的主观色彩。在审美的过程中，现实无不打上了鲜明的主观印记，经过了某种情感加工的变形处理。正是在这样的意义上，我们说，审美的规律是不同于科学规律的。

按照审美的规律，不仅在浪漫主义的艺术作品中有"白发三千丈"的夸张，有《西游记》中梦幻般的神魔世界，就是在现实主义的艺术作品中也有"忧端齐终南"（杜甫《自京赴奉先县咏怀五百字》）一类的夸张，甚至出现了"雪中芭蕉"这样的图景。这个"雪中芭蕉"是唐代著名诗人、画家王维在《袁安卧雪图》中所画的。从科学的规律来看，芭蕉为南方热带植物，雪为北国寒天特有的景致，两者不可能同时在一地出现。但作为审美的艺术，作者却借雪之白茫茫一片与蕉心之内空，来表现某种佛学上朦胧的"空寂"之感。因此，沈括在《梦溪笔谈》中称赞此画："此乃得心应手，意到便成，故造理入神，迥得天意。此难可与俗人论也。"[1] 这就是所谓艺术的真实不等于科学的真实，也不等于生活的真实。诚如列宁在《哲学笔记》中所借用的费尔巴哈的话，"艺术并不要求把它的作品当做现实"[2]。由此证明，审美力所遵循的规律不同于认识力所遵循的规律。认识力所遵循的是客观的科学的规律，而审美力所遵循的却是主观体验的情感的规律。这种主观体验的情感的规律当然也要有某种客观的依据。例如，李白在《秋浦歌》第十五首中写道："白发三千丈，缘愁似个长。不知明镜里，何处得秋霜？"这里写因愁闷而陡增白发，当然是某种因强调愁情之浓之长而进行的大胆夸张，是客观现实生活中不可能出现的，也不符合认识的科学规律的，而只是一种主观体验的情感规律的表现；但其中还是有某种客观现实的依据，因为在现实生活中因愁而发白是客观存在的。这就说明审美的情感规律中也包含着某种客观的依据，审美力同认识力密切相关。但情感规律同科学规

---

① 转引自俞剑华《中国画论类编》上，人民美术出版社1957年版，第43页。
② 《列宁论文学与艺术》，人民文学出版社1983年版，第41页。

律、审美力同认识力毕竟有着根本的区别。正因为如此，许多在审美状态中可以出现的事情在认识中就不可能存在。例如，我国传统的京剧象征意味极浓，几个小卒就代替千军万马，围着舞台转几圈就表示行军数千里，所谓"三五步行遍天下，六七人百万雄兵"，但观众却不会对此产生疑惑。这说明，在审美中人们并不要求事实的"逼真"，而是要求某种情感的满足。这也正是某些艺术品的大致情节虽早已为人们所熟知，但大家还是要买书阅读、买票看剧或电影的重要原因。历代的一些优秀艺术珍品之所以超越时代、历久不衰，具有永久的魅力，其原因也主要在于此。按照心理学的解释，情感是人对于客观事物是否符合人的需要而产生的态度的体验。这说明，情感包含两个方面的内容：一个方面是客观事物与人的某种需要之间的客观关系；另一个方面是人对这种关系的态度的主观体验。审美力属于情感的范畴，当然也无例外地包含上述两个方面。但它又不同于一般的情感而有着自己的特殊性。我们知道，由于情感与认识和意志关系密切，并处于其中介地位，因此，情感也大体可分为三种：一种是与认识密切相关的认识情感，一种是与道德密切相关的道德情感，一种就是审美情感。

关于审美的情感判断的特殊性，我们认为可从两个方面认识。一个方面就是从客观方面来说，审美的情感判断反映了人与对象之间特有的审美关系。因为，自有人类以来，人与对象之间就形成了各种复杂的关系。大体说来，有这样几种：生理欲求的关系、认识的关系、功利的关系和审美的关系等。所谓生理欲求的关系，即指饮食男女之类的生理要求。一般来说，人类的这种生理欲求也与动物迥然不同而社会化了；所谓认识的关系，即指人与对象之间旨在探寻其客观规律的关系；所谓功利的关系，即指人与对象之间发生了一种实用的或伦理道德的关系。在上述的生理欲求关系、认识关系和功利关系中，人类对于对象都有着某种现实的实质性的要求。只有在人与对象的审美关系中，人才与对象保持着一定的距离，取审美的"观照"的态度。康德将其称为"静观"，黑格尔则称作"欣赏"。尽管作为唯心主义者，他们所说的"静观"和"欣赏"都与社会实践脱节而具有唯心的成分，但对于揭示人与对象之间特殊的审美关系来说却有其合理的因素。总之，审美的情感判断反映了人与对象之间特有的审美关系，这种审美的关系与生理欲求关系、认识关系与功利关系在内容上是不同的。在这里，需要特别说明的是，人与对象之间的审美关系尽管是一种无实质性的观照关系，但却决不能因此而否定形象性在审美的判断中的重要意义。有的学者认为，在艺术的创作中，"略过外在的细节写心理、写感情、写联想和想象、写意识活动，也没有什么不好。后者提供的不是图画，而更像乐曲。它能探索人的心灵的奥秘，它提供的是旋律和节奏"①。有的学者以散文和杂文为例，说明审美判断中的对象也可以不要形象而纯是感情。② 这些看法应该说是具有某种片面性的，其片面性表现在把情感与形象割裂了开来。事实上，任何情感作为一种意识形态都是对具体的客观事物的反映，其表现也必须凭借客观的形象。心理学告诉我们，人只有面对个别的具体的事物才会产生主观的体验，从而拨动情感的琴弦。因此，不论从情感的产生还是从其表现来说，审美的情感体验都必须凭借个别的具体的形象。可以说，形象是因，情感是果；形象是形式，情感是内容；形象是现象，情感是实质。两者相辅相成，密不可分。没有形象，情感就无从产生和寄托；而没有情感，形象则失去生命。早在 18 世纪，康德就把审美判断归结为单称判断，其对象以形象的个别存在为特点。应该说，这是十分有道理的。

再从主观方面来说，审美的情感判断反映了人对这种特殊的审美关系的主观体验。这当然也是一种特殊的体验。首先，这种体验应该是一种肯定性的情感体验，也就是使人产生某种精神性的愉悦之情。马克思把这种愉悦之情叫作"艺术享受"③。当然，这是一种高级的精神性的享受。即使是面对悲痛，人们在对其进行审美体验时也会由痛感过渡到快感，灵魂"净化"、精神升华，感受到一种崇高的悲壮

---

① 王蒙：《对一些文学观念的探讨》，《文艺报》1980 年第 9 期。
② 李泽厚：《形象思维再续谈》，载《美学论集》，上海文艺出版社 1980 年版，第 555—577 页。
③ 《马克思恩格斯选集》第 2 卷，人民出版社 1972 年版，第 114 页。

之美。这就是对于许多优秀的悲剧作品人们明明知道要引起悲哀之情却偏偏要买票去看，甚至预先准备了手绢到剧场去哭一场的原因。总之，审美情感判断的这种肯定性使人在审美中得到一种特有的"满足"。但这是一种精神性的"满足"，是具有普遍意义的，包含着某种高尚的思想意义和理性精神的情感的"满足"，决不同于纯个体性的、生理快感的满足。而且，这种"满足"也不同于因知识的获得而形成的情感上的"满足"。知识性的"满足"是理智型的、较冷静的，是一种"欣慰"。例如，《居里夫人传》第十三章写到这一对青年科学家夫妇经过千辛万苦，终于在世界上第一次提炼出了纯镭。当他们在晚上走进实验室，怀着无比喜悦的心情看到装着镭的小玻璃容器在黑暗中闪着蓝色的荧光时，作者是这样描写的：

> 在黑暗中，在寂静中，两个人的脸都转向那些微光，转向那射线的神秘来源，转向镭，转向他们的镭！玛丽的身体前倾，热烈地望着，她又采取一小时前在她那睡着了的小孩的床头所采取的姿势。
>
> 她的同伴用手轻轻地抚摸着她的头发。
>
> 她永远记得看荧光的这一晚，永远记得这种神仙世界的奇观。①

总之，这是一种成功后的"欣慰"，尽管情绪很激动，但还是同对象保持较大的距离，在理智上是十分清醒的。至于因道德行为而导致的情感"满足"，其中的理智性就更强，甚至总是自觉地同某种道德信念相联系。例如，雷锋在 1960 年 10 月 21 日的日记中记录了自己的这样一段感受：

> 今天吃过午饭，连首长给了我们一个任务：上山砍草搭菜

① ［法］艾芙·居里：《居里夫人传》，左明彻译，商务印书馆 1984 年版，第 175—176 页。

窖。……劳动到了十二点，大家拿着自己从连里带来的一盒饭，到达了集合地点，去吃中午饭。当时我发现王延堂坐在一旁看着大家吃，我走到他面前一看，他没有带饭来，于是我拿了自己的饭给他吃。我虽饿点，让他吃饱，这是我最大的快乐。我要牢牢记住这段名言：

> 对待同志要像春天般的温暖，
>
> 对待工作要像夏天一样的火热，
>
> 对待个人主义要像秋风扫落叶一样，
>
> 对待敌人要像严冬一样残酷无情。①

审美的情感"满足"就与这种道德的情感"满足"不同。它虽然也包含着理性因素，但却与理性原则无直接的明显的联系，而是在形态表现上具有"出神入化"的特点，也就是似乎不知不觉地同对象融为一体。鲁迅在《诗歌之敌》一文中曾说："诗歌不能凭仗了哲学和智力来认识，所以感情已经冰结的思想家，即对于诗人往往有谬误的判断和隔膜的揶揄。"② 明代谢榛在《四溟诗话》中曾经叙述了自己欣赏马柳泉的一首小诗《卖子叹》的体会。这首诗是这样的：

> 贫家有子贫亦娇，骨肉恩重那能抛。饥寒生死不相保，割肠卖儿为奴曹。此时一别何时见，遍抚儿身舐儿面："有命丰年来赎儿，无命九泉抱长怨。"嘱儿"切莫忧爷娘，忧思成病谁汝将？"抱头顿足哭声绝，悲风飒飒天茫茫。

谢榛评道："此作一读则改容，再读则下泪，三读则断肠矣。"③ 这里的"动容""下泪""断肠"都是一种"出神入化"、亲身感受式的审美的情感体验。

---

① 《雷锋日记选》，解放军文艺出版社1989年版，第69—70页。
② 《鲁迅全集》第7卷，人民文学出版社1982年版，第230页。
③ （明）谢榛、王夫之：《四溟诗话 姜斋诗话》，人民文学出版社1961年版，第16页。

总之，审美力是一种特殊的情感判断能力，这种情感判断能力表现为审美体验与审美评价的直接统一、互相渗透，也就是在审美的情感体验中直接渗透着、融化了审美评价的因素。

三　审美体验

　　审美力集中地表现为人的审美体验能力，而审美体验则反映了人与对象之间一种特殊的审美关系。这种审美关系中渗透着人与对象之间的生理关系、认识关系、道德关系的内容，但又与它们不同。审美体验是一种不同于生理活动、认识活动与道德活动的特殊的审美活动，它同任何心理活动一样，表现为层次分明、由低到高逐步发展的过程。但它自始至终都贯穿着肯定性的情感体验，而且自始至终都不离开具体可感的形象。因此，可以说，审美体验的过程就是借助于形象的逐级递进而形成的情感发展的过程。形象与情感始终交织在一起，这就是审美体验的鲜明特性，是其不同于其他任何心理活动之处。其具体过程，可大体做如下描述。

　　其一，审美感知是审美体验的开始。

　　所谓审美体验，首先是一种基于感受的、对于对象的遭遇和情感的亲身体会。因此，任何审美体验都是由感官对于审美对象的感受开始的。没有感受就没有审美。人们对于外界事物的感受凭借眼、耳、鼻、舌、身五种感官，并由此形成视、听、嗅、味、触五种感觉。通常认为，对于艺术作品的审美感受来说，在这五种感官中主要凭借眼、耳（即视、听）两种感官。黑格尔说，艺术敏感"通过常在注意的听觉和视觉，把现实世界丰富多彩的图形印入心灵里"[1]。车尔尼雪夫斯基也认为，"美感是和听觉、视觉不可分离地结合在一起的，离开听觉、视觉，是不能设想的"[2]。这可以说是审美体验同生理快感与认识活动的重要区别之一。心理学界有些学者将视、听器官看作是

---

　　① ［德］黑格尔：《美学》第 1 卷，朱光潜译，商务印书馆 1979 年版，第 357 页。

　　② 北京大学哲学系美学教研室编：《西方美学家论美和美感》，商务印书馆 1980 年版，第 253 页。

较高级的感官，同对象相隔距离较远，可以在一定的程度上超越生理需求，对于对象进行高级的精神性的审美观照；而嗅、味、触等器官则属于较低级的感官，同对象距离较近，较多地局限于生理性的感受，而难以进行精神性的审美观照。康德有一个观点曾长期盛行，他认为，对于审美来说，应当是判断先于快感，而不能是快感先于判断。因为，如果快感先于判断，就是将快感等同于美感的庸俗的快乐说，生理的快感会影响到审美判断的正误。当然，审美的感知尽管以视觉与听觉为主，但并不排斥其他感觉的参与。法国著名的雕塑家罗丹在谈到他对古希腊雕塑《维纳斯》的审美感受时，说："抚摸这座雕像时，几乎觉得是温暖的。"① 而在对文学形象进行审美感知时，更多地需要调动各种感觉的经验。例如，小说《三国演义》中描写"关云长刮骨疗毒"的情形：

> 公饮数杯酒毕，一面仍与马良弈棋。伸臂令陀割之。陀取尖刀在手，令一小校捧一大盆在下接血。陀曰："某便下手，君侯勿惊。"公曰："任汝医治，某岂比世间俗子，惧痛者耶！"陀乃下刀，割开皮肉，直至于骨，骨上已青；陀用刀刮骨，悉悉有声，帐上帐下见者，皆掩面失色。公饮酒食肉，谈笑弈棋，全无痛苦之色。须臾，血流盈盆。陀刮尽其毒，敷上药，以线缝之。公大笑而起，谓众将曰："此臂伸舒如故，并无痛矣。先生真神医也！"陀曰："某行医一生，未尝见此。君侯真天神也！"②

读这段描写，我们不仅要调动自己的视觉、听觉，而且要调动自己的触觉，仿佛感到那锋利的刀刮到我们的骨头上，从而更加深切地感受到了关云长那谈笑自若，置剧痛于度外的超凡的、坚忍不拔的英雄气概。但"判断先于快感"这一命题，归根结底没有跳出理性主义的羁绊，最后否定了感性是审美力的基础的事实。20 世纪之后兴起

① ［法］罗丹口述，葛赛尔记：《罗丹艺术论》，人民美术出版社 1978 年版，第 31 页。
② （明）罗贯中：《三国演义》，黄山书社 1998 年版，第 415 页。

的现象学、存在论与实用主义美学已在很大程度上突破了"判断先于快感"的命题，而身体美学的兴起也打破了视听为审美感官的旧见。它们都突出了感性在审美力中的基础性作用，因此，我们认为，应该是"判断与快感相伴而生"。

正因为审美体验开始于审美感知，并且是一种肯定性的情感体验，所以，审美体验尽管不以生理快感为主要条件，但也以生理快感为条件之一。当然，我们所说的审美感知中的生理快感并不是指某种饮食男女之类的本能需求的满足，而主要是指审美对象对感官（主要是视觉和听觉）起到积极的作用，引起某种肯定性的快感。例如，对于音响来说，要引起审美的感知应是一种和谐的乐音而不是刺耳的噪音；对于色彩来说，也应是冷、暖色搭配适宜，给视觉以肯定性的刺激，而不是光怪陆离。总之，审美对象首先应做到使人赏心悦目。这应该是在审美感知中导向肯定性的审美体验的必要条件之一。因此，在审美体验中，对象应该是符合形式美规律、在感官上能引起快感的。相反，那种违背平衡、对称、和谐等形式美的规律的怪谲的色彩、刺耳的噪音、扭曲的形体，只能引起生理上的反感，是不可能在情感上同审美主体一致，引起肯定性的、审美的情感体验的。但人们在审美的情感体验中，常常是不自觉地忽略了、忘却了对象的形式美所引起的生理快感的因素。其实，这种因素虽不占主要地位，但却是审美体验的生理方面的根据，是不容忽视的。当然，审美体验也决不能停留在生理快感之上，它应在此前提下很快地朝前发展，导向更广阔的精神领域。当代逐步兴起的现象学与存在论美学不着重于对象外在形式与审美知觉的关系，而是侧重从存在论的视角来审视两者之间是否存在"称手"与"不称手"的关系，直抵人的生命与生存的深处，是美学学科的新的深入的发展。

其二，审美联想是审美体验的发展。

联想是一种记忆的形式，即所谓追忆。对于审美体验与联想的关系，历史上曾有许多理论家讨论过。法国思想家狄德罗在论及艺术创作时就认为，艺术想象"是人们追忆形象的机能"。黑格尔也认为，艺术想象"这种创造活动还要靠牢固的记忆力，能把这种多样图形的花花世界记住"①。诗人艾青也说，"联想是由事物唤起的类似记忆；联想是经验与经验的呼应"②。可见，他们都把联想作为审美想象的基础、审美体验的一个不可缺少的环节。审美联想，即是审美感知与以往的生活经验的某种联系。只有经过这样的联系，审美体验才能在感知的基础上进一步发展，从而使审美主体与审美对象之间进一步超越生理快感，产生更高级的精神性的审美关系。

对于审美联想来说，有一个重要特点，就是审美感知主要与情感记忆发生联系。目前心理学界一般认为，记忆分形象记忆、逻辑记忆、运动记忆与情感记忆四种。所谓情感记忆，就是一种以情绪、情感为对象，通过人的情感体验而实现的识记、保持及复呈的过程。这就使审美体验更明显地区别于认识活动和道德活动。因为，认识活动与道德活动也常常要借助于联想的心理过程，但却并不主要与情感记忆联结。这也进一步加深了审美体验中的情感色彩。例如，鲁迅在《故乡》中写到他回到阔别二十余年的故乡，由故乡的一事一物勾起他对少年时代的朋友闰土的回忆。鲁迅这样写道：

> 这时候，我的脑里忽然闪出一幅神异的图画来：深蓝的天空中挂着一轮金黄的圆月，下面是海边的沙地，都种着一望无际的碧绿的西瓜，其间有一个十一二岁的少年，项带银圈，手握一柄钢叉，向一匹猹尽力的刺去，那猹却将身一扭，反从他的胯下逃走了。③

显然，这里"深蓝的天空""金黄的圆月""碧绿的西瓜"以及项带银圈、手执钢叉的少年等景象，都是打上了鲁迅少年时浓烈的情感色彩的审美联想。这种审美联想同认识过程与道德过程中的联想的区别是极为明显的。因为，在认识与道德的活动中，现实的感知一般

① ［德］黑格尔：《美学》第1卷，朱光潜译，商务印书馆1981年版，第357页。
② 刘士杰主编：《艾青诗库》5，中国青年出版社2000年版，第46页。
③ 鲁迅：《故乡》，载《鲁迅全集》第1卷，人民文学出版社2005年版，第502页。

只同逻辑记忆与形象记忆相联系，是客观事物真实映像的较准确的复现。这就是一种较客观的"由此及彼"。而审美联想中情感记忆的复呈却不是客观事物真实映像的准确的复现，而是打上了主观情感的印记，染上了情感色彩的某种主观性印象的复现。在审美联想中，审美感知与情感记忆的这种必然联系的结果，一方面使审美体验的情感色彩更为浓郁，另一方面也在不知不觉中使审美体验距离客观的真实形象越来越远。著名的戏剧家斯坦尼斯拉夫斯基曾经这样说过："时间是一种很好的滤器，它能把我们对体验过的情感的回忆澄清和滤净。它还是一个卓越的艺术家。它不但能澄清回忆，还能把回忆诗化。由于记忆的这神特性，即使是那种黯淡的、实际存在的和粗糙的自然主义的体验，也都会随着时间的进展而变得美丽些，艺术些。这使体验具有魅惑力和感染力。"①

　　审美联想与一般的联想一样，分接近联想、类似联想、对比联想与关系联想四种。

　　所谓接近联想，是由经验与经验之间在时间或空间上的接近所引起的联想。例如，我们欣赏苏轼咏西湖的著名绝句"水光潋滟晴方好，山色空濛雨亦奇。欲把西湖比西子，淡妆浓抹总相宜"时，如果我们曾经去过西湖，就可调动我们以往在西湖的切身感受，追忆当时观光西湖时晴天水光波动的美丽景致和雨中云雾迷茫的奇妙景象。这样，就会加深对这首美丽的写景诗的审美体验。

　　所谓类似联想，是由经验之间性质相近引起的联想。例如，《红楼梦》第二十三回写林黛玉经过梨香院的墙角外，听到里面十二个女孩子演唱明代汤显祖的《牡丹亭》，至杜丽娘"伤春"一段不觉被吸引住了。特别是听到"只为你如花美眷，似水流年"一句，"仔细忖度，不觉心痛神驰，眼中落泪"。这就是由于杜丽娘因被封建枷锁禁锢而引起的伤春之感同林黛玉寄人篱下、终身无着的遭遇颇为相似，因而引起了林黛玉的联想，不免伤心落泪。这种类似联想在审美体验

――――――――――

　　① 《斯坦尼斯拉夫斯基全集》第 2 卷，林陵、史敏徒译，中国电影出版社 1959 年版，第276 页。

中常常出现。一位阔别祖国 30 余年的女同胞，叙述她回国后观看话剧《蔡文姬》的感受时，说："看《蔡文姬》，感同身受，尤其是《胡笳十八拍》，一唱三叹，凄凉哀婉。我呆在那儿静听，我默念：'无日无夜兮不思我乡土，禀气含生兮莫过我苦'，'雁南征兮寄边心，雁北归兮为得汉音'……这些都使我回肠千转，悲不自胜。"很明显，这是由于蔡文姬的思乡之情同这位女同胞的思乡之情十分接近而引起了她强烈的情感体验。再如，画家管桦所画水墨画《风雨竹》，以简洁的笔触勾画出数竿同狂风搏斗的青竹，给人以一种凛然不屈的感受。据了解，这幅奇特的《风雨竹》就是在类似联想的基础上创作成功。1976 年 3 月末 4 月初，作者在天安门广场上亲眼看到人民群众悼念周总理的动人场面，为之深深感动。这样深刻的感动，又勾起了他对一次类似的情感体验的记忆。有一次，他到紫竹院散步、赏竹，突然乌云满天压来，狂风夹着砂石吼叫，头顶上、天空中一派杀气腾腾。顷刻间，便是千万条雨鞭抽打着奔跑的游人，抽打着弱不禁风的花草，但惟有竹林中发出一阵阵惊心动魄的呼号声，每一竿竹都似在奋力与风雨搏斗。显然，管桦由天安门广场上人民抗击"四人帮"的压制同紫竹院中竹林对暴风雨抗争的相似而产生了审美联想，并在此基础上加工创作出动人心魄的艺术品《风雨竹》。[①]

所谓对比联想，是由经验之间相反的特点引起的联想。例如，杜甫晚年所写的诗《观公孙大娘弟子舞剑器行并序》，就运用了对比联想。这首诗是作者于公元 767 年唐大历年间所写的。其时，杜甫漂泊四川夔州，一天，在夔州别驾元持的家里观赏到一个名叫李十二娘的女子做剑舞表演，舞毕答问之间，才知她原来是开元年间著名舞蹈家公孙大娘的弟子。这就使杜甫回忆起，50 年前他曾在长安观赏过公孙大娘的表演。当时，正值盛世，唐玄宗侍女如云，八千之众，公孙大娘也青春年华，"玉貌锦衣"，舞姿出众。而 50 年后的今天，不仅"绛唇珠袖两寂寞"，人舞两亡，而且整个国家也因安史之乱"风尘澒洞昏王室"，致使"梨园弟子散如烟"。由今之衰联想到昔之盛，

---

① 关山：《墨竹欣赏小记》，《光明日报》1979 年 10 月 14 日。

引起了杜甫今昔不同的对比联想。杜甫在其他诗篇的创作中也常用对比联想，如"野径云俱黑，江船火独明"（《春夜喜雨》），"冠盖满京华，斯人独憔悴"（《梦李白两首》）。至于著名的南宋民歌《月儿弯弯照九州》，在艺术处理上也运用了对比联想。歌云："月儿弯弯照九州，几家欢乐几家愁。几家夫妇同罗帐，几家飘散在他州。"

　　所谓关系联想，是由经验之间某种从属、因果等特殊的关系而引起的联想。例如，有一幅画，画一艘船停在渡口，几只野鸟栖立船头。这幅画就引起观众的关系联想，使观众根据自己以往的经验，想到野鸟栖立船头的原因是船上和渡口都无人烟。经过这样的联想就形成了一个崭新的意境，"野渡无人舟自横"。再如，有一幅画，画一个小和尚在山涧水边挑水。观众也会根据自己以往的经验联想到深山中会有一座古寺，从而产生"深山埋古寺"的意境。同样，由牲畜的铃声会联想到沙漠或草原，这也是由过去的生活经验根据因果关系而产生的联想。肖殷曾经回忆起延安时期冼星海托他到黄河边代买骆驼、牛、羊、马四种铃子时对他说的一段话："我们搞音乐创作的与你们搞文学创作的一样，要联想，要形象构思。只有一种声音触发时才会引起联想。只要当我们听到这类牲口的叫唤或铃声时，我马上就联想到了沙漠，或想到了草原，想到沙漠无际，草原连成一片。我想通过声音来抓形象，借用联想，引起灵感，一下子仿佛被带进了诗情画意之中，然后把这些诗情画意用音符表达出来。"①

　　其三，审美想象是审美体验的深化。

　　审美联想只不过是审美感知中获得的新信息，并与以往审美经验中的信息的往复、交流，所起的作用只是对审美感知在量上加以扩展。从主体方面来说，审美联想主要表现为一种自发的、散漫的、较被动的，有时是无意识的心理活动。而审美想象则是在审美联想基础上的一种有目的、有定向性和意识性、更加积极主动的心理活动。此时，审美主体已不局限于审美联想中对审美感知的量的扩展，而是经过大脑的加工、改造，以各种新旧信息为材料，创造出一种新的形

---

　　① 萧殷：《创作随漫录》，湖南人民出版社1985年版，第35页。

象。所以，审美想象是一种新的形象的创造，是审美的情感体验从质上向深度发展。其实，从心理学的角度看，任何想象都是在原有形象基础上的一种新的形象的创造，是人特有的创造能力的表现。"想象"一词源出于《韩非子·解老》篇："人希见生象也，而得死象之骨，案其图以想象其生也。故诸人之所以意想者，皆谓之象也。"可见，"想象"的原义就是在死象之骨的基础上想生时之象。作为审美想象，是在审美感知和审美联想所提供的形象基础上创造出一种崭新的、饱含着审美者主观印记的形象的过程。黑格尔认为，这是"主体的创造活动"、"最杰出的艺术本领"。① 他把艺术的审美想象比作一座冶炼炉，通过这种炉子可以把感性、理性与情感熔铸成崭新的形象。他说："艺术家必须是创造者，他必须在他的想象里把感发他的那种意蕴，对适当形式的知识，以及他的深刻的感觉和基本的情感都熔于一炉，从这里塑造他所要塑的形象。"② 一般地说，任何创造性的活动都是要经过想象这一心理过程的。但审美的想象是一种特殊的想象。它的特殊性就表现在想象的过程中始终伴随着强烈的感情活动。审美想象中新的形象的创造不像科学活动的想象那样以对客观事物冷静的认识为动力，而是以强烈的情感为动力。在审美想象中，情感犹如"酵母"，将审美感知和审美联想中提供的审美经验通过"化学"作用，创造出一个带着审美主体强烈感情色彩的新的形象。这一整个过程，表面上看是审美主体将自己个人的情感转移到审美对象之上，实际上是以情感为动力，结合以往的审美经验对审美对象进行加工、制作、改造。这就是所谓"移情"的过程。事实证明，凡是审美都要"移情"，每一审美主体眼里的审美对象都已不是原物的本来面目，而总要印上审美主体的主观感情色彩。

"移情"，本来是西方美学的一个概念。德国美学家康德将审美过程中主观情感对象化的现象称作"偷换"（subreption），另一位德国美学家立普斯则将此称作"移情"（empathy）。他们所说的"移情"，

---

① ［德］黑格尔：《美学》第 1 卷，朱光潜译，商务印书馆 1979 年版，第 256、357 页。
② 同上书，第 222 页。

是先有主观情感，然后再把这种情感在审美过程中"外射"到对象之上。康德说，暴风雨中的大海本身并不壮美，而是可怕的，一个人只有事先在内心里装满了大量的观念，才能在欣赏时把内心壮美的观念激发出来，偷换到对象之上。立普斯甚至认为，移情即对象实际上是我自己，或者说自我也就是对象，对象由自我决定，先有自我，后有对象。这些观点都是唯心主义的。唯物主义者也承认"移情"现象，但我们所说的"移情"是建立在审美感知和审美联想的基础之上的，即先有对于审美对象的感知和以往的审美经验作为基础，由此引起审美联想的深化，才能激起强烈的感情而发生"移情"现象。这是不同于唯心主义的唯物主义移情说。正是从这种唯物主义移情说出发，高尔基认为："想象——这是赋予大自然的自发现象与事物以人的品质、感觉、甚至还有意图的能力。"①

这种移情现象在对自然物的审美中就是所谓"拟人化"，达到一种物我融为一体的境地。例如，李白诗《劳劳亭》："天下伤心处，劳劳送客亭。春风知别苦，不遣杨柳青。"这里的"春风"俨然变成了不忍别离的"我"，有意不让杨柳变青，使离人无法折枝送别。再如，黄巢著名的诗《不第后赋菊》，也是运用了"移情"的"拟人化"手法。诗云："待到秋来九月八，我花开后百花杀。冲天香阵透长安，满城尽带黄金甲。"这里，秋菊变成了胸怀大志的起义英雄，而所谓"满城尽带黄金甲"就是推翻皇朝、图谋帝业。

正是因为审美想象表现为一种特有的"移情"现象，所以任何审美体验都是有着浓厚的个人色彩的。俗语所说的"情人眼里出西施"就是这种情形。西方有一句俗语：有一千个观众就有一千个哈姆雷特；我们也可以说：有一千个读者就有一千个林黛玉。事实也的确如此。每个人都是根据在自己的生活经验和审美感知基础上形成的特有的情感色彩去对审美对象进行加工、改造的。

审美想象中"移情"的心理特征使审美主体进入一种对于审美对象亲身体验的特有状态，即与审美对象同命运、共悲欢，不自觉地加

---

①　［苏］高尔基：《论文学》，孟昌等译，人民文学出版社1983年版，第160页。

入到对象的行列之中。这就是由"移情"产生的情感体验的高度发展，而其高潮就是审美共鸣。"共鸣"本来是一个物理学的概念，指的是两个物体由于振动的频率相同，一个物体振动就会引起另一物体的振动。我们借用这个概念来说明审美想象的移情过程中的一种极其强烈的感情活动。这种感情活动的强烈，达到了感同身受、出神入化、物我统一的境地。也就是说，审美主体完全站到了审美对象的角度去感觉、去体验，而似乎忘记了自我的存在。这在表演艺术中就是所谓的进入"角色"。托尔斯泰曾在《艺术论》中描述了这一现象，他说："感受者和艺术家那样融洽地结合在一起，以致感受者觉得那个艺术作品不是其他什么人所创造的，而是他自己创造的，而且觉得这个作品所表达的一切正是他很早就已经想表达的。"① 柴可夫斯基也曾以他创作歌剧《奥涅金》时完全被审美对象"融化"的情形来说明"共鸣"现象。他说，如果说他以前写的音乐曾经带有真情的诱惑，而且附带着对于题材和主角的爱情，那就是《奥涅金》的音乐。当写作这部歌剧时，由于难以借用笔墨表示情感，自己甚至完全被融化了，身体都在颤抖着。巴金也曾说自己在写作著名的《家》《春》《秋》时，完全站到了书中人物的立场上。他说："我是把自己的感情放在书上，跟书中人一同受苦，一起受考验，一块儿奋斗。"②

这种"共鸣"现象还有一个特点，就是审美主体在审美想象中不自觉地把自己想象为对象。诚如高尔基所说："文学家的工作或许比一个专门学者，例如一个动物学家的工作更困难些。科学工作者研究公羊时，用不着想象自己也是一头公羊，但是文学家则不然，他虽慷慨，却必须想象自己是个吝啬鬼；他虽毫无私心，却必须觉得自己是个贪婪的守财奴；他虽意志薄弱，但却必须令人信服地描写出一个意志坚强的人。"③ 在我国古代艺术理论中也有这种在审美想象中把自己想象为对象的记载。宋代罗大经在《画说》中记载了曾无疑画草虫时

---

① ［俄］列夫·托尔斯泰：《艺术论》，人民文学出版社 1958 年版，第 149 页。

② 《中国现代作家谈创作经验》，山东人民出版社 1980 年版，第 241—242 页。

③ ［苏］高尔基：《论文学》，孟昌等译，人民文学出版社 1983 年版，第 317 页。

将自己想象为草虫的情形。他说："曾云巢无疑工画草虫，年迈愈精。余尝问其有所传乎，无疑笑曰：'是岂有法可传哉？某自少时，取草虫笼而观之，穷昼夜不厌。又恐其神之不完也，复就草地之间观之。于是始得其天，方其落笔之际，不知我之为草虫耶？草虫之为我也？'"① 据说，施耐庵写武松打虎时也有类似情形。他在写作《水浒传》"武松打虎"一段时，苦于对武松的神气写得不活，于是就搬了一张长凳子放在堂屋当中，一只手按住凳子，把凳子当作"虎"，在长凳两边跳来跳去，模仿醉汉打虎的姿态，体会其心理。他一直跳来跳去，满头大汗，并举起拳头要打凳子，引起他妻子的疑惑，问他干什么，他说："我在打虎啊！"说完就跑到书桌前坐下来，很快写好"武松打虎"这一段，并真的把武松写活了。② 在审美想象中把自己想象为对象的特点正是由审美体验中情感色彩特别强烈所致，也是导致审美共鸣的重要原因。这也正是审美想象与科学想象的重要区别之一。科学的想象虽然也凭借直观的形象，但更多的是一种客观的类推，而不是主观的"移情"。例如，英国的卢瑟福在想象原子的结构时，就曾以太阳系天体的形象来推断原子结构的形象。在这种科学想象的过程中，卢瑟福没有必要把自己想象为原子，也不允许将自己的喜怒哀乐的感情灌注到想象的过程之中。因为，对于科学来说，应该是越冷静、越客观越好。但审美想象就不同。在审美想象的过程中，审美主体必须将自己想象为对象，这样才能感同身受，发生共鸣，获得强烈的审美的情感体验。这种情形，在审美的体验中真是屡见不鲜。例如，从艺术创作方面来说，法国作家福楼拜创作《包法利夫人》，写到女主角服毒时，就"一嘴的砒霜气味，就像自己中了毒一样，一连两日闹不消化，我把晚饭全呕出来了"。从艺术欣赏的方面来说，钱谷融在他题为《艺术的魅力》的文章中记载了这样一件事：安徽省一个剧团演出京剧《秦香莲》，演到包公起初因挡不住皇太后的压力，为了息事宁人，包了二百两银子送给秦香莲，劝她还是放弃

---

① 沈子丞编：《历代画论名著汇编》，文物出版社1982年版，第123页。
② 参见《江苏青年》1984年第2期。

惩处陈世美的念头，回乡好好度日。这时，有一位老太太对秦香莲的身世产生了强烈的共鸣，完全忘记了自己是在剧场看戏，情不自禁地跳起来大声喊道："香莲，俺们不要他的臭钱！"

审美想象中的这种"共鸣"现象是比较复杂的。它是建立在审美主体与审美对象之间认识、道德、感情一致基础上的一种以强烈的感情活动为其特点的心理现象。而感情的一致则是共鸣的最主要的前提。有时是审美主体的情感经验与审美对象所包含的感情完全一致而产生的共鸣现象。例如，小说《红岩》中革命烈士的壮烈就义，就会触动我们对革命事业的崇高感情而使我们潸然泪下。还有一种情形，就是审美主体的情感经验与审美对象所包含的感情性质不同，但在某一点上有一致之处。例如，《红楼梦》中的宝黛爱情与我们当代社会主义时期青年一代的爱情生活在内容上是不同的，但在追求美好的幸福生活、争取爱情自由这一点上却有共同之处，因而同样可拨动我们的感情之弦，引起我们的共鸣。

这种审美共鸣使审美主体完全沉浸到审美对象特有的情感气氛之中。例如，巴尔扎克写《欧也妮·葛朗台》时达到了入迷的程度，对突然进屋的人大叫："是你害死了她！"显然这是未经思索的。再如，《水浒传》中描写燕青带李逵到东京桑家瓦子勾栏听《三国志平话》，听到关云长刮骨疗毒，李逵在人丛中情不自禁地高叫："这个正是好男子！"这也是冲口而出、未经思索的。如果经过思索，李逵决不会高声大叫。因为，他们是以朝廷反叛者的身份化装潜入东京的，一旦暴露身份，就有杀身之祸。而且，这种直感式的共鸣的强烈程度甚至会发展到审美主体诉诸行动的地步。1822年8月的一天，巴黎一家剧院演出莎士比亚的名剧《奥赛罗》，当演到奥赛罗掐死苔丝德梦娜时，门口站岗的士兵突然开枪打死了奥赛罗的扮演者。这当然是极个别的情形，但却生动地说明了审美共鸣中不假思索的直感的特点。

以上对审美体验的分析，主要是从传统美学着眼的，就目前来说也具有一定的理论参考性。当代现象学美学的发展，已经将审美体验归结为审美经验，强调审美知觉在整个审美过程中的构成作用。这就是著名的审美经验现象学，在后文我们会有涉及。

四　审美评价

其一，审美评价是一种寓理于情的特殊的理性评价。

上面，我们大体上阐述了以情感为动力及中心的整个审美体验的过程。这个过程即是由审美感知到审美联想，再到审美想象的逐步发展、递进的过程。这整个过程是形象的鲜明性与情感的强烈性的直接统一，随着形象的逐步鲜明，情感也不断地强烈。从这整个过程来看，审美似乎完全是一种情感体验的过程了，而作为情感体验的高潮的"共鸣"又具有不假思索的直感的特点。那么，在审美的过程中到底还有没有理性的因素呢？我们认为，不仅有，而且还是非常重要的成分。但这种理性因素是一种特殊的理性因素，是一种寓理于情的情感评价、情感判断。有人不相信在情感中还包含着理性，在形象中还会包含着评价，并将此看作是唯心主义。这是不正确的，是一种形而上学的观点，忽视了审美所具有的内在辩证统一的特性。按照辩证唯物主义的观点，任何事物都不是孤立的、静止的，而是在各种对立因素的辩证联系中发展的。恩格斯曾经十分深刻地批评了这种持孤立静止论的形而上学家们，他说，形而上学家"在绝对不相容的对立中思维；他们的说法是：'是就是，不是就不是；除此之外，都是鬼话。'在他们看来，一个事物要么存在，要么就不存在；同样，一个事物不能同时是自己又是别的东西"[1]。事实是，在审美的体验中，情感同时包含着理性，形象同时包含着评价，但这是一种寓理于情的审美理性、寓思想于形象的审美评价。

人的情感从大的方面分两类，一类是完全建立于感知之上的接近于生理快感的低级情感。这种低级的情感也可能具有某种积极的愉悦性，但这主要是一种感官的愉悦，更多地带有直接的感官愉悦的特点。当然，这种低级的情感也带有某种理性色彩，不同于动物的快感。马克思认为，人的感官已经是不同于动物的社会性的感官。他

---

① 《马克思恩格斯选集》第 3 卷，人民出版社 1972 年版，第 61 页。

说："不言而喻，人的眼睛和原始的、非人的眼睛得到的享受不同，人的耳朵和原始的耳朵得到的享受不同，如此等等。"① 还有一类包含着更多、更明显的理性因素的高级情感。这种高级的情感又分两种，一种是属于科学、政治、伦理道德范围的，表现为科学研究的热忱、成功后的欣慰以及崇高感、伦理道德感等。这些都是在认识与思考之后，经过深思熟虑而产生的带有明显的理智与思想色彩的情感。再一种就是同低级情感有相似之处，也似乎具有某种直感性，由审美体验所产生的审美情感。这是一种完全不同于低级情感的高级情感。它的特点是不具备明显的理智与思想色彩，但是这种情感本身就直接包含着、渗透着深刻的认识和伦理道德的因素，即所谓"寓理于情"。

其二，审美评价是理性因素在审美体验中的表现。

理性因素在审美体验中不是作为独立的阶段出现的，而是直接渗透于审美体验之中。有的学者认为，先有对审美对象的理性认识，然后才发生审美体验。这是不符合实际的。事实上，在审美的情感体验中，理性因素不会、也不应该作为一个独立的阶段出现。尽管如此，它在审美体验中的表现还是十分明显的。首先，理性因素决定了审美体验能否发生。对于同一对象，由于审美主体立场、观点和情趣的不同，有的能发生审美体验，有的就不能发生审美体验。诚如鲁迅所说，"饥区的灾民，大约总不去种兰花，像阔人的老太爷一样；贾府的焦大，也不爱林妹妹的"。而且，政治观点的对立还会导致审美体验的根本对立。1830 年 3 月 15 日，巴黎法兰西剧院首次上演雨果的浪漫主义戏剧《欧那尼》。在演出过程中，革新派与保守派由于政治观点和艺术观点不同，反应迥然相异。革新派公开赞赏，为其鼓掌叫好；保守派则公开反对，大声斥责和发出嘘声。两派相互争吵、指责，闹得不可开交，成为法国戏剧史上的一次重大事件。这是政治理论观点决定审美体验能否发生的明显例证。其次，理性因素还决定了审美的情感体验的强烈程度。由于立场、观点和情趣的相异，对同一审美对象即使都会产生审美的情感体验，强烈程度却不一定相同，有

---

① 《马克思恩格斯全集》第 42 卷，人民出版社 1979 年版，第 125 页。

的较强，有的较弱。更重要的是理性因素决定了审美想象所创造的形象中渗透着、溶解着特有的意蕴。这就使审美想象所创造的形象已不同于现实生活中的形象。它既凝聚着强烈的感情，又渗透着深刻的理性，是感性与理性直接统一的整体，是一种特有的无言之美，包含着理性因素的"意象""意境"。理性因素在这里是无需借助于语言概念而直接渗透于形象之中的。这就是中国古典美学所谓"不着一字，尽得风流""意在言外"。正如钱钟书所说，"理之在诗，如水中盐、蜜中花。体匿性存，无痕有味"①。可见，审美想象创造的形象所包含的"理"是完全通过形象表现出来的。因为，形象本身只能借以流露出情感，而"理"就凝聚于情感之中。形象、情感、理性三者合而为一。当然，这种情感不是日常生活中的喜怒哀乐，而是一种包含着无限的理性因素的高级情感，耐人咀嚼，发人深省，并常常将人引导到一种无限高尚却又多少有些神秘感、难以用语言表达的美的境界。例如，我们在欣赏达·芬奇的名画《蒙娜丽莎》之后，对女主人公美妙而神秘的笑久久难以忘怀，感到其中似乎体现了文艺复兴时代的某种崭新的时代精神、资产阶级的理性力量，却又难以言述。至于《红楼梦》第九十八回写林黛玉临死前最后的悲哀的呼喊："宝玉！宝玉！你好……"一定会永留我们耳际，似乎从中听到了一个弱女子对社会和人生的控诉，但又绝不止于此。至于杜甫诗"朱门酒肉臭，路有冻死骨。荣枯咫尺异，惆怅难再述"，就更是不仅包含着作者强烈的感情色彩，而且包含着作者对社会、时代与人生的深刻思考与概括。黑格尔在其《美学》中将审美想象中这种形象、情感与理性高度完美统一的境界称作是"无限的、自由的"②。这里所说的无限性与自由性都是指审美想象中所包含的理性因素的特征。所谓"无限"，即指其不受个别形象所包含的有限性情感的束缚，在容量上具有极大的丰富性。因为，一般的普通的形象所包含的情感只能是一，而审美想象创造的形象所包含的感情却是十、百、千、万……因而具有高度概括性

---

① 钱钟书：《谈艺录》（补订本），中华书局1984年版，第231页。
② ［德］黑格尔：《美学》第1卷，朱光潜译，商务印书馆1981年版，第143页。

的理性色彩。而所谓"自由"，即指其不受作为现实形象所包含的情感必然性的束缚，在性质上超出了这种必然性，达到更高、更深远的理性境界。例如，齐白石老人所画的虾图，表面上看是表现虾的生动活泼，但其深意全不在此，而是在某种自由的精神、对生命的热爱……这就是中国古典美学所谓"象外之象""景外之景""味外之味"。这正是审美体验中理性因素最高的表现，审美体验所达到的最高境界。它是一切审美主体所追求的目标，也是审美作为人类理性生活的一个重要方面。

其三，理性因素在审美体验中发挥作用独具特点。

理性因素在审美体验中既然不是作为独立的阶段出现，那么，它如何渗透于审美体验之中，又具有哪些特点呢？我们认为，理性因素是以理性渗透的特殊形式发挥作用的。那就是，审美主体在长期的生活经历中形成了自己的立场和世界观，主要以概念的形式贮存于大脑皮层之中，也渗透于感性的形象记忆之中。这种立场与世界观等理性因素在认识与道德活动中总是以自觉的、明显的、概念的形式发挥其指导与制约的作用。但在审美体验中，在大多数情况下，却常常是在不知不觉地，即潜在地发挥作用。

首先，在审美的感知中就已经包含着理性因素。尽管审美的感知要以某种生理快感为基础才能产生肯定性的情感评价，但如前所说，一方面，人的生理快感本身就已经社会化、理性化了，根本不同于动物的快感；更重要的是，审美感知的快感同生理快感的明显区别在于，它是以视听感觉为主的、精神性的，同审美对象之间是有距离的。

其次，在审美联想中，审美主体的"追忆"尽管主要同情感记忆发生联系，但逻辑记忆也对审美联想发生制约作用。这是审美中情与理的矛盾对立统一的表现之一。巴金在写作《激流三部曲》时，一打开记忆的闸门就发生了这种情与理的矛盾：从情感的记忆来说，他在记忆中对自己的祖父还保留着"旧社会中的好人"的印象；但从逻辑记忆的角度，从当时已经接触到的各种社会科学的知识来看，他又清楚地认识到他的祖父是这个家庭的"暴君"。最后，巴金在以自己的祖父做原型的高老太爷的形象中虽然仍留下了同情的痕迹，但呈现在我们面前的毕竟是一个封建的卫道者，造成无数悲剧的祸首。这是逻辑记忆制约情感记忆、理制约情的明显例证。在审美想象中，尽管以情感为动力，但积淀在大脑中的各种理性因素仍然会不知不觉地起制约的作用，决定了审美主体在审美想象中对审美对象的取舍和加工。康德把这种情形称作在审美的活动中没有明显的规律，但却"暗合"某种规律，是一种看不出规律的规律，不露痕迹的规律。这就是我国古代文论中所谓的"无法之法"。恰如宋人严羽所说："古人未尝不读书，不穷理。所谓不涉理路，不落言筌者，上也。诗者，吟咏情性也。盛唐诗人惟在兴趣，羚羊挂角，无迹可求。"① 他认为，古人作诗并不是完全排斥理性的因素，只不过是没有明显的理性的痕迹，就好像是一只被猛兽追赶的羚羊，突然挂角树上，因为地上再无它的足迹，所以猛兽就无从追赶。应该说，这样的阐述是深得审美的真谛的。理性因素在审美想象时暗中发挥作用，首先要求审美的想象符合形象的形式美的规律，如平衡、对称、和谐等，否则，审美想象的产品就不会引起强烈的肯定性的情感体验。更重要的是，作为理性因素的表现，要求审美想象符合生活本身的逻辑。这里也包括情感的逻辑。因为，所谓情感的逻辑不可能单独存在，须借助于形象的逻辑方可实现。同时，情感有了逻辑就成为合理性的高级情感。例如，电影艺术中运用蒙太奇手法，形象的连接就应是合逻辑的。如果描写一次战争的决策，当镜头呈现出指挥员下决心"狠狠地打"时，接着的镜头应该是万炮齐发或千军万马的出击，而不应该是一群青蛙从池塘中跳出。如果是后者，就既违背了生活的逻辑，也违背了情感的逻辑。这种形象自身所具有的理性的逻辑，就是在许多文艺家的创作中出现人物形象违背了作家原来的设想而自己活动的原因。法捷耶夫写《毁灭》时，最初把一贯动摇自私的游击队员美谛克写成由于幻灭而自杀，但理性却向他提出，这样写不

①　郭绍虞、王文生主编：《中国历代文论选》第 2 册，上海古籍出版社 1979 年版，第 424 页。

符合形象自身的逻辑，因为这样的胆小鬼没有勇气自杀而只会叛变。于是，法捷耶夫毅然改变原来的写法，写到整个队伍被打散后，美谛克把手枪扔进草丛，逃离了部队，向白军驻扎的方向跑去……鲁迅创作《阿Q正传》时，一开始也没有想到要给他的阿Q以大团圆的结局。他在《〈阿Q正传〉的成因》一文中说："其实'大团圆'倒是'随意'给他的；至于初写时何曾料到，那倒确乎也是一个疑问。我仿佛记得：没有料到。"但阿Q终于以"大团圆"结局，这是形象自身的逻辑，也是理性因素暗中发挥作用的结果。因为，鲁迅作为一个激进的革命民主主义者，是清醒地认识到了辛亥革命的悲剧的，阿Q的大团圆正是辛亥革命悲剧的曲折表现，是作者对辛亥革命的理性认识给人物带来的必然的结局。

当然，我们还需要看到，在对不同的审美对象的体验和评价中，理性因素所占的比例是不同的。一般来说，在对自然美与形式美的审美中，体验多于理解，情感多于理性；而在对艺术品的审美中，理解又多于体验，理性又多于情感。在对音乐、建筑、诗歌等表现艺术的审美中，理性因素更隐晦一些，情感因素更突出一些；而在对绘画、雕塑、小说等再现艺术的审美中，理性因素又相对地明朗一些。

对于审美过程中的理性因素，即便在当代以先锋艺术为对象的美学形态中也没有予以否定，而是更多地从生命与生存的本体意义的深层角度来理解和阐释审美中的形而上成分。

综上所述，审美力就是以感性知觉为基础、借助于审美形象的一种特殊的情感判断能力，具体表现为逐步递升的审美感知力、审美联想力和审美想象力。这是形象逐步鲜明的过程，也是情感逐步发展的过程，同时也是理性因素逐步加深的过程。形象、情感、理性三者融而为一，理性与情感均寄寓于形象，形象是审美活动所凭借的主要手段，而情感则是其根本特点。

五　审美力的培养

从马克思主义的实践观点出发，我们认为，审美力只有在审美的实践中才能形成。审美的实践包括审美的客体和审美的主体两个方面，因此，审美力的培养也必须从主客观两个方面着手。从客观方面来说，就是优秀的审美对象的选择。而从主观方面来说，则是有关审美力的各种主观条件的创造。

其一，审美力主要是后天形成的社会性能力。

唯心主义者认为，审美力完全是一种先天的禀赋，是天才。辩证唯物主义者不完全否认审美能力具有某种先天性，但先天的禀赋只不过为审美力的形成提供了一种可能，更重要的是通过后天的实践使可能变成现实。社会存在决定社会意识。马克思不仅讲过"艺术对象创造出懂得艺术和能够欣赏美的大众"[1]，而且还谈到人的感觉能力也完全是由对象产生出来的。他说："不仅五官感觉，而且所谓精神感觉、实践感觉（意志、爱等等），一句话，人的感觉、感觉的人性，都只是由于它的对象的存在，由于人化的自然界，才产生出来的。"[2] 这段话尽管还残存着费尔巴哈人本主义的痕迹，但却较正确地阐述了"人的感觉能力是后天由感觉对象的存在才产生出来的"这样一个唯物主义真理。

其二，审美对象的选择。

1. 审美能力的高低同审美对象的水平直接相关。

既然人的审美能力主要是在后天形成的，并且是由审美对象的存在而创造出来的，那么，审美对象水平的高低就同审美能力的强弱直接相关。只有通过真正美的艺术品，才能培养出较强的审美能力和健康的审美趣味。因此，在审美的欣赏中不能采取来者不拒的方针，而应对艺术品进行必要的选择。因为，并不是一切艺术品都是美的。我国魏晋南北朝的钟嵘就曾在著名的《诗品》中将诗歌分为上、中、下三品。其实，不仅诗歌有品位高低之分，一切艺术也都有不同的艺术品位差别。我们要尽量选择艺术中的上品作为自己的欣赏对象。这样，"水涨船高"，人们的欣赏水平、审美能力也就能提到相应的高度。歌德曾说："鉴赏力不是靠观赏中等作品而是要靠观赏最好作品

---

① 《马克思恩格斯选集》第 2 卷，人民出版社 1972 年版，第 95 页。

② 《马克思恩格斯全集》第 42 卷，人民出版社 1979 年版，第 126 页。

才能培养成的。所以我只让你看最好的作品，等你在最好的作品中打下牢固的基础，你就有了用来衡量其它作品的标准，估价不致于过高，而是恰如其分。"①

2. 低级庸俗的作品对人有腐蚀作用，会使人形成不良的审美趣味。

低级庸俗的作品，对于广大人民，特别是缺乏审美判断力的青年，危害是极大的。它从思想感情上不知不觉地腐蚀人们的灵魂。例如，有一位大学生，参与了流氓犯罪活动，以致堕落，其原因之一是沉湎于低级庸俗的腐朽艺术。而一位年幼无知的初中女学生则因看了手抄本黄色小说，被其中的腐朽情感腐蚀，陷入男女鬼混之中，最后沉沦堕落，不能自拔。另外，由于审美欣赏是以审美感知为基础的，所以低级庸俗的作品常常以反映本能欲求的靡靡之音、色情描绘给人某种感官刺激。这就使缺乏辨别力的青年在心理上形成一种感知的癖好，形成不良的审美习惯和趣味。因此，庸俗低级的艺术品同宗教一样，是一种精神的鸦片。人们一旦上了瘾，尽管理智上想摆脱，但感情上却难以做到。某中学收缴黄色书刊，一个学生明知手抄本黄色小说不好，但却只交了上半部而留下了下半部，说明其在情感上颇有恋恋不舍之意。这就好像《红楼梦》第十二回所描写的贾瑞的情形。书中写到贾瑞陷入王熙凤设计的相思局之中，一病在床。有一个道士送他一个"风月宝鉴"。这个"风月宝鉴"为警幻仙子所制，专治"邪思妄动"之症，道士嘱咐贾瑞"千万不要照正面，只照背面，要紧，要紧"。结果，贾瑞一照背面，是一个骷髅，寓理性、警戒之意。贾瑞不愿意，偏照反面，只见凤姐站在里面朝他招手，他喜不自胜，病情加重。但仍然执迷不悟，还是要照，如此三四次，结果一命呜呼。这尽管带有某种宿命论的色彩，但却颇具哲理性，生动形象地说明了庸俗低级的癖好一旦养成就难以改正。

3. 应在美丑的对比中增强审美能力。

我们对于庸俗、低级、有毒的作品，一方面应采取查禁收缴的办法，但另一方面对于其中的某些作品亦可在有指导的情况下组织青年

---

① ［德］爱克曼辑录：《歌德谈话录》，朱光潜译，人民文学出版社1980年版，第32页。

接触。这是通过比较、鉴别提高审美能力的方法。诚如毛泽东所说，"真的、善的、美的东西总是在同假的、恶的、丑的东西相比较而存在，相斗争而发展的"①。这是真理发展的规律，也是增强人的审美力的规律。

其三，健康的审美态度的确立。

审美力的培养，从主观方面来讲，还必须确立健康的审美态度，即确立与实用的和科学的态度不同的审美观照的态度。

1. 不能以直接实用的、功利的态度对待审美对象，而必须同对象保持一定的距离。

这就是说，在艺术中，既不能单纯从功利价值的角度衡量对象，估量对象有何经济价值或其他实用价值，也不能用经济占有的态度去看待对象，好像一个商人看待一颗宝石，只想到如何攫取它去卖钱。正如马克思所说，"贩卖矿物的商人只看到矿物的商业价值，而看不到矿物的美和特性"②。当然，也不能完全取生理欲求的态度，好像一个人在非常干渴的时候，看到一幅美妙的水果静物画，此时所想到的只是吃掉水果解渴，而不会进行审美的欣赏。再就是，个别人单纯从庸俗的生理的态度去看待一些仕女画或裸体雕像，其至专门在一些优秀作品中寻找个别的揭露剥削阶级荒淫生活的镜头或章节。这都是审美态度上的偏颇。事实证明，审美态度同以上各种实用的态度都是不同的。在功利的实用关系之中，主体与对象之间的距离非常切近，以便满足主体的某种现实需要。在审美中，主体与对象之间保持着较大的距离，以便于进行审美的观照（欣赏）。如果主客体之间的关系太切近了，审美的观照关系就将消失。

2. 必须用欣赏的审美的态度观赏对象，而不能像自然科学那样研究对象。

审美的规律与自然科学的规律是不完全相同的。自然科学的规律是纯客观的，一就是一，二就是二，不能含糊。但审美的规律却是对

---

① 《毛主席的五篇哲学著作》，人民出版社 1970 年版，第 167 页。

② 《马克思恩格斯全集》第 42 卷，人民出版社 1979 年版，第 126 页。

于客观现实的情感的反映、主观加工。例如，唐代诗人李白的著名诗句"黄河之水天上来""白发三千丈""燕山雪花大如席"等，都是带着主观感情色彩的夸张。对于上述诗句，如果单纯从自然科学的角度考虑，那是无论如何都不能理解的，只能从审美的角度，从情感上加以体验。

其四，审美感受力的培养。

1. 审美感受力是审美力中最基本的主观条件。

审美活动是以审美的感受为基础的，并且，审美感受贯穿于审美活动的始终。因此，可以说，没有审美感受力就没有审美。正如马克思所说："如果你想得到艺术的享受，那你就必须是一个有艺术修养的人"，"对于没有音乐感的耳朵说来，最美的音乐也毫无意义……因为任何一个对象对我的意义（它只是对那个与它相适应的感受说来才有意义）都以我的感受所及的程度为限。"① 费尔巴哈也说过："如果你对于音乐没有欣赏力，没有感情，那么你听到最美的音乐，也只是象听到耳边吹过的风，或者脚下流过的水一样。"②

2. 审美感受力的重要标志就是感受艺术品的"灵敏性"和"统摄力"。

狄德罗指出："艺术鉴赏力究竟是什么呢？这就是通过掌握真或善（以及使真或善成为美的情景）的反复实践而取得的，能立即为美的事物所深深感动的那种气质。"很明显，在狄德罗看来，艺术鉴赏力就是主体"能立即为美的事物所深深感动"③。这首先表现为感受的灵敏性，包括耳朵能迅速地捕捉到音乐的节奏与旋律，眼睛能迅速地捕捉到造型艺术的光线和线条的明暗与变化。只有在此基础上才能进一步产生审美的联想与想象。这种"灵敏性"表现为能够迅速地凭借自己的视听感官，特别敏锐地感受到别人所没有感受到的色彩和声音的特征。也就是说，在这一方面有自己的"发现"。诚如罗丹所说：

---

① 《马克思恩格斯全集》第42卷，人民出版社1979年版，第155、126页。

② 北京大学哲学系美学教研室编：《西方美学家论美和美感》，商务印书馆1980年版，第211页。

③ 《狄德罗美学论文选》，张冠尧等译，人民文学出版社1984年版，第430—431页。

"美是到处都有的。对于我们的眼睛，不是缺少美，而是缺少发现。"① 巴乌斯托夫斯基在《金蔷薇》中记载了这样一件事：法国画家莫奈到伦敦去画威斯敏斯特教堂。莫奈平常都是在伦敦的雾天工作。在莫奈的画上，教堂的哥特式轮廓在雾中隐约可见。他把雾画成紫红色的，这使伦敦人大为惊愕。因为，通常人们都认为伦敦的雾是灰色的。但当惊愕的人们走到伦敦大街上的时候，才第一次发现伦敦的雾的确是紫红色的，原因是烟气太多和红砖房使雾染上了紫红色。于是，莫奈胜利了，人们给他起了个绰号："伦敦雾的创造者"。审美感受力还表现为对艺术品整体把握的能力，即所谓"统摄力"。凭借这种"统摄力"，可将对客体各个部分的印象从记忆中调动起来，彼此呼应，联成一体，从而形成一个具有内在联系的美的形象。这就是一种初步的审美的综合能力。

3. 审美感受力还包括审美通感的能力。

所谓"审美通感"，就是在一种审美感受的诱发和影响下产生另一种审美的感受。这样，审美感受才能由此及彼，得到发展和深化。这种审美的通感能力是审美感受力的重要方面，能帮助我们加深对于艺术品的体验。审美通感有多种情形。一种是对于听觉形象，可通过大脑的加工幻化成视觉形象。相传 2000 多年前，楚国有位名叫俞伯牙的琴师，停船汉阳龟山下，抚琴消遣。隐士钟子期是个樵夫，却很会欣赏音乐。伯牙弹琴时心里想到高山，钟子期就在旁赞道："美哉！巍巍乎若泰山。"伯牙弹琴想到水时，钟子期又赞道："美哉！荡荡乎若江河。"我们在欣赏著名的二胡曲《二泉映月》时，也可通过悠扬的节奏和旋律，仿佛看到月夜中泉水明彻静谧的美丽景色。在欧洲，也有一个由听觉形象幻化成视觉形象的美丽传说。据传，在一个月夜，贝多芬曾为莱茵河边一个穷皮鞋匠的盲眼妹妹弹奏了一曲《月光曲》。这个盲姑娘尽管看不见美丽的月华，但从乐曲声中却仿佛看到月亮从大海中升起，海面上顿时撒满了银光，耀眼通亮。过一会儿，

---

① ［法］罗丹口述，葛赛尔记：《罗丹艺术论》，沈琪译，人民美术出版社 1978 年版，第 62 页。

仿佛海面上又狂风骤起，巨浪滔天，大有千军万马之势。盲姑娘的眼睛睁得大大的，完全被乐曲所陶醉了。再就是对于视觉形象，可通过大脑加工幻化成听觉形象。例如，宋代诗人宋祁写了一首曲牌为《玉楼春》的词，用以描写春景，其中有一句"红杏枝头春意闹"。"红杏"本是视觉形象，但一个"闹"字却仿佛把无声的红杏变成了顽皮嬉戏的儿童发出的"闹"声，一下子突现了春意盎然的生命力。王国维说："着一'闹'字，而境界全出。"还有就是建筑，通常将其称为"凝固的音乐"。人们观赏故宫建筑的富丽宏大，仿佛听到了我国古代庄严沉重的历史乐音，而观赏苏州园林小巧玲珑的建筑，又仿佛听到了一曲江南水乡优雅动听的民歌。

4. 只要通过长期的艺术实践就可提高自己的审美感受力。

提高审美感受力的唯一办法就是狄德罗所说的要通过"反复实践"，也就是长期的审美锻炼。这就要经常有计划地接触各个艺术门类的一些艺术珍品，不断体味，久而久之，审美感受能力自然就会逐步提高。诚如《文心雕龙》的作者刘勰所说，"凡操千曲而后晓声，观千剑而后识器"。例如，我们初次接触某些古典音乐，很可能在感受上是模糊的、混乱的，但时间一长，我们就能逐步分辨和掌握其中的节奏和旋律，并进而体会到其中的情感。再如，我们初次接触古典小说，注意力往往集中于故事情节，但经过一段时间，我们就会被作者的生花妙笔所塑造的栩栩如生的形象所感染。当然，艺术实践还包括创作实践。如果有条件尝试一下某种创作活动，如音乐、小说、诗歌、舞蹈、绘画等，就能更好地掌握艺术规律，体会艺术的"三昧"，增强自己的审美感受力。

其五，文化素养的提高。

审美活动不仅局限于审美的感受，而且还要通过审美的感受发展到审美的联想和想象。因此，审美力是一种综合的能力，集中地反映了一个人的文化的、道德的、历史的素养。正如马克思所说："五官感觉的形成是以往全部世界历史的产物。"[1] 这就说明，包括审美感受

---

[1] 《马克思恩格斯全集》第 42 卷，人民出版社 1979 年版，第 126 页。

力在内的五官感觉不同于动物的感觉，是在劳动实践所创造的物质文明与精神文明的长期历史条件下形成的，是建立在一个人的文化素养基础之上的。

1. 文化素养对于一些古典作品的欣赏显得特别重要。

众所周知，古典作品的产生都有其特定的历史条件。如果对这种历史条件缺乏必要的知识，就难以准确地理解作品的含义。例如，有的人不理解为什么莎士比亚的著名悲剧《哈姆雷特》中主人公哈姆雷特在复仇时老是犹豫不决。这是由于他们不了解，这部作品产生于17世纪初，而所描写的则是12世纪末丹麦宫廷的事件。当时封建主义在力量上大于新兴的资产阶级。因此，哈姆雷特作为新兴资产阶级的代表，面对强大的封建势力，他的复仇是很难的。这样，任务本身的艰巨性，就导致了行动的犹豫不决。再如，对于《红楼梦》这部作品中的许多人物和场景，没有文化素养的人也很难欣赏。对于贾母这个人物就是如此。按常理，作为外祖母，她应该特别疼爱林黛玉，但为什么却用"掉包计"残酷地置林黛玉于死地呢？这就必须从封建社会对女性提出的"三从四德"和封建阶级的本性等深刻的社会根源来理解。

2. 文化素养对于某些表现人体美的作品的欣赏也显得十分必要。

如何欣赏表现人体美的艺术作品，也是同文化素养有关的。人体美的绘画、雕塑主要盛行于西方。它的产生不是偶然的，有其历史的和时代的原因。人体美的第一个高潮期为古希腊时期，这同当时的社会历史条件有关。古希腊奴隶制时期始终没有形成大一统的中央帝国，而是分裂为各个城邦，城邦间战争频繁，尚武成风，整个民族都有严格的体育训练要求。这就形成了对健康而强壮的人体美的欣赏和追求。当时的奥林匹克运动会都是裸体进行的，毫不介意地在大庭广众之下炫耀自己健美的身躯。另一个原因是古希腊的宗教不像后来的宗教那么神秘，而是人神同一，神的美也就是人的美。因此，可以毫无顾忌地把神雕成裸体。再就是，希腊地处地中海沿岸，气候也适宜于户外裸体活动。以上就是古希腊人体美艺术繁荣的历史原因。西方人体美艺术的第二个高潮期为文艺复兴时期（公元14—16世纪）。当

时，新兴的资产阶级主要以人文主义、人性的解放对抗禁欲主义和精神的束缚，于是出现了一些裸雕、裸像。由以上对于古希腊与文艺复兴两个时期的分析可见，西方人体美艺术品的产生都是历史的现象，有其历史的背景。只有结合这样的背景，才能正确地了解和欣赏这些艺术品。

人体美的艺术品，我们应从美学的角度进行鉴赏。从美学的角度看，任何真正的艺术品都是美的结晶、高尚情感的表现、感性与理性的直接统一。因此，裸雕与裸画作为艺术品，也应是自然的形体美与内在的精神美的直接统一。而且，应是内在的精神美统帅外在的形体美；外在的形体美只有在表现内在的精神美之时，才有其独立存在的意义。这就为我们划清了人体美艺术与黄色作品如"春宫画"之类的界限。作为人体美的艺术品，其外在裸露的形体是借以表现内在的丰富的情感和高尚的精神品格。在这种人体美的艺术中，突出了用以表现情感和精神的形体部分，而省略了同表现情感与精神无关的形体部分。这样的作品所给予人的是一种高尚的审美享受、情感体验，而不是低级的感官刺激。例如，著名的《米洛斯的维纳斯》，虽为裸雕，但面部表现的端庄流露出纯洁典雅的情感，体态的婀娜优美体现出青春的健美和旺盛的生命力，稍稍前倾的修长的下身和微微侧倾的上身表明了内心的沉静、平和、温柔。这尊雕像给人一种端庄典雅的感受和青春活力的熏陶。有一位作家在小说中曾将这尊雕像看作是医治日常生活丑行的良药，给人以温暖的太阳。他充满激情地说道："如果杀死她——就等于夺去了世上的太阳。"但黄色的裸雕、裸画却是一种粗野的自然主义的流露，外在的形体并没有包含深刻的意蕴，而是有意进行某种轻佻的色情展览，目的在给人以感官刺激。

我们中华民族有着自己的历史特点，在文化上有着悠久的文明的传统，在思想上儒学始终处于正宗的地位。因此，我们中华民族比较深沉、内向，在审美习惯上倾向于一种素朴的含蓄美。无论是我国古代的绘画，还是戏剧，都在某种程度上表现了这种素朴的含蓄的美，有着强烈的象征意味，倾向于表现的艺术，不像西方古代倾向于再现的艺术。因此，尽管在我国艺术史上，唐代曾经出现过"飞天"等半裸的雕塑，但还是侧重于某种飘逸超凡的非现实性。因此，从民族的审美习惯来看，不宜过于提倡裸雕、裸画。但对于这类作品也不必大惊小怪，应该允许尝试。只是应以健康的审美标准给予鉴别，杜绝那些粗野的带有色情倾向的作品。

3. 文化素养能帮助我们理解某些以丑为素材的作品。

文艺作品并不都是以美的事物为素材的，也有一些是以丑的事物为素材。对于这样的作品，只有在具备一定的文化素养的条件下才能理解其在艺术中化丑为美的特点，并体验到文艺家通过这种化丑为美的过程所流露出来的高尚的情感，从而欣赏并受其感染。具体地来说，有这样几种情形。

一是通过艺术家的评判化丑为美。以丑为素材的艺术品，素材本身是丑的，欣赏者之所以会在艺术品中发现美，原因就在于艺术家的评判。这种评判渗透着、倾注着美的理想。这里有两种美。一种是喜剧性的美。艺术家通过讽刺，甚至是夸张的讽刺，唤起了读者或观众的笑声。这种讽刺本身就是一种批判，通过批判，流露作者正面的审美理想，使读者或观众在笑声中受到正面的情感教育和美的感染。例如，果戈理的《钦差大臣》，从骗子赫列斯达可夫到以市长为首的官吏们，都是卑鄙可耻的人物，可以说是一幅群丑图。但剧中却有一个唯一的正面人物，那就是由作者辛辣的讽刺所引起的观众的笑声。观众正是通过笑声感受到了作者在剧中所流露出来的正面的审美理想。另一种是悲剧性的美。素材是遭受摧残和蹂躏的人物。艺术家通过对人物内心强烈痛苦的刻画，表现出一种对抗争命运的歌颂。例如，著名的群雕《拉奥孔》，为古希腊艺术家阿格山大等人在公元前42—前21年间所作。它取材于公元前12世纪前后在古代小亚细亚流传的关于特洛伊战争的一个传说。据说特洛伊祭司拉奥孔识破了希腊人的"木马计"，被偏袒希腊人的海神用两条巨蟒紧紧地缠绕。雕像表现了拉奥孔为了救助幼子同巨蟒进行的惊心动魄的博斗。他的整个姿态、表情和每块肌肉都凝聚着这种斗争的精神和不屈的意志，给人以昂扬奋发的感受。当然，也可以在作品中表现出一种对美好事物被毁灭的同情。例如，罗丹的雕塑《欧米哀尔》（又名《老妓》）是作者根据

法国诗人维龙的《美丽的欧米哀尔》而塑造的，表现一名肌肉萎缩的老妓女弯腰偎踽着，以绝望的目光感伤逝去的青春，悲叹自己衰老的身躯，流露出艺术家深深的同情。

二是通过突出事物本身隐藏的内在的美而化丑为美。

有一些丑的素材本身就包含着某种内在的美，艺术家将这种内在的美加以突出，就可化丑为美。这里也有两种情况。一种是通过夸张的手法将丑的素材变为美的，从而给欣赏者以美的启示。例如，我国传统年画中的肥猪，猪本身并不美，但它的肥却是一种丰收、富裕的象征。作者加以夸张，就可使肥猪包含某种社会美的理想。再就是通过外形的丑与内心的美的强烈对比来化丑为美。例如，我国传统年画中《钟馗捉鬼》中的人物形象和雨果的《巴黎圣母院》中的敲钟人加西莫多，就是以其外表的奇丑反衬出内在的正义或善良。

4. 文艺常识方面的基本素养有利于对艺术品的欣赏与理解。

要加深对艺术品的欣赏，还必须具备基本的文艺常识方面的素养。例如，在欣赏文学作品时，必须掌握基本的文学常识，了解文学的特征与本质、文学形象的构成、文学创作方法或技巧，等等。在欣赏造型艺术时，必须掌握绘画和雕刻的基本常识，诸如色彩的作用、冷暖色的搭配、线条结构，等等。在欣赏音乐时，必须掌握必要的乐理，诸如旋律、节奏以及各种音乐体裁的知识。

其六，生活经验的丰富。

上面曾经说到，审美联想是由现有的审美感受的经验唤起往昔的经验。由此可知，一个人的生活经历越丰富，往昔贮存于大脑中的经验越多，审美的联想就越丰富多彩。而只有在丰富多彩的审美联想的基础上才能进一步产生审美想象，从而加深美感体验。我国文学史上著名的《琵琶行》为唐代诗人白居易于公元 815 年贬官九江做郡司马时所作。一次，他到江边送客，偶遇过去的琵琶女、现在的商人妇，听其弹奏哀怨的一曲，由此唤起白居易昔盛今衰的类似生活经验的回忆，从而被深深地感动。他不免情动于中，发而为声，赋诗曰："我闻琵琶已叹息，又闻此语重唧唧。同是天涯沦落人，相逢何必曾相识。"著名文艺评论家王朝闻也有过类似的体会。"十年动乱"之后，他重新观赏易卜生的戏剧《娜拉》，竟因此勾起对"十年动乱"间生活经历的回忆，并有了新的体验。他写道："我虽然没有被丈夫当作玩物来耍的遭遇，但是，比如在史无前例的'文化大革命'当中，有没有很不愉快的问题呢？……我不仅把娜拉看成被玩弄的妻子，而且把她看成是一个不被人理解，不被人当做人而受到尊重而感到痛苦的人。"① 再就是，有些青年由于缺乏必要的生活经验，因而对于某些艺术形象所包含的思想感情难以理解。例如，对于唐代诗人贺知章的《回乡偶书》就体会不深。其实，作者在这首诗中所寄寓的思想感情是很丰富的。诗云："少小离家老大回，乡音无改鬓毛衰。儿童相见不相识，笑问客从何处来。"作者通过对比和反衬的手法，为我们描绘了一幅老大还乡、与乡人相见而不相识的凄苦的图画，寄寓了作者对于岁月易逝的深深感触，从而流露了对离家出仕的悔恨和辞官归田之意。

其七，思想道德修养的加强。

审美活动是体验与评价的直接统一，理性评价尽管渗透于情感体验之中，但却对情感体验具有明显的制约作用。这种理性评价就是指思想与道德的评价。为此，要提高自己的审美能力还必须加强思想道德修养。事实证明，正确的思想观点和高尚的道德修养可使审美体验沿着正确的方向发展。

1. 可以在审美中排除庸俗低级的实用态度。

如前所说，有些人以庸俗低级实用的态度，从占有的目的出发对待艺术，甚至专门寻找感官刺激。这主要是思想道德修养和情操方面的问题。确立正确的思想观点，加强道德修养，具有了高尚的情操，就可排除上述低级的非审美的杂念，使人们在审美活动中抱有正确的态度。

2. 可以将审美活动中的情感体验纳入正常的轨道。

审美活动是以情感体验为其特点的，但情感犹如滔滔江河，如无

---

① 王朝闻：《艺术的创作与欣赏》，载《美学讲演集》，北京师范大出版社 1981 年版，第 294 页。

理性的约束，就会漫出河床而泛滥成灾。因此，情必须纳入到理的约束之下。狄德罗在《论戏剧诗》中指出："诗人不能完全听任想象力的狂热摆布，诗人有他一定的范围。诗人在事物的一般秩序的罕见情况中，取得他行动的范本。这就是他的规律。"[①] 这里所说的"范围""范本"和"规律"，就是指理性对感情的约束与指导，以使审美想象"合乎逻辑"，"显出各种现象之间的必然联系"。甚至连主观唯心主义美学家康德也认为，在审美活动中有无理性对情感的约束，就好比是悍马和驯马的区别。

3. 可以鉴别某些思想倾向有错误和情感不健康的艺术品。

艺术品是以形象性为其外部特征的，情感与思想都渗透、融化于形象之中。因此，对艺术品的思想倾向和情感的鉴别难度较大。有些思想倾向上有着某种毒素的艺术品，由于具有一定的艺术性而常常在不知不觉中毒害了广大人民特别是青年。列夫·托尔斯泰曾说："物质毒品和精神毒品的区别在于，物质毒品多半因味苦而令人作呕，而以坏书形式出现的精神毒品，不幸得很，却往往使人销魂。"[②] 思想道德修养的加强就有助于对这类作品进行鉴别。俄国著名的革命民主主义者赫尔岑有一次参加了一个音乐欣赏会，立即以其敏锐的感觉辨别出这个音乐会所演出曲目的轻佻和低级。当女主人告诉他，这些是当时社会上流行的音乐，因而一定会十分高尚时，赫尔岑答道："流行的就一定让人爱听吗？就一定高尚吗？你说流行感冒是不是让人喜爱？是不是高尚？"又说："有些低级的东西，冒充艺术珍品，它像流行性感冒的病菌一样，传染着健康人的肌体！我们需要真正的艺术，那才是高尚的艺术呀！"[③] 在这里，赫尔岑讲到了一个辨别艺术品美丑的标准问题，那就是，并不是"流行的"就是美的，在流行的事物中也不乏有毒之物。我们认为，这是一个很重要的见解。作为艺术品来说，当然应该被广大群众所接受和欢迎，

① 《狄德罗美学论文选》，张冠尧等译，人民文学出版社1984年版，第163页。
② 转引自《文摘报》1985年2月11日。
③ 转引自李佑华等编写《外国作家艺术家创作故事》，山东人民出版社1983年版，第82页。

即所谓"流行"。也可以说，一切真正的艺术品即使暂时不被群众接受，从长远的角度看，迟早一定会受到群众欢迎，在群众中流行开来。但并不是一切流行的艺术品都是美的。因为，艺术品的流行除了艺术品本身的原因外，还同社会的风尚有关。在某种不健康的社会风尚盛行之时，符合这种风尚的艺术品也会流行，但这种艺术品却并不是美的。因此，我们应以较高的政治道德素养和冷静的头脑，有分析地对待时下流行的艺术品。

第二节 "生活的艺术家"的造就

马克思曾经预言，到共产主义社会"人人都是艺术家"。但这里所说的"艺术家"，主要是指"生活的艺术家"。培养和造就"生活的艺术家"，是美育的特殊作用之所在。

一 什么是"生活的艺术家"

所谓"生活的艺术家"，是相对于专业艺术家而言，他们不是以艺术作为自己的职业，但却能够以艺术的、审美的态度去对待生活、社会和人生。具体可表现为：健康的审美观与较强的审美力、创美力。"生活的艺术家"首先应该树立关于美与丑的健康的审美观念。因为，美与丑的问题涉及十分复杂的情感与心理领域，所以，我们一般不简单化地以正确与错误而是以健康与否加以界定。

众所周知，人类所面对的有真、美、善三个领域，与此对应，人类的精神世界也就有知、情、意三个领域。美与审美恰恰处于真与善、知与意的中介领域，承担着统一真与善、知与意、感性与理性、个别与一般的重任。健康的审美观就是两个侧面的统一观，而且在审美感性力的基础上更多地贯彻着善对真、意对知、理性对感性、一般对个别的制约性与统领性。也就是说，在美与丑的辨别中应贯穿着对人类进步有益、符合绝大多数人利益的主旨与精神。其核心则是对人类社会与生活和谐发展的追求。因为，和谐发展是人类的理想，也是审美的理想、人生的理想，三者实际上是统一的。

作为"生活的艺术家"，还应具有较强的欣赏美与创造美的能力。我们可以将其统称为"创造的想象力"。这种创造的想象力是多种心理功能的综合，包括想象力、知性力、理性力（精神）和鉴赏力。康德认为，"美的艺术需要想象力、悟性、精神和鉴赏力"①。在这四种心理功能中，鉴赏力即审美的情感判断力是核心，各种心理功能都统一于审美的情感判断，目的也是为了产生审美的情感判断。想象力是最活跃的因素。因为，审美活动始终是以直观形态的感性表象为其心理活动的基本元素，以审美的感受力作为基础，而以审美感官的训练为最基本的训练。可以说，离开了想象力，一切审美活动将不复存在。知性力即形式逻辑判断能力也具有重要地位，它使审美快感从根本上区别于生理快感，并使审美活动成为有意义、有逻辑的精神活动。理性力则使审美具有无限丰富深广的内涵，具有深刻的伦理道德价值。

可见，审美力与创美力是一种具有深广内涵的心理过程。它需要通过自然美、社会美，尤其是艺术美的长期陶冶才能不断得到培养与发展。

二 审美的人生态度

"生活的艺术家"应该具有审美的人生态度，那就是以审美的态度，也就是以亲和的态度去对待自然、社会、他人与自身。

首先是以审美的态度对待自然。应建立一种审美的自然观，建立起人与自然的审美的关系。众所周知，人类产生之前，类人猿作为动物，本身就是自然，不存在人与自然的关系问题。只有出现了人类之后，才将自己从自然中分离出来，有了人与自然的关系。但在相当长的时间内，人类并没有正确把握人与自然应有的关系，而一直使之处于一种对立状态，由恐惧、征服，到掠夺、破坏……渐渐地，到迈入21 世纪之后，人类才逐渐认识到人与自然应该是一种和谐发展的亲和的审美关系。人类应该以审美的态度去对待自然，热爱自然，保护

---

① ［德］康德：《判断力批判》，宗白华译，商务印书馆1964 年版，第166 页。

自然。因为自然是孕育人类之母，是人类生存发展之本。人类只有一个地球，这是人类及其祖先、子孙后代共有的家园。因此，人与自然的关系应该由对立走向和谐，由敌对走向审美。

同时，应该学会欣赏无比绮丽美妙的自然美。自然美是造物主提供给人类的特有的宝贵财富，我们应该树立正确的自美观。我认为，从对人类终极关怀的高度理解自然美，比从实践的角度理解自然美要更加科学，并有更大的包容性。也就是说，从大自然是人类生存发展之本的角度来看，整个大自然对于人类来说都应处于一种和谐协调状态，都是美的。这是前提。从具体的审美对象来说，只要特定的人与对象关系处于一种和谐协调的状态中，那么，自然对象就是美的。在此前提下，我们应学会对自然美的欣赏，不仅欣赏以形式的优美出现的风花雪月等自然美景，而且欣赏包含着理性精神，以崇高美形态出现的大河悬瀑、高山峻岭、狂风暴雨等壮观的景象，从中领悟人性的真谛。

其次，应以审美的态度对待社会。社会性是人的根本属性，社会美包含更多理性内容，人与社会之间应该建立一种和谐发展的审美关系。每个人都应以建立和谐发展的美好社会作为自己美好的社会理想并为之奋斗，竭尽全力弘扬美好，摒弃丑恶，甚至为理想献身。这样的人生才是有意义的人生、美的人生。在一般的情况下，一切社会都需要建立一种和谐协调的关系，这样才能求得社会的发展。社会的和谐协调依靠三种途径。第一是法律，这是一种外在的强制性；第二是道德，这是一种内在的强制性，所谓良心的谴责等；第三是美育。通过美育，使人们以审美的态度对待社会，这是一种内在的自觉性，一种自觉自愿的情感的驱动力。通过这样的途径，可以极大地减少暴力、贩毒、走私等犯罪行为与丑恶现象。在这里，十分重要的是，通过美育使人们以审美的态度对待他人，抛弃人与人是兽性关系的自然主义理解和"他人是地狱"的灰暗的存在主义理解，建立人与人是平等友爱的伙伴关系的人道主义理解。这种人道主义精神就是一种审美的精神，也就是古代圣贤倡导的"仁者爱人"的传统仁爱精神。

再次，应以审美的态度对待自身。人类在长期的发展中更多地关心社会，较少地关心自然，同时更少地关心自身，特别是很少关心自身的心理与人格发展，因而导致精神危机成为全人类的共同疾患。如果人类再不更多地关爱自身，特别是关爱自身心理与人格的健康发展，人类的精神危机的蔓延将远远超过癌症与艾滋病的危害。因此，人类必须以审美的态度对待自身，使自身特别是心理与人格得到和谐协调的发展。心理与人格和谐协调发展的核心是培养提升人的内在情感力，使每个人都充满美好高尚的情感。这是健全的心理和健全人格的基础，也是新世纪使人类更加美好的基础。

只要我们坚持审美教育，使更多的人或者说使绝大多数人都成为"生活的艺术家"，人类与人类社会在新的世纪就会变得更加美好。

第四章

美育"不可代替"的特殊地位

全国第三次教育工作会议通过的《关于素质教育的决定》中指出，美育具有"不可代替"的特殊地位。这是总结国内外长期教育经验的科学结论，也是对长期以来国内外在美育地位问题上的争论的一个明确的回答。

第一节　国内外有关美育地位的争论

20世纪70—80年代，美国曾发生过一场关于美育是否是一个独立学科问题的争论，这是由现代大学制度引起的。因为，按照现代大学制度，"所有的课程内容都应该取自学科，换言之……只有学科知识才适合进入学校课程"。面对这一新的局面，艺术本身就被要求必须是一个独立的学科，否则就将丧失在学校教育中的合法地位。

1965年，在美国宾夕法尼亚州召开了主题为"艺术教育是一门独立学科"的研讨会，会上倡导美育作为独立学科地位最力的理论家是巴肯。他对有关美育缺乏逻辑定理因而无法成为独立学科的指责进行了辩驳："缺乏科学领域中普遍符号系统所体现的关于互为定理的一种形式结构是否就意味着被谓之为艺术的人文学科不是学科，意味着艺术探索是无序可循的？我认为答案是，艺术学科是一种具有不同规则的学科。虽然它们是类比和隐喻的，而且也非来自一种常规的知识结构，但是艺术的探索却并非模糊和不严谨

的。"① 但其他"艺术教育运动"的倡导者却不赞成艺术教育构成独立学科的意见。他们认为，"艺术不是一门学科。相反，它只是'一种经验'，这种经验或是通过参与艺术创作过程而获得，或是通过亲眼目睹艺术家的创作表演而获得"②。但他们始终坚持艺术教育应该有"整套课程"，并在学校课程中占有一席之地，而且要发挥积极参与的精神。很明显，在这场争论中，双方对于艺术教育作为一种特殊的人文精神承载体在现代大学教育课程中应有一席之地这一点是没有分歧的，但对于以艺术教育为主要内容的美育是否是一个独立学科，是否具有独立的地位，却有很大的分歧性看法。

在我国，这种争论也是存在的。中华人民共和国建立初期，由于急风暴雨式的阶级斗争刚刚结束，加上受到苏联哲学与教育思想的影响，因此出现了"以德育代美育说"。那时，我国正式提出的教育方针是"德智体全面发展"，将"美"消融到其他三育，特别是德育之中。这种思想一直影响到当下，尽管国家层面已经将美育作为素质教育之有机组成部分，指出其具有"不可代替"的特殊地位，但在理论界和教育界仍有美育是"末位论"还是"首位论"的地位之争。我们认为，美育既不是末位，也不是首位，美育由其感性的人的教育之特殊性质决定，是一种综合的中介的教育。因此，我们力主美育地位的综合论、情感协调论与中介论。

第二节　美育是一种"综合教育"

美育的"综合教育"作用，主要表现在它主要不是具体的艺术技能的培养，而是一种审美世界观的培养。如前所说，美育的主要目的不是培养掌握具体艺术技能的专业艺术家，而是培养具有健康的审美态度的"生活的艺术家"。在这里，我们特别地强调"审美的态度"。

---

① ［美］阿瑟·艾夫兰：《西方艺术教育史》，刑莉、常宁生译，四川人民出版社2000年版，第315页。

② 同上书，第319—320页。

所谓"态度"（attitude），就是一种世界观、人生观、价值观，是当前人的素质中最基本最主要的方面。正如北京大学王义遒所说，"这种态度是正确对待自己、对待他人、社会国家乃至全人类，以及自然和环境，具备对群体、社会、国家和世界的责任感。也可以说就是正确的价值观、世界观和人生观"①。王义遒讲得非常正确，他认为，当前时代对人才最基本的要求是"知识、能力、素养、态度"。"态度"成为四要素中最重要的要素，而审美的态度即审美的世界观，又成为"态度"中非常重要的组成部分。如果说，在农业经济与工业经济时代，审美的态度或审美世界观的地位还没凸现出来的话，那么在今天后工业革命时代，审美的世界观则具有了本体的地位，成为当下后工业革命时代主导性的世界观。

众所周知，一个社会的主导性世界观作为一种意识形态，是被一定的经济社会形态所决定的。迄今为止，人类社会经历了四种经济社会形态，不同的经济社会形态有不同的主导性世界观。原始时代主导性的世界观是巫术世界观；农耕时代主导性的世界观是宗教世界观，基督教、佛教与伊斯兰教都产生于农耕时代；工业化的科技时代的主导性的世界观是工具理性世界观；当代，作为后工业的信息时代、生态文明时代，主导性的世界观应该是审美的世界观。这种审美的世界观是一种排斥主客二分机械论的有机整体的世界观，也是一种主张人与自然社会和谐协调相处的"间性"世界观与生态世界观。其内涵包括人类应该审美地对待自然，摒弃长期占统治地位的"人类中心主义"观点，树立"人—自然—社会"系统和谐发展的观点；审美地对待社会，摒弃人与人是兽性的自然主义理性与"他人是地狱"的灰暗理论，以高尚的人道主义的审美态度关爱社会与他人；审美地对待自身，改变人类较少关心自然、更少关心自身的不正常状况，做到身与心、意与情的和谐协调发展，培养提升人的情感力与文化品位，逐步达至审美的诗意生存。

---

① 2001 年 11 月 27—28 日在香港中文大学召开的两岸三地"大学通识课程暨文化素质教育研讨会"论文。

第三节　美育在社会中的情感协调地位

一般来说，审美教育是培养全面发展的社会主义新人的重要手段之一。但又不仅如此，从当前的现实情况来看，由于我国实行改革开放，进行大规模的经济建设，这就给教育工作提出了许多新的课题。凡此种种，都使美育具有了自己特有的现实作用。这就是一种极其重要而不可缺少的社会协调作用。因为在社会的协调中，法制与道德等带有某种强制性，只有审美是自觉自愿、不知不觉的，是一种特有的情感协调活动，具有不可替代的地位。

第一，美育作为社会关系的内在调节器，可使社会生产和社会生活更加和谐。

社会关系主要是生产关系的反映，社会主义社会的社会关系是建立在以公有制为主体的生产关系基础之上的，是平等的、互助的、同志式的新型关系。但以公有制为主体的生产关系只不过为这种新型的社会关系提供了物质的前提。由于剥削思想的遗毒与人们思想认识的差异，社会关系中的矛盾是必然存在的。这种矛盾，毛泽东将其称作人民内部矛盾。对于人民内部矛盾，应很好地处理，否则一旦激化，也不利于社会主义四化建设。对于这些矛盾，可通过三个渠道加以解决。一个是通过政治与法律的制度，规定出各种强制性的条文，要求人们必须这样或不准那样。再一个是通过社会道德加以规范，从理性上告诉人们应该如此或不应该如此。还有就是通过审美的情感教育的方式加以引导，使人们情不自禁、自觉自愿地去热爱什么或憎恶什么。第一、二两种渠道虽然重要，但都是外在的约束，而审美却是一种内在的调节，常常产生更为理想的效果，可使社会关系更加美好和谐。

第二，美育可提高全民族辨别美丑与善恶的能力，有利于克服不正之风，端正社会风气。

由于"十年动乱"的遗毒和各种腐朽思想的蔓延，社会上存在着种种不正之风，诸如金钱拜物、贪污腐败、剽窃造假与诚信缺乏，等等，极大地败坏了社会风气，毒害人民群众，破坏改革，后果严重。这种不正之风，从总的来说，属于道德范畴方面的问题，是一种善与恶的颠倒。因而，克服不正之风的重要途径之一就是提高全民的道德分辨力，使之做到从善如流，疾恶如仇。而审美力的提高则有利于道德分辨力的提高。因为，美本身必然地包含着善的内容，特别在社会美之中，善的因素更占据着极大的成分。因此，对美丑的辨别力与对善恶的辨别力是相通的。诚如康德所说，"美是道德的象征"①。因此，美丑分辨力的提高必将有助于善恶分辨力的提高，从而有利于人们自觉地克服和抵制不正之风，端正社会风气。

第三，美育可丰富人民的精神生活，树立科学的健康的生活方式。

社会主义四化建设是前所未有的伟大事业，需要建设者们付出长期的、艰巨的劳动。在为实现四化目标而奋斗的过程中，建设者们不仅有着紧张的劳动生活，而且还需要充裕的物质生活和丰富的精神生活。因为，我们的建设者不是苦行僧，更不是无生命的机器，而是有血有肉、有思想、有情感的活生生的人。审美活动就是丰富的精神生活的重要内容。它不仅可使人们的身体得到放松后的休息，还可使人们的情感得到陶冶，更可提高人们的精神境界。再就是，随着经济体制改革的逐步实行，不仅引起人们经济生活的重大变化，而且要求人们的生活方式随之发生变化。这就要求在全社会形成适应现代生产力发展和社会进步要求的文明、健康、科学的生活方式。它的基本特点是具有高度的科学性与和谐性，有利于协调统一物质生活与精神生活的诸多方面，有利于身心健康发展。而美育就是建立这种科学的、和谐的生活方式的必要条件。审美活动不仅可在科学的意义上使人的心理处于平衡之中，而且可使人的精神和整个生活处于和谐愉悦、有节奏的状态之中。

第四，美育可形成创造美的巨大动力，产生推动四化建设的积极效应。

社会主义四化建设归根结底是为了把人类从自然与精神的束缚下

---

① ［德］康德：《判断力批判》上卷，宗白华译，商务印书馆1964年版，第201页。

解放出来，获得自由发展。经济建设是为了发展生产，将人类从落后生产力的束缚下解放出来；文化与思想建设则是为了提高全民族与全社会的思想文化水平，将人类从剥削社会形成的愚昧状态和陈腐观念的束缚下解放出来。最后，使人类逐步地从必然王国走向自由王国（即共产主义社会）。德国古典美学有一个命题，即"美是自由"。如果剔除这一命题的唯心主义基础，并将其建立在唯物主义的理论之上，那还是有道理的。从"美是自由"的观点来说，我们为实现自由王国而斗争的整个过程及自由本身都应该是美的。因而，社会主义四化建设也可理解成是一种创造美的伟大实践过程。美育本身就可产生这种创造美的巨大动力，促使人们为创造更加美好的生活和美好的社会而奋斗，从而产生推动四化建设的效应。

第五，美育是贯彻教育方针的重要手段。

我国的教育方针是培养德、智、体、美全面发展的有社会主义觉悟、有文化的劳动者。在新的形势下，邓小平对这一教育方针加以丰富发展，进一步提出了"面向现代化，面向世界，面向未来"的新要求。我们认为，目前国家对教育事业最根本的要求就是培养"四化"所亟需的建设人才。从新的社会发展和科技发展的现实出发，这样的人才应该是德、智、体、美全面发展的。因为，如上所说，审美力已是社会主义全面发展的新人所必须具备的能力。但目前，尽管在执行国家的教育方针和邓小平"三个面向"的要求中总的情况是好的，但少数地区和教育单位片面追求升学率的现象仍十分严重。

有的学校从高一开始就把学生禁锢在教室之中，使学生从早到晚陷入无休止的题海，一切的文体活动都被排斥在外。据报载，某市600所中学，高中开设音乐课的只有六七所。这实际上剥夺了广大青年学生接受审美教育的权利。从实际调查的情况看，广大青年学生对美育的要求是十分强烈的。上海市某中学面向高中144名学生调查"你对音乐有无兴趣"，明确表示"无"的只有一人，有兴趣的比例占99%以上。有人针对这类学校轻视美育、禁锢学生的严重现象，感叹地说，这就好像给学生判了有期徒刑而给教师判了无期徒刑。这样的学校，总是笼罩着一片紧张的考试气氛，一切的歌声和欢笑都被抛到九霄云外。长此以往，造成的后果将是极其严重的，最主要的就是从心理结构到知识结构都培养了一些畸形发展的青年。这样的青年常常是高分低能，乃至于缺乏生活的热情和对美的向往，目光短浅，视野狭窄。倡导美育，让它在学校教育中占据自己应有的地位，就可使歌声和欢笑重新回到这些青年学生之中，使他们的生活充满美的青春的朝气。这是抵制这种不良倾向，全面贯彻国家的教育方针，真正培养适应"三个面向"的一代新人的重要手段，是我们教育工作的当务之急。

第六，美育是迎接新的技术革命挑战的重要措施。

当前世界，面临着一场以电子计算机、遗传工程、光导纤维、激光、海洋开发等新技术的广泛利用为其特征的新的技术革命。这场技术革命将会在社会生产和社会生活的各个领域引起巨变。它的特点是智力因素在生产和生活中将会发挥更大的作用，各种新技术的运用将会引起生产力的新飞跃。这场新的技术革命对于我们来说将是一场严峻的挑战。由于我国 1957 年以来的几次折腾，失去了许多经济发展的良机，同世界先进水平的差距拉大了。如果这次再搞不好，就会更加陷于被动，同世界先进水平的差距会更大。这场技术革命对于我们来说又是一次发展经济的极好机遇。只要我们认清形势，抓住良机，就会使我国的经济面貌发生根本性的变化。但其中的关键在于，要把智力开发放在首位，尽快培养出一批适应新技术要求的新型科技人才。这样的新型科技人才有两大特点：一是综合性，一是创造性。这两大特点的形成都同审美教育的加强密切相关。首先是综合性。这是从知识结构的角度讲的，要求新型的科技人才掌握文、理、社会科学、美学等各方面广博的知识。因为，新的技术革命常常是在各种边缘学科和中间学科发生突破性的进展，这就要求我们培养的新型科技人才不能囿于某种学科、某类知识，而应掌握包括美学在内的各方面的知识内容。因此，审美教育（包括美学知识的教育）就成为新型人才培养不可缺少的一个方面。目前，西方各国教育家越来越认识到培养这种综合性人才的重要性。联合国教科文组织高等教育与教育人员培养局主任德·纳日孟在其《为什么要高等教育》一书中指出："培养全面的人，以各种广泛领域的知识武装的人，既要有科学又要有文化。"有的西方教育家认为，"没有综合化就不会产生伟大的文化和伟大的人物"。华裔美籍教授陈树柏认为，在科技发达的社会中，一个优良的理工科毕业生，除了专修的各科能运用自如以外，还需要具备法律、经济、文学、历史、美术、音乐等基本知识，换句话说，良好的大学教育是完美、平衡的基本教育。美国的许多学者认为，美国获得诺贝尔奖的人比苏联多好几倍，重要原因之一就是苏联学者的知识面太窄，难以在科技方面取得新的突破。法国的有识之士看到了这一点，他们很早就从中小学入手，要求每个学童都能掌握一门艺术。这种对于人才"综合化"的要求，也同当前世界范围的产品竞争有关。从这个角度看，可以说，作为一个科技人才，是否掌握生产美学方面的基本知识，同他所设计的产品的销路息息相关。因为，随着时代的发展，人们对于日用消费品，甚至工业产品，不仅有质量方面的要求，而且有外形美观方面的要求。所谓创造性的人才，就是指不仅能熟练地掌握已有的科学技术和生产知识，而且能在此基础上触类旁通、举一反三地提出各种创造性的见解和进行创造性的发明。借助美育所培养的形象思维能力、想象能力就是人的重要的创造能力之一，是新型的科技人才所必备的能力。

第四节　美育在教育中的"中介性"地位

上面，我们探讨了美育特有的作用。这些作用是其他任何教育形式所无法取代的。现在，我们再进一步从美育与德、智、体三育的关系来探讨美育的作用。不论是从理论上还是从实践上来看，美育与德、智、体三育都有着不可分割的密切关系，是这三育不可缺少的条件。在这一方面，王国维曾提出著名的"体育"和"心育"的调和论，以及"知、情、意"的"心育"和谐发展论。俄国著名的民主主义革命家别林斯基也较深刻地论述了美育与智育、德育的关系。他说，审美力是"人的尊严的一个条件：具备了这个条件，才能有智慧，有了它，学者才能达到世界思想体系的高度，从共同性上认识自然和现象；有了它，公民才能为祖国而牺牲自己个人的愿望和利益；

有了它，人才能把生活看作伟业盛事，而不感到创业的艰辛困苦……美感是善心之本，是品德之本"①。

下面，我们具体地论述美育与德、智、体三育的关系，论述美育在教育中的"中介性"地位。

一 美育与德育的关系

第一，美育是实施德育的必不可少的手段。

所谓德育，旨在培养正确的思想观点和高尚的道德观念，从理智上对客观社会现象做出正确的评价。理智的评价总是以情感的评价为必要条件，理智上的肯定与否定总是以情感上的爱憎为前提。因此，美育对于德育来说是不可缺少的，它是培养高尚的道德情操的重要手段。正如鲁迅所说，"美术可以辅翼道德"②。

人的思想道德修养包含道德认识、道德行为和道德情感这样三个方面的内容。所谓道德认识，是人的道德行为的理智方面的根据，是动机、目的和出发点，决定了道德品质的性质。所谓道德行为则是道德认识的具体实践、外部特征及其所产生的效果，是直接表现出来，可供人把握的。道德认识与道德行为之间的关系是思想与行动、动机与效果之间的关系。资产阶级唯心主义者片面地强调道德认识、动机，即所谓"善心"，而机械唯物主义者则片面地强调道德行为和效果。我们是马克思主义思想与行为、动机与效果的统一论者，认为两者的统一必须有一个"桥梁"，即道德情感。道德情感是建立在坚实的道德认识基础之上的人的自觉的要求与愿望，是人的内心的指令。它形成一股变思想为行为、使动机产生效果的强大推动力。因此，没有道德情感，道德认识就不能付诸实践。例如，爱国主义的政治道德品质就同爱国主义的情感紧密相连。它不仅应具有对爱国主义的理论上的认识，对"祖国"这个概念深刻含义的逻辑思维上的把握，而且

---

① 转引自巴拉诺夫等编《教育学》，李子卓等译，人民教育出版社1979年版，第39页。

② 鲁迅：《拟播布美术意见书》，郭绍虞、王文生主编《中国历代文论选》第4册，上海古籍出版社1980年版，第496页。

要把这种理论的认识和逻辑的把握变成实际的爱国主义行为，还必须在此基础上培养起强烈的爱国主义激情。它包含着对祖国几千年来灿烂文化的自豪，对亿万勤劳勇敢的祖先的钦佩，对万里锦绣河山的眷恋，对人民用乳汁和血汗哺育我们的感激，对近百年来帝国主义侵略我国的痛恨……这样一些具体的情感就凝聚成强烈的爱国主义激情，从而产生作为中华儿女的尊严感，祖国虽然贫穷但我们却应更加热爱祖国、建设祖国的道德感。这样，才能产生热爱祖国、献身祖国的高尚道德行为。方志敏为了祖国的解放、独立、自由，威武不屈，英勇献身，是一位伟大的爱国主义者。他的这种高尚的爱国主义行为，除了深刻的理论认识和高度的思想觉悟之外，很重要的一点就是具有强烈的爱国主义热情。他在狱中所著《可爱的中国》就强烈地流露出这样的感情，抒发了自己对祖国的赤子之爱。

第二，美育的强烈感染力是一般的理论教育所不具备的。

审美教育以具体的形象感染为其特长，因而常常获得以概念见长的理论性教育所难以达到的效果，给人以长久的深入心灵的政治与道德启示。例如，保加利亚著名的国际主义战士季米特洛夫在莱比锡法庭上同法西斯分子勇敢沉着地进行斗争，就受到车尔尼雪夫斯基的小说《怎么办》中革命者拉赫美托夫形象的感染和影响。而《钢铁是怎样炼成的》《青年近卫军》《把一切献给党》和《红岩》等革命小说所塑造的革命英雄形象则哺育了我们好几代的革命青年。

美育的形象感染特别适宜于对青年进行思想品德教育。现代心理学证明，青年有两大重要心理特点。一是在青少年时期（主要是十五六岁以前）主要以具体的形象思维见长，之后才逐步地转变到以抽象思维见长。二是青年的独立意识增强，喜欢独立思考，有一种排斥理论教育的心理倾向。而美育运用具体的形象，在不知不觉中进行思想理论性的道德教育，往往能收到更好的效果。

第三，美育本身包含着荣辱感、羞耻心等德育因素。

审美力尽管主要是情感的因素，但作为一种高级的情感，本身就包含着必不可少的伦理道德的因素、善的因素。特别是对社会美的评判，往往同善恶的道德感紧密相连，包含着明显的荣辱感和羞耻心等。而且，审美力作为一种高级的文化素养，往往直接或间接地制约着人们的道德行为、姿态风范、待人接物、衣着打扮、谈吐的文雅与粗鲁、高尚与庸俗。秦牧在题为《心灵美和风格美》一文中指出："文学艺术的爱好者，那些爱美的人，虽然可以属于各个阶级，可以有各种各样的立场，但是比较那些和美的欣赏完全绝缘的人，相对来说，一般总是比较善良一些，至少，什么碎尸案的主角，什么吃人肉的凶手，或淫威虐待者，或者满口污言秽语骂人爹娘取乐的，在受到强烈的美育陶冶的人们当中，产生的比例总要少得多吧。"

正因为美育本身包含着德育的因素，所以一切真正伟大的艺术家也都是道德高尚的人。我国古代画论的一个重要主题就是画品与人品的关系问题，认为只有人品好画品才能好。贝多芬就是一位既具有高度艺术修养又具有高尚道德品质的大音乐家。当年，他尽管艺术造诣很深，闻名遐迩，但地位低下，穷困潦倒。即使在这样的情况下，他也蔑视权贵，艰贞不阿，从不向达官贵人低下自己高傲的头。1806年秋季的一天，贝多芬在他的艺术保护者李希诺夫斯基公爵的庄园里做客。晚上，当主人强迫他为当时占领维也纳的法国军官演奏时，他感到受了莫大的污辱，冒雨愤然离去，并致函怒斥李希诺夫斯基对侵略军的阿谀奉承。他在信中义正词严地指出："你可以使人成为七品官，但却不能使人成为歌德和贝多芬。你之所以是你，完全是由于偶然的出身，而我之所以是我却由于自己的努力，今后会有无数的公爵，但却只有一个贝多芬。"真是字字珠玑，正气凛然。这位伟大的音乐家在给他兄弟的遗嘱中写道："把'德性'教给你们的孩子，使人幸福的是德性而非金钱。这是我的经验之谈。在患难中支持我的是道德，使我不曾自杀的，除了艺术之外也是道德。"①

二　美育与智育的关系

第一，审美力是人的智能不可缺少的方面。

一个人的智能，一般包含知、能、识三个方面。所谓"知"，即

---

① ［法］罗曼·罗兰：《贝多芬传》，傅雷译，人民音乐出版社1978年版，第13页。

指一个人所掌握的自然科学和社会科学等各方面知识的多少。所谓"能"，即指一个人的实际技能，具体指动作技能（学习与生产中的写字、演奏、体操、操作等实际动手能力）和心智技能（感知、记忆、想象、创造等思维能力）。所谓"识"，又叫识见，即指生产活动和科技活动中预见性和计划性方面所达到的水平。这是在"知"与"能"的基础上所形成的一种综合性的智力水平。在这三个方面当中，知识是基础，能力是关键，识见是结果。能力是智能中最活跃的因素，可以使人从不知到知，从少知到多知，从已有的领域开辟新的领域，从知识转变为识见。而能力中最主要的又是心智能力，包括抽象的思维能力和形象的想象能力。这两种能力都属于思维能力的范围，遵循着从个别到一般、从感性到理性的法则，只不过一个凭借概念的手段，一个凭借形象的手段。形象的想象能力在人的思维能力中占据着重要的地位。其心理机制就是从原有的形象创造出新的形象，因而，从实质上来说，它是一种举一反三的创造能力。这种想象的创造能力正是人的审美能力的表现。它不仅在艺术的创作与欣赏中起着决定性的作用，而且也是科学研究必不可少的因素。

当代心理学认为，想象在科学研究中所起的是一种凭借直观形象进行模拟和类推的作用，并将其称作"发散思维"能力。这种"发散思维"能力是科学研究中所必须具备的能力。列宁认为："即使在最简单的概括中，在最基本的一般观念（一般'桌子'）中，都有一定成分的幻想。"[1] 他还说："有人认为，只有诗人才需要幻想，这是没有理由的，这是愚蠢的偏见！甚至在数学上也是需要幻想的，甚至没有它就不可能发明微积分。"[2] 高尔基也说："艺术家也同科学家一样，必须具有想象和推测——'洞察力'。想象和推测可以补充事实的链条中不足的和还没有发现的环节，使科学家得以创造出能或多或少地正确而又成功地引导理性的探索的各种'假说'和理论，理性要研究自然界的力量和现象，并且逐渐使它们服从人的理性和意志，产

---

① 《列宁论文学与艺术》，人民文学出版社1983年版，第51页。
② 《列宁全集》第33卷，人民出版社1957年版，第282页。

生出属于我们的、由我们的意志和我们的理性所创造出来的'第二自然'的文化。"① 可见，只有借助于直观的想象力，才能想象出肉眼观察不到的事物如何发生，如何作用，从而提出创造性的假设。人的思路常常可以通过这种假设，跳跃到崭新的境界，取得重大突破。例如，1959 年，在坦桑尼亚发现古猿人化石，只有一片颅骨和几枚牙齿，但科学家却借助于想象力形象地复原了古猿人的形态。再如，德国气象学家魏格纳患病住院期间发现大西洋两边海岸线相似，非洲西海岸和南美东海岸犹如一张撕成两半的纸。于是，他借助于想象力提出了著名的"大陆漂移说"。还有，著名的牛顿因苹果落地而借助于想象力发现了"万有引力"的故事。甚至连 20 世纪出现的电子计算机也是同对人脑模拟的设想分不开的。因此，爱因斯坦断言："想象力比知识更重要，因为知识是有限的，而想象力概括着世界上的一切，推动着进步，并且是知识进化的源泉。严格地说，想象力是科学研究中的实在因素。"② 特别是当前，科技领域呈现出所谓"知识爆炸"的飞跃发展的崭新局面，而我国在科技方面又处于落后的状态。在这样的情况下，为了使我国的科技和经济得以迅速振兴，使我中华民族能尽快站在世界先进民族之林，就必须大力进行智力开发。其中重要的一条，就是培养出数量众多的具有创造能力的开拓型人才，而美育就是培养这类人才的重要途径。

第二，审美活动可以调节人的大脑机能，提高学习和工作效率。

现代神经生理学家、美国医生、诺贝尔奖获得者斯佩里，研究探明了人的大脑两半球的功能分工，认为人的语言、数学、逻辑等是由大脑左半球负责的，俗称"数学脑"；图像、音乐及其他非语言信息则由大脑右半球管理，俗称"模拟脑"。大脑皮质的活动主要表现为兴奋与抑制的过程。如果大脑的某个部分长期处于兴奋状态，就会引起疲劳而转化为抑制，工作效率就会降低。如果在紧张的科学思维之

---

① ［苏］高尔基：《论文学》，孟昌等译，人民出版社 1978 年版，第 158—159 页。

② ［德］爱因斯坦：《爱因斯坦文集》第 1 卷，许良英、范岱年编译，商务印书馆 1976 年版，第 284 页。

后有一个轻松的文娱活动，譬如听听音乐，特别是不带歌词的所谓"纯"音乐，就能转换兴奋中心，使左半球大脑皮质迅速进入抑制状态，心理学上称为"假消极状态"。在这种抑制性的"假消极状态"中，左半球大脑皮质就能得到必要的休息，从而提高学习和工作效率。保加利亚心理学家洛柴诺夫博士通过研究认为，以优美的音乐使大脑左半球进入"假消极状态"后，人的记忆力是平常记忆力的2.17—2.5倍。著名的科学家爱因斯坦在潜心创立相对论的日子里，常常在书房里用小提琴演奏莫扎特的奏鸣曲。有时在演奏过程中突然茅塞顿开，创造性的思潮不断涌现。每当这时，他就立即投入紧张的科学理论研究之中。在工作之余，他也常弹奏贝多芬和巴赫的钢琴曲，放开喉咙纵情歌唱《花园小夜曲》。就这样，优美的旋律消除了工作的疲劳。著名的生物学家达尔文曾经说过这样的话："如果我能够再活一辈子的话，我一定给自己规定读诗歌作品、每周至少听一次音乐。要是这样，我脑中那些现在已经衰弱了的部分就可以保持它们的生命力。失去这些爱好，无疑就会失去一部分幸福，也许还会影响智力，更确切些说，会影响精神性格，因为它削弱了我们天生的感情。"① 在现实生活中也常常出现这样的情况：一些既努力学习又积极参加文体活动的学生表面上看学习时间少了，但实际上却比一些死读书不参加文体活动的学生学习效率高。这就是有些人概括的"八减一大于八"的公式。但这不是一个数学公式，而是一个心理学的公式。

第三，美学知识已成为当代科技工作者知识结构的重要方面。

人类社会早已从吃、喝、住、穿等物质生活的满足发展到在物质生活之外追求精神生活的满足。人们不仅仅按照物质需要去生产，而且还按照美的规律生产，对产品的外观及装潢提出了更高的美的要求。早在20世纪30年代，卢那察尔斯基就提出了对日用品和生产品进行美化的主张。他说："更重要千百倍的是要使日常生活用品不但有用和适用，而且其形象和色彩都能使人感到愉快。……衣着打扮应当令人赏心悦目……规模宏大的工业设计的任务就是要去探索庄严、

① 转引自《译文》1955年第8期。

雄伟、活泼等令人信服的原则，以取得赏心悦目的效果，并把这些原则逐步运用到远比目前规模更为宏大的机器工业生产和日常生活建设方面去。"很明显，按照美的规律生产已经成为现代生产的一条原则。随着我国对外开放政策的实行，为了使我国的工业产品能够打入世界市场，对于产品的外观和装潢的美化显得更为迫切。鉴于上述情况，美学知识已成为当代一切科技工作者知识结构的重要方面。不仅要求他们按照科学的规律设计和生产，而且要求他们也必须按照美的规律设计和生产。为此，也相继出现了反映这方面要求的新的学科，例如生产美学、技术美学、工程美学等。

三　美育与体育的关系

第一，美育与体育作为身心修养的两个方面是相辅相成的。

美育以心灵的健康为其目标，而体育则以身体的健康为其目标。心灵的健康一定会促进身体的健康，高尚的精神生活也有利于身体各个器官的调节。我国古代的健身之道，首先讲究修身养性，较好地反映了身心之间这种辩证统一的关系。相反，有些人身体不健康常常是由于精神因素造成的。

第二，美同样是体育所追求的目标之一。

体育所追求的目标在于身体的健康，而健康从一定的意义上来说也是一种美，即所谓健美。俄国著名的民主主义革命家车尔尼雪夫斯基曾提出"美是生活"的重要命题，他所认为的"生活"，对普通农民来说，就是一种包含着劳动的"旺盛健康的生活"，其结果是"使青年农民或农家少女都有非常鲜嫩红润的面色——这照普通人民的理解，就是美的第一个条件"。[①] 虽然车尔尼雪夫斯基的这一观点中包含着人本主义的倾向，但仍有其合理的因素。对人体美来说，健康的确是一个重要的因素。另外，体育运动中表现出来的勇敢精神、蓬勃的朝气和高尚的风格也是一种精神的美，这种精神的美也是体育所追求

---

① ［俄］车尔尼雪夫斯基：《艺术与现实的审美关系》，周扬译，人民文学出版社1979年版，第7页。

的目标之一。许多艺术家曾以体育为题材，创作出优秀的表现体育运动中精神美的艺术佳品。例如，古希腊米隆的著名雕塑《掷铁饼者》就表现了一种人的力量与美的精神交相融合的健美，具有巨大的美的魅力。而且，许多优秀运动员也是美的追求者。他们不仅在体育运动中着意追求美的造型和高尚的精神之美，而且也从美的艺术中获取了体育运动的情感力量。我国著名的跳高运动员朱建华在创造出优异的跳高成绩之前，总要在场上听一段优美的音乐，一方面使心境平衡和谐，另一方面也从中获取精神力量。我国著名体操运动员李宁在紧张的训练之余，总是听音乐和作画。他特别喜欢画竹，这是因为青翠挺拔的竹子画面蕴含着某种精神之美。他说："竹子的素质好，不畏严寒，坚忍不拔，它给我带来精神上的鼓舞。"

第三，体育运动本身就包含着美的因素。

目前，体育运动的发展已同音乐、舞蹈等美的艺术有着某种程度的融合。音乐的节奏、旋律和舞蹈的优美已渗透于体育项目之中，其中尤以体操、花样滑冰等最为显著。

第五章

美育所凭借的特殊手段

第一节　公共艺术教育是实施美育的重要手段

前文已说到，美育可借助自然美、社会美与艺术美等各种途径。而在这多种途径中，最重要的就是通过艺术美的艺术教育途径。这正是人类运用人与艺术之间辩证关系的自觉性的表现。因为，按照马克思主义的实践观点，人类在生产实践活动中，不仅生产了主体所需要的产品，而且产品也反过来增长和提高了主体的需要。总之，没有主体的需要就没有生产，没有生产也就没有主体需要的再生产。艺术活动作为一种精神生产，情况也是如此。人类为了满足自己的审美需要生产了艺术品，反过来艺术品又进一步培养、发展了人类的审美需要和能力，也就是人类生产了艺术，艺术又生产了审美的主体。这就是人与艺术之间互相创造的辩证统一的关系。诚如马克思在《〈政治经济学批判〉导言》中所说，"艺术对象创造出懂得艺术和能够欣赏美的大众，——任何其他产品也都是这样。因此，生产不仅为主体生产对象，而且也为对象生产主体"①。作为人类文明组成部分的审美力及其艺术产品，正是在这种辩证的统一关系中不断地朝前发展的，这是一个不以人的意志为转移的客观规律。自觉地运用这一规律，重视和不断发展艺术生产和艺术教育，正是人类自我意识不断增长的证明。随着人类社会的不断前进，物质生产与精

---

① 《马克思恩格斯选集》第2卷，人民出版社1972年版，第95页。

神生产的不断发展，人类日益摆脱粗俗的、原始的物质需要的束缚而发展着社会的、精神的需求，其中就包括高级的审美需要，因而就愈发重视艺术生产和艺术教育。对于艺术教育的重要性，早在一百多年前车尔尼雪夫斯基在论述普希金的书中曾做过比较准确的阐述。他说，什么更重要——科学知识还是文学艺术？一个受过教育的、头脑清晰的人对此将这样答："科学书籍让人免于愚昧，而文艺作品则使人摆脱粗鄙；对真正的教育和人们的幸福来说，二者是同样的有益和必要。"① 当然，我们这里说的是不同于专业艺术教育的公共艺术教育。前者以培养艺术专门人才为目的，后者则以提高审美力，培养"生活的艺术家"为目的。

艺术教育包括艺术创造与艺术欣赏，也就是通过艺术创造的实践培养学生的审美能力，通过对艺术品的鉴赏活动提高其审美能力。二者的途径不同，但培养审美力的目的却是一致的。比较起来，在艺术教育中，艺术欣赏比艺术创造运用得更为广泛普遍。一般来说，当我们谈到艺术教育时，通常就是指通过艺术欣赏的途径所进行的审美教育。原因在于，艺术欣赏的方式较为简便，不像艺术创造那样需要各种物质材料。它只需几件艺术品就可将学生带入一个无限神奇的、动人的美的世界，并常常能收到极好的效果。

正因为艺术欣赏是艺术教育的主要方式，所以，我们需要对它简略地介绍一下。什么是艺术欣赏呢？所谓艺术欣赏就是一种以情感激动为特点的美感享受。就是说，在艺术欣赏中，欣赏者首先要被艺术品所吸引，引起感情上的激动；而且，这种激动还应该是肯定性的。也就是说，由于艺术品所包含的情感同欣赏者的情感一致，而使其喜欢，引起他的愉悦之情。这样，就能拨动欣赏者的心弦，扣触其心扉，使他感到一种从未有过的精神上的享受。这种肯定性的特色就从一个角度将艺术欣赏中的情感激动同现实生活中的情感激动划清了界限。例如，同是悲伤，人们愿意花钱买票到剧院里欣赏悲剧甚至为此

① 转引自［苏］E. 波古萨耶夫《车尔尼雪夫斯基》，钟遗、殷桑译，天津人民出版社1982年版，"前言"第5页。

落泪，却决不愿意碰见大出殡而伤感。因为，前者是一种享受，而后者则是一种痛苦。对于这种肯定性的情感激动，毛泽东把它叫作使人"感奋"、令人"惊醒"，马克思则把它叫作"艺术的享受"。不管是"感奋"、"惊醒"，还是"艺术的享受"，在美学上我们都一律把它叫作"美感"。正如茅盾所说："我们都有过这样的经验：看到某些自然物或人造的艺术品，我们往往要发生一种情绪上的激动，也许是愉快兴奋，也许是悲哀激昂，不管是前者，还是后者，总之我们是被感动了，这样的情感上的激动（对艺术品或自然物），叫做欣赏，也就是我们对所看到的事物起了美感。"①

艺术教育所凭借的手段是不同于自然美与社会美的艺术美。这种艺术美具体地体现为艺术品。艺术品本身是艺术家创造性劳动的产物，是美的物化形态与集中表现，是人类高尚情感的结晶。它同自然美与社会美相比，在美的表现上有其集中性与便捷性的特点。人们通过对艺术品的欣赏，可以直接接触到无限丰富多样的美的对象，从而受到熏陶启迪。因此，艺术品是实施美育的很好的教材，具有突出的特点。

首先，形象性是它的外部特征。艺术品给予我们的第一个印象就是，它不是抽象的概念、判断、推理，而是具体的形象。它或者是由节奏与旋律构成的音乐形象，或者是由动作与形体构成的舞蹈形象，或者是由色彩与线条构成的绘画形象，或者是由语言构成的文学形象。总之，形象性是艺术品的外部特征。而任何形象都是一幅活生生的生活图画，是具体的、个别的、可感的。面对这样的形象，都可"如闻其声，如见其人"。正因为艺术形象具有这种形象性的外部特征，才具备引起欣赏者感情激动的基本条件。心理学告诉我们："情绪和情感是人对客观现实的一种特殊反映形式，是人对于客观事物是否符合人的需要而产生的态度的体验。"② 可见，只有具体的个别的事物才能引起人们的情感体验，任何抽象的概念一般都不会产生这样的

---

① 《茅盾评论文集》上，人民文学出版社 1978 年版，第 5 页。
② 孙汝亭等主编：《心理学》，广西人民出版社 1982 年版，第 441 页。

效果。这就是艺术美（艺术品）在欣赏中能激起欣赏者情感激动的原因之一。

其次，形象性与情感性的直接统一是艺术品的根本特点。一般的生活形象不会像艺术形象那样使人产生巨大的情感激动的效果。艺术形象之所以会产生这样的效果，是由于在具体的、个别的、可感的形象之中，渗透着、融化着作家的强烈情感。艺术形象是作为客观因素的形象与作为主观因素的情感的直接统一。这种直接统一，犹如盐之溶于水，"体匿性存"。这就是我国古代文论中常讲的"情景交融""寓情于景""一切景语皆情语"，等等。不论是造型艺术中的形象、文学作品中的形象，还是音乐形象、舞蹈形象，都不单纯是对生活形象的客观写照，而是浸透着饱满的主观情感。法国著名小说家左拉在称赞一个作家时写道："这是一个蘸着自己的血液和胆汁来写作的作家。"我国清代作家曹雪芹在谈到自己写作《红楼梦》的情形时，十分感叹地说："字字看来都是血，十年辛苦不寻常。"请看他在《红楼梦》第二十七回所写的著名的《葬花吟》吧！"一年三百六十日，风刀霜剑严相逼；明媚鲜艳能几时，一朝漂泊难寻觅"，"未若锦囊收艳骨，一抔净土掩风流；质本洁来还洁去，不教污淖陷渠沟。"这些词语，全部写的是花，但实际上却是写人；表面上记述葬花之景，实际上字字句句无不渗透着作家对女主人公面对"风刀霜剑严相逼"的凄凉身世的深厚同情，寄寓着对其不与封建势力妥协的"质本洁来还洁去"的高尚情操的热情歌颂，真正达到了花与人、景与情的高度直接的统一，达到了水乳交融的地步。面对这样的艺术形象，我们怎能不为之潸然泪下呢？又如，著名唐代诗人杜甫一生坎坷，历尽艰辛，对安史之乱所引起的国破家亡有深刻的体验。他在五律《春望》中开头四句写道："国破山河在，城春草木深。感时花溅泪，恨别鸟惊心。"这是公元757年，杜甫身陷长安时所作。表面上，诗人在写长安春景，但却借破碎的山河、深芜的荒草、溅泪的花和悲鸣的鸟，寄寓了对国破家亡的悲愤之情。这首写景诗不是也同《红楼梦》一样，"字字看来都是血"吗？面对着这样的情景交融的艺术形象，人们怎能不产生强烈的情感激动呢？

最后，艺术品所包含的情感是一种寓有理性的高级的情感。艺术品不仅包含着情感，而且所包含的不是一般的情感，而是寓有理性的情感。普列汉诺夫说："艺术既表现人们的感情，也表现人们的思想，但是并非抽象地表现，而是用生动的形象来表现。艺术的最主要的特点就是在于此。"① 正因为如此，艺术形象才有理性的价值，艺术欣赏才能作为美育的主要途径而富有极大的教育意义。众所周知，艺术形象并不是简单的生活原型，而是经过典型化的艺术提炼的产物。别林斯基曾说："才能卓著的画家在画布上创造出来的风景画，比任何大自然中的如画美景都更美好。为什么呢？因为它里面没有任何偶然的和多余的东西，一切局部从属于总体，一切朝向同一个目标，一切构成一个美丽的、完整的、个别的存在。"② 他又说："诗的本质就在这一点上：给予无实体的概念以生动的、感性的、美丽的形象。"③ 可见，就在这样朝着一个目标、舍弃任何偶然多余的东西的典型化过程中，艺术形象所包含的情感具有了巨大的思想性、理性。具体表现为，这种情感不是局限于对个别事物的感触，而是具有巨大的概括意义。巴尔扎克在《论艺术家》一文中说："这就是艺术品。它在小小的空间里惊人地集中了大量思想，它是一种概括。"④ 例如，杜甫在《春望》中所表达的感情，就不是局限于对个别的草木花鸟之感，也不同于某些才子佳人无聊的伤春之情，而是在草木花鸟之感中凝聚着这一时期人民的家国之痛。再就是，艺术作品所包含的情感不是偶然的，而是具有某种必然性，因而富有深刻的哲理。例如，《红楼梦》中的《葬花辞》，所咏者为花之凋零，看似偶然，但却暗寓着封建时代叛逆女性的纯洁品质和凄苦命运。这就包含着必然性，具有发人深思的哲理意味。

---

① ［俄］普列汉诺夫：《普列汉诺夫美学论文集》，曹葆华译，人民出版社 1983 年版，第 308 页。

② ［俄］别林斯基：《别林斯基选集》第 2 卷，满涛译，上海文艺出版社 1963 年版，第 458 页。

③ 《外国理论家作家论形象思维》，中国社会科学出版社 1979 年版，第 69 页。

④ 《巴尔扎克论文艺》，袁树仁等译，人民文学出版社 2003 年版，第 12 页。

第二节　艺术教育的特殊魅力

艺术品的形象性与情感性高度统一的特点，决定了艺术教育所产生的这种肯定性的情感激动必然是极其强烈的，具有一种动人心魄的神奇魔力和巨大的感染力量。它可以使人"神摇意夺，恍然凝想"，以至于"快者掀髯，愤者扼腕，悲者掩泣，羡者色飞"。古希腊哲人柏拉图将这种情形称作一种"浸润心灵"的"诗的魔力"。高尔基把这种现象称作一种令人不可思议的"魔术"。他曾经生动地描写过自己少年时期在热闹的节日里避开人群，躲到杂物室的屋顶上读福楼拜的小说《一颗纯朴的心》的情景。当时，他由于无知，误以为这本书里藏着一种"魔术"，以致曾经好几次"机械地把书页对着光亮反复细看，仿佛想从字里行间找到猜透魔术的方法"①。对于艺术品这种动人心魄的奇妙作用，列宁也曾做过描述。有一天晚上，他听了一位钢琴家演奏贝多芬的几支奏鸣曲，被深深地感动了。他说："我不知道还有比《热情交响曲》更好的东西，我愿每天都听一听。这是绝妙的、人间没有的音乐，我总带着也许是幼稚的夸耀想：人们能够创造怎样的奇迹啊！"艺术品这种神奇魔力甚至会导致某种罕见的群众性的狂热场面。例如，1824 年 5 月 7 日，在维也纳举行贝多芬的《D 调弥撒曲》和《第九交响曲》的第一次演奏会，获得了空前的成功，情况之热烈几乎带有暴动的性质。当贝多芬出场时，群众五次鼓掌欢迎。在如此讲究礼节的国家，对皇族的出场，习惯上也只鼓掌三次。因此，警察不得不出面干涉。交响曲引起狂热的骚动，许多人哭了起来。贝多芬在终场以后也感动得晕了过去。大家把他抬到朋友家中，他朦朦胧胧地和衣睡着，不饮不食，直到次日早晨。总之，动人心魄的神奇魔力正是艺术教育的特色，也正是我们把它作为实施美育的重要途径的原因之所在。正因为艺术教育的特殊魅力，所以能够产生特有的潜移默化的作用。

---

① 〔苏〕高尔基：《论文学》，孟昌译，人民文学出版社 1983 年版，第 182—183 页。

首先，任何优秀艺术品都不同程度地给人以某种教育。

任何艺术品都不是无目的、为艺术而艺术的。唯美主义者企图将艺术关进象牙之塔，否定它的一切功利作用，这是不现实的。其实，任何艺术品都因包含着作者对生活的主观体验和评价而在不同程度上具有某种思想意义。而一切优秀的文艺作品又都从不同的角度给人们以启发教育。鲁迅曾要求一切进步文艺成为引导人民前进的灯火。他在《论睁了眼看》一文中说："文艺是国民精神所发的火光，同时也是引导国民精神的前途的灯火。"当然，文艺由于其题材与体裁的不同，所起教育作用的程度和角度都是不同的。一般来说，山水诗、风景画、轻音乐等更多地是给人以一种健康的情感的陶冶，而小说、戏剧、电影、历史画等则更多地是给人以一种思想上的启示。

其次，艺术教育是以"寓教于乐"为其特点的。

艺术所给予人的教育是不同于政治理论的。政治理论是以直接的理论教育的形式出现的，目的明确，内容直接。艺术教育是以娱乐的形式出现的，是娱乐与教育的直接统一，思想教育的目的直接渗透、溶解在娱乐之中。关于艺术教育的这一特点，古代许多理论家都不同程度地认识到了。柏拉图就对文艺提出了"不仅能引起快感，而且对国家和人生都有效用"的要求。古罗马的贺拉斯在《诗艺》中认为，文艺的作用是"寓教于乐"。文艺复兴时期的塞万提斯也对文艺提出"既可以娱人也可以教人"的要求。狄德罗则将文艺的"寓教于乐"称作"迂回曲折的方式打动人心"。周恩来在《在文艺工作座谈会和故事片创作会上的讲话》中也指出："群众看戏、看电影是要从中得到娱乐和休息，你通过典型化的形象表演，教育寓于其中，寓于娱乐之中。"这都告诉我们，文艺的教育作用是以娱乐的形式出现的，没有娱乐就没有艺术的教育，也没有艺术的欣赏。所谓"娱乐"，有两大特点：第一，从目的上来看，是为了情感上的轻松愉悦，精神享受，而不是为了刻苦出力；第二，从欣赏者所处的境况来看，完全是一种自觉自愿，没有外在的规范强制，而是出自内在的心理欲求。这种艺术教育的特点是由艺术欣赏的心理特点所决定的。因为，艺术欣赏是一种理性评价与感性体验的直接统一，表现为强烈的情感体验的

形式。所以，它所起的作用也就主要是动之以情。而政治理论则是一种纯理性的逻辑、判断、推理活动。所以，它的教育作用就是一种诉之以理的方式。

最后，艺术教育的娱乐性中渗透着理性的因素。

艺术教育尽管以娱乐性为其特点，但绝不是单纯的娱乐，而是在娱乐中渗透着理性，包含着教育。但这是一种特殊的理性教育。

第一，从性质上来说，这种渗透于娱乐的教育主要不是认识和道德的教育，而是一种情感的教育，是一种对于人的内在心灵的熏陶感染，也就是由情感的打动到心灵的启迪。歌德在其著名的论文《说不尽的莎士比亚》中，认为莎士比亚著作的特点表面上看似乎是诉诸人们外在的视觉感官，而实际上是诉诸人们"内在的感官"。所谓"内在的感官"就是心灵。也就是说，艺术教育是一种打动人们的心灵的教育。它扣触人们情感的琴弦，产生的效果是心灵的震动，即灵魂的净化、道德的升华。茅盾把这通俗地叫做"灵魂洗澡"。他在谈到自己第一次听冼星海的《黄河大合唱》的感受时，说道："对于音乐，我是十足的门外汉，我不能有条有理告诉你《黄河大合唱》的好处在哪里，可是他那伟大的气魄自然而使人鄙吝全消，发生崇高的情感，只是这一点也就叫你听过一次就像灵魂洗过澡似的。"[1] 这种情形，我们都会有亲身的感觉。例如，当我们读到李存葆的小说《高山下的花环》中的这样一段：梁三喜带领全连攻上无名高地后，被躲在岩石后面的敌人击中左胸要害部位。他立刻倒了下来，但仍然微微睁着眼，右手紧紧地攥着左胸上的口袋，有气无力地说："这里，有我……一张欠账单……"战友们在热血喷涌的弹洞旁边，在那左胸口袋里找到一张血染的四指见方的字条"我的欠账单"，上面密密麻麻地写着17位同志的名字，总额620元。此景此情，难道对于我们不是一场灵魂的洗涤吗？作者在这无言的形象描绘中为我们塑造了一位为国捐躯的高大英雄形象。在这样一个"位卑未敢忘忧国"的高大英雄形象面

---

① 茅盾：《忆冼星海先生》，载北京大学等主编《散文选》第 2 册，上海教育出版社 1979 年版，第 72 页。

前，我们会感到一种从未有过的道德启示和人生哲理的领悟。

第二，从艺术教育的形式来看，它不同于政治教育的直接教育形式，而是一种间接的潜移默化，也就是在娱乐中不知不觉地、潜在地，当然也是逐步地使欣赏者接受、改变乃至培养起某种感情。人们曾经借用杜甫的一句诗，把这种情形比作细雨滋润大地，即所谓"润物细无声"。也有人将此比作战场上的一种出其不意、猝不及防的战术：对人的感情的"偷袭"。在艺术教育中，受教育者常常是不知不觉地被艺术形象所征服，从而当了它的"俘虏"。著名作家巴尔扎克非常了解艺术这种特有的潜移默化作用，他曾经说过这样一句名言："拿破仑用刀未能完成的事，我要用笔来完成。"

第三，从对文艺家的要求来看，正因为艺术教育具有这种特有的启迪、熏陶人们心灵的巨大作用，所以人们常常把艺术品称作"精神食粮"，把文艺家叫作"人类灵魂的工程师"。从这个角度说，从事艺术教育和美育工作的人也应该是"人类灵魂的工程师"，应对自己的工作感到自豪，感到肩负着高度的责任，应十分重视并很好地利用艺术教育的武器，更好地培养广大群众特别是青年一代的健康的审美能力，塑造他们的美好心灵。

第三节　自然审美

所谓"自然审美"，即指以平等亲和共生的态度对于自然对象进行审美。诚如美国美学家赫伯恩借戈德拉维奇的话所说："这种美学是'无中心的'，没有'人类中心'思想的，它使我们能够'以自然自己的术语来评价自然'。"① 人与自然的关系是人与世界最基本的关系，人与自然的审美关系也是最基本的审美关系。自然审美反映了人类来自自然并最后要回归自然的本性特征。正是这种本性特征决定了人类先天就具有一种亲和自然的天性，这就是人类的一种先天的与自

① ［美］阿诺德·伯林特主编：《环境与艺术：环境美学的多维视角》，重庆出版社 2007 年版，第 42 页。

然血肉相连的本源性审美意识。环境哲学家罗尔斯顿指出："我们的人性并非在我们自身内部，而是在于我们与世界的对话中。我们的完整性是通过与作为我们的敌手兼伙伴的环境的互动而获得的，因而有赖于环境相应地也保有其完整性。"① 恩格斯曾将人与自然的联系性作为人性的基本特征，他说："人们愈会重新地不仅感觉到，而且也认识到自身和自然界的一致，而那种把精神和物质、人类和自然、灵魂和肉体对立起来的荒谬的、反自然的观点，也就愈不可能存在了。"② 因此，自然审美早在人类社会的早期就已经存在。英国人类学家詹·乔·弗雷泽在《金枝》中记录了欧洲早期人类对于树神的崇拜及其遗迹：

> 从前在伯克郡的阿宾顿地方，每逢五月一日年轻人都一早起来，成群结队地齐声歌唱赞美诗歌。下面是其中的两段歌词：
> "我们彻夜漫游，
> 歌舞迎来白昼。
> 兴高采烈归来，
> 满握香花为寿。"
> "谨以香花奉赠，
> 我们伫立君门。
> 鲜艳蓓蕾初绽，
> 我主妙手天成。"③

在我国的甲骨文中，"艺"（藝）字就包含植树之意。到魏晋时期，山水画就开始在我国出现，并逐步成为中国画之正宗。这些都说明，远古时代东西方人类都是存在自然审美的。

---

① ［美］霍尔姆斯·罗尔斯顿：《哲学，走向荒野》，刘耳、叶平译，吉林人民出版社2000年版，第92—93页。
② 《马克思恩格斯选集》第3卷，人民出版社1972年版，第518页。
③ ［英］詹·乔·弗雷泽：《金枝》上，徐育新等译，中国民间文艺出版社1987年版，第184页。

但工业革命之后，由于经济与科技的发展，人类改造自然的能力空前提高，因而自然审美逐渐被逐出审美领域，在审美领域就只剩下艺术审美。康德对审美的著名界定"无目的的合目的性的形式"即为形式的合目的性，自然只剩下虚设的形式，只有"合目的"即人的目的性成为实在，而其所说的崇高乃借助理性对于自然的战胜。黑格尔更是将自然美看作前美学阶段的"象征型"，或者所谓对于人的意识的"朦胧预感"，他明确地将其美学称作"艺术哲学"，自然美被排除在外。即便是美育的倡导者席勒也是轻视自然美的。他在《美育书简》中认为，使人的性格高尚化的唯一工具就是艺术，并认为艺术高于自然："正如高贵的艺术比高贵的自然活得更久，由灵感塑造和唤起的艺术也走在自然之前。"① 这种十分明显的人类中心主义与艺术中心主义在相当长的时间占据压倒性优势，从而将审美教育完全变成了艺术教育，将自然审美的熏陶感染与教育启发作用几乎完全排除在外。这显然是不正常的。第一个对于这种"美学即艺术哲学"的"艺术中心论"发难的，是美国美学家赫伯恩。他在 1966 年发表的论文《当代美学及自然美的遗忘》，指出："美学根本上被等同于艺术哲学之后，分析美学实际上遗忘了自然界。"② 赫伯恩还论述了与自然鉴赏相关的不同于艺术鉴赏的方法与感觉经验，由此催生出 20 世纪中期以来的环境美学。环境美学集中探讨自然审美问题，开辟出不同于艺术审美的新的领域与范畴。在我国，随着 1994 年生态美学的产生，也结合中国特色探讨了自然审美的有关论题。

　　自然审美有着艺术审美所不具有的特殊的教育作用。第一，自然审美着力培育一种人与自然平等友好的感情。例如，李白的《独坐敬亭山》："众鸟高飞尽，孤云独去闲。相看两不厌，只有敬亭山。"诗叙写了诗人与敬亭山之间"相看两不厌"的亲和友好之情。第二，自然审美给人一种不同于艺术审美的愉悦。湖畔派诗人华兹华斯在著名的《写于早春的诗句》中写道："每一朵鲜花，对自己吸着的空气都

---

① ［德］席勒：《美育书简》，徐恒醇译，中国文联出版公司 1984 年版，第 63 页。
② ［加］卡尔松：《环境美学》，杨平译，四川人民出版社 2006 年版，第 17 页。

很喜欢，鸟雀在我周围跳跃嬉戏"，歌颂了自然带给人类少有的欢乐，感叹人类对于自然的遗忘。第三，自然审美歌颂自然的崇高伟大，使人产生一种崇敬自然之情。印度诗人泰戈尔在《新月集》中写道："我在星光下独自走着的路上停留了一会，我看见黑沉沉的大地展开在我的面前，用她的手臂拥抱着无量数的家庭，在那些家庭里有着摇篮和床铺，母亲们的心和夜晚的灯，还有年轻轻的生命，使他们满心欢乐，却浑然不知这样的欢乐对于世界的价值。"泰戈尔在这里歌颂了大地给予人类的安居、温暖、生命与欢乐，是对自然崇高性的歌颂。第四，自然审美批判人类对于自然的破坏，教育人类爱护自然环境。美国诗人惠特曼在《红杉树之歌》中尽管在理论观点上持支持开发自然发展西部的立场，赞成所谓自然为一个更优秀的种族"让位"，但他对于人类砍伐树木破坏自然的具体描写则让人心酸，发人深省。他写道："一支加利福尼亚的歌，一个预言和暗示，一种像空气般捉摸不着的思想，一支正在消隐和逝去的森林女神或树精的合唱曲，一个不祥而巨大的从大地和天空飒飒而至的声浪，稠密的红杉树林中一株坚强而垂死的大树的声响。别了，我的弟兄们，别了啊，大地和太空！别了，你这相邻的溪水，我这一生已经结束，我的大限已经降临。"这实际上告诉我们美国西部开发让自然付出巨大代价，让无数生灵毁于一旦，人类还是应该与自然为友，保护自然。

总之，自然审美以及与之相关的自然审美教育已经成为新时代的审美与审美教育的重要方面，美育绝不仅仅是艺术教育，还必须包括自然审美教育。

第四节　美育的实施

美育属于教育科学的一个分支，是一个实践性很强的学科。因此，对于美育问题的理论研究固然重要，但更重要的还是在实践中实施美育。同时，美育本身也只有在具体的实施中才能得到发展。关于美育的实施问题，我们准备从指导思想、条件和途径等几个方面加以论述。

一 实施美育的指导思想

美育的实施并不是什么新鲜的事情，而是古已有之。我国古代对文人学士向有"琴棋书画"俱备的要求，到了近现代，普通学校一般也都开设有音乐、美术等课程。那么，在 21 世纪初期的今天，我们应如何看待美育的实施问题呢？也就是说，在实施美育的指导思想或观念上应有何变化呢？答案应当是：要从就事论事地把美育仅仅看成是开设几门课程的观点，发展到从科学的有机整体的角度来看待美育和实施美育。这就要求我们将美育看作审美教育工程，是整个社会工程和社会教育工程的重要组成部分。

首先，应从有机整体的角度确定审美教育工程与整个社会教育工程中其他方面的联系及其在整个社会教育工程中的地位。我们之所以要把审美教育看作一个工程，当然同它在改造社会和人的功能方面与工程学极其类似有关。但更重要的还在于，我们试图根据这种类似性，借助于工程学中的数理方法更为科学地对审美教育进行定性与定量的研究，以期推动审美教育工作朝着更为社会化与科学化的方向发展。以工程学的眼光看待美育，首先就应对其采取有机整体的观点，应看到，美育不仅自身就是一个有机整体的系统，而且还属于教育工程这个大的整体系统中的一个小系统，因而，审美教育工程不应该而且也不可能与整个教育工程这个大系统分离开来。无论是将其抛弃还是把它孤立起来，都是错误的。因此，审美教育的思想也应贯穿于整个教育工程之中，作为其重要的指导思想与根本方针之一。这样，审美教育作为教育工程的一部分，就不仅仅是开设几门课的问题，而是应作为教育工程的有机组成部分。如果将美育与整个教育工程脱离，社会教育这一完整系统的内在结构就会发生变化，并将导致教育性质的变化，整个教育工程就难以实施。正是从这种有机整体的系统工程的角度，我们认为，应该将美育正式列入国家的教育方针，并加以认真贯彻。

其次，确定审美教育工程的目标。既然审美教育同工程学相类似，那就说明它是一种有组织有步骤地改造现实的实践活动。任何实践活动都是人的有目的的活动，有着预期的目标。这个预期目标正是审美教育实践的出发点和归宿，是贯穿审美教育始终的线索，也是其成为有机整体的根本原因。那么，审美教育工程的预期目标是什么呢？这应从整个教育培养全面发展的社会主义新人的总目标考虑。由此，必然得出审美教育工程的预期目标是培养全面发展的社会主义新人高尚、健康的情感素质。这种高尚的、健康的情感素质，当然首先表现在应有较高的审美能力，但又绝不仅仅局限于此。从根本上说，还应包括以审美的态度（即高尚的情感态度）去对待国家、社会和人生。这就是审美教育作为系统工程区别于以往的艺术教育之处。以往的艺术教育往往着眼于技能的培养，目的在于单纯地培养人的审美能力；而审美教育工程则跳出了单纯培养审美能力的局限，上升到培养全面发展的新人的高度，从而充分地体现了审美教育工程改造人与培养人、改造社会与完善社会的性质。

再次，充分认识审美教育工程的各个要素及其相互关系。审美教育作为系统工程是众多要素不可分割、有机统一的整体，是一个开放的系统。其功能遵循着"整体之和大于部分"的规律。从审美教育本身来看，包含着发出指令的教育领导机构、贯彻执行的教育者与接受指令的受教育者三个方面。这三者紧密联系，成为统一的整体，只有在其交互作用中才产生出审美教育应有的效应。其中的一个环节出现问题，审美教育就不可能发挥出效应。由此说明，审美教育作为有机统一的工程，要求教育领导机构、教育者与受教育者三个方面都明确自己在整个审美教育工程中的责任与作用，自觉地承担起自己的责任，发挥自己的作用。从横向联系的角度来看，审美教育与"德、智、体"三者紧密联系为统一的整体，互相渗透与制约，共同构成社会教育工程的不可分割的部分，起到培养全面发展的社会主义新人的重要作用。如果审美教育脱离了"德、智、体"三育，其培养高尚的、健康的情感素质的既定目标就难以实现。从纵向联系的角度看，审美教育领导机构、审美教育实施者与审美教育接受者构成审美教育工程的系统，审美教育工程又是构成整个社会教育工程的小系统，而整个社会教育工程又是整个社会工程的小系统。由此，从低到高，呈现出逐步递进的层次性，最后实现改造整个社会的伟大目标，完成社会主义物质文明建设与精神文明建设的历史任务。

最后，审美教育通过系统自身的反馈、调节，不断发展。审美教育工程是一个自身反馈调节的控制系统。具体如下图：

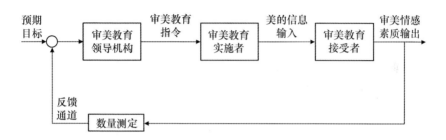

这里所谓"预期目标"，就是前面已说到的对于全面发展的社会主义新人高尚、健康的情感素质的培养。根据这样的预期目标，由审美教育领导机构通过教育方针、教育计划与教学大纲等发出审美教育的指令，提出培养高尚、健康的情感素质的定性与定量方面的具体要求。作为审美教育实施者的学校与教师，根据这样的指令，选择恰当的自然美、社会美与艺术美的信息作为教育手段，向审美教育接受者输入。这种美的信息经过审美教育接受者的加工处理作为其审美的情感素质表现出来，即所谓输出。以上虽然经过了美的信息的输入与输出，但这只是审美教育工程的一部分。还有一部分，就是通过自身的信息反馈进行调节，不断提高审美教育水平的过程。信息反馈首先要对审美教育接受者表现出来的（输出）审美情感素质进行数量的测定。这种量的测定在作为社会工程一部分的审美教育工程中，还主要借助于统计的方法。可通过抽样调查、民意测验等测定审美教育接受者的审美感受力、审美联想力、审美想象力以及对社会、人生的情感评判力，在这些方面得出一定的数据，并将这些数据反馈给审美教育领导机构，使它们据此对审美教育工程的预期目标进行校正，提出新的要求，再次发出审美教育的新的指令。这样循环往复，使审美教育不断地由低到高发展前进，使审美教育接受者的审美情感素质不断地得到提高。在这里，可能发生的问题是，对审美教育接受者情感素质

的数量测定比较困难。目前在这方面可考虑借助实验与调查相结合的方法。审美视、听力的测定可通过实验的方法进行。例如，给审美教育接受者听一段音乐或看一幅画，然后要求审美教育接受者在限定的时间内唱出或画出自己听过或看过的音乐或图画，我们可通过其准确度判定其审美感受力。对于审美的联想力与想象力可通过直接调查的方法测定，也就是在审美教育接受者听完一段音乐或看完一幅画后，让其口述自己的体验，我们可根据其体验的深度和广度来评定。至于审美教育接受者对社会、人生的情感判断力，则可通过直接的民意测验和间接的民意测验的方法进行判定。所谓直接的民意测验就是通过书面提问题的方法，直接让本人回答，要求其对具体的社会、人生现象表明自己的爱憎态度。所谓间接的民意测验，就是通过书面提问题的方法，间接地让了解审美教育接受者情况的领导、同事和亲友回答接受者对具体的社会、人生现象的爱憎态度。

二 实施美育的条件

美育的实施，除端正指导思想，将其作为审美教育工程来对待之外，还须为其提供必要的条件。

首先是社会条件。审美的心理本质在于主体处于不受任何束缚的自由状态而引起的一种情感愉悦。这就决定了以培养审美力为任务的美育在社会条件方面要求有一自由的时代。只有在这样的自由的时代，美育才能真正地得以实施并达到较高水平。

所谓自由的时代，有两方面的含义。一是必须使主体摆脱物质的束缚，不为吃、喝、住、穿所累。在这一方面，马克思主义有一个基本观点，那就是作为"自由王国"的社会主义社会与共产主义社会，应是社会必要劳动时间大大减少，人们自由享用的时间大大增多。只有这种自由享用或支配的时间多了，人们才能有更多的时间去从事审美等文化活动。因此，从这个意义上说，自由时间与文化时间是成正比例的。这就要求生产力的高度发达和物质财富的极大丰富，将人们从维持生计的繁重劳动中解放出来，有条件在审美等精神文化活动中使用更多的时间。在这方面，资本主义与社会主义都可能做到，因为它们都具有较高的生产力和较丰富的物质财富。但资本主义社会随着生产资料私有制所带来的产品分配的不平等，由此相应地形成了对于自由时间的分配也是不平等的。虽然发达资本主义国家全社会的自由支配时间相应较多，但相比之下，资本家却较工人占有更多的自由支配时间，并将这些时间用于审美等精神文化活动。而社会主义社会由生产资料公有制决定的较为合理的按劳分配制，在自由时间的分配上也是比较合理的，使得全体工人、农民与知识分子都能较平等地享用由全社会的生产增长所带来的更多的自由支配时间。

二是必须实行文化思想的自由，允许人们按照自己的兴趣、爱好自由地欣赏美与创造美。从表面上看，资本主义社会在这一方面似乎也存在着自由，但由于在资本主义社会中占统治地位的是资产阶级文化，无产阶级文化则处于受压抑的境地，因此，说到底，他们的所谓"自由"还是资产阶级思想文化的自由。我国努力倡导思想文化自由，曾经提出过著名的"百花齐放，百家争鸣"的方针，积累了很好的经验。但由于长期极"左"思潮的影响，"双百方针"并未得到真正的贯彻，"文化大革命"中更是由于"四人帮"推行了法西斯的文化专制主义，堵塞言路，禁锢思想，扼杀文化，思想文化领域遭到空前的破坏，美的欣赏、创造与教育都被粗暴地践踏，使得我国好几代人审美水平的提高受到阻碍。改革开放以来，倡导思想解放，进一步明确地提出了文艺创作自由。这一切都说明，我国历史上真正的思想文化自由的时代已经到来。它必将为思想文化的发展（包括美育的发展）提供良好的社会环境，使我们广大教育工作者和美学工作者大有用武之地。当然，任何自由都是相对的，而不是绝对的。我们所说的思想文化自由，当然是在维护四项基本原则的前提之下，以培养广大人民"有理想、有道德、有文化、有纪律"的高尚品德为其目的。

其次是物质条件。美育的实施在物质方面应有保证。全社会在环境上都应做到美化，并配备有较充足的文化设施，诸如博物馆、展览馆、影剧院、艺术馆、音乐厅，等等，以丰富人民的精神生活，实施审美教育。当然，由于我国目前生产力水平较低，物质条件有限，在文化建设方面国家一时难以投入足够的资金，在这种情况下，可实行

国家、集体与私人投资相结合的方式。目前，方兴未艾的文化专业户是一个新生事物，只要给予必要的指导和管理，定会在精神文明建设和美育的实施中发挥重要的作用。在物质条件方面，对于学校应有更高要求。各类学校均应在建筑上做到朴素美观，在环境上做到清洁美化，使学生在优美的校园中，身心能自然而然地受到美的陶冶。当年，蔡元培曾要求："学校所在之环境有山水可赏者，校之周围，设清旷之园林。而校舍之建筑，器具之形式，造像摄影之点缀，学生成绩品之陈列，不但此等物品之本身，美的程度不同；而陈列之位置与组织之系统，亦大有关系也。"① 更急迫的是，各类学校都应尽力逐步建立相应的美育设施。中小学校经费有限，应在可能的情况下建立美术展览室，添置有关音乐、美术活动的器材。高校则应建立艺术馆和电影放映室等。在艺术馆中可陈列中外名画的复制品，并设有音乐欣赏室，学生可入内欣赏中外著名艺术作品。

最后是组织方面的条件。美育既然作为教育工作总的指导思想之一，正式列入教学计划，设置了课程，那就要在组织上予以保证，建立相应的教学组织。中小学都应建立音乐和美术教研组，一方面负责有关课程的开设，另一方面负责全校美育的实施工作。中师和高校则应建立美育教研室，以便有专人负责此项工作，准备有关课程。各个教研室的教师目前可从相关艺术院校的艺术系科的毕业生的择优选拔，其任务是承担美育方面的课程与讲座，研究并实施全校的审美教育工作。中央教育部和各省应设有艺术教育处和艺术教育局，统一指导所属教育领域的美育实施工作。这里需要特别指出的是，我国目前在美育方面机构不全，人才奇缺，上级教育领导部门很少设有分管美育的机构，基层许多学校更缺乏这方面的教师。现有的美育教师也是人数少、素质不高。这就必然使自觉地将审美教育作为一项有组织的社会工程实施成为空话。这种情况的出现，同目前我国缺乏对美育的应有重视直接有关，如不加速改变，其不利影响将会愈来愈明显。

---

① 高平叔编：《蔡元培教育文选》，人民教育出版社1980年版，第196—197页。

三 实施美育的途径

美育的实施是一项有目的的实践活动，必须有具体的途径。

首先是实施美育所必须凭借的手段。美育的实施必须凭借自然美、社会美与艺术美的手段。

众所周知，大自然以其绮丽的风光、绚丽的色彩和蓬勃的生机而呈现出各种美丽的风貌，是实施美育的极好手段。自然美的教育常常侧重于形式方面，在色彩、音响和线条等方面以其对称、均衡与和谐给人的眼、耳等感官以赏心悦目的愉快，进而达到精神的陶冶。即便是怪谲的山石和苍劲的虬松也常常在怪异中表现出自然造化之妙。总之，自然美的教育一般地来说可直接训练人们的感官对于形式美的感受力。伟大的德国音乐家贝多芬诞生于莱茵河畔的波恩。莱茵河畔的美丽风光曾在少年贝多芬的心中留下温柔而美好的记忆，给他的审美感受力以特有的熏陶。少年时期，他曾长时间地伫立在莱茵河畔，眺望着远处起伏的山峦，凝视着已经冲出峡谷的莱茵河水。他入神地欣赏着大自然的美景，甚至当人们走到面前与他谈话时，他也沉思不语，偶尔喃喃地低声说："对不起，我正陷入美好的遐思，别打扰我！"这种对于故乡莱茵河美丽自然风景的感受几乎伴随着他的一生。在离开故乡 10 余年后，他写道："我的家乡，我出生的美丽的地方，在我眼前始终是那样的美、那样的明亮，和我离开它时毫无两样。"①而且，这种对故乡自然美的感受始终是他后来的音乐创作的重要内容之一。《第一交响曲》就是一部赞颂莱茵河的作品，而《七重奏》中以变奏曲出现的行板的主题，便是一支莱茵河的歌谣。当然，某些自然美并不是以其形式的优美给人以美的感受，而是以其形式的壮美象征着某种理性力量和道德原则，从而给人以极富哲理的美的启示。这常常发生在对壮美的欣赏之中。例如，面对无边无际的大海、洗涤整个大地的铺天盖地的暴风雨、划破天际的闪电以及震撼人心的惊雷，我们不会感到个人的渺小和争名逐利的微不足道吗？不会产生一种灵

---

① ［法］罗曼·罗兰：《贝多芬传》，傅雷译，人民音乐出版社 1980 年版，第 7 页。

魂为之一洗、精神为之一振的特有的美的感受吗？德国美学家康德认为，面对这种无比巨大的壮美，所唤起的是一种不可战胜的人的尊严感和理性力量，而丢弃的是各种渺小的基于自然的欲求。他说："自然威力的不可抵抗性迫使我们（作为自然物）自认肉体方面的无能，但是同时也显示出我们对自然的独立，我们有一种超过自然的优越性，这就是另一种自我保存方式的基础，这种方式不同于可受外在自然袭击导至险境的那种自我保存方式。这就使得我们身上的人性免于屈辱，尽管作为凡人，我们不免承受外来的暴力。因此，在我们的审美判断中，自然之所以被判定为崇高的，并非由于它可怕，而是由于它唤醒我们的力量（这不是属于自然的），来把我们平常关心的东西（财产、健康和生命）看得渺小，因而把自然的威力（在财产、健康和生命这些方面，我们不免受这种威力支配）看作不能对我们和我们的人格施加粗暴的支配力，以至迫使我们在最高原则攸关，须决定取舍的关头，向它屈服。在这种情况下自然之所以被看作崇高，只是因为它把想象力提高到能用形象表现出这样一些情况：在这些情况之下，心灵认识到自己的使命的崇高性，甚至高过自然。"①

社会美虽以形象的形式出现，但其所包含的内容却侧重于伦理道德的理性原则方面，更多地是以现实生活中活生生的人与事给人以美好的道德启示。我国数千年的历史曾涌现出无数伟大的人物，他们献身祖国、民族和事业，创造了令人瞩目的伟业，表现出崇高的品德。中华民族百年来艰苦奋斗的历史，更是哺育了万千光彩夺目的英雄人物。这些中华民族的英雄人物是人类的精英，他们的伟大行为体现了美好的品德。上述人物都是进行社会美教育的好教材。这种社会美的教育以形象性、情感性与伦理性的高度统一为其特点。它区别于一般的历史教育与政治教育，常常能收到其他教育形式所难以达到的极好效果。诚如著名诗人贺敬之在《雷锋之歌》中形容的全国开展"向雷锋同志学习"活动所产生的效果：

① 转引自朱光潜《西方美学史》下卷，人民文学出版社 1963 年版，第 379—380 页。

看，站起来，

你一个雷锋，

我们跟上去，

我们跟上去

十个雷锋，

百个雷锋，

千个雷锋……①

　　艺术美本身是在现实美（包括自然美与社会美）基础上的美的提炼，所以，以艺术美为手段实施美育，就比自然美与社会美的教育更有其特殊性，表现为形象的教育与伦理道德的教育的直接统一，常常收到极好的审美教育效果。

　　其次，实施美育所必需的教学环节。教育工作具体表现于教育计划的执行，而教育计划的主要方面是课程设置。加强美育的实施应在课程设置中体现美育的内容。从中小学来说，应加强音乐与美术课的教学工作。音乐是以音响为原料，通过乐音的运动来表现人类最为细致的心理活动与情感的艺术种类。由于音乐更多地偏向于情感的表现，所以又称为表现的艺术、情感的艺术。音乐教育主要是诉诸人们听觉的一种教育形式，它对人的情感的陶冶和完善个性的形成具有巨大的作用。古希腊的亚里士多德认为："现在我们大家一致同意，音乐，无论发于管弦或谐以歌喉，总是世间最大的怡悦"，"这里，我们可以把音乐的怡悦作用作为一个理由，从而主张儿童应该学习音乐这门功课了。"② 我国古代的《乐记》也认为，"乐也者，圣人之所乐也，而可以善民心，其感人深，其移风易俗，故先王著其教焉。"贝多芬认为："音乐当使人类的精神爆出火花"，"音乐是比一切智慧、一切哲学更高的启示"。③ 因此，我们应该重视中小学音乐课程的设

---

① 紫千选编：《贺敬之诗歌三十首》，中国社会出版社 2006 年版，第 155 页。

② ［古希腊］亚里士多德：《政治学》，吴寿彭译，商务印书馆 1983 年版，第 418 页。

③ ［法］罗曼·罗兰：《贝多芬传》，傅雷译，人民音乐出版社 1980 年版，第 77 页。

置，保证课时和质量。在音乐课中，着重通过乐理讲授、教师的范唱、学生的视唱和听唱，培养学生的曲调感、听觉表象能力和节奏感。美术是凭借色彩与线条等原料来描绘现实的艺术形式，属于造型艺术。美术教育以生动的造型艺术形象主要作用于人们的视觉，借以培养学生对比例和亮度的判别能力，对垂直方向和水平方向的视力寻求与确定的能力，以及空间想象力与视觉分析器与运动分析器的协调力，等等。美术教育的形式多种多样，可通过写生画、臆想画（主题画）和装饰画培养学生的绘画能力。各类高等学校也应开设美育方面的课程。目前，我国高等院校这方面的课程开设很少，许多院校几乎是空白。我们认为，文、理、工、农、医、师各科均应开设美育方面的必修课程或选修课程，如美学概论、美育概论、中外美术史、中外音乐史、中外文学史以及文学艺术欣赏方面的课程。从目前情况看，师范院校应将美学概论或美育概论作为必修课，工科院校应将技术美学或生产美学作为必修课程，艺术院校和中文系科应将美学概论作为必修课程。其他院校和系科均应在上述课程中选择部分课程作为选修课程。目前，这类选修课可占总课时的 2%—5%，也就是要求大专学生在二至四年中选学一至三门这类课程。此外，平时可不定期地安排艺术欣赏方面的讲座，这类讲座尽管不占课时，但也要列入计划。

再次，教师在实施美育中的作用。教育工作的实施除了正确制定教育方针和选择优秀校长之外，关键就是教师。美育的实施也有赖于教师。教师在整个审美教育工程中处于举足轻重的中间环节。他们作为审美教育的执行者，对上接受审美教育领导机构发出的审美教育指令，对下则对受教育者具体实施审美教育。这就对教师本人的素质与实施美育的自觉性提出了较高的要求。同时，教师与学生接触最多，对学生的影响最大，是学生的楷模，所以，应该要求每个教师都成为实施美育的模范。诚如苏联著名教育家赞可夫在《与教师的谈话》中所说，"人具有一种欣赏美和创造美的深刻而强烈的需要，但是这并不是说，我们可以指望审美情感会自发地形成。必须进行目标明确的工作来培养学生的审美情感，在这里，教师面前展开了一个广阔的活动天地"。对于教师来说，应将美育体现于自己的教学工作中，在教学过程中尽力借助于形象与情感手段，做到知识性与情感性的统一。教师应力争以优美纯洁的语言、整洁的板书、朴素大方的风度进行教学工作。更重要的是，教师应以自己美好高尚的爱国主义、共产主义品德感染教育学生。请看鲁迅在其著名散文《藤野先生》中所记载的他所尊敬的一位日本老师——藤野先生。藤野先生的外貌并不美，但有着一丝不苟的认真的教学态度和在日本军国主义分子煽动反华之时坚持中日友谊的高尚品德。这种高尚的社会美的风范给鲁迅以终生的影响。鲁迅写道："每当夜间疲倦，正想偷懒时，仰面在灯光中瞥见他黑瘦的面貌，似乎正要说出抑扬顿挫的话来，便使我忽又良心发现，而且增加勇气了，于是点上一支烟，再继续写些为'正人君子'之流所深恶痛疾的文字。"

最后，美育的特殊评价机制。由于美育是以培养人的审美力为目的，而审美力又主要以其感性的感受力为特点，所以，在美育的评价机制上就应有其特殊性，不能采取其他课程以知识测试为主的考评方式，而应以个体能力的评价为主；也不能采取考定评比的方式，而应采取平时考察与期考相结合，而以平时考察为主的方式。

第六章

美育与大脑开发

第一节　神经心理学与美育

　　现在，我们面临的一个重要问题，是如何加强美育学科建设，使之在现有基础上有新的突破？我们认为，除了加强理论研究之外，十分重要的就是在实证角度上有新的突破。所谓实证的角度，包含两个方面。一方面是美育的实践，也就是自觉地实施美育并总结其规律。我国大中小学的美育已在各级教育部门的组织领导下，逐步列入教学计划，并积累了丰富的经验，但对这方面的理论总结还有欠缺。而且，更为薄弱的一个方面就是对于美育与心理学尤其是脑科学关系的探讨十分不够，可以说迄今尚未展开，当然也没有真正有分量的论著。这无疑是美育学科实现新的突破的关键环节之一。因为，美育学科的性质决定了美育与脑科学关系的探讨可使之更具科学性。美育是教育学与美学的交叉学科，也是它们的分支学科，而教育学与美学又都同心理学密切相关。正是从这个意义上，我们说，心理学是美育的重要支撑。大脑是心理的器官，大脑的功能与机制正是心理学科的生理基础，将脑科学同心理学紧密相联才使心理学同哲学分离而具有了独立的科学意义。

　　众所周知，心理学在古代属于哲学范围，使用的是哲学的思辨的方法。到了1879年，德国哲学教授、生理学家冯特在莱比锡大学建立了世界上第一个心理学实验室，把自然科学使用的实验方法用于心理学研究，才使心理学成为一门独立的实验科学。20世纪20—60年代，随着一门新的"神经心理学"的诞生，人们才有可能探寻心理活动的神经机制，从大脑的各部分分工和协调的角度阐明心理活动的实质。因此，我们的美育学科要加强其心理学的支撑基础，就必须将"神经心理学"引入，深入探讨美育与脑科学的关系，探讨美育活动及其效果的神经科学机制与规律。这样，美育的人文学科探讨同自然科学研究相结合，将使之更具科学性、实证性与可操作性。

将美育与脑科学紧密结合，还能使美育吸取当代的科研成果，从而具有新时代的特色。众所周知，现代神经科学（脑科学）出现于20世纪50年代与60年代之交。1989年，美国众、参两院通过立法，把从1990年1月1日开始的十年确定为"脑的十年"。我国也将脑功能研究列为"八五"规划、"攀登计划"，予以重点支持。这是人类对自身了解的进一步重视与深化，因为人对自身的了解从自然科学意义上来说最重要的就是了解人的大脑，通过深入了解掌握脑的规律，有目的地控制其运行，促使其健康发展，使之充分发挥作用。20世纪，由于分子生物学、遗传生物学以及人类对基因（DNA）认识的深化，脑科学得到长足发展，实现了许多突破，对医学、心理学、思维科学与语言学都起到极大的推进作用。美育研究只有借助现代脑科学的研究成果，才能真正成为具有现代意义并站在时代前沿的学科。国外已经有学者在这方面做了可贵的尝试，例如，美国的戈尔曼，日本的春山茂雄等。对于这些尝试，我们有必要加以借鉴。

同时，美育同脑科学的结合也是培养新型人才的需要。美育的落脚点就在于新型人才的培养，在于通过提高人的审美素质进而提高其综合素质。所谓"素质"，从大的方面看无非"身""心"两个方面，"心"的角度又无非是"知—情—意"。"知—情—意"又都有其心理的根据，并同脑的功能与机制相关。因此，素质的提高从自然（身体）的角度说，主要是充分发掘脑的潜力，发挥其功能。可见，深入探讨美育与脑科学的关系，可以更好地发挥美育加强素质教育、培养新型人才的作用。

如何将美育同脑科学相结合呢？我们目前的认识还相当肤浅，特别是对神经心理学与脑科学的了解甚少，更谈不上科学实验的基础。

仅就目前掌握的材料将其归纳为右脑开发、调节大脑边缘系统与脑内吗啡肽三个方面。

第二节　美育与右脑开发

美育具有开发右脑的功能，是当前美育研究中用得最多的理论，也是美育与脑科学最早的结合。但认真查一下当代神经科学研究论著，其理论依据远比我们通常了解的左脑主管逻辑思维、右脑主管形象思维要复杂得多。从历史发展看，最早提出左右脑功能分工的是德国神经科学家里普门（Liepman）和马斯（Mass）。他们在20世纪初指出，大脑两半球之间的胼胝体破坏可以导致割裂状态。但这一观点在20世纪30年代的激烈竞争中并未占据上风，直到50年代，马尔斯（Myers）和史贝利（Sperry）的裂脑手术问世，通过切断连接左右脑的胼胝体治疗癫痫病人，同时发现左脑偏重语言、读书、计算等机械性功能，右脑偏重艺术及情感功能，从此对大脑两侧功能分工的研究又重新掀起高潮。三十多年的重要研究成果认为，从进化论角度看，人类大脑分为两侧半球，这显然是天然合理的，因此，机能分工也是肯定的。可是，两半球之间又通过一束庞大的联合纤维沟通着，这也是一个合理的现实。这就意味着，大脑两半球的功能关系不单有分工的一面，而且有协同的一面。20世纪80年代以后，心理学家已经把双脑半球的协调机制作为重要的研究方向。但是，无论如何，大脑两侧功能的分工是明显的事实。20世纪60年代后期，盖斯奇瓦德（Geschwind）等人从解剖学的角度论证大脑两侧结构的不对称与功能的不对称是紧密联系的。从结构方面说，最典型的例子就是，与语言相关的脑区即左侧颞平面与左侧额叶盖比它们在右半球的对应区域明显发达，而右半球的听觉皮层的面积比左半球对应区要大。另外，在比重、长度、体积、重量等方面，大脑左右两半球也都各有优势。因此，可以说功能的不对称正是来源于结构的不对称。同时，由于大脑的功能越来越复杂，也越来越高级，实现这一功能的神经网络联系也随之变得复杂。连接大脑左右半球皮层的主要通路是胼胝体。假如每一种脑的高级功能都要求左右两半球共同实现，胼胝体就会变得越来越粗大，以至颅内空间无法容纳。因此，把复杂的高级脑功能局限在单侧半球内，应该是大脑对有限颅内空间的进化适应。这就使左右两半球有所分工，从而实现更多的高级功能。英国神经病理学家陶喀森（Taokson）1874 年从语言功能的角度指出，语言活动是由利手的对侧脑主管的。左利手的语言主管在右脑半球，而右利手的语言主管则在左脑半球，这就是所谓的"对侧律"。但因为绝大多数人是右利手，因此绝大多数的语言功能由左脑半球主管。相应地，形象和情感功能就由右脑半球主管。

以上，我们从多个方面介绍了人脑左右半球功能分工不同的原因。下面，再介绍一下目前脑科学领域对于左右脑半球具体功能分工的研究成果。1974 年，神经科学家莱维（Levy）在总结人类裂脑研究的大量成果后，说："右半球对空间进行综合，左半球对时间进行分析；右半球着重视觉的相似性，左半球着重概念的相似性；右半球对知觉形象的轮廓进行加工，左半球则对精细部分进行加工；右半球把感觉信息纳入印象，左半球则把感觉信息纳入语言描述；右半球善于做完形性综合，左半球则善于对语言进行分析。"[1] 显然，在莱维的总结中，大脑右半球的功能偏重于空间、视觉、形象等方面，而大脑左半球的功能则偏重于时间、概念、语言等方面。

正是基于人类这样一个科学的，当然也是初步的认识，我们认为，加强审美教育，通过优美的形象和动听的音乐能起到激活并强化右脑的功能。这就是美育所特有的"开发右脑"的作用。当然，人们对人类左右脑半球功能分工的认识还有待于深化。相比之下，人们对左脑半球的研究和了解胜过右脑半球。因为，左脑半球同语言和思维密切相关，人们通过对语言和思维的研究，对左脑半球功能的认识也逐步深入。而且，人们还创立了认知心理学，对思维与语言的脑神经运动规律，特别是语言与思维的优势半脑（左脑）进行了深入研究。相比之下，人们对大脑右半球的研究显得较弱。因此，通过美育等各

---

[1]　韩济生：《神经科学管理》，北京医科大学出版社 1999 年版，第 938 页。

种手段开发右脑，正是人类提高自身素质，挖掘自身潜力的极其重要的途径，预示着人类的整体素质通过美育等教育手段会不断得到提升。因此，开发右脑是极其重要而有前景的课题。正如郭念锋教授所说，"虽然右脑的功能性质至今还不太清楚，但这个半球的存在绝不是多余的，未来可能发现，它的功能作用可能比现在人们想象的更重要些"①。有关美育"开发右脑"的功能，学术界的认识大体一致。1995 年，我在论述美育与智育的关系时就曾引用史贝利（Sperry）关于左右大脑分工的理论，提出"审美活动可以调节人的大脑机能，提高学习和工作效率"。1999 年，我在论述美育与素质教育关系时明确提出"开发右脑，加强美育"。但这些论述都过于简略。通过上述介绍，美育所独有的"开发右脑"的功能会更加明晰。②

第三节　美育调节大脑边缘系统的作用

这里首先要解释一下，所谓大脑皮层是指覆盖在大脑两半球表面的灰质，形成纵横交错、起伏不平的沟与回，是心理活动的主要物质基础，也是反射活动的最高调节机构。它是高级动物，特别是人类特有的结构。所谓边缘系统，是指大脑与间脑交接处的边缘，以及包括杏仁核在内的皮层下结构。它是脑在动物阶段就有的结构。大脑皮层是对边缘系统的调节机制，用心理学的语言表述，就是弗洛伊德精神分析心理学中潜意识的巨大作用及意识对潜意识的稽查或压制。但在弗洛伊德时代，尚未找到脑科学方面的根据。直到 20 世纪，才由纽约大学神经中心神经科学家约瑟夫·勒杜（Joseph Ledoax）第一个发现了杏仁核在情绪中枢的关键作用，以及大脑皮层的调节作用。他首先推翻了认为杏仁核必须依赖大脑皮质的信息以形成情绪反应的传统观念，通过自己的研究，揭示了当大脑皮质思维中枢尚未做出决策

① 韩济生：《神经科学管理》，北京医科大学出版社 1999 年版，第 945 页。
② 参见曾繁仁《走向二十一世纪的审美教育》，陕西师范大学出版社 2000 年版，第96 页。

时，杏仁核就可能越俎代庖，支配我们的情绪反应。也就是说，在出现危急之时，大脑的边缘系统发出紧急通知，呼吁脑的所有组织紧急动员。"短路"的一瞬间，大脑皮质思维中枢还没有来得及了解发生了什么事，因此不可能权衡利弊做出反应，而边缘系统的杏仁核却以更快的速度做出反应，控制了神经系统。勒杜的研究证实，眼、耳等感觉器官所传递的信息首先进入丘脑，经神经突触到达杏仁核；另一条通道是信息经丘脑，沿主干道进入大脑皮质，皮质经若干不同水平的通路聚合信息，充分领悟后发出情绪的特定反应。杏仁核在大脑皮质之前对信息做出反应，这就是所谓的神经系统"短路"。勒杜研究的革命意义在于，推翻了一切反应都必须通过大脑皮质的定见，首先发现了情绪的通路可以在大脑皮质之外，人类最原始最强烈的情绪取捷径直达杏仁核。这条路径足以解释为什么情绪会战胜理智，也就是春山茂雄所说的人有动物脑、人类脑。边缘系统就是动物阶段脑的重要成分，进化到人类后，大脑皮质发达，边缘系统被推到次要部位。但人类早期，面对恶劣的生存环境，为了保存自己，延续种族，常常是凭借边缘系统迅速地做出应急反应，抵御灾难，对抗侵害，保护自己。因此，也可以说，边缘系统杏仁核的应急反应也是原始人类所遗传的一种基于本能的自主反应。这也可以解释弗洛伊德有关潜意识、本我、力比多巨大能量的论述。这也就是当代出现各种暴力事件等大量社会悲剧的根源之一。但是，这种基于本能而未经意识的从大脑边缘系统杏仁核发生的应急反应或原始的情绪冲动不能任其发展，而应置于理性与思维的控制之下。而调节边缘系统杏仁核直接作用和控制原始情绪冲动的缓冲装置位于大脑皮质主干道的另一端，即前额后面的前额叶。当人发怒或恐慌时，前额叶开始工作，主要是镇压或控制这些感受，为了更有效地应对眼前形势，通过重新评估而做出与先前完全不同的反应。这种反应慢于"短路"，因为包括了许多通路，但更审慎周密，包含更多的理智，并经认真权衡风险得失后选出最佳方案。这也就是弗洛伊德所谓的意识对潜意识的管辖。美国行为与脑科学专家丹尼尔·戈尔曼（Daniel Goleman）将这种通过大脑皮质中前额叶这一缓冲装置镇压、控制、规范由杏仁核发出的原始情绪冲动的

能力叫做"情商"（EQ）。所谓"情商"，是一种不同于"智商"（IQ）的受到理性制约的情感力量，在人的一生中起到重要作用，甚至成为一个人成功的主要因素。戈尔曼指出："今天，情感智商之所以受到如此重视，全靠神经科学的发展。"①

勒杜发现的大脑皮质对边缘系统杏仁核的调节机制及戈尔曼在此基础上提出的"情商"理论，对审美教育有着重要的启示作用。我们认为，勒杜从脑科学的角度所提出的大脑皮质对边缘系统杏仁核的调节机制，也可以作为美育的脑科学机制之一。因为，这种调节机制包含对杏仁核应急反应的提升与压制两方面的含义，而美育就具有提升与压制原始情绪这两方面的作用。美育这两方面作用的脑科学机制无疑也是大脑皮质对杏仁核的调节机制，从而为审美教育的著名的"升华"（Sublimation）理论找到了自然科学根据。"升华"一词原意是高尚化。根据升华理论，弗洛伊德认为，艺术、科学、宗教、道德等人类文化活动大都是本能冲动升华的结果。朱光潜曾将其运用于"美育"，他说，美育"把带有野蛮性的本能冲动和情感提到一个较高尚较纯洁的境界去活动，所以有升华作用"②。

第四节　美育调节脑内吗啡肽的作用

脑内吗啡肽的研究与对美育作用认识的深化密切相关。人的心理活动是受神经—体液综合调节的。激素是体液的重要组成部分，它的分泌受到中枢神经的调节，同时又对体内重要的内分泌腺的活动有促进作用，并影响到各个器官及人的行为。脑神经机制包括对激素等体液的调节，并进而影响人的生理、情感与行为。日本医学家春山茂雄指出，脑内吗啡肽的分泌能促进心情愉快。他说："在所有的脑力吗啡肽之中，作用力最强的，大概就是当我们心情愉快时出现的 P－内

---

① ［美］戈尔曼：《情感智商》，耿文秀等译，上海科学出版社1997年版，"致简体中文版读者"第3页。
② 郝铭鉴编选：《朱光潜美学文集》第2卷，上海文艺出版社1982年版，第506页。

啡肽。""反之，凡是人在生气或感到害怕时，就会分泌出去甲肾上腺素及肾上腺素，这两种荷尔蒙都具有相当强的毒性，所以常生气或者感到恐惧的人，就很容易累积超过人体负荷的毒素而得病或迅速老化。"①

"脑内吗啡肽"的概念，是 1983 年英国《自然》科学杂志首次提出的。它对人的作用包含三个方面：第一，活化脑细胞，促使细胞维持年轻有活力的状态；第二，促使失去平衡的左右大脑半球恢复平衡；第三，具有增强大脑能量的作用。这就从大脑生理学的角度为美育的作用提供了论据。也就是说，审美教育可以通过美的对象，使主体在欣赏（教育）过程中，在大脑中产生内吗啡肽，在心理上产生愉快轻松的"正效应"，在生理上产生有利于促进大脑能量与身体健康的积极作用。这不仅从脑生理活动的自然科学角度论证了心理学中的"正""负"效应，而且论证了审美教育从心理到生理的积极作用。心理学始终认为，情感在心理作用上是具有增、减（正、负）两种不同的效应的。这就是所谓情感的两极性，表现为积极的增力作用和消极的减力作用。在美育中，我们一般把这种情感的增、减（正、负）效应说成是"肯定性的情感评价"与"否定性的情感评价"，而美育就是一种"肯定性的情感评价"。我 1985 年在论述艺术教育时，明确指出："艺术欣赏就是人们对于艺术作品的一种肯定性的感情评价。"② 脑内吗啡肽的研究恰从脑科学的角度为美育过程中情感评价的肯定性与否定性提供了科学的佐证。

以上，我们从三个方面介绍了脑科学研究成果与美育的关系。这当然是一个初涉脑科学的社会科学工作者的介绍，不可避免地有错误和遗漏之处，但也可以说明，我们美育研究工作者可以在这方面有所尝试，希望我的介绍能起到抛砖引玉的作用。

我们把美育与脑科学关系的探讨作为美育学科突破的重要环节，

---

① ［日］春山茂雄、竹村健一：《脑内革命的活用》，萧志强译，台北星光出版社 1998 年版，第 113—114 页。

② 参见曾繁仁《走向二十一世纪的审美教育》，陕西师范大学出版社 2000 年版，第 171 页。

并且通过具有相当说服力的材料证明了美育与脑科学关系的探讨具有广阔的学术前景。但是，要在美育与脑科学关系的探讨中取得重大进展，就必须着力于学科建设，应建立一门美育心理学学科，着重探讨美育的心理机制，进而探讨这种心理机制的神经活动机制，包括美育与大脑功能分工以及大脑活动的特殊规律等，借助现有的神经心理学与脑科学的科研成果，并逐步借助现代的形态学方法、生理学方法、电生理学方法、生物化学方法、分子生物学方法以及脑成像方法等，将美育与脑科学关系的探讨建立在实验科学的基础上。同时，应将美育心理学立项，专门确立美育与脑科学有关系研究的相关课题。当然，最重要的还是组织队伍。首先，现有从事美育科研工作的人员中应有一部分有兴趣的人员从事美育与脑科学关系的专题研究，同时要设法邀请从事神经科学研究的专业人员参与到这一研究之中。在这两方面的共同努力下，可期经过一段时间的联合攻关能够取得进展。我们希望美育与脑科学的关系这一重要课题能引起学术界同行的重视与参与，并逐步引起其他有志者，特别是从事脑科学研究学者的重视与参与，从而在这方面涌现更多的研究者与研究成果，推动我国美育学科的建设和素质教育的深化，同时也使美育学科取得突破，更具科学性。

第七章

生态审美教育

第一节　生态美育的提出

20 世纪后期以来，特别是联合国 1972 年环境会议之后，生态环境研究日渐发展，其中包括生态环境教育理论与实践的发展。生态审美教育就是生态环境教育的有机组成部分。由于生态审美教育具有极为重大的现实价值与意义，而且在自然观与审美观等一系列基本问题上有着重大突破，所以，倡导生态审美教育是当前美学与美育学科的重要任务之一。

生态审美教育是用生态美学的观念教育广大人民，特别是青年一代，使之确立必要的生态审美素养，学会以审美的态度对待自然，关爱生命，保护地球。它是生态美学的重要组成部分，是生态美学这一理论形态得以发挥作用的重要渠道与途径。生态审美素养应该成为当代公民，特别是青年人最重要的文化素养之一，是从儿童时期就须养成的重要文化素质与行为习惯。

生态审美教育是 1970 年以来在国际上日渐勃兴的环境教育的重要组成部分，甚至可以说是环境教育的重要理论立场之一。审美地对待自然成为人类爱护环境的重要缘由。1970 年，国际保护自然与自然资源联合会议（IUCN）指出：所谓环境教育，"其目的是发展一定的技能和态度。对理解和鉴别人类、文化和生物物理环境之间的内在关系来说，这些技能和态度是必要的手段。环境教育还促使人们对环境问题的行为准则做出决策"。1972 年，联合国在斯德哥尔摩环境会议上，正式把"环境教育"的名称确定下来。会议通过了著名的《联合国人类环境宣言》，也称《斯德哥尔摩宣言》。《宣言》郑重宣布联合国人类环境会议提出和总结的 7 个共同观点和 26 项共同原则。其中与生态审美教育有关的主要是 7 个共同观点："人是环境的产物，也是环境的塑造者"；"保护和改善人类环境，关系到各国人民的福利和经济发展"；"人类改变环境的能力，可为人民带来福利，否则会造成不可估量的损失"；"在发展中国家，首先要致力于发展，同时也必须保护和改善环境"；"为达到这个环境目标，要求每个公民、团体、机关、企业都负起责任，共同创造未来的世界环境"。26 条原则的第19 条明确提出了环境教育的要求："考虑到社会的情况，对青年一代，包括成年人有必要进行环境教育，以便扩大环境保护方面启蒙的基础以及增强个人、企业和社会团体在他们进行的各种活动中保护和改善环境的责任感。有必要为对人们提出环境危害的劝告提供大量的宣传工具，而且，为使人类在多方面都得到发展，也有必要传播需保护和改善环境的教育性质的情报。"以上，已经对环境教育的必要性、重要性与应该采取的措施做了比较全面的阐述与界定，对我们开展生态审美教育具有指导意义。1975 年，联合国正式设立国际环境教育规划署。同年，联合国教科文组织发表了著名的《贝尔格莱德宪章》，根据环境教育的性质和目标，指出环境教育的目的，是"进一步认识和关心经济、社会、政治和生态在城乡地区的相互依赖性；为每一个人提供机会获得保护和促进环境的知识和价值观、态度、责任感和技能；创造个人、群体和整个社会环境行为的新模式"。由此可见，环境教育旨在确立人对环境的正确态度，建立正确的行为准则，并使每个人获得保护促进环境的知识、价值观、责任感和技能，以期建立新型的人与环境协调发展的模式，因而，对自然生态环境的审美态度也成为当代人类与自然环境"亲和共生"的最重要、最基本的态度之一。

生态审美教育是每个公民享有环境与环境教育权的重要途径之一。1972 年联合国环境会议确定，每个人"享有自由、平等、舒适的生活条件，有在尊严和舒适的环境中生活的基本权利"。1975 年

《贝尔格莱德宪章》又规定："人人都有受环境教育的权利。"从"权利"的内涵来说，首先要有知情权，也就是首先知道自己有这个权利；其次就是了解权，也就是了解这种权利的内涵是什么，从了解权的角度看，生态审美教育作用重大。"环境权"的付诸实施让每个人都得以"审美地生存"和"诗意地栖居"，这才是"有尊严的生活"；而"环境教育权"就是让每个人都了解环境教育中所必须包含的生态审美教育的重要内容。缺少生态审美教育的环境教育权是不完整的，或者说是有缺陷的环境教育。

环境教育与生态审美教育的提出是时代与现实的需要。从时代的角度来说，人类经历了原始社会时代、农业文明时代，以及以1781年瓦特发明蒸汽机为开端的工业文明时代。工业文明开始了人类现代化的进程，创造了无数的奇迹，但它只顾开发利用不顾地球承载能力的发展模式造成了资源枯竭和环境污染的严重问题，向人类敲响了警钟。以1972年联合国环境会议为标志，人类社会开始超越工业文明迈入新的后工业文明，即生态文明的新时代。生态文明时代的到来意味着一系列经济、社会与文化制度和观念的重大变更，环境教育与生态审美教育由此应运而生。

从现实的情况来看，历经二百多年的工业革命，地球的承载能力已经濒临极限。根据最近的一份《地球生命力报告》，人类攫取地球自然资源的速度是资源转换速度的1.5倍。如果人类继续以目前的速度开发土地和海洋，那么到2030年，要想生产出足够的资源并吸收转换人类排泄的废物，就需要两个地球才够用。① 有两个地球供人类使用是不可能的，因此，唯一的出路就是走生态文明发展之路，人们不仅需要改变自己的生活与生产方式，而且首先要改变自己的生活态度与文化立场，以审美的态度对待自然环境，珍爱地球。这就是生态审美教育提出的现实基础。

从中国的现实情况来看，生态环境保护特别重要。我国是人口众多的资源紧缺型国家，以占世界9%的土地养活占世界22%的13亿

---

① 《参考消息》2010年10月15日。

人口；森林覆盖率不到 14%，是世界人均的二分之一；水资源是世界人均的四分之一，北方的缺水情形更加严重。我国环境污染的严重性也是空前的，发达国家上百年工业化过程中分阶段出现的环境问题在我国已经集中出现。在这种情况下，我们必须立即改变发展模式和文化态度，走环境友好型之路，以审美的态度对待自然。所以，生态审美教育在我国显得特别重要，它是生态文明时代每个公民必须接受的教育，是实现我国生态现代化的必要条件。

第二节　生态美育的基本内容

一　生态美育的基本立足点与哲学基础

生态审美教育最基本的立足点，是当代生态存在论审美观，即以马克思主义的唯物实践存在论为指导，在经济社会、哲学、文化与美学艺术等不同基础之上，将生态美学有关生态存在论美学观、生态现象学方法、生态美学的研究对象为生态系统的观念、人的生态审美本性论以及诗意栖居说、四方游戏说、家园意识、场所意识、参与美学、生态文艺学等内容作为教育的基本内容。从生态审美教育的目的上来说，应该包含使广大公民，特别是青年一代确立欣赏自然的生态审美态度和诗意化栖居的生态审美意识。

生态审美教育的哲学基础是整体论生态观。众所周知，工业革命以来，在思想观念中占统治地位的是"人类中心主义"生态观。生态文明新时代的到来，必然意味着"人类中心主义"的退场。在"人类中心主义"生态观的基础上，生态审美教育不可能走上健康发展之路。人类中心主义生态观的最大危害，是以人类，特别是人类的当下利益作为价值伦理判断与一切活动的唯一标准与目的，完全忽略了人与自然环境是一种须臾难离的关系，实行只顾开发不顾环境的政策，从而导致自然环境的严重破坏与人类的严重生存危机。更危险的是，他们不能从历史的角度看待人类中心主义生态观退场的必然性。历史告诉我们，任何一种思想观念都是历史的，在历史中形成发展，并随着历史发展而退场，不可能也没有永恒不变的思想观念。前现代在落后的经济社会发展情况下，无论中西方都是一种与当时生产力相适应的自然膜拜论生态观。中国古代典籍告诉我们，"国之大事，在祀与戎"（《左传·成公十三年》），说明在前现代祭天祈神是当时最重要的活动与生存方式。西方古希腊神话也渗透着自然膜拜论，只是从文艺复兴，特别是工业革命开始，人类中心主义生态观才逐步取代自然膜拜论生态观占据统治地位。文艺复兴时期是人性复苏时期，是以人道主义为旗帜反对宗教禁欲主义的重要时期，在人类历史上创造了辉煌的文化成就。但文艺复兴时期也是人类中心主义哲学观与生态观进一步发展完善的时期。请看，莎士比亚在《哈姆雷特》中对人的歌颂的一段著名独白："人是一件多么了不得的杰作！多么高贵的理性！多么伟大的力量！多么优秀的外表！多么文雅的举动！在行为上多么像一个天使！在智慧上多么像一个天神！宇宙的精华！万物的灵长！"工业革命时代由于科技与生产力的发展，人类中心主义得到极大发展。西方近代哲学的代表培根写出《新工具》一书，将作为实验科学的工具理性的作用推到极致——它不仅可以认识自然，而且能够支配自然。这就是培根的"知识就是力量"的重要内涵。德国古典哲学的开创者康德提出了著名的"人为自然界立法"的观点。康德认为，"范畴是这样的概念，它们先天地把法则加诸现象和作为现象的自然界之上"[1]。以人类中心主义为标志之一的工业革命给人类文明带来了巨变，促进了人类社会的进步，但也因其片面性而造成自然环境污染的恶劣后果，经济社会的发展已经难以为继。这就促使自 20 世纪 50 年代开始，人类中心主义生态观逐步退出，整体论生态观逐步出场。20 世纪 60 年代以来，由于"二战"对人类所造成的巨大破坏、环境灾难的加剧以及各种生态哲学逐步产生发展等原因，进一步表明工具理性世界观以及与之相应的人类中心主义生态观的极大局限，从而促使法国著名哲学家福柯于 1966 年在《词与物》一书中宣告工具理性主导的"人类中心主义"哲学时代结束，将迎来一个新的哲学时代。福柯指出，"在我们今天，并且尼采仍然从远处表明了转折点，已被

---

①　转引自赵敦华主编《西方人学观念史》，北京出版社 2005 年版，第 251 页。

断言的，并不是上帝的不在场或死亡，而是人的终结"①。这里所谓"人的终结"，就是"人类中心主义"的终结。他进一步阐述说："我们易于认为：自从人发现自己并不处于创造的中心，并不处于空间的中间，甚至也许并非生命的顶端和最后阶段以来，人已从自身之中解放出来了；当然，人不再是世界王国的主人，人不再在存在的中心处进行统治……。"② 但我们可以明确地说，这是一个新的生态文明的时代，以及与之相应的整体论生态观兴盛发展的新时代。它的产生其实是一场社会与哲学的革命。正如著名的"绿色和平哲学"所宣称的那样，"这个简单的字眼——'生态学'，却代表了一个革命性观念，与哥白尼天体革命一样，具有重大的突破意义。哥白尼告诉我们，地球并非宇宙中心；生态学同样告诉我们，人类也并非这一星球的中心。生态学并告诉我们，整个地球也是我们人体的一部分，我们必需像尊重自己一样，加以尊重"③。因此，整体论生态观是对传统哲学观与价值观基本范式的一种革命性的颠覆，因而引起巨大的震动。

从哲学观的角度看，整体论生态观是人与世界的一种"存在论"的在世模式。众所周知，传统工业革命产生的"主体与客体"的"在世模式"，必然产生人与世界（自然生态）对立的"人类中心主义"。而存在论哲学所力主的却是"此在与世界"即"人在世界之中"的在世模式。在这种"在世模式"中，人与世界（自然生态）构成整体，须臾难离，是一种"共生"和"双赢"的关系。它与中国古代的"天人合一""和实生物，同则不继""和而不同"的"中和论"哲学观相互融通。从价值观的角度看，整体论生态观是对人与自然相对价值的承认与兼容，实际上是调和了"生态中心论"对自然生态绝对价值的坚持与"人类中心论"对人类绝对价值的坚持。从人文观来看，整体论生态观是人文主义在当代的新发展，是一种包含着生存维度的新的人文主义，即"生态人文主义"。

---

① ［法］福柯：《词与物》，莫伟民译，上海三联书店 2002 年版，第 503 页。
② 同上书，第 454 页。
③ 转引自冯沪祥《人、自然与文化：中西环保哲学比较研究》，人民文学出版社 1996 年版，第 532 页。

总之，整体论生态观坚持"万物并育而不相害，道并行而不相悖"（《礼记·中庸》）的原则，将"人类中心主义"与"生态中心主义"加以折中调和，建立起一种适合新的生态文明时代的有机统一、和谐共生的新的哲学观，应该成为新的生态美学与生态审美教育的哲学基础。

二　生态审美教育的手段是生态系统中的关系之美

众所周知，传统美育所凭借的手段主要是艺术美，所以美育常常被称为艺术教育。诚然，艺术作为人类文明的结晶在美育中确实起着十分重要的作用，但将美育仅仅归结为艺术教育又是非常不全面的，是由人类中心主义所导致的艺术中心主义的产物。因为，从人类中心主义的视角来看，凡是人类创造的东西都必然要高于天然的东西。正因此，黑格尔将他的《美学》称作"艺术哲学"。他的"美是理念的感性显现"命题讲的就是艺术美，因而将"自然美"排除在美学之外的，自然物只有在对人类生活有所"象征"时才存在某种"朦胧预感"之美。这样的美学与美育观念统治了美学与美育领域好几百年。直到1966年，美国美学家赫伯恩（Ronald W. Hepburn）写了一篇挑战这一传统观念的论文——《当代美学及自然美的遗忘》，尖锐地批判了将美学等同于艺术哲学而遗忘了自然之美的错误倾向，起到振聋发聩的作用，催生了西方环境美学的诞生。相对传统美育而言，生态审美教育所凭的手段主要不是艺术，而是生态系统中的关系之美。这种生态系统中的关系之美，不是一种物质的或精神的实体之美。事实告诉我们，自然界根本不存在孤立抽象的实体的客观"自然美"与主观"自然美"。西文中的"自然"（nature）"有独立于人之外的自然界"之意，它与中国古代的"道法自然"中的"自然"内涵是不同的，主要讲的不是一种状态而是指物质世界。古希腊的亚里士多德在其《物理学》论述"自然"时，认为"只要具有这种本源的事物就具有自然。一切这样的事物都是实体"①。可见，在西方，历来是将"自然"

---

① 苗力田主编：《亚里士多德全集》第2卷，中国人民大学出版社1991年版，第31页。

看作独立于人之外甚至与人对立的物质世界的。这就必然推导出自然之美就是这种独立于人之外的物质世界之美。但这种独立于人之外的物质世界之美，实际上在现实中是不存在的。因为，从生态存在论的视角来看，人与自然是一种"此在与世界"的关系，两者结为一体，须臾难离。而且，人与自然是一种特定的时间与空间中此时此刻的关系，构成一刻也不可分离的系统，从不存在相互对立的实体。正如美国生态哲学家阿诺德·伯林特所说，"自然之外并无一物"，人与自然"两者的关系仍然只是共存而已"。① 恩格斯对将人与自然割裂开来的观点进行了严厉的批判："那种把精神和物质、人类和自然、灵魂和肉体对立起来的荒谬的、反自然的观点，也就愈不可能存在了。"② 因此，在现实中只存在人与自然紧密相联的自然系统，也只存在人与自然世界融为一体的生态系统之美。这就是利奥波德在《沙乡年鉴》中所说的"生物共同体的和谐、稳定和美丽③。在这里，"生态"有家园、生命与环链之意，所以，生态系统的和谐稳定美丽就有家园与生命之美的内涵。对于是否有实体性的"自然美"，是一个在国际上普遍有争论的问题。即使是环境美学与自然美学的开创者赫伯恩，在他那篇著名的批判艺术中心论的文章《当代美学及自然美的遗忘》中仍然有"自然美"（natural beauty）这一以自然之美为实体美的表述。④

那么，在自然之美中，对象与主体到底是一个什么样的关系呢？如果从生态系统来看，它们各自有其作用。荒野哲学的提出者罗尔斯顿认为，自然对象的审美素质与主体的审美能力共同在自然生态审美中发挥着自己的作用。从生态存在论哲学的角度来看，自然对象与主体构成"此在与世界"共存并紧密相联的机缘性关系，人在"世界"之中生存，如果自然对象对于主体（人）是一种"称手"的关系，形成肯定性的情感评价，人就处于一种自由的栖息状态，是一种审美

---

① ［美］阿诺德·伯林特：《环境美学》，张敏、周雨译，湖南科学技术出版社2006年版，第9页。

② 《马克思恩格斯选集》第3卷，人民出版社1972年版，第518页。

③ ［美］利奥波德：《沙乡年鉴》，候文惠译，吉林人民出版社1997年版，第213页。

④ 参见艾伦·卡尔松《环境美学》，杨平译，四川人民出版社2001年版，第17页。

的生存，那么，人与自然对象就是一种审美的关系。关于自然之美中实体性美之消解以及生态系统之美能否成立，有学者认为，"美学作为感性学，它的最重要的特点就是必须指涉具体对象，生态学强调的关系，无法成为审美对象"。这个问题是具有普遍性的。因为在传统的认识论美学之中，从主客二分的视角来看，审美主体面对的倒确实是单个的审美客体；但从生态存在论美学的视角来看，审美的境域是"此在与世界"的关系，审美主体作为"此在"所面对的是在"世界"之中的对象。"此在"以及这个在"世界"之中的对象，与世界之间是一种须臾难离的机缘性关系，所以，这是一种关系性中的美，而不是一种"实体的美"。海德格尔对于这种"此在"在"世界"之中的情形进行了深刻的阐述，他认为，这种"在之中"有两种模式，一种是认识论模式的"一个在一个之中"，另一种则是存在论的此在与世界的机缘性关系的"在之中"，这是一种依寓与逗留。他说："'在之中'不意味着现成的东西在空间上'一个在一个之中'；就源始的意义而论，'之中'也根本不意味着上述方式的空间关系。'之中'〔in〕源自 innan，居住，habitare，逗留。'an'〔"于"〕意味着：我已住下，我熟悉、我习惯、我照料。"① 这说明，生态美学视野的自然审美中"此在"所面对的不是孤立的实体，而是处于机缘性与关系性中的审美对象。所以，阿多诺认为，"若想把自然美确定为一个恒定的概念，其结果将是相当荒谬可笑的"②。

由上述可知，生态审美教育所凭借的主要手段不是艺术美，而是生态系统中的关系之美。这种"关系之美"既不是物质性的、也不是精神性的实体之美，而是人与自然生态在相互关联之时，在特定的空间与时间中"诗意栖居"的"家园"之美。

三　生态审美教育所凭借的主要审美范畴

生态审美教育所凭借的是新兴的生态美学的有关范畴。它们不同

---

① ［德］海德格尔：《存在与时间》，陈嘉映、王庆节译，生活·读书·新知三联书店1987年版，第67页。

② ［德］阿多诺：《美学原理》，王柯平译，四川人民出版社1998年版，第125页。

于传统美学"比例对称与和谐"的审美观念，是一系列与人的美好生存密切相关的全新的美学范畴。下面择其要者加以介绍。

其一，"共生性"。

这是一个主要来自中国古代的生态美学范畴，意指人与自然生态相互促进，共生共荣，共同健康，共同旺盛。也就是所谓的"和实生物，同则不继"。这是中国古代"同姓不蕃"思想的延续，也是对中国传统"生命论"哲学的深入阐发。《周易》曰："生生之谓易"，"天地大德曰生"，"乾，元亨利贞"。这就告诉我们，在中国古人看来，"生命"是人类所得到的最大利益，而"元亨利贞"之美好生存正是生命健旺之呈现，是中国古代传统的美学形态、古典的生态审美智慧。这种"共生性"的美学内涵，在20世纪30年代以后资本主义工业化引发的环境问题日渐严重之时引起了西方哲学家的关注。1934年，杜威在《艺术即经验》的演讲中提到，人作为有机体的生命只有在与环境的分裂与冲突中才能获得一种审美的巅峰经验。1937年，怀特海在论述自己的"过程哲学"时说到，应该"将生命与自然融合起来"。1949年，生态理论家利奥波德在著名的《沙乡年鉴》中提出"土地伦理学"与"土地健康"的重要命题，描述了一个人依赖万物、依赖大地的"生命的金字塔"。20世纪90年代，加拿大著名环境美学家卡尔松则更加明确地将生命力的表现看作是深层次的美，而将形式的外在的因素说成是"浅层次"的美。毫无疑问，这种"共生性"包含着东方的"有机性"思维，一种有机生成的、充满蓬勃生命力的活性思维。这种"共生的""有机生成"的思维成为生态美学的一个重要维度，成为生态审美教育必须要确立的一种审美观念。与之相反的就是冰冷死寂而古板僵持的"无机性"，这是"舍和取同"，是一种非美的属性。用这样的"共生性"视角审视我们周围的建设工程，哪一种与"有机生成性""人与自然共生""蓬勃的生命力"相悖的所谓"工程"不是非美的呢？为此，我们要在"共生性"美学观念基础上重建我们的城市美学以及整个美学学科。

其二，家园意识。

"家园意识"是我们在生态审美教育中需要树立的另一个极为重

要的生态美学观念。在现代社会中，由于自然环境的破坏和精神焦虑的加剧，人们普遍产生了一种失去家园的茫然之感。当代生态审美观中作为生态美学重要内涵的"家园意识"，即是在这种危机下提出的。"家园意识"不仅包含着人与自然生态的关系，而且蕴涵着更为深刻、本真的人诗意地栖居的存在之意。"家园意识"集中体现了当代生态美学作为生态存在论美学的理论特点，反映了生态美学不同于传统美学的根本点，成为当代生态美学的核心范畴之一。它已经基本舍弃了传统美学中作为认识和反映的外在形式之美的内涵，而将人的生存状况放到最重要的位置；它不同于传统美学立足于人与自然的对立的认识论关系，而是建基于人与自然协调统一的生存论关系。人不是在自然之外，而是在自然之内，自然是人类之家，而人则是自然的一员。

　　"家园意识"植根于中外美学的深处，从古今中外优秀美学资源中广泛吸取营养。首先，我们要谈的就是海德格尔存在论哲学—美学中的"家园意识"。因为，海德格尔是最早明确地提出哲学与美学中的"家园意识"的，在一定意义上，这种"家园意识"就是其存在论哲学的有机组成部分。在海氏的存在论哲学中，"此在与世界"的在世关系就包含着"人在家中"这一浓郁的"家园意识"。人与包括自然生态在内的世界万物是密不可分地交融为一体的。当代西方生态与环境理论中也有着丰富的"家园意识"。1972 年，为筹备联合国《环境宣言》和环境会议，由 58 个国家的 70 多名科学家和知识界知名人士组成了大型顾问委员会，负责向大会提供详细的书面材料。同年，受斯德哥尔摩联合国第一次人类环境会议秘书长莫里斯·斯特朗的委托，经济学家芭芭拉·沃德与生物学家勒内·杜博斯撰写了《只有一个地球——对一个小小行星的关怀和维护》，其中明确地提出了"地球是人类唯一的家园"的重要观点。报告指出："我们已经进入了人类进化的全球性阶段，每个人显然地有两个国家，一个是自己的祖国，另一个是地球这颗行星。"[①] 在全球化时代，每个人

---

　　① ［美］芭芭拉·沃德、勒内·杜博斯：《只有一个地球——对一个小小行星的关怀和维护》，《国外公害丛书》编委会译校，吉林人民出版社 1997 年版，"前言"第 17 页。

都有作为其文化根基的祖国家园，同时又有作为其生存根基的地球家园。最后，作者更加明确地指出："在这个太空中，只有一个地球在独自养育着全部生命体系。地球的整个体系由一个巨大的能量来赋予活力。这种能量通过最精密的调节而供给了人类。尽管地球是不易控制的、捉摸不定的，也是难以预测的，但是它最大限度地滋养着、激发着和丰富着万物。这个地球难道不是我们人世间的宝贵家园吗？难道它不值得我们热爱吗？难道人类的全部才智、勇气和宽容不应当都倾注给它，来使它免于退化和破坏吗？我们难道不明白，只有这样，人类自身才能继续生存下去吗？"[①] 1978 年，美国学者威廉·鲁克尔特（William Rueckert）在《文学与生态学》一文中首次提出"生态批评"与"生态诗学"的概念，同时明确提出了生态圈就是人类的家园的观点。英国著名的历史学家阿诺德·汤因比早在 1973 年就在《人类和地球母亲》一书中指出，现在的生物圈是我们拥有的——或好像曾拥有的——唯一可以居住的空间，是人类的家园。人类进入 21 世纪以来对自然生态环境问题愈来愈重视，环境哲学家霍尔姆斯·罗尔斯顿（Holmes Rolston Ⅲ）在《从美到责任：自然美学和环境伦理学》一文中明确地从美学的角度论述了"家园意识"的问题。他说："我们感觉到大地在我们脚下，天空在我们的头上，我们在地球的家里。"[②] 西方与中国古代都有着十分深厚的"家园意识"的文化资源。所以，我们认为，"家园意识"具有文化的本源性。正是因为"家园意识"的本源性，所以，它不仅具有极为重要的现代意义和价值，而且成为人类文学艺术千古以来的"母题"。例如，《奥德修纪》《圣经》中有关"伊甸园"的描写，乃至现代的《鲁宾逊漂流记》等，无不包含着生态美学"家园意识"的内涵。我国作为农业古国，历代文化与文学作品贯穿着强烈的"家园意识"，这为当代生态美学与生态文学之"家园意识"的建设提供

---

① ［美］芭芭拉·沃德、勒内·杜博斯：《只有一个地球——对一个小小行星的关怀和维护》，《国外公害丛书》编委会译校，吉林人民出版社 1997 年版，第 206 页。

② ［美］阿诺德·伯林特主编：《环境与艺术：环境美学的多维视角》，刘悦笛译，重庆出版社 2007 年版，第 91 页。

了极为宝贵的资源。从《诗经》开始就记载了我国先民择地而居，选择有利于民族繁衍生息地的历史，并保存了大量思乡、返乡的动人诗篇。

综合上述，"家园意识"在浅层次上有维护人类生存家园、保护环境之意。在当前环境污染不断加剧之时，它的提出就显得尤为迫切。据统计，在当前以"用过就扔"作为时尚的大众消费时代，全世界每年扔掉的瓶子、罐头盒、塑料纸箱、纸杯和塑料杯不下两万亿个，塑料袋更是不计其数，我们的家园日益成为"抛满垃圾的荒原"，人类的生存环境日益恶化。早在 1975 年，美国《幸福》杂志就曾刊登过菲律宾境内一处开发区的广告："为吸引像你们一样的公司，我们已经砍伐了山川，铲平了丛林，填平了沼泽，改造了江河，搬迁了乡镇，全都是为了你们和你们的商业在这里可经营得容易一些。"这只不过是包括中国在内的所有发展中国家因开发而导致环境严重破坏的一个缩影。珍惜并保护我们已经变得十分恶劣的生存家园，是当今人类的共同责任。如此，从深层次上看，"家园意识"更加意味着人的本真的存在与澄明之中。

其三，诗意地栖居。

"诗意地栖居"是海德格尔在《追忆》一文中提出的，是海氏对于诗与诗人之本源的发问与回答，亦即回答了长期以来普遍存在的问题：人是谁，以及人将自己安居于何处？艺术何为，诗人何为？——诗与诗人的真谛是使人诗意地栖居于这片大地之上，在神祇（存在）与民众（现实生活）之间，面对茫茫黑暗中迷失存在的民众，将存在的意义传达给民众，使神性的光辉照耀平静而贫弱的现实，从而营造一个美好的精神家园。这是海氏所提出的最重要的生态美学观之一，是其存在论美学的另一种更加诗性化的表述，具有极为重要的价值与意义。长期以来，人们在审美中只讲愉悦、赏心悦目，最多讲到陶冶，但却极少有人从审美地生存，特别是"诗意地栖居"的角度来论述审美。这里需要特别说明的是，海氏的"诗意地栖居"在当时是有着明显的所指的，那就是指向工业社会之中愈来愈严重的工具理性控制下的人的"技术地栖居"。在海氏所生活的 20 世纪前期，资本主义已经进入帝国主义时期。由于工业资本家对于利润的极大追求，对于通过技术获取剩余价值的迷信，因而，滥伐自然，破坏资源，侵略弱国成为整个时代的弊病。海氏深深地感受到这一点，将其称作技术对于人类的"促逼"与"暴力"，是一种违背人性的"技术地栖居"。他试图通过审美之途将人类引向"诗意地栖居"。"诗意地栖居于大地"，这样的美学观念与东方，特别是中国文化有着密切的渊源关系。中国古代所强调的不同于西方"和谐美"的"中和美"就是在天人、阴阳、乾坤相生相克之中达到社会、人生与生命吉祥安康的目的，这也正是"中和美"对于人"诗意地栖居"的期许，也与海氏生态存在论美学有关人在"四方游戏"世界中得以诗意地栖居的内涵相契合，并成为当代生态美学建设的重要资源。

四　生态审美教育的性质——参与美学

传统的审美教育在康德无功利美学思想影响下是一种与对象保持距离的"静观美学"的教育。但生态审美教育面对的是活生生的可见可感的自然生态环境，是人在世界之中，因此，是一种人体各个感官直接介入的"参与美学"的教育。

"参与美学"是由阿诺德·伯林特明确提出的。他说："首先，无利害的美学理论对建筑来说是不够的，需要一种我所谓的参与的美学。"① 又说："美学与环境必须得在一个崭新的、拓展的意义上被思考。在艺术与环境两者当中，作为积极的参与者，我们不再与之分离而是融入其中。"② 它突破了传统的由康德所倡导、被长期尊崇的"静观美学"，力求建立起一种完全不同的主体以及在其上所有感官积极参与的审美观念，这是美学学科上的突破与建构，具有重要的价值与意义。诚如伯林特自己所说："如果把环境的审美体验作

---

① ［美］阿诺德·伯林特：《环境美学》，张敏、周雨译，湖南科学技术出版社 2006 年版，第 134 页。

② ［美］阿诺德·伯林特主编：《环境与艺术：环境美学的多维视角》，刘悦笛译，重庆出版社 2007 年版，第 185 页。

为标准，我们就会舍弃无利害的美学观而支持一种参与的美学模式。""审美参与不仅照亮了建筑和环境，它也可以被用于其他的艺术形式并获得显著的后果，不管是传统的还是当代的。"① 卡尔松进一步从美学学科的建设角度对"参与美学"的价值做了评价："将环境美学塑造成为一个新学科的关键，仍不仅仅只是关注于自然环境的审美欣赏，而更应关注我们周边整个世界的审美欣赏。"② "参与美学"以上述方式阐明了环境美学对于普适意义上的美学而言所具有的重要含义，这种普适意义被伯林特看作是"艺术研究途径的重建"③。

　　"参与美学"的提出无疑是对传统无利害静观美学的一种突破，将长期被忽视的自然与环境的审美纳入美学领域，具有十分重要的意义；它不仅在审美对象上突破了艺术唯一或最重要的框框，而且在审美方式上也突破了主客二元对立的模式。这里要特别强调的是，"参与美学"将审美经验提到相当的高度，认为面对充满生命力和生气的自然，单纯的"静观"或"如画式"风景的审视都是不可能的，而必须要借助所有感官的"参与"。诚如罗尔斯顿所说，"我们开始可能把森林想作可以俯视的风景。但是森林是需要进入的，不是用来看的。一个人是否能够在停靠路边时体验森林或从电视上体验森林，是十分令人怀疑的。森林冲击着我们的各种感官：视觉、听觉、嗅觉、触觉，甚至是味觉。视觉经验是关键的，但是没有哪个森林离开了松树和野玫瑰的气味还能够被充分地体验"④。从另一方面说，参与美学还奠定了生态美育重在实施的基本特点的基础。

---

① ［美］阿诺德·伯林特：《环境美学》，张敏、周雨译，湖南科学技术出版社 2006 年版，第 142 页。
② ［加］艾伦·卡尔松：《自然与景观：环境美学论文集》，陈李波译，湖南科学技术出版社 2006 版，第 7 页。
③ ［美］阿诺德·伯林特：《环境美学》，张敏、周雨译，湖南科学技术出版社 2006 年版，第 155 页。
④ ［美］阿诺德·伯林特主编：《环境与艺术：环境美学的多维视角》，刘悦笛译，重庆出版社 2007 年版，第 166 页。

第三节　生态审美教育的实施

——日本广岛大学个案分析

重在实施是生态审美教育的基本特点。因为生态审美教育作为教育的组成部分之一，本身就具有极强的实践性品格。教育是社会的组织与行为，最后落实到人的培养上，它更是一种实施过程与成果。因此，生态审美教育重在实施本是其自身所应包含之义。更何况生态审美教育是后现代（后工业文明时代）的一种理论形态，后现代的基本特点就是对工业文明的反思与超越，具有很强的实践性。"反思"是一种对既往的分析与批判，需要清理与批判既往的审美教育中有关"人类中心""艺术中心""主客二分""静观美学"等一系列已经过时的哲学与艺术观念，还需要在此基础上清理既往的文学艺术作品，进行必要的"价值重估"。而"超越"就意味着建设，建设新的理论形态，建设新的审美教育实践模式与路径，等等。这一切都表明了生态审美教育重在实施的基本品格。

实施本身是一种行动，需要组织与物质的保证，从国家层面开始，到学校、到家庭、到社会，都要将生态审美教育的实施放到应有的位置之上并付诸实践。

下面介绍一下日本广岛大学的生态教育与生态审美教育的实践。日本广岛大学是一所国立大学，建校于 1949 年，师生员工万余人，有三个校区，自然环境优美。该校对生态与生态审美教育十分重视，现依据其 2008 年《环境报告书》的基本内容将其生态与生态审美教育的情况简要介绍如下。

首先是校长声明。校长指出，努力推进解决环境破坏、环境污染、能源及食品不足等问题是广岛大学不容推卸的使命。保护地球环境、建构持续可发展社会是 21 世纪人类最大课题，这也应该记入学校的环境基本理念之中。广岛大学的学生及教职员工数量已经超过 2 万人，当然要考虑这带给周边环境的负荷。学校限定了能源消费量、废物排出量、用水量及复印纸使用量，并在校内推行用水量 30% 以上为循环再利用水、复印纸的再利用及资源化，还通过药品管理体制进行化学物质管理。通过这些活动，职员们充分理解了削减环境负荷的必要性，并认识到了进行自主性教育的重要性。为了不给下一代留下负面环境遗产，每一个人都应该认真思考并切实采取行动。因此，广岛大学必须培养对环境具有强烈问题意识的人才。

该环境报告书还介绍了广岛大学的环境理念和基本方针、环境管理体制、削减环境负荷活动等内容。

环境保护基本指导思想，是立足保护地球环境，建构可持续发展社会这一21世纪人类最大的课题，努力通过教育、研究、社会服务等各项大学活动，在与区域社会、国际社会的协调中积极为削减环境负担做贡献。

行动方针，是通过校园内外的环境教育，培养具有较高环境意识及环保知识的人才；推进面向保护地域、地球环境、建构持续可发展社会的具有先进性、实践性的研究；最大限度地向社会提供大学所储备、创造的知识财富，为区域社会、国际社会的环保活动做贡献；所有活动都要遵守环境相关法令，努力做到削减环境负担、保护自然环境；通过环境报告书的形式，积极公开广岛大学与环境问题相关的各项活动，以达成与社会的良好沟通和共存。

广岛大学建立了以校长、委员会为最高管理层的环境管理体制。综合环境管理责任者兼管综合安全卫生，与负责校内安全卫生的安全卫生委员会、负责公用设施管理的设施管理会协作，关注化学物质管理等与安全卫生相关的课题，并从环保角度考虑设施的配套与运作。同时，综合环境管理责任者下设环境管理专门委员会，负责企划案的立案与推进。

广岛大学以院部（科研所、中心群、附属医院、法人本部）为具体实施单位，各院部都设有环境会，管理院部内部环境问题，由环境联络会统一协调各院部间的环境问题。最高领导层制定的规则由环境联络会下达各院部，各院部也将各自的活动情况通过环境联络会向上报告。

广岛大学每年都有明确的环境保护目标。以2008年的目标为例：

1. 环境教育的推进方面。在全校范围内实行以化学物质管理为中心的环境安全教育；在教养教育、专业教育中加入环境相关课程；通过终生教育对地区社会进行环境教育；对新生、新进教师进行药品使用及实验废液处理的安全教育培训并开设新课；推进地区环境教育，组织小学生进行自然体验，与地区社团一起开展野鸟保护活动等。

2. 环境研究的推进方面。推进环境情报的共有与研究；促进环境研究组织化；建立校内环境研究学者的知识情报共有体系；建立校际研究组织"项目研究中心"，开展各项科研活动；与区域社会、市民一起推进环境保护活动，推进师生参与环境保护活动，有 14 名教员参加了县内大学、企业联合建立的 NPO 法人广岛循环性社会推进机构；实施"地域贡献研究"，针对地区提出的课题，将研究成果还原社会；参加广岛县组织的各项环境活动。

3. 自然环境的保护与利用方面。管理东广岛校区附近动植物的栖息环境；利用校区自然环境进行环境教育；维护校园周边水生生物生存环境；为校园周边树林除杂草；成立野外观察会；利用大学文化节，推出与周围生物友好共处活动等。

4. 促进资源的有效利用方面。目标是节能、节水、促进资源的循环再利用（水、复印纸、纸巾等）、减少废物排出量；通过对教学楼等进行改造，实现节能目的；严格药品管理体系，在理、工学部以外的院系也引入药品管理体系，进行严格管理。

5. 环境教育方面。包括教养教育中的环境教育、综合科学部的环境教育、社会科学学科的环境教育、医药学院的环境教育等。其中教养教育是面对全体学生的，开设了"综合课程""学科课程"和"领域课程"等。

6. 社会与国际贡献方面。地区贡献是广岛大学在区域联合中心设置综合窗口，服务对象不仅限于本地区，还包括日本全国甚至海外。2002 年开始积极推进"区域贡献研究"，至今已从 260 余项课题中精选出 84 项，并将其研究成果还原社会，公开发表。社会贡献活动是以振兴地区教育、文化，增加住民福利，向社会还原普及研究成果为目的，联合地区组织开展了许多活动。国际贡献是教职员工和学生一起，与国际协作机构、国联训练调查研究所、国际协作银行等合作，为发展中国家提供国际助力。此外，还建立了北京研究中心等国际协作研究点。同时，与28个国家的106所学校建立校级、与37个国家的143所学校建立院部级交流协作关系，展开国际教育研究合作。又被选入人文部科学部"超越国境的工学研究"等项目，积极投身海外活动。

7. 环境负荷消减方面。作为有效利用资源的实例，学校回收废打印纸制成厕所纸，可满足大学内100%的需求。大学内40%的用水是靠水循环提供的。

第八章

西方古代“和谐论”美育思想

第一节 古希腊罗马的“和谐论”美育思想

一 古代希腊及其特有的“和谐美”

希腊是一个半岛，三面环海，交通便利，气候温和，航海业发达。特有的地理环境与生存方式促进了古希腊民族擅长具体分析的发达的理性思维。希腊半岛丘陵起伏，自然条件艰苦，许多城邦经常处于战争状态。为了适应艰苦的自然环境与战争的需要，体育锻炼被提到重要位置，运动会成了炫耀体魄的场所，著名的奥林匹克运动会就发源于此。当时的运动会均为男性参加，而且是裸体举行的，这就为雕塑艺术，特别是裸雕的发展提供了条件。从文化的角度来看，古代希腊哲学盛行对宇宙本体的探索，或者将宇宙的本体归结为“数”，或者归结为“火”，或者归结为“原子”，或者归结为“理念”……不一而足，使之呈现清晰的理性色彩。带有强烈原始宗教色彩的神话的盛行，成为后世文学艺术的源头之一。当时的城邦民主制的实行，促进了手工业的繁荣，推动了作为艺术（art）之源的技艺的发展。在文学艺术上，古希腊是人类童年艺术高度发展的时代，雕塑是当时最具代表性的艺术形式，其他诸如史诗、戏剧也都相当发达。这就给古希腊“和谐论”美学的发展提供了前提，而“和谐论”美学理论又成为古希腊艺术进一步发展的动力。

关于希腊古典“和谐美”的内涵与基本特征，美学史上最经典的概括就是温克尔曼所说的"高贵的单纯，静穆的伟大"①。黑格尔将其归为古典型的雕塑美，即"内容和完全适合内容的形式达到独立整整的统一，因而形成一种自由的整体"②。鲍桑葵则在其《美学史》中将之归结为"和谐、庄严和恬静"③。总之，无论如何概括，希腊古典美的内涵都是一种静态的、形式的和谐美。代表性的艺术形式是雕塑，这种雕塑美也体现于古希腊时期的史诗与戏剧之中。

二 柏拉图的"效用说"及"城邦保卫者"的培养

柏拉图（Plato，前427—前347年），古希腊最著名的哲学家与美学家。他的一系列重要的哲学与美学理论成为西方哲学与美学的重要源头之一。他以"理念论"作为其哲学与美学的基本前提，认为理念是宇宙的本源，世界上包括艺术现象在内的万事万物因为"分有"了理念才得以存在；艺术是对现实的摹仿，现实是对理念的摹仿，所以艺术是"摹仿的摹仿"。柏拉图作为古希腊贵族阶级的代表，其美育观具有鲜明的政治与阶级色彩。所谓美育，在他看来，就是为了培养合格的城邦保卫者，以使贵族阶级统治的城邦得以巩固。

（一）培养城邦保卫者的"效用说"

在柏拉图看来，他们"所建立的城邦是最理想的"④，是所谓"理想国"，所以，一切的出发点都是要巩固这个理想国政权的稳固。以艺术教育为主要内容的美育也是如此。他说，如果要写一篇散文来为诗的作用进行辩护的话，那就是"证明她不仅能引起快感，而且对于国家和人生都有效用"⑤。这就是柏氏美育论的核心——"效用说"。从这种巩固城邦统治、培养城邦保卫者的效用出发，他对艺术与艺术教育提出了极为严格的取舍标准。他认为，当时的诗人和画家在作品中逢迎人性中的低劣部分，所以，"我们要拒绝他进到一个政

① ［德］莱辛：《拉奥孔》，朱光潜译，人民文学出版社1979年版，第1页。
② ［德］黑格尔：《美学》第2卷，朱光潜译，商务印书馆181年版，第157页。
③ ［英］鲍桑葵：《美学史》，张今译，商务印书馆1985年版，第21页。
④ ［古希腊］柏拉图：《文艺对话集》，朱光潜译，人民文学出版社1980年版，第66页。
⑤ 同上书，第88页。

治修明的国家里来，因为他培养发育人性中低劣的部分，摧残理性的部分。一个国家的权柄落到一批坏人手里，好人就被残害"①。他甚至认为，当时包括荷马在内的所有摹仿的诗人都在说谎，所以，作为城邦保卫者的青年人不仅不应接受这些艺术，而且还应对这些艺术家进行惩罚。他说："所以城邦的保卫者如果发见一个普通公民说谎，无论他们是哪一行手艺人，巫师，医生或是木匠，都要惩罚他，因为他行了一个办法，可以颠覆国家，如同颠复一只船一样。"②

（二）艺术影响心灵的"育心说"

柏拉图对艺术这么忌惮的原因，并不是他看不到艺术特有的作用，而恰恰是因为他充分地看到了艺术的特殊作用。他在回答哲学与诗的这场老官司时，说道："我们还可以告诉逢迎快感的摹仿为业的诗，如果她能找到理由，证明她在一个政治修明的国家里有合法的地位，我们还是很乐意欢迎她回来，因为我们也很感觉到她的魔力。"③ 这说明柏氏是充分看到了诗的特殊"魔力"的。正因此，他试图借助诗的作用来教育培养"城邦保卫者"，提出著名的"育心说"。他说，对"城邦保卫者们的教育"，"我们一向对于身体用体育，对于心灵用音乐"，"文学应该在体育之前"④。在这里，柏氏是将文学包含在音乐之内的，而且将这种心灵的审美教育看得比体育教育更重。他认为，"最美的境界"是"心灵的优美与身体优美谐和一致，融成一个整体"⑤。

（三）以善为尚的艺术评价与审查机制

柏拉图把善置于一个至上的位置，他说："善不是一切事物的因，它只是善的事物的因，而不是恶的事物的因，只是福的因而不是祸的因。"⑥ 他认为，善是积善于世、造福于世的根本动因，并力主美要服从于善，一切语文的美、乐调的美、节奏的美"都表现好性情"⑦。

① ［古希腊］柏拉图：《文艺对话集》，朱光潜译，人民文学出版社 1980 年版，第 84 页。

② 同上书，第 40 页。

③ 同上书，第 88 页。

④ 同上书，第 21、22 页。

⑤ 同上书，第 64 页。

⑥ 同上书，第 26 页。

⑦ 同上书，第 61 页。

因此，他要以"善"作为标准来完成艺术的"清洗的工作"①。其"清洗"的原因，就是认为一切摹仿的诗都存在诸多问题。首先是一个诗人既摹仿工匠又摹仿贵族，从而混乱了阶级阵营，而荷马等诗人描写神的说谎、贪欲、情欲等又会教坏城邦保卫者。由此，柏氏采取了将摹仿的诗人驱逐出"理想国"的著名措施。他说，对于摹仿的诗人"向他鞠躬敬礼；但是我们也要告诉他：我们的城邦里没有象他这样的一个人，法律也不准许有象他这样的一个人，然后把他涂上香水，戴上毛冠，请他到旁的城邦去"②。"理想国"中只需要一种诗人，他必须"遵守我们原来替城邦保卫者们设计教育时所定的那些规范"③。

（四）理性至上论

柏拉图哲学上的理念论决定了他在审美教育中一定是"理性至上论"的坚持者。这种"理性至上论"使他对艺术与审美之中的快感采取了绝对的排斥态度，以至影响到整个西方古典美学时期，直到19世纪中期黑格尔逝世后才有根本的改观。他在《理想国》中提出了著名的使快感"枯萎"的理论。他说，欲念、快感、痛感"都理应枯萎，而诗却灌溉它们，滋养它们。如果我们不想做坏人，过苦痛生活，而想做好人，过快乐生活，这些欲念都应受我们支配，诗却让它们支配着我们了"④。在这里，他将快感与坏人、苦痛生活联系在一起了，足见他对快感痛恨之深。其实，他的诗与真理隔着三层，是"摹仿的摹仿"的著名理论，已经表现出在他眼里艺术与理性是距离很远的。

（五）幼儿教育论与自然美教育论

柏氏的美育理论中还有两个十分有价值的观点。其一是幼儿教育论。他说："一切事都是开头最关重要，尤其是对于年幼的，你明白吧？因为在年幼的时候，性格正在形成，任何印象都留下深刻的

---

① ［古希腊］柏拉图：《文艺对话集》，朱光潜译，人民文学出版社1980年版，第59页。

② 同上书，第56页。

③ 同上。

④ 同上书，第86—87页。

影响。"① 这是一种对早期教育的重视，后来被卢梭加以发挥，非常有价值。其二是自然美教育论。他说："我们不是应该寻找一些有本领的艺术家，把自然的优美方面描绘出来，使我们的青年们象住在风和日暖的地带一样，四围一切都对健康有益，天天耳濡目染于优美的作品，象从一种清幽境界呼吸一阵清风，来呼吸它们的好影响，使他们不知不觉地从小就培养起对于美的爱好，并且培养起融美于心灵的习惯吗？"② 这里，柏氏作为一位"理念论者"，如此重视自然美教育，将其与人的健康、培养对美的爱以及融美于心灵的习惯相联，是十分难能可贵的。

三　亚里士多德的《诗学》及其美育思想

亚里士多德（Aristotle，前384—前322年）是柏拉图的学生，古希腊美学思想的集大成者。他的《诗学》是西方第一部建立体系的美学与文艺学论著，全面论述了史诗、悲剧与喜剧等各种艺术形式，对摹仿说、和谐说与悲剧观等进行了系统的论述，在西方美学领域具有奠基性与经典性的地位，其中涉及到诸多美育思想，成为西方后世美育理论的源头之一。

第一，发展"摹仿说"及"认知论"美育思想。

亚氏《诗学》最基本的理论观点就是"摹仿说"，他不同于柏拉图将艺术的摹仿看作"影子的影子"，而是将其看作艺术对现实的摹仿。他说，"史诗和悲剧、喜剧和酒神颂以及大部分双管箫乐和竖琴乐——这一切实际上都是摹仿"③。他将"摹仿"看作人的本性的表现，"人和禽兽的分别之一，就在于人最善于摹仿，他们最初的知识就是从摹仿得到的"④。正因为对现实的"摹仿"是艺术的根本特征，艺术成为对生活的"再现"，所以，在亚氏看来，艺术最重要的作用就是认知——教育人们掌握现实世界的知识。他说："人对于摹仿的

---

① ［古希腊］柏拉图：《文艺对话集》，朱光潜译，人民文学出版社1980年版，第22页。
② 同上书，第62页。
③ ［古希腊］亚里士多德：《诗学》，罗念生译，上海人民出版社2006年版，第17页。
④ 同上书，第24页。

作品总是感到快感。经验证明了这一点:事物本身看上去尽管引起痛感,但惟妙惟肖的图像看上去却能引起我们的快感。例如尸首或最可鄙的动物形象。其原因也是由于求知不仅对哲学家是最快乐的事,对一般人亦然,只是一般人求知的能力比较薄弱罢了。我们看见那些图像所以感到快感,就因为我们一面在看,一面在求知。"① 当然,亚氏还是主张艺术比现实更高,他说,"写诗这种活动比写历史更富于哲学意味、更被严肃地对待"②。这里,亚氏所说的历史并不是指我们今天所理解的总结历史规律的历史科学,而是指当时在希腊流行的详尽记述史实的编年史,这样的"历史"实际上就是现实本身。艺术比现实更高的原因,亚氏认为,是由于艺术能反映生活的规律。他说:"诗人的职责不在于描述已发生的事,而在于描述可能发生的事,即按照可然律或必然律可能发生的事。"③ 这里的"可然律"是指在某种假定的前提与条件下可能发生的事,而"必然律"则指在已定的前提或条件下必然发生的事,总之,都是指艺术能够揭示现实生活的内在规律。由此,亚氏开创了绵延几千年,至今仍有重要影响的有关艺术对现实的"摹仿"、"再现"特征及其"源于生活并高于生活"的认识功能的学说。这在一定程度上揭示了叙事类艺术形式的作用与特征,但并不能概括所有艺术门类及艺术整体的作用与特征。

第二,提出"悲剧观"及"陶冶说"。

亚里士多德在西方美学史上第一次全面而系统地论述了悲剧,他的悲剧观影响深远,直至当下。他第一次提出了一个十分完整的有关悲剧的定义:"悲剧是对于一个严肃、完整、有一定长度的行动的摹仿;它的媒介是语言,具有各种悦耳之音,分别在剧的各部分使用;摹仿方式是借人物的动作来表达,而不是采用叙述法;借引起怜悯与恐惧来使这种情感得到陶冶。"④ 在这里,亚氏论述了悲剧的性质、表现手段、方法和效果,成为西方古典美学经典性的悲剧定

---

① [古希腊]亚里士多德:《诗学》,罗念生译,上海人民出版社2006年版,第24页。

② 同上书,第39页。

③ 同上。

④ 同上书,第30页。

义。特别是提出了悲剧作用的"陶冶说"。这里所说的"陶冶"即"Katharsis"（卡塔西斯），是指悲剧的作用，它是悲剧观的关键性概念，西方美学史上的重要问题之一。但对其含义自文艺复兴以来就有争论，我国学者中也有不同看法。一般来说，有三种看法：一种是将"卡塔西斯"解释为宗教中的"净化"，即通过悲剧的怜悯与恐惧来净化其中的痛苦、利己、凶杀等坏的因素；第二种是将"卡塔西斯"解释为医学中的"宣泄"，即通过悲剧的怜悯与痛苦使其中过分强烈的情绪因宣泄而达到平衡，因此恢复和保持住心理的健康；第三种是将"卡塔西斯"解释为"陶冶"，罗念生持这种看法，认为"悲剧使人养成适当的怜悯与恐惧之情"。我们赞成罗念生的这种"陶冶说"。从亚里士多德在《诗学》中的论述来看，亚氏试图通过悲剧所表现的怜悯，是一种悲天悯人的情怀。他所竭力推崇的索福克勒斯的悲剧《俄狄浦斯王》之主人公俄狄浦斯最后为了免于天神降灾于城邦国民而刺瞎自己的眼睛，自我放逐于沙漠，就正是这种悲悯情怀的表现。古希腊时期属于多神论时期，根据柏拉图在《理想国》的记载，人们必须尊崇天神，而不能犯"大不敬"之罪。古希腊悲剧就是以天神所定的无法改变的"命运"作为整个悲剧的最后动因的，悲剧所表现的恐惧就是对天神与命运的恐惧，是当时所要求具备的品德之一。《俄狄浦斯王》的主人公自始至终都在逃避天定的"杀父娶母"的命运，但最后还是没有逃脱，只好自残并自我放逐，这难道不是很让人恐惧吗？恐惧同时也是悲剧之陶冶作用所达到的目的之一。当然，对于"陶冶"效果的实现，亚氏还提出了在人物塑造上应是"与我们相似的人"，在悲剧创作上主要借助人物的"动作"即"情节"达到这样的效果等。这些论述同样具有经典的意义，至今仍有影响。

总之，亚氏"悲剧观"中的"陶冶说"是古希腊美学与美育思想中重要的理论资源与财富，应引起我们的足够重视。他的"摹仿说"的认知论与"陶冶说"的感染论也成为后世艺术教育作用的两种模式。

四 贺拉斯"寓教于乐"的美学与美育思想

贺拉斯（前65—8），生于意大利南部一个获释奴隶家庭，于公元前39年经维吉尔介绍加入奥古斯都的亲信麦刻纳斯的文学集团，过着依附朝廷的生活，但还保持着一定的独立性。他的《诗艺》在欧洲古代文论中具有承上启下的作用。他在《诗艺》中提出的"寓教于乐"的美学与美育思想有着广泛的影响。

第一，"寓教于乐"。

文学艺术的作用是什么？贺拉斯提出著名的"寓教于乐"的观点。他说："寓教于乐，既劝谕读者，又使他喜爱，才能符合众望。"① 当然，在教化与娱乐之间，他更加倾向于教化。在他看来，娱乐只不过是手段，教化才是目的。他认为，"神的旨意是通过诗歌传达的；诗歌也指示了生活的道路"②。他具体地指出，诗歌的作用，是"划分敬渎，禁止淫乱，制定夫妇礼法，建立邦国，铭法于木，因此诗人和诗歌都被人看作是神圣的，享受荣誉和令名"③。当然，单纯的教化是不够的，还需要有相当的艺术感染力。贺拉斯认为，诗不仅要有美，而且要有魅力。他说："一首诗仅仅具有美是不够的，还必须有魅力，必须能按作者的愿望左右读者的心灵。"④ 总之，教化与娱乐有机结合，最终起到教化的目的，就是贺拉斯美学与美育观点的中心意旨。

第二，判断力是写作成功的开端和源泉。

为什么贺拉斯力主这种"寓教于乐"的美学与美育观念呢？这有其哲学与政治的动因。他的哲学观念是古典主义的理性原则。他说："要写作成功，判断力是开端和源泉。"⑤ 这个"判断力"就是理性原则，就是一种艺术创作上的"合情合理"，在作品结构、情节

---

① ［古罗马］贺拉斯：《诗艺》，杨周翰译，人民文学出版社1982年版，第155页。
② 同上书，第158页。
③ 同上。
④ 同上书，第142页。
⑤ 同上书，第154页。

安排与人物性格方面都做到具有某种一致性与合理性。最根本的动因，是贺拉斯的贵族立场。由于对朝廷的依附地位，他认为，诗人创作诗歌的最终目的是博得朝廷的恩宠。他说，诗人通过"诗歌求得帝王的恩宠"①。所以，贺拉斯所说的"判断力"与"理性"就是对于封建制度的维护，并不是启蒙主义时代资产阶级"民主与自由"的理性精神。贺拉斯在谈到如何做到诗歌创作的"合情合理"时，说道："如果一个人懂得他对于他的国家和朋友的责任是什么，懂得怎样去爱父兄、爱宾客，懂得元老和法官的职务是什么，派往战场的将领的作用是什么，那么他一定也懂得怎样把这些人物写得合情合理。"② 这就说明，他的"寓教于乐"是以服从封建的理性原则为其旨归的。

第三，诗人的愿望是应该给人益处和乐趣。

如何才能做到"寓教于乐"呢？作为艺术家，贺拉斯有别于一般的政治家，他还是力主艺术与政治的统一、教育与愉悦的结合。他说："诗人的愿望应该是给人益处和乐趣，他写的东西应该给人以快感，同时对生活有帮助。"③ 为此，他在坚持政治原则之外，特别强调了艺术感染力。他说："一首诗仅仅具有美是不够的，必须能按作者愿望左右读者的心灵。"所以，他在《诗艺》中提出了"反平庸"和"适度"的原则。他认为，对于其他职业，平庸都可以容忍，只有作为艺术的诗歌创作不能容许平庸。他说："唯独诗人若只能达到平庸，无论天、人或柱石都不能容忍。"又说："一首诗的产生和创作原是要使人心旷神怡，但是它若功亏一篑不能臻于上乘，那便等于一败涂地。"④ 也就是说，贺拉斯还是力主在政治保障的情况下要求艺术的上乘。他强调"适度"的原则，反对艺术表现的"过分"。他说："不必让美狄亚当着观众屠杀自己的孩子，不必让罪恶的阿特柔斯公开地煮人肉吃，不必把普洛克涅当众变成一只鸟，也不必把卡德摩斯当众

① ［古罗马］贺拉斯：《诗艺》，杨周翰译，人民文学出版社 1982 年版，第 158 页。
② 同上书，第 154 页。
③ 同上书，第 155 页。
④ 同上书，第 156、157 页。

变成一条蛇。"① 总之，他要求艺术表现的适度，不要展示丑恶而要尽力表现美好。为此，他主张诗人的修养是先天的天才与后天的苦学的结合。他说："有人问：写一首好诗，是靠天才呢，还是靠艺术？我的看法是：苦学而没有丰富的天才，有天才而没有训练，都归无用；两者应该相互为用，相互结合。"② 同时，贺拉斯还强调了艺术批评的重要性，那就是他著名的关于"磨刀石"的比喻。所谓"磨刀石"就是艺术的批评功能。他说："因此，我不如起个磨刀石的作用，能使钢刀锋利，虽然它自己切不动什么。我自己不写东西，但是我愿意指示（别人）：诗人的职责和功能何在，从何处可以汲取丰富的材料；从何处吸收养料，诗人是怎样形成的，什么适合于他，什么不适合于他，正途会引导他到什么去处，歧途又会引导他到什么去处。"③ 他试图借助文艺批评的途径使得"寓教于乐"的美学与美育原则能够贯彻下去。

从上述贺拉斯有关"寓教于乐"的论述，可以看到这一命题的特定内涵有其时代的政治的背景，但其政治与艺术统一、教化与娱乐结合的总的精神却是有着超越历史的价值的，值得我们借鉴。

第二节 卢梭的《爱弥儿》及其"自然人" 教育与美育思想

一 卢梭及其教育小说《爱弥儿》

让·雅克·卢梭（Jean Jacques Rousseau，1712—1778），法国启蒙运动著名的作家、思想家，著有《论科学和艺术》（1749）、《论人类不平等的起源和基础》（1755）、长篇小说《新爱洛绮丝》（1761）、《社会契约论》（1762）、小说《爱弥儿》（1762）、自传《忏悔录》（1770）等。他出身贫苦、颠沛流离，具有明显的平民意识，反对专

---

① ［古罗马］贺拉斯：《诗艺》，杨周翰译，人民文学出版社1982年版，第147页。
② 同上书，第158页。
③ 同上书，第153页。

制，反对特权，其哲学观是自然神论，在政治上力主"天赋人权"，艺术上力倡"回到自然"，对后来的浪漫主义文学与美学产生了很大影响。

卢梭于1762年出版了著名的教育小说《爱弥儿》，这部小说针对当时法国的封建专制统治及其对人的自然本性的戕害，虚构了主人公"我"即孤儿爱弥儿在大自然中按照自然的法则进行教育的过程，力倡一种与当时的贵族"文明"教育相对的"自然教育"，在思想史与教育史上都具有革命的意义。正因此，这部具有革命意义的小说触犯了当时贵族和教会统治的根本利益，经历了被焚书、通缉、驱逐、逃亡等一系列难以想象的厄运与苦难。因为，他在小说中所宣扬的"自然神论""性善论""自然教育"与"消极教育"的理论，及其对当时社会不平等、腐朽的有力抨击，都是统治阶级与教会所无法接受的，也是与当时的统治思想与教会的"一神论""原罪说"相抵触的，所以为社会所不容，遭到残酷打击。但《爱弥儿》却开辟了人类教育思想的新篇章，成为教育史上的经典。

二　卢梭的"自然人"教育与美育思想

卢梭的"自然人"教育与美育思想是十分深刻丰富的，概括起来主要有以下四点内容。

第一，批判文明，崇尚自然。

卢梭所持的立场是平民的立场，批判封建专制的所谓"文明"，崇尚与文明相反的"自然"。他在《爱弥儿》中描写的通过"自然教育"所培养的理想人才——爱弥儿，就是平民阶级的代表。他说："再没有哪一个人能够比爱弥儿更得体地按照自然的秩序和良好的社会的秩序而对人表示尊敬了；不过，他始终是先按自然的秩序而且按社会的秩序去尊敬人的；他对一个比他年长的平民，比对一个跟他同年的官员更尊敬。"[1] 他在阐释自己的"自然的教育"时，也说："与

---

① ［法］卢梭：《爱弥儿》，李平沤译，商务印书馆2008年版，第496页。

其教育穷人发财致富，不如教育富人变成贫穷。"① 正因此，他于1749 年10 月读到法国第一科学院的征文"科学与艺术的进步是否有利于敦风化俗"时，立即应征写作了《论科学和艺术》一文。该文认为，科学和艺术的进步并没有带来人类道德的提高，反而带来普遍的堕落与罪恶。他说："随着科学与艺术的光芒在我们的天边上升起，德行也就消失了。"② 这是人类社会发展史上非常早的对"文明"的反思，对"文明"一定会带来人类福音的质疑。这样的反思与质疑一直延续至今，仍然具有极为重要的价值与意义。1753 年，卢梭又应第戎科学院的征文"人类不平等的起源是什么？"写作了《论人类不平等的起源和基础》一文，将其归结为私有制。在这里，卢梭已经将他的矛头指向了"文明"的核心部分——封建的经济与社会制度。他犀利地指出，这种社会制度是罪恶的渊源。他在论述社会制度的矛盾时，说道："有两种隶属：物的隶属，这是属于自然的；人的隶属，这是属于社会的。物的隶属不含有善恶的因素，因此不损害自由，不产生罪恶；而人的隶属则非常紊乱，因此罪恶丛生……。"③ 为此，他提出"回到自然"的口号。所谓"回到自然"，就是回到人类的自然状态。从哲学史来看，卢梭之前有哲学家认为人类在进入文明社会之前有一个自然状态，并把由自然状态向社会状态的过渡看作一种历史的进步。但卢梭不同意这种进步论，他认为，这种过渡不是进步而是罪恶的丛生，由此发生"人是生而自由的，但却无处不在枷锁之中"④ 的判断。

第二，批判文明人，培养"自然人"。

卢梭在《爱弥儿》的第一卷就告诉我们，他这部小说主要论述"自然人"的培养。他说："一句话，必然了解自然的人。我相信，人们在看完这本书以后，在这个问题上就可能有几分收获。"⑤ 为了培

① ［法］卢梭：《爱弥儿》，李平沤译，商务印书馆2008 年版，第32 页。
② 马奇主编：《西方美学史资料选编》上，上海人民出版社1987 年版，第609 页。
③ ［法］卢梭：《爱弥儿》，李平沤译，商务印书馆2008 年版，第82 页。
④ ［法］卢梭：《社会契约论》，何兆武译，商务印书馆1980 年版，第8 页。
⑤ ［法］卢梭：《爱弥儿》，李平沤译，商务印书馆2008 年版，第12 页。

养"自然人",首先要弄清楚与之相对立的"文明人"。卢梭认为,所谓"自然人"是将古代的忠诚、勇敢、道义等"自然的感情保持在第一位的人",而与之相反的则是"文明人"。他说:"我们今天的人,今天的法国人、英国人和中产阶级的人,就是这样的人;他将成为一无可取的人。"① 也就是说,在卢梭看来,古代人是"自然人",而当代人则是"文明人",是一种被封建专制制度所腐蚀了的人。同时,他也对当时以巴黎为代表的城市,及其所弥漫的腐败、侈奢与淫靡之风大加鞭挞,却欣赏乡村的纯朴、自然风气。所以,卢梭所说的"文明人"在一般的意义上是指"城市人",而"自然人"则是指"乡村人"。他说:"城市是坑陷人类的深渊。经过几代人之后,人种就要消灭或退化;必须使人类得到更新,而能够更新人类的,往往是乡村。因此,把你们的孩子送到乡村去,可以说,他们在那里自然地就能够使自己得到更生的,并且可以恢复他们在人口过多的地方的污浊空气中失去的精力。"② 当然,卢梭将城市与乡村绝对对立,将城市的腐化与"人是最不宜于群居生活的"相联系,并不是科学的,但由此反映出他对作为"文明"代表的城市的抨击,却是有其意义的。

那么,如何培养"自然人"呢?卢梭的回答是:"遵循自然,跟着它给你画出的道路前进。"③ 这就是他的教育的"自然的法则",内容丰富,意义深远。首先,这是一种"生活的教育"。卢梭认为,教育应该与生活一致,与生命一致,顺应生活和生命的律动进行教育,是最自然的教育。卢梭指出:"在我们中间,谁最能容忍生活中的幸福和忧患,我认为就是受了最好教育的人。由此可以得出结论:真正的教育不在于口训而在于实行。我们一开始生活,我们就开始教育我们自己了;我们的教育是同我们的生命一起开始的……"④ 与这种"生活的教育"相衔接的首先是"苦难的教育"。卢梭认为,人不可能是抽象的、生活于真空中的,而是具体的、生活于社会中的,因此

① 〔法〕卢梭:《爱弥儿》,李平沤译,商务印书馆2008年版,第11页。
② 同上书,第43页。
③ 同上书,第23页。
④ 同上书,第13—14页。

必然有挫折、痛苦与磨难，要让孩子能够承受住这一切。自然与生活"用各种各样的考验来磨砺他们的性情；它教他们从小就知道什么是烦恼和痛苦。……通过了这些考验，孩子便获得了力量；一到他们能够运用自己的生命时，生命的本原就更为坚实了"①。再就是"适龄教育"，亦即婴儿期只能按照婴儿来教育，不能将婴儿当作幼儿；而孩子则只能按照孩子来教育，不能以成人的标准要求他们。卢梭确定这种"适龄教育"的原则还是从其"自然的准则"这一总的教育原则出发的。他说："大自然希望儿童在成人以前就要像儿童的样子。如果我们打乱了这个次序，我们就会造成一些早熟的果实，它们长得既不丰满也不甜美，而且很快就会腐烂；我们将造成一些年纪轻轻的博士和老态龙钟的儿童。"② 当孩子进入青春期和成年以后，会有爱情的要求。卢梭认为，爱情是顺应自然的事情，是非常美好的。但爱情是不同于情欲的，因此要对青年进行"爱情的教育"。他说："我不怕促使他心中产生他所渴望的爱情，我要把爱情描写成生活中的最大的快乐，因为它实际上确实是这样的；我向他这样描写，是希望他专心于爱情；我将使他感觉到，两个心结合在一起，感官的快乐就会令人为之迷醉，从而使他对荒淫的行为感到可鄙；我要在使他成为情人的同时，成为一个好人。"③

上面是从生活与生命的历程介绍了卢梭"自然人"教育的思想。在"自然人"培养教育的空间和地点上，卢梭也有自己的见解。他提出了著名的"乡村教育"的思想，认为城市是腐朽与污浊之所，乡村则相对是纯朴之地，因此，他在书中是将爱弥儿放到乡村的环境中培养的。他说："这里还有一个我为什么要把爱弥儿带到乡间去培养的理由，那就是，我要使他远远地离开那一群乱哄哄的仆人，因为除了他们的主人之外，就要算这些人最卑鄙；我要使他远远地离开城市的不良风俗，因为它装饰着好看的外衣，更容易引诱和传染孩子；反

① ［法］卢梭：《爱弥儿》，李平沤译，商务印书馆 2008 年版，第 23 页。
② 同上书，第 91 页。
③ 同上书，第 478 页。

之，农民虽有种种缺点，但由于他们既不掩饰，也显得那样粗卤，所以，只要你不去存心模仿，则它们不仅不吸引你，而且还会使你发生反感。"① 卢梭还主张直接让孩子接受"大自然的教育"："我希望他的老师不是别人，而是大自然，他的模特儿不是别的，而是他所看到的东西。"②

第三，批判理性，推崇感性。

卢梭所处的时代是唯理论占据优势的时代，这是工业革命前期历史发展的趋势。正是理性论的发展推动了科技革命，催生了工业革命。但唯理论的过度发展必然导致独断论，导致另一场思想与文明的危机。在唯理论蓬勃发展之时，在笛卡尔"我思故我在"这一理论模式兴起的法国，卢梭批判理性，推崇感性，显现其不同凡响的哲思。他首先批判了当时颇为时髦的"用理性教育孩子"的观念。他说："用理性去教育孩子，是洛克的一个重要原理；这个原理在今天是最时髦不过了；然而在我看来，它虽然是那样时髦，但远远不能说明它是可靠的；就我来说，我发现，再没有谁比那些受过许多理性教育的孩子更傻的了。在人的一切官能中，理智这个官能可以说是由其他各种官能综合而成的，因此它最难于发展，而且也发展得迟；但是有些人还偏偏要用它去发展其他的官能哩！"③ 他认为，理性与其他官能相比发展得较迟较后，如果脱离感性进行理性教育，必然使孩子变傻，不是没有一点道理的。与此相对，他对感性与感性教育进行了充分的肯定，将感性看作人生存的基础与前提。他说："由于所有一切都是通过人的感官而进入人的头脑的，所以人的最初的理解是一种感性的理解，正如有了这种感性的理解做基础，理智的理解才得以形成，所以说，我们最初的哲学老师是我们的脚、我们的手和我们的眼睛。"④ 而且，他认为，在人的身上"首先成熟的官能是感官"，然而，"唯独为人们所遗忘的，而且最易于为人们所

① ［法］卢梭：《爱弥儿》，李平沤译，商务印书馆 2008 年版，第 99—100 页。
② 同上书，第 179 页。
③ 同上书，第 89—90 页。
④ 同上书，第 149 页。

忽略的，也是感官。"① 卢梭甚至认为，生活就是使用我们的感官感觉到我们的存在本身的各部分，生活得最有意义的人"是对生活最有感受的人"②。将感官与感性提到人的"存在的本身"与最有意义的生活的高度来认识，的确是从未有过的。卢梭还在《爱弥儿》中探讨了如何真正得到"身体的幸福"，他的办法是让孩子们经受轻微痛苦的锻炼，从而长大以后能够抵抗必然要遭受的灾难，做到镇定自若，过得愉快。他对此总结道："你想，除了体格以外，谁还能找到什么真正的幸福呢？如果要他免除人类的种种痛苦，这岂不是等于叫他舍弃他的身体？是的，我是这样看法的：为了要感到巨大的愉快，就需要他体会一些微小的痛苦；这是他的天性。"③ 在这里，卢梭讲了人的感性和感官教育与锻炼的一个重要途径，那就是"痛苦教育"，只有经受过轻微的痛苦，在今后更大的痛苦中，感觉和感官才能经受住考验，并从苦中求乐。这里需要特别指出的是，卢梭尽管非常重视感官与感性的基础性作用，但并不是一概排斥心灵与精神的作用的。他非常重视想象力的作用，认为形象的联想可以增强感觉的魅力，使生活充满生气。他说："如果我们的想象力不给那些触动我们感官的东西加上魅力，则我们从其中得到的乐趣便没有什么意义，只能算是感觉器官的享受，至于我们的心，则仍然是冷冰冰的。"④ 例如，春天时分，田野几乎一片荒芜，草地上的草不过刚吐芽儿，但"我们的想象力就会给它加上花、果实、叶荫，有时候还加上叶荫之下可能出现的神秘情景"⑤，从而使我们感到无限的温暖。当然，想象力还是一种感性力，不过已经是感性力的发展了。

第四，批判人为的"臆造的美"，力倡感性的"自然美"。

卢梭认为，审美教育是教育的重要组成部分。他将美分为感性的自然美、道德的美与臆造的美。所谓感性的自然美，他认为，是人对

① ［法］卢梭：《爱弥儿》，李平沤译，商务印书馆2008年版，第161页。

② 同上书，第15页。

③ 同上书，第85页。

④ 同上书，第202—203页。

⑤ 同上书，第203页。

无比美丽的大自然的选择。他说："一切真正的美的典型是存在在大自然中的。我们愈是违背这个老师的指导，我们所做的东西愈不像样子。因此，我们要从我们所喜欢的事物中选择我们的模特儿。"① 这里需要注意的是，卢梭所说的自然之美并不是"客观的"，而是人"选择"的结果，因为他是不承认美的客观物质性的。他说："'美'在表面上好象是物质的，而实际上不是物质的。"② 对这种美的审视或者"选择"，他认为，是"听命于本能的"，"是以他天赋的感受力为转移的"③。这就将审美奠定在感性的基础之上。这也正是卢梭美学观与美育观的关键点之所在。所谓"道德上的美"则是"心灵的良好倾向"。对于"臆造的美"，卢梭是极端排斥的，因为这种"美"是贵族阶级所追求的一种虚荣与时尚，是同纯朴的自然之美相对立的。他说："至于臆造的美之所以为美，完全是由人的兴之所至和凭借权威来断定的，因此，只不过是因为那些支配我们的人喜欢它，所以才说它是美"；"支配我们的人是艺术家、大人物和大富翁，而对他们进行支配的，则是他们的利益和虚荣。他们或是为了炫耀财富，或者是为了从中牟利，竞相寻求消费金钱的新奇的手段。因此，奢侈的习气才得以风靡，从而使人们反而喜欢那些很难得到的和很昂贵的东西。所以，世人所谓的美，不仅不酷似自然，而且硬要做得同自然相反。"④由此可见，在卢梭看来，人为的臆造的美实际上是贵族阶级的奢靡和浮华之美，而感性的自然美则是平民阶级所欣赏的纯朴的原生态之美。

他的美学观的思想倾向性是十分鲜明的。当然，卢梭也谈到了审美的共同性与差异性问题。他认为，审美不是纯个人的，而是具有某种共同性，"审美力是对大多数人喜欢或不喜欢的事物进行判断的能力"⑤。这就划清了审美与单纯的快感之间的界线。当然，审美也是有

① ［法］卢梭：《爱弥儿》，李平沤译，商务印书馆 2008 年版，第 502 页。
② 同上书，第 501 页。
③ 同上书，第 500、501 页。
④ 同上书，第 502 页。
⑤ 同上书，第 500 页。

差异的，随着地区的不同，年龄、性格与性别的不同，审美是有差异的。卢梭指出："审美的标准是有地方性的，许多事物的美或不美，要以一个地方的风土人情和政治制度为转移；而且有时候还要随人的年龄、性别和性格的不同而不同，在这方面，我们对审美的原理是无可争论的。"① 在审美力的培养上，卢梭是非常开放与辩证的，力主在反面的有争议的环境中扩大人的知识范围，增强人的分辨能力。他说："如果是为了培养我的学生的审美力，而必须在一些审美观尚未形成的国家和审美观已经败坏的国家之间进行选择的话，我选择的次序是颠倒的，我先选择后面这种国家，而后选择前面那种国家。"② 原因是审美观已经败坏的国家容易引起争论和分歧，在这种环境中进行培养"就会扩大哲学和人的知识范围，从而就可以学会如何思考"③。卢梭这种审美力的培养和训练方法应该是比较科学的，反映了他学术上的充分自信，与理性派的独断论是不同的。

三　卢梭的"自然人"教育与美育思想的评价

卢梭的《爱弥儿》及其"自然人"的教育与美育思想被后人看作是教育史与美育史上的一场革命，意义重大。

第一，卢梭在《爱弥儿》与"自然人"的教育与美育思想中贯彻了比较彻底的平民立场，这在新旧交替的法国社会和启蒙运动思想家中是十分可贵的。因为，当时的启蒙主义思想家大多站在资产阶级立场，尽管反对封建专制，却是拥护私有制的。但卢梭却坚定地站在平民阶级的立场之上，对封建专制体制及其私有制、腐朽奢侈的社会风尚与审美趣味进行了批判和揭露。他所倡导的"天赋人权""社会契约"与"回到自然"等口号在当时都具有积极而进步的革命意义。

第二，卢梭对感性、感性教育与"自然人"的大力倡导在当时和今天都具有重要的历史意义与学术价值。卢梭所处的时代正值欧洲古

---

① ［法］卢梭：《爱弥儿》，李平沤译，商务印书馆 2008 年版，第 501 页。
② 同上书，第 503 页。
③ 同上。

典主义思潮刚刚湮没之时，高乃依等人倡导的理性精神仍然余音缭绕，而笛卡尔等唯理派哲学的理性哲学又势头正劲。在这种文化与学术背景下，卢梭大力倡导感性、感性教育与"回归自然"，并对所谓"理性精神"的虚伪性与有害性进行了不留任何余地的有力批判，是对理性哲学、教育学与美学的最有力的冲击之一，所以难以见容于当时的社会，甚至在启蒙运动与百科全书派中也成为被孤立的少数。但卢梭的观点已经被历史证明是非常有价值的。直到今天，在传统的主观与客观、感性与理性、身体与心灵二分思维仍然颇有市场并继续制约着教育学、哲学与美学发展的情况下，重温卢梭对理性派的有力批判、对感性教育的竭力倡导还是具有极为重要的现实意义，可以使我们从中获得斗争的勇气和理论的武器。

第三，卢梭在《爱弥儿》及其他著作中所表现的空前冷静的对文明之反思不仅在当时，甚至在今天都具有极其重要的价值。人类从工业革命以来的现代化创造了极为可观的现代文明，但也带来了一系列灾难，对文明的反思是人类愈来愈重要的课题。如果以英国的瓦特1782年发明蒸汽机作为工业革命的真正起始，那么卢梭1762年出版《爱弥儿》还在工业革命前夕。在那样的情况下，卢梭就对即将到来的文明可能带来的精神与物质方面的负面影响有如此清醒的认识，并将其归结为"私有制"这最后的根源，所表现出来的历史预见性及其深度是极为罕见的。历史的发展证明了卢梭的预见。而其对于文明的反思所表现出来的思想智慧也必将启发走向21世纪的现代人类，使我们思考如何在哲学、教育、艺术等多个领域提出补救文明与发展的方案，包括从卢梭的"自然人"教育与美育思想中汲取营养。

第四，卢梭对城市文明的批判，对"自然状态""自然美"与"自然人"的倡导，对于突破西方的"艺术中心论"，开拓绵延已久的自然文学、自然美学，发展今天的生态批评、环境美学与生态美学具有重要意义，提供了十分宝贵的营养。

第五，卢梭的《爱弥儿》及其"自然人"教育与美育思想的局限性也是十分明显的。他所说的"自然状态"与"自然人"都是在抽象的意义上说的，尽管在哲学上具有与"文明状态""文明人"参照的作用，但毕竟抽离了它的社会历史内涵，是一种历史唯心主义的非科学的理论预设。而他对感性、感性教育、自然状态与自然人的突出强调，对理性、理性教育、城市与城市文明的有力批判尽管具有重要意义与价值，但也无可避免地存在着强调一方，忽视另一方的片面性。他的欧洲中心主义与男权中心主义思想也常常不由自主地流露出来。例如，他说"无论黑人或拉普兰人都没有欧洲人那样聪慧"① 就是一例。

第三节　狄德罗的启蒙主义美学与美育思想

狄德罗（Diderat，1713—1748），法国启蒙运动最重要的领袖，法国启蒙主义美学最主要的代表，杰出的唯物主义哲学家。他处于西方社会由封建专制主义到资本主义的急剧转型时期。在经济上以 1782 年瓦特蒸汽机的发明为标志，资本主义经济蓬勃发展；政治上以资产阶级为首的第三等级越来越壮大，并在政治上提出要求；思想上以狄德罗为代表的法国"百科全书派"提出高扬自由、平等与博爱三大口号，掀起震撼历史的启蒙主义思想文化运动；哲学上是大陆理性主义与英国经验主义的分野；文化上表现为启蒙主义运动对封建王权神权与新古典主义"唯理论"的斗争与批判；科技上则是以现代实验科学为标志的现代科技的发展与勃兴。狄德罗作为法国启蒙主义运动的领袖与最重要的代表，代表着资产阶级第三等级的利益，在美学与美育理论上有一系列新的突破与建树，意义深远。

第一，批判唯心主义"唯理论"美学观，力倡"关系论"唯物主义美学与美育思想。

狄德罗所处的17—18 世纪的欧洲，盛行以布瓦洛为代表的新古典主义美学与艺术思想。这种新古典主义倡导一种"理性至上"的美学理论，但它所说的"理性"与启蒙主义的理性在内涵上是有着明显差别的。新古典主义美学所倡导的理性是对君主专制政体的一种服

---

① ［法］卢梭：《爱弥儿》，李平沤译，商务印书馆2008 年版，第32 页。

从，而启蒙主义美学的理性则主要是一种自由、民主与博爱的新的文化精神。狄德罗在为《百科全书》撰写的"美"的词条《关于美的根源及其本质的哲学探讨》中对传统的唯心主义"唯理论"美学观进行了全面系统而深刻的批判。他认为，这种批判是一种从哲学根基上对其进行颠覆的彻底的批判。他在回答唯理派美学家的质疑时说道："我知道我刚才为了驳斥这种学说而提出的疑难没有一个是不能解答的；但我想即使能够解答，答案尽管很巧妙，恐怕归根结底是站不住脚的。"[①] 在这里，狄德罗以反质疑的口吻尖锐而深刻地提出了反驳者的"解答"，"归根结底是站不住脚的"，揭示了"唯理派"理论根基上的脆弱性以及他的批判的彻底性。接着，狄德罗综合性地指出了各种唯理派理论的致命弱点：柏拉图的理念论"丝毫没有告诉我们美是什么"；圣·奥古斯丁把一切美都归结为统一，"与其说这构成美的本质，毋宁说是构成完善的本质"；沃尔夫"把美和由美引起的情感以及完善混淆了"；克鲁萨在给美的特性添加内容时"越是增加美的特性，就越把美特殊化了"；哈奇生"并没有证明他的第六感官的现实性"；安德烈神甫的《论美》一书"没有论述我们内心对比例、秩序和对称概念的根源"……总之，各种唯理论美学均有其致命的弱点。[②]

与传统的"唯理论"相对，狄德罗提出了著名的唯物主义"关系论"美学观。他说："总而言之，是这样一个品质，美因它而产生，而增长，而千变万化，而衰退，而消失。然而，只有关系这个概念才能产生这样的效果。"[③] 对于这种"关系论"美学，狄德罗又将其分为真实的美与相对的美两种。他说："因此，我把凡是本身含有某种因素，能够在我的悟性中唤起'关系'的这个概念，叫作外在于我的美。凡是唤起这个概念的一切，我称之为关系到我的美。"[④] 很显然，前者这种"真实的美"是指一个事物自身的比例、对称与和谐的关

---

① 《狄德罗美学论文选》，张冠尧等译，人民文学出版社 1984 年版，第 21 页。
② 同上书，第 21—22 页。
③ 同上书，第 24—25 页。
④ 同上书，第 25 页。

系，并没有超出传统美学的范围；而后者这种"相对的美"则指事物间的关系，内涵颇为丰富。这里又有两种情况，一种是自然事物之间的关系，例如众多鱼中的那一条、众多花中的那一朵等，在比较中，在主客体特定的"观察"与"唤起"关系中产生一种审美的体悟。这已经突破了传统的美在主体或美在客体的固有模式而进入了特有的"美在关系"的新境界，可以称之为美学与美育领域一次革命性的突破。

　　不仅如此，狄德罗的"关系论"美学还有更深的社会事物之间关系的内涵，那就是对著名的高乃依所作悲剧《贺拉斯》中"让他死"这句台词的解读。狄德罗认为，如果孤立地来看这句台词，应该是既不美也不丑的；但如果把这句台词放到特定的关系之中，就能揭示其特有的美与丑的含义。他说，如果我告诉他，这是一个人在被问及另一个人应该如何进行战斗时所做的答复，那他就可以看出答话的人具有一种勇气，并不认为活着总比死去好，于是"让他死"就开始使对方感兴趣了；如果我再告诉他这场战斗关系到祖国的荣誉，而战士正是这位被问者的儿子，是他剩下的最后一个儿子，而且这个年轻人的对手是杀死了他的两个兄弟的三个敌人，老人的这句话又是对女儿说的，他是个罗马人，"于是，随着我对这句话和当时环境之间的关系所作的一番阐述，'让他死'这句原先既不美也不丑的回答就逐渐变美，终于显得崇高伟大了"[①]。他认为，如果将这句话的环境和关系改变一下，把"让他死"从法国戏剧里搬到意大利舞台上，从高乃依的悲剧中老贺拉斯之口搬到莫里哀的喜剧《司卡班的诡计》中狡猾的仆人司卡班在主人遇到强盗时所说，这句话就变成滑稽了。由自然事物之间的关系发展到社会事物之间的关系，是美学理论的进一步深化，使审美由自然物的比例、对称与和谐等形式的外在因素突进到善与恶、正义与非正义等社会的道德的因素，具有重要的意义。

　　狄德罗还论证了"美在关系"的唯物主义哲学前提。他说："我的悟性不往物体里加进任何东西，也不从它那里取走任何东西。不论

---

　　① 《狄德罗美学论文选》，张冠尧等译，人民文学出版社1984年版，第29页。

我想到还是没想到卢浮宫的门面，其一切组成部分依然是有原来的这种或那种形状，其各部分之间依然是原有的这种或那种安排；不管有人还是没有人，它并不因此而减其美，但这只是对可能存在的、其身心构造一如我们的生物而言，因为，对别的生物来说，它可能既不美也不丑，或者甚至是丑的。"① 这句话的内涵是十分丰富重要的，一方面说明了"关系"之美的客观性，坚持了唯物主义的哲学立场；同时又阐明了这种客观的美是对人而言的，是物与人的关系之美，揭示了客观的关系之美的"属人性"。

总之，狄德罗的唯物主义"关系"论美学与美育思想，不仅具有批判古典主义"唯理论"美学的历史意义，而且对于突破启蒙运动以来主客二分对立的认识论美学，以及建设现代美学与美育理论也具有重要的价值与意义。这一理论告诉我们，审美与美育从根本上来说所要解决的既不是客体之美，也不是主体之美，而是人与对象的审美关系，已经预示了一种人生美学与人生美育的诞生。

第二，强调"真善美的紧密结合"，力主审美与艺术求真扬善的社会功能。

狄德罗特别强调真善美的结合，并力主审美与艺术求真扬善的社会功能。他在《画论》中提出"真善美紧密结合"的观点："真、善、美是紧密结合在一起的。在真或善之上加上某种罕见的、令人注目的情景，真就变成了美了，善也就变成美了。"② 在这里，狄德罗既强调了真与善是美的基础，同时又强调了美与真、善的区别以及三者的统一。他在著名的《拉摩的侄子》中以基督教"三位一体"比喻真善美三者之间的关系："'真'是圣父，他产生了'善'，即圣子；由此又出现了'美'，这就是圣灵了。这个自然的王国，也是我所说的三位一体的王国，定会慢慢建立起来。"③ 在这里，狄德罗将"真"作为"圣父"，放到了最基础性的地位；其次，他还强调了审

---

① 《狄德罗美学论文选》，张冠尧等译，人民文学出版社 1984 年版，第 25 页。
② 同上书，第 429 页。
③ 同上书，第 355 页。

美扬善惩恶的社会功能，将审美与艺术作为反对封建专制与启发教育人民的重要渠道与手段。他说："使德行显得可爱，恶行显得可憎，荒唐事显得触目，这就是一切手持笔杆、画笔或雕刻刀的正派人的宗旨。"① 将"扬善惩恶"提到一切艺术家根本宗旨的高度，说明他对艺术的社会教育功能的高度重视。他甚至用反问的形式要求艺术家成为"人类的教导者，人生痛苦的慰藉者、罪恶的惩罚者、德行的酬谢者"②。

由于特定的历史原因，狄德罗对于艺术的教育作用进行了某种夸大，赋予艺术以变坏为好、变恶为善的功能。他说："只有在戏院的池座里，好人和坏人的眼泪才融汇在一起。在这里，坏人会对自己可能犯过的恶行感到不安，会对自己曾给别人造成的痛苦产生同情，会对一个正是具有他那种品性的人表示气愤。当我们有所感的时候，不管我们愿意不愿意，这个感触总会铭刻在我们心头的；那个坏人走出包厢，已经比较不那么倾向于作恶了，这比被一个严厉而生硬的说教者痛斥一顿要有效得多。"③ 在这里，狄德罗强调了艺术胜于生硬说教的特殊教化作用，是十分正确的，但将其强调到能使坏人幡然悔悟的程度应该有些过分。狄德罗作为启蒙主义时期的思想家，他所力倡的真与善是具有与宗教的"神性"以及封建专制主义的"奴性"相对立的"人性"内涵的。他在《关于〈私生子〉的谈话》一文中借助多华尔之口对"人性"进行了强调："要使高贵的社会身分能感动人，我必须使情境突出。只有这个办法才能使这些冷漠而被压抑的灵魂吐出人性的声音，没有这人性的声音，就不能产生伟大的效果。"④ 而且，狄德罗认为，"随着人的社会身分的提高，这种声音就逐渐减弱"⑤。也就是说，在他看来，愈是处于社会低层的民众甚至奴隶，就愈具有人性的精神，这无疑是一种资产阶级的革命精神，在当时具有

---

① 《狄德罗美学论文选》，张冠尧等译，人民文学出版社 1984 年版，第 411 页。
② 同上书，第 412 页。
③ 同上书，第 137 页。
④ 同上书，第 111 页。
⑤ 同上书，第 111—112 页。

积极进步的意义。至于"人性"的内涵，狄德罗认为，最基本的是人的七情六欲。他说："最先精心研究人性者的第一件事是注意分清人的七情六欲，认识它们，标出它们的特征。"① 将人性的基础归结为"七情六欲"，这在启蒙主义主客、身心二分的理论与思想氛围中是十分可贵的。为此，狄德罗将原初的旺盛的生命力作为美的最重要标志，并以身体健康、青春活力的少女为例。他说："有人说世上最美丽的颜色是少女面颊上可爱的红润，它是天真无邪的、青春的、健康的、朴实的、纯洁的色彩。这句话不但说得精巧、动人、微妙而且真实；因为画笔所难以表现的正是皮肤的色泽；那是润泽的白，是匀净的白，而不是苍白，不是暗淡无光的白；还有那隐隐约约显现出来的红蓝相混的颜色；还有血，生命，这些都使运用色彩的画家为之兴叹。"② 这种对原始的生命力之美的倡导是与当时盛行的贵族阶级的古典主义美学理想完全对立的。

第三，首创"严肃喜剧"，为新兴资产阶级争取艺术空间。

长期以来，在西方戏剧史上只有悲剧与喜剧两种艺术形式，前者主要写大人物的不幸，后者主要写小人物的缺点与可笑，没有一个剧种表现普通人（第三等级）的日常生活及其命运。随着以资产阶级为代表的第三等级的兴起，在戏剧舞台上表现普通人日常生活及其命运、情感的要求日渐强烈，但传统的悲剧与喜剧形式都适应不了这样的要求。于是，狄德罗突破传统的悲剧与喜剧的固有模式，首创介于两者之间的"市民喜剧""家庭悲剧"与"严肃喜剧"等新的戏剧形式，为以资产阶级为代表的第三等级争取到新的艺术空间。

1757 年，狄德罗创作的第一部严肃喜剧《私生子》发表，紧接着发表了《和多华尔的三次谈话》，第一次阐明了严肃喜剧的理论。首先，"严肃喜剧"的出现是一种现实的需要。第三等级的崛起要求将这些普通人的家庭遭遇写成戏剧，但这样的戏剧不同于以小人物的缺点与可笑为内容的传统喜剧，其忧喜相伴的戏剧氛围又不同于以怜

---

① 《狄德罗美学论文选》，张冠尧等译，人民文学出版社 1984 年版，第 112 页。
② 同上书，第 374 页。

悯与恐惧为内容的悲剧，这就必然要求一种新的戏剧形式的诞生。狄德罗指出，"那就是，当他把家庭遭遇写成喜剧时，他是怎样建立起各种类型戏剧所共有的规则，他又是怎样出于忧郁的气质而仅仅将这些戒律应用于悲剧"。于是，狄德罗认为，"在前人走过的老路上是不可能赶上前人的，于是他毅然决然改辙易途，只有如此才能使我们从哲学所从未能攻破的偏见中解脱出来"①。这种改辙易途的突破，就是一种介于悲剧与喜剧之间的严肃喜剧即正剧的诞生。狄德罗指出，"一切精神事物都有中间和两极之分。一切戏剧活动都是精神事物，因此似乎也应该有个中间类型和两个极端类型。两极我们有了，就是喜剧和悲剧。但是人不至于永远不是痛苦便是快乐的。因此喜剧和悲剧之间一定有个中间地带"②。这个中间地带的戏剧属于哪种类型呢？狄德罗说，"属于喜剧吗？里面并没有使人发笑的字眼。属于悲剧吗？剧中并无恐怖、怜悯或其他强烈的感情的激发。可是剧中仍有令人感兴趣的东西。……我把这种戏剧叫做严肃剧"③，后来又将其称作"正剧"。对于这种严肃剧或正剧的优点，狄德罗认为，这是一种"最有益，最具普遍性的剧种"，而且"处在其他两个剧种之间，左右逢源，可上可下，这就是它优越的地方"。④ 这个剧种在题材上"带有家庭性质，而且一定要和现实生活很接近"；在形式上"不能采用诗的形式"⑤，也就是采用散文形式，更宜于表现朴素的日常生活。与这种戏剧领域的革命相应，在绘画领域，狄德罗在传统历史画之外提出了一种新的"世态画"形式。他说："我们现在把画花卉、水果、禽兽、树木、森林、山岳和画家庭生活场面的人，如特尼埃、乌韦尔芒斯、格勒兹、沙尔丹、卢腾布格，甚至凡尔奈都一概称之为世态画家。"⑥ 很明显，"世态画"就是一种新型的表现第三等级生活

① 《狄德罗美学论文选》，张冠尧等译，人民文学出版社 1984 年版，第 75 页。
② 同上书，第 90 页。
③ 同上。
④ 同上书，第 90、91 页。
⑤ 同上书，第 93、121 页。
⑥ 同上书，第 419 页。

的绘画形式。

第四，适应现实需要，力倡艺术为新兴的市民阶级服务，鼓励艺术家到民间去。

狄德罗力倡艺术为新兴的市民阶级服务，表现他们、歌颂他们。1761年英国小说家理查逊逝世，他的作品主要以英国市民家庭生活为题材。狄德罗当年即发表论文《理查逊赞》，通过对理查逊的充分肯定倡导艺术家应像理查逊那样自觉地为新兴的市民阶级服务。狄德罗认为，理查逊的作品"提高人的精神境界，扣人心弦，处处流露着对善良的爱"，"他总使我和受苦的人站在一起；不知不觉间，同情心就在我的心中产生和加强了"。① 而在其著名的《画论》中，狄德罗则对格勒兹这样以市民生活为题材的画家及其画作进行了充分的肯定。他说，格勒兹"把他的才智带到各个角落，熙熙攘攘的人群，教堂，集市，室内，街上；他不断地收集诸色人等的行动、情欲、性格、表情"②。狄德罗对格勒兹的画作《为死去的小鸟而悲伤的少女》《格勒兹夫人肖像画》与《不孝之子》等进行了肯定性的评述。同样，在《画论》中，狄德罗鼓励艺术家到民间去，深入市民社会，主动地表现他们的生活，为他们服务。他说："今天是大礼拜的前夕；你们到教区去围着忏悔台走一圈，你们就会看到静思和悔过的真实姿态。明天，你们到乡间小酒店去，你们会看到人们在发怒时的真实动作。你们要寻找公众聚会的场景；观察街道、公园、市场和室内，这样，你们对生活中的真实动作就会有正确的概念。"③狄德罗不仅发出号召，自己也身体力行，创作戏剧，评论画作，做出了榜样。

第五，重视艺术鉴赏的特点及艺术鉴赏力的培养，力图更好地发挥艺术的社会教化作用。

狄德罗既是思想家，也是艺术家，所以，他既十分重视艺术的

---

① 《狄德罗美学论文选》，张冠尧等译，人民文学出版社1984年版，第248、251页。

② 同上书，第466—467页。

③ 同上书，第368页。

社会教化作用，也很重视艺术特有的鉴赏特点。他在《关于〈私生子〉的谈话》一文中，一方面强调了一部戏剧的目的是"引起人们对道德的爱和对恶行的恨"，同时又强调了艺术应有的"审美力""诗意"和"感人力量"①，接着充分地阐明了艺术欣赏的特点："诗人、小说作家、演员，他们以迂回曲折的方式打动人心，特别是当心灵本身舒展着迎受这震撼的时候，就更准确更有力地打动人心深处"②；而且，艺术的这种打动人心、震撼人心的作用应该是长久的，是长留人心的，他说，"效果长期留在我们心上的诗人，才是卓越的诗人"③。同时，狄德罗比较全面地论述了艺术鉴赏力的内涵，对于艺术家与广大民众培养与提升自己的艺术鉴赏力具有指导作用。他说："高度的鉴赏力要求具备丰富的感觉，长期积累的经验，正直而善感的心灵，高尚的精神，略带忧郁的气质，以及灵敏的器官……"④ 狄德罗关于鉴赏力的这个界定是十分全面的，包括了感性方面的"感觉"和"灵敏的器官"，理性方面的"高尚的精神"，心理方面的"善感的心灵"与"忧郁的气质"，以及历史层面的"长期积累的经验"，等等，是对当时有关艺术鉴赏力理论的比较全面的综合。

狄德罗的美学与美育理论集中地体现了启蒙主义时代的现实需要，是对古典主义美学理论的重大突破，具有鲜明的时代感与革命性。但他的理论的内在矛盾性也是十分明显的。他一方面强调了艺术的感性作用，同时在戏剧演出理论中又特别强调凭借理性总结出来的"理想典范"；在论述"天才"时，又特别强调"头脑和脏腑的某种构造，内分泌的某种结构"⑤，各种观点之间有很明显的相互矛盾之处。这是我们需要注意的，但并不影响狄德罗美学与美育理论的价值。

---

① 《狄德罗美学论文选》，张冠尧等译，人民文学出版社 1984 年版，第 106 页。
② 同上书，第 137 页。
③ 同上书，第 139 页。
④ 同上书，第 71 页。
⑤ 同上书，第 549 页。

第四节　德国古典美学的美育思想与走出古典

　　18 世纪末到 19 世纪初，美学与美育理论在德国得到蓬勃发展，从康德开始，经过歌德、席勒、费希特、谢林直到黑格尔，形成强大的美学流派，一般称为德国古典美学，其发展是与德国古典哲学相一致的。德国古典美学是西方古典美学的总结与终结，在美学与美育史上内涵丰富，意义重要，价值不凡。但从历史发展的进程来说，德国古典美学及其美育思想毕竟是古典时期的精神产品，19 世纪后期，特别是 20 世纪以来社会、经济、文化、哲学发生了剧烈的转型，美学与美育理论也已经有了重大的变化与发展。因此，我们在建设新的 21 世纪美学与美育理论时，一方面要很好地学习继承德国古典美学，另一方面，更重要的是走出德国古典，发展德国古典，不应也不能继续完全站在德国古典美学的理论基点之上。对于我国来说，这一点尤其重要。因为，我国从 1978 年改革开放之后才真正进入现代化进程，德国古典美学所包含的以"主体性"为理论根基的美学与美育思想，康德、席勒与黑格尔的美学与美育理论观点一度深深地吸引我们并极具理论阐释力。但时间不过三十年，这些理论已经与急剧变化的社会与文化现实出现了反差，需要我们结合现实，重新对这些理论进行反思。

　　下面，我们结合美育理论简要论述德国古典美学最主要的贡献，同时指出其局限，以便走出德国古典，进入美学与美育理论的新世纪。

　　第一，"审美判断力"概念的提出为美学与美育开辟了独立的情感领域。

　　黑格尔曾说，他在康德的《判断力批判》的《导论》中找到了"关于美的第一个合理的字眼"①。翻开康德的《判断力批判》的《导论》，我们发现这个"合理的字眼"就是"审美判断力"。康德认为，

---

　　①　［英］鲍桑葵：《美学史》，张今译，商务印书馆 1985 年版，第 344 页。

判断是人类认识世界的基本形式，可分两种：一种是定性判断，又叫逻辑判断，是由普遍的概念出发，逻辑地去判定个别事物的性质，这是人们在理性认识（知性力）中所常用的；另一种是反思判断，是由个别出发反思普遍性的判断。康德认为，审美判断就属于这种反思判断，是对于一个个别事物反思其是否具有美的普遍性的判断。他认为，反思判断又分两种：一种是审目的判断，亦即由个别对象出发反思其结构与存在是否符合自身完善的概念，而这种符合是先天的合目的的，例如，判断一朵花是否是一朵符合自身完善的花，这时主体与客体之间是由概念作为中介的；审美不是这种审目的判断，审美的反思判断不涉及对象的内容，只涉及对象的形式，是由个别对象出发反思其形式对于主体能否引起某种具有普遍性的先天的合目的的愉快之判断。他说：“因为心灵的一切机能或能力可以归结为下列三种，它们不能从一个共同的基础再作进一步的引申了，这三种就是：认识机能，愉快及不愉快的情感和欲求的机能。对于认识机能，只是悟性立法着，如果它（像应该做的那样，不和欲求机能混杂着，只从它自己角度来观察）作为一个理论认识的机能联系到自然界，对于自然界（作为现象）我们只能通过先验的自然概念，实际上即是纯粹的悟性概念而赋予诸规律。——对于欲求机能，作为一个按照自由概念而活动的高级机能，仅仅是理性在先验地立法着（只在理性里面这概念存在着）。——愉快的情绪介于认识和欲求机能之间，像判断力介于悟性和理性之间一样。”① 这一段论述非常重要，包含着十分丰富的美学与美育理论的内涵。

首先，揭示了审美判断作为形式的反思判断实际上是一种介于认识与欲求、真与善之间的“愉快及不愉快的情感判断”。这就为美学与美育第一次开辟了一个认识与伦理之外的独立的情感领域。这样的论述是对鲍姆嘉通“美学是感性认识完善”的突破与发展，同时，也为席勒在《美育书简》中将美育界定为“情感教育”铺平了道路，即便对于今天仍有极为重要的现实意义与价值。

---

① ［德］康德：《判断力批判》，宗白华译，商务印书馆 1964 年版，第 15—16 页。

其次，揭示了审美既具有判断的普遍性，同时又不借助知性逻辑（悟性）的基本特点。这就是康德在《判断力批判》中所论述的"鉴赏判断的二律背反"。他说，"二律背反可能解开的关键是基于两个就假相来看是相互对立的命题，在事实上却并不相矛盾，而是能够相并存立，虽然要说明它的概念的可能性是超越了我们认识能力的"①。

最后，康德对这个二律背反的"解决"，是通过一个"主观的合目的性"的先验原理。这不免具有某种神秘的不可知的色彩，却又恰恰揭示了美学与美育作为人文学科、审美作为人性表征的某种难以用理性与工具预测和表述的特性，正是其魅力与张力之所在。诚如康德在描述这种审美判断力的想象力时所说，"在一个审美观念上悟性通过它的诸概念永不能企及想象力的全部的内在的直观，这想象力把这直观和一被付予的表象结合着。但把想象力的一个表象归引到概念就等于是说把它曝示出来；那么，审美观念就可称呼为想象力（在自由活动里）一个不可表明出来的表象"②。在这里，康德揭示出审美判断力所特具的通常工具理性永不能企及的想象力的全部的内在直观性，以及想象力所特具的在其自由活动里用概念"不可表明出来的表象"③。这恰是美学与美育作为审美判断力所特具的魅力与张力之所在。正是从这个角度说，离开了"情感的判断"，离开了审美的想象力，也就离开了审美与美育的基本轨道。因此，康德与德国古典美学说出了关于审美与美育的"第一个合理的字眼"。

第二，"美在自由说"揭示了美学与美育的本质特征。

德国古典美学的最基本的范畴就是"美在自由"。温克尔曼早就将审美以及艺术与自由相联系，他在总结希腊艺术史时指出，"在国家体制与机构中占统治地位的那种自由，乃是希腊艺术繁荣的主要原因。希腊永远是自由的故乡"④。康德指出，"正当地说来，人们只能

① ［德］康德：《判断力批判》，宗白华译，商务印书馆1964年版，第187页。
② 同上书，第191页。
③ 同上。
④ 转引自汝信、夏森《西方美学史论丛续稿》，上海人民出版社1983年版，第98页。

把通过自由而产生的成品，这就是通过一意图，把他的诸行为筑基于理性之上，唤做艺术"①。席勒说，"当艺术作品自由地表现自然产品时，艺术作品就是美的"②。黑格尔在其《美学》中对"美在自由"说进行了集中的论述，他说，"这种生命和自由的印象却正是美的概念的基础"③。

众所周知，德国古典美学，特别是黑格尔美学乃整个西方古典美学的集大成者，"美在自由说"是"美在和谐说"的深入发展，是西方古典美的最高级形态。"美在和谐说"在德国古典美学之前主要表现为两种形态：或偏重于感性、物质与形式的外在和谐；或偏重于理性、精神与内容的内在和谐。古希腊时期的亚里士多德偏重于外在和谐，柏拉图则偏重于内在和谐；英国经验主义美学是一种外在和谐，大陆理性主义美学则是一种内在和谐。到了德国古典美学，"美在和谐说"发生了质的变化，进入了新的阶段。由感性的外在和谐和理性的内在和谐发展到感性与理性经过对立统一达到一种新的自由的和谐境界。经过感性与理性、外在与内在的对立统一，古典美的内涵丰富充实起来，成为一种有层次的立体美。因而，"美在自由说"成为西方古典美的最高级阶段，当然也是古典美的终结，预示着一种新形态的美与美学理论的必然产生。同时，"美在自由说"充分揭示了西方古典形态的美学与美育的本质特征，标志着主体与客体、感性与理性在艺术创造中不受任何障碍制约的高度融合，直接统一。黑格尔指出，"美本身却是无限的、自由的。美的内容固然可以是特殊的，因而是有局限的，但是这种内容在它的客观存在中却必须显现为无限的整体，为自由，因为美通体是这样的概念：这概念并不超越它的客观存在而和它处于片面的有限的抽象的对立，而是与它的客观存在融合成为一体，由于这种本身固有的统一和完整，它本身就是无限的。此外，概念既然灌注生气于它的客观存在，它在这种客观存在里就是自

① ［德］康德：《判断力批判》，宗白华译，商务印书馆1964年版，第148页。

② ［德］席勒：《论美》，载《秀美与尊严——席勒艺术和美学文集》，张玉能译，文化艺术出版社1996年版，第75页。

③ ［德］黑格尔：《美学》第1卷，朱光潜译，商务印书馆1981年版，第192页。

由的，像在自己家里一样。因为概念不容许在美的领域里的外在存在
独立地服从外在存在所特有的规律，而是要由它自己确定它所赖以显
现的组织和形状。正是概念在它的客观存在里与它本身的这种协调一
致才形成美的本质"①。在这里，黑格尔将美的无限自由的本质建立在
无限自由的理性与有限而不自由的感性的直接统一、融为一体之上，
由此克服了感性的有限性与不自由性。他将这样的艺术形象比喻为古
希腊神话中"千眼的阿顾斯"："艺术把它的每一个形象都化成千眼
的阿顾斯，通过这千眼，内在的灵魂和心灵性在形象的每一点上都可
以看得出。"② 这种理性与感性的直接统一、融为一体就是西方古典美
的本质，也是西方古典艺术的本质，其代表作品就是古希腊的雕塑。
正因此，黑格尔认为，"审美带有令人解放的性质，它让对象保持它
的自由和无限"③。美在自由，审美带有令人解放的性质，可以说以黑
格尔为代表的德国古典美学家说出了美学与美育的本质特征，但其表
现形态却是有差异的。作为古典形态的没有完全摆脱主客二分认识论
的美，可以是感性与理性直接统一、融为一体的一种物质的、形式的
美，但进入现代以来的人生美学，这种"自由"与"解放"应该是
进入更加深入的人的生命、心灵与生存的层面，具有更加深广的内涵
与意蕴。

第三，"美在创造说"将美学与美育中人的主体性作用加以极大
拓展。

德国古典美学对于美的创造性进行了充分的论述，无论是康德的
审美判断的理论，还是席勒有关"审美王国"的论述，都是对"美
在创造说"的阐释。黑格尔的作为艺术哲学的美学更是将"美在创造
说"推到了高峰。黑格尔指出，"艺术作品既然是由心灵产生出来的，
它就需要一种主体的创造活动，它就是这种创造活动的产品"④。这种
"美在创造说"是启蒙主义时期人文精神的一种集中反映。众所周知，

---

① ［德］黑格尔：《美学》第 1 卷，朱光潜译，商务印书馆 1981 年版，第 143 页。
② ［德］黑格尔：《美学》第 1 卷，朱光潜译，商务印书馆 1979 年版，第 198 页。
③ 同上书，第 147 页。
④ 同上书，第 356 页。

启蒙主义时期是人的主体性得到充分认识与发挥的时期，这一点也集中反映在美学与美育之中。黑格尔首先将审美作为人认识自我的一个重要途径，人有一种在外在事物中实现自己的冲动，于是通过改变外在事物，在其上刻上自己内心生活的烙印从而复现自己，这就是艺术与审美起源的原因之一。他说："当他一方面把凡是存在的东西在内心里化成'为他自己的'（自己可以认识的），另一方面也把这'自为的存在'实现于外在世界，因而就在这种自我复现中，把存在于自己内心世界里的东西，为自己也为旁人，化成观照和认识的对象时，他就满足了上述那种心灵自由的需要。这就是人的自由理性，它就是艺术以及一切行为和知识的根本和必然的起源。"① 这种理论观点逐步演变为后来的"自然的人化"说，并成为艺术与审美起源于劳动和实践的根据之一。

以上说明，黑格尔认为，人在改造世界，创造劳动产品的同时也创造了美。同时，黑格尔也认为，美和艺术完全是人的活动的产品，非人的自然物之中根本就不存在艺术与美。他说："这外在的方面并不足以使一个作品成为美的艺术作品，只有从心灵生发的，仍继续在心灵土壤中长着的、受过心灵洗礼的东西，只有符合心灵的创造品，才是艺术作品。"② 为此，他认为，由于心灵高于自然，所以艺术也就必须高于自然："我们可以肯定地说，艺术美高于自然。因为艺术美是由心灵产生和再生的美，心灵和它的产品比自然和它的现象高多少，艺术美也就比自然高多少。"③ 十分重要的是，黑格尔在《美学》中充分地论述了美与艺术的"心灵创造"历程，描绘了"心灵把全部材料的外在的感性因素化成了最内在的东西"④ 的过程。他是以逻辑与历史相统一的方法来进行这种论述与描绘的。从逻辑的角度来看，他论述了艺术美所历经的"一般世界情况—动作—性格"的"正、反、合"过程；从历史的角度来看，他论述了艺术美所历经的

---

① ［德］黑格尔：《美学》第1卷，朱光潜译，商务印书馆1979年版，第40页。
② 同上书，第36—37页。
③ 同上书，第4页。
④ 同上书，第209页。

"象征型—古典型—浪漫型"的历史历程。这种模式化论述的科学性当然值得怀疑，以逻辑阉割历史的做法当然也不值得提倡，但其中所包含的对艺术规律的阐释，特别是强烈的艺术发展的历史感却是颇富价值的。黑格尔在《美学》中将艺术美称作"艺术理想"，他说，"艺术理想的本质就在于这样使外在的事物还原到具有心灵性的事物，因而使外在的现象符合心灵，成为心灵的表现"①。因此，从某种意义上说，美的创造也就是对美的理想的追求与创造。黑格尔把这种美的理想的创造过程称作是一种"还原""清洗"和"艺术的谄媚"。他说："因为艺术要把被偶然性和外在形状玷污的事物还原到它与它的真正概念的和谐，它就要把现象中凡是不符合这概念的东西一齐抛开，只有通过这种清洗，它才能把理想表现出来。人们可以把这种清洗说成是艺术的谄媚。"②他认为，这种艺术理想的基本特征是"和悦的静穆和福气"③。这正是温克尔曼对古希腊艺术的基本特征所概括的"高贵的单纯，静穆的伟大"，而黑格尔也认为希腊艺术"攀登上美的高峰"④。黑格尔在美的创造中追求美的理想的论述是非常重要的，因为美学与美育从来都是与理想的追求和创造相联系的。可以说，在某种意义上，审美就是对美的理想的追求，而美育也就是一种美的理想的教育。一个人甚或一个民族，没有了对美的理想的追求也就没有了希望。

德国古典美学成就巨大，是人类智慧的精华。特别是我国 1978 年改革开放以来，德国古典美学关于主体性与艺术规律的阐释对我国新时期美学的复兴起到重要的推动作用。李泽厚的《批判哲学的批判》以及与之有关的康德的"主体性"哲学与美学一度成为广大美学爱好者与青年学子的热门话题。但历史的大潮汹涌澎湃，我国迅速进入了反思"现代性""主体性"与"人类中心主义"的建设"和谐社会"的新时期，对于德国古典美学的反思与超越成为历史的必然，

---

① ［德］黑格尔：《美学》第 1 卷，朱光潜译，商务印书馆 1979 年版，第 201 页。
② 同上书，第 200 页。
③ 同上书，第 202 页。
④ 同上书，第 170 页。

成为新世纪美学与美育建设的必由之途。

首先，德国古典美学的理念论哲学根基及其思辨哲学的方法是脱离生活实际的。超越德国古典美学，走向生活与人生，成为新世纪美学的发展前景。

德国古典美学，特别是黑格尔美学都不是从生活实际、从人生出发的，而是从抽象的理念出发的，是理念发展的一个过程，是思辨哲学建构的一种需要。对于康德来说，审美判断力的提出是沟通纯粹理性与实践理性的一种需要。因而，这种美学尽管不乏真理的闪光，但总体上来说是脱离生活，脱离人生的。马克思曾经批判黑格尔哲学是一种"头足倒置"的哲学，不仅揭示其唯心主义实质，而且有力地批判了这种哲学与活生生的生活的脱节。我们新世纪的美学应该是一种不同于德国古典美学的来自生活与人生的美学。

其次，黑格尔的"美是理念的感性显现"的基本美学概念是一种主客二分的认识论哲学的结晶。黑格尔提出"美是理念的感性显现"，实际上是将美归结为理念的"感性显现"阶段，其前提仍然是理念与感性的二分对立，尽管在"感性显现"阶段二者达到了"直接统一"，但很快理念将越出感性，重新进入二分对立的新的阶段。这种感性与理性的二分对立实际上是启蒙主义时期主客二分对立认识论哲学的表现，在这种理念论哲学中，理念的自我发展、自我实现成为一种宏观的认识过程。因此，黑格尔美学仍然是一种理念本体，亦可称作是认识本体的美学，美的根本动因还是在理念或认识，而不是人生之光，在很大程度上脱离了生活的大道。

再次，康德有关"判断先于快感"的论断是身与心二分对立的表现。康德有关审美判断的论述除了审美是无功利的静观之外，最重要的就是"判断先于快感"的论断，成为划清快感与美感的分水岭，被视为美学的"铁的规律"。但这种"判断先于快感"的论断，其实是一种身与心二分对立的表现，还是把心看得高于身，对眼耳鼻舌身，特别是鼻舌身等身体快感表现出一定程度的轻视。其实，在实际的审美过程中是不可能做到"判断先于快感"的，实际的情况是"判断与快感相伴"，眼耳鼻舌身所有的感官都在审美中起到十分重要的

作用。

　　最后，黑格尔有关"美学是艺术哲学"的论述充分表现了由"人类中心主义"决定的"艺术中心主义"，是对自然美的严重忽视。黑格尔提出"美学是艺术哲学"，将艺术看作心灵的产品，高于自然。这实际上是一种典型的"艺术中心主义"，是"人类中心主义"在美学与艺术学中的反映。实际上，审美的对象绝不仅仅是艺术，而且必然地包含自然与社会生活，而审美也绝不仅仅是"心灵的产品"，必须借助于自然物与审美对象的质素，是两者互动的结果。因此，走出"人类中心主义"，以及与之相关的"艺术中心主义"，建设新的生态美学、环境美学与生活美学成为新世纪美学建设的当务之急。

第九章

西方现代美学的"美育转向"

　　20世纪以来的西方现代美学呈现出多元、多变的发展轨迹,出现了种种转向,如"非理性转向""心理学转向""语言论转向""文化研究转向"等。但迄今为止,人们却忽视了其中另一种重要的转向,即"美育转向"——在由古典形态的对美的抽象思考转为对美与人生关系的探索、由哲学美学转到人生美学的过程中,美育在西方现代美学,特别是现代人文主义美学中成为一个前沿话题。这一转向并非偶然,有其现实的社会根源:20世纪以来,科技经历了由机械化到电子化再到信息化的发展,经济活动由工业革命时代逐步进入生态文明时代,教育则经历了从世纪初以测试主义为标志的应试教育到20世纪后半叶素质教育受到广泛重视的转变。这种社会的巨变,使包括想象力在内的人的审美力发展问题显现出从未有过的重要性,美育的地位也由此得以凸现。此外,社会现代化的步伐同时也带来了工具理性膨胀、市场拜物盛行与心理疾患蔓延等各种弊端,这些弊端的共同点,集中体现为人文精神的缺失,因此,对现代化进程中人文精神的补缺便成为十分紧迫的当代课题。美育作为人文精神的集中体现,是实现人文精神补缺的重要途径。因此,西方现代美学的"美育转向"正应和了时代的需要。

　　具体说来,西方现代美学的"美育转向",是以康德、席勒为其开端的。康德在其哲学体系中完成了"自然向人的生成",使美学成为培养具有高尚道德的人的中介环节,第一次把美学由认识论转到价值论,并使之完成由纯粹思辨到人生境界的提升,从而开辟了西方现代美学的"美育转向"之路。席勒"基于康德的基本原则",将美育界定在情感教育范围,并明确提出"要使感性的人成为理性的人,除了首先使他成为审美的人,没有其他途径"①。尤为可贵的是,席勒的思想体现了鲜明的现代色彩,包含了对于资本主义现代化过程中"异化"现象的忧虑与试图消除之的努力。可以说,康德与席勒为西方现代美学的"美育转向"确立了基本方向。其后,叔本华、尼采的理论主张体现出更加鲜明的现代性,他们以"生命意志""强力意志"为武器,彻底否定了西方的理性主义传统,倡导"人生艺术化",把审美与艺术提到世界第一要义的本体论高度。

由此可见,贯穿整个西方现代历程的人文主义美学思潮,在某种意义上,就是人生美学,也就是广义的美育。包括弗洛伊德的"原欲升华论",也可视为一种美育思想,即通过艺术与审美的途径提升人的本能,升华人的精神。存在主义美学更加彻底地将关注点完全转向现实人生,以人的生存为出发点与落脚点,首先敏锐地洞察与感受到现代资本主义对人的深重压力。为了改变这种极端困窘的生存状态,找到真正的精神家园,存在主义美学提出通过艺术与审美来实现"生存状态诗意化"的重要命题,萨特更是把艺术与审美看作人的生存由困窘向自由的提升。与存在主义美学对美育的重视相呼应的,还有作为社会批判理论的西方马克思主义的某些代表人物,如马尔库塞试图以艺术与审美对"单向度的社会"进行改造,强调"艺术也在物质改造和文化改造中成为一种生产力"②。实用主义的杜威从科学主义角度关注美育,提出"艺术生活化"的著名命题。他的突出贡献在于,将艺术归结为经验,以经验为中介打破艺术与生活的界线,认为审美经验就是生活经验的一种,"这种完整的经验所带来的美好时刻便构成了理想的美"③。这种"理想的美"的获得,就是个体生命与环境之间由不平衡到平衡所获得的一种鲜活的生活经验。这样,杜威的

---

① 〔德〕席勒:《美育书简》,徐恒醇译,中国文联出版公司1984年版,第116页。
② 转引自朱立元主编《现代西方美学史》,上海文艺出版社1993年版,第1021页。
③ 同上书,第643页。

"艺术生活化"理论也从一个侧面反映了现代工业社会大众文化逐步发展的实际情况，同时又带有某种理想的色彩。

这里，我们要特别提出法国当代哲学家福柯晚期著名的"生存美学"思想。这一思想强调"把每个人的生活变成艺术品"，为此，福柯提出了相应的"自我呵护"命题，主张"与自我的关系具有本体论的优先性，以此衡量，呵护自我具有道德上的优先权"[①]。"自我呵护"命题的提出，标志着一个重要的哲学与伦理学转折的开始，即把关注点从人与社会、人与他人的关系转到人与实际存在的人自身的关系之上，要求从个体出发突破"规范化"的束缚。应该看到，人类关注重点的转移是有着强烈的时代性的。在人类社会早期的农耕时代，人类所关注的是自然；进入工业社会，人类关注的重点是理性；从20世纪初期开始，特别是第二次世界大战以后，资本主义制度的弊端愈发突出，工具理性的局限日益明显，人类面临诸多灾难，因此，关注的重点转向非理性对理性的突破之上。进入信息时代以来，网络技术迅速发展，全球化进程不断加速，大众文化日渐勃兴，对工具理性的解构逐步被人的主体性重建所代替。在这种形势下，福柯特别提出以关注人自身存在状况为内涵的"自我呵护"命题，其侧重点显然不在人的解放，而在于人的艺术化生活的"创造"。尽管这一命题的审美乌托邦倾向与极端个人主义内涵十分明显，但它所揭示的现代社会工具理性与市场拜物盛行所造成的"规范化"现实，以及由此产生的人的"自我"某种程度的丧失，却是客观存在的。对此，我们可以在唯物主义实践观的指导下，扬弃其个人主义的内涵，通过倡导"自我呵护"而引导每个人的生活走向"艺术化"的创造。

第一节 叔本华：艺术是人生的花朵

叔本华（Arthur Schopenhauer，1788—1860），代表性的论著为《作为意志和表象的世界》。他几乎是黑格尔的同时代人，但却是反对

---

① 转引自路易丝·麦克尼《福柯》，黑龙江人民出版社1999年版，第172页。

黑格尔的。他不同意黑格尔脱离实际、纯思辨的哲学与美学理论，将黑格尔称作莎士比亚《暴风雨》一剧中的丑鬼珈利本，并认为当时把黑格尔作为最大的哲学家推崇是一种错误。他将康德的"善良意志论"改造为"意志主义本体论"，力倡一种生命意志哲学—美学思想。他所说的意志是非理性的，甚至是本能的一种盲目、不可遏止的冲动。也就是说，叔本华所谓的意志就是"欲求"，包含生存和繁衍两个方面的内涵，这种生命意志便是世界的本源。在这里，叔本华还没有完全超越德国古典哲学与美学，但已力图将美学引向个体的人的生存，成为20世纪存在论美学的先驱。正是在这样的前提下，叔本华提出了"艺术是人生的花朵"的著名论断，从而可以说，叔本华的美学思想与席勒以追求人的全面发展为目的的"自由论"美学—美育思想是一致的。

一　艺术是人生的花朵论

如何认识艺术的作用呢？叔本华提出著名的"艺术是人生的花朵"的理论："因此，在不折不扣的意义上说，艺术可以称为人生的花朵。"[1] 叔本华认为，艺术创作同现实生活相比是一种"上升、加强和更完美的发展"，而且"更集中、更完备、而具有预定的目的和深刻的用心"。[2] 这就将艺术、审美同人生相联系，开辟了西方古典美学所没有的人生美学，即广义的美育之路。

二　艺术补偿论

艺术为什么会成为人生的花朵呢？这与叔本华基本的人生观与美学观有关。在人生观上，叔本华是一个悲观主义者。叔本华立足于他的生命意志理论，认为人的欲求起源于对现状的不满，因为现实无法满足人的需要。所以，他认为，意志本身就是痛苦，生存本身就是不

① ［德］叔本华：《作为意志和表象的世界》，石冲白译，商务印书馆1982年版，第369页。

② 同上书，第369、273页。

息的痛苦，要摆脱痛苦只有通过艺术的审美欣赏，使人进入一种物我两忘的审美境地，尽管这也只是暂时的摆脱。这样，叔本华就将审美作为解决生存痛苦的重要工具，审美与艺术也就标志着人生的光明与希望。正是在这样的背景下，叔本华提出了艺术补偿论："一切欲求皆出于需要，所以也就出于缺失，所以也就是出于痛苦。"①

三　审美观审论

叔本华认为，摆脱痛苦的手段之一就是审美的观审。他认为，人们在审美中，"摆脱了欲求而委心于纯粹无意志的认识"，从而"进入了另一个世界"，"一个我们可以在其中完全摆脱一切痛苦的领域"。② 也就是说，人们在审美观赏中得到的享受和安慰对于观赏者可以起到一种"补偿"的作用。他说，艺术"对于他在一个异己的世代中遭遇到的寂寞孤独是唯一的补偿"③。之所以审美与艺术会成为人生的一种补偿，是因为审美与艺术本身具有一种超越功利的特性，从而使人进入到一种超功利的观审状态，这就是叔本华的"审美观审说"。他认为，审美观审的条件就是作为审美对象的不是实际的个别事物而是非根据律的"理念"，作为审美主体的则是摆脱了意志和欲求的无意志的主体。这说明，他认为，审美快感的根源在于纯粹的不带意志、超越时间、在一切客观关系之外的主观方面。叔本华指出，这种审美的观审状态就是使审美者进入一种物我两忘、融为一体的"自失"状态。"人在这时，按一句有意味的德国成语来说，就是人们自失于对象之中了，也即是说人们忘记了他的个体，忘记了他的意志"，"所以人们也不能再把直观者（其人）和直观（本身）分开来了，而是两者已经合一了"。④ 在这里，对于审美观审的无功利性的强调，表明叔本华继承了康德思想，但他对康德却有着明显的超越，那

①　[德] 叔本华：《作为意志和表象的世界》，石冲白译，商务印书馆 1982 年版，第273 页。

②　同上书，第276、370 页。

③　同上书，第369—370 页。

④　同上书，第250 页。

就是他对审美合规律性的否定。叔本华认为，在审美观审中，"这种主体已不再按根据律来推敲那些关系了，而是栖息于，浸沉于眼前对象的亲切观审中，超然于该对象和任何其他对象的关系之外"①。这种对于根据律的超越，就将审美从普通认识论带入审美存在论，说明叔本华的审美观的确标志着西方美学的美育转向。

四　超人作用论

叔本华认为，只有天才才能创造真正的作为人生花朵的艺术，而艺术的创造者也只能是天才。那么，什么是天才呢？他认为，所谓"天才"就是"超人"。他说："正如天才这个名字所标志的，自来就是看作不同于个体自身的，超人的一种东西的作用，而这种超人的东西只是周期地占有个体而已。"② 这种所谓"超人"就是不凭借根据律认识事物，沉浸于审美观审之人。叔本华说，"天才人物不愿把注意力集中在根据律的内容上"③。也就是说，他所谓"超人"，是超越于通常的认识论的，进入了审美的生存境界。他认为，这种超人的能力使天才发挥了特有的作用。普通的人凭借根据律认识，只能成为"照亮他生活道路的提灯"，而天才人物作为"超人"却超越了普通的根据律，具有全人类的意义，成为"普照世界的太阳"。④ 作为天才的"超人"之所以具有这种能力，是凭借一种特殊的想象力。想象力有两种，一种是普通人凭借幻想的想象力。这是一种按照根据律，从自己的意志欲念出发进行的想象，其作用在个人自娱，最多只能产生各种类型的庸俗小说；另一种是作为天才的"超人"所具有的想象力，这种想象力完全摆脱意志和欲念的干扰，是认识理念的一种手段，而表达这种理念的就是艺术。他说："与此相同，人们也能够用这两种方式去直观一个想象的事物：用第一种方式观察，这想象之物

---

①　［德］叔本华：《作为意志和表象的世界》，石冲白译，商务印书馆 1982 年版，第249 页。

②　同上书，第 264 页。

③　同上。

④　同上书，第 262、262—263 页。

就是认识理念的一种手段，而表达这理念的就是艺术；用第二种方式观察，想象的事物是用以盖造空中楼阁的。"① 这种特殊的想象力既表现在质的方面，又表现在量的方面，将作为"超人"的天才的眼界扩充到实际呈现于天才本人之前的诸客体之上，举一反三，由此及彼，由表及里，由现象到本体。

由上述可知，叔本华的审美观审论，以及艺术是人生花朵的理论，尽管在相当大的程度上把审美归结为一种认识，不可避免地仍然残留着德国古典美学的痕迹，但从总体上说，其唯意志论美学仍然开辟了西方美学的新方向。他以非理性的唯意志论美学全面地批判了黑格尔的古典主义美学，用意志取代认识，抬高直观，贬低唯理性主义，赋予审美以生命的生存意义。这就为西方现代人文主义的人生美学，也就是广义的审美教育的发展奠定了基础。

第二节　尼采：艺术是生命的伟大兴奋剂

尼采（Friedrich Wilhelm Nietzsche，1844—1900）在西方现代美学发展史上具有特殊的地位，从某种意义上说，西方现代真正意义上的人生美学的转向是从尼采开始的。他是继叔本华之后另一个德国唯意志主义哲学家、美学家。他同叔本华一样，也认为世界的本源是意志，人生是痛苦的、可怕的、不可理解的。但他反对叔本华把世界分为表象与意志，而是认为意志与表象不可分离。所谓意志，并不是生命意志，而是强力意志。因此，他反对叔本华的悲观主义和虚无主义，主张以强力意志反抗生活的痛苦，创造新的欢乐和价值。在此基础上，他彻底地否定古希腊的理性传统、基督教文化、启蒙主义理性精神和传统的生活，宣称"上帝死了""价值重估"。但他并不主张虚无主义，而是主张价值的转换与重建，写于 1872 年的《悲剧的诞生》就是其价值重估的最初尝试。《悲剧的诞生》是尼采的处女作，

---

① ［德］叔本华：《作为意志和表象的世界》，石冲白译，商务印书馆 1982 年版，第261 页。

为他的全部著作奠定了一个基调，成为其整个哲学的诞生地。他以酒神精神对古希腊文化做了全新的阐释，提出艺术是"生命的伟大兴奋剂"的重要观点，奠定了西方整个 20 世纪作为人文教育的广义的美育，即人生美学发展的基础。

一 审美人生论

尼采美学的根本特点是把审美与人生紧密相联，把整个人生看作审美的人生，而把艺术看作人生的艺术，为此，他提出著名的"艺术是生命的伟大兴奋剂"的重要观点。他在《悲剧的诞生》中将希腊艺术的兴衰与希腊民族社会的兴衰结合起来研究，着重探讨"艺术与民族、神话与风俗、悲剧与国家在其根柢上是如何必然和紧密地连理共生"[1]。

他与叔本华一样，认为人生是一出悲剧。他借用古希腊神话说明这一点：古希腊佛律癸亚国王问精灵西勒若斯，对人来说什么是最好最妙的东西，西勒若斯回答：最好的东西是不要诞生、不要存在、成为虚无，次好的东西则是立即就死。从文化本身来说，尼采认为，当代文化同艺术是根本对立的，带给人的是个性的摧残和人性的破坏。他对现代教育和科技的非人化机械论、非人格化的劳动分工对于人性和人的生命因素的侵蚀毒害进行了无情的批判："由于这种非文化的机械和机械主义，由于工人的'非人格化'，由于错误的'分工'经济，生命便成为病态的了。"[2] 既然人生是悲剧，那该怎么办呢？尼采认为，只有借助于审美进行补偿和自救，"召唤艺术进入生命的这同一冲动，作为诱使人继续生活下去的补偿和生存的完成"[3]。他甚至进一步将审美与艺术提到世界第一要义的本体的高度。他在《悲剧的诞生》前言中说，我确信"艺术是生命的最高使命"；又说："只有作为一种审美现象，人生和世界才显得是有充足理由的"[4]。他还说：

---

① ［德］尼采：《悲剧的诞生》，周国平译，生活·读书·新知三联书店 1986 年版，第 101 页。

② 同上书，第 57 页。

③ 同上书，第 12 页。

④ 同上书，第 2、105 页。

"艺术,除了艺术别无他物!它是使生命成为可能的伟大手段,是求生的伟大诱因,是生命的伟大兴奋剂。"① 表面上看,尼采与叔本华都主张审美补偿论,但尼采不同于叔本华之处在于,尼采认为,悲剧的作用不仅在于生命的补偿,而且在于对生命的提升与肯定。

此外,特别重要的是,作为悲剧精神的酒神精神在尼采的美学理论中已经被提升到本体的人的生存意义的形而上高度,成为代替科技世界观和道德世界观的唯一世界观。这在当代西方美学中是具有开创意义的。

二 酒神精神论

酒神精神和日神精神是尼采哲学—美学中具有核心意义的范畴,特别是酒神精神,更具重要性,具有使艺术成为人生花朵的基本功能。尼采指出,对于悲剧人生进行补偿的唯一手段是借助于一种特有的酒神精神及作为其体现的悲剧艺术。他认为,宇宙、自然、人生与艺术具有两种生命本能和原始力量,那就是以日神阿波罗作为象征的日神精神与以酒神狄俄尼索斯作为象征的酒神精神,而最根本的则是酒神精神。这是一种以惊骇与狂喜为特点的强大的生命力量,尼采后来将其称作"权力意志",这也是一种审美的态度。这种审美的态度不同于康德与叔本华的"静观",而是一种生命的激情奔放。充分体现酒神精神的就是古希腊的典范时代及其悲剧文化。这是对古希腊美学精神的新的阐释,也是对传统的和谐美的反拨。尼采鼓吹在德国文化与古希腊文化之间建立起一座联系的桥梁,他说:"谁也别想摧毁我们对正在来临的希腊精神复活的信念,因为凭借这信念,我们才有希望用音乐的圣火更新和净化德国精神。"② 与此同时,尼采有力地批判了古希腊的和谐美的美学精神。他认为,所谓"美在和谐""美在理性"是一种以苏格拉底为代表的非审美的、理性的逻辑原则,主张

---

① [德]尼采:《悲剧的诞生》,周国平译,生活·读书·新知三联书店 1986 年版,第 385 页。

② 同上书,第 88 页。

"理解然后美""知识即美德"等，实际上是一种扼杀悲剧与一切艺术的原则。

三 艺术的生命本能论

艺术的起源及其本真的内涵到底是什么？这是长期以来人们一直在探讨的一个十分重要的问题。尼采提出了著名的生命本能的二元性论，将艺术的起源及其本真内涵与人的生命、人的本真的生存相联系。尼采认为，艺术是由日神精神与酒神精神这两种生命本能交互作用而产生的，犹如自然界的产生依靠两性一样。他说，"艺术的持续发展是同日神和酒神的二元性密切相关的"，"这酷似生育有赖于性的二元性"。[①] 在他看来，日神的含义是适度、素朴、梦、幻想与外观，而酒神则是放纵、癫狂、醉与情感奔放。"为了使我们更切近地认识这两种本能，让我们首先把它们想象成梦和醉两个分开的艺术世界。"[②] 在二者中，尼采认为，酒神精神更为重要。因为，艺术的本原与动力即在于酒神精神。但日神精神也是不可或缺的，尼采指出，"我们借它的作用得以缓和酒神的满溢和过度"[③]。这里需要说明的是，酒神精神与日神精神都是非理性精神，它们是非理性的两种不同形态，是人的醉与梦两种本能。

既然艺术起源于日神与酒神两种生命本能，这就决定了艺术的基本特征是以酒神精神为主导的酒神与日神两种生命本能精神的冲突与和解，而其核心是一种激荡着蓬勃生命、强烈意志的酒神精神。因此，这样一种艺术精神就极大地区别于苏格拉底所一再强调的理性的原则与科学的精神。他在区别苏格拉底式的理论家与真正的艺术家时，写道："艺术家总是以痴迷的眼光依恋于尚未被揭开的面罩，理论家却欣赏和满足于已被揭开的面罩。"[④] 而任何语言都不能真正表达

① [德]尼采：《悲剧的诞生》，周国平译，生活·读书·新知三联书店 1986 年版，第 2 页。
② 同上书，第 3 页。
③ 同上书，第 94 页。
④ 同上书，第 63 页。

出艺术的真谛,"语言绝不能把音乐的世界象征圆满表现出来"①。他更加反对对音乐的图解,认为这势必显得十分怪异,甚至是与音乐相矛盾的,是我们的美学"感到厌恶的现象"②。

四 悲剧的形而上慰藉论

悲剧观是尼采人生美学的重要组成部分。尼采继承席勒的理论,认为悲剧起源于古希腊的合唱队。他说:"希腊人替歌队制造了一座虚构的自然状态的空中楼阁,又在其中安置了虚构的自然生灵。悲剧是在这一基础上成长起来的。"③ 这种古希腊的合唱队俗称"萨提尔合唱队",是一种充满酒神精神的纵情歌唱的艺术团体。萨提尔是古希腊神话中的林神,半人半羊,纵欲嗜饮,代表了原始人的自然冲动。这就说明,悲剧起源于酒神精神,但悲剧的形成还需要日神的规范和形象化。因此,悲剧是酒神精神借助日神形象的体现,可以说,悲剧是酒神精神和日神精神统一的产物。尼采说:"我们在悲剧中看到两种截然对立的风格:语言、情调、灵活性、说话的原动力,一方面进入酒神的合唱抒情,另一方面进入日神的舞台梦境,成为彼此完全不同的表达领域。"④ 他还更深入地从世界观的角度探讨,认为悲剧起源于一种古典的"秘仪"。他说:"认识到万物根本上浑然一体,个体化是灾祸的始因,艺术是可喜的希望,由个体化魅惑的破除而预感到统一将得以重建。"⑤

正是因为悲剧起源于酒神精神,所以才具有一种"形而上的慰藉"的效果。在悲剧效果上,亚里士多德提出著名的"卡塔西斯理论",也就是悲剧通过特有的怜悯与恐惧达到特有的"陶冶";黑格尔曾提出著名的"永恒正义胜利说";尼采则另辟蹊径,提出了著名

---

① [德]尼采:《悲剧的诞生》,周国平译,生活·读书·新知三联书店1986年版,第24页。
② 同上书,第23页。
③ 同上书,第27页。
④ 同上书,第34页。
⑤ 同上书,第42页。

的"形而上慰藉说"。他说:"每部真正的悲剧都用一种形而上的慰藉来解脱我们:不管现象如何变化,事物基础之中的生命仍是坚不可摧的和充满快乐的。"① 这种悲剧效果论也不同于叔本华的悲剧观。叔本华的悲剧观是由否定因果律的"个体化原理"导致对于意志的否定,引向悲观主义;而尼采则由对"个体化原理"的否定导致对意志的肯定,引向乐观主义。这是在现象的不断毁灭中指出生存的核心,是生命的永生。尼采以古希腊著名悲剧《俄狄浦斯王》为例说明,"一个更高的神秘的影响范围却通过这行为而产生了,它把一个新世界建立在被推翻的旧世界的废墟之上"②。从哲学的层面来说,这实际上是个人的无限痛苦和神的困境,"这两个痛苦世界的力量促使和解,达到形而上的统一"③,是一种更高层次的超越个别的统一和慰藉。从深层心理学的角度来讲,这也是一种由非理性的酒神精神移向形象的"升华"。尼采说道,"对于悲剧性所生的形而上快感,乃是本能的无意识的酒神智慧向形象世界的一种移置"④。由此可知,这里所谓形而上的统一,不是现象世界的统一,也不是道德世界的统一,而是审美世界的统一。所谓形而上的慰藉,从根本上来说,也不是现象领域、道德领域和哲学领域的慰藉,而是美学领域具有超越性的形而上的慰藉,是一种具有蓬勃生命力的酒神精神的胜利。这说明,形而上的慰藉是一种具有本体意义的酒神精神之审美的慰藉,也是审美世界观的确立、人的生存意义的彰显。

从上述尼采的美学理论中可知,他敏锐地感受到资本主义现代文明已经暴露出的对于人性压抑扭曲的弊端,因而大力倡导一种以酒神精神为核心的悲剧美学。如果说,叔本华仍然保留着较多的传统美学的痕迹,那么尼采则将非理性的生命意志哲学—美学理论贯彻到底,完成了由传统到现代的过渡,成为 20 世纪哲学—美学的真正的先行

---

① 〔德〕尼采:《悲剧的诞生》,周国平译,生活·读书·新知三联书店 1986 年版,第28 页。
② 同上书,第 36 页。
③ 同上书,第 38 页。
④ 同上书,第 70 页。

者，特别成为 20 世纪人文主义美学的先驱，为精神分析主义、存在主义等哲学—美学理论奠定了基础。

第三节　杜威：艺术的生活化

杜威（John Dewey，1859—1952），20 世纪美国著名的哲学家、教育家和心理学家。从 1894 年开始，他与他的学生们组成美国实用主义的重要学派——芝加哥学派，并产生了极大的影响。1931 年，杜威应哈佛大学之邀前往举办演讲会，做了一系列题为"艺术哲学"的演讲，后编成《艺术即经验》一书，于 1934 年出版。这本书集中地阐释其实用主义美学思想，成为当代最具美国特点的美学理论体系。杜威在书中以"艺术即经验"为核心观点，全面论述了艺术与生活、艺术与人生、艺术与科学、内容与形式等一系列重要问题。他将美国资产阶级的民主观念与商业观念贯注于其经验论美学之中，将艺术从高高的象牙之塔拉向现实的社会人生，提出艺术生活化的重要命题，对于当代，特别是我国的美学与美育建设产生了重要影响。

杜威的美学思想也走过了一段曲折的道路。由于种种原因，他的美学思想从 20 世纪 30 年代提出后即走向沉寂，逐步被分析美学所取代。从 20 世纪后期开始，以罗蒂出版《哲学和自然之镜》为标志，他的实用主义美学思想重新引起人们的重视。

一　经验自然主义的研究方法

要掌握杜威的"艺术即经验"与"艺术生活化"的实用主义美学思想，首先要了解其经验自然主义的美学研究方法。经验自然主义的方法就是实用主义的方法，也就是一种重效果、重行动的特有的当代美国式的方法。这种方法当然与 18 世纪英国经验派的理论有继承关系，但它主要产生于美国特有的拓荒时代，即当时遵循实业第一的原则、效率首位的教育、利益取向的政治，以及 19 世纪以达尔文进化论为代表的科技的发展及其对实证的强调。对于这种方法，杜威将其看作是一种"哲学的改造"，旨在突破古希腊以来，特别是工业革

命以来的理性主义和本质主义传统以及主客二分的思维模式。杜威认为，这种方法立足于突破古希腊以来由主奴对立所导致的知识与实用的分裂，他试图通过经验对其加以统一。这是杜威实用主义哲学与美学的最重要的贡献和最富启发性之处，但长期以来没有引起足够的重视。

首先是主观唯心主义的经验论。他对其哲学与美学的核心概念"经验"做了主观唯心主义的界说。他突破传统的主客二分方法，将经验界定为主体与客体的合一、感性与理性的合一，以此与传统的二元论划清界限。他的经验论又与自然主义的实践观紧密相联。这里所说的实践是作为有机体的人为了适应环境与生存所进行的活动，他说，"经验是有机体与环境相互影响的结果"①。其次是以生物进化论作为其重要理论基础。杜威将达尔文的生物进化论，特别是适者生存理论作为自己的哲学与美学的理论基础。这种对于人与环境适应的强调，固然有生物进化论的弊端，但十分重要的是，将人的生命存在放在突出的位置，因此，也可以说是一种"自然主义的人本主义"（Naturalistic Humanism）。再就是工具主义的方法论。杜威主张真理即效用的真理观，这是一种工具主义的理论。在此基础上，他又将其改造为控制环境的一种工具。他说："对环境的完全适应意味着死亡。所有反应的基本要点就是控制环境的欲望。"② 这种控制就是朝着一定的目标对环境运用"实验的方法"进行的一种"改造"。所谓"实验的方法"就是对"逻辑的方法"的一种摒弃，采取"假定—实验—经验"的解决问题的路径。这就是一种实验的工具主义的方法，也就是我们所熟悉的"大胆假设，小心求证"。在《艺术即经验》之中，这种工具主义方法的具体运用就是采用一种与本质主义方法相对的"描述"的方法，也就是一种"直观的""直接回到事实"的方法。杜威将艺术界定为"经验"，就是一种抓住其最基本事实的"描述"，虽不尽准确，却具有极大的包容性。

---

① ［美］杜威：《艺术即经验》，高建平译，商务印书馆 2005 年版，第 22 页。
② 转引自杜兰特《哲学的故事》，朱安等译，文化艺术出版社 1991 年版，第 532 页。

二 艺术即经验，艺术即生活

"艺术即经验"是杜威美学思想的核心命题。他的《艺术即经验》的主旨就是恢复艺术与经验的关系，"把艺术与美感和经验联系起来"。这就是西方当代美学所谓的"经验转向"，将艺术由高高在上的理性拉向现实的生活实践与生活经验。首先，杜威将其美学与艺术研究的出发点归结为"活的生物"（live creature），这是别开生面的。"活的生物"是杜氏实用主义美学的关键词之一，要给予充分的重视。他说："每一个经验都是一个活的生物与他生活在其中的世界的某个方面相互作用的结果。"① 这一方面充分强调了审美的"感性"特点，同时强调了人的审美的感性与动物感性的必然联系。他说："为了把握审美经验的源泉，有必要求助于处于人的水平之下的动物的生活。"② 在此，他批判了传统的"蔑视身体、恐惧感官，将灵与肉对立起来"③ 的观念，强调五官在审美之中的参与作用，认为"五官是活的生物藉以直接参与他周围变动着的世界的器官"④。这就与古典的借助于视听的无利害的"静观美学"划清了界限。更重要的是，在这里，杜威提出了人与自然的全新的关系的观点。他打破了传统的人与自然对立的观念，力主人与自然统一的观念，提出人在自然之中而不是在自然之外。他说，"艺术的源泉存在于人的经验之中"⑤，这种经验就是"活的生物"在某种能量的推动下与环境相互作用的结果。"有机体与周围环境的相互作用，是所有经验的直接的或间接的源泉，从环境中形成的阻碍、抵抗、促进、均衡，当这些以合适的方式与有机体的能量相遇时，就形成了形式"⑥，艺术的任务就是恢复审美经验与日常经验的联系。艺术哲学的任务旨在恢复"构成经验的日

---

① ［美］杜威：《艺术即经验》，高建平译，商务印书馆2005年版，第46页。
② 同上书，第18页。
③ 同上书，第20页。
④ 同上书，第22页。
⑤ 伍蠡甫主编：《现代西方文论选》，上海译文出版社1983年版，第219页。
⑥ ［美］杜威：《艺术即经验》，高建平译，商务印书馆2005年版，第163页。

常事件、活动，以及苦难之间的连续性"①。他还进一步打破了艺术与日常工艺以及精英与大众的壁垒。这种对于艺术经验与日常经验连续关系的探讨，正是杜威式的美国资产阶级民主在审美与艺术领域中的表现。它打破了文化艺术的精英性和神秘性，将其拉向日常生活与普通大众。杜威特别强调审美经验的直接性，认为这是美学所必需的东西。他说："美学所必须的东西：即审美经验的直接性。不是直接的东西便不是美的，这点无论怎样强调都不算过分。"② 由此，他反对在艺术欣赏中过分地强调联想，因其违背审美直接性的原则。同时，他也反对从古希腊开始的将审美经验仅仅归结为视觉与听觉的理论，而将触觉、味觉与嗅觉等带有直接性的感觉都包含在审美的感觉之内。他说："感觉素质，触觉、味觉也和视觉、听觉的素质一样，都具有审美素质。但它们不是在孤立中而是在彼此联系中才具有审美素质的；它们是彼此作用、而不是单独的、分离的实质。"③ 他认为，审美经验不同于日常经验之处就是它是一种"完整的经验"，因而构成"理想的美"。对于这种完整性，他称为"一个经验"（an experience），这是理解杜氏美学思想的一把钥匙。他说："把对过去的记忆与对将来的期望加入经验之中，这样的经验就成为完整的经验，这种完整的经验所带来的美好事情便构成了理想的美。"④ 这种完整经验的理想美，具体表现为有序、有组织运动而达到的内在统一与完善的艺术结构。杜威认为，这个完整的经验以现在为核心，将过去与将来交融在一起，使人与环境达到水乳交融的境界，从而使人成为"真正活生生的人"。这就是一种处于审美状态的人和审美境界，"这些时刻正是艺术所特别强烈歌颂的"⑤。艺术即"活生生的人"的"完整的经验"，是"理想的美"。这就是杜威对于"艺术即经验"的中心界说。

---

① ［美］杜威：《艺术即经验》，高建平译，商务印书馆2005年版，第2页。
② ［美］杜威：《内容与形式》，载伍蠡甫、胡经之主编《西方文艺理论名著选编》下，北京大学出版社1987年版，第23页。
③ 同上书，第25页。
④ 伍蠡甫主编：《现代西方文论选》，上海译文出版社1983年版，第226—227页。
⑤ 同上书，第227页。

正因为杜威把经验界定为人作为有机体生命的一种生机勃勃的生存状态，所以他认为不断的变动和完结终止都不会产生美的经验，而只有变动与终止、分与合、发展与和谐的结合才能产生美的经验。所谓"需要—阻力—平衡"才是审美经验的基本模式。他说："我们所实际生活的世界，是一个不断运动与到达顶峰、分与合等相结合的世界。正因为如此，人的经验可以具有美。"① 这种分与合的结合，实际上是人与周围环境由不平衡到平衡、由不和谐到和谐的过程。他说："生命不断失去与周围环境的平衡，又不断重新建立平衡，如此反复不已，从失调转向协调的一刹那，正是生命最剧烈的一刹那。"② 这也就是美的一刹那。由此可见，杜威的美是一种主体与环境由不平衡到平衡的过程中所产生的强烈的、同时也是完整的审美经验，即生命的体验。正是从"艺术即经验"的基本界说出发，杜威主张"艺术产品，是艺术家与听众之间的联系环节"③。他认为，艺术品只有在创造者之外的人的经验中发生作用，或者说被接受，才是完整的。他甚至认为，即便在艺术创作过程中，艺术家也应该将自己化身为读者与观众，像了解自己的孩子一样与自己的作品一起生活，掌握其意义，这时"艺术家才能够说话"④。这就说明，杜威在自己的美学体系之中较早地提出了与后来接受美学相近的美学观念。杜威的实用主义的工具主义在其美学理论中的表现，就是他认为艺术与其他经验一样都是具有工具性的。艺术经验的工具性的特点，即为"在事情的结果方面和工具方面求得较好的平衡"⑤。这也就是要求作为完整经验的美与作为工具性的善之间取得某种统一与平衡。

三 艺术是人类文明的显示

对于审美与艺术的作用，杜威给予了充分的肯定。他首先认为，

---

① 伍蠡甫主编：《现代西方文论选》，上海译文出版社 1983 年版，第 225—226 页。

② 同上书，第 226 页。

③ ［美］杜威：《艺术即经验》，高建平译，商务印书馆 2005 年版，第 115 页。

④ ［美］杜威：《内容与形式》，载伍蠡甫、胡经之主编《西方文艺理论名著选编》下，北京大学出版社 1987 年版，第 11 页。

⑤ ［美］杜威：《艺术即经验》，高建平译，商务印书馆 2005 年版，第 50 页。

艺术是人类文明的记录与显示。他说："审美经验是一个显示，一个文明的生活的记录与赞颂，也是对一个文明质量的最终的评断。"① 审美与艺术的作用集中表现在，文明的传承与交流中"文化从一个文明到另一个文明，以及该文化之中传递的是连续性的，更是由艺术而不是由其他某事物所决定的"②。他认为，哲人与艺术家会一个接一个地逝去，但他们的作品却沉留下来成为文化传承的载体，从而"成为文明生活中持续性的轴心"③，而且也正是通过艺术，不同民族之间得以进行文化的对话与交流。各个民族的文化艺术尽管各异，但在"存在着一种有秩序的经验内容的运动"④ 上却是有着一致性的，这就可以使之"进入到我们自身以外的其他关系和参与形式之中"，"可以导致一种将我们自己时代独特的经验态度与远方民族的态度的有机混合"。⑤ 最后，杜威特别强调了审美与艺术的教育作用，他说，"这些公共活动方式中每一个都将实践、社会和教育因素结合为一个具有审美形式的综合整体。它们以最使人印象深刻的方式将一些社会价值引入到经验之中"⑥。在这本书的最后，他引用了一首诗来阐明艺术对于人类的潜移默化的培育作用："但是艺术，绝不是一个人向另一个人说，只是向人类说——艺术可以说出一条真理，潜移默化地，这项活动将培育思想。"⑦

杜威还论述了艺术与科学的关系，他认为，两者从经验的角度看是有着一致性的，而且科学可以为艺术与审美提供方法的启示，但两者的表现方式却是不同的，"科学陈述意义；而艺术表现意义"⑧。

总之，杜威尝试用新的实用主义方法，突破传统美学与艺术理论，提出艺术即经验的重要命题，回应 20 世纪新时代提出的一系列

---

① ［美］杜威：《艺术即经验》，高建平译，商务印书馆 2005 年版，第 362 页。
② 同上。
③ 同上。
④ 同上书，第 368 页。
⑤ 同上书，第 371 页。
⑥ 同上书，第 364 页。
⑦ 同上书，第 387 页。
⑧ 同上书，第 90 页。

新的课题，产生了广泛影响。他在《经验与自然》一书的序言中说道："本书中所提出的这个经验的自然主义的方法，给人们提供了一条能够使他们自由地接受现代科学的立场和结论的途径。"① 这就是杜威借助实用主义方法对审美与艺术所进行的全新的阐释，旨在突破传统二元对立的纯思辨方法。他破除西方古典美学中艺术与生活、内容与形式以及灵与肉两极对立的观点，以经验为纽带将其紧密相联，这成为其美学与艺术理论中的精彩之点，形成新的实用主义美学流派，产生了广泛影响。事实证明，杜威是 20 世纪初期美国最有影响的美学家。他的美学是一种改变了美国艺术家思维方式的理论，多数美国的美学家和艺术家都承认，不了解杜威美学就不会了解战后美国的美学和艺术所发生的深刻变化。

第四节 弗洛伊德：艺术即原欲的升华

弗洛伊德（Sigmund Freud，1856—1936）是奥地利著名的精神病学家，精神分析学派的创始人。他的以潜意识发现为特点的深层心理学在现代人类文化史上具有很大的影响，渗透到当代西方哲学、教育学、心理学、伦理学、社会学与美学等各个领域。可以说，弗洛伊德的深层心理学从根本上改变了人们对自身行为的看法，使人们认识到决定人的行为的并不完全是意识，还有并不被人们所了解的潜意识，这就为包括美育在内的人的教育与人格的培养提供了新的思想维度。弗洛伊德的精神分析心理学包括心理结构理论、人格结构理论与心理动力理论等。关于心理结构，他认为，人的心理结构应分为意识、前意识与潜意识三个层次；作为人的本能的潜意识是最原始、最基本与最重要的心理因素。关于人格结构，他认为，人的人格结构也分为超我、自我与本我三个层次；其中，"本我"是人格的原始基础和一切心理能量的源泉。关于心理动力，他认为，人的心理过程是一个动态系统，以本能作为一切社会文化活动的能量源泉，并成为其终极因。正是在上述

---

① ［美］杜威：《经验与自然》，傅统先译，商务印书馆 1960 年版，"原序"第 3 页。

理论的基础上，弗氏建立了自己的"原欲升华"的美学与美育理论。

一 艺术创作的源泉在"原欲"

弗洛伊德认为，艺术创作的源泉是"原欲"。他说："艺术活动的源泉之一正是必须在这里寻觅"①；又说："我坚决认为，'美'的观念植根于性的激荡。"② 这里所说的"原欲"（Libido），是一种广义上的能带来一切肉体愉快的接触。他认为，"原欲"同饥饿一样是一种本能的力量，即为"性驱力"，是人的一种"潜能"，是生命力的基础，处于心理的最深层，人的一切行为都是它的转移、升华和补偿。弗洛伊德认为，"原欲"在人身上集中地表现为"俄狄浦斯"的"恋母情结"和"厄勒克特拉"的"恋父情结"。所谓"情结"即是压抑在潜意识中的性欲沉淀物，实际上是一种心理的损伤，即是未曾实现的愿望。弗洛伊德认为，这种"恋母"和"恋父"情结经过变化、改造和化装，供给诗歌与戏剧以激情，成为艺术作品的源泉。

二 原欲的实现经过了发泄与反发泄的对立过程

弗洛伊德不仅将艺术创作的源泉归结为"原欲"，而且进一步从动态的角度描述了原欲实现的过程。他认为，心理现象都表现为两种倾向——能量的发泄与反发泄的对立与斗争。所谓"发泄"，即指本我要求通过生理活动发泄能量；所谓"反发泄"，即指自我与超我将能量接过来全部投入心理活动。这种情形就是超我、自我与本我之间的"冲突"。这就使原欲处于受压抑状态，得不到实现，从而形成对痛苦情绪体验的焦虑，长此以往，就可能形成精神疾病。而艺术创作就是冲突的解决，给原欲找到一条新的出路。

三 升华——原欲实现的途径

弗洛伊德认为，要使人们摆脱心理冲突，从焦虑中挣脱出来，有

---

① 转引自［苏］叶果洛夫《美学问题》，刘宁、董友译，上海译文出版社 1985 年版，第 305 页。

② ［奥］弗洛伊德：《爱情心理学》，林克明译，作家出版社 1986 年版，第 53 页。

许多途径，"移置"即为其中之一。所谓"移置"，即指能量从一个对象改道注入另一个对象的过程。因而，移置必然寻找新的替代物代替原来的对象；如果替代对象是文化领域的较高目标，这样的"移置"就被称为"升华"。因此，对弗洛伊德来说，所谓升华作用即是"将性冲动或其他动物性本能之冲动转化为有建设性或创造性的行为之过程"，艺术即是这种原欲升华之一种。① 他认为，艺术的产生并不是纯粹为了艺术，其主要目的在于发泄那些被压抑了的冲动。这是原欲对于新的发泄出口的选择，其作用在于通过心理的发泄不使其因过分积储而引起痛苦。他说："心理活动的最后的目的，就质说，可视为一种趋乐避苦的努力，由经济的观点看来，则表现为将心理器官中所现存的激动量或刺激量加以分配，不使他们积储起来而引起痛苦。"② 弗洛伊德指出，这就证明原欲为人类的文化、艺术的创造带来了无穷的能量，从而为人类文化艺术的发展做出了很大的贡献。他说，"研究人类文明的历史学家一致相信，这种舍性目的而就新目的的性动机及力量，也就是升华作用，曾为文化的成就带来了无穷的能源"③；又说，"我们认为这些性的冲动，对人类心灵最高文化的，艺术的和社会的成就作出了最大的贡献"④。

现在看来，弗洛伊德这种将"原欲"看作是一切社会文化活动的根本动力的泛性主义显然是片面的，但他揭示出潜意识的原欲是人类社会文化活动的根源之一，并将其途径概括为"升华"，应该说是很有见地的。他的这种"舍性目的而就新目的"的理论与批评实践，无疑是对艺术的育人作用的新的概括，是对当代美学和美育理论与实践的丰富。

第五节　海德格尔：人诗意地栖居在大地上

马丁·海德格尔（Martin Heidegger，1889—1976）是 20 世纪最

---

① ［奥］弗洛伊德：《爱情心理学》，林克明译，作家出版社 1986 年版，第 145 页。
② ［奥］弗洛伊德：《精神分析引论》，高觉敷译，商务印书馆 1984 年版，第 300 页。
③ ［奥］弗洛伊德：《爱情心理学》，林克明译，作家出版社 1986 年版，第 59 页。
④ ［奥］弗洛伊德：《精神分析引论》，高觉敷译，商务印书馆 1984 年版，第 9 页。

有影响的西方哲学家与美学家之一。他出生于德国的默斯基尔希，在弗莱堡大学学习神学和哲学，1914 年获博士学位，先后在马堡大学和弗莱堡大学任教，主要著作有《存在与时间》《林中路》与《荷尔德林诗的阐释》等。他的人生历程中非常重要的一件事情是，他曾经参加纳粹党，并于 1933 年 4 月至 1934 年 2 月任弗莱堡大学校长。对于这段历史，学术界一直存在争论。尽管如此，海氏还是当代存在主义哲学与美学的最重要代表，终生思考着资本主义现代性与传统哲学的诸多弊端，着力阐发其基本本体论哲学与美学思想。

一　存在论哲学观

海德格尔的基本本体论实际上是对传统本体论的一种反思与批判。他认为，传统本体论的最主要弊端是混淆了存在与存在者的关系。他将两者区分开来：所谓存在者就是"是什么"，是一种在场的东西；所谓存在则是"何以是"，是一种不在场。他指出，在存在者中最重要的是"此在"，即人，这是一种能够发问存在的存在者。"此在"的特点是"在世"，即处于"此时此地"之中。而且，此在之在世是处于一种被抛入的状态，其基本特征就是"烦""畏"和"死"。

传统的真理观是符合论的真理观，也就是在认识论的思维中，判断与对象相符合的就是真理。但这种真理观是主客二分的、预设的，将存在者与存在分开，阐释的是存在者而不是存在。海氏与之相反，提出揭示论的真理观，也就是不把真理看作某种实体，而是看成由遮蔽到澄明逐步展开的过程。

海氏运用了胡塞尔开创的现象学方法，这是一种"回到事情本身"的方法，也就是通过将一切实体（客体对象与主体观念）加以"悬搁"的途径回到认识活动最原初的"意向性"，使现象在意向过程中显现其本质，从而达到"本质直观"。这就是所谓的"现象学的还原"。但海氏对现象学进行了改造，将其变为存在论现象学。他以存在取代了胡塞尔的先验主体构造的意识现象，并使现象学成为对于存在意义的追寻。这样，所谓"回到事情本身"就成为"回到存在"，而其悬搁的则是存在者。这样的"回到人的存在"就是回到人的原初，回到美学的真正起点。这就将人的生存问题提到哲学与美学的核心地位。

二　美与艺术的本源是存在由遮蔽到解蔽的自行显现

海氏突破了传统认识论理论中有关真理的符合论思想，从存在论现象学出发，将真理看作是存在由遮蔽到解蔽的自行显现，而这也就是美与艺术的本源。他说："艺术作品以自己的方式敞开了存在者的存在。这种敞开，就是揭示，也就是说，存在者的真理是在作品中实现的。在艺术作品中，存在者的真理自行置入作品。艺术就是自行置入作品的真理。"① 海氏面对资本主义深重的经济与社会危机、社会制度的诸多弊端、工具理性的重重压力、人的极其困难的生存困境，思考着人的存在之谜，探问人是什么、人在何处安置自己的存在等重大问题。他认为，工具理性的膨胀已经使人类处于技术统治的"黑暗之夜"。"这片大地上的人类受到了现代技术之本质连同这种技术本身的无条件的统治地位的促逼，去把世界整体当作一个单调的、由一个终极的世界公式来保障的、因而可以计算的贮存物（Bestand）来加以订造。"② 因此，人的存在只有突破资本主义社会制度和工具理性的重重压力，才能由遮蔽走向敞开，实现真理的自行置入，人才能得以进入审美的生存境界。在这里，主观的构成作用十分明显。所谓真理的自行显现是在意向性过程中主观构成的结果。人"在世"，周围世界进入此在的关系中，但审美是世界与人的一种"机缘"，也就是说，世界所有的事物对于人来说都是"在手"的，只有人对之产生兴趣的东西才是"上手"的东西，这个东西就与人有了机缘；如果这个东西具有美的属性，那人就与之发生审美关系，在主观意向构成中逐步由遮蔽走向解蔽，由昏暗走向澄明，从而真理自行显现。这就是人与对象的审美关系发生的过程。这种"解蔽"的过程不是通过实物的描

---

① 转引自朱立元主编《现代西方美学史》，上海文艺出版社 1996 年版，第 530 页。
② ［德］海德格尔：《荷尔德林诗的阐释》，孙周兴译，商务印书馆 2000 年版，第 221 页。

绘、制作程序的讲述，也不是对实际器具的观察，而是通过对艺术作品的"观赏"与"体验"。例如，海德格尔对凡·高的《鞋》，就是通过欣赏体验到农妇艰苦的生存状态的。

三 人诗意地栖居于这片大地上

"人诗意地栖居于这片大地上"是海氏对诗和诗人之本源的发问与回答，也就是回答"人是谁以及人把他的此在安居于何处"。艺术何为？诗人何为？海德格尔回答说，他就是要使人诗意地栖居于这片大地上。他认为，诗人的使命就是在神祇（存在）与民众（现实生活）之间，面对茫茫黑暗中迷失存在的民众，将存在的意义传达给民众，使神性的光辉照耀宁静而贫弱的现实，从而营造一个美好的精神家园。海氏认为，人在现代生活的促逼之下失去了自己的精神家园，艺术应该使人找到自己的家，回到自己的精神家园。同时，"人诗意地栖居于这片大地上"也是海氏的一种审美的理想。他所说的"诗意地栖居"是同当下"技术地栖居"相对立的。所谓"诗意地栖居"，就是要使当代人类抛弃"技术地栖居"，走向人的自由解放的美好生存。

四 天地神人四方游戏说

海氏后期思想突破了人类中心主义的束缚，走向生态整体理论，他因此被称为"生态主义的形而上学家"，最著名的就是提出了"天地神人四方游戏说"。1950年，他在《物》一文中提出"四方游戏"说，指出壶之壶性在倾注之赠品——泉水中集中表现。泉水来自大地的岩石，大地接受天空的雨露，水为人之饮料，也可敬神献祭，"这四方（Vier）是共属一体的"[①]。1959年，他在《荷尔德林的大地与天空》一文中指出："于是就有四种声音在鸣响：天空、大地、人、神。在这四种声音中，命运把整个无限的关系聚集起来。"[②] 海氏的

---

① 孙周兴编：《海德格尔选集》，上海三联书店1996年版，第1173页。
② ［德］海德格尔：《荷尔德林诗的阐释》，孙周兴译，商务印书馆2000年版，第210页。

"四方游戏"说包含着极其丰富的内容。四方中之"大地",原指地球,但又不限于此,有时指自然现象,有时指艺术作品的承担者;而"天空"则指覆盖于大地之上的日月星辰,茫茫宇宙;所谓"神",实质是指超越此在之存在;而所谓"人",海氏早期特指单纯的个人,晚期则拓展到包含民族历史与命运的深广内涵。所谓"四方"也并非一种实数,而是指命运之声音的无限关系从自身而来的统一形态。"游戏"是指超越知性之必然有限的自由无限。海氏甚至用"婚礼"来比喻"四方游戏"之无限自由性。这无疑是对其早期"世界与大地争执"之人类中心主义的突破,走向生态整体理论。海氏认为,"在这里,存在之真理已经作为在场者的闪现着的解蔽而原初地自行澄明了。在这里,真理曾经就是美本身"①。

五 语言是存在之家

在海氏的哲学理论中,语言观是非常重要的组成部分。首先,他认为,他所说的"语"不是以其为知识对象的语言,也不是具体的话语,而是作为人的存在的"道说"。人正是通过语言的"开启而明晓"而成为特殊的存在者,因此,语言是"存在之家"。"唯语言才使存在者作为存在者进入敞开领域之中",而语言本身就是根本意义上的诗,"诗乃是存在者之无蔽的道说。"② 诗就是通过语言去神思存在。对于"神思",海氏说道:"存在决不是存在者。但因为存在和存在物的本质不可计算,也不可从现存的东西中计算推衍出来,所以它们必然是自由创造、规定和给予的。这种给予的自由活动就是'神思'。"③ 也就是诗通过语言给予存在与存在物第一次命名,诗意的生存成为人们追求的目标。

六 美是在时间中生成的

时间问题是海氏存在论的重要关注点,他的《存在与时间》的

---

① ［德］海德格尔:《荷尔德林诗的阐释》,孙周兴译,商务印书馆 2000 年版,第 198 页。
② 孙周兴编《海德格尔选集》,上海三联书店 1996 年版,第 294 页。
③ 转引自朱立元主编《现代西方美学史》,上海文艺出版社 1996 年版,第 534 页。

主题就是存在的意义在于时间。海氏列出了此在的各种存在状态：过去（沉沦态）、现在（抛置态）、将来（生存态）。因此，在海氏的存在论美学中，美不是静态的实体，而是一个逐步展开的过程；美也不纯粹是客观存在，而是与欣赏者密切相关，是在欣赏者的阐释中逐步展开的。因此，存在论美学必然导向解释学。海氏说，"现象学描述的方法上的意义就是解释"，又说："通过诠释，存在的本真意义与此在的本己存在的基本结构就向居于此在本身的存在之领悟宣告出来。"① 审美与时间性的关系向我们提出了一个美的永恒性与现时性的问题。我们过去常说，经典作品的美的魅力是永恒的，但美又是在时间的境域中展开的。应该如何理解呢？总的来说，在海氏的现象学理论中永恒的美是不存在的，美都是在时间中生成的。例如，过去远古时期的工具，现在可能成为艺术品，成为经典；今天的经典也可能随着历史的发展而丧失其价值。总之，一切都在时间中变动，都是当时人的自由的创造，不存在任何永恒。海氏常用的凡·高的画《鞋》的例子就是一种时间性的解读与阐释。当然，这种解释并不排除某种"前见"，例如他对古希腊神殿的阐释。

由此可见，在海氏的美学理论中，四方游戏、诗性思维、真理显现、美的境界与诗意的栖居都是同格的。这就是他后期的美学思想中不仅包含着深刻的当代存在论思想，而且还包含着深刻的当代生态观的缘由。这也正是他以诗性思维代替技术思维、以生态平等代替人类中心、以诗意栖居代替技术栖居的必然结果。总之，海氏的当代存在论美学思想在审美对象、艺术本质、语言观上均有大的突破，成为代表新时代美学的旗帜之一。但也有着自己的局限性：其理论自身有不完善性，与审美及艺术的结合有待于加强；在人的存在与现代化以及科技的关系等问题上的把握也有偏颇之处。此外，西方当代存在论美学思想的本土化问题也需要进一步探索。

---

① ［德］海德格尔：《存在与时间》，陈嘉映、王庆节译，生活·读书·新知三联书店1987年版，第46—47、47页。

第六节 杜夫海纳：艺术是审美知觉的构成

杜夫海纳（Mikel Dufrenne，1910—1996），法国著名美学家，曾任法国美学学会主席、世界美学学会副主席，主要著作有《审美经验现象学》《美学与哲学》等。他的美学思想从现象学的研究路径特别地强调了审美知觉的构成作用，由此不仅确认了美是人的一种创造，而且突出了欣赏者在创造中的作用，在一定的意义上包含着"人人都是艺术家"的重要内涵。

一 现象学的研究路径

杜氏美学研究的最主要特点是坚持现象学的哲学立场，运用现象学本质直观的方法，也就是通过意识的构成性来解决审美经验与审美对象的循环，实现心与物、主体与客体、意识活动与意识对象的辩证统一，探讨审美的经验。这是一种属人的现象之意义的自身显现过程。这种现象学立场不同于通常的唯物、唯心之哲学立场，也不同于通常的心理主义，实际上是经验与对象、心与物的一种"主体间性"关系，其具体研究是从欣赏者的经验出发的。而欣赏者所凭据的作者是作品显示出来的作者，而不是历史上创作出这个作品的作者。

杜氏美学研究的主要着力点是描述艺术引起的审美经验，研究的中心是审美对象和审美知觉的相互关联，亦即欣赏者和对象之间的交流沟通；其方法是通过不可避免的知觉和对象的两分法来把握审美经验；具体路径为由审美对象即作品的客观分析到审美知觉本身的研究；最后研究这些审美经验意味着什么，以先验的本体论的思考力图摆脱二分关系；得出的结论是美是存在于审美感知中的性质。他说："美不是一个观念，也不是一种模式，而是存在于某些让我们感知的对象中的一种性质，这些对象永远是特殊的。美是被感知的存在在被感知时直接被感受到的完满（即使这种感知需要长时间的学习和长时间熟悉的对象）。首先，美是感性的完善，它以某种必然性的面目出现，并能立刻打消任何对其加以修改的念头。其次，美是某种完全蕴

含在感性之中的意义，没有它，对象将毫无意义，至多是令人愉快的、装饰性的或有趣的事物而已。"①

二　审美知觉是审美对象的基础

何为审美对象？杜氏认为，审美对象就是被知觉的艺术作品。这就将审美对象与一般的艺术作品区别开来了。"审美对象和艺术作品的区别是：要有审美对象的显现，必须在艺术作品之上加上审美知觉。"②审美知觉是审美对象的基础，一幅画对于搬运工来说是物，而对于爱好者来说则是画。杜氏说，"审美对象是奉献给知觉的，它只有在知觉中才能自我完成"③。在这里，审美对象与艺术作品的区别就是，艺术作品只有在与审美知觉相连时才成为审美对象。审美知觉也不是一般的知觉，而是一种感性完满的知觉。关于审美对象的特性，杜氏认为，审美对象不是论证，不是说教，而是显现，是感性要素的组合。他说，审美对象的根本现实性首先在于感性当中。只有在欣赏中，审美对象才得以再现，否则只处于沉睡状态。杜氏认为，"观众通过观看对象使之达到再现，使之显示出沉睡在它身上的感性，而没有人观看就不会唤醒它"④。又说，博物馆关门后，艺术作品"再也不作为审美对象而存在，只是作为东西而存在。……仅仅作为可能的审美对象而存在"⑤。他还进一步区分了一般感性与审美感性，认为一般感性（知觉）走向实用或知识，而在艺术和审美中感性则成为目的，成为对象本身，是一种被直接感受到的完满。他还对形式给予了特别的重视，认为形式是作品的灵魂，犹如灵魂是肉体的形式。

杜氏认为，审美对象是内在于感性的意义，"意义内在于感性"，

---

①　［法］米盖尔·杜夫海纳：《美学与哲学》，孙非译，中国社会科学出版社 1985 年版，第 19—20 页。

②　［法］米·杜夫海纳：《审美经验现象学》，韩树站译，文化艺术出版社 1996 年版，第 22 页。

③　同上书，第 254 页。

④　同上书，第 40 页。

⑤　［法］米盖尔·杜夫海纳：《美学与哲学》，孙非译，中国社会科学出版社 1985 年版，第 55 页。

不同于传统的观点所认为的内容与形式的对立，这是一个"中心概念"。① 这里的关键是感性具有本体的地位，具有存在的意义。感性就是对象，就是主体，就是此在。杜氏指出，审美对象不容许知觉离开给定之物（即形式），要求知觉停止于给定之物才交出其意义；在审美对象中，所指内在于能指。② 他还认为，意义通过时空的先验构架来安排感性，使不同的艺术在复杂性和形式方面各个不同。审美知觉与感性是起着决定作用的，而不是对象的属性。从审美知觉的角度看，所有的艺术形式中都包含着时间与空间的因素。因此，传统的时间艺术与空间艺术的区别是错误的。

杜氏的一个非常重要的观点，是审美对象具有准主体性质，也就是审美对象跨越外在性，具有表现性；既是客观对象，又表现了主体世界观。他说，在这里，审美对象与知觉主体互为主体，交流对话；又说，审美对象是一个作者的作品，在它身上含有制造它的主体的主体性。③

三　审美知觉是审美对象的存在方式

杜氏强调审美知觉现象学的重要性，认为审美知觉是审美对象的存在方式，审美对象是知觉中才能领会的感性事物的存在。知觉具有构成性，在（感性）呈现阶段，它是肉体，这是前反思阶段物我不分的肉体；在再现阶段，它是属人的主体，也就是经过了对象化，成为形象；在表现的感觉阶段，它是深层的我。④ 他认为，审美知觉是一种感知、见证、呈现的状态，而不是完全感性自失的心理意义的状态。

他将审美知觉分为三个阶段：第一，呈现阶段，即知觉的产生，是一种整体的、前反思的和身体合一的知觉阶段。第二，表象和想象

---

① ［法］米·杜夫海纳：《审美经验现象学》，韩树站译，文化艺术出版社1996年版，第119页。

② 同上书，第156页。

③ 同上书，第178—179页。

④ 同上书，第484页。

阶段。他认为，知觉倾向于对象化，把感知到的初步内容塑造成可辨认的实体和事件。第三，反思和情感阶段。他认为，知觉发展为一种客观反思的形式，并趋向于可理解和认识的，同时，因其感情特质而与审美对象固有的表现性联系在一起。杜氏特别强调了知觉对对象的构成作用以及知觉能力的训练。"如果我仅是一只瞬间性的耳朵，如果我的耳朵没有受过训练，进一步说，如果我不让音乐在我呈现给声音的这个自我中回荡并得到反响，我如何能感觉到音乐呢？"① 他还突出了情感在知觉构成中的重要地位与特殊作用，认为情感特质是"主体中最深的东西，正如它是审美对象中最深的东西一样"②。

四　对象与知觉的协调

对象与知觉两者的协调成为杜氏理论的主导线索，因为其出发点就是通过现象学的悬搁途径消解主客二分，因此，对象与知觉的二分必将走向协调统一，这也是他的现象学美学的中心问题：审美对象与欣赏者如何相聚于审美经验之中？杜氏说，审美对象与审美知觉的关联是"我们研究的中心"③。

审美情感特质是沟通对象与知觉的最基本的途径。杜氏指出，审美经验运用的是真正的情感经验，这是一个世界能被感觉的条件④；只有审美的情感特质才构成先验，并具有产生一个世界的作用：并非任何情感特质都能构成一种先验，只有被审美化时才能如此；思想本身也不能构成一个世界，只有通过情感特质才得以成形和表现。因此，没有哲学家斯宾诺莎的世界，只有艺术家巴尔扎克和贝多芬的世界。

杜氏认为，情感先验所导致的统一性归根结底来自欣赏者观看现实的目光的统一性。他说，只有主体才能揭示这个世界，而有多少审

---

① ［法］米·杜夫海纳：《审美经验现象学》，韩树站译，文化艺术出版社 1996 年版，第 444 页。
② 同上书，第 489 页。
③ 同上书，第 22 页。
④ 同上书，第 477 页。

美对象就有多少世界。①

　　最后，杜氏认为，本体论是最终的统一：对象与知觉统一于存在。情感先验是以存在为基础的，他说，"赋予审美经验以本体论意义，就是承认情感先验的宇宙论方面和存在方面都是以存在为基础的"②。所谓"价值就是存在"③，而艺术则成为人性充分展现自己的那个世界，"人类一经超越兽性阶段，艺术就出现在历史的初期"④。对于真正的艺术家，存在与创作之间没有界线，他的行为处于主客的区分之外，并体现出相互主体性，也就是说，他要求别人都是自我。⑤

　　杜夫海纳的贡献是，以现象学为出发点提出美不是观念，不是模式，而是主体通过知觉感知对象中的一种性质的生存论美学观，完全区别于传统的实存论美学观；强调以身体的感觉为基础，恢复 Aesthetic 作为感性学的原意；也对现代艺术进行了理论的概括，提出了"相互主体性"这一重要问题；试图以审美知觉为基础，统一主体与对象，并做出了卓有成效的努力；具体阐释了审美与存在的关系；对审美想象与情感、先天与后天的关系等重要问题发表了自己的看法。但其局限性也是非常明显的，表现为对新时期纯粹美学——新的审美范畴能否建立存有疑虑，在美学与哲学、生活的关系的论述上还存在模糊性；没有完全摆脱主客二分思维模式与人类中心主义的束缚。

第七节　伽达默尔：审美教化是造就
人类素质的特有方式

　　伽达默尔（Hans-Georg Gadamer，1900—2002），当代德国最著名

---

　　①　［法］米·杜夫海纳：《审美经验现象学》，韩树站译，文化艺术出版社1996年版，第572—575页。

　　②　同上书，第581页。

　　③　［法］米盖尔·杜夫海纳：《美学与哲学》，孙非译，中国社会科学出版社1985年版，第24页。

　　④　［法］米·杜夫海纳：《审美经验现象学》，韩树站译，文化艺术出版社1996年版，第594页。

　　⑤　同上书，第597页。

的解释学哲学家和美学家，胡塞尔和海德格尔的学生。先后任教于马堡大学、莱比锡大学、法兰克福大学和海德堡大学，1960 年出版代表性论著《真理与方法》，标志着当代解释学哲学的诞生。该书的副标题为"哲学解释学的基本特征"，从艺术、历史与语言三个方面阐释了"理解"的基本特征。书名《真理与方法》，实际上指的是在真理与方法之间进行选择。伽氏的选择是，超越启蒙主义以来理性主义的科学方法而从解释学理论出发去探寻真理的经验。这里的"经验"是指现象学的原初的经验，也就是说，伽氏的解释学是以追寻存在的意义为其旨归的"本体论"的解释学，不同于传统的以探寻客观知识为其主旨的认知解释学。该书的最重要贡献，是在胡塞尔现象学和海德格尔解释学的基础上进一步完善与发展了现代解释学哲学理论，并将之用于美学领域，提出美学实际上归属于解释学的重要命题，以及审美教化是造就人类素质的特有方式，从而在现代人生美学的建设上做出了自己特殊的贡献。

一 解释学的哲学原则

伽氏的现代解释学是对西方古代解释学理论，特别是对德国生命哲学家狄尔泰客观主义解释学和海德格尔存在论此在解释学继承发展的结果。但又有着自己鲜明的特点：第一，在对待理解者"偏见"的态度上，传统解释学是将其看作消极因素而力主消除，而伽氏则将其看作有益的视界，是一种"前见"，说明"解释"的本质是一种与"他者"的对话，在"他者"的共同参与下创造意义。第二，在解释学循环方面，传统解释学循环是部分与整体之间的解释循环，而伽氏则认为是"前见"与理解之间的循环关系，具有本体的意义。第三，对于"解释"，传统解释学将其看作方法，而伽氏则将其看作本体，提出"解释本体"的核心观点。第四，在真理观上，传统解释学是一种符合论的命题真理观，而伽氏的当代解释学则是一种本体论的真理观，将"理解"作为此在之存在方式，其本身就是真理。第五，当代解释学哲学原则是关系性、对话性、开放性和历史性，这也是传统解释学所没有的。

二　审美教化是人类素质提高的特有方式

伽氏的解释学美学具有浓郁的人文色彩，他特别强调了审美的教化。"现在教化就最紧密地与文化概念联在了一起，而且首先表明了造就人类自然素质和能力的特有方式。"① 在他看来，人通过教化才能成为解释主体，只有在教化中的人才具有理解与创造意义的能力，并且能不断提高这种能力。这就将其解释学美学引向文化，引向人类素质的造就。而且，他充分论述了自席勒以来强调审美教育的重大意义："从艺术教育中形成了一个通向艺术的教育，对一个'审美国度'的教化，即对一个爱好艺术的文化社会的教化，就进入了道德和政治上的真正自由状态中，这种自由状态应是由艺术所提供的。"② 在此，伽氏不仅深入论述了审美教化的内涵，而且论述了其导向道德和政治自由的巨大作用。将解释学美学引向审美教化，又将审美教化强调到改造国家社会的高度，这恰恰表明了伽氏强烈的社会责任意识。

伽氏还论述了当代审美教化的特点。首先是认为审美观念的刷新直接影响到审美教化，这就是"对 19 世纪心理学和认识论的现象学批判"③。这种批判标志着当代审美观念的转型，要求从科学认识论转到以现象学为哲学基础的当代阐释学美学的轨道上来。由此，在审美教化过程中突出了观者主体的作用和同戏共庆的人类学特征。这里所说的"教化"，不是传统意义上从上对下的"教化"，而是广大民众在审美欣赏中通过阐释（游戏）所进行的自我教化。再就是，对于审美教化所凭借的艺术作品，伽氏也做了自己的阐释，提出了"审美体验所专注的东西就应是真正的作品"④ 这样的见解。所谓"真正的作品"，就是对目的、功能、内容、意义等非审美要素的抛弃。伽氏认为，真正的作品只能同审美体验相联，在游戏中存在，通过象征显现。也就是说，审美教化所需要的作品是真正审美意义上的高水平作

---

① ［德］伽达默尔：《真理与方法》，王才勇译，辽宁人民出版社 1987 年版，第 11 页。
② 同上书，第 119 页。
③ 同上书，第 120 页。
④ 同上书，第 123 页。

品。在这里，伽氏对审美教化即美育，做了阐释学的全新理解。尽管伽氏的阐释学美学与美育思想有着十分明显的主观唯心主义和相对主义的弊病，但其对美学和美育的全新理解却对我们深有启发。

三　艺术经验是审美教化的途径

艺术经验在伽氏美学理论中占有极为重要的位置，它是审美教化得以进行的重要途径。伽氏认为，"艺术的经验在我本人的哲学解释学起着决定性的，甚至是左右全局的重要作用"[1]，并以其当代解释学理论对艺术经验做了全新的阐释。他说，如果我们在艺术经验的关联中去谈游戏，那么，游戏是"指艺术作品本身的存在方式"[2]。他认为，游戏的特点首先是其特具的"此在"的本体性特征；游戏还具有游戏者与观者"同戏"的特点，这是艺术的本质，也是其人类学基础，人性特点之所在；再就是，游戏还是一种"创造物"，艺术家通过自己的艺术创造实现艺术的"转化"，即由日常的功利生活转入审美的生活。最根本的是，游戏具有一种"观者本体"的基本特征。伽氏指出，"观者就是我们称为审美游戏的本质要素所在"[3]。他认为，艺术表现实质上是通过接受者的再创造使之获得艺术本身存在方式的过程。游戏只有在游戏时才具体存在，而具有游戏特点的艺术作品也只有在被观赏时才具体存在。也就是说，只有依赖于观者的艺术经验，艺术作品才具体存在。这种"观者本体"的作用表现在两个方面：一是只有通过观者的欣赏和创造，艺术才能超越日常功利进入审美状态；二是只有通过"观者"的意向性构成作用，才能使作品成为审美对象。这种对于观者构成功能的突出强调，就使阐释论美学有别于认识论美学，也有别于完全不讲文本的"接受美学"。

伽氏认为，象征是艺术作品的显现方式，"总之，歌德的话'一

<hr />

① 转引自蒋孔阳、朱立元主编《西方美学通史》第 7 卷，上海文艺出版社 1999 年版，第230 页。

② ［德］伽达默尔：《真理与方法》，王才勇译，辽宁人民出版社 1987 年版，第 146 页。

③ 同上。

切都是象征'是解释学观念最全面的阐述"①。象征之所以成为艺术作品的显现方式，完全是由艺术作为游戏的非功利性质决定的。这里所说的象征，不是一物对于另一物的象征，而是指一物对于"存在""意义"的象征。由此形成了巨大的"解释学空间"，召唤理解者沉浸在"在与存在"本身的遭遇之中，体认那流逝之物中存在的意义。

伽氏以海德格尔的存在论现象学为其哲学基础，所以特别重视艺术存在的时间特性问题。他认为，节日就是艺术存在的时间特性。时间性是解释学美学不同于传统美学的重要内容，包含历史性、现时性与共时性等内涵。而节日庆典则是伽氏研究艺术经验时间性的重要对象。因为，庆典具有同时共庆性、复现演变性和积极参与性等特点，由此区别于日常的经验而进入特有的审美世界，并使作为阐释的艺术具有了现时性。这种节日庆典的狂欢共庆性进一步成为艺术的人类学根源。

总之，伽达默尔从其解释学哲学立场出发，给审美教化以完全崭新的解释学、存在论与人类学的阐释，特别强调了艺术欣赏中的自我教化作用，突显了艺术在当代社会中的作用，具有重要的意义。

第八节　福柯："关注自我"的生存美学

米歇尔·福柯（Michel Foucault，1926—1984），在法国与柏格森、萨特齐名的著名哲学家，1960 年获哲学博士学位，1970 年起任法兰西学院历史与思想系教授。著有《癫狂与非理性》（1961）、《词与物》（1966）、《监督与惩罚》（1975）、《性经验史》（1976—1984）等著作。他在美学与美育方面的重要贡献，就是以其解构论理论提出了"关注自我"的生存美学。

一　解构主义的理论与方法
福柯的工作是对现代历史的哲学批判，中心问题是现代理性和人

---

① 转引自王岳川《现象学与解释学文论》，山东教育出版社 1999 年版，第 223 页。

的主体性在西方社会兴起的社会历史条件及其不合理性。他运用解构的立场与方法，从历史发展的断裂、缝隙与偶然中质疑并颠覆现代理性与人的主体性的合理性与必然性。

他的解构的具体途径是所谓"知识考古学"。这种"知识考古学"建立在对康德与海德格尔等对人的理解的不满与批判之上。他认为，康德力主一种先验的逻辑学的"人"，海德格尔则力主一种时间中的历史学的"人"，而实际上是"人的终结"，人生活在各个时代的断裂层中。他所谓的"考古学"，就是对理性、主体性等传统知识结构的本原进行更加深入的知识的探询，在合理中发掘不合理，在必然中发掘偶然，在历史发展中发掘断裂。他说："我设法阐明的是认识论领域，是认识型，在其中，撇开所有参照了其理性价值或客观形式的标准而被思考的知识，奠定了自己的确定性，并因此宣明了一种历史，这并不是它愈来愈完善的历史，而是它的可能性状况的历史；照此叙述，应该显现的是知识空间内的那种构型，它们产生了各种各样的经验知识。这样一种事业，与其说是一种传统意义上的历史，还不如说是一种考古学。"①

福柯的另一种解构理论是"系谱学"，是他在《权力知识》一书中提出来的。他认为，"系谱学"是"微观物理学""政治解剖学的结果和工具"，它的"参照点不是语言和符号的模式，而是战争、战役的模式"。② 这里所谓的"战争"，是指内在身体的强力与外在政治权力的较量，这种身体内的微观战争是宏观社会组织与经济关系的基础。"系谱学"正是在身体内的微观战争这一基础上，从微观的角度，从人的身体内部看待现代惩罚制度的影响：由前资本主义时期对身体的直接奴役到现代资本主义经济从身体内部抽取生产性服务（规训），从内部控制身体，把一定的力量灌注在身体之内。虽然，这是通过语言进行的纪律约束、技术培训和知识教育，但其结果不亚于战争对身

---

① ［法］米歇尔·福柯：《词与物》，莫伟民译，上海三联书店2002年版，"前言"第10页。

② 转引自赵敦华《现代西方哲学新编》，北京大学出版社2000年版，第265页。

体的摧残。这里涉及福柯对"话语"和"权力"的特殊理解。他所谓的"话语"不是传统意义上的文本，而是人的一种实践活动，影响、控制话语的最根本因素是权力，两者结合控制社会。

福柯就是通过这种对知识和权力的分析来剖析现代资本主义社会知识体系的弊端，进行他对社会文化的大规模解构，影响到文化和社会生活的方方面面。

二　有关"人的终结"的后现代人学思想

福柯通过自己的知识考古学方法探索了自文艺复兴以来，人类在"词与物"这个维度上的知识形态的变化与特点，从而反映出人的生物、经济和文化的特征。他认为，文艺复兴从1500年到1600年，其基本的知识特征是相似性，知识形式为神秘科学，哲学形式为神学；古典时期是从1600年到1800年，知识形式为自然科学，哲学形式为理性主义；现代则是从1800年到1950年，知识形式为人文科学，哲学形式为人类中心主义，此时，人走上历史舞台了；当代是从1950年至今，知识形式为反人类科学（即反人类中心），哲学形式为考古学即解构论哲学。[①] 这里非常重要的两个观点是：其一，人其实是工业革命深度发展的结果。人产生了理性，发明了科技，力量空前扩张，使人自认为成为世界的中心。当然，人也第一次发现了自己。"在18世纪末以前，人并不存在。生命力、劳动多产或语言的历史深度也不存在。他是完全新近的创造物，知识的造物主用自己的双手把他创造出来还不足200年。"[②] 其二，指出了"人的终结""人类中心主义"的终结，起到了振聋发聩的作用。"在我们今天，……已被断言的，并不是上帝的不在场或死亡，而是人的终结（这个细微的、这个难以觉察的间距，这个在同一性形式中的退隐，都使得人的限定性变成了人的终结）。"[③] 他还在《词与物》的最后说道："人

---

① 参见赵敦华《现代西方哲学新编》，北京大学出版社2000年版，第261—264页。

② ［法］米歇尔·福柯：《词与物》，莫伟民译，上海三联书店2002年版，第402页。

③ 同上书，第503页。

是近期的发明。并且正接近其终点"，"人将被抹去，如同大海边沙地上的一张脸。"① 事实上，从词与物的关系来看，"人类中心"也是人自己运用语言创造出来的。随着历史的前进，"人类中心"被证明只不过是一个虚妄的事实，并不能反映人的真实位置。所以，人类又运用"知识考古学"的解构方法将"人类中心"这个词语颠覆，代之以"非人类中心"等新的词语。在福柯看来，这其实也是一种人的解放。"人已从自身之中解放出来了"②。也就是说，人将自己从"人类中心"这个词语中解放出来了。从这个角度说，这是一种旧的人文精神的结束，新的人文精神的诞生。工业革命的"人类中心"的"人"终结了，后工业革命时代的"非人类中心"的"人"产生了。这其实反映了福柯的一种非常新锐的，同时也是与时俱进的"后现代"人文思想，当然，也包括他对资本主义工具理性的规训与惩罚的强有力的批判与控诉。

三　以"关注自我"为核心内容的"生存美学"

福柯晚年倾其全部精力写作了亘古未有的奇书《性经验史》，这是一部对人性进行另类而深刻的剖析的巨著。从美学的角度看，该书包含了以"关注自我"为核心内容的生存美学。这里需要说明的是，该书中涉及颇多的性经验与身体快感和审美的关系，比较复杂，我们暂且放在一边，重点阐述与"生存美学"直接有关的内容。

第一，该书提出的"生存美学"所使用的是"系谱学"的解构方法。"总之，我以为，如果不对欲望和欲望主体进行一种历史的和批判的研究，即一种'谱系学'的研究，那么我们就难以分析 18 世纪以来性经验的形成和发展。因此，我不想写出一部欲望、色欲或里比多前后相继的概念史，而是分析个体们如何被引导去关注自身、解释自身、认识自身和承认自身是有欲望的主体实践。"③ 也就是说，福

---

① ［法］米歇尔·福柯：《词与物》，莫伟民译，上海三联书店 2002 年版，第 506 页。
② 同上书，第 454 页。
③ ［法］米歇尔·福柯：《性经验史》，佘碧平译，上海世纪出版集团 2005 年版，第 109 页。

柯从人自身（自我）身体的性快感这样一个独特的视角，从发生在这一切之上的权力与强力的微观战争来审视和批判社会制度和社会文化，追求人的解放和审美的生存。

第二，福柯正是在借助系谱学方法的过程中，在强力与权力的斗争中，也就是在由此形成的各种"质疑"的分析中提出"生存美学"的。"我想指出古代的性活动和性快感是如何在自我的实践中被质疑的，并且展示各种'生存美学'的标准的作用。"① 在这里，福柯所说的"自我的实践"包括养生的实践、家庭伦理的实践、恋爱行为中的求爱实践等②，有点类似于"生活美学"或者现在盛行的"日常生活审美化"。由此可见，福柯的"生存美学"是一种个体的美学、身体的美学、自我的美学。与此同时，他还提出一种"生存艺术"的观念，就是指"那些意向性的自愿行为，人们既通过这些行为为自己设定行为准则，也试图改变自身、变换他们的单一存在模式，使自己的生活变成一个具有美学价值、符合某种风格准则的艺术品"③。

第三，"关注自我"是该书，也是福柯"生存美学"的核心命题。他说："关心自我、关注自我（heautou epimeleisthai）的观念实际上是希腊文化中一个非常古老的论题。它很早就是一个广泛传播的律令。色诺芬笔下的居鲁士不认为他的生存因为征战的结束而完成，他还需要关注自我——这里最珍贵的……。"④ 他指出，"关注自我"是许多哲学学说中常见的一种律令；人的存在被界定为负有关注自我使命的存在，这是人与其他生物的根本区别；对自我的关注不是简单地要求一种淡淡的态度和零散的注意力，而是指一整套的事务，包含一种艰苦的劳动，诸如训练、养生、社会实践等；根据一种在希腊文化中源远流长的传统，关注自我是与医学思想和实践紧密相联的，而在

---

① ［法］米歇尔·福柯：《性经验史》，佘碧平译，上海世纪出版集团 2005 年版，第 113 页。

② 同上书，第 170 页。

③ 汝信主编：《西方美学史》第 4 卷，中国社会科学出版社 2008 年版，第 756 页。

④ ［法］米歇尔·福柯：《性经验史》，佘碧平译，上海世纪出版集团 2005 年版，第 330 页。

关注自我中，"认识自我"显然占有极其重要的地位；关注自我的"实践尽管表现不同，但是有着共同的目标，其特征可以用转向自我（epistroph eis heauton）的最一般原则来规定"①。福柯认为，这是一种行为的改变，同时也是一种自创的伦理。从法律上来看，人属于自我，人就是他自己；同时，他"自我愉悦"，获得快感。

第四，福柯"关注自我"的"生存美学"包含着十分可贵的"身体"内涵。他说："我们不难发现，在塞涅卡的书信或在马克·奥勒留与弗罗东的通信中，他们对自己日常生活的回忆见证了这种关注自我和自身肉体的方式。这种方式得到了极大的强化，远远超过了根本的变化；它表明了人们对身体的担忧大大增强了，但不是要贬低肉体。"②福柯引用了伽利安有关人的创造"朽与不朽"的悖论。伽氏说，"大自然在创造过程中，遭遇到了一个障碍，即一种内在于它的目的之中的不兼容性。为了完成一个不朽的创造，它费尽了心机。然而，它所使用的材料却使它无法成功"③。这就使创造所追求的不朽与所使用的物质材料的可腐败性之间不可避免地不一致。为此，大自然（造物主）就创造了克服这种材料可腐性的计谋。这种计谋或诡计就是三种要素：赋予所有动物用来生育的各种器官、不同寻常和激烈的快感能力，以及灵魂中利用这些器官的欲望。当然，伽利安这里主要讲的是性活动，但从广义的"生存美学"说，器官、快感和欲望也是身体的三要素。福柯提出"快感养生法"与"自我呵护"，在器官、快感和欲望三个维度上使身体走向愉悦与美好。

无疑，福柯的解构论"生存美学"所具有的对工具理性与"人类中心"的颠覆是极具启发与价值的。他有关"生存美学""关注自我"与"自我呵护"的广义美学思想，也是有一定的现实与时代意义的。但他对裂缝与偶然的过分强调、对快感的过分张扬，乃至其本人的悲惨辞世，都是我们应持保留态度的。

---

① ［法］米歇尔·福柯：《性经验史》，佘碧平译，上海世纪出版集团 2005 年版，第 346 页。

② 同上书，第 375 页。

③ 同上书，第 376 页。

第十章

西方现代教育中的美育

20世纪以来，西方现代经济社会处于剧烈变动之中，由工业文明进入后工业文明，由工业社会进入信息社会，文化也由一元到多元，呈现出诸多后现代的状况。在这种情况下，教育也处于剧烈变动的态势之中，出现专才与通才、智商与情商、科技与人文等尖锐的矛盾，从而出现了形态多样的教育观念与实践，而美育始终是贯穿其间的重要元素。

第一节　"通识教育"与美育

"通识教育"（General Education）是一种兴起于19世纪、盛行于20世纪，并绵延至今的教育观念与实践。100多年来，西方教育领域尽管在"通识教育"问题上始终交织着褒与贬的激烈论辩，但它始终是一种具有主流地位的教育观念与模式，特别体现在哈佛大学等名校的办学理念与实践之中。而美育则始终是"通识教育"中不可缺少的重要组成部分。

一　"通识教育"作为"自由教育"的人文内涵

"通识教育"与美育的关系首先体现在它作为"自由教育"的人文内涵上，美育是人文教育的集中体现，所以，美育必然成为"通识教育"不可缺少的组成部分。

关于"通识教育"与"自由教育"的关系，哈佛大学第23任校

长科南特（James Bryant Conant，1893—1978）在被誉为"通识教育圣经"的《自由社会中的通识教育》报告的导言中指出，"通识教育的核心问题是自由而文雅的传统之持续问题"①。由此说明，"自由教育"是"通识教育"的核心。"自由教育"起源于古希腊亚里士多德的以追求"心智"解放与德性完善为宗旨的"自由人"的教育。自由教育"Liberal Education"，也称作"Liberal Arts Education"，有时译为"自由技艺教育"与"博雅教育"，目的在于培养具有广博知识的"有自由教养的人"。因此，自由教育实际上是一种古典形态的人文教育，其内容，在古代包括语法、逻辑学、修辞学、算术、几何、天文、音乐等"七艺"。在现代，随着社会的发展，其教学内容也有新的变化与调整，但美育及与之有关的艺术教育都是不变的要素。

现代西方教育史告诉我们，高等学校到底是培养"自由人"还是培养"专业人"，是"通才教育"还是"专才教育"，是人文教育还是知识教育，对于这些问题的回答是一直存在争议的。早在19世纪初，美国博德学院的帕卡德（A. S. Parkard）教授就开始将"通识教育"与大学教育联系在一起，虽然其间历经波折。工业革命的日益勃兴使"专才教育"的需要更加突出，从而极大地冲击了"通识教育"。第二次世界大战法西斯主义的肆虐给人们以警醒、以沉思：为什么大学体制相对先进、科学知识领先的德国会成为纳粹主义滋生的温床？高速发展的科技是否足以摧毁整个人类？

对于以上问题加以反思的成果之一，是1945年哈佛大学科南特校长主持的《自由社会中的通识教育》（俗称《通识教育红皮书》）的出台。科南特认为，通识教育的中心难题是自由与人道传统的延续。纯粹资讯的获得，特殊技术及其才能的发展，都不能给予我们文明赖以保存的广阔的理解基础；仅是学科知识、读写以及掌握外语的能力，不足以提供一个自由民族公民充分的教育背景，因为这样的课程未能触及人作为一个个体的情感经验，以及人作为群体动物的实践经验；通识教育要建立在一个共同的西方文化传统基础上，这就是对

---

① 转引自程相占《哈佛访学对话录》，商务印书馆2011年版，第146页。

人的尊严信念及对同类之责任的承担。①

但在《自由社会中的通识教育》报告出台后的漫长时间里，由于工具理性的强劲势头，特别是 1957 年苏联人造卫星上天之后，美、苏开始了在航天与军备方面的激烈较量。美国迅速调整了高教方向，日渐强化专才教育，通识教育受到极大冲击。这种情况引起了高校界的反思。这就是始于 20 世纪 70 年代中期、实行于 80 年代初期的哈佛核心课程（The Harvard Core Curriculum）。主要是在哈佛大学博克校长的有力支持下，经济学教授亨利·罗索夫斯基（Henry Rosovsky）对哈佛大学的课程体系进行改革，提出"核心课程计划"，并于 1976 年秋季发表了 1975—1976 年度报告，标题是《本科教育：定义这些问题》。他在这个报告中阐述了核心课程改革的指导纲领，重申哈佛本科教育的目标是培养"有教养的男性与女性"，仍然强调了"自由教育"的主旨与人文教育的内涵。

随着 21 世纪的到来，高等教育在人文与实用、通才与专才、教学与科研的两极经历着新一轮此消彼长的斗争。正如前哈佛学院院长路易斯（H. Lewis）在《没有灵魂的卓越》一书中所说，现代综合型研究大学所追求的卓越同理想的教育目标间存在着激烈的冲突，教师仍越来越倾向于尖端科研，而教学与学生的成长却变得无关紧要。②"没有灵魂的卓越"实际上是对高校只以科研成果为唯一目标、忽视人的培养与人文精神的深刻而又极为形象的批判。在路易斯等教育学家看来，只有人文精神与人文教育才是高校的灵魂所在，否则高校就会成为"无魂的大学"。这真是一语中的。正是在这样的形势下，哈佛大学开始了新的一轮教育改革，并于 2004 年 4 月出台了《哈佛学院课程评估报告》。报告阐述了这次评估的原则："我们所处的时代日益专业化、日益职业化而且日益碎片化，不但高等教育是这样，整个社会也是如此。正是在这种情形下，我们重申我们对于处理科学中博

① 梁美仪：《从自由教育到通识教育》，香港中文大学通识教育研究中心《大学通识》2008 年 6 月总第 4 期，第 70—71 页。

② 同上。

雅教育的承诺。我们旨在向学生们提供知识、技能以及心灵的各种习惯，使他们能够进行终生学习并适应于无时无刻不在变化的环境。我们试图将学生培养为独立、博学、严格而富有创造性的思想者，使他们具备社会责任感，以便于他们能够在全国乃至全球共同体中引导富有成果的生活。"① 由此可见，这个评估着重强调的是在新世纪与新的形势下进一步坚持"通识教育"中"自由教育"与"人文教育"的承诺。

以上，我们回顾了西方，主要是美国近 100 多年来在"通识教育"中所贯穿的人文与实用、通才与专才的尖锐而曲折的论争，阐述了其中所蕴含的"人文教育"与"人文精神"的丰富内涵，从而使"通识教育"不可避免地与美育紧紧联系在一起。当然，我们必须明确的是，西方"通识教育"的人文传统只能是西方文化传统，尽管在21 世纪西方"通识教育"中强调了多元文化的对话，那也只能是以西方的立场为其出发点，但我们仍可从中提炼出"全面发展""人格健全"等有价值的成分加以借鉴。

二　通识教育中的艺术教育

关于艺术教育在通识教育中的地位，笔者想先引用哈佛大学校长德鲁·福斯特（Drew Gilpin Faust）的一段话加以说明。福斯特是历史学家，2007 年 10 月 12 日就任哈佛第 28 任校长，而且是哈佛大学历史上第一位女校长。她非常重视艺术教育工作，上任不久就成立了艺术特别工作组，并于 2007 年 11 月 1 日发表专门讲话，提出艺术特别工作组的任务，内容如下：

> 我要求委员会思考和报告如下一些问题：
> 1. 在一个研究型大学中，艺术应该发挥什么功能或作用？
> 2. 在博雅教育中，艺术应该发挥什么功能？
> 3. 我们应该如何思考艺术在课程设置中的功能？除了设计研

① 转引自程相占《哈佛访学对话录》，商务印书馆 2011 年版，第 177 页。

究生院和视觉与环境研究系之外，我们教师队伍中很少实践型艺术家。造成这种结果的原因是原则、是资源还是偶然的？我们是否应该重新思考作家、画家、电影制作者在哈佛的角色？我们是否需要任命不同类型的教员，以使更多的艺术家在我们的大学共同体中获得永久的职位？是否存在跨院系的合作，促进更广泛的艺术实践？

4. 我们应该如何思考课程内部艺术和课外艺术的关系？

5. 学校的艺术机构诸如哈佛大学艺术博物馆，并非明确地与核心学术研究或学生项目相连，如何使它们更加充分地整合到新颖而活跃的哈佛艺术文化中？

6. 在哈佛，设计研究生院比其他任何院系都关注创造性和设计问题，在建设和支持全校艺术中，它能够超越其界限而发挥什么功能？

7. 在促进科学、技术、人文学科以及其他相关领域方面，艺术创造活动能够、又应该发生什么关系？

最后，特别希望委员会就以下问题提出建议：

1. 什么类型的管理方式或机构改革能够更好地支持哈佛艺术？

2. 需要什么样的设施来促进我们的目标？

3. 在未来的大学竞争中，艺术具有什么意义？[①]

福斯特的这个讲话涉及高校艺术教育地位与建设的一切重要方面。首先是深刻地揭示了高校艺术教育在研究型大学建设、人文教育、课程设置、学科发展与未来大学竞争五个方面的重要作用；其次提出了高校艺术教育发展的课程内与外、艺术机构与艺术文化、艺术设计学科与学校创造性艺术文化建设三个方面的关系；最后指出了艺术教育建设所不可缺少的机构与设施这两大保障体系。这个讲话为哈佛大学艺术教育发展奠定了良好的基础，也说明了艺术教育在通识教

---

① 参见程相占《哈佛访学对话录》，商务印书馆 2011 年版，第 194—195 页。

育甚至是整个高校中的重要地位。

关于艺术教育在通识教育中所占的具体比重，我们可以 1945 年通过的哈佛大学《自由社会中的通识教育》（即"通识教育红皮书"）中所列内容为例加以说明。该书首先对课程提出了要求，学士学位要修的 16 门课程中，6 门应该是通识教育课程。而这 6 门课程中，至少要有 1 门选自人文学科，1 门选自社会科学，1 门选自自然科学。人文学科包括 4 种科目，即文学、哲学、美术与音乐。除哲学外，其余 3 门均为艺术教育。因此，人文学科的主干部分就是艺术教育。该书特别强调人文教育的通识教育，将人文教育归结为这样 3 类课程：以"我"为中心的文明类课程，以人类思想为中心的经典类课程，以及以思维训练为中心的批判思维课程。[①]"红皮书"又特别强调了经典的阅读。经典著作是人类思想精华的结晶，是人文教育的最好教材之一。"红皮书"推荐的名著课程主要包括：荷马，一到两个希腊悲剧，柏拉图，《圣经》，维吉尔，但丁，莎士比亚，弥尔顿，托尔斯泰。[②]

由此可见，艺术教育不仅在整个高校的发展建设中具有举足轻重的作用，而且在通识教育的课程体系中也占据着重要的比重，成为高校人文教育不可缺少同时也极为重要的途径。

三 美育学科性质的论争

20 世纪 60—80 年代，在美国教育界发生了美育学科性质的论争。论争的焦点是艺术到底是一种无序的经验还是有序的知识，最后涉及到艺术及艺术教育是否能够成为学科的问题。这实际上是一场美育（艺术教育）能否在学校教育与课程体系中占有一席之地的论争，关系到美育的存亡及地位。由于现代科技主义的盛行，导致用自然科学的模式来界定学校的"学科"，认为学科的特征是"拥有

① 徐慧珍：《美国大学通识教育课程内容之发展与启示》，香港中文大学通识教育研究中心《大学通识报》2008 年 6 月总第 4 期，第 124 页。

② 参见程相占《哈佛访学对话录》，商务印书馆 2011 年版，第 151 页。

一个有机的知识主体，各种独特的研究方法，一个对本研究领域的基本思想有着共识的学者群体"，而且强调"只有学科知识才适合进入学校课程"。①

有关美育学科性的论争其实一直存在，但集中表现于 1966 年在宾夕法尼亚州召开的一次关于艺术是否是一个独立学科的研讨会。在会上，巴肯（Barken）发表了题为《艺术教育中的课程问题》的论文，驳斥了有关艺术是纯经验的、模糊的、不严谨的，因而是非学科的等观点，论证了艺术同样是有序可循的，因而可以成为学科的观点。他说："缺乏科学领域中普遍符号系统所体现的关于互为定理的一种形式结构是否就意味着被谓之艺术的人文学科就不是学科，意味着艺术探索是无序可循的？我认为答案是，艺术学科是一种具有不同规则的学科。虽然它们是类比和隐喻的，而且也非来自一种常规的知识结构，但是艺术的探索却并非模糊和不严谨的。"② 在这里，巴肯集中论述了艺术的类比性、隐喻性与规则性共存的特点。当然，巴肯为了更加充分地说明艺术的有规则性，将艺术学科由原来的艺术创作扩展到艺术和艺术批评的部分内容。

进入 20 世纪 70 年代，在美国又有对艺术教育是否具有对应于艺术的有规则的学科性质的质疑。这种质疑主要由联邦政府和私人委员会赞助的"艺术教育运动"所提出。他们认为，"艺术不是一门学科。相反，它只是'一种经验'，这种经验或是通过参与艺术创作过程而获得，或是通过亲眼目睹艺术家的创作表演而获得"③。其实，"艺术教育运动"并非抹杀艺术与艺术教育的重要性，而是要强调其重要性，并进一步吸引国家的注意力和重视。只是他们对表演过于偏爱，并过于强调了艺术的经验性，从而把教育家及有关组织、团体拒之门外。正因为"艺术教育运动"自身的片面性，所以也遭到了学术界的批评。

---

① ［美］阿瑟·艾夫兰：《西方艺术教育史》，刑莉、常宁生译，四川人民出版社 2000 年版，第 313 页。

② 转引自上书，第 315 页。

③ 同上书，第 318—319 页。

1983 年，著名的盖蒂艺术教育中心成立，并在艺术课程讲习班中正式提出"以学科为基础的艺术教育"（discipline-based art education，简称 DBAE）这一术语。盖蒂艺术教育中心的第一部出版物是《超越创作：美国学校中的艺术地位》。这部著作提出艺术课程的内容应该取自艺术工作室（art studio）、艺术批评（art criticism）和艺术史（art history）。在此基础上又增加了第四门课，即美学（the study of aesthetics）。自此，人们对 DBAE 的兴趣日益增长，1984—1988 年召开的国家艺术教育协会年会对 DBAE 给予了特别的关注。①

美国上述历时 20 多年的有关美育学科性质的论争向我们揭示了美育与艺术教育智性与非智性二律背反的学科特性。这正是康德在《判断力批判》中所揭示的审美是无目的的合目的的二律背反。首先，审美、美育与艺术教育是无目的的、体验的、非智性与非概念的，这是其最基本的特征；同时，审美、美育与艺术教育又趋向于某种共通性、某种概念与理性。以上两者同时共存，从而构成了审美、美育与艺术教育的根本特性、内在张力与无穷的魅力。

四 布朗的《视觉艺术报告》及其意义

1954 年 6 月，哈佛视觉艺术委员会成立，由约翰·布朗（John Nicholas Brown）任主席。这个以布朗为首的委员会在深入调研的基础上起草了一个《视觉艺术报告》（俗称《布朗报告》），并于 1956 年 5 月正式出版。这个报告被认为是探讨美术在一般大学课程中功能的最重要的宣言之一。其创新之处在于：第一，拓展了艺术的领域，以"视觉艺术"取代"美术"。该委员会认为，"美术"包含的范围过于狭窄，而"视觉艺术"则较为宽阔，视觉是人类最重要也是使用最多的感觉，它的产品同样可以具有视觉属性方面的和谐有序，因而也同样是美的。第二，强调了视觉艺术在心灵成长中的特殊功能。哈佛大学 1954—1955 年度诺顿教授里德（Herbert Read）在发表学术演讲时

---

① 参见阿瑟·艾夫兰《西方艺术教育史》，刑莉、常宁生译，四川人民出版社 2000 年版，第 330 页。

指出，"心灵成长是其意识领域的扩展。通过一种本质上是审美的造型活动（formative activity），那个意识区域在持久的意象中被锤炼得优秀，潜能得以开发和呈现"①，以此说明造型类的视觉艺术在大脑开发方面的特殊作用。第三，突破原有的"美术学"，建构了包括四个单位的视觉艺术教育体系和机构。该委员会还以"艺术史系"取代原有的"美术系"，成立新的"设计系"，并将福格艺术博物馆及其他收藏机构组成"教学收藏品"机构，加上大学剧院，共计四个机构，成为实施视觉艺术教育的体系框架。第四，重申了视觉艺术教育的重要性。委员会认为有两大原因："首先，因为对于史前古器物的仔细考察和学习，能够使我们对于人类过去的知识变得具体起来；其次，在人造物品中，见多识广的观察者可以感知人类精神的最优美飞翔。总而言之，学习视觉艺术是为了理解和鉴别人类的创造物，为了领会创造过程（creative process）。"

哈佛大学的《视觉艺术报告》可以说是包括了西方世界在内的十分具有前瞻性的一份艺术报告。这个报告出台于 1956 年，而西方社会视觉文化的真正兴起则是 20 世纪 60 年代，滥觞于 20 世纪 90 年代，迄今仍在发展过程当中。"视觉艺术教育"的提出说明西方艺术与艺术教育领域开始步入反思与消解"现代艺术"的"后现代状况"，是一种文化与艺术的巨大转变，具有极为重要的现实意义。周宪指出："当代文化的这一转型，表面上看只是电影取代了讲故事或阅读书籍，从而把图像推至主导地位，其实问题远不止这么简单！我仍有理由相信，深刻发生的变化就是海德格尔所说的'世界被把握为图像'。一个可以经验到的发展趋势是，当代文化的各个层面越来越倾向于高度的视觉化。可视性和视觉理解及其解释已成为文化生产、传播和接受活动的重要维度。"② 这个转型具有巨大的冲击力，它消解了雅与俗、艺术与生活、艺术与商品、原创与复制等一系列传统的界限。

目前包括美国在内的西方艺术教育正处于以学科为基础的艺术教

---

① 转引自程相占《哈佛访学对话录》，商务印书馆 2011 年版，第 158 页。
② 周宪：《视觉文化的转向》，北京大学出版社 2008 年版，第 5 页。

育（DBAE）向视觉文化艺术教育（VCAE）转型的过程中。对于这样的转型，我们的态度是，第一，正视并接受它。因为，它具有很强的现实性与前沿性，几乎是势不可挡。第二，审视并批判它。因其具有一定的负面因素，诸如消解经典、消解崇高、消解责任，最后消解人文，等等，需要我们在新的形势下，在当代视觉艺术教育的背景下坚持"通识教育"的人文精神和关怀人类前途命运的高尚情怀。第三，紧密结合中国国情，坚持有中国特色文化建设的方向。哈佛大学的通识教育十分强调社会现实性与批判思维的培育，我们相信它一定会在当代视觉艺术教育转型中提出自己的有价值的方案。

第二节 德国的包豪斯与"艺术与工艺结合"的艺术教育观念

1919 年，魏玛国立包豪斯学院在德国成立，这是一所培养艺术设计人才的专业化学校。但包豪斯所确立的"艺术与工艺结合"的艺术教育观念却标志着艺术教育的一个新时代的开始。这个新时代，即艺术教育结束了纯艺术教育的途径，大踏步地走向日常生活，走向经济社会与工艺。这当然是工业革命蓬勃兴起的新时代对艺术教育提出新的要求使然。这种艺术与工艺相结合的教育观念不仅极大地影响到专业艺术教育，而且极大地影响到普通艺术教育。

一 包豪斯及其发展历程

1919 年 4 月，魏玛国立包豪斯学院正式成立。该学院由原来的魏玛艺术学院与工艺美术学院合并而成。包豪斯（Bauhaus），由德语"房屋建造"（Hausbau）一词倒置而成，意指"现代建筑之家"。创始人与首任校长为沃尔特·格罗皮乌斯（Walter Gropius），成立地点为德国魏玛。1925 年，由于财政压力，包豪斯迁校至当时德国的工业中心与运输枢纽德绍。1928 年 4 月，格罗皮乌斯辞去校长一职，由瑞士建筑师汉斯·梅耶（Hans Meyer）继任。1932 年 10 月，第二次迁校至柏林的施泰格利茨一家废弃的电话制造厂内。1933 年，希特勒纳粹政府在柏林上台，实行法西斯统治。同年 4 月 1 日，新学期开始时，包豪斯被柏林警察和一支纳粹特遣队占领，32 名学生被逮捕。7 月 20 日，最后一任校长密斯·凡·德·罗在柏林签署解散包豪斯手令，历时十四年的包豪斯宣告瓦解。包豪斯尽管只存在短短的十四年，但它的理念与实践却成为艺术与艺术教育史上的一次革命并永载史册，成为后人不断借鉴与研究的重要对象。①

此后，包豪斯的首任校长格罗皮乌斯与众多教员、学生移民美国，其中包括曾在 1923—1928 年担任过包豪斯基础课程主持人的莫霍利－纳吉（Laszlo Moholy-Nagy），他于 1937 年移民美国芝加哥成立"新包豪斯"并担任校长。这就将包豪斯的理论与实践带到了美国，在一定程度上延续了包豪斯的生命。新学校的办学原则基本遵循了包豪斯的德国理念，但 1 年以后因资金支持者的撤出而关闭。1946 年，英格·肖尔在德国小城乌尔姆建立了一所设计学院，俗称乌尔姆学院，建立后的 1953—1956 年，被德国设计师协会会长赫伯特·林丁格（Herbert Lindinger）称作"乌尔姆的新包豪斯时期"，此时期包豪斯的影响全面体现在乌尔姆的精神纲领与教学实验中。②

二　包豪斯的艺术教育理念

（一）艺术与工艺相结合，以及艺术教育的"双轨教育学制"

包豪斯的成立完全是为了适应工业革命的需要，工业革命以技术的高度发展为其特征，必然要打破艺术与技术的壁垒，实现两者之间的结合。1919 年 4 月包豪斯成立之时，格罗皮乌斯就在著名的《包豪斯宣言》中提出了这一问题。他在《宣言》中写道："让我们来创办一个新型的手工艺人行会，取消工匠与艺术家之间的等级差异，再也不要用它树起妄自尊大的藩篱！"③

其实，"Bauhaus"中"Bau"的意思是"Building"，格罗皮乌斯

---

① 杭间、靳埭强主编：《包豪斯道路》，山东美术出版社 2010 年版，第 7—10 页。
② 同上书，第 84 页。
③ 转引自弗兰克·惠特福德《包豪斯》，林鹤译，生活·读书·新知三联书店 2001 年版，第 221 页。

在新学校的大学目录中对此阐释道："'building'统一了所有的工艺和美学。"① 艺术与技术统一口号的正式提出则是 1923 年，那年夏秋之交，包豪斯为了扩大自己的影响，从 8 月 15 日至 9 月 30 日举行了一系列主题展览和特别活动，吸引了众多国际名流，评论界也给予了高度评价。这次展览的口号就是"艺术与技术，一种新的统一"②，且被写在了宣传海报的醒目位置，标志着包豪斯核心观念的形成。为了贯彻这一核心理念，包豪斯打破了传统学院制的培养模式，实行了教学与生产、艺术教师与工艺教师结合的"双轨教育学制"。③ 在格罗皮乌斯的心目中，车间是实现艺术与技术统一的最理想场所。他在《国立包豪斯纲领》中要求，"研修人员都必须在工作室、试验室、车间里接受全面的手工艺训练"④。为达到这一目的，包豪斯与校外的工作作坊或车间签订实习合同，学校自身也成立若干个车间，学校为车间服务，并最终被车间同化。在师资构成上，包豪斯形成了艺术教师与工艺教师相结合的"双师制"。它将教员分为"形式大师"（即艺术家）和"技术大师"（即工匠），他们一起在专用木材、金属与玻璃等特定材料的工作坊（车间）中授课，学生不仅要在绘图桌上工作，还要像同行业熟练工那样干活。实际上，在学校已没有了老师和学生，而只有师傅、技工和徒工。这就在理念与实践上彻底改造了传统的学院式艺术教育，将艺术与技术，教育与生产、理论与实践真正地结合在一起。

（二）艺术与工业相结合与艺术的批量生产

艺术与技术的结合，作为工业革命时代的产物必然导致艺术与工业的结合，导致工艺品的批量生产。将这一理论推向现实的，是包豪斯基础课的教学主持人、构成主义画家莫霍利·纳吉。他清醒地认识到了工业时代机器生产的根本特点。他说："我们这个世纪的现实就

---

① ［美］威廉·斯莫克：《包豪斯理想》，周明瑞译，山东画报出版社 2010 年版，第 25 页。

② 杭间、靳埭强主编：《包豪斯道路》，山东美术出版社 2010 年版，第 51 页。

③ 桂宇晖：《包豪斯与中国设计艺术的关系研究》，华东师大出版社 2009 年版，第 50 页。

④ 同上书，第 52 页。

是技术：就是机器的发明、制造和维护。谁使用机器，谁就把握了这个世纪的精神。……在机器面前人人平等……"① 为此，他力倡与工业界的联合，积极联系照明公司，组织学生参观生产线，倾听工人的技术讲解，启发学生的设计思路，主张为节约成本进行批量生产。"为工业做模型"成为包豪斯作坊里教学与实践的目标。② 纳吉还更加明确地提出了为工业生产服务的口号，作坊中的传统器皿很快被现代家用电器取代，并开始批量生产，多次参加商品交易会和展览会。到 1930 年，有超过五万盏包豪斯设计的灯具和照明设备生产并出售。制陶作坊也开始面向工业大生产，与柏林陶瓷厂合作出售了一些石膏模型。第二次世界大战后成立的乌尔姆设计学院在艺术与工业结合上迈出了更大步伐。他们与德国著名的电器企业布劳恩公司合作，创造了设计艺术教育与企业产品设计开发相结合的成功典范。该校的工业设计系主任汉斯·古格洛特（HansGugelot）把学院的设计构想在布劳恩公司完善和实现，为公司设计的收音机、电视机、音响组合系统都是用标准的模块单元进行不同的自由组合。这种系统设计方法从家具、室内到建筑都可推广运用，对 20 世纪的当代设计产生重大影响，成为现代工业艺术设计的重要理论和方法之一。③ 艺术品生产的工业化与批量化，一方面凸现了艺术从未有过的实用与经济价值，同时也对艺术创作特有的独创性形成冲击，是艺术与艺术教育的重大变革。

（三）形式服从功能与简化原则

包豪斯在 20 世纪工业化的大潮中，在艺术与技术、艺术与工业结合的原则下，提出了"形式服从功能"的功能主义理念与"以少胜多"的简化原则。最突出倡导这一原则的，是包豪斯的第二任校长、瑞典建筑师汉斯·梅耶，他的设计观的出发点是对需求的系统考虑，并强调低廉的造价、最大的经济效益和社会效应。他说："我们所理解的建筑是一个集体的概念……只是为了满足生活的需要，设计

---

① 转引自弗兰克·惠特福德《包豪斯》，林鹤译，生活·读书·新知三联书店 2001 年版，第 136 页。

② 杭间、靳埭强主编：《包豪斯道路》，山东美术出版社 2010 年版，第 33 页。

③ 桂宇晖：《包豪斯与中国设计艺术的关系研究》，华东师大出版社 2009 年版，第 47 页。

中所应遵循的原则是最大程度的实用和最低成本的付出，在两者之间寻求最优组合。"① 他提出"功能加经济"的设计哲学，认为"建筑本身是一个生物学的过程，而不是一个美学的过程"②。与此相应，在包豪斯形成一种简洁、节约、低廉、高效的"简化原则"。诚如约瑟夫·艾尔伯斯（JosefAlbers）所说："我们浪费不起材料，也浪费不起时间。"③ 在这种氛围中，即便是著名艺术家康定斯基在包豪斯的教学工作中也强调了"功能主义"理念。他于 1922 年中期来到包豪斯任教，在教学中要求学生在考虑材料和构想设计之前先要分析家具及其相关的功能。这种功能理念被格罗皮乌斯等包豪斯的成员带到了美国并逐步形成"少即是多"的原则。西方传统的"哥特式""洛可可"建筑与艺术风格在这种"功能主义"与简化原则面前不复存在。

（四）视觉艺术与生活艺术

艺术与工艺以及工业的结合，彻底改变了艺术的边界，将传统艺术诗、画、乐与建筑的内涵扩大到工业制品与生活用品，将艺术鉴赏中的读、看、听的功能简化到以看即视觉为主的功能。人们在工业社会中所面对的大量艺术品，已经是主要凭借视觉感受的建筑物、商品、产品、用品，特别是伴随着工业革命而逐步发展起来的摄影、电影、电视等艺术样式和商业广告、服装等生活样式，更是对我们形成巨大的视觉冲击。包豪斯的前沿之处在于，它在 20 世纪 20 年代初期就敏锐地意识到视觉艺术与视觉审美能力在艺术与艺术教育中的重要作用。早在其成立之初，就提出并设置专门课程对学生进行严格的"视觉训练"，对他们进行"洗脑"，"重塑他们观察世界的崭新方式"④。正如包豪斯培养的第一代学生约瑟夫·艾尔伯斯所说："我们所讨论的——自始至终——不是与所谓的事实相关的知识，而是洞察力——观看。"⑤

---

① 转引自弗兰克·惠特福德《包豪斯：大师和学生们》，陈江峰、李晓隽译，艺术与设计杂志社 2003 年版，第 221 页。

② 同上书，第 226 页。

③ 杭间、靳埭强主编：《包豪斯道路》，山东美术出版社 2010 年版，第 36 页。

④ 同上书，第 27 页。

⑤ 转引自弗兰克·惠特福德《包豪斯：大师和学生们》，陈江峰、李晓隽译，艺术与设计杂志社 2003 年版，第 198 页。

发展到第二次世界大战之后，作为包豪斯延伸的乌尔姆设计学院，更是从图像作为当代信息主要媒介的高度来探索与实践当代视觉艺术的发展。著名的《乌尔姆简章》指出："人之间的相互理解，现在主要还是透过图式的信息发生的。例如经由相片、海报、符号，让这类信息具有合乎其功能的形式，并且为此创造出符合我们时代需求的方法，这是视觉传达系的目标。"① 视觉艺术对艺术与审美的拓展拉近了艺术与生活的距离。实际上，包豪斯所力倡的艺术与技术的统一就已经意味着突破了往昔的"为艺术而艺术"的模式，将艺术与生活紧密相联。早在包豪斯成立之初，格罗皮乌斯就在《国立包豪斯的理论与组织》中把批评的矛头指向把自己与社会隔离的"老式美术学院"，认为它们是昨日精神的产物，它们把艺术家与工业世界截然分开，也就是把艺术孤立起来（为艺术而艺术），剥夺了它的生命力。他竭力倡导艺术要为"大众生活的服务"②。到了第二次世界大战之后的德国乌尔姆设计院，更是将"生活艺术"明确摆到了人们面前。它的首任校长马克斯·比尔在新校舍落成仪式的贺词中指出："我们认为文化不是'高尚艺术'的特殊的领地，而是表现在当前日常生活和所有物品的形式中；……总而言之，那些可以改善和美化生活的实际的东西——文化是日常的文化，不是来自其之上并超脱（above and beyond）的文化。"③

三　包豪斯的衰落与启示

包豪斯从 1919 年到 1933 年，经历了不平凡的 14 年时光。它的衰落或者说闭幕，当然与德国纳粹的上台与粗暴干涉直接有关，但其内因在于 14 年中包豪斯内部始终存在着两种办学理念与艺术教育思想的论争。包豪斯的艺术教育理念"艺术与工艺的结合"自身就是一个矛盾的结合体，因为艺术与工艺包含着艺术与非艺术两个截然相反的维

---

① 转引自赫伯特·林丁格编《包豪斯的继承与批判》，亚太图书出版社 2002 年版，第144 页。

② 杭间、靳埭强主编：《包豪斯道路》，山东美术出版社 2010 年版，第 99 页。

③ 转引自李亮之《包豪斯：现代设计的摇篮》，黑龙江美术出版社 2008 年版，第 126 页。

度，包豪斯的贡献就在于这两个维度奇妙而恰当的统一，但也不可避免地存在内在的矛盾。这种内在矛盾反映在教育思想上，就是表现主义与功能主义的斗争。表现主义是一种古老的人文主义传统，侧重于艺术与艺术教育的内在规律，是一种强调艺术性的倾向；功能主义则是一种对艺术和艺术教育实用性的侧重，强调非艺术的倾向。这种艺术教育思想的矛盾斗争贯穿了包豪斯整个 14 年办学过程的始终，突出地体现在前后三任校长的各有特色的办学理念上。首先是第一任校长格罗皮乌斯，他是表现主义的代表，强调对机器文明的反思及对艺术本性的坚守。他曾在莱比锡的一次演说中指出，"对权力和机器的崇拜，使我们忽视了精神的方面，走向了经济上的无边欲壑"①。他就在这种艺术与工艺、表现与功能、标准化与艺术自由之间摇摆。这种摇摆一方面反映了包豪斯艺术教育理念的矛盾，同时也成就了包豪斯的包容性、开放性与多样性，但这毕竟是一种难以协调的内在矛盾，时时煎熬着作为个体的格罗皮乌斯。1928 年，就在包豪斯欣欣向荣之际，格罗皮乌斯出人意料地选择辞职。其继任者是瑞士建筑师汉斯·梅耶，功能主义的倡导者，他的口号是"最大程度的实用和最低的成本付出"。许多教员由于无法容忍愈来愈严重的僵硬化和程式化而选择先后离开。1930 年 8 月，汉斯·梅耶被迫下台。第三任校长为密斯·凡·德·罗，这是一位远离政治的纯技术主义者，将包豪斯变成了一所单纯的建筑学院，原有的作坊被简化为建筑设计和室内设计两部分，并大大削减了艺术课程。这种改革也因纳粹上台的政治原因而被迫在德国本土中止。包豪斯的这种内在矛盾甚至反映到包豪斯学院前后两枚校徽的设计之上。第一个校徽是由卡尔－彼德·罗尔设计，具有鲜明的表现主义特征，使用时间为 1919—1922 年；第二个校徽由奥斯卡·施莱默设计，受功能主义影响显著，使用时间是 1922 年以后。

　　包豪斯短短 14 年的办学历程给我们以重要的启示。第一，艺术与艺术教育都具有鲜明的时代性。包豪斯及其"艺术与工艺结合"的

---

① 转引自弗兰克·惠特福德《包豪斯》，林鹤译，生活·读书·新知三联书店 2001 年版，第 34 页。

艺术教育思想都是工业革命时代的产物，也必然要随着"后工业时代"的到来实现必要的转型，在艺术与工艺、艺术与工业的维度之外更多地思考与探索艺术与人的生存的关系。这正是当代艺术与艺术教育特别需要思考与探索的重大课题。第二，艺术与工艺、艺术与工业、艺术与经济以及艺术与生活的结合是历史发展的趋势，但如果走向极端，也必然导致艺术与艺术教育的消解，应该努力探寻两者适度的平衡之点。第三，包豪斯提出的艺术与工艺、艺术与工业相结合的教学模式及其所实行的艺术教师与工艺教师结合的"双师制"，不仅对专业艺术设计教育有效，而且对普通高校的公共艺术教育也具有启示作用。我们的公共艺术教育不仅要强调理论，而且要强调实践，强调学生实际动手能力的培养。据我所知，有的高校就在公共艺术教育课中设立了"陶吧"，让学生在"陶吧"中亲自动手创作各种艺术品，培养其想象力与创造力，效果十分显著。

第三节　罗恩菲德有关人格与创造力培养的艺术教育思想

维克多·罗恩菲德（Viktor Lowenfeld，1903—1960）是西方第二次世界大战之后最重要的艺术教育家之一，他于1947年出版的《创造与心智的成长》是第二次世界大战之后最具影响的艺术教育方面的教科书，曾再版7次。该书所阐述的有关人格与创造力培养的艺术教育思想在西方，特别是在美国的艺术教育界有着广泛而深远的影响，直到今天仍对我们有着重要的启示。

罗恩菲德1903年出生于奥地利的林茨，青年时代曾是犹太复活青年组织的成员。1921—1925年就读于维也纳艺术工艺学校，1926年毕业于维也纳美术学院，1928年毕业于维也纳大学。1926—1938年，在霍荷瓦特盲人学校任教。随着德国纳粹的猖獗，罗恩菲德及其家人逃离奥地利前往英国，后又移居美国，在弗吉尼亚州的汉普顿学院教授心理学，并参与了该校艺术系的建立。1946年因对种族歧视的不满，又前往宾夕法尼亚州执教，并在那里创建了艺术教育系，

1960 年 57 岁时过早辞世。

罗恩菲德的艺术教育思想不同于杜威强调社会功效的实用主义理论，他突出了艺术教育的自律作用，强调艺术教育自身在人的成长中的决定性作用。他在《创造与心智的成长》一书的开端就指出，最广义的教育"是影响我们行为的主要因素"①，他将艺术教育的作用提到先于其他学科的地位。艾夫兰在《西方艺术教育史》中对罗氏的观念概括道："艺术在教育中之所以意义重大，主要是因为它可以先于其他任何科目或学科早早地使创造性解决问题的能力得以发展。"② 这种艺术教育思想的形成有内外两个方面的原因。从外在方面说，是对第二次世界大战期间德国强制性的强权教育的反思。他说："在经历了由于极端的教条主义和不尊重个性差异所导致的毁灭性结果之后，我认识到武力不能解决问题……我强烈地感到，如果没有普遍存在于德国家庭生活和学校中那种强制性的纪律，极权主义是不可能被普遍接受的。"③ 由此可见，他正是从外在的法西斯强制性的极权教育中感觉到内心自由的可贵，走向对非强制性的艺术与艺术教育的突出强调。从内在方面来说，罗恩菲德受到了来自奥地利的弗洛伊德主义的深刻影响，认为儿童的自由表现是一种先天的欲望，在受到后天教育的成人压制后必然会走向精神失调，而唯有通过自由的艺术才能使这种自由表现的先天欲望得以回归。当然，罗恩菲德的艺术教育思想与他当时所生活的美国社会也密切相关。美国社会以移民为主，经历了南北战争和第二次世界大战，所以特别地标榜"民主"，从而成为所有艺术中的自由表现理论的重要土壤。

一　艺术教育的主要贡献是造就身心健全的人

罗恩菲德在经历了残酷的第二次世界大战之后，将身心健全的人

---

①　［美］罗恩菲德：《创造与心智的成长》，王德育译，湖南美术出版社 1993 年版，第 1 页。

②　［美］阿瑟·艾夫兰：《西方艺术教育史》，邢莉、常宁生译，四川人民出版社 2000 年版，第 308 页。

③　转引自上书，第 305—306 页。

的教育放到艺术教育的突出位置。他说："艺术教育对我们的教育系统和社会的主要贡献，在于强调个人和自我创造的潜能，尤其在于艺术能和谐地统整成长过程中的一切，造就出身心健全的人。"① 在这里，他明确地将培养"身心健全的人"作为艺术教育对教育和社会的"主要贡献"。在下文中，他又进一步对这种"身心健全的人"从心理学的角度进行了阐释，将之称作"提升人格"。他在讨论中学阶段艺术教育的主要目的时，指出：艺术教育不是专业的教育，而是人格的提升。他说："在中等学校的课程中，教授雕塑的主要目的在于透过自我表现提升人格，而不是施予专业的训练。"② 他明确地将公共艺术教育的目的界定为"提升人格"，而不是"专业的训练"，这进一步明确了公共艺术教育的性质，将之与专业艺术教育划清了界线。然后，他从美感教育的高度具体论述了艺术教育这种"人格提升"的功能与过程。他说："因此，良好的美感成长是思想、感情及理解力表现的根基。透过文字、空间、声调、线条、形状、色彩、动作，或这些的综合为媒介，美感经验将之以艺术的形式表现出来。美感组织可能在生活中、游戏中、艺术中或任何时候，以意识或潜意识的状态逐渐成长。因此，我们的人格便受了美感成长的影响。一个人如果缺乏美感组织，心灵必不得统整。因此，美感成长不但影响了个人，并且在某些情况下，也影响了整个社会。"③ 以上论述，包含着有关美感育人的丰富内涵：第一，艺术教育的性质是美感成长的过程；第二，艺术教育的媒介是文字、空间、声调、线条、形状、色彩、动作及其综合，在这里主要是视觉形式；第三，艺术教育的途径是生活、游戏、艺术或任何形式；第四，艺术教育作用的对象是意识或潜意识；第五，艺术教育的目的是人格的提升与心灵的统整；第六，艺术教育的作用是个人的健康成长与整个社会的和谐协调。罗恩菲德根据艺术教育的主要目的是"身心健康"与"人格健全"的人的培养，极富创

---

① ［美］罗恩菲德：《创造与心智的成长》，王德育译，湖南美术出版社1993年版，第10页。

② 同上书，第366页。

③ 同上书，第393页。

意与针对性地提出："艺术教育所强调的，便是自由表现的过程而不是完成品。"① 他这是针对各级各类学校艺术教育中频繁出现的竞争来说的。他认为，这种竞争表面上评出了那些符合所谓"审美标准"的作品，但却会伤害儿童的"人格"，压抑其个性，后果极为严重。罗氏认为，儿童的艺术天性是极端个人、极端多样性的，几乎没有两位儿童是完全相像的。他说："艺术教育的一项重要目标，就是把这些儿童的个人差异诱发出来，压抑这种个人差异会限制儿童的人格。"② 在这里，罗氏十分深刻地强调了儿童个性，特别是艺术个性的差异性，艺术教育就是要鼓励并诱发这种差异性而不是以某种"标准"将其压抑从而限制其人格。这就是他关于艺术教育应关注过程而不应关注作品的根据，十分深刻妥帖，极富启发。

对于什么是"身心健全"的人，罗氏用"均衡"与"统整"加以表述。所谓"均衡"就是"思想、感情以及感受力都必须均衡地发展"，这里包含了理性、感性及身体的感受等身心各个方面，"艺术就是平衡儿的智慧和情感所不可或缺的工具。"③ 所谓"统整"就是将感情经验、智慧经验、知觉经验与美感经验统整为一个整体。正如罗氏所说，"在艺术教育中，当导致创作经验的单独元素变为一个整体时，统整作用便发生了"④。罗氏认为，在科技主义盛行，特别是强调"专业化"的时代，这种统整的作用特别重要，因为过早且过度的专业化会使人失去与社会的接触，从而妨碍儿童的健康成长。他说："我们的时代正严重的面对这点，因此，学习的统整具有很重要的意义，因为它能使年轻人走向一个适应良好的生活。"⑤

二　艺术教育是一种创造力的培养

正因为罗恩菲德将艺术教育的主要任务确定为身心健康、人格

---

①　［美］罗恩菲德：《创造与心智的成长》，王德育译，湖南美术出版社1993年版，第74页。
②　同上书，第73—74页。
③　同上书，第2页。
④　同上书，第37页。
⑤　同上。

健全的人的培养，所以，在确定艺术教育具体目标时就将创造力的培养突出了出来。在《创造与心智的成长》一书中，罗氏首先将艺术教育与一般艺术活动区别开来，认为"艺术教育重视的是创造过程对个人的影响，以及美感经验给人的感受；而纯艺术中重要的是成品"①。因为，艺术教育首先是一种教育活动，面对的是接受教育的学生，所以侧重创作或欣赏过程对人的影响；而所谓"纯艺术"即一般的艺术活动面对与侧重的则是艺术作品本身、它所达到的水平及价值等。所以，罗氏明确指出，"艺术教育的目标是使人在创造过程中，变得富于创造力，而不管这种创造力将施用于何处"②。在这里，他将创造力的培养作为艺术教育的具体目标。那么，罗恩菲德为什么如此重视创造力的培养呢？原来，他认为，创造力是人的最基本的能力，是人之为人的本能所在，是人与动物最主要的区别。他说："人类与动物的主要区别之一，就是人类能够创造而动物不能；创造性的成长，主要是自由而独立地使用前述的六种成长因素，而达到统整的效果。创造性是人类所具有的本能，是一项天生的直觉，它是我们解决和表现生活困难的主要直觉，儿童尚未学习如何去使用它以前，就懂得使用。最近的心理研究显示：创造性、探索和调查的能力是属于基本驱力的一种，没有这种驱力，人类便不能生存。"③ 在这段话里，罗氏基本上将他为什么如此突出地强调创造力以及创造力的内涵都做了简明扼要的回答。第一，创造性的重要性在于它是人类与动物的主要区别之一，因此，人的培养教育主要就是创造力的培养教育；第二，创造性的内涵是"自由而独立地使用"情感、智慧、生理、知觉、社会与美感六种"成长因素"，对之加以统整，归根结底是一种先天的本能性的直觉能力；第三，创造力的作用在于它是与探索、调查能力等一起属于人类赖以生存的基本驱动力之一，人类没有创造的追求，也就无法生存。他还认为，

---

① ［美］罗恩菲德：《创造与心智的成长》，王德育译，湖南美术出版社 1993 年版，第 4 页。

② 同上。

③ 同上书，第 59 页。

创造性是艺术表现的"本质的精髓"①。

由上述可知,罗恩菲德有关创造性的理论明显地受到弗洛伊德精神分析心理学与克罗齐直觉论美学的影响。他将创造性归结为人之本性的非理性的直觉能力。这种看法有其正确的一面,是对启蒙主义以来,尤其是工业革命时代对理性主义过分强调与张扬的一种反拨,也是对深藏不露的人性的一种惊叹。但对理性的抹煞与忽视毕竟是不全面的,尽管罗氏的"成长因素"中也包含了智慧、知觉与社会等理性成分,但他最后还是将创造性归结为"直觉"。

在《创造与心智的成长》一书中,罗氏还提出了一个十分重要的问题,那就是在儿童迈过青春期变成成人后如何保持其蓬勃的创造力?他说:"因此,如何在青春期的批判阶段之后,仍使儿童保存其创造力,将是个重大的问题。假如能做到这点,不仅挽救了人类最大的一项天赋——创造的能力,而且还保持了适当行为所必须有的物质——弹性。"② 这是一个非常重大的课题,不仅是艺术教育的重大课题,而且是整个教育中的重大课题。因为,创新是社会与人类前进的根本动力,而创新的缺乏正是当代社会病症之一。这正是哈佛学院路易斯有关"缺乏灵魂的卓越"的质询与钱学森有关"为什么难以培养创新型人才"的询问的症结所在。其实,早在1947年,罗恩菲德作为一位心理学家与艺术教育家就提出了类似的问题,并做出了自己初步的回答。他的回答是:"儿童许多珍贵的创作都被老师不知不觉地破坏了。"③ 也就是说,问题出在教育、出在教师。教育和教师没有按照儿童的本性与教育的规律去教育儿童,从而使其丧失了可贵的创造性。对儿童进入青春期后创造性的保持,罗氏提出了一个弥补的措施:"在不自觉的阶段里就使他接近他即将获得的概念。"④ 他举例说,儿童在青春期前的绘画中是缺乏焦点透视观念的,不知道"远小

---

① 〔美〕罗恩菲德:《创造与心智的成长》,王德育译,湖南美术出版社1993年版,第23页。

② 同上书,第219页。

③ 同上书,第218页。

④ 同上书,第219页。

近大，远淡近深"这样的绘画规律的，等他从青春期进入成年后就逐步地掌握了这样的道理。罗氏认为，老师应通过循循善诱的方法保留儿童自行发现的权利，适当加以刺激与引导，而不要强制灌入，使儿童失去创造的信心与动力。"最重要的是：老师必须随时记得，老师并没有剥夺儿童自行发现的权利。相反地，他必须在必要时为儿童提供恰当的刺激，以使他们能自行发现。"① 至于在整个教育过程中如何做到保护与培养儿童的艺术创造力这个十分重要的目标，罗氏提出"以儿童为中心"的艺术教育理念。

三 "以儿童为中心"——一个极其重要的艺术教育理念

在《创造与心智的成长》一书中，罗恩菲德提出的一个非常重要的观点就是：艺术教育必须以儿童为中心。他说："过去的几年中，小学教育已有了极大的进步，教学已从题材为中心转向以儿童为中心；我们正处在一个新纪元的尖端。"② 又说，艺术教育的任务"既不是艺术本身，又不是艺术作品，也不是审美经验，而是儿童"③。这一观念的提出是非常重要的，扭转了长期以来占统治地位的艺术教育以艺术为中心的传统观念。其实，罗恩菲德的老师弗朗兹·齐泽克本来是主张以艺术为中心的，罗氏不同意这一观念，认为这"与我们的教育理念相悖，我相信也与我们的时代要求相悖"④。这其实是将艺术教育从面向物扭转到面向人，恰是罗氏艺术教育思想中人文主义精神的集中表现。由此，他明确地提出了在艺术教育中要将儿童真正当作儿童而不能用成人的标准要求儿童的重要观点。他深刻地论述了儿童未受外界干扰的艺术天性，他们的艺术描绘、风格是与成人不同的，要重视与珍惜这种不同，不能予以强制性的评判甚至修改。他说：

---

① ［美］罗恩菲德：《创造与心智的成长》，王德育译，湖南美术出版社1993年版，第218页。

② 同上书，第1页。

③ 转引自阿瑟·艾夫兰《西方艺术教育史》，邢莉、常宁生译，四川人民出版社2000年版，第306页。

④ 同上。

"在儿童开始涂鸦时，心急的父母希望看到合于成人观念的构图，这种干扰就可能已经开始了。压制儿童心灵以迎合成人的观念，这是何等荒谬呀！"① 正因为罗恩菲德坚持艺术教育要以儿童为中心，所以，他始终坚持在艺术教育的过程中教师要始终将注意力集中于儿童身上，集中于儿童创造力的成长过程之上，而不能集中在作品之上，他说："如果教师的注意力从儿童身上转移到作品上，儿童和其作品就会受到不公正的对待。"② 他认为，儿童在成长过程中对自己创造力的发现乃至进步可能只是一小步，但却是具有决定意义的一小步，这一小步在他的作品中很可能没有明显的反映，如果教师的注意力集中于作品，就会忽视儿童的进步，从而做出不公正的评价并伤害儿童。他指出："因为这样会使他的注意力从创作过程导向完成品，对于曾经受到阻碍，但首次在创作活动中发现自己的儿童，还会增加另一次的打击。"③ 罗氏坚持艺术教育"以儿童为中心"的观念，主张根据儿童不同的心理特征进行有针对性的艺术教育。他认为，在儿童 11—13 岁开始进入青春期之时就开始表现出"视觉型"与"触觉型"的差别。"我们愈是仔细地观察青春期，就愈能在儿童的创作经验中看到一项差别；显然，有些儿童喜爱视觉刺激，而其他人却比较专注于主观经验的阐释。"④ 为此，他进行了有关儿童心理特征的调查，采用了 1128 道测验题。调查的结果是：47% 显然属于视觉型，23% 是触觉型，而 30% 低于可清晰辨定的界限之下，就是不可确定。⑤ 在摸清儿童心理特征的基础上，就可以进行有针对性的教育。他说："假如一个视觉型的人只受触觉印象的刺激，他就会受到干扰和限制。也就是说，假如他被要求放弃视觉，而仅借触觉、身体感觉、肌肉感应和运动感来认识自己的所在，就可能成为阻碍的因素。然而，强迫触觉型

---

① ［美］罗恩菲德：《创造与心智的成长》，王德育译，湖南美术出版社 1993 年版，第 12 页。

② 同上书，第 68 页。

③ 同上。

④ 同上书，第 213 页。

⑤ 同上书，第 259 页。

的以用'看'来创作，也可能成为一项阻碍的因素，这两个事实已经在许多实验报告中建立起来。"①

罗恩菲德是弗洛伊德精神分析心理学的信奉者，这一点体现在，他认为人类人格形成的基础深植于童年经验与精神心理治疗之上。我们先来看他从人格形成的基础深植于童年经验出发对儿童艺术教育的高度重视。他曾认为，"人类相互间的关系的基础通常都是在家庭和幼儿园开始形成的"②。因此，罗氏对艺术教育在儿童早期的施行特别重视，认为"艺术教育，如在儿童早期施行的话，便很可能造就出富有适应力和创造力的人"③。同时，由于艺术具有直感性，所以特别适合于儿童教育，他提出艺术应成为儿童的朋友，成为儿童生活整体的一部分的重要观点。"艺术必须成为儿童的朋友，当言语不足以表达他们的欣喜、忧愁、恐惧和挫折时，他或许便得以依赖它。经由这种经验，他的艺术表现便成为他生活整体的一部分。"④

正是因为他对儿童艺术教育高度重视，所以在《创造与心智的成长》一书中着力阐述并分析了儿童成长不同阶段创造力和心智成长的关系。他认为，"进步的艺术教育是老老实实地基于儿童发展的倾向"⑤。湖南师大美术研究所王秀雄教授在该书的中译本序言中指出，罗氏"认为儿童的美术乃是儿童心智成长的一种反映，他们的智力、认知有所改变时，儿童的美术也随着改变，所以他就把美术创造跟心智作为一体来观察研究了。这就是这一本书'创造与心智的成长'的最大特色，也是这一本书命名的由来"⑥。罗氏借鉴皮亚杰的发展心理学对儿童心智的成长进行了划分。皮亚杰将儿童的心智成长划分为：

① ［美］罗恩菲德：《创造与心智的成长》，王德育译，湖南美术出版社1993年版，第258页。

② 转引自阿瑟·艾夫兰《西方艺术教育史》，邢莉、常宁生译，四川人民出版社2000年版，第305页。

③ ［美］罗恩菲德：《创造与心智的成长》，王德育译，湖南美术出版社1993年版，第2页。

④ 同上书，第11页。

⑤ 同上书，第178页。

⑥ 同上书，"王秀雄序"第5页。

感知运动阶段（0—2 岁）；前运算阶段（2—7 岁）；具体运算阶段（7—12 岁）；形式运算阶段（12—15 岁）。罗恩菲德根据儿童在艺术中自我表现的特征划分为：涂鸦阶段（2—4 岁）；样式化前阶段（4—7 岁）；样式化阶段（7—9 岁）；党群年龄阶段（9—11 岁）；推理的阶段（11—13 岁）；青春期（13—17 岁）。罗氏详尽地分析介绍了每一阶段儿童的心理特征，论述了根据这些特征在艺术教育中所应设定的目标、采取的教育措施等，具有很强的可操作性。但从理论上讲，他所提供的有价值的思想是有关儿童艺术教育"自由表现"的目标、艺术教育与儿童全面成长的紧密相关性、阶段性与差异性等。

首先是关于儿童艺术教育"自由表现"的目标。罗氏在他的艺术教育理论中提出了一个"民主的箴言"："所有的儿童都应该给予相等的机会，自由地表现他们的意志"；又说："每一位儿童都应被尊重为一个人，而无视于他的社会地位"。[①] 这里的"民主箴言"当然体现了资产阶级的人文精神，也体现了弗洛伊德的精神分析心理学的思想。因为，按照弗氏的观点，儿童的欲望应给予自由发挥的机会，在此前提下予以提升、"升华"。艺术就是"升华"的重要渠道，但其前提是"自由的发挥"。如果没有这样的"自由发挥"的前提，一旦受阻，就会造成精神创伤。罗氏的"自由地表现"就包含这样的内涵。他的另一重要观点就是儿童的艺术教育与其成长全面相关，这个成长包含了智慧成长、感情成长、社会成长、知觉成长、生理成长、美感成长、创造性成长等诸多方面。他特别强调了艺术教育与儿童全面生长的关系，认为绝不能仅仅看重一个方面的成长，例如美感成长。他说："一般所犯的错误是：只用一种成长的组成元素来评量儿童的作品，通常是以外在的美作为标准——一件作品'看起来'的样子，其设计特质、色彩、形状，以及相互间的关系——这不但对作品不公平，而且对儿童更不公平，因为成长并不包含外在标准，也不只是美感所构成的。美感成长虽然十分重要，但

---

① ［美］罗恩菲德：《创造与心智的成长》，王德育译，湖南美术出版社 1993 年版，第 415 页。

只是儿童整体发展的一部分而已。"① 当然，他还强调了儿童成长的"阶段性"，认为不同年龄段的儿童具有不同的心理特征，应该根据这样的心理特征施以不同的艺术教育，使其健康成长。他说，"对儿童有意义的提示必须适合他发展的阶段"②。在对儿童接受艺术教育情况进行评量时，也要特别注意"发展的阶段"："适合 5 岁儿童的创造表现，显然不再适合 8 岁或 10 岁儿童的艺术表现。当成长继续时，创造表现——成长可见的表征——就改变了；为了要了解评量的平均标准，就得根据儿童创作发展的单独阶段来研究。"③ 他还强调，要重视儿童作为个体的"差异性"，根据不同特点施之以教。"成长的不同构成元素并不是平均分配的，一个小孩可能在情感上十分奔放，但他可能在创作方法上、思想和感情上缺乏创造性，所以他不是一个富于创造力的儿童。但其他儿童则可能十分具有创造力和发明的发展；再者，另一位儿童可能是有高度禀赋的创造力和美感，但他缺乏行为的控制，显示他缺乏身体的技巧，因而可能会阻碍了他的创造性表现。有一些非常聪明的儿童，其智慧之成长比其它成长的构成元素更为迅速，这些儿童可能在将智慧运用到创造时遭到困难。"④ 他认为，承认儿童心理特征的差异性是基于承认每一个儿童都有特殊的资质，都应得到发展的权利，并受到良好教育的前提之上的。因此，他坚决反对将儿童区分为"天才儿童""平庸儿童"。他说："每一位儿童在潜能上都是具有天赋的，把儿童区分为'天才'和'平庸之才'是错误的；因为我们的理论是基于每一位儿童都有潜在的创作能力，而不论这儿童的资质如何。"⑤

总之，"以儿童为中心"，一切从儿童出发，为儿童的成长服务，正是罗恩菲德艺术教育理论的精髓之一。

---

① ［美］罗恩菲德:《创造与心智的成长》，王德育译，湖南美术出版社 1993 年版，第 49 页。

② 同上书，第 48 页。

③ 同上书，第 60 页。

④ 同上书，第 49 页。

⑤ 同上书，第 422 页。

四 艺术教育的评量必须从有利于儿童的心智成长出发

艺术教育的评量（价）是艺术教育中的一个带有根本性的问题，目前仍是国内外艺术教育界不断探索的一个重要课题。罗恩菲德在《创造与心智的成长》一书中做了极富价值的探索。他首先提出的基本问题是评量的目的问题。他说："在评量儿童的作品时，我们先要考虑一下，我们评量儿童作品的目的究竟何在？是为了认识儿童的成长、经验、感情和兴趣吗？或者显示儿童的优点、弱点、创造能力、有技巧，或缺乏技巧？换言之，去将他们分等吗？"[①] 非常明显的，罗氏的回答显然是前者——"为了认识儿童的成长、经验、感情和兴趣"，而不是后者——划分优劣，进行分等。他对此所给予的正面回答是："任何评量，只有能帮助老师了解儿童，并有效地提示儿童从事创作，才有意义。"[②] 为此，他提出了两个与艺术教育评量有关的基本原则问题。一个就是艺术教育最重要的意义：成长的激励。另一个是艺术教育的基本哲学：启迪儿童创造性和心智发展。艺术教育评量的目的决定了评量的对象与方法。罗氏认为，艺术教育评量的对象是创作过程而不是作品。因为，从创作过程之中可以见到儿童创造性与心智成长的特点与轨迹，从而有针对性地施之以教；而作品则与儿童的成长无关，并可能因评价其优劣导致对儿童创造性与心智的压抑。他说："制作过程比完成品更为重要；换言之，一件很'原始'的——以成人的观点来看是'丑陋'的——作品对儿童而言，比一件制作精美，而成人觉得满意的作品还有意义。"[③] 因为，在这件"丑陋"的作品中，儿童可能是生平第一次认识了自己，抛开了限制其成长的感情困扰，并因而改变他的生命。罗氏认为，"这种生命的改变比任何完成品还重要"[④]。评量的方式，"不但因个人不同，且因发展

---

① ［美］罗恩菲德：《创造与心智的成长》，王德育译，湖南美术出版社 1993 年版，第 43 页。

② 同上书，第 45 页。

③ 同上书，第 44 页。

④ 同上。

阶段而不同"①。总之，罗氏认为，"对儿童作品施以评价只是使老师更透彻地了解儿童的成长，而不是以学生的缺点和优点来困扰他们"②。

五　艺术教育的治疗功能

罗恩菲德在《创造与心智的成长》一书中用相当多的篇幅论述了艺术教育对残障儿童的治疗问题，具有特殊的价值。他的这一理论的建立有两个前提，一个就是他有关艺术教育的民主箴言：所有儿童都应给予相等的机会自由表现自己。他说："没有人有权力去划一条分界线，而把人类分为一些在他们的发展中应该获得充分的培养，而另一些则不值得我们去努力。"③ 这里包含着"人人有权接受相同的教育"的合理的人文主义精神。另一个理论前提就是弗洛伊德精神分析心理学的影响，因为弗氏是力主通过艺术升华来进行心理治疗的。罗恩菲德对残障儿童的治疗也是一种通过艺术的心理矫正与提升。罗氏自己声称，"大多数艺术的治疗方式与心理分析有关"④。

艺术教育治疗的目标是什么呢？罗恩菲德批判了在功利主义社会环境中仅仅将治疗局限于"谋生的准备"而剥夺残障儿童享受人生权利的流行理论与通常做法。他说："在物质主义的时代里，有障碍者的教育几乎是一致地朝谋生的准备而运转着；显然地，快乐是一项有障碍者付不起的奢侈品。"⑤ 他从艺术教育是身心发展健康的人格教育的角度出发，认为"我们可以更有效率地使他们成为有用的公民"⑥。当然，罗氏这里所说的"治疗"是一种心理的治疗。他举例说，X 是一间化学工厂的工程师，因遭遇一次意外事故而导致双目失明，但他仍有健全的四肢、流畅的语言、敏锐的听觉与正常的心智，所以，X

① ［美］罗恩菲德：《创造与心智的成长》，王德育译，湖南美术出版社 1993 年版，第44页。

② 同上。

③ 同上书，第 423 页。

④ 同上书，第 484 页。

⑤ 同上书，第 424 页。

⑥ 同上。

在客观上只能算是 50% 的残障。但他主观上极其悲观失望，在感觉上是百分之百的残障，他觉得自己是完全无用的人。艺术教育的治疗就是要通过艺术创造的手段，让其认识自我，恢复必要的身体意象，恢复自信。罗氏指出，"因此，任何治疗都该帮助 X 认识到他还有许多机会来享受生活，他仍然是社会有用的一分子"①。也就是说，在罗氏看来，艺术教育治疗的目标是一种健全人格的重塑。所以，他认为，"艺术教育治疗的本质是使用创造活动作为自我认知的方法"②。正是基于艺术教育治疗是一种健康人格的重塑，所以，在治疗方法上，罗氏否弃了通常所用的模仿而认为仍然应该采用艺术的创造活动。他认为，大量的事实证明，单靠临摹模仿，不仅增加有障碍者的依赖性，而且使他们做事缺乏自信心和进取精神，其结果是在他们原有的障碍上又增加了另一障碍。因此，他主张通过艺术创造来进行治疗。他说："有障碍的人经由他们自己的创造成就——不但获得了自信，并且得到他们所迫切需要的独立性和满足感。"③ 罗氏在总结艺术创造活动对残障儿童的治疗作用时指出，"对于生理有障碍者，孤离隔绝会导致于生理的缺陷和自卑感，而创作活动克服这种孤离隔绝——生理上或心理上的，并改进那些感觉的经验——这些经验是基于已经改进之自我概念的建立——以及在感情上解除那些阻碍有障碍者潜能发展的紧张和限制。……透过自我的体验，个人得到与环境的接触和联系，而解脱孤离隔绝成为社会有用的份子"④。

综上所述，罗恩菲德以"自我表现"为基础的艺术教育理论，他的有关健全人格的培养、创造力的培养、以儿童为中心、艺术教育与儿童成长的关系、艺术教育的治疗作用，以及艺术评价的理论，都包含着丰富的内涵，积淀着大量的实践经验，具有重要的学术价值，特别是具有很强的可操作性。正如阿瑟·艾夫兰所说，"罗恩菲德的成

---

① ［美］罗恩菲德：《创造与心智的成长》，王德育译，湖南美术出版社 1993 年版，第 426 页。

② 同上书，第 429 页。

③ 同上书，第 424 页。

④ 同上书，第 490 页。

功在于，他为我们认识和理解儿童艺术提供了一个促进发展的基础。……罗恩菲德也许更大地增强了教师教授艺术的信心①。他的《创造与心智的成长》一书在西方艺术教育史上有着广泛的影响，再版过7次。当然，随着历史的发展，后来的艺术教育理论家对于罗氏过于隔绝社会，强调艺术表现自我、表现的"自律性"，以及硬性地划分"视觉型"与"触觉型"的观点提出了批评。但这并没有完全抹掉罗恩菲德在艺术教育史上的历史的与现实的价值，他的许多理论观点对我们今天的艺术教育理论的建设与实践仍然具有极为重要的借鉴意义。

第四节　加德纳"多元智能"理论中的美育思想

一　"多元智能"理论的提出及其背景

20—21世纪之交，世界范围内教育理论领域是非常活跃的，有许多新的突破。结合我国实际，借鉴这些理论，无疑有助于我国教育的现代化，特别是有助于我国深入开展素质教育。

霍华德·加德纳（Howard Gardner）是世界著名的发展心理学家，现任美国哈佛大学教育研究生院认知和教育学教授、心理学教授，哈佛大学"零点项目"研究所两位所长之一。他在1983年出版的《智能结构》一书中针对传统的智商测试的弊端提出"多元智能"的观点。这本书在教育界产生了强烈反响并引起争论。1993年，加德纳教授又根据十年来学术界研究的进展出版了《多元智能》一书，并对"多元智能"理论，即"MI（Multiple Intelligences）理论"进行了比较全面的阐述。他说："如我将智能定义为：在一个或多个文化背景中被认为是有价值的、解决问题或制造产品的能力。在多元智能理论中，我提出所有正常人拥有至少七种相对独立的智能形式。"② 这七种

---

① ［美］阿瑟·艾夫兰：《西方艺术教育史》，刑莉、常宁生译，四川人民出版社2000年版，第306页。

② ［美］霍华德·加德纳：《多元智能》，沈致隆译，新华出版社2004年版，第92页。

智能为语言智能、数学逻辑智能、音乐智能、身体运动智能、定向智能、人际关系智能和自我认识智能。他认为，每种智能最初都以生理潜能为基础，是遗传基因和环境因素相互作用的结果，应将其看作生理心理产物，是认知的来源。每种智能都必须具有可辨别的基本能力的特征或一组特征。例如，音乐智能的基本能力特征就是对于音高的敏感性，语言智能的基本能力特征则是对于发音和声韵的敏感性。他说："每个正常的人都在一定程度上拥有其中的多项技能，人类个体的不同在于所拥有的技能的程度和组合不同。"① 加德纳还将这种"多元智能"理论运用于教育实践，提出了新的教育理论和新的学校的概念，并从学校、专家、学生、社会的纵向角度和课程、评估以及活动的横向角度将"多元智能"理论付诸实践，取得相当多的实践例证。加德纳的"多元智能"理论在美国引起了强烈反响，从独立学校全国联合会、教育立法者、教育记者、大学教授到学生家长和学生本人，各界人士都十分关心这一理论，并参与到"多元智能"理论的讨论和实践之中，有关著作和刊物也纷纷出现。可见，"多元智能"理论是一个在世纪之交引起全世界、特别是美国教育界普遍关注的问题。"多元智能"理论之所以引起如此强烈的反响，重要的原因是它适应时代的要求，摒弃单一的应试教育，倡导多元的素质教育。正因此，它同美育也就有了密切的关系。因为，对美育的突出强调也是素质教育的题中应有之义。正是从这个角度，我们认为，"多元智能"理论的研究不仅有助于新时期美育理论的发展，而且会为美育研究提供新的方法和理论武器。当然，不可否认地，"多元智能"理论本身在教育实践中所包含的艺术教育内容对美育而言也有借鉴意义。

　　"多元智能"理论是 20 世纪后半期经济、社会和学科发展的产物。从这个角度看，美育在这一时期由冷到热，进而跨入社会与学科的前沿，也是适应 20 世纪后半期时代需要的结果。我们由"多元智能"理论产生的社会必然性，也可窥见美育作为素质教育组成部分而进一步发展的社会必然性。加德纳指出："大约一个世纪以来，西方

① ［美］霍华德·加德纳：《多元智能》，沈致隆译，新华出版社 2004 年版，第 16 页。

工业化社会及其学校只能开发出人口中一小部分人的智能。然而随着后工业时代经济的发展，仅仅依靠非情景化的学习来开发智力已经不恰当了。我们必须根据个体的特点和文化要素来考虑拓宽智能的概念。伴随着智能的新观念，需要新的教育和评估体制，以培养多数人的能力。"① 加德纳在这里指出了"多元智能"理论产生的社会经济背景——后工业社会。所谓后工业社会，也就是我们通常所说的以信息产业为标志的知识经济时代。正是这样一个时代，要求摒弃工业时代传统的教育理论，呼唤一种新的教育观念和体制。他说："据我看来，美国的教育正处在转折关头。目前的形势是：一方面存在着相当的压力，使教育迅速向'统一规划的学校教育'方向发展。另一方面，同时又存在着教育系统包容'以个人为中心的学校教育'的可能性。学校教育究竟应该向何处去？双方争论激烈。根据对科学证据的分析，我认为应该向'以个人为中心的学校教育'体制发展。"② 这里讲到了两种对立的教育观和教育体制："统一规划的学校教育"和"以个人为中心的学校教育"。所谓"统一规划的学校教育"，就是工业时代的应试教育，其代表性的理论与实践就是所谓智商（IQ）测定，以 IQ 为根据评估学生、选拔学生。正是在这种情况下，在美国出现了一种十分独特的测试行业，而且每年为此花费数十亿美元。这正是工业社会崇尚高效、简单、容易操作的方法及其对所谓经济效益的追求的结果，由此派生出"一元化的教育"，即根据这种统一测试的要求，学生必须尽可能地学习相同的课程，教师必须尽可能以相同的方式将这些知识传授给所有的学生。学生在校期间必须通过频繁的考试评估，这些考试应在一致的条件下进行，学生、教师和家长都应收到表明学生进步或退步的量化的成绩单；这些考试又必须是全国统一的规范化测验，以便具有最大范围的可比性。因此，最重要的学科就是适合采用这种考试方式的学科，如数学、科学、语法、历史等，而那些正规考试难以控制的学科，如艺术等则最不受重视。加德纳认

① ［美］霍华德·加德纳：《多元智能》，沈致隆译，新华出版社 2004 年版，第 251 页。
② 同上书，第 70 页。

为，这种"统一规划的学校教育"及与其适应的智商测试方法，实际上承受着三种偏见的危害。这三种偏见就是"西方主义""测试主义"和"精英主义"。所谓"西方主义"是指由古希腊苏格拉底开始的一味推崇"逻辑思维"和理性的传统，由此而一味排斥其他。所谓"测试主义"是指只重视人类可以测试出来的能力，如果某种能力无法测出，就认为这种能力不重要。所谓"精英主义"则指迷信按确定的数学逻辑思维方法解答所有问题的"精英分子"，而正是这些"精英分子"误导了美国的政策。加德纳与这种"统一规划的学校教育"及其"智商式思维"的测试体系相对立，提出了"多元智能"理论及与之相应的"以个人为中心的学校教育"。这种"以个人为中心的学校教育"的理论根据，是"人的心理和智能由多层面、多要素组成，无法以任何正统的方式，仅用单一的纸笔工具合理地测量出来"①。正是基于此，才得出了人与人的智能是不同的观点，由此要求教育理论和方法反映这种差异，这无疑有助于受教育者最大限度地发挥其智能潜力。同时，多元智能理论及与之相应的"以个人为中心的学校教育"认为，没有一个人能精通所有的知识，拥有所有的能力，因此便存在着一个发展适合自己的智能和选择适合自己的发展道路的问题，"多元智能"理论应在这一方面给予学生与家长以建议和帮助。最后就是创建一种能"使教育在每个人身上得到最大的成功"②的"以个人为中心的学校"。加德纳的"多元智能"理论就是在这种知识经济的背景条件下，在"统一规划的学校教育"与"以个人为中心的学校教育"两种教育观的尖锐对立中产生的，它旨在适应后工业社会的知识经济，并为"以个人为中心的学校教育"提供理论根据。

由此我们可知，所谓"统一规划的学校教育"就是一种适合工业社会培养工业劳动后备军的"应试教育"，而"以个人为中心的学校教育"是知识经济时代强调充分发挥个人潜能特别是创造能力的素质教育。这种强调个人自由发展的素质教育，呼唤人的多种潜能包括审

---

① ［美］霍华德·加德纳：《多元智能》，沈致隆译，新华出版社2004年版，第72页。
② 同上。

美潜能的开发。尽管加德纳并不承认审美力的独立存在，他说："谈到智能的多元化，立刻会出现一个问题，即是否存在单独的艺术智能。按照我的分析，没有。这些形式中的每一种智能，都能导向艺术思维的结果，也即表现智能的每一种形式的符号，都能（但不一定必须）按照美学的方式排列。"① 但他毕竟承认七种智能的每一种都能导向艺术思维。在他对"统一规划的学校教育"的批判中，我们也可看到，这种教育模式及其遵循的智商测试方式只导向对适合这种测试方式的学科的重视，而难以运用这种方式测试的学科则在不被重视之列。这样的学科，加德纳认为首先就是艺术。因此，在他的"以个人为中心的学校教育"中，从来都是将艺术教育（美育）放在十分突出的位置。而且，加德纳也反对将美育仅仅看作是对一种技巧和概念的掌握，而主张将其看作是一种特殊的对待世界的方式与态度，也就是"个人化"的"感情"的方式和态度。他说："艺术的学习仅仅掌握一套技巧和要领是不够的。艺术是一种深度个人化的领域，学生在这个领域中将进入自己和他人的感情世界。"② 当然，关于审美力是否具有独立意义的问题，如果将其单纯看作智力因素，的确难以独立存在。但加德纳将素质教育的多元结构仅仅归结为"智能"，这也是极不全面的，不过是将阿尔弗莱德·比奈的局限于数学与语文的"智商"扩大到智力领域的其他方面而已，同样极大地忽视了应试教育中被排除在外的品德、意志、情感等极为重要的非智力因素。由此可知，加德纳对美育与审美力的独立意义的否定，恰恰说明他还没有完全摆脱工业社会传统的"智力第一"理论的影响。

从上述的介绍，我们可以看到加德纳"多元智能"理论的强烈的现实性。从他对"统一规划的学校教育"及与之相应的考试方法的描述中，我们已看不到任何"异国情调"，所有这些仿佛就发生在我们周遭并且正在发展中。由此说明，这种"一元化"的教育理论、模式与方法在全世界都具有极大的普遍性，也可说明倡导一种与之相反的

---

① ［美］霍华德·加德纳：《多元智能》，沈致隆译，新华出版社2004年版，第148页。
② 同上书，第152页。

"多元的"包含着美育的素质教育理论仍然有着极大的难度。但这种跨国度的世界性的"共识"与探讨的确为我们倡导美育、推进素质教育提供了更多的可供借鉴的理论与实践经验。

二 "多元智能"理论与艺术教育

加德纳的"多元智能"理论尽管没有把审美力作为七种智能之一，但因其对传统的"一元化"教育观点和"智商式思维"方式的批判，必然将传统教育中长期被忽视的艺术教育放到突出位置。实际上，"多元智能"理论及其教育实践就是加德纳任所长的哈佛大学"零点项目"研究所的重要课题之一。"零点项目"研究所建立于1967年，其创始人为哲学家纳尔逊·古德曼。他认为，艺术作品不仅仅是灵感的产物，艺术也不仅仅是情感和直觉的领域，与认知无关；艺术过程是思维活动，艺术思维与科学思维是同等重要的一种认知方式。他还认为，人们过去花费了大量的精力和金钱以改进逻辑思维和科学教育，对形象思维和艺术教育的认识却微乎其微。他立志从零开始，弥补科学教育研究和艺术教育研究之间的不平衡，因而将其项目命名为"零点项目"。30多年来，"零点项目"成为美国和世界教育界持续时间最长、规模最大的课题组，最多时有上百名科学家参与研究，设立了专门的研究基金，至今已投入数亿美元，在心理学、教育学、艺术教育等多方面取得了令人瞩目的成果。1994年，哈佛大学教育研究生院院长莫非（Marphy）教授撰文指出："这个项目的研究对人类的智能理论发起了挑战，使我们对创造性和认知的理解更进一步。它还使我们不得不再一次思考教育的内涵，思考未来教育的模式。"① 确实，这个项目的目的是向传统的认知逻辑和语言在各项智能中更加重要、占统治地位的理论挑战。其基本理论内涵是将西方当代流行的符号理论应用于心理学和教育学，认为无论何种艺术活动都是大脑活动的一部分，一个艺术工作者必须能"读""写"出艺术作品

---

① ［美］霍华德·加德纳：《多元智能》，沈致隆译，新华出版社2004年版，"译者的话"第4页。

中特有的"符号系统"。因此，"零点项目"要求确认"艺术的认知属性"并"采用认知的方式于艺术教育"。① 为此，加德纳通过"零点项目"的实践归纳出以下十个基本观点：（1）在 10 岁以下的童年的早期，创作活动应该是任何形式艺术的学习过程的中心；（2）有关艺术的感知、史论以及其他"艺术外围"的活动，都应该尽可能来源于儿童的创作并与之紧密相联；（3）艺术课程教学，需要由精通运用艺术思维的教师或其他人士担任；（4）可能的话，艺术学习应尽可能围绕有意义的专题来进行；（5）在大多数艺术领域里，制定从幼儿园起到高中毕业的 12 个年级的连续教学计划没有任何益处；（6）评估艺术教育中的学习很重要；（7）艺术的学习仅仅掌握一套技巧和概念是不够的；（8）一般来说，在任何情况下直接向学生讲授如何判断艺术的品位和价值是危险的，也没有这个必要；（9）艺术教育非常重要，以至于无法将这项工作交给单一团体来做；（10）让每个学生都学习所有的艺术形式仅是一种理想，很难实现。加德纳对"零点项目"有一段总结性的话："可能会造成一种误解，那就是我们现在对于艺术思维发展的了解，已经达到研究人员对科学思维或语言能力的发展认识水平。就像我们用'零点项目'的名称提醒自己一样，这方面的研究仍然处于婴儿阶段。我们的工作表明，艺术思维的发展是复杂的，具有多种意义，想加以概括是困难的，弄不好常常半途而废。不过对于我们来说，力图将自己的关于艺术思维的主要发现综合起来，仍然是很重要的，我们已对此做过不少尝试。"②

"零点项目"包含许多艺术教育的计划，"艺术推进"就是其中之一。"艺术推进"项目是 1985 年在洛克菲勒基金会艺术与人文学科部的鼓励和支持下，哈佛大学"零点项目"和教育测试服务社，还有匹兹堡公立学校，一起进行的为期数年的研究。其目的是设计一套评估方法，记录小学高年级学生和中学学生的艺术学习状况。该项目确定了三种艺术形式：音乐、视觉艺术和富有想象力的写作。同时，确

① ［美］霍华德·加德纳：《多元智能》，沈致隆译，新华出版社 2004 年版，第 150 页。
② 同上书，第 147 页。

定了评估三个方面的能力：创作、感知和反思。为了实现这一目的采取了两种方式，其一是领域专题，即针对某一种能力，开发出一套练习，本身并不组成课程体系，但必须与课程相容，即必须是适合某一标准的艺术课程体系；其二是过程作品集，即学生在学习进展过程中所有的作品，除收集其最后的作品外，还收集原始素描、中间草稿、自己和别人的评论稿。同时，还收集与他们进行的专题有关的、他们自己欣赏或不喜欢的艺术作品。通过作品集，学生反思他们曾经做过的修改、修改的原因和动机、最初的草稿和最后的定型稿的关系。对于学生的草稿和最终作品，与他们的反思一起，都进行定性的评估。这些定性评估包括投入程度、技术技巧、想象力、评论能力等方面。其目的不仅仅是在各种可能互相独立的方面评估学生的能力，而且鼓励他们发展这些方面的能力。同时，"艺术推进"项目还采用让·皮亚杰发生心理学的调查方法，从横向、纵向与脑损伤后状况三个层面对儿童的艺术思维能力进行分析研究，得出了一些重要的甚至是意想不到的发现：（1）幼儿在几个艺术领域内具有惊人的高水平，但到了童年的中期却可能出现明显的退步，呈现锯齿形或 U 形的发展曲线；（2）虽然学龄前儿童在艺术的表现上还有缺陷，但已经具备了相当的艺术知识和能力；（3）儿童在某些艺术领域内的理解能力要落后于表演能力和创造能力，因而可以让儿童通过表现、制作或"行动"来学习；（4）儿童在各领域认知能力的发展速度不一；（5）大脑皮层的特定部位各有其认知重心，尤其幼儿期以后，神经系统所表现出来的认知能力已经不具有可改变性。由上述"零点项目"及与其相关的"艺术推进"项目可知，在加德纳的"多元智能"理论中，艺术教育或者说美育占据着十分重要的位置，甚至他的"多元智能"理论就是从传统的"统一规划的学校教育"模式只重视逻辑与语文而极度忽视其他能力尤其是艺术思维能力而引发的。在他的"多元智能理论"的实践中，艺术教育又占据了十分重要的位置，成为其"零点项目"和"艺术推进"项目的主要内容。同时，加德纳不仅是教育理论家，更重要的是教育实践家，他的"多元智能"教育实践主要是艺术教育实践，特别是儿童（主要是幼儿）的艺术教育实践。应该说，在这一方面，加德纳为我们提供了极其珍贵的同时也是丰富的理论与实践资料，值得我们借鉴。

三　情景化个人评价体系与艺术教育

加德纳作为教育家，十分重视教育实践。他说："从长远的观点看，没有比好的理论更实用的东西了，但没有机会实践的理论很快就会被人遗忘。"[1]因此，他特别重视将自己的"多元智能"理论付诸实践。从某种意义上说，"多元智能"理论主要是一种教育实践体系，是在这种理论的指导下对于"以个人为中心的学校教育"模式进行实践的过程。教育实践中最重要的是教育评价，就是成绩的测试方式与手段。"统一"的和"以个人为中心"的两种教育模式的对立，集中地表现在测试方式与手段之上。前者非情景化的测试体系不同于后者的情景化的个人评价体系，这两种完全不同的评价体系代表了两种完全不同的教育理论、教育模式和教育方式。加德纳在《多元智能》一书中对非情景化的智商测试体系进行了富有说服力的批判，对情景化的个人的评估体系也做了比较充分的阐述。这对美育的实施具有十分重要的意义。当今，我们已将美育正式列入教育方针，并争取到课程、课时和学分，但对到底如何实施美育却仍感茫然。加德纳在"多元智能"理论中对情景化的个人的评估体系的阐述与实践对我们今后美育的实施具有重要借鉴意义，甚至可以说找到了一条新的途径。

他首先对传统的智力测验给予了有力的批判，认为那是受达尔文主义影响的结果，将白种人、基督徒、北欧人说成拥有最高智能、基因最优秀的种群，迷信先天的遗传，以为后天才能无法培养。再就是，由于工业化和市场经济的发展，商业的价值观影响到学校，使之更多地崇尚效率，追求更加有效的运作，尽量减少留级人数，为社会提供更多的遵守纪律、训练有素的劳动力。加德纳指出："过分依赖心理学测试方法，不仅仅会使学生、教师和在社会背景下评估他们的

---

①　［美］霍华德·加德纳：《多元智能》，沈致隆译，新华出版社2004年版，第83页。

人分离，也会使他们脱离受到社会珍视的知识领域。"① 他的情景化的个人的评估是同其有关智能的理论密切相关的，他说："智能是取决于个体所存在文化背景中已被认识或尚未被认识的潜能或倾向。"② 他认为，人类是生物的一种，但却是有文化的生命体，人的习惯、行为方式和活动都反映出其文化和亚文化的环境特点。这个道理看起来简单，但对于智能的评估却有很深刻的启示。如果承认这个道理，再用简单的智商方法评估一种或多种智能就显得毫无意义了。由此，加德纳积极参与了"多彩光谱"项目。

"多彩光谱"项目是哈佛大学"零点项目"的多位研究者和塔夫茨（Tafts）大学的费德曼教授共同进行的一项长期的专门研究。它是一种全方位的儿童早期教育方法，这一方法本源于对幼儿个体差异的探索，最后产生出一套高度个体化的评估与教育方法。它的前提是假设每个儿童都在一个或几个领域具有发展强项的能力，而其对象则是学龄前儿童，测试重点在于观察智能差异最早何时出现以及这种早期鉴别的价值如何。从实用的角度说，如果能在早期发现儿童的特长，对家长和老师都有很大的帮助。他们所使用的方法不再是传统的考试，而是采用能体现有意义的社会角色或最终状态的教材来激发种种智能的组合，具体说就是教室内布置了"自然学家之角""故事角"与"建筑角"等十几个不同的活动"角"和不同种类的活动，通过鼓励儿童积极参与，通过仔细地观察记录，确定其智能状况。经过一年左右的时间，教师就能观察到每个儿童的兴趣和才能，无需再做特点的评估。在此基础上再进一步延伸，建立了"学校实用智能模式"，主要目的在于找出最佳方案，以帮助那些被称为"面临学业失败者"的学生在学校学习以及毕业后的职业生涯中走向成功。加德纳指出："此模式认为最重要的，就是如何将学术智能与更实用的人际智能和自我认识智能结合起来，以实现学业和事业的成功。"③ 这种"学校

① ［美］霍华德·加德纳：《多元智能》，沈致隆译，新华出版社2004年版，第256页。
② 同上书，第236页。
③ 同上书，第131页。

实用智能模式"采取的就是情景化的评估方式。这种方式充分反映了现实的复杂性，即掌握教学内容是手段而不是目的，要求学生提出问题、解答问题，而不是仅仅给出答案。关于两种测评方式的优劣，加德纳列举了一个个案。一个叫雅各的四岁男孩，学年一开始就被叫去参加两种形式的评估，一种是斯比智力量表，另一种是"多彩光谱"项目评估方法。雅各不愿意参加斯比智力量表的测验，只部分地回答了 3 类测试题后就跑出了测试室，离开房屋爬树去了。但雅各却参加了有 15 项内容的"多彩光谱"测试，并参与了绝大多数活动，而且显示出在视觉艺术和数学方面有着惊人的天赋。由此说明，"多彩光谱"情景化的个人的评估方式具有四个明显的优点：（1）通过有趣的、场景化的鲜明活动吸引儿童参加；（2）有意识地模糊了课程和评估的界线，使评估更有效地融入日常教学之中；（3）通过儿童的"智能展示"直接观察到他们的智能状况；（4）系列评估能提出建议，使儿童通过其擅长的领域来表现智能相对弱的领域。

加德纳在《多元智能》一书中关于情景化的个人的评估方式的论述对于美育的实施具有重大意义。因为，美育主要是一种非智力的情感领域，其根本目的不在于使受教育者掌握某种技能知识，而在于确定一种审美的态度和人生观。因此，只有确定一种同其内涵与目的相适应的评估方式才能有利于它的发展。在此意义上，我们可以说，只有情景化的个人的评估方式才真正有利于美育学科的发展，采取非情景化的智商式测试方式势必导致美育走向歧途。

四 "多元智能"理论的意义与发展

"多元智能"理论从方法论的角度讲也给予美育很多启发。"多元智能"理论本身具有很强的现实性，甚至可以说具有很强的实践性。它的产生就是一种现实的需要。也就是说，这一理论是在当代美国已经提出教育改革的现实迫切性情况下应运而生的。对于这一点，加德纳认为，首先，美国人已经感觉到来自日本和其他环太平洋国家的挑战，它已不再具有举世无双的工业和科技霸主地位。其次，美国国民的读写能力和文化知识水平明显下降。第三，几乎每一位美国人

都要求对美国学校教育的质量和教育的目的进行重新检查。正是在这样的情况下，人们才开始对"一元智能"理论及其相关的教育模式和方法产生怀疑，这是"多元智能"理论及其相关的教育模式和方法产生的土壤。加德纳"多元智能"理论研究的目的十分清楚，就是为了现实的需要，一是人的多种才能有待于开发，二是社会中存在的许多问题必须最大限度地运用人的智能去加以解决。他说："说不定认识人类智能的多元性和展示智能的多种方式，就是我们应该迈出的一步。"①"多元智能"理论本身就包含着主体与对象、遗传因素与环境因素、先天生理与后天文化的紧密相联和互促互动，具有强烈的社会现实性。他说："单一智能或多种智能，一直都是一定文化背景中学习机会和生理特征相互作用的产物。"②同时，加德纳又同一般的形而上哲学家不同，作为心理学家、教育家，他极为重视"多元智能"的实践成效。对此，他将自己所提出的"以个人为中心的学校教育模式"付诸实践，通过多类教育推进项目，进行了大量的实际操作，取得第一手资料和数据。他的"情景化的评估方法"，从学习者个人的特点出发，通过在具体而生动的环境中的实践活动发掘其智能。他说："虽然学校学到的知识与真实世界常常是脱离的，但智能的有效运用，却需要在丰富的、具体的环境里实现。工作中和个人生活中所必须的知识，往往需要通过一定的场景及与人合作或思考来获得。"③这种极强的现实性说明，"多元智能"理论具有很强的生命力、浓烈的时代性。同时也告诉我们，美育的发展必须同时代紧密结合，努力地适应时代的要求，回答时代的问题，才能获得更加广阔的空间。

"多元智能"理论还具有多学科的综合性。它介于教育学、心理学、认知科学、生物遗传科学、比较文化学等多种学科之间，是吸收了多种学科的新鲜营养发展起来的。加德纳指出，这一理论"调查参考了不同研究领域，如神经学、特殊群体、发展学、心理计量

---

① ［美］霍华德·加德纳：《多元智能》，沈致隆译，新华出版社2004年版，第34页。
② 同上书，第236页。
③ 同上书，第129页。

学、人类学、进化论，等等。多元智能理论就是调查以上研究的综合成果"①。从神经生物学的角度看，当代的进展表明人类的神经系统高度分化，有较大差异。从心理学的角度看，该理论已经推翻了过去关于学习、知觉、记忆和注意力的通用法则可适用于各个学科和领域的观点，认为不同领域的认知过程有异，大脑在这方面有很大限制。这一理论还借助了当代符号学、文化学的研究成果，具有极其丰富的内涵。这也给我们当代的美育研究以极大启示，美育学科应同样具有交叉学科性质，它的发展有赖于多学科的共同攻关突破。当然，也要求美育工作者像加德纳那样不断拓宽自己的知识领域，从多学科综合的角度对美育进行整体的把握与研究。

在该书的最后一部分，加德纳对"多元智能"理论在未来 20 年的发展进行了展望。他说："我希望在 2013 年时的多元智能的思想将比 1993 年时的更加合理。"② 他的这种期望是在对美国当代教育领域两种观念尖锐对立的形势做了充分的估量后提出的。他指出："目前在这场争论中占优势的一方是主张'统一'学校教育的人。"③ 这种"统一学校教育"的"新保守主义""智商式思维"，或者用我们通用的话来说，就是一种"应试教育"的观念，在美国仍然占据统治地位。就是在这样的形势下，加德纳及其"零点项目"研究所仍然坚持与之对立的"多元智能"理论，在实践中不断证明它。他希望能够开发出对于不同智能组合的个体都有效的课程方案，并使这一理论成为师资培训的一部分，运用于跨越国家和文化的宏观世界以及班级的微观单位。同时，他也对"多元智能"在消费心理、大众媒介、大众文化中的渗透加此研究。

他说："现在学校参与多元智能理论的实践才刚刚起步，教育'菜谱'和教育'厨师'都不足。我希望在今后的 20 年里，大量的努力用在创办严肃认真地对待多元智能理论的教育。"④ 这样的估计与

① ［美］霍华德·加德纳：《多元智能》，沈致隆译，新华出版社 2004 年版，第 38 页。
② 同上书，第 265 页。
③ 同上书，第 71 页。
④ 同上书，第 265 页。

看法也十分符合我国素质教育，特别是美育的实际情况。

"多元智能"理论作为一种崭新而系统的教育理论与实践，以其独到而科学的体系，给予传统的"智商式思维"和"统一的学校教育"模式以有力的批判，并以其强烈的实践性提出并探索了"以个人为中心的学校教育"模式，尽管这一理论没有承认审美力与艺术教育的独立地位，但在实际上却将艺术教育提到十分突出的位置。当然，正如加德纳自己所承认的，这个理论还处于研究探索的初期，本身尚有诸多不够完备成熟之处，实践中积累的材料也很有限，还有待于进一步的发展完善。但因其具有强烈的时代性、现实性和科学性，因而具有很强的生命力。同时，这种"多元智能"理论以"多元"代替"一元"的开放式理论框架本身及其对人的真正素质的重视，同美育具有极大的相通性。美育不仅可以从中吸取丰富的理论营养，在方法上也可以有更多借鉴，两者的发展必然会产生一种互相促进的作用。

第五节　戈尔曼"情商"理论中的美育思想

一　"情商"理论的提出

丹尼尔·戈尔曼（Daniel Goleman），美国行为与脑科学专家，毕业于哈佛大学，曾任该校教授、《当代心理学》杂志高级编辑，后为《纽约时报》专栏作家。他于 1995 年出版专著《情感智商》，提出"情商"（EQ）与艺术教育理论，这对传统的以智商（IQ）作为评价手段的教育理论与模式有重要的突破，同时在突出情感教育方面又具有开创意义。

戈尔曼是在 20—21 世纪之交，面对美国社会的众多精神危机等问题，基于一种对人类命运特别是青年一代的深切关怀而写作《情感智商》一书的。1997 年 7 月，他在《致简体中文版读者》中开宗明义地写道："我写此书时深感美国社会危机四伏，暴力犯罪、自杀、抑郁以及其他情感问题急剧增多，尤以青少年为甚。依我看来，我们只有积极致力于培养和提高自身及下一代的情感智商与社会能力，才能措置这一严峻的局面。"① 戈尔曼有针对性地调查了美国近年来青少年暴力犯罪的情况，并在书中加以列举。他指出：就 1990 年与之前的 20 年相比，美国的少年犯罪率达到最高峰，少年强奸案翻了一番，少年谋杀案增长了 3 倍（主要是枪杀案），少年自杀率与 14 岁以内儿童被害者增长了 2 倍。怀孕少女不但人数增长，而且年龄下降。至 1993 年，10—14 岁少女怀孕率连续上升，人称"娃娃生娃娃"。少女非自愿妊娠，以及迫于同龄群体压力而发生性行为的比率同样也在稳步上升。少年性传染病感染率比前 30 年增长了 2 倍。截至 1990 年，美国的白人青年吸食海洛因及可卡因的比例 20 年来增长了 2 倍，而非洲裔青少年则增长了 12 倍之多。程度或轻或重的抑郁综合症影响了美国 2/3 的青少年。进入 20 世纪 90 年代，新婚夫妇预计将有 2/3 以离婚告终。面对如此触目惊心的事实，戈尔曼发出了"人类将何以生存"的警告。他十分沉重地写道："总而言之，如果不作根本改变，以长远的眼光看，照此下去，我们今天的儿童将来极少有人能拥有美满的婚姻、稳定而富于成果的生活，而且将一代不如一代。"② 正是基于以上情况，戈尔曼怀着对人类未来的关切之情和对青少年的满腔热爱致力于"情商"与情感教育的研究。他坚信"国家的希望系于年青一代的教育"，并认为只要坚持情感教育，就有可能培养健康健全的下一代。而这，正是希望所在。

他还针对已到来的知识经济时代的劳动特点，认为情商与情感教育显得愈加重要。他指出，到 20 世纪末，美国的劳动者中将有 1/3 是"知识人"，其生产力通过增强信息传递交流得以体现，而凭借现代通信手段的群体式工作方式更要求他们具有很高的融洽协调的"情商"。他说："电脑网络、电子邮件、电信会议、工作群体，非正式的网络工作及其他的形式则是新的群体工作方式。如果说明晰的上下级关系是企业组织的骨架，那么，这种人与人的接触就构成了企业组织

① ［美］丹尼尔·戈尔曼：《情感智商》，耿文秀、查波译，上海科学出版社 1997 年版，"致简体中文版读者"第 1 页。

② 同上书，第 252 页。

的中枢神经系统。"① 戈尔曼还进一步针对新时期人才在企业发展中举足轻重的作用，指出："情商"，特别是"集体的情感智商"的提高会进一步发挥"智力资本"的重大作用。他说："由于知识性的服务和智力资本对企业来讲更加重要了，改进人们在一起工作的方式将对企业的智力资本产生重要的影响，对生死攸关的企业竞争力来讲也是极为重要的。"②

由此可知，戈尔曼的"情商"与情感教育理论的提出，一方面是从消极的方面干预和防范精神危机的蔓延发展，同时也是从积极的方面适应以信息技术为特点的知识经济的要求，试图借此进一步发挥智力资本的作用，提高生产力。

戈尔曼的情商与情感教育理论是适应经济社会的需要产生的，有其必然性，而且具有很强的生命力。

二 "情商"的内涵与作用

"情商"的内涵是什么呢？戈尔曼告诉我们："情感智商包涵了自制、热忱、坚持，以及自我驱动、自我鞭策的能力。"③ 显然，在戈尔曼看来，"情商"首先是人的一种情感力量，但又不是通常无控制的情感，而是一种受到理性制约的情感，是理性与感性的一种平衡器。为此，他引证了耶鲁大学心理学家彼德·萨洛维的理论，将"情商"概括为五个方面。（1）了解自我——当某种情绪刚一出现时便能察觉，这是"情商"的核心。因为，没有能力认识自身的真实情绪就只好听凭这些情绪的摆布；对自我的情绪有更大的把握就能更好地指导自己的人生，更准确地决策婚姻和事业。（2）管理自我——调控自我的情绪，使之适时适地改变。这种能力建立在自我觉知的基础上。它通过自我安慰有效地摆脱焦虑、沮丧、激怒、烦恼等因失败而产生的消极情绪。这一能力的低下将使人总是陷于痛苦情绪的漩涡中。反

---

① ［美］丹尼尔·戈尔曼：《情感智商》，耿文秀、查波译，上海科学出版社1997年版，第175—176页。

② 同上书，第179页。

③ 同上书，"前言"第4页。

之，这一能力的高超可使人从人生的挫折和失败中迅速跳出，重整旗鼓，迎头赶上。（3）自我激励——服从于某种目标而调动、指挥情绪的能力。要想集中注意力、自我激励、自我把握、发挥创造性，这一能力必不可少。任何方面的成功都必须有情绪的自我控制，即延迟满足，压制冲动。只有做到自我激励，积极热情地投入，才能保证取得杰出的成就。具备这种能力的人，无论从事什么行业都会更有效率。（4）识别他人情绪——也就是移情，是在情感自我觉知的基础上发展起来的又一种能力，是基本的人际关系能力。具有这种移情能力的人能通过细微的社会信号，敏锐地感受到他人的需求与欲望。这一能力更能满足如照料、教育、销售或管理类职业的要求。（5）处理人际关系——就是调控与他人的情绪反应的技巧。它可深化一个人受社会欢迎程度、领导权威、人际互动的效能等。擅长处理人际关系者，凭借与他人的和谐关系即可事事顺利，他们就是所谓的社会明星。[①] 那么"情商（EQ）"与"智商（IQ）"之间是什么关系呢？戈尔曼认为，它们"各自独立，而非对立矛盾"[②]。也就是说，两者之间相对独立，不能互相取代，但又并不矛盾对立。许多人可以做到两者的融合，而这恰恰是我们教育的目标。

　　"情商"在人的一生中具有十分重要的作用，甚至可以说是最重要的作用，这是戈尔曼最重要的发现之一。戈尔曼认为："IQ 至多只能解释成功因素的20%，其余80%则归于其他因素。"[③] 这些"其他因素"中的关键因素就是"情感智商"。为此，戈尔曼列举了一个十分著名的"糖果试验"的例子。心理学家沃尔特·米切尔（Walter Mischel）从20世纪60年代开始在斯坦福大学幼儿园进行了此项实验。他面对一组4岁的孩子，告诉他们，现在有一些果汁软糖可以分给他们吃，但实验员要出去办事，20分钟后才能回来，如果能坚持到实验员办完事回来就可以得到两块果汁软糖吃，如果等不到那么就只

---

　　① ［美］丹尼尔·戈尔曼：《情感智商》，耿文秀、查波译，上海科学出版社1997年版，第47—48页。

　　② 同上书，第49页。

　　③ 同上书，第38页。

能吃一块，而且马上就可以得到。这对一个 4 岁的小孩来说的确是一种考验，是一种冲动与克制、自我与本我、欲望与自我控制、即刻满足与延迟满足之间的斗争。一个孩子就此做出怎样的选择非常能说明问题，这不仅清楚地表明他的性格特征，而且还预示了他未来所走的人生道路。在实验中，有一部分孩子能够熬过那似乎没完没了的 20 分钟，一直等到实验员回来。为了抵制诱惑，他们或者闭上双眼，或是把头埋在胳膊里休息或是喃喃自语，或是哼哼唧唧地唱歌，或是动手做游戏，有的则干脆睡觉。最后，这些有勇气的孩子得到了两块果汁软糖的回报。但那些抵制不了诱惑的孩子几乎在实验员走出去的一瞬间就立刻去抓取并享用那一块糖了。通过跟踪研究，大约在 12 至 14 年以后，也就是这些孩子进入青春期时，他们在情感和社交方面的差异便显露出来，那些在 4 岁即能抵制糖果诱惑的孩子长大后有较强的社会竞争性、较高的效率、较强的自信心，能更好地应对生活中的挫折，在压力下不轻易崩溃，没有手足无措和退缩，也没有惶恐不安，面对困难，能勇敢地迎接挑战。他们独立自主，充满自信，办事可靠，做事主动，积极参加各种活动，追求目标时能抵制住诱惑。而那些经不住诱惑的孩子中有 1/3 左右的人出现相对较多的心理问题，在社会中羞怯退缩，固执且优柔寡断，一遇挫折就心烦意乱，缺乏自信，疑心重而不知足，而且好妒忌，爱猜忌，脾气易烦，动辄与人争吵、斗殴，仍像过去一样，经不起诱惑，不愿推迟眼前的满足。戈尔曼指出："人们取得的种种成就都扎根于抑制冲动的能力，无论是减肥，还是获取学位，莫不如此。"[①] 可见，情商在很大程度上是一种决定人生是否成功的能力。正如戈尔曼在《致简体中文版读者》中所说，"通向幸福与成功的捷径在哪里？我们如何才能帮助下一代过上幸福安定的生活？决定一个人成为社会栋梁或庸碌之辈的关键因素是什么？……显然，单靠学校那些'标准'是无法回答这些问题的。其实，所有这些问题的答案都与一个至关重要的因素有关，那就是人们

---

① ［美］丹尼尔·戈尔曼：《情感智商》，耿文秀、查波译，上海科学出版社 1997 年版，第 90 页。

自我管理和调节人际关系能力的大小，亦即情感智商的高低。"① 而且，在人的各项能力中，"情商"处于特定的"中介"地位，它决定了一个人能否圆满地发挥包括智商在内的其他能力。一个"情商"较高的人能更好地运用自己的智能取得丰硕成果，相反，一个"情商"较低的人由于不能驾驭自己的情感从而削弱了他的理论思考能力，束缚了智能作用的充分发挥。因此，戈尔曼认为："情感潜能可说是一种'中介能力'，决定了我们怎样才能充分而又完美地发挥我们所拥有的各种能力，包括个人的天赋智力。"② 而且，面对现实社会中大量的迫切需要解决的伦理道德问题，戈尔曼认为"情商"也具有其特殊的作用。他指出："越来越多的证据显示，人生的基本伦理观根植于潜藏的情感能力。"③ 他认为，伦理道德中两个最基本的能力——自制与同情都根植于"情商"。所谓"自制"就是控制冲动的能力，而所谓"同情"则是一种基于利他主义的觉察、辨认、理解和关怀他人情感的能力。正是从这个意义上讲，"情商"也就是人格，情感教育也就是一种人格教育。戈尔曼认为："人们常用一个过时的词来表示情感智商的内涵，即'人格'。"④

戈尔曼还将"情商"与人的健康紧密相连。他说，通过大量实验，"结果表明中枢神经系统与免疫系统之间有着千丝万缕的联系。这些联系证明，精神、情感与肉体之间有着密切的联系，是不能截然分开的"⑤。他在书中介绍了1974年美国心理学家罗伯特·阿德（Robert Ader）在罗彻斯特大学医学院实验室所进行的一次实验。在实验中，阿德给小白鼠吃一种药，为抑制它们血液里抵抗疾病的T细胞。每次给它们吃药时，也给它们喝些糖水。然而，阿德发现，后来即使只给小白鼠喝糖水，不给它们吃药，其T细胞数量仍在下降，直

① ［美］丹尼尔·戈尔曼：《情感智商》，耿文秀、查波译，上海科学出版社1997年版，"致简体中文版读者"第1页。
② 同上书，第40页。
③ 同上书，"前言"第4页。
④ 同上书，第310页。
⑤ 同上书，第182页。

到后来部分小白鼠病得奄奄一息。这表明小白鼠在喝糖水时，也抑制了 T 细胞。在阿德的上述发现之前，科学家们都认为大脑与免疫系统是完全分开的两大系统，独立运作，不受影响。自阿德的发现开始，医学界不得不重新认识免疫系统与中枢神经之间的联系，并由此产生了精神神经免疫系（PNI），该学科成为医学界的热门学科。"精神神经免疫"这个词本身就表明了精神、神经、免疫系统之间存在着联系。阿德的搭档戴维·费尔顿（David Felten）首先发现情绪直接影响到免疫系统的证据。费尔顿最初注意到情绪对自主神经系统有很大影响。随后，费尔顿与其妻子苏珊娜（Suzanne）及同事一道又发现自主神经系统直接与免疫系统的淋巴细胞和巨噬细胞发生联系的交会点。在电子显微镜下，他们发现自主神经系统的神经末梢直接连接到淋巴细胞免疫细胞上，二者之间有着类似神经感触的接触。这种接触使神经细胞释放出的神经传导特质对免疫细胞进行调节，甚至使神经细胞和免疫细胞相互发出调节信号。这个发现使这一研究取得突破性进展。此后，不再有人对免疫细胞接受神经细胞的信息调节这一事实表示怀疑。为测验这些神经末梢调节免疫功能的作用大小，费尔顿做了进一步实验。他去掉动物淋巴结和贮藏制造免疫细胞的重要器官脾脏的部分神经，然后注入病毒，以检测免疫系统的反应，结果免疫系统对病毒的反应大为降低。由此，费尔顿认为，没有那些神经末梢，免疫系统简直无法对入侵的病毒或细菌做出正常反应。情绪与免疫系统之间还有一个非常重要的联系渠道，即紧张时激素分泌的变化影响免疫系统的功能。人在情绪紧张时，体内分泌儿茶酚胺（肾上腺素和去甲肾上腺素）、皮质醇、泌乳素以及天然镇静剂 P－内啡肽、脑啡肽等激素。这些激素都对免疫力有很大影响，一旦体内的这些激素急剧上升，免疫细胞的功能就受到妨碍。紧张抑制了免疫力，至少使免疫力暂时下降，这可能是为了积蓄能量，以应付眼前的危机。如果持续地高度紧张，免疫系统的抵抗力就有可能长期受损。另外，人们还对情绪同心脏病、癌症、病毒感冒、疱疹等疾病之间的关系进行了调查研究。这些研究都证明了"情绪与健康之间的互动关系"①。这就说明，"情商"同人的健康紧密相关，健康的情绪、健康的心理直接决定了健康的身体。戈尔曼上述有关"情商"在人取得事业成功、人格的完善、智能的发挥及人的健康中的重要功能的论述，十分突出地阐明了"情商"的重要作用。这就将一个长期为人类忽视，同时又极其重要的问题尖锐地摆到人们面前，使得任何有科学头脑与社会良知的人们都无法回避。

三　当代脑科学发展与"情商"理论

戈尔曼的另一个重要贡献是从脑科学的角度对控制人的情绪产生的大脑生理机制进行了充分的论证。这就从脑的生理机制论证了"情商"的科学性。我们认为，这应该是戈尔曼"情商"理论的最重要的贡献。他自己也一再声称，从脑科学的角度对"情商"进行论证，是他探讨的"主题"、理论的"核心"。他说："杏仁核的功能及其与新皮质的相互作用乃情感智商的核心。"②戈尔曼认为，每个人不仅有一个情感的大脑，还有一个理智的大脑。所谓情感的大脑，主要指杏仁核所发挥的应激反应作用。杏仁核是专司情绪事务的，所有的激情、狂怒等情感爆发都依赖于它。动物被切除或割裂了杏仁核就不会恐惧、发怒，没有了竞争或合作的驱动力，对在同类群体中的地位毫无感受，陷于情绪消失或迟钝。对于人来说，若将杏仁核与脑的联系割裂，其后果是完全不能评估事物的情感意义，这种情形被称为"情感盲"（affective blindness）。纽约大学神经科中心神经学专家约瑟夫·勒杜（Joseph LeDou）第一个发现了杏仁核在情绪中枢的关键作用。他发现的情绪中枢联结网络推翻了有关边缘系统的传统观念，突出了杏仁核在情绪反应中的关键作用，同时也对边缘系统其他部位的功能进行了重新定位。勒杜的研究揭示了，当我们的新皮质思维中枢还没来得及对外界做出反应，进行利弊权衡时，作为边缘系统的杏仁

① ［美］丹尼尔·戈尔曼：《情感智商》，耿文秀、查波译，上海科学出版社1997年版，第202页。

② 同上书，第21页。

核却以更快的速度做出反应，控制了神经系统。这一研究也证实，眼、耳等感觉通过传递的信息首先进入丘脑，经突触到达杏仁核，另一条通道是经丘脑，信息沿主干道进入新皮质，新皮质经若干不同水平的通路聚合信息，充分领悟以后发出精致的特定反应；杏仁核借信息通过分支就能够在新皮质之前做出反应，这就是所谓的"短路"。勒杜研究的革命意义在于首先发现了情绪的通路在新皮质之外。人类最原始最强烈的情绪取捷径直达杏仁核，这条路径足以解释为什么情绪会战胜理智。这一发现彻底推翻了认为杏仁核必须依赖新皮质的信息以形成情绪反应的传统观念。即使在杏仁核和新皮质之间开通一个平行的反射回路，杏仁核也能通过紧急通道激发情绪反应。为了说明杏仁核越过大脑皮质做出应激反应的神经系统"短路"的情况，戈尔曼举了一个例子：某日凌晨 1 点钟，14 岁的马蒂尔德想跟爸爸开一个玩笑，于是躲进壁橱里。她想在爸妈访友归来刚进家门时，突然跳出，大叫一声，吓他们一大跳。但她的父母以为她当晚住在同学家。回家时听到房里有响声，父亲马上摸出一支手枪，先查看女儿的房间，一见有人从壁橱跳出，立刻开枪。马蒂尔德腹部中弹，应声倒下，12 小时后不治身亡。这就说明，马蒂尔德的父亲深夜归家听见响声并见有人从壁橱跳出，这突然的惊吓传入丘脑后没有来得及进入大脑皮质做出准确的反应，而是通过另一条捷径，由神经突触到达杏仁核而做出更为迅速的应激反应，从而开枪打死了自己的女儿。马蒂尔德的父亲基于恐惧本能所做的自主性反应，恰恰是漫长而又危险的史前期人类进化过程中遗留下来的原始情绪，因为只有通过这样的反应和情绪人类才能躲避灾难，保存自己，绵延种族。通过漫长的历史演变，这一反应已烙刻在神经系统上并融入人的基因，一代代地传递下来。这种未经思维的本能性的应激反应和情绪正是当代出现大量社会悲剧的根源之一。戈尔曼所关注的原始本能即弗氏基于力必多的本能、本我、潜意识。但戈尔曼从神经科学的角度，从神经"短路"的崭新视角对这种潜意识的本我进行了更为科学的解释。

但是，对于这种未经意识的从大脑杏仁核发出的应激反应或原始情绪冲动，不能任其发展，而应置于理性与思维的控制之下。这种调节杏仁核直接作用和控制原始情绪冲动的缓冲装置位于大脑新皮质主干道的另一端，即前额后面的前额叶。当人发怒和恐慌时，前额叶开始工作，主要是镇压或控制这些感受，为的是有效地对付眼前形势，或者是通过重新评估而做出与先前完全不同的反应。因为包括了许多通路，这种反应慢于短路，但更审慎周全。戈尔曼指出："因此，还必须依靠前额叶皮质大力压制杏仁核命令，不使大脑其他部分对恐惧作出过分反应。"①

由上述可知，所谓"情商"就是通过大脑皮质中的前额叶这一缓冲装置镇压、控制、规范由杏仁核发出的原始情绪冲动的能力。这是从脑科学的角度对"情商"与"情感"教育的深刻阐述，是具有崭新时代特色的内容，是戈尔曼"情商"理论的特点所在。正如他在《致简体中文版读者》中所说，"今天，情感智商之所以受到如此重视，全靠神经科学的发展"②。

四　"情商"与情感教育

戈尔曼还把情感教育看作是学校教育的主题之一。他说："这一新的出发点把情感教育带入了学校，使情感与社会生活本身成为学校正规教育的主题之一。"③ 这就同只重智商的传统教育有了明显区别。他所说的情感教育，不同于我们通常所说的作为审美教育的情感教育，而是一种旨在培养和提高情感智商的训练方法与技能。这种情感教育主要由美国的心理学家和教育家制订方案，加以实验研究。它可追溯到20世纪60年代的感情促进教育运动，是一种以感情辅助智育的方法，主要认为须动之以情才能晓之以理，概念性的理论如果从心理和动机激发的角度让儿童即刻亲身体验，就能更深刻地被掌握。到了90年代，情感教育运动对原有的感情教育从内部进行了彻底的改造，不仅是以情感促教育，而且更加强调教育要培养情感，并由此设计出一

---

① ［美］丹尼尔·戈尔曼：《情感智商》，耿文秀、查波译，上海科学出版社1997年版，第226页。
② 同上书，"致简体中文版读者"第3页。
③ 同上书，第285页。

系列课程，"包括了核心的情感和社会技能，诸如冲动控制、愤怒调控、身处社会困境之时找出建设性的解决办法之类"①。情感教育所要解决的问题，就是当代青年所存在的主要问题：抑郁和冲动。抑郁可以说是一种时代病。戈尔曼指出："20 世纪是一个'焦虑'的世纪，就要进入的下一世纪则可能是'忧郁'的时代。各国的研究资料显示，抑郁似乎已成了现代流行病，随着现代生活方式的传播而扩散到世界各地。"② 有资料显示，抑郁症的发病率越来越高，1955 年以后出生的一代人，一生中罹患抑郁症的几率是其祖父辈的 3 倍或更多。抑郁症实际上是一种无法正确辨识和处理自我内在情绪的能力。对病人的有效治疗首先是进行基本的情感技能训练，教会他们辨认和区分自己的情绪感受，学会自我疏解和更好地处理人际关系。而易于冲动的重要原因之一就是无法正确识别别人的情绪，常常误将善意当恶意，以致诉诸拳脚。这也是情感智商的缺陷之一。情感教育的重要内容就是教育孩子识别情绪。戈尔曼认为，"这是一项关键的情绪技能"③。情感教育的方式是让孩子们从杂志上找人物头像，说出其面部表情是喜是悲，并解释为什么这样认为，然后在黑板上写出各种情绪的名称，让孩子们回答自己感受这种情绪的情况。再让孩子们模仿讲义上列举的每种情绪的肌肉动作。从更高层次解决的途径，就是移情。戈尔曼认为："社会技能的核心是移情，理解他人的感受，设身处地为他人着想，尊重他人的不同观点。"④ 在戈尔曼看来，这实际上是一种人际关系处理的技能和技巧。比如，善于倾听，巧于提问，学会就事论事的处理原则，敢于坚持自己的要求，对他人既不怒形于色，也不苟且屈从，学会合作的艺术，学会巧妙调停冲突，诚恳谈判及必要时妥协等。

戈尔曼认为，情感教育有其不同于智商的特点。首先，情感教育具有渐进性与隐蔽性。表面上看，情感教育平平淡淡，远不能解决意

① ［美］丹尼尔·戈尔曼：《情感智商》，耿文秀、查波译，上海科学出版社 1997 年版，第 284 页。
② 同上书，第 261 页。
③ 同上书，第 293 页。
④ 同上书，第 291 页。

欲解决的难题，但却润物细无声，无声无息，循序渐进，日积月累。他说："情感的学习也就是这样经反复体验，耳濡目染，渐渐渗透，习以成性的。"[①] 情感教育的另一个特点是具有相当的难度。也就是说，它面对的是情感缺陷，甚至是比较严重的缺陷，所以就出现一种需要与可能的尖锐矛盾。这就是戈尔曼所说的情感教育所面对的"悖论"。他说："把握情感智商有一个特别困难之处，即总是隐于悖论之中：最需要应用情感智商之时却又是人们最闭目塞听、最无法吸收新信息、学习新反应模式之时——即人们烦恼痛苦之时。在这样的时刻给予指导将使人受惠无穷。"[②] 至于情感教育的方式，戈尔曼列举了多种。其中之一是旧金山努埃瓦学习中心的自我科学法。所谓自我科学，其主题就是情感——自己的以及在人际关系中涌现出来的情绪。这一主题，就其实质而言，就是要求教师和学生都关注生活中的情绪变化，而这正是美国其他学校不曾充分重视的问题。教学方法是以儿童生活中的创伤和紧张作为学习和探讨的中心。老师讲的是孩子们自己感兴趣的问题，以及各个学校针对种种问题所制定的干预计划，如，抑制儿童吸烟、滥用毒品、少女怀孕、辍学，乃至近年日益加剧的暴力的蔓延。目的在于培养儿童具有面对上述问题的处置能力，从而做到面对任何人生困惑都能无往而不胜。当然，戈尔曼认为："最好的办法是将情感教育融入现有的课程中，而用不着单独新开一门课。"[③] 情感教育可自然地融入阅读写作、健康教育、自然科学、社会科学等规范课程之中，甚至彻底渗透到整个学校生活之中。戈尔曼还认为，情感教育的另一个方法是进行"艺术活动"[④]。其原因是，第一，艺术具有其他形式不可代替的潜移默化的作用；第二，艺术具有特殊的象征意义，原始神话思维的形式极易使情感为大脑所接受；第三，艺术教育可用来治疗儿童的精神创伤，通过艺术活动可使儿童敞

① ［美］丹尼尔·戈尔曼：《情感智商》，耿文秀、查波译，上海科学出版社1997年版，第285页。
② 同上书，第289页。
③ 同上书，第295页。
④ 同上书，第228页。

开心扉，将憋在心里的可怕想法痛快地表达出来。这里，戈尔曼已真正涉及与审美教育有关的艺术教育问题了，但他只是将艺术教育作为情感技能培训的一种特殊的方法。以上教育方式最后都归结到教师的素质与培训，因此，戈尔曼主张学校的情感教育项目要为有关教师提供几周的专门训练，以使其掌握情感教育的基本观点和方法。

情感教育还必须接受情感技能的训练，戈尔曼提供了一个 6 步"红绿灯"训练步骤和四步骤解决问题法。所谓 6 步"红绿灯"训练步骤即指：

红灯：1. 停下，镇定，心平气和，想好再行动。

黄灯：2. 说出问题所在，并表达你对此的感受。

3. 确定一个建设性的目标。

4. 想出多种处理方案。

5. 考虑上述方案可能产生的后果。

绿灯：6. 选择最佳方案，付诸行动。①

他认为，这个方案给儿童提供了一套可具体操作，又有分寸的处理方式，不但控制了情绪，而且指出了有效行动的途径。所谓四步骤解决问题法，实际上是"红绿灯"训练步骤的翻版，具体为：首先认清形势；其次考虑可供选择的解决问题的种种方案；第三考虑方案可能产生的后果；第四决定方案并付诸实施。戈尔曼还遵循皮亚杰发生心理学的方法，认为情感教育应与儿童成长的步调一致，在不同的年龄采取不同的方式。他说："情感教育只有与儿童成长发展的步调一致，不同年龄阶段以不同的方式反复灌输，使之既符合儿童的理解力又具有挑战性，才能保证产生最大的成效。"② 他把孩子的成长分为三个大的阶段。第一个阶段，学前期。这一阶段至关重要，奠定情绪技

---

① ［美］丹尼尔·戈尔曼：《情感智商》，耿文秀、查波译，上海科学出版社 1997 年版，第 299—300 页。

② 同上书，第 296—297 页。

能的基础。如果教育得当，成年后更少吸毒、犯罪，婚姻幸福，经济收入丰厚。第二阶段，从 6 岁至 11 岁。这一阶段学校经验至关重要，而且是决定性的，将深刻地影响到青春期乃至以后。儿童的自我价值根本取决于儿童在校能否取得成功。第三阶段，青春期。升入中学标志着童年期的终结，进入青春发育的关键期，此时接受情感教育与否与他们的表现直接相关。借助于情感教育，少年具有更强大的力量，能更有效地抵抗同龄群体的压力，更从容地面对学业上陡然增高的要求，更坚决地抵制抽烟或吸毒的诱惑。提高了情感智商的少年好像打了预防针，可成功抵御青春期面临的种种压力和骚乱。

关于情感教育课程的测试，戈尔曼在理论与实践上都认为不应像其他智育课那样运用纸笔考试，在生活实践及人生道路上能真正解决诸多情感危机与挑战才是真正的考试。他说："自我科学课程不会给学生打分，今后的人生就是大考。但在八年级末，学生们将要离校时，有一次苏格拉底式的口试。最近一次口试的试题有：设想你的一个朋友因迫于压力吸毒，或有个朋友爱捉弄人，你将如何对他们提供帮助？有哪些处理应激、愤怒或害怕的健康方式？"[1] 这的确是一种符合情感教育的评价方式。因为，情感教育本身就有很强的实践性，如果按照戈尔曼的理论，实际上就是一门情感技能课。所以，如果采取传统的纸笔测验方式，即使得了满分，实践中仍不能有效解决各种情感危机与挑战，那也是没有意义的。但笔者认为，情感教育即使作为一门技能课，其目的仍是"情商"的培养，因此效果应通过"情商"的测试来予以评价。但"情商"的测试也正在探讨当中，作为一种成熟的教育则相应地要求有比较完备的评价体系。这正是"情商"理论所要继续解决的课题之一。

五　"情商"理论的美育意义

"情商"理论的提出及情感教育的实践，对于整个教育领域具有

---

① ［美］丹尼尔·戈尔曼：《情感智商》，耿文秀、查波译，上海科学出版社 1997 年版，第 291—292 页。

革命性的意义。它正在改变教育和学校的功能与内涵，使之适应时代并发挥愈来愈大的作用。众所周知，在传统的意义上，教育和学校的主要功能就是传授知识。不管在理论上有多少提法，从实际上看传统教育的"智育第一"理念及其"应试教育"模式就决定了这一点。但"情商"与情感教育理论却明确地把情感教育作为学校的主题之一，将其正式列为课程并入整个教育体系。这就在智育之外，明确赋予了学校新的使命与任务——"让孩子学习做人的基本道理"①。从表面上看，这是教育目的的一种古典回归。因为人类的早期教育，无论在东方还是西方，都是一种人生教育，但在这里却有崭新的时代意义。教育的漫长历史发展，已从"学习做人"异化为"学习知识"。当代社会要求青少年首先要"学习做人"，这已经成为十分紧迫的必须解决的问题。20 世纪 90 年代，联合国教科文组织召开的世界教育大会，口号已由 60 年代的"学会生存"变成了"学会关心"。当然，生存与关心都是当代的重要课题，也都在"做人"的范围之内，但"关心"比"生存"具有更积极的意义。学校一旦具有了"让孩子学会做人的基本道理"的任务之后，其地位与作用也就有了新的拓展。

首先，在当前家庭与社会对青少年情感缺陷的矫治已相当困难的情况下，学校成了矫治孩子情感与社会技能缺陷的重要场所。戈尔曼将学校说成是"唯一地方"，这种看法未免过于悲观与偏颇，也许符合美国的情况，却未必符合中国的实际。从中国的情况看，全社会对孩子的情感缺陷问题还是重视的，也采取了一些相应的措施与对策。戈尔曼的另一个重要提法也是值得重视与借鉴的，那就是，他认为，情感教育的实施还要求一种"校园文化"，使学校成为"关心人的社区"。他说："在这个'社区'里，学生觉得他们受到了尊重，有人关心，与其他同学、老师及整个学校都融为一体。"② 这种将学校作为一个"社区"的设想，无疑具有强烈的当代性。建立关心人、尊重人

---

① ［美］丹尼尔·戈尔曼：《情感智商》，耿文秀、查波译，上海科学出版社 1997 年版，第 304 页。

② 同上书，第 305 页。

的"校园文化"的观点，更具有强烈的针对性与现实意义。特别是戈尔曼主张邀请社区的热心人士参加对情感有缺陷的学生的辅导，让某些成人志愿者担任学校辅导员，等等，都是值得倡导的。这样就把学校、家庭与社会紧密结合，形成有效的教育网络。在《情感智商》一书的最后，戈尔曼对美国当前情感教育的现状做了实事求是的评价，认为它"还没有成为教育的主流"①，真正开设情感教育课程的学校还不多见，大多数教师、校长及家长对情感教育也一无所知。而且，他也认为，面对如此严重的精神与情感危机，教育，包括情感教育，都不可能是解决所有问题的灵丹妙药。但既然已经发现了问题，孩子们又面临着危机，情感教育课程又提供了希望，我们就应该努力地去实践。他说："时不我待，现在还不开始，又更待何时？"② 作为一个有良知的教育家，戈尔曼对人类前途与青少年命运的关切之情跃然纸上。

戈尔曼的"情商"与情感教育理论的提出具有强烈的现实针对性。这一理论涉及后工业时代一个带有普遍性的问题——情感危机及与此有关的众多社会问题。人类创造了无比美妙的物质与精神文明，但是同时也可能将自己带到了崩溃的边缘。除了环境问题之外，情感危机及由此引发的社会问题不也是一种巨大的破坏力量吗？人类必须拯救自己，而运用教育的手段包括情感教育的手段，疗治人的心理创伤，矫正精神与社会疾患，就是重要途径之一。"情商"与情感教育正是教育家、心理学家戈尔曼为疗治人类的情感疾患而开出的一剂药方，并在实践中已显示出某些效果。特别是这一理论与实践试图突破传统的"智育第一"与"应试教育"的窠臼，突出地强调了作为非智力因素的情感，这在全球性的倡导素质教育的热潮中更有其特殊的地位与作用。

从理论本身来看，有两点十分重要的突破。一是与"智商"

---

① ［美］丹尼尔·戈尔曼：《情感智商》，耿文秀、查波译，上海科学出版社1997年版，第312页。

② 同上。

（IQ）相对，提出"情商"（EQ）概念，并将其作为人获得成功的主要因素，不仅具有创新性，而且有重要指导意义。一是从脑科学的角度研究论证了"情商"的大脑皮质前额叶的思维反应控制，调节大脑杏仁核的情绪反应，克服"情绪短路"的生理机制，使"情商"理论具有了相当的科学依据。从方法上来看，戈尔曼继承了美国传统的科学新方法，使之在"情商"理论中贯串始终，从而使理论本身具有了实践的意义与事实的根据。此外，戈尔曼从发展的理论出发，对儿童特别是幼儿"情商"的高度重视，也具有重要的科学与实践的意义。

但是，戈尔曼的"情商"理论完全着眼于防范与矫治，带有消极被动的性质。同时，他将"情商"归于智能范围未免太过狭窄，对科学实验也过分迷信，将情感教育完全归为情感技巧的学习与掌握，又未免降低了情感教育的地位与作用，从而显得过于琐碎，势必会导致对艺术教育的忽视。当然，"情商"理论本身还很不成熟，国内学术界尚有异议，但我们相信，这一理论一定会在进一步的研讨和探索中得到完善。

戈尔曼的"情商"与情感教育理论同审美教育的内涵有着明显的差异，但它们都属于"素质教育"，有其共同性，更重要的是，审美教育可以从前者中吸收许多重要的理论与方法。首先，"情商"理论在脑科学的基础上对"情商"的脑活动生理机制研究的突破就对美育研究有重大启发。应该说，美育研究在这方面还存在相当差距，没有明显的进展。这也正是美育研究难以继续深入的重要原因。再就是，"情商"理论的科学的实验方法也值得美育工作者加以学习，并以更加科学的态度，踏踏实实地从事美育的研究与探讨。

第十一章

中国古代的"中和论"美育思想

第一节　中国古代的"天人合一"哲学观与"中和论"美学美育思想

我们在研究了西方的美学美育思想之后，再回过头来看中国古代的美学美育思想，就会发现一个问题，那就是长期以来我们对中国古代美学美育思想的研究采取的是"以西释中"的方法。例如，我们常常以西方"美是比例、对称与和谐""美是感性认识的完善"与"美是理念的感性显现"等概念范畴来解释中国古代的美学思想。事实证明，这种研究路径是有其片面性的。因为，按照这样的模式研究中国古代美学，就必然得出中国古代美学"还没有上升为思辨理论的地步"① 的结论。也就是说，按照西方的标准，中国古代美学与美育思想还处于"前美学"阶段，没有多少价值可言。这显然是不符合实际的，起码是一种比较严重的"误读"。其原因就在于，包括黑格尔、鲍桑葵在内的许多西方学者不了解中西不同的哲学文化背景以及由此造成的美学与美育思想上的差异。要理解这种差异，首先就要了解中西方古代哲学观点的不同。中国古代是一种"天人合一"的哲学观，无论儒道都大体如此。只是儒家更侧重于人，而道家更侧重于天。而西方则是一种"天人相分"的实体论哲学，或将世界的本质归结为"理念"，或将世界的本原归结为"物质"，但均为实体。正是这种不

---

① ［英］鲍桑葵：《美学史》，张今译，商务印书馆1985年版，"前言"第2页。

同的哲学观形成了中国古代"中和论"美学美育思想与西方"和谐论"美学美育思想的差异。

"天人合一"是贯穿中国古代文化始终的一种哲学观念。司马迁的《报任安书》在抒发自己的志向时，写道："欲以究天人之际，通古今之变，成一家之言。""究天人之际"，是中国古代文化与哲学一以贯之的重大论题。"天人合一"命题集中反映在《周易》之中。《周易·乾文言》写道："夫大人者，与天地合其德，与日月合其明，与四时合其序，与鬼神合其吉凶。"中国古代要求掌权者和文化人自觉地做到顺应天地、日月与四时的规律，做到"奉天时"，亦即"天人合一"，认为只有这样，才能吉祥安康。汉代董仲舒在《春秋繁露》中明确提出"天人之际，合而为一"。对于"天"，中国古代有多重解释，汉代董仲舒更多倾向于"神道之天"，而在先秦时期，人们更重视"自然之天"，那时的"天人合一"观念更多包含着人与自然和谐统一的古代素朴的生存观。我们在这里主要阐释先秦时期的"天人合一"思想。在西方，古希腊时期的哲学思想主要是一种"天人相对"（主客二分）的实体论"自然哲学"思想。在对世界"本原"的探索上，中西之间是有差异的。

首先，中国古代"天人合一"思想是一种古典形态的"生存论"哲学思想。"天人合一"实际上是说人的一种"在世关系"，人与包括自然在内的"世界"的关系。这种关系不是对立的，而是交融的、相关的、一体的。这就是中国古代的十分可贵的生存论智慧。孔子在《论语·学而》中讲道："礼之用，和为贵。"这里的"礼"主要不是日常生活之礼，而是祭祀之礼，是"大礼与天地同节"（《礼记·乐记》）之礼；这里的"和"可以理解为"天人之和"，是一种对"天人之和"的诉求。正如《周易·泰卦》的《象传》所言，"天地交而万物通也，上下交而其志同也"，只有遵循天地阴阳相交相合的规律，人类的生存才能走向吉祥安泰。古代希腊哲学主要是一种"求知"的哲学，亚里士多德在《形而上学》开篇的第一句话就说，"求知是人类的本性"[1]。因

---

① ［古希腊］亚里士多德：《形而上学》，吴寿彭译，商务印书馆1959年版，第1页。

此，古希腊哲学家总是将世界的本原归结为某种实体，被誉为西方第一位哲学家的泰勒斯认为"水是万物的本原"，赫拉克利特将世界的本原归结为"永恒的活火"，而柏拉图则将世界的本原归结为"理念"。① 由此可以看出西方的"求知"与中国古代"天人相和"的差异。

其次，中国古代的"天人合一"思想是一种特有的东方式的有机生命论哲学。英国科技史家李约瑟曾在《中国科学技术史》第二卷《科学思想史》中指出："中国的自然主义具有很根深蒂固的有机的和非机械的性质。"② 他将这种自然主义称为"有机主义宇宙观"，并指出："中国人的世界观依赖于另一条全然不同的思想路线。一切存在物的和谐合作，并不是出自他们自身之外的一个上级权威的命令，而是出自这样一个事实，即他们都是构成一个宇宙模式的整体阶梯中的各个部分，他们所服从的乃是自己本性的内在的诚命。"③ 这就是中国特有的"有机论自然观"。这种有机论自然观就包含在"天人合一"思想之中。《周易》不断强调"天地之大德曰生"（《系辞下》），"生生之谓易"（《系辞上》），"有天地然后万物生焉"（《序卦》），老子也指出，"道生一，一生二，二生三，三生万物。万物负阴而抱阳，冲气以为和"（《老子·四十二章》）。由此可见，中国古代以"天人合一"为标志的哲学是一种以气论为中介的有机生命论哲学，天地、阴阳相分相合，冲气以和，化生万物。而西方古希腊则是一种无机的、以抽象的"数"或"理念"的追寻为其旨归的哲学形态。古希腊的自然哲学中的"自然"，并非指"自然物"，而是指一种抽象的"本原"与"本性"，是统摄世界的最高的抽象原则。因此，古希腊自然哲学是一种相异于中国古代有机生命论的"无机"的"抽象"的哲学。

---

① 参见赵敦华《西方哲学通史》第 1 卷，北京大学出版社 1996 年版，第 9、14、119—122 页。

② ［英］李约瑟：《中国科学技术史　第 2 卷　科学思想史》，科学出版社、上海古籍出版社 1990 年版，"作者的话"。

③ 同上书，第 315、619 页。

最后，中国古代"天人合一"思想在本原论上力主一种主客混沌的"太极本原论"。《周易·系辞上》指出："是故易有太极，是生两仪。两仪生四象，四象生八卦。八卦定吉凶，吉凶生大业。"所谓"太极"是对宇宙形成之初"混沌"状态的一种描述，表现天地混沌未分之时阴阳二气环抱互动之状，一静一动，互相交感，交合施受，于是，出两仪、生天地、化万物。《周易》乾卦《象传》指出，"大哉乾元，万物资始，乃统天"，这就将"太极"之乾作为万物之"元"之"始"，也就是宇宙万物之起点。《周易·系辞下》还对这种"太极"之"混沌"和"起点"现象进行了具体描绘："天地氤氲，万物化醇；男女构精，万物化生。"这就是说，宇宙万物形成之时的情形犹如各种气体的渗透弥漫，阴阳交感受精，万物像酒一般被酿造出来，像人的十月怀胎一样被孕育出来。在这个"太极化生"命题中，《周易》提出了"元"和"始"的问题，也就是世界的"本质"问题。《周易》的回答是：世界的本质既非物质，也非精神，而是阴阳交互、混沌难分的"太极"。这是一种主客不分、人与世界互在的古典现象学思维方法。而古希腊自然哲学对世界本质的回答则是物质的实体或精神的实体，依据的是主客二分的逻各斯中心主义，这是一种与中国的"太极化生"本原论相异的主客对立的理性主义思维模式。

正是以这种"天人合一"的哲学观为基础，中国古代发展出"中和论"美学思想。早在先秦时期，古人就在艺术教育领域提出了"中和论"。《尚书·舜典》提出"律和声"的命题，"帝曰：夔！命汝典乐，教胄子。直而温，宽而栗，刚而无虐，简而无傲。诗言志，歌永言，声依永，律和声。八音克谐，无相夺伦，神人以和"。荀子也明确主张"乐之中和"，指出："夫是之谓道德之极。礼之敬文也，乐之中和也，《诗》、《书》之博也，《春秋》之微也，在天地之间毕矣"（《荀子·劝学》）。对"中和"思想做全面深入论述的，是《礼记·中庸》的"喜怒哀乐之未发，谓之中；发而皆中节，谓之和。中也者，天下之大本也；和也者，天下之达道也。致中和，天地位焉，万物育焉"。中国古代礼与乐紧密相联，强调"礼乐教化"，而道德的教化始终是"礼乐教化"的核心问题。《礼记·中庸》对"致中和"的论述以道德教化为中心，因而"致中和"的观念同样也适用于艺术和艺术教育。费孝通曾指出："中国传统文化思想的一大特征，是讲平衡和谐，讲人己关系，提倡天人合一。刻写在山东孔庙大成殿上的'中和位育'四个字，可以说代表了儒家文化的精髓，成为中国人代代相传的基本价值取向。"① 因此，将"中和论"作为中国古代占据主导地位的美学与美育思想，应该是可以成立的。它具有十分丰富的内涵，并对中国古代其他美学与美育观念具有指导与渗透的作用。

一　"保合大和"之自然生态之美

冯友兰认为，中国是一个大陆国家，一个以农业为主的社会。所以，"中国哲学家的社会、经济思想中，有他们所谓的'本'、'末'之别。'本'指农业，'末'指商业"，儒家和道家"都表达了农的渴望和灵感，在方式上各有不同而已"。② 正因为中国古代哲学与美学表达的是对"农的渴望和灵感"，因而追求天人相和，风调雨顺，五谷丰登。《周易》将之表述为"保合大和，乃利贞"（《乾·彖》）。这里所谓"大和"即"中和"，"贞"乃"事之干也"。农事之目的即为丰收，而《周易》认为，只有"保合大和"，才能"利贞"，使天人相合，风调雨顺，获得丰收。《礼记·中庸》强调"致中和，天地位焉，万物育焉"，天地各得其位，才能使万物化育生长。这是最理想的"中和"之美的境界，也就是《周易·坤·文言》所说的"正位居体，美在其中"。"易者变也"，《周易》所代表的中国哲学观是"有机论自然观"，天地之间变动不居，生机勃勃，所谓"变则通，通则久"（《周易·系辞下》）。因而，在《周易》中，象征着"万物育"的"致中和"状态的是泰卦。泰卦卦象乾下坤上，象征着天地之气的交通往来。《周易·泰》卦辞云："泰，小往大来，吉，亨。"

---

① 费孝通：《经济全球化和中国"三级两跳"中的文化思考》，《光明日报》2000年11月7日。

② 冯友兰：《中国哲学简史》，涂又光译，北京大学出版社1996年版，第15、17页。

"小往大来"即天气上升、地气下降，如此才能使天地之气交通往来，以生成化育万物，吉祥亨通。正如泰卦《象传》所说，"天地交而万物通也，上下交而志同也"。与此相反的是否卦，否卦卦象坤下乾上，意味着如果天地阴阳之气无法交通和合，则生机全无，万物无法生成发育，所谓"天地不交而万物不通也，上下不交而天下无邦也"（《周易·否·象》）。这种"保合大和""中和位育"的天人相和、风调雨顺的自然生态之美，成为"中和美"的主要内涵。正是从这个意义上，我们说，中国古代美学是一种反映了内陆国家农业社会审美要求的自然生态之美。

二　元亨利贞"四德"之吉祥安康之美

正因为中国古代主要的美的形态是"保合大和，乃利贞"的自然生态之美，所以，其具体表现形态就是"元亨利贞"之"四德"。《周易》乾卦卦辞："乾，元亨利贞。"《周易·乾·文言》加以阐释道："'元'者，善之长也；'亨'者，嘉之会也；'利'者，义之和也；'贞'者，事之干也。君子体仁足以长人，嘉会足以合礼，利物足以和义，贞固足以干事。君子体此四德者，故曰'乾，元亨利贞'。"这是具体阐释了"保合大和"自然生态之美的具体内涵，即所谓元亨利贞"四德"。这里的"体此四德"即要求君子顺应天道自然，"与天地合其德"。因此，这"四德"既是造福于人民的四种美德，也是实现吉祥安康的四种美的行为。在这个意义上，"四德"也就是"四美"。

三　"中庸之道"之适度适中之美

"中庸之道"是中国古代"中和论"的必有之义。孔子说："中庸之为德也，其至矣乎！民鲜久矣"（《论语·雍也》），又说："过犹不及"（《论语·先进》）。《礼记·中庸》指出，"君子中庸，小人反中庸"。又借子的话说："隐恶而扬善，执其两端，用其中于民。"《礼记》在论述"中和"时也包含了"中庸之道"之意，所谓"喜怒哀乐之未发，谓之中；发而皆中节，谓之和"。这种"中庸之道"与中国传统哲学思想中的"反者道之动"（《老子·四十章》）密切相关，即言一件事情做过头了就会走向自己的反面，所以要"执其两端，用其中"。这也与农业社会生产生活活动受自然气候条件的制约有关，必须极度谨慎严格地按照农时安排农事，否则将"过犹不及"。具体言之，"中庸之道"的基本内涵是：所谓"喜怒哀乐之未发"就是强调了情感的含蓄性，所谓"发而皆中节"就是强调了情感的适度性，所谓"天下之大本"、"大道"即言"中庸之道"反映了天地运行变化的根本规律。

四 "和而不同"之相反相成之美

"和而不同"是"中和论"哲学—美学的重要内涵，具有极为重要的价值。《左传·昭公二十年》记载了齐侯与晏子有关"和"与"同"之关系的一段对话，阐述了"和而不同"的内涵。《左传》记载："公曰：'和与同异乎？'对曰：'异。和如羹焉，水、火、醯、醢、盐、梅以烹鱼肉，燀之以薪，宰夫和之，齐之以味，济其不及，以泄其过。君子食之，以平其心。……声亦如味，一气，二体，三类，四物，五声，六律，七音，八风，九歌，以相成也；清浊，小大，短长，疾徐，哀乐，刚柔，迟速，高下，出入，周疏，以相济也。君子听之，以平其心，心平，德和。'"这里告诉我们，"和而不同"犹如制作美味佳肴，运用水火醋酱盐梅肉等多种材料调和，慢火烹之以成。这样的道理同样适用于音乐，美妙的音乐也是由不同的、甚至相异相反的元素相辅相济而构成。这样的音乐才能平和人心，协调社会。"和而不同"划清了"和"与"同"的界线，"同"是单一元素的组合，"和"则是多种元素、甚至是各种相反元素的组合，这样才能创作出美妙之音、悦耳之音与济世之音。这里包含着古典形态的"间性"与"对话"的内涵，十分可贵。

五 "和实相生"的生命旺盛之美

中国古代文化哲学不仅论述了"和而不同"的重要理论，而且进一步提出了"和实生物，同则不继"的重要观点，这其实是一种中国古典形态的生命论哲学与美学。《国语·郑语》记载了郑桓公向史伯请教"周其弊乎?"即周朝是否将会没落? 史伯的回答是肯定的,并指出其原因在于"去和而取同"。史伯就此阐释道:"夫和实生物,同则不继。以他平他谓之和,故能丰长,而物归之。若以同裨同,尽乃弃矣。"在这里,史伯运用日常的生物学规律来说明社会现象,指出:如果大地上多样之物(他)的相互交合,就能繁茂地生长,并获得丰收;如果只是单一之物(同)的重复累积,则只能使田园荒废。社会现象与艺术现象同样如此。史伯指出:"声一无听,物一无文,味一无果,物一不讲",因此,必须"和五味以调口,刚四支以卫体,和六律以聪耳,正七体以役心,平八索以成人,继九纪以立纯德,合十数以调百体"。这里贯穿了《周易》的阴阳相生、万物化成的观念,即所谓"生生之谓易","天地之大德曰生"。所以,"和实相生"是中国古代"生命论"美学的典型表述,也是其有机生命性特点的表征。

六　人文化成之礼乐教化之美

中国古代哲学与文化的根本宗旨是主张塑造如"君子"那样"文质彬彬"(《论语·雍也》)的理想人格。《周易》贲卦,从卦象看,离下艮上,离为火,艮为山,山被火照,光辉璀璨,无比美丽。这就是所谓"刚柔交错"的"天文"。从爻辞看,则是反映婚礼进行时热闹有序的场景。这就是"文明以止"的"人文"。贲卦的《象传》由"天文""人文"之美提出了"人文教化"观念,提倡以"人文"来"化成天下":"刚柔交错,天文也。文明以止,人文也。观乎天文以察时变,观乎人文以化天下。"《周易·说卦》对"人文化成"观念进一步加以阐发,指出:"昔者圣人之作《易》也,将以顺性命之理。是以立天之道曰阴与阳,立地之道曰柔与刚,立人之道曰仁与义。兼三才而两之,故易六爻而成卦。"圣人"作《易》"是试图以天道之阴阳、地道之柔刚教化人民,建立起人道之仁义。这种教化的实施在中国古代主要借助于礼乐,就是所谓的"礼乐教化"。《礼记·乐记》云:"是故先王之制礼乐也,非以极口腹耳目之欲也,将以教民平好恶,而反人道之正也。"这就是说,礼乐教化的目的是回归"仁义"之人道正途。

众所周知,古希腊倡导一种"和谐论"美学,毕达哥拉斯明确地指出,"什么是最美的?——和谐"①,并将"和谐美"的基本品格归为"杂多的统一"②。古希腊"和谐美"的最主要代表亚里士多德则将美归结为"整一性",认为"美要倚靠体积与安排",因为事物不论太大或太小都看不出整一性。③他还认为,这种美的"整一性"的主要形式是"秩序、匀称和明确"④。德国古典美学史家温克尔曼将希腊古典美归为"高贵的单纯,静穆的伟大"⑤;英国美学史家鲍桑葵则归结为"和谐、庄严和恬静"⑥。总之,无论如何概括,希腊古典美都是一种静态的、形式的"和谐美","静态,形式与和谐"是其三要素,而核心内容则是"和谐"。由此可见,古希腊的"和谐论"美学之"和谐"是指一个具体物体的比例、对称、整一,是一种具体的美,与中国古代在"天人合一"哲学观基础上构建的"中和"之美是有着明显差异的,不应将两者随意混同,更不应随意地以西释中。当然,两者的比较、对话与借鉴则是完全应该的。

具体言之,两者有这样几点区别。其一,不同的哲学前提。中国古代的"中和论"美学是建立在东方"天人合一"哲学观基础之上的,而西方古希腊和谐论美学则建立在物质或理念实体性的本原论哲学基础之上。其二,不同的民族情怀。中国古代的"中和论"美学反映的是一种以人文合天文的东方式古典人文主义,而西方古希腊"和谐论"美学则追求以"数"为最高统一的"和谐精神"。其三,对自然的不同态度。中国古代的"中和论"美学由于建立在"天人合一"哲学基础上,所以,追寻一种"万物并育而不相害,道并行而不相

---

① 转引自〔法〕罗斑《希腊思想和科学精神的起源》,商务印书馆1965年版,第79页。

② 北京大学哲学系美学教研室编:《西方美学家论美和美感》,商务印书馆1980年版,第14页。

③ 同上书,第39页。

④ 同上书,第41页。

⑤ 〔德〕莱辛:《拉奥孔》,朱光潜译,人民文学出版社1979年版,第5页。

⑥ 〔英〕鲍桑葵:《美学史》,张今译,商务印书馆1985年版,第21页。

悖"(《礼记·中庸》）的"万物和一"生态观，而西方古希腊"和谐论"美学观由于遵循实体论本原说和逻各斯中心主义，必然在一定程度上站在"人类中心主义"的立场之上。其四，不同的内涵。中国古代的"中和论"美学是一种立足于"天人之际"的宏观的人与自然、社会融为一体的美学理论，而西方古希腊的"和谐论"美学则是一种微观的事物自身形式的比例、对称与整一的理论。其五，不同的侧重点。中国古代的"中和论"美学侧重的是人的生存状态的吉祥安康，强调的是美与善的统一，而西方古希腊的"和谐论"美学侧重于事物自身的和谐，强调的是美与真的统一。其六，不同的艺术范本。中国古代的"中和论"美学所依据的艺术"范本"是以表意为主的诗歌与音乐；而西方古希腊"和谐论"美学所凭借的艺术范本则是雕塑。其七，不同的发展趋势。中国古代的"中和论"美学历经几千年历史，其艺术与美学精神即使在当代也仍有现实的生命力，其"究天人之际"的生态观、"和而不同"的对话精神、"生生之谓易"的生态论美学思想成为当代美学发展的源头之一。西方古希腊的"和谐论"美学精神已融入当代美学之中，但它古典形态的美学理论早已从19世纪下半叶开始被逐步超越。

总之，"中和论"与"和谐论"作为中西古代美学理论形态，各有其优长，可谓"双峰并立，二水分流"，在漫长的历史长河中滋养着人类的精神和艺术，现在更应通过对话比较，各美其美，互赞其美，取长补短，为建设新世纪的美学做出贡献。但作为中国学者，应更多关注长期未受到应有重视的古代"中和论"美学智慧，进一步深入挖掘整理，将之介绍给世界，发扬于当代。

第二节　中国古代的"礼乐教化"与"乐教""诗教"

一　中国古代的"礼乐教化"

（一）"礼乐教化"的实施

"礼乐教化"在中国古代首先是一种十分悠久的文化传统，然后才成为一种文化政治制度。从历史本身的呈现来看,"乐教"应该先于"礼教"。考古发掘告诉我们,距今 7800—9000 年前的新石器时代早期就已经有了完备的乐器（七音孔笛）。而"乐"字也早于"礼"字出现在甲骨文中。《尚书·舜典》对"乐教"进行了记载:"帝曰:'夔!命汝典乐,教胄子。'"此后,才逐步形成了规范祭祀活动、政治活动与社会活动的"礼",并与"乐"相辅相成,成为"礼乐教化"。《史记·周本纪》记载:周"兴正礼乐,度制于是改,而民和睦,颂声兴"。我国古代以"乐教"为基本内容的"礼乐教化"曾经达到非常高的水平。1998 年在湖北隋县出土 65 件曾侯乙编钟,这是2400 多年前曾国国君使用的乐器,组合齐全,音域跨度宽广,音乐性能良好,铸造技术高超,改写了世界音乐史,被称为"稀世珍宝",为我们提供了先秦时期"礼乐教化"的发达及其所达到的水平的珍贵的实物见证。

（二）"礼乐教化"的内容

"礼乐教化"之中,礼与乐是相辅相成、密不可分的两个方面,诚如《礼记·乐记》所言,"乐统同,礼别异","乐也者,动于内者也;礼也者,动于外者也"。礼与乐的相互结合,产生礼乐教化的重要作用。《吕氏春秋·适音》指出,"故先王之制礼乐也,非特以欢耳目、极口腹之欲也,将以教民平好恶,行理义也"。这说明礼乐教化是好恶之教与理义之教。《周礼·春官·宗伯》指出:

　　大司乐:掌成均之法,以治建国之学政,而合国之子弟焉。凡有道者有德者使教焉,死则以为乐祖,祭于瞽宗。以乐德教国子:中、和、祗、庸、孝、友;以乐语教国子:兴、道、讽、诵、言、语;以乐舞教国子,舞《云门》、《大卷》、《大咸》、《大韶》、《大夏》、《大濩》、《大武》;以六律、六同、五声、八音、六舞大合乐,以致鬼神示,以和邦国,以谐万民,以安宾客,以说远人,以作动物。[1]

----

① 《周礼·仪礼·礼记》,陈戍国点校,岳麓书社 2006 年版,第 50—51 页。

这一段话可以说比较全面地介绍了周代"礼乐教化"的内容：第一，"礼乐教化"的实施者为当时正式设置的官职"大司乐"；第二，机构为"成均"，即古代之官学；第三，教育对象为"合国之子弟"，即贵族子弟；第四，"乐德"教育的内容，即以"中、和、祗、庸、孝、友"为核心内容的思想道德；第五，"乐语"教育即文化教育的内容，即以官方认可的"诗"为内容的风、雅、颂、赋、比、兴；第六，"乐舞"教育即礼仪教育的内容，即以官方认可的各种舞蹈为内容的祭祀与政治社会活动的礼仪程序；第七，教学内容包括当时官方认可的所有的乐舞歌诗、祭祀礼仪等；第八，教育的目的是"和邦国，谐万民，安宾客，说远人"，等等。

（三）"礼乐教化"的演变

"礼乐教化"在漫长的历史长河中经过了曲折的演变。首先，远古的三皇五帝时代应该是礼乐文化不自觉的发展时期。出土文物告诉我们，7000多年前的新石器时代后期我国就有了比较成熟的乐器，可以证明那时已存在音乐活动，包含着原初的"乐教"。其次，据文献记载，西周建国之初，周公"制礼作乐"，"礼乐教化"正式进入较为自觉的体系化、制度化阶段，此时应该是乐教占了主要地位，礼教次之。再次，春秋时期，"礼坏乐崩"，以孔子为代表的儒家学派试图"克己复礼"，恢复传统的"礼乐教化"制度，为此进行了历史文化的探寻与理论的总结，出现《论语》《孟子》《礼记》《乐论》与《乐记》等与"礼乐教化"有关的理论著作，而道家与墨家等则对传统礼乐持批评态度。最后，经秦始皇"焚书坑儒"之后，汉代有所谓"礼乐复兴"，尝试重新整合并发展新的"礼乐教化"传统。此时礼与乐已经分家，实际更着重于礼教。而且，随着汉代"罢黜百家，独尊儒术"，以及以后的"礼教"逐步与封建专制的君臣之道、驭民之术以及所谓"三从四德"紧密结合，礼教已经异化为封建统治的工具，以致在五四运动的新文化运动中受到激烈批判。但中国古代的"礼乐教化"作为一种文化传统，却有其独特的意义与价值，仍值得我们借鉴。

二 中国古代的"乐教"

（一）"乐教"的总原则——"广博易良"

《礼记·经解》篇借用孔子的话，对"乐教"加以界定，所谓"广博易良，乐教也"。由此，"广博易良"成为"乐教"的总原则。什么是"广博易良"呢？《经解》篇所引孔子接下来的言辞中做了进一步解释，所谓"广博易良而不奢，则深于乐者也"。所谓"奢"即指"过分、过多"，不过分、不过多就是对"乐教"之精髓的深入把握。《吕氏春秋·侈乐》篇对这种"侈乐"之"奢"做了揭露与批判，所谓"乱世之乐与此同。为木革之声则若雷，为金石之声则若霆，为丝竹歌舞之声则若噪。以此骇心气、动耳目、摇荡生则可矣，以此为乐则不乐。故乐愈侈，而民愈郁，国愈乱，主愈卑，则亦失乐之情矣"。"侈乐"是"乱世之乐"，形式上以"若雷""若霆""若噪"为特点，内容上则"失乐之情矣"。这可以视为是从反面对"广博易良"进行的阐释。与之相应，《吕氏春秋·适音》篇论述了与"侈乐"相反的"适音"："何谓适？衷音之适也。"这是以"衷音"对"广博易良"做的正面阐释。唐孔颖达对其进一步阐释道："乐以和通为体，无所不用，是'广博'；简易良善，使人从化，是'易良'。"[①] 在这里，孔氏以"和通"释"广博"，说明"乐教"调和天人、政治、社会、家庭的无所不在的巨大社会作用；用"良善"释"易良"，说明"乐教"之教化使人向善的巨大育人功能。总之，"广博易良"阐明了"乐教"调和一切的巨大社会作用和教化育人的重要功能，实际上也是中国古代"中和美"在"乐教"中的表现。

（二）乐以知政

中国古人认为，音乐反映了人民的感情，感情同人民的心情相联系，而人民的心情则反映了政治的得失，即所谓"观乐以知政"。这是"乐教"的重要功能之一。诚如《礼记·乐记》所言，"凡音者，生人心者也。情动于中，故形于声。声成文，谓之音。是故治世之音

---

① 《礼记正义》，吕友仁整理，上海古籍出版社 2008 年版，第 1904 页。

安以乐，其政和；乱世之音怨以怒，其政乖；亡国之音哀以思，其民困。声音之道与政通矣"。"是故审声以知音，审音以知乐，审乐以知政。"《吕氏春秋·适音》篇更明确地指出了"乐以知政"与"乐教"的关系，所谓"凡音乐通乎政，而移风平俗者也，俗定而音乐化之矣。故有道之世，观其音而知其俗矣，观其政而知其主矣。故先王必托于音乐以论其教"。这是认为，音乐与风俗、风俗与政治、政治与统治者有着紧密联系，因此，有道之君必须重视"乐教"。正因此，自古中国就有"采风"的制度，"采风"的目的就是观俗知政。统治者确立了定期采风以上报的制度。《汉书·食货志》载："孟春三月，群居者将散，行人振木铎循于路以采诗。"《礼记·王制》载："天子五年一巡狩"，"岁二月，东巡狩……命太师陈诗，以观民风。"这里需要说明的是，先秦之时诗与乐是紧密相联的，采诗观风也是与政治活动联系在一起的。

（三）乐以和敬

关于乐促进社会和谐的作用，在许多古代文献中均有论述。《荀子·乐论》与《礼记·乐记》有一段大体相同的话："是故乐在宗庙之中，君臣上下同听之，则莫不和敬；在族长乡里之中，长幼同听之，则莫不和顺；在闺门之内，父子兄弟同听之，则莫不和亲。故乐者，审一以定和，比物以饰节，节奏合以成文，所以合和父子君臣，附万民也。是先王立乐之方也。"这段论述揭示了"乐教"的和谐作用融会到宗庙、乡里与闺门等多类场所，浸润于君臣乡里等各种人群，进一步体现了"乐教"之"广博易良"的特点。为什么"乐教"能起到这种君臣"和敬"、乡里"和顺"、闺门"和亲"的作用呢？《礼记·乐记》认为，主要是因为"乐教"借助的是"和天化广""讯疾以雅"的"古乐"。《乐记》记载孔子弟子子夏说："夫古者，天地顺而四时当，民有德而五谷昌，疾疢不作而无妖祥，此之谓大当。然后圣人作为父子君臣，以为纪纲。纪纲既正，天下大定。天下大定，然后正六律，和五声，弦歌诗颂。此之谓德音。德音之谓乐。"也就是说，子夏认为，"古乐"是一种顺应"四时"，体现"民德"，无任何不祥之兆的"大当"之乐。这种"大当"之乐可以作为父子君臣的立世之本，"纪纲既定，天下大定"。这里，进一步将"乐教"提到了"以为纪纲"，使"天下大定"的重要地位。

（四）乐以移俗

古时统治者对民间风俗极为重视，认为民间风俗与天地之道、寒暑、风雨息息相关。《礼记·乐记》指出，"天地之道，寒暑不时则疾，风雨不节则饥。教者，民之寒暑也，教不时则伤世；事者，民之风雨也，事不节则无功"。这里所说的"民之寒暑"与"民之风雨"即为民间风俗，关系到天地之道、国家命运，是国之大事。所以，移风易俗事关重大，所凭借的重要途径就是"乐教"。诚如《礼记·乐记》所言，"乐也者，圣人之所乐也，而可以善民心，其感人深，其移风易俗，故先王著其教焉"。此论不仅阐述了先王凭借"乐教"而移风易俗，而且说明了其原因在音乐能"善民心，其感人深"，也就是音乐能够通过其特有的旋律感动人心，使之向善，从而起到移风易俗的作用。《礼记·乐记》进一步阐明了"乐教"移风易俗的良好后果，所谓"故乐行而伦清，耳目聪明，血气和平，移风易俗，天下皆宁"。

（五）乐以教民

"乐教"必然也包含对人民的教育，《礼记·乐记》指出，"是故先王之制乐也，非以极口腹耳目之欲也，将以教民平好恶而反人道之正也"。也就是说，"乐教"能使人民确立分辨好恶的正确标准，从而走在人道的正途之上。这里，"反人道之正"也说明了中国古代"乐教"施行者认为音乐是区别人与禽兽、君子与小人的重要标准，所谓"知声而不知音者，禽兽是也；知音而不知乐者，众庶是也。唯君子为能知乐"。那么，"乐教"为什么能做到这一点呢？这与音乐本身密切相关，所谓"德者，性之端也。乐者，德之华也"。首先，"乐"是人性的集中表现，是道德之花朵，因此音乐承担了道德教化的作用。其次，音乐还有其特殊的感动人心的作用，所以能使人感动，从而形成思忧、康乐、刚毅、肃敬与慈爱等健康的"心术"。正如《礼记·乐记》所言，"夫民有血气心知之性，而无哀乐喜怒之常，应感起物而动，然后心术形焉。是故志微噍杀之音作，而民思忧；啴谐慢易、繁文简节之音作，而民康乐；粗厉猛起、奋末广贲之

音作，而民刚毅；廉直劲正庄诚之音作，而民肃敬；宽裕肉好、顺成和动之音作，而民慈爱"。

（六）乐以和天

中国古代"乐教"的一个重要功能就是沟通天人关系，也就是所谓"和天"。正如《礼记·乐记》所言，"大乐与天地同和，大礼与天地同节"。这同中国古代天人合一、阴阳相生的哲学观是密切相关的。正是因为对于这种"天人合一，阴阳相生"的风调雨顺、万物兴盛、吉祥安康年景的渴求，中国先民除了辛勤劳作之外，还要奏乐祭天，祈求保佑。甲骨文中的"舞"字即为一人手执两只牛尾伴着音乐翩翩起舞。舞者巫也，即为巫者在舞乐中祷告并祈求上天。在中国古人看来，不仅祭祀本身能起到"和天"的作用，而且音乐也是产生于天人合一、阴阳相生的"太一"，所以也具有"和天"的功能。《吕氏春秋·大乐》说："音乐之所由来者远矣，生于度量，本于太一。太一出两仪，两仪出阴阳。阴阳变化，一上一下，合而成章。浑浑沌沌，离则复合，合则复离，是谓天常。天地车轮，终则复始，极则复反，莫不咸当。日月星辰，或疾或徐，日月不同，以尽其行。四时代兴，或暑或寒，或短或长，或柔或刚。万物所出，造于太一，化于阴阳。萌芽始震，凝寒以形。形体有处，莫不有声。声出于和，和出于适。和适，先王定乐，由此而生。"又说："天下太平，万物安宁，皆化其上，乐乃可成。"在中国古人看来，音乐产生于阴阳相生的太极（太一），它的上下、离合、复反、疾徐、短长、柔刚与自然界的日月星辰、寒暑交替、四时代兴、万物生长均紧密相关。正是由于"乐"生于"天"，所以能够"和天"。《礼记·乐记》有言："礼乐偩天地之情，达神明之德，降兴上下之神。……是故，大人举礼乐，则天地将为昭焉。"《吕氏春秋·古乐》篇具体描述了中国古代帝王以乐和天的情状：

> 昔古朱襄氏之治天下也，多风而阳气畜积，万物散解，果实不成，故士达作为五弦瑟，以来阴气，以定群生。
> 昔葛天氏之乐，三人操牛尾，投足以歌八阕：一曰《载民》，

二曰《玄鸟》，三曰《遂草木》，四曰《奋五谷》，五曰《敬天常》，六曰《达帝功》，七曰《依地德》，八曰《总禽兽之极》。

　　昔陶唐氏之始，阴多滞伏而湛积，水道壅塞，不行其原，民气郁阏而滞著，筋骨瑟缩不达，故作为舞而宣导之。①

由上述三段论述可知，第一，乐之功能在于可沟通天人，调和阴阳。朱襄氏之时阳气畜积，万物不生，因而作五弦之乐，以来阴气，以定群生；陶唐氏之时阴气湛积，水道壅塞，故作乐以宣导之。第二，古乐之内容大多反映天人之关系。葛天氏之乐"三人操牛尾，投足以歌八阕"，八首乐曲都是反映天人关系的，其中《玄鸟》《遂草木》《奋五谷》《敬天常》《依地德》与《总禽兽之极》六首为"天"（自然），而只有《载民》与《达帝德》是讲的人间之事。以上可见，古代"乐教"之中"和天"的功能是占有十分重要的位置的。

三　中国古代的"诗教"

"诗教"无疑也属于中国古代"礼乐教化"内容之一，但从时间上来说应该晚于"乐教"。因为古时礼、乐、诗、舞是相互交融密不可分的，到春秋之后诗乐才分离。诚如王国维所说，"诗乐二家，春秋之季已自分途。诗家司其义，出于古师儒。孔子所云'言诗'、'诵诗'、'学诗'者，皆就其义言之，其流为齐鲁韩毛四家"②。所以，"诗教"兴起于春秋以后，以孔子为代表的儒家是"诗教"的力倡者。

（一）"诗教"的总原则——温柔敦厚

《礼记·经解》篇对诗、书、易、礼、春秋等各教均借孔子之口有总结性的概括，关于"诗教"，则云"温柔敦厚，诗教也"。有学者考证，此论系汉儒所托言，并非孔子原话。但后来的学者均承认，

---

① 北京大学哲学系美学教研室编：《中国美学史资料选编》上，中华书局1980年版，第78页。

② 王国维：《汉以后所传周乐考》，《观堂集林》第1册，中华书局1959年影印版，第121页。

"温柔敦厚"的确符合孔子对"诗教"的要求，反映了中国古代"中和美"的宗旨。因此，我们认为，"温柔敦厚"应该是中国古代"诗教"的总原则。对于"温柔敦厚"的内涵，《礼记·经解》篇有一个自己的阐释，即"温柔敦厚而不愚，则深于诗者也"。唐代孔颖达《礼记正义》曰："诗主敦厚，若不节之，则失之在愚。……此一经以《诗》化民，虽用敦厚，能以义节之。欲使民虽敦厚，不至于愚，则是在上深达于《诗》之义理，能以《诗》教民也，故云'深于《诗》者也'。"关于"温柔敦厚"，孔颖达阐释道："温，谓颜色温润。柔，谓情性和柔。《诗》依违讽谏，不切指事情，故云'温柔敦厚'。"① 也就是说，"温柔敦厚"是指人的品质温润柔和，质朴忠厚，但又不成为是非不分的愚昧之人。要做到"不愚"，就要"以义节之"，即以儒家礼义加以规范。所以，用最通俗的语言概括，就是"性情温和而不失礼义规范"。这恰恰符合儒家对"诗教"的种种要求。《尚书·舜典》记载，舜帝对"乐教"与"诗教"提出的要求就是"直而温，宽而栗，刚而无虐，简而无傲"，孔子亦主张"放郑声""郑声淫"（《论语·卫灵公》），"恶紫之夺朱也，恶郑声之乱雅乐也"（《论语·阳货》），等等。"温柔敦厚而不愚"也正符合孔子对诗歌与"诗教"的上述要求，是对于符合礼义的具有"温柔敦厚"品格的"中和美"的追求。

（二）"诗教"的途径——兴、观、群、怨

"诗教"的途径，或者说诗歌的作用是如何实现的呢？孔子说道："小子何莫学夫诗？诗，可以兴，可以观，可以群，可以怨。迩之事父，远之事君；多识于鸟兽草木之名。"（《论语·阳货》）这就是著名的"兴观群怨"之说，孔子将其提高到近可服务于人伦（事父），远可服务于国家（事君）的高度，由此可见"诗教"在儒家思想中的重要地位。

"兴观群怨"以"兴"为首。所谓"兴"，孔安国解释为"引譬连类"，《周礼·春官》郑玄注云，"兴者，以善物喻善事"，朱熹《诗集

---

① 《礼记正义》，吕友仁整理，上海古籍出版社2008年版，第1904、1905页。

传》释为"先言他物以引起所咏之词也"。由此可知，所谓"兴"即兴起、比喻，指诗歌通过所咏之物表达所言之志，充分体现了中国古代诗论"诗言志"的主旨，因而成为"诗教"之首。孔子说，"兴于诗，立于礼，成于乐"（《论语·泰伯》），"不学诗，无以言"（《论语·雍也》），"诵诗三百，授之以政，不达；使于四方，不能专对。虽多，亦奚以为"（《论语·子路》）。这里所说的诗歌"言""达政""专对"等作用，均与对诗歌所言之"志"的准确理解、深切体会与灵活运用密切相关。所以，"兴"是最重要的。当时的诗歌已经成为士阶层的普及教育，如果所受诗教不够，对诗歌之"兴"即所言之志不解，政治上很难得到发展。这种情况史书多有记载。例如《左传·昭公十二年》载："夏，宋华定来聘，通嗣君也。享之，为赋《蓼萧》，弗知，又不答赋。"昭子曰："必亡。宴语之不怀，宠光之不宣，令德之不知，同福之不受，将何以在？"鲁昭公十二年夏，宋国大夫华定来访。鲁国为之歌《蓼萧》诗，对两国关系表达美好的祝愿，但华定不懂这首诗所言之志，所以没有赋答。昭子评价道：此人必然失败，因为他对外交宴会的赋诗一概不懂，无法宣扬"宠光"，不知"令德"，也无法受"同福"。果然，八年后，华定从宋国逃亡。这个例子比较充分地说明了把握诗教之"兴"的主旨对士人的极端重要性。

所谓"观"，郑玄曰："观风俗之盛衰。"据《孔丛子》记载，孔子曾与子夏谈及《尚书》之大义的"七观"，当为"观"之延伸。孔子在答子夏之问时说："六《誓》可以观义，五《诰》可以观仁，《甫刑》可以观诚，《洪范》可以观度，《禹贡》可以观事，《皋陶谟》可以观治，《尧典》可以观美。通斯七者，则《书》之大义举矣。""观美""观事""观政""观度""观义""观仁""观诚"，这"七观"在孔子后人看来应该是包含了"观"的全部内容了。其实，这"七观"也将社会政治、人事伦理、礼义法度几乎穷尽了，说明在古人眼里，诗教与诗歌在观察了解社会人事上的重要作用。《周易》观卦的《象传》对"观"卦的阐释，可看作是对"观"字意义理解的延伸。《观·象》曰："风行地上，观。先王以省方观民设教。初六童观，小人之道也……观我生过退，未失道也；观国之光，尚宾也；观我生，观民也；观其生，志未平也。"这里说明《周易》观卦是对"观"的一种象征，观卦为坤下巽下，坤为地，巽为风，所以是"风行地上"是观的象征。先王"省方观民设教"，了解民风而施行教化，其观，包括"观我生进退""观国之光"，尤其是"观其生"。也就是说，《周易·易传》对"观"的理解，包括对人民生活状况与国家政治得失，特别是民情风俗与政治状态的观察。

所谓"群"，孔安国释为"群居相切磋"。《汉书·艺文志》云："古者诸侯卿大夫交接邻国，以微言相感，当揖让之时，必称诗以言其志，盖以别贤不肖而观盛衰焉。"可见，所谓"群"就是借诗以沟通上下，达到相互了解、和谐相处之意。《论语·学而》所记孔子与子贡的对话，就是对诗可以"群"的阐释。"子贡曰：'贫而无谄，富而无骄，何如？'子曰：'可也。未若贫而乐，富而好礼者也。'子贡曰：'《诗》云：如切如磋，如琢如磨。其斯之谓与？'子曰：'赐也，始可与言诗已矣！告诸往而知来者。'"在这里，子贡以《诗经·淇澳》之"如切如磋，如琢如磨"来比喻他们师生间的相互沟通与理解，得到孔子的高度肯定。

所谓"怨"，孔安国曰"怨刺上政"。这就与诗"六义"之"风"的意义有接近之处。《诗大序》言："上以风化下，下以风刺上。主文而谲谏。言之者无罪，闻之者足以戒，故曰风。至于王道哀，礼义废，政教失，国异政，家殊俗，而变风变雅作矣。国史明乎得失之迹，伤人伦之废，哀刑政之苛，吟咏情性，以风其上，达于事变而怀其旧俗者也。故变风发乎情，止乎礼义。发乎情，民之性也；止乎礼义，先王之泽也。"可见，"怨"与"下以风刺上"相近，而其原则是"主文而谲谏"，"发于情，止乎礼义"，还是力主一种"过犹不及"的"中庸之道"。

（三）"诗教"对作品的要求——"文质彬彬"

关于"诗教"对于文艺作品的要求，以孔子为代表的儒家学派有着较为明确的论述，最有代表性的是孔子关于文与质的关系的论述："质胜文则野，文胜质则史。文质彬彬，然后君子。"（《论语·雍也》）这就告诉我们，"质胜文"就会流于粗野，"文胜质"又会变得浮华无实。只有做到文与质的恰当融合，才是一个真正的君子。这里明确讲的是君子的人格修养，但显然是在礼乐教化与乐教诗教的视野中来论述的，所以仍然与"诗教"密切相关，可以理解为"诗教"所要求的作品到底是怎样的。这个作品既可以指君子（人）的培养，也可以延伸到对用于教化的文学作品的要求。其中的关键是"文质彬彬"，朱熹《论语集注》释"彬彬"为"物相杂而适均之貌"，也就是说，要求文与质相融合，达到适度均衡的程度。这当然还是一种"过犹不及"的"中庸"观念。当然，相对而言，孔子对"质"的方面似乎更加重视，所以提出"绘事后素"（《论语·八佾》），强调了质地纯洁的素色成为绘画的基础。孔子的弟子子贡也说过"文犹质也，质犹文也。虎豹之鞟，犹犬羊之鞟"（《论语·颜渊》），对文质关系加以进一步的强调。将这种文质关系的理论用于诗歌作品的文与质，孔子与儒家学派当然同样强调两者的"中和"，所谓"君子博学于文，约之以礼，亦可以弗畔矣夫"（《论语·雍也》）。但相比之下，更加强调了"质"即"意"。孔子说，"有德者必有言，有言者不必有德"（《论语·宪问》），在德与言的关系中强调了德的重要性。《周易·乾文言》中则记载了孔子说"修辞立其诚"。对于"文质彬彬"的理解，我们不太同意有些学者将之完全归结为内容与形式关系的观点。这还是以西方"形式与内容"二分对立的观点来硬套中国古代传统智慧。中国古代并不存在西方那样形式与内容二分对立的理论，始终论述的是作为整体的鲜活的个人或者作品中文与质的关系，有的人更多文采，有的人则更加质朴，儒家的理想状态是"文质彬彬""文质均衡"，如此而已。

（四）"诗教"对作品接受的要求——"赋诗断章"与"以意逆志"

先秦儒家的"诗教"在关于作品接受的看法上，有两个相反相成的方面。一个就是所谓"赋诗断章"（《左传·襄公二十八年》）。这是由当时"诗教"的普及与"诗教"的兴观群怨功能决定的。先秦时期，"诗教"成为统治阶层具有普遍性的一种教育，当时的贵族知识分子对运用于"诗教"的诗歌普遍比较熟悉，并有大体相近的了

解。"各诸侯国流传的《诗》的文本基本相同，而人们对其意蕴的阐释也较为相近，至少相去不甚远。"① 同时，由于"诗教"的兴观群怨功能，早已超越了诗歌作为文学作品单一的审美教育功能，而是包含了政治社会交往等各个方面，这必然造成了在诗歌接受上某种程度的"赋诗断章"的情形。与此相应，还有一个十分重要的接受原则，即孟子提出的"以意逆志"。《孟子·万章上》记载孟子与弟子咸丘蒙的一段谈话，咸丘蒙根据《诗经·小雅·北山》"普天之下，莫非王土"等观念，提出大舜为帝是否应该以其父瞽瞍为臣子的问题。孟子则指出，《北山》诗的要旨在"王事靡盬，忧我父母"，"是诗也，非是之谓也，劳于王事而不得养父母也。曰：'此莫非王事，我独贤劳也。'故说诗者，不以文害辞，不以辞害声。以意逆志，是为得之"。孟子在这里明确提出"以意逆志"的解诗方法。当然，一般的理解是以解诗者的己意来迎求作者之志。这个作者之志还是有一定的客观性的，犹如《小雅·北山》的主旨在"王事靡盬，忧我父母"一样，因此，不能妄加推断。这正是对"赋诗断章"的一种补充。

由上述可知：第一，中国古代的"礼乐教化""乐教""诗教"从内容上来说与古希腊"城邦保卫者"的"艺术教育"与"心灵教育"有着较大的区别。它已经在很大的程度上越出了艺术教育的范围，是一种以古代"诗""乐""舞"等艺术为依托的社会文化传统与政治文化制度。"礼乐教化"观念在中国古代社会的政治经济、文化生活以及行政机构设置中均占有核心地位，"兴观群怨"也与社会政治紧密联系。第二，中国古代特有的"中和美"是"礼乐教化"与"乐教""诗教"的共同核心。无论是"礼乐教化"的"和邦国，谐万民，安宾客，说远人"、"乐教"的"广博易良"与"诗教"的"温柔敦厚"等均有天人与社会相谐相和之意，不同于西方古代的"和谐"之美。第三，"礼乐教化"与"乐教"中均包含中国特有的"赋诗断章"与"以意逆志"的古典阐释学精神，不同于西方古典的现实主义与浪漫主义。

---

① 许志刚：《诗经论略》，辽宁大学出版社 2000 年 1 月版，第 326 页。

第十二章

中国现代美育的奠基者：
蔡元培与王国维

20 世纪以来，特别是 1911 年辛亥革命和 1919 年五四运动以来，我国结束了封建帝制，开始了现代社会的进程。同时，也揭开了我国现代美育发展的新的一页，其奠基者即为蔡元培与王国维。

第一节　蔡元培对中国现代美育的奠基性贡献

蔡元培（1868—1940），字鹤卿，先号民友，后改子民，浙江绍兴人，伟大的爱国主义教育家，中国现代学术与教育的奠基者。从小接受封建主义教育，走科举道路，25 岁进士及第，27 岁经教馆考试授翰林院编修。康梁维新宣告流产后，蔡元培认识到清政府的腐败与不可救药，于是毅然挂冠南下，开始了他的"教育救国"之路，先后在浙江等地兴办新学。1907 年，在将近 40 岁时到德国留学，对美学发生浓厚兴趣，受到康德思想的极大影响。1911 年辛亥革命后，回国参加革命政治活动。1912 年民国临时政府成立，受任教育总长。后因不满袁世凯的专制独裁，毅然辞职，赴德、法等国留学。1916 年回国，1917 年 1 月就任北京大学校长，在整饬校风、建立新的教育体制方面成绩卓著。此后担任过一系列党政要职，从 1929 年开始辞去其他职务，只任中央研究院院长，直至逝世。

蔡元培从 1912 年直至逝世，几十年始终大力倡导美育，发表了大量的演讲与文章，并开展了一系列富有开创性的美育实施工作。由

于具有很高的地位与崇高的威望，他对美学与美育的倡导与践行，在我国现代美学与美育的发展中起到了难以估计的奠基与推动作用。

蔡元培作为中国现代民主主义者，其世界观是由人道主义、进化论与教育救国论所构成的。首先，蔡氏极力倡导人道主义，这是由民主主义者反对封建专制的使命决定的。为此，他继承了中国古代的"仁爱"思想，如《礼记·礼运》篇所谓的"大道之行也，天下为公，……故外户而不闭，是谓大同"，等等；更重要的是，借鉴吸收了西方资产阶级革命之"自由、平等、博爱"的口号与精神。他在《华法教育会之意趣》一文中指出："教育界之障碍既去，则所主张者，必为纯粹人道主义。法国自革命时代，即根本自由、平等、博爱三大义，以为道德教育之中心点，至于今且益益扩张其势力之范围。"① 这种人道主义在当时列强进犯、国弱民穷的特定形势下又增加了救亡图存的特殊内容。诚如蔡氏所言，"然在我国则强邻交逼，亟图自卫，而历年丧失之国权，非凭借武力，势难恢复"②。可见，蔡氏对教育与美育的倡导就是在救亡图存使命驱使下的一种极为重要的选择。蔡氏世界观的另一个极为重要的组成部分即当时极为盛行的"进化论"。这是针对封建社会占主导地位的"道不变，天亦不变"的道统观念，力倡以新代旧，推动社会的改革、前进与发展。蔡氏说道："所谓人生者，始合于世界进化之公例，而有真正之价值。"又说："然则进化史所以诏吾人者：人类之义务，为群伦不为小己，为将来不为现在，为精神之愉快而非为体魄之享受，固已彰明而较著矣。"③ 这说明蔡氏所倡之"进化论"已经包含群体主义、理想主义与对物质主义的超越等积极而进步的内容。蔡氏的这种在当时具有积极意义的人道主义与进化论思想落实在他的实际行动上，就是对"教育救国"道路的选择与持守。在各项社会事业中，蔡氏将教育放到了首位，他说，"盖尝思人类事业，最普遍、最悠久者，

---

① 聂振斌选编：《中国现代美学名家文丛·蔡元培卷》，浙江大学出版社 2009 年版，第 55 页。
② 同上书，第 20 页。
③ 同上书，第 5 页。

莫过于教育。"① 在他看来，教育的重要不仅在于完全人格之培养，还在于教育的发展必然是对封建的君主专制与教育体制的冲决，因此，教育的发展是与革命相伴的。他说，教育的发展"其障碍有二：一曰君主，二曰教会。二者各以其本国、本教之人为奴隶，而以他国、他教之人为仇敌者也。其所主张之教育，乌得不互相歧异？"② 而法国资产阶级革命成功，共和确立，才使教育界一洗君政之遗毒，一扫教会之霉菌。当然，教育的价值与作用最后还是落实到人的培养与民众素质的提高。蔡氏在《何谓文化》一文中将"文化"的外延延伸到卫生、经济、政治、道德等各个方面，最后则归结到"教育的普及"。他说，"上列各方面文化，要他实行，非有大多数人了解不可，便是要从普及教育入手"；又说，"凡一种社会，必先有良好的小部分，然后能集成良好的大团体。所以要有良好的社会，必先有良好的个人，要有良好的个人，就要先有良好的教育"③。这恰是蔡元培毕生重视教育、重视美育的最重要原因。甚至，他的临终遗言也是科学救国与教育救国。

对于蔡元培在我国教育领域的贡献，美国现代著名哲学家杜威曾有一段话："世界各国大学校长来比较一下，牛津、剑桥、巴黎、柏林、哈佛、哥伦比亚等等，这些校长，在某些学科上有卓越贡献的，固不乏其人；但是，以一个校长身份，而能领导那所大学对一个民族，一个时代起到转折作用的，除了蔡元培而外，恐怕找不出第二个。"④ 将蔡元培视为对一个民族、一个时代起到转折作用的大教育家是恰如其分的。他对美育的倡导、研究与践行就是重要表现之一，不仅顺应了时代与社会的要求，而且也对时代与社会的前进起到了推动的作用，同时也进一步彰显出美育事业在时代与社会发展中的重要地位。

---

① 聂振斌选编：《中国现代美学名家文丛·蔡元培卷》，浙江大学出版社 2009 年版，第 55 页。

② 同上。

③ 同上书，第 64 页。

④ 转引自冯友兰《中国现代哲学史》，广东人民出版社 1999 年版，第 58—59 页。

蔡元培作为我国现代美育事业的开创者与奠基者，对我国现代美育事业的贡献是全方位的，择其要者可归纳为四个方面。

第一，首次将美育列入国民教育方针。

在研究蔡元培对我国现代美育的贡献时，我个人认为，应该将他把美育首次列入国民教育方针一事放在首位。这是我国教育由古代的封建教育进入现代教育的重要标志。因为在封建时代"存天理，灭人欲"的特殊语境中，绝对不会对以开发审美情感为其指归的美育给予重视，只有在以人道主义为旗帜的现代社会，真正的美育才会受到重视并被提到应有的地位。同时，历史事实也告诉我们，美育作为社会教育的组成部分，只有列入国家教育方针，成为国家意识，才能够得到真正的推行与实施。因而，蔡元培将美育列入国家教育方针意义不同一般，直至今天仍有其重要价值，说明对美育的重视在某种意义上是新旧教育的分水岭，也说明美育实施的根本之途是使其进入教育方针从而成为国家意识。

历史的前进给了蔡元培这样的机遇。1911 年，辛亥革命成功，一举推翻封建帝制，实行共和，成立国民政府，蔡元培就任教育总长。1912 年，他就对旧的封建时代的"教育宗旨"进行了根本性的修正。他于 1912 年发表在我国现代教育史上具有里程碑意义的《对于新教育之意见》一文，该文的主旨就是他作为教育总长对于教育方针的阐述。他说："顾关于教育方针者殊寡，辄先述鄙见以为喤引，幸海内教育家是正之。"[1] 他明确地将这一教育方针概括为军国民主义、实利主义、德育主义、世界观、美育主义五者。在这里，所谓"军国民主义"即为体育，"实利主义"即为智育，"德育主义"即为德育，"美育主义"即为美育，再加上世界观教育。这就是"五育"的新国民教育方针。

这样的新教育方针是对清政府所谓"钦定"的教育宗旨加以批判与改造的结果。蔡氏指出："满清时代，有所谓钦定教育宗旨者，曰

---

① 聂振斌选编：《中国现代美学名家文丛·蔡元培卷》，浙江大学出版社 2009 年版，第 20 页。

忠君、曰尊孔、曰尚公、曰尚武、曰尚实。忠君与共和政体不合，尊孔与信教自由相违……。尚武即军国民主义也。尚实，即实利主义也。尚公，与吾所谓公民道德，其范围或不免有广狭之异，而要为同意。惟世界观及美育，则为彼所不道，而鄙人尤所注重……。"① 这当然不是简单地置换而是根本的改造，是由封建专制时代的所谓"教育宗旨"到民主共和时代国民教育方针的根本转变。前者是以封建专制政府的标准为出发点，而后者则以人民的要求为标准。诚如蔡氏自己所言："教育有二大别：曰隶属于政治者，曰超轶乎政治者。专制时代（兼立宪而含专制性质者言之），教育家循政府之方针以标准教育，常为纯粹之隶属政治者。共和时代，教育家得立于人民之地位以定标准，乃得有超轶政治之教育。"② 他认为，他所增加的"世界观、美育主义二者，为超轶政治之教育"③，实是共和时代的产物。

同时，蔡元培还在此文中对德、智、体、美与世界观"五育"的性质进行了认真的界定，当然也涉及对美育性质的界定，加深了人们对美育重要性的认识，提高了人们实施美育的自觉性。从历史继承的角度，他认为，从中国古代来说，美育与虞之时夔"典乐"而"教胄子"，以及以"九德"及"六艺"之教育紧密相关；从西方古代来说，则与古希腊之美术教育密切相关。

关于美育的性质，蔡氏从多个学科的角度加以论述。从心理学的角度，他认为"美育毗于情感"④，也就是把美育定位于"情感教育"，从而为美育划出了特定的、不可取代的领域。从教育学的角度，他认为，"公民道德及美育皆毗于德育"⑤。我想，这里蔡氏是从人格培养的角度来讲的，并不等于他认为德育可取代美育。因为，他在 1920 年《普通教育和就业教育》的演说中力主把美育从德育中"分出来"⑥。

---

① 聂振斌选编：《中国现代美学名家文丛·蔡元培卷》，浙江大学出版社 2009 年版，第 24 页。

② 同上书，第 20 页。

③ 同上书，第 23 页。

④ 同上。

⑤ 同上。

⑥ 同上书，第 70 页。

蔡氏还在此文中将包括美育在内的"五育"与各种课程的对应关系做了阐释，十分有利于美育的实施。

蔡元培于 1912 年 7 月为反对袁世凯的独裁专制而采取了"不合作主义"，辞职退出内阁，是年冬再度赴德国留学。随着蔡元培的去职，美育也在 1912 年 7 月 12 日召开的"临时教育会议"上被"删除"。鲁迅对此在日记中忿然写道："闻临时教育会议，竟删美育，此种豚犬，可怜可怜。"尽管如此，美育被列入国民教育方针仍然是一件具有历史意义与现实意义的重大事件。蔡元培重视美育，推进中国教育现代化的巨大贡献将永远记录在中国现代教育史上。

第二，倡导著名的"以美育代宗教"说。

"以美育代宗教"是蔡元培终身力倡的一个重要美育命题，也是引起重要反响与争议的一个命题。早在 1912 年，他就任教育总长发表《对于新教育之意见》时，就对"厌世派之宗教哲学"表示"以为不然"。此后，又在不同时期连续三次发表几乎是同题的"以美育代宗教"的演说与文章。直至其晚年的 1938 年，还在《"居友学说评论"序》中重提 20 年前所发表的"以美育代宗教"的主张，并称"本欲专著一书，证成此议"，同时列出了所预拟的五项条目。[①] 按照马克思主义历史唯物论的方法，研究一种理论观点应将其放到一定的历史背景之下，审察其产生的原因，从而探索其价值作用。历史告诉我们，蔡氏力倡"以美育代宗教"是在反帝反封建的民主主义革命背景之下，并与其所坚持的科学与民主这两大旗帜密切相关的。1917 年，蔡氏在北京神州学会演说，第一次明确提出"以美育代宗教说"，并明确指出了提出这一命题的针对性。他说："此则由于留学外国之学生，见彼国社会之进化，而误听教士之言，一切归功于宗教，遂欲以基督教劝导国人。而一部分之沿习旧思想者，则承前说而稍变之，以孔子为我国之基督，遂欲组织孔教，奔走呼号，视为今日重要问题。"[②] 蔡

---

① 聂振斌选编：《中国现代美学名家文丛·蔡元培卷》，浙江大学出版社 2009 年版，第 16 页。

② 同上书，第 93 页。

元培作为民主主义革命家，敏锐地观察到在那个民族救亡的时代里竟然出现"以基督教劝导国人"与"遂欲组织孔教"等逆历史潮流而动的文化现象。众所周知，在那个特殊的年代里，这并非简单的宗教现象，而是与文化政治息息相关。西方基督教的移入往往与列强的文化侵略相关，而孔教的组织则意味着封建势力的固守与复辟。因此，蔡氏认真地面对之，明确地意识到要倡导民主（德先生）和科学（赛先生）就必须反对孔教与其他一切宗教。所以，蔡氏是以民主与科学为武器来力倡"以美育代宗教说"的。他所列的宗教的第一个罪状就是反对自由民主，他说，"宗教家恒各以其习惯为神律，党同伐异，甚至为炮烙之刑，启神圣之战，大背其爱人如己之教义而不顾，于是宗教之信用，以渐减损，而思想之自由，又非复旧日宗教之所能遏抑，而反对宗教之端启矣"；而宗教的第二个罪状就是反对科学，诚如蔡氏所言，"及自然科学以渐发展，则凡宗教中假定之理论，关于自然界者，悉为之摧败，而一切可以割弃"。① 那么，美育何以能够取代宗教呢？蔡氏是从历史发展的角度论证了宗教的衰败、各种功能的式微，以及美育的优长及其必取宗教而代之的趋势。首先是历史向我们呈现了宗教的衰败。他认为，原始时代人类处于未开化之时，知、情、意等精神领域均"依附"于宗教，但随着社会的进步、科学的昌明，知、情、意等均逐步脱离宗教，甚至为宗教所累，宗教呈衰败之势。蔡氏指出，"知识、意志两作用，既皆脱离宗教以外，于是宗教所最有密切关系者，惟有情感作用，即所谓美感"②；"然而美术之进化史，实亦有脱离宗教之趋势。……于是以美育论，已有与宗教分合之两派。以此两派相较，美育之附丽于宗教者，常受宗教之累，失其陶养之作用，而转以激刺感情。盖无论何等宗教，无不有扩张己教、攻击异教之条件……甚至为护法起见，不惜于共和时代，附和帝制"③。蔡氏深刻地揭示了那个特定的时代宗教无可遏止的衰败历程，

① 聂振斌选编：《中国现代美学名家文丛·蔡元培卷》，浙江大学出版社2009年版，第10—11、11页。

② 同上书，第94页。

③ 同上书，第94—95页。

以及个别人士"附和帝制"的逆行，甚至与宗教关系密切的美育领域也逐步走上与宗教"两分"之路。由此说明，宗教的衰败与弊端决定了它不可能代替美育。

相反，美育的优长之处却使其可以代替宗教。蔡氏认为，美育以其特具的普遍性与超越性之优长得以摆脱宗教的利己损人的自私性与人我之见的狭隘性。他说："鉴激刺感情之弊，而专尚陶养感情之术，则莫如舍宗教而易以纯粹之美育。纯粹之美育，所以陶养吾人之感情，使有高尚纯洁之习惯，而使人我之见、利己损人之思念，以渐消沮者也。盖以美为普遍性，决无人我差别之见能参入其中。"①

为了从历史的发展中论述"以美育代宗教"的必然趋势，蔡元培更为明确地将两者做比较而予以论证：

一、美育是自由的，而宗教是强制的；
二、美育是进步的，而宗教是保守的；
三、美育是普及的，而宗教是有界的。②

最后，蔡元培的结论是："总之，宗教可以没有，美术可以辅宗教之不足，并且只有长处而没有短处，这是我个人的见解。"③

从蔡元培1917年提出"以美育代宗教说"，至今90多年的时间过去了。90多年来，围绕这一课题的争议从未止歇。多数论者认为，"以美育代宗教说"充分体现了蔡元培的思想进步性，体现了他倡导科学与民主，追求精神自由和幸福的良好愿望，对其理论的先进性与思想的进步性应给予充分肯定和高度评价。但也有少数学者认为，"以美育代宗教说"是百年中国美学的迷途，是以自然形态的审美取代神性形态的审美。对于这样的争论，我们认为，还是前面说到的，应该按照历史唯物论的观点，将"以美育代宗教说"放到

---

① 聂振斌选编：《中国现代美学名家文丛·蔡元培卷》，浙江大学出版社2009年版，第95页。
② 同上书，第109页。
③ 同上书，第124页。

其提出的历史背景中审视得失。从这样的角度来看，那就要首先肯定这一理论观点反映时代与历史发展趋势的进步性。因为，"以美育代宗教说"的提出正值20世纪初期中华民族反帝反封建的历史大潮中，救亡图存即是那个时代的主题。"以美育代宗教说"集中体现了反封建的民主革命精神、反侵略的民族自救精神与反迷信的科学精神。因此，从这个意义上说，它是民主主义革命精神的体现，是蔡元培对中国民主主义文化建设的重要贡献。而这一理论所体现的民主精神与科学精神，在当代仍有其价值。还有一点需要指出的是，有的学者认为，蔡元培的"以美育代宗教说"反映了中国传统审美文化的精神。因为，这些学者认为中国是一个没有单一宗教信仰的国家，而中国传统文化，特别是儒家的审美文化中所强调的"礼乐教化""天地境界"就包含着信仰的维度，可以在这个意义上"以美育代宗教"。李泽厚最近指出，"这正是从孔老夫子到蔡元培、王国维、鲁迅提倡的'以美育代宗教'……但既然总有些人不信，不去跪拜'上帝'、'鬼神'，在心理需求上，'天地境界'的情感心态也就可以是这种准宗教性的'悦志悦神'。这也是对天地神明的宗教性的感受和敬畏。审美在这里完全不是感官的快适愉悦"[1]；又说，所以，"'以美育代宗教'在宗教社会学的某种意义上，也可以说是儒学代宗教。虽然儒学或'以美育代宗教'仍然容许人们去信奉别的宗教，因为它始终没有'上天堂'的永生门票"[2]。对于这一点，蔡元培没有特别明确地指出，但却提出了"师法孔子"的问题。他在《孔子之精神生活》一文中论述了孔子精神生活的三个方面——智、仁、勇，和两个特点——毫无宗教的迷信，利用美术的陶养。最后，蔡氏指出，"孔子所处的环境与二千年后的今日，很有差别；我们不能说孔子的语言到今日还是句句有价值，也不敢说孔子的行为到今日还是样样可以做模范。但是抽象的提出他精神生活的概略，以智、仁、勇为范围，无宗教的迷信而有音乐的陶养，这是完全可

以为师法的"①。蔡元培提出的"师法孔子"精神，李泽厚提出的以"中国儒家传统审美文化代宗教"命题，是非常重要的论题，还需要更加深入地研究和论证，深入发掘中国传统审美文化所包含的"天人之和"的美学精神，使之在当代得到进一步发扬。

当然，从学理的角度来看，蔡元培对宗教完全否定，特别是在《关于宗教问题的谈话》中否定宗教"永存的本性"，应该说是不全面的。马克思指出，"宗教是那些还没有获得自己或是再度丧失了自己的人们的自我意识和自我感觉"②。也就是说，马克思认为，宗教是尚没有掌握自己命运的人的自我意识。从这个角度说，人类不断地为掌握自己的命运而努力，但却永远不可能完全掌握自己的命运。正是从这个意义上说，宗教与人的信仰维度是永远不可能消亡的，而宗教所包含的超越意识和终极关怀在人类的前行中也还是有其价值的。20世纪60年代以来，"神学美学"的逐渐勃兴，也凸现了审美的神性维度的特有价值。正是从以上的视角来看，蔡氏的"以美育代宗教说"在学理上还是有其片面性的。但瑕不掩瑜，其积极的进步意义还是主要的。

第三，全面地论述了美育的内涵，为中国现代美育的学科建设奠定了坚实的基础。

蔡元培全面地论述了美育的内涵，包括美育的作用、性质、特点、目的与研究方法等。这些论述从目前看是以介绍西方理论，特别是康德美学理论为主，蔡氏本人的创见不多，而且有些表述还欠周延，但放到我国20世纪初期的语境中就可以看到这实际上是现代形态的美学与美育学科构建的起始，其作用还是相当巨大的。蔡氏在1912年的《对于新教育之意见》一文中不仅首次将美育列入国民教育方针，而且对美育的内涵与作用也主要借助康德的美学理论做了论述。他认为，世界观教育还没有解决现象界与实体界之联系，只有美

---

① 聂振斌选编：《中国现代美学名家文丛·蔡元培卷》，浙江大学出版社2009年版，第128页。
② 《马克思恩格斯选集》第1卷，人民出版社1972年版，第1页。

育能够成为沟通两者的"津梁"。他说："然则何道之由？曰由美感之教育。美感者，合美丽与尊严而言之，介乎现象世界与实体世界之间，而为津梁。此为康德所创造，而嗣后哲学家未有反对之者也。"①他认为，美感既能在现象世界产生喜怒哀乐之情，但又并不执著而可脱离（保持距离），并因而与造物为友，而接触于实体世界。"故教育家欲由现象世界而引以到达于实体世界之观念，不可不用美感之教育。"② 这实际上为美感乃至美育划定了介于现象与实体、知与意、真与善之间的特有的情感领域，从而借助于康德的这种二元论哲学论证了美育的独特性与不可取代性，为美育作为独立的一翼在教育中的独特地位，及其在国民教育方针中的地位奠定了理论的基础，也使这一"津梁"之说成为蔡氏美育理论的哲学前提与基础。

正是在这一"津梁"之说的基础上，蔡氏才展开了他有关美育性质、特点与目的的论述。蔡氏于 1930 年专为《教育大辞书》撰写了"美育"条目，该条目全面地论述了美育的性质、历史与实施。他说："美育者，应用美学之理论于教育，以陶养感情为目的者也。"③ 此论的贡献在于明确地确定了美育的"情育论"性质，而其局限在于仅仅将美育看成美学理论之应用，在一定的程度上将美育与美学对立并隔离了起来。实际上，从今天的视角来看，作为人生教育的美学就是广义的美育。当然，蔡氏有关美育之"情育论"的观念是借鉴了康德与席勒的美学理论，但在当时处于反封建资产阶级民主革命阶段的中国，对个人感情的倡导是亘古未有的，是一种对封建礼教的反叛。而从学理上来看，"情育论"也为"美育"学科的建设奠定了基础。正是在"津梁说"与"情育论"的基础上，蔡氏才论述了美感与美育特有的"普遍性"与"超越性"的特点。1921 年，蔡氏在为北大学生所写的《美学讲稿》中专门介绍了康德有关美的普遍性与超脱性的理论。他说："康德对于美的定义，第一是普遍性。……而美的快感，

---

① 聂振斌选编：《中国现代美学名家文丛·蔡元培卷》，浙江大学出版社 2009 年版，第 23 页。
② 同上。
③ 同上书，第 104 页。

专起于形式的观照，常认为普遍的。第二是超脱性。……而美的快感，却毫无利益的关系。"① 正因为美感与美育的普遍性与超脱性特点，所以才具有巨大的作用，并得以代替宗教。对于美育的这一特点，蔡氏在其晚年叙述自己在教育界的经历时又一次给予强调。他说，"46 岁（民国元年），我任教育总长，发表《对于教育方针之意见》提出美育，因为美感是普遍性，可以破人我彼此的偏见；美感是超越性，可以破生死利害的顾忌，在教育上应特别注重"②。在此基础上，蔡氏还进一步论述了美育的目的。按我的理解，他是从长远目的与近期目的两个层面来论述的。从长远目的来说，蔡氏认为，美育是一种健康人格的培养。他在《创办国立艺术大学之提案》中讲到："美育之目的，在陶冶活泼敏锐之性灵，养成高尚纯洁之人格。"③ 这一关于美育之长远目的的论述，既是对康德与席勒美学"人学理论"的继承借鉴，同时又适应了中国现代民主主义革命重视新人培养的宗旨。梁启超著名的"新民说"即为一例。关于美育的近期目的，1937年抗日战争爆发后，蔡氏认为，美育乃"抗战时期之必需品"④。他认为，抗战时期最需要的，是人人有宁静的头脑，又有坚强的意志，而养成这种精神"固然有特殊的机关，从事训练；而鄙人以为推广美育，也是养成这种精神之一法"⑤。具体言之，他认为，优雅之美可培养从容恬淡、超利害计较之情，从而抵御任何卑劣的诱惑；崇高之美可培养伟大坚强之情，从而抵御任何的威逼与胁迫；而美感的"感情移入"又可培养一种"同情"之心，促进全民抗战时期的互相爱护与互相扶助。将美育与全民抗战如此紧密地联系起来，进一步彰显了蔡元培的爱国主义情怀，同时也说明在中国救亡与启蒙所具有的某种相关性。关于美学与美育的研究方法，蔡氏在 1921 年所写《美学讲

---

① 聂振斌选编：《中国现代美学名家文丛·蔡元培卷》，浙江大学出版社 2009 年版，第134 页。

② 同上书，第 263 页。

③ 同上书，第 217 页。

④ 同上书，第 129 页。

⑤ 同上。

稿》与《美学通论》中列有专论，主张归纳与演绎的统一。他在介绍了冯特的实验心理学的美学研究方法之后说道："然问题复杂，欲凭业经实验的条件而建设归纳法的美，时期尚早。所以现在治美学的，尚不能脱离哲学的范围。"① 同时，他也力主从鉴赏接受与创作相结合的视角研究美学与美育。

第四，在美育的实施上进行了卓有成就的努力与示范，对于我国现代美育发展起到巨大推进作用。

蔡元培在我国现代美育发展史上的贡献除了上述教育方针的确立与理论的建树以外，还需特别引起重视的，就是他在我国现代美育实施方面所做出的巨大贡献。首先需要说明的是，美育作为教育的组成部分是一种实践性很强的学科，决不能仅仅停留在理论的层面，必须付诸实践。同时需要特别强调的是，蔡元培在我国现代史上的重要地位与崇高威望，特别是他曾任教育总长、北大校长的重要经历，使他对于美育的实施在我国美育发展史上具有示范的作用，留下一系列极为宝贵的遗产，起到了巨大的推动作用。蔡元培绝不仅仅是一位理论家，更是一位实践家。他在《何谓文化》一文中特别谈到了实践在建设中的重要作用："以上将文化的内容，简单的说过了。尚有几句紧要的话，就是文化是要实现的，不是空口提倡的。"②

蔡元培在美育的实施上进行了不懈的努力，做了大量的工作。我们从宏观与微观两个方面加以介绍和论述。在宏观方面，他确立了家庭、学校、社会以及终生美育的框架。在家庭美育方面，蔡氏论述了建立胎教院、育婴院与幼稚园的问题；在学校美育方面，论述了开设有关课程科目，以及学校的建筑、陈列、展览、音乐会等实施美育的措施；在社会美育方面，论述了设立美术馆、展览会、音乐会、剧院、影戏馆、博物馆以及城乡美化等问题；在终生美育方面，论述了"一直从未生以前，说到既死以后"的美育问题。以上所论，可谓翔

---

① 聂振斌选编：《中国现代美学名家文丛·蔡元培卷》，浙江大学出版社 2009 年版，第 135 页。

② 同上书，第 66 页。

实明确，更为重要的是在蔡氏的直接领导或参与策划推动下，成立了中国首个艺术院校与机构——他在担任中央大学院院长期间，在杭州成立了"西湖国立艺术院"。他又推动成立了国立美术学校，创立了首份音乐杂志，提交了《创办国立艺术大学之提案》，就任国立音乐院艺术社社长，主持编写了《中国新文学大系》，支持并参与了一系列艺术展，等等。这些艺术机构几乎都是今天我国各个重要艺术院校的前身，这样的贡献简直可以彪炳于中国教育史册。从微观的方面看，蔡元培于1917—1923年任国立北京大学校长，力倡"思想自由、兼容并包"原则，励精图治，坚持革新，使北京大学成为20世纪初期中国高校的典范。其在北大大力实施美育，亲力亲为，开设美学与美育课程，成立各种课外美育组织，举办各种课外美育活动，投资建设各种美育设施，在美育的发展建设上为后世树立了榜样，积累了经验。他在1934年所写的《我在北京大学的经历》一文中说："我本来很注意于美育的，北大有美学及美术史教课，除中国美术史由叶浩吾君讲授外，没有人肯讲美学。十年，我讲了十余次，因足疾进医院停止。至于美育的设备，曾设书法研究会，请沈尹默、马叔平诸君主持。设画法研究会，请贺履之、汤定之诸君教授国画；比国楷次君教授油画。设音乐研究会，请萧友梅君主持。均由学生自由选习。"[①] 在此思想指导下，蔡氏在北京成立了画法研究会、书法研究会、音乐研究会等课外美育活动组织，亲自为其确定宗旨、聘请导师、选定地点、参加开办与结业仪式等，成绩斐然。他在《北大画法研究会旨趣书》中指出："科学、美术，同为新教育之要纲，而大学设科，偏重学理，势不能编入具体之技术，以侵专门美术学校之范围。然使性之所近，而无实际练习之机会，则甚违提倡美育之本意。于是由教员与学生各以所嗜特别组织之，为文学会、音乐会、书法研究会等，既次第成立矣。"[②] 又在《在北大音乐研究会演说词》中指出："吾国今日尚无音乐学校，即吾校尚未能设正式之音乐科。然赖有学生之自动与导师之提倡，得以有此音乐研究会，未始非发展音乐之基础。所望在会诸君，知音乐为一种助进文化之利器，共同研究至高尚之乐理，而养成创造新谱之人材，采西乐之特长，以补中乐之缺点，而使之以时进步，庶不负建设此会之初意也。"① 这些已足见蔡元培在北大实行美育的勤奋艰苦而卓绝的努力。

总之，蔡元培不愧是中国现代美育的开创者与奠基者，他所留下的遗产滋润着我们，他所开创的事业激励着我们，鼓励我们沿着他的足迹继续前行，开创美育事业更加美好的明天。

第二节　王国维的"审美境界论"美育思想

说到中国现代美育，目前有据可查的资料告诉我们，在中国现代历史上第一个倡导现代美育的是王国维。他于 1903 年在《教育世界》杂志上发表《论教育之宗旨》一文，首倡美育，并将其与智育、德育并列包含于"心育"之内，这就是著名的"心育论"，开创了与中国传统"礼乐教化"相异、具有相对独立意义的现代美育的历史。王国维从中西交汇的视角对中国现代美育的内涵、作用、途径与目的等方面进行了全方位的富有成效的探索。如果说，在中国现代美育的开创之中，蔡元培以其特殊的政治社会地位在制度建设与学校实施方面做出了开创性贡献的话，那么王国维则更多地从学术层面，从美育学科的知识主体、独特内涵与方法等层面做出了独特的开创性贡献。他们二位各有侧重，相互辉映，成为中国现代美育史上的双子星座。

王国维（1877—1927），中国现代著名史学家、哲学家、文字学家、美学家，字静安，又字伯隅，号观堂，浙江海宁人，出生于一个不太富裕的书香家庭。1892 年 15 岁时考中秀才，1898 年 21 岁时离开浙江到上海，经人介绍到康梁改良派创办的《时务报》任司书和校

---

① 聂振斌选编：《中国现代美学名家文丛·蔡元培卷》，浙江大学出版社 2009 年版，第206 页。

对，同时利用业余时间到罗振玉开办的"东文学社"学习哲学、文学、英语、日语等。1901 年 24 岁时由罗振玉资助到日本留学，学习物理、数学等。1902 年秋因病回国，相继在上海、南通、苏州等地从事教学工作。1907 年 30 岁时随罗振玉进京任清朝学部总务司行走之职，后又改任学部所属京师图书馆编译。1912 年辛亥革命后，清政府被推翻，王国维随罗振玉亡命日本 5 年，专治国学。1916 年 39 岁时回国，在上海任编辑、大学教授。1923 年 46 岁时，经人推荐任废帝溥仪的"南书房行走"。1925 年 48 岁时应聘清华大学国学研究院教授。1927 年 6 月 2 日自沉于颐和园昆明湖，终年 50 岁。

王国维的思想极为复杂，一方面作为清朝的"遗老"，保留了残余的封建意识；一方面作为维新派，又接受了较多的资产阶级改良派思想。更重要的是，他作为学者，大量地接触了叔本华、康德、席勒与歌德等西方启蒙运动以来的资产阶级学术思想，对之深有研究，并大量地吸收到自己的学术之中。王国维的学术成就巨大，可称为中国现代学术的开创者之一。正如梁启超在《王静安先生墓前悼词》中所言，《观堂集林》"几乎篇篇都有新发明，只因他能用最科学而合理的方法，所以他的成就极大"①。这里所说的"最科学而合理的方法"，就是王国维力倡的中西、古今会通的方法。他说："今之言学者，有新旧之争，有中西之争，有有用之学与无用之学之争。余正告天下曰：学无新旧也，无中西也，无有用无用也。"② 王国维正以其中西、古今会通的视角与方法开创了中国现代美学与美育研究的新天地，成为中国现代美学与美育的重要奠基者之一。

一 美育之内涵：心育论

1903 年，王国维在《教育世界》杂志发表《论教育之宗旨》一文，首倡著名的"心育论"，成为中国现代历史上第一位系统论述现

---

① 梁启超：《王静安先生墓前悼辞》，转引自刘烜《王国维评传》，百花洲文艺出版社 2015 年版，第 299 页。

② 聂振斌选编：《中国现代美学名家文丛·王国维卷》，浙江大学出版社 2009 年版，第 11 页。

代美育的学者，并对美育的目标、内涵、德智体美的关系等进行了初步的探索，构建了中国现代美育的框架。王氏首先明确提出了培养精神与身体以及知情意协调发展的"完全之人物"的"教育之宗旨"。他说："教育之宗旨何在？在使人为完全之人物而已。何谓完全之人物？谓人之能力无不发达且调和是也。人之能力分为内外二者：一曰身体之能力，一曰精神之能力。发达其身体而萎缩其精神，或发达其精神而罢敝其身体，皆非所谓完全者也。完全之人物，精神与身体必不可不为调和之发达。而精神之中又分为三部：知力、感情及意志是也。对此三者而有真善美之理想：真者知力之理想，美者感情之理想，善者意志之理想也。完全之人物，不可不备真美善之三德。欲达此理想，于是教育之事起。教育之事亦分为三部：智育、德育（即意育）、美育（即情育）是也。……完全之教育，不可不备此三者。"①这短短的关于教育宗旨的论述内涵极为丰富：第一，教育的目标为培养"完全之人物"；第二，"完全之人物"的含义是"精神与身体必不可不为调和之发达""不可不备真美善之德"；第三，"美者感情之理想"，"美育"即"情育"。这就明确指出了美育为"完全之人物"培养的有机组成部分，是精神教育（即心育）不可或缺的方面，其具体内涵为情感之教育即情育。在这里，十分明确的是，王国维借鉴了康德有关人的精神"知情意"三分，以及审美为情感判断的观点，同时也借鉴了席勒有关美育即情育的观点，将中国的现代美育建立在西方启蒙主义理论基础之上，从而与中国现代文化建设"启蒙"的基本任务相吻合。将美育归结为情育，有学者认为缩小了美育的覆盖面。此论不能说没有道理，但针对旧的"礼乐教化""文以载道"理论，"情育论"对个体心灵的关注带有突破旧制、关注个人、解放人性的现代性色彩，而且大体揭示了现代美育的基本内涵，还是有其现实的价值与意义。何况，在另外的地方，王国维还是比较充分地注意到美育在情感教育之外的内涵的。他在 1907 年所写《论小说唱歌科之教

① 聂振斌选编：《中国现代美学名家文丛·王国维卷》，浙江大学出版社 2009 年版，第89 页。

材》一文中对设唱歌科之本意加以概括道："（一）调和其感情；
（二）陶冶其意志；（三）练习其聪明官及发声器是也。"① 在调和感
情之外，已充分注意到"陶冶其意志"与"练习其聪明官及发声器"
的内涵了。就在《论教育之宗旨》一文中，王氏以表格的形式表述了
美育之"心育论"内涵：

$$
教育之宗旨\begin{cases}体育 \\ 心育\begin{cases}知育 \\ 德育 \\ 美育\end{cases}完全之人物\end{cases}
$$

　　同时，他又进一步论述了"心育"中知（智）、德、美三育之间
的关系。他说："美育者，一面使人之感情发达，以达完美之域；一
面又为德育与智育之手段。"② 他在发表《教育之宗旨》的第 2 年，
即 1904 年又发表《叔本华之哲学及其教育学说》一文，进一步论述
了美育与德智二育之间的关系。他说："教育者，非徒以书籍教之之
谓，即非徒与以抽象的知识之谓。苟时时与以直观之机会，使之于美
术、人生上得完全之知识，此亦属于教育之范围者也。……不知由教
育之广义言之，则导人于直观而使之得道德之真知识，固亦教育上之
事。"③ 这里所说的"直观"乃借用德国哲学家叔本华的理论，是一
种面对理念的"审美观审"，即为审美活动。叔本华认为，审美所面
对的对象不是具有实在性的个别事物，而是意志直接客体化的理念，
主体也处于纯粹而无意志的非欲求状态。这就是所谓审美的直观、审
美的观审。诚如王国维所说："美术上之所表者，则非概念，又非个
象，而以个象代表其物之一种之全体，即上所谓实念者是也，故在在
得直观之。如建筑、雕刻、图书、音乐等，皆呈于吾人之耳目者。唯

----

① 聂振斌选编：《中国现代美学名家文丛·王国维卷》，浙江大学出版社 2009 年版，第
99 页。

② 同上书，第 90 页。

③ 同上书，第 65 页。

诗歌（并戏剧小说言之）一道，虽藉概念之助以唤起吾人之直观，然其价值全存于其能直观与否。"① 这里所说的"实念"即为"理念"，由此说明审美活动（审美直观）在德育、智育乃至整个教育过程中均具有重要作用。

二　美育之作用：无用之用

王国维美育思想的重要组成部分之一，是充分地论述了美育的"无用之用"的特殊作用。19 世纪与 20 世纪之交，军阀纷争、外敌入侵、国力衰微之时，某些人只重经济实用而轻视包括哲学、美学（美育）在内的人文学科，针对这种短视行为，王氏提出包括美育在内的人文学科"无用之用"的重要论断。他说："世之君子，可谓知有用之用，而不知无用之用者矣。"② 王氏用了一句非常通俗的话形容之："美之性质，一言以蔽之，曰：可爱玩而不可利用者是已。"③ 当然，这里的"用"是加引号的短期之用，而从长远来看，美学与美育当然是有用的，这就是所谓的"无用之用"。

王氏从多个层面论述了美育等人文学科"无用之用"的特点，主要集中于 1905 年所写的《论哲学家与美术家之天职》一文中。王氏首先认为，哲学与美学等人文学科的根本价值在于对真理的揭示，这是万世之功绩，而非一时之功绩。他说："天下有最神圣、最尊贵而无与于当世之用者，哲学与美术是已。天下之人嚣然谓之曰无用，无损于哲学、美术之价值也。……夫哲学与美术之所志者，真理也。真理者，天下万世之真理，而非一时之真理也。其有发明此真理（哲学家）或以记号表之（美术）者，天下万世之功绩，而非一时之功绩也。"④ 在这里，王国维明确指出了包括美学与美育在内的人文学科的"最神圣、最尊贵"的地位，绝非所谓"无用"；其原因在于，哲学

① 聂振斌选编：《中国现代美学名家文丛·王国维卷》，浙江大学出版社 2009 年版，第 64 页。
② 同上书，第 13 页。
③ 同上书，第 100 页。
④ 同上书，第 3 页。

与美学揭示了"万世之真理",所以具有"万世之功绩";哲学家是对真理的"发明",美术家则是以"记号"(符号)将真理发表之,因此,两者同样具有"万世之功绩"。当然,王氏以发明与发表作为哲学与美学的区别,可能过于简单,但将两者都与真理相联系却是非常正确并具当代意义的。王国维还进一步论述了哲学与美学作为"精神文明"建设"非千百年之培养与一二天才之出不及此,而言教育者,不为之谋,此又愚所大惑不解者也"。① 其认识之深,即使在当代仍发人深省。

王国维进而从人性角度论述了哲学与美学(包括美育)作为形而上的精神追求充分表现了人区别于动物只局限于形而下的"生活之欲"的人性之处。他说:"夫人之所以异于禽兽者,岂不以其有纯粹之知识与微妙之感情哉?至于生活之欲,人与禽兽无以或异。"② 他借用叔本华的话将人称为"形而上学的动物",其异于禽兽的最根本之点是具有超越物欲的形而上学的精神生活追求。他说:"哲学之所以有价值者,正以其超出乎利用之范围故也。且夫人类岂徒为利用而生活者哉?人于生活之欲外,有知识焉,有感情焉。感情之最高之满足,必求之文学、美术;知识之最高之满足,必求诸哲学。叔本华所以称人为形而上学的动物,而有形而上学的需要者,为此故也。"③

王国维还从历史影响的角度论述了哲学与美学(包括美育)等人文学科长存历史的"无用之用"的价值意义。他说:"至就其功效之所及言之,则哲学家与美术家之事业,虽千载以下,四海以外,苟其所发明之真理与其所表之之记号之尚存,则人类之知识感情由此而得其满足慰藉者,曾无以异于昔;而政治家及实业家之事业,其及于五世十世者希矣。此又久暂之别也。"④ 这正与美学史家鲍桑葵关于伟大的艺术品随着时代的变迁而日益重要的论断相一致。鲍氏在其著名的

---

① 聂振斌选编:《中国现代美学名家文丛·王国维卷》,浙江大学出版社 2009 年版,第 78 页。

② 同上书,第 3 页。

③ 同上书,第 92 页。

④ 同上书,第 3 页。

《美学史》中指出："只有这些伟大的美的艺术作品才是随着时代的变迁日益重要，而不是随着时代的变迁日益不重要。"①

不仅如此，王国维还从审美与艺术特殊性的角度论述了美学艺术与美育特有的感染陶冶人的作用，进一步阐明其"无用之用"。他认为，哲学与美学"其所欲解释者，皆宇宙人生上根本之问题。不过其解释之方法，一直观的，一思考的；一顿悟的，一合理的耳"②。方法的不同，导致了两者作用的差异。王氏从优美、古雅（形式之美）与宏壮三种不同的美学风格论述了美学与艺术对人的感染陶冶的特点。他说："优美之形式使人心和平，古雅之形式使人心休息，故亦可谓之低度之优美。宏壮之形式常以不可抵抗之势力，唤起人钦仰之情。"③ 这都是审美与艺术特有的作用的体现。

三　美育之途径：艺术解脱说

王国维关于美育之途径"艺术解脱说"的论述，从总体来说，是对德国近代哲学家叔本华"意志论美学"的借鉴。首先是借鉴了叔本华有关"意志—欲望—痛苦"之说。叔本华将"意志"作为世界的本原，而意志即欲求，包含生存与繁衍两个方面的内涵，也就是生命意志。因现实无法满足人的欲求，所以产生对现实的不满与痛苦，所以意志的本质是痛苦，生存的本身就是不息的痛苦。王氏在自己的论著中多次阐述了这一理论，甚至转引了叔本华的原话。另外，就是借鉴了叔本华的"审美解脱说"理论。叔本华认为，对人类痛苦的解脱有两条途径：一个是永久解脱，即通过禁欲彻底摆脱痛苦；另一个是通过审美暂时解脱。审美之所以能起到暂时解脱的作用，原因在于审美在本质上是无利害无功利的。王氏用自己的语言转述了叔本华的观点："美之为物，不关于吾人之利害者也。吾人观美时，亦不知有一己之利害。德意志之大哲人汗德，以美之快

---

① ［英］鲍桑葵：《美学史》，张今译，商务印书馆 1985 年版，第 6 页。
② 聂振斌选编：《中国现代美学名家文丛·王国维卷》，浙江大学出版社 2009 年版，第 94 页。
③ 同上书，第 103 页。

乐为不关利害之快乐（Disinteresed Pleasure）。至叔本华而分析观美之状态为二原质：（一）被视之对象，非特别之物，而此物之种类之形式；（二）观者之意识，非特别之我，而纯粹无欲之我也。"① 正是通过这种纯形式的无欲望之审美才能使人解脱欲望与痛苦的束缚。王国维分层次论述了"与生相对待"的欲望之解脱、日常利害关系之解脱与毒品之解脱，等等。

首先是"与生相对待"的欲望之解脱。王国维指出："老子曰：'人之大患，在我有身。'庄子曰：'大块载我以形，劳我以生。'忧患与劳苦之与生相对待也久矣。"② 忧患与劳苦是与生相伴的，这在某种程度上是一种"原罪"，因此，也有学者将此称作"原罪解脱"。当然，这与基督教的原罪解脱还是有所区别的。王氏以对我国古典名著《红楼梦》的美学价值与伦理价值的阐发来论述这种"原罪解脱"的过程。他认为，《红楼梦》的价值在于它是中国文学史上十分罕见的"悲剧中之悲剧"，从而以其巨大的悲剧艺术力量起到审美解脱的作用。他指出："《红楼梦》一书，与一切喜剧相反，彻头彻尾之悲剧也。……又吾国之文学，以挟乐天的精神故，故往往说诗歌的正义，善人必令其终，而恶人必离其罚，此亦吾国戏曲小说之特质也。《红楼梦》则不然，赵姨、凤姐之死，非鬼神之罚，彼良心自己之苦痛也。"③ 在这里，王国维批评了我国古代戏剧"善有善报，恶有恶报"大团圆结局的所谓"诗歌的正义"，倡导了以个人的"良心之苦痛"作为基础的悲剧之精神，由此进一步阐述了《红楼梦》的悲剧特质。他借用叔本华的观点指出："悲剧之中，又有三种之别：第一种之悲剧，由极恶之人，极其所有之能力，以交构之者；第二种，由于盲目的运命者；第三种之悲剧，由于剧中之人物之位置及关系而不得不然者，非必有蛇蝎之性质与意外之变故也，但由普遍之人物，普通之境遇，逼之不得不如是，彼等明知其害，交施之而交受之，各加

---

① 聂振斌选编：《中国现代美学名家文丛·王国维卷》，浙江大学出版社 2009 年版，第104 页。
② 同上书，第 115 页。
③ 同上书，第 122 页。

以力而各不任其咎。此种悲剧，其感人贤于前二者远甚。何则？彼示人生最大之不幸，非例外之事，而人生之所固有故也。"① 他认为，《红楼梦》就属于第三种悲剧，宝黛悲剧的创造者贾母、王夫人、凤姐均系宝黛亲人，她们致其婚姻失败乃至悲剧结局均非出于恶意之蛇蝎心肠，而是出于日常伦理道德之偏见，所谓"不过通常之道德，通常之人情，通常之境遇为之而已"②。王国维认为，这第三种悲剧之"通常性"才能对所有的普通人产生极其震撼的悲剧力量，从而使之经受精神的洗涤而得以解脱。他说："但在第三种，则见此非常之势力，足以破坏人生之福祉者，无时而不可坠于吾前；且此等惨酷之行，不但时时可受诸已，而或可加诸人，躬丁其酷，而无不平之可鸣，此可谓天下之至惨也。"③ 王国维指出，《红楼梦》的悲剧的审美力量，还表现在对贾宝玉这一悲剧性格的特殊塑造。他说："解脱之中，又自有二种之别：一存于观他人之苦痛，一存于觉自己之苦痛。……前者之解脱，如惜春、紫鹃；后者之解脱，如宝玉。前者之解脱，超自然的也，神明的也；后者之解脱，自然的也，人类的也。前者之解脱，宗教的也；后者美术的也。前者平和的也；后者悲感的也，壮美的也，故文学的也，诗歌的也，小说的也。此《红楼梦》之主人公，所以非惜春、紫鹃，而为贾宝玉者也。"④ 这就说明，观他人之苦痛而选择解脱之路者，带有偶然性、平板性，缺乏深刻的内涵和悲剧的力量，如惜春、紫鹃之选择出家。而觉自己之苦痛而选择解脱者，因其解脱建立在波澜起伏的苦痛经历之上，内容深刻，积淀深厚，蕴含巨大的悲剧力量和震撼人心的效果。如贾宝玉之备尝爱情之甜蜜与苦涩、得玉与失玉之迷茫、失婚与骗婚之痛苦、功名利禄之煎熬、家庭兴衰之变故……最后是中举而出家，只落得白茫茫一片大地真干净，可谓亲历人生百态、备尝人间痛苦，这样的悲剧效果其力量

① 聂振斌选编：《中国现代美学名家文丛·王国维卷》，浙江大学出版社 2009 年版，第122—123 页。
② 同上书，第 123 页。
③ 同上。
④ 同上书，第 120—121 页。

可谓巨大！王国维还从另一个层面揭示了贾宝玉这一人物形象的悲剧力量。那就是将贾宝玉与歌德《浮士德》的主人公浮士德相比较。他说："且法斯德（浮士德）之苦痛，天才之苦痛；宝玉之苦痛，人人所有之苦痛也。其存于人之根柢者为独深，而其希救济也为尤切。"①正是因为贾宝玉的苦痛为人人所有之苦痛、为普通人之苦痛，所以愈发具有普遍意义，也愈发感人至深。

对于"原罪解脱"中《红楼梦》这样的伟大悲剧作品的作用，王国维最后加以总结道："夫如是，则《红楼梦》之以解脱为理想者，果可菲薄也欤？夫以人生忧患之如彼，而劳苦之如此，苟有血气者，未有不渴慕救济者也；不求之于实行，犹将求之于美术。独《红楼梦》者，同时与吾人以二者之救济。"②

其次是利害之解脱。所谓"利害"，与人之得失相关，而得失又与欲望相联系，所以，利害之解脱其实就是欲望之解脱。如果说欲望与生俱来，是"原罪"的话，那么利害则是原罪在日常生活中的表现。王国维专门论述了通过审美与艺术对利害的解脱。他说："目之所观，耳之所闻，手足所触，心之所思，无往而不与吾人之利害相关，终身仆仆，而不知所税驾者，天下皆是也。然则此利害之念，竟无时或息欤？吾人于此桎梏之世界中，竟不获一时救济欤？曰：有。唯美之为物，不与吾人之利害相关系，而吾人观美时，亦不知有一己之利害。何则？美之对象，非特别之物，而此物之种类之形式，又观之之我，非特别之我，而纯粹无欲之我也。"③ 在此，王氏讲了三层意思：第一，日常生活中无处无往而不与个人之利害相关，也就是"利害"无处不在；第二，利害是对人的一种"桎梏"，也就是使人堕入苦痛之中，乃至难以驾驭自己的命运；第三，解脱之道在审美，因为美的事物是无内容之形式，而审美之我则为无欲之主体，使得审美可以超功利而无利害。显然，以上理论是借鉴了康德、叔本华的静观的

---

① 聂振斌选编：《中国现代美学名家文丛·王国维卷》，浙江大学出版社 2009 年版，第 121 页。

② 同上书，第 128 页。

③ 同上书，第 58 页。

无功利的审美观，其中的创新并不多。

最后是毒品之解脱。代表文章即王国维发表于 1906 年的著名的《去毒篇——鸦片烟之根本治疗法及将来教育上之注意》。这种鸦片毒品之解脱纯粹具有中国特色。众所周知，清后期外敌入侵，政治腐败，帝国主义列强侵略中国之一途就是大量输入鸦片，除意在牟利外还有毒害国民的恶毒意图存在，造成国贫民弱，后果十分严重，因而爆发了鸦片战争。王国维的《去毒篇》针对鸦片毒品的解脱，讲了这样四层意思。第一是讲鸦片毒害中国国民的严重后果及原因。其严重后果就是"中国之衰弱极矣"，而其原因在于"国民之无希望、无慰藉。一言以蔽之，其原因存于感情上而已"[1]。第二是讲禁鸦片之道，除加强政治与教育之措施外，不可不加意于国民之感情，"其道安在？则宗教与美术二者是。前者适于下流社会，后者适于上等社会；前者所以鼓国民之希望，后者所以供国民之慰藉"[2]。第三是论述了宗教可使劳苦大众在现实的黑暗与不幸中依稀看到彼岸的光明与公平，从而得到慰藉。"人苟无此希望，无此慰藉，则于劳苦之暇，厌倦之余，不归于雅片，而又奚归乎？"[3] 第四是集中论述了"美术者，上流社会之宗教也"[4] 的道理。原因是，从主体讲，由于上流社会"知识既广，其希望亦较多，故宗教之对彼，其势力不能如对下流社会之大"。[5] 也就是说，从历史传统来看，在中国知识分子群体之中宗教始终未能占压倒之优势，只能借助于美术来代替之。这可以说是"以美育代宗教"命题在中国现代史上的首次提出，无疑要早于蔡元培。美术（美育）之所以能够代宗教，同美术具有感情的性质有关，这使其能够治疗感情上的疾病，而且较之宗教的彼岸性而具明显的现实性的特点与优势。

---

① 聂振斌选编：《中国现代美学名家文丛·王国维卷》，浙江大学出版社 2009 年版，第 86 页。

② 同上书，第 87 页。

③ 同上。

④ 同上。

⑤ 同上。

四　美育之目的：审美之境界与人生之境界

"境界说"在王国维的美学与美育思想中无疑是最具创见的理论贡献，当然，对于这一理论的争论也最多。这一理论真正做到了王国维力倡的融汇中西、古今的学术研究立场与方法，内涵深邃、丰富、复杂，意义非凡，不仅是旧美学的总结，更是新美学的开创。长期以来，学术界更多注意这一理论与传统诗学"意境"说的一致性，而相对忽视了这一理论蕴涵了西方与中国现代美学的开创性与现代性。王国维的"境界说"当然是集中反映在他1908—1909年发表的《人间词话》当中，但其最早提出则是他发表于1904年的《孔子之美育主义》。这其实是一篇非常重要的文章。在这篇文章中，王氏明确提出了"今转而观我孔子之学说。其审美学上之理论虽不得而知，然其教人也，则始于美育，终于美育"①。将孔子之教概括为"始于美育，终于美育"，这是对孔子学说，特别是孔子教育思想的一种非常重要的概括。接着，他又对孔子教人于诗乐外尤使人玩天然之美作了具体的描写，并说："此时之境界：无希望，无恐怖，无内界之争斗，无利无害，无人无我，不随绳墨而自合于道德之法则。"② 在他看来，这种无希望、无恐怖、无利害、无内外、无人无我的"境界"就是一种"固将磅礴万物以为一，我即宇宙，宇宙即我也"③ 的"天地人合一"的"华胥之国"，即古人梦中的"圣域"。我们按照王国维的思路从审美之境界与人生之境界两个方面论述他的"境界说"。

（一）审美之境界

所谓"境界"，并不是简单的"意"与"境"的结合，而是审美所要达到的一种目标，更多的是一种"心境"。首先是一种真景物、真感情，是一种赤子之心。诚如王氏所说，"故能写真景物，真感情

---

① 聂振斌选编：《中国现代美学名家文丛·王国维卷》，浙江大学出版社 2009 年版，第105 页。

② 同上书，第106 页。

③ 同上。

者，谓之有境界，否则谓之无境界"①。如何才能写出这种"真景物，真感情"呢？王氏解释道，"不失其赤子之心者"②。所谓"赤子之心"，乃是如初生婴儿般纯洁善良之心，不受任何权利欲望利害之浸染。这其实就是达到审美境界的前提。其二是要求"格调之高"，弃绝"龌龊小生"。王氏写道，"古今词人格调之高，无如白石"③。在他看来，南宋词人姜夔的词作空灵含蓄，具有较高的格调，是他所倡导的。他接着写道："幼安之佳处，在有性情，有境界。即以气象论，亦有'横素波、干青云'之概，宁后世龌龊小生所可拟耶？"④ 也就是说，王国维最为肯定的是南宋著名豪放词人辛弃疾（幼安），认为其词有大气象。其三是倡导优美、壮美，反对眩惑。他说："美之为物有二种：一曰优美，一曰壮美。苟一物焉，与吾人无利害之关系，而吾人之观之也，不观其关系，而但观其物；或吾人之心中，无丝毫生活之欲存，而其观物也，不视为与我有关系之物，而但视为外物，则今之所观者，非昔之所观者也。此时吾心宁静之状态，名之曰优美之情，而谓此物曰优美。若此物大不利于吾人，而吾人生活之意志为之破裂，因之意志循去，而知力得为独立之作用，以深观其物，吾人谓此物为壮美，而谓其感情曰壮美之情。"⑤ 在这里，所谓优美与壮美实为审美境界的两种状态，前者为物我一致，两者协调，心情安静；后者则为物我对立，主体凭借顽强的智力战胜之。这两种状态都能使人达到审美的境界，实现审美的解脱。王国维竭力反对的一种风格乃是"眩惑"。所谓"眩惑"，王氏说："至美术中之与二者相反者，名之曰眩惑。夫优美与壮美，皆使吾人离生活之欲，而入于纯粹之知识者。若美术中而有眩惑之原质乎，则又使吾人自纯粹之知识出，而复归于生活之欲。"⑥ 也就是说，在王氏看来，"眩惑"实际正是对生活

---

① 聂振斌选编：《中国现代美学名家文丛·王国维卷》，浙江大学出版社 2009 年版，第 136 页。

② 同上书，第 138 页。

③ 同上书，第 144 页。

④ 同上。

⑤ 同上书，第 117 页。

⑥ 同上。

之欲的沉湎。正如他举例的所谓"玉体横波""靡靡之消""绮语之诃"等。所以，"眩惑之于美，如甘之于辛，火之于水，不相并立者也。吾人欲以眩惑之快乐，医人世之苦痛，是犹欲航断港而至海，入幽谷而求明，岂徒无益，而又增之。则岂不以其不能使人忘生活之欲，及此欲与物之关系，而反鼓舞之也哉！眩惑之与优美及壮美相反对，其故实存于此"①。其四是认为古之诗词有"有我之境"与"无我之境"两种，并肯定"无我之境"。他说："有我之境，以我观物，故物皆著我之色彩。无我之境，以物观物，故不知何者为我，何者为物。古人为词，写有我之境者为多，然未始不能写无我之境，此在豪杰之士能自树立耳。"②又说："无我之境，人惟于静中得之。有我之境，于由动之静时得之。故一优美，一宏壮也。"③在王氏看来，无我之境，以物观物，物我一体，应该是诗歌创作与审美的"至境"；而有我之境，物皆著我之色彩，应是创作与审美的火候不到之故。其五是倡"不隔"，反对"隔"。王国维在《人间词话》中明确地倡导"不隔"而反对"隔"。所谓"隔"即阻拦、间隔，在创作与审美中就是词与意、意与境、作者与作品、读者与作品产生间隔，应为创作的大忌，是对审美境界的破坏。王国维指出，"问'隔'与'不隔'之别，曰：陶谢之诗不隔，延年则稍隔矣；东坡之诗不隔，山谷则稍隔矣"；又说，"语语都在目前，便是不隔"。④所谓"都在目前"，可解作都在创作者或欣赏者之目前。他又提出忌用"替代字"，并举例说，"美成《解语花》之'桂华流瓦'，境界极妙。惜以'桂华'二字代'月'耳⑤。在王氏看来，这一"代"就产生了"隔"。当然，还包括过多的用典、生僻的用词等。总之，他倡导一种明白晓畅、行云流水的风格。其六是倡导诗人创作要入乎其内，出乎其外。他说：

---

① 聂振斌选编：《中国现代美学名家文丛·王国维卷》，浙江大学出版社2009年版，第118页。

② 同上书，第135页。

③ 同上书，第136页。

④ 同上书，第143页。

⑤ 同上书，第142页。

"诗人对宇宙人生，须入乎其内，又须出乎其外。入乎其内，故能写之。出乎其外，故能观之。入乎其内，故有生气。出乎其外，故有高致。美成能入而不出。白石以降，于此二事皆未梦见。"① 北宋词人周邦彦能入而不能出，南宋词人姜夔以下均达不到入乎内出乎外之境界。

（二）人生之境界

王国维在发表于 1906 年的《文学小言》中提出"古今之成大事业大学问者，不可不历三种之阶段"②，后又于《人间词话》中提出"古今之成大事业、大学问者，必经过三种之境界"。这"三境界"为："昨夜西风凋碧树。独上高楼，望尽天涯路。"此第一境也。"衣带渐宽终不悔，为伊消得人憔悴。"此第二境也。"众里寻他千百度，蓦然回首，那人却在灯火阑珊处。"此第三境也。③ 这里借用三句诗形象地描绘了实现人生目标之始而确立、继而苦苦奋斗、终将实现三个阶段。这是王国维审美境界说的升华与发展，也是他的美学与美育思想的升华与发展。

这里需要说明的是，审美境界说与人生境界说在王国维的理论中是完全一致的。从目标来看，人生境界就是王国维的审美境界所要达到的目标。他于 1907 年的《三十自序（二）》中写道："近日之嗜好，所以渐由哲学而移于文学，而欲于其中求直接之慰藉者也。要之，余之性质，欲为哲学家，则感情苦多而知力苦寡；欲为诗人，则又苦感情寡而理性多。诗歌乎？哲学乎？他日以何者终吾身，所不敢知，抑在二者之间乎？"④ 这说明王国维学术研究的重要目的，即感情"慰藉"的寻找与"终吾身"之安身立命之地的探求。可以这样说，审美境界是手段，是过程，是途径，人生境界则是修养，是目的，两者紧密相依，融为一体。

———————

① 聂振斌选编：《中国现代美学名家文丛·王国维卷》，浙江大学出版社 2009 年版，第148 页。

② 同上书，第 111 页。

③ 同上书，第 140 页。

④ 同上书，第 204 页。

王国维由审美境界而到人生境界理论的提出，意义非同寻常，首先是对中西美学的改造。他对中国传统美学"礼乐教化"之学中的政治层面与制度层面的内涵加以废弃，保留并发展了其中人生美学的内容，将西方现代美学中实证的、科学的内容放置一边，突出其人文的内涵。正是通过这样的改造，创造了崭新的人生境界论美学，完全可以作为中国新美学的起点。从另一方面说，王国维"人生境界论"美学的提出，在一定程度上丰富了中国现代美学史上"以美育代宗教"的内涵。众所周知，"以美育代宗教"本是王国维美学与美育理论的必有之义，他不仅有"美术乃上流社会之宗教"的观点，而且明确提出在中国以美育代宗教的理论。他在1904年发表的《教育杂感》四则中指出："我国无固有之宗教，印度之佛教亦久失其生气。求之于美术欤？美术之匮乏，亦未有如我中国者也。则夫蚩蚩之氓，除饮食男女外，非鸦片赌博之归而奚归乎！故我国人之嗜鸦片也，有心理的必然性，与西人之细腰、中人之缠足有美学的必然性无以异。不改服制而禁缠足，与不培养国民之趣味而禁鸦片，必不可得之数也。夫吾国人对文学之趣味既如此，况西洋物质的文明又有滔滔而入中国，则其压倒文学，亦自然之势也。夫物质的文明，取诸他国，不数十年而具矣，独至精神上之趣味，非千百年之培养与一二天才之出不及此，而言教育者，不为之谋，此又愚所大惑不解者也。"① 显然，王国维根据中国"无固有之宗教"的国情试图以教育代之，以发展精神文明与培养国民之趣味，而他对美育的重视，可推出以"美育代宗教"的结论。其"境界论"的提出本身也确与佛教的影响有关。"境界"一词尽管古已有之，但其成为美学与文学概念的确与佛教"境界"一词的传入有关。佛教之"境界"含有"心中之境""境存于心""绝对境界"之意，从而包含"境由心造""水月镜花""羚羊挂角，无迹可求"等诗意。王国维将中国古典的"意境说"转化为"境界说"应该是吸收了佛教

① 聂振斌选编：《中国现代美学名家文丛·王国维卷》，浙江大学出版社2009年版，第78页。

"境界"一词的有关内涵的。

总之，王国维的"境界说"为其"心育论"美学与美育理论画了一个圆满的句号，也使之成为中国现代美育理论的至高点，为我国当代美育理论的发展奠定了坚实的基础。

当然，也有学者认为王国维的"境界说"有贬中抑西的倾向，理由是王国维曾说"言气质，言神韵，不如言境界。有境界，本也；气质、神韵，末也"[①]；而且王氏"境界说"对叔本华"直观说"有诸多继承，其文章中有关中国文学、哲学不如西方的言论也时有出现，等等。这些批评不能说没有道理与根据，但放到当时的历史背景下来看就能理解王氏的初衷与实际情况。当时正值20世纪初期，国弱民贫，列强入侵，王国维作为维新派抱有爱国图强之志，较多看到西方的强处和我国的弱处，正是力图改变现状的一种态度。

当然，任何历史与个人都不可能是完美无缺的，王国维虽为一代学术巨子，其理论也不免有生硬牵强、内在矛盾等问题。他在辛亥革命之后仍以"遗老"自居，忠于清室，蓄发留辫，最后是沉湖自尽，实际上是在晚年演出了一场悲剧，不免令人为之扼腕。

---

① 聂振斌选编：《中国现代美学名家文丛·王国维卷》，浙江大学出版社2009年版，第153页。

第十三章

中国现代其他主要美育理论家

美学与美育包含着浓郁的人文主义教育内容，所以，在中国现代民族启蒙的社会历史发展中显得尤其重要，几成显学，涌现了一批著名的美学与美育理论家。他们的理论建树成为建设发展我国新时代美学与美育理论的重要资源。

第一节　梁启超的"新民说"及其美育思想

梁启超（1873—1929）是中国近代著名的资产阶级政治家，也是颇有影响的清华国学研究院"四大导师"之一。在中国近代学术史上，梁启超是开风气之先的学术奠基者，特别在史学与文学领域建树颇多，已为学术界所公认。他在美学与美育领域的成就也已经被众多学者深入阐发。但关于他在美学与美育领域的成就之高低、前期与后期之关系、具体的美学与美育理论贡献等问题，在学术界仍然有着一定的分歧，需要进一步研讨。

一　梁启超"新民说"美育思想产生的社会历史背景

马克思主义的历史主义认为，评价一个历史人物最重要的是要将他放入一定的历史背景，深入探讨其活动的历史动因，并看他与前人及同时代人相比做出了哪些新的贡献，从而确定其历史地位。

梁启超生活于晚清与民国这一特定的历史时代，其时社会动荡激变，四万万同胞面临外侮内乱，中华民族经受着存亡的考验，"保国保种"成为国家民族与一切有识之士的首要任务。另一方面，中国社会也正在经历着由封建到半封建半殖民地，以及文化上由传统到现代的巨大转型。在这种动荡激变与巨大转型的时代，梁启超是早期的弄潮儿和其后许多重要事件的亲历者。他作为叱咤风云的"康梁"之一，是早期维新变法的领袖人物，其后虽持改良的立场而与革命派对立，但在反对袁世凯与张勋复辟中仍然起到了重要作用。他最后的绝笔是为《辛稼轩先生年谱》所写的"孰谓公死，凛凛犹生"，说明其反封建与爱国的情怀始终不变。在中国社会文化的急剧变化转型中，梁启超与其政治上的逐渐落后相反，始终是活跃在文化学术第一线的重要人物，在传播"启蒙"、介绍西学以及建设新的"中学"过程中成为最重要的代表人物之一。

梁启超个人在这个社会急剧变迁的过程中也经历了由政治家到教育家与学者的转型。这种转型大体以1918年欧游为界，其后，梁氏逐步走上执教与为学之路。这正是他在政治之路屡屡碰壁之后所选择的救国之路。他在叙述自己的转变时说道："现在的中国，政治方面，经济方面，没有哪件说起来不令人头痛，但回到我们教育的本行，便有一条光明的大路，摆在我们面前。"[①] 但其执教与治学却仍然难脱政治的影响，正如他在著名的《清代学术概论》中所说，"有为、启超皆抱启蒙期'致用'的观念，借经术以文饰其政论"[②]。由此说明，他后期的学术活动仍不离"启蒙"与"救国"等与"致用"有关的大的"政论"范围。正是在这样的背景下，梁氏后期从"知古而鉴今"出发主要致力于史学，在旧史学的改造与新史学的建设上建树颇多，成为中国近代资产阶级新史学的奠基者。从1920年欧游回国到1929年初辞世，加上最后几年的缠绵病榻，梁氏宝贵的六七年学术活动时间主要用在史学建设之上，这是有成果为据的。美学与美育学科建设由于距离"致用"相对较远，

---

① 金雅选编：《中国现代美学名家文丛·梁启超卷》，浙江大学出版社2009年版，第20页。

② 《梁启超全集》，北京出版社1999年版，第3070页。

所以不是梁氏的主要用力所在，但这并不影响他在这些领域的独特
建树。诚如金雅教授所说，梁氏的美学思想是一种大的人生论美学
观。因而，从总体上来说，梁氏的美学思想就是广义上的美育思
想。这也是由他的"启蒙"与"救国"之"致用"的学术路径决
定的。当然，他前期更倾向于政治"启蒙"，后期则更多学术意味，
但"致用"的路径始终未曾偏离。就我们目前看到的材料而言，梁
氏美学与美育理论尽管成果丰硕、见解不凡，而且的确以"新民"
作为贯通前后的桥梁，但还不能说已经自觉地建立了一个新的美学
与美育理论体系。也许，我们可以说，他的美学与美育理论已经有
一个"隐性的体系"，但毕竟缺乏"显性的体系"。梁氏在美学与美
育学科建设上还没有明显而自觉的学科意识，到现在为止，没有发
现他的文章中有"美学"与"美育"的字眼。从美学与美育学科建
设的角度，梁氏不能说有超越于王国维与蔡元培的建树。但梁氏的
特殊贡献在于，他作为资产阶级政治家，贯穿于所有作品及其一生
的资产阶级"救亡与启蒙"的精神，对于当时、今天乃至今后我国
的美学与美育学科建设仍具有重要的启示作用与参考价值。1900
年，就在八国联军攻入北京、焚烧圆明园那一年，梁启超发表著名
的《少年中国说》，在文中说："呜呼，我中国其果老大矣乎？立乎
今日，以指畴昔，唐虞三代，若何之郅治；秦皇汉武，若何之雄杰；
汉唐来之文学，若何之隆盛；康乾间之武功，若何之显赫！……而
今颓然老矣，昨日割五城，明日割十城；处处雀鼠尽，夜夜鸡犬
惊；十八省之土地财产，已为人怀中之肉；四百兆之父兄子弟，已
为人注籍之奴。岂所谓老大嫁做作商人妇者耶？呜呼！凭君莫话当
年事，憔悴韶光不忍看。楚囚相对，岌岌顾影；人命危浅，朝不虑
夕。国为待死之国，一国之民为待死之民，万事付之奈何，一切凭
人作弄，奈何足怪！"① 但在国家濒危之际，梁启超并没有灰心，而
是将民族复兴的希望寄托于未来，寄托于青年。在该文的最后，他
写道："故今日之责任，不在他人，而全在我少年。少年智则国智，

---

① 《梁启超全集》，北京出版社 1999 年版，第 409 页。

少年富则国富，少年强则国强，少年独立则国独立，少年自由则国自由，少年进步则国进步。……美哉我少年中国，与天不老！壮哉我少年中国，与国无疆！"① 更为可贵的是，梁氏将审美与文艺作为造就"美哉少年"与"少年中国"的重要途径，并于其后的 1902 年发表了著名的《论小说与群治之关系》的重要论文，提出"欲新一国之民，不可不先新一国之小说"② 的重要论断。在这里，也许梁氏将小说的作用过分夸大了，但他将文艺与民族命运紧密相联的初衷却是极有价值的。

总之，从《少年中国说》到《新民说》再到《论小说与群治之关系》，梁氏在他的美学、美育与文艺理论中始终贯穿着"民族启蒙"的强烈情怀。这不仅一改中国古代"文以载道"的传统，将其转到文艺与"新的国民"塑造的现代轨道之上，而且完全切合中国 1840 年鸦片战争以来民族兴亡成为当务之急的现实。从 20 世纪初梁氏的"少年中国说"到五四运动反对列强的吼声，再到抗战时期的《黄河颂》，乃至今天作为我国国歌的《义勇军进行曲》，"中华民族到了最危亡的时候，我们万众一心，冒着敌人的炮火，前进，前进，前进进！"这激奋人心的声音成为我国近代以来美学、美育以及文艺建设激动人心的主旋律，直到当前提出"中华民族伟大复兴必然伴随着中华文化繁荣兴盛"的重要论断。可以说，"民族复兴"从 1840 年至今，一脉相承，成为我国美学、美育与文艺建设发展的基调。梁启超在这一基调的形成中是最早的倡导者之一，做出了自己特有的贡献，这是其不同于其他美学家之处，应予特别注意与重视。有的学者将梁氏看作是功利主义的美学与美育理论家，但我们认为，梁氏所倡导的"民族启蒙"是一种与中华民族命运紧密相联的宏大的民族功利。对于作为人文学科的美学与美育，这种宏大的功利主义不仅有着政治的价值与意义，而且有着重要的学科建设的价值与意义，直到今天仍然具有现实的价值。

---

① 《梁启超全集》，北京出版社 1999 年版，第 411 页。
② 同上书，第 884 页。

二 梁启超的"新民说"美育思想

梁氏的美育思想，诚如金雅教授所说存在着一个隐性的体系。我个人理解，这个隐性的体系就是以"新民"为其出发点，以"文学移人""情感教育""趣味教育"为其内容，以"美术人""生活艺术化"为其旨归，以新的艺术形式"小说"以及对于中国古代作品的现代阐释为其手段。这些内容与中国传统美育的"礼乐教化"与"诗教""乐教"相比，有着许多新的现代的而且是具有中国特点的元素，应该讲是比较新颖的，值得加以研究。其中的许多基本内容已有诸多学者阐释，在此简单加以论述。

其一是"新民说"。梁氏在戊戌维新失败后逃亡日本期间对于维新改良及其失败进行了反思，得出了仅仅依靠上层皇帝与少数贵族必然失败而必须依靠广大人民的重要经验教训。而依靠人民又必须改造旧的"国民性"，塑造新的"国民性"。这就是他于1902年提出的著名的"新民说"，此主张成为其包括美育在内的新的民族启蒙活动的出发点。他将"新民"作为"今日中国第一要务"，其原因在于人民是第一重要的。他说："西哲常言：政府之与人民，犹寒暑表之与空气也。室中之气候，与针里之水银，其度必相均，而丝毫不容假借。国民之文明程度低者，虽得明主贤相以代治之，及其人亡则其政息焉，譬犹严冬之际置表于沸水中，虽其度骤升，水一冷而坠如故矣。国民之文明程度高者，虽偶有暴君污吏虐刘一时，而其民力自能补救之而整顿之，譬犹溽暑之时置表于冰块上，虽其度忽落，不俄顷则冰消而涨如故矣。然则苟有新民，何患无新制度？无新政府？无新国家？非尔者，则虽有今日变一法，明日易一人，东涂西抹，学步效颦，吾未见其能济也。夫吾国言新法数十年而效不睹者，何也？则于新民之道未有留意焉者也。"① 梁启超通过戊戌维新的失败认识到，国家民族的兴亡，人民的文明程度是最重要的，只有新的人民，才能有新制度与新国家，否则什么也谈不上。但现实情况

---

① 《梁启超全集》，北京出版社1999年版，第655页。

是中国人民由于深受封建主义影响，在国民性上存在诸多毛病。梁启超在《论中国国民之品格》中谈道："东西诸国，乃以三等之国遇我者，何也。曰：人之见礼于人也，不视其人之衣服文采，而视其人之品格。国之见重于人也，亦不视其国土之大小，人口之众寡，而视其国民之品格。我国民之品格，一埃及印度人之品格也，其缺点多矣，不敢枚举……。"① 他在文中列举了爱国心之薄弱、独立性之脆弱与公共心之缺乏等国民性的弱点。由此，梁氏提出了国民性改造的重要课题，改造的重点有二，"一曰，淬厉其所本有而新之；二曰，采补其所本无而新之"② "新民"的重要途径是文学艺术，特别是新型文艺形式——小说。他说："故欲新道德，必新小说；欲新宗教，必新小说；欲新政治，必新小说；欲新风俗，必新小说；欲新学艺，必新小说；乃至欲新人心，欲新人格，必新小说。"③ 这就开创了以文艺改造国民性这一中国近代以来美学、美育与文艺学优良传统的先河，为鲁迅等所继承。这也是梁启超美学与美育理论的出发点与归结点。可以说，"新民说"伴随了梁启超的一生，贯穿在他包括美育在内的一切学问之中。在 1922 年所写的《趣味教育与教育趣味》中，他又在论述趣味教育的同时论述了"教育趣味"。他说："从前国家托命，靠一个皇帝，皇帝不行，就望太子；所以许多政论家——像贾长沙一流都最注重太子的教育。如今国家托命是在人民，现在的人民不行，就望将来的人民。现在学校里的儿童青年，个个都是'太子'，教育家便是'太子太傅'。据我看：我们这一代的太子，真是'富于春秋典学光明'。这些当太傅的，只要'鞠躬尽瘁'，好生把他培养出来，不愁不眼见中兴大业。"④ 如何培养这些作为国家前途期望的儿童青年呢？梁氏认为，只有通过特殊的"趣味教育"，这就又回到广义的美育上来了。

其二是"文学移人"说。梁启超在《论小说与群治之关系》一

---

① 《梁启超全集》，北京出版社 1999 年版，第 1077 页。
② 同上书，第 657 页。
③ 同上书，第 884 页。
④ 同上书，第 3965 页。

文中提出"文学移人"说。他在论述了小说所具有的"常导人游于他境界"与"感人之深"两大重要特点之后，说道："此二者实文章之真谛，笔舌之能事。苟能批此窾、导此窍，则无论为何等之文，皆足以移人。"① 这是明确地将文学与人的品性的改变相联系，从而将文学作为改造国民性的利器。他具体地将文学的上述两大特点表述为"熏、浸、刺、提"之支配人道的"四种力"。他进一步解释道，所谓"熏"即"如入云烟中而为其所烘，如近墨朱处而为其所染"；所谓"浸"即"入而与之俱化者也"；所谓"刺"即"刺也者，能使人于一刹那顷，忽起异感而不能自制者"；所谓"提"即"自内而脱之使出，实佛法之最上乘也"。② 很明显，梁氏有关文学"四种力"的理论受到西方现代心理学的影响。他在 1915 年所写《告小说家》一文中说道："夫小说之力，曷为能雄长他力？此无异故，盖人之脑海如熏笼然，其所感受外界之业职如烟，每烟之过，则熏笼必留其痕，虽拂拭洗涤之，而终有不能去者存，其烟之霏袭也愈数，则其熏痕愈深固，其烟质愈浓，则其熏痕愈明显。夫熏笼则一孤立之死物耳，与他物不相联属也，人之脑海，则能以所受之熏还以熏人，且自熏其前此所受者而扩大之，而继演于无穷，虽其人已死，而薪尽火传，犹蜕其一部分而遗其子孙，且集合焉以成为未来之群众心理，盖业已熏习，其可畏如是也。"③ 这里已经道出了他借用西方最新心理学的情形。

众所周知，德国的费希纳于 1860 年创立了实验心理学，提出了反映刺激与人的体验之关系的韦伯·费希纳定律。他还于 1876 年出版《美学导论》，开创了心理学美学研究。1900 年，奥地利精神分析学家弗洛伊德出版《梦的解析》，提出"力比多"作为"内驱力"的理论观点。这些都成为梁氏"文学移人"的"四种力"的重要理论资源。由此可见，梁氏可以说是我国最早运用审美心理学的学者之

---

① 《梁启超全集》，北京出版社 1999 年版，第 884 页。
② 同上书，第 884—885 页。
③ 同上书，第 2747 页。

一，其开创之功是不可抹杀的。

其三是"趣味教育"说。1922 年，梁启超在欧游之后，提出"趣味教育"的重要课题。什么是趣味呢？他认为，"趣味是生活的原动力，趣味丧失掉，生活便成了无意义"①。他批判了三种与趣味主义相违背的情况：一是旧八股文教育的"注射式"教育；二是科目太多的"疲劳式"教育；三是完全将工作和学业看作手段的"敲门砖式"教育。实际上，梁氏所倡导的"趣味主义"就是一种超脱功利的审美的人生观。他说："假如有人问我：'你信仰的什么主义？'我便答道：'我信仰的是趣味主义。'有人问我：'你的人生观拿什么做根柢？'我便答道：'拿趣味做根柢。'"② 当然，这种人生观也有高等与下等的区别。他说："凡一种趣味事项，倘或是要瞒人的，或是拿别人的苦痛换自己的快乐，或是快乐和烦恼相间相续的，这等统名为下等趣味。严格说起来，他就根本不能做趣味的主体。"③ 这就是说，梁氏倡导一种健康高尚的审美的人生观。那么，为什么要倡导这种审美的人生观呢？梁启超认为，首先是人生意义与社会进步的需要，只有具有健康高尚的审美的人生观，人生才真正有意义，社会也才能进步。他说："人类若到把趣味丧失掉的时候，老实说，便是生活的不耐烦，那人虽然勉强留在世间，也不过行尸走肉。倘若全个社会如此，那社会便是痨病的社会，早被医生宣告死刑。"④ 再就是社会现实的需要。一方面，当时残留的封建教育的绝对功利主义仍然在毒害着人们，而梁氏在游欧期间所感受到的工具理性对于人性的戕害也给予他很深的印象。他在《自由讲座制之教育》中说道："余昔游英之剑桥大学，其校长涉菩黎博士语余：'近世式之教育，若医生集病者于一堂，不一一诊其症，而授以等质等量之方剂也。'其言虽或稍过，然教者与学者关系之浅薄，诚近世式教育之大缺点，不能为讳也。故

① 《梁启超全集》，北京出版社 1999 年版，第 3963 页。
② 同上。
③ 同上书，第 3964 页。
④ 同上书，第 3963 页。

此种教育，其蔽也，成为物的教育，失却人的教育。"① 很显然，梁氏的"趣味主义教育"借鉴了西方现代的教育理论，特别是当时正在发展中的杜威有关实用主义的教育思想。杜威在 1913 年发表的《教育中的兴趣和努力》等论著中，阐述了实用主义的教育理论中有关反对在教育过程中强加外在目的，力主培养兴趣的思想。当然，梁氏的"趣味主义"教育思想还是主要从中国当时的实际出发的，是以反对封建落后的教育思想，培养新的青年一代为其指归的。

其四是"生活艺术化"的新美学观念。梁启超于 1922 年在北京哲学社发表了《"知不可为而为主义"与"为而不有主义"》的讲演。这个讲演与"趣味教育"提出的审美的人生观相呼应，提出了"生活艺术化"的新美学观念。他在讲演中说道："知不可为而为'主义与'为而不有'主义，都是要把人类无聊的计较一扫而空。喜欢做便做，不必瞻前顾后。所以归并起来，可以说这两类主义就是'无所为而为'主义，也可以说是生活的艺术化。把人类计较利害的观念，变为艺术的情感的。"② 他引的"知不可为而为"，出自孔子《论语·宪问》。原文为："子路宿于石门。晨门曰：'奚自？'子路曰：'自孔氏。'曰：'是知其不可为而为者与？'"这其实是守门人批评孔子的话，但梁氏结合孔子执著于自己的理想的行为，将其归结为孔子为人处世的一种不计较具体效果而为理想不息奔波的人生态度。第二句话出自《老子》第二章"万物作焉而不辞，生而不有，为而不恃，功成而弗居。夫唯弗居，是以不去"。在这里，老子主要讲了有与无之间相反相成的辩证关系，万物繁茂而不要追问是谁所为，种植生物而不要去占有，取得了成功而不居功。正因为有功不居，所以反而不会失去。梁氏在这里借用两位古人的话阐发一种不斤斤计较于眼前得失而愉快地生活与创造的"生活艺术化"的人生观。其目的就是对于"近世欧美通行的功利主义的根本反对"，并倡导一种"（一）'责任

---

① 《梁启超全集》，北京出版社 1999 年版，第 3348 页。
② 同上书，第 3415 页。

心'，（二）'兴味'"①。而且，十分可贵的是，他是从十分宏阔的宇宙论的高度来论述这一观点的。他说："人在无边的'宇'（空间）中，只是微尘，不断的'宙'（时间）中，只是断片。一个人无论能力多大，总有做不完的事，做不完的便留交后人。"② 正因此，我们应该使"生活艺术化"，愉快地生活，愉快地劳作，在不息的人类长河中贡献自己的一份力量。这正是趣味主义审美态度的进一步深化。

其五是"情感教育"说。梁启超在 1922 年为清华学生中文学社做了题为《中国韵文里头所表现的情感》的讲演，以大量的事例深入讨论了情感教育的问题。梁氏指出，"情感教育的目的，不外将情感善的美的方面尽量发挥，把那恶的丑的方面渐渐压伏淘汰下去。这种工夫做得一分，便是人类一分的进步"③。他认为，情感教育就是一种情感的陶冶，用情感来激发人，感染人，教育人。在《为学与做人》一文中，他借鉴康德有关人的思维分为"知、情、意"三个部分的理论，将教育分为知育、情育与意育，并借用孔子的"知者不惑，仁者不忧，勇者不惧"来概括这三育的功能。情育的功能当然就是"仁者不忧"。他说道："他的生活，纯然是趣味化艺术化。这是最高的情感教育，目的教人做到仁者不忧。"④ 在这里，他将情感教育与趣味教育统一了起来，两者是一致的。关于情感教育的途径，梁氏提出"艺术是情感教育最大利器"的重要观点。他说："情感教育最大的利器，就是艺术。音乐、美术、文学这三件法宝，把'情感秘密'的钥匙都掌住了。艺术的权威，是把那霎时间便过去的情感，捉住他令他随时可以再现；是把艺术家自己'个性'的情感，打进别人们的'情阈'里头，在若干期间内占领了'他心'的位置。"⑤ 很明显，他的"情阈"概念借用了费希纳《美学导论》中有关"审美阈"的概念。接着，他用大量的篇幅阐述了中国优秀古典作品，包括《诗三百》、汉

---

① 《梁启超全集》，北京出版社 1999 年版，第 3415 页。

② 同上书，第 3412 页。

③ 同上书，第 3922 页。

④ 同上书，第 4065 页。

⑤ 同上书，第 3922 页。

乐府、屈原、李白、杜甫、辛稼轩等作家作品所表现的情感，特别是有关故国之思、抗击外侮、同情弱者的情怀，并将这种情感表现归结为"奔进的表情法""回荡的表情法""蕴藉的表情法"，等等。情感教育是西方现代教育领域的重要方面，不仅限于美育，还包括情感训练等方面。但梁启超在这里显然主要是讲以艺术教育为主的美育。正因为梁氏将情感教育看作是造就审美世界观的艺术教育，所以对于艺术家的责任提出了很高的要求。他明确要求艺术家"修养自己的情感，极力往高洁纯挚的方面，向上提挈，向里体验，自己腔子里那一团优美的情感养足了，再用美妙的技术把他表现出来，这才不辱没了艺术的价值"①。

其六是"美术人"理论。梁启超于 1922 年在《美术与生活》的讲演中，提出美术教育的主要任务是培养"美术人"。他说，美术教育的任务是两个，一个是培养懂得艺术创作的"美术家"，另一个则是培养能够欣赏美术的"美术人"。他说："人类固然不能个个都做供给美术的'美术家'，然而不可不个个都做享用美术的'美术人'。"②那么，什么是"美术人"呢？梁氏认为，就是生活有趣味之人。他说："问人类生活于什么，我便一点不迟疑答道'生活于趣味'。"③什么是趣味呢？他认为，首先不是一种"披枷带锁"的"石缝"中的生活。也就是说，人应该过一种自由的生活；其次不是一种没有一点血色的"沙漠"的生活。也就是说，人应该过一种充满活力的生活。其实，这就是一种将审美看作生活必需品的审美的生活。梁氏认为，培养这种能够审美地生活的"美术人"是国民改造与建设的需要。他说，一个人审美情趣的麻木就使这个人成为没有趣味的人，而一个民族审美情趣的麻木就使这个民族成为没有趣味的民族。美术的作用就是将这种麻木的审美情趣恢复过来，使没趣变成有趣，"明白这种道理，便知美术这样东西在人类文化系统上该占何等位置了"④。对于如

---

① 《梁启超全集》，北京出版社 1999 年版，第 3922 页。
② 同上书，第 4017 页。
③ 同上。
④ 同上书，第 4018 页。

何培养"美术人"，梁氏认为，可以通过自然美的欣赏与艺术美的欣赏等途径；主要是通过艺术美的欣赏，在自然美的再现、人的心态的刻画与超越的自由天地的表现中，培养人们的审美能力与审美态度。梁氏提出，培养能够享用美术的"美术人"，即一种广义的具有艺术欣赏能力与审美态度的"生活的艺术家"，正是美育的任务所在。梁启超可以说是我国美学史上第一个试图将专业艺术教育与普通艺术教育加以区别的理论家，他对于普通艺术教育培养"美术人"的特殊任务的提出与论述，意义重大。

三　梁启超美育思想的成就与局限

以上概略地论述了梁启超的美学与美育思想，现在我们再做一个简略的小结。

首先还是要看一下梁氏美学与美育思想的主要贡献。我想，梁氏美育思想的基本观点目前看似乎没有什么特别新颖之处，但我们应该将其放到当时特定的时代背景之下审视其价值。而且，更重要的是，应发现它所给予我们的深刻启示。从这个角度出发，我们认为，最重要的是梁氏美育思想始终贯彻的民族启蒙精神，无论是"新民说""少年中国说"还是"教育救国说"，等等，都给予我们深刻印象。特别是他于1920年所写《〈欧洲文艺复兴史〉序》中提到欧游所得之"曙光"，即为"人的发现与世界的发现"这两个文艺复兴的成果，意义更为深远。应该说，这两个发现带有理论总结性，具有非常深刻的民族启蒙意识，是梁氏政治与学术活动的出发点，也是其美育理论的出发点。无论是早期的"文学移人说"，还是后期的"趣味教育说""情感教育说"，都与"人的发现与世界的发现"有关。梁氏所处的晚清与民国正是我国文化由传统到现代的转型期，加上他特有的站在政治前沿与沟通中西的经历，使其包括美育在内的学术文化工作均具有开创的意义。他的美育理论可以说完全突破了中国古代"礼乐教化"的传统模式而具有全新的意义，从理论内涵、概念范畴到研究方法可以说都是全新的。从他对当时新的艺术形式——小说的极力推崇，也可见其发现并支持新事物的创新精神。这种创新，对于梁氏

这样的从传统中走出来的学者其实是很不容易的，对我们今天特别具有启发意义。没有学术的开创与创新就没有学术的价值，梁启超是我们的榜样。

梁氏美育研究的另一个重要特点是具有很强的实践性。他在美育研究中所提出的课题，不是来自书本，而是来自现实，来自生活中所提出的问题。特别是当时十分紧迫的"民族危亡""国民性的改造""生活的艺术化"等问题，成为其美学与美育研究的问题阈，并被后人所继承。梁氏对包括美育在内的"不中不西即中即西"的方法也是值得我们特别予以借鉴的。他在《清代学术概论》中指出，"康有为、梁启超、谭嗣同辈，即生育于此种'学问饥荒'之环境中，冥思枯索，欲以构成一种'不中不西即中即西'之新学派"①。在他的美学与美育研究中，这种方法的运用是十分明显的。首先梁氏借鉴了许多西方现代学术元素，哲学的，美学的，教育学的，心理学的，等等，但也力图不脱离中国古代传统文化，他对于中国古代韵文的情感阐释、对于杜甫与屈原的理解，都是对于传统的现代解释，他的视野并没有完全离开传统。这种中西结合视野中的理论与学术创新，虽不能说没有一点牵强之处，但这种探索却是极为可贵的，值得我们借鉴。

梁启超的美育研究也不可避免地有其历史的、时代的与个人的局限性。他的改良主义政治观和历史唯心主义的哲学观决定了他的包括美育在内的文化研究都在很大程度上离开了经济与政治的改造，而将文化与审美强调到不适当的地步，难免有审美乌托邦之嫌。新民的塑造固然需要文化的维度，但最根本的还是离不开政治与经济的基础，如果政治制度得不到改进，经济得不到发展，国民性的改造根本不可能成为现实。事实证明，不可能有贫穷的社会主义，也不可能有贫穷的国民性改造与生活的审美化。同时，不通过革命推翻专制的政治制度也不可能有自由的国民与生活的审美化，这是毋庸置疑并已经被历史所证明了的。而且，梁氏在美学与美育理论建设上缺乏自觉的学科建构意识，这也是十分明显的。他是极为重要的史学家与文学家，但

---

① 《梁启超全集》，北京出版社 1999 年版，第 3104 页。

还不是自觉的美学家。他的美育思想基本上是从政治家与教育家的角度出发的，从美育学科本身来说，前期的"移人"与后期的"趣味"尽管并不矛盾，但毕竟"趣味"是其后期的观点，还是缺乏严格的内在学术自洽性。从论述来看，他的美育论著特别是后期的重要论著基本上都是比较短小的讲演，理论观点难以展开与深入。

梁启超进行美学与美育活动的时间距今已将近100年，他辞世也已80多年，中国与世界都发生了巨大的变化，但梁氏"新民说"的理论、"少年中国"与"中国少年"以及"生活审美化"的呐喊仍然响彻我们耳际，对于我们中华民族真正获得审美的生存仍有现实的意义。

第二节 朱光潜的"人生论"美学与美育思想

朱光潜（1897—1986），字孟实，1897年10月14日生于安徽省桐城县阳和乡吴庄。6—14岁在父亲开设的私塾学馆接受了近10年的蒙学教育，15岁在高小待了半年后升入桐城中学。既受到中国传统文化的深入滋养，也受到了新学的影响。1916年中学毕业后，当了半年小学教员，后就近考入武昌高等师范学校中文系，一年后取得官费学习资格。1918—1922年在香港大学学习，所学专业为教育学，广泛接触到文学、生物学、哲学与心理学等学科，对其一生的学术研究产生广泛影响。1920年后，应张东荪邀请到吴淞中国公学中学部教英文，兼校刊主编。1924年9月，由于"江浙战争"爆发，为躲避兵灾，经夏丏尊介绍，到浙江上虞白马湖春晖中学教英文。1925年春，到上海与友人成立立达学会，筹办立达学园，同时筹办开明书店和杂志《一般》（后改名《中学生》）。1925年夏，考取了安徽省官费留学，赴英国爱丁堡大学深造。1929年爱丁堡大学毕业后，又转伦敦大学的大学学院，同时在巴黎大学注册，偶尔过海听课。后又转到德国的斯特拉斯堡大学，他的博士论文《悲剧心理学》就是在该校心理学教授夏尔·布朗达尔指导下写成并通过。在欧洲留学8年中，除听课、阅读之外还大量写作，仅成本的著作与译著就10本之多，如

《给青年的十二封信》《变态心理学派别》《谈美》《悲剧心理学》《文艺心理学》《诗论》，译著《愁斯丹和绮瑟》、克罗齐《美学原理》的部分篇章。此外，还有一本叙述"符号逻辑派别"的著作毁于战火。1933 年，以《诗论》初稿作为资历证明受聘于北京大学文学院，任西语系教授。他在西语系讲授西方名篇选读和文学批评史，在北大中文系和清华中文系讲授文艺心理学和诗论，并在中央艺术研究院讲了一年文艺心理学，后又出任《文学杂志》主编，仅出二期，因抗战爆发而停刊。抗战爆发后，到四川大学任文学院院长，后又到武汉大学外文系任教，并曾担任该校教务长。期间，写成《谈文学》与《谈修养》两本文集。1949 年冬，拒赴台湾留在北大。1957—1962 年，成为全国性美学大讨论的重要当事人与参加者之一。1961 年，由北大西语系调至北大哲学系，主讲西方美学史。1962 年，在全国文科教材会议上被指定承担《西方美学史》教材的编写任务。他仅用一年左右的时间就完成了编写任务，该书共计 50 多万字，分上下两卷，上卷由人民出版社 1963 年 7 月出版，下卷由该社 1964 年 8 月出版。10 年"文革"期间，受到冲击。1976 年 10 月"四人帮"覆灭后，以饱满的精神状态复出，重整美学旧业，积极参与一系列学术讨论，提出一系列重要学术观点，为我国新时期美学学科的建设做出重要贡献。同时，以惊人的毅力翻译出版了一系列重要美学经典。1986 年 3 月 6 日，在北京逝世，享年 89 岁。

朱光潜是我国当代极少的兼通古今中西的杰出美学家。他的勤奋、执著与多方面的重大贡献对我国当代乃至今后的美学事业与人文学科建设都有重大影响。回顾中华人民共和国后我国的两次美学大讨论，虽然许多具体的观点已经或将会成为历史，但朱光潜等大学者们坚持真理、修正谬误、勇于创新的精神却将成为永久的财富滋养着我们。朱光潜作为 1957 年开始的全国性美学大讨论的批判对象，一方面刻苦学习马克思主义经典著作，反省自己的唯心主义美学思想，同时又坚持己见，不同意已成定见的"美在客观"的论点，执着地将美定位于"主观与客观统一"的"关系"之上，面对无数的批判而不改。他说："目前在参加美学讨论者之中，肯定美客观存在于外物的人居绝对多数；但是在科学问题上，投决定票的不是多数而是符合事实也符合逻辑的真理。我相信这种真理，无论是在我这边还是在和我持相反意见者那边，总是最终会战胜的。"①　而对于当时颇为敏感的"人类普遍性的问题"，朱光潜明确地回答道："阶级性和党性是否排除人类普遍性呢？我认为不排除。从科学的逻辑看，许多对象既然同属一类，这一类就必有它的共同性。既然古今中外的人都叫做'人'，他们就应共有'人之所以为人'的某些特点，使人可以有别于一般动物植物或矿物。其次，就事实看，所有时代的人都有些共同的理想。……马克思主义是尊重客观事实的，我想它不会把这种'人情之常'一笔抹煞。"②　返回到当时以唯物与唯心、阶级性与非阶级性作为划分政治立场标准的语境，朱光潜的上述观点显现了他作为学者甘冒风险坚持真理的可贵学术精神，是特别值得我们学习与发扬的。对于朱光潜的美学与美育思想，我们认为应该放到中国现代美学发展的历史背景中加以认识和定位。如何认识 20 世纪以来的中国现代美学，的确是一个比较复杂的问题。我想，大体可以 1949 年中华人民共和国成立为界，之前的中国现代美学主要以人生美学为主题，之后的中国现代美学则政治色彩更加浓烈。唯有朱光潜则跨越了这两个阶段，并始终坚持其"人生美学"的路径。

一　"有机创造论"哲学观的确立

一定的美学观是建立在一定的哲学观之上的，朱光潜的哲学观可概括为"有机创造论"。早在 1936 年，朱光潜就对对他影响极大的克罗齐的直觉论哲学与美学观加以批判，写作了《克罗齐派美学的批评》一文，指出克罗齐的失误在于将直觉与伦理道德及知识认识割裂开来，从而走向了机械论。而在当时，比较先进的哲学观是超越"机械论"之主客二分的"有机论"哲学观。他说，"19 世纪和 20 世纪

---

①　宛小平选编：《中国现代美学名家文丛·朱光潜卷》，浙江大学出版社 2009 年版，第 152 页。

②　同上书，第 173 页。

的哲学和科学思潮有一个重要的分别，就是 19 世纪的学者都偏重机械观，20 世纪的学者都偏重有机观"；又说，"形式派美学的弱点就在信任过去的机械观和分析法。它把整个的人分析为科学的、实用的（伦理的在内）和美感的三大成分，单提'美感的人'出来讨论。它忘记'美感的人'同时也还是'科学的人'和'实用的人'。科学的、实用的和美感的三种活动在理论上虽有分别，在实际人生中并不能分割开来"。① 这就不仅批判了克罗齐将直觉与道德、知识割裂的错误，而且批判了德国古典美学的开山祖师康德将"知、情、意"割裂的错误。朱光潜认为，这种机械观的严重后果是脱离了"人生为有机体"这个大前提，从而将美学变成机械论美学、认识论美学，而不是人生论美学。21 年之后的 1957 年，在那场规模宏大的以批判朱光潜的唯心主义美学思想为起始的美学大讨论中，朱光潜作为主要的被批判对象，一方面通过刻苦学习马克思主义克服自己的唯心主义思想，同时以特有的学术勇气坚持真理。他毫不犹豫地批判了在当时的美学大讨论中占据统治地位的认识论美学与反映论美学，他说："谈到这里，我们应该提出一个对美学是根本性的问题：应不应该把美学看成只是一种认识论？从 1750 年德国学者鲍姆嘉通把美学（Aesthetik）作为一种专门学问起，经过康德、黑格尔、克罗齐诸人一直到现在，都把美学看成只是一种认识论。……这不能说不是唯心美学所遗留下来的一个须经重新审定的概念。为什么要重新审定呢？因为依照马克思主义把文艺作为生产实践来看，美学就不能只是一种认识论了，就要包括艺术创造过程的研究了。"② 因为按照马克思的艺术生产理论，人类不仅是认识世界，而且更要改造世界，在以劳动生产为主要形态的实践活动中按照美的规律来创造。这样，朱光潜就力主一种不同于当时认识论的"创造论哲学"，将其与前面的"有机论哲学"加以联系，就构成比较完整的"有机创造论哲学"。在这种哲学观指导下，

---

① 宛小平选编：《中国现代美学名家文丛·朱光潜卷》，浙江大学出版社 2009 年版，第104、105 页。

② 同上书，第 158 页。

朱光潜直接回答了"反映论"与美学的关系的问题。他认为，美感的反映要经过感觉阶段与美感阶段两个阶段。而"列宁在《唯物主义与经验批判主义》里所揭示的反映论只适用于第一个阶段。在第一个阶段，这个反映论肯定了物的客观存在和它对于意识的决定作用，这就替美学打下了唯物主义的基础"①。"我主张美学理论基础除掉列宁反映论之外，还应加上马克思主义关于意识形态的指示，而他们却以为列宁的反映论可以完全解决美学的基本问题。"②历经半个世纪的岁月，我们再来看朱光潜的论述，仍然能够深切地感受到他作为一位学者的清醒、冷静与勇气。由朱光潜对传统认识论的突破说明，他才代表了中国当代美学大讨论的最高水平，因为认识论是当时占据统治地位的哲学思想。

二　"人生艺术化"的美学与美育思想

（一）人生艺术化

"人生艺术化"的命题其实与朱光潜的"有机创造论"哲学观是一致的。正因为他反对机械论而力倡有机论，就必然反对科学主义的简单认识论而力主审美立场的"人生有机论"，从而将审美由冷冰冰的认识引向了活生生的人生。朱光潜在批判机械论哲学时指出，"但是这种分割与'人生为机体'这个大前提根本相冲突"③。"人生艺术化"可以说是朱光潜美学思想中贯彻始终的基调，从他早期的《谈美》《诗论》直到晚年所倡导的审美的生产劳动之"创造性"本性，都与此紧密相关。他在1932年的《谈美》中首次提出"人生的艺术化"这一命题："严格地说，离开人生便无所谓艺术，因为艺术是情趣的表现，而情趣的根源就在人生；反之，离开艺术也便无所谓人生，因为凡是创造和欣赏都是艺术的活动，无创造、无欣赏的人生是一个自相矛盾的名词。人生本来就是一种被广

---

① 宛小平选编：《中国现代美学名家文丛·朱光潜卷》，浙江大学出版社2009年版，第156页。

② 同上书，第155页。

③ 同上书，第105页。

义的艺术。"① 接着，他从生命是"完整的有机体"、人的"至性深情"本性、艺术是"本色的生活"、艺术与生活都是严肃的欣赏的，以及善恶与美丑的关系等多角度论述了"人生艺术化"的命题，最后提出以审美的欣赏的态度对待人生，并以阿尔卑斯山路的标语奉赠给青年朋友："慢慢走，欣赏啊！"在写于1946年的《文学与人生》一文中，他比较全面地阐述了文学与人生的关系，并特别从生命与生机的视角加以论述。他说："情感思想便是人的生机，生来就需要宣泄生长，发芽开花。有情感思想而不能表现，生机便遭窒塞残损，好比一株发育不完全而呈病态的花草。文艺是情感思想的表现，也就是生机的发展，所以要完全实现人生，离开文艺决不成。"② 他特别指出了文学在人生的超脱与性情怡养方面的特殊作用："凡是文艺都是根据现实世界而铸成另一超现实的意象世界，所以它一方面是现实人生的返照，一方面也是现实人生的超脱。在让性情怡养在文艺的甘泉时，我们霎时间脱去尘劳，得到精神的解放，心灵如鱼得水地徜徉自乐；或是用另一个比喻来说，在干燥闷热的沙漠里走得很疲劳之后，在清泉里洗一个澡，绿树荫下歇一会儿凉。世间许多人在劳苦里打翻转，在罪孽里打翻转，俗不可耐，苦不可耐，原因只在洗澡歇凉的机会太少。"③ 在1957年开始的美学大讨论中，他以"有机创造论"哲学批判认识论、反映论美学，从而将审美由认识引向人生，到晚年则以马克思的审美是人的创造性生产劳动的规律之一的观点进一步充实了他的"人生的艺术化"命题。他说："文艺不只是要反映世界，认识世界，而且还要改变世界。文艺在改变世界中也改变了人自己，这就是文艺的功用。"④

（二）"以出世的精神做入世的事业"的审美的人生态度

朱光潜所谓的"人生的艺术化"包含十分丰富的内涵，在他看来，

---

① 宛小平选编：《中国现代美学名家文丛·朱光潜卷》，浙江大学出版社2009年版，第3页。

② 同上书，第195—196页。

③ 同上书，第196页。

④ 同上书，第158页。

首先要确立一种审美的人生态度。他认为，一个人对同一个事物有实用的、科学的与美感的三种不同的态度。他以古松为例说道："假如你是一位木商，我是一位植物学家，另外一位朋友是画家，三人同时来看这棵古松。我们三人可以说同时都'知觉'到这一棵树，可是三人所'知觉'到的却是三种不同的东西。"① 木商看到的只是古松是值多少钱的木料，植物学家看到的只是古松为何种类型的植物，而画家看到的只是古松苍劲挺拔的美的形态。木商考虑古松的用途及如何去售卖，植物学家考虑古松的特点以及为何活得这样老，而画家只在观赏它的颜色、形状、气概。在这三种态度中，朱光潜显然是更看重审美的态度的。他说，"美是事物的最有价值的一面，美感的经验是人生中最有价值的一面"②；又说，"许多轰轰烈烈的英雄和美人都过去了，许多轰轰烈烈的成功和失败也都过去了，只有艺术作品真正是不朽的"；他甚至将审美提高到一个人与一个民族精神健康的高度加以认识，说，"真和美的需要也是人生中的一种饥渴——精神上的饥渴。疾病衰老的身体才没有口腹的饥渴。同理，你遇到一个没有精神上饥渴的人或民族，你可以断定他的心灵已到了疾病衰老的状态"③。当然，朱光潜并不是唯美主义学者，而是一位将超越的审美与实际的践行相结合的学者。他说，"真善美三者俱备才可以算是完全的人"④。他力倡看戏与演戏的统一、出世与入世的结合。他说，"理想的人生是由知而行，由看而演，由观照而行动"，既反对绝世又绝我的自杀，又反对"绝世而不绝我"的"玩世"与"逃世"，赞成"绝我而不绝世"的审美的"超脱"，提出"以出世的精神做入世的事业"。⑤

（三）通过美感教育造就人生艺术化的"全人"

朱光潜受西方美学影响，力主真善美与知情意的统一，倡导智德

① 宛小平选编：《中国现代美学名家文丛·朱光潜卷》，浙江大学出版社 2009 年版，第 37 页。

② 同上书，第 40 页。

③ 同上书，第 39、39—40 页。

④ 同上书，第 39 页。

⑤ 同上书，第 47 页。

美三育并举，但鉴于 20 世纪 30 与 40 年代的中国实际，美育被严重忽视，所以他特别注意提倡美育，认为美育是造就智德美全面发展，实现"人生艺术化"的"全人"不可缺少的途径。他针对当时的实际情况说："至于美育则在实施与理论方面都很少有人顾及。二十年前蔡孑民先生一度提倡过'美育代宗教'，他的主张似没有发生多大的影响。还有一派人不但忽略美育，而且根本仇视美育。他们仿佛觉得艺术有几分不道德，美育对于德育有妨碍。"① 朱光潜以理论家与艺术家兼具的情怀对这种轻视甚至是仇视美育的理论观点给予了驳斥，他说，"理想的教育不是摧残一部分天性而去培养另一部分天性，以致造成畸形的发展，理想的教育是让天性中所有的潜蓄力量都得尽量发挥，所有的本能都得平均调和发展，以造成一个全人。所谓'全人'除体格健壮以外，心理方面真善美的需要必都得到满足"，否则必将培养出"畸形人，精神方面的驼子跛子"。② 同时，朱光潜还论证了美育的其他一系列功能与作用，例如，"美育是道德的基础"，因其通过艺术的想象培养同情心与仁爱心等；"艺术和美育是'解放的，给人自由的'"，通过艺术的升华作用使本能冲动与情感得到解放，通过鉴赏力的提高使人的眼界得到解放，通过艺术的创造使人从自然的限制中得到解放，等等。在美感教育中，朱光潜最为推崇的是以古希腊悲剧为代表的艺术的教育。他对古希腊悲剧及其教育作用给予了极高的评价，认为古希腊悲剧表现了人类可贵的积极进取的精神，是一个民族旺盛生命力的标志。他说："悲剧所表现的，是处于惊奇和迷惑状态中一种积极进取的充沛精神。悲剧走的是最费力的道路，所以是一个民族生命力旺盛的标志。"③ 他认为，悲剧培养一种不同于道德同情的"审美同情"，"道德同情和审美同情有三方面的重大区别。首先，道德同情往往明白意识到主体和客体之间的界限，审美同情却消除了这种界限，我们忘掉自己，加入到被观照的客体的生命活动

---

① 宛小平选编：《中国现代美学名家文丛·朱光潜卷》，浙江大学出版社 2009 年版，第 128—129 页。

② 同上书，第 129 页。

③ 同上书，第 305 页。

中。其次，道德同情不可能脱离主体的生活经验和个性，并往往伴随着产生希望和担忧；审美同情却把那一瞬间的经验从生活中孤立出来，主体'迷失'在客体之中。最后，道德同情是一种实际态度，最终会变成行动，我们会力求使我们同情的客体摆脱痛苦；审美同情并不导致实际的结果，它仅仅涉及见别人悲而悲、见别人喜而喜这样的模仿活动"。① 由此可见，审美同情具有不能为道德同情所取代的特殊性。朱光潜还以古希腊悲剧为例论述了艺术教育作为一种"距离化教育"的特殊化。他说："纯粹的痛苦和灾难只有经过艺术的媒介'过滤'之后，才可能成为悲剧。悲剧使我们对生活采取'距离化'的观点。行动和激情都摆脱了寻常实际的联系，我们可以以超然的精神，在一定距离之外观照它们。"② 艺术距离化的途径很多，例如增大所表现的情节在时间和空间上的距离，把地点放在某个遥远的国度，故事情节发生在古代，悲剧情境、人物和情节的异常性质以及某些技巧和形式方面的因素等。总之，朱光潜将美感教育放到民族与国家复兴的高度加以认识。他说，"从历史看，一个民族在最兴旺的时候，艺术成就必伟大，美育必发达"；又说，"现在我们要想复兴民族，必须恢复周以前歌乐舞的盛况，这就是说，必须提倡普及的美感教育"。③

三 以"人生论"美学对中国古代"礼乐教化"进行的新阐释

朱光潜在深厚的中西文化积累的基础上以其"人生论"美学思想对于中国古代"礼乐教化"的特有美学与美育资源进行了自己的阐释。他认为，在中国古代文化中，乐与礼两个观念是基本的，儒家"从这两个观念的基础上建筑起一套伦理学、一套教育学与政治学，甚至于一套宇宙哲学与宗教哲学"④。他指出，乐的精神是和、静、乐、仁、爱、道德、情之不可变；礼的精神是序、节、中、文、理、

---

① 宛小平选编：《中国现代美学名家文丛·朱光潜卷》，浙江大学出版社 2009 年版，第317—318 页。

② 同上书，第 315 页。

③ 同上书，第 134 页。

④ 同上书，第 48 页。

义、敬、节事、理之不可易。因此，朱光潜认为，"礼乐教化"的第一个重要的功能就是"伦理的教育"。他说："'和'是乐的精神，'序'是礼的精神。'序'是'和'的条件，所以乐之中有礼。《乐记》说得好：'乐者，通伦理者也'，'知乐则几于礼矣'。"① 由此，"礼乐教化"与封建时代的君君臣臣、父父子子、兄兄弟弟、夫夫妇妇都是紧密相联的。其次，朱光潜认为，"礼乐教化"与一个人的修养紧密相联。他说："儒家特别看重个人的修养，修身是一切成就的出发点，所以伦理学为儒家哲学的基础。……礼乐的功用都在'平好恶而反人道之正'，不至'灭天理，穷人欲'，宋儒的'以天理之公胜人欲之私'一套理论，都从此出发。"② 从"诗言志""乐以道志"的角度看，"道"即"达"，"言"即"表现"。这里的所谓"达"与"言"能使情欲得以发散，生机得以宣泄，"道则畅，畅则通，所谓'平好恶而反人道之正'"。他指出，"儒家本来特别看重乐，后来立论，则于礼言之特详，原因大概在乐与其特殊精神'和'为修养的胜境，而礼为达到这胜境的修养功夫，为一般人说法，对于修养功夫的指导较为切实，也犹如孟子继承孔子而特别重'义'的观念，是同一道理"③。再次，朱光潜认为，"礼乐教化"与教育密切相关，儒家论教育大事乃从礼乐入手。孔子就曾说过，"不学诗，无以言"，"不学礼，无以立"（《论语·季氏》。朱光潜指出，"《孝经》里说：'移风易俗，莫善于乐；安上治民，莫美于礼。'礼乐的最大功用，不在个人修养而在教化。教化是兼政与教而言。普通师徒授受的教育，对象为个人，教化的对象则为全国民众；前者目的在养成有德有学的人，后者目的则在化行俗美，政治修明"④。最后，朱光潜认为，"礼乐教化"与中国古代"天人之和"的哲学与思维方式密切相关。他指出，"儒家看宇宙，也犹如看个人和社会一样，事物尽管繁复，中间却有

---

① 宛小平选编：《中国现代美学名家文丛·朱光潜卷》，浙江大学出版社 2009 年版，第 50 页。
② 同上书，第 52 页。
③ 同上书，第 53 页。
④ 同上书，第 55 页。

一个'序';变化尽管无穷,中间却有一个'和',这就是说,宇宙也有它的礼乐。《乐礼》中有一段话最为朱子所叹赏:'天高地下,万物散殊,而礼制行矣;流而不息,合同而化,而乐兴焉。'这几句话很简单,意义却很深广"①。这就将"礼乐教化"与中国古代"天人之和"的哲学与思维方式紧密地联系起来,当然也将《乐记》与《周易》紧密地联系起来。"《易经》全书要义可以说都包含在上引《乐记》中几句话里面,它所穷究的也就是宇宙中的乐与礼。太极生两仪,一阳一阴,一刚一柔,一动一静,于是有乾坤。'刚柔相推而生变化',于是有'天下之赜'与'天下之动'。'一阖一辟',往来不穷','变动不居,周流六虚',于是宇宙的生命就这样绵延下去。《易经》以卦与象象征阴阳相推所生的各种变化,带有宗教神秘色彩,似无可疑;但是它的企图是哲学的与科学的,要了解'天下之赜'与'天下之动',结果它在'天下之赜'中见出'序'(宇宙的礼),在'天下之动'中见出'和'(宇宙之乐)……。"② 由此可见,中国古代的"礼乐教化"充分地反映了中国古代"天人之和"的思维方式与"生生之为易"的哲学观念,是中国古代土壤上开出的美学与美育之花。

四 中西美学与艺术之差异

朱光潜是在研究中国古代"礼乐教化"思想特殊内涵的基础上认识到,中西在哲学与伦理思想上的差异,并由此构成中西美学与艺术的差异。他认为,中西古代哲学与伦理思想是力主思想感情的协调中和,而西方则是将理性与感性二分对立。他说:"总观以上乐礼诸义,我们可以看出儒家的伦理思想是很健康的,平易近人的。他们只求调节情欲而达于中和,并不主张禁止或摧残。在西方思想中,灵与肉,理智与情欲,往往被看成对敌的天使与魔鬼,一个人于是分成两橛。

---

① 宛小平选编:《中国现代美学名家文丛·朱光潜卷》,浙江大学出版社 2009 年版,第 57 页。

② 同上书,第 57—58 页。

西方人感觉这两方面的冲突似乎特别敏锐，他们的解决方法，如同在两敌国中谋和平，必由甲国消灭乙国。"① 这样的哲学伦理以及国情的差异，必然导致中西艺术上的差异。朱光潜以诗为例对中西加以比较。

首先，在人伦上，"西方关于人伦的诗大半以恋爱为中心。中国诗言爱情的虽然很多，但是没有让爱情把其他人伦抹煞。朋友的交情和君臣的恩谊在西方诗中不甚重要，而在中国诗中则几与爱情占同等位置"②。原因是中西社会与伦理思想的相异：恋爱在古代中国没有像西方那样重要，因为西方骨子里是个人主义社会，爱情在个人生命中最关痛痒；中国社会骨子里是兼善主义，文人大半生的光阴花费在仕途羁旅。西方古代受骑士风影响，女子地位较高；中国受儒家思想影响，女子地位较低。西方人重视恋爱，崇尚"恋爱至上"；中国重视婚姻而轻视恋爱。

其次，在自然上，中西诗亦有明显差异。在时间上，中西诗对于自然的描写都较晚，但中国却早于西方。中国诗对自然的表现起于晋宋之交，约公元 5 世纪左右；西方则起于浪漫运动的初期，大约在公元 18 世纪左右。中国自然诗早于西方 1300 多年。在表现上，中国自然诗以委婉、微妙、简隽胜；西方自然诗则以直率、深刻、铺陈胜。对于自然的爱好，西方诗人多起于"感官主义"，中国诗人则起于"情趣的默契忻合"③。

最后，在哲学和宗教上，朱光潜在当时的历史条件下较多地肯定了宗教对诗歌与艺术的深广作用，对中国古代艺术与诗歌欠缺宗教情操所导致的"短"处发表了自己的看法。他说："西方诗比中国诗深广，就因为它有较深的哲学和宗教在培养它的根干。没有柏拉图和斯宾诺莎就没有歌德、华兹华斯和雪莱诸人所表现的理想主义和泛神主义；没有宗教就没有希腊的悲剧、但丁的《神曲》和弥尔顿的《失

① 宛小平选编：《中国现代美学名家文丛·朱光潜卷》，浙江大学出版社 2009 年版，第 54 页。

② 同上书，第 247 页。

③ 同上书，第 248—249 页。

乐园》。中国诗在荒瘦的土壤中居然现出奇葩异彩，固然是一种可惊喜的成绩，但是比较西方诗，终嫌美中不足。我爱中国诗，我觉得在神韵徽妙格调高雅方面往往非西方诗所能及，但是说到深广伟大，我终无法为它护短。"① 在这里，朱光潜说得委婉曲折但也非常明确，他在客观的比较中轻微地表现了自己的褒贬。宗教与文化艺术的关系，以及中国古代文化艺术与宗教的关系是一个十分重要的课题，非短短的篇幅所能讨论。但在这里，我想说的是，审美与文学艺术本来就是人的生存与生活方式的反映。中西方人民各在其特有的生存与生活方式，以及艺术环境中生存繁衍了几千年，各有合理性，各有美妙闪光之处，也各自存在引以为自豪之处。因此，特定的比较是必需的，而优劣长短的分别则是无必要的。

五　审美境界论

朱光潜在王国维《人间词话》境界说的基础上提出了自己的"人生论"美学的"境界论"。他的《诗论》中谈到诗的境界时，说："从前诗话家常拈出一两个字来称呼诗的这种独立自足的小天地。严沧浪所说的'兴趣'，王渔洋所说的'神韵'，袁简斋所说的'性灵'，都只能得其片面。王静安标举'境界'二字，似较概括，这里就采用它。"② 朱光潜的"审美境界论"相异于王国维的"境界说"，内涵十分丰富。

第一，境界是在"实际的人生世相之上另建立一个宇宙"。

什么是"境界"呢？朱光潜说："诗对于人生世相必有取舍，有剪裁，有取舍剪裁就必有创造，必有作者的性格和情趣的浸润渗透。诗必有所本，本于自然；亦必有所创，创为艺术。自然与艺术媾合，结果乃在实际的人生世相之上，另建立一个宇宙……"③ 在这里，朱光潜将"境界"界定为艺术家在自然基础上创造的另一个"宇宙"，

① 宛小平选编：《中国现代美学名家文丛·朱光潜卷》，浙江大学出版社2009年版，第250页。

② 同上书，第211页。

③ 同上书，第210页。

包含三个要素：首先是作为境界"所本"的"自然"；其次是凝聚了艺术家性格与情趣的"创造"；最后是自然与艺术媾合的结果"另一个宇宙"。这就是另一种世界，理想的人生。艺术境界具有巨大的作用，能使人享受"独立自足之乐"，起到"钩摄神魂"的作用，从而重塑人生。诚如朱光潜所言，"每首诗都自成一种境界。无论是作者或是读者，在心领神会一首好诗时，都必有一幅画境或是一幕戏景，很新鲜生动地突现于眼前，使他神魂为之钩摄，若惊若喜，霎时无暇旁顾，仿佛这小天地中有独立自足之乐，此外偌大乾坤宇宙，以及个人生活中一切憎爱悲喜，都像在这霎时间烟消云散去了"[1]。

第二，关于产生艺术境界的条件。

朱光潜认为产生艺术境界的条件最重要的是"见"即"感觉"的性质。他说："诗的'见'必为'直觉'（intuition）。有'见'即有'觉'，觉可为'直觉'，亦可为'知觉'（perception）。直觉得对于个别事物的知（knowledge of individual things），'知觉'得对于诸事物中关系的知（knowledge of the relation between things），亦称'名理的知'。"[2] 在朱光潜看来，所谓"直觉"即是直接面对个别事物而产生的"意象"，而"知觉"则包含着知识与联想等理知的因素。他认为，这种"直觉"就是"灵光一现"的"灵感"，或禅家所谓的"悟"。

朱光潜认为，产生艺术境界的第二个条件就是"意象与情趣的契合"。他说，"每个诗的境界都必有'情趣'（feeling）和'意象'（image）两个要素。'情趣'简称'情'，'意象'即是'景'。吾人时时在情趣里过活，却很少能将情趣化为诗，因为情趣是可比喻而不可直接描绘的实感，如果不附丽到具体的意象上去，就根本没有可见的形象"[3]；又说，"诗的境界是情景的契合。宇宙中事事物物常在变动生展中，无绝对相同的情趣，亦无绝对相同的景象。情景相

---

① 宛小平选编：《中国现代美学名家文丛·朱光潜卷》，浙江大学出版社 2009 年版，第210 页。

② 同上书，第 211 页。

③ 同上书，第 213—214 页。

生，所以诗的境界是由创造来的，生生不息的"①。对于意象与情趣契合的途径，朱光潜归结为德国美学家里普斯"以人情衡物理"的"移情作用"和另一位德国美学家谷鲁斯"以物理移人情"的"内模仿作用"。

关于情趣与意象的契合，朱光潜结合王国维的"境界说"，认为有两种情况特别需要加以说明。一种就是王国维所谓的"隔与不隔"，他并不同意王国维所说的"雾里看花"为"隔"，"语语都在目前"为"不隔"，而认为所谓"隔"与"不隔"应从情趣与意象的关系考虑。他说："依我们看，隔与不隔的分别就从情趣和意象的关系上面见出。情趣与意象恰相熨帖，使人见到意象，便感到情趣，便是不隔。意象模糊零乱或空洞，情趣浅薄或粗疏，不能在读者心中现出明了深刻的境界，便是隔。"② 对于王国维所说"有我之境"与"无我之境"以及"有我之境品格较低"的观点，朱光潜也认为可商榷。在他看来，所谓"有我之境"即为经过艺术"移情作用"之境，而"无我之境"实为没有经过"移情作用"之境。他说，"与其说'有我之境'与'无我之境'，倒不如说'超物之境'与'同物之境'，因为严格地说，诗在任何境界中都必须有我，都必须为自我性格、情趣和经验的返照"③，两者各有胜境，不宜一概论优劣。

第三，通过古希腊悲剧艺术"沉静中的回味"来跨越主观情趣与客观意象的鸿沟。

朱光潜认为，主观情趣与客观意象二者之间存在天然的难以跨越的鸿沟。他说："由主观的情趣如何能跳过这鸿沟而达到客观的意象，是诗和其他艺术所必征服的困难。如略加思索，这困难终于被征服，真是一大奇迹。"④ 如何克服和跨越呢？朱光潜以艺术史为例加以阐释。首先是充分肯定了德国哲人尼采在《悲剧的诞生》中所阐述的古

① 宛小平选编：《中国现代美学名家文丛·朱光潜卷》，浙江大学出版社 2009 年版，第 214 页。
② 同上书，第 216 页。
③ 同上书，第 217 页。
④ 同上书，第 219 页。

希腊悲剧通过酒神的狂热情感在日神静穆形象中的显现而得以达到二者的沟通。他说："这两种精神本是绝对相反相冲突的，而希腊人的智慧却成就了打破这冲突的奇迹。他们转移阿波罗的明镜来照临狄俄倪索斯的痛苦挣扎，于是意志外射于意象，痛苦赋形为庄严优美，结果乃有希腊悲剧的产生。悲剧是希腊人'由形象得解脱'的一条路径。"① 另一条路径就是诗人华兹华斯所说的"在沉静中回味"② 的创作体验。如果说古希腊悲剧是酒神的狂热与日神的沉静的结合，而"在沉静中的回味"则是从感受到回味，从现实世界到诗的境界，是人生的"能入"与"能出"相统一的审美境界的建立。

朱光潜以其特有的才情与勤奋，以其独创的"人生论"美学与美育思想在中国现代美学与美育史上产生重大影响，成为最重要的代表人物之一。虽然他的美学学术活动开始的年代稍晚于王国维、蔡元培与梁启超，但他是倾其一生从事美学研究的学者，并在介绍译介西方美学经典文献、美学理论建构与美学人才培养等多个方面都有杰出的建树。因此，可以说，朱光潜也是中国现代美学的重要开拓者与奠基者之一。而且，特别可贵的是，他的教师生涯与其倡导的"人生论"美学与美育思想有着高度的知行统一性，他的美学活动从 20 世纪 30 年代走到 20 世纪 80 年代后期，整整半个多世纪。朱光潜与时俱进，始终保持旺盛的学术创造活力，他以其人文学者的可贵的真诚品格，坚持真理，修改错误，始终站在中国美学发展的前沿。人们尊敬地将他称作"美学老人"，他是当之无愧的。

任何事物都难免时代与历史的局限，朱光潜当然也是如此，他生活并活动于 20 世纪 30—80 年代的中国，这是一个经济社会文化急剧转型的时期，一方面为他的美学事业提供了广泛的舞台，使他成为不可代替的美学学科的主要领军人物之一，同时也给他带来了时代与历史的局限。从总体上来说，在中西文化交融碰撞的历史背景下，朱光

---

① 宛小平选编：《中国现代美学名家文丛·朱光潜卷》，浙江大学出版社 2009 年版，第 219 页。

② 同上书，第 220 页。

潜尽管有深厚的中学根基，但他的基本立足点是在西学之上的。他的美学思想深受克罗齐、尼采与黑格尔的影响，尽管倡导"有机论"哲学，但在实际上却始终没有摆脱主观与客观、感性与理性二分对立的"机械论"魔咒。甚至，他的"境界论""意象说"中所谓"物甲"与"物乙"的分别与对立，也不是马克思的辩证艺术观，而是仍残留着克罗齐"直觉论"的深刻影响。他在特有历史文化背景下长期隐约地秉持着一种文学艺术上西强中弱的观点，例如，对中国古代戏剧的评价、对中国文化中的宗教情怀的评价，等等。他深受西方以黑格尔为代表的启蒙主义理论家"人类中心主义"的影响，力倡"艺术中心主义"，贬抑自然之美，等等。但这一切，并不影响朱光潜作为中国现代最重要美学家之一的地位，更不影响他的"人生论"美学与美育思想所给予我们的滋养与教益。

第三节 丰子恺的"人生—同情论"美学与美育思想

丰子恺（1898—1975），名丰润、丰仁，号子惜，我国现代著名的艺术家、教育家、翻译家，在绘画、音乐、书法与文学等方面均有精深造诣，被外国学者称为"中国最像艺术家的艺术家"①。

丰子恺于1898年11月9日出生于浙江崇德县石门湾（今浙江省桐乡县石门镇）的一个书香门第，父亲曾中过清朝最后一科举人，后在故乡开馆授徒。6岁时在父亲的私塾就读，9岁时因父病故转入于云之的私塾继续求学，后该私塾改为崇德县立第三高小。1914年初高小毕业，同年秋天入浙江省立第一师范学校，从夏丏尊学习国文，从李叔同学习绘画、音乐与日文，受李叔同影响极大，确立了终身从事艺术之路。同时，还在学校的"洋画研究会"与"金石篆刻研究会"刻苦学艺，打下坚实基础。1919年，在浙江第一师范毕业后到上海专科

---

① 日本吉川幸次郎语，参见金雅选编《中国现代美学名家文丛·丰子恺卷》，浙江大学出版社2009年版，第81页。

师范学校任教，同年参加中华美育会。1921 年早春，在亲朋好友的资助下东渡日本"游学"10 个月。1922 年，到浙江上虞白马湖春晖中学任教，画了第一批漫画，其同事夏丏尊、朱自清、朱光潜等是"子恺漫画"的欣赏者。1924 年，随匡互生等人辞职到上海筹办立达中学，成立"立达学会"（后改为立达学园）。其间，翻译出版了日本厨川白村的《苦闷的象征》，出版第一部漫画集《子恺画集》。同年阴历九月 30 岁生日时，正式从弘一法师（李叔同）皈依佛门，法名婴行。此时，丰子恺在开明书店任编辑，在《中学生》杂志任艺术编辑，出版多部随笔，包括《西洋画派十二讲》《护生画集》（第一辑）《西洋美术史》等。1930 年因病辞去教职，1933 年离开立达学园，返回故乡新居——缘缘堂，开始了乡居著述生活，大量的随笔、论著、译著等在此时出版，成为其一生中的学术"高产期"。他的哲学思想、艺术思想与艺术教育思想逐步形成并走向成熟。在日本帝国主义侵华步伐加紧的形势下，毅然加入中国文艺家协会，发表抗敌御侮宣言。1937 年"八·一三"事变爆发，率全家逃难，辗转五省，行程约6000 多里。其间，曾任《抗战文艺》编委。先后在桂林师范学校、浙江大学、重庆国立艺术专科学校任教，出版论著、译著多种，举办抗敌御侮的画展多次。抗战胜利后，定居上海，先后任上海市政协委员、全国政协委员、中国美术家协会常务理事、上海市美术家协会主席、上海市文联主席、上海中国画院院长等职。10 年"文革"中遭到迫害，1970 秘密恢复写作，1975 年因病逝世，享年 78 岁。

丰子恺具有广博的才华，杰出的成就，是一位在理论与实践两方面都对我国现代美学与美育有着突出贡献的艺术家。他的美学与美育思想既具有鲜明的时代共性，又具有突出的个人特点。从时代共性来说，丰子恺作为一名极富爱国之心、正义之感和启蒙精神的艺术家，力倡一种"为人生"的艺术与审美教育。在这一点上，他与同时代的朱光潜等学者是一致的。但丰子恺师从弘一法师李叔同并皈依佛门的特殊经历，又使其艺术与美学思想打上了浓浓的佛学印记，他对"同情心""艺术心"的倡导即是例证。因此，我们将丰子恺的美学与美育思想概括为"人生—同情论"。

一 "人生—同情论"人生观

丰子恺生长在 20 世纪初期救亡图存的时代氛围之中，其工作与生活的年代正值烽火连天的抗战时期，经历过颠沛流离的战乱之苦，所以，充满爱国之心的丰子恺力主一种"为人生的艺术"。他说："世间一切文化都为人生，岂有不为人生的艺术呢？"又说："总之，凡是对人生有用的美的制作，都是艺术。若有对人生无用（或反有害）的美的制作，这就不能称为艺术。"① 抗战期间，他更明确地提倡为抗战的艺术："抗战艺术，以及描写民生疾苦，讽刺社会黑暗的艺术，是什么糖呢？我说，这些是奎宁糖。里头的药，滋味太苦，故在外面加一层糖衣，使人容易入口、下咽，于是药力发作，把病菌驱除，使人恢复健康。这种艺术于人生很有效用，正同奎宁片于人体很有效用一样。"② 这里，丰子恺直接地提出了文艺服务于抗战的问题，说明他的"为人生的艺术"是比较彻底的。但他毕竟是一位深得艺术"三昧"的高水平艺术家，所以，还是力主艺术与人生的有机统一。他说："我们不欢迎'为艺术的艺术'，也不欢迎'为人生的艺术'。我们要求'艺术的人生'与'人生的艺术'。"③ 为此，他与所有的大艺术家一样强调艺术的"无用之用"。这里所谓的"无用之用"，就是强调艺术用其特有的情感熏陶感染的方式以达到感情潜移默化的目的。他说，"纯正的绘画一定是无用的，有用的不是纯正的绘画。无用便是大用"；又说："用慰安的方式来潜移默化我们的感情，便是绘画的大用"。④

以上所说，仿佛丰子恺的人生观与艺术观同朱光潜一样，是一种"为人生"的人生观与艺术观，其实并不完全如此。当然，在秉持爱国之心，力主艺术为人生上，丰子恺与朱光潜是一致的。但丰子恺的

---

① 金雅选编：《中国现代美学名家文丛·丰子恺卷》，浙江大学出版社 2009 年版，第 69 页。

② 同上书，第 71 页。

③ 同上。

④ 同上书，第 54、55 页。

特殊之处在于，他还是一名佛教徒，早在 1927 年就师从弘一法师李叔同皈依佛门，而且总体上来说他还是笃信佛教的。他在 1948 年底于弘一法师圆寂处厦门南普陀寺佛学会的演讲中指出，"弘一法师是我学艺术的教师，又是我信宗教的导师"；又说，"学艺术的人，必须进而体会宗教的精神，其艺术方有进步"，"可知在世间，宗教高于一切"①，等等。为此，在丰子恺"为人生"的人生观与艺术观中包含着"同情心"这样的佛学精神。他秉持佛学的超越精神，认为审美是超越真善功利的，艺术家必须是"大人格者"，具备一种消弭一切贵贱贫富乃至阶级差别、物我对立的"同情心"。他说："普通世间的价值与阶级，入了画中便全部撤销了。画家把自己的心移入于儿童的天真的姿态中而描写儿童，又同样地把自己的心移入于乞丐的病苦的表情中而描写乞丐。画家的心，必常与所描写的对象相共鸣共感，共悲共喜，共泣共笑，倘不具备这种深广的同情心，而徒事手指的刻划，决不能成为真的画家。"② 这种"同情心"即由佛学中超越万有的"清静心"所化来。正是这种"同情心"使丰子恺"为人生"的艺术观超越了流行于当时的机械论。他说："我看来中国一大部分的人，是科学所养成的机械的人；他们以为世间只有科学是阐明宇宙的真相的，艺术没有多大的用途，不过为科学的补助罢了。"③ 在他看来，揭示宇宙与事物真相的恰恰是艺术而不是科学。他说："依哲学的论究，是'最高的真理，是在晓得事物的自身，便是事物现在映于吾人心头的状态，现在给与吾人心中的力和意义！'——这便是艺术，便是画。"④ 同时也使得丰子恺在佛学"万物平等"之"同情心"的推动下，超越了当时盛行的"人类中心主义"。他在弘一法师李叔同的支持与合作之下，早在 1929 年开始就创作了著名的诗画结合、倡导保护生态环境的《护生画集》。

① 金雅选编：《中国现代美学名家文丛·丰子恺卷》，浙江大学出版社 2009 年版，第 23、25 页。

② 同上书，第 9 页。

③ 同上书，第 15 页。

④ 同上书，第 17 页。

当然，更为重要的是丰子恺在佛学"同情心"的基础上，总结弘一法师李叔同的思想，归纳出"人生三层楼"的学术与人生思想。他说："我以为人的生活，可以分作三层：一是物质生活，二是精神生活，三是灵魂生活。物质生活就是衣食。精神生活就是学术文艺。灵魂生活就是宗教。'人生'就是这样的一个三层楼。"①"艺术的最高点与宗教相接近。二层楼的扶梯的最后顶点就是三层楼，所以弘一法师由艺术升到宗教，是必然的事"；"我脚力小，不能追随弘一法师上三层楼，现在还停留在二层楼上，斤斤于一字一笔的小技，自己觉得很惭愧。但亦常常勉力爬上扶梯，向三层楼上望望"。②

这"人生三层楼"的思想对于理解丰子恺是十分重要的。首先，使我们进一步明确了丰子恺一切艺术活动与艺术思想的最终指向是佛学的"同情心"与"清静心"的追求；其次，使我们进一步理解了丰子恺艺术思想与美育思想的深刻内涵；当然，更重要的是让我们理解到丰子恺与王国维、朱光潜一样对学术艺术活动的终极关怀维度是有自己的追求的。不过，其他学者可以以中国传统文化的"天地境界"之说加以概括，而丰子恺却诉诸了宗教——佛学。由此印证了中国传统的境界说以及美育必然包含终极关怀维度。这是美育的归途，也是其提升。

二　"绝缘论"审美观

丰子恺所坚持的是一种非功利、非实用的"绝缘论"审美观。这种审美观的形成有多方面的原因，首先是丰子恺所处的时代恰逢"西学东渐"正盛之时，康德与黑格尔的德国古典美学的"静观美学"对我国美学界影响很大。同时，丰子恺本人的佛学信仰使之有一种剪断"因果网"的超越思想，正与"静观美学"相吻合。他选择的"绝缘"二字有与尘缘隔绝之意，本身也颇含佛学意味。

---

① 金雅选编：《中国现代美学名家文丛·丰子恺卷》，浙江大学出版社2009年版，第24页。

② 同上书，第25页。

丰子恺于 1922 年在《艺术教育的原理》一文中论述真与美、科学与艺术之关系时提出审美的"绝缘论"。他说："因为艺术是舍过去未来的探求，单吸收一时的状态的，那时候只有这物映在画者的心头，其他的物，一件也混不进来，和世界一切脱离，这事物保住绝缘的（isolation）状态，这人安住（repose）在这事物中；同时又可觉得对于这事物十分满足，便是美的享乐，因为这物与他物脱离关系，纯粹的映在吾人的心头，就生出美来。"① 在丰子恺看来，所谓审美就是对于孤立的、与周围没有任何关系的事物形式的欣赏。这就是所谓的"绝缘"，他进一步阐释道，"绝缘"的方法就是在审美时不要联想到实用上去，只面对瞬间的印象，使心安住在画中，只欣赏画中的美，不问画中的路通向何方，画中的人姓甚名谁，画中的花属于植物的何种科目？为此，他将美与真、艺术与科学加以明确区分。他说："（1）科学是连带关系的，艺术是绝缘的；（2）科学是分析的，艺术是理解的；（3）科学所论的是事物的要素，艺术所论的是事物的意义；（4）科学是创造规则的，艺术是探求价值的；（5）科学是说明的，艺术是鉴赏的；（6）科学是知的，艺术是美的；（7）科学是研究手段的，艺术是研究价值的；（8）科学是实用的，艺术是享乐的；（9）科学是奋斗的，艺术是慰乐的。二者的性质绝对不同，并且同是人生修养上所不可偏废的。"② 以上九点区分并不完全准确，但划清二者的区分，说明艺术与审美的"绝缘"特性的意图却是十分明显的。

在丰子恺对审美"绝缘论"的论述中，颇富创意的是他将"童心说""趣味说"与"剪网说"引入其中。在丰子恺看来，儿童纯洁无瑕的"童心"，天然地就有"绝缘"的审美情怀，从而具有超然物外的"趣味"。丰子恺以儿童拿银洋做胸章、以花生米做吃酒的老头而完全抛弃其实用价值的生动事例说明，"童心"是与"绝缘"式的审美天然相联的。他说："儿童对于人生自然，另取一种特殊的态度。

---

① 金雅选编：《中国现代美学名家文丛·丰子恺卷》，浙江大学出版社 2009 年版，第 17 页。

② 同上书，第 18 页。

他们所见、所感、所思，都与我们不同，是人生自然的另一方面。这态度是什么性质的呢？就是对于人生自然的'绝缘'（isolation）的看法。"① 他认为，这就是童心，而"童心，在大人就是一种趣味。培养童心，就是涵养趣味"②。将审美的"绝缘"归结为一种童心、一种趣味，实际上是将之归结为一种返璞归真、超脱尘世的生存态度，的确是丰子恺的创意所在。他的更进一步的创意，是将审美的"绝缘"归结为对尘世因果网的剪断。他在进一步阐释审美绝缘论时，将之归结为对尘世"因果网"的摆脱，是对事物"本相"的回归与把握。为此，他于1928年专门写了《剪网》一文，说道："我想找一把快剪刀，把这个网尽行剪破，然后来认识这世界的真相。艺术，宗教，就是我想找求来剪破这'世网'的剪刀吧！"③

三 "人的教育"的美育观

什么是美育或艺术教育呢？丰子恺给予了一个十分简明的回答：人的教育。他说："要之，艺术教育是很重大很广泛的一种人的教育。"④ 他在自己的论著中反复论证这一观点。首先，他点明了这一观点是深受其师弘一法师李叔同的影响，论述了李叔同"先器识而后文艺"的文艺观。他说："'先器识而后文艺'，译为现代话，大约是'首重人格修养，次重文艺学习'，更具体地说：'要做一个文艺家，必先做一个好人。'可见李先生平日致力于演剧、绘画、音乐、文学等文艺修养，同时要致力于'器识'修养。他认为一个文艺家倘没有'器识'，无论技术何等精通熟练，亦不足道，所以他常诫人'应使文艺以人传，不可人以文艺传。'"⑤ 也就是说，在李叔同看来，要做一个好的文艺家首先要做一个好人，与此相应，艺术的目的当然也在

① 金雅选编：《中国现代美学名家文丛·丰子恺卷》，浙江大学出版社2009年版，第27页。
② 同上书，第30页。
③ 同上书，第22页。
④ 同上书，第45页。
⑤ 同上书，第86页。

于培养好人。这一理念深深地影响了丰子恺，为此提出了"艺术教育即人的教育"的重要理论观点。丰子恺对这一观点特别加以强调，指出缺少了艺术的教育就不可能培养"完全的人"，而只能培养"不完全的残废人"。这在 20 世纪 20 年代的语境下说得是非常深刻到位的，直至今天仍然具有重要的警世作用！

丰子恺为了说明"人的教育"的美育观，对美育的功能做了具体的分析说明。他认为，美育的具体作用是培养人的审美的欣赏力与创造力，进而培养人以审美的艺术的态度对待社会、生活与人生。他以绘画教育为例说道："例如图画，教儿童鉴赏静物、鉴赏自然，不念其实用的、功利的方面，而专事吟味其美的方面，以养成其发现'美的世界'的能力；教儿童描写这美，以养成其美的创作的能力。希望这能力能受用于其生活上：即希望其能用鉴赏自然、鉴赏绘画的眼光来鉴赏人生、世界，希望其能用像美的和平与爱的情感来对付人类，希望其能用像创造绘画的态度来创造其生活。"① 这实际上是希图通过审美的欣赏力与创造力的培养，进而达到塑造艺术化的人生的目的，是十分进步健康的美育观念。

丰子恺还从艺术是"人生苦闷"的发泄的特殊角度论述了艺术作为"人的教育"的特殊作用。这是受到当时十分流行的一本文学理论著作——厨川白村的《苦闷的象征》影响的结果。丰子恺曾经翻译过该书，受其影响极深，但将其"生命力的压抑"变换为"奔放自由的感情逐渐地压抑"，同时包含了他的佛学的超越"苦谛"思想，从而将艺术看作是发泄苦闷的乐园，给人以慰藉的途径。他说："艺术的境地，就是我们大人所开辟以发泄这生的苦闷的乐园，就是我们大人所开辟以发泄这生的苦闷的乐园，就是我们大人在无可奈何之中想出来的慰藉、享乐的方法。所以苟非尽失其心灵的奴隶根性的人，一定谁都怀着这生的苦闷，谁都希望发泄，即谁都需要艺术。我们的身体被束缚于现实，匍匐在地上，而且不久就要朽烂。然而我们在艺术

---

① 金雅选编：《中国现代美学名家文丛·丰子恺卷》，浙江大学出版社 2009 年版，第 45 页。

的生活中，可以瞥见'无限'的姿态，可以认识'永劫'的面目，即可以体验人生的崇高、不朽，而发见生的意义与价值了。"① 在丰子恺看来，艺术不仅是"苦闷的发泄"，而且可以体验"人生的不朽"，"发见生的意义与价值"。这里，又一次体现了他的"三层楼"学说中由艺术接近宗教的佛学思想的印迹。

四　"爱心论"的创作观

丰子恺作为画家，其创作大体包括古诗词、儿童画、护生画与社会相画四类。他在 1946 年写的《漫画创作二十年》一文中指出，"今日回顾这二十多年的历史，自己觉得，约略可分为四个时期：第一是描写古诗句时代，第二是描写儿童相的时代，第三是描写社会相的时代，第四是描写自然相的时代。但又交互错综，不能判然划界，只是我的漫画中含有这四种相的表现而已"②。贯串这四类画始终的，是丰子恺为文为艺为人的"爱心论"。他曾有感于宇宙社会人生的变幻无常，而感到艺术及艺术教育应肩负"爱的教育"的特殊使命。他说："申说起来：我们在世间，倘只用理智的因果的头脑，所见的只是万人在争斗倾轧的修罗场，何等悲惨的世界！日落，月上，春去，秋来，只是催人老死的消息；山高，水长，都是阻人交通的障碍物；鸟只是可供食料的动物，花只是结果的原因或植物的生殖器。而且更有大者，在这样的态度的人世间，人与人相对都成生存竞争的敌手，都以利害相交接，人与人之间将永无交通，人世间将永无和平的幸福、'爱'的足迹了。故艺术教育就是和平的教育、爱的教育。"③ 这在一定程度上反映了佛教的"苦谛"之说。该说认为，众生的生命和生活的本质就是痛苦，包括生苦、老苦、病苦、死苦、怨憎会苦、爱别离苦、求不得苦，等等。而解脱痛苦之道，丰子恺认为，除了佛教的超度之外就是艺术教育，艺术教育之所以能够解脱人间苦难，就是因为

---

① 金雅选编：《中国现代美学名家文丛·丰子恺卷》，浙江大学出版社 2009 年版，第 44 页。

② 同上书，第 314—315 页。

③ 同上书，第 29 页。

它是一种"爱的教育"。这种"爱的教育"就是对于人的这种深广"同情心"的发扬，使之热爱关怀宇宙人生，热爱关怀老人儿童，热爱关怀自然万物。"爱心论"恰是丰子恺"同情心"的实践与发扬，是其艺术创作论的核心。我们仅从其创作中的儿童画与护生画两大主题即可见其"爱心论"的表现。

先说丰子恺的儿童画。他的漫画是从儿童画开始的，始终贯串着对儿童的热爱与呵护，洋溢着童心。他说："我作漫画由被动的创作而进于自动的创作，最初是描写家里的儿童生活相。我向来憧憬于儿童生活。尤其是那时，我初尝世味，看见了当时社会里的虚伪矜恣之状，觉得成人大都已失本性，只有儿童天真烂漫，人格完整，这才是真正的'人'。于是变成了儿童崇拜者，在随笔中、漫画中，处处赞扬儿童。现在回忆当时的意识，这正是从反面诅咒成人社会的恶劣。"① 丰子恺极力倡导培养童心，保护童心。他说，"所谓培养童心，应该用甚样的方法呢？总之，要处处离去因袭，不守传统，不顺环境，不照习惯，而培养其全新的、纯洁的'人'的心。对于世间事物，处处要教他用这个全新的纯洁的心来领受，或用这个全新的纯洁的心来批判选择而实行"，"只要父母与先生不去摧残它而培养它，就够了"。② 因此，他反对将"儿童大人化"。总之，他的创作是赞美童心、爱护童心、保护童心的，始终充满着童情童趣，洋溢着对儿童深厚的爱。丰子恺进一步对儿童未受俗事传染的可贵的艺术眼光给予了充分的肯定。他认为，艺术的眼光就是直接地面对物象本身的眼光，这种眼光常在单纯的儿童的眼光中保存着；而非艺术的眼光则是更多看到物象的价值、作用与关系的眼光，表现在很多成人的眼光之中。他说："你得疑问：艺术家就同孩子们一样眼光吗？我郑重地答复你：艺术家在观察物象时，眼光的确同儿童的一样；不但如此，艺术家还要向儿童学习这天真烂漫的态度呢。"③

---

① 金雅选编：《中国现代美学名家文丛·丰子恺卷》，浙江大学出版社 2009 年版，第315 页。

② 同上书，第 31 页。

③ 同上书，第 92 页。

再说丰子恺的护生画。这在中国乃至世界绘画史上都是值得大书特书的一笔。丰子恺从 1929 年开始就在弘一法师李叔同的启发与合作下创作"护生画"，诗画相配，诗或选自前人之作或自己创作，而以爱护自然万物为其内容。一般由丰子恺作画，而李叔同配诗。1929 年出《护生画》初集，1939 年出《护生画》续集。此二集均为丰子恺与李叔同合作。1942 年李叔同圆寂后，丰子恺又在其他人的合作下出了四集。最后一集于 1979 年 10 月在香港出版，此时丰子恺已辞世四年。可以说，丰子恺以自己的绘画艺术为保护生态环境奋斗到最后一息。这在现代画家中是极为罕见的。他说："护生者，护心也（初集马一浮先生序文中语）。去除残忍心，长养慈悲心，然后拿此心来待人处世。——这是护生的主要目的。"① 丰子恺 1946 年自叙道，对于《护生画集》"直到现在，此类作品都是我自己所最爱的"②。《护生画集》是丰子恺充满仁爱精神的"同情心"的体现。他说："艺术家的同情心，不但及于同类的人物而已，又普遍地及于一切生物无生物，犬马花草，在美的世界中均是有灵魂的而能泣能笑的活物了"，"这正是'物我一体'的境涯。"③ 丰子恺的《护生画集》具有巨大的社会价值与艺术价值，他在《护生画集》中倡导的"普度众生""关爱万物""同情万物""物我一体"的佛学精神在当前的自然生态保护中仍然具有重要的借鉴意义。

丰子恺关于"护生即护心"的论断也十分精辟。当然，在佛学的意义上，所谓"护心"就是保证人的"慈悲心"不受污染，不致变成残害万物的"残忍心"。从自然生态环境的保护来说，也主要是"心"的保护与端正，最根本的不是物质的与技术的问题，而是"心"的问题，即文化态度问题。因此，"护生即护心"也应该成为当今自然生态保护的核心理念之一。

---

① 丰陈宝等编：《丰子恺文集》艺术卷 4，浙江文艺出版社、浙江教育出版社 1990 年版，第 425 页。

② 金雅选编：《中国现代美学名家文丛·丰子恺卷》，浙江大学出版社 2009 年版，第 316 页。

③ 同上书，第 9 页。

五 "梦与真"的中西艺术比较论

作为兼通中西古今的艺术家,丰子恺对中西艺术进行了自己的比较。从目前掌握的材料来看,丰子恺是现代艺术家与美学家中更具民族文化自觉性的一代大家。他在国势日衰、西学东渐、民族危亡的形势下,与许多艺术家、美学家的民族自卑心不同,更多地看到了中国传统艺术的优势与特点。他曾自豪地表示,在现代艺术的十二个部门中,金石书法为中国所独有,提出"如果书法是东部高原,那么音乐就是西部高原。两者遥遥相对"① 的重要观点;他还认为,中国画的"清醇淡雅""对于肉感的泰西人的艺术实在是足矜的"②,提出"中国是最艺术的国家"③ 这样的论断。

当然,丰子恺在坚持民族文化自觉性的同时,在艺术上还是十分清醒的。他以"梦与真"作为中西艺术的最主要特点并对之加以比较。他"用梦比方中国画,用真比方西洋画;又用旧剧比方中国画,用新剧比方西洋画"④,认为中国画的自然观照注重物的神气而不注重形式,西洋画注重形式而不注重神气。中国画为了要生动地画出神气,有时不免牺牲一点形似,例如三星图中的老寿星头大身短、美人的削肩等均不符合解剖学原理;而西洋画为了形似有时不免牺牲一点神气,例如绘画与照相类似凝固而不清新。所以,奇形怪状的中国画好比现世不存在的梦的情景和京剧的表现,而照相式的西洋画则如真实的世界情形,好比新的话剧的表现。此外,他还指出中国画的散点透视与西洋画远近法的焦点透视的差异等。总之,丰子恺用"梦与真"作为中西艺术的不同特征,总体看是得当的,反映了中画"写意"的特点、西画"模仿"的原则。

不仅如此,丰子恺还进一步探讨了中西画"梦与真"的差异形成

---

① 金雅选编:《中国现代美学名家文丛·丰子恺卷》,浙江大学出版社 2009 年版,第 107 页。
② 同上书,第 148 页。
③ 同上书,第 34 页。
④ 同上书,第 154 页。

的原因，即中西不同的民族文化、民族精神与审美原则的相异。他说："一民族的文化，往往有血脉联通，形成一贯的现象……"① 具体来说，由于中国古代"天人合一"哲学思想的影响，所以一直秉持"万物一体"的思想观念，追求"万物并育而不相害，道行而不相悖"（《礼记·中庸》）的境界，早在魏晋南北朝就以"仁爱亲和"的态度描写自己山水，逐步使山水画成为中国画之正宗。丰子恺指出："'万物一体'是中国文化思想的大特色，也是世界上任何一国所不及的最高的精神文明。古圣人说：'各正性命。'又曰'亲亲而仁民，仁民而爱物'，可见中国人的胸襟特别广大，中国人的仁德特别丰厚。所以中国人特别爱好自然。远古以来，中国画常以自然（山水）为主要题材，西洋则本来只知道描人物（可见其胸襟狭，眼光短，心目中只有自己），直到十九世纪印象派模仿中国画，始有独立的风景画与静物画。"② 在此基础上，丰子恺阐发了中国画特有的"气韵生动"的审美与艺术原则，西洋画"写实造形"的审美与艺术原则。他概括中国画的"气韵生动"原则时，写道："原来气韵生动不是简单的世界观，乃是艺术家的世界观，暗示他、刺激他，使他活动的世界观。气韵生动到了创作活动上而方才能表明其意义，发挥其生命。故气韵生动可名之为创作活动的根本的精神的动力。"③ 他认为，"气韵生动"集中地表现了"心的生命，人格的生命的价值"④，是一种古代中国的生命的关系。而西方则是一种"写实造形"的审美与艺术原则。丰子恺以西方印象派画家为例加以说明，"他们主张描画必须看着了实物而写生，专用形状色彩来描表造形的美。至于题材，则不甚选择，风景也好，静物也好。这派的大画家 Monet（莫奈）曾经为同一的稻草堆作了十五幅写生画，但取其朝夕晦明的光线色彩的不同，题材重复至十五次也不妨"；又说，"这是专重形状、色彩、光线笔法

---

① 金雅选编：《中国现代美学名家文丛·丰子恺卷》，浙江大学出版社 2009 年版，第164 页。

② 同上书，第 34 页。

③ 同上书，第 146 页。

④ 同上书，第 141 页。

的造形美术，其实与前述的立体派绘画或图案画很相近了。此风到现在还流行，入展览会，但觉满目如肉，好像走进了屠场或浴室"。①

当然，丰子恺也不是一味地肯定中国画，他对中国画的失真与"空虚"还是多有批评。而且，丰子恺也指出了19世纪以来中西艺术的逐步融合，随着西方印象派特别是后印象派画派的兴起，东方的"写意"风格逐步传到西方并被逐步接受，西方画风为之一变；而中国画家也开始学习西画，出现了融汇中西的一代新型画家。

总之，丰子恺的美学与美育思想有两大明显的特点：一是他作为成就卓著的画家来研究美学与美育，包含了自己极为丰富的艺术创作与审美的经验；二是他作为佛学信徒，以其特有"清静心""同情心"的佛学思想论述审美问题，成为中国绘画史与美学史上的奇葩。

---

① 金雅选编：《中国现代美学名家文丛·丰子恺卷》，浙江大学出版社2009年版，第203页。

第十四章

美育与当代文化艺术发展新趋势

第一节　后现代转向与美育

一　后现代社会与后现代转向

20世纪中期以来，出现了以知识经济与大众文化为标志的社会转型。法国哲学家利奥塔（Jean-Francois Lyotard）指出："当许多社会进入我们通称的后工业时代，许多文化进入我们所谓的后现代化时，知识的地位已然变迁！至少在50年代末期这一转变就形成了。"① 法国另一位哲学家福柯在1966年的《词与物》一书中，将当代（即后现代）界定为1950年至今，基本特征为"下意识"，哲学形式为"考古学"（即解构主义）。从一般的意义上来理解，"后现代"是从20世纪50年代后期开始的，其内涵为对现代性即主体性、工具理性、结构主义哲学的一种反思与超越，可分建构的后现代与解构的后现代两种。相比起来，我们更加赞成"建构的后现代"。后现代社会的到来，在经济、社会与文化等方面带来一系列重大变化，也必将影响到美学与美育。

中华人民共和国成立后，特别是经过改革开放以来的经济社会建设，在现代化持续深入发展的同时，也出现了诸多后现代状况，包括经济社会领域"生态文明"建设的提出，哲学领域"人与自然共生"观念的提出，文化领域大众文化、消费文化与网络文化的勃兴，等

---

① ［法］利奥塔：《后现代状况》，岛子译，湖南美术出版社1996年版，第34页。

等，都对美学与美育建设构成新的挑战与发展语境。英国马克思主义理论家伊格尔顿在1995年8月大连召开的"文化研究：中国与西方"国际研讨会的主题发言中指出，90年代中后期的中国社会已经越来越带有后现代消费社会的特征。

二　新的美学现象与美学观念的兴起

（一）大众文化的兴起与精英文化的消解

"大众文化"首先是由西班牙裔哲学家奥尔特加（Jose Ortegay Gasset）在1929年提出的，他首先揭示了现代艺术的精英主义与大众文化的对立。他说，现代主义艺术"把人们分成两部分：一是小部分热衷于现代艺术的人，二是大多数对它抱有敌意的大众。因此，现代艺术起着社会催化剂的作用，它把无形的人们区分为两个不同的阶层"[1]。大众文化的基本特点，是大众的崛起与精英的消解，改变了文化领域历来由"上层"与"精英"占领的传统局面，使得广大民众在文化的创作与接受中悄然崛起。正如洛文塔尔（Leo Lowenthal）所说，"在现代文明的机械化进程中，个体衰落式微，使得大众文化出现，取代了民间艺术或'高雅'文化。大众文化产品没有一点真正的艺术特色，但在大众文化的所有媒介中，它具有真正的自我特色：标准化，俗套，保守，虚伪，人为控制的生活消费品"[2]，比较准确地揭示了大众文化作为普通民众"生活消费品"区别于精英文化高雅性的标准化、俗套化特点。现时代消解了大众文化与精英文化之间的界限，标示着精英文化的终结和新的大众文化的崛起。与大众文化的非精英化相伴的是它的去经典化，以其通俗性与平民性挑战了经典的典雅性与权威性。对大众文化的评价出现两种相反的观点：一种观点对大众文化基本上持否定态度，洛文塔尔认为，"我们回到大众文化与艺术的不同之处，前者是虚假的满足，后者是真实的体验，……但是，在大众文化中，人们则通过抛弃所有东西，甚至包括对美的崇

---

① 　转引自周宪《审美现代性批判》，商务印书馆2005年版，第307页。

② 　陶东风主编：《文化研究精粹读本》，中国人民大学出版社2006年版，第258页。

敬，以从神话力量中把自己解放出来"①。美国美学家舒斯特曼则对大众文化给予了充分的肯定，将之称为当代"审美能量与活动集中的地方"。他说："在当今世界，高雅艺术已经不再是审美能量集中的地方。绝大部分的审美能量不向博物馆和画廊汇聚，而是汇聚到通俗艺术、设计、广告，以及人们的生活艺术上。因此，为了使美学具有生命力，使美学繁荣，我们必须将审美的注意力放到审美能量与活动集中的地方。"② 与上述两种情形相对，还有一种比较折中的观念，就是对大众文化既有批判又有肯定。当代西方马克思主义代表人物之一詹姆逊从文化批判的高度对后现代主义及大众文化是持一种批判态度的，但他也实事求是地承认其合理因素并给予应有的肯定。他认为，后现代主义及大众文化带来的并非全是消极的东西，它打破了我们固有的单一的思维模式，使我们在这样一个时空观念大大缩小了的时代对问题的思考变得复杂起来，对价值标准的追求也突破了简单的非此即彼模式的局限。③ 我们认为，对于后现代社会状况下出现的大众文化，从总体上应从历史主义的视角承认并肯定其出现的历史必然性与合理性，同时应正视其种种局限，并采取应对之策加以必要的引导与提升。

（二）消费社会的出现与文化艺术的商品化趋势

20 世纪中期以来，随着后现代社会的出现，一个新的消费社会呈现在我们面前。法国社会学家让·鲍德里亚从符号学的独特视角对这个消费社会及其消费文化进行了深入的分析与批判，他说："关于消费的一切意识形态都想让我们相信我们已经进入了一个新纪元，一场决定性的人文'革命'把痛苦而英雄的生产年代与舒适的消费年代划分开来了，这个年代终于能够正视人及其欲望。"④ 这是一个以消费而

① 陶东风主编：《文化研究精粹读本》，中国人民大学出版社 2006 年版，第 254 页。

② 刘悦笛主编：《美学国际：当代国际美学家访谈录》，中国社会科学出版社 2010 年版，第 196 页。

③ 参见王宁《后理论时代的文学与文化研究》，北京大学出版社 2009 年版，第 141 页。

④ ［法］让·鲍德里亚：《消费社会》，刘成富等译，南京大学出版社 2000 年版，第 74 页。

不是以生产为目的的时代，是一个通过巨额广告去除产品的使用价值与时间价值而增加其时尚价值与更新速度的时代，是一个充分肯定欲望与身体快感的时代，是一个将一切都化作商品与金钱的时代。在这样一个特定的消费时代产生了消费文化。消费文化的特点就是文化的商品化与商品的文化化。诚如鲍德里亚所说，"文化中心成了商业中心的组成部分。但不要以为文化被'糟蹋'：否则那就太过于简单化了。实际上，它被文化了。同时，商品（服装、杂货、餐饮等）也被文化了，因为它变成了游戏的、具有特色的物质，变成了华丽的陪衬，变成了全套消费资料中的一个成分"；又说，"它的整个'艺术'就在于耍弄商品符号的模糊性，在于把商品与实用的地位升化为'氛围'游戏：这是普及了的新文化，在一家上等的杂货店与一个画廊之间，以及在《花花公子》与一部《古生物学论著》之间已不再存在什么差别"①。詹姆逊也对这种文化艺术商品化的现象进行了分析，他说："商品化进入文化意味着艺术作品正在成为商品，甚至理论也成为商品；当然这不是说那些理论家们正在利用自己的理论发财，而是说商品的逻辑已影响到人们的思维。"②鲍德里亚对于这样的消费社会与消费文化是否定的，认为这是一个"异化"的世纪。他指出，"可以推论，消费世纪既然是资本符号下整个加速了的生产力进程的历史结果，那么它也是彻底异化的世纪"③。他认为，"文化消费""可以被定义为那种夸张可笑的复兴、那种对已经不复存在之事物——对已被'消费'（取这个词的本义：完成和结束）事物进行滑稽追忆的时间和场所"④。因为，文化都是一次的、独创的，而"文化产品"则是机械复制的、数量浩繁的，其基本特点是"媚俗"，是一种伪物品、模拟、复制、符号。不可否认，鲍德里亚揭示了消费社会与消费文化

① ［法］让·鲍德里亚：《消费社会》，刘成富等译，南京大学出版社 2000 年版，第 4—5、5 页。

② 转引自周宪《审美现代性批判》，商务印书馆 2005 年版，第 338 页。

③ ［法］让·鲍德里亚：《消费社会》，刘成富等译，南京大学出版社 2000 年版，第 225 页。

④ 同上书，第99 页。

的一种非常重要的特性，但对消费文化为广大民众在现代社会提供的
"休闲"中所带来的娱乐、作为文化产业在当代经济社会发展中举足
轻重的地位却没有给予足够的重视。

（三）艺术的终结与日常生活审美化

"艺术的终结"与"日常生活审美化"是 20 世纪 90 年代以来，
特别是新世纪以来被不断讨论与争辩的两个问题。这其实是两个紧密
相关的问题，因为"日常生活审美化"其实就是艺术终结的重要表
征。这两个问题也是对传统美学与美育理论与实践的挑战，颠覆了一
系列传统的美学与美育观念。

其实，"艺术的终结论"早在 19 世纪前期的黑格尔美学中就已经
提出。黑格尔在其《美学》全书的最后写道："到了喜剧的发展成熟
阶段，我们现在也就到了美学这门科学研究的终点。"① 又说："在喜
剧里它把这种和解的消极方式（主体与客观世界的分裂）带到自己的
意识里来。到了这个顶峰，喜剧就马上导致一般艺术的解体。"② 在这
里，黑格尔按照自己的客观唯心主义哲学体系，将世界归结为绝对理
念的自发展，而在绝对理念自发展的绝对精神阶段，在经历了艺术阶
段之后又必然地进入宗教与哲学的阶段，美学与艺术宣告终结。当
然，黑格尔这里所说的"终结"只是绝对理念自发展由"艺术"阶
段进入"宗教"阶段，并非指艺术这种形式在世界上的"死亡"与
消失。但艺术也必然地面临着一种"解体"。据记载，《美学》是黑
格尔 1817—1829 年的学术讲演。其时，资本主义方兴未艾，其艺术
也呈兴盛之势，黑格尔已经预言了"艺术"的必然解体，充分彰显出
伟大理论家及其理论所具有的巨大预见能力。其后，1917 年发生了
美国的行为艺术家马塞尔·杜尚（Marcel Duchamp）将一件瓷质小便
器命名为《喷泉》拿到艺术展览会参展的事件。尽管此举最后被拒
绝，但仍然引起"何为艺术"的长期争论。1964 年，又出现了波普
艺术家安迪·沃霍尔将超市里的三个"布乐利盆子"（肥皂盒）放到

---

① ［德］黑格尔：《美学》第 3 卷下，朱光潜译，商务印书馆 1981 年版，第 334 页。
② 同上。

艺术馆作为艺术品展览。这两个事件一起构成了对传统艺术与艺术观念的强烈冲击，直接引发了 20 世纪下半叶有关"艺术是否终结"的大讨论。1984 年，美国哲学家、美学家阿瑟·丹托（Arthur C. Danto）发表了著名的《艺术的终结》的宣言。他自己声称，他的论题的提出直接受到杜尚的启发，"杜尚作品在艺术之内提出了艺术的哲学性质这个问题，它暗示着艺术已经是形式生动的哲学，而且现在已通过在其中心揭示哲学本质完成了其精神使命。现在可以把任务交给哲学本身了，哲学准备直接和最终地对付其自身的性质问题。所以，艺术最终将获得的实现和成果就是艺术哲学"①。他一再声称，所谓的"艺术的终结"绝不是艺术的死亡，而是"特定的叙事已走向了终结"，单纯的纯艺术的叙事已不复存在，而在艺术与生活界限的消解中，艺术已处于与生活二律背反的哲学思考之中，成为了哲学。随着艺术边界的扩展，艺术与生活之间界限的模糊，"日常生活审美化"的问题也相应地被提了出来。西方学者迈克·费瑟斯通（Mike Featherstone）与沃尔夫冈·韦尔施（Woefgang Wesesch）等先后提出这一论题，并于 2000 年前后介绍到中国，立即引起激烈的争论。这场争论围绕如下问题展开：其一，在新的时代，文学艺术及其研究是否还将继续存在？围绕这一问题的讨论始于美国学者希利斯·米勒在 2001 年第一期《文学评论》杂志上发表了一篇题为《全球化时代文学研究还会继续存在吗？》的文章，提出在新的电信技术时代，文学与文学研究将不复存在的观点，引起相当一批学者的反驳。实际上，米勒作为著名的"解构学派"即"耶鲁四人帮"之一，着重探讨的是新的全球化电信时代对传统的文学艺术及其研究所提出的挑战，采用的是现象学将传统文学艺术及其研究存而不论的方式，因而在"解构"之外还有"擦痕"的概念。当然，作为"解构论者"，米勒等人更多地倾向于对传统文学艺术及其研究予以否定，这不免偏颇。但新的全球化、电信化与商业化时代，纯粹的传统文学艺术及其研究难道还能保持原来的纯而又纯的状况吗？变化显然是不可避免的。其二是文学艺术的

---

① 转引自刘悦笛《艺术终结之后》，南京出版社 2006 年版，第 43 页。

边界是否应该拓宽？许多学者认为，"日常生活审美化"的一个重要现实就是审美走向生活，文学艺术的边界大幅度拓展。也有的学者认为，这种拓展不应干扰传统文学艺术及其研究。实际上，即使传统的文学艺术及其研究的边界应该并能够坚守，其扩界已成不容漠视的现实。其三是对"日常生活审美化"的价值判断。有学者认为，这是不可阻挡的历史的必然，反映了社会与美学的发展趋势及审美的民主化、大众化方向。但也有学者认为，在其背后实际上是市场经济背景下资本主义文化工业的一种操纵，因而出现各种媚俗与庸俗的文化现象。我们认为，对任何社会现象的价值判断都应坚持马克思主义历史主义的观点。从这样的观点来看，日常生活审美化总体上是符合社会历史潮流的社会文化现实，我们应给予正视承认与必要的引导。日常生活审美化之中出现大量问题是很正常的现象，连对大众文化持充分肯定态度的美国美学家舒斯特曼也承认这一点。他在一次访谈中说道："许多通俗艺术一点也不好。我关于通俗艺术的立场是一种改良主义的立场，也就是说，在我看来，通俗艺术具备成为好的艺术的潜力，但需要更多的批评和关心才能充分发挥这种潜力。"①

第二节　视觉文化与视觉艺术教育

20世纪下半期以来，在人类文化形态上已经显现"视觉性成为文化主因"②的状况。一方面表现为视觉形象占据了文化领域的主导地位，进入所谓的"图像时代"，在艺术、生活与商业领域，各种视觉形象铺天盖地地向我们扑来，成为文化与日常生活最重要的组成部分之一，有人将之喻为"视觉殖民"；另一方面，在当代文化领域，将感觉、味觉、体验等一系列非视觉性的因素都尽可能地"视觉化"，

① 刘悦笛主编：《美学国际：当代国际美学家访谈录》，中国社会科学出版社2010年版，第204页。

② 周宪：《视觉文化的转向》，北京大学出版社2008年版，第6页。

变成可视的形象，视觉文化成为无可取代的强势文化。面对这样一种情况，我们的审美观念、美育的理论与实践都应随之进行必要的调整。美国等发达国家正在着手进行这样的工作，我国美学界与教育界也逐步给予重视。

一　当代文化的"视觉转向"

当代文化的"视觉转向"理论始于 20 世纪之初，1913 年匈牙利电影理论家巴拉兹（Bela Balazs）明确提出了"视觉文化"的概念。1938 年，海德格尔发表《世界图像的时代》一文，指出："倘我们沉思现代，我们就是在追问现代的世界图象。通过与中世纪的和古代的世界图象相区别，我们描绘出现代的世界图象。"[①] 海氏对"图像的时代"进行了如下概括：第一，"并非意指一幅关于世界的图象，而是指世界被把握为图象"；第二，"存在者的存在是在存在者之被表象状态中被寻求和发现的"；第三，"这一事实使存在者进入其中的时代成为与前面的时代相区别的一个新时代"；第四，"根本上世界成为图象，这样一回事情标志着现代之本质"；第五，"世界之成为图象，与人在存在者范围内成为主体是同一个进程"；第六，"现代的基本进程乃是对作为图象的世界的征服过程"。[②] 这说明，海氏所谓"图像的时代"是指图像已在社会生活中占据压倒地位的"世界被把握为图象"的新的时代，指图像揭示了存在者之存在，从而具有本体地位的时代，也指人在世界图像化过程中成为主体的工业革命的时代。因此，海氏的"图像的时代"还是指工业革命时期的现代。到了 20 世纪 60 年代，法国思想家德波（Gay Debord）明确提出"景象社会"的理论，其基本特征是商品变成了形象或形象即商品。[③] 这就是一种后现代的视觉文化理论的开端，直至 20 世纪 90 年代以来，这种后现代视觉文化理论逐步发展成为当代视觉文化的主流形态。对于这样的

---

① 《海德格尔选集》，孙周兴选编，上海三联书店 1996 年版，第 897—898 页。
② 同上书，第 899—904 页。
③ 周宪：《视觉文化的转向》，北京大学出版社 2008 年版，第 15 页。

后现代视觉文化，美国学者米歇尔（W. J. T. Mitchell）做了明确的界定。他以关键词的方式指出：

视觉文化：符号，身体，世界

第一术语：符号：形象与视觉性；符号与形象；可视的与可读的；图像志，图像学，图像性；视觉修养；视觉文化与视觉自然；视觉文化与视觉文明（大众文化对艺术；视觉美学对符号学；视觉文化的层级）；社会与景象；视觉媒介的分类学与历史（视觉文化的"自然史"）；视觉艺术的社会性别；表征和复制。

第二术语：身体：种族，视觉与身体；漫画与人物；暴力的形象/形象的暴力（偶像破坏论；偶像崇拜；拜物教；神圣；世俗，被禁忌的形象，检查制度，禁忌与俗套）；视觉领域中的性与性别（裸体与裸像；注视与一瞥）；姿态语言；隐身与盲视；春宫画与色情；表演艺术中的身体；死亡的展示；服装倒错与"消失"；形象与动物。

第三术语：世界：视觉物的体制；形象与权力（视觉与意识形态；视觉体制的概念；透视）；视觉媒介与全球文化；形象与民族；风景，空间（帝国，旅行，位置感）；博物馆，主题公园，购物中心；视觉商品的流通；形象与公共领域；建筑与建筑环境；形象所有制。①

由此可见，20 世纪 90 年代以来逐步盛行的视觉文化是一种后现代的视觉文化形态。我们将其特征概括为如下四个方面。第一，当代的视觉文化是一种消费文化。当代消费社会是一种不以需要为目的而以消费为目的的社会。在这样的社会中，视觉文化必然成为消费文化，诚如英国学者施罗德（Jonathan E. Sehroeder）所说，"视觉消费是以注意力为核心的体验经济的核心要素。我们生活在一个数字化的电子世界上，它以形象为基础，旨在抓住人们的眼球，建立品牌，创

_____

① 转引自周宪《视觉文化的转向》，北京大学出版社 2008 年版，第 19 页。

造心理上的共享共知，设计出成功的产品和服务"①。这就揭示了当代消费文化"以注意力为核心的体验经济"与"旨在抓住人们的眼球"的特点。所以，也有人将之称作"眼球经济"。这种所谓"眼球经济"首先以整个社会到处充斥着视觉形象为其特征，从某种意义上说，以视觉形象的过剩为其特征。将黑夜照耀得如同白昼的霓虹灯，充斥各种场所的广告，令人炫目的商业橱窗，各类模特的展示与表演，等等，现代消费社会可以说是一个"视觉形象的社会"，离开了视觉形象就不是消费社会，视觉形象是其最基本的特征之一。其次，现代消费社会人们不仅消费着商品本身，而且消费着形象。在消费社会，人们的消费活动首先从对于形象的消费开始，然后才消费商品。人们首先接触的是广告、橱窗、模特等商品的视觉形象，然后才购买或消费商品。而且，人们逛街与逛商场、逛超市可以不购买商品，但同样是在消费。当然，消费的是与商品有关的各种形象。最后，在消费社会，商品的形象本身可以脱离物品而具有独立的商品属性，具有经济的附加值。电视、网络与街道上的各种广告，其视觉形象自身不就是商品吗？因此，可以说，在消费社会，人们不仅进行着商品的交易与消费，而且进行着视觉形象的交易与消费。

第二，当代视觉文化与一系列新技术紧密相联。视觉文化的发展是与新技术的发展同步的。1839年，人类发明了照相术，使得图像传播成为可能，打破了传统印刷术文字传播的一统天下；1895年，首部电影问世，使得图像传播不仅成为艺术而且成为工业生产过程；1926年，人类发明了电视技术，使得图像传播逐步进入千家万户；1990年，人类发明了互联网技术，使得图像传播能够在瞬间跨越千山万水，将每个角落的人都以图像联系起来，从此地球变成了"地球村"，图像成为全人类共享的资源。

第三，视觉文化是一种机械复制的工业文化。在工业社会和后工业社会，视觉文化与新技术相联系，进入工业生产领域，成为一种机械复制的文化。它通过照相机、电影、电视与互联网被大量地生产与

---

① 转引自周宪《视觉文化的转向》，北京大学出版社2008年版，第108页。

复制，从而解构了文化的唯一性与经典性，也解构了文化艺术的精英性，使得文化成为当代经济发展中极为重要的文化工业（产业）。对于这种情况，有褒与贬两种态度：褒者从经济效益的角度出发，对文化产业大加推崇与推动，将之称作高附加值的工业；但贬者却对其对传统、经典与精英的解构进行了有力的批判。德国理论家瓦尔特·本雅明（Walter Benjamin）则在其著名的论文《技术复制时代的艺术品》中对视觉文化给予了比较客观的评价，充分表现了作为马克思主义者的本雅明的敏锐与睿智。他在该文中提出了著名的"光晕"理论，所谓"光晕"即作品与传统的联系、与宗教及世俗仪式的联系，使之蒙上某种神秘色彩，使得人们对其具有某种敬畏感。视觉艺术作为技术复制时代的艺术品，通过技术的复制，消解了作品的唯一性与神秘感，从而贬低了艺术作品的价值。诚如本雅明在该文中所说，"技术复制品所处的环境可能不涉及艺术品的其他属性，但是，它们确实贬低了艺术品此时此地的存在价值"①。但技术复制也有其两面性，一面是对传统的割断，光晕的消失，但另一面则是对艺术精英性的突破，使之迅速走向大众，使艺术活动更具人性化——人人都具享受艺术的权利。他认为，电影艺术就是这种两面性的集中反映。他说："在艺术品的技术复制时代所凋落的是艺术品的光晕。这个过程是征候性的；其意义远远超过了艺术领域。也可以将其看作一个普遍公式，即复制的技术使复制品脱离了传统。由于多次复制一部作品，它用大量的存在替代了独一无二的存在。而当复制品到达接受者自己的环境时，它就实际替代了被复制品。这两个过程导致了文物领域的巨大变革——打破了作为当下危机之反面的传统，人性得以恢复。这两个过程都密切相关于当下的大众运动。其最有力的代理者是电影。"②

第四，视觉文化是一种城市文化。视觉文化是一种与自然相对立的人工文化，它是商业消费的产物，与一系列新技术密切相关，又是

---

① 陈永国主编：《视觉文化研究读本》，北京大学出版社2009年版，第6页。
② 同上书，第7页。

一种机械复制文化，因此，必然是一种城市文化。可以这样说，视觉文化的发展是与城市化进程相伴的。视觉文化高度发展的 20 世纪下半叶以来，正是城市化高度发展的时期。据统计，从第二次世界大战以后的 1945 年至 2008 年，世界城市化率由 27% 发展到 50%，发达国家更是超过 70%，预计到 2050 年世界城市化率将达到 70%。可以这样说，视觉文化的发达已经成为城市的特色与特有的景观。一方面营造了城市繁华富裕的氛围，同时也以其特有的声、光、色使城市远离自然，给城市带来越来越严重的光污染与噪音污染，严重影响人类的健康。

二 视觉艺术教育的发展与内容

伴随着当代文化的"视觉转向"，视觉文化的日渐勃兴，视觉艺术教育日渐发展兴盛。早在 20 世纪 60 年代初期，美国艺术教育家 J. K. 麦菲就认为，艺术教育"应更多地涉及不断增长的大众传媒中的视觉艺术形式，产品、包装与工业设计、商业和室内设计、电视、杂志广告，所有这些都用到形式、线条、色彩与质地来暗暗影响个人的决定，人们要了解这种设计语言才能独立决定要哪种产品，才能拒绝它们所施加的影响"[①]。另一位美国艺术教育家 V. 兰尼尔则在 20 世纪 60 年代中期提出，艺术教育要适应时代与学生的需要，不能仅仅局限于传统的"高雅艺术"，而是要将流行的"视觉艺术"纳入教育的内容。兰尼尔认为，"很多学生并没有如艺术教师所期望的那样局限于高雅艺术，年轻人对摇滚乐、漫画书、沙滩聚会、电影、电视节目、奇异的舞步、长发明星的关注表明这一假定并非不合理。不可否认，很大一部分学生拥有他们自己的欣赏环境，他们以充满激情的忠诚回应着这一环境，并不仅仅有一点批评判断。我们对这些学生灌输成人的，所谓中产阶级的趣味是没有任何效果的。或许我们应该从他们那里开始起步，但我们却不断要他们到我们这里来。实际上，不

---

① 王伟：《从现代到后现代：20 世纪的美国视觉艺术教育》，天津教育出版社 2010 年版，第 206 页。

论我们说得多么温和，我们的确瞧不上他们的趣味，对他们所关注的艺术评价很低"①。从20世纪90年代开始，视觉艺术教育逐步在美国等发达国家被纳入艺术教育的范围。我想，如果对这种正在勃兴的视觉艺术教育的目的进行某种概括的话，不妨借用兰尼尔的话："我们应该从他们那里开始起步，但我们却不断要他们到我们这里来。"也就是说，首先要重视青年学生对视觉艺术的浓厚兴趣，与文化的视觉转向相应实行艺术教育的视觉转向，这就是"从他们那里开始起步"；但最后的结果还是"不断要他们到我们这里来"，也就是要引导学生对视觉艺术予以全面的分析认识与价值判断，提升其审美情趣。

美国的艺术教育家们提出了"视觉艺术教育转向"的问题，如果这种"转向"在我国显得有些过早或过急的话，那就不妨提倡传统艺术教育与视觉艺术教育的并重。也就是说，要真正地将视觉艺术教育及其主要承载形式——通俗艺术及大众文化纳入我国当代艺术教育的课程与考核之中，使之成为我国当代艺术教育不可缺少的组成部分。

对于视觉教育的内容，美国当代视觉艺术教育理论家P. 丹柯有一个概括，他认为，视觉艺术教育领域包括三条主要的线索：（1）一个广泛的、最大限度地提供形象与人工制品的经典库；（2）我们如何看待形象与人工制品，以及我们观看的各种条件；（3）要联系其语境来研究视觉文化形象并把它们当作社会实践的一部分。② 我们就沿着这三条主要线索来论述视觉艺术教育的主要内容。

首先是经典库的建立。这里包含两个方面的内容：一个方面是对传统艺术教育内容的突破，将视觉艺术纳入艺术教育之中并建立起可以起到教学示范作用的作品经典库；另一个方面是经典的重塑。对于经典有多重解释，我们这里选择著名美学家鲍桑葵在《美学史》中对伟大的美的艺术作品的界定。他说："任何东西都不能和伟大的美的艺术作品（包括杰出的文学在内）相比。只有这些伟大的美的

① 王伟：《从现代到后现代：20世纪的美国视觉艺术教育》，天津教育出版社2010年版，第207页。

② 同上书，第210页。

艺术作品才是随着时代的变迁日益重要，而不是随着时代的变迁日益不重要。"① 也就是说，所谓"经典"应该是经得起历史检验的。按照这样的思路，也可对视觉艺术作品进行挑选。当然，对于 20 世纪中期以来才逐步兴盛的视觉艺术不可能像传统经典那样历经几千年、几百年历史的检验，但几十年的历史同样可以鉴别出其艺术的价值，从而建设足以作为视觉艺术教育之用的经典文库。

其次是"如何看待"的问题，也就是如何对视觉艺术进行评价的问题。如果站在传统的古典美学即无功利的静观美学的理论立场，就必然要对当代视觉艺术给予否定性的评价，因为这样的艺术是消费的、工业的、技术的、城市的，因而必然是包含着浓烈的功利色彩的。因此，需要引入新的美学观念。这就是当代美国美学家理查德·舒斯特曼所说的"身体美学"的新视角和新的理论立场。舒斯特曼指出："身体美学可以先暂时定义为：对一个人的身体——作为感觉审美欣赏（aesthesis）及创造性的自我塑造场所——经济和作用的批判的、改善的研究。因此，它也致力于构成身体关怀或对身体的改善的知识、谈论、实践以及身体上的训练。"② 因为，身体美学明确地认可了对人的身体的感觉、塑造、改善与训练，属于审美的范围。这就打破了西方传统哲学与美学中主客、身心二分对立的旧的思维与理论模式，给视觉艺术的功利性、动态性与身体性以合法的美学地位。众所周知，视觉艺术因为其消费文化、技术文化与日常生活审美的属性，所以，不是无功利的、静观的，而是有功利的、动态的、身体的。视觉艺术是当代活生生的生活艺术，以实体的商品、橱窗、广告、电影、电视、公园等形态存在于世，给人的视、听、味、触等多种感官以强烈的冲击，塑造并训练着人的身体。同时，视觉艺术也不仅仅是图像，而且包含着浓郁的价值判断与意识形态属性。诚如苏珊·波尔多所说："作为视觉符号的图像不仅生产出一定的意义，而且产生相

① ［英］鲍桑葵：《美学史》，张今译，商务印书馆 1985 年版，第 6 页。
② ［美］理查德·舒斯特曼：《实用主义美学》，彭锋译，商务印书馆 2002 年版，第 354 页。

应的解读和认同。图像绝不仅仅是图像，它的产生、解读和认同有着意识形态和价值观的支撑。在图像压倒文字的后现代社会中，图像更加直观地展现了深层的含义，影响着人们的认识方式、生活习惯和价值观念。"① 也就是说，当代视觉艺术所包含的意识形态和价值观也在相当大的程度上塑造着人们的身体。例如，当代视觉艺术所传达的美女、快男的形象，引导了一拨又一拨的"整容热"与"瘦身热"等。因此，身体美学的引入在相当大的程度上为当代视觉艺术的鉴赏提供了新的理论立场。

最后是"联系其语境来研究视觉文化形象"。"语境"概念是由英国人类学家马林诺夫斯基（B. Malinowski）在 1923 年提出来，分为"语言性语境"和"非语言性语境"，前者指表达特定意义时之上下文关系，后者则指表达特定意义的时间、地点、场合、话题、身份、地位、心理、文化、目的、内容等非常复杂丰富的文化因素。对视觉艺术语境的研究，主要是从其产生的"文化语境"入手。视觉艺术是消费的、新技术的、工业复制的与后现代城市的文化现象，所以，其产生是时代的必然。当然，视觉艺术与其所产生的时代相伴也必然会有其优劣。因此，我们必须从历史必然性的角度和时代特征的角度来审视视觉艺术，充分承认其出现、勃兴与兴盛的历史必然与历史局限，从而将这样的观念引入当代视觉艺术教育。

三　视觉文化艺术教育的实践

视觉文化艺术教育（VCAE）是一种崭新的艺术教育模式，目前即使在美国这样的发达国家也在实验的过程之中，处于不成熟的探索阶段。当代美国视觉艺术教育理论家对这种教育实践进行了自己的总结。第一，视觉文化艺术教育不仅研究视觉文本还要研究它的语境；第二，视觉文化艺术教育不仅评价形象也制作形象；第三，视觉文化艺术教育按照核心问题来组织教学，而不是按照艺术门类来组织教学；第四，视觉文化艺术教育认识并承认对文化场景，包括新技术体

---

① 陈永国主编：《视觉文化研究读本》，北京大学出版社 2009 年版，第 305 页。

验与使用的年龄差异，这一代不习惯的下一代却习惯如常，互联网的运用就是突出例证；第五，视觉文化艺术教育的方式是师生对话式的，要让学生的生活与艺术经验合法化，承认他们作为年轻的一代给老师带来启发，使老师尽快接受新的文化场景的可能性；第六，视觉文化艺术教育应在一定程度上区别于传统的理性的艺术教育方法，尽量采用"兴趣教学法"，重视年轻人对新的视觉文化的兴趣与情感投入，包容其某种激进的态度，在此前提下加以适当的引导。[①]

第三节 网络文学的产生及其特点

从 20 世纪 90 年代开始，人类社会逐步进入了网络时代，网络文化以及与之相应的网络文学悄然兴起。网络文学以"网络"作为其媒介，相异于既往的语言、文字与电子媒介的文学，是文学艺术媒介的一场空前的革命，为人类的社会生活、生存方式与审美生活带来一系列根本性的变化，当然也对审美教育产生巨大的影响。

一 网络文学的产生

网络文学是与网络技术相伴而生的，并以网络技术作为其技术与存在方式的支撑。1946 年，世界上第一台电脑由美国宾夕法尼亚大学莫尔电工学院创造出来。1989 年，欧洲高能物理实验室的蒂姆·伯纳斯·李开发出以链接为基点的超文本标识语言（HTML），并将其应用于因特网之中，最终促成了万维网（WWW）的诞生。1991 年，美国参议院议员阿尔·戈尔提出"信息高速公路"法案。同年 11 月，该法案被当时的总统老布什签署实施。其后的克林顿政府成立了由戈尔领导的国家信息基础设施顾问委员会，发表了《国家信息基础设施建设：行动日程表》，提出"国家信息基础设施能改变美国人民的生活水平——摆脱地理位置和经济状况的制约——为所有美国

---

① 王伟：《从现代到后现代：20 世纪的美国视觉艺术教育》，天津教育出版社 2010 年版，第 221—223 页。

公民提供发挥才能和实现抱负的机会"。"信息高速公路"建设的具体内容为通过铺设光纤电缆作为信息流通的主干线，将各企事业与文化部门的主机或局域网络连接其上，形成相互交叉的网络，家庭中的多媒体电脑通过该网络获得文教卫生全能的广泛服务，同时也成为网络的一部分。该计划分阶段实施，最低要求是到 2000 年把美国全国的公共设施连接在一起；中期计划是 21 世纪大部分家庭入网，实现多媒体普及化；远景计划是用 15 年到 20 年的时间建成一个全国乃至世界的电子通讯网络，将每台电脑及网民都联络在一起。到今天，这一信息高速公路计划不仅在美国等发达国家完全实现，而且在中国这样的发展中国家也已初步实现。[①] 到 2010 年 12 月底，中国网民已达到 4.57 亿，位居世界第一。

随着网络技术与信息高速公路的发展，网络文化与网络文学也迅速发展。所谓网络文学，从广义上来说，是指在网络上传播的文学作品，包括已经以纸质方式出版的作品被制成电子文件在网上传播；狭义的网络文学，是指在网络上写作和存在的文学作品。我们这里说的网络文学应该从狭义的意义上来理解与界定。

中文网络文学网站较早的是 1991 年王笑飞创办的海外中文诗歌通讯网（chpoem-1@ listserv. acsu. buffalo. edu）。1994 年 2 月，方舟子等人创办了第一份中文网络文学刊物《新语丝》（http：//www. xys. org）。与此同时，诗阳、鲁鸣等人于 1995 年 3 月创办了网络中文诗刊《橄榄树》（http：//www. wenxua. com）。1995 年年底，几位原来活跃于中文诗歌通讯网的女性作者独自创办了一份网络女性文学刊物《花招》（http：//www. huazhao. com）。发展到 1998 年，开始出现了一部最有代表性也最具影响力的中文网络小说《第一次的亲密接触》。

台湾成功大学水利研究所博士研究生蔡智恒，从 1998 年 3 月 22 日起以 jht 为笔名在 BBS 上发表了网络小说《第一次的亲密接触》。作品讲述了"痞子蔡""轻舞飞扬"通过互联网络相遇相识、再约见面、生离死别的爱情故事。"痞子蔡""轻舞飞扬"都是男女主人公

---

① 聂庆璞：《网络叙事学》，中国文联出版社 2004 年版，第 50—51 页。

在上网时用的代号。他们在网上相遇，互寄电子邮件，每天凌晨3点一刻到网上聊天室谈话，后来开始约会，一起去看《泰坦尼克号》。两人坠入爱河。最后得重病的"轻舞飞扬"悄悄离开"痞子蔡"，而"痞子蔡"设法赶到医院陪她度过了最后的时光。

这篇网络言情小说描摹了网上生活与现实生活的真实感受，使用了一些只有网民才熟悉的"网络语言"，如网民交流时用冒号和反括弧表示高兴（:)），因而在语言上具有鲜明的网络特点。加上讲述的这场"网络爱情"故事笔法细腻，情感真挚动人，被台湾媒体誉为"网络上的《泰坦尼克号》"。不仅国内许多媒体都有摘录和报道，网上一些中文网站也频繁加以张贴，好事者专门设立了一个网站"痞子蔡的创作园地"。该作在台湾被改编为电影，在大陆成为畅销书。

内地也有类似的网络言情小说。1998年第6期《天涯》就刊登了一篇"佚名"的网络小说《活得像个人样》。由于这篇网络小说在BBS上多次辗转张贴，原作者已无从知晓。小说讲述了在电脑公司工作的年轻职员"我"与女友碎碎的故事和与网友"勾子""国产爱情"从网上交谈到现实交往的经历。

目前，网络文学已在国内外迅速发展，成为广大网民、特别是青年网民的主要写作与阅读方式。

二　网络文学的特点

网络文化与网络文学的根本特点就是以完全崭新的"网络"作为"媒介"（媒体），这就使其具有了完全不同于以往的文化与审美特性。正如麦克卢汉所说，"媒体会改变一切。不管你是否愿意，它会消灭一种文化，引进另一种文化"①。

（一）"超文本"与文本的非稳定性

所谓网络文学的"超文本"，就是指可以任意互相连接的文本。这是20世纪60年代由美国学者尼尔森（Ted Nelsen）提出来的，

---

① ［加］埃里克·麦克卢汉等：《麦克卢汉精粹》，何道宽译，南京大学出版社2000年版，第248页。

"超文本"（hypertext）由"文本"（text）和"超"（hyper）构成，指一个没有连续性的书写（non-sequential writing）系统，文本分散而靠连接点串起，读者可以随意选取阅读。① 其实，在传统的印刷时代，书籍中的目录、注释与索引等也都是一种连接，是一种"超文本"，但那是一种"固定连接"的"超文本"，而网络文学则是一种"任意连接"的"超文本"。而且，这个"任意连接"并不局限于一台电脑，而是经过网络的"任意连接"。由于"网络"是无限的，超越了个人、特定图书馆、地区与国家，因而，网络文学的"文本"也就是无限的。诚如赵宪章所说，"超文本是网络文本的'正常文本'，同为它在瞬间提供给读者阅读的'页面空间'（电脑屏幕的空间）是唯一的、有限的，而它可供读者阅读的页面却是多元的、无限的，网络读者就是依靠'链接'从'唯一'向'多元'，从'有限'向'无限'延伸，网络写作的特技之一便是依靠'链接'将文本通过唯一有限的'窗口'编织为多维的、立体的、交互式的'超文本'"②。"超文本"是网络文学最基本的特征，其他的特征几乎都与此有关。它的确前所未有地扩大了文本的内涵，使之具有了难以想象的丰富性。"文本"来自西文"text"，指"原文""本文"等，后广泛运用于"语言学"与"文学理论"，亦指由书写固定下来的话语，或从现代语言学来说是由"能指"符号所包含的具有某种稳定性的"所指"即意义。但无论如何解释，"文本"都有一定的稳定性，即便在德里达的"解构理论""延异"中也仅指"能指的滑动"，并没有超出一定的界限。但"超文本"却打破了"文本"的有限性与稳定性，使之具有了无限性与变动性。这无疑使文学的意义与内涵空前的丰富，但也使之具有了某种不稳定性和难以把握性。"超文本"在一定的意义上就是一种对"文本"的消解，实际上是一种"无文本"。在这种情况下，文学的意义与审美特性是否可能出现一种难以把握的情形，是否也走向"消解"？这都是"网络文学"提

---

① 聂庆璞：《网络叙事学》，中国文联出版社2004年版，第73页。
② 赵宪章：《文体与形式》，人民文学出版社2004年版，第319页。

出的新课题，值得我们重视。

（二）"虚拟性"与文学同现实生活的脱离

网络文学的"虚拟性"是由网络文化与网络文学的"超文本性"决定的，正是由于网络文学的"任意链接"的特点，可以创造出一个与现实生活相似的"虚拟空间"。所谓"虚拟空间"，又称赛博空间（Cyberspace），即在我们电脑上虚拟出来的空间。该词为加拿大籍美国科幻作家威廉·吉布森（W. Gibsen）所创，由"控制论"（Cybernetics）与"空间"（space）组成，其后获得广泛认同，赛博（Cyber）也衍生出电脑和网络的定义。[1]

网络文学的"虚拟性"有两个方面的含义。其一是由于网络文化与文学超文本的"任意链接"的特点，人们可以在网络中创造出一个与现实生活相似的"虚拟空间"，包括读书学习、婚恋爱情、外出旅游、遨游空间、酒宴幽会……几乎无所不包。甚至可以在网络中组成家庭，结婚生子。更有让网游者参与其中的各种网络游戏，使人流连忘返，乐不思蜀，混淆了"虚拟空间"与"真实空间"。甚至有很多青少年，包括不少成年人，沉湎于网吧，通宵达旦，连续几天几夜地疯狂游戏，以至为之付出健康与生命。这就是目前已经成为社会问题的"网瘾"。

"虚拟性"的第二种情况是网络的"任意链接"加上一些传感辅助设施营造的眼耳鼻舌身均身临其境的"真实感受"。这些辅助设施，如立体眼镜、传感手套与传感衣服等。迈克尔·德图佐斯的《未来会如何——信息新世界展望》具体描绘了人们从普罗米修斯的视角体验其为人类盗火而被惩罚的过程："你四肢被锁在山坡上。你奋力挣脱，但无能为力。你背靠岩壁，感到凉气袭人。凶恶的黑鹰出现在蓝天，在高空盘旋。它回旋着，迅速降落，向你飞来。你吓得跪了下来，然后蜷缩在坚硬的地面上。当黑鹰巨大双翼刚好展开在你的头上，遮住了天空时，你拼命想挣脱锁链。你本能地用双手捂住脸。鹰不断摆动双翼打击你的头，它的锋利的喙开玩笑似地啄你的肋。你痛苦地扭动

---

① 聂庆璞：《网络叙事学》，中国文联出版社 2004 年版，第 166 页。

身躯。突然，这头猛禽向后仰起巨大的头，凶恶的眼睛张大着准备进行凶狠锋利的攻击。你不禁尖声大叫起来：'不！——'鹰尖叫着回答：'说咒语！在你的上空保持不动。'"① 这样的体验真是惟妙惟肖，与现实中的体验无异。后现代主义理论家们认为，"超文本"不仅会营造一种恍如现实的、甚至比现实还要真实的艺术情景，而且电子技术大量机械复制创造的形象也造成了现实与艺术的混淆。他们将之称作"类像"（simulacrum）。杰姆逊在谈到"类像"时说："类像的特点在于不表现出任何劳动的痕迹，没有生产的痕迹。原作和摹本都是由人来创作的，而类像看起来不像任何人工的产品。"175 又说："如果一切都是类像，那么原本也只不过是类像之一，与众没有任何的不同，这样幻觉与现实便混淆起来了，你根本就不会知道你究竟处在什么地位。"② 总之，"虚拟化"极大地增强了网络文学的表现力，但也使得文学愈来愈脱离现实生活，创作者与欣赏者在"赛博空间"遨游、沉湎，乃至不能自拔，必将对人的社会交往与社会生活带来极大的负面影响。诚如南帆所问："如果人造的真实得到了普遍的接纳，如果人们不在乎眼睛看到的是一砖一瓦的巴黎还是影像符号的巴黎——如果人们认为两者并没有实质性的差异，那么，这种真实观念可能容忍某种新颖的政治构思，尤其是缓和尖锐的政治对立。我曾经想象，虚拟的现实的出现会不会让某些人放弃对于历史的不依不饶的追问？"③ 事实上，"虚拟世界"的肆意蔓延必将导致对人的社会性的消解，其负面作用不能不引起重视。

（三）高度"自由性"与文学责任的式微

网络文学最重要的特点之一就是它的高度的"自由性"。诚如赵宪章所说："网络写作最明显的特点是它的高自由度。它不像传统写作那样依靠作品的出版和发行实现社会的最终认可，因而不仅摆脱

---

① ［美］迈克尔·德图佐斯：《未来会如何——信息新世界展望》，周昌忠译，上海译文出版社1999年版，第184—185页。

② ［美］弗·杰姆逊：《后现代主义与文化理论》，唐小兵译，陕西师范大学出版社1987年版，第175页。

③ 南帆：《双重视域——当代电子文本分析》，江苏人民出版社2001年版，第61页。

了资金和物质基础的困扰，更重要的是绕过了意识形态和审查制度的干涉，加上署名的虚拟性和隐秘性，使写作者实现了真正的畅所欲言。"① 这种高度的"自由性"首先表现在，网络文学没有任何平台和条件限制，只要具有最初步的网上写作能力即可参加网上文学活动，包括自己写作、参与写作、发表评论，等等。网络文学打破了身份、地位、文化、权利、财富等一切界限，使人间获得前所未有的平等自由。正如有人所说："我们正在创造一个所有人都可以自由进入的新世界，不会由于种族、经济实力、军事力量或者出生地的不同而产生任何特权或偏见。"又说："在这个独立的电脑网络空间中，任何人在任何地点都可以自由地表达其观点，无论这种观点多么奇异，都不必受到压制而被迫保持沉默或一致。"② 这其实是一种全民的自由狂欢，充分体现了巴赫金有关文学艺术的狂欢理论，是一种典型的后现代大众文化。网络文学的高度自由性还表现为，在某种意义上，它是对传统文学的彻底消解。它的"超文本性"是对传统文学相对稳定文本的消解，你无法把握某种网络文学文本的边界，它是一种在"任意链接"之中的"无限滑动"。同时，网络写作的匿名性与大众参与性也是一种真正"无功利"的写作方式。它的写作已经完全摆脱了金钱、地位、权利、名誉的追求，而是一种无功利的表达欲望和感情宣泄的冲动。而且，网络写作也是一种作者的消解，真正体现了后现代"作者已死"的理念。网络写作的非物质性、匿名性使作者在创作中自然而然地得以消隐；而网络写作的大众参与性，诸如接龙小说等，也使作者变得难觅踪迹。作者消解一方面意味着写作自由度的高度发展，同时也意味着文学责任的式微。传统的文学家是"人类灵魂工程师"的理念也随之被消解。

（四）高度的感官性与无法扼制的低俗化趋势

由于网络写作的民间性、隐秘性、私人性、随意性，因此，其作

---

① 赵宪章：《文体与形式》，人民文学出版社 2004 年版，第 313 页。

② 刘吉、金吾伦等：《千年警醒：信息化与知识经济》，社会科学文献出版社 1998 年版，第 278 页。

品具有文学原生态的特点，明显是感性胜于理性，具有高度的感官性。从题材来说，写作言情、武侠、涉黑等社会性题材偏多；从具体写作来说，更多地侧重于感情的表现甚至是欲望的宣泄。网络文学作品，一般来说，因为具有高度的感官性，所以，比较口语化、晓畅易懂，具有极强的可读性。有些言情小说写得缠绵悱恻，感人泪下；有些武侠小说则写得刀光剑影，使人如闻其声；有些灵异小说写得风声鹤唳，使人毛骨悚然。这些都是网络文学高度感官性的特长之所在。但由于其极度无约束的原生态性，缺乏必要的"超我"的监管，因此，属于"本我"的"力必多"必然泛滥。有人认为："互联网是欲望张扬的竞技场，它以一种放肆的方式宣泄着不同年龄男男女女的攻心欲火，满足着上网族五花八门的白日梦幻。"① 网络文学的低俗化趋势，乃至色情的泛滥，已经成为其致命的弱点。

（五）网络语言的创造性与语言存在的纯洁性的悖论

网络因其输入速度的快捷，也因自身国际化的特点，以及网民的年龄都偏向于年轻化，所以产生一系列具有独创性的网络语言，例如，数字语：886（拜拜了）；字母缩略语：mm，美眉（女性网民）；符号脸谱：笑脸；生造词汇：斑竹（版主，论坛管理人）；类语趣译：当（down）机（死机）；多元混用：I 服了 you。这就形成谐音化、戏拟化、调侃化与恶搞混杂的"大话式"语言。从将以戏仿著称的《大话西游》的语言模式引入网络语言开始，"大话式语言"泛滥开来，例如："我今天回到老家，试驾了我们生产队的手扶拖拉机，噼噼啪啪跑得还很欢，跟驾驶宝马的感觉差不多"，等等。再就是"程序化语言"，例如，"如果我有一千万，我就能买一栋房子。我有一千万吗？没有。所以我仍然没有房子"。依据这样的语言程序不断地模仿演绎。再就是，网络上无法控制的完全不切题的叙述语言的泛滥，等等。总之，网络因其特殊性，在语言上进行了诸多创造，在一定程度上增强了语言的表现力，但也在很大程度上扰乱了语言自身存在的纯洁性要求，破坏了汉语言在词汇、语言等各方面

---

① 聂庆璞：《网络叙事学》，中国文联出版社 2004 年版，第 238 页。

的内在规律。

（六）网络文学艺术立体化的高度表现性与艺术样式相对稳定性的矛盾

赵宪章指出："由于网络写作以电子为载体；使文本由平面转为立体成为可能。就电脑显示屏上的'页面'而言，在我们的视觉和感觉中与传统文本无甚区别。但是，我们所看到的互联网上的'页面'只是我们'即时在线'的一页，而通过网页和站点之间的'链接'，我们可以看到无数张页面……。"① 正是网络文学"任意链接"的"超文本"性，使我们可以从"即时在线"的页面连接到其他任何页面。这些页面可以是小说，也可以是诗歌、散文，甚至是戏剧、绘画、音乐……这当然极大地增强了网络文学的表现力，然而当各种文体混杂，又与艺术样式和文体的相对稳定性要求相矛盾。有人将之称作"网络文体"，但"网络文体"到底是什么呢？仍然处于非稳定形态。

总之，网络文学的出现与发展是历史的必然，它极大地普及了文学艺术，增强了文学艺术的表现力，并赋予文学艺术一系列诸如"超文本""虚拟性"等新的特点，也有利于地域之间与国家之间文学艺术的交流与取长补短。但网络文化的巨大解构性特征，使网络文学及其参与者不可避免地失去了社会责任感，从而也失去了必要的道德伦理，而"超文本"所导致的文体与艺术形式相对稳定性的消解也使艺术面临困境。此外，还有网络创作与生活的脱节，及欲望的无尽泛滥，导致网络文学不可扼制的低俗化趋势，等等，都是对审美教育与文化建设中提出的新课题。面对这样的问题，应该倡导与建设一种网络时代的新的人文精神。为此，应在学校美育课程中增设网络文化与网络文学的专门课程，借以对学生与青年一代进行正面教育与必要的引导。

---

① 赵宪章：《文体与形式》，人民文学出版社2004年版，第318页。

第十五章

中国新时期美育的发展

第一节　我国新时期美育逐步走到社会前沿

我国从 1978 年开始的以改革开放、大规模现代化为标志的新时期，是一个非常重要和特殊的时期。首先，我国在新时期实现了大规模的现代化和城市化。30 年来，我国每年以平均 10% 的 GDP 速度实现经济增长，已由一个贫穷的国家跃居为世界第二大经济实体；城市人口比例由较低的 17% 发展到 46%，一个一个大城市、一幢一幢摩天大楼在我国大地上崛起。同时，我国也迅速地由计划经济进入了市场经济，在经济社会上实现了空前剧烈的转型，前现代、现代与后现代等经济社会文化现象在我国同时出现。在这样的情况下，美育以感性教育与情感教育为特点的人的教育的特质凸显出前所未有的重要性，逐步走到社会的前沿。

从经济的层面看，我国在新时期迅速进入后工业经济时代，知识经济以及与之相应的信息产业、文化创意产业等呈现出从未有过的强劲发展势头。信息产业与文化创意产业将启蒙主义时代的人文主义由政治层面拉向经济层面，使得货币资本的重要性逐步式微，而人力资本的重要性空前凸显。人的素质，特别是人的审美素质的重要性前所未有地凸显出来。作为知识经济主干的信息产业中的软件制作同想象力紧密相关，而文化创意产业更是审美力、想象力与创新力等前所未有的大聚合。生态文明建设时代的到来，更加需要人们以审美的"仁爱"之心去关爱并保护自然万物。视觉文化与大众文化的蓬勃发展使审美走向日常生活，审美已经渗透到经济发展的每一个角度，融入了人们生活的一切方面。审美以及具有审美素养的人才已经成为新的经济生产力增长的重要因素。

从社会的层面看，当前，我国已经快速呈现出诸多后现代状况。在快速现代化过程中，出现了美与非美二律背反的现实。一方面，人们的生活大幅度改善，便捷、舒适、富有，走向美化；另一方面，社会道德大幅度滑坡，包括食品安全在内的诚信直线下降，拜金主义盛行，消费主义泛滥，腐败现象难以遏制，环境严重污染，又使人们处于一种非美的生存状态。这种非美的生存状态的集中表现，就是人文精神的缺失，以及与之相伴的人的精神的空虚。因此，人文精神的补缺已经成为社会走向和谐、协调，继续前进发展的不可或缺的重要方面。这就是国家反复强调文化软实力的原因所在。在文化软实力的培养造就中，美育成为极为重要的方面。它作为一种以情感和感性为基础的人的教育，目的在于培养学会审美生存的一代新人，使之以审美的态度对待自然、社会、他人与自身，从而使社会与人的心灵走向和谐、健康。而且，美育的情感特性也使其有别于法制与道德的强制性，而具有一种内在自觉的特征，所以，在社会与人的和谐发展中常常能起到特殊的难以取代的作用。

从教育的层面看，新时期我国以中华民族的伟大复兴作为现代化建设的宏伟目标，力图跻身世界强国之林，但国与国的竞争主要是人才的竞争。所以，在新时期，我国确立了教育强国的国策，发展教育成为各项事业的重中之重。在教育发展中，素质教育又成为最重要的教育理念与教育实践。1995 年，我国就开始了大规模的素质教育实践。1999 年，从国家层面颁布了加强素质教育的决定，美育成为素质教育极为重要的组成部分。人们已经逐步认识到，审美力不仅是一种特有的能力，而且是一种良好的素养，具有中和、中介的特殊作用。如果说，古代君子的培养是"成于乐"的话，那么当代高素质人才的培养的最后完成也有赖于审美教育。一个未经审美教育熏陶的人不可能人格健全，也不可能成为高素质人才。素质教育已经逐步在我国推广，大中小学先后开出有关美育课程，呈现出良好的发展态势。但同时也要看到，"应试教育"仍然是我国当前主流的教育思想与模式，以升学为目标、以数量为标准的应试教育体制成为压在广大学生与家长身上的"重石"，也在相当的程度上阻碍了创造性人才的培养。因此，改变应试教育体制，尽快实行包括审美教育在内的素质教育，已经成为广大人民的强烈要求。它关系到中华民族的复兴大业，关系到一代又一代中华儿女的素养。实践证明，美育已经成为当前教育改革的一块试金石。

从美学学科自身来看，新时期以来，我国美学学科发生了重大变化。就学科结构而言，逐步打破了原有的"美、美感与艺术"老三块结构，逐步突破了原有的认识论美学，走向了人生论美学。首先是打破了长期占统治地位的将美学归为社会科学，用社会科学冷冰冰的逻辑方法进行所谓本质研究的老路，恢复了美学的人文学科产性质，将鲜活的审美经验作为美学研究的主要对象。同时，吸收了与人生美学有关的生命美学、存在论美学、现象论美学、解释学美学等的有益元素，发展出了文化美学、文化诗学、生态美学等新型的美学理论形态。这些美学理论形态不仅突破了原有的本质的、逻辑的美学研究框架，而且突破了局限于审美的内在的、自律的研究范畴，走向文化，走向人生。实际上，它们就是广义的美育。在美学研究中，文化审美研究、生活审美研究也日渐勃兴。随着学术界一次又一次有关审美与生活、审美与文化的讨论，文化与生活成为越来越成为美学的重要论题。

综上所述，我国新时期美学学科正经历着由认识论到人生论的转型，美育正在逐步成为美学学科的主流与前沿。总之，新时期经济社会与文化的发展需要美育，呼唤美育，为美育学科的发展提供了肥沃的土壤。

第二节　我国新时期美育的发展历程

我国早在先秦时期就发展出了"诗教""乐教"等的美育传统，但现代意义上的"美育"则是 20 世纪初由王国维、蔡元培等人从西

方引入的。这种崭新的理论形态引起中国文化界与教育界有识之士的重视。曾担任南京临时政府首任教育总长和北京大学校长的蔡元培提出的"以美育代宗教"说，在"五四"新文化运动中起到十分重要的作用。但美育在中国的真正发展还是近 60 年，特别是近 30 年的事情，新时期是我国美育发展的最好时期。

新时期 30 多年来的美育发展经历了曲折的历程，大体上分为四个阶段。

第一阶段，从 1978 年彻底否定 10 年"文革"到 1986 年 12 月原国家教委艺术教育委员会成立。这一阶段的主要特点是拨乱反正，批判"四人帮"和"左"的思潮对美育的否定，文化界与学术界的许多德高望重的著名学者不约而同地关注美育，深刻论述美育的重要作用，强烈要求尽快恢复并发展美育事业。周扬、朱光潜、洪毅然等诸多前辈学者都先后撰文倡导美育。美学家洪毅然在《论美育》一文中疾呼："社会主义现代化建设时期，也是不应当忽略美育的！"[①] 随之，1980 年召开了第一次全国美学会议，会上，有更多的学者提议恢复美育。正是在他们的推动下，中华美学会成立了美育研究会。这个研究会与此后成立的中国高教学会美育研究会，对我国美育研究与实践起到了极大的推动作用。1986 年 12 月，原国家教委艺术教育委员会成立，标志着"在国家教育方针中重新明确了美育的地位"。

第二阶段，从 1986 年 12 月原国家教委艺术教育委员会成立到 1999 年 6 月第三次全国教育工作会议召开。这一阶段的主要特点是我国美育事业的恢复发展，美育在高教领域初创起步。1986 年 12 月 28 日，原国家教委艺术教育委员会成立，它是国家层面艺术教育的重要咨询机构。艺教委主任委员彭珮云在成立大会上明确指出，"美育是社会主义精神文明建设的重要组成部分"。同时，林默涵、贺绿汀、赵沨、吴祖强、李德伦、启功等 40 多位著名艺术家、艺术教育家参加该委员会工作，为我国美育事业奔波筹划、殚精竭虑，参与全国性艺术教育工作，开展国内外学术交流，先后到许多省市检查指导工

---

① 《菏泽师专学报》1980 年第 3—4 期合刊。

作，做出了重大贡献。在原国家教委的有力领导和艺教委的努力下，1989 年 11 月 6 日出台了《全国学校艺术教育总体规划》（1989—2000 年），作为全国学校艺术教育（专业艺术教育除外）发展的近、中期部署方案，也是指导、检查和管理全国学校艺术教育工作的重要依据。《规划》分发展目标和主要任务、管理、教学、师资、教学设备器材与科学研究六个部分。这是我国教育史上第一个理论与实际结合的艺术教育发展规划，具有重大的理论价值、实践价值与历史意义，标志着我国美育事业逐步走上健康发展的轨道。《规划》认为，"当前比较突出的问题是：学校教育中重智育、轻德育与美育的思想和现象还相当严重地存在，学校艺术教育经常被忽视和轻视，教学管理和科研工作十分落后；各级各类学校间的艺术教学互不衔接；艺术师资和艺术教学器材严重不足；县以下，特别是农村和边远地区学校的艺术教育存在着大面积的空白"。《规划》确定了 10 年发展目标："到本世纪末，在幼儿园进行多种艺术活动，入园儿童普遍受到良好的早期艺术教育；在小学、初级中学按教学计划开设艺术课，基本上能实施九年制义务教育阶段所要求的艺术教育；在各级师范院校和较多的高级中等学校、中等专业学校、普通高等学校中普遍增设艺术选修课，进行高中和大学阶段的艺术教育，从而为建设具有中国特色和时代精神的社会主义学校艺术教育体系打好基础。"现在回过头来看，这个规划的确既具有前瞻性，又具有可操作性，它所确定的为建立我国艺术教育体系"打好基础"的任务，经过 10 多年的努力实际上已经顺利完成。至于普通高校的艺术教育，原国家教委认为，"在过去很长时间内基本属于空白，近年虽有较大发展，但仍处于初创起步阶段"。因此要求普通高校紧紧围绕"普及"这一要求，着重做好提高认识、开设艺术选修课和加强领导三件工作。按照《规划》的要求，在原国家教委、艺教委、各有关学校、广大师生及社会有识之士的共同努力下，这一阶段艺术教育得到长足的发展。正如艺教委第二届主任委员、著名音乐教育家赵沨在 1994 年 6 月 22 日艺教委第三届全体委员会的报告中所说，"我们高兴地看到，学校艺术教育近年有了长足的发展，开始走上了稳步发展的道路"，"但是，从总体上看，学校艺术教育仍然是整个教育中最为薄弱的一个环节，还存在许多严重的问题"。赵沨主任的讲话可谓语重心长、深刻尖锐，较为全面地总结了我国这一阶段艺术教育的基本情况。这里，我们还需要提到，从1995年开始，原国家教委在朱开轩、周远清等的领导下在全国高校倡导文化素质教育并成立专门的教学指导委员会，对推动我国新时期高校美育的发展起到了极为重要的作用。

第三阶段，从1999年6月召开第三次全国教育工作会议颁布《关于深化教育改革全面推进素质教育的决定》（以下简称《决定》）至2011年4月，我国审美教育进入持续、健康、深入发展阶段。《决定》指出，"美育不仅能陶冶情操、提高素养，而且有助于开发智力，对于促进学生全面发展具有不可替代的作用"。《决定》对美育的任务、目标做出规定，也对地方政府及各部门对美育的支持提出明确要求。《决定》从素质教育的高度审视美育，同时确认了美育"不可替代"的地位，并明确提出，"要尽快改变学校美育工作薄弱的状况"；还根据美育实际，要求"将美育融入学校教育全过程"，"高等学校应要求学生选修一定学时的包括艺术在内的人文学科课程"。这些都具有极其重要的现实意义，说明我国美育事业不仅受到全社会的高度重视，而且逐步被纳入持续、健康、深入发展的轨道。为了认真贯彻《决定》，教育部于2002年5月发布《学校艺术教育工作规程》（该《规程》于同年9月1日起施行），并制订了《全国学校艺术教育发展规划（2001—2010年）》。这一《规划》比前一个《总体规划》发展了一步，体现了我国美育持续、健康、深入发展的态势。它在指导思想部分明确提出，"以全面推进素质教育为目标，深化课程改革为核心，加强教师队伍建设为关键，普及和发展农村学校艺术教育为重点"，可以说准确地抓住了我国当前艺术教育的"关键环节"。它要求至2010年前，"建立符合素质教育要求的大、中、小学相衔接的、具有中国特色的学校艺术教育体系"；而且对各级各类学校的课程建设、课外活动、教师队伍建设、科学研究与国际交流、现代教育技术、管理与保障等，均围绕上述指导思想和目标提出了明确要求。

第四阶段开始于2011年4月24日时任国家主席胡锦涛在清华大

学百年校庆大会上的讲话中代表国家对美育提出了一系列的要求，反映了我国美育事业在新世纪所承载的新的历史使命。胡主席在讲话中又一次重申我国"德智体美全面发展"的教育方针，提出了"德智体美相互促进"的要求，指出了审美教育特有的"陶冶情操"的功能。他对高等学校提出了"大力推进文化传承创新"的重要任务，无疑包含着对我国优秀的美学与艺术遗产的传承创新。他还对高校提出了建设"高层次创新人才培养基地"的新要求。胡主席提出的"建设若干所世界一流大学和一批高水平大学"的战略举措，也为我国美育事业开辟了新的空间，因为一流大学必须要有与其相应的一流的审美教育。他对广大学生提出的三点殷切希望也都与美育有着密切的关系，其中包含的"陶冶高尚情操""培养创新思维"与"全面发展与个性发展全面结合"等，均需借助美育的"情感教育""想象力培育""个体独创性思维培养"的特殊功能。

回顾新时期美育发展的历程，需要总结的经验很多，但归根结底是三个方面的问题。一是认识方面。对于美育的重要性始终要提高认识，并确保其在国家教育方针中应有的地位。二是课程方面。加强课程建设是发展美育的关键环节，因为学校教育的基础是教学计划及与之相应的课程设置。我国新时期 30 年，在美育的课程建设方面，教育部及有关的专家学者进行了锲而不舍的努力，在中小学是普及美育课程，而在高校则是填补空白并逐步推广，基本解决了美育要不要列入教学计划的问题。目前中小学着重于课程质量的提高，高校着重于更大范围地推广美育课程并计入学分。当前，在美育的课程建设中要处理好知识、技能与素养的关系。有的人强调知识，似乎完全不懂音乐、美术、戏剧的教师也可以去讲授有关的美育知识。有的则强调技能，将美育同艺术方面专业人才的培养相混淆。我们认为，还是应该强调素养。也就是说，美育的目的主要不是培养专业艺术家，也不是培养美育理论家，而是培养具有审美素养的"生活的艺术家"，即能够以审美的态度对待社会、自然与人自身。当然，在这种素养的培养过程中也不能忽视知识与技能。因为知识是前提，没有必要的美学知识，人的审美素养是贫乏的；而技能是基础，这同美育培养审美力的特殊性有关。审美力的重要因素是艺术的感受力，这种艺术的感受力就同技能的训练直接有关。但技能要经过升华，转化为艺术的感受力并内化为人的审美素养。三是队伍建设。加强教师队伍建设是将美育落到实处的关键。我国新时期 30 年，美育事业发展中面临的最大难题之一就是教师队伍量少质低。通过 20 世纪 80 年代后期与 90 年代初期几次艺术教育情况调研发现，我国各地、各类学校艺术教育存在的共同问题都是"教师队伍数量不足，素质有待提高"。今后发展美育事业的重点是加强美育教师队伍建设，数量上要大幅增加，补充更多合格的美育师资；同时，要有相关的政策稳定这支队伍，防止大面积流失；当然，还要加强培训，使之不断提高素质。

回顾过去是为了今后的发展。站在新的 21 世纪的开端，我们首先应该找准新世纪我国审美教育的新起点，那就是，在新时代，我国的美育应该旨在培养审美地生存的一代新人。应该说，新世纪我国面临诸多新的机遇和新的挑战。所谓新的机遇就是现代化的深入发展必将给我国带来新的繁荣、新的文明，给我国人民带来更多的富裕。但同时，我们也面临诸多新的挑战。首先是工业化所造成的资源枯竭与环境污染的挑战，同时还有工具理性膨胀与市场拜物盛行及城市化所带来的社会风气恶化与精神疾患蔓延的挑战，甚至还有信息技术所造成的虚拟空间、人机对话与大众文化的商业化、低俗化对人的精神的巨大冲击。凡此种种，都表现出一种悖论，那就是物质生活的富裕同人的生存状态的不佳共存。因而，物质文明与精神文明的共同发展始终是我们长期坚持的战略方针。美育就是我国精神文明建设的重要组成部分，要在新世纪面对诸多挑战的背景下，更加有效地开展工作，通过审美教育的途径进一步发扬人文精神，培养审美地生存的一代新人。这样的新人应该以审美的世界观作为生存的根本原则，以亲和系统、普遍共生的态度与自然、社会、他人和自身处于一种空前和谐协调的审美的状态，改变人的非美的生存状态，走向审美的生存。

美育的深入发展还应依靠科研的有力支持。新时期，我国美育科研呈现空前繁荣的景象。我们从国家图书馆检索，新时期以来审美教育（美育）类的藏书就有 359 种，包括基础理论、教材、教学研究、艺术欣赏评介等诸多方面。但总的来说，质量水平还有待提高，原创性的成果很少。在美育的科研方面还要继续努力，要从学科建设的角度有系统、有组织地加强美育学科科研；要根据美育属于多学科交叉的特点，从教育学、美学、心理学、社会学与脑科学相结合的角度对美育开展多学科联合攻关，要强调美育的实践性特色，更多地联系美育实际开展科研。还要配合美育的课程建设编写出更多适用的好教材；美育是人类共同关注的事业，要更多地开展国际的合作交流。目前这方面的工作还较为薄弱。

中国有着丰厚的美育资源，有"天人合一""中和位育""阴阳相生"等十分独特的哲学—美学思想，也有"诗教""乐教"等以"礼乐教化"为中心的悠久美育传统，还有《乐记》《文赋》《文心雕龙》等在国际上都有极高地位的美学与美育论著。因此，对这份遗产的总结借鉴并结合新的现实进行现代的转型运用，是我们中国美育研究者的历史责任。已有许多学者在这方面进行过艰苦的开拓性工作，但还远远不够。我们在新的世纪还须继续努力，结合实际，发掘整理，并在此基础上建设具有中国特色的当代美育理论体系。

第三节　我国新时期美育建设的重要成果与共识

新时期广大美育工作者经过 30 多年的共同努力，在美育建设上取得了一系列重要成果与共识。

一　正式将美育写入教育方针

众所周知，新中国建立后，由于急风暴雨式的革命刚刚结束，阶级斗争为纲的指导方针还在起着作用，因此，尽管在实际的教育工作中也给美育以一定的重视，但当时所提出的教育方针却是"德智体全面发展"，美育被融入其他各育之中，没有写入教育方针，因而也没有独立地位。这必然影响其发展。10 年"文革"之时，更是将美育视为"封资修"而弃之一旁。从 1978 年开始的新时期，立足于拨乱反正，有力地批判了"左"的思潮，逐步地恢复了美育的应有地位。

在诸多专家与教育工作者的共同努力下，美育终于在 1999 年 6 月中共中央、国务院《关于深化教育改革全面推进素质教育的决定》中被正式写入教育方针，成为指导我国教育事业的重要理念。这就使美育在作为社会事业与社会组织的教育中具有了自己应有的地位，是我国教育事业与教育理论的进步，是教育现代化的重要标志之一。这反映了美育作为教育事业组成部分，必须将"国家意识"与"全民意识"相统一的客观规律。

中西现代艺术教育的比较研究告诉我们，艺术教育的发展必须借助于"国家意识"与"全民意识"的统一。这主要是由艺术教育作为人类的重要社会活动——教育的有机组成部分的性质决定的。实践证明，艺术教育不仅是一种理论，更是一种实践活动，它是教育的有机组成部分。潘懋元等主编的《高等教育学》在论述教育的性质时指出："教育是一种社会活动，它区别于其他社会事物的本质属性就是人的培养。作为社会活动的教育，一般有两类：一是指家庭和社会各种组织所施加的各种各样具有教育性的影响；一是指学校教育，由教育者按照一定的目的，根据受教育者身心发展的规律，有计划、有组织的，一般有固定的场所，在一定的期限，对他们进行系统地引导和培养的一种活动。"① 这就说明，教育作为一种社会活动，包含家庭、社会组织与学校等多个方面，就学校教育来说，要有固定的场所和明确的目的、计划与组织，并包含数量众多的教育者与受教育者，以及庞大而长久的教育实施过程，其结果直接影响到社会各个方面。艺术教育也具有这样的特点，必须要付诸实施并取得效果。因此，它首先要成为"国家意识"，成为国家的方针与法规，借助于国家权力付诸实施。国家的有关教育方针与法规有可能推动也有可能阻碍艺术教育的发展，但其巨大作用却是不容忽视的。

例如，像美国这样所谓高度自由的国家，虽然特别强调教育的独立性，50 个州几乎都有相对独立的教育立法权，但在艺术教育的实

---

① 潘懋元主编：《高等教育学》上，人民教育出版社、福建教育出版社 1984 年版，第 11 页。

施上仍然凭借了"国家意识"，通过权力与法规来推动艺术教育。从我们掌握的材料来看，第二次世界大战之后，美国为了保持自己的国力与人才培养质量，进行了多次大规模的教育改革：为了应对苏联卫星上天，于20世纪50年代后期出台了《国防教育法》，旨在加强自然科学与高科技，导致对艺术等人文教育的冲击；20世纪70年代出台的第二次教育改革方案，对第一次方案的补充，加强了被忽视的基本训练、系统知识与人文学科，艺术教育得到相应的加强。此后，为了应对新的技术革命又进行了多次教育改革，但在很大程度上都加强了包括艺术教育在内的人文学科。具体到艺术教育这一个领域来说，美国也曾通过国家法规加以推动。1992年，美国全国艺术教育协会联盟在美国教育部、美国艺术基金会和美国人文科学基金会的资助下，出台了面向全美学生的《美国艺术教育国家标准》，以确定学生在艺术教育这门学科中应该知道什么和能够做什么。2000年，美国又制定了《2000年目标：美国教育法》，通过立法程序将艺术教育写进美国联邦法律。该法令将艺术教育确定为核心课程，具有与英语、数学、历史、公民、地理和外语同样重要的地位，并要求成立国家教育标准和改进理事会。由此产生的《美国教育国家标准》指出，艺术教育有益于学生，因为它能够培养完整的人，并认为没有艺术的教育是不完整的教育。

日本现代艺术教育也是借助体现"国家意识"的有关法规与条令才得以顺利实施的。日本在第二次世界大战以后进行了三次比较大的教育改革。第一次是1947年，由美国教育使节团与"日本教育刷新委员会"共同制定了《教育基本法》，将军国主义教育改造为现代公民教育。该法第一条"教育之目的"就明文规定："教育必须以完成陶冶人格为目标，培养和平国家和社会的建设者"，从而为艺术教育奠定了地位。第二次为1958年应对苏联人造卫星上天而加强了自然科学人才培养力度，相对削弱了包括艺术教育的人文学科。第三次为1984年，从进入未来世纪出发进行教育改革，提出著名的五原则：国际化、自由化、多样化、信息化与重视人格化。特别是"重视人格化"原则，明确提出"教育应该使青年一代在德、智、体、美几方面都得到和谐发展",从而使艺术教育再度具有了应有的地位。2006 年 3 月在里斯本召开的世界艺术教育大会,对实施艺术教育所必需的"国家意识"也做了强调,这次会议制定的《艺术教育路线图》指出:"艺术与教育之间的联系也可能通过教育部、文化部与地方行政机构(通常同时监管着教育和文化的事业)在政策层面上的一致性得到建立,从而实施文化机构和学校之间的合作项目。这样的合作通常将艺术和文化放在教育的中心,而不是课程的边缘。"这说明,只有政府重视才有可能使艺术教育具有自己的中心地位。

与此同时,"全民意识"也是十分重要的。从美国来说,艺术教育的实施常常是由高校开始的,著名的"通识教育红皮书"就是由哈佛大学制定并实施的。哈佛于 1943 年成立专门委员会调研"自由社会中通识教育的目标",1945 年完成《通识教育报告》,1950 年以《自由社会中的通识教育》之名出版,由于其封面的深红色而被称为"哈佛通识教育红皮书"。该书明确规定,"通识教育的核心问题是自由而文雅的传统之持续",并要求在未来的教育方案中必须包括"关于人作为个体的情感体验"的艺术、文学与哲学等,在六门通识教育课程中就有专门的人文学科,其中,艺术类课程占据很大比重。这个"红皮书"影响深远,使通识教育逐步被国家接受,在全美推行与实施。

我国现代艺术教育的发展也同样证明了"国家意识"与"全民意识"统一的重要性。1912 年 1 月,中华民国临时政府成立,蔡元培就任教育总长,发表著名的《对于新教育之意见》,提出军国民教育、实利主义、公民道德、世界观和美育统一内容的教育主张,并破天荒地第一次将这"五育"写进教育方针。蔡元培于 1917—1927 年担任北京大学校长,在校长岗位上开展了一系列艺术教育工作。他还亲自讲授美学课程,并倡导成立了北京大学书法研究会、音乐研究会与文学研究会等,开创了我国现代艺术教育实践的道路。但光有个别人为代表的"国家意识",而缺乏具有广泛群众基础的"全民意识",艺术教育也是难以坚持的。蔡氏担任教育总长不久,北洋军阀篡权,蔡元培卸任。1912 年 12 月,北洋政府召开"临时教育会议",决议

"删除美育"，被鲁迅斥为"此种豚犬，可怜可怜"。我国10年"文革"中，否定文化，否定教育，艺术教育被全盘废除。1978年改革开放后，众多学者力倡美育与艺术教育。他们的意见终于逐步被国家接受，从成立艺术教育委员会到正式把美育列入教育方针，并发布部长令，制定发展规划，等等。这种情况成为"全民意识"与"国家意识"很好地结合的范例。今后，艺术教育的继续发展仍然要走"国家意识"与"全民意识"相结合的道路。

二　美育"对于促进学生全面发展具有不可替代的作用"

1999年，我国第三次全国教育工作会议通过了《关于深化教育改革，全面推进素质教育的决定》，对美育"不可替代"的地位做出了科学的界定。但对于这一界定，教育界并没有真正取得统一的认识，不仅不断有学者撰文认为美育属于德育的组成部分，更为严重的是，在教育实践中存在着大量的以智育代替美育的现象。这实际上自觉或不自觉地否定了美育"不可替代的作用"这一科学界定。我们从来都认为，美育与德育有着十分密切的关系，甚至也认同美育应该成为德育十分重要的手段，但这并不等于说德育可以代替美育，犹如智育同德育密切相关但德育却不可代替智育。现在就要充分论证美育在素质教育中的"不可替代的作用"，特别要强调美育特有的审美世界观培养作用、文化养成作用与综合中介作用，证明美育的特有作用是任何其他教育所不可代替的。在当代，我们可以说没有接受过任何形式美育的学生一定在人格发展和文化结构上存在严重缺陷，无法很好地应对当代社会的挑战。

三　没有美育的教育是不完全的教育

这是我国当代著名教育家何东昌提出来的，是对国内外教育规律的科学总结。事实告诉我们，美育作为人文教育中的情感教育，对学生的全面发展，对健康人格的形成，具有极为重要的作用。所以，先进国家的一流大学都秉持着"没有美育的教育是不完全的教育"这样的办学理念，愈来愈重视将美育作为不可缺少的重要组成部分，通过

"通识教育"的方式推进美育，从而将人的培养放在学校一切工作的首位，将学生的全面发展作为最重要的工作目标。最近，哈佛大学校长福斯特指出，作为已具有数百年传统的高等教育的守护者，大学必须努力去保证提倡那些有价值的东西，而不是限制那些无价之宝，历史学、人类学、文学等学科之于大学以及人类具有不可磨灭的重要价值。人文教育包括了人文学科、艺术、社会科学与自然科学，这已经成为哈佛大学本科教育的核心所在，而且已经体现在哈佛大学的通识教育课程设置之中。

四 "钱学森之问"的解答之一：把科学技术与文学艺术结合起来

2005年，我国著名物理学家钱学森向国家领导人提出这样的问题："为什么我们的学校总是培养不出杰出人才？""钱学森之问"已经成为教育界乃至全国的热门话题，这个话题的讨论肯定还会持续下去。但钱学森本人对此已经有一种解答，那就是"把科学技术与文学艺术结合起来"。他认为，培养不出杰出人才的重要原因就是创新思维的缺乏。当谈到创新思维时，他提出科学工作者的艺术修养问题，希望将两者结合起来。他说，"我觉得艺术上的修养对我后来的科学工作很重要，它开拓科学创新思维"，"处理好科学和艺术的关系，就能够创新，中国人就一定能超过外国人"。在这里，钱学森以自己的切身体会印证了艺术对人的综合素质的提高、情操的陶冶以及创新性想象力培养所起到的巨大作用。创新人才与创新思维的培养离不开美育，这就是钱学森之问的解答之一。

五 艺术课程的开设是艺术教育工作的中心环节

2006年3月8日，教育部颁布《全国普通高校艺术类课程指导方案》，明确指出，艺术课程的开设是"实施艺术教育的主要途径"，也是"艺术教育工作的中心环节"。众所周知，学校作为教育机构，是以课程教学作为育人的主要途径的。美育与艺术教育在学校的实施通过课内与课外两个途径，但仍是以课内为主的。中小学的艺术课程开设早有必要的法规与课标，这一《方案》是普通高校非专业公共艺术教育第一个具有一定的刚性要求的教学法规，是新时期美育与艺术教育的重要理论成果与实践成果，必须认真加以坚持与实施，认真落实该方案的指导原则、课程设置、课时与学分要求、机构师资与后勤经费保障等。

六　美育承担着我国优秀传统文化传承创新的重要任务

2011 年 4 月 24 日，时任国家主席胡锦涛在清华大学百年校庆的重要讲话中，对高等学校提出了"大力推进文化传承创新"的重要任务。这无疑包含着对于我国优秀的美学与艺术遗产的传承与创新的强调。文化具有"立人立国"的重要功能，成为增强民族认同感，走向世界强国之林的必备条件。审美与艺术在我国传统文化中占有十分重要的比重，我国古代力倡"礼乐教化"，将之视为"国之大事"之一，是治国安民的首要条件。孔子有所谓"兴于诗，立于礼，成于乐"（《论语·泰伯》）的美育论述。我国有着极为辉煌灿烂的古代审美文化遗产，就文学遗产来说，就包括《诗经》《楚辞》、汉赋、乐府、唐诗、宋词、元明杂剧、明清小说等，中国传统的音乐、舞蹈、书法、绘画、雕塑、建筑、园林等，以及丰富多彩的工艺美术、生机盎然民间艺术，还有散见在汗牛充栋的文化典籍中的艺术审美观念的论述，都是中国传统文献贡献给人类的稀有的文化艺术瑰宝。这些均需要我们以新的时代视野加以总结发扬，摆脱长期以来"以西释中"的惯性思维与在国际学术舞台上的某种"失语"状态，确立新的中西交融、文化本位立场，使新世纪我国美学与美育学科在社会主义"核心价值体系"指导下焕发出新的光彩，真正走向世界，走向国际学术前沿，为建设文化强国贡献我们的力量。

七　艺术教育仍是高等教育中最薄弱的环节

1996 年 2 月 29 日，原国家教育委员会颁布《关于加强普通高校艺术教育的意见》，明确指出："普通高等学校艺术教育是在我国高等教育教学改革日益深化的过程中起步和发展的，尽管已取得了初步的成绩，但就其总体发展来看，仍是高等教育中最薄弱的环节，不能适应教育发展和改革新形势的需要。"2003 年 12 月 28—29 日，教育部在上海召开了"全国普通高校艺术教育工作会议"，在充分肯定成绩的同时，指出我国高校的艺术教育工作明显存在"三个不到位"的问题，即领导认识、课程设置与教育管理不到位。可以说，这"三个不到位"目前仍然存在，并将长期存在。这是由我国初级阶段的国情决定的，也是由我国陈旧的教育观念和应试教育体制在短期内难以根本扭转的现实决定的。因此，我们仍然要坚持不懈地解决艺术教育"三个不到位"的问题，逐步改变艺术教育是高等教育中最薄弱环节的形势。

第四节　我国美育事业的未来发展

站在 21 世纪第二个 10 年的起始之年，我们应该在既往 30 多年的成绩的基础上，以开创未来新成绩的勇气谋划我国美育事业的发展。

第一，进一步从战略高度加强美育作为人文教育以及建设高水平教育重要性的认识。美育的发展必须牢牢坚持"人文教育"的方向。美育从其一开始提出就与人文教育紧密相关。1795 年，德国诗人席勒发表著名的《美育书简》，第一次提出"美育"观念，其背景就是对于现代性人性异化弊端的反思，力图通过美育对于人性缺失进行补缺。我国从蔡元培、王国维开始的现代美育也是以人文教育作为其基调的，应该在未来美育的发展中继续坚持这一基调。

那么，"人文教育"的内涵是什么呢？目前有各种阐释，我个人将其归纳为五个层次。第一是人的最基本的文明素养教育，各种文明礼貌生活规范的养成，等等，将人与动物区别开来；第二是人的尊严、权利与平等教育，使人活得像人；第三是人格的健全发展，不仅具有高智商，更要具有高情商，能够自如应对人生的各种挑战与考验，协调人际关系；第四是对于他人的关怀的教育，表明人的社会属性，确立人应有的高尚道德品质；第五是对于人类的终极关怀的教育，这是更高的要求。美育在上述人文教育的五个层次均有其特殊作用。

　　第二，进一步把握审美教育的智性与非智性二律背反的特殊规律，不断提高审美教育水平。普通高校公共艺术教育的基本特点是什么？它与别的学科有没有区别？这是中西现代艺术教育发展中所遇到的共同课题，也是今后艺术教育健康发展所必须解决的问题。首先，艺术教育发展建设的特点是由艺术的特点决定的。康德在回答审美的基本特征时，实际上就回答了艺术的基本特征。他认为，艺术审美的基本特征是无目的的合目的性的形式。在这里，康德阐释的静观的无功利美学的基本观点是值得商榷的，但他对于审美与艺术的无目的与合目的统一的界定却是十分有价值的。审美与艺术的基本特点就是无目的与合目的、无功利与功利、非理性与理性的中介，处于两者之间，从而形成一种张力。正是由于这种张力，才使审美与艺术具有了特殊的难以言说的无穷魅力。艺术的这一特点就决定了艺术教育也必然处于人文与科技、智性与非智性、功利与非功利的中介。对于这一中介性特点把握得好就能较好地把握艺术教育的规律，在教学与考评中充分重视美育的特殊性，促使其健康发展；如果把握不好，就会走向偏差。中西现代艺术教育发展过程中都曾发生过有关艺术教育特性的尖锐争论，以美国为代表的西方国家主要是对艺术教育智性与非智性的争论。中国现代美育发展的争论则主要发生在艺术教育与德育的关系之上。我们认为，审美与艺术具有独特的沟通道德与知识、功利与非功利的功能。这就是1999年关于素质教育的决定中所说的，美育具有其他教育形式"不可替代的作用"。当然，我们说我国现代艺术教育发展中主要是艺术教育与德育的关系问题，并不等于说艺术教育与智育的关系问题就已经得到解决。实际上，目前仍然普遍存在着应试教育对于美育与艺术教育的贯彻形成的严重的冲击。这里也有许多理论问题，但更多是现实的问题。当然，我国审美教育中还有一个专业艺术教育与公共艺术教育的关系问题。我们讲的作为审美教育的艺术教育主要指公共艺术教育，不是以培养学生的专业艺术技能为其目标，而是以培养学生的审美品位与审美境界为其旨归。也就是说，我们的学校美育主要不是为了培养专业艺术家，而是为了培养"生活

的艺术家"，即以审美的态度对待自然、社会、他人与自身的一代新人。

第三，很好地应对正在蓬勃兴起的消费文化、大众文化、视觉文化与网络文化的新形势，确立"有鉴别地面对与接受"的文化态度。从20世纪60年代开始，人类社会发生了急剧的变化，表现在文化领域，消费文化、大众文化、视觉文化与网络文化迅速发展，逐步成燎原之势。对于包括艺术教育在内的文化建设来说，这是一种挑战，也是一种发展的机遇。面对这一文化现实，我们无法也不应该逃避，而必须认真面对。首先说一下消费文化、大众文化与视觉文化。这是随着消费社会的到来而出现的，最大的特点是迅速地使文化从精英走向大众，消解精英，消解经典，消解阅读，消解传统。其发展之迅速，使我们广大文化教育工作者感到无所适从，但又必须适应。于是，在美国就出现了艺术教育中视觉文化的转向问题。而在我国，也出现了"日常生活审美化"的讨论。这些转向与讨论属于现在进行时，还在继续发展。我们的基本态度是学习、适应与引导，有鉴别地面对与接受。最重要的，是以有利于一代新人的培养作为我们考虑问题的基点。网络文化也是20世纪90年代中期随着网络的发展而盛行的，现在已经到了渗透一切的地步。在这种情况下，就出现了一个媒介素质教养问题。所谓媒介素质就是指人们面对媒介上各种信息的选择能力、理解能力、质疑能力、评估能力、创造能力和制作能力，以及思辨反应能力。培养这些能力，是育人的需要，更是国家利益的需要。我们应该在普通高校公共课程中增加视觉艺术与网络艺术的鉴赏评价内容。同时，在有关艺术鉴赏的基本理论上也要做必要的调整。在这一方面，还是应该更多地借鉴国外的经验。总之，及时地应对时代的变化，调整艺术教育的理论与课程，才能使艺术教育真正收到实效。这正是当前艺术教育改革的当务之急。我们的基本态度，是既要尊重经典又要面向大众，努力坚持教育的大众立场与超越品格的统一。

第四，尽快使美育进入《教育法》和《高等教育法》，从立法的角度对美育的实施予以保证。目前，我国美育已经进入国家教育方针，说明美育已经成为国家意识，但美育尚未进入法律。我国作为法制社会，法律更加集中地体现国家意识，是对入法的有关事宜的刚性要求。因此，为了美育事业的更好实施，使之进入《教育法》和《高等教育法》是完全必要的。我们期待新世纪在美育"入法"上有新的突破。

　　面向新的世纪与新的形势，审美教育任重而道远，我们应站在更高的起点上，在教育改革的大潮中，将我国的审美教育事业推向一个新的高度。

后　记

　　从 2006 年起，我就开始考虑本书的结构和内容。但真正动笔是 2010 年暑假，历经整整一年的时间终于完成写作。本书其实是我从 1981 年以来 30 年美育研究的集成。30 年来，我不断地思考美育问题，陆陆续续写了不少有关美育的文章和论著，包括 1985 年出版的《美育十讲》。这次站在新世纪的高度，进行了更加深入的思考与研究，完成本书。其中改写了一部分旧稿，并根据需要新写了大约三分之二篇幅的新稿。这就是本书的基本情况。

　　我采用的方式是论述与阐释的结合。有的篇章以直接论述为主，例如美育本体研究的有关章节，但论述中也结合着对于文献的阐释。中西美育发展部分则以阐释为主，这种阐释是站在个人的学术立场上的选择与论述。全书的主旨是统一的，就是以"美育是包含感性与情感教育的人的教育"为基本立足点贯穿始终。本书的研究内容实际上延续了 30 年时间，因此有关学术观点由于历史的发展有着诸多变化，行文中力求统一，但在衔接上也可能还存在某些问题。

　　本书的写作得到了祁海文教授和傅松雪博士的帮助，于天祎博士为我提供了日本广岛大学生态教育的译稿。本书借鉴了诸多同行学者的劳动成果，尽管已经注了出处，仍应对这些学者表示谢意。本书的写作也得到我所工作的山东大学文艺美学中心的支持，实际上是中心"985"项目中期成果之一，因此也要对中心表示谢意。当然，还应感谢我的妻子纪温玉女士长期以来对我的照顾。最后，敬请广大读者和同行专家不吝赐教。

曾繁仁

2011 年 7 月 20 日于济南